Halbleiter-Schaltungstechnik

Ulrich Tietze · Christoph Schenk ·
Eberhard Gamm

Halbleiter-
Schaltungstechnik

16., erweiterte und aktualisierte Auflage

 Springer Vieweg

Ulrich Tietze
Erlangen, Deutschland
www.tietze-schenk.de

Christoph Schenk
Planegg, Deutschland

Eberhard Gamm
Ebermannstadt, Deutschland

Übersetzt in folgende Sprachen:
Polnisch: Naukowo-Techniczne, Warschau 1976, 1987, 1996
Ungarisch: Müszaki, Budapest 1974, 1981, 1990
Russisch: Mir, Moskau 1982, Dodeca Publishing, Moskau 2007
Spanisch: Marcombo, Barcelona 1983
Chinesisch: 1985, 2015
Englisch: Springer, Heidelberg 1978, 1991, 2008

Ergänzendes Material zu diesem Buch finden Sie auf http://extras.springer.com.

ISBN 978-3-662-48553-8

Die Deutsche Nationalbibliothek verzeichnet diese Publikation in der Deutschen Nationalbibliografie; detaillierte bibliografische Daten sind im Internet über http://dnb.d-nb.de abrufbar.

Springer Vieweg

Verantwortlich im Verlag: Michael Kottusch

Springer Vieweg ist ein Imprint der eingetragenen Gesellschaft Springer-Verlag GmbH, DE und ist ein Teil von Springer Nature
Die Anschrift der Gesellschaft ist: Heidelberger Platz 3, 14197 Berlin, Germany

Vorwort zur 16. Auflage

Die erste Auflage des Tietze-Schenk ist im Jahr 1969 erschienen. Wir freuen uns, Ihnen zum 50-jährigen Jubiläum im Jahr 2019 die 16. Auflage vorlegen zu können. In den vergangenen 50 Jahren hat der Umfang des Buchs kontinuierlich zugenommen, von 400 Seiten bei der ersten Auflage bis auf etwa 1800 Seiten in der aktuellen Ausgabe. Bei jeder neuen Ausgabe wurden Kapitel aktualisiert und neu aufgenommen. Eine wichtige Erweiterung verdanken wir Herrn Gamm, der die Kapitel über Schaltungen der Nachrichtentechnik beigesteuert hat. Dadurch ist das Buch zum Standardwerk für die Niederfrequenz- und die Hochfrequenztechnik geworden.

Das Buch wendet sich an Studenten der Schaltungstechnik sowie an Ingenieure und Techniker, die beruflich mit elektronischen Schaltungen zu tun haben. Dabei versuchen wir, die erforderlichen Vorkenntnisse so gering wie möglich zu halten. In vielen Bereichen reichen Abiturkenntnisse aus. In anderen Bereich greifen wir auf Grundlagen zurück, die in den ersten Semestern eines Studiums der Elektrotechnik gelegt werden, z.B. die komplexe Wechselspannungsrechnung oder der Umgang mit Übertragungsfunktionen. Aber auch in diesen Bereichen setzen wir nur Grundkenntnisse voraus.

Bei der Berechnung einer Schaltung geben wir nur die zugrunde liegenden Gleichungen und die resultierenden Ergebnisse an; die teilweise sehr umfangreichen Zwischenrechnungen überspringen wir. Aus den Ergebnissen leiten wir Näherungen ab, die für die Praxis besonders relevant sind. Mit diesen Näherungen können die Eigenschaften der Schaltung besonders leicht erfasst werden. Sie werden deshalb auch zur Dimensionierung der Schaltung herangezogen. Selbst für den in der Praxis häufigen Fall, dass die Dimensionierung nicht in einem Schritt erfolgen kann und ein Nachjustieren erforderlich ist, geben die Näherungen wichtige Hinweise, wie man vorgehen muss, um das gewünschte Ergebnis zu erhalten. Ein anschauliches Verständnis der Funktionsweise der Schaltungen ist in der Praxis unverzichtbar.

Der Schaltungsentwurf teilt sich heute in zwei Teilbereiche: Schaltungsentwurf mit handelsüblichen integrierten Schaltungen ("board level design") und Entwurf integrierter Schaltungen (IC design"bzw. "transistor level design"). Der Anwender handelsüblicher integrierter Schaltungen muss Kenntnisse über den inneren Aufbau der Schaltungen haben, um sie richtig einsetzen zu können; Schaltungsdetails auf Transistor-Ebene sind für ihn jedoch nicht relevant. Im Gegensatz dazu arbeitet ein IC-Entwickler fast ausschließlich auf der Transistor-Ebene. Deshalb ist Schaltungsentwicklung auf Transistor-Ebene heute meist gleichbedeutend mit IC-Entwicklung. Die IC-Schaltungstechnik unterscheidet sich jedoch erheblich von der Schaltungstechnik mit Einzeltransistoren. Typische Merkmale sind die Skalierbarkeit der Transistoren, die Arbeitspunkteinstellung mit Stromspiegeln, der Einsatz aktiver Lasten anstelle von Widerständen und die direkte Kopplung der einzelnen Stufen.

Im Zuge der Entwicklung hat die Schaltungssimulation immer mehr an Bedeutung gewonnen. Sie ist zwingend für die IC-Entwicklung, kann aber bei jeder Schaltungsentwicklung vorteilhaft eingesetzt werden, sofern Simulationsmodelle für die benötigten Komponenten verfügbar sind. Dies trifft heute für fast alle Komponenten zu. Eine Schaltung wird deshalb heute erst dann aufgebaut, wenn ihre Funktion mit Hilfe einer Schaltungssimulation zufriedenstellende Ergebnisse liefert. Wir möchten unsere Leser ermutigen, die Schaltungssimulation intensiv zu nutzen. Sie ermöglicht auch ein tieferes Verständnis der Funktionsweise einer Schaltung, gerade auch mit Blick auf die oben genannten Näherungen aus der Schaltungsberechnung. Wir stellen dazu auf unserer Homepage www.tietze-schenk.de das Programm PSpice bereit, für das wir auch zahlreiche Simulationsbeispiele erstellt haben.

Für die 16. Auflage haben wir das Kapitel über Operationsverstärker grundlegend überarbeitet. Dieses Kapitel war bereits in der ersten Auflage ein zentrales Kapitel des Buchs und wurde im Laufe der Zeit bereits mehrfach überarbeitet. Der pausenlosen Entwicklung in diesem Bereich werden wir nun durch eine erneute Erweiterung und Aktualisierung gerecht. Wir gehen dabei auch detailliert auf die Schaltungstechnik für niedrige Betriebsspannungen ein. Auch hier geben wir wieder Beispiele für die Dimensionierung der Schaltungen an und zeigen Simulationsergebnisse.

Die Tabellen über handelsübliche integrierte Schaltungen haben wir aus dem Buch herausgenommen, weil sie schnell veralten. Sie müssen aber nicht darauf verzichten, denn wir werden diese Tabellen auf unserer Homepage www.tietze-schenk.de bereitstellen. Dort können wir sie dann auch regelmäßig aktualisieren.

Wir möchten ausdrücklich auf das Programm tsindex16.exe zur Volltextsuche hinweisen. Dieses Programm ermöglicht eine Suche nach einer Kombination von bis zu drei Begriffen, die innerhalb einer einstellbaren Anzahl an Seiten auftreten. Es erlaubt damit einen Zugriff auf die Inhalte in einer Form, die weit über das Inhaltsverzeichnis und den Stichwortindex hinausgeht. Das Programm kann ebenfalls von unserer Homepage www.tietze-schenk.de heruntergeladen werden.

Wir danken dem Springer-Verlag, besonders Herrn Kottusch, Frau Kollmar-Thoni und Frau Hestermann-Beyerle für die gewohnt gute Zusammenarbeit. Darüber hinaus danken wir unseren Lesern für wichtige Hinweise auf Fehler und Unklarheiten, die uns eine große Hilfe sind.

Erlangen, München und Ebermannstadt, im März 2019

Ulrich Tietze, Christoph Schenk, Eberhard Gamm

Inhaltsübersicht

Inhaltsverzeichnis

Teil I

Grundlagen

Kapitel 1:
Diode

Die Diode ist ein Halbleiterbauelement mit zwei Anschlüssen, die mit *Anode* (*anode*,*A*) und *Kathode* (*cathode*,*K*) bezeichnet werden. Man unterscheidet zwischen Einzeldioden, die für die Montage auf Leiterplatten gedacht und in einem eigenen Gehäuse untergebracht sind, und integrierten Dioden, die zusammen mit weiteren Halbleiterbauelementen auf einem gemeinsamen Halbleiterträger (*Substrat*) hergestellt werden. Integrierte Dioden haben einen dritten Anschluss, der aus dem gemeinsamen Träger resultiert und mit *Substrat* (*substrate*,*S*) bezeichnet wird; er ist für die elektrische Funktion von untergeordneter Bedeutung.

Dioden bestehen aus einem pn- oder einem Metall-n-Übergang und werden dem entsprechend als pn- oder Schottky-Dioden bezeichnet; Abb. 1.1 zeigt das Schaltsymbol und den Aufbau einer Diode. Bei pn-Dioden besteht die p- und die n-Zone im allgemeinen aus Silizium. Bei Einzeldioden findet man noch Typen aus Germanium, die zwar eine geringere Durchlassspannung haben, aber veraltet sind. Bei Schottky-Dioden ist die p-Zone durch eine Metall-Zone ersetzt; sie haben ebenfalls eine geringere Durchlassspannung und werden deshalb u.a. als Ersatz für Germanium-pn-Dioden verwendet.

In der Praxis verwendet man die einfache Bezeichnung *Diode* für die Silizium-pn-Diode; alle anderen Typen werden durch Zusätze gekennzeichnet. Da für alle Typen mit Ausnahme einiger Spezialdioden dasselbe Schaltsymbol verwendet wird, ist bei Einzeldioden eine Unterscheidung nur mit Hilfe der aufgedruckten Typennummer und dem Datenblatt möglich.

Eine Diode kann im *Durchlass-*, *Sperr-* oder *Durchbruchbereich* betrieben werden; diese Bereiche werden im folgenden Abschnitt genauer beschrieben. Dioden, die überwiegend zur Gleichrichtung von Wechselspannungen eingesetzt werden, bezeichnet man als *Gleichrichterdioden*; sie werden periodisch abwechselnd im Durchlass- und im Sperrbereich betrieben. Dioden, die für den Betrieb im Durchbruchbereich ausgelegt sind, bezeichnet man als *Z-Dioden*; sie werden zur Spannungsstabilisierung verwendet. Eine weitere wichtige Gattung stellen die *Kapazitätsdioden* dar, die im Sperrbereich betrieben und aufgrund einer besonders ausgeprägten Spannungsabhängigkeit der Sperrschichtkapazität zur Frequenzabstimmung von Schwingkreisen eingesetzt werden. Darüber hinaus gibt es eine Vielzahl von Spezialdioden, auf die hier nicht näher eingegangen werden kann.

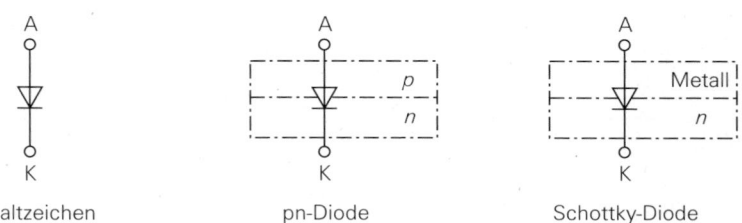

| Schaltzeichen | pn-Diode | Schottky-Diode |

Abb. 1.1. Schaltsymbol und Aufbau einer Diode

© Springer-Verlag GmbH Deutschland, ein Teil von Springer Nature 2019
U. Tietze et al., *Halbleiter-Schaltungstechnik*

1.1 Verhalten einer Diode

Das Verhalten einer Diode lässt sich am einfachsten anhand der Kennlinie aufzeigen. Sie beschreibt den Zusammenhang zwischen Strom und Spannung für den Fall, dass alle Größen *statisch*, d.h. nicht oder nur sehr langsam zeitveränderlich sind. Für eine rechnerische Behandlung werden zusätzlich Gleichungen benötigt, die das Verhalten ausreichend genau beschreiben. In den meisten Fällen kann man mit einfachen Gleichungen arbeiten. Darüber hinaus gibt es ein Modell, das auch das *dynamische Verhalten* bei Ansteuerung mit sinus- oder pulsförmigen Signalen richtig wiedergibt. Dieses Modell wird im Abschnitt 1.3 beschrieben und ist für ein grundsätzliches Verständnis nicht nötig. Im folgenden wird primär das Verhalten einer Silizium-pn-Diode beschrieben.

1.1.1 Kennlinie

Legt man an eine Silizium-pn-Diode eine Spannung $U_D = U_{AK}$ an und misst den Strom I_D, positiv von A nach K gezählt, erhält man die in Abb. 1.2 gezeigte Kennlinie. Man beachte, dass der Bereich positiver Spannungen stark vergrößert dargestellt ist. Für $U_D > 0\,\mathrm{V}$ arbeitet die Diode im *Durchlassbereich*. Hier nimmt der Strom mit zunehmender Spannung exponentiell zu; ein nennenswerter Strom fließt für $U_D > 0{,}4\,\mathrm{V}$. Für $-U_{BR} < U_D < 0\,\mathrm{V}$ sperrt die Diode und es fließt nur ein vernachlässigbar kleiner Strom; dieser Bereich wird *Sperrbereich* genannt. Die *Durchbruchspannung* U_{BR} hängt von der Diode ab und beträgt bei Gleichrichterdioden $U_{BR} = 50 \ldots 1000\,\mathrm{V}$. Für $U_D < -U_{BR}$ bricht die Diode durch und es fließt ebenfalls ein Strom. Nur Z-Dioden werden dauerhaft in diesem *Durchbruchbereich* betrieben; bei allen anderen Dioden ist der Stromfluss bei negativen Spannungen unerwünscht. Bei Germanium- und bei Schottky-Dioden fließt im Durchlassbereich bereits für $U_D > 0{,}2\,\mathrm{V}$ ein nennenswerter Strom und die Durchbruchspannung U_{BR} liegt bei $10 \ldots 200\,\mathrm{V}$.

Im Durchlassbereich ist die Spannung bei typischen Strömen aufgrund des starken Anstiegs der Kennlinie näherungsweise konstant. Diese Spannung wird *Flussspannung (forward voltage)* U_F genannt und liegt bei Germanium- und Schottky-Dioden bei $U_{F,Ge} \approx U_{F,Schottky} \approx 0{,}3 \ldots 0{,}4\,\mathrm{V}$ und bei Silizium-pn-Dioden bei $U_{F,Si} \approx 0{,}6 \ldots 0{,}7\,\mathrm{V}$. Bei Leistungsdioden kann sie bei Strömen im Ampere-Bereich auch deutlich größer sein, da zusätzlich zur *inneren* Flussspannung ein nicht zu vernachlässigender Spannungsabfall an

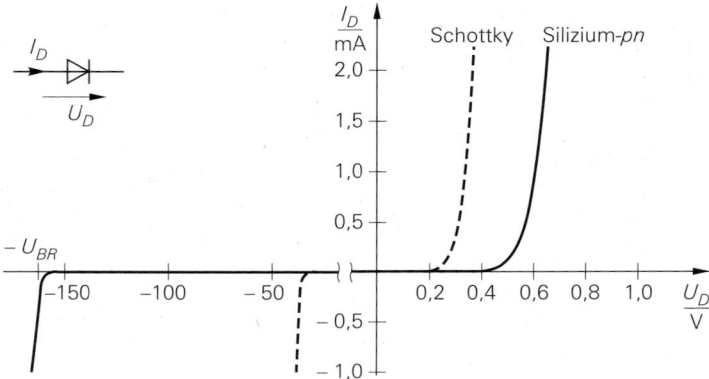

Abb. 1.2. Strom-Spannungs-Kennlinie einer Kleinsignal-Diode

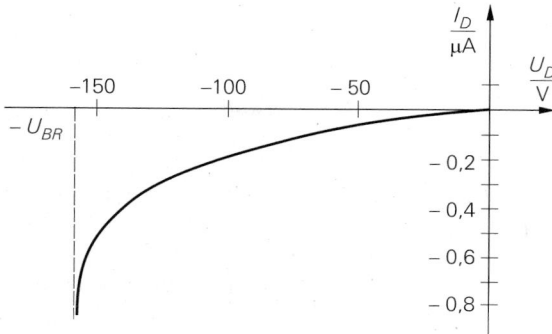

Abb. 1.3.
Kennlinie einer Kleinsignal-
Diode im Sperrbereich

den Bahn- und Anschlusswiderständen der Diode auftritt: $U_F = U_{F,i} + I_D R_B$. Im Grenzfall $I_D \to \infty$ verhält sich die Diode wie ein sehr kleiner Widerstand mit $R_B \approx 0,01 \ldots 10\,\Omega$.

Abbildung 1.3 zeigt eine Vergrößerung des Sperrbereichs. Der *Sperrstrom* (*reverse current*) $I_R = -I_D$ ist bei kleinen Sperrspannungen $U_R = -U_D$ sehr klein und nimmt bei Annäherung an die Durchbruchspannung zunächst langsam und bei Eintritt des Durchbruchs schlagartig zu.

1.1.2 Beschreibung durch Gleichungen

Trägt man die Kennlinie für den Bereich $U_D > 0$ halblogarithmisch auf, erhält man näherungsweise eine Gerade, siehe Abb. 1.4; daraus folgt wegen $\ln I_D \sim U_D$ ein exponentieller Zusammenhang zwischen I_D und U_D. Eine Berechnung auf der Basis halbleiterphysikalischer Grundlagen liefert [1.1]:

$$I_D(U_D) = I_S \left(e^{\frac{U_D}{U_T}} - 1 \right) \qquad \text{für } U_D \geq 0$$

Zur korrekten Beschreibung realer Dioden muss ein Korrekturfaktor eingeführt werden, mit dem die Steigung der Geraden in der halblogarithmischen Darstellung angepasst werden kann [1.1]:

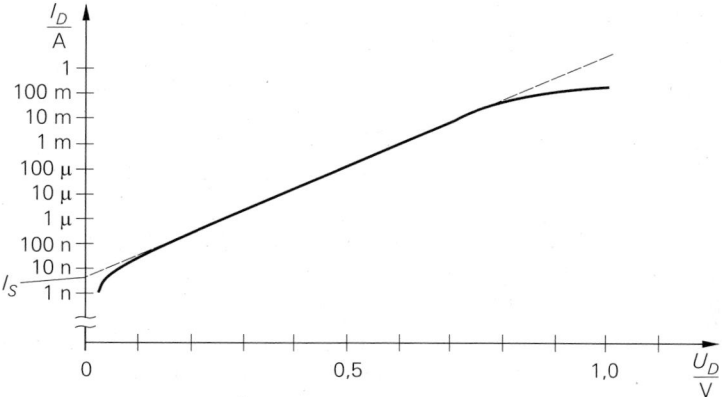

Abb. 1.4. Halblogarithmische Darstellung der Kennlinie für $U_D > 0$

$$I_D = I_S \left(e^{\frac{U_D}{nU_T}} - 1 \right) \tag{1.1}$$

Dabei ist $I_S \approx 10^{-12} \ldots 10^{-6}$ A der *Sättigungssperrstrom*, $n \approx 1 \ldots 2$ der *Emissionskoeffizient* und $U_T = kT/q \approx 26$ mV die *Temperaturspannung* bei Raumtemperatur.

Obwohl die Gleichung (1.1) streng genommen nur für $U_D \geq 0$ gilt, wird sie gelegentlich auch für $U_D < 0$ verwendet. Man erhält für $U_D \ll -nU_T$ einen konstanten Strom $I_D = -I_S$, der im allgemeinen viel kleiner ist als der tatsächlich fließende Strom. Richtig ist demnach nur die qualitative Aussage, dass im Sperrbereich ein kleiner negativer Strom fließt; der Verlauf nach Abb. 1.3 lässt sich aber nur mit zusätzlichen Gleichungen beschreiben, siehe Abschnitt 1.3.

Im Durchlassbereich gilt $U_D \gg nU_T \approx 26 \ldots 52$ mV und man kann die Näherung

$$I_D = I_S \, e^{\frac{U_D}{nU_T}} \tag{1.2}$$

verwenden; daraus folgt für die Spannung:

$$U_D = nU_T \ln \frac{I_D}{I_S} = nU_T \ln 10 \cdot \log \frac{I_D}{I_S} \approx 60 \ldots 120 \, \text{mV} \cdot \log \frac{I_D}{I_S}$$

Demnach nimmt die Spannung bei einer Zunahme des Stroms um den Faktor 10 um $60 \ldots 120$ mV zu. Bei großen Strömen muss der Spannungsabfall $I_D R_B$ am Bahnwiderstand R_B berücksichtigt werden, der zusätzlich zur Spannung am pn-Übergang auftritt:

$$U_D = nU_T \ln \frac{I_D}{I_S} + I_D R_B$$

Eine Darstellung in der Form $I_D = I_D(U_D)$ ist in diesem Fall nicht möglich.

Für einfache Berechnungen kann die Diode als Schalter betrachtet werden, der im Sperrbereich geöffnet und im Durchlassbereich geschlossen ist. Nimmt man an, dass im Durchlassbereich die Spannung näherungsweise konstant ist und im Sperrbereich kein Strom fließt, kann man die Diode durch einen idealen spannungsgesteuerten Schalter und eine Spannungsquelle mit der Flussspannung U_F ersetzen, siehe Abb. 1.5a. Abbildung 1.5b zeigt die Kennlinie dieser Ersatzschaltung, die aus zwei Halbgeraden besteht:

$$
\begin{aligned}
I_D &= 0 && \text{für } U_D < U_F && \rightarrow \text{Schalter offen (a)} \\
U_D &= U_F && \text{für } I_D > 0 && \rightarrow \text{Schalter geschlossen (b)}
\end{aligned}
$$

Berücksichtigt man zusätzlich den Bahnwiderstand R_B, erhält man:

$$
I_D = \begin{cases}
0 & \text{für } U_D < U_F \quad \rightarrow \text{Schalter offen (a)} \\[2mm]
\dfrac{U_D - U_F}{R_B} & \text{für } U_D \geq U_F \quad \rightarrow \text{Schalter geschlossen (b)}
\end{cases}
$$

Bei Silizium-pn-Dioden gilt $U_F \approx 0{,}6$ V und bei Schottky-Dioden $U_F \approx 0{,}3$ V. Die zugehörige Schaltung und die Kennlinie sind in Abb. 1.5 gestrichelt dargestellt. Bei beiden Varianten ist eine Fallunterscheidung nötig, d.h. man muss mit offenem *und* geschlossenem Schalter rechnen und den Fall ermitteln, der nicht zu einem Widerspruch führt. Der Vorteil liegt darin, dass beide Fälle auf lineare Gleichungen führen, die leicht zu lösen sind; im Gegensatz dazu erhält man bei Verwendung der e-Funktion nach (1.1) implizite nichtlineare Gleichungen, die nur numerisch gelöst werden können.

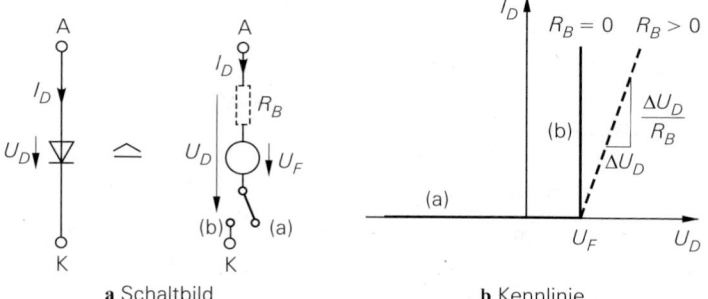

a Schaltbild   **b** Kennlinie

Abb. 1.5. Einfache Ersatzschaltung für eine Diode ohne (—) und mit (- -) Bahnwiderstand

Beispiel: Abb. 1.6 zeigt eine Diode in einer Brückenschaltung. Zur Berechnung der Spannungen U_1 und U_2 und der Diodenspannung $U_D = U_1 - U_2$ geht man zunächst davon aus, dass die Diode sperrt, d.h. es gilt $U_D < U_F = 0{,}6\,\text{V}$ und der Schalter in der Ersatzschaltung ist geöffnet. Man kann in diesem Fall U_1 und U_2 über die Spannungsteilerformel bestimmen: $U_1 = U_b R_2/(R_1 + R_2) = 3{,}75\,\text{V}$ und $U_2 = U_b R_4/(R_3 + R_4) = 2{,}5\,\text{V}$. Man erhält $U_D = 1{,}25\,\text{V}$ im Widerspruch zur Annahme. Demnach leitet die Diode und der Schalter in der Ersatzschaltung ist geschlossen; daraus folgt $U_D = U_F = 0{,}6\,\text{V}$ und $I_D > 0$. Aus den Knotengleichungen

$$\frac{U_1}{R_2} + I_D = \frac{U_b - U_1}{R_1} \quad , \quad \frac{U_2}{R_4} = I_D + \frac{U_b - U_2}{R_3}$$

kann man durch Addition und Einsetzen von $U_1 = U_2 + U_F$ die Unbekannten I_D und U_1 eliminieren; man erhält:

$$U_2 \left(\frac{1}{R_1} + \frac{1}{R_2} + \frac{1}{R_3} + \frac{1}{R_4}\right) = U_b \left(\frac{1}{R_1} + \frac{1}{R_3}\right) - U_F \left(\frac{1}{R_1} + \frac{1}{R_2}\right)$$

Daraus folgt $U_2 = 2{,}76\,\text{V}$, $U_1 = U_2 + U_F = 3{,}36\,\text{V}$ und, durch Einsetzen in eine der Knotengleichungen, $I_D = 0{,}52\,\text{mA}$. Die Voraussetzung $I_D > 0$ ist erfüllt, d.h. es tritt kein Widerspruch auf und die Lösung ist gefunden.

1.1.3 Schaltverhalten

Bei vielen Anwendungen wird die Diode abwechselnd im Durchlass- und im Sperrbereich betrieben; ein Beispiel hierfür ist die Gleichrichtung von Wechselspannungen. Der Übergang erfolgt nicht entsprechend der statischen Kennlinie, da in der parasitären Kapazität der Diode Ladung gespeichert wird, die beim Einschalten auf- und beim Ausschalten abgebaut wird. Abb. 1.7 zeigt eine Schaltung, mit der das *Schaltverhalten* bei ohmscher ($L = 0$) und ohmsch-induktiver ($L > 0$) Last ermittelt werden kann. Bei Ansteuerung mit einem Rechtecksignal erhält man die in Abb. 1.8 gezeigten Verläufe.

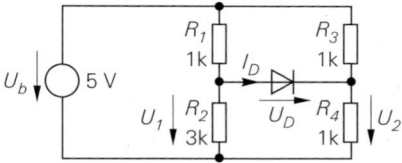

Abb. 1.6.
Beispiel zur Anwendung der
einfachen Ersatzschaltung

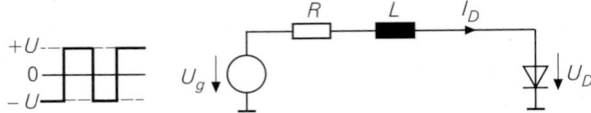

Abb. 1.7.
Schaltung zur Messung des
Schaltverhaltens

1.1.3.1 Schaltverhalten bei ohmscher Last

Bei ohmscher Last ($L = 0$) tritt beim Einschalten eine Stromspitze auf, die durch die Aufladung der Kapazität der Diode verursacht wird. Die Spannung steigt während dieser Stromspitze von der zuvor anliegenden Sperrspannung auf die Flussspannung U_F an; damit ist der Einschaltvorgang abgeschlossen. Bei pin-Dioden [1] kann bei höheren Strömen auch eine Spannungsüberhöhung auftreten, siehe Abb. 1.9b, da diese Dioden beim Einschalten zunächst einen höheren Bahnwiderstand R_B besitzen; die Spannung nimmt anschließend entsprechend der Abnahme von R_B auf den statischen Wert ab. Beim Ausschalten fließt zunächst ein Strom in umgekehrter Richtung, bis die Kapazität entladen ist; anschließend

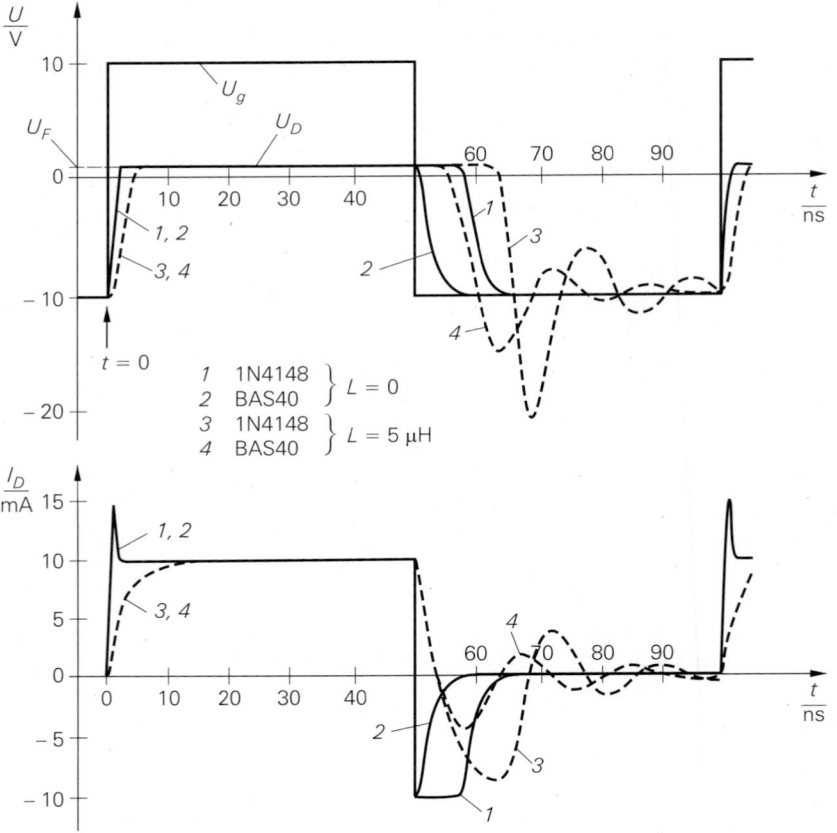

Abb. 1.8. Schaltverhalten der Silizium-Diode 1N4148 und der Schottky-Diode BAS40 in der Mess-schaltung nach Abb. 1.7 mit $U = 10\,\text{V}$, $f = 10\,\text{MHz}$, $R = 1\,\text{k}\Omega$ und $L = 0$ bzw. $L = 5\,\mu\text{H}$

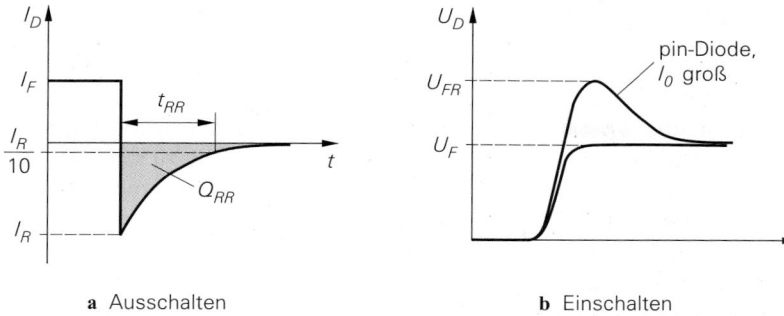

a Ausschalten **b** Einschalten

Abb. 1.9. Angaben zum Schaltverhalten

geht der Strom auf Null zurück und die Spannung fällt auf die Sperrspannung ab. Da die Kapazität bei Schottky-Dioden deutlich kleiner ist als bei Silizium-Dioden gleicher Baugröße, ist ihre Abschaltzeit deutlich geringer, siehe Abb. 1.8. Deshalb werden Schottky-Dioden bevorzugt zur Gleichrichtung in hochgetakteten Schaltnetzteilen ($f > 20\,\mathrm{kHz}$) eingesetzt, während in Netzgleichrichtern ($f = 50\,\mathrm{Hz}$) die billigeren Silizium-Dioden verwendet werden. Wenn die Frequenz so hoch wird, dass die Entladung der Kapazität nicht vor dem nächsten Einschalten abgeschlossen ist, findet keine Gleichrichtung mehr statt.

1.1.3.2 Schaltverhalten bei ohmsch-induktiver Last

Bei einer ohmsch-induktiven Last ($L > 0$) dauert der Einschaltvorgang länger, da der Stromanstieg durch die Induktivität begrenzt wird; es tritt dabei auch keine Stromspitze auf. Während die Spannung relativ schnell auf die Flussspannung ansteigt, erfolgt der Stromanstieg mit der Zeitkonstante $T = L/R$ der Last. Beim Ausschalten nimmt der Strom zunächst mit der Zeitkonstante der Last ab, bis die Diode sperrt. Danach bilden die Last und die Kapazität der Diode einen Reihenschwingkreis, und Strom und Spannung verlaufen als gedämpfte Schwingungen; dabei können, wie Abb. 1.8 zeigt, hohe Sperr-spannungen auftreten, die die statische Sperrspannung um ein Mehrfaches übersteigen und eine entsprechend hohe Durchbruchspannung der Diode erfordern.

In Abb. 1.9 sind die typischen Angaben zum Ausschalt- (*reverse recovery, RR*) und Einschaltverhalten (*forward recovery, FR*) dargestellt. Die *Rückwärtserholzeit* t_{RR} ist die Zeitspanne vom Nulldurchgang des Stroms bis zu dem Zeitpunkt, an dem der Rück-wärtsstrom auf 10% [2] seines Maximalwerts I_R abgenommen hat. Typische Werte reichen von $t_{RR} < 100\,\mathrm{ps}$ bei schnellen Schottky-Dioden über $t_{RR} = 1\ldots20\,\mathrm{ns}$ bei Silizium-Kleinsignaldioden bis zu $t_{RR} > 1\,\mu\mathrm{s}$ bei Gleichrichterdioden. Die bei der Entladung der Kapazität transportierte *Abschaltladung* Q_{RR} entspricht der Fläche unterhalb der x-Achse, siehe Abb. 1.9a. Beide Größen hängen vom zuvor fließenden Flussstrom I_F und der Ab-schaltgeschwindigkeit ab; deshalb enthalten Datenblätter entweder Angaben zu den Rah-menbedingungen der Messung oder die Messschaltung wird angegeben. Näherungsweise gilt $Q_{RR} \sim I_F$ und $Q_{RR} \sim |I_R| t_{RR}$ [1.2]; daraus folgt, dass die Rückwärtserholzeit in erster Näherung proportional zum Verhältnis von Vor- und Rückwärtsstrom ist: $t_{RR} \sim I_F/|I_R|$.

---

[1] pin-Dioden besitzen eine undotierte (*intrinsische*) oder schwach dotierte Schicht zwischen der p- und der n-Schicht; damit erreicht man eine höhere Durchbruchspannung.

[2] Bei Gleichrichterdioden wird teilweise bei 25% gemessen.

Abb. 1.10.
Kleinsignalersatzschaltbild einer Diode

Diese Näherung gilt allerdings nur für $|I_R| < 3 \ldots 5 \cdot I_F$, d.h. man kann t_{RR} nicht beliebig klein machen. Bei pin-Dioden mit hoher Durchbruchspannung kann ein zu schnelles Abschalten sogar zu einem Durchbruch weit unterhalb der statischen Durchbruchspannung U_{BR} führen, wenn die Sperrspannung an der Diode stark zunimmt, noch bevor die schwach dotierte i-Schicht frei von Ladungsträgern ist. Beim Einschalten tritt die *Einschaltspannung U_{FR}* auf, die ebenfalls von den Einschaltbedingungen abhängt [1.3]; in Datenblättern ist für U_{FR} ein Maximalwert angegeben, typisch $U_{FR} = 1 \ldots 2,5\,\text{V}$.

1.1.4 Kleinsignalverhalten

Das Verhalten bei Aussteuerung mit *kleinen* Signalen um einen durch $U_{D,A}$ und $I_{D,A}$ gegebenen Arbeitspunkt wird als *Kleinsignalverhalten* bezeichnet. Die nichtlineare Kennlinie (1.1) kann in diesem Fall durch ihre Tangente im Arbeitspunkt ersetzt werden; mit den Kleinsignalgrößen

$$i_D = I_D - I_{D,A} \quad, \quad u_D = U_D - U_{D,A}$$

erhält man:

$$i_D = \left. \frac{dI_D}{dU_D} \right|_A u_D = \frac{1}{r_D} u_D$$

Daraus folgt für den *differentiellen Widerstand r_D* der Diode:

$$r_D = \left. \frac{dU_D}{dI_D} \right|_A = \frac{nU_T}{I_{D,A} + I_S} \overset{I_{D,A} \gg I_S}{\approx} \frac{nU_T}{I_{D,A}} \tag{1.3}$$

Das Kleinsignalersatzschaltbild einer Diode besteht demnach aus einem Widerstand mit dem Wert r_D; bei großen Strömen wird r_D sehr klein und man muss zusätzlich den Bahnwiderstand R_B berücksichtigen, siehe Abb. 1.10.

Das Ersatzschaltbild nach Abb. 1.10 eignet sich nur zur Berechnung des Kleinsignalverhaltens bei niedrigen Frequenzen $(0 \ldots 10\,\text{kHz})$; es wird deshalb *Gleichstrom-Kleinsignalersatzschaltbild* genannt. Bei höheren Frequenzen muss man das Wechselstrom-Kleinsignalersatzschaltbild aus Abschnitt 1.3.4.2 verwenden.

1.1.5 Grenzdaten und Sperrströme

Bei einer Diode sind verschiedene Grenzdaten im Datenblatt angegeben, die nicht überschritten werden dürfen. Sie gliedern sich in Grenzspannungen, Grenzströme und die maximale Verlustleistung. Damit alle Grenzdaten positive Werte annehmen, werden für den Sperrbereich die Zählpfeilrichtungen für Strom und Spannung umgekehrt und die entsprechenden Größen mit dem Index R (*reverse*) versehen; für den Durchlassbereich wird der Index F (*forward*) verwendet.

1.1.5.1 Grenzspannungen

Bei der *Durchbruchspannung U_{BR}* bzw. $U_{(BR)}$ bricht die Diode im Sperrbereich durch und der Rückwärtsstrom steigt steil an. Da der Strom bereits bei Annäherung an die Durchbruchspannung deutlich zunimmt, siehe Abb. 1.3, wird eine *maximale Sperrspannung*

$U_{R,max}$ angegeben, bis zu der der Rückwärtsstrom noch unter einem Grenzwert im μA-Bereich bleibt. Bei Aussteuerung mit Pulsen oder bei einem einzelnen Impuls sind höhere Sperrspannungen zulässig; sie werden *periodische Spitzensperrspannung (repetitive peak reverse voltage) U_{RRM}* und *Spitzensperrspannung (peak surge reverse voltage) U_{RSM}* genannt und sind so gewählt, dass die Diode keinen Schaden nimmt. Als Pulsfrequenz wird $f = 50\,\text{Hz}$ angenommen, da von einem Einsatz als Netzgleichrichter ausgegangen wird. Alle Spannungen sind aufgrund der geänderten Zählpfeilrichtung positiv und es gilt:

$$U_{R,max} < U_{RRM} < U_{RSM} < U_{(BR)}$$

1.1.5.2 Grenzströme

Für den Durchlassbereich ist ein *maximaler Dauerflussstrom $I_{F,max}$* angegeben. Er gilt für den Fall, dass das Gehäuse der Diode auf einer Temperatur von $T = 25\,^\circ\text{C}$ gehalten wird; bei höheren Temperaturen ist der erlaubte Dauerstrom geringer. Bei Aussteuerung mit Pulsen oder bei einem einzelnen Impuls sind höhere Flussströme zulässig; sie werden *periodischer Spitzenflussstrom (repetitive peak forward current) I_{FRM}* und *Spitzenflussstrom (peak surge forward current) I_{FSM}* genannt und hängen vom Tastverhältnis bzw. von der Dauer des Impulses ab. Es gilt:

$$I_{F,max} < I_{FRM} < I_{FSM}$$

Bei sehr kurzen Einzelimpulsen gilt $I_{FSM} \approx 4\ldots20 \cdot I_{F,max}$. Bei Gleichrichterdioden ist I_{FRM} besonders wichtig, weil hier ein pulsförmiger, periodischer Strom fließt, siehe Kapitel 16.2; dabei ist der Maximalwert viel größer als der Mittelwert.

Für den Durchbruchbereich ist eine *maximale Strom-Zeit-Fläche I^2t* angegeben, die bei einem durch einen Impuls verursachten Durchbruch auftreten darf:

$$I^2t = \int I_R^2 dt$$

Trotz der Einheit A^2s wird sie oft *maximale Pulsenergie* genannt.

1.1.5.3 Sperrstrom

Der *Sperrstrom I_R* wird bei einer Sperrspannung unterhalb der Durchbruchspannung gemessen und hängt stark von der Sperrspannung und der Temperatur der Diode ab. Bei Raumtemperatur erhält man bei Silizium-Kleinsignaldioden $I_R = 0{,}01\ldots1\,\mu\text{A}$, bei Kleinsignal-Schottky-Dioden und Silizium-Gleichrichterdioden für den Ampere-Bereich $I_R = 1\ldots10\,\mu\text{A}$ und bei Schottky-Gleichrichterdioden $I_R > 10\,\mu\text{A}$; bei einer Temperatur von $T = 150\,^\circ\text{C}$ sind die Werte um den Faktor $20\ldots200$ größer.

1.1.5.4 Maximale Verlustleistung

Die Verlustleistung ist die in der Diode in Wärme umgesetzte Leistung:

$$P_V = U_D I_D$$

Sie entsteht in der Sperrschicht, bei großen Strömen auch in den Bahngebieten, d.h. im Bahnwiderstand R_B. Die Temperatur der Diode erhöht sich bis auf einen Wert, bei dem die Wärme aufgrund des Temperaturgefälles von der Sperrschicht über das Gehäuse an die Umgebung abgeführt werden kann. Im Abschnitt 2.1.6 wird dies am Beispiel eines Bipolartransistors näher beschrieben; die Ergebnisse gelten für die Diode in gleicher Weise, wenn man für P_V die Verlustleistung der Diode einsetzt. In Datenblättern wird die *maximale Verlustleistung* P_{tot} für den Fall angegeben, dass das Gehäuse der Diode auf einer Temperatur von $T = 25\,°C$ gehalten wird; bei höheren Temperaturen ist P_{tot} geringer.

1.1.6 Thermisches Verhalten

Das thermische Verhalten von Bauteilen ist im Abschnitt 2.1.6 am Beispiel des Bipolartransistors beschrieben; die dort dargestellten Größen und Zusammenhänge gelten für eine Diode in gleicher Weise, wenn für P_V die Verlustleistung der Diode eingesetzt wird.

1.1.7 Temperaturabhängigkeit der Diodenparameter

Die Kennlinie einer Diode ist stark temperaturabhängig; bei expliziter Angabe der Temperaturabhängigkeit gilt für die Silizium-pn-Diode [1.1]

$$I_D(U_D,T) \;=\; I_S(T)\left(e^{\frac{U_D}{nU_T(T)}} - 1\right)$$

mit:

$$U_T(T) \;=\; \frac{kT}{q} \;=\; 86{,}142\,\frac{\mu V}{K}\,T \;\overset{T=300\,K}{\approx}\; 26\,mV$$

$$I_S(T) \;=\; I_S(T_0)\,e^{\left(\frac{T}{T_0}-1\right)\frac{U_G(T)}{nU_T(T)}}\left(\frac{T}{T_0}\right)^{\frac{x_{T,I}}{n}} \qquad \text{mit } x_{T,I} \approx 3 \tag{1.4}$$

Dabei ist $k = 1{,}38 \cdot 10^{-23}\,VAs/K$ die *Boltzmannkonstante*, $q = 1{,}602 \cdot 10^{-19}\,As$ die *Elementarladung* und $U_G = 1{,}12\,V$ die *Bandabstandsspannung (gap voltage)* von Silizium; die geringe Temperaturabhängigkeit von U_G kann vernachlässigt werden. Die Temperatur T_0 mit dem zugehörigen Strom $I_S(T_0)$ dient als Referenzpunkt; meist wird $T_0 = 300\,K$ verwendet.

Im Sperrbereich fließt der Sperrstrom $I_R = -I_D \approx I_S$; mit $x_{T,I} = 3$ folgt für den Temperaturkoeffizienten des Sperrstroms:

$$\frac{1}{I_R}\frac{dI_R}{dT} \;\approx\; \frac{1}{I_S}\frac{dI_S}{dT} \;=\; \frac{1}{nT}\left(3 + \frac{U_G}{U_T}\right)$$

In diesem Bereich gilt für die meisten Dioden $n \approx 2$ und man erhält:

$$\frac{1}{I_R}\frac{dI_R}{dT} \;\approx\; \frac{1}{2T}\left(3 + \frac{U_G}{U_T}\right) \;\overset{T=300\,K}{\approx}\; 0{,}08\,K^{-1}$$

Daraus folgt, dass sich der Sperrstrom bei einer Temperaturerhöhung um 9 K verdoppelt und bei einer Erhöhung um 30 K um den Faktor 10 zunimmt. In der Praxis treten oft geringere Temperaturkoeffizienten auf; Ursache hierfür sind Oberflächen- und Leckströme, die oft größer sind als der Sperrstrom des pn-Übergangs und ein anderes Temperaturverhalten haben.

Durch Differentiation von $I_D(U_D,T)$ erhält man den Temperaturkoeffizienten des Stroms bei konstanter Spannung im Durchlassbereich:

$$\frac{1}{I_D}\frac{dI_D}{dT}\bigg|_{U_D=\text{const.}} \;=\; \frac{1}{nT}\left(3 + \frac{U_G - U_D}{U_T}\right) \;\overset{T=300\,K}{\approx}\; 0{,}04\ldots0{,}08\,K^{-1}$$

Mit Hilfe des totalen Differentials

$$dI_D = \frac{\partial I_D}{\partial U_D} dU_D + \frac{\partial I_D}{\partial T} dT = 0$$

kann man die Temperaturänderung von U_D bei konstantem Strom bestimmen:

$$\left. \frac{dU_D}{dT} \right|_{I_D=\text{const.}} = \frac{U_D - U_G - 3U_T}{T} \overset{\substack{T=300\,\text{K} \\ U_D=0,7\,\text{V}}}{\approx} -1,7 \frac{\text{mV}}{\text{K}} \qquad (1.5)$$

Die Durchlassspannung nimmt demnach mit steigender Temperatur ab; eine Zunahme der Temperatur um 60 K führt zu einer Abnahme von U_D um etwa 100 mV. Dieser Effekt wird in integrierten Schaltungen zur Temperaturmessung verwendet.

Diese Ergebnisse gelten auch für Schottky-Dioden, wenn man $x_{T,I} \approx 2$ einsetzt und die Bandabstandsspannung U_G durch die der Energiedifferenz zwischen den Austrittsenergien der n- und Metallzone entsprechenden Spannung $U_{Mn} = (W_{Metall} - W_{n\text{-}Si})/q$ ersetzt; es gilt $U_{Mn} \approx 0,7 \dots 0,8$ V [1.1].

1.2 Aufbau einer Diode

Die Herstellung von Dioden erfolgt in einem mehrstufigen Prozess auf einer Halbleiterscheibe (*wafer*), die anschließend durch Sägen in kleine Plättchen (*die*) aufgeteilt wird. Auf einem Plättchen befindet sich entweder eine einzelne Diode oder eine integrierte Schaltung (*integrated circuit, IC*) mit mehreren Bauteilen.

1.2.1 Einzeldiode

1.2.1.1 Innerer Aufbau

Einzelne Dioden werden überwiegend in Epitaxial-Planar-Technik hergestellt. Abb. 1.11 zeigt den Aufbau einer pn- und einer Schottky-Diode, wobei der aktive Bereich besonders hervorgehoben ist. Das n^+-Gebiet ist stark, das p-Gebiet mittel und das n^--Gebiet schwach dotiert. Die spezielle Schichtung unterschiedlich stark dotierter Gebiete trägt zur Verminderung des Bahnwiderstands und zur Erhöhung der Durchbruchspannung bei. Fast alle pn-Dioden sind als *pin-Dioden* aufgebaut, d.h. sie besitzen eine schwach oder undotierte mittlere Zone, deren Dicke etwa proportional zur Durchbruchspannung ist; in Abb. 1.11a ist dies die n^--Zone. In der Praxis wird eine Diode jedoch nur dann als *pin-Diode* bezeichnet, wenn die Lebensdauer der Ladungsträger in der mittleren Zone sehr hoch ist und dadurch ein besonderes Verhalten erzielt wird; darauf wird im Abschnitt 1.4.2 noch näher

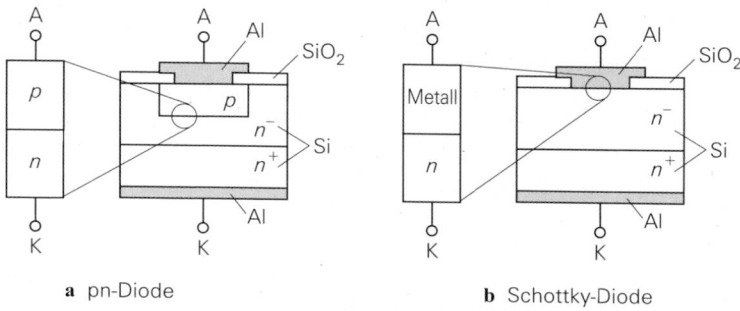

a pn-Diode   **b** Schottky-Diode

Abb. 1.11. Aufbau eines Halbleiterplättchens mit einer Diode

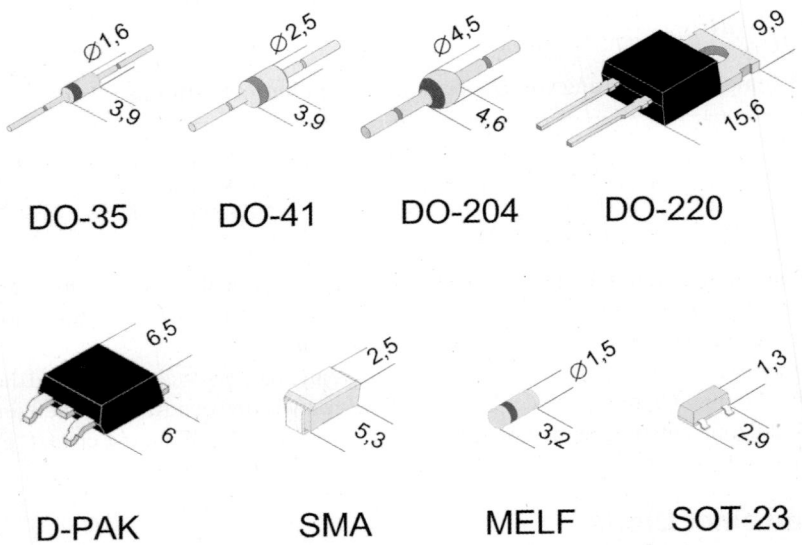

Abb. 1.12. Gängige Gehäusebauformen bei Einzeldioden (Maße in mm)

eingegangen. Bei Schottky-Dioden wird die schwach dotierte n^--Zone zur Bildung des Schottky-Kontakts benötigt, siehe Abb. 1.11b; ein Übergang von einem Metall zu einer mittel bzw. stark dotierten Zone zeigt dagegen ein schlechteres bzw. gar kein Diodenverhalten, sondern verhält sich wie ein Widerstand (*ohmscher Kontakt*).

1.2.1.2 Gehäuse

Der Einbau in ein Gehäuse erfolgt, indem die Unterseite durch Löten mit dem Anschlussbein für die Kathode oder einem metallischen Gehäuseteil verbunden wird. Der Anoden-Anschluss wird mit einem feinen Gold- oder Aluminiumdraht (*Bonddraht*) an das zugehörige Anschlussbein angeschlossen. Abschließend werden die Dioden mit Kunststoff vergossen oder in ein Metallgehäuse mit Schraubanschluss eingebaut.

Für die verschiedenen Baugrößen und Einsatzgebiete existiert eine Vielzahl von Gehäusebauformen, die sich in der maximal abführbaren Verlustleistung unterscheiden oder an spezielle geometrische Erfordernisse angepasst sind. Abbildung 1.12 zeigt eine Auswahl der gängigsten Bauformen. Bei Leistungsdioden ist das Gehäuse für die Montage auf einem Kühlkörper ausgelegt; dabei begünstigt eine möglichst große Kontaktfläche die Wärmeabfuhr. Gleichrichterdioden werden oft als *Brückengleichrichter* mit vier Dioden zur Vollweg-Gleichrichtung in Stromversorgungen ausgeführt, siehe Abschnitt 1.4.4; ebenfalls vier Dioden enthält der *Mischer* nach Abschnitt 1.4.5. Bei Hochfrequenzdioden werden spezielle Gehäuse verwendet, da das elektrische Verhalten bei Frequenzen im GHz-Bereich von der Geometrie abhängt. Oft wird auf ein Gehäuse ganz verzichtet und das Dioden-Plättchen direkt in die Schaltung gelötet bzw. gebondet.

1.2.2 Integrierte Diode

Integrierte Dioden werden ebenfalls in Epitaxial-Planar-Technik hergestellt. Hier befinden sich alle Anschlüsse an der Oberseite des Plättchens und die Diode ist durch gesperrte pn-Übergänge von anderen Bauteilen elektrisch getrennt. Der aktive Bereich befindet sich in

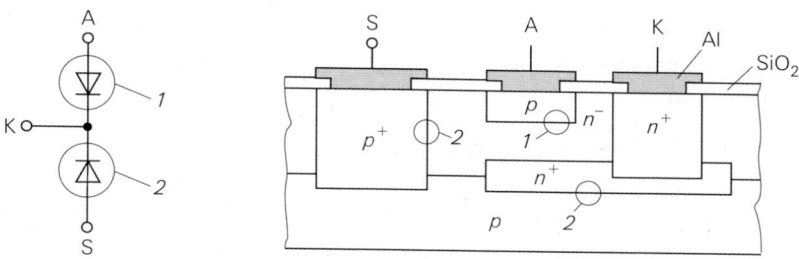

Abb. 1.13. Ersatzschaltbild und Aufbau einer integrierten pn-Diode mit Nutzdiode (1) und parasitärer Substrat-Diode (2)

einer sehr dünnen Schicht an der Oberfläche. Die Tiefe des Plättchens wird *Substrat (substrate, S)* genannt und stellt einen gemeinsamen Anschluss für alle Bauteile der integrierten Schaltung dar.

1.2.2.1 Innerer Aufbau

Abb. 1.13 zeigt den Aufbau einer integrierten pn-Diode. Der Strom fließt von der p-Zone über den pn-Übergang in die n^--Zone und von dort über die n^+-Zone zur Kathode; dabei wird durch die stark dotierte n^+-Zone ein geringer Bahnwiderstand erreicht.

1.2.2.2 Substrat-Diode

Das Ersatzschaltbild in Abb. 1.13 enthält zusätzlich eine Substrat-Diode, die zwischen der Kathode und dem Substrat liegt. Das Substrat wird an die negative Versorgungsspannung angeschlossen, so dass diese Diode immer gesperrt ist und eine Isolation gegenüber anderen Bauteilen und dem Substrat bewirkt.

1.2.2.3 Unterschiede zwischen integrierten pn- und Schottky-Dioden

Prinzipiell kann man eine integrierte Schottky-Diode wie eine integrierte pn-Diode aufbauen, wenn man die p-Zone am Anoden-Anschluss weglässt. In der Praxis ist dies jedoch nicht so einfach möglich, da für Schottky-Kontakte ein anderes Metall verwendet werden muss als zur Verdrahtung der Bauteile und bei den meisten Prozessen zur Herstellung integrierter Schaltungen die entsprechenden Schritte nicht vorgesehen sind.

1.3 Modell für eine Diode

Im Abschnitt 1.1.2 wurde das *statische* Verhalten der Diode durch eine Exponentialfunktion beschrieben; dabei wurden sekundäre Effekte im Durchlassbereich und der Durchbruch vernachlässigt. Für den rechnergestützten Schaltungsentwurf wird ein Modell benötigt, das alle Effekte berücksichtigt und darüber hinaus auch das *dynamische* Verhalten richtig wiedergibt. Aus diesem *Großsignalmodell* erhält man durch Linearisierung das *dynamische Kleinsignalmodell*.

1.3.1 Statisches Verhalten

Die Beschreibung geht von der idealen Diodengleichung (1.1) aus und berücksichtigt weitere Effekte. Ein standardisiertes Diodenmodell entsprechend dem Gummel-Poon-Modell beim Bipolartransistor existiert nicht; deshalb müssen bei einigen CAD-Programmen mehrere Diodenmodelle verwendet werden, um eine reale Diode mit allen Stromanteilen zu beschreiben. Beim Entwurf integrierter Schaltungen wird das Diodenmodell praktisch nicht benötigt, da hier im allgemeinen die Basis-Emitter-Diode eines Bipolartransistors als Diode verwendet wird.

1.3.1.1 Bereich mittlerer Durchlassströme

Im Bereich mittlerer Durchlassströme dominiert bei pn-Dioden der *Diffusionsstrom* I_{DD}; er folgt aus der Theorie der idealen Diode und kann entsprechend (1.1) beschrieben werden:

$$I_{DD} = I_S \left(e^{\frac{U_D}{nU_T}} - 1 \right) \tag{1.6}$$

Als Modellparameter treten der *Sättigungssperrstrom* I_S und der *Emissionskoeffizient* n auf. Für die ideale Diode gilt $n = 1$, für reale Dioden erhält man $n \approx 1\ldots2$. Dieser Bereich wird im folgenden *Diffusionsbereich* genannt.

Bei Schottky-Dioden tritt der Emissionsstrom an die Stelle des Diffusionsstroms. Da jedoch beide Stromleitungsmechanismen auf denselben Kennlinienverlauf führen, kann man (1.6) auch bei Schottky-Dioden verwenden [1.1],[1.3].

1.3.1.2 Weitere Effekte

Bei sehr kleinen und sehr großen Durchlassströmen sowie im Sperrbereich treten Abweichungen vom *idealen* Verhalten nach (1.6) auf:

– Bei großen Durchlassströmen tritt der *Hochstromeffekt* auf, der durch eine stark angestiegene Ladungsträgerkonzentration am Rand der Sperrschicht verursacht wird [1.1]; man spricht in diesem Zusammenhang auch von *starker Injektion*. Dieser Effekt wirkt sich auf den Diffusionsstrom aus und wird durch einen Zusatz in (1.6) beschrieben.
– Durch Ladungsträgerrekombination in der Sperrschicht tritt zusätzlich zum Diffusionsstrom ein *Leck-* bzw. *Rekombinationsstrom* I_{DR} auf, der durch eine zusätzliche Gleichung beschrieben wird [1.1].
– Bei großen Sperrspannungen bricht die Diode durch. Der *Durchbruchstrom* I_{DBR} wird ebenfalls durch eine zusätzliche Gleichung beschrieben.

Der Strom I_D setzt sich demnach aus drei Teilströmen zusammen:

$$I_D = I_{DD} + I_{DR} + I_{DBR} \tag{1.7}$$

1.3.1.2.1 Hochstromeffekt

Der Hochstromeffekt bewirkt eine Zunahme des Emissionskoeffizienten von n im Bereich mittlerer Ströme auf $2n$ für $I_D \to \infty$; er kann durch eine Erweiterung von (1.6) beschrieben werden [1.4]:

$$I_{DD} = \frac{I_S \left(e^{\frac{U_D}{nU_T}} - 1 \right)}{\sqrt{1 + \frac{I_S}{I_K} \left(e^{\frac{U_D}{nU_T}} - 1 \right)}} \approx \begin{cases} I_S\, e^{\frac{U_D}{nU_T}} & \text{für } I_S\, e^{\frac{U_D}{nU_T}} < I_K \\[2mm] \sqrt{I_S I_K}\, e^{\frac{U_D}{2nU_T}} & \text{für } I_S\, e^{\frac{U_D}{nU_T}} > I_K \end{cases} \tag{1.8}$$

Als zusätzlicher Parameter tritt der *Kniestrom* I_K auf, der die Grenze zum *Hochstrombereich* angibt.

1.3.1.2.2 Leckstrom

Für den Leckstrom folgt aus der Theorie der idealen Diode [1.1]:

$$I_{DR} = I_{S,R} \left(e^{\frac{U_D}{n_R U_T}} - 1 \right)$$

Diese Gleichung beschreibt den Rekombinationsstrom jedoch nur im Durchlassbereich ausreichend genau. Im Sperrbereich erhält man durch Einsetzen von $U_D \rightarrow -\infty$ einen konstanten Strom $I_{DR} = -I_{S,R}$, während bei einer realen Diode der Rekombinationsstrom mit steigender Sperrspannung betragsmäßig zunimmt. Eine bessere Beschreibung erhält man, wenn man die Spannungsabhängigkeit der Sperrschichtweite berücksichtigt [1.4]:

$$I_{DR} = I_{S,R} \left(e^{\frac{U_D}{n_R U_T}} - 1 \right) \left(\left(1 - \frac{U_D}{U_{Diff}} \right)^2 + 0.005 \right)^{\frac{m_S}{2}} \tag{1.9}$$

Als weitere Parameter treten der *Leck-Sättigungssperrstrom* $I_{S,R}$, der *Emissionskoeffizient* $n_R \geq 2$, die *Diffusionsspannung* $U_{Diff} \approx 0{,}5 \ldots 1$ V und der *Kapazitätskoeffizient* $m_S \approx 1/3 \ldots 1/2$ auf [3]. Aus (1.9) folgt:

$$I_{DR} \approx -I_{S,R} \left(\frac{|U_D|}{U_{Diff}} \right)^{m_S} \quad \text{für } U_D < -U_{Diff}$$

Der Strom nimmt mit steigender Sperrspannung betragsmäßig zu; dabei hängt der Verlauf vom Kapazitätskoeffizienten m_S ab. Im Durchlassbereich wirkt sich der zusätzliche Faktor in (1.9) praktisch nicht aus, weil dort die exponentielle Abhängigkeit von U_D dominiert.

Wegen $I_{S,R} \gg I_S$ ist der Rekombinationsstrom bei kleinen positiven Spannungen größer als der Diffusionsstrom; dieser Bereich wird *Rekombinationsbereich* genannt. Für

$$U_{D,RD} = U_T \frac{n n_R}{n_R - n} \ln \frac{I_{S,R}}{I_S}$$

sind beide Ströme gleich groß. Bei größeren Spannungen dominiert der Diffusionsstrom und die Diode arbeitet im Diffusionsbereich.

Abbildung 1.14 zeigt den Verlauf von I_D im Durchlassbereich in halblogarithmischer Darstellung und verdeutlicht die Bedeutung der Parameter I_S, $I_{S,R}$ und I_K. Bei einigen Dioden sind die Emissionskoeffizienten n und n_R nahezu gleich. In diesem Fall hat die halblogarithmisch dargestellte Kennlinie im Rekombinations- und im Diffusionsbereich dieselbe Steigung und man kann beide Bereiche mit *einer* Exponentialfunktion beschreiben [4].

1.3.1.2.3 Durchbruch

Für $U_D < -U_{BR}$ bricht die Diode durch; der dabei fließende Strom kann näherungsweise durch eine Exponentialfunktion beschrieben werden [1.5]:

$$I_{DBR} = -I_{BR} \, e^{-\frac{U_D + U_{BR}}{n_{BR} U_T}} \tag{1.10}$$

---

[3] U_{Diff} und m_S werden primär zur Beschreibung der Sperrschichtkapazität der Diode verwendet, siehe Abschnitt 1.3.2.

[4] In Abb. 1.4 ist die Kennlinie einer derartigen Diode dargestellt.

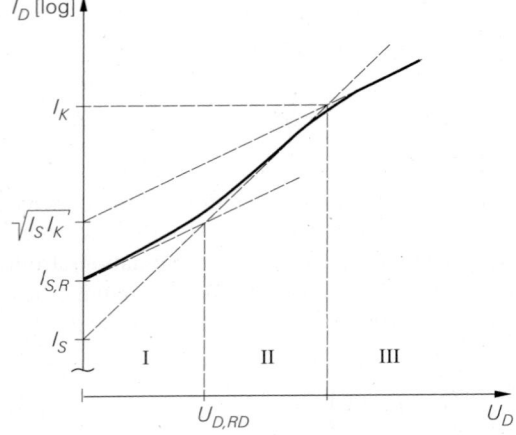

Abb. 1.14.
Halblogaritmische Darstellung von
I_D im Durchlassbereich:
(I) Rekombinationsbereich
(II) Diffusionsbereich
(III) Hochstrombereich

Dazu werden die *Durchbruchspannung* $U_{BR} \approx 50 \dots 1000\,V$, der *Durchbruch-Kniestrom* I_{BR} und der *Durchbruch-Emissionskoeffizient* $n_{BR} \approx 1$ benötigt. Mit $n_{BR} = 1$ und $U_T \approx 26\,mV$ gilt [5]:

$$
I_D \approx I_{DBR} = \begin{cases} -I_{BR} & \text{für } U_D = -U_{BR} \\ -10 I_{BR} & \text{für } U_D = -U_{BR} - 60\,mV \\ \;\;\vdots & \\ -10^n I_{BR} & \text{für } U_D = -U_{BR} - n \cdot 60\,mV \end{cases}
$$

Die Angabe von I_{BR} und U_{BR} ist nicht eindeutig, da man dieselbe Kurve mit unterschiedlichen Wertepaaren (U_{BR}, I_{BR}) beschreiben kann; deshalb kann das Modell einer bestimmten Diode unterschiedliche Parameter haben.

1.3.1.3 Bahnwiderstand

Zur vollständigen Beschreibung des statischen Verhaltens wird der Bahnwiderstand R_B benötigt; er setzt sich nach Abb. 1.15 aus den Widerständen der einzelnen Schichten zusammen und wird im Modell durch einen Serienwiderstand berücksichtigt. Man muss nun zwischen der *inneren Diodenspannung* U_D' und der *äußeren Diodenspannung*

$$ U_D = U_D' + I_D R_B \tag{1.11} $$

unterscheiden; in die Formeln für I_{DD}, I_{DR} und I_{DBR} muss U_D' anstelle von U_D eingesetzt werden. Der Bahnwiderstand liegt zwischen $0{,}01\,\Omega$ bei Leistungsdioden und $10\,\Omega$ bei Kleinsignaldioden.

1.3.2 Dynamisches Verhalten

Das Verhalten bei Ansteuerung mit puls- oder sinusförmigen Signalen wird als *dynamisches Verhalten* bezeichnet und kann nicht aus den Kennlinien ermittelt werden. Ursache hierfür sind die nichtlineare *Sperrschichtkapazität* des pn- oder Metall-Halbleiter-Übergangs und die im pn-Übergang gespeicherte *Diffusionsladung*, die über die ebenfalls nichtlineare *Diffusionskapazität* beschrieben wird.

---

[5] Es gilt: $U_T \ln 10 \approx 60\,mV$.

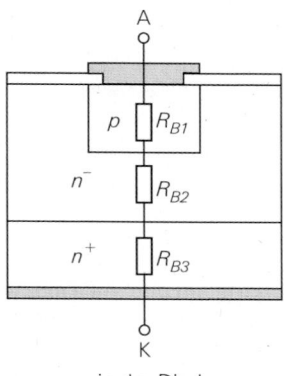
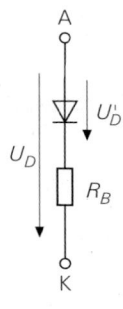

a in der Diode   **b** im Modell

Abb. 1.15.
Bahnwiderstand einer Diode

1.3.2.1 Sperrschichtkapazität

Ein pn- oder Metall-Halbleiter-Übergang besitzt eine spannungsabhängige *Sperrschichtkapazität* C_S, die von der Dotierung der aneinander grenzenden Gebiete, dem Dotierungsprofil, der Fläche des Übergangs und der anliegenden Spannung U'_D abhängt. Man kann sich den Übergang wie einen Plattenkondensator mit der Kapazität $C = \epsilon A/d$ vorstellen; dabei entspricht A der Fläche des Übergangs und d der Sperrschichtweite. Eine vereinfachte Betrachtung eines pn-Übergangs liefert $d(U) \sim (1 - U/U_{Diff})^{m_S}$ [1.1] und damit:

$$C_S(U'_D) = \frac{C_{S0}}{\left(1 - \dfrac{U'_D}{U_{Diff}}\right)^{m_S}} \quad \text{für } U'_D < U_{Diff} \tag{1.12}$$

Als Parameter treten die *Null-Kapazität* $C_{S0} = C_S(U'_D = 0)$, die *Diffusionsspannung* $U_{Diff} \approx 0.5 \ldots 1\,\text{V}$ und der *Kapazitätskoeffizient* $m_S \approx 1/3 \ldots 1/2$ auf [1.2].

Für $U'_D \to U_{Diff}$ sind die Annahmen, die auf (1.12) führen, nicht mehr erfüllt. Man ersetzt deshalb den Verlauf für $U'_D > f_S U_{Diff}$ durch eine Gerade [1.5]:

$$C_S(U'_D) = C_{S0} \begin{cases} \dfrac{1}{\left(1 - \dfrac{U'_D}{U_{Diff}}\right)^{m_S}} & \text{für } U'_D \leq f_S U_{Diff} \\[4ex] \dfrac{1 - f_S\,(1 + m_S) + \dfrac{m_S U'_D}{U_{Diff}}}{(1 - f_S)^{(1+m_S)}} & \text{für } U'_D > f_S U_{Diff} \end{cases} \tag{1.13}$$

Dabei gilt $f_S \approx 0.4 \ldots 0.7$. Abbildung 2.32 auf Seite 72 zeigt den Verlauf von C_S für $m_S = 1/2$ und $m_S = 1/3$.

1.3.2.2 Diffusionskapazität

In einem pn-Übergang ist im Durchlassbetrieb eine Diffusionsladung Q_D gespeichert, die proportional zum Diffusionsstrom durch den pn-Übergang ist [1.2]:

$$Q_D = \tau_T I_{DD}$$

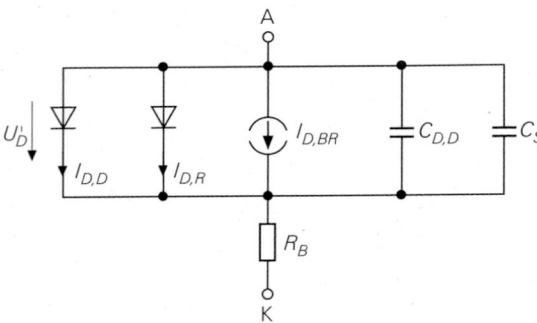

Abb. 1.16.
Vollständiges Modell einer Diode

Der Parameter τ_T wird *Transitzeit* genannt. Durch Differentiation von (1.8) erhält man die *Diffusionskapazität*:

$$C_{D,D}(U_D') = \frac{dQ_D}{dU_D'} = \frac{\tau_T I_{DD}}{nU_T} \frac{1 + \dfrac{I_S}{2I_K} e^{\frac{U_D'}{nU_T}}}{1 + \dfrac{I_S}{I_K} e^{\frac{U_D'}{nU_T}}} \tag{1.14}$$

Im Diffusionsbereich gilt $I_{DD} \gg I_{DR}$ und damit $I_D \approx I_{DD}$; daraus folgt für die Diffusionskapazität die Näherung:

$$C_{D,D} \approx \frac{\tau_T I_D}{nU_T} \frac{1 + I_D/(2I_K)}{1 + I_D/I_K} \overset{I_D \ll I_K}{\approx} \frac{\tau_T I_D}{nU_T} \tag{1.15}$$

Bei Silizium-pn-Dioden gilt $\tau_T \approx 1 \dots 100$ ns; bei Schottky-Dioden ist die Diffusionsladung wegen $\tau_T \approx 10 \dots 100$ ps vernachlässigbar klein.

1.3.3 Vollständiges Modell einer Diode

Abbildung 1.16 zeigt das vollständige Modell einer Diode; es wird in CAD-Programmen zur Schaltungssimulation verwendet. Die Diodensymbole im Modell stehen für den Diffusionsstrom I_{DD} und den Rekombinationsstrom I_{DR}; der Durchbruchstrom I_{DBR} ist durch eine gesteuerte Stromquelle dargestellt. Abbildung 1.17 gibt einen Überblick über die Größen und die Gleichungen. Die Parameter sind in Abb. 1.18 aufgelistet; zusätzlich sind die Bezeichnungen der Parameter im Schaltungssimulator *PSpice* [6] angegeben. Abbildung 1.19 zeigt die Parameterwerte einiger ausgewählter Dioden, die der Bauteile-Bibliothek von *PSpice* entnommen wurden. Nicht angegebene Parameter werden von *PSpice* unterschiedlich behandelt:

- es wird ein Standardwert verwendet:
  $I_S = 10^{-14}$ A , $n = 1$, $n_R = 2$, $I_{BR} = 10^{-10}$ A , $n_{BR} = 1$, $x_{T,I} = 3$, $f_S = 0,5$,
  $U_{Diff} = 1$ V , $m_S = 0,5$
- der Parameter wird zu Null gesetzt: $I_{S,R}$, R_B , C_{S0} , τ_T
- der Parameter wird zu Unendlich gesetzt: I_K , U_{BR}

Die Werte Null und Unendlich bewirken, dass der jeweilige Effekt nicht modelliert wird [1.4].

---

[6] *PSpice* ist ein Produkt der Firma *MicroSim*.

Größe	Bezeichnung	Gleichung
I_{DD}	Diffusionsstrom	(1.8)
I_{DR}	Rekombinationsstrom	(1.9)
I_{DBR}	Durchbruchstrom	(1.10)
R_B	Bahnwiderstand	
C_S	Sperrschichtkapazität	(1.13)
$C_{D,D}$	Diffusionskapazität	(1.14)

Abb. 1.17.
Größen des Dioden-Modells

1.3.4 Kleinsignalmodell

Durch Linearisierung in einem Arbeitspunkt erhält man aus dem nichtlinearen Modell ein lineares *Kleinsignalmodell*. Das *statische Kleinsignalmodell* beschreibt das Kleinsignalverhalten bei niedrigen Frequenzen und wird deshalb auch *Gleichstrom-Kleinsignalersatzschaltbild* genannt. Das *dynamische Kleinsignalmodell* beschreibt zusätzlich das dynamische Kleinsignalverhalten und wird zur Berechnung des Frequenzgangs von Schaltungen benötigt; es wird auch *Wechselstrom-Kleinsignalersatzschaltbild* genannt.

1.3.4.1 Statisches Kleinsignalmodell

Die Linearisierung der statischen Kennlinie (1.11) liefert den Kleinsignalwiderstand:

$$\left.\frac{dU_D}{dI_D}\right|_A = \left.\frac{dU_D'}{I_D}\right|_A + R_B = r_D + R_B$$

Parameter	PSpice	Bezeichnung
Statisches Verhalten		
I_S	IS	Sättigungssperrstrom
n	N	Emissionskoeffizient
$I_{S,R}$	ISR	Leck-Sättigungssperrstrom
n_R	NR	Emissionskoeffizient
I_K	IK	Kniestrom zur starken Injektion
I_{BR}	IBV	Durchbruch-Kniestrom
n_{BR}	NBV	Emissionskoeffizient
U_{BR}	BV	Durchbruchspannung
R_B	RS	Bahnwiderstand
Dynamisches Verhalten		
C_{S0}	CJO	Null-Kapazität der Sperrschicht
U_{Diff}	VJ	Diffusionsspannung
m_S	M	Kapazitätskoeffizient
f_S	FC	Koeffizient für den Verlauf der Kapazität
τ_T	TT	Transit-Zeit
Thermisches Verhalten		
$x_{T,I}$	XTI	Temperaturkoeffizient der Sperrströme nach (1.4)

Abb. 1.18. Parameter des Dioden-Modells

Parameter	PSpice	1N4148	1N4001	BAS40	Einheit
I_S	IS	2,68	14,1	0	nA
n	N	1,84	1,98	1	
$I_{S,R}$	ISR	1,57	0	254	fA
n_R	NR	2	2	2	
I_K	IK	0,041	94,8	0,01	A
I_{BR}	IBV	100	10	10	μA
n_{BR}	NBV	1	1	1	
U_{BR}	BV	100	75	40	V
R_B	RS	0,6	0,034	0,1	Ω
C_{S0}	CJO	4	25,9	4	pF
U_{Diff}	VJ	0,5	0,325	0,5	V
m_S	M	0,333	0,44	0,333	
f_S	FC	0,5	0,5	0,5	
τ_T	TT	11,5	5700	0,025	ns
$x_{T,I}$	XTI	3	3	2	

1N4148:   Kleinsignaldiode
1N4001:   Gleichrichterdiode
BAS40:   Schottky-Diode

Abb. 1.19. Parameter einiger Dioden

Er setzt sich aus dem Bahnwiderstand R_B und dem *differentiellen Widerstand* r_D der inneren Diode zusammen, siehe Abb. 1.10 auf Seite 10. Für r_D erhält man drei Anteile entsprechend den drei Teilströmen I_{DD}, I_{DR} und I_{DBR}:

$$\frac{1}{r_D} = \left.\frac{dI_D}{dU'_D}\right|_A = \left.\frac{dI_{DD}}{dU'_D}\right|_A + \left.\frac{dI_{DR}}{dU'_D}\right|_A + \left.\frac{dI_{DBR}}{dU'_D}\right|_A$$

Eine Berechnung durch Differentiation von (1.6), (1.9) und (1.10) liefert umfangreiche Ausdrücke; in der Praxis kann man folgende Näherungen verwenden:

$$\frac{1}{r_{DD}} = \left.\frac{dI_{DD}}{dU'_D}\right|_A \approx \frac{I_{DD,A} + I_S}{nU_T} \cdot \frac{1 + \dfrac{I_{DD,A}}{2I_K}}{1 + \dfrac{I_{DD,A}}{I_K}} \overset{I_S \ll I_{DD,A} \ll I_K}{\approx} \frac{I_{DD,A}}{nU_T}$$

$$\frac{1}{r_{DR}} = \left.\frac{dI_{DR}}{dU'_D}\right|_A \approx \begin{cases} \dfrac{I_{DR,A} + I_{S,R}}{n_R U_T} & \text{für } I_{DR,A} > 0 \\[2mm] \dfrac{I_{S,R}}{m_S U_{Diff}^{m_S} |U'_{D,A}|^{1-m_S}} & \text{für } I_{DR,A} < 0 \end{cases}$$

$$\frac{1}{r_{DBR}} = \left.\frac{dI_{DBR}}{dU'_D}\right|_A = -\frac{I_{DBR,A}}{n_{BR} U_T}$$

Für den differentiellen Widerstand r_D folgt dann:

$$r_D = r_{DD} \| r_{DR} \| r_{DBR}$$

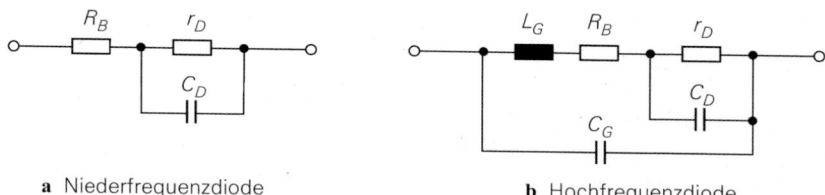

a Niederfrequenzdiode

b Hochfrequenzdiode

Abb. 1.20. Dynamisches Kleinsignalmodell

Für Arbeitspunkte im Diffusionsbereich und unterhalb des Hochstrombereichs gilt $I_{D,A} \approx I_{DD,A}$ und $I_{D,A} < I_K$ [7]; man kann dann die Näherung

$$r_D = r_{DD} \approx \frac{nU_T}{I_{D,A}} \tag{1.16}$$

verwenden. Diese Gleichung entspricht der bereits im Abschnitt 1.1.4 angegebenen Gleichung (1.3). Sie kann näherungsweise für alle Arbeitspunkte im Durchlassbereich verwendet werden; im Hochstrom- und im Rekombinationsbereich liefert sie Werte, die um den Faktor $1 \ldots 2$ zu klein sind. Mit $n = 1 \ldots 2$ erhält man:

$$I_{D,A} = 1 \begin{Bmatrix} \mu A \\ mA \\ A \end{Bmatrix} \xrightarrow{U_T = 26\,mV} r_D = 26 \ldots 52 \begin{Bmatrix} k\Omega \\ \Omega \\ m\Omega \end{Bmatrix}$$

Im Sperrbereich gilt für Kleinsignaldioden $r_D \approx 10^6 \ldots 10^9\,\Omega$; bei Gleichrichterdioden für den Ampere-Bereich sind die Werte um den Faktor $10 \ldots 100$ geringer.

Der Kleinsignalwiderstand im Durchbruchbereich wird nur bei Z-Dioden benötigt, da nur bei diesen ein Arbeitspunkt im Durchbruch zulässig ist; er wird deshalb mit r_Z bezeichnet. Mit $I_{D,A} \approx I_{DBR,A}$ gilt:

$$r_Z = r_{DBR} = \frac{n_{BR}U_T}{|I_{D,A}|} \tag{1.17}$$

1.3.4.2 Dynamisches Kleinsignalmodell

1.3.4.2.1 Vollständiges Modell

Durch Ergänzen der Sperrschicht- und der Diffusionskapazität erhält man aus dem statischen Kleinsignalmodell nach Abb. 1.10 das in Abb. 1.20a gezeigte dynamische Kleinsignalmodell; dabei gilt mit Bezug auf Abschnitt 1.3.2:

$$C_D = C_S(U_D') + C_{D,D}(U_D')$$

Bei Hochfrequenzdioden muss man zusätzlich die parasitären Einflüsse des Gehäuses berücksichtigen; Abb. 1.20b zeigt das erweiterte Modell mit einer Gehäuseinduktivität $L_G \approx 1 \ldots 10\,nH$ und einer Gehäusekapazität $C_G \approx 0{,}1 \ldots 1\,pF$ [1.6].

1.3.4.2.2 Vereinfachtes Modell

Für praktische Berechnungen werden der Bahnwiderstand R_B vernachlässigt und Näherungen für r_D und C_D verwendet. Im Durchlassbereich erhält man aus (1.15), (1.16) und der Abschätzung $C_S(U_D') \approx 2C_{S0}$:

---

[7] Dieser Bereich wird an anderer Stelle als *Bereich mittlerer Durchlassströme* bezeichnet.

$$r_D \approx \frac{nU_T}{I_{D,A}} \qquad (1.18)$$

$$C_D \approx \frac{\tau_T I_{D,A}}{nU_T} + 2C_{S0} = \frac{\tau_T}{r_D} + 2C_{S0} \qquad (1.19)$$

Im Sperrbereich wird r_D vernachlässigt, d.h. $r_D \to \infty$, und $C_D \approx C_{S0}$ verwendet.

1.4 Spezielle Dioden und ihre Anwendung

1.4.1 Z-Diode

Z-Dioden sind Dioden mit genau spezifizierter Durchbruchspannung, die für den Dauerbetrieb im Durchbruchbereich ausgelegt sind und zur Spannungsstabilisierung bzw. -begrenzung eingesetzt werden. Die Durchbruchspannung U_{BR} wird bei Z-Dioden als *Z-Spannung* U_Z bezeichnet und beträgt bei handelsüblichen Z-Dioden $U_Z \approx 3 \ldots 300\,\text{V}$. Abbildung 1.21 zeigt das Schaltsymbol und die Kennlinie einer Z-Diode.

1.4.1.1 Kennlinie im Durchbruchbereich

Im Durchbruchbereich gilt (1.10):

$$I_D \approx I_{DBR} = -I_{BR}\, e^{-\frac{U_D + U_Z}{n_{BR} U_T}}$$

Die Z-Spannung hängt von der Temperatur ab. Der *Temperaturkoeffizient*

$$TC = \left. \frac{dU_Z}{dT} \right|_{T=300\,\text{K},\, I_D=\text{const.}}$$

gibt die relative Änderung bei konstantem Strom an:

$$U_Z(T) = U_Z(T_0)\,(1 + TC\,(T - T_0)) \qquad \text{mit } T_0 = 300\,\text{K}$$

Bei Z-Spannungen unter 5 V dominiert der Zener-Effekt mit negativem Temperaturkoeffizienten, darüber der Avalanche-Effekt mit positivem Temperaturkoeffizienten; typische Werte sind $TC \approx -6 \cdot 10^{-4}\,\text{K}^{-1}$ für $U_Z = 3{,}3\,\text{V}$, $TC \approx 0$ für $U_Z = 5{,}1\,\text{V}$ und $TC \approx 10^{-3}\,\text{K}^{-1}$ für $U_Z = 47\,\text{V}$.

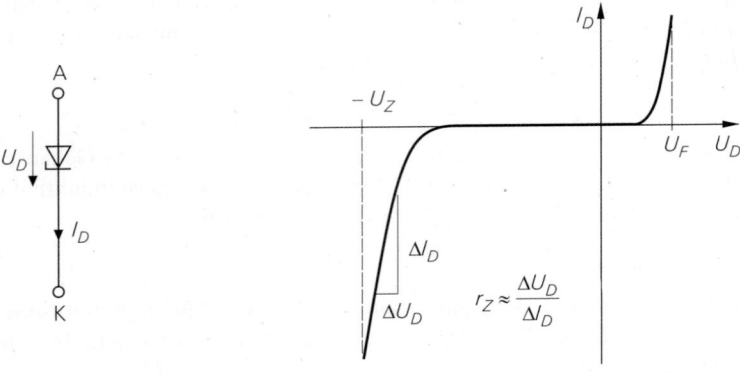

a Schaltsymbol   b Kennlinie

Abb. 1.21. Z-Diode

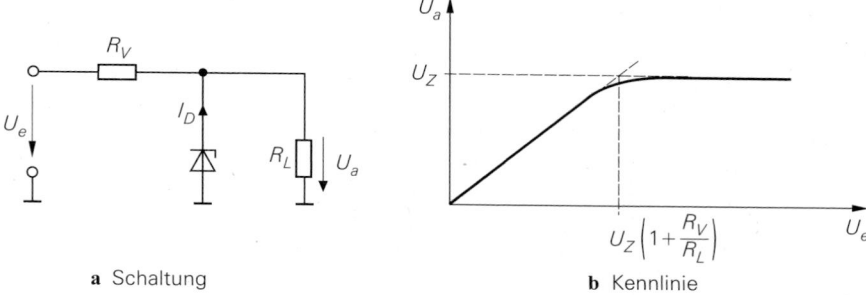

a Schaltung   **b** Kennlinie

Abb. 1.22. Spannungsstabilisierung mit Z-Diode

Der differentielle Widerstand im Durchbruchbereich wird mit r_Z bezeichnet und entspricht dem Kehrwert der Steigung der Kennlinie; mit (1.17) folgt:

$$r_Z = \frac{dU_D}{dI_D} = \frac{n_{BR}U_T}{|I_D|} = -\frac{n_{BR}U_T}{I_D} \approx \frac{\Delta U_D}{\Delta I_D}$$

Er hängt maßgeblich vom Emissionskoeffizienten n_{BR} ab, der bei $U_Z \approx 8\,\text{V}$ mit
$n_{BR} \approx 1\ldots2$ ein Minimum erreicht und zu kleineren und größeren Z-Spannungen hin
zunimmt; typisch ist $n_{BR} \approx 10\ldots20$ bei $U_Z = 3,3\,\text{V}$ und $n_{BR} \approx 4\ldots8$ bei $U_Z = 47\,\text{V}$.
Die spannungsstabilisierende Wirkung der Z-Diode beruht darauf, dass die Kennlinie im
Durchbruchbereich sehr steil und damit der differentielle Widerstand r_Z sehr klein ist; am
besten eignen sich Z-Dioden mit $U_Z \approx 8\,\text{V}$, da deren Kennlinie wegen des Minimums von
n_{BR} die größte Steigung hat. Für $|I_D| = 5\,\text{mA}$ erhält man Werte zwischen $r_Z \approx 5\ldots10\,\Omega$
bei $U_Z = 8,2\,\text{V}$ und $r_Z \approx 50\ldots100\,\Omega$ bei $U_Z = 3,3\,\text{V}$.

1.4.1.2 Spannungsstabilisierung mit Z-Diode

Abbildung 1.22a zeigt eine typische Schaltung zur Spannungsstabilisierung. Für $0 \le U_a <$
U_Z sperrt die Z-Diode und die Ausgangsspannung ergibt sich durch Spannungsteilung an
den Widerständen R_V und R_L:

$$U_a = U_e \frac{R_L}{R_V + R_L}$$

Wenn die Z-Diode leitet gilt $U_a \approx U_Z$. Daraus folgt für die in Abb. 1.22b gezeigte
Kennlinie:

$$U_a \approx \begin{cases} U_e \dfrac{R_L}{R_V + R_L} & \text{für } U_e < U_Z\left(1 + \dfrac{R_V}{R_L}\right) \\[2ex] U_Z & \text{für } U_e > U_Z\left(1 + \dfrac{R_V}{R_L}\right) \end{cases}$$

Der Arbeitspunkt muss in dem Bereich liegen, in dem die Kennlinie nahezu horizontal
verläuft, damit die Stabilisierung wirksam ist. Aus der Knotengleichung

$$\frac{U_e - U_a}{R_V} + I_D = \frac{U_a}{R_L}$$

erhält man durch Differentiation nach U_a den *Glättungsfaktor*

$$G = \frac{dU_e}{dU_a} = 1 + \frac{R_V}{r_Z} + \frac{R_V}{R_L} \stackrel{r_Z \ll R_V, R_L}{\approx} \frac{R_V}{r_Z} \qquad (1.20)$$

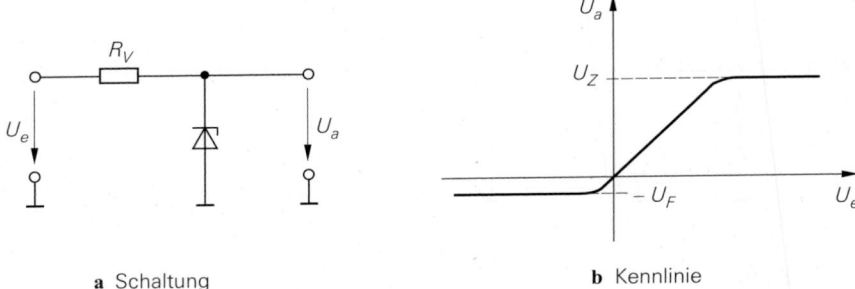

a Schaltung   **b** Kennlinie

Abb. 1.23. Spannungsbegrenzung mit Z-Diode

und den *Stabilisierungsfaktor* [1.7]:

$$S = \frac{\frac{dU_e}{U_e}}{\frac{dU_a}{U_a}} = \frac{U_a}{U_e}\frac{dU_e}{dU_a} = \frac{U_a}{U_e}G \approx \frac{U_a R_V}{U_e r_Z}$$

Beispiel: In einer Schaltung mit einer Versorgungsspannung $U_b = 12\,\text{V} \pm 1\,\text{V}$ soll ein Schaltungsteil A mit einer Spannung $U_A = 5{,}1\,\text{V} \pm 10\,\text{mV}$ versorgt werden; dabei wird ein Strom $I_A = 1\,\text{mA}$ benötigt. Man kann den Schaltungsteil als Widerstand mit $R_L = U_A/I_A = 5{,}1\,\text{k}\Omega$ auffassen und die Schaltung aus Abb. 1.22a mit einer Z-Diode mit $U_Z = 5{,}1\,\text{V}$ verwenden, wenn man $U_e = U_b$ und $U_a = U_A$ setzt. Der Vorwiderstand R_V muss nun so gewählt werden, dass $G = dU_e/dU_a > 1\,\text{V}/10\,\text{mV} = 100$ gilt; damit folgt aus (1.20) $R_V \approx Gr_Z \geq 100 r_Z$. Aus der Knotengleichung folgt

$$-I_D = \frac{U_e - U_a}{R_V} - \frac{U_a}{R_L} = \frac{U_b - U_A}{R_V} - I_A$$

und aus (1.17) $-I_D = n_{BR}U_T/r_Z$; durch Gleichsetzen erhält man mit $R_V = Gr_Z$, $G = 100$ und $n_{BR} = 2$:

$$R_V = \frac{U_b - U_A - Gn_{BR}U_T}{I_A} = 1{,}7\,\text{k}\Omega$$

Für die Ströme folgt $I_V = (U_b - U_A)/R_V = 4{,}06\,\text{mA}$ und $|I_D| = I_V - I_A = 3{,}06\,\text{mA}$. Man erkennt, dass der Strom durch die Z-Diode wesentlich größer ist als die Stromaufnahme I_A des zu versorgenden Schaltungsteils. Deshalb eignet sich diese Art der Spannungsstabilisierung nur für Teilschaltungen mit geringer Stromaufnahme. Bei größerer Stromaufnahme muss man einen Spannungsregler einsetzen, der zwar teurer ist, aber neben einer geringeren Verlustleistung auch eine bessere Stabilisierung bietet.

1.4.1.3 Spannungsbegrenzung mit Z-Dioden

Die Schaltung nach Abb. 1.22a kann auch zur Spannungsbegrenzung eingesetzt werden. Lässt man in Abb. 1.22a den Widerstand R_L weg, d.h. $R_L \to \infty$, erhält man die Schaltung in Abb. 1.23a mit der in Abb. 1.23b gezeigten Kennlinie:

$$U_a \approx \begin{cases} -U_F & \text{für } U_e \leq -U_F \\ U_e & \text{für } -U_F < U_e < U_Z \\ U_Z & \text{für } U_e \geq U_Z \end{cases}$$

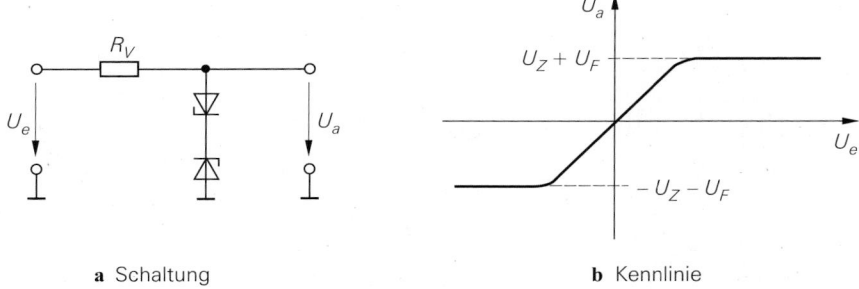

a Schaltung   **b** Kennlinie

Abb. 1.24. Symmetrische Spannungsbegrenzung mit zwei Z-Dioden

Im mittleren Bereich sperrt die Diode und es gilt $U_a = U_e$. Für $U_e \geq U_Z$ bricht die Diode durch und begrenzt die Ausgangsspannung auf U_Z. Für $U_e \leq -U_F \approx -0{,}6$ V arbeitet die Diode im Durchlassbereich und begrenzt negative Spannungen auf die Flussspannung U_F. Die Schaltung nach Abb. 1.24a ermöglicht eine symmetrische Begrenzung mit $|U_a| \leq U_Z + U_F$; dabei arbeitet im Falle der Begrenzung eine der Dioden im Durchlass- und die andere im Durchbruchbereich.

1.4.2 pin-Diode

Bei *pin-Dioden* [8] ist die Lebensdauer τ der Ladungsträger in der undotierten i-Schicht besonders groß. Da ein Übergang vom Durchlass- in den Sperrbetrieb erst dann eintritt, wenn nahezu alle Ladungsträger in der i-Schicht rekombiniert sind, bleibt eine leitende pin-Diode auch bei kurzen negativen Spannungsimpulsen mit einer Pulsdauer $t_P \ll \tau$ leitend. Sie wirkt dann wie ein ohmscher Widerstand, dessen Wert proportional zur Ladung in der i-Schicht und damit proportional zum mittleren Strom $\overline{I}_{D,pin}$ ist [1.8]:

$$ r_{D,pin} \approx \frac{nU_T}{\overline{I}_{D,pin}} \qquad \text{mit } n \approx 1 \ldots 2 $$

Aufgrund dieser Eigenschaft kann man die pin-Diode für Wechselspannungen mit einer Frequenz $f \gg 1/\tau$ als *gleichstromgesteuerten Wechselspannungswiderstand* einsetzen. Abbildung 1.25 zeigt die Schaltung und das Kleinsignalersatzschaltbild eines einfachen variablen Spannungsteilers mit einer pin-Diode. In Hochfrequenzschaltungen werden meist π-*Dämpfungsglieder* mit drei pin-Dioden eingesetzt, siehe Abb. 1.26; dabei erreicht man durch geeignete Ansteuerung eine variable Dämpfung bei beidseitiger Anpassung an einen vorgegeben Wellenwiderstand, meist 50 Ω. Die Kapazitäten und Induktivitäten in Abb. 1.26 bewirken eine Trennung der Gleich- und Wechselstrompfade der Schaltung. Für typische pin-Dioden gilt $\tau \approx 0{,}1 \ldots 5\,\mu$s; damit ist die Schaltung für Frequenzen $f > 2 \ldots 100$ MHz $\gg 1/\tau$ geeignet.

Eine weitere wichtige Eigenschaft der pin-Diode ist die geringe Sperrschichtkapazität aufgrund der vergleichsweise dicken i-Schicht. Deshalb kann man die pin-Diode auch als Hochfrequenzschalter einsetzen, wobei aufgrund der geringen Sperrschichtkapazität bei offenem Schalter ($\overline{I}_{D,pin} = 0$) eine gute Sperrdämpfung erreicht wird. Die typische

---

[8] Die meisten pn-Dioden sind als pin-Dioden aufgebaut; dabei wird durch die i-Schicht eine hohe Sperrspannung erreicht. Die Bauteil-Bezeichnung *pin-Diode* wird dagegen nur für Dioden mit geringer Störstellendichte und entsprechend hoher Lebensdauer der Ladungsträger in der i-Schicht verwendet.

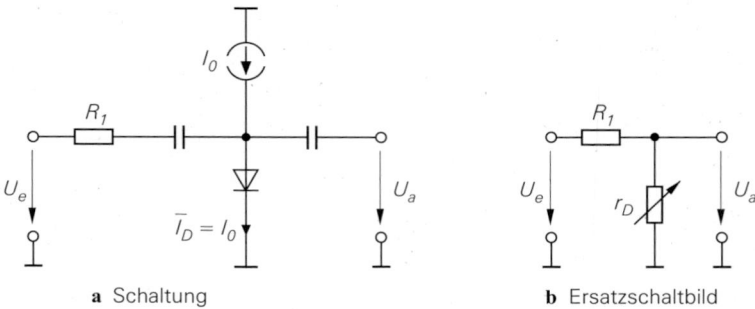

a Schaltung   **b** Ersatzschaltbild

Abb. 1.25. Spannungsteiler für Wechselspannungen mit pin-Diode

Schaltung eines HF-Schalters entspricht weitgehend dem in Abb. 1.26 gezeigten Dämpfungsglied, das in diesem Fall als Kurzschluss-Serien-Kurzschluss-Schalter mit besonders hoher Sperrdämpfung arbeitet.

1.4.3 Kapazitätsdiode

Aufgrund der Spannungsabhängigkeit der Sperrschichtkapazität kann man eine Diode als variable Kapazität betreiben; dazu wird die Diode im Sperrbereich betrieben und die Sperrschichtkapazität über die Sperrspannung eingestellt. Aus (1.12) auf Seite 19 folgt, dass der Bereich, in dem die Kapazität verändert werden kann, maßgeblich vom Kapazitätskoeffizienten m_S abhängt und mit zunehmendem Wert von m_S größer wird. Einen besonders großen Bereich von $1 : 3 \ldots 10$ erreicht man bei Dioden mit *hyperabrupter Dotierung* ($m_S \approx 0{,}5 \ldots 1$), bei denen die Dotierung in der Nähe der pn-Grenze zunächst zunimmt, bevor der Übergang zum anderen Gebiet erfolgt [1.8]. Dioden mit diesem Dotierungsprofil werden *Kapazitätsdioden* (*Abstimmdiode, varicap*) genannt und überwiegend zur Frequenzabstimmung in LC-Schwingkreisen eingesetzt. Abbildung 1.27 zeigt das Schaltsymbol einer Kapazitätsdiode und den Verlauf der Sperrschichtkapazität C_S für einige typische Dioden. Die Verläufe sind ähnlich, nur die Diode BB512 nimmt aufgrund der starken Abnahme der Sperrschichtkapazität eine Sonderstellung ein. Man kann den Kapazitätskoeffizienten m_S aus der Steigung in der doppelt logarithmischen Darstellung ermitteln; dazu sind in Abb. 1.27 die Steigungen für $m_S = 0{,}5$ und $m_S = 1$ eingezeichnet.

Neben dem Verlauf der Sperrschichtkapazität C_S ist die Güte Q ein wichtiges Qualitätsmaß einer Kapazitätsdiode. Aus der Gütedefinition

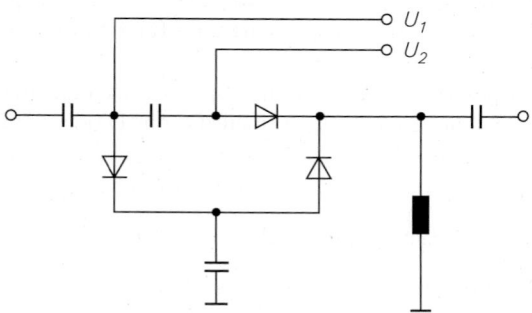

Abb. 1.26.
π-Dämpfungsglied mit drei pin-Dioden für HF-Anwendungen

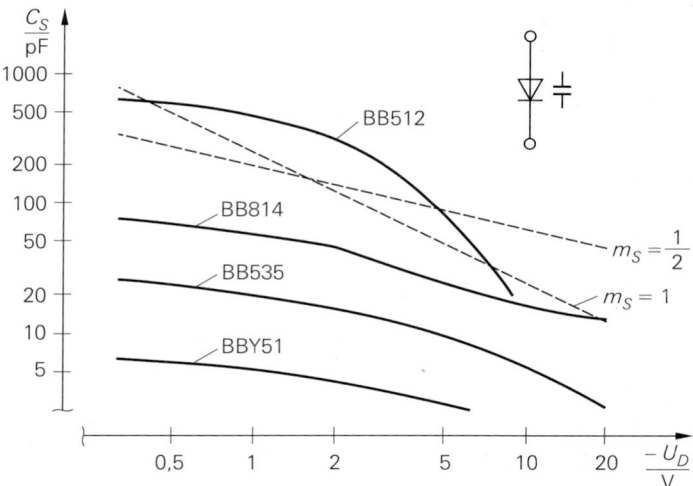

Abb. 1.27. Schaltsymbol und Kapazitätsverlauf von Kapazitätsdioden

$$Q = \frac{|\text{Im}\{Z\}|}{\text{Re}\{Z\}}$$

und der Impedanz

$$Z(s) = R_B + \frac{1}{sC_S} \overset{s=j\omega}{=} R_B + \frac{1}{j\omega C_S}$$

der Diode folgt [1.8]:

$$Q = \frac{1}{\omega C_S R_B}$$

Bei vorgegebener Frequenz ist Q umgekehrt proportional zum Bahnwiderstand R_B. Eine hohe Güte ist demnach gleichbedeutend mit einem kleinen Bahnwiderstand und entsprechend geringen Verlusten bzw. einer geringen Dämpfung beim Einsatz in Schwingkreisen. Typische Dioden haben eine Güte von $Q \approx 50 \ldots 500$. Da man für einfache Berechnungen und für die Schaltungssimulation primär den Bahnwiderstand benötigt, wird in neueren Datenblättern zum Teil nur noch R_B angegeben.

Zur Frequenzabstimmung von LC-Schwingkreisen wird in den meisten Fällen eine der in Abb. 1.28 gezeigten Schaltungen verwendet. In Abb. 1.28a liegt die Reihenschaltung der Sperrschichtkapazität C_S der Diode und der Koppelkapazität C_K parallel zu dem aus L und C bestehenden Parallelschwingkreis. Die Abstimmspannung $U_A > 0$ wird über die Induktivität L_A zugeführt; damit wird eine wechselspannungsmäßige Trennung des Schwingkreises von der Spannungsquelle U_A erreicht und ein Kurzschluss des Schwingkreises durch die Spannungsquelle verhindert. Man muss $L_A \gg L$ wählen, damit sich L_A nicht auf die Resonanzfrequenz auswirkt. Die Abstimmspannung kann auch über einen Widerstand zugeführt werden, dieser belastet jedoch den Schwingkreis und führt zu einer Abnahme der Güte des Kreises. Die Koppelkapazität C_K verhindert einen Kurzschluss der Spannungsquelle U_A durch die Induktivität L des Schwingkreises. Die Resonanzfrequenz beträgt unter Berücksichtigung von $L_A \gg L$:

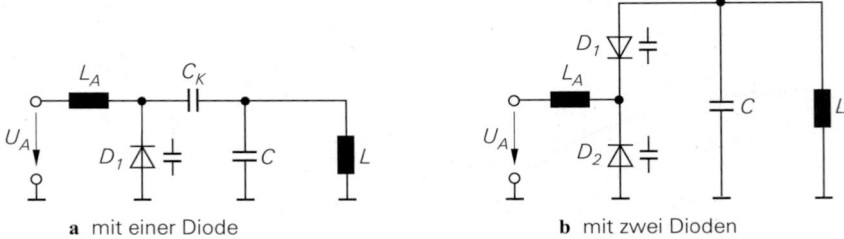

Abb. 1.28. Frequenzabstimmung von LC-Kreisen mit Kapazitätsdioden

$$\omega_R = 2\pi f_R = \frac{1}{\sqrt{L\left(C + \dfrac{C_S(U_A)\,C_K}{C_S(U_A) + C_K}\right)}} \overset{C_K \gg C_S(U_A)}{\approx} \frac{1}{\sqrt{L\,(C + C_S(U_A))}}$$

Der Abstimmbereich hängt vom Verlauf der Sperrschichtkapazität und ihrem Verhältnis zur Schwingkreiskapazität C ab. Den maximalen Abstimmbereich erhält man mit $C = 0$ und $C_K \gg C_S$.

In Abb. 1.28b liegt die Reihenschaltung von zwei Sperrschichtkapazitäten parallel zum Schwingkreis. Auch hier wird durch die Induktivität $L_A \gg L$ ein hochfrequenter Kurzschluss des Schwingkreises durch die Spannungsquelle U_A verhindert. Eine Koppelkapazität wird nicht benötigt, da beide Dioden sperren und deshalb kein Gleichstrom in den Schwingkreis fließen kann. Die Resonanzfrequenz beträgt in diesem Fall:

$$\omega_R = 2\pi f_R = \frac{1}{\sqrt{L\left(C + \dfrac{C_S(U_A)}{2}\right)}}$$

Auch hier wird der Abstimmbereich mit $C = 0$ maximal; allerdings wird dabei nur die halbe Sperrschichtkapazität wirksam, so dass man bei gleicher Resonanzfrequenz im Vergleich zur Schaltung nach Abb. 1.28a entweder die Sperrschichtkapazität oder die Induktivität doppelt so groß wählen muss. Ein wesentlicher Vorteil der symmetrischen Anordnung der Dioden ist die bessere Linearität bei großen Amplituden im Schwingkreis; dadurch wird die durch die Nichtlinearität der Sperrschichtkapazität verursachte Abnahme der Resonanzfrequenz bei zunehmender Amplitude weitgehend vermieden [1.3].

1.4.4 Brückengleichrichter

Die in Abb. 1.29 gezeigte Schaltung mit vier Dioden wird *Brückengleichrichter* genannt und zur Vollweg-Gleichrichtung in Netzteilen und Wechselspannungsmessern eingesetzt. Bei Brückengleichrichtern für Netzteile unterscheidet man zwischen Hochvolt-Brückengleichrichtern, die zur direkten Gleichrichtung der Netzspannung eingesetzt werden und deshalb eine entsprechend hohe Durchbruchspannung aufweisen müssen ($U_{BR} \geq$ 350 V), und Niedervolt-Brückengleichrichtern, die auf der Sekundärseite eines Netztransformators eingesetzt werden; in Kapitel 16 wird dies näher beschrieben. Von den vier Anschlüssen werden zwei mit $\sim$ und je einer mit $+$ und $-$ gekennzeichnet.

Bei positiven Eingangsspannungen leiten D_1 und D_3, bei negativen D_2 und D_4; die jeweils anderen Dioden sperren. Da der Strom immer über zwei leitende Dioden fließt, ist

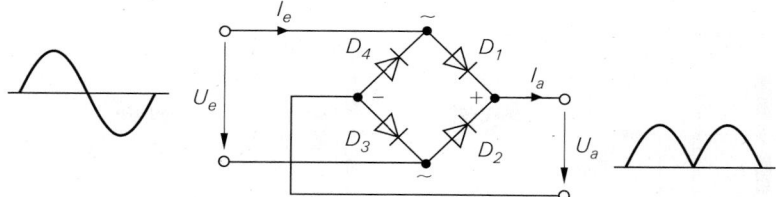

Abb. 1.29. Brückengleichrichter

die gleichgerichtete Ausgangsspannung um $2U_F \approx 1,2\ldots 2$ V kleiner als der Betrag der Eingangsspannung:

$$U_a \approx \begin{cases} 0 & \text{für } |U_e| \le 2U_F \\ |U_e| - 2U_F & \text{für } |U_e| > 2U_F \end{cases}$$

Abb. 1.30a zeigt die Spannungskennlinie. An den sperrenden Dioden liegt eine maximale Sperrspannung von $|U_D|_{max} = |U_e|_{max}$ an, die kleiner sein muss als die Durchbruchspannung der Dioden.

Im Gegensatz zu den Spannungen ist das Verhältnis der Ströme betragsmäßig linear, siehe Abb. 1.30b:

$$I_a = |I_e|$$

Dieser Zusammenhang wird in Messgleichrichtern ausgenutzt; dazu wird die zu messende Wechselspannung über einen Spannungs-Strom-Wandler in einen Strom umgewandelt und mit einem Brückengleichrichter gleichgerichtet.

1.4.5 Mischer

Mischer werden in Datenübertragungssystemen zur Frequenzumsetzung benötigt. Man unterscheidet *passive Mischer*, die mit Dioden oder anderen passiven Bauteilen arbeiten, und *aktive Mischer* mit Transistoren. Bei den passiven Mischern wird der aus vier Dioden und zwei Übertragern mit Mittelanzapfung bestehende *Ringmodulator* am häufigsten eingesetzt. Abbildung 1.31 zeigt einen als Abwärtsmischer (*downconverter*) beschalteten Ringmodulator mit den Dioden $D_1 \ldots D_4$ und den Übertragern $L_1 - L_2$ und $L_3 - L_4$ [1.9]. Die Schaltung setzt das Eingangssignal U_{HF} mit der Frequenz f_{HF} mit Hilfe der *Lokaloszillator*-Spannung U_{LO} mit der Frequenz f_{LO} auf eine *Zwischenfrequenz*

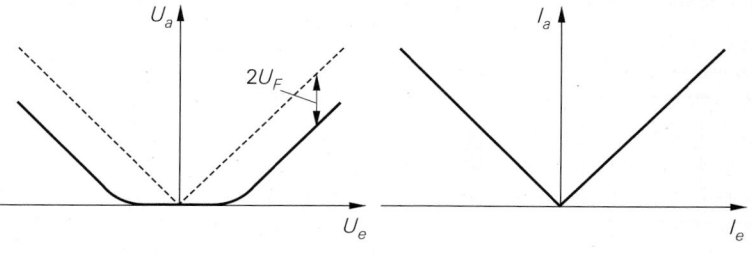

a Spannungskennlinie   **b** Stromkennlinie

Abb. 1.30. Kennlinien eines Brückengleichrichters

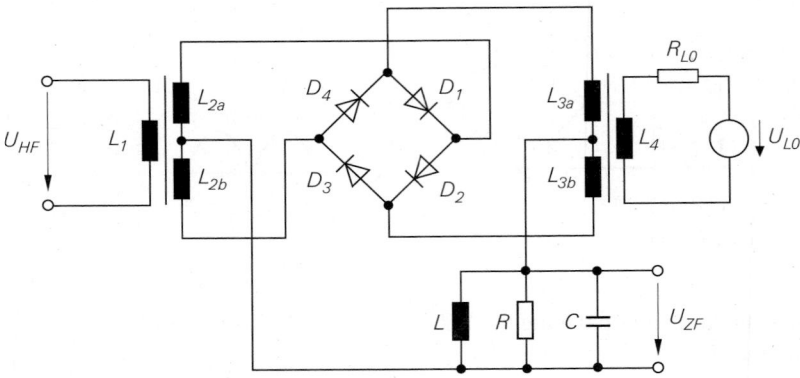

Abb. 1.31. Ringmodulator als Abwärtsmischer

$f_{ZF} = |f_{HF} - f_{LO}|$ um. Das Ausgangssignal U_{ZF} wird mit einem auf die Zwischenfrequenz abgestimmten Schwingkreis von zusätzlichen, bei der Umsetzung entstehenden
Frequenzanteilen befreit. Der Lokaloszillator liefert eine Sinus- oder Rechteck-Spannung
mit der Amplitude $\hat{u}_{LO}$, U_{HF} und U_{ZF} sind sinusförmige Spannungen mit den Amplituden
$\hat{u}_{HF}$ bzw. $\hat{u}_{ZF}$. Im normalen Betrieb gilt $\hat{u}_{LO} \gg \hat{u}_{HF} > \hat{u}_{ZF}$, d.h. die Spannung des Lokaloszillators legt fest, welche Dioden leiten; bei Verwendung eines 1:1-Übertragers mit
$L_4 = L_{3a} + L_{3b}$ gilt:

$$\left. \begin{array}{r} U_{LO} \geq 2U_F \\ -2U_F < U_{LO} < 2U_F \\ U_{LO} < -2U_F \end{array} \right\} \Rightarrow \left\{ \begin{array}{l} D_1 \text{ und } D_2 \text{ leiten} \\ \text{keine Diode leitet} \\ D_3 \text{ und } D_4 \text{ leiten} \end{array} \right.$$

Dabei ist U_F die Flussspannung der Dioden. Aufgrund des besseren Schaltverhaltens
werden ausschließlich Schottky-Dioden mit $U_F \approx 0{,}3$ V verwendet; der Strom durch die
Dioden wird durch den Innenwiderstand R_{LO} des Lokaloszillators begrenzt.

Wenn D_1 und D_2 leiten, fließt ein durch U_{HF} verursachter Strom durch L_{2a} und
$D_1 - L_{3a}$ bzw. $D_2 - L_{3b}$ in den ZF-Schwingkreis; wenn D_3 und D_4 leiten, fließt der
Strom durch L_{2b} und $D_3 - L_{3b}$ bzw. $D_4 - L_{3a}$. Die Polarität von U_{ZF} bezüglich U_{HF} ist
dabei verschieden, so dass durch den Lokaloszillator und die Dioden eine Umschaltung der
Polarität mit der Frequenz f_{LO} erfolgt, siehe Abb. 1.32. Wenn man für U_{LO} ein Rechteck-
Signal mit $\hat{u}_{LO} > 2U_F$ verwendet, erfolgt die Polaritätsumschaltung schlagartig, d.h. der
Ringmodulator multipliziert das Eingangssignal mit einem Rechteck-Signal. Von den dabei
entstehenden Frequenzanteilen der Form $|mf_{LO} + nf_{HF}|$ mit beliebigem ganzzahligem Wert

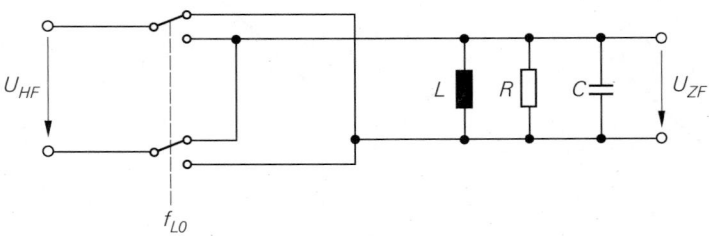

Abb. 1.32. Funktionsweise eines Ringmodulators

für m und $n = \pm 1$ filtert das ZF-Filter die gewünschte Komponente mit $m = 1, n = -1$ bzw. $m = -1, n = 1$ aus.

Der Ringmodulator ist als Bauteil mit sechs Anschlüssen – je zwei für HF-, LO- und ZF-Seite – erhältlich [1.9]. Darüber hinaus gibt es integrierte Schaltungen, die nur die Dioden enthalten und deshalb nur vier Anschlüsse besitzen. Man beachte in diesem Zusammenhang, dass sich Mischer und Brückengleichrichter trotz der formalen Ähnlichkeit in der Anordnung der Dioden unterscheiden, wie ein Vergleich von Abb. 1.31 und Abb. 1.29 zeigt.

Kapitel 2:
Bipolartransistor

Der Bipolartransistor ist ein Halbleiterbauelement mit drei Anschlüssen, die mit *Basis* (*base, B*), *Emitter* (*emitter, E*) und *Kollektor* (*collector, C*) bezeichnet werden. Man unterscheidet zwischen Einzeltransistoren, die für die Montage auf Leiterplatten gedacht und in einem eigenen Gehäuse untergebracht sind, und integrierten Transistoren, die zusammen mit weiteren Halbleiterbauelementen auf einem gemeinsamen Halbleiterträger (*Substrat*) hergestellt werden. Integrierte Transistoren haben einen vierten Anschluss, der aus dem gemeinsamen Träger resultiert und mit *Substrat* (*substrate, S*) bezeichnet wird; er ist für die elektrische Funktion von untergeordneter Bedeutung.

Bipolartransistoren bestehen aus zwei antiseriell geschalteten pn-Dioden, die eine gemeinsame p- oder n-Zone besitzen. Abbildung 2.1 zeigt die Schaltsymbol und die *Dioden-Ersatzschaltbilder* eines npn-Transistors mit gemeinsamer p-Zone und eines pnp-Transistors mit gemeinsamer n-Zone. Die Dioden-Ersatzschaltbilder geben zwar die Funktion des Bipolartransistors nicht richtig wieder, ermöglichen aber einen Überblick über die Betriebsarten und zeigen, dass bei einem unbekannten Transistor der Typ (npn oder pnp) und der Basisanschluss mit einem Durchgangsprüfer ermittelt werden kann; Kollektor und Emitter sind wegen des symmetrischen Aufbaus nicht einfach zu unterscheiden.

Der Bipolartransistor wird zum Verstärken und Schalten von Signalen eingesetzt und dabei meist im *Normalbetrieb* (*forward region*) betrieben, bei dem die Emitter-Diode (BE-Diode) in Flussrichtung und die Kollektor-Diode (BC-Diode) in Sperrrichtung betrieben wird. Bei einigen Schaltanwendungen wird auch die BC-Diode zeitweise in Flussrichtung betrieben; man spricht dann von *Sättigung* oder *Sättigungsbetrieb* (*saturation region*). In den *Inversbetrieb* (*reverse region*) gelangt man durch Vertauschen von Emitter und Kollektor; diese Betriebsart bietet nur in Ausnahmefällen Vorteile. Im *Sperrbetrieb* (*cut-off region*) sind beide Dioden gesperrt. Abbildung 2.2 zeigt die Polarität der Spannungen und Ströme bei Normalbetrieb für einen npn- und einen pnp-Transistor.

2.1 Verhalten eines Bipolartransistors

Das Verhalten eines Bipolartransistors lässt sich am einfachsten anhand der Kennlinien aufzeigen. Sie beschreiben den Zusammenhang zwischen den Strömen und den Spannungen am Transistor für den Fall, dass alle Größen *statisch*, d.h. nicht oder nur sehr langsam

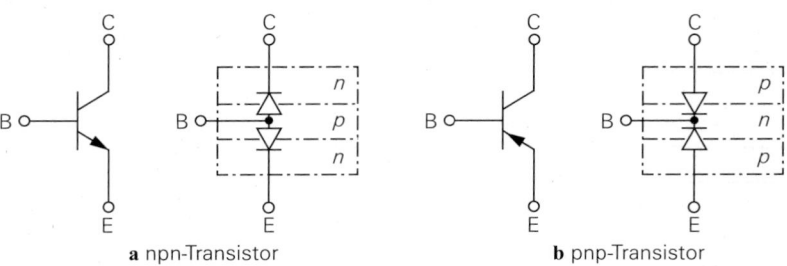

a npn-Transistor   **b** pnp-Transistor

Abb. 2.1. Schaltsymbol und Dioden-Ersatzschaltbilder

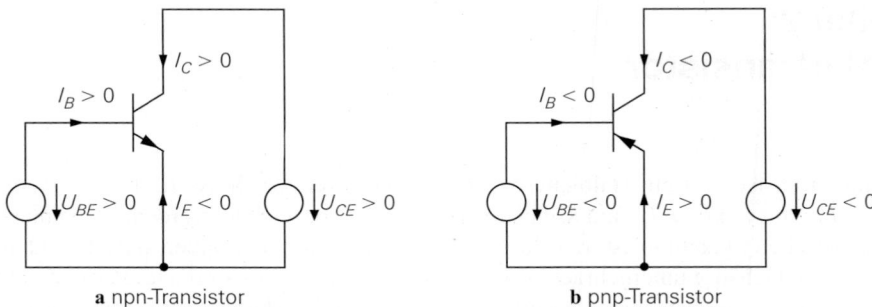

a npn-Transistor   **b** pnp-Transistor

Abb. 2.2. Spannungen und Ströme im Normalbetrieb

zeitveränderlich sind. Für eine rechnerische Behandlung des Bipolartransistors werden zusätzlich Gleichungen benötigt, die das Verhalten ausreichend genau beschreiben. Wenn man sich auf den für die Praxis besonders wichtigen Normalbetrieb beschränkt und sekundäre Effekte vernachlässigt, ergeben sich besonders einfache Gleichungen. Bei einer Überprüfung der Funktionstüchtigkeit einer Schaltung durch Simulation auf einem Rechner muss dagegen auch der Einfluss sekundärer Effekte berücksichtigt werden. Dazu gibt es aufwendige Modelle, die auch das *dynamische Verhalten* bei Ansteuerung mit sinus- oder pulsförmigen Signalen richtig wiedergeben. Diese Modelle werden im Abschnitt 2.3 beschrieben und sind für ein grundsätzliches Verständnis nicht nötig. Im folgenden wird das Verhalten von npn-Transistoren beschrieben; bei pnp-Transistoren haben alle Spannungen und Ströme umgekehrte Vorzeichen.

2.1.1 Kennlinien

2.1.1.1 Ausgangskennlinienfeld

Legt man in der in Abb. 2.2a gezeigten Anordnung verschiedene Basis-Emitter-Spannungen U_{BE} an und misst den Kollektorstrom I_C als Funktion der Kollektor-Emitter-Spannung U_{CE}, erhält man das in Abb. 2.3 gezeigte Ausgangskennlinienfeld. Mit Ausnahme eines kleinen Bereiches nahe der I_C-Achse sind die Kennlinien nur wenig

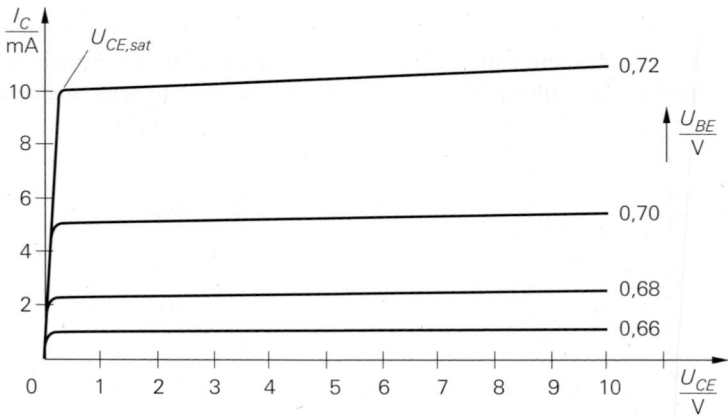

Abb. 2.3. Ausgangskennlinienfeld eines npn-Transistors

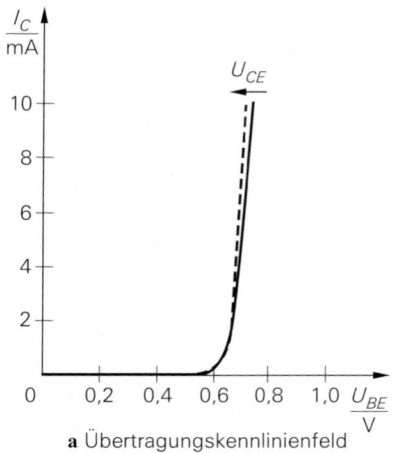

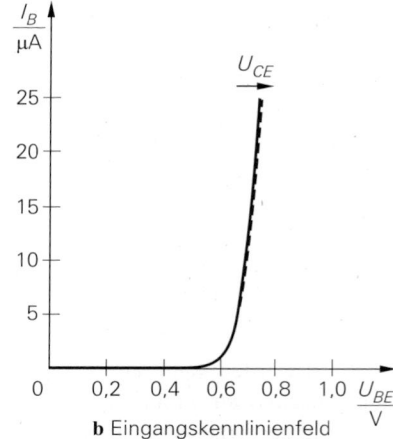

a Übertragungskennlinienfeld   b Eingangskennlinienfeld

Abb. 2.4. Kennlinienfelder im Normalbetrieb

von U_{CE} abhängig und der Transistor arbeitet im Normalbetrieb, d.h. die BE-Diode leitet und die BC-Diode sperrt. Nahe der I_C-Achse ist U_{CE} so klein, dass auch die BC-Diode leitet und der Transistor in die Sättigung gerät. An der Grenze, zu der die Sättigungsspannung $U_{CE,sat}$ gehört, knicken die Kennlinien scharf ab und verlaufen näherungsweise durch den Ursprung des Kennlinienfeldes.

2.1.1.2 Übertragungskennlinienfeld

Im Normalbetrieb ist der Kollektorstrom I_C im wesentlichen nur von U_{BE} abhängig. Trägt man I_C für verschiedene, zum Normalbetrieb gehörende Werte von U_{CE} als Funktion von U_{BE} auf, erhält man das in Abb. 2.4a gezeigte Übertragungskennlinienfeld. Aufgrund der geringen Abhängigkeit von U_{CE} liegen die Kennlinien sehr dicht beieinander.

2.1.1.3 Eingangskennlinienfeld

Zur vollständigen Beschreibung wird noch das in Abb. 2.4b gezeigte Eingangskennlinienfeld benötigt, bei dem der Basisstrom I_B für verschiedene, zum Normalbetrieb gehörende Werte von U_{CE} als Funktion von U_{BE} aufgetragen ist. Auch hier ist die Abhängigkeit von U_{CE} sehr gering.

2.1.1.4 Stromverstärkung

Vergleicht man die Übertragungskennlinien in Abb. 2.4a mit den Eingangskennlinien in Abb. 2.4b, so fällt sofort der ähnliche Verlauf auf. Daraus ergibt sich, dass im Normalbetrieb der Kollektorstrom I_C dem Basisstrom I_B näherungsweise proportional ist. Die Proportionalitätskonstante B wird *Stromverstärkung* genannt:

$$B = \frac{I_C}{I_B} \tag{2.1}$$

2.1.2 Beschreibung durch Gleichungen

Die für die rechnerische Behandlung erforderlichen Gleichungen basieren auf der Tatsache, dass das Verhalten des Transistors im wesentlichen auf das Verhalten der BE-Diode

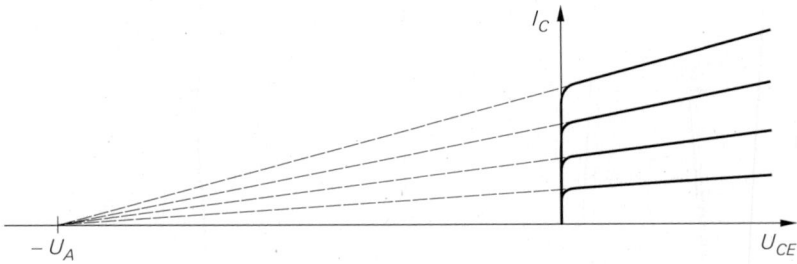

Abb. 2.5. Early-Effekt und Early-Spannung U_A im Ausgangskennlinienfeld

zurückgeführt werden kann. Der für eine Diode charakteristische exponentielle Zusammenhang zwischen Strom und Spannung zeigt sich im Übertragungs- und im Eingangskennlinienfeld des Transistors als exponentielle Abhängigkeit der Ströme I_B und I_C von der Spannung U_{BE}. Ausgehend von einem allgemeinen Ansatz $I_C = I_C(U_{BE}, U_{CE})$ und $I_B = I_B(U_{BE}, U_{CE})$ erhält man für den Normalbetrieb [2.1]:

$$ I_C = I_S \, e^{\frac{U_{BE}}{U_T}} \left(1 + \frac{U_{CE}}{U_A} \right) \tag{2.2} $$

$$ I_B = \frac{I_C}{B} \quad \text{mit } B = B(U_{BE}, U_{CE}) \tag{2.3} $$

Dabei ist $I_S \approx 10^{-16} \dots 10^{-12}$ A der *Sättigungssperrstrom* des Transistors und U_T die *Temperaturspannung*; bei Raumtemperatur gilt $U_T \approx 26$ mV.

2.1.2.1 Early-Effekt

Die Abhängigkeit von U_{CE} wird durch den *Early-Effekt* verursacht und durch den rechten Term in (2.2) empirisch beschrieben. Grundlage für diese Beschreibung ist die Beobachtung, dass sich die extrapolierten Kennlinien des Ausgangskennlinienfelds näherungsweise in einem Punkt schneiden [2.2]; Abb. 2.5 verdeutlicht diesen Zusammenhang. Die Konstante U_A heißt *Early-Spannung* und beträgt bei npn-Transistoren $U_{A,npn} \approx 30 \dots 150$ V, bei pnp-Transistoren $U_{A,pnp} \approx 30 \dots 75$ V. Im Abschnitt 2.3.1.3 wird der Early-Effekt genauer betrachtet, für den hier betrachteten Normalbetrieb ist die empirische Beschreibung ausreichend.

2.1.2.2 Basisstrom und Stromverstärkung

Der Basisstrom I_B wird auf I_C bezogen; dabei tritt die Stromverstärkung B als Proportionalitätskonstante auf. Diese Darstellung wird gewählt, da für viele einfache Berechnungen die Abhängigkeit der Stromverstärkung von U_{BE} und U_{CE} vernachlässigt werden kann; B ist dann eine unabhängige Konstante. In den meisten Fällen wird jedoch die Abhängigkeit von U_{CE} berücksichtigt, da sie ebenfalls durch den Early-Effekt verursacht wird [2.2], d.h. es gilt:

$$ B(U_{BE}, U_{CE}) = B_0(U_{BE}) \left(1 + \frac{U_{CE}}{U_A} \right) \tag{2.4} $$

$B_0(U_{BE})$ ist die extrapolierte Stromverstärkung für $U_{CE} = 0$ V. Die Extrapolation ist notwendig, da bei $U_{CE} = 0$ V kein Normalbetrieb mehr vorliegt.

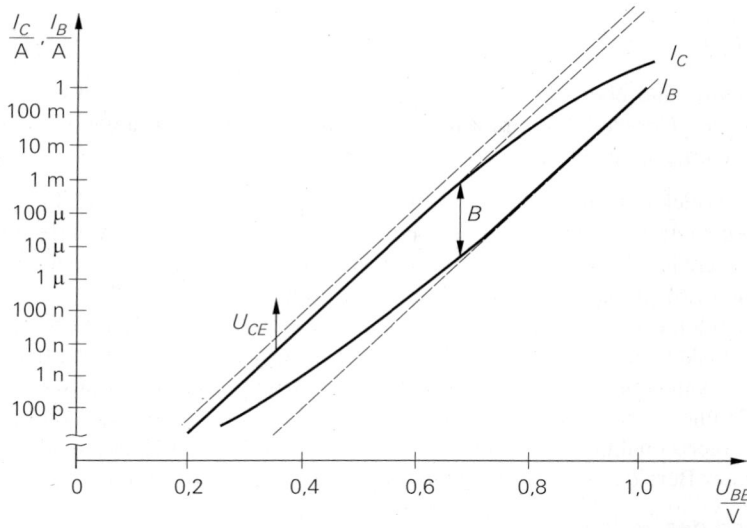

Abb. 2.6. Halblogarithmische Auftragung der Ströme I_B und I_C im Normalbetrieb (Gummel-Plot)

2.1.2.3 Großsignalgleichungen

Durch Einsetzen von (2.4) in (2.3) erhält man die *Großsignalgleichungen* des Bipolartransistors:

$$I_C = I_S\, e^{\frac{U_{BE}}{U_T}} \left(1 + \frac{U_{CE}}{U_A}\right) \tag{2.5}$$

$$I_B = \frac{I_S}{B_0}\, e^{\frac{U_{BE}}{U_T}} \tag{2.6}$$

2.1.3 Verlauf der Stromverstärkung

2.1.3.1 Gummel-Plot

Die Stromverstärkung $B(U_{BE}, U_{CE})$ wird im folgenden noch näher untersucht. Da die Ströme I_B und I_C exponentiell von U_{BE} abhängen, bietet sich eine halblogarithmische Darstellung über U_{BE} mit U_{CE} als Parameter an. Diese in Abb. 2.6 gezeigte Auftragung wird *Gummel-Plot* genannt und hat die Eigenschaft, dass die exponentiellen Verläufe in (2.5) und (2.6) in Geraden übergehen, wenn man B_0 als konstant annimmt:

$$\ln\left(\frac{I_C}{I_S}\right) = \frac{U_{BE}}{U_T} + \ln\left(1 + \frac{U_{CE}}{U_A}\right)$$

$$\ln\left(\frac{I_B}{I_S}\right) = \frac{U_{BE}}{U_T} - \ln(B_0)$$

In Abb. 2.6 sind diese Geraden für zwei Werte von U_{CE} gestrichelt wiedergegeben. Die Stromverstärkung B tritt dabei als Verschiebung in y-Richtung auf:

$$\ln(B) \;=\; \ln\left(\frac{I_C}{I_B}\right) \;=\; \ln(B_0) + \ln\left(1 + \frac{U_{CE}}{U_A}\right)$$

Die realen Verläufe sind ebenfalls in Abb. 2.6 eingetragen. Sie stimmen in einem großen Bereich mit den Geraden überein, d.h. B_0 kann hier als konstant angenommen werden. In zwei Bereichen ergeben sich jedoch Abweichungen [2.2]:

- Bei sehr kleinen Kollektorströmen ist der Basisstrom *größer* als der durch (2.6) für konstantes B_0 gegebene Wert. Diese Abweichung wird durch zusätzliche Anteile im Basisstrom verursacht und führt zu einer Abnahme von B bzw. B_0. Die Großsignalgleichungen (2.5) und (2.6) sind auch in diesem Bereich gültig.
- Bei sehr großen Kollektorströmen ist der Kollektorstrom *kleiner* als der durch (2.5) gegebene Wert. Diese Abweichung wird durch den *Hochstromeffekt* verursacht und führt ebenfalls zu einer Abnahme von B bzw. B_0. In diesem Bereich sind die Großsignalgleichungen (2.5) und (2.6) nicht mehr gültig, da eine Abnahme von B_0 nach diesen Gleichungen zu einer Zunahme von I_B und nicht, wie erforderlich, zu einer Abnahme von I_C führt. Dieser Bereich wird jedoch nur bei Leistungstransistoren genutzt.

2.1.3.2 Darstellung des Verlaufs

In der Praxis wird die Stromverstärkung B als Funktion von I_C und U_{CE} angegeben, d.h. man ersetzt $B(U_{BE}, U_{CE})$ durch $B(I_C, U_{CE})$, indem man den für festes U_{CE} gegebenen Zusammenhang zwischen I_C und U_{BE} nutzt, um die Variablen auszutauschen. In gleicher Weise wird $B_0(U_{BE})$ durch $B_0(I_C)$ ersetzt. Diese veränderte Darstellung erleichtert die Dimensionierung von Schaltungen, da bei der Arbeitspunkteinstellung zunächst I_C und U_{CE} festgelegt werden und anschließend mit Hilfe von $B(I_C, U_{CE})$ der zugehörige Basisstrom ermittelt wird; bei der Arbeitspunkteinstellung für die Grundschaltungen im Abschnitt 2.4 wird auf diese Weise vorgegangen.

In Abb. 2.7 ist der Verlauf der Stromverstärkung B und der differentiellen Stromverstärkung

$$\boxed{\;\beta \;=\; \left.\frac{dI_C}{dI_B}\right|_{U_{CE}=\text{const.}}\;} \tag{2.7}$$

über I_C für zwei verschiedene Werte von U_{CE} aufgetragen. Man bezeichnet B als *Großsignalstromverstärkung* und β als *Kleinsignalstromverstärkung*.

Die Verläufe sind typisch für Kleinleistungstransistoren, bei denen das Maximum der Stromverstärkung für $I_C \approx 1 \ldots 10$ mA erreicht wird. Bei Leistungstransistoren verschiebt sich dieses Maximum in den Ampere-Bereich. In der Praxis wird der Transistor im Bereich des Maximums oder links davon, d.h. bei kleineren Kollektorströmen, betrieben. Den Bereich rechts des Maximums vermeidet man nach Möglichkeit, da durch den Hochstromeffekt nicht nur B, sondern zusätzlich die Schaltgeschwindigkeit und die Grenzfrequenzen des Transistors reduziert werden; in den Abschnitten 2.3.2.2 und 2.3.3.3 wird dies näher beschrieben.

Die Kleinsignalstromverstärkung β wird zur Beschreibung des Kleinsignalverhaltens im nächsten Abschnitt benötigt. Ausgehend von (2.7) erhält man über

$$\frac{1}{\beta} \;=\; \left.\frac{dI_B}{dI_C}\right|_{U_{CE}=\text{constt}} \;=\; \frac{\partial\left(\dfrac{I_C}{B(I_C, U_{CE})}\right)}{\partial I_C}$$

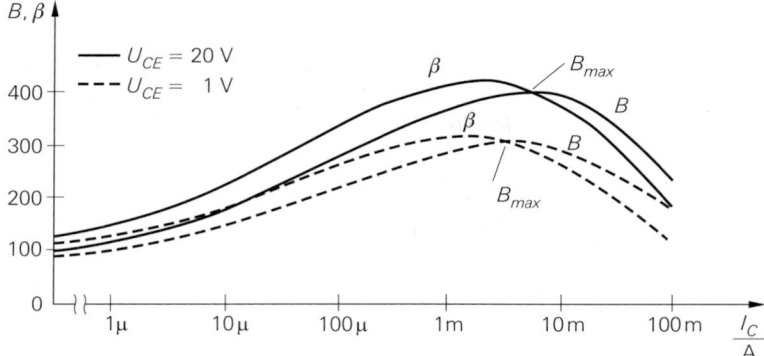

Abb. 2.7. Verlauf der Großsignalstromverstärkung B und der Kleinsignalstromverstärkung β im Normalbetrieb

einen Zusammenhang zwischen β und B [2.3]:

$$\beta = \frac{B}{1 - \dfrac{I_C}{B}\dfrac{\partial B}{\partial I_C}}$$

Im Bereich links des Maximums von B ist $(\partial B/\partial I_C)$ positiv und damit $\beta > B$. Im Maximum ist $(\partial B/\partial I_C) = 0$, so dass dort $\beta = B$ gilt. Rechts des Maximums ist $(\partial B/\partial I_C)$ negativ und damit $\beta < B$.

2.1.3.3 Bestimmung der Werte

Wird der Transistor mit einem Kollektorstrom im Bereich des Maximums der Stromverstärkung B betrieben, so kann man die Näherung

$$\boxed{\beta(I_C,U_{CE}) \approx B(I_C,U_{CE}) \approx B_{max}(U_{CE})} \tag{2.8}$$

verwenden; dabei bezeichnet $B_{max}(U_{CE})$, wie in Abb. 2.7 gezeigt, den von U_{CE} abhängigen Maximalwert von B.

Ist der Verlauf von B im Datenblatt eines Transistors durch ein Diagramm entsprechend Abb. 2.7 gegeben, kann man $B(I_C,U_{CE})$ aus dem Diagramm entnehmen und, wenn Kurven für β fehlen, die Näherung (2.8) verwenden. Ist für B nur ein Wert im Datenblatt angegeben, kann man diesen als Ersatzwert für B und β verwenden. Typische Werte sind $B \approx 100 \ldots 500$ für Kleinleistungstransistoren und $B \approx 10 \ldots 100$ für Leistungstransistoren. Bei Darlington-Transistoren sind intern zwei Transistoren zusammengeschaltet, so dass je nach Leistungsklasse $B \approx 500 \ldots 10000$ erreicht wird. Die Darlington-Schaltung wird im Abschnitt 2.4.4 näher beschrieben.

2.1.4 Arbeitspunkt und Kleinsignalverhalten

Ein Anwendungsgebiet des Bipolartransistors ist die lineare Verstärkung von Signalen im *Kleinsignalbetrieb*. Dabei wird der Transistor in einem Arbeitspunkt A betrieben und mit *kleinen* Signalen um den Arbeitspunkt ausgesteuert. Die nichtlinearen Kennlinien können in diesem Fall durch ihre Tangenten im Arbeitspunkt ersetzt werden und man erhält näherungsweise lineares Verhalten.

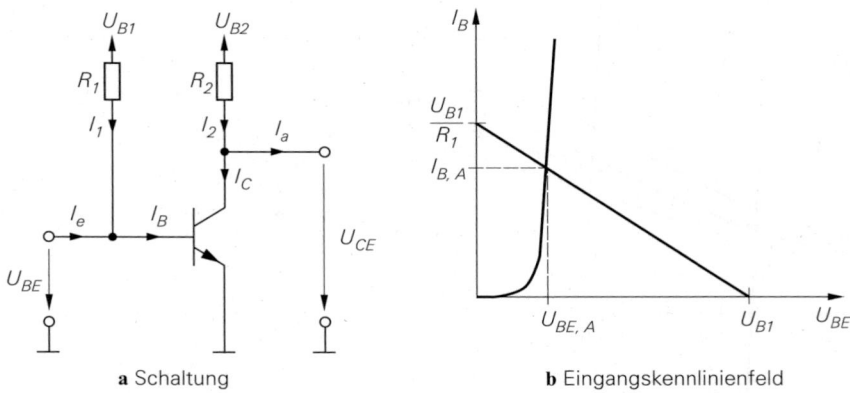

a Schaltung   **b** Eingangskennlinienfeld

Abb. 2.8. Beispiel zur Bestimmung des Arbeitspunkts

2.1.4.1 Bestimmung des Arbeitspunkts

Der Arbeitspunkt A wird durch die Spannungen $U_{CE,A}$ und $U_{BE,A}$ und die Ströme $I_{C,A}$ und $I_{B,A}$ charakterisiert und durch die äußere Beschaltung des Transistors festgelegt. Diese Festlegung wird *Arbeitspunkteinstellung* genannt. Beispielhaft wird der Arbeitspunkt der einfachen Verstärkerschaltung in Abb. 2.8a ermittelt. Er wird mit den als bekannt vorausgesetzten Widerständen R_1 und R_2 eingestellt.

2.1.4.1.1 Numerische Lösung

Aus den Großsignalgleichungen des Transistors und den Knotengleichungen für Basis- und Kollektoranschluss erhält man mit $I_e = I_a = 0$ das Gleichungssystem

$$\left. \begin{aligned} I_C &= I_C(U_{BE}, U_{CE}) \\ I_B &= I_B(U_{BE}, U_{CE}) \end{aligned} \right\} \text{ Kennlinien des Transistors}$$

$$\left. \begin{aligned} I_B &= I_1 = \frac{U_{B1} - U_{BE}}{R_1} \\ I_C &= I_2 = \frac{U_{B2} - U_{CE}}{R_2} \end{aligned} \right\} \text{ Lastgeraden}$$

mit vier Gleichungen und vier Unbekannten. Die Arbeitspunktgrößen $U_{BE,A}$, $U_{CE,A}$, $I_{B,A}$ und $I_{C,A}$ findet man durch Lösen der Gleichungen.

2.1.4.1.2 Grafische Lösung

Neben der numerischen Lösung ist auch eine grafische Lösung möglich. Dazu zeichnet man die Lastgeraden in das entsprechende Kennlinienfeld ein und ermittelt die Schnittpunkte. Da das Eingangskennlinienfeld wegen der vernachlässigbar geringen Abhängigkeit von U_{CE} praktisch nur aus einer Kennlinie besteht, erhält man nach Abb. 2.8b nur einen Schnittpunkt und kann $U_{BE,A}$ und $I_{B,A}$ sofort ablesen. Im Ausgangskennlinienfeld kann man nun $U_{CE,A}$ und $I_{C,A}$ aus dem Schnittpunkt der Geraden mit der zu $U_{BE,A}$ gehörigen Ausgangskennlinie bestimmen, siehe Abb. 2.9.

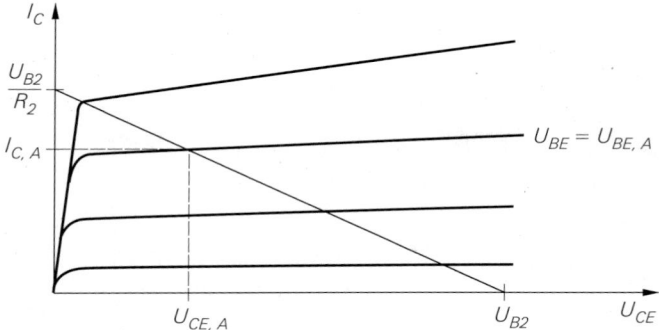

Abb. 2.9. Beispiel zur Bestimmung des Arbeitspunkts im Ausgangskennlinienfeld

2.1.4.1.3 Arbeitspunkteinstellung

Sowohl die numerische als auch die grafische Bestimmung des Arbeitspunkts sind *analytische* Verfahren, d.h. man kann damit bei bekannter Beschaltung den Arbeitspunkt ermitteln. Zum Entwurf von Schaltungen werden dagegen *Syntheseverfahren* benötigt, mit denen man die zu einem gewünschten Arbeitspunkt gehörige Beschaltung finden kann. Diese Verfahren werden bei der Beschreibung der Grundschaltungen im Abschnitt 2.4 behandelt.

2.1.4.2 Kleinsignalgleichungen und Kleinsignalparameter

2.1.4.2.1 Kleinsignalgrößen

Bei Aussteuerung um den Arbeitspunkt werden die Abweichungen der Spannungen und Ströme von den Arbeitspunktwerten als *Kleinsignalspannungen* und *-ströme* bezeichnet. Man definiert:

$$u_{BE} = U_{BE} - U_{BE,A} \quad , \quad i_B = I_B - I_{B,A}$$
$$u_{CE} = U_{CE} - U_{CE,A} \quad , \quad i_C = I_C - I_{C,A}$$

2.1.4.2.2 Linearisierung

Die Kennlinien werden durch ihre Tangenten im Arbeitspunkt ersetzt, d.h. sie werden *linearisiert*. Dazu führt man eine Taylorreihenentwicklung im Arbeitspunkt durch und bricht nach dem linearen Glied ab:

$$i_B = I_B(U_{BE,A} + u_{BE}, U_{CE,A} + u_{CE}) - I_{B,A}$$

$$= \left.\frac{\partial I_B}{\partial U_{BE}}\right|_A u_{BE} + \left.\frac{\partial I_B}{\partial U_{CE}}\right|_A u_{CE} + \dots$$

$$i_C = I_C(U_{BE,A} + u_{BE}, U_{CE,A} + u_{CE}) - I_{C,A}$$

$$= \left.\frac{\partial I_C}{\partial U_{BE}}\right|_A u_{BE} + \left.\frac{\partial I_C}{\partial U_{CE}}\right|_A u_{CE} + \dots$$

Abbildung 2.10 verdeutlicht die Linearisierung am Beispiel der Übertragungskennlinie; dazu ist der Bereich um den Arbeitspunkt stark vergrößert dargestellt. Die Stromänderung i_C wird über die Kennlinie aus der Spannungsänderung u_{BE} ermittelt, die Stromänderung $i_{C,lin}$ über die Tangente. Bei kleiner Aussteuerung kann man $i_C = i_{C,lin}$ setzen.

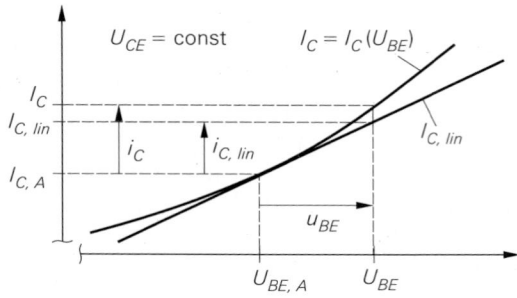

Abb. 2.10.
Linearisierung am Beispiel der
Übertragungskennlinie

2.1.4.2.3 Kleinsignalgleichungen

Die partiellen Ableitungen im Arbeitspunkt werden *Kleinsignalparameter* genannt. Nach Einführung spezieller Bezeichner erhält man die *Kleinsignalgleichungen* des Bipolartransistors:

$$i_B = \frac{1}{r_{BE}} u_{BE} + S_r\, u_{CE} \tag{2.9}$$

$$i_C = S\, u_{BE} + \frac{1}{r_{CE}} u_{CE} \tag{2.10}$$

2.1.4.2.4 Kleinsignalparameter

Die *Steilheit S* beschreibt die Änderung des Kollektorstroms I_C mit der Basis-Emitter-Spannung U_{BE} im Arbeitspunkt. Sie kann im Übertragungskennlinienfeld nach Abb. 2.4a aus der Steigung der Tangente im Arbeitspunkt ermittelt werden, gibt also an, wie *steil* die Übertragungskennlinie im Arbeitspunkt ist. Durch Differentiation der Großsignalgleichung (2.5) erhält man:

$$S = \left. \frac{\partial I_C}{\partial U_{BE}} \right|_A = \frac{I_{C,A}}{U_T} \tag{2.11}$$

Der *Kleinsignaleingangswiderstand* r_{BE} beschreibt die Änderung der Basis-Emitter-Spannung U_{BE} mit dem Basisstrom I_B im Arbeitspunkt. Er kann aus dem Kehrwert der Steigung der Tangente im Eingangskennlinienfeld nach Abb. 2.4b ermittelt werden. Die Differentiation der Großsignalgleichung (2.6) lässt sich umgehen, indem man den Zusammenhang

$$r_{BE} = \left. \frac{\partial U_{BE}}{\partial I_B} \right|_A = \left. \frac{\partial U_{BE}}{\partial I_C} \right|_A \left. \frac{\partial I_C}{\partial I_B} \right|_A$$

nutzt. Damit lässt sich r_{BE} aus der Steilheit S nach (2.11) und der Kleinsignalstromverstärkung β nach (2.7) berechnen:

$$r_{BE} = \left. \frac{\partial U_{BE}}{\partial I_B} \right|_A = \frac{\beta}{S} \tag{2.12}$$

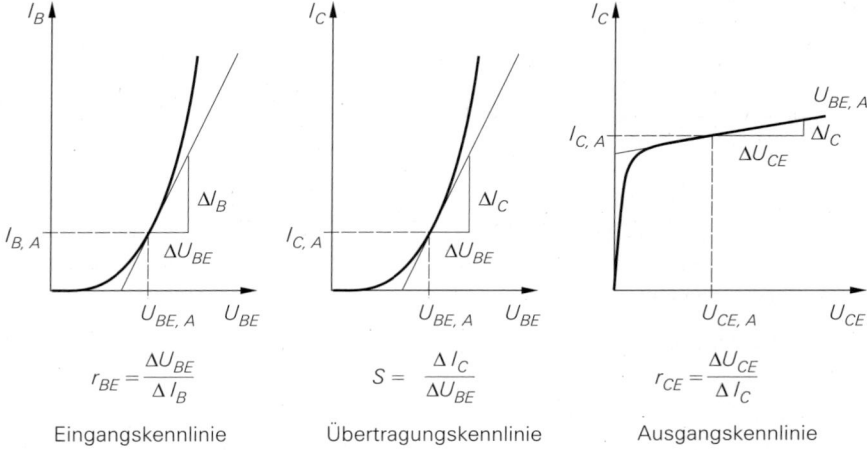

Abb. 2.11. Ermittlung der Kleinsignalparameter aus den Kennlinienfeldern

Der *Kleinsignalausgangswiderstand* r_{CE} beschreibt die Änderung der Kollektor-Emitter-Spannung U_{CE} mit dem Kollektorstrom I_C im Arbeitspunkt. Er kann aus dem Kehrwert der Steigung der Tangente im Ausgangskennlinienfeld nach Abb. 2.3 ermittelt werden. Durch Differentiation der Großsignalgleichung (2.5) erhält man:

$$r_{CE} = \left.\frac{\partial U_{CE}}{\partial I_C}\right|_A = \frac{U_A + U_{CE,A}}{I_{C,A}} \overset{U_{CE,A} \ll U_A}{\approx} \frac{U_A}{I_{C,A}} \tag{2.13}$$

In der Praxis arbeitet man mit der in (2.13) angegeben Näherung.

Die *Rückwärtssteilheit* S_r beschreibt die Änderung des Basisstroms I_B mit der Kollektor-Emitter-Spannung U_{CE} im Arbeitspunkt. Sie ist vernachlässigbar gering. In der Großsignalgleichung (2.6) ist diese Abhängigkeit bereits vernachlässigt, d.h. I_B hängt nicht von U_{CE} ab:

$$S_r = \left.\frac{\partial I_B}{\partial U_{CE}}\right|_A \approx 0 \tag{2.14}$$

Man kann die Kleinsignalparameter auch aus den Kennlinienfeldern ermitteln; dazu zeichnet man die Tangenten im Arbeitspunkt ein und bestimmt ihre Steigungen, siehe Abb. 2.11. In der Praxis wird dieses Verfahren wegen der begrenzten Ablesegenauigkeit nur selten verwendet; zudem sind die Kennlinienfelder im Datenblatt eines Transistors meist gar nicht enthalten.

2.1.4.3 Kleinsignalersatzschaltbild

Aus den Kleinsignalgleichungen (2.9) und (2.10) erhält man mit $S_r = 0$ das in Abb. 2.12 gezeigte *Kleinsignalersatzschaltbild* des Bipolartransistors. Kennt man die Arbeitspunktgrößen $I_{C,A}$, $U_{CE,A}$ und β des Transistors, kann man mit (2.11), (2.12) und (2.13) die Parameter bestimmen.

Dieses Ersatzschaltbild eignet sich zur Berechnung des Kleinsignalverhaltens von Transistorschaltungen bei niedrigen Frequenzen $(0 \ldots 10\,\text{kHz})$; es wird deshalb auch

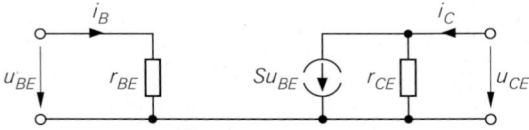

Abb. 2.12.
Kleinsignalersatzschaltbild
eines Bipolartransistors

Gleichstrom-Kleinsignalersatzschaltbild genannt. Aussagen über das Verhalten bei höheren Frequenzen, den Frequenzgang und die Grenzfrequenz von Transistorschaltungen kann man nur mit Hilfe des im Abschnitt 2.3.3.2 beschriebenen Wechselstrom-Kleinsignalersatzschaltbilds erhalten.

2.1.4.4 Vierpol-Matrizen

Man kann die Kleinsignalgleichungen auch in Matrizen-Form angeben:

$$
\begin{bmatrix} i_B \\ i_C \end{bmatrix} = \begin{bmatrix} \dfrac{1}{r_{BE}} & S_r \\ S & \dfrac{1}{r_{CE}} \end{bmatrix} \begin{bmatrix} u_{BE} \\ u_{CE} \end{bmatrix}
$$

Diese Darstellung entspricht der Leitwert-Darstellung eines Vierpols und stellt damit eine Verbindung zur Vierpoltheorie her. Die Leitwert-Darstellung beschreibt den Vierpol durch die *Y-Matrix* $\mathbf{Y}_e$:

$$
\begin{bmatrix} i_B \\ i_C \end{bmatrix} = \mathbf{Y}_e \begin{bmatrix} u_{BE} \\ u_{CE} \end{bmatrix} = \begin{bmatrix} y_{11,e} & y_{12,e} \\ y_{21,e} & y_{22,e} \end{bmatrix} \begin{bmatrix} u_{BE} \\ u_{CE} \end{bmatrix}
$$

Der Index e weist darauf hin, dass der Transistor in Emitterschaltung betrieben wird, d.h. der Emitteranschluss wird entsprechend der Durchverbindung im Kleinsignalersatzschaltbild nach Abb. 2.12 für das Eingangs- *und* das Ausgangstor benutzt. Die Emitterschaltung wird im Abschnitt 2.4 näher beschrieben.

Ebenfalls üblich ist die Hybrid-Darstellung mit der *H-Matrix* $\mathbf{H}_e$:

$$
\begin{bmatrix} u_{BE} \\ i_C \end{bmatrix} = \mathbf{H}_e \begin{bmatrix} i_B \\ u_{CE} \end{bmatrix} = \begin{bmatrix} h_{11,e} & h_{12,e} \\ h_{21,e} & h_{22,e} \end{bmatrix} \begin{bmatrix} i_B \\ u_{CE} \end{bmatrix}
$$

Durch einen Vergleich erhält man folgende Zusammenhänge:

$$
r_{BE} = h_{11,e} = \frac{1}{y_{11,e}} \quad , \quad \beta = h_{21,e} = \frac{y_{21,e}}{y_{11,e}}
$$

$$
S = \frac{h_{21,e}}{h_{11,e}} = y_{21,e} \quad , \quad S_r = -\frac{h_{12,e}}{h_{11,e}} = y_{12,e}
$$

$$
r_{CE} = \frac{h_{11,e}}{h_{11,e}h_{22,e} - h_{12,e}h_{21,e}} = \frac{1}{y_{22,e}}
$$

2.1.4.5 Gültigkeitsbereich der Kleinsignalbetrachtung

Im Zusammenhang mit dem Kleinsignalersatzschaltbild stellt sich oft die Frage, wie groß die Aussteuerung um den Arbeitspunkt maximal sein darf, damit noch Kleinsignalbetrieb vorliegt. Diese Frage kann nicht allgemein beantwortet werden. Von einem mathematischen Standpunkt aus gesehen gilt das Ersatzschaltbild nur für *infinitesimale*, d.h. beliebig kleine Aussteuerung. In der Praxis sind die nichtlinearen Verzerrungen maßgebend, die bei endlicher Aussteuerung entstehen und einen anwendungsspezifischen Grenzwert nicht überschreiten sollen. Dieser Grenzwert ist oft in Form eines maximal zulässigen *Klirrfaktors* gegeben. Im Abschnitt 4.2.3 wird darauf näher eingegangen. Das Kleinsignalersatzschaltbild ergibt sich aus einer nach dem linearen Glied abgebrochenen Taylorreihenentwicklung. Berücksichtigt man weitere Glieder der Taylorreihe, erhält man für den Kleinsignal-Kollektorstrom bei konstantem U_{CE} [2.1]:

$$i_C = \frac{\partial I_C}{\partial U_{BE}}\bigg|_A u_{BE} + \frac{1}{2}\frac{\partial^2 I_C}{\partial U_{BE}^2}\bigg|_A u_{BE}^2 + \frac{1}{6}\frac{\partial^3 I_C}{\partial U_{BE}^3}\bigg|_A u_{BE}^3 + \ldots$$

$$= \frac{I_{C,A}}{U_T} u_{BE} + \frac{I_{C,A}}{2U_T^2} u_{BE}^2 + \frac{I_{C,A}}{6U_T^3} u_{BE}^3 + \ldots$$

Bei harmonischer Aussteuerung mit $u_{BE} = \hat{u}_{BE}\cos\omega_0 t$ folgt daraus:

$$\frac{i_C}{I_{C,A}} = \left[\frac{1}{4}\left(\frac{\hat{u}_{BE}}{U_T}\right)^2 + \ldots\right] + \left[\frac{\hat{u}_{BE}}{U_T} + \frac{1}{8}\left(\frac{\hat{u}_{BE}}{U_T}\right)^3 + \ldots\right]\cos\omega_0 t$$

$$+ \left[\frac{1}{4}\left(\frac{\hat{u}_{BE}}{U_T}\right)^2 + \ldots\right]\cos 2\omega_0 t + \left[\frac{1}{24}\left(\frac{\hat{u}_{BE}}{U_T}\right)^3 + \ldots\right]\cos 3\omega_0 t$$

$$+ \ldots$$

In den eckigen Klammern treten Polynome mit geraden oder mit ungeraden Potenzen auf. Aus dem Verhältnis der ersten Oberwelle mit $2\omega_0$ zur Grundwelle mit ω_0 erhält man bei kleiner Aussteuerung, d.h. bei Vernachlässigung höherer Potenzen, näherungsweise den *Klirrfaktor k* [2.1]:

$$k \approx \frac{i_{C,2\omega_0}}{i_{C,\omega_0}} \approx \frac{\hat{u}_{BE}}{4U_T} \tag{2.15}$$

Will man k z.B. kleiner als 1% halten, muss $\hat{u}_{BE} < 0{,}04\,U_T \approx 1\,\text{mV}$ gelten. Es ist also in diesem Fall nur eine sehr kleine Aussteuerung zulässig.

2.1.5 Grenzdaten und Sperrströme

Bei einem Transistor werden verschiedene Grenzdaten angegeben, die nicht überschritten werden dürfen. Sie gliedern sich in Grenzspannungen, Grenzströme und die maximale Verlustleistung. Betrachtet werden wieder npn-Transistoren; bei pnp-Transistoren haben alle Spannungen und Ströme umgekehrte Vorzeichen.

2.1.5.1 Durchbruchsspannungen

2.1.5.1.1 BE-Diode

Bei der *Emitter-Basis-Durchbruchsspannung* $U_{(BR)EBO}$ bricht die Emitter-Diode im Sperrbetrieb durch. Der Zusatz (BR) bedeutet *Durchbruch* (*breakdown*); der Index O gibt an, dass der dritte Anschluss, hier der Kollektor, *offen* (*open*) ist. Für fast alle Transistoren gilt $U_{(BR)EBO} \approx 5\ldots 7\,\text{V}$; damit ist $U_{(BR)EBO}$ die kleinste Grenzspannung. Da ein Transistor selten mit negativen Basis-Emitter-Spannungen betrieben wird, ist sie von untergeordneter Bedeutung.

2.1.5.1.2 BC-Diode

Bei der *Kollektor-Basis-Durchbruchspannung* $U_{(BR)CBO}$ bricht die Kollektor-Diode im Sperrbetrieb durch. Da im Normalbetrieb die Kollektor-Diode gesperrt ist, ist durch

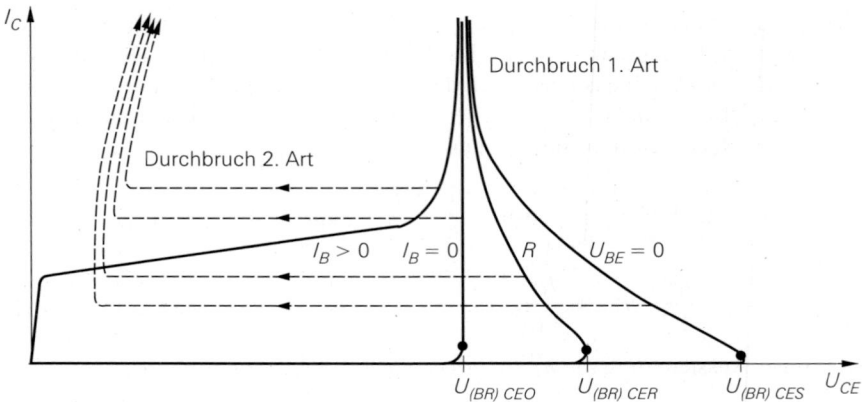

Abb. 2.13. Ausgangskennlinienfeld mit den Durchbruchskennlinien eines npn-Transistors

$U_{(BR)CBO}$ eine für die Praxis wichtige Obergrenze für die Kollektor-Basis-Spannung gegeben. Bei Niederspannungstransistoren gilt $U_{(BR)CBO} \approx 20 \dots 80$ V, bei Hochspannungstransistoren erreicht $U_{(BR)CBO}$ Werte bis zu 1300 V. $U_{(BR)CBO}$ ist die größte Grenzspannung eines Transistors.

2.1.5.1.3 Kollektor-Emitter-Strecke

Besonders wichtig für die praktische Anwendung ist die maximal zulässige Kollektor-Emitter-Spannung U_{CE}. Einen Überblick gibt das Ausgangskennlinienfeld in Abb. 2.13, bei dem im Vergleich zum Ausgangskennlinienfeld nach Abb. 2.3 der Bereich für U_{CE} erweitert ist. Bei einer bestimmten Kollektor-Emitter-Spannung tritt ein Durchbruch auf, der ein starkes Ansteigen des Kollektorstroms zur Folge hat und in den meisten Fällen zur Zerstörung des Transistors führt. Die in Abb. 2.13 gezeigten *Durchbruchskennlinien* werden für verschiedene Beschaltungen der Basis aufgenommen. Bei der Aufnahme der Kennlinie „$I_B > 0$" wird mit einer Stromquelle ein positiver Basisstrom eingeprägt. Im Bereich der *Kollektor-Emitter-Durchbruchsspannung $U_{(BR)CEO}$* steigt der Strom stark an und die Kennlinie geht näherungsweise in eine Vertikale über. Die Spannung $U_{(BR)CEO}$ ist die Kollektor-Emitter-Spannung, bei der trotz offener Basis, d.h. $I_B = 0$, der Kollektorstrom aufgrund des Durchbruchs einen bestimmten Wert überschreitet. Zur Bestimmung von $U_{(BR)CEO}$ wird die Kennlinie „$I_B = 0$" verwendet, die bei $U_{(BR)CEO}$ näherungsweise in eine Vertikale übergeht. Bei der Aufnahme der Kennlinie „R" wird ein Widerstand zwischen Basis und Emitter geschaltet; dadurch erhöht sich die Durchbruchsspannung auf $U_{(BR)CER}$. Der bei Durchbruch auftretende Stromanstieg hat in diesem Fall ein Absinken der Kollektor-Emitter-Spannung von $U_{(BR)CER}$ auf etwa $U_{(BR)CEO}$ zur Folge, so dass ein Kennlinien-Ast mit negativer Steigung entsteht. Der Basisstrom I_B ist dabei negativ. Dasselbe Verhalten zeigt die Kennlinie „$U_{BE} = 0$", die mit kurzgeschlossener Basis-Emitter-Strecke aufgenommen wird. Die dabei auftretende Durchbruchsspannung $U_{(BR)CES}$ ist die größte der angegebenen Kollektor-Emitter-Durchbruchsspannungen. Der Index S gibt an, dass die Basis *kurzgeschlossen* (*shorted*) ist. Es gilt allgemein:

$$U_{(BR)CEO} < U_{(BR)CER} < U_{(BR)CES} < U_{(BR)CBO}$$

2.1.5.2 Durchbruch 2. Art

Neben dem bisher beschriebenen *normalen* Durchbruch oder *Durchbruch 1. Art* gibt es noch den *zweiten* Durchbruch oder *Durchbruch 2. Art* (*secondary breakdown*), bei dem durch eine inhomogene Stromverteilung (*Einschnürung*) eine lokale Übertemperatur auftritt, die zu einem lokalen Schmelzen und damit zur Zerstörung des Transistors führt. Die Kennlinien des zweiten Durchbruchs sind in Abb. 2.13 gestrichelt dargestellt. Es findet zunächst ein normaler Durchbruch statt, in dessen Verlauf die Einschnürung auftritt. Der zweite Durchbruch ist durch einen Einbruch der Kollektor-Emitter-Spannung gekennzeichnet, auf die ein starker Stromanstieg folgt. Er tritt bei Leistungs- und Hochspannungstransistoren bei hohen Kollektor-Emitter-Spannungen auf. Bei Kleinleistungstransistoren für den Niederspannungsbereich ist er selten; hier kommt es gewöhnlich zu einem normalen Durchbruch, der bei geeigneter Strombegrenzung nicht zu einer Zerstörung des Transistors führt.

Die Kennlinien des Durchbruchs 2. Art lassen sich nicht statisch messen, da es sich um einen irreversiblen, dynamischen Vorgang handelt. Die Kennlinien des normalen Durchbruchs können dagegen statisch, z.B. mit einem Kennlinienschreiber, gemessen werden, sofern die Ströme begrenzt werden, die Messung so kurz ist, dass keine Überhitzung auftritt, und der Bereich des Durchbruchs 2. Art vermieden wird.

2.1.5.3 Grenzströme

Bei den Grenzströmen wird zwischen maximalen Dauerströmen (*continuous currents*) und maximalen Spitzenwerten (*peak currents*) unterschieden. Für die maximalen Dauerströme existieren keine besonderen Bezeichner im Datenblatt; sie werden hier mit $I_{C,max}$, $I_{B,max}$ und $I_{E,max}$ bezeichnet. Die maximalen Spitzenwerte gelten für gepulsten Betrieb mit vorgegebener Pulsdauer und Wiederholrate und werden im Datenblatt mit I_{CM}, I_{BM} und I_{EM} bezeichnet; sie sind um den Faktor $1,2 \ldots 2$ größer als die Dauerströme.

2.1.5.4 Sperrströme

Für die Emitter- und die Kollektor-Diode sind im Datenblatt neben den Durchbruchspannungen $U_{(BR)EBO}$ und $U_{(BR)CBO}$ noch die Sperrströme (*cut-off currents*) I_{EBO} und I_{CBO} angegeben, die bei einer Spannung unterhalb der jeweiligen Durchbruchsspannung gemessen werden. In gleicher Weise werden für die Kollektor-Emitter-Strecke die Sperrströme I_{CEO} und I_{CES} angegeben, die mit offener bzw. kurzgeschlossener Basis bei einer Spannung unterhalb $U_{(BR)CEO}$ bzw. $U_{(BR)CES}$ gemessen werden. Es gilt:

$$I_{CES} \; < \; I_{CEO}$$

2.1.5.5 Maximale Verlustleistung

Eine besonders wichtige Grenzgröße ist die *maximale Verlustleistung*. Die Verlustleistung ist die im Transistor in Wärme umgesetzte Leistung:

$$P_V \; = \; U_{CE} I_C + U_{BE} I_B \; \approx \; U_{CE} I_C$$

Sie entsteht im wesentlichen in der Sperrschicht der Kollektor-Diode. Die Temperatur der Sperrschicht erhöht sich auf einen Wert, bei dem die Wärme aufgrund des Temperaturgefälles von der Sperrschicht über das Gehäuse an die Umgebung abgeführt werden kann; im Abschnitt 2.1.6 wird dies näher beschrieben.

Die Temperatur der Sperrschicht darf einen materialabhängigen Grenzwert, bei Silizium 175 °C, nicht überschreiten; in der Praxis wird bei Silizium aus Sicherheitsgründen

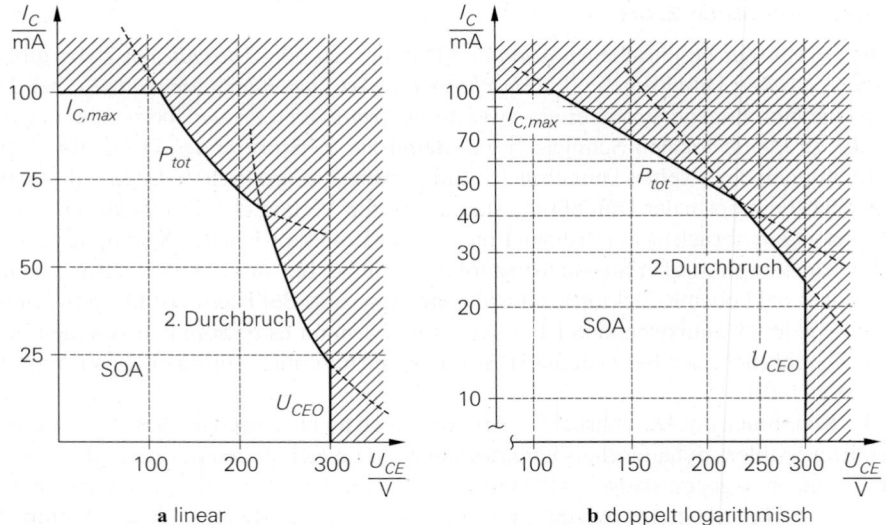

a linear   **b** doppelt logarithmisch

Abb. 2.14. Zulässiger Betriebsbereich (*safe operating area, SOA*)

mit einem Grenzwert von 150 °C gerechnet. Die maximale Verlustleistung, bei der dieser Grenzwert erreicht wird, hängt vom Aufbau des Transistors und von der Montage ab; sie wird im Datenblatt mit P_{tot} bezeichnet und für zwei Fälle angegeben:

– Betrieb bei stehender Montage auf einer Leiterplatte ohne weitere Maßnahmen zur Kühlung bei einer Temperatur der umgebenden Luft (*free-air temperature*) von $T_A = 25\,°C$; der Index A bedeutet *Umgebung* (*ambient*).
– Betrieb bei einer Gehäusetemperatur (*case temperature*) von $T_C = 25\,°C$; dabei bleibt offen, durch welche Maßnahmen zur Kühlung diese Gehäusetemperatur erreicht wird.

Die beiden Maximalwerte werden hier mit $P_{V,25(A)}$ und $P_{V,25(C)}$ bezeichnet. Bei Kleinleistungstransistoren, die für stehende Montage ohne Kühlkörper ausgelegt sind, ist nur $P_{tot} = P_{V,25(A)}$ angegeben; dabei wird oft die sich einstellende Gehäusetemperatur T_C zusätzlich angegeben. Bei Leistungstransistoren, die ausschließlich für den Betrieb mit einem Kühlkörper ausgelegt sind, ist nur $P_{tot} = P_{V,25(C)}$ angegeben. In praktischen Anwendungen kann $T_A = 25\,°C$ oder $T_C = 25\,°C$ nicht eingehalten werden. Da P_{tot} mit zunehmender Temperatur abnimmt, ist im Datenblatt oft eine *power derating curve* angeben, in der P_{tot} über T_A oder T_C aufgetragen ist; siehe Abb. 2.15a. Im Abschnitt 2.1.6 wird das thermische Verhalten ausführlich behandelt.

2.1.5.6 Zulässiger Betriebsbereich

Aus den Grenzdaten erhält man im Ausgangskennlinienfeld den *zulässigen Betriebsbereich (safe operating area, SOA)*; er wird durch den maximalen Kollektorstrom $I_{C,max}$, die Kollektor-Emitter-Durchbruchsspannung $U_{(BR)CEO}$, die maximale Verlustleistung P_{tot} und die Grenze zum Bereich des Durchbruchs 2.Art begrenzt. Abbildung 2.14 zeigt die SOA in linearer und in doppelt-logarithmischer Darstellung. Bei linearer Darstellung ergeben sich für die maximale Verlustleistung und den Durchbruch 2.Art Hyperbeln [2.2]:

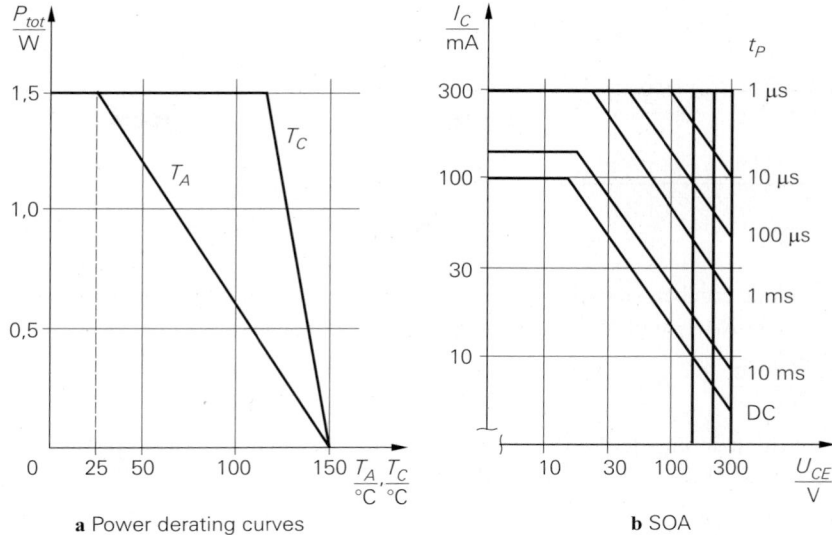

a Power derating curves   **b** SOA

Abb. 2.15. Grenzkurven eines Hochspannungs-Schalttransistors

Verlustleistung: $\quad I_{C,max} = \dfrac{P_{tot}}{U_{CE}}$

Durchbruch 2.Art: $\quad I_{C,max} \approx \dfrac{const.}{U_{CE}^2}$

Bei doppelt-logarithmischer Darstellung gehen die Hyperbeln in Geraden mit der Steigung -1 bzw. -2 über.

Bei Kleinleistungstransistoren verläuft die Kurve für den Durchbruch 2.Art auch bei hohen Spannungen oberhalb der Kurve für die maximale Verlustleistung; sie tritt damit nicht als SOA-Grenze auf. Bei Leistungstransistoren sind zusätzlich Grenzkurven für Pulsbetrieb mit verschiedenen Pulsdauern angegeben. Bei sehr kurzer Pulsdauer und kleinem Tastverhältnis kann man den Transistor mit der maximalen Spannung $U_{(BR)CEO}$ *und* dem maximalen Kollektorstrom I_{CM} *gleichzeitig* betreiben; die SOA ist in diesem Fall ein Rechteck. Aus diesem Grund lassen sich mit einem Transistor Lasten schalten, deren Leistung groß gegenüber der maximalen Verlustleistung ist; im Abschnitt 2.1.6 wird darauf noch näher eingegangen.

Abbildung 2.15b zeigt die SOA eines Hochspannungs-Schalttransistors mit $U_{(BR)CEO}$ = 300 V. Der maximale Dauerstrom beträgt $I_{C,max} = 100$ mA, der maximal zulässige Spitzenstrom für einen Puls mit einer Dauer von 1 ms ist $I_{CM} = 300$ mA. Für eine Pulsdauer unter 1 μs ist die SOA ein Rechteck. Man kann Lasten mit einer Verlustleistung bis zu $P = U_{(BR)CEO}I_{CM} = 90$ W $\gg P_{tot} = 1,5$ W schalten.

2.1.6 Thermisches Verhalten

Zur Erläuterung des thermischen Verhaltens dient die Anordnung in Abb. 2.16. Die an den Außenseiten isolierten Körper haben die Temperaturen T_1, T_2 und T_3; $C_{th,2}$ ist die *Wärmekapazität* (*thermische Speicherkapazität*) des mittleren Körpers. Aufgrund der Tem-

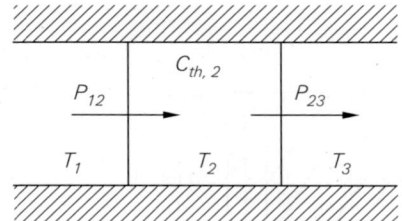

Abb. 2.16.
Anordnung zur Erläuterung
des thermischen Verhaltens

peraturunterschiede ergeben sich die *Wärmeströme* P_{12} und P_{23} [1], die sich mit Hilfe der *Wärmewiderstände* $R_{th,12}$ und $R_{th,23}$ der Übergänge berechnen lassen:

$$P_{12} = \frac{T_1 - T_2}{R_{th,12}} \quad ; \quad P_{23} = \frac{T_2 - T_3}{R_{th,23}}$$

Durch eine Bilanzierung der Wärmeströme erhält man die im mittleren Körper gespeicherte *Wärmemenge* $Q_{th,2}$ und die Temperatur T_2:

$$Q_{th,2} = C_{th,2}T_2$$

$$\frac{dQ_{th,2}}{dt} = P_{12} - P_{23} \quad \Rightarrow \quad \frac{dT_2}{dt} = \frac{P_{12} - P_{23}}{C_{th,2}}$$

Bei konstanten Temperaturen T_1 und T_3 ändert sich die Temperatur T_2 so lange, bis $P_{12} = P_{23}$ gilt; es wird dann genauso viel Wärme zu- wie abgeführt und T_2 bleibt konstant. Wenn der zugeführte Wärmestrom P_{12} konstant ist und der rechte Körper die Umgebung (*ambient*) mit der Umgebungstemperatur $T_3 = T_A$ darstellt, erwärmt sich der mittlere Körper auf die Temperatur $T_2 = T_3 + R_{th,23}P_{23}$; auch hier stellt sich $P_{12} = P_{23}$ ein.

2.1.6.1 Thermisches Ersatzschaltbild

Man kann ein elektrisches Ersatzschaltbild für das thermische Verhalten angeben. Die Größen *Wärmestrom*, *Wärmewiderstand*, *Wärmekapazität* und *Temperatur* entsprechen den elektrischen Größen *Strom*, *Widerstand*, *Kapazität* und *Spannung*. Bei einem Transistor werden die Körper *Sperrschicht* (*junction,J*), *Gehäuse* (*case,C*), *Umgebung* (*ambient,A*) und, wenn vorhanden, *Kühlkörper* (*heat sink,H*) betrachtet. In die Sperrschicht wird die Verlustleistung P_V als Wärmestrom eingeprägt; die Temperatur T_A der Umgebung sei konstant. Man erhält das in Abb. 2.17 gezeigte *thermische Ersatzschaltbild*, mit dem sich ausgehend von einem bekannten zeitlichen Verlauf von P_V die zeitlichen Verläufe der Temperaturen T_J, T_C und T_H berechnen lassen.

2.1.6.1.1 Betrieb ohne Kühlkörper

Wenn kein Kühlkörper vorhanden ist, werden $R_{th,CH}$, $R_{th,HA}$ und $C_{th,H}$ durch den Wärmewiderstand $R_{th,CA}$ zwischen Gehäuse und Umgebung ersetzt. Im Datenblatt eines Transistors ist für stehende Montage auf einer Leiterplatte und Betrieb ohne Kühlkörper oft der resultierende Wärmewiderstand $R_{th,JA}$ zwischen Sperrschicht und Umgebung angegeben:

$$R_{th,JA} = R_{th,JC} + R_{th,CA}$$

---

[1] In der Wärmelehre werden Wärmeströme mit Φ bezeichnet. Hier wird P verwendet, da bei elektrischen Bauteilen die Verlustleistung P_V die Wärmeströme verursacht.

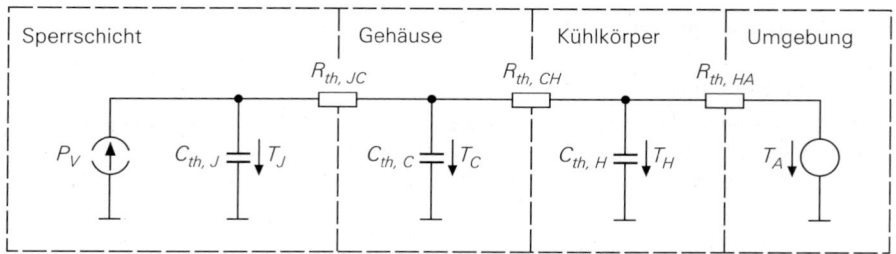

Abb. 2.17. Thermisches Ersatzschaltbild eines Transistors mit Kühlkörper

2.1.6.1.2 Betrieb mit Kühlkörper

Der Wärmewiderstand $R_{th,HA}$ des Kühlkörpers ist im Datenblatt des Kühlkörpers angegeben; er hängt von der Größe, der Bauform und der Einbaulage ab. Der Wärmewiderstand $R_{th,CH}$ hängt von der Montage des Transistors auf dem Kühlkörper ab; er muss durch die Verwendung spezieller Wärmeleitpasten klein gehalten werden, damit die Wirksamkeit des Kühlkörpers nicht beeinträchtigt wird. Durch die Verwendung von Isolierscheiben zur elektrischen Isolation zwischen Transistor und Kühlkörper kann $R_{th,CH}$ so groß werden, dass die Wirksamkeit großer Kühlkörper mit kleinem $R_{th,HA}$ deutlich reduziert wird; auf jeden Fall sollte $R_{th,CH} < R_{th,HA}$ gelten. Es gilt:

$$R_{th,JA} = R_{th,JC} + R_{th,CH} + R_{th,HA}$$

Wenn mehrere Transistoren auf einem gemeinsamen Kühlkörper montiert werden, erhält man ein Ersatzschaltbild mit mehreren Sperrschichten und Gehäusen, die am Kühlkörper-*Knoten* angeschlossen sind.

2.1.6.1.3 SMD-Transistoren

Bei Transistoren in SMD-Technik wird die Wärme über die Anschlussbeine an die Leiterplatte abgeführt. Der Wärmewiderstand zwischen Sperrschicht und Lötpunkt wird im Datenblatt mit $R_{th,JS}$ bezeichnet; der Index S bedeutet *Lötpunkt* (*soldering point*). Hier gilt:

$$R_{th,JA} = R_{th,JS} + R_{th,SA}$$

2.1.6.2 Thermisches Verhalten bei statischem Betrieb

Bei statischem Betrieb ist die Verlustleistung P_V konstant und nur vom Arbeitspunkt abhängig; dies gilt aufgrund der geringen Aussteuerung auch für den Kleinsignalbetrieb:

$$P_V = U_{CE,A} I_{C,A} \tag{2.16}$$

Für die Temperatur der Sperrschicht erhält man:

$$T_J = T_A + P_V R_{th,JA} \tag{2.17}$$

Daraus folgt für die maximal zulässige *statische Verlustleistung*:

$$P_{V,max(stat)} = \frac{T_{J,grenz} - T_{A,max}}{R_{th,JA}} \tag{2.18}$$

Bei Silizium-Transistoren wird mit $T_{J,grenz} = 150\,°C$ gerechnet. $T_{A,max}$ muss anwendungsspezifisch vorgegeben werden und bestimmt die maximale Umgebungstemperatur, bei der man die Schaltung betreiben darf.

Im Datenblatt eines Transistors wird $P_{V,max(stat)}$ als Funktion von T_A und/oder T_C angegeben; Abb. 2.15a zeigt diese *power derating curves*. Ihr abfallender Teil wird durch (2.18) beschrieben, wenn man die zugehörigen Größen für T und R_{th} einsetzt:

$$P_{V,max(stat)}(T_A) = \frac{T_{J,grenz} - T_A}{R_{th,JA}}$$

$$P_{V,max(stat)}(T_C) = \frac{T_{J,grenz} - T_C}{R_{th,JC}}$$

Man kann deshalb die Wärmewiderstände $R_{th,JA}$ und $R_{th,JC}$ auch aus dem Gefälle dieser Kurven bestimmen.

2.1.6.3 Thermisches Verhalten bei Pulsbetrieb

Bei Pulsbetrieb darf die maximale Verlustleistung $P_{V,max(puls)}$ die maximale statische Verlustleistung $P_{V,max(stat)}$ nach (2.18) übersteigen. Mit der *Pulsdauer* t_P, der *Wiederholrate* $f_W = 1/T_W$ und dem *Tastverhältnis* $D = t_P f_W$ ergibt sich aus der Verlustleistung $P_{V(puls)}$ die mittlere Verlustleistung $\overline{P_V} = D P_{V(puls)}$; die Verlustleistung im ausgeschalteten Zustand kann dabei vernachlässigt werden. Im eingeschalteten Zustand nimmt T_J zu, im ausgeschalteten Zustand ab. Es ergibt sich ein etwa sägezahnförmiger Verlauf von T_J. Der Mittelwert $\overline{T_J}$ kann mit (2.17) aus $\overline{P_V}$ bestimmt werden, der wichtigere Maximalwert $T_{J,max}$ hängt vom Verhältnis zwischen den Pulsparametern t_P und D und der thermischen Zeitkonstante ab; letztere ergibt sich aus den Wärmekapazitäten und den Wärmewiderständen. Aus der Bedingung $T_{J,max} < T_{J,grenz}$ erhält man die maximale Verlustleistung $P_{V,max(puls)}$.

In der Praxis werden zwei Verfahren zur Bestimmung von $P_{V,max(puls)}$ angewendet:

– Man bestimmt zunächst mit (2.18) die maximale statische Verlustleistung $P_{V,max(stat)}$ und daraus $P_{V,max(puls)}$; dazu ist im Datenblatt das Verhältnis $P_{V,max(puls)}/P_{V,max(stat)}$ für verschiedene Werte von D über t_P aufgetragen, siehe Abb. 2.18a. Mit kleiner werdender Pulsdauer t_P nimmt die Amplitude des sägezahnförmigen Anteils im Verlaufs von T_J immer mehr ab; für $t_P \to 0$ gilt $\overline{T_J} = T_{J,max}$ und damit:

$$\lim_{t_P \to 0} \frac{P_{V,max(puls)}}{P_{V,max(stat)}} = \frac{1}{D}$$

Diese Grenzwerte sind in Abb. 2.18a am linken Rand abzulesen: für $D = 0{,}5$ erhält man bei sehr kurzer Pulsdauer $P_{V,max(puls)} = 2\,P_{V,max(stat)}$, usw.

– Es wird im Datenblatt ein Wärmewiderstand für Pulsbetrieb angegeben, mit dem $P_{V,max(puls)}$ direkt berechnet werden kann:

$$P_{V,max(puls)}(t_P,D) = \frac{T_{J,grenz} - T_{A,max}}{R_{th,JA(puls)}(t_P,D)} \tag{2.19}$$

Im Datenblatt ist $R_{th,JA(puls)}$ für verschiedene Werte von D über t_P aufgetragen, siehe Abb. 2.18b.

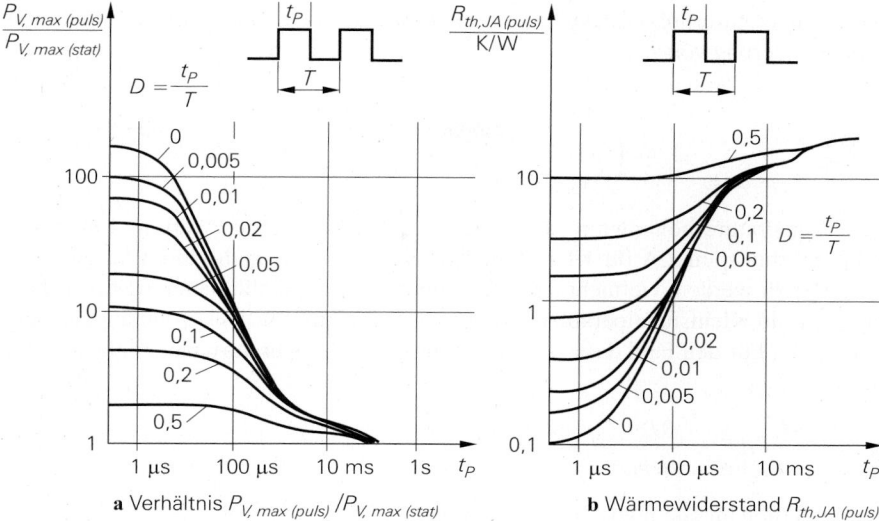

a Verhältnis $P_{V,max(puls)}/P_{V,max(stat)}$ **b** Wärmewiderstand $R_{th,JA\,(puls)}$

Abb. 2.18. Bestimmung der maximalen Verlustleistung $P_{V,max(puls)}$

Beide Verfahren sind äquivalent. Das Verhältnis $P_{V,max(puls)}/P_{V,max(stat)}$ entspricht bis auf eine konstanten Faktor dem Kehrwert von $R_{th,JA(puls)}$:

$$\frac{P_{V,max(puls)}}{P_{V,max(stat)}} = \frac{T_{J,grenz} - T_{A,max}}{R_{th,JA(puls)}} \frac{1}{P_{V,max(stat)}} \sim \frac{1}{R_{th,JA(puls)}}$$

2.1.7 Temperaturabhängigkeit der Transistorparameter

Die Kennlinien eines Bipolartransistors sind stark temperaturabhängig. Besonders wichtig ist der temperaturabhängige Zusammenhang zwischen I_C und U_{BE}. Bei expliziter Angabe der Abhängigkeit von U_{BE} und der Temperatur T gilt:

$$I_C(U_{BE},T) = I_S(T)\, e^{\frac{U_{BE}}{U_T(T)}} \left(1 + \frac{U_{CE}}{U_A}\right)$$

Ursache für die Temperaturabhängigkeit von I_C ist die Temperaturabhängigkeit des Sperrstroms I_S und der Temperaturspannung U_T [2.2],[2.4]:

$$U_T(T) = \frac{kT}{q} = 86{,}142 \frac{\mu V}{K}\, T$$

$$I_S(T) = I_S(T_0)\, e^{\left(\frac{T}{T_0}-1\right)\frac{U_G(T)}{U_T(T)}} \left(\frac{T}{T_0}\right)^{x_{T,I}} \qquad \text{mit } x_{T,I} \approx 3 \qquad (2.20)$$

Dabei ist $k = 1{,}38 \cdot 10^{-23}$ VAs/K die *Boltzmannkonstante*, $q = 1{,}602 \cdot 10^{-19}$ As die *Elementarladung* und $U_G = 1{,}12$ V die *Bandabstandsspannung (gap voltage)* von Silizium; die geringe Temperaturabhängigkeit von U_G kann vernachlässigt werden.

Durch Differentiation von $I_S(T)$ erhält man die relative Änderung von I_S:

$$\frac{1}{I_S}\frac{dI_S}{dT} = \frac{1}{T}\left(3 + \frac{U_G}{U_T}\right) \overset{T=300\,K}{\approx} 0{,}15\,K^{-1}$$

Bei einer Temperaturerhöhung um 1 K nimmt I_S um 15% zu. Entsprechend erhält man die relative Änderung von I_C:

$$\frac{1}{I_C}\frac{dI_C}{dT}\bigg|_{U_{BE}=\text{const.}} = \frac{1}{T}\left(3 + \frac{U_G - U_{BE}}{U_T}\right) \overset{\substack{T=300\,\text{K}\\U_{BE}=0,7\,\text{V}}}{\approx} 0,065\,\text{K}^{-1}$$

Bei einer Temperaturerhöhung um 11 K steigt I_C auf den doppelten Wert an. Ein temperaturstabiler Arbeitspunkt A für Kleinsignalbetrieb kann daher nicht durch Vorgabe von $U_{BE,A}$ eingestellt werden; vielmehr muss $I_{C,A}$ über der Temperatur näherungsweise konstant sein, da die Kleinsignalparameter von $I_{C,A}$ und nicht von $U_{BE,A}$ abhängen, siehe Abschnitt 2.1.4. Für den Fall, dass $I_{C,A}$ näherungsweise temperaturunabhängig ist, kann man aus

$$dI_C = \frac{\partial I_C}{\partial T}\,dT + \frac{\partial I_C}{\partial U_{BE}}\,dU_{BE} \equiv 0$$

die Temperaturabhängigkeit von U_{BE} bestimmen:

$$\boxed{\frac{dU_{BE}}{dT}\bigg|_{I_C=\text{const.}} = \frac{U_{BE} - U_G - 3U_T}{T} \overset{\substack{T=300\,\text{K}\\U_{BE}=0,7\,\text{V}}}{\approx} -1,7\,\frac{\text{mV}}{\text{K}}} \tag{2.21}$$

Auch die Stromverstärkung B ist temperaturabhängig; es gilt [2.2]:

$$B(T) = B(T_0)\,e^{\left(\frac{T}{T_0}-1\right)\frac{\Delta U_{dot}}{U_T(T)}}$$

Die Spannung ΔU_{dot} ist eine Materialkonstante und beträgt bei npn-Transistoren aus Silizium etwa 44 mV. Durch Differentiation erhält man:

$$\frac{1}{B}\frac{dB}{dT} = \frac{\Delta U_{dot}}{U_T T} \overset{T=300\,\text{K}}{\approx} 5,6\cdot 10^{-3}\,\text{K}^{-1}$$

In der Praxis wird oft ein vereinfachter Zusammenhang verwendet [2.4]:

$$B(T) = B(T_0)\left(\frac{T}{T_0}\right)^{x_{T,B}} \quad \text{mit } x_{T,B} \approx 1,5 \tag{2.22}$$

Es ergibt sich im praktisch genutzten Bereich dieselbe Temperaturabhängigkeit:

$$\frac{1}{B}\frac{dB}{dT} = \frac{x_{T,B}}{T} \overset{T=300\,\text{K}}{\approx} 5\cdot 10^{-3}\,\text{K}^{-1} \tag{2.23}$$

Die Stromverstärkung nimmt also bei einer Temperaturerhöhung um 1 K um etwa 0,5% zu. In der Praxis ist diese Abhängigkeit von untergeordneter Bedeutung, da die Stromverstärkung deutlich größeren fertigungsbedingten Schwankungen unterliegt. Sie wird nur bei differentiellen Betrachtungen berücksichtigt, z.B. bei der Berechnung des Temperaturkoeffizienten einer Schaltung.

2.2 Aufbau eines Bipolartransistors

Der Bipolartransistor ist im allgemeinen unsymmetrisch aufgebaut. Daraus ergibt sich eine eindeutige Zuordnung von Kollektor und Emitter und, wie später noch gezeigt wird, unterschiedliches Verhalten bei Normal- und Inversbetrieb. Einzel- und integrierte Transistoren sind aus mehr als drei Zonen aufgebaut, speziell die Kollektorzone besteht aus mindestens zwei Teilzonen. Die Bezeichnungen npn und pnp geben deshalb nur die Zonenfolge des aktiven inneren Bereichs wieder. Die Herstellung erfolgt in einem mehrstufigen Prozess auf einer Halbleiterscheibe (*wafer*), die anschließend durch Sägen in kleine Plättchen (*die*) aufgeteilt wird. Auf einem Plättchen befindet sich entweder ein Einzeltransistor oder eine aus mehreren integrierten Transistoren und weiteren Bauteilen aufgebaute integrierte Schaltung (*integrated circuit, IC*).

2.2.1 Einzeltransistoren

2.2.1.1 Innerer Aufbau

Einzeltransistoren werden überwiegend in Epitaxial-Planar-Technik hergestellt. Abbildung 2.19 zeigt den Aufbau eines npn- und eines pnp-Transistors, wobei der aktive Bereich besonders hervorgehoben ist. Die Gebiete n^+ und p^+ sind stark, die Gebiete n und p mittel und die Gebiete n^- und p^- schwach dotiert. Die spezielle Schichtung unterschiedlich stark dotierter Gebiete verbessert die elektrischen Eigenschaften des Transistors. Die Unterseite des Plättchens bildet den Kollektor, Basis und Emitter befinden sich auf der Oberseite.

2.2.1.2 Gehäuse

Der Einbau in ein Gehäuse erfolgt, indem die Unterseite durch Löten mit dem Anschlussbein für den Kollektor oder einem metallischen Gehäuseteil verbunden wird. Die beiden anderen Anschlüsse werden mit feinen Gold- oder Aluminiumdrähten (*Bonddrähte*) an das zugehörige Anschlussbein angeschlossen. Abbildung 2.20 zeigt einen Kleinleistungs- und einen Leistungstransistor nach dem Löten und Bonden. Abschließend wird der Kleinleistungstransistor mit Kunststoff vergossen; das Gehäuse des Leistungstransistors wird mit einem Deckel verschlossen.

Für die verschiedenen Baugrößen und Einsatzgebiete existiert eine Vielzahl von Gehäusebauformen, die sich in der maximal abführbaren Verlustleistung unterscheiden oder an spezielle geometrische Erfordernisse angepasst sind. Abbildung 2.21 zeigt eine Auswahl der gängigsten Bauformen. Bei Leistungstransistoren ist das Gehäuse für die Montage

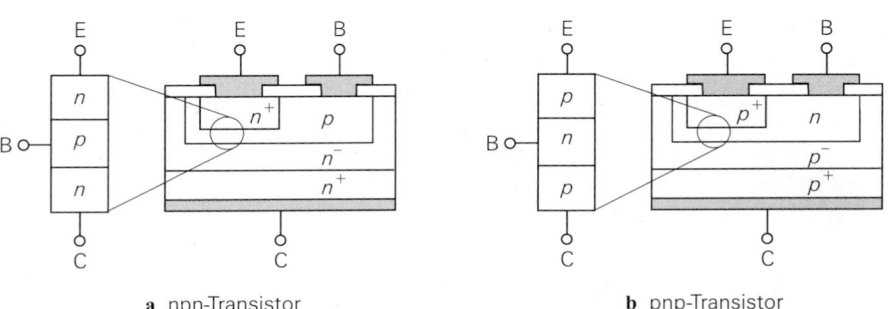

a npn-Transistor   **b** pnp-Transistor

Abb. 2.19. Aufbau eines Halbleiterplättchens mit einem Epitaxial-Planar-Einzeltransistor

TO-92   TO-3

Abb. 2.20. Einbau in ein Gehäuse

auf einem Kühlkörper ausgelegt; dabei begünstigt eine möglichst große Kontaktfläche die Wärmeabfuhr. SMD-Transistoren für größere Leistungen haben zur besseren Wärmeabfuhr an die Leiterplatte zwei Anschlussbeine für den Kollektor. Bei Hochfrequenztransistoren werden sehr spezielle Gehäusebauformen verwendet, da das elektrische Verhalten bei Frequenzen im GHz-Bereich stark von der Geometrie abhängt; einige Gehäuse haben zur besseren Masseführung zwei Anschlussbeine für den Emitter.

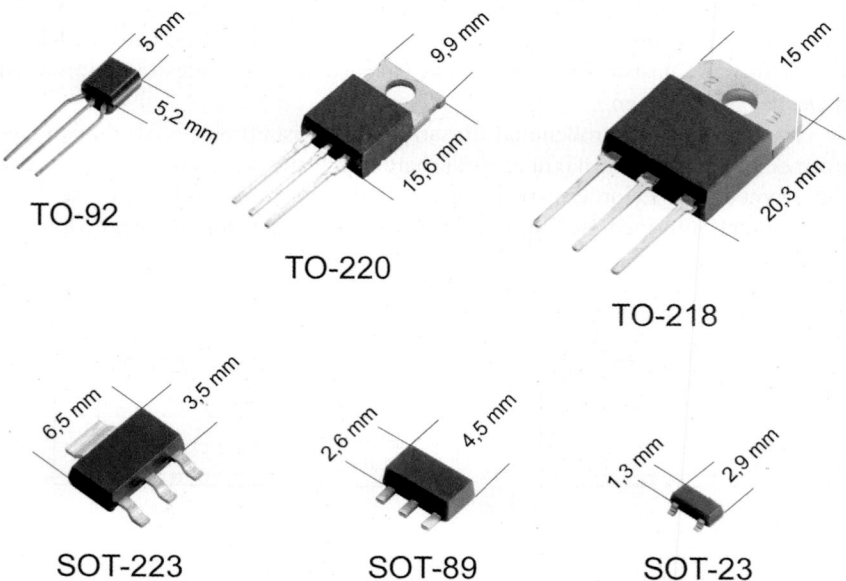

Abb. 2.21. Gängige Gehäusebauformen bei Einzeltransistoren

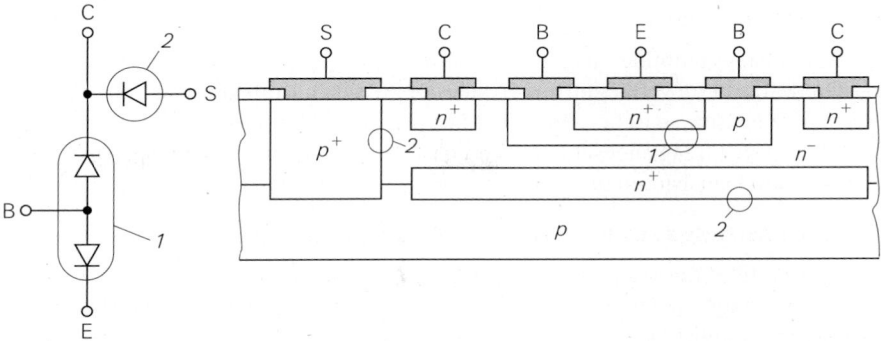

Abb. 2.22. Dioden-Ersatzschaltbild und Aufbau eines integrierten vertikalen npn-Transistors

2.2.1.3 Komplementäre Transistoren

Da npn- und pnp-Transistoren in getrennt optimierten Herstellungsabläufen gefertigt werden, ist es leicht möglich, *komplementäre* Transistoren zu fertigen. Ein npn- und ein pnp-Transistor werden als komplementär bezeichnet, wenn ihre elektrischen Daten bis auf die Vorzeichen der Ströme und Spannungen übereinstimmen.

2.2.2 Integrierte Transistoren

Integrierte Transistoren werden ebenfalls in Epitaxial-Planar-Technik hergestellt. Hier befinden sich auch der Kollektoranschluss auf der Oberseite des Plättchens und die einzelnen Transistoren sind durch gesperrte pn-Übergänge elektrisch voneinander getrennt. Der aktive Bereich der Transistoren befindet sich in einer sehr dünnen Schicht an der Oberfläche. Die Tiefe des Plättchens wird *Substrat* (*substrate,S*) genannt und stellt einen für alle Transistoren gemeinsamen vierten Anschluss dar, der ebenfalls an die Oberseite geführt ist. Da mit demselben Herstellungsablauf npn- und pnp-Transistoren hergestellt werden müssen, unterscheiden sich beide Typen in Aufbau und elektrischen Daten erheblich.

2.2.2.1 Innerer Aufbau

npn-Transistoren werden als vertikale Transistoren nach Abb. 2.22 ausgeführt; der Stromfluss vom Kollektor zum Emitter erfolgt vertikal, d.h. senkrecht zur Oberfläche des Plättchens. pnp-Transistoren werden dagegen meist als laterale Transistoren nach Abb. 2.23 ausgeführt; der Stromfluss erfolgt hier lateral, d.h. parallel zur Oberfläche des Plättchens.

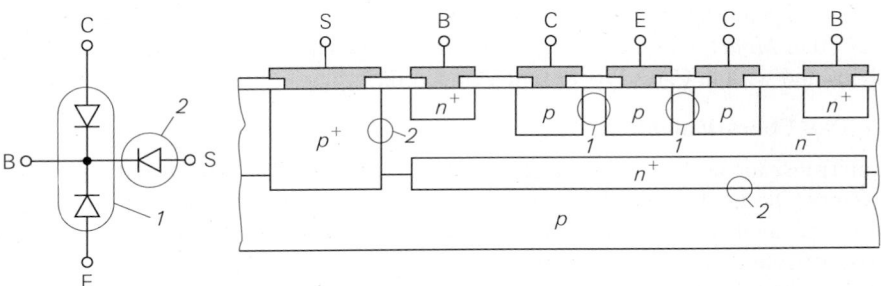

Abb. 2.23. Dioden-Ersatzschaltbild und Aufbau eines integrierten lateralen pnp-Transistors

2.2.2.1.1 Substrat-Dioden

Die Dioden-Ersatzschaltbilder in Abb. 2.22 und Abb. 2.23 enthalten zusätzlich eine Substrat-Diode, die beim vertikalen npn-Transistor zwischen Kollektor und Substrat, beim lateralen pnp-Transistor zwischen Basis und Substrat liegt. Das Substrat wird an die negative Versorgungsspannung angeschlossen, so dass diese Dioden immer gesperrt sind und eine Isolation der Transistoren untereinander und vom Substrat bewirken.

2.2.2.1.2 Unterschiede zwischen Vertikal- und Lateraltransistor

Da bei einem Vertikaltransistor die Dicke der Basiszone kleiner gehalten werden kann, ist die Stromverstärkung um den Faktor 3 . . . 10 größer als bei einem Lateraltransistor; auch die Schaltgeschwindigkeit und die Grenzfrequenzen sind bei einem Vertikaltransistor wesentlich höher. Deshalb werden immer öfter auch vertikale pnp-Transistoren hergestellt. Ihr Aufbau entspricht dem vertikaler npn-Transistoren, wenn man in allen Zonen n- und p-Dotierung vertauscht. Eine Isolation vom Substrat wird erreicht, indem die Transistoren in eine n-dotierte Wanne eingebettet werden, die an die positive Versorgungsspannung angeschlossen wird. npn- und pnp-Transistoren werden in diesem Fall auch dann als *komplementär* bezeichnet, wenn ihre elektrischen Daten im Vergleich zu komplementären Einzeltransistoren keine gute Übereinstimmung aufweisen.

2.3 Modelle für den Bipolartransistor

Im Abschnitt 2.1.2 wurde das *statische* Verhalten des Bipolartransistors im Normalbetrieb durch die Großsignalgleichungen (2.5) und (2.6) beschrieben; dabei wurden sekundäre Effekte vernachlässigt oder, wie bei der Beschreibung des Verlaufs der Stromverstärkung im Abschnitt 2.1.3, nur qualitativ beschrieben. Für den rechnergestützten Schaltungsentwurf mit CAD-Programmen wird ein Modell benötigt, das alle Effekte berücksichtigt, für alle Betriebsarten gilt und darüber hinaus auch das *dynamische Verhalten* richtig wiedergibt. Aus diesem *Großsignalmodell* erhält man durch Linearisierung im Arbeitspunkt das *dynamische Kleinsignalmodell*, das zur Berechnung des Frequenzgangs von Schaltungen benötigt wird.

2.3.1 Statisches Verhalten

Das statische Verhalten wird für einen npn-Transistor aufgezeigt; bei einem pnp-Transistor haben alle Ströme und Spannungen umgekehrte Vorzeichen. Das einfachste Modell für den Bipolartransistor ist das *Ebers-Moll-Modell*, das auf dem Dioden-Ersatzschaltbild aufbaut. Das Modell hat nur drei Parameter und beschreibt alle primären Effekte. Zur genaueren Modellierung wird eine Umformung durchgeführt, die zunächst auf das *Transportmodell* und nach Hinzunahme weiterer Parameter zur Beschreibung sekundärer Effekte auf das *Gummel-Poon-Modell* führt; letzteres erlaubt eine sehr genaue Beschreibung des statischen Verhaltens und wird in CAD-Programmen eingesetzt.

2.3.1.1 Das Ebers-Moll-Modell

Ein npn-Transistor besteht aus zwei antiseriell geschalteten pn-Dioden mit gemeinsamer p-Zone. Die beiden Dioden werden Emitter- bzw. BE-Diode und Kollektor- bzw. BC-Diode genannt. Die Funktion des Bipolartransistors beruht auf der Tatsache, dass aufgrund der sehr dünnen gemeinsamen Basiszone ein Großteil der Diodenströme durch die Basiszone hindurch zum jeweils dritten Anschluss abfließen kann. Das *Ebers-Moll-Modell* in Abb. 2.24 besteht deshalb aus den beiden Dioden des Dioden-Ersatzschaltbilds

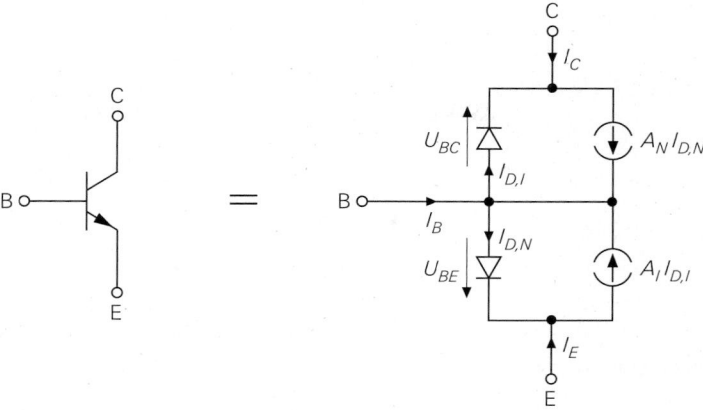

Abb. 2.24. Ebers-Moll-Modell für einen npn-Transistor

und zwei stromgesteuerten Stromquellen, die den Stromfluss durch die Basis beschreiben. Die Steuerfaktoren der gesteuerten Quellen sind mit A_N für den Normalbetrieb und A_I für den Inversbetrieb bezeichnet; es gilt $A_N \approx 0{,}98 \ldots 0{,}998$ und $A_I \approx 0{,}5 \ldots 0{,}9$. Die unterschiedlichen Werte für A_N und A_I folgen aus dem im Abschnitt 2.2 beschriebenen unsymmetrischen Aufbau.

2.3.1.1.1 Allgemeine Gleichungen

Mit den Emitter- und Kollektor-Diodenströmen

$$I_{D,N} = I_{S,N} \left(e^{\frac{U_{BE}}{U_T}} - 1 \right)$$

$$I_{D,I} = I_{S,I} \left(e^{\frac{U_{BC}}{U_T}} - 1 \right)$$

erhält man nach Abb. 2.24 für die Ströme an den Anschlüssen [2.5]:

$$I_C = A_N I_{S,N} \left(e^{\frac{U_{BE}}{U_T}} - 1 \right) - I_{S,I} \left(e^{\frac{U_{BC}}{U_T}} - 1 \right)$$

$$I_E = - I_{S,N} \left(e^{\frac{U_{BE}}{U_T}} - 1 \right) + A_I I_{S,I} \left(e^{\frac{U_{BC}}{U_T}} - 1 \right)$$

$$I_B = (1 - A_N) I_{S,N} \left(e^{\frac{U_{BE}}{U_T}} - 1 \right) + (1 - A_I) I_{S,I} \left(e^{\frac{U_{BC}}{U_T}} - 1 \right)$$

Aus dem Theorem über reziproke Netzwerke erhält man eine Bindung für die Parameter:

$$A_N I_{S,N} = A_I I_{S,I} = I_S$$

Das Modell wird deshalb durch A_N, A_I und I_S vollständig parametriert.

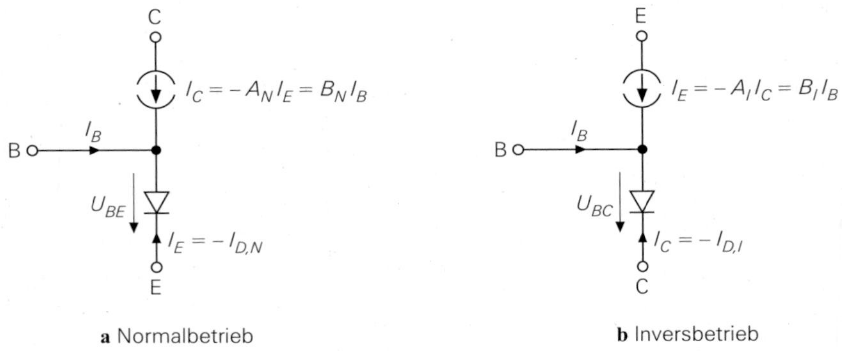

a Normalbetrieb   **b** Inversbetrieb

Abb. 2.25. Reduzierte Ebers-Moll-Modelle eines npn-Transistors

2.3.1.1.2 Normalbetrieb

Im Normalbetrieb ist die BC-Diode wegen $U_{BC} < 0$ gesperrt; sie kann wegen $I_{D,I} \approx - I_{S,I} \approx 0$ zusammen mit der zugehörigen gesteuerten Quelle vernachlässigen werden. Für $U_{BE} \gg U_T$ kann man zusätzlich den Term $- 1$ gegen die Exponentialfunktion vernachlässigen und erhält damit:

$$I_C = I_S \, e^{\frac{U_{BE}}{U_T}}$$

$$I_E = - \frac{1}{A_N} \, I_S \, e^{\frac{U_{BE}}{U_T}}$$

$$I_B = \frac{1 - A_N}{A_N} \, I_S \, e^{\frac{U_{BE}}{U_T}} = \frac{1}{B_N} \, I_S \, e^{\frac{U_{BE}}{U_T}}$$

Abbildung 2.25a zeigt das reduzierte Modell mit den wichtigsten Zusammenhängen; dabei ist A_N die *Stromverstärkung in Basisschaltung* und B_N die *Stromverstärkung in Emitterschaltung* [2]:

$$A_N = - \frac{I_C}{I_E}$$

$$B_N = \frac{A_N}{1 - A_N} = \frac{I_C}{I_B}$$

Typische Werte sind $A_N \approx 0{,}98 \dots 0{,}998$ und $B_N \approx 50 \dots 500$.

2.3.1.1.3 Inversbetrieb

Für den Inversbetrieb erhält man in gleicher Weise das in Abb. 2.25b gezeigte reduzierte Modell; die Stromverstärkungen lauten:

$$A_I = - \frac{I_E}{I_C}$$

---

[2] Bei den Stromverstärkungen muss zwischen Modellparametern und messbaren äußeren Stromverstärkungen unterschieden werden. Beim Ebers-Moll-Modell sind die Modellparameter A_N und B_N für den Normalbetrieb und A_I und B_I für den Inversbetrieb mit den äußeren Stromverstärkungen identisch; sie können deshalb durch die äußeren Ströme definiert werden.

$$B_I = \frac{A_I}{1 - A_I} = \frac{I_E}{I_B}$$

Typische Werte sind $A_I \approx 0{,}5 \ldots 0{,}9$ und $B_I \approx 1 \ldots 10$.

2.3.1.1.4 Sättigungsspannung

Beim Einsatz als Schalter gerät der Transistor vom Normalbetrieb in die Sättigung; dabei interessiert die erreichbare minimale Kollektor-Emitter-Spannung $U_{CE,sat}(I_B, I_C)$. Man erhält:

$$U_{CE,sat} = U_T \ln \frac{B_N (1 + B_I)(B_I I_B + I_C)}{B_I^2 (B_N I_B - I_C)}$$

Für $0 < I_C < B_N I_B$ erhält man $U_{CE,sat} \approx 20 \ldots 200\,\text{mV}$.

Das Minimum von $U_{CE,sat}$ wird für $I_C = 0$ erreicht:

$$U_{CE,sat}(I_C = 0) = U_T \ln \left(1 + \frac{1}{B_I}\right) = -U_T \ln A_I$$

Vertauscht man Emitter und Kollektor, erhält man beim Schalten vom Inversbetrieb in die Sättigung für $I_E = 0$:

$$U_{EC,sat}(I_E = 0) = U_T \ln \left(1 + \frac{1}{B_N}\right) = -U_T \ln A_N$$

Wegen $A_I < A_N < 1$ gilt $U_{EC,sat}(I_E = 0) < U_{CE,sat}(I_C = 0)$. Typische Werte sind $U_{CE,sat}(I_C = 0) \approx 2 \ldots 20\,\text{mV}$ und $U_{EC,sat}(I_E = 0) \approx 0{,}05 \ldots 0{,}5\,\text{mV}$.

2.3.1.2 Das Transportmodell

Durch eine Äquivalenzumformung erhält man aus dem Ebers-Moll-Modell das in Abb. 2.26 gezeigte *Transportmodell* [2.5]; es besitzt nur eine gesteuerte Quelle und bildet die Grundlage für die Modellierung weiterer Effekte im nächsten Abschnitt.

2.3.1.2.1 Allgemeine Gleichungen

Mit den Strömen

$$I_{B,N} = \frac{I_S}{B_N} \left(e^{\frac{U_{BE}}{U_T}} - 1\right) \tag{2.24}$$

$$I_{B,I} = \frac{I_S}{B_I} \left(e^{\frac{U_{BC}}{U_T}} - 1\right) \tag{2.25}$$

$$I_T = B_N I_{B,N} - B_I I_{B,I} = I_S \left(e^{\frac{U_{BE}}{U_T}} - e^{\frac{U_{BC}}{U_T}}\right) \tag{2.26}$$

erhält man aus Abb. 2.26:

$$I_B = \frac{I_S}{B_N} \left(e^{\frac{U_{BE}}{U_T}} - 1\right) + \frac{I_S}{B_I} \left(e^{\frac{U_{BC}}{U_T}} - 1\right)$$

$$I_C = I_S \left(e^{\frac{U_{BE}}{U_T}} - \left(1 + \frac{1}{B_I}\right) e^{\frac{U_{BC}}{U_T}} + \frac{1}{B_I}\right)$$

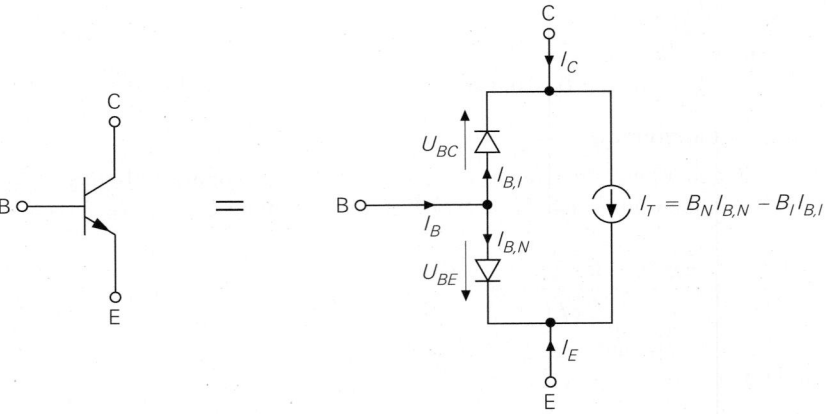

Abb. 2.26. Transportmodell für einen npn-Transistor

$$I_E = I_S \left(-\left(1 + \frac{1}{B_N}\right) e^{\frac{U_{BE}}{U_T}} + e^{\frac{U_{BC}}{U_T}} + \frac{1}{B_N} \right)$$

2.3.1.2.2 Normalbetrieb

Für den Normalbetrieb erhält man bei Vernachlässigung der Sperrströme:

$$I_B = \frac{I_S}{B_N} e^{\frac{U_{BE}}{U_T}}$$

$$I_C = I_S\, e^{\frac{U_{BE}}{U_T}}$$

Unter Berücksichtigung des Zusammenhangs zwischen A_N und B_N sind diese Gleichungen mit denen des Ebers-Moll-Modells identisch. Abbildung 2.27 zeigt das reduzierte Transportmodell für den Normalbetrieb.

2.3.1.2.3 Eigenschaften

Das Transportmodell beschreibt das primäre Gleichstromverhalten des Bipolartransistors unter der Annahme idealer Emitter- und Kollektor-Dioden. Eine wichtige Eigenschaft des Modells ist, dass der durch die Basiszone hindurchfließende *Transportstrom I_T separat*

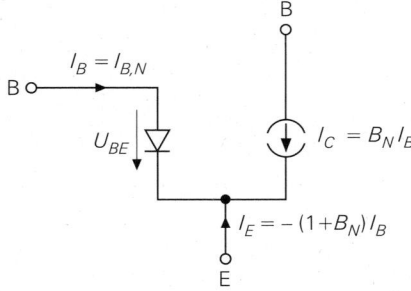

Abb. 2.27.
Reduziertes Transportmodell für den Normalbetrieb

auftritt; beim Ebers-Moll-Modell ist dies nicht der Fall. Wie beim Ebers-Moll-Modell sind drei Parameter zur Beschreibung nötig: I_S, B_N und B_I [2.5].

2.3.1.3 Weitere Effekte

Zur genaueren Beschreibung des statischen Verhaltens wird das Transportmodell erweitert. Die Effekte, die dabei modelliert werden, wurden bereits in den Abschnitten 2.1.2 und 2.1.3 qualitativ beschrieben:

– Durch Ladungsträgerrekombination in den pn-Übergängen werden zusätzliche *Leckströme* in der Emitter- und der Kollektordiode erzeugt; diese Ströme addieren sich zum Basisstrom und haben keinen Einfluss auf den Transportstrom I_T.

– Bei großen Strömen ist der Transportstrom I_T kleiner als der durch (2.26) gegebene Wert. Verursacht wird dieser *Hochstromeffekt* durch die stark angestiegene Ladungs-trägerkonzentration in der Basiszone; man spricht in diesem Zusammenhang auch von *starker Injektion*.

– Die Spannungen U_{BE} und U_{BC} beeinflussen die effektive Dicke der Basiszone und haben damit auch einen Einfluss auf den Transportstrom I_T; dieser Effekt wird *Early-Effekt* genannt.

2.3.1.3.1 Leckströme

Zur Berücksichtigung der Leckströme wird das Transportmodell um zwei weitere Dioden mit den Strömen

$$I_{B,E} = I_{S,E} \left(e^{\frac{U_{BE}}{n_E U_T}} - 1 \right) \tag{2.27}$$

$$I_{B,C} = I_{S,C} \left(e^{\frac{U_{BC}}{n_C U_T}} - 1 \right) \tag{2.28}$$

erweitert [2.5]. Es werden vier weitere Modellparameter benötigt: die *Leck-Sättigungs-sperrströme* $I_{S,E}$ und $I_{S,C}$ und die *Emissionskoeffizienten* $n_E \approx 1{,}5$ und $n_C \approx 2$.

2.3.1.3.2 Hochstromeffekt und Early-Effekt

Der Einfluss des Hochstrom- und des Early-Effekts auf den Transportstrom I_T wird durch die *relative Basisladung* q_B beschrieben [2.5]:

$$I_T = \frac{B_N I_{B,N} - B_I I_{B,I}}{q_B} = \frac{I_S}{q_B} \left(e^{\frac{U_{BE}}{U_T}} - e^{\frac{U_{BC}}{U_T}} \right) \tag{2.29}$$

2.3.1.3.3 Allgemeine Gleichungen

Die Ströme $I_{B,N}$ und $I_{B,I}$ sind weiterhin durch (2.24) und (2.25) gegeben. Abbildung 2.28 zeigt das erweiterte Modell. Man erhält:

$$I_B = I_{B,N} + I_{B,I} + I_{B,E} + I_{B,C}$$

$$I_C = \frac{B_N}{q_B} I_{B,N} - \left(\frac{B_I}{q_B} + 1 \right) I_{B,I} - I_{B,C}$$

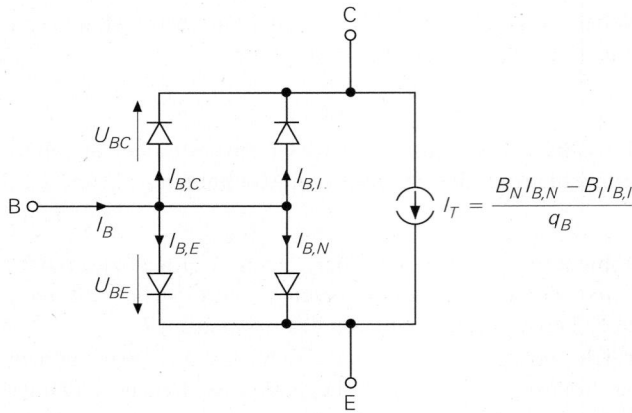

Abb. 2.28.
Erweitertes Transport-
modell für einen npn-
Transistor

$$I_E = -\left(\frac{B_N}{q_B} + 1\right) I_{B,N} + \frac{B_I}{q_B}\, I_{B,I} - I_{B,E}$$

2.3.1.3.4 Definition der relativen Basisladung

Die *relative Basisladung* q_B ist ein Maß für die *relative Majoritätsträgerladung* in der Basis und setzt sich aus den Größen q_1 zur Beschreibung des Early-Effekts und q_2 zur Beschreibung des Hochstromeffekts zusammen [3]:

$$q_B = \frac{q_1}{2}\left(1 + \sqrt{1 + 4q_2}\right) \tag{2.30}$$

$$q_1 = \frac{1}{1 - \dfrac{U_{BE}}{U_{A,I}} - \dfrac{U_{BC}}{U_{A,N}}}$$

$$q_2 = \frac{I_S}{I_{K,N}}\left(e^{\frac{U_{BE}}{U_T}} - 1\right) + \frac{I_S}{I_{K,I}}\left(e^{\frac{U_{BC}}{U_T}} - 1\right)$$

Als weitere Modellparameter werden die *Early-Spannungen* $U_{A,N}$ und $U_{A,I}$ und die *Knieströme zur starken Injektion* $I_{K,N}$ und $I_{K,I}$ benötigt. Die Early-Spannungen liegen zwischen 30 V und 150 V, bei integrierten und Hochfrequenz-Transistoren sind auch kleinere Werte möglich. Die Knieströme hängen von der Größe des Transistors ab und liegen bei Kleinleistungstransistoren im Milliampere-, bei Leistungstransistoren im Ampere-Bereich.

2.3.1.3.5 Einfluss der relativen Basisladung bei Normalbetrieb

Der Einfluss der relativen Basisladung q_B lässt sich am einfachsten durch eine Betrachtung des Kollektorstroms bei Normalbetrieb aufzeigen; bei Vernachlässigung der Sperrströme erhält man:

$$I_C = \frac{B_N}{q_B}\, I_{B,N} = \frac{I_S}{q_B}\, e^{\frac{U_{BE}}{U_T}} \tag{2.31}$$

---

[3] In der Literatur wird oft ein anderer Ausdruck für q_B verwendet, z.B. [2.5]; der hier angegebene Ausdruck wird von *Spice* verwendet [2.4],[2.6].

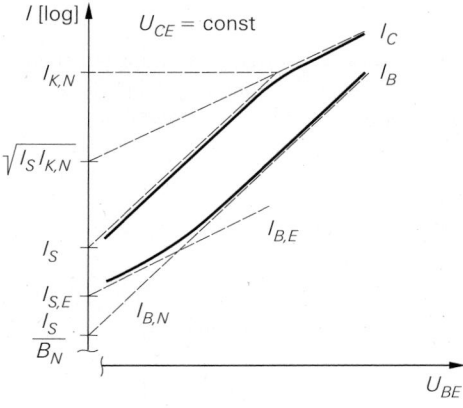

Abb. 2.29.
Halblogrithmische Auftragung der
Ströme I_B und I_C im Normalbetrieb
(Gummel-Plot)

– Bei kleinen und mittleren Strömen ist $q_2 \ll 1$ und damit $q_B \approx q_1$. Wegen $U_{BE} \approx 0,6 \ldots$ 0,8 V gilt $U_{BE} \ll U_{A,I}$ und $U_{BC} = U_{BE} - U_{CE} \approx -U_{CE}$; damit erhält man eine Näherung für q_1:

$$q_1 \approx \frac{1}{1 + \dfrac{U_{CE}}{U_{A,N}}}$$

Einsetzen in (2.31) liefert:

$$I_C \approx I_S \, e^{\frac{U_{BE}}{U_T}} \left(1 + \frac{U_{CE}}{U_{A,N}} \right) \qquad \text{für } I_C < I_{K,N}$$

Diese Gleichung entspricht der im Abschnitt 2.1.2 angegebenen Großsignalgleichung (2.5), wenn man $U_A = U_{A,N}$ berücksichtigt[4].
– Bei großen Strömen ist $q_2 \gg 1$ und damit $q_B \approx q_1 \sqrt{q_2}$; daraus folgt unter Verwendung der oben genannten Näherung für q_1:

$$I_C \approx \sqrt{I_S I_{K,N}} \, e^{\frac{U_{BE}}{2U_T}} \left(1 + \frac{U_{CE}}{U_{A,N}} \right) \qquad \text{für } I_C \to \infty$$

Abbildung 2.29 zeigt den Verlauf von I_C und I_B in halblogarithmischer Auftragung und verdeutlicht die Bedeutung der Parameter $I_{K,N}$ und $I_{S,E}$. Für I_B erhält man bei Vernachlässigung der Sperrströme:

$$I_B = \frac{I_S}{B_N} \, e^{\frac{U_{BE}}{U_T}} + I_{S,E} \, e^{\frac{U_{BE}}{n_E U_T}} \tag{2.32}$$

Ein Vergleich der Verläufe in Abb. 2.29 und Abb. 2.6 auf Seite 39 zeigt, dass mit den Parametern $I_{K,N}$, $I_{S,E}$ und n_E eine sehr gute Beschreibung des realen Verhaltens im Normalbetrieb erreicht wird; dasselbe gilt für die Parameter $I_{K,I}$, $I_{S,C}$ und n_C im Inversbetrieb.

---

[4] Die Großsignalgleichungen im Abschnitt 2.1.2 gelten nur für den Normalbetrieb; deshalb ist eine zusätzliche Kennzeichnung durch den Index N nicht erforderlich.

2.3.1.4 Stromverstärkung bei Normalbetrieb

Der Verlauf der Stromverstärkung wurde im Abschnitt 2.1.3 bereits qualitativ erläutert und in Abb. 2.7 auf Seite 41 grafisch dargestellt. Mit den Gleichungen (2.31) für I_C und (2.32) für I_B ist eine geschlossene Darstellung möglich:

$$B = \frac{I_C}{I_B} = \frac{B_N}{q_B + B_N \left(\dfrac{q_B}{I_S}\right)^{\frac{1}{n_E}} I_{S,E} I_C^{\left(\frac{1}{n_E} - 1\right)}}$$

Es gilt $B = B(U_{BE}, U_{CE})$, da I_C und q_B von U_{BE} und U_{CE} abhängen; damit ist der im Abschnitt 2.1.2 qualitativ angegebene Zusammenhang quantitativ gegeben.

2.3.1.4.1 Verlauf der Stromverstärkung

Die für die Praxis besser geeignete Darstellung $B = B(I_C, U_{CE})$ lässt sich nicht geschlossen darstellen; drei Bereiche lassen sich unterscheiden:

- Bei kleinen Kollektorströmen ist der Leckstrom $I_{B,E}$ die dominierende Komponente im Basisstrom, d.h. es gilt $I_B \approx I_{B,E}$; mit $q_B \approx q_1$ folgt daraus:

$$B \approx \frac{I_C^{\left(1 - \frac{1}{n_E}\right)}}{I_{S,E} \left(\dfrac{q_1}{I_S}\right)^{\frac{1}{n_E}}} \sim I_C^{\left(1 - \frac{1}{n_E}\right)} \left(1 + \frac{U_{CE}}{U_{A,N}}\right)^{\frac{1}{n_E}}$$

Mit $n_E \approx 1,5$ erhält man $B \sim I_C^{1/3}$. In diesem Bereich ist B kleiner als bei mittleren Kollektorströmen und nimmt mit steigendem Kollektorstrom zu. Dieser Bereich wird *Leckstrombereich* genannt.
- Bei mittleren Kollektorströmen gilt $I_B \approx I_{B,N}$ und damit:

$$B \approx B_N \left(1 + \frac{U_{CE}}{U_{A,N}}\right) \tag{2.33}$$

In diesem Bereich erreicht B ein Maximum und hängt nur schwach von I_C ab. Dieser Bereich wird *Normalbereich* genannt.
- Bei großen Kollektorströmen setzt der Hochstromeffekt ein; mit $I_B \approx I_{B,N}$ erhält man:

$$B \approx \frac{B_N}{q_B} \approx B_N \frac{I_{K,N}}{I_C} \left(1 + \frac{U_{CE}}{U_{A,N}}\right)^2$$

In diesem Bereich ist B proportional zum Kehrwert von I_C, nimmt also mit steigendem Kollektorstrom schnell ab. Dieser Bereich wird *Hochstrombereich* genannt.

In Abb. 2.30 ist der Verlauf von B doppelt logarithmisch dargestellt; die Näherungen für die drei Bereiche gehen dabei in Geraden mit den Steigungen $1/3$, 0 und -1 über. Die Grenzen der Bereiche sind ebenfalls eingetragen:

Normalbereich $\leftrightarrow$ Leckstrombereich : $(B_N I_{S,E})^{\frac{n_E}{n_E - 1}} I_S^{\frac{-1}{n_E - 1}}$

Normalbereich $\leftrightarrow$ Hochstrombereich : $I_{K,N}$

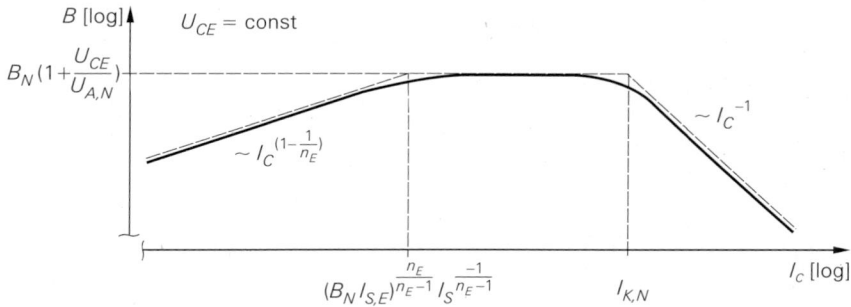

Abb. 2.30. Abhängigkeit der Großsignalstromverstärkung B vom Kollektorstrom

2.3.1.4.2 Maximum der Stromverstärkung

Der Maximalwert von B bei fester Spannung U_{CE} wird mit $B_{max}(U_{CE})$ bezeichnet, siehe Abb. 2.7 auf Seite 41 und (2.8). Bei Transistoren mit kleinem Leckstrom $I_{S,E}$ und großem Kniestrom $I_{K,N}$ ist der Normalbereich so breit, dass der Verlauf von B die horizontale Approximationsgerade (2.33) praktisch tangiert. In diesem Fall ist $B_{max}(U_{CE})$ durch (2.33) und der für $U_{CE} = 0$ extrapolierte Maximalwert $B_{0,max}$ durch B_N gegeben. Bei Transistoren mit großem Leckstrom und kleinem Kniestrom kann der Normalbereich dagegen sehr schmal sein oder ganz fehlen. In diesem Fall verläuft B unterhalb der Geraden (2.33), erreicht also nicht deren Wert; es ist dann $B_{0,max} < B_N$.

2.3.1.5 Substrat-Dioden

Integrierte Transistoren haben eine Substrat-Diode, die bei vertikalen npn-Transistoren zwischen Substrat und Kollektor und bei lateralen pnp-Transistoren zwischen Substrat und Basis liegt, siehe Abb. 2.22 und Abb. 2.23. Der Strom durch diese Dioden wird durch die einfache Diodengleichung beschrieben; für vertikale npn-Transistoren gilt:

$$I_{D,S} \;=\; I_{S,S}\left(e^{\frac{U_{SC}}{U_T}} - 1 \right) \tag{2.34}$$

Als weiterer Parameter tritt der *Substrat-Sättigungssperrstrom* $I_{S,S}$ auf. Da diese Dioden normalerweise gesperrt sind, ist eine genauere Modellierung nicht erforderlich; wichtig ist nur, dass bei entsprechender, d.h. falscher Beschaltung des Substrats oder der umgebenden Wanne ein Strom fließen kann. Bei lateralen pnp-Transistoren muss U_{SC} durch U_{SB} ersetzt werden.

2.3.1.6 Bahnwiderstände

Zur vollständigen Beschreibung des statischen Verhaltens müssen die Bahnwiderstände berücksichtigt werden. Abbildung 2.31a zeigt diese Widerstände am Beispiel eines Einzeltransistors:

– Der *Emitterbahnwiderstand* R_E hat wegen der starken Dotierung (n^+) und dem kleinen Längen-/Querschnittsflächen-Verhältnis der Emitterzone einen kleinen Wert; typisch sind $R_E \approx 0{,}1 \ldots 1\,\Omega$ bei Kleinleistungstransistoren und $R_E \approx 0{,}01 \ldots 0{,}1\,\Omega$ bei Leistungstransistoren.

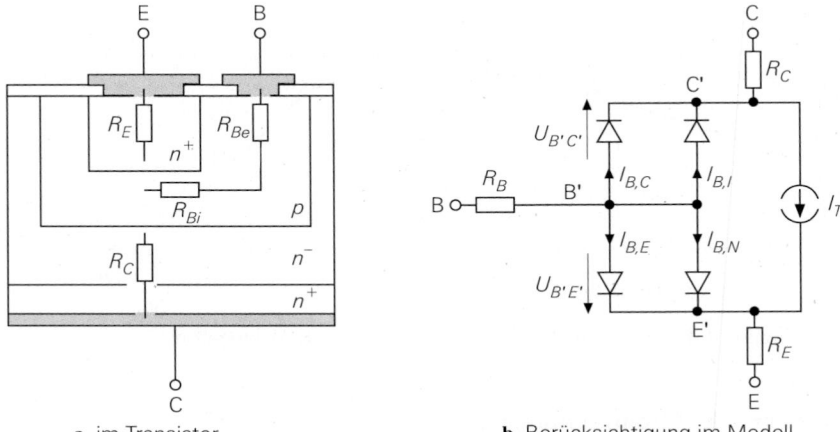

a im Transistor   **b** Berücksichtigung im Modell

Abb. 2.31. Bahnwiderstände bei einem Einzeltransistor

- Der *Kollektorbahnwiderstand* R_C wird im wesentlichen durch den schwach dotierten Teil (n^-) der Kollektorzone hervorgerufen; typische Werte sind $R_C \approx 1 \dots 10\,\Omega$ bei Kleinleistungstransistoren und $R_C \approx 0{,}1 \dots 1\,\Omega$ bei Leistungstransistoren.
- Der *Basisbahnwiderstand* R_B setzt sich aus dem *externen Basisbahnwiderstand* R_{Be} zwischen Basiskontakt und aktiver Basiszone und dem *internen Basisbahnwiderstand* R_{Bi} quer durch die aktive Basiszone zusammen. R_{Bi} wirkt sich bei größeren Strömen nur zum Teil aus, da sich der Stromfluss aufgrund der *Stromverdrängung* (*Emitterrandverdrängung*) auf den Bereich nahe des Basiskontakts konzentriert. Zusätzlich wirkt sich der Early-Effekt aus, der die Dicke der Basiszone beeinflusst. Diese Effekte lassen sich durch die Konstante q_B nach (2.30) beschreiben [5]:

$$R_B \;=\; R_{Be} + \frac{R_{Bi}}{q_B} \tag{2.35}$$

Daraus folgt für den Normalbetrieb:

$$R_B \;=\; \begin{cases} R_{Be} + R_{Bi}\left(1 + \dfrac{U_{CE}}{U_{A,N}}\right) & \text{für } I_C < I_{K,N} \\[2mm] R_{Be} & \text{für } I_C \to \infty \end{cases}$$

Typische Werte sind $R_{Be} \approx 10 \dots 100\,\Omega$ bei Kleinleistungstransistoren und $R_{Be} \approx 1 \dots 10\,\Omega$ bei Leistungstransistoren; R_{Bi} ist um den Faktor $3 \dots 10$ größer.

Abbildung 2.31b zeigt das entsprechend erweiterte Modell. Man muss nun zwischen den *externen* Anschlüssen B, C und E und den *internen* Anschlüssen B', C' und E' unterscheiden, d.h. alle Diodenströme und der Transportstrom I_T hängen jetzt nicht mehr von U_{BE}, U_{BC} und U_{SC}, sondern von $U_{B'E'}$, $U_{B'C'}$ und $U_{SC'}$ ab.

Bei Kleinleistungstransistoren sind die Spannungen an den Bahnwiderständen sehr klein; der Emitter- und der Kollektorbahnwiderstand werden deshalb meist vernachlässigt. Der Basisbahnwiderstand wird nicht vernachlässigt, da er die Schaltgeschwindigkeit und die Grenzfrequenzen auch dann beeinflusst, wenn er einen sehr kleinen Wert hat. Für die

---

[5] Diese Gleichung wird von *PSpice* standardmäßig verwendet [2.6]; es existiert aber noch eine alternative Darstellung für R_B, die hier nicht beschrieben wird [2.4],[2.6].

bei Kleinleistungstransistoren typischen Werte $R_B = 100\,\Omega$ und $I_B = 10\,\mu A$ beträgt die Spannung an R_B nur 1 mV; die Grenzfrequenzen der meisten Schaltungen werden dagegen deutlich reduziert. Die Berücksichtigung der Arbeitspunktabhängigkeit von R_B in (2.35) ist deshalb nur für die korrekte Wiedergabe des dynamischen Verhaltens erforderlich.

Bei Leistungstransistoren müssen bei größeren Strömen alle Bahnwiderstände berücksichtigt werden; mit $I_B = I_C/B$ und $I_E \approx -I_C$ gilt:

$$U_{BE} \approx U_{B'E'} + I_C \left(\frac{R_B}{B} + R_E \right)$$

$$U_{CE} \approx U_{C'E'} + I_C \left(R_C + R_E \right)$$

Die äußeren Spannungen U_{BE} und U_{CE} können sich dabei erheblich von den inneren Spannungen $U_{B'E'}$ und $U_{C'E'}$ unterscheiden. Betreibt man einen Leistungstransistor als Schalter im Sättigungsbetrieb mit $I_C = 5\,A$ und $B = 10$, dann erhält man mit $U_{B'E'} = 0{,}75\,V$, $U_{C'E',sat} = 0{,}1\,V$, $R_B = 1\,\Omega$, $R_E = 0{,}05\,\Omega$ und $R_C = 0{,}3\,\Omega$ die äußeren Spannungen $U_{BE} = 1{,}5\,V$ und $U_{CE,sat} = 1{,}85\,V$. Aufgrund der Bahnwiderstände können also vergleichsweise große Werte für U_{BE} und $U_{CE,sat}$ auftreten.

2.3.2 Dynamisches Verhalten

Das Verhalten des Transistors bei Ansteuerung mit puls- oder sinusförmigen Signalen wird als *dynamisches Verhalten* bezeichnet und kann nicht aus den Kennlinien ermittelt werden. Ursache hierfür sind die nichtlinearen *Sperrschichtkapazitäten* der Emitter-, der Kollektor- und, bei integrierten Transistoren, der Substratdiode und die in der Basiszone gespeicherte *Diffusionsladung*, die über die ebenfalls nichtlinearen *Diffusionskapazitäten* beschrieben wird.

2.3.2.1 Sperrschichtkapazitäten

Ein pn-Übergang besitzt eine *Sperrschichtkapazität* C_S, die von der Dotierung der aneinander grenzenden Gebiete, dem Dotierungsprofil, der Fläche des Übergangs und der anliegenden Spannung U abhängt; eine vereinfachte Betrachtung liefert [2.2]:

$$C_S(U) = \frac{C_{S0}}{\left(1 - \dfrac{U}{U_{Diff}} \right)^{m_S}} \qquad \text{für } U < U_{Diff} \tag{2.36}$$

Die *Null-Kapazität* $C_{S0} = C_S(U = 0\,V)$ ist proportional zur Fläche des Übergangs und nimmt mit steigender Dotierung zu. Die *Diffusionsspannung* U_{Diff} hängt ebenfalls von der Dotierung ab und nimmt mit dieser zu; es gilt $U_{Diff} \approx 0{,}5\dots1\,V$. Der *Kapazitätskoeffizient* m_S berücksichtigt das Dotierungsprofil des Übergangs; für *abrupte* Übergänge mit einer sprunghaften Änderung der Dotierung gilt $m_S \approx 1/2$, für *lineare* Übergänge ist $m_S \approx 1/3$.

Die vereinfachenden Annahmen, die auf (2.36) führen, sind für $U \to U_{Diff}$ nicht mehr erfüllt. Eine genauere Berechnung zeigt, dass (2.36) nur bis etwa $0{,}5\,U_{Diff}$ gültig ist; für größere Werte von U nimmt C_S im Vergleich zu (2.36) nur noch schwach zu. Man erhält eine ausreichend genaue Beschreibung, wenn man den Verlauf von C_S für $U > f_S U_{Diff}$ durch die Tangente im Punkt $f_S U_{Diff}$ ersetzt:

$$C_S(U > f_S U_{Diff}) = C_S(f_S U_{Diff}) + \left. \frac{dC_S}{dU} \right|_{U = f_S U_{Diff}} \left(U - f_S U_{Diff} \right)$$

Durch Einsetzen erhält man [2.4]:

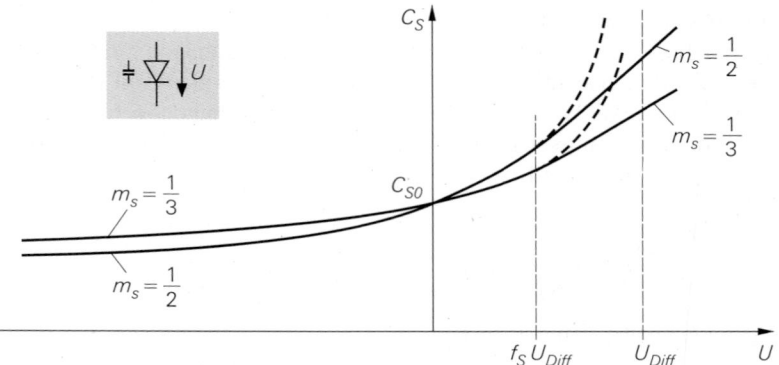

Abb. 2.32. Verlauf der Sperrschichtkapazität C_S für $m_S = 1/2$ und $m_S = 1/3$ nach (2.36) (gestrichelt) und (2.37)

$$C_S(U) \;=\; C_{S0} \begin{cases} \dfrac{1}{\left(1 - \dfrac{U}{U_{Diff}}\right)^{m_S}} & \text{für } U \le f_S U_{Diff} \\[2em] \dfrac{1 - f_S\,(1 + m_S) + \dfrac{m_S U}{U_{Diff}}}{(1 - f_S)^{(1+m_S)}} & \text{für } U > f_S U_{Diff} \end{cases} \tag{2.37}$$

Dabei gilt $f_S \approx 0{,}4 \ldots 0{,}7$. Abbildung 2.32 zeigt den Verlauf von C_S für $m_S = 1/2$ und $m_S = 1/3$; der Verlauf nach (2.36) ist ebenfalls dargestellt.

2.3.2.1.1 Sperrschichtkapazitäten beim Bipolartransistor

Entsprechend den pn-Übergängen treten bei Einzeltransistoren zwei, bei integrierten Transistoren drei Sperrschichtkapazitäten auf:

- Die Sperrschichtkapazität $C_{S,E}(U_{B'E'})$ der Emitterdiode mit den Parametern $C_{S0,E}$, $m_{S,E}$ und $U_{Diff,E}$.
- Die Sperrschichtkapazität $C_{S,C}$ der Kollektordiode mit den Parametern $C_{S0,C}$, $m_{S,C}$ und $U_{Diff,C}$. Sie teilt sich in die *interne* Sperrschichtkapazität $C_{S,Ci}$ der aktiven Zone und die *externe* Sperrschichtkapazität $C_{S,Ce}$ der Bereiche nahe der Anschlüsse auf. $C_{S,Ci}$ wirkt an der internen Basis B', $C_{S,Ce}$ an der externen Basis B. Der Parameter x_{CSC} gibt den Anteil von $C_{S,C}$ an, der intern wirkt:

$$C_{S,Ci}(U_{B'C'}) \;=\; x_{CSC}\, C_{S,C}(U_{B'C'}) \tag{2.38}$$
$$C_{S,Ce}(U_{BC'}) \;=\; (1 - x_{CSC})\, C_{S,C}(U_{BC'}) \tag{2.39}$$

Bei Einzeltransistoren ist $C_{S,Ce}$ meist kleiner als $C_{S,Ci}$, d.h. $x_{CSC} \approx 0{,}5 \ldots 1$; bei integrierten Transistoren ist $x_{CSC} < 0{,}5$.
- Bei integrierten Transistoren tritt zusätzlich die Sperrschichtkapazität $C_{S,S}$ der Substratdiode mit den Parametern $C_{S0,S}$, $m_{S,S}$ und $U_{Diff,S}$ auf. Sie wirkt bei vertikalen npn-Transistoren am internen Kollektor C', d.h. $C_{S,S} = C_{S,S}(U_{SC'})$, und bei lateralen pnp-Transistoren an der internen Basis B', d.h. $C_{S,S} = C_{S,S}(U_{SB'})$.

2.3.2.1.2 Erweiterung des Modells

Abbildung 2.34 auf Seite 75 zeigt die Erweiterung des statischen Modells eines npn-Transistors um die Sperrschichtkapazitäten $C_{S,E}$, $C_{S,Ci}$, $C_{S,Ce}$ und $C_{S,S}$; zusätzlich sind die im nächsten Abschnitt beschriebenen Diffusionskapazitäten $C_{D,N}$ und $C_{D,I}$ dargestellt.

2.3.2.2 Diffusionskapazitäten

In einem pn-Übergang ist eine *Diffusionsladung* Q_D gespeichert, die in erster Näherung proportional zum idealen Strom durch den pn-Übergang ist. Beim Transistor ist $Q_{D,N}$ die Diffusionsladung der Emitter-Diode und $Q_{D,I}$ die der Kollektor-Diode; beide werden auf den jeweiligen Anteil des idealen Transportstroms I_T nach (2.26) bezogen, d.h. auf $B_N I_{B,N}$ bzw. $B_I I_{B,I}$ [2.5]:

$$Q_{D,N} = \tau_N B_N I_{B,N} = \tau_N I_S \left(e^{\frac{U_{B'E'}}{U_T}} - 1 \right)$$

$$Q_{D,I} = \tau_I B_I I_{B,I} = \tau_I I_S \left(e^{\frac{U_{B'C'}}{U_T}} - 1 \right)$$

Die Parameter τ_N und τ_I werden *Transit-Zeiten* genannt. Durch Differentiation erhält man die *Diffusionskapazitäten* $C_{D,N}$ und $C_{D,I}$ [2.5]:

$$C_{D,N}(U_{B'E'}) = \frac{dQ_{D,N}}{dU_{B'E'}} = \frac{\tau_N I_S}{U_T} e^{\frac{U_{B'E'}}{U_T}} \tag{2.40}$$

$$C_{D,I}(U_{B'C'}) = \frac{dQ_{D,I}}{dU_{B'C'}} = \frac{\tau_I I_S}{U_T} e^{\frac{U_{B'C'}}{U_T}} \tag{2.41}$$

Abbildung 2.34 zeigt das Modell mit den Kapazitäten $C_{D,N}$ und $C_{D,I}$.

2.3.2.2.1 Normalbetrieb

Die Diffusionskapazitäten $C_{D,N}$ und $C_{D,I}$ liegen parallel zu den Sperrschichtkapazitäten $C_{S,E}$ und $C_{S,Ci}$, siehe Abb. 2.34. Im Normalbetrieb ist die Kollektor-Diffusionskapazität $C_{D,I}$ wegen $U_{B'C'} < 0$ sehr klein und kann gegen die parallel liegende Kollektor-Sperrschichtkapazität $C_{S,Ci}$ vernachlässigt werden; deshalb kann man $C_{D,I}$ mit einer konstanten Transit-Zeit $\tau_I = \tau_{0,I}$ beschreiben. Die Emitter-Diffusionskapazität $C_{D,N}$ ist bei kleinen Strömen kleiner als die Emitter-Sperrschichtkapazität $C_{S,E}$, bei großen Strömen dagegen größer. Hier ist zur korrekten Wiedergabe des dynamischen Verhaltens bei großen Strömen eine genauere Modellierung für τ_N erforderlich.

2.3.2.2.2 Stromabhängigkeit der Transit-Zeit

Bei großen Strömen nimmt die Diffusionsladung aufgrund des Hochstromeffekts überproportional zu. Die Transit-Zeit τ_N ist in diesem Bereich nicht mehr konstant, sondern nimmt mit steigendem Strom zu. Auch der Early-Effekt wirkt sich aus, da er die effektive Dicke der Basiszone und damit die gespeicherte Ladung beeinflusst. Mit den bereits eingeführten Parametern $I_{K,N}$ für den Hochstromeffekt und $U_{A,N}$ für den Early-Effekt ist jedoch keine befriedigende Beschreibung möglich; deshalb wird eine empirische Gleichung verwendet [2.6]:

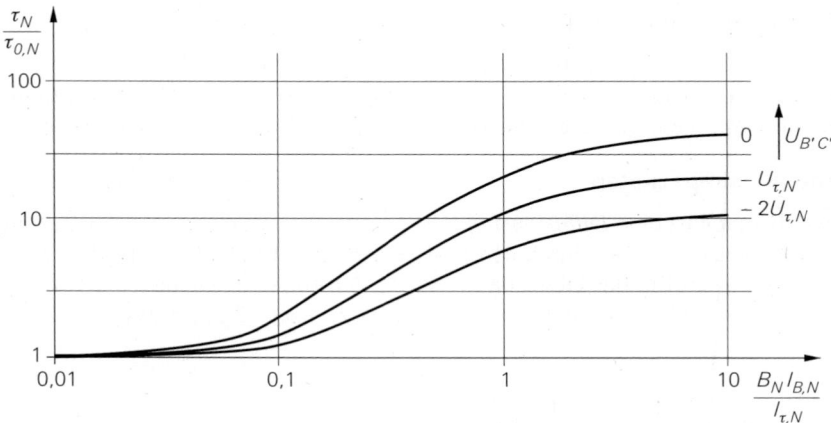

Abb. 2.33. Verlauf von $\tau_N/\tau_{0,N}$ für $x_{\tau,N} = 40$ und $U_{\tau,N} = 10\,\text{V}$

$$\tau_N = \tau_{0,N} \left(1 + x_{\tau,N} \left(3x^2 - 2x^3 \right) 2^{\frac{U_{B'C'}}{U_{\tau,N}}} \right)$$

$$\text{mit } x = \frac{B_N I_{B,N}}{B_N I_{B,N} + I_{\tau,N}} = \frac{I_S \left(e^{\frac{U_{B'E'}}{U_T}} - 1 \right)}{I_S \left(e^{\frac{U_{B'E'}}{U_T}} - 1 \right) + I_{\tau,N}} \tag{2.42}$$

Als neue Modellparameter treten die *ideale Transit-Zeit* $\tau_{0,N}$, der *Koeffizient für die Transit-Zeit* $x_{\tau,N}$, der *Transit-Zeit-Kniestrom* $I_{\tau,N}$ und die *Transit-Zeit-Spannung* $U_{\tau,N}$ auf. Der Koeffizient $x_{\tau,N}$ gibt an, wie stark τ_N für $U_{B'C'} = 0$ maximal zunimmt:

$$\lim_{I_{B,N} \to \infty} \tau_N \Big|_{U_{B'C'}=0} = \tau_{0,N} \left(1 + x_{\tau,N} \right)$$

Für $B_N I_{B,N} = I_{\tau,N}$ wird die Hälfte der maximalen Zunahme erreicht:

$$\tau_N \Big|_{B_N I_{B,N}=I_{\tau,N},\, U_{B'C'}=0} = \tau_{0,N} \left(1 + \frac{x_{\tau,N}}{2} \right)$$

Bei einer Abnahme von $U_{B'C'}$ um die Spannung $U_{\tau,N}$ ist die Zunahme nur noch halb so groß; für $U_{B'C'} = -n U_{\tau,N}$ ist sie um den Faktor 2^n kleiner. Zur Verdeutlichung zeigt Abb. 2.33 den Verlauf von $\tau_N/\tau_{0,N}$ für $x_{\tau,N} = 40$ und $U_{\tau,N} = 10\,\text{V}$.

Die Zunahme von τ_N bei großen Strömen hat eine Abnahme der Grenzfrequenzen und der Schaltgeschwindigkeit des Transistors zur Folge; diese Auswirkungen werden im Abschnitt 2.3.3.3 behandelt.

2.3.2.3 Gummel-Poon-Modell

Abbildung 2.34 zeigt das vollständige Modell eines npn-Transistors; es wird *Gummel-Poon-Modell* genannt und in CAD-Programmen zur Schaltungssimulation verwendet. Abbildung 2.35 gibt einen Überblick über die Größen und die Gleichungen des Modells. Die

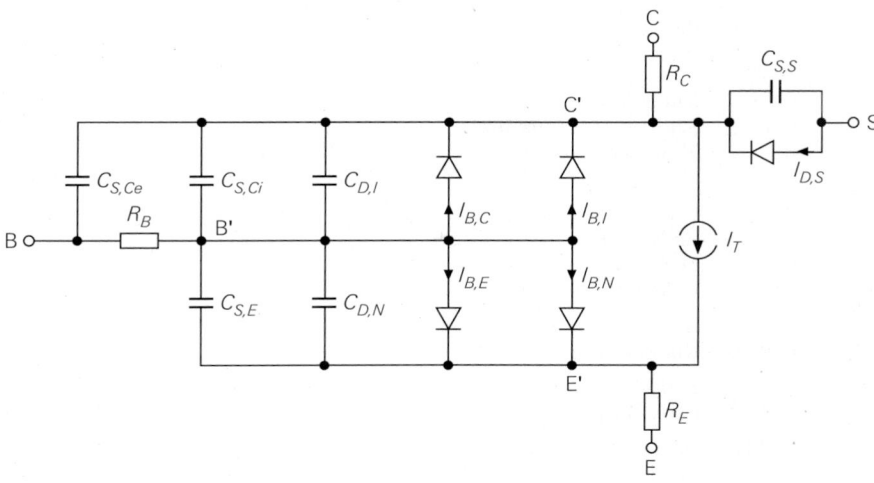

Abb. 2.34. Vollständiges *Gummel-Poon-Modell* eines npn-Transistors

Parameter sind in Abb. 2.36 aufgelistet; zusätzlich sind die Bezeichnungen der Parameter im Schaltungssimulator *PSpice*[6] angegeben, die mit Ausnahme des Basisbahnwiderstands mit den hier verwendeten Bezeichnungen übereinstimmen, wenn man die folgenden Ersetzungen vornimmt:

$$\text{Spannung} \rightarrow \text{voltage} \qquad : U \rightarrow V$$
$$\text{Normalbetrieb} \rightarrow \text{forward region} : N \rightarrow F$$
$$\text{Inversbetrieb} \rightarrow \text{reverse region} : I \rightarrow R$$
$$\text{Sperrschicht} \rightarrow \text{junction} \qquad : S \rightarrow J$$

Abbildung 2.37 zeigt die Parameter einiger ausgewählter Transistoren, die der Bauteile-Bibliothek von *PSpice* entnommen wurden; dort sind nur die Parameter für den Nor-

Größe	Bezeichnung	Gleichung
$I_{B,N}$	idealer Basisstrom der Emitter-Diode	(2.24)
$I_{B,I}$	idealer Basisstrom der Kollektor-Diode	(2.25)
$I_{B,E}$	Basis-Leckstrom der Emitter-Diode	(2.27)
$I_{B,C}$	Basis-Leckstrom der Kollektor-Diode	(2.28)
I_T	Kollektor-Emitter-Transportstrom	(2.29),(2.30)
$I_{D,S}$	Strom der Substrat-Diode	(2.34)
R_B	Basisbahnwiderstand	(2.35)
R_C	Kollektorbahnwiderstand	
R_E	Emitterbahnwiderstand	
$C_{S,E}$	Sperrschichtkapazität der Emitter-Diode	(2.37)
$C_{S,Ci}$	interne Sperrschichtkapazität der Kollektor-Diode	(2.37),(2.38)
$C_{S,Ce}$	externe Sperrschichtkapazität der Kollektor-Diode	(2.37),(2.39)
$C_{S,S}$	Sperrschichtkapazität der Substrat-Diode	(2.37)
$C_{D,N}$	Diffusionskapazität der Emitter-Diode	(2.40),(2.42)
$C_{D,I}$	Diffusionskapazität der Kollektor-Diode	(2.41)

Abb. 2.35. Größen des Gummel-Poon-Modells

Parameter	PSpice	Bezeichnung
Statisches Verhalten		
I_S	IS	Sättigungssperrstrom
$I_{S,S}$	ISS	Sättigungssperrstrom der Substrat-Diode
B_N	BF	ideale Stromverstärkung für Normalbetrieb
B_I	BR	ideale Stromverstärkung für Inversbetrieb
$I_{S,E}$	ISE	Leck-Sättigungssperrstrom der Emitter-Diode
n_E	NE	Emissionskoeffizient der Emitter-Diode
$I_{S,C}$	ISC	Leck-Sättigungssperrstrom der Kollektor-Diode
n_C	NC	Emissionskoeffizient der Kollektor-Diode
$I_{K,N}$	IKF	Kniestrom zur starken Injektion für Normalbetrieb
$I_{K,I}$	IKR	Kniestrom zur starken Injektion für Inversbetrieb
$U_{A,N}$	VAF	Early-Spannung für Normalbetrieb
$U_{A,I}$	VAR	Early-Spannung für Inversbetrieb
R_{Be}	RBM	externer Basisbahnwiderstand
R_{Bi}	-	interner Basisbahnwiderstand ($R_{Bi} = $ RB − RBM)
-	RB	Basisbahnwiderstand (RB $= R_{Be} + R_{Bi}$)
R_C	RC	Kollektorbahnwiderstand
R_E	RE	Emitterbahnwiderstand
Dynamisches Verhalten		
$C_{S0,E}$	CJE	Null-Kapazität der Emitter-Diode
$U_{Diff,E}$	VJE	Diffusionsspannung der Emitter-Diode
$m_{S,E}$	MJE	Kapazitätskoeffizient der Emitter-Diode
$C_{S0,C}$	CJC	Null-Kapazität der Kollektor-Diode
$U_{Diff,C}$	VJC	Diffusionsspannung der Kollektor-Diode
$m_{S,C}$	MJC	Kapazitätskoeffizient der Kollektor-Diode
x_{CSC}	XCJC	Aufteilung der Kapazität der Kollektor-Diode
$C_{S0,S}$	CJS	Null-Kapazität der Substrat-Diode
$U_{Diff,S}$	VJS	Diffusionsspannung der Substrat-Diode
$m_{S,S}$	MJS	Kapazitätskoeffizient der Substrat-Diode
f_S	FC	Koeffizient für den Verlauf der Kapazitäten
$\tau_{0,N}$	TF	ideale Transit-Zeit für Normalbetrieb
$x_{\tau,N}$	XTF	Koeffizient für die Transit-Zeit für Normalbetrieb
$U_{\tau,N}$	VTF	Transit-Zeit-Spannung für Normalbetrieb
$I_{\tau,N}$	ITF	Transit-Zeit-Strom für Normalbetrieb
$\tau_{0,I}$	TR	Transit-Zeit für Inversbetrieb
Thermisches Verhalten		
$x_{T,I}$	XTI	Temperaturkoeffizient der Sperrströme (2.20)
$x_{T,B}$	XTB	Temperaturkoeffizient der Stromverstärkungen (2.22)

Abb. 2.36. Parameter des Gummel-Poon-Modells

malbetrieb angegeben. Nicht angegebene Parameter werden von *PSpice* unterschiedlich behandelt:

– es wird ein Standardwert verwendet:

$I_S = 10^{-16}\,\text{A}$, $B_N = 100$, $B_I = 1$, $n_E = 1{,}5$, $n_C = 2$, $x_{T,I} = 3$, $f_S = 0{,}5$

$U_{Diff,E} = U_{Diff,C} = U_{Diff,S} = 0{,}75\,\text{V}$, $m_{S,E} = m_{S,C} = 0{,}333$, $x_{CSC} = 1$

---

[6] *PSpice* ist ein Produkt der Firma *MicroSim*.

Parameter	PSpice	BC547B	BC557B	BUV47	BFR92P	Einheit
I_S	IS	7	1	974	0,12	fA
B_N	BF	375	307	95	95	
B_I	BR	1	6,5	20,9	10,7	
$I_{S,E}$	ISE	68	10,7	2570	130	fA
n_E	NE	1,58	1,76	1,2	1,9	
$I_{K,N}$	IKF	0,082	0,092	15,7	0,46	A
$U_{A,N}$	VAF	63	52	100	30	V
R_{Be} [7]	RBM	10	10	0,1	6,2	Ω
R_{Bi} [7]	-	0	0	0	7,8	Ω
- [7]	RB	10	10	0,1	15	Ω
R_C	RC	1	1,1	0,035	0,14	Ω
$C_{S0,E}$	CJE	11,5	30	1093	0,01	pF
$U_{Diff,E}$	VJE	0,5	0,5	0,5	0,71	V
$m_{S,E}$	MJE	0,672	0,333	0,333	0,347	
$C_{S0,C}$	CJC	5,25	9,8	364	0,946	pF
$U_{Diff,C}$	VJC	0,57	0,49	0,5	0,85	V
$m_{S,C}$	MJC	0,315	0,332	0,333	0,401	
x_{CSC}	XCJC	1	1	1	0,13	
f_S	FC	0,5	0,5	0,5	0,5	
$\tau_{0,N}$	TF	0,41	0,612	21,5	0,027	ns
$x_{\tau,N}$	XTF	40	26	205	0,38	
$U_{\tau,N}$	VTF	10	10	10	0,33	V
$I_{\tau,N}$	ITF	1,49	1,37	100	0,004	A
$\tau_{0,I}$	TR	10	10	988	1,27	ns
$x_{T,I}$	XTI	3	3	3	3	
$x_{T,B}$	XTB	1,5	1,5	1,5	1,5	

BC547B: npn-Kleinleistungstransistor
BC557B: pnp-Kleinleistungstransistor
BUV47: npn-Leistungstransistor
BFR92P: npn-Hochfrequenztransistor

Abb. 2.37. Parameter einiger Einzeltransistoren

- der Parameter wird zu Null gesetzt:
$I_{S,S}$, $I_{S,E}$, $I_{S,C}$, R_B , R_C , R_E , $C_{S0,E}$, $C_{S0,C}$, $C_{S0,S}$, $m_{S,S}$, $\tau_{0,N}$, $x_{\tau,N}$
$I_{\tau,N}$, $\tau_{0,I}$, $x_{T,B}$
- der Parameter wird zu Unendlich gesetzt:
$I_{K,N}$, $I_{K,I}$, $U_{A,N}$, $U_{A,I}$, $U_{\tau,N}$

Die Werte Null und Unendlich bewirken, dass der jeweilige Effekt nicht modelliert wird [2.6].

In *PSpice* wird eine erweiterte Form des Gummel-Poon-Modells verwendet, die die Modellierung weiterer Effekte ermöglicht, siehe [2.6]; auf diese Effekte und die zusätzlichen Parameter wird hier nicht eingegangen.

---

[7] Die Basisbahnwiderstände sind mit Ausnahme des BFR92P nur pauschal angegeben, der stromabhängige interne Anteil ist nicht spezifiziert. Es treten deshalb Ungenauigkeiten bei hohen Frequenzen auf. Genauere Werte kann man aus den Angaben zum Rauschen gewinnen, siehe Abschnitt 2.3.4.

2.3.3 Kleinsignalmodell

Durch Linearisierung in einem Arbeitspunkt erhält man aus dem nichtlinearen Gummel-Poon-Modell ein lineares *Kleinsignalmodell*. Der Arbeitspunkt wird in der Praxis so gewählt, dass der Transistor im Normalbetrieb arbeitet; die hier behandelten Kleinsignalmodelle sind deshalb nur für diese Betriebsart gültig. Man kann in gleicher Weise auch Kleinsignalmodelle für die anderen Betriebsarten angeben, sie sind jedoch von untergeordneter Bedeutung.

Das *statische Kleinsignalmodell* beschreibt das Kleinsignalverhalten bei niedrigen Frequenzen und wird deshalb auch *Gleichstrom-Kleinsignalersatzschaltbild* genannt. Das *dynamische Kleinsignalmodell* beschreibt zusätzlich das dynamische Kleinsignalverhalten und wird zur Berechnung des Frequenzgangs von Schaltungen benötigt; es wird auch *Wechselstrom-Kleinsignalersatzschaltbild* genannt.

2.3.3.1 Statisches Kleinsignalmodell

2.3.3.1.1 Linearisierung und Kleinsignalparameter des Gummel-Poon-Modells

Ein genaues Kleinsignalmodell erhält man durch Linearisierung des Gummel-Poon-Modells. Aus Abb. 2.34 folgt durch Weglassen der Kapazitäten und Vernachlässigung der Sperrströme ($I_{B,I} = I_{B,C} = I_{D,S} = 0$) das in Abb. 2.38a gezeigte *statische* Gummel-Poon-Modell für den Normalbetrieb. Die nichtlinearen Größen $I_B = I_{B,N}(U_{B'E'}) + I_{B,E}(U_{B'E'})$ und $I_C = I_T(U_{B'E'}, U_{C'E'})$ werden im Arbeitspunkt A linearisiert:

$$S = \left.\frac{\partial I_C}{\partial U_{B'E'}}\right|_A = \frac{I_{C,A}}{U_T}\left(1 - \frac{U_T}{q_B}\left.\frac{\partial q_B}{\partial U_{B'E'}}\right|_A\right)$$

$$\frac{1}{r_{BE}} = \left.\frac{\partial I_B}{\partial U_{B'E'}}\right|_A = \frac{I_S}{B_N U_T}e^{\frac{U_{B'E',A}}{U_T}} + \frac{I_{S,E}}{n_E U_T}e^{\frac{U_{B'E',A}}{n_E U_T}}$$

$$\frac{1}{r_{CE}} = \left.\frac{\partial I_C}{\partial U_{C'E'}}\right|_A = \frac{I_{C,A}}{U_{A,N} + U_{C'E',A} - U_{B'E',A}\left(1 + \frac{U_{A,N}}{U_{A,I}}\right)}$$

2.3.3.1.2 Näherungen für die Kleinsignalparameter

Die Kleinsignalparameter S, r_{BE} und r_{CE} werden nur in CAD-Programmen nach den obigen Gleichungen ermittelt; für den praktischen Gebrauch werden Näherungen oder andere Zusammenhänge verwendet:

$$S = \left.\frac{\partial I_C}{\partial U_{B'E'}}\right|_A \approx \frac{I_{C,A}}{U_T}\frac{I_{K,N} + I_{C,A}}{I_{K,N} + 2I_{C,A}} \overset{I_{C,A} \ll I_{K,N}}{\approx} \frac{I_{C,A}}{U_T}$$

$$r_{BE} = \left.\frac{\partial U_{B'E'}}{\partial I_B}\right|_A = \left.\frac{\partial U_{B'E'}}{\partial I_C}\right|_A \left.\frac{\partial I_C}{\partial I_B}\right|_A = \frac{\beta}{S}$$

$$r_{CE} = \left.\frac{\partial U_{C'E'}}{\partial I_C}\right|_A \approx \frac{U_{A,N} + U_{C'E',A}}{I_{C,A}} \overset{U_{C'E',A} \ll U_{A,N}}{\approx} \frac{U_{A,N}}{I_{C,A}}$$

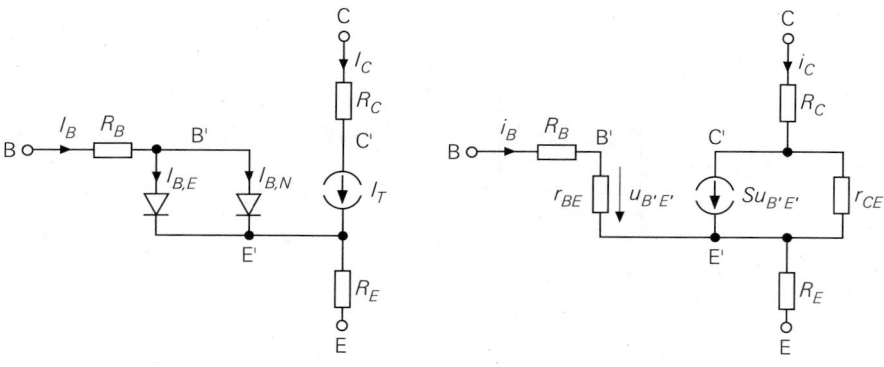

a vor der Linearisierung   b nach der Linearisierung

Abb. 2.38. Ermittlung des statischen Kleinsignalmodells durch Linearisierung des statischen Gummel-Poon-Modells

Die Näherungen für r_{BE} und r_{CE} entsprechen den bereits im Abschnitt 2.1.4 angegebenen Gleichungen (2.12) und (2.13). Zur Bestimmung von r_{BE} muss die Kleinsignalstromverstärkung β bekannt sein oder ein sinnvoller Wert angenommen werden.

Die Gleichung für die Steilheit S erhält man durch näherungsweise Auswertung des vollständigen Ausdrucks; sie ist gegenüber (2.11) um einen Term zur Beschreibung des Hochstromeffekts erweitert. Der Hochstromeffekt bewirkt eine relative Abnahme von S bei großen Kollektorströmen, für $I_{C,A} = I_{K,N}$ auf 2/3, für $I_{C,A} \to \infty$ auf die Hälfte des Wertes $I_{C,A}/U_T$. Soll die Abnahme kleiner als 10 % sein, muss man $I_{C,A} < I_{K,N}/8$ wählen.

2.3.3.1.3 Gleichstrom-Kleinsignalersatzschaltbild

Abbildung 2.38b zeigt das resultierende *statische Kleinsignalmodell*. Für fast alle praktischen Berechnungen werden die Bahnwiderstände R_B, R_C und R_E vernachlässigt; man erhält dann das bereits im Abschnitt 2.1.4 behandelte Kleinsignalersatzschaltbild, das in Abb. 2.39a noch einmal wiedergegeben ist.

Vernachlässigt man zusätzlich den Early-Effekt ($r_{CE} \to \infty$), kann man neben dem entsprechend reduzierten Ersatzschaltbild nach Abb. 2.39a auch die in Abb. 2.39b gezeigte alternative Form verwenden; dabei gilt:

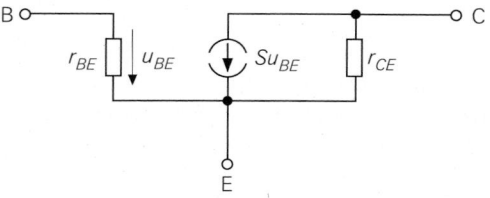

a nach Vernachlässigung der
Bahnwiderstände

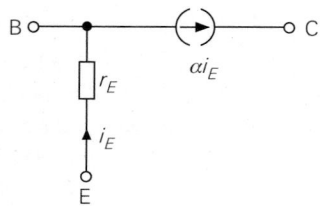

b alternative Darstellung
nach Vernachlässigung des
Early-Effekts ($r_{CE} \to \infty$)

Abb. 2.39. Vereinfachte statische Kleinsignalmodelle

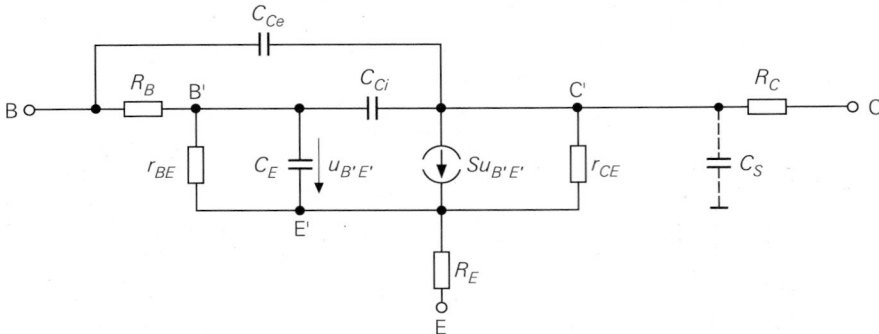

Abb. 2.40. Dynamisches Kleinsignalmodell

$$r_E = \cfrac{1}{S + \cfrac{1}{r_{BE}}} \approx \frac{1}{S} \; ; \quad \alpha = \frac{\beta}{1 + \beta} = S r_E$$

Man erhält diese alternative Form durch Linearisierung des reduzierten Ebers-Moll-Modells nach Abb. 2.25a. Sie wird hier nur der Vollständigkeit wegen angegeben, da sie nur in Ausnahmefällen vorteilhaft eingesetzt werden kann und die Vernachlässigung des Early-Effekts in vielen Fällen zu unzureichenden Ergebnissen führt

In der Literatur findet man gelegentlich eine Variante mit einem zusätzlichen Widerstand r_C zwischen Basis und Kollektor. Dieser entsteht durch die Linearisierung der in diesem Fall nicht vernachlässigten Kollektor-Basis-Diode des Ebers-Moll-Modells und dient deshalb nicht, wie oft angenommen wird, der Modellierung des Early-Effekts. Diese Variante ist deshalb auch nicht äquivalent zu dem vereinfachten Modell in Abb. 2.39a.

2.3.3.2 Dynamisches Kleinsignalmodell

2.3.3.2.1 Vollständiges Modell

Durch Ergänzen der Sperrschicht- und Diffusionskapazitäten erhält man aus dem statischen Kleinsignalmodell nach Abb. 2.38b das in Abb. 2.40 gezeigte dynamische Kleinsignalmodell; dabei gilt mit Bezug auf Abschnitt 2.3.2:

$$C_E = C_{S,E}(U_{B'E',A}) + C_{D,N}(U_{B'E',A})$$
$$C_{Ci} = C_{S,Ci}(U_{B'C',A}) + C_{D,I}(U_{B'C',A}) \approx C_{S,Ci}(U_{B'C',A})$$
$$C_{Ce} = C_{S,Ce}(U_{BC',A})$$
$$C_S = C_{S,S}(U_{SC',A})$$

Die *Emitterkapazität* C_E setzt sich aus der Emitter-Sperrschichtkapazität $C_{S,E}$ und der Diffusionskapazität $C_{D,N}$ für Normalbetrieb zusammen. Die *interne Kollektorkapazität* C_{Ci} entspricht der internen Kollektor-Sperrschichtkapazität; die parallel liegende Diffusionskapazität $C_{D,I}$ ist wegen $U_{BC} < 0$ vernachlässigbar klein. Die *externe Kollektorkapazität* C_{Ce} und die *Substratkapazität* C_S entsprechen den jeweiligen Sperrschichtkapazitäten; letztere tritt nur bei integrierten Transistoren auf.

2.3.3.2.2 Vereinfachtes Modell

Für praktische Berechnungen werden die Bahnwiderstände R_E und R_C vernachlässigt; der Basisbahnwiderstand R_B kann wegen seines Einflusses auf das dynamische Verhalten nur

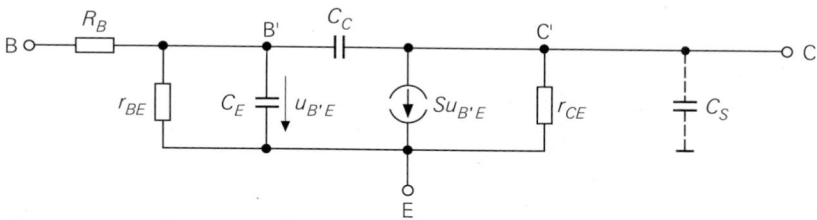

Abb. 2.41. Vereinfachtes dynamisches Kleinsignalmodell

in Ausnahmefällen vernachlässigt werden. Zusätzlich werden die interne und die externe Kollektorkapazität zu einer internen *Kollektorkapazität* C_C zusammengefasst; nur bei integrierten Transistoren mit überwiegendem externen Anteil wird sie extern angeschlossen. Man erhält das in Abb. 2.41 gezeigte vereinfachte dynamische Kleinsignalmodell, das für die im folgenden durchgeführten Berechnungen verwendet wird. Auf die *praktische* Bestimmung der Kapazitäten C_E und C_C wird im nächsten Abschnitt näher eingegangen.

2.3.3.3 Grenzfrequenzen bei Kleinsignalbetrieb

Mit Hilfe des Kleinsignalmodells aus Abb. 2.41 kann man die Frequenzgänge der Kleinsignalstromverstärkungen α und β und der Transadmittanz $y_{21,e}$ berechnen; die dabei anfallenden Grenzfrequenzen f_α, f_β und f_{Y21e} und die *Transitfrequenz* f_T sind ein Maß für die Bandbreite und die Schaltgeschwindigkeit des Transistors.

2.3.3.3.1 Frequenzgang der Kleinsignalstromverstärkung in Emitterschaltung

Das Verhältnis der Laplacetransformierten der Kleinsignalströme i_C und i_B in Emitterschaltung bei Normalbetrieb und konstantem $U_{CE} = U_{CE,A}$ wird *Übertragungsfunktion der Kleinsignalstromverstärkung* β genannt und mit $\underline{\beta}(s)$ bezeichnet:

$$\underline{\beta}(s) = \frac{i_C}{i_B} = \frac{\mathcal{L}\{i_C\}}{\mathcal{L}\{i_B\}}$$

Durch Einsetzen von $s = j\omega$ erhält man aus $\underline{\beta}(s)$ den Frequenzgang $\underline{\beta}(j\omega)$ und daraus durch Betragsbildung den Betragsfrequenzgang $|\underline{\beta}(j\omega)|$.

Zur Ermittlung von $\underline{\beta}(s)$ wird eine Kleinsignalstromquelle mit dem Strom i_B an die Basis angeschlossen und i_C ermittelt. Abbildung 2.42 zeigt das zugehörige Kleinsignalersatzschaltbild; der Kollektor ist wegen $u_{CE} = U_{CE} - U_{CE,A} = 0$ mit Masse verbunden. Aus den Knotengleichungen

$$\underline{i}_B = \left(\frac{1}{r_{BE}} + s\,(C_E + C_C) \right) \underline{u}_{B'E}$$

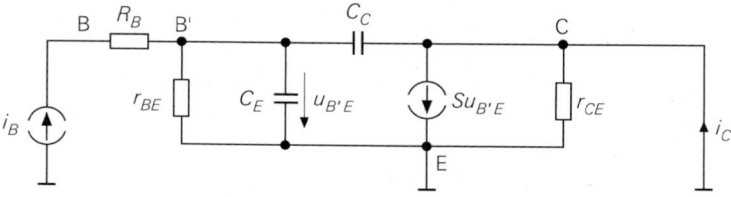

Abb. 2.42. Kleinsignalersatzschaltbild zur Berechnung von $\underline{\beta}(s)$

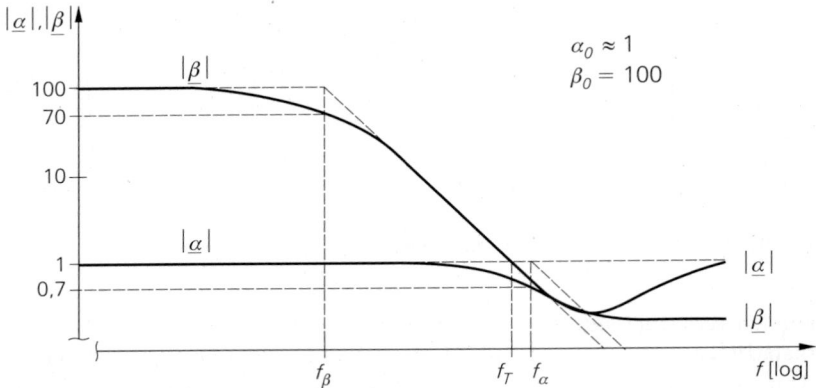

Abb. 2.43. Betragsfrequenzgänge $|\underline{\alpha}(j\omega)|$ und $|\underline{\beta}(j\omega)|$

$$\underline{i}_C = (S - sC_C)\,\underline{u}_{B'E}$$

erhält man mit $\beta_0 = S\,r_{BE}$:[8]:

$$\underline{\beta}(s) = \frac{r_{BE}\,(S - sC_C)}{1 + s\,r_{BE}\,(C_E + C_C)} \approx \frac{\beta_0}{1 + s\,r_{BE}\,(C_E + C_C)} \tag{2.43}$$

Die Übertragungsfunktion hat einen Pol und eine Nullstelle, wobei die Nullstelle aufgrund der sehr kleinen Zeitkonstante $C_C S^{-1}$ vernachlässigt werden kann. Abbildung 2.43 zeigt den Betragsfrequenzgang $|\underline{\beta}(j\omega)|$ für $\beta_0 = 100$ unter Berücksichtigung der Nullstelle; bei der *β-Grenzfrequenz*

$$\omega_\beta = 2\pi f_\beta \approx \frac{1}{r_{BE}\,(C_E + C_C)} \tag{2.44}$$

ist er um 3 dB gegenüber β_0 abgefallen [2.7].

2.3.3.3.2 Transitfrequenz

Die Frequenz, bei der $|\underline{\beta}(j\omega)|$ auf Eins abgefallen ist, wird *Transitfrequenz* f_T genannt; man erhält [2.7]:

$$\omega_T = 2\pi f_T = \beta_0\omega_\beta \approx \frac{S}{C_E + C_C} \tag{2.45}$$

Aufgrund der Näherungen beim Kleinsignalmodell und bei der Berechnung von $\underline{\beta}(s)$ stimmt die Transitfrequenz nach (2.45) nicht mit der realen Transitfrequenz des Transistors überein; sie wird deshalb auch *extrapolierte Transitfrequenz* genannt, da man sie durch Extrapolation des abfallenden Teils von $|\underline{\beta}(j\omega)|$ entsprechend einem Tiefpass 1. Grades erhält. Im Datenblatt eines Transistors ist immer die extrapolierte Transitfrequenz angegeben.

---

[8] Die *statische* Kleinsignalstromverstärkung in Emitterschaltung, die bisher mit β bezeichnet wurde, wird hier zur Unterscheidung von der inversen Laplacetransformierten $\beta = \mathcal{L}^{-1}\{\underline{\beta}(s)\}$ mit β_0 bezeichnet; der Index Null bedeutet dabei Frequenz Null, d.h. es gilt $\beta_0 = |\underline{\beta}(j0)|$.

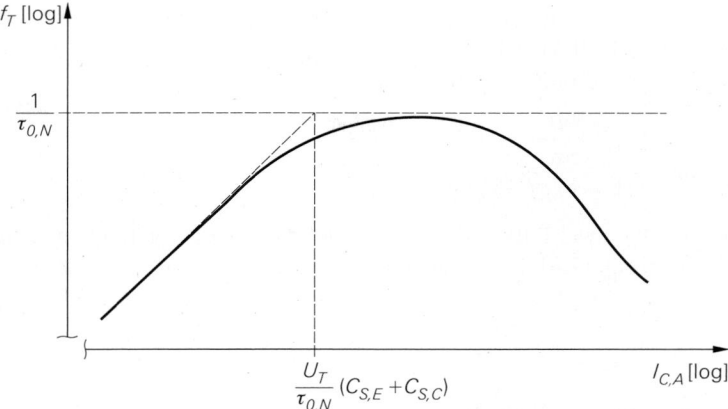

Abb. 2.44. Abhängigkeit der Transitfrequenz vom Kollektorstrom $I_{C,A}$

Die Transitfrequenz hängt vom Arbeitspunkt ab; außerhalb des Hochstrombereichs gilt:

$$S = \frac{I_{C,A}}{U_T} \quad , \quad C_E = \frac{\tau_N I_{C,A}}{U_T} + C_{S,E} \quad , \quad C_C = C_{S,C}$$

Daraus folgt [2.7]:

$$\omega_T \approx \frac{1}{\tau_N + \dfrac{I_{C,A}}{U_T}\left(C_{S,E} + C_{S,C}\right)}$$

Abbildung 2.44 zeigt die Abhängigkeit der Transitfrequenz vom Kollektorstrom $I_{C,A}$; drei Bereiche lassen sich unterscheiden:

– Bei kleinen Kollektorströmen gilt:

$$\omega_T \approx \frac{I_{C,A}}{U_T\left(C_{S,E} + C_{S,C}\right)} \sim I_{C,A} \quad \text{für } I_{C,A} < \frac{U_T}{\tau_{0,N}}\left(C_{S,E} + C_{S,C}\right)$$

In diesem Bereich ist f_T näherungsweise proportional zu $I_{C,A}$.
– Bei mittleren Kollektorströmen unterhalb des Hochstrombereichs gilt:

$$\omega_T \approx \frac{1}{\tau_N} \approx \frac{1}{\tau_{0,N}} \quad \text{für } \frac{U_T}{\tau_{0,N}}\left(C_{S,E} + C_{S,C}\right) < I_{C,A} \ll I_{\tau,N}$$

Hier erreicht f_T ein Maximum und hängt nur wenig von $I_{C,A}$ ab.
– Im Hochstrombereich gilt ebenfalls $\omega_T \approx 1/\tau_N$, allerdings nimmt dort τ_N nach (2.42) zu, so dass f_T mit zunehmendem $I_{C,A}$ abnimmt.

2.3.3.3.3 Frequenzgang der Kleinsignalstromverstärkung in Basisschaltung

Das Verhältnis der Laplacetransformierten der Kleinsignalströme i_C und i_E in Basisschaltung bei Normalbetrieb und konstantem $U_{BC} = U_{BC,A}$ wird *Übertragungsfunktion der Kleinsignalstromverstärkung* α genannt und mit $\underline{\alpha}(s)$ bezeichnet. Zur Ermittlung von $\underline{\alpha}(s)$

wird eine Kleinsignalstromquelle mit dem Strom i_E am Emitter angeschlossen und i_C ermittelt; dabei sind Basis und Kollektor, letzterer wegen $u_{BC} = U_{BC} - U_{BC,A} = 0$, mit Masse verbunden. Mit $r_{CE} \to \infty$ und $\alpha_0 = S r_E$ [9] erhält man:

$$\underline{\alpha}(s) = -\frac{i_C}{i_E} = \alpha_0 \frac{1 + s \dfrac{R_B C_C}{\alpha_0} + s^2 \dfrac{r_E C_E R_B C_C}{\alpha_0}}{(1 + s r_E C_E)(1 + s R_B C_C)}$$

Die Übertragungsfunktion hat zwei Pole und zwei Nullstellen; der Betragsfrequenzgang $|\underline{\alpha}(j\omega)|$ ist in Abb. 2.43 gezeigt [2.8]. Im allgemeinen gilt $R_B C_C \ll r_E C_E$, so dass man die Näherung

$$\underline{\alpha}(s) \approx \frac{\alpha_0}{1 + s r_E C_E}$$

verwenden kann; daraus folgt die *α-Grenzfrequenz*:

$$\boxed{\omega_\alpha = 2\pi f_\alpha \approx \frac{1}{r_E C_E}} \tag{2.46}$$

2.3.3.3.4 Frequenzgang der Transadmittanz

Ersetzt man in Abb. 2.42 die Kleinsignalstromquelle mit dem Strom i_B durch eine Kleinsignalspannungsquelle mit der Spannung u_{BE} und ermittelt das Verhältnis der Laplacetransformierten von i_C und u_{BE}, erhält man die *Übertragungsfunktion der Transadmittanz* $y_{21,e}$

$$\underline{y}_{21,e}(s) = \frac{i_C}{u_{BE}} = \frac{S - s C_C}{1 + \dfrac{R_B}{r_{BE}} + s R_B (C_E + C_C)} \approx \frac{S}{1 + s R_B (C_E + C_C)} \tag{2.47}$$

mit der *Steilheitsgrenzfrequenz*:

$$\boxed{\omega_{Y21e} = 2\pi f_{Y21e} \approx \frac{1}{R_B (C_E + C_C)}} \tag{2.48}$$

Die Steilheitsgrenzfrequenz hängt vom Arbeitspunkt ab; ihre Abhängigkeit von $I_{C,A}$ ist jedoch nicht einfach anzugeben, da die Arbeitspunktabhängigkeit von R_B eingeht. Tendenziell nimmt sie mit steigendem Kollektorstrom $I_{C,A}$ ab.

2.3.3.3.5 Relation und Bedeutung der Grenzfrequenzen

Ein Vergleich der Grenzfrequenzen führt auf folgende Relation:

$$f_\beta < f_{Y21e} < f_T \lesssim f_\alpha$$

Steuert man einen Transistor in Emitterschaltung mit einer Stromquelle bzw. mit einer Quelle mit einem Innenwiderstand $R_i \gg r_{BE}$ an, spricht man von *Stromsteuerung*; die Grenzfrequenz der Schaltung wird in diesem Fall durch die *β-Grenzfrequenz* f_β nach oben begrenzt. Bei Ansteuerung mit einer Spannungsquelle bzw. mit einer Quelle mit einem

---

[9] Die *statische* Kleinsignalstromverstärkung in Basisschaltung, die bisher mit α bezeichnet wurde, wird hier zur Unterscheidung von der inversen Laplacetransformierten $\alpha = \mathcal{L}^{-1}\{\underline{\alpha}(s)\}$ mit α_0 bezeichnet; der Index Null bedeutet dabei Frequenz Null, d.h. $\alpha_0 = |\underline{\alpha}(j0)|$.

Innenwiderstand $R_i \ll r_{BE}$ spricht man von *Spannungssteuerung*; in diesem Fall wird die Grenzfrequenz der Schaltung durch die *Steilheitsgrenzfrequenz* f_{Y21e} nach oben begrenzt. Man erreicht also bei Spannungssteuerung im allgemeinen eine höhere Bandbreite, siehe Abschnitt 2.4.1; dies gilt in gleicher Weise für die Kollektorschaltung, siehe Abschnitt 2.4.2.

Die größte Bandbreite erreicht die Basisschaltung; hier gilt im allgemeinen $R_i > r_E$, so dass Stromsteuerung vorliegt und die Bandbreite der Schaltung durch die α-*Grenzfrequenz* f_α nach oben begrenzt wird, siehe Abschnitt 2.4.3.

2.3.3.3.6 Wahl des Arbeitspunktes

Die Bandbreite einer Schaltung hängt auch vom Arbeitspunkt des Transistors ab. Bei der Emitterschaltung mit Stromsteuerung und bei der Basisschaltung erreicht man die maximale Bandbreite, indem man den Kollektorstrom $I_{C,A}$ so wählt, dass die Transitfrequenz f_T maximal wird. Bei der Emitterschaltung mit Spannungssteuerung sind die Verhältnisse komplizierter; zwar nimmt die Steilheitsgrenzfrequenz f_{Y21e} mit steigendem $I_{C,A}$ ab, gleichzeitig kann aber bei gleicher Verstärkung der Schaltung die Kollektorbeschaltung niederohmiger ausfallen und damit die ausgangsseitige Bandbreite erhöht werden, siehe Abschnitt 2.4.1.

2.3.3.3.7 Bestimmung der Kleinsignalkapazitäten

Im Datenblatt eines Transistors ist die Transitfrequenz f_T und die Ausgangskapazität in Basisschaltung C_{obo} (*output, grounded base, open emitter*) angegeben; C_{obo} entspricht der Kollektor-Basis-Kapazität. Aus diesen Angaben erhält man unter Verwendung von (2.45):

$$C_C \approx C_{obo} \quad , \quad C_E \approx \frac{S}{\omega_T} - C_{obo}$$

2.3.3.4 Zusammenfassung der Kleinsignalparameter

Aus dem Kollektorstrom $I_{C,A}$ im Arbeitspunkt und Datenblattangaben kann man die Parameter des in Abb. 2.41 gezeigten Kleinsignalmodells gemäß Abb. 2.45 bestimmen.

2.3.4 Rauschen

In Widerständen und pn-Übergängen treten Rauschspannungen bzw. Rauschströme auf, die bei Widerständen auf die thermische Bewegung der Ladungsträger und bei pn-Übergängen auf den unstetigen Stromfluss aufgrund des Durchtritts einzelner Ladungsträger zurückzuführen sind.

2.3.4.1 Rauschdichten

Da es sich beim Rauschen um einen stochastischen Vorgang handelt, kann man nicht wie gewohnt mit Spannungen und Strömen rechnen. Eine Rauschspannung u_r wird durch die *Rauschspannungsdichte* $|\underline{u}_r(f)|^2$, ein Rauschstrom i_r durch die *Rauschstromdichte* $|\underline{i}_r(f)|^2$ beschrieben; die Dichten geben die spektrale Verteilung der Effektivwerte u_{reff} bzw. i_{reff} an:

$$|\underline{u}_r(f)|^2 = \frac{d(u_{reff}^2)}{df}$$

$$|\underline{i}_r(f)|^2 = \frac{d(i_{reff}^2)}{df}$$

Param.	Bezeichnung	Bestimmung
S	Steilheit	$S = \dfrac{I_{C,A}}{U_T}$ mit $U_T \approx 26\,\text{mV}$ bei $T = 300\,\text{K}$
(β)	Kleinsignalstrom-verstärkung	direkt aus dem Datenblatt *oder* indirekt aus dem Datenblatt unter Verwendung von $\beta \approx B$ *oder* sinnvolle Annahme ($\beta \approx 50 \ldots 500$)
r_{BE}	Kleinsignalein-gangswiderstand	$r_{BE} = \dfrac{\beta}{S}$
R_B	Basisbahn-widerstand	sinnvolle Annahme ($R_B \approx 10 \ldots 1000\,\Omega$) *oder* aus optimaler Rauschzahl nach Abschnitt 2.3.4.6
(U_A)	Early-Spannung	aus der Steigung der Kennlinien im Ausgangskennlinienfeld *oder* sinnvolle Annahme ($U_A \approx 30 \ldots 150\,\text{V}$)
r_{CE}	Kleinsignalaus-gangswiderstand	$r_{CE} = \dfrac{U_A}{I_{C,A}}$
(f_T)	Transitfrequenz	aus dem Datenblatt
C_C	Kollektor-kapazität	aus dem Datenblatt (z.B. C_{obo})
C_E	Emitterkapazität	$C_E = \dfrac{S}{2\pi f_T} - C_C$

Abb. 2.45. Kleinsignalparameter (Hilfsgrößen in Klammern)

Durch Integration kann man aus den Rauschdichten die Effektivwerte bestimmen [2.9]:

$$u_{r\text{\textit{eff}}} = \sqrt{\int_0^\infty |\underline{u}_r(f)|^2 df}$$

$$i_{r\text{\textit{eff}}} = \sqrt{\int_0^\infty |\underline{i}_r(f)|^2 df}$$

Ist die Rauschdichte eines Rauschsignals konstant, spricht man von *weißem Rauschen*. Ein Rauschsignal kann nur in einem bestimmten Bereich weiß sein; speziell für $f \to \infty$ muss die Rauschdichte derart gegen Null gehen, dass die Integrale endlich bleiben.

2.3.4.1.1 Rauschen eines Widerstands

Ein Widerstand R erzeugt eine Rauschspannung $u_{R,r}$ mit der Rauschspannungsdichte [2.9]:

$$|\underline{u}_{R,r}(f)|^2 = 4kTR \tag{2.49}$$

Dabei ist $k = 1{,}38 \cdot 10^{-23}$ VAs/K die *Boltzmannkonstante* und T die Temperatur des Widerstands in Kelvin. Dieses Rauschen wird *thermisches Rauschen* genannt, da es auf die thermische Bewegung der Ladungsträger zurückzuführen ist; die Rauschspannungsdichte ist deshalb proportional zur Temperatur. Für $R = 1\,\Omega$ und $T = 300\,\text{K}$ ist $|\underline{u}_{R,r}(f)|^2 \approx 1{,}66 \cdot 10^{-20}$ V^2/Hz bzw. $|\underline{u}_{R,r}(f)| \approx 0{,}13\,\text{nV}/\sqrt{\text{Hz}}$.

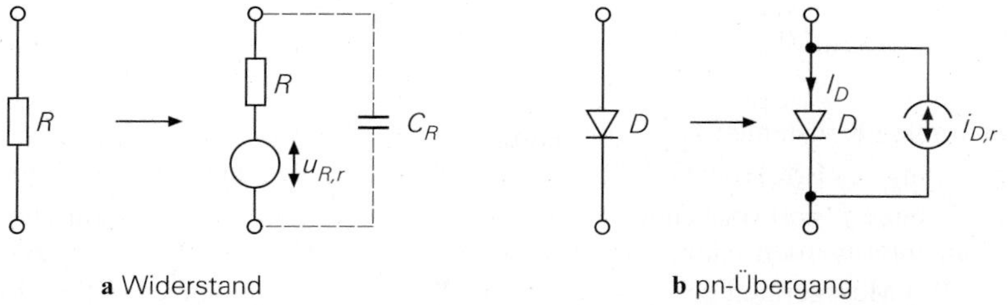

a Widerstand   **b** pn-Übergang

Abb. 2.46. Modellierung des Rauschens durch Rauschquellen

Abbildung 2.46a zeigt die Modellierung des Rauschens durch eine Rauschspannungs-quelle; der Doppelpfeil kennzeichnet die Quelle als Rauschquelle. Da die Rauschspan-nungsdichte konstant ist, liegt weißes Rauschen vor; deshalb erhält man bei der Berechnung des Effektivwerts den Wert ∞. Dieses Ergebnis ist jedoch nicht korrekt, da für $f \to \infty$ die parasitäre Kapazität C_R des Widerstands berücksichtigt werden muss; sie ist in Abb. 2.46a eingezeichnet. Für die Rauschspannung $u'_{R,r}$ an den Anschlüssen des Widerstands erhält man mit

$$\underline{u}'_{R,r}(s) \;=\; \frac{\underline{u}_{R,r}(s)}{1 + sRC_R}$$

den Ausdruck:

$$|\underline{u}'_{R,r}(f)|^2 \;=\; \frac{|\underline{u}_{R,r}(f)|^2}{1 + (2\pi f RC_R)^2}$$

Die Integration ergibt dann einen endlichen Effektivwert [2.10]:

$$u'_{R,reff} \;=\; \sqrt{\frac{kT}{C_R}}$$

2.3.4.1.2 Rauschen eines pn-Übergangs

Ein pn-Übergang erzeugt einen Rauschstrom $i_{D,r}$ mit der Rauschstromdichte [2.9]:

$$|\underline{i}_{D,r}(f)|^2 \;=\; 2qI_D \tag{2.50}$$

Dabei ist $q = 1{,}602 \cdot 10^{-19}$ As die *Elementarladung*. Die Rauschstromdichte ist propor-tional zum Strom I_D, der über den pn-Übergang fließt. Dieses Rauschen wird *Schrotrau-schen* genannt. Für $I_D = 1\,\text{mA}$ ist $|\underline{i}_{D,r}(f)|^2 \approx 3{,}2 \cdot 10^{-22}\,\text{A}^2/\text{Hz}$ bzw. $|\underline{i}_{D,r}(f)| \approx 18\,\text{pA}/\sqrt{\text{Hz}}$.

Abbildung 2.46b zeigt die Modellierung des Rauschens durch eine Rauschstromquelle; auch hier kennzeichnet der Doppelpfeil die Quelle als Rauschquelle. Wie beim Widerstand liegt weißes Rauschen vor; bezüglich des Effektivwerts gelten die dort angestellten Über-legungen, d.h. für $f \to \infty$ ist die Kapazität des pn-Übergangs zu berücksichtigen.

2.3.4.1.3 1/f-Rauschen

Bei Widerständen und pn-Übergängen tritt zusätzlich ein *1/f-Rauschen* auf, dessen Rausch-dichte umgekehrt proportional zur Frequenz ist. Bei Metallfilmwiderständen ist dieser Anteil im allgemeinen vernachlässigbar gering; bei pn-Übergängen gilt

$$|\underline{i}_{D,r(1/f)}(f)|^2 \;=\; \frac{k_{(1/f)} I_D^{\gamma_{(1/f)}}}{f}$$

mit den experimentellen Konstanten $k_{(1/f)}$ und $\gamma_{(1/f)} \approx 1\ldots 2$ [2.10].

Bei der Berechnung des Effektivwerts erhält man den Wert ∞, wenn man bei der Integration die untere Grenze $f=0$ verwendet. Da aber ein Vorgang in der Praxis nur für eine endliche Zeit beobachtet werden kann, nimmt man den Kehrwert der Beobachtungszeit als untere Grenze. Bei Messgeräten bezeichnet man die Anteile bei Frequenzen unterhalb des Kehrwerts der Dauer einer Messung nicht mehr als Rauschen, sondern als *Drift*.

2.3.4.2 Rauschquellen eines Bipolartransistors

Beim Bipolartransistor treten in einem durch $I_{B,A}$ und $I_{C,A}$ gegebenen Arbeitspunkt drei Rauschquellen auf [2.10]:

− Thermisches Rauschen des Basisbahnwiderstands mit:

$$|\underline{u}_{RB,r}(f)|^2 \;=\; 4kT R_B \tag{2.51}$$

Das thermische Rauschen der anderen Bahnwiderstände kann im allgemeinen vernachlässigt werden.

− Schrotrauschen des Basisstroms mit:

$$|\underline{i}_{B,r}(f)|^2 \;=\; 2q I_{B,A} + \frac{k_{(1/f)} I_{B,A}^{\gamma_{(1/f)}}}{f} \tag{2.52}$$

− Schrotrauschen des Kollektorstroms mit:

$$|\underline{i}_{C,r}(f)|^2 \;=\; 2q I_{C,A} + \frac{k_{(1/f)} I_{C,A}^{\gamma_{(1/f)}}}{f} \tag{2.53}$$

Abbildung 2.47 zeigt im oberen Teil das Kleinsignalmodell mit der Rauschspannungsquelle $u_{RB,r}$ und den Rauschstromquellen $i_{B,r}$ und $i_{C,r}$.

Beim Schrotrauschen dominiert bei niedrigen Frequenzen der 1/f-Anteil, bei mittleren und hohen Frequenzen der weiße Anteil. Die Frequenz, bei der beide Anteile gleich groß sind, wird *1/f-Grenzfrequenz* $f_{g(1/f)}$ genannt:

$$f_{g(1/f)} \;=\; \frac{k_{(1/f)} I_{C,A}^{(\gamma_{(1/f)}-1)}}{2q} \;\overset{\gamma_{(1/f)}=1}{=}\; \frac{k_{(1/f)}}{2q}$$

Für $\gamma_{(1/f)} = 1$ ist die 1/f-Grenzfrequenz arbeitspunktunabhängig. Bei rauscharmen Transistoren ist $\gamma_{(1/f)} \approx 1{,}2$ und $f_{g(1/f)}$ nimmt mit zunehmendem Arbeitspunktstrom zu. Typische Werte liegen im Bereich $f_{g(1/f)} \approx 10\,\mathrm{Hz}\ldots 10\,\mathrm{kHz}$.

2.3.4.3 Äquivalente Rauschquellen

Zur einfacheren Berechnung des Rauschens einer Schaltung werden die Rauschquellen auf die Basis-Emitter-Strecke umgerechnet. Man erhält das in Abb. 2.47 im unteren Teil gezeigte Kleinsignalmodell, bei dem die ursprünglichen Rauschquellen durch eine *äquivalente Rauschspannungsquelle* $u_{r,0}$ und eine *äquivalente Rauschstromquelle* $i_{r,0}$ repräsentiert werden; der eigentliche Transistor ist dann rauschfrei.

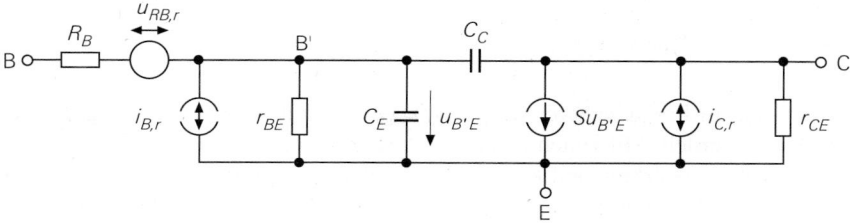

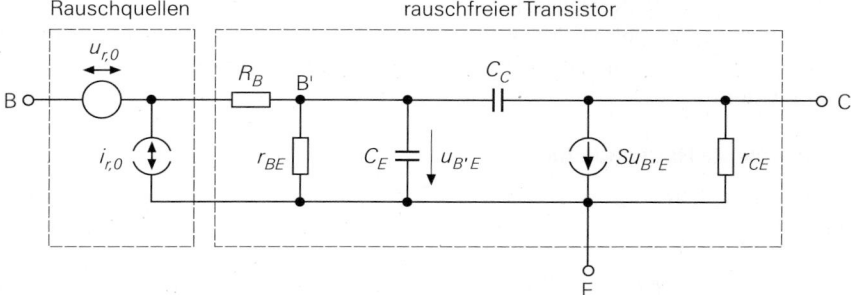

Abb. 2.47. Kleinsignalmodell eines Bipolartransistors mit den ursprünglichen (oben) und mit den äquivalenten Rauschquellen (unten)

2.3.4.3.1 Berechnung der Rauschdichten

Zur Bestimmung der äquivalenten Rauschquellen vergleicht man die beiden Kleinsignalmodelle in Abb. 2.47 bei Kurzschluss und bei Leerlauf am Eingang. Bei Kurzschluss wird nur die äquivalente Rauschspannungsquelle $u_{r,0}$ wirksam und man erhält den Zusammenhang

$$\underline{u}_{r,0}(s) \;=\; \underline{u}_{RB,r}(s) + R_B \underline{i}_{B,r}(s) + \frac{\underline{i}_{C,r}(s)}{\underline{y}_{21,e}(s)}$$

mit der Transadmittanz $\underline{y}_{21,e}(s)$ aus (2.47). Entsprechend wird bei Leerlauf nur die äquivalente Rauschstromquelle $i_{r,0}$ wirksam und man erhält den Zusammenhang

$$\underline{i}_{r,0}(s) \;=\; \underline{i}_{B,r}(s) + \frac{\underline{i}_{C,r}(s)}{\underline{\beta}(s)}$$

mit der Kleinsignalstromverstärkung $\underline{\beta}(s)$ aus (2.43). Daraus folgt für die Rauschdichten:

$$|\underline{u}_{r,0}(f)|^2 \;=\; |\underline{u}_{RB,r}(f)|^2 + R_B^2\,|\underline{i}_{B,r}(f)|^2 \;+\; \frac{|\underline{i}_{C,r}(f)|^2}{|\underline{y}_{21,e}(j2\pi f)|^2} \tag{2.54}$$

$$|\underline{i}_{r,0}(f)|^2 \;=\; |\underline{i}_{B,r}(f)|^2 + \frac{|\underline{i}_{C,r}(f)|^2}{|\underline{\beta}(j2\pi f)|^2} \tag{2.55}$$

2.3.4.3.2 Korrelation

Die äquivalenten Rauschquellen sind korreliert, da die Rauschstromquellen $i_{B,r}$ und $i_{C,r}$ in beide äquivalente Rauschquellen eingehen. Für die zugehörige Kreuzrauschdichte gilt:

$$\underline{u}_{r,0}(f)\,\underline{i}_{r,0}^{*}(f) \;=\; R_B\,|\underline{i}_{B,r}(f)|^2 + \frac{|\underline{i}_{C,r}(f)|^2}{\underline{y}_{21,e}(j2\pi f)\,\underline{\beta}^{*}(j2\pi f)} \tag{2.56}$$

Die Korrelation ist im Frequenzbereich $f \ll f_T$ gering und kann in den meisten Fällen vernachlässigt werden. Mit zunehmender Frequenz nehmen die Transadmittanz und die Kleinsignalstromverstärkung jedoch ab und der zweite Term der Kreuzrauschdichte macht sich bemerkbar; man erhält dann ohne Berücksichtigung der Korrelation nur noch Näherungswerte.

Wir vernachlässigen die Korrelation im folgenden und beschränken uns darauf, an den entsprechenden Stellen auf die Auswirkungen hinzuweisen. Exakte Ergebnisse erhält man nur durch eine numerische Auswertung der exakten Gleichungen, z.B. mit einem Schaltungssimulator.

2.3.4.3.3 Äquivalente Rauschdichten

Mit $\beta/S = r_{BE} > R_B$, $B \approx \beta \gg 1$ und $\gamma_{(1/f)} = 1$ erhält man bei Vernachlässigung der Korrelation [2.10]:

$$|\underline{u}_{r,0}(f)|^2 \;=\; 2q\,I_{C,A}\left(\left(\frac{1}{S^2} + \frac{R_B^2}{\beta}\right)\left(1 + \frac{f_{g(1/f)}}{f}\right) + R_B^2\left(\frac{f}{f_T}\right)^2\right) + 4kT\,R_B \tag{2.57}$$

$$|\underline{i}_{r,0}(f)|^2 \;=\; 2q\,I_{C,A}\left(\frac{1}{\beta}\left(1 + \frac{f_{g(1/f)}}{f}\right) + \left(\frac{f}{f_T}\right)^2\right) \tag{2.58}$$

Im Frequenzbereich $f_{g(1/f)} < f < f_T/\sqrt{\beta}$ sind die äquivalenten Rauschdichten konstant, d.h. das Rauschen ist weiß; mit $S = I_{C,A}/U_T$ erhält man:

$$|\underline{u}_{r,0}(f)|^2 \;=\; \frac{2kT\,U_T}{I_{C,A}} + 4kT\,R_B + \frac{2q\,R_B^2\,I_{C,A}}{\beta} \tag{2.59}$$

$$|\underline{i}_{r,0}(f)|^2 \;=\; \frac{2q\,I_{C,A}}{\beta} \tag{2.60}$$

Für $f < f_{g(1/f)}$ und $f > f_T/\sqrt{\beta}$ nehmen die Rauschdichten zu. Bei rauscharmen Kleinleistungstransistoren ist $f_{g(1/f)} \approx 100\,\text{Hz}$ und $f_T/\sqrt{\beta} \approx 10\,\text{MHz}$.

Abbildung 2.48 zeigt die Abhängigkeit der äquivalenten Rauschdichten vom Arbeitspunktstrom $I_{C,A}$ für den Frequenzbereich $f_{g(1/f)} < f < f_T/\sqrt{\beta}$. Die Rauschstromdichte $|\underline{i}_{r,0}(f)|^2$ ist für $\beta = $ const. proportional zu $I_{C,A}$; dieser Zusammenhang ist in Abb. 2.48 als Asymptote gestrichelt gezeichnet. Bei kleinen und großen Kollektorströmen liegt der reale Verlauf aufgrund der Abnahme von β oberhalb der Asymptote. Bei der Rauschspannungsdichte $|\underline{u}_{r,0}(f)|^2$ sind drei Bereiche zu unterscheiden:

$$|\underline{u}_{r,0}(f)|^2 \;\approx\; \begin{cases} \dfrac{2kT\,U_T}{I_{C,A}} & \text{für } I_{C,A} < \dfrac{U_T}{2R_B} = I_1 \\[3mm] 4kT\,R_B & \text{für } \dfrac{U_T}{2R_B} < I_{C,A} < \dfrac{2\beta U_T}{R_B} \\[3mm] \dfrac{2q\,R_B^2\,I_{C,A}}{\beta} & \text{für } I_{C,A} > \dfrac{2\beta U_T}{R_B} = I_2 \end{cases}$$

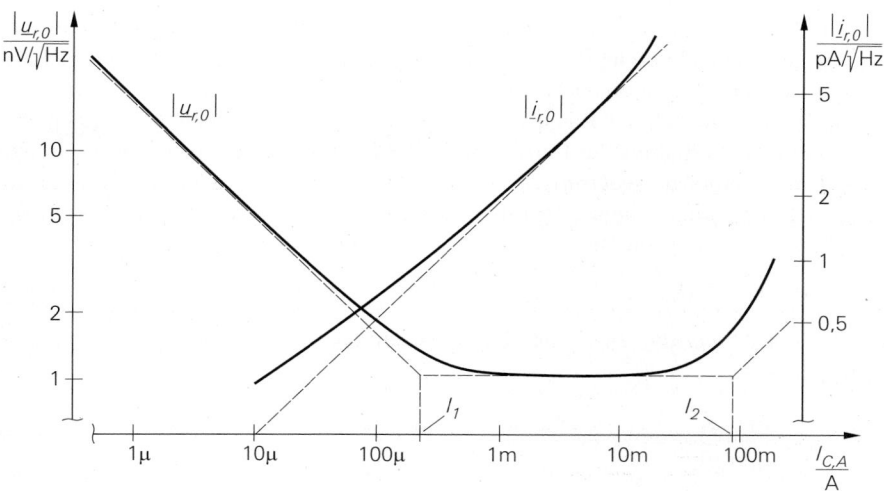

Abb. 2.48. Arbeitspunktabhängigkeit der äquivalenten Rauschdichten für $R_B = 60\,\Omega$: asymptotischer Verlauf für $\beta = 100$ (gestrichelt) und realer Verlauf mit arbeitspunktabhängigem β und $\beta_{max} = 100$

Die drei Teilverläufe sind in Abb. 2.48 mit $\beta = $ const. als Asymptoten gestrichelt gezeichnet. Auch hier liegt der reale Verlauf bei großen Kollektorströmen aufgrund der Abnahme von β oberhalb der Asymptote.

2.3.4.4 Ersatzrauschquelle und Rauschzahl

Bei Ansteuerung des Transistors mit einem Signalgenerator erhält man das in Abb. 2.49a gezeigte Kleinsignalersatzschaltbild, bei dem der Transistor nur schematisch dargestellt ist. Der Signalgenerator erzeugt die Signalspannung u_g und die Rauschspannung $u_{r,g}$. Die Rauschquelle des Signalgenerators kann mit den äquivalenten Rauschquellen des Transistors zu einer *Ersatzrauschquelle* u_r mit der Rauschspannungsdichte

$$|\underline{u}_r(f)|^2 = |\underline{u}_{r,g}(f)|^2 + |\underline{u}_{r,0}(f)|^2 + R_g^2\,|\underline{i}_{r,0}(f)|^2 \tag{2.61}$$

zusammengefasst werden, siehe Abb. 2.49b.

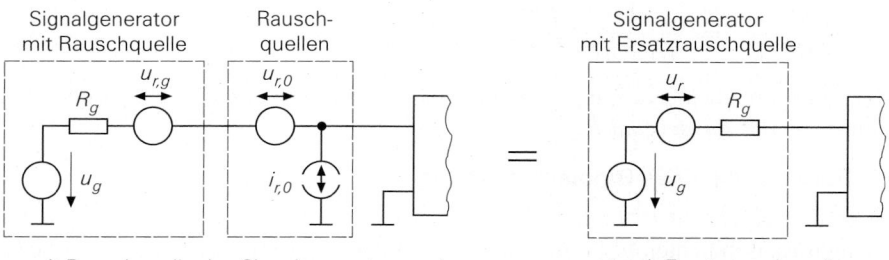

a mit Rauschquelle des Signalgenerators und
äquivalenten Rauschquellen des Transistors

b mit Ersatzrauschquelle

Abb. 2.49. Betrieb mit einem Signalgenerator

Mit den Rauschdichten $|\underline{u}_{r,0}(f)|^2$ und $|\underline{i}_{r,0}(f)|^2$ ist das Rauschverhalten eines Transistors zwar ausreichend beschrieben, für die Praxis möchte man jedoch eine einfachere, normierte Größe haben, die einen einfacheren Vergleich verschiedener Transistoren erlaubt. Dazu denkt man sich das Rauschen des Transistors im Signalgenerator entstanden und bezeichnet das Verhältnis der Rauschdichte der Ersatzrauschquelle zur Rauschdichte des Signalgenerators als *spektrale Rauschzahl F(f)*. Damit die spektrale Rauschzahl eindeutig ist, muss man als Signalgenerator einen *Referenz-Signalgenerator* mit der thermischen Rauschspannungsdichte

$$|\underline{u}_{r,g}(f)|^2 = 4kT_0R_g \tag{2.62}$$

und der *Referenztemperatur* $T_0 = 290\,\text{K}$ verwenden; damit erhält man für die spektrale Rauschzahl [2.10]:

$$F(f) = \frac{|\underline{u}_r(f)|^2}{|\underline{u}_{r,g}(f)|^2} = 1 + \frac{|\underline{u}_{r,0}(f)|^2 + R_g^2\,|\underline{i}_{r,0}(f)|^2}{4kT_0R_g} \tag{2.63}$$

Die *mittlere Rauschzahl F (noise figure)* gibt den durch den Transistor verursachten Verlust an *Signal-Rausch-Abstand SNR (signal-to-noise ratio)* in einem Frequenzintervall $f_U < f < f_O$ an. Auch hier muss wieder der Referenz-Signalgenerator verwendet werden. Der Signal-Rausch-Abstand ist durch das Verhältnis der Leistungen des Nutzsignals u_g und des Rauschsignals $u_{r,g}$ gegeben. Da die Leistung eines Signals proportional zum Quadrat des Effektivwerts ist, gilt für den Signal-Rausch-Abstand des Referenz-Signalgenerators:

$$SNR_{g,ref} = \frac{u_{g\,eff}^2}{u_{r,g\,eff}^2} = \frac{u_{g\,eff}^2}{\int_{f_U}^{f_O}|\underline{u}_{r,g}(f)|^2 df} = \frac{u_{g\,eff}^2}{\int_{f_U}^{f_O}4kT_0R_g\,df} = \frac{u_{g\,eff}^2}{4kT_0R_g\,(f_O - f_U)}$$

Durch den Transistor wird die Rauschdichte am Eingang um die spektrale Rauschzahl $F(f)$ angehoben; dadurch nimmt der Signal-Rausch-Abstand am Eingang auf den Wert

$$SNR_{e,ref} = \frac{u_{g\,eff}^2}{\int_{f_U}^{f_O}|\underline{u}_r(f)|^2 df} = \frac{u_{g\,eff}^2}{\int_{f_U}^{f_O}4kT_0R_g\,F(f)\,df} = \frac{u_{g\,eff}^2}{4kT_0R_g\int_{f_U}^{f_O}F(f)\,df}$$

ab. Bei beiden Signal-Rausch-Abständen weist der Index *ref* auf den Betrieb mit einem Referenz-Signalgenerator hin. Für die mittlere Rauschzahl folgt:

$$F = \frac{SNR_{g,ref}}{SNR_{e,ref}} = \frac{1}{f_O - f_U}\int_{f_U}^{f_O}F(f)\,df$$

Oft ist $F(f)$ im betrachteten Frequenzintervall konstant; dann gilt $F = F(f)$ und man spricht nur von *der Rauschzahl F*.

2.3.4.5 Rauschzahl eines Bipolartransistors

Die spektrale Rauschzahl $F(f)$ eines Bipolartransistors erhält man durch Einsetzen der äquivalenten Rauschdichten $|\underline{u}_{r,0}(f)|^2$ nach (2.57) und $|\underline{i}_{r,0}(f)|^2$ nach (2.58) in (2.63). Abbildung 2.50 zeigt den Verlauf von $F(f)$ für ein Zahlenbeispiel. Für $f < f_1 < f_{g(1/f)}$ dominiert das 1/f-Rauschen und $F(f)$ verläuft umgekehrt proportional zur Frequenz; für $f > f_2 > f_T/\sqrt{\beta}$ ist $F(f)$ proportional zu f^2.

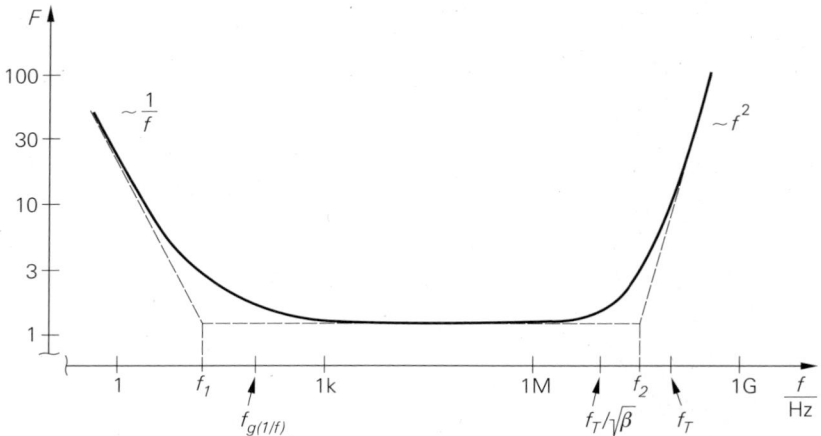

Abb. 2.50. Verlauf der spektralen Rauschzahl $F(f)$ eines Bipolartransistors mit $I_{C,A} = 1\,\text{mA}$, $\beta = 100$, $R_B = 60\,\Omega$, $R_g = 1\,\text{k}\Omega$, $f_{g(1/f)} = 100\,\text{Hz}$ und $f_T = 100\,\text{MHz}$

2.3.4.5.1 Bereich des weißen Rauschens

Durch Einsetzen von (2.59) und (2.60) in (2.63) erhält man die Rauschzahl F für $f_{g(1/f)} < f < f_T/\sqrt{\beta}$; in diesem Frequenzbereich sind alle Rauschdichten konstant, d.h. F hängt nicht von der Frequenz ab:

$$F = F(f) = 1 + \frac{1}{R_g}\left(R_B + \frac{U_T}{2I_{C,A}} + \frac{R_B^2 I_{C,A}}{2\beta\, U_T}\right) + \frac{I_{C,A} R_g}{2\beta\, U_T} \tag{2.64}$$

Da wir diesen Ausdruck nicht nur zur Berechnung, sondern auch zur Minimierung der Rauschzahl verwenden wollen, haben wir zusätzlich den Ausdruck bei Berücksichtigung der Korrelation der äquivalenten Rauschquellen berechnet:

$$F = 1 + \frac{R_B I_{C,A}}{\beta U_T} + \frac{1}{R_g}\left(R_B + \frac{U_T}{2I_{C,A}} + \frac{R_B^2 I_{C,A}}{2\beta\, U_T}\right) + \frac{I_{C,A} R_g}{2\beta\, U_T} \tag{2.65}$$

Der zusätzliche Term

$$\frac{R_B I_{C,A}}{\beta U_T} = \frac{R_B}{r_{BE}} \ll 1$$

wirkt sich praktisch nicht auf die Rauschzahl aus, hat aber einen geringen Einfluss auf die Abhängigkeit vom Arbeitspunktstrom $I_{C,A}$; wir werden deshalb bei der Untersuchung der Arbeitspunktabhängigkeit auf (2.65) zurückgreifen.

Die Rauschzahl wird meist in Dezibel angegeben:

$$F\,[\text{dB}] = 10 \log F$$

Abbildung 2.51 zeigt die Rauschzahl eines Kleinleistungstransistors als Funktion des Arbeitspunktstroms $I_{C,A}$ für verschiedene Innenwiderstände R_g des Signalgenerators. Abbildung 2.51a zeigt die Verläufe für eine Frequenz oberhalb der 1/f-Grenzfrequenz $f_{g(1/f)}$; hier gilt (2.64), d.h. die Rauschzahl hängt nicht von der Frequenz ab. Abbildung 2.51b zeigt die Verläufe für eine Frequenz unterhalb $f_{g(1/f)}$; hier ist die Rauschzahl frequenzabhängig, d.h. die Verläufe gelten nur für die angegebene Frequenz.

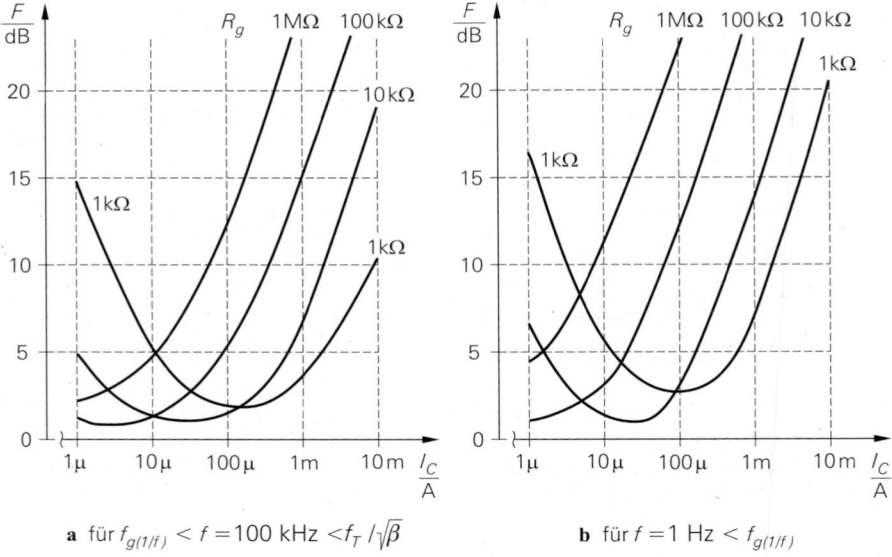

a für $f_{g(1/f)} < f = 100$ kHz $< f_T / \sqrt{\beta}$ **b** für $f = 1$ Hz $< f_{g(1/f)}$

Abb. 2.51. Rauschzahl eines Kleinleistungstransistors

2.3.4.5.2 Minimierung der Rauschzahl

Man entnimmt Abb. 2.51, dass die Rauschzahl unter bestimmten Bedingungen minimal wird; für die eingetragenen Werte für R_g kann man den zugehörigen optimalen Arbeitspunktstrom $I_{C,Aopt}$ direkt ablesen. Einen besseren Überblick ermöglicht Abb. 2.52, bei der Kurven gleicher Rauschzahl in der doppelt logarithmischen $I_{C,A}$-R_g-Ebene eingetragen sind. Man muss zwei Arten der Optimierung unterscheiden:

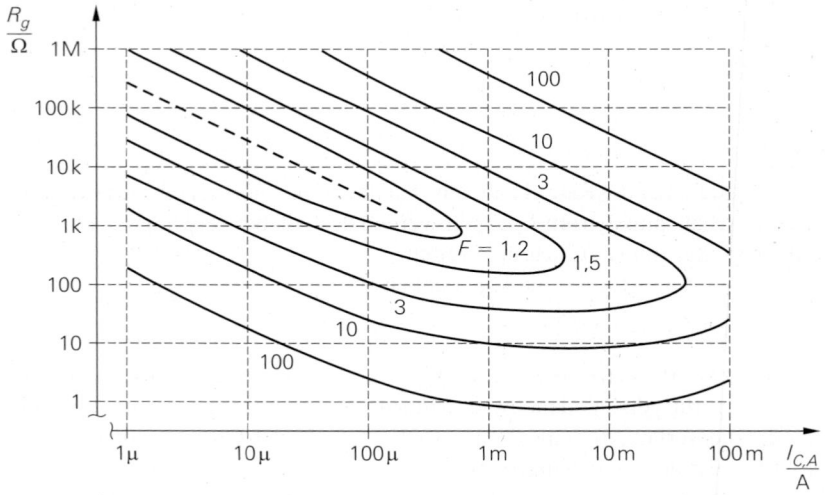

Abb. 2.52. Kurven gleicher Rauschzahl in der $I_{C,A}$-R_g-Ebene für $R_B = 60\ \Omega$ und $\beta = 100$

- Bei den meisten Niederfrequenz-Anwendungen ist der Innenwiderstand R_g des Signalgenerators vorgegeben. In diesem Fall sucht man den optimalen Arbeitspunktstrom $I_{C,Aopt}$, bei dem die Rauschzahl den minimalen Wert $F_{opt}(R_g)$ annimmt.

- Bei einigen wenigen Niederfrequenz-Anwendungen und bei den meisten Hochfrequenz-Anwendungen ist der Arbeitspunktstrom vorgegeben oder nur in sehr engen Grenzen wählbar, während man den Innenwiderstand R_g durch eine Impedanztransformation mit einem Übertrager oder einem reaktiven Anpassnetzwerk ändern kann. In diesem Fall ist der Arbeitspunktstrom $I_{C,A}$ vorgegeben und der optimale Innenwiderstand R_{gopt} gesucht; die zugehörige Rauschzahl ist F_{opt} [10].

Den optimalen Arbeitspunktstrom $I_{C,Aopt}$ bei vorgegebenem Innenwiderstand R_g erhält man aus (2.65) über die Bedingung $\partial F / \partial I_{C,A} = 0$:

$$
I_{C,Aopt} = \frac{U_T \sqrt{\beta}}{R_g + R_B} \approx
\begin{cases}
\dfrac{U_T \sqrt{\beta}}{R_B} & \text{für } R_g < R_B \\[2ex]
\dfrac{U_T \sqrt{\beta}}{R_g} & \text{für } R_g > R_B
\end{cases}
\tag{2.66}
$$

Bei niederohmigen Signalgeneratoren mit $R_g < R_B$ ist $I_{C,Aopt}$ durch R_B, β und U_T gegeben, hängt also nicht von R_g ab; mit $R_B \approx 10 \dots 300\,\Omega$ und $\beta \approx 100 \dots 400$ erhält man $I_{C,Aopt} \approx 1 \dots 50\,\text{mA}$. Dieser Fall tritt in der Praxis jedoch selten auf. Bei Signalgeneratoren mit $R_g > R_B$ ist $I_{C,A}$ umgekehrt proportional zu R_g; bei Kleinleistungstransistoren kann man die Abschätzung

$$
\boxed{I_{C,Aopt} \approx \frac{0{,}3\,\text{V}}{R_g} \qquad \text{für } R_g \geq 1\,\text{k}\Omega}
\tag{2.67}
$$

verwenden, die in Abb. 2.52 gestrichelt eingezeichnet ist. Setzt man den optimalen Arbeitspunktstrom $I_{C,Aopt}$ aus (2.66) in (2.65) ein, erhält man die optimale Rauschzahl bei vorgegebenem Innenwiderstand R_g:

$$
F_{opt}(R_g) = 1 + \frac{R_B I_{C,A}}{\beta U_T} + \frac{1}{\sqrt{\beta}} + \frac{R_B}{R_g}\left(1 + \frac{1}{\sqrt{\beta}}\right)
\tag{2.68}
$$

Man erkennt, dass die optimale Rauschzahl durch den Basisbahnwiderstand R_B und die Kleinsignalstromverstärkung β bestimmt wird. In rauscharmen Schaltungen müssen Transistoren mit kleinem Basisbahnwiderstand und hoher Kleinsignalstromverstärkung eingesetzt werden; bei großem Innenwiderstand R_g ist eine hohe Kleinsignalstromverstärkung β, bei kleinem R_g ein kleiner Basisbahnwiderstand R_B wichtig. Da β arbeitspunktabhängig ist, wird das absolute Minimum von F_{opt} nicht, wie (2.68) suggeriert, für $R_g \to \infty$, sondern für einen endlichen Wert $R_g \approx 100\,\text{k}\Omega \dots 1\,\text{M}\Omega$ mit $I_{C,Aopt} \approx 1\,\mu\text{A}$ erreicht.

In gleicher Weise kann man den optimalen Innenwiderstand R_{gopt} für einen gegebenen Arbeitspunktstrom $I_{C,A}$ ermitteln:

$$
R_{gopt} = \sqrt{R_B^2 + \frac{\beta\,U_T}{I_{C,A}}\left(\frac{U_T}{I_{C,A}} + 2R_B\right)}
\tag{2.69}
$$

---

[10] F_{opt} ohne Zusatz bezeichnet in der Literatur immer die optimale Rauschzahl für einen gegebenen Arbeitspunkt. Wir verzichten deshalb darauf, diese Rauschzahl mit $F_{opt}(I_{C,A})$ zu bezeichnen.

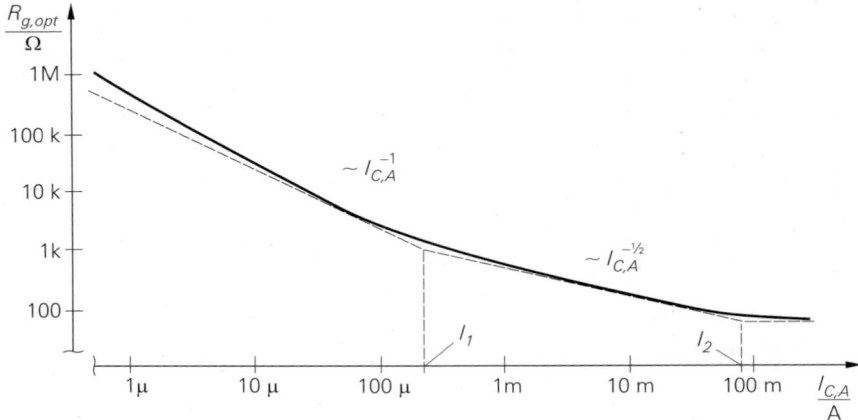

Abb. 2.53. Arbeitspunktabhängigkeit des optimalen Innenwiderstands R_{gopt} für $R_B = 60\,\Omega$: asymptotischer Verlauf für $\beta = 100$ (gestrichelt) und realer Verlauf mit arbeitspunktabhängigem β und $\beta_{max} = 100$

Drei Bereiche lassen sich unterscheiden:

$$R_{gopt} \approx \begin{cases} \dfrac{U_T\sqrt{\beta}}{I_{C,A}} & \text{für } I_{C,A} < \dfrac{U_T}{2R_B} = I_1 \\[3mm] \sqrt{\dfrac{2\beta\,U_T\,R_B}{I_{C,A}}} & \text{für } \dfrac{U_T}{2R_B} < I_{C,A} < \dfrac{2\beta\,U_T}{R_B} \\[3mm] R_B & \text{für } I_{C,A} > \dfrac{2\beta\,U_T}{R_B} = I_2 \end{cases}$$

Die Bereiche ergeben sich aus dem in Abb. 2.48 gezeigten Verlauf von $|\underline{u}_{r,0}(f)|^2$; die Bereichsgrenzen sind demnach identisch. Abbildung 2.53 zeigt den Zusammenhang zwischen $I_{C,A}$ und R_{gopt}; bei kleinen Arbeitspunktströmen gilt $R_{gopt} \sim 1/I_{C,A}$, bei mittleren $R_{gopt} \sim 1/\sqrt{I_{C,A}}$. Die zugehörige optimale Rauschzahl ist:

$$F_{opt} = 1 + \frac{R_B I_{C,A}}{\beta U_T} + \sqrt{\frac{1}{\beta} + \frac{2R_B I_{C,A}}{\beta U_T} + \left(\frac{R_B I_{C,A}}{\beta U_T}\right)^2} \tag{2.70}$$

Da sich dieses Optimum auf einen vorgegebenen Arbeitspunkt bezieht, kann man die Werte auch mit Hilfe der Kleinsignalparameter in diesem Arbeitspunkt ausdrücken:

$$R_{gopt} = \sqrt{R_B^2 + r_{BE}\left(\frac{1}{S} + 2R_B\right)}$$

$$F_{opt} = 1 + \frac{R_B}{r_{BE}} + \sqrt{\frac{1}{\beta} + \frac{2R_B}{r_{BE}} + \left(\frac{R_B}{r_{BE}}\right)^2}$$

2.3.4.5.3 Rauschzahl im Bereich des 1/f-Rauschens

Für $f < f_{g(1/f)}$ erhält man durch Einsetzen von (2.57) und (2.58) in (2.63):

$$F(f) = 1 + \frac{1}{R_g}\left(R_B + \frac{f_{g(1/f)}}{2f}\left(\frac{U_T}{I_{C,A}} + \frac{R_B^2 I_{C,A}}{\beta U_T}\right)\right) + \frac{I_{C,A} R_g f_{g(1/f)}}{2\beta U_T f}$$

Die Rauschzahl nimmt für $f \to 0$ zu. Der optimale Arbeitspunktstrom $I_{C,Aopt}$ ist auch im Bereich des 1/f-Rauschens durch (2.66) gegeben, hängt also nicht von der Frequenz ab. Das bedeutet, dass man bei gegebenem Innenwiderstand R_g mit $I_{C,Aopt}$ nach (2.66) bei jeder Frequenz $f < f_T / \sqrt{\beta}$ die optimale Rauschzahl

$$F_{opt,(1/f)} = 1 + \frac{R_B}{R_g} + \frac{f_{g(1/f)}}{\sqrt{\beta} f}\left(1 + \frac{R_B}{R_g}\right) \overset{R_g \gg R_B}{\approx} 1 + \frac{f_{g(1/f)}}{\sqrt{\beta} f}$$

erreicht. $F_{opt,(1/f)}$ nimmt für $f \to 0$ zu; eine hohe Kleinsignalstromverstärkung β ist hier besonders wichtig.

2.3.4.5.4 Minimierung der Rauschzahl bei hohen Frequenzen

Mit zunehmender Frequenz wird oberhalb der β-Grenzfrequenz $f_\beta = f_T/\beta$ zunächst die Rauschstromdichte $|\underline{i}_{r,0}(f)|^2$ frequenzabhängig, oberhalb der Steilheitsgrenzfrequenz f_{Y21e} dann auch die Rauschspannungsdichte $|\underline{u}_{r,0}(f)|^2$. Für $f < f_T/\sqrt{\beta}$ kann man die Frequenzabhängigkeit in der Regel vernachlässigen.

Bei hohen Frequenzen wird die optimale Rauschzahl F_{opt} nicht mehr mit einem optimalen Innenwiderstand R_g, sondern mit einer *optimalen Quellenimpedanz*

$$Z_{g,opt} = R_{gopt} + j X_{gopt}$$

erzielt. Eine geschlossene Berechnung der optimalen Rauschzahl und der optimalen Quellenimpedanz ist aufwendig und führt auf sehr umfangreiche Gleichungen. Da auch die meisten Schaltungssimulatoren diese Größen nicht direkt berechnen können, beschreiben wir im folgenden, wie man diese Größen mit einem Mathematikprogramm oder einem Schaltungssimulator bestimmen kann.

Bei der Berechnung mit einem Mathematikprogramm setzen wir voraus, dass der Arbeitspunkt und die zugehörigen Kleinsignalparameter bereits berechnet oder mit einem Schaltungssimulator bestimmt wurden [11]. Dann geht man wie folgt vor:

– Man bestimmt die Rauschdichten der Rauschquellen des Transistors mit (2.51)–(2.53); dabei kann man die 1/f-Anteile in (2.52) und (2.53) vernachlässigen.
– Man bestimmt die Transadmittanz $\underline{y}_{21,e}(j2\pi f)$ mit (2.47) und die Stromverstärkung $\underline{\beta}(j2\pi f)$ mit (2.43), indem man $s = j2\pi f$ einsetzt.
– Aus (2.54)–(2.56) erhält man die Rauschdichten $|\underline{u}_{r,0}(f)|^2$ und $|\underline{i}_{r,0}(f)|^2$ der äquivalenten Rauschquellen und die Kreuzrauschdichte $\underline{u}_{r,0}(f)\underline{i}_{r,0}^*(f)$.
– Mit den Abkürzungen

$$u = |\underline{u}_{r,0}(f)|^2 \ , \quad i = |\underline{i}_{r,0}(f)|^2 \ , \quad c = \underline{u}_{r,0}(f)\underline{i}_{r,0}^*(f)$$

gilt für die optimale Quellenimpedanz und die optimale Rauschzahl:

$$Z_{g,opt} = \sqrt{\frac{u}{i} - \left(\frac{\mathrm{Im}\{c\}}{i}\right)^2} - j\left(\frac{\mathrm{Im}\{c\}}{i}\right) \ \Rightarrow \ |Z_{g,opt}| = \sqrt{\frac{u}{i}}$$

$$F_{opt} = 1 + \frac{\sqrt{u\,i - \mathrm{Im}\{c\}^2} + \mathrm{Re}\{c\}}{2kT_0}$$

---

[11] Bei *PSpice* findet man die Arbeitspunktströme und die Kleinsignalparameter in der *Output*-Datei mit der Endung .OUT.

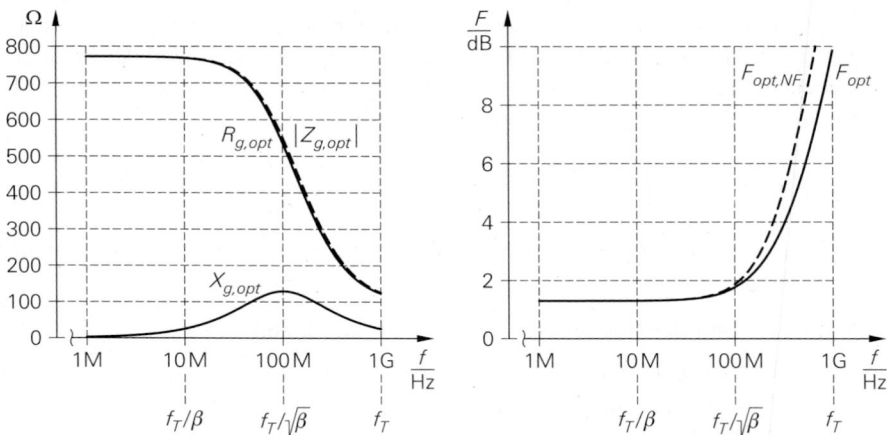

Abb. 2.54. Optimale Quellenimpedanz $Z_{g,opt} = R_{gopt} + jX_{gopt}$ und optimale Rauschzahl F_{opt} für einen Bipolartransistor mit $R_B = 100\,\Omega$, $\beta = 100$ und $f_T = 1\,\text{GHz}$ bei einem Arbeitspunktstrom $I_{C,A} = 1\,\text{mA}$

Abbildung 2.54 zeigt typische Verläufe. Die optimale Quellenimpedanz hat bei niedrigen Frequenzen den durch (2.69) gegebenen reellen Wert, wird dann mit zunehmender Frequenz ohmsch-induktiv ($X_{gopt} > 0$) und geht für $f \to \infty$ gegen den Basisbahnwiderstand R_B. Mit den Werten u, i und c kann man auch die Rauschzahl für eine beliebige Quellenimpedanz $Z_g = R_g + jX_g$ berechnen:

$$F = 1 + \frac{u + \text{Re}\left\{cZ_g^*\right\} + i|Z_g|^2}{4kT_0R_g} = 1 + \frac{u + \text{Re}\left\{c\left(R_g - jX_g\right)\right\} + i\left(R_g^2 + X_g^2\right)}{4kT_0R_g}$$

Diese Rauschzahl kann man aber auch mit einem Schaltungssimulator direkt ermitteln. Wir haben diese Gleichung verwendet, um in Abb. 2.54 zusätzlich die Rauschzahl $F_{opt,NF}$ darzustellen, die man erhält, wenn man den Transistor für alle Frequenzen mit der optimalen Quellenimpedanz bei niedrigen Frequenzen betreibt. Man erkennt, dass man damit für $f < f_T/\sqrt{\beta}$ praktisch die optimale Rauschzahl erhält.

Bei diskreten Transistoren ist diese Berechnung nur für Frequenzen bis etwa 100 MHz geeignet. Bei höheren Frequenzen macht sich der Einfluss des Gehäuses bemerkbar, der sich auch auf die äquivalenten Rauschquellen auswirkt. Aus den Gleichungen kann man jedoch ein einfaches Verfahren zur Bestimmung der optimalen Größen mit einem Schaltungssimulator ableiten. Beschränkt man sich nämlich auf reelle Quellenimpedanzen ($X_g = 0$), stellt man fest, dass die Rauschzahl unabhängig von den Werten für u, i und c für $R_g = |Z_{g,opt}|$ ein lokales Minimum aufweist. Dieses Minimum kann man mit einem Schaltungssimulator leicht bestimmen, indem man eine Rauschsimulation mit R_g als Parameter durchführt. Damit kennt man den Betrag der optimalen Quellenimpedanz. In einer zweiten Rauschsimulation variiert man nun den Winkel φ der Quellenimpedanz [12]

$$Z_{g,opt} = |Z_{g,opt}|e^{j\varphi} = |Z_{g,opt}|(\cos\varphi + j\sin\varphi) = R_{gopt} + jX_{gopt}$$

und ermittelt damit das globale Minimum F_{opt}. Abbildung 2.55 verdeutlicht die zwei Schritte. Dieses Verfahren ist allgemeingültig. Man kann es nicht nur bei der Simulation von Schaltungen, sondern auch bei der Messung an einem Rauschmessplatz anwenden.

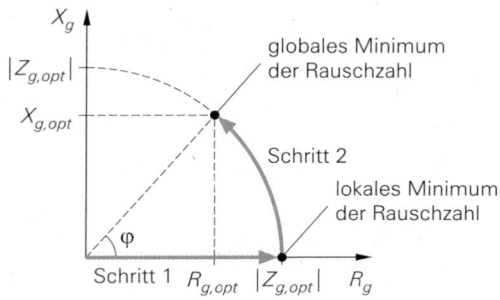

Abb. 2.55.
Vorgehensweise bei der Suche nach der optimalen Quellenimpedanz
$Z_{g,opt} = R_{g opt} + j X_{g opt}$

2.3.4.5.5 Hinweise zur Minimierung der Rauschzahl

Bei der Minimierung der Rauschzahl sind einige Aspekte zu berücksichtigen:

– Die Minimierung der Rauschzahl hat nicht zur Folge, dass das Rauschen absolut minimiert wird; vielmehr wird, wie aus der Definition der Rauschzahl unmittelbar folgt, der Verlust an Signal-Rausch-Abstand *SNR* minimiert. Minimales absolutes Rauschen, das heißt minimale Rauschdichte $|\underline{u}_r(f)|^2$ der Ersatzrauschquelle, wird nach (2.61) für $R_g = 0$ erreicht. Welche Größe minimiert werden muss, hängt von der Anwendung ab: bei einer Schaltung, die ein Signal überträgt, muss man die Rauschzahl minimieren, um optimales *SNR* am Ausgang zu erhalten; dagegen muss man bei einer Schaltung, die kein Signal überträgt, z.B. bei einer Stromquelle zur Arbeitspunkteinstellung, das absolute Rauschen am Ausgang minimieren. Die Rauschzahl ist deshalb nur für Signalübertragungssysteme relevant.

– Das absolute Minimum der Rauschzahl wird bei hohem Innenwiderstand R_g und kleinem Arbeitspunktstrom $I_{C,A}$ erreicht. Dieses Ergebnis gilt jedoch nur für $f < f_T/\sqrt{\beta}$. Bei $I_{C,A} \approx 1\,\mu\text{A}$ erreicht ein typischer Kleinleistungstransistor mit einer maximalen Transitfrequenz von $300\,\text{MHz}$ und einer maximalen Kleinsignalstromverstärkung von 400 nur noch $f_T \approx 200\,\text{kHz}$ und $\beta \approx 100$; damit gilt die Betrachtung nur für $f < 20\,\text{kHz}$. Man kann deshalb $I_{C,A}$ nicht beliebig klein machen; eine Untergrenze ist durch die erforderliche Bandbreite der Schaltung gegeben.

– In den meisten Fällen ist der Innenwiderstand R_g vorgegeben und man kann $I_{C,Aopt}$ aus (2.66) ermitteln oder durch (2.67) abschätzen. Wenn sich der so ermittelte Wert als ungünstig erweist, kann man bei Schaltungen mit besonders hohen Anforderungen einen Übertrager verwenden, der den Innenwiderstand transformiert, siehe Abb. 2.56. Diese Methode wird bei sehr kleinen Innenwiderständen angewendet, da in diesem Fall die optimale Rauschzahl nach (2.68) relativ groß ist. Durch den Übertrager wird der Innenwiderstand auf einen größeren Wert $n^2 R_g$ transformiert, für den eine kleinere optimale Rauschzahl erreicht werden kann. Aufgrund der Induktivität $L_{\ddot{U}}$ des Übertragers erhält man einen Hochpass mit der Grenzfrequenz $f_{\ddot{U}} = n^2 R_g/(2\pi L_{\ddot{U}})$; $f_{\ddot{U}}$ muss kleiner als die minimale interessierende Signalfrequenz sein.
Beispiel: Für einen Transistor mit $\beta = 100$ und $R_B = 60\,\Omega$ erhält man bei einem Innenwiderstand $R_g = 50\,\Omega$ aus (2.66) $I_{C,Aopt} = 2,4\,\text{mA}$ und aus (2.68) $F_{opt} =$

---

[12] In *PSpice* verwendet man dazu eine Reihenschaltung aus einem Widerstand $R = |Z_{g,opt}| \cos\varphi$ und einer Induktivität $L = (|Z_{g,opt}| \sin\varphi)/(2\pi f)$ für den Fall $\varphi > 0$ oder einer Kapazität $C = -1/(2\pi f |Z_{g,opt}| \sin\varphi)$ für den Fall $\varphi < 0$. Daraus folgt mit $X_g = 2\pi f L$ und $X_g = -1/(2\pi f C)$ jeweils der gewünschte Wert $X_g = |Z_{g,opt}| \sin\varphi$.

Abb. 2.56. Transformation des Innenwiderstands eines Signalgenerators durch einen Übertrager

2,5 = 4 dB. Nimmt man an, dass aufgrund der geforderten Bandbreite ein minimaler Arbeitspunktstrom $I_{C,A} = 1$ mA erforderlich ist, erhält man aus (2.69) $R_{gopt} = 620\,\Omega$. Durch Einsatz eines Übertragers mit $n = 4$ kann der Innenwiderstand auf $n^2 R_g = 800\,\Omega$ transformiert und an R_{gopt} angeglichen werden. Da das Optimum mit einem ganzzahligen Wert n nicht erreicht wird, muss die Rauschzahl mit (2.65) bestimmt werden: $F = 1{,}26 = 1$ dB. Durch den Einsatz des Übertragers gewinnt man in diesem Beispiel also 3 dB an *SNR*.

- Die Optimierung der Rauschzahl durch Anpassung von R_g an R_{gopt} kann nicht durch zusätzliche Widerstände erfolgen, da durch diese Widerstände zusätzliche Rauschquellen entstehen, die bei der Definition der Rauschzahl in (2.63) nicht berücksichtigt sind; die Formeln für F_{opt}, $I_{C,Aopt}$ und R_{gopt} sind deshalb nicht anwendbar. Die Rauschzahl wird durch zusätzliche Widerstände auf jeden Fall schlechter. Die Anpassung muss also so erfolgen, dass keine zusätzlichen Rauschquellen auftreten. Bei der Transformation des Innenwiderstands mit einem Übertrager ist diese Forderung erfüllt, solange das Eigenrauschen des Übertragers vernachlässigt werden kann; bei schmalbandigen Anwendungen in der Hochfrequenztechnik kann die Anpassung mit LC-Kreisen oder Streifenleitungen erfolgen.

  Beispiel: Es soll versucht werden, im obigen Beispiel die Anpassung von $R_g = 50\,\Omega$ an $R_{gopt} = 620\,\Omega$ mit einem Serienwiderstand $R = 570\,\Omega$ vorzunehmen. Die Ersatzrauschquelle hat dann, in Erweiterung von (2.61), die Rauschdichte

$$|\underline{u}_r(f)|^2 = |\underline{u}_{r,g}(f)|^2 + |\underline{u}_{R,r}(f)|^2 + |\underline{u}_{r,0}(f)|^2 + R_{gopt}^2|\underline{i}_{r,0}(f)|^2$$

und für die Rauschzahl erhält man mit $|\underline{u}_{r,g}(f)|^2 = 8{,}28 \cdot 10^{-19}$ V^2/Hz, $|\underline{u}_{R,r}(f)|^2 = 9{,}44 \cdot 10^{-18}$ V^2/Hz, $|\underline{u}_{r,0}(f)|^2 = 1{,}22 \cdot 10^{-18}$ V^2/Hz aus (2.59) und $|\underline{i}_{r,0}(f)|^2 = 3{,}2 \cdot 10^{-24}$ A^2/Hz aus (2.60):

$$F(f) = \frac{|\underline{u}_r(f)|^2}{|\underline{u}_{r,g}(f)|^2} = 15{,}36 = 11{,}9\,\text{dB}$$

Die Rauschzahl nimmt durch den Serienwiderstand im Vergleich zur Schaltung ohne Übertrager um 7,9 dB, im Vergleich zur Schaltung mit Übertrager um 10,9 dB zu.

- Für die Optimierung der Rauschzahl wurde angenommen, dass das Rauschen des Signalgenerators durch das thermische Rauschen des Innenwiderstands verursacht wird, d.h. $|\underline{u}_{r,g}(f)|^2 = 4kT_0 R_g$. Im allgemeinen trifft dies nicht zu. Die Optimierung der Rauschzahl durch partielle Differentiation von (2.63) ist jedoch unabhängig von $|\underline{u}_{r,g}(f)|^2$, da die Konstante Eins durch die Differentiation verschwindet und der verbleibende Ausdruck durch $|\underline{u}_{r,g}(f)|^2$ nur skaliert wird. Dadurch ändert sich zwar F_{opt}, die zugehörigen Werte R_{gopt} und $I_{C,Aopt}$ bleiben aber erhalten.

2.3.4.6 Bestimmung des Basisbahnwiderstands

Man kann den Basisbahnwiderstand R_B aus der optimalen Rauschzahl F_{opt} bestimmen, indem man mit Hilfe von (2.70) den Wert für R_B ermittelt, für den man die im Bereich $f < f_T/\sqrt{\beta}$ gemessene Rauschzahl F_{opt} erhält. Davon wird in der Praxis oft Gebrauch gemacht, da eine direkte Messung von R_B sehr aufwendig ist. So erhält man beispielsweise für den Hochfrequenztransistor BFR92P aus $F_{opt} = 1,41 = 1,5\,\text{dB}$ bei $f = 10\,\text{MHz} < f_T/\sqrt{\beta} = 300\,\text{MHz}$, $\beta \approx 100$ und $I_{C,A} = 5\,\text{mA}$ den Wert $R_B \approx 29\,\Omega$.

2.4 Grundschaltungen

Es gibt drei Grundschaltungen, in denen ein Bipolartransistor betrieben werden kann: die *Emitterschaltung* (*common emitter configuration*), die *Kollektorschaltung* (*common collector configuration*) und die *Basisschaltung* (*common base configuration*). Die Bezeichnung erfolgt entsprechend dem Anschluss des Transistors, der als gemeinsamer Bezugsknoten für den Eingang *und* den Ausgang der Schaltung dient; Abb. 2.57 verdeutlicht diesen Zusammenhang.

In vielen Schaltungen ist dieser Zusammenhang nicht streng erfüllt, so dass ein schwächeres Kriterium angewendet werden muss:

> *Die Bezeichnung erfolgt entsprechend dem Anschluss des Transistors, der weder als Eingang noch als Ausgang der Schaltung dient.*

Beispiel: Abbildung 2.58 zeigt einen dreistufigen Verstärker mit Gegenkopplung. Die erste Stufe besteht aus dem npn-Transistor T_1. Der Basisanschluss dient als Eingang der Stufe, an dem über R_1 die Eingangsspannung U_e und über R_2 die gegengekoppelte Ausgangsspannung U_a anliegt, und der Kollektor bildet den Ausgang; T_1 wird demnach in Emitterschaltung betrieben. Der Unterschied zum strengen Kriterium liegt darin, dass trotz der Bezeichnung Emitterschaltung nicht der Emitter, sondern der Masseanschluss als gemeinsamer Bezugsknoten für den Eingang und den Ausgang der Stufe dient. Der Ausgang der ersten Stufe ist mit dem Eingang der zweiten Stufe verbunden, die aus dem pnp-Transistor T_2 besteht. Hier dient der Emitter als Eingang und der Kollektor als Ausgang; T_2 wird demnach in Basisschaltung betrieben. Auch hier wird die Basis nicht als Bezugsknoten verwendet. Die dritte Stufe besteht aus dem npn-Transistor T_5. Die Basis dient als Eingang, der Emitter bildet den Ausgang der Stufe und gleichzeitig den Ausgang der ganzen Schaltung; T_5 wird demnach in Kollektorschaltung betrieben. Die Transistoren T_3 und T_4 arbeiten als Stromquellen und dienen zur Einstellung der Arbeitspunktströme von T_2 und T_5.

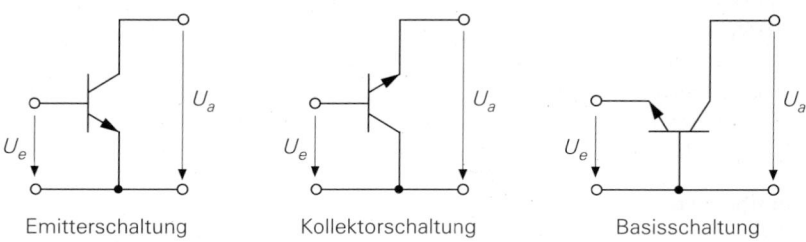

Emitterschaltung   Kollektorschaltung   Basisschaltung

Abb. 2.57. Grundschaltungen eines Bipolartransistors

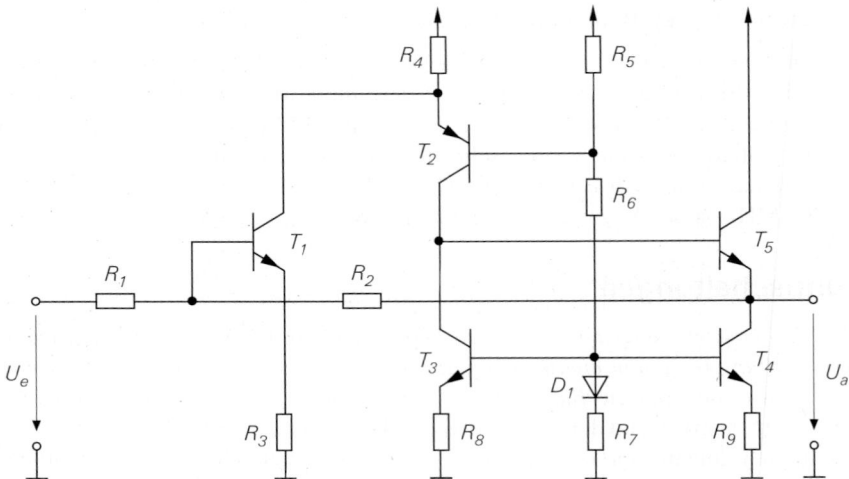

Abb. 2.58. Beispiel zu den Grundschaltungen des Bipolartransistors

Es gibt mehrere Schaltungen mit zwei und mehr Transistoren, die so häufig auftreten, dass sie ebenfalls als Grundschaltungen anzusehen sind, z.B. Differenzverstärker und Stromspiegel; diese Schaltungen werden im Kapitel 4.1 beschrieben. Eine Sonderstellung nimmt die *Darlington-Schaltung* ein, bei der zwei Transistoren so verschaltet sind, dass sie wie *ein* Transistor behandelt werden können, siehe Abschnitt 2.4.4.

In allen Schaltungen werden bevorzugt npn-Transistoren eingesetzt, da sie bessere elektrische Kenndaten besitzen; dies gilt besonders für integrierte Schaltungen. Prinzipiell können in allen Schaltungen npn- gegen pnp- und pnp- gegen npn-Transistoren ausgetauscht werden, wenn man die Versorgungsspannungen, gepolte Elektrolytkondensatoren und Dioden umpolt.

2.4.1 Emitterschaltung

Abbildung 2.59a zeigt die Emitterschaltung bestehend aus dem Transistor, dem Kollektorwiderstand R_C, der Versorgungsspannungsquelle U_b und der Signalspannungsquelle U_g mit dem Innenwiderstand R_g. Für die folgende Untersuchung wird $U_b = 5\,\text{V}$ und $R_C = R_g = 1\,\text{k}\Omega$ angenommen, um zusätzlich zu den formelmäßigen Ergebnissen auch typische Zahlenwerte angeben zu können.

2.4.1.1 Übertragungskennlinie der Emitterschaltung

Misst man die Ausgangsspannung U_a als Funktion der Signalspannung U_g, erhält man die in Abb. 2.60 gezeigte Übertragungskennlinie. Für $U_g < 0{,}5\,\text{V}$ ist der Kollektorstrom vernachlässigbar klein und man erhält $U_a = U_b = 5\,\text{V}$. Für $0{,}5\,\text{V} \leq U_g \leq 0{,}72\,\text{V}$ fließt ein mit U_g zunehmender Kollektorstrom I_C, und die Ausgangsspannung nimmt gemäß $U_a = U_b - I_C R_C$ ab. Bis hier arbeitet der Transistor im Normalbetrieb. Für $U_g > 0{,}72\,\text{V}$ gerät der Transistor in die Sättigung und man erhält $U_a = U_{CE,sat}$.

2.4.1.1.1 Normalbetrieb

Abbildung 2.59b zeigt das Ersatzschaltbild für den Normalbetrieb, bei dem für den Transistor das vereinfachte Transportmodell nach Abb. 2.27 eingesetzt ist; es gilt:

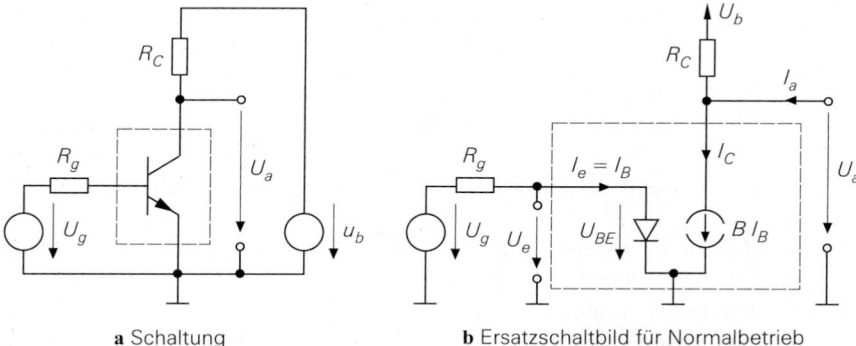

a Schaltung   b Ersatzschaltbild für Normalbetrieb

Abb. 2.59. Emitterschaltung

$$I_C = BI_B = I_S\, e^{\frac{U_{BE}}{U_T}}$$

Diese Gleichung folgt aus den Grundgleichungen (2.5) und (2.6), indem man den Early-Effekt vernachlässigt und die Großsignalstromverstärkung B als konstant annimmt; letzteres führt auf $B = B_0 = \beta$.

Für die Spannungen erhält man:

$$U_a = U_{CE} = U_b + (I_a - I_C)\, R_C \overset{I_a=0}{=} U_b - I_C R_C \tag{2.71}$$

$$U_e = U_{BE} = U_g - I_B R_g = U_g - \frac{I_C R_g}{B} \approx U_g \tag{2.72}$$

In (2.72) wird angenommen, dass der Spannungsabfall an R_g vernachlässigt werden kann, wenn B ausreichend groß und R_g ausreichend klein ist.

Als Arbeitspunkt wird ein Punkt etwa in der Mitte des abfallenden Bereichs der Übertragungskennlinie gewählt; dadurch wird die Aussteuerbarkeit maximal. Nimmt man

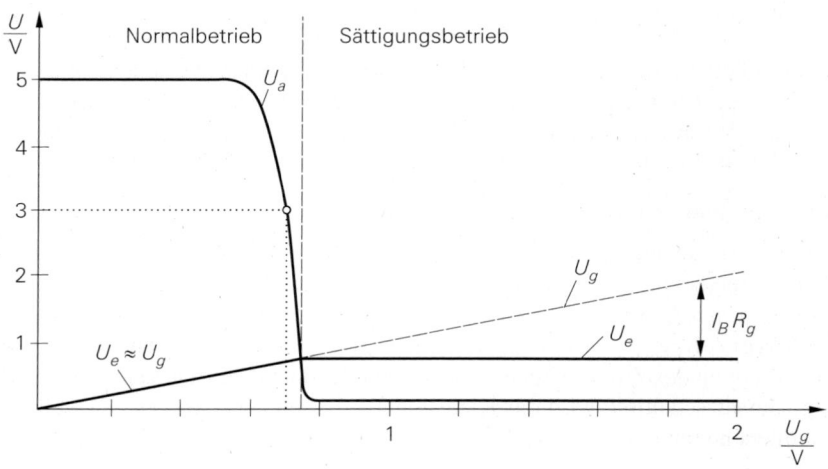

Abb. 2.60. Kennlinien der Emitterschaltung

$B = \beta = 400$ und $I_S = 7\,\text{fA}$ [13] an, erhält man für den in Abb. 2.60 beispielhaft eingezeichneten Arbeitspunkt mit $U_b = 5\,\text{V}$ und $R_C = R_g = 1\,\text{k}\Omega$:

$$U_a = 3\,\text{V} \;\Rightarrow\; I_C = \frac{U_b - U_a}{R_C} = 2\,\text{mA} \;\Rightarrow\; I_B = \frac{I_C}{B} = 5\,\mu\text{A}$$

$$\Rightarrow\; U_e = U_{BE} = U_T \ln \frac{I_C}{I_S} = 685\,\text{mV} \;\Rightarrow\; U_g = U_e + I_B R_g = 690\,\text{mV}$$

Der Spannungsabfall an R_g beträgt in diesem Fall nur 5 mV und kann vernachlässigt
werden; in Abb. 2.60 gilt deshalb bei Normalbetrieb $U_e \approx U_g$.

Bei der Berechnung der Größen wurde *rückwärts* vorgegangen, d.h. es wurde $U_g = U_g(U_a)$ bestimmt; in diesem Fall lassen sich alle Größen ohne Näherungen sukzessive
bestimmen. Die Berechnung von $U_a = U_a(U_g)$ kann dagegen nicht direkt erfolgen, da
wegen $I_B = I_B(U_{BE})$ durch (2.72) nur eine implizite Gleichung für U_{BE} gegeben ist,
die nicht nach U_{BE} aufgelöst werden kann; hier kann man nur mit Hilfe der Näherung
$U_{BE} \approx U_g$ sukzessive weiterrechnen.

2.4.1.1.2 Sättigungsbetrieb

Der Transistor erreicht die Grenze zum Sättigungsbetrieb, wenn U_{CE} die Sättigungsspannung $U_{CE,sat}$ erreicht; mit $U_{CE,sat} \approx 0{,}1\,\text{V}$ erhält man:

$$I_C = \frac{U_b - U_{CE,sat}}{R_C} = 4{,}9\,\text{mA} \;\Rightarrow\; I_B = \frac{I_C}{B} = 12{,}25\,\mu\text{A}$$

$$\Rightarrow\; U_e = U_{BE} = U_T \ln \frac{I_C}{I_S} = 709\,\text{mV} \;\Rightarrow\; U_g = U_e + I_B R_g = 721\,\text{mV}$$

Für $U_g > 0{,}72\,\text{V}$ gerät der Transistor in Sättigung, d.h. die Kollektor-Diode leitet. In
diesem Bereich sind alle Größen mit Ausnahme des Basisstroms etwa konstant:

$$I_C \approx 4{,}9\,\text{mA} \quad,\quad U_e = U_{BE} \approx 0{,}72\,\text{V} \quad,\quad U_a = U_{CE,sat} \approx 0{,}1\,\text{V}$$

Der Basisstrom beträgt

$$I_B = \frac{U_g - U_{BE}}{R_g} \approx \frac{U_g - 0{,}72\,\text{V}}{R_g}$$

und verteilt sich auf die Emitter- und die Kollektor-Diode. Der Innenwiderstand R_g muss in
diesem Fall eine Begrenzung des Basisstroms auf zulässige Werte bewirken. In Abb. 2.60
wurde $U_{g,max} = 2\,\text{V}$ gewählt; mit $R_g = 1\,\text{k}\Omega$ folgt daraus $I_{B,max} \approx 1{,}28\,\text{mA}$, ein für
Kleinleistungstransistoren zulässiger Wert.

2.4.1.2 Kleinsignalverhalten der Emitterschaltung

Das Verhalten bei Aussteuerung um einen Arbeitspunkt A wird als *Kleinsignalverhalten*
bezeichnet. Der Arbeitspunkt ist durch die Arbeitspunktgrößen $U_{e,A} = U_{BE,A}$, $U_{a,A} = U_{CE,A}$, $I_{e,A} = I_{B,A}$ und $I_{C,A}$ gegeben; als Beispiel wird der oben ermittelte Arbeitspunkt
mit $U_{BE,A} = 685\,\text{mV}$, $U_{CE,A} = 3\,\text{V}$, $I_{B,A} = 5\,\mu\text{A}$ und $I_{C,A} = 2\,\text{mA}$ verwendet.

Zur Verdeutlichung des Zusammenhangs zwischen den nichtlinearen Kennlinien und
dem Kleinsignalersatzschaltbild wird das Kleinsignalverhalten zunächst aus den Kennlinien und anschließend unter Verwendung des Kleinsignalersatzschaltbilds berechnet.

---

[13] Typische Werte für einen npn-Kleinleistungstransistor BC547B.

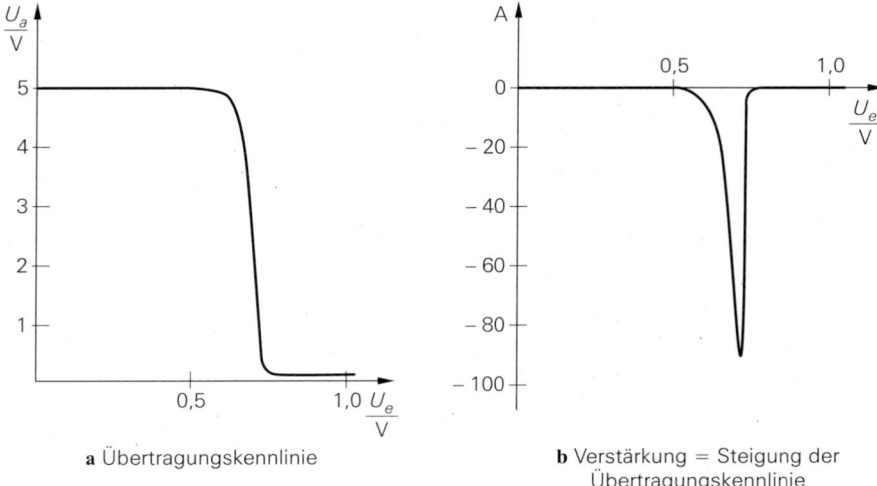

a Übertragungskennlinie

b Verstärkung = Steigung der Übertragungskennlinie

Abb. 2.61. Verstärkung der Emitterschaltung

2.4.1.2.1 Berechnung aus den Kennlinien

Die *Spannungsverstärkung* entspricht der Steigung der Übertragungskennlinie, siehe Abb. 2.61; durch Differentiation von (2.71) erhält man:

$$A = \left. \frac{\partial U_a}{\partial U_e} \right|_A = - \left. \frac{\partial I_C}{\partial U_{BE}} \right|_A R_C = - \frac{I_{C,A} R_C}{U_T} = - S R_C$$

Mit $S = I_{C,A}/U_T = 77\,\text{mS}$ und $R_C = 1\,\text{k}\Omega$ folgt $A = -77$. Diese Verstärkung wird auch *Leerlaufverstärkung* genannt, da sie für den Betrieb ohne Last ($I_a = 0$) gilt. Man erkennt ferner, dass die Kleinsignal-Spannungsverstärkung proportional zum Spannungsabfall $I_{C,A} R_C$ am Kollektorwiderstand R_C ist. Wegen $I_{C,A} R_C < U_b$ ist die mit einem ohmschen Kollektorwiderstand R_C maximal mögliche Verstärkung proportional zur Versorgungsspannung U_b.

Der *Eingangswiderstand* ergibt sich aus der Eingangskennlinie:

$$r_e = \left. \frac{\partial U_e}{\partial I_e} \right|_A = \left. \frac{\partial U_{BE}}{\partial I_B} \right|_A = r_{BE}$$

Mit $r_{BE} = \beta/S$ und $\beta = 400$ folgt $r_e = 5,2\,\text{k}\Omega$.

Der *Ausgangswiderstand* kann aus (2.71) ermittelt werden:

$$r_a = \left. \frac{\partial U_a}{\partial I_a} \right|_A = R_C$$

Hier ist $r_a = 1\,\text{k}\Omega$.

Die Berechnung aus den Kennlinien führt auf die Kleinsignalparameter S und r_{BE} des Transistors, siehe Abschnitt 2.1.4.2 [14]. Deshalb wird in der Praxis ohne den Umweg über die Kennlinien sofort mit dem Kleinsignalersatzschaltbild des Transistors gerechnet.

---

[14] Der Ausgangswiderstand r_{CE} des Transistors tritt hier nicht auf, da bei der Herleitung der Kennlinien der Early-Effekt vernachlässigt, d.h. $r_{CE} \to \infty$ angenommen wurde

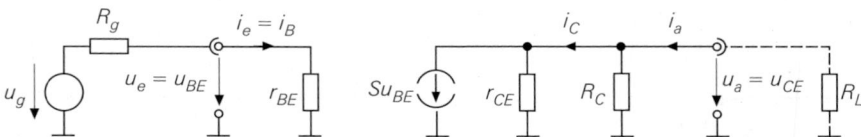

Abb. 2.62. Kleinsignalersatzschaltbild der Emitterschaltung

2.4.1.2.2 Berechnung aus dem Kleinsignalersatzschaltbild

Abbildung 2.62 zeigt das Kleinsignalersatzschaltbild der Emitterschaltung, das man durch Einsetzen des Kleinsignalersatzschaltbilds des Transistors nach Abb. 2.12 bzw. Abb. 2.39a, Kurzschließen von Gleichspannungsquellen, Weglassen von Gleichstromquellen und Übergang zu den Kleinsignalgrößen erhält [15]:

$$u_e = U_e - U_{e,A} \quad , \quad i_e = I_e - I_{e,A}$$
$$u_a = U_a - U_{a,A} \quad , \quad i_a = I_a - I_{a,A}$$
$$u_g = U_g - U_{g,A} \quad , \quad i_C = I_C - I_{C,A}$$

Ohne Lastwiderstand R_L folgt aus Abb. 2.62 für die Emitterschaltung:

> *Emitterschaltung*
>
> $$A = \left.\frac{u_a}{u_e}\right|_{i_a=0} = -S\left(R_C\|r_{CE}\right) \overset{r_{CE}\gg R_C}{\approx} -SR_C \tag{2.73}$$
>
> $$r_e = \frac{u_e}{i_e} = r_{BE} \tag{2.74}$$
>
> $$r_a = \frac{u_a}{i_a} = R_C\|r_{CE} \overset{r_{CE}\gg R_C}{\approx} R_C \tag{2.75}$$

Man erhält dieselben Ergebnisse wie bei der Berechnung aus den Kennlinien, wenn man berücksichtigt, dass dort der Early-Effekt vernachlässigt, d.h. $r_{CE} \to \infty$ angenommen wurde. Mit $r_{CE} = U_A/I_{C,A}$ und $U_A \approx 100\,\mathrm{V}$ erhält man $A = -75$, $r_e = 5{,}2\,\mathrm{k\Omega}$ und $r_a = 980\,\Omega$.

Die Größen A, r_e und r_a beschreiben die Emitterschaltung vollständig; Abb. 2.63 zeigt das zugehörige Ersatzschaltbild. Der Lastwiderstand R_L kann ein ohmscher Widerstand oder ein Ersatzelement für den Eingangswiderstand einer am Ausgang angeschlossenen Schaltung sein. Wichtig ist dabei, dass der Arbeitspunkt durch R_L nicht verschoben wird, d.h. es darf kein oder nur ein vernachlässigbar kleiner Gleichstrom durch R_L fließen; darauf wird im Zusammenhang mit der Arbeitspunkteinstellung noch näher eingegangen.

Mit Hilfe von Abb. 2.63 kann man die *Betriebsverstärkung* berechnen:

$$A_B = \frac{u_a}{u_g} = \frac{r_e}{r_e + R_g} A \frac{R_L}{R_L + r_a} \tag{2.76}$$

Sie setzt sich aus der Verstärkung A der Schaltung und den Spannungsteilerfaktoren am Eingang und am Ausgang zusammen. Nimmt man an, dass eine Emitterschaltung mit

---

[15] Der Übergang zu den Kleinsignalgrößen durch Abziehen der Arbeitspunktwerte entspricht dem Kurzschließen von Gleichspannungsquellen bzw. Weglassen von Gleichstromquellen, da die Arbeitspunktwerte Gleichspannungen bzw. Gleichströme sind.

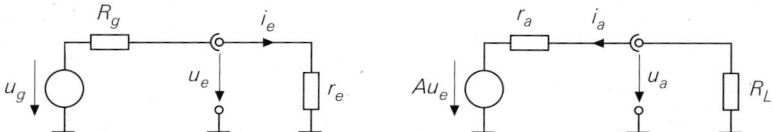

Abb. 2.63. Ersatzschaltbild mit den Ersatzgrößen A, r_e und r_a

denselben Werten als Last am Ausgang angeschlossen ist, d.h. $R_L = r_e = 5{,}2\,\mathrm{k\Omega}$, erhält man $A_B \approx 0{,}7 \cdot A = -53$.

2.4.1.2.3 Maximale Verstärkung und β-U_A-Produkt

Die Verstärkung der Emitterschaltung wird für $R_C \to \infty$ maximal; aus (2.73) folgt die *maximale Verstärkung*:

$$\mu = \lim_{R_C \to \infty} |A| = S\,r_{CE} = \frac{I_{C,A}}{U_T}\frac{U_A}{I_{C,A}} = \frac{U_A}{U_T}$$

Dieser Grenzfall kann mit einem ohmschen Kollektorwiderstand R_C nur schwer erreicht werden, da aus $R_C \to \infty$ auch $R_C \gg r_{CE}$ folgt und demnach der Spannungsabfall an R_C wegen $I_{C,A}R_C \gg I_{C,A}r_{CE} = U_A$ viel größer als die Early-Spannung $U_A \approx 100\,\mathrm{V}$ sein müsste. Man erreicht den Grenzfall, wenn man den Kollektorwiderstand durch eine Konstantstromquelle mit dem Strom $I_K = I_{C,A}$ ersetzt; damit erhält man auch bei niedrigen Spannungen sehr große Kleinsignalwiderstände.

Ín der Praxis wird μ nur selten angegeben, da es sich nur um eine Ersatzgröße für die Early-Spannung U_A handelt. Man kann also festhalten, dass die maximal mögliche Verstärkung eines Bipolartransistors proportional zu U_A ist. Bei npn-Transistoren gilt $U_A \approx 30 \dots 150\,\mathrm{V}$ und damit $\mu \approx 1000 \dots 6000$, bei pnp-Transistoren folgt aus $U_A \approx 30 \dots 75\,\mathrm{V}$ $\mu \approx 1000 \dots 3000$.

Die maximale Verstärkung μ wird nur im Leerlauf, d.h. ohne Last erreicht. In vielen Schaltungen, speziell in integrierten Schaltungen, ist als Last der Eingangswiderstand einer nachfolgenden Stufe wirksam, der bei der Emitterschaltung und bei der Kollektorschaltung proportional zur Stromverstärkung β ist. Die in der Praxis zu erreichende Verstärkung hängt also von U_A *und* β ab; deshalb wird oft das β-U_A-*Produkt* ($\beta\,V_A$-*product*) als Gütekriterium für einen Bipolartransistor angegeben. Typische Werte liegen im Bereich $1000 \dots 60000$.

2.4.1.3 Nichtlinearität

Im Abschnitt 2.1.4 wird ein Zusammenhang zwischen der Amplitude einer sinusförmigen Kleinsignalaussteuerung $\hat{u}_e = \hat{u}_{BE}$ und dem *Klirrfaktor* k des Kollektorstroms, der bei der Emitterschaltung gleich dem Klirrfaktor der Ausgangsspannung u_a ist, hergestellt, siehe (2.15) auf Seite 47. Es gilt $\hat{u}_e < k \cdot 0{,}1\,\mathrm{V}$, d.h. für $k < 1\%$ muss $\hat{u}_e < 1\,\mathrm{mV}$ sein. Die zugehörige Ausgangsamplitude ist wegen $\hat{u}_a = |A|\hat{u}_e$ von der Verstärkung A abhängig; für das Zahlenbeispiel mit $A = -75$ gilt demnach $\hat{u}_a < k \cdot 7{,}5\,\mathrm{V}$.

2.4.1.4 Temperaturabhängigkeit

Zur Betrachtung der Temperaturabhängigkeit eignet sich Gl. (2.21); sie besagt, dass die Basis-Emitter-Spannung U_{BE} bei konstantem Kollektorstrom I_C mit $1{,}7\,\mathrm{mV/K}$ abnimmt. Man muss demnach die Eingangsspannung um $1{,}7\,\mathrm{mV/K}$ verringern, um den Arbeitspunkt

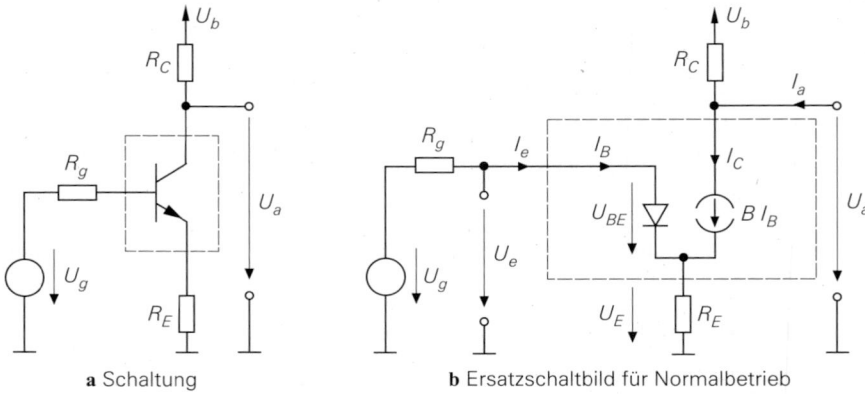

a Schaltung   **b** Ersatzschaltbild für Normalbetrieb

Abb. 2.64. Emitterschaltung mit Stromgegenkopplung

$I_C = I_{C,A}$ der Schaltung konstant zu halten. Hält man dagegen die Eingangsspannung konstant, wirkt sich eine Temperaturerhöhung wie eine Zunahme der Eingangsspannung mit $dU_e/dT = 1,7\,\text{mV/K}$ aus; man kann deshalb die *Temperaturdrift* der Ausgangsspannung mit Hilfe der Verstärkung berechnen:

$$\left.\frac{dU_a}{dT}\right|_A = \left.\frac{\partial U_a}{\partial U_e}\right|_A \frac{dU_e}{dT} \approx A \cdot 1,7\,\text{mV/K} \tag{2.77}$$

Für das Zahlenbeispiel erhält man $(dU_a/dT)|_A \approx -127\,\text{mV/K}$.

Man erkennt, dass bereits eine Temperaturänderung um wenige Kelvin eine deutliche Verschiebung des Arbeitspunkts zur Folge hat; dabei ändern sich A, r_e und r_a aufgrund des veränderten Arbeitspunkts, A und r_e zusätzlich aufgrund der Temperaturabhängigkeit von S bzw. U_T und β. Da in der Praxis oft Temperaturänderungen von 50 K und mehr auftreten, ist eine Stabilisierung des Arbeitspunkts erforderlich; dies kann z.B. durch eine *Gegenkopplung* geschehen.

2.4.1.5 Emitterschaltung mit Stromgegenkopplung

Die Nichtlinearität und die Temperaturabhängigkeit der Emitterschaltung kann durch eine *Stromgegenkopplung* verringert werden; dazu wird ein *Emitterwiderstand R_E* eingefügt, siehe Abb. 2.64a. Abbildung 2.65 zeigt die Übertragungskennlinie $U_a(U_g)$ und die Kennlinien für U_e und U_E für $R_C = R_g = 1\,\text{k}\Omega$ und $R_E = 500\,\Omega$. Für $U_g < 0,5\,\text{V}$ ist der Kollektorstrom vernachlässigbar klein und man erhält $U_a = U_b = 5\,\text{V}$. Für $0,5\,\text{V} \leq U_g \leq 2,3\,\text{V}$ fließt ein mit U_g zunehmender Kollektorstrom I_C, und die Ausgangsspannung nimmt gemäß $U_a = U_b - I_C R_C$ ab; in diesem Bereich verläuft die Kennlinie aufgrund der Gegenkopplung nahezu linear. Bis hier arbeitet der Transistor im Normalbetrieb. Für $U_g > 2,3\,\text{V}$ gerät der Transistor in die Sättigung.

2.4.1.5.1 Normalbetrieb

Abbildung 2.64b zeigt das Ersatzschaltbild für den Normalbetrieb. Für die Spannungen erhält man:

$$U_a = U_b + (I_a - I_C)\,R_C \overset{I_a=0}{=} U_b - I_C R_C \tag{2.78}$$

$$U_e = U_{BE} + U_E = U_{BE} + (I_C + I_B)\,R_E \approx U_{BE} + I_C R_E \tag{2.79}$$

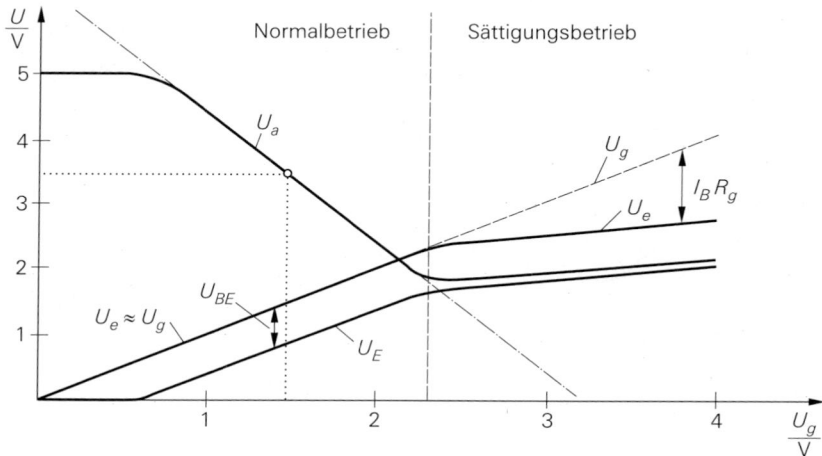

Abb. 2.65. Kennlinien der Emitterschaltung mit Stromgegenkopplung

$$U_e = U_g - I_B R_g \approx U_g \tag{2.80}$$

In (2.79) wird der Basisstrom I_B wegen $B \gg 1$ gegen den Kollektorstrom I_C vernachlässigt. In (2.80) wird angenommen, dass der Spannungsabfall an R_g vernachlässigt werden kann. Die Stromgegenkopplung zeigt sich in (2.79) darin, dass durch den Kollektorstrom I_C die Spannung U_{BE} von $U_{BE} = U_e$ für die Emitterschaltung ohne Gegenkopplung, siehe (2.72), auf $U_{BE} \approx U_e - I_C R_E$ verringert wird.

Für $0{,}8\,\mathrm{V} < U_g < 2{,}2\,\mathrm{V}$ gilt $U_{BE} \approx 0{,}7\,\mathrm{V}$; damit erhält man aus (2.79) und (2.80)

$$I_C \approx \frac{U_g - 0{,}7\,\mathrm{V}}{R_E}$$

und durch Einsetzen in (2.78):

$$U_a \approx U_b - \frac{R_C}{R_E}\left(U_g - 0{,}7\,\mathrm{V}\right) \tag{2.81}$$

Dieser lineare Zusammenhang ist in Abb. 2.65 strichpunktiert eingezeichnet und stimmt für $0{,}8\,\mathrm{V} < U_g < 2{,}2\,\mathrm{V}$ sehr gut mit der Übertragungskennlinie überein; letztere hängt also in diesem Bereich nur noch von R_C und R_E ab. Die Gegenkopplung bewirkt demnach, dass das Verhalten der Schaltung in erster Näherung nicht mehr von den nichtlinearen Eigenschaften des Transistors, sondern nur von linearen Widerständen abhängt; auch Exemplarstreuungen bei den Transistorparametern wirken sich aus diesem Grund praktisch nicht aus.

Als Arbeitspunkt wird ein Punkt etwa in der Mitte des abfallenden Bereichs der Übertragungskennlinie gewählt; dadurch wird die Aussteuerbarkeit maximal. Für den in Abb. 2.65 beispielhaft eingezeichneten Arbeitspunkt erhält man mit $U_b = 5\,\mathrm{V}$, $I_S = 7\,\mathrm{fA}$, $B = \beta = 400$, $R_C = R_g = 1\,\mathrm{k\Omega}$ und $R_E = 500\,\Omega$:

$$U_a = 3{,}5\,\mathrm{V} \ \Rightarrow\ I_C = \frac{U_b - U_a}{R_C} = 1{,}5\,\mathrm{mA} \ \Rightarrow\ I_B = \frac{I_C}{B} = 3{,}75\,\mu\mathrm{A}$$

$$\Rightarrow\ U_E = (I_C + I_B)\,R_E = 752\,\mathrm{mV}$$

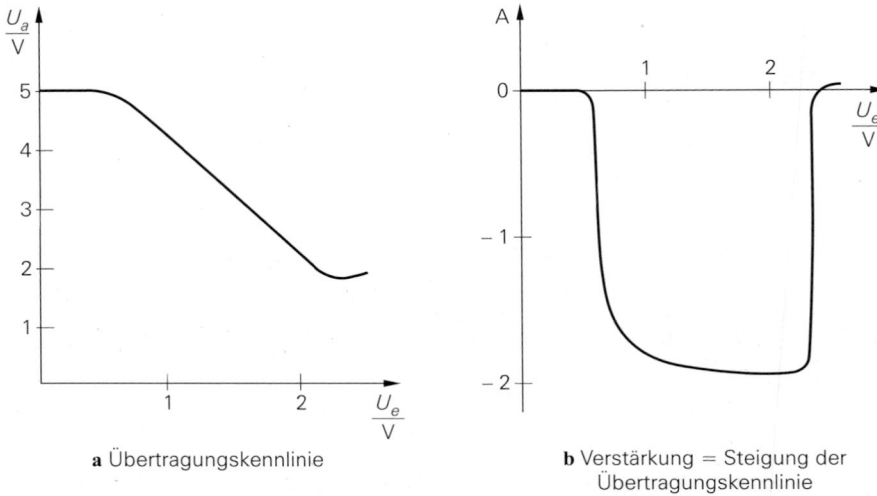

a Übertragungskennlinie   **b** Verstärkung = Steigung der
Übertragungskennlinie

Abb. 2.66. Verstärkung der Emitterschaltung mit Stromgegenkopplung

$$\Rightarrow \; U_e = U_{BE} + U_E = U_T \ln \frac{I_C}{I_S} + U_E = 1430\,\text{mV}$$

$$\Rightarrow \; U_g = U_e + I_B R_g = 1434\,\text{mV}$$

Aus (2.81) erhält man mit $U_a = 3{,}5\,\text{V}$ die Näherung $U_g \approx 1{,}45\,\text{V}$.

2.4.1.5.2 Sättigungsbetrieb

Der Transistor erreicht die Grenze zum Sättigungsbetrieb, wenn U_{CE} die Sättigungsspannung $U_{CE,sat}$ erreicht; aus (2.81) folgt mit $U_E \approx U_g - 0{,}7\,\text{V}$:

$$U_{CE} \approx U_a - U_E = U_b - \left(1 + \frac{R_C}{R_E}\right)(U_g - 0{,}7\,\text{V})$$

Einsetzen von $U_{CE} = U_{CE,sat} \approx 0{,}1\,\text{V}$ und Auflösen nach U_g liefert $U_g \approx 2{,}3\,\text{V}$. Für $U_g > 2{,}3\,\text{V}$ leitet die Kollektor-Diode und es fließt ein mit U_g zunehmender Basisstrom, der sich auf die Emitter- und die Kollektor-Diode verteilt und durch R_g begrenzt wird, siehe Abb. 2.65. Da der Basisstrom über R_E fließt, sind die Spannungen U_e, U_a und U_E nicht näherungsweise konstant wie bei der Emitterschaltung ohne Gegenkopplung, sondern nehmen mit U_g zu.

2.4.1.5.3 Kleinsignalverhalten

Die *Spannungsverstärkung A* entspricht der Steigung der Übertragungskennlinie, siehe Abb. 2.66; sie ist in dem Bereich, für den die lineare Näherung nach (2.81) gilt, näherungsweise konstant. Die Berechnung von A erfolgt mit Hilfe des in Abb. 2.67 gezeigten Kleinsignalersatzschaltbilds. Aus den Knotengleichungen

$$\frac{u_e - u_E}{r_{BE}} + S u_{BE} + \frac{u_a - u_E}{r_{CE}} = \frac{u_E}{R_E}$$

$$S u_{BE} + \frac{u_a - u_E}{r_{CE}} + \frac{u_a}{R_C} = i_a$$

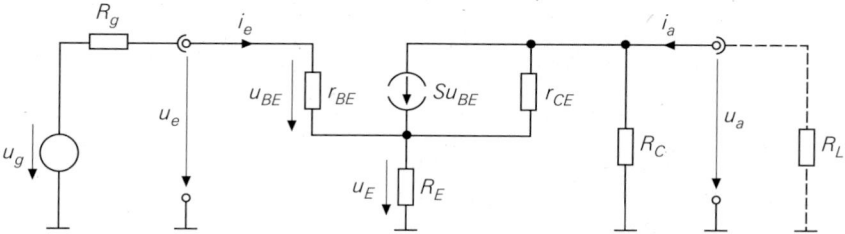

Abb. 2.67. Kleinsignalersatzschaltbild der Emitterschaltung mit Stromgegenkopplung

erhält man mit $u_{BE} = u_e - u_E$:

$$A = \left.\frac{u_a}{u_e}\right|_{i_a=0} = -\frac{SR_C\left(1 - \dfrac{R_E}{\beta\, r_{CE}}\right)}{1 + R_E\left(S\left(1 + \dfrac{1}{\beta} + \dfrac{R_C}{\beta\, r_{CE}}\right) + \dfrac{1}{r_{CE}}\right) + \dfrac{R_C}{r_{CE}}}$$

$$\overset{\substack{r_{CE}\gg R_C, R_E \\ \beta\gg 1}}{\approx} -\frac{SR_C}{1 + SR_E} \overset{SR_E\gg 1}{\approx} -\frac{R_C}{R_E}$$

Für $SR_E \gg 1$ hängt die Verstärkung nur noch von R_C und R_E ab. Bei Betrieb mit einem Lastwiderstand R_L kann man die zugehörige Betriebsverstärkung A_B berechnen, indem man für R_C die Parallelschaltung von R_C und R_L einsetzt, siehe Abb. 2.67. In dem beispielhaft gewählten Arbeitspunkt erhält man mit $S = 57{,}7\,\text{mS}$, $r_{BE} = 6{,}9\,\text{k}\Omega$, $r_{CE} = 67\,\text{k}\Omega$, $R_C = R_g = 1\,\text{k}\Omega$ und $R_E = 500\,\Omega$ *exakt* $A = -1{,}927$; die erste Näherung liefert $A = -1{,}933$, die zweite $A = -2$.

Für den *Eingangswiderstand* erhält man:

$$r_e = \left.\frac{u_e}{i_e}\right|_{i_a=0} = r_{BE} + \frac{(1+\beta)\,r_{CE} + R_C}{r_{CE} + R_E + R_C}\, R_E$$

$$\overset{\substack{r_{CE}\gg R_C, R_E \\ \beta\gg 1}}{\approx} r_{BE} + \beta R_E$$

Er hängt vom Lastwiderstand ab, wobei hier wegen $i_a = 0$ ($R_L \to \infty$) der *Leerlaufeingangswiderstand* gegeben ist. Der Eingangswiderstand für andere Werte von R_L wird berechnet, indem man für R_C die Parallelschaltung von R_C und R_L einsetzt; durch Einsetzen von $R_L = R_C = 0$ erhält man den *Kurzschlusseingangswiderstand*. Die Abhängigkeit von R_L ist jedoch so gering, dass sie durch die Näherung aufgehoben wird. Im beispielhaft gewählten Arbeitspunkt ist $r_{e,L} = 202{,}1\,\text{k}\Omega$ der *exakte* Leerlaufeingangswiderstand und $r_{e,K} = 205\,\text{k}\Omega$ der *exakte* Kurzschlusseingangswiderstand; die Näherung liefert $r_e = 206{,}9\,\text{k}\Omega$.

Der *Ausgangswiderstand* hängt vom Innenwiderstand R_g ab; hier werden nur die Grenzfälle betrachtet. Der *Kurzschlussausgangswiderstand* gilt für Kurzschluss am Eingang, d.h. $u_e = 0$ bzw. $R_g = 0$:

$$r_{a,K} = \left. \frac{u_a}{i_a} \right|_{u_e=0} = R_C \parallel r_{CE} \left(1 + \frac{\beta + \dfrac{r_{BE}}{r_{CE}}}{1 + \dfrac{r_{BE}}{R_E}} \right)$$

$$\overset{\substack{r_{CE} \gg r_{BE} \\ \beta \gg 1}}{\approx} \quad R_C \parallel r_{CE} \frac{\beta R_E + r_{BE}}{R_E + r_{BE}} \overset{r_{CE} \gg R_C}{\approx} \quad R_C$$

Mit $i_e = 0$ bzw. $R_g \to \infty$ erhält man den *Leerlaufausgangswiderstand*:

$$r_{a,L} = \left. \frac{u_a}{i_a} \right|_{i_e=0} = R_C \parallel (R_E + r_{CE}) \overset{r_{CE} \gg R_C}{\approx} \quad R_C$$

Auch hier ist die Abhängigkeit von R_g so gering, dass sie in der Praxis vernachlässigt werden kann. Im Beispiel ist $r_a = R_C = 1\,\text{k}\Omega$.

Mit $r_{CE} \gg R_C, R_E$, $\beta \gg 1$ und ohne Lastwiderstand R_L erhält man für die Emitterschaltung mit Stromgegenkopplung:

Emitterschaltung mit Stromgegenkopplung

$$A = \left. \frac{u_a}{u_e} \right|_{i_a=0} \approx -\frac{S R_C}{1 + S R_E} \overset{S R_E \gg 1}{\approx} -\frac{R_C}{R_E} \tag{2.82}$$

$$r_e = \frac{u_e}{i_e} \approx r_{BE} + \beta R_E = r_{BE} (1 + S R_E) \tag{2.83}$$

$$r_a = \frac{u_a}{i_a} \approx R_C \tag{2.84}$$

2.4.1.5.4 Vergleich mit der Emitterschaltung ohne Gegenkopplung

Ein Vergleich von (2.82) mit (2.73) zeigt, dass durch die Stromgegenkopplung die Verstärkung näherungsweise um den *Gegenkopplungsfaktor* $(1 + S R_E)$ reduziert wird; gleichzeitig nimmt der Eingangswiderstand um denselben Faktor zu, wie ein Vergleich von (2.83) und (2.74) zeigt.

Die Wirkung der Stromgegenkopplung lässt sich besonders einfach mit Hilfe der *reduzierten Steilheit*

$$S_{red} = \frac{S}{1 + S R_E} \tag{2.85}$$

beschreiben. Durch den Emitterwiderstand R_E wird die effektive Steilheit des Transistors auf den Wert S_{red} reduziert: für die Emitterschaltung ohne Gegenkopplung gilt $A \approx -S R_C$ und $r_e = r_{BE} = \beta/S$, für die Emitterschaltung mit Gegenkopplung $A \approx -S_{red} R_C$ und $r_e \approx \beta/S_{red}$.

2.4.1.5.5 Nichtlinearität

Die Nichtlinearität der Übertragungskennlinie wird durch die Stromgegenkopplung stark reduziert. Der Klirrfaktor der Schaltung kann durch eine Reihenentwicklung der Kennlinie im Arbeitspunkt näherungsweise bestimmt werden. Aus (2.79) folgt:

$$U_e = I_C R_E + U_T \ln \frac{I_C}{I_S}$$

Durch Einsetzen des Arbeitspunkts, Übergang zu den Kleinsignalgrößen und Reihenentwicklung erhält man

$$u_e = i_C R_E + U_T \ln \left(1 + \frac{i_C}{I_{C,A}} \right)$$

$$= i_C R_E + U_T \frac{i_C}{I_{C,A}} - \frac{U_T}{2} \left(\frac{i_C}{I_{C,A}} \right)^2 + \frac{U_T}{3} \left(\frac{i_C}{I_{C,A}} \right)^3 - \cdots$$

und daraus die Umkehrfunktion [16]:

$$\frac{i_C}{I_{C,A}} = \frac{1}{1 + S R_E} \left[\frac{u_e}{U_T} + \frac{1}{2 \left(1 + S R_E \right)^2} \left(\frac{u_e}{U_T} \right)^2 + \cdots \right] \tag{2.86}$$

Bei Aussteuerung mit $u_e = \hat{u}_e \cos \omega_0 t$ erhält man aus dem Verhältnis der ersten Oberwelle mit $2\omega_0$ zur Grundwelle mit ω_0 bei kleiner Aussteuerung, d.h. bei Vernachlässigung höherer Potenzen, näherungsweise den *Klirrfaktor k*:

$$k \approx \frac{u_{a,2\omega_0}}{u_{a,\omega_0}} \approx \frac{i_{C,2\omega_0}}{i_{C,\omega_0}} \approx \frac{\hat{u}_e}{4 U_T \left(1 + S R_E \right)^2} \tag{2.87}$$

Ist ein Maximalwert für k vorgegeben, muss $\hat{u}_e < 4 k U_T \left(1 + S R_E \right)^2$ gelten. Mit $\hat{u}_a = |A| \hat{u}_e$ erhält man daraus die maximale Ausgangsamplitude. Für das Zahlenbeispiel gilt $\hat{u}_e < k \cdot 93\,\text{V}$ und, mit $A \approx -1{,}93$, $\hat{u}_a < k \cdot 179\,\text{V}$.

Ein Vergleich mit (2.15) zeigt, dass die zulässige Eingangsamplitude $\hat{u}_e$ durch die Gegenkopplung um das Quadrat des Gegenkopplungsfaktors $(1 + S R_E)$ größer wird. Da gleichzeitig die Verstärkung um den Gegenkopplungsfaktor geringer ist, ist die zulässige Ausgangsamplitude bei gleichem Klirrfaktor um den Gegenkopplungsfaktor größer, solange dadurch keine Übersteuerung oder Sättigung des Transistors auftritt, d.h. solange der Gültigkeitsbereich der Reihenentwicklung nicht verlassen wird. Bei gleicher Ausgangsamplitude ist der Klirrfaktor um den Gegenkopplungsfaktor geringer.

2.4.1.5.6 Temperaturabhängigkeit

Da die Basis-Emitter-Spannung nach (2.21) mit $1{,}7\,\text{mV/K}$ abnimmt, wirkt sich eine Temperaturerhöhung bei konstanter Eingangsspannung wie eine Zunahme der Eingangsspannung um $1{,}7\,\text{mV/K}$ bei konstanter Temperatur aus. Man kann deshalb die *Temperaturdrift* der Ausgangsspannung mit Hilfe von (2.77) berechnen. Für das Zahlenbeispiel erhält man $(dU_a/dT)|_A \approx -3{,}3\,\text{mV/K}$. Dieser Wert ist für die meisten Anwendungsfälle ausreichend gering, so dass auf weitere Maßnahmen zur Stabilisierung des Arbeitspunkts verzichtet werden kann.

---

[16] Für eine Reihe $y = f(x) = \sum_{n=1}^{\infty} a_n x^n$ mit den Koeffizienten a_n berechnet man die Koeffizienten b_n der Umkehrfunktion $x = g(y) = \sum_{n=1}^{\infty} b_n y^n$, indem man die Ableitungen der Bedingung $x = g(f(x))$ mit Hilfe der Kettenregel an der Stelle $(x = 0, y = 0)$ auswertet und die Werte $f^{(n)}(0) = n! a_n$ und $g^{(n)}(0) = n! b_n$ einsetzt. Die erste Ableitung der Bedingung ergibt $1 = g^{(1)}(0) f^{(1)}(0)$; daraus erhält man $1 = b_1 a_1$ bzw. $b_1 = 1/a_1$. Die zweite Ableitung ergibt $0 = g^{(2)}(0) f^{(1)}(0) f^{(1)}(0) + g^{(1)}(0) f^{(2)}(0)$; daraus erhält man $0 = (2 b_2) a_1^2 + b_1 (2 a_2)$ bzw. $b_2 = -b_1 a_2 / a_1^2 = -a_2 / a_1^3$. Die weiteren Ableitungen werden zwar immer umfangreicher, bleiben aber linear bezüglich des nächsten zu bestimmenden Koeffizienten b_n und können deshalb problemlos nach b_n aufgelöst werden.

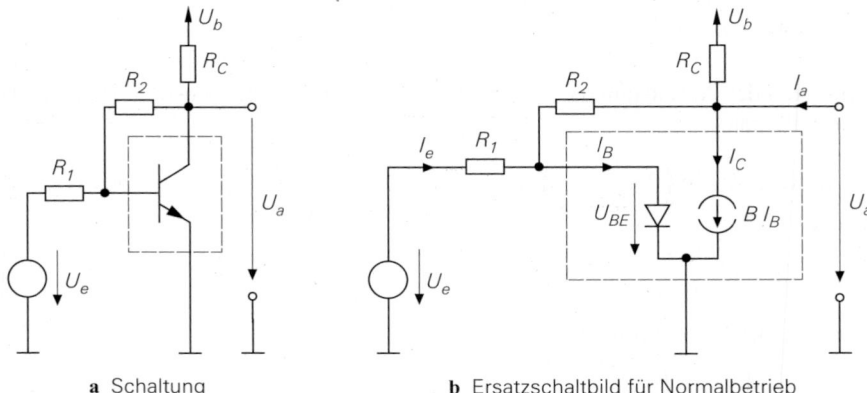

a Schaltung   **b** Ersatzschaltbild für Normalbetrieb

Abb. 2.68. Emitterschaltung mit Spannungsgegenkopplung

2.4.1.6 Emitterschaltung mit Spannungsgegenkopplung

Eine weitere Art der Gegenkopplung ist die *Spannungsgegenkopplung*; dabei wird über die Widerstände R_1 und R_2 ein Teil der Ausgangsspannung auf die Basis des Transistors zurückgeführt, siehe Abb. 2.68a. Wird die Schaltung mit einer Spannungsquelle U_e angesteuert [17], erhält man mit $R_C = R_1 = 1\,\text{k}\Omega$ und $R_2 = 2\,\text{k}\Omega$ die in Abb. 2.69 gezeigten Kennlinien. Für $U_e < -0{,}8\,\text{V}$ ist der Kollektorstrom vernachlässigbar gering und man erhält U_a durch Spannungsteilung an den Widerständen. Für $-0{,}8\,\text{V} \leq U_e \leq 1\,\text{V}$ fließt ein mit U_e zunehmender Kollektorstrom und die Ausgangsspannung nimmt entsprechend ab; in diesem Bereich verläuft die Kennlinie aufgrund der Gegenkopplung nahezu linear. Bis hier arbeitet der Transistor im Normalbetrieb. Für $U_e > 1\,\text{V}$ gerät der Transistor in die Sättigung und man erhält $U_a = U_{CE,sat}$.

2.4.1.6.1 Normalbetrieb

Abbildung 2.68b zeigt das Ersatzschaltbild für den Normalbetrieb. Aus den Knotengleichungen

$$\frac{U_e - U_{BE}}{R_1} + \frac{U_a - U_{BE}}{R_2} = I_B = \frac{I_C}{B}$$

$$\frac{U_b - U_a}{R_C} + I_a = \frac{U_a - U_{BE}}{R_2} + I_C$$

folgt für den Betrieb ohne Last, d.h. $I_a = 0$:

$$U_a = \frac{U_b R_2 - I_C R_C R_2 + U_{BE} R_C}{R_2 + R_C} \tag{2.88}$$

$$U_e = \frac{I_C R_1}{B} + U_{BE}\left(1 + \frac{R_1}{R_2}\right) - U_a \frac{R_1}{R_2} \tag{2.89}$$

---

[17] Bei der Emitterschaltung ohne Gegenkopplung nach Abb. 2.59a wird der Innenwiderstand R_g der Signalspannungsquelle zur Begrenzung des Basisstroms bei Sättigungsbetrieb benötigt; hier wird der Basisstrom durch R_1 begrenzt, d.h. man kann $R_g = 0$ setzen und eine Spannungsquelle $U_e = U_g$ zur Ansteuerung verwenden. Diese Vorgehensweise wird gewählt, damit die Kennlinien für den Normalbetrieb nicht von R_g abhängen.

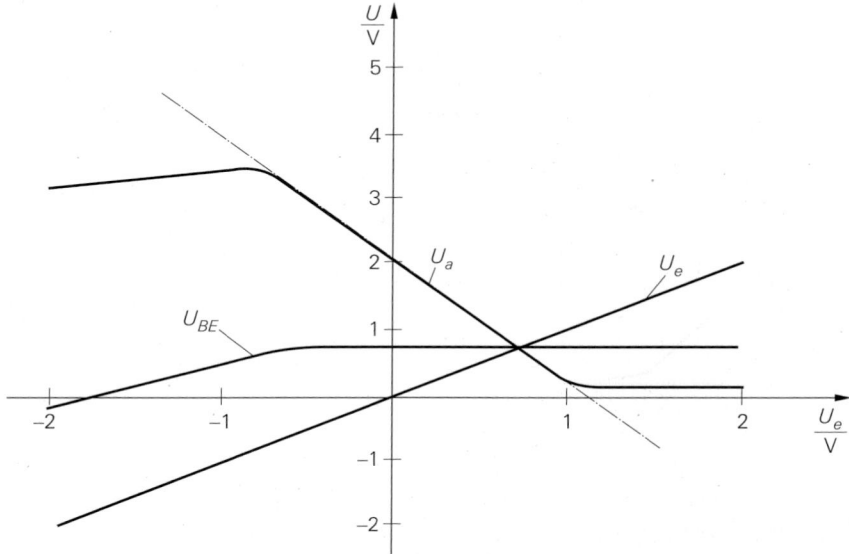

Abb. 2.69. Kennlinien der Emitterschaltung mit Spannungsgegenkopplung

Löst man (2.88) nach I_C auf und setzt in (2.89) ein, erhält man unter Verwendung von $B \gg 1$ und $B R_C \gg R_2$:

$$U_a \approx \frac{U_b R_2}{B R_C} + \left(1 + \frac{R_2}{R_1}\right) U_{BE} - \frac{R_2}{R_1} U_e \qquad (2.90)$$

Für $-0{,}6\,\mathrm{V} \le U_e \le 0{,}9\,\mathrm{V}$ gilt $U_{BE} \approx 0{,}7\,\mathrm{V}$; damit folgt aus (2.90) ein linearer Zusammenhang zwischen U_a und U_e, der in Abb. 2.69 strichpunktiert eingezeichnet ist und sehr gut mit der Übertragungskennlinie übereinstimmt. Die Spannungsgegenkopplung bewirkt also, dass die Übertragungskennlinie in diesem Bereich in erster Näherung nur noch von R_1 und R_2 abhängt.

Als Arbeitspunkt wird $U_{e,A} = 0\,\mathrm{V}$ gewählt; dieser Punkt liegt etwa in der Mitte des linearen Bereichs. Eine sukzessive Berechnung der Arbeitspunktgrößen ist hier nicht möglich, da man aus (2.88) und (2.89) nur implizite Gleichungen erhält. Mit Hilfe von Näherungen und einem iterativen Vorgehen kann man den Arbeitspunkt dennoch sehr genau bestimmen; dabei geht man von Schätzwerten aus, die im Verlauf der Rechnung präzisiert werden. Mit $R_1 = 1\,\mathrm{k\Omega}$, $R_2 = 2\,\mathrm{k\Omega}$, $B = \beta = 400$, $U_e = 0$ und dem Schätzwert $U_{BE} \approx 0{,}7\,\mathrm{V}$ folgt aus (2.89)

$$U_a = 3\,U_{BE} + I_C \cdot 5\,\Omega \approx 3\,U_{BE} \approx 2{,}1\,\mathrm{V}$$

Aus der Knotengleichung am Ausgang folgt mit $U_b = 5\,\mathrm{V}$ und $R_C = 1\,\mathrm{k\Omega}$:

$$I_C = \frac{U_b - U_a}{R_C} - \frac{U_a - U_{BE}}{R_2} \approx 2{,}2\,\mathrm{mA}$$

Mit diesem Schätzwert für I_C und $I_S = 7\,\mathrm{fA}$ kann man U_{BE} präzisieren:

$$U_{BE} = U_T \ln \frac{I_C}{I_S} \approx 688\,\mathrm{mV}$$

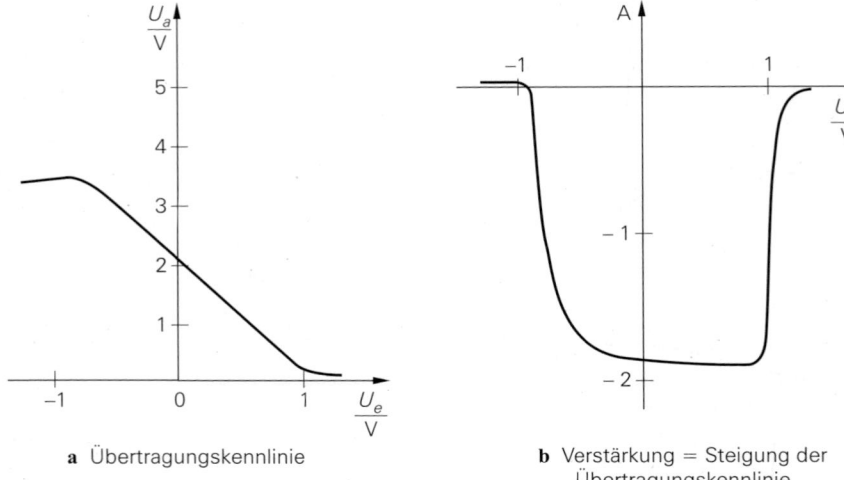

a Übertragungskennlinie   **b** Verstärkung = Steigung der
Übertragungskennlinie

Abb. 2.70. Verstärkung der Emitterschaltung mit Spannungsgegenkopplung

Wiederholt man damit die Berechnung, erhält man:

$$U_{BE} \approx 688\,\text{mV} \;\Rightarrow\; U_a \approx 2{,}07\,\text{V} \;\Rightarrow\; I_C \approx 2{,}24\,\text{mA}$$

$$\Rightarrow\; I_B = \frac{I_C}{B} \approx 5{,}6\,\mu\text{A} \;\Rightarrow\; U_e \overset{(2.89)}{\approx} 2{,}6\,\text{mV} \approx 0$$

Mit diesen Werten hat man eine sehr genaue Lösung von (2.88) und (2.89) für den Fall $U_e = 0$.

2.4.1.6.2 Sättigungsbetrieb

Der Transistor erreicht die Grenze zum Sättigungsbetrieb, wenn U_a die Sättigungsspannung $U_{CE,sat}$ erreicht; Einsetzen von $U_a = U_{CE,sat} \approx 0{,}1$ V und $U_{BE} \approx 0{,}7$ V in (2.90) liefert $U_e \approx 1$ V. Für $U_e > 1$ V leitet die Kollektor-Diode.

2.4.1.6.3 Kleinsignalverhalten

Die *Spannungsverstärkung A* entspricht der Steigung der Übertragungskennlinie, siehe Abb. 2.70; sie ist in dem Bereich, für den die lineare Näherung nach (2.90) gilt, näherungsweise konstant. Die Berechnung von A erfolgt mit Hilfe des in Abb. 2.71 gezeigten Kleinsignalersatzschaltbilds. Aus den Knotengleichungen

$$\frac{u_e - u_{BE}}{R_1} + \frac{u_a - u_{BE}}{R_2} = \frac{u_{BE}}{r_{BE}}$$

$$S u_{BE} + \frac{u_a - u_{BE}}{R_2} + \frac{u_a}{r_{CE}} + \frac{u_a}{R_C} = i_a$$

erhält man mit $R_C' = R_C \| r_{CE}$:

$$A = \left.\frac{u_a}{u_e}\right|_{i_a=0} = \frac{-SR_2 + 1}{1 + R_1\left(S\left(1 + \dfrac{1}{\beta}\right) + \dfrac{1}{R_C'}\right) + \dfrac{R_2}{R_C'}\left(1 + \dfrac{R_1}{r_{BE}}\right)}$$

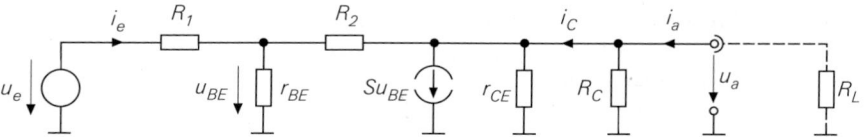

Abb. 2.71. Kleinsignalersatzschaltbild der Emitterschaltung mit Spannungsgegenkopplung

$$
\begin{array}{c} r_{CE}\gg R_C \\ \beta\gg 1 \\ \approx \end{array}
\quad
\frac{-SR_2 + 1}{1 + SR_1 + \dfrac{R_1}{R_C} + \dfrac{R_2}{R_C}\left(1 + \dfrac{R_1}{r_{BE}}\right)}
$$

$$
\begin{array}{c} r_{BE}\gg R_1 \\ R_1,R_2\gg 1/S \\ \approx \end{array}
\quad
- \frac{R_2}{R_1 + \dfrac{R_1 + R_2}{SR_C}}
\qquad
\begin{array}{c} SR_C\gg 1+R_2/R_1 \\ \approx \end{array}
\quad
- \frac{R_2}{R_1}
$$

Wenn alle Bedingungen erfüllt sind, hängt A nur noch von R_1 und R_2 ab; dabei besagt die letzte Bedingung, dass die Verstärkung ohne Gegenkopplung, i.e. $-SR_C$, viel größer sein muss als die *ideale* Verstärkung mit Gegenkopplung, i.e. $-R_2/R_1$. Wird die Schaltung mit einem Lastwiderstand R_L betrieben, kann man die zugehörige Betriebsverstärkung A_B berechnen, indem man für R_C die Parallelschaltung von R_C und R_L einsetzt, siehe Abb. 2.71. In dem beispielhaft gewählten Arbeitspunkt erhält man mit $S = 86,2\,\mathrm{mS}$, $r_{BE} = 4,6\,\mathrm{k\Omega}$, $r_{CE} = 45\,\mathrm{k\Omega}$, $R_C = R_1 = 1\,\mathrm{k\Omega}$ und $R_2 = 2\,\mathrm{k\Omega}$ *exakt* $A = -1,885$; die erste Näherung liefert $A = -1,912$, die zweite $A = -1,933$ und die dritte $A = -2$.

Für den *Leerlaufeingangswiderstand* erhält man mit $R_C' = R_C \,\|\, r_{CE}$:

$$
r_{e,L} = \left.\frac{u_e}{i_e}\right|_{i_a=0} = R_1 + \frac{r_{BE}\left(R_C' + R_2\right)}{r_{BE} + (1+\beta)\,R_C' + R_2}
$$

$$
\begin{array}{c} r_{CE}\gg R_C \\ \beta\gg 1 \\ \approx \end{array}
\quad
R_1 + \frac{r_{BE}\left(R_C + R_2\right)}{r_{BE} + \beta R_C + R_2}
$$

$$
\begin{array}{c} \beta R_C\gg r_{BE},R_2 \\ \approx \end{array}
\quad
R_1 + \frac{1}{S}\left(1 + \frac{R_2}{R_C}\right)
$$

$$
\begin{array}{c} SR_C\gg R_2/R_1 \\ \approx \end{array}
\quad
R_1 + \frac{1}{S}
\qquad
\begin{array}{c} SR_1\gg 1 \\ \approx \end{array}
\quad
R_1
$$

Er gilt für $i_a = 0$, d.h. $R_L \to \infty$. Der Eingangswiderstand für andere Werte von R_L wird berechnet, indem man für R_C die Parallelschaltung von R_C und R_L einsetzt. Durch Einsetzen von $R_L = R_C = 0$ erhält man den *Kurzschlusseingangswiderstand*:

$$
r_{e,K} = \left.\frac{u_e}{i_e}\right|_{u_a=0} = R_1 + r_{BE} \,\|\, R_2
$$

In dem beispielhaft gewählten Arbeitspunkt erhält man für den Leerlaufeingangswiderstand *exakt* $r_{e,L} = 1034\,\Omega$; die erste Näherung liefert ebenfalls $r_{e,L} = 1034\,\Omega$, die zweite $r_{e,L} = 1035\,\Omega$, die dritte $r_{e,L} = 1012\,\Omega$ und die vierte $r_{e,L} = 1\,\mathrm{k\Omega}$. Der Kurzschlusseingangswiderstand beträgt $r_{e,K} = 2,4\,\mathrm{k\Omega}$.

Für den *Kurzschlussausgangswiderstand* erhält man mit $R_C' = R_C \parallel r_{CE}$:

$$r_{a,K} = \left. \frac{u_a}{i_a} \right|_{u_e=0} = R_C' \parallel \frac{r_{BE}(R_1 + R_2) + R_1 R_2}{r_{BE} + R_1(1 + \beta)}$$

$$\overset{\substack{r_{CE} \gg R_C \\ \beta \gg 1}}{\approx} R_C \parallel \frac{r_{BE}(R_1 + R_2) + R_1 R_2}{r_{BE} + \beta R_1}$$

$$\overset{\beta R_1 \gg r_{BE}}{\approx} R_C \parallel \left(\frac{1}{S}\left(1 + \frac{R_2}{R_1}\right) + \frac{R_2}{\beta} \right)$$

Daraus folgt mit $R_1 \to \infty$ der *Leerlaufausgangswiderstand*:

$$r_{a,L} = \left. \frac{u_a}{i_a} \right|_{i_e=0} = R_C' \parallel \frac{r_{BE} + R_2}{1 + \beta} \overset{\substack{r_{CE} \gg R_C \\ \beta \gg 1}}{\approx} R_C \parallel \left(\frac{1}{S} + \frac{R_2}{\beta} \right)$$

In dem beispielhaft gewählten Arbeitspunkt erhält man für den Kurzschlussausgangswiderstand *exakt* $r_{a,K} = 37{,}5\,\Omega$; die erste Näherung liefert ebenfalls $r_{a,K} = 37{,}5\,\Omega$, die zweite $r_{a,K} = 38{,}3\,\Omega$. Der Leerlaufausgangswiderstand beträgt *exakt* $r_{a,L} = 16{,}2\,\Omega$; die Näherung liefert $r_{a,L} = 16{,}3\,\Omega$.

In erster Näherung gilt für die Emitterschaltung mit Spannungsgegenkopplung:

Emitterschaltung mit Spannungsgegenkopplung

$$A = \left. \frac{u_a}{u_e} \right|_{i_a=0} \approx - \frac{R_2}{R_1 + \dfrac{R_1 + R_2}{S R_C}} \overset{S R_C \gg 1 + R_2/R_1}{\approx} - \frac{R_2}{R_1} \tag{2.91}$$

$$r_e = \frac{u_e}{i_e} \approx R_1 \tag{2.92}$$

$$r_a = \frac{u_a}{i_a} \approx R_C \parallel \left(\frac{1}{S}\left(1 + \frac{R_2}{R_1}\right) + \frac{R_2}{\beta} \right) \tag{2.93}$$

2.4.1.6.4 Nichtlinearität

Die Nichtlinearität der Übertragungskennlinie wird durch die Spannungsgegenkopplung stark reduziert. Der Klirrfaktor der Schaltung kann durch eine Reihenentwicklung der Kennlinie im Arbeitspunkt näherungsweise bestimmt werden. Einsetzen des Arbeitspunkts in (2.88) und (2.89) liefert:

$$u_a = \frac{R_C}{R_2 + R_C}\left(-R_2 i_C + U_T \ln\left(1 + \frac{i_C}{I_{C,A}}\right) \right)$$

$$u_e = \frac{R_1}{\beta} i_C + \left(1 + \frac{R_1}{R_2}\right) U_T \ln\left(1 + \frac{i_C}{I_{C,A}}\right) - \frac{R_1}{R_2} u_a$$

Durch Reihenentwicklung und Eliminieren von i_C erhält man daraus mit $\beta \gg 1$ und $S R_2 \gg 1$:

$$u_a \approx -\frac{R_2}{R_1}\left(u_e + \left(\frac{1}{R_2} + \frac{1}{R_C}\right)^2 \left(1 + \frac{R_2}{R_1}\right) \frac{U_T R_2}{2 I_{C,A}^2 R_1} u_e^2 + \cdots \right)$$

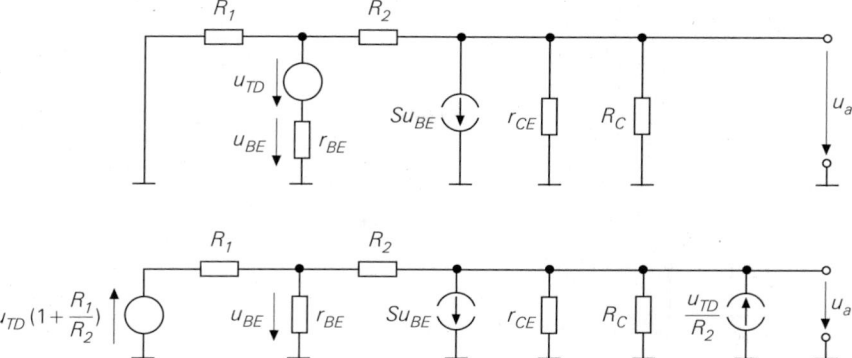

Abb. 2.72. Kleinsignalersatzschaltbild zur Berechnung der Temperaturdrift der Emitterschaltung mit Spannungsgegenkopplung: mit Spannungsquelle u_{TD} (oben) und nach Verschieben der Quelle (unten)

Bei Aussteuerung mit $u_e = \hat{u}_e \cos \omega_0 t$ erhält man aus dem Verhältnis der ersten Oberwelle mit $2\omega_0$ zur Grundwelle mit ω_0 bei kleiner Aussteuerung, d.h. bei Vernachlässigung höherer Potenzen, näherungsweise den *Klirrfaktor k*:

$$k \approx \frac{u_{a,2\omega_0}}{u_{a,\omega_0}} \approx \frac{\hat{u}_e}{4U_T} \frac{\frac{R_2}{R_1}\left(1 + \frac{R_2}{R_1}\right)}{S^2\left(R_2 \| R_C\right)^2}$$

Ist ein Maximalwert für k vorgegeben, muss

$$\hat{u}_e < 4kU_T \frac{S^2\left(R_2 \| R_C\right)^2}{\frac{R_2}{R_1}\left(1 + \frac{R_2}{R_1}\right)}$$

gelten. Mit $\hat{u}_a = |A|\hat{u}_e$ erhält man daraus die maximale Ausgangsamplitude. Für das Zahlenbeispiel folgt $\hat{u}_e < k \cdot 57$ V und, mit $A \approx -1{,}89$, $\hat{u}_a < k \cdot 108$ V.

2.4.1.6.5 Temperaturabhängigkeit

Die Basis-Emitter-Spannung U_{BE} nimmt nach (2.21) mit $1{,}7$ mV/K ab. Die dadurch verursachte *Temperaturdrift* der Ausgangsspannung kann man durch eine Kleinsignalrechnung ermitteln, indem man eine Spannungsquelle u_{TD} mit $du_{TD}/dT = -1{,}7$ mV/K in Reihe zu r_{BE} ergänzt, siehe Abb. 2.72 oben, und ihre Auswirkung auf die Ausgangsspannung berechnet. Die Rechnung lässt sich stark vereinfachen, wenn man die Spannungsquelle geeignet verschiebt: wird sie durch zwei Spannungsquellen in Reihe mit R_1 und R_2 ersetzt, letztere in zwei Stromquellen u_{TD}/R_2 am Basis- und am Kollektorknoten umgewandelt und davon die am Basisknoten wieder in eine Spannungsquelle $u_{TD}R_1/R_2$ umgewandelt, erhält man das in Abb. 2.72 unten gezeigte äquivalente Kleinsignalersatzschaltbild; unter Verwendung der bereits definierten Größen A und $r_{a,K}$ folgt:

$$\left.\frac{dU_a}{dT}\right|_A = \left(-\left(1 + \frac{R_1}{R_2}\right)A + \frac{r_{a,K}}{R_2}\right)\frac{du_{TD}}{dT} \approx \left(1 + \frac{R_1}{R_2}\right)A \cdot 1{,}7\,\frac{\text{mV}}{\text{K}}$$

Für den beispielhaft gewählten Arbeitspunkt erhält man mit $A = -1{,}885$ und $r_a = r_{a,K} = 37{,}5\ \Omega$ eine Temperaturdrift von $(dU_a/dT)|_A \approx -4{,}8$ mV/K.

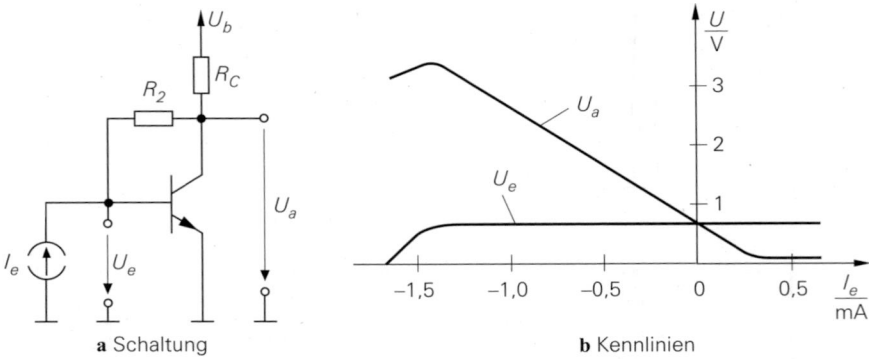

a Schaltung   **b** Kennlinien

Abb. 2.73. Strom-Spannungs-Wandler

2.4.1.6.6 Betrieb als Strom-Spannungs-Wandler

Schließt man bei der Emitterschaltung mit Spannungsgegenkopplung den Widerstand R_1 kurz und steuert mit einer Stromquelle I_e an, erhält man die Schaltung nach Abb. 2.73a, die als *Strom-Spannungs-Wandler* arbeitet; sie wird auch *Transimpedanzverstärker* [18] genannt. Abbildung 2.73b zeigt die Kennlinien $U_a(I_e)$ und $U_e(I_e)$ für $U_b = 5\,\text{V}$, $R_C = 1\,\text{k}\Omega$ und $R_2 = 2\,\text{k}\Omega$.

Aus den Knotengleichungen für den Ein- und den Ausgang folgt für den Normalbetrieb, d.h. $-1,3\,\text{mA} < I_e < 0,2\,\text{mA}$:

$$U_a = \frac{U_b R_2 - I_e B R_2 R_C + U_e (1 + B) R_C}{R_2 + (1 + B) R_C}$$

$$\overset{\substack{\beta R_C \gg R_2 \\ B \gg 1}}{\approx} \frac{R_2}{B R_C} U_b - R_2 I_e + U_e$$

Mit $U_e = U_{BE} \approx 0,7\,\text{V}$ erhält man die Näherung $U_a \approx 0,72\,\text{V} - 2\,\text{k}\Omega \cdot I_e$.

Das Kleinsignalverhalten des Strom-Spannungs-Wandlers kann aus den Gleichungen für die Emitterschaltung mit Spannungsgegenkopplung abgeleitet werden. Der *Übertragungswiderstand (Transimpedanz)* tritt an die Stelle der Verstärkung; mit (2.91) erhält man:

$$R_T = \left.\frac{u_a}{i_e}\right|_{i_a=0} = \lim_{R_1 \to \infty} R_1 \left.\frac{u_a}{u_e}\right|_{i_a=0} = \lim_{R_1 \to \infty} R_1 A$$

$$= \frac{-S R_2 + 1}{S \left(1 + \dfrac{1}{\beta}\right) + \dfrac{1}{R_C'} \left(1 + \dfrac{R_2}{r_{BE}}\right)}$$

$$\overset{\substack{r_{CE} \gg R_C \\ \beta \gg 1}}{\approx} \frac{-S R_2 + 1}{S + \dfrac{1}{R_C} \left(1 + \dfrac{R_2}{r_{BE}}\right)} \overset{\substack{\beta R_C \gg R_2 \\ S R_2 \gg 1}}{\approx} -R_2$$

---

[18] Die Bezeichnung *Transimpedanzverstärker* wird auch für Operationsverstärker mit Stromeingang und Spannungsausgang verwendet (CV-OPV).

Der *Eingangswiderstand* kann aus den Gleichungen für die Emitterschaltung mit Spannungsgegenkopplung berechnet werden, indem man $R_1 = 0$ setzt. Der *Ausgangswiderstand* entspricht dem Leerlaufausgangswiderstand der Emitterschaltung mit Spannungsgegenkopplung. Zusammengefasst erhält man für den Strom-Spannungs-Wandler in Emitterschaltung:

Strom-Spannungs-Wandler

$$R_T = \left. \frac{u_a}{i_e} \right|_{i_a=0} \approx -R_2 \tag{2.94}$$

$$r_e = \frac{u_e}{i_e} \approx \frac{1}{S}\left(1 + \frac{R_2}{R_C}\right) \tag{2.95}$$

$$r_a = \frac{u_a}{i_a} \approx R_C \| \left(\frac{1}{S} + \frac{R_2}{\beta}\right) \tag{2.96}$$

2.4.1.7 Arbeitspunkteinstellung

Der Betrieb als Kleinsignalverstärker erfordert eine stabile Einstellung des Arbeitspunkts des Transistors. Der Arbeitspunkt sollte möglichst wenig von den Parametern des Transistors abhängen, da diese temperaturabhängig und fertigungsbedingten Streuungen unterworfen sind; wichtig sind in diesem Zusammenhang die Stromverstärkung B und der Sättigungssperrstrom I_S:

	B	I_S
Temperaturkoeffizient	$+0{,}5\,\%/\text{K}$	$+15\,\%/\text{K}$
Streuung	$-30/+50\%$	$-70/+200\%$

Es gibt zwei grundsätzlich verschiedene Verfahren zur Arbeitspunkteinstellung: die *Wechselspannungskopplung* und die *Gleichspannungskopplung*.

2.4.1.7.1 Arbeitspunkteinstellung bei Wechselspannungskopplung

Bei Wechselspannungskopplung wird der Verstärker oder die Verstärkerstufe über Koppelkondensatoren mit der Signalquelle und mit der Last verbunden, siehe Abb. 2.74. Damit kann man die Arbeitspunktspannungen unabhängig von den Gleichspannungen der Signalquelle und der Last wählen; die Koppelkondensatoren werden dabei auf die Spannungsdifferenz aufgeladen. Da über die Koppelkondensatoren kein Gleichstrom fließen kann, kann man eine beliebige Signalquelle oder Last anschließen, ohne dass sich der Arbeitspunkt verschiebt. Bei mehrstufigen Verstärkern lässt sich der Arbeitspunkt für jede Stufe getrennt einstellen.

Jeder Koppelkondensator bildet zusammen mit dem Ein- bzw. Ausgangswiderstand der gekoppelten Stufen, der Signalquelle oder der Last einen Hochpass. Abbildung 2.75 zeigt einen Ausschnitt des Kleinsignalersatzschaltbilds eines mehrstufigen Verstärkers; dabei wurde für jede Stufe das Kleinsignalersatzschaltbild nach Abb. 2.63 mit den Kenngrößen A, r_e und r_a eingesetzt. Aus dem Kleinsignalersatzschaltbild kann man die Grenzfrequenzen der Hochpässe berechnen. Die Dimensionierung der Koppelkondensatoren muss so erfolgen, dass die kleinste interessierende Signalfrequenz noch voll übertragen wird. Gleichspannungen können nicht übertragen werden.

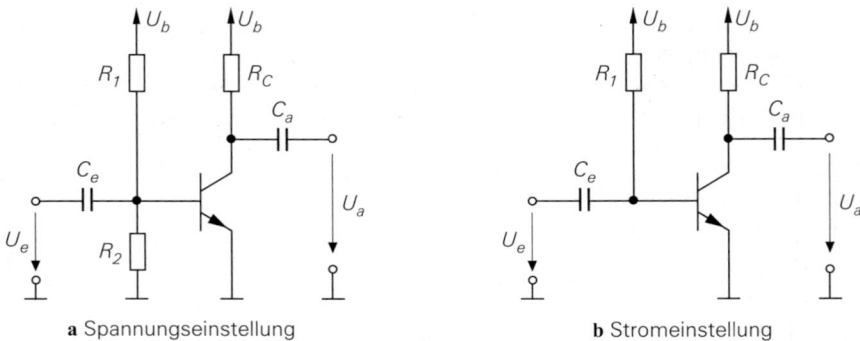

a Spannungseinstellung   **b** Stromeinstellung

Abb. 2.74. Arbeitspunktseinstellung bei Wechselspannungskopplung

Die Arbeitspunkteinstellung für die Emitterschaltung kann durch Spannungs- oder Stromeinstellung erfolgen; dabei wird $U_{BE,A}$ oder $I_{B,A}$ so vorgegeben, dass sich der gewünschte Kollektorstrom $I_{C,A}$ und damit die gewünschte Ausgangsspannung $U_{a,A}$ einstellt. Wegen

$$U_{BE,A}(T,E) \;=\; U_T(T)\ln\frac{I_{C,A}}{I_S(T,E)} \quad,\quad I_{B,A}(T,E) \;=\; \frac{I_{C,A}}{B(T,E)}$$

hängen $U_{BE,A}$ und $I_{B,A}$ von der Temperatur T und vom Exemplar E ab.

2.4.1.7.2 Spannungseinstellung

Bei der Spannungseinstellung nach Abb. 2.74a wird mit den Widerständen R_1 und R_2 die Spannung $U_{BE,A}$ eingestellt. Wählt man dabei den Querstrom durch die Widerstände deutlich größer als $I_{B,A}$, wirkt sich eine Änderung von $I_{B,A}$ nicht mehr auf den Arbeitspunkt aus. Die Abhängigkeit vom Exemplar kann durch Einsatz eines Potentiometers für R_2 und Abgleich des Arbeitspunkts behoben werden. Zur Berechnung der durch U_{BE} verursachten Temperaturdrift der Ausgangsspannung fügt man eine Spannungsquelle u_{TD} mit $du_{TD}/dT = -1{,}7\,\mathrm{mV/K}$ in das Kleinsignalersatzschaltbild ein, siehe Abb. 2.76. Sie wirkt, wie ein Vergleich mit Abb. 2.62 zeigt, wie eine Signalspannungsquelle $u_g = -u_{TD}$ mit dem Innenwiderstand $R_g = R_1 \parallel R_2$; daraus folgt:

$$\left.\frac{dU_a}{dT}\right|_A \;=\; -\frac{r_e}{r_e + R_g}\,A\,\frac{du_{TD}}{dT} \;=\; \frac{r_{BE}}{r_{BE} + (R_1 \parallel R_2)}\,A\cdot 1{,}7\,\frac{\mathrm{mV}}{\mathrm{K}} \tag{2.97}$$

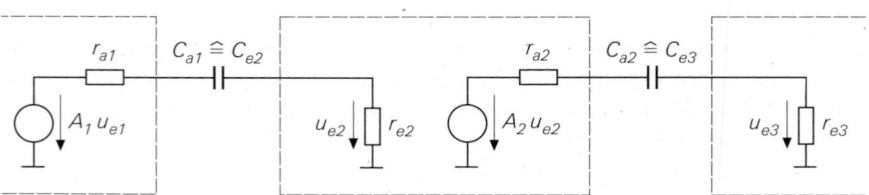

Abb. 2.75. Kleinsignalersatzschaltbild eines mehrstufigen Verstärkers zur Berechnung der Hochpässe bei Wechselspannungskopplung

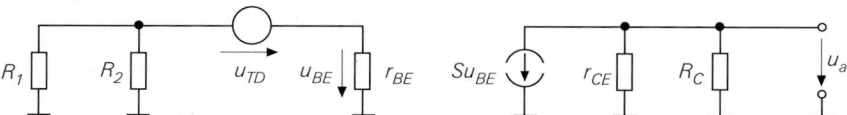

Abb. 2.76. Berechnung der Temperaturdrift bei Spannungseinstellung

Beispiel: Mit $A = -75$ und $R_1 \parallel R_2 = r_{BE}$ folgt $(dU_a/dT)|_A \approx -64\,\text{mV/K}$.
Wegen der hohen Temperaturdrift wird diese Art der Arbeitspunkteinstellung in der Praxis nicht eingesetzt.

2.4.1.7.3 Stromeinstellung

Bei der Stromeinstellung nach Abb. 2.74b wird über den Widerstand R_1 der Basisstrom $I_{B,A}$ eingestellt:

$$R_1 = \frac{U_b - U_{BE,A}}{I_{B,A}} \approx \frac{U_b - 0,7\,\text{V}}{I_{B,A}}$$

Für $U_b \gg U_{BE,A}$ wirkt sich eine Änderung von $U_{BE,A}$ praktisch nicht auf $I_{B,A}$ aus; ausgehend von $U_a = U_b - I_C R_C$ erhält man:

$$\left.\frac{dU_a}{dT}\right|_A \approx -R_C \left.\frac{dI_C}{dT}\right|_{I_B=\text{const.}} = -I_B R_C \frac{dB}{dT} = -\frac{I_{C,A} R_C}{U_T} \frac{U_T}{B} \frac{dB}{dT}$$

$$\approx A \frac{U_T}{B} \frac{dB}{dT} \overset{(2.23)}{\approx} A \cdot 0,13 \frac{\text{mV}}{\text{K}} \tag{2.98}$$

Beispiel: Mit $A = -75$ folgt $(dU_a/dT)|_A \approx -9,8\,\text{mV/K}$.
Die Temperaturdrift ist zwar geringer als bei der Spannungseinstellung, für die Praxis aber dennoch zu groß. Aufgrund der großen Streuung von β muss für R_1 ein Potentiometer zum Abgleich des Arbeitspunkts eingesetzt werden. Deshalb wird diese Art der Arbeitspunkteinstellung in der Praxis nicht eingesetzt.

2.4.1.7.4 Arbeitspunkteinstellung mit Gleichstromgegenkopplung

Die Temperaturdrift ist proportional zur Verstärkung, siehe (2.97) und (2.98); deshalb kann man die Stabilität des Arbeitspunkts durch eine Reduktion der Verstärkung verbessern. Da die Temperaturdrift ein langsam ablaufender Vorgang ist, muss nur die *Gleichspannungsverstärkung* A_G reduziert werden; die *Wechselspannungsverstärkung* A_W kann unverändert bleiben. Man erreicht dies mit einer frequenzabhängigen Gegenkopplung, die nur für Gleichgrößen und Frequenzen unterhalb der kleinsten interessierenden Signalfrequenz wirkt und für höhere Frequenzen ganz oder teilweise unwirksam ist. Auf diesem Prinzip beruht die Arbeitspunkteinstellung mit *Gleichstromgegenkopplung* nach Abb. 2.77a; dabei wird die Spannungseinstellung mit einer Stromgegenkopplung über den Widerstand R_E kombiniert. Der Kondensator C_E bewirkt mit zunehmender Frequenz einen Kurzschluss von R_E und hebt damit die Gegenkopplung für höhere Frequenzen auf.

Die im Arbeitspunkt an der Basis des Transistors erforderliche Spannung

$$U_{B,A} = \left(I_{C,A} + I_{B,A}\right) R_E + U_{BE,A} \approx I_{C,A} R_E + 0,7\,\text{V}$$

wird mit R_1 und R_2 eingestellt; dabei wird der Querstrom durch die Widerstände deutlich größer als $I_{B,A}$ gewählt, damit der Arbeitspunkt nicht von $I_{B,A}$ abhängt. Wenn die Signalquelle einen geeigneten Gleichspannungsanteil aufweist und den benötigten Basisstrom

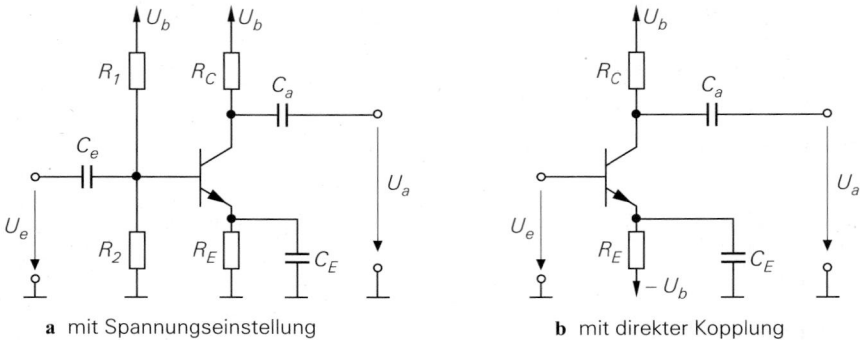

a mit Spannungseinstellung   **b** mit direkter Kopplung

Abb. 2.77. Arbeitspunktseinstellung mit Gleichstromgegenkopplung

$I_{B,A}$ liefern kann, kann man auf die Widerstände und den Koppelkondensator C_e verzichten und eine direkte Kopplung vornehmen; dabei kann $U_{B,A}$ durch Variation von R_E an die vorliegende Eingangsgleichspannung angepasst werden. R_E darf aber nicht zu klein gewählt werden, da sonst die Gegenkopplung unwirksam und die Arbeitspunktstabilität herabgesetzt wird. Für kleine positive und negative Eingangsgleichspannungen kann man durch eine zusätzliche negative Versorgungsspannung eine direkte Kopplung ermöglichen, siehe Abb. 2.77b.

Die Temperaturdrift der Ausgangsspannung folgt aus (2.97), indem man für A und r_e die Werte der Emitterschaltung mit Stromgegenkopplung nach (2.82) und (2.83) einsetzt; dabei gilt $A = A_G$. Mit $r_e \gg R_1 \| R_2$ erhält man den ungünstigsten Fall:

$$\left. \frac{dU_a}{dT} \right|_A \approx A_G \cdot 1{,}7 \, \frac{\text{mV}}{\text{K}} \overset{SR_E \gg 1}{\approx} - \frac{R_C}{R_E} \cdot 1{,}7 \, \frac{\text{mV}}{\text{K}}$$

Man muss also R_E möglichst groß machen, um eine geringe Gleichspannungsverstärkung A_G und damit eine geringe Temperaturdrift zu erhalten. In der Praxis wählt man $R_C / R_E \approx 1 \ldots 10$.

Der Frequenzgang der Verstärkung kann mit Hilfe des in Abb. 2.78 gezeigten Kleinsignalersatzschaltbildsoder aus (2.82) durch Einsetzen von $R_E \| (1/sC_E)$ anstelle von R_E ermittelt werden:

$$\underline{A}(s) \approx - \frac{SR_C \, (1 + sC_E R_E)}{1 + SR_E + sC_E R_E} \overset{SR_E \gg 1}{\approx} - \frac{R_C}{R_E} \frac{1 + sC_E R_E}{1 + s\dfrac{C_E}{S}}$$

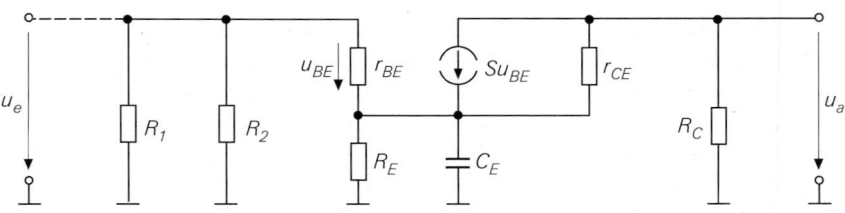

Abb. 2.78. Kleinsignalersatzschaltbild zu Abb. 2.77a

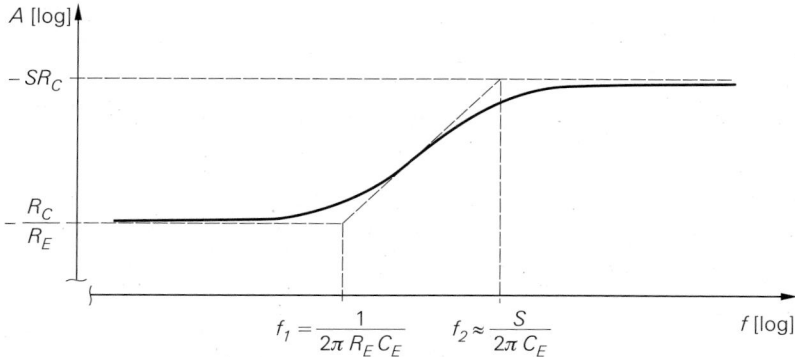

Abb. 2.79. Betragsfrequenzgang $A = |\underline{A}(j2\pi f)|$

Abbildung 2.79 zeigt den Betragsfrequenzgang $A = |\underline{A}(j2\pi f)|$ mit den Knickfrequenzen f_1 und f_2; dabei gilt:

$$\omega_1 = 2\pi f_1 = \frac{1}{C_E R_E} \quad , \quad \omega_2 = 2\pi f_2 \approx \frac{S}{C_E}$$

Für $f < f_1$ ist die Gegenkopplung voll wirksam; hier gilt $A \approx A_G \approx -R_C/R_E$. Für $f > f_2$ ist die Gegenkopplung unwirksam und man erhält $A \approx A_W \approx -SR_C$. Dazwischen liegt ein Übergangsbereich. Der Kondensator C_E muss so dimensioniert werden, dass f_2 kleiner als die kleinste interessierende Signalfrequenz ist.

Das Kleinsignalersatzschaltbild nach Abb. 2.78 zeigt ferner, dass am Eingang die Parallelschaltung von R_1 und R_2 auftritt, die bei der Berechnung des Eingangswiderstands r_e zu berücksichtigen ist; für $f > f_2$ gilt:

$$r_e = r_{BE} \,||\, R_1 \,||\, R_2$$

Man darf R_1 und R_2 nicht zu klein wählen, da sonst der Eingangswiderstand stark abnimmt.

Möchte man auch für Wechselspannungen, d.h. für $f > f_2$, eine Stromgegenkopplung haben, z.B. zur Verringerung der nichtlinearen Verzerrungen, und soll dabei die Wechselspannungsverstärkung größer sein als die Gleichspannungsverstärkung, kann man eine der in Abb. 2.80 gezeigten Varianten verwenden. Abbildung 2.81 fasst die Kenngrößen zusammen.

Bei der Schaltung nach Abb. 2.80c wird eine Konstantstromquelle mit dem Strom I_K und dem Innenwiderstand r_K zur Arbeitspunkteinstellung verwendet; damit gilt $I_{C,A} \approx I_K$. Wegen $r_K \gg R_C$ ist die Gleichspannungsverstärkung A_G und damit die durch den Transistor verursachte Temperaturdrift sehr klein; die Temperaturdrift der Schaltung hängt in diesem Fall von der Temperaturdrift der Konstantstromquelle ab:

$$\left. \frac{dU_a}{dT} \right|_A \approx -\frac{R_C}{r_K} \cdot 1{,}7 \,\frac{mV}{K} - R_C \frac{dI_K}{dT} \stackrel{r_K \gg R_C}{\approx} -R_C \frac{dI_K}{dT}$$

Beispiel: Ein Signal mit einer Amplitude $\hat{u}_g = 10\,\text{mV}$, das von einer Quelle mit einem Innenwiderstand $R_g = 10\,\text{k}\Omega$ geliefert wird, soll auf $\hat{u}_a = 200\,\text{mV}$ verstärkt und an eine Last $R_L = 10\,\text{k}\Omega$ abgegeben werden. Es wird eine untere Grenzfrequenz $f_U = 20\,\text{Hz}$ und ein Klirrfaktor $k < 1\%$ gefordert. Die Versorgungsspannung beträgt $U_b = 12\,\text{V}$. Aus (2.87) folgt, dass mit $\hat{u}_e \approx \hat{u}_g = 10\,\text{mV}$ und $k < 0{,}01$ eine Stromgegenkopplung mit

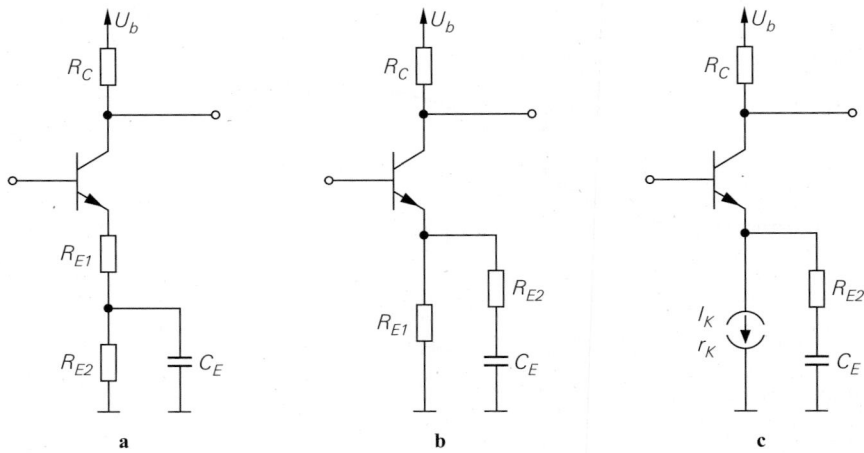

Abb. 2.80. Arbeitspunkteinstellung mit Gleich- und Wechselstromgegenkopplung

$SR_E > 2{,}2$ erforderlich ist; es muss also eine Emitterschaltung mit Wechselstromgegen-kopplung verwendet werden. Die Betriebsverstärkung A_B erhält man aus (2.76), indem man für A und r_a die Werte der Emitterschaltung mit Stromgegenkopplung nach (2.82) und (2.84) einsetzt:

$$A_B = \frac{r_e}{r_e + R_g} A \frac{R_L}{R_L + r_a} \approx -\frac{r_e}{r_e + R_g} \frac{S(R_C \,\|\, R_L)}{1 + SR_E}$$

Es wird $A_B = \hat{u}_a/\hat{u}_g = 20$ gefordert. Die durch den Eingangswiderstand r_e verursach-te Abschwächung kann noch nicht berücksichtigt werden, da r_e noch nicht bekannt ist; es wird deshalb zunächst $r_e \to \infty$ angenommen. Um die Abschwächung durch den Ausgangswiderstand $r_a \approx R_C$ klein zu halten, wird $R_C = 5\,\text{k}\Omega < R_L$ gewählt. Unter Berücksichtigung von $SR_E > 2{,}2$ erhält man $R_E = 115\,\Omega \to 120\,\Omega$ [19], $S = 21{,}3\,\text{mS}$ und $I_{C,A} = S\,U_T \approx 0{,}55\,\text{mA}$. Nimmt man für den Transistor $B \approx \beta \approx 400$ und $I_S \approx 7\,\text{fA}$ an, folgt $U_{BE,A} \approx 0{,}65\,\text{V}$, $I_{B,A} \approx 1{,}4\,\mu\text{A}$ und $r_{BE} \approx 19\,\text{k}\Omega$. Um einen

	Abb. 2.77	Abb. 2.80a	Abb. 2.80b und Abb. 2.80c ($R_{E1} = r_K$)
A_W	$-SR_C$	$-\dfrac{SR_C}{1 + SR_{E1}}$	$-\dfrac{SR_C}{1 + S(R_{E1}\|R_{E2})}$
A_G	$-\dfrac{R_C}{R_E}$	$-\dfrac{R_C}{R_{E1} + R_{E2}}$	$-\dfrac{R_C}{R_{E1}}$
ω_1	$\dfrac{1}{C_E R_E}$	$\dfrac{1}{C_E R_{E2}}$	$\dfrac{1}{C_E(R_{E1} + R_{E2})}$
ω_2	$\dfrac{S}{C_E}$	$\dfrac{1}{C_E((1/S + R_{E1})\|R_{E2})}$	$\dfrac{S}{C_E(1 + SR_{E2})}$
Annahme	$SR_E \gg 1$	$S(R_{E1} + R_{E2}) \gg 1$	$SR_{E1} \gg 1$

Abb. 2.81. Kenngrößen der Emitterschaltung mit Gleichstromgegenkopplung

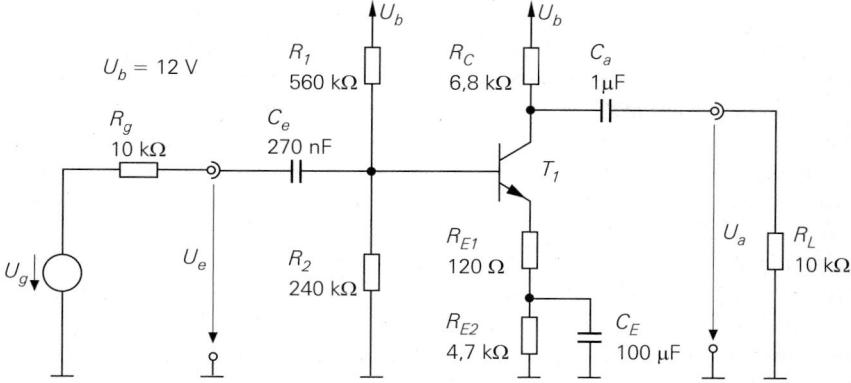

Abb. 2.82. Dimensioniertes Beispiel einer Emitterschaltung mit Gleich- und Wechselstromgegen-
kopplung

stabilen Arbeitspunkt zu erhalten, wird eine zusätzliche Gleichstromgegenkopplung nach
Abb. 2.80a mit $R_{E1} = R_E$ und $R_{E2} = 4{,}7\,\mathrm{k}\Omega \approx R_C$ verwendet, siehe Abb. 2.82; damit
liegt die Gleichstromverstärkung etwa bei Eins und die Temperaturdrift ist entsprechend
gering. Für die Spannung an der Basis folgt $U_{B,A} \approx I_{C,A}\,(R_{E1} + R_{E2}) + U_{BE,A} \approx 3{,}3\,\mathrm{V}$.
Durch den Basisspannungsteiler soll ein Querstrom $I_Q = 10 I_{B,A}$ fließen; daraus folgt
$R_2 = U_{B,A}/I_Q \approx 240\,\mathrm{k}\Omega$ und $R_1 = \left(U_b - U_{B,A}\right)/\left(I_Q + I_{B,A}\right) \approx 560\,\mathrm{k}\Omega$. Jetzt
kann man den Eingangswiderstand bestimmen: $r_e = R_1 \,\|\, R_2 \,\|\, (r_{BE} + \beta R_{E1}) \approx 48\,\mathrm{k}\Omega$.
Mit $R_g = 10\,\mathrm{k}\Omega$ erhält man durch r_e eine Abnahme der Verstärkung um den Faktor
$1 + R_g/r_e \approx 1{,}2$. Diese Abnahme lässt sich ausgleichen, indem man den Wert für
$(R_C \,\|\, R_L)$ durch nachträgliches Ändern von R_C um diesen Faktor vergrößert; man erhält
$R_C = 6{,}8\,\mathrm{k}\Omega$. Damit sind alle Widerstände dimensioniert, siehe Abb. 2.82. Abschließend
sind die durch die Kondensatoren C_e, C_a und C_E verursachten Hochpässe so auszulegen,
dass $f_U = 20\,\mathrm{Hz}$ gilt. Nimmt man vereinfachend an, dass sich die Hochpässe nicht gegenseitig beeinflussen und deshalb ein Filter der Ordnung $N = 3$ mit *kritischer Dämpfung*
bilden, ist jeder Hochpass gemäß Abschnitt 12.1 auf eine Grenzfrequenz von

$$f'_U = f_U \sqrt{\sqrt[N]{2} - 1} \overset{N=3}{=} f_U \sqrt{\sqrt[3]{2} - 1} \approx 10\,\mathrm{Hz}$$

auszulegen:

$$C_e = \frac{1}{2\pi f'_U \left(R_g + r_e\right)} = 274\,\mathrm{nF} \rightarrow 270\,\mathrm{nF}$$

$$C_a = \frac{1}{2\pi f'_U \left(R_C + R_L\right)} = 947\,\mathrm{nF} \rightarrow 1\,\mu\mathrm{F}$$

$$C_E = \frac{1}{2\pi f'_U \left((1/S + R_{E1}) \,\|\, R_{E2}\right)} = 99\,\mu\mathrm{F} \rightarrow 100\,\mu\mathrm{F}$$

2.4.1.7.5 Einsatz der Wechselspannungskopplung

Die Wechselspannungskopplung kann nur eingesetzt werden, wenn keine Gleichspannungen zu übertragen sind, d.h. wenn der Verstärker Hochpassverhalten aufweisen darf.
Eine Ausnahme bilden Wechselspannungsverstärker mit sehr niedriger unterer Grenz-

frequenz, bei denen die Koppelkondensatoren sehr große Werte annehmen können; man muss deshalb in der Praxis oft auch dann eine direkte Kopplung vornehmen, wenn keine Gleichspannungen verstärkt werden müssen.

Der wesentliche Vorteil der Wechselspannungskopplung liegt in der Unabhängigkeit von den Gleichspannungen an der Signalquelle und der Last. Das Hochpassverhalten hat zur Folge, dass sich die Temperaturdrift nur innerhalb der jeweiligen Stufe als Arbeitspunktverschiebung bemerkbar macht und nicht, wie bei direkter Kopplung, auf nachfolgende Stufen übertragen wird.

Trotz der Vorteile, die die Wechselspannungskopplung bei reinen Wechselspannungsverstärkern bietet, wird sie in der Praxis wegen der zusätzlich benötigten Kondensatoren und Widerstände nach Möglichkeit vermieden. Dies gilt besonders für Niederfrequenzverstärker, da dort wegen der großen Kapazitätswerte Elektrolytkondensatoren eingesetzt werden müssen, die groß und teuer sind und eine hohe Ausfallrate aufweisen. Bei Hochfrequenzverstärkern ist die Wechselspannungskopplung weit verbreitet; man kann dort keramische Kondensatoren im Pikofarad-Bereich einsetzen, die klein und vergleichsweise billig sind. In integrierten Schaltungen wird die Wechselspannungskopplung wegen der schlechten Integrierbarkeit von Kondensatoren nur in Ausnahmefällen eingesetzt. Werden dennoch Kondensatoren benötigt, müssen sie oft extern angeschlossen werden.

2.4.1.7.6 Arbeitspunkteinstellung bei Gleichspannungskopplung

Bei Gleichspannungskopplung, auch als *direkte* oder *galvanische* Kopplung bezeichnet, wird der Verstärker oder die Verstärkerstufe direkt mit der Signalquelle und mit der Last verbunden. Dabei müssen die im Arbeitspunkt vorliegenden Gleichspannungen am Eingang und am Ausgang, i.e. $U_{e,A}$ und $U_{a,A}$, an die Gleichspannungen der Signalquelle und der Last angepasst werden. Bei mehrstufigen Verstärkern kann der Arbeitspunkt der einzelnen Stufen nicht mehr getrennt eingestellt werden.

Die Gleichspannungskopplung wird bei mehrstufigen Verstärkern fast immer in Verbindung mit einer Gegenkopplung über alle Stufen eingesetzt; dabei sind die einzelnen Stufen direkt gekoppelt und der Arbeitspunkt wird durch die Gegenkopplung eingestellt. Oft wird $U_{e,A} = U_{a,A}$ gefordert, d.h. der Verstärker soll den Gleichspannungsanteil im Signal nicht verändern.

Beispiel: Abbildung 2.83 zeigt einen gleichspannungsgekoppelten Verstärker mit zwei Stufen in Emitterschaltung und einer Gegenkopplung über beide Stufen. Die erste Stufe besteht aus dem npn-Transistor T_1 und dem Widerstand R_1, die zweite aus dem pnp-Transistor T_2 und dem Widerstand R_2; die Widerstände R_3, R_4 und R_5 bilden die Gegenkopplung zur Arbeitspunkt- und Verstärkungseinstellung. Der Verstärker ist für $U_{e,A} = U_{a,A} = 2,5$ V und $A = 10$ ausgelegt. Bei einer Emitterschaltung mit npn-Transistor ist im Arbeitspunkt die Ausgangsspannung größer als die Eingangsspannung, bei einer Emitterschaltung mit pnp-Transistor dagegen kleiner. Deshalb ist es wegen der Forderung $U_{e,A} = U_{a,A}$ zweckmäßig, in der zweiten Stufe einen pnp-Transistor zu verwenden.

Zur Berechnung des Arbeitspunkts geht man von $U_{a,A} = 2,5$ V aus. Vernachlässigt man den Strom durch R_3, erhält man $I_{C2,A} \approx -U_{a,A}/R_2 \approx -1,4$ mA. Mit $I_{S2} = 1$ fA und $\beta_2 = 300$ [19] folgt $U_{EB2,A} = U_T \ln\left(-I_{C2,A}/I_{S2}\right) \approx 0,73$ V und $I_{B2,A} \approx -4,7\,\mu$A. Daraus folgt $I_{C1,A} = U_{EB2,A}/R_1 - I_{B2,A} \approx 78\,\mu$A. Aus der Knotengleichung

$$\frac{U_{E,A}}{R_4} = \frac{U_{a,A} - U_{E,A}}{R_3} + \frac{U_b - U_{E,A}}{R_5} + I_{C1,A}$$

[19] Typische Werte für einen pnp-Kleinleistungstransistor BC557B.

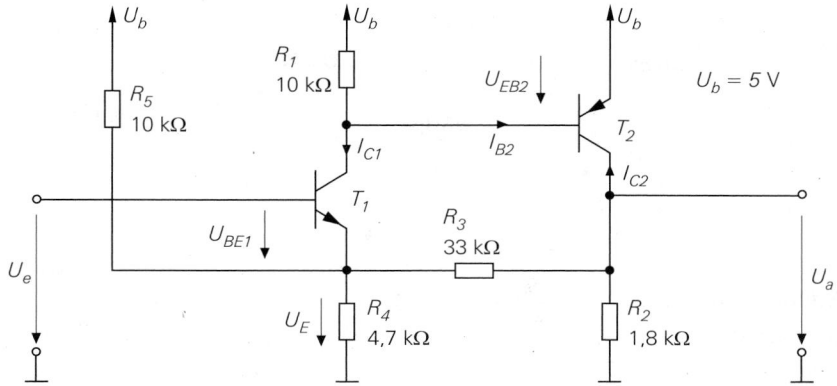

Abb. 2.83. Beispiel für einen gleichspannungsgekoppelten Verstärker mit zwei Stufen in Emitterschaltung und Gegenkopplung

am Emitteranschluss von T_1 erhält man $U_{E,A} = 1,9\,\text{V}$. Mit $I_{S1} = 7\,\text{fA}$ folgt $U_{BE1,A} = U_T \ln\left(I_{C1,A}/I_{S2}\right) \approx 0,6\,\text{V}$ und daraus $U_{e,A} = U_{BE1,A} + U_{E,A} \approx 2,5\,\text{V}$. Abschließend muss noch geprüft werden, ob die Vernachlässigung des Stroms durch R_3 bei der Berechnung von $I_{C2,A}$ zulässig ist: $I_{R3} = \left(U_{a,A} - U_{E,A}\right)/R_3 \approx 18\,\mu\text{A} \ll |I_{C2,A}|$.

Diese Berechnung verdeutlicht noch einmal die Vorgehensweise bei der Berechnung von Arbeitspunkten. Sie bildet auch die Grundlage für die Dimensionierung der Schaltung, die nicht direkt, sondern nur durch eine iterative Berechnung erfolgen kann; dabei muss man die Werte der Widerstände nach jeder Iteration geeignet anpassen.

2.4.1.7.7 Einsatz der Gleichspannungskopplung

Eine Gleichspannungskopplung ist unumgänglich, wenn Gleichspannungen verstärkt werden müssen [20]. Aber auch bei mehrstufigen Wechselspannungsverstärkern werden die einzelnen Stufen nach Möglichkeit direkt gekoppelt, um die Koppelkondensatoren und die zusätzlichen Widerstände einzusparen.

Nachteilig ist, dass bei der Gleichspannungskopplung eine durch Temperaturdrift verursachte Arbeitspunktverschiebung in einer Verstärkerstufe auf die Last übertragen wird; folgen weitere Stufen, wird die Drift von diesen weiter verstärkt. Man muss deshalb bei der Gleichspannungskopplung besondere Maßnahmen zur Driftunterdrückung vorsehen oder Schaltungsvarianten mit geringer Drift, z.B. Differenzverstärker, einsetzen.

2.4.1.8 Frequenzgang und obere Grenzfrequenz

Die Kleinsignalverstärkung A und die Betriebsverstärkung A_B gelten in der bisher berechneten Form nur für niedrige Signalfrequenzen; bei höheren Frequenzen nehmen beide aufgrund der Transistorkapazitäten ab. Um eine Aussage über den Frequenzgang und die obere Grenzfrequenz zu bekommen, muss man bei der Berechnung das dynamische Kleinsignalmodell des Transistors nach Abb. 2.41 auf Seite 81 verwenden; dabei wird neben der Emitterkapazität C_E und der Kollektorkapazität C_C der Basisbahnwiderstand R_B berücksichtigt.

---

[20] Eine Ausnahme bilden spezielle Schaltungskonzepte wie der *Chopper-Verstärker* oder Verstärker mit geschalteten Kapazitäten, bei denen der Gleichanteil des Signals über einen getrennten Pfad übertragen wird.

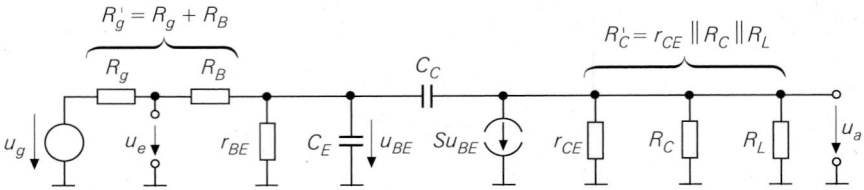

Abb. 2.84. Dynamisches Kleinsignalersatzschaltbild der Emitterschaltung ohne Gegenkopplung

2.4.1.8.1 Emitterschaltung ohne Gegenkopplung

Abbildung 2.84 zeigt das dynamische Kleinsignalersatzschaltbild der Emitterschaltung ohne Gegenkopplung. Für die *Betriebsverstärkung* $\underline{A}_B(s) = \underline{u}_a(s)/\underline{u}_g(s)$ erhält man mit $R'_g = R_g + R_B$ und $R'_C = R_L \parallel R_C \parallel r_{CE}$:

$$\underline{A}_B(s) = - \frac{(S - sC_C)\, R'_C}{1 + \dfrac{R'_g}{r_{BE}} + s\left(C_E R'_g + C_C\left(R'_g + R'_C + SR'_C R'_g\right)\right) + s^2 C_E C_C R'_g R'_C} \tag{2.99}$$

Abbildung 2.85 zeigt den Betragsfrequenzgang mit den Knickfrequenzen f_{P1} und f_{P2} der beiden Pole und der Knickfrequenz f_N der Nullstelle. Die Nullstelle kann aufgrund der kleinen Zeitkonstante $C_C S^{-1} = (2\pi f_N)^{-1}$ vernachlässigt werden. Die beiden Pole sind reell und liegen weit auseinander. Man kann den Frequenzgang deshalb näherungsweise durch einen Tiefpass 1. Grades beschreiben, indem man den s^2-Term im Nenner streicht [21]. Mit der Niederfrequenzverstärkung

$$A_0 = \underline{A}_B(0) = - \frac{r_{BE}}{r_{BE} + R'_g}\, SR'_C \tag{2.100}$$

folgt:

$$\underline{A}_B(s) \approx \frac{A_0}{1 + s\left(C_E + C_C\left(1 + SR'_C + \dfrac{R'_C}{R'_g}\right)\right)\left(r_{BE} \parallel R'_g\right)} \tag{2.101}$$

Abbildung 2.85 zeigt die Betragsfrequenzgänge der Näherung (2.101) und des vollständigen Ausdrucks (2.99).

Aus (2.101) erhält man eine Näherung für die *-3dB-Grenzfrequenz* $f_{\text{-}3dB}$, bei der der Betrag der Verstärkung um 3 dB abgenommen hat:

$$\omega_{\text{-}3dB} = 2\pi f_{\text{-}3dB} \approx \frac{1}{\left(C_E + C_C\left(1 + SR'_C + \dfrac{R'_C}{R'_g}\right)\right)\left(r_{BE} \parallel R'_g\right)} \tag{2.102}$$

---

[21] Diese Vorgehensweise entspricht dem aus der Regelungstechnik bekannten *Verfahren der Summenzeitkonstante*, bei dem mehrere Pole zu einem Pol mit der Summe der Zeitkonstanten zusammengefasst werden: $(1 + sT_1)(1 + sT_2)\cdots(1 + sT_n) \approx 1 + s(T_1 + T_2 + \cdots + T_n)$. Der Koeffizient von s ist die *Summenzeitkonstante*. Die Zusammenfassung erfolgt demnach durch Weglassen der höheren Potenzen von s.

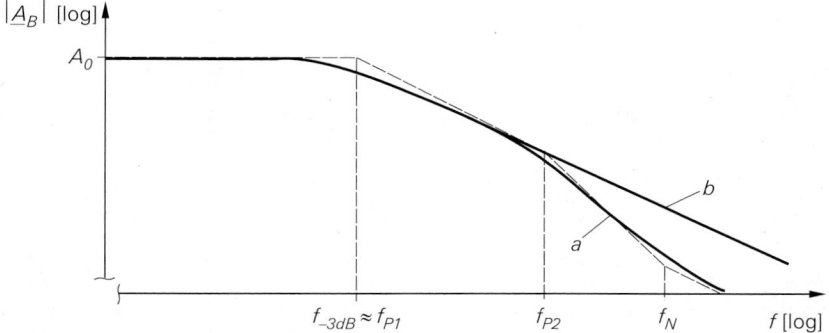

Abb. 2.85. Betragsfrequenzgang $|\underline{A}_B|$ der Emitterschaltung: (**a**) vollständig nach (2.99) und (**b**) Näherung (2.101)

In den meisten Fällen gilt $R_C', R_g' \gg 1/S$; damit erhält man:

$$\omega_{\text{-3dB}} = 2\pi f_{\text{-3dB}} \approx \frac{1}{\left(C_E + C_C S R_C'\right)\left(r_{BE} \| R_g'\right)} \qquad (2.103)$$

Die obere Grenzfrequenz hängt von der Niederfrequenzverstärkung A_0 ab. Geht man davon aus, dass eine Änderung von A_0 durch eine Änderung von R_C' erfolgt und alle anderen Größen konstant bleiben, erhält man durch Auflösen von (2.100) nach R_C' und Einsetzen in (2.102) eine Darstellung mit zwei von A_0 unabhängigen Zeitkonstanten:

$$\omega_{\text{-3dB}}(A_0) \approx \frac{1}{T_1 + T_2|A_0|} \qquad (2.104)$$

$$T_1 = (C_E + C_C)\left(r_{BE} \| R_g'\right) \qquad (2.105)$$

$$T_2 = C_C\left(R_g' + \frac{1}{S}\right) \qquad (2.106)$$

Zwei Bereiche lassen sich unterscheiden:

- Für $|A_0| \ll T_1/T_2$ gilt $\omega_{\text{-3dB}} \approx T_1^{-1}$, d.h. die obere Grenzfrequenz ist nicht von der Verstärkung abhängig. Die maximale obere Grenzfrequenz erhält man für den Grenzfall $A_0 \to 0$ und $R_g = 0$:

$$\omega_{\text{-3dB,max}} \approx \frac{1}{(C_E + C_C)(r_{BE} \| R_B)} \overset{r_{BE} \gg R_B}{\approx} \frac{1}{(C_E + C_C)R_B}$$

Sie entspricht der *Steilheitsgrenzfrequenz* ω_{Y21e}, siehe (2.48).
- Für $|A_0| \gg T_1/T_2$ gilt $\omega_{\text{-3dB}} \approx (T_2|A_0|)^{-1}$, d.h. die obere Grenzfrequenz ist proportional zum Kehrwert der Verstärkung und man erhält ein konstantes *Verstärkungs-Bandbreite-Produkt* (*gain-bandwidth-product*, *GBW*):

$$GBW = f_{\text{-3dB}}|A_0| \approx \frac{1}{2\pi T_2} \qquad (2.107)$$

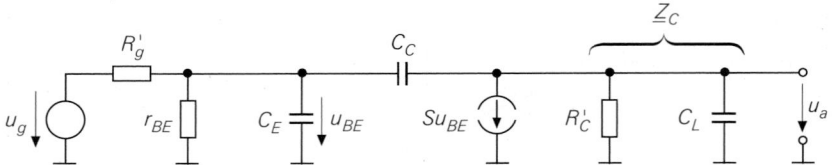

Abb. 2.86. Kleinsignalersatzschaltbild der Emitterschaltung mit kapazitiver Last C_L

Das Verstärkungs-Bandbreite-Produkt *GBW* ist eine wichtige Kenngröße, da es eine absolute Obergrenze für das Produkt aus dem Betrag der Verstärkung bei niedrigen Frequenzen und der oberen Grenzfrequenz darstellt, d.h. für alle Werte von $|A_0|$ gilt $GBW \geq f_{-3dB}|A_0|$.

Für $1/S \ll R_g' \ll r_{BE}$ kann man (2.102) näherungsweise in der Form

$$\omega_{-3dB} \approx \frac{1}{R_g' \left(C_E + C_C \left(1 + |A_0|\right)\right)}$$

schreiben. Diese Darstellung zeigt, dass C_C im Vergleich zu C_E mit dem Faktor $(1 + |A_0|)$ in die Grenzfrequenz eingeht. Dieser Effekt wird *Miller-Effekt* genannt und beruht darauf, dass bei niedrigen Frequenzen an C_C die verstärkte Spannung

$$u_{BE} - u_a \approx u_g - u_a = u_g (1 - A_0) = u_g (1 + |A_0|)$$

auftritt, während an C_E nur die Spannung $u_{BE} \approx u_g$ anliegt; die Näherung $u_g \approx u_{BE}$ folgt aus der Voraussetzung $r_{BE} \gg R_g'$. Die Kapazität C_C wird auch als *Miller-Kapazität* C_M bezeichnet.

Oft besitzt die Last neben dem ohmschen auch einen kapazitiven Anteil, d.h. parallel zum Lastwiderstand R_L tritt eine Lastkapazität C_L auf. Man kann den Einfluss von C_L ermitteln, indem man den Widerstand $R_C' = r_{CE} \| R_C \| R_L$ durch eine Impedanz

$$\underline{Z}_C(s) = R_C' \| \frac{1}{sC_L} = \frac{R_C'}{1 + sC_L R_C'} \tag{2.108}$$

ersetzt, siehe Abb. 2.86. Setzt man $\underline{Z}_C(s)$ in (2.99) ein, führt die Vernachlässigungen entsprechend (2.101) durch und bestimmt die Zeitkonstanten T_1 und T_2, stellt man fest, dass sich T_1 nicht ändert; für T_2 erhält man:

$$T_2 = \left(C_C + \frac{C_L}{\beta}\right) R_g' + \frac{C_C + C_L}{S} \tag{2.109}$$

Durch die Lastkapazität C_L wird das Verstärkungs-Bandbreite-Produkt *GBW* entsprechend der Zunahme von T_2 verringert, siehe (2.107).

2.4.1.8.2 Ersatzschaltbild

Man kann die Emitterschaltung näherungsweise durch das Ersatzschaltbild nach Abb. 2.87 beschreiben. Es folgt aus Abb. 2.63 durch Ergänzen der *Eingangskapazität* C_e und der *Ausgangskapazität* C_a und eignet sich nur zur näherungsweisen Berechnung der Verstärkung $\underline{A}_B(s)$ und der oberen Grenzfrequenz f_{-3dB}. Man erhält C_e und C_a aus der Bedingung, dass eine Berechnung von $\underline{A}_B(s)$ auf der Basis der Ersatzgrößen nach Streichen des s^2-Terms im Nenner auf die Gleichung (2.101) führen muss:

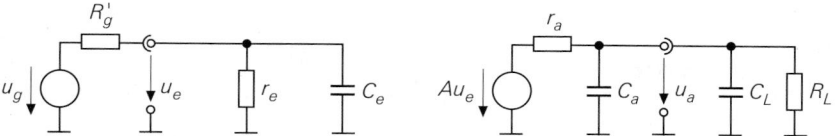

Abb. 2.87. Ersatzschaltbild mit den Ersatzgrößen A, r_e, r_a, C_e und C_a

$$C_e \approx C_E + C_C \left(1 + |A_0|\right) \tag{2.110}$$

$$C_a \approx C_C \frac{r_{BE}}{r_{BE} + R'_g} \tag{2.111}$$

Beide hängen von der Beschaltung am Eingang und am Ausgang ab, da A_0 und R'_g von R_g und R_L abhängen; man kann sie also erst dann angeben, wenn R_g und R_L bekannt sind. A, r_e und r_a sind durch (2.73)–(2.75) gegeben und hängen nicht von der Beschaltung ab. Der Basisbahnwiderstand R_B wird als Bestandteil des Innenwiderstands des Signalgenerators angesehen: $R'_g = R_g + R_B$.

Wenn eine weitere Verstärkerstufe folgt, sind R_L und C_L durch r_e und C_e dieser Stufe gegeben. Das Ersatzschaltbild nach Abb. 2.87 ist leicht kaskadierbar, wenn man R'_g mit r_a, r_e mit R_L und C_e mit $C_L + C_a$ identifiziert; dabei wird der Basisbahnwiderstand R_B der folgenden Stufe, der in Abb. 2.87 *zwischen* C_a und C_L zu liegen käme, ohne merklichen Fehler auf die linke Seite von C_a verschoben und mit r_a zusammengefasst.

Beispiel: Für das Zahlenbeispiel zur Emitterschaltung ohne Gegenkopplung nach Abb. 2.59a wurde $I_{C,A} = 2\,\text{mA}$ gewählt. Mit $\beta = 400$, $U_A = 100\,\text{V}$, $C_{obo} = 3,5\,\text{pF}$ und $f_T = 160\,\text{MHz}$ erhält man aus Abb. 2.45 auf Seite 86 die Kleinsignalparameter $S = 77\,\text{mS}$, $r_{BE} = 5,2\,\text{k}\Omega$, $r_{CE} = 50\,\text{k}\Omega$, $C_C = 3,5\,\text{pF}$ und $C_E = 73\,\text{pF}$. Mit $R_g = R_C = 1\,\text{k}\Omega$, $R_L \to \infty$ und $R'_g \approx R_g$ folgt aus (2.100) $A_0 \approx -63$, aus (2.102) $f_{-3dB} \approx 543\,\text{kHz}$ und aus (2.103) $f_{-3dB} \approx 554\,\text{kHz}$. Aus (2.105) folgt $T_1 \approx 64\,\text{ns}$, aus (2.106) $T_2 \approx 3,55\,\text{ns}$ und aus (2.107) $GBW \approx 45\,\text{MHz}$. Mit einer Lastkapazität $C_L = 1\,\text{nF}$ erhält man aus (2.109) $T_2 \approx 19\,\text{ns}$, aus (2.104) $f_{-3dB} \approx 126\,\text{kHz}$ und aus (2.107) $GBW \approx 8,4\,\text{MHz}$.

2.4.1.8.3 Emitterschaltung mit Stromgegenkopplung

Der Frequenzgang und die obere Grenzfrequenz der Emitterschaltung mit Stromgegenkopplung nach Abb. 2.64a lassen sich aus den entsprechenden Größen der Emitterschaltung ohne Gegenkopplung ableiten. Abbildung 2.88a zeigt einen Teil des Kleinsignalersatzschaltbilds aus Abb. 2.84 mit dem zusätzlichen Widerstand R_E der Stromgegenkopplung; der Widerstand r_{CE} wird dabei vernachlässigt. Dieser Teil lässt sich in die in Abb. 2.88b gezeigte Darstellung umwandeln [22], die wieder auf das ursprüngliche Kleinsignalersatzschaltbild nach Abb. 2.84 zurückführt; dabei gilt:

$$r'_{BE} = r_{BE} \left(1 + SR_E\right) \tag{2.112}$$

$$S' = \frac{S}{1 + SR_E} \tag{2.113}$$

---

[22] Diese Umwandlung ist keine Äquivalenzumwandlung, da sie auf der Vernachlässigung eines Pols in der Y-Matrix beruht. Die Grenzfrequenz dieses Pols liegt jedoch für jeden beliebigen Wert von R_E oberhalb der Transitfrequenz f_T des Transistor und damit in einem Bereich, in dem das Kleinsignalmodell des Transistors ohnehin nicht mehr gilt; die Umwandlung ist deshalb *praktisch* äquivalent [2.11].

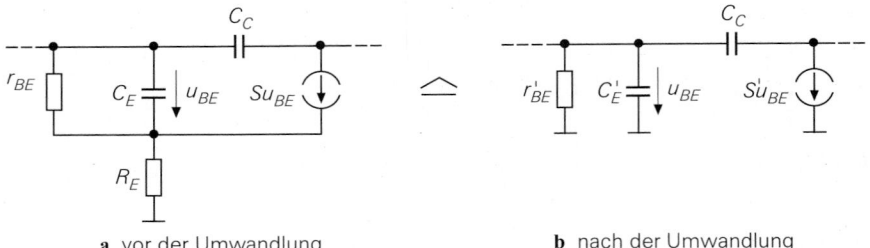

a vor der Umwandlung   **b** nach der Umwandlung

Abb. 2.88. Umwandlung des Kleinsignalersatzschaltbilds der Emitterschaltung mit Stromgegenkopplung

$$C'_E = \frac{C_E}{1 + SR_E} \tag{2.114}$$

Man kann demnach einen Transistor mit einem Widerstand R_E zur Stromgegenkopplung
in einen äquivalenten Transistor ohne Stromgegenkopplung umwandeln, indem man r_{BE}, S
und C_E durch r'_{BE}, S' und C'_E ersetzt; dabei entspricht S' der bereits in (2.85) eingeführten
reduzierten Steilheit S_{red}.

Man kann nun die äquivalenten Werte in die Gleichungen (2.104)–(2.107) für die
Emitterschaltung ohne Gegenkopplung einsetzen. Dabei fällt auf, dass sich T_2 und das
Verstärkungs-Bandbreite-Produkt *GBW* bei hohen Innenwiderständen der Signalquelle,
d.h. $R'_g \gg 1/S'$, durch die Stromgegenkopplung nicht ändern, da sie in diesem Fall nur
von R'_g und C_C abhängen. Daraus folgt für den Bereich $|A_0| > T_1/T_2$ mit konstantem
GBW, dass die obere Grenzfrequenz durch die Stromgegenkopplung genau in dem Maße
zunimmt, wie die Verstärkung abnimmt. Man kann demnach mit einer Stromgegenkopplung die obere Grenzfrequenz auf Kosten der Verstärkung erhöhen, das Produkt aus beiden
aber nicht steigern.

Den Einfluss einer Lastkapazität C_L kann man mit (2.109) durch Einsetzen der äquivalenten Werte, hier S' anstelle von S, ermitteln. Bei starker Stromgegenkopplung wirken sich
bereits kleine Werte für C_L vergleichsweise stark aus, da T_2 wegen $S' \ll S$ vergleichsweise stark zunimmt; das Verstärkungs-Bandbreite-Produkt *GBW* nimmt entsprechend stark
ab.

Die Emitterschaltung mit Stromgegenkopplung kann näherungsweise durch das Ersatzschaltbild nach Abb. 2.87 beschrieben werden. Die Eingangskapazität C_e und die
Ausgangskapazität C_a erhält man aus (2.110) und (2.111), indem man für r_{BE} und C_E die
äquivalenten Werte r'_{BE} und C'_E einsetzt; A, r_e und r_a sind durch (2.82)–(2.84) gegeben.

Beispiel: Für das Zahlenbeispiel zur Emitterschaltung mit Stromgegenkopplung nach
Abb. 2.64a wurde $I_{C,A} = 1{,}5\,\text{mA}$ gewählt. Mit $\beta = 400$, $C_{obo} = 3{,}5\,\text{pF}$ und $f_T =
150\,\text{MHz}$ erhält man aus Abb. 2.45 auf Seite 86 die Kleinsignalparameter $S = 58\,\text{mS}$,
$r_{BE} = 6{,}9\,\text{k}\Omega$, $C_C = 3{,}5\,\text{pF}$ und $C_E = 58\,\text{pF}$; r_{CE} wird vernachlässigt. Die Umwandlung
nach (2.112)–(2.114) liefert mit $R_E = 500\,\Omega$ die äquivalenten Werte $r'_{BE} = 207\,\text{k}\Omega$,
$S' = 1{,}93\,\text{mS}$ und $C'_E = 1{,}93\,\text{pF}$. Mit $R_g = R_C = 1\,\text{k}\Omega$, $R_L \to \infty$ und $R'_g \approx R_g$
erhält man aus (2.100) $A_0 \approx -1{,}93$, aus (2.105) $T_1 \approx 5{,}4\,\text{ns}$, aus (2.106) $T_2 \approx 5{,}3\,\text{ns}$,
aus (2.104) $f_{-3dB} \approx 10\,\text{MHz}$ und aus (2.107) $GBW \approx 30\,\text{MHz}$. Mit einer Lastkapazität
$C_L = 1\,\text{nF}$ folgt aus (2.109) $T_2 \approx 526\,\text{ns}$, aus (2.104) $f_{-3dB} \approx 156\,\text{kHz}$ und aus (2.107)
$GBW \approx 303\,\text{kHz}$.

Ein Vergleich mit dem Beispiel zur Emitterschaltung ohne Gegenkopplung auf Seite 133 zeigt, dass das Verstärkungs-Bandbreite-Produkt *GBW* ohne Lastkapazität gleich ist; deshalb ist dort die obere Grenzfrequenz wegen der 30-fach größeren Verstärkung etwa um den Faktor 30 geringer. Für $C_L = 1$ nF ist die obere Grenzfrequenz trotz der unterschiedlichen Verstärkung etwa gleich; in diesem Fall überwiegt der Einfluss von T_2 und man erhält für beide Schaltungen $(\omega_{\text{-}3dB})^{-1} \approx T_2 |A_0| \approx C_L R'_C \approx 1 \,\mu\text{s}$.

2.4.1.8.4 Emitterschaltung mit Spannungsgegenkopplung

Abbildung 2.89 zeigt das Kleinsignalersatzschaltbild der Emitterschaltung mit Spannungsgegenkopplung; dabei gilt wie bisher $R'_C = r_{CE} \| R_C \| R_L$. Die Berechnung von $\underline{A}_B(s)$ ist aufwendig. Man kann jedoch die Ergebnisse der Emitterschaltung verwenden, wenn man, wie in Abb. 2.89 gezeigt, den Basisbahnwiderstand R_B vernachlässigt, d.h. kurzschließt, und in (2.99) für C_C die Parallelschaltung aus C_C und R_2 und für R'_g den Widerstand $R'_1 = R_1 + R_g$ einsetzt. Mit $R'_1, R_2, R'_C \gg 1/S$ und $r_{BE} \gg R'_1$ erhält man eine für die Praxis ausreichend genaue Näherung:

$$A_0 \approx -\frac{R_2}{R'_1 + \dfrac{R_2}{SR'_C}} \overset{SR'_C R'_1 \gg R_2}{\approx} -\frac{R_2}{R'_1} \tag{2.115}$$

$$\underline{A}_B(s) \approx \frac{A_0}{1 + s\left(\dfrac{C_E}{S}\left(1 + \dfrac{R_2}{R'_C}\right) + C_C R_2\right) + s^2 \dfrac{C_E C_C R_2}{S}} \tag{2.116}$$

Obwohl die beiden Pole nicht so weit auseinander liegen wie bei der Emitterschaltung ohne Gegenkopplung und der Emitterschaltung mit Stromgegenkopplung, kann man die obere Grenzfrequenz durch Vernachlässigen des s^2-Terms im Nenner von $\underline{A}_B(s)$ ausreichend genau abschätzen:

$$\omega_{\text{-}3dB} = 2\pi f_{\text{-}3dB} \approx \frac{1}{\dfrac{C_E}{S}\left(1 + \dfrac{R_2}{R'_C}\right) + C_C R_2} \tag{2.117}$$

Sie hängt von A_0 ab. Geht man von $A_0 \approx -R_2/R'_1$ aus und nimmt an, dass eine Änderung von A_0 durch eine Änderung von R_2 erfolgt und R'_1 konstant bleibt, erhält man eine einfache explizite Darstellung mit zwei von A_0 unabhängigen Zeitkonstanten:

$$\omega_{\text{-}3dB}(A_0) \approx \frac{1}{T_1 + T_2 |A_0|} \tag{2.118}$$

$$T_1 = \frac{C_E}{S} \tag{2.119}$$

$$T_2 = \left(\frac{C_E}{SR'_C} + C_C\right) R'_1 \tag{2.120}$$

Den Einfluss einer Lastkapazität kann man entsprechend der Vorgehensweise bei der Emitterschaltung ohne Gegenkopplung durch den Übergang $R'_C \to \underline{Z}_C(s)$ nach (2.108) ermitteln; es folgt:

$$T_1 = \frac{C_E + C_L}{S} \tag{2.121}$$

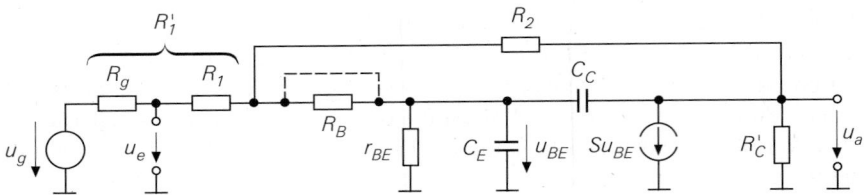

Abb. 2.89. Dynamisches Kleinsignalersatzschaltbild der Emitterschaltung mit Spannungsgegenkopplung

$$T_2 = \left(\frac{C_E}{S R_C'} + C_C \right) R_1' + \frac{C_L}{S} \qquad (2.122)$$

Bei starker Spannungsgegenkopplung können die Pole von $\underline{A}_B(s)$ auch konjugiert komplex
sein; in diesem Fall kann die obere Grenzfrequenz durch (2.118)–(2.122) nur sehr grob
abgeschätzt werden.

Auch die Emitterschaltung mit Spannungsgegenkopplung kann näherungsweise durch
das Ersatzschaltbild nach Abb. 2.87 beschrieben werden. Die Kapazitäten C_e und C_a erhält
man aus der Bedingung, dass eine Berechnung von $\underline{A}_B(s)$ auf (2.116) führen muss, wenn
man die s^2-Terme im Nenner streicht:

$$C_e = 0$$

$$C_a \approx \left(C_E \left(\frac{1}{R_2} + \frac{1}{R_C'} \right) + C_C S \right) \left(R_1' \parallel R_2 \parallel r_{BE} \right)$$

Die Eingangsimpedanz ist demnach rein ohmsch[23]. A, r_e und r_a sind durch (2.91)–(2.93)
gegeben.

Beispiel: Für das Zahlenbeispiel zur Emitterschaltung mit Spannungsgegenkopplung
nach Abb. 2.68a wurde $I_{C,A} = 2,24\,\mathrm{mA}$ gewählt. Mit $\beta = 400$, $C_{obo} = 3,5\,\mathrm{pF}$ und
$f_T = 160\,\mathrm{MHz}$ erhält man aus Abb. 2.45 auf Seite 86 die Kleinsignalparameter $S = 86\,\mathrm{mS}$,
$r_{BE} = 4,6\,\mathrm{k\Omega}$, $C_C = 3,5\,\mathrm{pF}$ und $C_E = 82\,\mathrm{pF}$; r_{CE} wird vernachlässigt. Mit $R_C = R_1 =$
$1\,\mathrm{k\Omega}$, $R_2 = 2\,\mathrm{k\Omega}$, $R_L \to \infty$ und $R_g = 0$ erhält man aus (2.115) $A_0 \approx -1,96$, aus (2.119)
$T_1 \approx 0,95\,\mathrm{ns}$, aus (2.120) $T_2 \approx 4,45\,\mathrm{ns}$, aus (2.118) $f_{-3dB} \approx 16\,\mathrm{MHz}$ und aus (2.107)
$GBW \approx 36\,\mathrm{MHz}$. Mit einer Lastkapazität $C_L = 1\,\mathrm{nF}$ folgt aus (2.121) $T_1 \approx 12,6\,\mathrm{ns}$, aus
(2.122) $T_2 \approx 16,1\,\mathrm{ns}$, aus (2.118) $f_{-3dB} \approx 3,6\,\mathrm{MHz}$ und aus (2.107) $GBW \approx 9,9\,\mathrm{MHz}$.

Ein Vergleich mit dem Beispiel zur Emitterschaltung mit Stromgegenkopplung auf
Seite 134 zeigt, dass man ohne Lastkapazität für beide Schaltungen etwa dieselbe obere
Grenzfrequenz erhält. Mit einer Lastkapazität $C_L = 1\,\mathrm{nF}$ erreicht die Emitterschaltung mit
Spannungsgegenkopplung eine etwa 20fach höhere obere Grenzfrequenz; Ursache hierfür
ist der wesentlich niedrigere Ausgangswiderstand r_a. Deshalb ist die Spannungsgegen-
kopplung bei großen Lastkapazitäten der Stromgegenkopplung vorzuziehen.

2.4.1.9 Zusammenfassung

Die Emitterschaltung kann ohne Gegenkopplung, mit Stromgegenkopplung oder mit Spannungsgegenkopplung betrieben werden. Abbildung 2.90 zeigt die drei Varianten; Abb. 2.91
fasst die wichtigsten Kenngrößen zusammen.

---

[23] In praktisch ausgeführten Schaltungen tritt eine durch den Aufbau bedingte parasitäre Streuka-
pazität von einigen pF auf.

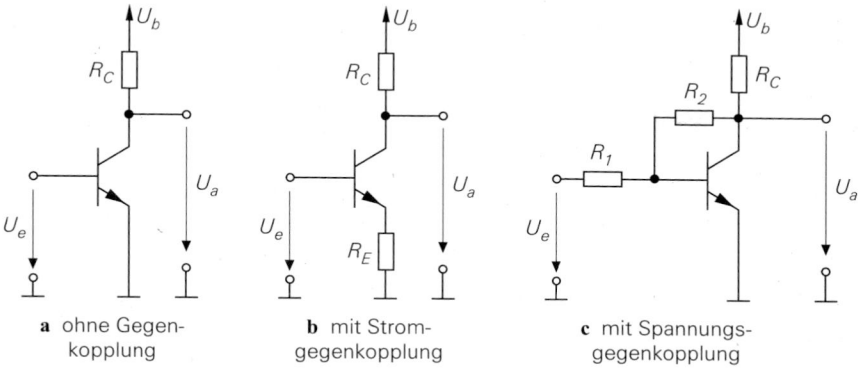

a ohne Gegen-
kopplung

b mit Strom-
gegenkopplung

c mit Spannungs-
gegenkopplung

Abb. 2.90. Varianten der Emitterschaltung

Die Verstärkung der Emitterschaltung ohne Gegenkopplung ist stark vom Arbeitspunkt abhängig; deshalb ist eine genaue und temperaturstabile Einstellung des Arbeitspunkts besonders wichtig. Die starke Arbeitspunktabhängigkeit hat darüber hinaus starke
nichtlineare Verzerrungen zur Folge, da die Schaltung bereits durch eine sehr kleine Aussteuerung um den Arbeitspunkt in Bereiche mit abweichender Verstärkung gerät. Bei den

Parameter	ohne Gegen-kopplung Abb. 2.90a	mit Strom-gegenkopplung Abb. 2.90b	mit Spannungs-gegenkopplung Abb. 2.90c
A	$-SR_C$	$-\dfrac{R_C}{R_E}$	$-\dfrac{R_2}{R_1}$
r_e	r_{BE}	$r_{BE} + \beta R_E$	R_1
r_a	R_C	R_C	$R_C \,\|\, \left(\dfrac{1}{S}\left(1 + \dfrac{R_2}{R_1} \right) + \dfrac{R_2}{\beta} \right)$
k	$\dfrac{\hat{u}_e}{4U_T}$	$\dfrac{\hat{u}_e}{4U_T\,(1 + SR_E)^2}$	$\dfrac{\hat{u}_e\,R_2\,(R_1 + R_2)}{4U_T\,(SR_1\,(R_2\|R_C))^2}$
GBW	$\dfrac{1}{2\pi C_C \left(R_g' + \dfrac{1}{S} \right)}$	$\dfrac{1}{2\pi C_C \left(R_g' + \dfrac{1}{S'} \right)}$	$\dfrac{1}{2\pi \left(\dfrac{C_E}{SR_C'} + C_C \right) R_1'}$
	mit $R_g' = R_g + R_B$	mit $R_g' = R_g + R_B$ und S' nach (2.113)	mit $R_1' = R_1 + R_g$ und $R_C' = R_C\|R_L$

A : Kleinsignal-Spannungsverstärkung im Leerlauf
r_e : Kleinsignal-Eingangswiderstand
r_a : Kleinsignal-Ausgangswiderstand
k : Klirrfaktor bei kleiner Aussteuerung
GBW : Verstärkungs-Bandbreite-Produkt ohne Lastkapazität

Abb. 2.91. Kenngrößen der Emitterschaltung

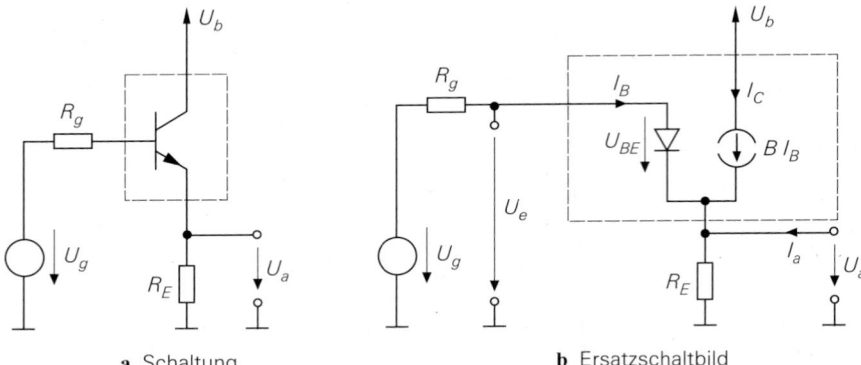

a Schaltung   **b** Ersatzschaltbild

Abb. 2.92. Kollektorschaltung

Varianten mit Gegenkopplung wird die Verstärkung in erster Näherung durch zwei Widerstände bestimmt und hängt deshalb praktisch nicht vom Arbeitspunkt des Transistors ab;
die Arbeitspunkteinstellung ist weniger aufwendig und die Verzerrungen sind bei gleicher
Aussteuerung geringer. Allerdings kann man beim Einsatz einer wirksamen Gegenkopplung nur eine deutlich geringere Verstärkung erzielen.

Bei gleichem Kollektorstrom hat die Emitterschaltung mit Stromgegenkopplung den
größten Eingangswiderstand, belastet also die Signalquelle am wenigsten; es folgen die
Emitterschaltung ohne Gegenkopplung und die Emitterschaltung mit Spannungsgegenkopplung. Der Ausgangswiderstand ist bei der Emitterschaltung mit Spannungsgegenkopplung wesentlich geringer als bei den anderen Varianten; bei niederohmigen und kapazitiven Lasten ist dies vorteilhaft.

Das Verstärkungs-Bandbreite-Produkt ist bei allen Varianten etwa gleich, wenn man
$R'_g \gg 1/S$, $C_E \ll SR'_C C_C$ und $R'_g \approx R'_1$ annimmt. Es hängt aufgrund des Miller-Effekts
maßgeblich von der Kollektor-Kapazität C_C ab.

2.4.2 Kollektorschaltung

Abbildung 2.92a zeigt die Kollektorschaltung bestehend aus dem Transistor, dem Emitterwiderstand R_E, der Versorgungsspannungsquelle U_b und der Signalspannungsquelle
U_g mit dem Innenwiderstand R_g. Für die folgende Untersuchung wird $U_b = 5\,\mathrm{V}$ und
$R_E = R_g = 1\,\mathrm{k\Omega}$ angenommen.

2.4.2.1 Übertragungskennlinie der Kollektorschaltung

Misst man die Ausgangsspannung U_a als Funktion der Signalspannung U_g, erhält man
die in Abb. 2.93 gezeigte Übertragungskennlinie. Für $U_g < 0{,}5\,\mathrm{V}$ ist der Kollektorstrom
vernachlässigbar klein und man erhält $U_a = 0\,\mathrm{V}$. Für $U_g \geq 0{,}5\,\mathrm{V}$ fließt ein mit U_g
zunehmender Kollektorstrom I_C, und die Ausgangsspannung *folgt* der Eingangsspannung
im *Abstand* U_{BE}; deshalb wird die Kollektorschaltung auch als *Emitterfolger* bezeichnet.
Der Transistor arbeitet dabei immer im Normalbetrieb.

Abbildung 2.92b zeigt das Ersatzschaltbild der Kollektorschaltung, bei dem für den
Transistor das vereinfachte Transportmodell nach Abb. 2.27 mit

$$I_C = B I_B = I_S\, e^{\frac{U_{BE}}{U_T}}$$

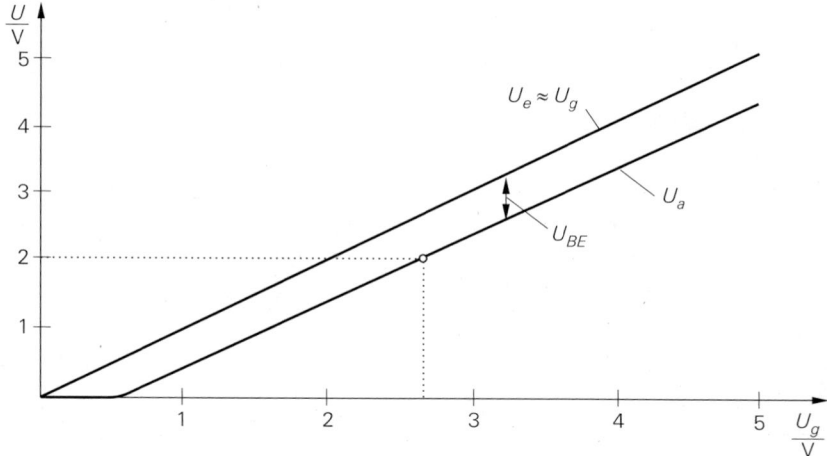

Abb. 2.93. Kennlinien der Kollektorschaltung

eingesetzt ist. Aus Abb. 2.92b folgt:

$$U_a = (I_C + I_B + I_a)\,R_E \approx (I_C + I_a)\,R_E \overset{I_a=0}{=} I_C\,R_E \tag{2.123}$$

$$U_e = U_a + U_{BE} \tag{2.124}$$

$$U_e = U_g - I_B\,R_g = U_g - \frac{I_C\,R_g}{B} \approx U_g \tag{2.125}$$

In (2.125) wird angenommen, dass der Spannungsabfall an R_g vernachlässigt werden kann, wenn B ausreichend groß und R_g ausreichend klein ist; in (2.123) wird der Basisstrom I_B vernachlässigt.

Für $U_e > 1\,\mathrm{V}$ erhält man aus (2.124) mit $U_{BE} \approx 0{,}7\,\mathrm{V}$ die Näherung:

$$U_a \approx U_e - 0{,}7\,\mathrm{V} \tag{2.126}$$

Wegen der nahezu linearen Kennlinie kann der Arbeitspunkt in einem weiten Bereich gewählt werden. Nimmt man $B = \beta = 400$ und $I_S = 7\,\mathrm{fA}$ [24] an, erhält man für den in Abb. 2.93 beispielhaft eingezeichneten Arbeitspunkt mit $U_b = 5\,\mathrm{V}$, $R_E = R_g = 1\,\mathrm{k\Omega}$ und $I_a = 0$:

$$U_a = 2\,\mathrm{V} \;\Rightarrow\; I_C \approx \frac{U_a}{R_E} = 2\,\mathrm{mA} \;\Rightarrow\; I_B = \frac{I_C}{B} = 5\,\mu\mathrm{A}$$

$$\Rightarrow\; U_e = U_a + U_{BE} = U_a + U_T \ln \frac{I_C}{I_S} = 2{,}685\,\mathrm{V}$$

$$\Rightarrow\; U_g = U_e + I_B\,R_g = 2{,}69\,\mathrm{V}$$

Der Spannungsabfall an R_g beträgt in diesem Fall nur $5\,\mathrm{mV}$ und kann vernachlässigt werden; in Abb. 2.93 gilt deshalb $U_e \approx U_g$.

Betreibt man die Kollektorschaltung mit einer zusätzlichen negativen Versorgungsspannung $-U_b$ und einer vom Ausgang nach Masse angeschlossenen Last R_L, siehe

---

[24] Typische Werte für einen npn-Kleinleistungstransistor BC547B.

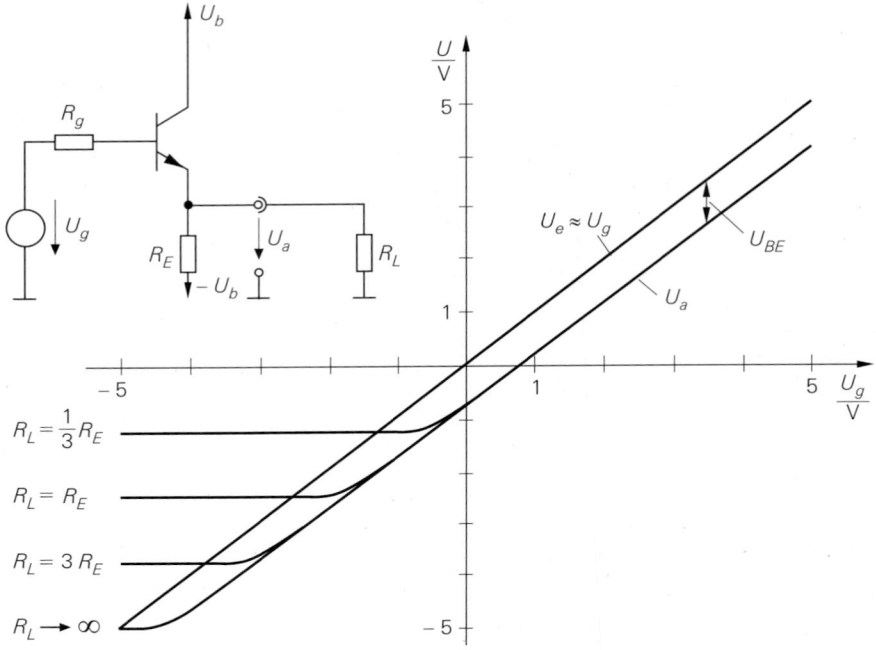

Abb. 2.94. Kennlinien der Kollektorschaltung mit zusätzlicher negativer Versorgungsspannung und Last R_L

Abb. 2.94, kann man auch negative Ausgangsspannungen erzeugen. Die Übertragungskennlinie hängt in diesem Fall vom Verhältnis der Widerstände R_E und R_L ab, da die minimale Ausgangsspannung $U_{a,min}$ durch den Spannungsteiler aus R_L und R_E vorgegeben ist:

$$U_{a,min} = -\frac{U_b R_L}{R_E + R_L}$$

Einen großen Aussteuerungsbereich erhält man demnach nur dann, wenn $|U_{a,min}|$ groß ist; dazu muss man $R_L > R_E$ wählen. Für $U_g < U_{a,min}$ arbeitet der Transistor wegen $U_{BE} < 0$ im Sperrbetrieb und es gilt $U_a = U_{a,min}$. Für $U_g \geq U_{a,min}$ liegt Normalbetrieb vor und die Kennlinie verläuft entsprechend Abb. 2.93. Die Versorgungsspannungen sind hier *symmetrisch*, d.h. die positive und die negative Versorgungsspannung sind betragsmäßig gleich. Dieser Fall ist typisch für die Praxis, im allgemeinen kann die negative Versorgungsspannung jedoch unabhängig von der positiven gewählt werden.

2.4.2.2 Kleinsignalverhalten der Kollektorschaltung

Das Verhalten bei Aussteuerung um einen Arbeitspunkt A wird als *Kleinsignalverhalten* bezeichnet. Der Arbeitspunkt ist durch die Arbeitspunktgrößen $U_{e,A}$, $U_{a,A}$, $I_{e,A} = I_{B,A}$ und $I_{C,A}$ gegeben; als Beispiel wird der oben ermittelte Arbeitspunkt mit $U_{e,A} = 2{,}69$ V, $U_{a,A} = 2$ V, $I_{B,A} = 5\,\mu$A und $I_{C,A} = 2$ mA verwendet.

Die *Spannungsverstärkung* entspricht der Steigung der Übertragungskennlinie. Da die Ausgangsspannung der Eingangsspannung folgt, erhält man durch Differentiation von (2.126) erwartungsgemäß die Näherung:

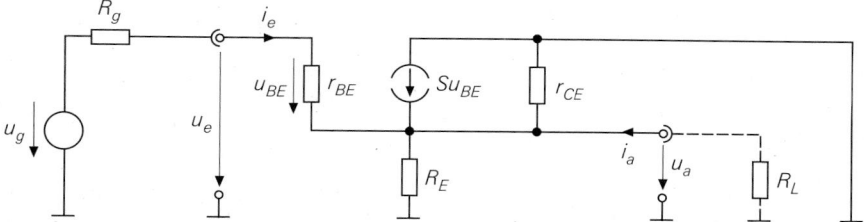

Abb. 2.95. Kleinsignalersatzschaltbild der Kollektorschaltung

$$A = \left.\frac{\partial U_a}{\partial U_e}\right|_A \approx 1$$

Die genauere Berechnung von A erfolgt mit Hilfe des in Abb. 2.95 gezeigten Kleinsignal-ersatzschaltbilds. Aus der Knotengleichung

$$\frac{u_e - u_a}{r_{BE}} + Su_{BE} = \left(\frac{1}{R_E} + \frac{1}{r_{CE}}\right) u_a$$

erhält man mit $u_{BE} = u_e - u_a$ und $R'_E = R_E \,\|\, r_{CE}$:

$$A = \left.\frac{u_a}{u_e}\right|_{i_a=0} = \frac{\left(1 + \dfrac{1}{\beta}\right) S R'_E}{\left(1 + \dfrac{1}{\beta}\right) S R'_E + 1}$$

$$\overset{\substack{r_{CE} \gg R_E \\ \beta \gg 1}}{\approx} \frac{S R_E}{S R_E + 1} \overset{S R_E \gg 1}{\approx} 1$$

Mit $S = I_{C,A}/U_T = 77\,\text{mS}$, $\beta = 400$, $R_E = 1\,\text{k}\Omega$ und $r_{CE} = U_A/I_{C,A} = 50\,\text{k}\Omega$ folgt für den beispielhaft gewählten Arbeitspunkt *exakt* und in erster Näherung $A = 0,987$.

Für den *Eingangswiderstand* erhält man:

$$r_e = \left.\frac{u_e}{i_e}\right|_{i_a=0} = r_{BE} + (1 + \beta)\, R'_E \overset{\substack{r_{CE} \gg R_E \\ \beta \gg 1}}{\approx} r_{BE} + \beta R_E \overset{S R_E \gg 1}{\approx} \beta R_E$$

Er hängt vom Lastwiderstand ab, wobei hier wegen $i_a = 0$ ($R_L \to \infty$) der *Leerlaufein-gangswiderstand* gegeben ist. Der Eingangswiderstand für andere Werte von R_L wird berechnet, indem man für R_E die Parallelschaltung von R_E und R_L einsetzt, siehe Abb. 2.95; er hängt demnach für den in der Praxis häufigen Fall $R_L < R_E$ maßgeblich von R_L ab. Mit $r_{BE} = \beta/S$ und $R_L \to \infty$ folgt für den beispielhaft gewählten Arbeitspunkt *exakt* $r_e = 398\,\text{k}\Omega$; die erste Näherung liefert $r_e = 405\,\text{k}\Omega$, die zweite $r_e = 400\,\text{k}\Omega$.

Für den *Ausgangswiderstand* erhält man:

$$r_a = \frac{u_a}{i_a} = R'_E \,\|\, \frac{R_g + r_{BE}}{1 + \beta} \overset{\substack{r_{CE} \gg R_E \\ \beta \gg 1}}{\approx} R_E \,\|\, \left(\frac{R_g}{\beta} + \frac{1}{S}\right)$$

Er hängt vom Innenwiderstand R_g des Signalgenerators ab; drei Bereiche lassen sich unterscheiden:

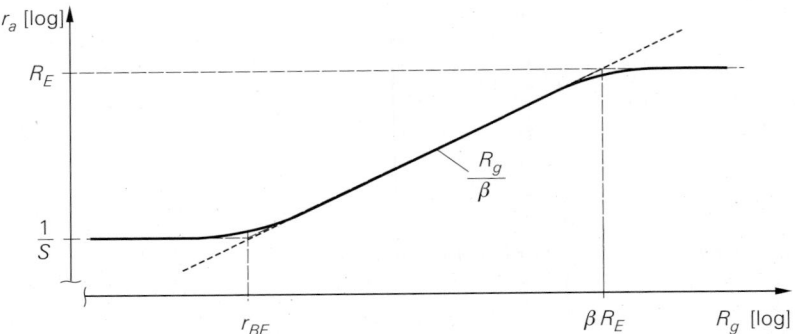

Abb. 2.96. Verlauf des Kleinsignal-Ausgangswiderstands r_a der Kollektorschaltung in Abhängigkeit vom Innenwiderstand R_g des Signalgenerators

$$
r_a \approx
\begin{cases}
\dfrac{1}{S} & \text{für } R_g < r_{BE} = \dfrac{\beta}{S} \\[2ex]
\dfrac{R_g}{\beta} & \text{für } r_{BE} < R_g < \beta R_E \\[2ex]
R_E & \text{für } R_g > \beta R_E
\end{cases}
$$

Abbildung 2.96 zeigt den Verlauf von r_a in Abhängigkeit von R_g. Für $R_g < r_{BE}$ und $R_g > \beta R_E$ ist der Ausgangswiderstand konstant, d.h. nicht von R_g abhängig. Dazwischen liegt ein Bereich, in dem eine Transformation des Innenwiderstands R_g auf $r_a \approx R_g/\beta$ stattfindet. Wegen dieser Eigenschaft wird die Kollektorschaltung auch als *Impedanzwandler* bezeichnet. Man kann eine Signalquelle mit einer nachfolgenden, im Transformationsbereich arbeitenden Kollektorschaltung durch eine äquivalente Signalquelle beschreiben, siehe Abb. 2.97; dabei gilt für die Arbeitspunktspannung der äquivalenten Signalquelle nach (2.126) $U'_{g,A} \approx U_{g,A} - 0,7\,\text{V}$, die Kleinsignalspannung u_g bleibt wegen $A \approx 1$ praktisch unverändert und der Innenwiderstand wird auf R_g/β herabgesetzt. Für den beispielhaft gewählten Arbeitspunkt erhält man *exakt* $r_a = 15,2\,\Omega$; die Näherung liefert $r_a = 15,3\,\Omega$. Aus der bereichsweisen Darstellung folgt mit $R_g = 1\,\text{k}\Omega < r_{BE} = 5,2\,\text{k}\Omega$ die Näherung $r_a \approx 1/S = 13\,\Omega$, d.h die Schaltung arbeitet nicht im Transformationsbereich.

Mit $r_{CE} \gg R_E$, $\beta \gg 1$ und *ohne* Lastwiderstand R_L erhält man für die Kollektorschaltung:

Kollektorschaltung

$$
A = \left.\frac{u_a}{u_e}\right|_{i_a=0} \approx \frac{S R_E}{1 + S R_E} \overset{S R_E \gg 1}{\approx} 1 \tag{2.127}
$$

$$
r_e = \left.\frac{u_e}{i_e}\right|_{i_a=0} \approx r_{BE} + \beta R_E \overset{S R_E \gg 1}{\approx} \beta R_E \tag{2.128}
$$

$$
r_a = \frac{u_a}{i_a} \approx R_E \,\|\, \left(\frac{R_g}{\beta} + \frac{1}{S}\right) \tag{2.129}
$$

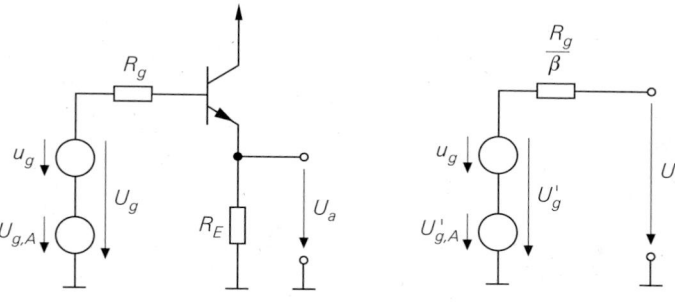

a Schaltung mit Signalquelle   **b** äquivalente Signalquelle

Abb. 2.97. Kollektorschaltung als Impedanzwandler

Um den Einfluss eines Lastwiderstands R_L zu berücksichtigen, muss man in (2.127) und (2.128) anstelle von R_E die Parallelschaltung von R_E und R_L einsetzen, siehe Abb. 2.95. Mit $R_g < \beta(R_E \parallel R_L)$ und $S(R_E \parallel R_L) \gg 1$ erhält man:

$$A \approx 1 \quad , \quad r_e \approx \beta(R_E \parallel R_L) \quad , \quad r_a \approx \frac{R_g}{\beta} + \frac{1}{S} \tag{2.130}$$

Abbildung 2.98 zeigt das zugehörige Ersatzschaltbild mit Signalgenerator und Last. Man erkennt, dass bei der Kollektorschaltung eine starke Verkopplung zwischen Eingang und Ausgang vorliegt, da hier, im Gegensatz zur Emitterschaltung, der Eingangswiderstand r_e von der Last R_L am Ausgang und der Ausgangswiderstand r_a vom Innenwiderstand R_g des Signalgenerators am Eingang abhängt.

Mit Hilfe von Abb. 2.98 kann man die *Betriebsverstärkung* berechnen:

$$A_B = \frac{u_a}{u_g} = \frac{r_e}{r_e + R_g} \frac{R_L}{R_L + r_a}$$

In den meisten Fällen gilt $r_e \gg R_g$ und $R_L \gg r_a$; daraus folgt $A_B \approx 1$.

2.4.2.3 Nichtlinearität

Der Klirrfaktor der Kollektorschaltung kann durch eine Reihenentwicklung der Kennlinie im Arbeitspunkt näherungsweise bestimmt werden. Aus (2.123) und (2.124) folgt mit $I_a = 0$, d.h. $R_L \to \infty$:

$$U_e = U_a + U_{BE} = I_C R_E + U_T \ln \frac{I_C}{I_S}$$

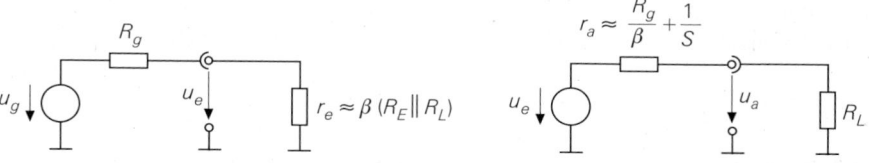

Abb. 2.98. Ersatzschaltbild mit den Ersatzgrößen r_e und r_a

Für die Emitterschaltung mit Stromgegenkopplung erhält man dieselbe Gleichung; deshalb gilt (2.87) auch für die Kollektorschaltung. Mit einem parallel zu R_E liegenden Lastwiderstand R_L folgt aus (2.87):

$$k \approx \frac{u_{a,2\omega t}}{u_{a,\omega t}} \approx \frac{\hat{u}_e}{4 U_T \left(1 + S \left(R_E \| R_L\right)\right)^2} \qquad (2.131)$$

Ist ein Maximalwert für k vorgegeben, muss $\hat{u}_e < 4 k U_T \left(1 + S \left(R_E \| R_L\right)\right)^2$ gelten. In den meisten Anwendungsfällen gilt $1/S \ll R_L \ll R_E$; man kann dann die Näherung

$$k \approx \frac{\hat{u}_e}{4 U_T S^2 R_L^2} \qquad (2.132)$$

verwenden. Der Klirrfaktor ist in diesem Fall umgekehrt proportional zum Quadrat des Lastwiderstands, nimmt also mit abnehmendem R_L stark zu. Er kann nur durch eine größere Steilheit S kleiner gemacht werden; dazu muss der Arbeitspunktstrom $I_{C,A} = S U_T$ entsprechend erhöht werden. Mit $R_L \to \infty$ folgt für das Zahlenbeispiel $\hat{u}_e < k \cdot 631\,\text{V}$. Nimmt man dagegen $R_L = 100\,\Omega$ an, erhält man die wesentlich strengere Forderung $\hat{u}_e < k \cdot 6,7\,\text{V}$; aus (2.132) folgt in diesem Fall $\hat{u}_e < k \cdot 6,2\,\text{V}$.

2.4.2.4 Temperaturabhängigkeit

Nach Gl. (2.21) nimmt die Basis-Emitter-Spannung U_{BE} bei konstantem Kollektorstrom I_C mit $1,7\,\text{mV/K}$ ab. Da bei der Kollektorschaltung die Differenz zwischen Ein- und Ausgangsspannung gerade U_{BE} ist, siehe (2.124), folgt für die *Temperaturdrift* der Ausgangsspannung bei konstanter Eingangsspannung:

$$\frac{dU_a}{dT} = -\frac{dU_{BE}}{dT} \approx 1,7\,\text{mV/K}$$

Dasselbe Ergebnis erhält man mit Hilfe der für die Emitterschaltung gültigen Gl. (2.77), wenn man berücksichtigt, dass für die Kollektorschaltung $A \approx 1$ gilt.

2.4.2.5 Arbeitspunkteinstellung

Bei der Kollektorschaltung ist die Einstellung eines stabilen Arbeitspunkts für den Kleinsignalbetrieb einfacher als bei der Emitterschaltung, weil die Kennlinie über einen wesentlich größeren Bereich linear ist und deshalb kleine Abweichungen vom gewünschten Arbeitspunkt praktisch keine Auswirkung auf das Kleinsignalverhalten haben [25]. Die Temperaturabhängigkeit und die fertigungsbedingten Streuungen der Stromverstärkung B und des Sättigungssperrstroms I_S des Transistors [26] wirken sich nur wenig aus, da bei vorgegebenem Kollektorstrom $I_{C,A}$ im Arbeitspunkt der von B abhängige Basisstrom $I_{B,A}$ meist vernachlässigbar klein ist und die Basis-Emitter-Spannung $U_{BE,A}$ nur logarithmisch von I_S abhängt.

Bei der Arbeitspunkteinstellung unterscheidet man zwischen *Wechselspannungskopplung* und *Gleichspannungskopplung*. Zusätzlich zur *reinen* Wechsel- bzw. Gleichspannungskopplung wird bei der Kollektorschaltung in vielen Fällen eine Gleichspannungskopplung am Eingang mit einer Wechselspannungskopplung am Ausgang kombiniert.

---

[25] Man vergleiche hierzu Abb. 2.93 auf Seite 139 und Abb. 2.60 auf Seite 103.
[26] Werte für die Temperaturabhängigkeit und die Streuung sind auf Seite 121 angegeben.

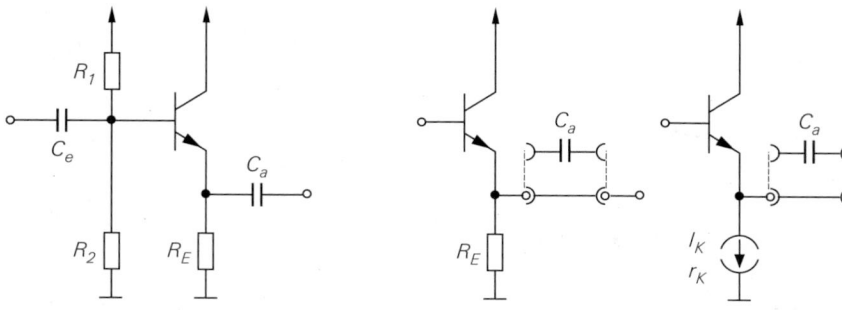

a Wechselspannungskopplung   **b** Gleichspannungskopplung am Eingang

Abb. 2.99. Arbeitspunkteinstellung

2.4.2.5.1 Arbeitspunkteinstellung bei Wechselspannungskopplung

Abbildung 2.99a zeigt die Wechselspannungskopplung. Die Signalquelle und die Last werden über Koppelkondensatoren angeschlossen und man kann die Arbeitspunktspannungen unabhängig von den Gleichspannungen der Signalquelle und der Last wählen; die weiteren Eigenschaften werden auf Seite 121 beschrieben. Die im Arbeitspunkt an der Basis des Transistors erforderliche Spannung

$$U_{B,A} = \left(I_{C,A} + I_{B,A}\right) R_E + U_{BE,A} \approx I_{C,A} R_E + 0{,}7\,\text{V}$$

wird mit R_1 und R_2 eingestellt; dabei wird der Querstrom durch die Widerstände deutlich größer als der Basisstrom $I_{B,A}$ gewählt, damit der Arbeitspunkt nicht von $I_{B,A}$ abhängt.

In der Praxis wird die *reine* Wechselspannungskopplung nur selten verwendet, da in den meisten Fällen mindestens am Eingang eine Gleichspannungskopplung möglich ist; dadurch können die Widerstände R_1 und R_2 und der Koppelkondensator C_e entfallen.

2.4.2.5.2 Arbeitspunkteinstellung bei Gleichspannungskopplung am Eingang

Abbildung 2.99b zeigt die Kollektorschaltung mit Gleichspannungskopplung am Eingang und Gleich- oder Wechselspannungskopplung am Ausgang. Die Eingangsspannung $U_{e,A}$ an der Basis des Transistors ist durch die Ausgangsspannung der Signalquelle vorgegeben, wenn man davon ausgeht, dass der durch den Basisstrom $I_{B,A}$ am Innenwiderstand der Signalquelle erzeugte Spannungsabfall $I_{B,A} R_g$ vernachlässigt werden kann. Der Kollektorstrom im Arbeitspunkt kann bei Wechselspannungskopplung am Ausgang mit einem Widerstand R_E gemäß

$$I_{C,A} \approx \frac{U_{e,A} - U_{BE,A}}{R_E} \approx \frac{U_{e,A} - 0{,}7\,\text{V}}{R_E} \tag{2.133}$$

oder mit einer Stromquelle eingestellt werden; Abb. 2.99b zeigt beide Möglichkeiten. Bei Verwendung einer Stromquelle gilt $I_{C,A} \approx I_K$; ferner muss bei der Kleinsignalrechnung anstelle des Widerstands R_E der Innenwiderstand r_K der Stromquelle eingesetzt werden. Bei Gleichspannungskopplung am Ausgang muss zusätzlich der durch die Last fließende Ausgangsstrom $I_{a,A}$ berücksichtigt werden.

Beispiel: In dem Beispiel auf Seite 125 wird eine Emitterschaltung für eine Last $R_L = 10\,\text{k}\Omega$ dimensioniert, siehe Abb. 2.82 auf Seite 127. Die Schaltung soll nun mit einer Last $R_L = 1\,\text{k}\Omega$ betrieben werden. Da der Ausgangswiderstand $r_a \approx R_C = 6{,}8\,\text{k}\Omega$ größer

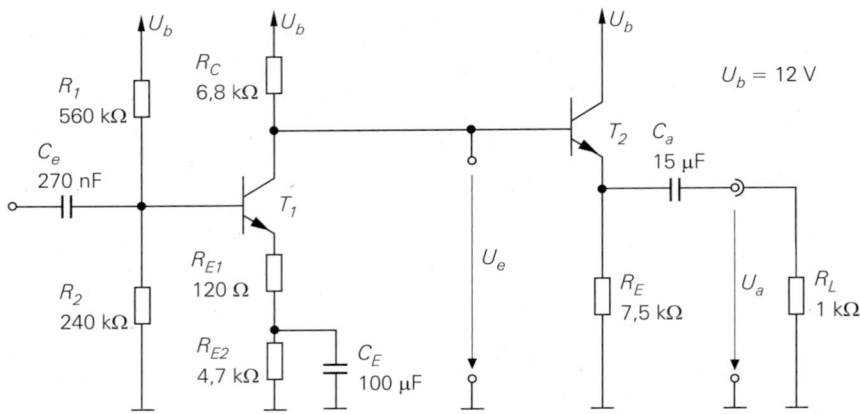

Abb. 2.100. Dimensioniertes Beispiel einer Kollektorschaltung (T_2) als Impedanzwandler für eine Emitterschaltung (T_1)

ist als R_L, führt ein Anschließen von R_L direkt am Ausgang der Emitterschaltung zu einer erheblichen Reduktion der Betriebsverstärkung A_B. Deshalb soll am Ausgang eine Kollektorschaltung ergänzt werden, die aufgrund ihrer Wirkung als Impedanzwandler den Ausgangswiderstand und damit die Reduktion von A_B stark verringert, siehe Abb. 2.100. Die Amplitude am Eingang der Kollektorschaltung beträgt $\hat{u}_e = 200\,\text{mV}$ entsprechend der Amplitude am Ausgang der Emitterschaltung. Letztere ist auf einen Klirrfaktor $k < 1\%$ ausgelegt. Damit der Klirrfaktor durch die zusätzliche Kollektorschaltung nur wenig zunimmt, wird für diese $k < 0{,}2\%$ gefordert. Damit folgt aus (2.132) $S > 31\,\text{mS}$ bzw. $I_{C,A} > 0{,}81\,\text{mA}$; gewählt wird $I_{C,A} = 1\,\text{mA}$. Nimmt man für den Transistor T_2 $B \approx \beta \approx 400$ und $I_S \approx 7\,\text{fA}$ an, folgt $U_{BE,A} \approx 0{,}67\,\text{V}$, $I_{B,A} = 2{,}5\,\mu\text{A}$, $S \approx 38{,}5\,\text{mS}$ und $r_{BE} \approx 10{,}4\,\text{k}\Omega$. Die Eingangsspannung $U_{e,A}$ kann aus dem Spannungsabfall an R_C bestimmt werden, siehe Abb. 2.100:

$$U_{e,A} = U_b - \left(I_{C,A(T1)} + I_{B,A}\right) R_C \approx U_b - I_{C,A(T1)} R_C \approx 8{,}26\,\text{V}$$

Damit folgt aus (2.133) $R_E \approx 7{,}59\,\text{k}\Omega \to 7{,}5\,\text{k}\Omega$ [27]. Durch $I_{B,A}$ wird am Innenwiderstand $R_g \approx R_C$ der Signalquelle nur ein vernachlässigbar kleiner Spannungsabfall $I_{B,A} R_C \approx 17\,\text{mV}$ erzeugt. Für die Elemente des Ersatzschaltbilds nach Abb. 2.98 erhält man mit $R_g \approx R_C$ aus (2.130) $r_e \approx 353\,\text{k}\Omega$ und $r_a \approx 43\,\Omega$. Abschließend ist der durch den Kondensator C_a am Ausgang verursachte Hochpass auf $f'_U = 11\,\text{Hz}$ auszulegen:

$$C_a = \frac{1}{2\pi f'_U (r_a + R_L)} = 13{,}9\,\mu\text{F} \to 15\,\mu\text{F}$$

Eine Gleichspannungskopplung am Ausgang durch Kurzschließen von C_a hat zur Folge, dass an R_L eine Gleichspannung $U_{a,A} = U_{e,A} - U_{BE,A} \approx 7{,}5\,\text{V}$ auftritt und ein Ausgangsstrom $I_{a,A} = -U_{a,A}/R_L \approx -7{,}5\,\text{mA}$ fließt; R_E kann in diesem Fall entfallen. Die Wahl des Arbeitspunkts ist wegen

$$I_{C,A} = \frac{U_{a,A}}{R_E \parallel R_L} \approx \frac{U_{e,A} - 0{,}7\,\text{V}}{R_E \parallel R_L} \geq 7{,}5\,\text{mA}$$

stark eingeschränkt.

---

[27] Es wird auf Normwerte gerundet.

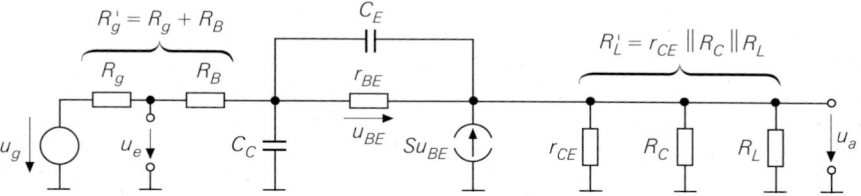

Abb. 2.101. Dynamisches Kleinsignalersatzschaltbild der Kollektorschaltung

2.4.2.5.3 Einsatz von Wechsel- und Gleichspannungskopplung

Die wichtigsten Gesichtspunkte, die beim Einsatz der Wechsel- bzw. Gleichspannungskopplung zu berücksichtigen sind, werden auf Seite 127 bzw. 129 beschrieben. Ein Einsatz
der Gleichspannungskopplung am Ausgang wird im allgemeinen dadurch erschwert, dass
bei niederohmigen Lasten bereits bei kleinen Gleichspannungen am Ausgang relativ große
Ausgangsgleichströme fließen.

2.4.2.6 Frequenzgang und obere Grenzfrequenz

Die Kleinsignalverstärkung A und die Betriebsverstärkung A_B nehmen bei höheren Frequenzen aufgrund der Transistorkapazitäten ab. Um eine Aussage über den Frequenzgang
und die obere Grenzfrequenz zu bekommen, muss man bei der Berechnung das dynamische
Kleinsignalmodell des Transistors verwenden; Abb. 2.101 zeigt das resultierende dynamische Kleinsignalersatzschaltbild der Kollektorschaltung. Für die *Betriebsverstärkung*
$\underline{A}_B(s) = \underline{u}_a(s)/\underline{u}_g(s)$ erhält man mit $R'_g = R_g + R_B$ und $R'_L = R_L \parallel R_E \parallel r_{CE}$:

$$\underline{A}_B(s) = \frac{1 + \beta + sC_E r_{BE}}{1 + \beta + \dfrac{r_{BE} + R'_g}{R'_L} + sc_1 + s^2 C_E C_C R'_g r_{BE}}$$

$$c_1 = C_E r_{BE} + (C_E + C_C)\frac{r_{BE} R'_g}{R'_L} + C_C R'_g (1 + \beta)$$

Mit $\beta \gg 1$ folgt für die Niederfrequenzverstärkung

$$A_0 = \underline{A}_B(0) \approx \frac{1}{1 + \dfrac{r_{BE} + R'_g}{\beta R'_L}} \tag{2.134}$$

und daraus mit den zusätzlichen Näherungen $R'_L \gg 1/S$ und $R'_L \gg R'_g/\beta$ für den Frequenzgang:

$$\underline{A}_B(s) \approx \frac{A_0 \left(1 + s\dfrac{C_E}{S}\right)}{1 + s\left(\dfrac{C_E}{S}\left(1 + \dfrac{R'_g}{R'_L}\right) + C_C R'_g\right) + s^2 \dfrac{C_E C_C R'_g}{S}} \tag{2.135}$$

Die beiden Pole sind reell und die Knickfrequenz der Nullstelle liegt wegen

$$f_N = \frac{S}{2\pi C_E} > f_T$$

oberhalb der Transitfrequenz f_T des Transistors, wie ein Vergleich mit (2.45) zeigt.

2.4.2.6.1 Grenzfrequenz

Man kann den Frequenzgang näherungsweise durch einen Tiefpass 1. Grades beschreiben, indem man den s^2-Term im Nenner streicht und die Differenz der linearen Terme bildet:

$$\underline{A}_B(s) \approx \frac{A_0}{1 + s\left(\dfrac{C_E}{SR_L'} + C_C\right)R_g'}$$

Damit erhält man eine Näherung für die obere -3dB-Grenzfrequenz f_{-3dB}, bei der der Betrag der Verstärkung um 3 dB abgenommen hat:

$$\omega_{-3dB} = 2\pi f_{-3dB} \approx \frac{1}{\left(\dfrac{C_E}{SR_L'} + C_C\right)R_g'} \qquad (2.136)$$

Sie ist wegen $R_g' = R_g + R_B \approx R_g$ proportional zum Innenwiderstand R_g des Signalgenerators. Die maximale obere Grenzfrequenz erhält man mit $R_g \to 0$ und $R_L' \to \infty$:

$$\omega_{-3dB,max} \approx \frac{1}{C_C R_B}$$

Sie ist im allgemeinen größer als die Transitfrequenz f_T des Transistors.

Besitzt die Last neben dem ohmschen auch einen kapazitiven Anteil, d.h. tritt parallel zum Lastwiderstand R_L eine Lastkapazität C_L auf, erhält man durch Einsetzen von

$$\underline{Z}_L(s) = R_L' \| \frac{1}{sC_L} = \frac{R_L'}{1 + sC_L R_L'}$$

anstelle von R_L':

$$\underline{A}_B(s) \approx \frac{A_0\left(1 + s\dfrac{C_E}{S}\right)}{1 + sc_1 + s^2 c_2} \qquad (2.137)$$

$$c_1 = \frac{C_E}{S}\left(1 + \frac{R_g'}{R_L'}\right) + C_C R_g' + C_L\left(\frac{1}{S} + \frac{R_g'}{\beta}\right)$$

$$c_2 = (C_C C_E + C_L(C_C + C_E))\frac{R_g'}{S}$$

Die Pole können in diesem Fall reell oder konjugiert komplex sein. Die Näherung durch einen Tiefpass 1. Grades liefert nur bei reellen Polen eine brauchbare Abschätzung für die obere Grenzfrequenz:

$$\omega_{-3dB} = 2\pi f_{-3dB} \approx \frac{1}{\left(\dfrac{C_E}{SR_L'} + C_C + \dfrac{C_L}{\beta}\right)R_g' + \dfrac{C_L}{S}} \qquad (2.138)$$

Bei konjugiert komplexen Polen muss man die Abschätzung

$$\omega_{-3dB} = 2\pi f_{-3dB} \approx \frac{1}{\sqrt{c_2}} \qquad (2.139)$$

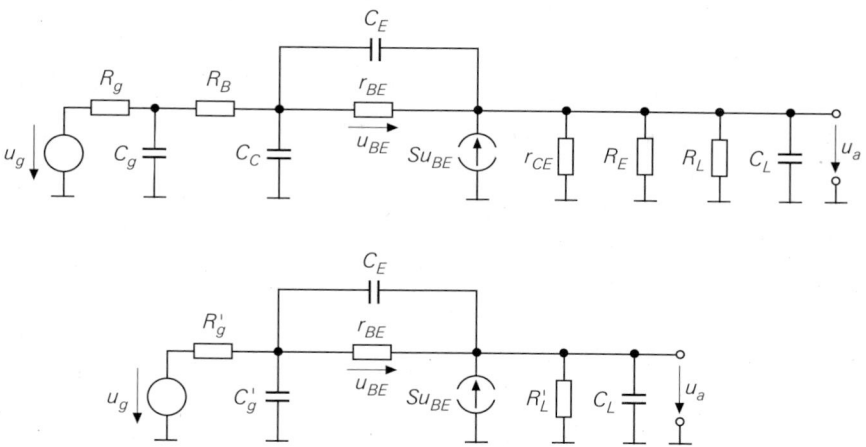

Abb. 2.102. Kleinsignalersatzschaltbild zur Berechnung des Bereichs konjugiert komplexer Pole: vollständig (oben) und nach Vereinfachung (unten)

verwenden.

Aus (2.137) folgt, dass die Kollektorschaltung immer stabil ist [28], d.h. bei konjugiert komplexen Polen tritt zwar eine Schwingung in der Sprungantwort auf, diese klingt jedoch ab. In der Praxis kann die Schaltung jedoch instabil werden; in diesem Fall tritt eine Dauerschwingung auf, die sich aufgrund von Übersteuerungseffekten auf einer bestimmten Amplitude stabilisiert und in ungünstigen Fällen zur Zerstörung des Transistors führen kann. Diese Instabilität wird durch Effekte 2. Ordnung verursacht, die durch das hier verwendete Kleinsignalersatzschaltbild des Transistors nicht erfasst werden [29].

2.4.2.6.2 Bereich konjugiert komplexer Pole

Für die praktische Anwendung der Kollektorschaltung möchte man wissen, für welche Lastkapazitäten konjugiert komplexe Pole auftreten und durch welche schaltungstechnischen Maßnahmen dies verhindert werden kann. Betrachtet wird dazu das Kleinsignalersatzschaltbild nach Abb. 2.102, das aus Abb. 2.95 durch Ergänzen der Ausgangskapazität C_g des Signalgenerators und der Lastkapazität C_L hervorgeht; dabei kann man die RC-Glieder R_g-C_g und R_B-C_C wegen $R_g \gg R_B$ zu einem Glied mit $R_g' = R_g + R_B$ und $C_g' = C_g + C_C$ zusammenfassen. Führt man die Zeitkonstanten

$$T_g = C_g' R_g' \quad , \quad T_L = C_L R_L' \quad , \quad T_E = \frac{C_E}{S} \approx \frac{1}{\omega_T} \tag{2.140}$$

und die Widerstandsverhältnisse

$$k_g = \frac{R_g'}{R_L'} \quad , \quad k_S = \frac{1}{S R_L'} \tag{2.141}$$

ein und ersetzt C_C durch C_g', folgt aus (2.137):

---

[28] Eine Übertragungsfunktion 2. Grades mit positiven Koeffizienten im Nenner ist stabil.

[29] Aufgrund von Laufzeiten in der Basiszone des Transistors tritt eine zusätzliche Zeitkonstante auf; dieser Effekt kann im Kleinsignalersatzschaltbild des Transistors durch eine Induktivität in Reihe zum Basisbahnwiderstand R_B nachgebildet werden. Man erhält dann eine Übertragungsfunktion 3. Grades, die bei kapazitiver Last instabil sein kann.

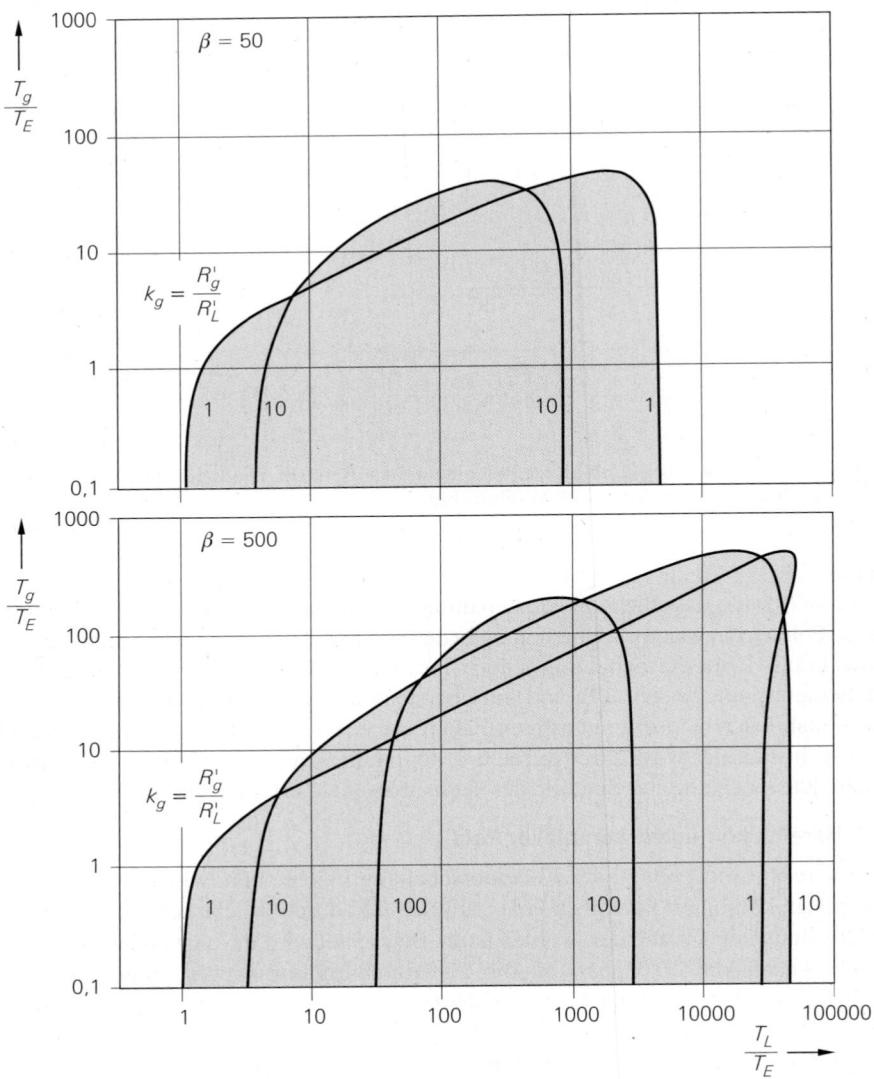

Abb. 2.103. Bereich konjugiert komplexer Pole für $\beta = 50$ und $\beta = 500$

$$c_1 = T_E \left(1 + k_g\right) + T_g + T_L \left(k_S + \frac{k_g}{\beta}\right)$$

$$c_2 = T_g T_E + T_g T_L k_S + T_L T_E k_g$$

(2.142)

Damit kann man die *Güte*

$$Q = \frac{\sqrt{c_2}}{c_1}$$

(2.143)

angeben und über die Bedingung $Q > 0,5$ den Bereich konjugiert komplexer Pole bestimmen. Dieser Bereich ist in Abb. 2.103 für $\beta = 50$ und $\beta = 500$ als Funktion der *normierten*

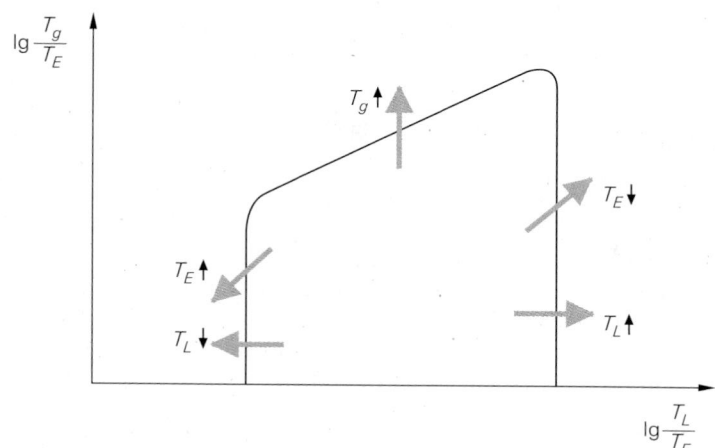

Abb. 2.104. Möglichkeiten zum Verlassen des Bereichs konjugiert komplexer Pole

Signalquellen-Zeitkonstante T_g/T_E und der *normierten Last-Zeitkonstante* T_L/T_E für verschiedene Werte von k_g dargestellt; dabei wird $k_S = 0{,}01$ verwendet.

Abbildung 2.103 zeigt, dass bei sehr kleinen und sehr großen Lastkapazitäten C_L (T_L/T_E klein bzw. groß) und bei ausreichend großer Ausgangskapazität C_g des Signalgenerators (T_g/T_E groß) keine konjugiert komplexen Pole auftreten. Der Bereich konjugiert komplexer Pole hängt stark von k_g ab. Die Bereiche für $k_g < 1$ liegen innerhalb des Bereichs für $k_g = 1$; für $k_g > \beta$ treten keine konjugiert komplexen Pole auf. Die Abhängigkeit von k_S macht sich nur bei großen Lastkapazitäten (T_L/T_E groß), hoher Stromverstärkung β und kleinem Innenwiderstand R_g des Signalgenerators bemerkbar; sie führt in Abb. 2.103 zu der Einbuchtung am rechten Rand des Bereichs für $\beta = 500$ und $k_g = 1$.

Sind R_g, C_g, R_L und C_L vorgegeben und liegen konjugiert komplexe Pole vor, gibt es vier verschiedene Möglichkeiten, aus diesem Bereich herauszukommen, siehe Abb. 2.104:

1. Man kann T_g vergrößern und damit den Bereich konjugiert komplexer Pole *nach oben* verlassen. Dazu muss man einen zusätzlichen Kondensator vom Eingang der Kollektorschaltung nach Masse oder zu einer Versorgungsspannung einfügen; dieser liegt im Kleinsignalersatzschaltbild parallel zu C_g und führt zu einer Zunahme von T_g. Von dieser Möglichkeit kann immer Gebrauch gemacht werden; sie wird deshalb in der Praxis häufig angewendet.

2. Liegt man in der Nähe des linken Rands des Bereichs, kann man T_E vergrößern und damit den Bereich *nach links unten* verlassen. Dazu muss man einen *langsameren* Transistor mit größerer Zeitkonstante T_E, d.h. kleinerer Transitfrequenz f_T, einsetzen.

3. Liegt man in der Nähe des rechten Rands des Bereichs, kann man T_E verkleinern und damit den Bereich *nach rechts oben* verlassen. Dazu muss man einen *schnelleren* Transistor mit kleinerer Zeitkonstante T_E, d.h. größerer Transitfrequenz f_T, einsetzen. Von dieser Möglichkeit wird z.B. bei Netzgeräten mit Längsregler Gebrauch gemacht, da dort aufgrund des Speicherkondensators am Ausgang eine hohe Lastkapazität vorliegt, die auf einen Punkt in der Nähe des rechten Rands führt; der Einsatz eines schnelleren Transistors führt in diesem Fall zu einer Verbesserung des Einschwingverhaltens.

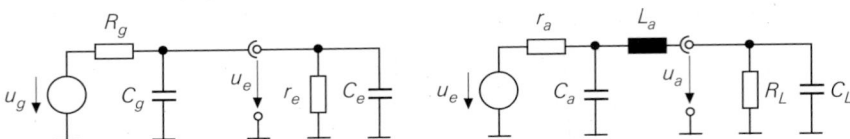

Abb. 2.105. Ersatzschaltbild mit den Ersatzgrößen r_e, r_a, C_e, C_a und L_a

4. Liegt man in der Nähe des rechten Rands des Bereichs, kann man T_L vergrößern und damit den Bereich *nach rechts* verlassen. Dazu muss man die Lastkapazität C_L durch Parallelschalten eines zusätzlichen Kondensators vergrößern. Von dieser Möglichkeit wird ebenfalls bei Netzgeräten mit Längsregler Gebrauch gemacht; dabei wird der Speicherkondensator am Ausgang entsprechend vergrößert.

Eine fünfte Möglichkeit, das Verkleinern von T_L, wird in der Praxis nur selten angewendet, da dies bei vorgegebenen Werten für R_L und C_L nur durch Parallelschalten eines Widerstands erreicht werden kann, der den Ausgang zusätzlich belastet. Alle Möglichkeiten haben eine Abnahme der obere Grenzfrequenz zur Folge. Um diese Abnahme gering zu halten, muss man den Bereich konjugiert komplexer Pole *auf dem kürzesten Weg* verlassen.

2.4.2.6.3 Ersatzschaltbild

Man kann die Kollektorschaltung näherungsweise durch das Ersatzschaltbild nach Abb. 2.105 beschreiben. Es folgt aus Abb. 2.98 durch Ergänzen der *Eingangskapazität* C_e, der *Ausgangskapazität* C_a und der *Ausgangsinduktivität* L_a. Man erhält C_e, C_a und L_a aus der Bedingung, dass eine Berechnung von $\underline{A}_B(s)$ auf (2.137) führen muss, wenn man beide Ausdrücke durch einen Tiefpass 1. Grades annähert. Zusammengefasst gilt für die Elemente des Ersatzschaltbilds:

$$r_e = \beta R_L' + r_{BE} \quad , \quad C_e = \frac{C_E r_{BE} + C_L R_L'}{\beta R_L' + r_{BE}}$$

$$r_a = \frac{R_g'}{\beta} + \frac{1}{S} \quad , \quad C_a = \frac{\beta C_g' R_g'}{R_g' + r_{BE}}$$

$$L_a = \frac{C_E R_g'}{S}$$

Man erkennt, dass neben den Widerständen r_e und r_a auch die Kapazitäten C_e und C_a und die Induktivität L_a maßgeblich von der Signalquelle und der Last abhängen; Eingang und Ausgang sind demnach stark verkoppelt.

Beispiel: Für das Zahlenbeispiel nach Abb. 2.92a wurde $I_{C,A} = 2\,\text{mA}$ gewählt. Mit $\beta = 400$, $U_A = 100\,\text{V}$, $C_{obo} = 3{,}5\,\text{pF}$ und $f_T = 160\,\text{MHz}$ erhält man aus Abb. 2.45 auf Seite 86 die Kleinsignalparameter $S = 77\,\text{mS}$, $r_{BE} = 5{,}2\,\text{k}\Omega$, $r_{CE} = 50\,\text{k}\Omega$, $C_C = 3{,}5\,\text{pF}$ und $C_E = 73\,\text{pF}$. Mit $R_g = R_E = 1\,\text{k}\Omega$, $R_L \to \infty$ und $R_g' \approx R_g$ folgt mit $R_L' = R_L||R_E||r_{CE} = 980\,\Omega$ aus (2.134) $A_0 = 0{,}984 \approx 1$ und aus (2.136) $f_{-3dB} \approx 36\,\text{MHz}$. Mit einer Lastkapazität $C_L = 1\,\text{nF}$ folgt (2.138) $f_{-3dB} \approx 8\,\text{MHz}$ und aus (2.139) $f_{-3dB} \approx 5\,\text{MHz}$. Aus (2.140) und (2.141) erhält man $T_g = 3{,}5\,\text{ns}$, $T_L = 980\,\text{ns}$, $T_E = 0{,}95\,\text{ns}$, $r_g = 0{,}98$ und $r_S = 0{,}013$ und damit aus (2.142) $c_1 = 20{,}6\,\text{ns}$ und $c_2 = 979\,(\text{ns})^2$. Aus (2.143) folgt $Q = 1{,}52$, d.h. es liegen konjugiert komplexe Pole vor. Zu diesem Ergebnis

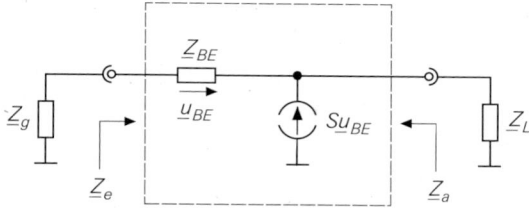

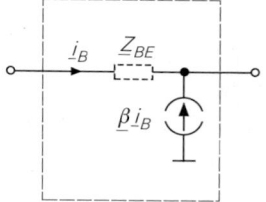

a Vereinfachtes Kleinsignalersatzschaltbild

b andere Darstellung für den Transistor

Abb. 2.106. Ersatzschaltbild zur Impedanztransformation

gelangt man auch mit Hilfe von Abb. 2.103, da der Punkt $T_L/T_E \approx 1000$, $T_g/T_E \approx 4$, $k_g \approx 1$ im Bereich konjugiert komplexer Pole liegt; dabei wird wegen $\beta = 400$ der Bereich für $\beta = 500$ verwendet. Ein Verlassen des Bereichs konjugiert komplexer Pole kann hier nur durch eine Vergrößerung von T_g auf $T_g/T_E \approx 75$ erreicht werden; dazu muss man $C'_g \approx 71$ pF wählen, d.h. einen Kondensator mit $C_g = C'_g - C_C \approx 68$ pF zwischen der Basis des Transistors und Masse anschließen. Durch diese Maßnahme nimmt die obere Grenzfrequenz ab; man erhält aus (2.138) $f_{-3dB} \approx 1,8$ MHz, wenn man $C'_g = 71$ pF anstelle von C_C einsetzt. Man kann C_g kleiner wählen, wenn man schwach konjugiert komplexe Pole und ein daraus resultierendes Überschwingen bei Ansteuerung mit einem Rechtecksignal zulässt; die obere Grenzfrequenz nimmt dann weniger stark ab.

2.4.2.7 Impedanztransformation mit der Kollektorschaltung

Die Kollektorschaltung bewirkt eine Impedanztransformation. Im statischen Fall ist der Eingangswiderstand r_e im wesentlichen von der Last abhängig und der Ausgangswiderstand r_a hängt vom Innenwiderstand des Signalgenerators ab; mit $R_E \gg R_L$ und $R_g \gg r_{BE}$ folgt aus (2.130) $r_e \approx \beta R_L$ und $r_a \approx R_g/\beta$. Diese Eigenschaft lässt sich verallgemeinern. Dazu wird das in Abb. 2.106a gezeigte Kleinsignalersatzschaltbild betrachtet, dass man aus Abb. 2.101 durch Vernachlässigen von R_B, R_E und C_C, Zusammenfassen von r_{BE} und C_E zu

$$\underline{Z}_{BE}(s) = r_{BE} \,||\, \frac{1}{sC_E} = \frac{r_{BE}}{1 + sC_E r_{BE}}$$

und Annahme allgemeiner Generator- und Lastimpedanzen $\underline{Z}_g(s)$ bzw. $\underline{Z}_L(s)$ erhält. Für den Transistor kann man auch die in Abb. 2.106b gezeigte Darstellung mit der frequenzabhängigen Kleinsignalstromverstärkung

$$\underline{\beta}(s) = S\underline{Z}_{BE}(s) = \frac{\beta_0}{1 + \dfrac{s}{\omega_\beta}}$$

mit den Parametern

$$\beta_0 = Sr_{BE} \quad, \quad \omega_\beta = \frac{1}{C_E r_{BE}}$$

verwenden [30]. Eine Berechnung der Eingangsimpedanz $\underline{Z}_e(s)$ und der Ausgangsimpedanz $\underline{Z}_a(s)$ aus Abb. 2.106 liefert:

---

[30] Mit $C_C = 0$ gilt $\omega_\beta^{-1} = C_E r_{BE}$, siehe (2.44); ferner gilt $\beta_0 = |\underline{\beta}(j0)| = Sr_{BE}$.

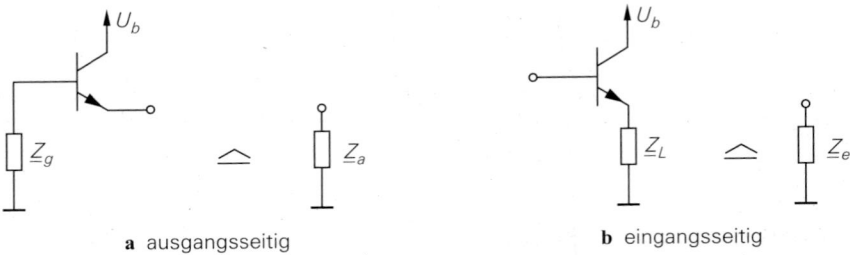

a ausgangsseitig   **b** eingangsseitig

Abb. 2.107. Impedanztransformation mit der Kollektorschaltung

$$\underline{Z}_e(s) = \underline{Z}_{BE}(s) + \left(1 + \underline{\beta}(s)\right)\underline{Z}_L(s) \approx \underline{Z}_{BE}(s) + \underline{\beta}(s)\underline{Z}_L(s)$$

$$\underline{Z}_a(s) = \frac{\underline{Z}_{BE}(s) + \underline{Z}_g(s)}{1 + \underline{\beta}(s)} \approx \frac{\underline{Z}_{BE}(s) + \underline{Z}_g(s)}{\underline{\beta}(s)}$$

Abbildung 2.107 verdeutlicht diesen Zusammenhang.

Oft kann man $\underline{Z}_{BE}(s)$ vernachlässigen und die einfachen Transformationsgleichungen

$$\underline{Z}_e(s) \approx \underline{\beta}(s)\underline{Z}_L(s) \quad , \quad \underline{Z}_a(s) \approx \frac{\underline{Z}_g(s)}{\underline{\beta}(s)}$$

verwenden; Abb. 2.108 zeigt einige ausgewählte Beispiele. Besonders auffällig sind die Fälle $\underline{Z}_g(s) = sL$ und $\underline{Z}_L(s) = 1/(sC)$, bei denen durch die Transformation ein fre-

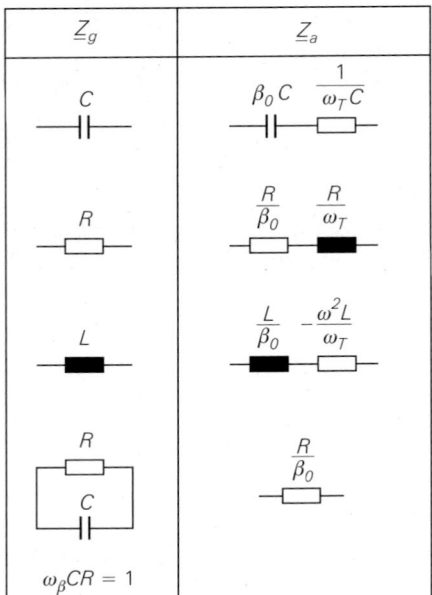
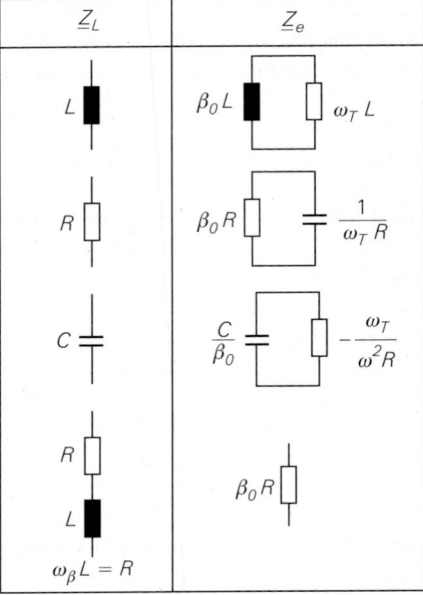

Abb. 2.108. Einige ausgewählte Impedanztransformationen

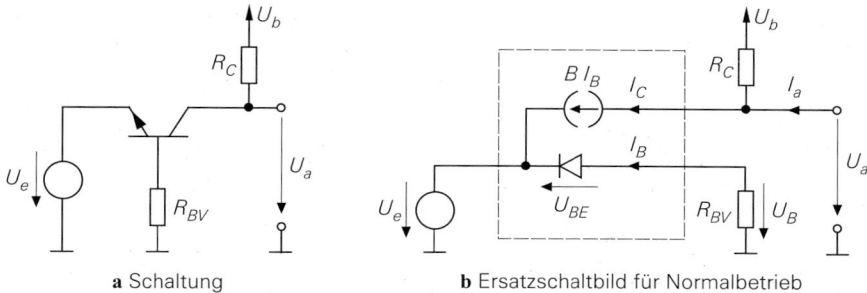

a Schaltung   **b** Ersatzschaltbild für Normalbetrieb

Abb. 2.109. Basisschaltung

quenzabhängiger, negativer Widerstand entsteht; $\underline{Z}_a(s)$ bzw. $\underline{Z}_e(s)$ sind in diesem Fall nicht mehr passiv und die Schaltung kann bei entsprechender Beschaltung instabil werden. Für die Praxis folgt daraus, dass Induktivitäten im Basiskreis und/oder Kapazitäten im Emitterkreis eines Transistors eine unerwünschte Schwingung zur Folge haben können; ein Beispiel hierfür ist die Kollektorschaltung mit kapazitiver Last. Die in Abb. 2.108 links unten gezeigte RC-Parallelschaltung mit der Nebenbedingung $\omega_\beta RC = 1$ führt auf eine rein ohmsche Ausgangsimpedanz; in diesem Fall führt eine zusätzliche Kapazität am Ausgang nicht zu konjugiert komplexen Polen, d.h. es kann keine Schwingung auftreten.

2.4.3 Basisschaltung

Abbildung 2.109a zeigt die Basisschaltung bestehend aus dem Transistor, dem Kollektorwiderstand R_C, der Versorgungsspannungsquelle U_b und der Signalspannungsquelle U_e [31]. Der Widerstand R_{BV} dient zur Begrenzung des Basisstroms bei Übersteuerung; im Normalbetrieb hat er praktisch keinen Einfluss. Für die folgende Untersuchung wird $U_b = 5\,\text{V}$ und $R_C = R_{BV} = 1\,\text{k}\Omega$ angenommen.

2.4.3.1 Übertragungskennlinie der Basisschaltung

Misst man die Ausgangsspannung U_a als Funktion der Signalspannung U_e, erhält man die in Abb. 2.110 gezeigte Übertragungskennlinie. Für $U_e > -0{,}5\,\text{V}$ ist der Kollektorstrom vernachlässigbar klein und man erhält $U_a = U_b = 5\,\text{V}$. Für $-0{,}72\,\text{V} \le U_e \le -0{,}5\,\text{V}$ fließt ein mit abnehmender Spannung U_e zunehmender Kollektorstrom I_C, und die Ausgangsspannung nimmt gemäß $U_a = U_b - I_C R_C$ ab. Bis hier arbeitet der Transistor im Normalbetrieb. Für $U_e < -0{,}72\,\text{V}$ gerät der Transistor in die Sättigung und man erhält $U_a = U_e + U_{CE,sat}$.

2.4.3.1.1 Normalbetrieb

Abb. 2.109b zeigt das Ersatzschaltbild für den Normalbetrieb, bei dem für den Transistor das vereinfachte Transportmodell nach Abb. 2.27 mit

$$I_C = BI_B = I_S\, e^{\frac{U_{BE}}{U_T}}$$

---

[31] Im Gegensatz zur Vorgehensweise bei der Emitter- und der Kollektorschaltung wird hier eine Spannungsquelle *ohne* Innenwiderstand zur Ansteuerung verwendet; mit $R_g = 0$ folgt $U_e = U_g$, wie ein Vergleich mit Abb. 2.59b bzw. Abb. 2.92b zeigt. Diese Vorgehensweise wird gewählt, damit die Kennlinien für den Normalbetrieb nicht von R_g abhängen.

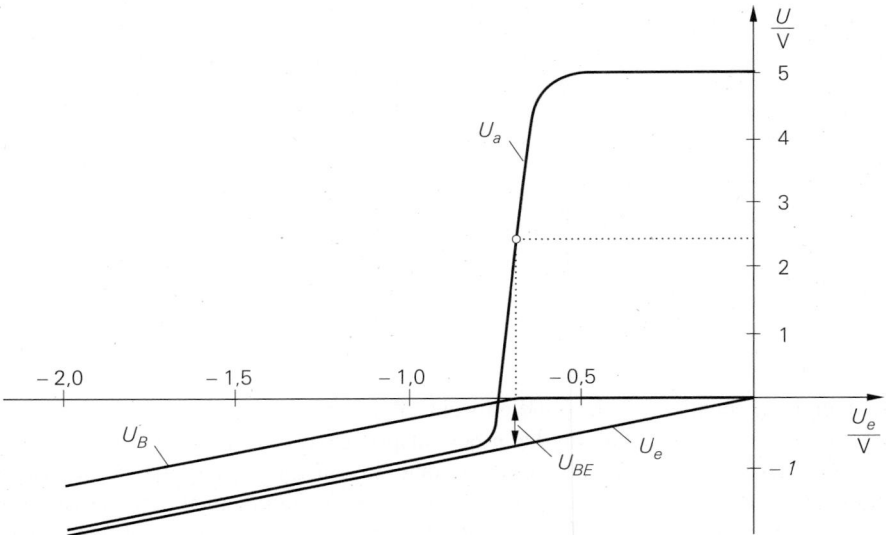

Abb. 2.110. Kennlinien der Basisschaltung

eingesetzt ist. Aus Abb. 2.109b folgt:

$$U_a = U_b + (I_a - I_C)\,R_C \overset{I_a=0}{=} U_b - I_C R_C \qquad (2.144)$$

$$U_e = -U_{BE} - I_B R_{BV} = -U_{BE} - \frac{I_C R_{BV}}{B} \approx -U_{BE} \qquad (2.145)$$

In (2.145) wird angenommen, dass der Spannungsabfall an R_{BV} vernachlässigt werden kann, wenn B ausreichend groß und R_{BV} ausreichend klein ist.

Als Arbeitspunkt wird ein Punkt etwa in der Mitte des abfallenden Bereichs der Übertragungskennlinie gewählt; dadurch wird die Aussteuerbarkeit maximal. Nimmt man $B = \beta = 400$ und $I_S = 7\,\mathrm{fA}$ [32] an, erhält man für den in Abb. 2.110 beispielhaft eingezeichneten Arbeitspunkt mit $U_b = 5\,\mathrm{V}$ und $R_C = R_{BV} = 1\,\mathrm{k\Omega}$:

$$U_a = 2,5\,\mathrm{V} \;\Rightarrow\; I_C = \frac{U_b - U_a}{R_C} = 2,5\,\mathrm{mA} \;\Rightarrow\; I_B = \frac{I_C}{B} = 6,25\,\mu\mathrm{A}$$

$$\Rightarrow\; U_{BE} = U_T \ln \frac{I_C}{I_S} = 692\,\mathrm{mV} \;\Rightarrow\; U_e = -U_{BE} - I_B R_{BV} = -698\,\mathrm{mV}$$

Der Spannungsabfall an R_{BV} beträgt in diesem Fall nur 6,25 mV und kann vernachlässigt werden, d.h. für die Spannung an der Basis des Transistors gilt $U_B \approx 0$.

2.4.3.1.2 Sättigungsbetrieb

Für $U_e < -0,72\,\mathrm{V}$ gerät der Transistor in die Sättigung, d.h. die Kollektor-Diode leitet. In diesem Bereich gilt $U_{CE} = U_{CE,sat}$ und $U_a = U_e + U_{CE,sat}$, und es fließt ein Basisstrom, der durch den Widerstand R_{BV} auf zulässige Werte begrenzt werden muss:

---

[32] Typische Werte für einen npn-Kleinleistungstransistor BC547B.

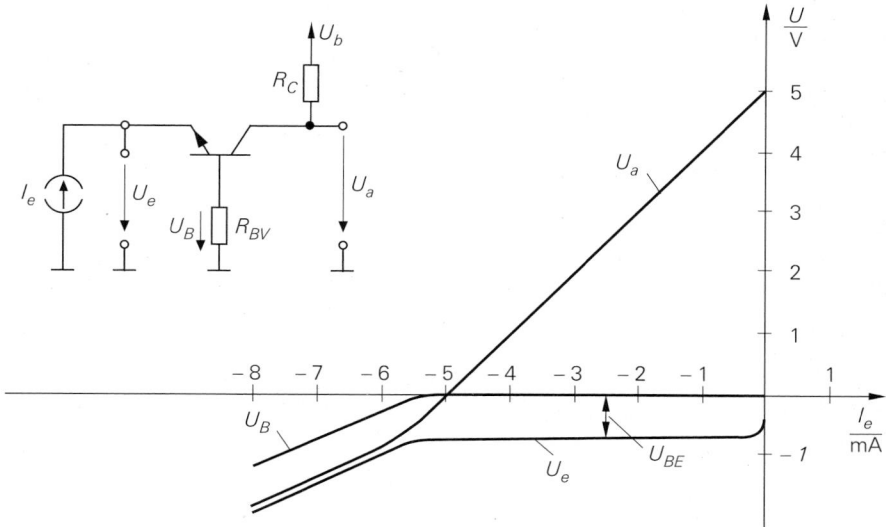

Abb. 2.111. Schaltung und Kennlinien der Basisschaltung bei Ansteuerung mit einer Stromquelle

$$I_B = -\frac{U_e + U_{BE}}{R_{BV}} \approx -\frac{U_e + 0{,}72\,\text{V}}{R_{BV}}$$

2.4.3.1.3 Übertragungskennlinie bei Ansteuerung mit einer Stromquelle

Man kann zur Ansteuerung auch eine Stromquelle I_e verwenden, siehe Abb. 2.111; die Schaltung arbeitet dann mit $U_b = 5\,\text{V}$ und $R_C = R_{BV} = 1\,\text{k}\Omega$ für $-5{,}5\,\text{mA} \le I_e \le 0$ als *Strom-Spannungs-Wandler* bzw. *Transimpedanzverstärker* [33]:

$$U_a = U_b - I_C R_C = U_b + \frac{B}{1+B} I_E R_C \approx U_b + I_e R_C \tag{2.146}$$

$$U_e = -U_{BE} - I_B R_{BV} \approx -U_{BE} \approx -U_T \ln\left(-\frac{I_e}{I_S}\right) \tag{2.147}$$

Dabei wird $I_e = I_E \approx -I_C$ verwendet. In diesem Bereich arbeitet der Transistor im Normalbetrieb und die Übertragungskennlinie ist nahezu linear. Für $I_e > 0$ sperrt der Transistor und für $I_e < -5{,}5\,\text{mA}$ gerät er in die Sättigung.

In der Praxis wird zur Stromansteuerung in den meisten Fällen eine Emitterschaltung mit offenem Kollektor oder ein Stromspiegel verwendet; darauf wird im Zusammenhang mit der Arbeitspunkteinstellung näher eingegangen.

2.4.3.2 Kleinsignalverhalten der Basisschaltung

Das Verhalten bei Aussteuerung um einen Arbeitspunkt A wird als *Kleinsignalverhalten* bezeichnet. Der Arbeitspunkt ist durch die Arbeitspunktgrößen $U_{e,A}$, $U_{a,A}$, $I_{e,A} = I_{B,A}$ und $I_{C,A}$ gegeben; als Beispiel wird der oben ermittelte Arbeitspunkt mit $U_{e,A} = -0{,}7\,\text{V}$, $U_{a,A} = 2{,}5\,\text{V}$, $I_{B,A} = 6{,}25\,\mu\text{A}$ und $I_{C,A} = 2{,}5\,\text{mA}$ verwendet.

---

[33] Die Bezeichnung *Transimpedanzverstärker* wird auch für Operationsverstärker mit Stromeingang und Spannungsausgang verwendet (CV-OPV).

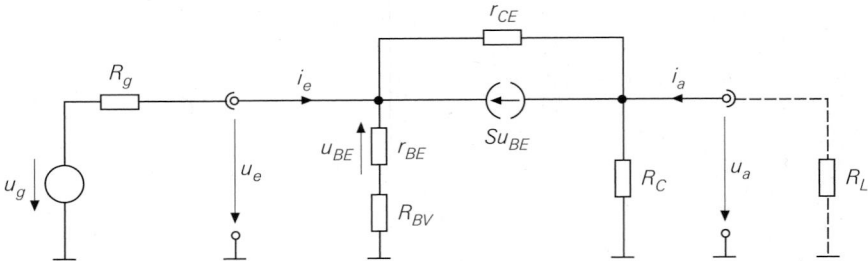

Abb. 2.112. Kleinsignalersatzschaltbild der Basisschaltung

Die *Spannungsverstärkung A* entspricht der Steigung der Übertragungskennlinie. Die Berechnung erfolgt mit Hilfe des in Abb. 2.112 gezeigten Kleinsignalersatzschaltbilds. Aus der Knotengleichung

$$\frac{u_a}{R_C} + \frac{u_a - u_e}{r_{CE}} + Su_{BE} = 0$$

und der Spannungsteilung

$$u_{BE} = -\frac{r_{BE}}{r_{BE} + R_{BV}} u_e$$

folgt

$$A = \left. \frac{u_a}{u_e} \right|_{i_a=0} = \left(\frac{\beta}{r_{BE} + R_{BV}} + \frac{1}{r_{CE}} \right) (R_C \| r_{CE})$$

$$\overset{\substack{r_{CE} \gg R_C \\ \beta\, r_{CE} \gg r_{BE} + R_{BV}}}{\approx} \frac{\beta R_C}{r_{BE} + R_{BV}} \overset{r_{BE} \gg R_{BV}}{\approx} S R_C$$

Maximale Verstärkung erhält man mit $R_{BV} = 0$; dazu muss man die Basis des Transistors direkt oder über einen Kondensator mit Masse verbinden. Im folgenden Abschnitt über die Arbeitspunkteinstellung wird darauf näher eingegangen. Bei Betrieb mit einem Lastwiderstand R_L kann man die zugehörige Betriebsverstärkung A_B berechnen, indem man für R_C die Parallelschaltung von R_L und R_C einsetzt, siehe Abb. 2.112. Mit $S = I_{C,A}/U_T = 96\,\text{mS}$, $\beta = 400$, $r_{BE} = 4160\,\Omega$, $r_{CE} = U_A/I_{C,A} = 40\,\text{k}\Omega$ und $R_{BV} = 1\,\text{k}\Omega$ erhält man *exakt* und in erster Näherung $A = 76$; die zweite Näherung liefert mit $A = 96$ einen sehr ungenauen Wert, weil die Voraussetzung $r_{BE} \gg R_{BV}$ nur unzureichend erfüllt ist.

Für den *Eingangswiderstand* erhält man:

$$r_e = \left. \frac{u_e}{i_e} \right|_{i_a=0} = (r_{BE} + R_{BV}) \| \frac{R_C + r_{CE}}{1 + \frac{\beta\, r_{CE}}{r_{BE} + R_{BV}}}$$

$$\overset{\substack{\beta \gg 1 \\ r_{CE} \gg R_C \\ \beta\, r_{CE} \gg r_{BE} + R_{BV}}}{\approx} \frac{1}{S} + \frac{R_{BV}}{\beta} \overset{r_{BE} \gg R_{BV}}{\approx} \frac{1}{S}$$

Er hängt vom Lastwiderstand ab, wobei hier wegen $i_a = 0$ ($R_L \to \infty$) der *Leerlauf-eingangswiderstand* gegeben ist. Der Eingangswiderstand für andere Werte von R_L wird berechnet, indem man für R_C die Parallelschaltung von R_C und R_L einsetzt; durch Einsetzen von $R_L = R_C = 0$ erhält man den *Kurzschlusseingangswiderstand*. Die Abhängigkeit von R_L ist jedoch so gering, dass sie durch die Näherung aufgehoben wird. Für den beispielhaft gewählten Arbeitspunkt erhält man *exakt* $r_e = 13{,}2\,\Omega$; die Näherung liefert $r_e = 12{,}9\,\Omega$.

Für den *Ausgangswiderstand* erhält man:

$$
\begin{aligned}
r_a = \frac{u_a}{i_a} \quad &= \quad R_C \,\|\, r_{CE}\left(1 + \frac{R_g}{r_{CE}}\,\frac{\beta\, r_{CE} + r_{BE} + R_{BV}}{r_{BE} + R_{BV} + R_g}\right) \\[2mm]
&\overset{\beta\, r_{CE} \gg r_{BE} + R_{BV}}{\approx} \quad R_C \,\|\, r_{CE}\left(1 + \frac{\beta R_g}{r_{BE} + R_{BV} + R_g}\right) \\[2mm]
&\overset{r_{CE} \gg R_C}{\approx} \quad R_C
\end{aligned}
$$

Er hängt vom Innenwiderstand R_g des Signalgenerators ab. Mit $R_g = 0$ erhält man den *Kurzschlussausgangswiderstand*

$$
r_{a,K} = R_C \,\|\, r_{CE}
$$

und mit $R_g \to \infty$ den *Leerlaufausgangswiderstand*:

$$
r_{a,L} = R_C \,\|\, r_{CE}\,(1 + \beta) \approx R_C \,\|\, \beta\, r_{CE}
$$

In der Praxis gilt in den meisten Fällen $r_{CE} \gg R_C$, und man kann die Abhängigkeit von R_g vernachlässigen. Für das Beispiel erhält man $r_{a,K} = 976\,\Omega$ und $r_{a,L} = 999{,}94\,\Omega$; die Näherung liefert $r_a = R_C = 1\,\text{k}\Omega$.

Mit $r_{CE} \gg R_C$, $\beta\, r_{CE} \gg r_{BE} + R_{BV}$, $\beta \gg 1$ und ohne Lastwiderstand R_L erhält man für die Basisschaltung:

Basisschaltung

$$
A = \left.\frac{u_a}{u_e}\right|_{i_a=0} \approx \frac{\beta R_C}{r_{BE} + R_{BV}} \overset{r_{BE} \gg R_{BV}}{\approx} S R_C \tag{2.148}
$$

$$
r_e = \frac{u_e}{i_e} \approx \frac{1}{S} + \frac{R_{BV}}{\beta} \overset{r_{BE} \gg R_{BV}}{\approx} \frac{1}{S} \tag{2.149}
$$

$$
r_a = \frac{u_a}{i_a} \approx R_C \tag{2.150}
$$

Ein Vergleich von (2.148)–(2.150) mit (2.73)–(2.75) zeigt, dass das Kleinsignalverhalten der Basisschaltung und der Emitterschaltung ohne Gegenkopplung ähnlich ist. Diese Ähnlichkeit beruht auf der Tatsache, dass der Signalgenerator bei beiden Schaltungen zwischen Basis und Emitter des Transistors angeschlossen ist und das Ausgangssignal am Kollektor abgegriffen wird. Der Eingangskreis ist identisch, wenn man U_g und R_g in Abb. 2.59a auf Seite 103 mit U_e und R_{BV} in Abb. 2.109a identifiziert und die geänderte Polarität des Signalgenerators berücksichtigt. Daraus folgt, dass die Verstärkung dem

Betrag nach etwa gleich, aufgrund der geänderten Polarität des Signalgenerators jedoch mit anderem Vorzeichen versehen ist. Der Ausgangswiderstand ist bis auf den etwas anderen Einfluss von r_{CE} ebenfalls gleich. Der Eingangswiderstand ist bei der Basisschaltung etwa um den Faktor β kleiner, weil hier der Emitterstrom $i_E = -(1 + \beta)i_B \approx -\beta i_B$ anstelle des Basisstroms i_B als Eingangsstrom auftritt. Aufgrund der Ähnlichkeit kann das in Abb. 2.63 auf Seite 107 gezeigte Ersatzschaltbild der Emitterschaltung mit den Ersatzgrößen A, r_e und r_a auch für die Basisschaltung verwendet werden.

Bei Ansteuerung mit einer Stromquelle tritt der *Übertragungswiderstand R_T (Transimpedanz)* an die Stelle der Verstärkung:

$$R_T = \left. \frac{u_a}{i_e} \right|_{i_a=0} = \left. \frac{u_a}{u_e} \right|_{i_a=0} \left. \frac{u_e}{i_e} \right|_{i_a=0}$$

$$= A r_e = \frac{(\beta\, r_{CE} + r_{BE} + R_{BV})\, R_C}{(1 + \beta)\, r_{CE} + r_{BE} + R_{BV} + R_C}$$

Mit $\beta \gg 1$, $r_{CE} \gg R_C$, und $\beta\, r_{CE} \gg r_{BE} + R_{BV}$ folgt für den Strom-Spannungs-Wandler in Basisschaltung:

Strom-Spannungs-Wandler in Basisschaltung

$$R_T = \left. \frac{u_a}{i_e} \right|_{i_a=0} \approx R_C \qquad\qquad (2.151)$$

Ein- und Ausgangswiderstand sind durch (2.149) und (2.150) gegeben.

2.4.3.3 Nichtlinearität

Bei ausreichend kleinem Widerstand R_{BV} und Aussteuerung mit einer Spannungsquelle gilt $U_e \approx -U_{BE}$, siehe (2.145). Daraus folgt $\hat{u}_{BE} \approx \hat{u}_e$ und man kann Gl. (2.15) auf Seite 47 verwenden, die einen Zusammenhang zwischen der Amplitude $\hat{u}_{BE}$ einer sinusförmigen Kleinsignalaussteuerung und dem *Klirrfaktor k* des Kollektorstroms, der bei der Basisschaltung gleich dem Klirrfaktor der Ausgangsspannung ist, herstellt. Es gilt also $\hat{u}_e < k \cdot 0{,}1$ V, d.h. für $k < 1\%$ muss $\hat{u}_e < 1$ mV sein. Die zugehörige Ausgangsamplitude ist wegen $\hat{u}_a = |A|\hat{u}_e$ von der Verstärkung A abhängig; für das Zahlenbeispiel mit $A = 76$ gilt demnach $\hat{u}_a < k \cdot 7{,}6$ V. Bei Aussteuerung mit einer Stromquelle ist der Klirrfaktor aufgrund des nahezu linearen Zusammenhangs zwischen $I_e = I_E$ und I_C sehr klein.

2.4.3.4 Temperaturabhängigkeit

Nach Gl. (2.21) auf Seite 56 nimmt die Basis-Emitter-Spannung U_{BE} bei konstantem Kollektorstrom I_C mit $1{,}7$ mV/K ab. Da bei ausreichend kleinem Widerstand R_{BV} und Ansteuerung mit einer Spannungsquelle $U_e \approx -U_{BE}$ gilt, siehe (2.145), muss die Eingangsspannung um $1{,}7$ mV/K zunehmen, damit der Arbeitspunkt $I_C = I_{C,A}$ der Schaltung konstant bleibt. Hält man dagegen die Eingangsspannung konstant, wirkt sich eine Temperaturerhöhung wie eine Abnahme der Eingangsspannung mit $dU_e/dT = -1{,}7$ mV/K aus; man kann deshalb die *Temperaturdrift* der Ausgangsspannung mit Hilfe der Verstärkung berechnen:

$$\left. \frac{dU_a}{dT} \right|_A = \left. \frac{\partial U_a}{\partial U_e} \right|_A \frac{dU_e}{dT} \approx -A \cdot 1{,}7\,\text{mV/K}$$

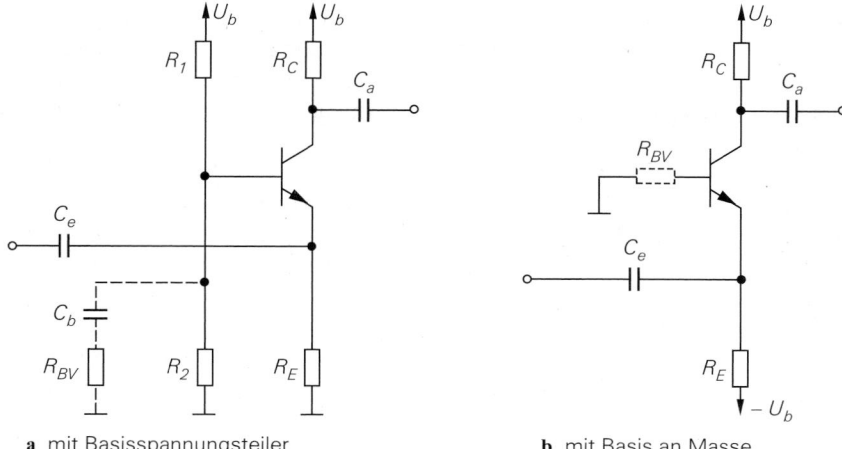

a mit Basisspannungsteiler   **b** mit Basis an Masse

Abb. 2.113. Arbeitspunkteinstellung bei Wechselspannungskopplung

Für das Zahlenbeispiel erhält man $(dU_a/dT)|_A \approx -129\,\mathrm{mV/K}$.

Bei Ansteuerung mit einer Stromquelle folgt aus (2.146):

$$\frac{dU_a}{dT}\bigg|_A = -R_C \frac{dI_C}{dT}\bigg|_A = -R_C\left(\frac{I_{C,A}}{(1+B)\,B}\frac{dB}{dT} + \frac{B}{1+B}\frac{dI_{e,A}}{dT}\right)$$

Für das Zahlenbeispiel folgt mit (2.23) bei temperaturunabhängigem Eingangsstrom eine Temperaturdrift von $(dU_a/dT)|_A \approx -31\,\mu\mathrm{V/K}$; in diesem Fall wirkt sich nur die Temperaturabhängigkeit der Stromverstärkung B aus.

2.4.3.5 Arbeitspunkteinstellung

Der Betrieb als Kleinsignalverstärker erfordert eine stabile Einstellung des Arbeitspunkts; dabei unterscheidet man zwischen *Wechselspannungskopplung* und *Gleichspannungskopplung*.

2.4.3.5.1 Arbeitspunkteinstellung bei Wechselspannungskopplung

Abbildung 2.113 zeigt zwei Varianten der Wechselspannungskopplung, bei der die Signalquelle und die Last über Koppelkondensatoren angeschlossen werden; die weiteren Eigenschaften werden auf Seite 121 beschrieben. Bei beiden Varianten handelt es sich um eine Arbeitspunkteinstellung mit Gleichstromgegenkopplung, die in gleicher Weise bei der Emitterschaltung verwendet wird, siehe Abb. 2.77 auf Seite 124.

Bei der Schaltung nach Abb. 2.113a wird die im Arbeitspunkt an der Basis des Transistors erforderliche Spannung

$$U_{B,A} = \left(I_{C,A} + I_{B,A}\right) R_E + U_{BE,A} \approx I_{C,A} R_E + 0{,}7\,\mathrm{V}$$

mit R_1 und R_2 eingestellt; dabei wird der Querstrom durch die Widerstände deutlich größer als $I_{B,A}$ gewählt, damit der Arbeitspunkt nicht von $I_{B,A}$ abhängt. Die Temperaturstabilität des Arbeitspunkts hängt maßgeblich vom Verhältnis der Widerstände R_C und R_E ab; es gilt:

$$\frac{dU_a}{dT}\bigg|_A \approx -\frac{R_C}{R_E}\cdot 1{,}7\,\frac{\mathrm{mV}}{\mathrm{K}}$$

Zur Minimierung der Temperaturdrift muss man R_E möglichst groß wählen; in der Praxis wählt man $R_C/R_E \approx 1\ldots 10$. Im Kleinsignalersatzschaltbild liegt R_E parallel zum Eingangswiderstand r_e, kann aber wegen $R_E \gg r_e \approx 1/S$ vernachlässigt werden. Die Parallelschaltung von R_1 und R_2 tritt an die Stelle des Widerstands R_{BV} aus Abb. 2.109a [34]:

$$R_{BV} = R_1 \| R_2$$

Die maximale Verstärkung wird nur erreicht, wenn der Basiskreis niederohmig ist; aus (2.148) erhält man die Forderung $R_{BV} \ll r_{BE}$. In der Praxis kann man R_1 und R_2 im allgemeinen nicht so klein wählen, dass diese Forderung erfüllt ist, weil sonst der Querstrom durch R_1 und R_2 zu groß wird.

Beispiel: Mit $I_{C,A} = 1\,\text{mA}$ und $\beta = 400$ folgt $R_{BV} \ll r_{BE} = 10,4\,\text{k}\Omega$; wählt man $R_1 = 3\,\text{k}\Omega$ und $R_2 = 1,5\,\text{k}\Omega$, d.h. $R_{BV} = 1\,\text{k}\Omega$, erhält man für $U_b = 5\,\text{V}$ einen Querstrom, der größer ist als $I_{C,A}$: $I_Q = U_b/(R_1 + R_2) \approx 1,1\,\text{mA}$. Dagegen kann die Forderung, dass der Querstrom deutlich größer sein soll als der Basisstrom, wegen $I_{B,A} = I_{C,A}/\beta = 2,5\,\mu\text{A}$ bereits mit $I_Q \approx 25\,\mu\text{A}$ erfüllt werden.

Man wählt deshalb den Querstrom *nur* deutlich größer als den Basisstrom und erfüllt die Forderung nach einem niederohmigen Basiskreis nur für Wechselspannungen, indem man den Basisanschluss über einen Kondensator C_b mit Masse verbindet, siehe Abb. 2.113a [35]; dabei muss man C_b so wählen, dass bei der kleinsten interessierenden Signalfrequenz f_U noch $1/(2\pi f_U C_b) \ll r_{BE}$ gilt.

Hat man zusätzlich eine negative Versorgungsspannung, kann man den Basisanschluss des Transistors auch direkt mit Masse verbinden, siehe Abb. 2.113b, und den Arbeitspunktstrom mit R_E einstellen:

$$I_{C,A} \approx -I_{E,A} = \frac{U_b - U_{BE,A}}{R_E} \approx \frac{U_b - 0,7\,\text{V}}{R_E}$$

Bei beiden Varianten kann man den Widerstand R_E durch eine Stromquelle mit dem Strom I_K ersetzen; es gilt dann $I_{C,A} \approx I_K$. Die Temperaturdrift ist in diesem Fall durch die Temperaturdrift der Stromquelle gegeben.

2.4.3.5.2 Arbeitspunkteinstellung bei Gleichspannungskopplung

Abbildung 2.114 zeigt zwei Varianten der Gleichspannungskopplung. In Abb. 2.114a wird die Basisschaltung (T_2) mit einer Kollektorschaltung (T_1) angesteuert; da die Kollektorschaltung einen kleinen Ausgangswiderstand hat, liegt Spannungsansteuerung vor. Der Arbeitspunktstrom $I_{C,A}$ ist bei beiden Transistoren gleich und wird, wie gezeigt, mit dem Widerstand R_E oder mit einer Stromquelle eingestellt. Die Schaltung kann als unsymmetrisch betriebener Differenzverstärker aufgefasst werden, wie ein Vergleich mit Abb. 4.54c auf Seite 343 zeigt.

Abbildung 2.114b zeigt die *Kaskodeschaltung*, bei der ein Transistor in Basisschaltung (T_2) mit einer Emitterschaltung (T_1) angesteuert wird; in diesem Fall liegt Stromansteuerung vor. Der Arbeitspunkt der Basisschaltung wird durch die Widerstände R_1 und R_2 und durch den Arbeitspunktstrom der Emitterschaltung festgelegt. Die Emitterschaltung ist in

---

[34] In Abb. 2.109a ist der Basisanschluss des Transistors über den Widerstand R_{BV} mit Masse verbunden; R_{BV} kann dabei als Innenwiderstand einer Spannungsquelle mit $U = 0$ aufgefasst werden. Die Ersatzspannungsquelle für den Basisspannungsteiler in Abb. 2.113a hat im Vergleich dazu den Innenwiderstand $R_1 \| R_2$ und die Leerlaufspannung $U = U_b R_2/(R_1 + R_2)$.

[35] In Abb. 2.113a ist *zusätzlich* ein Widerstand R_{BV} zur Vermeidung hochfrequenter Schwingungen eingezeichnet; darauf wird später noch näher eingegangen.

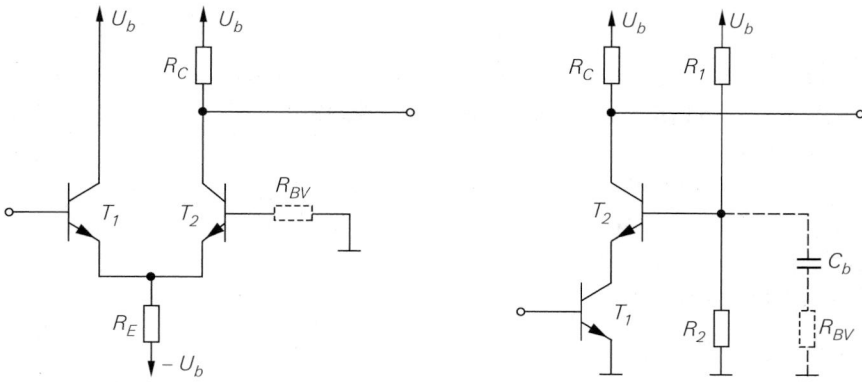

Abb. 2.114. Arbeitspunkteinstellung bei Gleichspannungskopplung

Abb. 2.114b nur symbolisch, d.h. ohne die zur Arbeitspunkteinstellung nötige Beschaltung dargestellt. Die Kaskodeschaltung wird im Abschnitt 4.1.3 näher beschrieben.

2.4.3.5.3 Vermeidung hochfrequenter Schwingungen

Aufgrund der hohen oberen Grenzfrequenz kann eine hochfrequente Schwingung im Arbeitspunkt auftreten; die Schaltung arbeitet in diesem Fall als Oszillator. Dieses Phänomen tritt besonders dann auf, wenn die Basis des Transistors direkt oder über einen Kondensator C_b mit Masse verbunden ist. Ursache ist eine parasitäre Induktivität im Basiskreis, die durch Laufzeiteffekte in der Basiszone des Transistors und durch Zuleitungsinduktivitäten verursacht wird. Diese Induktivität bildet zusammen mit der Eingangskapazität des Transistors und/oder dem Kondensator C_b einen Serienschwingkreis, der bei ausreichend hoher Güte zu einer Selbsterregung der Schaltung führen kann. Um dies zu verhindern, muss man die Güte des Schwingkreises durch Einfügen eines Dämpfungswiderstands verringern. Dazu dient der Widerstand R_{BV}, der in Abb. 2.113 und Abb. 2.114 gestrichelt eingezeichnet ist. Die in der Praxis verwendeten Widerstände liegen im Bereich $10 \ldots 100\,\Omega$, in Ausnahmefällen auch darüber. Sie sind möglichst kurz mit Masse zu verbinden, damit die Zuleitungsinduktivität klein bleibt.

2.4.3.6 Frequenzgang und obere Grenzfrequenz

Die Kleinsignalverstärkung A und die Betriebsverstärkung A_B nehmen bei höheren Frequenzen aufgrund der Transistorkapazitäten ab. Um eine Aussage über den Frequenzgang und die obere Grenzfrequenz zu bekommen, muss man bei der Berechnung das dynamische Kleinsignalmodell des Transistors verwenden.

2.4.3.6.1 Ansteuerung mit einer Spannungsquelle

Abbildung 2.115 zeigt das dynamische Kleinsignalersatzschaltbild der Basisschaltung bei Ansteuerung mit einer Signalspannungsquelle mit dem Innenwiderstand R_g. Die exakte Berechnung der *Betriebsverstärkung* $\underline{A}_B(s) = \underline{u}_a(s)/\underline{u}_g(s)$ ist aufwendig und führt auf umfangreiche Ausdrücke. Eine ausreichend genaue Näherung erhält man, wenn man den Widerstand r_{CE} vernachlässigt und $\beta \gg 1$ annimmt; mit $R'_{BV} = R_{BV} + R_B$, $R'_C = R_C \mid\mid R_L$ und der Niederfrequenzverstärkung

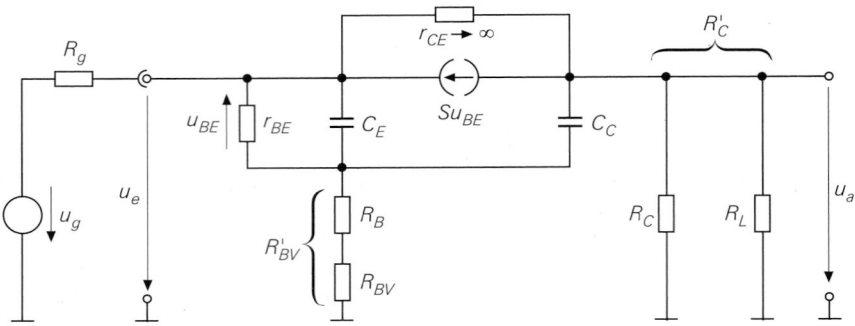

Abb. 2.115. Dynamisches Kleinsignalersatzschaltbild der Basisschaltung

$$A_0 = \underline{A}_B(0) \approx \frac{\beta R_C'}{\beta R_g + R_{BV}' + r_{BE}} \qquad (2.152)$$

folgt:

$$\underline{A}_B(s) \approx A_0 \frac{1 + sC_C R_{BV}' + s^2 \dfrac{C_E C_C R_{BV}'}{S}}{1 + sc_1 + s^2 c_2}$$

$$c_1 = \frac{C_E r_{BE}\left(R_g + R_{BV}'\right) + C_C\left(R_{BV}'\left(\beta\left(R_g + R_C'\right) + r_{BE}\right) + R_C'\left(\beta R_g + r_{BE}\right)\right)}{\beta R_g + R_{BV}' + r_{BE}}$$

$$c_2 = \frac{C_E C_C\left(R_{BV}'\left(R_g + R_C'\right) + R_g R_C'\right)}{\beta R_g + R_{BV}' + r_{BE}}$$

Die Übertragungsfunktion hat zwei reelle Pole und zwei Nullstellen; letztere sind in den meisten Fällen konjugiert komplex. Man kann den Frequenzgang näherungsweise durch einen Tiefpass 1. Grades beschreiben, indem man die s^2-Terme streicht und die Differenz der linearen Terme bildet:

$$\underline{A}_B(s) \approx \frac{A_0}{1 + s\,\dfrac{C_E r_{BE}\left(R_g + R_{BV}'\right) + C_C R_C'\left(\beta\left(R_g + R_{BV}'\right) + r_{BE}\right)}{\beta R_g + R_{BV}' + r_{BE}}} \qquad (2.153)$$

Damit erhält man eine Näherung für die obere *-3dB-Grenzfrequenz* f_{-3dB}, bei der der Betrag der Verstärkung um 3 dB abgenommen hat:

$$\omega_{-3dB} \approx \frac{\beta R_g + R_{BV}' + r_{BE}}{C_E r_{BE}\left(R_g + R_{BV}'\right) + C_C R_C'\left(\beta\left(R_g + R_{BV}'\right) + r_{BE}\right)} \qquad (2.154)$$

Die obere Grenzfrequenz hängt von der Niederfrequenzverstärkung A_0 ab; aus (2.152) und (2.154) erhält man eine Darstellung mit zwei von A_0 unabhängigen Zeitkonstanten:

$$\omega_{-3dB}(A_0) \approx \frac{1}{T_1 + T_2 A_0} \qquad (2.155)$$

$$T_1 = C_E \frac{r_{BE}\left(R_g + R_{BV}'\right)}{\beta R_g + R_{BV}' + r_{BE}} \qquad (2.156)$$

$$T_2 = C_C \left(R_g + R'_{BV} + \frac{1}{S} \right) \tag{2.157}$$

Auch hier besteht eine enge Verwandtschaft mit der Emitterschaltung, wie ein Vergleich von (2.155)–(2.157) mit (2.104)–(2.106) zeigt. Die Ausführungen zum Verstärkungs-Bandbreite-Produkt *GBW* einschließlich Gl. (2.107) auf Seite 131 gelten in gleicher Weise.

Besitzt die Last neben dem ohmschen auch einen kapazitiven Anteil, d.h. tritt parallel zum Lastwiderstand R_L eine Lastkapazität C_L auf, erhält man

$$T_2 = (C_C + C_L) \left(R_g + \frac{1}{S} \right) + \left(C_C + \frac{C_L}{\beta} \right) R'_{BV} \tag{2.158}$$

Die Zeitkonstante T_1 hängt nicht von C_L ab. Die obere Grenzfrequenz nimmt entsprechend der Zunahme von T_2 ab.

Man kann die Basisschaltung näherungsweise durch das Ersatzschaltbild nach Abb. 2.87 auf Seite 133 beschreiben. Die *Eingangskapazität* C_e und die *Ausgangskapazität* C_a erhält man aus der Bedingung, dass eine Berechnung von $\underline{A}_B(s)$ nach Streichen des s^2-Terms auf (2.153) führen muss:

$$C_e \approx C_E \frac{r_{BE} \left(R_g + R'_{BV} \right)}{R_g \left(r_{BE} + R'_{BV} \right)} \overset{R'_{BV} \ll R_g, r_{BE}}{\approx} C_E$$

$$C_a \approx C_C \frac{\beta \left(R_g + R'_{BV} \right) + r_{BE}}{\beta R_g + R'_{BV} + r_{BE}} \overset{R'_{BV} \ll R_g, r_{BE}}{\approx} C_C$$

A, r_e und r_a sind durch (2.148)–(2.150) gegeben; dabei wird $R'_{BV} = R_{BV} + R_B$ anstelle von R_{BV} eingesetzt.

2.4.3.6.2 Ansteuerung mit einer Stromquelle

Bei Ansteuerung mit einer Stromquelle interessiert der Frequenzgang der *Transimpedanz* $\underline{Z}_T(s)$; ausgehend von (2.153) kann man eine Näherung durch einen Tiefpass 1. Grades angeben:

$$\underline{Z}_T(s) = \frac{\underline{u}_a(s)}{\underline{i}_e(s)} = \lim_{R_g \to \infty} R_g \underline{A}_B(s) \approx \frac{R'_C}{1 + s \left(\dfrac{C_E}{S} + C_C R'_C \right)} \tag{2.159}$$

Für die obere Grenzfrequenz gilt in diesem Fall:

$$\boxed{\omega_{\text{-}3dB} = 2\pi f_{\text{-}3dB} \approx \frac{1}{\dfrac{C_E}{S} + C_C R'_C}} \tag{2.160}$$

Dieses Ergebnis erhält man auch aus (2.154), wenn man $R_g \to \infty$ einsetzt. Bei kapazitiver Last muss man $C_L + C_C$ anstelle von C_C einsetzen.

2.4.3.6.3 Vergleich mit der Emitterschaltung

Ein Vergleich der Basis- und der Emitterschaltung lässt sich am einfachsten anhand der in Abb. 2.116 gezeigten Ersatzschaltbilder durchführen; sie folgen aus Abb. 2.87, wenn man die vereinfachten Ausdrücke für A_0, r_e, C_e, r_a und C_a einsetzt. Ausgangsseitig sind beide Schaltungen identisch; auch die Leerlaufverstärkung ist bis auf das Vorzeichen gleich.

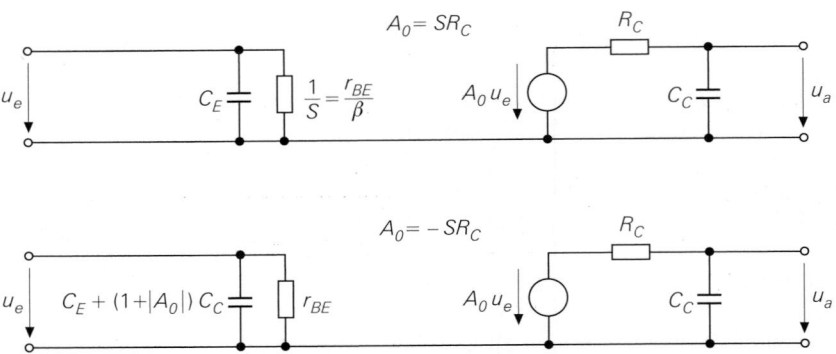

Abb. 2.116. Ersatzschaltbild der Basisschaltung (oben) und der Emitterschaltung (unten)

Große Unterschiede bestehen dagegen im Eingangskreis. Bei der Basisschaltung ist sowohl der Eingangswiderstand als auch die Eingangskapazität kleiner und letztere hängt auch nicht von der Verstärkung ab. Daraus folgt, dass die Basisschaltung eine sehr viel kleinere eingangsseitige Zeitkonstante $T_e = C_e r_e$ besitzt, während die ausgangsseitige Zeitkonstante $T_a = C_a r_a = C_C R_C$ bei beiden Schaltungen gleich ist. Deshalb ist die obere Grenzfrequenz bei der Basisschaltung größer, vor allem dann, wenn die ausgangsseitige Zeitkonstante klein ist und die Grenzfrequenz in erster Linie von der eingangsseitigen Zeitkonstante abhängt.

Beispiel: Für das Zahlenbeispiel zur Basisschaltung nach Abb. 2.109a wurde $I_{C,A} = 2{,}5$ mA gewählt. Mit $\beta = 400$, $C_{obo} = 3{,}5$ pF und $f_T = 160$ MHz erhält man aus Abb. 2.45 auf Seite 86 die Kleinsignalparameter $S = 96$ mS, $r_{BE} = 4160\,\Omega$, $C_C = 3{,}5$ pF und $C_E = 92$ pF. Mit $R_{BV} = R_C = 1\,\text{k}\Omega$, $R'_{BV} \approx R_{BV}$, $R_L \to \infty$ und $R_g = 0$ folgt aus (2.152) $A_0 \approx 77{,}5$ und aus (2.154) $f_{-3dB} \approx 457$ kHz. Die vergleichsweise niedrige obere Grenzfrequenz wird durch den Widerstand R_{BV} verursacht. Man erzielt eine wesentlich höhere obere Grenzfrequenz, wenn man R_{BV} kleiner wählt oder entfernt, sofern dadurch keine hochfrequente Schwingung auftritt; letzteres führt auf $R'_{BV} \approx R_B$. Mit $R_B = R_g = 10\,\Omega$ erhält man aus (2.152) $A_0 \approx 49$ und aus (2.154) $f_{-3dB} \approx 25{,}9$ MHz. Aus (2.156) folgt $T_1 \approx 0{,}94$ ns, aus (2.157) $T_2 \approx 107$ ps und aus (2.107) $GBW \approx 1{,}5$ GHz. Die Werte hängen stark von R_B ab; mit $R_B = 100\,\Omega$ folgt $A_0 \approx 48$, $f_{-3dB} \approx 6{,}2$ MHz, $T_1 \approx 5{,}1$ ns, $T_2 \approx 421$ ps und $GBW = 378$ MHz. Mit einer Lastkapazität $C_L = 1$ nF und $R_B = 10\,\Omega$ erhält man aus (2.158) $T_2 \approx 20{,}5$ ns, aus (2.155) $f_{-3dB} \approx 158$ kHz und aus (2.107) $GBW \approx 7{,}74$ MHz.

Bei Ansteuerung mit einer Stromquelle und $R_L \to \infty$ folgt aus (2.159) $R_T = \underline{Z}_T(0) \approx R_C = 1\,\text{k}\Omega$ und aus (2.160) $f_{-3dB} = 35{,}7$ MHz. Der Widerstand R_{BV} wirkt sich in diesem Fall nicht aus. Mit einer Lastkapazität $C_L = 1$ nF erhält man aus (2.160) $f_{-3dB} \approx 159$ kHz, wenn man anstelle von C_C die Kapazität $C_C + C_L$ einsetzt.

2.4.4 Darlington-Schaltung

Bei einigen Anwendungen reicht die Stromverstärkung eines einzelnen Transistors nicht aus; man kann dann eine Darlington-Schaltung einsetzen, die aus zwei Transistoren aufgebaut ist und deren Stromverstärkung in erster Näherung gleich dem Produkt der Stromverstärkungen der Einzeltransistoren ist:

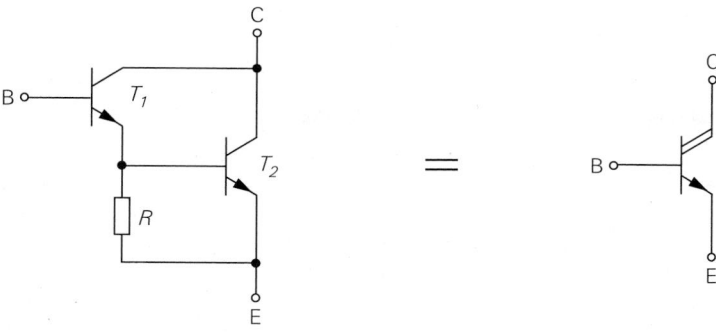

Abb. 2.117. Schaltung und Schaltsymbol eines npn-Darlington-Transistors

$$B \approx B_1 B_2 \qquad\qquad (2.161)$$

Die Darlington-Schaltung ist unter der Bezeichnung *Darlington-Transistor* als Bauelement mit eigenem Gehäuse für Leiterplattenmontage verfügbar; dabei werden die Anschlüsse wie bei einem Einzeltransistor mit Basis, Emitter und Kollektor bezeichnet. Darüber hinaus kann man die Darlington-Schaltung auch aus einzelnen Elementen aufbauen. Der Darlington-Transistor ist in diesem Zusammenhang eine integrierte Schaltung, die nur eine Darlington-Schaltung enthält.

Abbildung 2.117 zeigt die Schaltung und das Schaltsymbol eines *npn-Darlington-Transistors*, der aus zwei npn-Transistoren und einem Widerstand zur Verbesserung des Schaltverhaltens besteht. Er kann im wesentlichen wie ein npn-Transistor eingesetzt werden. Beim *pnp-Darlington-Transistor*, der im wesentlichen wie ein pnp-Transistor eingesetzt werden kann, sind zwei Varianten gängig, siehe Abb. 2.118:

– Der *normale* pnp-Darlington besteht aus zwei pnp-Transistoren und ist unmittelbar komplementär zum npn-Darlington. Er wird in der Praxis als *pnp-Darlington* bezeichnet, d.h. ohne den Zusatz *normal*.

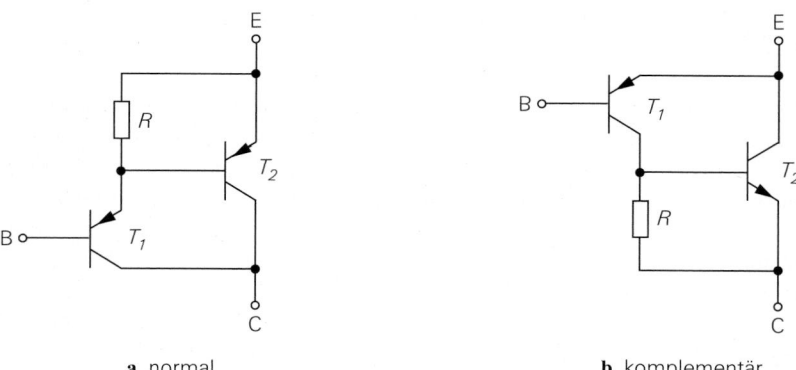

a normal   **b** komplementär

Abb. 2.118. Schaltung eines pnp-Darlington-Transistors

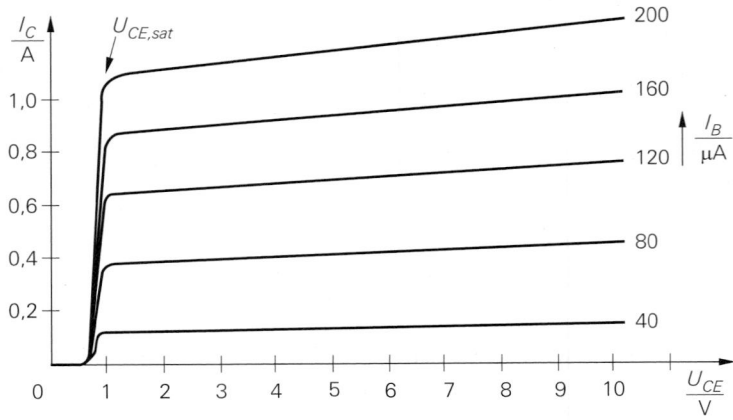

Abb. 2.119. Ausgangskennlinienfeld eines npn-Darlington-Transistors

– Der *komplementäre* pnp-Darlington besteht aus einem pnp- und einem npn-Transistor und ist mittelbar komplementär zum npn-Darlington, da der pnp-Transistor T_1 die Polarität festlegt; der npn-Transistor T_2 ist nur für die weitere Stromverstärkung zuständig.

Die Stromverstärkung eines pnp-Darlingtons ist oft wesentlich kleiner als die eines vergleichbaren npn-Darlingtons, da die Stromverstärkung eines pnp-Transistors im allgemeinen kleiner ist als die eines npn-Transistors, was sich beim Darlington aufgrund der Produktbildung doppelt, d.h. quadratisch auswirkt. Abhilfe bietet hier der komplementäre pnp-Darlington, bei dem der zweite pnp-Transistor durch einen npn-Transistor ersetzt wird; damit wirkt sich die kleinere Stromverstärkung von pnp-Transistoren nur einfach aus.

Im folgenden wird der npn-Darlington beschrieben, der in der Praxis die größere Bedeutung hat. Die Ausführungen gelten in gleicher Weise für den pnp-Darlington, wenn man alle Ströme und Spannungen mit umgekehrten Vorzeichen versieht. Eine Ausnahme bildet der komplementäre pnp-Darlington, der getrennt behandelt werden muss.

2.4.4.1 Kennlinien eines Darlington-Transistors

Abbildung 2.119 zeigt das Ausgangskennlinienfeld eines npn-Darlington-Transistors. Es ist dem eines npn-Transistors sehr ähnlich, lediglich die Kollektor-Emitter-Sättigungsspannung $U_{CE,sat}$, bei der die Kennlinien abknicken, ist mit $0{,}7 \ldots 1$ V deutlich größer. Für $U_{CE} > U_{CE,sat}$ arbeiten T_1 und T_2 und damit auch der Darlington im Normalbetrieb. Für $U_{CE} \leq U_{CE,sat}$ gerät T_1 in die Sättigung, während T_2 weiterhin im Normalbetrieb arbeitet; man nennt diesen Betrieb auch beim Darlington Sättigungsbetrieb.

Abbildung 2.120 zeigt den Bereich kleiner Kollektorströme und kleiner Kollektor-Emitter-Spannungen. Bei sehr kleinen Kollektorströmen ist die Spannung am Widerstand R des Darlingtons so klein, dass T_2 sperrt (unterste Kennlinie in Abb. 2.120); die Stromverstärkung entspricht in diesem Bereich der Stromverstärkung von T_1. Mit zunehmendem Kollektorstrom beginnt T_2 zu leiten und die Stromverstärkung nimmt stark zu; man erkennt dies in Abb. 2.120 daran, dass eine gleichmäßige Zunahme von I_B eine immer stärkere Zunahme von I_C bewirkt.

Das Ausgangskennlinienfeld eines pnp-Darlingtons erhält man durch Umkehr der Vorzeichen. Das gilt für den komplementären pnp-Darlington in gleicher Weise, da sich die

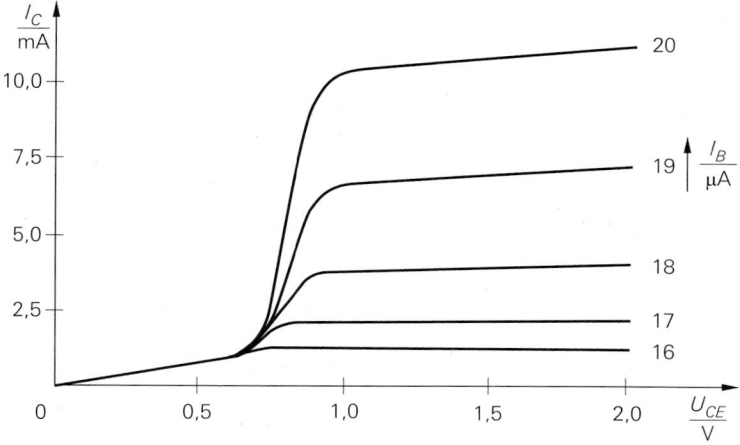

Abb. 2.120. Ausgangskennlinienfeld bei kleinen Kollektorströmen

beiden pnp-Varianten im Ausgangskennlinienfeld praktisch nicht unterscheiden. Unterschiede bestehen jedoch im Eingangskennlinienfeld, da die Basis-Emitter-Strecke beim npn- und beim pnp-Darlington aus zwei, beim komplementären pnp-Darlington dagegen nur aus einer Transistor-Basis-Emitter-Strecke besteht; deshalb ist die Basis-Emitter-Spannung beim komplementären pnp-Darlington bei gleichem Strom nur etwa halb so groß wie beim normalen pnp-Darlington.

2.4.4.2 Beschreibung durch Gleichungen

Abbildung 2.121 zeigt das Ersatzschaltbild eines npn-Darlington-Transistors im Normalbetrieb, das sich aus den Ersatzschaltbildern für die beiden Transistoren und dem Widerstand R zusammensetzt. Für die Ströme gilt

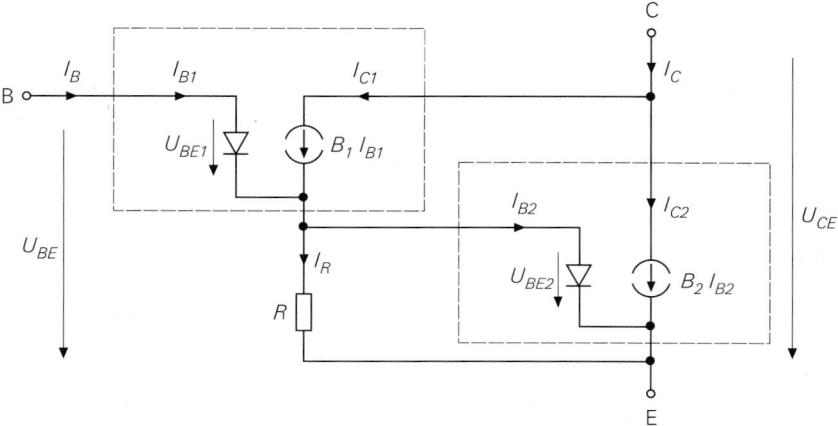

Abb. 2.121. Ersatzschaltbild eines npn-Darlington-Transistors im Normalbetrieb

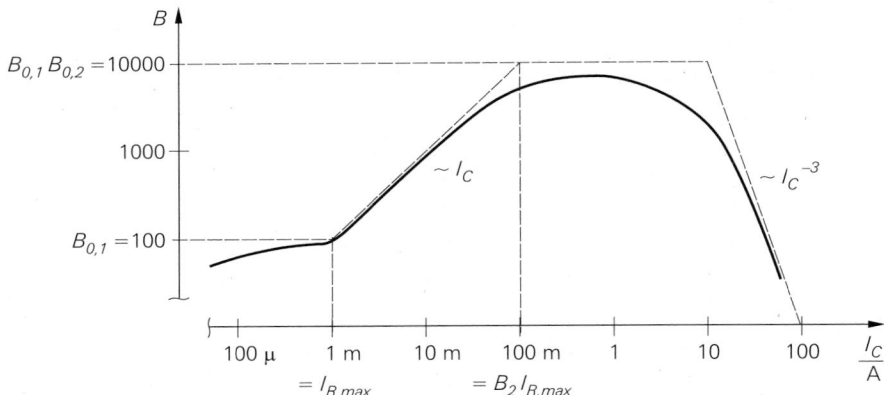

Abb. 2.122. Verlauf der Stromverstärkung eines Darlington-Transistors

$$
\begin{aligned}
I_C &= I_{C1} + I_{C2} \\
I_{C1} &= B_1 I_{B1} = B_1 I_B \\
I_{C2} &= B_2 I_{B2} = B_2 (I_{C1} + I_B - I_R)
\end{aligned}
\tag{2.162}
$$

und für die Basis-Emitter-Spannung:

$$
U_{BE} = U_{BE1} + U_{BE2} = U_T \left(\ln \frac{I_{C1}}{I_{S1}} + \ln \frac{I_{C2}}{I_{S2}} \right) = U_T \ln \frac{I_{C1} I_{C2}}{I_{S1} I_{S2}}
$$

Dabei sind I_{S1} und I_{S2} die Sättigungssperrströme von T_1 und T_2; es gilt in den meisten Fällen $I_{S2} \approx 2 \ldots 3\, I_{S1}$. Bei mittleren Kollektorströmen erhält man $U_{BE} \approx 1{,}2 \ldots 1{,}5\,V$.

2.4.4.3 Verlauf der Stromverstärkung

Abbildung 2.122 zeigt die Stromverstärkung B in Abhängigkeit vom Kollektorstrom I_C; man unterscheidet vier Bereiche [2.8]:

– Bei kleinen Kollektorströmen sperrt T_2 und man erhält [36]:

$$
B = \frac{I_C}{I_B} = \frac{I_{C1}}{I_{B1}} = B_1 \approx B_{0,1}
$$

Die Stromverstärkung des Darlingtons entspricht in diesem Bereich der Stromverstärkung von T_1. Man kann die Grenze dieses Bereichs einfach angeben, wenn man davon ausgeht, dass $U_{BE2} \approx 0{,}7\,V$ gilt, wenn T_2 leitet; durch den Widerstand R fließt dann der Strom:

$$
I_{R,max} \approx \frac{0{,}7\,V}{R}
$$

Daraus folgt, dass T_2 für $I_C < I_{R,max}$ sperrt.

---

[36] Die Stromverstärkungen B_1 und B_2 sind von I_{C1} bzw. I_{C2} und damit von I_C abhängig; diese Abhängigkeit ist in Abb. 2.122 berücksichtigt, wird jedoch in Berechnungen durch die Annahme $B_1 \approx B_{0,1}$ bzw. $B_2 \approx B_{0,2}$ vernachlässigt, d.h. B_1 und B_2 werden als konstant angenommen. Dies gilt nicht für den Hochstrombereich, der getrennt betrachtet wird.

– Für $I_C > I_{R,max}$ leiten beide Transistoren; aus (2.162) folgt mit $I_R = I_{R,max}$

$$I_B = \frac{I_C + B_2 I_{R,max}}{(1 + B_1)\, B_2 + B_1}$$

und daraus

$$B(I_C) = \frac{I_C}{I_B} = \frac{(1 + B_1)\, B_2 + B_1}{1 + \dfrac{B_2 I_{R,max}}{I_C}}$$

$$\overset{B_1, B_2 \gg 1}{\approx} \frac{B_1 B_2}{1 + \dfrac{B_2 I_{R,max}}{I_C}} \qquad (2.163)$$

Diese Gleichung beschreibt zwei Bereiche. Für $I_{R,max} < I_C < B_2 I_{R,max}$ erhält man:

$$B \approx \frac{B_1 I_C}{I_{R,max}} \approx \frac{B_{0,1} I_C}{I_{R,max}}$$

In diesem Bereich ist die Stromverstärkung näherungsweise proportional zum Kollektorstrom. Diese Eigenschaft wird durch den Widerstand R verursacht, da in diesem Bereich der überwiegende Teil des Kollektorstroms I_{C1} durch den Widerstand R fließt und nur ein kleiner Anteil als Basisstrom I_{B2} für T_2 zur Verfügung steht. Eine Zunahme von I_{C1} bewirkt jedoch eine entsprechende Zunahme von I_{B2}, da der Strom durch den Widerstand R wegen $I_R \approx I_{R,max}$ näherungsweise konstant bleibt.

– Für $I_C > B_2 I_{R,max}$ erhält man aus (2.163)

$$B \approx B_1 B_2 \approx B_{0,1} B_{0,2}$$

in Übereinstimmung mit der bereits genannten Gleichung (2.161). Dieser Bereich ist der bevorzugte Arbeitsbereich eines Darlington-Transistors.

– Mit weiter zunehmendem Kollektorstrom gerät zunächst T_2 und dann T_1 in den Hochstrombereich. Mit

$$B_1 = \frac{B_{0,1}}{1 + \dfrac{I_{C1}}{I_{K,N1}}} \quad , \quad B_2 = \frac{B_{0,2}}{1 + \dfrac{I_{C2}}{I_{K,N2}}}$$

folgt

$$B(I_C) = \frac{B_{0,1} B_{0,2}}{1 + \dfrac{I_C}{I_{K,N2}} + \dfrac{I_C}{I_{K,N1} B_{0,2}} \left(1 + \dfrac{I_C}{I_{K,N2}} \right)^2}$$

Dabei sind $I_{K,N1}$ und $I_{K,N2}$ die Knieströme zur starken Injektion von T_1 und T_2; es gilt in den meisten Fällen $I_{K,N2} \approx 2 \ldots 3\, I_{K,N1}$. Die Stromverstärkung nimmt im Hochstrombereich sehr schnell ab; besonders deutlich erkennt man dies durch eine Grenzwertbetrachtung [2.8]:

$$\lim_{I_C \to \infty} B(I_C) = \frac{B_{0,1} I_{K,N1} B_{0,2}^2 I_{K,N2}^2}{I_C^3}$$

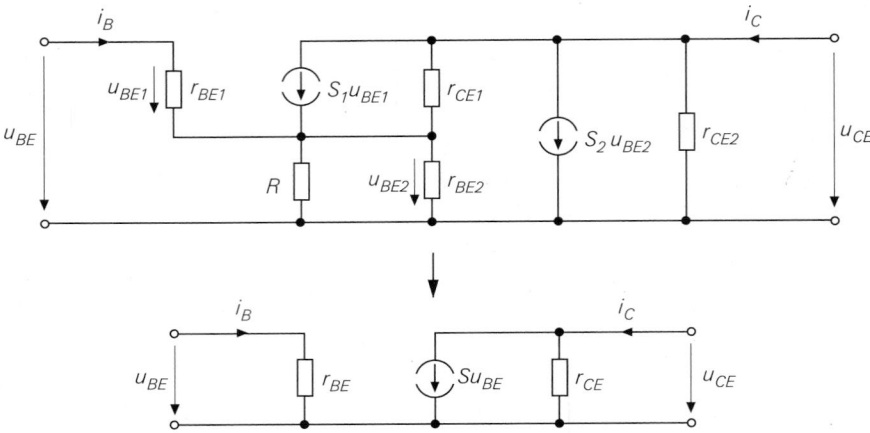

Abb. 2.123. Kleinsignalersatzschaltbild eines Darlington-Transistors: vollständig (oben) und nach Vereinfachung (unten)

Die Stromverstärkung nimmt beim Darlington bei großen Strömen mit $1/I_C^3$, beim Einzeltransistor dagegen nur mit $1/I_C$ ab.

2.4.4.4 Kleinsignalverhalten

Zur Bestimmung des Kleinsignalverhaltens des Darlington-Transistors in einem Arbeitspunkt A werden zusätzlich zu den Arbeitspunktströmen $I_{B,A}$ und $I_{C,A}$ die *inneren* Ströme $I_{C1,A}$ und $I_{C2,A}$ benötigt, d.h. die Aufteilung des Kollektorstroms muss bekannt sein; damit erhält man zunächst die Kleinsignalparameter der beiden Transistoren:

$$S_{1/2} \;=\; \frac{I_{C1/2,A}}{U_T} \;\;,\;\; r_{BE1/2} \;=\; \frac{\beta_{1/2}}{S_{1/2}} \;\;,\;\; r_{CE1/2} \;=\; \frac{U_{A1/2}}{I_{C1/2,A}}$$

Die Early-Spannungen sind meist etwa gleich groß; man kann dann mit einer Early-Spannung rechnen: $U_A \approx U_{A1} \approx U_{A2}$. Der Arbeitspunkt wird im Bereich großer Stromverstärkung gewählt; dort gilt $I_{C2,A} \gg I_{C1,A}$ und man kann die Näherung $I_{C2,A} \approx I_{C,A}$ verwenden, d.h. der Kollektorstrom des Darlingtons fließt praktisch vollständig durch T_2.

Abbildung 2.123 zeigt im oberen Teil das vollständige Kleinsignalersatzschaltbild eines Darlington-Transistors; es gilt für den npn- und für den pnp-, jedoch nicht für den komplementären pnp-Darlington. Dieses umfangreiche Ersatzschaltbild wird jedoch nur selten verwendet, da man den Darlington aufgrund seiner Ähnlichkeit mit einem Einzeltransistor ausreichend genau durch das Ersatzschaltbild eines Einzeltransistors beschreiben kann, siehe Abb. 2.123; dabei kann man die Parameter S, r_{BE} und r_{CE} entweder aus den Kennlinien oder durch eine Umrechnung aus dem vollständigen Ersatzschaltbild bestimmen [37]. Die Umrechnung der Parameter liefert mit $\beta_1, \beta_2 \gg 1$:

$$S \;\approx\; S_1 \frac{1 + S_2\,(r_{BE2} \,\|\, R)}{1 + S_1\,(r_{BE2} \,\|\, R)} \;\overset{R \gg r_{BE2}}{\approx}\; \frac{S_2}{2}$$

---

[37] Es handelt sich hierbei nicht um eine Äquivalenztransformation, da die Umrechnung zusätzlich einen Widerstand zwischen Basis und Kollektor liefert, der jedoch vernachlässigt werden kann.

$$r_{BE} \approx r_{BE1} + \beta_1 \left(r_{BE2} \| R\right) \overset{R \gg r_{BE2}}{\approx} 2\,r_{BE1}$$

$$r_{CE} \approx r_{CE2} \| r_{CE1} \frac{1 + S_1 \left(r_{BE2} \| R\right)}{1 + S_2 \left(r_{BE2} \| R\right)} \overset{R \gg r_{BE2}}{\approx} \frac{2}{3} r_{CE2}$$

Für die Kleinsignalstromverstärkung folgt:

$$\boxed{\beta = S\,r_{BE} \approx \beta_1 \beta_2 \frac{R}{r_{BE2} + R} \overset{R \gg r_{BE2}}{\approx} \beta_1 \beta_2} \qquad (2.164)$$

Die Bedingung $R \gg r_{BE2}$ ist genau dann erfüllt, wenn der Strom durch den Widerstand R wegen $I_{B2} \gg I_R$ vernachlässigt werden kann; es gilt dann:

$$I_{C2,A} \approx I_{C,A} \ , \ \ I_{C1,A} \approx \frac{I_{C,A}}{B_2}$$

Dazu muss der Darlington im Bereich maximaler Stromverstärkung B betrieben werden, d.h. es muss $I_{C,A} \gg B_2 I_{R,max}$ gelten, siehe Abb. 2.122. Damit erhält man im Bereich maximaler Stromverstärkung für den Darlington-Transistor:

$$\boxed{\begin{aligned} &\textit{Darlington-Transistor} \\[4pt] S &\approx \frac{S_2}{2} \approx \frac{1}{2} \frac{I_{C,A}}{U_T} \\[6pt] r_{BE} &= \frac{\beta}{S} \approx 2 \frac{\beta_1 \beta_2 U_T}{I_{C,A}} \\[6pt] r_{CE} &\approx \frac{2}{3} r_{CE2} \approx \frac{2}{3} \frac{U_A}{I_{C,A}} \end{aligned}}$$

$$\begin{aligned} &(2.165)\\[18pt] &(2.166)\\[18pt] &(2.167) \end{aligned}$$

Für den komplementären pnp-Darlington folgt in gleicher Weise zunächst:

$$S \approx S_1 \left(1 + S_2 \left(r_{BE2} \| R\right)\right) \overset{R \gg r_{BE2}}{\approx} S_2$$

$$r_{BE} = r_{BE1}$$

$$r_{CE} = r_{CE2} \| \frac{r_{CE1}}{1 + S_2 \left(r_{BE2} \| R\right)} \overset{R \gg r_{BE2}}{\approx} \frac{1}{2} r_{CE2}$$

Gl. (2.164) gilt in gleicher Weise. Man erhält im Bereich maximaler Stromverstärkung für den komplementären Darlington-Transistor:

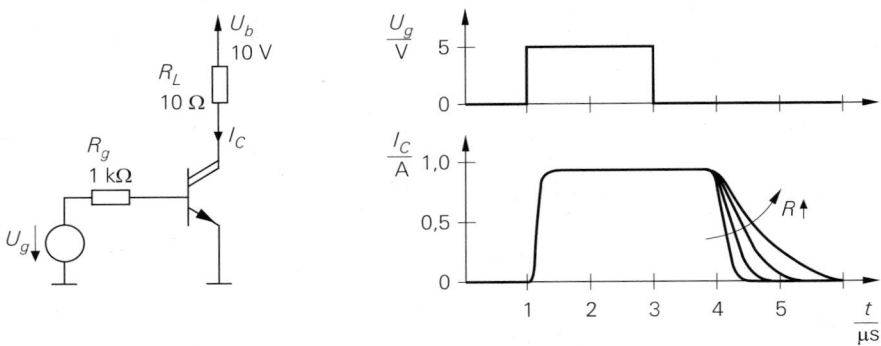

Abb. 2.124. Schaltverhalten eines Darlington-Transistors

---

komplementärer Darlington-Transistor

$$S \approx S_2 \approx \frac{I_{C,A}}{U_T} \tag{2.168}$$

$$r_{BE} = \frac{\beta}{S} \approx \frac{\beta_1 \beta_2 U_T}{I_{C,A}} \tag{2.169}$$

$$r_{CE} \approx \frac{1}{2} r_{CE2} \approx \frac{1}{2} \frac{U_A}{I_{C,A}} \tag{2.170}$$

2.4.4.5 Schaltverhalten

Der Darlington-Transistor wird häufig als Schalter eingesetzt; dabei kann man aufgrund der großen Stromverstärkung große Lastströme mit vergleichsweise kleinen Steuerströmen schalten. Besonders kritisch ist dabei das Abschalten der Last: der Transistor T_1 sperrt verhältnismäßig schnell, der Transistor T_2 jedoch erst dann, wenn die in der Basis gespeicherte Ladung über den Widerstand R abgeflossen ist. Eine kurze Abschaltdauer wird folglich nur mit ausreichend kleinem Widerstand R erreicht, siehe Abb. 2.124. Andererseits verringert sich durch einen kleinen Widerstand R die Stromverstärkung. Man

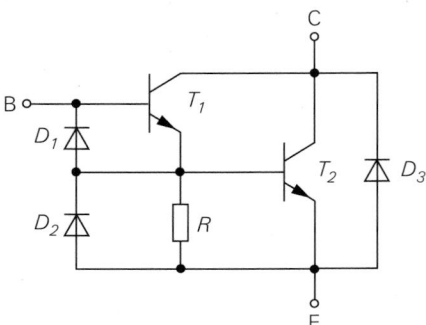

Abb. 2.125.
Aufbau eines npn-Darlington für Schaltanwendungen

muss also einen Kompromiss finden; dabei werden bei Darlingtons für Schaltanwendungen kleinere Widerstände verwendet als bei Darlingtons für allgemeine Anwendungen.

Darlington-Transistoren für Schaltanwendungen enthalten neben den beiden Transistoren und dem Widerstand R zusätzlich drei Dioden; Abb. 2.125 zeigt das vollständige Schaltbild eines entsprechenden npn-Darlingtons. Beim Abschalten kann man zur Verkürzung der Abschaltdauer den Basisstrom invertieren; in diesem Fall begrenzen die Dioden D_1 und D_2 die Sperrspannung an den Basis-Emitter-Übergängen. Die Diode D_3 dient als Freilaufdiode bei induktiven Lasten.

Kapitel 3:
Feldeffekttransistor

Der Feldeffekttransistor (*Fet*) ist ein Halbleiterbauelement mit drei Anschlüssen, die mit *Gate* (*G*), *Source* (*S*) und *Drain* (*D*) bezeichnet werden. Man unterscheidet zwischen Einzeltransistoren, die für die Montage auf Leiterplatten gedacht und in einem eigenen Gehäuse untergebracht sind, und integrierten Feldeffekttransistoren, die zusammen mit weiteren Halbleiterbauelementen auf einem gemeinsamen Halbleiterträger (*Substrat*) hergestellt werden. Integrierte Feldeffekttransistoren haben einen vierten Anschluss, der aus dem gemeinsamen Träger resultiert und mit *Substrat* (*bulk*, *B*) bezeichnet wird [1]. Dieser Anschluss ist bei Einzeltransistoren intern ebenfalls vorhanden, wird dort aber nicht getrennt nach außen geführt, sondern mit dem Source-Anschluss verbunden.

Beim Feldeffekttransistor wird mit einer zwischen Gate und Source angelegten Steuerspannung die Leitfähigkeit der Drain-Source-Strecke beeinflusst, ohne dass ein Steuerstrom fließt, d.h. die Steuerung erfolgt leistungslos. Es werden zwei verschiedene Effekte genutzt:

– Beim *Mosfet* (*metal-oxid-semiconductor-fet* oder *insulated-gate-fet, Igfet*) ist das Gate durch eine Oxid-Schicht ($Si\,O_2$) vom Kanal isoliert, siehe Abb. 3.1; dadurch kann die Steuerspannung beide Polaritäten annehmen, ohne dass ein Strom fließt. Die Steuerspannung beeinflusst die Ladungsträgerdichte in der unter dem Gate liegenden *Inversionsschicht*, die einen leitfähigen *Kanal* (*channel*) zwischen Drain und Source bildet und dadurch einen Stromfluss ermöglicht. Ohne Inversionsschicht ist immer mindestens einer der pn-Übergänge zwischen Source und Substrat bzw. Drain und Substrat gesperrt und es kann kein Strom fließen. Je nach Dotierung des Kanals erhält man *selbstleitende* (*depletion*) oder *selbstsperrende* (*enhancement*) Mosfets; bei selbstleitenden Mosfets fließt bei $U_{GS} = 0$ ein Drainstrom, bei selbstsperrenden nicht. Neben dem Gate hat auch das Substrat *B* eine geringe Steuerwirkung; darauf wird im Abschnitt 3.3 näher eingegangen.

– Beim *Sperrschicht-Fet* (*junction-fet, Jfet* bzw. *non-insulated-gate-fet, Nigfet*) beeinflusst die Steuerspannung die Sperrschichtweite eines in Sperrrichtung betriebenen pn-

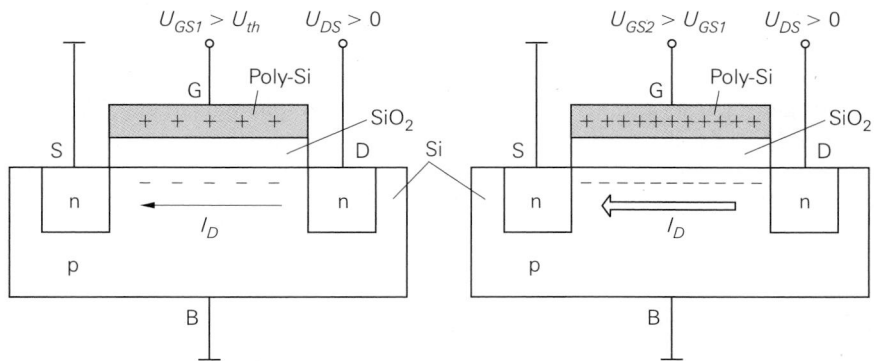

Abb. 3.1. Funktionsweise eines n-Kanal-Mosfets

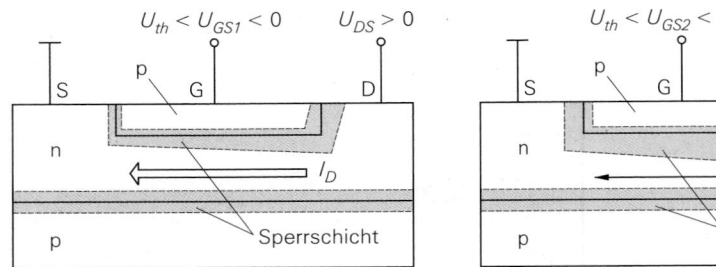

Abb. 3.2. Funktionsweise eines n-Kanal-Sperrschicht-Fets

Übergangs. Dadurch wird die Querschnittsfläche und damit die Leitfähigkeit des Kanals zwischen Drain und Source beeinflusst, siehe Abb. 3.2. Da das Gate nicht vom Kanal isoliert ist, kann man den pn-Übergang auch in Flussrichtung betreiben; da dabei jedoch der Vorteil der leistungslosen Steuerung verloren geht, wird diese Betriebsart in der Praxis nicht verwendet. Beim *Mesfet* (*metal-semiconductor-fet*) wird anstelle eines pn-Übergangs ein Metall-Halbleiter-Übergang (Schottky-Übergang) verwendet; die Funktionsweise ist dieselbe wie beim normalen Sperrschicht-Fet. Jfets und Mesfets sind *selbstleitend*, d.h. bei einer Steuerspannung von $U_{GS} = 0$ fließt ein Drainstrom.

Aus Abb. 3.1 und Abb. 3.2 folgt, dass Mosfets und Sperrschicht-Fets prinzipiell symmetrisch sind, d.h. Drain und Source können vertauscht werden. Die meisten Einzel-Fets sind jedoch nicht exakt symmetrisch aufgebaut und bei Einzel-Mosfets ist durch die interne Verbindung zwischen Substrat und Source eine Zuordnung gegeben.

Sowohl Mosfets als auch Sperrschicht-Fets gibt es in n- und in p-Kanal-Ausführung, so dass man insgesamt sechs Typen von Feldeffekttransistoren erhält; Abb. 3.3 zeigt die Schaltsymbole zusammen mit einer vereinfachten Darstellung der Kennlinien. Für die Spannungen U_{GS} und U_{DS}, den Drainstrom I_D und die *Schwellenspannung* (*threshold voltage*) U_{th} [2] gelten bei normalem Betrieb die in Abb. 3.4 genannten Polaritäten.

3.1 Verhalten eines Feldeffekttransistors

Das Verhalten eines Feldeffekttransistors lässt sich am einfachsten anhand der Kennlinien aufzeigen. Sie beschreiben den Zusammenhang zwischen Strömen und Spannungen am Transistor für den Fall, dass alle Größen *statisch*, d.h. nicht oder nur sehr langsam zeitveränderlich sind. Für eine rechnerische Behandlung des Feldeffekttransistors werden einfache Gleichungen benötigt, die das Verhalten ausreichend genau beschreiben. Bei einer Überprüfung der Funktionstüchtigkeit einer Schaltung durch Simulation auf einem Rechner muss dagegen auch der Einfluss sekundärer Effekte berücksichtigt werden. Dazu gibt es aufwendige Modelle, die auch das *dynamische Verhalten* bei Ansteuerung mit sinus- oder pulsförmigen Signalen richtig wiedergeben. Diese Modelle werden im Abschnitt 3.3 beschrieben und sind für ein grundsätzliches Verständnis nicht nötig. Im folgenden wird

---

[1] Beim Bipolartransistor wird dieser Anschluss mit *substrate* (*S*) bezeichnet; da *S* beim Fet die *Source* bezeichnet, wird für das Substrat die Bezeichnung *Bulk* (*B*) verwendet.

[2] Die Schwellenspannung U_{th} wird meist nur im Zusammenhang mit Mosfets verwendet; bei Sperrschicht-Fets tritt die *Abschnürspannung* (*pinch-off voltage*) U_P an die Stelle von U_{th}. Hier wird für alle Fets U_{th} verwendet, damit eine einheitliche Bezeichnung vorliegt.

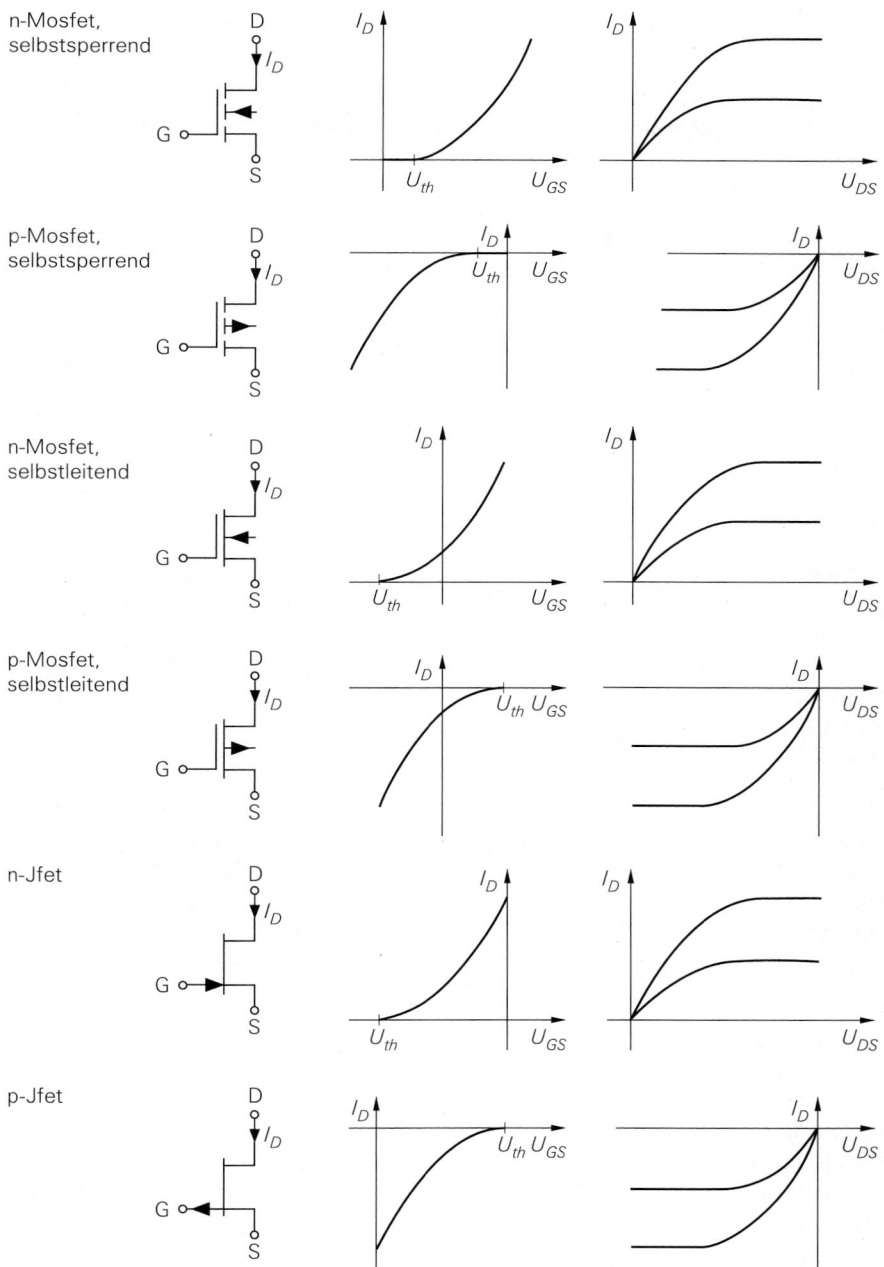

Abb. 3.3. Typen von Feldeffekttransistoren

primär das Verhalten eines selbstsperrenden n-Kanal-Mosfets beschrieben; bei p-Kanal-Fets haben alle Spannungen und Ströme umgekehrte Vorzeichen.

Typ	n-Kanal	p-Kanal
Mosfet, selbstsperrend	$U_{th} > 0$ $U_{GS} > U_{th}$ $U_{DS} > 0$ $I_D > 0$	$U_{th} < 0$ $U_{GS} < U_{th}$ $U_{DS} < 0$ $I_D < 0$
Mosfet, selbstleitend	$U_{th} < 0$ $U_{GS} > U_{th}$ $U_{DS} > 0$ $I_D > 0$	$U_{th} > 0$ $U_{GS} < U_{th}$ $U_{DS} < 0$ $I_D < 0$
Sperrschicht-Fet	$U_{th} < 0$ $U_{th} < U_{GS} < 0$ $U_{DS} > 0$ $I_D > 0$	$U_{th} > 0$ $U_{th} > U_{GS} > 0$ $U_{DS} < 0$ $I_D < 0$

Abb. 3.4. Polarität der Spannungen Ströme bei normalem Betrieb

3.1.1 Kennlinien

3.1.1.1 Ausgangskennlinienfeld

Legt man bei einem n-Kanal-Fet verschiedene Gate-Source-Spannungen U_{GS} an und misst den Drainstrom I_D als Funktion der Drain-Source-Spannung U_{DS}, erhält man das in Abb. 3.5 gezeigte Ausgangskennlinienfeld. Es ist für alle n-Kanal-Fets prinzipiell gleich, nur die Gate-Source-Spannungen U_{GS}, die zu den einzelnen Kennlinien gehören, sind bei den drei n-Kanal-Typen verschieden. Ein Drainstrom fließt nur, wenn U_{GS} größer als die Schwellenspannung U_{th} ist; dabei sind zwei Bereiche zu unterscheiden:

- Für $U_{DS} < U_{DS,ab} = U_{GS} - U_{th}$ arbeitet der Fet im *ohmschen Bereich* (*ohmic region, triode region*); diese Bezeichnung wurde gewählt, weil die Kennlinien bei $U_{DS} = 0$ nahezu linear durch den Ursprung verlaufen und damit ein Verhalten wie bei einem ohmschen Widerstand vorliegt. Bei Annäherung an die Grenzspannung $U_{DS,ab}$ nimmt die Steigung der Kennlinien ab, bis sie für $U_{DS} = U_{DS,ab}$ nahezu waagrecht verlaufen.
- Für $U_{DS} \geq U_{DS,ab}$ verlaufen die Kennlinien nahezu waagrecht; dieser Bereich wird *Abschnürbereich* (*saturation region*) [3] genannt.

Für $U_{GS} < U_{th}$ fließt kein Strom und der Fet arbeitet im *Sperrbereich* (*cut-off region*).

3.1.1.2 Abschnürbereich

Die *Abschnürung* kommt beim Mosfet dadurch zustande, dass die Ladungsträgerkonzentration im Kanal abnimmt und dadurch der Kanal *abgeschnürt* wird; dies geschieht mit zunehmender Spannung U_{DS} zuerst auf der Drain-Seite, weil dort die Spannung zwischen Gate und Kanal am geringsten ist:

$$U_{GD} = U_{GS} - U_{DS} < U_{GS} \quad \text{mit } U_{DS} > 0$$

Die Abschnürung tritt genau dann ein, wenn $U_{GD} < U_{th}$ wird; daraus folgt für die Grenze zwischen dem ohmschen und dem Abschnürbereich:

---

[3] Die Bezeichnung *saturation region* ist unglücklich, weil der Begriff der *Sättigung* beim Bipolartransistor eine ganz andere Bedeutung hat. Die Bezeichnung *Abschnürbereich* ist dagegen unverfänglich und deshalb der gelegentlich auch in der deutschsprachigen Literatur verwendeten Bezeichnung *Sättigungsbereich* vorzuziehen.

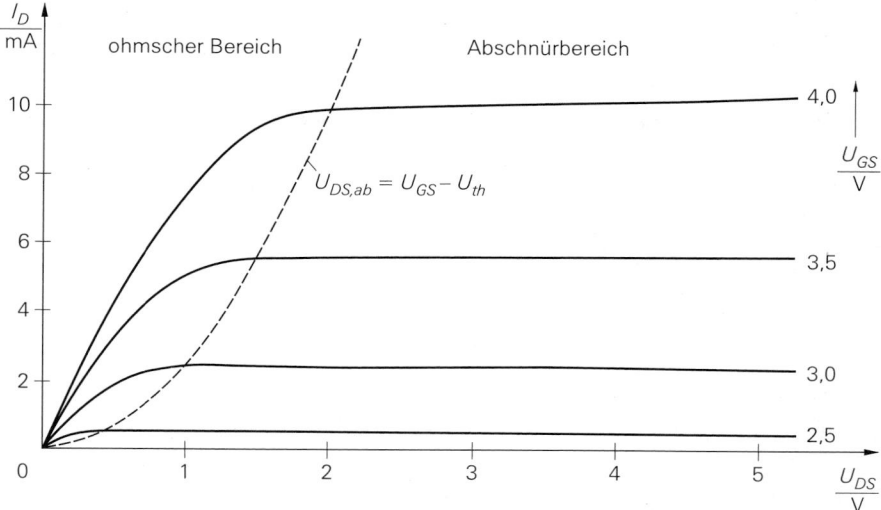

Abb. 3.5. Ausgangskennlinienfeld eines n-Kanal-Feldeffekttransistors

$$U_{GD} = U_{GS} - U_{DS,ab} \equiv U_{th} \quad \Rightarrow \quad U_{DS,ab} = U_{GS} - U_{th}$$

Es fließt zwar weiterhin ein Drainstrom durch den Kanal, weil die Ladungsträger den abgeschnürten Bereich durchqueren können, aber eine weitere Zunahme von U_{DS} wirkt sich nur noch geringfügig auf den nicht abgeschnürten Teil des Kanals aus; dadurch bleibt der Drainstrom näherungsweise konstant. Die geringfügige Restwirkung von U_{DS} im Abschnürbereich wird *Kanallängenmodulation* (*channel-length modulation*) genannt und führt zu einer leichten Zunahme des Drainstroms mit zunehmender Spannung U_{DS}. Im Sperrbereich ist der Kanal wegen $U_{GS} < U_{th}$ auch auf der Source-Seite abgeschnürt; in diesem Fall kann kein Strom mehr fließen. Abbildung 3.6 zeigt die Verteilung der Ladungsträger im Kanal für die drei Bereiche.

Beim Sperrschicht-Fet kommt die Abschnürung dadurch zustande, dass sich die Sperrschichten berühren und den Kanal abschnüren; dies geschieht mit zunehmender Spannung U_{DS} zuerst auf der Drain-Seite, weil dort die Spannung über der Sperrschicht am größten ist. Für die Grenze zwischen dem ohmschem und dem Abschnürbereich gilt wie beim Mosfet $U_{DS,ab} = U_{GS} - U_{th}$. Auch hier fließt weiterhin ein Drainstrom, weil die Ladungsträger den abgeschnürten Bereich durchqueren können. Eine weitere Zunahme von

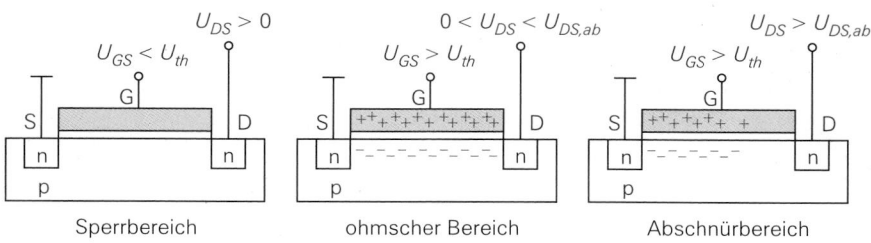

Abb. 3.6. Verteilung der Ladungsträger im Kanal beim Mosfet

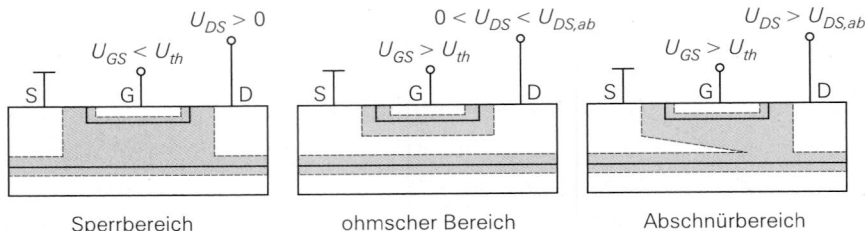

Abb. 3.7. Ausdehnung der Sperrschichten beim Sperrschicht-Fet

U_{DS} wirkt sich aber nur noch geringfügig aus. Abbildung 3.7 zeigt die Ausdehnung der Sperrschichten in den drei Bereichen.

3.1.1.3 Übertragungskennlinienfeld

Im Abschnürbereich ist der Drainstrom I_D im wesentlichen nur von U_{GS} abhängig. Trägt man I_D für verschiedene, zum Abschnürbereich gehörende Werte von U_{DS} als Funktion von U_{GS} auf, erhält man das in Abb. 3.8 gezeigte Übertragungskennlinienfeld. Zusätzlich zur Kennlinie des selbstsperrenden Mosfets sind auch die des selbstleitenden Mosfets und des Sperrschicht-Fets dargestellt; sie haben bis auf eine Verschiebung in U_{GS}-Richtung einen identischen Verlauf. Die einzelnen Kennlinien liegen bei allen Typen aufgrund der geringen Abhängigkeit von U_{DS} sehr dicht beieinander. Für $U_{GS} < U_{th}$ fließt kein Strom, weil der Kanal in diesem Fall auf der ganzen Länge abgeschnürt ist.

3.1.1.4 Eingangskennlinien

Zur vollständigen Beschreibung werden noch die in Abb. 3.9 gezeigten Eingangskennlinien benötigt, bei denen der Gatestrom I_G als Funktion von U_{GS} aufgetragen ist. Bei allen Feldeffekttransistoren fließt im normalen Betrieb entweder kein oder nur ein vernachlässigbar kleiner Gatestrom. Beim Mosfet ohne Überspannungsschutz fließt nur dann ein Gatestrom, wenn durch Überspannung ein Durchbruch des Oxids auftritt; dadurch wird

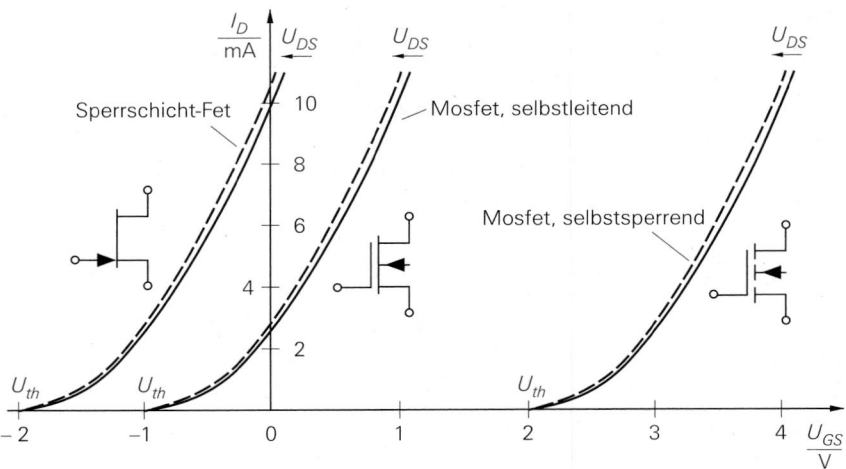

Abb. 3.8. Übertragungskennlinien von n-Kanal-Feldeffekttransistoren

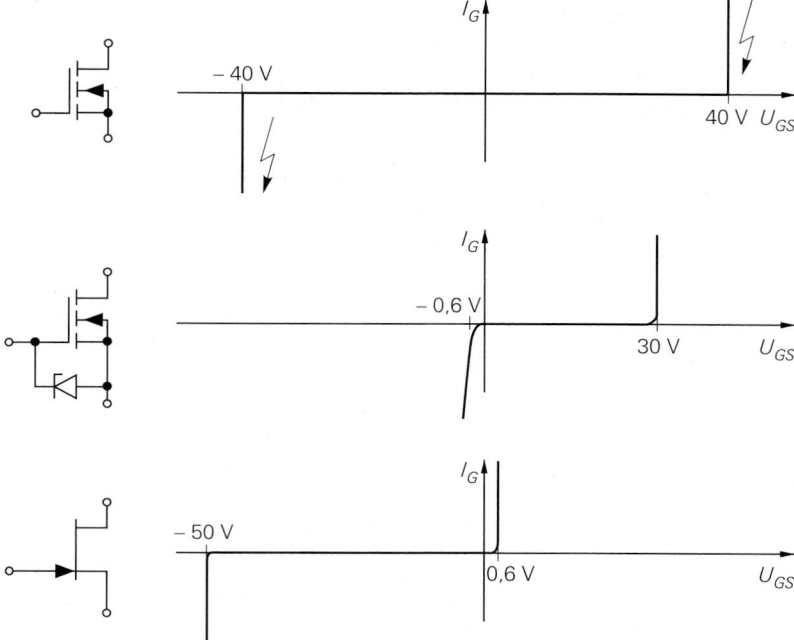

Abb. 3.9. Eingangskennlinien von n-Kanal-Feldeffekttransistoren

der Mosfet zerstört. Bei vielen Mosfets ist deshalb die Gate-Source-Strecke mit einer internen Z-Diode gegen Überspannung geschützt und man erhält im Eingangskennlinienfeld die Kennlinie der Z-Diode. Beim Sperrschicht-Fet wird der pn-Übergang für $U_{GS} > 0$ in Durchlassrichtung betrieben und es fließt ein Gatestrom entsprechend dem Flussstrom einer Diode; im Bereich $U_{GS} < 0$ fließt dagegen erst dann ein Strom, wenn die Spannung betragsmäßig so groß wird, dass ein Durchbruch des pn-Übergangs auftritt.

3.1.2 Beschreibung durch Gleichungen

Ausgehend von einer idealisierten Ladungsverteilung im Kanal kann man den Drainstrom $I_D(U_{GS}, U_{DS})$ berechnen; dabei erhält man für den Sperrschicht-Fet und den Mosfet unterschiedliche Gleichungen, die aber ohne größeren Fehler durch eine einfache Gleichung angenähert werden können [3.1]:

$$
I_D = \begin{cases}
0 & \text{für } U_{GS} < U_{th} \\
K\, U_{DS} \left(U_{GS} - U_{th} - \dfrac{U_{DS}}{2} \right) & \text{für } U_{GS} \geq U_{th}, 0 \leq U_{DS} < U_{GS} - U_{th} \\
\dfrac{K}{2} (U_{GS} - U_{th})^2 & \text{für } U_{GS} \geq U_{th}, U_{DS} \geq U_{GS} - U_{th}
\end{cases}
$$

Die erste Gleichung beschreibt den Sperr-, die zweite den ohmschen und die dritte den Abschnürbereich. Der *Steilheitskoeffizient K* ist ein Maß für die Steigung der Übertragungskennlinie und wird im folgenden noch näher beschrieben.

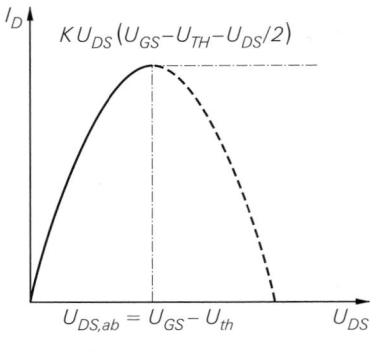
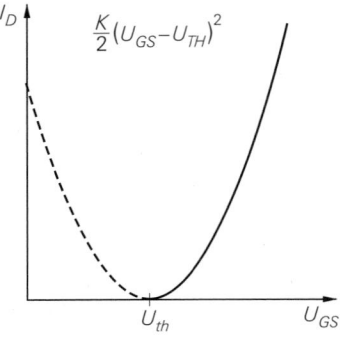

a Ausgangskennlinie   **b** Übertragungskennlinie

Abb. 3.10. Gleichungen eines n-Kanal-Fets

3.1.2.1 Verlauf der Kennlinien

Die Gleichung für den ohmschen Bereich ist quadratisch in U_{DS} und erscheint deshalb als Parabel im Ausgangskennlinienfeld, siehe Abb. 3.10a. Der Scheitel der Parabel liegt bei $U_{DS,ab} = U_{GS} - U_{th}$, also an der Grenze zum Abschnürbereich; hier endet der Gültigkeitsbereich der Gleichung, da sie nur für $0 \leq U_{DS} < U_{DS,ab}$ gilt. Für $U_{DS} \geq U_{DS,ab}$ muss man die Gleichung für den Abschnürbereich verwenden, die nicht von U_{DS} abhängt und deshalb Parallelen zur U_{DS}-Achse liefert; in Abb. 3.10a ist die zugehörige Kennlinie strichpunktiert dargestellt.

Die Gleichung für den Abschnürbereich ist quadratisch in U_{GS} und erscheint deshalb als Parabel im Übertragungskennlinienfeld, siehe Abb. 3.10b. Der Scheitel der Parabel liegt bei $U_{GS} = U_{th}$; hier beginnt der Gültigkeitsbereich der Gleichung, die bei n-Kanal-Fets nur für $U_{GS} > U_{th}$ gilt.

Alle Gleichungen gelten nur im ersten Quadranten des Ausgangskennlinienfelds, d.h. für $U_{DS} \geq 0$. Bei einem symmetrisch aufgebauten Fet verlaufen die Kennlinien im dritten Quadranten symmetrisch zu denen des ersten Quadranten; das ist vor allem bei integrierten Fets der Fall. Man kann die Gleichungen auch im dritten Quadranten verwenden, wenn man Drain und Source vertauscht, d.h. U_{GD} anstelle von U_{GS} und U_{SD} anstelle von U_{DS} einsetzt. Wegen $U_{SD} = -U_{DS}$ kann man auch $-U_{DS}$ einsetzen. Einzel-Mosfets, vor allem Leistungs-Mosfets, sind dagegen unsymmetrisch aufgebaut und zeigen im dritten Quadranten ein anderes Verhalten als im ersten Quadranten, siehe Kapitel 3.2.

Zur Vereinfachung der weiteren Darstellung werden Abkürzungen für die Arbeitsbereiche eines n-Kanal-Fets eingeführt:

$$
\left.
\begin{aligned}
&\text{SB : Sperrbereich} \\
&\text{OB : ohmscher Bereich} \\
&\text{AB : Abschnürbereich}
\end{aligned}
\right\}
\Rightarrow
\left\{
\begin{aligned}
&U_{GS} < U_{th} \\
&U_{GS} \geq U_{th}, 0 \leq U_{DS} < U_{GS} - U_{th} \\
&U_{GS} \geq U_{th}, U_{DS} \geq U_{GS} - U_{th}
\end{aligned}
\right.
\tag{3.1}
$$

Berücksichtigt man zusätzlich den Einfluss der Kanallängenmodulation [3.2] und ergänzt die Gleichung für den Gatestrom, erhält man die *Großsignalgleichungen* eines Feldeffekttransistors:

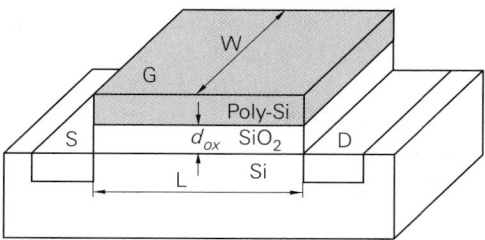

Abb. 3.11.
Geometrische Größen bei einem Mosfet

$$
I_D = \begin{cases}
0 & \text{SB} \\[2ex]
K\, U_{DS}\left(U_{GS} - U_{th} - \dfrac{U_{DS}}{2}\right)\left(1 + \dfrac{U_{DS}}{U_A}\right) & \text{OB} \\[3ex]
\dfrac{K}{2}\,(U_{GS} - U_{th})^2\left(1 + \dfrac{U_{DS}}{U_A}\right) & \text{AB}
\end{cases}
\tag{3.2} \tag{3.3}
$$

$$
I_G = \begin{cases}
0 & \text{Mosfet} \\[2ex]
I_{G,S}\left(e^{\frac{U_{GS}}{U_T}} - 1\right) & \text{Sperrschicht} - \text{Fet}
\end{cases}
\tag{3.4}
$$

3.1.2.2 Steilheitskoeffizient

Der *Steilheitskoeffizient* oder *Transkonduktanz-Koeffizient* (*transconductance coefficient*) K ist ein Maß für die Steigung der Übertragungskennlinie eines Fets. Bei n-Kanal-Mosfets gilt:

$$
K = K'_n\,\frac{W}{L} = \mu_n C'_{ox}\,\frac{W}{L}
\tag{3.5}
$$

Dabei ist $\mu_n \approx 0{,}05\ldots0{,}07\,\mathrm{m^2/Vs}$ die *Beweglichkeit* [4] der Ladungsträger im Kanal und C'_{ox} der *Kapazitätsbelag des Gate-Oxids*; W ist die Breite und L die Länge des Gates, siehe Abb. 3.11. Das Gate bildet zusammen mit dem darunter liegenden Silizium einen Plattenkondensator mit der Fläche $A = W\,L$ und einem Plattenabstand entsprechend der *Oxiddicke d_{ox}*:

$$
C_{ox} = \epsilon_{ox}\,\frac{A}{d_{ox}} = \epsilon_0 \epsilon_{r,ox}\,\frac{W\,L}{d_{ox}} = C'_{ox}\,W\,L
$$

Mit der *Dielektrizitätskonstante* $\epsilon_0 = 8{,}85 \cdot 10^{-12}\,\mathrm{As/Vm}$, der *relativen Dielektrizitätskonstante* $\epsilon_{r,ox} = 3{,}9$ für Siliziumdioxid ($Si\,O_2$) und $d_{ox} \approx 40\ldots100\,\mathrm{nm}$ erhält man den Kapazitätsbelag $C'_{ox} \approx 0{,}35\ldots0{,}9 \cdot 10^{-3}\,\mathrm{F/m^2}$ und den *relativen Steilheitskoeffizienten* [5]:

$$
K'_n = \mu_n C'_{ox} \approx 20\ldots60\,\frac{\mu\mathrm{A}}{\mathrm{V^2}}
$$

---

[4] Die Beweglichkeit hängt von der Dotierung im Kanal ab und ist deutlich geringer als die Beweglichkeit in undotiertem Silizium ($\mu_n \approx 0{,}14\,\mathrm{m^2/Vs}$).

Den Steilheitskoeffizienten K erhält man nach (3.5) durch Multiplikation mit dem Faktor W/L, der ein Maß für die Größe des Mosfets ist. Typische Werte für Einzeltransistoren sind $L \approx 1 \ldots 5 \, \mu\mathrm{m}$ und $W \approx 10 \, \mathrm{mm}$ bei Kleinsignal-Mosfets bis zu $W > 1 \, \mathrm{m}$ [6] bei Leistungs-Mosfets; daraus folgt $K \approx 40 \, \mathrm{mA/V^2} \ldots 50 \, \mathrm{A/V^2}$. Bei integrierten Mosfets sind die geometrischen Abmessungen zum Teil deutlich kleiner; $d_{ox} \approx 10 \ldots 20 \, \mathrm{nm}$ und $L \approx 0{,}18 \ldots 0{,}5 \, \mu\mathrm{m}$ sind gängige Werte.

Bei p-Kanal-Mosfets ist die Beweglichkeit der Ladungsträger im Kanal mit $\mu_p \approx 0{,}015 \ldots 0{,}03 \, \mathrm{m^2/Vs}$ etwa um den Faktor $2 \ldots 3$ geringer als bei n-Kanal-Mosfets; daraus folgt $K'_p \approx 6 \ldots 20 \, \mu\mathrm{A/V^2}$.

Bei Sperrschicht-Fets hängt K ebenfalls von den geometrischen Größen ab [7]. Auf eine genauere Darstellung wird hier verzichtet; siehe hierzu [3.1]. Bei Sperrschicht-Fets handelt es sich fast ausschließlich um Einzeltransistoren für Kleinsignalanwendungen mit $K \approx 0{,}5 \ldots 10 \, \mathrm{mA/V^2}$.

3.1.2.3 Alternative Darstellung

Bei Sperrschicht-Fets ist eine andere Darstellung der Kennlinien weit verbreitet. Man definiert

$$I_{D,0} = \frac{K \, U_{th}^2}{2}$$

und erhält damit im Abschnürbereich bei Vernachlässigung der Kanallängenmodulation:

$$I_D = I_{D,0} \left(1 - \frac{U_{GS}}{U_{th}} \right)^2$$

Aufgrund der Definition gilt $I_{D,0} = I_D(U_{GS} = 0)$, d.h. die Übertragungskennlinie schneidet die y-Achse bei $I_D = I_{D,0}$. Prinzipiell kann man alle Fets mit $U_{th} \neq 0$ auf diese Weise beschreiben; bei selbstsperrenden Fets, bei denen die Übertragungskennlinie die y-Achse nur im Sperrbereich schneidet, wird $I_{D,0}$ bei $U_{GS} = 2U_{th}$ abgelesen.

3.1.2.4 Kanallängenmodulation

Die Abhängigkeit des Drainstroms von U_{DS} im Abschnürbereich wird durch die *Kanallängenmodulation* verursacht und durch den rechten Term in (3.3) empirisch beschrieben. Damit ein stetiger Übergang vom ohmschen in den Abschnürbereich erfolgt, muss dieser Term auch in (3.2) ergänzt werden [3.2]. Grundlage für diese Beschreibung ist die Beobachtung, dass sich die extrapolierten Kennlinien des Ausgangskennlinienfelds näherungsweise in einem Punkt schneiden; Abb. 3.12 verdeutlicht diesen Zusammenhang. Die Konstante U_A wird in Anlehnung an den Bipolartransistor *Early-Spannung* genannt und beträgt bei Mosfets $U_A \approx 20 \ldots 100 \, \mathrm{V}$ und bei Sperrschicht-Fets $U_A \approx 30 \ldots 200 \, \mathrm{V}$. Anstelle der Early-Spannung wird oft der *Kanallängenmodulations-Parameter*

$$\lambda = \frac{1}{U_A} \tag{3.6}$$

---

[5] Der relative Steilheitskoeffizient K'_n ist umgekehrt proportional zu d_{ox}, so dass mit fortschreitender Miniaturisierung immer größere Werte erreicht werden, z.B. $K'_n \approx 100 \ldots 120 \, \mu\mathrm{A/V^2}$ in 3,3V-CMOS-Schaltungen.

[6] Im Abschnitt 3.2 wird beschrieben, wie man diese großen Werte für W erreicht.

[7] In der Literatur wird der Steilheitskoeffizient eines Sperrschicht-Fets gewöhnlich mit β bezeichnet; hier wird K verwendet, damit eine einheitliche Bezeichnung vorliegt und Verwechslungen mit der Stromverstärkung β eines Bipolartransistors vermieden werden.

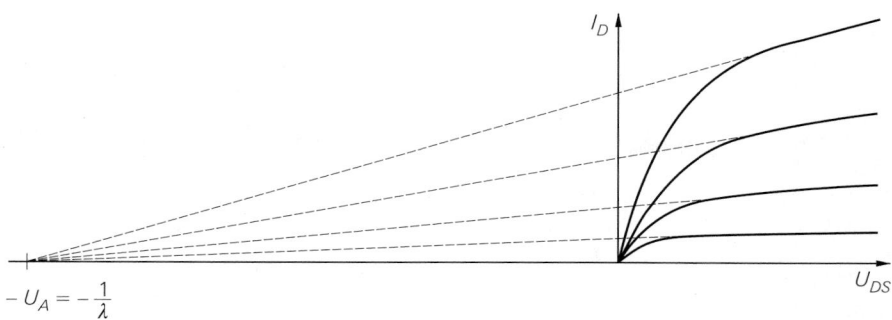

Abb. 3.12. Kanallängenmodulation und Early-Spannung

verwendet; man erhält bei Mosfets $\lambda \approx 10\ldots50\cdot10^{-3}\,\mathrm{V}^{-1}$ und bei Sperrschicht-Fets $\lambda \approx 5\ldots30\cdot10^{-3}\,\mathrm{V}^{-1}$.

Bei integrierten Mosfets mit kleinen geometrischen Größen ist diese empirische Beschreibung sehr ungenau. Man benötigt in diesem Fall erheblich umfangreichere Gleichungen, um den dabei auftretenden *Kurzkanal-Effekt* zu beschreiben. Für den Entwurf integrierter Schaltungen mit CAD-Programmen gibt es eine ganze Reihe von Modellen, die diesen Effekt auf unterschiedliche Weise beschreiben, siehe Kapitel 3.3.

3.1.3 Feldeffekttransistor als steuerbarer Widerstand

Man kann einen Feldeffekttransistor im ohmschen Bereich als steuerbaren Widerstand betreiben, siehe Abb. 3.13a; dabei wird über die Steuerspannung $U_{st} = U_{GS}$ der Widerstand der Drain-Source-Strecke verändert. Durch Differentiation von (3.2) erhält man:

$$\frac{1}{R(U_{GS})} \;=\; \frac{\partial I_D}{\partial U_{DS}}\bigg|_{\mathrm{OB}} \;=\; K\,(U_{GS} - U_{th} - U_{DS})\left(1 + \frac{2U_{DS}}{U_A}\right) + \frac{K\,U_{DS}^2}{2U_A}$$

Der Widerstand ist jedoch wegen der Abhängigkeit von U_{DS} nichtlinear. Von besonderem Interesse ist der *Einschaltwiderstand* $R_{DS,on}$ bei Aussteuerung um den Punkt $U_{DS} = 0$:

$$R_{DS,on} \;=\; \frac{\partial U_{DS}}{\partial I_D}\bigg|_{U_{DS}=0} \;=\; \frac{1}{K\,(U_{GS} - U_{th})} \qquad \text{für } U_{GS} > U_{th} \tag{3.7}$$

Da die Kennlinien in der Umgebung von $U_{DS} = 0$ nahezu linear verlaufen, ist $R_{DS,on}$ unabhängig von U_{DS} und der Fet wirkt bei Aussteuerung mit kleinen Amplituden als steuerbarer linearer Widerstand; bei größeren Amplituden macht sich jedoch die zunehmende Krümmung der Kennlinien bemerkbar und das Verhalten wird zunehmend nichtlinear.

Man kann die Linearität verbessern, indem man die Steuerspannung nicht direkt an das Gate legt, sondern vorher die halbe Drain-Source-Spannung addiert; dazu kann man die in Abb. 3.13b gezeigt Schaltung mit einem Spannungsteiler aus zwei hochohmigen Widerständen $R_1 = R_2$ im MΩ-Bereich verwenden, der

$$U_{GS} \;=\; \frac{U_{DS}R_1 + U_{st}R_2}{R_1 + R_2} \;\overset{R_1 = R_2}{=}\; \frac{U_{DS} + U_{st}}{2}$$

bildet. Setzt man diesen Ausdruck in (3.2) ein, erhält man

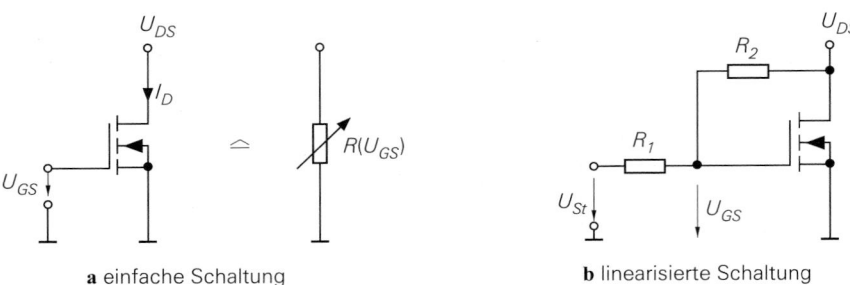

a einfache Schaltung   **b** linearisierte Schaltung

Abb. 3.13. Fet als steuerbarer Widerstand

$$I_D = K\,U_{DS}\left(\frac{U_{st}}{2} - U_{th}\right)\left(1 + \frac{U_{DS}}{U_A}\right)$$

und damit:

$$\frac{1}{R(U_{st})} = K\left(\frac{U_{st}}{2} - U_{th}\right)\left(1 + \frac{2U_{DS}}{U_A}\right) \overset{U_{DS}\ll U_A}{\approx} K\left(\frac{U_{st}}{2} - U_{th}\right)$$

Es bleibt eine Abhängigkeit von U_{DS}, die aber wesentlich geringer ist als die der einfachen Schaltung aus Abb. 3.13a, wie ein Vergleich der Verläufe in Abb. 3.14 zeigt. Durch einen Feinabgleich des Spannungsteilers kann man die verbleibende Nichtlinearität noch weiter verringern. Die optimale Dimensionierung

$$\frac{R_1}{R_2} = \frac{U_A - 2U_{st} + 2U_{th}}{U_A - 2U_{th}}$$

findet man, indem man die vorangegangene Rechnung ohne die Annahme $R_1 = R_2$ durchführt; sie ist jedoch von der Steuerspannung U_{st} abhängig, d.h. die Linearisierung ist nur für eine bestimmte Steuerspannung exakt. Mit $K = 5\,\text{mA/V}^2$, $U_{th} = 2\,\text{V}$, $U_A = 100\,\text{V}$ und $U_{st} = 8\,\text{V}$ erhält man $R(U_{st} = 8\,\text{V}) = 100\,\Omega$ und $R_1/R_2 = 0{,}917$.

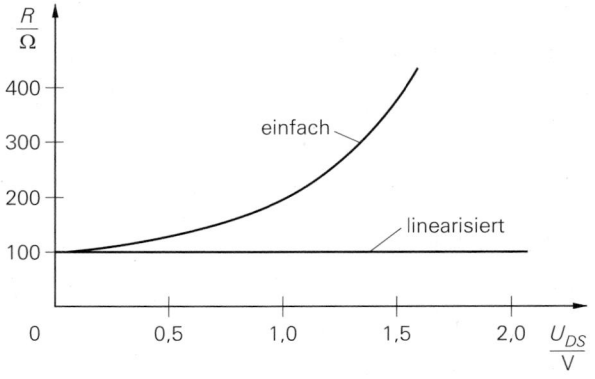

Abb. 3.14.
Vergleich der Widerstands-
verläufe für $K = 5\,\text{mA/V}^2$,
$U_{th} = 2\,\text{V}$, $U_A = 100\,\text{V}$ und
$U_{GS} = 4\,\text{V}$ bzw. $U_{st} = 8\,\text{V}$

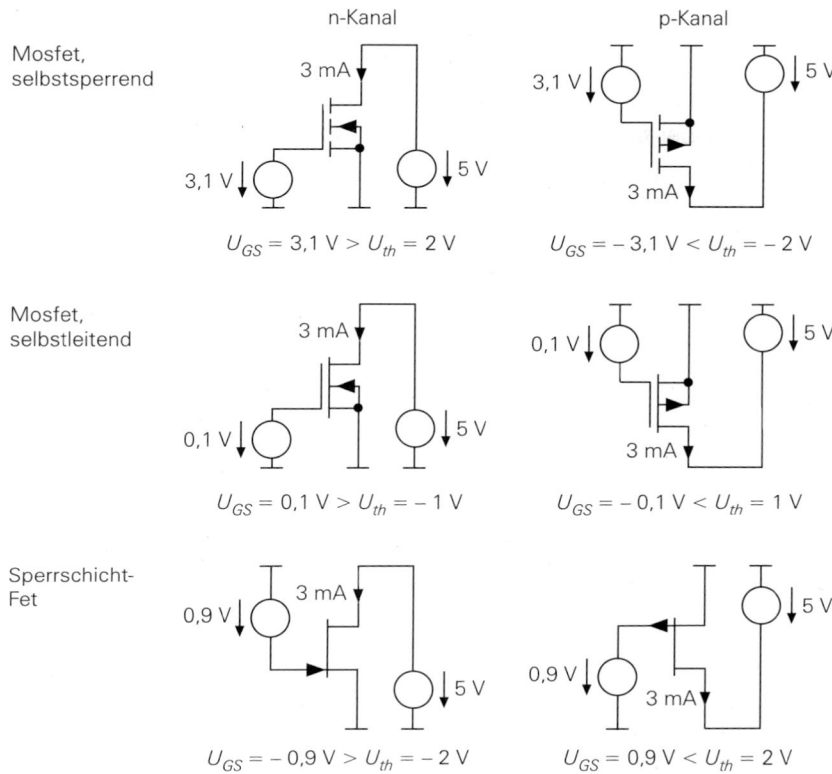

Abb. 3.15. Arbeitspunkteinstellung für $I_{D,A} = 3$ mA bei n-Kanal- und p-Kanal-Fets
mit $K = 5\,\text{mA/V}^2$

3.1.4 Arbeitspunkt und Kleinsignalverhalten

Ein Anwendungsgebiet des Feldeffekttransistors ist die lineare Verstärkung von Signalen im *Kleinsignalbetrieb*. Dabei wird der Feldeffekttransistor in einem Arbeitspunkt betrieben und mit *kleinen* Signalen um den Arbeitspunkt ausgesteuert. Die Kennlinien können in diesem Fall durch ihre Tangenten im Arbeitspunkt ersetzt werden.

3.1.4.1 Arbeitspunkt

Der Arbeitspunkt A wird durch die Spannungen $U_{DS,A}$ und $U_{GS,A}$ und den Strom $I_{D,A}$ charakterisiert und durch die äußere Beschaltung festgelegt. Für einen sinnvollen Betrieb als Verstärker muss der Arbeitspunkt im Abschnürbereich liegen. Abbildung 3.15 zeigt die Einstellung des Arbeitspunkts und die Polarität der Spannungen und Ströme bei den sechs Fet-Typen; dabei wird für die n-Kanal-Fets entsprechend den Übertragungskennlinien in Abb. 3.8 auf Seite 182 eine Schwellenspannung $U_{th} = -2 / -1 / 2$ V und ein Steilheitskoeffizient $K = 5\,\text{mA/V}^2$ angenommen. Den beispielhaft gewählten Strom $I_{D,A} = 3$ mA erhält man mit $U_{GS,A} = U_{th} + 1,1$ V und bei Vernachlässigung des Early-Effekts:

$$I_D \approx \frac{K}{2}\left(U_{GS} - U_{th}\right)^2 = 2,5\,\frac{\text{mA}}{\text{V}^2} \cdot 1,1\,\text{V}^2 \approx 3\,\text{mA}$$

Bei den p-Kanal-Fets hat U_{th} das jeweils andere Vorzeichen und man erhält $I_D = -3\,\text{mA}$ mit $U_{GS,A} = U_{th} - 1,1\,\text{V}$. Verfahren zur Arbeitspunkteinstellung werden im Abschnitt 3.4 behandelt.

3.1.4.2 Kleinsignalgleichungen und Kleinsignalparameter

3.1.4.2.1 Kleinsignalgrößen

Bei Aussteuerung um den Arbeitspunkt werden die Abweichungen der Spannungen und Ströme von den Arbeitspunktwerten als *Kleinsignalspannungen* und *-ströme* bezeichnet. Man definiert:

$$u_{GS} = U_{GS} - U_{GS,A} \quad , \quad u_{DS} = U_{DS} - U_{DS,A} \quad , \quad i_D = I_D - I_{D,A}$$

3.1.4.2.2 Linearisierung

Die Kennlinien werden durch ihre Tangenten im Arbeitspunkt ersetzt, d.h. sie werden *linearisiert*. Dazu führt man eine Taylorreihenentwicklung im Arbeitspunkt durch und bricht nach dem linearen Glied ab:

$$i_D = I_D(U_{GS,A} + u_{GS}, U_{DS,A} + u_{DS}) - I_{D,A}$$

$$= \left.\frac{\partial I_D}{\partial U_{GS}}\right|_A u_{GS} + \left.\frac{\partial I_D}{\partial U_{DS}}\right|_A u_{DS} + \ldots$$

3.1.4.2.3 Kleinsignalgleichungen

Die partiellen Ableitungen im Arbeitspunkt werden *Kleinsignalparameter* genannt. Nach Einführung spezieller Bezeichner erhält man die *Kleinsignalgleichungen* des Feldeffekttransistors:

$$i_G = 0 \tag{3.8}$$

$$i_D = S\,u_{GS} + \frac{1}{r_{DS}}\,u_{DS} \tag{3.9}$$

3.1.4.2.4 Kleinsignalparameter im Abschnürbereich

Die *Steilheit S* beschreibt die Änderung des Drainstroms I_D mit der Gate-Source-Spannung U_{GS} im Arbeitspunkt. Sie kann im Übertragungskennlinienfeld nach Abb. 3.8 aus der Steigung der Tangente im Arbeitspunkt ermittelt werden, gibt also an, wie *steil* die Übertragungskennlinie im Arbeitspunkt ist. Durch Differentiation der Großsignalgleichung (3.3) erhält man:

$$S = \left.\frac{\partial I_D}{\partial U_{GS}}\right|_A = K\left(U_{GS,A} - U_{th}\right)\left(1 + \frac{U_{DS,A}}{U_A}\right) \overset{U_{DS,A} \ll U_A}{\approx} K\left(U_{GS,A} - U_{th}\right) \tag{3.10}$$

Die Steilheit ist definitionsgemäß proportional zum *Steilheitskoeffizienten K*. In Abb. 3.16 werden die Verläufe für n-Kanal-Fets mit $K = 5\,\text{mA}/\text{V}^2$ gezeigt; die zugehörigen Übertragungskennlinien zeigt Abb. 3.8 auf Seite 182. Man erhält Geraden mit dem x-Achsen-Abschnitt U_{th} und der Steigung K:

$$K = \frac{\partial S}{\partial U_{GS}} = \frac{\partial^2 I_D}{\partial U_{GS}^2}$$

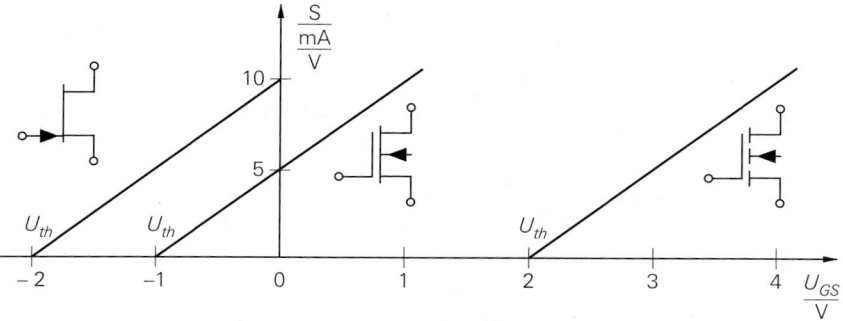

Abb. 3.16. Verlauf der Steilheit bei n-Kanal-Fets mit Übertragungskennlinien nach Abb. 3.8 ($K = 5\,\text{mA}/\text{V}^2$)

Man kann S auch als Funktion des Drainstroms $I_{D,A}$ angeben, indem man (3.3) nach $U_{GS} - U_{th}$ auflöst und in (3.10) einsetzt:

$$S = \left.\frac{\partial I_D}{\partial U_{GS}}\right|_A = \sqrt{2K I_{D,A}\left(1 + \frac{U_{DS,A}}{U_A}\right)} \overset{U_{DS,A}\ll U_A}{\approx} \sqrt{2K I_{D,A}} \qquad (3.11)$$

Im Gegensatz zum Bipolartransistor, bei dem man zur Berechnung der Steilheit nur den Kollektorstrom $I_{C,A}$ benötigt, wird beim Feldeffekttransistor zusätzlich zum Drainstrom $I_{D,A}$ der Steilheitskoeffizient K benötigt; die Abhängigkeit von U_A ist dagegen gering. In der Praxis arbeitet man mit der in (3.11) angegebenen Näherung. In Datenblättern ist anstelle von K die Steilheit für einen bestimmten Drainstrom angegeben; man kann K in diesem Fall aus der Steilheit ermitteln:

$$K \approx \frac{S^2}{2I_{D,A}}$$

Der *Ausgangswiderstand* r_{DS} beschreibt die Änderung der Drain-Source-Spannung U_{DS} mit dem Drainstrom I_D im Arbeitspunkt. Er kann aus dem Kehrwert der Steigung der Tangente im Ausgangskennlinienfeld nach Abb. 3.5 ermittelt werden. Durch Differentiation der Großsignalgleichung (3.3) erhält man:

$$r_{DS} = \left.\frac{\partial U_{DS}}{\partial I_D}\right|_A = \frac{U_A + U_{DS,A}}{I_{D,A}} \overset{U_{DS,A}\ll U_A}{\approx} \frac{U_A}{I_{D,A}} \qquad (3.12)$$

In der Praxis arbeitet man mit der in (3.12) angegeben Näherung.

3.1.4.2.5 Kleinsignalparameter im ohmschen Bereich

Im ohmschen Bereich gilt $U_{DS} \ll U_A$; damit erhält man durch Differentiation von (3.2):

$$S_{OB} \approx K\, U_{DS,A}$$

$$r_{DS,OB} \approx \frac{1}{K\left(U_{GS,A} - U_{th} - U_{DS,A}\right)}$$

Die Steilheit und der Ausgangswiderstand sind im ohmschen Bereich kleiner als im Abschnürbereich; deshalb ist die erzielbare Verstärkung ebenfalls deutlich geringer.

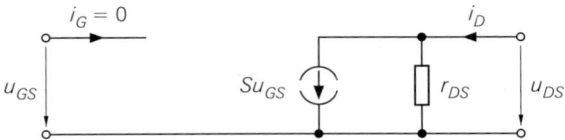

Abb. 3.17.
Kleinsignalersatzschaltbild
eines Feldeffekttransistors

3.1.4.3 Kleinsignalersatzschaltbild

Aus den Kleinsignalgleichungen (3.8) und (3.9) erhält man das in Abb. 3.17 gezeigte *Kleinsignalersatzschaltbild*. Ausgehend vom Drainstrom $I_{D,A}$ im Arbeitspunkt kann man die Parameter mit (3.11) und (3.12) bestimmen.

Dieses Ersatzschaltbild eignet sich zur Berechnung des Kleinsignalverhaltens bei niedrigen Frequenzen (0...10 kHz); es wird deshalb auch *Gleichstrom-Kleinsignalersatzschaltbild* genannt. Aussagen über das Verhalten bei höheren Frequenzen kann man nur mit Hilfe des im Abschnitt 3.3.3.2 beschriebenen Wechselstrom-Kleinsignalersatzschaltbilds erhalten.

3.1.4.4 Vierpol-Matrizen

Man kann die Kleinsignalgleichungen auch in matrizieller Form angeben:

$$
\begin{bmatrix} i_G \\ i_D \end{bmatrix} = \begin{bmatrix} 0 & 0 \\ S & \dfrac{1}{r_{DS}} \end{bmatrix} \begin{bmatrix} u_{GS} \\ u_{DS} \end{bmatrix}
$$

Diese Darstellung entspricht der Leitwert-Darstellung eines Vierpols und stellt damit eine Verbindung zur Vierpoltheorie her. Die Leitwert-Darstellung beschreibt den Vierpol durch die *Y-Matrix* $\mathbf{Y}_s$:

$$
\begin{bmatrix} i_G \\ i_D \end{bmatrix} = \mathbf{Y}_s \begin{bmatrix} u_{GS} \\ u_{DS} \end{bmatrix} = \begin{bmatrix} y_{11,s} & y_{12,s} \\ y_{21,s} & y_{22,s} \end{bmatrix} \begin{bmatrix} u_{GS} \\ u_{DS} \end{bmatrix}
$$

Der Index s weist darauf hin, dass der Fet in Sourceschaltung betrieben wird, d.h. der Source-Anschluss wird entsprechend der Durchverbindung im Kleinsignalersatzschaltbild nach Abb. 3.17 für das Eingangs- *und* das Ausgangstor benutzt. Die Sourceschaltung wird im Abschnitt 3.4.1 näher beschrieben.

Eine Hybrid-Darstellung mit einer H-Matrix wie beim Bipolartransistor ist beim Feldeffekttransistor nicht möglich, weil U_{GS} wegen $I_G = 0$ nur von der Beschaltung abhängt und deshalb die Gleichung $u_{GS} = u_{GS}(i_G, u_{DS})$ nicht existiert.

3.1.4.5 Gültigkeitsbereich der Kleinsignalbetrachtung

Es ist noch zu klären, wie groß die Aussteuerung um den Arbeitspunkt maximal sein darf, damit noch Kleinsignalbetrieb vorliegt. In der Praxis sind die nichtlinearen Verzerrungen maßgebend, die einen anwendungsspezifischen Grenzwert nicht überschreiten sollen. Dieser Grenzwert ist oft in Form eines maximal zulässigen *Klirrfaktors* gegeben. Im Abschnitt 4.2.3 wird darauf näher eingegangen. Das Kleinsignalersatzschaltbild ergibt sich aus einer nach dem linearen Glied abgebrochenen Taylorreihenentwicklung. Berücksichtigt man weitere Glieder der Taylorreihe, erhält man für den Kleinsignal-Drainstrom bei Vernachlässigung der Kanallängenmodulation ($U_A \rightarrow \infty$):

$$i_D = \frac{\partial I_D}{\partial U_{GS}}\bigg|_A u_{GS} + \frac{1}{2}\frac{\partial^2 I_D}{\partial U_{GS}^2}\bigg|_A u_{GS}^2 + \frac{1}{6}\frac{\partial^3 I_D}{\partial U_{GS}^3}\bigg|_A u_{GS}^3 + \dots$$

$$= \sqrt{2K I_{D,A}}\, u_{GS} + \frac{K}{2} u_{GS}^2$$

Aufgrund der parabelförmigen Kennlinie bricht die Reihe nach dem zweiten Glied ab. Bei harmonischer Aussteuerung mit $u_{GS} = \hat{u}_{GS}\cos\omega_0 t$ folgt daraus:

$$i_D = \frac{K}{4}\hat{u}_{GS}^2 + \sqrt{2K I_{D,A}}\,\hat{u}_{GS}\cos\omega_0 t + \frac{K}{4}\hat{u}_{GS}^2\cos 2\omega_0 t$$

Aus dem Verhältnis der ersten Oberwelle mit $2\omega_0$ zur Grundwelle mit ω_0 erhält man den *Klirrfaktor* k:

$$k = \frac{i_{D,2\omega_0}}{i_{D,\omega_0}} = \frac{\hat{u}_{GS}}{4}\sqrt{\frac{K}{2I_{D,A}}} = \frac{\hat{u}_{GS}}{4\left(U_{GS,A} - U_{th}\right)} \tag{3.13}$$

Er ist umgekehrt proportional zu $\sqrt{I_{D,A}}$ bzw. $U_{GS,A} - U_{th}$, nimmt also bei gleicher Aussteuerung mit zunehmendem Drainstrom ab. Bei Einzeltransistoren gilt $U_{GS,A} - U_{th} \approx 1\dots 2\,\mathrm{V}$; damit erhält man mit $\hat{u}_{GS} < 40\dots 80\,\mathrm{mV}$ einen Klirrfaktor von $k < 1\%$. Ein Vergleich mit (2.15) auf Seite 47 zeigt, dass beim Fet bei gleichem Klirrfaktor eine wesentlich größere Aussteuerung möglich ist als beim Bipolartransistor, bei dem $k < 1\%$ nur mit $\hat{u}_{BE} < 1\,\mathrm{mV}$ erreicht wird.

3.1.5 Grenzdaten und Sperrströme

Bei einem Feldeffekttransistor werden verschiedene Grenzdaten angegeben, die nicht überschritten werden dürfen. Sie gliedern sich in Grenzspannungen, Grenzströme und die maximale Verlustleistung. Betrachtet werden wieder n-Kanal-Mosfets; bei p-Kanal-Mosfets haben alle Spannungen und Ströme umgekehrte Vorzeichen.

3.1.5.1 Durchbruchsspannungen

3.1.5.1.1 Gate-Durchbruch

Bei der *Gate-Source-Durchbruchsspannung* $U_{(BR)GS}$ bricht das Gate-Oxid eines Mosfets auf der Source-Seite durch, bei der *Drain-Gate-Durchbruchspannung* $U_{(BR)DG}$ auf der Drain-Seite. Dieser Durchbruch ist nicht reversibel und führt zu einer Zerstörung des Mosfets, wenn keine Z-Dioden zum Schutz vorhanden sind. Deshalb müssen Einzel-Mosfets ohne Z-Dioden vor statischer Aufladung geschützt werden und dürfen erst nach erfolgtem Potentialausgleich angefasst werden.

Der Gate-Source-Durchbruch ist symmetrisch, d.h. unabhängig von der Polarität der Gate-Source-Spannung; deshalb findet man in Datenblättern eine Plus-Minus-Angabe, z.B. $U_{(BR)GS} = \pm 20\,\mathrm{V}$, oder es ist der Betrag der Durchbruchspannung angegeben. Typische Werte sind $|U_{(BR)GS}| \approx 10\dots 20\,\mathrm{V}$ bei Mosfets in integrierten Schaltungen und $|U_{(BR)GS}| \approx 10\dots 40\,\mathrm{V}$ bei Einzeltransistoren.

Bei symmetrisch aufgebauten Mosfets ist das Drain-Gebiet genauso aufgebaut wie das Source-Gebiet und es gilt $|U_{(BR)DG}| = |U_{(BR)GS}|$; das ist vor allem bei Mosfets in integrierten Schaltungen der Fall. Bei unsymmetrisch aufgebauten Mosfets ist $|U_{(BR)DG}|$ wesentlich größer als $|U_{(BR)GS}|$, weil hier ein Großteil der Spannung über einer schwach dotierten Schicht zwischen Kanal und Drain-Anschluss abfällt, siehe Abschnitt 3.2. In Datenblättern wird diese Spannung mit $U_{(BR)DGR}$ oder U_{DGR} bezeichnet, weil die Messung

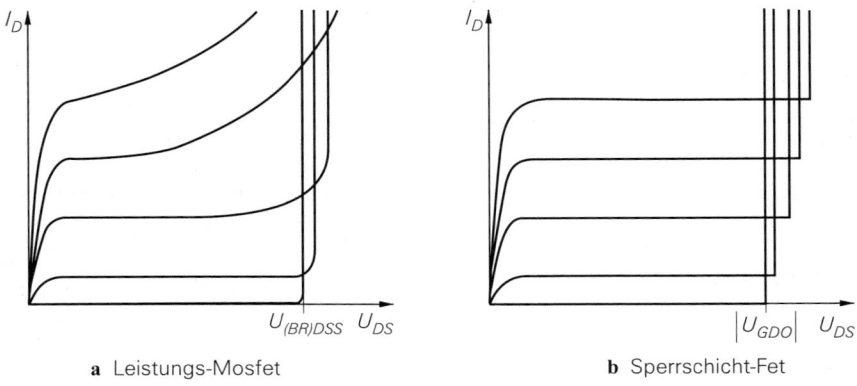

a Leistungs-Mosfet   **b** Sperrschicht-Fet

Abb. 3.18. Ausgangskennlinienfelder von Einzel-Fets im Durchbruch

mit einem Widerstand R zwischen Gate und Source durchgeführt wird; der Wert des Widerstands ist angegeben. Da bei diesem Durchbruch die Sperrschicht zwischen dem Substrat und dem schwach dotierten Teil des Drain-Gebiets durchbricht, tritt gleichzeitig auch ein Drain-Source-Durchbruch auf; deshalb wird für $U_{(BR)DG}$ meist derselbe Wert wie für die im folgenden beschriebene Drain-Source-Durchbruchspannung $U_{(BR)DSS}$ angegeben.

Beim Sperrschicht-Fet ist $U_{(BR)GSS}$ die Durchbruchspannung der Gate-Kanal-Diode; sie wird bei kurzgeschlossener Drain-Source-Strecke, d.h. $U_{DS} = 0$, gemessen und ist bei n-Kanal-Sperrschicht-Fets negativ, bei p-Kanal-Sperrschicht-Fets positiv. Typisch sind $U_{(BR)GSS} \approx -50\ldots-20\,\mathrm{V}$ bei n-Kanal-Fets. Zusätzlich werden die Durchbruchspannungen $U_{(BR)GSO}$ und $U_{(BR)GDO}$ auf der Source- bzw. Drain-Seite angegeben; der Index O weist darauf hin, dass der dritte Anschluss *offen* (*open*) ist. Die Spannungen sind normalerweise gleich: $U_{(BR)GSS} = U_{(BR)GSO} = U_{(BR)GDO}$. Da beim Sperrschicht-Fet U_{GS} und U_{DS} unterschiedliche Polarität haben, ist $U_{GD} = U_{GS} - U_{DS}$ die betragsmäßig größte Spannung und damit $U_{(BR)GDO}$ für die Praxis besonders wichtig. Im Gegensatz zum Mosfet führt der Durchbruch beim Sperrschicht-Fet nicht zu einer Zerstörung des Bauteils, solange der Strom begrenzt wird und keine Überhitzung auftritt.

3.1.5.1.2 Drain-Source-Durchbruch

Bei der *Drain-Source-Durchbruchspannung $U_{(BR)DSS}$* bricht die Sperrschicht zwischen dem Drain-Gebiet und dem Substrat eines Mosfets durch; dadurch fließt ein Strom vom Drain-Gebiet in das Substrat und von dort über den in Flussrichtung betriebenen pn-Übergang zwischen Substrat und Source oder über die bei Einzeltransistoren vorhandene Verbindung zwischen Substrat und Source zur Source. Abbildung 3.18a zeigt den Durchbruch im Ausgangskennlinienfeld eines Leistungs-Mosfets; er setzt vor allem bei größeren Strömen langsam ein und ist reversibel, solange der Strom begrenzt wird und keine Überhitzung auftritt. Bei selbstsperrenden n-Kanal-Mosfets wird $U_{(BR)DSS}$ bei kurzgeschlossener Gate-Source-Strecke, d.h. $U_{GS} = 0$ gemessen; der zusätzliche Index S bedeutet *kurzgeschlossen* (*shorted*). Bei selbstleitenden n-Kanal-Mosfets wird eine negative Spannung $U_{GS} < U_{th}$ angelegt, damit der Transistor sperrt. Die zugehörige Drain-Source-Durchbruchspannung wird ebenfalls mit $U_{(BR)DSS}$ bezeichnet; der Index S bedeutet dabei *Kleinsignal-Kurzschluss*, d.h. Ansteuerung des Gates mit einer Spannungsquelle mit vernachlässigbar geringem Innenwiderstand. Die Werte reichen von $U_{(BR)DSS} \approx 10\ldots40\,\mathrm{V}$

bei integrierten Fets bis zu $U_{(BR)DSS} = 1000\,\text{V}$ bei Einzeltransistoren für Schaltanwendungen.

Bei Sperrschicht-Fets gibt es keinen direkten Durchbruch zwischen Drain und Source, da es sich um ein homogenes Gebiet handelt. Hier bricht bei abgeschnürtem Kanal und zunehmender Drain-Source-Spannung die Sperrschicht zwischen Drain und Gate durch, wenn die oben genannte Durchbruchspannung $U_{(BR)GDO}$ erreicht wird. Abbildung 3.18b zeigt den Durchbruch im Ausgangskennlinienfeld eines Kleinsignal-Sperrschicht-Fets; er tritt schlagartig ein.

3.1.5.2 Grenzströme

3.1.5.2.1 Drainstrom

Beim Drainstrom wird zwischen maximalem Dauerstrom (*continuous current*) und maximalem Spitzenstrom (*peak current*) unterschieden. Für den maximalen Dauerstrom existiert keine besondere Bezeichnung im Datenblatt; er wird hier mit $I_{D,max}$ bezeichnet. Der maximale Spitzenstrom gilt für gepulsten Betrieb mit vorgegebener Pulsdauer und Wiederholrate und wird im Datenblatt mit I_{DM} [8] bezeichnet; er ist um den Faktor $2 \ldots 5$ größer als der maximale Dauerstrom.

Beim Sperrschicht-Fet wird anstelle des maximalen Dauerstroms $I_{D,max}$ der *Drain-Sättigungsstrom* I_{DSS} [9] angegeben; er wird mit $U_{GS} = 0$ im Abschnürbereich gemessen und ist damit der maximal mögliche Drainstrom bei normalem Betrieb.

3.1.5.2.2 Rückwärtsdiode

Einzel-Mosfets enthalten aufgrund der Verbindung zwischen Source und Substrat eine Rückwärtsdiode zwischen Source und Drain, siehe Abschnitt 3.2. Für diese Diode wird ein maximaler Dauerstrom $I_{S,max}$ und ein maximaler Spitzenstrom I_{SM} angegeben. Sie sind aufbaubedingt genauso groß wie die entsprechenden Drainströme $I_{D,max}$ und I_{DM}, so dass die Rückwärtsdiode uneingeschränkt als Freilauf- oder Kommutierungsdiode eingesetzt werden kann.

3.1.5.2.3 Gatestrom

Bei Sperrschicht-Fets wird zusätzlich der maximale Gatestrom $I_{G,max}$ in Flussrichtung angegeben; typisch sind $I_{G,max} \approx 5 \ldots 50\,\text{mA}$. Diese Angabe ist von untergeordneter Bedeutung, da die Gate-Kanal-Diode normalerweise in Sperrrichtung betrieben wird.

3.1.5.3 Sperrströme

Bei selbstsperrenden Mosfets fließt bei kurzgeschlossener Gate-Source-Strecke ein geringer *Drain - Source - Leckstrom* I_{DSS}; er entspricht dem Sperrstrom des Drain-Substrat-Übergangs und hängt deshalb stark von der Temperatur ab. Typisch sind $I_{DSS} < 1\,\mu\text{A}$ bei integrierten Mosfets und Einzel-Mosfets für Kleinsignalanwendungen und $I_{DSS} = 1 \ldots 100\,\mu\text{A}$ bei Einzel-Mosfets für Ströme im Ampere-Bereich. Bei selbstleitenden Mosfets wird I_{DSS} ebenfalls im Sperrbereich gemessen; dazu muss eine Gate-Source-Spannung $U_{GS} < U_{th}$ angelegt werden.

Man beachte, dass der Strom I_{DSS} auch bei Sperrschicht-Fets angegeben wird, dort aber eine ganz andere Bedeutung hat. Bei Mosfets ist I_{DSS} der *minimale* Drainstrom, der auch im

---

[8] Bei Mosfets für Schaltanwendungen wird oft $I_{D,puls}$ anstelle von I_{DM} verwendet.

[9] I_{DSS} wird auch mit $I_{D,S}$ bezeichnet und entspricht dem im Abschnitt 3.1.2 für Sperrschicht-Fets angegeben Strom $I_{D,0} = I_D(U_{GS} = 0)$.

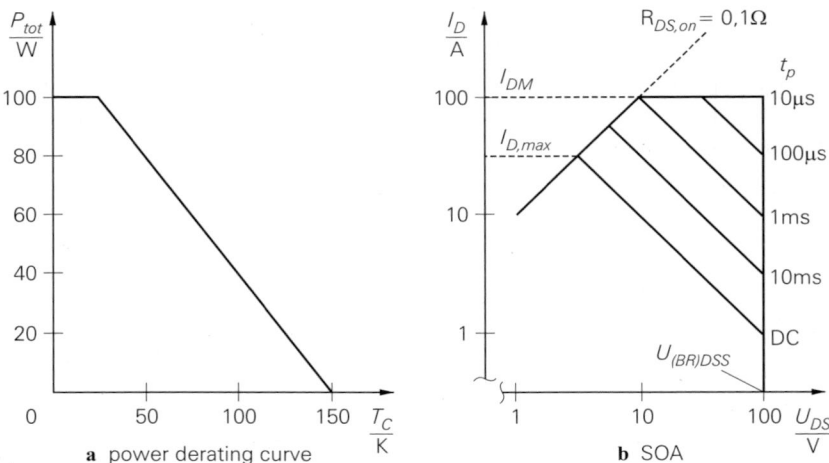

Abb. 3.19. Grenzkurven eines Mosfets für Schaltanwendungen

Sperrbereich fließt und bei Schaltanwendungen als Leckstrom über den geöffneten Schalter auftritt; bei Sperrschicht-Fets ist I_{DSS} der *maximale* Drainstrom im Abschnürbereich. Trotz der unterschiedlichen Bedeutung wird in Datenblättern dieselbe Bezeichnung verwendet.

3.1.5.4 Maximale Verlustleistung

Die Verlustleistung ist die im Transistor in Wärme umgesetzte Leistung:

$$P_V = U_{DS} I_D$$

Sie entsteht im wesentlichen im Kanal und führt zu einer Erhöhung der Temperatur im Kanal, bis die Wärme aufgrund des Temperaturgefälles über das Gehäuse an die Umgebung abgeführt werden kann. Dabei darf die Temperatur im Kanal einen materialabhängigen Grenzwert, bei Silizium 175 °C, nicht überschreiten; in der Praxis wird aus Sicherheitsgründen mit einem Grenzwert von 150 °C gerechnet. Die zugehörige maximale Verlustleistung hängt bei Einzeltransistoren vom Aufbau des Transistors und von der Montage ab; sie wird im Datenblatt mit P_{tot} bezeichnet und für zwei Fälle angegeben:

– Betrieb bei stehender Montage auf einer Leiterplatte ohne weitere Maßnahmen zur Kühlung bei einer Temperatur der umgebenden Luft (*free-air temperature*) von $T_A = 25\,°C$; der Index A bedeutet *Umgebung (ambient)*.
– Betrieb bei einer Gehäusetemperatur (*case temperature*) von $T_C = 25\,°C$.

Die beiden Maximalwerte werden hier mit $P_{V,25(A)}$ und $P_{V,25(C)}$ bezeichnet. Bei Kleinsignal-Fets, die für stehende Montage ohne Kühlkörper ausgelegt sind, ist nur $P_{tot} = P_{V,25(A)}$ angegeben. Bei Leistungs-Mosfets, die ausschließlich für den Betrieb mit einem Kühlkörper ausgelegt sind, ist nur $P_{tot} = P_{V,25(C)}$ angegeben. In praktischen Anwendungen kann $T_A = 25\,°C$ oder $T_C = 25\,°C$ nicht eingehalten werden. Da P_{tot} mit zunehmender Temperatur abnimmt, ist im Datenblatt oft eine *power derating curve* angeben, in der P_{tot} über T_A oder T_C aufgetragen ist, siehe Abb. 3.19a. Im Abschnitt 2.1.6 auf Seite 51 wird das thermische Verhalten am Beispiel des Bipolartransistors ausführlich behandelt; die Ergebnisse gelten für Fets in gleicher Weise.

3.1.5.5 Zulässiger Betriebsbereich

Aus den Grenzdaten erhält man im Ausgangskennlinienfeld den *zulässigen Betriebsbereich* (*safe operating area, SOA*); er wird durch den maximalen Drainstrom $I_{D,max}$, die Drain-Source–Durchbruchsspannung $U_{(BR)DSS}$, die maximale Verlustleistung P_{tot} und die $R_{DS,on}$-Grenze begrenzt. Abbildung 3.19b zeigt die SOA in doppelt logarithmischer Darstellung; dabei erhält man sowohl für die Hyperbel der maximalen Verlustleistung, gegeben durch $U_{DS}I_D = P_{tot}$, und die $R_{DS,on}$-Grenze mit $U_{DS} = R_{DS,on}I_D$ Geraden. Daraus folgt, dass der maximale Dauerstrom $I_{D,max}$ aus P_{tot} und $R_{DS,on}$ berechnet werden kann:

$$I_{D,max} = \sqrt{\frac{P_{tot}}{R_{DS,on}}}$$

Bei Fets für Schaltanwendungen sind zusätzlich Grenzkurven für Pulsbetrieb mit verschiedenen Pulsdauern angegeben. Bei sehr kurzer Pulsdauer und kleinem Tastverhältnis kann man den Fet mit der maximalen Spannung $U_{(BR)DSS}$ *und* dem maximalen Drainstrom I_{DM} *gleichzeitig* betreiben; die SOA ist in diesem Fall ein Rechteck. Man kann mit einem Fet Lasten mit einer Verlustleistung bis zu $P = U_{(BR)DSS}I_{D,max}$ schalten. Diese maximale Schaltleistung ist groß gegenüber der maximalen Verlustleistung P_{tot}; aus Abb. 3.19 folgt $P = U_{(BR)DSS}I_{D,max} = 100\,\text{V} \cdot 30\,\text{A} = 3\,\text{kW} \gg P_{tot} = 100\,\text{W}$.

3.1.6 Thermisches Verhalten

Das thermische Verhalten von Bauteilen ist im Abschnitt 2.1.6 am Beispiel des Bipolartransistors beschrieben; die dort dargestellten Größen und Zusammenhänge gelten für einen Fet in gleicher Weise, wenn für P_V die Verlustleistung des Fets eingesetzt wird.

3.1.7 Temperaturabhängigkeit der Fet-Parameter

Mosfets und Sperrschicht-Fets haben ein unterschiedliches Temperaturverhalten und müssen deshalb getrennt betrachtet werden.

3.1.7.1 Mosfet

Beim Mosfet sind die Schwellenspannung U_{th} und der Steilheitskoeffizient K temperaturabhängig; damit erhält man durch Differentiation von (3.3) den Temperaturkoeffizienten des Drainstroms für einen n-Kanal-Mosfet im Abschnürbereich:

$$\frac{1}{I_D}\frac{dI_D}{dT} = \frac{1}{K}\frac{dK}{dT} - \frac{2}{U_{GS} - U_{th}}\frac{dU_{th}}{dT} \tag{3.14}$$

Aus (3.5) und der auf den Referenzpunkt T_0 bezogenen Temperaturabhängigkeit der Beweglichkeit [3.1]

$$\mu(T) = \mu(T_0)\left(\frac{T_0}{T}\right)^{m_\mu} \qquad \text{mit } m_\mu \approx 1,5$$

folgt, dass der Steilheitskoeffizient mit steigender Temperatur abnimmt:

$$\frac{1}{K}\frac{dK}{dT} = -\frac{m_\mu}{T} \overset{T=300\,\text{K}}{\approx} -5 \cdot 10^{-3}\,\text{K}^{-1}$$

Für die Schwellenspannung gilt [3.1]

$$U_{th} = U_{FB} + U_{inv} + \gamma\sqrt{U_{inv}}$$

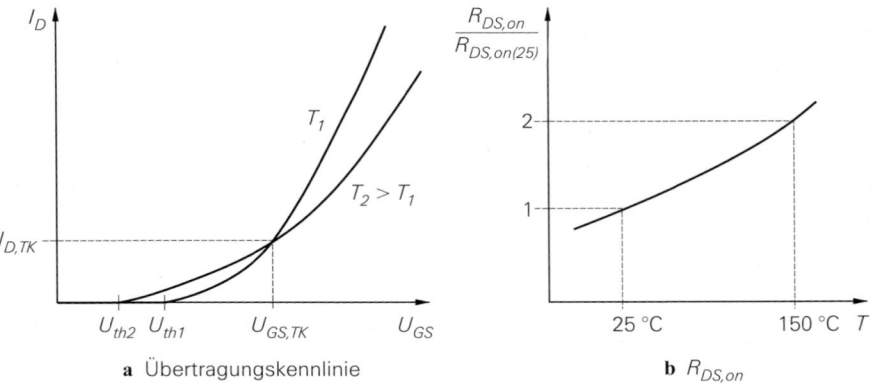

Abb. 3.20. Temperaturverhalten eines n-Kanal-Mosfets

mit der *Flachbandspannung* U_{FB}, der *Inversionsspannung* U_{inv} und dem *Substrat-Steuerfaktor* γ. Die Flachbandspannung hängt vom Aufbau des Gates ab und wird hier nicht weiter benötigt; auf die anderen Größen wird im Abschnitt 3.3 noch näher eingegangen. U_{FB} und γ hängen nicht von der Temperatur ab; daraus folgt:

$$\frac{dU_{th}}{dT} = \left(1 + \frac{\gamma}{2\sqrt{U_{inv}}}\right)\frac{dU_{inv}}{dT}$$

Typische Werte sind $U_{inv} \approx 0{,}55 \ldots 0{,}8\,\text{V}$, $dU_{inv}/dT \approx -2{,}3 \ldots -1{,}7\,\text{mV/K}$ und $\gamma \approx 0{,}3 \ldots 0{,}8\,\sqrt{\text{V}}$; damit erhält man:

$$\frac{dU_{th}}{dT} \approx -3{,}5 \ldots -2\,\frac{\text{mV}}{\text{K}}$$

Da die Temperaturkoeffizienten von K und U_{th} negativ sind, ist der Temperaturkoeffizient des Drainstroms aufgrund der Differenzbildung in (3.14) je nach Arbeitspunkt positiv oder negativ. Folglich gibt es einen *Temperaturkompensationspunkt TK*, an dem der Temperaturkoeffizient zu Null wird; durch Auflösen von (3.14) erhält man für n-Kanal-Mosfets:

$$U_{GS,TK} = U_{th} + 2\,\frac{\dfrac{dU_{th}}{dT}}{\dfrac{1}{K}\dfrac{dK}{dT}} \approx U_{th} + 0{,}8 \ldots 1{,}4\,\text{V}$$

$$I_{D,TK} \approx K \cdot 0{,}3 \ldots 1\,\text{V}^2$$

Abbildung 3.20a zeigt Übertragungskennlinie eines n-Kanal-Mosfets mit dem Temperaturkompensationspunkt. Bei p-Kanal-Mosfets gilt $U_{GS,TK} = U_{th} - 0{,}8 \ldots 1{,}4\,\text{V}$ und $I_{D,TK} = -K \cdot 0{,}3 \ldots 1\,\text{V}^2$.

Diese Angaben gelten für integrierte Mosfets mit einfacher Diffusion. Einzel-Mosfets werden dagegen fast ausschließlich mit doppelter Diffusion ausgeführt, siehe Abschnitt 3.2; für sie gilt $dU_{th}/dT \approx -5\,\text{mV/K}$ und damit:

$$U_{GS,TK(DMOS)} \approx U_{th} + 2\,\text{V}$$

$$I_{D,TK(DMOS)} \approx K \cdot 2\,\text{V}^2$$

In der Praxis werden die meisten n-Kanal-Mosfets mit $U_{GS} > U_{GS,TK}$ betrieben; in diesem Bereich ist der Temperaturkoeffizient negativ, d.h. der Drainstrom nimmt mit zunehmender Temperatur ab. Diese *thermische Gegenkopplung* erlaubt einen thermisch stabilen Betrieb ohne besondere schaltungstechnische Maßnahmen. Im Gegensatz dazu muss man beim Bipolartransistor eine elektrische Gegenkopplung vorsehen, damit durch die mit der Temperatur zunehmenden Ströme keine thermische Mitkopplung entstehen kann, die zur Aufheizung und Zerstörung des Transistors führt.

Im ohmschen Bereich interessiert vor allem der Einschaltwiderstand $R_{DS,on}$; aus (3.7) folgt durch Differentiation:

$$\frac{1}{R_{DS,on}} \frac{dR_{DS,on}}{dT} = \frac{1}{U_{GS} - U_{th}} \frac{dU_{th}}{dT} - \frac{1}{K} \frac{dK}{dT}$$

$$\overset{U_{GS} \gg U_{th}}{\approx} \quad -\frac{1}{K} \frac{dK}{dT} \approx 5 \cdot 10^{-3} \, \text{K}^{-1}$$

Daraus folgt, dass sich $R_{DS,on}$ bei einer Temperaturerhöhung von 25 °C auf 150 °C etwa verdoppelt; Abb. 3.20b zeigt den resultierenden Verlauf von $R_{DS,on}$.

3.1.7.2 Sperrschicht-Fet

Für n-Kanal-Sperrschicht-Fets gilt ebenfalls (3.14). Der Steilheitskoeffizient K ist proportional zur Leitfähigkeit σ des Kanals; wegen $\sigma \sim \mu$ erhält man denselben Temperaturkoeffizienten wie beim Mosfet:

$$\frac{1}{K} \frac{dK}{dT} \approx -5 \cdot 10^{-3} \, \text{K}^{-1}$$

Die Schwellenspannung U_{th} setzt sich aus einem temperaturunabhängigen Anteil und der *Diffusionsspannung* U_{Diff} des pn-Übergangs zwischen Gate und Kanal zusammen; daraus folgt:

$$\frac{dU_{th}}{dT} = \frac{dU_{Diff}}{dT} \approx -2,5 \ldots - 1,7 \, \text{mV/K}$$

Damit folgt für den Temperaturkompensationspunkt eines n-Kanal-Sperrschicht-Fets:

$$U_{GS,TK(Jfet)} \approx U_{th} + 0,7 \ldots 1 \, \text{V}$$
$$I_{D,TK(Jfet)} \approx K \cdot 0,25 \ldots 0,5 \, \text{V}^2$$

Die Übertragungskennlinie verläuft bis auf eine Verschiebung in U_{GS}-Richtung wie beim Mosfet; auch der Einschaltwiderstand $R_{DS,on}$ verhält sich wie beim Mosfet.

3.2 Aufbau eines Feldeffekttransistors

Mosfets und Sperrschicht-Fets sind in ihrer einfachsten Form symmetrisch aufgebaut. Dieser einfache Aufbau entspricht im wesentlichen den Prinzip-Darstellungen in Abb. 3.1 bzw. Abb. 3.2 und wird vor allem in integrierten Schaltungen verwendet; deshalb werden hier zunächst die integrierten Transistoren beschrieben.

3.2.1 Integrierte Mosfets

3.2.1.1 Aufbau

Abbildung 3.21 zeigt den Aufbau eines n-Kanal- und eines p-Kanal-Mosfets auf einem gemeinsamen Halbleitersubstrat; die Anschlüsse Drain, Gate, Source und Bulk sind mit

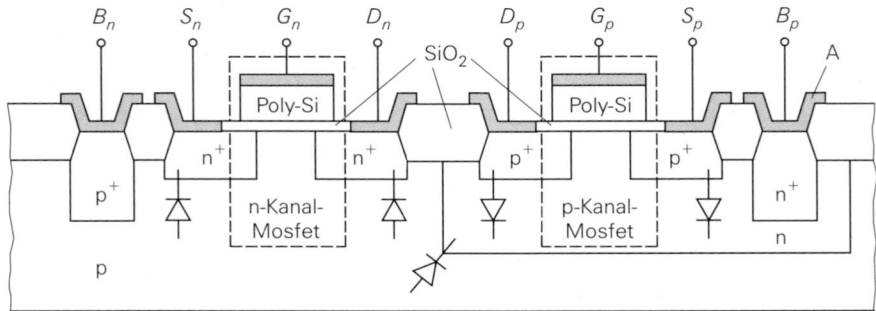

Abb. 3.21. Aufbau eines n-Kanal- und eines p-Kanal-Mosfets in einer integrierten CMOS-Schaltung

entsprechenden Indizes versehen. Beim n-Kanal-Mosfet dient das p-dotierte Halbleiter-substrat mit dem Anschluss B_n als Bulk. Der p-Kanal-Mosfet benötigt ein n-dotiertes Bulk-Gebiet und muss deshalb in einer n-dotierten Wanne hergestellt werden; B_p ist der zugehörige Bulk-Anschluss. Die Drain- und Source-Gebiete sind beim n-Kanal-Mosfet stark n-, beim p-Kanal-Mosfet stark p-dotiert. Die Gates werden aus Poly-Silizium her-gestellt und sind durch das dünne *Gate-Oxid* vom darunter liegenden Kanal isoliert. In den Außengebieten erfolgt die Isolation zwischen den Halbleiter-Bereichen und den Aluminium-Leiterbahnen der Metallisierungsebene durch das wesentlich dickere *Dick-oxid*. Da Poly-Silizium ein relativ guter Leiter ist, kann man die Zuleitungen zum Gate ganz aus Poly-Silizium herstellen; man benötigt also nicht unbedingt die in Abb. 3.21 gezeigte Metallisierung auf den Gates.

Die Bezeichnung *MOS* (*metal-oxid-semiconductor*) stammt aus der Zeit, als für die Gates Aluminium, also Metall, anstelle von Poly-Silizium verwendet wurde. Moder-ne Mosfets mit Poly-Silizium-Gate müssten eigentlich mit *SOS* (*semiconductor-oxid-semiconductor*) bezeichnet werden. Man hat aber die gewohnte Bezeichnung beibehalten.

3.2.1.2 CMOS

Schaltungen, die nach Abb. 3.21 aufgebaut sind, nennt man *CMOS-Schaltungen* (*complementary metal-oxid-semiconductor circuits*), weil sie *komplementäre* Mosfets enthalten. Bei NMOS- und PMOS-Schaltungen, den veralteten Vorgängern der CMOS-Schaltungen, wurden entsprechend der Bezeichnung nur n- bzw. nur p-Kanal-Mosfets hergestellt; dazu wurden p- bzw. n-dotierte Halbleiterplättchen verwendet und es wurde keine Wanne für den jeweils anderen Typ benötigt.

3.2.1.3 Bulk-Dioden

Aus der Schichtenfolge einer CMOS-Schaltung ergeben sich mehrere pn-Übergänge, die in Sperrrichtung betrieben werden müssen; sie sind in Abb. 3.21 als Dioden dargestellt. Damit die Dioden zwischen den Drain- bzw. Source-Gebieten und den darunter liegenden Bulk-Gebieten sperren, muss beim n-Kanal-Mosfet $U_{SB} \geq 0$ und $U_{DB} \geq 0$ und beim p-Kanal-Mosfets $U_{SB} \leq 0$ und $U_{DB} \leq 0$ gelten; dabei bezeichnet B das jeweilige Bulk-Gebiet, also B_n beim n- und B_p beim p-Kanal-Mosfet. Außerdem muss $U_{Bn} \leq U_{Bp}$ sein, damit die Diode zwischen den Bulk-Gebieten sperrt. Daraus folgt, dass alle Dioden gesperrt sind, wenn man B_n mit der negativen und B_p mit der positiven Versorgungsspannung der Schaltung verbindet; alle anderen Spannungen bewegen sich dann dazwischen.

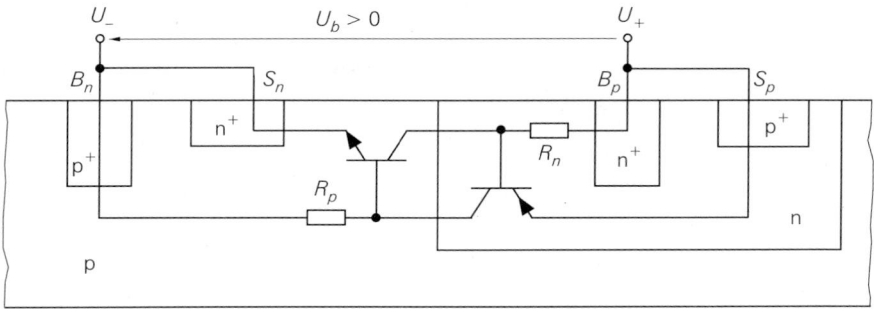

Abb. 3.22. Parasitärer Thyristor in einer integrierten CMOS-Schaltung

3.2.1.4 Latch-up

Neben den Dioden enthält die CMOS-Schaltung einen parasitären Thyristor, der durch die Schichtenfolge und die Verbindungen $B_n - S_n$ und $B_p - S_p$ gebildet wird; Abb. 3.22 zeigt eine vereinfachte Darstellung des Aufbaus mit dem aus zwei Bipolartransistoren und zwei Widerständen bestehenden Ersatzschaltbild des Thyristors. Die Bipolartransistoren resultieren aus der Schichtenfolge und R_n und R_p sind die Bahnwiderstände der vergleichsweise hochohmigen Bulk-Gebiete. Normalerweise sind die Transistoren gesperrt, weil die Basen über R_n bzw. R_p mit den Emittern verbunden sind und keine Ströme in den Bulk-Gebieten fließen; der Thyristor sperrt. Bei Über- oder Unterspannung an einem der Eingänge einer CMOS-Schaltung fließen über die im Kapitel 6.4.3 beschriebenen Schutzdioden Ströme in die Bulk-Gebiete. Dadurch kann der Spannungsabfall an R_p oder R_n so groß werden, dass einer der Transistoren leitet. Der dabei fließende Strom verursacht einen Spannungsabfall am jeweils anderen Widerstand, so dass auch der zweite Transistor leitet, der wiederum durch seinen Strom den ersten Transistor leitend hält. Man erhält eine Mitkopplung, die einen Kurzschluss der Versorgungsspannung U_b zur Folge hat: der Thyristor hat gezündet. Dieser Fehlerfall wird *Latch-up* genannt und führt fast immer zur Zerstörung der Schaltung. Bei modernen CMOS-Schaltungen wird durch eine geeignete Anordnung der Gebiete und eine spezielle Beschaltung der Eingänge eine hohe *Latch-up-*Sicherheit erreicht. Eine Sonderstellung nehmen *dielektrisch isolierte* CMOS-Schaltungen ein, bei denen die einzelnen Mosfets in separaten, durch Oxid isolierten Wannen hergestellt werden; dadurch entfällt der Thyristor und die Schaltungen sind *latch-up-*frei.

3.2.1.5 Mosfets für höhere Spannungen

Da der Steilheitskoeffizient eines Mosfets wegen $K \sim W/L$ umgekehrt proportional zur Kanallänge L ist, versucht man diese möglichst klein zu machen, indem man den Abstand zwischen dem Drain- und dem Source-Gebiet verringert. Dadurch nimmt jedoch die Drain-Source-Durchbruchspannung ab. Will man trotz kleiner Kanallänge eine hohe Durchbruchspannung erreichen, muss zwischen dem Kanal und dem Drain-Anschluss ein schwach dotiertes Driftgebiet vorgesehen werden, über dem ein Großteil der Drain-Source-Spannung abfällt; Abb. 3.23 zeigt dies am Beispiel eines n-Kanal-Mosfets. Die Durchbruchspannung ist etwa proportional zur Länge des Driftgebiets; deshalb benötigen integrierte Hochspannungs-Mosfets eine große Fläche auf dem Halbleiterplättchen.

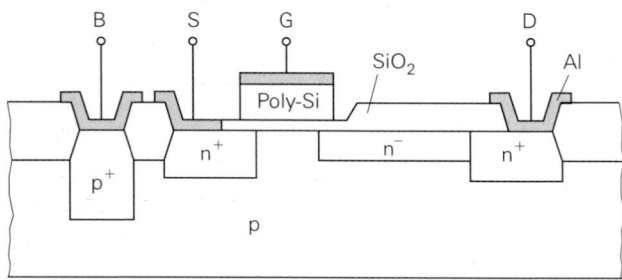

Abb. 3.23.
n-Kanal-Mosfet für
hohe Drain-Source-
Spannungen

3.2.2 Einzel-Mosfets

3.2.2.1 Aufbau

Einzel-Mosfets sind im Gegensatz zu integrierten Mosfets meist vertikal aufgebaut, d.h. der Drain-Anschluss befindet sich auf der Unterseite des Substrats. Abbildung 3.24 zeigt einen dreidimensionalen Schnitt durch einen derart aufgebauten *vertikalen Mosfet*. Die schwach dotierte Driftstrecke, hier n^--dotiert, verläuft nicht lateral an der Oberfläche wie beim integrierten Mosfet nach Abb. 3.23, sondern vertikal; dadurch wird Platz an der Oberfläche gespart und eine vergleichsweise hohe Durchbruchspannung entsprechend der Dicke des n^--Gebiets erreicht. Der Kanal verläuft wie gewohnt an der Oberfläche unterhalb des Gates. Das p-dotierte Bulk-Gebiet wird hier nicht durch das Substrat gebildet, sondern durch Diffusion in dem n^--Substrat hergestellt und über ein p^+-Kontaktgebiet mit der Source verbunden. Da die n^+-Source-Gebiete ebenfalls durch Diffusion hergestellt werden, nennt man diese Mosfets auch *doppelt diffundierte Mosfets* (*double diffused mosfets*, DMOS).

In Abb. 3.24 erkennt man ferner den *zellularen* Aufbau. Ein vertikaler Mosfet besteht aus einer zweidimensionalen Parallelschaltung kleiner Zellen, deren Source-Gebiete durch eine ganzflächige Source-Metallisierung an der Oberfläche verbunden sind und die über ein

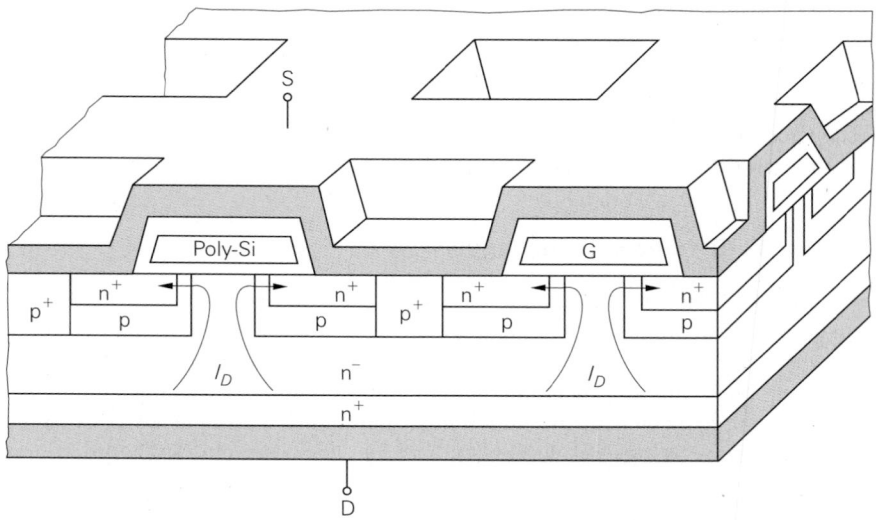

Abb. 3.24. Aufbau eines n-Kanal-DMOS-Fets

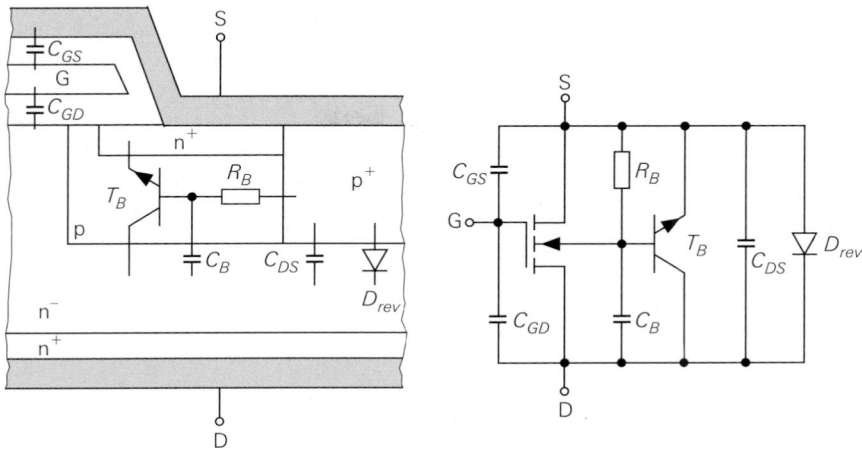

Abb. 3.25. Parasitäre Elemente und Ersatzschaltbild eines n-Kanal-DMOS-Fets

gemeinsames Poly-Silizium-Gate angesteuert werden, das in Form eines Gitters unter der Source-Metallisierung verläuft und nur am Rand des Halbleiterplättchens mit dem äußeren Gate-Anschluss verbunden ist; die Unterseite dient als gemeinsamer Drain-Anschluss. Durch diesen Aufbau erreicht man auf einer kleinen Fläche eine sehr große Kanalweite W und damit einen großen Steilheitskoeffizienten $K \sim W$. So erhält man z.B. bei einem Halbleiterplättchen mit einer Fläche von $2 \times 2\,\text{mm}^2$ und einer Zellengröße von $20 \times 20\,\mu\text{m}^2$ mit $W_{Zelle} = 20\,\mu\text{m}$ eine Kanalweite von $W = 0,2\,\text{m}$; mit $L = 2\,\mu\text{m}$ und $K_n' \approx 25\,\mu\text{A/V}^2$ erhält man $K = K_n' W/L = 2,5\,\text{A/V}^2$. Da die Anzahl der Zellen bei einer n-fachen Verkleinerung der geometrischen Größen um den Faktor n^2 zu-, die Weite W pro Zelle aber nur um den Faktor n abnimmt, hat eine weitere Miniaturisierung eine entsprechende Erhöhung der Kanalweite pro Flächeneinheit zur Folge.

3.2.2.2 Parasitäre Elemente

Durch den besonderen Aufbau vertikaler Mosfets ergeben sich mehrere parasitäre Elemente, die in Abb. 3.25 zusammen mit dem resultierenden Ersatzschaltbild dargestellt sind:

– Durch die großflächige Überlappung von Gate und Source ergibt sich eine große *äußere* Gate-Source-Kapazität C_{GS}, die meist größer ist als die *innere* Gate-Source-Kapazität, die im Abschnitt 3.3.2 näher beschrieben wird.
– Aus der Überlappung zwischen Gate und n^--Drain-Gebiet resultiert eine relativ große *äußere* Gate-Drain-Kapazität C_{GD}, die sich zur *inneren* Drain-Gate-Kapazität addiert; letztere wird ebenfalls im Abschnitt 3.3.2 näher beschrieben.
– Zwischen dem Bulk-Gebiet und dem Drain-Gebiet liegen die Drain-Source-Kapazitäten C_{DS} und C_B; dabei liegt C_{DS} unmittelbar zwischen Drain und Source, während bei C_B noch der Bahnwiderstand R_B des Bulk-Gebiets in Reihe liegt.
– Aufgrund der Schichtfolge enthält der Aufbau einen Bipolartransistor T_B, dessen Basis über den Bahnwiderstand R_B mit dem Emitter verbunden ist; deshalb sperrt T_B bei normalem Betrieb. Bei einem sehr schnellen Anstieg der Drain-Source-Spannung kann der Strom $I = C_B\,dU_{DS}/dt$ durch C_B und damit die Spannung an R_B so groß werden, dass T_B leitet. Um dies zu verhindern, muss man beim Ausschalten von

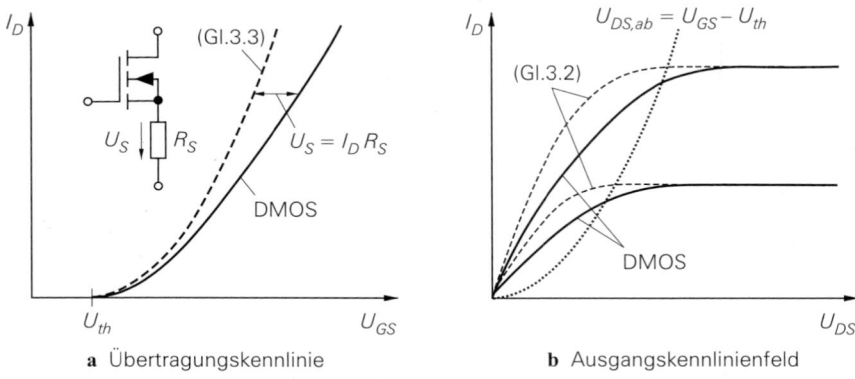

a Übertragungskennlinie   **b** Ausgangskennlinienfeld

Abb. 3.26. Kennlinien eines vertikalen Leistungs-Mosfets (DMOS)

DMOS-Leistungsschaltern die Anstiegsgeschwindigkeit durch geeignete Ansteuerung oder durch eine Abschalt-Entlastungsschaltung begrenzen.

– Zwischen Source und Drain liegt die *Rückwärtsdiode* D_{rev}, die bei negativer Drain-Source-Spannung leitet. Sie kann beim Schalten von induktiven Lasten als Freilaufdiode eingesetzt werden, führt aber aufgrund ihrer aufbaubedingt hohen Rückwärtserholzeit t_{RR} vor allem bei Brückenschaltungen zu unerwünschten Querströmen.

3.2.2.3 Kennlinien von vertikalen Leistungs-Mosfets

Die Kennlinien von vertikalen Leistungs-Mosfets weichen von den einfachen Großsignal-kennlinien (3.2) und (3.3) ab; Abb. 3.26 zeigt diese Abweichungen im Übertragungs- und im Ausgangskennlinienfeld:

– Bei großen Strömen macht sich der Einfluss parasitärer Widerstände in der Source-Leitung bemerkbar. Die äußere Gate-Source-Spannung U_{GS} an den Anschlüssen setzt sich in diesem Fall aus der inneren Gate-Source-Spannung und dem Spannungsabfall am Source-Widerstand R_S zusammen; dadurch wird die Übertragungskennlinie bei großen Strömen linearisiert, siehe Abb. 3.26a.

– Die Abschnürspannung $U_{DS,ab}$ ist bei vertikalen Mosfets aufgrund eines zusätzlichen Spannungsabfalls im Drift-Gebiet größer als $U_{GS} - U_{th}$. Dieser Spannungsabfall lässt sich durch einen nichtlinearen Drain-Widerstand beschreiben und führt zu einer Scherung des Ausgangskennlinienfelds, siehe Abb. 3.26b.

Gleichungen zur Beschreibung dieses Verhaltens werden im Abschnitt 3.3.1 beschrieben.

3.2.3 Sperrschicht-Fets

Abbildung 3.27 zeigt den Aufbau eines *normalen* n-Kanal-Sperrschicht-Fets mit einem pn-Übergang zwischen Gate und Kanal und eines n-Kanal-Mesfets mit einem Metall-Halbleiter-Übergang (Schottky-Übergang) zwischen Gate und Kanal. Die Substrat-Anschlüsse B sind bei integrierten Sperrschicht-Fets mit der negativen Versorgungsspannung verbunden, damit die pn-Übergänge zwischen dem Substrat und den n^--Kanal-Gebieten immer in Sperrrichtung betrieben werden. Ferner muss jeder Fet von einem geschlossenen p^+-Ring umgeben sein, damit die Kanal-Gebiete der einzelnen Fets gegeneinander isoliert sind. Bei Einzel-Sperrschicht-Fets kann man das Substrat auch mit

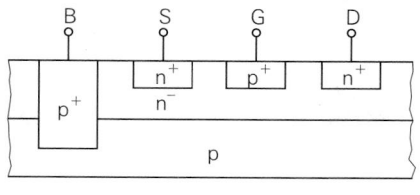 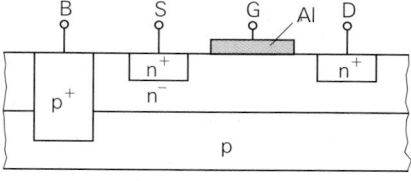

a *normaler* Jfet   **b** Mesfet

Abb. 3.27. Aufbau von Sperrschicht-Fets

dem Gate verbinden; dadurch hat zusätzlich zum Gate-Kanal-Übergang auch der Substrat-Kanal-Übergang eine steuernde Wirkung. Ein vertikaler Aufbau wie beim Mosfet oder beim Bipolartransistor ist beim Sperrschicht-Fet nicht möglich.

3.2.4 Gehäuse

Für Einzel-Mosfets und Einzel-Sperrschicht-Fets werden dieselben Gehäuse verwendet wie für Bipolartransistoren; Abb. 2.21 auf Seite 58 zeigt die gängigsten Gehäusetypen. Mosfets gibt es in allen Leistungsklassen und damit auch in allen Gehäusegrößen. Sperr-schicht-Fets gibt es dagegen nur als Kleinsignaltransistoren mit entsprechend kleinen Ge-häusen; eine Ausnahme sind Leistungs-Mesfets für Hochfrequenz-Leistungsverstärker, für die spezielle Hochfrequenz-Gehäuse für Oberflächenmontage verwendet werden. Es gibt auch Sperrschicht-Fets mit separatem Bulk-Anschluss in Gehäusen mit vier Anschlüssen. Für Dual-Gate-Mosfets werden ebenfalls Gehäuse mit vier Anschlüssen benötigt; dabei handelt es sich ausschließlich um Hochfrequenz-Transistoren in speziellen Hochfrequenz-Gehäusen.

3.3 Modelle für den Feldeffekttransistor

Im Abschnitt 3.1.2 wurde das *statische Verhalten* eines Feldeffekttransistors durch die Großsignalgleichungen (3.2)–(3.4) beschrieben; dabei wurden sekundäre Effekte vernach-lässigt. Für den rechnergestützten Schaltungsentwurf werden genauere Modelle benötigt, die diese Effekte berücksichtigen und darüber hinaus auch das *dynamische Verhalten* rich-tig wiedergeben. Aus diesem *Großsignalmodell* erhält man durch Linearisierung das *dy-namische Kleinsignalmodell*, das zur Berechnung des Frequenzgangs von Schaltungen benötigt wird.

3.3.1 Statisches Verhalten

Im Gegensatz zum Bipolartransistor, bei dem sich das Gummel-Poon-Modell allgemein bewährt hat, gibt es für Fets eine Vielzahl von Modellen, die jeweils anwendungsspe-zifische Vor- und Nachteile haben und teilweise sehr komplex sind. Im folgenden wird das *Level-1*-Mosfet-Modell [10] beschrieben, das in fast allen CAD-Programmen zur Schal-tungssimulation zur Verfügung steht. Es eignet sich sehr gut zur Beschreibung von Einzel-transistoren mit vergleichsweise großer Kanallänge und -weite, jedoch nicht für integrierte Mosfets mit den für hochintegrierte Schaltungen typischen kleinen Abmessungen. Hier

---

[10] Diese Bezeichnung wird in Schaltungssimulatoren der *Spice*-Familie, z.B. *PSpice* von *MicroSim*, verwendet. In der Literatur wird es oft *Shichman-Hodges-Modell* genannt, da wesentliche Teile aus einer Veröffentlichung von H.Shichman und D.A.Hodges stammen.

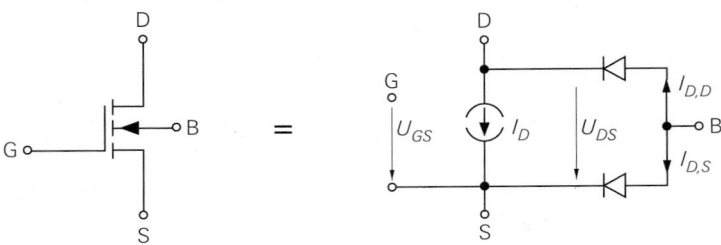

Abb. 3.28. Großsignal-Ersatzschaltbild für einen n-Kanal-Mosfet

muss man die erheblich aufwendigeren *Level-2-* und *Level-3*-Modelle oder die *BSIM*-Modelle [11] verwenden; sie berücksichtigen zusätzlich den *Kurzkanal-*, den *Schmalkanal-* und den *Unterschwellen-Effekt*. Diese Effekte werden hier nur qualitativ beschrieben.

Für Sperrschicht-Fets wird ein eigenes Modell verwendet, dessen statisches Verhalten dem des Level-1-Mosfet-Modells entspricht, obwohl in CAD-Programmen oft andere Parameter oder andere Bezeichnungen für Parameter mit gleicher Bedeutung verwendet werden; darauf wird am Ende des Abschnitts näher eingegangen.

3.3.1.1 Level-1-Mosfet-Modell

Ein n-Kanal-Mosfet besteht aus einem p-dotierten Substrat (Bulk), den n-dotierten Gebieten für Drain und Source, einem isolierten Gate und einem zwischen Drain und Source liegenden Inversionskanal. Daraus folgt das in Abb. 3.28 gezeigte Großsignal-Ersatzschaltbild mit einer gesteuerten Stromquelle für den Kanal und zwei Dioden für die pn-Übergänge zwischen Bulk und Drain bzw. Bulk und Source.

3.3.1.1.1 Drainstrom

Das Level-1-Modell verwendet die Gleichungen (3.2) und (3.3) in Verbindung mit (3.5); mit

$$U_{DS,ab} = U_{GS} - U_{th} \tag{3.15}$$

und $K = K_n' W/L$ erhält man:

$$
I_D =
\begin{cases}
0 & \text{für } U_{GS} < U_{th} \\[2ex]
\dfrac{K_n' W}{L} U_{DS} \left(U_{GS} - U_{th} - \dfrac{U_{DS}}{2} \right) \left(1 + \dfrac{U_{DS}}{U_A} \right) & \text{für } U_{GS} \geq U_{th}, \\
& 0 \leq U_{DS} < U_{DS,ab} \\[2ex]
\dfrac{K_n' W}{2L} (U_{GS} - U_{th})^2 \left(1 + \dfrac{U_{DS}}{U_A} \right) & \text{für } U_{GS} \geq U_{th}, \\
& U_{DS} \geq U_{DS,ab}
\end{cases}
\tag{3.16}
$$

Als Parameter treten der *relative Steilheitskoeffizient* K_n', die *Kanalweite W*, die *Kanallänge L* und die *Early-Spannung* U_A auf. Alternativ zu K_n' kann man die *Beweglichkeit* μ_n und die *Oxiddicke* d_{ox} angegeben; es gilt [3.1]:

---

[11] Die *BSIM*-Modelle (*Berkeley short-channel IGFET model*) wurden an der Universität von Berkeley, Kalifornien, entwickelt und gelten zur Zeit als die am weitesten entwickelten Modelle für Kurzkanal-Mosfets.

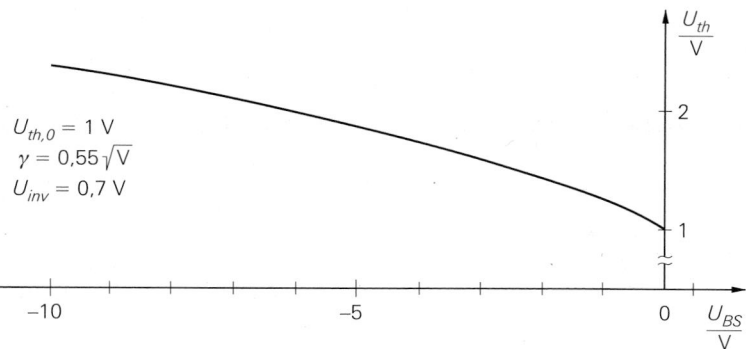

$U_{th,0} = 1$ V
$\gamma = 0{,}55\,\sqrt{\text{V}}$
$U_{inv} = 0{,}7$ V

Abb. 3.29. Abhängigkeit der Schwellenspannung U_{th} von der Bulk-Source-Spannung U_{BS} (Substrat-Effekt)

$$K'_n = \frac{\mu_n \epsilon_0 \epsilon_{r,ox}}{d_{ox}} \tag{3.17}$$

Mit $\mu_n = 0{,}05\ldots0{,}07\,\text{m}^2/\text{Vs}$, $\epsilon_0 = 8{,}85\cdot10^{-12}\,\text{As/Vm}$ und $\epsilon_{r,ox} = 3{,}9$ erhält man:

$$K'_n \approx 1700\ldots2400\,\frac{\mu\text{A}}{\text{V}^2}\cdot\frac{1}{d_{ox}/\text{nm}}$$

Bei Einzel-Mosfets beträgt die Oxiddicke $d_{ox} \approx 40\ldots100\,\text{nm}$, in hochintegrierten CMOS-Schaltungen wird sie bis auf 15 nm reduziert.

3.3.1.1.2 Schwellenspannung

Die Schwellenspannung U_{th} ist die Gate-Source-Spannung, ab der sich unterhalb des Gates der Inversionskanal bildet. Da der Kanal im Substrat-Gebiet liegt, hängt die Inversion und damit auch die Schwellenspannung von der Gate-Substrat-Spannung U_{GB} ab. Dieser Effekt wird *Substrat-Effekt* genannt und hängt von der Dotierung des Substrats ab. Da eine Beschreibung der Form $U_{th} = U_{th}(U_{GB})$ unanschaulich ist, verwendet man wie bei U_{GS} und U_{DS} die Source als Bezugspunkt und ersetzt $U_{GB} = U_{GS} - U_{BS}$ durch die Bulk-Source-Spannung U_{BS}; es gilt [3.1]:

$$U_{th} = U_{th,0} + \gamma\left(\sqrt{U_{inv} - U_{BS}} - \sqrt{U_{inv}}\right) \tag{3.18}$$

Als Parameter treten die *Null-Schwellenspannung* $U_{th,0}$, der *Substrat-Steuerfaktor* $\gamma \approx 0{,}3\ldots0{,}8\,\sqrt{\text{V}}$ und die *Inversionsspannung* $U_{inv} \approx 0{,}55\ldots0{,}8$ V auf. Abbildung 3.29 zeigt den Verlauf von U_{th} in Abhängigkeit von U_{BS} für $U_{th,0} = 1$ V, $\gamma = 0{,}55\,\sqrt{\text{V}}$ und $U_{inv} = 0{,}7$ V [12]; dabei muss $U_{BS} \leq 0$ gelten, damit die Bulk-Source-Diode in Sperrrichtung betrieben wird.

Der Substrat-Effekt macht sich vor allem bei integrierten Schaltungen bemerkbar, da hier alle n-Kanal-Mosfets ein gemeinsames Substrat-Gebiet besitzen und je nach Arbeitspunkt mit unterschiedlichen Bulk-Source-Spannungen betrieben werden; deshalb haben integrierte Mosfets mit gleichen geometrischen Größen unterschiedliche Kennlinien, wenn sie mit unterschiedlichen Bulk-Source-Spannungen betrieben werden. Bei Einzel-Mosfets mit interner Verbindung zwischen Source und Substrat tritt dieser Effekt nicht auf; hier gilt $U_{BS} = 0$ und $U_{th} = U_{th,0}$.

---

[12] γ und U_{inv} wurden mit (3.19) und (3.20) für $N_{sub} = 10^{16}\,\text{cm}^{-3}$ und $d_{ox} = 32$ nm bestimmt.

Alternativ zu γ und U_{inv} kann man die *Substrat-Dotierdichte* N_{sub} und die Oxiddicke d_{ox} angeben; es gilt [3.1]:

$$\gamma = \frac{\sqrt{2q\epsilon_0\epsilon_{r,Si}N_{sub}}}{C'_{ox}} = \sqrt{\frac{2q\epsilon_{r,Si}N_{sub}}{\epsilon_0}}\frac{d_{ox}}{\epsilon_{r,ox}} \tag{3.19}$$

$$U_{inv} = 2U_T \ln \frac{N_{sub}}{n_i} \tag{3.20}$$

Durch Einsetzen der Konstanten $q = 1{,}602 \cdot 10^{-19}$ As, $\epsilon_0 = 8{,}85 \cdot 10^{-12}$ As/Vm, $\epsilon_{r,ox} = 3{,}9$ und $\epsilon_{r,Si} = 11{,}9$ sowie $U_T = 26\,\text{mV}$ und $n_i = 1{,}45 \cdot 10^{10}\,\text{cm}^{-3}$ für $T = 300\,\text{K}$ erhält man:

$$\gamma \approx 1{,}7 \cdot 10^{-10}\,\sqrt{\text{V}} \cdot \sqrt{N_{sub}/\text{cm}^{-3}} \cdot d_{ox}/\text{nm}$$

$$U_{inv} \overset{T=300\,\text{K}}{\approx} 52\,\text{mV} \cdot \ln \frac{N_{sub}}{1{,}45 \cdot 10^{10}\,\text{cm}^{-3}}$$

Typische Werte sind $N_{sub} \approx 1 \ldots 7 \cdot 10^{16}\,\text{cm}^{-3}$ für integrierte Schaltungen und $N_{sub} \approx 5 \cdot 10^{14} \ldots 10^{16}\,\text{cm}^{-3}$ für Einzel-Mosfets.

3.3.1.1.3 Substrat-Dioden

Aus dem Aufbau eines Mosfets ergeben sich *Substrat-Dioden* zwischen Bulk und Source bzw. Bulk und Drain; Abb. 3.28 zeigt Anordnung und Polarität dieser Dioden im Ersatzschaltbild eines n-Kanal-Mosfets. Für die Ströme durch diese Dioden gelten die Diodengleichungen

$$I_{D,S} = I_{S,S}\left(e^{\frac{U_{BS}}{nU_T}} - 1\right) \tag{3.21}$$

$$I_{D,D} = I_{S,D}\left(e^{\frac{U_{BD}}{nU_T}} - 1\right) \tag{3.22}$$

mit den *Sättigungssperrströmen* $I_{S,S}$ und $I_{S,D}$ und dem *Emissionsfaktor* $n \approx 1$.

Alternativ zu $I_{S,S}$ und $I_{S,D}$ kann man die *Sperrstromdichte* J_S und die *Randstromdichte* J_R angeben; mit den Flächen A_S und A_D und den Randlängen l_S und l_D des Source- und Draingebiets erhält man:

$$I_{S,S} = J_S A_S + J_R l_S \tag{3.23}$$

$$I_{S,D} = J_S A_D + J_R l_D \tag{3.24}$$

Davon macht man besonders bei CAD-Programmen zum Entwurf integrierter Schaltungen Gebrauch; J_S und J_R sind in diesem Fall Parameter des MOS-Prozesses und für alle n-Kanal-Mosfets gleich. Sind die Größen der einzelnen Mosfets festgelegt, muss man nur noch die Flächen und Randlängen bestimmen; das CAD-Programm ermittelt dann daraus $I_{S,S}$ und $I_{S,D}$.

Bei normalem Betrieb liegt der Bulk-Anschluss eines n-Kanal-Mosfets auf niedrigerem oder höchstens gleichem Potential wie Drain und Source; es gilt dann $U_{BS}, U_{BD} \leq 0$ und die Dioden werden im Sperrbereich betrieben. Bei Einzel-Mosfets mit interner Verbindung zwischen Source und Bulk ist diese Bedingung automatisch erfüllt, solange $U_{DS} > 0$

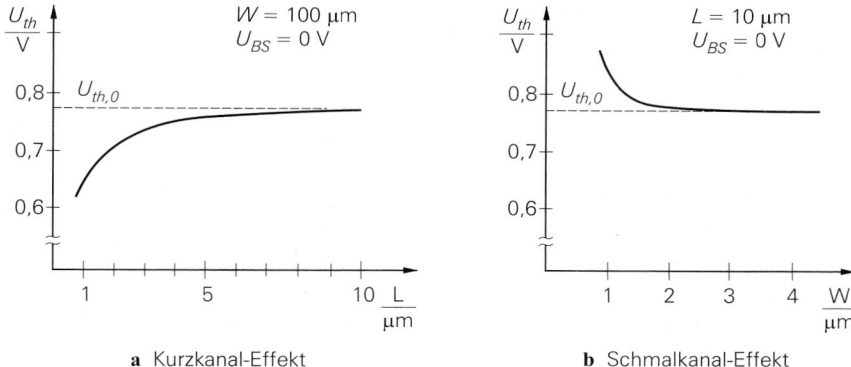

a Kurzkanal-Effekt   **b** Schmalkanal-Effekt

Abb. 3.30. Abhängigkeit der Schwellenspannung von den geometrischen Größen

ist. In integrierten Schaltungen ist der gemeinsame Bulk-Anschluss der n-Kanal-Mosfets mit der negativen Versorgungsspannung verbunden, so dass die Dioden immer sperren. Die Sperrströme $I_{D,S} \approx -I_{S,S}$ und $I_{D,D} \approx -I_{S,D}$ liegen bei kleineren Mosfets im pA-Bereich, bei Leistungs-Mosfets im μA-Bereich; sie können im allgemeinen vernachlässigt werden.

3.3.1.1.4 Weitere Effekte

Es gibt eine Vielzahl von weiteren Effekten, die vom Level-1-Modell nicht erfasst werden; die wichtigsten werden im folgenden kurz vorgestellt [3.2]:

– Bei kleinen Kanallängen L wird der Bereich unter dem Kanal von den Sperrschichten der Bulk-Source- und Bulk-Drain-Diode stark eingeengt. Die dort vorhandene Raumladung wird in diesem Fall in zunehmendem Maße durch Ladungen im Source- und Drain-Gebiet kompensiert, was zu einer Abnahme der Gate-Ladung führt; dadurch nimmt die Schwellenspannung U_{th} ab. Dieser Effekt wird *Kurzkanal-Effekt* genannt und hängt von den Spannungen U_{BS} und U_{BD} bzw. $U_{DS} = U_{BS} - U_{BD}$ ab. Mit zunehmender Drain-Source-Spannung nimmt die Schwellenspannung ab und der Drainstrom entsprechend zu; dadurch erhalten die Ausgangskennlinien im Abschnürbereich eine von U_{DS} abhängige Steigung. Die Beschreibung dieses Effekts in den Level-2/3- und BSIM-Modellen kann deshalb als *erweiterte Kanallängenmodulation* aufgefasst werden, die in diesem Fall nicht mehr mit der Early-Spannung U_A bzw. dem Kanallängenmodulations-Parameter λ, sondern durch die Schwellenspannung

$$U_{th} = U_{th,0} + \gamma \left((1 - f(L, U_{DS}, U_{BS})) \sqrt{U_{inv} - U_{BS}} - \sqrt{U_{inv}} \right)$$

modelliert wird. Die Funktion $f(L, U_{DS}, U_{BS})$ wird in [3.3] näher beschrieben. Abbildung 3.30a zeigt die Abhängigkeit der Schwellenspannung von der Kanallänge bei einem integrierten Mosfet.
– Mit abnehmender Kanalweite W wird die Ladung an den Rändern des Kanals im Vergleich zur Ladung im Kanal immer größer und muss berücksichtigt werden. Sie wird durch Ladung auf dem Gate kompensiert und bewirkt deshalb eine Zunahme der Schwellenspannung U_{th}. Dieser Effekt wird *Schmalkanal-Effekt* genannt und ebenfalls durch eine Erweiterung der Gleichung für die Schwellenspannung beschrieben:

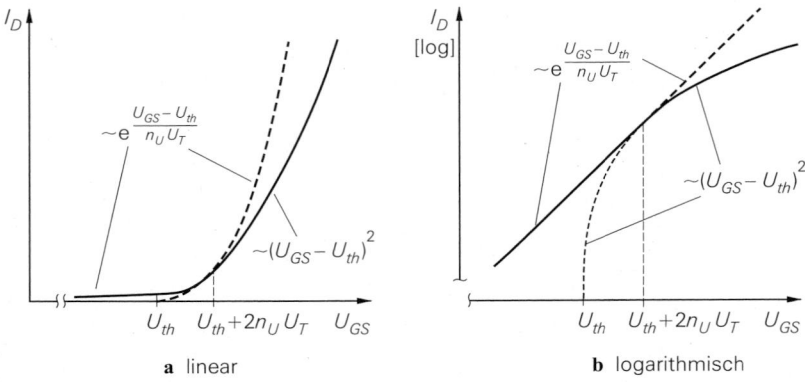

a linear   **b** logarithmisch

Abb. 3.31. Drainstroms im Unterschwellenbereich

$$U_{th} = U_{th,0} + \gamma \left(\ldots \right) + k \frac{U_{inv} - U_{BS}}{W}$$

Der Faktor k wird in [3.3] näher beschrieben. Abbildung 3.30b zeigt die Abhängigkeit der Schwellenspannung von der Kanalweite bei einem integrierten Mosfet.

– Auch ohne Inversionskanal sind freie Ladungen im Kanalgebiet vorhanden; dadurch kann auch unterhalb der Schwellenspannung U_{th} ein kleiner Drainstrom fließen. Dieser Effekt wird *Unterschwellen-Effekt* und der Strom *Unterschwellenstrom* (*sub-threshold current*) genannt. Die Kennlinie ist in diesem *Unterschwellenbereich* (*sub-threshold region*) exponentiell und geht im Bereich der Schwellenspannung in die Kennlinie für den Abschnürbereich über:

$$I_D = \begin{cases} 2K \left(\dfrac{n_U U_T}{e} \right)^2 e^{\frac{U_{GS} - U_{th}}{n_U U_T}} \left(1 + \dfrac{U_{DS}}{U_A} \right) & \text{für } U_{GS} < U_{th} + 2n_U U_T \\[3mm] \dfrac{K}{2} (U_{GS} - U_{th})^2 \left(1 + \dfrac{U_{DS}}{U_A} \right) & \text{für } U_{GS} \geq U_{th} + 2n_U U_T \end{cases} \qquad (3.25)$$

Dabei ist $n_U \approx 1{,}5 \ldots 2{,}5$ der *Emissionsfaktor im Unterschwellenbereich*. Der Übergang erfolgt bei $U_{GS} \approx U_{th} + 3 \ldots 5 \cdot U_T \approx U_{th} + 78 \ldots 130 \, \text{mV}$. Abbildung 3.31 zeigt den Verlauf des Drainstroms im Bereich der Schwellenspannung in linearer und logarithmischer Darstellung; letztere liefert für den exponentiellen Unterschwellenstrom eine Gerade. In integrierten MOS-Schaltungen für batteriebetriebene Geräte werden die Mosfets oft in diesem Bereich betrieben; damit kann man die Stromaufnahme auf Kosten der Geschwindigkeit stark reduzieren.

3.3.1.1.5 p-Kanal-Mosfets

Die Kennlinien eines p-Kanal-Mosfets erhält man, indem man das Ausgangs- und das Übertragungskennlinienfeld eines n-Kanal-Mosfets jeweils am Ursprung spiegelt. In den Gleichungen hat diese Punktspiegelung eine Änderung der Polarität aller Spannungen und Ströme zur Folge; mit

$$U_{DS,ab} = U_{GS} - U_{th} < 0$$

erhält man:

$$I_D = \begin{cases} 0 & \text{für } U_{GS} > U_{th} \\[2ex] -\dfrac{K_p' W}{L} U_{DS} \left(U_{GS} - U_{th} - \dfrac{U_{DS}}{2} \right) \left(1 - \dfrac{U_{DS}}{U_A} \right) & \text{für } U_{GS} \le U_{th}, \\[1ex] & \quad U_{DS,ab} < U_{DS} \le 0 \\[2ex] -\dfrac{K_p' W}{2L} (U_{GS} - U_{th})^2 \left(1 - \dfrac{U_{DS}}{U_A} \right) & \text{für } U_{GS} \le U_{th}, \\[1ex] & \quad U_{DS} \le U_{DS,ab} \end{cases}$$

$$U_{th} = U_{th,0} - \gamma \left(\sqrt{U_{inv} + U_{BS}} - \sqrt{U_{inv}} \right)$$

Die Parameter γ und U_{inv} werden auch beim p-Kanal-Mosfet mit (3.19) bzw. (3.20) bestimmt. Die Early-Spannung U_A ist beim p-Kanal- wie beim n-Kanal-Mosfet positiv; auch der relative Steilheitskoeffizient ist positiv:

$$K_p' = \frac{\mu_p \epsilon_0 \epsilon_{r,ox}}{d_{ox}}$$

Dabei ist $\mu_p = 0{,}015 \ldots 0{,}025 \ \text{m}^2/\text{Vs}$. Für die Substrat-Dioden gilt:

$$I_{D,S} = -I_{S,S} \left(e^{-\frac{U_{BS}}{n U_T}} - 1 \right)$$

$$I_{D,D} = -I_{S,D} \left(e^{-\frac{U_{BD}}{n U_T}} - 1 \right)$$

3.3.1.2 Bahnwiderstände

Jeder Anschluss verfügt über einen Bahnwiderstand, der sich aus dem Widerstand des jeweiligen Gebiets und dem Kontaktwiderstand der Metallisierung zusammensetzt. Abbildung 3.32a zeigt die Widerstände R_G, R_S, R_D und R_B am Beispiel eines integrierten n-Kanal-Mosfets. In CAD-Programmen zur Schaltungssimulation kann man diese Widerstände direkt oder unter Verwendung des *Schichtwiderstands* (*sheet resistance*) R_{sh} und den Multiplikatoren n_{RG}, n_{RS}, n_{RD} und n_{RB} angeben; es gilt:

$$\begin{bmatrix} R_G \\ R_S \\ R_D \\ R_B \end{bmatrix} = R_{sh} \begin{bmatrix} n_{RG} \\ n_{RS} \\ n_{RD} \\ n_{RB} \end{bmatrix} \tag{3.26}$$

Der Schichtwiderstand ist in diesem Fall eine Eigenschaft des MOS-Prozesses und für alle n-Kanal-Mosfets einer integrierten Schaltung gleich. Typische Werte sind $R_{sh} \approx 20 \ldots 50 \ \Omega$ bei n-Kanal-Mosfets und $R_{sh} \approx 50 \ldots 100 \ \Omega$ bei p-Kanal-Mosfets.

Abbildung 3.32b zeigt das erweiterte Modell. Man muss nun zwischen den *externen* Anschlüssen G, S, D und B und den *internen* Anschlüssen G', S', D' und B' unterscheiden, d.h. der Drainstrom I_D und die Diodenströme $I_{D,S}$ und $I_{D,D}$ hängen jetzt von den internen Spannungen $U_{G'S'}, U_{D'S'}, \ldots$ ab.

3.3.1.3 Vertikale Leistungs-Mosfets

Im Abschnitt 3.2.2 wurde bereits auf die besonderen Eigenschaften vertikaler Leistungs-Mosfets (DMOS-Fets) eingegangen; Abb. 3.26 auf Seite 204 zeigt die zugehörigen Kenn-

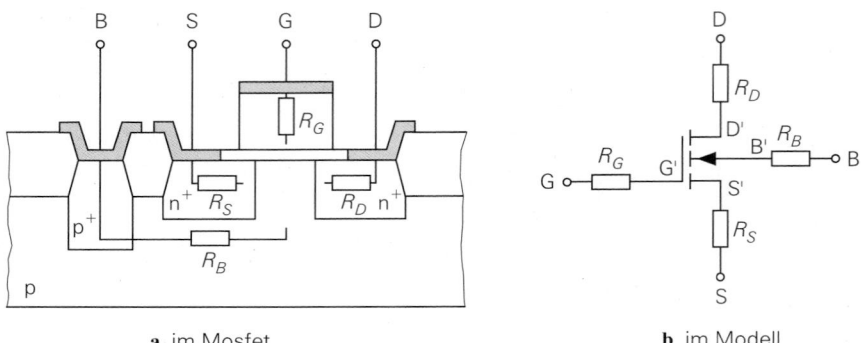

a im Mosfet   **b** im Modell

Abb. 3.32. Bahnwiderstände bei einem integrierten n-Kanal-Mosfet

linien. Die Scherung der Übertragungskennlinie in Abb. 3.26a wird durch den Sourcewiderstand R_S verursacht; aus Abb. 3.32b folgt mit $I_G = 0$:

$$U_{GS} = U_{G'S'} + I_D R_S = U_{th} + \sqrt{\frac{2I_D}{K\left(1 + \dfrac{U_{D'S'}}{U_A}\right)}} + I_D R_S$$

$$\stackrel{U_A \to \infty}{\approx} U_{th} + \sqrt{\frac{2I_D}{K}} + I_D R_S \tag{3.27}$$

Diese Gleichung wird zur Parameterextraktion verwendet; ausgehend von mindestens drei Wertepaaren (U_{GS}, I_D) im Abschnürbereich kann man die drei Parameter U_{th}, K und R_S bestimmen [13].

Im Ausgangskennlinienfeld nach Abb. 3.26b sind die Verhältnisse komplizierter. Zwar lässt sich die Scherung durch einen Widerstand in der Drainleitung beschreiben, dieser ist jedoch im Gegensatz zum linearen Drainwiderstand R_D nach Abb. 3.32b nichtlinear. Verursacht wird dies durch *Leitfähigkeitsmodulation* in der Driftstrecke, d.h. die Leitfähigkeit des Driftgebiets nimmt mit zunehmendem Strom zu, weil die Ladungsträgerdichte zunimmt. Für den Spannungsabfall U_{Drift} gilt näherungsweise [3.4]:

$$U_{Drift} = U_0 \left(\sqrt{1 + 2\frac{I_D}{I_0}} - 1\right) \tag{3.28}$$

Dabei sind U_0 und I_0 die Parameter der Driftstrecke. Abbildung 3.33a zeigt die Driftspannung in Abhängigkeit von I_D für einen Mosfet mit $U_0 = 1\,\text{V}$ und $I_0 = 1\,\text{A}$. Bei kleinen Strömen verhält sich die Driftstrecke wie ein linearer Widerstand mit $R = U_0/I_0$; in Abb. 3.33a ist $R = 1\,\Omega$. Bei größeren Strömen nimmt die Leitfähigkeit zu und der Spannungsabfall ist kleiner als bei einem $1\,\Omega$-Widerstand.

Die Kennlinie (3.28) entspricht der eines selbstleitenden Mosfets, bei dem Gate und Drain verbunden sind; mit $U_{GS} = U_{DS}$ und $U_{th} < 0$ erhält man

---

[13] In der Praxis verwendet man sehr viele Wertepaare und bestimmt die Parameter mit Hilfe einer *Orthogonal-Projektion*.

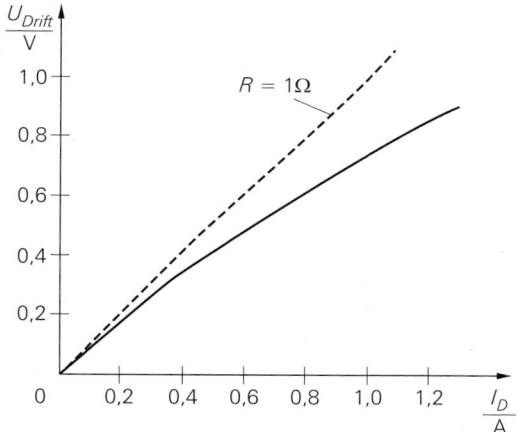

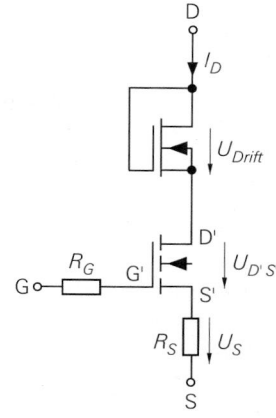

a Verlauf der Driftspannung für $U_0 = 1$ V und $I_0 = 1$ A   **b** Ersatzschaltbild

Abb. 3.33. Driftspannung bei vertikalen Leistungs-Mosfets

$$I_D = K\,U_{DS}\left(U_{GS} - U_{th} - \frac{U_{DS}}{2}\right) \overset{\substack{U_{GS}=U_{DS}=U_{Drift}\\U_{th}<0}}{=} K\,|U_{th}|U_{Drift} + \frac{1}{2}\,K\,U_{Drift}^2$$

und daraus durch Auflösen:

$$U_{Drift} = |U_{th}|\left(\sqrt{1 + \frac{2I_D}{K\,|U_{th}|^2}} - 1\right)$$

Ein Vergleich mit (3.28) zeigt, dass man die Driftstrecke mit einem selbstleitenden Mosfet mit $U_{th} = -U_0$ und $K = I_0/U_0^2$ modellieren kann; daraus folgt das in Abb. 3.33b gezeigte Ersatzschaltbild, bei dem im Vergleich zu Abb. 3.32b ein selbstleitender Mosfet an die Stelle des Widerstands R_D tritt.

3.3.1.4 Sperrschicht-Fets

Das Modell eines Sperrschicht-Fets folgt aus dem Modell eines Mosfets durch Weglassen des isolierten Gates, Umbenennen von Bulk in Gate und Einsetzen von $\beta = K/2$ in den Gleichungen; man erhält das Ersatzschaltbild in Abb. 3.34 mit den Gleichungen:

$$I_D = \begin{cases} 0 & \text{für } U_{GS} < U_{th} \\[2ex] 2\beta\,U_{DS}\left(U_{GS} - U_{th} - \dfrac{U_{DS}}{2}\right)\left(1 + \dfrac{U_{DS}}{U_A}\right) & \text{für } U_{GS} \geq U_{th}, \\[1ex] & \qquad 0 \leq U_{DS} < U_{GS} - U_{th} \quad (3.29) \\[2ex] \beta\,(U_{GS} - U_{th})^2\left(1 + \dfrac{U_{DS}}{U_A}\right) & \text{für } U_{GS} \geq U_{th}, \\[1ex] & \qquad U_{DS} \geq U_{GS} - U_{th} \end{cases}$$

$$I_G = I_S\left(e^{\frac{U_{GS}}{nU_T}} + e^{\frac{U_{GD}}{nU_T}} - 2\right) \tag{3.30}$$

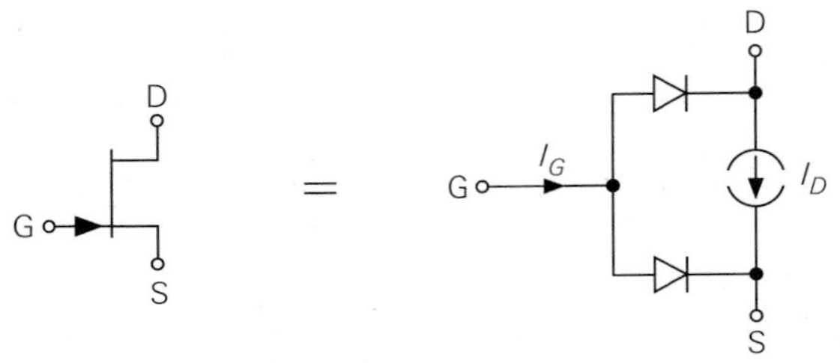

Abb. 3.34.
Großsignal-Ersatzschaltbild für
einen n-Kanal-Jfet

Parameter sind die *Schwellenspannung* U_{th}, der *Jfet-Steilheitskoeffizient* β, die *Early-Spannung* U_A, der *Sättigungssperrstrom* I_S und der *Emissionskoeffizient n*.

Zusätzlich sind wie beim Mosfet Bahnwiderstände in der Drain- und Source-Leitung vorgesehen; die entsprechenden Parameter sind R_S und R_D. Ein Gate-Widerstand ist im Jfet-Modell nicht vorgesehen, muss aber in der Schaltungssimulation mit CAD-Programmen immer dann extern ergänzt werden, wenn das Hochfrequenzverhalten richtig wiedergegeben werden soll.

Im Gegensatz zum Mosfet-Modell ist das Jfet-Modell nicht skalierbar, d.h. es treten keine geometrischen Größen wie Kanallänge oder -weite auf. Das Jfet-Modell ist einfach, aber nicht sehr genau.

3.3.2 Dynamisches Verhalten

Das Verhalten bei Ansteuerung mit puls- oder sinusförmigen Signalen wird als *dynamisches Verhalten* bezeichnet und kann nicht aus den Kennlinien ermittelt werden. Ursache hierfür sind die in Abb. 3.35 gezeigten Kapazitäten zwischen den verschiedenen Bereichen eines Mosfets; sie lassen sich in drei Gruppen aufteilen:

- Die *Kanalkapazitäten* $C_{GS,K}$ und $C_{GD,K}$ beschreiben die kapazitive Wirkung zwischen Gate und Kanal. Sie sind nur wirksam, wenn ein Kanal existiert, d.h. wenn der Mosfet leitet; ohne Kanal erhält man eine Kapazität $C_{GB,K}$ zwischen Gate und Bulk, die Bestandteil der *Gate-Bulk-Kapazität* C_{GB} ist. Die Kanalkapazitäten sind im Abschnürbereich linear, im ohmschen Bereich dagegen nichtlinear.
- Die linearen *Überlappungskapazitäten* $C_{GS,\ddot{U}}$, $C_{GD,\ddot{U}}$ und $C_{GB,\ddot{U}}$ ergeben sich aus der geometrischen Überlappung zwischen dem Gate und dem Source-, Drain- und Bulk-Gebiet. $C_{GB,\ddot{U}}$ folgt aus der Überlappung zwischen Gate und Bulk an den Seiten des Kanals und ist ein Bestandteil von C_{GB}.
- Die nichtlinearen *Sperrschichtkapazitäten* C_{BS} und C_{BD} ergeben sich aus den pn-Übergängen zwischen Bulk und Source bzw. Bulk und Drain.

Durch Zusammenfassen erhält man insgesamt fünf Kapazitäten:

$$
\begin{aligned}
C_{GS} &= C_{GS,K} + C_{GS,\ddot{U}} \\
C_{GD} &= C_{GD,K} + C_{GD,\ddot{U}} \\
C_{GB} &= C_{GB,K} + C_{GB,\ddot{U}}
\end{aligned}
\tag{3.31}
$$

sowie C_{BS} und C_{BD}.

3.3.2.1 Kanalkapazitäten

Das Gate bildet zusammen mit dem darunter liegenden Kanal einen Plattenkondensator mit der *Oxidkapazität*:

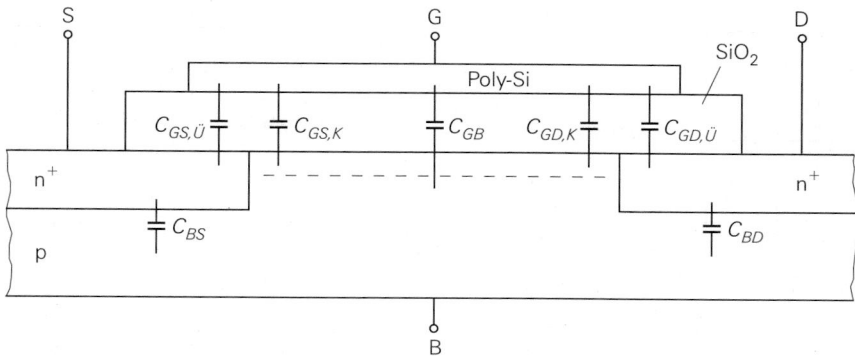

Abb. 3.35. Kapazitäten bei einem n-Kanal-Mosfet

$$C_{ox} = \epsilon_{ox} \frac{A}{d_{ox}} = \epsilon_0 \epsilon_{r,ox} \frac{WL}{d_{ox}} \tag{3.32}$$

Im Sperrbereich, d.h. ohne Kanal, wirkt diese Kapazität zwischen Gate und Bulk; man erhält:

$$\left.\begin{aligned} C_{GS,K} &= 0 \\ C_{GD,K} &= 0 \\ C_{GB,K} &= C_{ox} \end{aligned}\right\} \text{ für } U_{G'S'} < U_{th} \tag{3.33}$$

Im ohmschen Bereich erstreckt sich der Kanal vom Source- bis zum Drain-Gebiet und die Oxidkapazität teilt sich entsprechend der Ladungsverteilung im Kanal auf. Für $U_{D'S'} = 0$ ist der Kanal symmetrisch und man erhält $C_{GS,K} = C_{GD,K} = C_{ox}/2$. Für $U_{D'S'} > 0$ ist der Kanal unsymmetrisch; hier gilt $C_{GS,K} > C_{GD,K}$. Die Kapazitäten hängen demnach von $U_{D'S'}$ und $U_{G'S'}$ ab und können mit den folgenden Gleichungen näherungsweise beschrieben werden [3.3]:

$$\left.\begin{aligned} C_{GS,K} &= \frac{2}{3} C_{ox} \left(1 - \left(\frac{U_{G'S'} - U_{th} - U_{D'S'}}{2\left(U_{G'S'} - U_{th}\right) - U_{D'S'}} \right)^2 \right) \\ C_{GD,K} &= \frac{2}{3} C_{ox} \left(1 - \left(\frac{U_{G'S'} - U_{th}}{2\left(U_{G'S'} - U_{th}\right) - U_{D'S'}} \right)^2 \right) \\ C_{GB,K} &= 0 \end{aligned}\right\} \begin{aligned} &\text{für } U_{G'S'} \geq U_{th}, \\ &U_{D'S'} < U_{G'S'} - U_{th} \end{aligned} \tag{3.34}$$

Im Abschnürbereich ist der Kanal auf der Drain-Seite abgeschnürt, d.h. es besteht keine Verbindung mehr zwischen dem Kanal und dem Drain-Gebiet; daraus folgt $C_{GD,K} = 0$. Damit wirkt nur noch $C_{GS,K}$ als Kanalkapazität [3.3]:

$$\left.\begin{aligned} C_{GS,K} &= \frac{2}{3} C_{ox} \\ C_{GD,K} &= 0 \\ C_{GB,K} &= 0 \end{aligned}\right\} \text{ für } U_{G'S'} \geq U_{th}, U_{D'S'} \geq U_{G'S'} - U_{th} \tag{3.35}$$

Abbildung 3.36 zeigt den Verlauf der drei Kapazitäten. Man beachte, dass die Analogie zum Plattenkondensator nur bei homogener Ladungsverteilung gilt; nur in diesem Fall gilt

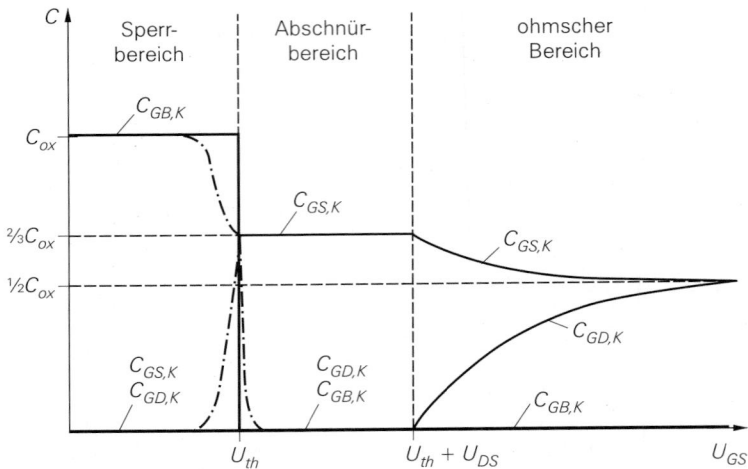

Abb. 3.36. Verlauf der Kanalkapazitäten bei einem n-Kanal-Mosfet schematisch. Die Übergänge sind bei einem realen Mosfet stetig

$C_{GS,K} + C_{GD,K} + C_{GB,K} = C_{ox}$. Das ist im Sperrbereich immer, im ohmschen Bereich nur bei $U_{D'S'} = 0$ und im Abschnürbereich nie der Fall.

Man erkennt in Abb. 3.36, dass bei dem hier vorgestellten Kapazitätsmodell am Übergang zwischen dem Sperr- und dem Abschnürbereich ein abrupter Übergang von $C_{GB,K}$ auf $C_{GS,K}$ mit einem Sprung in der Gesamtkapazität von C_{ox} auf $2C_{ox}/3$ auftritt. In diesem Bereich gibt das Modell die realen Verhältnisse nur sehr grob wieder. Der Übergang ist bei einem realen Mosfet stetig; die entsprechenden Verläufe sind in Abb. 3.36 strichpunktiert dargestellt [14].

3.3.2.2 Überlappungskapazitäten

Da das Gate im allgemeinen größer ist als der Kanal [15], d.h. breiter als die Kanalweite W und länger als Kanallänge L, ergeben sich an den Rändern Überlappungen, die entsprechende *Überlappungskapazitäten* $C_{GS,Ü}$, $C_{GD,Ü}$ und $C_{GB,Ü}$ zur Folge haben. Man kann diese Kapazitäten aber nicht mit Hilfe der Formel für Plattenkondensatoren aus der Fläche der jeweiligen Überlappung berechnen, da die Feld- und Ladungsverteilung in den Randbereichen nicht homogen ist. Deshalb gibt man als Parameter die auf die Randlänge bezogenen *Kapazitätsbeläge* $C'_{GS,Ü}$, $C'_{GD,Ü}$ und $C'_{GB,Ü}$ an, die durch Messung oder mit Hilfe einer Feldsimulation ermittelt werden; daraus folgt:

$$
\begin{aligned}
C_{GS,Ü} &= C'_{GS,Ü}\, W \\
C_{GD,Ü} &= C'_{GD,Ü}\, W \\
C_{GB,Ü} &= C'_{GB,Ü}\, L
\end{aligned}
\tag{3.36}
$$

---

[14] Eine relativ einfache Beschreibung dieses Übergangs findet man in [3.3]. Ein weiteres Problem ist die Ladungserhaltung, deren Einhaltung eine weitergehende Änderung der Gleichungen erfordert; in *PSpice* von *MicroSim* wird ein entsprechend erweitertes Modell verwendet [3.5].

[15] Das Gate muss *mindestens* so groß sein wie das Kanalgebiet zwischen Source und Drain, damit sich ein durchgehender Kanal bilden kann.

Dabei beinhaltet $C'_{GB,\ddot{U}}$ die Anteile beider Seiten und muss deshalb nur mit der einfachen Kanallänge multipliziert werden. Bei symmetrisch aufgebauten Mosfets ist $C'_{GS,\ddot{U}} = C'_{GD,\ddot{U}}$ bzw. $C_{GS,\ddot{U}} = C_{GD,\ddot{U}}$; bei Hochspannungs-Mosfets mit einer zusätzlichen Driftstrecke sind die Werte verschieden.

Bei vertikalen Leistungs-Mosfets ist die Gate-Source-Überlappungskapazität $C_{GS,\ddot{U}}$ besonders groß, weil die ganzflächige Source-Metallisierung das darunter liegende Gate-Gitter überdeckt, siehe Abb. 3.24 auf Seite 202 bzw. C_{GS} in Abb. 3.25 auf Seite 203. Der dadurch verursachte zusätzliche Anteil in der Überlappungskapazität hängt zwar von W und L ab, ist aber für den Fall, dass verschieden große Mosfets aus einer unterschiedlichen Anzahl gleicher Zellen bestehen, nur noch von W abhängig; L ist in diesem Fall für alle Mosfets gleich.

3.3.2.3 Sperrschichtkapazitäten

Die pn–Übergänge zwischen Bulk und Source bzw. Bulk und Drain besitzen eine spannungsabhängige *Sperrschichtkapazität* C_{BS} bzw. C_{BD}, die von der Dotierung, der Fläche des Übergangs und der anliegenden Spannung abhängt. Die Beschreibung erfolgt wie bei einer Diode; aus (1.13) auf Seite 19 folgt sinngemäß:

$$C_{BS}(U_{B'S'}) = \frac{C_{S0,S}}{\left(1 - \dfrac{U_{B'S'}}{U_{Diff}}\right)^{m_S}} \quad \text{für } U_{B'S'} \le 0 \tag{3.37}$$

$$C_{BD}(U_{B'D'}) = \frac{C_{S0,D}}{\left(1 - \dfrac{U_{B'D'}}{U_{Diff}}\right)^{m_S}} \quad \text{für } U_{B'D'} \le 0 \tag{3.38}$$

mit den *Nullkapazitäten* $C_{S0,S}$ und $C_{S0,D}$, der *Diffusionsspannung* U_{Diff} und dem *Kapazitätskoeffizienten* $m_S \approx 1/3 \ldots 1/2$.

Alternativ zu $C_{S0,S}$ und $C_{S0,D}$ kann man den *Sperrschicht-Kapazitätsbelag* C'_S, den *Rand-Kapazitätsbelag* C'_R, die *Rand-Diffusionsspannung* $U_{Diff,R}$ und den *Rand-Kapazitätskoeffizienten* m_R angeben; mit den Flächen A_S und A_D und den Randlängen l_S und l_D des Source- und Drain-Gebiets gilt:

$$C_{BS} = \frac{C'_S A_S}{\left(1 - \dfrac{U_{B'S'}}{U_{Diff}}\right)^{m_S}} + \frac{C'_R l_S}{\left(1 - \dfrac{U_{B'S'}}{U_{Diff,R}}\right)^{m_R}} \quad \text{für } U_{B'S'} \le 0 \tag{3.39}$$

$$C_{BD} = \frac{C'_S A_D}{\left(1 - \dfrac{U_{B'D'}}{U_{Diff}}\right)^{m_S}} + \frac{C'_R l_D}{\left(1 - \dfrac{U_{B'D'}}{U_{Diff,R}}\right)^{m_R}} \quad \text{für } U_{B'D'} \le 0 \tag{3.40}$$

Davon macht man besonders bei CAD-Programmen zum Entwurf integrierter Schaltungen Gebrauch; C'_S, C'_R, U_{Diff}, $U_{Diff,R}$, m_S und m_R sind in diesem Fall Parameter des MOS-Prozesses und für alle n-Kanal-Mosfets gleich. Sind die Größen der einzelnen Mosfets festgelegt, muss man nur noch die Flächen und Randlängen bestimmen; das CAD-Programm ermittelt dann daraus C_{BS} und C_{BD}.

Der Gültigkeitsbereich der Gleichungen wird hier auf $U_{B'S'} \le 0$ und $U_{B'D'} \le 0$ beschränkt. Für $U_{B'S'} > 0$ und $U_{B'D'} > 0$ werden die pn-Übergänge in Flussrichtung

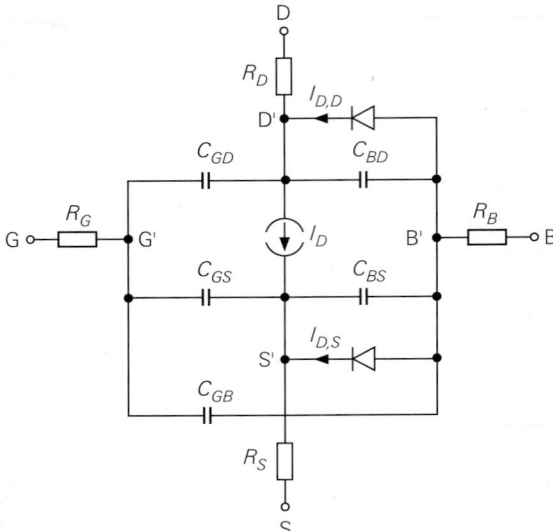

Abb. 3.37.
Level-1-Mosfet-Modell eines
n-Kanal-Mosfets

betrieben und man muss zusätzlich zur Sperrschichtkapazität die Diffusionskapazität berücksichtigen, d.h. ein vollständiges Kapazitätsmodell wie bei einer Diode verwenden, siehe Abschnitt 1.3.2 auf Seite 18; dabei tritt als zusätzlicher Parameter die *Transit-Zeit* τ_T auf, die zur Bestimmung der Diffusionskapazität benötigt wird. In CAD-Programmen wird für jeden pn-Übergang ein vollständiges Kapazitätsmodell verwendet.

3.3.2.4 Level-1-Mosfet-Modell

Abbildung 3.37 zeigt das vollständige Level-1-Modell eines n-Kanal-Mosfets; es wird in CAD-Programmen zur Schaltungssimulation verwendet. Abbildung 3.38 gibt einen Überblick über die Größen und die Gleichungen des Modells. Die Parameter sind in Abb. 3.39 aufgelistet; zusätzlich sind die Bezeichnungen der Parameter im Schaltungssimulator *PSpice* [16] angegeben, die weitgehend mit den hier verwendeten Bezeichnungen übereinstimmen, wenn man die folgenden Ersetzungen vornimmt:

$$\text{Spannung} \rightarrow \text{voltage}\ :\ U \rightarrow\ V$$
$$\text{Sperrschicht} \rightarrow \text{junction}:\ S \rightarrow\ J$$
$$\text{Überlappung} \rightarrow \text{overlap}\ :\ \ddot{U} \rightarrow\ O$$
$$\text{Rand} \rightarrow \text{sidewall}: R \rightarrow SW$$

Es gibt vier verschiedene Parameter-Typen:

- *Prozessparameter (P)*: Diese Parameter sind charakteristisch für den MOS-Prozess und für alle n- bzw. p-Kanal-Mosfets in einer integrierten Schaltung gleich.
- *Skalierbare Prozessparameter (PS)*: Diese Parameter sind ebenfalls charakteristisch für den MOS-Prozess, werden aber noch entsprechend den geometrischen Daten des jeweiligen Mosfets skaliert.
- *Skalierungsparameter (S)*: Dabei handelt es sich um die geometrischen Daten des jeweiligen Mosfets. Aus diesen Parametern werden zusammen mit den skalierbaren

---

[16] *PSpice* ist ein Produkt der Firma *MicroSim*.

Größe	Bezeichnung	Gleichung
I_D	idealer Drainstrom	(3.16)
$I_{D,S}$	Strom der Bulk-Source-Diode	(3.21),(3.23)
$I_{D,D}$	Strom der Bulk-Drain-Diode	(3.22),(3.24)
R_G	Gate-Bahnwiderstand	
R_S	Source-Bahnwiderstand	(3.26)
R_D	Drain-Bahnwiderstand	
R_B	Bulk-Bahnwiderstand	
C_{GS}	Gate-Source-Kapazität	
C_{GD}	Gate-Drain-Kapazität	(3.31)–(3.36)
C_{GB}	Gate-Bulk-Kapazität	
C_{BS}	Bulk-Source-Kapazität	(3.37) bzw. (3.39)
C_{BD}	Bulk-Drain-Kapazität	(3.38) bzw. (3.40)

Abb. 3.38.
Größen des Level-1-Mosfet-Modells

Prozessparametern die effektiven Parameter für den jeweiligen Mosfet bestimmt, z.B. $K = K'_n W/L$.

– *Effektive Parameter (E)*: Diese Parameter gelten für einen Mosfet bestimmter Größe.

Abbildung 3.40 zeigt die Parameterwerte eines NMOS- und eines CMOS-Prozesses.

Man kann einige Modell-Größen in skalierbarer *oder* effektiver Form angeben; das ist z.B. bei den Bahnwiderständen der Fall, die man mit $n_{RG}, \ldots, n_{RB}$ und R_{sh} skalierbar oder mit $R_G, \ldots, R_B$ effektiv angeben kann.

Die Oxiddicke d_{ox} geht auch in das dynamische Verhalten ein, da sie zur Bestimmung der Kanalkapazitäten benötigt wird; sie ist aber in Abb. 3.39 nur einmal aufgeführt. Die Parameter K'_n und γ müssen nicht angegeben werden, da sie aus d_{ox}, μ_n, U_{inv} und N_{sub} berechnet werden können; U_{inv} wiederum kann aus N_{sub} berechnet werden. Bei widersprüchlichen Angaben hat die direkte Angabe Vorrang vor dem berechneten Wert.

3.3.2.5 Einzel-Mosfets

Während beim Bipolartransistor für Einzel- und integrierte Transistoren das nicht skalierbare Gummel-Poon-Modell in gleicher Weise verwendet werden kann, ist das skalierbare Level-1-Mosfet-Modell streng genommen nur für integrierte Mosfets in ihrer einfachsten Form gültig; Einzel-Mosfets, die als vertikale DMOS-Fets ausgeführt sind, und integrierte Mosfets mit Driftstrecke zeigen teilweise ein anderes Verhalten. Es hat sich jedoch gezeigt, dass man diese Mosfets näherungsweise mit dem Level-1-Modell beschreiben kann, wenn man einige Parameter zweckentfremdet; dadurch verlieren diese Parameter ihre ursprüngliche Bedeutung und nehmen zum Teil halbleiter-physikalisch unsinnige Werte an. Abbildung 3.41 enthält die Level-1-Parameter einiger DMOS-Fets. Da Source und Bulk verbunden sind, entfällt der Substrat-Steuerfaktor γ; außerdem wird die Kanallängenmodulation vernachlässigt, d.h. der Parameter λ entfällt.

Werden höhere Anforderungen an die Genauigkeit gestellt, muss ein *Makro-Modell* verwendet werden, das neben dem eigentlichen Mosfet-Modell weitere Bauteile zur Modellierung spezifischer Eigenschaften enthält. Ein Beispiel hierfür ist das in Abb. 3.33b gezeigte statische Ersatzschaltbild eines DMOS-Fets, bei dem ein weiterer Mosfet zur Modellierung des nichtlinearen Drainwiderstands verwendet wird. Ähnliche Erweiterungen werden auch zur Beschreibung des dynamischen Verhaltens eines DMOS-Fets benötigt, ein einheitliches Ersatzschaltbild gibt es aber nicht.

Parameter	PSpice	Bezeichnung	Typ
Geometrische Daten			
W	W	Kanalweite	S
L	L	Kanallänge	S
A_S	AS	Fläche des Source-Gebiets	S
l_S	PS	Randlänge des Source-Gebiets	S
A_D	AD	Fläche des Drain-Gebiets	S
l_D	PD	Randlänge des Drain-Gebiets	S
n_{RG}	NRG	Multiplikator für Gate-Bahnwiderstand	S
n_{RS}	NRS	Multiplikator für Source-Bahnwiderstand	S
n_{RD}	NRD	Multiplikator für Drain-Bahnwiderstand	S
n_{RB}	NRB	Multiplikator für Bulk-Bahnwiderstand	S
Statisches Verhalten			
K_n'	KP	relativer Steilheitskoeffizient	PS
$U_{th,0}$	VTO	Null-Schwellenspannung	P
γ	GAMMA	Substrat-Steuerfaktor	P
λ	LAMBDA	Kanallängenmodulations-Parameter	P
U_A	-	Early-Spannung ($U_A = 1/\lambda$)	P
d_{ox}	TOX	Oxiddicke	P
μ_n	UO	Ladungsträger-Beweglichkeit in cm^2/Vs	P
U_{inv}	PHI	Inversionsspannung	P
N_{sub}	NSUB	Substrat-Dotierdichte in cm^{-3}	P
J_S	JS	Sperrstromdichte der Bulk-Dioden	PS
J_R	JSSW	Randstromdichte der Bulk-Dioden	PS
n	N	Emissionskoeffizient der Bulk-Dioden	P
$I_{S,S}$	IS	Sättigungssperrstrom der Bulk-Source-Diode	E
$I_{S,D}$	IS	Sättigungssperrstrom der Bulk-Drain-Diode	E
R_{sh}	RSH	Schichtwiderstand	PS
R_G	RG	Gate-Bahnwiderstand	E
R_S	RS	Source-Bahnwiderstand	E
R_D	RD	Drain-Bahnwiderstand	E
R_B	RB	Bulk-Bahnwiderstand	E
Dynamisches Verhalten			
C_S'	CJ	Sperrschicht-Kapazitätsbelag	PS
m_S	MJ	Kapazitätskoeffizient der Bulk-Dioden	P
U_{Diff}	PB	Diffusionsspannung der Bulk-Dioden	P
C_R'	CJSW	Rand-Kapazitätsbelag	PS
m_R	MJSW	Rand-Kapazitätskoeffizient	P
$U_{Diff,R}$	PBSW	Rand-Diffusionsspannung	P
f_S	FC	Koeffizient für den Verlauf der Kapazitäten	P
$C_{S0,S}$	CBS	Null-Kapazität der Bulk-Source-Diode	E
$C_{S0,D}$	CBD	Null-Kapazität der Bulk-Drain-Diode	E
$C_{GS,\ddot{U}}'$	CGSO	Gate-Source-Überlappungskapazität	PS
$C_{GD,\ddot{U}}'$	CGDO	Gate-Drain-Überlappungskapazität	PS
$C_{GB,\ddot{U}}'$	CGBO	Gate-Bulk-Überlappungskapazität	PS
τ_T	TT	Transit-Zeit für Substrat-Dioden	P
Auswahl des Modells			
-	LEVEL	LEVEL=1 wählt das Level-1-Modell aus	-

Abb. 3.39. Parameter des Level-1-Mosfet-Modells

Parameter	PSpice	NMOS selbst-sperrend	NMOS selbst-leitend	CMOS n-Kanal	CMOS p-Kanal	Einheit
K_n', K_p'	KP	37	33	69	23,5	$\mu\text{A}/\text{V}^2$
$U_{th,0}$	VTO	1,1	−3,8	0,73	−0,75	V
γ	GAMMA	0,41	0,92	0,73	0,56	$\sqrt{\text{V}}$
λ	LAMBDA	0,03	0,01	0,033	0,055	V^{-1}
U_A	-		33	100	30	18	V
d_{ox}	TOX	55	55	25	25	nm
μ_n	UO	590	525	500	170	cm^2/Vs
U_{inv}	PHI	0,62	0,7	0,76	0,73	V
N_{sub}	NSUB	0,2	1	3	1,8	$10^{16}/\text{cm}^3$
R_{sh}	RSH	25	25	25	45	Ω
C_S'	CJ	110	110	360	340	$\mu\text{F}/\text{m}^2$
m_S	MJ	0,5	0,5	0,4	0,5	
U_{Diff}	PB	0,8	0,8	0,9	0,9	V
C_R'	CJSW	500	500	250	220	pF/m
m_R	MJSW	0,33	0,33	0,2	0,2	
$U_{Diff,R}$	PBSW	0,8	0,8	0,9	0,9	V
f_S	FC	0,5	0,5	0,5	0,5	
$C_{GS,\ddot{U}}'$	CGSO	160	160	300	300	pF/m
$C_{GD,\ddot{U}}'$	CGDO	160	160	300	300	pF/m
$C_{GB,\ddot{U}}'$	CGBO	170	170	150	150	pF/m

Abb. 3.40. Parameter eines NMOS- und eines CMOS-Prozesses

Beim Level-2- und Level-3-Modell werden zwar zum Teil andere Gleichungen verwendet, die Parameter sind jedoch weitgehend gleich; zusätzlich treten folgende Parameter auf [3.3]:

- *Level-2-Modell*: UCRIT, UEXP und VMAX zur Spannungsabhängigkeit der Beweglichkeit und NEFF zur Beschreibung der Kanalladung.
- *Level-3-Modell*: THETA, ETA und KAPPA zur empirischen Modellierung des statischen Verhaltens.
- *Beide Modelle*: DELTA zur Modellierung des Schmalkanaleffekts und XQC zur Ladungsverteilung im Kanal.

Beide Modelle beschreiben die Kanallängenmodulation mit Hilfe der zusätzlichen Parameter; dadurch entfällt der Kanallängenmodulations-Parameter λ.

3.3.2.6 Sperrschicht-Fet-Modell

Abbildung 3.42 zeigt das Modell eines n-Kanal-Sperrschicht-Fets. Es geht aus dem Level-1-Modell eines n-Kanal-Mosfets durch Weglassen des Gate-Anschlusses und der damit verbundenen Elemente sowie Umbenennen von Bulk in Gate hervor. Die Größen und Gleichungen sind in Abb. 3.43 zusammengefasst. In Abb. 3.44 sind die Parameter aufgelistet.

3.3.3 Kleinsignalmodell

Durch Linearisierung in einem Arbeitspunkt erhält man aus dem Level-1-Mosfet-Modell ein lineares *Kleinsignalmodell*. Der Arbeitspunkt wird in der Praxis so gewählt, dass der

Parameter	PSpice	BSD215	IRF140	IRF9140	Einheit
W	W	$540\,\mu$	0,97	1,9	m
L	L	2	2	2	μm
K_n', K_p'	KP	20,8	20,6	10,2	μA/V^2
$U_{th,0}$	VTO	0,95	3,2	$-3,7$	V
d_{ox}	TOX	100	100	100	nm
μ_n	UO	600	600	300	cm^2/Vs
U_{inv}	PHI	0,6	0,6	0,6	V
I_S	IS	125	1,3	10^{-5}	pA
R_G	RG	–	5,6	0,8	Ω
R_S	RS	0,02	0,022	0,07	Ω
R_D	RD	25	0,022	0,06	Ω
R_B	RB	370	–	–	Ω
$C_{GS,\ddot{U}}'$	CGSO	1,2	1100	880	pF/m
$C_{GD,\ddot{U}}'$	CGDO	1,2	430	370	pF/m
$C_{S0,D}$	CBD	5,35	2400	2140	pF
m_S	MJ	0,5	0,5	0,5	
U_{Diff}	PB	0,8	0,8	0,8	V
f_S	FC	0,5	0,5	0,5	
τ_T	TT	–	142	140	ns

BSD215:   n-Kanal-Kleinsignal-Fet
IRF140:   n-Kanal-Leistungs-Fet
IRF9140: p-Kanal-Leistungs-Fet

Abb. 3.41. Parameter einiger DMOS-Fets

Fet im Abschnürbereich arbeitet; die hier behandelten Kleinsignalmodelle sind deshalb nur für diese Betriebsart gültig.

Das *statische Kleinsignalmodell* beschreibt das Kleinsignalverhalten bei niedrigen Frequenzen und wird deshalb auch *Gleichstrom-Kleinsignalersatzschaltbild* genannt. Das *dynamische Kleinsignalmodell* beschreibt zusätzlich das dynamische Kleinsignalverhalten und wird zur Berechnung des Frequenzgangs von Schaltungen benötigt; es wird auch *Wechselstrom-Kleinsignalersatzschaltbild* genannt.

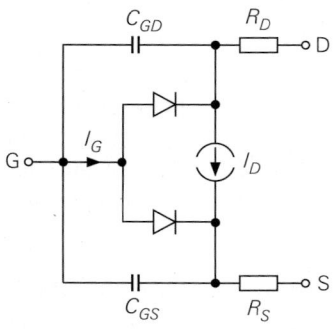

Abb. 3.42.
Modell eines n-Kanal-Sperrschicht-Fets

Größe	Bezeichnung	Gleichung
I_D	idealer Drainstrom	(3.29)
I_G	Gatestrom	(3.30)
R_S	Source-Bahnwiderstand	
R_D	Drain-Bahnwiderstand	
C_{GS}	Gate-Source-Kapazität	(3.37) mit $C_{BS} \to C_{GS}$
C_{GD}	Gate-Drain-Kapazität	(3.38) mit $C_{BD} \to C_{GD}$

Abb. 3.43.
Größen des Sperrschicht-Fet-Modells

3.3.3.1 Statisches Kleinsignalmodell im Abschnürbereich

3.3.3.1.1 Kleinsignalparameter des Level-1-Mosfet-Modells

Aus Abb. 3.37 folgt durch Weglassen der Kapazitäten und Vernachlässigung der Sperrströme ($I_{D,S} = I_{D,D} = 0$) das in Abb. 3.45a gezeigte *statische* Level-1-Modell; dabei entfallen die Bahnwiderstände R_G und R_B, da in den entsprechenden Zweigen kein Strom fließen kann. Durch Linearisierung der Großsignalgleichungen (3.16) und (3.18) in einem Arbeitspunkt A erhält man:

$$S = \left.\frac{\partial I_D}{\partial U_{G'S'}}\right|_A = \frac{K_n' W}{L}\left(U_{G'S',A} - U_{th}\right)\left(1 + \frac{U_{D'S',A}}{U_A}\right)$$

$$S_B = \left.\frac{\partial I_D}{\partial U_{B'S'}}\right|_A = \left.\frac{\partial I_D}{\partial U_{th}}\right|_A \frac{dU_{th}}{dU_{BS}}$$

$$= \frac{\gamma}{2\sqrt{U_{inv} - U_{B'S',A}}}\frac{K_n' W}{L}\left(U_{G'S',A} - U_{th}\right)\left(1 + \frac{U_{D'S',A}}{U_A}\right)$$

$$\frac{1}{r_{DS}} = \left.\frac{\partial I_D}{\partial U_{D'S'}}\right|_A = \frac{1}{U_A}\frac{K_n' W}{2L}\left(U_{G'S',A} - U_{th}\right)^2$$

Parameter	PSpice	Bezeichnung
Statisches Verhalten		
β	BETA	Jfet-Steilheitskoeffizient
U_{th}	VTO	Schwellenspannung
λ	LAMBDA	Kanallängenmodulations-Parameter ($\lambda = 1/U_A$)
I_S	IS	Sättigungssperrstrom der Dioden
n	N	Emissionskoeffizient der Dioden
R_S	RS	Source-Bahnwiderstand
R_D	RD	Drain-Bahnwiderstand
Dynamisches Verhalten		
$C_{S0,S}$	CGS	Null-Kapazität der Gate-Source-Diode
$C_{S0,D}$	CGD	Null-Kapazität der Gate-Drain-Diode
U_{Diff}	PB	Diffusionsspannung der Dioden
m_S	M	Kapazitätskoeffizient der Dioden
f_S	FC	Koeffizient für den Verlauf der Kapazitäten

Abb. 3.44. Parameter des Sperrschicht-Fet-Modells

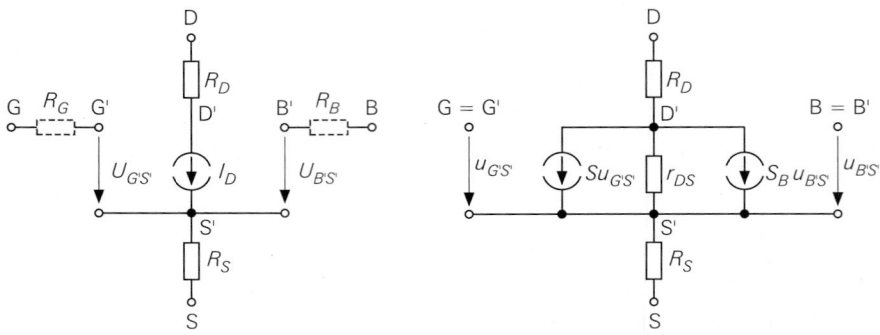

a vor der Linearisierung   b nach der Linearisierung

Abb. 3.45. Ermittlung des statischen Kleinsignalmodells durch Linearisierung des statischen Level-1-Mosfet-Modells

3.3.3.1.2 Näherungen für die Kleinsignalparameter

Die Kleinsignalparameter S, S_B und r_{DS} werden nur in CAD-Programmen nach den obigen Gleichungen ermittelt; für den praktischen Gebrauch werden folgende Näherungen verwendet, die man durch Rücksubstitution von $I_{D,A}$, Bezug von S_B auf S, Annahme von $U_{D'S',A} \ll U_A$ und Einsetzen von $K = K'_n W/L$ erhält:

$$S = \left.\frac{\partial I_D}{\partial U_{G'S'}}\right|_A = \sqrt{2K\,I_{D,A}\left(1 + \frac{U_{D'S',A}}{U_A}\right)} \overset{U_{D'S',A}\ll U_A}{\approx} \sqrt{2K\,I_{D,A}} \qquad (3.41)$$

$$S_B = \left.\frac{\partial I_D}{\partial U_{B'S'}}\right|_A = \frac{\gamma\,S}{2\sqrt{U_{inv} - U_{B'S',A}}} \qquad (3.42)$$

$$r_{DS} = \left.\frac{\partial U_{D'S'}}{\partial I_D}\right|_A = \frac{U_A + U_{D'S',A}}{I_{D,A}} \overset{U_{D'S',A}\ll U_A}{\approx} \frac{U_A}{I_{D,A}} \qquad (3.43)$$

Die Näherungen für S und r_{DS} entsprechen den bereits im Abschnitt 3.1.4 angegebenen Gleichungen (3.11) und (3.12). Als weiterer Kleinsignalparameter tritt die *Substrat-Steilheit* S_B auf, die nur dann wirksam wird, wenn eine Kleinsignalspannung $u_{BS} \neq 0$ zwischen Source und Bulk auftritt.

3.3.3.1.3 Kleinsignalparameter im Unterschwellenbereich

In vielen integrierten CMOS-Schaltungen mit besonders niedriger Stromaufnahme werden die Mosfets im Unterschwellenbereich betrieben. In diesem Bereich hängt der Drainstrom I_D nach (3.25) exponentiell von U_{GS} ab; daraus folgt für die Steilheit:

$$S = \frac{I_{D,A}}{n_U U_T} \qquad \text{für } U_{GS} < U_{th} + 2 n_U U_T \qquad (3.44)$$

Die Gleichungen (3.42) und (3.43) für S_B und r_{DS} gelten auch im Unterschwellenbereich. Die Grenze zum Unterschwellenbereich liegt mit $n_U \approx 2$ bei $U_{GS} \approx U_{th} + 4U_T \approx U_{th} + 100\,\text{mV}$ bzw. $I_D \approx 2K\,(n_U U_T)^2 \approx K \cdot 0{,}005\,\text{V}^2$. Die Steilheit verläuft stetig, d.h. (3.41) und (3.44) liefern an der Grenze denselben Wert:

$$\sqrt{2K\,I_{D,A}} \overset{I_{D,A}=2K(n_U U_T)^2}{=} \frac{I_{D,A}}{n_U U_T}$$

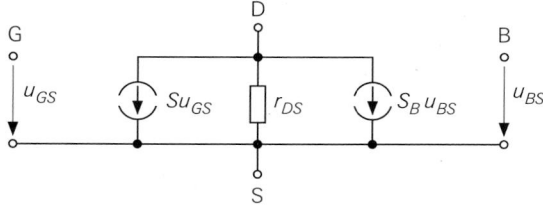

Abb. 3.46.
Vereinfachtes statisches
Kleinsignalmodell

3.3.3.1.4 Gleichstrom-Kleinsignalersatzschaltbild

Abbildung 3.45b zeigt das resultierende statische Kleinsignalmodell. Für fast alle praktischen Berechnungen werden die Bahnwiderstände R_S und R_D vernachlässigt; man erhält das in Abb. 3.46 gezeigte Kleinsignalersatzschaltbild, das aus dem bereits im Abschnitt 3.1.4 behandelten Kleinsignalersatzschaltbild durch Hinzufügen der gesteuerten Quelle mit der Substrat-Steilheit S_B hervorgeht.

3.3.3.1.5 Kleinsignalersatzschaltbild für Sperrschicht-Fets

Abbildung 3.46 gilt auch für Sperrschicht-Fets, wenn man die Quelle mit der Substrat-Steilheit entfernt; die Kleinsignalparameter folgen aus (3.29):

$$ S = 2\sqrt{\beta\, I_{D,A}\left(1 + \frac{U_{D'S',A}}{U_A}\right)} \overset{U_{D'S',A}\ll U_A}{\approx} 2\sqrt{\beta\, I_{D,A}} = \frac{2}{|U_{th}|}\sqrt{I_{D,0}I_{D,A}} $$

$$ r_{DS} = \frac{U_{D'S',A} + U_A}{I_{D,A}} \overset{U_{D'S',A}\ll U_A}{\approx} \frac{U_A}{I_{D,A}} $$

Dabei gilt $I_{D,0} = I_D(U_{GS} = 0) = \beta\, U_{th}^2$. Unter Berücksichtigung des Zusammenhangs $K = 2\beta$ erhält man dieselben Gleichungen wie beim Mosfet.

3.3.3.2 Dynamisches Kleinsignalmodell im Abschnürbereich

3.3.3.2.1 Vollständiges Modell

Durch Ergänzen der Kanal-, Überlappungs- und Sperrschichtkapazitäten erhält man aus dem statischen Kleinsignalmodell nach Abb. 3.45b das in Abb. 3.47 gezeigte dynamische Kleinsignalmodell im Abschnürbereich; dabei gilt mit Bezug auf Abschnitt 3.3.2:

$$
\begin{aligned}
C_{GS} &= C_{GS,K} + C_{GS,\ddot{U}} = \frac{2}{3}C'_{ox}W L + C'_{GS,\ddot{U}}W \\
C_{GD} &= C_{GD,\ddot{U}} = C'_{GD,\ddot{U}}W \\
C_{GB} &= C_{GB,\ddot{U}} = C'_{GB,\ddot{U}}L \\
C_{BS} &= C_{BS}(U_{B'S',A}) \\
C_{BD} &= C_{BD}(U_{B'D',A})
\end{aligned}
\tag{3.45}
$$

Dabei gilt:

$$ C'_{ox} = \frac{\epsilon_0 \epsilon_{r,ox}}{d_{ox}} \tag{3.46} $$

Die *Gate-Source-Kapazität* C_{GS} setzt sich aus der Kanalkapazität im Abschnürbereich und der Gate-Source-Überlappungskapazität zusammen; sie hängt nur von den geometrischen Größen und nicht von den Arbeitspunktspannungen ab, solange der Abschnürbereich

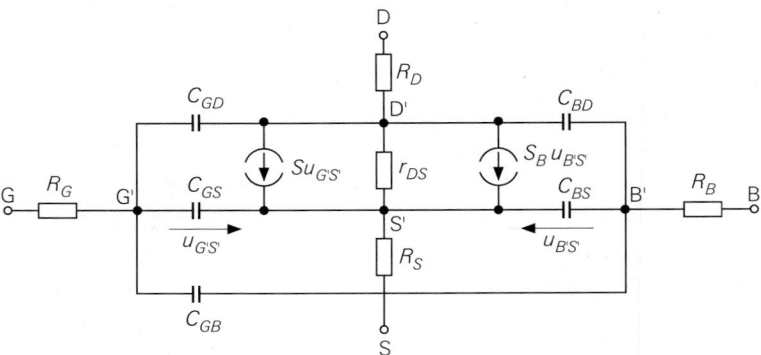

Abb. 3.47. Dynamisches Kleinsignalmodell

nicht verlassen wird. Die *Gate-Drain-Kapazität* C_{GD} und die *Gate-Bulk-Kapazitäten* C_{GB} sind als reine Überlappungskapazitäten ebenfalls nicht vom Arbeitspunkt abhängig, während die Sperrschichtkapazitäten C_{BS} und C_{BD} von den Arbeitspunktspannungen $U_{B'S',A}$ und $U_{B'D',A}$ abhängen.

3.3.3.2.2 Vereinfachtes Modell

Für praktische Berechnungen werden die Bahnwiderstände R_S, R_D und R_B vernachlässigt; der Gate-Widerstand R_G kann nicht vernachlässigt werden, da er zusammen mit C_{GS} einen Tiefpass im Gate-Kreis bildet, der bei der Berechnung des dynamischen Verhaltens der Grundschaltungen berücksichtigt werden muss. Die Gate-Bulk-Kapazität C_{GB} macht sich nur bei Mosfets mit sehr kleiner Kanalweite W bemerkbar und kann deshalb ebenfalls vernachlässigt werden. Damit erhält man das in Abb. 3.48 gezeigte vereinfachte Kleinsignalmodell, das zur Berechnung des Frequenzgangs der Grundschaltungen verwendet wird.

Bei Einzel-Mosfets sind Source und Bulk im allgemeinen verbunden; dadurch entfallen die Quelle mit der Substrat-Steilheit S_B und die Bulk-Source-Kapazität C_{BS}; die Bulk-Drain-Kapazität liegt in diesem Fall zwischen Drain und Source und wird in C_{DS} umbenannt. Damit erhält man das in Abb. 3.49a gezeigte Kleinsignalmodell, das weitgehend dem Kleinsignalmodell eines Bipolartransistors entspricht, wie ein Vergleich mit Abb. 3.49b zeigt. Aufgrund dieser Ähnlichkeit kann man die Ergebnisse der Kleinsignalberechnungen übertragen, indem man die entsprechenden Größen austauscht, den Grenzübergang $r_{BE} \to \infty$ durchführt und

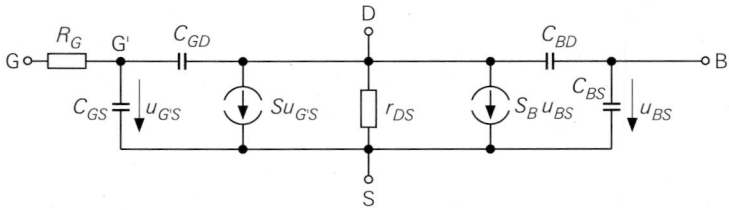

Abb. 3.48. Vereinfachtes dynamisches Kleinsignalmodell

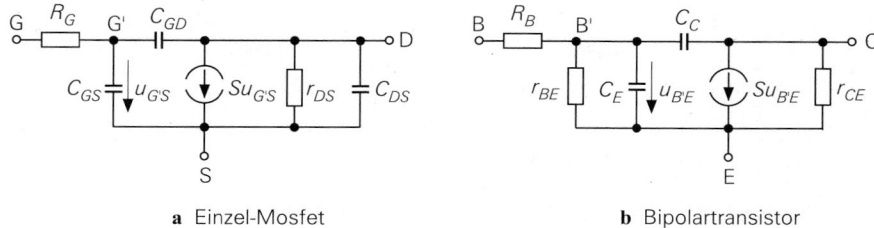

a Einzel-Mosfet   **b** Bipolartransistor

Abb. 3.49. Dynamisches Kleinsignalmodell eines Einzel-Mosfets im Vergleich zum Bipolartransistor

$$r_{CE} \doteq \frac{r_{DS}}{1 + sC_{DS}r_{DS}}$$

einsetzt [17]. Man kann dieses Modell auch bei integrierten Mosfets anwenden, wenn Source und Bulk im Kleinsignalersatzschaltbild zusammenfallen oder mit der Kleinsignalmasse verbunden sind.

3.3.3.3 Grenzfrequenzen bei Kleinsignalbetrieb

Mit Hilfe des Kleinsignalmodells kann man die *Steilheitsgrenzfrequenz* f_{Y21s} und die *Transitfrequenz* f_T berechnen. Da beide Grenzfrequenzen für $U_{BS} = 0$ und $U_{DS} = const.$, d.h. $u_{DS} = 0$, ermittelt werden, kann man das Kleinsignalmodell aus Abb. 3.49a verwenden und zusätzlich r_{DS} und C_{DS} weglassen.

3.3.3.3.1 Steilheitsgrenzfrequenz

Das Verhältnis der Laplacetransformierten des Kleinsignalstroms i_D und der Kleinsignalspannung u_{GS} in Sourceschaltung bei Betrieb im Abschnürbereich und konstantem $U_{DS} = U_{DS,A}$ wird *Transadmittanz* $\underline{y}_{21,s}(s)$ genannt; aus dem in Abb. 3.50a gezeigten Kleinsignalersatzschaltbild folgt

$$\underline{y}_{21,s}(s) = \frac{i_D}{\underline{u}_{GS}} = \frac{\mathcal{L}\{i_D\}}{\mathcal{L}\{u_{GS}\}} = \frac{S - sC_{GD}}{1 + s(C_{GS} + C_{GD})R_G} \tag{3.47}$$

mit der *Steilheitsgrenzfrequenz*:

$$\omega_{Y21s} = 2\pi f_{Y21s} \approx \frac{1}{R_G(C_{GS} + C_{GD})} \tag{3.48}$$

Die Steilheitsgrenzfrequenz hängt nicht vom Arbeitspunkt ab, solange der Abschnürbereich nicht verlassen wird.

3.3.3.3.2 Transitfrequenz

Die *Transitfrequenz* f_T ist die Frequenz, bei der der Betrag der Kleinsignalstromverstärkung bei Betrieb im Abschnürbereich und konstantem $U_{DS} = U_{DS,A}$ auf 1 abgenommen hat:

---

[17] Bei einer Source- oder Drainschaltung liegt C_{DS} zwischen dem Ausgang der Schaltung und der Kleinsignalmasse und wirkt demnach wie eine kapazitive Last, siehe Abschnitt 3.4.1 bzw. 3.4.2; man kann deshalb alternativ $r_{CE} \doteq r_{DS}$ und $C_L \doteq C_L + C_{DS}$ setzen.

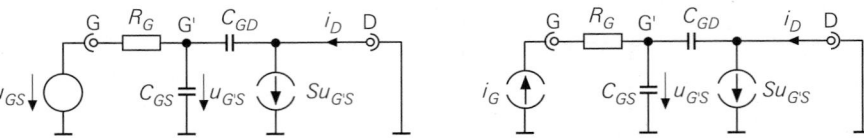

a zur Berechnung der Steilheitsgrenzfrequenz   **b** zur Berechnung der Transitfrequenz

Abb. 3.50. Kleinsignalersatzschaltbilder zur Berechnung der Grenzfrequenzen

$$\frac{|\underline{i}_D|}{|\underline{i}_G|}\bigg|_{s=j\omega_T} \equiv 1$$

Aus dem in Abb. 3.50b gezeigten Kleinsignalersatzschaltbild folgt

$$\frac{\underline{i}_D}{\underline{i}_G} = \frac{S - sC_{GD}}{s\,(C_{GS} + C_{GD})}$$

und damit:

$$\omega_T = 2\pi f_T \approx \frac{S}{C_{GS} + C_{GD}} \tag{3.49}$$

Die Transitfrequenz ist proportional zur Steilheit S und nimmt wegen $S \sim \sqrt{I_{D,A}}$ mit zunehmendem Arbeitspunktstrom zu.

3.3.3.3.3 Zusammenhang und Bedeutung der Grenzfrequenzen

Ein Vergleich der Grenzfrequenzen führt auf folgenden Zusammenhang:

$$f_T = f_{Y21s}SR_G \overset{SR_G<1}{<} f_{Y21s}$$

Steuert man einen Fet in Sourceschaltung mit einer Spannungsquelle oder einer Quelle mit kleinem Innenwiderstand an, spricht man von *Spannungssteuerung*; die Grenzfrequenz der Schaltung wird in diesem Fall durch die Steilheitsgrenzfrequenz f_{Y21s} nach oben begrenzt. Bei Ansteuerung mit einer Stromquelle oder einer Quelle mit einem hohen Innenwiderstand spricht man von *Stromsteuerung*; in diesem Fall wird die Grenzfrequenz der Schaltung durch die *Transitfrequenz* f_T nach oben begrenzt. Man erreicht also bei Spannungssteuerung im allgemeinen eine höhere Bandbreite als bei Stromsteuerung.

3.3.3.3.4 Bestimmung der Kleinsignalkapazitäten aus den Grenzfrequenzen

Ist im Datenblatt eines Fets die Transitfrequenz f_T, die Rückwirkungskapazität C_{rss} (*reverse, grounded source, gate shorted*) und die Ausgangskapazität C_{oss} (*output, grounded source, gate shorted*) angegeben, kann man mit Hilfe von (3.49) die Kapazitäten des Ersatzschaltbilds aus Abb. 3.49a ermitteln:

$$C_{GS} \approx \frac{S}{\omega_T} - C_{rss}$$

$$C_{GD} \approx C_{rss}$$

$$C_{DS} \approx C_{oss} - C_{rss}$$

Ist zusätzlich die Steilheitsgrenzfrequenz f_{Y21s} bekannt, kann man auch den Gatewiderstand bestimmen:

Param.	Bezeichnung	Bestimmung
(K)	Steilheits-koeffizient	aus der Übertragungskennlinie bei kleinen Strömen (hier macht sich R_S noch nicht bemerkbar): $$K = \frac{2I_D}{(U_{GS} - U_{th})^2} \overset{\text{Jfet: } U_{GS}=0}{=} \frac{2I_{D,0}}{U_{th}^2}$$ *oder* aus dem Verlauf der Steilheit: $$K = \frac{S}{U_{GS} - U_{th}}$$ *oder* aus einem Wertepaar (I_D, S): $$K = \frac{S^2}{2I_D}$$
S	Steilheit	$$S = \sqrt{2K\,I_{D,A}} = \frac{2}{|U_{th}|}\sqrt{I_{D,0}I_{D,A}}$$
(U_A)	Early-Spannung	aus der Steigung der Kennlinien im Ausgangskennlinienfeld (Abb. 3.12) *oder* sinnvolle Annahme ($U_A \approx 20\ldots200\,\text{V}$)
r_{DS}	Ausgangs-widerstand	$$r_{DS} = \frac{U_A}{I_{D,A}}$$
(f_T)	Transitfrequenz	aus Datenblatt
(f_{Y21s})	Steilheits-grenzfrequenz	aus Datenblatt
R_G	Gate-Bahn-widerstand	$$R_G = \frac{f_T}{Sf_{Y21s}}$$ *oder* sinnvolle Annahme ($R_G \approx 1\ldots100\,\Omega$)
C_{GD}	Gate-Drain-Kapazität	aus Datenblatt: $C_{GD} \approx C_{rss}$
C_{GS}	Gate-Source-Kapazität	$$C_{GS} \approx \frac{S}{2\pi f_T} - C_{GD}$$
C_{DS}	Drain-Source-Kapazität	aus Datenblatt: $C_{DS} \approx C_{oss} - C_{rss}$

Abb. 3.51. Ermittlung der Kleinsignalparameter bei einem Einzel-Fet (Hilfsgrößen in Klammern)

$$R_G = \frac{f_T}{Sf_{Y21s}}$$

3.3.3.4 Zusammenfassung der Kleinsignalparameter

Bei Einzel-Fets kann man die Parameter des in Abb. 3.49a gezeigten Kleinsignalmo-dells gemäß Abb. 3.51 aus dem Drainstrom $I_{D,A}$ im Arbeitspunkt und Datenblattangaben bestimmen. Oft sind auch die *Y-Parameter* in Sourceschaltung angeben; für $\omega \ll \omega_{Y21s}$ kann man R_G vernachlässigen und erhält:

$$\mathbf{Y}_s(j\omega) \quad = \quad \begin{bmatrix} y_{11,s}(j\omega) & y_{12,s}(j\omega) \\ y_{21,s}(j\omega) & y_{22,s}(j\omega) \end{bmatrix} = \begin{bmatrix} g_{11} + jb_{11} & g_{12} + jb_{12} \\ g_{21} + jb_{21} & g_{22} + jb_{22} \end{bmatrix}$$

$$\overset{R_G \to 0}{\approx} \begin{bmatrix} j\omega(C_{GS} + C_{GD}) & -j\omega C_{GD} \\ S - j\omega C_{GD} & 1/r_{DS} + j\omega(C_{DS} + C_{GD}) \end{bmatrix}$$

Daraus folgt:

$$S \approx g_{21}\,,\, r_{DS} \approx \frac{1}{g_{22}}\,,\, C_{GD} \approx -\frac{b_{12}}{\omega}\,,\, C_{GS} \approx \frac{b_{11} + b_{12}}{\omega}\,,\, C_{DS} \approx \frac{b_{22} + b_{12}}{\omega}$$

Die Y-Parameter werden meist getrennt nach Real- (g_{ij}) und Imaginärteil (b_{ij}) für mehrere Frequenzen bzw. durch Kurven über der Frequenz angegeben und gelten nur für den angegebenen Arbeitspunkt. Die hier beschriebene Methode zur Bestimmung der Kleinsignalparameter ist nur bei relativ niedrigen Frequenzen ($f \leq 10\,\mathrm{MHz}$) mit ausreichender Genauigkeit anwendbar. Bei höheren Frequenzen ($f > 100\,\mathrm{MHz}$) machen sich der Bahnwiderstand R_G und die Zuleitungsinduktivitäten der Anschlüsse bemerkbar; eine einfache Bestimmung der Kleinsignalparameter aus den Y-Parametern ist in diesem Fall nicht mehr möglich. Eine Umrechnung auf andere Arbeitspunkte ist näherungsweise möglich, indem man die Werte der Kapazitäten beibehält und die Parameter S und r_{DS} umrechnet:

$$\frac{S_1}{S_2} = \sqrt{\frac{I_{D,A1}}{I_{D,A2}}}\quad,\quad \frac{r_{DS1}}{r_{DS2}} = \frac{I_{D,A2}}{I_{D,A1}}$$

Die Ermittlung der Kleinsignalparameter ist beim Einzel-Fet aufwendiger als beim Bipolartransistor. Bei letzterem kann man die Steilheit als wichtigsten Parameter über den einfachen Zusammenhang $S = I_{C,A}/U_T$ *ohne spezifische Daten* ermitteln; beim Fet wird dagegen der Steilheitskoeffizient K benötigt, der im allgemeinen nicht einmal im Datenblatt angegeben ist [18].

Bei integrierten Mosfets kann man die Kleinsignalparameter einfacher und genauer ermitteln, weil hier die Prozessparameter und Skalierungsgrößen im allgemeinen bekannt sind; man muss in diesem Fall nur (3.41)–(3.46) auswerten. Abbildung 3.52 erläutert die Vorgehensweise bei der Ermittlung der Parameter für das Kleinsignalmodell in Abb. 3.48.

3.3.4 Rauschen

Die Grundlagen zur Beschreibung des Rauschens und die Berechnung der Rauschzahl werden im Abschnitt 2.3.4 auf Seite 85 am Beispiel eines Bipolartransistors beschrieben. Beim Feldeffekttransistor kann man in gleicher Weise vorgehen, wenn man die entsprechenden Rauschquellen einsetzt.

3.3.4.1 Rauschquellen eines Feldeffekttransistors

Bei einem Fet treten in einem durch den Arbeitspunktstrom $I_{D,A}$ und die Steilheit S gegebenen Arbeitspunkt im Abschnürbereich folgende Rauschquellen auf:

– Thermisches Rauschen des Gate-Bahnwiderstands mit:

$$|\underline{u}_{RG,r}(f)|^2 = 4kTR_G$$

Das thermische Rauschen der anderen Bahnwiderstände kann im allgemeinen vernachlässigt werden.

---

[18] Das ist erstaunlich, weil K *die* spezifische Größe eines Fets ist; im Gegensatz dazu ist die Stromverstärkung B oder β als *die* spezifische Größe eines Bipolartransistors immer angegeben.

Param.	Bezeichnung	Bestimmung
(d_{ox}, W, L, A_S, A_D)	geometrische Größen	Oxiddicke, Kanalweite, Kanallänge, Fläche des Source- bzw. Drain-Gebiets
(C_{ox})	Oxidkapazität	$C_{ox} = \dfrac{\epsilon_0 \epsilon_{r,ox} W L}{d_{ox}} \approx 3{,}45 \cdot 10^{-11}\,\dfrac{\text{F}}{\text{m}^2} \cdot \dfrac{W L}{d_{ox}}$
(K)	Steilheitskoeffizient	$K = K'_n \dfrac{W}{L} = \mu_n C'_{ox} \dfrac{W}{L}$; p-Kanal: K'_p, μ_p
S	Steilheit	$S = \sqrt{2 K I_{D,A}}$
S_B	Substrat-Steilheit	$S_B = \dfrac{\gamma S}{2\sqrt{U_{inv} - U_{BS,A}}}$
r_{DS}	Ausgangswiderstand	$r_{DS} = \dfrac{U_A}{I_{D,A}} = \dfrac{1}{\lambda I_{D,A}}$
R_G	Gate-Bahnwiderstand	aus der Geometrie: $R_G = n_{RG} R_{sh}$ *oder* sinnvolle Annahme ($R_G \approx 1 \ldots 100\,\Omega$)
C_{GS}	Gate-Source-Kapazität	$C_{GS} = \dfrac{2}{3} C_{ox} + C'_{GS,Ü} W \approx \dfrac{2}{3} C_{ox}$
C_{GD}	Gate-Drain-Kapazität	$C_{GD} = C'_{GD,Ü} W$
C_{BS}, C_{BD}	Bulk-Kapazitäten	$C_{BS} \approx C'_S A_S$ bzw. $C_{BD} \approx C'_S A_D$

Abb. 3.52. Ermittlung der Kleinsignalparameter bei einem integrierten Mosfet (Hilfsgrößen in Klammern)

– Thermisches Rauschen und 1/f-Rauschen des Kanals mit der Rauschstromdichte:

$$|\underline{i}_{D,r}(f)|^2 = 4kTS\,k_{D,r} + \frac{k_{(1/f)} I_{D,A}^{\gamma_{(1/f)}}}{f} = 4kTS\,k_{D,r}\left(1 + \frac{f_{g(1/f)}}{f}\right)$$

Der thermische Anteil weicht um den *Drain-Rauschfaktor* $k_{D,r}$ vom thermischen Rauschen eines entsprechenden ohmschen Widerstands $R = 1/S$ ab, da der Kanal im Abschnürbereich weder homogen noch im thermischen Gleichgewicht ist. Bei Fets mit langem Kanal ($L > 1\,\mu$m) gilt $k_{D,r} \approx 2/3$. Mit abnehmender Kanallänge nimmt $k_{D,r}$ zu und steigt bei Mosfets mit $L \approx 100$ nm auf $k_{D,r} \approx 1$ an. Zusätzlich tritt 1/f-Rauschen mit den empirischen Parametern $k_{(1/f)}$ und $\gamma_{(1/f)} \approx 1$ auf. Bei niedrigen Frequenzen dominiert der 1/f-Anteil, bei mittleren und hohen Frequenzen der thermische Anteil. Durch Gleichsetzen der Anteile erhält man die *1/f-Grenzfrequenz*:

$$f_{g(1/f)} = \frac{1}{4k_{D,r}} \frac{k_{(1/f)} I_{D,A}^{(\gamma_{(1/f)}-1/2)}}{kT\sqrt{K}} \overset{\gamma_{(1/f)}=1}{=} \frac{1}{4k_{D,r}} \frac{k_{(1/f)}}{kT} \sqrt{\frac{I_{D,A}}{K}}$$

Sie nimmt mit zunehmendem Arbeitspunktstrom zu. Beim Mosfet gilt näherungsweise $k_{(1/f)} \sim 1/L^2$, d.h. das 1/f-Rauschen nimmt mit zunehmender Kanallänge ab. Da Mosfets in integrierten Schaltungen entsprechend dem Strom im Arbeitspunkt skaliert werden ($I_{D,A} \sim K \sim W/L$), folgt, dass bei gleichem Strom bzw. gleicher Steilheit

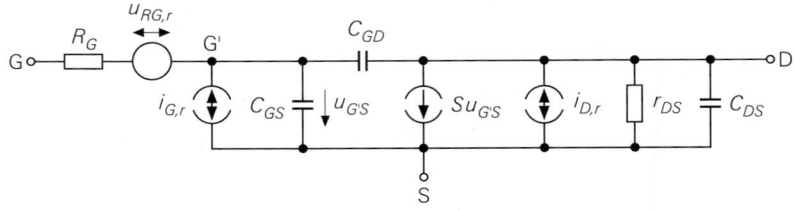

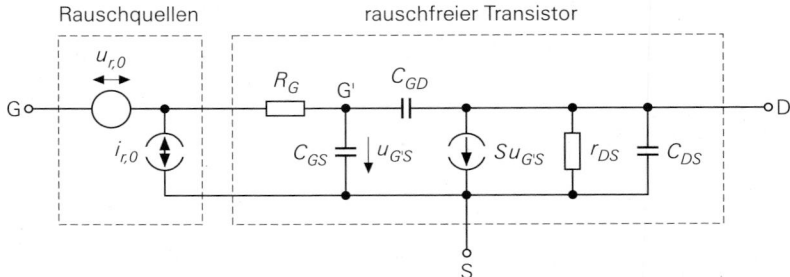

Abb. 3.53. Kleinsignalmodell eines Fets mit den ursprünglichen (oben) und mit den äquivalenten Rauschquellen (unten)

ein großer Mosfet weniger 1/f-Rauschen aufweist als ein kleiner. Typische Werte sind $f_{g(1/f)} \approx 100\,\text{kHz} \ldots 10\,\text{MHz}$ bei Mosfets und $f_{g(1/f)} \approx 10\,\text{Hz} \ldots 1\,\text{kHz}$ bei Sperrschicht-Fets.

– Induziertes Gate-Rauschen mit der Rauschstromdichte:

$$|\underline{i}_{G,r}(f)|^2 \;=\; 4kTS\,k_{G,r}\left(\frac{f}{f_T}\right)^2$$

Für den *Gate-Rauschfaktor* $k_{G,r}$ existieren stark unterschiedliche Angaben. Bei Fets mit langem Kanal ($L > 1\,\mu\text{m}$) gilt $k_{G,r} \approx 4/15$. Mit abnehmender Kanallänge nimmt $k_{G,r}$ zu. Der Faktor hängt auch vom Arbeitspunkt ab und steigt bei Mosfets mit $L \approx 100\,\text{nm}$ und hohen Stromdichten auf bis zu $k_{G,r} \approx 1/2$ an. Dieser Rauschstrom wird ebenfalls durch das thermische Rauschen des Kanals verursacht, das durch die kapazitive Kopplung zwischen Gate und Kanal auf das Gate übertragen wird. Die Rauschstromquellen $i_{G,r}$ und $i_{D,r}$ sind deshalb nicht unabhängig, sondern *korreliert*. Für die Kreuzrauschdichte gilt

$$\underline{i}_{G,r}(f)\underline{i}^{*}_{D,r}(f) \;=\; j4kTS\,c_{GD,r}\sqrt{k_{G,r}k_{D,r}}\,\frac{f}{f_T}$$

mit dem *Gate-Drain-Rauschkorrelationsfaktor* $c_{GD,r} \approx 0{,}4$.

Abbildung 3.53 zeigt im oberen Teil das Kleinsignalmodell mit den Rauschquellen $u_{RG,r}$, $i_{G,r}$ und $i_{D,r}$.

3.3.4.2 Äquivalente Rauschquellen

Zur einfacheren Berechnung des Rauschens einer Schaltung werden die Rauschquellen auf die Gate-Source-Strecke umgerechnet. Man erhält das in Abb. 3.53 im unteren Teil gezeigte Kleinsignalmodell, bei dem die ursprünglichen Rauschquellen durch eine *äquivalente*

Rauschspannungsquelle $u_{r,0}$ und eine *äquivalente Rauschstromquelle* $i_{r,0}$ repräsentiert werden; der eigentliche Transistor ist dann rauschfrei.

3.3.4.2.1 Berechnung der Rauschdichten

Zur Bestimmung der äquivalenten Rauschquellen vergleicht man die beiden Kleinsignal-modelle in Abb. 3.53 bei Kurzschluss und bei Leerlauf am Eingang. Bei Kurzschluss wird nur die äquivalente Rauschspannungsquelle $u_{r,0}$ wirksam und man erhält den Zusammen-hang

$$\underline{u}_{r,0}(s) = \underline{u}_{RG,r}(s) + R_G \, \underline{i}_{G,r}(s) + \frac{\underline{i}_{D,r}(s)}{\underline{y}_{21,s}(s)}$$

mit der Transadmittanz $\underline{y}_{21,s}(s)$ aus (3.47). Da die Steilheitsgrenzfrequenz f_{Y21s} größer ist als die Transitfrequenz f_T, kann man die Näherung

$$\underline{y}_{21,s}(s) \approx S$$

verwenden. Bei Leerlauf wird nur die äquivalente Rauschstromquelle $i_{r,0}$ wirksam und man erhält den Zusammenhang:

$$\underline{i}_{r,0}(s) = \underline{i}_{B,r}(s) + \underline{i}_{C,r}(s) \, \frac{S}{\omega_T}$$

3.3.4.2.2 Äquivalente Rauschdichten

Bei der Berechnung der Rauschdichten muss die Korrelation zwischen $i_{G,r}$ und $i_{D,r}$ be-rücksichtigt werden. Wir verzichten auf eine Wiedergabe der umfangreichen Berechnung und geben hier nur die Ergebnisse an:

$$|\underline{u}_{r,0}(f)|^2 = 4kT \left[\frac{k_{D,r}}{S} \left(1 + \frac{f_{g(1/f)}}{f} \right) + R_G + S R_G^2 k_{G,r} \left(\frac{f}{f_T} \right)^2 \right]$$

$$|\underline{i}_{r,0}(f)|^2 = 4kTS \left(k_{G,r} + k_{D,r} + 2c_{GD,r}\sqrt{k_{G,r}k_{D,r}} \right) \left(\frac{f}{f_T} \right)^2$$

$$\underline{u}_{r,0}(f)\underline{i}_{r,0}^*(f) = 4kT \left[SR_G \left(k_{G,r} + c_{GD,r}\sqrt{k_{G,r}k_{D,r}} \right) \left(\frac{f}{f_T} \right)^2 \right.$$
$$\left. -j \left(k_{D,r} + c_{GD,r}\sqrt{k_{G,r}k_{D,r}} \right) \frac{f}{f_T} \right]$$

Wenn man Zahlenwerte für die Rauschfaktoren $k_{G,r}$, $k_{D,r}$ und $c_{GD,r}$ einsetzt, werden die Gleichungen sehr übersichtlich.

Bei Niederfrequenzanwendungen kann man den Einfluss des Gate-Widerstands R_G vernachlässigen; dann gilt:

$$|\underline{u}_{r,0}(f)|^2 = \frac{4kTk_{D,r}}{S} \left(1 + \frac{f_{g(1/f)}}{f} \right) \tag{3.50}$$

$$|\underline{i}_{r,0}(f)|^2 = 4kTS \left(k_{G,r} + k_{D,r} + 2c_{GD,r}\sqrt{k_{G,r}k_{D,r}} \right) \left(\frac{f}{f_T} \right)^2 \tag{3.51}$$

$$\underline{u}_{r,0}(f)\underline{i}_{r,0}^*(f) = -j4kT \left(k_{D,r} + c_{GD,r}\sqrt{k_{G,r}k_{D,r}} \right) \frac{f}{f_T} \tag{3.52}$$

Die Rauschspannungsdichte $|\underline{u}_{r,0}(f)|^2$ ist umgekehrt proportional zur Steilheit S; mit $S = \sqrt{2K I_{D,A}}$ folgt $|\underline{u}_{r,0}(f)|^2 \sim 1/\sqrt{I_{D,A}}$. Für die Rauschstromdichte gilt $|\underline{i}_{r,0}(f)|^2 \sim S \sim \sqrt{I_{D,A}}$. Es gibt keinen Bereich mit weißem Rauschen, da die Rauschstromdichte $|\underline{i}_{r,0}(f)|^2$ proportional zum Quadrat der Frequenz ist. Außerdem sind die äquivalenten Rauschquellen auch bei niedrigen Frequenzen korreliert.

3.3.4.3 Ersatzrauschquelle und Rauschzahl

3.3.4.3.1 Betrieb mit einem reellen Innenwiderstand

Zur Berechnung der Rauschzahl wird der Fet gemäß Abb. 2.49 auf Seite 91 mit einem Referenz-Signalgenerator mit dem Innenwiderstand R_g und der thermischen Rauschspannungsdichte $|\underline{u}_{r,g}(f)|^2 = 4kT_0 R_g$ betrieben. Bei der Zusammenfassung der Rauschquellen zur Ersatzrauschquelle u_r muss man die Korrelation der äquivalenten Rauschquellen des Fets berücksichtigen; es gilt [19]:

$$
\begin{aligned}
|\underline{u}_r(f)|^2 &= |\underline{u}_{r,g}(f)|^2 + \big|\,\underline{u}_{r,0}(f) + R_g\,\underline{i}_{r,0}(f)\,\big|^2 \\
&= |\underline{u}_{r,g}(f)|^2 + |\underline{u}_{r,0}(f)|^2 + \underbrace{2\,\mathrm{Re}\left\{R_g\,\underline{u}_{r,0}(f)\,\underline{i}^*_{r,0}(f)\right\}}_{=\,0} + R_g^2\,|\underline{i}_{r,0}(f)|^2
\end{aligned}
$$

Im Vergleich zu (2.61) wird hier zusätzlich die Kreuzrauschdichte $\underline{u}_{r,0}(f)\,\underline{i}^*_{r,0}(f)$ wirksam; sie liefert aber in Verbindung mit einem reellen Innenwiderstand R_g keinen Beitrag, da das Produkt rein imaginär ist und durch die Realteil-Bildung entfällt. Demnach kann man die Korrelation vernachlässigen, wenn man sich auf reelle Innenwiderstände beschränkt. Damit folgt für die *spektrale Rauschzahl $F(f)$* mit

$$
F(f) = \frac{|\underline{u}_r(f)|^2}{|\underline{u}_{r,g}(f)|^2} = 1 + \frac{|\underline{u}_{r,0}(f)|^2 + R_g^2\,|\underline{i}_{r,0}(f)|^2}{4kT_0 R_g} \tag{3.53}
$$

derselbe Zusammenhang wie bei einem Bipolartransistor, siehe (2.63) auf Seite 92.

3.3.4.3.2 Betrieb mit einer komplexen Quellenimpedanz

Die Kreuzrauschdichte wirkt sich erst aus, wenn man den Innenwiderstand R_g durch eine komplexe Quellenimpedanz $Z_g = R_g + jX_g$ ersetzt; in diesem Fall gilt:

$$
\begin{aligned}
|\underline{u}_r(f)|^2 &= |\underline{u}_{r,g}(f)|^2 + \big|\,\underline{u}_{r,0}(f) + Z_g\,\underline{i}_{r,0}(f)\,\big|^2 \\
&= |\underline{u}_{r,g}(f)|^2 + |\underline{u}_{r,0}(f)|^2 + 2\,\mathrm{Re}\left\{\underline{u}_{r,0}(f)\,\underline{i}^*_{r,0}(f)\,Z_g^*\right\} + |Z_g|^2\,|\underline{i}_{r,0}(f)|^2
\end{aligned}
$$

Dadurch erhält man zwei zusätzliche Terme:

$$
|\underline{u}_r(f)|^2 = \ldots\ldots + 2X_g\,\mathrm{Im}\left\{\underline{u}_{r,0}(f)\,\underline{i}^*_{r,0}(f)\right\} + X_g^2\,|\underline{i}_{r,0}(f)|^2
$$

Da der Imaginärteil der Kreuzrauschdichte negativ ist, nimmt die Summe dieser Terme für

$$
0 < X_g < -\frac{\mathrm{Im}\left\{\underline{u}_{r,0}(f)\,\underline{i}^*_{r,0}(f)\right\}}{|\underline{i}_{r,0}(f)|^2} > 0
$$

---

[19] Für zwei komplexe Werte a und b gilt:

$$
|a+b|^2 = (a+b)(a+b)^* = aa^* + ab^* + a^*b + bb^* = |a|^2 + 2\mathrm{Re}\left\{ab^*\right\} + |b|^2
$$

Für den reellen Innenwiderstand R_g gilt $R_g^* = R_g$ und $|R_g|^2 = R_g^2$.

negative Werte an; dadurch nimmt die Rauschzahl ab. Die optimale Quellenimpedanz $Z_{g,opt}$ ist demnach auch bei niedrigen Frequenzen nicht ohmsch, sondern ohmsch-induktiv ($X_g > 0$). Bei Hochfrequenz-Anwendungen nutzt man diese Eigenschaft aus, um durch eine *Rauschanpassung* eine geringere Rauschzahl zu erzielen.

3.3.4.3.3 Wichtige Aussagen zur Korrelation

Wir wollen mit dieser ausführlichen Darstellung Klarheit bezüglich der Korrelation der Rauschquellen eines Feldeffekttransistors schaffen und halten deshalb fest:

- Die primären Rauschquellen $i_{D,r}$ und $i_{G,r}$ sind für alle Frequenzen korreliert.
- Die äquivalenten Rauschquellen $u_{r,0}$ und $i_{r,0}$ sind ebenfalls für alle Frequenzen korreliert.
- Die Korrelation der äquivalenten Rauschquellen ist keine Folge der Korrelation der primären Rauschquellen. Die äquivalenten Rauschquellen sind auch dann korreliert, wenn die primären Rauschquellen nicht korreliert sind. Man erkennt dies in (3.52): auch mit $c_{GD,r} = 0$ gilt $\underline{u}_{r,0}(f)\,\underline{i}_{r,0}^*(f) \neq 0$.
- Bei reellen Innenwiderständen R_g wirkt sich die Korrelation der äquivalenten Rauschquellen nicht aus.
- Die minimale Rauschzahl wird auch bei niedrigen Frequenzen nicht mit einer ohmschen, sondern mit einer ohmsch-induktiven Quellenimpedanz erzielt. In diesem Punkt unterscheidet sich der Feldeffekttransistor grundsätzlich vom Bipolartransistor, bei dem die optimale Quellenimpedanz bei niedrigen Frequenzen reell ist.

3.3.4.4 Rauschzahl eines Fets

3.3.4.4.1 Betrieb mit einem reellen Innenwiderstand

Setzt man (3.50) und (3.51) in (3.53) ein, erhält man

$$F(f) \;=\; 1 + \frac{k_{D,r}}{SR_g}\left(1 + \frac{f_{g(1/f)}}{f}\right) + SR_g k_{I,r}\left(\frac{f}{f_T}\right)^2 \tag{3.54}$$

mit:

$$k_{I,r} \;=\; k_{G,r} + k_{D,r} + 2c_{GD,r}\sqrt{k_{G,r}k_{D,r}}$$

Für Fets mit großer Kanallänge gilt $k_{D,r} \approx 2/3$ und $k_{I,r} \approx 1{,}3 \approx 2k_{D,r}$. Abbildung 3.54 zeigt den Verlauf der Rauschzahl eines Mosfets für $R_g = 1\,\mathrm{k\Omega}$ und $R_g = 1\,\mathrm{M\Omega}$; man erkennt drei Bereiche:

- Bei mittleren Frequenzen ist die Rauschzahl näherungsweise konstant:

$$\boxed{F \;\approx\; 1 + \frac{k_{D,r}}{SR_g} \;\overset{R_g \gg 1/S}{\approx}\; 1} \tag{3.55}$$

Wenn der Innenwiderstand groß gegenüber dem Kehrwert der Steilheit ist, erreicht man in diesem Bereich die optimale Rauschzahl $F = 1$.
- Bei niedrigen Frequenzen dominiert das 1/f-Rauschen; die Rauschzahl ist in diesem Bereich umgekehrt proportional zur Frequenz:

$$F(f) \;\approx\; \frac{k_{D,r}}{SR_g}\,\frac{f_{g(1/f)}}{f}$$

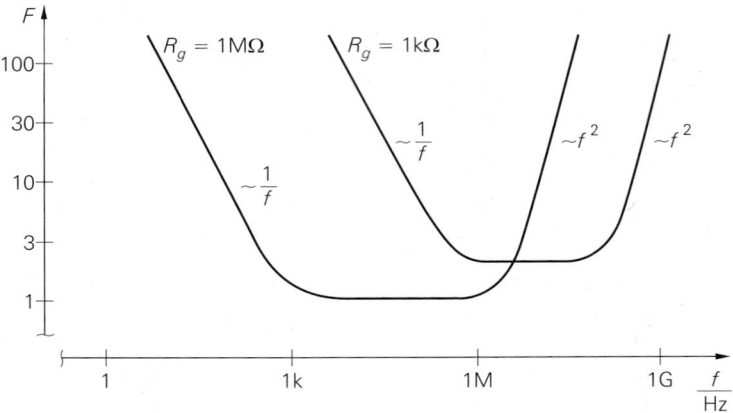

Abb. 3.54. Verlauf der Rauschzahl bei einem Mosfet mit $S = 1\,\text{mA/V}$, $f_T = 100\,\text{MHz}$ und $f_{g(1/f)} = 1\,\text{MHz}$ für $R_g = 1\,\text{k}\Omega$ und $R_g = 1\,\text{M}\Omega$

Die Grenze zum Bereich mittlerer Frequenzen liegt bei:

$$f_1 = \frac{k_{D,r}\,f_{g(1/f)}}{k_{D,r} + SR_g} \overset{R_g \gg 1/S}{\approx} \frac{k_{D,r}\,f_{g(1/f)}}{SR_g}$$

Die Rauschzahl und die Grenzfrequenz f_1 sind umgekehrt proportional zum Innenwiderstand R_g; deshalb nimmt der 1/f-Anteil in der Rauschzahl mit zunehmendem Innenwiderstand ab, siehe Abb. 3.54.

- Bei hohen Frequenzen nimmt die Rauschzahl proportional zum Quadrat der Frequenz zu:

$$F(f) \approx SR_g k_{I,r}\left(\frac{f}{f_T}\right)^2$$

Die Grenze zum Bereich mittlerer Frequenzen liegt bei:

$$f_2 = \frac{f_T}{SR_g}\sqrt{\frac{k_{D,r} + SR_g}{k_{I,r}}} \overset{R_g \gg 1/S}{\approx} \frac{f_T}{\sqrt{SR_g k_{I,r}}}$$

Die Rauschzahl nimmt mit zunehmendem Quellenwiderstand R_g zu, die Grenzfrequenz f_2 entsprechend ab, siehe Abb. 3.54.

Bei Jfets ist die 1/f-Grenzfrequenz und damit auch der 1/f-Anteil in der Rauschzahl um 3...4 Zehnerpotenzen kleiner als bei Mosfets; deshalb macht sich der 1/f-Anteil bei Innenwiderständen im MΩ-Bereich praktisch nicht mehr bemerkbar, weil die Grenzfrequenz f_1 in diesem Fall kleiner als 1 Hz wird.

Die Rauschzahl wird unter bestimmten Bedingungen minimal. Ist der Innenwiderstand R_g vorgegeben, kann man die optimale Steilheit und den optimalen Drainstrom im Arbeitspunkt durch Auswerten von $\partial F/\partial S = 0$ ermitteln. Dabei muss berücksichtigt werden, dass die Transitfrequenz f_T nach (3.49) proportional zur Steilheit ist: $f_T = S/(2\pi C)$ mit $C = C_{GS} + C_{GD}$; durch Einsetzen erhält man:

$$F(f) = 1 + \frac{1}{S}\left[\frac{k_{D,r}}{R_g}\left(1 + \frac{f_{g(1/f)}}{f}\right) + (2\pi f C)^2 R_g k_{I,r}\right]$$

Man erkennt, dass $F(f)$ mit zunehmender Steilheit abnimmt; demnach müssen rauscharme Fet-Verstärker unabhängig vom Innenwiderstand R_g mit großen Steilheiten bzw. großen Arbeitspunktströmen betrieben werden. Bei sehr hohen Stromdichten nehmen jedoch auch die Rauschfaktoren $k_{D,r}$ und $k_{I,r}$ zu, so dass die Rauschzahl oberhalb eines optimalen Arbeitspunktstroms wieder ansteigt. Dieses Optimum hängt von der Technologie ab.

Für den *optimalen Innenwiderstand* R_{gopt} erhält man aus der Bedingung $\partial F / \partial R_g = 0$:

$$R_{gopt}(f) = \frac{f_T}{Sf} \sqrt{\frac{k_{D,r}}{k_{I,r}} \left(1 + \frac{f_{g(1/f)}}{f} \right)}$$

Eine breitbandige Anpassung ist wegen der Frequenzabhängigkeit von R_{gopt} nicht möglich. Durch Einsetzen von $R_{gopt}(f)$ in $F(f)$ erhält man die *optimale spektrale Rauschzahl* $F_{opt}(f)$:

$$F_{opt}(f) = 1 + 2 \frac{f}{f_T} \sqrt{k_{D,r}\, k_{I,r} \left(1 + \frac{f_{g(1/f)}}{f} \right)} \quad \overset{f_{g(1/f)} \ll f \ll f_T}{\approx} \quad 1$$

Mit den typischen Werten $k_{D,r} \approx 2/3$ und $k_{I,r} \approx 2 k_{D,r}$ für Fets mit großer Kanallänge erhält man:

$$R_{gopt}(f) \approx \frac{f_T}{\sqrt{2}Sf} \sqrt{1 + \frac{f_{g(1/f)}}{f}} \quad , \quad F_{opt}(f) \approx 1 + 2 \frac{f}{f_T} \sqrt{1 + \frac{f_{g(1/f)}}{f}}$$

Bei einer Betriebsfrequenz $f = f_T/5 \gg f_{g(1/f)}$ erhält man mit $F_{opt} \approx 1{,}4 \approx 1{,}5\,\text{dB}$ immer noch eine sehr geringe Rauschzahl.

3.3.4.4.2 Betrieb mit einer komplexen Quellenimpedanz

Da komplexe Quellenimpedanzen meist nur bei Hochfrequenz-Anwendungen auftreten, kann man $f \gg f_{g(1/f)}$ voraussetzen und das 1/f-Rauschen vernachlässigen; dann erhält man mit einer komplexen Quellenimpedanz $Z_g = R_g + jX_g$

$$F(f) = 1 + \frac{k_{D,r}}{SR_g} - \frac{2k_{C,r}X_g f}{R_g f_T} + SR_g k_{I,r} \left(1 + \frac{X_g^2}{R_g^2} \right) \left(\frac{f}{f_T} \right)^2$$

mit:

$$k_{I,r} = k_{G,r} + k_{D,r} + 2c_{GD,r}\sqrt{k_{G,r} k_{D,r}}$$

$$k_{C,r} = k_{D,r} + c_{GD,r}\sqrt{k_{G,r} k_{D,r}}$$

Für $X_g = 0$ erhält man die Rauschzahl für einen ohmschen Innenwiderstand, siehe (3.54). Für $X_g > 0$ nimmt die Rauschzahl aufgrund des negativen Terms zunächst ab, bis sie durch den Anteil mit X_g^2 im letzten Term wieder zunimmt; für

$$X_{gopt}(f) = \frac{k_{C,r}f_T}{k_{I,r}Sf}$$

nimmt die Rauschzahl ein lokales Minimum an. Durch Einsetzen von X_{gopt} und Auswerten von $\partial F / \partial R_g$ erhält man das globale Minimum mit:

$$Z_{g,opt}(f) = \frac{f_T}{k_{I,r} S f} \left(\sqrt{k_{D,r} k_{G,r} \left(1 - c_{GD,r}^2\right)} + j k_{C,r} \right) \approx \frac{f_T}{S f} (0,3 + j0,66)$$
(3.56)

$$F_{opt}(f) = 1 + \frac{2f}{f_T} \sqrt{k_{D,r} k_{G,r} \left(1 - c_{GD,r}^2\right)} \approx 1 + 0,8 \frac{f}{f_T}$$
(3.57)

Die Näherungen gelten für Fets mit großer Kanallänge ($k_{D,r} \approx 2/3, k_{G,r} \approx 4/15, c_{GD,r} \approx 0,4, k_{I,r} \approx 1,27, k_{C,r} \approx 0,84$). Die optimale Quellenimpedanz $Z_{g,opt}$ hat unabhängig von der Frequenz immer denselben Winkel, da das Verhältnis von Real- und Imaginärteil konstant ist. Für $f = f_T/5$ erhält man $F_{opt} \approx 1,16 \approx 0,6$ dB im Vergleich zu $F_{opt} \approx 1,5$ dB bei Betrieb mit einem reellen Innenwiderstand.

3.3.4.5 Vergleich der Rauschzahlen von Fet und Bipolartransistor

Bei hochohmigen Quellen und mittleren Frequenzen erreicht ein Fet praktisch die ideale Rauschzahl $F = 1$. Auch das hohe 1/f-Rauschen eines Mosfets macht sich bei hochohmigen Quellen nur vergleichsweise wenig bemerkbar, weil in diesem Fall das induzierte Gate-Rauschen dominiert und den 1/f-Anteil des Kanal-Rauschens verdeckt; das Beispiel in Abb. 3.54 zeigt dies deutlich: obwohl die 1/f-Grenzfrequenz bei 1 MHz liegt, setzt der 1/f-Bereich bei der Rauschzahl für $R_g = 1$ MΩ erst unter 1 kHz ein. Bei Jfets wird das 1/f-Rauschen in diesem Fall praktisch bedeutungslos. Aufgrund dieser Eigenschaften ist der Fet bei hochohmigen Quellen dem Bipolartransistor deutlich überlegen. Deshalb wird in Verstärkern für hochohmige Quellen, z.B. in Empfängern für Fotodioden, ein Fet in der Eingangsstufe verwendet; dabei verwendet man wegen des geringeren 1/f-Rauschens bevorzugt Jfets.

Bei niederohmigen Quellen ist die Rauschzahl eines Fets größer als die eines Bipolartransistors; außerdem ist die Maximalverstärkung viel kleiner. Eine niedrige Rauschzahl erfordert nach (3.55) eine große Steilheit und damit einen entsprechend großen Arbeitspunktstrom; da die Steilheit beim Fet nur proportional zur Wurzel des Arbeitspunktstroms zunimmt, ist eine Rauschzahlreduzierung auf diesem Wege ineffektiv. Beim Mosfet kommt das hohe 1/f-Rauschen bei niederohmigen Quellen voll zum tragen und führt zu einer starken Zunahme der Rauschzahl bei niedrigen Frequenzen, siehe Abb. 3.54.

3.4 Grundschaltungen

Es gibt drei Grundschaltungen, in denen ein Fet betrieben werden kann: die *Sourceschaltung* (*common source configuration*), die *Drainschaltung* (*common drain configuration*) und die *Gateschaltung* (*common gate configuration*). Die Bezeichnung erfolgt entsprechend dem Anschluss des Fets, der als gemeinsamer Bezugsknoten für den Eingang *und* den Ausgang der Schaltung dient; Abb. 3.55 verdeutlicht diesen Zusammenhang am Beispiel eines selbstsperrenden n-Kanal-Mosfets.

In vielen Schaltungen ist dieser Zusammenhang nicht streng erfüllt, so dass ein schwächeres Kriterium angewendet werden muss:

> *Die Bezeichnung erfolgt entsprechend dem Anschluss des Fets, der weder als Eingang noch als Ausgang der Schaltung dient.*

Der Substrat- bzw. Bulk-Anschluss hat keinen Einfluss auf die Einteilung der Grundschaltungen, beeinflusst aber deren Verhalten. Er ist bei Einzel-Mosfets mit dem Source-Anschluss und bei integrierten Schaltungen mit Masse oder einer Versorgungsspannungs-

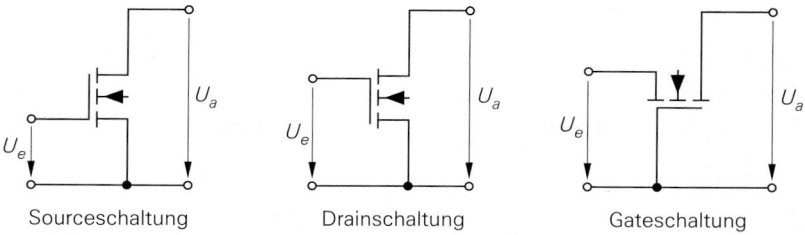

Abb. 3.55. Grundschaltungen eines Feldeffekttransistors

quelle (= Kleinsignal-Masse) verbunden; bei der Sourceschaltung sind beide Varianten identisch, weil der Source-Anschluss in diesem Fall mit der (Kleinsignal-) Masse verbunden ist.

Es gibt mehrere Schaltungen mit zwei und mehr Fets, die so häufig auftreten, dass sie ebenfalls als Grundschaltungen anzusehen sind, z.B. Differenzverstärker und Stromspiegel; diese Schaltungen werden im Kapitel 4.1 beschrieben.

In allen Schaltungen werden bevorzugt n-Kanal-Mosfets eingesetzt, da sie aufgrund der höheren Ladungsträgerbeweglichkeit bei gleicher Kanalgröße einen größeren Steilheitskoeffizienten besitzen als p-Kanal-Mosfets. Darüber hinaus werden selbstsperrende Mosfets häufiger verwendet als selbstleitende; letzteres gilt besonders für integrierte Schaltungen. Bezüglich des Kleinsignalverhaltens besteht kein prinzipieller Unterschied zwischen selbstleitenden Mosfets und Jfets auf der einen und selbstsperrenden Mosfets auf der anderen Seite, lediglich die Arbeitspunkteinstellung ist unterschiedlich. Alle Schaltungen können auch mit den entsprechenden p-Kanal-Fets aufgebaut werden; dazu muss man die Versorgungsspannungen, gepolte Elektrolytkondensatoren und Dioden umpolen.

3.4.1 Sourceschaltung

Abbildung 3.56a zeigt die Sourceschaltung bestehend aus dem Mosfet, dem Drainwiderstand R_D, der Versorgungsspannungsquelle U_b und der Signalspannungsquelle U_g mit dem Innenwiderstand R_g. Für die folgende Untersuchung wird $U_b = 5\,\text{V}$ und $R_D = 1\,\text{k}\Omega$ und für den Mosfet $K = 4\,\text{mA/V}^2$ und $U_{th} = 1\,\text{V}$ angenommen.

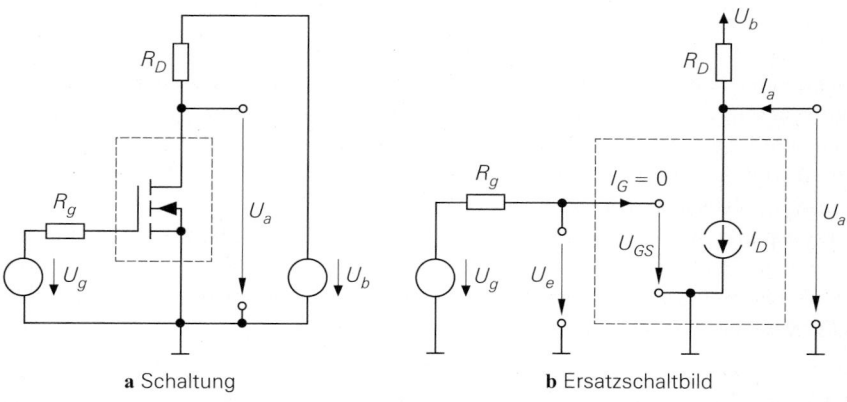

a Schaltung   **b** Ersatzschaltbild

Abb. 3.56. Sourceschaltung

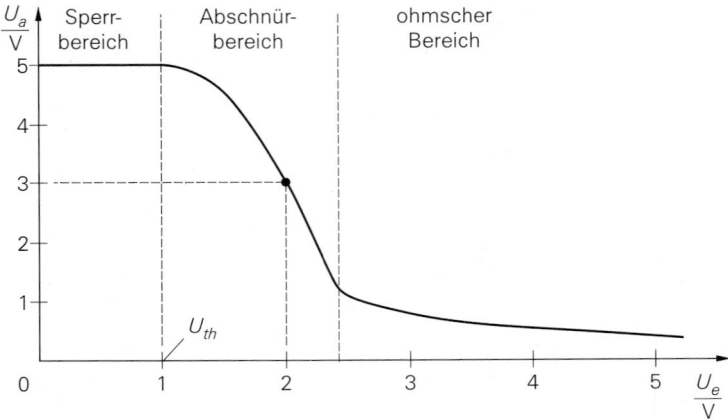

Abb. 3.57. Übertragungskennlinie der Sourceschaltung

3.4.1.1 Übertragungskennlinie der Sourceschaltung

Misst man die Ausgangsspannung U_a als Funktion der Signalspannung U_g, erhält man die in Abb. 3.57 gezeigte Übertragungskennlinie. Für $U_g < U_{th} = 1\,\text{V}$ fließt kein Drainstrom und man erhält $U_a = U_b = 5\,\text{V}$. Für $U_g \geq 1\,\text{V}$ fließt ein mit U_g zunehmender Drainstrom I_D und die Ausgangsspannung nimmt entsprechend ab; dabei arbeitet der Mosfet für $1\,\text{V} \leq U_g \leq 2,4\,\text{V}$ im Abschnürbereich und für $U_g > 2,4\,\text{V}$ im ohmschen Bereich. Der bei integrierten Mosfets auftretende Substrat-Effekt wirkt sich bei der Sourceschaltung nicht aus, weil der Substrat- bzw. Bulk-Anschluss *und* der Source-Anschluss mit Masse verbunden sind, d.h. es gilt immer $U_{BS} = 0$.

3.4.1.1.1 Betrieb im Abschnürbereich

Abbildung 3.56b zeigt das Ersatzschaltbild; bei Vernachlässigung des Early-Effekts gilt:

$$I_D = \frac{K}{2}\,(U_{GS} - U_{th})^2$$

Für die Ausgangsspannung erhält man mit $U_g = U_e = U_{GS}$:

$$U_a = U_{DS} \overset{I_{aus}=0}{=} U_b - I_D R_D = U_b - \frac{R_D K}{2}\,(U_e - U_{th})^2 \qquad (3.58)$$

Der Innenwiderstand R_g der Quelle hat bei Mosfets wegen $I_G = 0$ keinen Einfluss auf die Kennlinie; er wirkt sich nur auf das dynamische Verhalten aus. Bei Jfets treten dagegen Gate-Leckströme im pA- bzw. nA-Bereich auf, die bei sehr hohen Innenwiderständen einen nicht mehr vernachlässigbaren Spannungsabfall zur Folge haben; deshalb setzen man bei Quellen mit $R_g > 10\,\text{M}\Omega$ bevorzugt Mosfets ein.

Als Arbeitspunkt wird ein Punkt etwa in der Mitte des abfallenden Bereichs der Übertragungskennlinie gewählt; dadurch wird die Aussteuerbarkeit maximal. Für den in Abb. 3.57 beispielhaft eingezeichneten Arbeitspunkt erhält man mit $U_b = 5\,\text{V}$, $R_D = 1\,\text{k}\Omega$, $K = 4\,\text{mA/V}^2$ und $U_{th} = 1\,\text{V}$:

$$U_a = 3\,\text{V} \;\Rightarrow\; I_D = \frac{U_b - U_a}{R_D} = 2\,\text{mA} \;\Rightarrow\; U_e = U_{GS} = U_{th} + \sqrt{\frac{2 I_D}{K}} = 2\,\text{V}$$

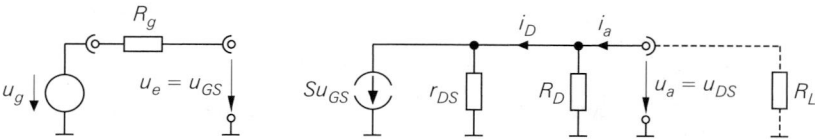

Abb. 3.58. Kleinsignalersatzschaltbild der Sourceschaltung

3.4.1.1.2 Grenze zum ohmschen Bereich

Für $U_a = U_{a,ab} = U_{DS,ab}$ erreicht der Mosfet die Grenze zum ohmschen Bereich. Mit $U_{DS,ab} = U_{GS} - U_{th}$ und $U_e = U_{GS}$ erhält man die Bedingung $U_a = U_e - U_{th}$; Einsetzen in (3.58) liefert

$$U_{a,ab} = \frac{1}{R_D K} \left(\sqrt{1 + 2 U_b R_D K} - 1 \right) \overset{2 U_b R_D K \gg 1}{\approx} \sqrt{\frac{2 U_b}{R_D K}} - \frac{1}{R_D K}$$

und $U_{e,ab} = U_{a,ab} + U_{th}$. Für das Zahlenbeispiel erhält man $U_{a,ab} = 1{,}35$ V und $U_{e,ab} = 2{,}35$ V.

Bei vorgegebener Versorgungsspannung muss man das Produkt $R_D K$ vergrößern, wenn man $U_{a,ab}$ vermindern und damit den Aussteuerbereich vergrößern will. In der Praxis ist die Aussteuerbarkeit jedoch immer geringer als bei der Emitterschaltung, weil ein Bipolartransistor weitgehend unabhängig von der äußeren Beschaltung bis auf $U_{CE,sat} \approx 0{,}1$ V ausgesteuert werden kann.

3.4.1.2 Kleinsignalverhalten der Sourceschaltung

Das Verhalten bei Aussteuerung um einen Arbeitspunkt A wird als *Kleinsignalverhalten* bezeichnet. Der Arbeitspunkt ist durch die Arbeitspunktgrößen $U_{e,A} = U_{GS,A}$, $U_{a,A} = U_{DS,A}$ und $I_{D,A}$ gegeben und muss im Abschnürbereich liegen, damit eine nennenswerte Verstärkung erreicht wird; als Beispiel wird der oben ermittelte Arbeitspunkt mit $U_{GS,A} = 2$ V, $U_{DS,A} = 3$ V und $I_{D,A} = 2$ mA verwendet.

3.4.1.2.1 Kleinsignalparameter

Abbildung 3.58 zeigt das Kleinsignalersatzschaltbild der Sourceschaltung, das man durch Einsetzen des Kleinsignalersatzschaltbilds des Fets nach Abb. 3.17 bzw. Abb. 3.46 und Übergang zu den Kleinsignalgrößen erhält. Die in Abb. 3.46 enthaltene Quelle mit der Substrat-Steilheit S_B entfällt wegen $U_{BS} = u_{BS} = 0$.

Ohne Lastwiderstand R_L folgt aus Abb. 3.58 für die Sourceschaltung:

Sourceschaltung

$$A = \left. \frac{u_a}{u_e} \right|_{i_a = 0} = -S \left(R_D \,\|\, r_{DS} \right) \overset{r_{DS} \gg R_D}{\approx} -S R_D \qquad (3.59)$$

$$r_e = \frac{u_e}{i_e} = \infty \qquad (3.60)$$

$$r_a = \frac{u_a}{i_a} = R_D \,\|\, r_{DS} \overset{r_{DS} \gg R_D}{\approx} R_D \qquad (3.61)$$

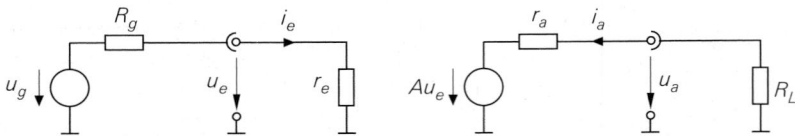

Abb. 3.59. Ersatzschaltbild mit den Ersatzgrößen A, r_e und r_a

Mit $K = 4\,\text{mA/V}^2$ und $U_A = 50\,\text{V}$ erhält man $S = \sqrt{2K\,I_{D,A}} = 4\,\text{mS}$, $r_{DS} = U_A/I_{D,A} = 25\,\text{k}\Omega$, $A = -3{,}85$ und $r_a = 960\,\Omega$. Zum Vergleich: die im Abschnitt 2.4.1 beschriebene Emitterschaltung erreicht bei gleichem Arbeitspunkt, d.h. $I_{C,A} = I_{D,A} = 2\,\text{mA}$ und $R_C = R_D = 1\,\text{k}\Omega$, eine Verstärkung von $A = -75$. Ursache für die geringere Verstärkung des Mosfets ist die geringere Steilheit bei gleichem Strom: $S = 4\,\text{mA/V}$ beim Mosfet und $S = 77\,\text{mA/V}$ beim Bipolartransistor.

Die Größen A, r_e und r_a beschreiben die Sourceschaltung vollständig; Abb. 3.59 zeigt das zugehörige Ersatzschaltbild. Der Lastwiderstand R_L kann ein ohmscher Widerstand oder ein Ersatzelement für den Eingangswiderstand einer am Ausgang angeschlossenen Schaltung sein. Wichtig ist dabei, dass der Arbeitspunkt durch R_L nicht verschoben wird, d.h. es darf kein oder nur ein vernachlässigbar kleiner Gleichstrom durch R_L fließen.

Mit Hilfe von Abb. 3.59 kann man die *Betriebsverstärkung* berechnen:

$$A_B = \frac{u_a}{u_g} = \frac{r_e}{r_e + R_g}\, A\, \frac{R_L}{R_L + r_a} \overset{r_e \to \infty}{=} A\, \frac{R_L}{R_L + r_a} \tag{3.62}$$

Sie setzt sich aus der Verstärkung A der Schaltung und dem Spannungsteilerfaktor am Ausgang zusammen.

3.4.1.2.2 Maximale Verstärkung

Aus (3.59) folgt mit $R_D \to \infty$ die *maximale Verstärkung*:

$$\mu = \lim_{R_D \to \infty} |A| = S\,r_{DS} \approx \sqrt{\frac{2K}{I_{D,A}}}\, U_A = \frac{2U_A}{U_{GS} - U_{th}}$$

Dieser Grenzfall kann mit einem ohmschen Drainwiderstand R_D nur schwer erreicht werden, da aus $R_D \to \infty$ auch $R_D \gg r_{DS}$ folgt und demnach der Spannungsabfall an R_D wegen $I_{D,A} R_D \gg I_{D,A} r_{DS} = U_A$ viel größer als die Early-Spannung $U_A \approx 50\,\text{V}$ sein müsste. Man erreicht den Grenzfall, wenn man anstelle von R_D eine Konstantstromquelle mit $I_K = I_{D,A}$ einsetzt.

Die maximale Verstärkung hängt vom Arbeitspunkt ab; sie nimmt mit zunehmendem Strom bzw. zunehmender Spannung $U_{GS} - U_{th}$ ab. Will man eine hohe maximale Verstärkung erreichen, muss man einen Mosfet mit möglichst großem Steilheitskoeffizient K mit möglichst kleinem Strom $I_{D,A}$ betreiben. Der Maximalwert μ_{max} wird im *Unterschwellenbereich*, d.h. für $U_{GS} - U_{th} < 100\,\text{mV}$ erreicht; in diesem Bereich ist die Übertragungskennlinie exponentiell, siehe (3.25), und man erhält $\mu_{max} \approx U_A/(2U_T) \approx 400\ldots 2000$. In der Praxis werden Mosfets oft in der Nähe des *Temperaturkompensationspunkts* $U_{GS,TK} \approx U_{th} + 1\,\text{V}$ betrieben, siehe Abschnitt 3.1.7.1; dann gilt $\mu \approx 40\ldots 200$.

3.4.1.3 Nichtlinearität

Im Abschnitt 3.1.4.5 wird der *Klirrfaktor* k des Drainstroms für eine sinusförmige Kleinsignalaussteuerung mit $\hat{u}_e = \hat{u}_{GS}$ berechnet, siehe (3.13) auf Seite 193; er ist bei der Sourceschaltung gleich dem Klirrfaktor der Ausgangsspannung u_a. Es gilt $\hat{u}_e <$ $4k\left(U_{GS,A} - U_{th}\right)$, d.h. für $k < 1\%$ muss $\hat{u}_e < \left(U_{GS,A} - U_{th}\right)/25$ gelten; für das Zahlenbeispiel mit $U_{GS,A} - U_{th} = 1\,\text{V}$ erhält man $\hat{u}_e < 40\,\text{mV}$. Die zugehörige Ausgangsamplitude ist wegen $\hat{u}_a = |A|\hat{u}_e$ von der Verstärkung A abhängig; für das Zahlenbeispiel mit $A = -3{,}85$ gilt demnach $\hat{u}_a < 4k|A|\left(U_{GS,A} - U_{th}\right) = k \cdot 15{,}4\,\text{V}$. Zum Vergleich: für die Emitterschaltung im Abschnitt 2.4.1 gilt $\hat{u}_a < k \cdot 7{,}5\,\text{V}$, d.h. die Sourceschaltung erreicht bei gleichem Klirrfaktor eine größere Ausgangsamplitude.

Die Sourceschaltung eignet sich besonders zum Einsatz in Verstärkern mit Bandpass-Verhalten, z.B. Sende-, Empfangs- und Zwischenfrequenzverstärker in der drahtlosen Übertragungstechnik. Bei diesen Verstärkern sind die quadratischen Verzerrungen unbedeutend, weil die dabei entstehenden Summen- und Differenzfrequenzen außerhalb des Durchlassbereichs der Bandpässe liegen: f_1, f_2 im Durchlassbereich $\Rightarrow f_1 - f_2$, $f_1 + f_2$ außerhalb des Durchlassbereichs. Im Gegensatz dazu entstehen durch kubische Verzerrungen unter anderem Anteile bei $2f_1 - f_2$ und $2f_2 - f_1$, die im Durchlassbereich liegen können. Die kubischen Verzerrungen sind jedoch bei Fets aufgrund der nahezu quadratischen Kennlinie sehr klein. Deshalb werden in modernen Sendeendstufen bevorzugt Hochfrequenz-Mosfets und GaAs-Mesfets in Sourceschaltung *ohne Gegenkopplung* eingesetzt. Eine Gegenkopplung führt zwar auch bei Fets zu einer Verringerung des Klirrfaktors, weil die vergleichsweise starken quadratischen Verzerrungen abnehmen, die kubischen Verzerrungen nehmen jedoch zu.

3.4.1.4 Temperaturabhängigkeit

Aus (3.58) und (3.14) folgt:

$$\frac{dU_a}{dT}\bigg|_A = -R_D \frac{dI_D}{dT}\bigg|_A = -I_{D,A}R_D\left(\frac{1}{K}\frac{dK}{dT} - \frac{2}{U_{GS,A} - U_{th}}\frac{dU_{th}}{dT}\right)$$

$$\approx I_{D,A}R_D \cdot 10^{-3}\,\text{K}^{-1}\left(5 - \frac{4\dots7\,\text{V}}{U_{GS,A} - U_{th}}\right)$$

Für das Zahlenbeispiel erhält man $(dU_a/dT)|_A \approx -4\dots+2\,\text{mV/K}$. Die Temperaturdrift ist gering, weil der Mosfet hier in der Nähe des *Temperaturkompensationspunkts* betrieben wird, siehe Abschnitt 3.1.7.1.

Ein Vergleich der Temperaturdrift der Source- und der Emitterschaltung ist nur mit Bezug auf die Verstärkung sinnvoll; man erhält für die Sourceschaltung $(dU_a/dT)|_A \approx -1\dots+0{,}5\,\text{mV/K} \cdot |A|$ und für die Emitterschaltung $(dU_a/dT)|_A \approx -1{,}7\,\text{mV/K} \cdot |A|$. Die Drift der Sourceschaltung ist demnach bei gleicher Verstärkung geringer, vor allem dann, wenn der Arbeitspunkt nahe am Kompensationspunkt liegt.

3.4.1.5 Sourceschaltung mit Stromgegenkopplung

Die Nichtlinearität und die Temperaturabhängigkeit der Sourceschaltung kann durch eine *Stromgegenkopplung* verringert werden; dazu wird ein *Sourcewiderstand* R_S eingefügt, siehe Abb. 3.60a. Die Übertragungskennlinie und das Kleinsignalverhalten hängen in diesem Fall von der Beschaltung des Bulk-Anschlusses ab. Er ist bei Einzel-Mosfets mit der Source und in integrierten Schaltungen mit der negativsten Versorgungsspannung, hier Masse, verbunden; in Abb. 3.60a ist deshalb ein Umschalter für den Bulk-Anschluss enthalten.

Abbildung 3.61 zeigt die Übertragungskennlinie für einen Einzel-Mosfet ($U_{BS} = 0$) und für einen integrierten Mosfet ($U_B = 0$) für $R_D = 1\,\text{k}\Omega$ und $R_S = 200\,\Omega$. Die

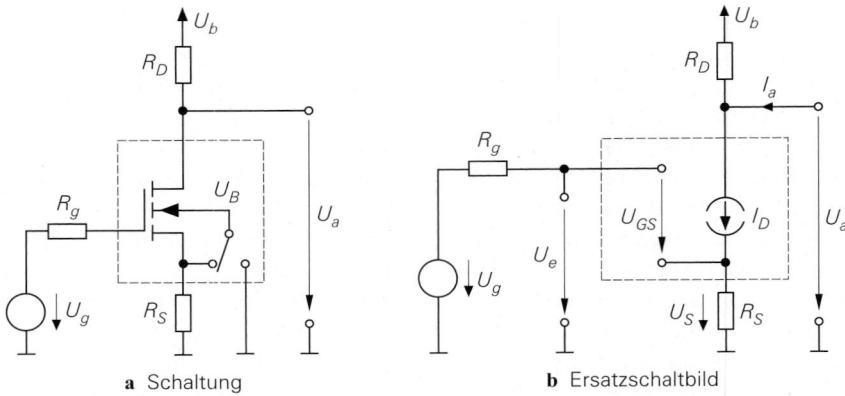

a Schaltung   **b** Ersatzschaltbild

Abb. 3.60. Sourceschaltung mit Stromgegenkopplung

eingezeichnete Grenze zwischen dem Abschnür- und dem ohmschen Bereich gilt für den Einzel-Mosfet.

3.4.1.5.1 Betrieb im Abschnürbereich

Abbildung 3.60b zeigt das Ersatzschaltbild; für den Abschnürbereich erhält man mit $I_a = 0$:

$$U_a \;=\; U_b - I_D R_D \;=\; U_b - \frac{R_D K}{2}\,(U_{GS} - U_{th})^2 \tag{3.63}$$

$$U_e \;=\; U_{GS} + U_S \;=\; U_{GS} + I_D R_S \tag{3.64}$$

Für den in Abb. 3.61 beispielhaft eingezeichneten Arbeitspunkt erhält man mit $U_b = 5\,\mathrm{V}$, $K = 4\,\mathrm{mA/V^2}$, $R_D = 1\,\mathrm{k\Omega}$ und $R_S = 200\,\Omega$ beim Einzel-Mosfet:

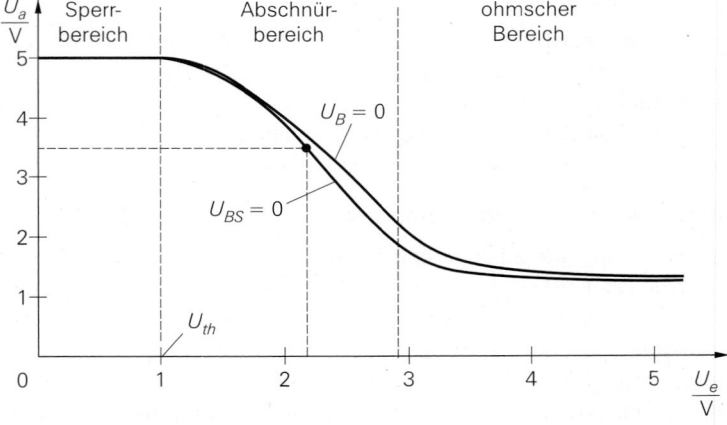

Abb. 3.61. Übertragungskennlinie der Sourceschaltung mit Stromgegenkopplung bei einem Einzel-Mosfet ($U_{BS} = 0$) und einem integrierten Mosfet ($U_B = 0$). Die Grenze zwischen dem Abschnür- und dem ohmschen Bereich gilt für den Einzel-Mosfet.

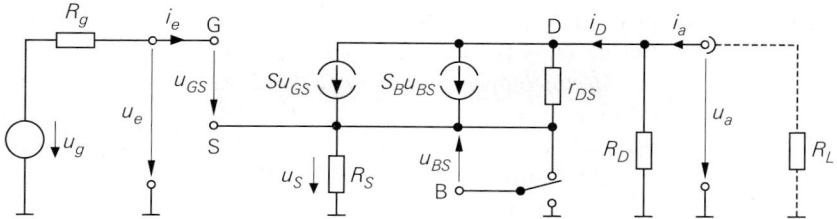

Abb. 3.62. Kleinsignalersatzschaltbild der Sourceschaltung mit Stromgegenkopplung

$$U_a = 3{,}5 \, \text{V} \;\Rightarrow\; I_D = \frac{U_b - U_a}{R_D} = 1{,}5 \, \text{mA} \;\Rightarrow\; U_S = I_D R_S = 0{,}3 \, \text{V}$$

$$\Rightarrow\; U_{GS} = U_{th} + \sqrt{\frac{2 I_D}{K}} = 1{,}866 \, \text{V} \;\Rightarrow\; U_e = U_{GS} + U_S = 2{,}166 \, \text{V}$$

Beim integrierten Mosfet muss die Abhängigkeit der Schwellenspannung von U_{BS} nach (3.18) auf Seite 207 berücksichtigt werden. Für den Mosfet wird $U_{th,0} = 1 \, \text{V}$, $\gamma = 0{,}5 \, \sqrt{\text{V}}$ und $U_{inv} = 0{,}6 \, \text{V}$ angenommen; damit folgt:

$$U_{BS} = -U_S = -0{,}3 \, \text{V}$$

$$\Rightarrow\; U_{th} = U_{th,0} + \gamma \left(\sqrt{U_{inv} - U_{BS}} - \sqrt{U_{inv}} \right) \approx 1{,}087 \, \text{V}$$

$$\Rightarrow\; U_{GS} = U_{th} + \sqrt{\frac{2 I_D}{K}} = 1{,}953 \, \text{V} \;\Rightarrow\; U_e = U_{GS} + U_S = 2{,}253 \, \text{V}$$

3.4.1.5.2 Kleinsignalverhalten

Die Berechnung erfolgt mit Hilfe des in Abb. 3.62 gezeigten Kleinsignalersatzschaltbilds. Aus der Knotengleichung

$$S u_{GS} + S_B u_{BS} + \frac{u_{DS}}{r_{DS}} + \frac{u_a}{R_D} = 0$$

erhält man mit $u_{GS} = u_e - u_S$ und $u_{DS} = u_a - u_S$ die *Verstärkung*:

$$A = \left. \frac{u_a}{u_e} \right|_{i_a=0} = - \frac{S R_D}{1 + \dfrac{R_D}{r_{DS}} + \left(S + S_B + \dfrac{1}{r_{DS}} \right) R_S}$$

$$\overset{r_{DS} \gg R_D, 1/S}{\approx} - \frac{S R_D}{1 + (S + S_B) R_S}$$

$$\overset{u_{BS}=0}{=} - \frac{S R_D}{1 + S R_S} \overset{S R_S \gg 1}{\approx} - \frac{R_D}{R_S}$$

Bei Einzel-Mosfets, d.h. ohne Substrat-Effekt ($u_{BS} = 0$), und starker Gegenkopplung ($S R_S \gg 1$) hängt die Verstärkung nur noch von R_D und R_S ab. Allerdings kann man aufgrund der geringen Maximalverstärkung eines Mosfets im allgemeinen keine starke Gegenkopplung vornehmen, weil sonst die Verstärkung zu klein wird; deshalb ist die Bedingung $S R_S \gg 1$ in der Praxis nur selten erfüllt. Bei Betrieb mit einem Lastwiderstand

R_L kann man die zugehörige Betriebsverstärkung A_B berechnen, indem man für R_D die Parallelschaltung von R_D und R_L einsetzt, siehe Abb. 3.62. In dem beispielhaft gewählten Arbeitspunkt erhält man für den Einzel-Mosfet mit $S = 3{,}46\,\mathrm{mS}$, $r_{DS} = 33\,\mathrm{k\Omega}$, $R_D = 1\,\mathrm{k\Omega}$ und $R_S = 200\,\Omega$ *exakt* $A = -2{,}002$; die ersten beiden Näherungen liefern $A = -2{,}045$, die dritte ist wegen $SR_S < 1$ nicht anwendbar. Für den integrierten Mosfet wird $\gamma = 0{,}5\,\sqrt{\mathrm{V}}$ und $U_{inv} = 0{,}6\,\mathrm{V}$ angenommen; aus (3.42) folgt $S_B = 0{,}91\,\mathrm{mS}$ und damit *exakt* $A = -1{,}812$ und in erster Näherung $A = -1{,}846$.

Für den *Eingangswiderstand* gilt $r_e = \infty$ und für den *Ausgangswiderstand*:

$$
r_a = R_D \parallel r_{DS} \left(1 + \left(S + S_B + \frac{1}{r_{DS}} \right) R_S \right) \overset{r_{DS} \gg R_D}{\approx} R_D
$$

Mit $r_{DS} \gg R_D, 1/S$ und ohne Lastwiderstand R_L erhält man für die Sourceschaltung mit Stromgegenkopplung:

Sourceschaltung mit Stromgegenkopplung

$$
A = \left. \frac{u_a}{u_e} \right|_{i_a=0} \approx -\frac{SR_D}{1 + (S + S_B)\,R_S} \overset{u_{BS}=0}{=} -\frac{SR_D}{1 + SR_S} \tag{3.65}
$$

$$
r_e = \infty \tag{3.66}
$$

$$
r_a = \frac{u_a}{i_a} \approx R_D \tag{3.67}
$$

3.4.1.5.3 Vergleich mit der Sourceschaltung ohne Gegenkopplung

Ein Vergleich von (3.65) mit (3.59) zeigt, dass die Verstärkung durch die Gegenkopplung näherungsweise um den *Gegenkopplungsfaktor* $(1 + (S + S_B)R_S)$ bzw. $(1 + SR_S)$ reduziert wird.

Die Wirkung der Stromgegenkopplung lässt sich besonders einfach mit Hilfe der *reduzierten Steilheit*

$$
S_{red} = \frac{S}{1 + (S + S_B)\,R_S} \overset{u_{BS}=0}{=} \frac{S}{1 + SR_S} \tag{3.68}
$$

beschreiben. Durch den Sourcewiderstand R_S wird die effektive Steilheit auf den Wert S_{red} reduziert: für die Sourceschaltung ohne Gegenkopplung gilt $A \approx -SR_D$ und für die Sourceschaltung mit Stromgegenkopplung $A \approx -S_{red}R_D$.

3.4.1.5.4 Nichtlinearität

Die Nichtlinearität der Übertragungskennlinie wird durch die Stromgegenkopplung reduziert. Der Klirrfaktor der Schaltung kann durch eine Reihenentwicklung der Kennlinie im Arbeitspunkt näherungsweise bestimmt werden. Aus (3.64) folgt:

$$
U_e = U_{GS} + I_D R_S = U_{th} + \sqrt{\frac{2I_D}{K}} + I_D R_S
$$

Durch Einsetzen des Arbeitspunkts, Übergang zu den Kleinsignalgrößen und Reihenentwicklung erhält man mit (3.18) und $U_{BS} = -U_S = -I_D R_S$

$$u_e = \gamma \sqrt{U_{inv} + I_{D,A} R_S} \left(\sqrt{1 + \frac{R_S i_D}{U_{inv} + I_{D,A} R_S}} - 1 \right)$$

$$+ \sqrt{\frac{2 I_{D,A}}{K}} \left(\sqrt{1 + \frac{i_D}{I_{D,A}}} - 1 \right) + R_S i_D$$

$$= \frac{1}{S} \left((1 + (S + S_B) R_S) i_D + \frac{1}{4} \left(\frac{S_B R_S^2}{U_{inv} + I_{D,A} R_S} + \frac{1}{I_{D,A}} \right) i_D^2 + \cdots \right)$$

und daraus die Umkehrfunktion [20]:

$$i_D = \frac{S}{1 + (S + S_B) R_S} \left(u_e + \frac{u_e^2}{4} \frac{\dfrac{S}{I_{D,A}} + \dfrac{S S_B R_S^2}{U_{inv} + I_{D,A} R_S}}{(1 + (S + S_B) R_S)^2} + \cdots \right)$$

Bei Aussteuerung mit $u_e = \hat{u}_e \cos \omega_0 t$ erhält man aus dem Verhältnis der ersten Oberwelle mit $2\omega_0$ zur Grundwelle mit ω_0 bei kleiner Aussteuerung, d.h. bei Vernachlässigung höherer Potenzen, näherungsweise den *Klirrfaktor k*:

$$k \approx \frac{u_{a,2\omega_0}}{u_{a,\omega_0}} \approx \frac{i_{D,2\omega_0}}{i_{D,\omega_0}} \approx \frac{\hat{u}_e}{8} \frac{\dfrac{S}{I_{D,A}} + \dfrac{S S_B R_S^2}{U_{inv} + I_{D,A} R_S}}{(1 + (S + S_B) R_S)^2}$$

$$\overset{u_{BS}=0}{=} \frac{\hat{u}_e}{4 \left(U_{GS,A} - U_{th} \right) (1 + S R_S)^2} \tag{3.69}$$

Bei der letzten Näherung wird $S/I_{D,A} = 2/(U_{GS,A} - U_{th})$ verwendet. Für das Zahlenbeispiel gilt $\hat{u}_e < k \cdot 11{,}5\,\text{V}$ und, mit $A \approx -2$, $\hat{u}_a < k \cdot 23\,\text{V}$.

Ein Vergleich mit (3.13) zeigt, dass die zulässige Eingangsamplitude $\hat{u}_e$ durch die Gegenkopplung um das Quadrat des Gegenkopplungsfaktors $(1 + S R_S)$ größer wird. Da gleichzeitig die Verstärkung um den Gegenkopplungsfaktor geringer ist, ist die zulässige Ausgangsamplitude bei gleichem Klirrfaktor um den Gegenkopplungsfaktor größer. Bei gleicher Ausgangsamplitude ist der Klirrfaktor um den Gegenkopplungsfaktor geringer.

Ein Vergleich mit der stromgegengekoppelten Emitterschaltung im Abschnitt 2.4.1 zeigt, dass die stromgegengekoppelte Sourceschaltung bei gleicher Verstärkung ($A \approx -2$) und gleichem Arbeitspunktstrom ($I_{D,A} = I_{C,A} = 1{,}5\,\text{mA}$) einen höheren Klirrfaktor aufweist: $k \approx \hat{u}_a/(23\,\text{V})$ bei der Sourceschaltung und $k \approx \hat{u}_a/(179\,\text{V})$ bei der Emitterschaltung. Ursache hierfür ist die geringe Maximalverstärkung eines Mosfets, die bei gleicher Verstärkung der Schaltung einen geringeren Gegenkopplungsfaktor und damit einen höheren Klirrfaktor zur Folge hat. Bei sehr kleinen Arbeitspunktströmen nimmt die Maximalverstärkung des Mosfets zu und der Klirrfaktor entsprechend ab; man erreicht in diesem Fall dieselben Werte wie bei der Emitterschaltung.

Eine Sonderstellung nehmen die kubischen Verzerrungen ein. Sie sind bei der Sourceschaltung aufgrund der nahezu quadratischen Kennlinie eines Mosfets ohne Gegenkopplung sehr gering und nehmen mit zunehmender Gegenkopplung zu, während die dominierenden quadratischen Verzerrungen und damit auch der Klirrfaktor k mit zunehmender

---

[20] Siehe Fußnote auf Seite 113.

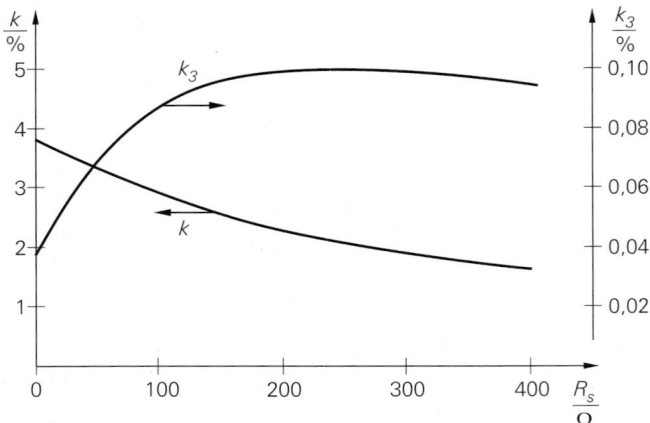

Abb. 3.63. Klirrfaktor k und kubischer Klirrfaktor k_3 in Abhängigkeit vom Gegenkopplungswiderstand R_S bei konstanter Amplitude am Ausgang für die Schaltung in Abb. 3.60a

Gegenkopplung abnehmen. Abbildung 3.63 zeigt die Abhängigkeit des Klirrfaktors k und des kubischen Klirrfaktors k_3 vom Gegenkopplungswiderstand R_S bei konstanter Amplitude am Ausgang. Die Daten für diese Darstellung wurden durch Simulation mit *PSpice* ermittelt.

3.4.1.5.5 Temperaturabhängigkeit

Durch die Gegenkopplung wird die Temperaturdrift der Ausgangsspannung im Vergleich zur Sourceschaltung ohne Gegenkopplung um den Gegenkopplungsfaktor verringert:

$$\frac{dU_a}{dT}\bigg|_A \approx \frac{I_{D,A}R_D}{1 + (S + S_B)\,R_S} \cdot 10^{-3}\,\mathrm{K}^{-1}\left(5 - \frac{4\dots7\,\mathrm{V}}{U_{GS,A} - U_{th}}\right)$$

Für das Zahlenbeispiel erhält man $(dU_a/dT)|_A \approx -3\dots+0{,}4\,\mathrm{mV/K}$.

3.4.1.6 Sourceschaltung mit Spannungsgegenkopplung

Bei der Sourceschaltung mit Spannungsgegenkopplung nach Abb. 3.64a wird ein Teil der Ausgangsspannung über die Widerstände R_1 und R_2 auf das Gate des Fets zurückgeführt; Abb. 3.64b zeigt die zugehörige Übertragungskennlinie für $U_b = 5\,\mathrm{V}$, $R_D = R_1 = 1\,\mathrm{k\Omega}$, $R_2 = 6{,}3\,\mathrm{k\Omega}$ und $K = 4\,\mathrm{mA/V^2}$.

3.4.1.6.1 Betrieb im Abschnürbereich

Aus den Knotengleichungen

$$\frac{U_b - U_a}{R_D} + I_a = I_D + \frac{U_a - U_{GS}}{R_2}$$

$$\frac{U_{GS} - U_e}{R_1} = \frac{U_a - U_{GS}}{R_2}$$

folgt für den Betrieb ohne Last, d.h. $I_a = 0$:

$$U_a = \frac{U_b R_2 - I_D R_D R_2 + U_{GS} R_D}{R_2 + R_D} \overset{R_2 \gg R_D}{\approx} U_b - I_D R_D \tag{3.70}$$

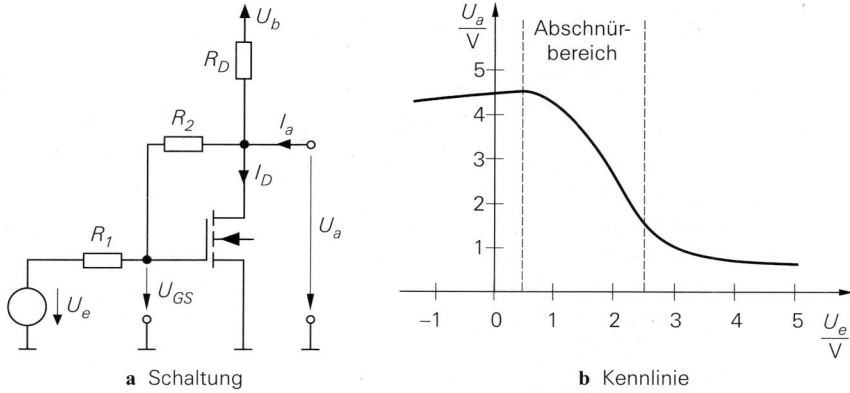

a Schaltung   **b** Kennlinie

Abb. 3.64. Sourceschaltung mit Spannungsgegenkopplung

$$U_e = \frac{U_{GS}(R_1 + R_2) - U_a R_1}{R_2} \qquad (3.71)$$

Bei der Berechnung des Arbeitspunkts geht man von (3.70) aus. Wenn man für I_D die Gleichung für den Abschnürbereich einsetzt, erhält man eine quadratische Gleichung in U_{GS}, mit der man nach Auflösen die Arbeitspunktspannung $U_{GS,A}$ bei vorgegebener Ausgangsspannung $U_{a,A}$ berechnen kann. Alternativ kann man die Näherung verwenden, bei der der Strom durch den Gegenkopplungswiderstand R_2 vernachlässigt wird; bei Vorgabe von $U_{a,A} = 2{,}5$ V erhält man:

$$U_{a,A} = 2{,}5 \, \text{V} \;\Rightarrow\; I_{D,A} \approx \frac{U_b - U_{a,A}}{R_D} \approx 2{,}5 \, \text{mA}$$

$$\Rightarrow\; U_{GS,A} = U_{th} + \sqrt{\frac{2 I_{D,A}}{K}} \approx 2{,}12 \, \text{V} \;\Rightarrow\; U_{e,A} \overset{(3.71)}{\approx} 2{,}06 \, \text{V}$$

3.4.1.6.2 Kleinsignalverhalten

Die Berechnung erfolgt mit Hilfe des in Abb. 3.65 gezeigten Kleinsignalersatzschaltbilds. Aus den Knotengleichungen

$$\frac{u_e - u_{GS}}{R_1} + \frac{u_a - u_{GS}}{R_2} = 0$$

$$S u_{GS} + \frac{u_a - u_{GS}}{R_2} + \frac{u_a}{r_{DS}} + \frac{u_a}{R_D} = i_a$$

erhält man mit $R_D' = R_D \,\|\, r_{DS}$ die *Verstärkung*:

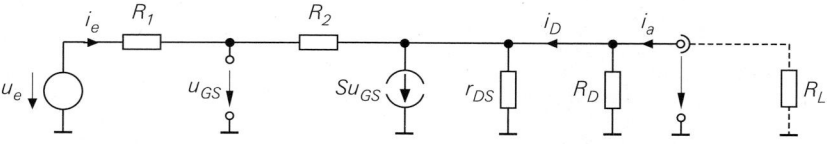

Abb. 3.65. Kleinsignalersatzschaltbild der Sourceschaltung mit Spannungsgegenkopplung

$$A = \left.\frac{u_a}{u_e}\right|_{i_a=0} = \frac{-SR_2 + 1}{1 + SR_1 + \frac{R_1 + R_2}{R_D'}} \overset{\substack{r_{DS} \gg R_D \\ R_1, R_2 \gg 1/S}}{\approx} -\frac{R_2}{R_1 + \frac{R_1 + R_2}{SR_D}}$$

Ist die Verstärkung ohne Gegenkopplung viel größer als der Gegenkopplungsfaktor, d.h. $SR_D \gg 1 + R_2/R_1$, erhält man $A \approx -R_2/R_1$; diese Bedingung ist jedoch wegen der geringen Maximalverstärkung eines Fets nur sehr selten erfüllt. Wird die Schaltung mit einem Lastwiderstand R_L betrieben, kann man die zugehörige Betriebsverstärkung A_B berechnen, indem man für R_D die Parallelschaltung von R_D und R_L einsetzt, siehe Abb. 3.65. In dem beispielhaft gewählten Arbeitspunkt erhält man mit $S = 4{,}47\,\text{mS}$, $r_{DS} = 20\,\text{k}\Omega$, $R_D = R_1 = 1\,\text{k}\Omega$ und $R_2 = 6{,}3\,\text{k}\Omega$ *exakt* $A = -2{,}067$; die Näherung liefert $A = -2{,}39$.

Für den *Leerlaufeingangswiderstand* erhält man mit $R_D' = R_D \,\|\, r_{DS}$:

$$r_{e,L} = \left.\frac{u_e}{i_e}\right|_{i_a=0} = R_1 + \frac{R_2 + R_D'}{1 + SR_D'} \overset{r_{DS} \gg R_D \gg 1/S}{\approx} R_1 + \frac{1}{S}\left(1 + \frac{R_2}{R_D}\right)$$

Er gilt für $i_a = 0$, d.h. $R_L \rightarrow \infty$. Der Eingangswiderstand für andere Werte von R_L wird berechnet, indem man für R_D die Parallelschaltung von R_D und R_L einsetzt. In dem beispielhaft gewählten Arbeitspunkt erhält man *exakt* $r_{e,L} = 2{,}38\,\text{k}\Omega$ und mit Hilfe der Näherung $r_{e,L} = 2{,}63\,\text{k}\Omega$.

Für den *Kurzschlussausgangswiderstand* erhält man mit $R_D' = R_D \,\|\, r_{DS}$:

$$r_{a,K} = \left.\frac{u_a}{i_a}\right|_{u_e=0} = R_D' \,\|\, \frac{R_1 + R_2}{1 + SR_1} \overset{\substack{r_{DS} \gg R_D \\ R_1 \gg 1/S}}{\approx} R_D \,\|\, \frac{1}{S}\left(1 + \frac{R_2}{R_1}\right)$$

Daraus folgt mit $R_1 \rightarrow \infty$ der *Leerlaufausgangswiderstand*:

$$r_{a,L} = \left.\frac{u_a}{i_a}\right|_{i_e=0} = R_D' \,\|\, \frac{1}{S} \overset{r_{DS} \gg R_D \gg 1/S}{\approx} \frac{1}{S}$$

In dem beispielhaft gewählten Arbeitspunkt erhält man *exakt* $r_{a,K} = 556\,\Omega$ und $r_{a,L} = 181\,\Omega$ und mit Hilfe der Näherungen $r_{a,K} = 602\,\Omega$ und $r_{a,L} = 223\,\Omega$.

Zusammengefasst gilt für die Sourceschaltung mit Spannungsgegenkopplung:

Sourceschaltung mit Spannungsgegenkopplung

$$A = \left.\frac{u_a}{u_e}\right|_{i_a=0} \approx -\frac{R_2}{R_1 + \frac{R_1 + R_2}{SR_D}} \tag{3.72}$$

$$r_e = \left.\frac{u_e}{i_e}\right|_{i_a=0} \approx R_1 + \frac{1}{S}\left(1 + \frac{R_2}{R_D}\right) \tag{3.73}$$

$$r_a = \left.\frac{u_a}{i_a}\right|_{u_e=0} \approx R_D \,\|\, \frac{1}{S}\left(1 + \frac{R_2}{R_1}\right) \tag{3.74}$$

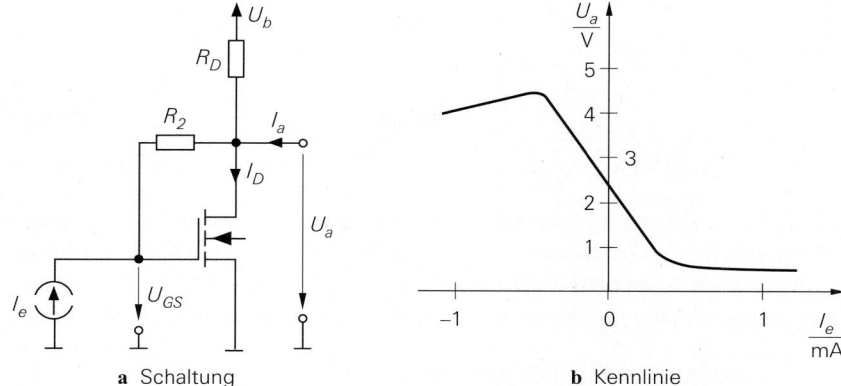

a Schaltung   **b** Kennlinie

Abb. 3.66. Strom-Spannungs-Wandler

3.4.1.6.3 Betrieb als Strom-Spannungs-Wandler

Entfernt man den Widerstand R_1 und steuert die Schaltung mit einer Stromquelle I_e an, erhält man die Schaltung nach Abb. 3.66a, die als *Strom-Spannungs-Wandler* arbeitet; sie wird auch *Transimpedanzverstärker* [21] genannt. Abbildung 3.66b zeigt die Kennlinien für $U_b = 5\,\text{V}$, $R_D = 1\,\text{k}\Omega$ und $R_2 = 6{,}3\,\text{k}\Omega$.

Aus Abb. 3.66a erhält man:

$$U_a = U_b + (I_e + I_a - I_D)\,R_D \overset{I_a=0}{=} U_b + I_e R_D - \frac{K R_D}{2}\,(U_{GS} - U_{th})^2 \qquad (3.75)$$

$$I_e = \frac{U_{GS} - U_a}{R_2} \qquad (3.76)$$

Setzt man die Gleichungen ineinander ein, erhält man eine in U_a und I_e quadratische Gleichung, deren allgemeine Lösung umfangreich ist. Nimmt man zunächst $|I_e R_D| \ll U_b - U_a$ an und gibt U_a vor, kann man aus (3.75) U_{GS} und damit aus (3.76) I_e berechnen; mit $U_{th} = 1\,\text{V}$, $K = 4\,\text{mA/V}^2$, $R_D = 1\,\text{k}\Omega$ und $R_2 = 6{,}3\,\text{k}\Omega$ erhält man:

$$U_a = 2{,}5\,\text{V} \;\Rightarrow\; U_{GS} \approx U_{th} + \sqrt{\frac{2\,(U_b + I_e R_D - U_a)}{K R_D}} \overset{|I_e R_D| \ll U_b - U_a}{\approx} 2{,}12\,\text{V}$$

$$\Rightarrow\; I_e = \frac{U_{GS} - U_a}{R_2} \approx -60\,\mu\text{A} \;\text{ und }\; I_D = \frac{K}{2}\,(U_{GS} - U_{th})^2 \approx 2{,}509\,\text{mA}$$

Man kann nun iterativ vorgehen, indem man den letzten Wert für I_e in (3.75) einsetzt und neue Werte für U_{GS} und I_e berechnet; die nächste Iteration liefert mit $U_{GS} \approx 2{,}105\,\text{V}$, $I_e \approx -63\,\mu\text{A}$ und $I_D \approx 2{,}44\,\text{mA}$ praktisch das exakte Ergebnis.

Das Kleinsignalverhalten des Strom-Spannungs-Wandlers kann aus den Gleichungen für die Sourceschaltung mit Spannungsgegenkopplung abgeleitet werden. Dabei tritt der *Übertragungswiderstand (Transimpedanz)* R_T an die Stelle der Verstärkung; mit $R_D' = R_D \,\|\, r_{DS}$ erhält man:

---

[21] Die Bezeichnung *Transimpedanzverstärker* wird auch für Operationsverstärker mit Stromeingang und Spannungsausgang verwendet (CV-OPV).

$$R_T = \left.\frac{u_a}{i_e}\right|_{i_a=0} = \lim_{R_1 \to \infty} \left. R_1 \frac{u_a}{u_e}\right|_{i_a=0} = \lim_{R_1 \to \infty} R_1 A$$

$$= R_D' \frac{1 - SR_2}{1 + SR_D'} \overset{\substack{SR_2 \gg 1 \\ r_{DS} \gg R_D}}{\approx} - R_2 \frac{SR_D}{1 + SR_D}$$

Der *Eingangswiderstand* kann aus den Gleichungen für die Sourceschaltung mit Spannungsgegenkopplung durch Einsetzen von $R_1 = 0$ berechnet werden und der *Ausgangswiderstand* entspricht dem Leerlaufausgangswiderstand.

Zusammengefasst erhält man für den Strom-Spannungs-Wandler in Sourceschaltung:

> *Strom-Spannungs-Wandler in Sourceschaltung*
>
> $$R_T = \left.\frac{u_a}{i_e}\right|_{i_a=0} \approx - R_2 \frac{SR_D}{1 + SR_D} \tag{3.77}$$
>
> $$r_e = \left.\frac{u_e}{i_e}\right|_{i_a=0} \approx \frac{1}{S}\left(1 + \frac{R_2}{R_D}\right) \tag{3.78}$$
>
> $$r_a = \frac{u_a}{i_a} \approx R_D \,\|\, \frac{1}{S} \tag{3.79}$$

In dem beispielhaft gewählten Arbeitspunkt erhält man mit $I_{D,A} = 2,44\,\text{mA}$, $K = 4\,\text{mA/V}^2$, $R_D = 1\,\text{k}\Omega$ und $R_2 = 6,3\,\text{k}\Omega$ die Werte $R_T \approx -5,14\,\text{k}\Omega$, $r_e \approx 1,65\,\text{k}\Omega$ und $r_a \approx 185\,\Omega$.

Der Strom-Spannungs-Wandler wird vor allem in Fotodioden-Empfängern eingesetzt; dabei wird die Empfangsdiode im Sperrbereich betrieben und wirkt deshalb wie eine Stromquelle mit sehr hohem Innenwiderstand, deren Strom i_e mit dem Strom-Spannungs-Wandler in eine Spannung $u_a = R_T i_e$ umgesetzt wird. Aufgrund des hohen Innenwiderstands der Diode wird das Rauschen der Schaltung vor allem durch den Eingangsrauschstrom des Fets und das thermische Rauschen des Gegenkopplungswiderstands R_2 verursacht; der im Vergleich zum Bipolartransistor besonders niedrige Eingangsrauschstrom eines Fets führt in diesem Fall zu einer besonders niedrigen Rauschzahl.

3.4.1.7 Arbeitspunkteinstellung

Der Betrieb als Kleinsignalverstärker erfordert eine stabile Einstellung des Arbeitspunkts. Der Arbeitspunkt sollte möglichst wenig von den Parametern des Fets abhängen, da diese temperaturabhängig und fertigungsbedingten Streuungen unterworfen sind. Zwar kann man beim Fet die Temperaturabhängigkeit durch eine Arbeitspunkteinstellung in der Nähe des Temperatur-Kompensationspunkts sehr klein halten, die fertigungsbedingten Streuungen der Schwellenspannung sind jedoch vor allem bei Einzel-Fets erheblich; Schwankungen von $\pm 0,5\,\text{V} \ldots \pm 1\,\text{V}$ sind üblich.

Kleinsignalverstärker in Sourceschaltung mit Einzel-Fets werden aufgrund ihrer im Vergleich zur Emitterschaltung geringen Verstärkung nur in Ausnahmefällen eingesetzt; dazu gehören Verstärker für sehr hochohmige Signalquellen und der im vorhergehenden Abschnitt beschriebene Strom-Spannungs-Wandler.

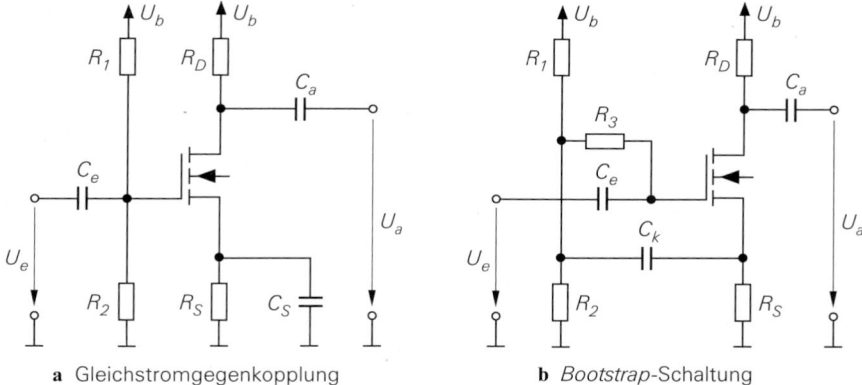

a Gleichstromgegenkopplung   **b** *Bootstrap*-Schaltung

Abb. 3.67. Arbeitspunkteinstellung mit Stromgegenkopplung

3.4.1.7.1 Arbeitspunkteinstellung bei Wechselspannungskopplung

Bei Wechselspannungskopplung wird der Verstärker über Koppelkondensatoren mit der Signalquelle und der Last verbunden. Bei Spannungsverstärkern wird in der Regel die in Abb. 3.67a gezeigte Spannungseinstellung mit Gleichstromgegenkopplung verwendet; sie entspricht der in Abb. 2.77a gezeigten Arbeitspunkteinstellung bei der Emitterschaltung. Auch die in Abb. 2.77b und Abb. 2.80 gezeigten Varianten können beim Fet verwendet werden; dabei kommt der extrem hohe Eingangswiderstands des Fets nur bei direkter Kopplung am Eingang voll zum Tragen, weil sonst der Spannungsteiler am Eingang für den Eingangswiderstand der Schaltung maßgebend ist.

Eine Sonderstellung nimmt die in Abb. 3.67b gezeigte Stromgegenkopplung mit *Bootstrap* ein, bei der der Spannungsabfall an R_3 durch eine Rückkopplung des Signals auf den Spannungsteiler vermindert und damit der Eingangswiderstand entsprechend erhöht wird: $r_e \approx R_3 \left(1 + S R_S \right)$. Diese Schaltung arbeitet jedoch nur bei starker Gegenkopplung ($S R_S \gg 1$) effektiv und wird deshalb vor allem bei der Drainschaltung eingesetzt, siehe Abschnitt 3.4.2.

Darüber hinaus gibt es spezielle Schaltungen zur Arbeitspunkteinstellung, die nur bei selbstleitenden Fets angewendet werden können. Da diese mit $U_G = 0$ betrieben werden können, kann man in Abb. 3.67a den Widerstand R_1 entfernen und erhält damit die Schaltung in Abb. 3.68a; dasselbe gilt auch für die Bootstrap-Schaltung. Aus der Bedingung $U_{GS} = - I_D R_S$ und der Gleichung für den Abschnürbereich erhält man die Dimensionierung:

$$ R_S = \frac{|U_{th}|}{I_{D,A}} \left(1 - \sqrt{\frac{2 I_{D,A}}{K \, U_{th}^2}} \right) = \frac{|U_{th}|}{I_{D,A}} \left(1 - \sqrt{\frac{I_{D,A}}{I_{D,A(max)}}} \right) $$

Dabei ist $I_{D,A(max)} = K \, U_{th}^2 / 2$ der maximal mögliche Arbeitspunktstrom. Will man den Fet im Temperatur-Kompensationspunkt mit $U_{GS,TK} \approx U_{th} + 1\,\text{V}$ betreiben, erhält man $I_{D,A} \approx K \cdot 0{,}5\,\text{V}^2$ und damit:

$$ R_S = \frac{2 |U_{GS,TK}|}{K \left(U_{GS,TK} - U_{th} \right)^2} \approx \frac{|U_{GS,TK}|}{K \cdot 0{,}5\,\text{V}^2} \qquad \text{für } U_{GS,TK} \leq 0 $$

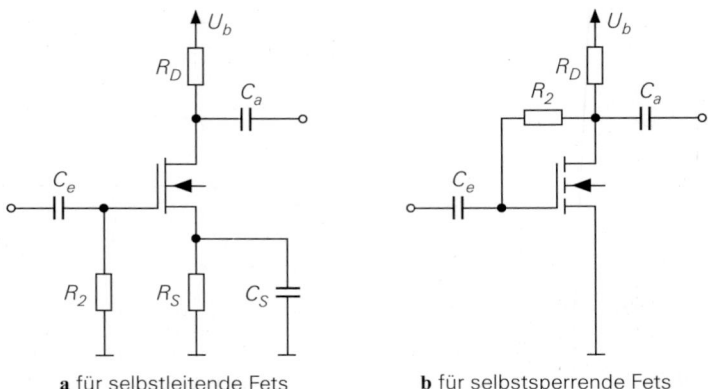

a für selbstleitende Fets   **b** für selbstsperrende Fets

Abb. 3.68. Spezielle Schaltungen zur Arbeitspunkteinstellung

Selbstsperrende Mosfets kann man mit $U_{GS} = U_{DS}$ im Abschnürbereich betreiben, siehe Abb. 3.68b; da kein oder nur ein sehr geringer Gatestrom fließt, kann man den Widerstand R_2 so groß machen, dass die durch R_2 verursachte Spannungsgegenkopplung vernachlässigbar gering ist; den Eingangswiderstand erhält man in diesem Fall aus (3.78) auf Seite 252.

Die Eigenschaften, Vor- und Nachteile der Wechselspannungskopplung werden auf Seite 127 im Zusammenhang mit der Arbeitspunkteinstellung der Emitterschaltung ausführlich beschrieben.

3.4.1.7.2 Arbeitspunkteinstellung bei Gleichspannungskopplung

Bei Gleichspannungskopplung, auch als *direkte* oder *galvanische* Kopplung bezeichnet, wird der Verstärker direkt mit der Signalquelle und der Last verbunden. Dabei müssen die Gleichspannungen am Eingang und am Ausgang des Verstärkers an die Gleichspannungen der Signalquelle und der Last angefasst werden; deshalb kann man bei mehrstufigen Verstärkern die Arbeitspunkte der einzelnen Stufen nicht getrennt einstellen.

Bei Gleichspannungsverstärkern ist die Gleichspannungskopplung zwingend. Dasselbe gilt für integrierte Verstärker, weil in integrierten Schaltungen die für Koppelkapazitäten erforderlichen Werte im allgemeinen nicht hergestellt werden können und externe Koppelkapazitäten unerwünscht sind. Bei mehrstufigen Verstärkern wird die Gleichspannungskopplung fast immer in Verbindung mit einer Gegenkopplung über alle Stufen eingesetzt, damit sich ein definierter und temperaturstabiler Arbeitspunkt einstellt.

3.4.1.8 Frequenzgang und Grenzfrequenz

Die Kleinsignalverstärkung A gilt in der bisher berechneten Form nur für niedrige Signalfrequenzen; bei höheren Frequenzen nimmt der Betrag der Verstärkung aufgrund der Kapazitäten des Fets ab. Zur Berechnung des Frequenzgangs und der Grenzfrequenz muss man streng genommen das dynamische Kleinsignalmodell des Fets nach Abb. 3.48 verwenden; dabei wird neben den Kapazitäten C_{GS}, C_{GD}, C_{BS} und C_{BD} der Gate-Bahnwiderstand R_G berücksichtigt.

Für Einzel-Fets ohne Bulk-Anschluss kann man das einfache Kleinsignalmodell nach Abb. 3.49a verwenden, das weitgehend dem Kleinsignalmodell des Bipolartransistors entspricht. Da die Grenzfrequenz ohnehin nur näherungsweise berechnet wird, begeht man

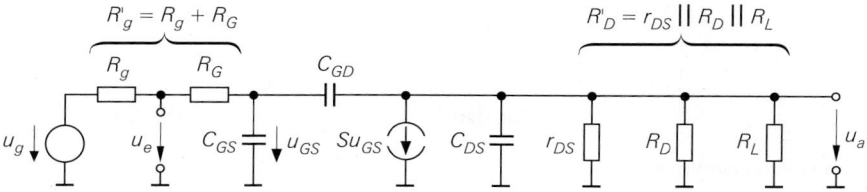

Abb. 3.69. Dynamisches Kleinsignalersatzschaltbild der Sourceschaltung ohne Gegenkopplung

keinen großen Fehler, wenn man auch für integrierte Fets das einfache Kleinsignalmodell verwendet. Damit kann man die Ergebnisse für den Bipolartransistor auf den Fet übertragen, wenn man die folgenden Ersetzungen vornimmt:

$$R_B \rightarrow R_G \, , \, r_{BE} \rightarrow \infty \, , \, r_{CE} \rightarrow r_{DS} \, , \, C_E \rightarrow C_{GS} \, , \, C_C \rightarrow C_{GD}$$

3.4.1.8.1 Sourceschaltung ohne Gegenkopplung

Abbildung 3.69 zeigt das dynamische Kleinsignalersatzschaltbild der Sourceschaltung ohne Gegenkopplung. Für die *Betriebsverstärkung* $\underline{A}_B(s) = \underline{u}_a(s)/\underline{u}_g(s)$ erhält man mit $R'_g = R_g + R_G$ und $R'_D = R_L \, || \, R_D \, || \, r_{DS}$:

$$\underline{A}_B(s) = -\frac{(S - sC_{GD}) R'_D}{1 + sc_1 + s^2 c_2} \tag{3.80}$$

$$c_1 = C_{GS}R'_g + C_{GD}\left(R'_g + R'_D + SR'_D R'_g \right) + C_{DS}R'_D$$

$$c_2 = (C_{GS}C_{GD} + C_{GS}C_{DS} + C_{GD}C_{DS}) R'_g R'_D$$

Wie bei der Emitterschaltung kann man den Frequenzgang auch hier näherungsweise durch einen Tiefpass 1.Grades beschreiben, indem man die Nullstelle vernachlässigt und den s^2-Term im Nenner streicht. Mit der Niederfrequenzverstärkung

$$A_0 = \underline{A}_B(0) = -SR'_D \tag{3.81}$$

folgt:

$$\underline{A}_B(s) \approx \frac{A_0}{1 + s\left(C_{GS}R'_g + C_{GD}\left(R'_g + R'_D + SR'_D R'_g \right) + C_{DS}R'_D \right)} \tag{3.82}$$

Damit erhält man eine Näherung für die *-3dB-Grenzfrequenz* f_{-3dB}, bei der der Betrag der Verstärkung um 3 dB abgenommen hat:

$$\omega_{-3dB} = 2\pi f_{-3dB} \approx \frac{1}{C_{GS}R'_g + C_{GD}\left(R'_g + R'_D + SR'_D R'_g \right) + C_{DS}R'_D} \tag{3.83}$$

In den meisten Fällen gilt $R'_D, R'_g \gg 1/S$; damit erhält man:

$$\boxed{\omega_{-3dB} = 2\pi f_{-3dB} \approx \frac{1}{C_{GS}R'_g + C_{GD}SR'_D R'_g + C_{DS}R'_D}} \tag{3.84}$$

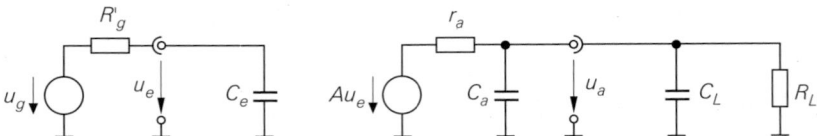

Abb. 3.70. Ersatzschaltbild mit den Ersatzgrößen A, r_a, C_e und C_a

Wie bei der Emitterschaltung kann man die Grenzfrequenz auch hier mit Hilfe der Niederfrequenzverstärkung A_0 und zwei von A_0 unabhängigen Zeitkonstanten darstellen; aus (3.83) folgt:

$$\omega_{\text{-}3dB}(A_0) \approx \frac{1}{T_1 + T_2 |A_0|} \tag{3.85}$$

$$T_1 = (C_{GS} + C_{GD}) R_g' \tag{3.86}$$

$$T_2 = C_{GD} R_g' + \frac{C_{GD} + C_{DS}}{S} \tag{3.87}$$

Zwei Bereiche lassen sich unterscheiden:

– Für $|A_0| \ll T_1/T_2$ gilt $\omega_{\text{-}3dB} \approx T_1^{-1}$, d.h. die Grenzfrequenz ist nicht von der Verstärkung abhängig. Die maximale Grenzfrequenz erhält man für den Grenzfall $A_0 \to 0$ und $R_g = 0$:

$$\omega_{\text{-}3dB,max} = \frac{1}{(C_{GS} + C_{GD}) R_G}$$

Sie entspricht der *Steilheitsgrenzfrequenz* ω_{Y21s}, siehe (3.48).
– Für $|A_0| \gg T_1/T_2$ gilt $\omega_{\text{-}3dB} \approx (T_2 |A_0|)^{-1}$, d.h. die Grenzfrequenz ist proportional zum Kehrwert der Verstärkung und man erhält ein konstantes *Verstärkungs-Bandbreite-Produkt* (*gain-bandwidth-product*, *GBW*):

$$GBW = f_{\text{-}3dB} |A_0| \approx \frac{1}{2\pi T_2} \tag{3.88}$$

Das Verstärkungs-Bandbreite-Produkt *GBW* ist eine wichtige Kenngröße, da es eine absolute Obergrenze für das Produkt aus dem Betrag der Niederfrequenzverstärkung und der Grenzfrequenz darstellt, d.h. für alle Werte von $|A_0|$ gilt $GBW \geq f_{\text{-}3dB} |A_0|$.

Wird die Schaltung am Ausgang mit einer Lastkapazität C_L belastet, kann man die zugehörigen Werte für $f_{\text{-}3dB}$, T_1, T_2 und GBW aus (3.83)–(3.88) berechnen, indem man $C_{DS} + C_L$ anstelle von C_{DS} einsetzt; für T_2 folgt damit:

$$T_2 = C_{GD} R_g' + \frac{C_{GD} + C_{DS} + C_L}{S} \tag{3.89}$$

3.4.1.8.2 Ersatzschaltbild

Man kann die Sourceschaltung näherungsweise durch das Ersatzschaltbild nach Abb. 3.70 beschreiben. Es folgt aus Abb. 3.59 durch Ergänzen der *Eingangskapazität* C_e und der *Ausgangskapazität* C_a und eignet sich nur zur näherungsweisen Berechnung der Verstärkung $\underline{A}_B(s)$ und der Grenzfrequenz $f_{\text{-}3dB}$. Man erhält C_e und C_a aus der Bedingung, dass eine Berechnung von $\underline{A}_B(s)$ nach Streichen des s^2-Terms im Nenner auf (3.82) führen muss:

$$C_e \approx C_{GS} + C_{GD}\,(1 + |A_0|) \tag{3.90}$$

$$C_a \approx C_{GD} + C_{DS} \tag{3.91}$$

Die Eingangskapazität C_e hängt von der Beschaltung am Ausgang ab, weil A_0 von R_L abhängt. Die Tatsache, dass C_{GD} mit dem Faktor $(1 + |A_0|)$ in C_e eingeht, wird *Miller-Effekt* und C_{GD} demzufolge *Miller-Kapazität* genannt. A und r_a sind durch (3.59) und (3.61) gegeben und hängen nicht von der Beschaltung ab. Der Gate-Bahnwiderstand R_G wird als Bestandteil des Innenwiderstands der Signalquelle aufgefasst: $R'_g = R_g + R_G$.

Beispiel: Für das Zahlenbeispiel zur Sourceschaltung ohne Gegenkopplung nach Abb. 3.56a wurde $I_{D,A} = 2\,\mathrm{mA}$ gewählt. Mit $K = 4\,\mathrm{mA/V^2}$, $U_A = 50\,\mathrm{V}$, $C_{oss} = 5\,\mathrm{pF}$, $C_{rss} = 2\,\mathrm{pF}$, $f_{Y21s} = 1\,\mathrm{GHz}$ und $f_T = 100\,\mathrm{MHz}$ erhält man aus Abb. 3.51 auf Seite 229 die Kleinsignalparameter $S = 4\,\mathrm{mS}$, $r_{DS} = 25\,\mathrm{k\Omega}$, $R_G = 25\,\Omega$, $C_{GD} = 2\,\mathrm{pF}$, $C_{GS} = 4,4\,\mathrm{pF}$ und $C_{DS} = 3\,\mathrm{pF}$. Mit $R_g = R_D = 1\,\mathrm{k\Omega}$, $R_L \rightarrow \infty$ und $R'_g \approx R_g$ folgt aus (3.81) $A_0 \approx -3,85$, aus (3.83) $f_{\text{-}3dB} \approx 8,43\,\mathrm{MHz}$ und aus (3.84) $f_{\text{-}3dB} \approx 10,6\,\mathrm{MHz}$. Aus (3.86) folgt $T_1 \approx 6,4\,\mathrm{ns}$, aus (3.87) $T_2 \approx 3,25\,\mathrm{ns}$ und aus (3.88) $GBW \approx 49\,\mathrm{MHz}$. Mit einer Lastkapazität $C_L = 1\,\mathrm{nF}$ erhält man aus (3.89) $T_2 \approx 253\,\mathrm{ns}$, aus (3.85) $f_{\text{-}3dB} \approx 162\,\mathrm{kHz}$ und aus (3.88) $GBW \approx 630\,\mathrm{kHz}$.

Ein Vergleich mit den Werten der Emitterschaltung auf Seite 133 ist nur beim Verstärkungs-Bandbreite-Produkt sinnvoll, weil die Niederfrequenzverstärkungen stark unterschiedlich sind. Es zeigt sich, dass die Sourceschaltung ohne kapazitive Last praktisch dasselbe *GBW* erreicht wie die Emitterschaltung. Mit einer kapazitiver Last ist das *GBW* der Sourceschaltung allerdings deutlich geringer, und zwar im Grenzfall großer Lastkapazitäten genau um das Verhältnis der Steilheiten, wie ein Vergleich von (3.89) und (2.109) auf Seite 132 zeigt. Daraus folgt für die Praxis:

> *Die Sourceschaltung ist aufgrund der geringen Steilheit der Fets nur schlecht zur Ansteuerung kapazitiver Lasten geeignet.*

3.4.1.8.3 Sourceschaltung mit Stromgegenkopplung

Der Frequenzgang und die Grenzfrequenz der Sourceschaltung mit Stromgegenkopplung nach Abb. 3.60a lassen sich aus den entsprechenden Größen der Sourceschaltung ohne Gegenkopplung ableiten. Dazu wird die bereits bei der Emitterschaltung mit Stromgegenkopplung durchgeführte Umwandlung des Kleinsignalersatzschaltbilds verwendet, siehe Abb. 2.88 auf Seite 134. Abbildung 3.71 zeigt das Kleinsignalersatzschaltbild der Sourceschaltung mit Stromgegenkopplung vor und nach der Umwandlung; dabei werden die Kleinsignalparameter in die äquivalenten Werte eines Fets ohne Stromgegenkopplung umgerechnet:

$$
\begin{bmatrix} S' \\ C'_{GS} \\ C'_{DS} \\ \frac{1}{r'_{DS}} \end{bmatrix}
= \frac{1}{1 + (S + S_B)\,R_S} \cdot
\begin{bmatrix} S \\ C_{GS} \\ C_{DS} \\ \frac{1}{r_{DS}} \end{bmatrix}
\overset{u_{BS}=0}{=} \frac{1}{1 + S R_S} \cdot
\begin{bmatrix} S \\ C_{GS} \\ C_{DS} \\ \frac{1}{r_{DS}} \end{bmatrix}
\tag{3.92}
$$

Die Steilheit S' entspricht der bereits in (3.68) eingeführten *reduzierten Steilheit* S_{red}. Die Gate-Drain-Kapazität C_{GD} bleibt unverändert.

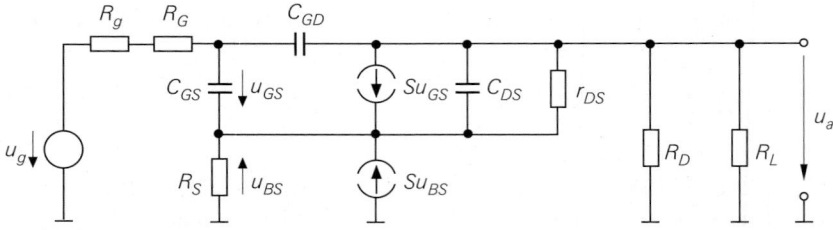

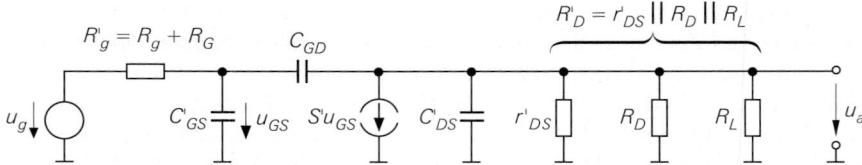

Abb. 3.71. Dynamisches Kleinsignalersatzschaltbild der Sourceschaltung mit Stromgegenkopplung vor der Umwandlung (oben) und nach der Umwandlung (unten)

Man kann nun die äquivalenten Werte in die Gleichungen (3.81) und (3.85)–(3.87) bzw. (3.89) für die Sourceschaltung ohne Gegenkopplung einsetzen; mit $R'_g = R_g + R_G$ und $R'_D = r'_{DS} \parallel R_D \parallel R_L$ folgt:

$$\omega_{-3dB}(A_0) \approx \frac{1}{T_1 + T_2|A_0|} \tag{3.93}$$

$$T_1 = \left(C'_{GS} + C_{GD}\right) R'_g \tag{3.94}$$

$$T_2 = C_{GD}R'_g + \frac{C_{GD} + C'_{DS} + C_L}{S'} \tag{3.95}$$

$$A_0 = -S'R'_D \tag{3.96}$$

Aus (3.95) folgt, dass sich bei starker Stromgegenkopplung bereits eine kleine Lastkapazität C_L vergleichsweise stark auswirkt, da T_2 wegen $S' < S$ vergleichsweise stark zunimmt; das Verstärkungs-Bandbreite-Produkt GBW nimmt entsprechend stark ab.

Beispiel: Für das Zahlenbeispiel zur Sourceschaltung mit Stromgegenkopplung nach Abb. 3.60a wurde $I_{D,A} = 1,5\,\text{mA}$ gewählt. Mit $K = 4\,\text{mA/V}^2$ und $U_A = 50\,\text{V}$ folgen aus Abb. 3.51 auf Seite 229 die Parameter $S = 3,46\,\text{mS}$ und $r_{DS} = 33,3\,\text{k}\Omega$. Die Parameter $R_G = 25\,\Omega$, $C_{GD} = 2\,\text{pF}$, $C_{GS} = 4,4\,\text{pF}$ und $C_{DS} = 3\,\text{pF}$ werden aus dem Beispiel auf Seite 257 übernommen [22] und r_{DS} wird vernachlässigt. Die Umwandlung nach (3.92) liefert mit $R_S = 200\,\Omega$ die äquivalenten Werte $S' = 2,04\,\text{mS}$, $C'_{GS} = 2,6\,\text{pF}$, $C'_{DS} = 1,77\,\text{pF}$ und $r'_{DS} = 56,3\,\text{k}\Omega$. Mit $R_g = R_D = 1\,\text{k}\Omega$ und $R_L \to \infty$ erhält man $R'_D = R_D \parallel r_{DS} = 983\,\Omega$ und $R'_g = R_g + R_G = 1025\,\Omega$ und damit aus (3.96) $A_0 \approx -2$, aus (3.94)

---

[22] Streng genommen müsste man diese Parameter mit Hilfe von Abb. 3.51 aus C_{rss}, f_T und f_{Y21s} berechnen. Da man jedoch die Abhängigkeit dieser Größen vom Arbeitspunkt im allgemeinen nicht kennt, macht man sich die Tatsache zu Nutze, dass die Kapazitäten und der Gate-Bahnwiderstand im wesentlichen geometrisch skaliert werden, d.h. nur von den geometrischen Größen des Fets und nicht vom Arbeitspunkt abhängen.

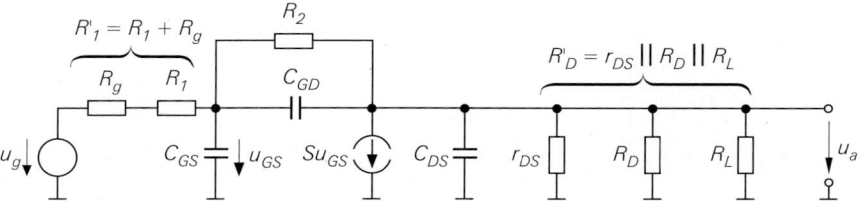

Abb. 3.72. Kleinsignalersatzschaltbild der Sourceschaltung mit Spannungsgegenkopplung

$T_1 \approx 4{,}7$ ns, aus (3.95) $T_2 \approx 4{,}9$ ns ($C_L = 0$), aus (3.85) $f_{-3dB} \approx 11$ MHz und aus (3.88) $GBW \approx 32{,}5$ MHz. Mit einer Lastkapazität $C_L = 1$ nF folgt aus (3.95) $T_2 \approx 494$ ns, aus (3.85) $f_{-3dB} \approx 160$ kHz und aus (3.88) $GBW \approx 322$ kHz.

3.4.1.8.4 Sourceschaltung mit Spannungsgegenkopplung

Abbildung 3.72 zeigt das Kleinsignalersatzschaltbild; dabei wird der Gatewiderstand R_G des Fets vernachlässigt. Man kann die Ergebnisse für die Emitterschaltung mit Spannungsgegenkopplung auf die Sourceschaltung mit Spannungsgegenkopplung übertragen, wenn man berücksichtigt, dass die Kapazität C_{DS} wie eine Lastkapazität wirkt; mit $R_1' = R_1 + R_g$ und $R_D' = r_{DS} \,||\, R_D \,||\, R_L$ folgt aus (2.115)

$$A_0 \approx -\frac{R_2}{R_1' + \dfrac{R_1' + R_2}{SR_D'}} \overset{SR_D' \gg 1 + R_2/R_1'}{\approx} -\frac{R_2}{R_1'} \tag{3.97}$$

und aus (2.118)–(2.120):

$$\omega_{-3dB}(A_0) \approx \frac{1}{T_1 + T_2|A_0|} \tag{3.98}$$

$$T_1 = \frac{C_{GS} + C_{DS} + C_L}{S} \tag{3.99}$$

$$T_2 = \left(\frac{C_{GS}}{SR_D'} + C_{GD}\right) R_1' + \frac{C_{DS} + C_L}{S} \tag{3.100}$$

Bei starker Spannungsgegenkopplung können konjugiert komplexe Pole auftreten; in diesem Fall kann die Grenzfrequenz durch (3.98)–(3.100) nur sehr grob abgeschätzt werden.

Die Sourceschaltung mit Spannungsgegenkopplung kann ebenfalls näherungsweise durch das Ersatzschaltbild nach Abb. 3.70 beschrieben werden; dabei erhält man in Analogie zur Emitterschaltung mit Spannungsgegenkopplung unter Berücksichtigung der zusätzlich am Ausgang auftretenden Kapazität C_{DS}:

$$C_e = 0$$

$$C_a \approx \left(C_{GS}\left(\frac{1}{R_2} + \frac{1}{R_D'}\right) + C_{GD}S\right)(R_1' \,||\, R_2) + C_{DS}$$

Die Eingangsimpedanz ist demnach rein ohmsch. A, r_e und r_a sind durch (3.72)–(3.74) gegeben.

Beispiel: Für das Zahlenbeispiel zur Sourceschaltung mit Spannungsgegenkopplung nach Abb. 3.64a wurde $I_{D,A} = 2{,}5$ mA gewählt; mit $K = 4$ mA/V^2 und $U_A = 50$ V folgt

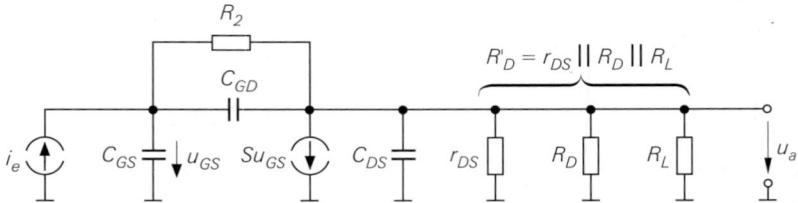

Abb. 3.73. Kleinsignalersatzschaltbild des Strom-Spannungs-Wandlers

aus Abb. 3.51 auf Seite 229 $S = 4{,}47\,\mathrm{mS}$ und $r_{DS} = 20\,\mathrm{k\Omega}$. Die Parameter $R_G = 25\,\Omega$, $C_{GD} = 2\,\mathrm{pF}$, $C_{GS} = 4{,}4\,\mathrm{pF}$ und $C_{DS} = 3\,\mathrm{pF}$ werden aus dem Beispiel auf Seite 257 übernommen. Mit $R_D = R_1 = 1\,\mathrm{k\Omega}$, $R_2 = 6{,}3\,\mathrm{k\Omega}$, $R_L \to \infty$, $r_{DS} \gg R_D$ und $R_g = 0$ erhält man $R'_D \approx R_D = 1\,\mathrm{k\Omega}$ und $R'_1 = R_1 = 1\,\mathrm{k\Omega}$; damit folgt aus (3.97) $A_0 \approx -2{,}6$, aus (3.99) $T_1 \approx 1{,}66\,\mathrm{ns}$, aus (3.100) $T_2 \approx 3{,}66\,\mathrm{ns}$, aus (3.98) $f_{\text{-}3dB} \approx 14\,\mathrm{MHz}$ und aus (3.88) $GBW \approx 43\,\mathrm{MHz}$. Mit einer Lastkapazität $C_L = 1\,\mathrm{nF}$ folgt aus (3.99) $T_1 \approx 225\,\mathrm{ns}$, aus (3.100) $T_2 \approx 227\,\mathrm{ns}$, aus (3.98) $f_{\text{-}3dB} \approx 195\,\mathrm{kHz}$ und aus (3.88) $GBW \approx 700\,\mathrm{kHz}$.

3.4.1.8.5 Strom-Spannungs-Wandler

Abbildung 3.73 zeigt das Kleinsignalersatzschaltbild für den Strom-Spannungs-Wandler aus Abb. 3.66a; mit $R'_D = R_D \,||\, R_L \,||\, r_{DS}$ und nach Vernachlässigung des s^2-Terms im Nenner erhält man

$$\underline{Z}_T(s) = \frac{\underline{u}_a(s)}{\underline{i}_e(s)} \approx -\frac{SR'_D R_2}{1 + SR'_D} \frac{1}{1 + s\left(\dfrac{C_{GS}(R_2 + R'_D) + C_{DS}R'_D}{1 + SR'_D} + C_{GD}R_2\right)}$$

und damit:

$$\omega_{\text{-}3dB} = 2\pi f_{\text{-}3dB} \approx \frac{1}{\dfrac{C_{GS}(R_2 + R'_D) + C_{DS}R'_D}{1 + SR'_D} + C_{GD}R_2}$$

Mit $r_{DS} \gg R_D \gg 1/S$ und $R_L \to \infty$ gilt:

$$\boxed{\omega_{\text{-}3dB} = 2\pi f_{\text{-}3dB} \approx \frac{1}{\dfrac{C_{GS}}{S}\left(1 + \dfrac{R_2}{R_D}\right) + \dfrac{C_{DS}}{S} + C_{GD}R_2}} \qquad (3.101)$$

Eine Lastkapazität C_L wird berücksichtigt, indem man $C_L + C_{DS}$ anstelle von C_{DS} einsetzt.

Beispiel: Für den Strom-Spannungs-Wandler nach Abb. 3.66a wurde $I_{D,A} = 2{,}44\,\mathrm{mA}$ gewählt; mit $K = 4\,\mathrm{mA/V^2}$ und $U_A = 50\,\mathrm{V}$ folgt daraus $S = 4{,}42\,\mathrm{mS}$ und $r_{DS} = 20{,}5\,\mathrm{k\Omega}$. Die Parameter $R_G = 25\,\Omega$, $C_{GD} = 2\,\mathrm{pF}$, $C_{GS} = 4{,}4\,\mathrm{pF}$ und $C_{DS} = 3\,\mathrm{pF}$ werden aus dem Beispiel auf Seite 257 übernommen. Mit $R_D = 1\,\mathrm{k\Omega}$, $R_2 = 6{,}3\,\mathrm{k\Omega}$, $R_L \to \infty$ und $r_{DS} \gg R_D$ erhält man aus (3.101) $f_{\text{-}3dB} \approx 7{,}75\,\mathrm{MHz}$.

3.4.1.9 Zusammenfassung

Die Sourceschaltung kann ohne Gegenkopplung, mit Stromgegenkopplung oder mit Spannungsgegenkopplung betrieben werden. Abbildung 3.74 zeigt die drei Varianten und

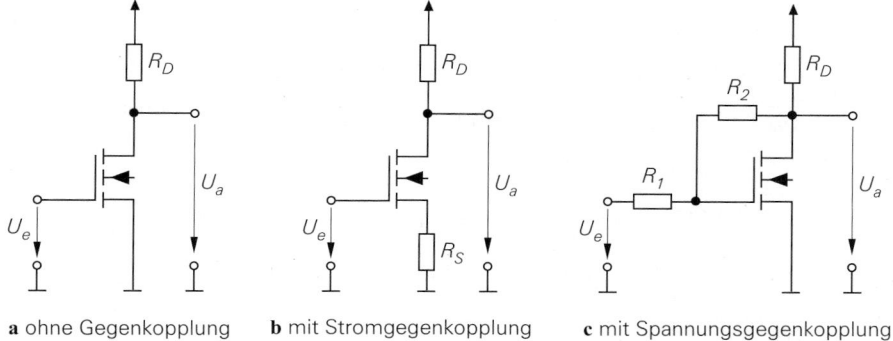

a ohne Gegenkopplung   **b** mit Stromgegenkopplung   **c** mit Spannungsgegenkopplung

Abb. 3.74. Varianten der Sourceschaltung

Abb. 3.75 fasst die wichtigsten Kenngrößen zusammen. Die Sourceschaltung mit Spannungsgegenkopplung wird nur selten eingesetzt, weil bei ihr der hohe Eingangswiderstand eines Fets nicht genutzt werden kann.

Die Sourceschaltung ohne Gegenkopplung und die Sourceschaltung mit Stromgegenkopplung werden in der Praxis nur eingesetzt, wenn ein hoher Eingangswiderstand oder eine niedrige Rauschzahl bei hochohmigen Quellen benötigt wird. In allen anderen Fällen ist die Emitterschaltung aufgrund der höheren Maximalverstärkung, der bei gleichem Strom wesentlich größeren Steilheit des Bipolartransistors und der geringeren Rauschzahl bei niederohmigen Quellen überlegen.

Eine wichtige Rolle spielt die Sourceschaltung in integrierten CMOS-Schaltungen, da hier keine Bipolartransistoren zur Verfügung stehen. Dies gilt vor allem für hochintegrierte *gemischt analog/digitale Schaltungen* (*mixed mode ICs*), die neben umfangreichen digitalen nur wenige analoge Komponenten enthalten und deshalb mit einem vergleichsweise einfachen und billigen CMOS-Digital-Prozess hergestellt werden. Der Trend geht jedoch immer mehr zu BICMOS-Prozessen, mit denen Mosfets *und* Bipolartransistoren hergestellt werden können.

	ohne Gegen-kopplung Abb. 3.74a	mit Strom-gegenkopplung Abb. 3.74b	mit Spannungs-gegenkopplung Abb. 3.74c
A	$-SR_D$	$-\dfrac{SR_D}{1+SR_S}$	$-\dfrac{R_2}{R_1 + \dfrac{R_1+R_2}{SR_D}}$
r_e	∞	∞	R_1
r_a	R_D	R_D	$R_D \parallel \dfrac{1}{S}\left(1+\dfrac{R_2}{R_1}\right)$

A : Kleinsignal-Spannungsverstärkung im Leerlauf
r_e : Kleinsignal-Eingangswiderstand
r_a : Kleinsignal-Ausgangswiderstand

Abb. 3.75. Kenngrößen der Sourceschaltung

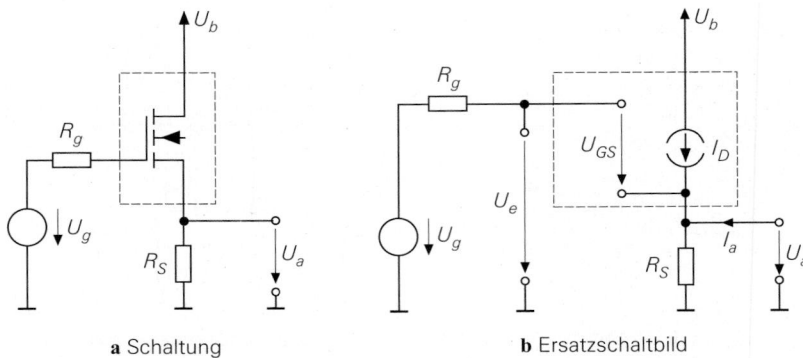

a Schaltung   **b** Ersatzschaltbild

Abb. 3.76. Drainschaltung

3.4.2 Drainschaltung

Abbildung 3.76a zeigt die Drainschaltung bestehend aus dem Mosfet, dem Sourcewiderstand R_S, der Versorgungsspannungsquelle U_b und der Signalspannungsquelle U_g mit dem Innenwiderstand R_g. Die Übertragungskennlinie und das Kleinsignalverhalten hängen von der Beschaltung des Bulk-Anschlusses ab. Er ist bei Einzel-Mosfets mit der Source und bei integrierten Mosfets mit der negativsten Versorgungsspannung, hier Masse, verbunden. Für die folgende Untersuchung wird $U_b = 5\,\mathrm{V}$ und $R_S = R_g = 1\,\mathrm{k\Omega}$, für den Einzel-Mosfet $K = 4\,\mathrm{mA/V^2}$ und $U_{th} = 1\,\mathrm{V}$ und für den integrierten Mosfet $K = 4\,\mathrm{mA/V^2}$, $U_{th,0} = 1\,\mathrm{V}$, $\gamma = 0{,}5\,\sqrt{\mathrm{V}}$ und $U_{inv} = 0{,}6\,\mathrm{V}$ angenommen.

3.4.2.1 Übertragungskennlinie der Drainschaltung

Misst man die Ausgangsspannung U_a als Funktion der Signalspannung U_g, erhält man die in Abb. 3.77 gezeigten Übertragungskennlinien. Für $U_g < U_{th} = 1\,\mathrm{V}$ fließt kein Drainstrom und man erhält $U_a = 0$. Für $U_g \geq 1\,\mathrm{V}$ fließt ein mit U_g zunehmender Drainstrom I_D, und die Ausgangsspannung *folgt* der Eingangsspannung im *Abstand U_{GS}*; deshalb wird die Drainschaltung auch als *Sourcefolger* bezeichnet. Der Fet arbeitet dabei immer im Abschnürbereich, solange die Signalspannung unterhalb der Versorgungsspannung bleibt oder diese um maximal U_{th} übersteigt.

Abbildung 3.76b zeigt das Ersatzschaltbild der Drainschaltung; für $U_g \geq U_{th}$ und $I_a = 0$ gilt:

$$U_a = I_D R_S \tag{3.102}$$

$$U_e = U_a + U_{GS} = U_a + \sqrt{\frac{2I_D}{K}} + U_{th} \tag{3.103}$$

Dabei wird in (3.103) die nach U_{GS} aufgelöste Gleichung (3.3) für den Strom im Abschnürbereich verwendet und der Early-Effekt vernachlässigt. Durch Einsetzen von (3.102) in (3.103) erhält man:

$$U_e = U_a + \sqrt{\frac{2U_a}{K R_S}} + U_{th} \tag{3.104}$$

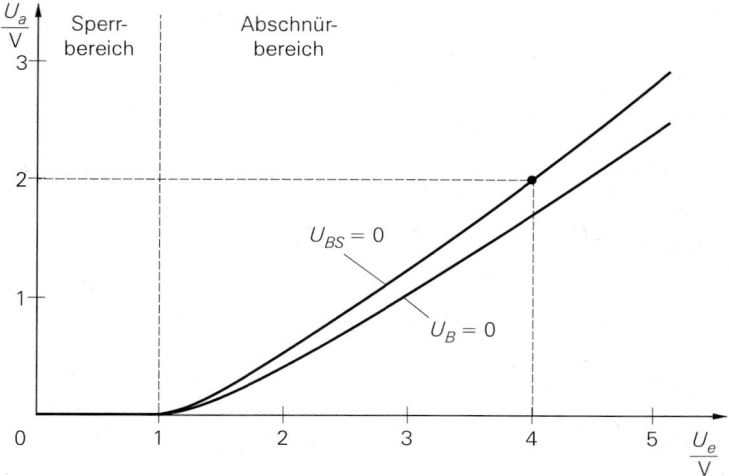

Abb. 3.77. Kennlinie der Drainschaltung bei einem Einzel-Mosfet ($U_{BS} = 0$) und einem integrierten Mosfet ($U_B = 0$)

Diese Gleichung gilt für den Einzel- *und* den integrierten Mosfet, allerdings hängt bei letzterem die Schwellenspannung U_{th} aufgrund des Substrat-Effekts von der Bulk-Source-Spannung U_{BS} ab; mit $U_B = 0$ erhält man $U_{BS} = -U_a$ und damit unter Verwendung von (3.18):

$$U_e = U_a + \sqrt{\frac{2U_a}{K\,R_S}} + U_{th,0} + \gamma \left(\sqrt{U_{inv} + U_a} - \sqrt{U_{inv}} \right) \tag{3.105}$$

Wegen der näherungsweise linearen Kennlinie kann der Arbeitspunkt in einem weiten Bereich gewählt werden; für den in Abb. 3.77 auf der Kennlinie für den Einzel-Mosfet eingezeichneten Arbeitspunkt erhält man:

$$U_a = 2\,\text{V} \;\Rightarrow\; I_D = \frac{U_a}{R_S} = 2\,\text{mA} \;\Rightarrow\; U_{GS} = \sqrt{\frac{2I_D}{K}} + U_{th} = 2\,\text{V}$$

$$\Rightarrow\; U_e = U_a + U_{GS} = 4\,\text{V}$$

Für den integrierten Mosfet erhält man mit $U_a = 2\,\text{V}$ aus (3.105) $U_e = 4{,}42\,\text{V}$.

3.4.2.2 Kleinsignalverhalten der Drainschaltung

Das Verhalten bei Aussteuerung um einen Arbeitspunkt A wird als *Kleinsignalverhalten* bezeichnet. Der Arbeitspunkt ist durch die Arbeitspunktgrößen $U_{e,A}$, $U_{a,A}$ und $I_{D,A}$ gegeben; als Beispiel wird der oben ermittelte Arbeitspunkt mit $U_{e,A} = 4\,\text{V}$, $U_{a,A} = 2\,\text{V}$ und $I_{D,A} = 2\,\text{mA}$ verwendet.

Abbildung 3.78 zeigt im oberen Teil das Kleinsignalersatzschaltbild der Drainschaltung in seiner unmittelbaren Form. Daraus erhält man durch Umzeichnen und Zusammenfassen parallel liegender Elemente das in Abb. 3.78 unten gezeigte Kleinsignalersatzschaltbild mit:

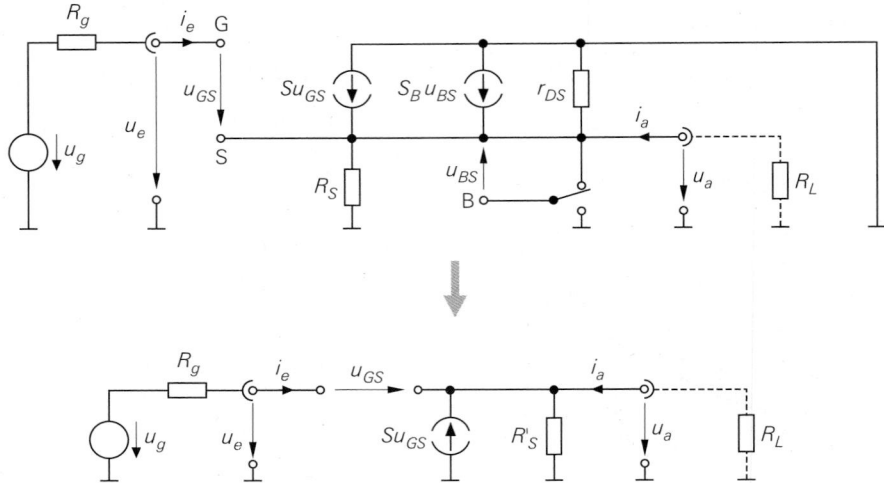

Abb. 3.78. Kleinsignalersatzschaltbild der Drainschaltung

$$R'_S = \begin{cases} R_S \,\|\, r_{DS} & \text{beim Einzel-Mosfet } (u_{BS} = 0) \\ R_S \,\|\, r_{DS} \,\|\, \dfrac{1}{S_B} & \text{beim integrierten Mosfet } (u_{BS} = -u_a) \end{cases}$$

Beim integrierten Mosfet wirkt die Stromquelle mit der Substrat-Steilheit S_B wie ein Widerstand, weil die Steuerspannung u_{BS} gleich der an der Quelle anliegenden Spannung ist. Der Übergang vom integrierten zum Einzel-Mosfet erfolgt mit der Einschränkung $u_{BS} = 0$; in den Gleichungen wird dann $S_B = 0$ gesetzt [23].

3.4.2.2.1 Kleinsignalparameter

Aus der Knotengleichung $S\,u_{GS} = u_a/R'_S$ erhält man mit $u_{GS} = u_e - u_a$ die *Verstärkung*:

$$A = \left.\frac{u_a}{u_e}\right|_{i_a=0} = \frac{SR'_S}{1 + SR'_S} \overset{r_{DS}\gg 1/S}{\approx} \frac{SR_S}{1 + (S + S_B)\,R_S} \overset{u_{BS}=0}{=} \frac{SR_S}{1 + SR_S}$$

Mit $K = 4\,\text{mA/V}^2$, $\gamma = 0,5\,\sqrt{\text{V}}$, $U_{inv} = 0,6\,\text{V}$ und $I_{D,A} = 2\,\text{mA}$ folgt aus Abb. 3.51 bzw. Abb. 3.52 $S = 4\,\text{mS}$ und $S_B = 0,62\,\text{mS}$; damit erhält man mit $R_S = 1\,\text{k}\Omega$ bei Verwendung eines Einzel-Mosfets $A \approx 0,8$ und bei Verwendung eines integrierten Mosfets $A \approx 0,71$. Aufgrund der relativ geringen Steilheit ist die Verstärkung deutlich kleiner als 1.

Für den *Eingangswiderstand* gilt $r_e = \infty$ und für den *Ausgangswiderstand* erhält man:

$$r_a = \frac{u_a}{i_a} = \frac{1}{S} \,\|\, R'_S \overset{r_{DS}\gg 1/S}{\approx} \frac{1}{S} \,\|\, \frac{1}{S_B} \,\|\, R_S \overset{u_{BS}=0}{=} \frac{1}{S} \,\|\, R_S$$

Für das Zahlenbeispiel erhält man $r_a \approx 200\,\Omega$ bei Verwendung eines Einzel-Mosfets und $r_a \approx 178\,\Omega$ bei Verwendung eines integrierten Mosfets.

Mit $r_{DS} \gg 1/S$ und *ohne* Lastwiderstand R_L erhält man für die Drainschaltung:

---

[23] $S_B = 0$ wäre als einschränkende Bedingung nicht korrekt, da auch ein Einzel-Mosfet eine Substrat-Steilheit ungleich Null besitzt, die sich aber wegen $u_{BS} = 0$ nicht auswirkt; deshalb ist $u_{BS} = 0$ die korrekte Einschränkung und $S_B = 0$ die Auswirkung in den Gleichungen.

Drainschaltung

$$A = \left.\frac{u_a}{u_e}\right|_{i_a=0} \approx \frac{SR_S}{1+(S+S_B)\,R_S} \overset{u_{BS}=0}{=} \frac{SR_S}{1+SR_S} \tag{3.106}$$

$$r_e = \left.\frac{u_e}{i_e}\right|_{i_a=0} = \infty \tag{3.107}$$

$$r_a = \frac{u_a}{i_a} \approx \frac{1}{S} \,||\, \frac{1}{S_B} \,||\, R_S \overset{u_{BS}=0}{=} \frac{1}{S} \,||\, R_S \tag{3.108}$$

Um den Einfluss eines Lastwiderstands R_L zu berücksichtigen, muss man in (3.106) anstelle von R_S die Parallelschaltung von R_S und R_L einsetzen.

3.4.2.2.2 Maximale Verstärkung in integrierten Schaltungen

Die *maximale Verstärkung* A_{max} wird erreicht, wenn man anstelle des Sourcewiderstands R_S eine ideale Stromquelle einsetzt. In integrierten Schaltungen gilt:

$$A_{max} = \lim_{R_S \to \infty} A \overset{r_{DS}\gg 1/S}{\approx} \frac{S}{S+S_B} \overset{\overset{(3.42)}{U_{BS}=-U_a}}{=} \frac{1}{1+\dfrac{\gamma}{2\sqrt{U_{inv}+U_a}}}$$

Für das Zahlenbeispiel mit $\gamma = 0{,}5\,\sqrt{\text{V}}$, $U_{inv} = 0{,}6\,\text{V}$ und $U_{a,A} = 2\,\text{V}$ erhält man $A_{max} = 0{,}87$. Bei Einzel-Fets ist $A_{max} = 1$.

3.4.2.3 Nichtlinearität

Der Klirrfaktor der Drainschaltung kann durch eine Reihenentwicklung der Kennlinie im Arbeitspunkt näherungsweise bestimmt werden. Da die für die Kennlinie maßgebende Gleichung (3.103) auch für die Sourceschaltung mit Stromgegenkopplung gilt, kann man (3.69) übernehmen:

$$k \approx \frac{\hat{u}_e}{8} \frac{\dfrac{S}{I_{D,A}} + \dfrac{SS_B R_S^2}{U_{inv}+I_{D,A}R_S}}{(1+(S+S_B)\,R_S)^2} \overset{u_{BS}=0}{=} \frac{\hat{u}_e}{4\,(U_{GS,A}-U_{th})\,(1+SR_S)^2} \tag{3.109}$$

Für das Zahlenbeispiel erhält man $\hat{u}_e < k \cdot 100\,\text{V}$ bei Verwendung eines Einzel-Mosfets und $\hat{u}_e < k \cdot 85{,}5\,\text{V}$ bei Verwendung eines integrierten Mosfets.

3.4.2.4 Temperaturabhängigkeit

Es gilt:

$$\left.\frac{dU_a}{dT}\right|_A = \left.\frac{dU_a}{dU_{GS}}\right|_A \left.\frac{dU_{GS}}{dT}\right|_A \overset{dU_{GS}=dU_e}{=} A\left.\frac{dU_{GS}}{dT}\right|_A \overset{dU_{GS}=dI_D/S}{=} \frac{A}{S}\left.\frac{dI_D}{dT}\right|_A$$

Daraus folgt durch Einsetzen von A nach (3.106) und dI_D/dT nach (3.14) auf Seite 197 unter Berücksichtigung der typischen Werte:

$$\left.\frac{dU_a}{dT}\right|_A \approx \frac{I_{D,A}R_S}{1+(S+S_B)\,R_S} \cdot 10^{-3}\,\text{K}^{-1}\left(\frac{4\ldots 7\,\text{V}}{U_{GS,A}-U_{th}} - 5\right)$$

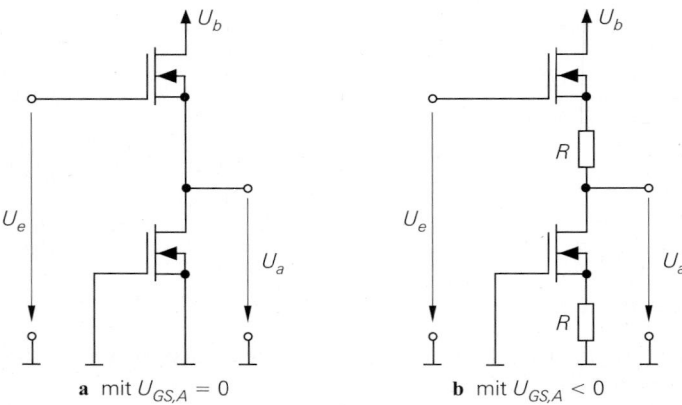

a mit $U_{GS,A} = 0$ **b** mit $U_{GS,A} < 0$

Abb. 3.79. Arbeitspunkteinstellung mit $U_{e,A} = U_{a,A}$

Bei Einzel-Mosfets wird $S_B = 0$ gesetzt. Für das Zahlenbeispiel erhält man bei Verwendung eines Einzel-Mosfets $(dU_a/dT)|_A \approx -0,4\ldots+0,8\,\mathrm{mV/K}$; bei Verwendung eines integrierten Mosfets ist die Temperaturdrift etwas geringer.

3.4.2.5 Arbeitspunkteinstellung

Die Arbeitspunkteinstellung erfolgt wie bei der Kollektorschaltung; Abb. 2.99 auf Seite 145 zeigt einige Beispiele. Während die Ausgangsspannung $U_{a,A}$ bei selbstsperrenden n-Kanal-Mosfets wegen $U_{GS,A} > U_{th} > 0$ und $U_{a,A} = U_{e,A} - U_{GS,A}$ immer kleiner als die Eingangsspannung $U_{e,A}$ ist, kann sie bei selbstleitenden n-Kanal-Mosfets auch größer sein. Bei n-Kanal-Sperrschicht-Fets gilt wegen $U_{GS,A} \leq 0$ immer $U_{e,A} \leq U_{a,A}$.

Eine Sonderstellung nehmen die in Abb. 3.79 gezeigten Varianten mit selbstleitenden n-Kanal-Mosfets und einer Stromquelle anstelle des Sourcewiderstands R_S ein; dabei gilt unabhängig von der Schwellenspannung $U_{e,A} = U_{a,A}$, solange beide Mosfets denselben Steilheitskoeffizienten und dieselbe Schwellenspannung besitzen. Diese Eigenschaft kann man in diskret aufgebauten Schaltungen bei Verwendung von gepaarten Mosfets nutzen; dabei sind die Schwellenspannungen zwar toleranzbehaftet, aber näherungsweise gleich. In integrierten Schaltungen ist dieses Prinzip nicht anwendbar, weil die Schwellenspannungen aufgrund des Substrat-Effekts von den Source-Spannungen der Mosfets abhängen.

Die Schaltung nach Abb. 3.79a eignet sich nur bedingt für Sperrschicht-Fets, weil im Arbeitspunkt $U_{GS,A} = 0$ gilt und deshalb die Gate-Kanal-Diode des Sperrschicht-Fets bei einem sprunghaften Anstieg der Eingangsspannung leitend werden kann; hier muss man die Schaltung nach Abb. 3.79b verwenden, bei der $U_{GS,A} = -I_{D,A}R$ gilt. Der Widerstand R hat eine entsprechende Zunahme des Ausgangswiderstands zu Folge und sollte deshalb nicht zu groß gewählt werden.

3.4.2.6 Frequenzgang und Grenzfrequenz

Die Kleinsignalverstärkung A und die Betriebsverstärkung A_B der Drainschaltung nehmen bei höheren Frequenzen aufgrund der Kapazitäten des Fets ab. Um eine Aussage über den Frequenzgang und die Grenzfrequenz zu bekommen, muss man bei der Berechnung das dynamische Kleinsignalmodell des Fets verwenden; Abb. 3.80 zeigt das resultierende dynamische Kleinsignalersatzschaltbild der Drainschaltung. Für die *Betriebsverstärkung*

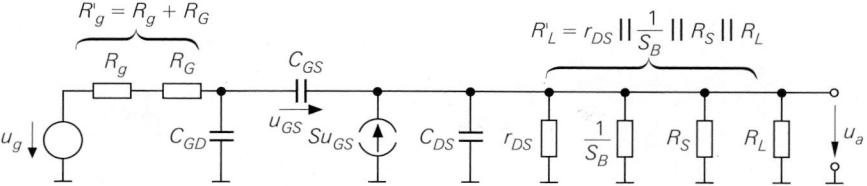

Abb. 3.80. Dynamisches Kleinsignalersatzschaltbild der Drainschaltung

$\underline{A}_B(s) = \underline{u}_a(s)/\underline{u}_g(s)$ erhält man mit $R'_g = R_g + R_G$ und $R'_L = R_L \parallel R_S \parallel r_{DS} \parallel 1/S_B$:

$$\underline{A}_B(s) = \frac{1 + s\,\dfrac{C_{GS}}{S}}{1 + \dfrac{1}{SR'_L} + sc'_1 + s^2 c'_2}$$

$$c'_1 = \frac{C_{GS} + C_{DS}}{S} + (C_{GS} + C_{GD})\frac{R'_g}{SR'_L} + C_{GD}R'_g$$

$$c'_2 = (C_{GS}C_{GD} + C_{GS}C_{DS} + C_{GD}C_{DS})\frac{R'_g}{S}$$

Die Nullstelle kann vernachlässigt werden, weil die Grenzfrequenz

$$f_N = \frac{S}{2\pi\,C_{GS}} > f_T$$

oberhalb der Transitfrequenz f_T des Fets liegt, wie ein Vergleich mit (3.49) zeigt. Mit der Niederfrequenzverstärkung

$$A_0 = \underline{A}_B(0) = \frac{SR'_L}{1 + SR'_L} \tag{3.110}$$

gilt:

$$\underline{A}_B(s) \approx \frac{A_0}{1 + sc_1 + s^2 c_2} \tag{3.111}$$

$$c_1 = \frac{(C_{GS} + C_{DS})\,R'_L + C_{GS}R'_g}{1 + SR'_L} + C_{GD}R'_g \tag{3.112}$$

$$c_2 = \frac{(C_{GS}C_{GD} + C_{GS}C_{DS} + C_{GD}C_{DS})\,R'_L R'_g}{1 + SR'_L} \tag{3.113}$$

Damit kann man die *Güte* der Pole angeben:

$$Q = \frac{\sqrt{c_2}}{c_1} \tag{3.114}$$

Für $Q \le 0{,}5$ sind die Pole reell, für $Q > 0{,}5$ konjugiert komplex.

3.4.2.6.1 Grenzfrequenz

Bei reellen Polen kann man den Frequenzgang näherungsweise durch einen Tiefpass 1.Grades beschreiben, indem man den s^2-Term im Nenner streicht:

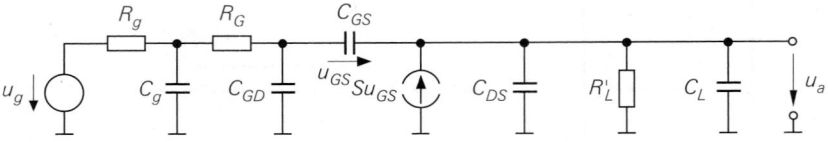

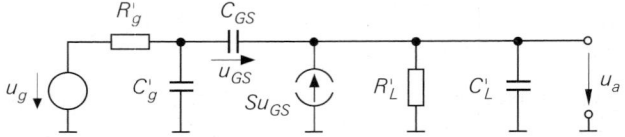

Abb. 3.81. Kleinsignalersatzschaltbild zur Berechnung des Bereichs konjugiert komplexer Pole: vollständig (oben) und nach Vereinfachung (unten)

$$\underline{A}_B(s) \; \approx \; \frac{A_0}{1 + sc_1} \; \overset{SR'_L \gg 1}{\approx} \; \frac{A_0}{1 + s\left(\dfrac{C_{GS} + C_{DS}}{S} + \left(\dfrac{C_{GS}}{SR'_L} + C_{GD}\right) R'_g\right)}$$

Damit erhält man eine Näherung für die *-3dB-Grenzfrequenz* f_{-3dB}, bei der der Betrag der Verstärkung um 3 dB abgenommen hat:

$$\omega_{-3dB} \; = \; 2\pi f_{-3dB} \; \approx \; \frac{1}{c_1} \; \overset{SR'_L \gg 1}{\approx} \; \frac{1}{\dfrac{C_{GS} + C_{DS}}{S} + \left(\dfrac{C_{GS}}{SR'_L} + C_{GD}\right) R'_g} \tag{3.115}$$

Bei konjugiert komplexen Polen, d.h. $Q > 0{,}5$, kann man die Abschätzung

$$\omega_{-3dB} \; = \; 2\pi f_{-3dB} \; \approx \; \frac{1}{\sqrt{c_2}} \tag{3.116}$$

verwenden. Sie liefert für $Q = 1/\sqrt{2}$ den exakten, für $0{,}5 < Q < 1/\sqrt{2}$ zu große und für $Q > 1/\sqrt{2}$ zu kleine Werte.

Eine eventuell vorliegende Lastkapazität C_L liegt parallel zu C_{DS} und wird deshalb durch Einsetzen von $C_L + C_{DS}$ anstelle von C_{DS} berücksichtigt.

3.4.2.6.2 Bereich konjugiert komplexer Pole

Für die praktische Anwendung der Drainschaltung möchte man wissen, für welche Lastkapazitäten konjugiert komplexe Pole auftreten und durch welche schaltungstechnischen Maßnahmen dies verhindert werden kann. Betrachtet wird dazu das Kleinsignalersatzschaltbild nach Abb. 3.81, das aus Abb. 3.78 durch Ergänzen der Kapazität C_g des Signalgenerators und der Lastkapazität C_L hervorgeht. Die RC-Glieder R_g-C_g und R_G-C_{GD} kann man wegen $R_g \gg R_G$ zu einem Glied mit $R'_g = R_g + R_G$ und $C'_g = C_g + C_{GD}$ zusammenfassen; ausgangsseitig gilt $C'_L = C_L + C_{DS}$. Führt man die Zeitkonstanten

$$T_g \; = \; C'_g R'_g \;\;,\;\; T_L \; = \; C'_L R'_L \;\;,\;\; T_{GS} \; = \; \frac{C_{GS}}{S} \; \approx \; \frac{1}{\omega_T} \tag{3.117}$$

und die Widerstandsverhältnisse

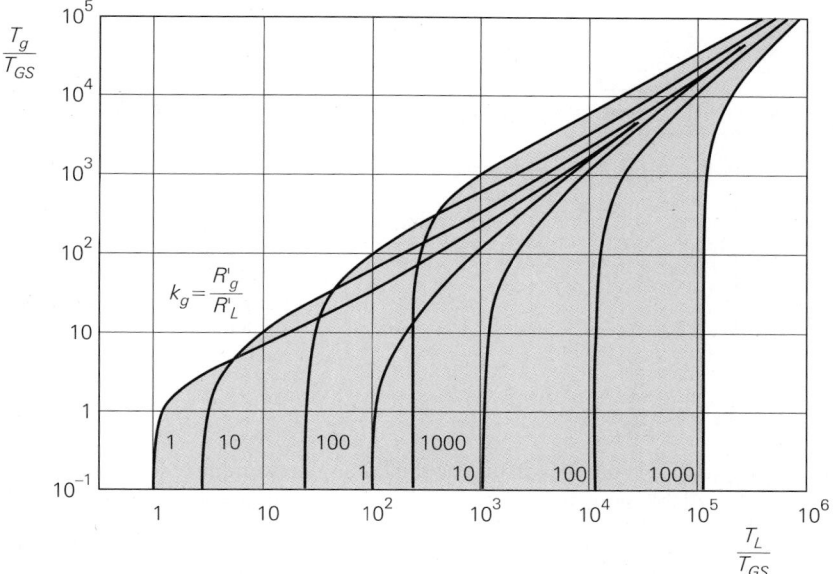

Abb. 3.82. Bereich konjugiert komplexer Pole für $k_S = 0,2$

$$k_g = \frac{R'_g}{R'_L} \quad , \quad k_S = \frac{1}{SR'_L} \tag{3.118}$$

ein, folgt aus (3.112) und (3.113):

$$c_1 = \frac{T_{GS}(1 + k_g) + T_L k_S}{1 + k_S} + T_g$$

$$c_2 = \frac{T_g T_{GS} + T_g T_L k_S + T_L T_{GS} k_g}{1 + k_S} \tag{3.119}$$

Über die Bedingung

$$Q = \frac{\sqrt{c_2}}{c_1} > 0,5$$

kann man den Bereich konjugiert komplexer Pole bestimmen. Dieser Bereich ist in Abb. 3.82 als Funktion der *normierten Signalquellen-Zeitkonstante* T_g / T_{GS} und der *normierten Last-Zeitkonstante* T_L / T_{GS} für verschiedene Werte von k_g dargestellt; dabei wird als typischer Wert $k_S = 0,2$ verwendet. Man erkennt, dass bei sehr kleinen und sehr großen Lastkapazitäten C_L (T_L / T_{GS} klein bzw. groß) und bei ausreichend großer Ausgangskapazität C_g des Signalgenerators (T_g / T_{GS} groß) keine konjugiert komplexen Pole auftreten. Der Bereich konjugiert komplexer Pole hängt außerdem stark von k_g ab.

Vernachlässigt man den Einfluss der Fet-Parameter auf die Zeitkonstanten T_g und T_L und auf die Faktoren k_g und k_S und fasst zusätzlich die Widerstände R_S und R_L zu einem Widerstand zusammen, erhält man die Schaltung in Abb. 3.83; für die Zeitkonstanten und Widerstandsverhältnisse gilt dann:

$$T_g \approx R_g C_g \quad , \quad T_L \approx R_L C_L \quad , \quad T_{GS} \approx \frac{1}{\omega_T}$$

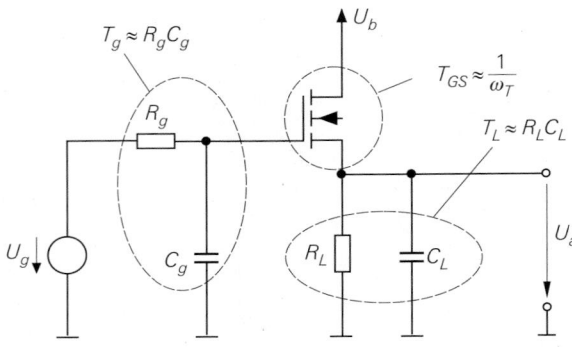

Abb. 3.83.
Schaltung zur näherungsweisen Berechnung der Zeitkonstanten

$$k_g \approx \frac{R_g}{R_L} \quad , \quad k_S \approx \frac{1}{SR_L}$$

Sind R_g, C_g, R_L und C_L vorgegeben und liegen konjugiert komplexe Pole vor, gibt es vier verschiedene Möglichkeiten, aus diesem Bereich herauszukommen:

1. Man kann T_g vergrößern und damit den Bereich konjugiert komplexer Pole *nach oben* verlassen. Dazu muss man einen zusätzlichen Kondensator vom Eingang der Kollektorschaltung nach Masse oder zu einer Versorgungsspannung einfügen; dieser liegt im Kleinsignalersatzschaltbild parallel zu C_g und führt zu einer Zunahme von T_g. Von dieser Möglichkeit kann immer Gebrauch gemacht werden; sie wird deshalb in der Praxis häufig angewendet.

2. Liegt man in der Nähe des linken Rands des Bereichs, kann man T_{GS} vergrößern und damit den Bereich *nach links unten* verlassen. Dazu muss man einen *langsameren* Fet mit größerer Zeitkonstante T_{GS}, d.h. kleinerer Transitfrequenz f_T, einsetzen.

3. Liegt man in der Nähe des rechten Rands des Bereichs, kann man T_{GS} verkleinern und damit den Bereich *nach rechts oben* verlassen. Dazu muss man einen *schnelleren* Fet mit kleinerer Zeitkonstante T_{GS}, d.h. größerer Transitfrequenz f_T, einsetzen.

4. Liegt man in der Nähe des rechten Rands des Bereichs, kann man T_L vergrößern und damit den Bereich *nach rechts* verlassen. Dazu muss man die Lastkapazität C_L durch Parallelschalten eines zusätzlichen Kondensators vergrößern.

Abbildung 3.84 deutet die vier Möglichkeiten an. Die fünfte Möglichkeit, das Verkleinern von T_L, wird in der Praxis nur selten angewendet, da dies bei vorgegebenen Werten für R_L und C_L nur durch Parallelschalten eines Widerstands erreicht werden kann, der den Ausgang zusätzlich belastet. Alle Möglichkeiten haben eine Abnahme der Grenzfrequenz zur Folge. Um diese Abnahme gering zu halten, muss man den Bereich konjugiert komplexer Pole *auf dem kürzesten Weg* verlassen.

Beispiel: Für das Zahlenbeispiel nach Abb. 3.76a wurde $I_{D,A} = 2\,\text{mA}$ gewählt. Mit $K = 4\,\text{mA/V}^2$, $U_A = 50\,\text{V}$, $C_{oss} = 5\,\text{pF}$, $C_{rss} = 2\,\text{pF}$, $f_{Y21s} = 1\,\text{GHz}$ und $f_T = 100\,\text{MHz}$ erhält man aus Abb. 3.51 auf Seite 229 $S = 4\,\text{mS}$, $r_{DS} = 25\,\text{k}\Omega$, $R_G = 25\,\Omega$, $C_{GD} = 2\,\text{pF}$, $C_{GS} = 4{,}4\,\text{pF}$ und $C_{DS} = 3\,\text{pF}$. Mit $R_g = R_S = 1\,\text{k}\Omega$ und $R_L \to \infty$ erhält man $R_g' = R_g + R_G = 1025\,\Omega$, $R_L' = R_L||R_S||r_{DS} = 960\,\Omega$ und damit aus (3.110) $A_0 = 0{,}793 \approx 1$ und aus (3.115) die Näherung $f_{-3dB} \approx 31{,}4\,\text{MHz}$. Eine genauere Berechnung mit Hilfe von (3.112)–(3.114) liefert $c_1 = 4{,}45\,\text{ns}$, $c_2 = 5{,}69\,\text{ns}^2$ und $Q \approx 0{,}54$; es liegen demnach konjugiert komplexe Pole vor und (3.116) liefert die Näherung $f_{-3dB} \approx 67\,\text{MHz}$, die wegen $0{,}5 < Q < 1/\sqrt{2}$ als zu hoch angesehen werden muss. Mit einer Lastkapazität

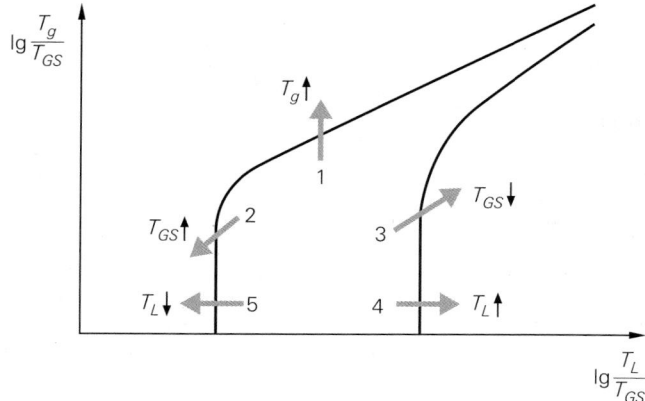

Abb. 3.84. Möglichkeiten zum Verlassen des Bereichs konjugiert komplexer Pole

$C_L = 1$ nF erhält man aus (3.117) und (3.118) $T_g = 2{,}05$ ns, $T_L = 960$ ns, $T_{GS} = 1{,}1$ ns, $k_g = 1{,}07$ und $k_S = 0{,}26$ und damit aus (3.119) $c_1 = 202$ ns und $c_2 = 1305$ (ns)^2; aus (3.114) folgt $Q = 0{,}179$, d.h. die Pole sind reell, und aus (3.115) $f_{-3dB} \approx 788$ kHz. Den Hinweis auf reelle Pole erhält man auch ohne Berechnung von c_1, c_2 und Q mit Hilfe von Abb. 3.82, da der Punkt $T_L/T_{GS} \approx 1000$, $T_g/T_{GS} \approx 2$, $k_g \approx 1$ nicht im Bereich konjugiert komplexer Pole liegt.

3.4.3 Gateschaltung

Abbildung 3.85 zeigt die Gateschaltung bestehend aus dem Mosfet, dem Drainwiderstand R_D, der Versorgungsspannungsquelle U_b, der Signalspannungsquelle U_e [24] und dem Gate-Vorwiderstand R_{GV}; letzterer hat keinen Einfluss auf die Übertragungskennlinie, wirkt sich aber auf den Frequenzgang und die Bandbreite aus. Die Übertragungskennlinie und das Kleinsignalverhalten hängen von der Beschaltung des Bulk-Anschlusses ab. Er ist bei Einzel-Mosfets mit der Source und bei integrierten Mosfets mit der negativsten Versorgungsspannung verbunden. Da die Gateschaltung nach Abb. 3.85 mit negativen Eingangsspannungen betrieben wird, muss der Bulk-Anschluss des integrierten Mosfets mit einer zusätzlichen, negativen Versorgungsspannung U_B verbunden werden, die unterhalb der minimalen Eingangsspannung liegt; dadurch wird sichergestellt, dass die Bulk-Source-Diode sperrt. Für die folgende Untersuchung wird $U_b = 5$ V, $U_B = -5$ V, $R_D = R_{GV} = 1$ kΩ, für den Einzel-Mosfet $K = 4$ mA/V^2 und $U_{th} = 1$ V und für den integrierten Mosfet $K = 4$ mA/V^2, $U_{th,0} = 1$ V, $\gamma = 0{,}5 \sqrt{V}$ und $U_{inv} = 0{,}6$ V angenommen.

3.4.3.1 Übertragungskennlinie der Gateschaltung

Misst man die Ausgangsspannung U_a als Funktion der Signalspannung U_e, erhält man die in Abb. 3.86 gezeigten Übertragungskennlinien für einen Einzel-Mosfet ($U_{BS} = 0$) und für einen integrierten Mosfet ($U_B = -5$ V).

Für $-2{,}7$ V $< U_e < -U_{th} = -1$ V arbeitet der Einzel-Mosfet im Abschnürbereich; hier gilt mit $U_{GS} = -U_e$ und bei Vernachlässigung des Early-Effekts:

---

[24] Hier wird eine Spannungsquelle *ohne* Innenwiderstand R_g zur Ansteuerung verwendet, damit die Kennlinien nicht von R_g abhängen.

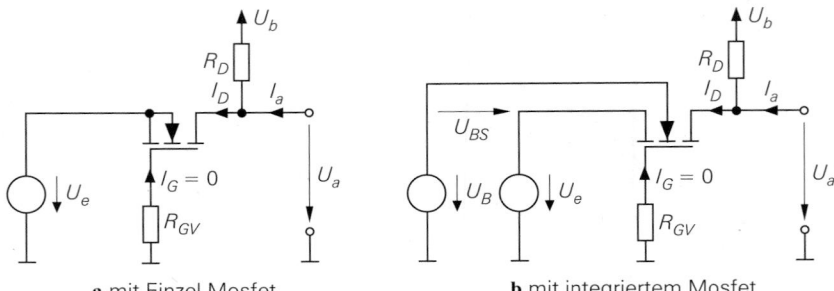

a mit Einzel-Mosfet   **b** mit integriertem Mosfet

Abb. 3.85. Gateschaltung

$$U_a = U_b - I_D R_D = U_b - \frac{K R_D}{2}(U_{GS} - U_{th})^2 \tag{3.120}$$

$$U_e = -U_{GS} - I_G R_{GV} \overset{I_G=0}{=} -U_{GS} \tag{3.121}$$

Durch Einsetzen von (3.121) in (3.120) erhält man die Übertragungskennlinie:

$$U_a = U_b - \frac{K R_D}{2}(-U_e - U_{th})^2 = U_b - \frac{K R_D}{2}(U_e + U_{th})^2 \tag{3.122}$$

Für den in Abb. 3.86 beispielhaft eingezeichneten Arbeitspunkt erhält man:

$$U_a = 2,5\,\mathrm{V} \ \Rightarrow \ I_D = \frac{U_b - U_a}{R_C} = 2,5\,\mathrm{mA}$$

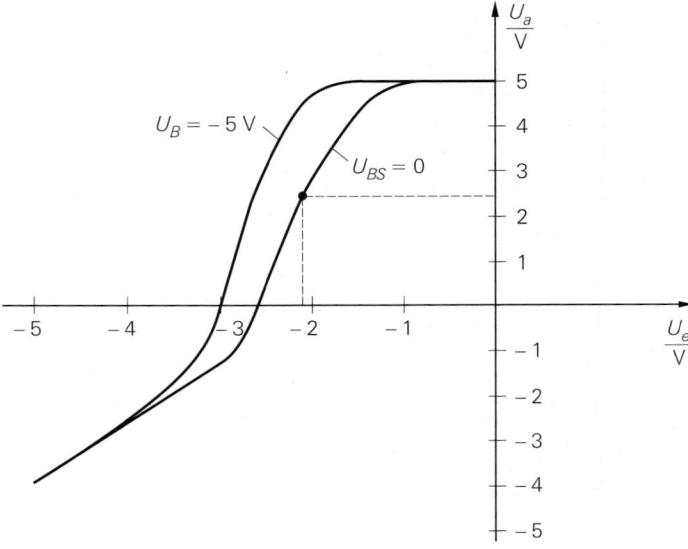

Abb. 3.86. Kennlinie der Gateschaltung bei einem Einzel-Mosfet ($U_{BS} = 0$) und einem integrierten Mosfet ($U_B = -5\,\mathrm{V}$)

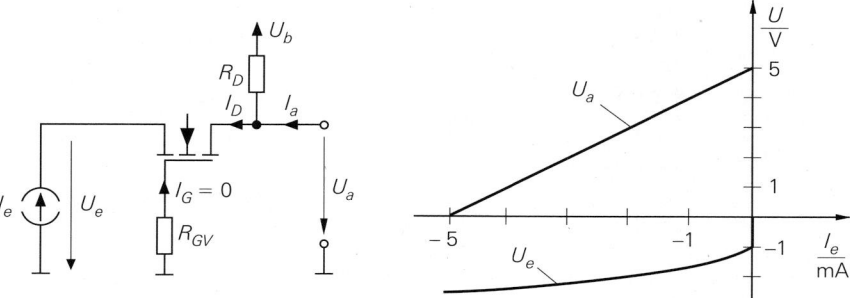

Abb. 3.87. Schaltung und Kennlinie der Gateschaltung bei Ansteuerung mit einer Stromquelle

$$\Rightarrow U_{GS} = U_{th} + \sqrt{\frac{2I_D}{K}} = 2{,}12\,\text{V} \Rightarrow U_e = -U_{GS} = -2{,}12\,\text{V}$$

Man kann zur Ansteuerung auch eine Stromquelle I_e verwenden, siehe Abb. 3.87; die Schaltung arbeitet dann für $I_e < 0$ als *Strom-Spannungs-Wandler* bzw. *Transimpedanzverstärker*:

$$U_a = U_b - I_D R_D \overset{I_D = -I_e}{=} U_b + I_e R_D \tag{3.123}$$

$$U_e = -U_{GS} = -U_{th} - \sqrt{\frac{2I_D}{K}} \overset{I_D = -I_e}{=} -U_{th} - \sqrt{-\frac{2I_e}{K}} \tag{3.124}$$

In der Praxis wird zur Stromansteuerung in den meisten Fällen eine Sourceschaltung mit offenem Drain oder ein Stromspiegel verwendet; darauf wird im Zusammenhang mit der Arbeitspunkteinstellung näher eingegangen.

3.4.3.2 Kleinsignalverhalten der Gateschaltung

Das Verhalten bei Aussteuerung um einen Arbeitspunkt A wird als *Kleinsignalverhalten* bezeichnet; als Beispiel wird der oben ermittelte Arbeitspunkt mit $U_{e,A} = -2{,}12\,\text{V}$, $U_{a,A} = 2{,}5\,\text{V}$ und $I_{D,A} = 2{,}5\,\text{mA}$ verwendet.

Abbildung 3.88 zeigt das Kleinsignalersatzschaltbild der Gateschaltung. Der Übergang vom integrierten zum Einzel-Mosfet erfolgt mit der Einschränkung $u_{BS} = 0$; in den Gleichungen wird dann $S_B = 0$ gesetzt [25]. Aus der Knotengleichung

$$\frac{u_a}{R_D} + \frac{u_a - u_e}{r_{DS}} + S u_{GS} + S_B u_{BS} = 0$$

folgt mit $u_e = -u_{GS} = -u_{BS}$ die *Verstärkung*:

$$A = \frac{u_a}{u_e}\Big|_{i_a=0} = \left(S + S_B + \frac{1}{r_{DS}}\right)(R_D \parallel r_{DS})$$

$$\overset{r_{DS} \gg R_D, 1/S}{\approx} (S + S_B)\, R_D \overset{u_{BS}=0}{=} S R_D$$

---

[25] $S_B = 0$ wäre als einschränkende Bedingung nicht korrekt, da auch ein Einzel-Mosfet eine Substrat-Steilheit ungleich Null besitzt, die sich aber wegen $u_{BS} = 0$ nicht auswirkt; deshalb ist $u_{BS} = 0$ die korrekte Einschränkung und $S_B = 0$ die Auswirkung in den Gleichungen.

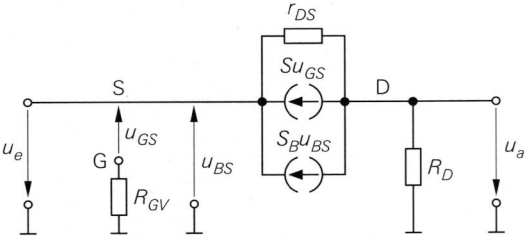

Abb. 3.88.
Kleinsignalersatzschaltbild der Gateschaltung

Mit $I_{D,A} = 2{,}5\,\text{mA}$, $K = 4\,\text{mA/V}^2$ und $U_A = 50\,\text{V}$ erhält man aus Abb. 3.51 auf Seite 229 die Werte $S = 4{,}47\,\text{mS}$ und $r_{DS} = 20\,\text{k}\Omega$; damit folgt bei Verwendung eines Einzel-Mosfets durch Einsetzen von $S_B = 0$ und $R_D = 1\,\text{k}\Omega$ *exakt* $A = 4{,}3$ und in erster Näherung $A = 4{,}47$. Bei Verwendung eines integrierten Mosfets ist die Verstärkung wegen $S_B > 0$ bei sonst gleichen Daten etwas größer.

Für den *Eingangswiderstand* erhält man:

$$r_e = \left.\frac{u_e}{i_e}\right|_{i_a=0} = \frac{R_D + r_{DS}}{1 + (S + S_B)\,r_{DS}} \overset{r_{DS} \gg R_D,\,1/S}{\approx} \frac{1}{S + S_B} \overset{u_{BS}=0}{=} \frac{1}{S}$$

Er hängt vom Lastwiderstand ab, wobei hier wegen $i_a = 0$ ($R_L \to \infty$) der *Leerlauf-eingangswiderstand* gegeben ist. Der Eingangswiderstand für andere Werte von R_L wird berechnet, indem man für R_D die Parallelschaltung von R_D und R_L einsetzt; durch Einsetzen von $R_L = R_D = 0$ erhält man den *Kurzschlusseingangswiderstand*. Die Abhängigkeit von R_L ist jedoch so gering, dass sie durch die Näherungen aufgehoben wird. Für den beispielhaft gewählten Arbeitspunkt erhält man für den Einzel-Mosfet *exakt* $r_e = 232\,\Omega$; die Näherung liefert $r_e = 224\,\Omega$.

Für den *Ausgangswiderstand* erhält man:

$$r_a = \frac{u_a}{i_a} = R_D \,\|\, \left(\big(1 + (S + S_B)\,R_g\big)\,r_{DS} + R_g \right) \overset{r_{DS} \gg R_D}{\approx} R_D$$

Er hängt vom Innenwiderstand R_g des Signalgenerators ab; mit $R_g = 0$ erhält man den *Kurzschlussausgangswiderstand*

$$r_{a,K} = R_D \,\|\, r_{DS}$$

und mit $R_g \to \infty$ den *Leerlaufausgangswiderstand*:

$$r_{a,L} = R_D$$

In der Praxis gilt in den meisten Fällen $r_{DS} \gg R_D$ und man kann die Abhängigkeit von R_g vernachlässigen. Für das Beispiel erhält man $r_{a,K} = 952\,\Omega$ und $r_{a,L} = 1\,\text{k}\Omega$.

Mit $r_{DS} \gg R_D, 1/S$ und ohne Lastwiderstand R_L erhält man für die Gateschaltung:

Gateschaltung

$$A = \left. \frac{u_a}{u_e} \right|_{i_a=0} \approx (S + S_B)\, R_D \stackrel{u_{BS}=0}{=} S R_D \qquad (3.125)$$

$$r_e = \left. \frac{u_e}{i_e} \right|_{i_a=0} \approx \frac{1}{S + S_B} \stackrel{u_{BS}=0}{=} \frac{1}{S} \qquad (3.126)$$

$$r_a = \frac{u_a}{i_a} \approx R_D \qquad (3.127)$$

Bei Betrieb mit einer Signalquelle mit Innenwiderstand R_g und einem Lastwiderstand R_L erhält man die *Betriebsverstärkung*:

$$A_B = \frac{r_e}{r_e + R_g}\, A\, \frac{R_L}{r_a + R_L} \approx \frac{S\,(R_D \,\|\, R_L)}{1 + (S + S_B)\, R_g} \stackrel{u_{BS}=0}{=} \frac{S\,(R_D \,\|\, R_L)}{1 + S R_g} \qquad (3.128)$$

Bei Ansteuerung mit einer Stromquelle tritt der *Übertragungswiderstand R_T (Transimpedanz)* an die Stelle der Verstärkung; man erhält für den Strom-Spannungs-Wandler in Gateschaltung:

Strom-Spannungs-Wandler in Gateschaltung

$$R_T = \left. \frac{u_a}{i_e} \right|_{i_a=0} = \left. \frac{u_a}{u_e} \right|_{i_a=0} \left. \frac{u_e}{i_e} \right|_{i_a=0} = A r_e = R_D \qquad (3.129)$$

Ein- und Ausgangswiderstand sind durch (3.126) und (3.127) gegeben.

3.4.3.3 Nichtlinearität

Bei Ansteuerung mit einer Spannungsquelle gilt $\hat{u}_{GS} = \hat{u}_e$ und man kann Gl. (3.13) auf Seite 193 verwenden, die einen Zusammenhang zwischen der Amplitude $\hat{u}_{GS}$ einer sinusförmigen Kleinsignalaussteuerung und dem *Klirrfaktor k* des Drainstroms, der bei der Gateschaltung gleich dem Klirrfaktor der Ausgangsspannung ist, herstellt. Es gilt also $\hat{u}_e < 4k\,(U_{GS,A} - U_{th})$. Bei Aussteuerung mit einer Stromquelle arbeitet die Schaltung linear, d.h. der Klirrfaktor ist Null.

3.4.3.4 Temperaturabhängigkeit

Die Gateschaltung hat dieselbe Temperaturdrift wie die Sourceschaltung ohne Gegenkopplung, weil bei beiden Schaltungen eine konstante Eingangsspannung zwischen Gate und Source liegt und die Ausgangsspannung durch $U_a = U_b - I_D R_D$ gegeben ist; man erhält:

$$\left. \frac{dU_a}{dT} \right|_A = -R_D \left. \frac{dI_D}{dT} \right|_A \approx I_{D,A} R_D \cdot 10^{-3}\,\mathrm{K}^{-1} \left(5 - \frac{4 \ldots 7\,\mathrm{V}}{U_{GS,A} - U_{th}} \right)$$

3.4.3.5 Arbeitspunkteinstellung

Die Arbeitspunkteinstellung erfolgt wie bei der Basisschaltung; Abb. 3.89 zeigt die Varianten mit Spannungs- und Stromansteuerung, die den Schaltungen in Abb. 2.114 entsprechen.

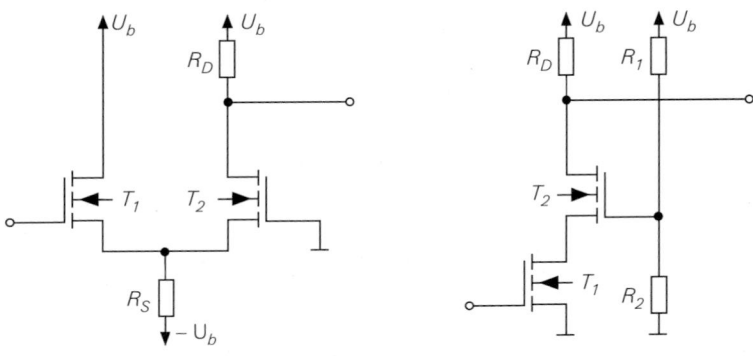

a mit Spannungsansteuerung   b mit Stromansteuerung

Abb. 3.89. Arbeitspunkteinstellung bei der Gateschaltung

Bei der Spannungsansteuerung nach Abb. 3.89a wird eine Drainschaltung (T_1) zur Ansteuerung der Gateschaltung (T_2) verwendet; dadurch erhält man einen Differenzverstärker mit unsymmetrischem Ein- und Ausgang. Bei der Stromansteuerung nach Abb. 3.89b wird eine Sourceschaltung (T_1) zur Ansteuerung verwendet; diese Variante wird auch *Kaskodeschaltung* genannt. Dabei wirkt der Spannungsteiler aus R_1 und R_2 als Gate-Vorwiderstand mit $R_{GV} = R_1 \parallel R_2$.

3.4.3.6 Frequenzgang und Grenzfrequenz

Die Kleinsignalverstärkung A und die Betriebsverstärkung A_B der Gateschaltung nehmen bei höheren Frequenzen aufgrund der Kapazitäten des Fets ab. Um eine Aussage über den Frequenzgang und die Grenzfrequenz zu bekommen, muss man bei der Berechnung das dynamische Kleinsignalmodell des Fets verwenden.

3.4.3.6.1 Ansteuerung mit einer Spannungsquelle

Die exakte Berechnung der *Betriebsverstärkung* $\underline{A}_B(s) = \underline{u}_a(s)/\underline{u}_g(s)$ ist aufwendig und führt auf umfangreiche Ausdrücke. Eine ausreichend genaue Näherung erhält man, wenn man den Widerstand r_{DS} und die Kapazität C_{DS} vernachlässigt; letztere tritt ohnehin nur bei Einzel-Mosfets auf. Bei integrierten Mosfets treten als zusätzliche Parameter die Substrat-Steilheit S_B und die Bulk-Kapazitäten C_{BS} und C_{BD} auf; sie werden hier vernachlässigt. Damit erhält man für den Einzel- *und* den integrierten Mosfet das vereinfachte Kleinsignalersatzschaltbild nach Abb. 3.90, das weitgehend mit dem Kleinsignalersatzschaltbild der Basisschaltung nach Abb. 2.115 übereinstimmt. Man kann deshalb die Ergebnisse der Basisschaltung auf die Gateschaltung übertragen, indem man die korrespondierenden Kleinsignalparameter in (2.152) und (2.153) einsetzt und den Grenzübergang $\beta \to \infty$ durchführt; mit $R'_{GV} = R_{GV} + R_G$ und $R'_D = R_D \parallel R_L$ erhält man die Niederfrequenzverstärkung

$$A_0 = \underline{A}_B(0) \approx \frac{S R'_D}{1 + S R_g} \tag{3.130}$$

und eine Näherung für den Frequenzgang durch einen Tiefpass 1.Grades:

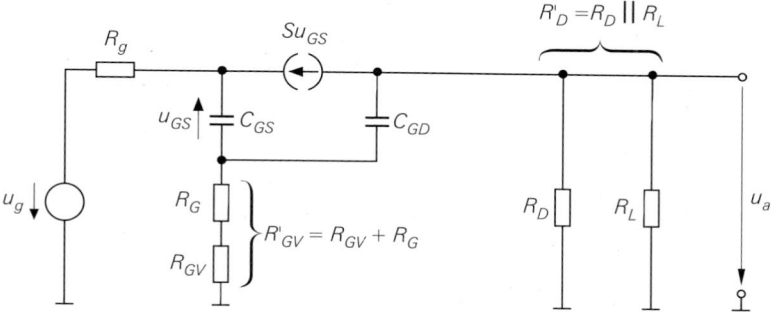

Abb. 3.90. Vereinfachtes dynamisches Kleinsignalersatzschaltbild der Gateschaltung

$$\underline{A}_B(s) \approx \frac{A_0}{1 + s \dfrac{C_{GS}\left(R_g + R'_{GV}\right) + C_{GD}R'_D\left(1 + S\left(R_g + R'_{GV}\right)\right)}{1 + SR_g}} \tag{3.131}$$

Damit erhält man eine Näherung für die *-3dB-Grenzfrequenz* f_{-3dB}:

$$\omega_{-3dB} \approx \frac{1 + SR_g}{C_{GS}\left(R_g + R'_{GV}\right) + C_{GD}R'_D\left(1 + S\left(R_g + R'_{GV}\right)\right)} \tag{3.132}$$

Aus (3.130) und (3.132) erhält man eine Darstellung mit zwei von der Niederfrequenz-verstärkung A_0 unabhängigen Zeitkonstanten [26]:

$$\omega_{-3dB}(A_0) \approx \frac{1}{T_1 + T_2 A_0} \tag{3.133}$$

$$T_1 = C_{GS} \frac{R_g + R'_{GV}}{1 + SR_g} \tag{3.134}$$

$$T_2 = C_{GD}\left(R_g + R'_{GV} + \frac{1}{S}\right) \tag{3.135}$$

Die Ausführungen zum Verstärkungs-Bandbreite-Produkt *GBW* einschließlich Gl. (3.88) auf Seite 256 gelten auch für die Gateschaltung.

Tritt parallel zum Lastwiderstand R_L eine Lastkapazität C_L auf, erhält man

$$T_2 = C_{GD}\left(R_g + R'_{GV} + \frac{1}{S}\right) + C_L\left(R_g + \frac{1}{S}\right) \tag{3.136}$$

Die Zeitkonstante T_1 hängt nicht von C_L ab.

3.4.3.6.2 Ansteuerung mit einer Stromquelle

Bei Ansteuerung mit einer Stromquelle interessiert der Frequenzgang der *Transimpedanz* $\underline{Z}_T(s)$; ausgehend von (3.131) kann man eine Näherung durch einen Tiefpass 1.Grades angeben:

---

[26] Es wird davon ausgegangen, dass eine Änderung von A_0 durch Variation von R'_D erfolgt; deshalb sind die Zeitkonstanten genau dann von A_0 unabhängig, wenn sie nicht von R'_D abhängen.

$$\underline{Z}_T(s) = \frac{\underline{u}_a(s)}{\underline{i}_e(s)} = \lim_{R_g \to \infty} R_g \underline{A}_B(s) \approx \frac{R_D'}{1 + s\left(\dfrac{C_{GS}}{S} + C_{GD}R_D'\right)} \qquad (3.137)$$

Für die Grenzfrequenz gilt in diesem Fall:

$$\omega_{\text{-3dB}} = 2\pi f_{\text{-3dB}} \approx \frac{1}{\dfrac{C_{GS}}{S} + C_{GD}R_D'} \qquad (3.138)$$

Bei kapazitiver Last muss man $C_L + C_{GD}$ anstelle von C_{GD} einsetzen.

Beispiel: Für das Zahlenbeispiel zur Gateschaltung nach Abb. 3.85a wurde $I_{D,A} = 2{,}5\,\text{mA}$ gewählt. Die Kleinsignalparameter des Mosfets werden aus dem Beispiel auf Seite 259 entnommen: $S = 4{,}47\,\text{mS}$, $R_G = 25\,\Omega$, $C_{GD} = 2\,\text{pF}$ und $C_{GS} = 4{,}4\,\text{pF}$. Mit $R_D = 1\,\text{k}\Omega$, $R_L \to \infty$, $r_{DS} \gg R_D$ und $R_g = R_{GV} = 0$ erhält man $R_D' = R_D = 1\,\text{k}\Omega$ und $R_{GV}' = R_G = 25\,\Omega$; damit folgt aus (3.130) $A_0 \approx 4{,}47$ und aus (3.132) $f_{\text{-3dB}} \approx 68\,\text{MHz}$. Die Grenzfrequenz hängt stark von R_{GV} ab; mit $R_{GV} = 1\,\text{k}\Omega$ erreicht man nur noch $f_{\text{-3dB}} \approx 10\,\text{MHz}$.

Bei Ansteuerung mit einer Stromquelle und $R_L \to \infty$ folgt aus (3.137) $R_T = \underline{Z}_T(0) \approx R_D = 1\,\text{k}\Omega$ und aus (3.138) $f_{\text{-3dB}} \approx 53\,\text{MHz}$. Der Widerstand R_{GV} wirkt sich in diesem Fall nicht aus.

Kapitel 4:
Verstärker

Verstärker (amplifier) sind wichtige Elemente in der analogen Signalverarbeitung. Sie verstärken ein Eingangssignal kleiner Amplitude soweit, dass es zur Ansteuerung einer nachfolgenden Einheit verwendet werden kann. So muss man z.B. das Signal eines Mikrofons mit mehreren Verstärkern vom μV-Bereich bis in den Volt-Bereich verstärken, damit es über einen Lautsprecher wiedergegeben werden kann. Auch die Signale von Thermoelementen, Fotodioden, magnetischen Leseköpfen, Empfangsantennen und vielen anderen Signalquellen können erst nach einer entsprechenden Verstärkung weiterverarbeitet werden. Da die Verarbeitung und Auswertung komplexer Signale in zunehmendem Maße mit digitalen Schaltkreisen wie Mikroprozessoren oder digitalen Signalprozessoren (DSP) erfolgt, besteht eine Signalverarbeitungskette im allgemeinen aus den folgenden Elementen bzw. Stufen:

1. einem Sensor, der eine physikalische Größe wie z.B. Druck (Mikrofon), Temperatur (Thermoelement), Licht (Fotodiode) oder Feldstärke (Antenne) in ein elektrisches Signal umwandelt;
2. einem oder mehreren Verstärkern, die das Signal verstärken und filtern;
3. einem Analog-Digital-Umsetzer, der das Signal digitalisiert;
4. einem Mikroprozessor, DSP oder anderen digitalen Schaltkreisen, die das digitalisierte Signal verarbeiten;
5. einem Digital-Analog-Umsetzer, der ein analoges Ausgangssignal erzeugt;
6. einem oder mehreren Verstärkern, die das Signal soweit verstärken und filtern, dass es einem Aktor zugeführt werden kann;
7. einem Aktor, der das Signal in eine physikalische Größe wie z.B. Druck (Lautsprecher), Temperatur (Heizstab), Licht (Glühlampe) oder Feldstärke (Sendeantenne) umsetzt.

Abbildung 4.1 zeigt die sieben Stufen einer Signalverarbeitungskette; die Verstärker werden dabei mit einem der Symbole aus Abb. 4.2 dargestellt.

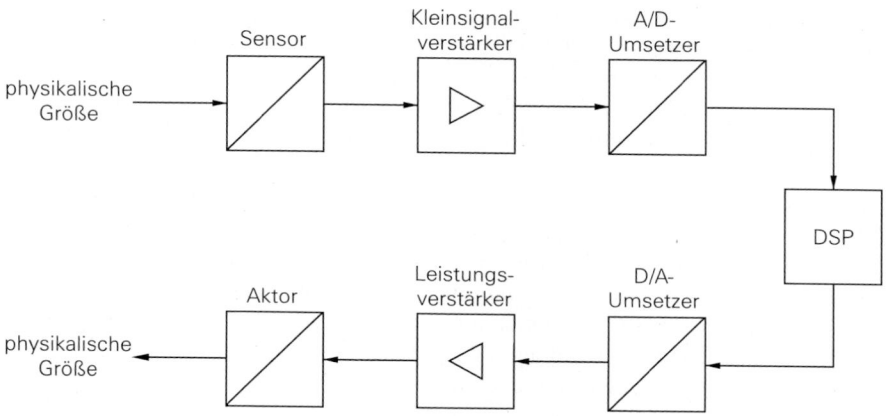

Abb. 4.1. Stufen einer Signalverarbeitungskette

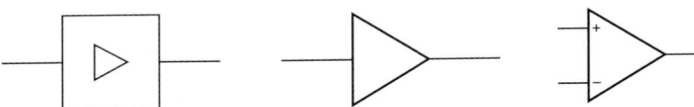

Abb. 4.2. Symbole für Verstärker

Die Verstärker der Stufe 2 arbeiten mit vergleichsweise kleinen Signalen und werden deshalb als *Kleinsignalverstärker* (*small signal amplifier*) bezeichnet; ihre Ausgangsleistung liegt in den meisten Fällen unter 1 mW. Im Gegensatz dazu werden in der Stufe 6 *Leistungsverstärker* (*power amplifier*) benötigt, die Leistungen von einigen Milliwatt (Kopfhörer, Fernbedienung, usw.) bis zu mehreren Kilowatt (große Lautsprecheranlagen, Rundfunksender, usw.) abgeben können. Leistungsverstärker werden im Kapitel 15 beschrieben.

Zur Filterung der Signale werden neben passiven Filtern in zunehmendem Maße aktive Filter eingesetzt, die ebenfalls Verstärker enthalten. Deshalb lassen sich die Elemente *Verstärker* und *Filter* nicht streng trennen, da jeder Verstärker aufgrund seiner begrenzten Bandbreite auch als Filter arbeitet und jedes aktive Filter eine Signalverstärkung aufweisen kann. Aktive Filter werden im Kapitel 12 behandelt.

Ein weiteres Unterscheidungsmerkmal ist der Frequenzbereich, in dem der Verstärker arbeitet. Man unterscheidet bezüglich der unteren Grenzfrequenz f_U zwischen *Gleichspannungsverstärkern* (*DC amplifier*) und *Wechselspannungsverstärkern* (*AC amplifier*), bezüglich der oberen Grenzfrequenz f_O zwischen *Niederfrequenzverstärkern* (*NF-Verstärker*, *LF amplifier*) und *Hochfrequenzverstärkern* (*HF-Verstärker*, *RF amplifier*) und bezüglich der Bandbreite $B = f_O - f_U$ zwischen *Breitbandverstärkern* (*broadband amplifier, wideband amplifier*) und *Schmalbandverstärkern* (*smallband amplifier* bzw. *tuned amplifier*). Bezüglich der oberen Grenzfrequenz wird auch häufig eine Einteilung in *Audio-Verstärker* bzw. *Audiofrequenz-Verstärker* (*AF amplifier*), *Videoverstärker*, *Zwischenfrequenzverstärker* (*ZF-Verstärker*, *IF amplifier*) und *Radiofrequenz-Verstärker* (*RF amplifier*) vorgenommen. Während die Einteilung in Gleich- und Wechselspannungsverstärker unmittelbar aus dem Aufbau folgt – Gleich- oder Wechselspannungskopplung –, ist die Grenze zwischen NF- und HF-Verstärkern nicht festgelegt; oft wird 1 MHz als Grenze verwendet. Ähnliches gilt für die Einteilung in Breit- und Schmalbandverstärker; letztere werden meist mit Hilfe der Mittenfrequenz $f_M = (f_O + f_U)/2$ und der Bandbreite $B = f_O - f_U$ charakterisiert. Bei Schmalbandverstärkern beträgt die Bandbreite weniger als ein Zehntel der Mittenfrequenz: $B < f_M/10$.

Trotz dieser Vielfalt an Verstärker-Typen ist die verwendete Schaltungstechnik nahezu identisch, weil alle Verstärker auf den Transistor-Grundschaltungen aufbauen, die alle Gleichspannung verstärken. Die Einteilung ist vielmehr eine Folge der Kopplung am Ein- und Ausgang sowie zwischen den einzelnen Stufen eines mehrstufigen Verstärkers: bei Gleichspannungsverstärkern wird eine direkte Kopplung (*Gleichspannungskopplung* bzw. *galvanische Kopplung*), bei Wechselspannungsverstärkern eine kapazitive Kopplung mit Koppelkondensatoren (*Wechselspannungskopplung*) und bei Schmalbandverstärkern eine selektive Kopplung mit LC-Schwingkreisen, keramischen Resonatoren oder Oberflächenwellenfiltern verwendet. Abbildung 4.3 zeigt die Kopplung und die Frequenzgänge der genannten Verstärker mit den Kenngrößen f_U, f_O, f_M und B.

Auch die Einteilung in Niederfrequenz- und Hochfrequenzverstärker ist weniger eine Folge der Schaltungstechnik, sondern hängt vor allem von der Transitfrequenz der

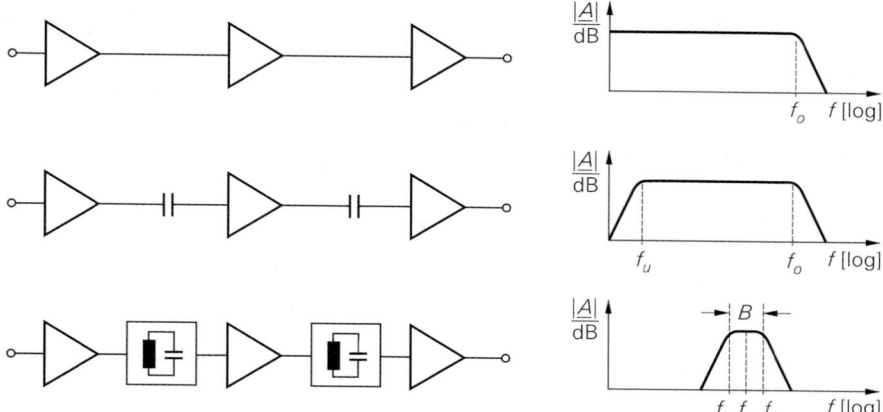

Abb. 4.3. Kopplung und Frequenzgang beim Gleichspannungsverstärker (oben), Wechselspannungsverstärker (Mitte) und Schmalbandverstärker (unten)

verwendeten Transistoren ab. Auch die Ruheströme im Arbeitspunkt spielen dabei eine entscheidende Rolle, weil die Transitfrequenz im Bereich kleiner Ströme näherungsweise proportional zum Ruhestrom ist. So kann z.B. ein Differenzverstärker, der bei einem Ruhestrom von 1 mA eine Grenzfrequenz von 10 MHz erreicht, bei einem Ruhestrom von 10 μA nur noch eine Grenzfrequenz von 100 ... 300 kHz erreichen.

Eine Sonderstellung nehmen *Operationsverstärker* ein, die als universell einsetzbare Gleichspannungsverstärker vor allem bei niedrigen Frequenzen eine große Bedeutung haben. Für Standard-Aufgaben setzt man fast ausschließlich Operationsverstärker ein. Ein Aufbau mit Einzeltransistoren in der diskreten Schaltungstechnik oder ein Entwurf eigener Verstärker in der integrierten Schaltungstechnik wird nur durchgeführt, wenn die Anforderungen nicht mit handelsüblichen Operationsverstärkern bzw. den in den Modul-Bibliotheken [1] der verwendeten IC-Entwicklungsumgebung vorhandenen Verstärker-Modulen erfüllt werden können. Operationsverstärker werden im Kapitel 5 behandelt.

4.1 Schaltungen

4.1.1 Grundlagen

Verstärker bestehen aus einer oder mehreren Verstärkerstufen, wobei jede Stufe durch eine oder mehrere gekoppelte Grundschaltungen mit Bipolartransistoren oder Feldeffekttransistoren realisiert wird. Darüber hinaus werden weitere Transistoren zur Arbeitspunkteinstellung benötigt. Die Rückführung auf die Grundschaltungen erlaubt in vielen Fällen eine Verwendung der in den Abschnitten 2.4 und 3.4 ermittelten Gleichungen.

4.1.1.1 Kennlinien der Transistoren

Die folgenden Schaltungen werden mit Bipolartransistoren *und* selbstsperrenden Mosfets beschrieben, soweit dies möglich und sinnvoll ist; selbstleitende Mosfets und Jfets werden nur in Ausnahmefällen eingesetzt. Für die Berechnung der Kennlinien und Arbeitspunkte werden die Grundgleichungen (2.2) und (2.3) bzw. (3.3) und (3.4) verwendet:

---

[1] Beim Entwurf integrierter Schaltungen werden nach Möglichkeit vordefinierte Module verwendet, die in Modul-Bibliotheken zusammengefasst sind.

$$\text{npn-Transistor:}\quad I_C = I_S\, e^{\frac{U_{BE}}{U_T}} \left(1 + \frac{U_{CE}}{U_A}\right) \qquad , \quad I_B = \frac{I_C}{B}$$

$$\text{n-Kanal-Mosfet:}\quad I_D = \frac{K}{2}\,(U_{GS} - U_{th})^2 \left(1 + \frac{U_{DS}}{U_A}\right) \quad , \quad I_G = 0$$

Beim Mosfet muss zusätzlich der Substrat-Effekt berücksichtigt werden; beim n-Kanal-Mosfet gilt nach (3.18):

$$U_{th} = U_{th,0} + \gamma \left(\sqrt{U_{inv} - U_{BS}} - \sqrt{U_{inv}}\right)$$

4.1.1.2 Skalierung

Die Darstellung orientiert sich an der integrierten Schaltungstechnik, die insbesondere von der nahezu beliebigen *Skalierbarkeit* der Transistoren Gebrauch macht. Bei Bipolartransistoren wird der Sättigungssperrstrom I_S durch Variation der Emitterfläche und bei Mosfets der Steilheitskoeffizient K durch Variation des Kanalweiten-/-längen-Verhältnisses W/L skaliert. Dabei wird bei Mosfets in erster Linie die Kanalweite W skaliert, während die Kanallänge L gleich bleibt [2].

Die Skalierung erfolgt im allgemeinen entsprechend der Ruheströme im Arbeitspunkt: $I_S \sim I_{C,A}$ bzw. $W \sim K \sim I_{D,A}$ ($L = \text{const.}$); dadurch ist die Stromdichte in allen Transistoren gleich. Daraus folgt, dass im Arbeitspunkt – abgesehen von einer geringen Abweichung, die durch den Early-Effekt verursacht wird – alle npn-Transistoren mit derselben Basis-Emitter-Spannung $U_{BE,A}$ arbeiten:

$$U_{BE,A} \approx U_T \ln \frac{I_{C,A}}{I_S} \overset{I_{C,A} \sim I_S}{=} \text{const.} \approx 0{,}7\,\text{V}$$

Bei Mosfets sind die Verhältnisse aufgrund des Substrat-Effekts komplizierter: zwei Mosfets mit gleicher Stromdichte arbeiten – bei Vernachlässigung des Early-Effekts – nur dann mit derselben Gate-Source-Spannung $U_{GS,A}$, wenn die Bulk-Source-Spannungen gleich sind:

$$U_{GS,A} \approx U_{th}(U_{BS,A}) + \sqrt{\frac{2 I_{D,A}}{K}} \overset{\substack{I_{D,A} \sim K \sim W \\ U_{BS,A} = \text{const.}}}{=} \text{const.}$$

4.1.1.3 Normierung

Die Größen der einzelnen Transistoren werden auf die Größe eines *Referenz-Transistors* normiert; letzterer hat die *relative Größe* 1. Demnach hat ein Bipolartransistor der Größe 5 den 5-fachen Sättigungssperrstrom I_S und ein Mosfet der Größe 5 den 5-fachen Steilheitskoeffizienten K wie der entsprechende Transistor der Größe 1.

Als Referenz-Transistor wird oft der in der jeweiligen Technologie kleinste Transistor verwendet; in diesem Fall treten nur relative Größen auf, die größer oder gleich eins sind. Bei Bipolartransistoren hat der Referenz-Transistor die kleinste Emitterfläche und ist damit sowohl *elektrisch*, d.h. bezüglich I_S, als auch geometrisch am kleinsten. Bei Mosfets hat man durch die freie Wahl der Kanalweite W *und* der Kanallänge L einen weiteren Freiheitsgrad. Da der Kurzkanal- und der Schmalkanal-Effekt in analogen

---

[2] Während bei digitalen Schaltungen Kanallängen von $0{,}2 \ldots 0{,}5\,\mu\text{m}$ vorherrschen, werden in analogen Schaltungen meist Kanallängen über $1\,\mu\text{m}$ verwendet, weil die Early-Spannung U_A und damit die Maximalverstärkung mit zunehmender Kanallänge steigt.

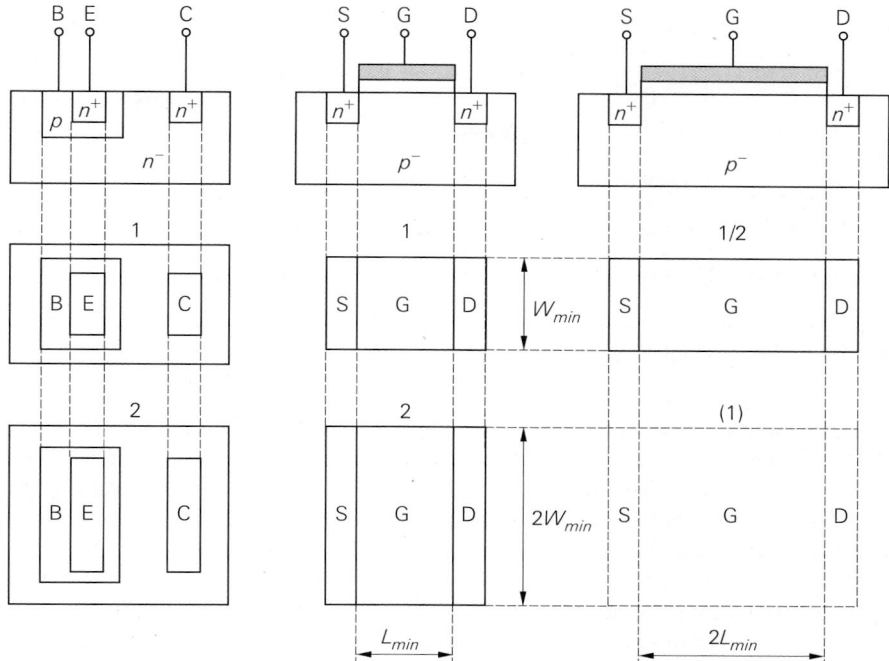

Abb. 4.4. Skalierung und Normierung bei Bipolartransistoren und Mosfets

Schaltungen unerwünscht sind, sollten W und L bestimmte, technologieabhängige Werte nicht unterschreiten, d.h. $W \geq W_{min}$ bzw. $L \geq L_{min}$. Mit $W = W_{min}$ und $L = L_{min}$ erhält man dann den geometrisch kleinsten Mosfet, der als Referenz-Transistor mit der relativen Größe 1 dient. Größere Mosfets werden durch Vergrößern von W unter Beibehaltung von $L = L_{min}$ erzeugt. Man kann aber auch $W = W_{min}$ beibehalten und L vergrößern; dadurch erhält man Mosfets, die elektrisch, d.h. bezüglich $K \sim W/L$, kleiner, aber geometrisch größer sind als der Referenz-Transistor. Man muss deshalb zwischen der *elektrischen Größe* und der *geometrischen Größe* unterscheiden. Im folgenden ist mit *Größe* immer die elektrische Größe gemeint. Eine proportionale Vergrößerung von W und L führt auf einen Mosfet gleicher Größe; davon wird wegen des größeren Platzbedarfs jedoch nur in Ausnahmefällen Gebrauch gemacht [3]. Abbildung 4.4 verdeutlicht die Skalierung und Normierung anhand von Bipolartransistoren mit den Größen 1 und 2 und n-Kanal-Mosfets mit den Größen 1, 2 und 1/2.

4.1.1.4 Komplementäre Transistoren

In den meisten Bipolar-Technologien stehen nur laterale pnp-Transistoren zur Verfügung, deren elektrische Eigenschaften wesentlich schlechter sind als die der vertikalen npn-Transistoren; das gilt vor allem für die Stromverstärkung und die Transitfrequenz. Bei diesen Technologien werden im Signalpfad eines Verstärkers nach Möglichkeit nur npn-Transistoren eingesetzt; pnp-Transistoren werden nur für Stromquellen oder in Kollektor-

---

[3] Bei gleicher elektrischer Größe weisen geometrisch größere Mosfets im allgemeinen ein geringeres Rauschen und eine höhere Early-Spannung auf; dagegen nehmen die Kapazitäten zu.

Name	Parameter	PSpice	npn	pnp	Einheit
Sättigungssperrstrom	I_S	IS	1	0,5	fA
Stromverstärkung	B	BF	100	50	
Early-Spannung	U_A	VAF	100	50	V
Basisbahnwiderstand [4]	R_B	RB	500	200	Ω
Emitterkapazität	$C_{S0,E}$	CJE	0,1	0,1	pF
Kollektorkapazität	$C_{S0,C}$	CJC	0,2	0,5	pF
Substratkapazität	$C_{S0,S}$	CJS	1	2	pF
Transitzeit	$\tau_{0,N}$	TF	100	150	ps
max. Transitfrequenz	f_T		1,3	0,85	GHz
typ. Ruhestrom	$I_{C,A}$		100	-100	μA

Abb. 4.5. Parameter der Bipolartransistoren mit der (relativen) Größe 1

und Basisschaltung eingesetzt, da sich dabei die schlechteren Eigenschaften nur wenig bemerkbar machen. In speziellen komplementären Technologien stehen zwar vertikale pnp-Transistoren mit vergleichbaren Eigenschaften zu Verfügung, jedoch haben auch hier die npn-Transistoren etwas bessere Eigenschaften. Die Unterschiede zwischen vertikalen und lateralen Bipolartransistoren wurden im Abschnitt 2.2 näher beschrieben.

Bei MOS-Technologien handelt es sich überwiegend um komplementäre, d.h. CMOS-Technologien. Hier stehen n-Kanal- und p-Kanal-Mosfets mit vergleichbaren Eigenschaften zur Verfügung. Allerdings ist der relative Steilheitskoeffizient K'_p der p-Kanal-Mosfets etwa um den Faktor 2 . . . 3 geringer als der relative Steilheitskoeffizient K'_n der n-Kanal-Mosfets. Daraus folgt, dass ein p-Kanal-Mosfet bei gleicher Kanallänge L im Vergleich zu einem n-Kanal-Mosfet eine 2- bis 3-fach größere Kanalweite W aufweisen muss, damit er denselben Steilheitskoeffizienten $K = K'_{n/p} W/L$ erreicht. Damit sind jedoch nur die statischen Eigenschaften nahezu gleich. Die dynamischen Eigenschaften des p-Kanal-Mosfets sind schlechter, weil die Kapazitäten aufgrund der größeren Abmessungen größer sind. Deshalb wird der n-Kanal-Mosfet bevorzugt eingesetzt. Sollen neben den statischen auch die dynamischen Eigenschaften nahezu gleich sein, muss man W und L des n-Kanal-Mosfets um den Faktor $\sqrt{2} . . . \sqrt{3}$ vergrößern, damit die Fläche und damit die Kapazitäten näherungsweise denen des p-Kanal-Mosfets entsprechen; die elektrische Größe des n-Kanal-Mosfets wird dadurch nicht verändert. Da dadurch die Transitfrequenz des n-Kanal-Mosfets auf den Wert des p-Kanal-Mosfets reduziert wird, macht man von dieser Möglichkeit nur Gebrauch, wenn besondere Symmetrieeigenschaften benötigt werden.

Die im folgenden beschriebenen Schaltungen werden auf der Basis einer komplementären Bipolar- und einer CMOS-Technologie beschrieben; die wichtigsten Parameter der Transistoren sind in Abb. 4.5 und Abb. 4.6 zusammengefasst.

4.1.1.5 Auswirkung fertigungsbedingter Toleranzen

In einer Bipolar-Technologie werden die npn- und die pnp-Transistoren in getrennten Schritten hergestellt. Da sich eine Fertigungstoleranz bei einem Schritt für die npn-Transistoren auf alle npn-Transistoren in erster Näherung gleich auswirkt, ändern sich auch die Parameter aller npn-Transistoren in gleicher Weise. Daraus folgt insbesondere, dass eine fertigungsbedingte Toleranz der Sättigungssperrströme keinen Einfluss auf die durch die Skalierung eingestellten Größenverhältnisse hat: ein npn-Transistor der Größe 5 hat immer den 5-fachen Sättigungssperrstrom wie ein npn-Transistor der Größe 1. Dasselbe gilt für

---

[4] Für kleine und mittlere Ströme gilt $R_B \approx$ RB.

Name	Parameter	PSpice	n-Kanal	p-Kanal	Einheit
Schwellenspannung	U_{th}	VTO	1	-1	V
rel. Steilheitskoeffizient	K_n', K_p'	KP	30	12	$\mu A/V^2$
Beweglichkeit [5]	μ_n, μ_p	UO	500	200	cm^2/Vs
Oxiddicke	d_{ox}	TOX	57,5	57,5	nm
Gate-Kapazitätsbelag	C_{ox}'		0,6	0,6	$fF/\mu m^2$
Bulk-Kapazitätsbelag	C_S'	CJ	0,2	0,2	$fF/\mu m^2$
Gate-Drain-Kapazität	$C_{GD,\ddot{U}}'$	CGDO	0,5	0,5	$fF/\mu m$
Early-Spannung	U_A		50	33	V
Kanallängenmodulation	λ	LAMBDA	0,02	0,033	V^{-1}
Substrat-Steuerfaktor	γ	GAMMA	0,5	0,5	$\sqrt{V}$
Inversionsspannung	U_{inv}	PHI	0,6	0,6	V
Kanalweite	W	W	3	7,5	μm
Kanallänge	L	L	3	3	μm
Steilheitskoeffizient	K		30	30	$\mu A/V^2$
typ. Transitfrequenz [6]	f_T		1,3	0,5	GHz
typischer Ruhestrom	$I_{D,A}$		10	-10	μA

Abb. 4.6. Parameter der Mosfets mit der (relativen) Größe 1

die pnp-Transistoren. Demgegenüber sind die Größenverhältnisse zwischen npn- und pnp-Transistoren nicht konstant. So kann z.B. das Verhältnis der Sättigungssperrströme eines npn- und eines pnp-Transistors der Größe 1 erheblich schwanken. Dieselben Überlegungen gelten auch für die n-Kanal- und p-Kanal-Mosfets in einer CMOS-Technologie, in diesem Fall insbesondere für die Steilheitskoeffizienten.

4.1.1.6 Dioden

In integrierten Schaltungen werden Dioden mit Hilfe von Transistoren realisiert. Im Falle einer bipolaren Diode wird dazu ein npn- oder pnp-Transistor mit kurzgeschlossener Basis-Kollektor-Strecke verwendet, siehe Abb. 4.7. Diese spezielle Diode wird *Transdiode* genannt und vor allem für die nachfolgend beschriebene Stromskalierung benötigt; eine Kollektor- oder Emitter-Diode ist dafür ungeeignet. Man muss ferner zwischen npn- und pnp-Dioden unterscheiden, weil sie unterschiedliche Parameter haben. Die Skalierung erfolgt wie bei den Transistoren, d.h. eine npn-Diode der Größe 5 entspricht einem npn-Transistor der Größe 5 mit kurzgeschlossener Basis-Kollektor-Strecke.

Ein wichtiger Einsatzfall von Dioden ist die Strom-Spannungs-Wandlung nach Abb. 4.9a, bei der die Diode einen *Messwert* für den Strom liefert:

$$I = I_{S,D}\left(e^{\frac{U}{U_T}} - 1\right) \quad \Rightarrow \quad U = U_T \ln\left(\frac{I}{I_{S,D}} + 1\right) \overset{I \gg I_{S,D}}{\approx} U_T \ln \frac{I}{I_{S,D}}$$

Dabei ist $I_{S,D}$ der Sättigungssperrstrom der Diode. Führt man diese Spannung der Basis-Emitter-Strecke eines Transistors mit dem Sättigungssperrstrom $I_{S,T}$ zu, erhält man unter der Voraussetzung, dass der Transistor im Normalbetrieb arbeitet und der Basisstrom vernachlässigbar klein ist:

---

[5] Die Beweglichkeit wird hier wie in *Spice* in cm^2/Vs angegeben (UO=500 bzw. UO=200).

[6] Die Transitfrequenz ist proportional zu $U_{GS} - U_{th}$ bzw. $\sqrt{I_{D,A}}$; sie ist hier für den für Analogschaltungen typischen Wert von $U_{GS} - U_{th} = 1$ V angegeben.

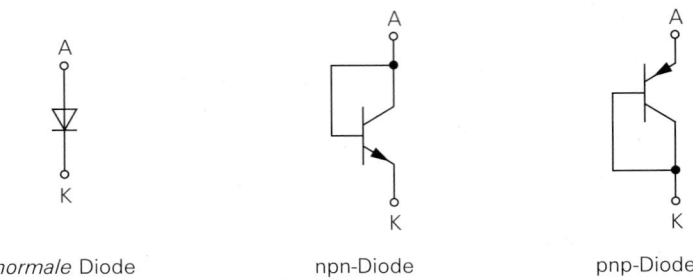

normale Diode   npn-Diode   pnp-Diode

Abb. 4.7. Bipolare Dioden in integrierten Schaltungen

$$I_C \approx I_{S,T}\, e^{\frac{U_{BE}}{U_T}} \overset{U_{BE}=U}{=} I_{S,T}\, e^{\ln\frac{I}{I_{S,D}}} = I\, \frac{I_{S,T}}{I_{S,D}}$$

Der Strom wird also entsprechend dem Verhältnis der Sättigungssperrströme skaliert. Eine definierte Skalierung erhält man jedoch nur, wenn man eine npn-Diode mit einem npn-Transistor oder eine pnp-Diode mit einem pnp-Transistor kombiniert; in diesem Fall ist das Verhältnis der Sättigungssperrströme durch das Größenverhältnis festgelegt.

In MOS-Schaltungen kann man die in Abb. 4.8 gezeigten *Fet-Dioden* einsetzen. Hier gilt für die Strom-Spannungs-Wandlung nach Abb. 4.9b:

$$I = \frac{K_D}{2}(U_{GS}-U_{th})^2 \;\Rightarrow\; U = U_{th} + \sqrt{\frac{2I}{K_D}}$$

Dabei ist K_D der Steilheitskoeffizient der Fet-Diode. Führt man diese Spannung der Gate-Source-Strecke eines Mosfets mit dem Steilheitskoeffizienten K_M zu, folgt unter der Voraussetzung, dass der Mosfet im Abschnürbereich arbeitet:

$$I_D \approx \frac{K_M}{2}(U_{GS}-U_{th})^2 \overset{U_{GS}=U}{=} I\, \frac{K_M}{K_D}$$

Auch hier muss man eine n-Kanal-Fet-Diode mit einem n-Kanal-Mosfet und eine p-Kanal-Fet-Diode mit einem p-Kanal-Mosfet kombinieren, damit die Skalierung des Stroms durch die Größenverhältnisse definiert ist.

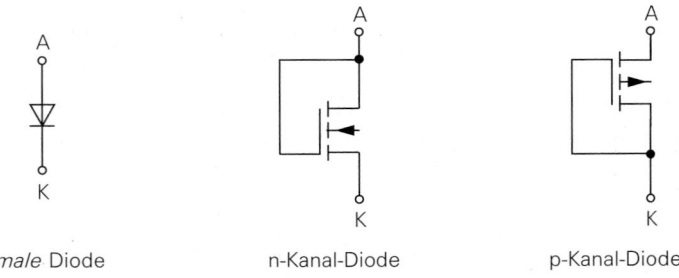

normale Diode   n-Kanal-Diode   p-Kanal-Diode

Abb. 4.8. Fet-Dioden in integrierten Schaltungen

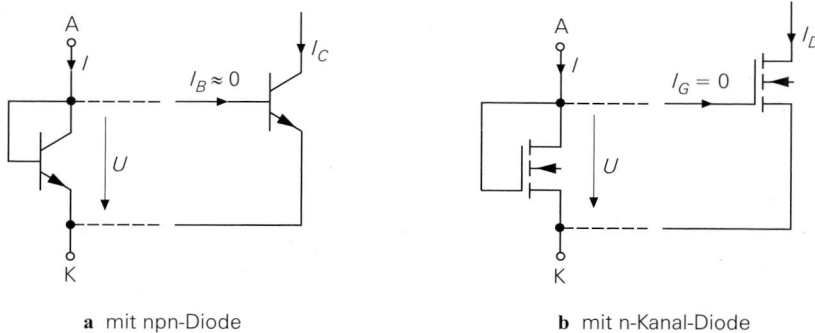

a mit npn-Diode   **b** mit n-Kanal-Diode

Abb. 4.9. Strom-Spannungs-Wandlung und Strom-Skalierung

4.1.2 Stromquellen und Stromspiegel

Eine *Stromquelle* (*current source*) liefert einen konstanten Ausgangsstrom und wird überwiegend zur Arbeitspunkteinstellung eingesetzt. Ein *Stromspiegel* (*current mirror*) liefert am Ausgang eine verstärkte oder abgeschwächte Kopie des Eingangsstroms, arbeitet also als stromgesteuerte Stromquelle. Man kann jeden Stromspiegel auch als Stromquelle betreiben, indem man den Eingangsstrom konstant hält; in diesem Zusammenhang ist die Stromquelle ein spezieller Anwendungsfall des Stromspiegels.

4.1.2.1 Prinzip einer Stromquelle

Die Ausgangskennlinien eines Bipolartransistors und eines Mosfets verlaufen in einem weiten Bereich nahezu horizontal, siehe Abb. 2.3 auf Seite 36 und Abb. 3.5 auf Seite 181; der Kollektor- oder Drainstrom hängt in diesem Bereich praktisch nicht von der Kollektor-Emitter- oder Drain-Source-Spannung ab. Deshalb kann man einen einzelnen Transistor als Stromquelle einsetzen, indem man eine konstante Eingangsspannung anlegt und den Kollektor- oder Drain-Anschluss als Ausgang verwendet:

$$I_a = \begin{cases} I_C(U_{BE}, U_{CE}) & \approx & I_C(U_{BE}) & \overset{U_{BE}=\text{const.}}{=} & \text{const.} \\[2ex] I_D(U_{GS}, U_{DS}) & \approx & I_D(U_{GS}) & \overset{U_{GS}=\text{const.}}{=} & \text{const.} \end{cases}$$

Für einen stabilen Betrieb ist zusätzlich eine Stromgegenkopplung erforderlich, damit der Ausgangsstrom trotz fertigungs- und temperaturbedingter Schwankungen der Transistor-Parameter konstant bleibt. Damit erhält man die in Abb. 4.10 gezeigten Schaltungen. Am Ausgang der Stromquelle muss eine Last angeschlossen sein, durch die der Strom I_a fließen kann; in Abb. 4.10 ist deshalb ein Widerstand R_L als Last angeschlossen.

4.1.2.1.1 Ausgangsstrom

Für die Stromquelle mit Bipolartransistor in Abb. 4.10a erhält man eingangsseitig die Maschengleichung:

$$U_0 = U_{BE} + U_R = U_{BE} + (I_C + I_B)\, R_E \overset{I_C \gg I_B}{\approx} U_{BE} + I_C R_E$$

Daraus folgt mit $I_C = I_a$:

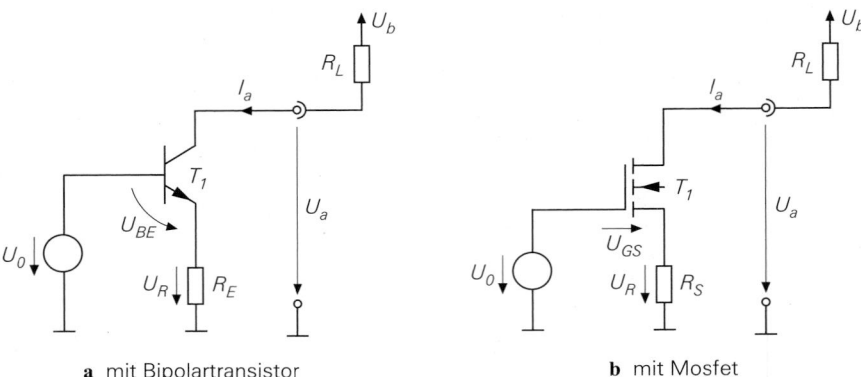

a mit Bipolartransistor   **b** mit Mosfet

Abb. 4.10. Prinzip einer Stromquelle

$$I_a \;\approx\; \frac{U_0 - U_{BE}}{R_E} \;\overset{U_{BE} \approx 0{,}7\,\text{V}}{\approx}\; \frac{U_0 - 0{,}7\,\text{V}}{R_E}$$

Man kann die Abhängigkeit von U_{BE} verringern, indem man U_0 ausreichend groß wählt; für den Grenzfall $U_0 \gg U_{BE}$ erhält man $I_a \approx U_0/R_1$. Andererseits darf man U_0 nicht zu groß wählen, weil sonst die Aussteuerbarkeit am Ausgang verringert wird. Die Stromquelle arbeitet nämlich nur dann korrekt, wenn der Transistor T_1 im Normalbetrieb arbeitet; dazu muss $U_{CE} > U_{CE,sat}$ und damit

$$U_a \;=\; U_R + U_{CE} \;>\; U_R + U_{CE,sat} \;=\; U_0 - U_{BE} + U_{CE,sat}$$

gelten.

4.1.2.1.2 Ausgangskennlinie

Trägt man den Ausgangsstrom I_a in Abhängigkeit von U_a für $U_0 = $ const. und verschiedene Werte von R_E auf, erhält man das in Abb. 4.11 gezeigte Ausgangskennlinienfeld mit der minimalen Ausgangsspannung:

$$U_{a,min} \;=\; U_0 - U_{BE} + U_{CE,sat} \;\overset{\substack{U_{CE,sat} \approx 0{,}2\,\text{V} \\ U_{BE} \approx 0{,}7\,\text{V}}}{\approx}\; U_0 - 0{,}5\,\text{V}$$

Für $U_a > U_{a,min}$ und $U_0 = $ const. arbeitet die Schaltung als Stromquelle. $U_{a,min}$ wird im folgenden *Aussteuerungsgrenze* genannt.

4.1.2.1.3 Ausgangswiderstand

Neben dem Ausgangsstrom I_a und der Aussteuerungsgrenze $U_{a,min}$ ist der Ausgangswiderstand

$$r_a \;=\; \frac{\partial U_a}{\partial I_a}\bigg|_{U_0 = \text{const.}}$$

im Arbeitsbereich von Interesse; er ist bei einer idealen Stromquelle $r_a = \infty$ und sollte deshalb bei einer realen Stromquelle möglichst hoch sein. Der endliche Ausgangswiderstand wird durch den Early-Effekt verursacht und kann mit Hilfe des Kleinsignalersatzschaltbilds berechnet werden. Da die Schaltung in Abb. 4.10a weitgehend der Emitterschaltung

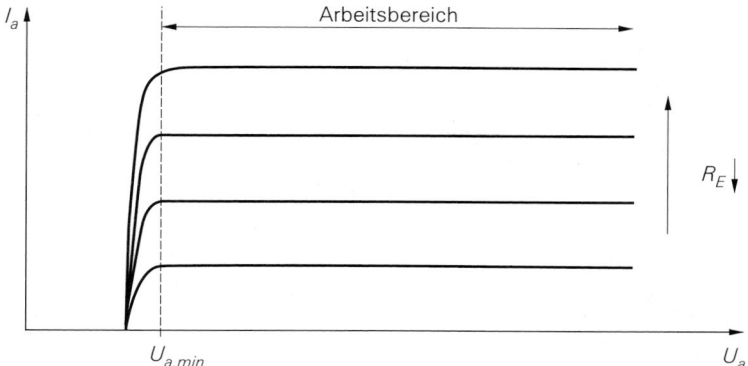

Abb. 4.11. Ausgangskennlinienfeld einer Stromquelle mit Bipolartransistor

mit Stromgegenkopplung in Abb. 2.64a auf Seite 108 entspricht, kann man das Ergebnis übertragen, indem man $R_g = 0$ und $R_C \to \infty$ einsetzt [7]; man erhält:

$$r_a = \left. \frac{u_a}{i_a} \right|_{U_0 = \text{const.}} \overset{r_{CE} \gg r_{BE}}{\approx} r_{CE} \left(1 + \frac{\beta R_E}{R_E + r_{BE}} \right) \tag{4.1}$$

Durch Spezialisierung folgt unter Verwendung von $\beta \gg 1$ und $r_{BE} = \beta / S$:

$$r_a \approx \begin{cases} r_{CE} \left(1 + S R_E \right) & \text{für } R_E \ll r_{BE} \\ \beta \, r_{CE} & \text{für } R_E \gg r_{BE} \end{cases}$$

Abb. 4.12 zeigt den Verlauf von r_a in Abhängigkeit von R_E bei konstantem Ausgangsstrom.

Setzt man $r_{CE} = U_A / I_a$, $S = I_a / U_T$, $r_{BE} = \beta \, U_T / I_a$ und $U_R \approx I_a R_E$ ein, erhält man die Abhängigkeit des Ausgangswiderstands vom Ausgangsstrom:

$$r_a \approx \begin{cases} \dfrac{U_A}{I_a} + \dfrac{U_A}{U_T} R_E & \text{für } U_R \ll \beta \, U_T \\[2ex] \dfrac{\beta \, U_A}{I_a} & \text{für } U_R \gg \beta \, U_T \end{cases}$$

Der maximale Ausgangswiderstand wird erreicht, wenn man den Spannungsabfall U_R am Gegenkopplungswiderstand größer als $\beta \, U_T \approx 2{,}6 \, \text{V}$ wählt. In diesem Fall erhält man ein konstantes I_a-r_a-Produkt:

$$I_a r_a \approx \beta \, U_A \overset{\substack{U_A \approx 30 \dots 200 \, \text{V} \\ \beta \approx 50 \dots 500}}{\approx} 1{,}5 \dots 100 \, \text{kV}$$

Demnach ist das Produkt aus der Early-Spannung U_A und der Stromverstärkung β ein entscheidender Parameter zur Beurteilung von Bipolartransistoren beim Einsatz in Stromquellen.

---

[7] Bei der Emitterschaltung mit Stromgegenkopplung wird R_C als Bestandteil der Schaltung aufgefasst und deshalb auch bei der Berechnung des Ausgangswiderstands berücksichtigt; bei der Stromquelle interessiert dagegen der Ausgangswiderstand am Kollektor ohne weitere Beschaltung. Durch Einsetzen von $R_C \to \infty$ wird der Widerstand R_C *entfernt*.

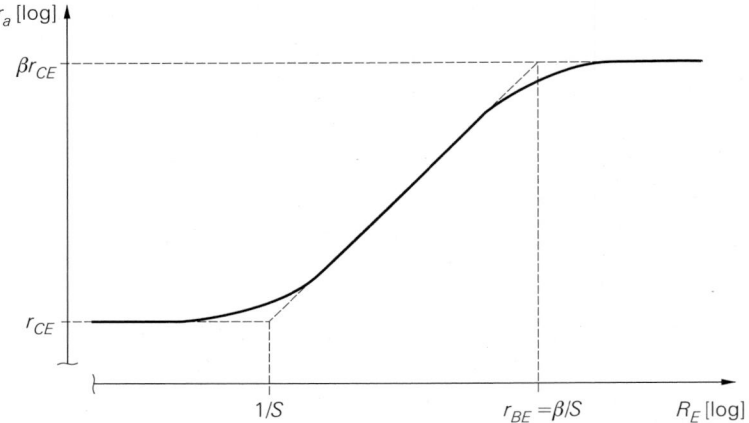

Abb. 4.12. Ausgangswiderstand einer Stromquelle mit Bipolartransistor bei konstantem Ausgangsstrom

4.1.2.1.4 Stromquelle mit Mosfet

Für die Stromquelle mit Mosfet in Abb. 4.10b erhält man mit $I_a = I_D$:

$$U_0 = U_R + U_{GS} = I_a R_S + U_{GS} = I_a R_S + U_{th} + \sqrt{\frac{2 I_a}{K}}$$

Die Berechnung des Ausgangsstroms $I_a = I_D$ ist aufwendig, weil man für U_{GS} keine einfache Näherung entsprechend $U_{BE} \approx 0{,}7\,\text{V}$ beim Bipolartransistor angeben kann. Bei Einzel-Mosfets kann man jedoch I_a und U_0 vorgeben und damit R_S berechnen:

$$R_S = \frac{U_0 - U_{th}}{I_a} - \sqrt{\frac{2}{K I_a}}$$

Bei integrierten Mosfets ist das nicht exakt möglich, weil in diesem Fall die Schwellenspannung wegen des Substrat-Effekts nicht konstant ist.

Da der Mosfet im Abschnürbereich betrieben werden muss – nur dort verlaufen die Ausgangskennlinien nahezu horizontal –, erhält man für die Aussteuerungsgrenze $U_{a,min} = U_R + U_{DS,ab}$; sie ist wegen $U_{DS,ab} > U_{CE,sat}$ größer als beim Bipolartransistor. Für den Ausgangswiderstand erhält man durch Vergleich mit der Sourceschaltung mit Stromgegenkopplung:

$$r_a = \left. \frac{u_a}{i_a} \right|_{U_0 = \text{const.}} \overset{r_{DS} \gg 1/S}{\approx} r_{DS}\left(1 + (S + S_B) R_S\right) \overset{S \gg S_B}{\approx} r_{DS}\left(1 + S R_S\right) \quad (4.2)$$

Er ist wegen der geringeren Early-Spannung und der geringeren Steilheit kleiner als beim Bipolartransistor. Deshalb werden in diskreten Schaltungen fast ausschließlich Stromquellen mit Bipolartransistoren eingesetzt.

4.1.2.2 Einfache Stromquellen für diskrete Schaltungen

Abbildung 4.13 zeigt die drei in der Praxis am häufigsten verwendeten diskreten Stromquellen. Mit $I_q \gg I_B \approx 0$ erhält man für die Schaltung in Abb. 4.13a:

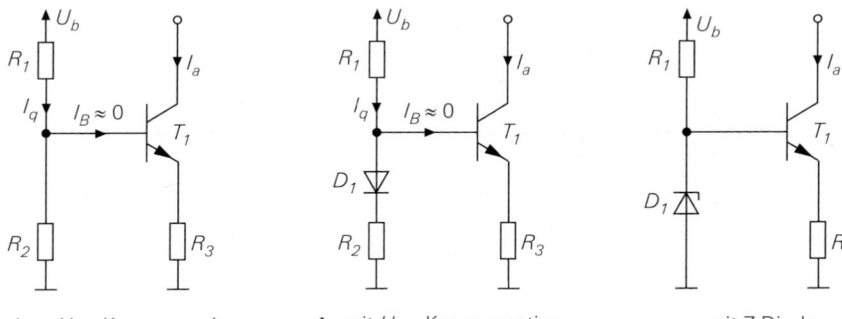

a ohne U_{BE}-Kompensation   **b** mit U_{BE}-Kompensation   **c** mit Z-Diode

Abb. 4.13. Einfache Stromquellen für diskrete Schaltungen

$$\left. \begin{array}{l} I_q \approx \dfrac{U_b}{R_1 + R_2} \\[2mm] I_q R_2 \approx I_a R_3 + U_{BE} \end{array} \right\} \Rightarrow I_a \approx \dfrac{1}{R_3} \left(\dfrac{U_b R_2}{R_1 + R_2} - U_{BE} \right) \quad \text{mit } U_{BE} \approx 0,7 \text{ V}$$

Der Ausgangsstrom hängt von der Temperatur ab, weil U_{BE} von der Temperatur abhängt:

$$\frac{dI_a}{dT} = -\frac{1}{R_3} \frac{dU_{BE}}{dT} \approx \frac{2 \, \text{mV/K}}{R_3}$$

Die Temperaturabhängigkeit wird geringer, wenn man die Gegenkopplung durch Vergrößern von R_3 verstärkt; man muss in diesem Fall auch R_1 und R_2 anpassen, damit der Ausgangsstrom konstant bleibt.

Bei der Schaltung in Abb. 4.13b wird die Temperaturabhängigkeit verringert, indem U_{BE} durch die Spannung an der Diode kompensiert wird; mit $U_D \approx U_{BE}$ und $I_q \gg I_B \approx 0$ gilt:

$$\left. \begin{array}{l} I_q \approx \dfrac{U_b - U_D}{R_1 + R_2} \\[2mm] I_q R_2 \approx I_a R_3 \end{array} \right\} \Rightarrow I_a \approx \dfrac{(U_b - U_D) \, R_2}{(R_1 + R_2) \, R_3} \quad \text{mit } U_D \approx 0,7 \text{ V}$$

Für die Temperaturabhängigkeit erhält man:

$$\frac{dI_a}{dT} = -\frac{R_2}{(R_1 + R_2) \, R_3} \frac{dU_D}{dT} \approx \frac{2 \, \text{mV/K}}{R_3} \frac{R_2}{R_1 + R_2} \approx 2 \, \text{mV/K} \cdot \frac{I_a}{U_b - U_D}$$

Sie ist um den Faktor $1 + R_1/R_2$ geringer als bei der Schaltung in Abb. 4.13a und wird Null, wenn man anstelle von R_1 eine (temperaturunabhängige) Stromquelle mit dem Strom I_q einsetzt [8].

Für die Schaltung in Abb. 4.13c gilt:

$$I_a \approx \frac{U_Z - U_{BE}}{R_3} \approx \frac{U_Z - 0,7 \text{ V}}{R_3}$$

Dabei ist U_Z die Durchbruchspannung der Z-Diode. Die Temperaturabhängigkeit hängt auch vom Temperaturkoeffizienten der Z-Diode ab. Ist er sehr klein, kann man wie in Abb. 4.13b eine normale Diode in Reihe schalten und damit U_{BE} kompensieren; dann gilt

---

[8] Der Übergang zur Stromquelle erfolgt durch den Grenzübergang $R_1 \to \infty$; dabei muss gleichzeitig $U_b \to \infty$ eingesetzt werden, damit der Ausgangsstrom konstant bleibt.

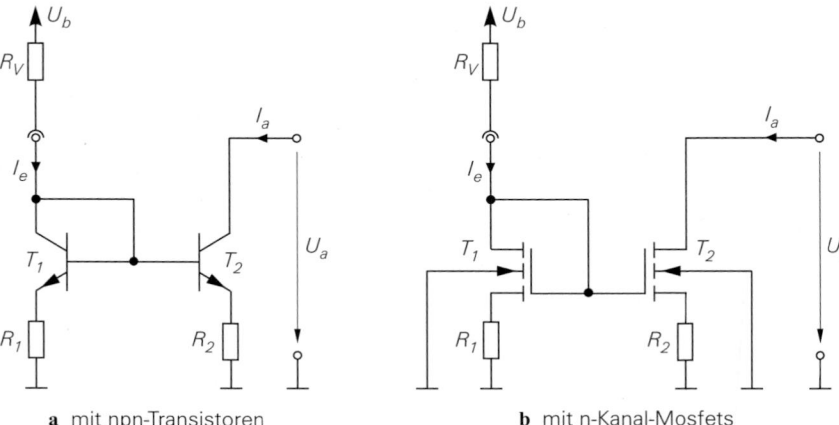

a mit npn-Transistoren   **b** mit n-Kanal-Mosfets

Abb. 4.14. Einfacher Stromspiegel

$$I_a \approx \frac{U_Z}{R_3}$$

und es geht nur noch der Temperaturkoeffizient der Z-Diode ein. Die geringste Temperaturabhängigkeit erhält man mit $U_Z \approx 5 \ldots 6$ V.

4.1.2.3 Einfacher Stromspiegel

Der einfachste Stromspiegel besteht aus zwei Transistoren T_1 und T_2 und zwei optionalen Widerständen R_1 und R_2 zur Stromgegenkopplung, siehe Abb. 4.14; da keine spezielle Bezeichnung existiert, wird er hier *einfacher Stromspiegel* genannt. Mit einem zusätzlichen Widerstand R_V kann man einen konstanten Referenzstrom einstellen; dadurch wird der Stromspiegel zur Stromquelle.

4.1.2.3.1 npn-Stromspiegel

Abbildung 4.15 zeigt die Ströme und Spannungen beim einfachen Stromspiegel mit npn-Transistoren, den man kurz *npn-Stromspiegel* nennt. Die Maschengleichung über die Basis-Emitter-Strecken und die Gegenkopplungswiderstände liefert:

$$(I_{C1} + I_{B1}) R_1 + U_{BE1} = (I_{C2} + I_{B2}) R_2 + U_{BE2} \tag{4.3}$$

Im normalen Arbeitsbereich arbeiten beide Transistoren im Normalbetrieb und man kann die Grundgleichungen (2.2) und (2.3) verwenden:

$$I_{C1} = I_{S1}\, e^{\frac{U_{BE1}}{U_T}} \qquad\qquad , \quad I_{B1} = \frac{I_{C1}}{B}$$

$$I_{C2} = I_{S2}\, e^{\frac{U_{BE2}}{U_T}} \left(1 + \frac{U_{CE2}}{U_A}\right) \quad , \quad I_{B2} = \frac{I_{C2}}{B} \tag{4.4}$$

Dabei wird bei T_1 der Early-Effekt wegen $U_{CE1} = U_{BE1} \ll U_A$ vernachlässigt. Aus Abb. 4.15 folgt ferner:

$$I_e = I_{C1} + I_{B1} + I_{B2} \quad , \quad I_a = I_{C2} \tag{4.5}$$

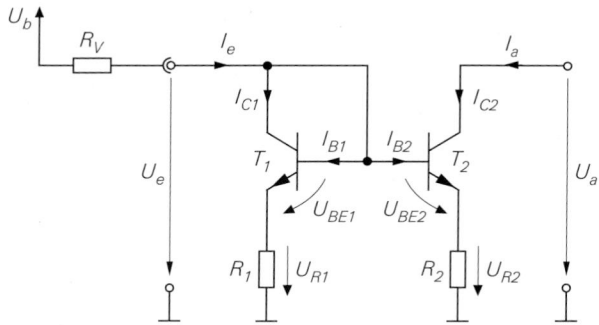

Abb. 4.15.
Ströme und Spannungen
beim npn-Stromspiegel

npn-Stromspiegel ohne Gegenkopplung

Mit $R_1 = R_2 = 0$ erhält man aus (4.3) $U_{BE1} = U_{BE2}$ und daraus durch Einsetzen von
(4.4) und (4.5) unter Berücksichtigung von $U_{CE2} = U_a$ das *Übersetzungsverhältnis*:

$$k_I = \frac{I_a}{I_e} = \frac{1}{\dfrac{I_{S1}}{I_{S2}}\left(1 + \dfrac{1}{B}\right)\dfrac{U_A}{U_A + U_a} + \dfrac{1}{B}} \tag{4.6}$$

Daraus folgt mit $U_a \ll U_A$:

$$\boxed{k_I = \frac{I_a}{I_e} \approx \frac{1}{\dfrac{I_{S1}}{I_{S2}}\left(1 + \dfrac{1}{B}\right) + \dfrac{1}{B}} \overset{B \gg 1,\, I_{S2}/I_{S1}}{\approx} \frac{I_{S2}}{I_{S1}}} \tag{4.7}$$

Wenn die Early-Spannung U_A und die Stromverstärkung B ausreichend groß sind und das
Größenverhältnis I_{S2}/I_{S1} der Transistoren wesentlich kleiner ist als die Stromverstärkung
B, entspricht das Übersetzungsverhältnis k_I näherungsweise dem Größenverhältnis der
Transistoren. Wenn beide Transistoren dieselbe Größe haben, gilt $I_{S1} = I_{S2}$ und damit:

$$k_I = \frac{1}{\left(1 + \dfrac{1}{B}\right)\dfrac{U_A}{U_A + U_a} + \dfrac{1}{B}} \overset{U_a \ll U_A}{\approx} \frac{1}{1 + \dfrac{2}{B}} \overset{B \gg 1}{\approx} 1 \tag{4.8}$$

Abb. 4.16 zeigt die Übertragungskennlinie und das Übersetzungsverhältnis eines Stromspiegels mit $I_{S1} = I_{S2}$, d.h. $k_I \approx 1$. Man erkennt, dass der Stromspiegel über mehrere
Dekaden linear arbeitet. Bei sehr kleinen und sehr großen Strömen nimmt die Stromverstärkung jedoch stark ab und die Übertragungskennlinie ist nicht mehr linear; dieser
Bereich ist in Abb. 4.16 nicht mehr dargestellt.

Ausgangskennlinie

Bei Stromspiegeln ist neben dem Übersetzungsverhältnis vor allem der Arbeitsbereich und
der Kleinsignal-Ausgangswiderstand im Arbeitsbereich von Interesse. Dazu betrachtet
man das Ausgangskennlinienfeld, in dem I_a als Funktion von U_a mit I_e als Parameter
dargestellt ist; üblicherweise wird nur die Kennlinie mit dem vorgesehenen Ruhestrom $I_e =
I_{e,A}$ dargestellt. Abbildung 4.17 zeigt die Ausgangskennlinie eines npn-Stromspiegels mit
$k_I = 1$ für $I_e = 100\,\mu\text{A}$; auf die Kennlinie des n-Kanal-Stromspiegels in Abb. 4.17 wird

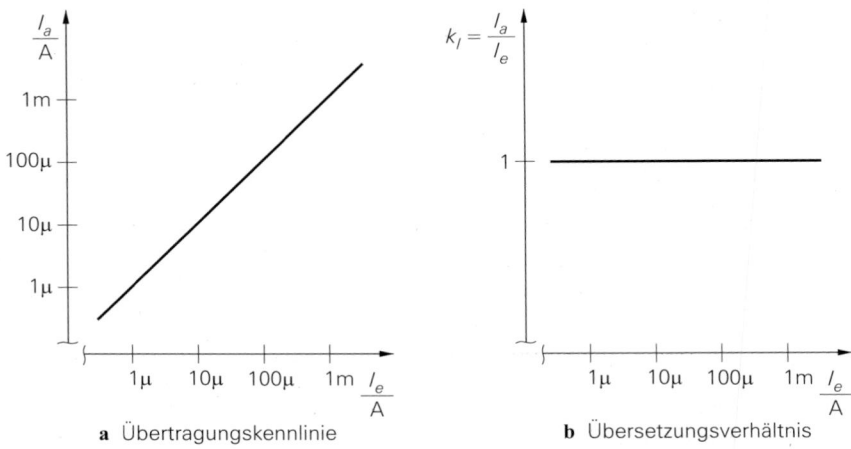

a Übertragungskennlinie   **b** Übersetzungsverhältnis

Abb. 4.16. Übertragungsverhalten eines Stromspiegels mit $I_{S1} = I_{S2}$

später eingegangen. Die Kennlinie entspricht der Ausgangskennlinie des Transistors T_2. Für $U_a > U_{CE,sat}$ arbeitet T_2 im Normalbetrieb; nur in diesem *Arbeitsbereich* arbeitet der Stromspiegel mit dem berechneten Übersetzungsverhältnis. Für $U_a \leq U_{CE,sat}$ gerät T_2 in die Sättigung und der Strom nimmt ab. Die minimale Ausgangsspannung $U_{a,min}$ ist eine wichtige Kenngröße und wird im folgenden *Aussteuerungsgrenze* genannt; beim npn-Stromspiegel gilt [9]:

$$U_{a,min} = U_{CE,sat} \approx 0{,}2\,\text{V}$$

Der Ausgangswiderstand entspricht dem Kehrwert der Steigung der Ausgangskennlinie im Arbeitsbereich. Wenn man in (4.6) nur die Näherungen für die Stromverstärkung durchführt und die Early-Spannung beibehält, erhält man im Arbeitsbereich

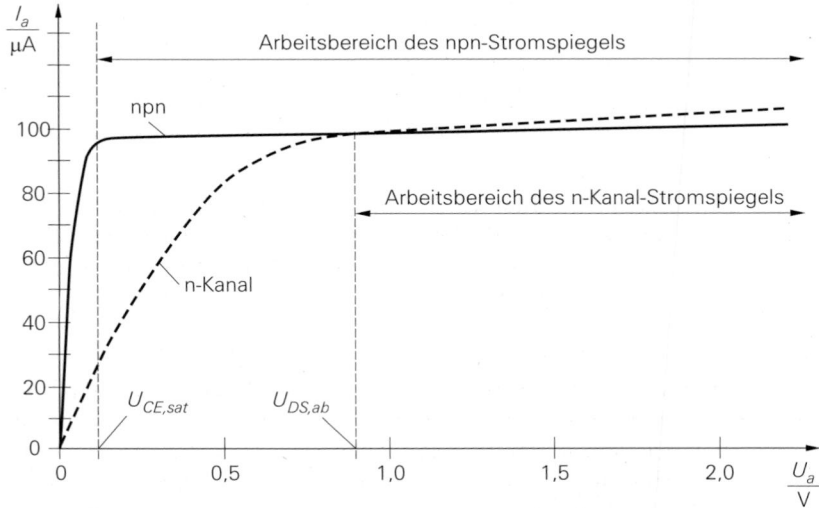

Abb. 4.17. Ausgangskennlinien eines npn- und eines n-Kanal-Stromspiegels für $R_1 = R_2 = 0$

$$k_I = \frac{I_a}{I_e} \approx \frac{I_{S2}}{I_{S1}}\left(1 + \frac{U_a}{U_A}\right)$$

und daraus den *Ausgangswiderstand*:

$$r_a = \left.\frac{\partial U_a}{\partial I_a}\right|_{I_e=\text{const.}} = \frac{U_a + U_A}{I_a} \overset{U_a \ll U_A}{\approx} \frac{U_A}{I_a} = \frac{U_A}{I_{C2}} = r_{CE2}$$

Der Ausgangswiderstand wird üblicherweise mit Hilfe des Kleinsignalersatzschaltbilds berechnet; darauf wird später noch eingegangen.

npn-Stromspiegel mit Gegenkopplung

Durch den Einsatz von Gegenkopplungswiderständen kann man das Übersetzungsverhältnis stabilisieren und den Ausgangswiderstand erhöhen. Ohne Gegenkopplungswiderstände hängt das Übersetzungsverhältnis nur vom Größenverhältnis der Transistoren ab, mit Gegenkopplungswiderständen geht zusätzlich das Verhältnis R_2/R_1 der Widerstände ein. Durch Einsetzen von (4.4) in (4.3) und Vernachlässigen des Early-Effekts erhält man:

$$\left(1 + \frac{1}{B}\right)R_1 I_{C1} + U_T \ln\frac{I_{C1}}{I_{S1}} = \left(1 + \frac{1}{B}\right)R_2 I_{C2} + U_T \ln\frac{I_{C2}}{I_{S2}} \tag{4.9}$$

Diese Gleichung ist nicht geschlossen lösbar, da die Kollektorströme linear *und* logarithmisch eingehen. Für ausreichend große Widerstände dominieren die linearen Terme und man erhält:

$$R_1 I_{C1} \approx R_2 I_{C2} \tag{4.10}$$

Daraus folgt mit (4.5):

$$\boxed{k_I = \frac{I_a}{I_e} \approx \frac{R_1}{R_2 + \dfrac{R_1 + R_2}{B}} \overset{B \gg 1 + R_1/R_2}{\approx} \frac{R_1}{R_2}} \tag{4.11}$$

Das Übersetzungsverhältnis hängt in diesem Fall nur noch vom Verhältnis der Widerstände und nicht mehr von den Größen der Transistoren ab.

Bei integrierten Stromspiegeln wählt man das Verhältnis der Widerstände normalerweise entsprechend dem Größenverhältnis der Transistoren:

$$\frac{I_{S2}}{I_{S1}} \approx \frac{R_1}{R_2}$$

In diesem Fall wirken sich die Widerstände praktisch nicht auf das Übersetzungsverhältnis aus, sondern führen lediglich zu einer Erhöhung des Ausgangswiderstandes; darauf wird später noch näher eingegangen. Bei Stromspiegeln, die über einen großen Strombereich ausgesteuert werden, ist diese Bedingung sogar zwingend, weil das Verhältnis der linearen und logarithmischen Terme in (4.9) vom Strom abhängt: bei kleinen Strömen wird das Übersetzungsverhältnis durch I_{S2}/I_{S1} bestimmt, bei großen Strömen durch R_1/R_2. Abbildung 4.18 zeigt diese Abhängigkeit am Beispiel eines Stromspiegels mit Transistoren gleicher Größe ($I_{S2}/I_{S1} = 1$) für verschiedene Werte von R_1/R_2. Ein konstantes Übersetzungsverhältnis erhält man nur mit $I_{S2}/I_{S1} = R_1/R_2$.

---

[9] Hier wird für die Kollektor-Emitter-Sättigungsspannung ein relativ hoher Wert von $U_{CE,sat} \approx 0{,}2$ V angenommen, weil die Ausgangskennlinie des Transistors bei dieser Spannung bereits möglichst horizontal verlaufen soll.

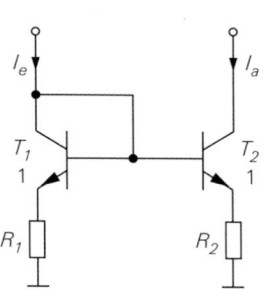 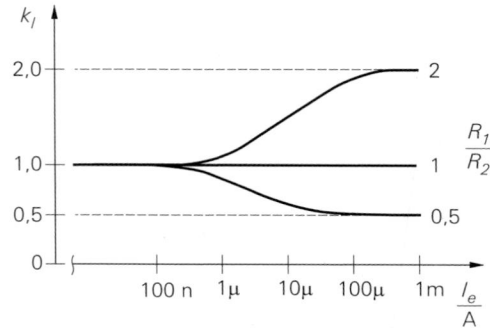

Abb. 4.18. Stromabhängigkeit des Übersetzungsverhältnisses bei Transistoren gleicher Größe ($I_{S2}/I_{S1} = 1$) für verschiedene Werte von R_1/R_2

Bei diskret aufgebauten Stromspiegeln muss man immer Gegenkopplungswiderstände einsetzen, weil die Toleranzen bei Einzeltransistoren so groß sind, dass das Verhältnis I_{S2}/I_{S1} selbst bei Transistoren desselben Typs praktisch undefiniert ist; das Übersetzungsverhältnis muss also zwangsläufig durch die Widerstände eingestellt werden. Die erforderliche Mindestgröße für die Widerstände kann man ermitteln, indem man in (4.9) beide Seiten nach dem jeweiligen Strom differenziert und fordert, dass der Einfluss der Terme mit den Widerständen dominiert:

$$\left(1 + \frac{1}{B}\right) R_1 \gg \frac{U_T}{I_{C1}} \quad , \quad \left(1 + \frac{1}{B}\right) R_2 \gg \frac{U_T}{I_{C2}}$$

Daraus folgt:

$$U_{R1} = \left(1 + \frac{1}{B}\right) R_1 I_{C1} \gg U_T \quad , \quad U_{R2} = \left(1 + \frac{1}{B}\right) R_2 I_{C2} \gg U_T$$

Dabei sind U_{R1} und U_{R2} die Spannungen an den Widerständen R_1 und R_2, siehe Abb. 4.15. Da die beiden Bedingungen wegen (4.10) äquivalent sind und zur Einhaltung der Bedingung etwa ein Faktor 10 erforderlich ist, muss man

$$U_{R1} \approx U_{R2} \geq 10 U_T \approx 250 \, \text{mV} \tag{4.12}$$

wählen, damit das Übersetzungsverhältnis nur noch von den Widerständen abhängt. Bei Stromspiegeln, die über einen großen Strombereich ausgesteuert werden, kann man die Bedingung (4.12) in der Regel nicht im ganzen Bereich erfüllen; in diesem Fall wird das Übersetzungsverhältnis mit abnehmendem Strom immer mehr durch das unbekannte Verhältnis I_{S2}/I_{S1} bestimmt.

Durch die Gegenkopplung wird der Arbeitsbereich kleiner, weil sich die Aussteuerungsgrenze $U_{a,min}$ um die Spannung an den Widerständen erhöht:

$$U_{a,min} = U_{CE,sat} + U_{R2} \geq 0{,}2 \, \text{V} + 0{,}25 \, \text{V} = 0{,}45 \, \text{V}$$

Deshalb kann man die Widerstände nicht beliebig groß machen.

Betrieb als Stromquelle

Man kann den einfachen npn-Stromspiegel als Stromquelle betreiben, indem man den in Abb. 4.15 gezeigten Widerstand R_V ergänzt; damit wird ein konstanter Eingangsstrom eingestellt. Aus $U_e = U_{BE1} + U_{R1}$ und $U_b = U_e + I_e R_V$ folgt:

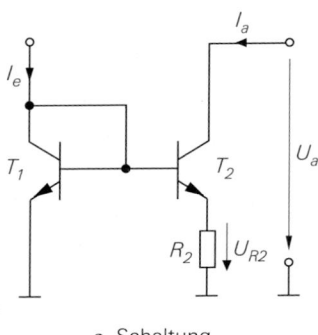

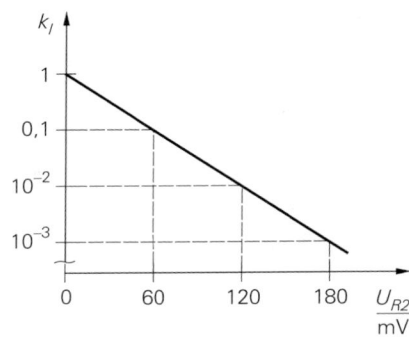

a Schaltung

b Übersetzungsverhältnis k_I bei gleichen Transistoren ($I_{S1} = I_{S2}$)

Abb. 4.19. Widlar-Stromspiegel

$$U_b = I_e R_V + (I_{C1} + I_{B1}) R_1 + U_{BE1}$$

Wenn man die Basisströme der Transistoren vernachlässigt und $U_{BE} \approx 0,7\,\text{V}$ annimmt, erhält man:

$$I_e \approx \frac{U_b - U_{BE1}}{R_V + R_1} \approx \frac{U_b - 0,7\,\text{V}}{R_V + R_1}$$

Für den Ausgangsstrom gilt $I_a = k_I I_e$.

4.1.2.3.2 Widlar-Stromspiegel

Wenn man sehr kleine Übersetzungsverhältnisse benötigt, ist eine Einstellung über das Größenverhältnis der Transistoren ungünstig, weil die Größe von T_2 nur bis zur Grundgröße verringert werden kann und deshalb T_1 sehr groß wird. In diesem Fall kann man den in Abb. 4.19a gezeigten *Widlar-Stromspiegel* einsetzen, bei dem nur der Gegenkopplungswiderstand R_2 eingesetzt wird; aus (4.9) folgt mit $R_1 = 0$ und $B \gg 1$:

$$U_T \ln \frac{I_{C1}}{I_{S1}} = R_2 I_{C2} + U_T \ln \frac{I_{C2}}{I_{S2}}$$

Für das Übersetzungsverhältnis erhält man mit $I_e \approx I_{C1}$ und $I_a \approx I_{C2}$:

$$k_I = \frac{I_a}{I_e} \approx \frac{I_{C2}}{I_{C1}} = \frac{I_{S2}}{I_{S1}} e^{-\frac{U_{R2}}{U_T}} \quad \text{mit } U_{R2} = R_2 I_{C2} \tag{4.13}$$

Es hängt exponentiell vom Verhältnis U_{R2}/U_T ab und nimmt bei einer Zunahme von U_{R2} um $U_T \ln 10 \approx 60\,\text{mV}$ um den Faktor 10 ab; Abb. 4.19b zeigt dies für den Fall gleicher Transistoren, d.h. für $I_{S1} = I_{S2}$. Aus (4.13) folgt ferner, dass der Widlar-Stromspiegel aufgrund der starken Stromabhängigkeit des Übersetzungsverhältnisses nur für Konstantströme geeignet ist.

Man könnte nun vermuten, dass man dasselbe Verfahren auch zur Realisierung sehr großer Übersetzungsverhältnisse anwenden kann, indem man in Abb. 4.14a nur den Widerstand R_1 einsetzt. Das ist zwar prinzipiell möglich, in der Praxis aber nicht anwendbar, weil der größere Strom am Ausgang natürlich auch einen größeren Transistor erforderlich macht. Man kann diesen *umgekehrten* Widlar-Stromspiegel nur dann einsetzen, wenn

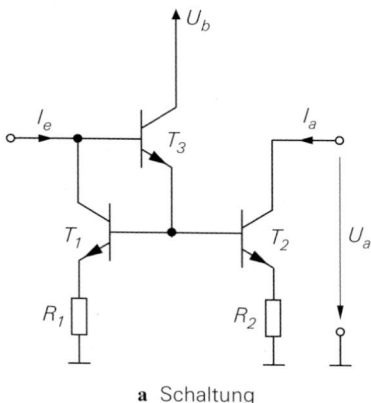 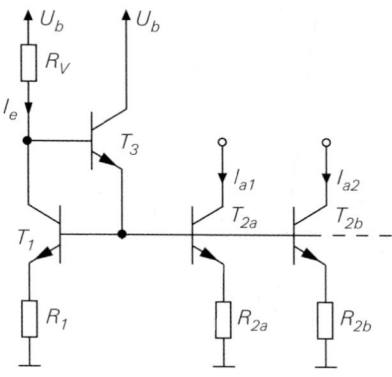

a Schaltung   **b** Einsatz in Stromquellenbank

Abb. 4.20. 3-Transistor-Stromspiegel

das Übersetzungsverhältnis so groß ist, dass der Einsatz eines Widlar-Stromspiegels sinnvoll ist, und trotzdem der Ausgangsstrom so klein ist, dass man auch am Ausgang einen Transistor der Größe 1 einsetzen kann; dieser Fall ist jedoch äußerst selten.

Beispiel: Von einem Eingangsstrom $I_e = 1\,\text{mA}$ soll ein Ausgangsstrom $I_a = 10\,\mu\text{A}$ abgeleitet werden. Da in unserer Beispiel-Technologie ein Transistor der Größe 1 nach Abb. 4.5 für einen Strom von $100\,\mu\text{A}$ ausgelegt ist, wählen wir für T_1 die Größe 10 und für T_2 die minimale Größe 1; damit gilt $I_{S2}/I_{S1} = 0,1$. Für das gewünschte Übersetzungsverhältnis $k_I = I_a/I_e = 0,01$ muss demnach der exponentielle Faktor in (4.13) ebenfalls den Wert $0,1$ annehmen; daraus folgt $U_{R2} = U_T \ln 10 \approx 60\,\text{mV}$ und $R_2 = U_{R2}/I_a \approx 6\,\text{k}\Omega$.

4.1.2.3.3 3-Transistor-Stromspiegel

Eine niedrige Stromverstärkung der Transistoren wirkt sich störend auf das Übersetzungsverhältnis des einfachen Stromspiegels aus. Vor allem bei großen Übersetzungsverhältnissen kann der Basisstrom des Ausgangstransistors so groß werden, dass das Übersetzungsverhältnis deutlich vom Größenverhältnis der Transistoren abweicht. Dadurch hängt das Übersetzungsverhältnis nicht mehr nur von den geometrischen Größen, sondern in zunehmendem Maße von der toleranzbehafteten Stromverstärkung ab. Abhilfe schafft der in Abb. 4.20a gezeigte *3-Transistor-Stromspiegel*, bei dem der Basisstrom für die Transistoren T_1 und T_2 über einen zusätzlichen Transistor T_3 zugeführt wird. Dieser wiederum trägt nur mit seinem sehr kleinen Basisstrom zum Eingangsstrom I_e bei; dadurch wird die Abhängigkeit von der Stromverstärkung stark reduziert.

Ohne Gegenkopplungswiderstände, d.h. mit $R_1 = R_2 = 0$, erhält man die Maschengleichung $U_{BE1} = U_{BE2}$ und daraus bei Vernachlässigung des Early-Effekts:

$$\frac{I_{C2}}{I_{C1}} = \frac{I_{S2}}{I_{S1}}$$

Durch Einsetzen der Knotengleichungen

$$I_e = I_{C1} + I_{B3} \quad , \quad I_{B1} + I_{B2} = I_{C3} + I_{B3} \quad , \quad I_a = I_{C2}$$

folgt mit $I_{B1} = I_{C1}/B$, $I_{B2} = I_{C2}/B$ und $I_{B3} = I_{C3}/B$ das Übersetzungsverhältnis:

$$k_I = \frac{B^2 + B}{\dfrac{I_{S1}}{I_{S2}}\left(B^2 + B + 1\right) + 1} \overset{B \gg 1}{\approx} \frac{I_{S2}}{I_{S1}} \tag{4.14}$$

Für $I_{S1} = I_{S2}$ erhält man

$$k_I = \frac{1}{1 + \dfrac{2}{B^2 + B}} \overset{B \gg 1}{\approx} 1$$

Ein Vergleich mit (4.8) auf Seite 293 zeigt, dass hier anstelle des Fehlerterms $2/B$ nur ein Fehlerterm $2/(B^2 + B) \approx 2/B^2$ auftritt. Die Verringerung des Fehlers um den Faktor B entspricht genau der Stromverstärkung von T_3. Mit Gegenkopplungswiderständen erhält man dasselbe Ergebnis, wenn man die Widerstände entsprechend den Transistor-Größen wählt: $I_{S2}/I_{S1} = R_1/R_2$.

Betrieb als Stromquelle

Der 3-Transistor-Stromspiegel wird vor allem in *Stromquellenbänken* nach Abb. 4.20b eingesetzt; dabei werden mehrere Ausgangstransistoren an einen gemeinsamen Referenzzweig angeschlossen. Damit erhält man mehrere Ausgangsströme, die über die Größen- und Widerstandsverhältnisse beliebig skalierbar sind und in einem festem Verhältnis zueinander stehen. Da in diesem Fall die Summe der Basisströme der Ausgangstransistoren sehr groß werden kann, muss man T_3 zur zusätzlichen Stromverstärkung einsetzen. Aus Abb. 4.20b folgt mit $U_{BE} \approx 0{,}7$ V:

$$I_e \approx \frac{U_b - U_{BE3} - U_{BE1}}{R_V + R_1} \approx \frac{U_b - 1{,}4\,\text{V}}{R_V + R_1}$$

Stromquellenbänke dieser Art werden vor allem als Ruhestromquellen in integrierten Schaltungen eingesetzt.

4.1.2.3.4 n-Kanal-Stromspiegel

Abbildung 4.21 zeigt die Ströme und Spannungen beim einfachen Stromspiegel mit n-Kanal-Mosfets, den man kurz *n-Kanal-Stromspiegel* nennt. Im normalen Arbeitsbereich arbeiten beide Mosfets im Abschnürbereich und man kann die Grundgleichung (3.3) verwenden:

$$I_{D1} = \frac{K_1}{2}\left(U_{GS1} - U_{th}\right)^2$$

$$I_{D2} = \frac{K_2}{2}\left(U_{GS2} - U_{th}\right)^2\left(1 + \frac{U_{DS2}}{U_A}\right) \tag{4.15}$$

Dabei wird bei T_1 der Early-Effekt wegen $U_{DS1} = U_{GS1} \ll U_A$ vernachlässigt. Da bei Mosfets kein Gatestrom fließt, entsprechen die Ströme am Ein- und Ausgang den Drainströmen:

$$I_e = I_{D1} \quad , \quad I_a = I_{D2} \tag{4.16}$$

Aus Abb. 4.21 folgt ferner die Maschengleichung:

$$I_{D1}R_1 + U_{GS1} = I_{D2}R_2 + U_{GS2} \tag{4.17}$$

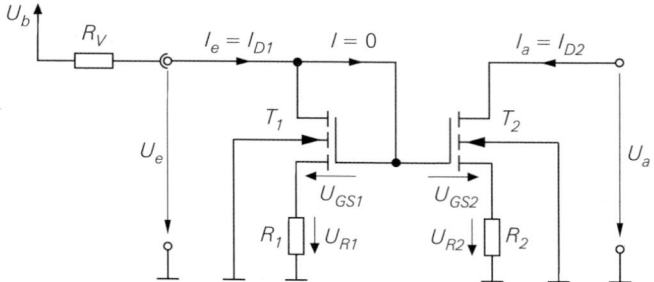

Abb. 4.21. Ströme und Spannungen beim n-Kanal-Stromspiegel

n-Kanal-Stromspiegel ohne Gegenkopplung

Mit $R_1 = R_2 = 0$ folgt aus (4.15)–(4.17) unter Berücksichtigung von $U_{DS2} = U_a$ das Übersetzungsverhältnis:

$$k_I = \frac{I_a}{I_e} = \frac{K_2}{K_1}\left(1 + \frac{U_a}{U_A}\right) \overset{U_a \ll U_A}{\approx} \frac{K_2}{K_1} \tag{4.18}$$

Es hängt bei ausreichend großer Early-Spannung U_A nur vom Größenverhältnis der Mosfets ab.

Die Ausgangskennlinie des n-Kanal-Stromspiegels ist in Abb. 4.17 auf Seite 294 zusammen mit der Ausgangskennlinie eines npn-Stromspiegels gleicher Auslegung gezeigt. Dabei fällt vor allem auf, dass der Arbeitsbereich des n-Kanal-Stromspiegels wegen $U_{a,min} = U_{DS,ab} > U_{CE,sat}$ kleiner ist. Die Aussteuerungsgrenze ist jedoch nicht konstant, sondern hängt wegen

$$U_{a,min} = U_{DS,ab} = U_{GS} - U_{th} \overset{U_{DS,ab} \ll U_A}{\approx} \sqrt{\frac{2I_D}{K}}$$

von der Größe der Mosfets ab. Man kann demnach die Aussteuerungsgrenze verringern, indem man die Mosfets größer macht. In integrierten Analogschaltungen werden normalerweise Arbeitspunkte mit $U_{GS} - U_{th} \approx 1\,\text{V}$ verwendet; daraus folgt $U_{a,min} \approx 1\,\text{V}$. Um eine Aussteuerungsgrenze von $U_{a,min} \approx 0{,}1 \ldots 0{,}2\,\text{V}$ wie bei einem npn-Stromspiegel zu erreichen, müsste man demnach die Mosfets um einen Faktor $25 \ldots 100$ größer machen. Das ist in der Praxis nur in Ausnahmefällen möglich, weil dadurch die Gatekapazität um den gleichen Faktor größer und die Transitfrequenz entsprechend kleiner wird; beim Einsatz als Stromquelle ist in diesem Fall die größere Ausgangskapazität störend.

n-Kanal-Stromspiegel mit Gegenkopplung

Die Berechnung des Übersetzungsverhältnisses ist in diesem Fall nicht geschlossen möglich, weil die Spannungen an den Widerständen R_1 und R_2 nicht nur in die Maschengleichung (4.17) eingehen, sondern aufgrund des Substrateffekts auch zu einer Verschiebung der Schwellenspannungen führen; es gilt nämlich $U_{BS1} = -U_{R1}$ und $U_{BS2} = -U_{R2}$. Wenn beide Spannungen gleich sind, wirkt sich der Substrateffekt auf beide Mosfets gleich aus und die Schwellenspannungen nehmen um denselben Wert zu; dazu muss man die Widerstände entsprechend den Größen der Mosfets wählen:

$$\frac{K_2}{K_1} = \frac{R_1}{R_2}$$

In diesem Fall erhält man dasselbe Übersetzungsverhältnis wie beim n-Kanal-Stromspiegel ohne Gegenkopplung.

Durch die Gegenkopplung wird der Ausgangswiderstand des Stromspiegels erhöht; darauf wird später noch näher eingegangen. Im Gegenzug erhöht sich die Aussteuerungsgrenze um den Spannungsabfall an den Widerständen:

$$U_{a,min} = U_{DS2,ab} + U_{R2} = U_{DS2,ab} + I_{D2}R_2 \overset{I_{D2}=I_a}{=} \sqrt{\frac{2I_a}{K_2}} + I_a R_2$$

Betrieb als Stromquelle

Man kann den einfachen n-Kanal-Stromspiegel als Stromquelle betreiben, indem man den in Abb. 4.21 gezeigten Widerstand R_V ergänzt; damit wird ein konstanter Eingangsstrom eingestellt. Aus $U_e = U_{GS1} + U_{R1}$ und $U_b = U_e + I_e R_V$ folgt:

$$I_e = \frac{U_b - U_{GS1}}{R_V + R_1}$$

Für den Ausgangsstrom gilt $I_a = k_I I_e$.

4.1.2.3.5 Ausgangswiderstand

Der Ausgangsstrom eines Stromspiegels sollte nur vom Eingangsstrom und nicht von der Ausgangsspannung abhängen; daraus folgt, dass der *Ausgangswiderstand*

$$r_a = \left.\frac{\partial U_a}{\partial I_a}\right|_{I_e=\text{const.}} = \left.\frac{u_a}{i_a}\right|_{i_e=0}$$

möglichst groß sein sollte. Man kann ihn aus der Steigung der Ausgangskennlinie im Arbeitsbereich oder mit Hilfe des Kleinsignalersatzschaltbilds ermitteln. Dabei wird, wie aus der Definition unmittelbar folgt, der Eingang mit einer idealen Stromquelle angesteuert: $I_e = \text{const.}$ bzw. $i_e = 0$. Es handelt sich also genau genommen um den *Leerlaufausgangswiderstand*. Im Kleinsignalersatzschaltbild drückt sich der Leerlauf am Eingang dadurch aus, dass der Eingang *offen*, d.h. unbeschaltet ist. In der Praxis hat man zwar nie exakten Leerlauf am Eingang, die Abweichung zwischen realem Ausgangswiderstand und Leerlaufausgangswiderstand ist jedoch in der Regel vernachlässigbar gering.

Für den npn-Stromspiegel erhält man das in Abb. 4.22 gezeigte Kleinsignalersatzschaltbild; dabei wird für die Transistoren das Kleinsignalersatzschaltbild nach Abb. 2.12 auf Seite 46 verwendet. Der linke Teil mit dem Transistor T_1 und dem Widerstand R_1 kann zu einem Widerstand R_g zusammengefasst werden [10]:

$$R_g = R_1 + \frac{1}{S_1 + \dfrac{1}{r_{BE1}} + \dfrac{1}{r_{CE1}}} \approx R_1 + \frac{1}{S_1}$$

Damit erhält man nahezu dasselbe Kleinsignalersatzschaltbild wie bei einer Emitterschaltung mit Stromgegenkopplung, wie ein Vergleich mit Abb. 2.67 auf Seite 111 zeigt; nur

---

[10] Die gesteuerte Quelle $S_1 u_{BE1}$ wirkt wie ein Widerstand $1/S_1$, weil die Steuerspannung u_{BE1} gleich der Spannung an der Quelle ist.

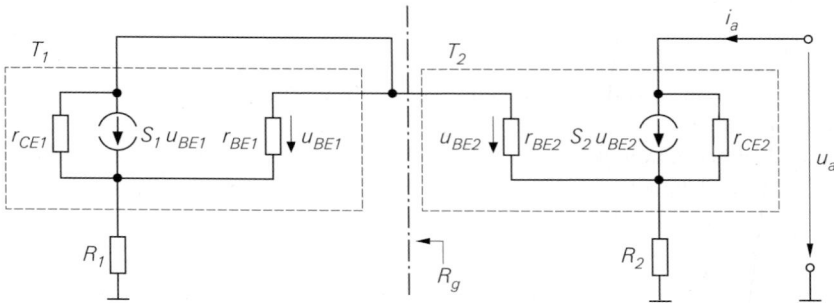

Abb. 4.22. Kleinsignalersatzschaltbild eines npn-Stromspiegels

der Widerstand R_C und die Quelle u_g entfallen. Deshalb kann man den Ausgangswiderstand des Stromspiegels aus dem Kurzschlussausgangswiderstand der Emitterschaltung mit Stromgegenkopplung ableiten:

$$
r_a = r_{CE2}\left(1 + \frac{\beta + \dfrac{r_{BE2} + R_g}{r_{CE2}}}{1 + \dfrac{r_{BE2} + R_g}{R_2}}\right) \overset{\substack{r_{CE2} > r_{BE2} + R_g \\ \beta \gg 1}}{\approx} r_{CE2}\left(1 + \frac{\beta R_2}{R_2 + r_{BE2} + R_g}\right)
$$

Durch Einsetzen von R_g erhält man mit $r_{BE2} \gg 1/S_1$ den Ausgangswiderstand:

$$
\boxed{r_a = \left.\frac{u_a}{i_a}\right|_{i_e = 0} \approx r_{CE2}\left(1 + \frac{\beta R_2}{R_1 + R_2 + r_{BE2}}\right)} \tag{4.19}
$$

Dabei gilt $r_{CE2} = U_A/I_a$ und $r_{BE2} = \beta U_T/I_a$.

Man kann drei Spezialfälle ableiten:

$$
r_a \approx \begin{cases} r_{CE2} & \text{für } R_2 = 0 & \rightarrow \text{ ohne Gegenkopplung} \\ r_{CE2}(1 + S_2 R_2) & \text{für } R_1, R_2 \ll r_{BE2} & \rightarrow \text{ schwache Gegenkopplung} \\ \beta\, r_{CE2} & \text{für } R_2 \gg R_1, r_{BE2} & \rightarrow \text{ starke Gegenkopplung} \end{cases}
$$

Dabei wird bei der schwachen Gegenkopplung der Zusammenhang $S_2 = \beta/r_{BE2}$ und bei der starken Gegenkopplung $\beta \gg 1$ verwendet. Der Ausgangswiderstand bei starker Gegenkopplung ist der höchste mit einem Bipolartransistor bei Gegenkopplung erzielbare Ausgangswiderstand [11]. Er wird in der Praxis meist dadurch erreicht, dass man anstelle von R_2 eine Stromquelle einsetzt; ein Beispiel dafür ist der *Kaskode-Stromspiegel*, der im folgenden noch näher beschrieben wird.

Zur Berechnung des Ausgangswiderstands eines n-Kanal-Stromspiegel wird das in Abb. 4.23 gezeigte Kleinsignalersatzschaltbild verwendet; dabei ist nur der Ausgang mit T_2 und R_2 dargestellt, weil aufgrund des isolierten Gate-Anschlusses keine Verbindung zum eingangsseitigen Teil des Stromspiegels besteht. Für die Mosfets wird das Kleinsignalersatzschaltbild nach Abb. 3.17 auf Seite 192 verwendet. Ein Vergleich mit Abb. 3.62 auf Seite 245 zeigt, dass das Kleinsignalersatzschaltbild des n-Kanal-Stromspiegels dem

---

[11] Man kann durch den Einsatz von Verstärkern oder durch Mitkopplung noch höhere Ausgangswiderstände erzielen, letzteres jedoch nur bei sorgfältigem Abgleich.

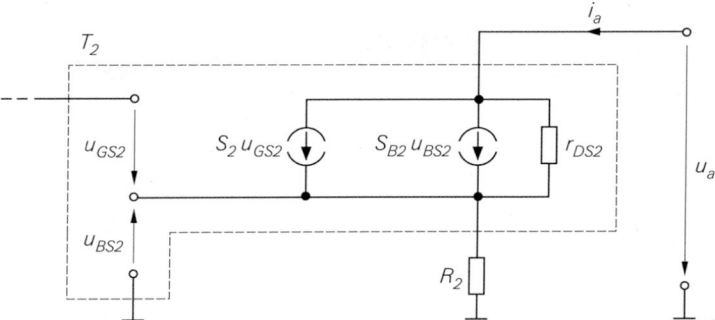

Abb. 4.23. Kleinsignalersatzschaltbild zur Berechnung des Ausgangswiderstands eines n-Kanal-
Stromspiegels

der Sourceschaltung mit Stromgegenkopplung entspricht, wenn man den Widerstand R_D
entfernt und den Bulk-Anschluss auf Masse legt. Deshalb kann man den Ausgangswiderstand ableiten; mit $S_2 \gg 1/r_{DS2}$ erhält man den Ausgangswiderstand:

$$r_a = \left.\frac{u_a}{i_a}\right|_{i_e=0} \approx r_{DS2}\left(1 + (S_2 + S_{B2})\,R_2\right) \tag{4.20}$$

Dabei gilt $r_{DS2} = U_A/I_a$.

Man kann zwei Spezialfälle ableiten:

$$r_a \approx \begin{cases} r_{DS2} & \text{für } R_2 = 0 & \to \text{ ohne Gegenkopplung} \\ r_{DS2}S_2R_2 & \text{für } R_2, 1/S_{B2} \gg 1/S_2 & \to \text{ starke Gegenkopplung} \end{cases}$$

Im Gegensatz zum npn-Stromspiegel ist der Ausgangswiderstand beim n-Kanal-
Stromspiegel nicht nach oben begrenzt: für $R_2 \to \infty$ erhält man $r_a \to \infty$.

Abbildung 4.24 zeigt einen Vergleich der Ausgangswiderstände eines npn- und eines
n-Kanal-Stromspiegels mit $k_I = 1$ bei einem Strom von $I_a = 100\,\mu\text{A}$. Ohne Gegenkopplung ist der Ausgangswiderstand des npn-Stromspiegels im allgemeinen größer als der des
n-Kanal-Stromspiegels; Ursache hierfür ist die größere Early-Spannung der npn-Transistoren. Im Bereich schwacher Gegenkopplung gilt für den npn-Stromspiegel $r_a \approx r_{CE2}S_2R_2$
und für den n-Kanal-Stromspiegel $r_a \approx r_{DS2}\ldots r_{DS2}S_2R_2$; hier ist der Vorteil des npn-
Stromspiegels noch stärker ausgeprägt, weil hier neben der größeren Early-Spannung auch
die wesentlich größere Steilheit der npn-Transistoren zum Tragen kommt. Bei starker
Gegenkopplung geht der Ausgangswiderstand beim npn-Stromspiegel gegen den Maxi-
malwert $r_a = \beta\,r_{CE2}$, während er beim n-Kanal-Stromspiegel mit $r_a \approx r_{DS2}S_2R_2$ weiter
steigt. Bei einem Ausgangsstrom von $I_a = 100\,\mu\text{A}$ kann man bis zu $R_2 \approx 10\,\text{k}\Omega$ ohmsche
Gegenkopplungswiderstände einsetzen; die Spannung an den Widerständen bleibt dann
kleiner als $U_{R2} \approx I_a R_2 = 100\,\mu\text{A} \cdot 10\,\text{k}\Omega = 1\,\text{V}$ [12]. Wenn man dagegen $R_2 = 10\,\text{M}\Omega$
mit einem ohmschen Widerstand realisieren wollte, müsste an R_2 eine Spannung von
$U_{R2} \approx I_a R_2 = 1000\,\text{V}$ anliegen; deshalb muss man größere Gegenkopplungswiderstände mit Stromquellen realisieren.

Aus Abb. 4.24 kann man zwei wichtige Aussagen ableiten:

---

[12] Beim n-Kanal-Stromspiegel gilt $U_{R2} = I_a R_2$, weil bei Mosfets kein Gatestrom fließt.

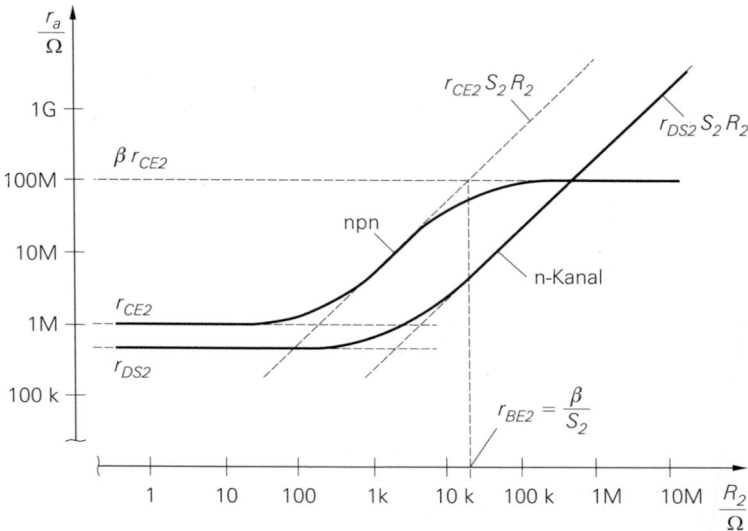

Abb. 4.24. Ausgangswiderstand eines npn- und eines n-Kanal-Stromspiegels mit Übersetzungsverhältnis $k_I = 1$, $I_e = I_a = 100\,\mu A$ und $R_1 = R_2$

- Beim npn-Stromspiegel wird mit $R_2 = r_{BE2} = \beta/S_2$ die Grenze zum Bereich starker Gegenkopplung erreicht; eine weitere Vergrößerung von R_2 bringt keine nennenswerte Verbesserung mehr. Der Spannungsabfall an R_2 beträgt in diesem Fall:

$$U_{R2} = I_a R_2 = I_a \frac{\beta}{S} = I_a \frac{\beta\, U_T}{I_a} = \beta\, U_T \overset{\beta\approx100}{\approx} 2,6\,V$$

Daraus folgt, dass man den maximalen Ausgangswiderstand mit einem ohmschen Gegenkopplungswiderstand erreichen kann, wenn man eine Aussteuerungsgrenze von $U_{a,min} \approx U_{R2} + U_{CE,sat} \approx 2,8\,V$ in Kauf nimmt. Bei geringerer Stromverstärkung ist die Aussteuerungsgrenze entsprechend niedriger.
- Beim n-Kanal-Stromspiegel muss man wegen der wesentlich geringeren Steilheit der Mosfets entsprechend größere Gegenkopplungswiderstände einsetzen, um ähnlich hohe Ausgangswiderstände wie beim npn-Stromspiegel zu erreichen; in diesem Fall muss man für R_2 eine Stromquelle einsetzen, d.h. den einfachen Stromspiegel zum Kaskode-Stromspiegel ausbauen.

4.1.2.4 Stromspiegel mit Kaskode

Wenn ein besonders hoher Ausgangswiderstand benötigt wird, muss man beim einfachen Stromspiegel entweder sehr hochohmige Widerstände oder eine Stromquelle zur Gegenkopplung einsetzen. Der Einsatz hochohmiger Widerstände ist jedoch wegen der starken Zunahme der Aussteuergrenze $U_{a,min}$ im allgemeinen nicht möglich, so dass man zwangsläufig eine Stromquelle einsetzen muss. Da Stromquellen üblicherweise mit Hilfe von Stromspiegeln realisiert werden, erhält man im einfachsten Fall den in Abb. 4.25 gezeigten *Stromspiegel mit Kaskode*, bei dem, ausgehend von der Prinzipschaltung in Abb. 4.10 auf Seite 288, der Gegenkopplungswiderstand R_E bzw. R_S durch einen einfachen Stromspiegel, bestehend aus T_1 und T_2, ersetzt wird. Dadurch erhält man ausgangsseitig die

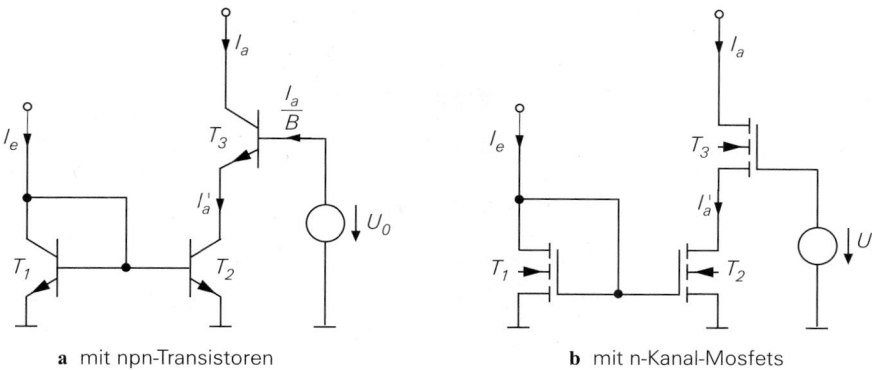

a mit npn-Transistoren   **b** mit n-Kanal-Mosfets

Abb. 4.25. Stromspiegel mit Kaskode

Reihenschaltung einer Emitter- bzw. Source- (T_2) und einer Basis- bzw. Gateschaltung (T_3), die *Kaskodeschaltung* genannt wird, siehe Abschnitt 4.1.3.

Man beachte in diesem Zusammenhang den Unterschied zwischen dem hier beschriebenen *Stromspiegel mit Kaskode* und dem im nächsten Abschnitt beschriebenen *Kaskode-Stromspiegel*. Beide verwenden eine Kaskodeschaltung am Ausgang, jedoch unterschiedliche Verfahren zur Arbeitspunkteinstellung: beim Stromspiegel mit Kaskode wird eine *externe* Spannungsquelle U_0 zur Arbeitspunkteinstellung verwendet, während beim Kaskode-Stromspiegel die erforderliche Spannung intern erzeugt wird.

4.1.2.4.1 npn-Stromspiegel mit Kaskode

Das Übersetzungsverhältnis k_I des in Abb. 4.25a gezeigten npn-Stromspiegels mit Kaskode kann man mit Hilfe des Übersetzungsverhältnisses des einfachen Stromspiegels berechnen; für den aus T_1 und T_2 bestehenden Stromspiegel gilt nach (4.6):

$$\frac{I'_a}{I_e} = \frac{1}{\dfrac{I_{S1}}{I_{S2}}\left(1 + \dfrac{1}{B}\right) + \dfrac{1}{B}}$$

Der Early-Effekt macht sich hier nicht bemerkbar, weil T_2 mit der näherungsweise konstanten Kollektor-Emitter-Spannung $U_{CE2} = U_0 - U_{BE3} \approx U_0 - 0,7$ V betrieben wird. Mit

$$I'_a = I_a + \frac{I_a}{B}$$

erhält man:

$$\boxed{k_I = \frac{I_a}{I_e} = \frac{1}{\dfrac{I_{S1}}{I_{S2}}\left(1 + \dfrac{1}{B}\right)^2 + \dfrac{1}{B} + \dfrac{1}{B^2}} \overset{B \gg 1}{\approx} \frac{I_{S2}}{I_{S1}}} \qquad (4.21)$$

Für $I_{S1} = I_{S2}$ folgt:

$$k_I = \cfrac{1}{1 + \cfrac{3}{B} + \cfrac{2}{B^2}} \overset{B \gg 1}{\approx} \cfrac{1}{1 + \cfrac{3}{B}} \approx 1$$

Das Übersetzungsverhältnis hängt nur vom Größenverhältnis der Transistoren T_1 und T_2 ab; T_3 geht nicht ein. Da k_I nicht von der Ausgangsspannung U_a abhängt, ist der Ausgangswiderstand in erster Näherung unendlich.

4.1.2.4.2 n-Kanal-Stromspiegel mit Kaskode

Beim n–Kanal–Stromspiegel mit Kaskode in Abb. 4.25b gilt $I_a = I'_a$; daraus folgt zusammen mit (4.18):

$$\boxed{k_I = \frac{I_a}{I_e} = \frac{K_2}{K_1}} \qquad (4.22)$$

Auch hier hängt das Übersetzungsverhältnis nur vom Größenverhältnis der Mosfets T_1 und T_2 ab.

4.1.2.4.3 Ausgangskennlinien

Abbildung 4.26 zeigt die Ausgangskennlinien eines npn- und eines n-Kanal-Stromspiegels mit Kaskode. Beim npn-Stromspiegel mit Kaskode verläuft die Kennlinie für $U_a > U_{a,min,npn}$ praktisch waagrecht, d.h. der Ausgangswiderstand ist sehr hoch. Mit $U_{CE,sat} \approx 0{,}2\,\text{V}$ und $U_{BE} \approx 0{,}7\,\text{V}$ erhält man für die Aussteuerungsgrenze:

$$U_{a,min,npn} = U_0 - U_{BE3} + U_{CE3,sat} \approx U_0 - 0{,}5\,\text{V}$$

Damit T_2 im Normalbetrieb arbeitet, muss $U_{CE2} > U_{CE2,sat}$ gelten; daraus folgt:

$$U_0 = U_{CE2} + U_{BE3} > U_{CE2,sat} + U_{BE3} \approx 0{,}9\,\text{V}$$

Für den Grenzfall $U_0 = 0{,}9\,\text{V}$ erhält man $U_{a,min,npn} = 2U_{CE,sat} \approx 0{,}4\,\text{V}$. Unterhalb der Aussteuerungsgrenze knickt die Kennlinie ab.

Beim n-Kanal-Kaskode-Stromspiegel verläuft die Kennlinie für $U_a > U_{a,min,nK}$ ebenfalls waagrecht; hier gilt:

$$U_{a,min,nK} = U_0 - U_{GS3} + U_{DS3,ab} = U_0 - U_{th3}$$

Dabei wird $U_{DS3,ab} = U_{GS3} - U_{th3}$ verwendet. Damit T_2 im Abschnürbereich arbeitet, muss $U_{DS2} > U_{DS2,ab}$ gelten; daraus folgt:

$$U_0 = U_{DS2} + U_{GS3} > U_{DS2,ab} + U_{GS3} = U_{GS2} - U_{th2} + U_{GS3}$$

Dabei wird $U_{DS2,ab} = U_{GS2} - U_{th2}$ verwendet. Typische Werte sind $U_{th} \approx 1\,\text{V}$ und $U_{GS} \approx 1{,}5 \ldots 2\,\text{V}$; damit erhält man $U_0 \approx 2 \ldots 3\,\text{V}$ und $U_{a,min,nK} \approx 1 \ldots 2\,\text{V}$. Mit $I_{D2} = I_{D3} = I_a$ und

$$U_{GS} \approx U_{th} + \sqrt{\frac{2I_D}{K}}$$

erhält man die Abhängigkeit der Aussteuerungsgrenze vom Ausgangsstrom und den Größen der Mosfets:

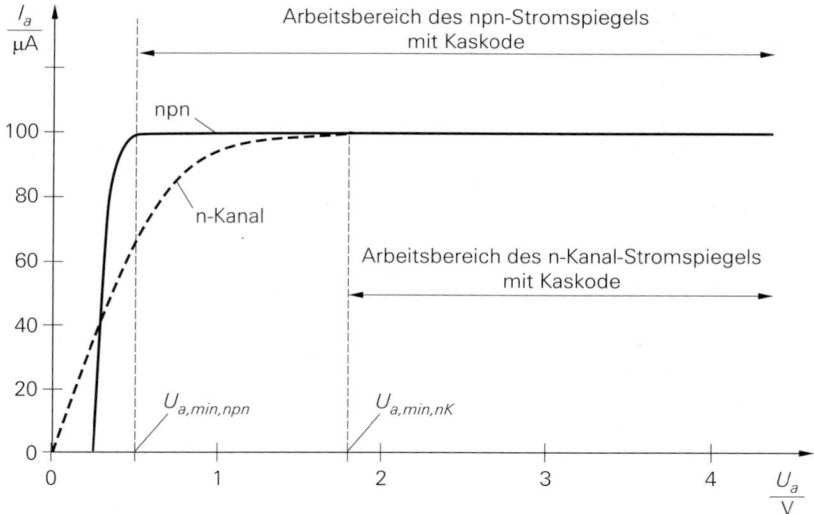

Abb. 4.26. Ausgangskennlinie eines npn- und eines n-Kanal-Stromspiegels mit Kaskode

$$U_{a,min,nK} = U_{GS2} - U_{th2} + U_{GS3} - U_{th3} = \sqrt{2I_a}\left(\frac{1}{\sqrt{K_2}} + \frac{1}{\sqrt{K_3}}\right)$$

Man kann demnach die Aussteuerungsgrenze kleiner machen, indem man die Mosfets größer macht; allerdings geht die Größe nur unter der Wurzel ein.

Unterhalb der Aussteuerungsgrenze gerät zunächst T_3 in den ohmschen Bereich. Der Strom wird jedoch von T_2 eingeprägt und bleibt deshalb näherungsweise konstant; der Ausgangswiderstand ist jedoch stark reduziert. Bei weiterer Reduktion der Ausgangsspannung gerät auch T_2 in den ohmschen Bereich und die Kennlinie geht in die Ausgangskennlinie von T_2 über.

4.1.2.4.4 Ausgangswiderstand

Den Ausgangswiderstand des npn-Stromspiegels mit Kaskode erhält man, indem man in (4.1) die Kleinsignalparameter von T_3 und r_{CE2} anstelle von R_E einsetzt:

$$r_a = r_{CE3}\left(1 + \frac{\beta\, r_{CE2}}{r_{CE2} + r_{BE3}}\right)$$

Mit $r_{CE2} \approx r_{CE3} = U_A/I_a$, $r_{CE2} \gg r_{BE3}$ und $\beta \gg 1$ folgt:

$$r_a = \left.\frac{u_a}{i_a}\right|_{i_e=0} \approx \beta\, r_{CE3} \tag{4.23}$$

Beim n-Kanal-Stromspiegel mit Kaskode erhält man ausgehend von (4.2):

$$r_a = r_{DS3}\left(1 + (S_3 + S_{B3})\, r_{DS2}\right)$$

Mit $r_{DS2} = r_{DS3} = U_A/I_a$ und $S_3 r_{DS2} \gg 1$ folgt:

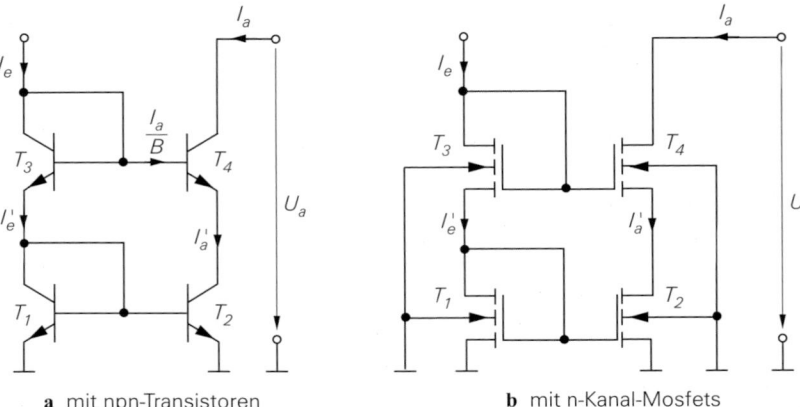

a mit npn-Transistoren   **b** mit n-Kanal-Mosfets

Abb. 4.27. Kaskode-Stromspiegel

$$r_a = \left. \frac{u_a}{i_a} \right|_{i_e=0} \approx (S_3 + S_{B3})\, r_{DS3}^2 \tag{4.24}$$

4.1.2.5 Kaskode-Stromspiegel

Eine weitere Möglichkeit zur Erhöhung des Ausgangswiderstands ist die in Abb. 4.27 gezeigte Reihenschaltung von zwei einfachen Stromspiegeln, die in Anlehnung an die im Abschnitt 4.1.3 beschriebene Kaskodeschaltung *Kaskode-Stromspiegel* genannt wird. Es besteht eine enge Verwandtschaft zum Stromspiegel mit Kaskode in Abb. 4.25. Der Kaskode-Stromspiegel benötigt jedoch keine externe Spannungsquelle und wird deshalb auch als *Kaskode-Stromspiegel mit automatischer Arbeitspunkteinstellung* (*self-biased cascode current mirror*) bezeichnet. Auch bezüglich Aussteuerungsgrenze und Ausgangswiderstand bestehen Unterschiede zum Stromspiegel mit Kaskode.

4.1.2.5.1 npn-Kaskode-Stromspiegel

Das Übersetzungsverhältnis des in Abb. 4.27a gezeigten npn-Kaskode-Stromspiegels kann man mit Hilfe des Übersetzungsverhältnisses des einfachen Stromspiegels berechnen; für den aus T_1 und T_2 bestehenden Stromspiegel gilt nach (4.6):

$$\frac{I_a'}{I_e'} = \frac{1}{\dfrac{I_{S1}}{I_{S2}} \left(1 + \dfrac{1}{B} \right) + \dfrac{1}{B}}$$

Der Early-Effekt macht sich hier nicht bemerkbar, weil T_2 mit der näherungsweise konstanten Kollektor-Emitter-Spannung $U_{CE2} = U_{BE1} + U_{BE3} - U_{BE4} \approx 0{,}7\,\mathrm{V}$ betrieben wird. Mit

$$I_e = I_e' + \frac{I_a}{B} \quad , \quad I_a' = I_a + \frac{I_a}{B}$$

erhält man:

$$k_I = \frac{I_a}{I_e} = \frac{1}{\dfrac{I_{S1}}{I_{S2}}\left(1 + \dfrac{1}{B}\right)^2 + \dfrac{2}{B} + \dfrac{1}{B^2}} \overset{B \gg 1}{\approx} \frac{I_{S2}}{I_{S1}} \qquad (4.25)$$

Für $I_{S1} = I_{S2}$ folgt:

$$k_I = \frac{1}{1 + \dfrac{4}{B} + \dfrac{2}{B^2}} \overset{B \gg 1}{\approx} \frac{1}{1 + \dfrac{4}{B}} \approx 1$$

Das Übersetzungsverhältnis hängt nur vom Größenverhältnis der Transistoren T_1 und T_2 ab; T_3 und T_4 gehen nicht ein. Da k_I nicht von der Ausgangsspannung U_a abhängt, ist der Ausgangswiderstand in erster Näherung unendlich.

4.1.2.5.2 n-Kanal-Kaskode-Stromspiegel

Beim n-Kanal-Kaskode-Stromspiegel in Abb. 4.27b gilt $I_e = I_e'$ und $I_a = I_a'$; daraus folgt zusammen mit (4.18):

$$k_I = \frac{I_a}{I_e} = \frac{K_2}{K_1} \qquad (4.26)$$

Auch hier hängt das Übersetzungsverhältnis nur vom Größenverhältnis der Mosfets T_1 und T_2 ab.

4.1.2.5.3 Ausgangskennlinien

Abbildung 4.28 zeigt die Ausgangskennlinien eines npn- und eines n-Kanal-Kaskode-Stromspiegels. Beim npn-Kaskode-Stromspiegel verläuft die Kennlinie für $U_a > U_{a,min,npn}$ praktisch waagrecht, d.h. der Ausgangswiderstand ist sehr hoch. Für die Aussteuerungsgrenze gilt mit $U_{CE,sat} \approx 0{,}2$ V und $U_{BE} \approx 0{,}7$ V:

$$U_{a,min,npn} = U_{BE1} + U_{BE3} - U_{BE4} + U_{CE4,sat} \approx 0{,}9\,\text{V}$$

Sie ist größer als beim Stromspiegel mit Kaskode, der bei minimaler Spannung U_0 eine Aussteuerungsgrenze von $U_{a,min,npn} \approx 0{,}4$ V erreicht.

Beim n-Kanal-Kaskode-Stromspiegel verläuft die Kennlinie für $U_a > U_{a,min,nK}$ ebenfalls waagrecht; hier gilt:

$$U_{a,min,nK} = U_{GS1} + U_{GS3} - U_{GS4} + U_{DS4,ab} = U_{GS1} + U_{GS3} - U_{th4}$$

Dabei wird $U_{DS4,ab} = U_{GS4} - U_{th4}$ verwendet. Typische Werte sind $U_{th} \approx 1$ V und $U_{GS} \approx 1{,}5 \ldots 2$ V; damit erhält man $U_{a,min,nK} \approx 2 \ldots 3$ V. Wenn man annimmt, dass alle Mosfets dieselbe Schwellenspannung U_{th} haben, d.h. den Substrat-Effekt vernachlässigt, erhält man mit $I_{D1} = I_{D3} = I_e$ und

$$U_{GS} \approx U_{th} + \sqrt{\frac{2I_D}{K}}$$

die Abhängigkeit der Aussteuerungsgrenze vom Eingangsstrom und den Größen der Mosfets:

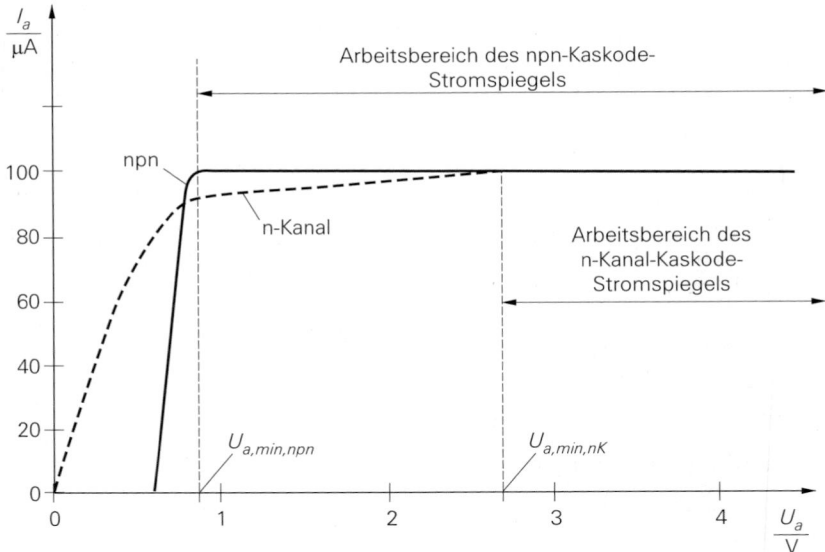

Abb. 4.28. Ausgangskennlinie eines npn- und eines n-Kanal-Kaskode-Stromspiegels

$$U_{a,min,nK} \approx U_{th} + \sqrt{2I_e}\left(\frac{1}{\sqrt{K_1}} + \frac{1}{\sqrt{K_3}}\right)$$

Man kann demnach die Aussteuerungsgrenze kleiner machen, indem man die Mosfets größer macht; allerdings geht die Größe nur unter der Wurzel ein. Die Untergrenze ist durch $U_{a,min,nK} = U_{th}$ gegeben und wird nur mit sehr großen Mosfets näherungsweise erreicht. Unterhalb der Aussteuerungsgrenze gerät zunächst T_4 in den ohmschen Bereich. Der Strom wird jedoch von T_2 eingeprägt und bleibt deshalb näherungsweise konstant; der Ausgangswiderstand ist jedoch stark reduziert. Bei weiterer Reduktion der Ausgangsspannung gerät auch T_2 in den ohmschen Bereich und die Kennlinie geht in die Ausgangskennlinie von T_2 über.

4.1.2.5.4 Ausgangswiderstand

Zur Berechnung des Ausgangswiderstands des npn-Kaskode-Stromspiegels wird das in Abb. 4.29 gezeigte Kleinsignalersatzschaltbild verwendet. Es gelten folgende Zusammenhänge:

$$r_{CE2} \approx r_{CE4} = \frac{U_A}{I_a} \quad , \quad S_2 \approx S_4 = \frac{I_a}{U_T}$$

$$r_{BE2} \approx r_{BE4} = \frac{\beta U_T}{I_a} \quad , \quad S_1 \approx S_3 \approx \frac{I_e}{U_T} = \frac{I_a}{k_I U_T}$$

Dabei ist U_A die Early-Spannung, U_T die Temperaturspannung, β die Kleinsignalstromverstärkung der Transistoren und k_I das Übersetzungsverhältnis des Stromspiegels. Eine Berechnung des Ausgangswiderstands liefert mit $k_I \ll \beta$:

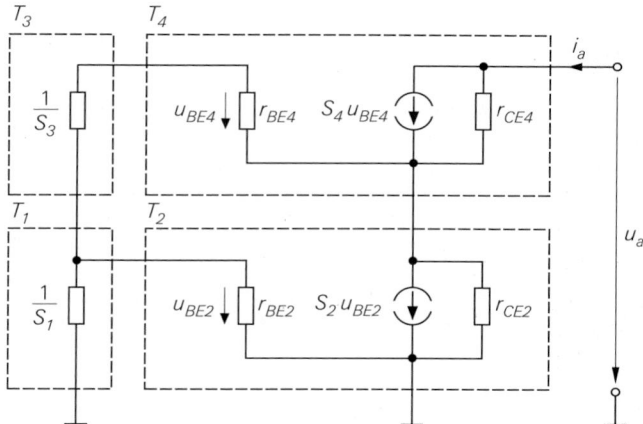

Abb. 4.29. Kleinsignalersatzschaltbild eines npn-Kaskode-Stromspiegels

$$r_a = \left.\frac{u_a}{i_a}\right|_{i_e=0} \approx r_{CE4}\left(1 + \frac{\beta}{1+k_I}\right) \approx \frac{\beta\, r_{CE4}}{1+k_I} \tag{4.27}$$

Der Ausgangswiderstand des Kaskode-Stromspiegels ist um den Faktor $\beta/(1+k_I)$ größer als der des einfachen Stromspiegels. Der maximal mögliche Ausgangswiderstand $\beta\, r_{CE}$ wird nicht erreicht, weil über die Basis-Emitter-Strecke von T_4 eine Rückwirkung auf den Referenzzweig und damit auf die Spannung U_{BE2} erfolgt, siehe Abb. 4.29; deshalb hängt der Strom $S_2 u_{BE2}$ von der Ausgangsspannung ab und der Ausgangswiderstand von T_2 ist kleiner als r_{CE2}.

Beim n-Kanal-Kaskode-Stromspiegel gibt es keine Rückwirkung auf den Referenzzweig. Deshalb kann man den Ausgangswiderstand mit Hilfe von (4.20) berechnen, indem man r_{DS2} anstelle von R_2 einsetzt:

$$r_a = r_{DS4}\left(1 + (S_4 + S_{B4})\, r_{DS2}\right)$$

Mit $r_{DS2} = r_{DS4} = U_A/I_a$ und $S_4 r_{DS2} \gg 1$ folgt:

$$r_a = \left.\frac{u_a}{i_a}\right|_{i_e=0} \approx (S_4 + S_{B4})\, r_{DS4}^2 \tag{4.28}$$

Beispiel: Es sollen eine npn- und eine n-Kanal-Stromquelle mit einem Ausgangsstrom $I_a = 100\,\mu\mathrm{A}$, möglichst hohem Ausgangswiderstand und möglichst kleiner Ausgangskapazität dimensioniert werden. Die Forderung nach einem hohem Ausgangswiderstand r_a erfordert den Einsatz eines Kaskode-Stromspiegels, die nach kleiner Ausgangskapazität den Einsatz möglichst kleiner Ausgangstransistoren. Bezüglich der Wahl des Übersetzungsverhältnisses bestehen konträre Forderungen: es sollte einerseits möglichst groß sein, damit nur ein geringer Eingangsstrom $I_e = I_a/k_I$ benötigt wird, andererseits sollte es möglichst klein sein, damit der Ausgangswiderstand des npn-Kaskode-Stromspiegels möglichst groß wird. Es wird für beide Stromspiegel $k_I \approx 1$ gewählt.

Für den npn-Kaskode-Stromspiegel erhält man das in Abb. 4.30a gezeigte Schaltbild. Es werden Transistoren der Größe 1 eingesetzt, die nach Abb. 4.5 für einen Kollektorstrom

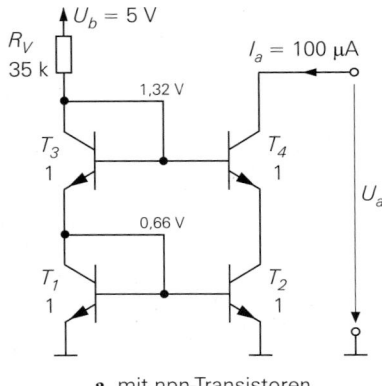
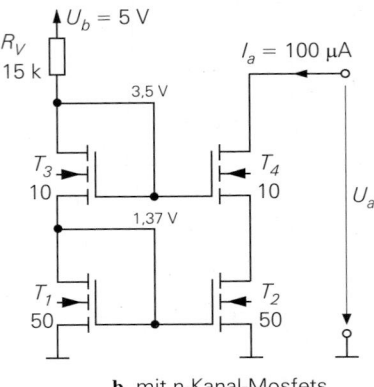

a mit npn-Transistoren   **b** mit n-Kanal-Mosfets

Abb. 4.30. Beispiel einer Kaskode-Stromquelle

von $100\,\mu$A ausgelegt sind; die weiteren Parameter sind $I_S = 1$ fA, $B = \beta = 100$ und $U_A = 100$ V. Aus (4.25) folgt mit $I_{S1} = I_{S2} = I_{S3} = I_{S4} = I_S$ das Übersetzungsverhältnis

$$k_I \approx \frac{1}{1 + \dfrac{4}{B}} = \frac{1}{1{,}04} \approx 0{,}96$$

und der Eingangsstrom $I_e = I_a/k_I \approx 104\,\mu$A. Da die Kollektorströme der Transistoren nahezu gleich sind, kann man mit einer einheitlichen Basis-Emitter-Spannung U_{BE} rechnen:

$$U_{BE} \approx U_T \ln \frac{I_a}{I_S} = 26\,\mathrm{mV} \cdot \ln \frac{100\,\mu\mathrm{A}}{1\,\mathrm{fA}} \approx 660\,\mathrm{mV}$$

Für den Vorwiderstand R_V erhält man:

$$R_V = \frac{U_b - U_{BE1} - U_{BE3}}{I_e} \approx \frac{U_b - 2U_{BE}}{I_e} = \frac{3{,}68\,\mathrm{V}}{104\,\mu\mathrm{A}} \approx 35\,\mathrm{k}\Omega$$

Mit $r_{CE4} = U_A/I_a = 100\,\mathrm{V}/100\,\mu\mathrm{A} = 1\,\mathrm{M}\Omega$ folgt der Ausgangswiderstand:

$$r_a \approx \frac{\beta\,r_{CE4}}{1 + k_I} \approx \frac{\beta\,r_{CE4}}{2} \approx 50\,\mathrm{M}\Omega$$

Die Aussteuerungsgrenze beträgt $U_{a,min} = U_{BE} + U_{CE,sat} \approx 0{,}9$ V.

Für den n-Kanal-Kaskode-Stromspiegel erhält man das in Abb. 4.30b gezeigte Schaltbild. Für T_3 und T_4 werden Mosfets der Größe 10 nach Abb. 4.6 eingesetzt, da die Größe 1 für einen Drainstrom von $10\,\mu$A ausgelegt ist und hier $100\,\mu$A benötigt werden. Für T_1 und T_2 könnte man ebenfalls die Größe 10 verwenden; um eine Reduktion der Aussteuerungsgrenze $U_{a,min}$ zu erreichen, werden hier jedoch Mosfets der Größe 50 verwendet. Da die Ausgangskapazität im wesentlichen von T_4 abhängt, wirkt sich die Größe von T_1 und T_2 diesbezüglich praktisch nicht aus. Aus Abb. 4.6 entnimmt man $K = 30\,\mu$A$/\mathrm{V}^2$ für die Größe 1, $U_{th,0} = 1$ V, $\gamma = 0{,}5\,\sqrt{\mathrm{V}}$, $U_{inv} = 0{,}6$ V und $U_A = 50$ V. Das Übersetzungsverhältnis ist $k_I = 1$; daraus folgt $I_e = I_a = 100\,\mu$A. Für die Mosfets gilt:

$$K_1 = K_2 = 50\,K = 1{,}5\,\frac{\mathrm{mA}}{\mathrm{V}^2} \quad , \quad K_3 = K_4 = 10\,K = 300\,\frac{\mathrm{uA}}{\mathrm{V}^2}$$

Bei T_1 und T_2 macht sich der Substrat-Effekt wegen $U_{BS1} = U_{BS2} = 0$ nicht bemerkbar; es gilt $U_{th1} = U_{th2} = U_{th,0}$ und:

$$U_{GS1} = U_{GS2} = U_{th,0} + \sqrt{\frac{2I_e}{K_1}} = 1\,\text{V} + \sqrt{\frac{200\,\mu\text{A}}{1{,}5\,\text{mA/V}^2}} \approx 1{,}37\,\text{V}$$

Bei T_3 und T_4 gilt dagegen

$$U_{th3} = U_{th4} = U_{th,0} + \gamma \left(\sqrt{U_{inv} - U_{BS3}} - \sqrt{U_{inv}} \right)$$

$$\overset{U_{BS3} = U_{GS1}}{=} 1\,\text{V} + 0{,}5\,\sqrt{\text{V}} \cdot \left(\sqrt{1{,}97\,\text{V}} - \sqrt{0{,}6\,\text{V}} \right) \approx 1{,}31\,\text{V}$$

und:

$$U_{GS3} = U_{GS4} = U_{th3} + \sqrt{\frac{2I_e}{K_3}} \approx 1{,}31\,\text{V} + \sqrt{\frac{200\,\mu\text{A}}{300\,\mu\text{A/V}^2}} \approx 2{,}13\,\text{V}$$

Damit erhält man für den Vorwiderstand:

$$R_V = \frac{U_b - U_{GS1} - U_{GS3}}{I_e} \approx \frac{5\,\text{V} - 1{,}37\,\text{V} - 2{,}13\,\text{V}}{100\,\mu\text{A}} \approx 15\,\text{k}\Omega$$

Mit $r_{DS2} = r_{DS4} = U_A/I_a = 500\,\text{k}\Omega$ und

$$S_4 = \sqrt{2K_4 I_a} = \sqrt{2 \cdot 300\,\mu\text{A/V}^2 \cdot 100\,\mu\text{A}} \approx 245\,\frac{\mu\text{A}}{\text{V}}$$

$$S_{B4} = \frac{\gamma S_4}{2\sqrt{U_{inv} - U_{BS4}}} \overset{U_{BS4} = -U_{GS2}}{=} \frac{0{,}5\,\sqrt{\text{V}} \cdot S_4}{2\sqrt{1{,}97\,\text{V}}} \approx 44\,\frac{\mu\text{A}}{\text{V}^2}$$

folgt für den Ausgangswiderstand:

$$r_a \approx (S_4 + S_{B4})\,r_{DS4}^2 \approx 289\,\frac{\mu\text{A}}{\text{V}} \cdot (500\,\text{k}\Omega)^2 \approx 72\,\text{M}\Omega$$

Die Aussteuerungsgrenze beträgt:

$$U_{a,min} = U_{GS1} + U_{GS3} - U_{th4} \approx 1{,}37\,\text{V} + 2{,}13\,\text{V} - 1{,}31\,\text{V} \approx 2{,}2\,\text{V}$$

Bei einer Betriebsspannung von 5 V geht demnach fast die Hälfte der Betriebsspannung verloren.

Die n-Kanal-Kaskode-Stromquelle hat einen höheren Ausgangswiderstand, der jedoch mit einer unverhältnismäßig hohen Aussteuerungsgrenze verbunden ist, obwohl durch Vergrößern von T_1 und T_2 bereits eine Reduktion vorgenommen wurde. Möchte man eine Aussteuerungsgrenze wie bei einer npn-Kaskode-Stromquelle erreichen, kann man nur eine einfache n-Kanal-Stromquelle einsetzen, die mit $r_a = r_{DS2} = 500\,\text{k}\Omega$ einen erheblich geringeren Ausgangswiderstand aufweist; die npn-Kaskode-Stromquelle ist in diesem Fall um den Faktor 100 besser.

Darüber hinaus ist ein Vergleich des Kaskode-Stromspiegels mit dem einfachen Stromspiegel mit Gegenkopplung unter der Voraussetzung gleicher Aussteuerbarkeit interessant. Beim npn-Kaskode-Stromspiegel ist die Aussteuerungsgrenze mit $U_{a,min} = U_{BE} + U_{CE,sat}$ um $U_{BE} \approx 0{,}7\,\text{V}$ größer als beim einfachen npn-Stromspiegel ohne Gegenkopplung; deshalb kann man eine Gegenkopplung mit $R_2 = U_{BE}/I_a \approx 7\,\text{k}\Omega$ ergänzen, um auf dieselbe Aussteuerungsgrenze zu kommen. Der Ausgangswiderstand des einfachen npn-Stromspiegels beträgt in diesem Fall:

$$r_a \approx r_{CE2}\,(1 + SR_2) = \frac{U_A}{I_a}\left(1 + \frac{I_a}{U_T}\frac{U_{BE}}{I_a}\right) \approx \frac{U_A U_{BE}}{U_T I_a} \approx 27\,\mathrm{M\Omega} < 50\,\mathrm{M\Omega}$$

Damit ist der Ausgangswiderstand des einfachen npn-Stromspiegels zwar kleiner als der des npn-Kaskode-Stromspiegels, jedoch nur um den Faktor 2; in der Praxis erreicht man demnach mit beiden Varianten Ausgangswiderstände in derselben Größenordnung. Beim einfachen n-Kanal-Stromspiegel steht die Spannung $U_{GS2} \approx 1{,}37\,\mathrm{V}$ des n-Kanal-Kaskode-Stromspiegels für den Gegenkopplungswiderstand zur Verfügung, wenn man auch hier gleiche Aussteuerungsgrenzen erreichen will; daraus folgt $R_2 \approx 13{,}7\,\mathrm{k\Omega}$ und:

$$r_a = r_{DS2}\,(1 + (S + S_B)\,R_2) \approx (S + S_B)\,R_2 r_{DS2}$$

$$\approx 289\,\frac{\mu\mathrm{A}}{\mathrm{V}} \cdot 13{,}7\,\mathrm{k\Omega} \cdot 500\,\mathrm{k\Omega} \approx 2\,\mathrm{M\Omega} \ll 72\,\mathrm{M\Omega}$$

Damit ist der Ausgangswiderstand des einfachen n-Kanal-Stromspiegels mit Gegenkopplung erheblich kleiner als der des n-Kanal-Kaskode-Stromspiegels.

4.1.2.6 Wilson-Stromspiegel

Wenn hohe Ausgangswiderstände benötigt werden, kann man neben dem Kaskode-Stromspiegel auch den in Abb. 4.31a gezeigten *Wilson-Stromspiegel* einsetzen, für den nur drei Transistoren benötigt werden. Die Besonderheit des Wilson-Stromspiegels ist eine im Vergleich zu anderen Stromspiegeln sehr geringe Abhängigkeit des Übersetzungsverhältnisses von der Stromverstärkung bei Einsatz von Bipolartransistoren; der Wilson-Stromspiegel ist deshalb ein Präzisions-Stromspiegel. Man kann ihn zwar auch mit Mosfets aufbauen, erhält damit jedoch keine höhere Genauigkeit, weil bei Mosfets kein Gatestrom fließt; es bleibt als Vorteil nur der hohe Ausgangswiderstand.

4.1.2.6.1 npn-Wilson-Stromspiegel

Bei der Berechnung macht man sich zu Nutze, dass der Wilson-Stromspiegel einen einfachen npn-Stromspiegel mit den Strömen I_e' und I_a' enthält; es gilt:

$$\frac{I_a'}{I_e'} = \frac{1}{\dfrac{I_{S2}}{I_{S1}}\left(1 + \dfrac{1}{B}\right) + \dfrac{1}{B}}$$

Mit

$$I_e = I_a' + \frac{I_a}{B} \quad,\quad I_e' = I_a + \frac{I_a}{B}$$

erhält man das Übersetzungsverhältnis:

$$k_I = \frac{I_a}{I_e} = \frac{B\left(\dfrac{I_{S2}}{I_{S1}} + \dfrac{1}{B+1}\right)}{\dfrac{I_{S2}}{I_{S1}} + B + \dfrac{1}{B+1}} \quad\overset{B \gg 1}{\approx}\quad \frac{B\,\dfrac{I_{S2}}{I_{S1}} + 1}{\dfrac{I_{S2}}{I_{S1}} + B} \tag{4.29}$$

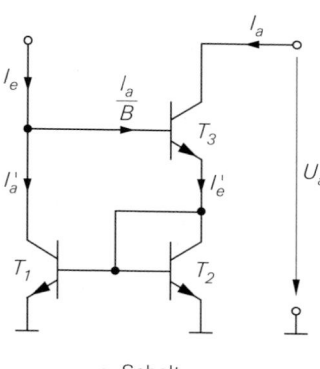 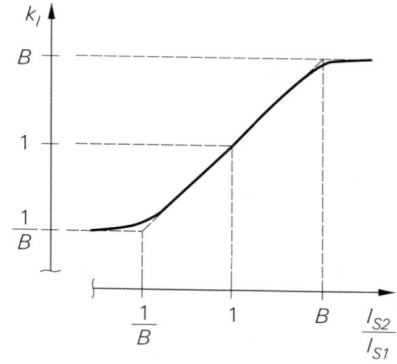

a Schaltung   **b** Übersetzungsverhältnis

Abb. 4.31. Wilson-Stromspiegel mit npn-Transistoren

Die Größe des Transistors T_3 hat keinen Einfluss auf k_I. Abbildung 4.31b zeigt den Verlauf von k_I in Abhängigkeit vom Größenverhältnis I_{S2}/I_{S1}.

Für $I_{S1} = I_{S2}$ erhält man:

$$k_I = \frac{1}{1 + \dfrac{2}{B^2 + 2B}} \overset{B \gg 1}{\approx} \frac{1}{1 + \dfrac{2}{B^2}}$$

Der Fehler beträgt hier nur $2/B^2$ im Gegensatz zu $2/B$ beim einfachen Stromspiegel und $4/B$ beim Kaskode-Stromspiegel. Beim 3-Transistor-Stromspiegel beträgt der Fehler ebenfalls nur $2/B^2$, allerdings nur unter der Annahme, dass alle drei Transistoren dieselbe Stromverstärkung haben; da jedoch T_3 in Abb. 4.20a mit einem sehr viel kleineren Strom betrieben wird, ist seine Stromverstärkung in der Praxis kleiner als die der anderen Transistoren. Dagegen fließt beim Wilson-Stromspiegel mit $I_{S1} = I_{S2}$ durch alle Transistoren etwa derselbe Strom und die Stromverstärkung ist bei richtiger Wahl der Größe bei allen Transistoren maximal. Dass der Wilson-Stromspiegel für $I_{S2}/I_{S1} = 1$ den geringsten Fehler aufweist, folgt auch aus der Symmetrie der Kurve in Abb. 4.31b.

4.1.2.6.2 Ausgangskennlinie

Die Ausgangskennlinie des Wilson-Stromspiegels entspricht der des Kaskode-Stromspiegels, siehe Abb. 4.28 auf Seite 310; auch die Aussteuerungsgrenze ist dieselbe:

$$U_{a,min} = U_{BE} + U_{CE,sat} \approx 0{,}9\,\text{V}$$

4.1.2.6.3 Ausgangswiderstand

Zur Berechnung des Ausgangswiderstands des Wilson-Stromspiegels wird das in Abb. 4.32 gezeigte Kleinsignalersatzschaltbild verwendet. Es gelten folgende Zusammenhänge:

$$r_{CE3} = \frac{U_A}{I_a} \quad , \quad r_{CE1} \approx \frac{U_A}{I_e} = \frac{k_I U_A}{I_a} = k_I r_{CE3}$$

$$S_2 \approx S_3 = \frac{I_a}{U_T} \quad , \quad S_1 \approx \frac{I_e}{U_T} = \frac{I_a}{k_I U_T} = \frac{S_3}{k_I}$$

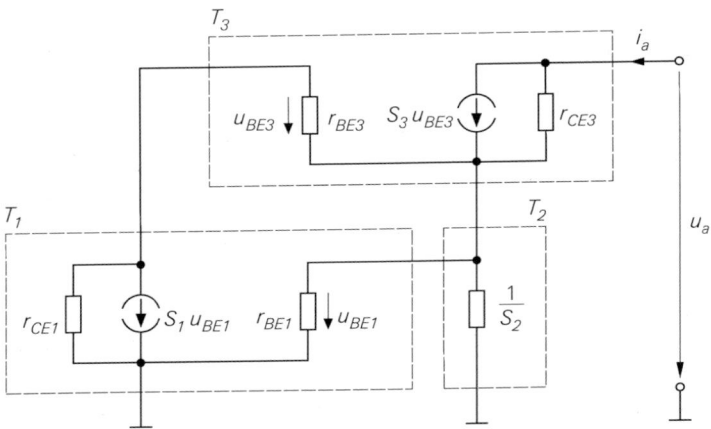

Abb. 4.32. Kleinsignalersatzschaltbild eines Wilson-Stromspiegels

$$r_{BE3} = \frac{\beta U_T}{I_a} = \frac{\beta}{S_3} \quad, \quad r_{BE1} \approx \frac{\beta U_T}{I_e} \approx \frac{k_I \beta U_T}{I_a} = \frac{k_I \beta}{S_3}$$

Dabei ist U_A die Early-Spannung, U_T die Temperaturspannung, β die Kleinsignalstrom-verstärkung der Transistoren und k_I das Übersetzungsverhältnis des Stromspiegels. Eine Berechnung des Ausgangswiderstands liefert mit $\beta \gg 1$:

$$r_a = \left.\frac{u_a}{i_a}\right|_{i_e=0} \approx r_{CE3}\left(1 + \frac{\beta}{1+k_I}\right) \approx \frac{\beta\, r_{CE3}}{1+k_I} \overset{k_I=1}{=} \frac{\beta\, r_{CE3}}{2} \qquad (4.30)$$

Ein Vergleich mit (4.27) zeigt, dass der Wilson-Stromspiegel denselben Ausgangswider-stand hat wie der npn-Kaskode-Stromspiegel.

4.1.2.7 Dynamisches Verhalten

Wenn man einen Stromspiegel zur Signalübertragung einsetzt, ist neben dem Ausgangs-widerstand der Frequenzgang des Übersetzungsverhältnisses und die Sprungantwort bei Großsignalaussteuerung interessant. Eine allgemeine Berechnung der Frequenzgänge ist jedoch sehr aufwendig und die Ergebnisse sind aufgrund der großen Anzahl an Parame-tern nur schwer zu interpretieren. Deshalb wird das grundsätzliche dynamische Verhal-ten der Stromspiegel an Hand von Simulationsergebnissen beschrieben. Verglichen wer-den vier npn-Stromspiegel: der einfache, der 3-Transistor, der Kaskode- und der Wilson-Stromspiegel, jeweils mit $k_I = 1$ und $I_a = 100\,\mu A$. Abbildung 4.33 zeigt die Frequenz-gänge bei Kleinsignal-Kurzschluss am Ausgang ($U_{a,A} = 5\,V$ bzw. $u_a = 0$) und Abb. 4.34 die Sprungantworten von $I_a = 10\,\mu A$ auf $I_a = 100\,\mu A$.

Man erkennt, dass der einfache Stromspiegel die besten dynamischen Eigenschaften aufweist, da er sich wie ein Tiefpass ersten Grades verhält. Der Wilson-Stromspiegel erreicht aufgrund konjugiert komplexer Pole zwar eine etwas höhere Grenzfrequenz, je-doch nur zu Lasten der Sprungantwort, die ein Überschwingen von etwa 15% aufweist. Beim Kaskode-Stromspiegel ist die Grenzfrequenz etwa um den Faktor 2,5 geringer als beim einfachen Stromspiegel; folglich ist die Einschwingzeit entsprechend länger. Am schlechtesten ist der 3-Transistor-Stromspiegel; er hat die niedrigste Grenzfrequenz und

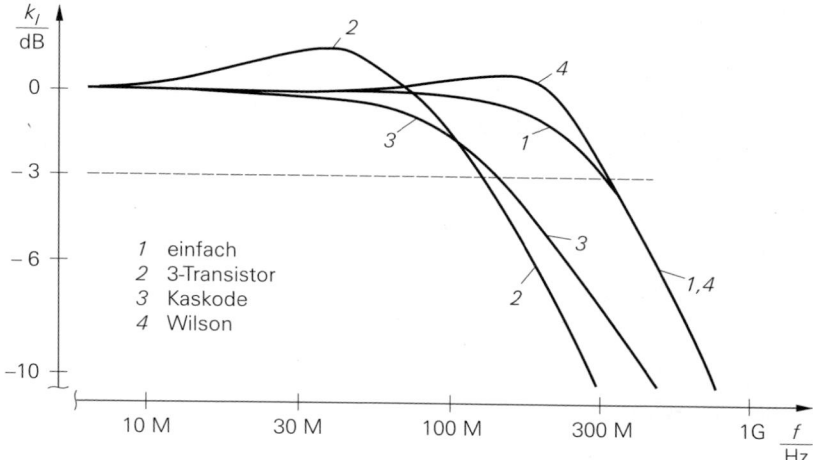

Abb. 4.33. Frequenzgänge von npn-Stromspiegeln mit $k_I = 1$ bei Kleinsignal-Kurzschluss am Ausgang

ein Überschwingen von mehr als 20%. Ursache hierfür ist der geringe Ruhestrom des Transistors T_3 in Abb. 4.20a, der eine entsprechend geringe Transitfrequenz zur Folge hat.

Die Zahlenwerte für die Grenzfrequenz, die Einschwingzeit und das Überschwingen hängen natürlich von den Parametern der verwendeten Transistoren ab. Mit anderen Parametern erhält man zwar andere Werte, jedoch nahezu identische Relationen beim Vergleich der Stromspiegel.

4.1.2.8 Weitere Stromspiegel und Stromquellen

Nachdem mit dem Kaskode- und dem Wilson-Stromspiegel bereits sehr hohe Ausgangswiderstände erreicht werden, zielen weitere Varianten vor allem in Richtung einer Verringerung der Aussteuerungsgrenze $U_{a,min}$. Zwar kann man beim Kaskode- und beim

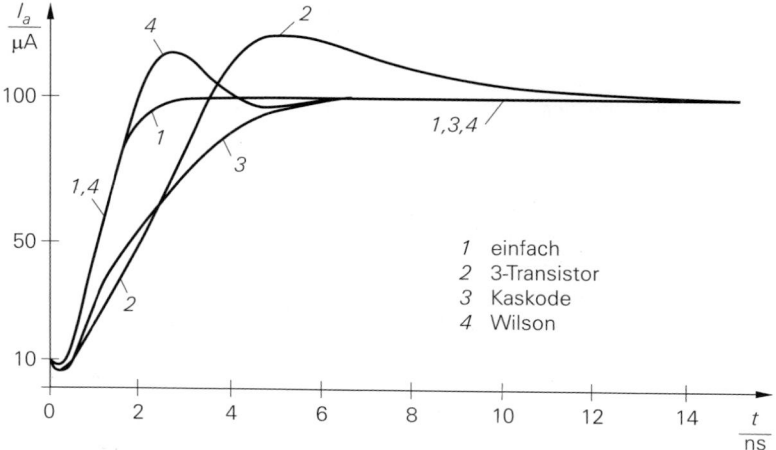

Abb. 4.34. Sprungantworten von npn-Stromspiegeln

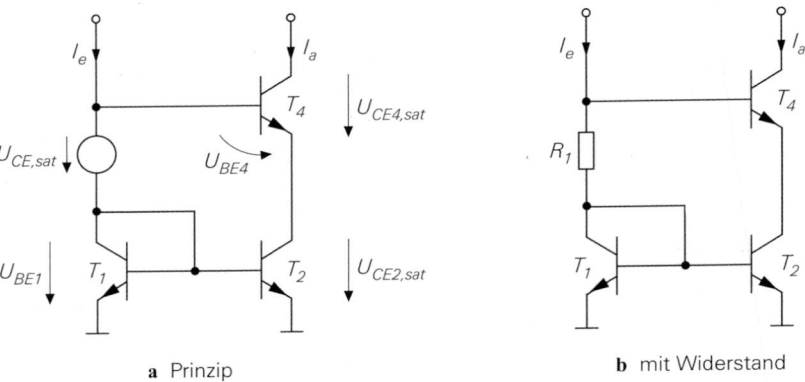

a Prinzip   **b** mit Widerstand

Abb. 4.35. Kaskode-Stromspiegel mit Vorspannung

Wilson-Stromspiegel die Aussteuerungsgrenze durch eine exzessive Vergrößerung der Transistoren geringfügig verringern, allerdings ist diese Methode aufgrund des unverhältnismäßig hohen Platzbedarfs in einer integrierten Schaltung ineffektiv und teuer. Deshalb wurden Stromspiegel entwickelt, die mit $U_{a,min} \approx 2\,U_{CE,sat}$ bzw. $U_{a,min} \approx 2\,U_{DS,ab}$ arbeiten.

4.1.2.8.1 Kaskode-Stromspiegel mit Vorspannung

Ersetzt man beim Kaskode-Stromspiegel nach Abb. 4.27a auf Seite 308 den Transistor T_3 durch eine Spannungsquelle mit der Spannung $U_{CE,sat}$, erhält man den in Abb. 4.35a gezeigten *Stromspiegel mit Vorspannung*. Aus der Maschengleichung $U_{CE,sat} + U_{BE1} = U_{CE2,sat} + U_{BE4}$ und $U_{BE1} \approx U_{BE4}$ folgt $U_{CE2,sat} \approx U_{CE,sat}$ und daraus:

$$U_{a,min} = U_{CE2,sat} + U_{CE4,sat} = 2\,U_{CE,sat} \approx 0{,}4\,\text{V}$$

Bei konstantem Eingangsstrom, d.h. Einsatz des Stromspiegels als Stromquelle, kann man die Vorspannung mit einem Widerstand erzeugen, siehe Abb. 4.35b; dabei gilt bei Vernachlässigung des Basisstroms von T_4:

$$R_1 \approx \frac{U_{CE2,sat}}{I_e}$$

Das Übersetzungsverhältnis und der Ausgangswiderstand bleiben nahezu unverändert, siehe (4.25) und (4.27). Da die Kollektor-Emitter-Spannungen von T_1 und T_2 nicht mehr näherungsweise gleich sind wie beim Kaskode-Stromspiegel, hängt das Übersetzungsverhältnis geringfügig von der Early-Spannung der Transistoren ab.

Beim n-Kanal-Kaskode-Stromspiegel nach Abb. 4.27b kann man in gleicher Weise vorgehen; in diesem Fall gilt

$$U_{a,min} = U_{DS2,ab} + U_{DS4,ab} = \sqrt{2I_a}\left(\frac{1}{\sqrt{K_2}} + \frac{1}{\sqrt{K_4}}\right)$$

und:

$$R_1 = \frac{U_{DS2,ab}}{I_e}$$

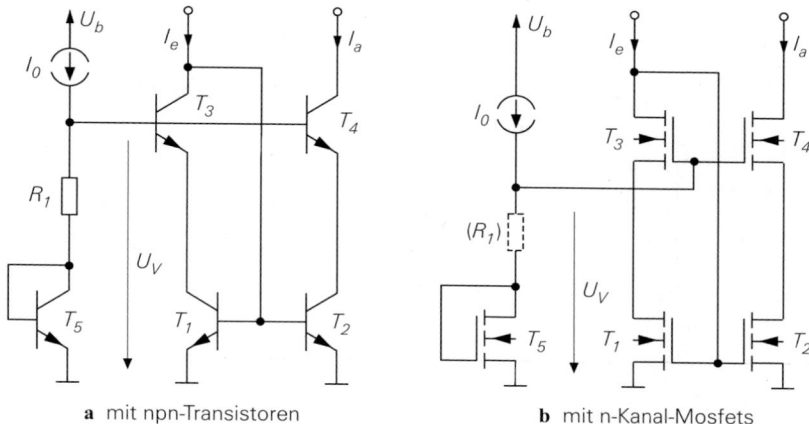

a mit npn-Transistoren   **b** mit n-Kanal-Mosfets

Abb. 4.36. Kaskode-Stromspiegel mit Vorspannungszweig

Man kann die Vorspannung auch mit einem separaten *Vorspannungszweig* erzeugen, siehe Abb. 4.36; dabei muss in Abb. 4.36a

$$U_V \approx U_{BE5} + I_0 R_1 > U_{CE2,sat} + U_{BE4}$$

und in Abb. 4.36b

$$U_V = U_{GS5} + I_0 R_1 > U_{DS2,ab} + U_{GS4}$$

gelten. Da die Vorspannung separat erzeugt wird, können die Schaltungen im Gegensatz zu der in Abb. 4.35b auch mit variablen Eingangsströmen, d.h. als Stromspiegel, betrieben werden, wenn sie so ausgelegt sind, dass die obigen Bedingungen auch bei maximalem Strom, d.h. bei maximalem U_{BE4} bzw. U_{GS4}, erfüllt sind. Die Schaltungen arbeiten auch ohne den Transistor T_3; allerdings sind dann die Kollektor-Emitter- bzw. Drain-Source-Spannungen von T_1 und T_2 nicht mehr gleich und das Übersetzungsverhältnis hängt geringfügig von der Early-Spannung der Transistoren ab. Bei Verwendung von Mosfets kann R_1 entfallen, wenn man I_0 so groß und die Größe von T_5 so klein wählt, dass $U_{GS5} > U_{DS2,ab} + U_{GS4}$ gilt.

4.1.2.8.2 Doppel-Kaskode-Stromspiegel

npn-Doppel-Kaskode-Stromspiegel

Abb. 4.37a zeigt den *npn-Doppel-Kaskode-Stromspiegel*; dabei wird im Vergleich zum Kaskode-Stromspiegel der Kollektor von T_4 an die Betriebsspannung U_b angeschlossen und eine zweite Kaskode mit T_5 und T_6 ergänzt. Wenn T_5 und T_6 mit $U_{CE} > U_{CE,sat}$ betrieben werden, erhält man das Übersetzungsverhältnis

$$k_I = \frac{I_a}{I_e} \approx \frac{I_{S5}}{I_{S1}}$$

und den Ausgangswiderstand:

$$r_a = \left.\frac{u_a}{i_a}\right|_{i_e=0} \approx \beta\, r_{CE6} = \frac{\beta\, U_A}{I_a}$$

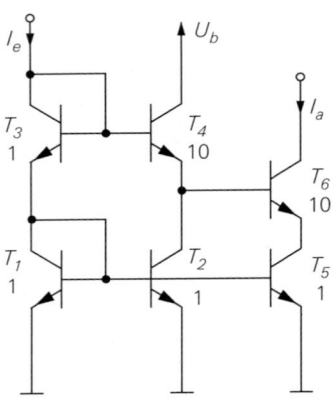 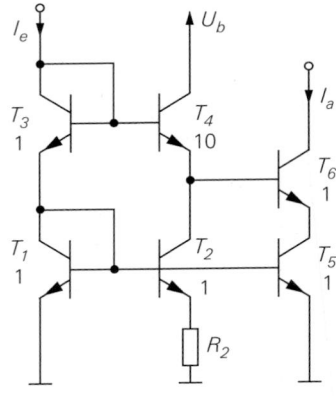

a normale Ausführung   **b** mit Widlar-Stufe

Abb. 4.37. npn-Doppel-Kaskode-Stromspiegel

Hier tritt kein Faktor $(1 + k_I)$ wie beim Kaskode-Stromspiegel auf, weil eine Rückwirkung von T_6 auf den Referenzzweig durch T_4 verhindert wird.

Man kann nun die Größen der Transistoren so wählen, dass T_5 mit $U_{CE5} \approx U_{CE,sat}$ arbeitet und eine Aussteuerungsgrenze von

$$U_{a,min} = U_{CE5,sat} + U_{CE6,sat} = 2\,U_{CE,sat} \approx 0{,}4\,\mathrm{V}$$

erreicht wird. Ausgehend von der Maschengleichung

$$U_{BE1} + U_{BE3} = U_{BE4} + U_{CE5} + U_{BE6}$$

erhält man mit

$$I_{C1} \approx I_{C3} \approx I_e$$

$$I_{C4} \approx I_{C2} \approx I_e \frac{I_{S2}}{I_{S1}}$$

$$I_{C5} \approx I_{C6} = I_a = k_I I_e$$

und $U_{BE} \approx U_T \ln(I_C/I_S)$:

$$U_{CE5} \approx U_T \ln \frac{I_{S4} I_{S6}}{k_I I_{S2} I_{S3}}$$

Für die Größenverhältnisse in Abb. 4.37a erhält man:

$$U_{CE5} \approx U_T \ln \frac{10 \cdot 10}{1 \cdot 1 \cdot 1} = U_T \ln 100 \approx 26\,\mathrm{mV} \cdot 4{,}6 \approx 120\,\mathrm{mV}$$

Diese Spannung liegt zwar unterhalb der bisher angenommenen Sättigungsspannung $U_{CE,sat} \approx 0{,}2\,\mathrm{V}$, ist aber in der Praxis meist ausreichend. Man erkennt dies, wenn man den Ausgangswiderstand und das Übersetzungsverhältnis in Abhängigkeit von U_{CE5} betrachtet, siehe Abb. 4.38: für $U_{CE} \approx 120\,\mathrm{mV}$ ist das Übersetzungsverhältnis nahezu Eins und der Ausgangswiderstand beträgt mit $r_a \approx 30\,\mathrm{M\Omega}$ ein Drittel des maximal möglichen Wertes. Mit $U_{CE} = 200\,\mathrm{mV}$ werden zwar bessere Werte erreicht, allerdings muss man dazu die Größe 50 für T_4 und T_6 wählen:

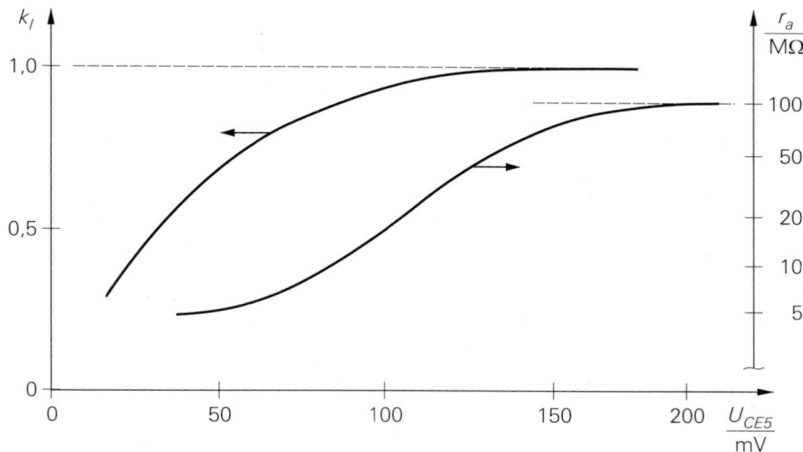

Abb. 4.38. Abhängigkeit des Übersetzungsverhältnisses k_I und des Ausgangswiderstands r_a von U_{CE5} beim npn-Doppel-Kaskode-Stromspiegel

$$U_{CE5} \approx U_T \ln \frac{50 \cdot 50}{1 \cdot 1 \cdot 1} = U_T \ln 2500 \approx 200\,\text{mV}$$

In integrierten Schaltungen werden Transistoren dieser Größe wegen des hohen Platzbedarfs nur dann eingesetzt, wenn es für die Funktion der Schaltung unbedingt erforderlich ist. Man wählt für T_4 und T_5 im allgemeinen dieselbe Größe, weil dadurch der Platzbedarf für einen geforderten Wert U_{CE5} minimal wird.

Ein Nachteil der Schaltung in Abb. 4.37a ist die hohe Ausgangskapazität, die durch die Größe von T_6 verursacht wird. Will man T_6 um den Faktor 10 auf die Größe 1 verkleinern, muss man entweder T_4 um den Faktor 10 auf die Größe 100 vergrößern oder den Strom $I_{C4} \approx I_{C2}$ um den Faktor 10 reduzieren. Letzteres erreicht man, indem man T_2 um den Faktor 10 verkleinert oder, wenn dies nicht möglich ist, weil T_2 bereits die minimale Größe hat, alle anderen Transistoren entsprechend vergrößert. Soll der Stromspiegel als Stromquelle betrieben werden, kann man I_{C2} auch dadurch reduzieren, dass man T_2 mit einem Gegenkopplungswiderstand versieht; dadurch erhält man den in Abb. 4.37b gezeigten *Doppel-Kaskode-Stromspiegel mit Widlar-Stufe*.

In Abb. 4.37a kann man den Kollektor von T_4 auch als zusätzlichen Ausgang verwenden; dann ist I_{C4} der Ausgangsstrom eines Kaskode-Stromspiegels mit $k_I \approx I_{S2}/I_{S1}$ und I_{C6} der Ausgangsstrom des Doppel-Kaskode-Stromspiegels mit $k_I \approx I_{S5}/I_{S1}$.

n-Kanal-Doppel-Kaskode-Stromspiegel

Abbildung 4.39 zeigt den *n-Kanal-Doppel-Kaskode-Stromspiegel*. Wenn T_5 und T_6 mit $U_{DS} > U_{DS,ab}$ betrieben werden, erhält man das Übersetzungsverhältnis

$$k_I = \frac{I_a}{I_e} \approx \frac{K_5}{K_1}$$

und den Ausgangswiderstand:

$$r_a = \left.\frac{u_a}{i_a}\right|_{i_e=0} \approx (S_6 + S_{B6})\, r_{DS6}^2$$

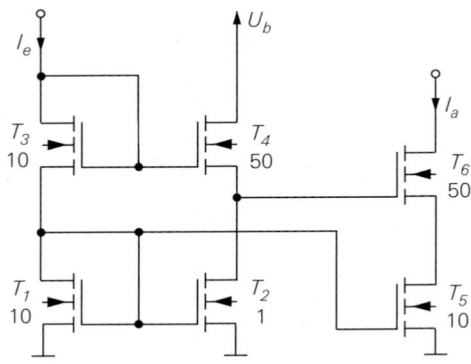

Abb. 4.39.
n-Kanal-Doppel-Kaskode-Stromspiegel

Vernachlässigt man die Substrat-Steilheit S_{B6}, folgt mit $S_6 = \sqrt{2K_6 I_a}$ und $r_{DS6} = U_A/I_a$:

$$r_a \overset{S_{B6} \ll S_6}{\approx} U_A^2 \sqrt{\frac{2K_6}{I_a^3}}$$

Für die Schaltung in Abb. 4.39 erhält man mit $K_6 = 50 \cdot K = 1{,}5\,\text{mA/V}^2$, $U_A = 50\,\text{V}$ und $I_a = 100\,\mu\text{A}$ einen Ausgangswiderstand von $r_a \approx 140\,\text{M}\Omega$.

Die Aussteuerungsgrenze wird minimal, wenn man T_5 mit $U_{DS5} = U_{DS5,ab}$ betreibt:

$$U_{a,min} = U_{DS5,ab} + U_{DS6,ab}$$

Aus der Maschengleichung

$$U_{GS1} + U_{GS3} = U_{GS4} + U_{DS5} + U_{GS6}$$

erhält man mit

$$U_{GS} = U_{th} + \sqrt{2I_D/K}$$

und $I_{D1} = I_{D3} = I_e$, $I_{D2} = I_{D4} = I_e K_2/K_1$ und $I_{D5} = I_{D6} = I_a = I_e K_5/K_1$:

$$U_{DS5} = U_{th1} + U_{th3} - U_{th4} - U_{th6}$$

$$+ \sqrt{\frac{2I_a}{K_6}} \left(\sqrt{\frac{K_1 K_6}{K_3 K_5}} + \sqrt{\frac{K_6}{K_5}} - \sqrt{\frac{K_2 K_6}{K_4 K_5}} - 1 \right)$$

Für die Schaltung in Abb. 4.39 erhält man mit $\Delta U_{th} = U_{th1} + U_{th3} - U_{th4} - U_{th6}$:

$$U_{DS5} \approx \Delta U_{th} + \sqrt{\frac{2I_a}{K_6}} \left(\sqrt{5} + \sqrt{5} - \sqrt{0{,}1} - 1 \right) \overset{\substack{K_6 = 1{,}5\,\text{mA/V}^2 \\ I_a = 100\,\mu\text{A}}}{\approx} \Delta U_{th} + 1{,}15\,\text{V}$$

Die Spannung ΔU_{th} fasst die durch den Substrat-Effekt verursachten Unterschiede in den Schwellenspannungen zusammen; sie ist immer negativ und kann nicht geschlossen berechnet werden. Eine Simulation mit *PSpice* liefert $\Delta U_{th} \approx -0{,}3\,\text{V}$ und $U_{DS5} = 0{,}85\,\text{V}$; damit gilt:

$$U_{DS5} > U_{DS5,ab} = \sqrt{\frac{2I_{D5}}{K_5}} = \sqrt{\frac{2I_a}{K_5}} \approx 0{,}82\,\text{V}$$

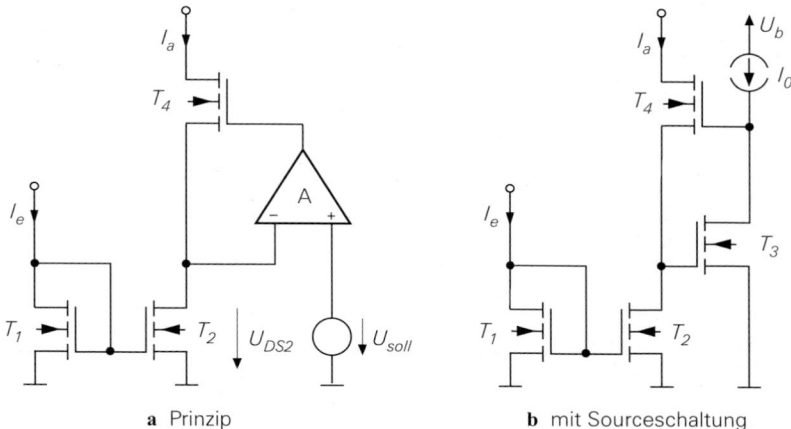

a Prinzip   **b** mit Sourceschaltung

Abb. 4.40. Geregelter n-Kanal-Kaskode-Stromspiegel

Mit $U_{DS6,ab} = U_{GS6} - U_{th6} = \sqrt{2I_a/K_6} \approx 0,37\,\text{V}$ erhält man eine Aussteuerungsgrenze von $U_{a,min} = U_{DS5,ab} + U_{DS6,ab} \approx 1,2\,\text{V}$. Eine weitere Reduktion von $U_{a,min}$ wird erreicht, wenn man die Mosfets T_1, T_2 und T_5 proportional größer macht; dadurch verringert sich $U_{DS5,ab}$ entsprechend der Zunahme von K_5.

4.1.2.8.3 Geregelter Kaskode-Stromspiegel

Wenn man beim Kaskode-Stromspiegel in Abb. 4.27b den Mosfet T_3 entfernt und die Gate-Spannung von T_4 mit Hilfe eines Regelverstärkers einstellt, erhält man den in Abb. 4.40a gezeigten *geregelten Kaskode-Stromspiegel*; dabei wird die Gate-Spannung von T_4 bei ausreichend hoher Verstärkung A des Regelverstärkers so eingestellt, dass $U_{DS2} \approx U_{soll}$ gilt. Gibt man $U_{soll} \approx U_{DS2,ab}$ vor, erhält man auf einfache Weise einen Stromspiegel mit minimaler Aussteuerungsgrenze $U_{a,min}$.

Wenn man als Regelverstärker eine einfache Sourceschaltung einsetzt, erhält man die Schaltung in Abb. 4.40b; als Spannung U_{soll} tritt dabei die Gate-Source-Spannung von T_3 im Arbeitspunkt auf:

$$U_{soll} = U_{GS3} = U_{th3} + \sqrt{\frac{2I_0}{K_3}}$$

Im allgemeinen werden alle Mosfets mit $U_{GS} < 2U_{th}$ und $U_{DS,ab} = U_{GS} - U_{th} < U_{th}$ betrieben; in diesem Fall gilt $U_{soll} = U_{GS3} > U_{DS2,ab}$, d.h. T_2 arbeitet im Abschnürbereich. Will man U_{soll} klein halten, um eine möglichst geringe Aussteuerungsgrenze zu erreichen, muss man den Strom I_0 klein und den Mosfet T_3 groß wählen; dadurch wird jedoch die Bandbreite des Regelverstärkers sehr klein. In der Praxis muss man je nach Anwendung einen sinnvollen Kompromiss zwischen Aussteuerbarkeit und Bandbreite finden.

Der Ausgangswiderstand wird mit Hilfe des Kleinsignalersatzschaltbilds in Abb. 4.41 berechnet; man erhält:

$$r_a = \left.\frac{u_a}{i_a}\right|_{i_e=0} \approx r_{DS4}\left(1 + (S_4(1+A) + S_{B4})r_{DS2}\right) \overset{\substack{r_{DS2}=r_{DS4}\\ A\gg 1}}{\approx} AS_4 r_{DS4}^2$$

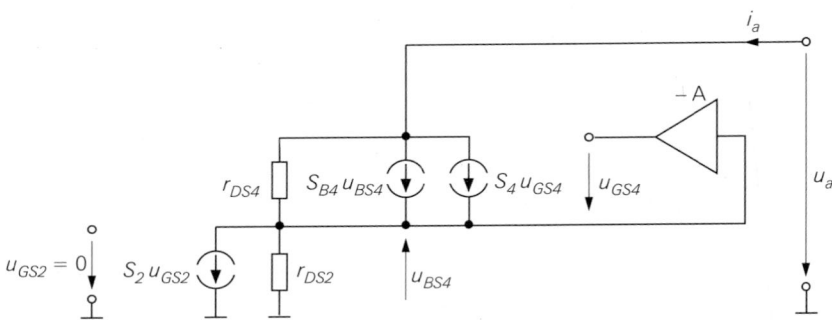

Abb. 4.41. Kleinsignalersatzschaltbild des geregelten n-Kanal-Kaskode-Stromspiegels

Der Ausgangswiderstand ist demnach um die Verstärkung A größer als beim Kaskode-Stromspiegel. Wenn man als Regelverstärker eine einfache Sourceschaltung nach Abb. 4.40b einsetzt, gilt $A = S_3 r_{DS3} = \sqrt{2K_3/I_0}\, U_A$; mit $I_0 = 10\,\mu\text{A}$, $K_3 = 30\,\mu\text{A}/\text{V}^2$ (T_3 mit Größe 1) und $U_A = 50\,\text{V}$ erhält man $A \approx 120$. Damit erreicht man Ausgangswiderstände im GΩ-Bereich.

Der geregelte Kaskode-Stromspiegel kann prinzipiell auch mit npn-Transistoren aufgebaut werden, allerdings kann man in diesem Fall keine einfache Emitterschaltung als Regelverstärker einsetzen. Für eine korrekte Funktion muss nämlich der Eingangswiderstand $r_{e,RV}$ des Regelverstärkers größer sein als der Ausgangswiderstand von T_2 (r_{DS2} beim Mosfet bzw. r_{CE2} beim Bipolartransistor). Diese Bedingung ist bei Mosfets automatisch erfüllt, während man bei Bipolartransistoren erheblichen Aufwand treiben muss, um einen ausreichend hohen Eingangswiderstand $r_{e,RV}$ zu erreichen. Ähnliches gilt am Ausgang: bei Mosfets wird der Regelverstärker durch T_4 nicht belastet und kann demnach einen hochohmigen Ausgang haben, während bei Bipolartransistoren der Eingangswiderstand von T_4 einen entsprechend niederohmigen Verstärker-Ausgang erfordert. Ein bipolarer Regelverstärker muss deshalb mehrstufig aufgebaut werden. Mit einem idealen Verstärker ($r_{e,RV} = \infty$ und $r_{a,RV} = 0$) erreicht man denselben Ausgangswiderstand wie beim geregelten n-Kanal-Kaskode-Stromspiegel: $r_a \approx A S_4 r_{CE4}^2$.

4.1.2.9 Stromspiegel für diskrete Schaltungen

In diskreten Schaltungen kann man nicht mit den Größenverhältnissen der Transistoren arbeiten, weil die Sättigungssperrströme bzw. Steilheitskoeffizienten auch bei Transistoren desselben Typs stark schwanken [13]. Man muss deshalb grundsätzlich Gegenkopplungswiderstände einsetzen und das Übersetzungsverhältnis mit den Widerständen einstellen. Wegen der höheren Early-Spannung und der geringeren Aussteuerungsgrenze werden fast ausschließlich Bipolartransistoren eingesetzt.

---

[13] Beim rechnergestützten Entwurf diskreter Schaltungen muss man beachten, dass in der Simulation alle Transistoren eines Typs die gleichen Daten besitzen, weil dasselbe Modell verwendet wird. Deshalb muss die Unempfindlichkeit gegenüber Parameterschwankungen durch gezielte Parametervariation bei *einzelnen* Transistoren nachgewiesen werden; dazu eignet sich z.B. die *Monte-Carlo-Analyse*, bei der bestimmte Parameter stochastisch variiert werden.

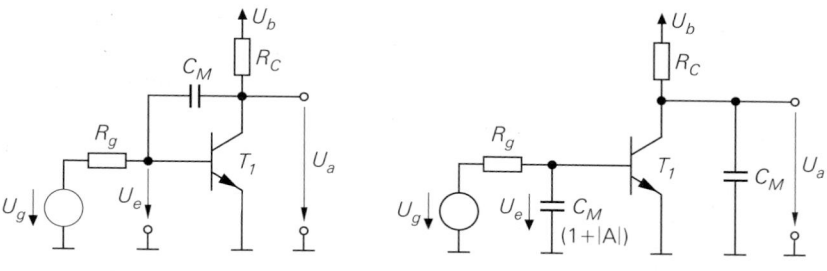

a mit Miller-Kapazität   **b** mit äquivalenten Kapazitäten

Abb. 4.42. Miller-Effekt bei einer Emitterschaltung

4.1.3 Kaskodeschaltung

Bei der Berechnung der Grenzfrequenzen der Emitter- und der Sourceschaltung in den Abschnitten 2.4.1 bzw. 3.4.1 erweist sich der *Miller-Effekt* als besonders störend. Er kommt dadurch zustande, dass über einer zwischen Basis und Kollektor bzw. Gate und Drain angeschlossenen *Miller-Kapazität* C_M die Spannung

$$u_e - u_a = u_e - A u_e \overset{A<0}{=} u_e\,(1+|A|) = -u_a \left(1 + \frac{1}{|A|}\right) \overset{|A|\gg 1}{\approx} -u_a$$

abfällt; dabei ist $A < 0$ die Verstärkung der Emitter- bzw. Sourceschaltung. Die Miller-Kapazität wirkt sich deshalb eingangsseitig mit dem Faktor $(1+|A|)$ und ausgangsseitig mit dem Faktor $(1+1/|A|) \approx 1$ aus; Abb. 4.42 zeigt dies am Beispiel einer Emitterschaltung [14]. Die äquivalente Eingangskapazität $C_M(1+|A|)$ bildet zusammen mit dem Innenwiderstand R_g der Signalquelle einen Tiefpass mit relativ niedriger Grenzfrequenz; dadurch wird die Grenzfrequenz der Schaltung bei mittleren und vor allem bei hohen Innenwiderständen erheblich reduziert. Beim Bipolartransistor wirkt die Kollektorkapazität C_C und beim Fet die Gate-Drain-Kapazität C_{GD} als Miller-Kapazität.

Abhilfe schafft die *Kaskodeschaltung*, bei der eine Emitter- und eine Basis- bzw. eine Source- und eine Gateschaltung in Reihe geschaltet werden; Abb. 4.43 zeigt die resultierenden Schaltungen. Im Arbeitspunkt fließt durch beide Transistoren derselbe Strom, wenn man bei der npn-Kaskodeschaltung den Basisstrom von T_2 vernachlässigt: $I_{C1,A} \approx I_{C2,A} \approx I_0$ bzw. $I_{D1,A} = I_{D2,A} = I_0$. Damit erhält man für die npn-Kaskodeschaltung mit

$$A = \frac{u_a}{u_e} = A_{Emitter}\, \frac{r_{e,Basis}}{r_{a,Emitter} + r_{e,Basis}}\, A_{Basis}$$

$$= -S_1 r_{CE1}\, \frac{1/S_2}{r_{CE1} + 1/S_2}\, S_2 R_C \overset{r_{CE1}\gg 1/S_2}{\approx} -S_1 R_C$$

dieselbe Verstärkung wie bei einer einfachen Emitterschaltung. Die Betriebsverstärkung der Emitterschaltung in der Kaskode beträgt dagegen nur:

$$A_{B,Emitter} \approx -S_1 r_{e,Basis} = -S_1/S_2 \approx -1$$

---

[14] Man beachte, dass die Spannungen in Abb. 4.42 Großsignalspannungen sind, aber nur der Kleinsignalanteil in die Rechnung eingeht.

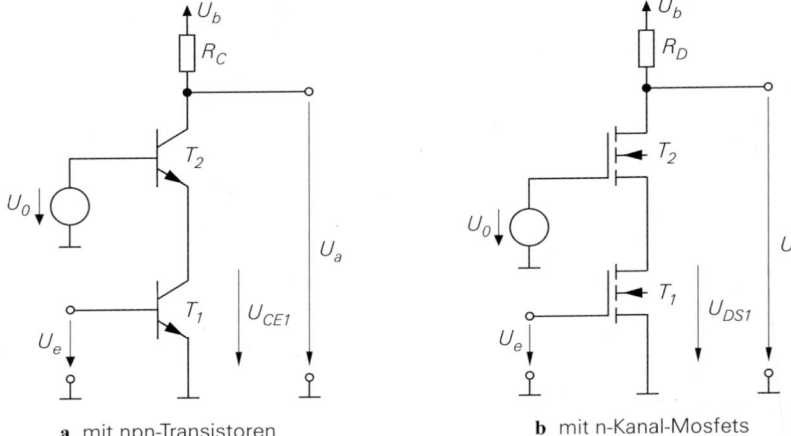

a mit npn-Transistoren   **b** mit n-Kanal-Mosfets

Abb. 4.43. Kaskodeschaltung

Damit folgt für die äquivalente Eingangskapazität $C_M(1 + |A|) \approx 2C_M$, d.h. der Miller-Effekt wird vermieden. Bei der Basisschaltung in der Kaskode tritt kein Miller-Effekt auf, weil die Basis von T_2 auf konstantem Potential liegt; die Kollektorkapazität von T_2 wirkt sich deshalb nur am Ausgang aus. Diese Eigenschaften gelten für die n-Kanal-Kaskodeschaltung in gleicher Weise. Allerdings sind die Steilheiten S_1 und S_2 in diesem Fall nur gleich, wenn die Größen der Mosfets gleich sind: $K_1 = K_2$.

Zur Arbeitspunkteinstellung wird eine Spannungsquelle U_0 benötigt, siehe Abb. 4.43. Die Spannung U_0 muss so gewählt werden, dass

$$U_{CE1} = U_0 - U_{BE2} > U_{CE1,sat} \quad \text{bzw.} \quad U_{DS1} = U_0 - U_{GS2} > U_{DS1,ab}$$

gilt, damit T_1 im Normalbetrieb bzw. Abschnürbereich arbeitet; daraus folgt [15]:

$$U_0 > \begin{cases} U_{CE1,sat} + U_{BE2} \approx 0{,}8 \ldots 1\,\mathrm{V} \\ U_{DS1,ab} + U_{GS2} = U_{GS1} - U_{th1} + U_{GS2} \approx 2 \ldots 3\,\mathrm{V} \end{cases}$$

Man wählt U_0 möglichst nahe an der unteren Grenze, damit die Aussteuerbarkeit am Ausgang maximal wird. Bei der npn-Kaskodeschaltung wird oft der Spannungsabfall über zwei Dioden verwendet, d.h. $U_0 \approx 1{,}4\,\mathrm{V}$, wenn die damit verbundene geringere Aussteuerbarkeit nicht stört.

4.1.3.1 Kleinsignalverhalten der Kaskodeschaltung

4.1.3.1.1 Kaskodeschaltung mit einfacher Stromquelle

In integrierten Schaltungen werden anstelle der Widerstände R_C und R_D Stromquellen eingesetzt; Abb. 4.44 zeigt die resultierenden Schaltungen bei Einsatz einer einfachen Stromquelle. Die Verstärkung hängt in diesem Fall von den Ausgangswiderständen r_{aK} und r_{aS} der Kaskode und der Stromquelle ab:

$$A = -S_1(r_{aK} \| r_{aS})$$

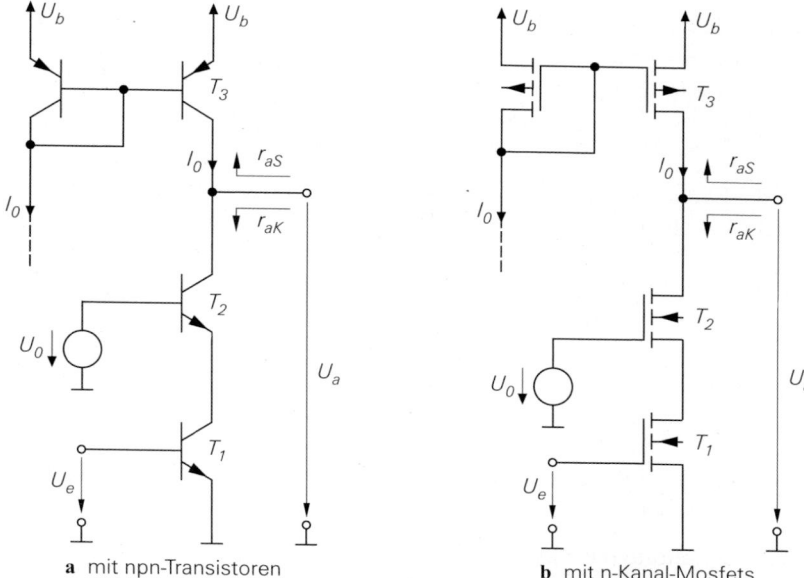

a mit npn-Transistoren   **b** mit n-Kanal-Mosfets

Abb. 4.44. Kaskodeschaltung mit einfacher Stromquelle

Der Ausgangswiderstand der Kaskode entspricht dem Ausgangswiderstand eines Strom-spiegels mit Kaskode, siehe (4.23) und (4.24) [15]:

$$r_{aK} \approx \begin{cases} \beta_2 r_{CE2} \\ (S_2 + S_{B2})\, r_{DS2}^2 \quad \overset{S_2 \gg S_{B2}}{\approx} \quad S_2 r_{DS2}^2 \end{cases}$$

Für die einfache Stromquelle gilt $r_{aS} = r_{CE3}$ bzw. $r_{aS} = r_{DS3}$. Damit erhält man für die Kaskodeschaltung mit einfacher Stromquelle:

Kaskodeschaltung mit einfacher Stromquelle

$$A = \left.\frac{u_a}{u_e}\right|_{i_a=0} = -S_1 \left(r_{aK} \parallel r_{aS}\right) \overset{r_{aS} \ll r_{aK}}{\approx} \begin{cases} -S_1 r_{CE3} \\ -S_1 r_{DS3} \end{cases} \tag{4.31}$$

$$r_e = \frac{u_e}{i_e} = \begin{cases} r_{BE1} \\ \infty \end{cases} \tag{4.32}$$

$$r_a = \left.\frac{u_a}{i_a}\right|_{u_e=0} = r_{aS} \parallel r_{aK} \overset{r_{aS} \ll r_{aK}}{\approx} \begin{cases} r_{CE3} \\ r_{DS3} \end{cases} \tag{4.33}$$

Bei der npn-Kaskode folgt mit $S_1 \approx I_0/U_T$ und $r_{CE3} \approx U_{A,pnp}/I_0$:

$$A \approx -\frac{U_{A,pnp}}{U_T} \tag{4.34}$$

---

[15] Die Werte für die npn- und die n-Kanal-Kaskode werden in einer Gleichung mit geschweifter Klammer übereinander angegeben.

Dabei ist $U_{A,pnp}$ die Early-Spannung des pnp-Transistors T_3 und U_T die Temperaturspannung. Für die n-Kanal-Kaskode erhält man mit $S_1 = \sqrt{2K_1 I_0}$ und $r_{DS3} = U_{A,pK}/I_0$:

$$A \approx -U_{A,pK}\sqrt{\frac{2K_1}{I_0}} = -\frac{2U_{A,pK}}{U_{GS1} - U_{th,nK}} \tag{4.35}$$

Dabei ist $U_{A,pK}$ die Early-Spannung der p-Kanal-Mosfets und $U_{th,nK}$ die Schwellenspannung der n-Kanal-Mosfets. Wenn npn- und pnp-Transistoren bzw. n-Kanal- und p-Kanal-Mosfets dieselbe Early-Spannung haben, entspricht der Betrag der Verstärkung der maximalen Verstärkung μ der Emitter- bzw. Sourceschaltung:

$$|A| \approx \mu = \begin{cases} S\,r_{CE} = \dfrac{U_A}{U_T} \approx 1000\ldots6000 \\[2ex] S\,r_{DS} = \dfrac{2U_A}{U_{GS} - U_{th}} \approx 40\ldots200 \end{cases}$$

Hier macht sich einmal mehr die geringe Steilheit der Mosfets im Vergleich zum Bipolartransistor negativ bemerkbar.

4.1.3.1.2 Kaskodeschaltung mit Kaskode-Stromquelle

Die Verstärkung nimmt weiter zu, wenn man den Ausgangswiderstand r_{aS} durch Einsatz einer Stromquelle mit Kaskode auf

$$r_{aS} \approx \begin{cases} \beta_3 r_{CE3} \\[1ex] (S_3 + S_{B3})\,r_{DS3}^2 \overset{S_3 \gg S_{B3}}{\approx} S_3 r_{DS3}^2 \end{cases}$$

erhöht; damit folgt für die in Abb. 4.45 gezeigte Kaskodeschaltung mit Kaskode-Stromquelle:

Kaskodeschaltung mit Kaskode-Stromquelle

$$A = \left.\frac{u_a}{u_e}\right|_{i_a=0} = -S_1 r_a \approx \begin{cases} -S_1\left(\beta_2 r_{CE2} \,\|\, \beta_3 r_{CE3}\right) \\[1ex] -S_1\left(S_2 r_{DS2}^2 \,\|\, S_3 r_{DS3}^2\right) \end{cases} \tag{4.36}$$

$$r_a = \left.\frac{u_a}{i_a}\right|_{u_e=0} = r_{aS} \,\|\, r_{aK} \approx \begin{cases} \beta_2 r_{CE2} \,\|\, \beta_3 r_{CE3} \\[1ex] S_2 r_{DS2}^2 \,\|\, S_3 r_{DS3}^2 \end{cases} \tag{4.37}$$

Der Eingangswiderstand r_e ist durch (4.32) gegeben.

Die Bezeichnung *Kaskodeschaltung mit Kaskode-Stromquelle* ist streng genommen nicht korrekt, weil in Abb. 4.45 ein Stromspiegel mit Kaskode und kein Kaskode-Stromspiegel als Stromquelle verwendet wird; die korrekte Bezeichnung *Kaskodeschaltung mit Stromquelle mit Kaskode* ist jedoch umständlich. Setzt man einen *echten* Kaskode-Stromspiegel als Stromquelle ein, ist die Verstärkung der npn-Kaskode etwa um den Faktor 2/3 geringer, weil der Kaskode-Stromspiegel nach (4.27) bei einem Übersetzungsverhältnis $k_I = 1$ nur einen Ausgangswiderstand von $r_{aS} = \beta_3 r_{CE3}/2$ anstelle von $r_{aS} = \beta_3 r_{CE3}$ beim Stromspiegel mit Kaskode erreicht. Bei der n-Kanal-Kaskode sind beide Varianten äquivalent.

Durch Einsetzen der Kleinsignalparameter erhält man für die Kaskodeschaltung mit Bipolartransistoren

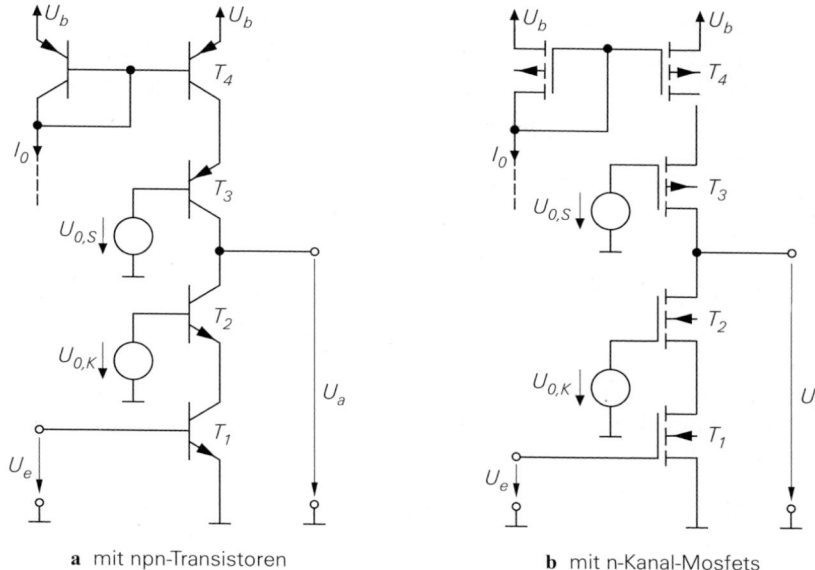

a mit npn-Transistoren   **b** mit n-Kanal-Mosfets

Abb. 4.45. Kaskodeschaltung mit Kaskode-Stromquelle

$$A \approx - \cfrac{1}{U_T \left(\cfrac{1}{\beta_{npn} U_{A,npn}} + \cfrac{1}{\beta_{pnp} U_{A,pnp}} \right)} \tag{4.38}$$

und für die Kaskodeschaltung mit Mosfets gleicher Größe ($K_1 = K_2 = K_3 = K$):

$$A \approx - \cfrac{2K}{I_D \left(\cfrac{1}{U_{A,nK}^2} + \cfrac{1}{U_{A,pK}^2} \right)} = - \cfrac{4}{(U_{GS} - U_{th})^2 \left(\cfrac{1}{U_{A,nK}^2} + \cfrac{1}{U_{A,pK}^2} \right)} \tag{4.39}$$

Wenn die Early-Spannungen und Stromverstärkungen der npn- und pnp-Transistoren und die Early-Spannungen der n-Kanal- und p-Kanal-Mosfets gleich sind, folgt:

$$|A| \approx \begin{cases} \cfrac{\beta\, S r_{CE}}{2} = \cfrac{\beta\, U_A}{2U_T} \overset{\beta \approx 100}{\approx} 50.000\ldots300.000 \\[2em] \cfrac{S^2 r_{DS}^2}{2} = 2 \left(\cfrac{U_A}{U_{GS} - U_{th}} \right)^2 \approx 800\ldots20.000 \end{cases}$$

Demnach kann man mit *einer* npn-Kaskodeschaltung eine Verstärkung im Bereich von $10^5 = 100\,\text{dB}$ erreichen; mit einer n-Kanal-Kaskodeschaltung erreicht man dagegen maximal etwa $10^4 = 80\,\text{dB}$.

4.1.3.1.3 Betriebsverstärkung

Die hohe Verstärkung der Kaskodeschaltung ist eine Folge des hohen Ausgangswiderstands der Kaskode und der Stromquelle:

$$r_a = r_{aK} \,\|\, r_{aS}$$

Mit $\beta = 100$, $U_A = 100\,\text{V}$ und $I_C = 100\,\mu\text{A}$ erhält man für die npn-Kaskodeschaltung mit Kaskode-Stromquelle $r_a = \beta\,r_{CE}/2 = 50\,\text{M}\Omega$ und mit $K = 300\,\mu\text{A/V}^2$, $U_A = 50\,\text{V}$ und $I_D = 100\,\mu\text{A}$ für die n-Kanal-Kaskodeschaltung mit Kaskode-Stromquelle $r_a = S\,r_{DS}^2/2 = 31\,\text{M}\Omega$; dabei werden gleiche Werte für die npn- und pnp- bzw. n- und p-Kanal-Transistoren angenommen.

Bei Betrieb mit einer Last R_L wird nur dann eine Betriebsverstärkung

$$A_B = A\,\frac{R_L}{r_a + R_L} = -S\,(r_a \parallel R_L)$$

in der Größenordnung von A erreicht, wenn R_L ähnlich hoch ist wie r_a. In den meisten Fällen ist am Ausgang der Kaskodeschaltung eine weitere Verstärkerstufe mit dem Eingangswiderstand $r_{e,n}$ angeschlossen. Wird in einer CMOS-Schaltung eine Source- oder Drainschaltung als nächste Stufe eingesetzt, erreicht die Kaskodeschaltung wegen $R_L = r_{e,n} = \infty$ ohne besondere Maßnahmen die maximale Betriebsverstärkung $A_B = A$. In einer bipolaren Schaltung muss man eine oder mehrere Kollektorschaltungen zur Impedanzwandlung einsetzen; dabei gilt für jede Kollektorschaltung $r_a \approx R_g/\beta$, d.h. der Ausgangswiderstand nimmt mit jeder Kollektorschaltung um die Stromverstärkung β ab. Mit $\beta = 100$ und $r_a = 50\,\text{M}\Omega$ erhält man mit einer Kollektorschaltung $r_a \approx 500\,\text{k}\Omega$ und mit zwei Kollektorschaltungen $r_a \approx 5\,\text{k}\Omega$. In vielen Operationsverstärkern wird eine Kaskodeschaltung mit Kaskode-Stromquelle gefolgt von drei komplementären Kollektorschaltungen eingesetzt; damit erreicht man $A \approx 2 \cdot 10^5$ und $r_a \approx 50\,\Omega$.

4.1.3.2 Frequenzgang und Grenzfrequenz der Kaskodeschaltung

4.1.3.2.1 npn-Kaskodeschaltung

Abbildung 4.46 zeigt das vollständige Kleinsignalersatzschaltbild einer npn-Kaskodeschaltung mit den Transistoren T_1 und T_2 und der Stromquelle. Für die Transistoren wird das Kleinsignalmodell nach Abb. 2.41 auf Seite 81 verwendet, wobei hier auch die Substratkapazität C_S berücksichtigt wird. Die Stromquelle wird durch den Ausgangswiderstand r_{aS} und die Ausgangskapazität C_{aS} beschrieben. Zur Berechnung des Frequenzgangs wird das Kleinsignalersatzschaltbild wie folgt vereinfacht:

- der Basis-Bahnwiderstand R_{B2} des Transistors T_2 wird vernachlässigt;
- die Widerstände r_{CE1}, r_{CE2} und r_{aS} werden durch den bereits berechneten Ausgangswiderstand r_a am Ausgang ersetzt, siehe (4.33) bei Einsatz einer einfachen Stromquelle bzw. (4.37) bei Einsatz einer Stromquelle mit Kaskode;
- die Kapazitäten C_{aS} und C_{S2} werden zu C_a' zusammengefasst;
- die Widerstände R_g und R_{B1} werden zu R_g' zusammengefasst;
- die gesteuerte Quelle $S_2 u_{BE2}$ wird durch zwei äquivalente Quellen ersetzt.

Damit erhält man das in Abb. 4.47 oben gezeigte vereinfachte Kleinsignalersatzschaltbild. Durch Umzeichnen folgt das in Abb. 4.47 unten gezeigte Ersatzschaltbild mit:

$$C_a = C_{C2} + C_a' = C_{C2} + C_{S2} + C_{aS} = C_{C2} + C_{S2} + C_{C3} + C_{S3}$$

$$C_{ES} = C_{E2} + C_{S1}$$

$$r_{E2} = 1/S_2 \parallel r_{BE2}$$

Die Vereinfachung ist nahezu äquivalent, lediglich die Vernachlässigung von R_{B2} verursacht einen geringen Fehler.

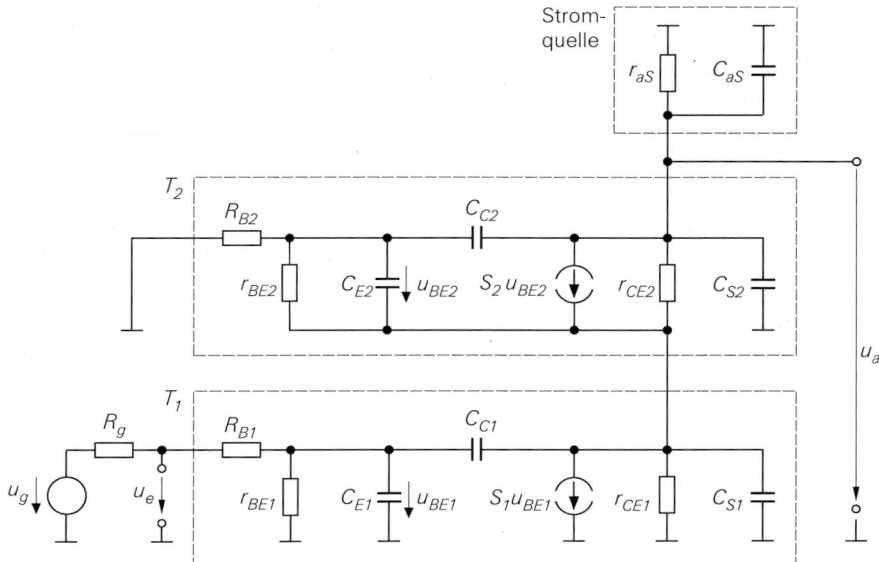

Abb. 4.46. Vollständiges Kleinsignalersatzschaltbild einer npn-Kaskodeschaltung

Aus der Zweiteilung des Kleinsignalersatzschaltbilds in Abb. 4.47 in einen eingangsseitigen und einen ausgangsseitigen Teil folgt, dass die Kaskodeschaltung praktisch rückwirkungsfrei ist; dadurch wird der Miller-Effekt vermieden. Der Frequenzgang setzt sich
aus den Frequenzgängen $\underline{A}_1(s) = \underline{u}_{BE2}(s)/\underline{u}_g(s)$ und $\underline{A}_2(s) = \underline{u}_a(s)/\underline{u}_{BE2}(s)$ zusammen:

$$\underline{A}_B(s) = \frac{\underline{u}_a(s)}{\underline{u}_g(s)} = \frac{\underline{u}_a(s)}{\underline{u}_{BE2}(s)} \frac{\underline{u}_{BE2}(s)}{\underline{u}_g(s)} = \underline{A}_2(s)\underline{A}_1(s) \tag{4.40}$$

Ohne Last erhält man für den ausgangsseitigen Frequenzgang:

$$\underline{A}_2(s) = \frac{\underline{u}_a(s)}{\underline{u}_{BE2}(s)} = -\frac{S_2 r_a}{1 + s C_a r_a}$$

Eingangsseitig entspricht das Kleinsignalersatzschaltbild der Kaskodeschaltung dem einer
Emitterschaltung mit ohmsch-kapazitiver Last ($R_L = r_{E2}$, $C_L = C_{ES}$), wie ein Vergleich
mit Abb. 2.84 auf Seite 130 zeigt. Durch Einsetzen von $r_{E2}/(1 + sC_{ES}r_{E2})$ anstelle von
R'_C folgt aus (2.99) auf Seite 130 unter Berücksichtigung der Zählrichtung von u_{BE2}:

$$\underline{A}_1(s) = \frac{S_1 r_{E2}}{1 + \dfrac{R'_g}{r_{BE1}}} \frac{1 - s\dfrac{C_{C1}}{S_1}}{1 + sc_1 + s^2 c_2}$$

$$c_1 = (C_{E1} + C_{C1}(1 + S_1 r_{E2}))\left(R'_g \parallel r_{BE1}\right) + \frac{C_{C1} r_{E2} r_{BE1}}{R'_g + r_{BE1}} + C_{ES} r_{E2}$$

$$c_2 = (C_{E1} C_{C1} + C_{E1} C_{ES} + C_{C1} C_{ES})\left(R'_g \parallel r_{BE1}\right) r_{E2}$$

Es gilt $S_1 \approx S_2 \approx 1/r_{E2}$, da beide Transistoren mit nahezu gleichem Strom betrieben
werden; daraus folgt $S_1 r_{E2} \approx 1$. Durch Vernachlässigen der Nullstelle, des s^2-Terms im

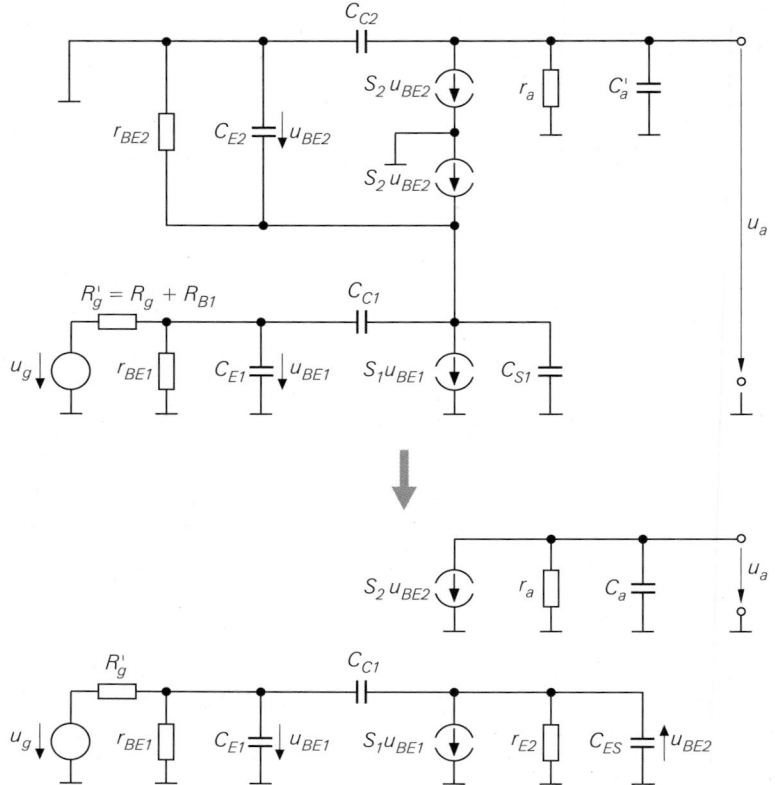

Abb. 4.47. Vereinfachtes Kleinsignalersatzschaltbild der npn-Kaskodeschaltung

Nenner und des mittleren Terms in c_1 erhält man eine Näherung durch einen Tiefpass ersten Grades:

$$\underline{A}_1(s) \approx \frac{r_{BE1}}{R'_g + r_{BE1}} \frac{1}{1 + s\left((C_{E1} + 2C_{C1})\left(R'_g \parallel r_{BE1}\right) + \frac{C_{ES}}{S_1}\right)}$$

Mit $R'_g = R_g + R_{B1} \approx R_g$, einer ohmsch-kapazitiven Last und unter Annahme gleicher Kleinsignalparameter für alle Transistoren erhält man das in Abb. 4.48 gezeigte Kleinsignalersatzschaltbild. Durch Zusammenfassen von $\underline{A}_1(s)$ und $\underline{A}_2(s)$ gemäß (4.40), nochmaligem Vernachlässigen des s^2-Terms und Einsetzen von $r_a \parallel R_L$ anstelle von r_a bzw. $C_a + C_L$ anstelle von C_a erhält man eine Näherung für den Frequenzgang der Kaskodeschaltung:

$$\underline{A}_B(s) \approx \frac{A_0}{1 + s\left((C_E + 2C_C)\,R_1 + \dfrac{C_E + C_S}{S} + (2C_C + 2C_S + C_L)\,R_2\right)}$$

$$\approx \frac{A_0}{1 + s\left((C_E + 2C_C)\,R_1 + (2C_C + 2C_S + C_L)\,R_2\right)} \tag{4.41}$$

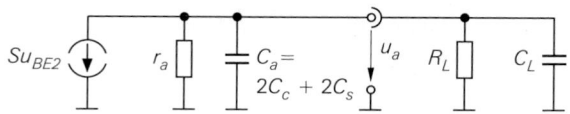

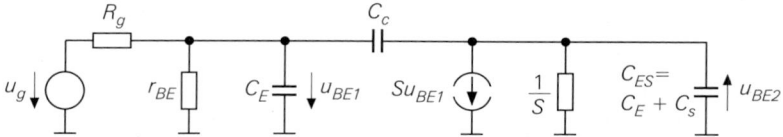

Abb. 4.48. Vereinfachtes Kleinsignalersatzschaltbild der npn-Kaskodeschaltung mit gleichen Kleinsignalparametern für alle Transistoren und ohmsch-kapazitiver Last

$$A_0 = \underline{A}_B(0) = -\frac{\beta R_2}{R_g + r_{BE}} \tag{4.42}$$

$$R_1 = R_g \parallel r_{BE}$$

$$R_2 = r_a \parallel R_L$$

Dabei wird in (4.41) die Näherung $R_1, R_2 \gg 1/S$ verwendet. Für die *-3dB-Grenzfrequenz* erhält man:

$$\omega_{\text{-}3dB} = 2\pi f_{\text{-}3dB} \approx \frac{1}{(C_E + 2C_C)(R_g \parallel r_{BE}) + (2C_C + 2C_S + C_L)(r_a \parallel R_L)} \tag{4.43}$$

Die Grenzfrequenz hängt von der Niederfrequenzverstärkung A_0 ab. Geht man davon aus, dass eine Änderung von A_0 durch eine Änderung von $R_2 = r_a \parallel R_L$ erfolgt und alle anderen Größen konstant bleiben, erhält man durch Auflösen von (4.42) nach R_2 und Einsetzen in (4.43) eine Darstellung mit zwei von A_0 unabhängigen Zeitkonstanten:

$$\omega_{\text{-}3dB}(A_0) = \frac{1}{T_1 + T_2|A_0|} \tag{4.44}$$

$$T_1 = (C_E + 2C_C)(R_g \parallel r_{BE}) \tag{4.45}$$

$$T_2 = (2C_C + 2C_S + C_L)\left(\frac{R_g}{\beta} + \frac{1}{S}\right) \tag{4.46}$$

Aufgrund der hohen Verstärkung gilt im allgemeinen $|A_0| \gg T_1/T_2$; daraus folgt:

$$\omega_{\text{-}3dB} \approx \frac{1}{T_2|A_0|}$$

Die Grenzfrequenz ist demnach umgekehrt proportional zur Verstärkung und man erhält ein konstantes *Verstärkungs-Bandbreite-Produkt* (*gain-bandwidth-product, GBW*):

$$\boxed{GBW = f_{\text{-}3dB}|A_0| \approx \frac{1}{2\pi T_2}} \tag{4.47}$$

Zwei Spezialfälle sind von Interesse:

- Wird anstelle einer Stromquelle ein ohmscher Kollektorwiderstand R_C eingesetzt, entfällt die Ausgangskapazität $C_{aS} = C_C + C_S$ der Stromquelle; in diesem Fall gilt:

$$T_2 = (C_C + C_S + C_L)\left(\frac{R_g}{\beta} + \frac{1}{S}\right)$$

- Wird die Kaskodeschaltung mit diskreten Transistoren aufgebaut, entfallen die Substratkapazitäten C_S; man erhält:

$$T_2 = \left(\frac{R_g}{\beta} + \frac{1}{S}\right) \cdot \begin{cases} (C_C + C_L) & \text{mit Kollektorwiderstand } R_C \\ (2C_C + C_L) & \text{mit Stromquelle} \end{cases}$$

4.1.3.2.2 Vergleich von npn-Kaskode- und Emitterschaltung

Ein sinnvoller Vergleich des Frequenzgangs der Kaskode- und der Emitterschaltung ist nur auf der Basis des Verstärkungs-Bandbreite-Produkts möglich, weil sich die Verstärkungen mit Kollektorwiderstand R_C, einfacher Stromquelle und Kaskode-Stromquelle um Größenordnungen unterscheiden und die Grenzfrequenz bei größerer Verstärkung prinzipiell kleiner ist. Im Gegensatz dazu ist das Verstärkungs-Bandbreite-Produkt GBW von der Verstärkung unabhängig. Im folgenden wird wegen der einfacheren Darstellung nicht das GBW, sondern die Zeitkonstante T_2 verglichen, siehe (4.47): eine kleinere Zeitkonstante T_2 hat ein größeres GBW und damit eine höhere Grenzfrequenz bei vorgegebener Verstärkung zur Folge.

Bei diskreten Schaltungen mit Kollektorwiderstand erhält man für die Emitterschaltung nach (2.109) auf Seite 132 [16]

$$T_{2,Emitter} = \left(C_C + \frac{C_L}{\beta}\right) R_g + \frac{C_C + C_L}{S} \overset{C_L=0}{=} C_C \left(R_g + \frac{1}{S}\right)$$

und für die Kaskodeschaltung aus (4.46) mit $C_S = 0$, d.h. ohne die bei Einzeltransistoren fehlende Substratkapazität:

$$T_{2,Kaskode} = (C_C + C_L)\left(\frac{R_g}{\beta} + \frac{1}{S}\right) \overset{C_L=0}{=} C_C \left(\frac{R_g}{\beta} + \frac{1}{S}\right)$$

Man erkennt, dass die Kaskodeschaltung vor allem bei hohem Generatorwiderstand R_g und geringer Lastkapazität C_L eine wesentlich geringere Zeitkonstante und damit ein größeres GBW besitzt als die Emitterschaltung. Bei sehr kleinem Generatorwiderstand ($R_g < 1/S$) oder sehr großer Lastkapazität ($C_L > \beta C_C$) bringt die Kaskode keinen Vorteil.

Bei integrierten Schaltungen mit Stromquellen muss man die Zeitkonstante der Emitterschaltung modifizieren, indem man die Substratkapazität C_S des Transistors und die Kapazität $C_{aS} = C_C + C_S$ der Stromquelle berücksichtigt. Sie wirken wie eine zusätzliche Lastkapazität und können deshalb durch Einsetzen von $C_C + 2C_S + C_L$ anstelle von C_L berücksichtigt werden:

$$T_{2,Emitter} = \left(C_C + \frac{C_C + 2C_S + C_L}{\beta}\right) R_g + \frac{2C_C + 2C_S + C_L}{S}$$

Für die Kaskodeschaltung gilt (4.46):

$$T_{2,Kaskode} = (2C_C + 2C_S + C_L)\left(\frac{R_g}{\beta} + \frac{1}{S}\right)$$

---

[16] Es wird $R_g' = R_g + R_B \approx R_g$ verwendet.

Daraus folgt mit $\beta \gg 1$:

$$T_{2,Emitter} \approx T_{2,Kaskode} + C_C R_g \qquad (4.48)$$

Auch hier erreicht die Kaskodeschaltung eine geringere Zeitkonstante und damit ein größeres GBW. Da in integrierten Schaltungen jedoch fast immer $C_S \gg C_C$ gilt, ist der Gewinn an GBW durch den Einsatz einer Kaskode- anstelle einer Emitterschaltung selbst bei hohem Generatorwiderstand R_g und ohne Lastkapazität C_L deutlich geringer als bei diskreten Schaltungen; typisch ist ein Faktor $2\ldots3$. In der Praxis ist deshalb in vielen Fällen die höhere Verstärkung der Kaskodeschaltung – vor allem in Kombination mit einer Stromquelle mit Kaskode – und nicht die höhere Grenzfrequenz ausschlaggebend für ihren Einsatz.

Abschließend werden die in Abb. 4.49 gezeigten Schaltungen verglichen. Die zugehörigen Frequenzgänge sind für sehr hohe Frequenzen nicht mehr dargestellt, weil sie dort aufgrund der vernachlässigten Nullstellen und Pole von der Asymptote abweichen und eine Berechnung der Grenzfrequenz über das GBW nicht mehr möglich ist. Zur Berechnung der Niederfrequenzverstärkung wurden die Parameter $\beta = 100$ und $U_A = 100\,V$ für npn- und pnp-Transistoren sowie $R_g = 0$ und $R_L \to \infty$ angenommen. Die Kaskodeschaltung mit einfacher Stromquelle hat in diesem Fall die Verstärkung $|A| = U_A/U_T = 4000 = 72\,dB$ und die Kaskodeschaltung mit Kaskode-Stromquelle erreicht $|A| = \beta\,U_A/(2U_T) = 200000 = 106\,dB$. Im Vergleich dazu erreicht die Emitterschaltung mit einfacher Stromquelle $|A| = U_A/(2U_T) = 2000 = 66\,dB$ [17]; für die Emitterschaltung mit Kollektorwiderstand wird $|A| = 100 = 40\,dB$ als typischer Wert angenommen. Ein Vergleich der Schaltungen zeigt, dass die von Schaltung zu Schaltung besseren Eigenschaften mit Hilfe zusätzlicher Transistoren erreicht werden.

Beispiel: Die Schaltungen 2, 3 und 4 aus Abb. 4.49 werden mit einem Ruhestrom $I_0 = 100\,\mu A$ und einer Betriebsspannung $U_b = 5\,V$ betrieben; Abb. 4.50 zeigt die Schaltungen mit den zur Arbeitspunkteinstellung benötigten Zusätzen:

– Emitterschaltung mit einfacher Stromquelle (T_1 und T_2);
– Kaskodeschaltung mit einfacher Stromquelle ($T_3 \ldots T_5$);
– Kaskodeschaltung mit Kaskode-Stromquelle ($T_6 \ldots T_9$).

Die Einstellung der Ruheströme erfolgt über einen Drei-Transistor-Stromspiegel ($T_{10} \ldots T_{12}$), der zusammen mit den Transistoren T_2, T_5 und T_9 eine Stromquellenbank bildet, die den Referenzstrom I_0 auf insgesamt vier Ausgänge spiegelt. Der Strom des Transistors T_{11} wird über die als Dioden betriebenen Transistoren T_{13} und T_{14} geführt und erzeugt die Vorspannung $U_1 = 2U_{BE} \approx 1,4\,V$ für die Transistoren T_4 und T_7. Die Vorspannung für den Transistor T_8 kann man dem Drei-Transistor-Stromspiegel entnehmen: $U_2 = U_b - 2U_{BE} \approx U_b - 1,4\,V = 3,6\,V$. Die Stromquelle mit dem Referenzstrom I_0 kann im einfachsten Fall mit einem Widerstand $R = U_2/I_0 \approx 3,6\,V/100\,\mu A = 36\,k\Omega$ realisiert werden.

Wenn man die Basisströme vernachlässigt, gilt für die Transistoren $T_1 \ldots T_9$ $I_{C,A} \approx I_0 = 100\,\mu A$; daraus folgt $S = I_{C,A}/U_T \approx 3,85\,mS$. Mit den Parametern aus Abb. 4.5

---

[17] Mit einer *idealen* Stromquelle erreicht die Emitterschaltung ihre Maximalverstärkung $|A| = \mu = U_A/U_T$. Bei Einsatz einer einfachen Stromquelle mit einem Transistor mit denselben Parametern nimmt der Ausgangswiderstand von r_{CE} auf $r_{CE} \parallel r_{CE} = r_{CE}/2$ ab; dadurch wird die Verstärkung halbiert. Bei einer Emitterschaltung mit Kaskode-Stromquelle, die in Abb. 4.49 nicht aufgeführt ist, ist der Ausgangswiderstand der Stromquelle vernachlässigbar; sie erreicht deshalb mit $|A| = U_A/U_T$ dieselbe Verstärkung wie die Kaskodeschaltung mit einfacher Stromquelle.

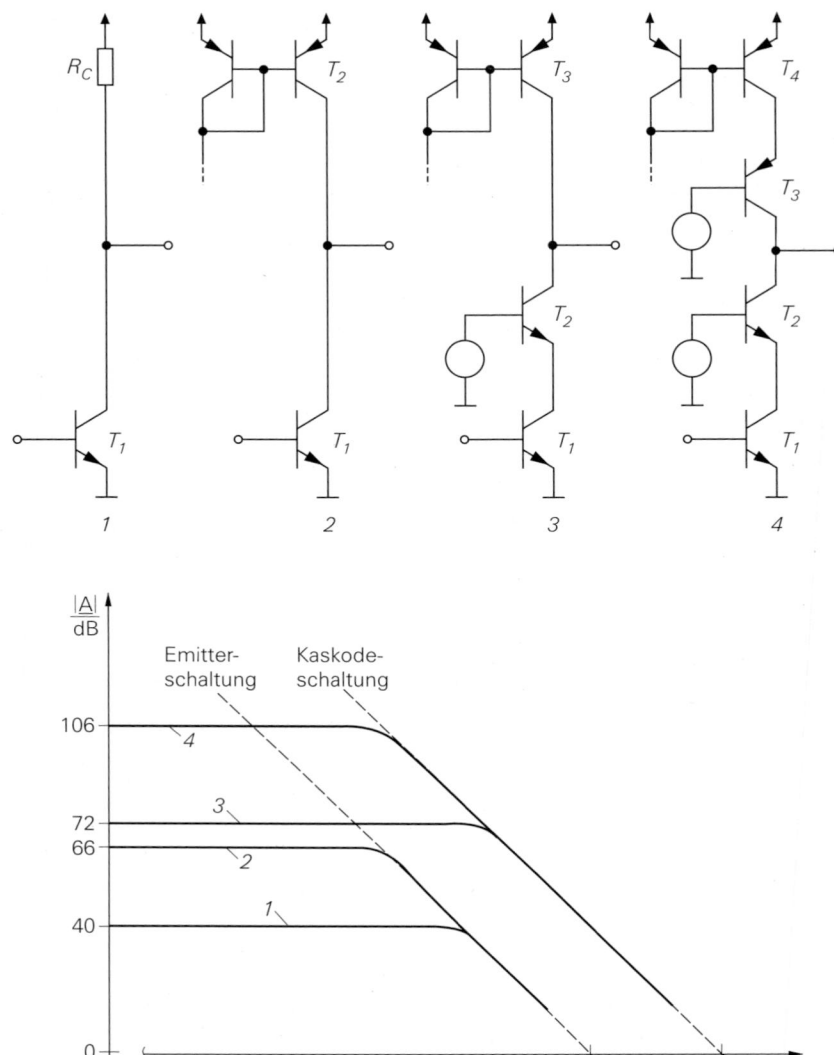

Abb. 4.49. Schaltungen und Frequenzgänge im Vergleich

auf Seite 284 folgt für die npn-Transistoren $r_{BE,npn} = \beta_{npn}/S \approx 26\,\mathrm{k\Omega}$ und $r_{CE,npn} = U_{A,npn}/I_{C,A} \approx 1\,\mathrm{M\Omega}$; für die pnp-Transistoren gilt $r_{CE,pnp} = U_{A,pnp}/I_{C,A} \approx 500\,\mathrm{k\Omega}$. Bei den Sperrschichtkapazitäten wird anstelle Gl. (2.37) auf Seite 72 die Näherung [18]

$$ C_S(U) \approx \begin{cases} C_{S0} & \text{im Sperrbereich} \\ 2C_{S0} & \text{im Durchlassbereich} \end{cases} $$

---

[18] $C_S(U)$ bezeichnet die Sperrschichtkapazität eines pn-Übergangs, während C_S, $C_{S,npn}$ und $C_{S,pnp}$ für die Substratkapazität im Arbeitspunkt stehen. Die Größen werden hier nur durch das Argument U unterschieden.

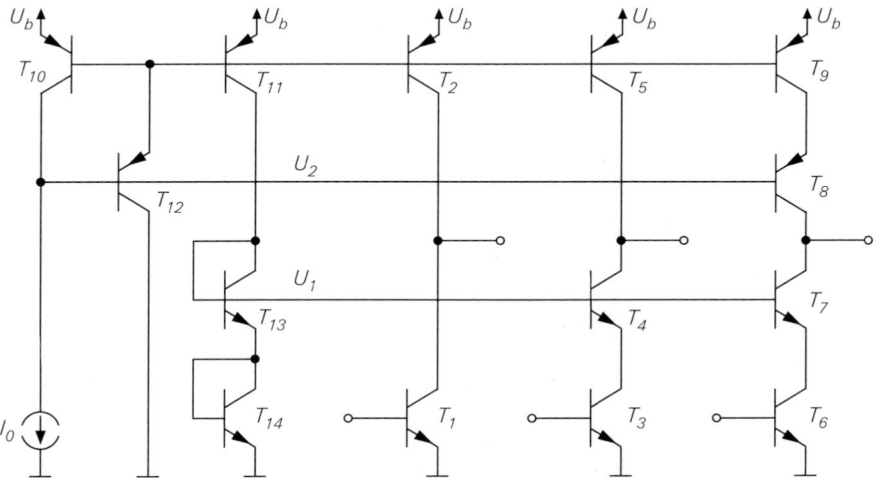

Abb. 4.50. Beispiel zur Emitter- und Kaskodeschaltung (alle Transistoren mit Größe 1)

verwendet; dadurch kann die zur Auswertung von Gl. (2.37) erforderliche Bestimmung der Spannungen an den Sperrschichtkapazitäten entfallen. Die Kollektor- und Substratdioden werden im Sperrbereich betrieben; damit folgt:

$$C_C \approx C_{S0,C} \quad , \quad C_S \approx C_{S0,S} \tag{4.49}$$

Mit den Parametern aus Abb. 4.5 erhält man $C_{C,npn} \approx 0{,}2\,\mathrm{pF}$, $C_{C,pnp} \approx 0{,}5\,\mathrm{pF}$, $C_{S,npn} \approx 1\,\mathrm{pF}$ und $C_{S,pnp} \approx 2\,\mathrm{pF}$. Die Emitterkapazität setzt sich aus der Emitter-Sperrschichtkapazität im Durchlassbereich und der Diffusionskapazität zusammen:

$$C_E = C_{S,E} + C_{D,N} \approx 2C_{S0,E} + \frac{\tau_{0,N} I_{C,A}}{U_T} \tag{4.50}$$

Für die npn-Transistoren erhält man $C_E \approx 0{,}6\,\mathrm{pF}$.

Die Schaltungen sollen mit einer Signalquelle mit $R_g = 10\,\mathrm{k\Omega}$ und ohne Last ($R_L \to \infty$, $C_L = 0$) betrieben werden. Dann erhält man für die Kaskodeschaltung mit Kaskode-Stromquelle

$$A_0 = -\frac{\beta_{npn}\left(\beta_{npn} r_{CE,npn} \,\|\, \beta_{pnp} r_{CE,pnp}\right)}{R_g + r_{BE,npn}} \approx -56.000$$

und für die Kaskodeschaltung mit einfacher Stromquelle:

$$A_0 = -\frac{\beta_{npn}\left(\beta_{npn} r_{CE,npn} \,\|\, r_{CE,pnp}\right)}{R_g + r_{BE,npn}} \approx -1400$$

Für beide Kaskodeschaltungen gilt (4.46):

$$T_{2,Kaskode} = \left(C_{C,npn} + C_{C,pnp} + C_{S,npn} + C_{S,pnp}\right)\left(\frac{R_g}{\beta_{npn}} + \frac{1}{S}\right) \approx 1{,}3\,\mathrm{ns}$$

Für die Emitterschaltung mit einfacher Stromquelle folgt aus (2.100) und (4.48):

$$A_0 = -\frac{r_{BE,npn}}{R_g + r_{BE,npn}} \, S \left(r_{CE,npn} \,\|\, r_{CE,pnp} \right)$$

$$= -\frac{\beta_{npn} \left(r_{CE,npn} \,\|\, r_{CE,pnp} \right)}{R_g + r_{BE,npn}} \approx -900$$

$$T_{2,Emitter} \approx T_{2,Kaskode} + R_g C_{C,npn} \approx 3,3\,\text{ns}$$

Daraus folgt mit (4.47) für die Kaskodeschaltungen $GBW \approx 122\,\text{MHz}$ und für die Emitterschaltung $GBW \approx 48\,\text{MHz}$. Mit einer Lastkapazität $C_L = 10\,\text{pF}$ erhält man $T_{2,Kaskode} \approx 4,9\,\text{ns}$ und $T_{2,Emitter} \approx 6,9\,\text{ns}$; daraus folgt für die Kaskodeschaltungen $GBW \approx 32\,\text{MHz}$ und für die Emitterschaltung $GBW \approx 23\,\text{MHz}$. Man erkennt, dass der Vorteil der Kaskodeschaltung mit zunehmender Lastkapazität kleiner und für

$$C_L \left(\frac{R_g}{\beta} + \frac{1}{S} \right) \gg C_C R_g$$

unbedeutend wird. Es bleibt dann nur noch die höhere Verstärkung als Vorteil.

Bei diskreten Schaltungen fällt der Vorteil der Kaskodeschaltung aufgrund der fehlenden Substratkapazitäten deutlicher aus. Mit $R_g = 10\,\text{k}\Omega$ und ohne Last ($R_L \to \infty$, $C_L = 0$) erhält man mit $C_{S,npn} = C_{S,pnp} = 0$ unter Beibehaltung der anderen Parameter $T_{2,Kaskode} \approx 0,25\,\text{ns}$ und $T_{2,Emitter} \approx 2,25\,\text{ns}$. Damit erreicht die diskrete Kaskodeschaltung mit $GBW \approx 637\,\text{MHz}$ einen Wert in der Größenordnung der Transitfrequenz der Transistoren, die diskrete Emitterschaltung jedoch nur $GBW \approx 71\,\text{MHz}$. Mit einer Lastkapazität nimmt der Vorteil der diskreten Kaskodeschaltung allerdings schnell ab.

4.1.3.2.3 n-Kanal-Kaskodeschaltung

Abbildung 4.51 zeigt das vollständige Kleinsignalersatzschaltbild einer n-Kanal-Kaskodeschaltung mit den Mosfets T_1 und T_2 und der Stromquelle. Für die Mosfets wird das Kleinsignalmodell nach Abb. 3.48 auf Seite 226 verwendet; dabei sind die gesteuerten Quellen mit den Substrat-Steilheiten S_{B1} und S_{B2} nicht eingezeichnet, weil:

– bei T_1 die Quelle $S_{B1} u_{BS1}$ wegen $u_{BS1} = 0$ unwirksam ist;
– man bei T_2 die gesteuerten Quellen $S_2 u_{GS2}$ und $S_{B2} u_{BS2}$ zu einer Quelle mit $S_2' = S_2 + S_{B2}$ zusammenfassen kann [19].

Die Stromquelle wird durch den Ausgangswiderstand r_{aS} und die Ausgangskapazität C_{aS} beschrieben. Durch Vergleich mit dem Kleinsignalersatzschaltbild der npn-Kaskodeschaltung in Abb. 4.46 erhält man neben den üblichen Entsprechungen ($R_B = R_G$, $r_{BE} \to \infty$, $C_E = C_{GS}$, usw.) folgende Korrespondenzen:

$$C_{S1} = C_{BD1} + C_{BS2} \quad , \quad C_{S2} = C_{BD2}$$

Damit kann man die Ergebnisse für die npn-Kaskodeschaltung auf die n-Kanal-Kaskodeschaltung übertragen; man erhält mit $R_g, R_L \gg 1/S$ aus (4.43) die -3dB-*Grenzfrequenz*

$$\omega_{-3dB} = 2\pi f_{-3dB} \approx \frac{1}{(C_{GS} + 2C_{GD}) R_g + (2C_{GD} + 2C_{BD} + C_L) (r_a \,\|\, R_L)} \quad (4.51)$$

und aus (4.44)–(4.46)

---

[19] Statisch gilt $u_{GS2} = u_{BS2}$, weil an R_{G2} keine Gleichspannung abfällt. Da R_{G2} im weiteren Verlauf der Rechnung vernachlässigt wird, gilt dieser Zusammenhang auch dynamisch.

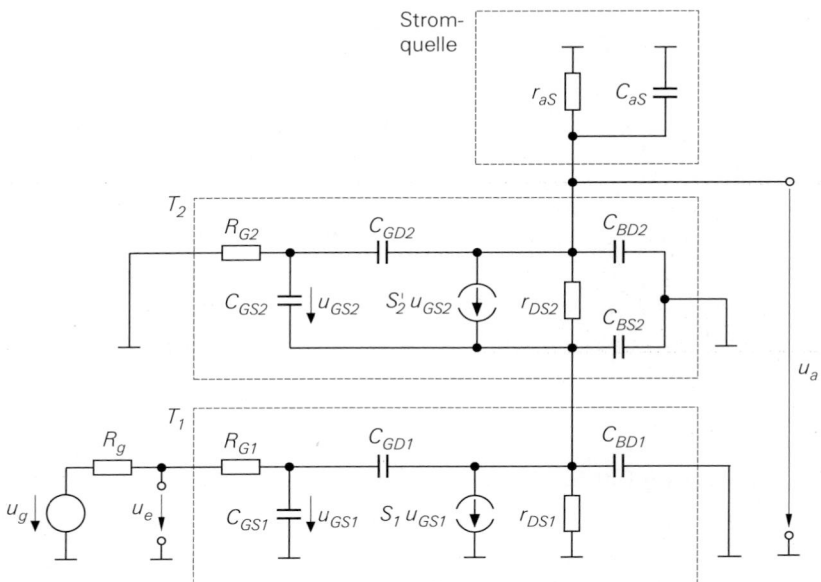

Abb. 4.51. Vollständiges Kleinsignalersatzschaltbild einer n-Kanal-Kaskodeschaltung

$$\omega_{-3dB}(A_0) = \frac{1}{T_1 + T_2|A_0|} \tag{4.52}$$

$$T_1 = (C_{GS} + 2C_{GD})\, R_g \tag{4.53}$$

$$T_2 = \frac{2C_{GD} + 2C_{BD} + C_L}{S_1} \tag{4.54}$$

mit der Niederfrequenzverstärkung:

$$A_0 = \underline{A}_B(0) = -S_1\,(r_a \,\|\, R_L) \tag{4.55}$$

Die Niederfrequenzverstärkung und die Zeitkonstante T_2 hängen bei der n-Kanal-Kaskodeschaltung wegen des unendlichen hohen Eingangswiderstands ($r_e = \infty$) nicht vom Innenwiderstand R_g der Signalquelle ab.

4.1.4 Differenzverstärker

4.1.4.1 Grundschaltung

Der Differenzverstärker (*differential amplifier*) ist ein symmetrischer Verstärker mit zwei Eingängen und zwei Ausgängen. Er besteht aus zwei Emitter- oder zwei Sourceschaltungen, deren Emitter- bzw. Source-Anschlüsse mit einer gemeinsamen Stromquelle verbunden sind; Abb. 4.52 zeigt die Grundschaltung. Der Differenzverstärker wird im allgemeinen mit einer positiven und einer negativen Versorgungsspannung betrieben, die oft – wie in Abb. 4.52 –, aber nicht notwendigerweise, symmetrisch sind. Wenn nur eine positive oder nur eine negative Versorgungsspannung zur Verfügung steht, kann man die Masse als zweite Versorgungsspannung verwenden; darauf wird später noch näher eingegangen. Bei integrierten Differenzverstärkern mit Mosfets sind die Bulk-Anschlüsse der n-Kanal-Mosfets mit der negativen, die der p-Kanal-Mosfets mit der positiven Versor-

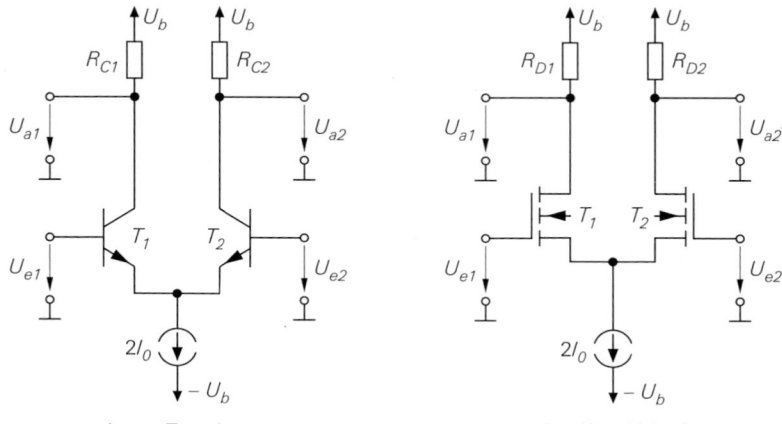

a mit npn-Transistoren   **b** mit n-Kanal-Mosfets

Abb. 4.52. Grundschaltung des Differenzverstärkers

gungsspannung verbunden; dagegen sind bei diskreten Mosfets alle Bulk-Anschlüsse mit der Source des jeweiligen Mosfets verbunden.

Durch die Stromquelle bleibt die Summe der Ströme konstant [20]:

$$2I_0 = \begin{cases} I_{C1} + I_{B1} + I_{C2} + I_{B2} \approx I_{C1} + I_{C2} & \text{mit } B = I_C/I_B \gg 1 \\ I_{D1} + I_{D2} \end{cases}$$

Für die weitere Untersuchung wird $R_{C1} = R_{C2} = R_C$ und $R_{D1} = R_{D2} = R_D$ angenommen. Ferner werden die Eingangsspannungen U_{e1} und U_{e2} durch die symmetrische *Gleichtaktspannung* U_{Gl} und die schiefsymmetrische *Differenzspannung* U_D ersetzt:

$$\boxed{U_{Gl} = \frac{U_{e1} + U_{e2}}{2} \quad, \quad U_D = U_{e1} - U_{e2}} \tag{4.56}$$

Daraus folgt:

$$U_{e1} = U_{Gl} + \frac{U_D}{2} \quad, \quad U_{e2} = U_{Gl} - \frac{U_D}{2} \tag{4.57}$$

Abb. 4.53 zeigt das Ersetzen von U_{e1} und U_{e2} durch die symmetrische Spannung U_{Gl} und die schiefsymmetrische Spannung U_D; letztere führt entsprechend (4.57) auf zwei Quellen mit der Spannung $U_D/2$.

4.1.4.2 Gleichtakt- und Differenzverstärkung

Bei gleichen Eingangsspannungen ($U_{e1} = U_{e2} = U_{Gl}$, $U_D = 0$) liegt symmetrischer Betrieb vor und der Strom der Stromquelle teilt sich zu gleichen Teilen auf die beiden Transistoren auf:

$$I_{C1} = I_{C2} \overset{B \gg 1}{\approx} I_0 \quad \text{bzw.} \quad I_{D1} = I_{D2} = I_0$$

---

[20] Hier gilt wieder die obere Zeile nach der geschweiften Klammer für den npn-, die untere für den n-Kanal-Differenzverstärker.

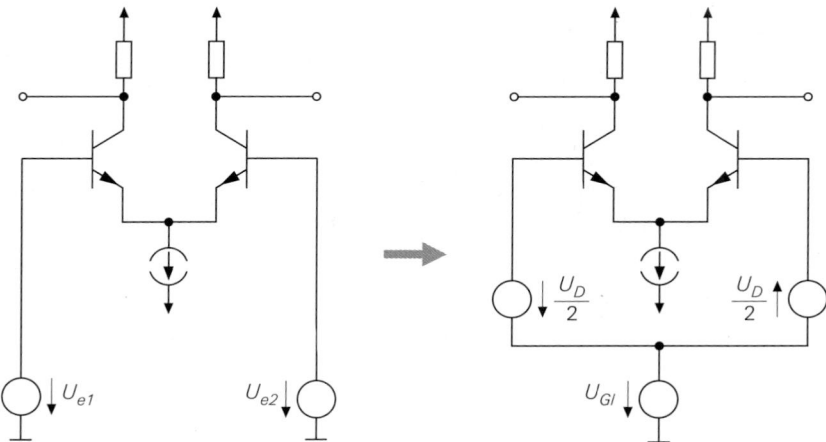

Abb. 4.53. Ersetzen der Eingangsspannungen U_{e1} und U_{e2} durch die Gleichtaktspannung U_{Gl} und die Differenzspannung U_D

Für die Ausgangsspannungen gilt in diesem Fall:

$$U_{a1} \; = \; U_{a2} \; \approx \; U_b - I_0 R_C \quad \text{bzw.} \quad U_{a1} \; = \; U_{a2} \; = \; U_b - I_0 R_D$$

Eine Änderung der Gleichtaktspannung U_{Gl} wird *Gleichtaktaussteuerung* genannt und ändert nichts an der Stromverteilung, solange die Transistoren und die Stromquelle nicht übersteuert werden; daraus folgt, dass die Ausgangsspannungen bei Gleichtaktaussteuerung konstant bleiben. Die *Gleichtaktverstärkung* (*common mode gain*)

$$A_{Gl} \; = \; \left. \frac{dU_{a1}}{dU_{Gl}} \right|_{U_D=0} \; = \; \left. \frac{dU_{a2}}{dU_{Gl}} \right|_{U_D=0} \tag{4.58}$$

ist im Idealfall gleich Null. In der Praxis hat sie einen kleinen negativen Wert: $A_{Gl} \approx -10^{-4} \ldots -1$. Ursache dafür ist der endliche Innenwiderstand realer Stromquellen; darauf wird bei der Berechnung des Kleinsignalverhaltens näher eingegangen.

Bei schiefsymmetrischer Aussteuerung mit einer Differenzspannung U_D ändert sich die Stromverteilung; dadurch ändern sich auch die Ausgangsspannungen. Diese Art der Aussteuerung wird *Differenzaussteuerung*, die entsprechende Verstärkung *Differenzverstärkung* (*differential gain*) genannt:

$$A_D \; = \; \left. \frac{dU_{a1}}{dU_D} \right|_{U_{Gl}=\text{const.}} \; = \; - \left. \frac{dU_{a2}}{dU_D} \right|_{U_{Gl}=\text{const.}} \tag{4.59}$$

Sie ist negativ und liegt zwischen $A_D \approx -10 \ldots -100$ beim Einsatz ohmscher Widerstände R_C und R_D wie in Abb. 4.52 und $A_D \approx -100 \ldots -1000$ beim Einsatz von Stromquellen anstelle der Widerstände.

Das Verhältnis von Differenz- und Gleichtaktverstärkung wird *Gleichtaktunterdrückung* (*common mode rejection ratio, CMRR*) genannt:

$$G = \frac{A_D}{A_{Gl}} \qquad\qquad (4.60)$$

Im Idealfall gilt $A_{Gl} \rightarrow -0$ und damit $G \rightarrow \infty$. Reale Differenzverstärker erreichen $G \approx 10^3 \ldots 10^5$, je nach Innenwiderstand der Stromquelle [21]. Der Wertebereich von G ist nicht so groß, wie man aufgrund der Extremwerte von A_{Gl} und A_D vermuten könnte; Ursache hierfür ist eine Kopplung zwischen A_{Gl} und A_D, durch die G nach oben und nach unten begrenzt wird.

4.1.4.3 Eigenschaften des Differenzverstärkers

Aus dem Verhalten folgt als zentrale Eigenschaft des Differenzverstärkers:

> *Der Differenzverstärker verstärkt die Differenzspannung zwischen den beiden Eingängen unabhängig von der Gleichtaktspannung, solange diese innerhalb eines zulässigen Bereichs liegt.*

Daraus folgt, dass die Ausgangsspannungen innerhalb des zulässigen Bereichs nicht von der Gleichtaktspannung U_{Gl}, sondern nur vom Strom der Stromquelle abhängen. Damit ist auch der Arbeitspunkt für den Kleinsignalbetrieb weitgehend unabhängig von U_{Gl}. Zwar ändern sich bei Variation von U_{Gl} einige Spannungen, die für den Arbeitspunkt maßgebenden Größen – die Ausgangsspannungen und die Ströme – bleiben jedoch praktisch konstant. Diese Eigenschaft unterscheidet den Differenzverstärker von allen anderen bisher behandelten Verstärkern und erleichtert die Arbeitspunkteinstellung und Kopplung in mehrstufigen Verstärkern; Schaltungen zur Anpassung der Gleichspannungspegel oder Koppelkondensatoren werden nicht benötigt.

Ein weiterer Vorteil des Differenzverstärkers ist die Unterdrückung temperaturbedingter Änderungen in den beiden Zweigen, da diese wie eine Gleichtaktaussteuerung wirken; nur eine eventuell vorhandene Temperaturabhängigkeit der Stromquelle wirkt sich auf die Ausgangsspannungen aus. In integrierten Schaltungen werden darüber hinaus auch Bauteile-Toleranzen wirkungsvoll unterdrückt, weil die nahe beieinander liegenden Transistoren und Widerstände eines Differenzverstärkers in erster Näherung gleichsinnige Toleranzen aufweisen.

4.1.4.4 Unsymmetrischer Betrieb

Man kann einen Differenzverstärker unsymmetrisch betreiben, indem man einen Eingang auf ein konstantes Potential legt, nur einen Ausgang verwendet oder beides kombiniert; Abb. 4.54 zeigt diese drei Möglichkeiten am Beispiel eines npn-Differenzverstärkers.

In Abb. 4.54a wird der Eingang 2 auf konstantes Potential – hier Masse – gelegt. Für diesen Fall erhält man:

$$A_1 = \left.\frac{dU_{a1}}{dU_{e1}}\right|_{U_{e2}=\text{const.}} = \left.\frac{dU_{a1}}{dU_D}\frac{dU_D}{dU_{e1}}\right|_{U_{e2}=\text{const.}} + \left.\frac{dU_{a1}}{dU_{Gl}}\frac{dU_{Gl}}{dU_{e1}}\right|_{U_{e2}=\text{const.}}$$

$$= A_D + A_{Gl} = A_D \left(1 + \frac{1}{G}\right) \overset{G \gg 1}{\approx} A_D$$

---

[21] Bei den hier betrachteten Differenzverstärkern ist G positiv, weil A_{Gl} und A_D negativ sind. Es gibt jedoch Fälle, in denen die Vorzeichen von A_{Gl} und A_D nicht gleich sind; dabei wird manchmal nur der Betrag von G angegeben, obwohl G eine vorzeichenbehaftete Größe ist.

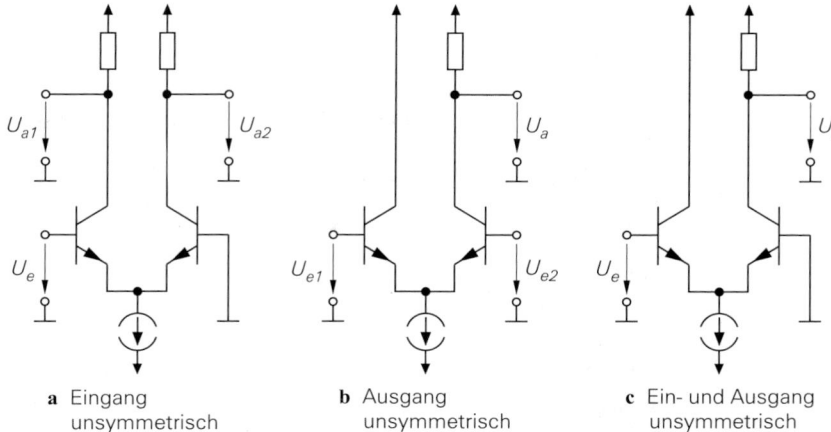

a Eingang
unsymmetrisch

b Ausgang
unsymmetrisch

c Ein- und Ausgang
unsymmetrisch

Abb. 4.54. Unsymmetrischer Betrieb eines npn-Differenzverstärkers

$$A_2 = \left.\frac{dU_{a2}}{dU_{e1}}\right|_{U_{e2}=\text{const.}} = \left.\frac{dU_{a2}}{dU_D}\frac{dU_D}{dU_{e1}}\right|_{U_{e2}=\text{const.}} + \left.\frac{dU_{a2}}{dU_{Gl}}\frac{dU_{Gl}}{dU_{e1}}\right|_{U_{e2}=\text{const.}}$$

$$= -A_D + A_{Gl} = -A_D\left(1 - \frac{1}{G}\right) \overset{G\gg 1}{\approx} -A_D$$

Bei ausreichend hoher Gleichtaktunterdrückung erhält man gegenphasige Ausgangssignale mit gleicher Amplitude; deshalb wird diese Schaltung zur Umsetzung eines auf Masse bezogenen Signals in ein Differenzsignal verwendet.

In Abb. 4.54b wird nur der Ausgang 2 verwendet; alternativ kann man auch den Ausgang 1 verwenden. Die Gleichtakt- und die Differenzverstärkung folgen aus (4.58) und (4.59), indem man, je nach verwendetem Ausgang, $U_a = U_{a2}$ oder $U_a = U_{a1}$ setzt. Wegen $A_D < 0$ ist die in Abb. 4.54b gezeigte Variante mit $U_a = U_{a2}$ nichtinvertierend, die mit $U_a = U_{a1}$ invertierend. Die Schaltung wird zur Umsetzung eines Differenzsignals in ein auf Masse bezogenes Signal verwendet.

In Abb. 4.54c wird nur der Eingang 1 und der Ausgang 2 verwendet; es gilt mit Bezug auf die bereits berechnete Verstärkung A_2:

$$A = \frac{dU_a}{dU_e} = \left.\frac{dU_{a2}}{dU_{e1}}\right|_{U_{e2}=\text{const.}} = A_2 = -A_D + A_{Gl} \overset{G\gg 1}{\approx} -A_D$$

Diese Schaltung kann auch als Reihenschaltung einer Kollektor- und einer Basisschaltung aufgefasst werden. Sie besitzt eine hohe Grenzfrequenz, weil hier keine Emitterschaltung und damit kein Miller-Effekt auftritt.

4.1.4.5 Übertragungskennlinien des npn-Differenzverstärkers

Abbildung 4.55 zeigt die Schaltung mit den zur Berechnung der Kennlinien benötigten Spannungen und Strömen für den Fall $U_{Gl} = 0$. Für die Transistoren gilt bei gleicher Größe, d.h. gleichem Sättigungssperrstrom I_S, und Vernachlässigung des Early-Effekts:

$$I_{C1} = I_S\, e^{\frac{U_{BE1}}{U_T}} \quad,\quad I_{C2} = I_S\, e^{\frac{U_{BE2}}{U_T}}$$

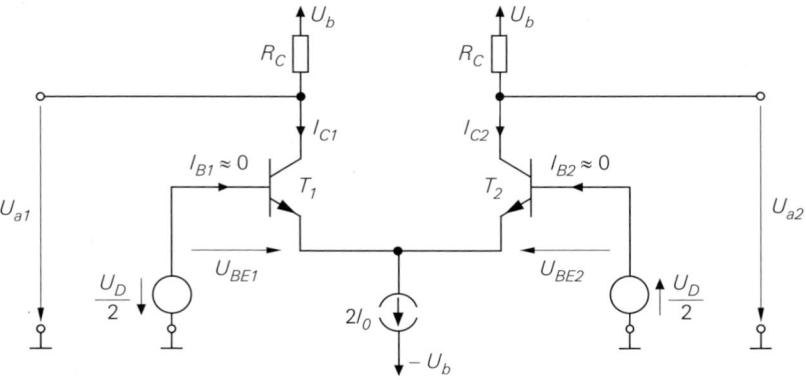

Abb. 4.55. Spannungen und Ströme beim npn-Differenzverstärker

Aus der Schaltung folgt unter Vernachlässigung der Basisströme:

$$I_{C1} + I_{C2} = 2I_0 \quad , \quad U_D = U_{BE1} - U_{BE2}$$

Für das Verhältnis der Kollektorströme gilt:

$$\frac{I_{C1}}{I_{C2}} = e^{\frac{U_{BE1}}{U_T}} e^{-\frac{U_{BE2}}{U_T}} = e^{\frac{U_{BE1}-U_{BE2}}{U_T}} = e^{\frac{U_D}{U_T}}$$

Durch Einsetzen in $I_{C1} + I_{C2} = 2I_0$ und Auflösen nach I_{C1} und I_{C2} folgt:

$$I_{C1} = \frac{2I_0}{1 + e^{-\frac{U_D}{U_T}}} \quad , \quad I_{C2} = \frac{2I_0}{1 + e^{\frac{U_D}{U_T}}}$$

Mit

$$\frac{2}{1 + e^{-x}} = \frac{1 + e^{-x} + 1 - e^{-x}}{1 + e^{-x}} = 1 + \frac{1 - e^{-x}}{1 + e^{-x}} = 1 + \tanh \frac{x}{2}$$

erhält man

$$I_{C1} = I_0 \left(1 + \tanh \frac{U_D}{2U_T} \right) \quad , \quad I_{C2} = I_0 \left(1 - \tanh \frac{U_D}{2U_T} \right) \tag{4.61}$$

und daraus mit

$$U_{a1} = U_b - I_{C1}R_C \quad , \quad U_{a2} = U_b - I_{C2}R_C$$

die Übertragungskennlinien des npn-Differenzverstärkers:

$$\boxed{\begin{aligned} U_{a1} &= U_b - I_0 R_C \left(1 + \tanh \frac{U_D}{2U_T} \right) \\ U_{a2} &= U_b - I_0 R_C \left(1 - \tanh \frac{U_D}{2U_T} \right) \end{aligned}} \tag{4.62}$$

Abb. 4.56 zeigt den Verlauf der Kennlinien für $U_b = 5\,\mathrm{V}$, $R_C = 20\,\mathrm{k\Omega}$ und $I_0 = 100\,\mu\mathrm{A}$ als Funktion der Differenzspannung U_D für den Fall $U_{Gl} = 0$. Für die Steigung der Kennlinie bei $U_D = 0$ erhält man:

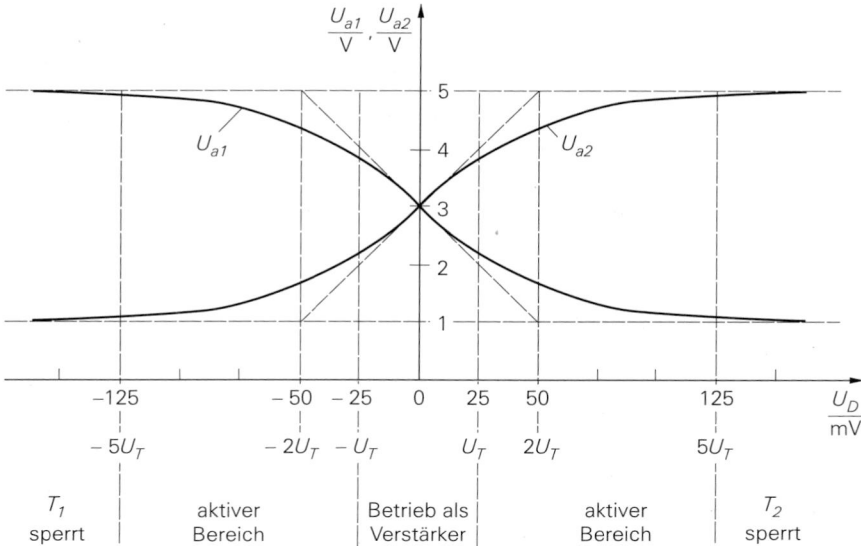

Abb. 4.56. Verlauf der Übertragungskennlinien des npn-Differenzverstärkers aus Abb. 4.55 mit $U_b = 5\,\mathrm{V}$, $R_C = 20\,\mathrm{k\Omega}$ und $I_0 = 100\,\mu\mathrm{A}$

$$\left.\frac{dU_{a1}}{dU_D}\right|_{U_D=0} = -\left.\frac{dU_{a2}}{dU_D}\right|_{U_D=0} = -\frac{I_0 R_C}{2U_T} \approx -\frac{2\,\mathrm{V}}{52\,\mathrm{mV}} \approx -38$$

Sie entspricht der Differenzverstärkung im Arbeitspunkt ($U_D = 0, U_{Gl} = 0$).

Der aktive Teil der Kennlinie liegt im Bereich $|U_D| < 5U_T \approx 125\,\mathrm{mV}$. Für $|U_D| > 5U_T$ wird der Differenzverstärker übersteuert; in diesem Fall fließt der Strom der Stromquelle praktisch vollständig (über 99%) durch einen der beiden Transistoren, während der andere sperrt. Für $U_D < -5U_T$ sperrt T_1 und der Ausgang 1 erreicht die maximale Ausgangsspannung $U_{a,max} = U_b$; der Ausgang 2 hat dann die minimale Ausgangsspannung $U_{a,min} = U_b - 2I_0R_C$. Für $U_D > 5U_T$ sperrt T_2.

4.1.4.5.1 Arbeitspunkt bei Kleinsignalbetrieb

Ein Betrieb als Verstärker ist nur im Bereich $|U_D| < U_T \approx 25\,\mathrm{mV}$ sinnvoll; außerhalb dieses Bereichs verlaufen die Kennlinien zunehmend flacher; die Verstärkung nimmt ab, die Verzerrungen zu. Als Arbeitspunkt wird der Punkt $U_D = 0$ gewählt; in diesem Fall gilt:

$$U_D = 0 \Rightarrow U_{a1} = U_{a2} = U_b - I_0R_C \Rightarrow U_{a1} - U_{a2} = 0$$

Daraus folgt, dass der Differenzverstärker mit Bezug auf die Ausgangs-Differenzspannung $U_{a1} - U_{a2}$ als *echter* Gleichspannungsverstärker, d.h. ohne Offset, arbeitet. Man beachte ferner, dass man bei der Wahl eines Arbeitspunkts keine Vorgabe für die Gleichtaktspannung U_{Gl} erhält; sie kann vielmehr innerhalb eines zulässigen Bereichs beliebig gewählt werden.

4.1.4.5.2 Gleichtaktaussteuerbereich

Bei der Berechnung wurde durch die Verwendung der Transistor-Gleichungen für den Normalbetrieb stillschweigend angenommen, dass keiner der Transistoren in die Sättigung

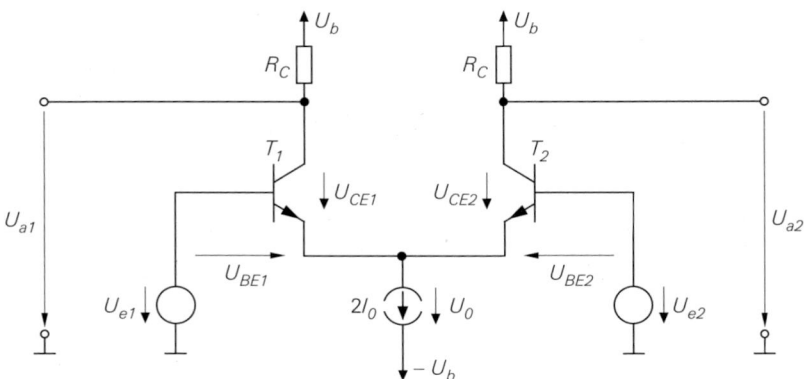

Abb. 4.57. Zur Berechnung des zulässigen Eingangsspannungsbereichs eines npn-Differenzverstärkers

gerät. Ferner wurde eine ideale Stromquelle ohne Sättigung angenommen. In diesem Fall hängen die Kennlinien praktisch nicht von der Gleichtaktspannung U_{Gl} ab; eine durch den Innenwiderstand der Stromquelle verursachte geringe Gleichtaktverstärkung bewirkt nur Änderungen im Millivolt-Bereich. Der zulässige Eingangsspannungsbereich wird nun mit Hilfe von Abb. 4.57 ermittelt; dabei sind zwei Bedingungen zu erfüllen:

– Die Kollektor-Emitter-Spannungen U_{CE1} und U_{CE2} müssen größer sein als die Sättigungsspannung $U_{CE,sat}$. Aus Abb. 4.57 folgt:

$$U_{CE1} = U_{a1} + U_{BE1} - U_{e1} \quad , \quad U_{CE2} = U_{a2} + U_{BE2} - U_{e2}$$

Mit $U_{CE} > U_{CE,sat} \approx 0{,}2\,\text{V}$, $U_{BE} \approx 0{,}7\,\text{V}$ und der minimalen Ausgangsspannung $U_{a,min} = U_b - 2I_0 R_C$ erhält man:

$$\max\{U_{e1}, U_{e2}\} < U_b - 2I_0 R_C - U_{CE,sat} + U_{BE} \approx U_b - 2I_0 R_C + 0{,}5\,\text{V}$$

– Die Aussteuerungsgrenze $U_{0,min}$ der Stromquelle darf nicht unterschritten werden, d.h. es muss $U_0 > U_{0,min}$ gelten. Aus Abb. 4.57 folgt:

$$U_0 = U_{e1} - U_{BE1} - (-U_b) = U_{e2} - U_{BE2} - (-U_b)$$

Da bei normalem Betrieb mindestens einer der Transistoren leitet und dabei mit $U_{BE} \approx 0{,}7\,\text{V}$ betrieben wird, erhält man:

$$\min\{U_{e1}, U_{e2}\} > U_{0,min} + (-U_b) + U_{BE} \approx U_{0,min} + (-U_b) + 0{,}7\,\text{V}$$

Wenn man einen einfachen npn-Stromspiegel als Stromquelle einsetzt, gilt $U_{0,min} = U_{CE,sat} \approx 0{,}2\,\text{V}$ und $\min\{U_{e1}, U_{e2}\} > (-U_b) + 0{,}9\,\text{V}$.

Der zulässige Eingangsspannungsbereich wird üblicherweise bei reiner Gleichtaktaussteuerung, d.h. $U_{e1} = U_{e2} = U_{Gl}$ und $U_D = 0$ angegeben. Dann entfallen die Minimum- und Maximum-Operatoren [22] und man erhält den *Gleichtaktaussteuerbereich*:

---

[22] Man begeht dadurch einen Fehler, weil zum Erreichen der minimalen Ausgangsspannung auch eine Differenzspannung von mindestens $5U_T$ erforderlich ist; deshalb müsste man eigentlich $\max\{U_{e1}, U_{e2}\} = U_{Gl} + U_{D,max}/2$ und $\min\{U_{e1}, U_{e2}\} = U_{Gl} - U_{D,max}/2$ einsetzen. Da die maximale Differenzspannung $U_{D,max}$ anwendungsspezifisch, bei Verstärkern jedoch sehr klein ($U_{D,max} < U_T$) ist, wird sie hier vernachlässigt.

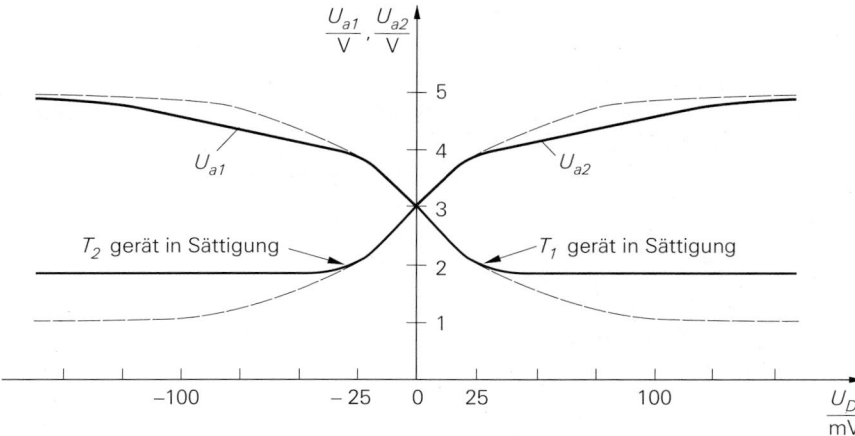

Abb. 4.58. Verlauf der Übertragungskennlinien des npn-Differenzverstärkers aus Abb. 4.55 mit $U_b = 5\,\text{V}$, $R_C = 20\,\text{k}\Omega$ und $I_0 = 100\,\mu\text{A}$ für den Fall, dass die Transistoren in die Sättigung geraten ($U_{Gl} = 2,5\,\text{V}$)

$$U_{0,min} + (-U_b) + U_{BE} \; < \; U_{Gl} \; < \; U_b - 2 I_0 R_C - U_{CE,sat} + U_{BE} \tag{4.63}$$

Für die Schaltung in Abb. 4.55 erhält man mit $U_b = 5\,\text{V}$, $(-U_b) = -U_b = -5\,\text{V}$, $R_C = 20\,\text{k}\Omega$, $I_0 = 100\,\mu\text{A}$ und bei Einsatz eines einfachen npn-Stromspiegels mit $U_{0,min} = U_{CE,sat}$ einen Gleichtaktaussteuerbereich von $-4,1\,\text{V} < U_{Gl} < 1,5\,\text{V}$. Wird dieser Bereich überschritten, erhält man andere Kennlinien; Abb. 4.58 zeigt dies für den Fall $U_{Gl} = 2,5\,\text{V}$. Da sich durch die Sättigung eines Transistors die Stromverteilung ändert, wirkt sich die Sättigung auch auf die Kennlinie des anderen Zweigs aus.

Im Bereich $|U_D| < 25\,\text{mV}$ ist die Kennlinie unverändert; damit ist ein Betrieb als Verstärker noch möglich, obwohl der Gleichtaktaussteuerbereich überschritten wurde. Dieser scheinbare Widerspruch kommt dadurch zustande, dass als Gleichtaktaussteuerbereich der Bereich definiert wurde, in dem eine volle Aussteuerung ohne Sättigung möglich ist. Beschränkt man sich auf einen Teil der Kennlinie, ist der Gleichtaktaussteuerbereich größer. Im Grenzfall infinitesimal kleiner Differenzspannung reicht es aus, wenn für $U_D = 0$ keine Sättigung auftritt. Die minimale Ausgangsspannung ist in diesem Fall $U_{a,min} \approx U_b - I_0 R_C$ anstelle von $U_{a,min} = U_b - 2 I_0 R_C$; dadurch erhält man den *Gleichtaktaussteuerbereich bei Kleinsignalbetrieb*:

$$U_{0,min} + (-U_b) + U_{BE} \; < \; U_{Gl} \; < \; U_b - I_0 R_C - U_{CE,sat} + U_{BE} \tag{4.64}$$

Für die Schaltung in Abb. 4.55 erhält man mit den bereits genannten Werten $-4,1\,\text{V} < U_{Gl} < 3,5\,\text{V}$. Damit liegt der in Abb. 4.58 gezeigte Fall mit $U_{Gl} = 2,5\,\text{V}$ noch innerhalb des Kleinsignal-Gleichtaktaussteuerbereichs.

4.1.4.5.3 npn-Differenzverstärker mit Stromgegenkopplung

Zur Verbesserung der Linearität kann man den Differenzverstärker mit einer Stromgegenkopplung versehen; Abb. 4.59 zeigt zwei Möglichkeiten, die bezüglich der Übertragungskennlinien äquivalent sind. In Abb. 4.59a werden zwei Widerstände R_E und eine Stromquelle verwendet. Ohne Differenzaussteuerung fällt an beiden Widerständen die Spannung $I_0 R_E$ ab; dadurch wird die untere Grenze des Gleichtaktaussteuerbereichs um diesen Wert

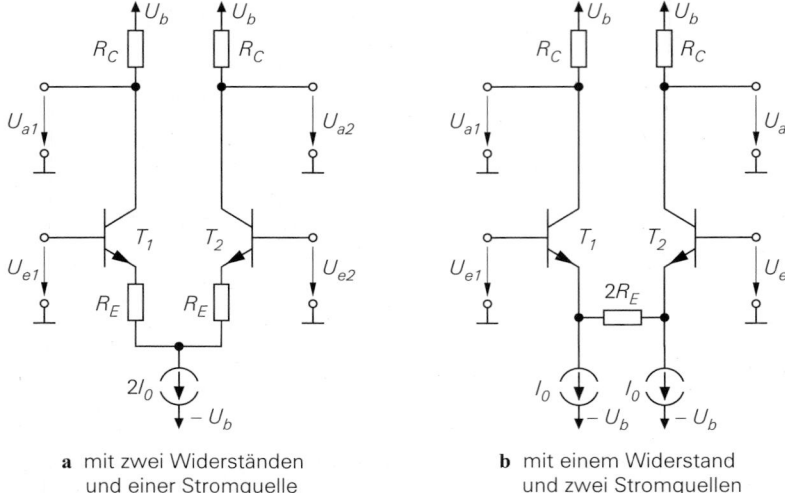

a mit zwei Widerständen
und einer Stromquelle

b mit einem Widerstand
und zwei Stromquellen

Abb. 4.59. npn-Differenzverstärker mit Stromgegenkopplung

angehoben. In Abb. 4.59b wird nur ein Widerstand benötigt, der ohne Differenzaussteuerung stromlos ist. Der Gleichtaktaussteuerbereich wird nicht reduziert, allerdings werden zwei Stromquellen benötigt.

Abb. 4.60 zeigt die Kennlinien für $U_b = 5\,\text{V}$, $R_C = 20\,\text{k}\Omega$, $I_0 = 100\,\mu\text{A}$ und verschiedene Werte von R_E; letztere sind auf die Steilheit der Transistoren im Arbeitspunkt $U_D = 0$ bezogen:

$$S = \frac{I_0}{U_T} \approx \frac{1}{260\,\Omega} \;,\; SR_E = 0\,/\,2\,/\,5 \;\Rightarrow\; R_E = 0\,/\,520\,/\,1300\,\Omega$$

Mit zunehmender Gegenkopplung werden die Kennlinien flacher und verlaufen in einem größeren Bereich näherungsweise linear. Daraus folgt, dass die Differenzverstärkung kleiner wird, dafür aber in einem größeren Bereich näherungsweise konstant bleibt. Die Verzerrungen, ausgedrückt durch den Klirrfaktor, nehmen mit zunehmender Gegenkopplung ab.

Eine geschlossene Berechnung der Kennlinien ist nicht möglich. Für den Fall starker Gegenkopplung kann man eine Näherung angeben, indem man die Basis-Emitter-Spannungen als näherungsweise konstant annimmt; für beide Schaltungen in Abb. 4.59 gilt bei Vernachlässigung der Basisströme:

$$U_D = U_{e1} - U_{e2} \quad = \quad U_{BE1} + I_{C1}R_E - U_{BE2} - I_{C2}R_E$$

$$\overset{U_{BE1}\approx U_{BE2}}{\approx} \quad (I_{C1} - I_{C2})\,R_E$$

Durch Einsetzen von $I_{C1} + I_{C2} = 2I_0$ und Auflösen nach I_{C1} und I_{C2} unter Beachtung von $0 \leq I_{C1}, I_{C2} \leq 2I_0$ folgt

$$I_{C1} \approx I_0 + \frac{U_D}{2R_E} \;,\; I_{C2} \approx I_0 - \frac{U_D}{2R_E} \qquad \text{für } |U_D| < 2I_0 R_E$$

und daraus:

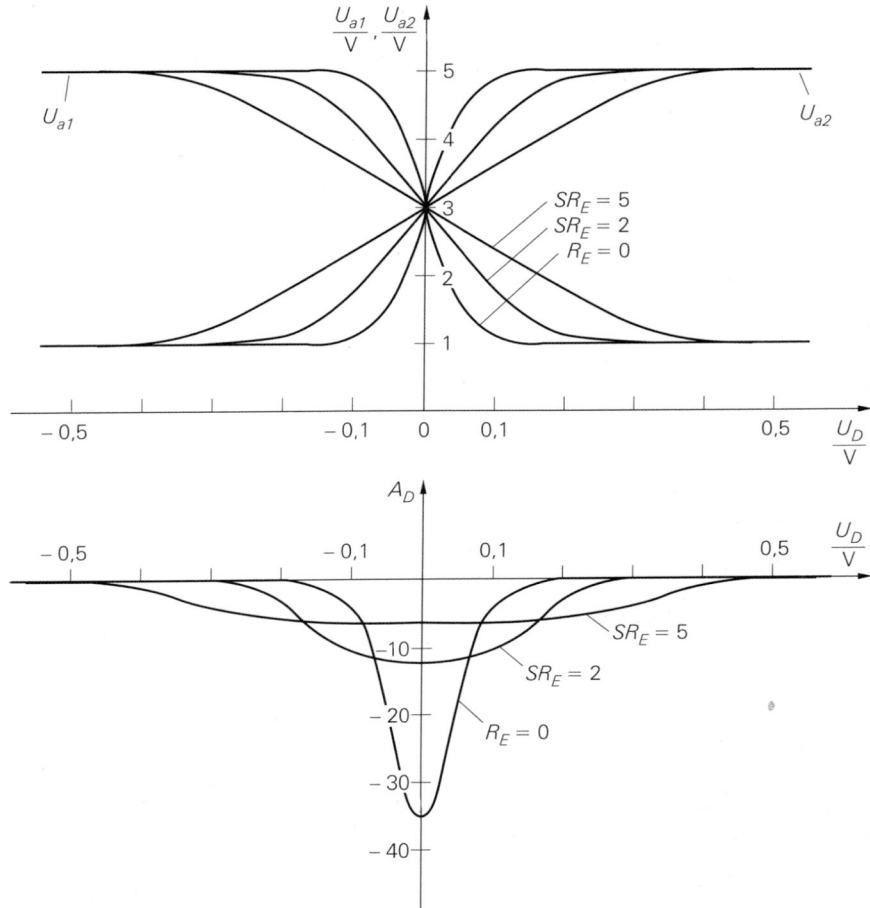

Abb. 4.60. Kennlinien und Differenzverstärkung eines npn-Differenzverstärkers mit Stromgegenkopplung ($U_b = 5\,\mathrm{V}$, $R_C = 20\,\mathrm{k\Omega}$, $I_0 = 100\,\mu\mathrm{A}$)

$$\left.\begin{aligned}
U_{a1} &= U_b - I_{C1}R_C \approx U_b - I_0 R_C - \frac{R_C}{2R_E}\,U_D\\[2mm]
U_{a2} &= U_b - I_{C2}R_C \approx U_b - I_0 R_C + \frac{R_C}{2R_E}\,U_D
\end{aligned}\right\} \quad \text{für } |U_D| < 2I_0 R_E \qquad (4.65)$$

Die Kennlinien sind innerhalb des aktiven Bereichs praktisch linear.

4.1.4.6 Übertragungskennlinien des n-Kanal-Differenzverstärkers

Abbildung 4.61 zeigt die Schaltung mit den zur Berechnung der Kennlinien benötigten
Spannungen und Strömen für den Fall $U_{Gl} = 0$. Für die Mosfets gilt bei gleicher Größe,
d.h. gleichem Steilheitskoeffizienten K, und Vernachlässigung des Early-Effekts:

$$I_{D1} = \frac{K}{2}\,(U_{GS1} - U_{th})^2 \quad,\quad I_{D2} = \frac{K}{2}\,(U_{GS2} - U_{th})^2$$

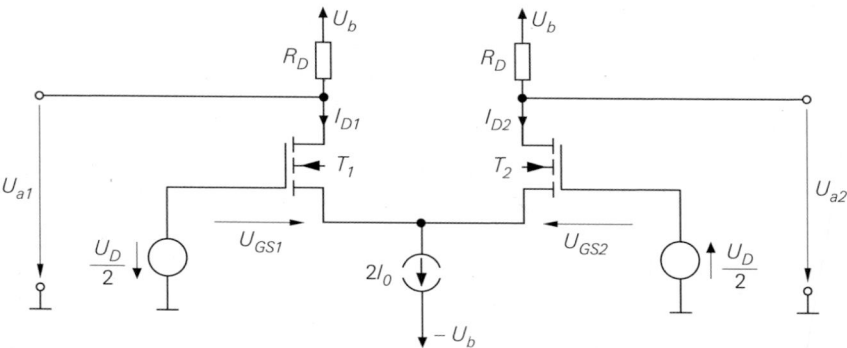

Abb. 4.61. Spannungen und Ströme beim n-Kanal-Differenzverstärker

Die Schwellenspannungen der beiden Mosfets sind gleich, weil sie aufgrund der miteinander verbundenen Source-Anschlüsse mit gleicher Bulk-Source-Spannung betrieben werden. Aus der Schaltung folgt:

$$I_{D1} + I_{D2} = 2I_0 \quad , \quad U_D = U_{GS1} - U_{GS2}$$

Die weitere Rechnung ist aufwendiger als beim npn-Differenzverstärker. Man bildet zunächst

$$U_D = U_{GS1} - U_{GS2} = \sqrt{\frac{2I_{D1}}{K}} - \sqrt{\frac{2I_{D2}}{K}}$$

und isoliert den Term mit I_{D2} auf einer Seite der Gleichung. Anschließend quadriert man auf beiden Seiten, setzt $I_{D2} = 2I_0 - I_{D1}$ ein und löst nach Substitution von $x = \sqrt{I_{D1}}$ mit Hilfe der Lösungsformel für quadratische Gleichungen nach x auf; durch Quadrieren erhält man I_{D1} und $I_{D2} = 2I_0 - I_{D1}$:

$$\left.\begin{aligned}
I_{D1} &= I_0 + \frac{U_D}{2}\sqrt{2KI_0 - \left(\frac{KU_D}{2}\right)^2} \\
I_{D2} &= I_0 - \frac{U_D}{2}\sqrt{2KI_0 - \left(\frac{KU_D}{2}\right)^2}
\end{aligned}\right\} \quad \text{für } |U_D| < 2\sqrt{\frac{I_0}{K}} \tag{4.66}$$

Außerhalb des Gültigkeitsbereichs von (4.66) fließt der Strom der Stromquelle vollständig durch einen der beiden Mosfets, während der andere sperrt. Mit $U_{a1} = U_b - I_{D1}R_D$ und $U_{a2} = U_b - I_{D2}R_D$ erhält man die Übertragungskennlinien des n-Kanal-Differenzverstärkers:

$$\left.\begin{aligned}
U_{a1} &= U_b - I_0 R_D - \frac{U_D R_D}{2}\sqrt{2K\,I_0 - \left(\frac{KU_D}{2}\right)^2} \\
U_{a2} &= U_b - I_0 R_D + \frac{U_D R_D}{2}\sqrt{2K\,I_0 - \left(\frac{KU_D}{2}\right)^2}
\end{aligned}\right\} \quad \text{für } |U_D| < 2\sqrt{\frac{I_0}{K}} \tag{4.67}$$

Außerhalb des Gültigkeitsbereichs von (4.67) hat ein Ausgang die maximale Ausgangsspannung $U_{a,max} = U_b$ und der andere die minimale Ausgangsspannung $U_{a,min} = U_b - 2I_0 R_D$.

4.1.4.6.1 Abhängigkeit von der Größe der Mosfets

Wenn man (4.67) mit der entsprechenden Gleichung (4.62) für den npn-Differenzverstärker vergleicht, fällt auf, dass die Kennlinien beim n-Kanal-Differenzverstärker *auch* von der Größe der Mosfets, ausgedrückt durch den Steilheitskoeffizienten K, abhängen; dagegen geht die Größe der Bipolartransistoren, ausgedrückt durch den Sättigungssperrstrom I_S, nicht in die Kennlinie des npn-Differenzverstärkers ein. Demnach kann man die Kennlinie des n-Kanal-Differenzverstärkers bei gleichbleibender äußerer Beschaltung durch Skalieren der Mosfets gezielt einstellen; beim npn-Differenzverstärker ist dies nur mit einer Stromgegenkopplung möglich. Die charakteristische Größe zur Einstellung der Kennlinie ist nach (4.67) die Spannung:

$$U_{DM} = 2\sqrt{\frac{I_0}{K}} \tag{4.68}$$

Sie gibt über die Bedingung $|U_D| < U_{DM}$ den aktiven Bereich der Kennlinie an. Da im Arbeitspunkt $U_D = 0$ die Stromaufteilung $I_{D1} = I_{D2} = I_0$ vorliegt und gleichzeitig $U_{GS1} = U_{GS2} = U_{GS,A}$ gilt, erhält man durch Einsetzen in die Kennlinie der Mosfets die alternative Darstellung:

$$U_{DM} = \sqrt{2}\left(U_{GS,A} - U_{th}\right)$$

Abb. 4.62 zeigt die Kennlinien für $U_b = 5\,\text{V}$, $R_D = 20\,\text{k}\Omega$, $I_0 = 100\,\mu\text{A}$ und $K = 0,4 / 1,6 / 6,4\,\text{mA/V}^2$ bzw. $U_{DM} = 1 / 0,5 / 0,25\,\text{V}$. Man erkennt durch Vergleich mit Abb. 4.60, dass man beim n-Kanal-Differenzverstärker durch Variation der Größe der Mosfets eine ähnliche Wirkung erzielt wie beim npn-Differenzverstärker mit einer Stromgegenkopplung; dabei werden die Kennlinien beim n-Kanal-Differenzverstärker mit abnehmender Größe der Mosfets und beim npn-Differenzverstärker mit zunehmender Gegenkopplung (R_E größer) flacher. Daraus folgt, dass man beim n-Kanal-Differenzverstärker mit kleineren Mosfets eine bessere Linearität, mit größeren dagegen eine höhere Differenzverstärkung erzielt.

4.1.4.6.2 Gleichtaktaussteuerbereich

Aus (4.63) und (4.64) erhält man durch Einsetzen von $U_{GS} = U_{th} + \sqrt{2I_D/K}$ anstelle von U_{BE} und $U_{DS,ab} = U_{GS} - U_{th}$ anstelle von $U_{CE,sat}$ den *Gleichtaktaussteuerbereich*

$$U_{0,min} + (-U_b) + U_{th} + \sqrt{\frac{4I_0}{K}} < U_{Gl} < U_b - 2I_0 R_D + U_{th} \tag{4.69}$$

und den *Gleichtaktaussteuerbereich bei Kleinsignalbetrieb*:

$$U_{0,min} + (-U_b) + U_{th} + \sqrt{\frac{2I_0}{K}} < U_{Gl} < U_b - I_0 R_D + U_{th} \tag{4.70}$$

Dabei ist $U_{0,min}$ die Aussteuerungsgrenze der Stromquelle. Eine direkte Bestimmung der Grenzen ist nicht möglich, weil die Schwellenspannung U_{th} aufgrund des Substrat-Effekts von der Bulk-Source-Spannung U_{BS} und diese wiederum von U_{Gl} abhängt. Zur Abschätzung kann man den Substrat-Effekt vernachlässigen und $U_{th} = U_{th,0}$ einsetzen.

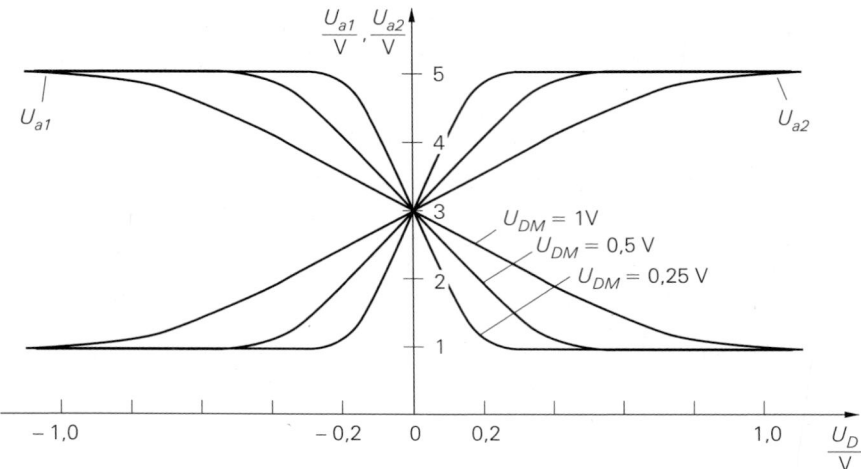

Abb. 4.62. Verlauf der Übertragungskennlinien des n-Kanal-Differenzverstärkers aus Abb. 4.61 mit $U_b = 5\,\text{V}$, $R_D = 20\,\text{k}\Omega$ und $I_0 = 100\,\mu\text{A}$

4.1.4.6.3 n-Kanal-Differenzverstärker mit Stromgegenkopplung

Auch beim n-Kanal-Differenzverstärker kann man eine Stromgegenkopplung zur Verbesserung der Linearität einsetzen. Dabei stellt sich die Frage, ob man damit bei gleicher Verstärkung ein besseres Ergebnis erhält als mit der im letzten Abschnitt beschriebenen Verkleinerung der Mosfets. Dazu werden die in Abb. 4.63 gezeigten Schaltungen verglichen, die im Bereich des Arbeitspunkts $U_D = 0$ identische Kennlinien und damit dieselbe Differenzverstärkung besitzen; Abb. 4.64 zeigt die zugehörigen Kennlinien. Man erkennt,

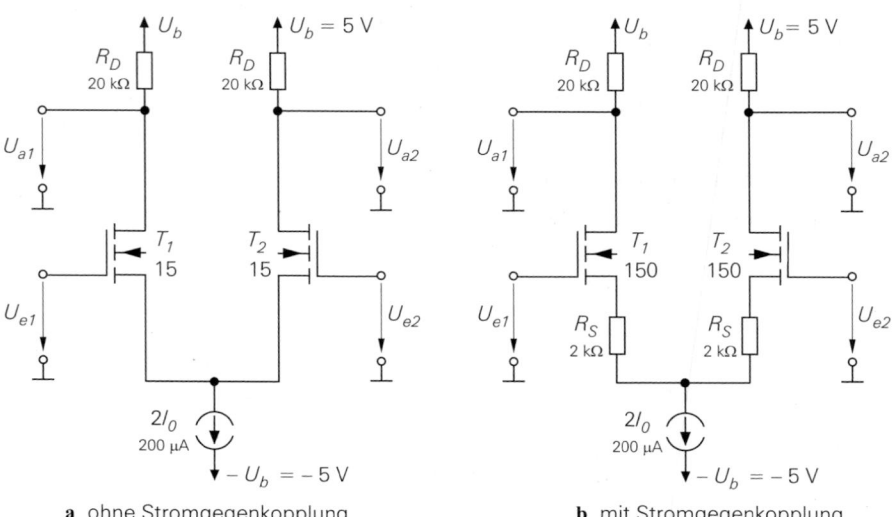

a ohne Stromgegenkopplung mit kleinen Mosfets

b mit Stromgegenkopplung und großen Mosfets

Abb. 4.63. Vergleich von n-Kanal-Differenzverstärkern mit und ohne Stromgegenkopplung bei gleicher Differenzverstärkung

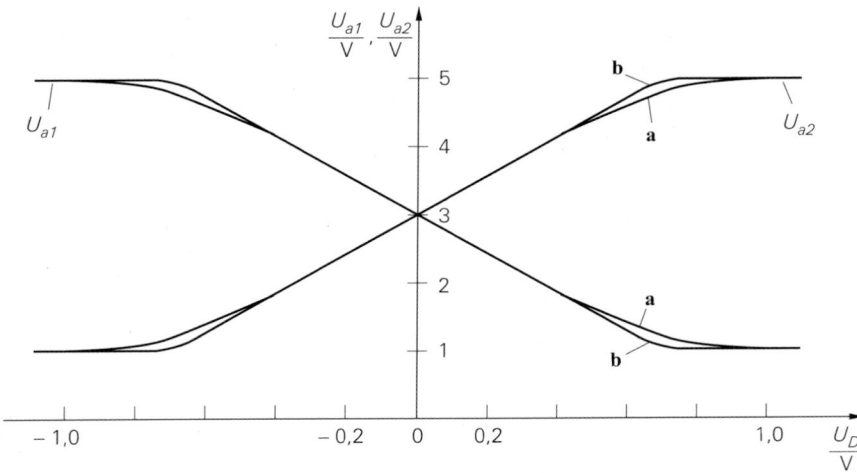

a ohne Stromgegenkopplung und mit kleinen Mosfets
b mit Stromgegenkopplung und großen Mosfets

Abb. 4.64. Kennlinien der Differenzverstärker aus Abb. 4.63

dass die Schaltung mit Stromgegenkopplung und größeren Mosfets eine bessere Linearität besitzt; allerdings ist der Platzbedarf wegen der zehnfach größeren Mosfets und der benötigten Gegenkopplungswiderstände erheblich größer und die Bandbreite wegen der größeren Kapazitäten der Mosfets erheblich geringer als bei der Schaltung ohne Gegenkopplung.

4.1.4.7 Differenzverstärker mit aktiver Last

In integrierten Schaltungen werden anstelle der ohmschen Kollektor- bzw. Drainwiderstände Stromquellen eingesetzt, weil man damit bei gleichem, oft sogar geringerem Platzbedarf eine wesentlich höhere Differenzverstärkung erreicht. Die verwendeten Schaltungen werden im folgenden am Beispiel eines npn-Differenzverstärkers gezeigt.

4.1.4.7.1 Differenzverstärker mit symmetrischem Ausgang

In Abb. 4.65a werden anstelle der Kollektorwiderstände zwei Stromquellen mit dem Strom I_0 eingesetzt; damit folgt für die Ausgangsströme mit Bezug auf (4.61) [23]:

$$I_{a1} = I_{C1} - I_0 = I_0 \tanh \frac{U_D}{2U_T} \quad , \quad I_{a2} = I_{C2} - I_0 = -I_0 \tanh \frac{U_D}{2U_T}$$

Im Arbeitspunkt $U_D = 0$ sind beide Ausgänge stromlos. Die Ausgänge müssen so beschaltet sein, dass die Ausgangsströme auch tatsächlich fließen können, ohne dass die Transistoren oder die Stromquellen in die Sättigung geraten. Die Ausgangsspannungen sind ohne Beschaltung undefiniert.

Zur Verdeutlichung der Stromverteilung ist die Schaltung in Abb. 4.65b mit dem Differenzstrom

---

[23] Da der Differenzverstärker im ganzen ein Stromknoten ist, muss die Knotenregel erfüllt sein. Das ist in den folgenden Gleichungen und in Abb. 4.65 nur dann der Fall, wenn die Basisströme vernachlässigt werden.

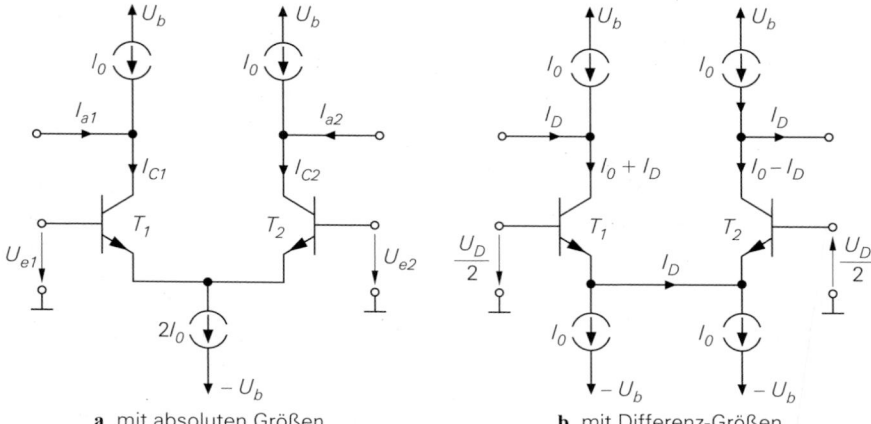

a mit absoluten Größen   **b** mit Differenz-Größen

Abb. 4.65. npn-Differenzverstärker mit aktiver Last

$$I_D = I_0 \tanh \frac{U_D}{2U_T} \tag{4.71}$$

gezeigt. Die Stromquelle $2I_0$ im Emitterzweig wird aus Symmetriegründen in zwei Stromquellen aufgeteilt; dadurch fließt in der Querverbindung genau der Differenzstrom I_D. Man
erkennt, dass der Differenzstrom vom Ausgang 1 über T_1, die Emitter-Querverbindung und
T_2 zum Ausgang 2 fließt; er fließt also durch den Differenzverstärker hindurch. Daraus
folgt, dass die Stromaufnahme konstant bleibt, solange kein Transistor und keine Strom-
quelle in die Sättigung gerät und $|I_D| < I_0$ gilt, oder: der Strom, der am einen Ausgang
geliefert wird, wird am anderen Ausgang *entnommen*.

4.1.4.7.2 Differenzverstärker mit unsymmetrischem Ausgang

Wenn ein unsymmetrischer Ausgang benötigt wird, kann man ebenfalls die Schaltung aus
Abb. 4.65a verwenden, indem man den nicht benötigten Ausgang mit der Betriebsspannung U_b verbindet und die zugehörige Stromquelle entfernt. Eine bessere, in der Praxis
vorherrschende Alternative ist in Abb. 4.66a gezeigt. Hier werden die Stromquellen durch
einen Stromspiegel ersetzt und dadurch der Strom des wegfallenden Ausgangs zum verbleibenden Ausgang gespiegelt:

$$I_a = I_{C2} - I_{C4} \overset{I_{C4} \approx I_{C1}}{\approx} I_{C2} - I_{C1} = -2I_0 \tanh \frac{U_D}{2U_T}$$

Im Arbeitspunkt $U_D = 0$ ist der Ausgang stromlos. Auch hier muss der Ausgang so
beschaltet sein, dass der Ausgangsstrom fließen kann, ohne dass T_2 oder T_4 in die Sättigung
geraten. Abbildung 4.66b zeigt die Schaltung mit dem Differenzstrom I_D. Der Strom der
negativen Versorgungsspannungsquelle bleibt konstant, der der positiven ändert sich bei
Aussteuerung um $2I_D$.

4.1.4.7.3 Stromquellen und Stromspiegel

Zur Realisierung der Stromquellen in Abb. 4.65 und Abb. 4.66 können prinzipiell alle
im Abschnitt 4.1.2 beschriebenen Schaltungen eingesetzt werden; in der Praxis werden
überwiegend einfache Stromspiegel oder Kaskode-Stromspiegel als Stromquellen eingesetzt. Auch der Stromspiegel in Abb. 4.66 kann unterschiedlich ausgeführt werden; da

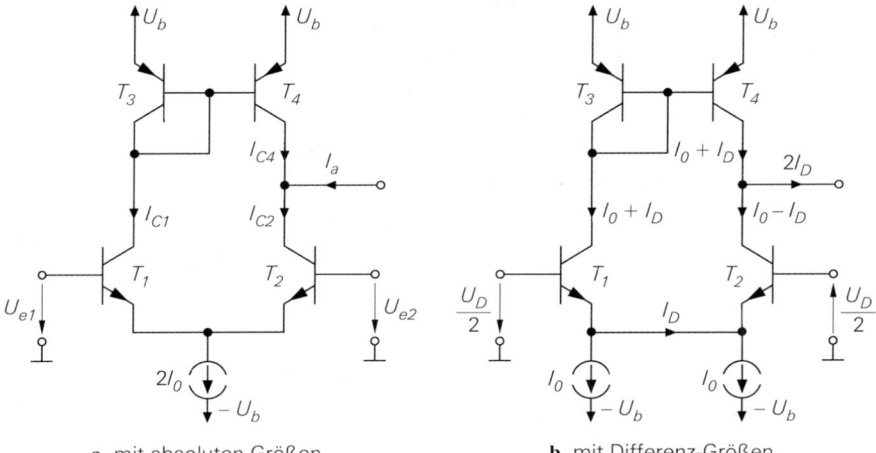

a mit absoluten Größen   **b** mit Differenz-Größen

Abb. 4.66. npn-Differenzverstärker mit unsymmetrischem Ausgang

das Übersetzungsverhältnis möglichst wenig von Eins abweichen sollte, wird häufig ein Drei-Transistor- oder ein Wilson-Stromspiegel verwendet.

Die Wahl der Stromquelle und des Stromspiegels hat nur einen vernachlässigbar geringen Einfluss auf die Ausgangsströme, lediglich der Kleinsignalausgangswiderstand ändert sich; darauf wird bei der Beschreibung des Kleinsignalverhaltens näher eingegangen.

4.1.4.8 Offsetspannung eines Differenzverstärkers

Bisher wurde davon ausgegangen, dass die Spannungen und Ströme im Arbeitspunkt $U_D = 0$ exakt symmetrisch sind. In der Praxis ist dies jedoch wegen der unvermeidlichen Toleranzen nicht erfüllt. Darüber hinaus sind einige Schaltungen unsymmetrisch, so dass bereits die Berücksichtigung der bisher vernachlässigten Effekte zu einer unsymmetrischen Stromverteilung führt. Ein Beispiel dafür ist der Differenzverstärker mit unsymmetrischem Ausgang in Abb. 4.66, bei dem bei $U_D = 0$ aufgrund des geringfügig von Eins abweichenden Übersetzungsverhältnisses des Stromspiegels eine unsymmetrische Stromverteilung vorliegt.

Zur Charakterisierung der Unsymmetrie dient die *Offsetspannung U_{off}*[24]. Sie gibt an, welche Differenzspannung angelegt werden muss, damit die Ausgangsspannungen gleich sind oder – bei unsymmetrischen Ausgängen – ein bestimmter Sollwert erreicht wird:

$$\boxed{U_D = U_{off} \;\Rightarrow\; U_{a1} = U_{a2} \text{ bzw. } U_a = U_{a,soll}} \tag{4.72}$$

Die zugehörige Stromverteilung kann, muss aber nicht symmetrisch sein. Bei den Übertragungskennlinien wirkt sich die Offsetspannung als Verschiebung in U_D-Richtung aus; Abb. 4.67 zeigt dies für den Fall $U_{off} > 0$.

Die Offsetspannung setzt sich, wie bereits erwähnt, aus einem durch Unsymmetrien der Schaltung verursachten systematischen Anteil und einem durch Toleranzen verursachten

---

[24] Die Offsetspannung wird oft mit U_O (Index O) bezeichnet. Da man diese Bezeichnung leicht mit U_0 (Index Null) verwechselt, wird hier zur besseren Unterscheidung U_{off} verwendet.

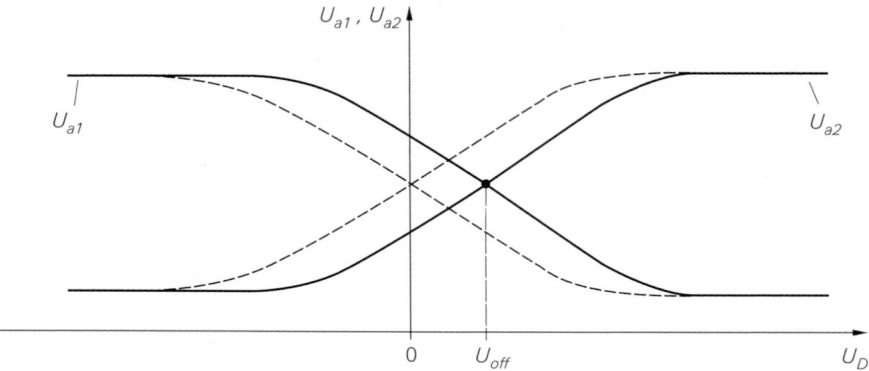

Abb. 4.67. Übertragungskennlinien bei Vorliegen einer Offsetspannung

zufälligen Anteil zusammen. In der Praxis wird deshalb oft ein Bereich angegeben, in dem die Offsetspannung mit einer bestimmten Wahrscheinlichkeit (z.B. 99%) liegt.

Man kann die Offsetspannung berechnen, wenn man sehr genaue Gleichungen für die Transistoren verwendet und für alle Parameter Ober- und Untergrenzen einsetzt; der Rechenaufwand ist jedoch beträchtlich. Einfacher ist es, die Offsetspannung zu messen oder mit Hilfe einer Schaltungssimulation zu ermitteln; dazu wird die in Abb. 4.68 gezeigte Schaltung verwendet. Durch die Rückkopplung der Ausgangs-Differenzspannung $U_{a1} - U_{a2}$ auf den Eingang 1 werden die Ausgangsspannungen näherungsweise gleich und man

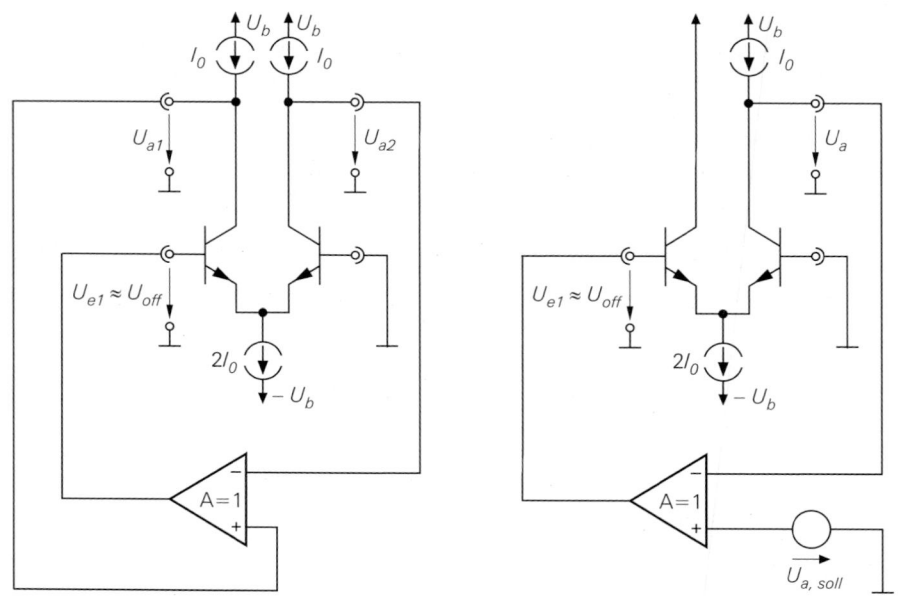

a symmetrischer Ausgang   **b** unsymmetrischer Ausgang

Abb. 4.68. Schaltung zur Messung der Offsetspannung

erhält am Eingang die Spannung $U_{e1} \approx U_{off}$. Die Schaltung bewirkt zwar keine echte Differenzaussteuerung, jedoch hat die auftretende Gleichtaktspannung $U_{Gl} \approx U_{off}/2$ wegen der hohen Gleichtaktunterdrückung praktisch keinen Einfluss auf das Ergebnis.

Bei der Messung der Offsetspannung darf man keinen normalen Operationsverstärker als Regelverstärker einsetzen, weil der Differenzverstärker eine zusätzliche Schleifenverstärkung bewirkt, die auch bei universal-korrigierten Operationsverstärkern zur Instabilität der Schaltung führt. Am besten geeignet ist ein Instrumentenverstärker mit einer Verstärkung $A = 1$ und einer Grenzfrequenz $f_{g,RV}$, die mindestens um die Differenzverstärkung A_D unter der Grenzfrequenz f_g des Differenzverstärkers liegt: $f_{g,RV} < f_g/A_D$; dadurch ist ein stabiler Betrieb gewährleistet. In der Schaltungssimulation kann als Regelverstärker eine spannungsgesteuerte Spannungsquelle mit $A = 1$ eingesetzt werden; bei eventuell auftretenden Stabilitätsproblemen muss man A reduzieren.

4.1.4.9 Kleinsignalverhalten des Differenzverstärkers

Das Verhalten bei Aussteuerung um einen Arbeitspunkt A wird *Kleinsignalverhalten* genannt. Der Arbeitspunkt wird durch die Eingangsspannungen $U_{e1,A}$ und $U_{e2,A}$ bzw. $U_{D,A}$ und $U_{Gl,A}$, die Ausgangsspannungen $U_{a1,A}$ und $U_{a2,A}$ und die Kollektor- bzw. Drainströme der Transistoren gekennzeichnet. Im folgenden wird davon ausgegangen, dass die Offsetspannung gleich Null ist; daraus folgt für den Arbeitspunkt:

$$U_{D,A} = 0 \quad , \quad U_{a1,A} = U_{a2,A}$$

Es wird vorausgesetzt, dass die Gleichtaktspannung $U_{Gl,A}$ innerhalb des Gleichtaktaussteuerbereichs liegt und keinen Einfluss auf die Stromverteilung hat.

4.1.4.9.1 Ersatzschaltbilder für Differenz- und Gleichtaktaussteuerung

Wenn man die Stromquelle im Emitter- bzw. Sourcezweig eines Differenzverstärkers in zwei äquivalente Stromquellen aufteilt, ist der Differenzverstärker vollständig symmetrisch; Abb. 4.69 zeigt dies am Beispiel eines npn-Differenzverstärkers. Betrachtet man die Änderungen der Ströme und Spannungen in der Symmetrieebene bei Aussteuerung im Arbeitspunkt, stellt man folgendes fest:

- Die schiefsymmetrische Differenzaussteuerung führt bei ausreichend kleiner Amplitude zu einer schiefsymmetrischen Änderung aller Ströme und Spannungen. Daraus folgt, dass alle Spannungen in der Symmetrieebene konstant bleiben; in Abb. 4.69a gilt dies für die Spannung U_0 an den Emitter-Anschlüssen der Transistoren. Da man eine konstante Spannung durch eine Spannungsquelle ersetzen kann, erhält man das in Abb. 4.69a unten gezeigte Ersatzschaltbild: der Differenzverstärker zerfällt in zwei Emitterschaltungen, die Stromquellen entfallen. Die Spannungsquellen U_0 sind ideal und werden beim Übergang zum Kleinsignalersatzschaltbild kurzgeschlossen. Dadurch sind die Emitteranschlüsse der Transistoren im Kleinsignalersatzschaltbild mit der Kleinsignalmasse verbunden.
- Die symmetrische Gleichtaktaussteuerung führt zu einer symmetrischen Änderung aller Ströme und Spannungen. Daraus folgt, dass alle durch die Symmetrieebene fließenden Ströme gleich Null sind; in Abb. 4.69b gilt dies für den Strom I in der Emitter-Verbindungsleitung. Da man eine stromlose Leitung entfernen kann, erhält man das in Abb. 4.69b unten gezeigte Ersatzschaltbild: der Differenzverstärker zerfällt auch in diesem Fall in zwei Emitterschaltungen. Bei den Stromquellen I_0 handelt es sich jeweils

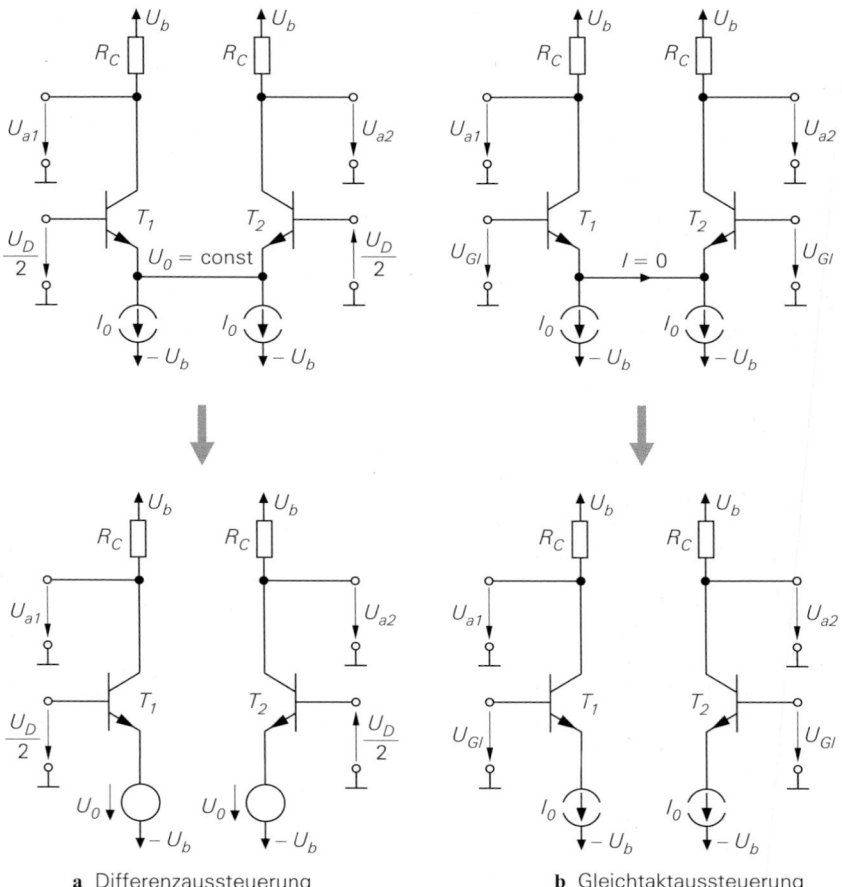

a Differenzaussteuerung   **b** Gleichtaktaussteuerung

Abb. 4.69. Aussteuerung eines npn-Differenzverstärkers im Arbeitspunkt

um die *halbe* ursprüngliche Stromquelle; Abb. 4.70 verdeutlicht den Übergang von einer idealen zu einer realen Stromquelle und deren Aufteilung in zwei Stromquellen. Im Kleinsignalersatzschaltbild entfallen die Stromquellen und die negative Versorgungsspannung fällt mit der Kleinsignalmasse zusammen.

Damit ist der npn-Differenzverstärker auf die Emitterschaltung zurückgeführt und man kann die Ergebnisse aus Abschnitt 2.4.1 verwenden. Dasselbe gilt für den n-Kanal-Differenzverstärker; er zerfällt in äquivalente Sourceschaltungen und man kann die Ergebnisse aus Abschnitt 3.4.1 verwenden.

   Die Aufteilung in getrennte Ersatzschaltbilder für Differenz- und Gleichtaktaussteuerung ist eine Anwendung des *Bartlett'schen Symmetrietheorems*, das allerdings nur für lineare Schaltungen gilt. Deshalb müsste man beim Differenzverstärker streng genommen zunächst zum Kleinsignalersatzschaltbild übergehen, um das Theorem anwenden zu können. Die Beschränkung auf lineare Schaltungen ist allerdings nur bei Differenzaussteuerung erforderlich, weil hier die Kennlinien der Bauteile ausgehend vom Arbeitspunkt schiefsymmetrisch ausgesteuert werden, was nur bei linearen Kennlinien schiefsymmetri-

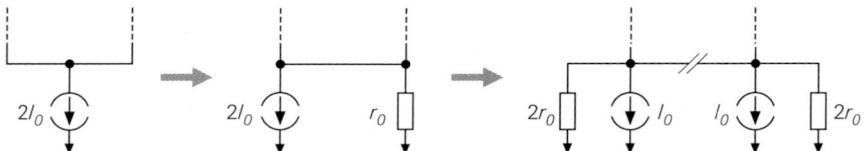

Abb. 4.70. Übergang von einer idealen zu einer realen Stromquelle und Aufteilung in zwei äquivalente Stromquellen

sche Änderungen zur Folge hat. Dagegen werden die Kennlinien bei Gleichtaktaussteuerung symmetrisch ausgesteuert, was auch bei nichtlinearen Kennlinien zu symmetrischen Änderungen führt. Man kann demnach das Theorem auch bei nichtlinearen Schaltungen anwenden, wenn man die Differenzaussteuerung auf den Bereich beschränkt, in dem die Kennlinien praktisch linear sind; beim npn-Differenzverstärker ist dies der Bereich $|U_D| < U_T$. Diese Vorgehensweise wurde hier gewählt, weil das Zerfallen eines Differenzverstärkers in zwei Teilschaltungen in der ursprünglichen Schaltung anschaulicher dargestellt werden kann als im Kleinsignalersatzschaltbild.

4.1.4.9.2 Differenzverstärker mit Widerständen

Abbildung 4.71 zeigt die Schaltung eines npn-Differenzverstärkers zusammen mit den Kleinsignalersatzschaltbildern der äquivalenten Emitterschaltungen für Differenz- und Gleichtaktaussteuerung; letztere erhält man durch Linearisierung der Teilschaltungen aus Abb. 4.69 und Einsetzen der Stromquelle gemäß Abb. 4.70. Für die Kleinsignalgrößen gilt mit $U_{D,A} = 0$:

$$u_{e1} = U_{e1} - U_{e1,A} = U_{e1} - U_{Gl,A} \quad , \quad u_{a1} = U_{a1} - U_{a1,A}$$

$$u_D = U_D - U_{D,A} = U_D \qquad\qquad , \quad u_{Gl} = U_{Gl} - U_{Gl,A}$$

Man erkennt, dass das Kleinsignalersatzschaltbild für Differenzaussteuerung dem einer Emitterschaltung ohne Gegenkopplung und das für Gleichtaktaussteuerung dem einer Emitterschaltung mit Gegenkopplung entspricht. Bei Gleichtaktaussteuerung wirkt der Ausgangswiderstand $2r_0$ der geteilten Stromquelle als Gegenkopplungswiderstand. Abbildung 4.72 zeigt die entsprechenden Kleinsignalersatzschaltbilder eines n-Kanal-Differenzverstärkers.

Aus dem Kleinsignalersatzschaltbild für Differenzaussteuerung werden die *Differenzverstärkung* A_D, der *Differenz-Ausgangswiderstand* $r_{a,D}$ und der *Differenz-Eingangswiderstand* $r_{e,D}$ berechnet:

$$A_D = \left. \frac{u_{a1}}{u_D} \right|_{\substack{i_{a1}=i_{a2}=0 \\ u_{Gl}=0}} = \left. \frac{u_a}{2u_e} \right|_{i_a=0} = \frac{1}{2} A_{Emitter/Source} \tag{4.73}$$

$$r_{a,D} = \left. \frac{u_{a1}}{i_{a1}} \right|_{\substack{u_{a1}=-u_{a2} \\ u_D=u_{Gl}=0}} = \left. \frac{u_a}{i_a} \right|_{u_e=0} = r_{a,Emitter/Source} \tag{4.74}$$

$$r_{e,D} = \left. \frac{u_D}{i_{e1}} \right|_{u_{Gl}=0} = \frac{2u_e}{i_e} = 2\, r_{e,Emitter/Source} \tag{4.75}$$

Hier wirkt sich aus, dass die Eingangsspannung im Kleinsignalersatzschaltbild für Differenzaussteuerung nicht u_D, sondern $u_D/2$ ist; deshalb ist die Verstärkung des Differenz-

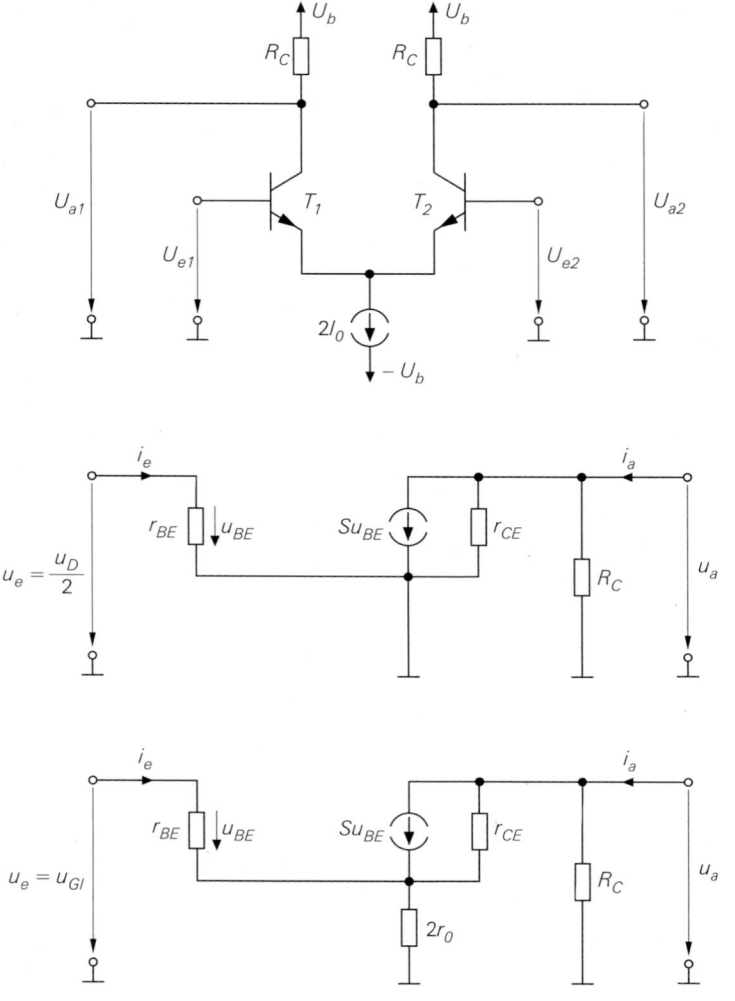

Abb. 4.71. npn-Differenzverstärker mit Kollektorwiderständen: Schaltung (oben) und Kleinsignal-ersatzschaltbilder der äquivalenten Emitterschaltungen für Differenzaussteuerung (Mitte) und Gleichtaktaussteuerung (unten)

verstärkers nur halb so groß, der Eingangswiderstand dagegen doppelt so groß wie bei der äquivalenten Emitter- oder Sourceschaltung.

Aus dem Kleinsignalersatzschaltbild für Gleichtaktaussteuerung erhält man die *Gleich-taktverstärkung* A_{Gl}, den *Gleichtakt-Ausgangswiderstand* $r_{a,Gl}$ und den *Gleichtakt-Eingangswiderstand* $r_{e,Gl}$:

$$A_{Gl} = \frac{u_{a1}}{u_{Gl}}\bigg|_{\substack{i_{a1}=i_{a2}=0\\u_D=0}} = \frac{u_a}{u_e}\bigg|_{i_a=0} = A_{Emitter/Source} \qquad (4.76)$$

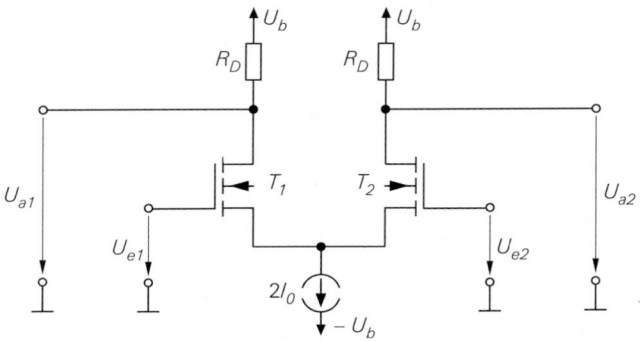

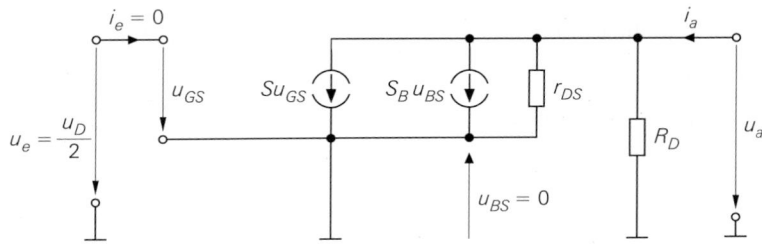

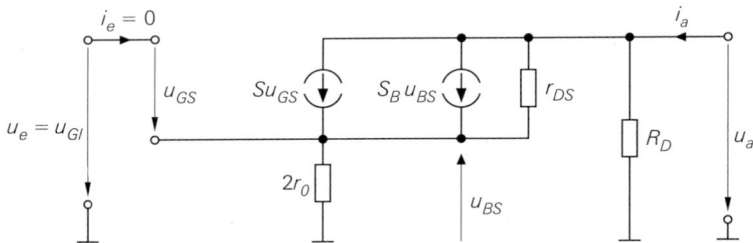

Abb. 4.72. n-Kanal-Differenzverstärker mit Drainwiderständen: Schaltung (oben) und Kleinsignalersatzschaltbilder der äquivalenten Sourceschaltungen für Differenzaussteuerung (Mitte)
und Gleichtaktaussteuerung (unten)

$$r_{a,Gl} = \left.\frac{u_{a1}}{i_{a1}}\right|_{\substack{u_{a1}=u_{a2}\\u_D=0,u_{Gl}=0}} = \left.\frac{u_a}{i_a}\right|_{u_e=0} = r_{a,Emitter/Source} \qquad (4.77)$$

$$r_{e,Gl} = \frac{u_{Gl}}{i_{e1}} = \frac{u_e}{i_e} = r_{e,Emitter/Source} \qquad (4.78)$$

Hier erhält man für den Differenzverstärker dieselben Werte wie bei der äquivalenten
Emitter- oder Sourceschaltung. Man beachte, dass die Kleinsignalgrößen in (4.76)–(4.78)
zu einem anderen Kleinsignalersatzschaltbild gehören als die in (4.73)–(4.75); so folgt
z.B. aus (4.73) und (4.76) *nicht* $A_D = A_{Gl}/2$.

Bei einer Messung oder Simulation dieser Größen muss reine Differenz- oder Gleichtaktaussteuerung vorliegen. Das gilt nicht nur am Eingang, an dem dies durch die Größen
u_D und u_{Gl} zum Ausdruck kommt, sondern auch am Ausgang. Da dort keine speziellen

Differenz- und Gleichtaktgrößen definiert sind, muss man die Nebenbedingungen $u_{a1} = -u_{a2}$ und $u_{a1} = u_{a2}$ zur Kennzeichnung von Differenz- und Gleichtaktaussteuerung verwenden. Das hat zur Folge, dass sich die Definitionen des Differenz- und Gleichtakt-Ausgangswiderstands nur in den Nebenbedingungen und nicht in den Kleinsignalgrößen unterscheiden. Bei beiden Ausgangswiderständen wird u_{a1}/i_{a1} gebildet; der Unterschied kommt durch die andere Ansteuerung des zweiten Ausgangs zustande.

Die Ausgangswiderstände hängen beim npn-Differenzverstärker wie bei der Emitterschaltung vom Innenwiderstand R_g der Signalquelle ab. Da dieser im allgemeinen kleiner ist als die Eingangswiderstände, kann man sich ohne größeren Fehler auf die Kurzschlussausgangswiderstände beschränken; deshalb sind $r_{a,D}$ und $r_{a,Gl}$ mit der Nebenbedingung $u_D = u_{Gl} = 0$ angegeben. Beim n-Kanal-Differenzverstärker tritt diese Abhängigkeit wegen der isolierten Gate-Anschlüsse der Mosfets nicht auf; hier ist R_g am Ausgang nicht *sichtbar*.

Mit den Ergebnissen für die Emitterschaltung aus Abschnitt 2.4.1 und für die Source-schaltung aus Abschnitt 3.4.1 erhält man für den Differenzverstärker mit Widerständen; dabei folgen den geschweiften Klammern die Werte für den npn-Differenzverstärker (oben) und den n-Kanal-Differenzverstärker (unten):

Differenzverstärker mit Widerständen

$$A_D = \left. \frac{u_{a1}}{u_D} \right|_{i_{a1}=i_{a2}=0} = \begin{cases} -\dfrac{S}{2}\,(R_C \| r_{CE}) & \overset{r_{CE} \gg R_C}{\approx} & -\dfrac{1}{2}\,SR_C \\[2ex] -\dfrac{S}{2}\,(R_D \| r_{DS}) & \overset{r_{DS} \gg R_D}{\approx} & -\dfrac{1}{2}\,SR_D \end{cases} \tag{4.79}$$

$$r_{a,D} = \left. \frac{u_{a1}}{i_{a1}} \right|_{u_{a1}=-u_{a2}} = \begin{cases} R_C \| r_{CE} & \overset{r_{CE} \gg R_C}{\approx} & R_C \\[2ex] R_D \| r_{DS} & \overset{r_{DS} \gg R_D}{\approx} & R_D \end{cases} \tag{4.80}$$

$$r_{e,D} = \frac{u_D}{i_{e1}} = \begin{cases} 2r_{BE} \\ \infty \end{cases} \tag{4.81}$$

$$A_{Gl} = \left. \frac{u_{a1}}{u_{Gl}} \right|_{i_a=0} \approx \begin{cases} -\dfrac{R_C}{2r_0} \\[2ex] -\dfrac{SR_D}{2\,(S+S_B)\,r_0} & \overset{S \gg S_B}{\approx} & -\dfrac{R_D}{2r_0} \end{cases} \tag{4.82}$$

$$r_{a,Gl} = \left. \frac{u_{a1}}{i_{a1}} \right|_{u_{a1}=u_{a2}} = \begin{cases} R_C \| \beta\, r_{CE} \approx R_C \\ R_D \| 2S\, r_{DS} r_0 \approx R_D \end{cases} \tag{4.83}$$

$$r_{e,Gl} = \frac{u_{Gl}}{i_{e1}} = \begin{cases} 2\beta\, r_0 + r_{BE} \approx 2\beta\, r_0 \\ \infty \end{cases} \tag{4.84}$$

$$G = \frac{A_D}{A_{Gl}} \approx \begin{cases} S\, r_0 \\ (S+S_B)\, r_0 & \overset{S \gg S_B}{\approx} & S r_0 \end{cases} \tag{4.85}$$

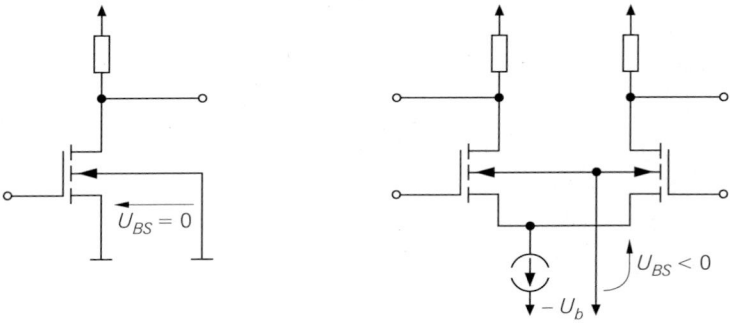

Abb. 4.73. Bulk-Source-Spannung U_{BS} bei der Sourceschaltung und beim n-Kanal-Differenzverstärker

Verwendet wurden dazu die Gleichungen (2.73)–(2.75) auf Seite 106, (2.82)–(2.84) auf Seite 112, (3.59)–(3.61) auf Seite 241 und (3.65)–(3.67) auf Seite 246; dabei wird in (2.82) $R_E = 2r_0$ und in (3.65) $R_S = 2r_0$ und $2S\,r_0 \gg 1$ eingesetzt.

Beim n-Kanal-Differenzverstärker mit integrierten Mosfets hängt die Gleichtaktverstärkung von der Gleichtaktspannung $U_{Gl,A}$ im Arbeitspunkt ab, weil die Bulk-Source-Spannung U_{BS} und die Substrat-Steilheit S_B von $U_{Gl,A}$ abhängen. Da aber beim n-Kanal-Differenzverstärker nach Abb. 4.73 $U_{BS} < 0$ gilt, ist die Substrat-Steilheit geringer als bei der Sourceschaltung und kann deshalb in der Praxis meist vernachlässigt werden. Im Gegensatz dazu gilt bei Differenzverstärkern mit diskreten Mosfets $U_{BS} = 0$; in diesem Fall kann man in den Gleichungen $S_B = 0$ setzen. Im folgenden wird die Substrat-Steilheit generell vernachlässigt.

Zur Realisierung der Stromquelle können prinzipiell alle im Abschnitt 4.1.2 beschriebenen Schaltungen eingesetzt werden; dabei geht der Ausgangswiderstand r_0 maßgeblich in die Gleichtaktverstärkung und die Gleichtaktunterdrückung ein. In der Praxis wird meist ein einfacher Stromspiegel eingesetzt.

4.1.4.9.3 Grundgleichungen eines symmetrischen Differenzverstärkers

Man kann die Differenzverstärkung mit Hilfe des Differenz-Ausgangswiderstands und die Gleichtaktverstärkung mit Hilfe des Gleichtakt-Ausgangswiderstands darstellen; dadurch erhält man aus (4.79)–(4.85) die *Grundgleichungen eines symmetrischen Differenzverstärkers*:

$$A_D = \left.\frac{u_{a1}}{u_D}\right|_{i_{a1}=i_{a2}=0} = -\frac{1}{2}\,S\,r_{a,D} \tag{4.86}$$

$$A_{Gl} = \left.\frac{u_{a1}}{u_{Gl}}\right|_{i_{a1}=i_{a2}=0} \approx -\frac{r_{a,Gl}}{2r_0} \tag{4.87}$$

$$G = \frac{A_D}{A_{Gl}} \approx S\,r_0\,\frac{r_{a,D}}{r_{a,Gl}} \overset{r_{a,D}\approx r_{a,Gl}}{\approx} S\,r_0 \tag{4.88}$$

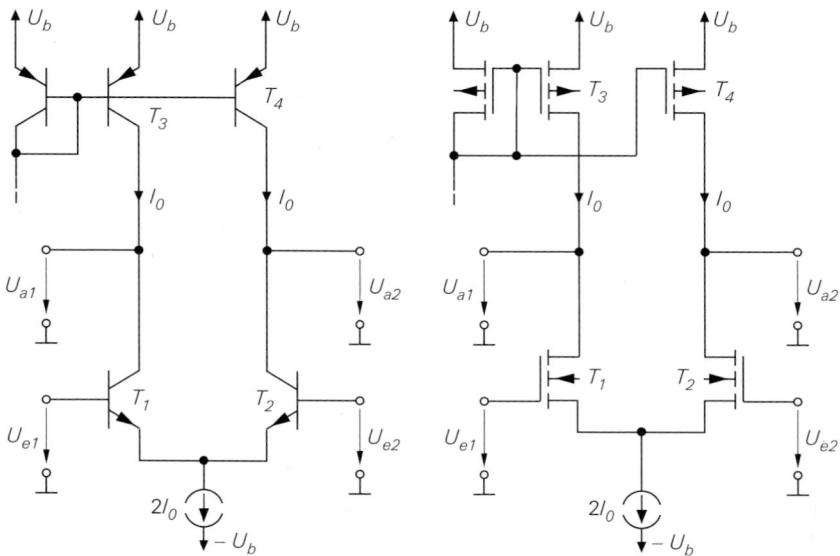

Abb. 4.74. Differenzverstärker mit einfachen Stromquellen

Wenn die Ausgangswiderstände $r_{a,D}$ und $r_{a,Gl}$ wie beim Differenzverstärker mit Widerständen nahezu gleich sind, hängt die Gleichtaktunterdrückung nur von der Steilheit der Transistoren und vom Ausgangswiderstand r_0 der Stromquelle ab.

Eine Stromgegenkopplung wie in Abb. 4.59 auf Seite 348 oder in Abb. 4.63b auf Seite 352 kann einfach berücksichtigt werden, indem man anstelle der Steilheit S die *reduzierte Steilheit*

$$S_{red} \;=\; S' \;=\; \begin{cases} \dfrac{S}{1 + SR_E} \\[2mm] \dfrac{S}{1 + (S + S_B)\,R_S} \overset{S \gg S_B}{\approx} \dfrac{S}{1 + SR_S} \end{cases} \tag{4.89}$$

einsetzt; dadurch nimmt die Differenzverstärkung entsprechend ab. Die Gleichtaktverstärkung bleibt gleich, weil der Gegenkopplungswiderstand im Kleinsignalersatzschaltbild für Gleichtaktaussteuerung in Reihe zum Ausgangswiderstand r_0 der Stromquelle liegt und wegen $r_0 \gg R_E, R_S$ vernachlässigt werden kann. Die Gleichtaktunterdrückung $G = A_D/A_{Gl}$ nimmt demnach bei Stromgegenkopplung ab.

4.1.4.9.4 Differenzverstärker mit einfachen Stromquellen

Abbildung 4.74 zeigt einen npn- und einen n-Kanal-Differenzverstärker mit einfachen Stromquellen anstelle der Widerstände. Im Kleinsignalersatzschaltbild und in den Gleichungen werden die Widerstände durch den Ausgangswiderstand der einfachen Stromquelle ersetzt: $R_C \rightarrow r_{CE3}$ beim npn-Differenzverstärker und $R_D \rightarrow r_{DS3}$ beim n-Kanal-Differenzverstärker. Damit erhält man für den Differenzverstärker mit einfachen Stromquellen:

Differenzverstärker mit einfachen Stromquellen

$$A_D = \left. \frac{u_{a1}}{u_D} \right|_{i_{a1}=i_{a2}=0} = -\frac{1}{2} S_1 r_{a,D}$$

$$r_{a,D} = \left. \frac{u_{a1}}{i_{a1}} \right|_{u_{a1}=-u_{a2}} \approx \begin{cases} r_{CE1} \| r_{CE3} & \overset{r_{CE1}\approx r_{CE3}}{\approx} & \dfrac{r_{CE3}}{2} \\[2mm] r_{DS1} \| r_{DS3} & \overset{r_{DS1}\approx r_{DS3}}{\approx} & \dfrac{r_{DS3}}{2} \end{cases} \tag{4.90}$$

$$A_{Gl} = \left. \frac{u_{a1}}{u_{Gl}} \right|_{i_{a1}=i_{a2}=0} \approx -\frac{r_{a,Gl}}{2r_0}$$

$$r_{a,Gl} = \left. \frac{u_{a1}}{i_{a1}} \right|_{u_{a1}=u_{a2}} \approx \begin{cases} \beta_1 r_{CE1} \| r_{CE3} \approx r_{CE3} \\[2mm] 2S_1 r_{DS1} r_0 \| r_{DS3} \approx r_{DS3} \end{cases} \tag{4.91}$$

$$G = \frac{A_D}{A_{Gl}} \approx S_1 r_0 \frac{r_{a,D}}{r_{a,Gl}} \overset{\substack{r_{CE1}\approx r_{CE3} \\ r_{DS1}\approx r_{DS3}}}{\approx} \frac{S\, r_0}{2} \tag{4.92}$$

Die Eingangswiderstände $r_{e,D}$ und $r_{e,Gl}$ bleiben unverändert, d.h. (4.81) und (4.84) gelten auch für den Differenzverstärker mit Stromquellen.

Beim npn-Differenzverstärker mit einfachen Stromquellen erhält man durch Einsetzen von $S_1 = I_0/U_T$, $r_{CE1} = U_{A,npn}/I_0$ und $r_{CE3} = U_{A,pnp}/I_0$:

$$A_D = -\frac{1}{2U_T \left(\dfrac{1}{U_{A,npn}} + \dfrac{1}{U_{A,pnp}} \right)} \tag{4.93}$$

Dabei sind $U_{A,npn}$ und $U_{A,pnp}$ die Early-Spannungen der Transistoren; für die Temperaturspannung gilt $U_T \approx 26\,\text{mV}$ bei $T = 300\,\text{K}$. Die Transistor-Größen und der Ruhestrom I_0 haben keinen Einfluss auf die Differenzverstärkung. Für die Transistoren aus Abb. 4.5 gilt $U_{A,npn} = 100\,\text{V}$ und $U_{A,pnp} = 50\,\text{V}$; daraus folgt $A_D = -640$.

Beim n-Kanal-Differenzverstärker mit einfachen Stromquellen erhält man mit $S_1 = \sqrt{2K_1 I_0}$, $r_{DS1} = U_{A,nK}/I_0$ und $r_{DS3} = U_{A,pK}/I_0$:

$$A_D = -\sqrt{\frac{K_1}{2I_0}} \frac{1}{\dfrac{1}{U_{A,nK}} + \dfrac{1}{U_{A,pK}}} = -\frac{1}{(U_{GS1} - U_{th1}) \left(\dfrac{1}{U_{A,nK}} + \dfrac{1}{U_{A,pK}} \right)} \tag{4.94}$$

Dabei sind $U_{A,nK}$ und $U_{A,pK}$ die Early-Spannungen der Mosfets. Hier hängt die Differenzverstärkung auch von der Größe der Mosfets T_1 und T_2, ausgedrückt durch den Steilheitskoeffizienten K_1, ab; sie nimmt mit zunehmender Größe der Mosfets zu. Für die Mosfets aus Abb. 4.6 gilt $U_{A,nK} = 50\,\text{V}$ und $U_{A,pK} = 33\,\text{V}$; mit dem typischen Wert $U_{GS1} - U_{th1} = 1\,\text{V}$ folgt $A_D = -20$.

4.1.4.9.5 Differenzverstärker mit Kaskode-Stromquellen

Man kann die Differenzverstärkung durch Einsatz von Stromquellen mit Kaskode oder Kaskode-Stromquellen [25] anstelle der einfachen Stromquellen erhöhen; Abb. 4.75 zeigt die resultierenden Schaltungen beim Einsatz von Stromquellen mit Kaskode. Die Bezeichnung *Differenzverstärker mit Kaskode-Stromquellen* ist in diesem Fall streng genommen nicht korrekt, wird aber der umständlichen Bezeichnung *Differenzverstärker mit Stromquellen mit Kaskode* vorgezogen.

Der Ausgangswiderstand der Stromquelle steigt durch den Einsatz von Stromquellen mit Kaskode von r_{CE3} bzw. r_{DS3} auf

$$r_{aS} \approx \begin{cases} \beta_3 r_{CE3} \\ (S_3 + S_{B3})\,r_{DS3}^2 \overset{S_3 \gg S_{B3}}{\approx} S_3 r_{DS3}^2 \end{cases}$$

an; dadurch erhält man für den Differenzverstärker mit Kaskode-Stromquellen:

Differenzverstärker mit Kaskode-Stromquellen

$$A_D = \left.\frac{u_{a1}}{u_D}\right|_{i_{a1}=i_{a2}=0} = -\frac{1}{2}S_1 r_{a,D}$$

$$r_{a,D} = \left.\frac{u_{a1}}{i_{a1}}\right|_{u_{a1}=-u_{a2}} \approx \begin{cases} r_{CE1} \parallel \beta_3 r_{CE3} \approx r_{CE1} \\ r_{DS1} \parallel S_3 r_{DS3}^2 \approx r_{DS1} \end{cases} \tag{4.95}$$

$$A_{Gl} = \left.\frac{u_{a1}}{u_{Gl}}\right|_{i_{a1}=i_{a2}=0} \approx -\frac{r_{a,Gl}}{2r_0}$$

$$r_{a,Gl} = \left.\frac{u_{a1}}{i_{a1}}\right|_{u_{a1}=u_{a2}} \approx \begin{cases} \beta_1 r_{CE1} \parallel \beta_3 r_{CE3} \\ 2S_1 r_{DS1} r_0 \parallel S_3 r_{DS3}^2 \end{cases} \tag{4.96}$$

$$G = \frac{A_D}{A_{Gl}} \approx S_1 r_0 \frac{r_{a,D}}{r_{a,Gl}} \tag{4.97}$$

Hier ist der Gleichtakt-Ausgangswiderstand $r_{a,Gl}$ typisch um den Faktor $20 \ldots 200$ größer als der Differenz-Ausgangswiderstand $r_{a,D}$; dadurch wird die Gleichtaktunterdrückung im Vergleich zum Differenzverstärker mit Widerständen entsprechend reduziert:

$$G \approx \frac{S_1 r_0}{20 \ldots 200}$$

Beim npn-Differenzverstärker mit Kaskode-Stromquellen erhält man durch Einsetzen von $S_1 = I_0/U_T$ und $r_{CE1} = U_{A,npn}/I_0$:

$$A_D = -\frac{U_{A,npn}}{2U_T} = -\frac{\mu}{2} \tag{4.98}$$

Dabei ist $\mu = U_A/U_T$ die im Zusammenhang mit der Emitterschaltung eingeführte Maximalverstärkung eines Bipolartransistors. Mit $U_{A,npn} = 100\,\text{V}$ erhält man $A_D = -1920$ im Vergleich zu $A_D = -640$ beim npn-Differenzverstärker mit einfachen Stromquellen.

---

[25] Zur Unterscheidung siehe Abb. 4.25 auf Seite 305 und Abb. 4.27 auf Seite 308.

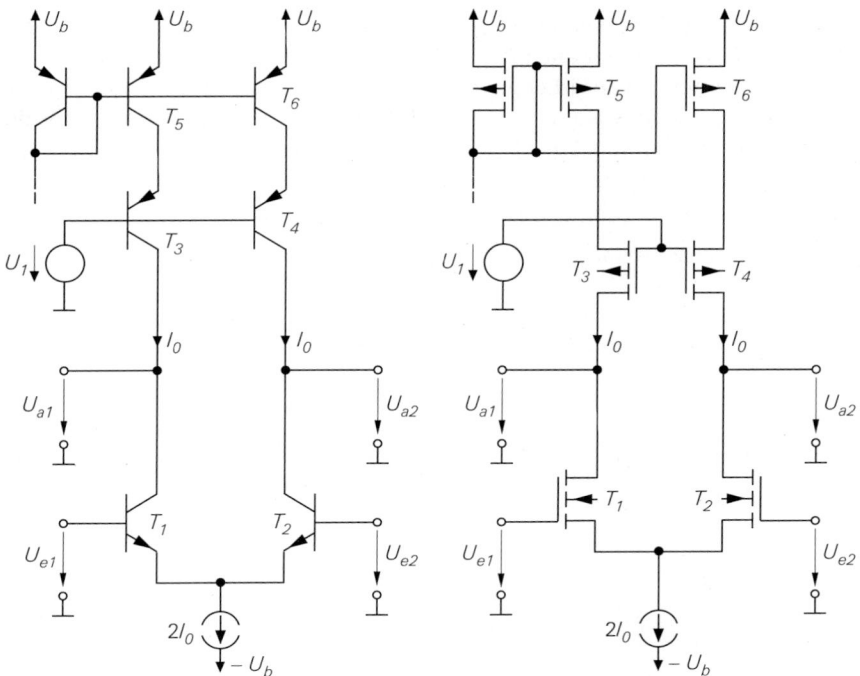

Abb. 4.75. Differenzverstärker mit Kaskode-Stromquellen

Beim n-Kanal-Differenzverstärker mit Kaskode-Stromquellen folgt mit $S_1 = \sqrt{2K_1 I_0}$ und $r_{DS1} = U_{A,nK}/I_0$:

$$A_D = -\sqrt{\frac{K_1}{2I_0}}\, U_{A,nK} = -\frac{U_{A,nK}}{U_{GS1} - U_{th1}} = -\frac{\mu}{2} \tag{4.99}$$

Dabei ist μ die im Zusammenhang mit der Sourceschaltung eingeführte Maximalverstärkung eines Mosfets. Mit $U_{A,nK} = 50\,\text{V}$ und $U_{GS1} - U_{th1} = 1\,\text{V}$ erhält man $A_D = -50$ im Vergleich zu $A_D = -20$ beim n-Kanal-Differenzverstärker mit einfachen Stromquellen.

Der Differenzverstärker mit Kaskode-Stromquellen wird immer dann eingesetzt, wenn die pnp- bzw. p-Kanal-Transistoren eine deutliche geringere Early-Spannung aufweisen als die npn- bzw. n-Kanal-Transistoren. In diesem Fall erzielt man mit einfachen Stromquellen nur eine unzureichende Verstärkung.

4.1.4.9.6 Kaskode-Differenzverstärker

Eine weitere Zunahme der Differenzverstärkung bei gleichzeitiger Zunahme des Verstärkungs-Bandbreite-Produkts wird erreicht, wenn der Differenzverstärker zum Kaskode-Differenzverstärker ausgebaut wird. Dabei werden die in Abb. 4.45 auf Seite 329 gezeigten Kaskodeschaltungen symmetrisch ergänzt; Abb. 4.76 zeigt die resultierenden Schaltungen. Die Vorteile der Kaskodeschaltung werden im Abschnitt 4.1.3 beschrieben und gelten für den Kaskode-Differenzverstärker in gleicher Weise.

In Abb. 4.76 werden Stromquellen mit Kaskode eingesetzt, um eine möglichst hohe Differenzverstärkung zu erzielen. Wenn man dagegen nur an einer Zunahme des

Verstärkungs-Bandbreite-Produkts interessiert ist, kann man auch einfache Stromquellen einsetzen; in diesem Fall entfallen die Transistoren T_5 und T_6. Im allgemeinen ist jedoch die höhere Differenzverstärkung wichtiger als die Zunahme des Verstärkungs-Bandbreite-Produkts. Das gilt vor allem für den n-Kanal-Differenzverstärker, der ohne die Kaskode-Stufen im Differenzverstärker *und* in den Stromquellen nur eine vergleichsweise geringe Differenzverstärkung erreicht.

Aus (4.36) und (4.37) folgt für den Kaskode-Differenzverstärker:

Kaskode-Differenzverstärker

$$A_D = \left. \frac{u_{a1}}{u_D} \right|_{i_{a1}=i_{a2}=0} = -\frac{1}{2} S_1 r_{a,D}$$

$$r_{a,D} = \left. \frac{u_{a1}}{i_{a1}} \right|_{u_{a1}=-u_{a2}=0} \approx \begin{cases} \beta_3 r_{CE3} \parallel \beta_5 r_{CE5} \\ S_3 r_{DS3}^2 \parallel S_5 r_{DS5}^2 \end{cases} \qquad (4.100)$$

$$A_{Gl} = \left. \frac{u_{a1}}{u_{Gl}} \right|_{i_{a1}=i_{a2}=0} \approx -\frac{r_{a,Gl}}{2r_0}$$

$$r_{a,Gl} = \left. \frac{u_{a1}}{i_{a1}} \right|_{u_{a1}=u_{a2}=0} \approx \begin{cases} \beta_3 r_{CE3} \parallel \beta_5 r_{CE5} \\ S_5 r_{DS5}^2 \end{cases} \qquad (4.101)$$

$$G = \frac{A_D}{A_{Gl}} \approx S_1 r_0 \frac{r_{a,D}}{r_{a,Gl}}$$

Beim n-Kanal-Kaskode-Differenzverstärker nimmt der Ausgangswiderstand am Drain-Anschluss von T_3 bei Gleichtaktaussteuerung auf $2S_1 S_3 r_{DS3}^2 r_0$ zu und kann vernachlässigt werden. Beim npn-Kaskode-Differenzverstärker wird der maximale Ausgangswiderstand $\beta_3 r_{CE3}$ am Kollektor von T_3 schon bei Differenzaussteuerung erreicht; eine weitere Zunahme ist nicht möglich.

Durch Einsetzen der Kleinsignalparameter erhält man für den npn-Kaskode-Differenzverstärker

$$A_D \approx -\frac{1}{2U_T \left(\dfrac{1}{\beta_{npn} U_{A,npn}} + \dfrac{1}{\beta_{pnp} U_{A,pnp}} \right)} \qquad (4.102)$$

und für den n-Kanal-Kaskode-Differenzverstärker mit Mosfets gleicher Größe, d.h. gleichem Steilheitskoeffizienten K:

$$A_D \approx -\frac{K}{I_D \left(\dfrac{1}{U_{A,nK}^2} + \dfrac{1}{U_{A,pK}^2} \right)} = -\frac{2}{(U_{GS} - U_{th})^2 \left(\dfrac{1}{U_{A,nK}^2} + \dfrac{1}{U_{A,pK}^2} \right)} \qquad (4.103)$$

Mit den Bipolartransistoren aus Abb. 4.5 erhält man $A_D \approx -38500$ und mit den Mosfets aus Abb. 4.6 $A_D \approx -1500$.

Wenn die Early-Spannungen und Stromverstärkungen der npn- und pnp-Transistoren und die Early-Spannungen der n-Kanal- und p-Kanal-Mosfets gleich sind, folgt:

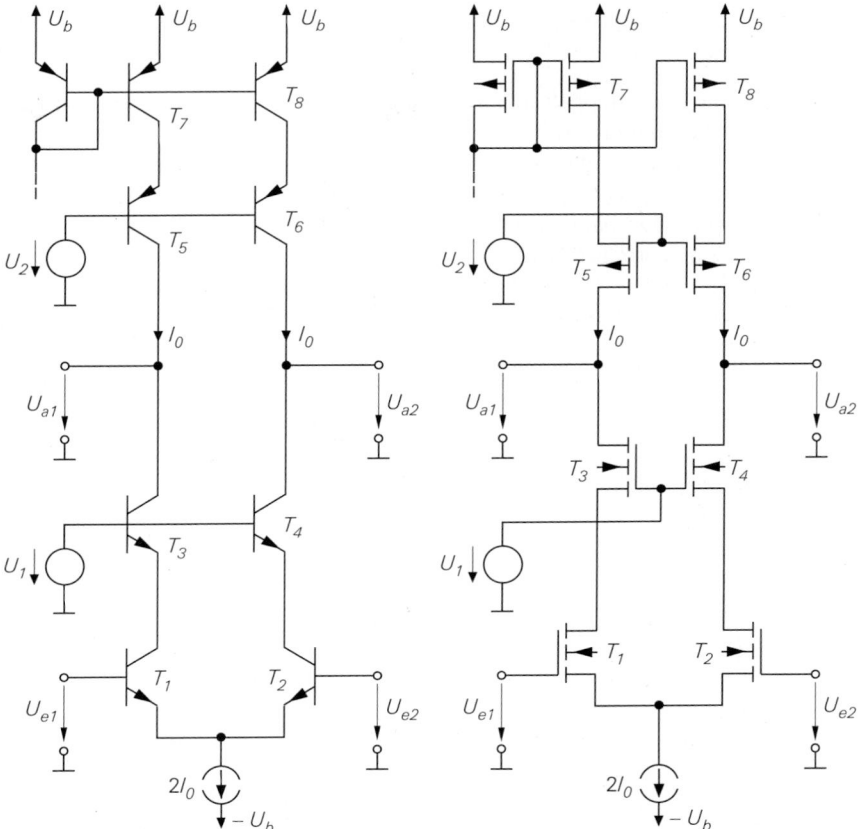

Abb. 4.76. Kaskode-Differenzverstärker

$$|A_D| \approx \begin{cases} \dfrac{\beta \, S r_{CE}}{4} = \dfrac{\beta \, U_A}{4 U_T} \overset{\beta \approx 100}{\approx} 25.000 \ldots 150.000 \\[4mm] \dfrac{S^2 r_{DS}^2}{4} = \left(\dfrac{U_A}{U_{GS} - U_{th}} \right)^2 \approx 400 \ldots 10.000 \end{cases}$$

Demnach kann man mit *einem* npn-Kaskode-Differenzverstärker eine Differenzverstärkung im Bereich von $10^5 = 100\,\text{dB}$ erreichen; mit einem n-Kanal-Kaskode-Differenzverstärker erreicht man dagegen maximal etwa $10^4 = 80\,\text{dB}$.

4.1.4.9.7 Differenzverstärker mit Stromspiegel

Durch den Einsatz eines Stromspiegels erhält man einen Differenzverstärker mit unsymmetrischem Ausgang; Abb. 4.77a zeigt die einfachste Ausführung, die bereits in Abb. 4.66 auf Seite 355 vorgestellt und bezüglich ihres Großsignalverhaltens untersucht wurde. Beim Kaskode-Differenzverstärker erhält man durch den Einsatz eines Kaskode-Stromspiegels die in Abb. 4.77b gezeigte Schaltung. Das Übersetzungsverhältnis der Stromspiegel muss $k_I = 1$ betragen (praktisch: $k_I \approx 1$).

Man kann die Kleinsignalgrößen leicht ableiten, wenn man folgende Eigenschaften berücksichtigt:

- Durch den Stromspiegel verdoppelt sich der Ausgangsstrom bei Differenzaussteuerung, siehe Abb. 4.66; dadurch nimmt die Differenzverstärkung um den Faktor 2 zu.
- Bei Gleichtaktaussteuerung ändern sich die Ströme gleichsinnig und werden durch den Stromspiegel am Ausgang subtrahiert. Bei idealer Subtraktion mit einem idealen Stromspiegel bleibt die Ausgangsspannung konstant; daraus folgt $A_{Gl} = 0$. Bei realen Stromspiegeln verbleibt eine geringe Gleichtaktverstärkung.
- Der Ausgangswiderstand r_a entspricht dem Differenz-Ausgangswiderstand $r_{a,D}$ der entsprechenden symmetrischen Schaltung.

Damit erhält man die *Grundgleichungen eines unsymmetrischen Differenzverstärkers mit Stromspiegel*:

$$A_D = \left.\frac{u_{a1}}{u_D}\right|_{i_a=0} = -S\,r_a \qquad (4.104)$$

$$A_{Gl} = \left.\frac{u_{a1}}{u_{Gl}}\right|_{i_a=0} \approx 0 \qquad (4.105)$$

$$G = \frac{A_D}{A_{Gl}} \to \infty \qquad (4.106)$$

Für den *Differenzverstärker mit einfachem Stromspiegel* gilt

$$r_a = \left.\frac{u_{a1}}{i_{a1}}\right|_{u_D=0} \approx \begin{cases} r_{CE2} \,\|\, r_{CE4} \\ r_{DS2} \,\|\, r_{DS4} \end{cases} \qquad (4.107)$$

und für den *Kaskode-Differenzverstärker mit Kaskode-Stromspiegel*:

$$r_a = \left.\frac{u_{a1}}{i_{a1}}\right|_{u_D=0} = \begin{cases} \beta_4 r_{CE4} \,\|\, \dfrac{\beta_6 r_{CE6}}{2} \\ S_4 r_{DS4}^2 \,\|\, S_6 r_{DS6}^2 \end{cases} \qquad (4.108)$$

Beim npn-Kaskode-Differenzverstärker mit Kaskode-Stromspiegel ist zu beachten, dass der Ausgangswiderstand eines Kaskode-Stromspiegels mit $k_I = 1$ nur halb so groß ist wie der Ausgangswiderstand einer Stromquelle mit Kaskode, siehe (4.23) und (4.27).

4.1.4.9.8 Ersatzschaltbild

Mit Hilfe der Kleinsignalparameter eines Differenzverstärkers kann man das in Abb. 4.78 gezeigte Ersatzschaltbild angeben. Es besteht eingangsseitig aus einem π-Netzwerk mit drei Widerständen zur Nachbildung der Eingangswiderstände $r_{e,D}$ und $r_{e,Gl}$ beim npn-Differenzverstärker; beim n-Kanal-Differenzverstärker entfallen die Widerstände. Da die beiden Widerstände $r_{e,Gl}$ auch bei Differenzaussteuerung wirksam werden, muss der Querwiderstand den Wert

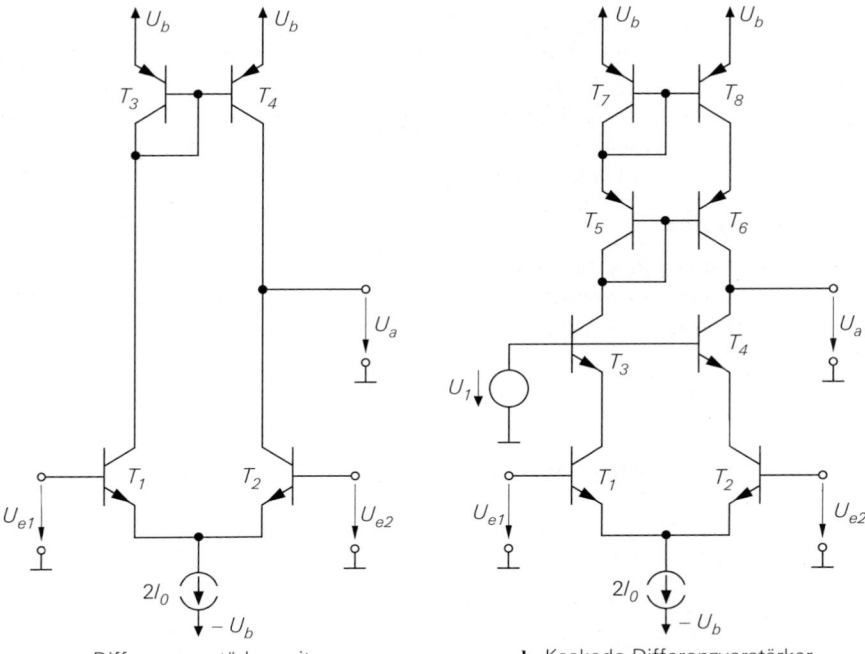

a Differenzverstärker mit
einfachem Stromspiegel

b Kaskode-Differenzverstärker
mit Kaskode-Stromspiegel

Abb. 4.77. Differenzverstärker mit Stromspiegel

$$r'_{e,D} = \frac{2r_{e,D}r_{e,Gl}}{2r_{e,Gl} - r_{e,D}}$$

haben, damit der effektive Differenz-Eingangswiderstand $r_{e,D}$ beträgt. In der Praxis gilt $r_{e,Gl} \gg r_{e,D}$ und damit $r'_{e,D} \approx r_{e,D}$. Ausgangsseitig dient ein T-Netzwerk aus drei

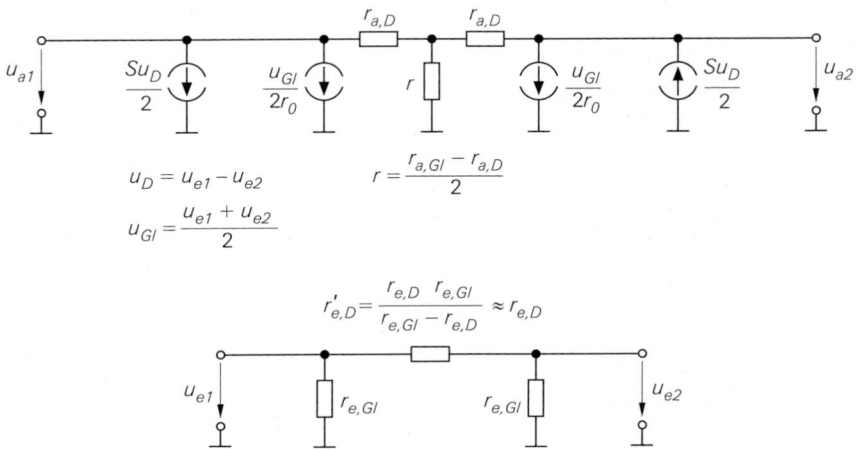

$$u_D = u_{e1} - u_{e2}$$

$$u_{Gl} = \frac{u_{e1} + u_{e2}}{2}$$

$$r = \frac{r_{a,Gl} - r_{a,D}}{2}$$

$$r'_{e,D} = \frac{r_{e,D}\,r_{e,Gl}}{r_{e,Gl} - r_{e,D}} \approx r_{e,D}$$

Abb. 4.78. Ersatzschaltbild eines Differenzverstärkers

Widerständen zur Nachbildung der Ausgangswiderstände. Das T-Netzwerk hat den Vorteil, dass der für die Praxis wichtigere Differenz-Ausgangswiderstand direkt eingeht und der Widerstand r für $r_{a,D} = r_{a,Gl}$ in einen Kurzschluss übergeht. An jedem Ausgang sind zwei Stromquellen angeschlossen, die von der Differenzspannung u_D und der Gleichtakt-spannung u_{Gl} gesteuert werden; die entsprechenden Steilheiten sind $S/2$ bei Differenz-aussteuerung und $1/(2r_0)$ bei Gleichtaktaussteuerung.

4.1.4.10 Nichtlinearität

Durch eine Reihenentwicklung der Kennlinien kann man den Klirrfaktor eines Diffe-renzverstärkers näherungsweise berechnen. Beim npn-Differenzverstärker folgt aus (4.62) durch Übergang zu den Kleinsignalgrößen:

$$u_{a1} = -I_0 R_C \tanh \frac{u_D}{2U_T} = -I_0 R_C \left[\frac{u_D}{2U_T} - \frac{1}{3} \left(\frac{u_D}{2U_T} \right)^3 + \cdots \right]$$

Durch Einsetzen von $u_D = \hat{u}_D \cos \omega_0 t$ erhält man:

$$u_{a1} = -I_0 R_C \left[\left(\frac{u_D}{2U_T} - \frac{u_D^3}{32U_T^3} + \cdots \right) \cos \omega_0 t - \left(\frac{u_D^3}{96U_T^3} - \cdots \right) \cos 3\omega_0 t + \cdots \right]$$

Bei kleinen Amplituden ($u_D < 2U_T$) folgt aus dem Verhältnis der Amplituden bei $3\omega_0$ und ω_0 näherungsweise der *Klirrfaktor des npn-Differenzverstärkers ohne Stromgegen-kopplung*:

$$k \approx \frac{1}{48} \left(\frac{\hat{u}_D}{U_T} \right)^2 \tag{4.109}$$

Mit $U_T = 26\,\text{mV}$ erhält man bei Vorgabe eines maximalen Klirrfaktors:

$$\hat{u}_D < U_T \sqrt{48k} = 180\,\text{mV} \cdot \sqrt{k}$$

Für $k < 1\%$ muss $\hat{u}_D < 18\,\text{mV}$ gelten. Damit ist der npn-Differenzverstärker wesentlich linearer als die Emitterschaltung, bei der für $k < 1\%$ nur eine Amplitude von $\hat{u}_e < 1\,\text{mV}$ zulässig ist. Außerdem muss man die Amplitude im Zuge einer Reduzierung des Klirrfak-tors nur proportional zur Wurzel des Klirrfaktors und nicht, wie bei der Emitterschaltung, linear reduzieren.

Die Berechnung gilt nur für den Fall, dass am Ausgang noch keine Übersteuerung auftritt; dies wurde durch die Annahme einer idealen tanh-Kennlinie implizit vorausgesetzt. Bei den meisten Differenzverstärkern mit Stromquellen ist jedoch die Verstärkung so hoch, dass bereits eine Differenzaussteuerung von wenigen Millivolt zu einer Übersteuerung am Ausgang führt; das gilt vor allem für den Kaskode-Differenzverstärker. In diesem Fall arbeitet der Differenzverstärker bis zur ausgangsseitigen Übersteuerung praktisch linear und der Klirrfaktor ist entsprechend gering. Bei einsetzender Übersteuerung am Ausgang steigt der Klirrfaktor dann jedoch stark an.

Beim npn-Differenzverstärker mit Stromgegenkopplung gilt:

$$U_D = U_{BE1} + I_{C1} R_E - U_{BE2} - I_{C2} R_E = U_{BE1} - U_{BE2} + (I_{C1} - I_{C2}) R_E$$

Mit $U_D' = U_{BE1} - U_{BE2}$ anstelle von U_D erhält man aus (4.61):

$$I_{C1} - I_{C2} = 2I_0 \tanh \frac{U_D'}{2U_T}$$

Einsetzen und Übergang zu den Kleinsignalgrößen liefert:

$$u_D = u'_D + 2I_0 R_E \tanh \frac{u'_D}{2U_T}$$

Aus (4.62) folgt:

$$u_{a1} = -I_0 R_C \tanh \frac{u'_D}{2U_T}$$

Durch Reihenentwicklung und Eliminieren von u'_D erhält man

$$u_{a1} = -\frac{I_0 R_C}{I_0 R_E + U_T} \left(u_D - \frac{U_T u_D^3}{12 (I_0 R_E + U_T)^3} + \cdots \right)$$

und daraus den *Klirrfaktor eines npn-Differenzverstärkers mit Stromgegenkopplung*:

$$k \approx \frac{U_T u_D^2}{48 (I_0 R_E + U_T)^3} \overset{S=I_0/U_T}{=} \frac{1}{48 (1 + S R_E)^3} \left(\frac{\hat{u}_D}{U_T} \right)^2 \tag{4.110}$$

Da der Gegenkopplungsfaktor $1 + S R_E$ kubisch in den Klirrfaktor, aber nur linear in die Differenzverstärkung eingeht, nehmen die Verzerrungen bei konstanter Ausgangsamplitude quadratisch mit dem Gegenkopplungsfaktor ab. Deshalb ist die linearisierende Wirkung der Stromgegenkopplung beim Differenzverstärker viel stärker als bei der Emitterschaltung, bei der die Verzerrungen am Ausgang bei konstanter Ausgangsamplitude nur linear mit dem Gegenkopplungsfaktor abnehmen.

Wenn man beim n-Kanal-Differenzverstärker in gleicher Weise vorgeht, erhält man für den *Klirrfaktor eines n-Kanal-Differenzverstärkers*:

$$k \approx \frac{K \hat{u}_D^2}{64 I_0 \left(1 + \sqrt{2 K I_0} R_S \right)^3} \overset{S=\sqrt{2KI_0}}{=} \frac{K \hat{u}_D^2}{64 I_0 (1 + S R_S)^3} \overset{R_S=0}{=} \frac{K \hat{u}_D^2}{64 I_0} \tag{4.111}$$

Auch hier geht der Gegenkopplungsfaktor $1 + S R_S$ kubisch ein. Im Gegensatz zum npn-Differenzverstärker geht hier auch die Größe der Mosfets in Form des Steilheitskoeffizienten K ein. Ohne Gegenkopplung ($R_S = 0$) nimmt der Klirrfaktor mit zunehmender Größe der Mosfets linear zu ($k \sim K$), bei starker Gegenkopplung dagegen ab ($k \sim 1/\sqrt{K}$ für $S R_S \gg 1$). Auch hier gelten die Gleichungen nur unter der Voraussetzung, dass am Ausgang keine Übersteuerung auftritt.

Bei Differenzverstärkern mit Widerständen erhält man eine für die praktische Auslegung hilfreiche Darstellung, wenn man den Klirrfaktor auf die Amplitude $\hat{u}_a$ am Ausgang bezieht und eine bestimmte Differenzverstärkung fordert. Betrachtet werden dazu die Differenzverstärker mit Stromgegenkopplung in Abb. 4.79, die mit $R_E = 0$ bzw. $R_S = 0$ in die entsprechenden Differenzverstärker ohne Stromgegenkopplung übergehen. Beim npn-Differenzverstärker erhält man:

$$\left. \begin{aligned} k_{npn} &\approx \frac{1}{48 (1 + S R_E)^3} \left(\frac{\hat{u}_D}{U_T} \right)^2 \\ |A_D| &\approx \frac{\hat{u}_a}{\hat{u}_D} = \frac{S R_C}{1 + S R_E} \end{aligned} \right\} \Rightarrow k_{npn} \approx \frac{|A_D| U_T \hat{u}_a^2}{6 (I_0 R_C)^3}$$

Dabei ist $I_0 R_C$ der Spannungsabfall am Kollektorwiderstand, siehe Abb. 4.79a. Für den n-Kanal-Differenzverstärker gilt:

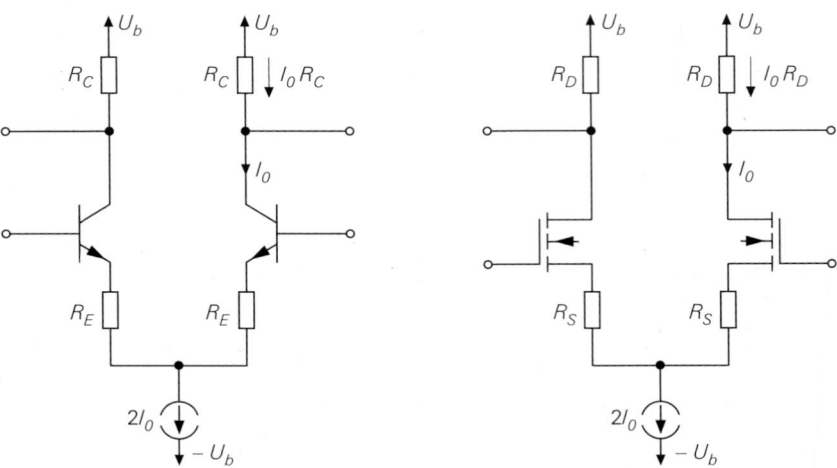

Abb. 4.79. Schaltungen zum Vergleich der Klirrfaktoren von npn- und n-Kanal-Differenzverstärker

$$
\left.
\begin{aligned}
k_{nK} &\approx \frac{K u_D^2}{64 I_0 (1 + S R_S)^3} \\[2ex]
|A_D| &\approx \frac{\hat{u}_a}{\hat{u}_D} = \frac{S R_D}{1 + S R_S}
\end{aligned}
\right\}
\quad \Rightarrow \quad
k_{nK} \approx \frac{|A_D| (U_{GS} - U_{th}) \hat{u}_a^2}{32 (I_0 R_D)^3}
$$

Hier ist $I_0 R_D$ der Spannungsabfall am Drainwiderstand, siehe Abb. 4.79b. Man erkennt, dass der Klirrfaktor bei beiden Differenzverstärkern umgekehrt proportional zur dritten Potenz des Spannungsabfalls an den Widerständen R_C und R_D ist. Da dieser Spannungsabfall in Abhängigkeit von der Versorgungsspannung U_b gewählt werden muss, nimmt der Klirrfaktor bei einer Reduzierung von U_b etwa kubisch zu: halbe Versorgungsspannung $\rightarrow$ 8-facher Klirrfaktor. Die Gegenkopplungswiderstände R_E und R_S treten nicht explizit auf, da ihr Wert wegen der als konstant vorausgesetzten Differenzverstärkung fest an R_C bzw. R_D gekoppelt ist. Aus dem Verhältnis

$$
\frac{k_{nK}}{k_{npn}} \approx \frac{3}{16} \frac{U_{GS} - U_{th}}{U_T} \overset{U_T = 26\,\text{mV}}{=} \frac{U_{GS} - U_{th}}{140\,\text{mV}}
$$

folgt, dass der Klirrfaktor eines npn-Differenzverstärkers üblicherweise geringer ist als der eines n-Kanal-Differenzverstärkers mit gleicher Differenzverstärkung.

Beispiel: Bei der Beschreibung des n-Kanal-Differenzverstärkers mit Stromgegenkopplung wurden die Kennlinien der in Abb. 4.63 auf Seite 352 gezeigten Schaltungen miteinander verglichen, siehe Abb. 4.64. Dabei wurde festgestellt, dass die Kennlinien des Differenzverstärkers ohne Stromgegenkopplung nichtlinearer sind als die des Differenzverstärkers mit Stromgegenkopplung. Dieses Ergebnis kann man nun mit Hilfe der Näherungen für den Klirrfaktor überprüfen. Beide Schaltungen arbeiten mit demselben Ruhestrom und haben dieselbe Differenzverstärkung, d.h. gleiche Ausgangsamplitude bei gleicher Eingangsamplitude $\hat{u}_D$. Für den Differenzverstärker ohne Gegenkopplung erhält man mit $I_0 = 100\,\mu\text{A}$, $K = 15 \cdot 30\,\mu\text{A/V}^2 = 0,45\,\text{mA/V}^2$ (Größe 15) und $\hat{u}_D = 0,5\,\text{V}$ einen Klirrfaktor von $k \approx 1,76\%$; für den Differenzverstärker mit Gegenkopplung folgt mit $K = 150 \cdot 30\,\mu\text{A/V}^2 = 4,5\,\text{mA/V}^2$ (Größe 150), $R_S = 2\,\text{k}\Omega$ und sonst gleichen Werten $k \approx 0,72\%$. Damit wird das Ergebnis bestätigt.

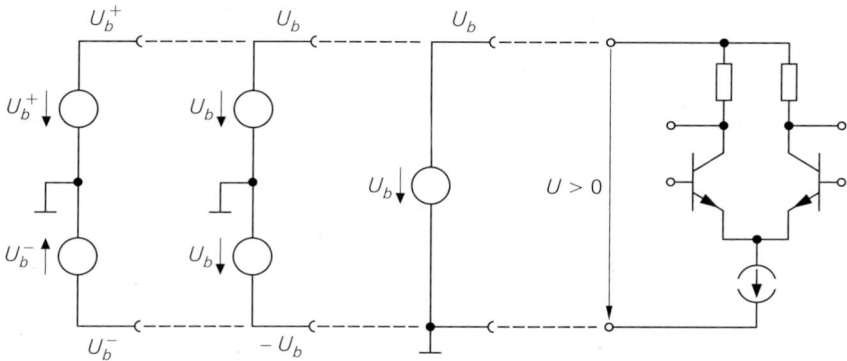

Abb. 4.80. Versorgungsspannungen beim Differenzverstärker: allgemein, symmetrisch und unipolar

4.1.4.11 Arbeitspunkteinstellung

Der Arbeitspunkt wird beim Differenzverstärker im wesentlichen mit der Stromquelle $2I_0$ eingestellt. Sie gibt die Ruheströme der Transistoren vor und bestimmt damit das Kleinsignalverhalten; nur beim Differenzverstärker mit Widerständen gehen die Widerstände als zusätzliche frei wählbare Größe ein. Die Arbeitspunktspannungen spielen beim Differenzverstärker eine untergeordnete Rolle, solange im Arbeitspunkt alle Bipolartransistoren im Normalbetrieb bzw. alle Mosfets im Abschnürbereich arbeiten. Diese Forderung ist im allgemeinen genau dann erfüllt, wenn die Gleichtaktspannung U_{Gl} innerhalb des *Gleichtaktaussteuerbereichs* liegt; darauf wurde bereits im Zusammenhang mit den Kennlinien eingegangen. Der Gleichtaktaussteuerbereich hängt vom Aufbau des Differenzverstärkers, von den Versorgungsspannungen und von der erforderlichen Ausgangsamplitude ab.

4.1.4.11.1 Versorgungsspannungen

Ein Differenzverstärker hat im allgemeinen zwei Versorgungsspannungen, die mit U_b^+ und U_b^- bezeichnet werden; dabei gilt $U_b^+ > U_b^-$. Die Spannungsdifferenz $U_b^+ - U_b^-$ muss mindestens so groß sein, dass alle Transistoren im Normal- bzw. Abschnürbereich arbeiten können, und sie muss so klein sein, dass die maximal zulässigen Spannungen bei keinem Transistor überschritten werden. Theoretisch sind alle Kombinationen möglich, die diese Bedingungen erfüllen, in der Praxis treten jedoch zwei Fälle besonders häufig auf:

- Symmetrische Spannungsversorgung mit $U_b^+ > 0$ und $U_b^- = -U_b^+$. Die Versorgungsspannungsanschlüsse werden in diesem Fall meist mit U_b und $-U_b$ bezeichnet. Beispiele: ± 5 V; ± 12 V.
- Unipolare Spannungsversorgung mit $U_b^+ > 0$ und $U_b^- = 0$. Hier liegt der Anschluss U_b^- auf Masse. Der Anschluss U_b^+ wird meist mit U_b bezeichnet. Beispiele: 12 V; 5 V; 3,3 V.

Abbildung 4.80 zeigt den allgemeinen und die beiden praktischen Fälle im Vergleich. Bei unipolarer Spannungsversorgung wird nur eine Versorgungsspannungsquelle benötigt.

4.1.4.11.2 Gleichtaktaussteuerbereich

Bei einem Differenzverstärker mit unipolarer Spannungsversorgung liegt der Gleichtaktaussteuerbereich vollständig im Bereich positiver Spannungen, d.h. im Arbeitspunkt

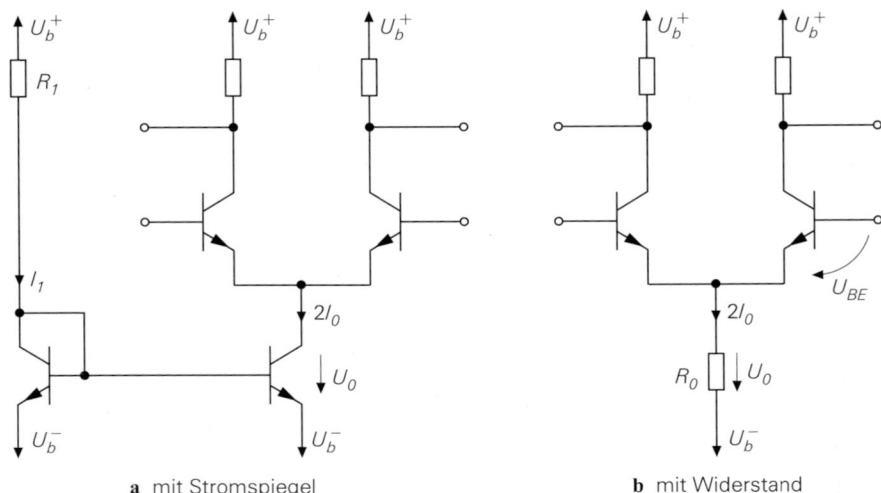

a mit Stromspiegel   **b** mit Widerstand

Abb. 4.81. Übliche Arbeitspunkteinstellung bei npn-Differenzverstärkern mit Widerständen

muss $U_{Gl} > 0$ gelten. Bei symmetrischer Spannungsversorgung ist dagegen bei ausreichend großer Spannung U_b auch $U_{Gl} = 0$ oder $U_{Gl} < 0$ möglich, weil sich der Gleichtaktaussteuerbereich in diesem Fall über positive und negative Spannungen erstreckt. Daraus folgt, dass man die Eingänge eines Differenzverstärkers mit symmetrischer Spannungsversorgung direkt mit einer Signalquelle ohne Gleichspannungsanteil verbinden kann; insbesondere kann man einen Eingang mit Masse verbinden, wie dies z.B. bei den Differenzverstärkern mit unsymmetrischem Eingang in Abb. 4.54 auf Seite 343 stillschweigend geschehen ist.

4.1.4.11.3 Differenzverstärker mit Widerständen

Abbildung 4.81a zeigt die übliche Arbeitspunkteinstellung bei einem Differenzverstärker mit Widerständen am Beispiel eines npn-Differenzverstärkers. Der Strom $2I_0$ wird mit einem npn-Stromspiegel aus dem Referenzstrom I_1 abgeleitet; das Übersetzungsverhältnis beträgt $k_I = 2I_0/I_1$. Der Strom I_1 kann im einfachsten Fall mit einem Widerstand R_1 eingestellt werden. Die Spannung U_0 am Ausgang des Stromspiegels darf eine Untergrenze $U_{0,min}$ – beim einfachen Stromspiegel $U_{CE,sat}$ bzw. $U_{DS,ab}$ – nicht unterschreiten; dadurch wird der Gleichtaktaussteuerbereich nach unten begrenzt.

Wenn sich die Gleichtaktspannung nur wenig ändert, kann man die Stromquelle durch einen Widerstand

$$R_0 = \frac{U_0}{2I_0} = \frac{U_{Gl} - U_{BE} - U_b^-}{2I_0}$$

ersetzen, siehe Abb. 4.81b. Die Gleichtaktunterdrückung ist in diesem Fall vergleichsweise gering, weil der Widerstand R_0 im allgemeinen deutlich kleiner ist als der Ausgangswiderstand r_0 einer realen Stromquelle.

4.1.4.11.4 Differenzverstärker mit Stromquellen

Abbildung 4.82 zeigt die in der Praxis übliche Arbeitspunkteinstellung bei Differenzverstärkern mit einfachen oder Kaskode-Stromquellen am Beispiel von npn-Differenzver-

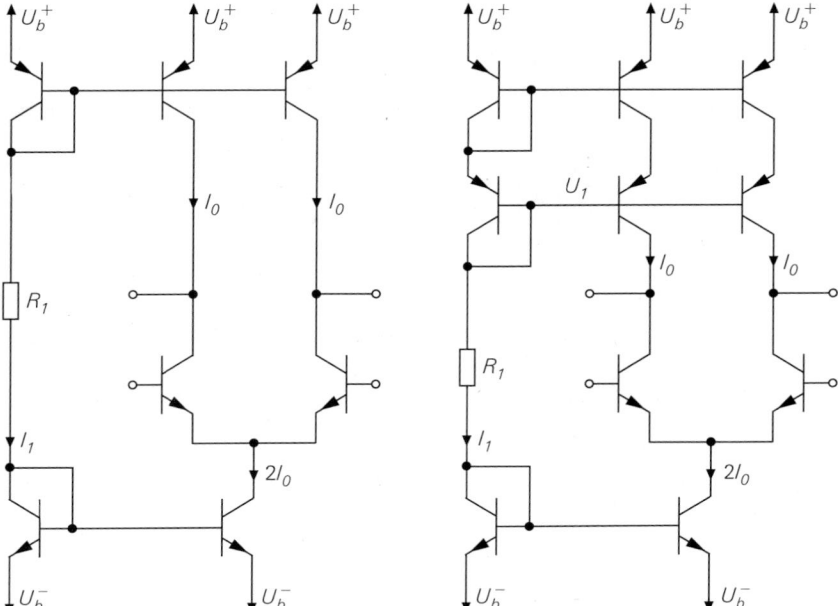

Abb. 4.82. Übliche Arbeitspunkteinstellung bei npn-Differenzverstärkern mit Stromquellen

stärkern. Die Stromquelle $2I_0$ wird wie beim Differenzverstärker mit Widerständen durch einen npn-Stromspiegel mit dem Übersetzungsverhältnis $k_I = 2I_0/I_1$ realisiert. Für die ausgangsseitigen Stromquellen wird ein pnp-Stromspiegel mit zwei Ausgängen eingesetzt; dabei wird derselbe Referenzstrom I_1 verwendet, was auf ein Übersetzungsverhältnis von $k_I = I_0/I_1$ führt. Auch hier kann der Strom I_1 im einfachsten Fall mit einem Widerstand R_1 eingestellt werden. Die Spannung U_1 für die Kaskode-Stufe wird durch die beiden pnp-Transistor-Dioden auf $U_b^+ - 2U_{EB} \approx U_b^+ - 1,4\,\text{V}$ eingestellt.

4.1.4.11.5 Kaskode-Differenzverstärker

Beim Kaskode-Differenzverstärker mit Kaskode-Stromquellen werden zwei Hilfsspannungen benötigt; Abb. 4.83 zeigt eine übliche Schaltung am Beispiel eines npn-Kaskode-Differenzverstärkers. Die Einstellung der Ströme erfolgt wie beim Differenzverstärker mit Stromquellen. Die Spannung U_2 für die pnp-Kaskode-Stufe wird auch hier mit zwei pnp-Transistor-Dioden auf $U_b^+ - 2U_{EB} \approx U_b^+ - 1,4\,\text{V}$ eingestellt. Die Spannung U_1 für die npn-Kaskode-Stufe wird über den Spannungsteiler aus den Widerständen R_1 und R_2 und einer Kollektorschaltung zur Impedanzwandlung bereitgestellt; dabei wird der Strom der Kollektorschaltung über eine zusätzliche Stromquelle eingestellt. Die Wahl der Spannung U_1 wirkt sich auf die Aussteuerbarkeit am Eingang und am Ausgang aus: eine relative hohe Spannung U_1 hat einen größeren Gleichtaktaussteuerbereich am Eingang und einen kleineren Aussteuerbereich am Ausgang zur Folge; eine geringere Spannung wirkt sich entgegengesetzt aus.

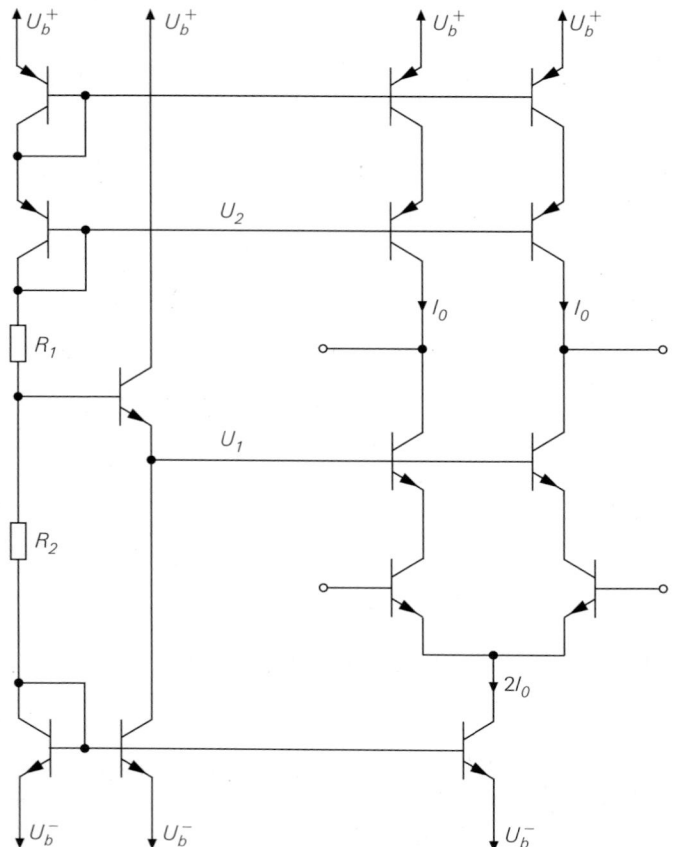

Abb. 4.83. Übliche Arbeitspunkteinstellung bei einem npn-Kaskode-Differenzverstärker mit Kaskode-Stromquellen

4.1.4.11.6 Differenzverstärker mit gefalteter Kaskode

Idealerweise sollte der ein- und ausgangsseitige Aussteuerbereich den ganzen Bereich zwischen den Versorgungsspannungen umfassen. Der in Abb. 4.84 gezeigte Differenzverstärker mit gefalteter Kaskode kommt diesem Idealfall sehr nahe. Er entsteht aus dem normalen Kaskode-Differenzverstärker, indem man die Kaskode-Stufe zusammen mit den ausgangsseitigen Stromquellen nach unten faltet und zwei weitere Stromquellen ergänzt. Man kann nun ein- und ausgangsseitig fast über den ganzen Bereich der Versorgungsspannungen aussteuern; daraus folgt insbesondere, dass die Ausgangsspannungen auch kleiner als die Eingangsspannungen sein können. Das Kleinsignalverhalten bleibt dagegen gleich. In der Praxis wird meist ein unsymmetrischer Ausgang verwendet, indem die ausgangsseitigen Stromquellen durch einen Kaskode-Stromspiegel ersetzt werden; man erhält dann die in Abb. 4.85 gezeigte Schaltung, die wegen ihrer Aussteuerbarkeit und ihrer hohen Differenzverstärkung und Gleichtaktunterdrückung vor allem als Eingangsstufe in Operationsverstärkern eingesetzt wird. Dort ersetzt man den Widerstand R_1 durch eine der

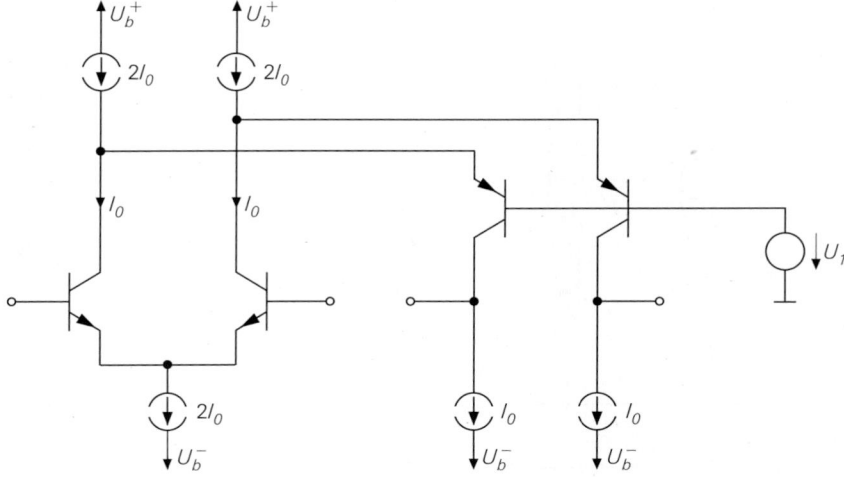

Abb. 4.84. Differenzverstärker mit gefalteter Kaskode

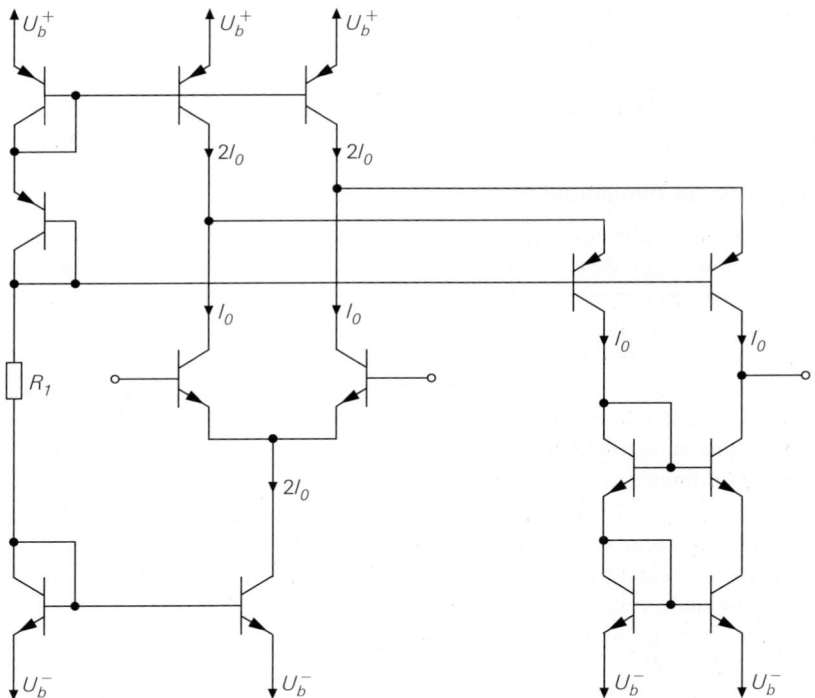

Abb. 4.85. Übliche Ausführung eines Differenzverstärkers mit gefalteter Kaskode
und unsymmetrischem Ausgang

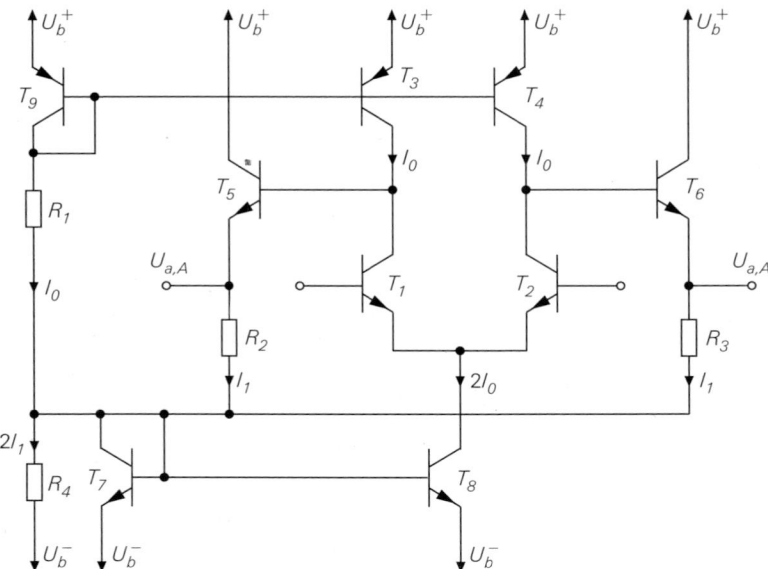

Abb. 4.86. Regelung der Ausgangsspannungen bei einem Differenzverstärker mit Kollektorschaltungen (Bezug auf die Versorgungsspannung U_b^-)

im Abschnitt 4.1.6 beschriebenen Referenzstromquellen, damit die Ruheströme nicht von den Versorgungsspannungen abhängen.

4.1.4.11.7 Regelung der Ausgangsspannungen

Bei allen symmetrischen Differenzverstärkern mit Stromquellen sind die Ausgangsspannungen im Arbeitspunkt ohne Beschaltung undefiniert. Ursache hierfür sind geringe Unterschiede in den Strömen der npn- und pnp- bzw. n-Kanal- und p-Kanal-Transistoren, die dazu führen, dass die Ausgänge entweder an die obere oder an die untere Aussteuerungsgrenze geraten. Bei niederohmigen Lasten an den Ausgängen wird der Arbeitspunkt durch die Lasten festgelegt; sie nehmen die Differenzströme der Transistoren auf. Sind dagegen hochohmige Lasten angeschlossen, muss man die Ausgangsspannungen regeln, um eine Übersteuerung zu vermeiden; dazu muss man entweder die Stromquelle $2I_0$ oder die beiden ausgangsseitigen Stromquellen I_0 geeignet steuern.

Wenn an den Ausgängen Kollektor- bzw. Drainschaltungen zur Impedanzwandlung angeschlossen sind, kann man die Stromquelle $2I_0$ steuern, indem man die Ruheströme dieser Schaltungen über Widerstände einstellt und eine Kollektorschaltung mit dem Referenzzweig der Stromquelle verbindet; Abb. 4.86 zeigt dieses Verfahren am Beispiel eines npn-Differenzverstärkers mit npn-Kollektorschaltungen. Im Arbeitspunkt erhält man an den Ausgängen mit $R_2 = R_3$:

$$U_{a,A} \;=\; U_b^- + U_{BE7} + I_1 R_2 \;=\; U_b^- + U_{BE7}\left(1 + \frac{R_2}{2R_4}\right) \qquad \text{mit } U_{BE7} \approx 0{,}7\,\text{V}$$

Dabei wird vorausgesetzt, dass der Stromspiegel T_7, T_8 wie im ungeregelten Fall das Übersetzungsverhältnis 2 besitzt. Alternativ kann man den Widerstand R_4 weglassen und den

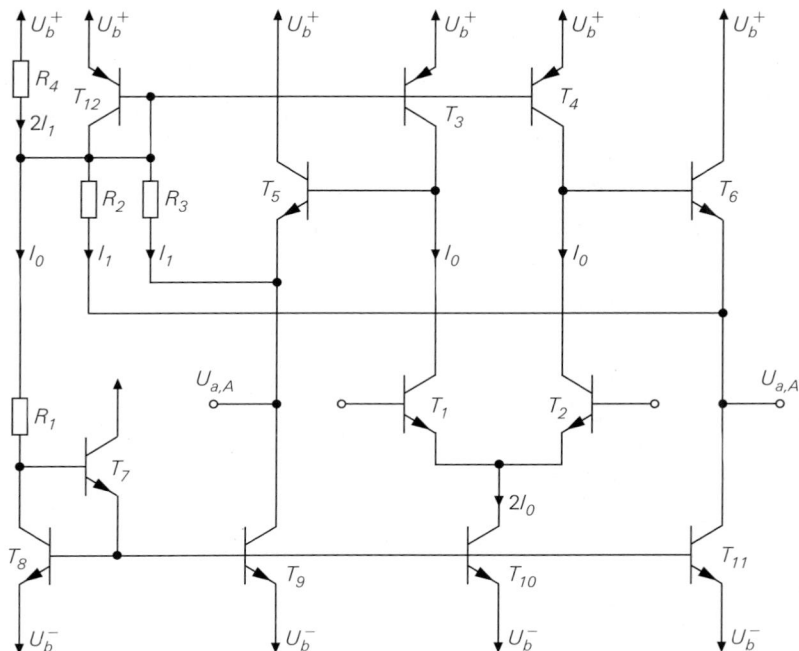

Abb. 4.87. Regelung der Ausgangsspannungen bei einem Differenzverstärker mit Kollektorschaltungen (Bezug auf die Versorgungsspannung U_b^+)

Arbeitspunkt mit dem Übersetzungsverhältnis k_I des Stromspiegels T_7, T_8 einstellen; dann gilt

$$k_I\,(I_0 + 2I_1) \;\equiv\; 2I_0 \;\Rightarrow\; I_1 \;=\; I_0\left(\frac{1}{k_I} - \frac{1}{2}\right)$$

Die Ausgangsspannungen beziehen sich auf die Versorgungsspannung U_b^-, was vor allem bei Schaltungen mit variablen Versorgungsspannungen ungünstig ist. Abhilfe schafft die in Abb. 4.87 gezeigte Variante mit Bezug auf die Versorgungsspannung U_b^+, bei der die pnp-Stromquellen gesteuert werden; hier gilt:

$$U_{a,A} \;=\; U_b^+ - U_{EB12} - I_1 R_2 \;=\; U_b^+ - U_{EB12}\left(1 + \frac{R_2}{2R_4}\right) \qquad \text{mit } U_{EB12} \approx 0{,}7\,\text{V}$$

Auch hier kann man den Widerstand R_4 weglassen und den Arbeitspunkt mit dem Übersetzungsverhältnis k_I der Stromspiegel T_{12}, T_3 und T_{12}, T_4 einstellen:

$$I_1 \;=\; \frac{I_0}{2}\left(\frac{1}{k_I} - 1\right)$$

Dabei muss $k_I < 1$ gelten, d.h. T_{12} ist größer als T_3 und T_4.

Bei beiden Varianten darf man die Widerstände R_2 und R_3 nicht zu klein wählen, weil sie die Ausgänge belasten und damit die Differenzverstärkung verringern. Bei Differenzverstärkern mit sehr hohem Ausgangswiderstand muss man deshalb meist zwei Kollektorschaltungen in Reihe schalten, bevor man die Widerstände anschließen kann. Bei

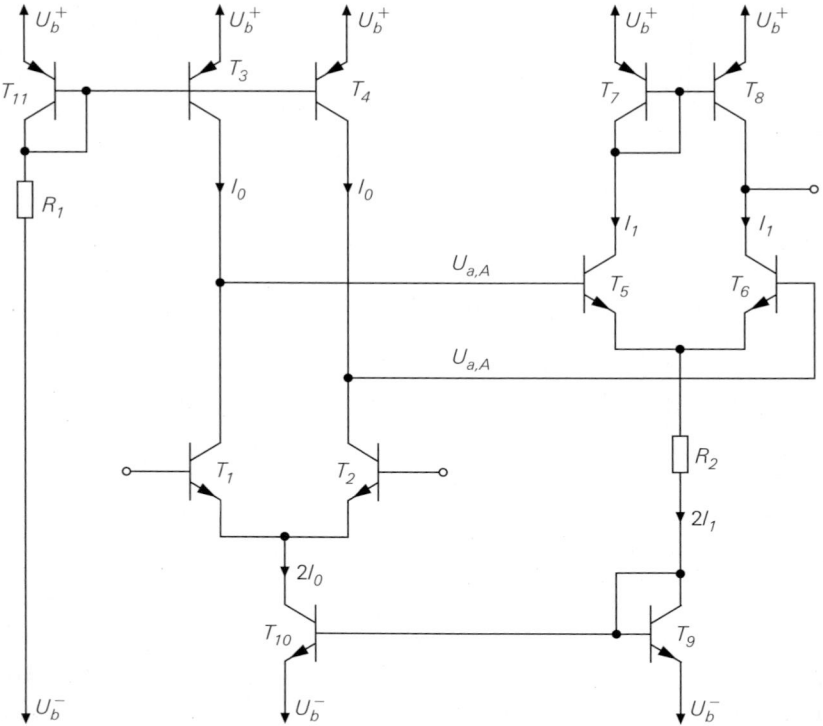

Abb. 4.88. Regelung der Ausgangsspannungen bei nachfolgendem npn-Differenzverstärker

den entsprechenden Schaltungen mit Mosfets ist dagegen bereits mit einer Drainschaltung eine Rückwirkung der Widerstände auf den Differenzverstärker ausgeschlossen.

Man kann dasselbe Verfahren auch anwenden, wenn anstelle der Kollektorschaltungen ein weiterer npn-Differenzverstärker folgt; Abb. 4.88 zeigt die entsprechende Schaltung. Hier gilt mit dem Übersetzungsverhältnis k_I des Stromspiegels T_9, T_{10}:

$$I_1 = \frac{I_0}{k_I} \quad , \quad U_{a,A} = U_b^- + U_{BE9} + 2I_1 R_2 + U_{BE5}$$

Folgt ein pnp-Differenzverstärker, kann man die in Abb. 4.89 gezeigte Schaltung verwenden, bei der die pnp-Stromquellen ohne zusätzliche Widerstände gesteuert werden; hier gilt

$$U_{a,A} = U_b^+ - U_{EB9} - U_{EB5} \approx U_b^+ - 1{,}4\,\text{V}$$

und mit dem Übersetzungsverhältnis k_I der Stromspiegel T_9, T_3 und T_9, T_4:

$$I_1 = \frac{I_0}{2k_I}$$

Bei dieser Variante ist die Schleifenverstärkung der Regelung sehr hoch und muss ggf. durch Stromgegenkopplungswiderstände in den Stromspiegeln begrenzt werden, d.h. in die Emitter-Leitungen von T_3, T_4 und T_9 müssen Widerstände entsprechend dem Übersetzungsverhältnis eingefügt werden. Diese Schaltung wird vor allem in Präzisions-Operationsverstärkern verwendet.

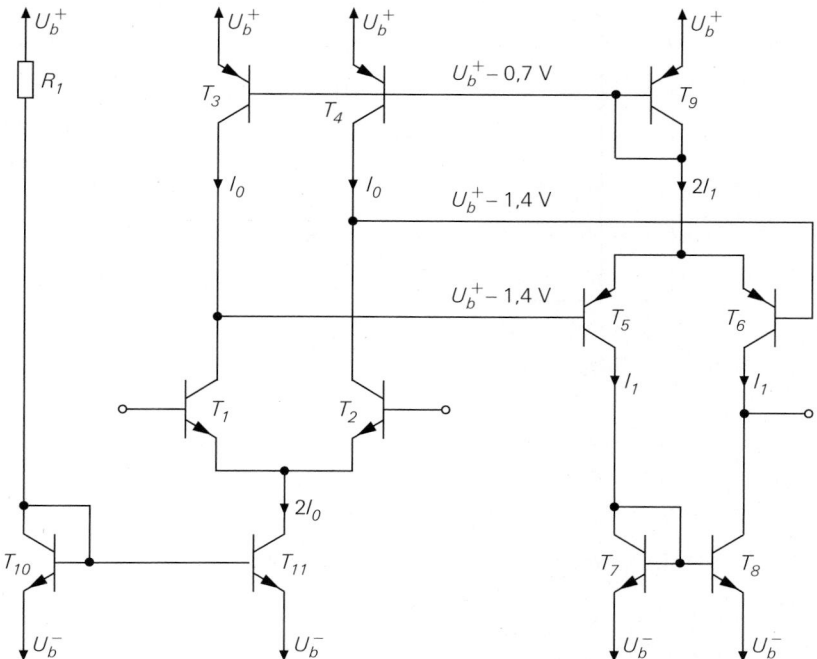

Abb. 4.89. Regelung der Ausgangsspannungen bei nachfolgendem pnp-Differenzverstärker

Alle Verfahren zur Regelung der Ausgangsspannungen haben eine Erhöhung der Gleichtaktunterdrückung zur Folge, weil sie die durch eine Gleichtaktaussteuerung verursachte gleichsinnige Änderung der Ausgangsspannungen ausregeln. Deshalb haben Operationsverstärker, die die in Abb. 4.89 gezeigte Schaltung verwenden, eine besonders hohe Gleichtaktunterdrückung und – wegen der beiden Differenzverstärker– eine besonders hohe Differenzverstärkung.

4.1.4.12 Frequenzgänge und Grenzfrequenzen des Differenzverstärkers

Die Differenz- und Gleichtaktverstärkung gelten in der bisher berechneten Form nur für niedrige Signalfrequenzen; bei höheren Frequenzen muss man die Kapazitäten der Transistoren berücksichtigen und die Frequenzgänge unter Verwendung der dynamischen Kleinsignalmodelle berechnen. Beim Differenzverstärker muss man zwischen dem Frequenzgang der Differenzverstärkung und dem Frequenzgang der Gleichtaktverstärkung unterscheiden; der Quotient aus beiden ergibt den Frequenzgang der Gleichtaktunterdrückung.

Wegen der Abhängigkeit des Frequenzgangs von der Beschaltung wird die jeweilige Betriebsverstärkung betrachtet, d.h. es werden die Innenwiderstände R_g der Signalquellen und die Lastimpedanzen, bestehend aus dem Lastwiderstand R_L und der Lastkapazität C_L, berücksichtigt, siehe Abb. 4.90. Die Kleinsignalspannungen u_{g1} und u_{g2} der Signalquellen werden in gewohnter Form durch die *Signal-Differenzspannung* $u_{g,D}$ und die *Signal-Gleichtaktspannung* $u_{g,Gl}$ ersetzt:

$$u_{g,D} = u_{g1} - u_{g2} \quad , \quad u_{g,Gl} = \frac{u_{g1} + u_{g2}}{2} \tag{4.112}$$

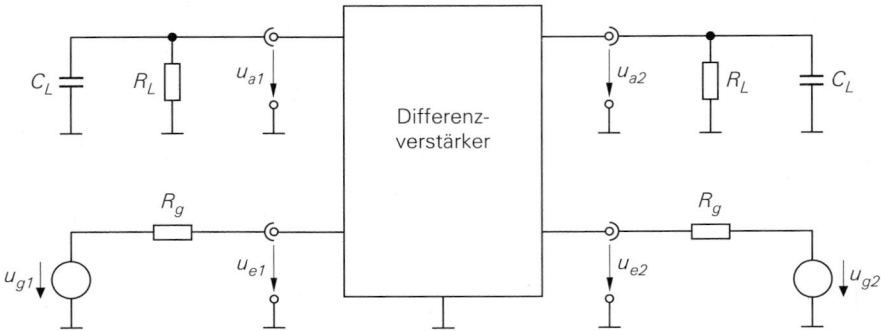

Abb. 4.90. Schaltung zur Bestimmung der Frequenzgänge

Damit kann man die *Betriebs-Differenzverstärkung* $\underline{A}_{B,D}(s)$, die *Betriebs-Gleichtaktver-stärkung* $\underline{A}_{B,Gl}(s)$ und die *Betriebs-Gleichtaktunterdrückung* $\underline{G}_B(s)$ definieren:

$$\underline{A}_{B,D}(s) = \left. \frac{\underline{u}_{a1}(s)}{\underline{u}_{g,D}(s)} \right|_{u_{g,Gl}=0} \tag{4.113}$$

$$\underline{A}_{B,Gl}(s) = \left. \frac{\underline{u}_{a1}(s)}{\underline{u}_{g,Gl}(s)} \right|_{u_{g,D}=0} \tag{4.114}$$

$$\underline{G}_B(s) = \frac{\underline{A}_{B,D}(s)}{\underline{A}_{B,Gl}(s)} \tag{4.115}$$

Im folgenden wird der Prefix *Betrieb* der Einfachheit halber weggelassen.

Auch bei der Berechnung der Frequenzgänge macht man von den Symmetrieeigenschaften Gebrauch. Dadurch kann man den symmetrischen Differenzverstärker auf die entsprechenden Emitter-, Source- oder Kaskodeschaltungen zurückführen. Beim unsymmetrischen Differenzverstärker mit Stromspiegel ist dies auf Grund der Unsymmetrie nicht möglich; außerdem muss der Frequenzgang des Stromspiegels berücksichtigt werden. Bei der Berechnung der statischen Größen wurde ein idealer Stromspiegel angenommen; deshalb konnten die Ergebnisse für den symmetrischen Differenzverstärker einfach auf den unsymmetrischen übertragen werden. Da Stromspiegel im allgemeinen eine sehr hohe Grenzfrequenz aufweisen, kann man diese Vorgehensweise auch hier anwenden; dazu setzt man für den Stromspiegels einen idealen Frequenzgang voraus. Die Grenzfrequenzen eines symmetrischen und eines unsymmetrischen Differenzverstärkers gleicher Bauart sind in diesem Fall gleich.

4.1.4.12.1 Frequenzgang und Grenzfrequenz der Differenzverstärkung

Der Frequenzgang der Differenzverstärkung wird näherungsweise durch einen Tiefpass 1.Grades beschrieben:

$$\underline{A}_{B,D}(s) \approx \frac{A_0}{1 + \dfrac{s}{\omega_g}} \tag{4.116}$$

Dabei ist A_0 die Betriebsverstärkung bei niedrigen Frequenzen unter Berücksichtigung des Innenwiderstands R_g der Signalquelle und des Lastwiderstands R_L:

$$A_0 = \underline{A}_{B,D}(0) = A_B = \frac{r_{e,D}}{r_{e,D} + 2R_g} A_D \frac{R_L}{r_{a,D} + R_L} \qquad (4.117)$$

Für die *-3dB-Grenzfrequenz* f_{-3dB}, bei der der Betrag der Verstärkung um 3 dB abgenommen hat, erhält man aus (4.116) $\omega_{-3dB} \approx \omega_g$. Sie lässt sich mit Hilfe der Niederfrequenzverstärkung A_0 und zwei Zeitkonstanten beschreiben:

$$\omega_{-3dB} = 2\pi f_{-3dB} = \frac{1}{T_1 + T_2|A_0|} \overset{|A_0|\gg T_1/T_2}{\approx} \frac{1}{T_2|A_0|} \qquad (4.118)$$

Für $|A_0| \gg T_1/T_2$ ist die Grenzfrequenz umgekehrt proportional zum Betrag der Verstärkung A_0 und man erhält ein konstantes *Verstärkungs-Bandbreite-Produkt* (*gain-bandwidth-product*, GBW):

$$GBW = f_{-3dB}|A_0| \approx \frac{1}{2\pi\,T_2} \qquad (4.119)$$

Die Zeitkonstanten T_1 und T_2 für die verschiedenen Ausführungen des Differenzverstärkers kann man den folgenden Abschnitten entnehmen:

2.4.1	Emitterschaltung:	(2.105), (2.109), (2.112)–(2.114)	Seite 131ff.
3.4.1	Sourceschaltung:	(3.86), (3.89), (3.92)	Seite 256ff.
4.1.3	Kaskodeschaltung:	(4.45), (4.46), (4.53), (4.54)	Seite 333 und 339

Abbildung 4.91 enthält eine Zusammenfassung für den Fall, dass die Kapazitäten der npn- und pnp-Transistoren und die der n- und p-Kanal-Mosfets gleich sind. Will man hier unterscheiden, muss man bei der Zeitkonstanten T_2 alle Kapazitäten mit dem Faktor 2 durch die Summe der entsprechenden Werte ersetzen:

$$2C_C \rightarrow C_{C,npn} + C_{C,pnp} \;\;,\;\; 2C_S \rightarrow C_{S,npn} + C_{S,pnp}$$
$$2C_{GD} \rightarrow C_{GD,nK} + C_{GD,pK} \;\;,\;\; 2C_{BD} \rightarrow C_{BD,nK} + C_{BD,pK}$$

Alle anderen Kapazitäten beziehen sich beim npn-Differenzverstärker auf die npn-Transistoren und beim n-Kanal-Differenzverstärker auf die n-Kanal-Mosfets; das gilt auch für die Kapazitäten mit dem Faktor 2 in der Zeitkonstanten T_1.

Einige Gleichungen in Abb. 4.91 sind im Vergleich zur ursprünglich berechneten Form modifiziert:

– Die Basisbahn- und Gatewiderstände werden vernachlässigt, d.h. anstelle von $R'_g = R_g + R_B$ bzw. $R'_g = R_g + R_G$ wird R_g eingesetzt.
– Bei den npn-Differenzverstärkern werden die zugrundeliegenden Gleichungen der Emitterschaltung um die Substratkapazität C_S erweitert; dazu wird $C_L + C_S$ anstelle von C_L eingesetzt, da die Substratkapazität wie eine Lastkapazität wirkt.
– Bei den n-Kanal-Differenzverstärkern wird in den zugrundeliegenden Gleichungen der Sourceschaltung die Drain-Source-Kapazität C_{DS}, die nur bei diskreten Mosfets auftritt, durch die Bulk-Drain-Kapazität C_{BD} ersetzt.

Bei Stromgegenkopplung werden einige Größen mit dem Gegenkopplungsfaktor transformiert; in Abb. 4.91 ist dies nur für den Differenzverstärker mit Widerständen aufgeführt, kann aber in gleicher Weise auch auf die anderen Ausführungen übertragen werden.

npn	Zeitkonstanten
mit Widerständen	$T_1 = (C_E + C_C)\left(R_g \parallel r_{BE}\right)$ $T_2 = \left(C_C + \dfrac{C_S + C_L}{\beta}\right) R_g + \dfrac{C_C + C_S + C_L}{S}$
mit Widerständen und Stromgegenkopplung	$T_1 = (C'_E + C_C)\left(R_g \parallel r'_{BE}\right)$ $T_2 = \left(C_C + \dfrac{C_S + C_L}{\beta}\right) R_g + \dfrac{C_C + C_S + C_L}{S'}$ mit $S' = S/(1 + SR_E), C'_E = C_E/(1 + SR_E)$ und $r'_{BE} = r_{BE}(1 + SR_E)$
mit Stromquellen	$T_1 = (C_E + C_C)\left(R_g \parallel r_{BE}\right)$ $T_2 = \left(C_C + \dfrac{C_C + 2C_S + C_L}{\beta}\right) R_g + \dfrac{2C_C + 2C_S + C_L}{S}$
mit Kaskode	$T_1 = (C_E + 2C_C)\left(R_g \parallel r_{BE}\right)$ $T_2 = (2C_C + 2C_S + C_L)\left(\dfrac{R_g}{\beta} + \dfrac{1}{S}\right)$

n-Kanal	Zeitkonstanten
mit Widerständen	$T_1 = (C_{GS} + C_{GD}) R_g$ $T_2 = C_{GD} R_g + \dfrac{C_{GD} + C_{BD} + C_L}{S}$
mit Widerständen und Stromgegenkopplung	$T_1 = (C'_{GS} + C_{GD}) R_g$ $T_2 = C_{GD} R_g + \dfrac{C_{GD} + C_{BD} + C_L}{S'}$ mit $S' \approx S/(1 + SR_S)$ und $C'_{GS} \approx C_{GS}/(1 + SR_S)$
mit Stromquellen	$T_1 = (C_{GS} + C_{GD}) R_g$ $T_2 = C_{GD} R_g + \dfrac{2C_{GD} + 2C_{BD} + C_L}{S}$
mit Kaskode	$T_1 = (C_{GS} + 2C_{GD}) R_g$ $T_2 = \dfrac{2C_{GD} + 2C_{BD} + C_L}{S}$

Abb. 4.91. Zeitkonstanten für die Grenzfrequenz der Differenzverstärkung

Die zur Auswertung der Zeitkonstanten benötigten Kleinsignalparameter integrierter Bipolartransistoren und Mosfets sind in Abb. 4.92 zusammengefasst; sie sind Abb. 2.45 auf Seite 86 (ohne C_E und C_C), (4.49) und (4.50) auf Seite 337 und Abb. 3.52 auf Seite 231 entnommen. Bei den Sperrschichtkapazitäten C_C, C_S und C_{BD} wird ohne Rücksicht auf die aktuelle Sperrspannung die jeweilige Null-Kapazität $C(U = 0)$ verwendet; die tatsächliche Kapazität ist geringer.

Die Betragsfrequenzgänge der Differenzverstärkung sind in Abb. 4.93 dargestellt. Die Werte für die Niederfrequenzverstärkung gelten für npn-Differenzverstärker; bei den ent-

Bipolartransistor	Mosfet
$S = \dfrac{\beta}{r_{BE}} = \dfrac{I_{C,A}}{U_T}$ mit $\beta \approx B$	$S = \sqrt{2K I_{D,A}} = \sqrt{2\mu C'_{ox} I_{D,A} \dfrac{W}{L}}$
$C_E \approx S\tau_{0,N} + 2C_{S0,E}$	$C_{GS} \approx \dfrac{2}{3} C_{ox} = \dfrac{2}{3} C'_{ox} W L$
$C_C \approx C_{S0,C}$	$C_{GD} = C'_{GD,\ddot{U}} W$
$C_S \approx C_{S0,S}$	$C_{BD} \approx C'_S A_D$ $(A_D : \text{Drainfläche})$

Abb. 4.92. Kleinsignalparameter integrierter Bipolartransistoren und Mosfets

sprechenden n-Kanal-Differenzverstärkern sind die Werte etwa um den Faktor 10 geringer. Die Differenzverstärker mit einfacher und mit Kaskode-Stromquelle erreichen eine höhere Differenzverstärkung als der Differenzverstärker mit Widerständen, haben allerdings wegen der zusätzlichen Kapazitäten der Stromquellen-Transistoren ein geringeres Verstärkungs-Bandbreite-Produkt (*GBW*). Beim Kaskode-Differenzverstärker mit Kaskode-Stromquellen ist sowohl die Differenzverstärkung als auch das Verstärkungs-Bandbreite-Produkt am größten.

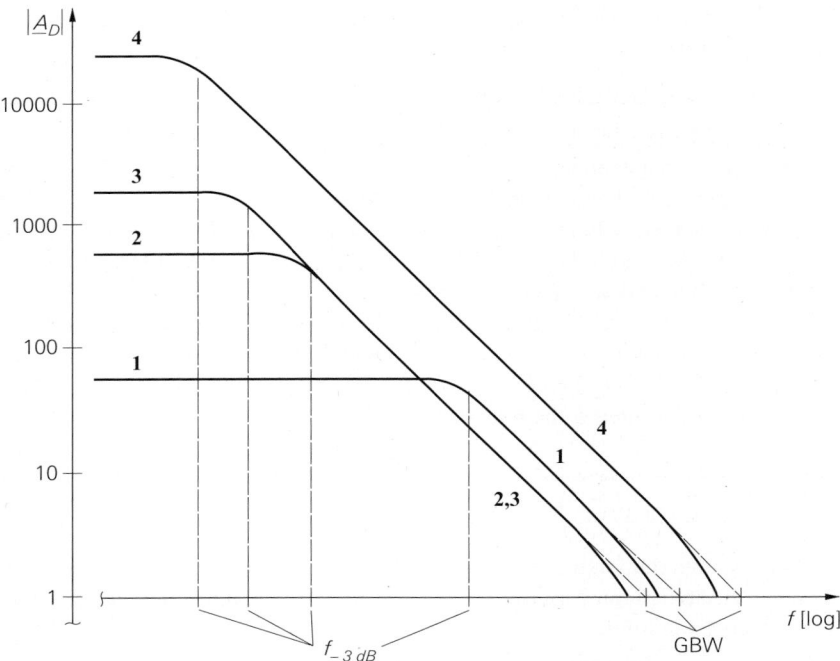

1: Differenzverstärker mit Widerständen
2: Differenzverstärker mit einfachen Stromquellen
3: Differenzverstärker mit Kaskode-Stromquellen
4: Kaskode-Differenzverstärker mit Kaskode-Stromquellen

Abb. 4.93. Betragsfrequenzgänge der Differenzverstärkung (die Zahlenwerte gelten für npn-Differenzverstärker)

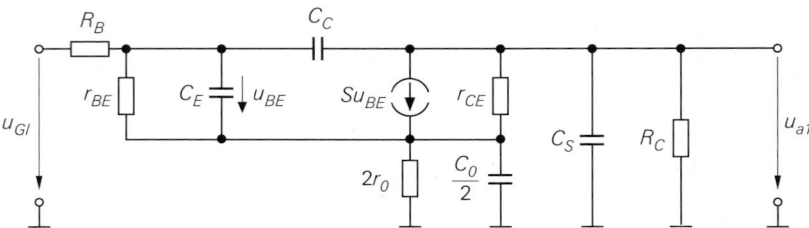

Abb. 4.94. Dynamisches Kleinsignalersatzschaltbild eines npn-Differenzverstärkers mit Widerständen bei Gleichtaktaussteuerung

Der Differenzverstärker mit einfachem Stromspiegel erreicht etwa die doppelte Differenzverstärkung und das doppelte Verstärkungs-Bandbreite-Produkt wie der entsprechende symmetrische Differenzverstärker; dadurch haben beide Schaltungen dieselbe Grenzfrequenz. Das gilt auch für den n-Kanal-Kaskode-Differenzverstärker mit Kaskode-Stromspiegel. Beim npn-Kaskode-Differenzverstärker mit Kaskode-Stromspiegel ist das Verstärkungs-Bandbreite-Produkt ebenfalls doppelt so groß wie beim npn-Kaskode-Differenzverstärker mit Kaskode-Stromquellen, jedoch ist die Differenzverstärkung aufgrund des geringeren Ausgangswiderstands des Kaskode-Stromspiegels im Vergleich zur Kaskode-Stromquelle nur wenig größer; deshalb ist die Grenzfrequenz höher. Die Frequenzgänge der Differenzverstärker mit Stromspiegel sind in Abb. 4.93 der Übersichtlichkeit wegen nicht dargestellt.

4.1.4.12.2 Frequenzgang der Gleichtaktverstärkung

Zur Berechnung wird das in Abb. 4.94 gezeigte Kleinsignalersatzschaltbild eines npn-Differenzverstärkers mit Widerständen verwendet; es entsteht aus dem in Abb. 4.71 auf Seite 360 gezeigten statischen Kleinsignalersatzschaltbild für Gleichtaktaussteuerung durch Übergang vom statischen zum dynamischen Kleinsignalmodell des Transistors. C_0 ist die Ausgangskapazität der Stromquelle, die wegen der Aufteilung nur zur Hälfte eingeht. Das Ersatzschaltbild für Gleichtaktaussteuerung unterscheidet sich vom Ersatzschaltbild für Differenzaussteuerung nur durch die Impedanz der Stromquelle, die eine frequenzabhängige Stromgegenkopplung bewirkt; deshalb kann man den Frequenzgang der Gleichtaktverstärkung näherungsweise aus dem Frequenzgang der Differenzverstärkung berechnen, indem man anstelle der Steilheit S die reduzierte Steilheit

$$S_{red}(s) \; = \; \frac{S}{1 + S\left(2\,r_0 \,\|\, \dfrac{2}{sC_0}\right)} \; \stackrel{Sr_0 \gg 1}{\approx} \; \frac{1 + sC_0 r_0}{2r_0\left(1 + s\,\dfrac{C_0}{2S}\right)}$$

einsetzt. Da bei Gleichtaktaussteuerung an jedem Eingang die volle Gleichtaktspannung anliegt, muss man zusätzlich mit 2 multiplizieren. Mit (4.116) und unter Berücksichtigung der Ausgangswiderstände folgt:

$$\underline{A}_{B,Gl}(s) \; \approx \; 2\underline{A}_{B,D}(s)\,\frac{S_{red}(s)r_{a,Gl}}{S\,r_{a,D}} \; \approx \; \frac{A_0 r_{a,Gl}}{S\,r_0 r_{a,D}}\,\frac{1 + sC_0 r_0}{\left(1 + s\,\dfrac{C_0}{2S}\right)\left(1 + \dfrac{s}{\omega_g}\right)}$$

Wenn man die Gleichtaktunterdrückung

$$G \; = \; \frac{S\,r_0 r_{a,D}}{r_{a,Gl}}$$

einsetzt und die Zeitkonstante $C_0 r_0$ durch die *Grenzfrequenz der Gleichtaktunterdrückung*

$$\omega_{g,G} = 2\pi f_{g,G} = \frac{1}{C_0 r_0} \tag{4.120}$$

ersetzt, erhält man:

$$\underline{A}_{B,Gl}(s) \approx \frac{A_0}{G} \frac{1 + \dfrac{s}{\omega_{g,G}}}{\left(1 + \dfrac{s}{2G\omega_{g,G}}\right)\left(1 + \dfrac{s}{\omega_g}\right)} \tag{4.121}$$

$$\underline{G}_B(s) \approx G \frac{1 + \dfrac{s}{2G\omega_{g,G}}}{1 + \dfrac{s}{\omega_{g,G}}} \tag{4.122}$$

Abb. 4.95 zeigt die Betragsfrequenzgänge $|\underline{A}_{B,D}|$, $|\underline{A}_{B,Gl}|$ und $|\underline{G}_B|$ für die Fälle $f_{g,G} < f_g$ und $f_{g,G} > f_g$.

Der Fall $f_{g,G} < f_g$ ist typisch für Differenzverstärker mit Widerständen oder mit einfachen Stromquellen. Der Betrag der Gleichtaktverstärkung nimmt im Bereich zwischen der Gleichtakt-Grenzfrequenz $f_{g,G}$ und der Grenzfrequenz f_g zu, verläuft oberhalb f_g konstant und ist bei hohen Frequenzen doppelt so groß wie der Betrag der Differenzverstärkung. Der Betrag der Gleichtaktunterdrückung nimmt ab der Gleichtakt-Grenzfrequenz $f_{g,G}$ mit 20 dB/Dek. ab und geht bei hohen Frequenzen gegen 1/2.

Der Fall $f_{g,G} > f_g$ tritt vor allem bei Kaskode-Differenzverstärkern auf, die aufgrund ihrer sehr hohen Niederfrequenzverstärkung selbst bei einem hohen Verstärkungs-Bandbreite-Produkt nur eine relativ geringe Grenzfrequenz f_g besitzen. Der Betrag der Gleichtaktverstärkung nimmt zwischen der Grenzfrequenz f_g und der Gleichtakt-Grenzfrequenz $f_{g,G}$ ab, ist oberhalb $f_{g,G}$ konstant und bei hohen Frequenzen doppelt so groß wie der Betrag der Differenzverstärkung. Der Betrag der Gleichtaktunterdrückung verläuft wie im Fall $f_{g,G} < f_g$.

Die vereinfachte Herleitung des Frequenzgangs der Gleichtaktverstärkung ist für die Anschauung nützlich, führt aber zu Ungenauigkeiten:

- Aufgrund der frequenzabhängigen Gegenkopplung hat die Grenzfrequenz f_g bei Gleichtaktaussteuerung einen anderen Wert als bei Differenzaussteuerung. Dieser Effekt ist bei den meisten Schaltungen gering, bei einigen jedoch stark ausgeprägt; dadurch tritt in der Gleichtaktunterdrückung ein zusätzlicher Pol und eine zusätzliche Nullstelle auf. Als Folge tritt beim Differenzverstärker mit Widerständen ein Bereich auf, in dem der Betrag der Gleichtaktunterdrückung mit 40 dB/Dek. abnimmt, und beim Differenzverstärker mit Kaskode-Stromspiegeln ein Bereich, in dem der Betrag der Gleichtaktunterdrückung zunimmt; Abb. 4.96 zeigt diese speziellen Fälle.
- Beim npn-Differenzverstärker werden der Differenz- und der Gleichtaktanteil des Eingangssignals aufgrund der unterschiedlichen Eingangswiderstände bei Differenz- und Gleichtaktaussteuerung unterschiedlich stark abgeschwächt. Deshalb entspricht der niederfrequente Wert der Betriebs-Gleichtaktunterdrückung $\underline{G}_B(s)$ vor allem bei hochohmigen Signalquellen nicht der Gleichtaktunterdrückung G, sondern ist um das Verhältnis der Spannungsteiler-Faktoren

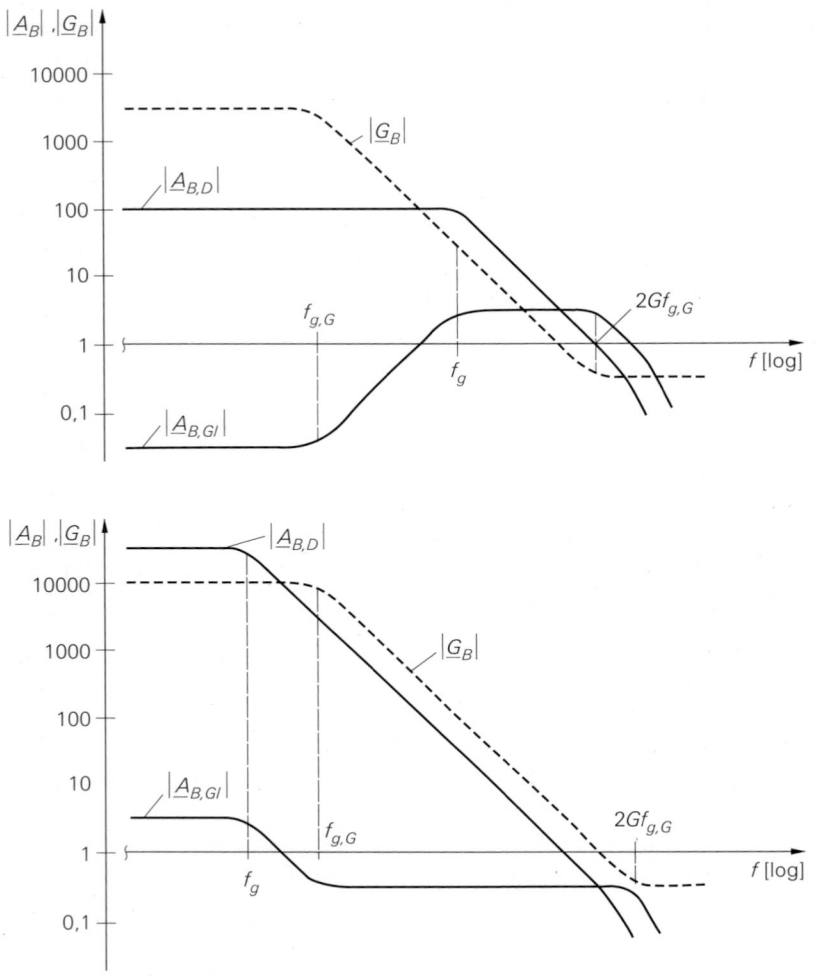

Abb. 4.95. Betragsfrequenzgänge $|\underline{A}_{B,D}|$, $|\underline{A}_{B,Gl}|$ und $|\underline{G}_B|$ für die Fälle $f_{g,G} < f_g$ (oben) und $f_{g,G} > f_g$ (unten)

$$\frac{\dfrac{r_{e,Gl}}{r_{e,Gl} + 2R_g}}{\dfrac{r_{e,D}}{r_{e,D} + 2R_g}} \overset{R_g \ll r_{e,Gl}}{\approx} 1 + \frac{2R_g}{r_{e,D}}$$

geringer. Bei niederohmigen Quellen mit $R_g \ll r_{e,D}$ macht sich dieser Effekt nicht bemerkbar.

Beispiel: Im folgenden werden die verschiedenen npn- und n-Kanal-Differenzverstärker verglichen. Alle Schaltungen sind für eine unipolare Versorgungsspannung von $U_b = 5\,\mathrm{V}$ und eine Ausgangsspannung von $U_{a,A} = 2,5\,\mathrm{V}$ ausgelegt. Für die Bipolartransistoren werden die Parameter aus Abb. 4.5 auf Seite 284 und für die Mosfets die Parameter aus Abb. 4.6 auf Seite 285 angenommen. Der Ruhestrom beträgt $I_0 = 100\,\mu\mathrm{A}$ bei den npn-Dif-

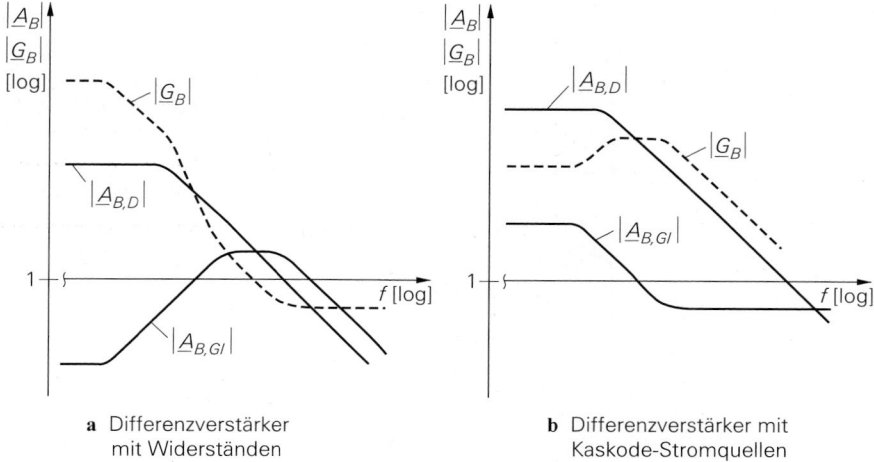

a Differenzverstärker
mit Widerständen

b Differenzverstärker mit
Kaskode-Stromquellen

Abb. 4.96. Betragsfrequenzgänge $|\underline{A}_{B,D}|$, $|\underline{A}_{B,Gl}|$ und $|\underline{G}_B|$

ferenzverstärkern und $I_0 = 10\,\mu\text{A}$ bei den n-Kanal-Differenzverstärkern. Bei den Bipolar-transistoren wird generell die Größe 1 pro $100\,\mu\text{A}$ Ruhestrom verwendet; das entspricht dem in Abb. 4.5 aufgeführten typischen Wert. Bei den Mosfets würde nach Abb. 4.6 ebenfalls die Größe 1 ausreichen, jedoch ist die damit verbundene Gate-Source-Spannung von $|U_{GS}| \approx 1,8\ldots 2\,\text{V}$ ($|U_{BS}| = 0\ldots 1\,\text{V}$) für die hier vorliegende Versorgungsspannung von 5 V zu hoch; deshalb werden n-Kanal-Mosfets der Größe 5 ($U_{GS} \approx 1,4\ldots 1,6\,\text{V}$) und p-Kanal-Mosfets der Größe 2 ($U_{GS} \approx -1,6\ldots -1,8\,\text{V}$) pro $10\,\mu\text{A}$ Ruhestrom verwendet. Da das geometrische Größenverhältnis der n- und p-Kanal-Mosfets der Größe 1 genau 2/5 beträgt, sind alle Mosfets – mit Ausnahme des Mosfets in der Stromquelle – geometrisch gleich groß:

$$W = 15\,\mu\text{m}\quad,\quad L = 3\,\mu\text{m}$$

Die Gleichtaktspannung am Eingang beträgt bei den npn-Differenzverstärkern $U_{Gl,A} = 1\,\text{V}$ und bei den n-Kanal-Differenzverstärkern $U_{Gl,A} = 2\,\text{V}$; dadurch werden die Strom-quellen im Emitter- bzw. Sourcezweig gerade noch oberhalb ihrer Aussteuerungsgrenze betrieben.

Abbildung 4.97 zeigt die Differenzverstärker mit Widerständen; dabei sind die Kollektor- bzw. Drainwiderstände so gewählt, dass die gewünschte Ausgangsspannung $U_{a,A} = 2,5\,\text{V}$ erreicht wird:

$$\left.\begin{array}{c} R_C \\ R_D \end{array}\right\} = \frac{U_b - U_{a,A}}{I_0} = \left\{\begin{array}{l} 25\,\text{k}\Omega \\ 250\,\text{k}\Omega \end{array}\right.$$

Im Gegensatz dazu stellt sich der Arbeitspunkt bei den Differenzverstärkern mit einfachen Stromquellen und einfachen Stromspiegeln in Abb. 4.98 nicht automatisch ein. Da die Kollektor- bzw. Drainströme der Transistoren T_1 und T_3 sowie T_2 und T_4 im gewünschten Arbeitspunkt im allgemeinen nicht exakt gleich sind, geht der Transistor mit dem größe-ren Strom in die Sättigung bzw. in den Abschnürbereich; die Ausgänge sind in diesem Fall übersteuert. In einer integrierten Schaltung hängt der tatsächliche Arbeitspunkt von der Beschaltung der Ausgänge und einer eventuell vorhandenen Arbeitspunktregelung ab;

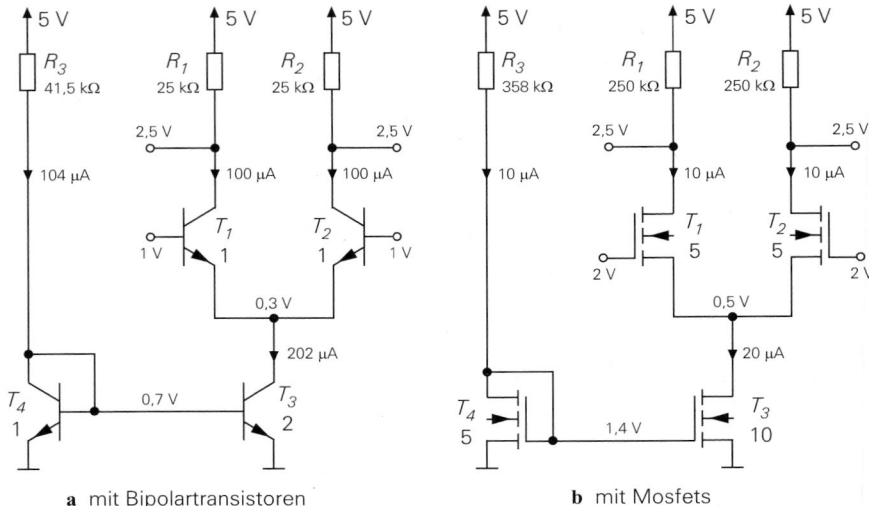

Abb. 4.97. Beispiel: Differenzverstärker mit Widerständen

letztere wird im Abschnitt über die Arbeitspunkteinstellung bei Differenzverstärkern näher beschrieben. In der Schaltungssimulation kann man den gewünschten Arbeitspunkt z.B. dadurch einstellen, dass man die Ausgänge über sehr große Induktivitäten (z.B. $L = 10^9$ H) mit einer Spannungsquelle mit der Spannung $U_{a,A}$ verbindet; dadurch werden die Ausgänge gleichspannungsmäßig auf $U_{a,A}$ gehalten, während sie wechselspannungsmäßig aufgrund der bereits bei niedrigen Frequenzen sehr hohen Impedanzen der Induktivitäten praktisch offen sind. Diese Methode muss man bei allen Differenzverstärkern mit Stromquellen oder Stromspiegeln anwenden. Bei den Differenzverstärkern dieses Beispiels wird ein Arbeitspunkt mit $U_{a,A} = 2,5$ V vorausgesetzt, ohne dass die dazu notwendige Beschaltung oder Arbeitspunktregelung dargestellt wird.

Bei den Differenzverstärkern mit Kaskode-Stromquellen in Abb. 4.99 sowie den Kaskode-Differenzverstärkern mit Kaskode-Stromquellen in Abb. 4.100 und mit Kaskode-Stromspiegeln in Abb. 4.101 werden Hilfsspannungen zur Arbeitspunkteinstellung der Kaskode-Transistoren benötigt; auf die Erzeugung dieser Spannungen wird im Abschnitt 4.1.6 näher eingegangen.

Mit Hilfe von Abb. 4.92 auf Seite 387 und den Parametern aus Abb. 4.5 auf Seite 284 und Abb. 4.6 auf Seite 285 kann man ausgehend von den Ruheströmen und den Größen der Transistoren die Kleinsignalparameter der Transistoren ermitteln. Daraus erhält man mit den folgenden Gleichungen die Verstärkung, den Ausgangs- und den Eingangswiderstand der Differenzverstärker für Differenz- und Gleichtaktaussteuerung:

mit Widerständen:	(4.79)–(4.85)
mit einfachen Stromquellen:	(4.90)–(4.92)
mit einfachem Stromspiegel:	(4.90), (4.104)–(4.106)
mit Kaskode-Stromspiegel:	(4.95)–(4.97)
Kaskode mit Stromquellen:	(4.100), (4.101)
Kaskode mit Stromspiegel:	(4.100), (4.104)–(4.106)

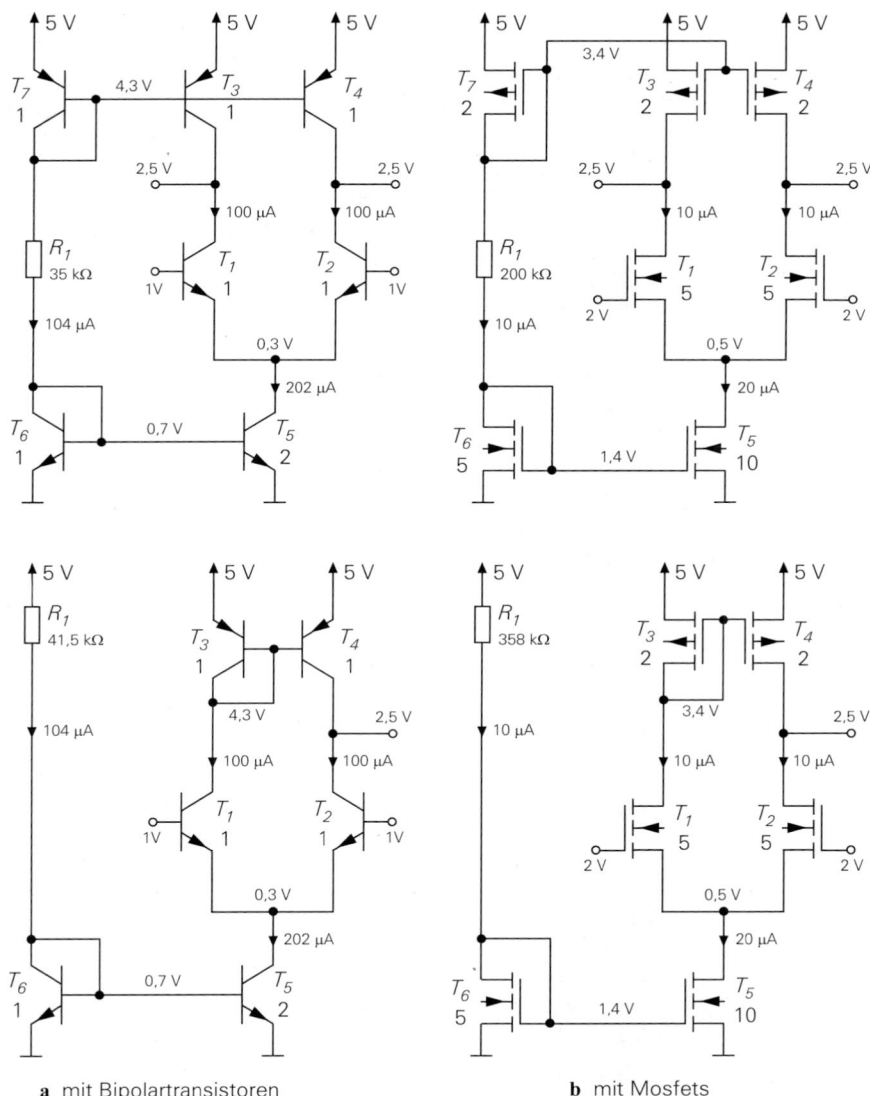

a mit Bipolartransistoren **b** mit Mosfets

Abb. 4.98. Beispiel: Differenzverstärker mit einfachen Stromquellen und einfachen Stromspiegeln

Die Betriebs-Differenzverstärkung A_0 erhält man aus (4.117), die Zeitkonstanten T_1 und T_2 aus Abb. 4.91, das Verstärkungs-Bandbreite-Produkt GBW aus (4.119), die -3dB-Grenzfrequenz f_{-3dB} aus (4.118) und die Grenzfrequenz $f_{g,G}$ der Gleichtaktunterdrückung aus (4.120).

Bei der Berechnung der Kleinsignalparameter der npn-Transistoren werden die geringen Unterschiede in den Ruheströmen der einzelnen Transistoren vernachlässigt, d.h. es wird mit $|I_{C,A}| \approx I_0 \approx 100\,\mu A$ gerechnet; daraus folgt:

npn: $S = 3{,}85\,\text{mS}$, $\beta = 100$, $r_{BE} = 26\,\text{k}\Omega$, $r_{CE} = 1\,\text{M}\Omega$,

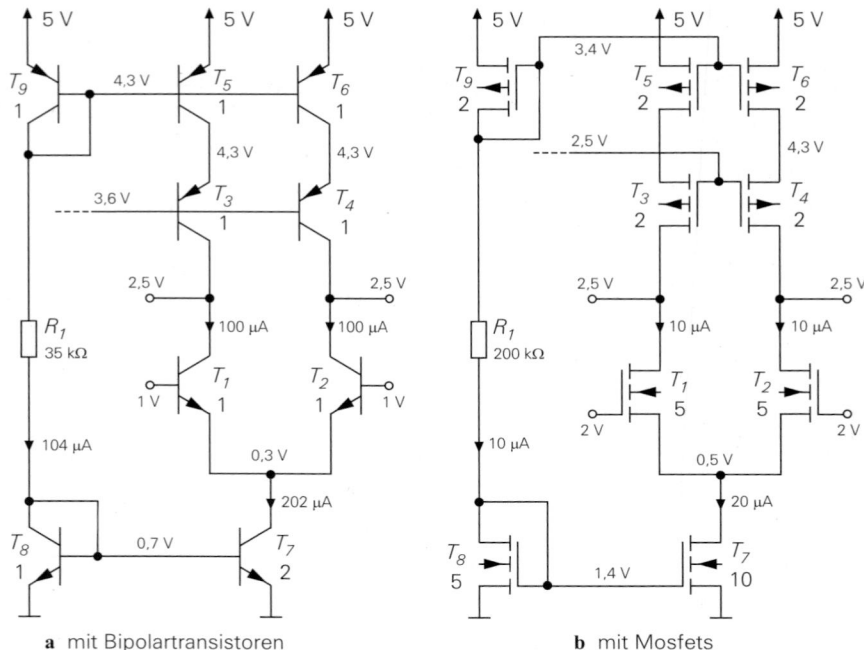

a mit Bipolartransistoren   **b** mit Mosfets

Abb. 4.99. Beispiel: Differenzverstärker mit Kaskode-Stromquellen

$$C_E = 0{,}6\,\text{pF} \,,\ C_C = 0{,}2\,\text{pF} \,,\ C_S = 1\,\text{pF}$$
$$\text{pnp:}\ \ \beta = 50 \,,\ r_{CE} = 500\,\text{k}\Omega \,,\ C_C = 0{,}5\,\text{pF} \,,\ C_S = 2\,\text{pF}$$

Für die Stromquelle gilt $r_0 = U_{A,npn}/(2I_0) = 500\,\text{k}\Omega$. Die Ausgangskapazität C_0 der Stromquelle ergibt sich als Summe der Substrat- und der Kollektorkapazität des Stromquellen-Transistors. Beide Teilkapazitäten sind wegen der Größe 2 doppelt so groß wie bei den anderen npn-Transistoren; daraus folgt: $C_0 = 2(C_S + C_C) = 2{,}4\,\text{pF}$. Damit erhält man aus (4.120) die Grenzfrequenz der Gleichtaktunterdrückung: $f_{g,G} = 133\,\text{kHz}$. Die resultierenden Werte für die npn-Differenzverstärker sind in Abb. 4.102 zusammengefasst. Bei den Differenzverstärkern mit Stromspiegel wurden die Werte für Gleichtaktaussteuerung mit Hilfe einer Schaltungssimulation ermittelt; sie sind in Klammern angegeben.

Für die Mosfets erhält man mit $I_0 = 10\,\mu\text{A}$:

n-Kanal: $K = 150\,\mu\text{A/V}^2 \,,\ S = 54{,}8\,\mu\text{S} \,,\ r_{DS} = 5\,\text{M}\Omega \,,$
$\qquad C_{GS} = 18\,\text{fF} \,,\ C_{GD} = 7{,}5\,\text{fF} \,,\ C_{BD} = 17\,\text{fF}$
p-Kanal: $K = 60\,\mu\text{A/V}^2 \,,\ S = 34{,}6\,\mu\text{S} \,,\ r_{DS} = 3{,}3\,\text{M}\Omega \,,$
$\qquad C_{GD} = 7{,}5\,\text{fF} \,,\ C_{BD} = 17\,\text{fF}$

Dabei wird angenommen, dass die Draingebiete $5\,\mu\text{m}$ lang und $2\,\mu\text{m}$ breiter als die Kanalweite W sind; daraus folgt:

$$A_D = (15 + 2) \cdot 5\,\mu\text{m}^2 = 85\,\mu\text{m}^2 \ \Rightarrow\ C_{BD} = C_S' A_D = (0{,}2 \cdot 85)\,\text{fF} = 17\,\text{fF}$$

Für die Stromquelle gilt $r_0 = U_{A,nK}/(2I_0) = 2{,}5\,\text{M}\Omega$. Die Ausgangskapazität C_0 der Stromquelle setzt sich aus der Bulk-Drain- und der Gate-Drain-Kapazität des

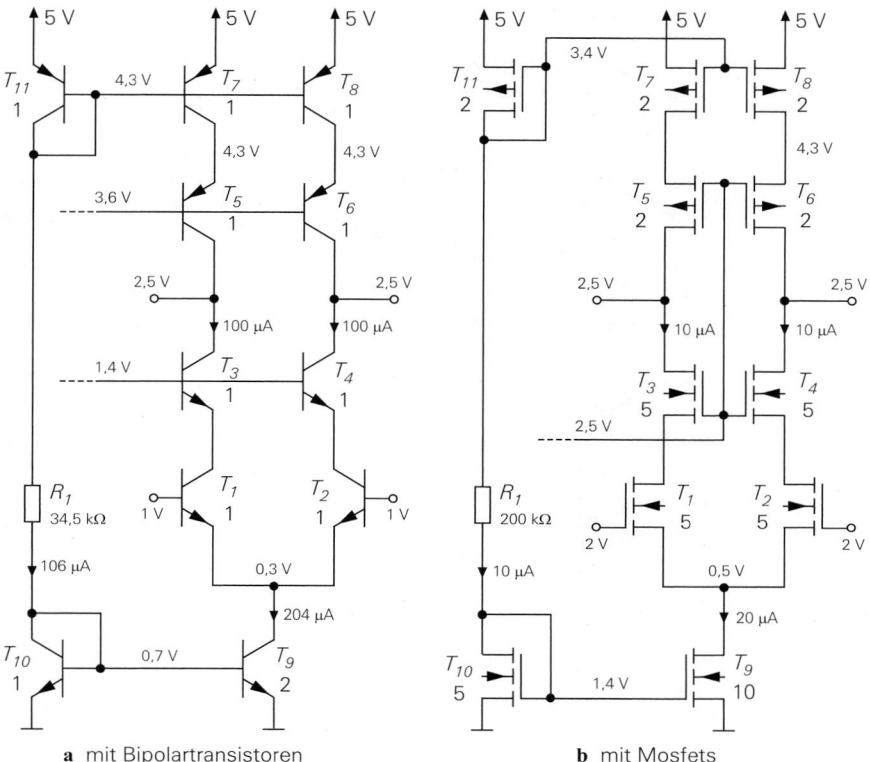

a mit Bipolartransistoren   **b** mit Mosfets

Abb. 4.100. Beispiel: Kaskode-Differenzverstärker mit Kaskode-Stromquellen

Stromquellen-Mosfets und den Bulk-Source-Kapazitäten der Mosfets T_1 und T_2 zusammen; letztere sind aufgrund des symmetrischen Aufbaus genauso groß wie die Bulk-Drain-Kapazitäten. Mit der Drainfläche $A_D = (32 \cdot 5)\,\mu\text{m}^2 = 160\,\mu\text{m}^2$ des Stromquellen-Mosfets erhält man:

$$C_0 = C_S' A_D + 2C_{GD} + 2C_{BD} = (0{,}2 \cdot 160 + 2 \cdot 7{,}5 + 2 \cdot 17)\,\text{fF} = 83\,\text{fF}$$

Damit folgt für die Grenzfrequenz der Gleichtaktunterdrückung: $f_{g,G} = 767\,\text{kHz}$. Die resultierenden Werte für die n-Kanal-Differenzverstärker sind in Abb. 4.103 zusammengefasst. Auch hier wurden die Werte für Gleichtaktaussteuerung bei den Differenzverstärkern mit Stromspiegel mit Hilfe einer Schaltungssimulation ermittelt.

Ein Vergleich der Werte der npn- und n-Kanal-Differenzverstärker zeigt, dass die Differenzverstärkung bei den npn-Differenzverstärkern etwa um den Faktor 10 größer ist als bei den korrespondierenden n-Kanal-Differenzverstärkern; lediglich bei den Kaskode-Differenzverstärkern ist der Unterschied geringer. Man muss dabei berücksichtigen, dass die n-Kanal-Mosfets bereits um den Faktor 5 größer gewählt wurden, als dies aufgrund des Ruhestroms erforderlich wäre; dadurch nimmt die Differenzverstärkung um den Faktor $\sqrt{5}$ zu. Ursache für die geringere Differenzverstärkung der n-Kanal-Differenzverstärker ist die geringere Maximalverstärkung der Mosfets. Bei den Kaskode-Differenzverstärkern holen die Mosfets auf, weil bei ihnen der Ausgangswiderstand mit zunehmender Stromgegenkopplung unbegrenzt ansteigt, während er bei Bipolartransistoren auf $\beta\, r_{CE}$

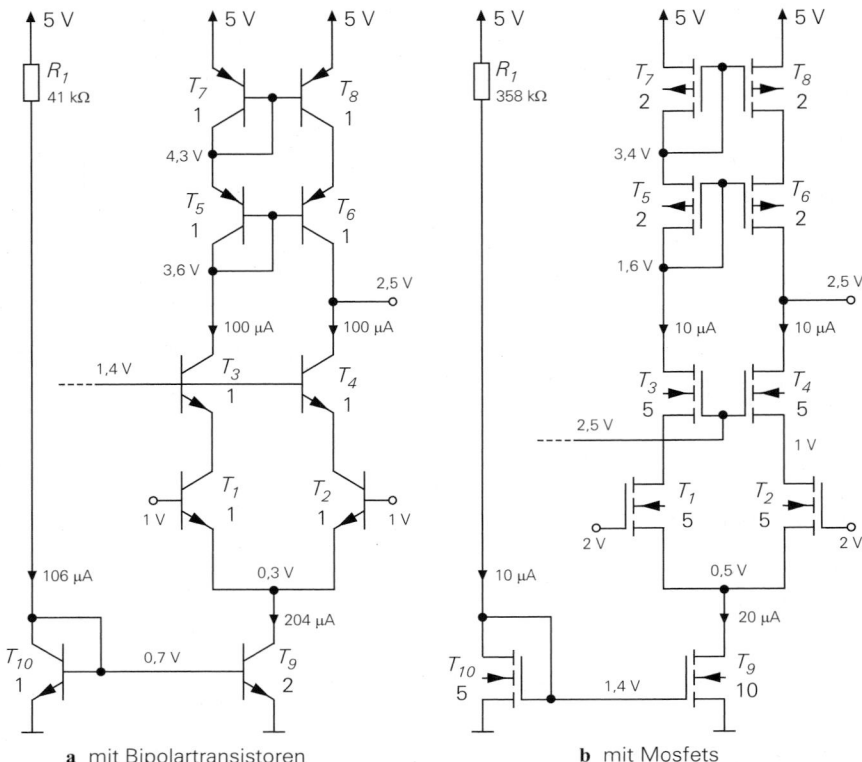

a mit Bipolartransistoren   **b** mit Mosfets

Abb. 4.101. Beispiel: Kaskode-Differenzverstärker mit Kaskode-Stromspiegel

beschränkt ist. Daraus folgt, dass man die Differenzverstärkung eines n-Kanal-Kaskode-Differenzverstärkers durch weitere Kaskode-Stufen fast beliebig vergrößern kann.

Im allgemeinen sind an den Ausgängen eines Differenzverstärkers weitere Verstärker-stufen angeschlossen. Damit die Differenzverstärkung in vollem Umfang erhalten bleibt, müssen die Eingangswiderstände dieser Stufen größer sein als die Ausgangswiderstände des Differenzverstärkers. In CMOS-Schaltungen ist diese Bedingung wegen der isolierten Gate-Anschlüsse der Mosfets automatischen gegeben, so dass die maximale Betriebsver-stärkung $A_{B,D} = A_D$ ohne besondere Maßnahmen erreicht wird. In bipolaren Schaltungen muss man dagegen an jedem Ausgang einen Impedanzwandler mit einer oder mehreren Kollektorschaltungen einsetzen, um die Ausgangswiderstände auf einen Wert unterhalb des Eingangswiderstands der nächsten Stufe zu reduzieren. Impedanzwandler werden im Abschnitt 4.1.5 näher beschrieben.

Ein sinnvoller Vergleich der Grenzfrequenzen der hier betrachteten Differenzverstär-ker ist wegen der stark unterschiedlichen Verstärkung nur auf der Basis des Verstärkungs-Bandbreite-Produkts möglich. Hier erreichen die n-Kanal-Differenzverstärker aufgrund der sehr kleinen Kapazitäten der integrierten Mosfets trotz des geringeren Ruhestroms höhere Werte als die npn-Differenzverstärker. Da die Eingangskapazitäten nachfolgender Verstärkerstufen ebenfalls sehr klein sind, bleibt dieser Vorteil im Inneren einer integrier-ten Schaltung in vollem Umfang erhalten. Wenn aber größere Lastkapazitäten an den

npn	W	ESQ	ESS	KSQ	KASQ	KASS	Einheit
Verstärkung, Aus- und Eingangswiderstand							
A_D	-47	-641	-1282	-1851	-38.500	-42.800	$-$
$A_{D,dB}$	33	56	62	65	92	93	dB
A_{Gl}	$-0{,}025$	$-0{,}5$	$(-0{,}008)$	-20	-20	$(-0{,}8)$	$-$
$A_{Gl,dB}$	-32	-6	(-42)	26	26	(-2)	dB
G	1880	1282	(160.000)	93	1925	(54.000)	$-$
G_{dB}	65	62	(104)	39	66	(95)	dB
$r_{a,D}$	24,4	333	333	962	20.000	11.100	kΩ
$r_{a,Gl}$	25	498	$-$	20.000	20.000	$-$	kΩ
$r_{e,D}$			26				kΩ
$r_{e,Gl}$			100				MΩ
Frequenzgang und Grenzfrequenz mit $R_g = 10\,\mathrm{k}\Omega$, $R_L = \infty$, $C_L = 0$							
A_0	-34	-463	-926	-1337	-27.800	-30.900	$-$
$A_{0,dB}$	31	53	59	63	89	90	dB
T_1	5,67	5,67	2,84	5,67	7,10	3,55	ns
T_2	2,41	3,31	1,66	3,31	1,33	0,67	ns
GBW	66	48	96	48	120	240	MHz
f_{-3dB}	1800	103	103	36	4,3	7,7	kHz
$f_{g,G}$			133				kHz

W: mit Widerständen (Abb. 4.97a)
ESQ: mit einfachen Stromquellen (Abb. 4.98a)
ESS: mit einfachem Stromspiegel (Abb. 4.98a)
KSQ: mit Kaskode-Stromquellen (Abb. 4.99a)
KASQ: Kaskode mit Stromquellen (Abb. 4.100a)
KASS: Kaskode mit Stromspiegel (Abb. 4.101a)

Abb. 4.102. Kleinsignalparameter der npn-Differenzverstärker (simulierte Werte in Klammern)

Anschlüssen oder außerhalb einer integrierten Schaltung vorliegen, erreichen die npn-Differenzverstärker aufgrund der größeren Steilheit der Bipolartransistoren ein größeres Verstärkungs-Bandbreite-Produkt. Man erkennt dies, wenn man die Zeitkonstante T_2 aus Abb. 4.91 für den Grenzfall großer Lastkapazitäten C_L betrachtet:

$$\lim_{C_L \to \infty} T_2 = \begin{cases} C_L \left(\dfrac{R_g}{\beta} + \dfrac{1}{S} \right) & \text{npn-Differenzverstärker} \\[2mm] \dfrac{C_L}{S} & \text{n-Kanal-Differenzverstärker} \end{cases}$$

Wenn man eine Lastkapazität von $C_L = 100\,\mathrm{pF}$ bei den npn-Differenzverstärkern und $C_L = 10\,\mathrm{pF}$ bei den n-Kanal-Differenzverstärkern annimmt – damit ist das Verhältnis von Ruhestrom und Lastkapazität bei beiden gleich –, erhält man für den npn-Differenzverstärker $GBW \approx 4{,}4\,\mathrm{MHz}$ und für den n-Kanal-Differenzverstärker $GBW \approx 870\,\mathrm{kHz}$. Auch hier muss man berücksichtigen, dass die n-Kanal-Mosfets bereits um den Faktor 5 größer gewählt wurden, als dies aufgrund des Ruhestroms erforderlich wäre; dadurch nimmt die Steilheit und in der Folge auch das Verstärkungs-Bandbreite-Produkt bei kapazitiver Last um den Faktor $\sqrt{5}$ zu.

n-Kanal	W	ESQ	ESS	KSQ	KASQ	KASS	Einheit
Verstärkung, Aus- und Eingangswiderstand							
A_D	−6,5	−55	−110	−135	−8110	−16.220	−
$A_{D,dB}$	16	35	41	42	78	84	dB
A_{Gl}	−0,05	−0,67	(−0,005)	−59	−75	(−0,035)	−
$A_{Gl,dB}$	−26	−3	(−46)	35	38	(−29)	dB
G	130	82	(22.000)	2,3	108	(460.000)	−
G_{dB}	42	38	(87)	7	40	(113)	dB
$r_{a,D}$	0,238	2	2	4,93	296	296	MΩ
$r_{a,Gl}$	0,25	3,3	−	296	376	−	MΩ
$r_{e,D}$			∞				Ω
$r_{e,Gl}$			∞				Ω
Frequenzgang und Grenzfrequenz mit $R_g = 100\,\text{k}\Omega$, $R_L = \infty$, $C_L = 0$							
A_0	−6,5	−55	−110	−135	−8110	−16.220	−
$A_{0,dB}$	16	35	41	42	78	84	dB
T_1	2,55	2,55	1,28	2,55	3,30	1,65	ns
T_2	1,20	1,64	0,82	1,64	0,58	0,29	ns
GBW	133	97	194	97	275	550	MHz
f_{-3dB}	15.000	1700	1700	700	34	34	kHz
$f_{g,G}$			767				kHz

W: mit Widerständen (Abb. 4.97b)
ESQ: mit einfachen Stromquellen (Abb. 4.98b)
ESS: mit einfachem Stromspiegel (Abb. 4.98b)
KSQ: mit Kaskode-Stromquellen (Abb. 4.99b)
KASQ: Kaskode mit Stromquellen (Abb. 4.100b)
KASS: Kaskode mit Stromspiegel (Abb. 4.101b)

Abb. 4.103. Kleinsignalparameter der n-Kanal-Differenzverstärker
(simulierte Werte in Klammern)

4.1.4.13 Zusammenfassung

Der Differenzverstärker ist aufgrund seiner besonderen Eigenschaften eine der wichtigsten Schaltungen in der integrierten Schaltungstechnik. Man findet ihn nicht nur in Verstärkern, sondern auch in Komparatoren, ECL-Logikschaltungen, Spannungsreglern, aktiven Mischern und einer Vielzahl weiterer Schaltungen. Seine besondere Stellung in Verstärkerschaltungen verdankt er vor allem der weitgehend freien Wahl der Gleichtaktspannung am Eingang, die ein direktes Anschließen an jede Signalquelle erlaubt, deren Gleichspannungsanteil innerhalb des Gleichtaktaussteuerbereichs liegt; Spannungsteiler zur Arbeitspunkteinstellung und Koppelkondensatoren werden nicht benötigt. Daraus folgt auch, dass der Differenzverstärker von Hause aus ein echter Gleichspannungsverstärker ist. Da er praktisch nur das Differenzsignal verstärkt, ist er weiterhin *der* Regler schlechthin, da er durch die Differenzbildung die Regelabweichung berechnet und diese anschließend verstärkt, d.h. er vereint die Blöcke *Subtrahierer* und *Regelverstärker* eines Regelkreises. Damit bildet er auch die Basis für die Operationsverstärker. Der Differenzverstärker ist in diesem Sinne der *kleinste* Operationsverstärker, und der Operationsverstärker ist der *bessere* Differenzverstärker.

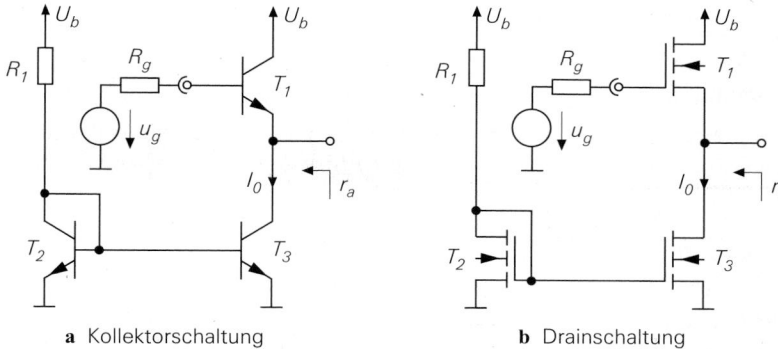

a Kollektorschaltung   **b** Drainschaltung

Abb. 4.104. Einstufige Impedanzwandler

4.1.5 Impedanzwandler

Der Ausgangswiderstand einer Verstärkerstufe mit hoher Spannungsverstärkung ist im allgemeinen sehr hoch und muss mit einem Impedanzwandler herabgesetzt werden, bevor man weitere Verstärkerstufen oder Lastwiderstände ohne Verstärkungsverlust anschließen kann. Als Impedanzwandler werden ein- oder mehrstufige Kollektor- und Drainschaltungen verwendet.

4.1.5.1 Einstufige Impedanzwandler

Abb. 4.104 zeigt die einfachste Ausführung mit einer Kollektor- bzw. Drainschaltung (T_1) und einem Stromspiegel zur Arbeitspunkteinstellung (T_2, T_3); dabei repräsentiert der Widerstand R_g den Ausgangswiderstand der vorausgehenden Stufe. Für den Ausgangswiderstand erhält man aus (2.129) und (3.108):

$$
r_a = \begin{cases} \dfrac{R_g}{\beta} + \dfrac{1}{S} \stackrel{SR_g \gg \beta}{\approx} \dfrac{R_g}{\beta} & \text{Kollektorschaltung} \\[3mm] \dfrac{1}{S + S_B} \stackrel{S \gg S_B}{\approx} \dfrac{1}{S} & \text{Drainschaltung} \end{cases} \tag{4.123}
$$

4.1.5.1.1 Kollektorschaltung

Bei der Kollektorschaltung hängt der Ausgangswiderstand bei einer hochohmigen Signalquelle nur vom Innenwiderstand R_g und der Stromverstärkung β ab; der Ruhestrom I_0 geht nicht ein, solange $SR_g \gg \beta$ gilt. Daraus kann man mit $S = I_0/U_T$ und $SR_g \approx 10\beta$ einen Richtwert für die Wahl des Ruhestroms ableiten:

$$
I_0 \approx \frac{10\beta\, U_T}{R_g} \stackrel{\beta \approx 100}{\approx} \frac{26\,\text{V}}{R_g} \tag{4.124}
$$

Bei sehr hochohmigen Signalquellen muss man meist einen höheren Ruhestrom einstellen, da sonst die Bandbreite der Schaltung zu gering wird; Ursache hierfür ist die Abnahme der Transitfrequenz eines Transistors bei kleinen Strömen. Wenn die Impedanzwandlung um den Faktor β nicht ausreicht, muss man einen mehrstufigen Impedanzwandler einsetzen. Bei niederohmigen Signalquellen mit $SR_g \ll \beta$ bestimmt die Steilheit des Transistors den Ausgangswiderstand:

$$r_a \approx \frac{1}{S} = \frac{U_T}{I_0} \approx \frac{26\,\text{mV}}{I_0}$$

4.1.5.1.2 Drainschaltung

Die Drainschaltung zeigt bei hochohmigen Signalquellen ein völlig anderes Verhalten. Hier hängt der Ausgangswiderstand nur von der Steilheit ab:

$$r_a \approx \frac{1}{S} = \frac{1}{\sqrt{2K\,I_0}} = \frac{U_{GS} - U_{th}}{2I_0} \tag{4.125}$$

Für die Mosfets aus Abb. 4.6 auf Seite 285 erhält man bei einem typischen Ruhestrom von $10\,\mu\text{A}$ für die Größe 1 die Werte $U_{GS} - U_{th} \approx 0{,}8\,\text{V}$ und $r_a \approx 0{,}4\,\text{V}/I_0$. Bei kleinen Ausgangswiderständen werden große Mosfets mit einer entsprechend hohen Eingangskapazität benötigt; dadurch nimmt die Bandbreite bei hochohmigen Signalquellen stark ab. Wenn die Bandbreite nicht ausreicht, muss man einen mehrstufigen Impedanzwandler verwenden.

4.1.5.1.3 Ausgangsspannung

Bei beiden Schaltungen liegt die Ausgangsspannung im Arbeitspunkt um eine Basis-Emitter- bzw. Gate-Source-Spannung unter der Eingangsspannung. Alternativ kann man eine pnp-Kollektorschaltung oder eine p-Kanal-Drainschaltung einsetzen; in diesem Fall ist die Ausgangsspannung im Arbeitspunkt größer als die Eingangsspannung. Allerdings haben pnp-Transistoren im allgemeinen eine geringere Stromverstärkung als npn-Transistoren, und p-Kanal-Mosfets sind bei gleichem Steilheitskoeffizienten geometrisch größer als n-Kanal-Mosfets und haben deshalb größere Kapazitäten.

4.1.5.2 Mehrstufige Impedanzwandler

Mehrstufige Impedanzwandler werden benötigt, wenn

– die Impedanztransformation einer Kollektorschaltung nicht ausreicht;
– die Kapazitäten einer Drainschaltung mit dem gewünschten Ausgangswiderstand so groß sind, dass die Bandbreite nicht ausreicht.

Abb. 4.105 zeigt als Beispiel zweistufige Impedanzwandler mit den zugehörigen Stromspiegeln zur Arbeitspunkteinstellung. Die optimale Auslegung eines mehrstufigen Impedanzwandlers erfordert eine optimale Wahl der Ruheströme und der Transistor-Größen.

4.1.5.2.1 Mehrstufige Kollektorschaltung

Bei einer mehrstufigen Kollektorschaltung könnte man den Ruhestrom jeder Stufe mit Hilfe von (4.124) wählen. Demnach müsste der Ruhestrom von Stufe zu Stufe um die Stromverstärkung β zunehmen, da der wirksame Innenwiderstand der Signalquelle mit jeder Stufe um den Faktor β abnimmt; damit würde man eine optimale Impedanztransformation bei hochohmigen Signalquellen erreichen. Da jedoch jede Stufe den Basisstrom der nächsten Stufe liefern muss und dieser deutlich kleiner als der Ruhestrom sein sollte, wird in der Praxis ein Ruhestromverhältnis von etwa $B/10 \approx \beta/10$ verwendet; dadurch ist der Ruhestrom jeder Stufe um den Faktor 10 größer als der Basisstrom der nächsten Stufe. Da man den Ruhestrom der ersten Stufe bei sehr hochohmigen Signalquellen ohnehin meist größer wählen muss, als dies nach (4.124) erforderlich wäre, ist ein Ruhestromstromverhältnis von $B/10$ bei zweistufigen Kollektorschaltungen auch in dieser Hinsicht vorteilhaft. Deshalb wählt man bei einer zweistufigen Kollektorschaltung zunächst den

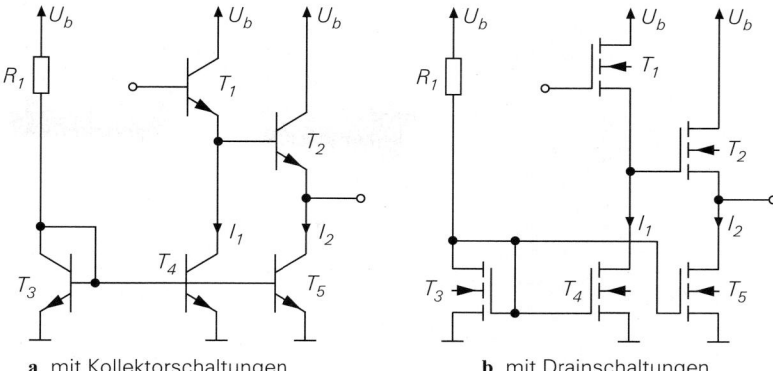

a mit Kollektorschaltungen   **b** mit Drainschaltungen

Abb. 4.105. Zweistufige Impedanzwandler

Ruhestrom I_2 der zweiten Stufe mit Hilfe von (4.124); der wirksame Quellenwiderstand an dieser Stelle beträgt R_g/β. Daraus folgt für die Ruheströme der beiden Stufen:

$$I_2 \approx \frac{10\beta^2 U_T}{R_g} \stackrel{\beta \approx 100}{\approx} \frac{2600\,\text{V}}{R_g} \quad , \quad I_1 \approx \frac{10 I_2}{B} \stackrel{B \approx \beta \approx 100}{\approx} \frac{260\,\text{V}}{R_g} \tag{4.126}$$

Eine dritte Stufe würde den Ruhestrom $I_3 = I_2 B/10$ erhalten.

Beispiel: Eine Signalquelle mit $R_g = 2,6\,\text{M}\Omega$ soll über eine zweistufige Kollektorschaltung mit dem Ruhestromverhältnis $B/10$ an eine niederohmige Last angeschlossen werden; es gelte $B \approx \beta \approx 100$. Aus (4.126) erhält man $I_2 = 1\,\text{mA}$ und $I_1 = 100\,\mu\text{A}$. Am Ausgang der zweiten Stufe hat der wirksame Innenwiderstand der Signalquelle auf $R_g/\beta^2 \approx 260\,\Omega$ abgenommen. Bei einer dritten Stufe mit dem Ruhestrom $I_3 = 10\,\text{mA}$ gilt $S R_g = I_3 R_g / U_T = 100$, d.h. die Bedingung $S R_g \gg \beta$ ist nicht mehr erfüllt; deshalb muss man den Ausgangswiderstand ohne die Näherung in (4.123) berechnen: $r_a = R_g/\beta + 1/S = (2,6 + 2,6)\,\Omega = 5,2\,\Omega$.

4.1.5.2.2 Darlington-Schaltung

Man kann die zweistufige Kollektorschaltung auch mit einem Darlington-Transistor aufbauen; dazu muss man nur die Transistoren T_1 und T_2 in Abb. 4.105a zu einem Darlington-Transistor zusammenfassen und den Transistor T_4 entfernen. Der Ruhestrom von T_1 entspricht in diesem Fall dem Basisstrom von T_2. In der Praxis erreicht man jedoch meist keine ausreichende Bandbreite, weil die Transitfrequenz von T_1 wegen des geringen Ruhestroms sehr klein wird.

4.1.5.2.3 Mehrstufige Drainschaltung

Bei der Drainschaltung hängt der Ausgangswiderstand nach (4.125) nur vom Ruhestrom ab; deshalb hängt der Ausgangswiderstand einer mehrstufigen Drainschaltung nur vom Ruhestrom der letzten Stufe ab. Die Ruheströme der anderen Stufen wirken sich jedoch auf die Bandbreite aus, da jede Stufe mit der Eingangskapazität der nächsten Stufe belastet wird. Die optimale Wahl der Ruheströme wird am Beispiel einer zweistufigen Drainschaltung erläutert; Abb. 4.106 zeigt die Schaltung und das zugehörige Kleinsignalersatzschaltbild.

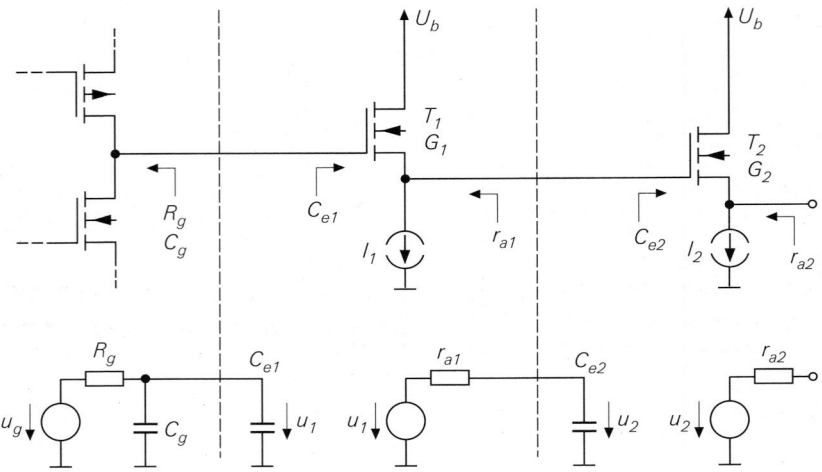

Abb. 4.106. Zweistufige Drainschaltung: Schaltung (oben) und Kleinsignalersatzschaltbild (unten)

Die Ausgangswiderstände und die Eingangskapazitäten hängen von den Größen [26] G_1 und G_2 der Mosfets T_1 und T_2 ab:

$$r_{a1} = \frac{r_a'}{G_1} \quad , \quad r_{a2} = \frac{r_a'}{G_2} \quad , \quad C_{e1} = C_e' G_1 \quad , \quad C_{e2} = C_e' G_2$$

Dabei sind r_a' und C_e' die Werte für einen Mosfet der Größe 1. Aus dem Kleinsignalersatzschaltbild in Abb. 4.106 erhält man die Zeitkonstanten

$$T_1 = R_g \left(C_g + C_{e1} \right) = R_g \left(C_g + C_e' G_1 \right) \quad , \quad T_2 = r_{a1} C_{e2} = \frac{r_a' C_e' G_2}{G_1}$$

und die -3dB-Grenzfrequenz:

$$\omega_{-3dB} = 2\pi f_{-3dB} \approx \frac{1}{T_1 + T_2} = \frac{1}{R_g C_g + R_g C_e' G_1 + \dfrac{r_a' C_e' G_2}{G_1}} \qquad (4.127)$$

Die Grenzfrequenz nimmt mit zunehmender Größe G_2 ab. Für die Größe G_1 erhält man über die Bedingung $\partial(T_1 + T_2)/\partial G_1 = 0$ ein Optimum:

$$G_{1,opt} = \sqrt{\frac{r_a' G_2}{R_g}} = G_2 \sqrt{\frac{r_{a2}}{R_g}} \qquad (4.128)$$

Man erkennt, dass das optimale Größenverhältnis G_1/G_2 vom Transformationsverhältnis R_g/r_{a2} abhängt. Durch die Wurzel kommt zum Ausdruck, dass die Transformation zu gleichen Teilen von beiden Stufen übernommen wird. Bei einer drei- oder mehrstufigen Drainschaltung geht man in gleicher Weise vor. Für den allgemeinen n-stufigen Fall erhält man:

$$G_{i,opt} = G_n \left(\frac{r_{a,n}}{R_g} \right)^{\frac{n-i}{n}} \qquad \text{für } i = 1 \ldots n-1 \qquad (4.129)$$

---

[26] Mit *Größe* ist die elektrische und nicht die geometrische Größe gemeint, d.h. $G \sim K$.

Beispiel: Ein Lastwiderstand $R_L = 1\,\text{k}\Omega$ soll über einen Impedanzwandler an eine Signalquelle mit $R_g = 2\,\text{M}\Omega$ und $C_g = 20\,\text{fF}$ angeschlossen werden. Damit am Ausgang nur eine geringe Abschwächung des Signals auftritt, wird $r_a = 100\,\Omega$ gewählt. Aus (4.125) auf Seite 400 erhält man mit dem für die Mosfets aus Abb. 4.6 typischen Wert $U_{GS} - U_{th} \approx 0{,}8\,\text{V}$ den erforderlichen Ruhestrom:

$$I_0 = \frac{U_{GS} - U_{th}}{2 r_a} = \frac{0{,}4\,\text{V}}{100\,\Omega} = 4\,\text{mA}$$

Die erforderliche Größe für den Mosfet ist $G = 4\,\text{mA}/10\,\mu\text{A} = 400$. Die Eingangskapazität einer Drainschaltung erhält man aus (3.115) auf Seite 268, indem man die mit R'_g verbundene Kapazität betrachtet und $R'_L = 1/S_B$ einsetzt:

$$C_e = C_{GS} \frac{S_B}{S} + C_{GD} \overset{S_B/S \approx 0{,}2}{\approx} 0{,}2 \cdot C_{GS} + C_{GD}$$

Mit den Parametern aus Abb. 4.6 auf Seite 285 erhält man für einen n-Kanal-Mosfet der Größe 1 mit $W = L = 3\,\mu\text{m}$ und einem Ruhestrom von $10\,\mu\text{A}$:

$$r'_a \approx \frac{1}{S} = \frac{1}{\sqrt{2K\,I_0}} = \frac{1}{\sqrt{2 \cdot 30\,\mu\text{A}/\text{V}^2 \cdot 10\,\mu\text{A}}} \approx 40\,\text{k}\Omega$$

$$C'_e \approx 0{,}2 \cdot \frac{2 C'_{ox} W L}{3} + C'_{GD,\ddot{U}} W = 0{,}72\,\text{fF} + 1{,}5\,\text{fF} \approx 2{,}2\,\text{fF}$$

Der Mosfet der Größe 400 hat demnach eine Eingangskapazität von $C_e = 400 \cdot 2{,}2\,\text{fF} = 880\,\text{fF}$. Wenn man diesen Mosfet direkt an die Signalquelle anschließt, erhält man die Zeitkonstante $T = R_g(C_g + C_e) = 1{,}8\,\mu\text{s}$ und die Grenzfrequenz $f_{\text{-3dB}} = 1/(2\pi\,T) \approx 88\,\text{kHz}$. Bei einer zweistufigen Drainschaltung erhält man aus (4.128) die optimale Größe für den Mosfet der ersten Stufe:

$$G_{1,opt} = G_2 \sqrt{\frac{r_a}{R_g}} = 400 \cdot \sqrt{\frac{100\,\Omega}{2\,\text{M}\Omega}} = 2\sqrt{2} \approx 3$$

Damit erhält man aus (4.127) eine Grenzfrequenz von $f_{\text{-3dB}} \approx 2{,}5\,\text{MHz}$. Demnach ist die Bandbreite bei Einsatz einer zweistufigen Drainschaltung um den Faktor 28 größer als bei einer Stufe.

4.1.5.2.4 Ausgangsspannung

Bei einer zweistufigen npn-Kollektorschaltung liegt die Ausgangsspannung im Arbeitspunkt um $2\,U_{BE} \approx 1{,}4\,\text{V}$ unter der Eingangsspannung. Bei einer zweistufigen Drainschaltung ist der Spannungsversatz mit $2\,U_{GS} \approx 3 \dots 4\,\text{V}$ bereits so groß, dass man – unter Berücksichtigung der Aussteuerungsgrenze der Stromquelle von etwa $1\,\text{V}$ – eine Eingangsspannung von mindestens $4 \dots 5\,\text{V}$ benötigt. Bei Impedanzwandlern mit mehr als zwei Stufen wird der Spannungsversatz noch größer. Alternativ kann man eine oder mehrere Stufen als pnp-Kollektor- oder p-Kanal-Drainschaltungen ausführen; dadurch kompensieren sich die Basis-Emitter- bzw. Gate-Source-Spannungen ganz oder teilweise. Abb. 4.107 zeigt als Beispiel zweistufige Impedanzwandler mit $U_{e,A} \approx U_{a,A}$.

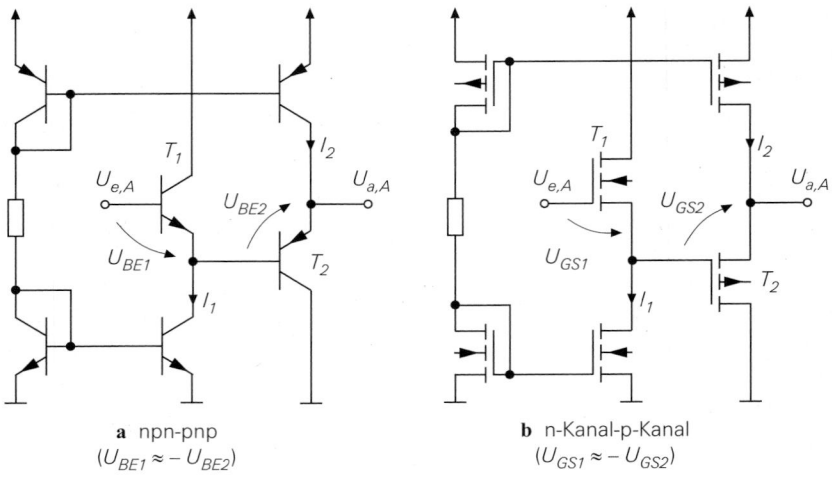

a npn-pnp
$(U_{BE1} \approx -U_{BE2})$

b n-Kanal-p-Kanal
$(U_{GS1} \approx -U_{GS2})$

Abb. 4.107. Zweistufige Impedanzwandler mit $U_{e,A} \approx U_{a,A}$

4.1.5.3 Komplementäre Impedanzwandler

Bei niederohmigen oder größeren kapazitiven Lasten werden bevorzugt komplementäre Impedanzwandler eingesetzt. Es wird zunächst auf den Aufbau und anschließend auf die Vorteile eingegangen.

Abb. 4.108 zeigt die Prinzipschaltung eines einstufigen komplementären Impedanzwandlers mit Bipolartransistoren und mit Mosfets. Die Ruheströme müssen mit Vorspannungsquellen eingestellt werden, auf deren praktische Realisierung später noch näher eingegangen wird. Im Arbeitspunkt sind Ein- und Ausgangsspannung gleich, d.h. es tritt kein Spannungsversatz auf. Aus Symmetriegründen sind die Schaltungen mit einer symmetrischen Spannungsversorgung dargestellt; man kann aber auch eine unipolare Spannungsversorgung verwenden.

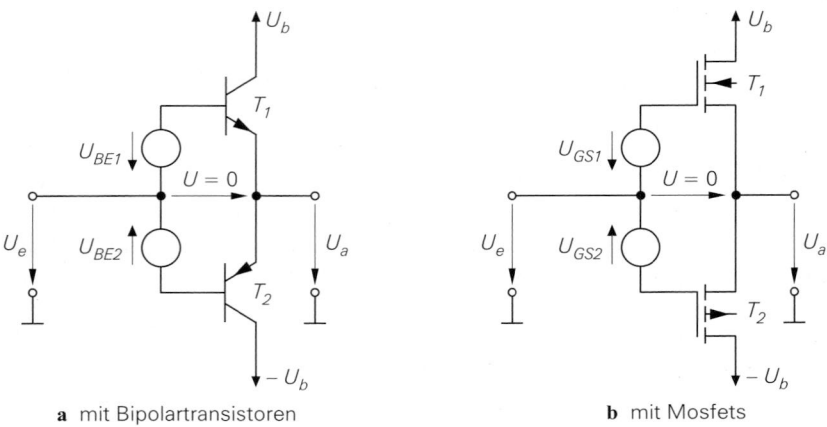

a mit Bipolartransistoren

b mit Mosfets

Abb. 4.108. Prinzipschaltung eines einstufigen komplementären Impedanzwandlers

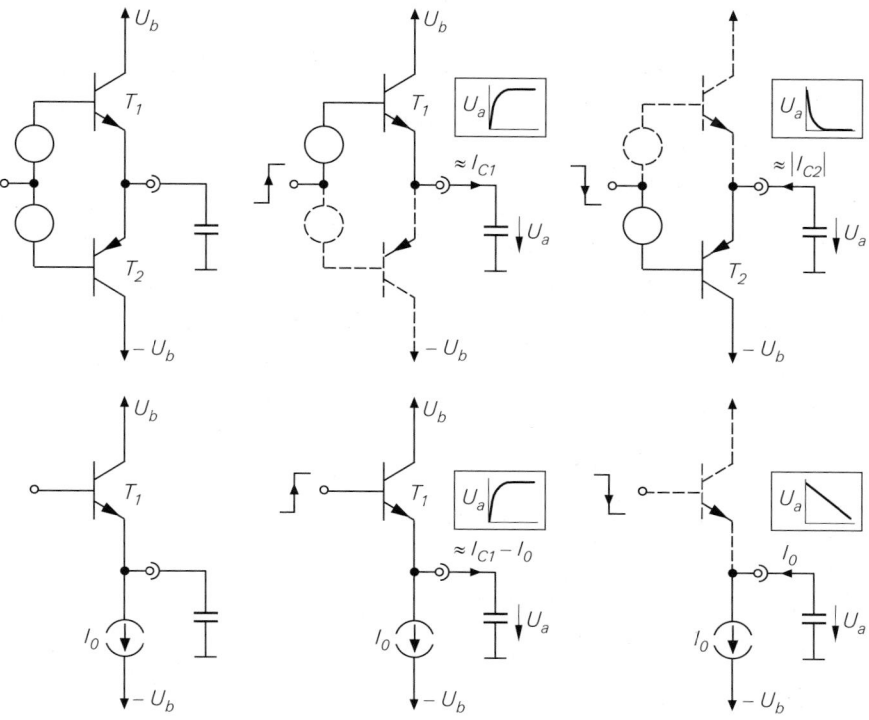

Abb. 4.109. Vergleich einer komplementären und einer einfachen Kollektorschaltung bei sprunghafter Änderung der Eingangsspannung

Komplementäre Impedanzwandler haben den Vorteil, dass sie in beiden Richtungen große Ausgangsströme liefern können; Abb. 4.109 zeigt dies durch einen Vergleich einer komplementären und einer einfachen Kollektorschaltung bei einer sprunghaften Änderung der Eingangsspannung. Bei der komplementären Kollektorschaltung wird der Ausgangsstrom in beiden Richtungen über eine aktive Kollektorschaltung geliefert und kann deshalb sehr groß werden; die jeweils andere Kollektorschaltung sperrt in diesem Fall. Bei der einfachen Kollektorschaltung ist der Ausgangsstrom bei sprunghaft abnehmender Eingangsspannung durch die Stromquelle vorgegeben und damit auf den Ruhestrom begrenzt. Deshalb werden komplementäre Impedanzwandler immer dann eingesetzt, wenn ein einfacher Impedanzwandler einen unverhältnismäßig hohen Ruhestrom benötigen würde.

4.1.5.3.1 Einstufige komplementäre Impedanzwandler

Wenn man die Vorspannungsquellen in Abb. 4.108 mit Transistor- bzw. Mosfet-Dioden realisiert, erhält man die Schaltungen in Abb. 4.110. Die Arbeitspunktspannungen am Eingang und am Ausgang sind gleich, wenn das Größenverhältnis von T_1 und T_3 gleich dem Größenverhältnis von T_2 und T_4 ist; in diesem Fall arbeiten T_3 und T_1 sowie T_4 und T_2 bezüglich der Ruheströme als Stromspiegel mit dem Übersetzungsverhältnis:

$$k_I \approx \frac{I_{S1}}{I_{S3}} = \frac{I_{S2}}{I_{S4}} \quad \text{bzw.} \quad k_I = \frac{K_1}{K_3} = \frac{K_2}{K_4}$$

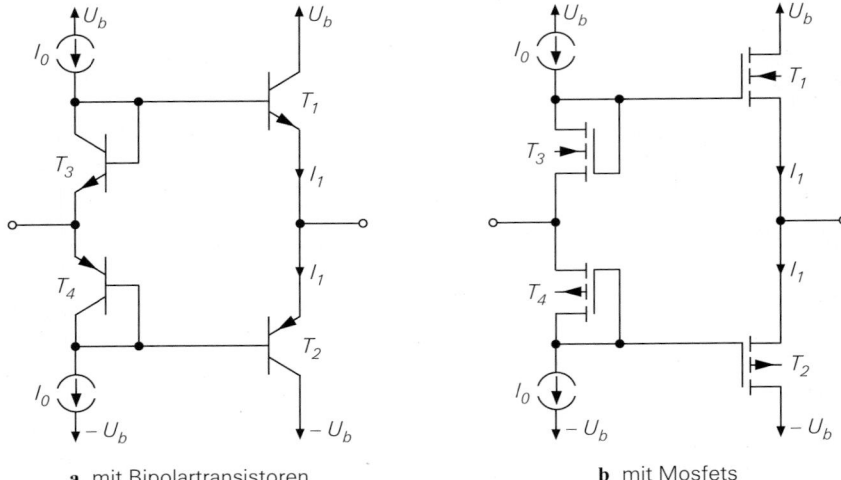

a mit Bipolartransistoren   **b** mit Mosfets

Abb. 4.110. Einstufige komplementäre Impedanzwandler

Dabei sind $I_{S1} \ldots I_{S4}$ die Sättigungssperrströme der Bipolartransistoren und $K_1 \ldots K_4$ die Steilheitskoeffizienten der Mosfets. Für die Ruheströme gilt:

$$I_1 = k_I I_0$$

Die Schaltung in Abb. 4.110a kann als Parallelschaltung einer npn- und einer pnp-Kollektorschaltung aufgefasst werden; daraus folgt für den Ausgangswiderstand:

$$r_a \approx \frac{1}{2}\left(\frac{R_g}{\beta_1} + \frac{R_g}{\beta_2} + \frac{1}{S}\right) \overset{SR_g \gg \beta_1,\beta_2}{\approx} \frac{R_g}{2}\left(\frac{1}{\beta_1} + \frac{1}{\beta_2}\right) \overset{\beta_1=\beta_2=\beta}{=} \frac{R_g}{\beta} \tag{4.130}$$

Dabei wird der differentielle Widerstand der Transistor-Dioden T_3 und T_4 vernachlässigt, da er viel kleiner als R_g ist. Die Steilheit der Transistoren T_1 und T_2 ist gleich: $S = I_1/U_T$. Entsprechend kann man die Schaltung in Abb. 4.110b als Parallelschaltung einer n-Kanal- und einer p-Kanal-Drainschaltung auffassen; hier gilt:

$$r_a = \frac{1}{S_1} \parallel \frac{1}{S_2} = \frac{1}{S_1 + S_2} \overset{S_1=S_2=S}{=} \frac{1}{2S} = \frac{1}{2\sqrt{2K\,I_1}} \tag{4.131}$$

4.1.5.3.2 Zweistufige komplementäre Kollektorschaltung

Wenn man die Transistor-Dioden T_3 und T_4 in Abb. 4.110a durch Kollektorschaltungen ersetzt, die neben der Vorspannungserzeugung eine Impedanzwandlung bewirken, erhält man ohne zusätzlichen Aufwand die in Abb. 4.111 gezeigte zweistufige komplementäre Kollektorschaltung. Man beachte, dass die npn-Transistor-Diode T_3 durch eine pnp-Kollektorschaltung und die pnp-Transistor-Diode T_4 durch eine npn-Kollektorschaltung ersetzt wird. Für die Stromquellen sind hier bereits die Stromspiegel T_5,T_7 und T_6,T_8 eingesetzt. Die Schaltung kann als Parallelschaltung einer pnp-npn- (T_3,T_1) und einer npn-pnp-Kollektorschaltung (T_4,T_2) aufgefasst werden.

Die Einstellung der Ruheströme und die Wahl der Transistor-Größen kann im einfachsten Fall wie bei der einfachen komplementären Kollektorschaltung erfolgen; bei gleichem Größenverhältnis der npn- und pnp-Transistoren erhält man das Übersetzungsverhältnis

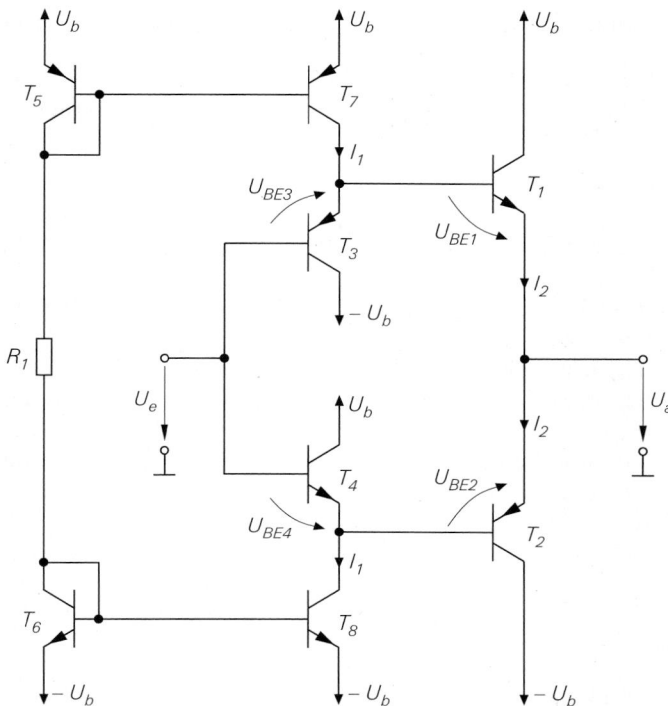

Abb. 4.111. Zweistufige komplementäre Kollektorschaltung

$$k_I \approx \frac{I_{S1}}{I_{S4}} = \frac{I_{S2}}{I_{S3}}$$

und $I_2 = k_I I_1$. Eine allgemeine Berechnung folgt im nächsten Abschnitt. Die Ein- und die Ausgangsspannung im Arbeitspunkt sind hier jedoch nicht gleich, weil die Transistor-Dioden durch Kollektorschaltungen der jeweils anderen Polarität ersetzt wurden und die Basis-Emitter-Spannungen von npn- und pnp-Transistoren gleicher Größe bei gleichem Strom unterschiedlich sind. Man kann diesen Spannungsversatz minimieren, indem man die Skalierung der Transistoren geeignet ändert.

Zur allgemeinen Berechnung der Ruheströme und des Spannungsversatzes geht man von der Maschengleichung

$$U_{BE3} + U_{BE1} - U_{BE2} - U_{BE4} = 0$$

aus. Für die Basis-Emitter-Spannungen gilt:

$$U_{BE} = \begin{cases} U_T \ln \dfrac{I_C}{I_S} & \text{npn-Transistor} \\[2ex] -U_T \ln \dfrac{-I_C}{I_S} & \text{pnp-Transistor} \end{cases}$$

Durch Einsetzen und Dividieren mit U_T erhält man:

$$-\ln \frac{-I_{C3}}{I_{S3}} + \ln \frac{I_{C1}}{I_{S1}} + \ln \frac{-I_{C2}}{I_{S2}} - \ln \frac{I_{C4}}{I_{S4}} = 0$$

Wenn man die Basisströme vernachlässigt, kann man $-I_{C2} = I_{C1} \approx I_2$ und $-I_{C3} = I_{C4} \approx I_1$ einsetzen; dann folgt

$$\ln \frac{I_{S3}I_{S4}I_2^2}{I_{S1}I_{S2}I_1^2} \approx 0$$

und daraus:

$$k_I = \frac{I_2}{I_1} \approx \sqrt{\frac{I_{S1}I_{S2}}{I_{S3}I_{S4}}} = \sqrt{g_{npn}g_{pnp}} \quad \text{mit } g_{npn} = \frac{I_{S1}}{I_{S4}} , \ g_{pnp} = \frac{I_{S2}}{I_{S3}} \qquad (4.132)$$

Dabei ist g_{npn} das Größenverhältnis der npn-Transistoren T_1 und T_4 und g_{pnp} das Größenverhältnis der pnp-Transistoren T_2 und T_3.

Im allgemeinen wählt man gleiche Größenverhältnisse und gleichzeitig gleiche Größen für T_1 und T_2, z.B. Größe 10 für T_1 und T_2 und Größe 1 für T_3 und T_4; dann gilt $k_I \approx g_{npn} = g_{pnp} = 10$ und $I_2 \approx 10\,I_1$. Der Faktor 10 ist typisch für die praktische Anwendung, weil man hier wie bei den einfachen mehrstufigen Kollektorschaltungen mit einem Ruhestromverhältnis von etwa $B/10$ arbeitet und $B \approx \beta \approx 100$ ein typischer Wert für integrierte Transistoren ist.

Der Spannungsversatz wird als *Offsetspannung* $U_{off} = U_{e,A} - U_{a,A}$ angegeben; aus Abb. 4.111 folgt:

$$U_{off} = U_{BE1} + U_{BE3} \approx U_T \ln \frac{I_2}{I_{S1}} - U_T \ln \frac{I_1}{I_{S3}} = U_T \ln \frac{I_{S3}I_2}{I_{S1}I_1}$$

Wenn man gleiche Größenverhältnisse und gleiche Größen für T_1 und T_2 wählt, gilt $k_I = I_2/I_1 \approx g_{npn} = g_{pnp}$; daraus folgt:

$$U_{off} \approx U_T \ln \frac{I_{S2}}{I_{S1}} = U_T \ln \frac{I_{S3}}{I_{S4}} = U_T \ln \frac{I_{S,pnp}}{I_{S,npn}}$$

Dabei sind $I_{S,npn}$ und $I_{S,pnp}$ die Sättigungssperrströme von npn- und pnp-Transistoren gleicher Größe, z.B. der Größe 1. Für die Transistoren in Abb. 4.5 auf Seite 284 gilt $I_{S,npn} = 2\,I_{S,pnp}$; daraus folgt $U_{off} = U_T \cdot \ln 0{,}5 \approx -18\,\text{mV}$.

Die Offsetspannung wird Null, wenn die Sättigungssperrströme der Transistoren T_1 und T_2 gleich sind. Dazu muss man im Fall der Transistoren aus Abb. 4.5 T_2 doppelt so groß wie T_1 und – um die Gleichheit der Größenverhältnisse zu wahren – T_3 doppelt so groß wie T_4 wählen. In der Praxis nimmt die Offsetspannung durch diese Maßnahme stark ab; typische Werte liegen im Bereich von einigen Millivolt. Ursache für die verbleibende Offsetspannung ist die durch die unterschiedliche Stromverstärkung der npn- und pnp-Transistoren verursachte unsymmetrische Stromverteilung. Um diese ebenfalls zu eliminieren, kann man

– die Größe von T_1 oder T_2 geringfügig anpassen;
– T_8 geringfügig größer machen, bis die Kollektorströme von T_3 und T_4 betragsmäßig gleich sind; dann wird der aufgrund der geringeren Stromverstärkung der pnp-Transistoren relativ große Basisstrom von T_2 vom unteren Stromspiegel T_6,T_8 zusätzlich bereitgestellt.

Trotz dieser Maßnahmen erreicht man mit dieser Schaltung keine so geringe Offsetspannung wie mit der Schaltung in Abb. 4.110a, weil die Offsetspannung hier vom Verhältnis der Sättigungssperrströme der npn- und pnp-Transistoren abhängt, das in der Praxis herstellungsbedingte Toleranzen aufweist.

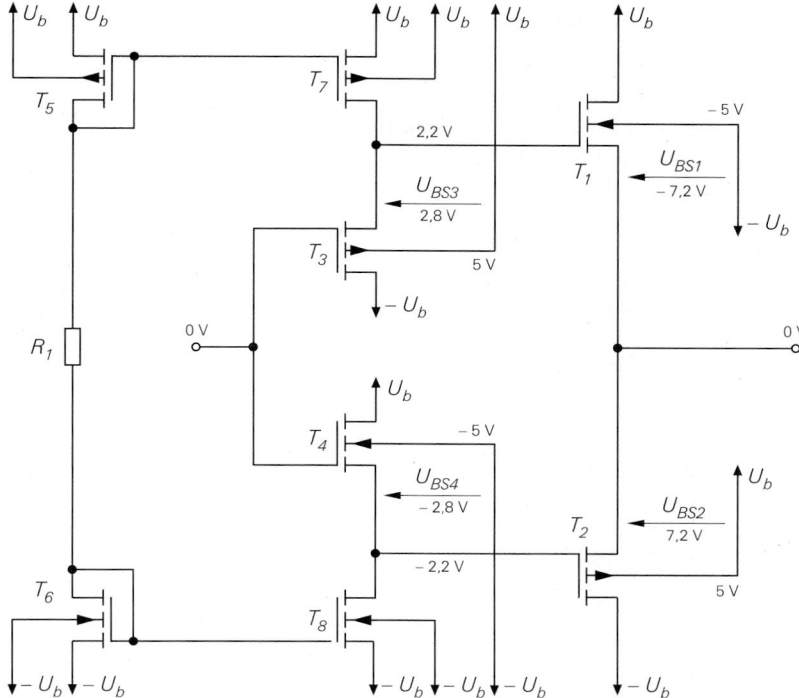

Abb. 4.112. Zweistufige komplementäre Drainschaltung

Die zweistufige komplementäre Kollektorschaltung kann als Reihenschaltung von zwei einstufigen komplementären Kollektorschaltungen aufgefasst werden; deshalb kann man den Ausgangswiderstand durch zweimaliges Anwenden von (4.130) auf Seite 406 berechnen.

4.1.5.3.3 Zweistufige komplementäre Drainschaltung

Man kann den zweistufigen komplementären Impedanzwandler aus Abb. 4.111 auch mit Mosfets aufbauen, siehe Abb. 4.112. In diesem Fall muss man die Größenverhältnisse mit Hilfe einer Schaltungssimulation ermitteln, weil die Mosfets $T_1 \ldots T_4$ mit unterschiedlichen, zunächst unbekannten Bulk-Source-Spannungen arbeiten und deshalb aufgrund des Substrat-Effekts unterschiedliche Schwellenspannungen haben. Für eine erste näherungsweise Auslegung kann man den Substrat-Effekt vernachlässigen und die Größenverhältnisse entsprechend dem Optimum für die zweistufige Drainschaltung wählen, siehe (4.128) auf Seite 402. Den Ruhestrom und die Größe für die Mosfets der zweiten Stufe erhält man aus (4.131) auf Seite 406 durch Vorgabe des gewünschten Ausgangswiderstands.

Da sich die Bulk-Source-Spannungen bei Aussteuerung ändern, ändert sich auch der Ruhestrom der zweiten Stufe. Auch hier muss man mit Hilfe einer Schaltungssimulation sicherstellen, dass die Schaltung im gewünschten Aussteuerbereich die Anforderungen erfüllt. Der Ruhestrom ist üblicherweise am größten, wenn die Eingangsspannung etwa in der Mitte des Versorgungsspannungsbereichs liegt, und nimmt mit Annäherung an eine der Versorgungsspannungen ab. Die Ruheströme der ersten Stufe bleiben dagegen konstant, da sie durch die Stromspiegel vorgegeben werden.

4.1.6 Schaltungen zur Arbeitspunkteinstellung

In integrierten Schaltungen erfolgt die Arbeitspunkteinstellung in den meisten Fällen durch Einprägen der Ruheströme mit Hilfe von Stromquellen oder Stromspiegeln. Die Einstellung eines stabilen Arbeitspunkts erfordert deshalb in erster Linie temperaturstabile und von der Versorgungsspannung unabhängige Referenzstromquellen. Im Gegensatz dazu werden Referenzspannungsquellen nur selten benötigt; so kann man z.B. die für die Arbeitspunkteinstellung von Kaskode-Stufen benötigten Hilfsspannungen im allgemeinen ohne größeren schaltungstechnischen Aufwand und ohne besondere Anforderungen an die Stabilität erzeugen. Im folgenden werden zunächst die wichtigsten Referenz-Stromquellen beschrieben; anschließend werden Schaltungen zur Verteilung der Ströme behandelt.

4.1.6.1 U_{BE}-Referenzstromquelle

Bei dieser Referenzstromquelle wird die näherungsweise konstante Basis-Emitter-Spannung U_{BE} eines Bipolartransistors als Referenzgröße verwendet; Abb. 4.113 zeigt die Prinzipschaltung. Der Transistor T_1 erhält seinen Basisstrom I_{B1} über den Widerstand R_2. Der Kollektorstrom $I_{C1} = B I_{B1}$ nimmt solange zu, bis die Spannung am Stromgegenkopplungswiderstand R_1 so groß wird, dass T_2 leitet und eine weitere Zunahme von I_{B1} und I_{C1} verhindert. Wenn man die Basisströme vernachlässigt und eine näherungsweise konstante Basis-Emitter-Spannung von $U_{BE2} \approx 0,7$ V annimmt, erhält man für den Referenzstrom:

$$I_{ref} = I_{C1} \approx \frac{U_{BE2}}{R_1} \approx \frac{0,7\,\text{V}}{R_1}$$

Er hängt in erster Näherung nicht vom Strom I_2 und damit nicht von der Versorgungsspannung U_b ab.

4.1.6.1.1 Kennlinie

Abb. 4.114 zeigt die Kennlinie einer U_{BE}-Referenzstromquelle mit $R_1 = 6,6\,\text{k}\Omega$ und $R_2 = 36\,\text{k}\Omega$. Für $U_b > 1,4$ V ist der Strom näherungsweise konstant; nur in diesem Bereich arbeitet die Schaltung als Stromquelle.

Bei der Berechnung der Kennlinie muss man die Abhängigkeit der Basis-Emitter-Spannung U_{BE2} vom Strom $I_{C2} \approx I_2$ berücksichtigen:

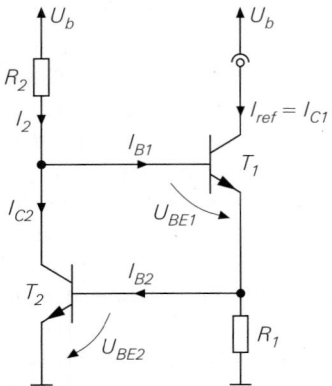

Abb. 4.113.
Prinzip einer U_{BE}-Referenzstromquelle

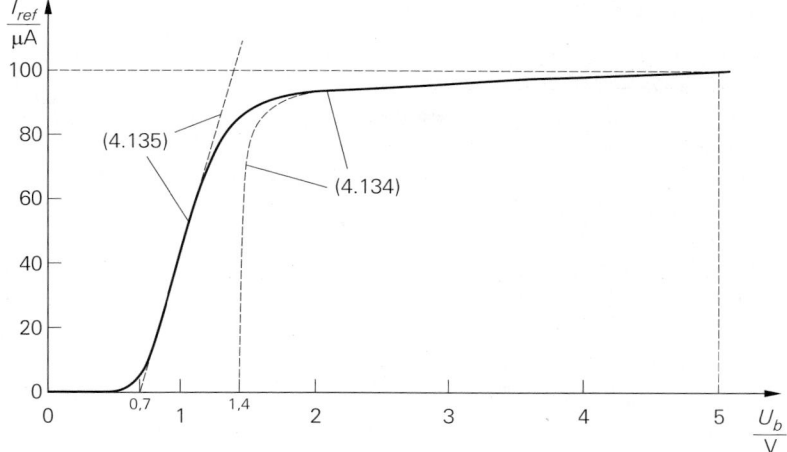

Abb. 4.114. Kennlinie einer U_{BE}-Referenzstromquelle mit $R_1 = 6,6\,\text{k}\Omega$ und $R_2 = 36\,\text{k}\Omega$

$$I_2 \approx I_{C2} = I_{S2}\left(e^{\frac{U_{BE2}}{U_T}} - 1\right) \;\Rightarrow\; U_{BE2} \approx U_T \ln\left(\frac{I_2}{I_{S2}} + 1\right)$$

Dabei ist I_{S2} der Sättigungssperrstrom von T_2 und U_T die Temperaturspannung; bei Raumtemperatur gilt $U_T \approx 26\,\text{mV}$. Für den Referenzstrom folgt:

$$\boxed{I_{ref} \approx \frac{U_T}{R_1} \ln\left(\frac{I_2}{I_{S2}} + 1\right) \overset{I_2 \gg I_{S2}}{\approx} \frac{U_T}{R_1} \ln\frac{I_2}{I_{S2}}} \tag{4.133}$$

Mit

$$I_2 = \frac{U_b - U_{BE1} - U_{BE2}}{R_2} \approx \frac{U_b - 1,4\,\text{V}}{R_2}$$

erhält man:

$$I_{ref} \approx \frac{U_T}{R_1} \ln\frac{U_b - 1,4\,\text{V}}{I_{S2}R_2} \quad \text{für } U_b > 1,4\,\text{V} \tag{4.134}$$

Für $U_b < 1,4\,\text{V}$ sperrt T_2; dann folgt aus $U_b = (I_{C1} + I_{B1})R_1 + U_{BE1} + I_{B1}R_2$:

$$I_{ref} = I_{C1} \approx \frac{U_b - 0,7\,\text{V}}{R_1 + \dfrac{R_1 + R_2}{B}} \quad \text{für } U_b < 1,4\,\text{V} \tag{4.135}$$

Die Näherungen (4.134) und (4.135) sind in Abb. 4.114 eingezeichnet.

4.1.6.1.2 UBE-Referenzstromquelle mit Stromspiegel

Man erreicht eine deutliche Verbesserung des Verhaltens, wenn man eine Stromrückkopplung über einen Stromspiegel einsetzt; Abb. 4.115a zeigt die Schaltung bei Einsatz eines einfachen Stromspiegels. Der Strom I_2 wird nicht mehr über einen Widerstand eingestellt, sondern vom Referenzstrom abgeleitet. Im Normalfall sind alle Transistoren gleich

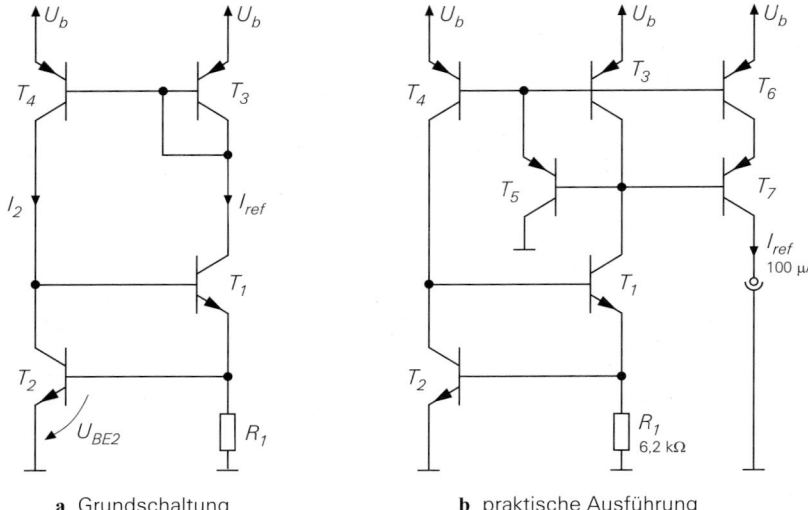

a Grundschaltung   **b** praktische Ausführung

Abb. 4.115. U_{BE}-Referenzstromquelle mit Stromspiegel

groß; der Stromspiegel hat in diesem Fall das Übersetzungsverhältnis $k_I \approx 1$, d.h. es gilt $I_2 \approx I_{ref}$. Durch Einsetzen in (4.133) erhält man die transzendente Gleichung:

$$I_{ref} \approx \frac{U_T}{R_1} \ln\left(\frac{I_{ref}}{I_{S2}} + 1\right)$$

Die Lösung dieser Gleichung hängt nur noch von U_T, R_1 und I_{S2} und nicht mehr von der Versorgungsspannung U_b ab. In der Praxis bleibt eine sehr geringe Abhängigkeit aufgrund der Early-Spannung der Transistoren, die hier nicht berücksichtigt wurde [27]. Da nun auch der Strom I_2 stabilisiert wird, kann man von einer konstanten Basis-Emitter-Spannung U_{BE2} ausgehen und die Näherung

$$I_{ref} \approx \frac{U_{BE2}}{R_1} \tag{4.136}$$

verwenden.

Die praktische Ausführung der U_{BE}-Referenzstromquelle mit Stromspiegel ist in Abb. 4.115b gezeigt. Der Stromspiegel T_3,T_4 wird mit T_5 zum 3-Transistor-Stromspiegel erweitert und erhält mit T_6 einen zusätzlichen Ausgang zur Auskopplung des Referenzstroms. Der zusätzliche Ausgang muss mit einer Kaskode-Stufe T_7 versehen werden, damit die Unabhängigkeit von der Versorgungsspannung nicht durch den Early-Effekt von T_6 beeinträchtigt wird. Damit man am Ausgang den gewünschten Referenzstrom erhält, muss man R_1 etwas kleiner wählen als in (4.136), um die durch die diversen Basisströme verursachten Stromverluste auszugleichen. Abbildung 4.116 zeigt die resultierenden

---

[27] Eine Berechnung unter Berücksichtigung des Early-Effekts ergibt, dass der Early-Faktor $1 + U/U_A$ nur in das Argument des Logarithmus eingeht und deshalb in seiner Wirkung etwa um den Faktor $20\ldots30$ abgeschwächt wird; damit wird bereits ein Ausgangswiderstand wie bei einer Kaskodeschaltung erreicht.

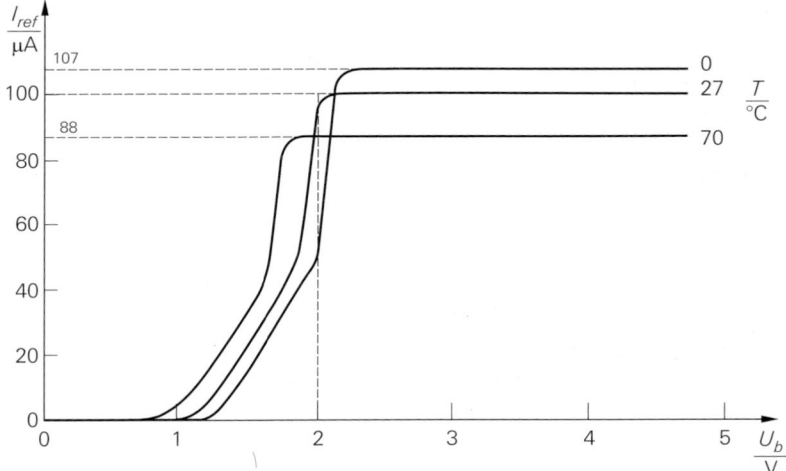

Abb. 4.116. Kennlinien der U_{BE}-Referenzstromquelle mit Stromspiegel bei verschiedenen Temperaturen ($R_1 = 6,2\,k\Omega$)

Kennlinien für $R_1 = 6,2\,k\Omega$ bei Raumtemperatur ($T = 27\,°C$) und an den Grenzen des Temperaturbereichs für allgemeine Anwendungen ($T = 0\ldots70\,°C$).

4.1.6.1.3 Temperaturabhängigkeit

Ein Nachteil der U_{BE}-Referenzstromquelle ist die relative starke Temperaturabhängigkeit, die durch die Temperaturabhängigkeit der Basis-Emitter-Spannung verursacht wird. Aus (2.21) auf Seite 56 entnimmt man $dU_{BE}/dT \approx -1,7\,mV/K$; daraus folgt eine Stromänderung von

$$\frac{d\,I_{ref}}{dT} = \frac{1}{R_1}\frac{dU_{BE2}}{dT} \approx -\frac{1,7\,mV/K}{R_1} \tag{4.137}$$

und ein *Temperaturkoeffizient* von:

$$\frac{1}{I_{ref}}\frac{d\,I_{ref}}{dT} = \frac{1}{U_{BE2}}\frac{dU_{BE2}}{dT} \overset{U_{BE2}\approx0,7\,V}{\approx} -2,5\cdot10^{-3}\,K^{-1}$$

Daraus folgt, dass der Referenzstrom bei einer Temperaturerhöhung um $4\,K$ um ein Prozent abnimmt.

4.1.6.1.4 Startschaltung

Die U_{BE}-Referenzstromquelle hat neben dem gewünschten noch einen weiteren Arbeitspunkt, bei dem alle Transistoren stromlos sind. Ob dieser zweite Arbeitspunkt stabil oder instabil ist, hängt von den Leckströmen der Transistoren ab; diese hängen stark vom verwendeten Herstellungsprozess ab und sind auch in den meisten Simulationsmodellen nicht enthalten. Wenn der Stromspiegel $T_3 \ldots T_5$ mit lateralen pnp-Transistoren aufgebaut wird, reicht der aufgrund der großen Fläche relativ große Leckstrom von T_4 normalerweise aus, um einen ausreichenden Startstrom für T_1 zur Verfügung zu stellen; in diesem Fall existiert kein stabiler stromloser Arbeitspunkt. Andernfalls muss man eine Startschaltung verwenden, die einen Startstrom zur Verfügung stellt, der bei Annäherung an den gewünschten Arbeitspunkt abgeschaltet wird.

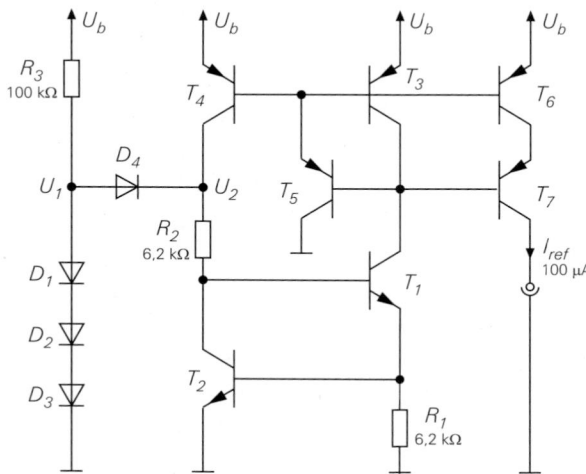

Abb. 4.117.
U_{BE}-Referenzstromquelle
mit Startschaltung

Abbildung 4.117 zeigt eine einfache und häufig verwendete Startschaltung [4.1],[4.2].
Sie besteht aus den Dioden $D_1 \ldots D_4$, die als Transistor-Dioden ausgeführt werden, und
den Widerständen R_2 und R_3. Die Dioden $D_1 \ldots D_3$ und der Widerstand R_3 bilden eine
einfache Referenzspannungsquelle mit $U_1 = 3\,U_{BE} \approx 2,1$ V, die über die Diode D_4
und den Widerstand R_2 einen Startstrom für T_1 bereitstellt. Der Widerstand R_2 wird so
dimensioniert, dass die Spannung U_2 durch den einsetzenden Kollektorstrom von T_4 soweit
ansteigt, dass D_4 im gewünschten Arbeitspunkt sperrt. Wenn man

$$ R_2 \approx \frac{U_{BE}}{I_{ref}} \approx R_1 $$

wählt, erhält man im gewünschten Arbeitspunkt $U_1 = U_2$; damit sperrt D_4. Der Widerstand
R_3 muss so klein gewählt werden, dass der Startstrom auch bei minimaler Versorgungsspannung ausreichend groß ist; andererseits darf er nicht zu klein gewählt werden, damit
der Querstrom durch die Dioden $D_1 \ldots D_3$ bei maximaler Versorgungsspannung nicht zu
groß wird.

Beispiel: Die U_{BE}-Referenzstromquelle in Abb. 4.117 soll für einen Referenzstrom
von $I_{ref} = 100\,\mu$A ausgelegt werden. Für die npn-Transistoren aus Abb. 4.5 auf Seite 284
gilt in diesem Fall $U_{BE} \approx U_T \ln I_{ref}/I_S \approx 0,66$ V; damit folgt aus (4.136) $R_1 \approx 6,6$ kΩ.
Mit Hilfe einer Schaltungssimulation wird eine Feinabstimmung auf $R_1 = 6,2$ kΩ vor-
genommen. Für die Startschaltung erhält man $R_2 = R_1 = 6,2$ kΩ. Der Widerstand R_3
kann in einem weiten Bereich liegen; er wird hier so gewählt, dass der Strom in der Startschaltung bei einer maximalen Versorgungsspannung von $U_b = 12$ V noch kleiner als der
Referenzstrom ist: $R_3 \approx (U_b - 3U_{BE})/I_{ref} \approx 100$ kΩ.

4.1.6.2 PTAT-Referenzstromquelle

Wenn man in Abb. 4.115a die U_{BE}-Referenzstromquelle T_1, T_2 gegen einen Widlar-
Stromspiegel austauscht, erhält man die *PTAT-Referenzstromquelle* in Abb. 4.118a. Die
Bezeichnung *PTAT* bedeutet *proportional to absolute temperature* und weist darauf hin,
dass der Strom proportional zur absoluten Temperatur in Kelvin ist. Daraus folgt, dass die
PTAT-Referenzstromquelle im Gegensatz zur U_{BE}-Referenzstromquelle einen positiven
Temperaturkoeffizienten aufweist.

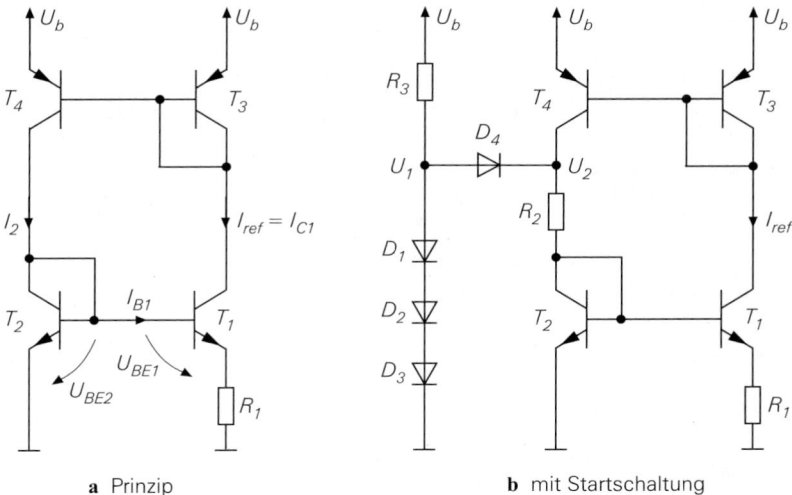

a Prinzip   **b** mit Startschaltung

Abb. 4.118. PTAT-Referenzstromquelle

4.1.6.2.1 PTAT-Strom

Aus Abb. 4.118 entnimmt man die Maschengleichung:

$$U_{BE2} = U_{BE1} + (I_{C1} + I_{B1})\,R_1 \overset{I_{ref}=I_{C1}\gg I_{B1}}{\approx} U_{BE1} + I_{ref}R_1$$

Daraus folgt mit $U_{BE} = U_T \ln I_C/I_S$, $I_{C1} = I_{ref}$ und $I_{C2} \approx I_2$:

$$U_T \ln \frac{I_2}{I_{S2}} \approx U_T \ln \frac{I_{ref}}{I_{S1}} + I_{ref}R_1$$

Der Stromspiegel T_3,T_4 hat normalerweise das Übersetzungsverhältnis $k_I \approx 1$; daraus folgt $I_2 \approx I_{ref}$. Durch Einsetzen in die letzte Gleichung und Auflösen nach I_{ref} erhält man den Referenzstrom:

$$\boxed{\; I_{ref} \approx \frac{U_T}{R_1} \ln \frac{I_{S1}}{I_{S2}} \quad \text{für } I_{S1} > I_{S2} \text{ und } k_I \approx 1 \;} \tag{4.138}$$

Da I_{ref} positiv sein muss, ist in (4.138) die Einschränkung $I_{S1} > I_{S2}$ erforderlich; sie besagt, dass T_1 größer als T_2 sein muss. Im allgemeinen gibt man I_{ref} und $I_{S1}/I_{S2} \approx 4 \dots 10$ vor und berechnet damit R_1.

Auch die PTAT-Referenzstromquelle besitzt ein zweiten, stromlosen Arbeitspunkt, der durch eine Startschaltung eliminiert werden muss. Abbildung 4.118b zeigt eine mögliche Schaltung, die bereits bei der U_{BE}-Referenzstromquelle angewendet wurde und dort näher beschrieben ist. Der Widerstand R_2 muss hier aber größer gewählt werden als bei der U_{BE}-Referenzstromquelle, damit die Spannung U_2 im gewünschten Arbeitspunkt ausreichend groß wird; als Richtwert gilt hier $I_{ref}R_2 \approx 2\,U_{BE} \approx 1,4\,\text{V}$.

Damit die PTAT-Referenzstromquelle einen von der Versorgungsspannung unabhängigen Strom liefert, muss man noch Kaskode-Stufen ergänzen, die den Early-Effekt der Transistoren T_1 und T_4 eliminieren, und einen Ausgang bereitstellen. Abbildung 4.119

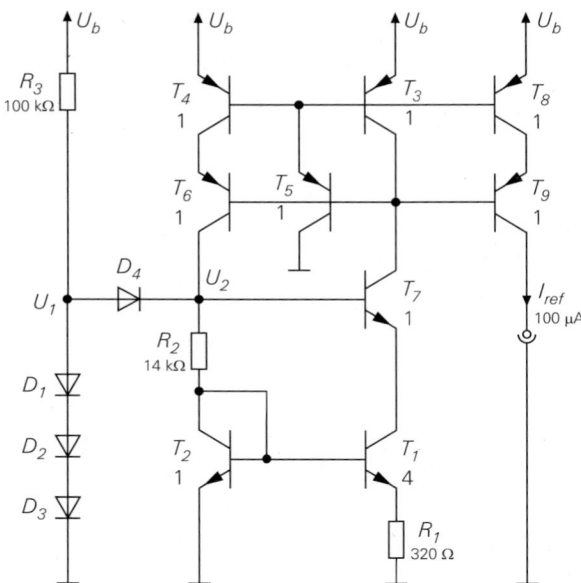

Abb. 4.119.
Praktische Ausführung einer
PTAT-Referenzstromquelle

zeigt eine praktische Schaltung, die im Vergleich zu Abb. 4.118b folgende Ergänzungen
aufweist:

- der Stromspiegel T_3, T_4 wird mit T_5 zum 3-Transistor-Stromspiegel erweitert und erhält
  am Ausgang die Kaskode-Stufe T_6;
- der Transistor T_1 erhält die Kaskode-Stufe T_7, die als Basis-Vorspannung die Spannung
  U_2 der Startschaltung verwendet;

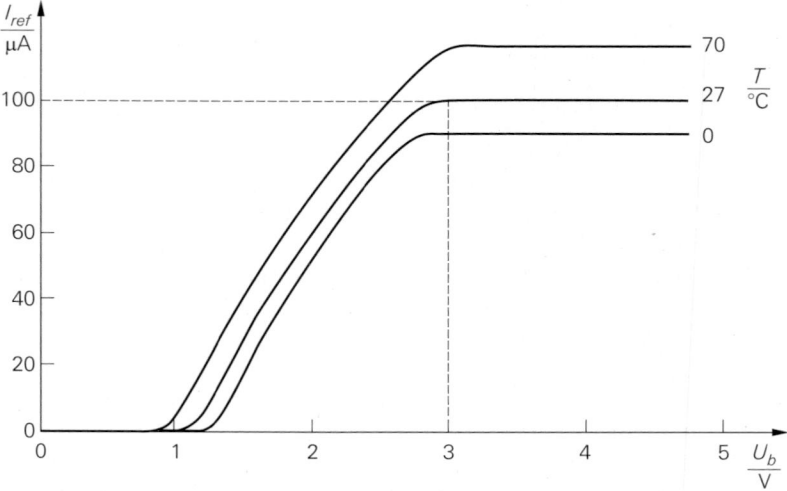

Abb. 4.120. Kennlinie der PTAT-Referenzstromquelle aus Abb. 4.119

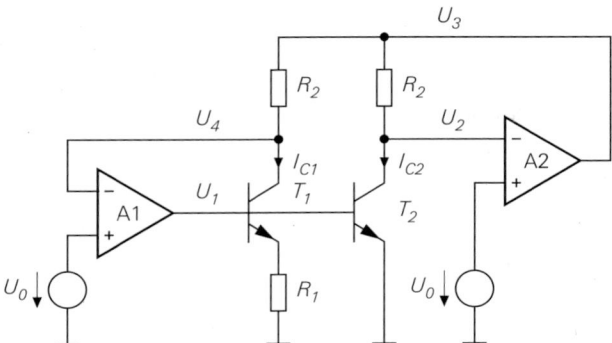

Abb. 4.121.
Geregelte PTAT-
Referenzstromquelle

– mit dem Transistor T_8 und der zugehörigen Kaskode-Stufe T_9 wird der Referenzstrom ausgekoppelt.

Abbildung 4.120 zeigt die resultierenden Kennlinien für verschiedene Temperaturen.

4.1.6.2.2 Geregelte PTAT-Referenzstromquelle

Abbildung 4.121 zeigt das Prinzip einer geregelten PTAT-Referenzstromquelle; dabei wird der PTAT-Strom nach (4.138) nicht über einen Stromspiegel, sondern über zwei Regelverstärker A1 und A2 eingestellt.

Wenn beide Regelverstärker hochohmige Eingänge und die Verstärkung A besitzen, gilt:

$$U_1 = A\,(U_0 - U_4)$$

$$U_2 = U_3 - I_{C2} R_2$$

$$U_3 = A\,(U_0 - U_2)$$

$$U_4 = U_3 - I_{C1} R_2$$

Bei ausreichend hoher Verstärkung A erhält man – Stabilität vorausgesetzt – einen Arbeitspunkt mit $U_2 = U_4 = U_0$ und $I_{C1} = I_{C2} = I_{ref}$; letzteres ist wegen der gemeinsamen Basisspannung U_1 nur für den PTAT-Strom nach (4.138) erfüllt. Die Stabilität wird mit Hilfe einer Kleinsignalbetrachtung geprüft; dabei erhält man

$$u_1 = -A u_4$$

$$u_2 = u_3 - i_{C2} R_2 = u_3 - S_2 R_2 u_1$$

$$u_3 = -A u_2$$

$$u_4 = u_3 - i_{C1} R_2 = u_3 - S_1 R_2 u_1$$

mit den Steilheiten:

$$S_1 = \frac{I_{ref}}{U_T + I_{ref} R_1} \quad , \quad S_2 = \frac{I_{ref}}{U_T} > S_1$$

Abbildung 4.122 zeigt das regelungstechnische Ersatzschaltbild für den statischen Fall; dabei kann man den Kreis mit dem Regelverstärker A2 wegen

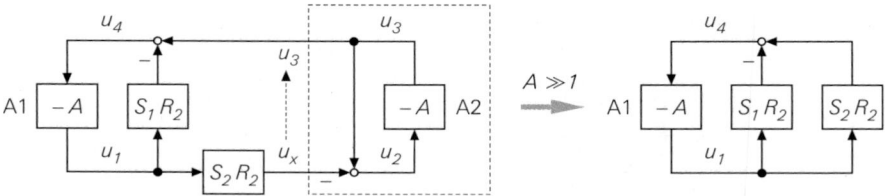

Abb. 4.122. Regelungstechnisches Ersatzschaltbild der geregelten PTAT-Referenzstromquelle

$$\frac{u_3}{u_x} = \frac{A}{1+A} \overset{A\gg1}{\approx} 1$$

durch eine direkte Verbindung ersetzen. Der Regelverstärker A1 wird demnach über den Transistor T_1 mit $S_1 R_2$ mit- und über den Transistor T_2 mit $S_2 R_2$ gegengekoppelt; wegen $S_2 > S_1$ ist der Kreis *statisch* stabil. Die dynamische Stabilität muss durch eine Frequenzgangkompensation der beiden Regelverstärker sichergestellt werden; wir gehen darauf im folgenden noch näher ein.

Abbildung 4.123 zeigt eine praktische Ausführung der geregelten PTAT-Referenzstromquelle. Als Regelverstärker wird jeweils eine Emitterschaltung (T_3, T_5) mit nachfolgender Kollektorschaltung (T_4, T_6) eingesetzt; der Regelverstärker A1 enthält zusätzlich einen nichtlinearen Pegelumsetzer (R_6, T_7), der den Kreis großsignalmäßig linearisiert. Die Spannungen U_0 entsprechen den Basis-Emitter-Spannungen der Transistoren T_3 und T_5 im Arbeitspunkt: $U_2 \approx U_4 \approx U_0 \approx 0,7$ V. Daraus folgt auch, dass die Transistoren T_1 und T_2 mit konstanter Kollektorspannung betrieben werden; dadurch wirkt sich der Early-Effekt nicht auf den Referenzstrom aus. Die Auskopplung erfolgt durch Anschließen weiterer Transistoren an die Spannung U_1; dies ist in Abb. 4.123 am linken Rand angedeutet. Auch hier muss man die Auskoppel-Transistoren gegebenenfalls mit einer Kaskode-Stufe ver-

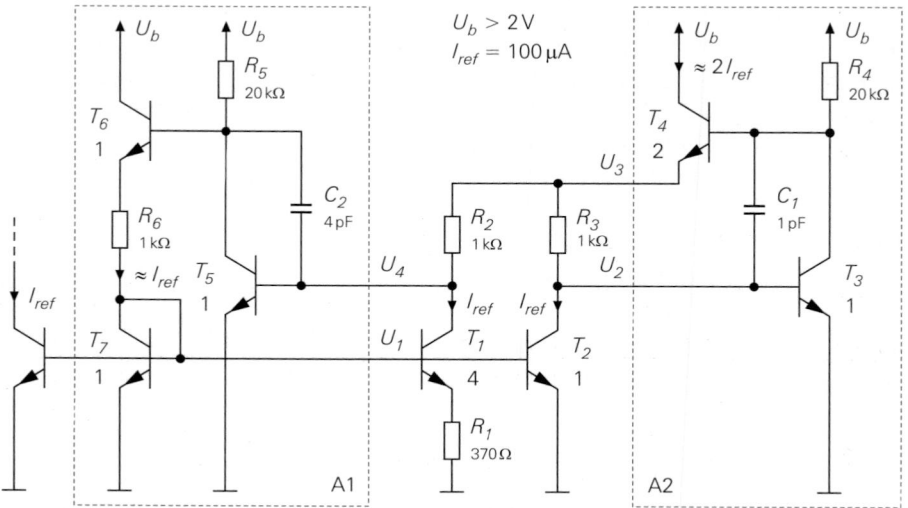

Abb. 4.123. Praktische Ausführung einer geregelten PTAT-Referenzstromquelle

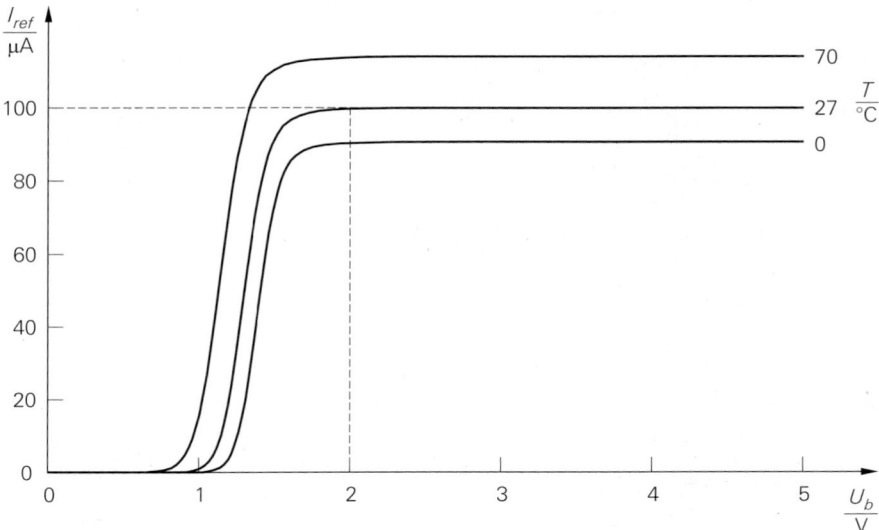

Abb. 4.124. Kennlinien der geregelten PTAT-Referenzstromquelle aus Abb. 4.123

sehen, um deren Early-Effekt zu eliminieren. Abbildung 4.124 zeigt die Kennlinien für verschiedene Temperaturen.

Beide Regelverstärker benötigen eine Frequenzgangkompensation, damit die Schaltung dynamisch stabil ist; dazu dienen die Kapazitäten C_1 und C_2. Die Dimensionierung erfolgt mit Hilfe einer Schaltungssimulation. Man verwendet dazu eine Zeitbereichsanalyse, bei der mit einer Stromquelle ein kurzer Strom-Impuls in den Knoten U_1 einspeist wird; man kann damit die Impulsantwort an den verschiedenen Knoten begutachten und die Kapazitäten entsprechend wählen. Ohne Kompensation ist die Schaltung im allgemeinen instabil; in der Schaltungssimulation erhält man in diesem Fall eine Dauerschwingung.

4.1.6.2.3 Temperaturabhängigkeit

Da der Strom der PTAT-Referenzstromquelle proportional zur Temperaturspannung U_T ist, geht deren Temperaturabhängigkeit ein:

$$U_T = \frac{kT}{q} \quad \Rightarrow \quad \frac{dU_T}{dT} = \frac{k}{q} \approx 86\,\mu\text{V/K}$$

Daraus folgt eine Stromänderung von

$$\frac{dI_{ref}}{dT} = \frac{1}{R_1}\ln\frac{I_{S1}}{I_{S2}}\frac{dU_T}{dT} \approx \frac{86\,\mu\text{V/K}}{R_1}\ln\frac{I_{S1}}{I_{S2}} \tag{4.139}$$

und ein *Temperaturkoeffizient* von:

$$\frac{1}{I_{ref}}\frac{dI_{ref}}{dT} = \frac{1}{U_T}\frac{dU_T}{dT} = \frac{1}{T} \overset{T=300\,\text{K}}{=} 3{,}3\cdot 10^{-3}\,\text{K}^{-1}$$

Der Referenzstrom nimmt bei einer Temperaturerhöhung um 3 K um ein Prozent zu. Damit ist die Temperaturabhängigkeit der PTAT-Referenzstromquelle noch größer als die der U_{BE}-Referenzstromquelle; sie hat aber umgekehrtes Vorzeichen.

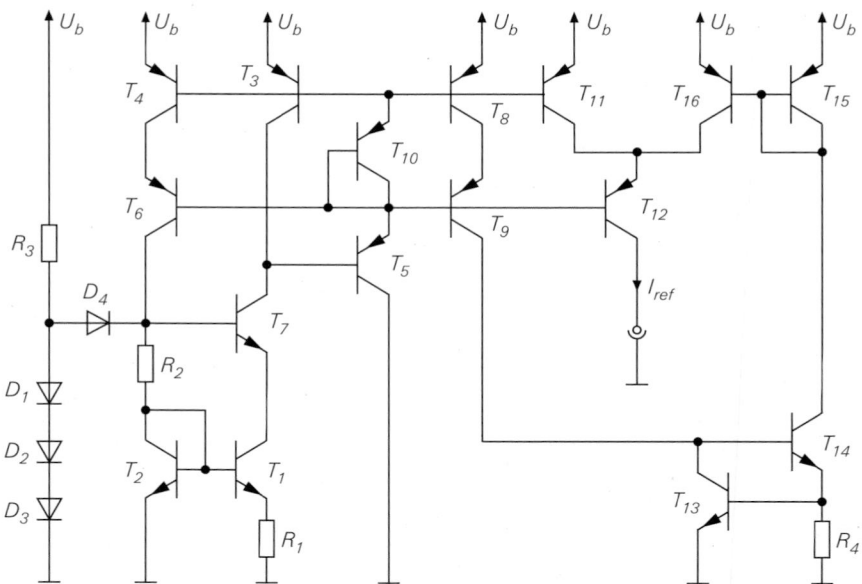

Abb. 4.125. Temperaturunabhängige Referenzstromquelle

4.1.6.2.4 Einsatz in bipolaren Verstärkern

Trotz ihrer starken Temperaturabhängigkeit wird die PTAT-Referenzstromquelle als Referenzquelle für die Ruheströme in bipolaren Verstärkern eingesetzt. In diesem Fall ist die Temperaturabhängigkeit sogar von Vorteil, weil die Verstärkung bei bipolaren Verstärkerstufen ohne Stromgegenkopplung proportional zur Steilheit $S = I_{C,A}/U_T$ der Transistoren ist; mit $I_{C,A} \sim I_{ref} \sim U_T$ bleibt die Steilheit und damit die Verstärkung konstant.

4.1.6.3 Temperaturunabhängige Referenzstromquelle

Wenn man den Ströme einer U_{BE}- und einer PTAT-Referenzstromquelle addiert und so wählt, dass

$$\left.\frac{dI_{ref}}{dT}\right|_{U_{BE}-\text{Ref.}} + \left.\frac{dI_{ref}}{dT}\right|_{\text{PTAT-Ref.}} = 0$$

gilt, erhält man die in Abb. 4.125 gezeigte temperaturunabhängige Referenzstromquelle. Der linke Teil der Schaltung entspricht der PTAT-Referenzstromquelle in Abb. 4.119. Dabei wird die Transistor-Diode T_{10} ergänzt, damit die Basis-Anschlüsse der pnp-Kaskode-Transistoren am Emitter von T_5 angeschlossen werden können; dadurch wird der durch die Basisströme verursachte Fehler geringer. An den ursprünglichen Ausgang T_8,T_9 wird die U_{BE}-Referenzstromquelle T_{13},T_{14} angeschlossen; sie wird in diesem Fall bereits mit einem stabilisierten Strom versorgt und benötigt deshalb keine Rückkopplung über einen Stromspiegel. Die PTAT-Referenzstromquelle erhält mit T_{11},T_{12} einen weiteren Ausgang, an dem über den Stromspiegel T_{15},T_{16} der Strom der U_{BE}-Referenzstromquelle addiert wird. Mit (4.136)–(4.139) folgt für das Verhältnis der Ströme

$$\frac{I_{ref,UBE}}{U_{BE}} \frac{dU_{BE}}{dT} + \frac{I_{ref,PTAT}}{U_T} \frac{dU_T}{dT} = 0 \quad \Rightarrow \quad \frac{I_{ref,UBE}}{I_{ref,PTAT}} = -\frac{U_{BE}}{U_T} \frac{\dfrac{dU_T}{dT}}{\dfrac{dU_{BE}}{dT}} \approx 1,3$$

und für den Referenzstrom:

$$I_{ref} = I_{ref,UBE} + I_{ref,PTAT} \approx 2,3 \cdot I_{ref,PTAT} \approx 1,77 \cdot I_{ref,UBE}$$

Für einen Referenzstrom $I_{ref} = 100\,\mu A$ erhält man $I_{ref,PTAT} \approx I_{ref}/2,3 \approx 43\,\mu A$ und $I_{ref,UBE} \approx I_{ref}/1,77 \approx 57\,\mu A$.

4.1.6.4 Referenzstromquellen in MOS-Schaltungen

Die U_{BE}-Referenzstromquelle aus Abb. 4.113 kann auch mit Mosfets realisiert werden; sie wird dann U_{GS}-Referenzstromquelle genannt [4.2]. Bei Betrieb im quadratischen Bereich der Kennlinie ist die Stabilisierung des Stroms vergleichsweise schlecht. Deutlich besseres Verhalten erreicht man, wenn man die Mosfets so groß macht, dass sie im Unterschwellenbereich arbeiten; dort haben sie eine exponentielle Kennlinie und verhalten sich näherungsweise wie Bipolartransistoren. Aus (3.25) auf Seite 210 folgt, dass für einen Betrieb im Unterschwellenbereich

$$|U_{GS} - U_{th}| < 2n_U U_T \overset{n_U \approx 1,5...2,5}{\approx} 3...5 \cdot U_T$$

gelten muss; dadurch werden die Mosfets selbst bei kleinen Strömen sehr groß. Nachteilig ist die Abhängigkeit von der Schwellenspannung U_{th}, die herstellungsbedingt schwankt.

Die PTAT-Referenzstromquelle kann ebenfalls mit Mosfets im Unterschwellenbereich realisiert werden; dabei tritt bei der Berechnung des Stroms die Spannung $n_U U_T$ an die Stelle von U_T, weil bei Mosfets im Unterschwellenbereich

$$I_D \sim e^{\frac{U_{GS}-U_{th}}{n_U U_T}} \qquad \text{mit } n_U \approx 1,5...2,5$$

gilt. Die Verschiebung um die Schwellenspannung U_{th} wirkt sich dagegen nicht auf den Strom aus, sondern führt nur zu einer Verschiebung der Arbeitspunktspannungen.

Referenzstromquellen mit Mosfets haben im allgemeinen erheblich schlechtere Eigenschaften als bipolare Referenzstromquellen. Deshalb werden integrierte Schaltungen mit sehr hohen Anforderungen bezüglich Genauigkeit und Temperaturverhalten meist in Bipolar-Technik hergestellt.

Bei geringen Anforderungen an die Genauigkeit und die Temperaturabhängigkeit kann man eine der in Abb. 4.126 gezeigten Abschnür-Stromquellen einsetzen, die alle den konstanten Drainstrom eines selbstleitenden Fets im Abschnürbereich als Referenzstrom verwenden; dabei kann man mit $U_{GS} = 0$ oder – bei Stromgegenkopplung mit einem Widerstand – mit $U_{GS} < 0$ arbeiten.

Die Abschnür-Stromquellen mit Sperrschicht-Fets in Abb. 4.126b werden in integrierten Schaltungen durch einen *Abschnür-Widerstand* (*pinch resistor*) realisiert. Dabei handelt es sich um einen hochohmigen integrierten Widerstand, der mit zunehmender Spannung abgeschnürt wird. Da der prinzipielle Aufbau dem eines Sperrschicht-Fets entspricht, ist das Verhalten praktisch gleich. Nachteilig sind die hohen fertigungsbedingten Toleranzen, die typisch in der Größenordnung von $\pm 30\%$ liegen [4.1].

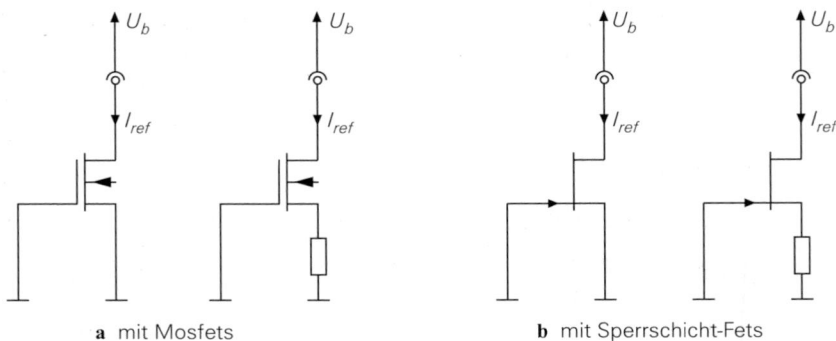

a mit Mosfets   **b** mit Sperrschicht-Fets

Abb. 4.126. Abschnür-Stromquellen

4.1.6.5 Arbeitspunkteinstellung in integrierten Verstärkerschaltungen

Zur Arbeitspunkteinstellung in integrierten Schaltungen werden hauptsächlich Stromquellen zur Ruhestromeinstellung und Hilfsspannungen für Kaskode-Stufen benötigt; dabei werden die Stromquellen als Stromquellenbank mit einer gemeinsamen Referenzstromquelle ausgeführt.

4.1.6.5.1 Bipolare Schaltungen

Abbildung 4.127 zeigt eine typische Schaltung zur Arbeitspunkteinstellung in bipolaren Verstärkerschaltungen. Sie setzt sich aus einer PTAT-Referenzstromquelle ($T_1 \ldots T_8$) mit Startschaltung ($D_1 \ldots D_5$) sowie einer npn- (T_9) und einer pnp-Kollektorschaltung (T_{11}) mit den zugehörigen Stromquellen (T_{10}, T_{12}) zur Bereitstellung der Hilfsspannungen U_1 und U_2 für Kaskode-Stufen zusammen; die Transistor-Diode D_6 demonstriert eine einfache Möglichkeit zur Erzeugung weiterer Hilfsspannungen. Da an der PTAT-Referenzstromquelle zusätzlich zur Auskopplung am Stromspiegel $T_3 \ldots T_6$ auch eine Auskopplung am Widlar-Stromspiegel T_1, T_2 erfolgt, wird dieser im Vergleich zu Abb. 4.119 mit T_8 zum 3-Transistor-Stromspiegel ausgebaut, um den Fehler durch die Basisströme klein zu halten; dadurch wird auch in der Startschaltung eine weitere Transistor-Diode benötigt, um die Startspannung entsprechend anzuheben. Der Widerstand R_3 wird als p-Kanal-Abschnür-Widerstand ausgeführt. Das ist keine Besonderheit, vielmehr kann man Widerstände im Bereich von $100\,\mathrm{k}\Omega$ meist ohnehin nur in dieser Form herstellen. Die Eigenschaft eines Abschnür-Widerstands, bei größeren Spannungen als Konstantstromquelle zu arbeiten – siehe Abschnitt über Abschnür-Stromquellen –, ist hier vorteilhaft, weil dadurch der Strom in der Startschaltung begrenzt wird; auch die herstellungsbedingten Toleranzen stören hier nicht, da der Strom in der Startschaltung um fast eine Größenordnung variieren kann, ohne dass die Funktion beeinträchtigt wird.

An die Auskopplungen und die Hilfsspannungen kann man einfache Stromquellen oder Stromquellen mit Kaskode mit beliebigem Übersetzungsverhältnis anschließen; in Abb. 4.127 ist als Beispiel je eine Stromquelle mit Kaskode dargestellt. Weitere Hilfsspannungen, wie z.B. die Spannung U_3, können mit Transistor-Dioden einfach erzeugt werden; wenn größere Ströme benötigt werden, muss man Kollektorschaltungen wie bei U_1 und U_2 einsetzen.

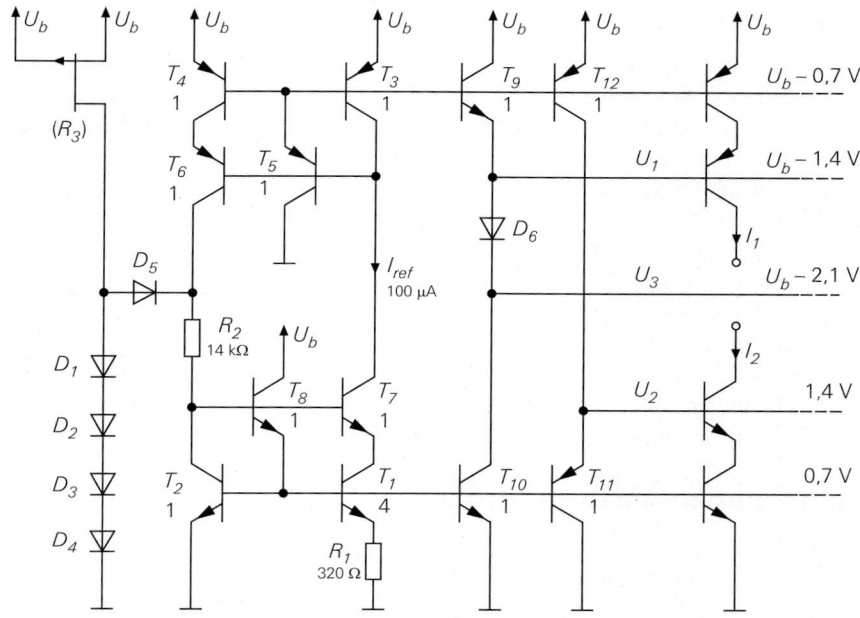

Abb. 4.127. Typische Schaltung mit PTAT-Referenzstromquelle zur Arbeitspunkteinstellung in bipolaren Verstärkerschaltungen (Zahlenbeispiel mit $I_{ref} = 100\,\mu\text{A}$ für $U_b > 3{,}5\,\text{V}$ unter Verwendung der Bipolartransistoren aus Abb. 4.5 auf Seite 284)

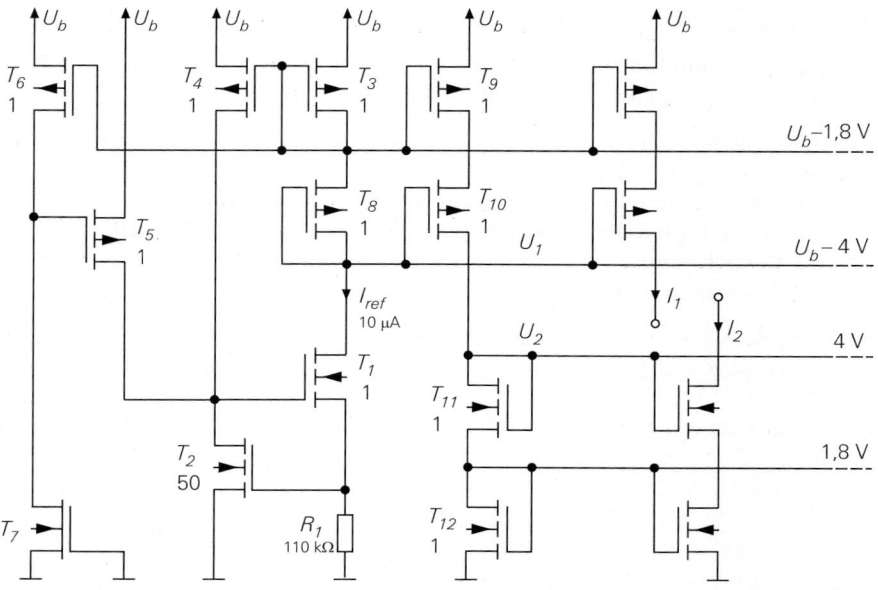

Abb. 4.128. Typische Schaltung mit U_{GS}-Referenzstromquelle zur Arbeitspunkteinstellung in MOS-Verstärkerschaltungen (Zahlenbeispiel mit $I_{ref} = 10\,\mu\text{A}$ für $U_b > 7\,\text{V}$ unter Verwendung der Mosfets aus Abb. 4.6 auf Seite 285)

4.1.6.5.2 MOS-Schaltungen

Abbildung 4.128 zeigt eine typische Schaltung zur Arbeitspunkteinstellung in MOS-Verstärkerschaltungen. Sie setzt sich aus einer U_{GS}-Referenzstromquelle (T_1,T_2) mit Stromspiegel (T_3,T_4) und Startschaltung (T_5,T_6) sowie einer Auskopplung mit Hilfsspannungserzeugung $(T_8 \ldots T_{12})$ zusammen. Die Startschaltung liefert über T_5 einen Startstrom, der nach Anlaufen der Schaltung über T_6 abgeschaltet wird. Der selbstleitende Mosfet T_7 dient als Ruhestromquelle (Abschnür-Stromquelle) für T_6; sein Strom muss kleiner als der Referenzstrom sein, damit die Startschaltung über T_6 abgeschaltet werden kann. Die Größe von T_7 hängt von der Schwellenspannung der selbstleitenden Mosfets im jeweiligen Herstellungsprozess ab.

Die Schaltung ist in dieser Form nur sinnvoll, wenn die herstellungsbedingten Toleranzen des Widerstands R_1 und der Schwellenspannung von T_2 geringer sind als die Toleranz der Schwellenspannung von T_7; andernfalls wäre es besser, den Strom der Abschnür-Stromquelle T_7 als Referenzstrom zu verwenden.

4.2 Eigenschaften und Kenngrößen

Die Eigenschaften eines Verstärkers werden in Form von Kenngrößen angegeben. Man geht dabei von den Kennlinien des Verstärkers aus. Durch Linearisierung im Arbeitspunkt erhält man die Kleinsignal-Kenngrößen (z.B. die Verstärkung) und durch Reihenentwicklung die nichtlinearen Kenngrößen (z.B. den Klirrfaktor). Da eine geschlossene Darstellung der Kennlinien oft nicht möglich ist, muss man sich ggf. auf Messungen oder Schaltungssimulationen stützen.

4.2.1 Kennlinien

Ein Verstärker mit einem Eingang und einem Ausgang wird im allgemeinen durch zwei Kennlinienfelder beschrieben; mit den Größen aus Abb. 4.129 gilt:

$$I_e = f_E(U_e,U_a)$$
$$I_a = f_A(U_e,U_a)$$

Die Rückwirkung vom Ausgang auf den Eingang ist bei den meisten Verstärkern im interessierenden Bereich vernachlässigbar klein, d.h. die Eingangskennlinie hängt praktisch nicht von der Ausgangsspannung ab. Damit erhält man:

$$I_e = f_E(U_e) \tag{4.140}$$
$$I_a = f_A(U_e,U_a) \tag{4.141}$$

Daraus erhält man bei offenem Ausgang die *Leerlauf-Übertragungskennlinie*:

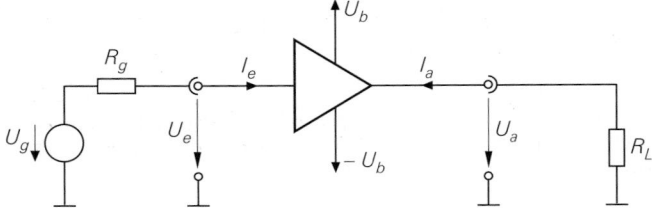

Abb. 4.129. Spannungen und Ströme bei einem Verstärker mit einem Eingang und einem Ausgang

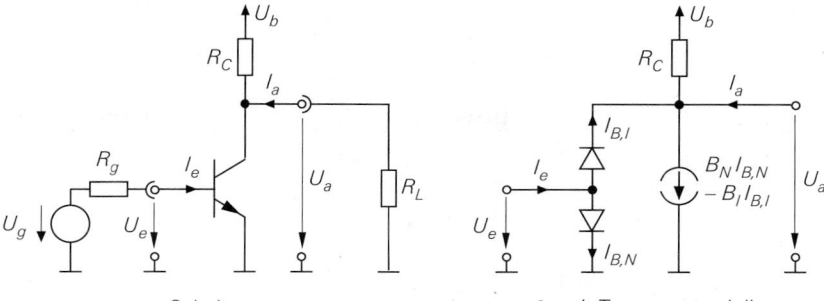

a Schaltung   **b** mit Transportmodell

Abb. 4.130. Beispiel: Emitterschaltung

$$I_a = f_A(U_e, U_a) = 0 \quad \Rightarrow \quad U_a = f_{\ddot{U}}(U_e) \qquad (4.142)$$

Sie wird oft nur *Übertragungskennlinie* genannt.

Wenn man den Verstärker mit einer Signalquelle mit Innenwiderstand R_g und einer Last R_L betreibt, gilt nach Abb. 4.129:

$$I_e = \frac{U_g - U_e}{R_g} \quad , \quad I_a = -\frac{U_a}{R_L} \qquad (4.143)$$

Die durch diese Gleichungen beschriebenen Geraden werden *Quellen-* und *Lastgerade* genannt. Durch Einsetzen in (4.140) und (4.141) erhält man das nichtlineare Gleichungssystem

$$\begin{aligned} U_g &= U_e + R_g f_E(U_e) \\ 0 &= U_a + R_L f_A(U_e, U_a) \end{aligned} \qquad (4.144)$$

und daraus die *Betriebs-Übertragungskennlinie*:

$$U_a = f_{\ddot{U}B}(U_g) \qquad (4.145)$$

Die Lösung der Gleichung (4.142) und des Gleichungssystems (4.144) sowie die Ermittlung der Betriebs-Übertragungskennlinie ist nur in Ausnahmefällen geschlossen möglich. In der Praxis werden Schaltungssimulationsprogramme eingesetzt, die die Gleichungen im Rahmen einer *Gleichspannungsanalyse* (*DC analysis*) punktweise lösen und die Kennlinien grafisch darstellen. Wenn die Kennlinien des Verstärkers grafisch vorliegen, kann man das Gleichungssystem (4.144) auch grafisch lösen, indem man die Geraden (4.143) in das Eingangs- bzw. Ausgangskennlinienfeld einzeichnet und die Schnittpunkte mit den Kennlinien ermittelt.

Beispiel: Für die in Abb. 4.130 gezeigte Emitterschaltung erhält man unter Verwendung des Transportmodells aus Abb. 2.26 auf Seite 64

$$I_e = f_E(U_e, U_a) = I_{B,N} + I_{B,I}$$

$$= \frac{I_S}{B_N} \left(e^{\frac{U_e}{U_T}} - 1 \right) + \frac{I_S}{B_I} \left(e^{\frac{U_e - U_a}{U_T}} - 1 \right)$$

$$I_a = f_A(U_e, U_a) = \frac{U_a - U_b}{R_C} + B_N I_{B,N} - (1 + B_I) I_{B,I}$$

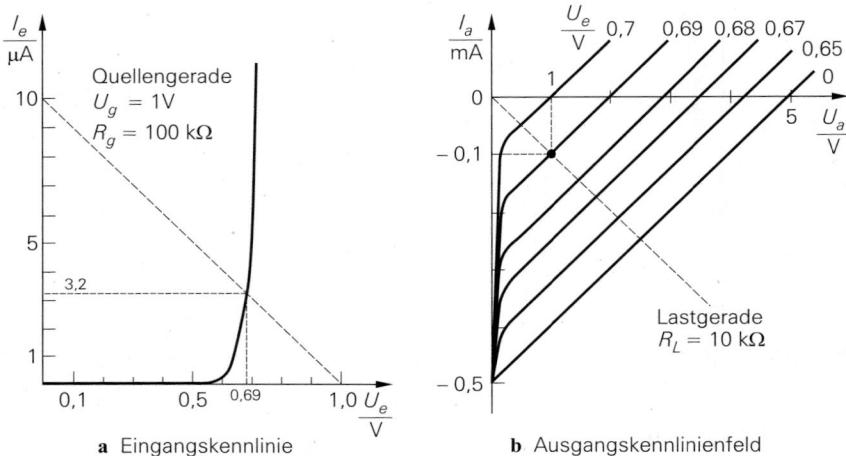

a Eingangskennlinie   **b** Ausgangskennlinienfeld

Abb. 4.131. Kennlinien der Emitterschaltung aus Abb. 4.130 mit $U_b = 5$ V und $R_C = 10$ kΩ

$$= \frac{U_a - U_b}{R_C} + I_S \left(e^{\frac{U_e}{U_T}} - 1 \right) - \frac{1 + B_I}{B_I} I_S \left(e^{\frac{U_e - U_a}{U_T}} - 1 \right)$$

Für den praktischen Betrieb ist nur der Bereich interessant, in dem der Transistor im Normalbetrieb arbeitet: $U_a > U_{CE,sat} \approx 0{,}2$ V; in diesem Bereich wirkt sich die Ausgangsspannung nicht auf die Eingangskennlinie aus. Bei Vernachlässigung der Sperrströme folgt:

$$I_e = f_E(U_e) = \frac{I_S}{B_N} e^{\frac{U_e}{U_T}}$$

$$I_a = f_A(U_e, U_a) = \frac{U_a - U_b}{R_C} + I_S e^{\frac{U_e}{U_T}}$$

Die Kennlinien sind in Abb. 4.131 dargestellt. Die Leerlauf-Übertragungskennlinie kann hier noch geschlossen berechnet werden:

$$f_A(U_e, U_a) = 0 \quad \Rightarrow \quad U_a = f_{\ddot{u}}(U_e) = U_b - I_S R_C e^{\frac{U_e}{U_T}}$$

Mit $U_g = 1$ V, $R_g = 100$ kΩ und $R_L = 10$ kΩ erhält man die Quellengerade in Abb. 4.131a und die Lastgerade in Abb. 4.131b. Aus den Schnittpunkten entnimmt man $U_e(U_g = 1 \text{ V}) \approx 0{,}69$ V und $U_a(U_e = 0{,}69 \text{ V}) \approx 1$ V. Damit kennt man einen Punkt der Betriebs-Übertragungskennlinie: $U_a(U_g = 1 \text{ V}) \approx 1$ V. Durch Vorgabe weiterer Werte für U_g kann man die Kennlinie punktweise ermitteln. Ein Programm zur Schaltungssimulation geht prinzipiell in gleicher Weise vor, indem das Gleichungssystem (4.144) für die vom Benutzer angegebenen Werte für U_g numerisch gelöst wird; Abb. 4.132 zeigt das Ergebnis.

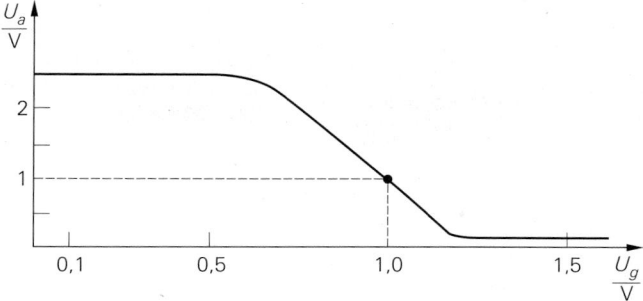

Abb. 4.132. Betriebs-Übertragungskennlinie der Emitterschaltung aus Abb. 4.130 mit $U_b = 5\,\text{V}$, $R_C = 10\,\text{k}\Omega$, $R_g = 100\,\text{k}\Omega$ und $R_L = 10\,\text{k}\Omega$

4.2.2 Kleinsignal-Kenngrößen

Die Kleinsignal-Kenngrößen beschreiben das quasi-lineare Verhalten eines Verstärkers bei Aussteuerung mit kleinen Amplituden in einem Arbeitspunkt; diese Betriebsart wird *Kleinsignalbetrieb* genannt.

4.2.2.1 Arbeitspunkt

Der Arbeitspunkt A wird durch die Spannungen $U_{e,A}$ und $U_{a,A}$ und durch die Ströme $I_{e,A}$ und $I_{a,A}$ charakterisiert:

$$I_{e,A} = f_E(U_{e,A}) \quad , \quad I_{a,A} = f_A(U_{e,A}, U_{a,A})$$

Im allgemeinen hängt der Arbeitspunkt von der Signalquelle und der Last ab. Eine Ausnahme sind Verstärker mit Wechselspannungskopplung über Koppelkondensatoren oder Übertrager, bei denen der Arbeitspunkt unabhängig von der Signalquelle und der Last eingestellt werden kann. Für die Berechnung der Kleinsignal-Kenngrößen spielt es jedoch keine Rolle, wie der Arbeitspunkt zustande kommt.

4.2.2.2 Kleinsignalgrößen

Bei der Kleinsignalbetrachtung werden nur noch die Abweichungen vom Arbeitspunkt betrachtet, die durch die Kleinsignalgrößen

$$u_e = U_e - U_{e,A} \quad , \quad i_e = I_e - I_{e,A}$$
$$u_a = U_a - U_{a,A} \quad , \quad i_a = I_a - I_{a,A}$$

beschrieben werden. Da die Arbeitspunktgrößen $U_{e,A}$, $I_{e,A}$, $U_{a,A}$ und $I_{a,A}$ im Normalfall dem Gleichanteil von U_e, I_e, U_a und I_a entsprechen, sind die Kleinsignalgrößen ohne Gleichanteil, d.h. mittelwertfrei.

Beispiel:

$$U_e = U_0 + u_1 \cos \omega_1 t + u_2 \cos \omega_2 t \quad \Rightarrow \quad \begin{cases} U_{e,A} = U_0 \\ u_e = u_1 \cos \omega_1 t + u_2 \cos \omega_2 t \end{cases}$$

4.2.2.3 Linearisierung

Durch Einsetzen der Kleinsignalgrößen in die Kennlinien (4.140) und (4.141) und Reihenentwicklung im Arbeitspunkt erhält man [28]:

$$I_e = I_{e,A} + i_e = f_E(U_{e,A} + u_e)$$

$$= f_E(U_{e,A}) + \left.\frac{\partial f_E}{\partial U_e}\right|_A u_e + \frac{1}{2}\left.\frac{\partial^2 f_E}{\partial U_e^2}\right|_A u_e^2 + \frac{1}{6}\left.\frac{\partial^3 f_E}{\partial U_e^3}\right|_A u_e^3 + \cdots$$

$$I_a = I_{a,A} + i_a = f_A(U_{e,A} + u_e, U_{a,A} + u_a)$$

$$= f_A(U_{e,A}, U_{a,A}) + \left.\frac{\partial f_A}{\partial U_e}\right|_A u_e + \left.\frac{\partial f_A}{\partial U_a}\right|_A u_a$$

$$+ \frac{1}{2}\left.\frac{\partial^2 f_A}{\partial U_e^2}\right|_A u_e^2 + \left.\frac{\partial^2 f_A}{\partial U_e \partial U_a}\right|_A u_e u_a + \frac{1}{2}\left.\frac{\partial^2 f_A}{\partial U_a^2}\right|_A u_a^2 + \cdots$$

Bei ausreichend kleiner Aussteuerung kann man die Reihenentwicklung nach dem linearen Glied abbrechen; dadurch erhält man lineare Zusammenhänge zwischen den Kleinsignalgrößen:

$$i_e = \left.\frac{\partial f_E}{\partial U_e}\right|_A u_e$$

$$i_a = \left.\frac{\partial f_A}{\partial U_e}\right|_A u_e + \left.\frac{\partial f_A}{\partial U_a}\right|_A u_a$$

Der Übergang zu diesen linearen Gleichungen wird *Linearisierung im Arbeitspunkt* genannt.

4.2.2.4 Kleinsignal-Kenngrößen

Die bei der Linearisierung auftretenden partiellen Ableitungen, jeweils ausgewertet im Arbeitspunkt A, werden als *Kleinsignal-Kenngrößen* bezeichnet; im einzelnen sind dies:

− der *Kleinsignal-Eingangswiderstand* r_e:

$$r_e = \frac{u_e}{i_e} = \left(\left.\frac{\partial f_E}{\partial U_e}\right|_A\right)^{-1} \tag{4.146}$$

− der *Kleinsignal-Ausgangswiderstand* r_a:

$$r_a = \left.\frac{u_a}{i_a}\right|_{u_e=0} = \left(\left.\frac{\partial f_A}{\partial U_a}\right|_A\right)^{-1} \tag{4.147}$$

Er wird auch als *Kurzschlussausgangswiderstand* bezeichnet, weil der Eingang in diesem Fall *kleinsignalmäßig* kurzgeschlossen wird ($u_e = 0$). In der Praxis bedeutet dies, dass am Eingang eine Spannungsquelle mit ausreichend geringem Innenwiderstand angeschlossen ist, die die Eingangsspannung auf dem Wert $U_{e,A}$ konstant hält.

---

[28] Im folgenden wird auch bei der Eingangskennlinie f_E eine partielle Differentiation verwendet; damit wird angedeutet, dass f_E im allgemeinen von einer zweiten Variable (U_a) abhängt.

– die *Kleinsignal-Verstärkung A*:

$$A = \left.\frac{u_a}{u_e}\right|_{i_a=0} = -\left.\frac{\partial f_A}{\partial U_e}\right|_A \left(\left.\frac{\partial f_A}{\partial U_a}\right|_A\right)^{-1} \tag{4.148}$$

Sie wird auch als *Leerlaufverstärkung* bezeichnet, weil der Ausgang in diesem Fall leerläuft, d.h. kleinsignalmäßig offen ist ($i_a = 0$). Man kann die Verstärkung auch aus der Leerlauf-Übertragungskennlinie (4.142) berechnen:

$$A = \left.\frac{df_{\ddot{U}}}{dU_e}\right|_A$$

– die *Steilheit S*:

$$S = \left.\frac{i_a}{u_e}\right|_{u_a=0} = \left.\frac{\partial f_A}{\partial U_e}\right|_A \tag{4.149}$$

Sie ist bei Verstärkern, die einen niederohmigen Ausgang (r_a klein) besitzen und deshalb primär eine Ausgangsspannung liefern, von untergeordneter Bedeutung, spielt aber bei Transistoren und Verstärkern mit hochohmigem Ausgang (r_a groß) eine wichtige Rolle. Durch Vergleich mit (4.147) und (4.148) folgt:

$$S = -\frac{A}{r_a} \quad \text{bzw.} \quad A = -S\,r_a \tag{4.150}$$

Daraus folgt, dass eine der Größen A, r_a und S redundant ist.

4.2.2.5 Kleinsignalersatzschaltbild eines Verstärkers

Mit den Kleinsignal-Kenngrößen erhält man die in Abb. 4.133 gezeigten *Kleinsignalersatzschaltbilder* mit den folgenden Gleichungen:

$$i_e = \frac{u_e}{r_e} \tag{4.151}$$

$$u_a = A\,u_e + i_a r_a \quad \text{bzw.} \quad i_a = S\,u_e + \frac{u_a}{r_a} \tag{4.152}$$

Wenn man den Verstärker mit einer Signalquelle mit Innenwiderstand R_g und einer Last R_L betreibt, erhält man aus dem Kleinsignalersatzschaltbild in Abb. 4.134 die *Kleinsignal-Betriebsverstärkung*:

$$A_B = \frac{u_a}{u_g} = \frac{r_e}{R_g + r_e}\,A\,\frac{R_L}{r_a + R_L} \overset{A=-S\,r_a}{=} -\frac{r_e}{R_g + r_e}\,S\,\frac{r_a R_L}{r_a + R_L} \tag{4.153}$$

Dabei ist $u_g = U_g - U_{g,A}$ die Kleinsignalspannung der Signalquelle. Die Kleinsignal-Betriebsverstärkung setzt sich aus der Leerlaufverstärkung A und den Spannungsteilerfaktoren am Eingang und am Ausgang zusammen; bei einer Darstellung mit Hilfe der Steilheit S geht der ausgangsseitige Faktor in die Parallelschaltung von r_a und R_L über. Man kann die Kleinsignal-Betriebsverstärkung auch aus der Betriebs-Übertragungskennlinie (4.145) ermitteln:

$$A_B = \left.\frac{df_{\ddot{U}B}}{dU_g}\right|_A$$

Beispiel: Für die Emitterschaltung in Abb. 4.130a auf Seite 425 wurden die Kennlinien

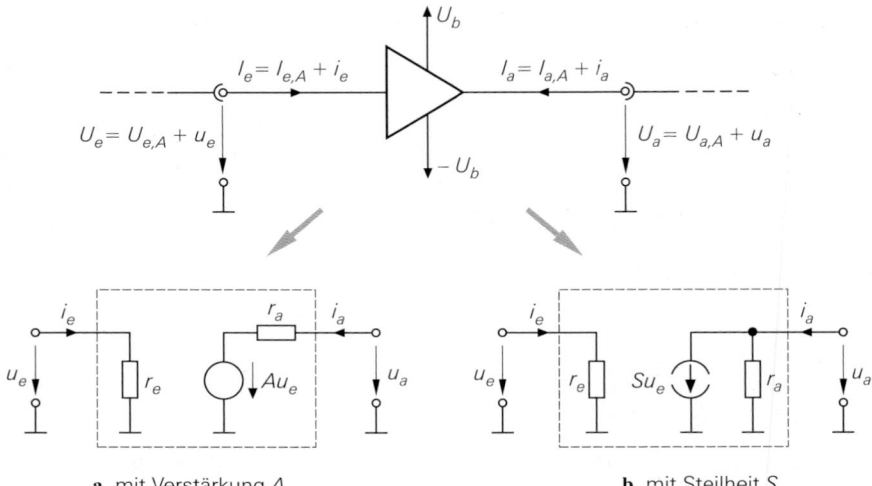

a mit Verstärkung A **b** mit Steilheit S

Abb. 4.133. Kleinsignalersatzschaltbilder eines Verstärkers

$$I_e \;=\; f_E(U_e) \;=\; \frac{I_S}{B_N}\, e^{\frac{U_e}{U_T}} \quad,\quad I_a \;=\; f_A(U_e,U_a) \;=\; \frac{U_a - U_b}{R_C} + I_S\, e^{\frac{U_e}{U_T}}$$

ermittelt; mit $U_g = 1\,\mathrm{V}$, $R_g = 100\,\mathrm{k\Omega}$ und $R_L = R_C = 10\,\mathrm{k\Omega}$ folgte $U_e \approx 0{,}69\,\mathrm{V}$ und $U_a \approx 1\,\mathrm{V}$. Dieser Punkt wird nun als Arbeitspunkt verwendet; mit $I_S = 1\,\mathrm{fA}$, $B_N = 100$ und $U_T = 26\,\mathrm{mV}$ folgt:

$$U_{e,A} \approx 0{,}69\,\mathrm{V} \quad,\quad I_{e,A} = f_E(U_{e,A}) \approx 3\,\mu\mathrm{A}$$

$$U_{a,A} \approx 1\,\mathrm{V} \quad,\quad I_{a,A} = -\frac{U_{a,A}}{R_L} \approx -100\,\mu\mathrm{A}$$

Abb. 4.135 zeigt im oberen Teil die Schaltung mit den Arbeitspunktgrößen.

Aus (4.146) folgt mit

$$\left.\frac{\partial f_E}{\partial U_e}\right|_A \;=\; \left.\frac{I_S}{U_T B_N}\, e^{\frac{U_e}{U_T}}\right|_A \;=\; \left.\frac{I_e}{U_T}\right|_A \;=\; \frac{I_{e,A}}{U_T} \;\approx\; \frac{3\,\mu\mathrm{A}}{26\,\mathrm{mV}} \;\approx\; 0{,}115\,\mathrm{mS}$$

der Eingangswiderstand $r_e \approx 8{,}7\,\mathrm{k\Omega}$; entsprechend erhält man aus (4.147) mit

$$\left.\frac{\partial f_A}{\partial U_a}\right|_A \;=\; \frac{1}{R_C} \;=\; 0{,}1\,\mathrm{mS}$$

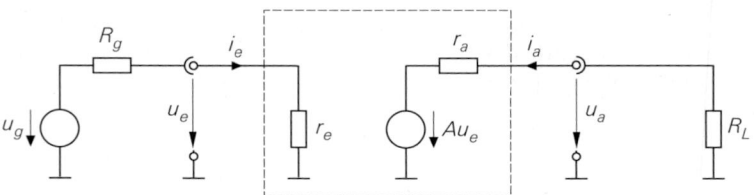

Abb. 4.134. Kleinsignalersatzschaltbild eines Verstärkers mit Signalquelle und Last

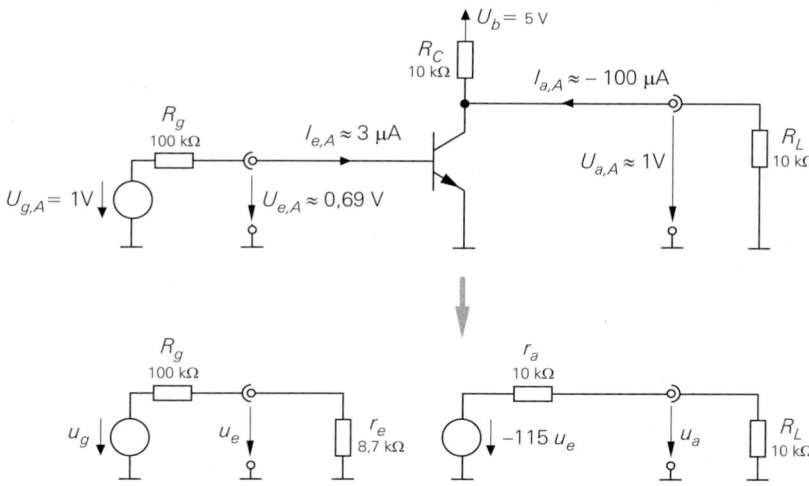

Abb. 4.135. Beispiel: Emitterschaltung mit Arbeitspunkt (oben) und resultierendes Kleinsignalersatzschaltbild (unten)

den Ausgangswiderstand $r_a = R_C = 10\,\text{k}\Omega$ und aus (4.149) mit

$$\left.\frac{\partial f_A}{\partial U_e}\right|_A = \left.\frac{I_S}{U_T}\,e^{\frac{U_e}{U_T}}\right|_A \approx \frac{300\,\mu\text{A}}{26\,\text{mV}} \approx 11,5\,\text{mS}$$

die Steilheit $S \approx 11,5\,\text{mS}$. Die Verstärkung A kann mit (4.150) aus S und r_a ermittelt
werden: $A = -S\,r_a \approx -115$. Abbildung 4.135 zeigt im unteren Teil das resultierende
Kleinsignalersatzschaltbild. Daraus folgt mit (4.153) die Betriebsverstärkung $A_B \approx -4,6$;
sie entspricht der Steigung der Betriebs-Übertragungskennlinie in Abb. 4.132 auf Seite 427
im eingetragenen Arbeitspunkt.

4.2.2.6 Verstärker mit Rückwirkung

Bei einigen Verstärkern kann man die Rückwirkung vom Ausgang auf den Eingang nicht
vernachlässigen [29]; in diesem Fall hängt der Eingangsstrom auch von der Ausgangsspannung ab:

$$I_e = f_E(U_e, U_a) \tag{4.154}$$

Bei der Linearisierung erhält man neben den bereits genannten zwei weitere Kleinsignal-
Kenngrößen:

– die *Rückwärtsverstärkung* A_r:

$$A_r = \left.\frac{u_e}{u_a}\right|_{i_e=0} = -\left.\frac{\partial f_E}{\partial U_a}\right|_A \left(\left.\frac{\partial f_E}{\partial U_e}\right|_A\right)^{-1} \tag{4.155}$$

---

[29] Hier wird nur die *statische Rückwirkung* behandelt; darüber hinaus haben viele Verstärker aufgrund parasitärer Kapazitäten eine *dynamische Rückwirkung*, die sich bei höheren Frequenzen
bemerkbar macht.

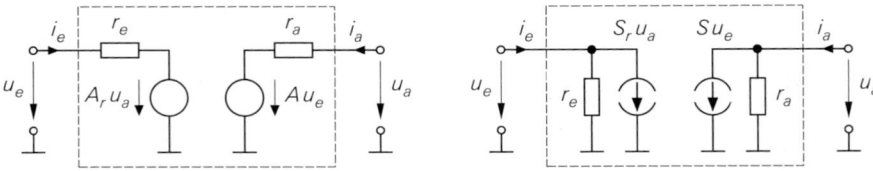

a mit den Verstärkungen A und A_r **b** mit den Steilheiten S und S_r

Abb. 4.136. Kleinsignalersatzschaltbilder eines Verstärkers mit Rückwirkung

— die *Rückwärtssteilheit* S_r:

$$S_r = \left.\frac{i_e}{u_a}\right|_{u_e=0} = \left.\frac{\partial f_E}{\partial U_a}\right|_A \tag{4.156}$$

Durch Vergleich mit (4.146) und (4.155) folgt:

$$S_r = -\frac{A_r}{r_e} \quad \text{bzw.} \quad A_r = -S_r r_e \tag{4.157}$$

Daraus folgt, dass eine der Größen A_r, r_e und S_r redundant ist.

Abbildung 4.136 zeigt die Kleinsignalersatzschaltbilder für einen Verstärker mit Rückwirkung; es gilt:

$$u_e = A_r u_a + i_e r_e \quad \text{bzw.} \quad i_e = S_r u_a + \frac{u_e}{r_e} \tag{4.158}$$

$$u_a = A u_e + i_a r_a \quad \text{bzw.} \quad i_a = S u_e + \frac{u_a}{r_a} \tag{4.159}$$

Der Eingangswiderstand r_e wird in diesem Fall auch als *Kurzschlusseingangswiderstand* bezeichnet, da er bei kleinsignalmäßig kurzgeschlossenem Ausgang ($u_a = 0$) ermittelt wird. Darüber hinaus wird die Verstärkung A auch als *Vorwärtsverstärkung* und die Steilheit S als *Vorwärtssteilheit* bezeichnet, wenn der Unterschied zur jeweiligen Rückwärts-Größe betont werden soll.

Neben den beiden in Abb. 4.136 gezeigten Kleinsignalersatzschaltbildern gibt es noch zwei weitere, da man ein- wie ausgangsseitig entweder die Darstellung mit der jeweiligen Verstärkung oder die Darstellung mit der jeweiligen Steilheit verwenden kann. Die beiden gemischten Formen werden jedoch nur selten verwendet. Man darf diese vier möglichen Darstellungen jedoch nicht mit den vier Vierpol-Darstellungen mittels Y-, Z-, H- und P-Matrix verwechseln, da die gesteuerten Quellen hier immer spannungsgesteuert sind; es handelt sich bei den vier Kleinsignalersatzschaltbildern demnach um Varianten der Y-Darstellung mit:

$$y_{11} = \frac{1}{r_e} \;,\; y_{12} = S_r \;,\; y_{21} = S \;,\; y_{22} = \frac{1}{r_a}$$

Das Kleinsignalersatzschaltbild in Abb. 4.136b entspricht der üblichen Y-Darstellung. Die drei alternativen Kleinsignalersatzschaltbilder erhält man, indem man entweder im Eingangskreis oder im Ausgangskreis oder in beiden Kreisen die Stromquelle in eine äquivalente Spannungsquelle umwandelt; dabei gehen die Steilheiten S und S_r in die Verstärkungen A und A_r über.

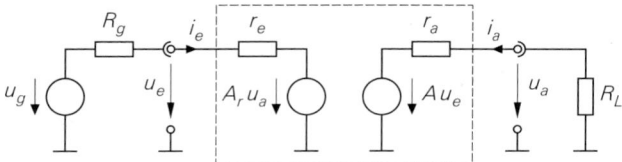

Abb. 4.137.
Kleinsignalersatzschalt-
bild zur Berechnung
der Betriebsverstärkung
eines Verstärkers mit
Rückwirkung

Die Betriebsverstärkung A_B bei Betrieb mit einer Signalquelle mit Innenwiderstand R_g und einer Last R_L kann mit Hilfe des Kleinsignalersatzschaltbilds in Abb. 4.137 direkt berechnet werden; man erhält einen umfangreichen Ausdruck, der keinen Einblick in die Zusammenhänge ermöglicht. Deshalb wird hier in drei Stufen vorgegangen:

– Zunächst wird die Betriebsverstärkung bei Betrieb mit einer idealen Signalspannungsquelle, d.h. $R_g = 0$, berechnet:

$$A_{B,0} \; = \; \left. \frac{u_a}{u_g} \right|_{R_g=0} \; = \; \frac{u_a}{u_e} \; = \; A \; \frac{R_L}{r_a + R_L} \tag{4.160}$$

Sie setzt sich aus der Leerlaufverstärkung A und dem Spannungsteilerfaktor am Ausgang zusammen und ist unabhängig von der Rückwärtsverstärkung A_r. Der Index 0 in $A_{B,0}$ steht für $R_g = 0$.

– Anschließend wird der *Betriebseingangswiderstand* $r_{e,B}$ berechnet:

$$r_{e,B} \; = \; \frac{u_e}{i_e} \; = \; \frac{r_e}{1 - A_r A \dfrac{R_L}{r_a + R_L}} \; = \; \frac{r_e}{1 - A_r A_{B,0}} \tag{4.161}$$

Er hängt bei Verstärkern mit Rückwirkung ($A_r \neq 0$) von der Last R_L ab; für Verstärker ohne Rückwirkung ($A_r = 0$) erhält man $r_{e,B} = r_e$.

– Mit Hilfe des Betriebseingangswiderstands kann man den Spannungsteilerfaktor am Eingang und damit die Betriebsverstärkung berechnen:

$$A_B \; = \; \frac{r_{e,B}}{R_g + r_{e,B}} \, A_{B,0} \; = \; \frac{r_{e,B}}{R_g + r_{e,B}} \, A \, \frac{R_L}{r_a + R_L} \tag{4.162}$$

Daraus folgt durch Einsetzen von $r_{e,B} = r_e$ die Betriebsverstärkung für Verstärker ohne Rückwirkung nach (4.153).

Man kann demnach einen Verstärker mit Rückwirkung wie einen Verstärker ohne Rückwirkung behandeln, wenn man anstelle des Eingangswiderstands r_e den Betriebseingangswiderstand $r_{e,B}$ verwendet. Deshalb wird bei der Berechnung der Transistor-Grundschaltungen in den Abschnitten 2.4 und 3.4 angegeben, wie man den Eingangswiderstand für eine vorgegebene Last R_L berechnet, sofern eine derartige Abhängigkeit, d.h. eine Rückwirkung, besteht; diese Angabe ersetzt die Berechnung der Rückwärtsverstärkung A_r bzw. der Rückwärtssteilheit S_r. Die Betriebsverstärkung der Transistor-Grundschaltungen kann demnach mit (4.160)–(4.162) berechnet werden, wenn man für r_a den Kurzschluss-ausgangswiderstand $r_{a,K}$ und für $r_{e,B}$ den Eingangswiderstand r_e bei Betrieb mit einer Last R_L einsetzt:

$$r_a = r_{a,K} \quad , \quad r_{e,B} = r_e(R_L)$$

Während bei der Verstärkung A keine Interpretationsprobleme bestehen, muss man bei Angaben zum Ein- und Ausgangswiderstand grundsätzlich die Betriebsbedingungen beachten; die Zusammenhänge sind in Abb. 4.138 zusammengefasst.

Betriebsbedingung	Eingangswiderstand	Ausgangswiderstand
allgemeiner Betrieb	$r_{e,B} = \dfrac{r_e}{1 - A_r A \dfrac{R_L}{r_a + R_L}}$	$r_{a,B} = \dfrac{r_a}{1 - A_r A \dfrac{R_g}{r_e + R_g}}$
Kurzschluss	$r_{e,K} = r_{e,B}\big|_{R_L=0} = r_e$	$r_{a,K} = r_{a,B}\big|_{R_g=0} = r_a$
Leerlauf	$r_{e,L} = r_{e,B}\big|_{R_L=\infty}$ $= \dfrac{r_e}{1 - A_r A}$	$r_{a,L} = r_{a,B}\big|_{R_g=\infty}$ $= \dfrac{r_a}{1 - A_r A}$

Abb. 4.138. Ein- und Ausgangswiderstände des Verstärkers in Abb. 4.137 für verschiedene Betriebsbedingungen. Man beachte, dass r_e und r_a *per Definition* Kurzschluss-Widerstände sind.

4.2.2.7 Berechnung mit Hilfe des Kleinsignalersatzschaltbilds der Schaltung

Bei größeren Schaltungen kann man die Kennlinien f_E und f_A nicht mehr geschlossen angeben; eine Berechnung der Kleinsignal-Kenngrößen durch Differenzieren der Kennlinien gemäß (4.146)–(4.149) ist dann nicht mehr möglich. Wenn man jedoch den Arbeitspunkt der Schaltung, ausgedrückt durch alle Spannungen und Ströme, kennt oder näherungsweise bestimmen kann, kann man die Bauelemente auch einzeln linearisieren und die Kenngrößen aus dem resultierenden Kleinsignalersatzschaltbild der Schaltung berechnen; dabei wird für jedes Bauteil das zugehörige Kleinsignalersatzschaltbild eingesetzt. Abbildung 4.139 zeigt dieses Verfahren im Vergleich zum Vorgehen über die Kennlinien. Angaben aus der Schaltung werden zur Berechnung des Arbeitspunkts, zur Auswahl der Kleinsignalersatzschaltbilder und zur Aufstellung des Kleinsignalersatzschaltbilds der Schaltung benötigt.

In der Praxis wird ausschließlich das Verfahren über das Kleinsignalersatzschaltbild der Schaltung angewendet. Auch Programme zur Schaltungssimulation können nur dieses Verfahren verwenden, weil sie nur numerische Berechnungen durchführen können; das Aufstellen, Umformen und Differenzieren von Gleichungen in geschlossener Form kann von diesen Programmen nicht durchgeführt werden. Allerdings kann man mit einigen Programmen (z.B. *PSpice*) die punktweise numerisch berechneten Kennlinien einer Schaltung auch numerisch differenziert darstellen. Diese Darstellung ist nützlich, wenn man sich für die Abhängigkeit der Kleinsignal-Kenngrößen vom Arbeitspunkt interessiert. Die numerische Differentiation führt jedoch in Bereichen sehr kleiner oder sehr großer Steigung der Kennlinien unter Umständen zu erheblichen Fehlern.

Beispiel: In Abb. 4.140 ist noch einmal die Emitterschaltung aus Abb. 4.130a dargestellt; dabei tritt als nichtlineares Bauteil nur der Transistor auf. Durch Einsetzen des Kleinsignalersatzschaltbilds des Transistors erhält man das Kleinsignalersatzschaltbild der Schaltung. Zur Berechnung der Parameter S, r_{BE} und r_{CE} werden die Transistor-Parameter β und U_A und der Kollektorstrom $I_{C,A}$ im Arbeitspunkt benötigt; mit $\beta = 100$, $U_A = 100\,\text{V}$ und $I_{C,A} = 300\,\mu\text{A}$ erhält man:

$$S = \frac{I_{C,A}}{U_T} = \frac{300\,\mu\text{A}}{26\,\text{mV}} \approx 11{,}5\,\text{mS} \quad , \quad r_{BE} = \frac{\beta}{S} = \frac{100}{11{,}5\,\text{mS}} \approx 8{,}7\,\text{k}\Omega$$

$$r_{CE} = \frac{U_A}{I_{C,A}} = \frac{100\,\text{V}}{300\,\mu\text{A}} \approx 333\,\text{k}\Omega$$

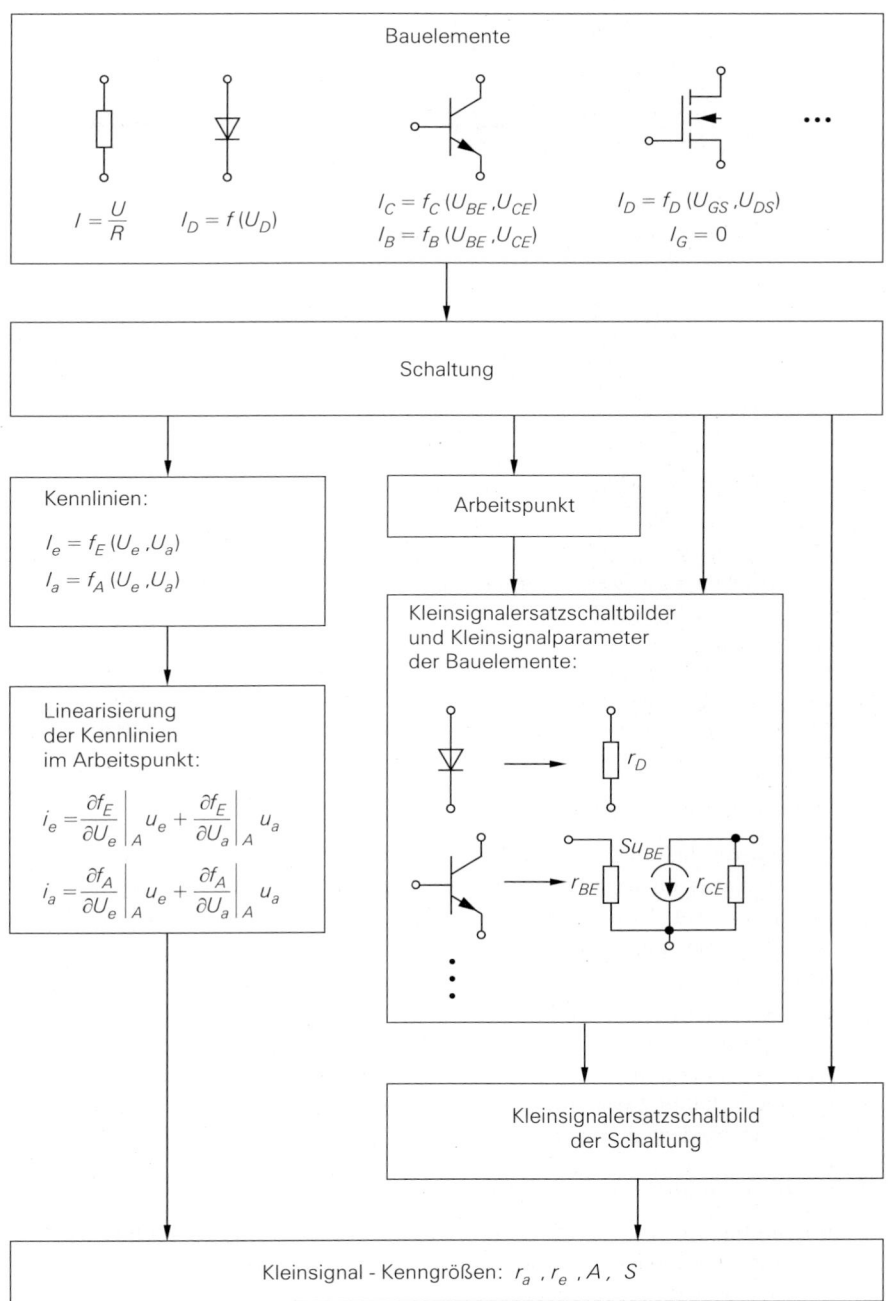

Abb. 4.139. Vorgehensweisen zur Berechnung der Kleinsignal-Kenngrößen

Durch Vergleich mit Abb. 4.133b auf Seite 430 erhält man $r_e = r_{BE} \approx 8{,}7\,\text{k}\Omega$, $r_a = r_{CE}\,||\,R_C \approx 9{,}7\,\text{k}\Omega$, $S \approx 11{,}5\,\text{mS}$ – die Steilheit des Verstärkers entspricht hier der Steilheit des Transistors – und $A = -\,S\,r_a \approx -\,112$.

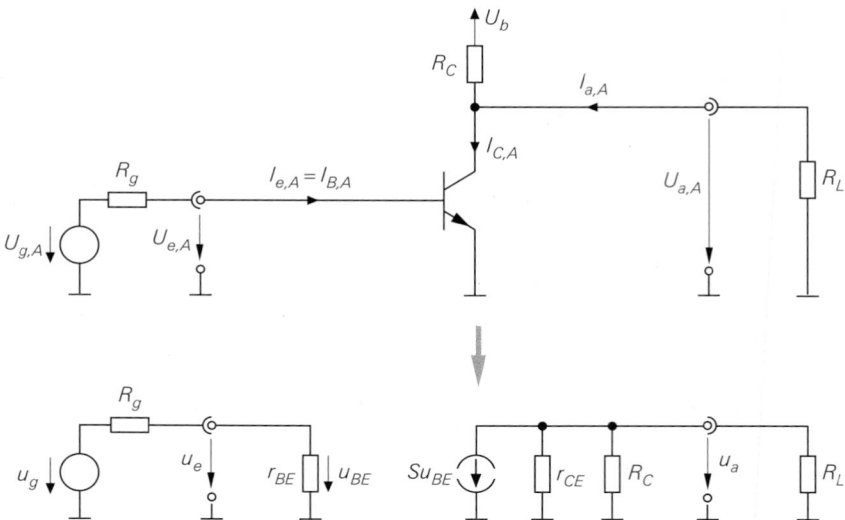

Abb. 4.140. Beispiel: Emitterschaltung mit Arbeitspunkt (oben) und resultierendes Kleinsignalersatzschaltbild bei Verwendung des Kleinsignalersatzschaltbilds des Transistors (unten)

Die Werte für A und r_a unterscheiden sich geringfügig von den Werten in Abb. 4.135, weil im Kleinsignalersatzschaltbild des Transistors auch der Early-Effekt – repräsentiert durch den Widerstand r_{CE} – berücksichtigt wurde, der bei der Berechnung über die Kennlinien vernachlässigt wurde.

4.2.2.8 Reihenschaltung von Verstärkern

Man kann eine Reihenschaltung von mehreren Verstärkern zu einem Verstärker zusammenfassen. Da ein Verstärker im allgemeinen aus einer Reihenschaltung mehrerer Transistor-Grundschaltungen besteht, wird dieses Verfahren auch zur Berechnung der Kenngrößen eines einzelnen Verstärkers angewendet, indem man die einzelnen Grundschaltungen als Teil-Verstärker auffasst.

Die Zusammenfassung von Transistor-Grundschaltungen ist im allgemeinen aufwendiger, da einige Grundschaltungen eine nicht zu vernachlässigende Rückwirkung aufweisen; bei Verstärkern, die aus mehreren Grundschaltungen bestehen, ist dies nur selten der Fall, da eine Reihenschaltung von Grundschaltungen rückwirkungsfrei ist, sobald sie *eine* rückwirkungsfreie Grundschaltung enthält.

4.2.2.8.1 Reihenschaltung von Verstärkern ohne Rückwirkung

Eine Reihenschaltung von mehreren Verstärkern ohne Rückwirkung kann ohne weiteres zu einem Verstärker zusammengefasst werden; bei n Verstärkern gilt:

– Der Eingangswiderstand entspricht dem Eingangswiderstand des ersten Verstärkers: $r_e = r_{e1}$.
– Der Ausgangswiderstand entspricht dem Ausgangswiderstand des letzten Verstärkers: $r_a = r_{a(n)}$.
– Die Verstärkung entspricht dem Produkt der einzelnen Verstärkungen und der Spannungsteilerfaktoren *zwischen* je zwei aufeinanderfolgenden Verstärkern:

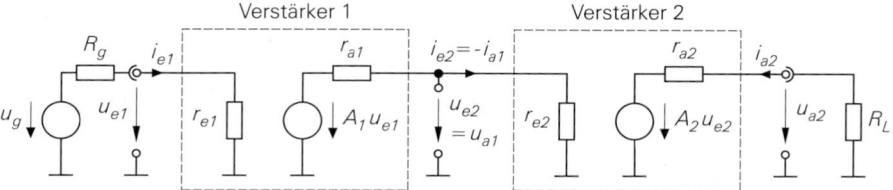

Abb. 4.141. Beispiel: Reihenschaltung von zwei Verstärkern ohne Rückwirkung

$$A = \prod_{i=1}^{n} A_{(i)} \cdot \prod_{i=1}^{n-1} \frac{r_{e(i+1)}}{r_{a(i)} + r_{e(i+1)}} \tag{4.163}$$

– Die Betriebsverstärkung wird mit (4.153) berechnet:

$$A_B = \frac{r_e}{R_g + r_e} A \frac{R_L}{r_a + R_L} \tag{4.164}$$

$$= \prod_{i=1}^{n} A_{(i)} \cdot \prod_{i=0}^{n} \frac{r_{e(i+1)}}{r_{a(i)} + r_{e(i+1)}} \qquad \text{mit } r_{a0} = R_g, r_{e(n+1)} = R_L$$

Hier kommen die Spannungsteilerfaktoren am Eingang ($i = 0$) und Ausgang ($i = n$) hinzu.

Beispiel: Für die in Abb. 4.141 gezeigte Reihenschaltung von zwei Verstärkern ohne Rückwirkung erhält man die Kleinsignal-Kenngrößen

$$r_e = r_{e1} \quad , \quad r_a = r_{a2} \quad , \quad A = A_1 \frac{r_{e2}}{r_{a1} + r_{e2}} A_2$$

und die Betriebsverstärkung:

$$A_B = \frac{r_e}{R_g + r_e} A \frac{R_L}{r_a + R_L} = \frac{r_{e1}}{R_g + r_{e1}} A_1 \frac{r_{e2}}{r_{a1} + r_{e2}} A_2 \frac{R_L}{r_{a2} + R_L}$$

4.2.2.8.2 Reihenschaltung von Verstärkern mit Rückwirkung

Die Bestimmung der Kleinsignal-Kenngrößen für eine Reihenschaltung von Verstärkern mit Rückwirkung ist sehr aufwendig. Dagegen ist die Berechnung der Betriebsverstärkung A_B einfach: man kann wie bei der Reihenschaltung von Verstärkern ohne Rückwirkung vorgehen, d.h. (4.164) verwenden, wenn man anstelle der Eingangswiderstände $r_{e(i)}$ die Betriebseingangswiderstände $r_{e,B(i)}$ einsetzt. Letztere werden *rückwärts* bestimmt: der Betriebseingangswiderstand des letzten Verstärkers hängt von der Last R_L ab und ist seinerseits Last für den vorletzten Verstärker, usw. . Bei n Verstärkern gilt:

$$R_L \rightarrow r_{e,B(n)}(R_L) \rightarrow r_{e,(n-1)}(r_{e,B(n)}) \rightarrow \cdots \rightarrow r_{e,B1}(r_{e,B2})$$

Diese Rückwärts-Berechnung kann im allgemeinen nur mit Zahlenwerten erfolgen, da ein Ineinander-Einsetzen der jeweiligen Gleichungen sehr schnell auf extrem umfangreiche Ausdrücke führt. Man beachte in diesem Zusammenhang, dass die Abhängigkeit von R_L eine Berechnung der Verstärkung A mit (4.163) verhindert; die Betriebseingangswiderstände sind in diesem Fall nicht definiert.

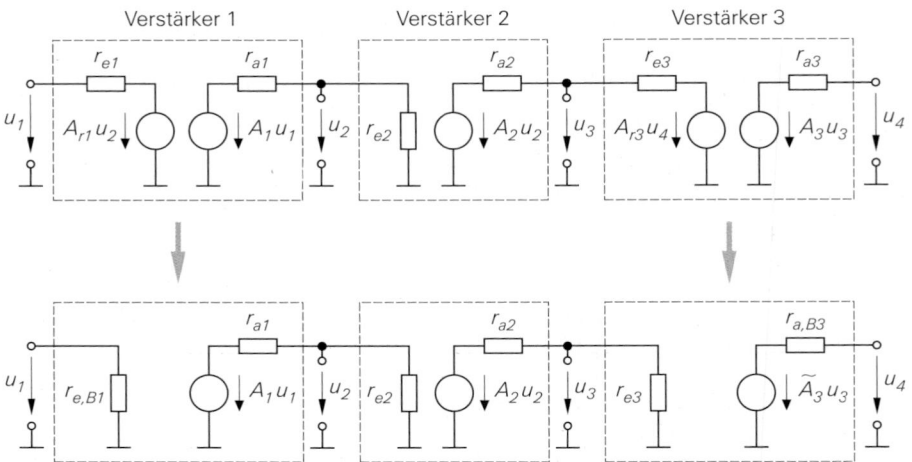

Abb. 4.142. Umwandlung von Verstärkern mit Rückwirkung in einer Reihenschaltung mit einem Verstärker ohne Rückwirkung

4.2.2.8.3 Reihenschaltung mit mindestens einem rückwirkungsfreien Verstärker

Wir haben bereits darauf hingewiesen, dass eine Reihenschaltung von Verstärkern genau dann rückwirkungsfrei ist, wenn *mindestens ein* Verstärker in der Reihe keine Rückwirkung aufweist. In diesem Fall ist eine Bestimmung der Kleinsignal-Kenngrößen A, r_e und r_a möglich, indem man die Verstärker mit Rückwirkung sukzessive in rückwirkungsfreie Verstärker umwandelt; Abb. 4.142 zeigt dies an einem Beispiel. Das Verfahren beruht darauf, dass man einen Verstärker mit Rückwirkung, der vor oder nach einem rückwirkungsfreien Verstärker angeordnet ist, in einen rückwirkungsfreien Verstärker umwandeln kann; durch sukzessive Anwendung werden alle Verstärker mit Rückwirkung umgewandelt.

Zunächst wird der *Verstärker 1* in Abb. 4.142 betrachtet. Er ist vor dem rückwirkungsfreien *Verstärker 2* angeordnet und wird deshalb mit einer definierten Last, in diesem Fall r_{e2}, betrieben; damit kann man den Betriebseingangswiderstand $r_{e,B1} = r_{e,B1}(r_{e2})$ berechnen und die Umwandlung durchführen.

Der *Verstärker 3* in Abb. 4.142 ist nach dem rückwirkungsfreien *Verstärker 2* angeordnet und wird deshalb mit einem definierten Signalquellen-Innenwiderstand, in diesem Fall r_{a2}, betrieben; damit kann man den Betriebsausgangswiderstand $r_{a,B3} = r_{a,B3}(r_{a2})$ berechnen. Zusätzlich muss die Verstärkung der spannungsgesteuerten Spannungsquelle von A_3 auf

$$\tilde{A}_3 = A_3 \frac{r_{a,B3}}{r_{a3}}$$

geändert werden [30].

Beispiel: Abbildung 4.143 zeigt einen dreistufigen Verstärker mit je einer Emitterschaltung mit Spannungsgegenkopplung am Eingang und am Ausgang (T_1 und T_3) und einer Emitterschaltung mit Stromgegenkopplung dazwischen (T_2). Die Emitterschaltungen mit Spannungsgegenkopplung haben eine nicht zu vernachlässigende Rückwirkung, die im wesentlichen von den Widerständen R_{21} und R_{23} verursacht wird; die Emitterschaltung

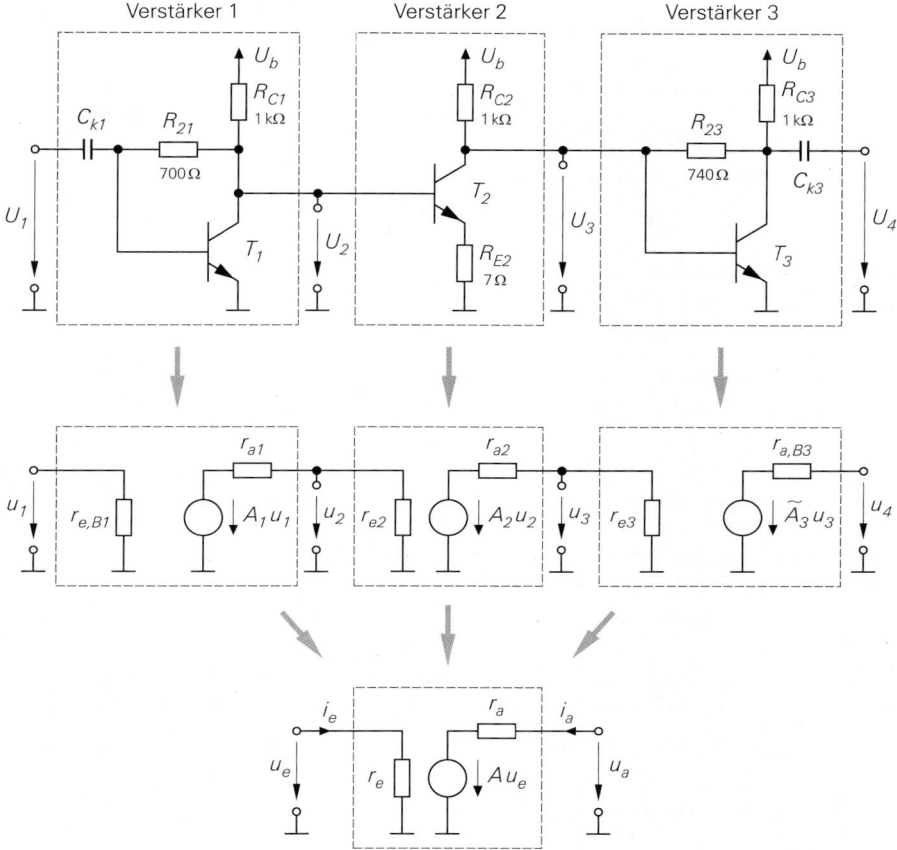

Abb. 4.143. Beispiel: Dreistufiger Verstärker

mit Stromgegenkopplung ist dagegen praktisch rückwirkungsfrei. Im folgenden werden die Kleinsignal-Größen A, r_e und r_a bestimmt.

Die Versorgungsspannung beträgt $U_b = 1,7$ V; in diesem Fall haben alle drei Transistoren einen Kollektorruhestrom von 1 mA. Mit $\beta = 100$ und $U_A = 100$ V erhält man $S = I_C/U_T = 38$ mS und $r_{BE} = \beta U_T/I_C = 2,6$ kΩ; der Kollektor-Emitter-Widerstand $r_{CE} = U_A/I_C = 100$ kΩ kann im Vergleich zu den Widerständen in der Schaltung vernachlässigt werden.

Zunächst werden die Kenngrößen der Emitterschaltung mit Stromgegenkopplung bestimmt:

– aus (2.82) erhält man die Verstärkung:

---

[30] Dieser Zusammenhang fällt bei der Umrechnung der Größen an, kann aber auch durch eine Betrachtung des Kurzschlussstroms am Ausgang abgeleitet werden: bei Kurzschluss am Ausgang ($u_4 = 0$) fließt beim ursprünglichen Verstärker der Strom $A_3 u_3/r_{a3}$ und beim umgewandelten Verstärker der Strom $\tilde{A}_3 u_3/r_{a,B3}$; da u_3 wegen $A_{r3}u_4 = 0$ in beiden Fällen gleich ist, folgt aus der Gleichheit der Ströme der genannte Zusammenhang für die Verstärkungen.

$$A_2 = -\frac{SR_{C2}}{1 + SR_{E2}} = -30$$

– aus (2.83) erhält man den Eingangswiderstand:

$$r_{e2} = r_{BE} + \beta R_{E2} = 3,3\,\mathrm{k\Omega}$$

– aus (2.84) erhält man den Ausgangswiderstand:

$$r_{a2} = R_{C2} = 1\,\mathrm{k\Omega}$$

Bei den Emitterschaltungen mit Spannungsgegenkopplung fehlt der in der Grundschaltung in Abb. 2.68 enthaltene Widerstand R_1; deshalb müssen zunächst die Gleichungen für diesen Fall bereitgestellt werden:

– aus der Herleitung für die Verstärkung A kann man die Gleichung mit den Voraussetzungen $r_{CE} \gg R_C$ und $\beta \gg 1$ verwenden und $R_1 = 0$ setzen:

$$A = \frac{-SR_2 + 1}{1 + \dfrac{R_2}{R_C}}$$

– aus der Herleitung für den Eingangswiderstand entnimmt man den Kurzschlusseingangswiderstand für $R_1 = 0$:

$$r_e = r_{e,K} = r_{BE} \,\|\, R_2$$

– der Betriebseingangswiderstand $r_{e,B}$ entspricht dem Leerlaufeingangswiderstand aus der Herleitung, wenn man anstelle von R_C die Parallelschaltung von R_C und R_L einsetzt, siehe Abb. 2.71; mit $r_{CE} \gg R_C$, $\beta \gg 1$, $\beta R_C \gg r_{BE}, R_2$ und $R_1 = 0$ folgt:

$$r_{e,B} = \frac{1}{S}\left(1 + \frac{R_2}{R_C \,\|\, R_L}\right)$$

– aus der Herleitung für den Kurzschlussausgangswiderstand kann man die Gleichung mit den Voraussetzungen $r_{CE} \gg R_C$ und $\beta \gg 1$ verwenden und $R_1 = 0$ setzen:

$$r_a = R_C \,\|\, R_2$$

– zur Berechnung des Betriebsausgangswiderstands verwendet man dieselbe Gleichung mit $R_1 = R_g$, da der Innenwiderstand R_g in diesem Fall an die Stelle des fehlenden Widerstands R_1 tritt:

$$r_{a,B} = R_C \,\|\, \frac{r_{BE}(R_g + R_2) + R_g R_2}{r_{BE} + \beta R_g}$$

Mit diesen Gleichungen erhält man für die erste Emitterschaltung mit Spannungsgegenkopplung mit $R_2 = R_{21} = 700\,\Omega$ und $R_C = R_{C1} = 1\,\mathrm{k\Omega}$

$$A_1 = -15 \quad , \quad r_{e,B1}(R_L = r_{e2}) = 50\,\Omega \quad , \quad r_{a1} = 412\,\Omega$$

und für die zweite mit $R_2 = R_{23} = 740\,\Omega$ und $R_C = R_{C3} = 1\,\mathrm{k\Omega}$:

$$A_3 = -15,6 \quad , \quad r_{e3} = 576\,\Omega \quad , \quad r_{a3} = 425\,\Omega$$

$$r_{a,B3}(R_g = r_{a2}) = 49\,\Omega \quad , \quad \tilde{A}_3 = -1,8$$

Damit sind alle Elemente des in Abb. 4.143 in der Mitte gezeigten Kleinsignalersatzschaltbilds bestimmt und man kann die Reihenschaltung zusammenfassen:

$$A = A_1 \frac{r_{e2}}{r_{a1} + r_{e2}} A_2 \frac{r_{e3}}{r_{a2} + r_{e3}} \tilde{A}_3 = -263$$

$$r_e = r_{e,B1} = 50\,\Omega$$

$$r_a = r_{a,B3} = 49\,\Omega$$

Es handelt sich demnach um einen Verstärker, der beidseitig an $50\,\Omega$ angepasst ist. Bei Betrieb mit einer $50\,\Omega$–Signalquelle und einer $50\,\Omega$–Last erhält man am Ein- und am Ausgang einen Spannungsteiler mit dem Faktor $1/2$; daraus folgt die Betriebsverstärkung $A_B = A/4 = -66$. Eine Simulation der Schaltung mit *PSpice* ergibt $r_e = r_a = 50\,\Omega$ und $A_B = -61$.

Man beachte, dass die Verstärkung von den ersten beiden Stufen erbracht wird, während die dritte Stufe zusammen mit dem Spannungsteilerfaktor zwischen zweiter und dritter Stufe effektiv eine Dämpfung bewirkt. Die dritte Stufe dient hier nur als Impedanzwandler von $r_{a2} = 1\,\text{k}\Omega$ auf $r_{a,B3} = 50\,\Omega$; man muss dazu eine Emitterschaltung mit Spannungsgegenkopplung verwenden, da der Einsatz einer galvanisch gekoppelten npn-Kollektorschaltung aufgrund der geringen Ausgangsgleichspannung der zweiten Stufe ($U_{3,A} \approx 0.7\,\text{V}$) nicht möglich ist und die Schaltung in einer HF-Halbleiter-Technologie hergestellt werden soll, in der keine ausreichend schnellen pnp-Transistoren verfügbar sind.

Dieses ausführliche Beispiel zeigt, dass man mehrstufige Verstärker mit der hier vorgestellten Berechnungsmethode exakt berechnen kann. Die Differenzen zur Schaltungssimulation sind eine Folge der Näherungen $\beta \gg 1$ und $r_{CE} \gg R_C$; eine Berechnung ohne diese Näherungen liefert exakt die Werte der Simulation. Das Beispiel zeigt aber auch, dass man bei der Berechnung der Elemente des Kleinsignalersatzschaltbilds sehr sorgfältig vorgehen und ggf. auf die vollständigen Gleichungen der Transistor-Grundschaltungen zurückgreifen muss.

4.2.3 Nichtlineare Kenngrößen

Im Zusammenhang mit den Kleinsignal-Kenngrößen stellt sich die Frage, wie groß die Aussteuerung um den Arbeitspunkt maximal sein darf, damit noch Kleinsignalbetrieb vorliegt. Von einem mathematischen Standpunkt aus gesehen gilt das Kleinsignalersatzschaltbild nur für *infinitesimale*, d.h. beliebig kleine Aussteuerung. In der Praxis sind die nichtlinearen Verzerrungen maßgebend, die mit zunehmender Amplitude überproportional zunehmen und einen anwendungsspezifischen Grenzwert nicht überschreiten sollen.

Das nichtlineare Verhalten eines Verstärkers wird mit den Kenngrößen *Klirrfaktor*, *Kompressionspunkt* und den *Intercept-Punkten* beschrieben. Man kann sie aus den Koeffizienten der Reihenentwicklung der Übertragungskennlinie berechnen. Wenn dies mangels einer geschlossenen Darstellung der Übertragungskennlinie nicht möglich ist, muss man sie messen oder mit Hilfe einer Schaltungssimulation ermitteln.

4.2.3.1 Reihenentwicklung der Kennlinie im Arbeitspunkt

Abbildung 4.144 zeigt einen nichtlinearen Verstärker mit der Betriebs-Übertragungskennlinie $U_a = f_{\ddot{U}B}(U_g)$. Die zugehörige Reihenentwicklung (*Taylor-Reihe*) im Arbeitspunkt lautet [4.3]:

$$U_a = U_{a,A} + u_a = f_{\ddot{U}B}(U_g) = f_{\ddot{U}B}(U_{g,A} + u_g)$$

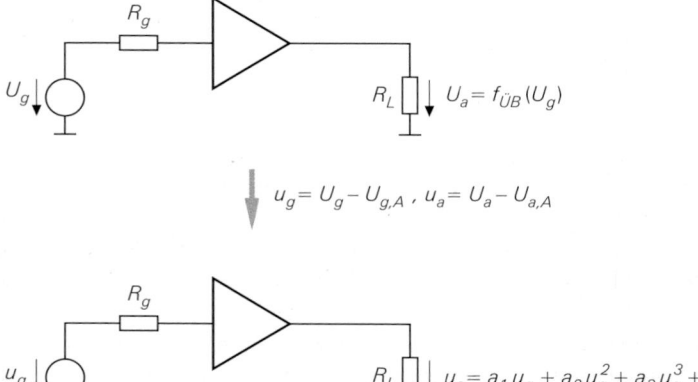

Abb. 4.144. Nichtlinearer Verstärker (oben) und Reihenentwicklung im Arbeitspunkt (unten)

$$
= f_{\ddot{U}B}(U_{g,A}) + \left.\frac{df_{\ddot{U}B}}{dU_g}\right|_A u_g + \frac{1}{2}\left.\frac{d^2 f_{\ddot{U}B}}{dU_g^2}\right|_A u_g^2
$$

$$
+ \frac{1}{6}\left.\frac{d^3 f_{\ddot{U}B}}{dU_g^3}\right|_A u_g^3 + \frac{1}{24}\left.\frac{d^4 f_{\ddot{U}B}}{dU_g^4}\right|_A u_g^4 + \cdots
$$

Daraus folgt für die Kleinsignalgrößen:

$$
u_a = \left.\frac{df_{\ddot{U}B}}{dU_g}\right|_A u_g + \frac{1}{2}\left.\frac{d^2 f_{\ddot{U}B}}{dU_g^2}\right|_A u_g^2 + \frac{1}{6}\left.\frac{d^3 f_{\ddot{U}B}}{dU_g^3}\right|_A u_g^3 + \frac{1}{24}\left.\frac{d^4 f_{\ddot{U}B}}{dU_g^4}\right|_A u_g^4 + \cdots
$$

$$
= \sum_{n=1\ldots\infty} a_n u_g^n \quad \text{mit } a_n = \frac{1}{n!}\left.\frac{d^n f_{\ddot{U}B}}{dU_g^n}\right|_A \tag{4.165}
$$

Die Koeffizienten $a_1, a_2, \ldots$ werden *Koeffizienten der Taylor-Reihe* genannt. Der Koeffizient a_1 entspricht der Kleinsignal-Betriebsverstärkung A_B und ist dimensionslos; alle anderen Koeffizienten sind dimensionsbehaftet:

$$
[a_n] = \frac{1}{V^{n-1}} \quad \text{für } n = 2 \ldots \infty
$$

Beispiel: Bei der Emitterschaltung aus Abb. 4.130 auf Seite 425 kann man die Reihenentwicklung der Betriebs-Übertragungskennlinie noch vergleichsweise einfach berechnen; dazu wird eine Reihenentwicklung der Eingangsgleichung

$$
U_g = I_e R_g + U_e = I_B R_g + U_{BE} = \frac{I_C R_g}{B} + U_T \ln \frac{I_C}{I_S}
$$

im Arbeitspunkt vorgenommen:

$$
u_g = \frac{i_C R_g}{B} + U_T \ln\left(1 + \frac{i_C}{I_{C,A}}\right)
$$

$$
= \left(\frac{I_{C,A} R_g}{B} + U_T\right)\frac{i_C}{I_{C,A}} - \frac{U_T}{2}\left(\frac{i_C}{I_{C,A}}\right)^2 + \frac{U_T}{3}\left(\frac{i_C}{I_{C,A}}\right)^3 - \cdots
$$

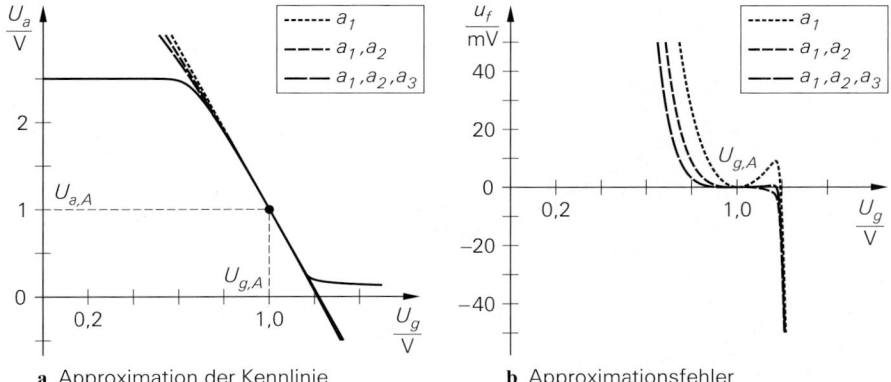

a Approximation der Kennlinie   **b** Approximationsfehler

Abb. 4.145. Reihenentwicklung der Betriebs-Übertragungskennlinie der Emitterschaltung aus Abb. 4.130

Mit

$$i_C = -\frac{u_a}{R_C \| R_L}$$

und $U_k = I_{C,A}(R_C \| R_L)$ erhält man:

$$u_g = -\left(\frac{I_{C,A} R_g}{B} + U_T\right)\frac{u_a}{U_k} - \frac{U_T}{2}\left(\frac{u_a}{U_k}\right)^2 - \frac{U_T}{3}\left(\frac{u_a}{U_k}\right)^3 - \cdots$$

Setzt man $R_C = R_L = 10\,\text{k}\Omega$, $R_g = 100\,\text{k}\Omega$, $I_{C,A} = 300\,\mu\text{A}$, $B = 100$ und $U_T = 26\,\text{mV}$ ein, folgt

$$u_g = -0{,}2173\,u_a - \frac{5{,}78\,u_a^2}{10^3\,\text{V}} - \frac{2{,}57\,u_a^3}{10^3\,\text{V}^2} - \frac{1{,}28\,u_a^4}{10^3\,\text{V}^3} - \frac{0{,}685\,u_a^5}{10^3\,\text{V}^4}$$

und daraus die Umkehrfunktion [31]:

$$u_a = -4{,}6\,u_g - \frac{0{,}563\,u_g^2}{\text{V}} + \frac{u_g^3}{\text{V}^2} - \frac{2\,u_g^4}{\text{V}^3} + \frac{4\,u_g^5}{\text{V}^4} - \cdots$$

Daraus folgt:

$$a_1 = -4{,}6 \quad, \quad a_2 = -\frac{0{,}563}{\text{V}} \quad, \quad a_3 = \frac{1}{\text{V}^2} \quad, \quad a_4 = -\frac{2}{\text{V}^3} \quad, \quad a_5 = \frac{4}{\text{V}^4}$$

Abbildung 4.145a zeigt die Approximation der Betriebs-Übertragungskennlinie aus Abb. 4.132 durch die Taylor-Reihen ersten (a_1), zweiten (a_1, a_2) und dritten (a_1, a_2, a_3) Grades. Mit zunehmendem Grad wird die Approximation besser; besonders gut erkennt man dies an der Abnahme des in Abb. 4.145b gezeigten Approximationsfehlers.

---

[31] Siehe Fußnote auf Seite 113.

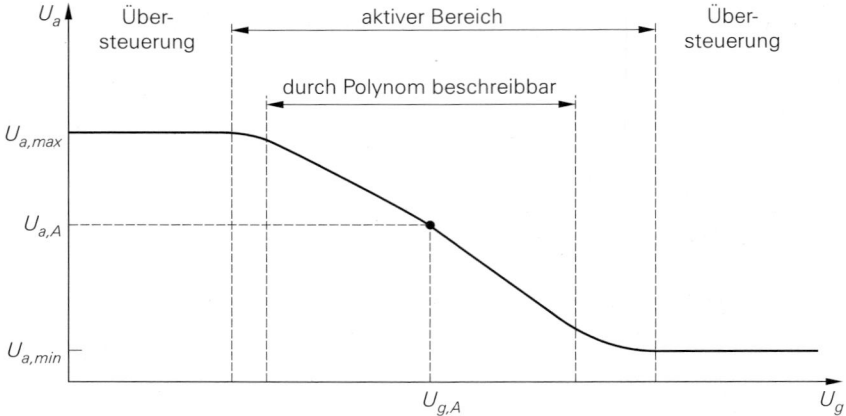

Abb. 4.146. Gültigkeitsbereich der Reihenentwicklung der Betriebs-Übertragungskennlinie

4.2.3.2 Gültigkeitsbereich der Reihenentwicklung

Die Betriebs-Übertragungskennlinie kann nur in einem eingeschränkten Bereich durch die Reihe (4.165) beschrieben werden. Dieser Bereich hängt von der Anzahl der berücksichtigten Terme ab, endet aber spätestens beim Erreichen der Übersteuerungsgrenzen, weil ab hier die Kennlinie näherungsweise horizontal verläuft und nicht mehr durch ein Polynom beschrieben werden kann. In den meisten Fällen kann man auch den aktiven Bereich in der Nähe der Übersteuerungsgrenzen nicht mehr beschreiben, so dass mit (4.165) nur ein mehr oder weniger großer Bereich um den Arbeitspunkt beschrieben werden kann. Abbildung 4.146 zeigt diesen Bereich am Beispiel der Betriebs-Übertragungskennlinie einer Emitterschaltung.

4.2.3.3 Ausgangssignal bei sinusförmiger Ansteuerung

Durch die Terme u_g^n in (4.165) erhält man bei einem Signal

$$u_g = \hat{u}_g \cos \omega_0 t$$

neben dem gewünschten Ausgangssignal (*Nutzsignal*)

$$u_{a,Nutz} = \hat{u}_a \cos \omega_0 t = a_1 \hat{u}_g \cos \omega_0 t$$

auch Anteile bei Vielfachen von ω_0:

$$u_a = \sum_{n=1...\infty} a_n u_g^n = \sum_{n=1...\infty} a_n \hat{u}_g^n \cos^n \omega_0 t$$

$$= \left(\frac{a_2 \hat{u}_g^2}{2} + \frac{3a_4 \hat{u}_g^4}{8} + \frac{5a_6 \hat{u}_g^6}{16} + \cdots \right) \qquad \text{Gleichanteil}$$

$$+ \left(a_1 + \frac{3a_3 \hat{u}_g^2}{4} + \frac{5a_5 \hat{u}_g^4}{8} + \frac{35a_7 \hat{u}_g^6}{64} + \cdots \right) \hat{u}_g \cos \omega_0 t \qquad \text{Grundwelle}$$

$$+ \left(\frac{a_2}{2} + \frac{a_4 \hat{u}_g^2}{2} + \frac{15a_6 \hat{u}_g^4}{32} + \cdots \right) \hat{u}_g^2 \cos 2\omega_0 t \qquad \text{1.Oberwelle}$$

$$+ \left(\frac{a_3}{4} + \frac{5 a_5 \hat{u}_g^2}{16} + \frac{21 a_7 \hat{u}_g^4}{64} + \cdots \right) \hat{u}_g^3 \cos 3\omega_0 t \qquad \text{2.Oberwelle}$$

$$+ \left(\frac{a_4}{8} + \frac{3 a_6 \hat{u}_g^2}{16} + \cdots \right) \hat{u}_g^4 \cos 4\omega_0 t \qquad \text{3.Oberwelle}$$

$$+ \left(\frac{a_5}{16} + \frac{7 a_7 \hat{u}_g^2}{64} + \cdots \right) \hat{u}_g^5 \cos 5\omega_0 t \qquad \text{4.Oberwelle}$$

$$+ \cdots$$

$$= \sum_{n=0\ldots\infty} b_n \hat{u}_g^n \cos n\omega_0 t \quad \text{mit} \ \ b_n = (\cdots)_n \qquad (4.166)$$

Die Koeffizienten b_n erhält man durch Umformen der Terme $\cos^n \omega_0 t$ in Terme der Form $\cos n\omega_0 t$ und Sortieren nach Frequenzen. Man erkennt, dass durch die *geraden* Koeffizienten $a_2, a_4, \ldots$ ein Gleichanteil b_0, d.h. eine Verschiebung des Arbeitspunkts, verursacht wird; sie ist bei den in der Praxis üblichen Amplituden gering und wird deshalb vernachlässigt. Darüber hinaus werden durch die geraden Koeffizienten Anteile bei geradzahligen Vielfachen der Frequenz ω_0 erzeugt. Entsprechend werden durch die *ungeraden* Koeffizienten $a_3, a_5, \ldots$ Anteile bei ungeradzahligen Vielfachen der Frequenz ω_0 erzeugt. Die ungeraden Koeffizienten wirken sich auch auf die Amplitude des Nutzsignals aus; deshalb ist die Betriebsverstärkung bei größeren Amplituden nicht mehr konstant.

4.2.3.3.1 Grundwelle und Oberwellen

Der Anteil bei der Frequenz ω_0 wird *Grundwelle* (GW) genannt. Die anderen Anteile werden als *Oberwellen* (OW) bezeichnet und entsprechend ihrer Ordnung nummeriert: 1.Oberwelle bei $2\omega_0$, 2.Oberwelle bei $3\omega_0$, usw. . Alternativ werden die Anteile auch als *Harmonische* bezeichnet: 1.Harmonische bei ω_0, 2.Harmonische bei $2\omega_0$, usw. . Für die zugehörigen Amplituden gilt:

$$\hat{u}_{a(GW)} = |b_1| \hat{u}_g \ , \quad \hat{u}_{a(1.OW)} = |b_2| \hat{u}_g^2 \ , \quad \hat{u}_{a(2.OW)} = |b_3| \hat{u}_g^3 \ , \quad \ldots$$

4.2.3.3.2 Amplituden der Grund- und der Oberwellen

Abbildung 4.147 zeigt die Amplituden der Grundwelle und der ersten vier Oberwellen für die Emitterschaltung aus Abb. 4.130 auf Seite 425 in Abhängigkeit von der Aussteuerung. Man erhält drei charakteristische Bereiche:

— Im *quasi-linearen Bereich* ist die Amplitude der Grundwelle proportional zur Eingangsamplitude, d.h. die Grundwelle zeigt *lineares* Verhalten; in der doppelt-logarithmischen Darstellung erhält man eine Gerade mit der Steigung Eins. Aufgrund der Oberwellen ist der Bereich dennoch nur *quasi-linear*. Die Amplituden der Oberwellen sind proportional zu den Potenzen der Eingangsamplitude. Die Amplitude der n-ten Oberwelle ist proportional zu $\hat{u}_g^{n+1}$ und verläuft in der doppelt-logarithmischen Darstellung als Gerade mit der Steigung $n + 1$. Dieser Bereich ist der normale Arbeitsbereich eines Verstärkers.

— Beim Eintritt in den *Bereich schwacher Übersteuerung* nimmt die Amplitude mindestens einer Oberwelle stärker zu als im quasi-linearen Bereich; gleichzeitig beginnt die Amplitude der Grundwelle, vom linearen Verhalten abzuweichen. Im Bereich schwacher Übersteuerung verlaufen die Amplituden der Oberwellen nicht mehr monoton;

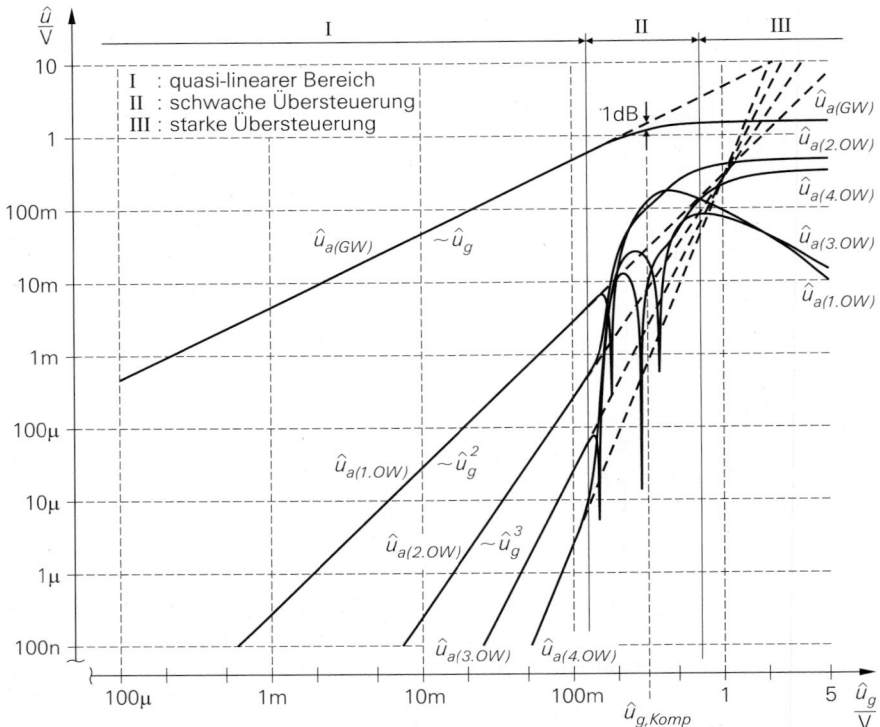

Abb. 4.147. Amplituden der Grundwelle und der Oberwellen für die Emitterschaltung aus Abb. 4.130

dabei kann auch der Fall auftreten, dass die Amplituden einer oder mehrerer Oberwellen für eine bestimmte Eingangsamplitude sehr klein oder sogar zu Null werden. Der Kompressionspunkt $\hat{u}_{g,Komp}$, auf den wir im Abschnitt 4.2.3.5 noch näher eingehen, liegt etwa in der Mitte des Bereichs.

– Im *Bereich starker Übersteuerung* ist die Amplitude der Grundwelle näherungsweise konstant. In diesem Bereich geht das Ausgangssignal mit zunehmender Eingangsamplitude in ein Rechteck-Signal über. Da dieses Rechtecksignal in den meisten Fällen nahezu symmetrisch ist und ein symmetrisches Rechteck-Signal nur geradzahlige Oberwellen (= ungeradzahlige Harmonische) aufweist, nimmt die Amplitude der ungeradzahligen Oberwellen mit zunehmender Eingangsamplitude ab:

$$\hat{u}_{a(n.OW)} \rightarrow 0 \quad \text{für } n = 1,3,\dots$$

Für die Grundwelle und die geradzahligen Oberwellen gilt:

$$\hat{u}_{a(n.OW)} \rightarrow \frac{\hat{u}_{a(GW)}}{n+1} \quad \text{für } n = 2,4,\dots \quad \Rightarrow \quad \hat{u}_{a(2.OW)} \rightarrow \frac{\hat{u}_{a(GW)}}{3} \quad , \quad \dots$$

4.2.3.3.3 Quasi-linearer Bereich

In der Praxis wird ein Verstärker meist im quasi-linearen Bereich betrieben. In diesem Bereich sind die Amplituden der Oberwellen sehr viel kleiner als die Amplitude der Grundwelle; deshalb muss man in den Klammerausdrücken in (4.166) auf Seite 445 nur den ersten Term berücksichtigen, d.h. die Koeffizienten b_n sind näherungsweise konstant und hängen nicht mehr von der Eingangsamplitude $\hat{u}_g$, sondern nur noch von den Koeffizienten a_n der Kennlinie ab:

$$b_n \approx \frac{a_n}{2^{n-1}} \quad \text{für} \quad n = 1 \dots \infty \tag{4.167}$$

Daraus folgt für die Amplituden der Grundwelle und der Oberwellen:

$$\hat{u}_{a(GW)} = |b_1|\hat{u}_g \approx |a_1|\hat{u}_g$$

$$\hat{u}_{a(1.OW)} = |b_2|\hat{u}_g^2 \approx \left|\frac{a_2}{2}\right|\hat{u}_g^2 \tag{4.168}$$

$$\hat{u}_{a(2.OW)} = |b_3|\hat{u}_g^3 \approx \left|\frac{a_3}{4}\right|\hat{u}_g^3$$

$$\vdots$$

Voraussetzung für die Näherung ist die Bedingung:

$$\hat{u}_{a(GW)} \gg \hat{u}_{a(1.OW)}, \hat{u}_{a(2.OW)}, \dots$$

Durch Einsetzen der Koeffizienten folgt

$$|b_1|\hat{u}_g \gg |b_2|\hat{u}_g^2, |b_3|\hat{u}_g^3, |b_4|\hat{u}_g^4, |b_5|\hat{u}_g^5, \dots$$

und daraus durch Auflösen nach $\hat{u}_g$:

$$\hat{u}_g \ll \left|\frac{b_1}{b_2}\right|, \sqrt{\left|\frac{b_1}{b_3}\right|}, \sqrt[3]{\left|\frac{b_1}{b_4}\right|}, \sqrt[4]{\left|\frac{b_1}{b_5}\right|}, \dots$$

$$\hat{u}_g \ll \min_n \sqrt[n-1]{\left|\frac{b_1}{b_n}\right|} \stackrel{(4.167)}{=} 2 \min_n \sqrt[n-1]{\left|\frac{a_1}{a_n}\right|} \tag{4.169}$$

Beispiel: Für die Emitterschaltung aus Abb. 4.130 auf Seite 425 erhält man mit (4.167) und den Koeffizienten $a_1, \dots, a_5$ auf Seite 443:

$$b_1 \approx a_1 = -4,6 \quad , \quad b_2 \approx \frac{a_2}{2} = -\frac{0,282}{V} \quad , \quad b_3 \approx \frac{a_3}{4} = \frac{0,25}{V^2}$$

$$b_4 \approx \frac{a_4}{8} = -\frac{0,25}{V^3} \quad , \quad b_5 \approx \frac{a_5}{16} = \frac{0,25}{V^4}$$

Alle weiteren Koeffizienten haben ebenfalls den Betrag $0,25$. Daraus folgt aus (4.169) für die Amplitude:

$$\hat{u}_g \ll \min(16,3\,\text{V}; 4,3\,\text{V}; 2,6\,\text{V}; 2\,\text{V}; \dots) = 1\,\text{V}$$

Das Minimum wird hier für $n \to \infty$ erreicht. Mit $\hat{u}_g = 100\,\text{mV}$ erhält man aus (4.168) für die Grundwelle $\hat{u}_{a(GW)} \approx 460\,\text{mV}$, für die 1.Oberwelle $\hat{u}_{a(1.OW)} \approx 2,82\,\text{mV}$ und für die 2.Oberwelle $\hat{u}_{a(2.OW)} \approx 0,25\,\text{mV}$.

4.2.3.4 Klirrfaktor

Bei sinusförmigen Signalen wird der *Klirrfaktor* k als Maß für die nichtlinearen Verzerrungen verwendet:

> *Der Klirrfaktor k gibt das Verhältnis des Effektivwerts aller Oberwellen eines Signals zum Effektivwert des ganzen Signals an.*

Bei einem sinusförmigen Signal ohne Oberwellen gilt $k = 0$.

Mit (4.166) erhält man unter Berücksichtigung des Zusammenhangs zwischen Amplitude und Effektivwert ($u_{eff}^2 = \hat{u}^2/2$):

$$k = \sqrt{\frac{\displaystyle\sum_{n=2\ldots\infty} \frac{1}{2}\left(b_n \hat{u}_g^n\right)^2}{\displaystyle\sum_{n=1\ldots\infty} \frac{1}{2}\left(b_n \hat{u}_g^n\right)^2}} = \sqrt{\frac{\displaystyle\sum_{n=2\ldots\infty} b_n^2 \hat{u}_g^{2n}}{\displaystyle\sum_{n=1\ldots\infty} b_n^2 \hat{u}_g^{2n}}} \tag{4.170}$$

Der Gleichanteil b_0 wird nicht berücksichtigt. Bei geringer Aussteuerung mit kleinem Klirrfaktor kann man die Oberwellen bei der Berechnung des Effektivwerts des ganzen Signals vernachlässigen; dann gilt:

$$k \approx \frac{\sqrt{\displaystyle\sum_{n=2\ldots\infty} b_n^2 \hat{u}_g^{2n}}}{b_1 \hat{u}_g}$$

In Systemen mit Filtern werden oft nicht alle Oberwellen übertragen; deshalb werden die *Teil-Klirrfaktoren*

$$k_n = \left|\frac{b_n \hat{u}_g^n}{b_1 \hat{u}_g}\right| = \left|\frac{b_n}{b_1}\right| \hat{u}_g^{n-1} \quad \text{für } n = 2 \ldots \infty$$

angegeben, die das Verhältnis der Effektivwerte der einzelnen Oberwellen zur Grundwelle angeben. Man kann den Klirrfaktor k aus den Teil-Klirrfaktoren berechnen:

$$k = \sqrt{\frac{\displaystyle\sum_{n=2\ldots\infty} k_n^2}{1 + \displaystyle\sum_{n=2\ldots\infty} k_n^2}} \stackrel{k_n \ll 1}{\approx} \sqrt{\displaystyle\sum_{n=2\ldots\infty} k_n^2} \tag{4.171}$$

Aus (4.166) erhält man:

$$k_2 = \left|\frac{b_2}{b_1}\right| \hat{u}_g = \left|\frac{\dfrac{a_2}{2} + \dfrac{a_4 \hat{u}_g^2}{2} + \dfrac{15 a_6 \hat{u}_g^4}{32} + \cdots}{a_1 + \dfrac{3 a_3 \hat{u}_g^2}{4} + \dfrac{5 a_6 \hat{u}_g^4}{8} + \cdots}\right| \hat{u}_g \approx \left|\frac{a_2}{2 a_1}\right| \hat{u}_g$$

$$k_3 = \left|\frac{b_3}{b_1}\right| \hat{u}_g^2 = \left|\frac{\dfrac{a_3}{4} + \dfrac{5 a_5 \hat{u}_g^2}{16} + \dfrac{21 a_7 \hat{u}_g^7}{64} + \cdots}{a_1 + \dfrac{3 a_3 \hat{u}_g^2}{4} + \dfrac{5 a_6 \hat{u}_g^4}{8} + \cdots}\right| \hat{u}_g^2 \approx \left|\frac{a_3}{4 a_1}\right| \hat{u}_g^2$$

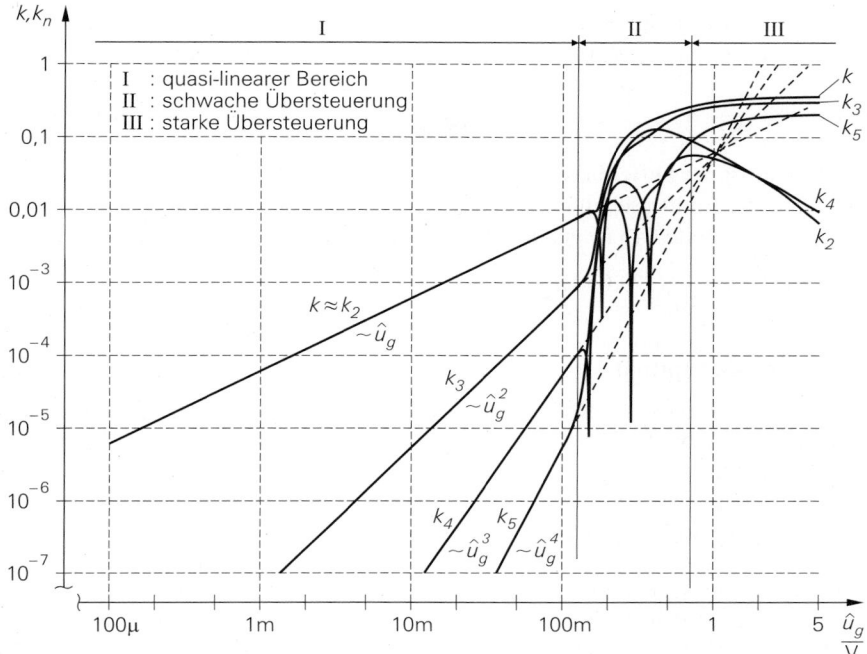

Abb. 4.148. Verlauf von Klirrfaktoren k und $k_2 \ldots k_4$ für die Emitterschaltung aus Abb. 4.130

$$k_4 = \left|\frac{b_4}{b_1}\right| \hat{u}_g^3 \approx \left|\frac{a_4}{8a_1}\right| \hat{u}_g^3$$

$$\vdots$$

$$k_n = \left|\frac{b_n}{b_1}\right| \hat{u}_g^{n-1} \approx \left|\frac{a_n}{2^{n-1}a_1}\right| \hat{u}_g^{n-1} \quad \text{für } n = 2 \ldots \infty \qquad (4.172)$$

Abbildung 4.148 zeigt den Verlauf von k und $k_2 \ldots k_5$ für die Emitterschaltung aus Abb. 4.130 auf Seite 425. Im quasi-linearen Bereich hängt der Teil-Klirrfaktor k_n nur von den Koeffizienten a_1 und a_n ab und ist proportional zu $\hat{u}_g^{n-1}$; daraus resultiert in der doppelt-logarithmischen Darstellung eine Gerade mit der Steigung $n-1$. Bei schwacher Übersteuerung nimmt mindestens einer der Teil-Klirrfaktoren stark zu. Bei starker Übersteuerung erhält man am Ausgang näherungsweise ein Rechteck-Signal mit:

$$k_n \rightarrow \begin{cases} 0 & \text{für } n = 2,4,6,\ldots \\[2mm] \dfrac{1}{n} & \text{für } n = 3,5,7,\ldots \end{cases}$$

In der Praxis ist das Rechteck-Signal meist nicht exakt symmetrisch, so dass die geraden Teil-Klirrfaktoren nicht gegen Null gehen.

Aus Abb. 4.148 folgt, dass der Klirrfaktor k im quasi-linearen Bereich etwa dem Teil-Klirrfaktor k_2 entspricht:

$$k \approx k_2 \approx \left|\frac{a_2}{2a_1}\right| \hat{u}_g$$

Alle anderen Teil-Klirrfaktoren sind deutlich kleiner. Bei Schaltungen mit symmetrischer Kennlinie ($a_2 = 0$) wird $k_2 = 0$; in diesem Fall gilt im quasi-linearen Bereich:

$$k \approx k_3 \approx \left| \frac{a_3}{4a_1} \right| \hat{u}_g^2$$

Ein Beispiel dafür ist der Differenzverstärker.

Beispiel: Für die Emitterschaltung aus Abb. 4.130 auf Seite 425 erhält man mit den Koeffizienten a_n von Seite 443 folgende Teil-Klirrfaktoren:

$$k_2 \approx \frac{0{,}061\,\hat{u}_g}{\mathrm{V}} \quad , \quad k_3 \approx \frac{0{,}054\,\hat{u}_g^2}{\mathrm{V}^2} \quad , \quad k_4 \approx \frac{0{,}054\,\hat{u}_g^3}{\mathrm{V}^3} \quad , \quad k_5 \approx \frac{0{,}054\,\hat{u}_g^4}{\mathrm{V}^4}$$

4.2.3.5 Kompressionspunkt

Die ungeraden Koeffizienten der Reihenentwicklung wirken sich auch auf die Amplitude der Grundwelle aus, siehe (4.166); dadurch wird die effektive Betriebsverstärkung der Schaltung aussteuerungsabhängig:

$$A'_B(\hat{u}_g) = b_1 = a_1 + \frac{3a_3}{4}\,\hat{u}_g^2 + \frac{5a_5}{8}\,\hat{u}_g^4 + \frac{35a_7}{64}\,\hat{u}_g^6 + \cdots$$

Der Betrag der Betriebsverstärkung kann ausgehend von $|A_B| = |a_1|$ mit zunehmender Aussteuerung zunächst zunehmen ($a_3/a_1 > 0$, *gain expansion*) oder abnehmen ($a_3/a_1 < 0$, *gain compression*). Bei einsetzender Übersteuerung nimmt er jedoch immer ab und geht mit zunehmender Übersteuerung gegen Null. Dieser Bereich wird von der Reihenentwicklung nicht mehr erfasst.

Bei Verstärkern wird der *1dB-Kompressionspunkt* als Maß für die Grenze zur Übersteuerung angegeben:

> *Der 1dB-Kompressionspunkt gibt die Amplitude an, bei der die Betriebsverstärkung durch die einsetzende Übersteuerung um 1 dB unter der Kleinsignal-Betriebsverstärkung liegt.*

Er liegt in dem Bereich, den wir im Abschnitt 4.2.3.3 als den *Bereich schwacher Übersteuerung* bezeichnet haben. Man unterscheidet zwischen dem *Eingangs-Kompressionspunkt* $\hat{u}_{g,Komp}$ mit

$$\left| A'_B(\hat{u}_{g,Komp}) \right| = 10^{-1/20} \cdot |A_B| \approx 0{,}89 \cdot |A_B| \tag{4.173}$$

und dem *Ausgangs-Kompressionspunkt*:

$$\hat{u}_{a,Komp} = 10^{-1/20} \cdot |A_B|\,\hat{u}_{g,Komp} \approx 0{,}89 \cdot |A_B|\,\hat{u}_{g,Komp} \tag{4.174}$$

Sie werden in der Praxis durch Messen oder mit Hilfe einer Schaltungssimulation ermittelt. Abbildung 4.149 zeigt den Verlauf des Betrags der Betriebsverstärkung für einen Verstärker ohne und einen Verstärker mit *gain expansion*.

Seine praktische Bedeutung erhält der Kompressionspunkt in Verbindung mit einer Dimensionierungs-Regel, die besagt, dass man für einen verzerrungsarmen Betrieb etwa 5...10 dB (Faktor 2...3) unter dem Kompressionspunkt bleiben muss. Die Regel liefert eine sehr gute Näherung für die Grenze zwischen dem quasi-linearen Bereich und dem Bereich schwacher Übersteuerung, die wir im Abschnitt 4.2.3.3 beschrieben haben. Sie stellt demnach sicher, dass man nicht in den Bereich gerät, in dem eine oder mehrere Oberwellen stark zunehmen.

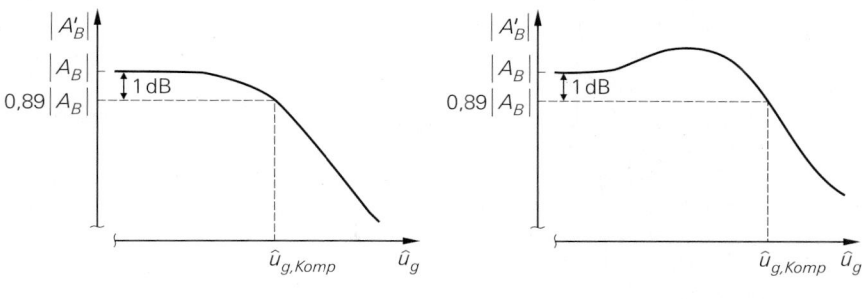

a ohne *gain expansion*   **b** mit *gain expansion*

Abb. 4.149. Betrag der Betriebsverstärkung mit 1 dB-Kompressionspunkt

Beispiel: Für die Emitterschaltung aus Abb. 4.130 auf Seite 425 erhält man mit Hilfe einer Schaltungssimulation $\hat{u}_{g,Komp} \approx 0{,}3$ V und $\hat{u}_{a,Komp} \approx 1{,}2$ V. Der Eingangs-Kompressionspunkt $\hat{u}_{g,Komp}$ ist auch in Abb. 4.147 auf Seite 446 eingezeichnet.

4.2.3.6 Intermodulation und Intercept-Punkte

In Systemen mit Bandpassfiltern spielen die mit Hilfe der Klirrfaktoren beschriebenen harmonischen Verzerrungen meist keine Rolle, weil sie außerhalb des Durchlassbereichs der Filter liegen; daraus folgt, dass bei Ansteuerung mit *einem* Sinussignal (*Einton-Betrieb*) keine Verzerrungen im Durchlassbereich entstehen. Wenn man dagegen zwei oder mehrere Sinussignale im Durchlassbereich anlegt, fallen einige der Verzerrungsprodukte wieder in den Durchlassbereich. Diese Anteile werden *Intermodulationsverzerrungen* genannt und kommen dadurch zustande, dass bei der Ansteuerung einer nichtlinearen Kennlinie vom Grad N mit einem Mehrton-Signal mit den Frequenzen $f_1, f_2, \ldots, f_m$ neben den Harmonischen $nf_1, nf_2, \ldots, nf_m$ ($n = 1 \ldots N$) auch Mischprodukte bei den Frequenzen

$$\pm n_1 f_1 \pm n_2 f_2 \pm \cdots \pm n_m f_m \quad \text{mit} \quad n_1 + n_2 + \ldots + n_m \leq N$$

entstehen, die zum Teil im Durchlassbereich liegen [4.4],[4.5].

In der Praxis wird ein Zweiton-Signal mit nahe beieinander liegenden Frequenzen f_1, f_2 in der Mitte des Durchlassbereichs und gleichen Amplituden verwendet; mit $f_1 < f_2$ entstehen durch die Potenzen $n = 1 \ldots 5$ folgende Anteile:

$$
\begin{aligned}
n = 1 &\Rightarrow f_1, f_2 \\
n = 2 &\Rightarrow 2f_1, 2f_2, f_2 - f_1 \\
n = 3 &\Rightarrow 3f_1, 3f_2, 2f_1 + f_2, 2f_1 - f_2, 2f_2 + f_1, 2f_2 - f_1 \\
n = 4 &\Rightarrow 4f_1, 4f_2, 3f_1 + f_2, 3f_1 - f_2, \ldots \\
n = 5 &\Rightarrow 5f_1, 5f_2, \ldots, 3f_1 - 2f_2, 3f_2 - 2f_1, \ldots
\end{aligned}
$$

Abbildung 4.150 zeigt die Anteile bei Zweiton-Ansteuerung im Vergleich zur Einton-Ansteuerung. Man erkennt, dass die durch die ungeraden Potenzen verursachten Anteile bei

$$2f_1 - f_2, 2f_2 - f_1, 3f_1 - 2f_2, 3f_2 - 2f_1$$

im Durchlassbereich liegen.

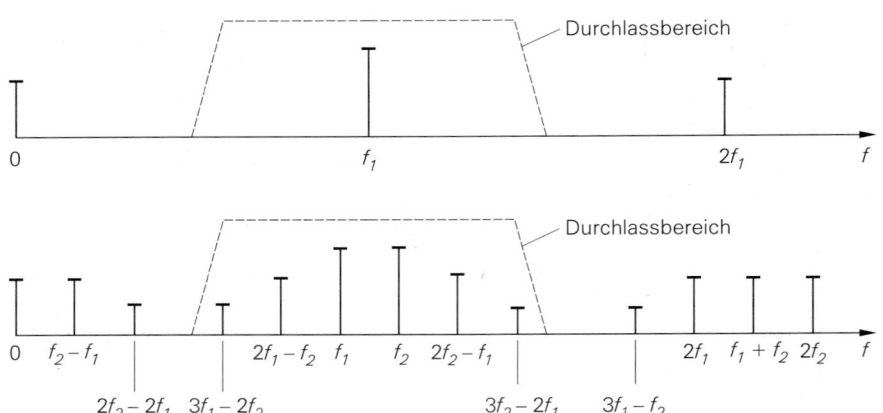

Abb. 4.150. Anteile bei Ansteuerung einer Kennlinie vom Grad 5 mit einem Einton-Signal (oben) und einem Zweiton-Signal (unten)

4.2.3.6.1 Ausgangssignal bei Zweiton-Ansteuerung

Setzt man das Zweiton-Signal $u_g = \hat{u}_g \, (\cos \omega_1 t + \cos \omega_2 t)$ in die Reihe (4.165) auf Seite 442 ein, erhält man

$$
\begin{aligned}
u_a = {} & \left(a_1 + \frac{9 a_3 \hat{u}_g^2}{4} + \frac{25 a_5 \hat{u}_g^4}{4} + \frac{1225 a_7 \hat{u}_g^6}{64} + \cdots \right) \hat{u}_g \cos \omega_1 t && f_1 \\[2mm]
& + \left(a_1 + \frac{9 a_3 \hat{u}_g^2}{4} + \frac{25 a_5 \hat{u}_g^4}{4} + \frac{1225 a_7 \hat{u}_g^6}{64} + \cdots \right) \hat{u}_g \cos \omega_2 t && f_2 \\[2mm]
& + \left(\frac{3 a_3}{4} + \frac{25 a_5 \hat{u}_g^2}{8} + \frac{735 a_7 \hat{u}_g^4}{64} + \cdots \right) \hat{u}_g^3 \cos(2\omega_1 - \omega_2)t && 2f_1 - f_2 \\[2mm]
& + \left(\frac{3 a_3}{4} + \frac{25 a_5 \hat{u}_g^2}{8} + \frac{735 a_7 \hat{u}_g^4}{64} + \cdots \right) \hat{u}_g^3 \cos(2\omega_2 - \omega_1)t && 2f_2 - f_1 \\[2mm]
& + \left(\frac{5 a_5}{8} + \frac{245 a_7 \hat{u}_g^2}{64} + \cdots \right) \hat{u}_g^5 \cos(3\omega_1 - 2\omega_2)t && 3f_1 - 2f_2 \\[2mm]
& + \left(\frac{5 a_5}{8} + \frac{245 a_7 \hat{u}_g^2}{64} + \cdots \right) \hat{u}_g^5 \cos(3\omega_2 - 2\omega_1)t && 3f_2 - 2f_1 \\[2mm]
& + \cdots \\[2mm]
= {} & \sum_{n=0\ldots\infty} c_{2n+1} \hat{u}_g^{2n+1} \cos\left[(n+1)\,\omega_1 - n\omega_2\right] t \\[2mm]
& + \sum_{n=0\ldots\infty} c_{2n+1} \hat{u}_g^{2n+1} \cos\left[(n+1)\,\omega_2 - n\omega_1\right] t && (4.175) \\[2mm]
& + \cdots && \text{mit } c_{2n+1} = (\cdots)_{2n+1}
\end{aligned}
$$

Praktisch ist die Summe nur soweit relevant, wie die Anteile noch im Durchlassbereich liegen. Bei kleinen Amplituden sind die Koeffizienten c_n näherungsweise konstant:

$$c_1 \approx a_1 \quad , \quad c_3 \approx \frac{3a_3}{4} \quad , \quad c_5 \approx \frac{5a_5}{8} \quad , \quad \dots$$

Daraus folgt:

$$c_{2n+1} \approx \frac{2n+1}{2^{n+1}} a_{2n+1} \quad \text{für} \quad n = 1, \dots, \infty \tag{4.176}$$

4.2.3.6.2 Intermodulation

Die Verzerrungen im Durchlassbereich werden *Intermodulationsprodukte* genannt:

> *Bei Mehrton-Betrieb werden diejenigen Verzerrungen im Durchlassbereich, deren Frequenz sich aus mindestens zwei Signalfrequenzen zusammensetzt, als Intermodulation oder Intermodulationsprodukte bezeichnet.*

Die Anteile bei $2f_1 - f_2$ und $2f_2 - f_1$ werden *Intermodulation 3. Ordnung* (IM3) und die bei $3f_1 - 2f_2$ und $3f_2 - 2f_1$ *Intermodulation 5. Ordnung* (IM5) genannt. Allgemein gilt:

> *Die Verzerrungen bei den Frequenzen $(n+1)f_1 - nf_2$ und $(n+1)f_2 - nf_1$ werden Intermodulation der Ordnung $2n + 1$ genannt.*

Da die Amplituden der Intermodulationsprodukte entsprechend ihrer Ordnung von der Eingangsamplitude abhängen, sind in der Praxis nur die dominierenden Anteile IM3 und IM5 von Interesse; die IM7 ist in den meisten Fällen bereits vernachlässigbar klein.

Für die Amplituden des Nutzsignals und der Intermodulationen erhält man:

$$\hat{u}_{a,Nutz} = |c_1|\hat{u}_g \approx |a_1|\hat{u}_g$$

$$\hat{u}_{a,IM3} = |c_3|\hat{u}_g^3 \approx \left|\frac{3a_3}{4}\right|\hat{u}_g^3 \tag{4.177}$$

$$\hat{u}_{a,IM5} = |c_5|\hat{u}_g^5 \approx \left|\frac{5a_5}{8}\right|\hat{u}_g^5$$

$$\vdots$$

4.2.3.6.3 Intermodulationsabstände

Die Abkürzungen *IM3* und *IM5* werden auch zur Bezeichnung der *Intermodulationsabstände* verwendet:

> *Das Verhältnis der Amplitude des Nutzsignals zur Amplitude eines bestimmten Intermodulationsprodukts wird Intermodulationsabstand genannt.*

Mit den Amplituden aus (4.177) erhält man:

$$IM3 = \frac{\hat{u}_{a,Nutz}}{\hat{u}_{a,IM3}} = \left|\frac{c_1}{c_3}\right|\frac{1}{\hat{u}_g^2} \approx \left|\frac{4a_1}{3a_3}\right|\frac{1}{\hat{u}_g^2} \tag{4.178}$$

$$IM5 = \frac{\hat{u}_{a,Nutz}}{\hat{u}_{a,IM5}} = \left|\frac{c_1}{c_5}\right|\frac{1}{\hat{u}_g^4} \approx \left|\frac{8a_1}{5a_5}\right|\frac{1}{\hat{u}_g^4} \tag{4.179}$$

In der Praxis werden die Intermodulationsabstände meist in dB angegeben:

$$IM3\,[\mathrm{dB}] \;=\; 20\,\mathrm{dB} \cdot \log IM3 \quad,\quad IM5\,[\mathrm{dB}] \;=\; 20\,\mathrm{dB} \cdot \log IM5$$

Die Intermodulationsabstände entsprechen in ihrer Bedeutung den Teil-Klirrfaktoren bei Einton-Betrieb, wenn man berücksichtigt, dass bei den Intermodulationsabständen das Verhältnis aus Nutzsignal und Verzerrungsprodukt und bei den Teil-Klirrfaktoren das Verhältnis aus Verzerrungsprodukt und Nutzsignal gebildet wird. Deshalb kann man die Kehrwerte der Intermodulationsabstände als Mehrton-Teil-Klirrfaktoren auffassen.

4.2.3.6.4 Intercept-Punkte

Um eine von der Amplitude $\hat{u}_g$ unabhängige Größe zur Charakterisierung der Intermodulationsprodukte angeben zu können, werden die Amplituden ermittelt, bei denen die Intermodulationsabstände *theoretisch* den Wert eins annehmen; dazu werden die für kleine Amplituden geltenden Näherungen in (4.178) und (4.179) über ihren Gültigkeitsbereich hinaus extrapoliert. Die resultierenden Amplituden werden *Intercept-Punkte* (*intercept point,IP*) genannt:

> *Die Intercept-Punkte geben die Ein- oder Ausgangsamplitude an, bei der die extrapolierte Amplitude eines bestimmten Intermodulationsprodukts genauso groß wird wie die extrapolierte Amplitude des Nutzsignals.*

Man unterscheidet zwischen den *Eingangs-Intercept-Punkten* (*input IP, IIP*)

$$\hat{u}_{g,IP3} \;=\; \hat{u}_g\Big|_{IM3=1} \;\overset{(4.178)}{=}\; \sqrt{\left|\frac{4a_1}{3a_3}\right|} \tag{4.180}$$

$$\hat{u}_{g,IP5} \;=\; \hat{u}_g\Big|_{IM5=1} \;\overset{(4.179)}{=}\; \sqrt[4]{\left|\frac{8a_1}{5a_5}\right|} \tag{4.181}$$

und den *Ausgangs-Intercept-Punkten* (*output IP, OIP*):

$$\hat{u}_{a,IP3} \;=\; |a_1|\hat{u}_{g,IP3} \quad,\quad \hat{u}_{a,IP5} \;=\; |a_1|\hat{u}_{g,IP5} \tag{4.182}$$

Letztere sind um den Betrag der Kleinsignal-Betriebsverstärkung ($|a_1| = |A_B|$) größer als die Eingangs-Intercept-Punkte und werden oft ohne expliziten Bezug auf den Ausgang nur als *Intercept-Punkte IP3* und *IP5* bezeichnet.

Abbildung 4.151 zeigt den Verlauf der Amplituden des Nutzsignals $\hat{u}_{a,Nutz} = |c_1|\hat{u}_g$ und der Intermodulationsprodukte $\hat{u}_{a,IM3} = |c_3|\hat{u}_g^3$ und $\hat{u}_{a,IM5} = |c_5|\hat{u}_g^5$ in Abhängigkeit von der Eingangsamplitude $\hat{u}_g$ in doppelt logarithmischer Darstellung. Man erhält bei kleinen Amplituden Geraden mit den Steigungen 1 bei $\hat{u}_{a,Nutz}$, 3 bei $\hat{u}_{a,IM3}$ und 5 bei $\hat{u}_{a,IM5}$. Durch Extrapolation werden die Intercept-Punkte *IP3* und *IP5* als Schnittpunkte der Geraden ermittelt.

Man kann mit Hilfe der Intercept-Punkte die Amplituden der Intermodulationsprodukte und die Intermodulationsabstände für beliebige Ein- und Ausgangsamplituden im quasilinearen Bereich berechnen. Aus den Näherungen in (4.177) folgt für die Amplituden der Intermodulationsprodukte bei Bezug auf die Eingangs-Intercept-Punkte:

$$\hat{u}_{a,IM3} \;\approx\; \left|\frac{3a_3}{4}\right|\hat{u}_g^3 \;=\; \left|\frac{3a_3}{4a_1}\right| |a_1|\hat{u}_g^3 \;\overset{(4.180)}{=}\; \frac{|a_1|\hat{u}_g^3}{\hat{u}_{g,IP3}^2}$$

$$\hat{u}_{a,IM5} \;\approx\; \left|\frac{5a_5}{8}\right|\hat{u}_g^5 \;=\; \left|\frac{5a_5}{8a_1}\right| |a_1|\hat{u}_g^5 \;\overset{(4.181)}{=}\; \frac{|a_1|\hat{u}_g^5}{\hat{u}_{g,IP5}^4}$$

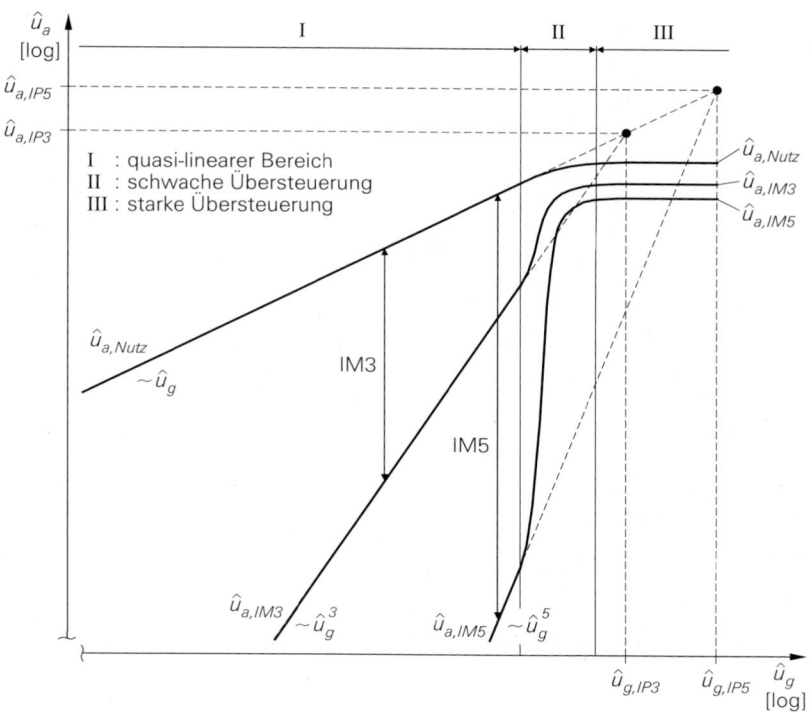

Abb. 4.151. Intercept-Punkte am Eingang ($\hat{u}_{g,IP3}$, $\hat{u}_{g,IP5}$) und am Ausgang ($\hat{u}_{a,IP3}$, $\hat{u}_{a,IP5}$) und Intermodulationsabstände *IM3* und *IM5*

Bei Bezug auf die Ausgangs-Intercept-Punkte erhält man unter Berücksichtigung von $\hat{u}_{a,Nutz} = |a_1|\hat{u}_g$ und (4.182):

$$\hat{u}_{a,IM3} \approx \frac{|a_1|\hat{u}_g^3}{\hat{u}_{g,IP3}^2} = \frac{\left(|a_1|\hat{u}_g\right)^3}{\left(|a_1|\hat{u}_{g,IP3}\right)^2} = \frac{\hat{u}_{a,Nutz}^3}{\hat{u}_{a,IP3}^2}$$

$$\hat{u}_{a,IM5} \approx \frac{|a_1|\hat{u}_g^5}{\hat{u}_{g,IP5}^4} = \frac{\left(|a_1|\hat{u}_g\right)^5}{\left(|a_1|\hat{u}_{g,IP5}\right)^4} = \frac{\hat{u}_{a,Nutz}^5}{\hat{u}_{a,IP5}^4}$$

Allgemein gilt:

$$\hat{u}_{a,IMn} \approx \frac{|a_1|\hat{u}_g^n}{\hat{u}_{g,IPn}^{n-1}} = \frac{\hat{u}_{a,Nutz}^n}{\hat{u}_{a,IPn}^{n-1}} \tag{4.183}$$

Für die Intermodulationsabstände folgt aus den Näherungen in (4.178) und (4.179) unter Berücksichtigung von $\hat{u}_{a,Nutz} = |a_1|\hat{u}_g$ und (4.182):

$$IM3 \approx \left|\frac{4a_1}{3a_3}\right| \frac{1}{\hat{u}_g^2} \stackrel{(4.180)}{=} \frac{\hat{u}_{g,IP3}^2}{\hat{u}_g^2} = \frac{\left(|a_1|\hat{u}_{g,IP3}\right)^2}{\left(|a_1|\hat{u}_g\right)^2} = \frac{\hat{u}_{a,IP3}^2}{\hat{u}_{a,Nutz}^2}$$

$$IM5 \approx \left|\frac{8a_1}{5a_5}\right| \frac{1}{\hat{u}_g^4} \stackrel{(4.181)}{=} \frac{\hat{u}_{g,IP5}^4}{\hat{u}_g^4} = \frac{\left(|a_1|\hat{u}_{g,IP5}\right)^4}{\left(|a_1|\hat{u}_g\right)^4} = \frac{\hat{u}_{a,IP5}^4}{\hat{u}_{a,Nutz}^4}$$

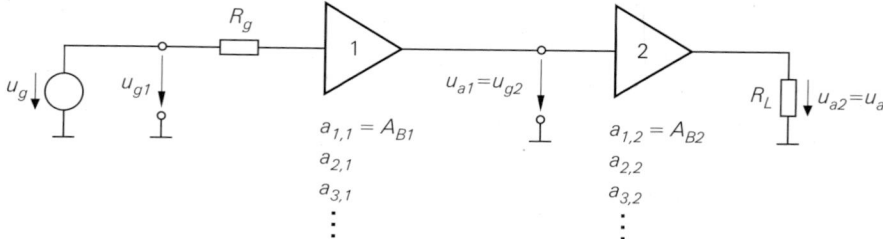

Abb. 4.152. Reihenschaltung von zwei Verstärkern

Allgemein gilt:

$$IMn \approx \left(\frac{\hat{u}_{g,IPn}}{\hat{u}_g}\right)^{n-1} = \left(\frac{\hat{u}_{a,IPn}}{\hat{u}_{a,Nutz}}\right)^{n-1} \tag{4.184}$$

Beispiel: Für die Emitterschaltung aus Abb. 4.135 erhält man mit (4.180)–(4.182) und den Koeffizienten a_n von Seite 443 folgende Intercept-Punkte:

$$\hat{u}_{g,IP3} = 2,5\,\text{V} \;\Rightarrow\; \hat{u}_{a,IP3} = 11,4\,\text{V} \quad , \quad \hat{u}_{g,IP5} = 1,2\,\text{V} \;\Rightarrow\; \hat{u}_{a,IP5} = 5,4\,\text{V}$$

Sie sind immer deutlich größer als die tatsächlich auftretenden Amplituden. Für ein Zweiton-Signal mit $\hat{u}_g = 100\,\text{mV}$ erhält man mit (4.177) $\hat{u}_{a,Nutz} = 460\,\text{mV}$, $\hat{u}_{a,IM3} \approx 0,7\,\text{mV}$ und $\hat{u}_{a,IM5} \approx 0,024\,\text{mV}$, mit (4.178) $IM3 \approx 610$ und mit (4.179) $IM5 \approx 19000$.

4.2.3.7 Reihenschaltung von Verstärkern

Wenn man zwei Verstärker wie in Abb. 4.152 in Reihe schaltet, erhält man aus den Kennlinien

$$u_{a1} = a_{1,1}u_{g1} + a_{2,1}u_{g1}^2 + a_{3,1}u_{g1}^3 + \cdots$$
$$u_{a2} = a_{1,2}u_{g2} + a_{2,2}u_{g2}^2 + a_{3,2}u_{g2}^3 + \cdots$$

durch Einsetzen die Kennlinie der Reihenschaltung:

$$\begin{aligned}
u_a &= a_1 u_g + a_2 u_g^2 + a_3 u_g^3 + \cdots \\
&= a_{1,1}a_{1,2}u_g + \left(a_{1,2}a_{2,1} + a_{1,1}^2 a_{2,2}\right)u_g^2 \\
&\quad + \left(a_{1,2}a_{3,1} + 2a_{1,1}a_{2,1}a_{2,2} + a_{1,1}^3 a_{3,2}\right)u_g^3 + \cdots
\end{aligned} \tag{4.185}$$

Man beachte, dass bei allen Größen $x_{n,m}$ der Index n die Potenz innerhalb der Reihe und der Index m die Nummer des Verstärkers angibt.

Die Kennlinie des Verstärkers 1 entspricht der Betriebs-Übertragungskennlinie bei Betrieb mit einer Signalquelle mit Innenwiderstand R_g und einer Last entsprechend dem Eingangswiderstand r_{e2} des Verstärkers 2; daraus folgt mit Bezug auf die Kleinsignal-Kenngrößen:

$$a_{1,1} = A_{B1} = \frac{r_{e1}}{R_g + r_{e1}}\, A_1\, \frac{r_{e2}}{r_{a1} + r_{e2}}$$

Im Gegensatz dazu wird der Verstärker 2 mit einer idealen Signalspannungsquelle betrieben, da die Spannung u_{g2} direkt am Eingang des Verstärkers anliegt, siehe Abb. 4.152; hier gilt demnach $R_g = 0$ und:

$$a_{1,2} = A_{B2} = A_2 \frac{R_L}{r_{a2} + R_L}$$

4.2.3.7.1 Klirrfaktor der Reihenschaltung

Für die Teil-Klirrfaktoren der Reihenschaltung folgt aus (4.172):

$$k_2 \approx \left| \frac{a_2}{2a_1} \right| \hat{u}_g \quad , \quad k_3 \approx \left| \frac{a_3}{4a_1} \right| \hat{u}_g^2 \quad , \quad \ldots$$

Wenn man annimmt, dass sich alle harmonischen Verzerrungen addieren, d.h. alle Terme in den Klammern von (4.185) dasselbe Vorzeichen haben, kann man die Teil-Klirrfaktoren der Reihenschaltung unter Berücksichtigung von $\hat{u}_{g2} \approx |a_{1,1}|\hat{u}_{g1}$ durch die Teil-Klirrfaktoren

$$k_{2,1} \approx \left| \frac{a_{2,1}}{2a_{1,1}} \right| \hat{u}_{g1} \quad , \quad k_{3,1} \approx \left| \frac{a_{3,1}}{4a_{1,1}} \right| \hat{u}_{g1}^2 \quad , \quad \ldots$$

des Verstärkers 1 und die Teil-Klirrfaktoren

$$k_{2,2} \approx \left| \frac{a_{2,2}}{2a_{1,2}} \right| \hat{u}_{g2} \approx \left| \frac{a_{1,1}a_{2,2}}{2a_{1,2}} \right| \hat{u}_{g1}$$

$$k_{3,2} \approx \left| \frac{a_{3,2}}{4a_{1,2}} \right| \hat{u}_{g2}^2 \approx \left| \frac{a_{1,1}^2 a_{3,2}}{4a_{1,2}} \right| \hat{u}_{g1}^2 \quad , \quad \ldots$$

des Verstärkers 2 ausdrücken:

$$k_2 \approx k_{2,1} + k_{2,2}$$
$$k_3 \approx k_{3,1} + k_{3,2} + 2k_{2,1}k_{2,2}$$
$$k_4 \approx k_{4,1} + k_{4,2} + 2k_{3,1}k_{2,2} + 3k_{2,1}k_{3,2} + k_{2,1}^2 k_{2,2}$$
$$\vdots$$

Wenn alle Teil-Klirrfaktoren viel kleiner als Eins sind, kann man die Produkte aus Teil-Klirrfaktoren vernachlässigen:

$$k_2 \approx k_{2,1} + k_{2,2} \quad , \quad k_3 \approx k_{3,1} + k_{3,2} \quad , \quad k_4 \approx k_{4,1} + k_{4,2} \quad , \quad \ldots$$

Demnach ergeben sich die Teil-Klirrfaktoren der Reihenschaltung aus der Summe der Teil-Klirrfaktoren der beiden Verstärker. Dieses Ergebnis kann man nun auf eine Reihenschaltung beliebig vieler Verstärker erweitern:

> *Die Teil-Klirrfaktoren einer Reihenschaltung aus mehreren Verstärkern entsprechen näherungsweise der Summe der entsprechenden Teil-Klirrfaktoren der einzelnen Verstärker.*

Bei einer Reihenschaltung aus M Verstärkern gilt:

$$k_n \approx \sum_{m=1 \ldots M} k_{n,m} \tag{4.186}$$

Wenn bei der Reihenschaltung eine Kompensation von Harmonischen auftritt, sind die Teil-Klirrfaktoren der Reihenschaltung kleiner als die Summe; deshalb kann die Summe als Abschätzung nach oben (*worst case*) aufgefasst werden.

Für den Gesamt-Klirrfaktor k der Reihenschaltung, der mit (4.171) auf Seite 448 aus den Teil-Klirrfaktoren berechnet wird, kann man im allgemeinen Fall keinen einfachen

Zusammenhang mit den Klirrfaktoren der einzelnen Verstärker angeben. In der Praxis ist jedoch meist ein Teil-Klirrfaktor dominierend, so dass $k \approx k_2$ oder – bei symmetrischen Kennlinien – $k \approx k_3$ gilt; in diesem Fall kann man (4.186) anwenden und den Klirrfaktor der Reihenschaltung durch die Summe der Klirrfaktoren der einzelnen Verstärker abschätzen.

4.2.3.7.2 Intercept-Punkte der Reihenschaltung

Aus (4.180) und (4.185) folgt für den Eingangs-Intercept-Punkt $IIP3$ der Reihenschaltung:

$$\frac{1}{\hat{u}_{g,IP3}^2} = \left| \frac{3a_3}{4a_1} \right| = \left| \frac{3a_{3,1}}{4a_{1,1}} + \frac{3a_{1,1}^2 a_{3,2}}{4a_{1,2}} + \frac{3a_{2,1}a_{2,2}}{2a_{1,2}} \right|$$

Wenn man davon ausgeht, dass die ersten beiden Terme dasselbe Vorzeichen haben und der dritte Term vernachlässigt werden kann, weil im Zähler mit $a_{2,1}a_{2,2}$ das Produkt aus zwei vergleichsweise kleinen Größen steht, kann man diesen Ausdruck mit Hilfe des Intercept-Punkts

$$\hat{u}_{g1,IP3} = \sqrt{\left| \frac{4a_{1,1}}{3a_{3,1}} \right|} = \sqrt{\left| \frac{4A_{B1}}{3a_{3,1}} \right|}$$

des Verstärkers 1 und des Intercept-Punkts

$$\hat{u}_{g2,IP3} = \sqrt{\left| \frac{4a_{1,2}}{3a_{3,2}} \right|} = \sqrt{\left| \frac{4A_{B2}}{3a_{3,2}} \right|}$$

des Verstärkers 2 ausdrücken:

$$\frac{1}{\hat{u}_{g,IP3}^2} \approx \frac{1}{\hat{u}_{g1,IP3}^2} + \frac{|A_{B1}|^2}{\hat{u}_{g2,IP3}^2}$$

Daraus folgt mit

$$\hat{u}_{a1,IP3} = |A_{B1}|\,\hat{u}_{g1,IP3} \quad , \quad \hat{u}_{a2,IP3} = |A_{B2}|\,\hat{u}_{g2,IP3}$$

der Ausgangs-Intercept-Punkt $OIP3$:

$$\frac{1}{\hat{u}_{a,IP3}^2} \approx \frac{1}{|A_{B2}|^2\,\hat{u}_{a1,IP3}^2} + \frac{1}{\hat{u}_{a2,IP3}^2}$$

In gleicher Weise erhält man den Intercept-Punkt IP5:

$$IIP5: \quad \frac{1}{\hat{u}_{g,IP5}^4} \approx \frac{1}{\hat{u}_{g1,IP5}^4} + \frac{|A_{B1}|^4}{\hat{u}_{g2,IP5}^4}$$

$$OIP5: \quad \frac{1}{\hat{u}_{a,IP5}^4} \approx \frac{1}{|A_{B2}|^4\,\hat{u}_{a1,IP5}^4} + \frac{1}{\hat{u}_{a2,IP5}^4}$$

Unter Verwendung der Parallelschaltungsformel

$$\frac{1}{c} = \frac{1}{a} + \frac{1}{b} \quad \Rightarrow \quad c = a\,||\,b$$

erhält man:

$$IIP3: \quad \hat{u}_{g,IP3}^2 \approx \hat{u}_{g1,IP3}^2 \; \| \; \left(\frac{\hat{u}_{g2,IP3}}{|A_{B1}|}\right)^2$$

$$OIP3: \quad \hat{u}_{a,IP3}^2 \approx \left(|A_{B2}|\hat{u}_{a1,IP3}\right)^2 \; \| \; \hat{u}_{a2,IP3}^2$$

$$IIP5: \quad \hat{u}_{g,IP5}^4 \approx \hat{u}_{g1,IP5}^4 \; \| \; \left(\frac{\hat{u}_{g2,IP5}}{|A_{B1}|}\right)^4$$

$$OIP5: \quad \hat{u}_{a,IP5}^4 \approx \left(|A_{B2}|\hat{u}_{a1,IP5}\right)^4 \; \| \; \hat{u}_{a2,IP5}^4$$

Man erkennt, dass die Intercept-Punkte der Verstärker mit Hilfe der Betriebsverstärkungen A_{B1} und A_{B2} auf den Ein- oder Ausgang der Reihenschaltung umgerechnet und in der 2-ten bzw. 4-ten Potenz *parallelgeschaltet* werden.

Dieses Ergebnis kann auf eine Reihenschaltung von beliebig vielen Verstärkern erweitert werden:

> *Der Eingangs-Intercept-Punkt IIPn einer Reihenschaltung von Verstärkern wird ermittelt, indem die Intercept-Punkte der einzelnen Verstärker mit Hilfe der Betriebsverstärkungen auf den Eingang umgerechnet und in der (n-1)-ten Potenz parallelgeschaltet werden. In gleicher Weise erhält man den Ausgangs-Intercept-Punkt OIPn durch Umrechnen auf den Ausgang.*

4.2.3.8 Betriebsfälle bei der Ermittlung der nichtlinearen Kenngrößen

Die nichtlinearen Kenngrößen werden hier ausgehend von der Betriebs-Übertragungskennlinie, d.h. bei Betrieb des Verstärkers mit einer Signalquelle mit Innenwiderstand R_g und einer Last R_L, ermittelt; dadurch beziehen sich die Größen immer auf einen bestimmten Betriebsfall und sind demzufolge keine Eigenschaften des Verstärkers allein. Diese Vorgehensweise entspricht dem Vorgehen in der Praxis, da Kenngrößen wie Klirrfaktor und Intercept-Punkte immer für eine bestimmte Beschaltung ermittelt werden. Im Datenblatt eines Verstärkers ist diese Beschaltung angegeben. Es gibt zwei Betriebsfälle, die besonders häufig sind:

– Bei Niederfrequenzverstärkern ist oft die Eingangsimpedanz viel größer als der Innenwiderstand typischer Signalquellen ($r_e \gg R_g$) und der Ausgangswiderstand viel kleiner als der Lastwiderstand ($r_a \ll R_L$). In diesem Fall ist die Spannungsteilung am Eingang und am Ausgang vernachlässigbar und die Betriebsverstärkung A_B entspricht der Leerlaufverstärkung A. Wegen $u_g \approx u_e$ ist es auch unerheblich, ob man sich bei den nichtlinearen Kenngrößen auf u_g oder auf u_e bezieht.
– Hochfrequenzverstärker werden angepasst betrieben, d.h. es gilt $R_g = r_e = r_a = R_L = Z_W$, wobei Z_W der Wellenwiderstand der verwendeten Leitungen ist; üblich sind $Z_W = 50\,\Omega$ und $Z_W = 75\,\Omega$ bei Koaxialleitungen und $Z_W = 110\,\Omega$ bei verdrillten Zweidraht-Leitungen (*twisted pair*). Dadurch wird die Amplitude des Signals bei einem einzelnen Verstärker am Eingang und am Ausgang durch Spannungsteilung halbiert; daraus folgt:

$$A_B = \frac{A}{4} \; , \quad u_e = \frac{u_g}{2}$$

Wenn man die nichtlinearen Kenngrößen nicht auf u_g, sondern auf u_e beziehen möchte, muss man in den jeweiligen Gleichungen $(2u_e)^n$ anstelle von u_g^n einsetzen. Für den ersten

Verstärker in einer Reihenschaltung gilt dies in gleicher Weise; dagegen muss man bei jedem weiteren Verstärker nur noch die Spannungsteilung am Ausgang berücksichtigen:

$$A_{B(i)} = \frac{A_{(i)}}{2} \quad , \quad u_{e(i)} = u_{g(i)} = u_{a(i-1)} \quad \text{für } i \geq 2$$

4.2.3.9 Messung der nichtlinearen Kenngrößen

Wir haben bisher angenommen, dass die Reihenentwicklung der Betriebs-Übertragungskennlinie bekannt ist, und haben die nichtlinearen Kenngrößen aus den Koeffizienten der Reihe berechnet. In der Praxis muss man meist umgekehrt vorgehen, da die Bestimmung der Koeffizienten aus der gemessenen oder simulierten Kennlinie aufwendig ist oder die Kennlinie gar nicht direkt gemessen oder simuliert werden kann, z.B. bei Verstärkern mit Wechselspannungs- oder Bandpasskopplung, die keine Gleichspannung übertragen.

4.2.3.9.1 Verstärker mit Gleichspannungskopplung

Bei Verstärkern mit *Gleichspannungskopplung* nach Abb. 4.153a kann man die Betriebs-Übertragungskennlinie zwar messen, dennoch ist es einfacher, eine Messreihe mit einem sinusförmigen Eingangssignal (Einton-Signal) vorzunehmen und die Amplituden der Grundwelle und der Oberwellen am Ausgang des Verstärkers in Abhängigkeit von der Eingangsamplitude mit einem Spektralanalysator zu ermitteln. Damit erhält man die in Abb. 4.147 auf Seite 446 gezeigten Kennlinien. Aus den Messwerten im quasi-linearen Bereich erhält man mit Hilfe von (4.168) auf Seite 447 die Beträge der Koeffizienten der Reihe:

$$|a_1| \approx \frac{\hat{u}_{a(GW)}}{\hat{u}_g} \quad , \quad |a_2| \approx \frac{2\,\hat{u}_{a(1.OW)}}{\hat{u}_g^2} \quad , \quad |a_3| \approx \frac{4\,\hat{u}_{a(2.OW)}}{\hat{u}_g^3} \quad , \quad \cdots$$

Da zur Berechnung der nichtlinearen Kenngrößen nur die Beträge der Koeffizienten benötigt werden, ist eine Bestimmung der Vorzeichen nicht erforderlich.

Abbildung 4.153a zeigt auf der rechten Seite den Frequenzgang des Verstärkers und die Grund- und Oberwellen des Ausgangssignals; dabei liegen die Oberwellen aufgrund der logarithmischen Frequenzachse mit zunehmender Frequenz immer dichter. Die Frequenz f_1 des Eingangssignals muss so gewählt werden, dass alle relevanten Oberwellen unterhalb der Grenzfrequenz f_O liegen.

4.2.3.9.2 Verstärker mit Wechselspannungskopplung

Bei Verstärkern mit *Wechselspannungskopplung* nach Abb. 4.153b geht man genauso vor wie bei Verstärkern mit Gleichspannungskopplung; die Frequenz f_1 des Eingangssignals muss dabei oberhalb der unteren Grenzfrequenz f_U liegen. Ein typisches Beispiel sind Audio-Verstärker mit $f_U = 20\,\text{Hz}$ und $f_O = 20\,\text{kHz}$. Die Normen für Audio-Systeme schreiben in diesem Fall die Messfrequenz $f_1 = 1\,\text{kHz}$ vor.

Mit abnehmender Bandbreite $B = f_O - f_U$ passen immer weniger Oberwellen in den Durchlassbereich. Für $f_O/f_U < 5$ muss man den Koeffizienten a_5 mit der im folgenden Abschnitt beschriebenen Zweiton-Messung bestimmen; für $f_O/f_U < 3$ gilt dasselbe für den Koeffizienten a_3.

4.2.3.9.3 Verstärker mit Bandpasskopplung

Bei Schmalband-Verstärkern mit *Bandpasskopplung* nach Abb. 4.153c und bei Verstärkern mit Wechselspannungskopplung und geringer Bandbreite wird mit einem Zweiton-Signal

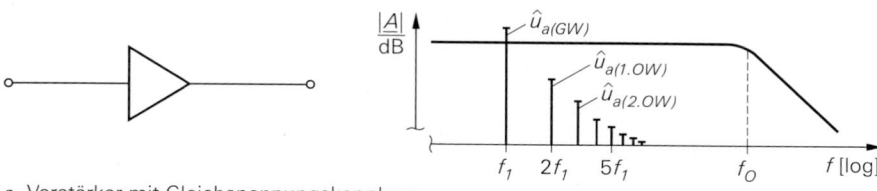

a Verstärker mit Gleichspannungskopplung

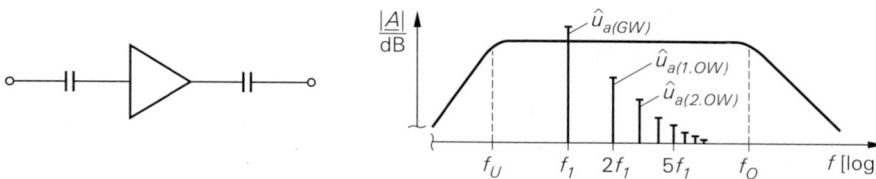

b Verstärker mit Wechselspannungskopplung

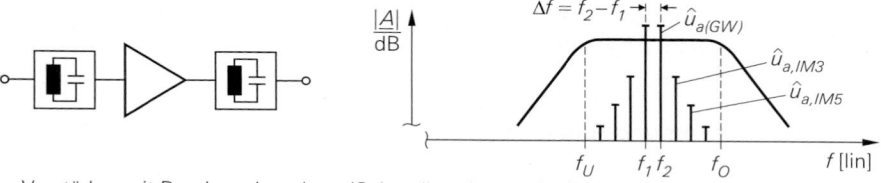

c Verstärker mit Bandpasskopplung (Schmalbandverstärker)

Abb. 4.153. Vorgehensweise bei der Messung der nichtlinearen Kenngrößen in Abhängigkeit von der Kopplung des Verstärkers

gemessen; dabei treten die im Abschnitt 4.2.3.6 beschriebenen Intermodulationsverzerrungen auf, die in Abb. 4.153c auf der rechten Seite dargestellt sind. Die Frequenzachse ist in diesem Fall linear, da alle Anteile in einem Raster mit dem Rasterabstand $\Delta f = f_2 - f_1$ liegen.

Man misst die Amplituden der Grundwellen bei f_1 und f_2 und der Intermodulationsprodukte in Abhängigkeit von der Amplitude der Eingangssignale. Damit erhält man die in Abb. 4.151 auf Seite 455 gezeigten Kennlinien. Aus den Messwerten im quasilinearen Bereich erhält man mit Hilfe von (4.177) auf Seite 453 die Beträge der ungeraden Koeffizienten der Reihe:

$$|a_1| \approx \frac{\hat{u}_{a(GW)}}{\hat{u}_g} \quad , \quad |a_3| \approx \frac{4\,\hat{u}_{a,IM3}}{3\,\hat{u}_g^3} \quad , \quad |a_5| \approx \frac{8\,\hat{u}_{a,IM5}}{5\,\hat{u}_g^5} \quad , \quad \ldots$$

Daraus erhält man mit (4.180) und (4.181) die Intercept-Punkte *IIP3* und *IIP5*:

$$\hat{u}_{g,IP3} \approx \hat{u}_g\,\sqrt{\frac{\hat{u}_{a(GW)}}{\hat{u}_{a,IM3}}} \quad , \quad \hat{u}_{g,IP5} \approx \hat{u}_g\,\sqrt[4]{\frac{\hat{u}_{a(GW)}}{\hat{u}_{a,IM5}}}$$

Werden auch die geraden Koeffizienten der Reihe benötigt, muss man zusätzlich die im letzten Abschnitt beschriebenen Messungen mit einem Einton-Signal durchführen. In der Praxis wird meist nur $|a_2|$ benötigt; dazu müssen die Grundwelle mit der Frequenz f_1 und die 1.Oberwelle mit der Frequenz $2f_1$ im Durchlassbereich liegen, d.h. es muss $f_O/f_U > 2$ gelten.

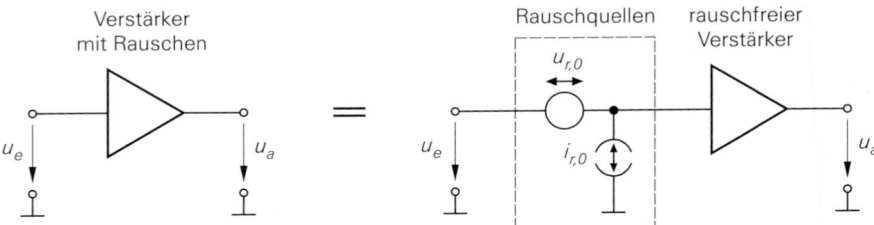

Abb. 4.154. Rauschquellen eines Verstärkers

4.2.4 Rauschen

Die Grundlagen zur Beschreibung des Rauschens und die Berechnung der Rauschzahl werden im Abschnitt 2.3.4 am Beispiel eines Bipolartransistors beschrieben. Die Ergebnisse werden im folgenden auf allgemeine Verstärker übertragen. Wir setzen die Ausführungen über die *Rauschdichten* im Abschnitt 2.3.4 auf Seite 85 als bekannt voraus und empfehlen, ggf. dort nachzulesen.

4.2.4.1 Rauschquellen und Rauschdichten eines Verstärkers

Halbleiter-Verstärker sind aus Transistoren und Widerständen aufgebaut, die jeweils eine oder mehrere Rauschquellen aufweisen. Man kann alle Rauschquellen auf den Eingang des Verstärkers umrechnen und zu einer Rauschspannungsquelle $u_{r,0}$ und einer Rauschstromquelle $i_{r,0}$ zusammenfassen, siehe Abb. 4.154; der eigentliche Verstärker ist dann rauschfrei. Die Rauschquellen $u_{r,0}$ und $i_{r,0}$ werden auch *äquivalente Rauschquellen* genannt, da sie das Rauschverhalten des Verstärkers *äquivalent* beschreiben. Die Berechnung der zugehörigen Rauschdichten $|\underline{u}_{r,0}(f)|^2$ und $|\underline{i}_{r,0}(f)|^2$ ist im allgemeinen aufwendig; in der Praxis werden sie gemessen oder mit Hilfe einer Schaltungssimulation ermittelt. Meist werden anstelle der Betragsquadrate mit den Einheiten

$$\left[\, |\underline{u}_{r,0}(f)|^2 \, \right] \;=\; \frac{\mathrm{V}^2}{\mathrm{Hz}} \quad , \quad \left[\, |\underline{i}_{r,0}(f)|^2 \, \right] \;=\; \frac{\mathrm{A}^2}{\mathrm{Hz}}$$

die Beträge $|\underline{u}_{r,0}(f)|$ und $|\underline{i}_{r,0}(f)|$ mit den Einheiten

$$\left[\, |\underline{u}_{r,0}(f)| \, \right] \;=\; \frac{\mathrm{V}}{\sqrt{\mathrm{Hz}}} \quad , \quad \left[\, |\underline{i}_{r,0}(f)| \, \right] \;=\; \frac{\mathrm{A}}{\sqrt{\mathrm{Hz}}}$$

angegeben.

Die Rauschdichten sind im Bereich mittlerer Frequenzen näherungsweise konstant, d.h. frequenzunabhängig; man spricht in diesem Zusammenhang von *weißem Rauschen* und nennt den zugehörigen Frequenzbereich den *Bereich weißen Rauschens*. Bei niedrigen Frequenzen nehmen die Rauschdichten aufgrund des *1/f-Rauschens*, bei hohen Frequenzen aufgrund der abnehmenden Verstärkung zu. Eine Ausnahme ist die Rauschstromdichte eines Fets, die über den ganzen Frequenzbereich frequenzproportional zunimmt. Abbildung 4.155 zeigt den typischen Verlauf der Rauschdichten für einen Verstärker mit Bipolartransistoren; der Bereich des weißen Rauschens mit $|\underline{u}_{r,0}(f)| = 1{,}1\,\mathrm{nV}/\sqrt{\mathrm{Hz}}$ und $|\underline{i}_{r,0}(f)| = 1{,}8\,\mathrm{pA}/\sqrt{\mathrm{Hz}}$ erstreckt sich in diesem Fall von 5 kHz bis 50 MHz.

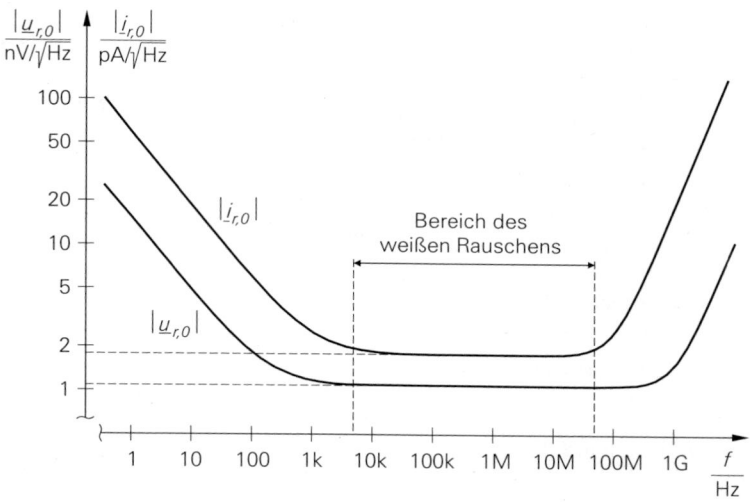

Abb. 4.155. Typischer Verlauf der Rauschdichten für einen Verstärker mit Bipolartransistoren

4.2.4.2 Ersatzrauschquelle und spektrale Rauschzahl

Bei Betrieb mit einem Signalgenerator erhält man das in Abb. 4.156a gezeigte Ersatzschaltbild mit der Signalspannung u_g und der Rauschspannungsquelle $u_{r,g}$ des Signalgenerators. Die Rauschspannungsquelle $u_{r,g}$ kann mit den Rauschquellen $u_{r,0}$ und $i_{r,0}$ des Verstärkers zu einer *Ersatzrauschquelle* u_r zusammengefasst werden, siehe Abb. 4.156b; dabei gilt für die Rauschspannungsdichte der Ersatzrauschquelle [32]:

$$|\underline{u}_r(f)|^2 = \underbrace{|\underline{u}_{r,g}(f)|^2}_{\text{Signalgenerator}} + \underbrace{|\underline{u}_{r,0}(f)|^2 + R_g^2 \, |\underline{i}_{r,0}(f)|^2}_{\text{Verstärker}} \tag{4.187}$$

Man kann nun die Effektivwerte der Rauschspannungen $u_{r,g}$ und u_r durch Integration der Rauschspannungsdichten über den für die Anwendung relevanten Frequenzbereich $f_U < f < f_O$ berechnen:

$$u_{r,g\,\text{eff}}^2 = \int_{f_U}^{f_O} |\underline{u}_{r,g}(f)|^2 df \quad , \quad u_{r\,\text{eff}}^2 = \int_{f_U}^{f_O} |\underline{u}_r(f)|^2 df$$

Damit ist das Rauschverhalten eines Verstärkers zwar ausreichend beschrieben, ein Vergleich verschiedener Verstärker auf der Basis der Rauschdichten $|\underline{u}_{r,0}(f)|^2$ und $|\underline{i}_{r,0}(f)|^2$ ist aber nicht einfach möglich. Für die Praxis wünscht man sich eine einfache, möglichst dimensionslose Größe, die angibt, wie stark ein Verstärker rauscht; dazu ist eine Normierung mit Hilfe einer Bezugsgröße erforderlich. Als Bezugsgröße wird das Rauschen eines *Referenz-Signalgenerators* mit der thermischen Rauschspannungsdichte [4.7]

$$|\underline{u}_{r,g}(f)|^2 = 4kT_0 R_g \tag{4.188}$$

verwendet. Dabei ist $k = 1{,}38 \cdot 10^{-23}$ VAs/K die *Boltzmannkonstante* und $T_0 = 290$ K die *Referenztemperatur*. Betreibt man den Verstärker mit diesem Referenz-Signalgenerator

---

[32] Dieser Zusammenhang gilt nur, wenn die Rauschquellen $u_{r,0}$ und $i_{r,0}$ unabhängig (*unkorreliert*) sind. In der Praxis sind die Rauschquellen zwar nur selten unabhängig, aber die Korrelation ist in den meisten Fällen so gering, dass sie vernachlässigt werden kann.

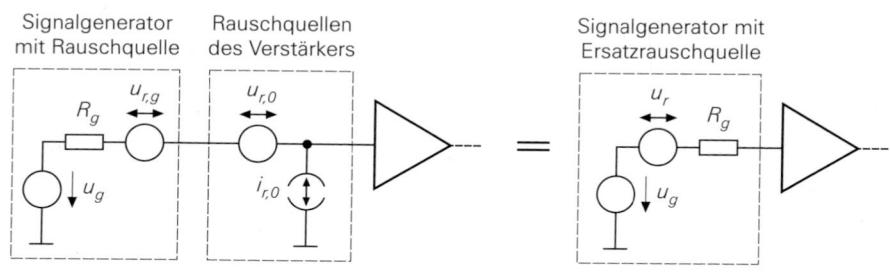

Signalgenerator   Rauschquellen   Signalgenerator mit
mit Rauschquelle   des Verstärkers   Ersatzrauschquelle

a mit Rauschquelle des Signalgenerators und   **b** mit Ersatzrauschquelle
äquivalenten Rauschquellen des Verstärkers

Abb. 4.156. Betrieb mit einer Signalquelle

und normiert die Rauschdichten mit der Bezugsgröße, erhält man für den Signalgenerator die relative Rauschdichte

$$\frac{|\underline{u}_{r,g}(f)|^2}{4kT_0R_g} = 1$$

und für die Kombination aus Signalgenerator *und* Verstärker die relative Rauschdichte:

$$\frac{|\underline{u}_r(f)|^2}{4kT_0R_g} = F(f)$$

Der Faktor $F(f)$ wird *spektrale Rauschzahl* genannt und entspricht dem Verhältnis der Rauschdichte der Ersatzrauschquelle zur Rauschdichte des Referenz-Signalgenerators. Durch Einsetzen von (4.187) und (4.188) erhält man [4.6]:

$$F(f) = \frac{|\underline{u}_r(f)|^2}{4kT_0R_g} = 1 + \frac{|\underline{u}_{r,0}(f)|^2 + R_g^2 |\underline{i}_{r,0}(f)|^2}{4kT_0R_g} \qquad (4.189)$$

In Worten bedeutet dies:

> *Die Rauschdichte der Ersatzrauschquelle, die das Rauschen des Referenz-Signalgenerators und des Verstärkers repräsentiert, ist um die spektrale Rauschzahl $F(f)$ größer als die Rauschdichte des Referenz-Signalgenerators. Die spektrale Rauschzahl gibt demnach an, um welchen Faktor das im Referenz-Signalgenerator vorhandene Rauschen durch den Verstärker angehoben wird. Damit ist die Rauschdichte am Ausgang des Verstärkers ebenfalls um die spektrale Rauschzahl höher als die Rauschdichte am Ausgang eines rauschfreien Verstärkers mit gleicher Verstärkung. Ein rauschfreier Verstärker hat demzufolge die spektrale Rauschzahl Eins.*

Die spektrale Rauschzahl wird meist in Dezibel angegeben; es gilt:

$$F(f)\,[\text{dB}] = 10\,\text{dB} \cdot \log F(f) \qquad (4.190)$$

In der Praxis spricht man häufig nur von der *Rauschzahl F* und meint damit die spektrale Rauschzahl in dem Frequenzbereich, der für die aktuelle Anwendung von Interesse ist. Ist die Rauschzahl in diesem Bereich nicht konstant, muss man die mittlere Rauschzahl mit Hilfe der Integralgleichung (4.210) berechnen. Wir schließen uns hier dem allgemeinen

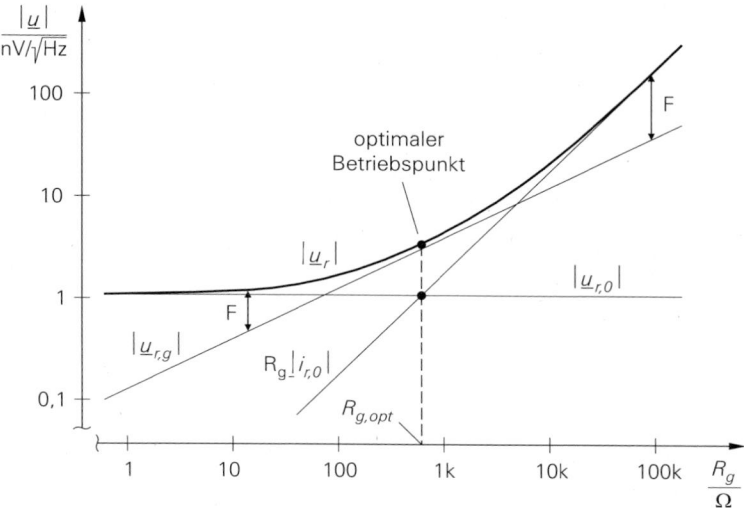

Abb. 4.157. Rauschdichte der Ersatzrauschquelle für den Verstärker aus Abb. 4.155 im Bereich des weißen Rauschens

Sprachgebrauch an und verwenden die Bezeichnung $F(f)$ nur noch in den Fällen, in denen ausdrücklich auf die Frequenzabhängigkeit der Rauschzahl Bezug genommen wird; bei den Rauschdichten gehen wir entsprechend vor.

Für die Rauschspannungsdichte des Referenz-Signalgenerators erhält man die Größengleichung:

$$|\underline{u}_{r,g}(f)|^2 = 4kT_0R_g = 1{,}6 \cdot 10^{-20} \, \frac{\mathrm{V}^2}{\mathrm{Hz}} \cdot \frac{R_g}{\Omega} \tag{4.191}$$

Der Zusammenhang zwischen den Rauschdichten, dem Innenwiderstand R_g des Referenz-Signalgenerators und der Rauschzahl wird in Abb. 4.157 verdeutlicht; dazu sind die Anteile der Ersatzrauschquelle, i.e. $|\underline{u}_{r,g}|$, $|\underline{u}_{r,0}|$ und $R_g|\underline{i}_{r,0}|$, für den Verstärker aus Abb. 4.155 im Bereich des weißen Rauschens getrennt dargestellt. Die Anteile haben in der doppelt-logarithmischen Darstellung die Steigungen 0, 1/2 und 1:

$$|\underline{u}_{r,0}| = \text{const.} \sim R_g^0 \quad , \quad |\underline{u}_{r,g}| \sim R_g^{1/2} \quad , \quad R_g|\underline{i}_{r,0}| \sim R_g$$

Die Rauschzahl F entspricht in dieser Darstellung dem Abstand zwischen der Rauschdichte $|\underline{u}_r|$ der Ersatzrauschquelle und der Rauschdichte $|\underline{u}_{r,g}|$ des Referenz-Signalgenerators; sie ist in Abb. 4.158 separat dargestellt. Aufgrund der unterschiedlichen Steigungen gibt es immer einen Punkt, an dem die Rauschzahl minimal wird; er ist in Abb. 4.157 und Abb. 4.158 als *optimaler Betriebspunkt* eingetragen. Der zugehörige Innenwiderstand wird *optimaler Quellenwiderstand* genannt und mit R_{gopt} bezeichnet.

Aus den Verläufen in Abb. 4.157 kann man eine grundsätzliche Eigenschaft ableiten:

Bei Betrieb mit einem Innenwiderstand deutlich unterhalb des optimalen Quellenwiderstands hängt die Rauschdichte der Ersatzrauschquelle in erster Linie von der Rauschspannungsdichte des Verstärkers ab; entsprechend hängt sie bei Betrieb mit einem Innenwiderstand deutlich oberhalb des optimalen Quellenwi-

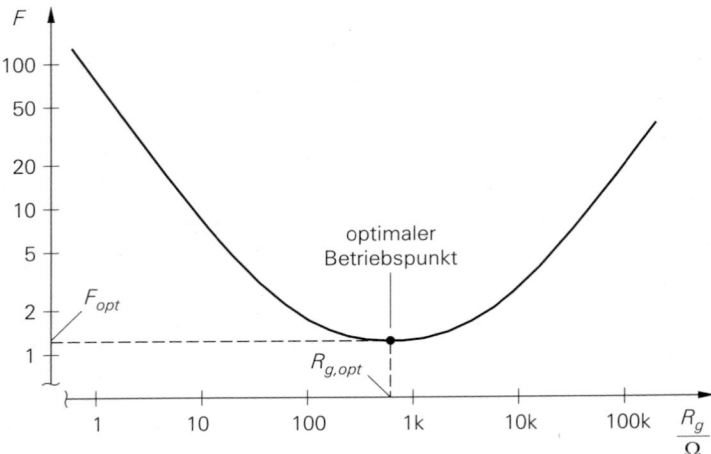

Abb. 4.158. Rauschzahl für den Verstärker aus Abb. 4.155 im Bereich des weißen Rauschens

derstands in erster Linie von der Rauschstromdichte des Verstärkers ab. Für die Rauschzahl gilt dies in gleicher Weise.

Es gilt also:

$$R_g \ll R_{gopt} \Rightarrow |\underline{u}_r| \approx |\underline{u}_{r,0}| \quad , \quad R_g \gg R_{gopt} \Rightarrow |\underline{u}_r| \approx R_g\,|\underline{i}_{r,0}|$$

Für den Betrieb mit einem Innenwiderstand im Bereich von R_{gopt} kann man keine allgemeine Aussage machen, da hier das Verhältnis der Rauschdichten des Verstärkers zur Rauschdichte des Referenz-Signalgenerators ausschlaggebend ist.

Rauscharm ist ein Verstärker genau dann, wenn es einen Bereich gibt, in dem die vom Verstärker verursachten Anteile $|\underline{u}_{r,0}|$ und $R_g|\underline{i}_{r,0}|$ deutlich unterhalb der Rauschdichte $|\underline{u}_{r,g}|$ des Referenz-Signalgenerators liegen. Der Grenzfall ist dadurch gegeben, dass die Rauschdichte des Referenz-Signalgenerators gleich der Summe der Anteile des Verstärkers ist:

$$|\underline{u}_{r,g}|^2 \stackrel{!}{=} |\underline{u}_{r,0}|^2 + R_g^2\,|\underline{i}_{r,0}|^2$$

In diesem Fall erhält man die Rauschzahl $F = 2 = 3\,\mathrm{dB}$; deshalb wird häufig $F < 3\,\mathrm{dB}$ als Bedingung für einen rauscharmen Verstärker angegeben.

4.2.4.3 Optimale Rauschzahl und optimaler Quellenwiderstand

Der optimale Betriebspunkt wird durch die *optimale Rauschzahl* F_{opt} und den *optimalen Quellenwiderstand* R_{gopt} charakterisiert, siehe Abb. 4.158. Man berechnet diese Größen, indem man mittels der Bedingung

$$\frac{\partial F}{\partial R_g} = 0$$

das Minimum für die Rauschzahl bestimmt; dabei erhält zunächst den optimalen Quellenwiderstand

$$R_{gopt}(f) = \frac{|\underline{u}_{r,0}(f)|}{|\underline{i}_{r,0}(f)|} \tag{4.192}$$

und daraus, durch Einsetzen in (4.189), die optimale Rauschzahl:

$$F_{opt}(f) = 1 + \frac{|\underline{u}_{r,0}(f)|\,|\underline{i}_{r,0}(f)|}{2kT_0} \qquad (4.193)$$

Beide Größen sind frequenzabhängig; dadurch ist ein breitbandiger, optimaler Betrieb im allgemeinen nicht möglich [33].

4.2.4.3.1 Bereich des weißen Rauschens

Im Bereich des weißen Rauschens kann die Frequenzabhängigkeit vernachlässigt werden; dann gilt:

$$R_{gopt} = \frac{|\underline{u}_{r,0}|}{|\underline{i}_{r,0}|} \qquad (4.194)$$

$$F_{opt} = 1 + \frac{|\underline{u}_{r,0}|\,|\underline{i}_{r,0}|}{2kT_0} \qquad (4.195)$$

Dabei sind $|\underline{u}_{r,0}|$ und $|\underline{i}_{r,0}|$ die Rauschdichten im Bereich des weißen Rauschens und $T_0 = 290\,\text{K}$ ist die Referenztemperatur. Für F_{opt} erhält man die Größengleichung:

$$F_{opt} = 1 + 0{,}125 \cdot \frac{|\underline{u}_{r,0}|}{\text{nV}/\sqrt{\text{Hz}}} \cdot \frac{|\underline{i}_{r,0}|}{\text{pA}/\sqrt{\text{Hz}}}$$

Für den Verstärker aus Abb. 4.155 gilt $|\underline{u}_{r,0}| = 1{,}1\,\text{nV}/\sqrt{\text{Hz}}$ und $|\underline{i}_{r,0}| = 1{,}8\,\text{pA}/\sqrt{\text{Hz}}$; daraus folgt $R_{gopt} = 610\,\Omega$ und $F_{opt} = 1{,}25 = 1\,\text{dB}$.

Im optimalen Betriebspunkt sind die Beiträge der Rauschquellen des Verstärkers gleich groß: $|\underline{u}_{r,0}| = R_{gopt}|\underline{i}_{r,0}|$. Dieser Zusammenhang ist in Abb. 4.157 eingetragen: die entsprechenden Geraden schneiden sich im optimalen Betriebspunkt.

4.2.4.3.2 Betrieb mit nichtoptimalem Quellenwiderstand

In der Praxis kann man einen Verstärker meist nicht mit dem optimalen Quellenwiderstand betreiben, da die Signalquelle vorgegeben und $R_g \neq R_{gopt}$ ist; die Rauschzahl kann in diesem Fall mit (4.189) berechnet werden, sofern $|\underline{u}_{r,0}|$ und $|\underline{i}_{r,0}|$ bekannt sind. Man kann aber auch von F_{opt} und R_{gopt} ausgehen; aus (4.194) und (4.195) folgt

$$|\underline{u}_{r,0}|^2 = 2kT_0R_{gopt}\left(F_{opt}-1\right) \quad , \quad |\underline{i}_{r,0}|^2 = \frac{2kT_0}{R_{gopt}}\left(F_{opt}-1\right)$$

und daraus durch Einsetzen in (4.189):

$$F = 1 + \frac{1}{2}\left(F_{opt}-1\right)\left(\frac{R_g}{R_{gopt}} + \frac{R_{gopt}}{R_g}\right) \qquad (4.196)$$

Für $R_g = R_{gopt}$ erhält man definitionsgemäß $F = F_{opt}$; für $R_g \neq R_{gopt}$ gilt $F > F_{opt}$.

Man beachte, dass die Zunahme der Rauschzahl nicht nur vom Verhältnis der Widerstände, sondern auch von der optimalen Rauschzahl abhängt:

---

[33] Bei einem Breitbandverstärker, der auch im Bereich des 1/f- oder des hochfrequenten Rauschens betrieben wird, muss man anstelle der *spektralen Rauschzahl* die *mittlere Rauschzahl* optimieren; dazu muss das Minimum der Integralgleichung (4.210) bestimmt werden. Der Verstärker wird dann zwar ebenfalls *optimal* betrieben, jedoch nicht *optimal bei jeder Frequenz*.

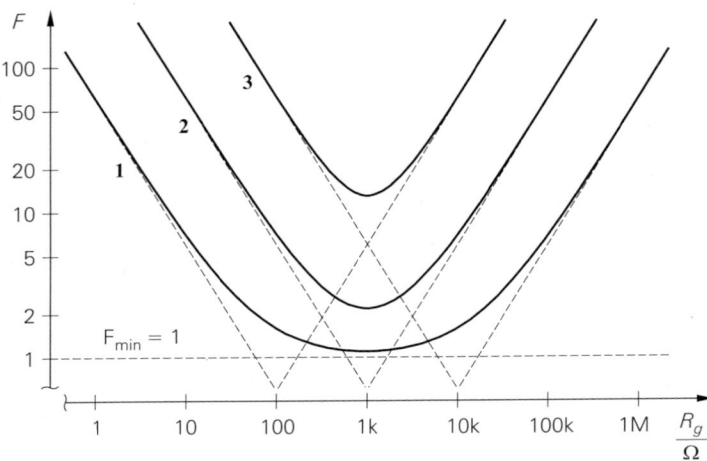

Abb. 4.159. Verlauf der Rauschzahlen für drei Verstärker mit verschiedenen optimalen Rauschzahlen

Ein Verstärker mit geringerem Rauschen hat nicht nur eine geringere optimale Rauschzahl, das Minimum wird gleichzeitig breiter. Im Grenzfall eines rauschfreien Verstärkers wird das Minimum unendlich breit, d.h. es gilt $F = 1$ für alle Werte von R_g.

Abbildung 4.159 zeigt dies am Beispiel von drei Verstärkern mit verschiedenen optimalen Rauschzahlen: Verstärker 1 mit $F_{opt} = 1,125 = 0,5\,\text{dB}$, Verstärker 2 mit $F_{opt} = 2,25 = 3,5\,\text{dB}$ und Verstärker 3 mit $F_{opt} = 13,5 = 11,3\,\text{dB}$ [34].

Für $R_g \ll R_{gopt}$ hängt die Rauschzahl praktisch nur von $|\underline{u}_{r,0}|$, für $R_g \gg R_{gopt}$ praktisch nur von $|\underline{i}_{r,0}|$ ab:

$$
F \approx
\begin{cases}
\dfrac{|\underline{u}_{r,0}|^2}{4kT_0 R_g} = \dfrac{1}{2}\left(F_{opt} - 1\right)\dfrac{R_{gopt}}{R_g} & \text{für } R_g \ll R_{gopt} \\[3ex]
\dfrac{R_g\,|\underline{i}_{r,0}|^2}{4kT_0} = \dfrac{1}{2}\left(F_{opt} - 1\right)\dfrac{R_g}{R_{gopt}} & \text{für } R_g \gg R_{gopt}
\end{cases}
$$

Auf diesen Zusammenhang haben wir bereits in Form eines Merksatzes hingewiesen. In Abb. 4.159 sind die entsprechenden Asymptoten eingetragen.

4.2.4.3.3 Hinweise zur Auswahl oder Dimensionierung von Verstärkern

Die Größen F_{opt} und R_{gopt} spielen eine wichtige Rolle, wenn man einen gegebenen Verstärker optimal betreiben will. Dagegen muss ein Vergleich verschiedener Verstärker immer auf der Basis der Rauschzahl F für den vorgegebenen Quellenwiderstand R_g erfolgen: optimal ist der Verstärker, der bei Betrieb mit dem vorgegebenen Quellenwiderstand die geringste Rauschzahl aufweist. Diese *Betriebsrauschzahl* wird mit (4.189) und (4.191) berechnet:

---

[34] Für den Verstärker 1 wurde $|\underline{u}_{r,0}| = 1\,\text{nV}/\sqrt{\text{Hz}}$ und $|\underline{i}_{r,0}| = 1\,\text{pA}/\sqrt{\text{Hz}}$ angenommen. Bei den Verstärkern 2 und 3 sind die Werte um die Faktoren $\sqrt{10}$ bzw. 10 größer.

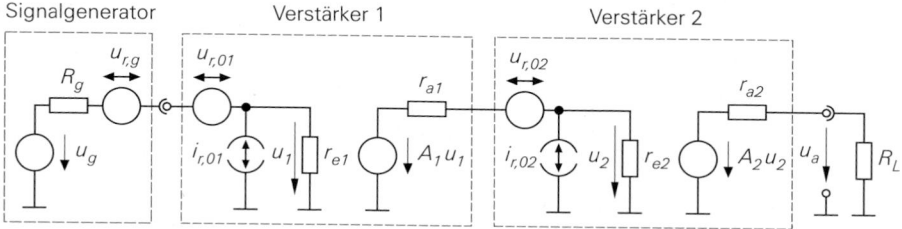

Abb. 4.160. Ersatzschaltbild zur Berechnung der Rauschzahl einer Reihenschaltung von zwei Verstärkern

$$F = 1 + \frac{|\underline{u}_{r,0}(f)|^2 + R_g^2 |\underline{i}_{r,0}(f)|^2}{4kT_0 R_g} = 1 + \frac{|\underline{u}_{r,0}(f)|^2 + R_g^2 |\underline{i}_{r,0}(f)|^2}{1{,}6 \cdot 10^{-20} \, \text{V}^2/\Omega \cdot R_g} \qquad (4.197)$$

Die Größen F_{opt} und R_{gopt} sind hier nur relevant, weil man sie gemäß (4.196) ebenfalls zur Berechnung der Betriebsrauschzahl verwenden kann. Man wählt demnach *nicht* den Verstärker mit der geringsten Rauschzahl F_{opt} oder den Verstärker, dessen optimaler Quellenwiderstand R_{gopt} am besten mit dem vorgegebenen Quellenwiderstand R_g übereinstimmt; beides führt im allgemeinen nicht auf ein optimales Ergebnis. Entsprechend ist bei der Dimensionierung eines integrierten Verstärkers die Betriebsrauschzahl mit dem vorgegebenen Quellenwiderstand als Optimierungskriterium zu verwenden; eine Optimierung von F_{opt} oder R_{gopt} als Einzelgröße ist sinnlos. Es gibt nur einen Ausnahmefall: wenn man eine Impedanztransformation von R_g auf R_{gopt} mit Hilfe eines Übertragers oder eines Resonanztransformators vornimmt, wird $F = F_{opt}$ erzielt; dann kann man den Verstärker mit der geringsten Rauschzahl F_{opt} wählen, solange das benötigte Transformationsverhältnis R_g/R_{gopt} praktisch realisierbar ist.

4.2.4.4 Rauschzahl einer Reihenschaltung von Verstärkern

Man kann die Rauschzahl einer Reihenschaltung von Verstärkern aus den Rauschzahlen der einzelnen Verstärker berechnen. Wir berechnen dazu die Rauschzahl für die in Abb. 4.160 gezeigte Reihenschaltung von zwei Verstärkern und verallgemeinern anschließend. In Abb. 4.160 wird für die Verstärker das Ersatzschaltbild eines rückwirkungsfreien Verstärkers mit den äquivalenten Rauschquellen $u_{r,0}$ und $i_{r,0}$ verwendet; dieses Ersatzschaltbild gilt auch für Verstärker mit Rückwirkung, wenn man anstelle der Eingangswiderstände die Betriebseingangswiderstände einsetzt, siehe Abschnitt 4.2.2.

4.2.4.4.1 Berechnung der Rauschzahl

Da die Rauschdichten der Ersatzrauschquellen auf die Quellenspannungen und nicht auf die Eingangsspannungen der Verstärker bezogen werden, können wir hier nicht mit den Betriebsverstärkungen $A_{B1} = u_2/u_g$ und $A_{B2} = u_a/u_2$ rechnen, sondern müssen die *Rausch-Betriebsverstärkungen*

$$A_{B,r1} = \frac{A_1 u_1}{u_g} = \frac{r_{e1}}{R_g + r_{e1}} A_1$$

$$A_{B,r2} = \frac{A_2 u_2}{A_1 u_1} = \frac{r_{e2}}{r_{a1} + r_{e2}} A_2$$

und den *Lastfaktor*

$$k_L = \frac{R_L}{r_{a2} + R_L}$$

verwenden; es gilt:

$$A_B = \frac{u_a}{u_g} = A_{B,r1}\, A_{B,r2}\, k_L$$

Die Rausch-Betriebsverstärkungen setzen sich jeweils aus dem Spannungsteilerfaktor am Eingang und der Leerlaufverstärkung zusammen und geben die Verstärkung von einer Quellenspannung zur nächsten an.

Zunächst werden alle Rauschquellen mit Hilfe der jeweiligen Verstärkung auf den Ausgang der Reihenschaltung umgerechnet; ohne Signalspannung ($u_g = 0$) gilt:

$$u_a = \left(u_{r,g} + u_{r,01} + R_g i_{r,01}\right) A_{B,r1}\, A_{B,r2}\, k_L + \left(u_{r,02} + r_{a1} i_{r,02}\right) A_{B,r2}\, k_L$$

Die Spannung der Ersatzrauschquelle für die Reihenschaltung erhält man durch Umrechnen auf den Signalgenerator:

$$u_r = \frac{u_a}{A_B} = u_{r,g} + u_{r,01} + R_g i_{r,01} + \frac{u_{r,02} + r_{a1} i_{r,02}}{A_{B,r1}} \tag{4.198}$$

Da alle Rauschquellen unabhängig sind, gilt für die Rauschdichte der Ersatzrauschquelle:

$$|\underline{u}_r|^2 = |\underline{u}_{r,g}|^2 + |\underline{u}_{r,01}|^2 + R_g^2\, |\underline{i}_{r,01}|^2 + \frac{|\underline{u}_{r,02}|^2 + r_{a1}^2\, |\underline{i}_{r,02}|^2}{A_{B,r1}^2}$$

Daraus folgt für die Rauschzahl der Reihenschaltung:

$$F = \frac{|\underline{u}_r|^2}{|\underline{u}_{r,g}|^2} = 1 + \frac{|\underline{u}_{r,01}|^2 + R_g^2\, |\underline{i}_{r,01}|^2}{|\underline{u}_{r,g}|^2} + \frac{|\underline{u}_{r,02}|^2 + r_{a1}^2\, |\underline{i}_{r,02}|^2}{A_{B,r1}^2\, |\underline{u}_{r,g}|^2} \tag{4.199}$$

Für die Rauschzahl des ersten Verstärkers gilt:

$$F_1 = 1 + \frac{|\underline{u}_{r,01}|^2 + R_g^2\, |\underline{i}_{r,01}|^2}{|\underline{u}_{r,g}|^2} = 1 + \frac{|\underline{u}_{r,01}|^2 + R_g^2\, |\underline{i}_{r,01}|^2}{4kT_0 R_g}$$

Beim zweiten Verstärker tritt r_{a1} an die Stelle von R_g. Da bei der Berechnung der Rauschzahl ein idealer Signalgenerator mit thermischem Rauschen des Innenwiderstands unterstellt wird, muss man hier als Bezugsgröße das thermische Rauschen

$$|\underline{u}_{r,a1}|^2 = 4kT_0 r_{a1}$$

verwenden. Das bedeutet *nicht*, dass der Widerstand r_{a1} in Abb. 4.160 thermisch rauscht, sondern nur, dass die Rauschzahl des zweiten Verstärkers für einen Signalgenerator-Innenwiderstand ermittelt wird, der *den Wert* r_{a1} besitzt. Es gilt also:

$$F_2 = 1 + \frac{|\underline{u}_{r,02}|^2 + r_{a1}^2\, |\underline{i}_{r,02}|^2}{|\underline{u}_{r,a1}|^2} = 1 + \frac{|\underline{u}_{r,02}|^2 + r_{a1}^2\, |\underline{i}_{r,02}|^2}{4kT_0 r_{a1}}$$

Durch Einsetzen der Rauschzahlen F_1 und F_2 in (4.199) erhält man

$$F = F_1 + \frac{F_2 - 1}{A_{B,r1}^2}\, \frac{r_{a1}}{R_g}$$

und daraus durch Verallgemeinerung die Rauschzahl einer Reihenschaltung von n Verstärkern:

Rauschzahl einer Reihenschaltung von n Verstärkern

$$F = F_1 + \frac{F_2 - 1}{A_{B,r1}^2} \frac{r_{a1}}{R_g} + \frac{F_3 - 1}{A_{B,r1}^2 A_{B,r2}^2} \frac{r_{a2}}{R_g} + \cdots$$

$$= F_1 + \sum_{i=2}^{n} \left(\frac{F_{(i)} - 1}{\prod_{k=1}^{i-1} A_{B,r(k)}^2} \frac{r_{a(i-1)}}{R_g} \right) \tag{4.200}$$

$$A_{B,r(k)} = \frac{r_{e(k)}}{r_{a(k-1)} + r_{e(k)}} A_{(k)} \quad \text{mit } r_{a0} = R_g \tag{4.201}$$

Die Rauschzahl des ersten Verstärkers geht unmittelbar in die Rauschzahl der Reihenschaltung ein; bei allen nachfolgenden Verstärkern geht die *Zusatzrauschzahl*

$$F_Z = F - 1 \tag{4.202}$$

ein, bewertet mit dem Kehrwert des Quadrats der *vorausgehenden* Betriebs-Rauschverstärkungen und dem Verhältnis der Quellenwiderstände. Eine minimale Rauschzahl erhält man deshalb in erster Linie durch die Optimierung des ersten Verstärkers:

- Minimierung der Rauschzahl F_1;
- Maximierung der Rausch-Betriebsverstärkung $A_{B,r1}$ durch Maximierung von A_1 und r_{e1};
- Minimierung des Ausgangswiderstands r_{a1}.

Der letzte Punkt ist vor allem bei kleinen Innenwiderständen R_g von Bedeutung, da der Faktor $1/A_{B,r1}^2$ durch den Faktor r_{a1}/Rg überkompensiert werden kann; in diesem Fall dominiert die Rauschzahl F_2. Wenn auch der zweite Verstärker eine hohe Rausch-Betriebsverstärkung besitzt, kann man die Beiträge der nachfolgenden Verstärker vernachlässigen.

4.2.4.4.2 Darstellung mit Hilfe der verfügbaren Leistungsverstärkung

In der Hochfrequenztechnik wird anstelle der Verstärkung die *verfügbare Leistungsverstärkung* (*available power gain*) G_A angegeben; sie gibt das Verhältnis der verfügbaren Leistung (*available power*) am Ausgang des Verstärkers zur verfügbaren Leistung des Signalgenerators an. Die verfügbare Leistung des Signalgenerators beträgt [35]:

$$P_{A,g} = \frac{u_g^2}{4R_g}$$

Sie setzt sich aus der Quellenspannung und dem Innenwiderstand zusammen. Entsprechend erhält man am Ausgang eines Verstärkers mit der Verstärkung A:

$$P_{A,V} = \frac{(Au_e)^2}{4r_a} = \left(\frac{r_e}{R_g + r_e} \right)^2 A^2 \frac{u_g^2}{4r_a}$$

---

[35] Wir verwenden hier *Effektivwerte*, d.h. es gilt $P = u^2/R$; damit ist keine Unterscheidung zwischen Gleich- und Wechselspannungen nötig.

Daraus folgt

$$G_A = \frac{P_{A,V}}{P_{A,g}} = \left(\frac{r_e}{R_g + r_e}\right)^2 A^2 \frac{R_g}{r_a} = A_{B,r}^2 \frac{R_g}{r_a} \tag{4.203}$$

und, durch Einsetzen in (4.200):

$$F = F_1 + \frac{F_2 - 1}{G_{A1}} + \frac{F_3 - 1}{G_{A1}G_{A2}} + \cdots = F_1 + \sum_{i=2}^{n} \left(\frac{F_{(i)} - 1}{\displaystyle\prod_{k=1}^{i-1} G_{A(k)}}\right) \tag{4.204}$$

Man beachte dabei den Zusammenhang:

$$G_{A1}G_{A2}\cdots G_{A(i-1)} = A_{B,r1}^2 \frac{R_g}{r_{a1}} A_{B,r2}^2 \frac{r_{a1}}{r_{a2}} \cdots A_{B,r(i-1)}^2 \frac{r_{a(i-2)}}{r_{a(i-1)}}$$

$$= A_{B,r1}^2 A_{B,r2}^2 \cdots A_{B,r(i-1)}^2 \frac{R_g}{r_{a(i-1)}}$$

Die Gleichung (4.204) wird oft in der Form

$$F = F_1 + \frac{F_2 - 1}{G_1} + \frac{F_3 - 1}{G_1 G_2} + \cdots$$

mit nicht näher spezifizierten Leistungsverstärkungen $G_{(i)}$ angegeben. Da in der Hochfrequenztechnik eine ganze Reihe unterschiedlicher Leistungsverstärkungen verwendet werden, weisen wir ausdrücklich darauf hin, dass im allgemeinen Fall die verfügbare Leistungsverstärkung G_A verwendet werden muss; nur im allseitig angepassten Fall sind alle Leistungsverstärkungen gleich und man kann von *der* Leistungsverstärkung schlechthin sprechen. Wir gehen darauf im Abschnitt 24.4.1 noch näher ein.

4.2.4.4.3 Reihenfolge für minimale Rauschzahl bei angepassten Verstärkern

Bei einer Reihenschaltung von allseitig angepassten Verstärkern *mit gleichem Wellenwiderstand* kann man die Reihenfolge ohne Einfluss auf die Verstärkung und die Rauschzahlen der einzelnen Verstärker ändern. Zur Ableitung eines Kriteriums für die Reihenfolge mit minimaler Rauschzahl betrachten wir zwei Verstärker mit den verfügbaren Leistungsverstärkungen G_{A1} und G_{A2} und den Rauschzahlen F_1 und F_2; die Rauschzahlen der beiden möglichen Reihenschaltungen sind demzufolge:

$$F_{12} = F_1 + \frac{F_2 - 1}{G_{A1}} \quad , \quad F_{21} = F_2 + \frac{F_1 - 1}{G_{A2}}$$

Aus der Bedingung $F_{12} < F_{21}$ folgt durch Trennung der Größen:

$$\frac{F_1 - 1}{1 - \dfrac{1}{G_{A1}}} < \frac{F_2 - 1}{1 - \dfrac{1}{G_{A2}}}$$

Der Faktor

$$M = \frac{F - 1}{1 - \dfrac{1}{G_A}} \tag{4.205}$$

wird *Rauschmaß* (*noise measure*) genannt [4.8]. Demzufolge muss man die Verstärker entsprechend den Rauschmaßen anordnen: den Verstärker mit dem geringsten Rauschmaß am Anfang, den mit dem größten Rauschmaß am Ende.

4.2.4.4.4 Äquivalente Rauschquellen

Mit Hilfe der Rauschspannung der Ersatzrauschquelle kann man die äquivalenten Rauschquellen der Reihenschaltung aus Abb. 4.160 ermitteln; aus (4.198) erhält man durch Einsetzen von $A_{B,r1}$ und Gruppieren der Terme mit und ohne R_g:

$$u_r = u_{r,g} + \underbrace{u_{r,01} + \frac{u_{r,02} + r_{a1}i_{r,02}}{A_1}}_{u_{r,0}} + R_g \underbrace{\left(i_{r,01} + \frac{u_{r,02} + r_{a1}i_{r,02}}{A_1 r_{e1}} \right)}_{i_{r,0}}$$

Die äquivalenten Rauschquellen sind abhängig, da die Rauschquellen des zweiten Verstärkers in die Rauschspannungsquelle $u_{r,0}$ *und* in die Rauschstromquelle $i_{r,0}$ eingehen. Da das Rechnen mit abhängigen Rauschquellen aufwendig ist, werden wir diese Darstellung nicht weiter verwenden, verweisen aber auf einen wichtigen Zusammenhang: die äquivalenten Rauschquellen eines mehrstufigen Verstärkers, der als Reihenschaltung von Transistor-Grundschaltungen aufgefasst wird, sind nur dann näherungsweise unabhängig, wenn der Beitrag der zweiten und jeder weiteren Stufe bei mindestens einer der beiden äquivalenten Rauschquellen vernachlässigt werden kann.

4.2.4.5 Signal-Rausch-Abstand und mittlere Rauschzahl

Mit Hilfe der *spektralen Rauschzahl* $F(f)$ kann man die *mittlere Rauschzahl* F (*noise figure*) berechnen. Sie gibt den Verlust an *Signal-Rausch-Abstand SNR* (*signal-to-noise ratio*) an, der durch den Verstärker in einem anwendungsspezifischen Frequenzintervall $f_U < f < f_O$ verursacht wird, wenn der Signalgenerator thermisches Rauschen mit einer Referenztemperatur $T_0 = 290$ K aufweist. Die mittlere Rauschzahl wird gelegentlich mit $\overline{F}$ bezeichnet, um Verwechslungen mit der spektralen Rauschzahl zu vermeiden. Wir bezeichnen die spektrale Rauschzahl mit $F(f)$ und die mittlere Rauschzahl mit F.

4.2.4.5.1 Signal-Rausch-Abstand

Der *Signal-Rausch-Abstand SNR* entspricht dem Verhältnis der Leistungen des Nutzsignals und des Rauschens:

$$SNR = \frac{P_{Nutz}}{P_r}$$

Dabei ist P_r die Rauschleistung im Frequenzintervall $f_U < f < f_O$. Da die Leistung eines Signals proportional zum Quadrat des Effektivwerts ist, gilt für den Signal-Rausch-Abstand des Signalgenerators:

$$SNR_g = \frac{u_{g\,eff}^2}{u_{r,g\,eff}^2} = \frac{u_{g\,eff}^2}{\displaystyle\int_{f_U}^{f_O} |\underline{u}_{r,g}(f)|^2 df}$$

Dabei ist $u_{g\,eff}$ der Effektivwert des Nutzsignals und $u_{r,g\,eff}$ der Effektivwert des Rauschsignals. Folgt auf den Signalgenerator ein Verstärker, wird am Eingang des Verstärkers zusätzlich zur Rauschspannungsdichte $|\underline{u}_{r,g}(f)|^2$ des Signalgenerators die Rauschspannungsdichte

$$|\underline{u}_{r,V}(f)|^2 \;=\; |\underline{u}_{r,0}(f)|^2 + R_g^2\,|\underline{i}_{r,0}(f)|^2$$

des Verstärkers wirksam:

$$|\underline{u}_r(f)|^2 \;=\; |\underline{u}_{r,g}(f)|^2 + |\underline{u}_{r,V}(f)|^2$$

Dadurch nimmt der Signal-Rausch-Abstand auf den Wert

$$SNR_e \;=\; \frac{u_{geff}^2}{\displaystyle\int_{f_U}^{fo} |\underline{u}_r(f)|^2 df} \;=\; \frac{u_{geff}^2}{\displaystyle\int_{f_U}^{fo}\left(|\underline{u}_{r,g}(f)|^2 + |\underline{u}_{r,V}(f)|^2\right) df} \tag{4.206}$$

ab. Der Index e deutet darauf hin, dass wir den Signal-Rausch-Abstand aus den äquivalenten Rauschdichten am *Eingang* des Verstärkers berechnet haben. Da der eigentliche Verstärker in diesem Fall nach Abb. 4.154 rauschfrei ist und Nutzsignal und Rauschen in gleicher Weise verstärkt, gilt dieser Signal-Rausch-Abstand auch für den Ausgang des Verstärkers, solange dort keine weiteren Rauschquellen wirksam werden, die nicht zum Verstärker gehören. Der Verlust an Signal-Rausch-Abstand, kurz *SNR-Verlust*, durch den Verstärker beträgt:

$$\frac{SNR_g}{SNR_e} \;=\; \frac{\displaystyle\int_{f_U}^{fo} |\underline{u}_r(f)|^2 df}{\displaystyle\int_{f_U}^{fo} |\underline{u}_{r,g}(f)|^2 df} \;=\; 1 + \frac{\displaystyle\int_{f_U}^{fo} |\underline{u}_{r,V}(f)|^2 df}{\displaystyle\int_{f_U}^{fo} |\underline{u}_{r,g}(f)|^2 df}$$

Er hängt vom Verhältnis der Rauschdichten der Signalquelle und des Verstärkers ab. Der SNR-Verlust wird häufig fälschlicherweise als Rauschzahl bezeichnet; wir gehen auf diesen Fehler und seine Konsequenzen im folgenden noch näher ein.

Für den *Referenz-Signalgenerator*, der zur Bestimmung der Rauschzahl verwendet wird, erhält man mit (4.188) auf Seite 463

$$u_{r,geff}^2 \;=\; \int_{f_U}^{fo} 4kT_0 R_g\, df \;=\; 4kT_0 R_g\,(f_O - f_U) \tag{4.207}$$

und:

$$SNR_{g,ref} \;=\; \frac{u_{geff}^2}{4kT_0 R_g\,(f_O - f_U)} \tag{4.208}$$

Der Index *ref* weist auf den Referenz-Signalgenerator hin. Durch den Verstärker wird die Rauschdichte des Referenz-Signalgenerators um die spektrale Rauschzahl $F(f)$ angehoben; dadurch nimmt der auf den Eingang des Verstärkers bezogene Effektivwert des Rauschens auf

$$u_{reff}^2 \;=\; \int_{f_U}^{fo} 4kT_0 R_g\, F(f)\, df \;=\; 4kT_0 R_g \int_{f_U}^{fo} F(f)\, df$$

zu und der Signal-Rausch-Abstand auf

$$SNR_{e,ref} \;=\; \frac{u_{geff}^2}{u_{reff}^2} \;=\; \frac{u_{geff}^2}{4kT_0 R_g \displaystyle\int_{f_U}^{fo} F(f)\, df} \tag{4.209}$$

ab.

4.2.4.5.2 Mittlere Rauschzahl

Die mittlere Rauschzahl F entspricht dem Verhältnis der Signal-Rausch-Abstände (4.208) und (4.209) [2.9]:

$$F = \frac{SNR_{g,ref}}{SNR_{e,ref}} = \frac{1}{fo - f_U} \int_{f_U}^{fo} F(f)\, df \qquad (4.210)$$

Man erhält sie durch Mittelung über die spektrale Rauschzahl $F(f)$. Ist $F(f)$ im betrachteten Frequenzintervall $f_U < f < f_O$ konstant, gilt $F = F(f)$ und man spricht nur von *der Rauschzahl F*.

Die mittlere Rauschzahl wird meist in Dezibel angegeben:

$$F\,[\mathrm{dB}] = 10\,\mathrm{dB} \cdot \log F$$

Mit

$$SNR_{e,ref}\,[\mathrm{dB}] = 10\,\mathrm{dB} \cdot \log SNR_{e,ref}$$

$$SNR_{g,ref}\,[\mathrm{dB}] = 10\,\mathrm{dB} \cdot \log SNR_{g,ref}$$

gilt:

$$F\,[\mathrm{dB}] = SNR_{g,ref}\,[\mathrm{dB}] - SNR_{e,ref}\,[\mathrm{dB}]$$

4.2.4.5.3 Bezug auf den Referenz-Signalgenerator

Wir betonen hier noch einmal ausdrücklich, dass sich die spektrale und die mittlere Rauschzahl auf einen Referenz-Signalgenerator mit thermischem Rauschen bei der Referenztemperatur $T_0 = 290\,\mathrm{K}$ beziehen. Nur für diesen Fall entspricht die mittlere Rauschzahl dem Verlust an SNR. Man kann zwar eine *verallgemeinerte* Rauschzahl definieren, die dem Verhältnis *allgemeiner* Signal-Rausch-Abstände entspricht, diese Rauschzahl entspricht aber nicht der in der Schaltungstechnik üblichen Rauschzahl, die z.B. in Datenblättern angegeben ist.

In der Literatur wird die Rauschzahl häufig mit der Definition $F = SNR_g/SNR_e$ eingeführt; auch wir haben in früheren Auflagen diese Definition verwendet. *Diese Definition ist falsch.* Im deutschsprachigen Raum kursiert der Vorschlag, diese falsche Definition aufgrund ihrer weiten Verbreitung beizubehalten und die korrekte Rauschzahl als *Standard-Rauschzahl* zu bezeichnen. Diesem Vorschlag schließen wir uns ausdrücklich *nicht* an.

4.2.4.5.4 Empfohlene Vorgehensweise bei Rausch-Berechnungen

Wir empfehlen dringend, bei Rausch-Berechnungen mit den Rauschleistungen – dargestellt durch die Effektivwerte – oder den Rauschdichten zu rechnen. Das ist vor allem dann wichtig, wenn man es mit Signalquellen zu tun hat, die sich deutlich von dem der Rauschzahl zugrunde liegenden Referenz-Signalgenerator unterscheiden. In den meisten Fällen besteht der Unterschied darin, dass die Signalquelle ein wesentlich stärkeres Rauschen aufweist als ein Referenz-Signalgenerator mit gleichem Innenwiderstand R_g. Es gibt aber auch Fälle, in denen die Signalquelle weniger Rauschen erzeugt als der entsprechende Referenz-Signalgenerator. Wir werden dies am Ende dieses Abschnitts anhand von zwei Beispielen näher erläutern.

Die sichere Methode zur Berechnung der Signal-Rausch-Abstände besteht darin, die Effektivwerte des Rauschens der Signalquelle und des Verstärkers zu bestimmen und daraus das SNR der Signalquelle (SNR_g) und das SNR von Signalquelle und Verstärker (SNR_e) zu berechnen; aus der Differenz erhält man dann den SNR-Verlust.

Berechnung der Effektivwerte

Den Effektivwert $u_{r,g\,eff}$ der Rauschspannung der Signalquelle kann man auf zwei Arten berechnen:

– Wenn die Rauschspannungsdichte $|\underline{u}_{r,g}(f)|^2$ oder die Rauschstromdichte $|\underline{i}_{r,g}(f)|^2$ der Signalquelle bekannt ist, erhält man den Effektivwert durch Integration [36]:

$$u_{r,g\,eff}^2 = \int_{f_U}^{f_O} |\underline{u}_{r,g}(f)|^2 df = R_g^2 \int_{f_U}^{f_O} |\underline{i}_{r,g}(f)|^2 df$$

Ist die jeweilige Rauschdichte konstant, gilt:

$$u_{r,g\,eff}^2 = |\underline{u}_{r,g}|^2 (f_O - f_U) = R_g^2 |\underline{i}_{r,g}|^2 (f_O - f_U)$$

Für eine Signalquelle mit thermischem Rauschen erhält man:

$$u_{r,g\,eff}^2 = 4kT_g R_g (f_O - f_U) \tag{4.211}$$

Dabei ist T_g die *Rauschtemperatur* der Signalquelle, die nicht unbedingt mit der physikalischen Temperatur der Signalquelle übereinstimmen muss, sondern nur ein Maß für die Intensität des Rauschens ist. Wir gehen darauf im folgenden noch näher ein.

– Wenn der Effektivwert $u_{g\,eff}$ des Nutzsignals und das SNR der Signalquelle bekannt sind, erhält man:

$$u_{r,g\,eff}^2 = \frac{u_{g\,eff}^2}{SNR_g} \tag{4.212}$$

Den Effektivwert $u_{r,V\,eff}$ der Rauschspannung des Verstärkers kann man ebenfalls auf zwei Arten berechnen:

– Wenn die äquivalenten Rauschdichten $|\underline{u}_{r,0}(f)|^2$ und $|\underline{i}_{r,0}(f)|^2$ gegeben sind, gilt bei Betrieb mit einer Signalquelle mit dem Innenwiderstand R_g:

$$u_{r,V\,eff}^2 = \int_{f_U}^{f_O} |\underline{u}_{r,V}(f)|^2 df = \int_{f_U}^{f_O} \left(|\underline{u}_{r,0}(f)|^2 + R_g^2 |\underline{i}_{r,0}(f)|^2 \right) df$$

Bei konstanten Rauschdichten erhält man:

$$u_{r,V\,eff}^2 = \left(|\underline{u}_{r,0}|^2 + R_g^2 |\underline{i}_{r,0}|^2 \right) (f_O - f_U) \tag{4.213}$$

– Wenn die spektrale Rauschzahl $F(f)$ für den Betrieb mit einem Referenz-Signalgenerator mit dem Innenwiderstand R_g gegeben ist, gilt

$$u_{r,V\,eff}^2 = 4kT_0 R_g \int_{f_U}^{f_O} (F(f) - 1) \, df = 4kT_0 R_g \int_{f_U}^{f_O} F_Z(f) \, df$$

mit der Referenztemperatur $T_0 = 290\,\mathrm{K}$ und der *Zusatzrauschzahl*:

$$F_Z(f) = F(f) - 1$$

---

[36] Wenn die Signalquelle im Frequenzbereich $f_U < f < f_O$ keinen konstanten, frequenzunabhängigen Innenwiderstand besitzt, muss man anstelle von R_g den Realteil der Quellenimpedanz $Z_g(f)$ einsetzen. Da dieser Realteil von der Frequenz abhängt, kann man ihn nicht vor die Integrale ziehen; dadurch werden die Berechnungen wesentlich aufwendiger.

Da die Rauschzahl das Rauschen des Signalgenerators *und* des Verstärkers beinhaltet, muss der Anteil des Signalgenerators abgezogen werden; daher der Faktor $(F(f) - 1)$. Ist die spektrale Rauschzahl konstant, erhält man:

$$u^2_{r,Veff} = 4kT_0R_g\,(F-1)\,(f_O - f_U) = 4kT_0R_g\,F_Z\,(f_O - f_U) \tag{4.214}$$

Berechnung der Signal-Geräusch-Abstände

Mit dem Effektivwert u_{geff} des Nutzsignals erhält man die Signal-Rausch-Abstände

$$SNR_g = \frac{u^2_{geff}}{u^2_{r,geff}} \quad , \quad SNR_e = \frac{u^2_{geff}}{u^2_{r,geff} + u^2_{r,Veff}}$$

und den SNR-Verlust:

$$\frac{SNR_g}{SNR_e} = 1 + \frac{u^2_{r,Veff}}{u^2_{r,geff}} \tag{4.215}$$

Setzt man (4.211) und (4.213) ein, folgt:

$$\frac{SNR_g}{SNR_e} = 1 + \frac{|\underline{u}_{r,0}|^2 + R_g^2\,|\underline{i}_{r,0}|^2}{4kT_gR_g}$$

Diese Gleichung entspricht *formal* der Gleichung für die Rauschzahl, siehe (4.189) auf Seite 464 und (4.197) auf Seite 469; deshalb ergänzen viele Autoren diese Gleichung auf der linken Seite durch „$F =$ ". Der Unterschied besteht darin, dass bei der Rauschzahl ein Referenz-Signalgenerator mit der Referenztemperatur $T_0 = 290\,$K als Bezugsgröße dient, während hier eine Signalquelle mit der Rauschtemperatur T_g vorliegt. In der Praxis gilt *fast immer* $T_g \neq T_0$. Bei den meisten praktischen Signalquellen gilt $T_g \gg T_0$; es gibt aber auch Signalquellen mit $T_g < T_0$. Die Verwechslung von T_g und T_0 ist die Ursache für fast alle Fehler, die bei Rauschberechnungen gemacht werden.

Beispiel 1: Der Rundfunkempfänger einer HiFi-Anlage hat typischerweise einen Ausgangswiderstand von $10\,$kΩ und liefert bei Vollaussteuerung ein Signal mit einem Effektivwert von etwa $150\,$mV. Dem Datenblatt entnimmt man, dass das SNR am Ausgang des Empfängers bei sehr guten Empfangsbedingungen $60\,$dB beträgt. Die Bandbreite des Signals beträgt $15\,$kHz. Wir verwenden diesen Empfänger als Signalquelle mit den Parametern $R_g = 10\,$kΩ, $u_{geff} = 150\,$mV, $f_O - f_U = 15\,$kHz und $SNR_g = 60\,$dB.

Wir geben das Signal auf einen Operationsverstärker, der als Spannungsfolger betrieben wird und die äquivalenten Rauschdichten $|\underline{u}_{r,0}| = 50nV/\sqrt{\text{Hz}}$ und $|\underline{i}_{r,0}| = 5pA/\sqrt{\text{Hz}}$ aufweist. Aus (4.194) und (4.195) auf Seite 467 erhält man $R_{gopt} = 10\,$kΩ und $F_{opt} = 32{,}25 \approx 15\,$dB. Der Operationsverstärker wird demnach mit dem optimalen Quellenwiderstand und der optimalen Rauschzahl betrieben.

Wir fragen nach dem SNR bei Betrieb mit dem Operationsverstärker. Nimmt man nun fälschlicherweise an, dass die Rauschzahl ganz generell den Verlust an SNR wiedergibt, lautet die Antwort: $60\,$dB $- 15\,$dB $= 45\,$dB. Dieses Ergebnis ist jedoch falsch, da der Rundfunk-Empfänger kein Referenz-Signalgenerator ist. Ein Referenz-Signalgenerator mit $R_g = 10\,$kΩ erzeugt nach (4.207) ein Rauschsignal mit einem Effektivwert-Quadrat

$$u^2_{r,geff} = 4kT_0R_g\,(f_O - f_U) = 2{,}4 \cdot 10^{-12}\,\text{V}^2$$

bzw. dem Effektivwert $u_{r,geff} = 1{,}55\,\mu$V. Dagegen erhält man für den Rundfunkempfänger aus (4.212) mit $u_{geff} = 150\,$mV und $SNR_g = 60\,$dB den Effektivwert $u_{r,geff} = 150\,\mu$V.

Der Effektivwert des Rauschens am Ausgang des Rundfunkempfängers ist demnach etwa um den Faktor 100 größer als bei einem Referenz-Signalgenerator. Setzt man diesen Effektivwert in (4.211) ein und löst nach T_g auf, erhält man die Rauschtemperatur des Rundfunkempfängers: $T_g \approx 2{,}7 \cdot 10^6$ K.

Zur korrekten Berechnung des SNR berechnen wir das Effektivwert-Quadrat des Rauschens des Operationsverstärkers mit Hilfe von (4.213):

$$u^2_{r,V\,eff} = 75 \cdot 10^{-12}\,\text{V}^2$$

Der Operationsverstärker erzeugt demnach ein Rauschsignal mit einem Effektivwert von $8{,}7\,\mu$V. Daraus folgt für den Effektivwert des Rauschens beider Komponenten:

$$u_{r\,eff} = \sqrt{150^2 + 75}\,\,\mu\text{V} = 150{,}25\,\mu\text{V}$$

Man erkennt, dass der Effektivwert des Rauschens durch das Hinzufügen des Operationsverstärkers praktisch nicht zunimmt; folglich nimmt auch das SNR nicht ab und es gilt $SNR_e = SNR_g$.

Beispiel 2: Der Sensor eines Fernerkundungsteleskops wird mit flüssigem Stickstoff auf $T = 77$ K gekühlt. Der Sensor weist nur thermisches Rauschen auf und liefert in einem vorgegebenen Anwendungsfall ein Signal mit $SNR_g = 5$ dB. Zur Verstärkung des Signals wird ein nicht gekühlter Verstärker verwendet, dessen optimaler Quellenwiderstand dem Innenwiderstand des Sensors entspricht und der eine optimale Rauschzahl $F_{opt} = 0{,}5$ dB besitzt.

Wir fragen wieder nach dem SNR bei Betrieb mit dem Verstärker. Die schnelle, aber falsche Antwort lautet: 5 dB $- 0{,}5$ dB $= 4{,}5$ dB. In diesem Fall weist der Sensor zwar wie ein Referenz-Signalgenerator nur thermisches Rauschen auf, die Rauschtemperatur beträgt aber nur $T_g = 77$ K und ist damit deutlich geringer als die Referenztemperatur $T_0 = 290$ K.

Für den Sensor gilt (4.211), für den Verstärker (4.214); bildet man den Quotienten, fallen die Unbekannten R_g und $(f_O - f_U)$ heraus und man erhält mit (4.215) und $F = F_{opt} = 0{,}5$ dB $= 1{,}122$ den SNR-Verlust:

$$\frac{SNR_g}{SNR_e} = 1 + \frac{T_0(F-1)}{T_g} = 1{,}46 = 1{,}6\,\text{dB}$$

Daraus erhält man mit $SNR_g = 5$ dB das SNR mit Verstärker: $SNR_e = 3{,}4$ dB.

Rauschtemperatur

Betrachtet man die Formeln der letzten beiden Abschnitte, dann fällt auf, dass bei der Berechnung der Effektivwert-Quadrate häufig der Ausdruck

$$4k\,R_g\,(f_O - f_U)$$

auftritt. Normiert man die Effektivwert-Quadrate mit diesem Ausdruck, erhält man die *Rauschtemperaturen T_n*:

$$u^2_{r,g\,eff} = 4kT_g R_g\,(f_O - f_U) \quad \Rightarrow \quad \frac{u^2_{r,g\,eff}}{4k\,R_g\,(f_O - f_U)} = T_g = T_{n,g}$$

$$u^2_{r,V\,eff} = 4kT_0 R_g F_Z\,(f_O - f_U) \quad \Rightarrow \quad \frac{u^2_{r,V\,eff}}{4k\,R_g\,(f_O - f_U)} = T_0 F_Z = T_{n,V}$$

Die Signalquelle hat demnach die Rauschtemperatur $T_{n,g} = T_g$, der Verstärker die Rauschtemperatur $T_{n,V} = T_0 F_Z$. Die Rauschtemperaturen sind Ersatzgrößen für die Effektivwert-Quadrate und können wie diese einfach addiert werden.

Die Rauschtemperatur einer Komponente stimmt nur dann mit der physikalischen Temperatur der Komponente überein, wenn die Komponente ideales, thermisches Rauschen aufweist; das ist in der Praxis nur bei hochwertigen diskreten Metallfilm-Widerständen, integrierten Widerständen oder speziellen Sensoren der Fall. Es gibt aber auch Komponenten, bei denen die Rauschtemperatur geringer ist als die physikalische Temperatur. Das tritt immer dann auf, wenn sich die Ladungsträger in der Komponente nicht im *thermischen Gleichgewicht* befinden.

Wir verwenden die Rauschtemperatur nur zur Berechnung des jeweiligen Effektivwerts und rechnen dann mit den Effektivwerten weiter. Es gibt aber Fälle, in denen das Rechnen mit den Rauschtemperaturen auf besonders einfache Ausdrücke führt, siehe [4.9].

4.2.4.5.5 Einsatz von Bewertungsfiltern

Bei einigen Anwendungen wird bei der Ermittlung der Rauschleistung ein *Bewertungsfilter* mit der Übertragungsfunktion $\underline{H}_B(s)$ eingesetzt; die Signal-Rausch-Abstände werden in diesem Fall mit den *bewerteten Rauschdichten*

$$|\underline{u}_{r(B),g}(f)|^2 = |\underline{H}_B(j2\pi f)|^2 |\underline{u}_{r,g}(f)|^2$$

$$|\underline{u}_{r(B)}(f)|^2 = |\underline{H}_B(j2\pi f)|^2 |\underline{u}_r(f)|^2$$

berechnet:

$$SNR_{B,g} = \frac{u_{geff}^2}{\int_{f_U}^{f_O} |\underline{H}_B(j2\pi f)|^2 |\underline{u}_{r,g}(f)|^2 df}$$

$$SNR_{B,e} = \frac{u_{geff}^2}{\int_{f_U}^{f_O} |\underline{H}_B(j2\pi f)|^2 |\underline{u}_r(f)|^2 df}$$

Davon macht man Gebrauch, wenn das Rauschen in bestimmten Bereichen des betrachteten Frequenzintervalls stärker stört als in anderen Bereichen. Mit einem Bewertungsfilter, dessen Betragsfrequenzgang proportional zur Störwirkung des Rauschens ist, erhält man in diesem Fall aussagekräftigere Werte für die Signal-Rausch-Abstände.

Ein typischer Fall für den Einsatz eines Bewertungsfilters ist die Ermittlung des Signal-Rausch-Abstands bei Audio-Verstärkern. Diese Verstärker sind üblicherweise für den Frequenzbereich 20 Hz $< f <$ 20 kHz ausgelegt. Da das menschliche Ohr auf Rauschen im Bereich 1 kHz $< f <$ 6 kHz besonders empfindlich reagiert, wird ein Bewertungsfilter verwendet, das diesen Bereich anhebt und die anderen Bereiche absenkt. Dieses Filter wird *A-Filter* genannt; entsprechend wird der Signal-Rausch-Abstand in *Dezibel A* bzw. dBA angegeben. Abbildung 4.161 zeigt den Frequenzgang des A-Filters. Die starke Absenkung bei niedrigen Frequenzen führt dazu, dass sich das 1/f-Rauschen des Verstärkers praktisch nicht bemerkbar macht, solange die 1/f-Grenzfrequenz deutlich unter 1 kHz liegt.

4.2.4.5.6 Bandbreite des Verstärkers

Die Bandbreite eines Verstärkers muss mindestens so groß sein, dass das Nutzsignal im betrachteten Frequenzintervall $f_U < f < f_O$ gleichmäßig verstärkt wird; damit wird auch

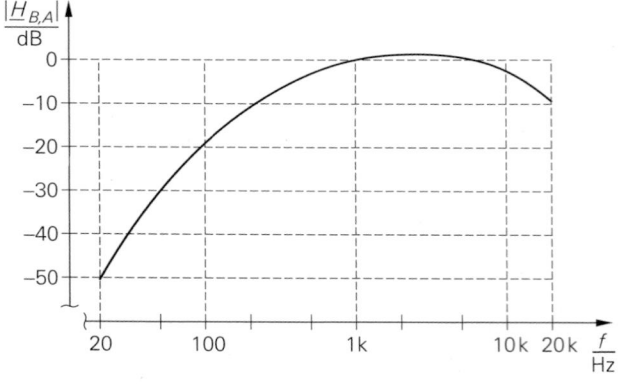

Abb. 4.161.
Frequenzgang des A-Filters zur Ermittlung des bewerteten Signal-Rausch-Abstands bei Audio-Verstärkern

das Rauschen in diesem Bereich gleichmäßig verstärkt. In der Praxis ist die Bandbreite meist größer als die benötigte Bandbreite, d.h. der Verstärker verstärkt auch die Bereiche $f < f_U$ und $f > f_O$ entsprechend seiner Betriebsverstärkung $\underline{A}_B(s)$. Diese Bereiche enthalten kein Nutzsignal, sondern nur das Rauschen der Signalquelle und des Verstärkers. Damit erhält man am Ausgang des Verstärkers *ohne Beschränkung des Frequenzbereichs* die Rauschleistung:

$$P_{r,a} = \int_0^\infty |\underline{A}_B(j2\pi f)|^2\, |\underline{u}_r(f)|^2 df \tag{4.216}$$

Da das Nutzsignal mit der im Bereich $f_U < f < f_O$ als konstant angenommenen Nutzverstärkung $\underline{A}_{B,Nutz}$ verstärkt wird, folgt für den Signal-Rausch-Abstand am Ausgang des Verstärkers *ohne Beschränkung des Frequenzbereichs*:

$$SNR_a = \frac{|\underline{A}_{B,Nutz}|^2\, u_{geff}^2}{P_{r,a}} = \frac{|\underline{A}_{B,Nutz}|^2\, u_{geff}^2}{\displaystyle\int_0^\infty |\underline{A}_B(j2\pi f)|^2\, |\underline{u}_r(f)|^2 df} \tag{4.217}$$

Er ist geringer als der Signal-Rausch-Abstand nach (4.206), da hier das gesamte Rauschen und nicht nur der Anteil im Bereich $f_U < f < f_O$ eingeht.

Die Rauschleistung $P_{r,a}$ spielt in der Praxis eine große Rolle, da sie bei einer entsprechend großen Bandbreite des Verstärkers deutlich größer sein kann als die Nutzleistung; dadurch werden alle nachfolgenden Komponenten der Signalverarbeitungskette primär durch das verstärkte Rauschen ausgesteuert und unter Umständen sogar übersteuert.

Der Signal-Rausch-Abstand SNR_a ist nur dann von Bedeutung, wenn das Rauschen außerhalb des Bereichs $f_U < f < f_O$ bis zum Ausgang der Signalverarbeitungskette übertragen wird und dort tatsächlich störend wirkt. Insofern besteht ein Zusammenhang mit dem Einsatz eines Bewertungsfilters: man erhält den Signal-Rausch-Abstand SNR_e nach (4.206), indem man in (4.217) *zusätzlich* einen idealen Bandpass mit der unteren Grenzfrequenz f_U und der oberen Grenzfrequenz f_O als Bewertungsfilter einsetzt.

4.2.4.5.7 Äquivalente Rauschbandbreite

Wenn die Rauschdichten des Signalgenerators und des Verstärkers innerhalb der Übertragungsbandbreite näherungsweise konstant sind – damit ist auch die Rauschzahl näherungsweise konstant –, erhält man am Ausgang des Verstärkers die Rauschleistung:

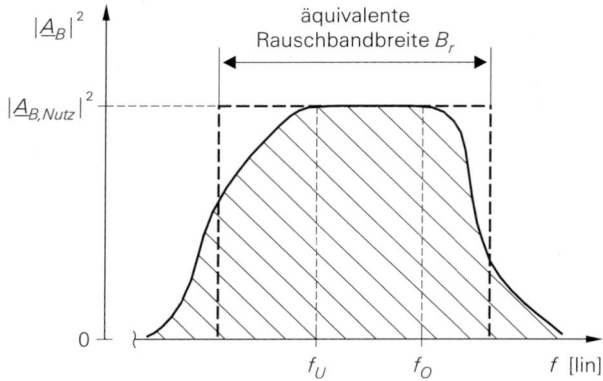

Abb. 4.162.
Äquivalente Rauschband-
breite eines Verstärkers

$$P_{r,a} \approx F\,|\underline{u}_{r,g}|^2 \int_0^\infty |\underline{A}_B(j2\pi f)|^2\, df = F\,|\underline{u}_{r,g}|^2\,|\underline{A}_{B,Nutz}|^2\, B_r$$

Die Bandbreite

$$B_r = \frac{\displaystyle\int_0^\infty |\underline{A}_B(j2\pi f)|^2\, df}{|\underline{A}_{B,Nutz}|^2} \tag{4.218}$$

wird *äquivalente Rauschbandbreite* genannt. Sie gibt die Bandbreite eines idealen Filters mit der Verstärkung $\underline{A}_{B,Nutz}$ an, das dieselbe Rauschleistung $P_{r,a}$ besitzt wie der
Verstärker. Anschaulich bedeutet dies, dass die Fläche unter dem Betragsquadrat-Verlauf
$|\underline{A}_B(j2\pi f)|^2$ durch ein flächengleiches Rechteck der *Höhe* $|\underline{A}_{B,Nutz}|^2$ und der *Breite* B_r
ersetzt wird, siehe Abb. 4.162.

Als Beispiel berechnen wir die äquivalente Rauschbandbreite eines Verstärkers mit
einer Übertragungsfunktion entsprechend einem Tiefpass 1. Grades:

$$\underline{A}_B(s) = \frac{A_0}{1 + \dfrac{s}{\omega_g}} \quad\Rightarrow\quad |\underline{A}_B(j2\pi f)|^2 = \frac{A_0^2}{1 + \left(\dfrac{f}{f_g}\right)^2}$$

Mit $|\underline{A}_{B,Nutz}|^2 = A_0^2$ folgt:

$$B_r = \int_0^\infty \frac{1}{1 + \left(\dfrac{f}{f_g}\right)^2}\, df = \left[f_g \arctan \frac{f}{f_g}\right]_0^\infty = \frac{\pi}{2}\, f_g \approx 1{,}57 \cdot f_g$$

Demnach ist die äquivalente Rauschbandbreite eines Tiefpasses 1. Grades um den Faktor
1,57 größer als die Grenzfrequenz f_g, die in diesem Fall der 3dB-Grenzfrequenz f_{-3dB}
entspricht. Abbildung 4.163 enthält die entsprechenden Faktoren für Tiefpässe höheren
Grades für den Fall eines mehrfachen Pols und den Fall einer Butterworth-Charakteristik
mit maximal flachem Betragsfrequenzgang. In diesen und in den meisten anderen, in
der Praxis auftretenden Fällen ist die äquivalente Rauschbandbreite größer als die 3dB-
Bandbreite; sie kann jedoch auch kleiner sein.

In der Praxis wird nur selten mit der äquivalenten Rauschbandbreite gerechnet; man
verwendet statt dessen die 3dB-Bandbreite und nimmt den vor allem bei höherem Grad

Grad	B_r/f_{-3dB}	
	mehrfacher Pol	Butterworth
1	$\pi/2 = 1{,}57$	$\pi/2 = 1{,}57$
2	1,22	1,11
3	1,15	1,05
4	1,13	1,03
5	1,11	1,02

Abb. 4.163.
Äquivalente Rauschbandbreite B_r bei Tiefpässen

geringen Fehler in Kauf. Eine große Bedeutung hat die äquivalente Rauschbandbreite dagegen bei der Messung von Rauschdichten; dabei wird der interessierende Frequenzbereich mit einem sehr schmalbandigen Bandpass *abgefahren* und die Rauschleistung am Ausgang mit Hilfe der äquivalenten Rauschbandbreite in die zu ermittelnde Rauschdichte umgerechnet.

4.2.4.6 Optimierung der Rauschzahl

Wir beschränken uns im folgenden auf die Optimierung der Rauschzahl im Bereich des weißen Rauschens; die Rauschdichten sind in diesem Fall frequenzunabhängig. Eine Optimierung außerhalb dieses Bereichs ist erheblich aufwendiger, da hierzu die Minimierung von Integralgleichungen erforderlich ist; dies geschieht in der Praxis ausschließlich numerisch. Eine Optimierung im Bereich des weißen Rauschens hat jedoch im allgemeinen auch eine Verbesserung im Bereich des 1/f- oder des hochfrequenten Rauschens zur Folge; deshalb sind die Ergebnisse *tendenziell* übertragbar.

Die Optimierungsaufgabe an sich hängt vom Umfeld ab. Der Anwender integrierter Schaltungen steht meist vor der Aufgabe, das Signal einer vorgegebenen Quelle möglichst rauscharm zu verstärken. Dazu muss er einen Verstärker auswählen, der für den vorgegebenen Innenwiderstand R_g eine möglichst geringe Rauschzahl erzielt; er kann dazu (4.189) oder (4.196) verwenden, je nachdem, ob im Datenblatt $|\underline{u}_{r,0}|$ und $|\underline{i}_{r,0}|$ oder F_{opt} und R_{gopt} angegeben sind. Im Niederfrequenz-Bereich werden meist VV-Operationsverstärker eingesetzt; ihre Rauscheigenschaften werden im Abschnitt 5.5 beschrieben. Bei Video- und Hochfrequenzanwendungen ist die Aufgabe insofern einfacher, als hier mit Anpassung, d.h. mit festen Quellen- und Lastwiderständen, gearbeitet wird: $R_g = 75\,\Omega$ bzw. $R_g = 50\,\Omega$. In den Datenblättern sind die Rauschzahlen für diesen Betrieb angegeben, so dass der Anwender direkt vergleichen kann. Für spezielle Anwendungen, z.B. Fotodioden-Empfänger, werden spezielle Verstärker angeboten.

Für den Entwickler integrierter Schaltungen stellt sich die Optimierungsaufgabe auf andere Weise. Er muss eine geeignete Technologie, eine geeignete Schaltung und einen geeigneten Arbeitspunkt für diese Schaltung finden, um ein optimales Ergebnis zu erhalten. Wir gehen im folgenden auf die grundlegenden Zusammenhänge ein, die diese dreistufige Auswahl beeinflussen.

4.2.4.6.1 Rauschquellen in integrierten Schaltungen

Das Rauschen integrierter Schaltungen wird durch die Transistoren und die ohmschen Widerstände verursacht; Kapazitäten und Induktivitäten sind rauschfrei. Abbildung 4.164 zeigt die Rauschquellen eines Bipolartransistors, eines Mosfets und eines ohmschen Widerstands.

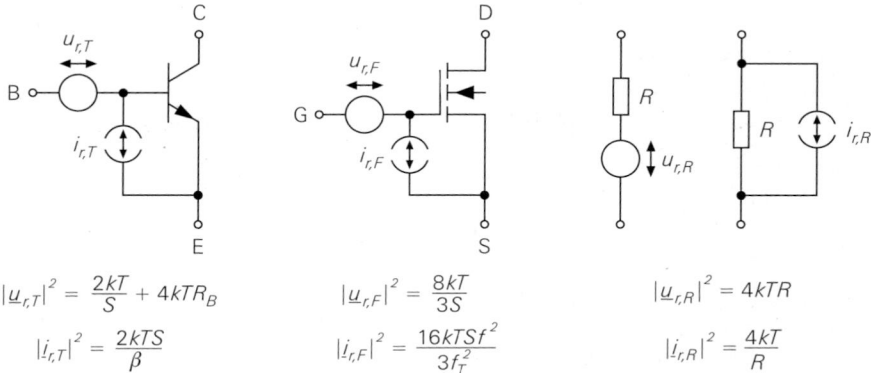

$$|\underline{u}_{r,T}|^2 = \frac{2kT}{S} + 4kTR_B \qquad |\underline{u}_{r,F}|^2 = \frac{8kT}{3S} \qquad |\underline{u}_{r,R}|^2 = 4kTR$$

$$|\underline{i}_{r,T}|^2 = \frac{2kTS}{\beta} \qquad |\underline{i}_{r,F}|^2 = \frac{16kTSf^2}{3f_T^2} \qquad |\underline{i}_{r,R}|^2 = \frac{4kT}{R}$$

Abb. 4.164. Rauschquellen eines Bipolartransistors, eines Mosfets und eines ohmschen Widerstands

Ohmscher Widerstand

Bei ohmschen Widerständen verwenden wir bevorzugt die Darstellung mit einer Rauschstromquelle mit der Rauschdichte:

$$|\underline{i}_{r,R}|^2 = \frac{4kT}{R}$$

Damit wird allerdings nur das thermische Rauschen eines idealen Widerstands erfasst; reale Widerstände in integrierten Schaltungen können je nach Ausführung eine geringfügig bis deutlich höhere Rauschdichte aufweisen.

Bipolartransistor

Für einen Bipolartransistor gilt nach (2.59) und (2.60) im Bereich des weißen Rauschens, d.h. für $f_{g(1/f)} < f < f_T/\sqrt{\beta} \approx f_T/10$:

$$|\underline{u}_{r,T}|^2 = \frac{2kTU_T}{I_{C,A}} + 4kTR_B = \frac{2kT}{S} + 4kTR_B$$

$$|\underline{i}_{r,T}|^2 = \frac{2qI_{C,A}}{\beta} = \frac{2kTS}{\beta}$$

Dabei wird $S = I_{C,A}/U_T$ und $U_T = kT/q$ verwendet. Wir beschränken uns hier auf den Bereich kleiner und mittlerer Ströme; dadurch entfällt der dritte Term in (2.59). Man erkennt, dass ein rauscharmer Bipolartransistor einen kleinen Basisbahnwiderstand R_B und eine hohe Stromverstärkung β aufweisen muss. Während die Stromverstärkung durch die Technologie vorgegeben ist, kann man den Basisbahnwiderstand über die Skalierung beeinflussen: R_B ist im allgemeinen umgekehrt proportional zur Größe des Transistors. Demnach kann man die Rauschspannungsdichte im Bereich mittlerer Ströme durch Vergrößern des Transistors verringern. Das geht allerdings zu Lasten der Bandbreite, da die Kapazitäten des Transistors zunehmen, während die Steilheit gleich bleibt.

Abbildung 4.165 zeigt die Rauschzahl eines Bipolartransistors mit $\beta = 100$ und $R_B = 10\,\Omega$ in der $I_{C,A}$–R_g–Ebene. Durch Einsetzen der Rauschdichten in (4.194) und (4.195) erhält man [37]:

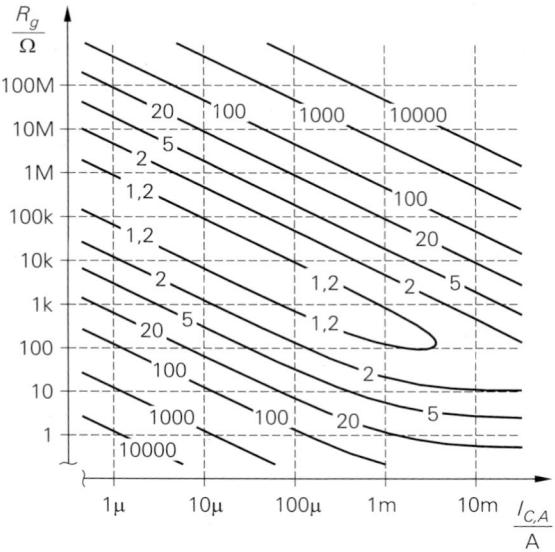

Abb. 4.165.
Rauschzahl eines Bipolartransistors mit $\beta = 100$ und $R_B = 10\,\Omega$

$$R_{g\,opt,T} = \frac{\sqrt{\beta}}{S}\sqrt{1 + 2SR_B} \overset{R_B \to 0}{\approx} \frac{\sqrt{\beta}}{S} \overset{\beta \approx 100}{\approx} \frac{10}{S} = \frac{0,26\,\text{V}}{I_{C,A}}$$

$$F_{opt,T} = 1 + \sqrt{\frac{1 + 2SR_B}{\beta}} \overset{R_B \to 0}{\approx} 1 + \frac{1}{\sqrt{\beta}} \overset{\beta \approx 100}{\approx} 1,1$$

Dieses Optimum gilt allerdings nur für den Fall, dass man S bzw. $I_{C,A}$ als gegeben betrachtet und R_g variiert.

Einen anderen Zusammenhang erhält man, wenn man R_g vorgibt und den optimalen Ruhestrom $I_{C,A}$ ermittelt; dann gilt [37]:

$$I_{C,Aopt}(R_g) = \frac{U_T \sqrt{\beta}}{R_g}$$

$$F_{opt,T}(R_g) = 1 + \frac{R_B}{R_g} + \frac{1}{\sqrt{\beta}}$$

Dieses Optimum hat bei Niederfrequenz-Anwendungen die größere Bedeutung, da R_g im allgemeinen vorgegeben ist und nur mit einem Übertrager angepasst werden kann; dagegen kann man $I_{C,A}$ einfach ändern. Da wir uns in diesem Abschnitt auf kleine und mittlere Ströme beschränkt haben, geht allerdings die Obergrenze von $I_{C,Aopt}(R_g)$, die durch den Basisbahnwiderstand R_B verursacht wird, verloren; deshalb verwenden wir im folgenden das genauere Ergebnis aus (2.66):

$$I_{C,Aopt}(R_g) = \frac{U_T \sqrt{\beta}}{R_g + R_B} \quad \Rightarrow \quad I_{C,Aopt}(R_g \to 0) = \frac{U_T \sqrt{\beta}}{R_B} \overset{\beta \approx 100}{\approx} \frac{0,26\,\text{V}}{R_B}$$

Ein größerer Ruhestrom ist nicht sinnvoll.

---

[37] Aufgrund der Vernachlässigungen erhält man hier einfachere Gleichungen als im Abschnitt 2.3.4. Trotz der formalen Unterschiede sind die Unterschiede für typische Zahlenwerte gering.

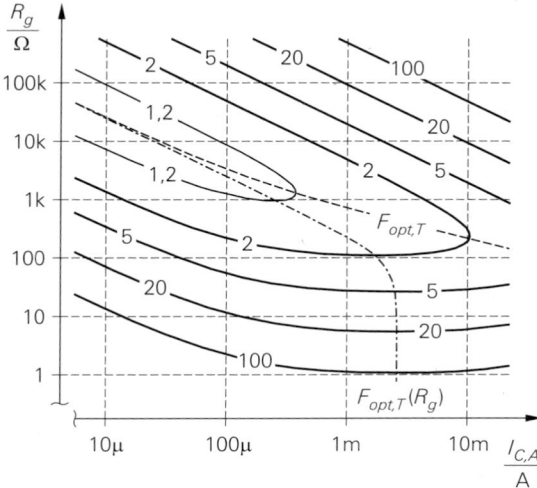

Abb. 4.166.
Optimale Rauschzahlen $F_{opt,T}$
und $F_{opt,T}(R_g)$ eines Bipolartransistors mit $\beta = 100$ und
$R_B = 100\,\Omega$

Die Differenz zwischen $F_{opt,T}$ und $F_{opt,T}(R_g)$ wird durch den Basisbahnwiderstand verursacht; für $R_B = 0$ erhält man gleiche Werte. Zur Verdeutlichung ist in Abb. 4.166 die Rauschzahl eines Bipolartransistors mit $\beta = 100$ und $R_B = 100\,\Omega$ zusammen mit den Verläufen von $F_{opt,T}$ und $F_{opt,T}(R_g)$ dargestellt. Man erkennt deutlich, dass $F_{opt,T}$ das Optimum in R_g-Richtung und $F_{opt,T}(R_g)$ das Optimum in $I_{C,A}$-Richtung ist. Für $R_g < R_B$ nimmt $F_{opt,T}(R_g)$ stark zu; für $R_g = 1\,\Omega$ wird nur noch eine Rauschzahl von 100 erzielt. In Abb. 4.166 erkennt man auch die Obergrenze für den Ruhestrom.

Für Ströme im Bereich $I_{C,A} = 10\,\mu A \ldots 1\,mA$ gilt $R_{gopt,T} \approx 26\,k\Omega \ldots 260\,\Omega$. Bei größeren Ruheströmen muss man den Basisbahnwiderstand berücksichtigen. Als Untergrenze für $R_{gopt,T}$ kann man den Wert $\sqrt{\beta}R_B \approx 10R_B$ ansehen; dann sind die durch β und R_g verursachten Anteile in $F_{opt,T}(R_g)$ etwa gleich groß und es gilt noch $F_{opt,T}(R_g) \approx F_{opt,T}$. Die Obergrenze für $R_{gopt,T}$ hängt von der geforderten Bandbreite ab; man kann $I_{C,A}$ nicht beliebig reduzieren, da die Transitfrequenz f_T im Bereich sehr kleiner Ströme proportional zu $I_{C,A}$ abnimmt, siehe Abb. 2.44. Der Grenzstrom, unterhalb dem die Transitfrequenz abnimmt, beträgt:

$$I_{C,A} = \frac{U_T}{\tau_{0,N}}\left(C_{S,E} + C_{S,C}\right) \approx \frac{U_T}{\tau_{0,N}}\left(2C_{S0,E} + C_{S0,C}\right)$$

Bei einem npn-Transistor mit den Parametern aus Abb. 4.5 (Größe 1) beträgt der Grenzstrom $100\,\mu A$; daraus folgt $R_{gopt} = 2,6\,k\Omega$. Bei einem pnp-Transistor ist der Basisbahnwiderstand üblicherweise geringer als bei einem npn-Transistor; dadurch wird vor allem bei niederohmigen Quellen eine geringere Rauschzahl erzielt. Allerdings ist die Transitfrequenz eines pnp-Transistors selbst bei einer komplementären Technologie geringer als die eines npn-Transistors. Bei Technologien, in denen nur laterale pnp-Transistoren zur Verfügung stehen, ist die Transitfrequenz der pnp-Transistoren um bis zu 3 Zehnerpotenzen niedriger als die der npn-Transistoren.

Beispiel: Ein Breitband-Transistor BFR93 mit $\beta = 95$ und $R_B = 20\,\Omega$ soll mit einer Signalquelle mit $R_g = 50\,\Omega$ betrieben werden. Man erhält $I_{C,Aopt}(R_g) = 3,6\,mA$ und $F_{opt,T}(R_g) = 1,5$. Für diesen Arbeitspunkt gilt $S = 138\,mS$, $R_{gopt,T} = 180\,\Omega$ und $F_{opt,T} = 1,26$, d.h. das Optimum *für diesen Arbeitspunkt* wird nicht ganz erreicht. Wenn man fälschlicherweise die Gleichung für $R_{gopt,T}$ mit der Bedingung $R_{gopt,T} = 50\,\Omega$ auswertet, erhält man $S = 1{,}55\,\text{S}$ und $I_{C,A} = 40\,\text{mA}$; daraus folgt $F_{opt,T} = 1{,}8$. Dieses Beispiel zeigt, dass man bei niederohmigen Signalquellen in $I_{C,A}$-Richtung optimieren muss; eine Optimierung in R_g-Richtung führt auf eine höhere Rauschzahl.

Mosfet

Für einen Mosfet mit den typischen Rauschfaktoren $k_{D,r} \approx 2/3, k_{G,r} \approx 4/15, c_{GD,r} \approx 0{,}4$ und

$$k_{I,r} = k_{D,r} + k_{G,r} + 2c_{GD,r}\sqrt{k_{D,r}k_{G,r}} \approx 2k_{D,r} \approx \frac{4}{3}$$

gilt nach (3.50) und (3.51) für $f > f_{g(1/f)}$:

$$|\underline{u}_{r,F}|^2 = \frac{8kT}{3S} = \frac{8kT}{3\sqrt{2KI_{D,A}}}$$

$$|\underline{i}_{r,F}(f)|^2 = \frac{16kTS}{3}\left(\frac{f}{f_T}\right)^2 = \frac{16kT\sqrt{2KI_{D,A}}}{3}\left(\frac{f}{f_T}\right)^2$$

Dabei wird $S = \sqrt{2KI_{D,A}}$ verwendet. Diese Beschreibung gilt bis zur Steilheitsgrenzfrequenz f_{Y21s}, die normalerweise größer als die Transitfrequenz f_T ist. Die Rauschstromdichte ist frequenzabhängig, d.h. es gibt keinen Bereich mit weißem Stromrauschen. Wir werden aber bei der Untersuchung der Grundschaltungen noch feststellen, dass durch die Beschaltung weitere Rauschquellen anfallen, die das Stromrauschen des Mosfets in einem mehr oder weniger großen Bereich überdecken; dadurch wird die äquivalente Rauschstromdichte der Schaltung in diesem Bereich frequenzunabhängig.

Durch Einsetzen der Rauschdichten in (4.194) und (4.195) erhält man:

$$R_{gopt,F}(f) \approx \frac{f_T}{\sqrt{2}Sf}$$

$$F_{opt,F}(f) \approx 1 + 2\frac{f}{f_T}$$

Für $f \ll f_T$ gilt $F_{opt,F} \to 1$, d.h. ein Mosfet ist im optimalen Betriebspunkt praktisch rauschfrei. Bei schmalbandigen Anwendungen kann man die Frequenzabhängigkeit vernachlässigen und für f die Mittenfrequenz einsetzen. Dagegen muss man bei breitbandigen Anwendungen die mittlere Rauschstromdichte

$$|\underline{i}_{r,F}[f_U,f_O]|^2 = \frac{1}{f_O - f_U}\int_{f_U}^{f_O}|\underline{i}_{r,F}(f)|^2 df$$

$$= \frac{16kTS}{9f_T^2}\frac{f_O^3 - f_U^3}{f_O - f_U} \overset{f_O \gg f_U}{\approx} \frac{16kTS}{9}\left(\frac{f_O}{f_T}\right)^2$$

im Bereich zwischen der unteren Grenzfrequenz f_U und der oberen Grenzfrequenz f_O verwenden; daraus folgt mit $f_O \gg f_U$:

$$R_{gopt,F}[f_U,f_O] \approx \frac{\sqrt{3}f_T}{\sqrt{2}Sf_O} = R_{gopt,F}(f)\big|_{f=f_O/\sqrt{3}}$$

$$F_{opt,F}[f_U,f_O] \approx 1 + \frac{2}{\sqrt{3}}\frac{f_O}{f_T} = F_{opt,F}(f)\big|_{f=f_O/\sqrt{3}}$$

Man muss demnach nur $f = f_O/\sqrt{3}$ einsetzen, um die optimalen Werte für eine breitbandige Anwendung zur erhalten. Auch hier gilt $F_{opt,F} \to 1$, da die obere Grenzfrequenz f_O bei vielen Anwendungen mindestens um den Faktor 100 unter der Transitfrequenz liegt.

Aus den Gleichungen für $R_{gopt,F}$ darf man nicht schließen, dass die Anpassung an eine Quelle durch geeignete Wahl der Transitfrequenz optimiert werden kann; die Rauschzahl wird nicht nämlich nur im optimalen, sondern in *jedem* Betriebsfall für $f_T \to \infty$ minimal. Daraus folgt, dass man f_T maximieren muss, indem man die Steilheit S bei gegebener Gate-Fläche $A = WL$ maximiert; dazu muss man die Stromdichte $I_{D,A}/W$ im Arbeitspunkt maximieren:

$$f_T \sim \frac{S}{C} \sim \frac{\sqrt{2KI_{D,A}}}{A} \sim \frac{\sqrt{WI_{D,A}}}{W} = \sqrt{\frac{I_{D,A}}{W}}$$

Mit zunehmender Stromdichte nehmen aber die Rauschfaktoren $k_{D,r}$ und $k_{G,r}$ zu; dadurch nimmt auch die Rauschzahl oberhalb einer bestimmten Stromdichte wieder zu. Die optimale Stromdichte hängt von der Technologie ab und liegt im Bereich $I_{D,A}/W \approx 0,1\ldots0,2\,\mathrm{mA}/\mu\mathrm{m}$. Im Gegensatz zum Bipolartransistor hängt die optimale Steilheit eines Mosfets demnach nicht vom Innenwiderstand R_g, sondern von der Technologie ab.

In die Rauschdichten geht zwar nur die Steilheit $S = \sqrt{2KI_{D,A}}$ ein, d.h. die Wahl von $I_{D,A}$ und K wirkt sich im Bereich des weißen Rauschens nicht auf $R_{gopt,F}$ und $F_{opt,F}$ aus, aber die *Lage* dieses Bereichs hängt von dieser Wahl ab, da die 1/f-Grenzfrequenz beeinflusst wird. Wegen

$$f_{g(1/f)} \sim k_{(1/f)}\sqrt{\frac{I_{D,A}}{K}} \sim \frac{1}{L^2}\sqrt{\frac{I_{D,A}L}{W}} = I_{D,A}^{1/2}\,W^{-1/2}\,L^{-3/2}$$

wird man bei vorgegebener Gate-Fläche $A = WL$ bevorzugt L zu Lasten von W vergrößern; dadurch nimmt K ab. Minimales 1/f-Rauschen erhält man demnach mit geometrisch großen, aber elektrisch kleinen Mosfets, die mit hohem Strom betrieben werden. Auch hier gerät man wie beim Bipolartransistor mit der Bandbreite in Konflikt:

$$f_T \sim \frac{S}{C} \sim \frac{\sqrt{2KI_{D,A}}}{A} \sim \frac{\sqrt{\frac{W}{L}}\sqrt{I_{D,A}}}{WL} = I_{D,A}^{1/2}\,W^{-1/2}\,L^{-3/2}$$

Daraus folgt $f_{g(1/f)} \sim f_T$, d.h. bei einer Reduktion der 1/f-Grenzfrequenz wird auch die Transitfrequenz reduziert.

4.2.4.6.2 Vergleich von Bipolartransistor und Mosfet

Die Rauschspannungsdichten eines Bipolartransistors und eines Mosfets sind im Bereich des weißen Rauschens nahezu gleich, wenn man gleiche Steilheit annimmt:

$$\frac{|\underline{u}_{r,T}|^2}{|\underline{u}_{r,F}|^2} = \frac{3}{4}\frac{S_F}{S_T} \overset{S_T=S_F}{=} \frac{3}{4}$$

Nimmt man dagegen gleiche Ströme an, ist die Rauschspannungsdichte des Bipolartransistors aufgrund der höheren Steilheit deutlich geringer:

$$\frac{|\underline{u}_{r,T}|^2}{|\underline{u}_{r,F}|^2} \overset{I_{C,A}=I_{D,A}}{=} \frac{3}{2}\frac{U_T}{U_{GS,A}-U_{th}} \overset{U_{GS,A}-U_{th}\approx 1\,\mathrm{V}}{\approx} \frac{1}{25}$$

Der praktisch bedeutsame Fall gleicher Bandbreite liegt zwischen diesen Grenzfällen. Da die Kapazitäten eines Mosfets im allgemeinen geringer sind als die eines Bipolartransistors, ist die für ein vorgegebenes Verstärkungs-Bandbreite-Produkt erforderliche Steilheit ebenfalls geringer; deshalb gilt meist $S_F < S_T$ und $I_{D,A} > I_{C,A}$. Unter vergleichbaren Bedingungen ist demnach die Rauschspannungsdichte eines Mosfets mehr oder weniger größer als die eines Bipolartransistors. Ganz anders sind die Verhältnisse im Bereich des 1/f-Rauschens; hier ist die Rauschspannungsdichte eines Mosfets aufgrund der um bis zu vier Zehnerpotenzen höheren 1/f-Grenzfrequenz erheblich größer.

Im Gegensatz zur Rauschspannungsdichte ist die Rauschstromdichte eines Mosfets im Bereich kleiner und mittlerer Frequenzen erheblich geringer als die eines Bipolartransistors:

$$\frac{|\underline{i}_{r,T}|^2}{|\underline{i}_{r,F}(f)|^2} \overset{f<f_{T,T}/\sqrt{\beta}}{=} \frac{3}{8\beta}\frac{S_T}{S_F}\left(\frac{f_{T,F}}{f}\right)^2 \overset{f\to 0}{\longrightarrow} \infty$$

Die Bedingung $f < f_{T,T}/\sqrt{\beta} \approx f_{T,T}/10$ ist erforderlich, da wir uns hier auf den Bereich des weißen Rauschens beschränkt haben. Für $f > f_{T,T}/\sqrt{\beta}$ nimmt auch die Rauschstromdichte eines Bipolartransistors proportional zu $(f/f_{T,T})^2$ zu, siehe (2.58); deshalb sind die Rauschstromdichten in diesem Bereich bei gleicher Transitfrequenz etwa gleich.

Aus den Verhältnissen der Rauschdichten folgt für den Bereich des weißen Rauschens ein grundlegender Zusammenhang:

Unter vergleichbaren Bedingungen ist die Rauschspannungsdichte eines Mosfets etwas größer, die Rauschstromdichte dagegen erheblich kleiner als die entsprechende Rauschdichte eines Bipolartransistors. Daraus folgt, dass der optimale Quellenwiderstand eines Mosfets wesentlich größer ist als der eines Bipolartransistors. Deshalb erzielt man bei niederohmigen Quellen mit Bipolartransistoren und bei hochohmigen Quellen mit Mosfets eine geringere Rauschzahl.

Es stellt sich die Frage nach der Grenze, d.h. nach dem Quellenwiderstand, für den ein Bipolartransistor und ein Mosfet dieselbe Rauschzahl erzielen; aus der Bedingung

$$|\underline{u}_{r,T}|^2 + R_g^2|\underline{i}_{r,T}|^2 = |\underline{u}_{r,F}|^2 + R_g^2|\underline{i}_{r,F}(f)|^2$$

folgt:

$$R_{g,T\leftrightarrow F} = \sqrt{\frac{|\underline{u}_{r,F}|^2 - |\underline{u}_{r,T}|^2}{|\underline{i}_{r,T}|^2 - |\underline{i}_{r,F}(f)|^2}} \overset{|\underline{i}_{r,T}|^2 \gg |\underline{i}_{r,F}(f)|^2}{\approx} \sqrt{\frac{|\underline{u}_{r,F}|^2 - |\underline{u}_{r,T}|^2}{|\underline{i}_{r,T}|^2}}$$

Die Grenze hängt nicht von der Frequenz ab, solange die Rauschstromdichte des Mosfets vernachlässigt werden kann; dazu muss

$$\left(\frac{f_O}{f_{T,F}}\right)^2 \ll \frac{1}{\beta} \approx \frac{1}{100}$$

gelten, d.h. die obere Grenzfrequenz f_O muss mindestens um den Faktor 30 unter der Transitfrequenz des Mosfets liegen. Durch Einsetzen der Rauschdichten erhält man:

$$R_{g,T\leftrightarrow F} \overset{|\underline{i}_{r,T}|^2 \gg |\underline{i}_{r,F}(f)|^2}{\approx} \sqrt{\frac{\beta}{S_T}\left(\frac{4}{3S_F} - \frac{1}{S_T}\right)} \overset{S_T \gg S_F}{\underset{\beta \approx 100}{\approx}} \frac{12}{\sqrt{S_T S_F}} \qquad (4.219)$$

Es muss demnach

$$S_T > \frac{3}{4} S_F$$

gelten, damit die Grenze existiert; sonst ist der Mosfet im Bereich des weißen Rauschens generell besser. In vergleichbaren Niederfrequenz-Schaltungen ist die Steilheit eines Bipolartransistors aber meist deutlich größer als die eines Mosfets und man kann die Näherung verwenden.

In der Praxis ist die Grenze $R_{g,T \leftrightarrow F}$ oft nicht von Interesse, da man im allgemeinen durch die verwendete Technologie beschränkt ist und diese nicht nur mit Blick auf die Rauschzahl *eines* Verstärkers auswählen kann; vielmehr möchte man wissen, in welchem Bereich eine *geforderte* Rauschzahl erzielt werden kann. Durch Auflösen von (4.196) nach R_g erhält man eine quadratische Gleichung mit der Lösung:

$$R_{g,u/o} = R_{gopt} \left(\frac{F-1}{F_{opt}-1} \pm \sqrt{\left(\frac{F-1}{F_{opt}-1}\right)^2 - 1} \right)$$

Für $F > F_{opt}$ erhält man eine *untere* Grenze mit $R_{g,u} < R_{gopt}$ und eine *obere* Grenze mit $R_{g,o} > R_{gopt}$; für $F = F_{opt}$ gilt $R_{g,u} = R_{g,o} = R_{gopt}$ und für $F < F_{opt}$ existiert keine Lösung. Ferner gilt $R_{g,u} R_{g,o} = R_{gopt}^2$. Für

$$F - 1 > 2\left(F_{opt} - 1\right)$$

kann man eine Reihenentwicklung der Wurzel vornehmen und die Reihe nach dem linearen Glied abbrechen [38]; daraus folgt:

$$R_{g,u} \approx \frac{R_{gopt}}{2} \frac{F_{opt}-1}{F-1} \quad , \quad R_{g,o} \approx 2 R_{gopt} \frac{F-1}{F_{opt}-1}$$

Für einen Bipolartransistor erhält man:

$$R_{g,uT} \approx \left(\frac{1}{2S} + R_B \right) \frac{1}{F-1} \quad , \quad R_{g,oT} \approx \frac{2\beta}{S}(F-1)$$

Der Basisbahnwiderstand R_B geht nur in die untere Grenze ein. Für einen Mosfet gilt bei breitbandigen Anwendungen:

$$R_{g,uF} \approx \frac{1}{\sqrt{2}S(F-1)} \quad , \quad R_{g,oF} \approx \frac{2(F-1)}{S}\left(\frac{f_T}{f_O}\right)^2$$

Hier ist die obere Lösung $R_{g,oF}$ frequenzabhängig.

4.2.4.6.3 Optimaler Arbeitspunkt

Im Bereich des weißen Rauschens hängt der optimale Quellenwiderstand sowohl beim Bipolartransistor als auch beim Mosfet in erster Linie von der Steilheit ab; dies gilt prinzipiell auch für den Bereich des 1/f- und des Hochfrequenzrauschens, wie die entsprechenden Gleichungen in den Abschnitten 2.3.4 und 3.3.4 zeigen. Demnach ist die Optimierung der Rauschzahl in erster Linie eine Frage des Arbeitspunkts. Beim Bipolartransistor besteht aufgrund des Zusammenhangs $S = I_{C,A}/U_T$ kein Spielraum, d.h. zu jedem Quellenwiderstand existiert ein optimaler Kollektorstrom $I_{C,Aopt}(R_g)$; dagegen kann man beim Mosfet wegen $S = \sqrt{2K I_{D,A}}$ das Verhältnis zwischen dem Steilheitskoeffizienten K und dem Drainstrom $I_{D,A}$ variieren.

---

[38] Für $a > 2$ gilt: $\sqrt{a^2 - 1} \approx a - 1/(2a)$.

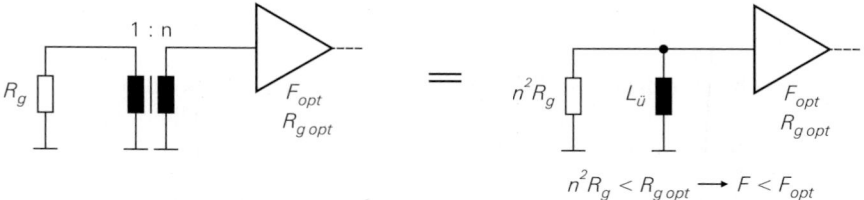

Abb. 4.167. Rauschanpassung mit einem Übertrager

In der Praxis kann man den Kollektor- oder Drainstrom im Arbeitspunkt nur selten ausschließlich nach Rausch-Gesichtspunkten wählen, da konkurrierende Anforderungen bezüglich Bandbreite, Impedanzniveau und – mit zunehmender Miniaturisierung und Portabilität moderner Systeme immer häufiger – Leistungsaufnahme bestehen. Tendenziell sind die Verhältnisse günstig: mit zunehmender Frequenz muss man die Systeme aufgrund der unvermeidlichen Kapazitäten immer niederohmiger machen, was eine Reduktion der Quellenwiderstände in der Schaltung zur Folge hat; dabei muss man auch die Steilheiten der Transistoren erhöhen, was eine Reduktion der optimalen Quellenwiderstände der Transistoren zur Folge hat, die demzufolge den Quellenwiderständen in der Schaltung tendenziell folgen.

Im folgenden stellen wir noch zwei Verfahren zur Rauschanpassung durch Impedanztransformation vor, die bei besonders hohen Anforderungen, vor allem im Bereich der drahtlosen Empfangstechnik, angewendet werden.

4.2.4.7 Rauschanpassung

4.2.4.7.1 Rauschanpassung mit einem Übertrager

Wenn keine Gleichspannungsverstärkung benötigt wird und besonders hohe Anforderungen bezüglich des Rauschens gestellt werden, kann man eine Rauschanpassung mit einem Übertrager vornehmen; dabei wird der Innenwiderstand R_g in den Bereich des optimalen Quellenwiderstands R_{gopt} transformiert. Dieses Verfahren wird vor allem bei sehr kleinen Innenwiderständen ($R_g < 50\,\Omega$) angewendet, da es keine Verstärker mit entsprechend geringem optimalen Quellenwiderstand gibt. Abbildung 4.167 zeigt eine Transformation von R_g auf $n^2 R_g$ mit einem 1:n-Übertrager; ein Zahlenbeispiel findet sich am Ende von Abschnitt 2.3.4.

Die untere Grenzfrequenz ergibt sich aus der Induktivität des Übertragers:

$$f_U = \frac{n^2 R_g}{2\pi L_{\ddot{U}}}$$

Daraus folgt, dass man bei NF-Anwendungen Übertrager mit hoher Induktivität und entsprechend großen Abmessungen einsetzen muss, was im allgemeinen unpraktisch ist; dagegen sind Übertrager für den Frequenzbereich von 1 MHz bis 1 GHz als SMD-Bauteile mit einem Volumen von $0{,}1\ldots0{,}5\,\text{cm}^3$ erhältlich.

4.2.4.7.2 Rauschanpassung mit einem Resonanztransformator

Bei hohen Frequenzen und geringer Bandbreite kann man anstelle eines Übertragers einen Resonanztransformator einsetzen. Besonders häufig wird ein Π-Glied mit zwei Kapazitäten und einer Induktivität verwendet, das als *Collins-Filter* bzw. *Collins-Transformator*

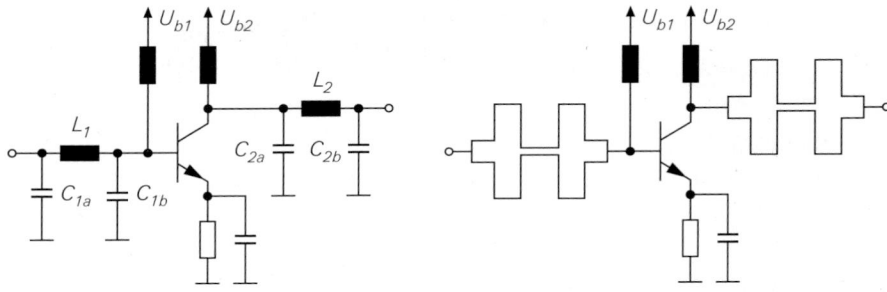

a mit Induktivitäten und Kapazitäten   **b** mit Streifenleitern

Abb. 4.168. Rauschanpassung am Eingang und Leistungsanpassung am Ausgang mit Collins-Filtern

bezeichnet wird. Ein HF-Verstärker enthält gewöhnlich zwei Resonanztransformatoren: einen am Ausgang zur Leistungsanpassung und einen am Eingang zur Leistungs- *oder* Rauschanpassung. Abbildung 4.168 zeigt eine Ausführung mit konzentrierten Bauelementen und eine mit Streifenleitern. Auf die Dimensionierung gehen wir im Abschnitt 24.2.7 näher ein.

4.2.4.8 Äquivalente Rauschquellen der Grundschaltungen

Bei der Berechnung der Rauschzahl haben wir bis jetzt nur die äquivalenten Rauschquellen der Transistoren berücksichtigt. Dies entspricht dem Idealfall, bei dem die Rauschquellen der zur Schaltung gehörenden ohmschen Widerstände und Stromquellen vernachlässigt werden können. Außerdem haben wir nur einen Transistor betrachtet. Im folgenden berechnen wir die äquivalenten Rauschquellen der elementaren Grundschaltungen, der Kaskodeschaltung und des Differenzverstärkers unter Berücksichtigung der erforderlichen Widerstände und Stromquellen.

4.2.4.8.1 Verfahren zur Berechnung der äquivalenten Rauschquellen

Jede Rauschquelle eines Verstärkers kann in eine äquivalente Rauschspannungsquelle und eine äquivalente Rauschstromquelle am Eingang des Verstärkers umgerechnet werden; dies geschieht in vier Schritten:

– Berechnung der Verstärkung $A = u_a/u_e$ bei Ansteuerung mit einer idealen Spannungsquelle ($u_e = u_g$) und der Transimpedanz $R_T = u_a/i_e$ bei Ansteuerung mit einer idealen Stromquelle ($i_e = i_g$). Wegen $u_e = i_e r_e$ gilt $R_T = A\, r_e$; dies ist von Bedeutung, da wir bei den Grundschaltungen nur A und r_e, nicht aber R_T berechnet haben.
– Berechnung der Kurzschlussausgangsspannung

$$u_{a,K} = A_{K,x} u_{r,x} \quad \text{bzw.} \quad u_{a,K} = R_{K,x} i_{r,x} \qquad \text{für } u_e = 0$$

und der Leerlaufausgangsspannung

$$u_{a,L} = A_{L,x} u_{r,x} \quad \text{bzw.} \quad u_{a,L} = R_{L,x} i_{r,x} \qquad \text{für } i_e = 0$$

für jede Rauschquelle $u_{r,x}$ bzw. $i_{r,x}$.
– Berechnung der äquivalenten Rauschspannung

$$u_{r,0x} = \frac{A_{K,x} u_{r,x}}{A} \quad \text{bzw.} \quad u_{r,0x} = \frac{R_{K,x} i_{r,x}}{A}$$

und des äquivalenten Rauschstroms

$$i_{r,0x} \;=\; \frac{A_{L,x} u_{r,x}}{R_T} \quad \text{bzw.} \quad i_{r,0x} \;=\; \frac{R_{L,x} i_{r,x}}{R_T}$$

für jede Rauschquelle $u_{r,x}$ bzw. $i_{r,x}$.

– Berechnung der Rauschdichten der äquivalenten Rauschquellen:

$$u_{r,0} \;=\; \sum_x u_{r,0x} \;\Rightarrow\; |\underline{u}_{r,0}|^2 \;=\; \sum_x |\underline{u}_{r,0x}|^2$$

$$i_{r,0} \;=\; \sum_x i_{r,0x} \;\Rightarrow\; |\underline{i}_{r,0}|^2 \;=\; \sum_x |\underline{i}_{r,0x}|^2$$

Dabei wird vorausgesetzt, dass die Rauschquellen $u_{r,x}$ bzw. $i_{r,x}$ unabhängig sind; damit sind auch die äquivalenten Rauschquellen $u_{r,0x}$ bzw. $i_{r,0x}$ unabhängig und man kann die jeweiligen Rauschdichten addieren.

Abbildung 4.169 zeigt die ersten drei Schritte dieses Verfahrens am Beispiel einer Rauschstromquelle $i_{r,x}$.

Im allgemeinen geht jede Rauschquelle sowohl in die äquivalente Rauschspannungsquelle als auch in die äquivalente Rauschstromquelle ein; deshalb sind die äquivalenten Rauschquellen streng genommen immer abhängig. Die Größenverhältnisse sind jedoch meist so, dass jede Rauschquelle nur in *eine* äquivalente Rauschquelle signifikant eingeht, während ihr Beitrag zur jeweils anderen äquivalenten Rauschquelle vernachlässigbar gering ist; dadurch sind die äquivalenten Rauschquellen praktisch unabhängig.

4.2.4.8.2 Emitterschaltung mit Stromgegenkopplung

Abbildung 4.170a zeigt eine Emitterschaltung mit Stromgegenkopplung und Widerständen zur Arbeitspunkteinstellung. Für $R_E = 0$ erhält man eine Emitterschaltung ohne Gegenkopplung, d.h. dieser Fall ist ebenfalls enthalten. Zur Berechnung der äquivalenten Rauschquellen verwenden wir das Kleinsignalersatzschaltbild in Abb. 4.170b, in dem die Rauschquellen des Transistors und der Widerstände enthalten sind. Der Kollektor-Emitter-Widerstand r_{CE} des Transistors kann vernachlässigt werden und ist deshalb nicht dargestellt. Der Basisbahnwiderstand R_B des Transistors wird im Kleinsignalersatzschaltbild ebenfalls vernachlässigt, ist aber in der Rauschspannungsdichte $|\underline{u}_{r,T}|^2$ enthalten und erscheint deshalb in den nachfolgenden Berechnungen, sobald die Rauschdichten eingesetzt werden. Die Widerstände R_1 und R_2 werden im folgenden zu $R_b = R_1 \,||\, R_2$ zusammengefasst; dadurch werden auch die Rauschströme $i_{r,R1}$ und $i_{r,R2}$ zu einem Rauschstrom $i_{r,Rb}$ zusammengefasst.

Die Verstärkung und die Transimpedanz kann man aus (2.82) und (2.83) entnehmen; unter Berücksichtigung des Einflusses von R_b auf den Eingangswiderstand r_e gilt:

$$A \;=\; -\frac{S R_C}{1 + S R_E}$$

$$R_T \;=\; A\, r_e \overset{r_e = R_b \,||\, (r_{BE} + \beta R_E)}{=\!=\!=\!=\!=\!=\!=} -\frac{\beta R_C R_b}{R_b + r_{BE} + \beta R_E}$$

Die Berechnung der Kurzschluss- und Leerlaufausgangsspannungen für die Rauschquellen ist aufwendig; wir geben hier nur das Ergebnis nach Umrechnung auf den Eingang an:

1: Berechnung der Verstärkung A

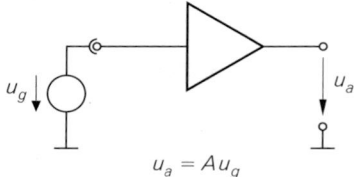

$$u_a = A u_g$$

1: Berechnung der Transimpedanz R_T

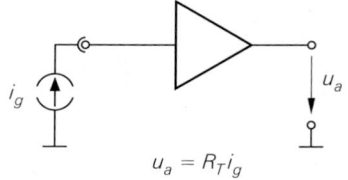

$$u_a = R_T i_g$$

2: Berechnung der Kurzschlussausgangsspannung für
   die Rauschquelle $i_{r,x}$

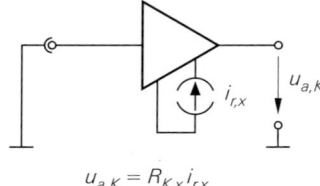

$$u_{a,K} = R_{K,x} i_{r,x}$$

2: Berechnung der Leerlauf-
   ausgangsspannung für
   die Rauschquelle $i_{r,x}$

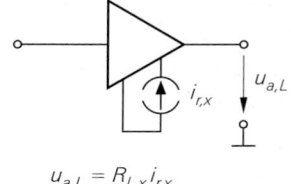

$$u_{a,L} = R_{L,x} i_{r,x}$$

3: Berechnung der äquivalenten
   Rauschspannung $u_{r,0x}$

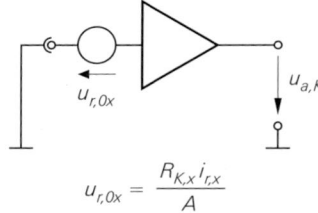

$$u_{r,0x} = \frac{R_{K,x} i_{r,x}}{A}$$

3: Berechnung des äquivalenten
   Rauschstroms $i_{r,0x}$

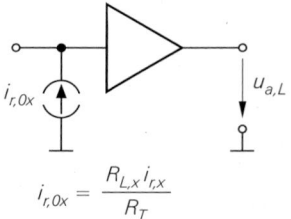

$$i_{r,0x} = \frac{R_{L,x} i_{r,x}}{R_T}$$

a äquivalente Rauschspannungsquelle   **b** äquivalente Rauschstromquelle

Abb. 4.169. Verfahren zur Berechnung der äquivalenten Rauschquellen für eine Rauschstromquelle

$$u_{r,0} = u_{r,T} + \left(i_{r,T} + i_{r,RE}\right) R_E + i_{r,RC} \left(R_E + \frac{1}{S}\right)$$

$$i_{r,0} = \frac{u_{r,T}}{R_b} + i_{r,T}\left(1 + \frac{R_E}{R_b}\right) + i_{r,Rb} + \frac{i_{r,RE} R_E}{R_b} + i_{r,RC}\left(\frac{1}{\beta} + \frac{R_E + 1/S}{R_b}\right)$$

Für typische Größenverhältnisse ($S R_C \gg 2$, $S R_b \gg 1/2$, $R_b \gg R_E$, $S R_E \ll 2\beta$) erhält man:

$$u_{r,0} \approx u_{r,T} + i_{r,RE} R_E$$

$$i_{r,0} \approx i_{r,T} + i_{r,Rb}$$

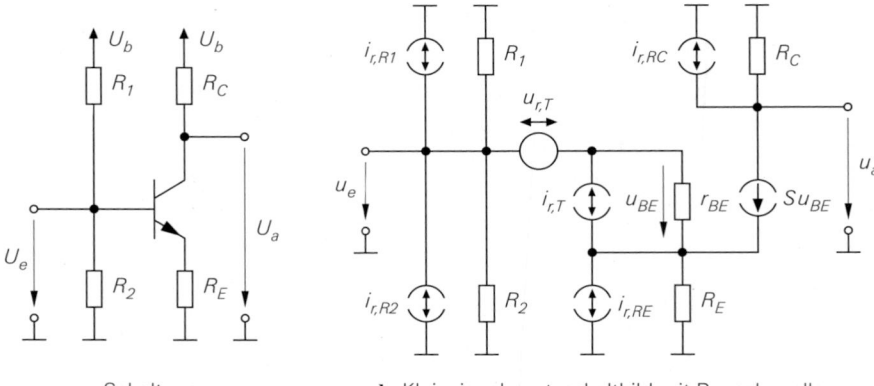

a Schaltung   **b** Kleinsignalersatzschaltbild mit Rauschquellen

Abb. 4.170. Emitterschaltung mit Stromgegenkopplung

Die äquivalenten Rauschquellen sind in diesem Fall unabhängig, da keine Rauschquelle in beide äquivalente Rauschquellen eingeht. Die Rauschquelle des Kollektorwiderstands R_C geht gar nicht ein; sie macht sich erst bei sehr kleinen Werten von R_C bemerkbar. Damit folgt für die äquivalenten Rauschdichten der Emitterschaltung mit Stromgegenkopplung:

$$|\underline{u}_{r,0}|^2 \approx |\underline{u}_{r,T}|^2 + 4kTR_E = \frac{2kT}{S} + 4kT\,(R_B + R_E) \tag{4.220}$$

$$|\underline{i}_{r,0}|^2 \approx |\underline{i}_{r,T}|^2 + \frac{4kT}{R_b} \overset{R_b \gg 2r_{BE}}{\approx} |\underline{i}_{r,T}|^2 = \frac{2kT\,S}{\beta} \tag{4.221}$$

Durch die Stromgegenkopplung wird in erster Linie die äquivalente Rauschspannungsdichte erhöht. Dagegen wirkt sich der Innenwiderstand R_b des Basis-Spannungsteilers nur auf die äquivalente Rauschstromdichte aus; für $R_b \gg 2r_{BE}$ ist dieser Einfluss vernachlässigbar. Man beachte, dass in (4.220) die Summe aus dem Gegenkopplungswiderstand R_E und dem Basisbahnwiderstand R_B auftritt; deshalb sind alle Rausch-Gleichungen des Bipolartransistors anwendbar, wenn man $R_B + R_E$ anstelle von R_B einsetzt. Allerdings ist R_E im allgemeinen keine unabhängige Größe, sondern über die gewünschte Schleifenverstärkung $k_E = SR_E$ an die Steilheit gekoppelt; eine Berechnung des optimalen Ruhestroms ergibt in diesem Fall:

$$I_{C,Aopt}(R_g) = \frac{U_T\sqrt{\beta}}{R_g + R_B}\sqrt{1 + 2k_E} \overset{\substack{\beta \approx 100 \\ R_g > R_B}}{\approx} \frac{0{,}26\,\text{V}}{R_g}\sqrt{1 + 2k_E}$$

Die optimale Rauschzahl nimmt durch die Stromgegenkopplung zu:

$$F_{opt,T}(R_g) = 1 + \frac{R_B}{R_g} + \frac{1}{\sqrt{\beta}}\left(1 + \frac{R_B}{R_g}\right)\sqrt{1 + 2k_E}$$

Deshalb wird man bei einer Optimierung ausschließlich nach Rausch-Gesichtspunkten keine Stromgegenkopplung einsetzen. In der Praxis muss man jedoch häufig auch die Aussteuerungsgrenze, gegeben durch einen zulässigen Klirrfaktor oder Intermodulationsabstand, optimieren. In diesem Fall kann der Gewinn an möglicher Aussteuerung durch die

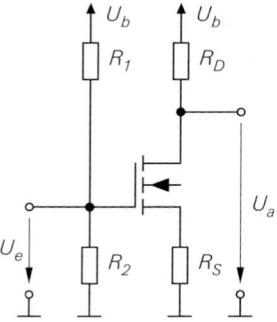

Abb. 4.171.
Sourceschaltung mit Stromgegenkopplung

linearisierende Wirkung der Stromgegenkopplung größer sein als der Verlust durch das höhere Rauschen. Ein Beispiel für eine solche Anwendung ist der Empfangsverstärker eines Mobiltelefons, bei dem je nach Abstand zum Sender extrem unterschiedliche Eingangssignale auftreten können; hier muss man Empfindlichkeit *opfern*, um große Eingangssignale intermodulationsarm verarbeiten zu können.

4.2.4.8.3 Sourceschaltung mit Stromgegenkopplung

Die äquivalenten Rauschdichten der Sourceschaltung mit Stromgegenkopplung in Abb. 4.171 entsprechend denen der Emitterschaltung mit Stromgegenkopplung; allerdings ist die äquivalente Rauschstromdichte hier durch den Gate-Spannungsteiler gegeben, da die Rauschstromdichte des Mosfets vernachlässigbar klein ist. Mit $R_b = R_1 \parallel R_2$ und bei Vernachlässigung der Substrat-Steilheit gilt:

$$|\underline{u}_{r,0}|^2 \approx |\underline{u}_{r,F}|^2 + 4kT R_S \overset{k_S=SR_S}{=} \frac{8kT}{3S}\left(1 + \frac{3}{2}k_S\right) \tag{4.222}$$

$$|\underline{i}_{r,0}|^2 \approx |\underline{i}_{r,F}(f)|^2 + \frac{4kT}{R_b} \approx \frac{4kT}{R_b} \tag{4.223}$$

Dabei ist $k_S = SR_S$ die Schleifenverstärkung. Man muss R_b möglichst groß wählen, damit die Rauschzahl im Bereich hoher Quellenwiderstände nicht deutlich schlechter wird.

Eine unmittelbare Optimierung ist bei der Sourceschaltung nicht möglich, da es keine gegenläufigen Größen gibt; vielmehr muss man S und R_b möglichst groß und die Schleifenverstärkung k_S möglichst klein machen. Bei NF-Anwendungen ist das Minimum für die Rauschzahl nur sehr schwach ausgeprägt. Ist k_S durch den zulässigen Klirrfaktor gegeben, wird man die Steilheit so lange vergrößern, bis die Rauschzahl unter eine gewünschte Grenze fällt. Man kann dazu die untere Grenze $R_{g,uF}$ für den Quellenwiderstand verwenden, wenn man den zusätzlichen Faktor

$$1 + \frac{3}{2}k_S$$

aus (4.222) berücksichtigt; mit $R_g = R_{g,uF}$ folgt:

$$S = \frac{1}{\sqrt{2}R_g\,(F-1)}\left(1 + \frac{3}{2}k_S\right)$$

Mit zunehmender Frequenz wird das Minimum immer ausgeprägter; man verwendet in diesem Fall die Gleichung für den optimalen Quellenwiderstand bei Breitband-Anwendungen, i.e. $R_{gopt,F}[f_U, f_O]$, und berücksichtigt den zusätzlichen Faktor in gleicher Weise:

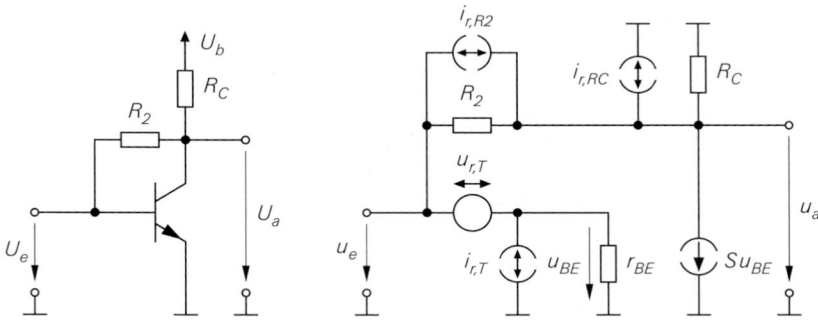

a Schaltung   **b** Kleinsignalersatzschaltbild mit Rauschquellen

Abb. 4.172. Emitterschaltung mit Spannungsgegenkopplung

$$S = \frac{\sqrt{3} f_T}{\sqrt{2} R_g f_O} \left(1 + \frac{3}{2} k_S \right)$$

4.2.4.8.4 Emitterschaltung mit Spannungsgegenkopplung

Abbildung 4.172 zeigt eine Emitterschaltung mit Spannungsgegenkopplung und das zugehörige Kleinsignalersatzschaltbild mit allen Rauschquellen. Die Schaltung ist hier ohne den in Abb. 2.68 gezeigten Widerstand R_1 dargestellt, da hier der Quellenwiderstand R_g die Rolle von R_1 übernimmt; R_g gehört aber zur Signalquelle und trägt deshalb auch nicht zum Rauschen der Schaltung bei. Ein *zusätzlicher* Widerstand R_1 ist unerwünscht, da er die Verstärkung reduziert und die Rauschzahl erhöht.

Eine Berechnung der äquivalenten Rauschquellen ergibt:

$$u_{r,0} = \frac{S R_2 u_{r,T} + R_2 \left(i_{r,R2} + i_{r,RC} \right)}{S R_2 - 1}$$

$$i_{r,0} = i_{r,T} + \frac{S u_{r,T} + S R_2 i_{r,R2} + \left(1 + \dfrac{R_2}{r_{BE}} \right) i_{r,RC}}{S R_2 - 1}$$

Für typische Größenverhältnisse ($S R_C \gg 2$, $S R_2 \gg 2$) erhält man:

$$u_{r,0} \approx u_{r,T}$$

$$i_{r,0} \approx i_{r,T} + i_{r,R2}$$

Die äquivalenten Rauschquellen sind in diesem Fall unabhängig. Die Rauschquelle des Kollektorwiderstands R_C geht nicht ein; sie macht sich erst bei sehr kleinen Werten von R_C bemerkbar. Damit folgt für die äquivalenten Rauschdichten der Emitterschaltung mit Spannungsgegenkopplung:

$$|\underline{u}_{r,0}|^2 \approx |\underline{u}_{r,T}|^2 = \frac{2kT}{S} + 4kT R_B \qquad (4.224)$$

$$|\underline{i}_{r,0}|^2 \approx |\underline{i}_{r,T}|^2 + \frac{4kT}{R_2} = \frac{2kTS}{\beta} + \frac{4kT}{R_2} \overset{S R_2 \gg 2\beta}{\approx} \frac{2kTS}{\beta} \qquad (4.225)$$

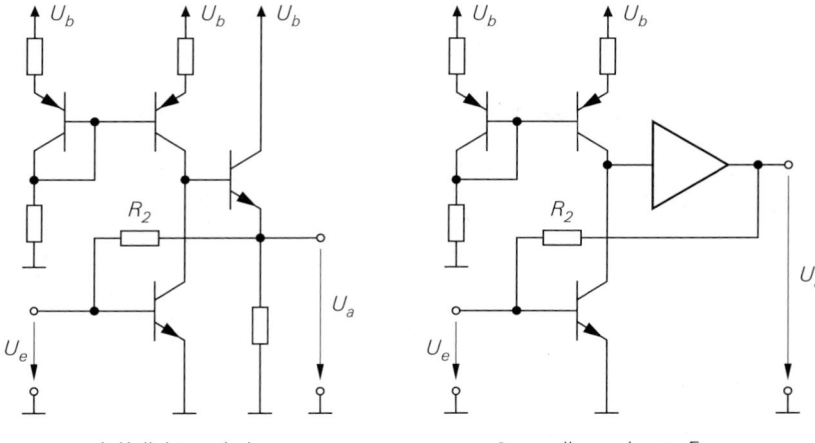

a mit Kollektorschaltung   **b** verallgemeinerte Form

Abb. 4.173. Praktische Ausführung einer rauscharmen Emitterschaltung mit
Spannungsgegenkopplung

Für $SR_2 \gg 2\beta$ bzw. $R_2 \gg 2r_{BE}$ ist die Rauschstromquelle des Gegenkopplungswiderstands R_2 vernachlässigbar; dann entsprechen die Rauschdichten der Schaltung denen des Transistors und man kann die Optimierung mit den Rausch-Gleichungen des Bipolartransistors durchführen.

Kriterium für die Wahl des Gegenkopplungswiderstands R_2 ist wie bei der Emitterschaltung mit Stromgegenkopplung der zulässige Klirrfaktor. Die Spannungsgegenkopplung bietet jedoch den Vorteil, dass der Klirrfaktor *auch* über den Kollektorwiderstand R_C beeinflusst werden kann, und zwar ohne Auswirkung auf die Rauschzahl. Zunächst erhält man über den optimalen Kollektorstrom

$$I_{C,Aopt} \overset{R_g > R_B}{\approx} \frac{U_T\sqrt{\beta}}{R_g}$$

den Zusammenhang $R_g = \sqrt{\beta}/S$; Einsetzen in die Formel für den Klirrfaktor der Emitterschaltung mit Spannungsgegenkopplung liefert unter Berücksichtigung von $R_2 \gg R_1$, $R_1 = R_g$ und $\hat{u}_e = \hat{u}_g$ [39]:

$$k \approx \frac{\hat{u}_g}{4\beta U_T}\left(1 + \frac{R_2}{R_C}\right)^2$$

Man kann demnach die Forderung für eine minimale Rauschzahl, i.e. $R_2 \gg 2r_{BE}$, einhalten und trotzdem einen geringen Klirrfaktor erzielen, wenn man den Kollektorwiderstand R_C entsprechend groß wählt; optimal ist demnach der Einsatz einer rauscharmen Stromquelle anstelle von R_C. Da eine am Ausgang angeschlossene Last kleinsignalmäßig parallel zu R_C liegt, muss ein Impedanzwandler, d.h. eine Kollektorschaltung, folgen, siehe Abb. 4.173a; dabei wird das Gegenkopplungssignal am Ausgang der Kollektorschaltung entnommen.

Abbildung 4.173b zeigt die verallgemeinerte Form einer rauscharmen Emitterschaltung mit Spannungsgegenkopplung, bei der die Kollektorschaltung durch einen allgemei-

---

[39] Die Größen u_e und R_1 der Emitterschaltung mit Spannungsgegenkopplung aus Abschnitt 2.4.1 entsprechen hier den Größen u_g und R_g.

nen Verstärker mit hohem Eingangs- und niedrigem Ausgangswiderstand ersetzt wird. Diese Schaltung nimmt in der Praxis eine herausragende Rolle ein, da sie minimales Rauschen, geringe Verzerrungen und eine ebenso einfache wie stabile Einstellung des Arbeitspunkts ermöglicht. Sie ist für kleine und mittlere Quellenwiderstände optimal und wird nur bei hohen Quellenwiderständen von der entsprechenden Schaltung mit Mosfets übertroffen. Ein wichtiges Einsatzfeld sind optische Empfänger für Glasfaser-Übertragungssysteme. Die Foto-Empfangsdioden sind zwar hochohmig, jedoch sind die Betriebsfrequenzen so hoch, dass die Rauschstromdichten von Bipolartransistoren und Mosfets etwa gleich groß sind; man verwendet dann Bipolartransistoren wegen der größeren Steilheit. Eine vergleichende Darstellung dieser und anderer optischer Breitband-Empfangsschaltungen ist in [4.10] enthalten.

4.2.4.8.5 Sourceschaltung mit Spannungsgegenkopplung

Die äquivalenten Rauschdichten der Sourceschaltung mit Spannungsgegenkopplung entsprechen denen der Emitterschaltung mit Spannungsgegenkopplung; allerdings ist die äquivalente Rauschstromdichte hier durch den Gegenkopplungswiderstand gegeben, da die Rauschstromdichte des Mosfets vernachlässigbar klein ist:

$$|\underline{u}_{r,0}|^2 \approx |\underline{u}_{r,F}|^2 = \frac{8kT}{3S} \tag{4.226}$$

$$|\underline{i}_{r,0}|^2 \approx |\underline{i}_{r,F}(f)|^2 + \frac{4kT}{R_2} \approx \frac{4kT}{R_2} \tag{4.227}$$

Die praktische Ausführung erfolgt entsprechend Abb. 4.173; hier muss allerdings nicht zwingend ein Impedanzwandler in Form einer Drainschaltung folgen, da eine Sourceschaltung ebenfalls einen hohen Eingangswiderstand aufweist. Diese Schaltung ist optimal für hochohmige Quellen, solange die obere Grenzfrequenz noch weit unterhalb der Transitfrequenz liegt. Sie wird bevorzugt in optischen Empfängern für Frequenzen bis etwa 10 MHz eingesetzt; Abb. 4.174 zeigt die entsprechende Schaltung. Der Gegenkopplungswiderstand R_2 bildet zusammen mit der Kapazität C_D der Fotodiode und der Gate-Source-Kapazität C_{GS} einen Tiefpass, der die Bandbreite begrenzt; deshalb muss man R_2 in der Praxis nach der geforderten Bandbreite wählen. Da die Fotodiode hochohmig ist, wird nur die Rauschstromdichte wirksam; sie wird mittels der Empfindlichkeit der Diode in eine entsprechende Beleuchtungsstärke, die sogenannte *noise equivalent power* (*NEP*), umgerechnet [4.7].

4.2.4.8.6 Kollektor- und Drainschaltung

Abbildung 4.175 zeigt eine Kollektor- und eine Drainschaltung als jeweils einfachste Ausführung eines Impedanzwandlers. Für die Kollektorschaltung erhält man:

$$u_{r,0} = \frac{SR_E u_{r,T} + R_E\left(i_{r,T} + i_{r,RE}\right)}{SR_E + 1} \stackrel{SR_E \gg 1}{\approx} u_{r,T} + \frac{i_{r,T} + i_{r,RE}}{S}$$

$$i_{r,0} = i_{r,T} + \frac{i_{r,RE}}{\beta}$$

Daraus folgt für die äquivalenten Rauschdichten mit $SR_E \gg 2$ und $\beta \gg 1$:

$$|\underline{u}_{r,0}|^2 \approx |\underline{u}_{r,T}|^2 = \frac{2kT}{S} + 4kTR_B \tag{4.228}$$

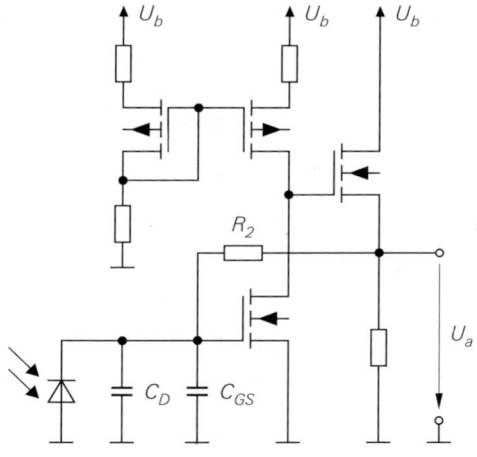

Abb. 4.174.
Praktische Ausführung eines optischen
Empfängers mit Fotodiode

$$|\underline{i}_{r,0}|^2 \approx |\underline{i}_{r,T}|^2 = \frac{2kTS}{\beta} \tag{4.229}$$

Für die Drainschaltung erhält man entsprechend:

$$|\underline{u}_{r,0}|^2 \approx |\underline{u}_{r,F}|^2 = \frac{8kT}{3S} \tag{4.230}$$

$$|\underline{i}_{r,0}|^2 \approx |\underline{i}_{r,F}[f_U,f_O]|^2 = \frac{16kTS}{9}\left(\frac{f_O}{f_T}\right)^2 \tag{4.231}$$

Beide Schaltungen besitzen demnach näherungsweise die äquivalenten Rauschdichten des jeweiligen Transistors.

Obwohl die Beschaltung eines Bipolartransistors oder Mosfets als Impedanzwandler praktisch keinen Einfluss auf die äquivalenten Rauschdichten hat, werden beide Schaltungen nur in Ausnahmefällen als Eingangsstufe in einem rauscharmen Verstärker eingesetzt, da sie keine Verstärkung besitzen und deshalb die Rauschdichten der nachfolgenden Stufe ebenfalls voll am Eingang wirksam werden.

4.2.4.8.7 Basis- und Gateschaltung

Abbildung 4.176 zeigt eine Basis- und eine Gateschaltung in der für Hochfrequenzanwendungen typischen Ausführung mit Wechselspannungskopplung. Zur Einstellung

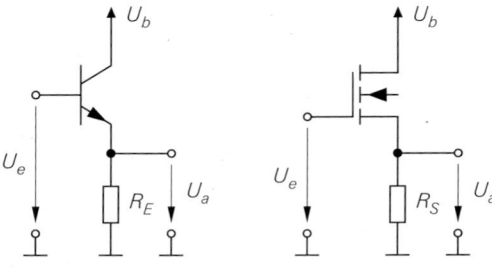

a Kollektorschaltung   **b** Drainschaltung

Abb. 4.175.
Impedanzwandler

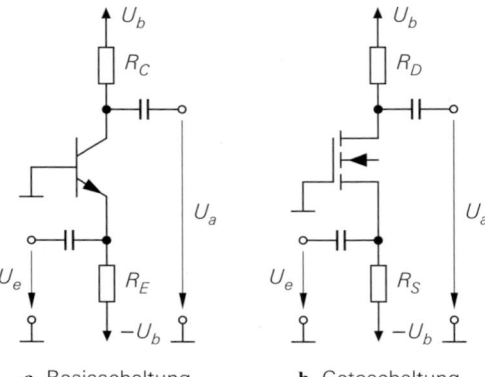

Abb. 4.176.
Basis- und Gateschaltung

a Basisschaltung   **b** Gateschaltung

des Ruhestroms wird ein wechselspannungsmäßig kurzgeschlossener Basis- bzw. Gate-Spannungsteiler oder, wie in Abb. 4.176, eine negative Versorgungsspannung verwendet. Für die Basisschaltung erhält man:

$$u_{r,0} = u_{r,T} + \frac{i_{r,RC}}{S}$$

$$i_{r,0} = \frac{u_{r,T}}{R_E} + i_{r,T} + i_{r,RE} + \frac{SR_E + 1}{SR_E} i_{r,RC}$$

Daraus folgt mit $SR_C \gg 2$ und $SR_E \gg 1$:

$$|\underline{u}_{r,0}|^2 \approx |\underline{u}_{r,T}|^2 = \frac{2kT}{S} + 4kTR_B \tag{4.232}$$

$$|\underline{i}_{r,0}|^2 \approx |\underline{i}_{r,T}|^2 + \frac{4kT}{R_E} + \frac{4kT}{R_C} = 4kT\left(\frac{1}{2r_{BE}} + \frac{1}{R_E} + \frac{1}{R_C}\right) \tag{4.233}$$

Hier macht sich im Gegensatz zur Emitterschaltung auch der Kollektorwiderstand R_C bemerkbar, da bei der Umrechnung von $i_{r,RC}$ auf den Emitter keine Abschwächung um den Faktor β erfolgt. Bei Verwendung eines Spannungsteilers an der Basis wirkt sich dessen Innenwiderstand R_b wie ein zusätzlicher Basisbahnwiderstand aus, d.h. die äquivalente Rauschspannungsdichte nimmt entsprechend zu; gleiches gilt auch für den Widerstand R_{BV} im Abschnitt 2.4.3.

Für die Gateschaltung gilt:

$$|\underline{u}_{r,0}|^2 \approx |\underline{u}_{r,F}|^2 = \frac{8kT}{3S} \tag{4.234}$$

$$|\underline{i}_{r,0}|^2 \approx |\underline{i}_{r,F}(f)|^2 + \frac{4kT}{R_S} + \frac{4kT}{R_D} \approx 4kT\left(\frac{1}{R_S} + \frac{1}{R_D}\right) \tag{4.235}$$

Hier kann die Rauschstromdichte des Mosfets vernachlässigt werden.

4.2.4.8.8 Stromquelle

Bei einer Stromquelle ist die Rauschstromdichte am Ausgang von Interesse; sie soll so klein sein, dass die Rauschzahl der Schaltung, in der die Stromquelle eingesetzt wird, nicht oder nur wenig zunimmt. Eine Stromquelle wird im allgemeinen anstelle eines hochohmigen

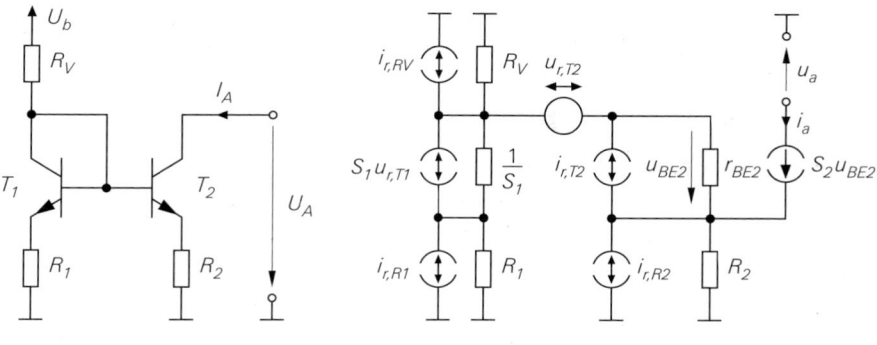

a Schaltung   **b** Kleinsignalersatzschaltbild mit Rauschquellen

Abb. 4.177. Einfacher Stromspiegel als Stromquelle

Widerstands eingesetzt, z.B. anstelle eines Kollektor- oder Drainwiderstands. Im Kleinsignalersatzschaltbild einer Schaltung wird sie durch ihren Ausgangswiderstand r_a und eine Rauschstromquelle dargestellt; dabei ist die Rauschstromdichte $|\underline{i}_{a,r}|^2$ erheblich größer als die eines entsprechenden ohmschen Widerstands:

$$|\underline{i}_{a,r}|^2 \gg \frac{4kT}{r_a}$$

Deshalb kann eine Stromquelle die Rauschzahl einer Schaltung auch dann erheblich erhöhen, wenn ein ohmscher Widerstand an gleicher Stelle keinen nennenswerten Einfluss hat.

Abbildung 4.177 zeigt die Schaltung und das Kleinsignalersatzschaltbild einer Stromquelle auf der Basis eines einfachen Stromspiegels mit Stromgegenkopplung. Eine rigorose Analyse liefert:

$$i_a = \frac{\beta}{r_{BE2} + \beta R_2 + r_i} \left[i_{r,RV} r_i + S_1 r_i \frac{u_{r,T1} + i_{r,R1} R_1}{1 + S_1 R_1} + u_{r,T2} \right.$$

$$\left. + i_{r,T2} (r_i + R_2) + i_{r,R2} R_2 \right]$$

Dabei ist

$$r_i = \frac{R_V (1 + S_1 R_1)}{1 + S_1 (R_V + R_1)}$$

der Innenwiderstand des linken Zweigs. Wir beschränken uns hier auf den bezüglich Transistoren und Widerständen kreuzsymmetrischen Fall mit dem Übersetzungsverhältnis

$$k_I = \frac{S_2}{S_1} = \frac{R_1}{R_2}$$

und nehmen ferner $R_V \gg 1/S_1 + R_1$ an; dann gilt $r_i \approx 1/S_1 + R_1$ und:

$$i_a \approx \frac{\beta}{\beta + k_I} \frac{S_2}{1 + S_2 R_2} \left[u_{r,T1} + u_{r,T2} + \left(k_I i_{r,R1} + i_{r,R2} + (1 + k_I) i_{r,T2} \right) R_2 \right]$$

Das Übersetzungsverhältnis ist im allgemeinen viel kleiner als die Stromverstärkung: $k_I \ll \beta$; dann gilt:

$$|\underline{i}_{a,r}|^2 \approx \left(\frac{S_2}{1 + S_2 R_2}\right)^2 \left[(1 + k_I)\left(|\underline{u}_{r,T2}|^2 + 4kT R_2\right) + (1 + k_I)^2 |\underline{i}_{r,T2}|^2 R_2^2\right]$$

Man kann durch eine Betrachtung der Grenzfälle ohne Gegenkopplung ($R_2 = 0$) und starker Gegenkopplung ($S_2 R_2 \gg 1$) eine Näherung für diesen Ausdruck angeben, der in den Grenzfällen exakt ist und nur im Bereich $S_2 R_2 \approx 1$ geringfügig vom exakten Wert abweicht; es gilt:

$$
\begin{aligned}
|\underline{i}_{a,r}|^2 &\approx \frac{1 + k_I}{\dfrac{1}{S_2^2 |\underline{u}_{r,T2}|^2} + \dfrac{1}{|\underline{i}_{r,R2}|^2}} + (1 + k_I)^2 |\underline{i}_{r,T2}|^2 \\[2mm]
&\approx \frac{4kT(1 + k_I)}{\dfrac{2}{S_2(1 + 2S_2 R_{B2})} + R_2} + (1 + k_I)^2 \frac{2kT S_2}{\beta}
\end{aligned}
\tag{4.236}
$$

Die Rauschstromdichte nimmt mit zunehmender Gegenkopplung ab, da der Nenner des ersten Terms mit R_2 zunimmt; die Untergrenze ist durch den zweiten Term gegeben. Das Übersetzungsverhältnis k_I wird in der Praxis zu Eins gewählt, um die Rauschstromdichte nicht unnötig zu erhöhen; bei hohen Anforderungen kann man auch $k_I < 1$ wählen.

Für $k_I \le 1$ sind die beiden Terme in (4.236) für $S_2 R_2 \approx \beta$ etwa gleich groß, d.h. eine weitere Vergrößerung von R_2 wirkt sich nur noch wenig aus; der Spannungsabfall an R_2 beträgt in diesem Fall:

$$I_{C2} R_2 = S_2 R_2 U_T \overset{S_2 R_2 \approx \beta}{\approx} \beta U_T \overset{\beta \approx 100}{\approx} 2{,}6\,\text{V}$$

In der Praxis kann man den Spannungsabfall an R_2 nur selten so groß wählen, dass die Untergrenze erreicht wird; deshalb kann man vor allem in Schaltungen mit sehr geringer Versorgungsspannung keine rauscharmen Stromquellen realisieren.

Ohne bzw. mit schwacher Gegenkopplung dominiert der Einfluss der Rauschspannungsdichten der Transistoren. Man kann in diesem Fall große Transistoren einsetzen, um den Basisbahnwiderstand und damit die Rauschspannungsdichten klein zu halten; allerdings nimmt dadurch die Ausgangskapazität zu. Bei mittlerer und starker Gegenkopplung ist der Einfluss der Rauschspannungsdichten der Transistoren gering; die Transistor-Größe kann dann entsprechend der normalen Skalierung gewählt werden.

Für eine Stromquelle mit Mosfets erhält man:

$$
\begin{aligned}
|\underline{i}_{a,r}|^2 &\approx (1 + k_I)\frac{4kT}{\dfrac{3}{2S_2} + R_2} + (1 + k_I)^2 \frac{16kT S_2}{9}\left(\frac{f_O}{f_T}\right)^2 \\[2mm]
&\overset{f_O \ll f_T}{\approx} (1 + k_I)\frac{4kT}{\dfrac{3}{2S_2} + R_2}
\end{aligned}
\tag{4.237}
$$

Hier existiert für $f_O \ll f_T$ praktisch keine Untergrenze, da man den Gegenkopplungswiderstand R_2 aufgrund der geringen Steilheit eines Mosfets extrem groß wählen muss, damit die Terme gleich groß werden; der Spannungsabfall an R_2 ist in diesem Fall intolerabel hoch.

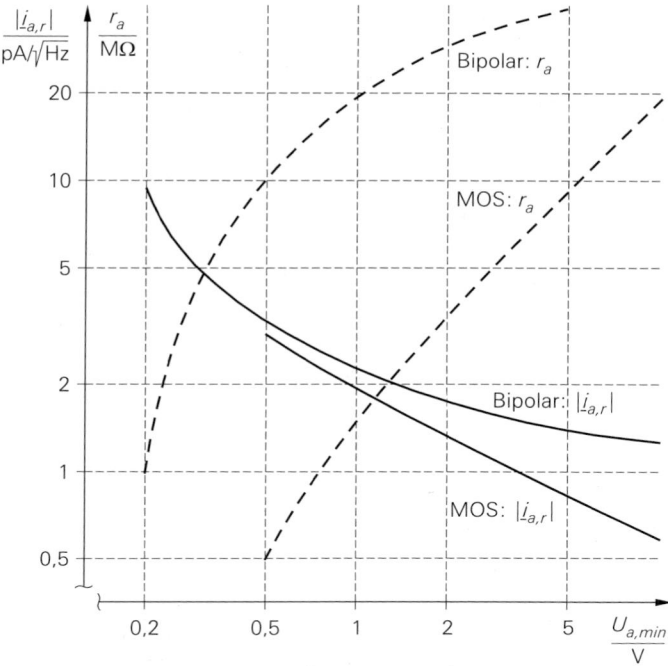

Abb. 4.178. Rauschstromdichten und Ausgangswiderstände einer bipolaren und einer MOS-Stromquelle mit $I_a = 100\,\mu\text{A}$ in Abhängigkeit von der Aussteuerungsgrenze $U_{a,min}$ ($U_{CE,sat} = 0,2\,\text{V}$, $U_{DS,ab} = 0,5\,\text{V}$)

Ein Vergleich der Rauschstromdichten einer bipolaren und einer MOS-Stromquelle ist nur auf der Basis gleicher Aussteuerungsgrenzen $U_{a,min}$ sinnvoll. Abbildung 4.178 zeigt einen Vergleich der Rauschstromdichten und der Ausgangswiderstände einer bipolaren und einer MOS-Stromquelle mit $I_a = 100\,\mu\text{A}$ für die Transistoren aus Abb. 4.5 und 4.6; dabei wird $U_{CE,sat} = 0,2\,\text{V}$ und $U_{DS,ab} = U_{GS} - U_{th} = 0,5\,\text{V}$ angenommen. Man kann die Aussteuerungsgrenze der MOS-Stromquelle durch Vergrößern der Mosfets weiter verringern, allerdings wird für eine Halbierung von $U_{DS,ab}$ die vierfache Größe benötigt. Man erkennt, dass die Rauschstromdichte der MOS-Stromquelle im für die Praxis interessanten Bereich $U_{a,min} \approx 0,5 \ldots 2\,\text{V}$ geringfügig unter der der bipolaren Stromquelle liegt; dies gilt auch bei einer Änderung der Größe der Mosfets, d.h. bezüglich des Rauschens ist die MOS-Stromquelle immer geringfügig besser. Allerdings besitzt die bipolare Stromquelle einen wesentlich höheren Ausgangswiderstand; deshalb wird man sie immer dann bevorzugen, wenn ein hoher Ausgangswiderstand benötigt wird.

Abbildung 4.179 zeigt weitere Stromquellen mit Bipolartransistoren auf der Basis des 3-Transistor-, Kaskode- und Wilson-Stromspiegels. Die Rauschstromdichten unterscheiden sich nur bezüglich der Untergrenze bei starker Gegenkopplung: sie ist beim 3-Transistor-Stromspiegel niedriger und bei den anderen beiden Stromspiegeln höher als bei der Stromquelle mit einfachem Stromspiegel. Die Unterschiede sind gering und in der Praxis unbedeutend, da man nur selten eine derart starke Gegenkopplung verwenden kann. Ohne bzw. mit schwacher Gegenkopplung hängt die Rauschstromdichte auch hier von der Größe der Transistoren T_1 und T_2 ab; dagegen gehen die Größen der Transistoren

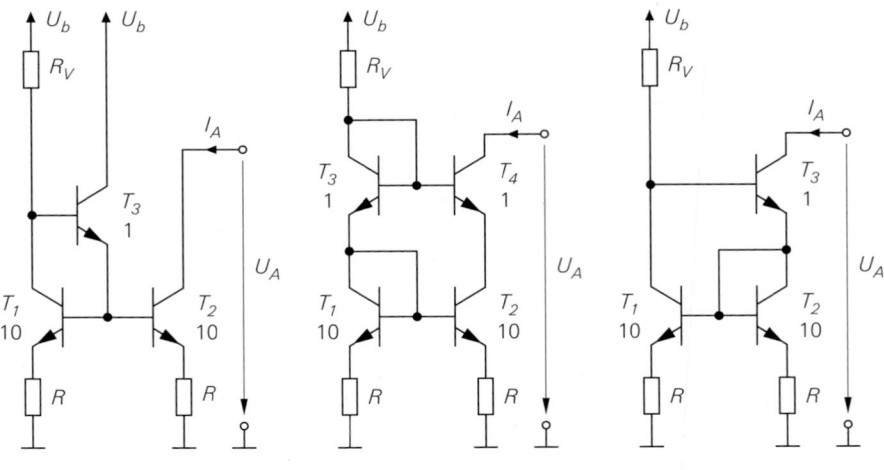

a 3-Transistor-Stromspiegel   **b** Kaskode-Stromspiegel   **c** Wilson-Stromspiegel

Abb. 4.179. Weitere Stromquellen

T_3 und T_4 praktisch nicht ein. Deshalb kann man die Stromquellen mit Kaskode- oder Wilson-Stromspiegel ohne Gegenkopplung optimieren, indem man T_1 und T_2 zur Minimierung der Rauschstromdichte groß und die anderen Transistoren zur Minimierung der Ausgangskapazität klein wählt, siehe Abb. 4.179b/c. Bei gleicher Aussteuerungsgrenze ist der Ausgangswiderstand bei der Stromquelle mit Kaskode- oder Wilson-Stromspiegel höher als bei der Stromquelle mit einfachem Stromspiegel; die Rauschstromdichte ist jedoch ebenfalls höher. Deshalb muss man genau prüfen, welche Größe im konkreten Anwendungsfall wichtiger ist.

4.2.4.8.9 Emitter- und Sourceschaltung mit Stromquelle

Abbildung 4.180 zeigt die Schaltung und das Kleinsignalersatzschaltbild einer Emitterschaltung mit Stromquelle; dabei ist $i_{a,r}$ die Rauschstromquelle der Stromquelle und r_a der Ausgangswiderstand der Schaltung. Man erkennt, dass die Quelle $i_{a,r}$ in gleicher Weise auf den Ausgang wirkt wie die gesteuerte Quelle $S_3 u_{BE3}$ des Transistors T_3; deshalb kann ihr Strom über die Steilheit S_3 in eine äquivalente Eingangsspannung und über die Stromverstärkung β_3 in einen äquivalenten Eingangsstrom umgerechnet werden. Daraus folgt für die äquivalenten Rauschdichten der Schaltung:

$$|\underline{u}_{r,0}|^2 = |\underline{u}_{r,T3}|^2 + \frac{|\underline{i}_{a,r}|^2}{S_3^2} \overset{S_3 R_2 \gg 2 + 2k_I}{\approx} |\underline{u}_{r,T3}|^2 \tag{4.238}$$

$$|\underline{i}_{r,0}|^2 = |\underline{i}_{r,T3}|^2 + \frac{|\underline{i}_{a,r}|^2}{\beta_3^2} \approx |\underline{i}_{r,T3}|^2 \tag{4.239}$$

Die äquivalente Rauschstromdichte wird durch die Stromquelle praktisch nicht erhöht; das gilt auch für den Fall ohne Stromgegenkopplung ($R_1 = R_2 = 0$). Im Gegensatz dazu ist eine Stromgegenkopplung mit $S_3 R_2 \gg 2 + 2k_I$ erforderlich, damit die äquivalente Rauschspannungsdichte nicht nennenswert zunimmt; ohne Stromgegenkopplung ($R_1 = R_2 = 0$) und unter Annahme gleich großer Basisbahnwiderstände R_{B2} und R_{B3} gilt:

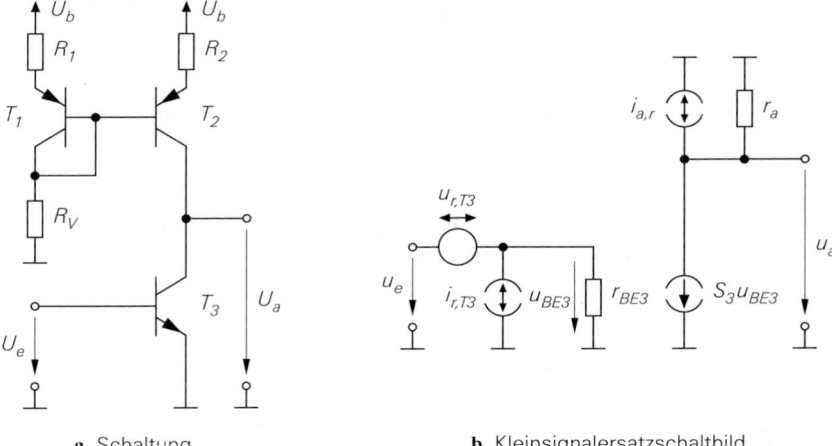

a Schaltung   **b** Kleinsignalersatzschaltbild

Abb. 4.180. Emitterschaltung mit Stromquelle

$$|\underline{u}_{r,0}|^2 \approx (2 + k_I)\,|\underline{u}_{r,T3}|^2 \overset{k_I=1}{=} 3\,|\underline{u}_{r,T3}|^2$$

Für die Sourceschaltung gilt dies in gleicher Weise.

Besitzt die Emitter- oder Sourceschaltung ihrerseits eine Stromgegenkopplung über einen Widerstand R_E bzw. R_S, muss man bei der Umrechnung der Rauschstromdichte der Stromquelle die reduzierte Steilheit

$$S_{red} = \frac{S}{1 + SR_E} \quad \text{bzw.} \quad S_{red} = \frac{S}{1 + SR_S}$$

verwenden; dadurch nimmt der Einfluss zu. Allerdings wird die Rauschspannungsdichte auch durch die Widerstände R_E bzw. R_S erhöht; das Rauschen der Stromquelle ist in diesem Fall für $R_2 \gg (1 + k_I)R_E$ bzw. $R_2 \gg (1 + k_I)R_S$ vernachlässigbar.

4.2.4.8.10 Kollektor- und Drainschaltung mit Stromquelle

Es gelten dieselben Zusammenhänge wie bei der Emitter- und Sourceschaltung, d.h. die äquivalente Rauschstromdichte wird praktisch nicht erhöht; dagegen ist zur Erhaltung der äquivalenten Rauschspannungsdichte eine Stromgegenkopplung der Stromquelle erforderlich. In der Praxis werden dennoch meist Stromquellen ohne Stromgegenkopplung eingesetzt, da die Kollektor- und die Drainschaltung im allgemeinen als Impedanzwandler bei hohen Quellenwiderständen eingesetzt werden; in diesem Fall hängt die Rauschzahl in erster Linie von der äquivalenten Rauschstromdichte ab, so dass eine Zunahme der äquivalenten Rauschspannungsdichte um den Faktor 3 praktisch keinen Einfluss auf die Rauschzahl hat.

4.2.4.8.11 Kaskodeschaltung

Abbildung 4.181 zeigt die Schaltung und das Kleinsignalersatzschaltbild einer Kaskodeschaltung mit Bipolartransistoren. Da die Kleinsignal-Kenngrößen der Kaskode- und der Emitterschaltung praktisch gleich sind, kann man zunächst auf die Gleichungen für die Emitterschaltung zurückgreifen; insbesondere kann das Rauschen des Kollektorwi-

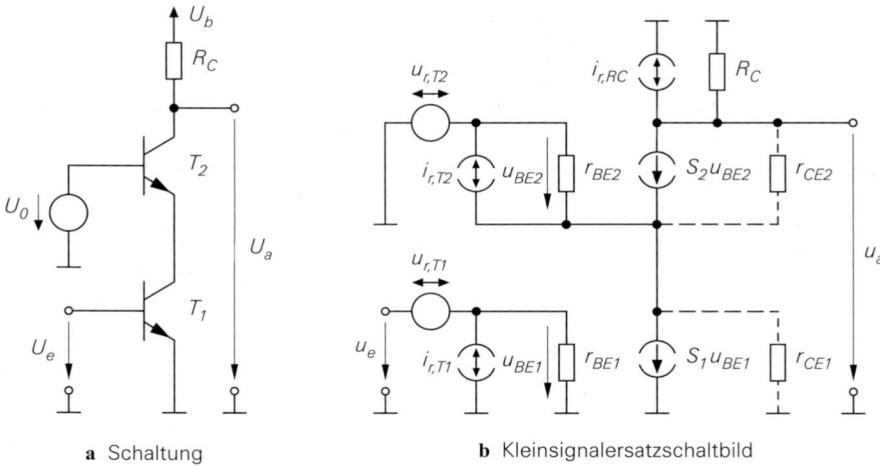

a Schaltung   **b** Kleinsignalersatzschaltbild

Abb. 4.181. Kaskodeschaltung

derstands R_C vernachlässigt werden. Die Rauschquellen des Transistors T_2 sind ebenfalls vernachlässigbar:

– Die Rauschspannungsquelle $u_{r,T2}$ wirkt sich praktisch nicht aus, da der Strom durch T_1 eingeprägt wird und die Änderung der Stromverteilung aufgrund der Kollektor-Emitter-Widerstände r_{CE1} und r_{CE2} sehr klein ist.
– Die Rauschstromquelle $i_{r,T2}$ wirkt bezüglich des Ausgangs wie die Quelle $S_1 u_{BE1}$ und wird deshalb über die Stromverstärkung β auf den Eingang umgerechnet; dort kann sie gegen $i_{r,T1}$ vernachlässigt werden.

Daraus folgt für die Kaskodeschaltung:

$$|\underline{u}_{r,0}|^2 \approx |\underline{u}_{r,T1}|^2 \tag{4.240}$$

$$|\underline{i}_{r,0}|^2 \approx |\underline{i}_{r,T1}|^2 \tag{4.241}$$

Bei Varianten mit Stromgegenkopplung oder Basis-Spannungsteiler kann man die Gleichungen der entsprechenden Emitterschaltung verwenden. Entsprechend gelten die Gleichungen für die Sourceschaltung auch für die Kaskodeschaltung mit Mosfets.

4.2.4.8.12 Differenzverstärker

Abbildung 4.182 zeigt die Schaltung und das Kleinsignalersatzschaltbild eines Differenzverstärkers mit Bipolartransistoren und Ruhestromeinstellung über einen Widerstand. Die Kleinsignalersatzschaltbilder der Transistoren sind aus Übersichtsgründen nur schematisch dargestellt.

Man kann den Differenzverstärker auf die Emitterschaltung zurückführen; davon haben wir bereits im Abschnitt 4.1.4 Gebrauch gemacht. Daraus folgt, dass man das Rauschen der Kollektorwiderstände auch beim Differenzverstärker vernachlässigen kann. Die beiden Rauschspannungsquellen $u_{r,T1}$ und $u_{r,T2}$ werden zu einer äquivalenten Rauschspannungsquelle mit

$$|\underline{u}_{r,0}|^2 = |\underline{u}_{r,T1}|^2 + |\underline{u}_{r,T2}|^2 \tag{4.242}$$

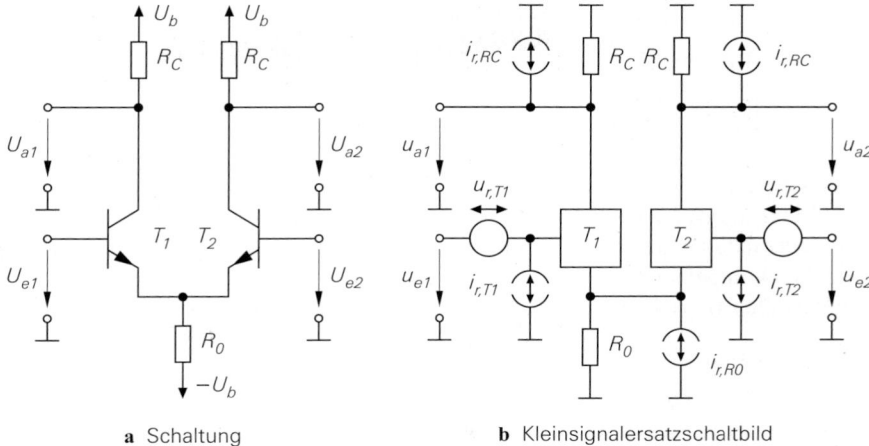

a Schaltung   **b** Kleinsignalersatzschaltbild

Abb. 4.182. Differenzverstärker

zusammengefasst, die vor einem der beiden Eingänge angeordnet wird. Dies ist unabhängig von der Beschaltung möglich, da die Rauschspannungsquellen direkt in die Ersatzrauschquelle eingehen. Im Gegensatz dazu hängt der Beitrag der Rauschstromquellen von den Quellenwiderständen an den beiden Eingängen ab; deshalb wird – gleiche Transistoren vorausgesetzt – an *beiden* Eingängen eine äquivalente Rauschstromquelle mit

$$|\underline{i}_{r,01}|^2 = |\underline{i}_{r,02}|^2 = |\underline{i}_{r,T1}|^2 = |\underline{i}_{r,T2}|^2 \tag{4.243}$$

angeordnet. Der Einfluss der Rauschstromquelle $i_{r,R0}$ hängt von der Beschaltung am Ausgang ab und wird getrennt behandelt; er ist in den meisten Fällen vernachlässigbar.

Man erhält das in Abb. 4.183 gezeigte Rausch-Ersatzschaltbild mit zwei Signalquellen; daraus folgt für die Ersatzrauschquelle

$$u_r = u_{r,g1} + u_{r,g2} + u_{r,0} + i_{r,01} R_{g1} + i_{r,02} R_{g2}$$

und für die Rauschzahl:

$$F = \frac{|\underline{u}_r|^2}{|\underline{u}_{r,g1}|^2 + |\underline{u}_{r,g2}|^2} = 1 + \frac{|\underline{u}_{r,0}|^2 + R_{g1}^2 |\underline{i}_{r,01}|^2 + R_{g2}^2 |\underline{i}_{r,02}|^2}{4kT \left(R_{g1} + R_{g2}\right)} \tag{4.244}$$

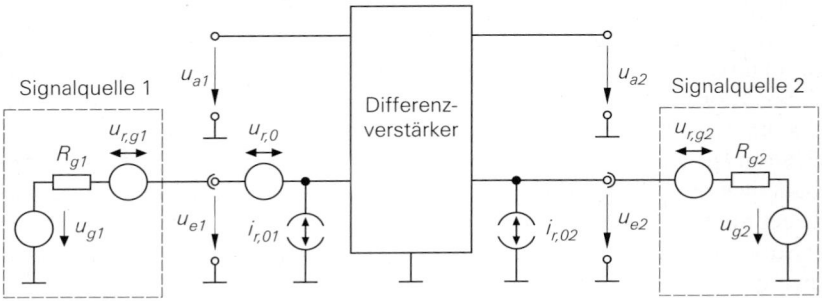

Abb. 4.183. Rausch-Ersatzschaltbild eines Differenzverstärkers

Zwei Betriebsfälle treten in der Praxis besonders häufig auf:

- Symmetrischer Betrieb mit $R_{g1} = R_{g2} = R_g$; dann gilt:

$$F = 1 + \frac{|\underline{u}_{r,0}|^2 + 2R_g^2 |\underline{i}_{r,01}|^2}{8kTR_g} = 1 + \frac{|\underline{u}_{r,T1}|^2 + R_g^2 |\underline{i}_{r,T1}|^2}{4kTR_g}$$

Dieser Fall entspricht der Emitterschaltung. Zwar sind die Rauschdichten des Differenzverstärkers aufgrund des Einsatzes von zwei Transistoren um den Faktor 2 größer, dies wird jedoch durch eine ebenfalls um den Faktor 2 größere Rauschdichte der beiden Signalquellen kompensiert.

- Unsymmetrischer Betrieb mit $R_{g1} = R_g$ und $R_{g2} = 0$; dann gilt:

$$F = 1 + \frac{|\underline{u}_{r,0}|^2 + R_g^2 |\underline{i}_{r,01}|^2}{4kTR_g} = 1 + \frac{2|\underline{u}_{r,T1}|^2 + R_g^2 |\underline{i}_{r,T1}|^2}{4kTR_g}$$

In diesem Fall ist die Rauschspannungsdichte um den Faktor 2 größer als bei der Emitterschaltung; dadurch nehmen der optimale Quellenwiderstand und die Rauschzahl entsprechend zu.

Bei einem direkten Vergleich des Differenzverstärkers mit der Emitterschaltung muss man dagegen *eine* Signalquelle mit dem Quellenwiderstand R_g zugrunde legen, die in gleicher Weise zur Ansteuerung der Emitterschaltung wie zur symmetrischen und unsymmetrischen Ansteuerung des Differenzverstärkers verwendet wird. Der unsymmetrische Betrieb mit der um den Faktor 2 größeren Rauschspannungsdichte ist direkt vergleichbar. Dagegen muss der Vergleich beim symmetrischen Betrieb mit $R_{g1} = R_{g2} = R_g/2$ erfolgen; dann sind beide Rauschdichten um den Faktor 2 größer. Demzufolge ist für eine vorgegebene Quelle die Emitterschaltung am günstigsten, gefolgt vom unsymmetrisch betriebenen Differenzverstärker und vom ungünstigsten Fall, dem symmetrisch betriebenen Differenzverstärker.

Bei unsymmetrischem Betrieb wird der nicht benutzte Eingang häufig nicht direkt, sondern über einen Widerstand entsprechend dem Quellenwiderstand R_g mit der Kleinsignalmasse verbunden; dadurch wird der durch die Basisströme der Transistoren verursachte Spannungsabfall kompensiert. In rauscharmen Schaltungen muss man diesen Widerstand durch eine parallel liegende Kapazität kleinsignalmäßig kurzschließen, damit die Rauschstromquelle an diesem Eingang unwirksam wird. In der Praxis führt dies gelegentlich zu unerwünschten Schwingungen; dann muss man einen kleinen Widerstand im Bereich $10 \dots 100\,\Omega$ in Reihe schalten, der nicht durch die Kapazität überbrückt wird.

Die Rauschstromquelle $i_{r,R0}$ oder die Rauschstromquelle einer anstelle von R_0 eingesetzten Stromquelle wirkt sich an beiden Ausgängen des Differenzverstärkers gleich aus, da sich ihr Strom entsprechend dem Ruhestrom zu gleichen Teilen auf die Transistoren aufteilt; sie hat demnach keinen Einfluss, wenn das Ausgangssignal differentiell weiterverarbeitet wird. Bei Verwendung nur eines Ausgangs wird der halbe Rauschstrom und damit ein Viertel der Rauschstromdichte wirksam; dagegen wird bei einem unsymmetrischen Ausgang mit Stromspiegel entsprechend Abb. 4.66 der ganze Rauschstrom wirksam. In der Praxis kann man den Einfluss von $i_{r,R0}$ vernachlässigen, da R_0 im allgemeinen viel größer ist als der Steilheitswiderstand der Transistoren: $SR_0 \gg 1$. Dasselbe gilt für den Einsatz einer Stromquelle mit Gegenkopplung, wenn der Gegenkopplungswiderstand derselben Bedingung genügt.

Für einen Differenzverstärker mit Mosfets gelten alle Zusammenhänge in gleicher Weise.

Kapitel 5:
Operationsverstärker

Ein Operationsverstärker ist ein mehrstufiger Gleichspannungsverstärker, der als integrierte Schaltung hergestellt wird. Er wird als Einzelbauteil angeboten oder als Bibliothekselement für den Entwurf größerer integrierter Schaltungen. Im Grunde besteht kein Unterschied zwischen einem normalen Verstärker und einem Operationsverstärker. Beide dienen dazu, Spannungen bzw. Ströme zu verstärken. Während die Eigenschaften eines normalen Verstärkers jedoch durch seinen inneren Aufbau vorgegeben sind, ist ein Operationsverstärker so beschaffen, dass seine Wirkungsweise überwiegend durch die äußere Beschaltung bestimmt wird. Um dies zu ermöglichen, werden Operationsverstärker als gleichspannungsgekoppelte Verstärker mit hoher Verstärkung ausgeführt. Besonders einfach ist der Einsatz von Operationsverstärkern, wenn man eine positive und eine negative Betriebsspannung verwendet wie in Abb. 5.1. Dann liegt das Nullpotential im Aussteuerbereich und man kann es als Bezugspotential für das Eingangs- und Ausgangssignal verwenden. Operationsverstärker wurden früher ausschließlich in Analogrechnern zur Durchführung mathematischer Operationen wie Addition und Integration eingesetzt. Daher stammt der Name Operationsverstärker.

Operationsverstärker sind in großer Vielfalt als integrierte Schaltungen erhältlich und unterscheiden sich in Größe und Preis häufig kaum von einem Einzeltransistor. Aufgrund ihrer zahlreichen vorteilhaften Eigenschaften ist ihr Einsatz jedoch einfacher als der von Einzeltransistoren. Der Hauptvorteil der klassischen Operationsverstärker ist ihre hohe Genauigkeit bei niedrigen Frequenzen. Inzwischen wurden aber aber auch Operationsverstärker entwickelt, die Signalfrequenzen bis über 100 MHz verarbeiten können.

5.1 Übersicht

5.1.1 Operationsverstärker Grundlagen

Abbildung 5.1 zeigt das Schaltsymbol eines normalen Operationsverstärkers. Er besitzt zwei Eingänge – einen invertierenden und einen nichtinvertierenden – und einen Ausgang. Verstärkt wird nur die *Differenzspannung U_D* zwischen den beiden Eingängen:

$$U_D = U_P - U_N \qquad\qquad (5.1)$$

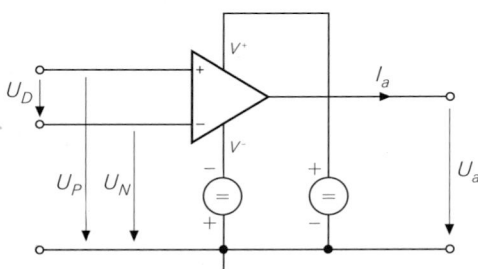

Abb. 5.1.
Anschlüsse eines Operationsverstärkers

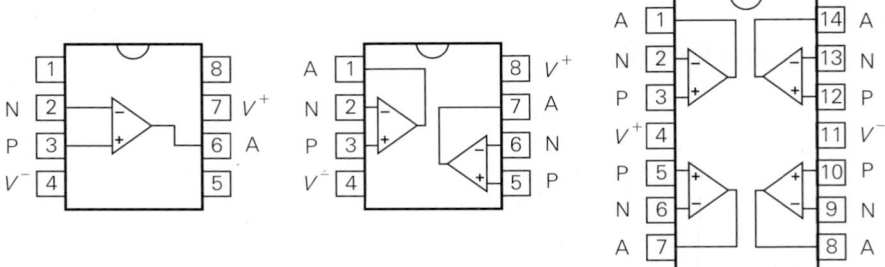

Abb. 5.2. Übliche Pinbelegung von Operationsverstärkern im Dual–Inline–Gehäuse (von oben gesehen)

Man bezeichnet den nichtinvertierenden Eingang als P-Eingang und kennzeichnet ihn im Schaltsymbol mit einem + Zeichen. Entsprechend wird der invertierende Eingang als N-Eingang bezeichnet und durch ein − Zeichen gekennzeichnet. Zur Stromversorgung besitzt der Operationsverstärker zwei Betriebsspannungsanschlüsse. In vielen Fällen verwendet man eine positive und eine negative Betriebsspannung, die entgegengesetzt gleich groß sind. Dann kann man das Eingangs- und das Ausgangsruhepotential auf 0 V festlegen. Operationsverstärker besitzen keinen Masseanschluss, obwohl die Eingangs- und Ausgangsspannungen auf Masse bezogen werden. Früher war es üblich, Operationsverstärker mit einer Betriebsspannung von ±15 V zu betreiben. Heute werden viele Geräte mit Batterien betrieben. Deshalb werden vermehrt Betriebsspannungen von ±5 V eingesetzt. Der Trend geht in Richtung einer weiteren Reduktion bis hin zu einer einzigen Betriebsspannung von 3 V. Um die Leistungsaufnahme der Operationsverstärker zusätzlich zu verkleinern, reduziert man gleichzeitig die Ruheströme der Transistoren so weit wie möglich z.B. von $100\,\mu$A auf $10\,\mu$A oder sogar auf $1\,\mu$A.

Die gängige Anschlussbelegung von Operationsverstärkern ist in Abb. 5.2 dargestellt. Da man häufig mehrere Operationsverstärker in einer Schaltung benötigt, werden auch 2- und 4-fach-Operationsverstärker angeboten, mit denen man Platz und Geld sparen kann.

5.1.2 Operationsverstärker-Typen

Es gibt heute ein großes Angebot an Operationsverstärkern; sie unterscheiden sich nicht nur durch ihre Daten, sondern auch in ihrem prinzipiellen Aufbau. Man kann vier Familien unterscheiden, die wir in Abbildung 5.3 gegenüber gestellt haben, um die Gemeinsamkeiten und die Unterschiede zu zeigen. Dies wird in Abschnitt 5.10 noch einmal vertieft. Sie unterscheiden sich durch hoch- bzw. niederohmige Ein- und Ausgänge. Der nichtinvertierende Eingang ist bei allen vier Typen hochohmig.

Beim *normalen Operationsverstärker* (Voltage Feedback Operational Amplifier) sind beide Eingänge hochohmig, also spannungsgesteuert. Sein Ausgang verhält sich wie eine Spannungsquelle mit niedrigem Ausgangswiderstand, er ist also niederohmig. Aus diesem Grund bezeichnet man den normalen Operationsverstärker auch als VV-Operationsverstärker. Dabei beschreibt der 1. Buchstabe das Verhalten am Eingang: Hier bedeutet V = spannungsgesteuert = hochohmig. Der 2. Buchstabe gibt das Verhalten des Ausgangs an: Hier bedeutet V = spannungsgesteuert = niederohmig. Früher gab es nur diese Ausführung und sie hat auch heute noch den größten Marktanteil und die größte Bedeutung. Die Ausgangsspannung

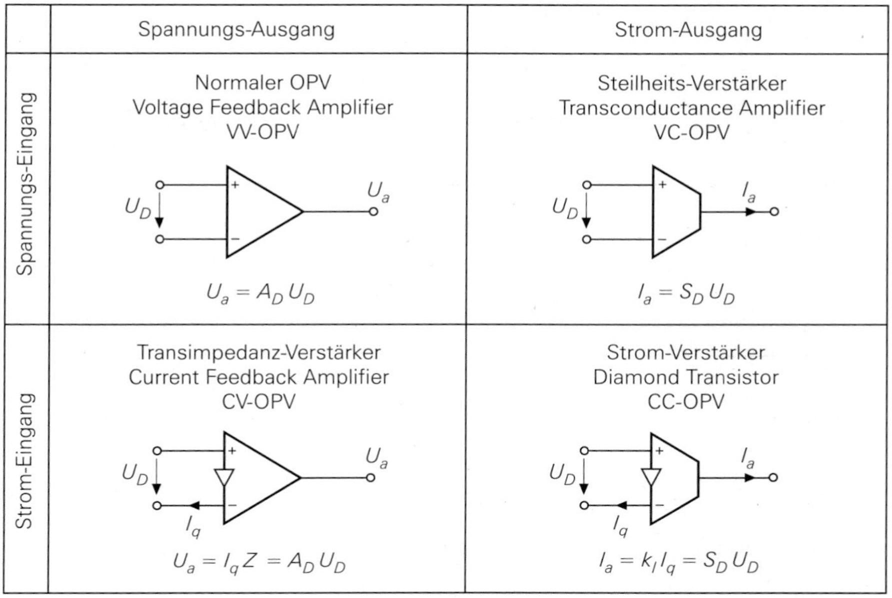

	Spannungs-Ausgang	Strom-Ausgang
Spannungs-Eingang	Normaler OPV Voltage Feedback Amplifier VV-OPV $U_a = A_D U_D$	Steilheits-Verstärker Transconductance Amplifier VC-OPV $I_a = S_D U_D$
Strom-Eingang	Transimpedanz-Verstärker Current Feedback Amplifier CV-OPV $U_a = I_q Z = A_D U_D$	Strom-Verstärker Diamond Transistor CC-OPV $I_a = k_I I_q = S_D U_D$

Abb. 5.3. Schaltsymbole und Übertragungsgleichungen der vier Operationsverstärker

$$U_a = A_D U_D = A_D (U_P - U_N) \tag{5.2}$$

ist gleich der verstärkten Eingangsspannungsdifferenz; dabei ist A_D die Differenzverstärkung. Um die Schaltung stark gegenkoppeln zu können, strebt man Werte von $A_D = 10^3 ... 10^6$ an. Die Übertragungskennlinie von *normalen* VV-Operationsverstärkern ist in Abb. 5.4a dargestellt. Die Differenzverstärkung

$$A_D = \frac{dU_a}{dU_D}\bigg|_{\text{AP}} \tag{5.3}$$

entspricht der Steigung in dem Diagramm. Man sieht, dass Bruchteile von 1 mV ausreichen, um den Ausgang voll auszusteuern. Der Arbeitsbereich $U_{a,min} < U_a < U_{a,max}$ heißt Ausgangsaussteuerbarkeit. Wenn diese Grenze erreicht wird, steigt U_a bei weiterer Vergrößerung von U_D nicht weiter an, d.h. der Verstärker wird übersteuert. In der Literatur verbindet man häufig mit einem idealen Operationsverstärker eine Differenzverstärkung von $A_D = \infty$; das wollen wir hier nicht übernehmen, weil das Verständnis dadurch eher erschwert wird.

Der *Transkonduktanzverstärker* (*Operational Transconductance Amplifier*, OTA) bezieht seine Bezeichnung von der Tatsache, dass hier die Steilheit = Transconductance das Übertragungsverhalten bestimmt. Er besitzt hochohmige Eingänge wie der normale Operationsverstärker; im Gegensatz dazu ist der Ausgang jedoch ebenfalls hochohmig. Er verhält sich wie eine Stromquelle, deren Strom durch die Eingangsspannungsdifferenz U_D gesteuert wird. Der Stromausgang wird durch das abgeschnittene Dreieck im Schaltsymbol in Abb. 5.3 gekennzeichnet. Es handelt sich hier also um einen Operationsverstärker, dessen Eingänge spannungsgesteuert sind und dessen Ausgang wie eine Stromquelle wirkt; deshalb wird der Transkonduktanzverstärker auch als *VC-Operationsverstärker* bezeichnet (C = Current = Strom). Der Ausgangsstrom

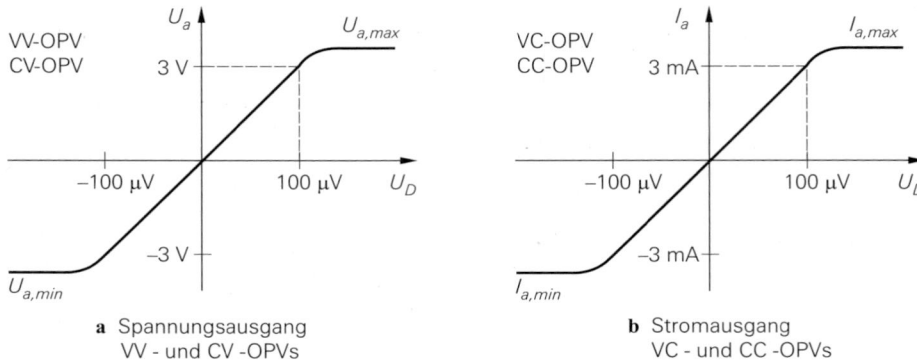

a Spannungsausgang
VV - und CV -OPVs

b Stromausgang
VC - und CC -OPVs

Abb. 5.4. Übertragungskennlinien von Operationsverstärkern.
Die eingetragenen Zahlenwerte sind lediglich Beispiele

$$I_a = S_D U_D = S_D(U_P - U_N) \tag{5.4}$$

ist proportional zur Eingangsspannungsdifferenz. Die Steilheit

$$S_D = \left. \frac{dI_a}{dU_D} \right|_{AP} \tag{5.5}$$

gibt an, wie stark der Ausgangsstrom mit der Eingangsspannungsdifferenz ansteigt. Die Steilheit des Verstärkers ist verwandt mit der Steilheit eines Transistors. Die typische Übertragungskennlinie eines VC-Operationsverstärkers ist in Abb. 5.4b dargestellt. Man erkennt, dass auch hier sehr kleine Eingangsspannungsdifferenzen ausreichen, um Vollaussteuerung zu erreichen.

Bei den beiden Operationsverstärkern mit Strom-Eingang in Abb. 5.3 ist der invertierende Eingang niederohmig, also stromgesteuert. Dies erscheint zunächst als Nachteil, für hohe Frequenzen ergeben sich aber große Vorteile, weil dadurch, wie wir später noch sehen werden,

– der interne Signalpfad verkürzt und die Schwingneigung reduziert wird;
– die interne Verstärkung des OPV an den jeweiligen Bedarf angepasst werden kann.

Der *Transimpedanzverstärker* (*Current Feedback Amplifier*) in Abb. 5.3 besitzt einen stromgesteuerten – also niederohmigen – invertierenden Eingang. Das wird im Schaltsymbol durch den kleinen Spannungsfolger angedeutet, der vom nicht-invertierenden Eingang zum invertierenden Eingang zeigt. Der Ausgang ist spannungsgesteuert; deshalb handelt es sich um einen *CV-Operationsverstärker*. Die Ausgangsspannung

$$U_a = A_D U_D = I_q Z \tag{5.6}$$

kann man entweder – wie beim normalen OPV – aus der Differenzverstärkung berechnen oder aus dem Eingangsstrom I_q und einer *Transimpedanz* Z, deren Betrag bei niedrigen Frequenzen im Megaohm-Bereich liegt. Wegen dieser Impedanz wird der CV-Operationsverstärker als Transimpedanzverstärker bezeichnet.

Der *Strom-Verstärker* (*Diamond Transistor, Drive-R-Amplifier*) besitzt einen stromgesteuerten Eingang wie der CV-OPV und einen Stromausgang wie der VC-OPV. Deshalb handelt es sich hier um einen *CC-Operationsverstärker*. Das Übertragungsverhalten

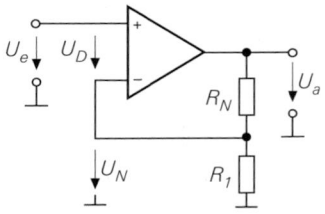

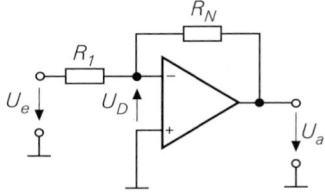

a Nichtinvertierender Verstärker   **b** Invertierender Verstärker

Abb. 5.5. Gegenkopplung von normalen VV-Operationsverstärkern

$$I_a = S_D U_D = k_I I_q \tag{5.7}$$

wird durch die Steilheit bestimmt. Einfacher ist es jedoch meist, mit dem Strom-übertragungsfaktor

$$k_I = \left. \frac{d I_a}{d I_q} \right|_{AP} \tag{5.8}$$

zu rechnen, der je nach Typ zwischen $k_I = 1 \ldots 10$ liegt. Der Strom-Verstärker wird auch als Diamond-Transistor (Markenname von Texas Instruments) bezeichnet, weil er sich – wie wir in Abschnitt 5.8 noch sehen werden – in vielerlei Hinsicht wie ein idealer Transistor verhält.

Zur Berechnung von Schaltungen verwendet man vorteilhaft Modelle, die nicht die Transistoren der Schaltung beinhalten, sondern die Übertragungsgleichungen. Das sind im einfachsten Fall die in Abbildung 5.3 angegebenen Gleichungen. In vielen Fällen ist die Berechnung von Operationsverstärker-Schaltungen so einfach, dass man sie am schnellsten von Hand durchführt.

5.2 Der normale Operationsverstärker (VV-OPV)

5.2.1 Prinzip der Gegenkopplung

Es gibt zwei Möglichkeiten zur Gegenkopplung eines VV-Operationsverstärkers, die in Abbildung 5.5 gegenübergestellt sind. Gemeinsam ist, dass zur Gegenkopplung ein Teil des Ausgangssignals auf den *invertierenden* Eingang rückgekoppelt wird. Man kann einen gegengekoppelten Operationsverstärker als Regelkreis betrachten und die Gesetze der Regelungstechnik auf die Schaltung anwenden. Abbildung 5.6 zeigt einen allgemeinen Regelkreis. Der Sollwert ergibt sich aus der Führungsgröße durch Bewertung mit dem Führungsgrößenformer, hier dargestellt durch die Multiplikation mit k_F. Der Istwert ergibt sich aus der Ausgangsgröße durch Bewertung mit dem Regler, hier dargestellt durch die Multiplikation mit k_R. Die Differenz von Soll- und Istwert wird durch die Regelstrecke mit A_D multipliziert. Aus der Beziehung für die Regelabweichung

$$U_D = k_F U_e - k_R U_a \tag{5.9}$$

folgen die Definitionen:

$$k_F = \left. \frac{U_D}{U_e} \right|_{U_a=0} \quad \text{und} \quad k_R = - \left. \frac{U_D}{U_a} \right|_{U_e=0} \tag{5.10}$$

Die Verstärkung des Regelkreises in Abb. 5.6 lässt sich aus der Beziehung $U_a = A_D U_D$ und (5.9) berechnen:

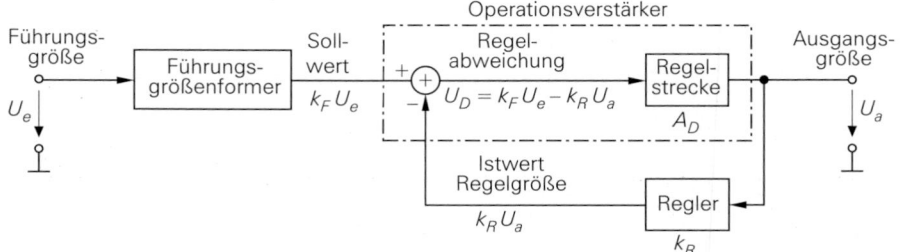

Abb. 5.6. Darstellung eines gegengekoppelten Operationsverstärkers als Regelkreis

$$A = \frac{U_a}{U_e} = \frac{k_F A_D}{1 + k_R A_D} \overset{k_R A_D \gg 1}{\approx} \frac{k_F}{k_R} \tag{5.11}$$

In einer Operationsverstärkerschaltung bildet der Operationsverstärker die Regelstrecke. Der Führungsgrößenformer und der Regler werden durch die äußere Beschaltung des Operationsverstärkers gebildet. Die Subtraktion erfolgt entweder durch den Differenzeingang des Operationsverstärkers oder durch die äußere Beschaltung.

5.2.1.1 Der nichtinvertierende Verstärker

Wenn man im allgemeinen Regelkreis in Abb. 5.6 den Sollwert gleich der Führungsgröße macht und den Regler mit einem Spannungsteiler realisiert, ergibt sich der nichtinvertierende Verstärker in Abb. 5.7. Zur qualitativen Untersuchung des Einschwingvorgangs lassen wir die Eingangsspannung von Null auf einen positiven Wert U_e springen. Im ersten Augenblick ist die Ausgangsspannung noch Null und damit auch die rückgekoppelte Spannung. Dadurch tritt am Verstärkereingang die Spannung $U_D = U_e$ auf. Da diese Spannung mit der hohen Differenzverstärkung A_D verstärkt wird, steigt U_a schnell auf positive Werte an und damit auch die rückgekoppelte Spannung $k_R U_a$; dadurch verkleinert sich U_D. Die Tatsache, dass die Ausgangsspannungsänderung der Eingangsspannungsänderung entgegenwirkt, ist typisch für die Gegenkopplung. Man kann daraus folgern, dass sich ein stabiler Endzustand einstellen wird.

Zur quantitativen Berechnung des Endzustands geht man davon aus, dass die Ausgangsspannung so weit ansteigt, bis sie gleich der verstärkten Eingangsspannungsdifferenz ist.

$$U_a = A_D U_D = A_D (U_P - k_R U_a) \tag{5.12}$$

Durch Auflösen erhalten wir die *Spannungsverstärkung*:

$$A = \frac{U_a}{U_e} = \frac{A_D}{1 + k_R A_D} \approx \begin{cases} \dfrac{1}{k_R} & \text{für } k_R A_D \gg 1 \\[2mm] A_D & \text{für } k_R A_D \ll 1 \end{cases} \tag{5.13}$$

Darin bezeichnet man die Größe

$$\boxed{g = k_R A_D} \tag{5.14}$$

als *Schleifenverstärkung* bzw. *Loop Gain*. Wenn die Schleifenverstärkung $g \gg 1$ ist, kann man die Eins im Nenner von (5.13) vernachlässigen und erhält für die Verstärkung der gegengekoppelten Schaltung:

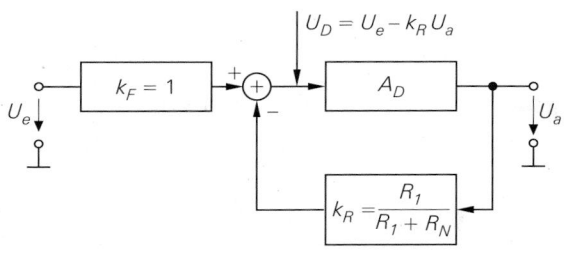 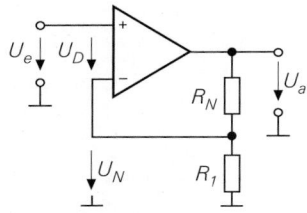

a Regelungstechnisches Modell   **b** Nichtinvertierender Verstärker

Abb. 5.7. Regelungstechnische Betrachtung des nichtinvertierenden Verstärkers am Beispiel des VV-Operationsverstärkers

$$A = \frac{U_a}{U_e} \approx \frac{1}{k_R} = 1 + \frac{R_N}{R_1} \qquad (5.15)$$

Sie wird in diesem Fall also nur durch die äußere Beschaltung und nicht durch den Operationsverstärker bestimmt. Aus (5.12) und (5.13) lässt sich auch die Größe der Eingangsspannungsdifferenz berechnen:

$$U_D = U_e - k_R U_a = \frac{1}{1 + k_R U_a} U_e = \frac{1}{1 + g} \approx \frac{U_e}{g}$$

Man sieht, dass die Eingangsspannungsdifferenz gering ist und umso kleiner wird, je größer die Schleifenverstärkung ist. Daraus folgt die wichtigste Regel zur Berechnung von Operationsverstärker-Schaltungen mit Gegenkopplung:

> *Die Ausgangsspannung eines Operationsverstärkers stellt sich so ein,*
> *dass die Eingangsspannungsdifferenz näherungsweise zu Null wird.*

Mit dieser Regel lässt sich das Verhalten von Schaltungen mit Operationsverstärkern besonders einfach berechnen:

$$U_e = \frac{R_1}{R_1 + R_N} U_a \quad \Rightarrow \quad A = \frac{U_a}{U_e} = 1 + \frac{R_N}{R_1}$$

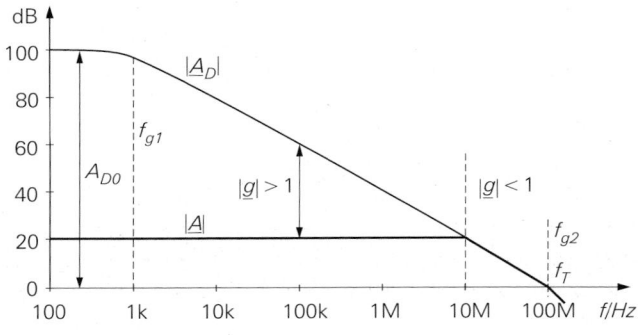

Abb. 5.8.
Auswirkung der Schleifenverstärkung auf die Verstärkung. Differenzverstärkung $|\underline{A}_D|$. Verstärkung mit Gegenkopplung $|\underline{A}|$. Die Zahlenwerte sind lediglich Beispiele.

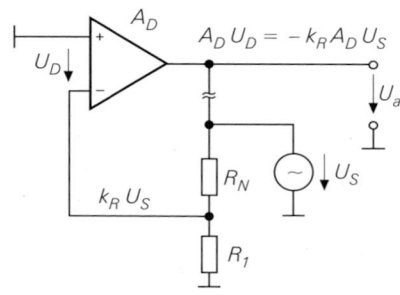

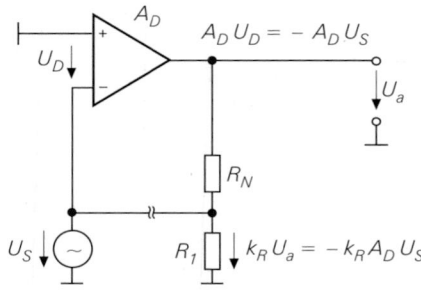

a Auftrennen am Ausgang   **b** Auftrennen am Eingang

Abb. 5.9. Zur Veranschaulichung der Schleifenverstärkung

Natürlich muss man auch die Frequenzabhängigkeit der Differenzverstärkung betrachten, weil sie auch die Schleifenverstärkung bestimmt. Der typische Frequenzgang der Differenzverstärkung ist in Abb. 5.8 dargestellt. Sie besitzt bei niedrigen Frequenzen hohe Werte. Oberhalb der 1. Grenzfrequenz sinkt sie um 20 dB/Dekade; der Operationsverstärker verhält sich in diesem Frequenzbereich wie ein Tiefpass 1. Ordnung. Bei der Transitfrequenz ist die Differenzverstärkung auf $|\underline{A}_D| = 1 \cong 0$ dB abgesunken.[1]

Aus (5.14) und (5.15) folgt eine nützliche Methode, um die Schleifenverstärkung zu berechnen, wenn $g \gg 1$ ist:

$$|g| = k_R |\underline{A}_D| = \frac{|\underline{A}_D|}{|\underline{A}|} \quad \Rightarrow \quad \lg|g| = \lg|\underline{A}_D| - \lg|\underline{A}| \tag{5.16}$$

In der logarithmischen Darstellung in Abb. 5.8 ist dieser Quotient der Abstand der beiden Kurven. Damit die Abweichung vom idealen Verhalten kleiner als 1% bleibt, ist eine Schleifenverstärkung von $g = 100$ erforderlich. Wenn die gegengekoppelte Schaltung eine Verstärkung von $A = 100$ besitzen soll, lässt sich aus (5.16) die erforderliche Differenzverstärkung berechnen: $A_D = gA = 100 \cdot 100 = 10^4$. Hier wird deutlich, warum man bei Operationsverstärkern eine möglichst hohe Differenzverstärkung anstrebt. Man kann vier Verstärkungen unterscheiden:

A_D	Differenzverstärkung des Verstärkers, Leerlaufverst.	(open loop gain)
A	Verstärkung der gegengekoppelten Schaltung	(closed loop gain)
g	Schleifenverstärkung $g = A_D/A$	(loop gain)
k_R	Rückkopplungsfaktor	(feedback factor)

Die Schleifenverstärkung lässt sich auch anschaulich deuten. Dazu setzen wir $U_e = 0$ und trennen die Schleife am Eingang der externen Beschaltung auf, wie Abb. 5.9a zeigt. Dann speisen wir an der Schnittstelle ein Testsignal U_S ein und berechnen, wie groß das Signal ist, das am anderen Ende der Trennstelle, also am Verstärker-Ausgang auftritt. Wie man in Abb. 5.7 unmittelbar ablesen kann, ergibt sich:

$$U_a = -k_R A_D U_S = -g U_S \tag{5.17}$$

Das Testsignal wird beim Durchlaufen der aufgetrennten Schleife also mit der Verstärkung $g = k_R A_D$ verstärkt. Man kann die Schleife ebenso am invertierenden Eingang auftrennen

---

[1] Es ist üblich, die Spannungsverstärkung logarithmisch in dB anzugeben: $A\,[\mathrm{dB}] = 20\,\mathrm{dB} \cdot \lg|\underline{A}|$

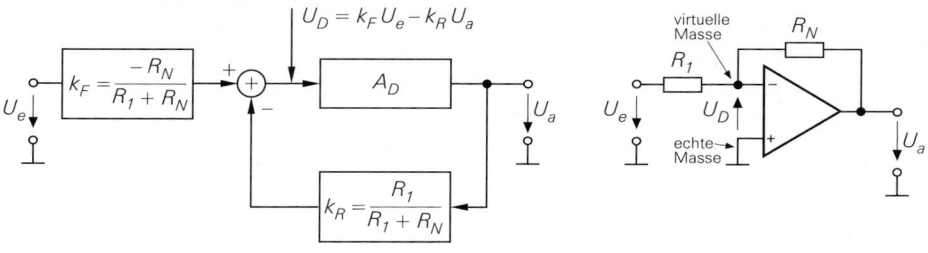

a Regelungstechnisches Modell   **b** Invertierender Verstärker

Abb. 5.10. Beschaltung eines Operationsverstärkers als invertierenden Verstärker am Beispiel des VV-Operationsverstärkers. Die hier eingetragenen Werte für k_F und k_R ergeben sich aus den Definitionen in (5.10).

und dort ein Testsignal einspeisen, wie in Abb. 5.9b dargestellt. Dann wird es zuerst mit A_D und dann mit k_R verstärkt; die Schleifenverstärkung hat aber auch in diesem Fall den Wert $g = k_R A_D$. Diese Überlegungen sollen lediglich den Namen Schleifenverstärkung erklären; zur Messung eignen sie sich aber nicht. Sobald man die Gegenkopplungsschleife auftrennt, geht der Ausgang des Operationsverstärkers wegen der unvermeidlichen Offsetspannung, die in Abschnitt 5.5.2 noch erklärt wird, in die Übersteuerung; dort ist aber $A_D = 0$.

Die Schleifenverstärkung lässt sich aber in der geschlossenen Schleife messen. Dazu legt man eine Spannung U_e an den Eingang der Schaltung und misst U_N und U_e in Abb. 5.7b. Daraus ergibt sich die Schleifenverstärkung:

$$g = \frac{U_N}{U_D} = \frac{U_N}{U_e - U_N} = \frac{k_R U_a}{U_D} = \frac{k_R U_a}{U_a / A_D} = k_R A_D \tag{5.18}$$

Entsprechend kann man auch die Differenzverstärkung messen. Die Definition

$$A_D = \frac{U_a}{U_D} = \frac{U_a}{U_e - U_N} \tag{5.19}$$

gilt auch in der gegengekoppelten Schaltung. Diese Methode zur Messung der Differenz- und Schleifenverstärkung ist insbesondere im Schaltungssimulator vorteilhaft, weil man dort auch die Frequenzgänge darstellen kann.

5.2.1.2 Der invertierende Verstärker

Neben der Beschaltung in Abb. 5.7 gibt es eine zweite fundamentale Möglichkeit, einen Operationsverstärker als Verstärker gegenzukoppeln. Dabei muss die Rückkopplung natürlich nach wie vor vom Ausgang zum *invertierenden* Eingang führen, damit sich eine Gegenkopplung und keine Mitkopplung ergibt. Man kann aber die Eingangsspannung statt am nichtinvertierenden Eingang am Fußpunkt des Gegenkopplungsspannungsteilers anschließen. Dann ergibt sich die in Abb. 5.10 dargestellte Schaltung. Setzt man k_F und k_R in (5.11) ein, erhält man

$$A = \frac{U_a}{U_e} = \frac{k_F A_D}{1 + k_R A_D} = \frac{-\dfrac{R_N}{R_1 + R_N} A_D}{1 + \dfrac{R_1}{R_1 + R_N} A_D} \overset{k_R A_D \gg 1}{\approx} -\frac{R_N}{R_1} \tag{5.20}$$

Es handelt sich hier also um einen invertierenden Verstärker. Dies erkennt man auch direkt in der Schaltung, wenn man in Gedanken eine positive Eingangsspannung anlegt. Da sie über R_1 auf den invertierenden Eingang gelangt, wird die Ausgangsspannung negativ. Die Ausgangsspannung geht so weit nach Minus bis $U_D \approx 0$ ist; dann ist hier auch $U_N \approx 0$ und man spricht daher von einer *virtuellen Masse*.

> *Die Ausgangsspannung eines invertierenden Operationsverstärkers stellt sich so ein, dass die Spannung am invertierenden Eingang näherungsweise Null wird. Daraus folgt das Prinzip der virtuellen Masse.*

Zur Berechnung der Ausgansspannung mit dieser Regel wendet man die Knotenregel auf den invertierenden Eingang an und erhält:

$$\frac{U_e}{R_1} + \frac{U_a}{R_N} = 0 \tag{5.21}$$

Diese Gleichung lässt sich direkt nach U_a auflösen:

$$U_a = -\frac{R_N}{R_1} U_e \quad \Rightarrow \quad A = \frac{U_a}{U_e} = -\frac{R_N}{R_1}$$

Weil alle Ströme hier auf das Nullpotential abfließen und ihre Summe – wie immer – Null ergeben muss, bezeichnet man den invertierenden Eingang bei dem so beschalteten Verstärker als virtuelle Masse oder wegen (5.21) auch als *Summationspunkt*.

Im Vergleich zum nichtinvertierenden Verstärker in Abb. 5.6 ist die Spannungsverstärkung hier also negativ und im Betrag um 1 kleiner. Man kann die Verstärkung der Schaltung in Abb. 5.10 natürlich auch für beliebige Differenzverstärkungen A_D berechnen. Dazu muss man berücksichtigen, dass U_D nicht exakt Null ist. Aus

$$\frac{U_E + U_D}{R_1} + \frac{U_a + U_D}{R_N} = 0 \quad \text{und} \quad U_a = A_D U_D$$

folgt mit dem Rückkopplungsfaktor $k_R = R_1/(R_1 + R_N)$ und $k_F = -R_N/(R_1 + R_N)$:

$$A = \frac{U_a}{U_e} = -\frac{R_N A_D}{R_1 A_D + R_N + R_1} = k_F \frac{A_D}{1 + k_R A_D} \tag{5.22}$$

Auch hier bestimmt die Schleifenverstärkung die Abweichung vom idealen Verhalten, denn für $g = k_R A_D \gg 1$ erhält man:

$$A \overset{kA_D \gg 1}{=} \frac{k_F}{k_R} = -\frac{R_N}{R_1} \tag{5.23}$$

Im einfachsten Fall besteht die äußere Beschaltung lediglich aus einem Spannungsteiler, wie wir in Abb. 5.7 und 5.10 gesehen haben. Wenn man ein RC-Netzwerk verwendet, entsteht ein Integrator, ein Differentiator oder ein aktives Filter. Man kann auch nichtlineare Bauelemente wie z.B. Dioden in der äußeren Beschaltung einsetzen, um Exponentialfunktionen und Logarithmen zu bilden. Diese Anwendungen werden in Kapitel 10.7 auf S. 755 beschrieben. Hier haben wir uns auf die einfachsten ohmschen Gegenkopplungen beschränkt.

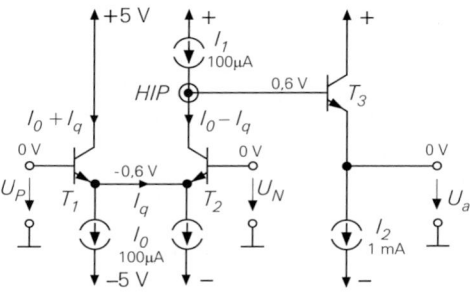

Abb. 5.11.
Einfacher Operationsverstärker mit Dimensionierungsbeispiel. Ruhepotentiale sind eingetragen. Daneben Kleinsignalmodell der Schaltung. HIP = Hochimpedanzpunkt

5.2.2 Einfache Spannungsverstärkung

Ein VV-Operationsverstärker soll verschiedene Forderungen erfüllen; die wichtigsten sind:

- Gleichspannungskopplung
- Differenzeingang
- Hohe Differenzverstärkung
- Eingangs- und Ausgangsruhepotential Null
- Eingänge hochohmig
- Ausgang niederohmig
- Geeignet für niedrige Betriebsspannungen
- Keine Schwingneigung bei Gegenkopplung

Operationsverstärker kann man mit Bipolartransistoren, Feldeffekttransistoren bzw. Mosfets oder einer Kombination von beiden aufbauen. Für die folgende Darstellung werden wir bevorzugt Bipolartransistoren verwenden. Sie besitzen bei gleichem Strom eine größere Steilheit als Feldeffekttransistoren und ermöglichen damit größere Bandbreiten. Hinzu kommt noch ein didaktischer Grund: Bei der Schaltungsanalyse kann man von einer Basis-Emitter-Spannung von $U_{BE} = 0,6$ V ausgehen und damit leicht alle Ruhepotentiale angeben. Bei allen Schaltungen kann man die Bipolartransistoren durch Mosfets ersetzen, ohne die Funktionsweise zu verändern. Wir wollen dies nur in einigen Fällen zeigen.

5.2.2.1 Einfache Verstärker

In diesem Kapitel werden einige Begriffe benötigt, die im Kapitel über Transistoren beschrieben wurden. Die wichtigsten Größen für Bipolartransistoren sind hier noch einmal zusammengestellt:
- Temperaturspannung: $U_T = 25$ mV
- Early-Spannung: $U_A = 100$ V
- Stromverstärkung: $\beta = 100$
- Steilheit: $S = I_C/U_T = 1/r_S$
- Ausgangswiderstand: $r_{CE} = U_A/I_C$
- Leerlaufverstärkung: $\mu = S\, r_{CE} = U_A/U_T \approx 4000$

Die einfachste Möglichkeit zur Realisierung eines normalen Operationsverstärkers besteht darin, einen Differenzverstärker am Eingang mit einem Emitterfolger am Ausgang zu kombinieren. Diese Möglichkeit zeigt Abb. 5.11. Das eingetragene Ruhepotential von 0 V am Ausgang lässt sich bei der offenen Schaltung nicht gewährleisten; es ergibt sich erst, wenn man den Verstärker gegenkoppelt. Dann stellt sich ein Arbeitspunkt ein, der zu

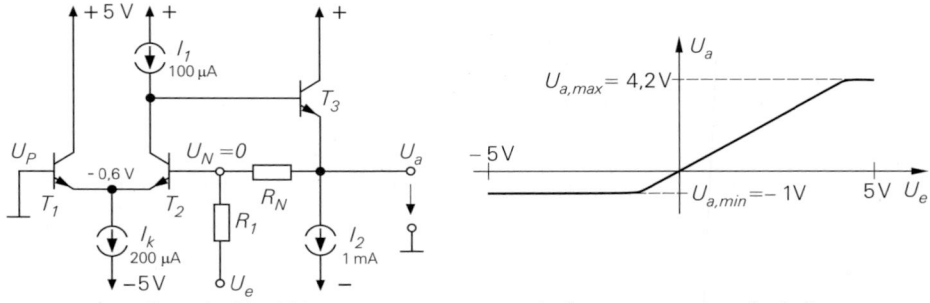

a Invertierender Verstärker   **b** Ausgangsaussteuerbarkeit

Abb. 5.12. Einfacher Operationsverstärker als invertierender Verstärker. Problem: geringe negative Ausgangsaussteuerbarkeit

einem Ruhepotential am Ausgang nahe $0\,\mathrm{V}$ führt. Das ist nicht nur hier so, sondern bei allen Operationsverstärkern.

Ein weiteres Kriterium für die Qualität eines Operationsverstärkers ist die Ausgangsaussteuerbarkeit. Hier ist die positive Grenze durch den minimalen Spannungsabfall an der Stromquelle I_1 mit $0{,}2\,\mathrm{V}$ und die Basis-Emitter-Spannung von T_3 mit $0{,}6\,\mathrm{V}$ gegeben:

$$U_{a,max} = 5\,\mathrm{V} - 0{,}2\,\mathrm{V} - 0{,}6\,\mathrm{V} = 4{,}2\,\mathrm{V}$$

Die negative Grenze ergibt sich hier durch die Sättigung von T_2:

$$U_{a,min} = U_N - 0{,}4\,\mathrm{V} - 0{,}6\,\mathrm{V} = U_N - 1\,\mathrm{V}$$

Wenn man den Operationsverstärker gemäß Abb. 5.12 als invertierenden Verstärker betreibt, ist $U_N = 0$. Dann ist die negative Aussteuerbarkeit auf $U_{a,min} = -1\,\mathrm{V}$ beschränkt.

Eine gute Aussteuerbarkeit ergibt sich jedoch, wenn man die Schaltung als nicht-invertierenden Verstärker voll gegenkoppelt wie in Abb. 5.13. Dann erhöht sich die Aussteuerbarkeit bis auf $0{,}8\,\mathrm{V}$ an die Betriebsspannungen, weil alle Potentiale in der Schaltung der Eingangsspannung folgen.

Neben der Aussteuerbarkeit am Ausgang ist auch die Aussteuerbarkeit am Eingang eine wichtige Eigenschaft eines Operationsverstärkers. Allgemein bezeichnet man das arithmetische Mittel der Eingangsspannungen als *Gleichtaktspannung*:

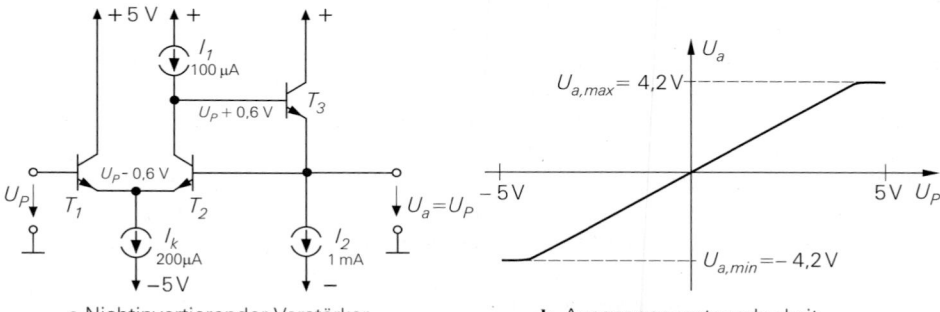

a Nichtinvertierender Verstärker   **b** Ausgangsaussteuerbarkeit

Abb. 5.13. Der einfache Operationsverstärker als Spannungsfolger (Closed-Loop Buffer)

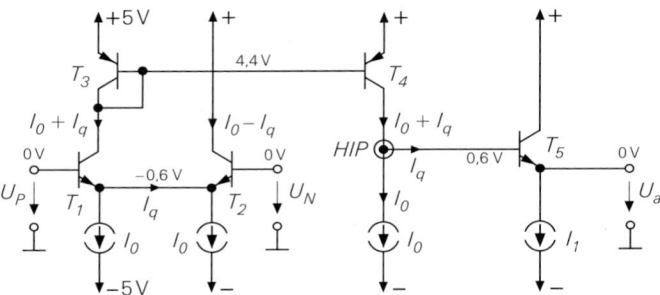

Abb. 5.14. Operationsverstärker mit Stromspiegel zur Vergrößerung der Gleichtakt- und Ausgangs-aussteuerbakeit. *HIP* = Hochimpedanzpunkt. Dimensionierungsbeispiel: $I_0 = 100\,\mu$A

$$U_{Gl} = \frac{1}{2}\,(U_P + U_N) \tag{5.24}$$

In einer gegengekoppelten Schaltung stellt sich die Ausgangsspannung so ein, dass die Eingangsspannungsdifferenz zu Null wird. Dann ist $U_{Gl} \approx U_P \approx U_N$. Man bezeichnet den Eingangsspannungsbereich, in dem der Differenzverstärker Eingang normal arbeitet als *Gleichtaktaussteuerbarkeit*. Bei dem Spannungsfolger in Abb. 5.13 ist sie groß, weil alle Potentiale in der Schaltung dem Eingangspotential folgen. Im Normalfall ist die positive Gleichtaktaussteuerbarkeit bei der Schaltung in Abb. 5.11 aber auf $U_{Gl} = 0{,}4$ V beschränkt, weil sonst der Transistor T_2 in die Sättigung geht.

Um die Ausgangs- und Gleichtaktaussteuerbarkeit des einfachen Operationsverstärkers in Abb. 5.11 für allgemeine Anwendungen zu verbessern, muss man das Nutzsignal zunächst bis in die Nähe der Betriebsspannung verschieben. Dann hat man die Möglichkeit, in einer 2. Verstärkerstufe von der positiven bis zur negativen Betriebsspannung auszusteuern. Dazu dient der Stromspiegel T_3, T_4 in Abb. 5.14. Der Kollektor von T_4 kann hier von $+4{,}8$ V bis $-4{,}8$ V ausgesteuert werden, also bis auf $0{,}2$ V an die Betriebsspannungen. Damit ergibt sich eine Ausgangsaussteuerbarkeit von $-4{,}8$ V $< U_a < 4{,}2$ V.

Die Gleichtaktaussteuerbarkeit am Eingang hat sich ebenfalls vergrößert. Die untere Grenze der Gleichtaktaussteuerung ist erreicht, wenn der Spannungsabfall an I_0 nur noch $0{,}2$ V beträgt; das ist hier bei einer Gleichtaktspannung $U_{Gl} = U_P = U_N = -4{,}2$ V der Fall. Die obere Grenze ist erreicht, wenn der Transistor T_2 in die Sättigung geht; das ist bei einem Emitterpotential von $4{,}2$ V der Fall; die zugehörige Eingangsspannung beträgt dann $4{,}8$ V. Damit erhält man den Gleichtaktaussteuerbereich $-4{,}2$ V $< U_{Gl} < 4{,}8$ V.

Zur Berechnung der Spannungsverstärkung des Operationsverstärkers in Abb. 5.11 ist es zweckmäßig, das Kleinsignalmodell der Schaltung in Abb. 5.15 zu betrachten. Die Emitter des Differenzverstärkers sind über ihre Steilheitswiderstände $r_S = U_T/I_C$ miteinander verbunden. Wenn man eine Differenzspannung anlegt, fließt darüber der Strom $I_q = U_D/(2\,r_S)$, der in der Schaltung und im Modell eingezeichnet ist. Dieser Strom fließt durch die Parallelschaltung des Ausgangswiderstands von T_2 und der Stromquelle I_1 und den Eingangswiderstand von T_3. Dies ist der Punkt des Operationsverstärkers, der den höchsten Innenwiderstand besitzt; deshalb wird er als *Hochimpedanzpunkt* bezeichnet und im Modell durch den Widerstand r_{HIP} repräsentiert. Die Steilheit des Differenzverstärkers am Eingang beträgt:

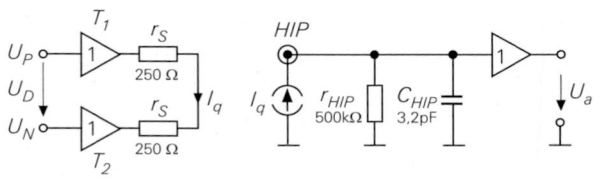

Abb. 5.15.
Modell für den einfachen Operationsverstärker. Beispiel für $I_0 = 100\,\mu A$

$$S = \frac{I_q}{U_D} = \frac{1}{2r_s} \overset{hier}{=} 2\frac{mA}{V}$$

Der Kondensator C_{HIP} fasst die Kapazitäten am Hochimpedanzpunkt zusammen. Damit lässt sich der Frequenzgang der Differenzverstärkung berechnen:

$$\underline{A}_D = \frac{U_a}{\underline{U}_D} = S\frac{r_{HIP}/(sC_{HIP})}{R + 1/(sC_{HIP})} = S\frac{r_{HIP}}{1 + j\omega\, r_{HIP}\, C_{HIP}} \qquad (5.25)$$

Daraus ergibt sich die Verstärkung für niedrige Frequenzen:

$$A_{D0} = S\, r_{HIP} \overset{hier}{=} 2\frac{mA}{V} \cdot 500\,k\Omega = 1000$$

Aus der Definition der Grenzfrequenz

$$\left|\frac{\underline{A}_D}{A_{D0}}\right|^2 = \frac{1}{1 + \omega^2 r_{HIP}^2\, C_{HIP}^2} \overset{!}{=} \frac{1}{2}$$

folgt:

$$f_{g1} = \frac{1}{2\pi r_{HIP}\, C_{HIP}} \overset{hier}{=} \frac{1}{2\pi \cdot 500\,k\Omega \cdot 3,2\,pF} = 100\,kHz$$

Wichtiger als die Grenzfrequenz ist die *Transitfrequenz* f_T eines Operationsverstärkers. Das ist die Frequenz, bei der die Verstärkung auf $|\underline{A}_D| = 1$ abgesunken ist. Wir können sie ebenfalls aus (5.25) berechnen. Für hohe Frequenzen folgt:

$$\underline{A}_D = S\frac{1}{j\omega\, C_{HIP}} \quad \Rightarrow \quad |\underline{A}_D| = S\frac{1}{\omega_T\, C_{HIP}} \overset{!}{=} 1$$

Daraus ergibt sich die Transitfrequenz:

$$f_T = S\frac{1}{2\pi\, C_{HIP}} \overset{hier}{=} 2\frac{mA}{V}\frac{1}{2\pi \cdot 3,2\,pF} = 100\,MHz$$

Es ist kein Zufall, dass die Transitfrequenz 1000 mal so hoch ist wie die Grenzfrequenz des Operationsverstärkers, denn es handelt sich um einen Tiefpass 1. Ordnung. Daher gilt:

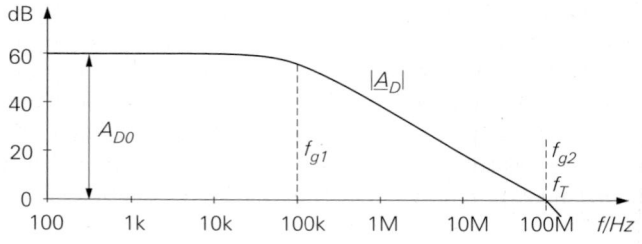

Abb. 5.16.
Frequenzgang der Differenzverstärkung gemäß dem Modell in Abb. 5.11

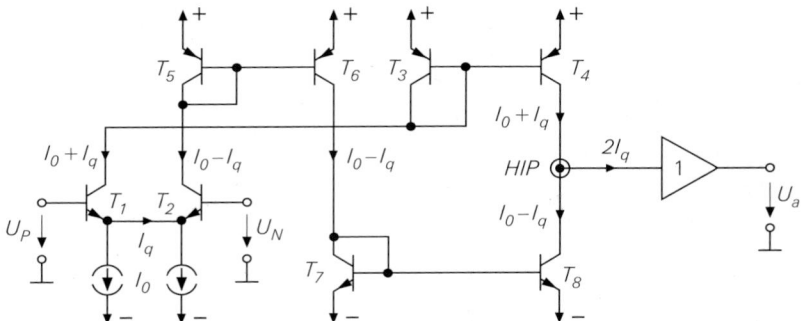

Abb. 5.17. Praktische Ausführung des einfachen Operationsverstärkers

$$f_T = f_{g1} A_{D0} \tag{5.26}$$

Der Kollektorstrom von T_2 in Abb. 5.14 lässt sich zusätzlich nutzen, wenn man ihn mit Stromspiegeln zum Ausgangssignal hinzufügt. Dazu dienen die Stromspiegel T_5, T_6 und T_7, T_8 in Abb. 5.17. Dadurch verdoppelt sich der Signalstrom am Ausgang und damit auch die Differenzverstärkung des Operationsverstärkers. Zusätzlich ergibt sich der Vorteil, dass die Schaltung für beliebige Ruheströme I_0 funktioniert, weil sich der Strom am Ausgang kompensiert, wie man in der Schaltung erkennt. Den Impedanzwandler am Ausgang haben wir hier nur symbolisch eingezeichnet, weil wir die verschiedenen Möglichkeiten im folgenden noch erklären wollen. Ein einfacher Emitterfolger, den wir bisher eingezeichnet hatten, ist für praktische Anwendungen ungeeignet, weil sein maximaler Ausgangsstrom nicht größer ist als sein Ruhestrom.

5.2.2.2 Endstufen für Operationsverstärker

Man erwartet, dass Operationsverstärker Ausgangsströme liefern, die groß gegenüber dem Ruhestrom sind. Einfache Emitterfolger wie in Abb. 5.11 können zwar große Ströme liefern, aber lediglich kleine Ströme aufnehmen. Deshalb benötigt man am Ausgang von Operationsverstärken komplementäre Emitterfolger, im AB-Betrieb, die diese Einschränkung nicht besitzen. Sie werden in Kapitel 4.1.5.3 auf Seite 404 ausführlich beschrieben. Man schließt sie – wie in Abb. 5.18 symbolisch dargestellt – am Hochimpedanzpunkt des Operationsverstärkers an. Die Endstufen-Transistoren T_1 und T_2 in Abb. 5.18 stellen den komplementären Emitterfolger dar, die vorgeschalteten Emitterfolger T_3 und T_4 dienen zur Arbeitspunkteinstellung und sorgen für definierte Ruheströme.

Wegen der zweifachen Impedanzwandlung multiplizieren sich die Stromverstärkungen, so dass man Werte von $\beta_1 \cdot \beta_3 = 10.000$ erhält. Um diesen Faktor erscheint auch ein am Ausgang angeschlossener Lastwiderstand am Hochimpedanzpunkt vergrößert. Der Widerstand r_{HIP} in Abb. 5.15 steht symbolisch für alle am Hochimpedanzpunkt angeschlossenen Lasten; dazu gehört neben den Ausgangswiderständen von T_5 und T_6 auch der transformierte Lastwiderstand.

Die Stromquellen I_1 müssen nicht nur die Ruheströme von T_3 und T_4 bereitstellen, sondern auch die Basisströme für die Endstufentransistoren T_1, T_2 und die Umladeströme für die Kapazitäten (siehe Abb. 5.61). Deshalb darf man sie nicht zu niedrig wählen. Allerdings addieren sie sich zur Stromaufnahme des übrigen Operationsverstärkers. Die Ströme I_1 werden auf die Endstufentransistoren gespiegelt. Wenn sie ebenfalls die Größe $A = 1$ besitzen, fließt dort also auch der Ruhestrom I_1. Wegen der Strombelastbarkeit

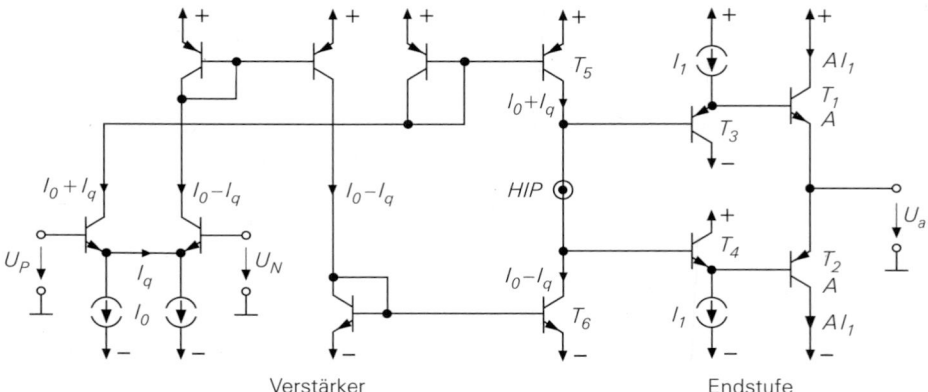

Verstärker   Endstufe

Abb. 5.18. Komplementäre Emitterfolger als Impedanzwandler am Ausgang des Operationsverstärkers aus Abb. 5.17. Transistorgröße $A = 1$, wenn nicht anders vermerkt.
Vorteil: zweifache Impedanzwandlung am Ausgang
Nachteil: Kompromiss für die Größe des Stroms I_1

von T_1 und T_2 kann es notwendig werden, die relative Transistorgröße $A > 1$ zu wählen; dann vergrößert sich auch der Ruhestrom durch diese Transistoren. Die Stromverstärkung der Endstufentransistoren bleibt dadurch aber unverändert, die Ruheströme I_1 lassen sich dadurch nicht reduzieren. Wenn man die Übersetzung des Ruhestroms durch große Endstufentransistoren nicht wünscht, kann man die Größe der Treibertransistoren T_3, T_4 ebenfalls auf die Größe von T_1, T_2 erhöhen.

Bei der Schaltung in Abb 5.19a sind die Transistoren T_3, T_4 zur Vorspannungserzeugung als Transdioden geschaltet. Sie bewirken hier also keine zusätzliche Impedanzwandlung. Die Transistoren T_5, T_6 des davor liegenden Operationsverstärkers liefern den Ruhestrom für die Transdioden und die Endstufentransistoren. Der Vorteil dieser Anordnung besteht aber im wesentlichen darin, dass der Strom I_q an die Endstufentransistoren weitergeleitet wird. Wenn man den Differenzverstärker am Eingang im AB-Betrieb betreibt wie in Abb. 5.30, kann $I_q \gg I_0$ werden. Dadurch werden die Umladevorgänge der parasitären Kapazitäten in der Endstufe bei großen Eingangsspannungsdifferenzen stark beschleunigt.

Die günstigste Lösung stellt Abb. 5.19b dar. Sie kombiniert die Vorteile von Abb. 5.18 und Abb. 5.19a. Die Transistoren T_3 und T_4 arbeiten als Emitterfolger und bewirken zusammen mit den Endstufentransistoren T_1 und T_2 eine 2-fache Impedanzwandlung. Der benötigte Strom I_1 wird aber nicht separat erzeugt, sondern es wird $I_0 \pm I_q$ mit den Transistoren T_7 und T_8 ein zweites Mal gespiegelt. Wenn sich der Strom durch T_5 erhöht, um die Ausgangsspannung zu erhöhen, steigt auch der Strom durch T_7 und stellt zusätzlichen Basisstrom für T_1 bereit.

Eine weitere Variante für die Endstufe eines Operationsverstärkers ist die Rail-to-Rail Endstufe, deren Aufbau in Abb. 5.43 beschrieben wird. Sie arbeitet ebenfalls im AB-Betrieb, ermöglicht aber eine Aussteuerbarkeit bis dicht an die Betriebsspannungen. Bei den hier behandelten komplementären Emitterfolgern liegt sie um 0,8 V darunter.

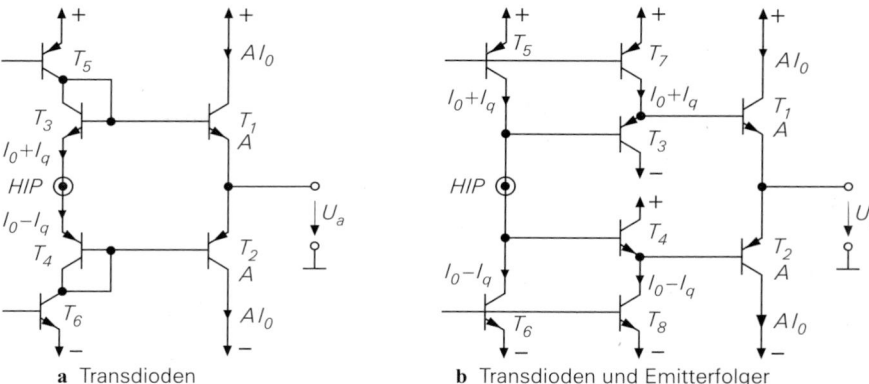

a Transdioden   **b** Transdioden und Emitterfolger

Abb. 5.19. Impedanzwandler mit Beschleunigung der Basisansteuerung der Endstufentransistoren durch Ausnutzung des Signalstroms I_q. Als Verstärker am Eingang kann z.B. die Schaltung von Abb. 5.18 mit den Transistoren T_5 und T_6 am Ausgang dienen.
Vorteile: I_0 bestimmt auch den Ruhestrom in der Endstufe
I_q unterstützt die Ansteuerung der Endstufe

5.2.2.3 Verstärker mit Kaskodeschaltung

Wenn man bei Anwendungen mit Operationsverstärkern eine hohe Genauigkeit benötigt, reicht eine Differenzverstärkung von $A_D \approx 1000$ der bisher beschriebenen Schaltungen nicht aus. Höhere Spannungsverstärkungen lassen sich erzielen, indem man den Innenwiderstand am Hochimpedanzpunkt HIP des Verstärkers hinaus vergrößert. Dazu kann man eine Kaskodeschaltung einsetzen, die in Kapitel 4.1.2 auf S. 305 beschrieben wurde. Sie besitzt den Ausgangswiderstand $r_a = \beta r_{CE}$. Er ist demnach um die Stromverstärkung β größer als bei einem einzelnen Transistor. Der zusätzliche Transistor T_5 in Abb. 5.20a bildet zusammen mit T_4 eine normale Kaskode, in Abb. 5.20b zusammen mit T_2 eine gefaltete Kaskode. Voraussetzung ist, dass die Stromquelle, die den Kollektorstrom von T_5 liefert, ebenfalls hochohmig ist; hier ist also ebenfalls eine Kaskodeschaltung erforderlich. Bei einem Kollektorstrom von $I_0 = 100\,\mu$A beträgt der Innenwiderstand am Hochimpedanzpunkt:

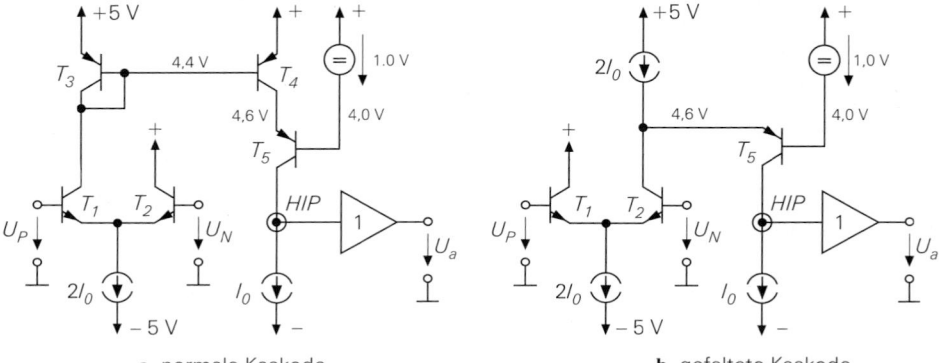

a normale Kaskode   **b** gefaltete Kaskode

Abb. 5.20. Kaskodeschaltung zur Erhöhung der Differenzverstärkung. HIP = Hochimpedanzpunkt

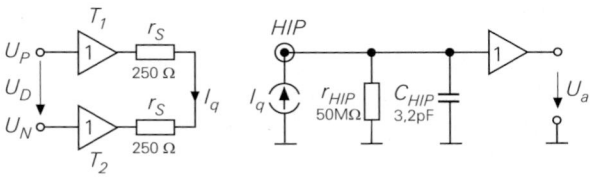

Abb. 5.21.
Modell des Operationsverstärkers mit Kaskode; Daten für $I_0 = 100\,\mu$A

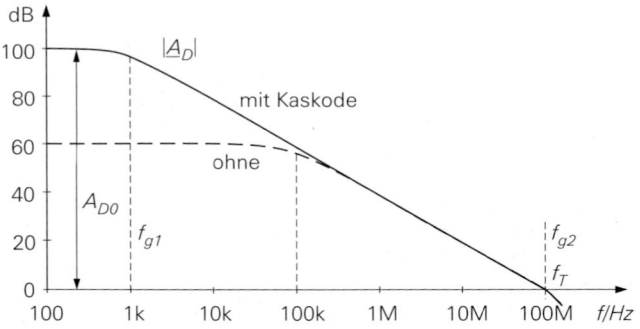

Abb. 5.22.
Frequenzgang der Verstärkung. Zum Vergleich Operationsverstärker ohne Kaskode

$$r_{HIP} = \frac{1}{2}\beta\,r_{CE} = \frac{\beta}{2}\frac{U_A}{I_C} = \frac{100}{2}\cdot\frac{100\,\text{V}}{100\,\mu\text{A}} = 50\,\text{M}\Omega$$

Der Unterschied im Kleinsignalmodell in Abb. 5.21 besteht im Vergleich zu Abb. 5.15 lediglich darin dass der Widerstand am Hochimpedanzpunkt r_{HIP} hier den 100-fachen Wert besitzt. Auf diese Weise ist es aber möglich, mit einer einzigen Verstärkerstufe eine Spannungsverstärkung von $A_{D0} = 10^5$ zu erreichen, wie man in Abb 5.22 sieht. Die Transitfrequenz des Operationsverstärkers wird durch die Kaskodeschaltung nicht erhöht, weil die Verstärkung bei hohen Frequenzen durch C_{HIP} bestimmt wird; r_{HIP} ist demgegenüber hochohmig.

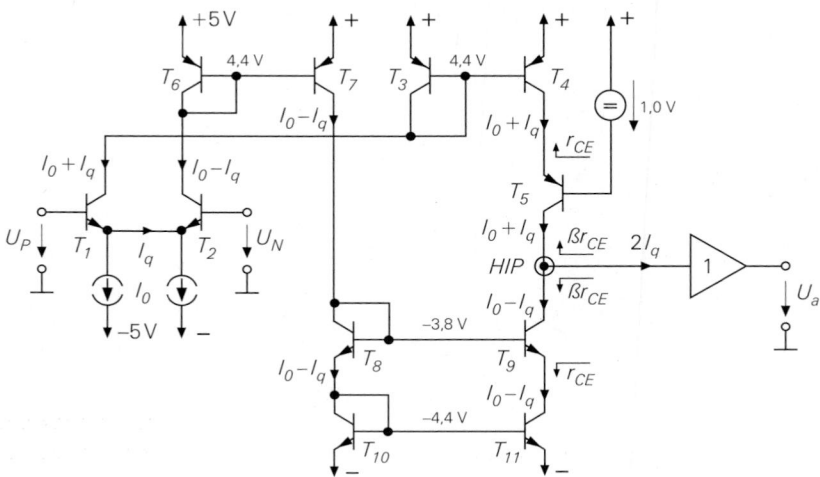

Abb. 5.23. Praktische Ausführung eines Operationsverstärkers mit Kaskode-Schaltung

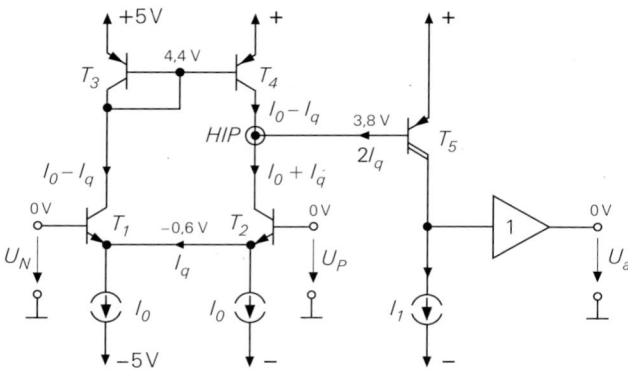

Abb. 5.24.
Operationsverstärker
mit zweistufiger Span-
nungsverstärkung

Gleichzeitig ergibt sich der Vorteil, dass eine einzige Verstärkerstufe auch nur Phasenverschiebungen von $-90°$ bewirkt; deshalb ist eine Frequenzgangkorrektur gegen die
Schwingneigung bei Gegenkopplung hier meist nicht erforderlich.

Natürlich wird man in der Praxis beide Kollektorströme des Differenzverstärkers gemäß Abb. 5.23 nutzen. Dazu dient der zusätzliche Stromspiegel T_6, T_7 am Kollektor von
T_2. Die Transistoren T_8 bis T_{11} bilden einen Kaskode-Stromspiegel. Am Ausgang addieren
sich die Nutzsignale I_q und die Ruheströme I_0 subtrahieren sich.

5.2.3 Zweifache Spannungsverstärkung

5.2.3.1 Gebräuchliche Schaltungstechnik

Bei den bisher beschriebenen Operationsverstärkern gab es nur eine einzige Stufe, die eine
Spannungsverstärkung bewirkt. Wenn man eine hohe Spannungsverstärkung benötigt, um
eine hohe Schleifenverstärkung zu erreichen, kann man auch zwei Stufen zur Spannungsverstärkung einsetzen. Bei dem Operationsverstärker in Abb. 5.24 bilden die Transistoren
T_1 und T_2 wieder den Differenzverstärker am Eingang. Damit die zweite Verstärkerstufe

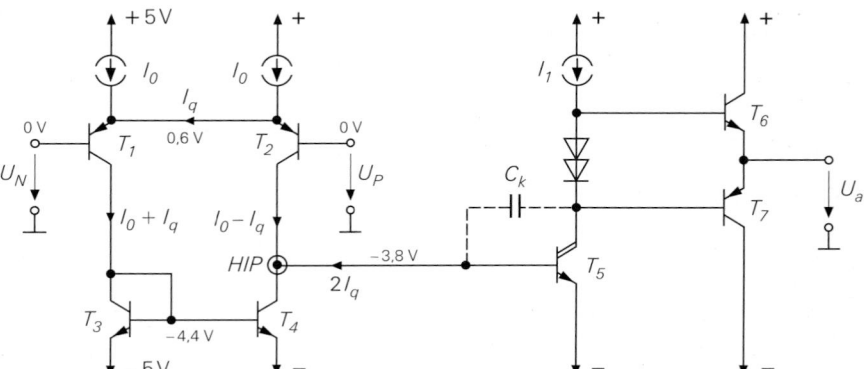

Abb. 5.25. Operationsverstärker mit einem vereinfachten Schaltbild des uA741-Verstärkers.
Bei dem Original ist $I_0 = 10\,\mu A$, $I_1 = 300\,\mu A$ und $C_k = 30\,pF$
Differenzverstärkung $A_{D0} = 100\,dB$, Transitfrequenz $f_T = 1\,MHz$

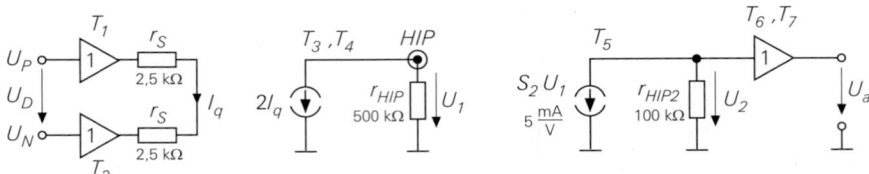

Abb. 5.26. Modell eines Operationsverstärkers mit 741-Struktur zur Berechnung der Differenzverstärkung. *HIP* = Hochimpedanzpunkt

den hohen Innenwiderstand am Hochimpedanzpunkt *HIP* nicht beeinträchtigt, setzt man für T_5 eine Darlingtonschaltung gemäß Abschnitt 2.4.4 auf S. 166 ein.

Auf dem in Abb. 5.24 gezeigten Prinzip beruhen die meisten klassischen integrierten Universalverstärker. Bei ihnen wird jedoch der Eingangs-Differenzverstärker meist mit pnp-Transistoren und die zweite Stufe mit npn-Transistoren realisiert. Dadurch ergibt sich die komplementär aufgebaute Schaltung in in Abb. 5.25. Die Kollektorströme des Differenzverstärkers betragen hier nur $10\,\mu$A. Die Endstufe wird bei den klassischen Operationsverstärkern als komplementärer Emitterfolger ausgeführt, um positive und negative Ausgangsströme zu ermöglichen, die groß gegenüber dem Ruhestrom sind. Wegen technologischen Einschränkungen bestehen die handelsüblichen Schaltungen am Eingang und Ausgang aus einem Verbund mehrerer Transistoren. Die hier dargestellten Schaltungen geben lediglich die Funktionsweise wieder.

Operationsverstärker mit zweistufiger Spannungsverstärkung sind bei Gegenkopplung potentiell instabil und neigen zum Schwingen. Deshalb ist hier der Kondensator C_k vorgesehen, der die Verstärkung bei hohen Frequenzen so weit reduziert, dass die Schaltung selbst bei voller Gegenkopplung (auf $A = 1$) stabil bleibt. Die Dimensionierung der Frequenzgangkorrektur wird im Abschnitt 5.4 beschrieben.

Die Differenzverstärkung des Operationsverstärker lässt sich mit dem Modell in Abb. 5.26 berechnen. Die Transistoren T_1 und T_2 des Differenzverstärkers am Eingang werden durch die Spannungsfolger repräsentiert. Die Verbindung der Emitter erfolgt über die Steilheitswiderstände $r_S = 1/S$. Der Strom I_q gibt an, wie stark sich der Strom durch den einen Transistor bei Aussteuerung erhöht bzw. durch den anderen verringert: $I_q = U_D/2r_S$. Dieser Strom gelangt über den Stromspiegel an den Ausgang des Differenzverstärkers und bewirkt am dort vorhandenen Innenwiderstand $r_{HIP} = 500\,\text{k}\Omega$ die Spannung:

$$U_1 = -2\,I_q\,r_{HIP} = -2\,r_{HIP}\,\frac{U_D}{2\,r_S} = -\frac{500\,\text{k}\Omega}{2{,}5\,\text{k}\Omega}\cdot U_D = -200\cdot U_D$$

Der Differenzverstärker besitzt mit den in dem Modell eingetragenen Parametern also eine Spannungsverstärkung von $A_1 = U_1/U_D = -200$ und die Steilheit:

$$S_1 = \frac{2\,I_q}{U_D} = 2\,\frac{U_D}{2\,r_S}\,\frac{1}{U_D} = \frac{1}{r_s} = 0{,}4\,\frac{\text{mA}}{\text{V}}$$

Die Darlingtonschaltung T_5 verstärkt die Spannung U_1 und liefert den Ausgangsstrom $S_2 U_1$, der am Widerstand r_{HIP2} die Spannung

$$U_2 = -S_2\,r_{HIP2}\,U_1 = -5\,\frac{\text{mA}}{\text{V}}\cdot 100\,\text{k}\Omega\cdot U_1 = -500\cdot U_1$$

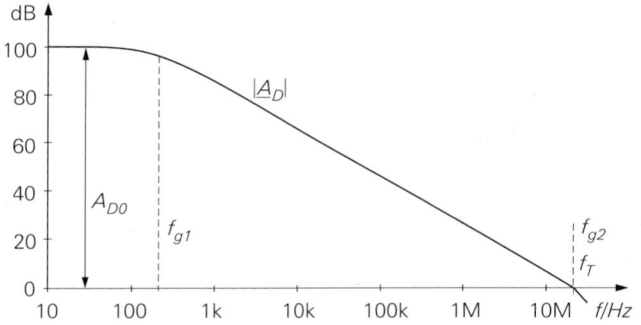

Abb. 5.27.
Operationsverstärkers der 741-Klasse. Frequenzgang der Differenzverstärkung beim Einsatz von modernen Transistoren.

bewirkt. Bei den im Modell eingetragenen Parametern besitzt die zweite Verstärkerstufe also die Verstärkung $A_2 = -500$. Damit erhält man insgesamt eine Verstärkung von:

$$A_{D0} = \left| \frac{U_1}{U_D} \right| \cdot \left| \frac{U_2}{U_1} \right| = 200 \cdot 500 = 100.000 = 10^5 \cong 100 \, \text{dB}$$

Der Frequenzgang der Differenzverstärkung in Abb. 5.27 zeigt, dass die Verstärkung bei niedrigen Frequenzen $A_{D0} = 100 \, \text{dB}$ beträgt. Allerdings liegt die Grenzfrequenz hier wegen der Frequenzgangkorrektur lediglich bei $f_g = 200 \, \text{Hz}$ und die Transitfrequenz $f_t = 20 \, \text{MHz}$. Das ist also um einen Faktor 5 geringer als bei den Verstärkern mit Kaskodeschaltung. Bei dem Original uA741 Operationsverstärker sind diese Frequenzen sogar um noch um einen Faktor 20 schlechter, also $f_g = 10 \, \text{Hz}$ und $f_T = 1 \, \text{MHz}$. Die Ursache dafür sind langsame Transistoren mit großen Kapazitäten. Das größte Problem der 741-Familie ist aber, dass die Schaltung für niedrige Betriebsspannungen nicht geeignet ist.

5.2.3.2 Single-Supply-Verstärker

Der klassische Single-Supply Verstärker ist der LM324, dessen prinzipieller Aufbau in Abb. 5.28 dargestellt ist. Die Schaltung ist mit dem in Abb. 5.25 dargestellten Universalverstärker verwandt, besitzt jedoch einige Modifikationen, um eine Aussteuerbarkeit bis auf Nullpotential zu ermöglichen:

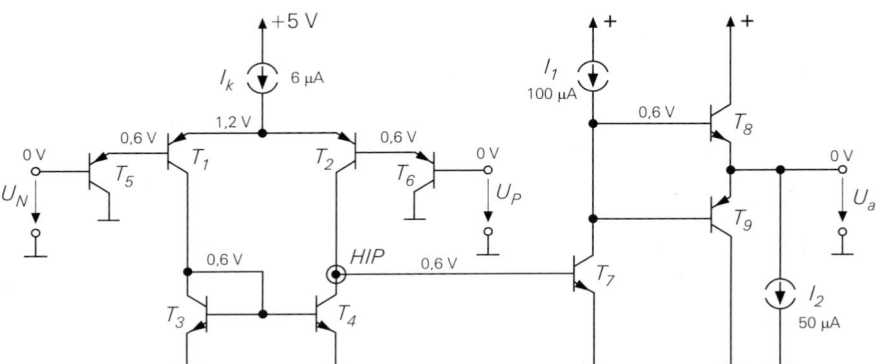

Abb. 5.28. Single-Supply-Verstärker LM324, schematischer Aufbau
Differenzverstärkung: $A_D = 94 \, \text{dB}$, Transitfrequenz: $f_T = 1 \, \text{MHz}$

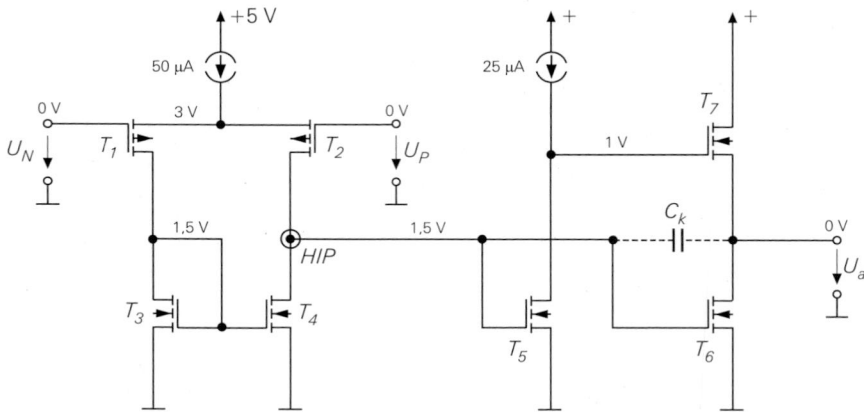

Abb. 5.29. Single Supply CMOS-Operationsverstärker TLC274, schematischer Aufbau. Die Substrate der n-Kanal-Fets sind mit Nullpotential, die der p-Kanal-Fets mit der positiven Betriebsspannung verbunden.
Differenzverstärkung: $A_D = 86\,\mathrm{dB}$, Transitfrequenz: $f_T = 1\,\mathrm{MHz}$

- Die Emitterfolger T_5 und T_6 wurden hinzugefügt, um das Emitterpotential des Differenzverstärkers um $0{,}6\,\mathrm{V}$ nach oben zu schieben. Dadurch beträgt die Kollektor-Emitter-Spannung des Differenzverstärkers selbst bei dem kritischen Fall mit $0\,\mathrm{V}$ Eingangsspannung, der hier eingetragen ist, noch $0{,}6\,\mathrm{V}$.
- Die zweite Verstärkerstufe T_7 ist hier als einfache Emitterschaltung ausgeführt, damit sich ein Basisruhepotential von $0{,}6\,\mathrm{V}$ ergibt. Die Darlingtonschaltung in Abb. 5.25 hätte ein Ruhepotential von $1{,}2\,\mathrm{V}$ zur Folge; dadurch würde T_2 bei $0\,\mathrm{V}$ Eingangsspannung in die Sättigung gehen.
- Um eine Ausgangsaussteuerbarkeit bis nahe an $0\,\mathrm{V}$ zu ermöglichen, wird die Stromquelle I_2 hinzugefügt. Natürlich sperrt der Transistor T_9 bei Ausgangsspannungen unter $0{,}6\,\mathrm{V}$, so dass der Ausgang in diesem Bereich nur Ströme aufnehmen kann, die kleiner als $I_2 = 50\,\mu\mathrm{A}$ sind.

Eine unangenehme Eigenschaft von Operationsverstärkern mit der Schaltungstechnik in Abb. 5.28 ist das *Phase-Reversal*. Dabei wird der nichtinvertierende Eingang zum invertierenden, wenn die Eingangsspannung unter $U_P = -0{,}4\,\mathrm{V}$ sinkt. Deshalb bevorzugt man die CMOS-Variante des Verstärkers, die in Abb. 5.29 dargestellt ist.

Wie der Vergleich mit Abb. 5.28 zeigt, ist der Aufbau sehr ähnlich. Die p-Kanal-Fets T_1 und T_2 bilden den Differenzverstärker. Beide Ausgangssignale werden über den Stromspiegel T_3 und T_4 zusammengefasst und an die zweite Verstärkerstufe T_5 weitergeleitet. Der Sourcefolger T_7 dient als Impedanzwandler. Ein Unterschied besteht hier lediglich in der Funktionsweise von T_6. Er arbeitet nicht als komplementärer Sourcefolger, sondern verstärkt das Signal in Sourceschaltung genau wie T_5. Dadurch ist dieser Transistor in der Lage, die Ausgangsspannung aktiv bis auf $0\,\mathrm{V}$ herunterzuziehen.

5.2.4 Breitband-Operationsverstärker

Um hohe Bandbreiten zu erreichen, ist es notwendig, die Transistor- und Schaltkapazitäten schnell umzuladen. Bei den bisher behandelten Operationsverstärkern ist der maximale Strom jedoch auf den Emitterstrom des Differenzverstärkers $I_{q,max} = I_0$ begrenzt. Da I_0

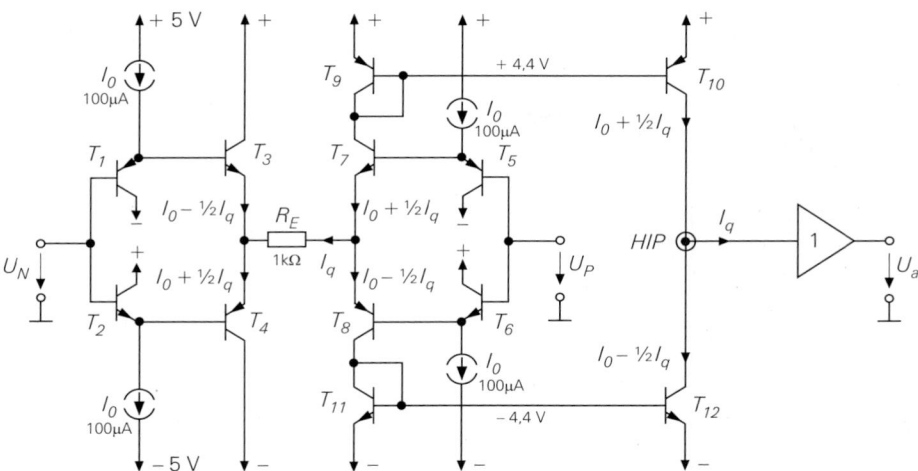

Abb. 5.30. Breitband-Operationsverstärker mit Gegentakt-Differenzverstärkern im AB-Betrieb mit Dimensionierungsbeispiel

meist die Stromaufnahme des ganzen Operationsverstärkers bestimmt, möchte man hier nur kleine Ströme einsetzen. Dieses Problem lässt sich lösen, indem man Differenzverstärker einsetzt, die im Gegentakt-AB-Betrieb arbeiten und nur bei Bedarf vorübergehend einen großen Strom aufnehmen. Deshalb wird diese Schaltungstechnik auch als *Current on demand* bezeichnet.

Die Transistoren T_1 bis T_4 und T_5 bis T_8 in Abb. 5.30 bilden zwei komplementäre Emitterfolger, die im AB-Betrieb arbeiten; ihre Funktion wird in Kapitel 4.1.5.3 auf Seite 404 beschrieben. Andererseits kann man die Transistoren T_3 und T_7 auch als einen Differenzverstärker mit npn-Transistoren und die Transistoren T_4 und T_8 als einen Differenzverstärker mit pnp-Transistoren betrachten. Bei kleinen Eingangsspannungsdifferenzen teilt sich der Strom $I_q \approx (U_P - U_N)/R_E$ zu gleichen Teilen auf die obere und die untere Hälfte der Schaltung auf. Dieser Fall ist in Abb. 5.30 eingetragen.

Bei großen Eingangsspannungsdifferenzen, die bei jedem Sprung der Eingangsspannung vorübergehend auftreten, kann $I_q > 2I_0$ werden. Dann sperrt die untere Hälfte des Verstärkers und der ganze Strom wird über die obere Hälfte an den Ausgang übertragen. Auch in diesem Fall steht der Strom I_q in voller Größe am Ausgang zur Verfügung, wie man in Abb. 5.31 sieht.

An dem Stromverlauf in Abb. 5.32 erkennt man diese Funktionsweise: Trotz des niedrigen Ruhestroms von $I_0 = 100\,\mu$A stehen in diesem Beispiel bei jedem Umschaltvorgang hohe Stromspitzen von $I_q = 1$ mA zur Ansteuerung der Endstufe zur Verfügung. Es ist zwar etwas ungewöhnlich, einen Differenzverstärker aus zwei komplementären Emitterfolgern aufzubauen und das Ausgangssignal über die Betriebsspannungsanschlüsse mit zwei komplementären Stromspiegeln auszukoppeln, aber diese Anordnung findet man bei allen Schaltungen, die im AB-Betrieb arbeiten.

Natürlich möchte man auch bei dieser Schaltung alle Signalströme der Eingangsschaltungen nutzen. Dazu kann man - wie Abb 5.33 zeigt - die Kollektorströme des Impedanzwandlers am linken Eingang mit Stromspiegeln zu den vorhandenen Signalen hinzufügen. Dazu dienen die zusätzlichen Stromspiegel T_{13}, T_{14} und T_{15}, T_{16}. Dadurch verdoppelt sich

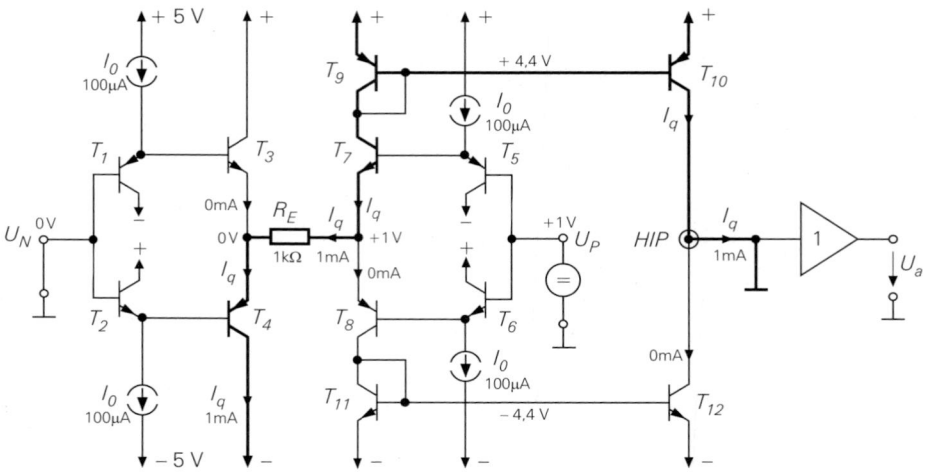

Abb. 5.31. Verhalten bei großen Eingangsspannungsdifferenzen für $I_q > 2I_0$
Dick eingezeichnet: Verlauf des Signalstroms

der Signalstrom am Eingang des Impedanzwandlers am Ausgang. Der Ruhestrom $2\,I_0$ kompensiert sich auch in diesem Fall.

Es ist hier wichtig, den AB-Betrieb nicht nur im Differenzverstärker am Eingang zu realisieren, sondern alle folgenden Stufen ebenfalls im AB-Betrieb zu betreiben. Dazu ist der Einsatz von Stromspiegeln zweckmäßig, denn sie begrenzen den Strom nicht. Deshalb stehen hier auch in der Endstufe die hohen Spitzenströme von I_q Verfügung, um die Endstufen-Transistoren anzusteuern. Aus diesem Grund lassen sich die Schaltkapazitäten, die im Modell am Hochimpedanzpunkt in Abb. 5.34 zusammengefasst sind, bei großen Eingangsspannungsdifferenzen schnell umladen.

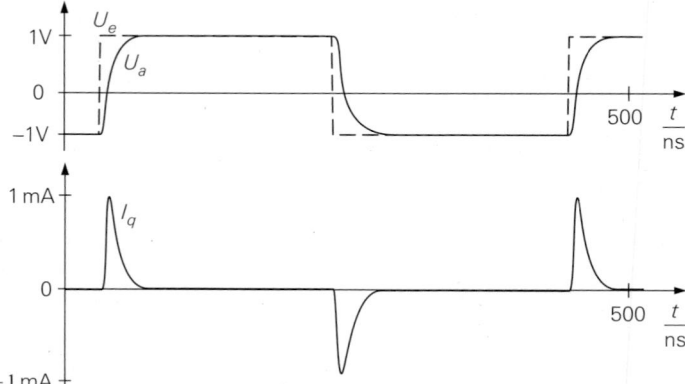

Abb. 5.32. Umschaltströme im Breitband-Operationsverstärker bei einem Ruhestrom von $I_0 = 100\,\mu\text{A}$ in Abb. 5.30. Gegenkopplung für $A = 1$

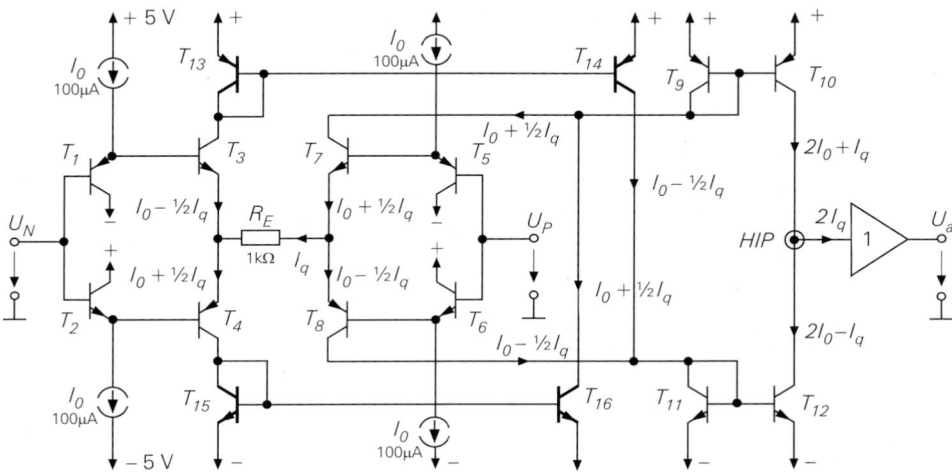

Abb. 5.33. Breitbandverstärker mit Nutzung der Signalströme von beiden Impedanzwandlern am Eingang. Die Transistoren für die beiden zusätzlichen Stromspiegel sind dick eingezeichnet.

Die Spannungsverstärkung soll an dem Modell in Abb. 5.34 erklärt werden. Die Spannungsfolger an den Eingängen besitzen jeweils den Ausgangswiderstand $r_S = U_T/I_0$; sie sind über den Widerstand R_E gekoppelt. Damit erhält man:

$$I_q = \frac{U_D}{R_E + r_S}$$

Dieser Strom wird an den Hochimpedanzpunkt übertragen. Er bewirkt am Widerstand $r_{HIP} = U_A/(2\,I_0)$, der die Parallelschaltung aller Widerstände am Hochimpedanzpunkt repräsentiert, die Ausgangsspannung:

$$U_a = 2\,r_{HIP}\,I_q = \frac{U_A}{2\,I_0}\,\frac{2\,U_D}{R_E + r_S}$$

Für das Dimensionierungsbeispiel mit $R_E = 1\,\text{k}\Omega$ erhält man dann die Spannungsverstärkung:

$$A_D = \frac{U_A}{U_D} = \frac{U_A}{I_0}\,\frac{1}{R_E + r_S} \overset{\text{hier}}{=} \frac{100\,\text{V}}{100\,\mu\text{A}} \cdot \frac{1}{1\,\text{k}\Omega + 250\,\Omega} = 800$$

Wenn man R_E verkleinert, lassen sich auch höhere Differenzverstärkungen erreichen. Für $R_E = 0$ ergibt sich eine Verstärkung von $A_D = 4000$. Der optimale Wert von R_E ergibt sich aus der Sprungantwort des gegengekoppelten Verstärkers.

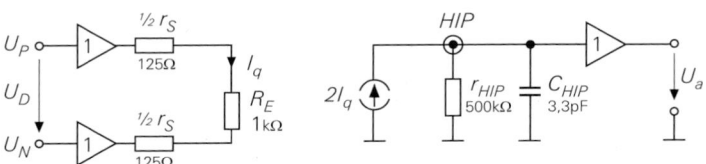

Abb. 5.34. Modell zur Erklärung der Spannungsverstärkung des Operationsverstärkers in Abb. 5.33

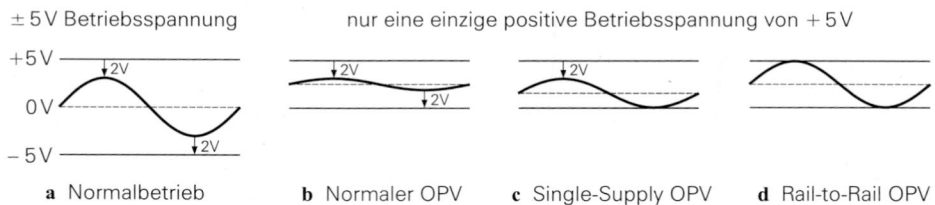

± 5 V Betriebsspannung   nur eine einzige positive Betriebsspannung von + 5 V

a Normalbetrieb   **b** Normaler OPV   **c** Single-Supply OPV   **d** Rail-to-Rail OPV

Abb. 5.35. Aussteuerbarkeit von Operationsverstärkern beim Betrieb mit niedrigen Betriebsspannungen

5.2.5 Niedrige Betriebsspannungen

Bei den bisherigen Betrachtungen sind wir von einer *symmetrischen* Betriebsspannung von ± 5 V ausgegangen. Operationsverstärker der 741-Klasse besitzen dann eine Gleichtakt- und Ausgangsaussteuerbarkeit von ca. ± 3 V. Dieser Sachverhalt ist in Abb. 5.35a dargestellt. Dabei ist die Begrenzung durch einen bestimmten Abstand zu den Betriebsspannungen gegeben, die hier 2 V beträgt.

Zunehmend besteht der Wunsch, einen Operationsverstärker aus einer einzigen Betriebsspannung von +5 V oder +3,3 V zu betreiben, weil diese Spannung zur Versorgung von digitalen Schaltungen in den meisten Fällen ohnehin vorhanden ist. Bei derart niedrigen Betriebsspannungen sind die alten Universalverstärker meist nicht mehr spezifiziert. Selbst wenn sie bei +5 V noch funktionieren würden, hätte man wenig Nutzen davon, weil sich die Aussteuerbarkeit dann, wie in Abb. 5.35b dargestellt, auf $2\,\text{V} < U_{Gl}, U_a < 3\,\text{V}$ reduzieren würde.

Gleichzeitig verliert man beim Betrieb mit einer einzigen Betriebsspannung eine wichtige Eigenschaft der Operationsverstärker, die den Einsatz so einfach macht: Eingangs- und Ausgangsruhepotential Null. Man kann sich dadurch helfen, dass man ein zusätzliches positives Hilfspotential von der halben Betriebsspannung generiert und alle Spannungen darauf bezieht. Die Konsequenzen auf die Anwendung werden wir im nächsten Abschnitt behandeln.

Um mit niedrigen Betriebsspannungen arbeiten zu können, hat man die beschriebenen *Single-Supply-Verstärker* entwickelt, deren Gleichtakt- und Ausgangsaussteuerbarkeit die negative Betriebsspannung einschließt, wie man in Abb. 5.35c erkennt. Für viele Anwendungen ist es jedoch von Vorteil, wenn die Verstärker bis zur positiven und negativen Betriebsspannung aussteuerbar sind, wie in Abb. 5.35d gezeigt. Derartige Verstärker bezeichnet man als *Rail-to-Rail-Verstärker*. Ihre Schaltungstechnik wird im folgenden beschrieben.

5.2.5.1 Betrieb mit einer einzigen Betriebsspannungsquelle

Wenn man Rail-to-Rail Verstärker einsetzt, sind aber noch nicht alle Probleme gelöst, denn die Signale müssen sich innerhalb der Betriebsspannungen bewegen. Eine naheliegende Lösung besteht darin, mit Hilfe eines Spannungswandlers eine zusätzliche negative Betriebsspannung zu erzeugen. Abbildung 5.36a zeigt ein Beispiel. Ein Spannungswandler ist aber immer eine getaktete Schaltung, die hochfrequente Störungen an die Umgebung ausstrahlt. Darüber hinaus ist auch der zusätzliche Stromverbrauch in Batterie-betriebenen Geräten unerwünscht. Deshalb ist es günstiger, die halbe Betriebsspannung als Bezugspotential für alle Signale zu verwenden. Man sieht in Abb. 5.36b, dass die Spannung $U_{ref} = U_b/2$ im Aussteuerbereich liegt; sie kann deshalb die Rolle der Schaltungsmasse

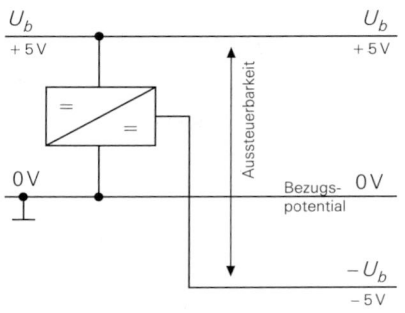

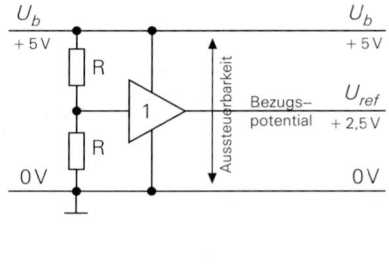

a Spannungswandler   **b** Rail Splitter

Abb. 5.36. Bezugspotential für Signale bei einer einzigen Betriebsspannung

übernehmen. Zur Erzeugung einer stabilen Referenzspannung kann man die Betriebsspannung halbieren und einen Impedanzwandler nachschalten. Es gibt dafür sogar eine spezielle Schaltung, den Rail Splitter TLE2426 von Texas Instruments. Für den Übergang von Dual-Supply- auf Single-Supply-Betrieb kann man die folgende Regel anwenden:

– Der bisherige negative Versorgungsspannungsanschluss wird an Masse angeschlossen.
– Der bisherige Masseanschluss wird an der Referenzspannung angeschlossen.

Diese Vorgehensweise ist am Beispiel eines invertierenden Verstärkers in Abb. 5.37 dargestellt. Abbildung 5.38 zeigt, wie man einen invertierenden und nichtinvertierenden Verstärker aufbauen kann, wenn man die Eingangs- und Ausgangssignale auf die Referenzspannung bezieht. Alle Signale werden dadurch am Eingang und Ausgang um U_{ref} in positive Richtung in die Mitte des Aussteuerbereichs verschoben.

Das Bezugspotential U_{ref} muss man nicht unbedingt zentral erzeugen wie in Abb. 5.36, sondern kann das auch lokal vornehmen. In Abb. 5.38 unten dient dazu der Spannungsteiler mit den beiden Widerständen R_2. In der Schaltung daneben übernehmen die beiden Widerstände $2R_1$ diese Aufgabe. Ihre Parallelschaltung bestimmt mit dem Wert R_1 die Spannungsverstärkung, ihre Reihenschaltung erzeugt die Referenzspannung. Die Ausgangsspannungen werden durch die lokale Erzeugung der Referenzspannungen nicht verändert.

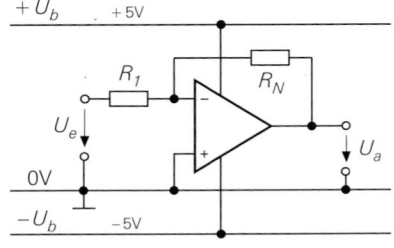

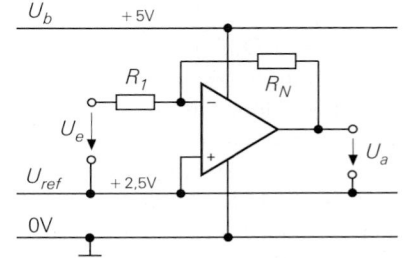

a Positive und negative Betriebsspannung   **b** Eine einzige Betriebsspannung

Abb. 5.37. Umwandlung von Dual-Supply- auf Single-Supply-Betrieb

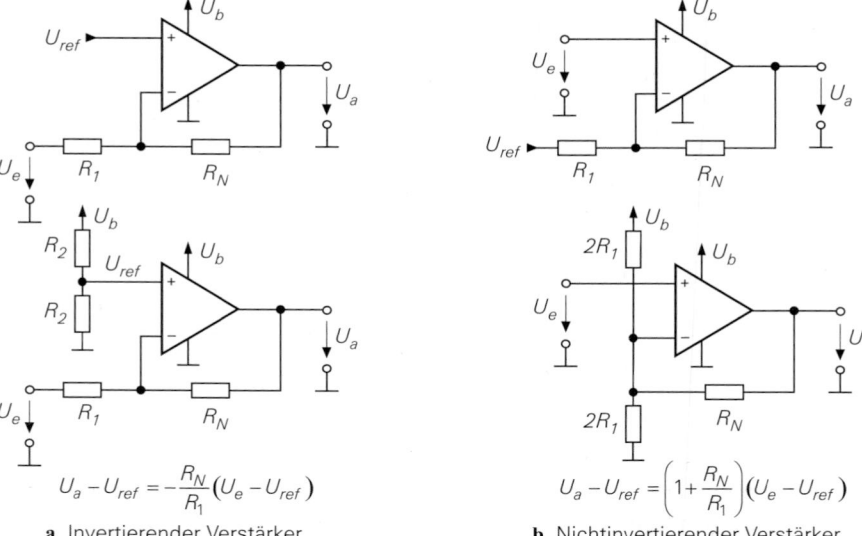

$$U_a - U_{ref} = -\frac{R_N}{R_1}(U_e - U_{ref})$$

a Invertierender Verstärker

$$U_a - U_{ref} = \left(1 + \frac{R_N}{R_1}\right)(U_e - U_{ref})$$

b Nichtinvertierender Verstärker

Abb. 5.38. Single-Supply Verstärker mit Bezug auf die Referenzspannung als Bezugspotential. Oben: Zentrale Erzeugung der Referenzspannung, unten: Lokale Erzeugung

5.2.5.2 Rail-to-Rail-Verstärker

Bei Rail-to-Rail-Verstärkern erwartet man eine Aussteuerbarkeit von der negativen bis zur positiven Betriebsspannung. Bei Rail-to-Rail-Output-Verstärkern (RRO) bezieht sich diese Eigenschaft nur auf den Ausgang des Operationsverstärkers. Dies ist eine wichtige Voraussetzung für den Einsatz von Operationsverstärkern, um trotz niedriger Betriebsspannungen noch nennenswerte Ausgangssignale zu ermöglichen, wie wir in Abb. 5.35 gesehen haben. Ob man zusätzlich auch eine Gleichtaktaussteuerbarkeit benötigt, die die Betriebsspannungen (Rail-to-Rail-Input, RRI) einschließt, hängt von der jeweiligen Anwendung ab. Zunächst sollen die üblichen Schaltungstechniken von Rail-to-Rail-Input Verstärkern erklärt werden.

5.2.5.2.1 Rail-to-Rail-Input

Man sieht, dass bei den Single-Supply Operationsverstärkern in den Abb. 5.28 und 5.29 die Gleichtaktaussteuerbarkeit bis zur negativen Betriebsspannung möglich ist, aber nicht gleichzeitig bis zur positiven. Deshalb liegt es auf der Hand, bei einem Rail-to-Rail-Eingang einen Differenzverstärker mit npn- und pnp-Transistoren parallel zu schalten, von denen der eine bis zur positiven und der andere bis zur negativen Betriebsspannung aussteuerbar ist, und ihre Ausgangssignale zu kombinieren. Diese Methode zeigt Abb. 5.39. Der Differenzverstärker mit den pnp-Transistoren ist bis zur negativen Betriebsspannung aussteuerbar. Bei Gleichtaktspannungen in der Nähe der positiven Betriebsspannung sperrt er; in diesem Bereich arbeitet aber der parallelgeschaltete npn-Differenzverstärker. Die nachfolgenden Transistoren T_5 und T_6 kombinieren die Ausgangssignale der beiden Differenzverstärker. Die Realisierung eines Rail-to-Rail-Eingangs setzt natürlich voraus, dass die Kollektorruhepotentiale der Differenzverstärker am Eingang dicht bei den Betriebsspannungen liegen. Der Spannungsabfall von 0,6 V bei konventionellen Stromspiegeln ist

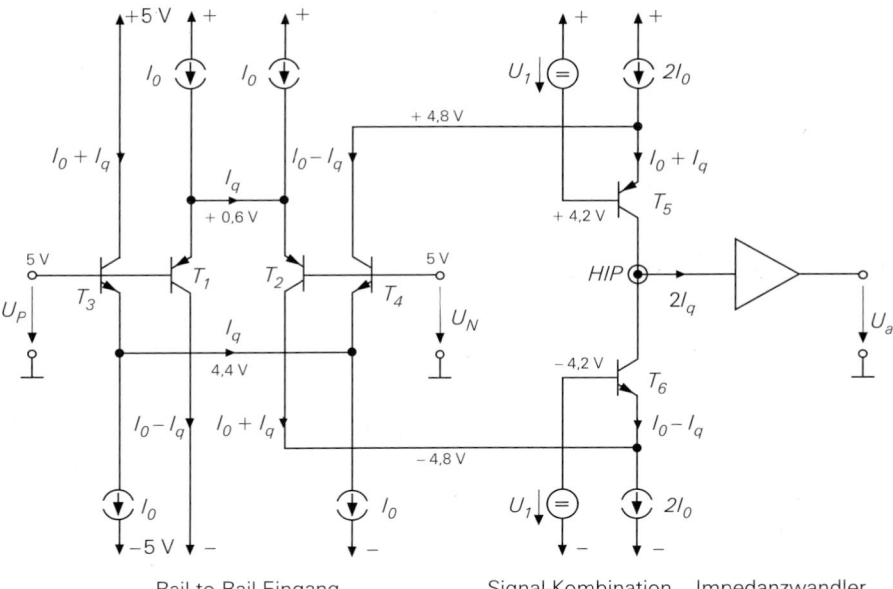

Abb. 5.39. Komplementäre Differenzverstärker für einen Rail-to-Rail Eingang, Prinzip

zu groß. Deshalb setzt man hier Stromspiegel ein, die einen niedrigeren Spannungsabfall ermöglichen; sie werden in Abb. 5.40 mit normalen Stromspiegeln verglichen. Von der Stromquelle $2I_0$ wird hier der Eingangsstrom $I_1 = I_0 + I_q$ subtrahiert, sodass für den Ausgangsstrom $I_2 = I_0 - I_q$ übrig bleibt. Wegen der Subtraktion des Eingangsstroms wollen wir diesen Stromspiegel als *subtraktiven Stromspiegel* bezeichnen.

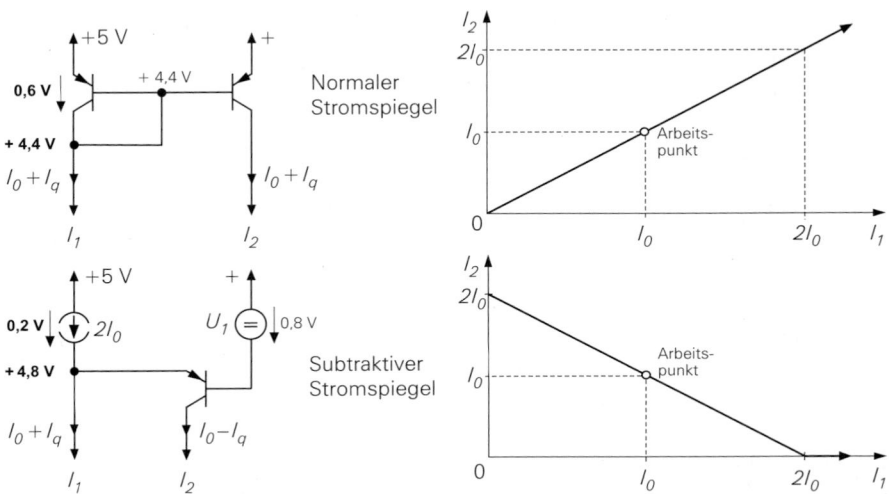

Abb. 5.40. Vergleich von subtraktiven Stromspiegeln mit normalen.
    Jeweils: Eingang I_1 links, Ausgang I_2 rechts.

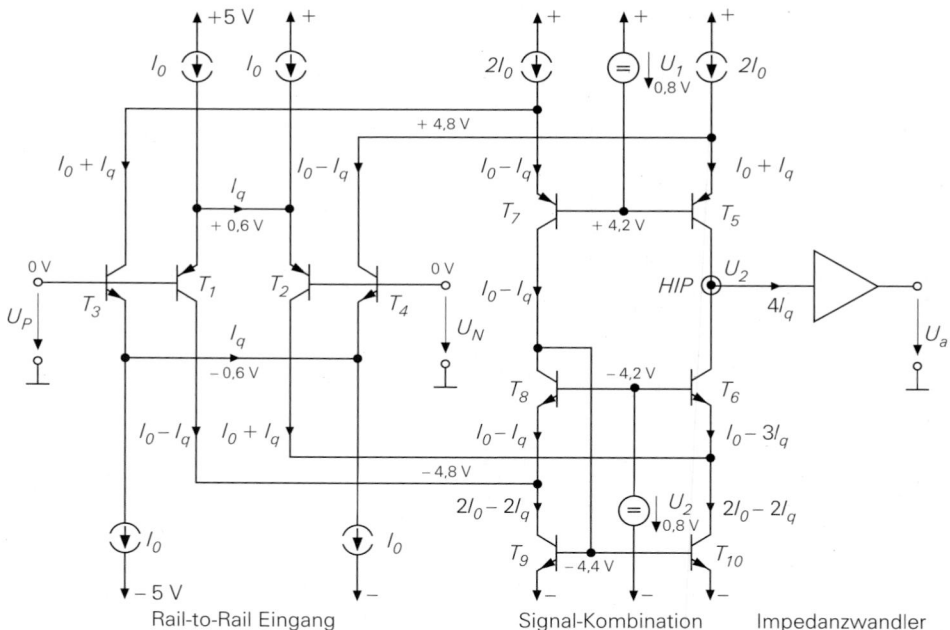

Abb. 5.41. Praktische Ausführung eines Rail-to-Rail Eingangs. Beispiel: LTC6261
Dimensionierungsbeispiel: $I_0 = 10\,\mu$A

Wenn man für die Vorspannung $U_1 = 0,8$ V wählt, ergibt sich ein Eingangspotential, das lediglich um 0,2 V unter der Betriebsspannung liegt. Das reicht für die Funktion der Stromquelle $2I_0$ gerade noch aus. Der Vorteil des subtraktiven Stromspiegels ist also der entscheidende Gewinn um 0,4 V für die Betriebsspannung der Differenzverstärker im Rail-to-Rail Eingang. Wenn man an den Eingängen in Abb. 5.39 eine Gleichtaktspannung von 5 V anlegt, ergibt sich an den Emittern des npn-Differenzverstärkers ein Potential von 4,4 V; ihre Kollektor-Emitter-Spannung beträgt also 0,4 V. Die Gleichtaktspannung kann daher die Betriebsspannung noch um 0,2 V überschreiten, bevor die Transistoren in die Sättigung gehen.

Der Vergleich der Kennlinien zeigt, dass der Ausgangsstrom beim subtraktiven Stromspiegel mit steigendem Eingangsstrom sinkt. Diese Vorzeichenumkehr ist aber bei Operationsverstärkern unkritisch. Dadurch vertauschen sich lediglich der invertierende und der nichtinvertierende Eingang. Schwerwiegender ist der Nachteil, dass der Ausgangsstrom beim subtraktiven Stromspiegel nicht größer als $2I_0$ werden kann. Den Ruhestrom I_0 möchte man klein halten, im AB-Betrieb aber Ströme übertragen, die dem gegenüber groß sind. Daher sind die subtraktiven Stromspiegel für Breitbandverstärker nicht geeignet. Es gibt nur die Alternative: Rail-to-Rail Eingang *oder* Breitbandverstärker. Man sollte deshalb einen Rail-to-Rail Eingang nur dann fordern, wenn eine Gleichtaktaussteuerung bis zu beiden Betriebsspannungen wirklich erforderlich ist.

Natürlich wird man auch bei dem Rail-to-Rail Verstärker in Abb. 5.39 die Kollektorströme der Transistoren T_1 und T_3 nicht ungenutzt lassen, sondern sie wie in Abb. 5.41 addieren. Dazu kehrt der Stromspiegel T_9, T_{10} die Signalstromrichtung von T_1, T_3 um und fügt sie vorzeichenrichtig zu den Strömen von T_2 und T_4 hinzu. Die Größe der Ruheströme

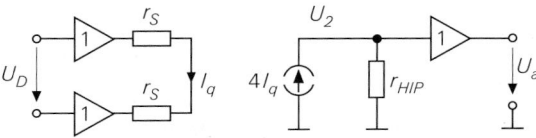

Abb. 5.42.
Modell zur Berechnung der
Spannungsverstärkung in
Abb. 5.41

I_0 und der Signalströme I_q haben wir an allen wichtigen Stellen eingetragen, damit sich das Verhalten leichter nachvollziehen lässt. Auch hier kompensieren sich die Ruheströme am Ausgang und das Ausgangssignal erhöht sich auf $4I_q$. Bei Gleichtaktspannungen im Bereich von $\pm 4{,}2$ V arbeiten beide Differenzverstärker gemeinsam; darüber und darunter sperrt einer von beiden; dann halbiert sich die Steilheit der Rail-to-Rail-Eingangsstufe und damit auch ihre Spannungsverstärkung. In einer gegengekoppelten Schaltung, bei der die Verstärkung durch die äußere Beschaltung bestimmt wird, macht sich dieser Effekt jedoch selten bemerkbar.

Die Spannungsverstärkung der Rail-to-Rail-Eingangsschaltung lässt sich aus dem Modell in Abb. 5.41 berechnen. Der Signalstrom beträgt:

$$I_q = \frac{U_D}{2r_S} = \frac{I_0}{2U_T} U_D$$

Der Widerstand am Hochimpedanzpunkt ist hier sehr hoch weil eine Kaskodeschaltung vorliegt:

$$r_{HIP} = \frac{\beta}{2} \frac{U_A}{I_0} \overset{I_0=10\,\mu A}{=} \frac{100}{2} \cdot \frac{100\,V}{10\,\mu A} = 500\,M\Omega$$

Damit lässt sich die Spannungsverstärkung der Eingangsschaltung berechnen:

$$\frac{U_2}{U_D} = 4I_q r_{HIP} = \beta \frac{U_A}{U_T} = 400.000 \tag{5.27}$$

Derart hohe Werte erhält man hier in der Praxis aber nicht, wegen der niedrigen Kollektor-Emitter-Spannung bei einigen Transistoren in der Kaskodeschaltung in Abb. 5.41 Die erreichbare Spannungsverstärkung liegt in der Größenordnung von $100.000 \,\hat{=}\, 100$ dB. Bemerkenswert ist aber, dass der Ruhestrom I_0 auch hier nicht in die Spannungsverstärkung eingeht, wie man in (5.27) erkennt.

5.2.5.2.2 Rail-to-Rail-Output

Wir haben bisher am Ausgang der Operationsverstärker symbolisch einen Impedanzwandler eingezeichnet. Wenn man hier einen normalen komplementären Emitterfolger einsetzt, würde sich aber kein Rail-to-Rail-Ausgang ergeben; die Aussteuerungsgrenzen würden um mehr als 1 V unter den Betriebsspannungen liegen. Eine Rail-to-Rail-Endstufe lässt sich nur mit komplementären Transistoren realisieren, deren Emitter wie in Abb. 5.43 an den Betriebsspannungen angeschlossen sind. Durch den Betrieb in Emitterschaltung erzielt man eine Ausgangsaussteuerbarkeit, die bis dicht an die Betriebsspannungen reicht. Als minimalen Spannungsabfall erhält man in diesem Fall die Kollektor-Emitter-Sättigungsspannung $U_{CE,sat}$ von T_7 bzw. T_8, die bei kleinen Strömen nur wenige Millivolt beträgt. Die Ansteuerung der beiden Endstufentransistoren ist allerdings schwieriger, denn sie muss mannigfaltige Bedingungen erfüllen:

– die Endstufentransistoren ansteuern, deren Basisanschlüsse auf völlig verschiedenen Potentialen liegen;

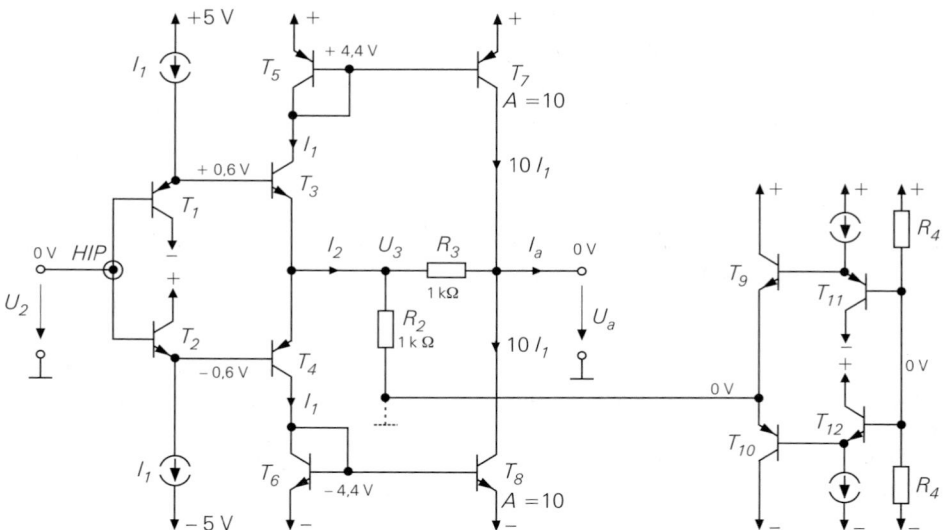

Abb. 5.43. Praktische Ausführung einer Rail-to-Rail Endstufe mit eingetragenen Ruhepotentialen und Ruheströmen. Die Schaltung auf der rechten Seite stellt ein internes Nullpotential bereit. Transistorgröße $A = 1$ wenn nicht anders vermerkt.
Beispiel: $I_1 = 100\,\mu A$, Verstärkung: $A = U_a/U_2 \approx 2$

- einen konstanten Ruhestrom durch die Endstufentransistoren über den ganzen Aussteuerbereich gewährleisten;
- einen Signalpfad zu beiden Ausgangstransistoren besitzen, der gleich lang ist, damit sie gleichzeitig auf das Nutzsignal reagieren;
- bei Aussteuerung oder Belastung des Ausgangs definiert den Strom durch den einen Transistor erhöhen und den Strom durch den anderen Transistor verringern;
- Ausgangsströme ermöglichen, die groß gegenüber dem Ruhestrom sind, also die Endstufentransistoren im AB-Betrieb betreiben;
- einen niedrigen Ausgangswiderstand bereitstellen, für Operationsverstärker mit Spannungsausgang.

Es gibt eine Reihe verschiedener Schaltungen, um die beiden Endstufentransistoren anzusteuern. Die Schaltung in Abb. 5.43 erfüllt die obigen Forderungen besonders elegant. Um definierte Ströme durch die Endstufentransistoren T_7, T_8 zu ermöglichen, haben wir sie um die Transistoren T_5, T_6 zu Stromspiegeln ergänzt. Dadurch wird der Ruhestrom I_1 des komplementären Emitterfolgers auf die Endstufe übertragen. Um große Ausgangsströme zu ermöglichen, haben wir den Endstufentransistoren in diesem Beispiel die zehnfache Fläche ($A = 10$) gegeben; die Stromspiegel besitzen dann eine Stromverstärkung von 10.

Zur Analyse der Endstufe gehen wir zunächst von dem Fall ohne Gegenkopplung, also $R_3 = \infty$, aus. Im Ruhezustand werden alle Ströme in der Endstufe durch I_1 bestimmt. Bei Aussteuerung des Spannungsfolgers T_1 bis T_4 mit einem positiven Signal U_2 fließt durch R_2 ein Strom, der den Kollektorstrom von T_3 vergrößert und den von T_4 verkleinert. Die Stromdifferenz ist gleich dem durch R_2 fließenden Strom. Das stimmt sogar für den Fall, dass der Strom durch R_2 so groß ist, dass einer der beiden Transistoren sperrt. Aus diesem Grund ist der Ausgangsstrom der Endstufe I_a proportional zum Strom durch R_2.

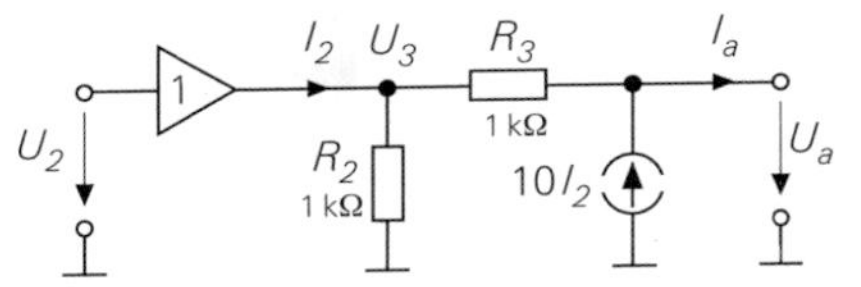

Abb. 5.44.
Modell der Rail-to-Rail Endstufe zur Analyse
der Spannungsverstärkung

Die Rail-to-Rail-Endstufe besitzt wegen der in Emitterschaltung betriebenen Endstufentransistoren einen hohen Ausgangswiderstand, also einen Stromausgang; ihre Spannungsverstärkung hängt vom externen Lastwiderstand ab. Deshalb ist es bei einem VV-Operationsverstärker notwendig, eine interne Gegenkopplung vorzusehen, um einen niederohmigem Ausgang zu erhalten. Dazu wurde hier eine interne Spannungsgegenkopplung in der Endstufe über den Widerstand R_3 vorgesehen.

Das für R_2 erforderliche Nullpotential steht in Operationsverstärkern nicht zur Verfügung. Deshalb muss es künstlich hergestellt werden. Dazu dient der Spannungsteiler aus den beiden Widerständen R_4 mit dem nachfolgenden Spannungsfolger aus den Transistoren T_9 bis T_{12}, der als Impedanzwandler arbeitet. Die in Abb. 5.41 und Abb. 5.43 gewählte Betriebsspannung von $\pm 5\,\mathrm{V}$ soll hier lediglich das Verständnis erleichtern; in der Praxis wird man die Schaltung häufig mit einer einzigen positiven Betriebsspannung betreiben. Dann steigt das interne Massepotential auf die halbe Betriebsspannung.

Die hier gezeigte Rail-to-Rail-Endstufe stellt einen CC-Operationsverstärker dar mit einem stromgesteuerten invertierenden Eingang U_3 und einem Stromausgang. Über die Widerstände R_2 und R_3 liegt eine kombinierte Strom- und Spannungsgegenkopplung vor. Sie wird als *direct feedback* bezeichnet und in Abschnitt 5.8.2.2 noch genauer beschrieben. Die Spannungsverstärkung des Rail-to-Rail-Verstärkers lässt sich am besten am Modell in Abb. 5.44 erklären. Zur Analyse der Schaltung gehen wir von $U_2 = U_3$ aus und wenden die Knotenregel auf die beiden Knoten der Endstufe an:

$$I_2 - \frac{U_2}{R_2} + \frac{U_a - U_2}{R_3} = 0 \quad \text{und} \quad \frac{U_2 - U_a}{R_3} + 10\,I_2 - I_a = 0 \qquad (5.28)$$

Daraus folgt für $I_a \approx 0$ die Verstärkung der Endstufe:

$$U_a = \left(1 + \frac{10}{11}\frac{R_3}{R_2}\right)U_2 \overset{R_3 = R_2}{=} \left(1 + \frac{10}{11}\right)U_2 \approx 2\,U_2$$

Die Spannungsverstärkung U_a/U_2 der Rail-to Rail-Endstufe sollte man größer als 1 wählen, weil sonst bereits am Eingang ein Rail-to-Rail Signal erforderlich wäre. Man sollte sie aber nicht unnötig groß wählen, weil sonst die Schleifenverstärkung in der Endstufe so klein wird, dass die Gegenkopplung unwirksam wird. Wir haben aus diesem Grund hier mit $R_3 = R_2$ eine Spannungsverstärkung von 2 vorgeschlagen. Den Ausgangswiderstand erhält man für $U_2 = 0$ aus (5.28):

$$r_a = -\frac{U_a}{I_a} = \frac{1}{11}R_3 = \frac{1}{11}\cdot 1\,\mathrm{k}\Omega \approx 100\,\Omega$$

Er ist also klein gegenüber dem Ausgangswiderstand der Endstufentransistoren, der hier $r_{CE} = U_A/(10\,I_1) = 100\,\mathrm{k}\Omega$ beträgt. Die Rail-to-Rail-Endstufe lässt sich nicht nur mit dem hier beschriebenen Rail-to-Rail-Eingang kombinieren, sondern mit jedem Operationsverstärker, bei dem man lediglich einen Rail-to-Rail-Ausgang benötigt.

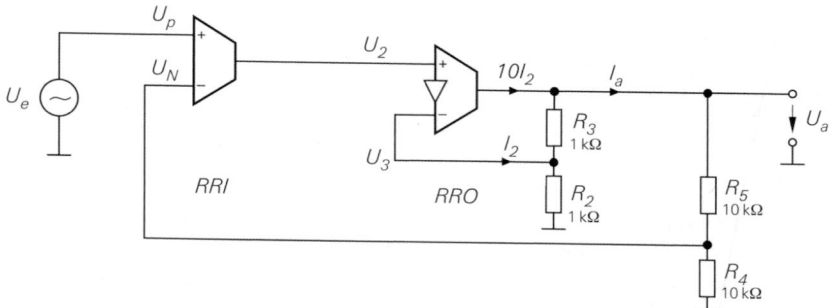

Abb. 5.45. Kombination eines Rail-to-Rail Eingangs mit einem Rail-to-Rail Ausgang zu einem RRIO Verstärker. Beschaltet als nichtinvertierender Verstärker mit der Verstärkung $U_a/U_e = 1 + R_5/R_4 = 2$

5.2.5.2.3 Rail-to-Rail-Input-Output

Zur Realisierung eines Verstärkers, der am Eingang *und* Ausgang Rail-to-Rail tauglich ist, kann man die Schaltungen von Abb. 5.41 und 5.43 miteinander kombinieren. Man erkennt in der resultierenden Schaltung in Abb. 5.45 zwei verschachtelte Gegenkopplungsschleifen: Die eine, die mit den Widerständen R_2 und R_3 die Verstärkung der Endstufe U_a/U_2 bestimmt, und die zweite, die mit den Widerständen R_4 und R_5 die Verstärkung der ganzen Schaltung festlegt. In dem Signalverlauf in Abb. 5.46 wurde bei einer Betriebsspannung von ± 5 V eine Eingangsamplitude von 2.5 V gewählt, damit bei einer Verstärkung von $U_a/U_e = 2$ die Aussteuerung bis zu der Betriebsspannung reicht. Man sieht, dass die Ausgangsspannung bis dicht an die Betriebsspannungen steigt; sie bleibt trotz einer Belastung mit 1 kΩ lediglich um 50 mV unter der Betriebsspannung. Trotzdem erkennt man eine leichte Abflachung in den Scheitelwerten. An dem Signal U_2 sieht man, wie der Eingangsverstärker über die Gegenkopplung versucht, die Ausgangsspannung auf ± 5 V zu regeln, allerdings vergeblich.

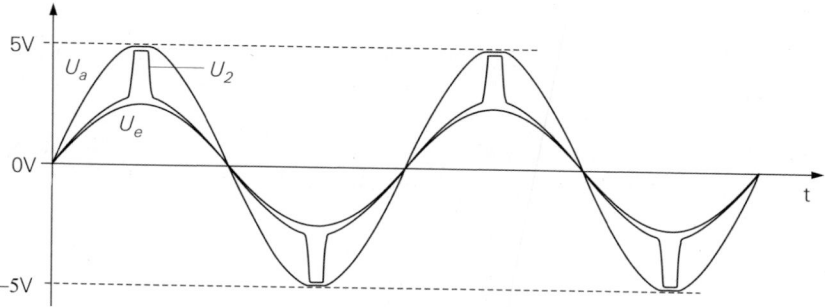

Abb. 5.46. Der Zeitverlauf im RRIO-Verstärker zeigt die Signale für eine Eingangsamplitude von 2,5 V bei einer Betriebsspannung von ± 5 V. Die über-alles Verstärkung beträgt $U_a/U_e = 1 + R_5/R_4 = 2$

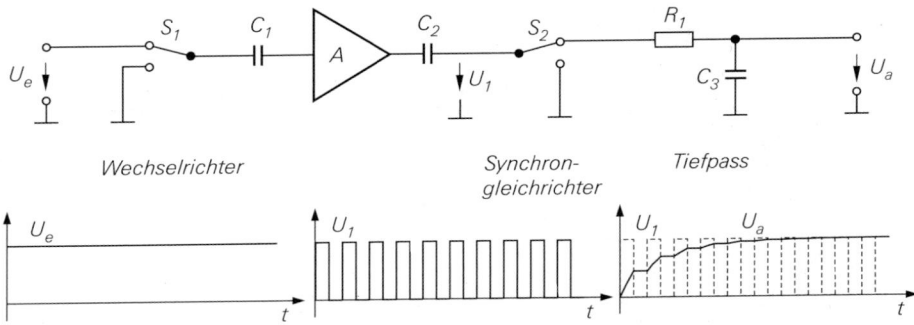

Abb. 5.47. Beseitigung von Nullpunktfehlern mit Chopper-Verfahren, Prinzip

5.2.6 Verstärker mit internem Offsetabgleich

Wenn man hohe Präzision benötigt, muss man Operationsverstärker einsetzen, die eine hohe Differenzverstärkung besitzen, um bei Gegenkopplung eine hohe Schleifenverstärkung zu erzielen. Außerdem sollen sie eine niedrige Offsetspannung besitzen. Dabei handelt es sich um die Spannung, die man am Eingang anlegen muss, damit die Ausgangsspannung zu Null wird; sie wird im Abschnitt 5.5.2 noch genauer behandelt. Ein Beispiel für einen klassischen Präzisionsverstärker ist der OP177. Hier wurde ein konventioneller Operationsverstärker für diese Aufgabe optimiert. Heutzutage ist es aber üblich, Verstärker einzusetzen, bei denen die Offsetspannung intern periodisch auf Null abgeglichen wird; ein Beispiel ist der OPA388 in Abb. 5.85. Derartige Operationsverstärker werden als Autozero-, Zero-Drift- oder Chopper- Verstärker bezeichnet. Sie besitzen intern eine Schaltung zum automatischen Nullpunktabgleich, der z.B. 1000 mal je Sekunde durchgeführt wird. Die einfachste Ausführung ist in Abb. 5.47 dargestellt.

Mit dem Wechselrichter S_1 am Eingang wird zwischen der Eingangsspannung und Null im Wechsel umgeschaltet: Die Eingangsspannung wird zerhackt. Aus diesem Grund bezeichnet man solche Verstärker auch als Zerhackerverstärker. Der nachfolgende Verstärker muss jetzt lediglich eine Wechselspannung verstärken, selbst dann, wenn das Eingangssignal wie in dem Beispiel in Abb. 5.47 eine Gleichspannung ist. Wenn die beiden Schalter, die synchron getaktet werden, in der unteren Stellung sind, wird der Nullpunkt regeneriert und in C_2 gespeichert. Der Tiefpass am Ausgang bildet den Mittelwert von U_1; seine Grenzfrequenz muss sehr viel niedriger sein als die Taktfrequenz der Schalter. Deshalb ist die Schaltung nur für langsam veränderliche Eingangssignale geeignet.

Heutzutage setzt man in Chopper-Verstärkern eine Technik ein, bei der nicht zwischen dem Eingangssignal und Null umgeschaltet wird, sondern zwischen dem Eingangssignal und dem negierten Eingangssignal. Dazu dient der Schalter S_1 in Abb. 5.48, der als Polwender arbeitet. Der Synchrongleichrichter S_2 arbeitet ebenfalls als Polwender. Dadurch wird das Eingangssignal in der eingezeichneten Schalterstellung nicht invertiert, in der anderen dagegen 2 mal invertiert. In beiden Fällen wird das Eingangssignal also unverändert zum Ausgang übertragen. Die Offsetspannung U_O wird dagegen nur einmal von S_2 invertiert und erscheint deshalb als überlagertes Rechtecksignal am Ausgang. In Abb. 5.48 kann man verfolgen, wie das zustande kommt: In dem mittleren Diagramm wird das Signal durch eine positive Offsetspannung nach oben verschoben. Dadurch erscheinen die positiven Halbwellen nach der Synchrongleichrichtung um die Offsetspannung höher und die negativen entsprechend niedriger. Da die Offsetspannung klein gegenüber dem

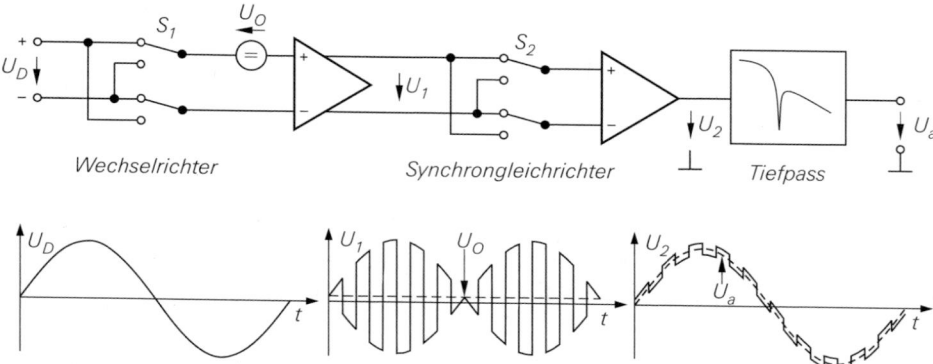

Abb. 5.48. Praktische Ausführung eines Chopper-Verstärkers

Nutzsignal ist, ist die Amplitude der am Ausgang überlagerten Rechteckspannung auch klein. Sie lässt sich mit einem Tiefpass am Ausgang herausfiltern.

Vorzugsweise gibt man dem Frequenzgang des Filters Nullstellen bei der Taktfrequenz und Vielfachen davon ein. Übrig bleibt dann das verstärke Eingangssignal ohne Offset. Operationsverstärker, die nach diesem Prinzip arbeiten, sind als integrierte Schaltungen erhältlich. Sie verhalten sich im Einsatz wie ein normaler Operationsverstärker. Allerdings lassen sich die Verstärker wegen des internen Tiefpasses nur unterhalb der Taktfrequenz nutzen. Die Schalter werden dabei als Transmission-Gates realisiert, die in Abb. 6.34 auf Seite 637 abgebildet sind. Aus diesem Grund werden nicht nur die Schalter, sondern auch die übrigen Komponenten der Verstärker in CMOS-Technologie realisiert.

Eine andere Möglichkeit, einen Zero-Offset-Operationsverstärker zu entwerfen, besteht darin, regelmäßig einen Nullpunktabgleich durchzuführen. Die beiden Schalter in Abb. 5.49 zeigen die Phase, in der die Offsetspannung abgeglichen wird. Die Ausgangsspannung des Verstärkers setzt sich dabei aus zwei Anteilen zusammen: Aus der mit A_D verstärkten Offsetspannung und der mit A_N verstärkten Spannung zur Nullpunktkorrektur:

$$U_{N1} = A_D U_{O1} - A_N U_{N1} \quad \Rightarrow \quad U_{N1} = U_{O1} \frac{A_D}{1 + A_N} \approx U_{O1} \frac{A_D}{A_N} \tag{5.29}$$

Im normalen Betrieb als Verstärker werden die beiden Schalter nach oben umgeschaltet. Dann ergibt sich die Ausgangsspannung

$$U_a = A_D (U_D + U_{O1}) - U_{N1} A_N = A_D U_D$$

Die Offsetspannung wird demnach kompensiert. Ein Nachteil des Verfahrens besteht jedoch darin, dass während des Nullpunktabgleichs kein Ausgangssignal zur Verfügung

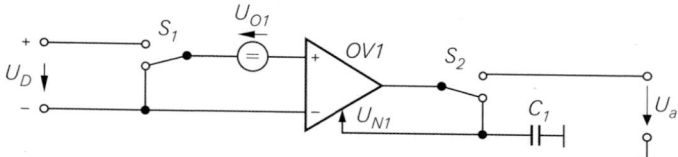

Abb. 5.49. Offsetabgleich mit Autozero-Verfahren, Prinzip

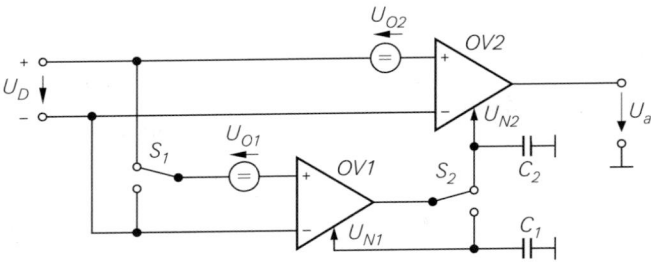

Abb. 5.50. Offsetabgleich mit Autozero-Verfahren, praktische Ausführung

steht. Dieser Nachteil lässt sich mit dem zusätzlichen Verstärker OV2 in Abb. 5.50 beseitigen. Er verstärkt das Eingangssignal ständig und seine Offsetspannung wird gleichzeitig
über OV1 abgeglichen. In der eingezeichneten Schalterstellung wird die von OV1 offsetfrei
verstärkte Differenzspannung zur Nullpunktkorrektur an OV2 angelegt: $U_{N2} = A_D U_D$.
Damit ergibt sich die Ausgangsspannung

$$U_a = A_D \left(U_D + U_{O2} \right) + A_D A_N U_D$$

Man sieht, dass die Eingangsspannung U_D mit $A_D A_N$ hoch verstärkt wird, um den Faktor
A_N höher als die Offsetspannung U_{O2}. Um die auf den Eingang bezogene Offsetspannung
zu ermitteln, setzt man die Ausgangsspannung $U_a = 0$ und erhält:

$$U_D = -\frac{A_D U_{O2}}{A_D + A_D A_N} = -\frac{U_{O2}}{1 + A_N} \approx -\frac{U_{O2}}{A_N}$$

Das Vorzeichen spielt hier keine Rolle, da die Offsetspannung beliebige Vorzeichen besitzen kann. Der Verstärker OV1 in Abb. 5.50 gleicht im Wechsel seinen eigenen Nullpunkt
und den von OV2 ab. OV2 steht hier immer zur Verstärkung des Eingangssignals zur
Verfügung.

Um einen Eingang zur Nullpunktkorrektur bei einem Operationsverstärker zu erhalten,
schaltet man zu dem Differenzverstärker am Eingang einen Zweiten parallel; Abb 5.51
zeigt das Prinzip. Die Transistoren T_3, T_4 bilden den zusätzlichen Differenzverstärker.
Welcher der beiden Eingänge zur Nullpunktkorrektur Gegenkopplung ergibt, hängt von

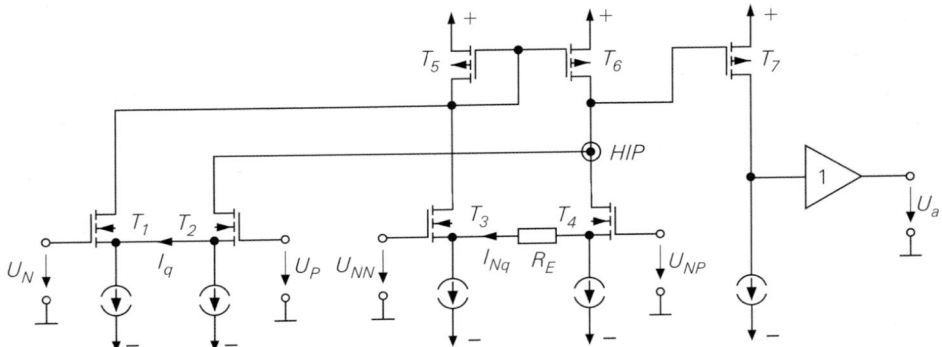

Abb. 5.51. Operationsverstärker mit zusätzlichem Differenzverstärker zur Nullpunktkorrektur. U_{NN}
und U_{NP} sind die Eingänge zur Nullpunktkorrektur mit Negativer bzw Positiver Polarität.

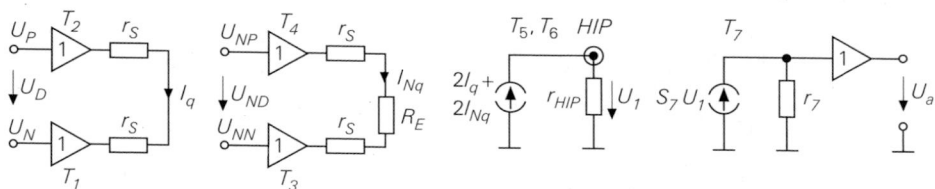

Abb. 5.52. Kleinsignalmodell des Operationsverstärkers mit Nullpunkt-Eingängen

der übrigen Schaltung ab. Den nicht benötigten Eingang kann man an Masse anschließen. Im Normalfall macht man die Verstärkung zur Nullpunktkorrektur A_N kleiner als die Differenzverstärkung A_D; dazu dient der Gegenkopplungswiderstand R_E. Sonst wäre die Spannung zur Nullpunktkorrektur gemäß (5.29) genau so klein wie die Offsetspannung.

An dem Kleinsignal-Modell in Abb. 5.52 sieht man, dass sich der Strom am Hochimpedanzpunkt aus dem regulären Anteil I_q und dem Anteil zur Nullpunktkorrektur I_{Nq} zusammensetzt. Damit ergibt sich die Spannung am Hochimpedanzpunkt:

$$U_1 = 2\left(I_q + I_{Nq}\right) r_{HIP} = \frac{r_{HIP}}{r_S} U_D + \frac{2 r_{HIP}}{2 r_S + R_E} U_{ND}$$

Diese Spannung erscheint dann nach Verstärkung von T_7 am Ausgang: $U_a = S_7 r_7 U_1$.

Ein Nebeneffekt des automatischen Nullpunktabgleichs ist, dass dadurch auch das 1/f-Rauschen des Verstärkers reduziert wird. Dabei handelt es sich um einen Anstieg der Rauschspannung unterhalb von 1 kHz, der in Abschnitt 5.5.8 beschrieben wird. Es wirkt wie eine schwankende Offsetspannung und wird mit Autozero-Verstärkern ebenfalls ausgeregelt; den Vorteil erkennt man in Abb. 5.53.

5.2.7 Verstärker mit symmetrischen Ausgängen

Es gibt verschiedene Anwendungen, für die man symmetrische Signale benötigt:

– Schnelle AD-Umsetzer
– Netzwerk-Kabel
– Video-Signale

Zur Symmetrierung eines Signals kann man einen Operationsverstärker gemäß Abb. 5.54 einsetzen, der als invertierender Verstärker beschaltet ist. Eine Einschränkung bei dieser Lösung besteht allerdings darin, dass das Ausgangssignal $-U_e$ wegen der Signallaufzeit durch den Operationsverstärker verzögert ist. Bei den genannten Anwendungen kommt

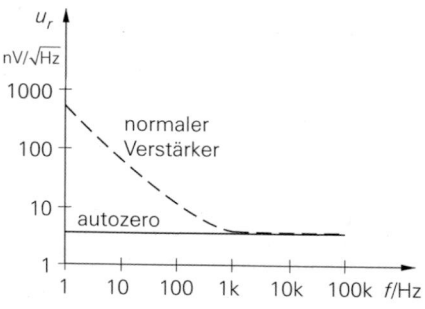

Abb. 5.53.
Reduzierung des 1/f-Rauschens bei
Autozero-Verstärkern

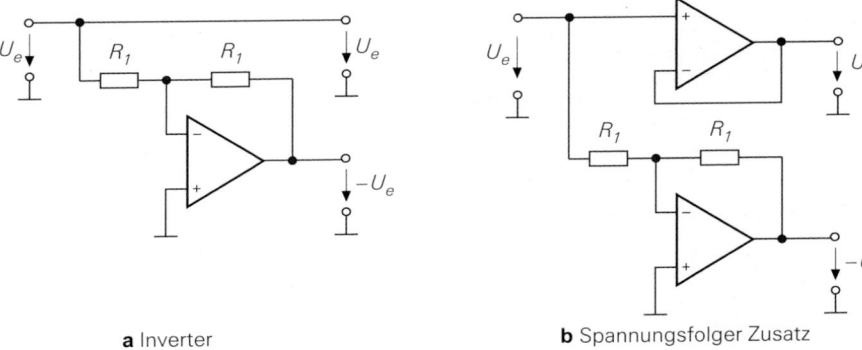

a Inverter   **b** Spannungsfolger Zusatz

Abb. 5.54. Symmetrierung eines Signals

es aber darauf an, dass die symmetrischen Signale auch dynamisch exakt symmetrisch sind. Da bringt auch der zusätzliche Verstärker im nicht-invertierenden Signalpfad nur eine gewisse Verbesserung.

Ausgänge mit gleicher Gruppenlaufzeit lassen sich nur mit einer symmetrischen Schaltung erreichen. Dazu werden in Abb. 5.55 zwei Operationsverstärker eingesetzt, die mit vertauschten Eingängen parallel geschaltet sind. Zur Analyse der Schaltung kann man die Spannungen an den Eingängen berechnen:

$$U_N = \frac{1}{R_N + R_1}\,(R_N U_{e1} + R_1 U_{a1}) \quad \text{und} \quad U_P = \frac{1}{R_N + R_1}\,(R_N U_{e2} + R_1 U_{a2})$$

Über die Gegenkopplungen stellen sich die Ausgangsspannungen - wie immer bei Operationsverstärkern - so ein, dass die Eingangsspannungsdifferenz $U_P - U_N = 0$ wird; daraus ergibt sich die Ausgangsspannungsdifferenz:

$$\Delta U_a = U_{a1} - U_{a2} = -\frac{R_N}{R_1}\,(U_{e1} - U_{e2}) \overset{U_{e2}=0}{=} -\frac{R_N}{R_1}\,U_{e1} \qquad (5.30)$$

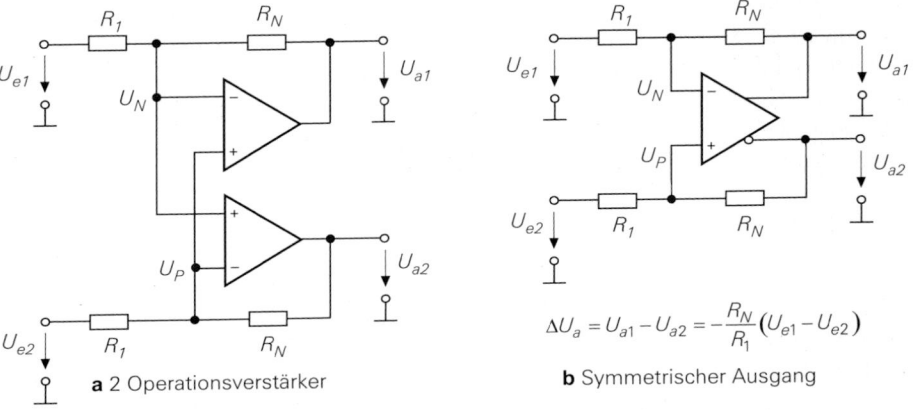

a 2 Operationsverstärker

$$\Delta U_a = U_{a1} - U_{a2} = -\frac{R_N}{R_1}\left(U_{e1} - U_{e2}\right)$$

b Symmetrischer Ausgang

Abb. 5.55. Subtrahierer mit symmetrischen Ausgängen

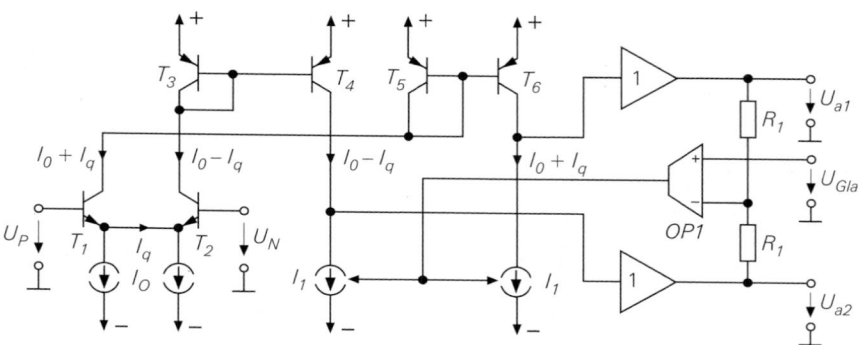

Abb. 5.56. Operationsverstärker mit symmetrischen Ausgängen. Prinzip der Gleichtaktregelung am Ausgang.

Die Ausgangsspannungen ändern sich symmetrisch: Wenn die eine Ausgangsspannung steigt, sinkt die andere um denselben Betrag. Die überlagerte Gleichspannung, $U_{Gla} = (U_{a1} + U_{a2})/2$, die als Gleichtaktspannung am Ausgang bezeichnet wird, steht jedoch nicht fest. Aus diesem Grund ist eine zusätzliche Gleichtaktspannungsregelung erforderlich, die wir noch beschreiben werden.

Wenn man einen Operationsverstärker mit symmetrischen Ausgängen benötigt, setzt man aber nicht zwei separate Verstärker ein, sondern einen Verstärker mit symmetrischen Ausgängen wie in Abb. 5.55b. Die Schaltung ist eng verwandt mit dem normalen Subtrahierer in Abb. 10.3 auf Seite 741 mit dem Unterschied, dass hier nicht die Subtraktion der Eingangsspannungen im Vordergrund steht, sondern die Erzeugung von symmetrischen Ausgangsspannungen. Man erkennt hier auch, dass die Schaltung symmetrisch ist: Die Funktionsweise ändert sich nicht, wenn man die Eingänge *und* Ausgänge gleichzeitig vertauscht.

Der Aufbau von Verstärkern mit symmetrischen Ausgängen ist naheliegend, wenn man bedenkt, das der Differenzverstärker am Eingang von Operationsverstärkern immer symmetrische Signale erzeugt. Man muss lediglich beide Ausgangssignale des Differenzverstärkers in Abb. 5.14 an getrennte Ausgänge weiterleiten, wie Abb. 5.56 zeigt. Hier haben wir zusätzlich die erforderliche Gleichtaktregelung eingezeichnet, die man benötigt, um definierte Ausgangsspannungen zu erhalten. Die beiden Widerstände R_1 bilden das arithmetische Mittel der Ausgangsspannungen. Der zusätzliche Verstärker *OP1* zur Gleichtaktregelung am Ausgang stellt die Stromquellen I_1 so ein, dass der Mittelwert gleich dem von außen angelegten Wert $U_{Gla} = (U_{a1} + U_{a2})/2$ wird. Wenn beide Ausgangsspannungen ansteigen, erhöht *OP1* die Ströme I_1 und senkt damit beide Ausgangsspannungen wieder. Zusammen mit (5.30) lassen sich damit die Ausgangsspannungen angeben:

$$U_{a1} = U_{Gla} - \frac{R_N}{2R_1}(U_{e1} - U_{e2}) \quad \text{und} \quad U_{a2} = U_{Gla} + \frac{R_N}{2R_1}(U_{e1} - U_{e2}) \quad (5.31)$$

Man sieht, dass die resultierenden Ausgangsspannungen der gegengekoppelten Schaltung mit Gleichtaktregelung in (5.31) symmetrisch zu U_{Gla} sind.

Abbildung 5.57 zeigt ein Beispiel für die Ausführung der Gleichtaktregelung am Ausgang. Der Differenzverstärker T_{10}, T_{11} vergleicht die vorgegebene Gleichtaktspannung U_{Gla} mit dem arithmetischen Mittel der Ausgangsspannungen und regelt die Ströme I_1 in der Stromquellenbank T_7 bis T_9.

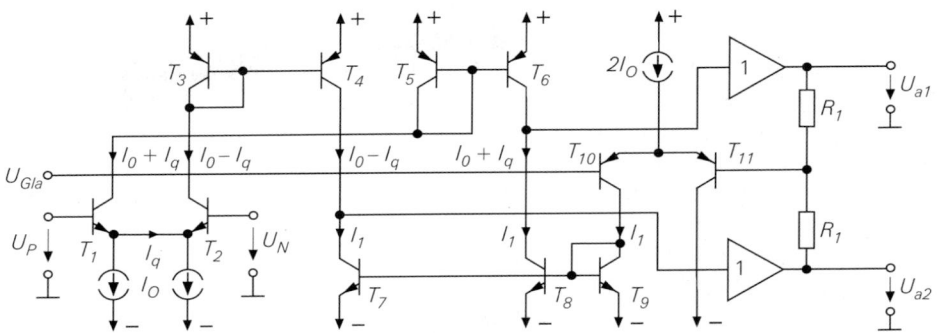

Abb. 5.57. Operationsverstärker mit symmetrischen Ausgängen. Beispiel für die Realisierung der Gleichtaktregelung am Ausgang mit dem zusätzlichen Differenzverstärker T_{10}, T_{11}. Beispiel: THS4140

Ein Beispiel für den Betrieb von AD-Umsetzern mit symmetrischen Eingängen ist in Abb. 5.58 dargestellt. Sie sind meist für eine einfache positive Betriebsspannung vorgesehen und stellen deshalb eine Spannung in der Bereichsmitte bereit, hier $U_{ref} = 2{,}5$ V. Es ist zweckmäßig, diese Spannung als Referenzspannung im single-supply-Betrieb zu nutzen: $U_{Gla} = U_{e2} = U_{ref}$. Dann ergeben sich aus (5.31) die Ausgangsspannungen:

$$U_{a1} - U_{ref} = -\frac{R_N}{2R_1}\left(U_{e1} - U_{ref}\right) \overset{R_N=4R_1}{=} -2\left(U_{e1} - U_{ref}\right)$$

$$U_{a2} - U_{ref} = +\frac{R_N}{2R_1}\left(U_{e1} - U_{ref}\right) \overset{R_N=4R_1}{=} +2\left(U_{e1} - U_{ref}\right)$$

Man sieht, dass die Eingangs- und Ausgangsspannungen wegen des Betriebs aus einer einzigen positiven Betriebsspannung um U_{ref} verschoben werden. Im Zeitdiagramm in Abb. 5.58 sieht man auch, dass die Ausgangsspannungen U_{a1} und U_{a2} symmetrisch zu U_{ref} verlaufen.

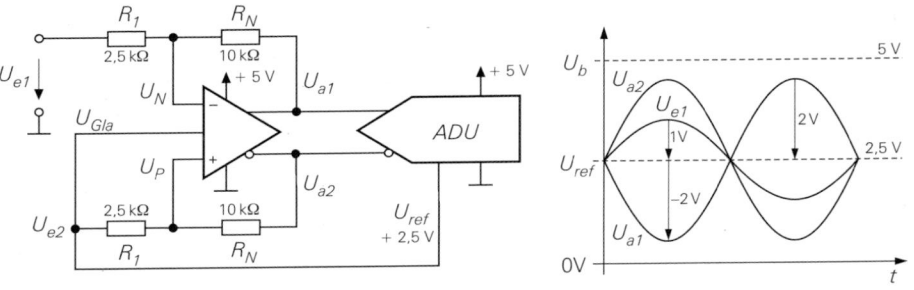

Abb. 5.58. Betrieb eines AD-Umsetzers mit symmetrischen Eingängen. Beispiel für eine Eingangsamplitude von 1 V und eine Verstärkung von 2.

5.3 Spannungsfolger, Buffer

Spannungsfolger sind Verstärker, die die Verstärkung $A = 1$ besitzen; sie werden deshalb primär als Impedanzwandler eingesetzt. Hier soll der Aufbau dieser Schaltungen als eigenständige Baugruppe zur Signalverarbeitung, aber auch als Baugruppe in Operationsverstärkern genauer beschrieben werden. Die verschiedenen Realisierungsformen sind in Abb. 5.59 zusammengestellt. Bei den Open-Loop-Buffern handelt es sich um normale Emitterfolger; ihre Verstärkung ist durch die Transistoren als Emitterfolger vorgegeben. Bei den Closed-Loop-Buffern wird sie durch die Gegenkopplung bestimmt. Die wichtigsten Forderungen an Buffer sind:

– Hoher Eingangswiderstand
– Niedriger Ausgangswiderstand
– Hoher Ausgangsstrom bei Bedarf
– Geringe Ruhestromaufnahme
– Große Bandbreite

5.3.1 Open-Loop-Buffer

Emitterfolger sind die einfachste Möglichkeit zur Realisierung eines Spannungsfolgers. Dabei ist der negative Ausgangsstrom allerdings auf die Größe des Emitterstroms begrenzt. Die Forderungen nach großem Ausgangsstrom bei niedriger Ruhestromaufnahme lässt sich am besten mit den in Abb. 5.59 gezeigten komplementären Emitterfolgern realisieren. Sie werden in den Kapiteln refverimp auf Seite 399 und 15.2 auf Seite 901 ausführlich beschrieben. Die übliche Methode zur Erzeugung der Vorspannung für die beiden Emitterfolger am Ausgang besteht darin, zwei Emitterfolger wie in Abb. 5.60 vorzuschalten. Dann werden die Endstufentransistoren ebenfalls mit gut definierten den Ruheströmen I_0

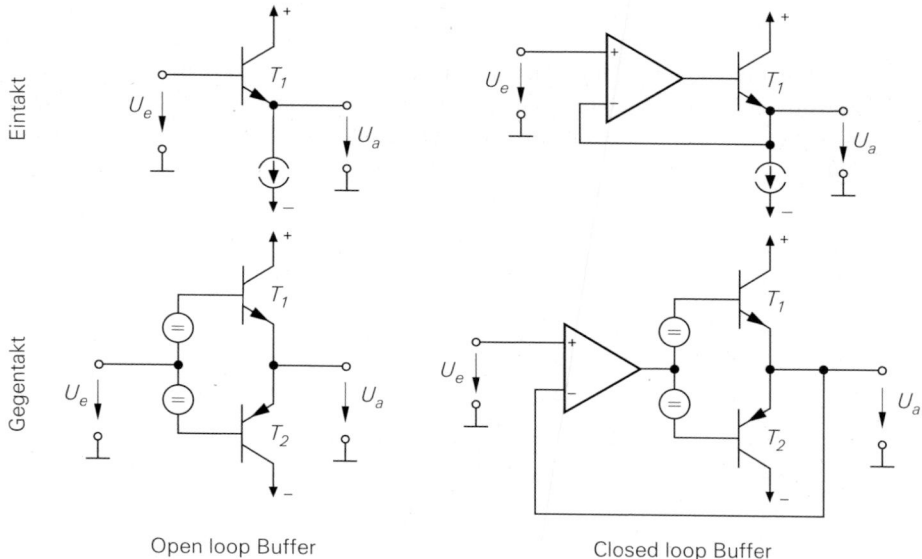

Open loop Buffer   Closed loop Buffer

Abb. 5.59. Vergleich von Spannungsfolgern auf der Basis von komplementären Emitterfolgern .

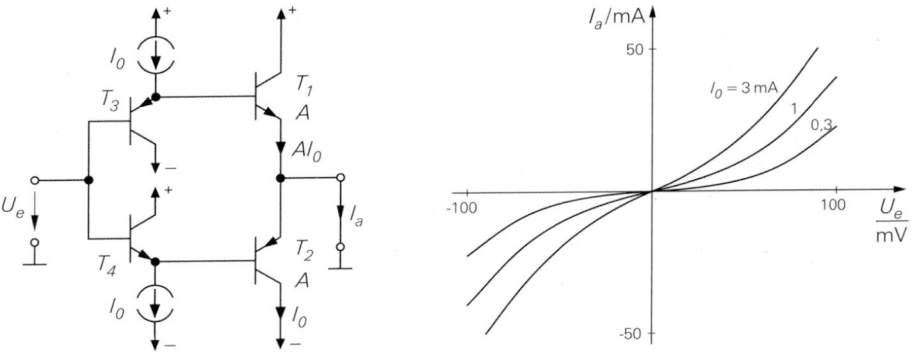

Abb. 5.60. Komplementärer Emitterfolger mit Arbeitspunkteinstellung.
Die Übertragungskennlinie zeigt Übernahmeverzerrungen in Nullpunktnähe.

betrieben. Wenn große Ausgangsströme benötigt werden, kann man den Endstufentransistoren auch die A-fache Größe geben; dann vergrößert sich allerdings auch ihr Ruhestrom um denselben Faktor.

Die Kehrseite des AB-Betriebs ist allerdings, dass die Steilheit der Ausgangstransistoren schwankt: In Nullpunktnähe, also bei kleinen Strömen, ist sie klein und der Ausgangswiderstand entsprechend groß. Die daraus resultierenden Übernahmeverzerrungen erkennt man in der Kurzschluss-Übertragungskennlinie in Abb. 5.60. Sie reduzieren sich zwar bei größeren Ruheströmen I_0, aber der Betrieb mit kleinen Ruheströmen ist natürlich besonders erstrebenswert.

Ein anderes Problem des komplementären Emitterfolgers ergibt sich aus der Methode zur Vorspannungserzeugung. Die parasitären Kapazitäten, die in Abb. 5.61 gestrichelt eingezeichnet sind, können über die Transistoren T_3, T_4 zwar schnell aufgeladen werden, aber entladen werden sie lediglich mit dem Strom I_0. Wie sich dieses Problem auswirkt ist in Abb. 5.61 ebenfalls dargestellt. Bei einem positiven Spannungssprung am Eingang wird der Kondensator C_2 schnell über den Transistor T_4 aufladen, der Kondensator C_1 aber lediglich mit dem kleinen Strom I_0. Die Folge ist, dass nach dem Sprung die beiden Transistoren T_1 und T_2 sperren. Die Ausgangsspannung steigt dann gemäß der Last auf 0 V an, und verharrt dort, bis C_1 so weit aufgeladen ist, dass T_1 leitend wird. Erst dann steigt sie langsam auf den Endwert an. Zur Lösung des Problems gibt es verschiedene Möglichkeiten:

– Ein großer Strom I_0; aber das erhöht die Ruhestromaufnahme.
– Der Einsatz selbstleitender Feldeffekttransistoren.
– Der Einsatz eines Kondensators, der die Basisanschlüsse von T_1 und T_2 verbindet; aber hier wäre eine sehr große Kapazität erforderlich.

5.3.2 Closed-Loop-Buffer

Der stromabhängige Ausgangswiderstand eines Emitterfolgers lässt sich zwar nicht beseitigen, aber er lässt sich reduzieren, indem man ihn in eine gegengekoppelte Schaltung einbezieht. Diese Möglichkeit nutzt man bei den Closed-Loop-Buffern. Wir haben gezeigt, dass die Schaltung in Abb. 5.13 zwar kein guter Operationsverstärker ist, dass die Einschränkungen beim Einsatz als Closed-Loop-Buffer aber nicht zutage treten. Hier erhöht sich die Aussteuerbarkeit, weil alle Potentiale in der Schaltung der Eingangsspannung

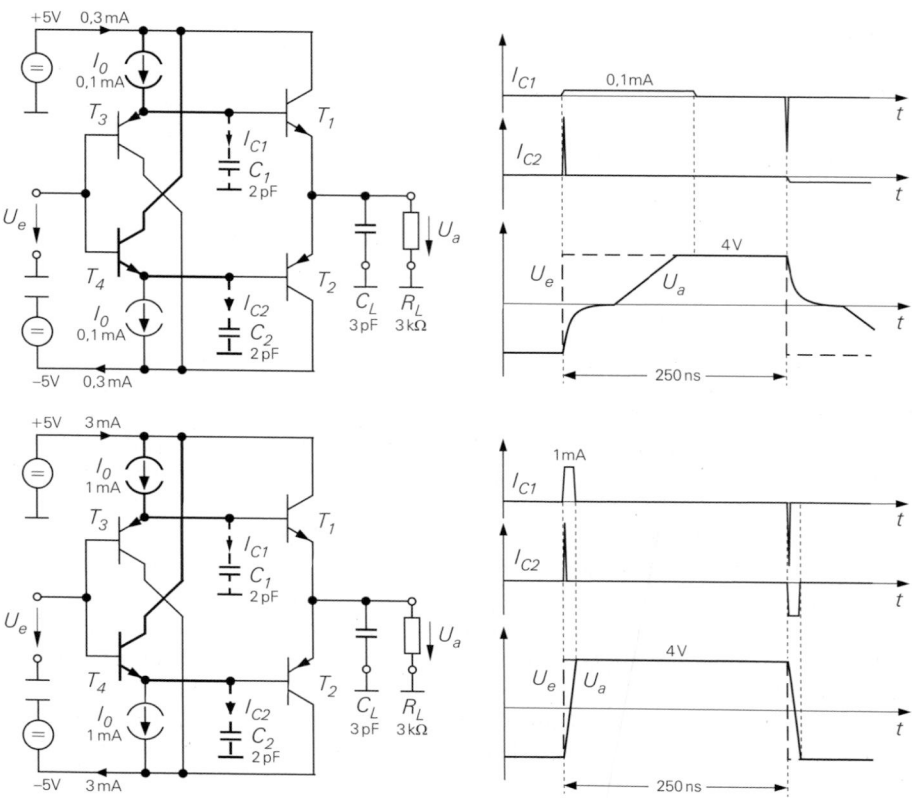

Abb. 5.61. Wirkung der parasitären Kapazitäten auf die Sprungantwort.
Oben bei einem Ruhestrom von $I_0 = 0,1$ mA, unten von $I_0 = 1$ mA
Die Strompfade bei einem positiven Sprung sind dick eingezeichnet.

folgen, wie man in Abb. 5.62 sieht. Für den Einsatz als Spannungsfolger kann man die Leerlaufverstärkung mit dem Stromspiegel T_4, T_5 verdoppeln. Der Frequenzgang der Verstärkung des offenen und des gegengekoppelten Verstärkers ist in Abb. 5.63a dargestellt.

Der Ausgangswiderstand der nicht gegengekoppelten Schaltung besteht aus zwei Anteilen: dem Ausgangswiderstand von T_3 und dem transformierten Quellwiderstand:

$$r_{a,\,offen} = \frac{U_T}{I_2} + \frac{U_A}{\beta^2\,I_k} \stackrel{\text{hier}}{=} \frac{25\,\text{mV}}{1\,\text{mA}} + \frac{100\,\text{V}}{10000 \cdot 200\,\mu\text{A}} = 25\,\Omega + 50\,\Omega = 75\,\Omega$$

Damit der Beitrag des Quellwiderstands nicht überwiegt, haben wir hier eine Darlington-schaltung mit einer Stromerstärkung von $\beta^2 = 10.000$ verwendet. Die Ausgangsimpedanz der gegengekoppelten Schaltung ist in Abb. 5.63b aufgetragen. Wegen hohen Schleifenverstärkung beträgt er bei niedrigen Frequenzen lediglich $r_a = 0,1\,\Omega$. Bei einem Open-Loop-Buffer wäre ein Kollektorstrom von $I_C = U_T/r_a = 250\,\text{mA}$ erforderlich, um auf eine derart niedrige Ausgangsimpedanz zu kommen. Da der Betrag der Schleifenverstärkung g bei hohen Frequenzen abnimmt und für die Ausgangsimpedanz $|\underline{Z}_a| = r_{a,\,offen}/|\underline{g}|$ gilt, nimmt der Betrag der Ausgangsimpedanz bei hohen Frequenzen zu, wie Abb. 5.63b zeigt.

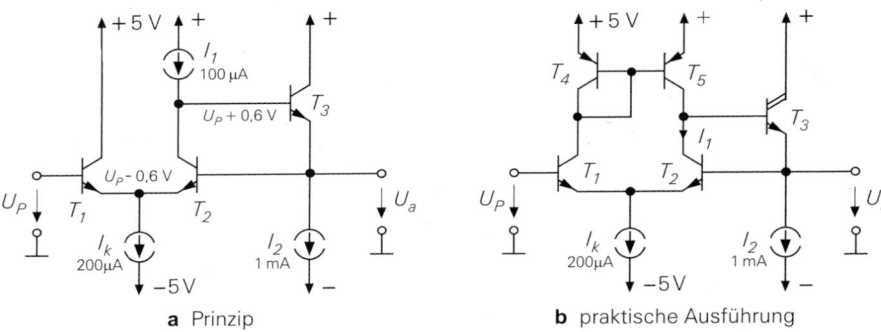

a Prinzip   **b** praktische Ausführung

Abb. 5.62. Einfache Closed-Loop-Buffer

Bei dem Closed-Loop-Buffer in Abb. 5.62 haben wir in dem Dimensionierungsbeispiel für den Emitterfolger einen Ruhestrom von $I_2 = 1$ mA gewählt. Damit ist der negative Ausgangsstrom auf diesen Wert begrenzt. Es gibt Anwendungen, bei denen das ausreicht. Wenn man aber z.B. einen Lastwiderstand von $1\,\mathrm{k\Omega}$ anschließt, reduziert sich die Ausgangsaussteuerbarkeit auf $U_{a,\,min} = -1$ V. Um bei niedrigem Ruhestrom große positive *und* negative Ausgangsströme entnehmen zu können, muss man auch hier den Gegentakt-AB-Betrieb anwenden. Dazu haben wir die Schaltung in Abb. 5.62 symmetrisch ergänzt und gelangen zu der Schaltung in Abb. 5.64. Sie stellt einen Operationsverstärker dar mit einem niederohmigen invertierenden Eingang und einem niederohmigen Ausgang. Der Vergleich mit Abb. 5.3 zeigt, dass es sich hier um einen Transimpedanzverstärker (CV-OPV) handelt, der auf Seite 587 behandelt wird. Er ist mit dem Breitbandverstärker in Abb. 5.30 verwandt.

Der Spannungsfolger in Abb. 5.64 besteht aus den komplementären Emitterfolgern T_1 bis T_4 am Eingang und T_9 bis T_{12} am Ausgang. Die Stromspiegel T_5 bis T_8 arbeiten auf den Hochimpedanzpunkt des Verstärkers dessen Impedanz für die erforderliche Spannungsverstärkung sorgt. Die Gegenkopplung über den Widerstand R_N stellt die für einen Spannungsfolger geforderte Verstärkung $A = 1$ sicher. Die Größe von R_N bestimmt die Schleifenverstärkung innerhalb der Schaltung; man dimensioniert R_N für eine optimale Sprungantwort. Sie wird durch das Verhältnis vom Widerstand am Hochimpedanzpunkt zu den Widerständen am Emitter der Transistoren T_3 und T_4 bestimmt, die bezüglich der Gegenkopplungsschleife in Basisschaltung betrieben werden. Die Schleifenverstärkung beträgt:

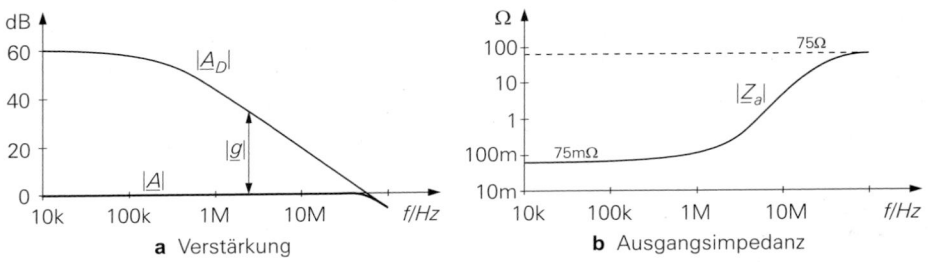

a Verstärkung   **b** Ausgangsimpedanz

Abb. 5.63. Frequenzgänge des einfachen Closed-Loop-Buffers in Abb. 5.62b

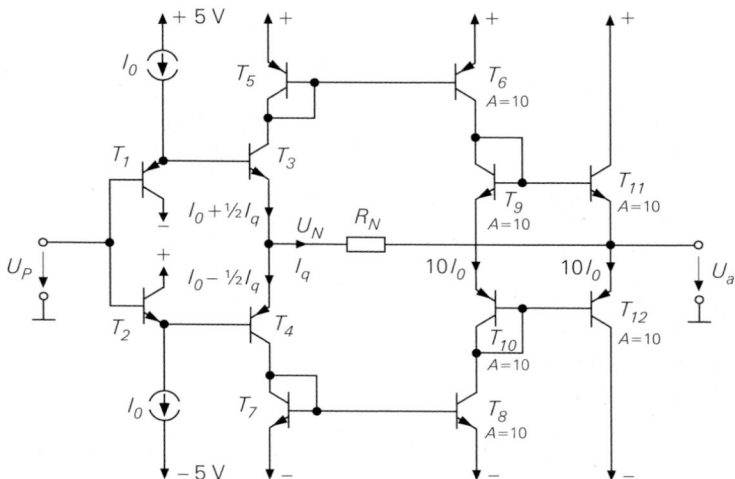

Abb. 5.64. Closed-Loop-Buffer im Gegentakt-AB-Betrieb.
Dimensionierungsbeispiel: $I_0 = 100\,\mu\text{A}$, $R_N = 100\,\Omega$
Transistorgröße $A = 1$ wenn nicht anders vermerkt

$$g = \frac{A_D}{A} \overset{A=1}{=} A_D = \frac{r_{CE}/2}{r_S/2 + R_N} \overset{\text{hier}}{=} \frac{100\,\text{k}\Omega/2}{250\,\Omega/2 + 100\,\Omega} = 222 \mathrel{\widehat{=}} 46\,\text{dB}$$

Bei der angegebenen Dimensionierung beträgt der Ausgangswiderstand des Buffers bei niedrigen Frequenzen $r_a = 0{,}4\,\Omega$; bei Frequenzen über 1 MHz nimmt er auch hier zu wegen der Abnahme der Schleifenverstärkung.

Bei der Schaltung in Abb. 5.64 handelt es sich um einen CV-Operationsverstärker, der hier als nichtinvertierender Verstärker voll, also auf $A = 1$, gegengekoppelt ist. Die Systematik der Schaltung wird im Zusammenhang mit Abb. 5.105 erklärt.

Bei dem Closed-Loop-Buffer in Abb. 5.59 ist es im Normalfall überflüssig, am Ausgang des Operationsverstärkers einen komplementären Emitterfolger anzuschließen, da er

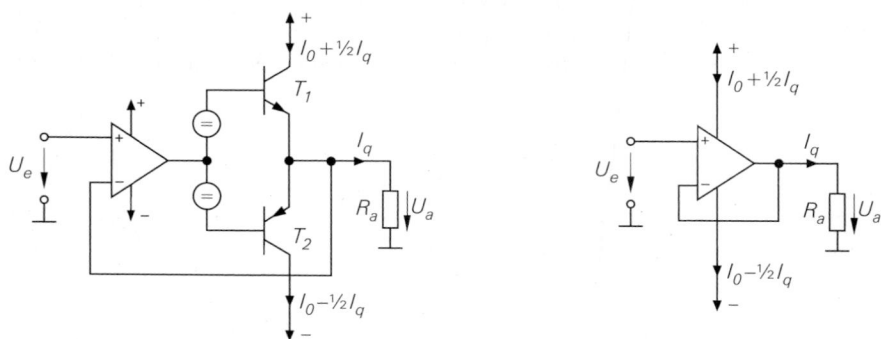

a Mit externen Emitterfolgern   **b** Nutzen der internen Emitterfolger

Abb. 5.65. Einsparen des externen komplementären Emitterfolgers beim Closed-Loop-Buffer. Man kann in beiden Schaltungen wahlweise den Strom- oder den Spannungsausgang verwenden.

bereits intern vorhanden ist. Der Vergleich in Abb. 5.65 zeigt, dass man in beiden Fällen dieselbe Ausgangsspannung erhält. Man kann auch den Signalstrom $I_q = U_e/R_a$ trotzdem als Ausgangssignal über die Betriebsspannungsanschlüsse verwenden, da sich der Ruhestrom I_0 in beiden Fällen kompensiert. Diese Möglichkeit nutzen wir bei den VC-Verstärkern in Abb. 5.116 und bei den CC-Verstärkern in Abb. 5.123.

5.4 Frequenzgang-Korrektur

5.4.1 Grundlagen

Wenn man einen Operationsverstärker als Verstärker betreibt, muss die Rückkopplung – wie in Abb. 5.66 dargestellt – immer vom Ausgang zum *invertierenden* Eingang führen, damit sich eine Gegenkopplung ergibt. Mitkopplungen sind hier unerwünscht, weil sich dabei Kippschaltungen ergeben, die nur 2 Betriebszustände besitzen: Die positive oder negative Übersteuerung. Sie werden im Kapitel 14 auf Seite 883 beschrieben. Aber auch gegengekoppelte Verstärker sind nicht unbedingt stabil. Wenn die frequenzabhängige Phasenverschiebung 180° erreicht, wird die Gegenkopplung zur Mitkopplung und die Schaltung kann schwingen.

Ob die Schaltung bei dieser Frequenz schwingt, hängt davon ab, ob die Schwingbedingung erfüllt ist. Gemäß (5.11) gilt für die Verstärkung der gegengekoppelten Schaltung in Abb. 5.67:

$$\underline{A} = \frac{U_a}{U_e} = \frac{k_F \underline{A}_D}{1 + k_R \underline{A}_D} = \frac{k_F \underline{A}_D}{1 + \underline{g}} \tag{5.32}$$

Darin ist $\underline{A}_D$ die Verstärkung des offenen Verstärkers und $\underline{g} = k_R \underline{A}_D$ die Schleifenverstärkung der Schaltung. Für $\underline{g} = -1$ wird der Nenner in (5.32) zu Null; die Verstärkung wird also unendlich. Dies ist die Bedingung für eine ungedämpfte Schwingung. Da es sich bei $\underline{g}$ um eine komplexe Größe handelt, lässt sie sich in einen Betrag und eine Phasenverschiebung zerlegen:

$$\underline{g} = k_R \underline{A}_D = -1 \quad \Rightarrow \quad \begin{cases} |\underline{g}| = k_R |\underline{A}_D| = 1 & \text{Amplitudenbedingung} \\ \varphi(k_R \underline{A}_D) = -180° & \text{Phasenbedingung} \end{cases} \tag{5.33}$$

Nur wenn beide Bedingungen erfüllt sind, gibt es eine Schwingung mit konstanter Amplitude. Hier geht es aber nicht darum, einen Oszillator zu bauen, sondern genau dies zu verhindern. Dabei soll die Sprungantwort der Schaltung gut gedämpft sein, also weit von dem Fall eines Oszillators entfernt. Ob eine Schwingneigung besteht und wie

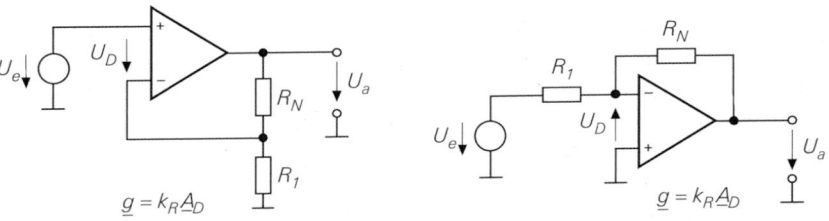

a Nichtinvertierender Verstärker   **b** Invertierender Verstärker

Abb. 5.66. Gegenüberstellung von nicht-invertierendem und invertierendem Verstärker für die Frequenzgangkorrektur. Für $U_e = 0$ sind beide Schaltungen identisch.
Dann gilt: $-U_D = U_a R_1/(R_1 + R_N) = U_a k_R$

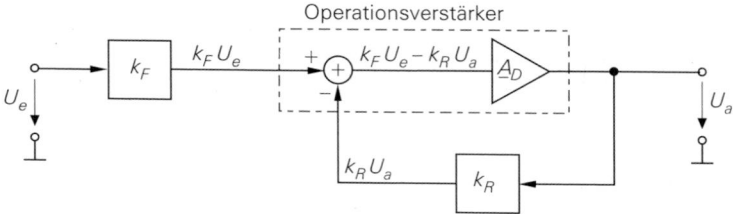

Abb. 5.67. Modell für einen gegengekoppelten Operationsverstärker

sie sich vermeiden lässt, wollen wir für Operationsverstärker mit ein- und zweistufiger Spannungsverstärkung untersuchen.

5.4.2 Eine Verstärkerstufe

Abbildung 5.68 zeigt die Verhältnisse bei Verstärkern mit einstufiger Spannungsverstärkung, die wir in Kapitel 5.2.2 beschrieben haben. In dem Modell wurden hier noch die Schaltungskapazitäten zusätzlich eingezeichnet. Sie sind aber lediglich als Beispiele zu sehen weil sie stark von dem Herstellungsprozess abhängen. Im Bode-Diagramm sind vier wichtige Frequenzen eingetragen:

- Die niedrigste Grenzfrequenz f_{g1} des Verstärkers. Sie ergibt sich am HIP.
- Die zweite Grenzfrequenz des f_{g2} Verstärkers
- Die kritische Frequenz f_k, bei der die Schleifenverstärkung $|g| = 1$ beträgt.
- Die Transitfrequenz f_T, bei der die Verstärkung $|\underline{A}_D| = 1$ beträgt.

Im Bodediagramm ist neben der Verstärkung und Phasenverschiebung des offenen Verstärkers $|\underline{A}_D|$ auch der Frequenzgang des gegengekoppelten Verstärker für $|\underline{A}| = 10$ eingezeichnet. Wenn man (5.32) für einen nichtinvertierenden Verstärker ($k_F = 1$) vereinfacht, ergibt sich:

$$\underline{A} = \frac{\underline{A}_D}{1 + \underline{g}} \approx \frac{\underline{A}_D}{\underline{g}} \quad \Rightarrow \quad \underline{g} = \frac{\underline{A}_D}{\underline{A}}$$

Die Schleifenverstärkung lässt sich im Bode-Diagramm wegen seiner logarithmischen Darstellung direkt ablesen. Dies sieht man, wenn man diese Beziehung logarithmiert:

$$\lg |\underline{g}| = \lg |\underline{A}_D| - \lg |\underline{A}|$$

Die Schleifenverstärkung ist also hier gleich dem Abstand zwischen der Differenzverstärkung A_D und der Verstärkung der gegengekoppelten Schaltung A. Man erkennt in Abb. 5.68, dass dieser Abstand mit zunehmender Frequenz abnimmt. Bei der kritischen Frequenz f_k ist $|g| = 0$ dB. Bei höheren Frequenzen fällt die Verstärkung des gegengekoppelten Verstärkers mit der des offenen Verstärkers zusammen, siehe (5.13) auf S. 514.

Jetzt wollen wir untersuchen, ob der Operationsverstärker bei Gegenkopplung möglicherweise schwingt. Dazu muss man die Schwingbedingung in (5.33) überprüfen. Bei der kritischen Frequenz f_k ist die Amplitudenbedingung $|g| = 1$ erfüllt. Die gegengekoppelte Schaltung schwingt also, wenn die Phasenbedingung $\varphi = -180°$ gleichzeitig erfüllt ist. Dazu muss man die Phasenverschiebung im Bode-Diagramm betrachten. Jeder Tiefpass bewirkt einen Abfall der Verstärkung von 20 dB/Dekade und eine Phasennacheilung, die bei der Grenzfrequenz 45° beträgt und darüber bis auf 90° ansteigt. Dabei addieren sich die Phasenverschiebungen der aufeinander folgenden Tiefpässe. Man sieht in Abb. 5.68,

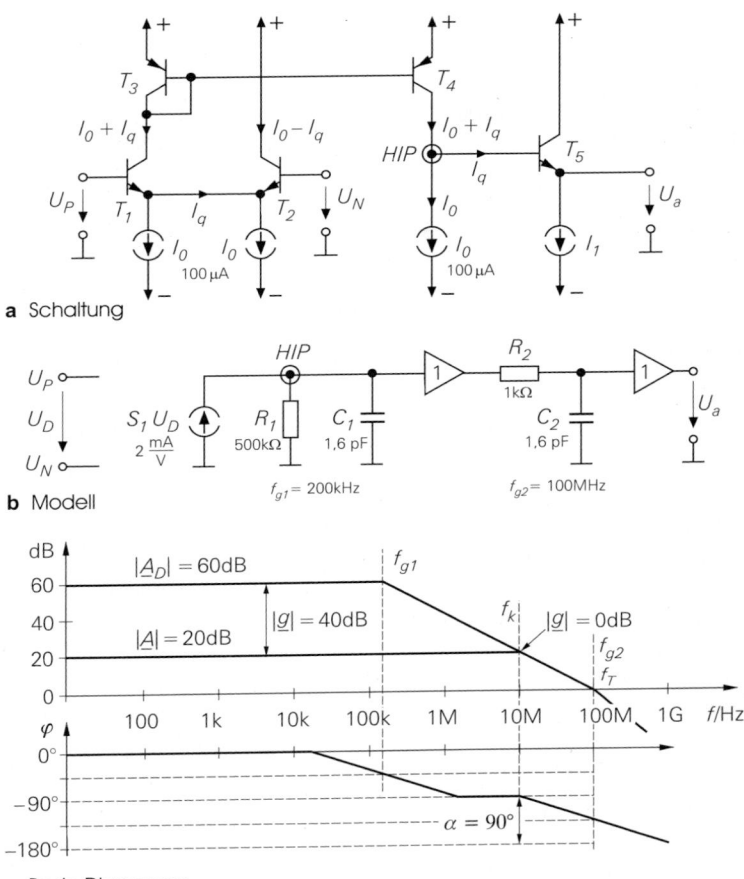

a Schaltung

b Modell

c Bode Diagramm

Abb. 5.68. Operationsverstärker mit einstufiger Spannungsverstärkung gemäß Abb. 5.14

dass die Phasenverschiebung bei der kritischen Frequenz lediglich $\varphi = -90°$ beträgt. Die Schaltung wird also nicht schwingen. Als Kriterium für die Stabilität gibt man aber meist nicht die Phasenverschiebung bei der Frequenz f_k an, sondern den Winkel der noch an $-180°$ fehlt. Man definiert die Größe:

$$\alpha = 180° - |\varphi(f_k)| \tag{5.34}$$

und bezeichnet sie als *Phasenreserve* oder *Phasenspielraum*.

Bei der Frequenzgangkorrektur geht es nicht nur darum, einen Oszillator zu vermeiden, sondern eine Sprungantwort mit gutem Einschwingverhalten zu erzielen. Dazu muss man von der Schwingbedingung einen nennenswerten Abstand halten. Das dynamische Verhalten eines Verstärkers wird durch den Phasenspielraum bestimmt. Man kann drei Fälle unterscheiden:

- $\alpha \geq 90°$:   langsames Einschwingen
- $\alpha = 45° \ldots 90°$:   günstigstes Einschwingverhalten
- $\alpha < 45$:   starkes Überschwingen oder Schwingung

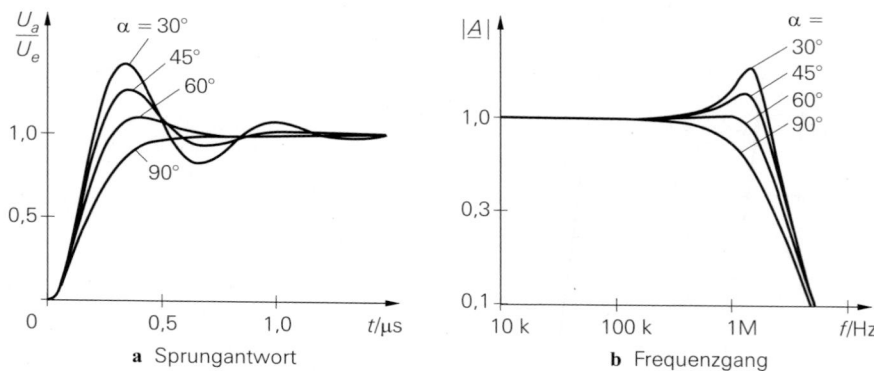

Abb. 5.69. Sprungantwort und Frequenzgang für verschiedenen Phasenspielraum α. Ein Überschwingen im Zeitbereich korrespondiert mit einer Überhöhung im Frequenzbereich.

Der Phasenspielraum ist eine besonders nützliche Größe, um die Sprungantwort des Verstärkers zu beurteilen. In Abb. 5.69 sind die Sprungantworten für verschiedene Phasenspielräume dargestellt und daneben die korrespondierenden Frequenzgänge der Verstärkung. Man erkennt, dass sich mit abnehmendem Phasenspielraum eine schwächere Dämpfung der Sprungantwort und eine zunehmende Überhöhung der Verstärkung ergibt. Bei 90° Phasenspielraum liegt der aperiodische Grenzfall vor: Hier gibt es kein Überschwingen, die Anstiegszeit ist hier jedoch deutlich größer und die Bandbreite ist deutlich reduziert. Bei einem Phasenspielraum von $\alpha = 60°$ ergibt sich sowohl im Zeit- als auch im Frequenzbereich ein besonders günstiges Verhalten.

Der kritische Fall liegt dann vor, wenn man den Verstärker voll gegenkoppelt, also auf $|\underline{A}| = 1$. Dann fällt die kritische Frequenz mit der Transitfrequenz zusammen bei der der Phasenspielraum am kleinsten ist. Oberhalb der Transitfrequenz kann keine Schwingung auftreten weil dort die Amplitudenbedingung in (5.32) nicht erfüllt ist. Man sieht in dem Beispiel in Abb. 5.68, dass die Schaltung auch bei voller Gegenkopplung noch einen Phasenspielraum von $\alpha = 45°$ besitzt. Zusätzliche Maßnahmen zur Frequenzgang-Korrektur sind hier also nicht erforderlich. Aus diesem Grund sind auch die Operationsverstärker mit Kaskodeschaltung in den Abb. 5.20 und 5.23 interessant, weil sie trotz der größeren Differenzverstärkung nur eine einzige Verstärkerstufe besitzen.

5.4.3 Zwei Verstärkerstufen

Bei Schaltungen mit zwei Stufen zur Spannungsverstärkung kommt ein weiterer Tiefpass hinzu. Als Beispiel haben wir die Struktur in Abb. 5.25 gewählt. Hier es handelt sich um die vereinfachte Struktur des 741-Operationsverstärkers, bei dem aber moderne schnelle Transistoren mit niedrigen Kapazitäten zugrunde gelegt wurden. Im Modell in Abb. 5.70 erkennt man den zusätzlichen Tiefpass bei f_{g2}, im Bode-Diagramm. Wenn man den Verstärker auch hier auf die Verstärkung $|\underline{A}| = 20\,\text{dB}$ gegenkoppelt, wird der Phasenspielraum $\alpha = 0$; die Schaltung würde also schwingen. Die niedrigste Verstärkung, bei der sich noch ein akzeptabler Einschwingvorgang ergibt, ist $|\underline{A}| = 40\,\text{dB}$; denn dann ist $f_k = f_{g2}$ und der Phasenspielraum beträgt $\alpha = 45°$. Bei niedrigeren Verstärkungen ist daher eine Frequenzgang-Korrektur erforderlich.

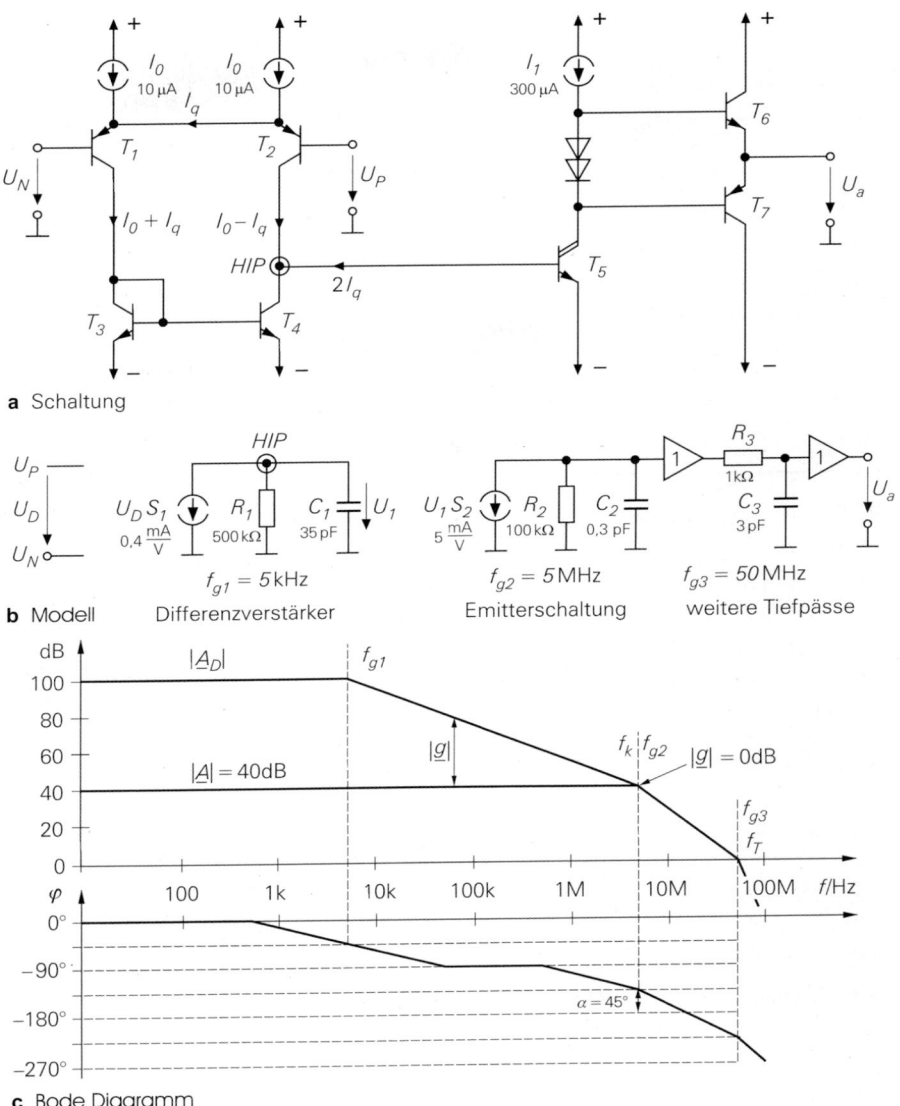

a Schaltung

b Modell   Differenzverstärker   Emitterschaltung   weitere Tiefpässe

c Bode Diagramm

Abb. 5.70. Frequenzgang eines Operationsverstärkers mit zwei Verstärkerstufen. Die niedrigste Verstärkung, bei der sich noch ein Phasenspielraum von $\alpha = 45°$ ergibt, ist eingezeichnet.

5.4.4 Universelle Frequenzgang-Korrektur

Bei der universellen Frequenzgangkorrektur verlangt man, das ein Operationsverstärker bei Gegenkopplung in allen Fällen ein gutes Einschwingverhalten aufweist, auch in dem kritischen Fall bei voller Gegenkopplung auf $|\underline{A}| = 1 \triangleq 0\,\mathrm{dB}$. Dann muss die kritische Frequenz f_k mit der zweiten Grenzfrequenz f_{g2} zusammenfallen. Da die Verstärkung des Operationsverstärkers im Frequenzbereich zwischen f_{g1} und f_{g2} umgekehrt proportional zur Frequenz ist, gilt:

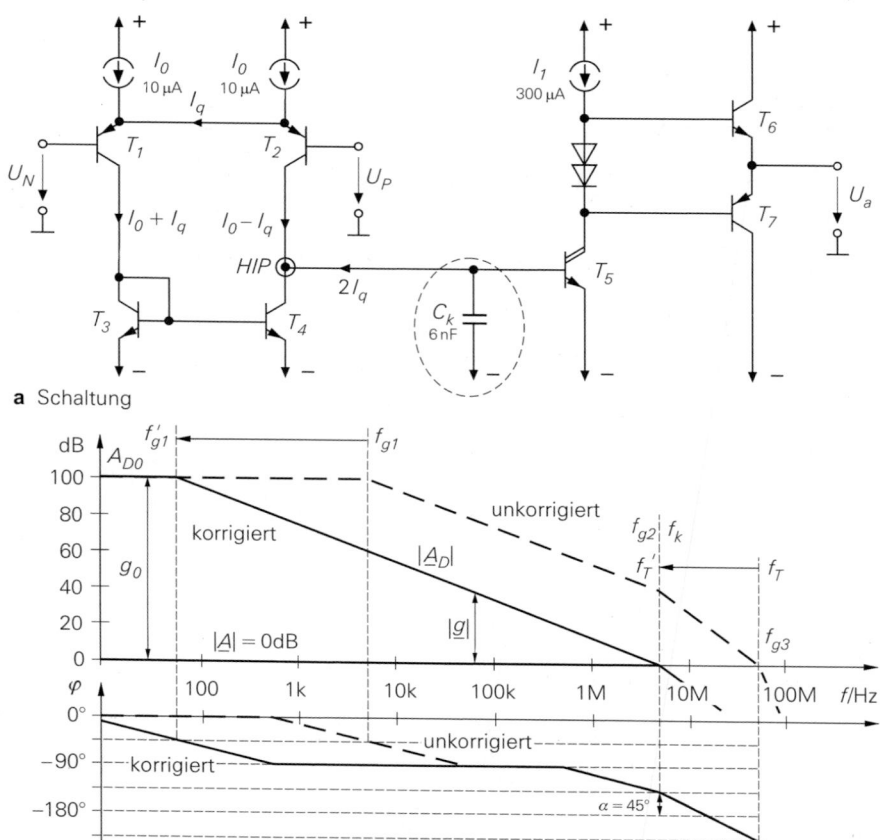

a Schaltung

b Bode-Diagramm

unkorrigiert	$f_{g1} = 5\,\text{kHz}$	$f_{g2} = 5\,\text{MHz}$	$f_{g3} = 50\,\text{MHz}$	$f_T = 50\,\text{MHz}$
korrigiert	$f'_{g1} = 50\,\text{Hz}$	$f'_{g2} = 5\,\text{MHz}$	$f'_{g3} = 50\,\text{MHz}$	$f'_T = 5\,\text{MHz}$

Abb. 5.71. Standartkorrektur bei einem zweistufigen Verstärker mit dem Kondensator C_k

$$f_{g1} = \frac{f_{g2}}{g_0} \tag{5.35}$$

Darin ist $g_0 = A_{D0}/A_0$ die Schleifenverstärkung bei niedrigen Frequenzen. Daraus folgt die Regel für die Frequenzgangkorrektur:

Die niedrigste Grenzfrequenz muss um die Schleifenverstärkung g_0 unter der zweiten Grenzfrequenz liegen.

Um einen Phasenspielraum von $\alpha = 60°$ zu erhalten, muss man die erste Grenzfrequenz noch einmal halbieren.

Wenn man eine *universelle Frequenzgangkorrektur* anstrebt, muss die zweite Grenzfrequenz mit der Transitfrequenz zusammenfallen; denn dann ergibt sich selbst bei voller Gegenkopplung ($|\underline{A}| = 1$) noch ein Phasenspielraum von $\alpha = 45°$. Dazu gibt es verschiedene Möglichkeiten:

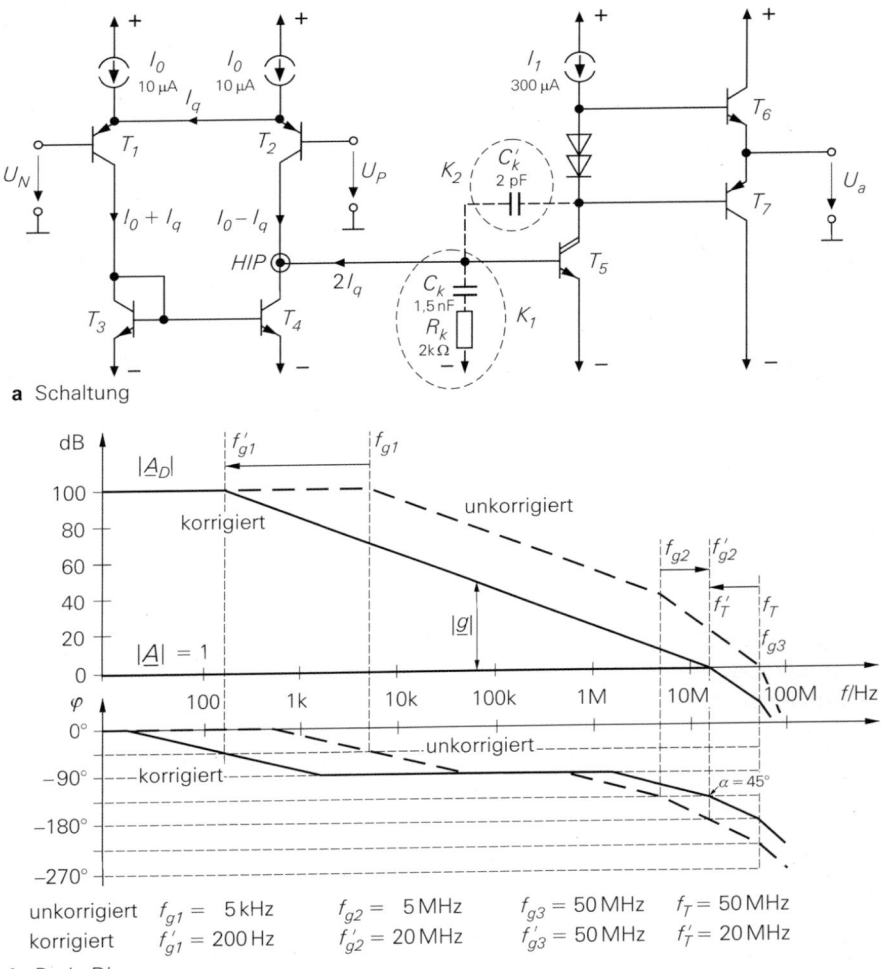

a Schaltung

b Bode Diagramm

unkorrigiert	$f_{g1} =$ 5 kHz	$f_{g2} =$ 5 MHz	$f_{g3} =$ 50 MHz	$f_T =$ 50 MHz
korrigiert	$f'_{g1} =$ 200 Hz	$f'_{g2} =$ 20 MHz	$f'_{g3} =$ 50 MHz	$f'_T =$ 20 MHz

Abb. 5.72. Frequenzgangkorrektur mit Pole-Splitting. Die beiden Korrekturglieder K_1 und K_2 sind alternativ; beide bewirken dasselbe.

– Man kann die Verstärkung für alle Frequenzen reduzieren z.B. durch Stromgegenkopplung im Differenzverstärker am Eingang. Dann muss man aber prüfen, ob ein Operationsverstärker mit einstufiger Spannungsverstärkung nicht besser wäre.
– Man kann die 1. Grenzfrequenz f_{g1} reduzieren, indem man die Kapazität am Hochimpedanzpunkt vergrößert; dann bleibt wenigsten für niedrige Frequenzen die volle Schleifenverstärkung erhalten. In dem Beispiel in Abb. 5.71 folgt dann

$$f'_{g1} = \frac{f_{g2}}{g_0} = \frac{5\,\text{MHz}}{10^5} = 50\,\text{Hz}$$

Durch die Frequenzgangkorrektur reduziert man also nicht die Phasenverschiebung, sondern die Verstärkung, wie Abb. 5.71 zeigt. Dadurch verlagert sich die kritische Frequenz f_k in einen Bereich mit geringerer Phasenverschiebung.

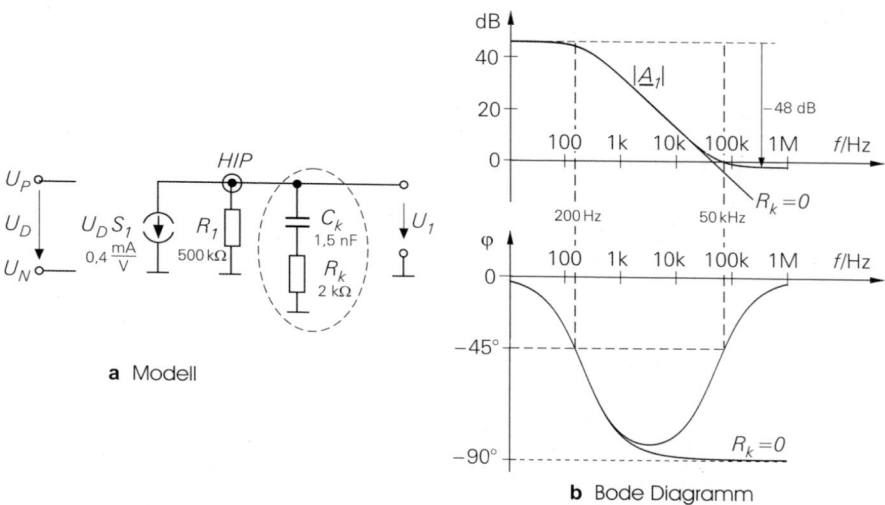

a Modell

b Bode Diagramm

Abb. 5.73. Pole Splitting, Pol-Nullstellen Kompensation. $|\underline{A}_1| = U_1/U_D$ ist die Verstärkung des Differnzverstärkers am Eingang.

– Diese Maßnahme lässt sich noch verbessern, wenn man gleichzeitig die 2. Grenzfrequenz erhöht. Das ist durch *Pole-Splitting* oder *Pol-Nullstellen Kompensation* möglich, die wir im Folgenden beschreiben.

Beim *Pole-Splitting* wird nicht nur die niedrigste Grenzfrequenz reduziert, sondern gleichzeitig die zweite Grenzfrequenz erhöht. Die Pole in der Übertragungsfunktion werden auseinander geschoben; daher kommt die Bezeichnung "Pole-Splitting". Der Grundgedanke besteht hier darin, die Phasennacheilung, die der Kondensator zur Frequenzgangkorrektur in Abb. 5.71 verursacht, bei hohen Frequenzen wieder zurückzunehmen. Dazu dient der Widerstand R_k in Abb. 5.72. Seine Wirkung erkennt man im Bodediagramm des Eingangsdifferenzverstärkers in Abb. 5.73. Die Verstärkung wird in diesem Beispiel um den Faktor $250 \cong 48$ dB reduziert, die damit verbundene Phasenverschiebung geht bei hohen Frequenzen aber wieder zurück auf $\varphi = 0$. Das erklärt aber nicht, warum die 2. Grenzfrequenz durch diese Maßnahme erhöht wird, denn die gezeigte Korrektur wirkt nur auf den Differenzverstärker am Eingang. Dazu muss man berücksichtigen, dass der Widerstand R_k eine Nullstelle erzeugt, die den Pol bei der 2. Grenzfrequenz kompensieren kann. Dazu muss der durch die Frequenzgangkorrektur mit R_k, C_K hinzugefügte neue Pol eine Grenzfrequenz besitzen, die über der ursprünglichen Grenzfrequenz f_{g2} liegt. Man sieht in dem Beispiel in Abb. 5.72, dass die 2. Grenzfrequenz dadurch von 5 MHz auf 20 MHz erhöht wird. Aus diesem Grund kann man die 1. Grenzfrequenz ebenfalls um den Faktor 4 erhöhen, also von 50 Hz auf 200 Hz. Um den Faktor 4, also um 12 dB, erhöht sich dann auch die Schleifenverstärkung. Die *Pol-Nullstellen Kompensation* ist ein gebräuchliches Verfahren in der Regelungstechnik; sie wird in Kapitel 13.2.4 auf Seite 873 genauer beschrieben.

Natürlich ist es wünschenswert, die Kapazität zur Frequenzgangkorrektur in der integrierten Schaltung unterzubringen. Das ist aber selbst bei der verringerten Kapazität von 1,5 nF nicht möglich. Deshalb nutzt man den sonst unerwünschten Miller-Effekt, um mit einer wesentlich geringeren Kapazität dieselbe Wirkung zu erzielen. Eine Miller-Kapazität

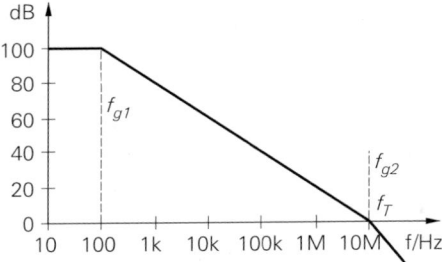

Abb. 5.74.
Muster-Operationsverstärker mit universeller Frequenzgangkorrektur, also $f_{g2} = f_T$

wirkt gemäß Kap. 2.4.1 auf S. 132 wie eine um die Spannungsverstärkung vergrößerte Kapazität am Eingang. Eine Kapazität von 2 pF wie in dem Beispiel in Abb.5.72 stellt aber kein Problem für die Realisierung auf dem Chip dar.

5.4.5 Angepasste Frequenzgangkorrektur

In den folgenden Beschreibungen wollen wir einen idealisierten Operationsverstärker zugrunde legen, der dem Verstärker in Abb. 5.72 ähnlich ist. Seine Differenzverstärkung beträgt $A_{D0} = 100\,\mathrm{dB} \cong 100.000$. Der Frequenzgang der Verstärkung und der Phasenverschiebung sind in Abb. 5.74 dargestellt. Seine Grenzfrequenzen liegen bei $f_{g1} = 100\,\mathrm{Hz}$ und $f_{g2} = 10\,\mathrm{MHz}$. Er besitzt eine universelle Frequenzgangkorrektur, daher ist die Transitfrequenz gleich der 2. Grenzfrequenz also $f_T = f_{g2}$.

Die Grenzfrequenz der gegengekoppelten Schaltung f_k ist erreicht, wenn die Schleifenverstärkung $g = 0\,\mathrm{dB}$ wird. Drei Fälle sind in Abb. 5.75a eingezeichnet. Bei voller Gegenkopplung auf $A_0 = 0\,\mathrm{dB}$ ist die Grenzfrequenz $f_k = f_{g2}$, bei $A_0' = 20\,\mathrm{dB}$ ist $f_k' = 0,1 \cdot f_{g2}$. Allgemein gilt: $f_k = f_T/A_0$. Daraus ergibt sich das *Verstärkungs-Bandbreite-Produkt* (*Gain Bandwidth Product, GBW*):

$$f_k = \frac{f_T}{A_0} \quad \Rightarrow \quad f_T = A_0\, f_k = GBW \tag{5.36}$$

Wenn man von vorne herein weiß, dass ein Operationsverstärker nicht voll gegengekoppelt, sondern bei einer höheren Verstärkung betrieben wird, ist nur eine schwächere Frequenzgangkorrektur erforderlich. Die kritische Frequenz kann dann auf $f_k = f_{g2}$ erhöht werden; der Phasenspielraum beträgt in diesem Fall $\alpha = 45°$. Ein Beispiel dafür haben

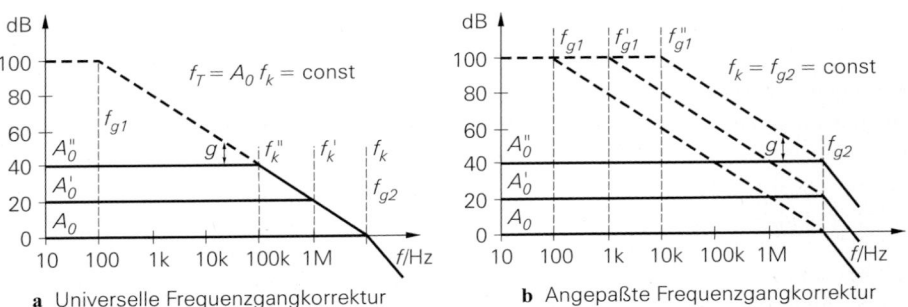

a Universelle Frequenzgangkorrektur   b Angepaßte Frequenzgangkorrektur

Abb. 5.75. Vergleich von universeller und angepasster Frequenzgangkorrektur für Verstärkungen $A_0 = 0\,\mathrm{dB}$, $A_0' = 20\,\mathrm{dB}$ und $A_0'' = 40\,\mathrm{dB}$

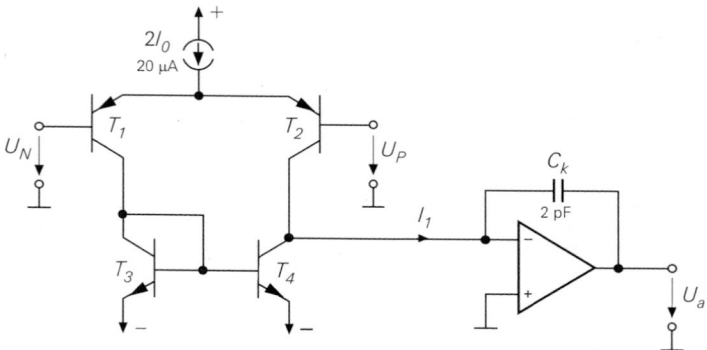

Abb. 5.76. Modell zur Erklärung der Slew-Rate. Die zweite Verstärkerstufe in Abb. 5.72 mit dem Miller-Kondensator ist hier symbolisch als Integrator dargestellt.

wir in Abb. 5.70 eingezeichnet. Bei einigen Operationsverstärkern sind derartige teilkompensierte Varianten für Verstärkungen von $A_{min} = 2, 5, 10$ erhältlich. Darin ist A_{min} die niedrigste Verstärkung, bei der der Verstärker noch einen Phasenspielraum von 45° aufweist. Die 1. Grenzfrequenz ist dann um die Verstärkung A_0 höher als bei der universellen Korrektur. Die Grenzfrequenz des gegengekoppelten Verstärkers ist dann *konstant gleich der 2. Grenzfrequenz*, wie man in Abb. 5.75b erkennt.

5.4.6 Slew-Rate

Die Ausgangsspannung eines Verstärkers kann sich nicht beliebig schnell ändern. Bei einem Tiefpass lässt sich die Anstiegszeit aus der Grenzfrequenz berechnen gemäß (12.6): $t_a = 1/(3f_g)$. Dieser Zusammenhang gilt jedoch nur für lineare Systeme. Wenn man den linearen Arbeitsbereich eines Verstärkers verlässt, muss man die maximale Anstiegsgeschwindigkeit, die *Slew-Rate*, aus den Eigenschaften des Verstärkers berechnen. Dazu wollen wir das vereinfachte Modell eines Operationsverstärkers in Abb. 5.76 verwenden.

Wenn bei Übersteuerung nur T_2 leitet, wird $I_1 = 2I_0$. Wenn nur T_1 leitet, fließt der ganze Strom über den Stromspiegel; dann wird $I_1 = -2I_0$. Der Ladestrom von C_k ist auf den maximalen Ausgangsstrom des Differenzverstärkers $I_{1max} = \pm 2I_0 = \pm 20\,\mu\text{A}$ beschränkt. Da an der Korrekturkapazität die volle Ausgangsspannung liegt, folgt aus $I_1 = C\,dU_a/dt$ für den Operationsverstärker in Abb. 5.72:

$$SR = \left.\frac{dU_a}{dt}\right|_{max} = \frac{I_{1,max}}{C_k} = \frac{2I_0}{C_k} \overset{\text{hier}}{=} \frac{20\,\mu\text{A}}{2\,\text{pF}} = 10\,\frac{\text{V}}{\mu\text{s}} \tag{5.37}$$

Die Ausgangsspannung kann sich hier also in $0{,}1\,\mu\text{s}$ höchstens um 1 V ändern. Ein rechteckförmiges Signal mit einer Ausgangsamplitude von ± 4 V besitzt daher eine Anstiegszeit von

$$\Delta t = \frac{\Delta U_a}{SR} = \frac{4V}{10\,\text{V}/\mu\text{s}} = 0{,}4\,\mu\text{s}$$

Auch bei sinusförmiger Aussteuerung kann sich die Ausgangsspannung an keiner Stelle schneller ändern, als es die Slew-Rate zulässt. Wenn man von einer Ausgangsspannung $U_a = \widehat{U}_a \sin \omega t$ ausgeht, erhält man für die maximale Steigung, die im Nulldurchgang auftritt:

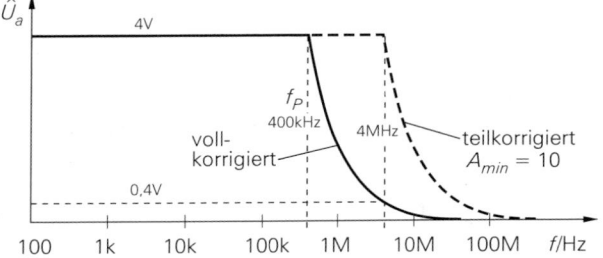

Abb. 5.77.
Beispiel für Abhängigkeit der Ausgangsaussteuerbarkeit von der Frequenz

$$SR = \frac{dU_a}{dt}\bigg|_{t=0} = \widehat{U}_a\,\omega = 2\pi f\widehat{U}_a \tag{5.38}$$

Daraus lässt sich die Frequenz berechnen, bis zu der eine unverzerrte sinusförmige Vollaussteuerung möglich ist:

$$f_p = \frac{SR}{2\pi\widehat{U}_a} \overset{\text{hier}}{=} \frac{10\,\text{V}/\mu\text{s}}{2\pi \cdot 4\,\text{V}} = 400\,\text{kHz} \tag{5.39}$$

Diese Größe bezeichnet man als die *Großsignalbandbreite* oder *Leistungsbandbreite* (*Power-Bandwidth*), weil bis zu dieser Frequenz die volle Ausgangsamplitude erhältlich ist. Man sieht, dass sie lediglich $f_p = 400\,\text{kHz}$ beträgt, obwohl die *Kleinsignalbandbreite* bei $f_T = 10\,\text{MHz}$ liegt. Oberhalb der Leistungsbandbreite f_p ist die Aussteuerbarkeit gemäß (5.39) umgekehrt proportional zur Frequenz und nimmt bei 4 MHz auf 0,4 V ab:

$$\widehat{U}_a = \frac{SR}{2\pi f} \overset{\text{hier}}{=} \frac{10\,\text{V}/\mu\text{s}}{2\pi \cdot 4\,\text{MHz}} = 0,4\,\text{V} \tag{5.40}$$

Dieser Zusammenhang ist in Abb. 5.77 dargestellt.

Wenn das Ausgangssignal die Slew-Rate-Begrenzung erreicht, wird es durch Geradenstücke ersetzt, deren Steigung der Slew-Rate entspricht. Dies ist in Abb. 5.78 dargestellt. Man erkennt, dass das Ausgangssignal bei nennenswerter Überschreitung der Slew-Rate dreieckförmig wird und außer der Grundfrequenz nicht viel mit dem unverzerrten Signal gemeinsam hat.

Zur Verbesserung der Slew-Rate könnte man aufgrund von (5.37) vermuten, dass sie sich mit zunehmendem Strom I_0 erhöht. Allerdings vergrößert sich dadurch auch die Steilheit des Differenzverstärkers, die eine größere Korrekturkapazität C_k erforderlich macht. Ein Vorteil ergibt sich aber, wenn man zu dem Differenzverstärker Emitterwiderstände hinzufügt, die die Steilheit wieder reduzieren. An dieser Stelle bieten Feldeffekttransistoren einen Vorteil, die bei gleichem Strom eine kleinere Steilheit als Bipolartransistoren besitzen.

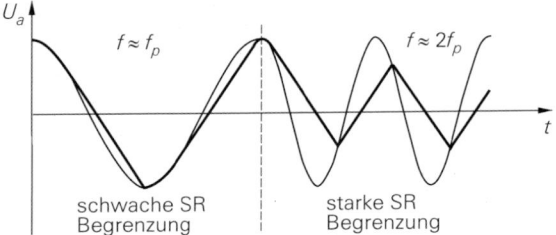

Abb. 5.78.
Auswirkung der Slew-Rate auf ein sinusförmiges Ausgangssignal. Links: geringfügige Überschreitung der Leistungsbandbreite; rechts: Signal mit doppelter Frequenz

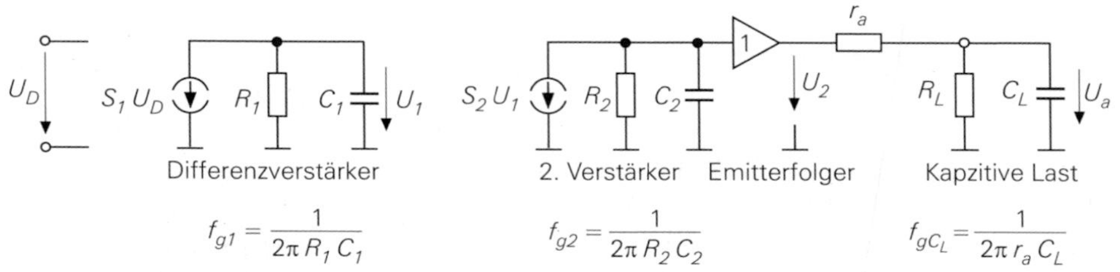

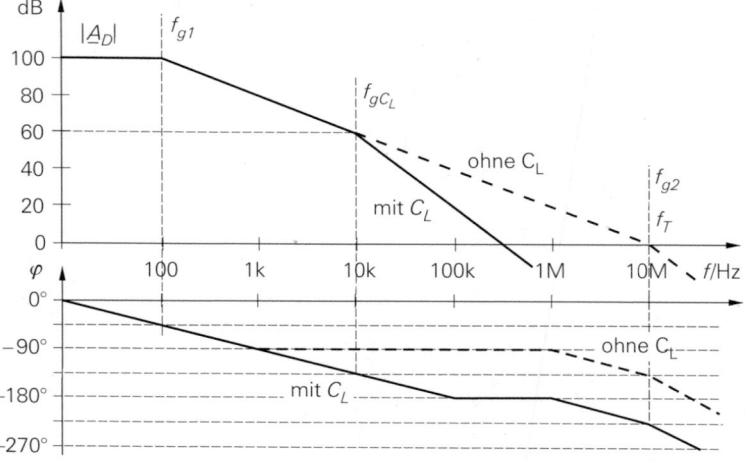

$$f_{g1} = \frac{1}{2\pi R_1 C_1} \qquad\qquad f_{g2} = \frac{1}{2\pi R_2 C_2} \qquad\qquad f_{gC_L} = \frac{1}{2\pi r_a C_L}$$

Abb. 5.79. Modell für einen Operationsverstärker mit kapazitiver Last. Bei dem voll korrigierten Verstärker in Abb. 5.74 ist $f_{g1} = 100\,\text{Hz}$, $f_{g2} = 10\,\text{MHz}$. Der Lastwiderstand R_L soll gegenüber r_a vernachlässigt werden.

5.4.7 Kapazitive Last

Wenn man am Ausgang eines Operationsverstärkers eine kapazitive Last C_L anschließt, entsteht zusammen mit dem Ausgangswiderstand r_a ein zusätzlicher Tiefpass mit der Grenzfrequenz f_{gC_L}, der in Abb. 5.79 eingezeichnet ist. Operationsverstärker mit einem einfachen Emitterfolger am Ausgang besitzen Ausgangswiderstände (des nicht gegengekoppelten Verstärkers) im Bereich von $r_a \approx 1\,\text{k}\Omega$. Bei einer Darlingtonschaltung und bei HF-Operationsverstärkern sind es meist weniger als $100\,\Omega$. Wenn die Lastkapazität klein ist, liegt die zusätzliche Grenzfrequenz f_{gC_L} über der zweiten Grenzfrequenz des Verstärkers; dann verkleinert sich der Phasenspielraum nur geringfügig. Bei einem Ausgangswiderstand von $r_a = 100\,\Omega$ ergibt sich:

$$r_a C_L \ll R_2 C_2 \approx \frac{1}{\omega_T r_a} \quad\Rightarrow\quad C_L \ll \frac{1}{2\pi f_T r_a} \overset{\text{hier}}{=} \frac{1}{2\pi \cdot 10\,\text{MHz} \cdot 100\,\Omega} = 160\,\text{pF}$$

Bei größeren Lastkapazitäten sinkt die zusätzliche Grenzfrequenz f_{gC_L} unter die zweite Grenzfrequenz f_{g2}. Ein Beispiel für diesen Fall ist in Abb. 5.80 eingezeichnet. Man sieht, dass die Phasenverschiebung oberhalb von f_{gC_L} so groß wird, dass die Schaltung bei stärkerer Gegenkopplung schwingt; hier wäre die minimale Verstärkung für stabilen Betrieb

Abb. 5.80. Auswirkung einer kapazitiven Last auf einen voll korrigierten Operationsverstärker

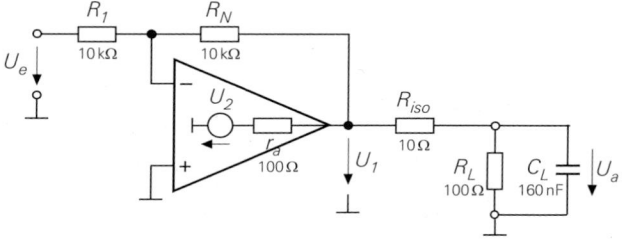

Abb. 5.81.
Isolationswiderstand
zur Phasenkorrektur bei
kapazitiver Last

$A_{min} = 1000 \,\hat{=}\, 60\,\text{dB}$. Um den Verstärker voll gegenkoppeln zu können, müsste man die Differenzverstärkung bei $f_{g\,C_L}$ auf $|\underline{A}_D| = 1$ absenken, also um 60 dB reduzieren.

Die Lösung des Problems besteht darin, einen Isolationswiderstand vor die kapazitive Last zu schalten wie in Abb. 5.81. Bei hohen Frequenzen, bei denen der Lastkondensator einen Kurzschluss darstellt, liegt dann am Ausgang des Verstärkers lediglich ein Spannungsteiler aus r_a und R_{iso}, der keine Phasennacheilung verursacht. Die Phasennacheilung, die die Lastkapazität verursacht, wird durch den Isolationswiderstand bei hohen Frequenzen wieder aufgehoben. Hier liegen also dieselben Verhältnisse vor wie bei der Frequenzgangkorrektur durch Pole Splitting in Abb. 5.73. In Abb. 5.82 erkennt man die Rückdrehung der Phase durch den Isolationswiderstand.

Die Dimensionierung soll noch an einem Zahlenbeispiel erläutert werden. Ein Verstärker mit einem Leerlauf-Ausgangswiderstand von $r_a = 100\,\Omega$ soll mit einer Kapazität von $C_L = 160\,\text{nF}$ am Ausgang belastet werden. Daraus ergibt sich eine Grenzfrequenz von:

$$f_{g\,C_L} = \frac{1}{2\pi r_a C_L} = \frac{1}{2\pi \cdot 100\,\Omega \cdot 160\,\text{nF}} = 10\,\text{kHz} \tag{5.41}$$

Damit die durch die kapazitive Last bedingte zusätzliche Phasenverschiebung 45° nicht überschreitet, wählen wir $f_{g\,R_{iso}} = 10\,f_{g\,C_L} = 100\,\text{kHz}$. Man sieht in Abb. 5.82, dass die lastbedingte Phasenverschiebung dann bis 1 MHz wieder abgebaut wird. Mit (5.41) folgt dann:

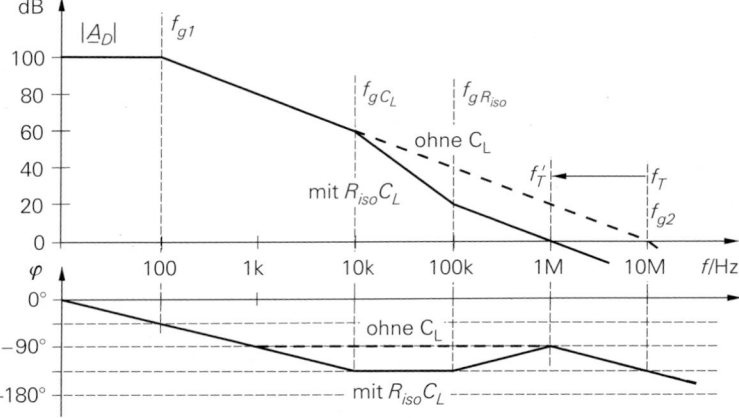

Abb. 5.82. Rückdrehung der Phasenverschiebung oberhalb von f_{gk} durch den Isolationswiderstand

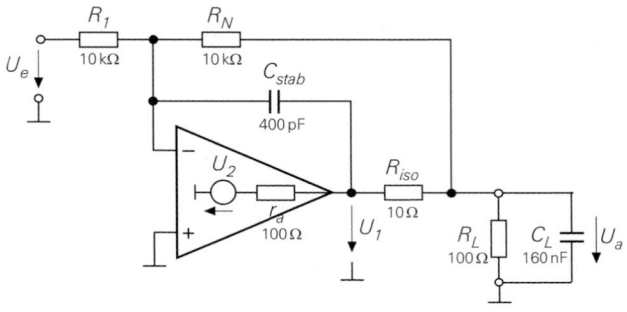

Abb. 5.83.
Betrieb einer
kapazitiven-Last mit
Phasenrückdrehung
durch C_{stab}

$$R_{iso} = \frac{1}{2\pi f_{g\,R_{iso}}\, C_L} = \frac{f_g\, C_L}{f_{g\,R_{iso}}}\, r_a = \frac{10\,\text{kHz}}{100\,\text{kHz}} \cdot 100\,\Omega = 10\,\Omega \qquad (5.42)$$

Bei Frequenzen über $f_{g\,R_{iso}}$ bewirkt der Isolationswiderstand also lediglich eine Reduktion der Differenzverstärkung um den Faktor $10 \stackrel{\wedge}{=} 20\,\text{dB}$, wie man in Abb. 5.82 sieht. Die Frequenzgangkorrektur bewirkt auch hier eine Reduktion der Verstärkung durch Pole-Splitting ohne Zunahme der Phasenverschiebung.

Ein Problem bei dem Einsatz des Isolationswiderstands in Abb. 5.81 besteht darin, dass die Last außerhalb der Gegenkopplungsschleife liegt. Die Ausgangsspannung besitzt deshalb nicht die Präzision von gegengekoppelten Operationsverstärker-Schaltungen. Im vorliegenden Bespiel wird sie wegen des Spannungsteilers aus R_{iso} und R_L um 11% zu klein. Man kann die Gegenkopplung aber auch direkt an der kapazitiven Last anschließen wie in Abb. 5.83, wenn man einen zusätzlichen Kondensator C_{stab} hinzufügt, der die erforderliche Phasenrückdrehung für einen stabilen Betrieb übernimmt. Die Unterschiede im Verlauf der Ausgangsspannungen kann man in Abb. 5.84 vergleichen. Man sieht, dass die Open-Loop-Technik eine bessere Anstiegszeit bietet, das Closed-Loop-Verfahren aber die bessere Genauigkeit.

5.5 Parameter von Operationsverstärkern

Die wichtigsten Parameter von einigen sehr verschiedenen Operationsverstärkers sind in Abb. 5.85 zusammengestellt. Im folgenden sollen diese Größen erklärt und ihr Einfluss auf den gegengekoppelten Verstärker untersucht werden.

Die Operationsverstärker μ**A741** und **TLC272** sind alte Typen, die bezüglich der Aussteuerbarkeit und Bandbreite schlecht sind. Heute würde man bei diesen Geschwindigkeiten ein Zehntel der Stromaufnahme erwarten. Der TLC272 ist einer der ersten Operationsverstärker, die in CMOS-Technologie aufgebaut wurden. Da seine Gleichtakt- und

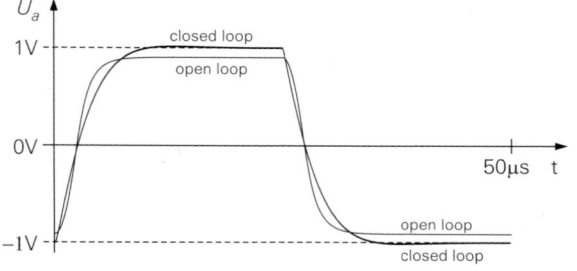

Abb. 5.84.
Rechtecksignal bei kapazitiver Last. Vergleich von open-loop Betrieb in Abb. 5.81 mit closed-loop Technik in Abb. 5.83.
Beispiel für f = 20kHz, und $U_e = \pm 1$ V.

Parameter	Symbol	Veraltete Verstärker		Spezialverstärker		
		μA 741 (bipolar)	TLC 272 (CMOS)	OPA 388 (präzise)	AD 797 (rauscharm)	AD 8009* (schnell)
Differenzverstärkung	A_D	100 dB	92 dB	**146 dB**	146 dB	
Gleichtaktunterdrückung	G	90 dB	86 dB	146 dB	146 dB	
Offsetspannung	U_0	1 mV	1 mV	**0,25 μV**	25 μV	2 mV
Offsetspannungsdrift	$\Delta U_0/\Delta\vartheta$	6 μV/K	2 μV/K	**5 nV/K**	0,2 μV/K	4 μV/K
Eingangsruhestrom	I_B	80 nA	**1 pA**	30 pA	250 nA	50 μA
Offsetstrom	I_0	20 nA	0,5 pA	60 pA	100 nA	
Offsetstromdrift	$\Delta I_0/\Delta\vartheta$	0,5 nA/K			1 nA/K	
Differenzeingangswiderstand	r_D	1 MΩ	**1 TΩ**	100 MΩ	7,5 kΩ	110 kΩ
Gleichtakteingangswiderstand	r_{Gl}	1 GΩ	**1 TΩ**	60 TΩ	100 MΩ	
Gleichtaktaussteuerbarkeit	$U_{Gl\,max}$	± 3 V	0...4 V	0...5 V	± 3 V	± 4 V
Eingangsrauschspannungsdichte	$U_{rd}/\sqrt{Hz}$	13 nV	25 nV	7 nV	**1 nV**	2 nV
Eingangsrauschstomdichte	$I_{rd}/\sqrt{Hz}$	2 pA	**1 fA**	0,1 pA	2 pA	40 pA
Maximaler Ausgangsstrom	$I_{a\,max}$	± 20 mA	± 20 mA	± 20 mA	± 50 mA	**± 175 mA**
Ausgangsaussteuerbarkeit	$U_{a\,max}$	± 3 V	0...3 V	0...5 V	± 3 V	± 4 V
Ausgangswiderstand	r_a	1 kΩ	200 Ω	150 Ω	300 Ω	
3 dB-Bandbreite	f_{gA}	10 Hz	50 Hz	0,5 Hz	5 Hz	
Verstärkungs-Bandbreite-Produkt	f_T	1 MHz	2 MHz	10 MHz	110 MHz	**1 GHz**
Slew rate	dU_a/dt	0,6 V/μs	5 V/μs	5 V/μs	20 V/μs	**5500 V/μs**
Leistungsbandbreite	f_p	10 kHz	100 kHz		300 kHz	**500 MHz**
Betriebsspannung	U_b	± 5 V	0/+5 V	0/+5 V	± 5 V	± 5 V
Betriebsstrom	I_b	1,7 mA	1,4 mA	1,8 mA	8 mA	14 mA
Schaltung in Abb.		5.25	5.29	5.48	5.20b	5.105

Abb. 5.85. Beispiele für Parameter von Operationsverstärkern. Die Daten gelten für die hier angegebenen Betriebsspannungen. *Transimpedanzverstärker, CV-OPV

Ausgangsaussteuerbarkeit bis zur negativen Betriebsspannung reicht, handelt es sich um einen Single-Supply-Verstärker. Seine Eingangsströme sind - wie bei allen Operationsverstärkern in CMOS-Technologie - extrem niedrig und die Eingangswiderstände entsprechend hoch. Meist werden diese Werte hier nicht durch den Chip bestimmt, sondern durch das Gehäuse und die Leiterplatte.

Der **OP388** ist ein Chopper-Verstärker, mit dem sich eine besonders hohe Präzision erreichen lässt. Zum einen ist seine Offsetspannung besonders niedrig; in den meisten Anwendungen kann sie ganz vernachlässigt werden. Der Anwender muss vielmehr sicherstellen, dass Thermospannungen an den Lötstellen keine größeren Fehler bewirken. Zum anderen besitzt der Verstärker eine extrem hohe Differenzverstärkung und Gleichtaktunterdrückung, die in sehr guter Näherung als unendlich betrachtet werden kann. Das

1/f-Rauschen wird hier zusammen mit der Offsetspannung durch die interne Nullpunkt-korrektur ausgeregelt.

Der **AD797** ist ein besonders rauscharmer Verstärker für Audio-Anwendungen. Seine Rauschspannungsdichte liegt mit $1\,\mathrm{nV}/\sqrt{\mathrm{Hz}}$ an der Grenze des technisch möglichen. Sein Rauschstrom ist allerdings nicht niedriger als bei normalen Operationsverstärkern. Aus diesem Grund bietet der AD797 besonders bei niederohmigen Quellen Vorteile (siehe S. 583). Das Verstärkungs-Bandbreite-Produkt erscheint mit 110 MHz für Audio-Anwendungen unnötig hoch. Es ermöglicht jedoch auch bei 20 kHz noch eine hohe Schleifenverstärkung mit niedrigen Verzerrungen.

Der **AD8009** ist ein besonders schneller Transimpedanzverstärker, der bis 1 GHz nutzbar ist. Dies erkennt man an der hohen Bandbreite und Slew-Rate. Dafür muss man eine hohe Stromaufnahme in Kauf nehmen.

Zur Berechnung von Operationsverstärkerschaltungen könnte man im Prinzip die Schaltung mit allen Fehlerquellen exakt analysieren. Einfacher ist es jedoch, zunächst von einem idealen Operationsverstärker auszugehen und dann die Abweichungen zu berechnen, die durch die einzelnen Parameter des realen Operationsverstärkers entstehen.

5.5.1 Differenz- und Gleichtaktverstärkung

Die Eingangsspannungen eines Operationsverstärkers U_P und U_N zerlegt man in eine Differenzspannung $U_D = U_P - U_N$ und in eine Gleichtaktspannung $U_{Gl} = (U_P + U_N)/2$. Diese Zerlegung ist sinnvoll, weil eine hohe Differenzverstärkung gewünscht ist, aber die Gleichtaktverstärkung ein unerwünschter Effekt ist, der möglichst klein sein soll. Die Ausgangsspannung eines Operationsverstärker ist eine Funktion der beiden Spannungen: $U_a = f\,(U_D, U_{Gl})$. Daraus folgt das totale Differential:

$$dU_a \;=\; \frac{\partial U_a}{\partial U_D}\,dU_D + \frac{\partial U_a}{\partial U_{Gl}}\,dU_{Gl} \qquad (5.43)$$

Als Differentialquotienten treten hier die *Differenzverstärkung* A_D und die *Gleichtaktverstärkung* A_{Gl} auf:

$$A_D \;=\; \frac{\partial U_a}{\partial U_D} \qquad (5.44)$$

$$A_{Gl} \;=\; \frac{\partial U_a}{\partial U_{Gl}} \qquad (5.45)$$

Legt man an die Eingänge eines Operationsverstärkers eine Differenzspannung U_D an, wird diese mit der Differenzverstärkung verstärkt an den Ausgang übertragen. Die Steigung der Übertragungskennlinie in Abb. 5.86a ist die Differenzverstärkung. Wegen der hohen Differenzverstärkung reichen Eingangsspannungsdifferenzen unter 1 mV aus, um den Ausgang zu übersteuern.

Bei einem idealen Operationsverstärker müsste die Ausgangsspannung dabei Null bleiben. Ein realer Operationsverstärker hat eine Gleichtaktverstärkung, die meist in der Größenordnung von 1 liegt und damit um mehrere Größenordnungen kleiner ist als die Differenzverstärkung. Mit den Definitionen (5.44) und (5.45) folgt aus (5.43)

$$dU_a \;=\; A_D\,dU_D + A_{Gl}\,dU_{Gl} \qquad (5.46)$$

Da die Übertragungskennlinien innerhalb der Aussteuerungsgrenzen näherungsweise linear verlaufen, gilt (5.46) auch großsignalmäßig:

$$U_a \;=\; A_D\,U_D + A_{Gl}\,U_{Gl} \qquad (5.47)$$

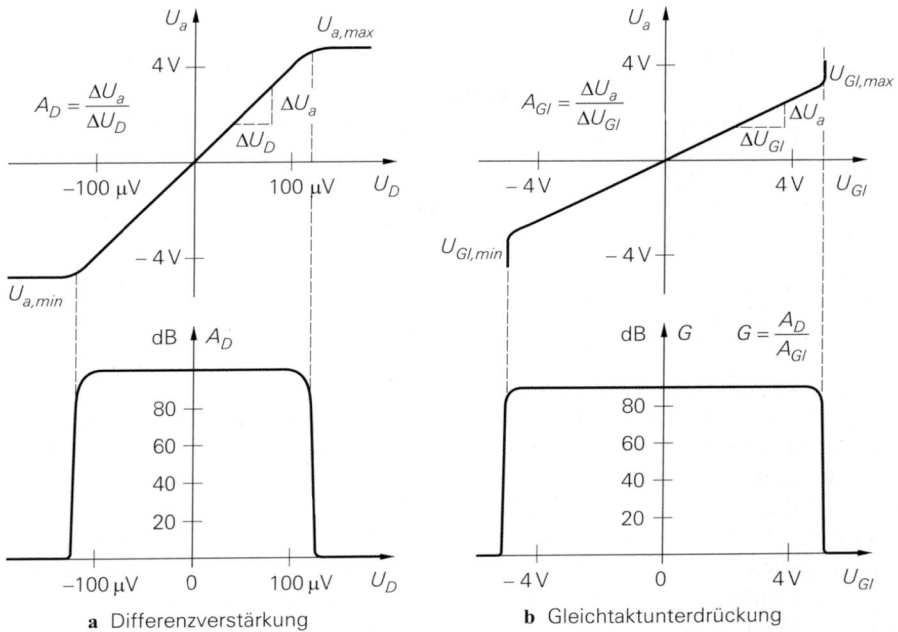

a Differenzverstärkung   **b** Gleichtaktunterdrückung

Abb. 5.86. Differenzverstärkung und Gleichtaktverstärkung. Die angegebenen Werte sind Beispiele für einen Operationsverstärker mit Betriebsspannungen von $\pm 5\,\mathrm{V}$.

Diese Gleichung lässt sich nach U_D auflösen; gleichzeitig kann man die Gleichtaktverstärkung durch die gebräuchlichere *Gleichtaktunterdrückung*

$$G = A_D/A_{Gl} \tag{5.48}$$

ersetzen:

$$U_D = \frac{U_a}{A_D} - \frac{U_{Gl}}{G} = \begin{cases} U_a/A_D & \text{für } U_{Gl} = 0 \\ -U_{Gl}/G & \text{für } U_a = 0 \end{cases} \tag{5.49}$$

Dies ist zum einen die bekannte Definition der Differenzverstärkung

$$A_D = \left.\frac{\partial U_a}{\partial U_D}\right|_{dU_{Gl} = 0} = \left.\frac{U_a}{U_D}\right|_{U_{Gl} = 0} \tag{5.50}$$

und zum anderen eine zusätzliche Definition der Gleichtaktunterdrückung[2]:

$$G = \frac{A_D}{A_{Gl}} = \left.\frac{\partial U_{Gl}}{\partial U_D}\right|_{dU_a = 0} = \left.\frac{U_{Gl}}{U_D}\right|_{U_a = 0} \tag{5.51}$$

Den in Abb. 5.86b dargestellten Zusammenhang zwischen Gleichtakt- und Differenzspannung erhält man, indem man bei einer bestimmten Gleichtaktspannung eine Differenzspannung anlegt, die so groß ist, dass die Ausgangsspannung Null wird. Dies ist also die

---

[2] Bei der Gleichtaktverstärkung und Gleichtaktunterdrückung wird nur der Betrag angegeben; deshalb hat das Vorzeichen hier keine Bedeutung. Um den Eindruck zu vermeiden, dass die Gleichtaktunterdrückung andere Effekte kompensieren könnte, sollte man immer mit dem ungünstigeren Vorzeichen rechnen.

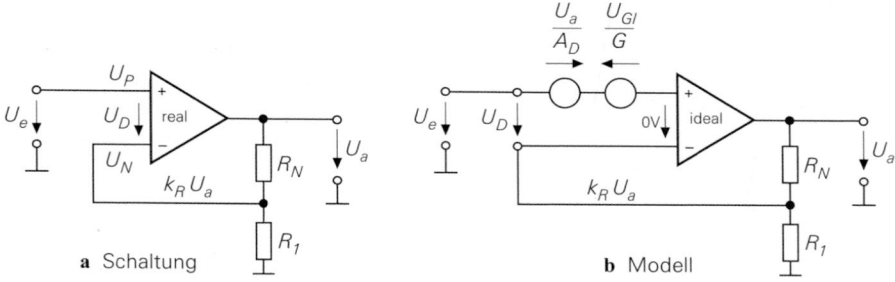

Abb. 5.87. Auswirkung der endlichen Differenzverstärkung und Gleichtaktunterdrückung auf die Verstärkung des nichtinvertierenden Verstärkers. $U_a = A_D U_D + A_{Gl} U_{Gl}$

Spannung, die erforderlich ist, um den Effekt der Gleichtaktaussteuerung zu kompensieren. Die Steigung dieser Funktion ist die Gleichtaktunterdrückung, deren Größe ebenfalls in Abb. 5.86b aufgetragen ist. Man erkennt an der abrupten Abnahme der Gleichtaktunterdrückung deutlich die Grenzen der Gleichtaktaussteuerbarkeit. Die schaltungstechnische Grenze in Abb. 5.25 besteht darin, dass ein Transistor des Differenzverstärkers oder die zugehörige Stromquelle in die Sättigung gehen. Der Vergleich von Abb. 5.86a mit 5.86b zeigt, dass die Differenzverstärkung und die Gleichtaktunterdrückung zwei sehr ähnliche Größen sind. Die Ursache ist, dass die Gleichtaktverstärkung in der Größenordnung von $A_{Gl} = 1$ liegt; deshalb ist $G = A_D/A_{Gl} \approx A_D$.

Man erkennt in (5.49), dass sich die Differenzspannung aus zwei Anteilen zusammensetzt: einem Anteil, der sich durch die Aussteuerung des Ausgangs ergibt, und einem Anteil, der bei Gleichtaktaussteuerung hinzu kommt. Da A_D und G in der Regel sehr groß sind, ergeben sich im linearen Arbeitsbereich für U_D in der Regel kleine Werte, die im Millivolt-Bereich liegen.

Zur Berechnung der Spannungsverstärkung beim nichtinvertierenden Verstärker in Abb. 5.87a wollen wir von (5.47) ausgehen und erhalten mit $U_D = U_e - k_R U_a$ und $U_{Gl} = (U_e + k_R U_a)/2$:

$$U_a = A_D (U_e - k_R U_a) + A_{Gl} (U_e + k_R U_a)/2$$

Daraus folgt die Spannungsverstärkung:

$$A = \frac{U_a}{U_e} = \frac{A_D + A_{Gl}}{1 + k_R (A_D - A_{Gl})} = \frac{A_D (1 + 1/G)}{1 + k_R A_D (1 - 1/G)}$$

Daraus ergeben sich die Näherungen:

$$A \overset{G \to \infty}{=} \frac{A_D}{1 + k_R A_D} \overset{A_D \to \infty}{=} \frac{1}{k_R}$$

Bei dem invertierenden Operationsverstärker in Abb. 5.88a ist die Gleichtaktspannung $U_{Gl} = U_D/2 \ll U_e$ klein. Zur Berechnung der Spannungsverstärkung kann man wieder von (5.47) ausgehen und erhält mit $U_D = k_F U_e + k_R U_a$:

$$U_a = A_D (k_F U_e + k_R U_a) + A_{Gl} U_D/2$$

Daraus folgt die Spannungsverstärkung

$$A = \frac{U_a}{U_e} = \frac{-k_F (A_D - A_{Gl}/2)}{1 + k_R (A_D - A_{Gl}/2)} = \frac{-k_F (A_D (1 - 1/(2G)))}{1 + k_R A_D (1 - 1/(2G))}$$

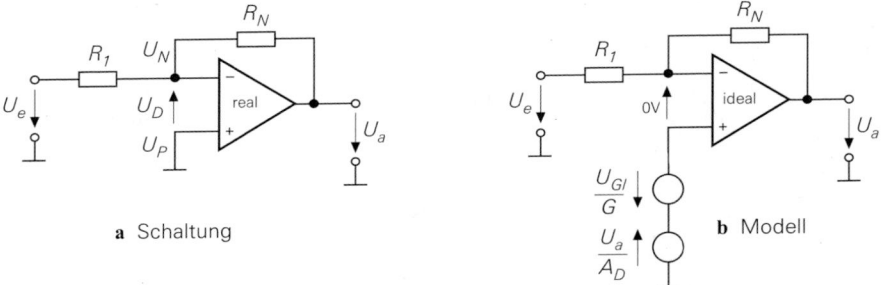

a Schaltung   **b** Modell

Abb. 5.88. Auswirkung der endlichen Differenzverstärkung und Gleichtaktunterdrückung auf die Verstärkung des invertierenden Verstärkers. $U_a = A_D\,U_D + A_{Gl}\,U_{Gl}$

und die Näherungen:

$$A \overset{G\to\infty}{=} \frac{k_F\,A_D}{1+k_R\,A_D} \overset{A_D\to\infty}{=} \frac{k_F}{k_R} = -\frac{R_N}{R_1}$$

Darin beschreiben

$$k_F = \frac{-R_N}{R_1+R_N} \quad\text{und}\quad k_R = \frac{R_1}{R_1+R_N}$$

den Eingangsspannungsteiler und den Rückkopplungsspannungsteiler gemäß (5.10).

Dieselben Ergebnisse erhält man auch, wenn man die Rechnung an den Modellen in Abb. 5.87b und Abb. 5.88b vornimmt. Die durch die endliche Differenzverstärkung bedingte Abweichung vom idealen Verhalten beträgt beim invertierenden und nichtinvertierenden Verstärker:

$$\frac{\Delta A}{A} = \frac{A_{id}-A}{A_{id}} = \frac{1}{1+k_R A_D} \approx \frac{1}{g} \tag{5.52}$$

Die relative Abweichung vom idealen Verhalten ist also gleich dem Kehrwert der Schleifenverstärkung. Deshalb bemüht man sich um eine hohe Schleifenverstärkung nicht nur bei Gleichspannungen, sondern im ganzen genutzten Frequenzbereich. Um den Faktor g reduzieren sich auch Fertigungsstreuungen und temperaturbedingte Änderungen der Differenzverstärkung.

5.5.2 Offsetspannung

Die Übertragungskennlinie eines realen Operationsverstärkers geht nicht durch den Nullpunkt, sondern sie ist um die Offsetspannung (*input offset voltage*) U_O verschoben; Abb. 5.89 zeigt dieses Verhalten. Die Offsetspannung liegt meist im Millivolt-Bereich, bei guten Operationsverstärkern sogar im Mikrovoltbereich, wie man in Abb. 5.85 erkennt. Obwohl die Offsetspannung so klein ist, wird der Verstärker übersteuert, wenn man $U_D = 0$ setzt, indem man z.B. beide Eingänge auf Masse legt; dies erkennt man auch in Abb. 5.89. Die Ursache ist die hohe Differenzverstärkung, die selbst kleine Offsetspannungen so hoch verstärkt, dass der Ausgang übersteuert wird.

Operationsverstärker werden jedoch meist nicht offen, sondern mit Gegenkopplung betrieben; dann wird der durch Offsetspannung bedingte Fehler nur so hoch wie das Eingangssignal verstärkt. Sie wirkt deshalb so, als ob sie mit der Signalspannungsquelle in

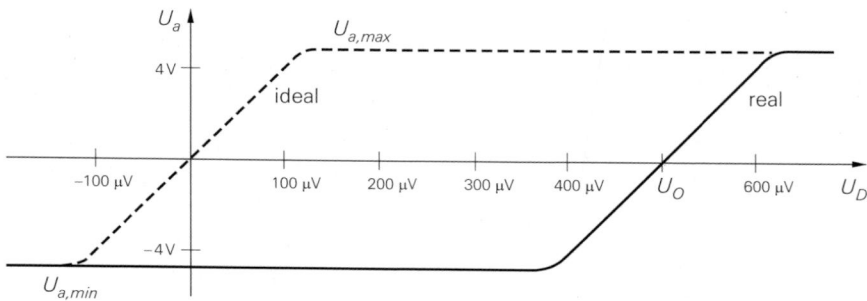

Abb. 5.89. Wirkung der Offsetspannung auf die Übertragungskennlinie eines Operationsverstärkers

Reihe geschaltet wäre. Früher hat man die Offsetspannung auf Null abgeglichen; inzwischen gibt es genügend Typen, bei denen die Offsetspannung so klein ist, dass sie nicht stört.

Die Offsetspannung hat viele Ursachen. Neben Paarungstoleranzen der Eingangstransistoren gehen auch Unsymmetrien und Toleranzen des Eingangsverstärkers und der folgenden Schaltung ein, obwohl der Einfluss der Eingangsstufe am größten ist. Das erkennt man an dem Modell eines zweistufigen Verstärkers in Abb. 5.90. Bei jeder Stufe wird die jeweilige Offsetspannung am Eingang zugeführt. Für die Ausgangsspannung ergibt sich daher:

$$U_a = (U_1 + U_{O2}) A_2 = [(U_e + U_{O1}) A_1 + U_{O2}] A_2$$
$$= A_1 A_2 U_e + A_1 A_2 U_{O1} + A_2 U_{O2}$$

Um die auf den Eingang bezogene Offsetspannung der ganzen Schaltung zu ermitteln, setzt man $U_a = 0$ und rechnet die zugehörige Eingangsspannung aus:

$$U_e \overset{U_a=0}{=} U_O = -U_{O1} - \frac{1}{A_1} U_{O2} \tag{5.53}$$

Die Offsetspannung der 1. Stufe wirkt sich also in voller Größe auf den Eingang aus, die der zweiten Stufe jedoch nur um den Faktor $1/A_1$ reduziert. Daher bemüht man sich, die Verstärkung der 1. Stufe möglichst groß zu machen.

Wenn man die Offsetspannung auf Null abgleicht, macht sich nur noch ihre Abhängigkeit von der Temperatur, der Zeit und der Betriebsspannung bemerkbar:

$$dU_O(\vartheta, t, U_b) = \frac{\partial U_O}{\partial \vartheta} d\vartheta + \frac{\partial U_O}{\partial t} dt + \frac{\partial U_O}{\partial U_b} dU_b \tag{5.54}$$

Darin ist $\partial U_O / d\vartheta$ die Temperaturdrift; typische Werte sind $3 \dots 10 \, \mu V / K$. Die Langzeitdrift $\partial U_O / \partial t$ liegt in der Größenordnung von einigen μV je Monat. Man kann sie als niederfrequenten Anteil des Rauschens auffassen. Der Betriebsspannungsdurchgriff

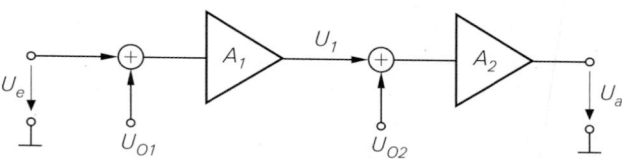

Abb. 5.90.
Modell für den Einfluss von Offsetspannungen in mehrstufigen Verstärkern

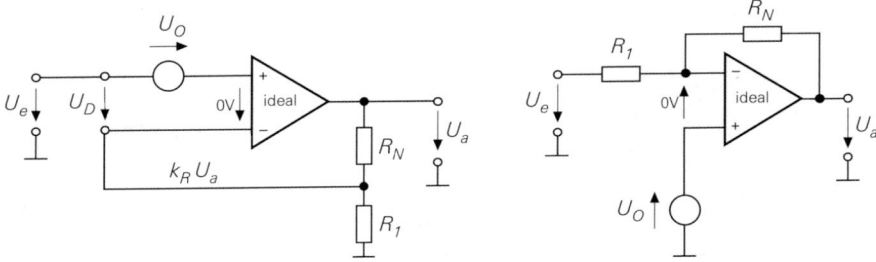

a Nichtinvertierender Verstärker   **b** Invertierender Verstärker

Abb. 5.91. Einfluss der Offsetspannung auf den nichtinvertierenden und invertierenden Verstärker

(supply voltage rejection ratio) $\partial U_O / \partial U_b$ charakterisiert den Einfluss von Betriebsspannungsschwankungen auf die Offsetspannung. Er beträgt $10\dots100\,\mu\mathrm{V/\,V}$. Damit dieser Beitrag zur Offsetspannung klein bleibt, darf die Betriebsspannung höchstens um einige Millivolt schwanken.

Die Übertragungskennlinie eines Operationsverstärkers mit Offsetspannung hat nach Abb. 5.89 innerhalb des linearen Aussteuerungsbereichs die Form:

$$U_a = A_D\,(U_D - U_O) \tag{5.55}$$

Um das Ausgangsruhepotential zu Null zu machen, muss man entweder die Offsetspannung auf Null abgleichen oder am Eingang eine Spannung $U_D = U_O$ anlegen. Daraus folgt die Regel:

Die Offsetspannung ist die Spannung, die man am Eingang anlegen muss, damit die Ausgangsspannung Null wird.

Um die Wirkung der Offsetspannung in gegengekoppelten Schaltungen zu untersuchen, geht man am besten von den Ersatzschaltbildern in Abb. 5.91 aus. Wenn man $U_e = 0$ setzt, sind beide Schaltungen gleich. Am Ausgang ergibt sich dann die Offsetspannung:

$$U_a \overset{U_e=0}{=} -\left(1 + \frac{R_N}{R_1}\right) U_O \tag{5.56}$$

gemäß der Spannungsverstärkung des nichtinvertierenden Verstärkers. Die Offsetspannung wird also beim nichtinvertierenden Verstärker wie die Eingangsspannung verstärkt; beim invertierenden Verstärker gilt das näherungsweise.

5.5.3 Eingangsströme

Der Eingangsruhestrom eines Operationsverstärkers entspricht dem Basis- oder Gatestrom der Eingangstransistoren. Wie groß er ist, hängt davon ab, mit welchem Strom die Eingangstransistoren betrieben werden. Bei Universalverstärkern mit Bipolartransistoren am Eingang, die mit Kollektorströmen von $10\,\mu\mathrm{A}$ arbeiten, kann man mit Eingangsruheströmen von $0{,}1\,\mu\mathrm{A}$ rechnen. In Breitbandverstärkern mit Kollektorströmen bis zu $1\,\mathrm{mA}$ betragen die Eingangsströme mehrere Mikroampere. Bei Darlingtonschaltungen am Eingang liegt der Eingangsruhestrom im nA-Bereich. Die niedrigsten Eingangsruheströme besitzen Operationsverstärker mit Feldeffekttransistoren am Eingang. Hier betragen sie häufig nur wenige pA.

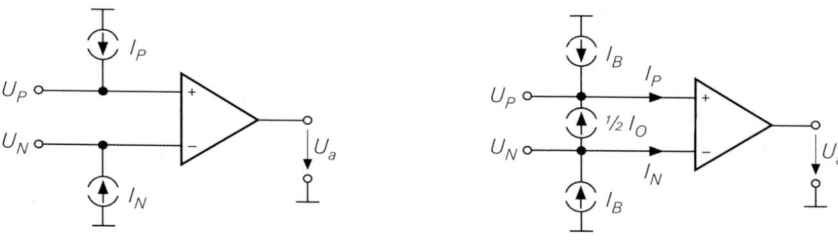

a Basisstrom   **b** Bias- und Offsetstrom

Abb. 5.92. Umrechnung der Eingangsströme in Bias- und Offsetstrom

Da die Eingangstransistoren mit konstanten Kollektorströmen betrieben werden, sind auch ihre Basisströme konstant; man kann sie daher als Stromquellen an den Eingängen modellieren wie in Abb. 5.92 dargestellt. In der Praxis sind die Eingangsströme zwar ähnlich, aber nicht exakt gleich. Deshalb wird im Datenblatt der mittlere *Eingangsruhestrom* (*input bias current*)

$$I_B = (I_P + I_N)/2 \tag{5.57}$$

und der *Offsetstrom* (*input offset current*)

$$I_O = I_P - I_N \tag{5.58}$$

spezifiziert. Aus diesen Definitionen lassen sich die Eingangsströme berechnen:

$$I_P = I_B + I_O/2 \quad , \quad I_N = I_B - I_O/2 \tag{5.59}$$

Abbildung 5.92 veranschaulicht diesen Zusammenhang.

Die Auswirkung der Eingangsströme auf Verstärkerschaltungen wollen wir mit Hilfe von Abb. 5.93 berechnen; dazu verwenden wir das Modell von Abb. 5.92b. Für die Ausgangsspannung in Abb. 5.93a erhält man:

$$U_a = \left(1 + \frac{R_N}{R_1}\right) U_e + I_B \left(\frac{R_g (R_1 + R_N)}{R_1} - R_N\right) + \frac{I_O}{2} \left(\frac{R_g (R_1 + R_N)}{R_1} + R_N\right)$$

Wenn die Eingangswiderstände gemäß der Beziehung

$$R_g = \frac{R_N R_1}{R_N + R_1} \tag{5.60}$$

abgeglichen sind, fällt die Wirkung von I_B heraus und die Ausgangsspannung vereinfacht sich zu

$$U_a = \left(1 + \frac{R_N}{R_1}\right) U_e + I_O R_N$$

Übrig bleibt also nur der Fehler des Offsetstroms, der meist klein gegenüber dem Eingangsruhestrom ist, wie man in den Beispielen in Abb. 5.85 sieht.

In den meisten Fällen ist es aber nicht erforderlich, den Innenwiderstand der Quelle mit R_g künstlich zu vergrößern weil es genügend Operationsverstärker gibt, deren Eingangsströme so klein sind, dass sie keinen nennenswerten Fehler verursachen. Dann ergibt sich die Ausgangsspannung:

$$U_a = \left(1 + \frac{R_N}{R_1}\right) U_e + R_N \left(\frac{I_O}{2} - I_B\right)$$

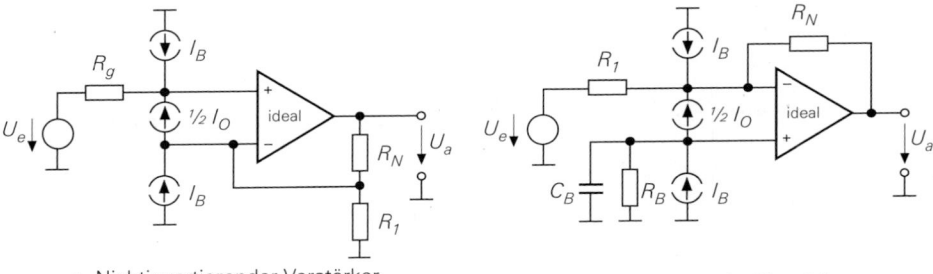

a Nichtinvertierender Verstärker   **b** Invertierender Verstärker

Abb. 5.93. Wirkung der Eingangsströme beim nichtinvertierenden und invertierenden Verstärker

Beim invertierenden Verstärker in Abb. 5.93b sind die Fehler durch die Eingangsströme ganz ähnlich. Die Ausgangsspannung ergibt sich zu:

$$
U_a = -\frac{R_N}{R_1} U_e + I_B \left(\frac{R_B (R_1 + R_N)}{R_1} - R_N \right) - \frac{I_O}{2} \left(\frac{R_B (R_1 + R_N)}{R_1} + R_N \right)
$$

Hier kann man R_B hinzufügen, um den Fehler durch den Eingangsruhestrom I_B zu kompensieren.

$$
U_a = -\frac{R_N}{R_1} U_e - R_N I_O \quad \text{für} \quad R_B = \frac{R_N R_1}{R_N + R_1}
$$

Damit der Widerstand R_B kein zusätzliches Rauschen verursacht, schließt man ihn für Wechselspannungen mit dem Kondensator C_B kurz. Im Normalfall lässt man den Widerstand R_B aber weg, weil der durch die Eingangsströme bedingte Fehler klein ist. Dann ergibt sich die Ausgangsspannung:

$$
U_a = -\frac{R_N}{R_1} U_e - R_N \left(I_B + \frac{I_O}{2} \right) \quad \text{für} \quad R_B = 0
$$

Wir haben gezeigt, dass der durch die Eingangsströme bedingte Fehler proportional mit den Beschaltungswiderständen ansteigt. Deshalb sollte man diese Widerstände so niederohmig dimensionieren, dass diese Fehler nicht stören. Falls die Größe der Gegenkopplungswiderstände vorgegeben ist, muss man den Operationsverstärker so auswählen, dass seine Eingangsströme klein genug sind. Man erkennt in Abb. 5.85, dass es sehr große Unterschiede gibt.

5.5.4 Eingangswiderstände

Beim Operationsverstärker kann man wie beim Differenzverstärker zwei Eingangswiderstände unterscheiden: den Differenzeingangswiderstand r_D und den Gleichtakteingangswiderstand r_{Gl}. Es handelt sich um differentielle Größen, die aber beim Operationsverstärker wie Großsignal-Größen behandelt werden können:

$$
r_{Gl} = \frac{\partial U_{Gl}}{\partial I_e} \approx \frac{U_{Gl}}{I_e} \tag{5.61}
$$

$$
r_D = \frac{\partial U_D}{\partial I_e} \approx \frac{U_D}{I_e} \tag{5.62}
$$

Wie sich die Gleichtakteingangswiderstände auf den nichtinvertierenden Verstärker auswirken, kann man dem Ersatzschaltbild in Abb. 5.94a entnehmen. Sie führen von den

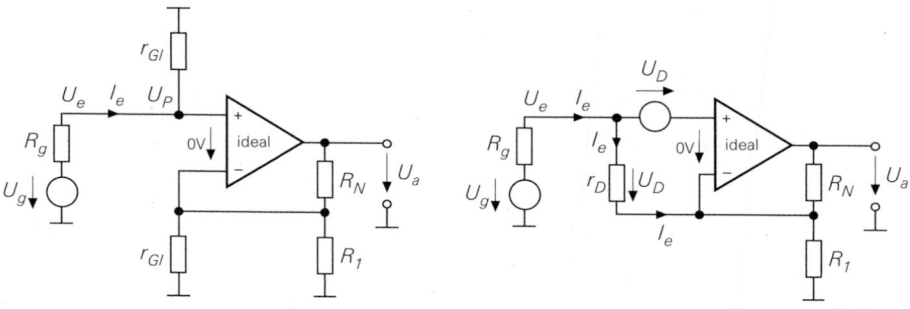

a Gleichtakteingangswiderstand   **b** Differenzeingangswiderstand

Abb. 5.94. Wirkung des Differenz- und Gleichtakteingangswiderstands beim nichtinvertierenden Verstärker

Eingängen nach Masse, liegen also parallel zu den Eingängen. Der Gleichtaktwiderstand am nichtinvertierenden Eingang bewirkt eine Abschwächung, der am invertierenden Eingang eine Erhöhung der Verstärkung. Wenn die Innenwiderstände an den beiden Eingängen abgeglichen sind, also $R_g = R_N R_1 / (R_N + R_1)$ ist, kompensieren sich die Wirkungen der Gleichtaktwiderstände auf die Verstärkung. Da sie sehr hochohmig sind, ist ihr Einfluss ohnehin gering.

Um die Wirkung des Differenzeingangswiderstands zu untersuchen, kann man von einem realen Operationsverstärker mit endlicher Differenzverstärkung und Gleichtaktunterdrückung ausgehen. Dazu betrachten wir Abb. 5.94b und berechnen den Strom durch den Differenzeingangswiderstand. Mit (5.49) gilt:

$$I_e = \frac{U_D}{r_D} = \left(\frac{U_a}{A_D} + \frac{U_{Gl}}{G} \right) \frac{1}{r_D}$$

Mit $U_a = U_e/k$, $U_{Gl} = U_e$ und $g = kA_D$ folgt daraus der durch r_D bedingte Beitrag zum Eingangswiderstand:

$$r'_D = \frac{U_e}{I_e} = r_D \frac{g\,G}{g+G} = \begin{cases} g\,r_D & \text{für } G \gg g \\ G\,r_D & \text{für } g \gg G \end{cases} \tag{5.63}$$

Der Differenzeingangswiderstand wird also durch die Gegenkopplung stark erhöht, da an r_D die Differenzspannung U_D liegt, die lediglich ein Bruchteil der Eingangsspannung U_e ist. Der resultierende Eingangswiderstand des nichtinvertierenden Verstärkers beträgt daher $r_e = r_{Gl} \| r'_D$; da beide Anteile sehr groß sind, erhält man selbst bei Operationsverstärkern mit Bipolartransistoren beim nichtinvertierenden Verstärker Eingangswiderstände im GΩ- Bereich.

Beim invertierenden Verstärker in Abb. 5.95 sind die Verhältnisse viel einfacher. Der invertierende Eingang stellt hier eine virtuelle Masse dar, da die Differenzspannung U_D im Millivolt-Bereich liegt. Deshalb wirkt der Widerstand R_1 so, als ob er an einer echten Masse angeschlossen wäre. Der Eingangswiderstand der Schaltung ist daher gleich R_1. Er wird durch den Differenz- und Gleichtakteingangswiderstand des Verstärkers praktisch nicht verändert. Allerdings liegt der Eingangswiderstand R_1 meist im Bereich von $1 \ldots 100\,\text{k}\Omega$ und ist damit um Größenordnungen kleiner als der des nichtinvertierenden Verstärkers.

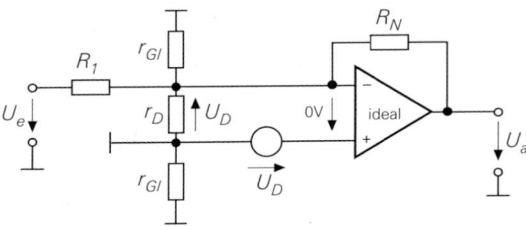

Abb. 5.95.
Eingangswiderstand beim invertierenden Verstärker

5.5.5 Ausgangswiderstand

Wie die Abb. 5.85 zeigt, sind reale Operationsverstärker bezüglich ihres Ausgangswiderstands weit vom idealen Verhalten entfernt. Der wirksame Ausgangswiderstand der Schaltung wird jedoch durch die Gegenkopplung verringert: Eine Reduzierung der Ausgangsspannung durch Belastung wird nämlich über den Spannungsteiler R_N, R_1 in Abb. 5.96 auf den invertierenden Eingang übertragen. Die dadurch entstehende Zunahme von U_D wirkt der ursprünglichen Abnahme der Ausgangsspannung entgegen.

Zur quantitativen Analyse betrachten wir das Modell in Abb. 5.96 und berechnen unter Vernachlässigung des Stroms durch den Gegenkopplungsspannungsteiler die Ausgangsspannung für $U_e = 0$. Mit $U_1 = -k_R A_D U_a$ ergibt sich:

$$I_a = \frac{U_a - U_1}{r_a} = \frac{U_a(1 + k_R A_D)}{r_a}$$

Daraus folgt:

$$r_a' = \frac{U_a}{I_a} = \frac{r_a}{1 + k_R A_D} \approx \frac{r_a}{g} \tag{5.64}$$

Der Ausgangswiderstand wird demnach durch die Gegenkopplung um die Schleifenverstärkung reduziert. Diese Gleichung gilt nicht nur für Gleichspannungen, sondern auch für hohe Frequenzen, wenn man die Beträge der komplexen Größen einsetzt.

5.5.6 Beispiel für statische Fehler

Ein Zahlenbeispiel soll die Größe der verschiedenen statischen Fehler demonstrieren. Wir gehen dabei von dem nichtinvertierenden Verstärker in Abb. 5.97 aus, dessen Verstärkung mit den Widerständen R_N und R_1 auf $A = 10$ eingestellt wurde. Der Operationsverstärker soll nur mittelmäßige Daten besitzen, damit die verschiedenen Fehler deutlich zu Tage treten; deshalb haben wir hier die Daten des $\mu A741$ aus Abb. 5.85 verwendet. Die Eingangsspannungsquelle besitzt eine Spannung von 1 V. Bei einer Verstärkung von 10 ergibt das beim idealen Operationsverstärker eine Ausgangsspannung von $U_a = 10$ V. Die

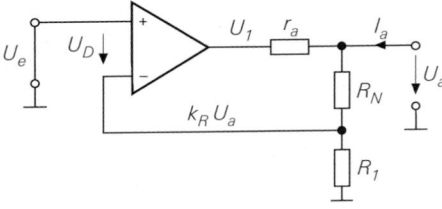

Abb. 5.96.
Modell zur Berechnung des Ausgangswiderstands

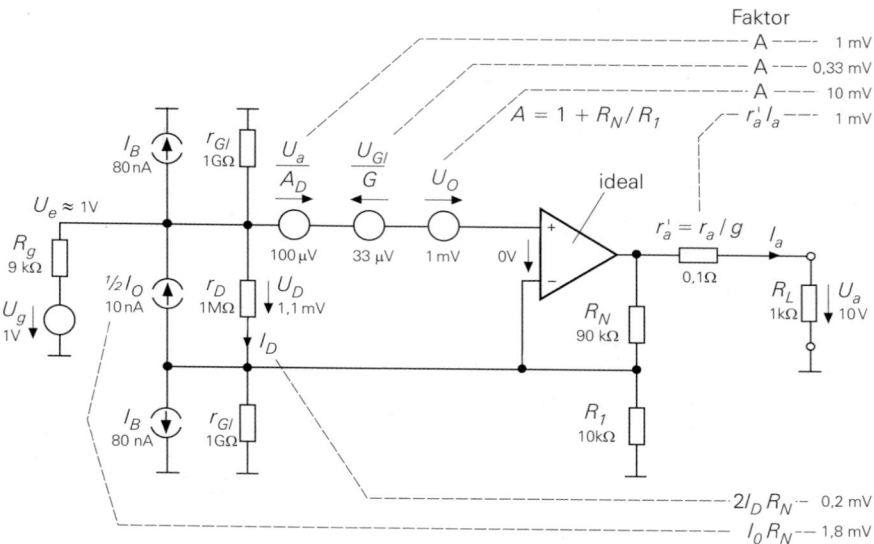

Abb. 5.97. Statische Fehler eines nichtinvertierenden Verstärkers mit der Verstärkung $A = 10$ am Beispiel eines Operationsverstärkers der 741-Klasse

Abweichungen durch die verschiedenen nichtidealen Eigenschaften werden im folgenden berechnet.

Wenn man eine *Differenzverstärkung* von $A_D = 100\,\mathrm{dB}$ berücksichtigt, erhält man gemäß Abb. 5.87 einen auf den Eingang umgerechneten Spannungsfehler von

$$\frac{U_a}{A_D} = \frac{10\,\mathrm{V}}{10^5} = 100\,\mu\mathrm{V}$$

Daraus resultiert bei einer Verstärkung von 10 ein Spannungsfehler am Ausgang von 1 mV. Der durch die *Gleichtaktaussteuerung* bedingte Fehler beträgt:

$$\frac{U_{Gl}}{G} = \frac{1\,\mathrm{V}}{3 \cdot 10^4} = 33\,\mu\mathrm{V}$$

Dieser Fehler wird ebenfalls 10-fach verstärkt und ergibt dann am Ausgang 0,33 mV.

Die Wirkung der *Offsetspannung* lässt sich gemäß Abb. 5.91 genauso berücksichtigen: eine Spannung von 1 mV am Eingang ergibt am Ausgang einen Fehler von 10 mV.

Der *Eingangsruhestrom* I_B wirkt sich hier nicht aus, da die Eingangswiderstände abgeglichen sind; in diesem Beispiel betragen sie an beiden Eingängen 9 kΩ. Der *Offsetstrom* bewirkt einen Fehler der Größe:

$$\Delta U_a = I_O R_N = 20\,\mathrm{nA} \cdot 90\,\mathrm{k\Omega} = 1,8\,\mathrm{mV}$$

Hätte die Quelle keinen Innenwiderstand, könnte man einen zusätzlichen 9 kΩ-Widerstand einfügen, den man, um unnötiges Rauschen zu vermeiden, mit einem Kondensator überbrücken müsste. Wenn man die Eingangswiderstände nicht abgleicht, muss man mit dem Eingangsruhestrom rechnen und würde dann einen Spannungsfehler von $I_B R_N = 80\,\mathrm{nA} \cdot 90\,\mathrm{k\Omega} = 7,2\,\mathrm{mV}$ erhalten.

Man sieht, dass die *Gleichtakteingangswiderstände* sehr groß gegenüber allen anderen Widerständen sind, so dass sie selten einen Fehler verursachen. Hier hebt sich ihre

Wirkung auf, da die Eingangswiderstände abgeglichen sind. Dagegen bewirkt der *Differenzeingangswiderstand* einen Fehler, denn durch ihn fließt ein Strom von

$$I_D = \frac{U_D}{r_D} = \frac{1,1\,\text{mV}}{1\,\text{M}\Omega} = 1,1\,\text{nA} \tag{5.65}$$

Dieser Strom verhält sich wie der Offsetstrom und verursacht einen Fehler der Ausgangsspannung von

$$\Delta U_a = 2\,R_N\,\frac{U_D}{r_D} = 2\,R_N I_D = 2 \cdot 1,1\,\text{nA} \cdot 90\,\text{k}\Omega = 0,2\,\text{mV}$$

Der Fehler, der durch den *Ausgangswiderstand* entsteht, soll auch untersucht werden. Wenn man annimmt, dass der Ausgang mit einem Widerstand $R_L = 1\,\text{k}\Omega$ belastet wird, fließt ein Ausgangsstrom von $I_a = 10\,\text{V}/1\,\text{k}\Omega = 10\,\text{mA}$.[3] An dem gemäß (5.64) transformierten Ausgangswiderstand ergibt sich dadurch ein Spannungsabfall von

$$\Delta U_a = \frac{r_a}{k A_D}\,I_a = \frac{1\,\text{k}\Omega}{10^4} \cdot 10\,\text{mA} = 1\,\text{mV}$$

Bei der Berechnung der Fehler haben wir keine Rücksicht auf das Vorzeichen genommen. Die durch die Differenzverstärkung und den Ausgangswiderstand bedingten Fehler verkleinern die Ausgangsspannung. Die Vorzeichen von Offsetspannung, Offsetstrom und Gleichtaktunterdrückung liegen jedoch nicht fest; deshalb lässt sich nicht angeben, mit welchem Vorzeichen sie in die Ausgangsspannung eingehen. Wichtiger ist die Größenordnung der einzelnen Fehler: In diesem Beispiel übersteigt keiner $1^0/_{00}$ der Ausgangsspannung. Am störendsten ist der durch die Offsetspannung bedingte Fehler von $10\,\text{mV}$, da er unabhängig von der Größe der Ausgangsspannung ist. Bei einer Ausgangsspannung von $100\,\text{mV}$ wirkt er sich schon mit 10% aus. Deshalb verdient die Offsetspannung bei der Auswahl des Operationsverstärkers eine besondere Beachtung.

5.5.7 Bandbreite

Operationsverstärker als Tiefpass: Nachdem wir gesehen haben, dass sich ein frequenzkorrigierter Operationsverstärker näherungsweise wie ein Tiefpass 1. Ordnung verhält, lässt sich der Frequenzgang des unbeschalteten Operationsverstärkers einfach angeben:

$$\underline{A}_D = \frac{A_{D0}}{1 + j\dfrac{f}{f_g}} \tag{5.66}$$

Die Differenzverstärkung des offenen Verstärkers ist meist sehr hoch und hat häufig Werte von $A_{D0} = 10^5 = 100\,\text{dB}$, wie man in Abb. 5.98 sieht. Die Grenzfrequenz des offenen Verstärkers ist meist sehr niedrig und beträgt häufig nur $f_g = 100\,\text{Hz}$. Der Frequenzgang der gegengekoppelten Schaltung lautet gemäß (5.13):

$$\underline{A} = \frac{\underline{A}_D}{1 + k_R \underline{A}_D} \tag{5.67}$$

---

[3] Für einen Standard-Operationsverstärker ist das schon ein großer Strom, der nicht weit vom maximalen Ausgangsstrom von 20 mA entfernt ist. Derart große Ströme sollte man nur dann zulassen, wenn sie sich nicht umgehen lassen, da sich der Operationsverstärker durch die entstehende Verlustleistung erwärmt. Die Offsetspannungs- und Offsetstromdrift bewirken dann zusätzliche Fehler.

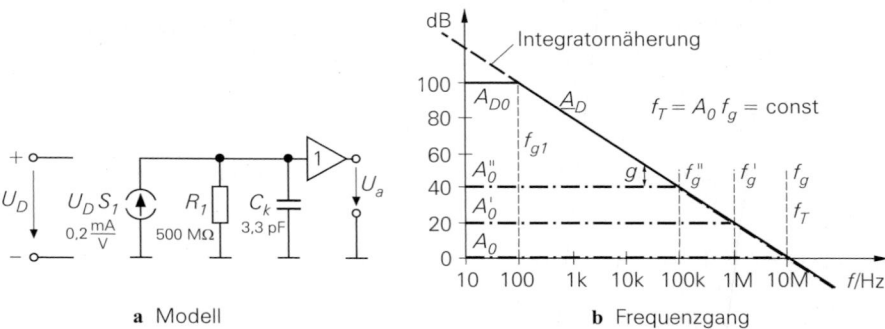

a Modell   **b** Frequenzgang

Abb. 5.98. Frequenzkorrigierter Operationsverstärker als Tiefpass 1. Ordnung zur Berechnung des Frequenzverhaltens der gegengekoppelten Schaltung. Beispiel für $f_T = 10\,\mathrm{MHz}$.

Wenn man hier (5.66) einsetzt, folgt:

$$\underline{A} = \frac{A_{D0}}{1 + k_R A_{D0}} \cdot \frac{1}{1 + j\dfrac{f}{f_g\,(1 + k_R A_{D0})}} \overset{k_R A_{D0} \gg 1}{\approx} \frac{1/k_R}{1 + j\dfrac{f}{k_R f_T}} \tag{5.68}$$

Darin ist

$$\boxed{f_T = A_{D0} f_g = GBW} \tag{5.69}$$

die *Transitfrequenz*, die auch als Verstärkungs-Bandbreite-Produkt *Gain Bandwidth Product GBW* bezeichnet wird. Der Vergleich der rechten Seiten von (5.67) mit (5.68) zeigt, dass man statt der hier angewandten Näherung von einem vereinfachten Frequenzgang des offenen Verstärkers ausgehen kann.

Für $f \gg f_g$ folgt aus (5.66):

$$\underline{A}_D \approx \frac{A_{D0}\,f_g}{jf} = \frac{f_T}{jf} \tag{5.70}$$

Dies entspricht dem Frequenzgang eines Integrators; deshalb bezeichnet man diese Näherung auch als *Integratornäherung*. Ein Unterschied zum exakten Frequenzgang des offenen Verstärkers ergibt sich nur bei niedrigen Frequenzen, wie Abb. 5.98b zeigt: hier geht die Verstärkung gegen Unendlich, die tatsächliche Verstärkung aber gegen A_{D0}. Setzt man die Integratornäherung (5.70) in (5.67) ein, ergibt sich:

$$\underline{A} = \frac{\underline{A}_D}{1 + k_R \underline{A}_D} = \frac{A_0}{1 + j\dfrac{A_0}{f_T}f} = \begin{cases} A_0 = 1/k_R & \text{für } f \ll f_g \\[2mm] \underline{A}_D = f_T/(jf) & \text{für } f \gg f_g \end{cases} \tag{5.71}$$

Darin ist $A_0 = 1/k_R$ die durch die Gegenkopplung festgelegte Verstärkung. Auf diese Weise erhält man mit wenig Rechnung und ohne weitere Näherung das Ergebnis von (5.68). Die Verstärkung der gegengekoppelten Schaltung hat demnach bis zur Grenzfrequenz $f_g = f_T/A_0 = f_T k_R$ den durch die Gegenkopplung bestimmten Wert; darüber verläuft sie wie beim offenen Verstärker. Dies erkennt man auch in Abb. 5.98, wo Frequenzgänge des gegengekoppelten Verstärkers mit eingezeichnet sind. Die Integratornäherung liefert demnach auch unterhalb der Grenzfrequenz des offenen Operationsverstärkers richtige

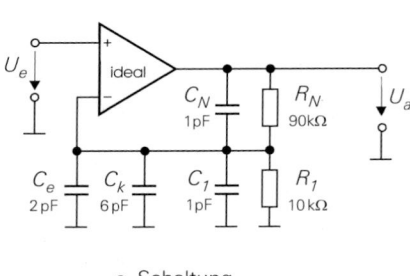
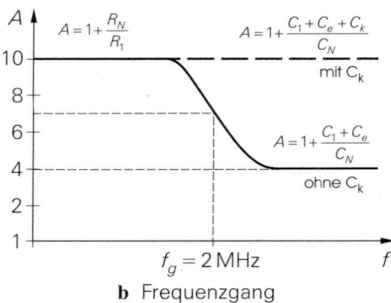

a Schaltung   **b** Frequenzgang

Abb. 5.99. Auswirkung der parasitären Kapazitäten auf die Grenzfrequenz. Die zusätzliche Korrekturkapazität C_k dient zur Kompensation.

Ergebnisse; es muss lediglich die Bedingung für die Schleifenverstärkung $g = kA_{D0} \gg 1$ erfüllt sein. Aus diesem Grund benutzt man (5.70) immer vorteilhaft zur Berechnung des Frequenzverhaltens von gegengekoppelten Operationsverstärkern.

Eine unerwartete Bandbegrenzung kann durch die parasitären Kapazitäten der Gegenkopplungswiderstände eintreten. Dieser Effekt ist in Abb. 5.99 dargestellt. Jeder Widerstand besitzt eine parasitäre Kapazität, die praktisch nur von der Bauform und nicht vom Widerstandswert abhängt. Außerdem muss man die Eingangskapazität C_e des Operationsverstärkers berücksichtigen. Deshalb besitzt die Schaltung für hohe Frequenzen nur die Verstärkung:

$$A_{HF} = 1 + \frac{C_1 + C_e}{C_N} \overset{\text{z.B.}}{=} 1 + \frac{1\,\text{pF} + 2\,\text{pF}}{1\,\text{pF}} = 4$$

Sie ist unabhängig davon, welchen Wert die Widerstände besitzen. Damit die Grenzfrequenz der Schaltung nicht durch die parasitären Kapazitäten bestimmt wird, müssen die beiden Zeitkonstanten gleich sein:

$$R_1(C_1 + C_e + C_k) = R_N C_N$$

Dann handelt es sich um einen frequenzgangkorrigierten Spannungsteiler. Aus dieser Bedingung lässt sich die erforderliche Korrekturkapazität berechnen:

$$C_k = \frac{R_N}{R_1} C_N - C_1 - C_e \overset{\text{z.B.}}{=} \frac{90\,\text{k}\Omega}{10\,\text{k}\Omega} \cdot 1\,\text{pF} - 1\,\text{pF} - 2\,\text{pF} = 6\,\text{pF}$$

5.5.8 Rauschen

Das Rauschen von Operationsverstärkern lässt sich wie bei einzelnen Transistoren durch Angabe einer auf den Eingang bezogenen Rauschspannungs- und Rauschstromdichte beschreiben. In Abb. 5.85 auf S. 569 sind typische Werte angegeben. Um daraus die Rauschspannung und den Rauschstrom zu berechnen, muss man die Dichten mit der Wurzel der Rauschbandbreite multiplizieren:

$$u_{r,eff} = u_r(f)\sqrt{B_r} \quad , \quad i_{r,eff} = i_r(f)\sqrt{B_r} \tag{5.72}$$

Auch Widerstände rauschen; ihre Rauschleistung

$$P_r = 4kTB_r = u_{r,eff}^2 / R \tag{5.73}$$

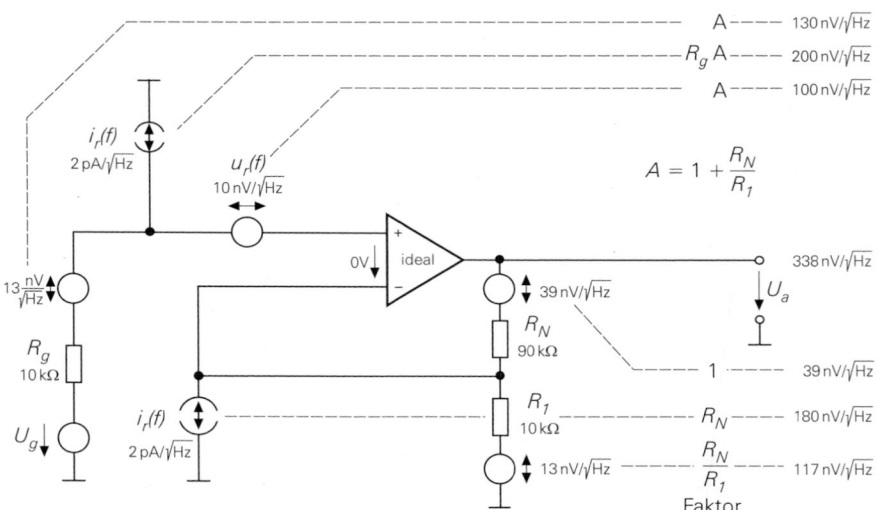

Abb. 5.100. Rauschquellen bei einem nichtinvertierenden Verstärker am Beispiel der 741-Klasse. Die Spannungsverstärkung der Schaltung beträgt hier $A = 10$

ist unabhängig von der Größe des Widerstandes. Dabei ist k die Bolzmann-Konstante und T die absolute Temperatur; bei Zimmertemperatur ist $4kT = 1{,}6 \cdot 10^{-20}$ Ws. Daraus lässt sich die Rauschspannung berechnen:

$$u_{r,eff} = \sqrt{PR} = \sqrt{4kTBR} = 0{,}13\,\text{nV} \cdot \sqrt{\frac{B_r}{\text{Hz}}} \cdot \sqrt{\frac{R}{\Omega}} \tag{5.74}$$

Ein $10\,\text{k}\Omega$ Widerstand besitzt also eine Rauschspannungsdichte von $u_r(f) = 13\,\text{nV}/\sqrt{\text{Hz}}$.

In Abb. 5.100 sind alle Rauschspannungsquellen eines als nichtinvertierenden Verstärker beschalteten Operationsverstärkers eingezeichnet. Man sieht, dass jeder Widerstand eine Rauschspannungsquelle besitzt, die Rauschspannung des Operationsverstärkers wie die Offsetspannung und der Rauschstrom wie der Eingangsruhestrom wirkt. Der Eingangsrauschstrom des Verstärkers verursacht am Innenwiderstand R_g der Signalquelle eine Rauschspannung $i_{r,eff} R_g$, die zusammen mit dem Eigenrauschen des Innenwiderstands und dem Spannungsrauschen des Verstärkers wie das Nutzsignal verstärkt wird. Das Rauschen des Widerstands R_1 wird mit der Verstärkung des invertierenden Verstärkers bewertet, der Rauschstrom am invertierenden Eingang verursacht einen Spannungsabfall an R_N und addiert sich zu dessen Eigenrauschen. Daraus berechnen sich die einzelnen Rauschanteile in Abb. 5.100. Um die resultierende Rauschspannung am Ausgang des Verstärkers zu erhalten, darf man die einzelnen Rauschspannungen nicht einfach addieren. Da es sich um unkorrelierte Rauschquellen handelt, muss man die Anteile quadratisch addieren:

$$P_{r,ges} = \sum P_r \quad \Rightarrow \quad u_{r,ges}(f) = \sqrt{\sum u_r^2(f)} \tag{5.75}$$

Das führt dazu, dass sich kleinere Beiträge praktisch nicht auf das Ergebnis auswirken. Auf diese Weise ergibt sich in dem Beispiel eine resultierende Rauschspannungsdichte von $u_{r,ges}(f) = 338\,\text{nV}/\sqrt{\text{Hz}}$. Um daraus die Rauschspannung zu berechnen, muss man noch die Rauschbandbreite berücksichtigen. Dazu muss man die Grenzfrequenz mit

$B_r = \pi f_g/2$ multiplizieren, um zu berücksichtigen, dass das Rauschen oberhalb der Grenzfrequenz nicht schlagartig Null wird, sondern näherungsweise wie ein Tiefpass 1. Ordnung abnimmt, siehe Abschnitt 4.2.4.5.7 auf S. 480. In dem Beispiel in Abb. 5.100 ergibt sich dann bei einer Bandbreite von $B_r = 100\,\mathrm{kHz}$

$$u_{r,eff,ges} = u_{r,ges}(f)\sqrt{\pi f_g/2} = 338\,\mathrm{nV} \cdot \sqrt{1,57 \cdot 100\,\mathrm{kHz}} = 134\,\mu\mathrm{V} \qquad (5.76)$$

Um das Rauschen zu reduzieren, muss man die Schaltung niederohmiger dimensionieren und einen Operationsverstärker mit geringerem Spannungsrauschen einsetzen. Wenn man die Widerstände in Abb. 5.100 um einen Faktor 100 verkleinert, reduzieren sich ihre Rauschspannungen um den Faktor 10. Mit einem AD797, der eine Rauschspannungsdichte von nur $1\,\mathrm{nV}/\sqrt{\mathrm{Hz}}$ besitzt, ergibt sich dann am Ausgang bei derselben Bandbreite eine Rauschspannung von nur $u_{r,eff,ges} = 9\,\mu\mathrm{V}$.

Der Innenwiderstand der Eingangsspannungsquelle R_g stellt eine untere Grenze für das Rauschen dar, da es schon am Eingang des Verstärkers vorhanden ist. Seine Größe lässt sich gemäß (5.74) berechnen. Zum Vergleich kann man die Rauschspannung am Ausgang des Verstärkers auf den Eingang umrechnen, indem man sie durch die Verstärkung dividiert. Das Rauschen des beschalteten Verstärkers erhält man, indem man in Abb. 5.100 den jeweiligen Generatorwiderstand berücksichtigt. Damit lässt sich in Abb. 5.101a gut vergleichen, wie stark der Verstärker am Rauschen beteiligt ist. Bei niedrigen Quellwiderständen überwiegt das Spannungsrauschen des Verstärkers und bei hohen Quellwiderständen das Stromrauschen, das an R_g eine Rauschspannung erzeugt. Da sie proportional zu R_g ist, steigt sie in der logarithmischen Darstellung doppelt so steil an wie das Widerstandsrauschen von R_g. Um das Rauschen bei niedrigen Generatorwiderständen zu reduzieren, muss man einen Verstärker mit niedrigerem Spannungsrauschen verwenden. Deshalb wurden zum Vergleich die Werte für den AD797 mit aufgenommen, der mit $1\,\mathrm{nV}/\sqrt{\mathrm{Hz}}$ lediglich $1/10$ des Spannungsrauschens besitzt. Man sieht, dass man hier bei Quellwiderständen im Bereich von $500\,\Omega$ der theoretischen Grenze sehr nahe kommt. Bei hohen Generatorwiderständen bringt die niedrige Rauschspannung keinen Vorteil. Hier ist ein Verstärker mit niedrigem Stromrauschen besser.

Man erkennt in Abb. 5.101a, dass nicht der Absolutwert des Rauschens bestimmt, ob ein Verstärker günstig ist, sondern die Vergrößerung der Rauschspannung im Vergleich zu einem rauschfreien Verstärker, also die Verschlechterung des Signal-Rausch-Abstands durch den Verstärker. Deshalb definiert man eine Rauschzahl:

Die Rauschzahl gibt an, um welchen Faktor die Rauschleistung der ganzen Schaltung (auf den Eingang umgerechnet) größer ist als die Rauschleistung des Quellwiderstands

Man kann die Rauschzahl auch am Ausgang des Verstärkers ermitteln, da das Rauschen der ganzen Schaltung und das Rauschen des Quellwiderstands mit demselben Faktor verstärkt werden. Sie lässt sich daher folgendermaßen berechnen:

$$F = \left(\frac{\text{Rauschspannung am Ausgang des realen Verstärkers}}{\text{Rauschspannung des Quellwiderstands, verstärkt}} \right)^2 \qquad (5.77)$$

Für das Beispiel in Abb. 5.100 erhält man:

$$F = \left(\frac{338\,\mathrm{nV}/\sqrt{\mathrm{Hz}}}{10 \cdot 13\,\mathrm{nV}/\sqrt{\mathrm{Hz}}} \right)^2 = 6,8$$

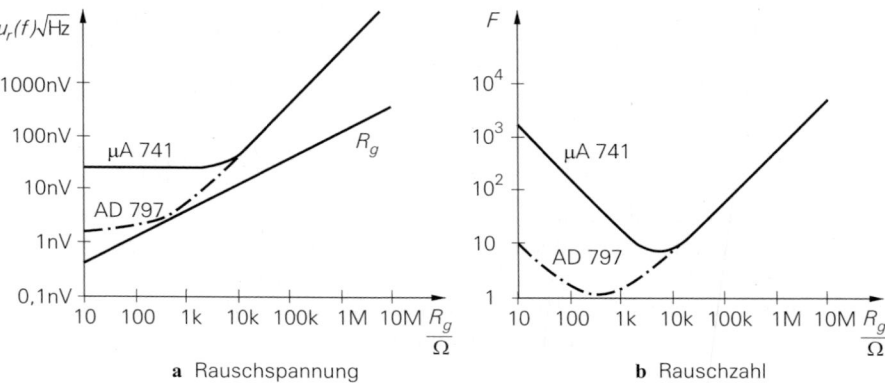

a Rauschspannung   **b** Rauschzahl

Abb. 5.101. Abhängigkeit der Rauschspannung und der Rauschzahl vom Quellwiderstand für den μA741 und den AD797 als Beispiel.

Dabei kann man auch mit den Rauschleistungsdichten rechnen, da sich die Bandbreite heraus kürzt, wenn man einen Frequenzbereich betrachtet, in dem weißes Rauschen vorliegt.

In Abb. 5.101b ist die Abhängigkeit der Rauschzahl vom Quellwiderstand dargestellt. Man sieht, dass es ein ausgeprägtes Minimum gibt; die optimale Rauschzahl liegt bei einem optimalen Generatorwiderstand:

$$R_{gopt} = \frac{u_r(f)}{i_r(f)} = \begin{cases} 10\,\text{nV}/2\,\text{pA} = 5 \ \ \text{k}\Omega \quad \text{für} \quad \mu\text{A741} \\ 1\,\text{nV}/2\,\text{pA} = 0{,}5\,\text{k}\Omega \quad \text{für} \quad \text{AD797} \end{cases} \tag{5.78}$$

Es gibt systematische Unterschiede im Rauschverhalten bei den verschiedenen Technologien für den Aufbau des Eingangsdifferenzverstärkers. Abbildung 5.102 zeigt einen Vergleich. Operationsverstärker mit Bipolartransistoren am Eingang besitzen die niedrigste Rauschspannung, die bei guten Typen lediglich $1\,\text{nV}/\sqrt{\text{Hz}}$ beträgt. Sperrschicht-Fets (JFets) am Eingang besitzen Rauschspannungen, die selbst bei guten Typen deutlich größer sind. Bei CMOS-Operationsverstärkern ist die Rauschspannung am größten; dafür besitzen sie das niedrigste Stromrauschen zumindest bei hohen Frequenzen. Bei niedrigen Frequenzen sind Sperrschicht-Fets überlegen.

Unterhalb einer bestimmten Frequenz steigt sowohl das Spannungs- als auch das Stromrauschen an, wie Abb. 5.102 zeigt. Da die Rauschdichte hier umgekehrt proportional zur Frequenz ist, wird dieses Rauschen als $1/f$-Rauschen bezeichnet. Die Frequenz, bei der es in das weiße Rauschen übergeht, ist bei CMOS-Operationsverstärkern deutlich höher als bei Typen mit Bipolartransistoren oder Sperrschicht-Fets am Eingang. Üblicherweise wird in den Datenblättern die Rauschdichte im Bereich des weißen Rauschens angegeben; das ist der Bereich, in dem die Rauschdichte frequenzunabhängig ist. Wenn man sich für den Beitrag der Rauschspannung interessiert, der im $1/f$-Bereich liegt, muss man über die Rauschdichte integrieren; man erhält dann:

$$u_{r,eff} = u_r(f)\sqrt{f_{gu}\ln\frac{f_{max}}{f_{min}} + (f_{max} - f_{min})} \tag{5.79}$$

$$i_{r,eff} = i_r(f)\sqrt{f_{gI}\ln\frac{f_{max}}{f_{min}} + (f_{max} - f_{min})} \tag{5.80}$$

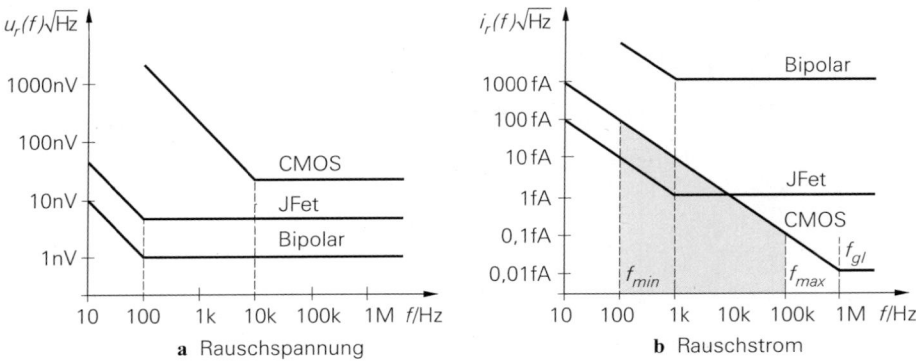

a Rauschspannung   **b** Rauschstrom

Abb. 5.102. Spannungs- und Stromrauschen von rauscharmen Operationsverstärkern mit Bipolartransistoren, Sperrschicht-Fets und Mosfets am Eingang

Darin sind f_{max} und f_{min} die Grenzfrequenzen des interessierenden Bereichs und f_{gu}, f_{gi} die Grenzfrequenzen des $1/f$ Rauschens. Sie sind als Beispiel für das Stromrauschen des CMOS-Operationsverstärkers in Abb. 5.102b eingezeichnet. Hier ergibt sich im Frequenzbereich von $100\,\mathrm{Hz}$ bis $100\,\mathrm{kHz}$ ein Rauschstrom von:

$$i_{r,eff} = 0{,}01\,\frac{\mathrm{fA}}{\sqrt{\mathrm{Hz}}} \cdot \sqrt{1\,\mathrm{MHz}\,\ln\frac{100\,\mathrm{kHz}}{100\,\mathrm{Hz}} + (100\,\mathrm{kHz} - 100\,\mathrm{Hz})} = 26\,\mathrm{fA}$$

5.6 Der Transimpedanzverstärker (CV-OPV)

Transimpedanzverstärker unterscheiden sich von konventionellen Operationsverstärkern dadurch, dass sie am Eingang keinen Differenzverstärker, sondern einen Impedanzwandler besitzen. Der Ausgang dieses Impedanzwandlers bildet den invertierenden Eingang. Er ist daher niederohmig, also stromgesteuert, wie wir in der Übersicht in Abb. 5.3 gesehen haben. Aus diesem Grund bezeichnet man den Transimpedanzverstärker auch als CV-Operationsverstärker.

5.6.1 Innerer Aufbau

Die einfachste Ausführung eines CV-Verstärkers ist in Abb. 5.103a dargestellt, daneben ein normaler VV-Verstärker zum Vergleich. Die Transistoren T_1 und T_2 bilden den Spannungsfolger, der vom nichtinvertierenden zum invertierenden Eingang führt. Ungewöhnlich ist die Stromsteuerung des invertierenden Eingangs. Wenn in Abb. 5.103a der Strom I_q am invertierenden Eingang fließt, erhöht sich der Strom durch T_2. Diese Erhöhung wird über den Kollektor von T_2 zu dem Stromspiegel T_3, T_4 weitergeleitet wie beim VV-Operationsverstärker. Die Signale, die man am nichtinvertierenden Eingang anlegt, werden nach Impedanzwandlung an den invertierenden Eingang übertragen. Daher wird die Spannungsdifferenz zwischen den Eingängen bereits durch die Konstruktion der Schaltung näherungsweise zu Null und nicht erst durch die äußere Gegenkopplung wie beim VV-Operationsverstärker. Wegen dieser Eigenschaft zeigt das kleine zusätzliche Verstärker-Symbol vom nichtinvertierenden zum invertierenden Eingang des Schaltsymbols in Abb. 5.104a. Die Beschaltung als Verstärker erfolgt hier genau so wie beim VV-Operationsverstärker.

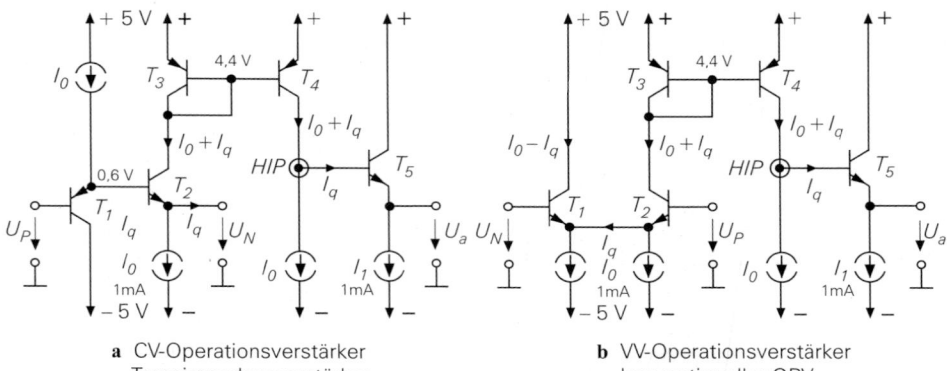

a CV-Operationsverstärker
Transimpedanzverstärker

b VV-Operationsverstärker
konventioneller OPV

Abb. 5.103. Einfacher CV-Operationsverstärker mit VV-Operationsverstärker zum Vergleich. Die eingetragenen Spannungen und Ströme sind lediglich Beispiele.

Die Leerlaufverstärkung hängt hier von der Größe der Gegenkopplungswiderstände ab. Deshalb wollen wir den Gegenkopplungswiderstand R_N in Gedanken nicht am Ausgang sondern an Masse anschließen. Dann liegt die Parallelschaltung von R_N und R_1 in Reihe mit dem Ausgangswiderstand des Spannungsfolgers $r_S = 1/S$ – wie Abb. 5.104b zeigt – und man erhält:

$$A_D = \frac{U_a}{U_P} = \frac{Z}{r_S + R_1 || R_N} = \frac{r_{HIP}}{r_S + R_1 || R_N} \overset{\text{z.B.}}{=} \frac{50 \, \text{k}\Omega}{25 \, \Omega + 100 \, \Omega} = 400 \quad (5.81)$$

Darin ist Z die Transimpedanz, nach der diese Verstärker benannt werden. Je höher sie ist, desto größer wird auch die Verstärkung. Schaltungstechnisch handelt es sich um den Innenwiderstand am Hochimpedanzpunkt (HIP), hier am Kollektor von T_4.

Die Spannungsverstärkung der gegengekoppelten Schaltung in Abb. 5.104 lässt sich hier genauso wie beim VV-Operationsverstärker berechnen, der als nichtinvertierender Verstärker beschaltet ist, weil der Strom I_q am invertierenden Eingang im eingeschwungenen Zustand vernachlässigbar ist:

$$A = \frac{U_a}{U_P} \approx 1 + \frac{R_N}{R_1} \overset{\text{hier}}{=} 1 + \frac{300 \, \Omega}{150 \, \Omega} = 3$$

Der Spannungsteiler R_1, R_N hat hier also eine zweifache Aufgabe: Zum Einen bestimmt sein Verhältnis die Spannungsverstärkung der gegengekoppelten Schaltung, zum Anderen

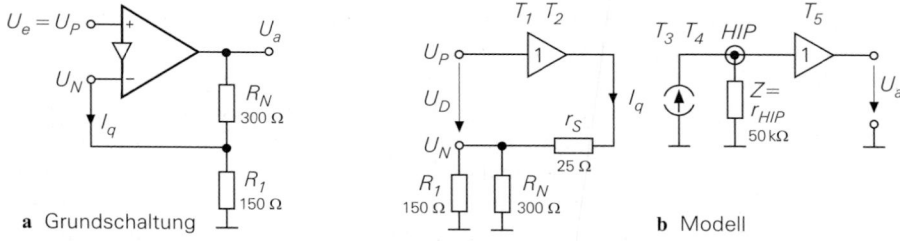

a Grundschaltung   **b** Modell

Abb. 5.104. Schaltsymbol und Modell eines CV-Operationsverstärkers. Die eingetragenen Werte gelten für einen Ruhestrom von $I_0 = 1 \, \text{mA}$.

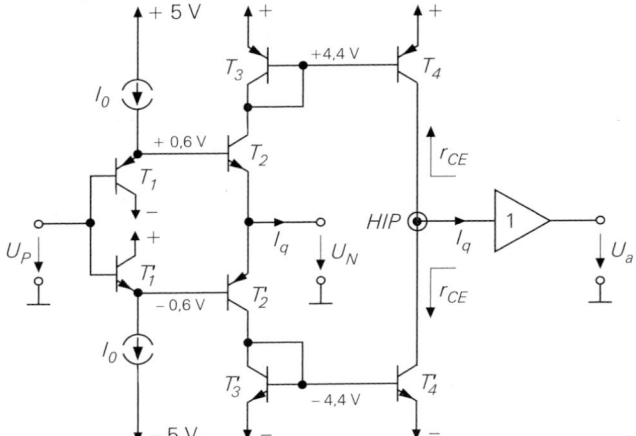

Abb. 5.105.
Praktische Ausführung
eines CV-Operationsver-
stärkers im Gegentakt-
AB-Betrieb. Für den
Impedanzwandler am
Ausgang sind alle
Schaltungen von Ab-
schnitt 5.2.2.2 geeignet.
Beispiel für einen Strom
von $I_0 = 1$ mA.

bestimmt die Parallelschaltung der Widerstände die Leerlaufverstärkung des Operationsverstärkers. Damit lassen sich die Schleifenverstärkung und damit das Einschwingverhalten einstellen. Hier ist also eine angepasste Frequenzgangkorrektur durch den Anwender
möglich, die wir bereits auf Seite 563 für VV-Operationsverstärker beschrieben haben.

Man sieht in Abb. 5.103, dass der Strom I_q große positive Werte annehmen kann,
die über den Stromspiegel an den Ausgang übertragen werden. Negative Ströme dürfen
dagegen nicht größer als I_0 werden, da sonst der Transistor T_1 sperrt, und als Folge davon
auch der Stromspiegel. Um bei kleinen Ruheströmen große Signalströme mit beliebiger
Polarität verarbeiten zu können, ergänzt man die Schaltung symmetrisch gemäß Abb. 5.105
und setzt Gegentakt-AB-Betrieb ein. Die Schaltung entspricht dem VV-Operationsverstärker im Gegentakt-AB-Betrieb (*current on demand*) in Abb. 5.30; hier fehlt lediglich der
Impedanzwandler am invertierenden Eingang.

Die Leerlaufverstärkung, die sich aus (5.81) ergibt, ist häufig nicht ausreichend, da
sie durch den Innenwiderstand $R_N \| R_1$ des Gegenkopplungsspannungsteilers zusätzlich
reduziert wird. Um die Spannungsverstärkung zu erhöhen, ist es auch hier möglich, den
Innenwiderstand am Hochimpedanzpunkt zu erhöhen; dies ist gleichbedeutend mit der Erhöhung der Transimpedanz Z. Dazu haben wir bei der Schaltung in Abb. 5.106 Kaskode-
Stromspiegel eingesetzt wie bei dem VV-Operationsverstärker in Abb. 5.23. Dadurch
erhöht sich der Innenwiderstand gemäß (4.27) am Hochimpedanzpunkt um die Stromverstärkung β der Transistoren. Um diesen Faktor steigt auch die offene Verstärkung in
(5.81):

$$\frac{U_a}{U_P} = \frac{Z}{r_S + R_1 \| R_N} = \frac{\beta\, r_{CE}/2}{r_S + R_1 \| R_N} \overset{I_0 = 1\,\text{mA}}{=} \frac{100 \cdot 50\,\text{k}\Omega}{25\,\Omega + 100\,\Omega} = 40.000$$

Der Faktor $1/2$ im Zähler berücksichtigt die Tatsache, dass auch hier am Hochimpedanzpunkt zwei gleichartige Stromquellen parallel geschaltet sind. Die Kaskodeschaltung
bringt hier dieselben Vorteile wie beim VV-Operationsverstärker in Abb. 5.22. Die statische
Genauigkeit wird erhöht; die Transitfrequenz der Schaltung bleibt auch hier unverändert.
Ein Nachteil der Kaskode-Stromquellen besteht allerdings darin, dass die Gleichtakt- und
Ausgangsaussteuerbarkeit um 0,6 V reduziert wird. Bei einer Betriebsspannung von ± 5 V
beträgt sie nur $\pm 3,6$ V.

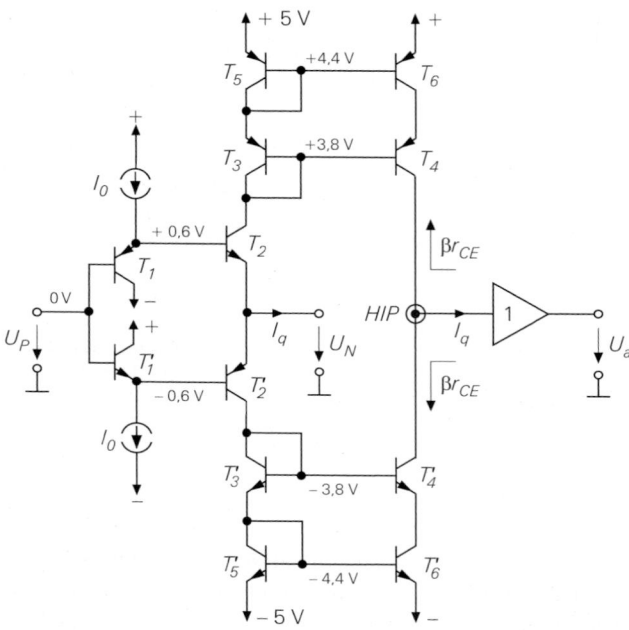

Abb. 5.106.
Erhöhung der Spannungsverstärkung eines CV-Operationsverstärker durch Kaskode-Stromspiegel

5.6.2 Vergleich von VV- und CV-Operationsverstärkern

Transimpedanzverstärker werden in Anwendungen eingesetzt, in denen es auf hohe Bandbreite bzw. kurze Anstiegszeiten ankommt. Es gibt aber auch Breitband-VV-Operationsverstärker, die in derselben Technologie hergestellt werden und im AB-Betrieb arbeiten, wie in Abb. 5.30 gezeigt. Um die Unterschiede zu erklären, haben wir in Abb. 5.107 beide Verstärker gegenüber gestellt. Der wesentliche Unterschied wird im Modell ersichtlich: Beim CV-Operationsverstärker fehlt der Impedanzwandler am invertierenden Eingang. Die Steilheit der Eingangsstufe wird hier deshalb vom Widerstand am invertierenden Eingang bestimmt:

$$ S = \frac{I_q}{U_e} = \frac{1}{r_S + R_1 \| R_N} $$

Aus diesem Grund muss man die Widerstände R_1 und R_N bei der Analyse der offenen Schaltung berücksichtigen. In der Praxis ist meist $r_S \ll R_1 \| R_N$, so dass man den Einfluss von r_S vernachlässigen kann. Dann ist die Spannung $U_D \approx 0$ und die Spannung U_e fällt an R_1 und R_N ab. Deshalb ist die Verstärkung eines CV-Operationsverstärkers deutlich niedriger als die eines vergleichbaren VV-Operationsverstärkers mit gleichem Widerstand am Hochimpedanzpunkt r_{HIP}. Da r_{HIP} im MΩ-Bereich liegt, bestimmt er nur bei niedrigen Frequenzen die Verstärkung. Die parasitäre Kapazität C_{HIP} von wenigen Pikofarad bewirkt schon im Niederfrequenzbereich einen Abfall der Verstärkung. Rechnerisch lässt sich das berücksichtigen, indem man mit

$$ \underline{Z} = r_{HIP} \| (sC_{HIP}) = \frac{r_{HIP}}{1 + sC_{HIP} r_{HIP}} $$

rechnet. Für hohe Frequenzen bestimmt die Kapazität das Verhalten, man braucht dann den Widerstand nicht zu berücksichtigen; dadurch lässt sich die Rechnung vereinfachen.

Man sieht, dass die Grenzfrequenz von beiden Verstärkern dieselbe ist. Die Transitfrequenzen sind jedoch verschieden: Während die des VV-Operationsverstärkers durch den inneren Aufbau vorgegeben ist, hängt die des CV-Operationsverstärkers von der äußeren Beschaltung ab.

Zur genauen Analyse des gegengekoppelten CV-Operationsverstärkers muss man auch den Strom am invertierenden Eingang berücksichtigen; deshalb darf man den Gegenkopplungsspannungsteiler hier nicht als unbelastet annehmen. Zur Berechnung der Spannungsverstärkung wendet man die Knotenregel auf den invertierenden Eingang an:

$$\frac{U_a - U_e}{R_N} - \frac{U_e}{R_1} + \frac{U_a}{\underline{Z}} = 0$$

Für niedrige Frequenzen ergibt sich genau dasselbe Ergebnis wie beim VV-Operationsverstärker, wie der Vergleich in Abb. 5.107 zeigt. Es ist verwunderlich, dass der Strom am invertierenden Eingang das Ergebnis nicht verändert. Die Ursache dafür ist, dass der Strom I_q klein ist, denn selbst für eine Ausgangsspannung von 5 V ist bei einem Widerstand von $r_{HIP} = 1\,M\Omega$ nur ein Strom von $I_q = 5\,\mu A$ erforderlich.

Beim VV-Operationsverstärker erfolgt die Frequenzgangkorrektur durch die interne Kapazität C_k in Abb. 5.25. Dadurch wird die Verstärkung bei hohen Frequenzen reduziert. Hier ist die Transitfrequenz unabhängig von der durch die Gegenkopplung eingestellten Verstärkung, wie man in Abb. 5.107 erkennt. Die Grenzfrequenz der gegengekoppelten Schaltung ist dann umgekehrt proportional zur eingestellten Verstärkung; das Verstärkungs-Bandbreite Produkt $f_g A_0 = f_T$ ist konstant gleich der Transitfrequenz. Zur Anpassung der Frequenzgangkorrektur an die Verstärkung hat man hier lediglich die Möglichkeit teilkompensierte Typen einzusetzen, die für einige VV-Operationsverstärker alternativ angeboten werden. Die Anschlüsse für externe Korrekturkapazitäten werden heutzutage nicht mehr bereitgestellt.

Beim CV-Operationsverstärker kann der Anwender die Differenzverstärkung durch die Parallelschaltung der Gegenkopplungswiderstände mit $R_N \| R_1$ bestimmen. Dabei wird sie für alle Frequenzen in gleicher Weise erhöht oder erniedrigt. Wenn man nur R_1 verändert, bleibt sogar die Schleifenverstärkung $g = R_N / r_{HIP}$ konstant. Die Verstärkung der gegengekoppelten Schaltung wird - wie immer bei Operationsverstärkern - durch das Verhältnis der Gegenkopplungswiderstände $A_D = 1 + R_N / R_1$ festgelegt. Für CV-Operationsverstärker gibt es einen optimalen Wert für den Gegenkopplungswiderstand R_N, der von den Herstellern zum Teil bereits eingebaut wird. In Abb. 5.107 kann man die Gemeinsamkeiten und Unterschiede von VV- und CV-Operationsverstärkern miteinander vergleichen.

Die Frage ist: Welcher Operationsverstärker ist für welche Anwendung besser geeignet? Wenn hohe statische Genauigkeit erforderlich ist, sind VV-Operationsverstärker überlegen. Hier gibt es Typen mit niedriger Offsetspannung und hoher Differenzverstärkung. Dafür lassen sich mit CV-Operationsverstärkern höhere Bandbreiten erreichen. Die Ursache dafür ist der fehlende Impedanzwandler am invertierenden Eingang. Die dort vorhandene Kapazität wird hier nicht nur vom Ausgang aus aufgeladen, sondern auch vom Impedanzwandler am nichtinvertierenden Eingang. Da der CV-Operationsverstärker keinen Impedanzwandler am invertierenden Eingang besitzt, entfällt auch die damit verbundene Phasenverschiebung; deshalb ist die Schwingneigung gering. Bei der Auswahl eines Operationsverstärkers sollte man die folgende Regel befolgen:

– VV-OPV = High Precision
– CV-OPV = High Speed

VV-Operationsverstärker

ohne Gegenkopplung

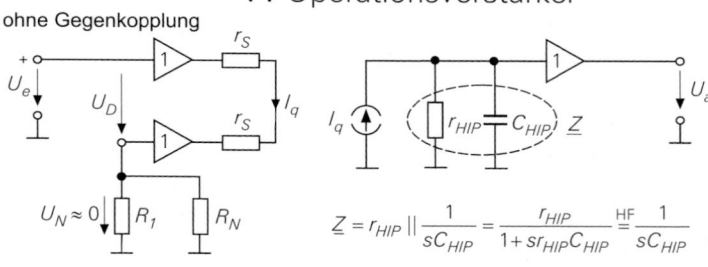

$$\underline{Z} = r_{HIP} \parallel \frac{1}{sC_{HIP}} = \frac{r_{HIP}}{1+sr_{HIP}C_{HIP}} \overset{HF}{=} \frac{1}{sC_{HIP}}$$

Ausgangsspannung $\underline{U}_a = I_q \underline{Z} = \dfrac{\underline{Z}}{2r_S} U_e = \underline{A}_D U_e$

Verstärkung $\underline{A}_D = \dfrac{\underline{U}_a}{\underline{U}_e} = \dfrac{\underline{Z}}{2r_S} = \dfrac{r_{HIP}/2r_S}{1+sr_{HIP}C_{HIP}}$

Fallunterscheidung $\underline{A}_D = \begin{cases} A_{D0} = \dfrac{r_{HIP}}{2r_S} & \text{für } f \ll f_g \\[2ex] \dfrac{1}{2sr_S C_{HIP}} & \text{für } f \gg f_g \end{cases}$

Grenzfrequenz $f_g = \dfrac{1}{2\pi\, r_{HIP}C_{HIP}}$

Transitfrequenz $f_T = \dfrac{1}{4\pi\, r_S C_{HIP}}$

mit Gegenkopplung

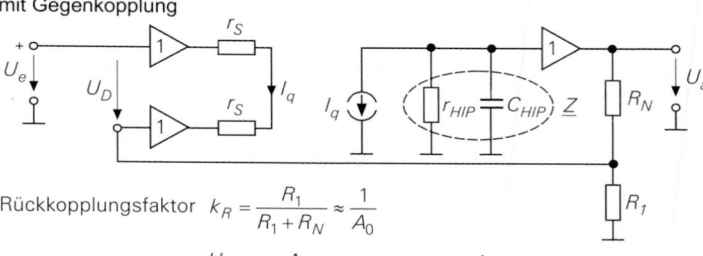

Rückkopplungsfaktor $k_R = \dfrac{R_1}{R_1 + R_N} \approx \dfrac{1}{A_0}$

Verstärkung $\underline{A} = \dfrac{\underline{U}_a}{\underline{U}_e} = \dfrac{\underline{A}_D}{1+k_R \underline{A}_D} = \dfrac{1}{k_R + 2sr_S C_{HIP} + 2r_S / r_{HIP}}$

Fallunterscheidung $\underline{A} = \begin{cases} A_0 = \dfrac{1}{k_R + 2r_S / r_{HIP}} \approx \dfrac{1}{k_R} = 1 + \dfrac{R_N}{R_1} & \text{für } f \ll f_g \\[2ex] \dfrac{1}{2sr_S C_{HIP}} & \text{für } f \gg f_g \end{cases}$

Grenzfrequenz $f_g = \dfrac{k_R}{4\pi\, r_S C_{HIP}} \approx \dfrac{f_T}{A_0}$

Transitfrequenz $f_T = \dfrac{1}{4\pi\, r_S C_{HIP}} = \text{const}$

Frequenzgang

Schleifenverstärkung $\underline{g} = \dfrac{\underline{A}_D}{\underline{A}} \sim \dfrac{1}{A_0}$

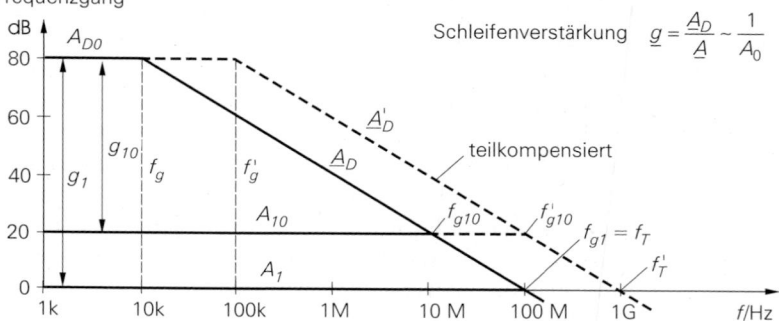

Abb. 5.107. Gegenüberstellung von VV und CV-Operationsverstärkern

CV-Operationsverstärker

ohne Gegenkopplung

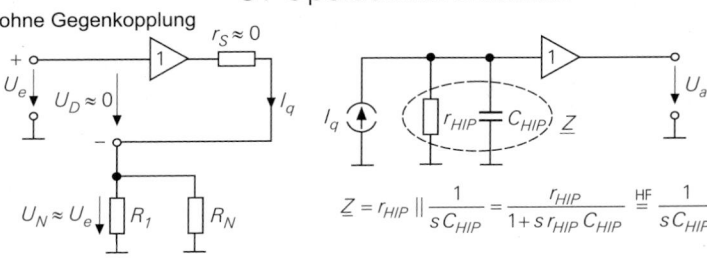

$$\underline{Z} = r_{HIP} \parallel \frac{1}{sC_{HIP}} = \frac{r_{HIP}}{1+sr_{HIP}C_{HIP}} \overset{HF}{=} \frac{1}{sC_{HIP}}$$

Ausgangsspannung $\underline{U}_a = I_q \underline{Z} = \dfrac{U_e}{R_1 \parallel R_N} \underline{Z}$

Verstärkung $\underline{A}_D = \dfrac{\underline{U}_a}{\underline{U}_e} = \dfrac{\underline{Z}}{R_1 \parallel R_N} = \dfrac{r_{HIP}/(R_1 \parallel R_N)}{1+sr_{HIP}C_{HIP}}$

Fallunterscheidung $\underline{A}_D = \begin{cases} A_{D0} = \dfrac{r_{HIP}}{R_1 \parallel R_N} & \text{für } f \ll f_g \\[3mm] \dfrac{1}{s(R_1 \parallel R_N)C_{HIP}} & \text{für } f \gg f_g \end{cases}$

Grenzfrequenz $f_g = \dfrac{1}{2\pi \, r_{HIP}C_{HIP}}$

Transitfrequenz $f_T = \dfrac{1}{2\pi(R_1 \parallel R_N)C_{HIP}}$

mit Gegenkopplung

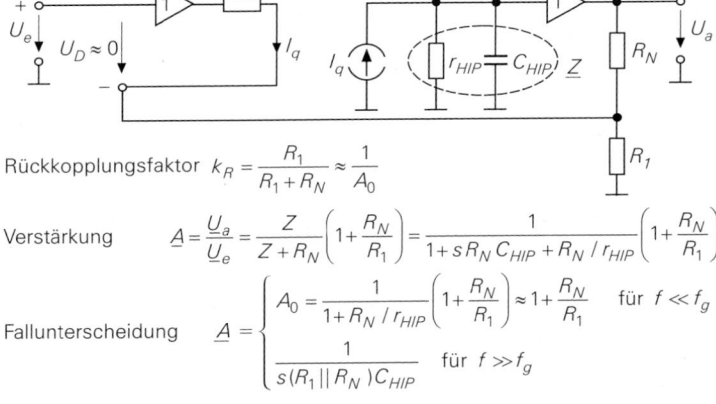

Rückkopplungsfaktor $k_R = \dfrac{R_1}{R_1+R_N} \approx \dfrac{1}{A_0}$

Verstärkung $\underline{A} = \dfrac{\underline{U}_a}{\underline{U}_e} = \dfrac{\underline{Z}}{\underline{Z}+R_N}\left(1+\dfrac{R_N}{R_1}\right) = \dfrac{1}{1+sR_NC_{HIP}+R_N/r_{HIP}}\left(1+\dfrac{R_N}{R_1}\right)$

Fallunterscheidung $\underline{A} = \begin{cases} A_0 = \dfrac{1}{1+R_N/r_{HIP}}\left(1+\dfrac{R_N}{R_1}\right) \approx 1+\dfrac{R_N}{R_1} & \text{für } f \ll f_g \\[3mm] \dfrac{1}{s(R_1 \parallel R_N)C_{HIP}} & \text{für } f \gg f_g \end{cases}$

Grenzfrequenz $f_g \approx \dfrac{1}{2\pi R_N C_{HIP}} = \text{const}$ Transitfrequenz $f_T = \dfrac{1/k_R}{2\pi R_N C_{HIP}} = \dfrac{A_0}{2\pi R_N C_{HIP}} \sim A_0$

Frequenzgang   Schleifenverstärkung $g_1 = g_{10} = \dfrac{A_D}{A} = \dfrac{r_{HIP}}{R_N} = \text{const}$

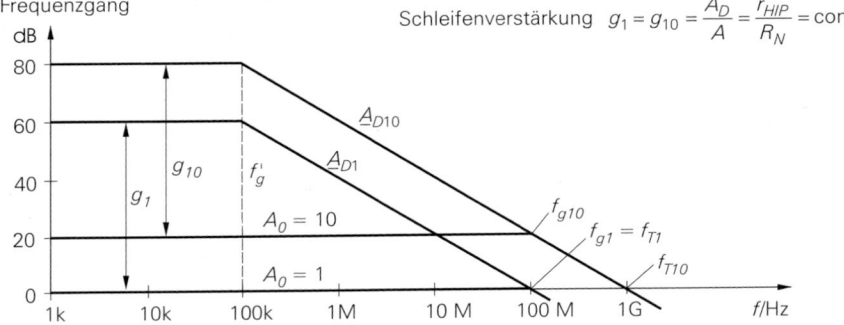

Abb. 5.107. Gegenüberstellung von VV und CV-Operationsverstärkern

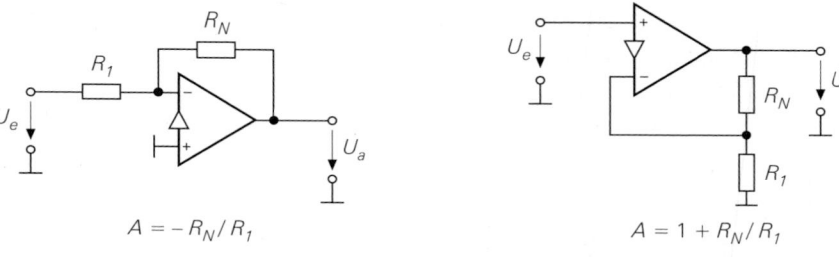

$$A = -R_N/R_1$$

a Invertierender Verstärker

$$A = 1 + R_N/R_1$$

b Nichtinvertierender Verstärker

Abb. 5.108. Anwendung des CV-Operationsverstärkers als Verstärker

5.6.3 Typische Anwendungen

Die Leerlaufverstärkung A_D eines CV–Operationsverstärkers wird im Wesentlichen durch Stromgegenkopplung mit den externen Widerständen bestimmt. Die Schaltung wird instabil, wenn man die Widerstände durch einen Kondensator ersetzt. Deshalb lässt sich mit CV-Operationsverstärkern kein Integrator oder Differentiator realisieren. Sie werden daher hauptsächlich als Verstärker mit hoher Bandbreite eingesetzt, z.B. als Videoverstärker. Dabei ist der Betrieb als invertierender- und nichtinvertierender Verstärker möglich, wie Abb. 5.108 zeigt. Der Widerstand R_N bestimmt die Schleifenverstärkung; er ist daher weitgehend durch den Verstärker vorgegeben. Der Widerstand R_1 bestimmt die Spannungsverstärkung; bei höherer Verstärkung ergeben sich niederohmige Werte. Da der Widerstand R_1 beim invertierenden Verstärker den Eingangswiderstand darstellt, bevorzugt man meist den nichtinvertierenden Betrieb.

Wichtig ist, dass der Widerstand R_N auch bei der Verstärkung $A = 1$ seinen Sollwert besitzen muss und nicht zu Null gemacht werden darf, weil die Schleifenverstärkung zu groß würde. Man kann in diesem Fall lediglich den Widerstand R_1 weglassen. Um dem Abfall der Verstärkung in der Nähe der Grenzfrequenz entgegenzuwirken, kann man sie mit dem zusätzlichen $R_1'C$-Glied in Abb. 5.109b anheben. In diesem Fall muss man jedoch prüfen, ob man denselben Effekt nicht auch mit einer höheren Schleifenverstärkung erzielt, die sich bei niederohmiger Dimensionierung des Gegenkopplungsspannungsteilers ergibt.

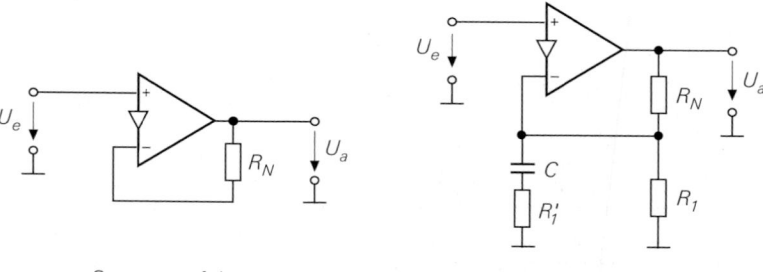

a Spannungsfolger

b Anhebung hoher Frequenzen

Abb. 5.109. CV-Operationsverstärker als nichtinvertierender Verstärker

5.7 Der Transkonduktanz-Verstärker (VC-OPV)

Transkonduktanzverstärker (Operational Transconductance Amplifier OTA) unterscheiden sich von konventionellen Operationsverstärkern dadurch, dass sie einen hochohmigen Ausgang besitzen; ihr Ausgang hat demnach den Charakter einer Stromquelle, wie wir es in der Übersicht in Abb. 5.3 gezeigt haben. Es handelt sich also um spannungsgesteuerte Stromquellen.

5.7.1 Innerer Aufbau

Zur einfachsten Schaltung eines VC-Operationsverstärkers gelangt man, indem man von dem VV-Operationsverstärker in Abb. 5.110b ausgeht und dort einfach den Emitterfolger am Ausgang weglässt. Dann ergibt sich die Schaltung in Abb. 5.110a. Ein Stromausgang stellt das Duale zum Spannungsausgang dar. Deshalb sollte man den Ausgang auch nicht offen lassen; sonst geht die Ausgangsspannung schon bei den kleinsten Eingangssignalen an die Aussteuerungsgrenzen. Das ist beim VV-Operationsverstärker genau so, der wird jedoch immer mit Spannungsgegenkopplung betrieben. Bei Schaltungen mit Stromausgang ist die Stromaussteuerbarkeit von Bedeutung. Sie beträgt bei dem Dimensionierungsbeispiel in Abb. 5.110a $I_{ak} = I_q = \pm 1\,\text{mA}$.

Die charakteristische Größe ist hier die Übertragungssteilheit, die Transkonduktanz, deren Größe man am Modell in Abb. 5.112 direkt ablesen kann:

$$S_D = \frac{I_q}{U_D} = \frac{I_{ak}}{U_D} = \frac{1}{2\,r_S} = \frac{1}{2}\frac{I_0}{U_T} \overset{I_0 = 1\,\text{mA}}{=} \frac{1}{2}\frac{1\,\text{mA}}{25\,\text{mV}} = 20\,\frac{\text{mA}}{\text{V}}$$

Sie ist also proportional zum Ruhestrom I_0 in der Schaltung. Wenn man den Ausgang mit einen Widerstand von $R_L = 1\,\text{k}\Omega$ abschließt, ergibt sich also hier eine Spannungsverstärkung von $A = S_D\,R_L = 20$ bei einer maximalen Ausgangsspannung von $U_a = 1\,\text{V}$.

Bei der praktischen Ausführung der Schaltung in Abb. 5.111 nutzt man beide Ausgangsströme des Eingangsdifferenzverstärkers aus, um auch die untere Stromquelle am Ausgang zu steuern. Dadurch erhält man nicht nur die doppelten Ausgangsströme, sondern auch eine stark verbesserte Nullpunktstabilität, da sich hier die Ruheströme am Ausgang bei beliebigen Werten von I_0 genau aufheben.

In den meisten Fällen werden die VC-Operationsverstärker ohne Gegenkopplung als spannungsgesteuerte Stromquellen betrieben wie in Abb. 5.112. Deshalb wirken sich

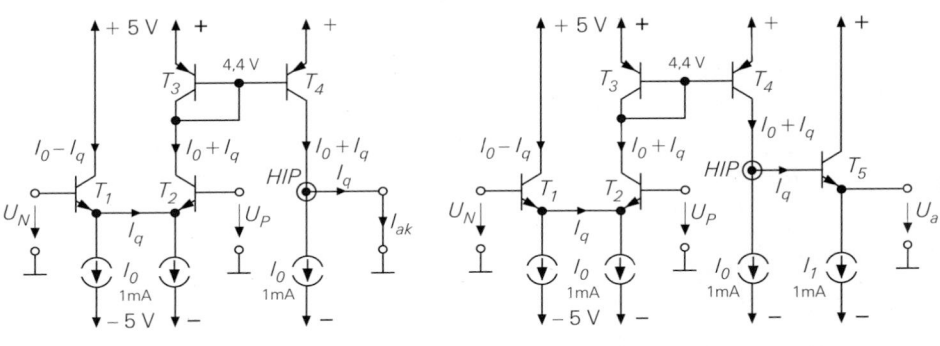

a VC-Operationsverstärker   **b** VV-Operationsverstärker

Abb. 5.110. Einfacher VC-Operationsverstärker mit VV-Operationsverstärker zum Vergleich. Die eingetragenen Spannungen und Ströme sind lediglich Beispiele.

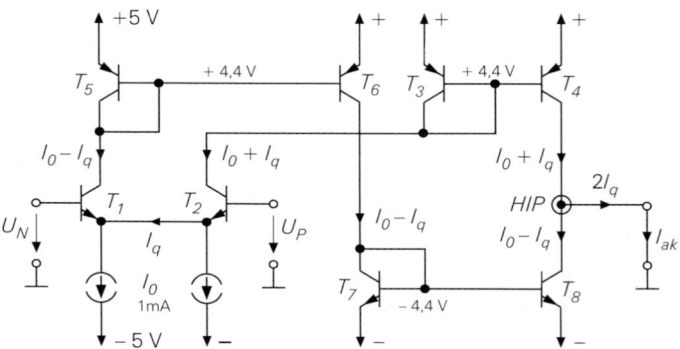

Abb. 5.111. Praktische Ausführung eines VC-Operationsverstärkers bei Nutzung von symmetrischen Signalen. Nach diesem Prinzip arbeitet der CA3280, der aber technologisch veraltet ist. Die Schaltung wird auch als *Operational Transconductance Amplifier* (*OTA*) bezeichnet.

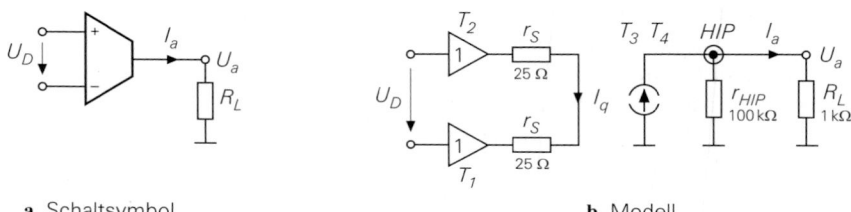

a Schaltsymbol   **b** Modell

Abb. 5.112. Schaltsymbol und Modell eines VC-Operationsverstärkers. Die eingetragenen Werte gelten für $I_0 = 1$ mA

Nichtlinearitäten bei der Aussteuerung der Eingangstransistoren in voller Größe auf das Ausgangssignal aus. Dieses Problem lässt sich beseitigen, wenn man die Eingangstransistoren wie in Abb. 5.113 zu Closed-Loop-Buffern ergänzt. Dazu kann man im einfachsten Fall die Schaltung von Abb. 5.62b einsetzen. Dadurch werden die Ausgangswiderstände von T_1 und T_2 auf vernachlässigbare Werte reduziert und die Steilheit des VC-Operationsverstärkers wird ausschließlich durch den ohmschen Widerstand R_E bestimmt.

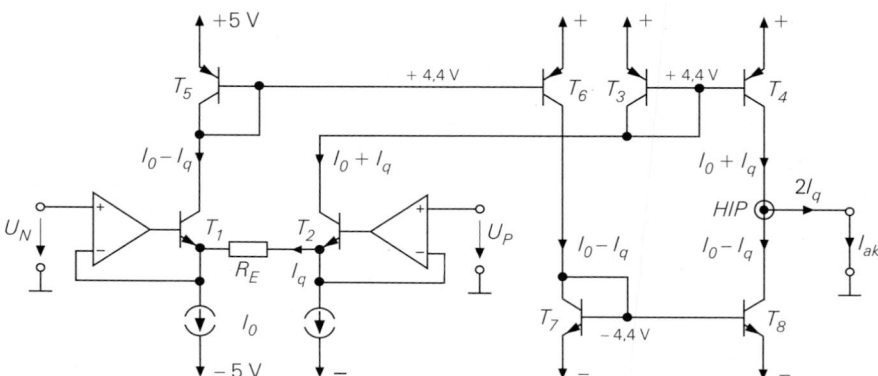

Abb. 5.113. VC-Operationsverstärker mit mit Closed-Loop-Buffern am Eingang zur Linearisierung

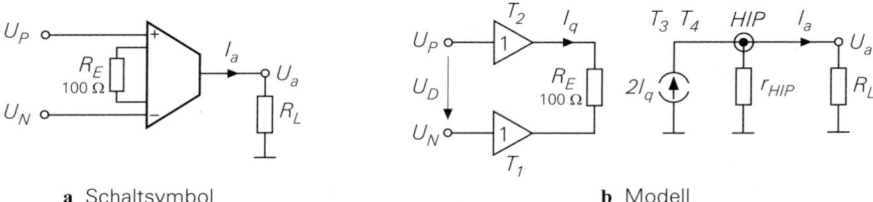

a Schaltsymbol   **b** Modell

Abb. 5.114. VC-Operationsverstärker mit externem Widerstand R_E zur Einstellung der Übertragungssteilheit. Dimensionierungsbeispiel für eine Steilheit von 20 mA/ V

In Abb. 5.114 sind diese Änderungen im Vergleich zu Abb. 5.112 ersichtlich. Wegen der symmetrischen Signalführung verdoppelt sich der Ausgangsstrom; damit ergibt sich die Steilheit:

$$S_D = \frac{I_{ak}}{U_D} = \frac{2I_q}{U_D} = \frac{2}{R_E} \overset{R_E = 100\,\Omega}{=} \frac{2}{100\,\Omega} = 20\,\frac{\text{mA}}{\text{V}}$$

Bei den bisher beschriebenen VC-Operationsverstärkern ist der Ausgangsstrom auf $I_{q\,max} = I_0$ beschränkt. Größere Ausgangsströme erhält man bei kleinem Ruhestrom nur dann, wenn man auch hier einen Gegentakt-AB-Betrieb anwendet. Die Schaltung in Abb. 5.115 ergibt sich, indem man von dem VV-Operationsverstärker in Abb. 5.30 ausgeht und die Impedanzwandler-Endstufe weglässt. Der besondere Vorteil dieser Schaltung besteht darin, dass sie sogar für Ströme $I_q > 2I_0$ funktioniert, wenn die obere bzw. untere Hälfte der Schaltung sperrt.

Auch beim Gegentakt-AB-Betrieb ist es vorteilhaft, die Open-Loop-Buffer in Abb. 5.115 durch Closed-Loop-Buffer zu ersetzen. Diese Variante haben wir in Abb. 5.116 dargestellt. Dabei sind zusätzliche komplementäre Emitterfolger nicht erforderlich, da sie bereits in den Endstufen der VV-Operationsverstärker enthalten sind wie wir in Abb. 5.65 gezeigt haben. Ihre Betriebsspannungsanschlüsse dienen auch hier als Signal-Ausgänge.

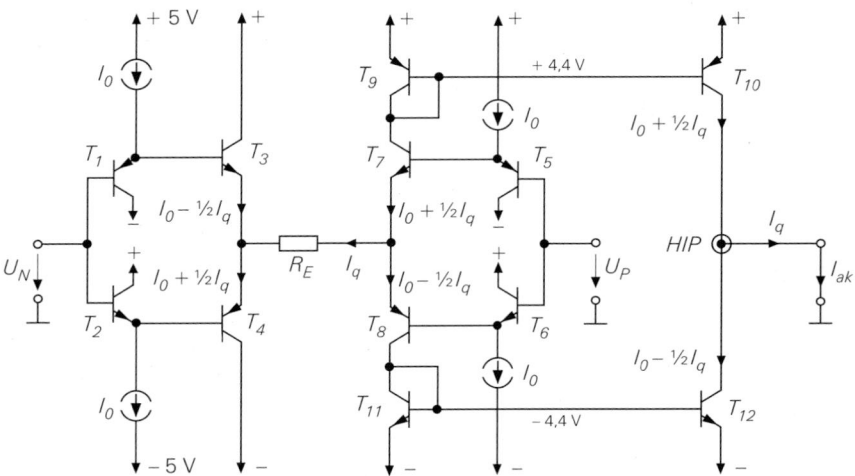

Abb. 5.115. VC-Operationsverstärker im Gegentakt-AB-Betrieb. Die Schaltung wird auch als *Wideband Transconductance Amplifier (WTA)* bezeichnet.

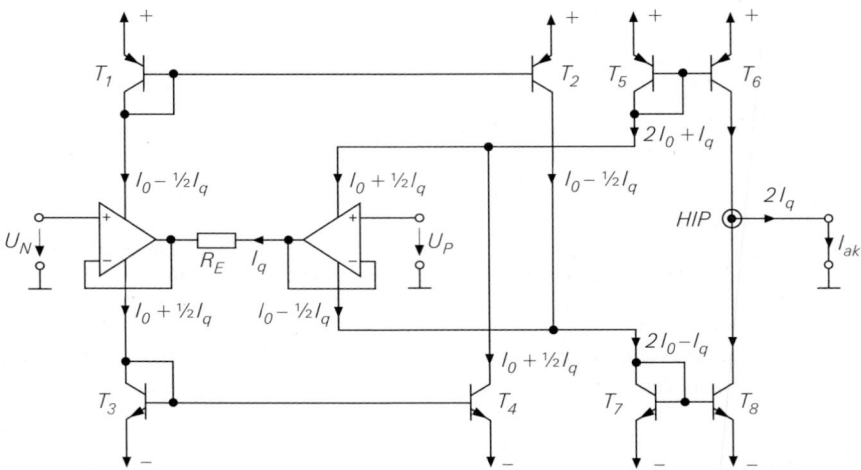

Abb. 5.116. VC-Operationsverstärker mit Closed-Loop-Buffern am Eingang und Nutzung
aller Signale. $I_q = (U_P - U_N)/R_E$ Beispiel: MAX436

Es ist zwar etwas ungewöhnlich, zwei zusätzliche VV-Operationsverstärker zur Realisierung eines VC-Operationsverstärker einzusetzen, aber es ist heutzutage gleichgültig wie viele Transistoren eine Schaltungen erfordert, wenn sich dadurch ihre Daten verbessern lassen.

Man sieht, dass alle hier gezeigten VC-Operationsverstärker am Ausgang mit Transistoren in Emitterschaltung an den Betriebsspannungen arbeiten, um einen hohen Ausgangswiderstand zu erreichen. Daher ist hier im Prinzip keine besondere Schaltung erforderlich, um einen Rail-to-Rail-Ausgang zu realisieren. Die handelsüblichen VC-Operationsverstärker besitzen jedoch teilweise Wilson-Stromspiegel, die einen minimalen Spannungsabfall von 0,8 V bedingen; wie in Kapitel 4.1.2 auf S. 315 beschrieben.

5.7.2 Typische Anwendung

VC-Operationsverstärker sind von Natur aus spannungsgesteuerte Stromquellen. Deshalb sind sie für diesen Einsatz besonders geeignet. Man muss lediglich – wie Abb. 5.117a zeigt – einen Widerstand R_E anschließen, der die Steilheit bestimmt:

$$S_D = \frac{I_a}{U_P - U_N} = \frac{I_a}{U_D} = \frac{2I_q}{U_D} = \frac{2}{R_E} \overset{R_E = 2\,k\Omega}{=} 1\,\frac{mA}{V}$$

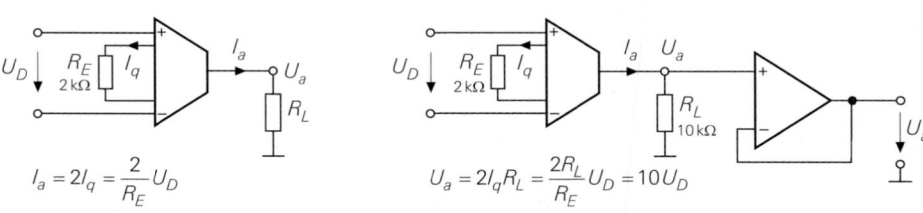

a Spannungsgesteuerte Stromquelle   b Subtrahierer

Abb. 5.117. Einsatz eines VC-Operationsverstärkers als spannungsgesteuerte Stromquelle und als
Subtrahierer. Hier wird angenommen, dass $I_a = 2I_q$ ist

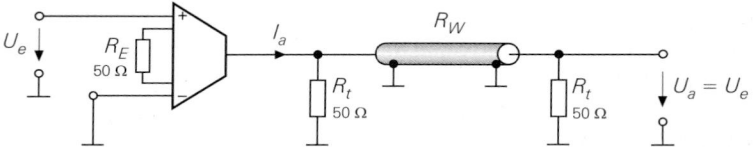

Abb. 5.118. Einsatz eines VC-Operationsverstärkers zum Treiben von Koaxialleitungen

Dabei ist interessant, dass ein VC-Operationsverstärker die Differenz der Eingangsspannungen bildet. Deshalb kann man ihn auch als Subtrahierer einsetzen, wenn man am Ausgang einen Widerstand anschließt. Dazu dient der Widerstand R_L in Abb. 5.117b. Einen Impedanzwandler kann man hinzufügen, wenn ein niederohmiger Ausgang erforderlich ist.

VC-Operationsverstärker eignen sich auch zum Treiben von Koaxialleitungen. Dabei geht man davon aus, dass ihr Ausgangswiderstand groß gegenüber dem Wellenwiderstand R_W der Leitung ist. Dann kann man die Leitung, wie Abb. 5.118 zeigt, an beiden Enden parallel mit dem Wellenwiderstand abschließen. Für die Ausgangsspannung erhält man für $I_a = 2I_q$:

$$U_a = \frac{1}{2}\,R_t\,I_a = \frac{1}{2}\,R_t\,\frac{2U_E}{R_e} = \frac{R_t}{R_E}\,U_e \overset{R_E=50\,\Omega}{=} U_e$$

Damit $U_a = U_e$ wird, muss man dem Stromgegenkopplungswiderstand den Wert $R_E = R_t$ geben, wenn der VC-Operationsverstärker auch hier die Stromübersetzung $I_a = 2I_q$ besitzt. Der Vorteil der hier vorliegenden Parallel-Terminierung besteht darin, dass die Spannung am Koaxialkabel genauso groß ist wie die Ausgangsspannung des Verstärkers. Besonders bei niedrigen Betriebsspannungen ist das ein Vorteil gegenüber der Serien-Terminierung bei niederohmigen Ausgängen, weil dort der Verstärker die doppelte Spannung aufbringen muss. Dass der Verstärker hier den doppelten Strom bereitstellen muss, ist bei niedrigen Betriebsspannungen meist kein Problem.

Eine andere typische Anwendung zeigt das Bandpassfilter in Abb. 5.119. Auch hier wird der VC-Operationsverstärker über den Emitterwiderstand mit einer definierten Steilheit betrieben. Im Unterschied zu den bisherigen Schaltungen wird hier jedoch ein komplexer Emitterwiderstand eingesetzt, um einen Hochpass zu erhalten. Das RC-Glied am Ausgang wirkt als Tiefpass. Die beiden Grenzfrequenzen sind durch den Verstärker entkoppelt:

$$f_u = \frac{1}{2\pi\,R_E C_E} \overset{\text{hier}}{=} 100\,\text{kHz} \quad,\quad f_o = \frac{1}{2\pi\,R_a C_a} \overset{\text{hier}}{=} 10\,\text{MHz}$$

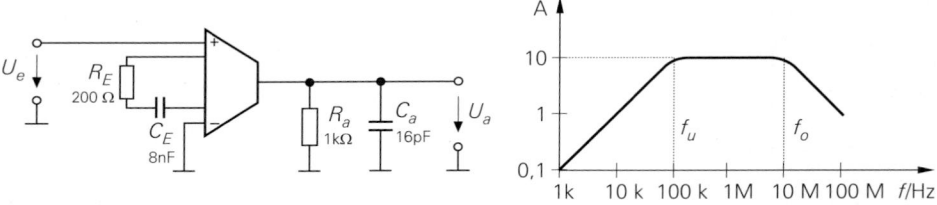

Abb. 5.119. Passiver Bandpass mit entkoppelten Grenzfrequenzen

Die Verstärkung bei mittleren Frequenzen beträgt $A = 2\, R_a/R_E = 10$. Die kapazitive Last am Ausgang ist hier unkritisch, da die Schaltung keine Gegenkopplung besitzt, die vom Ausgang zum Eingang führt.

5.8 Der Strom-Verstärker (CC-OPV)

Der CC-Operationsverstärker besitze einen niederohmigen (stromgesteuerten) invertierenden Eingang und einen hochohmigen (stromgesteuerten) Ausgang. Dies erkennt man in der Schaltung in Abb. 5.120a. Zum Vergleich haben wir daneben die Schaltung des einfachen CV-Operationsverstärker von Abb. 5.103a dargestellt.

5.8.1 Innerer Aufbau

Man sieht, dass hier im Vergleich zu dem CV-Verstärker lediglich der Emitterfolger am Ausgang fehlt. Man kann die Schaltung in zwei Teile zerlegen:

– den Spannungsfolger, der aus den Transistoren in T_1 und T_2 besteht;
– den Stromspiegel, der durch die Transistoren T_3 und T_4 gebildet wird.

Weil der Strom I_q, der am invertierenden Eingang fließt, zum Ausgang übertragen wird, wird der CC-Operationsverstärker auch als *Stromverstärker* bezeichnet. Bei der Schaltung in Abb. 5.120a ist der Ausgangsstrom gleich dem Eingangsstrom; der Stromverstärkungsfaktor ist hier also $k_I = 1$. Man kann dem Stromspiegel aber auch einen größeren Übersetzungsfaktor geben; in der Praxis gibt es Werte bis zu $k_I = 8$. Man muss beachten, dass die Stromrichtungen am invertierenden Eingang und am Ausgang gleich sind, also z.B. beide nach außen gerichtet sind wie in Abb. 5.120a.

Der ganze CC-Operationsverstärker ist nichts als ein erweiterter Transistor: Der Emitterstrom von T_2 fließt auch im Kollektor und zum Ausgang. Deshalb sind für den CC-Operationsverstärker auch zwei Schaltsymbole gebräuchlich, die in Abb. 5.121 dargestellt sind. Wenn man ihn in Schaltungen einsetzt, die auch beim VV-Operationsverstärker gebräuchlich sind, ist das Operationsverstärker-Schaltsymbol vorzuziehen. Man kann den CC-Operationsverstärker aber auch wie einen Transistor verwenden; dann ist das Transistor-Symbol vertrauter. Zwischen dem CC-Operationsverstärker – dem Stromverstärker – und einem einfachen Transistor gibt es weitgehende Gemeinsamkeiten:

– Der Kollektorstrom ist (betragsmäßig) gleich dem Emitterstrom.

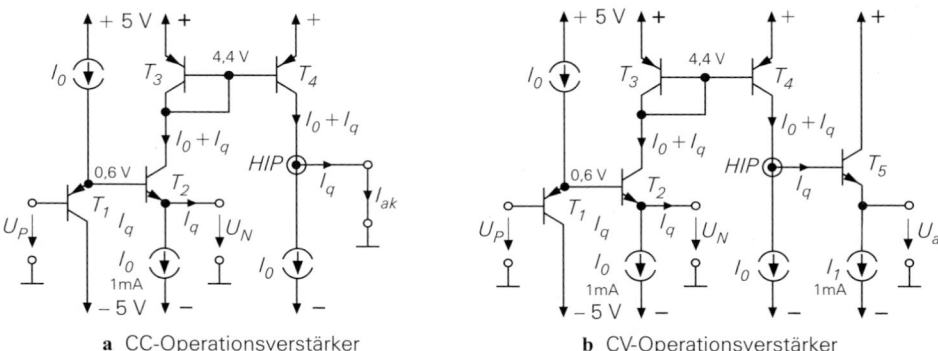

a CC-Operationsverstärker   **b** CV-Operationsverstärker

Abb. 5.120. Einfacher CC-Operationsverstärker mit einem CV-Operationsverstärker zum Vergleich

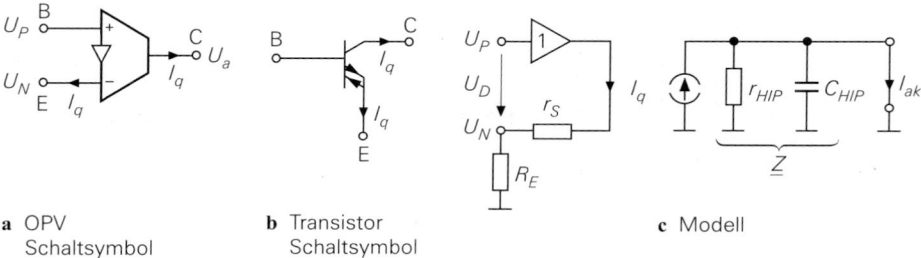

a OPV
Schaltsymbol

b Transistor
Schaltsymbol

c Modell

Abb. 5.121. Schaltsymbole eines CC-Operationsverstärkers; daneben das Kleinsignalmodell

– Der Eingangswiderstand an der Basis ist hoch, am Emitter ist er niedrig.
– Der Ausgangswiderstand am Kollektor ist hoch.

Daneben gibt es aber auch Unterschiede, die den Einsatz im Vergleich zum einzelnen Transistor vereinfachen:

– Der Kollektorstrom besitzt wegen des Stromspiegels die umgekehrte Richtung.
– Die Basis-Emitter-Spannung im Arbeitspunkt ist Null ($U_{BE,\,a} = 0$) wegen der Kompensation durch T_1.
– Der Emitter- und der Kollektorstrom können beide Richtungen annehmen.
– Die Arbeitspunkteinstellung erfolgt intern.

Aus diesen Gründen verhält sich ein CC-Operationsverstärker wie ein idealer Transistor. Er wurde deshalb von der Firma Burr Brown auch als *Diamond Transistor* bezeichnet.

Das Modell in Abb. 5.121c zeigt den hochohmigen, nicht invertierenden und den niederohmigen, invertierenden Eingang. Der Ausgang ist hochohmig. Die Steilheit der Schaltung bei angeschlossenem Emitterwiderstand R_E lässt sich an dem Modell ablesen:

$$S = \frac{I_{ak}}{U_P} = \frac{1}{r_S + R_E} \overset{r_S=0}{=} \frac{1}{R_E}$$

Der CC-Operationsverstärker wird meist nur mit Stromgegenkopplung am Emitter betrieben. Deshalb wirken sich nichtlineare Verzerrungen auf das Ausgangssignal aus. Die nichtlineare Kennlinie von T_2 kann man im Modell in Abb. 5.121c als stromabhängige Schwankung von $r_S = I_C/U_T$ ansehen. Deshalb ist es vorteilhaft den Transistor T_2 zu einem Closed-Loop-Buffer zu erweitern gemäß Abb. 5.122. Dann ist $r_S \approx 0$ und

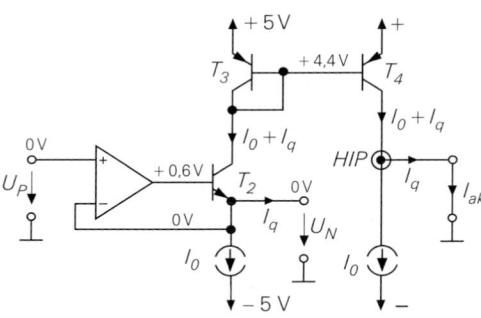

Abb. 5.122.
Linearisierung eines CC-Operationsverstärkers mit einem Closed-Loop-Buffer. Beispiele für Ruhepotentiale.

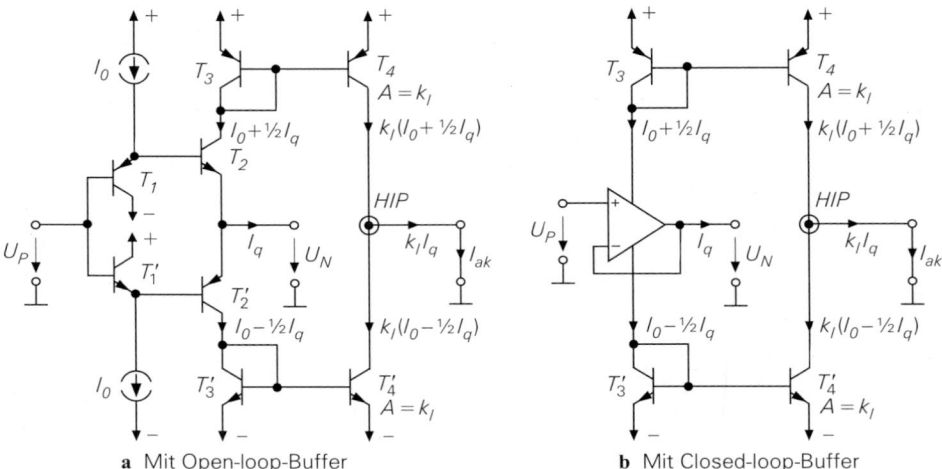

a Mit Open-loop-Buffer   **b** Mit Closed-loop-Buffer

Abb. 5.123. Praktische Ausführung eines CC-Operationsverstärkers im Gegentakt-AB-Betrieb. Transistorgröße $A = 1$, wenn nicht anders angegeben. Ausgangsstrom: $I_{ak} = k_I I_q$

die Steilheit wird ausschließlich durch den am invertierenden Eingang angeschlossenen Widerstand R_E bestimmt.

Der CC-Operationsverstärker besitzt wegen seines kurzen inneren Signalpfads besondere Vorteile für hohe Frequenzen. Um selbst bei kleinem Ruheströmen große Ausgangsströme zu ermöglichen, kann man ihn im Gegentakt-AB-Betrieb aufbauen (*current on demand*). Die praktische Ausführung ist in Abb. 5.123a dargestellt. Es handelt sich hier um die symmetrische Ergänzung der Schaltung in Abb. 5.120a. Wenn man den Stromspiegel am Ausgang eine Stromverstärkung k_I gibt, erhält man entsprechend größere Ausgangsströme $I_{ak} = k_I I_q$. Davon wird bei den handelsüblichen Schaltungen Gebrauch gemacht; hier liegt die Stromübersetzung je nach Typ im Bereich von $k_I = 3 \ldots 8$.

Natürlich kann man auch diese Schaltung linearisieren indem man statt des komplementären Emitterfolgers einen Closed-Loop-Buffer wie in Abb. 5.123b einsetzt. Auch hier dienen die Betriebsspannungsanschlüsse des VV-Operationsverstärkers gleichzeitig zur Weiterleitung des Signals.

5.8.2 Typische Anwendung

Bei den meisten Anwendungen wird das Verhalten des CC-Operationsverstärker durch Stromgegenkopplung am invertierenden Eingang bestimmt, nur in Sonderfällen wendet man zusätzlich eine Spannungsgegenkopplung an.

5.8.2.1 Anwendungen mit Stromgegenkopplung

5.8.2.1.1 Emitterschaltung

Da sich ein CC-Operationsverstärker weitgehend wie ein Transistor verhält, ist es naheliegend, ihn in den drei Grundschaltungen einzusetzen. Die Emitterschaltung ist in Abb. 5.124 dargestellt. Wenn man den Steilheitswiderstand r_S vernachlässigt, ist $U_{BE} = 0$. Dann ergibt sich der Emitterstrom $I_E = U_e/R_E$. Da der Kollektorstrom genauso groß ist, folgt daraus die Ausgangsspannung $U_a = U_e R_C/R_E$.

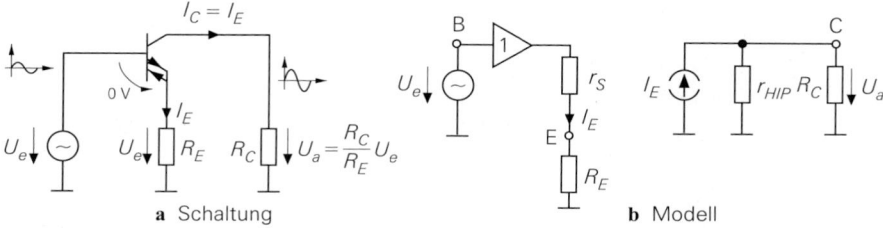

Abb. 5.124. Emitterschaltung eines CC-Operationsverstärker

Zur exakten Berechnung der Spannungsverstärkung kann man von dem Modell des CC-Operationsverstärkers in Abb. 5.121c ausgehen und den Arbeitswiderstand R_C hinzufügen. Dann ergibt sich in Abb. 5.124 der Emitterstrom:

$$I_E \;=\; \frac{U_e}{r_S + R_E}$$

Dieser Strom fließt auch im Ausgangsstromkreis und bewirkt dort den Spannungsabfall:

$$U_a \;=\; I_E\,(r_{HIP}||R_C) \;=\; \frac{r_{HIP}||R_C}{r_S + R_E}\,U_e \;\approx\; \frac{R_C}{R_E}\,U_e$$

Wenn man den Ausgang mit einem Lastwiderstand belastet, muss man ihn bei der Berechnung der Spannungsverstärkung berücksichtigen. Am einfachsten fasst man ihn mit dem Kollektorwiderstand zusammen und rechnet mit $R_{C,\,ges}$. Um zu verhindern, dass sich ein Lastwiderstand auf die Spannungsverstärkung auswirkt, kann man einen Spannungsfolger (CC-Operationsverstärker in Kollektorschaltung) gemäß Abb. 5.125a zwischenschalten. Dafür ist der OPA860 besonders geeignet, da er neben dem CC-Operationsverstärker einen Spannungsfolger enthält. An diese Möglichkeit muss man bei allen Anwendungen von CC-Operationsverstärkern denken. Da die Arbeitspunkteinstellung – wie bei jedem Operationsverstärker – intern erfolgt, wird der Kollektorwiderstand an Masse angeschlossen und nicht an der Betriebsspannung. Deshalb sind hier Schaltungen funktionsfähig, die beim normalen Transistor lediglich das Kleinsignal-Ersatzschaltbild darstellen.

Um einem Abfall der Verstärkung bei hohen Frequenzen entgegenzuwirken, kann man den wirksamen Emitterwiderstand in diesem Frequenzbereich verkleinern, indem man ein zusätzliches RC-Glied wie in Abb. 5.125b parallel schaltet.

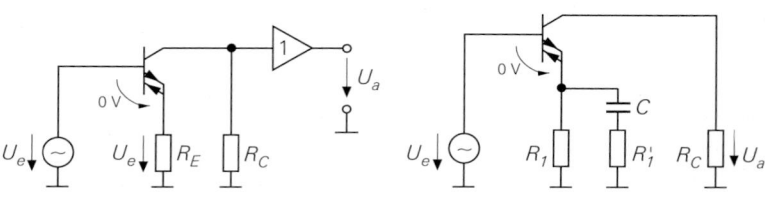

a Mit Impedanzwandler   **b** Anhebung hoher Frequenzen

Abb. 5.125. Erweiterungen eines in Emitterschaltung betriebenen CC-Operationsverstärkers

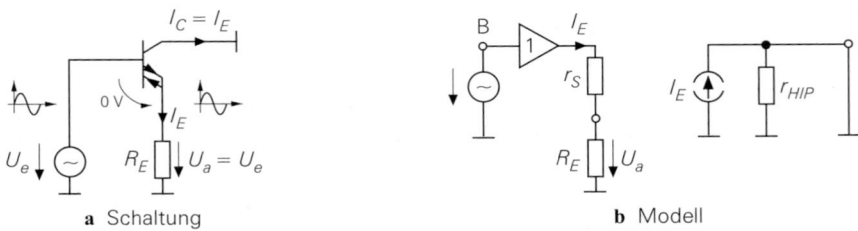

a Schaltung   **b** Modell

Abb. 5.126. Kollektorschaltung eines CC-Operationsverstärkers

5.8.2.1.2 Kollektorschaltung

Bei der Kollektorschaltung in Abb. 5.126 entnimmt man das Ausgangssignal am Emitter. Der Kollektor liegt auf konstantem Potential. Da die Arbeitspunkteinstellung hier intern erfolgt, legt man den nicht benötigten Kollektor auf Nullpotential. Wenn man von der Näherung $U_{BE} = 0$ ausgeht, ist es offensichtlich, dass die Spannungsverstärkung $A = 1$ ist. Der Emitterwiderstand ist hier für die Funktionsweise nicht erforderlich; man kann ihn daher als Lastwiderstand betrachten.

Zur genaueren Berechnung der Spannungsverstärkung verwendet man am besten das Modell in Abb. 5.126. Hier sieht man, dass sich ein Spannungsteiler mit dem Steilheitswiderstand ergibt, der die Spannungsverstärkung

$$A = \frac{U_a}{U_e} = \frac{R_E}{r_S + R_E} \approx 1$$

besitzt. Man sieht in dem Modell auch, dass der Kollektorstrom ungenutzt nach Masse abfließt. Deshalb kann man beim Einsatz eines CC-Operationsverstärkers in Kollektorschaltung die Stromspiegel in Abb. 5.123 weglassen. Übrig bleibt dann eine komplementäre Darlingtonschaltung im AB-Betrieb.

Der Kollektorstrom lässt sich beim Betrieb in Kollektorschaltung aber auch sinnvoll nutzen, indem man den Kollektor mit dem Emitter verbindet wie Abb. 5.127 zeigt. Dadurch verdoppelt sich der Ausgangsstrom, da der Kollektorstrom beim CC-Operationsverstärker dieselbe Richtung besitzt wie der Emitterstrom. Zur Berechnung der Spannungsverstärkung verwenden wir das Modell und wenden die Knotenregel auf den Kollektor an:

$$2\frac{U_e - U_a}{r_s} - \frac{U_a}{R_E} = 0 \quad \Rightarrow \quad U_a = \frac{R_E}{R_E + r_S/2} U_e$$

Man sieht, dass sich der Ausgangswiderstand durch diese Maßnahme halbiert.

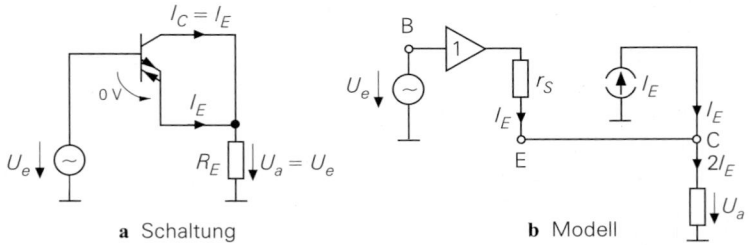

a Schaltung   **b** Modell

Abb. 5.127. Nutzung des Kollektorstroms beim CC-Operationsverstärker als Emitterfolger

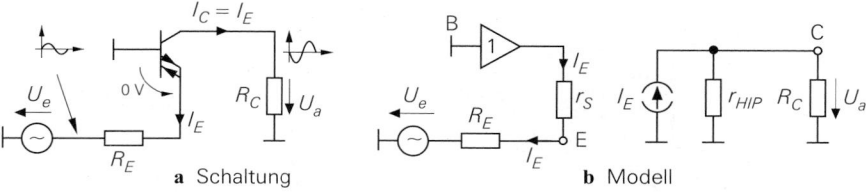

Abb. 5.128. Basisschaltung eines CC-Operationsverstärker

5.8.2.1.3 Basisschaltung

Bei der Basisschaltung gelangt das Eingangssignal über einen Widerstand auf den Emitter und der Kollektorstrom erzeugt an dem Kollektorwiderstand das verstärkte Ausgangssignal, wie Abb. 5.128 zeigt. Wenn man vom idealen CC-Operationsverstärker ausgeht, bei dem $U_{BE} = 0$ ist, ergibt sich ein Emitterstrom $I_E = -U_e/R_e$; dieser Strom verursacht am Kollektorwiderstand die Spannung

$$U_a = I_C R_C = -\frac{R_C}{R_e} U_e$$

Zur exakten Analyse verwendet man am besten das Modell in Abb. 5.128 und erhält:

$$U_a = -I_E (r_{HIP} || R_C) = -\frac{r_{HIP} || R_C}{r_S + R_E} U_e \approx -\frac{R_C}{R_E} U_e$$

Dies ist dasselbe Ergebnis wie bei der Emitterschaltung, nur mit negativem Vorzeichen. Im Vergleich zum einfachen Transistor besitzen die Emitter- und Basisschaltung des CC-Operationsverstärkers bei der Spannungsverstärkung das umgekehrte Vorzeichen.

Da der Emitter der Basisschaltung niederohmig auf Nullpotential liegt, lassen sich an diesem Punkt auch Ströme rückwirkungsfrei summieren wie am Summationspunkt eines VV-Operationsverstärkers. Diese Möglichkeit zeigt Abb. 5.129a. Man kann Emitter- und Basisschaltung auch kombinieren, und erhält dann den Subtrahierer in Abb. 5.129b.

5.8.2.1.4 Differenzverstärker

Aus zwei CC-Operationsverstärkern lässt sich ein Differenzverstärker aufbauen, wie Abb. 5.130 zeigt. Er besitzt viel Ähnlichkeit mit dem konventionellen Differenzverstärker mit Stromgegenkopplung in Abb. 4.59 auf S. 348. Da die Arbeitspunkteinstellung

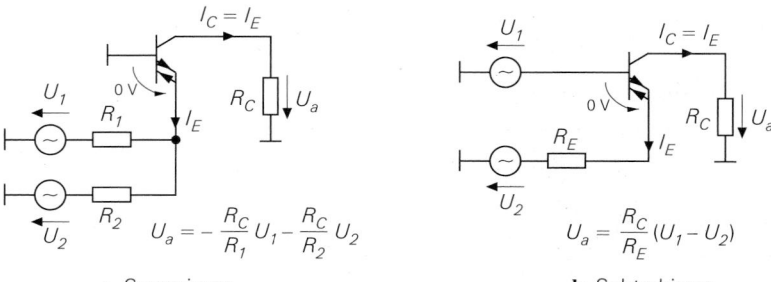

a Summierer   **b** Subtrahierer

Abb. 5.129. CC-Operationsverstärker in Basisschaltung als Summierer und als Subtrahierer

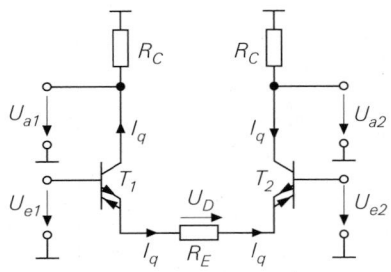

Abb. 5.130.
Differenzverstärker aufgebaut aus zwei CC-Operationsverstärkern

intern erfolgt, ist hier jedoch keine Emitterstromquelle erforderlich und die Kollektorwiderstände werden an Masse angeschlossen. Man kann den Differenzverstärker auch hier mit Operationsverstärker-Symbolen darstellen wie in Abb. 5.131. Die Verbindung der invertierenden Eingänge über den Widerstand R_E findet sich hier wieder. Die Eingangssignale werden an den hochohmigen Eingängen der CC-Operationsverstärker angelegt. Die Kombination der beiden CC-Operationsverstärker ist äquivalent zu einem einzigen VC-Operationsverstärker, bei dem die Eingangsspannung an den hochohmigen Eingängen angelegt wird und der Widerstand R_E die Steilheit bestimmt. In dieser Form haben wir den Differenzverstärker bereits bei den Anwendungen des VC-Operationsverstärkers in Abb. 5.118 und 5.119 eingesetzt.

Zur Berechnung der Spannungsverstärkung beim idealen CC-Operationsverstärker kann man von den Schaltungen in Abb. 5.130 und 5.131 ausgehen. Für $U_{BE} = 0$ lässt sich der Querstrom direkt angeben:

$$I_q = \frac{U_{e1} - U_{e2}}{R_E} = \frac{U_D}{R_E}$$

Da der Kollektorstrom genauso groß ist, ergeben sich die Ausgangsspannungen:

$$U_{a1} = I_q R_C = \frac{R_C}{R_E} U_D \quad \text{und} \quad U_{a2} = - I_q R_C = - \frac{R_C}{R_E} U_D$$

Zur exakten Berechnung der Spannungsverstärkung ist das Modell in Abb. 5.132 geeignet. Hier lassen sich die Steilheitswiderstände bei der Berechnung des Querstroms berücksichtigen:

$$I_q = \frac{U_D}{R_E + 2r_S}$$

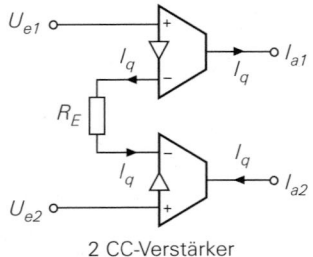

2 CC-Verstärker

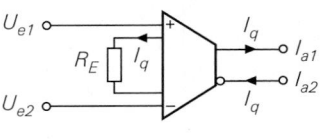

1 VC-Verstärker

Abb. 5.131. Zwei CC-Operationsverstärker ergeben einen VC-Operationsverstärker

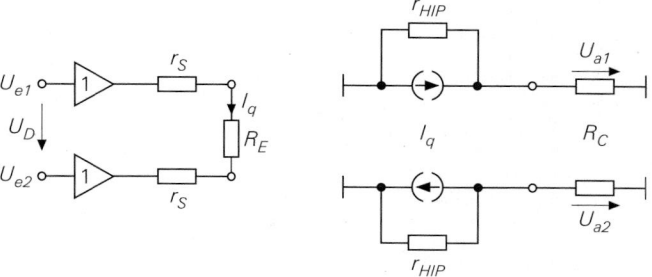

Abb. 5.132. Modell des Differenzverstärkers aus CC-Operationsverstärkern

Die Ausgangswiderstände liegen parallel zu den Kollektorwiderständen, also gilt für die Ausgangsspannungen:

$$U_{a1} = \frac{R_C \| r_{HIP}}{R_E + 2r_S} U_D \quad \text{und} \quad U_{a2} = -\frac{R_C \| r_{HIP}}{R_E + 2r_S} U_D$$

5.8.2.2 Anwendungen mit Spannungsgegenkopplung

Eine Spannungsgegenkopplung ist beim CC-Operationsverstärker dadurch möglich, dass man einen Teil der Ausgangsspannung über einen Spannungsteiler auf den invertierenden Eingang rückkoppelt, wie in Abb. 5.133 gezeigt. Dadurch ergibt sich eine Schaltung, wie sie beim VV-Operationsverstärker als nichtinvertierender Verstärker üblich ist. Der Unterschied besteht hier jedoch darin, dass der Gegenkopplungsspannungsteiler mit dem Eingangsstrom belastet wird. Wenn man die Schaltung mit dem Transistor-Symbol gemäß Abb. 5.133b zeichnet, erkennt man, dass hier gleichzeitig eine Stromgegenkopplung vorliegt. Die Rückkopplung vom Kollektor zum Emitter bewirkt hier eine Gegenkopplung, da der Kollektorstrom gegenüber einem einfachen Transistor invertiert ist. Da die Gegenkopplungsschleife hier weder einen Impedanzwandler am Eingang noch am Ausgang besitzt, also den kürzest möglichen Weg nimmt, spricht man hier von direkter Gegenkopplung *direct feedback*.

Zur Berechnung der Spannungsverstärkung gehen wir vom Modell in Abb. 5.134 aus und vernachlässigen den Ausgangswiderstand r_{HIP}. Dafür wollen wir hier aber die Stromverstärkung $k_I = I_C/I_E$ berücksichtigen. Wenn man die Knotenregel auf den Kollektor und den Emitter anwendet, erhält man:

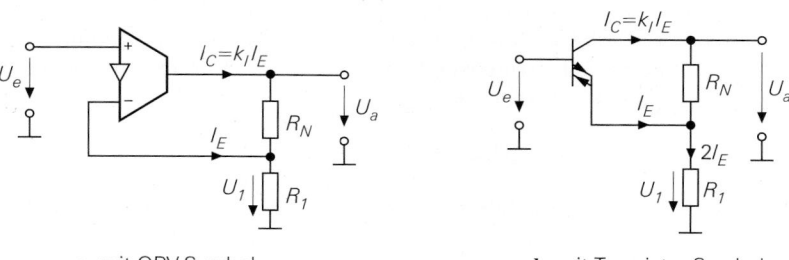

a mit OPV-Symbol   **b** mit Transistor-Symbol

Abb. 5.133. CC-Operationsverstärker mit Spannungsgegenkopplung kombiniert mit Stromgegenkopplung (direct feedback)

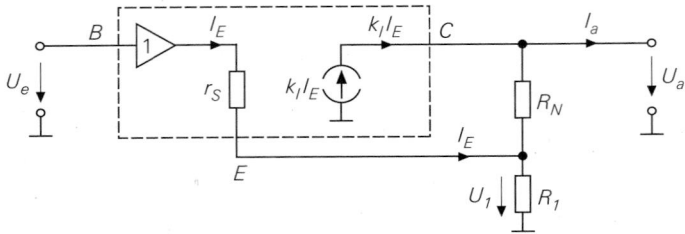

Abb. 5.134. Modell eines CC-Operationsverstärker zur Berechnung der Spannungsverstärkung und des Ausgangswiderstands

$$k_I \frac{U_e - U_1}{r_s} - \frac{U_a - U_1}{R_N} = 0$$

$$\frac{U_e - U_1}{r_s} + \frac{U_a - U_1}{R_N} - \frac{U_1}{R_1} = 0$$

Daraus folgt die Spannungsverstärkung:

$$A = \frac{U_a}{U_e} = \frac{R_1(1 + k_I) + k_I R_N}{R_1(1 + k_I) + r_S} \overset{k_I = 1}{=} \frac{2R_1 + R_N}{2R_1 + r_S} \overset{r_S = 0}{=} 1 + \frac{R_N}{2R_1}$$

Diese Beziehung ist also ganz ähnlich wie beim VV-Operationsverstärker, lediglich die 2 im Nenner ist hier neu. Für $r_S = 0$ und $k_I > 1$ folgt

$$A = \frac{U_a}{U_e} = 1 + \frac{k_I}{k_I + 1} \frac{R_N}{R_1}$$

Der Ausgangswiderstand der Schaltung ist weder so hochohmig wie der Ausgang des Verstärkers selbst, da Gegenkopplung vorliegt, noch so niederohmig wie bei VV-Operationsverstärkern da die Schleifenverstärkung hier geringer ist. Zur Berechnung des Ausgangswiderstands müssen wir noch den Ausgangsstrom I_a berücksichtigen und erhalten dann für $r_S = 0$:

$$r_a = -\frac{U_a}{I_a} = \frac{R_N}{k_I + 1} \tag{5.82}$$

Der Ausgangswiderstand r_a wird also durch den Verstärker aktiv verkleinert. Er lässt sich mit dem Widerstand R_N und k_I auf jeden gewünschten Wert einstellen; die Spannungsverstärkung lässt sich dann noch mit R_1 unabhängig wählen. Aus diesem Grund wurde der CC-Operationsverstärker von Comlinear auch als *Drive-R-Amplifier* bezeichnet.

Um eine Leitung mit dem Wellenwiderstand von $R_t = 50\,\Omega$ zu treiben, ist bei einer Stromverstärkung $k_I = 3$ gemäß (5.82) ein Widerstand

$$R_N = R_t(k_I + 1) = 4R_t = 4 \cdot 50\,\Omega = 200\,\Omega$$

erforderlich. Wenn man – bei Belastung mit R_t – die Verstärkung $A = U_a/U_e = 1$ fordert, muss man

$$R_1 = k_1 R_t = 3 \cdot 50\,\Omega = 150\,\Omega$$

wählen. Abb. 5.135 zeigt dieses Beispiel.

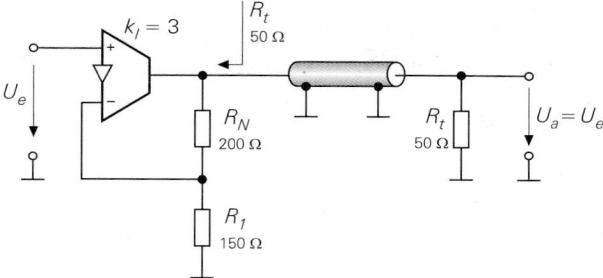

Abb. 5.135.
CC-Operationsverstärker
zur aktiven Terminierung

Die Technik, den Ausgangswiderstand eines hochohmigen Verstärkers durch *direct feedback* auf einen definierten Wert zu verkleinern, hatten wir bereits bei dem Rail-to-Rail-Verstärker angewandt. Man erkennt die Übereinstimmung der Rail-to-Rail-Endstufe in Abb. 5.43 mit dem CC-Operationsverstärker in Abb. 5.123.

Wenn man bei einem CC-Operationsverstärker einen Impedanzwandler am Ausgang anschließt, ergibt sich ein CV-Operationsverstärker. Hier hat man die Möglichkeit, bei der Gegenkopplung zwischen Current Feedback und Direct Feedback zu wählen. Obwohl beide Schaltungen in Abb. 5.136 dieselben Verstärker erfordern, ist die Gegenkopplungs-schleife beim Direct Feedback kürzer als beim Current Feedback; allerdings liegt der Impedanzwandler hier außerhalb der Gegenkopplung.

5.9 Einsatz von Operationsverstärkern

5.9.1 Praktischer Einsatz

Viele parasitäre Effekte lassen sich durch die Schaltungssimulation nicht erfassen. Dazu gehören besonders die Induktivitäten, die durch die Verdrahtung entstehen, da sie vom Verlauf der Leiterbahnen abhängen. Nur wenige Simulationsprogramme sind in der Lage, diese Parameter aus dem Layout zu extrahieren und bei der Simulation automatisch zu berücksichtigen (post layout simulation). Bei niederfrequenten Schaltungen ist das auch nicht erforderlich, aber bei Frequenzen über 1 MHz wird es mit steigender Frequenz immer wichtiger. Über 30 MHz spielen selbst die Induktivitäten des Gehäuses einer integrierten Schaltung eine wichtige Rolle. Aus diesem Grund sind SMD-Bauteile für hohe Frequenzen besonders vorteilhaft, da bei ihnen die parasitären Induktivitäten wegen der geringen

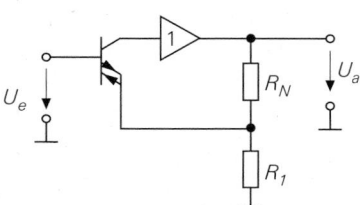

a Transimpedanzverstärker
Current Feedback

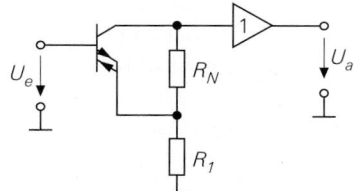

b Stromverstärker mit Impedanzwandler
Direct Feedback

Abb. 5.136. Vergleich eines CV-Operationsverstärkers mit einem CC-Operationsverstärker mit nachfolgendem Impedanzwandler

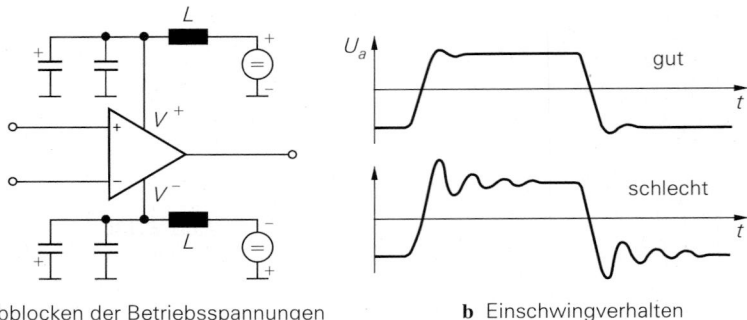

a Abblocken der Betriebsspannungen   **b** Einschwingverhalten

Abb. 5.137. Schwingungsfreier Betrieb von Operationsverstärkern

Abmessungen deutlich kleiner sind. Die wichtigsten Gesichtspunkte, die man beim Einsatz von Operationsverstärkern berücksichtigen sollte, sind im folgenden zusammengefasst.

5.9.1.1 Abblocken der Betriebsspannungen

Die Betriebsspannungen müssen gut abgeblockt sein. Die Betriebsspannungsleitungen haben natürlich eine Induktivität, die umso größer ist, je länger sie sind. Damit daran keine Spannung abfällt, schließt man diese Induktivitäten mit Kondensatoren kurz, wie Abb. 5.137a zeigt. Natürlich darf die Masseleitung der Kondensatoren nicht eine genauso große Induktivität wie die Betriebsspannungszuleitung besitzen. Eine Möglichkeit, das näherungsweise zu erreichen, besteht darin, die Masse als geschlossenes Netz oder noch besser als Massefläche auszuführen, bei der nur die Anschlusspunkte ausgespart sind. Die Kondensatoren sind auch sehr unterschiedlich in ihrem Hochfrequenzverhalten. Elektrolytkondensatoren besitzen wegen ihrer großen Kapazität selbst bei niedrigen Frequenzen niedrige Widerstände. Ihr Widerstand steigt jedoch wegen ihrer parasitären Induktivität bei höheren Frequenzen an. Um auch für diese Frequenzen niedrige Widerstände zu erzielen, schaltet man keramische Kondensatoren parallel, deren Widerstand bei hohen Frequenzen trotz ihrer kleineren Kapazität meist deutlich niedriger ist.

5.9.1.2 Schwingneigung

Die Schaltungen können schwingen, besonders bei kapazitiver Last oder wenn man einen Verstärker unter A_{min} betreibt. Die Ursache kann aber auch eine unglückliche Leiterbahnführung oder unzureichendes Abblocken der Betriebsspannungen sein. Oft ist die Amplitude gering und die Frequenz hoch, so dass die Schwingung nicht direkt offensichtlich wird. Ein Hinweis ergibt sich häufig dadurch, dass die Schaltung für Gleichspannungen nicht exakt arbeitet. Aus diesem Grund sollte man sich in jedem Fall mit einem Oszilloskop von der fehlerfreien Funktionsweise der Schaltung überzeugen. Man muss dabei aber bedenken, dass der Eingang eine kapazitive Last darstellt, die die Schwingneigung des Operationsverstärkers begünstigt. Deshalb sollte man das Oszilloskop niemals über ein Koaxialkabel oder einen 1:1-Tastkopf anschließen, sondern nur über einen 1:10-Tastkopf, dessen Kapazität meist nur wenige Pikofarad beträgt. Der zugehörige Masseanschluss sollte direkt in der Nachbarschaft des Messpunkts angeschlossen werden.

5.9.1.3 Dämpfung

Wenn man festgestellt hat, dass kein Verstärker der Schaltung schwingt, sollte man sich als nächstes davon überzeugen, dass die Verstärker weit vom Schwingfall entfernt betrieben werden. Einerseits könnten Schwingungen sonst bei temperatur- oder lastbedingten Änderungen einsetzen, andererseits wünscht man meist ein gut gedämpftes Einschwingverhalten. Deshalb ist es nützlich, ein Rechtecksignal kleiner Amplitude einzuspeisen und die Ausgangssignale zu oszillografieren. Dadurch erhält man auf einen Blick eine Aussage über die Dämpfung der Schaltung. Ein Beispiel für ein brauchbares Rechteckverhalten ist in Abb. 5.137b dargestellt.

5.9.1.4 Gegenkopplungswiderstände

Bei VV-Operationsverstärkern hat man viel Freiheit bei der Dimensionierung der Gegenkopplungswiderstände. Wählen Sie sie einerseits so niederohmig, dass keine nennenswerten Fehler durch die Eingangsströme des Operationsverstärkers und durch das Rauschen der Widerstände entstehen. Wählen Sie die Widerstände andererseits so hochohmig, dass der durch sie bedingte Stromverbrauch und die Erwärmung des Operationsverstärkers gering bleiben. Berücksichtigen muss man auch die parasitären Kapazitäten der Widerstände. Auch der Eingang der Operationsverstärker besitzt Kapazitäten, die zu unerwünschten Tiefpässen in der Gegenkopplungsschleife führen können. Deshalb macht man die Widerstände so groß, wie es das dynamische Verhalten erlaubt. Muss man sie hochohmig machen, ist die Parallelschaltung von entsprechenden kleinen Kapazitäten erforderlich, um bei höheren Frequenzen die gewünschte Verstärkung zu erhalten, wie wir es in Abb. 5.99 gezeigt haben. Bei den CV-Operationsverstärkern in Abb. 5.107 bestimmt der Gegenkopplungswiderstand R_N die Schleifenverstärkung und damit auch das Einschwingverhalten; seine Größe ist daher weitgehend durch den Hersteller vorgegeben. Der Vorwiderstand R_1 bestimmt die Verstärkung; seine Größe ist daher durch die Anwendung vorgegeben.

5.9.1.5 Verlustleistung

Wählen Sie die Betriebsspannung möglichst niedrig, um die Verlustleistung der Schaltung klein zu halten. Man muss sich überlegen, ob eine Ausgangsaussteuerbarkeit von $\pm 10\,\text{V}$, wie sie früher üblich war, wirklich erforderlich ist, denn dann benötigt man Betriebsspannungen von $\pm 12... \pm 15\,\text{V}$. Häufig reichen Betriebsspannungen von $\pm 5\,\text{V}$ oder sogar eine einfache Betriebsspannung von $3,3\,\text{V}$ aus, wenn man Rail-to-Rail-Verstärker einsetzt. Bei der Stromaufnahme der Operationsverstärker gibt es große Unterschiede: Sie reicht von wenigen Mikroampere bis zu mehreren Milliampere. Dabei besitzen Verstärker mit höherer Stromaufnahme meist auch eine größere Bandbreite. Deshalb sollte man keinen schnelleren Operationsverstärker einsetzen als für die Aufgabe erforderlich.

5.9.1.6 Kühlung

Bei größeren Ausgangsströmen ist eine zusätzliche Kühlung des Operationsverstärkers erforderlich. Solange die Verlustleistung im Bereich von einem Watt bleibt, ist dafür nicht unbedingt ein Kühlkörper erforderlich, sondern die Wärme lässt sich über ein paar Quadratzentimeter metallisierte Leiterplatte ableiten.

5.9.1.7 Übersteuerung

Wenn man einen Verstärker im Betrieb übersteuert, gehen meist interne Transistoren in die Sättigung und der Kondensator zur Frequenzgangkorrektur lädt sich auf. Meist vergeht

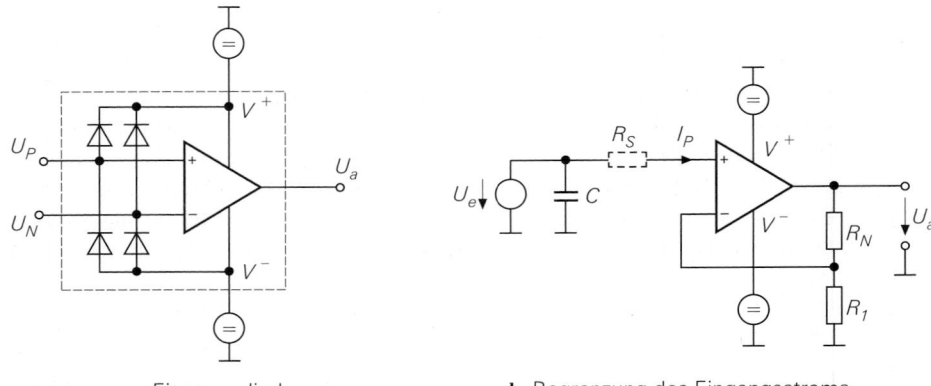

a Eingangsdioden   **b** Begrenzung des Eingangsstroms

Abb. 5.138. Überströme an Operationsverstärker-Eingängen

einige Zeit, bis ein Verstärker nach einer Übersteuerung wieder in den Normalbetrieb zurückkehrt. Deshalb sollte man Übersteuerungen möglichst vermeiden. Wenn das nicht möglich ist, sind übersteuerungsfeste Verstärker (*clamping amplifier*) vorzuziehen, die aufgrund spezieller Schaltungszusätze praktisch keine Erholzeit benötigen. (z.B. AD8036 von Analog Devices oder CLC501 von National).

5.9.1.8 Eingangsschutz

Die Eingangsspannungen einer integrierten Schaltung dürfen die Betriebsspannungen nicht überschreiten, da sonst die in Abb. 5.138a dargestellten parasitären Dioden leitend werden. Die maximal zulässigen Ströme betragen meist nur 10 mA. Besonders kritisch ist der Augenblick nach dem Ausschalten, wenn die Betriebsspannungen Null werden, da die maximale Eingangsspannung dann nur $\pm 0{,}6$ V beträgt. Wenn sich dabei ein geladener Kondensator am Eingang befindet, können unzulässig hohe Entladeströme über die Dioden fließen. Derselbe Fall tritt ein, wenn ein entsprechend großes Eingangssignal weiterhin anliegt. In beiden Fällen ist der in Abb. 5.138b eingezeichnete Schutzwiderstand R_S zur Strombegrenzung nützlich.

5.10 Vergleich

Die Gemeinsamkeiten und Unterschiede der vier verschiedenen Operationsverstärker sollen zusammengefasst werden. Deshalb haben wir alle wichtigen Eigenschaften in den Abbildungen 5.139 und 5.140 gegenübergestellt. In den Schaltsymbolen erkennt man das Stromquellen-Symbol bei den Typen mit Stromausgang als Kennzeichen für einen hochohmigen Ausgang mit eingeprägtem Ausgangsstrom. Bei den Typen mit Stromeingang findet man das Verstärker-Symbol zwischen den Eingängen als Hinweis auf einen hochohmigen nichtinvertierenden und einen niederohmigen invertierenden Eingang.

Man kann jeden Operationsverstärker als eine gesteuerte Quelle auffassen, die den idealen Verstärker beschreibt. Dabei stellen die Verstärker mit einem niederohmigen Ausgang Spannungsquellen dar, die mit einem hochohmigen Ausgang Stromquellen. Ein hochohmiger (invertierender) Eingang ergibt eine spannungsgesteuerte Quelle, ein niederohmiger eine stromgesteuerte Quelle. Aus den in Abb. 5.140 angegebenen englischen Beschreibungen der Funktion als gesteuerte Quelle ergeben sich dann zwangsläufig die bisher verwendeten Kurzbezeichnungen mit zwei Buchstaben für die vier Operationsverstärker-Typen. Man erkennt an der Systematik auch, dass es weitere Typen nicht geben kann; jede Schaltung lässt sich in der Matrix der vier Operationsverstärker einordnen.

Die in Abb. 5.139 dargestellten Modelle beschreiben die wichtigsten realen Eigenschaften der Operationsverstärker. Wenn man für Z die Parallelschaltung eines Widerstands mit einem Kondensator einsetzt, wird auch das Frequenzverhalten modelliert. Davon haben wir bei den jeweiligen Typen zur Berechnung der Grenzfrequenzen Gebrauch gemacht.

Die Schaltpläne zeigen die bereits behandelten Beispiele mit einer besonders einfachen vergleichbaren Realisierung. Die Operationsverstärker mit Spannungseingang besitzen einen Differenzverstärker am Eingang, die mit Stromeingang einen Spannungsfolger mit kompensierter Basis-Emitter-Spannung. Die Typen mit Spannungsausgang haben einen Emitterfolger am Ausgang, bei den Typen mit Stromausgang fehlt dieser.

Eine besonders instruktive Vergleichsmöglichkeit ergibt sich, wenn man den einfachsten der vier Verstärker, nämlich den CC-Operationsverstärker, als Transistor darstellt und die übrigen drei Typen durch Zusatz von Impedanzwandlern realisiert. Dann zeigt sich, dass der CV-Operationsverstärker einen Spannungsfolger am Ausgang benötigt, der VC-Operationsverstärker einen Spannungsfolger am invertierenden Eingang und der VV-Operationsverstärker beide gleichzeitig.

Zum Vergleich sind in Abb. 5.139 die vier Operationsverstärker als nichtinvertierende Verstärker dargestellt. Bei einem Spannungs-Eingang handelt es sich dann um eine Spannungsgegenkopplung. Bei Strom-Eingang spricht man von einer Stromgegenkopplung, obwohl dabei gleichzeitig eine Spannungsgegenkopplung vorliegt. Eine reine Stromgegenkopplung ergibt sich hier, wenn man den invertierenden Eingang einfach über einen Widerstand an Masse legt (s. Abb. 5.124 ff.). Die angegebenen Beziehungen für die Ausgangsspannung sind überall gleich, bis auf den CC-Operationsverstärker, bei dem eine zusätzliche 2 im Nenner steht. Sie gelten bei den Verstärkern mit Stromausgang allerdings nur dann, wenn der Ausgang unbelastet ist. Die Gegenkopplungs-Ausgangsbeschreibung in Abb. 5.140 führt ebenfalls zu der üblichen systematischen Kurzbezeichnung der Operationsverstärker.

Die Gegenkopplungsschleifen in Abb. 5.139 zeigen, dass der Weg beim VV-Operationsverstärker am längsten und beim CC-Operationsverstärker am kürzesten ist. Aus diesem Grund treten bei hohen Frequenzen beim CC-Operationsverstärker die geringsten Phasennacheilungen und damit auch die geringsten Stabilitätsprobleme auf. Deshalb ist er für hohe Frequenzen besonders gut geeignet.

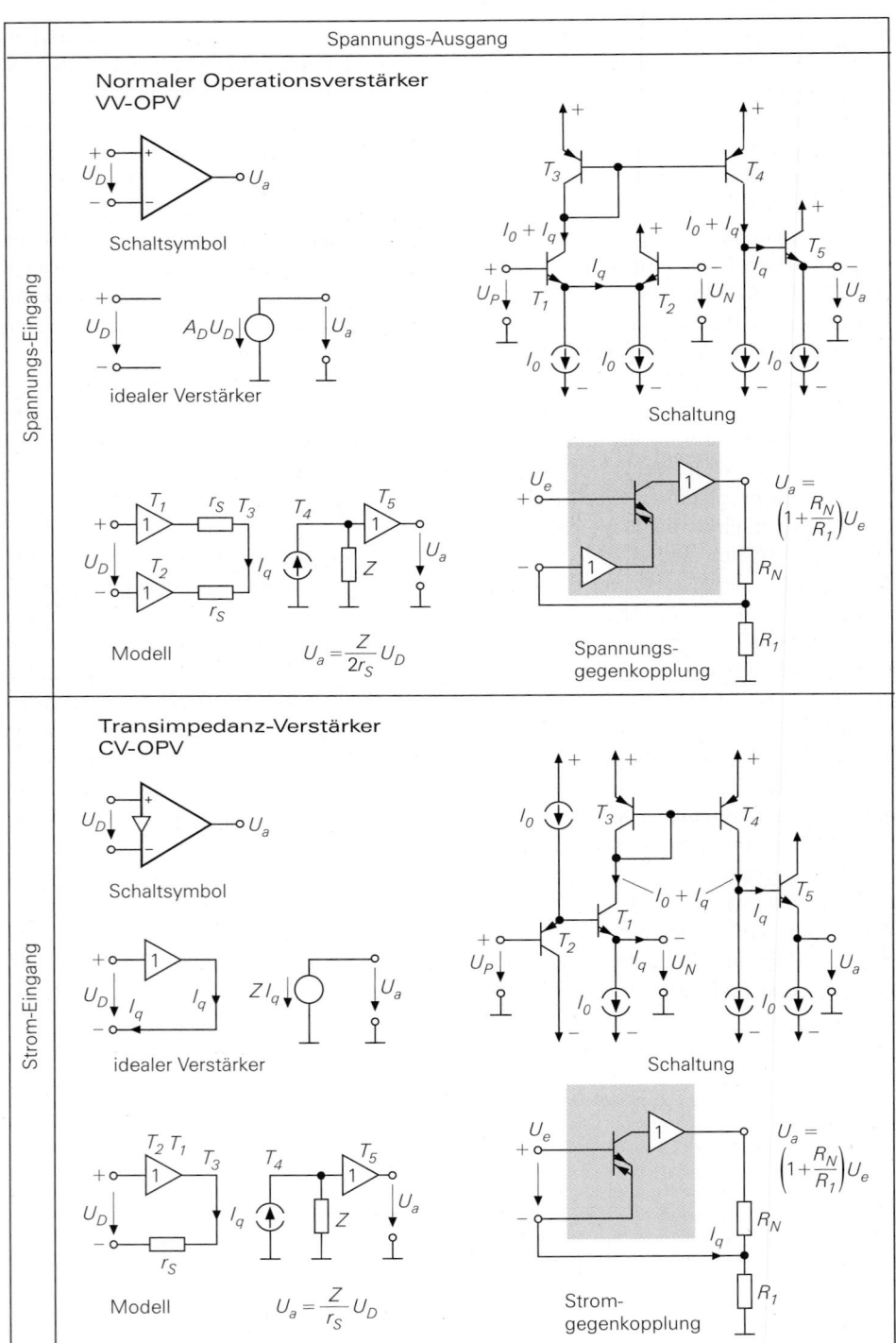

Abb. 5.139. Matrix der Operationsverstärker. Vergleich der Schaltungen

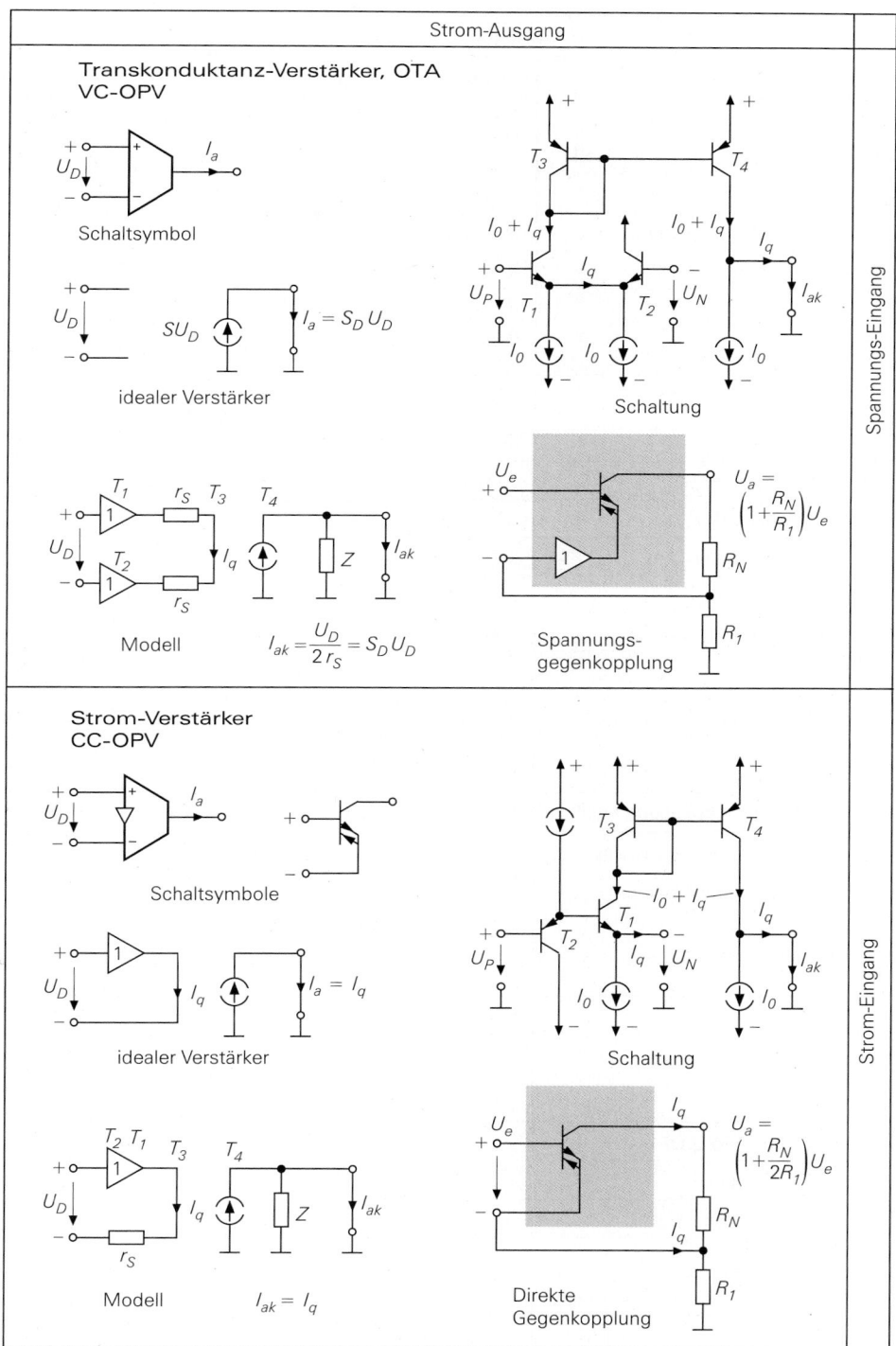

Abb. 5.139. Matrix der Operationsverstärker. Vergleich der Schaltungen

Spannungs-Ausgang		
Spannungs-Eingang	Bürgerlicher Name	**Normaler Operationsverstärker**
	Systematischer Name	VV-Operationsverstärker
	Funktion als gesteuerte Quelle	Voltage-Controlled Voltage Source, VCVS
	Gegenkopplung - Ausgang	Voltage Feedback, Voltage Output, VFVO
	Art der Gegenkopplung	Spannungsgegenkopplung
	Anwendung	Verstärker für niedrige Frequenzen
	Vorteile	geringe Offsetspannung niedrige Drift hohe Präzision bei niedrigen Frequenzen
	Nachteile	ungeeignet für hohe Frequenzen Stabilitätsprobleme bei kapazitiver und induktiver Last
	Typisches Beispiel	AD797 (Analog Devices)
	Offsetspannung	25 μV ☺
	Offsetspannungsdrift	0.2 μV/K ☺
	Eingangsstrom	250 nA ☹
	Großsignal-Bandbreite	300 kHz ☺
	Slew rate	20 V/μs ☺

Strom-Eingang	Bürgerlicher Name	**Transimpendanz-Verstärker**
	Systematischer Name	CV-Operationsverstärker
	Funktion als gesteuerte Quelle	Current-Controlled Voltage Source, CCVS
	Gegenkopplung - Ausgang	Current Feedback, Voltage Output, CFVO
	Art der Gegenkopplung	Stromgegenkopplung
	Anwendung	Verstärker für hohe Frequenzen
	Vorteile	hohe Bandbreite hohe Slew Rate
	Nachteile	Stabilitätsprobleme bei kapazitiver und induktiver Last
	Typisches Beispiel	AD8009 (Analog Devices)
	Offsetspannung	2 mV ☹
	Offsetspannungsdrift	4 μV/K ☺
	Eingangsstrom	50 μA ☹
	Großsignal-Bandbreite	500 MHz ☺
	Slew rate	5500 V/μs ☺

Abb. 5.140. Matrix der Operationsverstärker. Vergleich der Parameter

Strom-Ausgang		
Bürgerlicher Name	**Transkonduktanzverstärker**	
Systematischer Name	VC-Operationsverstärker	
Funktion als gesteuerte Quelle	Voltage-Controlled Current Source, VCCS	
Gegenkopplung - Ausgang	Voltage Feedback, Current Output, VFCO	
Art der Gegenkopplung	Spannungsgegenkopplung	Spannungs-Eingang
Anwendung	Treiber für kapazitive Lasten	
Vorteile	geringe Offsetspannung gutes Einschwingverhalten bei kapazitiven Lasten	
Nachteile	Last muss bei der Dimensionierung bekannt sein	
Typisches Beispiel	MAX436 (Maxim)	
Offsetspannung	0.3 mV ☺	
Offsetspannungsdrift	4 μV/K ☹	
Eingangsstrom	1 μA ☹	
Großsignal-Bandbreite	200 MHz ☺	
Slew rate	850 V/μs ☺	

Bürgerlicher Name	**Stromverstärker**	
Systematischer Name	CC Operationsverstärker	
Funktion als gesteuerte Quelle	Current-Controlled Current Source, CCCS	
Gegenkopplung - Ausgang	Current Feedback, Current Output, CFCO	
Art der Gegenkopplung	Stromgegenkopplung	Strom-Eingang
Anwendung	Aktiver Filter für hohe Frequenzen Treiber für Magnetköpfe, Laserdioden Leitungstreiber	
Vorteile	hohe Bandbreite hohe Slew Rate	
Nachteile	Last muss bei der Dimensionierung bekannt sein	
Typisches Beispiel	OPA860 (Texas Instruments)	
Offsetspannung	8 mV ☹	
Offsetspannungsdrift	40 μV/K ☺	
Eingangsstrom	0.3 μA ☺	
Großsignal-Bandbreite	400 MHz . ☺	
Slew rate	3000 V/μs ☺	

Abb. 5.140. Matrix der Operationsverstärker. Vergleich der Parameter

Kapitel 6:
Digitaltechnik Grundlagen

Bei den bisher behandelten analogen Schaltungen wird das Signal durch die Größe der Spannung repräsentiert; bei den digitalen Schaltungen, die hier behandelt werden, unterscheidet man lediglich zwei Zustände einer Spannung: Sie kann einen high-Pegel besitzen, den man bei positiver Logik mit der logischen Zustand 1 oder einen low-Pegel, den man mit dem Zustand 0 verbindet. Eine Folge davon ist, das man die Transistoren in digitalen Schaltungen nur in zwei extremen Arbeitspunkten betreibt: leitend oder gesperrt.

Das Bindeglied zwischen der analogen und der digitalen Welt stellt der Komparator dar. Wie man in Abb. 6.1 erkennt, vergleicht ein Komparator zwei Eingangsspannungen in ihrer Größe und liefert ein binäres Ausgangssignal, das sich entweder im Zustand

$$\text{High} \mathrel{\widehat{=}} 1 \quad , \quad \text{Low} \mathrel{\widehat{=}} 0$$

befindet. Dies Zuordnung bezeichnet man als *positive Logik*. Wie groß die zugehörigen Eingangs- und Ausgangsspannungen sind, hängt von der verwendeten Logikfamilie ab. Abb. 6.1 zeigt ein Beispiel, das für TTL- oder CMOS-Pegel typisch ist. Komparatoren werden in Abschnitt 14.1.1 auf S. 883 behandelt.

Digitale Geräte erscheinen auf den ersten Blick kompliziert. Ihr Aufbau beruht jedoch auf dem einfachen Konzept der wiederholten Anwendung weniger logischer Grundschaltungen. Die Verknüpfung dieser Grundschaltungen erhält man aus der Problemstellung durch Anwendung rein formaler Methoden. Die Hilfsmittel dazu liefert die Boolesche Algebra (George Boole, 1854), die im speziellen Fall der Anwendung auf die Digitalschaltungstechnik als Schaltalgebra (Claude E. Shannon, 1938) bezeichnet wird. In den folgenden Abschnitten wollen wir daher zunächst die Grundlagen der Schaltalgebra zusammenstellen.

6.1 Die logischen Grundfunktionen

Im Unterschied zu einer Variablen in der normalen Algebra kann eine logische Variable nur zwei diskrete Werte annehmen, die im allgemeinen als logische Null und logische Eins bezeichnet werden. Als Symbol verwendet man dafür 0 und 1.

Es gibt drei grundlegende Verknüpfungen zwischen logischen Variablen: die Konjunktion (UND-Verknüpfung), die Disjunktion (ODER-Verknüpfung) und die Negation (NICHT-Operation). In Anlehnung an die Zahlenalgebra werden folgende Rechenzeichen verwendet:

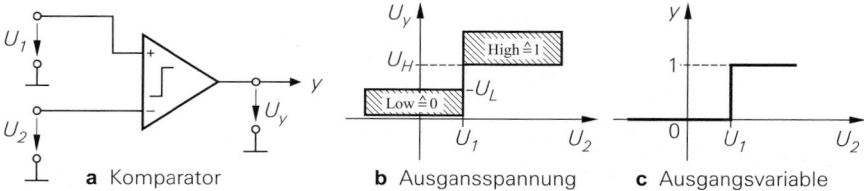

a Komparator　　**b** Ausganssspannung　　**c** Ausgangsvariable

Abb. 6.1. Komparator als Umsetzer von analogen zu digitalen Signalen.
Beispiel: $U_L = 0{,}4\,\text{V}$, $U_H = 2{,}4\,\text{V}$

© Springer-Verlag GmbH Deutschland, ein Teil von Springer Nature 2019
U. Tietze et al., *Halbleiter-Schaltungstechnik*

x_1	x_2	$y = x_1 \cdot x_2$
0	0	0
0	1	0
1	0	0
1	1	1

x_1	x_2	$y = x_1 + x_2$
0	0	0
0	1	1
1	0	1
1	1	1

x	$y = \overline{x}$
0	1
1	0

a Konjunktion,
UND-Verknüpfung

b Disjunktion,
ODER-Verknüpfung

c Negation,
NICHT-Operation

Abb. 6.2. Wahrheitstafel der logischen Grundverknüpfungen

Konjunktion, UND: $y = x_1 \wedge x_2 = x_1 \cdot x_2 = x_1 x_2$

Disjunktion, ODER: $y = x_1 \vee x_2 = x_1 + x_2$

Negation, NICHT: $y = \overline{x}$

Da die auftretenden Eingangs- und Ausgangssignale nur die Werte 0 oder 1 annehmen
können, kann man alle möglichen Kombinationen in einer Tabelle darstellen. Eine solche
Tabelle wird als Wahrheitstafel bezeichnet; für die 3 Grundverknüpfungen sind sie in
Abb. 6.2 dargestellt. Man erkennt bei der Konjunktion, dass y nur dann gleich 1 wird,
wenn x_1 *und* x_2 gleich 1 sind. Aus diesem Grund wird die Konjunktion auch als UND-
Verknüpfung bezeichnet. Bei der Disjunktion wird y immer dann gleich 1, wenn x_1 *oder*
x_2 gleich 1 ist. Daher wird die Disjunktion auch als ODER-Verknüpfung bezeichnet. Beide
Verknüpfungen kann man entsprechend auf beliebig viele Variablen erweitern. Für diese
Rechenoperationen gelten eine Reihe von Axiomen und davon abgeleiteten Theoremen,
die in Abb. 6.2 zusammengestellt sind.

Axiome		**Duale Form**	
Operation mit 0 und 1:			
$x \cdot 1 = x$	(6.1a)	$x + 0 = x$	(6.1b)
Gesetz für die Negation:			
$x \cdot \overline{x} = 0$	(6.2a)	$x + \overline{x} = 1$	(6.2b)
Kommutatives Gesetz:			
$x_1 \cdot x_2 = x_2 \cdot x_1$	(6.3a)	$x_1 + x_2 = x_2 + x_1$	(6.3b)
Distributives Gesetz:			
$x_1 \cdot (x_2 + x_3) = x_1 \cdot x_2 + x_1 \cdot x_3$	(6.4a)	$x_1 + x_2 \cdot x_3 = (x_1 + x_2) \cdot (x_1 + x_3)$	(6.4b)
Theoreme		**Duale Form**	
Assoziatives Gesetz:			
$x_1 \cdot (x_2 \cdot x_3) = (x_1 \cdot x_2) \cdot x_3$	(6.5a)	$x_1 + (x_2 + x_3) = (x_1 + x_2) + x_3$	(6.5b)
De MorgansGesetz:			
$\overline{x_1 \cdot x_2} = \overline{x}_1 + \overline{x}_2$	(6.6a)	$\overline{x_1 + x_2} = \overline{x}_1 \cdot \overline{x}_2$	(6.6b)
Absorptionsgesetz:			
$x_1 \cdot (x_1 + x_2) = x_1$	(6.7a)	$x_1 + x_1 \cdot x_2 = x_1$	(6.7b)
Tautologie:			
$x \cdot x = x$	(6.8a)	$x + x = x$	(6.8b)
Doppelte Negation:			
$\overline{\overline{x}} = x$	(6.9a)		
Operationen mit 0 und 1:			
$x \cdot 0 = 0$	(6.10a)	$x + 1 = 1$	(6.10b)
$\overline{0} = 1$	(6.11a)	$\overline{1} = 0$	(6.11b)

Abb. 6.3. Axiome und abgeleitete Gesetze der Schaltalgebra

x_1	x_2	$x_1 \cdot x_2$	$y = x_1 + x_1 \cdot x_2$
0	0	0	0
0	1	0	0
1	0	0	1
1	1	1	1

Abb. 6.4.
Verifikation des Absorptionsgesetzes
$x_1 + x_1 \cdot x_2 = x_1$

Viele dieser Gesetze sind schon aus der Zahlenalgebra bekannt. Jedoch gelten (6.4b), (6.7a, b), (6.8a, b) und (6.10b) nicht für Zahlen; außerdem existiert der Begriff der Negation bei Zahlen überhaupt nicht. Ausdrücke wie $2x$ und x^2 treten infolge der Tautologie in der Schaltalgebra nicht auf.

Vergleicht man jeweils die linken und die rechten Gleichungen, erkennt man das wichtige Prinzip der Dualität: Vertauscht man in irgendeiner Identität Konjunktion mit Disjunktion und 0 mit 1, erhält man wieder eine Identität.

Ein Beispiel soll zeigen, dass man die Theoreme in Abb. 6.2 mittels der 4 Axiome herleiten kann. Hier soll die Tautologie $x + x = x$ in (6.8b) bestätigt werden:

$$
\begin{aligned}
x + x &= (x + x) \cdot 1 & \text{gemäß (6.1a)} \\
&= (x + x) \cdot (x + \bar{x}) & \text{gemäß (6.2b)} \\
&= x \cdot (x \cdot \bar{x}) & \text{gemäß (6.4b)} \\
&= x + 0 & \text{gemäß (6.2a)} \\
&= x & \text{gemäß (6.1b)}
\end{aligned}
$$

Mit Hilfe der Operationen mit 0 und 1 in Abb. 6.2 ist es möglich, die Konjunktion und die Disjunktion für alle möglichen Werte der Variablen x_1 und x_2 auszurechnen. Auf diese Weise kann man die Wahrheitstafeln in Abb. 6.2 bestätigen.

Auch die anderen Theoreme in Abb. 6.2 lassen sich mit Wahrheitstafeln leicht nachprüfen. Abbildung 6.4 zeigt ein Beispiel für das Absorptionsgesetz gemäß (6.7b). Man erkennt, dass der Term $x_1 \cdot x_2$ nur in der 4. Zeile eine 1 besitzt, in der x_1 ohnehin schon 1 ist. Deshalb ändert der Term $x_1 \cdot x_2$ das Ergebnis nicht.

Die logischen Grundfunktionen lassen sich durch entsprechende Schaltungen realisieren. Solche Schaltungen besitzen einen oder mehrere Eingänge und einen Ausgang. Sie werden als „Gatter" bezeichnet. Es gibt eine Vielzahl verschiedener Möglichkeiten, Gatter schaltungstechnisch zu realisieren. Sie bestimmen die Spannungspegel im Low- und High-Zustand. Für den Entwurf digitaler Schaltungen sind die Spannungspegel aber unwichtig: sie müssen lediglich zu einander passen, was innerhalb einer Schaltungsfamilie natürlich gewährleistet ist. Deshalb hat man zur Beschreibung digitaler Schaltungen Gatter eingeführt, die lediglich die logische Funktion kennzeichnen und nichts über die Logikfamilie aussagen. Sie erleichtern das Verständnis digitaler Schaltungen, da sie von dem inneren Aufbau abstrahieren. Diese Schaltsymbole sind in Abb. 6.5 zusammengestellt. Die vollständige Norm ist in DIN 40 900 Teil 12 zu finden. Veraltete Schaltsymbole, sind in Abb. 6.6 zusammengestellt. Leider werden sie in manchen Entwurfsprogrammen für digitale Schaltungen auch heute noch verwendet.

6.2 Aufstellung logischer Funktionen

In der Digitaltechnik ist die Problemstellung im einfachsten Fall in Form einer Funktionstabelle gegeben, die auch als Wahrheitstafel bezeichnet wird. Die Aufgabe besteht dann zunächst darin, eine logische Funktion zu finden, die diese Wahrheitstafel erfüllt. Im nächs-

a UND-Gatter   b ODER-Gatter   c NICHT-Gatter

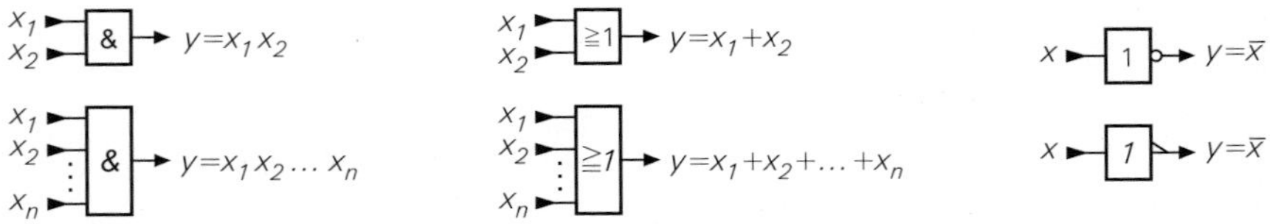

Abb. 6.5. Schaltsymbole gemäß DIN 40900, Teil 12

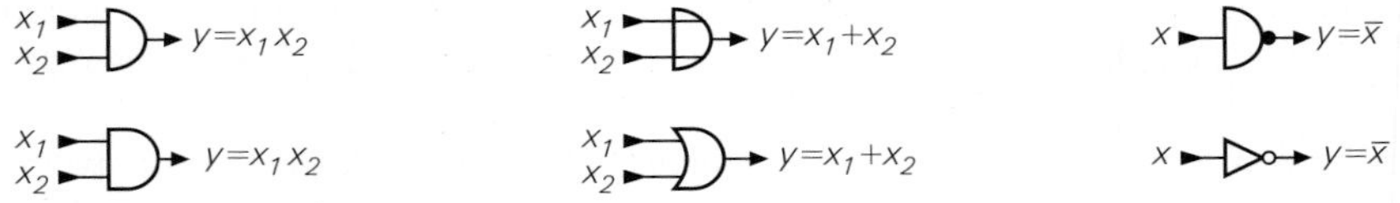

a UND-Gatter   b ODER-Gatter   c NICHT-Gatter

Abb. 6.6. Alte Schaltsymbole

ten Schritt wird diese Funktion auf die einfachste Form gebracht. Dann kann man sie durch entsprechende Kombination der logischen Grundschaltungen realisieren. Zur Aufstellung der logischen Funktion bedient man sich in der Regel der *disjunktiven Normalform*. Dabei geht man folgendermaßen vor:

1) Man sucht in der Wahrheitstafel alle Zeilen auf, in denen die Ausgangsvariable y den Wert 1 besitzt.
2) Von jeder dieser Zeilen bildet man die Konjunktion aller Eingangsvariablen; und zwar setzt man x_i ein, wenn bei der betreffenden Variablen eine 1 steht, andernfalls $\bar{x}_i$. Auf diese Weise erhält man gerade so viele Produktterme wie Zeilen mit $y = 1$.
3) Die gesuchte Funktion erhält man schließlich, indem man die Disjunktion aller gefundenen Produktterme bildet.

Nun wollen wir das Verfahren anhand der Wahrheitstafel in Abb. 6.7 erläutern. In den Zeilen 3, 5 und 7 ist $y = 1$. Zunächst müssen also die Konjunktionen dieser Zeilen gebildet werden:

$$\text{Zeile 3:} \quad K_3 = \bar{x}_1 x_2 \bar{x}_3,$$
$$\text{Zeile 5:} \quad K_5 = x_1 \bar{x}_2 \bar{x}_3,$$
$$\text{Zeile 7:} \quad K_7 = x_1 x_2 \bar{x}_3$$

Die gesuchte Funktion ergibt sich nun als die Disjunktion der Konjunktionen:

$$y = K_3 + K_5 + K_7,$$
$$y = \bar{x}_1 x_2 \bar{x}_3 + x_1 \bar{x}_2 \bar{x}_3 + x_1 x_2 \bar{x}_3$$

Zeile	x_1	x_2	x_3	y
1	0	0	0	0
2	0	0	1	0
3	0	1	0	1
4	0	1	1	0
5	1	0	0	1
6	1	0	1	0
7	1	1	0	1
8	1	1	1	0

Abb. 6.7.
Beispiel für eine Wahrheitstafel mit der logischen Funktion $y = (x_1 + x_2)\bar{x}_3$

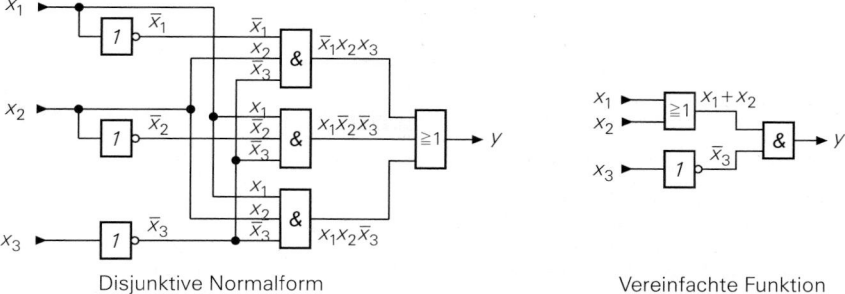

Disjunktive Normalform   Vereinfachte Funktion

Abb. 6.8. Realisierung der logischen Funktion $y = \overline{x}_1 x_2 \overline{x}_3 + x_1 \overline{x}_2 \overline{x}_3 + x_1 x_2 \overline{x}_3 = (x_1 + x_2) \overline{x}_3$

Dies ist die disjunktive Normalform der gesuchten logischen Funktion. Aus der logischen Funktion ergibt sich unmittelbar die schaltungstechnische Realisierung, die in Abb. 6.8 dargestellt ist. Allerdings sollte man vor der Realisierung die Möglichkeiten zur Vereinfachung prüfen. Dazu wenden wir das distributive Gesetz in Gl. (6.4a) an und erhalten:

$$y = [\overline{x}_1 x_2 + x_1 (\overline{x}_2 + x_2)] \overline{x}_3$$

Die Gln. (6.2b) und (6.1a) liefern die Vereinfachung:

$$y = (\overline{x}_1 x_2 + x_1) \overline{x}_3$$

Mit dem distributiven Gesetz Gl. (6.4b) folgt:

$$y = (x_1 + x_2)(x_1 + \overline{x}_1) \overline{x}_3$$

Durch nochmalige Anwendung der Gln. (6.2b) und (6.1a) erhalten wir schließlich das vereinfachte Ergebnis:

$$y = (x_1 + x_2) \overline{x}_3$$

In Abb. 6.8 erkennt man die starke Vereinfachung der Schaltung.

Wenn in der Wahrheitstafel bei der Ausgangsvariablen y mehr Einsen als Nullen stehen, erhält man viele Produktterme. Man kann nun von vornherein eine Vereinfachung vornehmen, indem man statt y die negierte Ausgangsvariable $\overline{y}$ betrachtet. Bei dieser negierten Variablen stehen dann sicher weniger Einsen als Nullen; man erhält bei der Aufstellung der logischen Funktion für die negierte Variable $\overline{y}$ demnach weniger Produktterme, also eine von vornherein einfachere Funktion. Man braucht sie zum Schluss nur zu negieren, um die gesuchte Funktion für y zu erhalten. Dazu sind lediglich die Operationen $(+)$ und $(\cdot)$ zu vertauschen, sowie alle Variablen und Konstanten einzeln zu negieren.

6.2.1 Das Karnaugh-Diagramm

Ein wichtiges Hilfsmittel zur Gewinnung einer möglichst einfachen logischen Funktion ist das Karnaugh-Diagramm. Es ist nichts weiter als eine andere Anordnung der Wahrheitstafel. Die Werte der Eingangsvariablen werden dabei nicht einfach untereinander geschrieben, sondern an dem horizontalen und vertikalen Rand eines schachbrettartig unterteilten Feldes angeordnet. Bei einer geraden Anzahl von Eingangsvariablen schreibt man die Hälfte an den einen Rand und die andere Hälfte an den anderen. Bei einer ungeraden Anzahl von Variablen muss man an einem Rand eine Variable mehr anschreiben als an dem anderen.

x_1	x_2	y
0	0	0
0	1	0
1	0	0
1	1	1

Abb. 6.9.
Wahrheitstafel der UND-Funktion

Abb. 6.10.
Karnaugh-Diagramm der UND-Funktion

Die Anordnung der verschiedenen Kombinationen der Eingangsfunktionswerte muss so vorgenommen werden, dass sich jeweils nur *eine* Variable ändert, wenn man von einem Feld zum Nachbarfeld übergeht. In die Felder selbst werden die Werte der Ausgangsvariablen y eingetragen, die zu den an den Rändern stehenden Werten der Eingangsvariablen gehören. Abbildung 6.9 zeigt noch einmal die Wahrheitstafel der UND-Funktion für zwei Eingangsvariablen, Abb. 6.10 das zugehörige Karnaugh-Diagramm.

Da das Karnaugh-Diagramm nur eine vereinfachte Schreibweise der Wahrheitstafel ist, kann man aus ihm die disjunktive Normalform der zugehörigen logischen Funktion auf die schon beschriebene Weise gewinnen. Der Vorteil besteht darin, dass man mögliche Vereinfachungen leicht erkennen kann. Wir wollen dies anhand des Beispiels in Abb. 6.11 erläutern.

Zur Aufstellung der disjunktiven Normalform muss zunächst, wie oben beschrieben, für jedes Feld, in dem eine Eins steht, die Konjunktion aller Eingangsvariablen gebildet werden. Für das Feld in der linken oberen Ecke ergibt sich:

$$K_1 = \overline{x}_1\overline{x}_2\overline{x}_3\overline{x}_4$$

Für das Feld rechts daneben folgt:

$$K_2 = \overline{x}_1 x_2 \overline{x}_3 \overline{x}_4$$

x_1	x_2	x_3	x_4	y
0	0	0	0	1
0	0	0	1	1
0	0	1	0	1
0	0	1	1	1
0	1	0	0	1
0	1	0	1	0
0	1	1	0	0
0	1	1	1	0
1	0	0	0	1
1	0	0	1	0
1	0	1	0	1
1	0	1	1	1
1	1	0	0	0
1	1	0	1	0
1	1	1	0	1
1	1	1	1	1

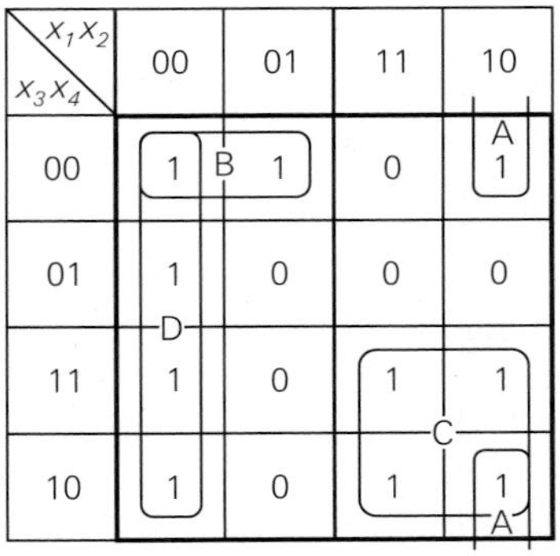

Abb. 6.11. Wahrheitstafel mit zugehörigem Karnaugh-Diagramm

Bildet man zum Schluss die Disjunktion aller Konjunktionen, tritt unter anderem der Ausdruck

$$K_1 + K_2 \; = \; \overline{x}_1\overline{x}_2\overline{x}_3\overline{x}_4 + \overline{x}_1x_2\overline{x}_3\overline{x}_4$$

auf. Er lässt sich vereinfachen zu:

$$K_1 + K_2 \; = \; \overline{x}_1\overline{x}_3\overline{x}_4(\overline{x}_2 + x_2) \; = \; \overline{x}_1\overline{x}_3\overline{x}_4$$

Daran erkennt man die allgemeine Vereinfachungsregel für das Karnaugh-Diagramm:

Wenn in einem Rechteck oder Quadrat mit 2,4,8,16, ... Feldern überall Einsen stehen, kann man direkt die Konjunktion der ganzen Gruppe gewinnen, indem man nur die Eingangsvariablen berücksichtigt, die in allen Feldern der Gruppe den gleichen Wert (0 oder 1) besitzen.

Danach erhält man in unserem Beispiel für die Zweiergruppe B die Konjunktion

$$K_B \; = \; \overline{x}_1\overline{x}_3\overline{x}_4$$

in Übereinstimmung mit der oben angegebenen Funktion. Für die Vierer-Reihe D in Abb. 6.11 ergibt sich:

$$K_D \; = \; \overline{x}_1\overline{x}_2$$

Entsprechend erhalten wir für das Viererquadrat C die Konjunktion:

$$K_C \; = \; x_1x_3$$

Nun bleibt noch die Eins in der rechten oberen Ecke. Sie lässt sich z.B. wie eingezeichnet mit der Eins am unteren Rand derselben Spalte zu einer Zweiergruppe K_A verbinden. Eine andere Möglichkeit wäre die Zusammenfassung mit der Eins am linken Rand der ersten Zeile. Die einfachste Lösung erhält man jedoch, wenn man beachtet, dass sich in jeder Ecke des Karnaugh-Diagramms eine Eins befindet. Diese Einsen lassen sich zu einer Viererguppe verbinden, und wir erhalten:

$$K_A \; = \; \overline{x}_2\overline{x}_4$$

Daraus folgt: Zu einer Gruppe zusammenfassen lassen sich auch solche Felder, die sich am linken und rechten Rand einer Zeile bzw. am oberen und unteren Rand einer Spalte befinden. Für die disjunktive Normalform erhält man nun das schon stark vereinfachte Ergebnis:

$$y \; = \; K_A + K_B + K_C + K_D,$$
$$y \; = \; \overline{x}_2\overline{x}_4 + \overline{x}_1\overline{x}_3\overline{x}_4 + x_1x_3 + \overline{x}_1\overline{x}_2$$

Heutzutage vereinfacht man logische Funktionen aber nicht mehr von Hand, sondern setzt dazu einen Minimizer der Entwurfssoftware ein, der die Funktion nicht unbedingt auf eine minimale Anzahl von Termen reduziert, sondern auf eine optimale Realisierung mit dem infrage kommenden PLD oder FPGA (device fitter).

Eingangs-variablen x_1 x_2	$y = x_1 + x_2$ $= x_1$ OR x_2	$y = x_1 \cdot x_2$ $= x_1$ UND x_2	$y = \overline{x_1 + x_2}$ $= x_1$ NOR x_2	$y = \overline{x_1 \cdot x_2}$ $= x_1$ NAND x_2	$y = x_1 \oplus x_2$ $= x_1$ EXOR x_2 $= x_1$ ANTIV x_2	$y = \overline{x_1 \oplus x_2}$ $= x_1$ EXNOR x_2 $= x_1$ ÄQUIV x_2
0 0	0	0	1	1	0	1
0 1	1	0	0	1	1	0
1 0	1	0	0	1	1	0
1 1	1 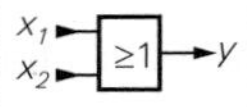	1 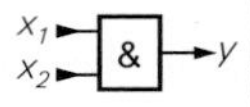	0 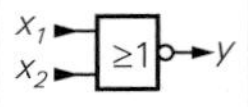	0 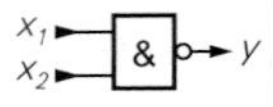	0 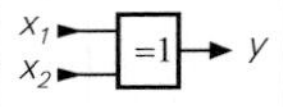	1 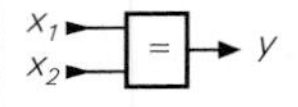

Abb. 6.12. Aus der UND- bzw. ODER-Funktion abgeleitete Grundfunktionen

6.3 Abgeleitete Grundfunktionen

In den vorhergehenden Abschnitten haben wir gezeigt, dass jede beliebige logische Funktion durch geeignete Kombination der Grundfunktionen ODER, UND, NICHT darstellbar ist. Es gibt nun eine Reihe von abgeleiteten Funktionen, die in der Schaltungstechnik so häufig auftreten, dass man ihnen eigene Namen gegeben hat. Ihre Wahrheitstafeln und Schaltsymbole haben wir in Abb. 6.12 zusammengestellt.

Die NOR- und NAND-Funktionen gehen durch Negation aus der ODER- bzw. UND-Funktion hervor: NOR,= NOT OR; NAND = NOT AND. Demnach gilt:

$$\begin{aligned} x_1 \text{ NOR } x_2 &= \overline{x_1 + x_2} = \overline{x}_1 \overline{x}_2 \\ x_1 \text{ NAND } x_2 &= \overline{x_1 x_2} = \overline{x}_1 + \overline{x}_2 \end{aligned} \qquad (6.12)$$

Bei der *Äquivalenz-Funktion* wird $y = 1$, wenn beide Eingangsvariablen gleich sind. Aus der Wahrheitstafel erhält man durch Aufstellen der disjunktiven Normalform:

$$y = x_1 \text{ ÄQUIV } x_2 = \overline{x}_1 \overline{x}_2 + x_1 x_2$$

Die *Antivalenz-Funktion* ist eine negierte Äquivalenz-Funktion, bei ihr wird y dann gleich Eins, wenn die Eingangsvariablen verschieden sind. Die disjunktive Normalform ergibt:

$$y = x_1 \text{ ANTIV } x_2 = \overline{x}_1 x_2 + x_1 \overline{x}_2$$

Aus der Wahrheitstafel ergibt sich noch eine andere Deutung der Antivalenz-Funktion: Sie stimmt mit der ODER-Funktion in allen Werten überein, bis auf den Fall, in dem alle Eingangsvariablen Eins sind. Deshalb wird sie auch als Exklusiv-ODER-Funktion bezeichnet und mit einem umkreisten + Zeichen symbolisiert. Dem entsprechend kann man die Äquivalenz-Funktion auch als Exklusiv-NOR-Funktion bezeichnen.

Bei der Anwendung integrierter Schaltungen ist es manchmal günstig, beliebige Funktionen ausschließlich mit NAND- bzw. NOR-Gattern zu realisieren. Dazu formt man die Funktionen so um, dass nur noch die gewünschten Verknüpfungen auftreten. Das ist auf einfache Weise möglich, indem man zunächst den Zusammenhang mit den Grundfunktionen aufstellt. Für die UND-Funktion gilt:

$$\begin{aligned} x_1 x_2 &= \overline{\overline{x_1 x_2}} = \overline{x_1 \text{ NAND } x_2}, \\ x_1 x_2 &= \overline{\overline{\overline{x}_1 \overline{x}_2}} = \overline{\overline{x}_1 + \overline{x}_2} = \overline{x}_1 \text{ NOR } \overline{x}_2 \end{aligned}$$

Für die ODER-Verknüpfung erhalten wir entsprechend:

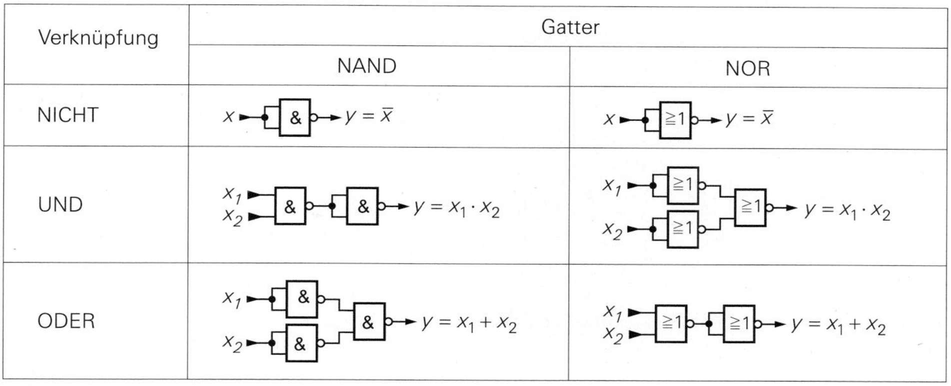

Verknüpfung	Gatter	
	NAND	NOR
NICHT	x ▶─[&]○─▶ $y = \overline{x}$	x ▶─[≥1]○─▶ $y = \overline{x}$
UND	$\begin{array}{c}x_1\\x_2\end{array}$ ▶─[&]○─[&]○─▶ $y = x_1 \cdot x_2$	$\begin{array}{c}x_1\\x_2\end{array}$ ▶─[≥1]○─[≥1]○─▶ $y = x_1 \cdot x_2$
ODER	$\begin{array}{c}x_1\\x_2\end{array}$ ▶─[&]○─[&]○─▶ $y = x_1 + x_2$	$\begin{array}{c}x_1\\x_2\end{array}$ ▶─[≥1]○─[≥1]○─▶ $y = x_1 + x_2$

Abb. 6.13. Realisierung der Grundfunktionen mit NOR- und NAND-Gattern

$$x_1 + x_2 = \overline{\overline{x}_1 + \overline{\overline{x}}_2} = \overline{\overline{x}_1\overline{x}_2} = \overline{x}_1 \text{ NAND } \overline{x}_2$$
$$x_1 + x_2 = \overline{\overline{x_1 + x_2}} = \overline{\overline{x_1} \text{ NOR } \overline{x_2}}$$

Daraus ergeben sich die in Abb. 6.13 eingezeichneten Realisierungsmöglichkeiten. Wenn man eine Schaltung ohne Rechnung umformen möchte, kann man auch die Schaltungen in Abb. 6.13 einsetzen und die entstehenden doppelten Negationen weglassen.

6.4 Schaltungstechnische Realisierung der Grundfunktionen

Es gibt eine Fülle verschiedener Schaltungstechniken zur Realisierung von Gattern, die man auch als Logikfamilien bezeichnet. Sie unterscheiden sich in ihren Eingangs- und Ausgangsspannungen, also den logischen Pegeln, der Leistungsaufnahme und der Gatter-laufzeit. Einige Logikfamilien, die früher eingesetzt wurden, haben heute keine Bedeu-tung mehr, da sie durch bessere Schaltungskonzepte ersetzt wurden. Dazu gehören z.B. die Logikfamilien: Widerstands-Transistor-Logik (RTL), Dioden-Transistor-Logik (DTL), Langsame Störsichere Logik (LSL) und die NMOS-Logik, die hier nicht mehr beschrieben werden.

6.4.1 Statische und dynamische Daten

Die Eigenschaften eines Gatters sollen an dem einfachen Inverter (Nicht-Schaltung) in Abb. 6.14 erläutert werden. Für Eingangsspannungen unter $U_{eL} = 0{,}6$ V sperrt der Tran-sistor und die Ausgangsspannung steigt auf den high-Pegel an der hier $U_{aH} = 2{,}5$ V beträgt, wenn der Lastwiderstand gleich dem Kollektorwiderstand $R_L = R_C$ ist. Bei wei-terem Anstieg der Eingangsspannung sinkt die Ausgangsspannung ab bis der Transistors bei einer Ausgangsspannung von $U_{aL} = 0{,}2$ V in die Sättigung geht; das ist in diesem Beispiel bei einer Eingangsspannung von $U_{eH} = 1{,}6$ V der Fall. Beim Einsatz als Gatter betreibt man den Transistor nur in zwei extremen Arbeitspunkten: gesperrt oder leitend und nicht wie bei einem Verstärker zwischen minimaler und maximaler Ausgangsspannung. Die Spannungsdifferenzen im high- bzw. low-Zustand

$$S_H = U_{aH} - U_{eH} \qquad \text{für} \quad S_L = U_{eL} - U_{aL}$$

bezeichnet man als Störabstände, die in Abb. 6.14 eingezeichnet sind. Sie geben an, wie groß ein Störsignal sein darf ohne das der logische Pegel dadurch undefiniert wird. Span-nungen zwischen U_{eH} und U_{eL} sind für logische Signale unzulässig, da sie nicht eindeutig

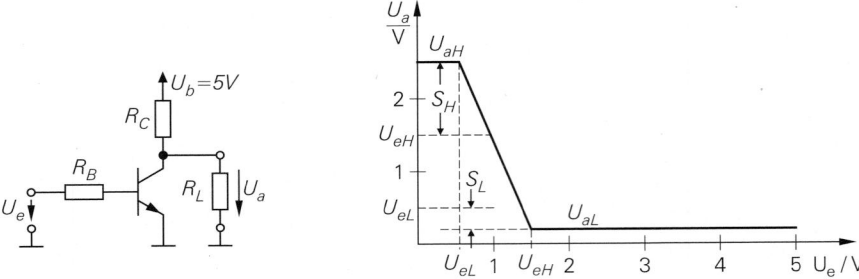

Abb. 6.14. Emitterschaltung als einfacher Inverter (NICHT-Schaltung)

als high- oder low-Zustand gewertet werden können. Dieser Spannungsbereich darf lediglich beim Umschalten kurzfristig durchlaufen werden. Man erkennt an diesem Beispiel, dass die Ausgangsspannung eines Gatters größer bzw. kleiner als die Eingangsspannung sein muss; deshalb muss jedes Gatter einen Verstärker besitzen, um positive Störabstände zu erhalten.

Bei den dynamischen Daten eines Gatters interessiert man sich besonders für die Schaltzeit. Man kann beim Rechteckverhalten verschiedene Zeitabschnitte unterscheiden. Sie sind in Abb. 6.15 eingezeichnet.

Man erkennt, dass die Speicherzeit bei einem Bipolartransistor t_S wesentlich größer ist als die übrigen Schaltzeiten. Sie tritt dann auf, wenn man einen zuvor gesättigten Transistor ($U_{CE} = U_{CE\,sat}$) sperrt. Ist U_{CE} beim leitenden Transistor größer als $U_{CE\,sat}$, verkleinert sich die Speicherzeit stark. Benötigt man schnelle Schalter, macht man von dieser Tatsache Gebrauch und verhindert, dass $U_{CE\,sat}$ erreicht wird. Digitalschaltungen, die nach diesem Prinzip arbeiten, werden als *ungesättigte Logik* bezeichnet. Wie sich das schaltungstechnisch verwirklichen lässt, werden wir bei den betreffenden Schaltungen in Abschnitt 6.4.4 erläutern.

Das Zeitverhalten von Digital-Schaltungen wird im allgemeinen summarisch durch die Gatterlaufzeit (propagation delay time) t_{pd} charakterisiert:

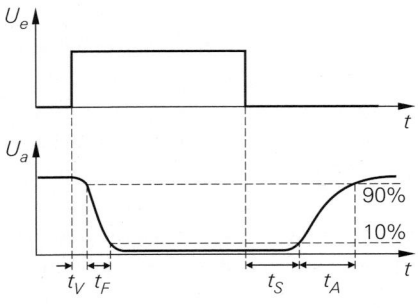

t_V: Verzögerungszeit (delay time)
t_F: Fallzeit (fall time)
t_S: Speicherzeit (storage time)
t_A: Anstiegszeit (rise time)

Abb. 6.15. Schaltverhalten eines Gatters

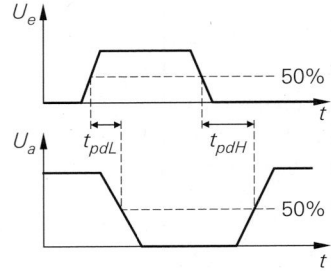

t_{pd}: Gatterlaufzeit
(propagation delay time)

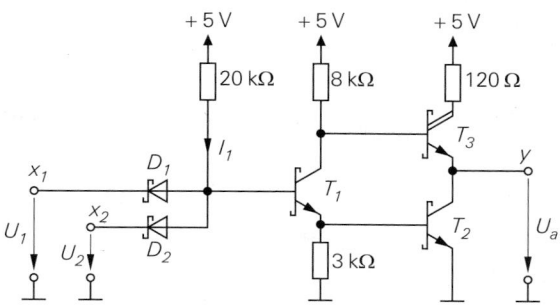

x_2	x_1	y
0	0	1
0	1	1
1	0	1
1	1	0

Abb. 6.16.
Low-Power-Schottky-TTL-NAND-Gatter vom Typ 74 LS 00
(Verlustleistung $P_V = 2$ mW, Gatterlaufzeit $t_{pd} = 10$ ns)

Abb. 6.17.
Wahrheitstafel NAND

$$t_{pd} = \frac{1}{2}(t_{pd\,L} + t_{pd\,H})$$

Dabei ist $t_{pd\,L}$ die Zeitdifferenz zwischen dem 50%-Wert der Eingangsflanke und dem
50%-Wert der abfallenden Ausgangsflanke. $t_{pd\,H}$ ist die entsprechende Zeitdifferenz bei
der ansteigenden Ausgangsflanke. Abbildung 6.15 veranschaulicht diesen Sachverhalt.

6.4.2 Transistor-Transistor-Logik (TTL)

TTL-Gatter bestehen aus einem UND-Gatter am Eingang und einer Gegentakt-Endstufe
am Ausgang. Das UND-Gatter am Eingang von Abb. 6.16 wird durch die beiden Dioden D_1
und D_2 gebildet: Der Strom I_1 fließt nur dann in die Basis des Transistors T_1, wenn sich die
Spannungen U_1 UND U_2 im High-Zustand befinden. Der Transistor T_1 stellt den für Gatter
obligatorischen Verstärker dar. Die Transistoren T_2 und T_3 bilden eine Gegentakt-Endstufe,
die sicherstellt, dass in jedem Ausgangszustand einer der beiden Ausgangstransistoren
leitend ist. Dadurch wird die Anstiegszeit im Vergleich zu Abb. 6.15 stark reduziert.

Ein Vorteil dieser Gegentakt-Endstufe, die auch Totem-Pole-Schaltung genannt wird,
besteht darin, dass sie lediglich npn-Transistoren benötigt die sich einfach herstellen lassen.
Bei dem hier dargestellten Low-Power-Schottky-TTL-Gatter werden zu den Transistoren

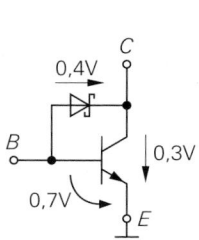

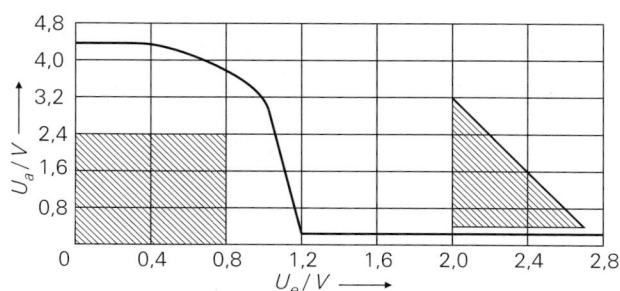

$U_{eL} = 0{,}8$ V , $U_{eH} = 2{,}0$ V , $U_{aL} = 0{,}4$ V , $U_{aH} = 2{,}4$ V

Abb. 6.18.
Schottky Transistor

Abb. 6.19.
Übertragungskennlinie eines Low-Power-Schottky-TTL-Inverters.
Schraffiert: Toleranzgrenzen

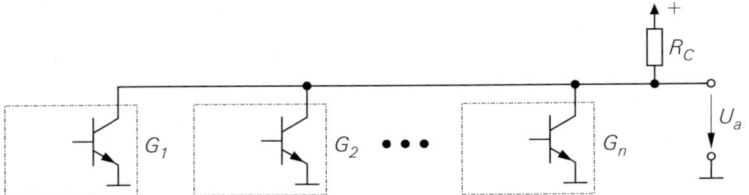

Abb. 6.20. Logische Verknüpfung von Gatter-Ausgängen mit offenem Kollektor

Schottky-Dioden zwischen Kollektor und Basis hinzugefügt gemäß Abb. 6.18, um die Sättigung der Transistoren zu verhindern; dadurch lässt sich die Speicherzeit in Abb. 6.15 vermeiden. Da die Durchlassspannung der Schottky-Dioden lediglich 0,4V beträgt, leiten sie den Basisstrom über den Kollektor ab und bewirken eine Spannungsgegenkopplung bevor der Transistor in die Sättigung geht.

Die Übertragungskennlinie eines Low-Power-Schottky-TTL-Inverters ist in Abb. 6.19 dargestellt. Man erkennt, dass der Umschaltpegel bei ca. 1,1 V am Eingang liegt und sowohl der High- als auch Low-Störabstand 0,4 V beträgt.

6.4.2.1 Open-Collector-Ausgänge

Mitunter tritt das Problem auf, dass man die Ausgänge sehr vieler Gatter logisch verknüpfen muss. Bei z.B. 20 Ausgängen würde man dazu ein Gatter mit 20 Eingängen benötigen und müsste 20 einzelne Leitungen dorthin führen. Dieser Aufwand lässt sich umgehen, wenn man Gatter mit *Open-Collector-Ausgang* verwendet. Bei ihnen wird der *pull-up*-Transistor T_3 in Abb. 6.16 und der zugehörige Kollektorwiderstand einfach weggelassen.

Sie besitzen dann als Ausgangsstufe lediglich, wie in Abb. 6.14 angedeutet, einen npn-Transistor, dessen Emitter an Masse liegt. Solche Ausgänge kann man im Unterschied zu den sonst verwendeten Gegentaktendstufen ohne weiteres parallel schalten. Allerdings muss man wie in Abb. 6.20 einen gemeinsamen Kollektorwiderstand als pull-up-Widerstand hinzufügen und die großen Anstiegszeiten von Abb. 6.15 in Kauf nehmen.

Das Ausgangspotential geht nur dann in den High-Zustand, wenn *alle* Ausgänge im High-Zustand sind; demnach ergibt sich eine UND-Verknüpfung. Da die Verknüpfung durch die äußere Verdrahtung erreicht wird, spricht man von Wired-AND. Da die Gatterausgänge nur im Low-Zustand wegen des leitenden Transistors niederohmig sind, bezeichnet man sie auch als Active-low-Ausgänge. Die Darstellung der Wired-AND-Verknüpfung durch logische Symbole wird in Abb. 6.21 gezeigt.

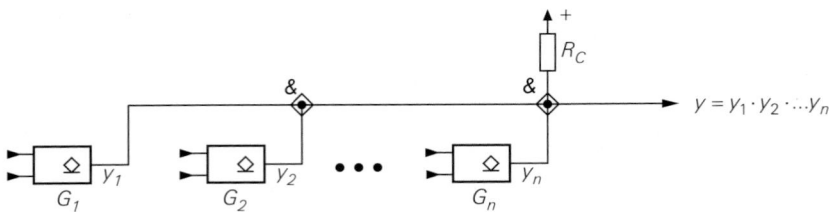

Abb. 6.21. Darstellung einer Wired-AND-Verknüpfung mit logischen Symbolen. Das ◇ Symbol in den Gattern bedeutet Open-Collector-Ausgang, der im aktiven Zustand in den low-Zustand geht

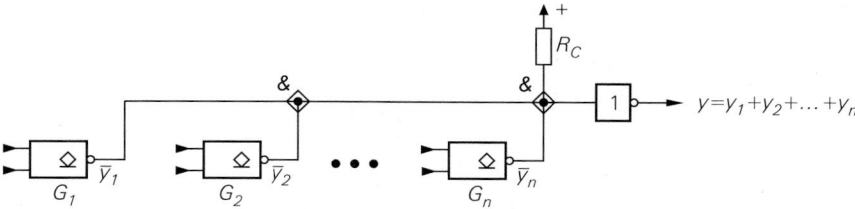

Abb. 6.22. WiredOR-Verknüpfung mit Open-Collector-Ausgängen

Mit Open-Collector-Ausgängen lässt sich auch eine ODER-Verknüpfung realisieren, indem man die Wired-AND-Verknüpfung auf die negierten Variablen anwendet. Nach De Morgan gilt:

$$y_1 + y_2 + \ldots + y_n = \overline{\overline{y_1} \cdot \overline{y_2} \cdot \ldots \cdot \overline{y_n}}$$

Die entsprechende Schaltung ist in Abb. 6.22 dargestellt.

6.4.2.2 Tristate-Ausgänge

Es gibt einen weiteren wichtigen Anwendungsfall, bei dem die Parallelschaltung von Gatterausgängen zu einer Schaltungsvereinfachung führt; nämlich dann, wenn wahlweise eines von mehreren Gattern den logischen Zustand einer Signalleitung bestimmen soll. Man spricht dann von einem *Bus-System*.

Diese Aufgabenstellung lässt sich ebenfalls mit Open-Collector-Gattern gemäß Abb. 6.20 lösen, indem man alle Ausgänge bis auf einen in den hochohmigen H-Zustand versetzt. Der prinzipielle Nachteil der niedrigen Anstiegsgeschwindigkeit lässt sich in diesem speziellen Anwendungsfall jedoch vermeiden, wenn man statt Gattern mit Open-Collector-Ausgang solche mit *Tristate*-Ausgang verwendet. Dies ist ein echter Gegentakt-Ausgang mit der zusätzlichen Eigenschaft, dass er sich mit einem besonderen Steuersignal in einen hochohmigen Zustand versetzen lässt. Dieser Zustand wird auch als Z-Zustand bezeichnet.

Das Prinzip der schaltungstechnischen Realisierung ist in Abb. 6.23 dargestellt. Wenn das *Enable*-Signal $EN = 1$ ist, arbeitet die Schaltung als normaler Inverter: Für $x = 0$ wird $z_1 = 0$ und $z_2 = 1$, d.h., T_1 sperrt und T_2 ist leitend. Für $x = 1$ wird T_1 leitend, und T_2 sperrt. Ist jedoch die Steuervariable $EN = 0$, werden $z_1 = z_2 = 0$, und beide Ausgangstransistoren sperren. Dies ist der hochohmige Z-Zustand.

Die Low-Power-Schottky-TTL-Schaltungen gibt es in großer Vielfalt und sie werden in vorhandenen Geräten auch noch oft angetroffen. Für Neuentwicklungen werden sie

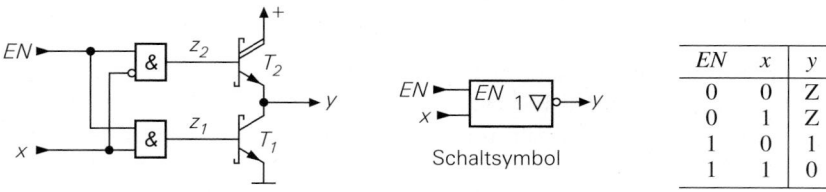

EN	x	y
0	0	Z
0	1	Z
1	0	1
1	1	0

Abb. 6.23.
Inverter mit Tristate-Ausgang

Abb. 6.24.
Wahrheitstafel

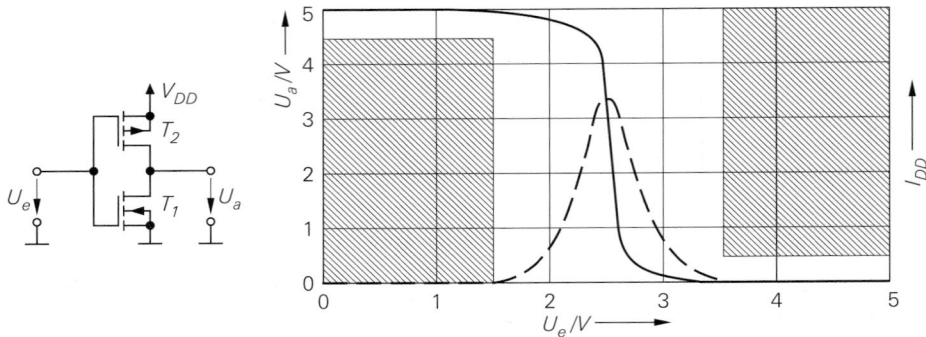

Verlustleistung: $P_V = 0{,}5\,\text{uW/kHz}$ *Gatterlaufzeit*: $t_{\text{pd}} = 10\,\text{ns}$

Abb. 6.25. CMOS-Inverter aus der 74HC00-Familie und Übertragungskennlinie für $V_{DD} = 5V$. Schraffiert: Toleranzgrenzen, Gestrichelt: Stromaufnahme.

nicht mehr eingesetzt, weil es heute CMOS-Schaltungen gibt, die in allen Daten überlegen sind.

6.4.3 Komplementäre MOS-Logik (CMOS)

6.4.3.1 CMOS-Inverter

Eine Logikfamilie, die sich durch eine besonders niedrige Leistungsaufnahme auszeichnet, sind die CMOS-Schaltungen. Die Schaltung eines Inverters ist in Abb. 6.25 dargestellt. Auffallend ist, dass die Schaltung ausschließlich aus selbstsperrenden Mosfets besteht. Dabei ist die Source-Elektrode des n-Kanal-Fets an Masse und die des p-Kanal-Fets an der Betriebsspannung V_{DD} angeschlossen. Beide Fets arbeiten also in Sourceschaltung und verstärken die Eingangsspannung invertierend. Dabei stellt jeweils der eine Transistor den Arbeitswiderstand für den anderen dar.

Macht man $U_e = 0$, leitet der p-Kanal-Fet T_2, und der n-Kanal-Fet T_1 sperrt. Die Ausgangsspannung wird gleich V_{DD}. Für $U_e = V_{DD}$ sperrt T_2, und T_1 leitet. Die Ausgangsspannung wird Null. Einer der beiden Transistoren ist also immer leitend und der andere sperrt. Die Schaltung arbeitet also wie ein Wechselschalter, der den Ausgang wahlweise mit der Betriebsspannung oder mit Masse verbindet. Man erkennt, dass im stationären Zustand kein Strom durch die Schaltung fließt. Lediglich während des Umschaltens fließt ein kleiner Querstrom, solange sich die Eingangsspannung im Bereich $|U_p| < U_e < V_{DD} - |U_p|$ befindet. Der Verlauf des Querstroms ist zusammen mit der Übertragungskennlinie in Abb. 6.25 eingezeichnet. Die Stromaufnahme eines CMOS-Gatters setzt sich aus drei Anteilen zusammen:

- Wenn die Eingangsspannung konstant gleich Null oder gleich V_{DD} ist, fließt ein kleiner *Sperrstrom* durch die Transistoren. Bei den modernen Transistoren mit sehr kleinen Geometrien ist dieser Strom schon deutlich größer und ein nennenswerter Gate-Tunnelstrom kommt noch hinzu.
- Wenn das Eingangssignal seinen Zustand wechselt, fließt vorübergehend ein *Querstrom* durch beide Transistoren. Er liefert allerdings nur einen kleinen Beitrag zur Verlustleistung, da der Umschaltvorgang meist sehr schnell verläuft.

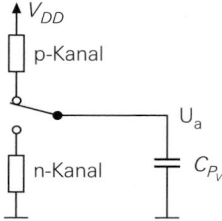

Abb. 6.26.
Modell zur Erklärung der Verlustleistung.
C_{P_V} ist die Verlustleistungskapazität.

– Der überwiegende Beitrag entsteht bei der Auf- und Entladung der *Transistorkapazitäten* C_T.

Beim Aufladen wird die Energie $\frac{1}{2}C_T V_{DD}^2$ im den Schaltkapazitäten gespeichert; gleichzeitig wird derselbe Betrag im p-Kanal Transistor in Wärme umgesetzt. Beim Entladen wird die im Kondensator gespeicherte Energie im n-Kanal Transistor in Wärme umgesetzt. Abbildung 6.26 zeigt ein Modell für diesen Vorgang. Bei einem Schaltzyklus wird die Energie $W = C_T V_{DD}^2$ in Wärme verwandelt. Daraus ergibt sich die Verlustleistung

$$P_V \;=\; W/t \;=\; W \cdot f \;=\; C_T \cdot V_{DD}^2 \cdot f \tag{6.13}$$

Sie ist unabhängig von der Größe der On-Widerstände. Da die durch den Querstrom entstehenden Verluste ebenfalls proportional zur Frequenz sind, lassen sie sich gleichzeitig berücksichtigen, wenn man eine *Verlustleistungskapazität* C_{P_V} gemäß der Gleichung

$$C_{P_V} \;=\; P_{V\,\text{ges}} \big/ (V_{DD}^2 \cdot f)$$

definiert. Sie ist etwas größer als die reinen Transistorkapazitäten C_T. Wie sich die Verlustleistung von CMOS-Schaltungen reduzieren lässt, kann man Gl. (6.13) entnehmen:

– Durch Reduktion der Kapazität: wenn man z.B. die Technologie von 48 nm auf 24 nm reduziert, werden alle Abmessungen halbiert und die Flächen reduzieren sich auf ein viertel. Dadurch reduzieren sich auch die Transistorkapazitäten auf ein viertel.
– Wenn man die Betriebsspannung halbiert, sinkt die Verlustleitung ebenfalls auf ein viertel, da sie quadratisch eingeht. Allerdings setzt dies entsprechend niedrige Schwellenspannungen der Transistoren voraus, die allerdings zum Anstieg der Sperrströme führen.
– Wenn man die Frequenz reduziert, reduziert sich die Verlustleistung in demselben Maß; allerdings arbeitet die Schaltungen dann auch entsprechend langsamer. Man kann aber dafür sorgen, dass Gatter, die gerade nicht gebraucht werden, wirklich nicht schalten.

6.4.3.2 Offene Eingänge

Das Potential an offenen CMOS-Eingängen ist *undefiniert*. Deshalb *muss* man sie an Masse bzw. V_{DD} anschließen. Dies ist selbst bei unbenutzten Gattern geboten, weil sich sonst ein Eingangspotential einstellt, bei dem ein mehr oder weniger großer Querstrom durch beide Transistoren fließt. Daraus resultiert eine unerwartet große Verlustleistung.

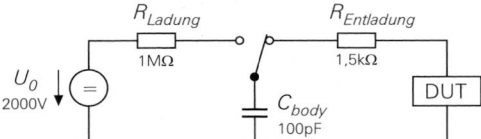

Abb. 6.27.
Modell eines Menschen zur Simulation statischer Ladungen ("Human Body Modell").
DUT = Device Under Test.

6.4.3.3 Statische Ladungen

Bei trockenem Wetter lädt man sich leicht auf durch Reibungselektrizität. Abbildung 6.27 zeigt ein Modell; bei der Aufladung der Kapazität des Körpers C_{body} steht der Schalter in der linken Stellung. Die aufladende Spannung kann unter Umständen auch deutlich höher sein als 2000 V; besonders gefährlich sind Teppichböden, bei denen sich auch Spannungen bis 6000 V ergeben können. Bei Berührung (Schalter in der rechten Stellung) überträgt sich diese Ladung auf das Testobjekt (Device Under Test, DUT) und gefährdet die Halbleiter-Bauelemente. Besonders gefährdet sind integrierte Schaltungen mit MOS-Transistoren. Sie besitzen meist nur eine kleine Eingangskapazität im Pikofarad-Bereich, die klein gegenüber der Kapazität des Menschen C_{body} ist. Daher steigt die Spannung bei Berührung auf die Spannung von C_{body} an, also 2000 V in diesem Beispiel. Damit schlägt jedes Gate durch. Um die Eingangstransistoren zu schützen, setzt man die in Abb. 6.28 dargestellten Schutzdioden ein, die die Gatespannung auf den Betriebsspannungsbereich begrenzen. Der Entladestrom der C_{body}-Kapazität beträgt dann im Augenblick nach der Berührung

$$I = \frac{U_0}{R_{Entladung}} = \frac{2000\,\text{V}}{1,5\,\text{k}\Omega} = 1,3\,\text{A}$$

Derart große Ströme müssen die Schutzdioden kurzfristig aushalten und die Serienwiderstände müssen niederohmig sein.

Durch die Schutzdioden entsteht jedoch ein neues Problem: Infolge der Sperrschicht-Isolierung der beiden MOS-Fets T_{D1} und T_{D2} entsteht ein parasitärer Thyristor zwischen den Betriebsspannungsanschlüssen, wie in Abb. 6.28 dargestellt (s. Abb. 3.22 auf S. 201). Dieser Thyristor stört normalerweise nicht, da die Transistoren T_{D1} und T_{D2} sperren. Ihre Sperrströme werden über die Widerstände R_p bzw. R_n abgeleitet.

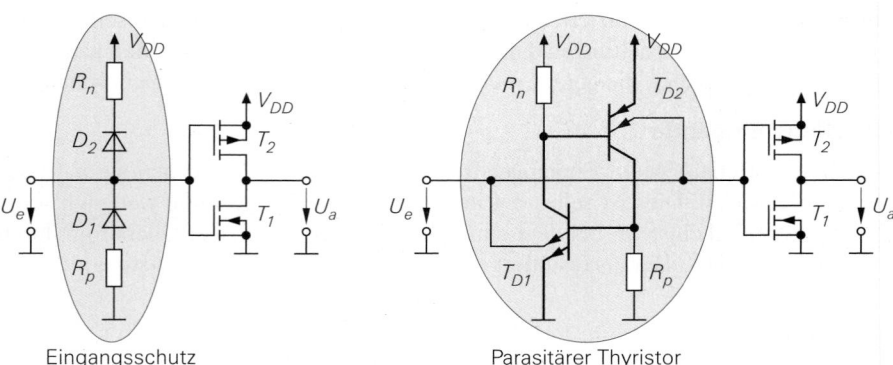

Eingangsschutz   Parasitärer Thyristor

Abb. 6.28. Schutz der Eingänge vor statischen Ladungen mit Dioden, die allerdings als parasitärer Thyristor wirken

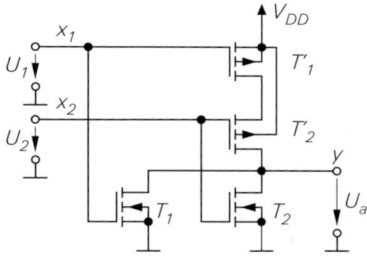

x_2	x_1	y
0	0	1
0	1	0
1	0	0
1	1	0

Abb. 6.29.
CMOS-NOR-Gatter

Abb. 6.30.
Wahrheitstafel NOR

Bei angelegter Betriebsspannung darf jedoch kein nennenswerter Strom durch die Schutzdioden fließen. Sonst werden beide Transistoren leitend, der Thyristor T_{D1}, T_{D2} zündet und schließt die Betriebsspannung kurz. Bei den dabei auftretenden großen Strömen wird die integrierte Schaltung zerstört. Um diesen „Latch-up"-Effekt zu vermeiden, sollte die Eingangsspannung das Massepotential nicht unterschreiten bzw. die Betriebsspannung nicht überschreiten. Wenn sich dies nicht ausschließen lässt, muss zumindest der über die Schutzdioden fließende Strom je nach Technologie auf Werte von 1…100 mA begrenzt werden. Dazu reicht meist ein einfacher Vorwiderstand aus. Der parasitäre Thyristor kann auch gezündet werden, wenn man an den Ausgang eine Spannung anlegt, die den Betriebsspannungsbereich überschreitet.

Da die Schutzstrukturen an den Eingängen von MOS-Schaltungen keinen vollständigen Schutz vor Zerstörung durch statische Ladungen bieten, setzt man zusätzliche Vorsichtsmaßnahmen ein, die das Auftreten von statischen Ladungen verhindern sollen:

1. Leitfähige Fußböden, die am Schutzleiter angeschlossen werden
2. Leitfähige Stühle mit leitfähigen Bezügen, deren Ladung über die Rollen auf den Fußboden abgeleitet werden
3. Arbeitstische mit leitfähigen, geerdeten Gummimatten
4. Erdung der Personen über leitfähige Armbänder, die auch am Schutzleiter angeschlossen werden. Damit bei der Berührung von spannungsführenden Teilen kein schädlicher Strom über die Person fließt, verwendet man hier Schutzwiderstände von 1 MΩ in den Erdungskabeln.

6.4.3.4 CMOS-Gatter

Abbildung 6.29 zeigt ein CMOS-NOR-Gatter, das nach demselben Prinzip arbeitet wie der beschriebene Inverter. Damit der gesteuerte Arbeitswiderstand hochohmig wird, wenn eine der Eingangsspannungen in den H-Zustand geht, muss man eine entsprechende Anzahl von p-Kanal-Fets in Reihe schalten. An der Wahrheitstafel in Abb. 6.30 lassen sich die vier Eingangskombinationen verifizieren. Durch Vertauschen der Parallelschaltung mit der Reihenschaltung der MOS-Transistoren entsteht aus dem NOR-Gatter das in Abb. 6.31 dargestellte NAND-Gatter und die zugehörige Wahrheitstafel Abb. 6.32.

6.4.3.5 Transmission-Gate

Mit MOS-Transistoren lassen sich auf einfache Weise Schalter realisieren, da das Gate vom Kanal isoliert ist; dadurch ist die Steuerspannung vom Signalpfad getrennt. Das Schaltsymbol des Transmission Gates und sein Ersatzschaltbild sind in Abb. 6.33 dargestellt.

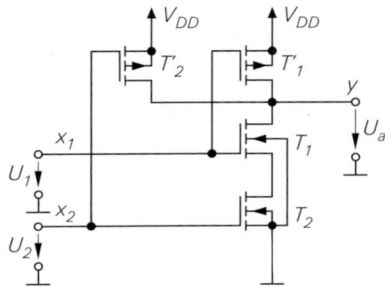

Abb. 6.31.
CMOS-NAND-Gatter

x_2	x_1	y
0	0	1
0	1	1
1	0	1
1	1	0

Abb. 6.32.
Wahrheitstafel NAND

Seine Funktion besteht darin, dass Signaleingang und -Ausgang entweder niederohmig verbunden oder getrennt sind. Dabei sind die beiden Anschlüsse gleichberechtigt. Das Signal kann also in beiden Richtungen übertragen werden.

Die schaltungstechnische Realisierung in CMOS-Technik ist in Abb. 6.34 dargestellt. Der eigentliche Schalter wird durch die beiden komplementären Mosfets T_1 und T_2 gebildet. Die Ansteuerung erfolgt mit Hilfe des Inverters mit komplementären Gatepotentialen. Wenn $U_{ST} = 0$ ist, wird $V_{GN} = 0$ und $V_{GP} = V_{DD}$. Dadurch sperren beide Mosfets, wenn wir voraussetzen, dass die Signalspannungen U_1 und U_2 im Bereich zwischen 0 und V_{DD} liegen. Macht man hingegen $U_{ST} = V_{DD}$, wird $V_{GN} = V_{DD}$ und $V_{GP} = 0$. Der On-Widerstand der beiden Mosfets des Schalters hängt in diesem Fall von dem Eingangssignal ab. Man erkennt aber am Widerstandsverlauf in Abb. 6.35 das mindestens einer der beiden Mosfets leitend ist; deshalb verwendet man hier die Parallelschaltung von einem n- und p-Kanal Fet.

Im Unterschied zu den konventionellen Gattern tritt hier keine Pegelregenerierung auf. Deshalb schaltet man nie mehrere Transmission-Gate in Reihe, sondern verwendet sie nur in Verbindung mit konventionellen Gattern. Die Laufzeit im Signalpfad ist bei eingeschalteten Transmission-Gate deutlich kürzer als die normalen Gatterlaufzeiten in dieser Logikfamilie. Da der Signalpfad bei eingeschaltetem Transmission-Gate wie ein Schalter wirkt, kann man damit nicht nur digitale, sondern auch analoge Signale schalten. Daher eignet sich das Transmission-Gate auch als Analogschalter oder -Multiplexer.

CMOS-Schaltungen besitzen große Vorteile gegenüber anderen Logikfamilien:

– einfache Schaltungen;
– kleine Geometrie der Transistoren;
– geringer Ruhestrom;

Prinzip   Schaltsymbol

Abb. 6.33. Transmission-Gate: Prinzip und Schaltsymbol

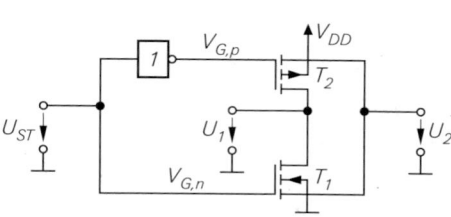

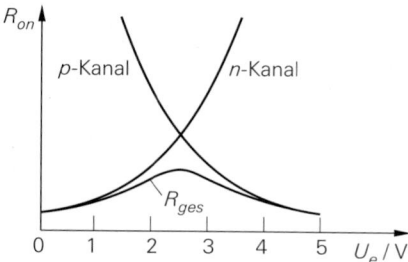

Abb. 6.34.
Schaltung eines Transmission Gates

Abb. 6.35.
Abhängigkeit des On-Widerstands von
der Signalspannung bei eingeschaltetem
Transmission-Gate

– Stromaufnahme proportional zur Frequenz: lediglich die Gatter, die ihren Zustand ändern, benötigen Strom.

6.4.4 Emittergekoppelte Logik (ECL)

Wie wir in Abb. 4.56 auf S. 345 gesehen haben, kann man bei einem Differenzverstärker mit einer Eingangsspannungsdifferenz von ca. $\pm 100\,\text{mV}$ den Strom I_0 vollständig von einem Transistor auf den anderen umschalten. Er besitzt also zwei definierte Schaltzustände, nämlich $I_C = I_0$ oder $I_C = 0$. Er wird deshalb auch als Stromschalter bezeichnet. Wenn man durch entsprechend niederohmige Dimensionierung dafür sorgt, dass der Spannungshub an den Kollektorwiderständen hinreichend klein bleibt, kann man verhindern, dass der leitende Transistor in die Sättigung geht.

6.4.4.1 PECL-Gatter

Abbildung 6.36 zeigt ein typisches ECL-Gatter. Die Transistoren T_2 und T_3 bilden einen Differenzverstärker. An die Basis von T_3 wird die Referenzspannung V_{ref} gelegt, die die Mitte zwischen dem High- und Low-Pegel bestimmt. Wenn sich beide Eingangsspannungen im Low-Zustand befinden, sperren die Transistoren T_1 und T_2. Der Emitterstrom fließt in diesem Fall über den Transistor T_3 und bewirkt an R_2 einen Spannungsabfall von $0,8\,\text{V}$. Der OR-Ausgang geht in den Low-Zustand. Wenn einer der Eingänge auf High geht, wechselt der Schaltzustand und der OR-Ausgang geht in den High-Zustand. Die Funktionsweise der Schaltung kann man für die verschiedenen Eingangskombinationen an der Wahrheitstafel in Abb. 6.37 nachvollziehen.

Die Emitterfolger an den Ausgängen dienen primär nicht als Impedanzwandler, sondern zur Potentialverschiebung von $0,8\,\text{V}$, um zu erreichen, dass die Ausgangspegel symmetrisch zur Referenzspannung von $V_{ref} = V_{CC} - 1,3\,\text{V}$ liegen. Die Emitterwiderstände sind bei ECL-Schaltungen nicht auf dem Chip integriert, sondern werden extern angeschlossen. Es ist üblich, sie nicht an Masse anzuschließen, sondern an einer Hilfsspannung, der termination voltage, $V_{TT} = V_{CC} - 2\,\text{V}$. Dadurch ist es möglich, die Widerstände auf $50\,\Omega$ zu reduzieren und die Leitung am nachfolgenden Gattereingang mit dem Wellenwiderstand der Verbindungsleitung abzuschließen.

Alle Pegel sind bei den ECL-Schaltungen auf die positive Betriebsspannung V_{CC} bezogen und ändern sich nicht, wenn man die Betriebsspannung verändert. Bei der in Abb. 6.36 dargestellten Schaltung wird das dadurch erreicht, dass die Hilfsspannungen

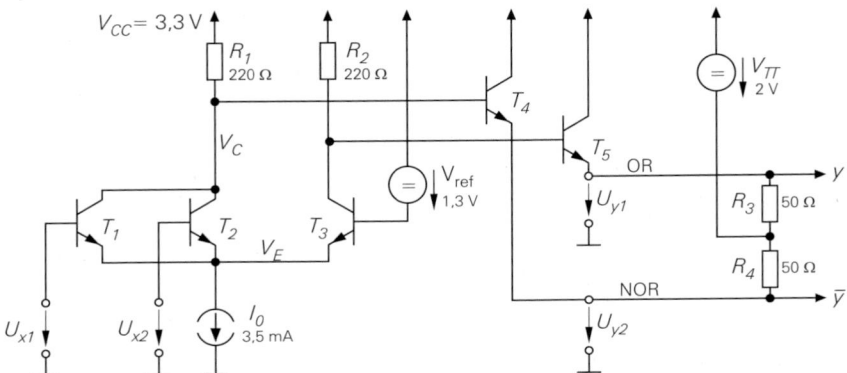

Verlustleistung: $P_V = 76\,\text{mW}$ *Gatterlaufzeit*: $t_{pd} = 270\,\text{ps}$

Abb. 6.36. ECL-NOR-ODER-Gatter vom Typ MC100EP01 beim Betrieb als PECL-Schaltung

x_1	x_2	$y = x_1 + x_2$	$\overline{y} = \overline{x_1 + x_2}$
0	0	0	1
0	1	1	0
1	0	1	0
1	1	1	0

Abb. 6.37.
Wahrheitstafel des OR-NOR-Gatters

an V_{CC} angeschlossen sind und der Differenzverstärker mit konstantem Strom betrieben wird. Aus diesem Grund kann man die Betriebsspannung auf $V_{CC} = 5,2\,\text{V}$ erhöhen, ohne die Funktionsweise der Schaltung zu verändern. Da digitale Logikschaltungen heutzutage aber kaum noch mit einer Betriebsspannung von 5 V betrieben werden, verwendet man auch bei den ECL-Schaltungen meist $V_{CC} = 3,3\,\text{V}$.

6.4.4.2 NECL-Gatter

Früher war es üblich, ECL-Schaltungen aus einer negativen Betriebsspannungsquelle von $V_{EE} = -5,2\,\text{V}$ zu betreiben und $V_{CC} = 0$ zu machen. Obwohl es sich um dieselben Schaltungen handelt, bezeichnet man so betriebene ECL- Schaltungen als NECL-

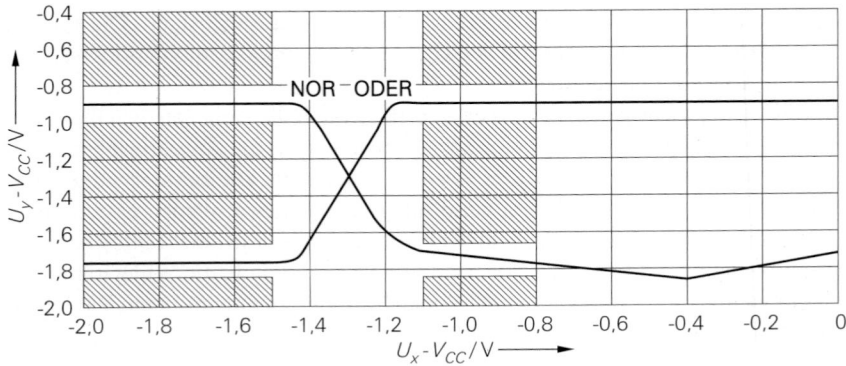

Abb. 6.38. Kennlinien eines ECL-Gatters der MC100EP-Serie.
Schraffiert: Toleranzgrenzen

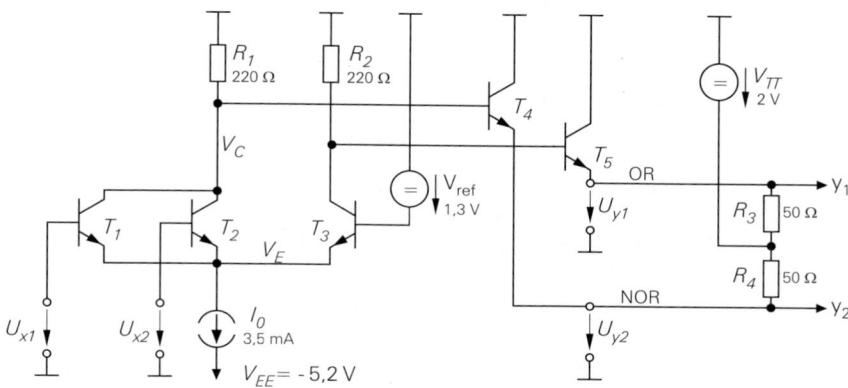

Abb. 6.39. ECL-Gatter beim Betrieb als NECL-Schaltung

Schaltungen im Unterschied zu den aus einer positiven Betriebsspannung betriebenen PECL-Schaltungen; Abb. 6.39 zeigt den Einsatz als NECL-Gatter. Der Betrieb von ECL-Gattern mit negativer Betriebsspannung ist heutzutage ungebräuchlich, weil man eine zusätzliche negative Betriebsspannung benötigt. Außerdem erfordert die Kopplung mit Logikschaltungen, die aus einer positiver Betriebsspannung betrieben werden, komplizierte Pegelumsetzer, die meist auch langsam sind.

6.4.4.3 Wired-OR-Verknüpfung

Durch Parallelschaltung von ECL-Ausgängen kann man – wie bei Open-Collector-Ausgängen – eine logische Verknüpfung erreichen. Diese Möglichkeit ist in Abb. 6.40 dargestellt. Da bei der Parallelschaltung der Emitterfolger der H-Pegel dominiert (active high), ergibt sich eine ODER-Verknüpfung. Der Vorteil einer Wired-OR-Verknüpfung besteht bei ECL-Schaltungen darin, dass sich dadurch die Geschwindigkeit nicht reduziert. Man spart dabei also nicht nur ein Gatter ein, sondern auch eine Gatterlaufzeit.

6.4.4.4 Schaltzeiten

Die Gatterlaufzeit der heutigen ECL-Schaltungen ist sehr gering; bei der MC100EP-Familie beträgt sie lediglich $t_{pd} = 270$ ps bei Anstiegszeiten von 130 ps; das ermöglicht Schaltfrequenzen über 2 GHz. Allerdings erfordern die niedrigen Anstiegszeiten Verbindungsleitungen mit definiertem Wellenwiderstand, die man als Stripline oder Microstripline ausführt. Sie werden in Kapitel 6.5 beschrieben.

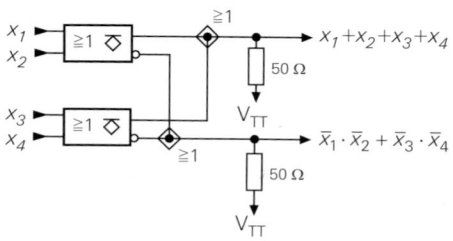

Abb. 6.40.
Wired-OR-Verknüpfung bei ECL-Schaltungen. Das ⊘-Symbol in den Gattern bedeutet Open-Emitter-Ausgang, der einen active-high-Ausgang darstellt

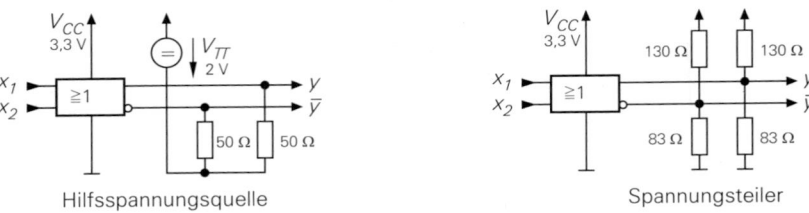

Abb. 6.41. Erzeugung der Terminierungsspannung mit Hilfsspannungsquelle bzw. Spannungsteilern aus der Betriebsspannung

6.4.4.5 Verlustleistung

Die Verlustleistung von ECL-Gattern ist sehr hoch; bei der MC100EP-Familie beträgt
sie 76 mW. Dabei entfallen lediglich 12 mW auf den Differenzverstärker, die restlichen
64 mW auf die beiden Emitterfolger. Wenn man einen der beiden Ausgänge nicht benötigt,
kann man den zugehörigen Emitterwiderstand weglassen und dadurch 32 mW einsparen.
Die Hilfsspannung V_{TT} für die Emitterwiderstände wird nicht auf dem Chip erzeugt; der
Anwender muss sie mit einer zusätzlichen Stromversorgung bereitstellen. Man kann sie
auch mit einem Spannungsteiler aus der Betriebsspannung erzeugen, der dieselbe Spannung mit einem Innenwiderstand von 50 Ω bereitstellt. Diese Möglichkeit ist in Abb. 6.41
dargestellt. Allerdings verursacht diese Methode an jedem Ausgang eine mittlere Verlustleistung von 84 mW im Vergleich zu den sonst anfallenden 32 mW. Daher wendet man
diese Methode nur an, wenn wenige ECL-Ausgänge vorliegen.

6.4.5 Current Mode Logik (CML)

Auf eine Potentialverschiebung kann man verzichten, wenn man den Ausgangsspannungs-
hub von 800 mV bei den ECL-Schaltungen auf 400 mV oder weniger reduziert. Davon
macht man bei den CML-Schaltungen Gebrauch. In Abb. 6.42 ist die Grundschaltung eines Inverters dargestellt. Man sieht, dass es sich um den einfachen Differenzverstärker von
Abb. 4.61 handelt. Um trotz der geringen Ausgangsamplitude eine gut Störsicherheit zu
gewährleisten, überträgt man alle Signale differentiell. Das erfordert zwar doppelt so viele Verbindungsleitungen, erhöht die Störfestigkeit aber deutlich. Man erkennt, dass man
die Verbindungsleitung an *beiden* Enden mit dem Wellenwiderstand abschließen kann.
Der effektive Drainwiderstand beträgt also 25 Ω. Um daran einen Spannungsabfall von
400 mV zu erzielen, ist ein Strom vom $I_0 = 16$ mA erforderlich. Bei den hier eingetragenen Spannungen wurden Transistoren mit einer Schwellenspannung von 0,5 V und einer
Gate-Source-Spannung von 1 V bei leitendem Transistor angenommen.

Bei Verbindungen auf dem Chip ist wegen der kurzen Entfernungen keine Terminierung
erforderlich; hier sind selbst bei Frequenzen von mehreren Gigahertz Drainwiderstände
von 400 Ω möglich; der erforderliche Strom beträgt dann lediglich $I_0 = 1$ mA. Man kann
CML-Gatter auch aus Bipolartransistoren aufbauen; dann reichen Ausgangsamplituden
von 200 mV aus.

Die Current-Mode-Logik stellt eine Weiterentwicklung der ECL-Schaltungen dar. Bei
den ECL-Schaltungen sind die Emitterfolger zwar zur Potentialverschiebung notwendig;
sie besitzen aber zwei schwerwiegende Nachteile:

– hoher Stromverbrauch

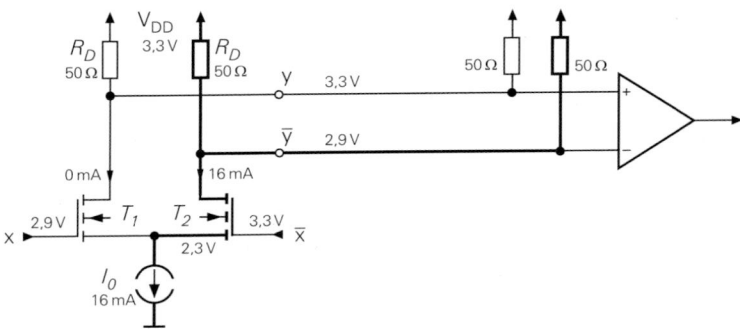

Abb. 6.42. CML-Inverter mit MOS-Transistoren. Zum Verständnis der Funktionsweise ist eine Übertragungsleitung mit Receiver zusätzlich eingezeichnet. Eingetragene Spannungen und Ströme als Beispiel für $x = 0$ und $y = 1$

– niedriger Ausgangswiderstand, der eine senderseitige Anpassung an den Wellenwiderstand der Transmissionline unmöglich macht.

6.4.5.1 CML-Gatter

Zur Realisierung von logischen Verknüpfungen kann man bei den CML-Schaltungen nicht einfach weitere Transistoren zu dem Differenzverstärker parallelschalten wie bei den ECL-Gattern, weil hier alle Signale symmetrisch ausgewertet werden müssen. Deshalb verwendet man hier die in Abb. 6.43 dargestellte Kaskadierung von Differenzverstärkern. Jede Eingangsvariable steuert einen separaten Differenzverstärker und bestimmt, über welche Drain-Elektrode der Sourcestrom weiter geleitet wird. Bei dem eingetragenen Beispiel fließt der Strom I_0 über die Transistoren T_3, T_1 und den Widerstand R_{D1}. Dadurch geht der Ausgang $\overline{y}$ in den Low-Zustand. Folglich fließt über die Transistoren T_4, T_2 kein Strom und der y-Ausgang geht in den High-Zustand. Die übrigen Eingangskombinationen kann man entsprechend anhand der Wahrheitstafel in Abb. 6.44 verifizieren. Damit die Transistoren T_3, T_1 in der unteren Ebene der Kaskodeschaltung eine ausreichende Arbeitsspannung

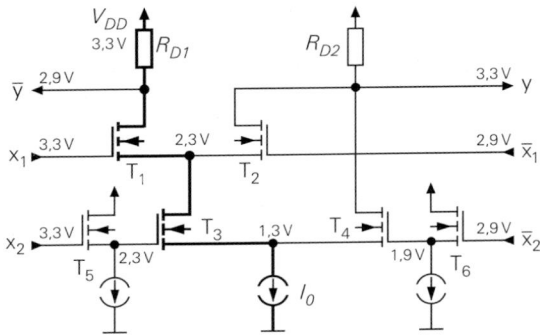

Abb. 6.43.
CML-UND-Gatter $y = x_1 \cdot x_2$.
Eingetragene Spannungen als Beispiel für
$x_1 = x_2 = 1$ und $y = 1$.

Abb. 6.44.
Wahrheitstafel UND

x_2	x_1	y
0	0	0
0	1	0
1	0	0
1	1	1

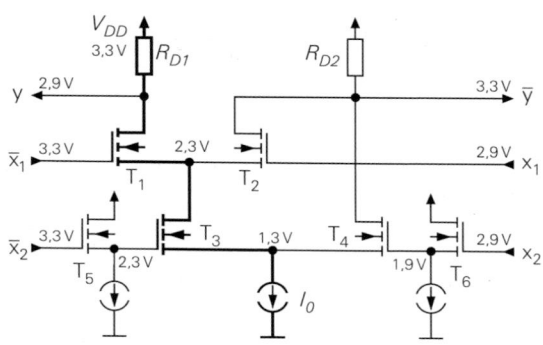

Abb. 6.45.
CML-ODER-Gatter $y = x_1 + x_2$.
Eingetragene Spannungen als Beispiel für
$x_1 = x_2 = 0$ und $y = 0$

Abb. 6.46.
Wahrheitstafel ODER

x_2	x_1	y
0	0	0
0	1	1
1	0	1
1	1	1

bekommen, ist eine Potentialverschiebung an ihren Eingängen erforderlich; dazu dienen die Sourcefolger T_5, T_6. ODER-Gatter lassen sich mit derselben Schaltung realisieren, wenn man die Ein- und Ausgangssignale negiert, indem man die Anschlüsse vertauscht, denn nach De Morgan gilt:

$$\overline{y} = \overline{x_1 \cdot x_2} = \overline{x}_1 + \overline{x}_2$$

Mit der Kaskadierung von Differenzverstärkern lässt sich auch eine EXOR-Funktion realisieren. Dazu verwendet man in der oberen Ebene einen zweiten Differenzverstärker und verbindet die Ausgänge über Kreuz wie in Abb. 6.47 dargestellt. In dem eingetragenen Beispiel fließt der Strom I_0 über die Transistoren T_4 und T_1'. Anhand der Wahrheitstafel in Abb. 6.48 lassen sich die übrigen Kombinationen nachvollziehen. Der Vorteil der Kaskadierung ist hier besonders auffällig: Obwohl zwei UND-Verknüpfungen mit nach-

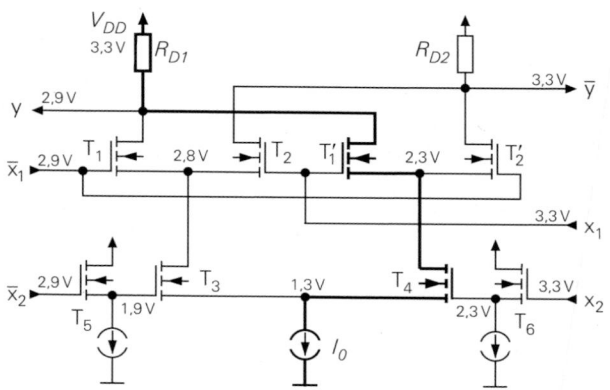

Abb. 6.47.
CML-EXOR-Gatter $y = x_1 \cdot \overline{x}_2 + \overline{x}_1 \cdot x_2$.
Eingetragene Spannungen als Beispiel für
$x_1 = x_2 = 1$ und $y = 0$

Abb. 6.48.
Wahrheitstafel EXOR

x_2	x_1	y
0	0	0
0	1	1
1	0	1
1	1	0

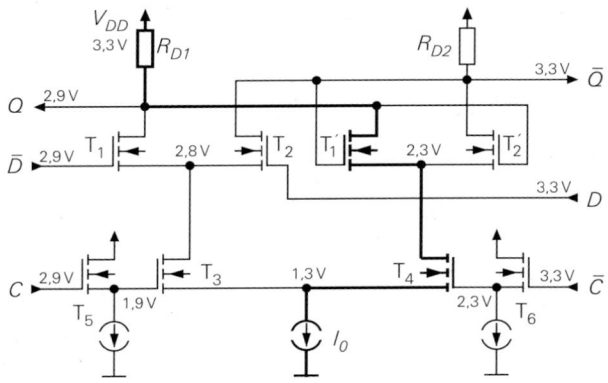

Abb. 6.49.
CML-Flip-Flop: Transparentes D-Latch
Eingetragene Spannungen als Beispiel für
$C = 0$, $D = 1$ und $Q = 0$

Abb. 6.50.
Wahrheitstafel

C	D	Q
0	0	Q_{-1}
0	1	Q_{-1}
1	0	0
1	1	1

folgender ODER-Verknüpfung erforderlich sind, erhält man das Ergebnis in einer *einzigen* Gatterlaufzeit, die je nach verwendeter Technologie lediglich bei 100 ps liegen kann.

6.4.5.2 CML-Flip-Flop

In CML-Technik lässt sich auch ein Flip-Flop sehr elegant realisieren. Dazu schaltet man in Abb. 6.49 einen Differenzverstärker und einen als Flip-Flop rückgekoppelten Differenzverstärker parallel und aktiviert über die Taktsteuerung jeweils einen der beiden. Wenn der Takt $C = 1$ ist, ist der Differenzverstärker T_1, T_2 aktiv; das Ausgangssignal Q folgt dann dem Eingangssignal D; er arbeitet dann wie der CML-Inverter in Abb. 6.42.

Wenn der Takt $C = 0$ wird, fließt der Strom über die Transistoren T_1', T_2'; der in diesem Augenblick bestehende Ausgangszustand wird in dem als Flip-Flop rückgekoppelten Differenzverstärker eingefroren. Der Transistor T_1' wird dabei über die Mitkopplung leitend gehalten. Das Flip-Flop befindet sich also im Speicherzustand.

Der Unterschied zu dem EXOR-Gatter in Abb. 6.47 besteht lediglich darin, dass hier der Differenzverstärker T_1', T_2' eine Mitkopplung besitzt. Eine umfassende Übersicht über die Funktionsweise von Flip-Flops findet man in Abschnitt 8.1.

6.4.6 Low Voltage Differential Signaling (LVDS)

Low Voltage Differential Signaling ist keine Logikfamilie, sondern eine Technik zur differentiellen Datenübertragung für hohe Frequenzen. In Abb. 6.51 ist die symmetrische Übertragung zu dem hier mit eingezeichneten Empfänger zu sehen. Der Treiber für die Ausgangssignale besteht aus den Transistoren T_1 bis T_4, die eine H-Brücke bilden. Zwei über Kreuz liegende Transistoren werden jeweils eingeschaltet; in diesem Beispiel die Transistoren T_2 und T_3. Über sie fließt dann der durch die Stromquellen vorgegebene Strom I_0. Er fließt sowohl über die Terminierungswiderstände R_{TT} im Sender, als auch durch den Terminierungswiderstand am Empfänger.

Bei der eingezeichneten Dimensionierung ist jede Übertragungsleitung auf beiden Seiten mit 50 Ω terminiert, denn die 100 Ω Widerstände am Empfänger kann man sich in zwei Teile mit je 50 Ω zerlegt denken, deren Mitte auf einem konstanten Potential von

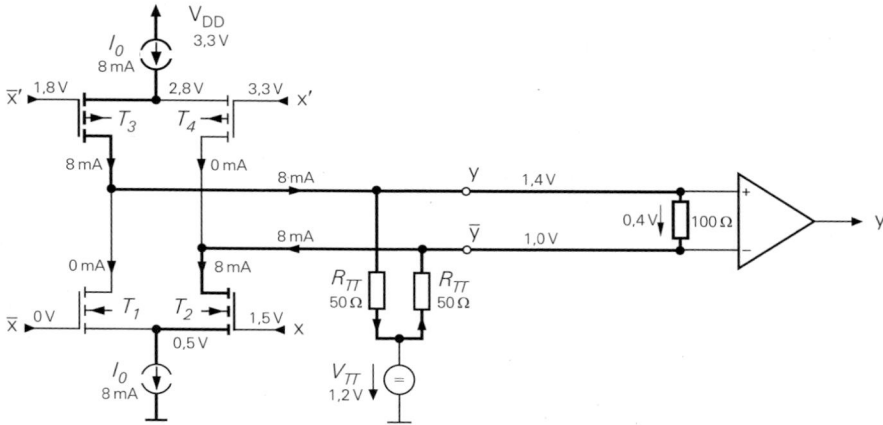

Abb. 6.51. Prinzip zur Erzeugung von LVDS-Signalen. Die eingetragenen Spannungen sind Beispiele für den Zustand $x = 1$. Der Stromfluss ist dick eingezeichnet.

$V_{TT} = 1,2$ V liegt. Um einen Spannungsabfall von 0,4 V am Empfänger zu erzielen, ist ein Strom von $I_0 = 8$ mA erforderlich. Man kann den Strom I_0 auf 4 mA reduzieren, wenn man die beiden Widerstände R_{TT} auf der Senderseite hochohmiger macht; dann verliert man jedoch den Vorteil der beidseitigen Terminierung.

Die Spannungsquelle V_{TT} auf der Senderseite dient lediglich dazu, die Gleichtakt-spannung auf den Verbindungsleitungen festzulegen, die sonst wegen der Stromquellen undefiniert wäre. Strom fließt über diese Spannungsquelle im Prinzip nicht, denn der Strom, der in die eine Ausgangsleitung geschickt wird, wird über die andere wieder abgeleitet. Über die V_{TT}-Quelle fließt nur dann ein Strom, wenn die beiden I_0-Quellen nicht exakt gleich sind.

Zur Ansteuerung der H-Brücke benötigt man zwei Ansteuersignale: eines für den unteren Differenzverstärker und ein weiteres für den oberen. Um hohe Übertragungsgeschwindigkeiten zu erreichen, ist es wichtig, beide Differenzverstärker *gleichzeitig* umzuschalten. Deshalb ist es nicht möglich, das Ansteuersignal für den oberen Differenzverstärker mit einem Pegelumsetzer aus dem des unteren zu erzeugen. Dieses Problem lässt sich am ein-

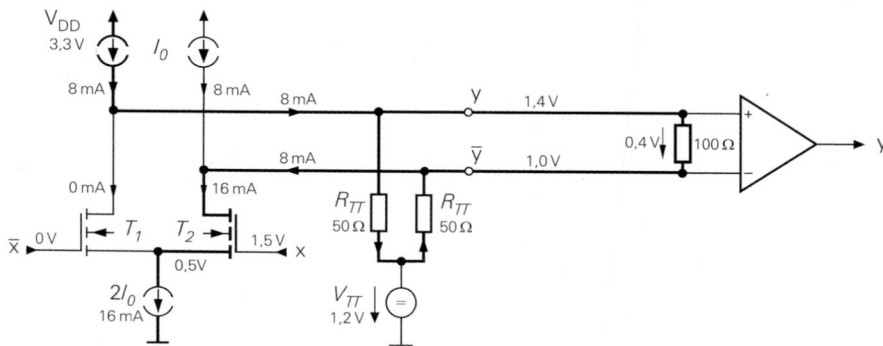

Abb. 6.52. Vereinfachte Ansteuerung eines LVDS-Treibers

fachsten dadurch lösen dass man - wie in Abb. 6.52 dargestellt - die oberen Ströme nicht schaltet und dafür unten den doppelten Strom einsetzt.

Der Vergleich mit dem CML-Gatter in Abb. 6.42 zeigt einige Übereinstimmungen: In beiden Fällen liegt eine symmetrische Übertragung vor, die an beiden Seiten mit 50 Ω terminiert ist. Um an der Parallelschaltung der beiden parallelgeschalteten Terminierungswiderstände von 50 Ω einen Spannungsabfall von 0,4 V zu erzielen, ist in beiden Fällen ein Strom von 16 mA erforderlich. Der Anschluss der Terminierungswiderstände an der Betriebsspannung erscheint aber robuster als der Anschluss an der Terminierungsspannung $V_{TT} = 1,2$ V. Besonders elegant ist die Terminierung bei CML-Schaltungen, wenn man sie aus einer negativen Versorgungsspannung betreibt, da die Terminierungswiderstände dann an Masse liegen wie man in Abb. 6.42 erkennt.

6.4.7 Vergleich der Logikfamilien

In Abb. 6.53 kann man zwei Gruppen von Logikfamilien unterscheiden:

– Die alten Logikschaltungen der 7400-Serie in TTL und CMOS, die heute für Neuentwicklungen nicht mehr eingesetzt werden
– Die neuen schnellen Logikschaltungen in Hightech-CMOS, ECL und CML

Die TTL-Schaltungen besitzen bei tiefen Frequenzen eine konstante Stromaufnahme, bei Frequenzen über einigen MHz steigt die Stromaufnahme jedoch an, weil der Querstrom dominiert, der bei jedem Umschaltvorgang durch die Totem-Pole Endstufe fließt. Bei den CMOS-Schaltungen der 7400-Serie ist die Stromaufnahme gemäß (6.13) proportional zur Frequenz. Die Stromaufnahme der neuen CMOS-Hightech Schaltungen ist sehr viel geringer, weil die Schaltkapazitäten wegen der Kleinheit der Transistoren viel geringer sind. Deshalb besitzen sie jedoch einen nennenswerten Sperrstrom, der durch den Tunneleffekt verursacht wird. Die Stromaufnahme der ECL- und CML-Schaltungen ist deutlich höher als die der übrigen Logikfamilien, aber unabhängig von der Frequenz. Der Grund dafür ist,

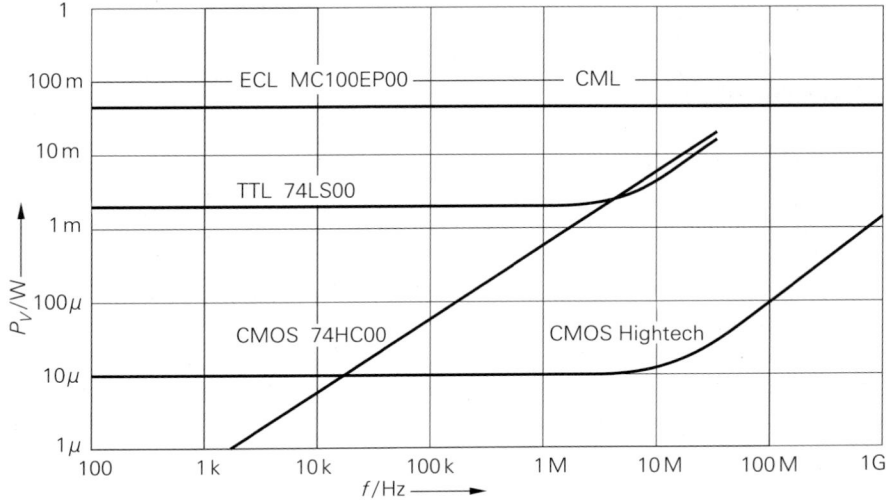

Abb. 6.53. Frequenzabhängigkeit der Verlustleistung

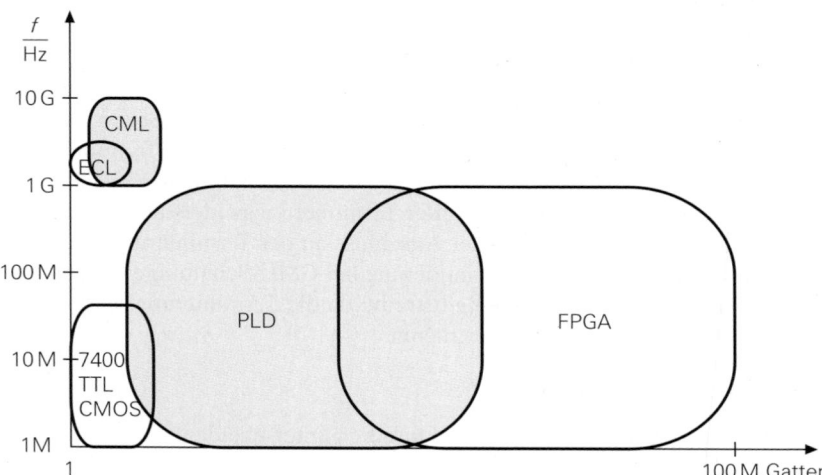

Abb. 6.54. Frequenz- und Komplexitätsbereich verschiedener Logikfamilien

dass hier über Differenzverstärker lediglich der Pfad für konstante Ströme umgeschaltet wird. Dies führt zu einem besonders EMV-günstigen Betrieb.

In Abb. 6.54 ist für die verschiedenen Logikfamilien der nutzbare Frequenzbereich und die Komplexität in Gatteräquivalenten aufgetragen. Man erkennt, dass die klassischen Digitalschaltungen der 7400-Familie nur bei sehr einfachen Aufgaben eine Anwendungsberechtigung haben. Für den überwiegenden Teil der Digitalschaltungen setzt man heute PLDs und FPGAs ein, die in einem großen Frequenz- und Komplexitätsbereich verfügbar sind. Bei beiden Familien können alle erforderlichen Verbindungen vom Anwender programmiert werden. Deshalb kann ein solcher Baustein eine ganze Leiterplatte mit primitiven Gattern ersetzen. Der innere Aufbau von PLDs und FPGAs wird in Kapitel 9 beschrieben. ECL- und CML-Schaltungen werden nur für hohe Frequenzen eingesetzt, bei denen die Geschwindigkeit anderer Logikfamilien nicht ausreicht. Ihr größter Nachteil ist die hohe Verlustleistung.

6.5 Verbindungsleitungen

Bei den bisherigen Betrachtungen sind wir davon ausgegangen, dass die digitalen Signale von einer integrierten Schaltung zur anderen unverfälscht übertragen werden. Bei steilen Signalflanken kann man jedoch den Einfluss der Verbindungsleitungen nicht vernachlässigen. Als Faustregel kann gelten, dass ein einfacher Verbindungsdraht nicht mehr ausreicht, wenn die Laufzeit auf dem Verbindungsdraht in die Größenordnung der Anstiegszeit des Signals kommt. Wird sie überschritten, können schwerwiegende Impulsverformungen, gedämpfte Schwingungen und Reflektionen auftreten.

Diese Fehler kann man durch den Einsatz von Leitungen mit definiertem Wellenwiderstand – den sogenannten Streifenleitern (Stripline, Microstripline) – vermeiden, wenn man sie mit ihrem Wellenwiderstand abschließt. Man bevorzugt meist Wellenwiderstände von 50 Ω. In Abb. 6.55 sind drei Fälle dargestellt:

– Bei einer Leitung mit offenem Ende wird der Impuls ohne Vorzeichenwechsel reflektiert
– Wird die Leitung mit ihrem Wellenwiderstand abgeschlossen, wird nichts reflektiert

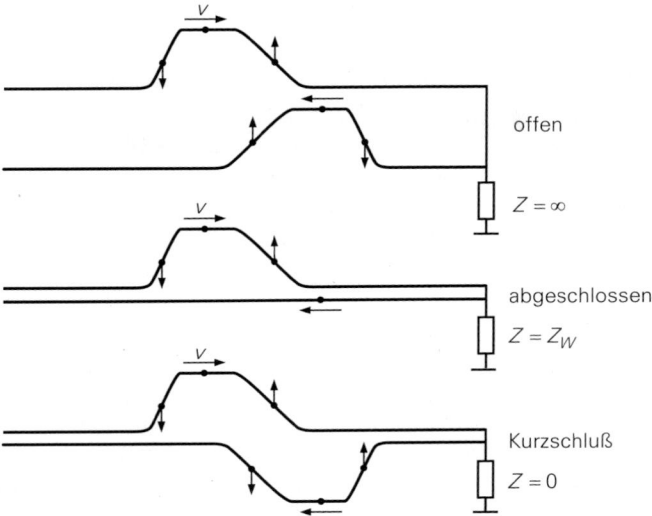

Abb. 6.55. Reflektion von Impulsen am Ende einer Leitung mit definiertem Wellenwiderstand in
Abhängigkeit von der Terminierung, also dem Abschlusswiderstand

– Bei einem Kurzschluss am Leitungsende wird der Impuls mit Vorzeichenwechsel reflektiert.

   Der Abschluss mit dem Wellenwiderstand ist daher anzustreben; das setzt bei 50 Ω-
Systemen allerdings entsprechend große Ströme voraus. Wenn der Abschlusswiderstand
nicht exakt mit dem Wellenwiderstand übereinstimmt, wird der Impuls teilweise reflektiert.
In diesem Fall ist es vorteilhaft, wenn die Leitung auch auf der Senderseite terminiert ist,
damit ein zurücklaufender Impuls dort absorbiert wird.

   Microstriplines lassen sich vorzugsweise dadurch realisieren, dass man alle Verbindungsbahnen auf einer Seite der Leiterplatte herstellt und die andere Seite durchgehend
metallisiert. Man muss lediglich kleine Aussparungen für die Isolation der Komponen-
tenanschlüsse vorsehen. Dadurch werden alle Verbindungsbahnen zu Streifenleitern. In
Multilayer-Schaltungen ist es üblich, auch für die Betriebsspannung eine ganze Ebene zu
reservieren.

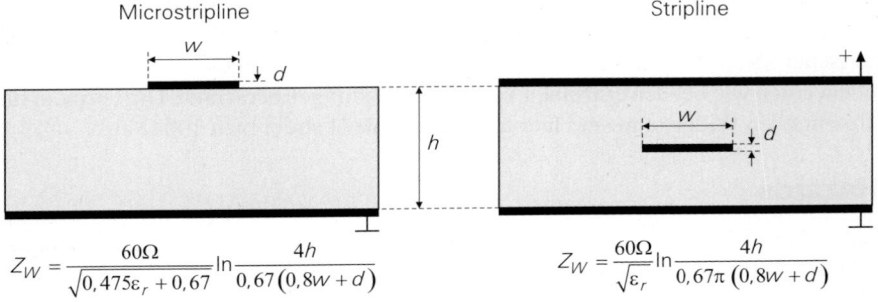

$$Z_W = \frac{60\,\Omega}{\sqrt{0,475\varepsilon_r + 0,67}} \ln \frac{4h}{0,67\,(0,8w+d)}$$

$$Z_W = \frac{60\,\Omega}{\sqrt{\varepsilon_r}} \ln \frac{4h}{0,67\pi\,(0,8w+d)}$$

Abb. 6.56. Anordnung von Striplines und Microstriplines
(Angaben gemäß Rapidesigner von National Semiconductor)

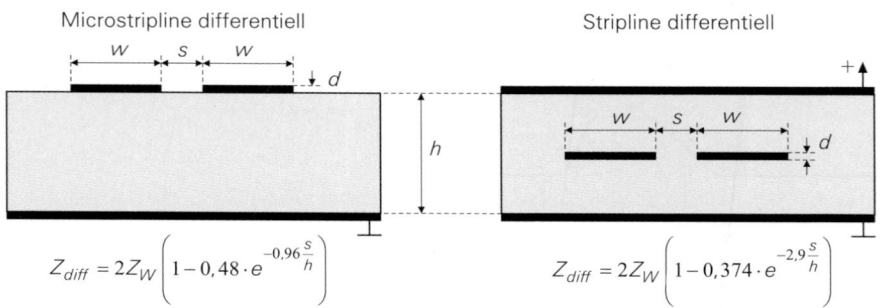

Abb. 6.57. Differentielle Striplines und Microstriplines

Striplines erhält man, wenn man Signalleitungen zwischen zwei Masseflächen anordnet; das setzt natürlich Multilayer-Schaltungen voraus. Dabei ist es zweckmäßig, eine der beiden Flächen mit der Betriebsspannung statt mit Masse zu verbinden, um überall auch einen induktivitätsarmen Betriebsspannungsanschluss zu ermöglichen. Für die Leiterbahnen, die dann dazwischen verlaufen, verhalten sich beide Ebenen wie Masseflächen. Diese Multilayer-Anordnung besitzt darüber hinaus den Vorteil, dass sie abschirmend wirkt und die Schaltung vor elektromagnetischer Abstrahlung und Einstrahlung schützen. In Abb. 6.56 sind beide Anordnungen gegenübergestellt zusammen mit Formeln zur Berechnung des Wellenwiderstands. Die relative Dielektrizitätskonstante ϵ_r hängt vom verwendeten Basismaterial ab; bei dem meist verwendeten Epoxydharz beträgt sie $\epsilon_r = 4{,}8$. Bei anderen Materialien ergeben sich aber ganz andere Werte: bei Teflon ist $\epsilon_r = 2{,}05$, bei Aluminiumoxid ist $\epsilon_r = 9{,}7$.

Ein Höchstmaß an Störsicherheit bietet die symmetrische Signalübertragung, wie sie bei den Schaltungen in Abb. 6.42 und Abb. 6.52 gezeigt wurde. Auch bei ECL-Gattern in Abb. 6.36 bietet sich eine symmetrische Signalübertragung an, wenn man als Empfänger Komparatoren einsetzt, die dort Line-Receiver genannt werden. Dabei wirken sich gleichartige Störsignale auf den Signalleitungen wegen des Komparators als Empfänger nicht aus. Auch die elektromagnetische Abstrahlung ist dabei geringer, weil entgegengesetzte Felder entstehen, die sich weitgehend kompensieren. Voraussetzung ist natürlich, dass die beiden Leitungen einer symmetrischen Verbindung auf der Leiterplatte streng parallel geführt werden. Bei der Bildung des Komplementärsignals muss man sicherstellen, dass keine zeitliche Verschiebung (skew) der beiden Signale gegeneinander auftritt. Das ist in den angegebenen Beispielen auch gewährleistet. Ein Inverter zur Erzeugung des negierten Signals wäre wegen der Verzögerung um eine Gatterlaufzeit unbrauchbar. Die Anordnung symmetrischer Microstriplines und Striplines ist in Abb. 6.57 dargestellt. Die Wellenwiderstände werden wie bei den einzelnen Verbindungsleitungen berechnet. Die Formeln für den differentiellen Widerstand sind hier angegeben; meist strebt man $100\,\Omega$ an.

6.6 Hazards

Im Grunde ist es nicht überraschend, dass die Ausgangsvariablen einer digitalen Schaltung (eines Schaltnetzes) eine gewisse Zeit brauchen, um nach einer Änderung eines Eingangszustands wieder zu einem stabilen Ausgangszustand zu gelangen. Die Frage ist, ob das Ausgangssignal konstant bleibt, wenn beide Eingangskombinationen, zwischen denen umgeschaltet wird, zu einer 1 am Ausgang führen. Abbildung 6.58 zeigt als Beispiel einen

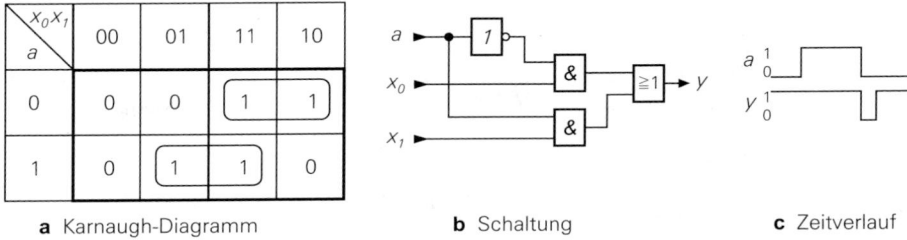

a Karnaugh-Diagramm   **b** Schaltung   **c** Zeitverlauf

Abb. 6.58. Zustandekommen von Hazards am Beispiel eines Multiplexers. Zeitverlauf für $x_1 = x_2 = 1$

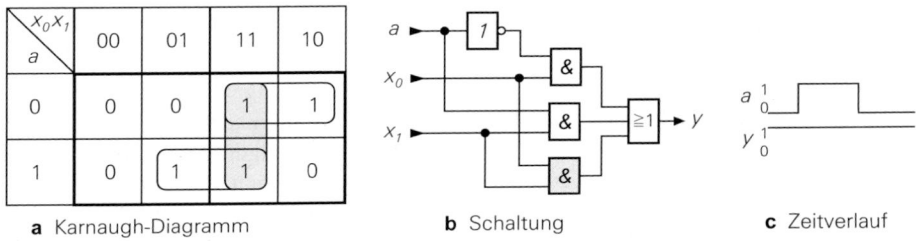

a Karnaugh-Diagramm   **b** Schaltung   **c** Zeitverlauf

Abb. 6.59. Vermeidung von Hazards. Zeitverlauf für $x_1 = x_2 = 1$

Multiplexer. Wenn an beiden Dateneingängen $x_1 = x_2 = 1$ anliegt, muss sich unabhängig von der Adressvariable a am Ausgang der Wert $y = 1$ ergeben. Das kann man im Karnaugh-Diagramm und in der Schaltung bestätigen. Die Frage ist, ob der Ausgang dabei konstant den Wert 1 behält oder zwischendurch auf 0 geht. Dazu muss man zwei Fälle untersuchen:

– Wenn die Variable a von 0 auf 1 geht, gibt es wegen der Verzögerung durch den Inverter vorübergehen an beiden UND-Gattern eine 1: Der Ausgang bleibt also konstant $y = 1$.
– Wenn die Variable a von 1 auf 0 geht, gibt es wegen der Verzögerung durch den Inverter vorübergehen an beiden UND-Gattern eine 0: Der Ausgang geht also vorübergehend auf $y = 0$. Die Dauer ergibt sich aus der Gatterlaufzeit des Inverters. Einen derartigen Störimpuls, der sich durch den Wettlauf von Signalen durch Gatter ergibt, nennt man Hazard.

Der Hazard lässt sich vermeiden, wenn man im Karnaugh-Diagramm einen redundanten Term hinzufügt, der benachbarte Felder (mit Einsen) miteinander verbindet; dies ist in Abb. 6.59 gezeigt. Für $x_1 = x_2 = 1$ erzeugt dann der zusätzliche Term bzw. das zusätzliche Gatter unabhängig von a eine 1. Dadurch wird der Hazard am Ausgang verhindert.

6.7 Kopplung von Logikfamilien

Wenn man unterschiedliche Logikfamilien einsetzen möchte, muss man besonderes Augenmerk auf die Kopplung legen. Selbst die Kopplung von 5V-TTL- oder CMOS - Schaltungen geht nicht problemlos, obwohl die High- und Low-Pegel im Toleranzbereich liegen. Das Problem ist in Abb. 6.60 zu erkennen: Wenn T_2 leitend ist, fließt ein Strom I_x aus der 5V-Versorgung über die Diode D_4 in die 3,3V-Versorgung. Diese Diode, die bei CMOS-Schaltungen als Schutzdiode vorhanden ist, gibt es aber auch in allen übrigen integrierten Schaltungen. Durch technologische Tricks ist es jedoch möglich, diese

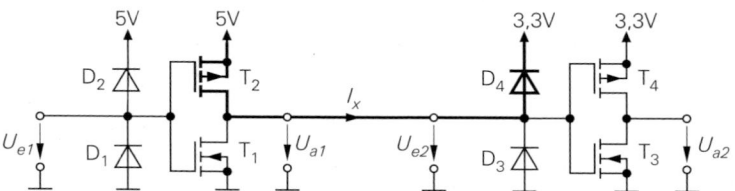

Abb. 6.60. Probleme bei der Kopplung von 5V- mit 3,3V- Schaltungen. Es fließt ein Strom I_x in dem dick eingezeichneten Pfad.

Diode nicht an der Betriebsspannung anzuschließen. Davon wird bei manchen Logikfamilien Gebrauch gemacht. Dadurch ergeben sich 3,3V-Logikschaltungen mit *5V-toleranten Eingängen*.

Im allgemeinen Fall benötigt man Pegelumsetzer zur Kopplung von verschiedenen Logikfamilien. Für die Kopplung von PECL- und NECL-Schaltungen mit TTL- und CMOS gibt es handelsübliche Pegelumsetzer (Level Translator). Im allgemeinen Fall sind aber Komparatoren flexibler, weil sie in einer großen Vielfalt von Schaltzeiten und Ausgangspegeln erhältlich sind. Ein Beispiel ist in Abb. 6.61 dargestellt. Dabei wird der Eingang des Komparators mit den Betriebsspannungen der Logikfamilie 1 versorgt, um sicher zu stellen, dass die Logiksignale im Gleichtaktaussteuerbereich des Komparators liegen. Das kann auch eine negative Spannung sein, die zur Versorgung von NECL-Schaltungen benötigt wird.

Man dimensioniert den Spannungsteiler so, dass die Referenzspannung in der Mitte zwischen dem High- und Low-Pegel liegt. Bei vielen ECL-Schaltungen ist dazu die interne Referenzspannung herausgeführt. Besser ist es jedoch, komplementäre Ausgänge an den Eingang des Komparators zu führen, sofern sie zur Verfügung stehen. Bei der Auswahl des Komparators verwendet man Typen, deren Ausgangspegel mit der Logikfamilie 2 kompatibel sind.

6.8 Betriebsspannungen

Natürlich verwendet man Kondensatoren, um die Betriebsspannung bei schwankender Belastung zu glätten. Dabei geht es aber nicht darum 50 Hz-Störungen zu filtern, sondern Störungen bei der Taktfrequenz der Schaltung kurzzuschließen. Allerdings besitzen bei hohen Frequenzen selbst kurze Leiterbahnen einen nennenswerten induktiven Widerstand. Deshalb ist der Blockkondensator in Abb. 6.62a wirkungslos. Lösen lässt sich das Problem lediglich dadurch, dass man eine nahezu induktivitätsfrei Masse an allen Punkten der Schaltung bereitstellt. Das ist mit einer Massefläche möglich; leider benötigt man dafür

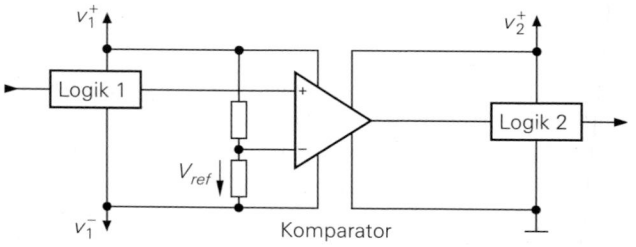

Abb. 6.61.
Komparator als Pegelumsetzer zur Kopplung von verschiedenen Logikfamilien

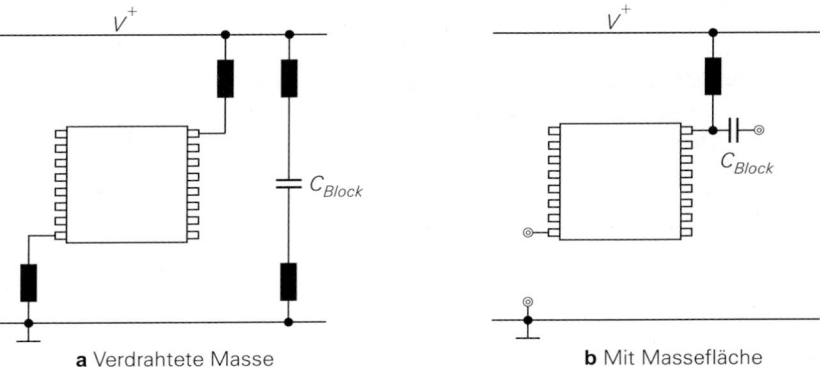

a Verdrahtete Masse   **b** Mit Massefläche

Abb. 6.62. Abblocken von Betriebsspannungen. Die eingezeichneten Induktivitäten sind parasitäre Elemente der Verdrahtung. Die Doppelkreise sollen Durchkontaktierungen zur Massefläche symbolisieren.

eine zusätzliche Verdrahtungsebene. Man kann sich die Massefläche als eine Parallelschaltung von vielen Leiterbahnen vorstellen, deren Induktivität sich durch die Parallelschaltung reduziert. In Abb. 6.62b sind die Verhältnisse für diesen Fall im Vergleich dargestellt. Man erkennt, dass dadurch die Induktivitäten nach Masse verschwinden. Selbst die Induktivität zur Betriebsspannung stört hier nicht mehr, weil sie durch den Blockkondensator in diesem Fall kurzgeschlossen wird. Natürlich ist es besser, auch für die Betriebsspannung eine Verbindungsebene vorzusehen, wenn genügend Verdrahtungsebenen zur Verfügung stehen.

Ein Problem, das ebenfalls mit der Induktivität in der Masseleitung zusammenhängt, ist in Abb. 6.63 dargestellt. Wenn ein Ausgangssignal einer integrierten Schaltung von High auf Low umschaltet, wie es mit dem Schalter in Abb. 6.63 dargestellt ist, liegt die zunächst aufgeladene Lastkapazität parallel zur Induktivität in der Masseleitung. Das ist für das Ausgangssignal an der Last nicht tragisch: Es schaltet dadurch lediglich langsamer. Problematisch ist aber, dass die Masse der integrierten Schaltung vorübergehend einen positiven Impuls aufweist, der sich auf alle Ausgänge auswirkt, die sich im Low-Zustand befinden. Ein solches Signal ist in Abb. 6.63 mit eingezeichnet; man nennt es *Groundbounce*. Die Situation wird verschärft, wenn nicht nur ein einziges Ausgangssignal auf Low schaltet, sondern viele gleichzeitig wie das bei Bussignalen häufig auftritt. Auch aus diesem Grund ist es wichtig, die Induktivität in der Masseleitung des Chips

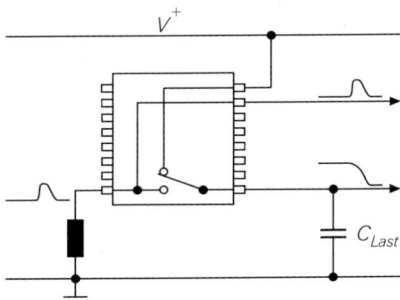

Abb. 6.63.
Ursache für das Auftreten des Groundbounce beim Umschalten eines Ausgangs von high auf low.

so klein wie möglich zu halten. Das wird natürlich durch einen induktivitätsarmen Anschluss des Chips an die Massefläche der Leiterplatte erreicht. Um die Induktivität in der
Masseleitung weiter zu senken, verwenden die Halbleiterhersteller heute meist nicht nur
einen einzigen Masse-Pin, sondern mehrere, deren Induktivität sich durch Parallelschaltung reduziert. Im Extremfall verwendet man bei hochintegrierten Schaltungen genauso
viele Masseanschlüsse wie Signalleitungen.

Kapitel 7:
Schaltnetze (Kombinatorische Logik)

Unter einem Schaltnetz versteht man eine Anordnung von Digital-Schaltungen ohne Variablenspeicher. Die Ausgangsvariablen y_j werden gemäß dem Blockschaltbild in Abb. 7.1 eindeutig durch die Eingangsvariablen x_i bestimmt. Bei *Schaltwerken*, die im folgenden Kapitel beschrieben werden, hingegen hängen die Ausgangsvariablen zusätzlich vom jeweiligen Zustand des Systems und damit von der Vorgeschichte ab.

Die Beschreibung eines Schaltnetzes – also die Zuordnung der Ausgangsvariablen zu den Eingangsvariablen – erfolgt mit Wahrheitstafeln oder Booleschen Funktionen. Zur Realisierung von Schaltnetzen denkt man primär an den Einsatz von Gattern. Dies ist aber nicht die einzige und meist auch nicht die beste Möglichkeit, wie Abb. 7.2 zeigt. Wenn die Nullen und Einsen in der Wahrheitstafel statistisch verteilt sind, wie z.B. bei einem Programmcode, würden die logischen Funktionen sehr umfangreich. In diesem Fall speichert man die Wahrheitstafeln vorteilhaft als Tabelle in einem ROM (s. Kap. 9.2 auf S. 719).

Wenn in der Wahrheitstafel wenige Einsen stehen, ergeben sich entsprechend wenige Produktterme in den logischen Funktionen. Sie können aber auch bei vielen Einsen einfach sein, wenn die zugrunde liegende Gesetzmäßigkeit hoch ist, wie z.B. bei der Funktion $y_j = \overline{x}_i$. Aus diesem Grund lohnt es sich immer, zu testen, ob sich die logischen Funktionen vereinfachen lassen. Das ist von Hand sowohl mit der Booleschen Algebra als auch mit dem Karnaugh-Diagramm mühsam. Deshalb setzt man im Zeitalter des computergestützten Schaltungsentwurf einen Simplifier für diese Aufgabe ein. Nur wenn sich dann wenige sehr einfache Funktionen ergeben, ist die Realisierung mit einzelnen Gattern z.B. aus der 7400-Familie zweckmäßig.

Wenn man viele z.T. komplizierte Funktionen realisieren muss, ergibt sich beim Einsatz von Gattern schnell das berüchtigte TTL-Grab. In diesem Fall ist der Einsatz von programmierbaren logischen Schaltungen (Programmable Logic Devices, PLD) ein großer Vorteil, weil sich dabei alle noch so komplizierten Funktionen mit einem einzigen Chip realisieren lassen, denn es gibt Bausteine mit über 100 Millionen Gattern. Im Prinzip werden die logischen Funktionen in PLDs genauso realisiert wie beim Einsatz von diskreten Gattern. Der Unterschied besteht lediglich darin, dass sich alle benötigten Gatter auf einem Chip befinden und durch die Programmierung die erforderlichen Verbindungen auf dem Chip hergestellt werden (s. Kap. 9.1 auf S. 713).

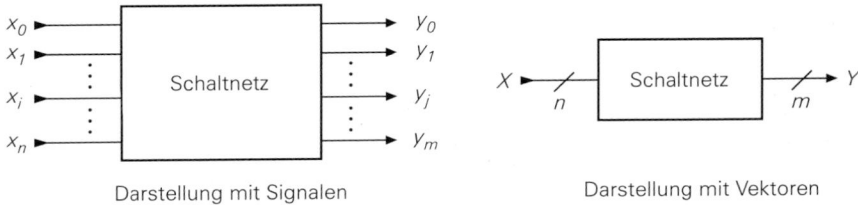

Darstellung mit Signalen   Darstellung mit Vektoren

Abb. 7.1. Blockschaltbild eines Schaltnetzes

© Springer-Verlag GmbH Deutschland, ein Teil von Springer Nature 2019
U. Tietze et al., *Halbleiter-Schaltungstechnik*

Abb. 7.2. Realisierungsmöglichkeit von Schaltnetzen

Schaltnetze werden häufig zur Verrechnung und Umkodierung von Zahlen verwendet. Um diese Zahlen mit Hilfe von logischen Variablen darstellen zu können, müssen sie durch eine Reihe von zweiwertigen *(binären)* Informationen dargestellt werden. Eine solche Binärstelle wird als *Bit* bezeichnet. Eine spezielle binäre Zahlendarstellung ist die duale, bei der die Stellen nach steigenden Zweierpotenzen angeordnet werden. Dabei wird die Ziffer 1 mit der logischen Eins identifiziert und die Ziffer 0 mit der logischen Null. Die logischen Variablen, mit denen die einzelnen Stellen charakterisiert werden, bezeichnen wir mit Kleinbuchstaben, die ganze Zahl mit Großbuchstaben. Für die Darstellung einer N-stelligen Zahl im Dualcode gilt also:

$$X_N = x_{N-1} \cdot 2^{N-1} + x_{N-2} \cdot 2^{N-2} + \cdots + x_1 \cdot 2^1 + x_0 \cdot 2^0$$

Natürlich muss man immer klar unterscheiden, ob man eine Rechenoperation mit Ziffern vornehmen will oder eine Verknüpfung von logischen Variablen. Den Unterschied wollen wir noch einmal an einem Beispiel erläutern. Es soll der Ausdruck $1 + 1$ berechnet werden. Interpretieren wir das Rechenzeichen $(+)$ als Additionsbefehl im Dezimalsystem, erhalten wir die Beziehung:

$$1 + 1 = 2$$

Dagegen ergibt die Addition im Dualsystem:

$$1 + 1 = 10_2 \quad \text{(lies: Eins-Null)}$$

Interpretieren wir das Rechenzeichen $(+)$ als Disjunktion von logischen Variablen, ergibt sich:

$$1 + 1 = 1$$

7.1 Multiplexer

Multiplexer sind Schaltungen, die eine von mehreren Datenquellen zu einem einzigen Ausgang durchschalten. Welche Quelle ausgewählt wird, muss durch eine Adresse festgelegt werden. Die inverse Schaltung, die Daten nach Maßgabe einer Adresse auf mehrere Ausgänge verteilt, heißt Demultiplexer. Die Adressierung des ausgewählten Ein- bzw. Ausgangs übernimmt bei beiden Schaltungen ein 1-aus-n-Decoder, der zunächst beschrieben werden soll.

A	a_1	a_0	y_3	y_2	y_1	y_0
0	0	0	0	0	0	1
1	0	1	0	0	1	0
2	1	0	0	1	0	0
3	1	1	1	0	0	0

Abb. 7.3.
Wahrheitstafel eines 1-aus-4-Decoders
$y_0 = \bar{a}_0\bar{a}_1$, $y_1 = a_0\bar{a}_1$
$y_2 = \bar{a}_0 a_1$, $y_3 = a_0 a_1$

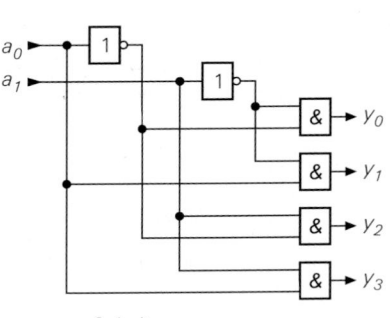

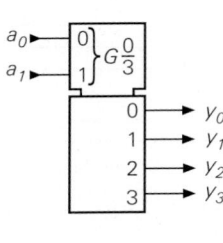

Schaltung   Schaltsymbol

Abb. 7.4. 1-aus-4-Decoder. Das Symbol G steht für UND-Verknüpfung

7.1.1 1-aus-n-Decoder

Ein 1-aus-n-Decoder ist eine Schaltung mit n Ausgängen und 1d n Eingängen. Die Ausgänge y_j sind von 0 bis $(n-1)$ nummeriert. Es geht derjenige Ausgang auf 1, dessen Index der eingegebenen Dualzahl A entspricht. Abbildung 7.3 zeigt die Wahrheitstafel für einen 1-aus-4-Decoder. Die Variablen a_0 und a_1 stellen den Dualcode der Zahl A dar. Daraus lässt sich unmittelbar die disjunktive Normalform der Umkodierungsfunktionen ablesen. Abb. 7.4 zeigt die entsprechende Realisierung.

7.1.2 Demultiplexer

Mit einem Demultiplexer kann man eine Eingangsinformation d an verschiedene Ausgänge verteilen. Er stellt eine Erweiterung des 1-aus-n-Decoders dar. Der adressierte Ausgang

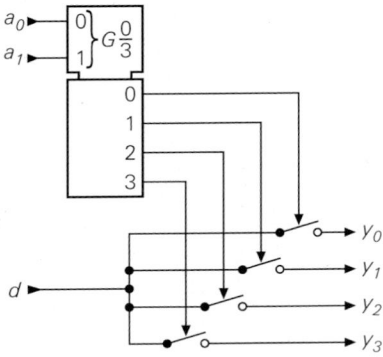

Abb. 7.5.
Prinzipielle Wirkungsweise eine Demultiplexers mit 4 Ausgängen

A	a_1	a_0	y_3	y_2	y_1	y_0
0	0	0	0	0	0	d
1	0	1	0	0	d	0
2	1	0	0	d	0	0
3	1	1	d	0	0	0

$y_0 = \bar{a}_0\bar{a}_1 d$, $y_1 = a_0\bar{a}_1 d$
$y_2 = \bar{a}_0 a_1 d$, $y_3 = a_0 a_1 d$

Abb. 7.6.
Wahrheitstafel eines Demultiplexers

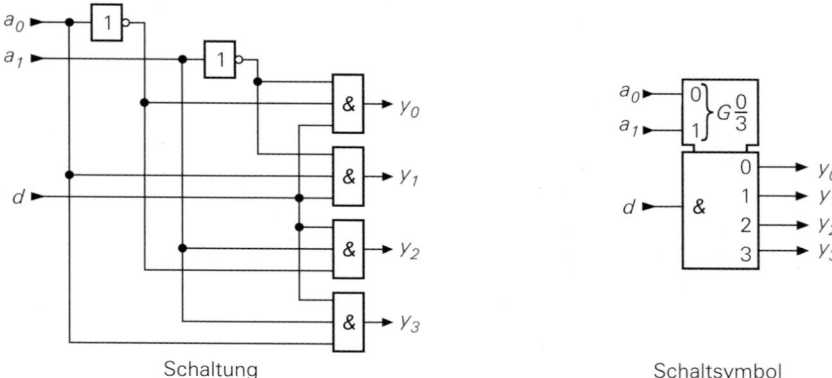

Schaltung   Schaltsymbol

Abb. 7.7. Schaltung eines Demultiplexers. Das & - Zeichen im Schaltsymbol steht für die UND -
Verknüpfung von d mit der Adresse.

geht nicht auf Eins, sondern nimmt den Wert der Eingangsvariable d an. Abb. 7.5 zeigt
das Prinzip anhand von Schaltern, Abb. 7.7 die Realisierung mit Gattern. Macht man
$d = \mathrm{const} = 1$, arbeitet der Demultiplexer als 1-aus-n-Decoder.

7.1.3 Multiplexer

Die Umkehrung des Demultiplexers heißt Multiplexer. Ausgehend vom Demultiplexer in
Abb. 7.5 kann man ihn dadurch realisieren, dass man die Ausgänge mit dem Eingang
vertauscht. Dadurch entsteht die Prinzipschaltung in Abb. 7.8. Daran lässt sich die Funktion besonders einfach erläutern: Ein 1-aus-n-Decoder wählt von n Eingängen denjenigen
aus, dessen Nummer mit der eingegebenen Zahl übereinstimmt, und schaltet ihn auf den
Ausgang durch. Die entsprechende Realisierung mit Gattern ist in Abb. 7.10 dargestellt.

In CMOS-Technik kann man Multiplexer sowohl mit Gattern als auch mit Analogschaltern (Transmission Gates) realisieren. Bei Verwendung von Analogschaltern ist die
Signalübertragung bidirektional. Deshalb ist in diesem Fall der Multiplexer identisch mit

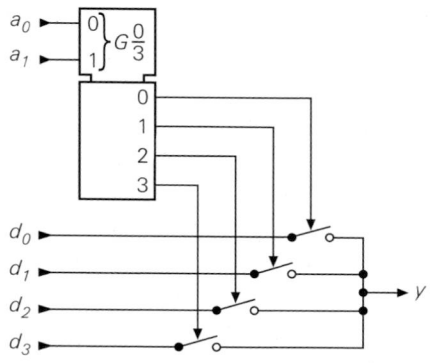

A	a_1	a_0	y
0	0	0	d_0
1	0	1	d_1
2	1	0	d_2
3	1	1	d_3

$$y = \overline{a}_0\overline{a}_1 d_0 + a_0\overline{a}_1 d_1$$
$$+\overline{a}_0 a_1 d_2 + a_0 a_1 d_3$$

Abb. 7.8.
Prinzipielle Wirkungsweise eine Multiplexers mit 4
Eingängen

Abb. 7.9.
Wahrheitstafel eines Demultiplexers

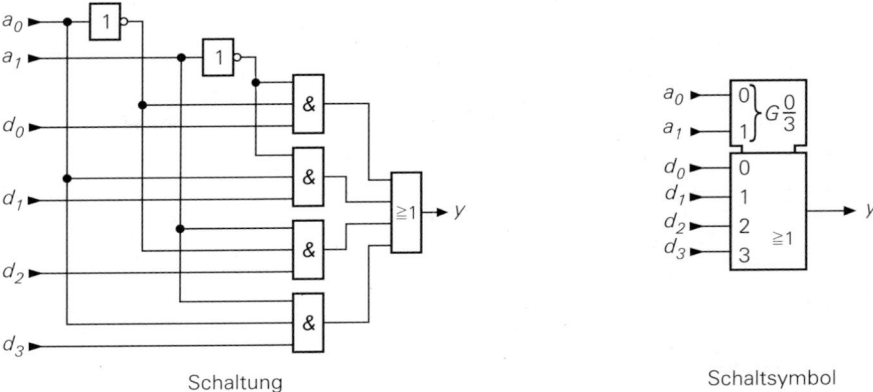

Schaltung

Schaltsymbol

Abb. 7.10. Schaltung eines Multiplexers

dem Demultiplexer, wie der Vergleich von Abb. 7.5 mit 7.8 zeigt. Man bezeichnet die Schaltung in diesem Fall als *Analog-Multiplexer/Demultiplexer*.

Die in Multiplexern erforderliche ODER-Verknüpfung lässt sich auch mit einer Wired-OR-Verbindung realisieren. Diese Möglichkeit ist für Open-Collector-Ausgänge in Abb. 7.11 dargestellt. Da sich dabei in positiver Logik eine UND-Verknüpfung ergibt, muss man – wie in Abb. 7.11 – auf die negierten Signale übergehen, um die gewünschte ODER - Verknüpfung zu realisieren .

Möchte man den mit Open-Collector-Ausgängen verbundenen Nachteil der größeren Anstiegszeit umgehen, kann man Tristate-Ausgänge parallelschalten, von denen jeweils nur einer eingeschaltet wird. Diese Alternative ist ebenfalls in Abb. 7.11 dargestellt.

Die in Abb. 7.11 dargestellten Möglichkeiten zur Realisierung der ODER-Verknüpfung werden in integrierten Multiplexern nicht angewendet. Tristate Verknüpfungen sind aber dann von Bedeutung, wenn die Signalquellen des Multiplexers räumlich verteilt sind. Solche Anordnungen ergeben sich bei Bussystemen, wie sie in Computern üblich sind.

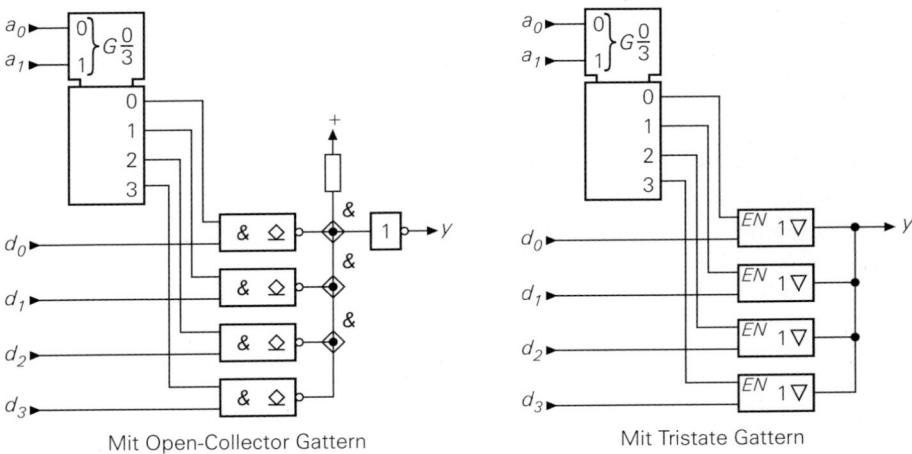

Mit Open-Collector Gattern

Mit Tristate Gattern

Abb. 7.11. Realisierungsvarianten der ODER-Verknüpfung in Multiplexern

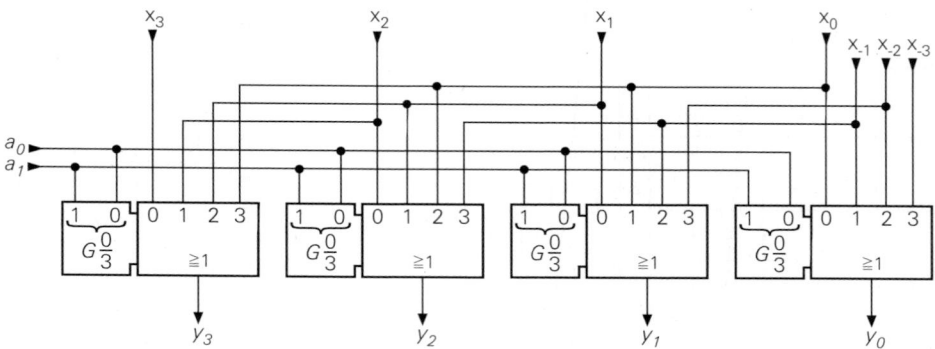

Abb. 7.12. Kombinatorisches Schieberegister, aufgebaut aus Multiplexern

7.2 Schiebelogik (Barrel Shifter)

Bei vielen Rechenoperationen muss man ein Bitmuster um eine oder mehrere Stellen verschieben. Diese Operation wird üblicherweise mit einem Schieberegister durchgeführt, wie es in Kapitel 8.5 beschrieben wird. Dabei ergibt sich pro Takt eine Verschiebung um eine Stelle. Nachteilig ist, dass man eine Ablaufsteuerung benötigt, um das Schieberegister zunächst mit dem Bitmuster zu laden und anschließend die Verschiebung um eine vorwählbare Stellenzahl vorzunehmen.

Dieselbe Operation lässt sich ohne getaktete Ablaufsteuerung durchführen, indem man wie in Abb. 7.12 ein entsprechendes Schaltnetz mit Multiplexern aufbaut. Aus diesem Grund bezeichnet man die ungetakteten Schieberegister auch als kombinatorische oder asynchrone Schieberegister. Legt man in Abb. 7.12 die Adresse $A = 0$ an, wird $y_3 = x_3$, $y_2 = x_2$ usw. Legt man die Adresse $A = 1$ an, wird entsprechend der Verdrahtung $y_3 = x_2$, $y_2 = x_1$, $y_1 = x_0$ und $y_0 = x_{-1}$. Das Bitmuster X erscheint also um eine Stelle nach links verschoben am Ausgang. Dabei geht wie bei einem normalen Schieberegister das höchste Bit verloren. Verwendet man Multiplexer mit N Eingängen, kann man eine Verschiebung um $0, 1, 2 \ldots (N - 1)$ Stellen vornehmen. Bei dem Beispiel in Abb. 7.12 ist $N = 4$. Damit ergibt sich die Wahrheitstafel in Abb. 7.13.

Möchte man verhindern, dass die höheren Bits verloren gehen, kann man das Register wie in Abb. 7.14 durch Anreihen identischer Schaltungen verlängern. Bei dem gewählten Beispiel $N = 4$ kann man auf diese Weise eine 5 bit Zahl X ohne Informationsverlust um maximal 3 Stellen verschieben. Sie erscheint dann in dem Bereich von y_3 bis y_7.

Man kann die Schaltung in Abb. 7.12 auch als Ring-Schieberegister betreiben, indem man die Erweiterungseingänge x_{-1} bis x_{-3} wie in Abb. 7.15 mit den Eingängen x_1 bis x_3 verbindet.

a_1	a_0	y_3	y_2	y_1	y_0
0	0	x_3	x_2	x_1	x_0
0	1	x_2	x_1	x_0	x_{-1}
1	0	x_1	x_0	x_{-1}	x_{-2}
1	1	x_0	x_{-1}	x_{-2}	x_{-3}

Abb. 7.13.
Wahrheitstafel des kombinatorischen Schieberegisters

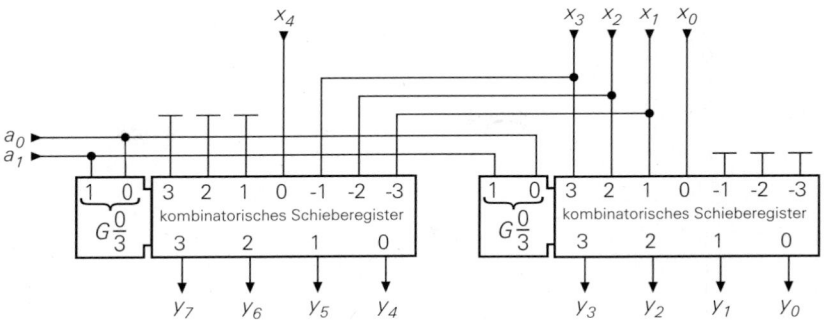

Abb. 7.14. Erweiterung eines kombinatorischen Schieberegisters

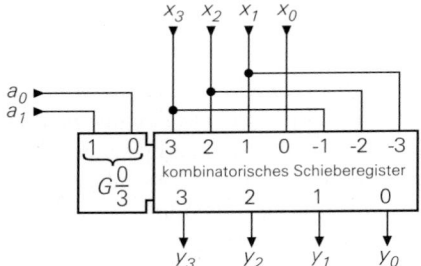

Abb. 7.15.
Kombinatorisches Ring-Schieberegister

7.3 Prioritätsdecoder

Ein Prioritätsdecoder liefert am Ausgang eine Dualzahl, die dem Stellenwert der höchstwertigen 1 am Eingang entspricht. Die Wahrheitstafel in Abb. 7.16 zeigt diese Funktion. Die 1 am höchstwertigen Eingang bestimmt das Ergebnis; der Wert der niedrigeren Eingänge ist wirkt sich nicht auf das Ergebnis aus. Deshalb stehen in der Wahrheitstafel x-Symbole als dont-care Zeichen. Weil das höchste Bit, das 1 ist, das Ergebnis bestimmt und alle niedrigeren Bits belanglos sind, heißt die Schaltung *Prioritätsdecoder*. Man kann die Schaltung dazu einsetzen, einen 1-aus-n Code in den Dualcode zu verwandeln, aber auch einen Summencode, bei dem alle niederwertigen Bits 1 sind. Wegen der x-Symbole in der Wahrheitstafel macht das keinen Unterschied. Diese Funktion wird bei AD-Umsetzern nach dem Parallelverfahren in Kapitel 17.3.1 auf S. 1025 eingesetzt.

J	x_7	x_6	x_5	x_4	x_3	x_2	x_1	x_0	y_3	y_2	y_1	y_0
0	0	0	0	0	0	0	0	0	0	0	0	0
1	0	0	0	0	0	0	0	1	0	0	0	1
2	0	0	0	0	0	0	1	×	0	0	1	0
3	0	0	0	0	0	1	×	×	0	0	1	1
4	0	0	0	0	1	×	×	×	0	1	0	0
5	0	0	0	1	×	×	×	×	0	1	0	1
6	0	0	1	×	×	×	×	×	0	1	1	0
7	0	1	×	×	×	×	×	×	0	1	1	1
8	1	×	×	×	×	×	×	×	1	0	0	0

Abb. 7.16. Wahrheitstafel eines Prioritätsdecoders. × $\widehat{=}$ beliebig

Einsen	x_7	x_6	x_5	x_4	x_3	x_2	x_1	x_0	y_3	y_2	y_1	y_0
0	0	0	0	0	0	0	0	0	0	0	0	0
1	0	0	0	0	0	0	0	1	0	0	0	1
1	0	0	0	0	0	0	1	0	0	0	0	1
2	0	0	0	0	0	0	1	1	0	0	1	0
1	0	0	0	0	0	1	0	0	0	0	0	1
$\vdots$					$\vdots$					$\vdots$		
6	1	1	1	1	1	1	0	0	0	1	1	0
7	1	1	1	1	1	1	0	1	0	1	1	1
7	1	1	1	1	1	1	1	0	0	1	1	1
8	1	1	1	1	1	1	1	1	1	0	0	0

Abb. 7.17. Wahrheitstafel eines kombinatorischen Zählers

7.4 Kombinatorischer Zähler

Ein *kombinatorischer Zähler* ist eine Schaltung, die zählt, wie viele Eingänge 1 sind und am Ausgang die entsprechende Dualzahl liefert. Dabei sind alle Eingänge gleichberechtigt. In der Wahrheitstafel in Abb. 7.17 ist zusätzlich die Anzahl der Einsen dezimal angegeben. Die Wahrheitstafel eines kombinatorischen Zählers stimmt mit der des Prioritätsdecoders in den Zeilen überein, bei denen alle Bits unterhalb der höchsten 1 ebenfalls 1 sind.

7.5 Paritätsgenerator

Ein Paritätsgenerator bildet die Quersumme der Eingangsdaten und liefert am Ausgang das niedrigste Bit der Quersumme. Er bildet also eine modulo-2 Addition der Eingangsdaten. Deshalb ist stimmt seine Wahrheitstafel mit dem niedrigsten Bit y_0 des kombinatorischen Zählers in Abb. 7.17 überein. Ein Paritätsgenerator liefert also dann als Ergebnis eine 1, wenn die Anzahl der Einsen am Eingang ungerade ist.

Zur schaltungstechnischen Realisierung bieten sich EXOR-Gatter an, da sie eine modulo-2 Addition bilden wie in Abschnitt 7.8 gezeigt wird. Daraus ergibt sich die Schaltung in Abb. 7.18. Die Reihenfolge der EXOR-Verknüpfungen ist beliebig. Allerdings erfordert diese Anordnung viel Rechenzeit, da jedes EXOR-Gatter 3 Gatterlaufzeiten benötigt. Die direkte Realisierung einer Wahrheitstafel benötigt dagegen insgesamt nur 3 Gatterlaufzeiten (Negation, UND-Verknüpfung, ODER-Verknüpfung).

Zur Fehlererkennung überträgt man ein Paritätsbit zusammen mit den Datenbits. Dazu dient das y_0-Bit in Abb. 7.19. Wenn bei der Übertragung ein Fehler auftritt ergibt sich auf der Empfängerseite ein abweichendes Paritätsbit y_0'. Das EXOR Gatter markiert diesen Fehler mit $f = 1$. Allerdings lassen sich mit einem einzigen Paritätsbit lediglich Einzel-

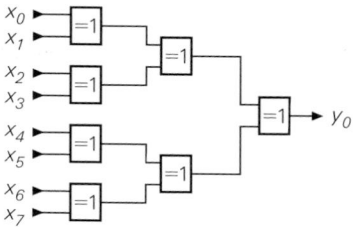

Abb. 7.18.
Paritätsgenerator für gerade Parität mit 8 Eingängen. Die logischen Funktionen sind in Abb. 6.13 zusammengestellt.

$$y_0 = x_0 \oplus x_1 \oplus x_2 \oplus x_3 \oplus x_4 \oplus x_5 \oplus x_6 \oplus x_7$$

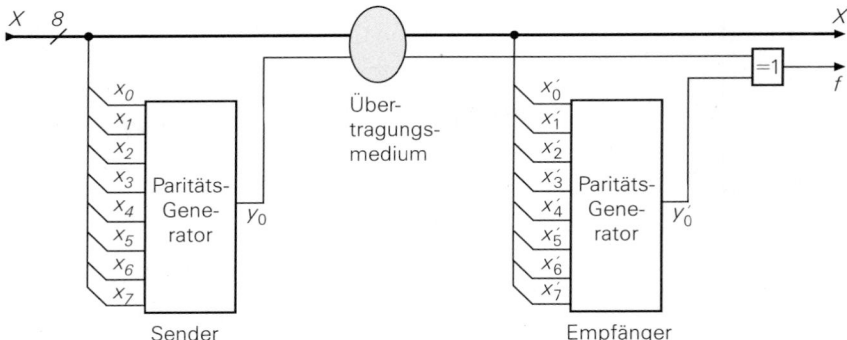

Abb. 7.19. Einsatz von Paritätsgeneratoren zu Kontrolle von Übertragungsfehlern für Daten mit 8 bit Wortbreite als Beispiel

fehler erkennen. Um Mehrfachfehler zu erkennen und gegebenenfalls auch zu korrigieren, sind mehrere Paritätsbits erforderlich (siehe Kapitel 9.3 auf Seite 730).

7.6 Komparatoren

Komparatoren sind Schaltungen, die zwei Zahlen miteinander vergleichen. Die wichtigsten Vergleichskriterien sind $A = B$, $A > B$ und $A < B$. Zunächst wollen wir Komparatoren behandeln, die die Gleichheit zweier Binärzahlen feststellen. Das Kriterium für die Gleichheit zweier Zahlen ist, dass sie in allen Bits übereinstimmen. Der Komparator soll am Ausgang eine logische Eins liefern, wenn die beiden Zahlen gleich sind, sonst eine Null. Der einfachste Fall ist der, dass die zu vergleichenden Zahlen nur aus einem einzigen Bit bestehen. Dann können wir als Komparator die Äquivalenz-Schaltung (Exklusiv-NOR-Gatter) verwenden. Zwei N-stellige Zahlen vergleicht man Bit für Bit mit je einer Äquivalenz-Schaltung und bildet die UND-Verknüpfung ihrer Ausgänge, wie es in Abb. 7.20 dargestellt ist.

Universellere Komparatoren sind solche, die außer der Gleichheit zweier Zahlen feststellen können, welche der beiden größer ist. Solche Schaltungen werden als Größen-Komparatoren (Magnitude Comparator) bezeichnet. Um einen Größenvergleich durchführen zu können, muss man wissen, in welchem Code die Zahlen verschlüsselt sind. Im folgenden wollen wir davon ausgehen, dass die Zahlen im Dual-Code vorliegen, also gilt:

$$A = a_{N-1} \cdot 2^{N-1} + a_{N-2} \cdot 2^{N-2} + \ldots + a_1 \cdot 2^1 + a_0 \cdot 2^0$$

Die einfachste Aufgabe ist wieder die, zwei einstellige Dualzahlen miteinander zu vergleichen. Zur Aufstellung der logischen Funktionen gehen wir von der Wahrheitstafel in Abb. 7.22 aus. Daraus erhalten wir unmittelbar die Schaltung in Abb. 7.21.

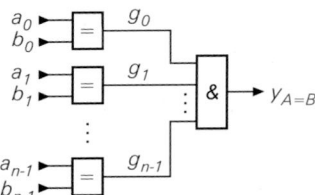

Abb. 7.20.
Identitätskomparator für zwei N-stellige Zahlen. Die logischen Funktionen sind in Abb. 6.13 zusammengestellt.

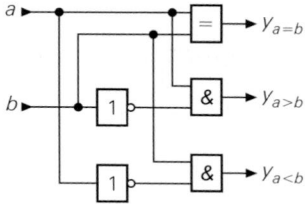

a	b	$y_{a>b}$	$y_{a=b}$	$y_{a<b}$
0	0	0	1	0
0	1	0	0	1
1	0	1	0	0
1	1	0	1	0

Abb. 7.21.
1 bit-Komparator mit
Größenvergleich

Abb. 7.22.
Wahrheitstafel eines 1 bit-Komparators
mit Größenvergleich

Für den Vergleich mehrstelliger Dualzahlen ergibt sich folgender Algorithmus: Man vergleicht zunächst die Bits in der höchsten Stelle. Sind sie verschieden, bestimmt allein diese Stelle das Ergebnis. Sind sie gleich, muss man die Bits in der nächst niedrigeren Stelle vergleichen usw. Bezeichnet man die Identitätsvariable der Stelle i wie in Abb. 7.20 mit g_i, ergibt sich für den Größenvergleich einer N-stelligen Zahl die allgemeine Beziehung:

$$y_{A>B} = a_{N-1} \cdot \overline{b}_{N-1} + g_{N-1} \cdot a_{N-2} \cdot \overline{b}_{N-2} + \dots$$
$$+ g_{N-1} \cdot g_{N-2} \cdot \dots \cdot g_1 \cdot a_0 \cdot \overline{b}_0$$

Die Schaltungen lassen sich seriell und parallel kaskadieren. Abbildung 7.23 zeigt die serielle Methode. Wenn die höchsten 3 Bits gleich sind, bestimmen die Ausgänge des Komparators K_1 das Ergebnis, da sie an den LSB-Eingängen des Komparators K_2

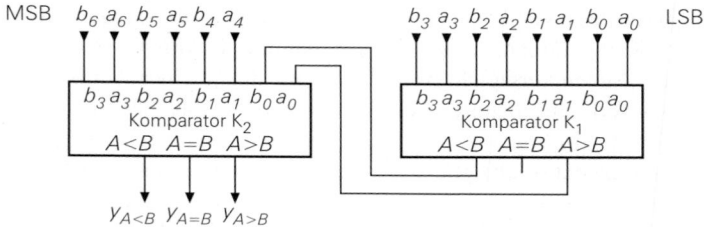

Abb. 7.23. Serielle Erweiterung von Komparatoren mit Größenvergleich.
MSB = most significant bit, LSB = least significant bit

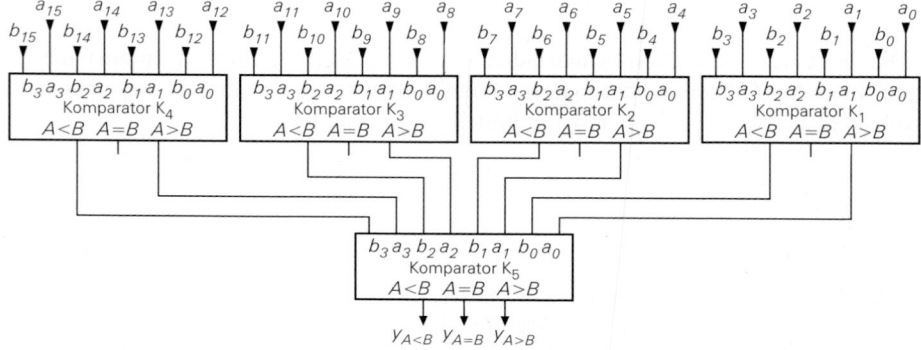

Abb. 7.24. Parallele Erweiterung von Komparatoren mit Größenvergleich

angeschlossen sind. Beim Vergleich von Zahlen mit sehr vielen Stellen ist die parallele Erweiterung nach Abb. 7.24 günstiger, da sich dabei eine kürzere Verzögerungszeit ergibt.

7.7 Zahlendarstellung

Digitalschaltungen können nur binäre, d.h. zweiwertige Informationen verarbeiten. Deshalb muss die Zahlendarstellung vom gewohnten Dezimalsystem in ein binäres System übersetzt werden. Dafür gibt es verschiedene Möglichkeiten, die in den folgenden Abschnitten zusammengestellt sind. Erst wenn man sich für eine bestimmte Zahlendarstellung entschieden hat, kann man die schaltungstechnische Realisierung festlegen.

7.7.1 Positive ganze Zahlen im Dualcode

Die einfachste binäre Zahlendarstellung ist der Dualcode. Die Stellen sind nach steigenden Zweierpotenzen angeordnet. Für die Darstellung einer N-stelligen Zahl im Dualcode gilt also:

$$Z_N = z_{N-1} \cdot 2^{N-1} + z_{N-2} \cdot 2^{N-2} + \ldots + z_1 \cdot 2^1 + z_0 \cdot 2^0 = \sum_{i=0}^{N-1} z_i \cdot 2^i \qquad (7.1)$$

Entsprechend zum Dezimalsystem schreibt man einfach die Ziffernfolge $\{z_{N-1} \ldots z_0\}$ auf und denkt sich die Multiplikation mit der betreffenden Zweierpotenz und die Addition dazu.

Beispiel:

$$15253_{\text{Dez}} = \underbrace{1\ 1\ 1\ 0\ 1\ 1\ 1\ 0\ 0\ 1\ 0\ 1\ 0\ 1}_{\substack{2^{13} \hspace{5cm} 2^0}} \quad \begin{array}{l} \text{Dual} \\[4pt] \text{Stellenwert} \end{array}$$

7.7.1.1 Oktalcode

Wie man sieht, ist die Dualdarstellung schwer zu lesen. Man benutzt deshalb eine abgekürzte Schreibweise, indem man jeweils drei Stellen zu einer Ziffer zusammenfasst und den Wert dieser dreistelligen Dualzahl als Dezimalziffer anschreibt. Da die entstehenden Ziffern nach Potenzen von $2^3 = 8$ geordnet sind, spricht man vom Oktalcode. Für die Darstellung einer N-stelligen Zahl im Oktalcode gilt also:

$$Z_N = z_{N-1} \cdot 8^{N-1} + z_{N-2} \cdot 8^{N-2} + \ldots + z_1 \cdot 8^1 + z_0 \cdot 8^0 \qquad (7.2)$$

Beispiel:	3	5	6	2	5	Oktal
$15253_{\text{Dez}} =$	0 1 1	1 0 1	1 1 0	0 1 0	1 0 1	Dual
	2^{12}	2^9	2^6	2^3	2^0	Stellen-
	8^4	8^3	8^2	8^1	8^0	wert

7.7.1.2 Hexadezimalcode

Eine andere gebräuchliche abgekürzte Schreibweise ist die Zusammenfassung von jeweils vier Dualstellen zu einer Ziffer. Da die entstehenden Ziffern nach Potenzen von $2^4 = 16$ geordnet sind, spricht man vom Hexadezimalcode. Jede Ziffer kann Werte zwischen 0 und 15 annehmen. Dafür reichen die Dezimalziffern nicht aus. Die Ziffern „zehn" bis

„fünfzehn" werden deshalb durch die Buchstaben A bis F dargestellt. Für die Darstellung einer N-stelligen Zahl im Hexadezimalcode gilt also:

$$Z_N = z_{N-1} \cdot 16^{N-1} + z_{N-2} \cdot 16^{N-2} + \ldots + z_1 \cdot 16^1 + z_0 \cdot 16^0 \tag{7.3}$$

Beispiel:
$15253_{\text{Dez}} =$

3	B	9	5	Hex
0 0 1 1	1 0 1 1	1 0 0 1	0 1 0 1	Dual
2^{12}	2^8	2^4	2^0	Stellen-
16^3	16^2	16^1	16^0	wert

7.7.2 BCD-Code

Zur Zahlen-Ein- und -Ausgabe sind Dualzahlen ungeeignet, da wir gewohnt sind, im Dezimalsystem zu rechnen. Man hat deshalb die binär codierten Dezimalzahlen (BCD-Zahlen) eingeführt. Bei ihnen wird jede einzelne Dezimalziffer durch eine entsprechende Dualzahl dargestellt. Für eine N-stellige BCD-Zahl gilt also:

$$Z_N = z_{N-1} \cdot 10^{N-1} + z_{N-2} \cdot 10^{N-2} + \ldots + z_1 \cdot 10^1 + z_0 \cdot 10^0 \tag{7.4}$$

Beispiel:
$15253_{\text{Dez}} =$

1	5	2	5	3	Dez
0 0 0 1	0 1 0 1	0 0 1 0	0 1 0 1	0 0 1 1	BCD
10^4	10^3	10^2	10^1	10^0	Stellenw.

Eine so kodierte Dezimalzahl wird genauer als BCD-Zahl im 8421-Code oder als natürliche BCD-Zahl bezeichnet. Mit einer vierstelligen Dualzahl lassen sich Zahlen zwischen 0 und 15_{Dez} darstellen. Beim BCD-Code werden davon nur zehn Kombinationen benutzt. Aus diesem Grund benötigt die BCD-Darstellung mehr Bits als die Dualdarstellung.

7.7.3 Ganze Dualzahlen mit beliebigem Vorzeichen

7.7.3.1 Darstellung nach Betrag und Vorzeichen

Eine negative Zahl lässt sich ganz einfach dadurch charakterisieren, dass man vor die höchste Stelle ein Vorzeichenbit s setzt. Null bedeutet „positiv", Eins bedeutet „negativ". Eine eindeutige Interpretation ist nur möglich, wenn eine feste Wortbreite vereinbart ist. Für eine N-stelligen Zahl gilt:

$$Z_N = (-1)^s \cdot \left(z_{N-2} \cdot 2^{N-2} + z_{N-3} \cdot 2^{N-3} + \ldots + z_1 \cdot 2^1 + z_0 \cdot 2^0 \right) \tag{7.5}$$

Beispiel für eine Wortbreite von 8 bit:

$+118_{\text{Dez}} =$	0	1	1	1	0	1	1	0_2
$-118_{\text{Dez}} =$	1	1	1	1	0	1	1	0_2
	$(-1)^s$	2^6	2^5	2^4	2^3	2^2	2^1	2^0

7.7.3.2 Darstellung im Zweierkomplement (Two's Complement)

Die Darstellung nach Betrag und Vorzeichen hat den Nachteil, dass positive und negative Zahlen nicht einfach addiert werden können. Ein Addierer muss beim Auftreten eines Minuszeichens auf Subtraktion umgeschaltet werden. Bei der Zweierkomplementdarstellung ist das nicht notwendig.

Bei der Zweierkomplementdarstellung gibt man dem höchsten Bit ein negatives Gewicht. Der Rest der Zahl wird als normale Dualzahl dargestellt. Auch hier muss eine feste Wortbreite vereinbart sein, damit das höchste Bit eindeutig definiert ist. Bei einer positiven Zahl ist das höchste Bit 0. Bei einer negativen Zahl muss das höchste Bit gleich 1 sein, weil nur diese Stelle ein negatives Gewicht hat. Für eine N-stelligen Zahl gilt:

$$Z_N = -z_{N-1} \cdot 2^{N-1} + z_{N-2} \cdot 2^{N-2} + \ldots + z_1 \cdot 2^1 + z_0 \cdot 2^0 \tag{7.6}$$

Beispiel für eine Wortbreite von 8 bit:

$$+118_{\text{Dez}} = \boxed{0} \quad \underbrace{1 \quad 1 \quad 1 \quad 0 \quad 1 \quad 1 \quad 0}_{B_N}$$

$$-118_{\text{Dez}} = \boxed{1} \quad \underbrace{0 \quad 0 \quad 0 \quad 1 \quad 0 \quad 1 \quad 0}_{X}$$

$$-2^7 \quad 2^6 \quad 2^5 \quad 2^4 \quad 2^3 \quad 2^2 \quad 2^1 \quad 2^0$$

Der Übergang von einer positiven zur betragsmäßig gleichen negativen Zahl ist natürlich etwas schwieriger als bei der Darstellung nach Betrag und Vorzeichen. Nehmen wir an, die Dualzahl B_N habe ohne das Vorzeichenbit die Wortbreite N. Dann hat die Vorzeichenstelle den Wert -2^N. Die Zahl $-B_N$ entsteht demnach in der Form:

$$-B_N = -2^N + X$$

Damit ergibt sich der positive Rest X zu:

$$X = 2^N - B_N$$

Dieser Ausdruck wird als das *Zweierkomplement* $B_N^{(2)}$ zu B_N bezeichnet. Er lässt sich auf einfache Weise aus B_N berechnen. Dazu betrachten wir die größte Zahl, die sich mit N Stellen dual darstellen lässt. Sie hat den Wert:

$$1111\ldots \mathrel{\hat{=}} 2^N - 1$$

Subtrahiert man von dieser Zahl eine beliebige Dualzahl B_N, erhält man offensichtlich eine Dualzahl, die sich durch Negation aller Stellen ergibt. Diese Zahl nennt man das *Einerkomplement* $B_N^{(1)}$ zu B_N. Damit gilt:

$$B_N^{(1)} = 2^N - 1 - B_N = \underbrace{2^N - B_N}_{B_N^{(2)}} - 1$$

und:

$$B_N^{(2)} = B_N^{(1)} + 1 \tag{7.7}$$

Das Zweierkomplement einer Dualzahl ergibt sich also durch Negation aller Stellen und Addition von 1.

Man kann leicht zeigen, dass man die Vorzeichenstelle nicht getrennt behandeln muss, sondern zum Vorzeichenwechsel einfach das Zweierkomplement der ganzen Zahl einschließlich Vorzeichenstelle bilden kann. Damit gilt für Dualzahlen in der Zweierkomplementdarstellung die Beziehung:

$$-B_N = B_N^{(2)}$$ (7.8)

Diese Beziehung gilt für den Fall, dass man im Ergebnis ebenfalls nur N Stellen betrachtet und die Überlaufstelle unbeachtet lässt.

Beispiel für eine 8stellige Dualzahl in Zweierkomplementdarstellung:

$118_{Dez}=$	$0\,1\,1\,1\,0\,1\,1\,0$
Einerkomplement:	$1\,0\,0\,0\,1\,0\,0\,1$
	$+\qquad\qquad\quad 1$
Zweierkomplement:	$1\,0\,0\,0\,1\,0\,1\,0 = -118_{Dez}$

Rückverwandlung:

Einerkomplement:	$0\,1\,1\,1\,0\,1\,0\,1$
	$+\qquad\qquad\quad 1$
Zweierkomplement:	$0\,1\,1\,1\,0\,1\,1\,0 = +118_{Dez}$

7.7.3.3 Vorzeichenergänzung (Sign Extension)

Wenn man eine positive Zahl auf eine größere Wortbreite erweitern will, ergänzt man einfach führende Nullen. In der Zweierkomplementdarstellung gilt eine andere Regel: Man muss das Vorzeichenbit vervielfältigen.

Beispiel: 8 bit   16 bit

$$118_{Dez} = 0\,1\,1\,1\,0\,1\,1\,0 = 0\,0\,0\,0\,0\,0\,0\,0\,0\,1\,1\,1\,0\,1\,1\,0$$
$$-118_{Dez} = 1\,0\,0\,0\,1\,0\,1\,0 = \underbrace{1\,1\,1\,1\,1\,1\,1\,1}_{\text{Vorzeichenerweiterung}}\,1\,0\,0\,0\,1\,0\,1\,0$$

Der Beweis ist einfach. Bei einer N-stelligen negativen Zahl hat das Vorzeichenbit den Wert -2^{N-1}. Erweitert man die Wortbreite um ein Bit, muss man eine führende Eins ergänzen. Die hinzugefügte Vorzeichenstelle hat den Wert -2^N. Die alte Vorzeichenstelle ändert ihren Wert von -2^{N-1} auf $+2^{N-1}$. Beide Stellen zusammen haben demnach den Wert:

$$-2^N + 2^{N-1} = -2 \cdot 2^{N-1} + 2^{N-1} = -2^{N-1}$$

Er bleibt also unverändert.

7.7.3.4 Offset-Dual-Darstellung (Offset Binary)

Es gibt Schaltungen, die nur positive Zahlen verarbeiten können. Sie interpretieren die höchste Stelle also grundsätzlich als positiv. In solchen Fällen definiert man die Mitte des darstellbaren Zahlenbereichs als Null (Offset-Darstellung) indem man den halben Zahlenbereich subtrahiert. Für eine N-stellige Zahl gilt:

Dezimal	Zweierkomplement								Offset-Dual							
	b_7	b_6	b_5	b_4	b_3	b_2	b_1	b_0	b_7	b_6	b_5	b_4	b_3	b_2	b_1	b_0
127	0	1	1	1	1	1	1	1	1	1	1	1	1	1	1	1
1	0	0	0	0	0	0	0	1	1	0	0	0	0	0	0	1
0	0	0	0	0	0	0	0	0	1	0	0	0	0	0	0	0
−1	1	1	1	1	1	1	1	1	0	1	1	1	1	1	1	1
−127	1	0	0	0	0	0	0	1	0	0	0	0	0	0	0	1
−128	1	0	0	0	0	0	0	0	0	0	0	0	0	0	0	0

Abb. 7.25. Zusammenhang zwischen der Zweierkomplement- und der Offset-Dual-Darstellung

$$Z_N = -2^{N-1} + z_{N-1} \cdot 2^{N-1} + z_{N-2} \cdot 2^{N-2} + \ldots + z_1 \cdot 2^1 + z_0 \cdot 2^0 \qquad (7.9)$$

Mit einer 8stelligen positiven Dualzahl kann man den Bereich 0 bis 255 darstellen, mit einer 8stelligen Zweierkomplementzahl den Bereich -128 bis $+127$. Zum Übergang in die Offset-Dual-Darstellung verschiebt man den Zahlenbereich durch Addition von 128 nach 0 bis 255. Zahlen über 128 sind demnach positiv zu werten, Zahlen unter 128 als negativ. Die Bereichsmitte 128 bedeutet in diesem Fall Null. Die Addition von 128 kann man ganz einfach durch Negation des Vorzeichenbits in der Zweierkomplementdarstellung vornehmen. Eine Übersicht über einige Zahlenwerte ist in Abb. 7.25 zusammengestellt.

7.7.4 Festkomma-Dualzahlen

Entsprechend zum Dezimalbruch definiert man den Dualbruch so, dass man die Stellenwerte hinter dem Komma als negative Zweierpotenzen interpretiert.

Beispiel:

$225,8125_{\text{Dez}} =$	1	1	1	0	0	0	0	1	,	1	1	0	1
	2^7	2^6	2^5	2^4	2^3	2^2	2^1	2^0		2^{-1}	2^{-2}	2^{-3}	2^{-4}

In der Regel wird eine feste Stellenzahl hinter dem Komma vereinbart. Daher kommt die Bezeichnung Festkomma-Dualzahl. Negative Festkommazahlen werden nach Betrag und Vorzeichen angegeben.

Durch die Festlegung einer bestimmten Stellenzahl kann man durch Multiplikation mit dem Kehrwert der niedrigsten Zweierpotenz ganze Zahlen herstellen, die in den beschriebenen Darstellungen verarbeitet werden können. Für die Zahlenausgabe macht man die Multiplikation wieder rückgängig.

7.7.5 Gleitkomma-Dualzahlen

Entsprechend zur Gleitkomma-Dezimalzahl

$$Z_{10} = M \cdot 10^E$$

definiert man die Gleitkomma-Dualzahl:

$$Z_2 = M \cdot 2^E$$

Darin ist M die Mantisse und E der Exponent.

IEEE Format	Wort– Breite	Vor– zeichen S	Exponent Breite E_l	Bereich	Mantisse Breite M_k	Genauigkeit
Einfach	32 bit	1 bit	8 bit	$2^{\pm127} \approx 10^{\pm38}$	23 bit $\hat{=}$	7 Dez. Stellen
Doppelt	64 bit	1 bit	11 bit	$2^{\pm1023} \approx 10^{\pm308}$	52 bit $\hat{=}$	16 Dez. Stellen
Intern	80 bit	1 bit	15 bit	$2^{\pm16383} \approx 10^{\pm4932}$	64 bit $\hat{=}$	19 Dez. Stellen

Abb. 7.26. Spezifikationen der IEEE-Gleitkommaformate

Beispiel:

225,8125	Dezimal, Festkomma
= 2,258125 E 2	Dezimal, Gleitkomma
= 11100001,1101	Dual, Festkomma
= 1,11000011101 E 0111	Dual, Gleitkomma

Zur Rechnung mit Gleitkommazahlen verwendet man heutzutage durchweg die im *Floating-Point-Standard* IEEE-P 754 genormte Zahlendarstellung. Diese Zahlendarstellung wird nicht nur in Rechenanlagen, sondern auch in PCs und zum Teil sogar auch in Signalprozessoren eingesetzt und vielfältig durch die entsprechenden Arithmetik-Prozessoren unterstützt. Dabei kann der Anwender zwischen zwei Rechengenauigkeiten wählen: dem 32 bit-Single-Precision-Format und der Double-Precision-Darstellung mit 64 bit. Intern wird mit 80 bit Genauigkeit gerechnet. Diese drei Zahlenformate sind in Abb. 7.26 und Abb. 7.27 dargestellt. Man kann hier drei Bereiche unterscheiden: das Vorzeichenbit S, den Exponenten E und die Mantisse M. Die Wortbreite des Exponenten und der Mantisse hängen von der gewählten Genauigkeit ab. Die Mantisse M wird beim IEEE-Standard durch die Ziffern $m_0, m_1, m_2 \ldots$ angegeben. Im Normalfall ist die Mantisse auf $m_0 = 1$ normiert:

$$M_k = 1 + m_1 \cdot 2^{-1} + m_2 \cdot 2^{-2} + \ldots = 1 + \sum_{i=1}^{k} m_i 2^{-i} \qquad (7.10)$$

Ihr Betrag liegt demnach zwischen $1 \leq M < 2$. Die Ziffer $m_0 = 1$ wird nur bei der internen Darstellung angegeben, sonst ist sie verborgen, und man muss sie sich zur Rechnung ergänzen. Der Exponent E wird beim IEEE-Format als Offset-Dualzahl angegeben, damit positive und negative Werte definiert werden können.

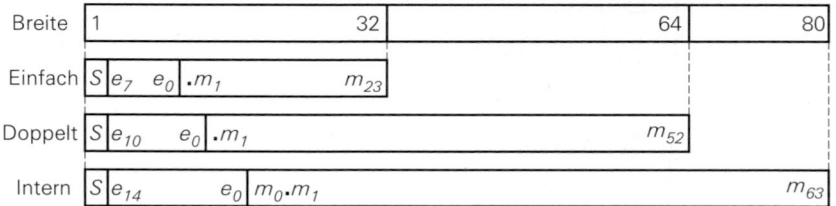

Abb. 7.27. Vergleich der Gleitkommaformate

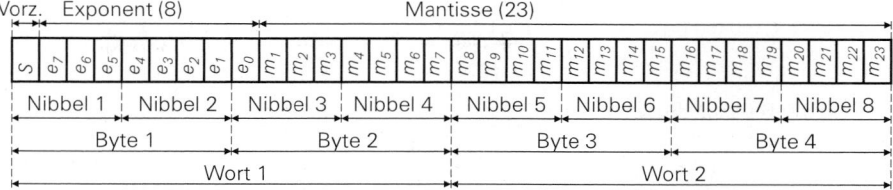

Abb. 7.28. Aufteilung einer 32 bit-Gleitkomma-Zahl

$$E_l \; = \; +z_{l-1} \cdot 2^{l-1} + z_{l-2} \cdot 2^{l-2} + \ldots + z_1 \cdot 2^1 + z_0 \cdot 2^0 \qquad (7.11)$$

Zur Rechnung muss man daher einen Offset von der Größe des halben Bereichs subtrahieren. Er beträgt

$$\text{Offset} \; = \; 2^{l-1} - 1 \qquad (7.12)$$

$2^7 - 1 = \quad\; 127 \quad$ bei einfacher Genauigkeit,

$2^{10} - 1 = \quad 1\,023 \quad$ bei doppelter Genauigkeit,

$2^{14} - 1 = 16\,383 \quad$ bei interner Genauigkeit.

Das Vorzeichen der ganzen Zahl wird durch das Vorzeichenbit S bestimmt. Hier erfolgt also eine Darstellung nach Betrag und Vorzeichen. Der Wert einer IEEE-Zahl lässt sich demnach auf folgende Weise berechnen:

$$Z \; = \; (-1)^S \cdot M_k \cdot 2^{E_l - \text{Offset}} \qquad (7.13)$$

Am Beispiel der einfachen IEEE-Genauigkeit mit 32 bit Wortbreite soll dies noch etwas genauer erklärt werden. Die Aufteilung eines Wortes ist in Abb. 7.28 dargestellt. Das höchste Bit ist das Vorzeichenbit S. Dann folgen 8 bit für den Exponenten und 23 bit für die Mantisse. Das höchste Bit der Mantisse $m_0 = 1$ ist verborgen; das Komma steht vor m_1. Der Stellenwert von m_1 ist also $\frac{1}{2}$.

Die ganze Zahl lässt sich aufteilen in zwei Worte zu je 16 bit oder 4 Byte oder 8 Nibbel. Sie lässt sich daher mit 8 Hex-Zeichen angeben. In Abb. 7.29 stehen einige Beispiele. Die normierte Zahl NOR_1 besitzt einen Exponenten von 127; nach Abzug des Offsets von 127 ergibt sich ein Multiplikator von $2^0 = 1$. Der dargestellte Wert der Mantisse beträgt 0,75. Zusammen mit der verborgenen 1 ergibt sich der angegebene Wert $+1,75$. Im zweiten Beispiel NOR_2 wurde eine negative Zahl gewählt; hier ist $S = 1$. Die Zahl 10 im dritten Beispiel wird normiert dargestellt als $10 = 2^3 \cdot 1,25$. Zu der angegebenen Hex-Darstellung gelangt man, indem man (wie immer) die Bitfolge in Vierergruppen zusammenfasst und die zugehörigen Hex-Symbole verwendet. Leider ist die Hex-Darstellung von IEEE-Zahlen sehr unübersichtlich, weil im ersten Symbol das Vorzeichen und ein Teil des Exponenten enthalten ist, und im dritten Symbol Exponent und Mantisse gemischt sind.

Ein paar Sonderfälle sind ebenfalls in Abb. 7.29 aufgelistet. Die größte im 32 bit IEEE-Format darstellbare Zahl beträgt:

$$\text{NOR}_{\max} \; = \; 2^{254-127}(1 + 1 - 2^{-23})$$
$$= \; 2^{127}(2 - 2^{-23}) \approx 2^{128} \approx 3{,}4 \cdot 10^{38}$$

$$NOR_1 \quad = 3\,F\,E\,0\,0\,0\,0_{Hex} = 0 \quad \underbrace{0\,1\,1\,1\,1\,1\,1\,1}_{127} \;,\quad \underbrace{1\,1\,0\,0\,\dots\,0}_{0,75} \quad = +1{,}75$$

$$NOR_2 \quad = B\,F\,B\,0\,0\,0\,0_{Hex} = 1 \quad \underbrace{0\,1\,1\,1\,1\,1\,1\,1}_{127} \;,\quad \underbrace{0\,1\,1\,0\,\dots\,0}_{0,375} \quad = -1{,}375$$

$$NOR_3 \quad = 4\,1\,2\,0\,0\,0\,0_{Hex} = 0 \quad \underbrace{1\,0\,0\,0\,0\,0\,1\,0}_{130} \;,\quad \underbrace{0\,1\,0\,0\,\dots\,0}_{0,25} \quad = +10$$

$$NOR_{max} = 7\,F\,7\,F\,F\,F\,F_{Hex} = 0 \quad \underbrace{1\,1\,1\,1\,1\,1\,1\,0}_{254} \;,\quad \underbrace{1\,1\,1\,1\,\dots\,1}_{1-2^{-23}} \quad = +2^{127}(2-2^{-23})$$

$$INF \quad = 7\,F\,8\,0\,0\,0\,0_{Hex} = 0 \quad \underbrace{1\,1\,1\,1\,1\,1\,1\,1}_{255} \;,\quad \underbrace{0\,0\,0\,0\,\dots\,0}_{0} \quad = +\infty$$

$$ZERO \quad = 0\,0\,0\,0\,0\,0\,0_{Hex} = \times \quad \underbrace{0\,0\,0\,0\,0\,0\,0\,0}_{0} \;,\quad \underbrace{0\,0\,0\,0\,\dots\,0}_{0} \quad = \quad 0$$

Abb. 7.29. Beispiele für normierte Zahlen und Ausnahmen im 32 bit-Gleitkomma-Format

Die Exponenten 0 bzw. 255 sind für Ausnahmen reserviert. Der Exponent 255 wird in Verbindung mit der Mantisse 0 als $\pm\infty$ interpretiert, je nach Vorzeichen. Sind Exponent und Mantisse beide 0, wird die Zahl als $Z = 0$ gewertet. In diesem Fall spielt das Vorzeichen keine Rolle.

7.8 Addierer

Addierer sind Schaltungen zur Addition von zwei Zahlen. Im folgenden wollen wir Addierer für Dualzahlen behandeln. Die Subtraktion lässt sich auf die Addition zurückführen.

7.8.1 Halbaddierer

Die einfachste Aufgabe besteht darin, zwei einstellige Zahlen zu addieren; Schaltungen für diese Aufgabe nennt man Halbaddierer. Um ein Schaltnetz zu entwerfen, muss man zunächst die Wahrheitstafel aufstellen; daraus lässt sich dann die logische Funktion entnehmen. Wenn man zwei einstellige Zahlen a_0 und b_0 addieren will, können die in 7.31 dargestellten Kombinationen auftreten.

Sind a_0 und b_0 beide gleich Eins, tritt bei der Addition ein Übertrag in die nächst höhere Stelle auf. Der Addierer muss also zwei Ausgänge besitzen, nämlich einen für den Summenanteil in derselben Stelle und einen für den Übertrag in die nächst höhere

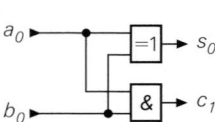

a_0	b_0	c_1	s_0
0	0	0	0
0	1	0	1
1	0	0	1
1	1	1	0

$$s_0 = \overline{a}_0 b_0 + a_0 \overline{b}_0 = a_0 \oplus b_0$$
$$c_1 = a_0 b_0$$

Abb. 7.30.
Schaltung eines
Halbaddierers

Abb. 7.31.
Wahrheitstafel eines Halbaddierers

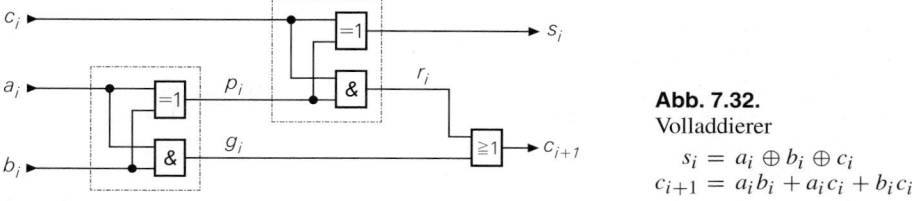

Abb. 7.32.
Volladdierer
$$s_i = a_i \oplus b_i \oplus c_i$$
$$c_{i+1} = a_i b_i + a_i c_i + b_i c_i$$

Stelle. Der Übertrag stellt also eine UND-Verknüpfung dar, die Summe eine Antivalenz-bzw. eine EXOR-Verknüpfung. Eine Schaltung, die diese beiden Verknüpfungen realisiert, heißt Halbaddierer; sie ist in Abb. 7.30 aufgezeichnet.

7.8.2 Volladdierer

Will man zwei mehrstellige Dualzahlen addieren, kann man den Halbaddierer nur für die niedrigste Stelle verwenden. Bei allen anderen Stellen sind nämlich nicht zwei, sondern drei Bits zu addieren, weil der Übertrag von der nächst niedrigeren Stelle hinzu kommt. Im allgemeinen Fall benötigt man also für jedes Bit eine logische Schaltung mit den drei Eingängen a_i, b_i, c_i und den beiden Ausgängen s_i und c_{i+1}. Solche Schaltungen werden als Volladdierer bezeichnet. Sie lassen sich wie in Abb. 7.32 mit Hilfe von zwei Halbaddierern realisieren. Ihre Wahrheitstafel ist in Abb. 7.33 aufgestellt. Man kann sie aber auch direkt gemäß der Wahrheitstafel realisieren; dann erfordert die Bildung von Summe und Übertrag lediglich 3 Gatterlaufzeiten statt 5.

Um zwei mehrstellige Dualzahlen addieren zu können, benötigt man für jede Stelle einen Volladdierer. Bei der niedrigsten Stelle kommt man mit einem Halbaddierer aus. Eine Schaltung, die sich zur Addition zweier 4 bit-Zahlen A und B eignet, ist in Abb. 7.34 dargestellt.

7.8.3 Parallele Übertragslogik

Die Rechenzeit des Addierers in Abb. 7.34 ist wesentlich größer als die der Einzelstufen, denn der Übertrag c_4 kann erst dann einen gültigen Wert annehmen, wenn sich vorher c_3 auf einen gültigen Wert eingestellt hat. Dasselbe gilt für die vorhergehenden Überträge (Ripple Carry). Um die Rechenzeit bei der Addition von vielstelligen Dualzahlen zu verkürzen,

Eingang			Intern			Ausgang		Dezimal
a_i	b_i	c_i	p_i	g_i	r_i	s_i	c_{i+1}	$\sum$
0	0	0	0	0	0	0	0	0
0	1	0	1	0	0	1	0	1
1	0	0	1	0	0	1	0	1
1	1	0	0	1	0	0	1	2
0	0	1	0	0	0	1	0	1
0	1	1	1	0	1	0	1	2
1	0	1	1	0	1	0	1	2
1	1	1	0	1	0	1	1	3

Abb. 7.33. Wahrheitstafel eines Volladdierers

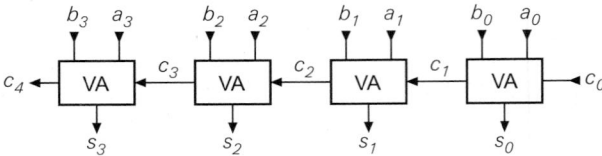

Abb. 7.34.
4 bit-Addition mit seriellem Übertrag

kann man eine parallele Übertragungslogik (Carry look-ahead) verwenden. Bei dieser Methode werden alle Überträge direkt aus den Eingangsvariablen berechnet. Aus der Wahrheitstafel in Abb. 7.33 ergibt sich für den Übertrag aus der Stufe i die allgemeine Beziehung:

$$c_{i+1} = \underbrace{a_i b_i}_{g_i} + \underbrace{(a_i \oplus b_i)}_{p_i} c_i \tag{7.14}$$

Die zur Abkürzung eingeführten Größen g_i und p_i treten bei dem Volladdierer in Abb. 7.32 als Zwischenergebnisse auf. Ihre Berechnung erfordert also keinen zusätzlichen Aufwand. Man kann diese Größen ganz anschaulich deuten: Die Größe g_i gibt an, ob in der Stufe ein Übertrag aufgrund der Eingangskombination a_i, b_i erzeugt wird. Man bezeichnet sie deshalb als Generate-Variable. Die Größe p_i gibt an, ob aufgrund der Eingangskombination ein Übertrag, der von der nächst niedrigeren Stelle kommt, weitergegeben oder absorbiert wird. Sie wird deshalb als Propagate-Variable bezeichnet. Aus (7.14) erhalten wir sukzessive die einzelnen Überträge

$$\begin{aligned}
c_1 &= g_0 + p_0 c_0, \\
c_2 &= g_1 + p_1 c_1 = g_1 + p_1 g_0 + p_1 p_0 c_0, \\
c_3 &= g_2 + p_2 c_2 = g_2 + p_2 g_1 + p_2 p_1 g_0 + p_2 p_1 p_0 c_0, \\
c_4 &= g_3 + p_3 c_3 = g_3 + p_3 g_2 + p_3 p_2 g_1 + p_3 p_2 p_1 g_0 + p_3 p_2 p_1 p_0 c_0 \\
&\vdots \qquad\qquad \vdots
\end{aligned} \tag{7.15}$$

Man erkennt, dass die Ausdrücke zwar immer komplizierter werden, jedoch jeweils in zwei Gatterlaufzeiten aus den Hilfsvariablen berechnet werden können. Abbildung 7.35 zeigt das Blockschaltbild eines 4 bit-Addierers mit paralleler Übertragungslogik. In dem Übertragungsblock PCL sind die Gleichungen (7.15) realisiert.

Addierer mit mehr als 4 Stellen kann man durch Aneinanderreihen mehrerer 4 bit-Blöcke realisieren. Der Übertrag c_4 wäre dann als c_0 an dem nächst höheren Block an-

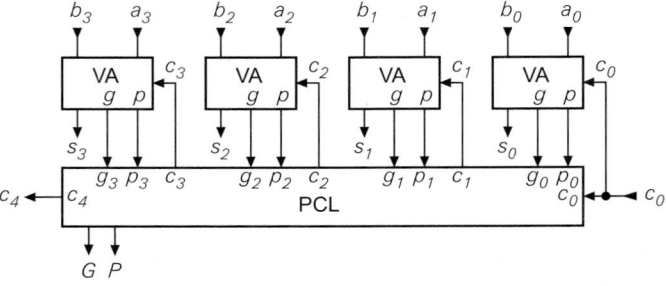

Abb. 7.35. 4 bit-Addition mit paralleler Übertragungslogik

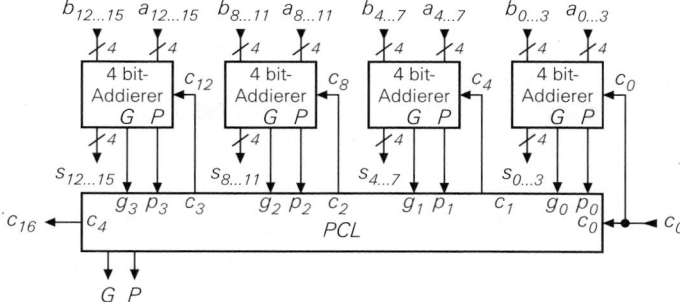

Abb. 7.36. 16 bit-Addition mit paralleler Übertragungslogik in zwei Ebenen

zuschließen. Dieses Verfahren ist jedoch insofern inkonsequent, als der Übertrag dann innerhalb der Blöcke zwar parallel, von Block zu Block jedoch seriell verarbeitet wird. Zur Erzielung möglichst kurzer Rechenzeiten muss man auch die Überträge von Block zu Block parallel verarbeiten. Dazu betrachten wir noch einmal die Beziehung für c_4 in Gl. (7.15):

$$c_4 = \underbrace{g_3 + p_3 g_2 + p_3 p_2 g_1 + p_3 p_2 p_1 g_0}_{G} + \underbrace{p_3 p_2 p_1 p_0}_{P} c_0 \tag{7.16}$$

Zur Abkürzung führen wir die Block-Generate-Variable G und die Block-Propagate-Variable P ein und erhalten:

$$c_4 = G + P c_0$$

Diese Beziehung stimmt formal mit Gl. (7.14) überein. Man braucht in den einzelnen 4 bit-Additions-Blöcken also nur die zusätzlichen Hilfsvariablen G und P zu bilden und kann dann mit demselben Algorithmus, wie er in Gl. (7.15) für die Überträge von Stelle zu Stelle angegeben wurde, die Überträge von Block zu Block berechnen. Damit ergibt sich das in Abb. 7.36 angegebene Blockschaltbild für ein 16 bit-Addierwerk mit paralleler Übertragungslogik. Der Übertragungsblock PCL ist derselbe, wie er in dem 4 bit-Addierer in Abb. 7.35 enthalten ist.

7.8.4 Subtraktion

Die Subtraktion zweier Zahlen lässt sich auf eine Addition zurückführen, denn es gilt:

$$D = A - B = A + (-B) \tag{7.17}$$

Stellt man die Zahlen im Zweierkomplement dar, gilt für eine vorgegebene Wortbreite N nach Gl. (7.8) die einfache Beziehung:

$$-B_N = B_N^{(2)}$$

Damit wird die Differenz:

$$D_N = A_N + B_N^{(2)}$$

Zur Berechnung der Differenz muss man also das Zweierkomplement von B_N bilden und zu A_N addieren. Nach Gl. (7.7) muss man dazu alle Stellen von B_N negieren (Einerkomplement) und Eins addieren. Die Addition von A_N und Eins kann man mit ein und demselben Addierer vornehmen, indem man den Übertragseingang ausnutzt. Damit ergibt sich die

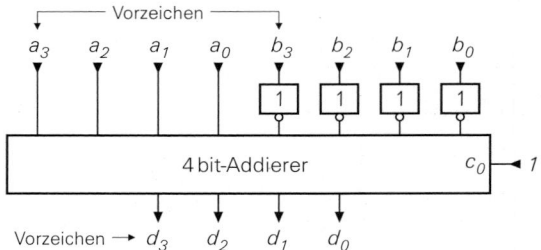

Abb. 7.37.
Subtraktion von
Zweierkomplement-Zahlen
$D = A - B$

in Abb. 7.37 dargestellte Schaltung für 4 bit. Damit die Differenz D_N in der korrekten Zweierkomplementdarstellung erscheint, müssen A_N und B_N ebenfalls in diesem Format eingegeben werden, d.h. bei positiven Zahlen muss das höchste Bit 0 sein.

Die integrierten 4 bit Rechenwerke der 74181-Familie besitzen Steuereingänge, mit denen die Eingangszahlen komplementiert werden können. Sie sind demnach auch als Subtrahierer geeignet. Über weitere Steuereingänge kann auch auf logische Verknüpfung der Eingangsvariablen umgeschaltet werden. Man bezeichnet die Bausteine deshalb allgemein als arithmetisch-logische Einheiten (arithmetic logic unit, ALU).

7.8.5 Zweierkomplement-Überlauf

Wenn man zwei positive N-stellige Dualzahlen addiert, kann als Ergebnis eine $(N + 1)$-stellige Zahl entstehen. Ein solcher Überlauf ist daran zu erkennen, dass aus der höchsten Stelle ein Übertrag (Carry) entsteht.

Bei der Zweierkomplement-Darstellung ist die höchste Stelle für das Vorzeichen reserviert. Bei der Addition von zwei negativen Zahlen wird in die Überlaufstelle systematisch ein Übertrag erfolgen, da die Vorzeichenstelle bei beiden Zahlen Eins ist. Bei der Verarbeitung von Zweierkomplementzahlen mit beliebigem Vorzeichen bedeutet das Auftreten eines Übertrages in die Überlaufstelle demnach nicht notwendigerweise, dass ein Überlauf stattgefunden hat.

Ein Überlauf ist auf folgende Weise zu erkennen: Wenn man zwei positive Zahlen addiert, muss auch das Ergebnis positiv sein. Überschreitet die Summe den Zahlenbereich, findet ein Übertrag in die Vorzeichenstelle statt, d.h. das Ergebnis wird negativ. Daran erkennt man den positiven Überlauf. Entsprechend liegt ein negativer Überlauf vor, wenn bei der Addition von zwei negativen Zahlen ein positives Ergebnis entsteht. Bei der Addition einer positiven und einer negativen Zahl kann kein Überlauf entstehen, da der Betrag der Differenz dann kleiner ist als die eingegebenen Zahlen.

Das Auftreten eines Zweierkomplement-Überlaufes lässt sich auf einfache Weise dadurch erkennen, dass man wie in Abb. 7.38 den Übertrag c_{N-1} in die Vorzeichenstelle

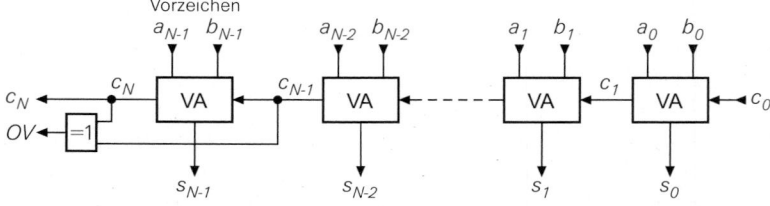

Abb. 7.38. Bildung des Zweierkomplement-Überlaufs OV

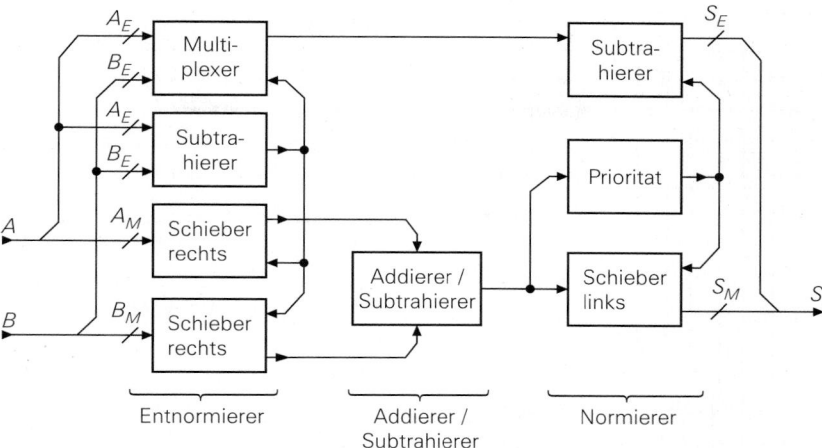

Abb. 7.39. Anordnung zur Addition bzw. Subtraktion der Gleitkomma-Zahlen *A* und *B*

mit dem Übertrag c_N aus der Vorzeichenstelle vergleicht. Ein Überlauf hat genau dann stattgefunden, wenn diese beiden Überträge verschieden sind. Dieser Fall wird mit der EXOR-Verknüpfung dekodiert.

7.8.6 Addition und Subtraktion von Gleitkomma-Zahlen

Bei der Bildung von Gleitkomma-Zahlen muss man die Mantisse und den Exponenten separat verarbeiten. Zur Addition muss man zunächst die Exponenten angleichen. Dazu bildet man die Differenz der Exponenten und verschiebt die Mantisse, die zu dem kleineren Exponenten gehört, um entsprechend viele Bits nach rechts. Dann besitzen beide Zahlen den gleichen, nämlich den größeren Exponenten. Er wird über den Multiplexer in Abb. 7.39 an den Ausgang weitergeleitet. Nun können die beiden Mantissen addiert bzw. subtrahiert werden. Dabei entsteht in der Regel ein nicht normiertes Ergebnis, d.h. die führende Eins in der Mantisse steht nicht an der vorgeschriebenen Stelle. Zur Normierung des Ergebnisses wird die höchste Eins in der Mantisse mit einem Prioritätsdecoder (siehe Abschnitt 7.3) lokalisiert. Dann wird die Mantisse um entsprechend viele Bits nach links geschoben und der Exponent entsprechend verringert.

7.9 Multiplizierer

Multiplizierer sollen das Produkt von zwei Zahlen bilden.

7.9.1 Multiplikation von Festkomma-Zahlen

Die Multiplikation im Dualsystem wollen wir zunächst an einem Zahlenbeispiel erläutern. Wir berechnen das Produkt $13 \cdot 11 = 143$ und erhalten:

```
1 1 0 1   ·   1 0 1 1
                1 1 0 1
    +          1 1 0 1
    +         0 0 0 0
    +        1 1 0 1
            1 0 0 0 1 1 1 1
```

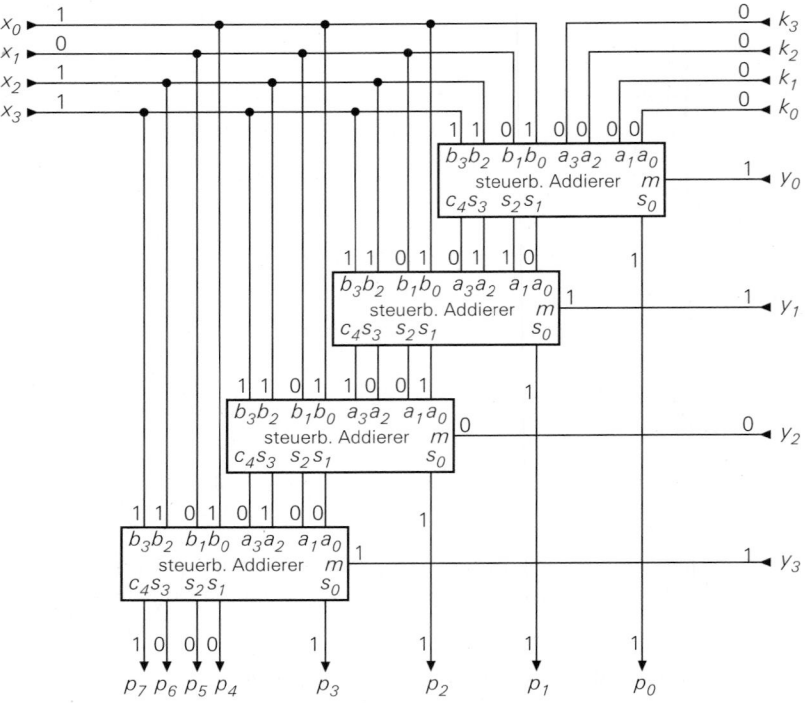

Abb. 7.40. Multiplizierer für zwei 4 bit Zahlen. Eingetragen ist das Beispiel $13 \cdot 11 = 143$. Ergebnis: $P = X \cdot Y + K$

Die Berechnung ist deshalb besonders einfach, weil nur Multiplikationen mit Eins und Null auftreten. Das Produkt erhält man dann dadurch, dass man den Multiplikanden um jeweils eine Stelle nach links verschiebt und addiert oder nicht addiert, je nachdem, ob der Multiplikator der entsprechenden Stelle Eins oder Null ist. Die einzelnen Ziffern des Multiplikators werden also der Reihe nach verarbeitet. Daher wird diese Methode als serielle Multiplikation bezeichnet.

Man kann sie mit Hilfe eines Schieberegisters und eines Addierers realisieren. Allerdings benötigt man für eine solche Schaltwerk-Realisierung eine Ablaufsteuerung. Man kann einen Schiebeoperation im einfachsten Fall auch durch Verdrahtung durchführen, indem man N Addierer entsprechend versetzt anschließt. Dabei benötigt man zwar viele Addierer, spart jedoch eine Ablaufsteuerung ein.

Abbildung 7.40 zeigt eine geeignete Anordnung für eine kombinatorische 4×4 bit Multiplikation. Zum Addieren werden hier 4 bit Addierer eingesetzt, bei denen sich die Addition von B über die Steuervariable m ein- und ausschalten lässt. Es wird:

$$S = \begin{cases} A + 0 & \text{für } m = 0 \\ A + B & \text{für } m = 1 \end{cases}$$

Der Multiplikator wird Bit für Bit an die Steuereingänge m angeschlossen. Der Multiplikand gelangt parallel an die vier Additionseingänge b_0 bis b_3. Zunächst gehen wir einmal davon aus, dass die Zusatzzahl $K = 0$ ist. Dann entsteht am Ausgang des ersten Rechenbausteines der Ausdruck:

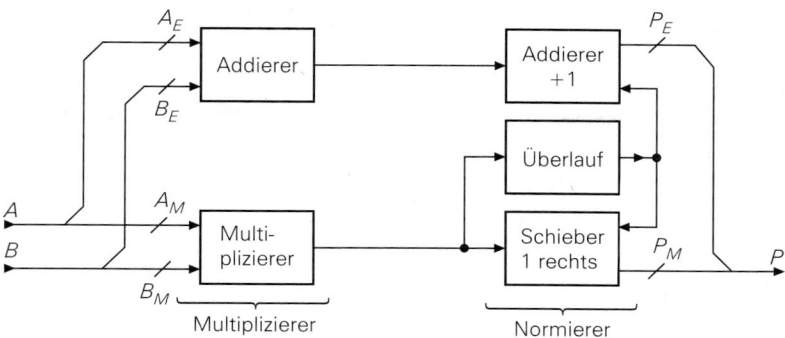

Abb. 7.41. Multiplikation von Gleitkomma-Zahlen

$$S_0 = X \cdot y_0$$

Dieser Term entspricht der ersten Zeile im oben angeführten Multiplikationsschema. Das LSB von S_0 stellt das LSB des Produktes P dar; es wird direkt an den Ausgang übertragen. Die nächst höheren Bits von S_0 werden in dem zweiten Rechenbaustein zu dem Ausdruck $X \cdot y_1$ addiert. Die dabei entstehende Summe stellt die Zwischensumme aus der ersten und zweiten Zeile des Multiplikationsschemas dar. Ihr LSB stellt die zweitniedrigste Stelle von P dar; es wird also an die Stelle p_1 übertragen. Entsprechend verfährt man mit den nächst höheren Zwischensummen. Zum besseren Verständnis haben wir in Abb. 7.40 die Zahlenwerte für das eingangs angegebene Zahlenbeispiel eingetragen. Über die Zusatzeingänge k_0 bis k_3 kann man noch eine 4 bit Zahl K zum Produkt addieren. Damit lautet die Beziehung für den Multiplizierer:

$$P = X \cdot Y + K$$

Die Erweiterung für breitere Zahlen ist unmittelbar einzusehen. Für jedes weitere Bit des Multiplikators Y fügt man am unteren Ende der Schaltung einen weiteren Rechenbaustein an. Zur Erweiterung des Multiplikanden X vergrößert man die Wortbreite durch Anreihen einer entsprechenden Anzahl von Rechenbausteinen in jeder Stufe.

Bei dem beschriebenen Multiplikationsverfahren wurde jeweils ein neuer Produktterm zur vorhergehenden Zwischensumme addiert. Dieses Verfahren erfordert den geringsten Aufwand und ergibt eine übersichtliche und leicht erweiterbare Verdrahtung. Die Rechenzeit lässt sich jedoch verkürzen, wenn man möglichst viele Summationen gleichzeitig durchführt und die einzelnen Zwischensummen am Schluss mit einem schnellen Addierer aufsummiert. Dafür gibt es verschiedene Verfahren, die sich lediglich in der Reihenfolge der Additionen unterscheiden (Wallace Tree).

Eine andere Möglichkeit, die Rechenzeit zu verkürzen, besteht im Booth-Algorithmus. Dabei werden die Bits des Multiplikators in Paaren zusammengefasst. Dadurch halbiert sich die Zahl der benötigten Addierer, und die Rechenzeit verkürzt sich entsprechend. Früher gab es eine Vielzahl von integrierten Multiplizierern. Sie sind heute in CPUs und Signalprozessoren enthalten.

7.9.2 Multiplikation von Gleitkomma-Zahlen

Zur Multiplikation von Gleitkomma-Zahlen muss man, wie in Abb. 7.41 dargestellt, die Mantissen der beiden Zahlen multiplizieren und ihre Exponenten addieren. Dabei kann ein

Überlauf in der Mantisse auftreten. Das Ergebnis lässt sich wieder normieren, indem man die Mantisse um eine Stelle nach rechts schiebt und den Exponenten um Eins erhöht. Eine Entnormierung wie beim Gleitkomma-Addierer in Abb. 7.39 ist hier nicht erforderlich; hier steckt der Aufwand im Multiplizierer. Gleitkomma-Rechenwerke befinden sich heutzutage in den meisten Prozessoren von Rechnern, insbesondere auch von PCs. Besonders energiesparend sind die Rechenwerke von Signalprozessoren.

Kapitel 8:
Schaltwerke (Sequentielle Logik)

Ein Schaltwerk besteht aus einem Schaltnetz und einem zusätzlichen Speicher, in dem der aktuelle Zustand des Systems gespeichert wird. Abbildung 8.1 zeigt den schematischen Aufbau. Zusätzlich zum Schaltnetz erkennt man hier die Zustandsvariablen Z und den Zustandsvariablen Speicher, der für die Zustandsvariablen n Flip-Flops als Speicher enthält. Der Ausgangszustand Y hängt hier im Unterschied zum Schaltnetz nicht nur von den Eingangsvariablen X ab, sondern zusätzlich auch von dem aktuellen Zustand des Systems Z. Deshalb behandeln wir in den nächsten Abschnitten zunächst den Aufbau und die Wirkungsweise von Flip-Flops.

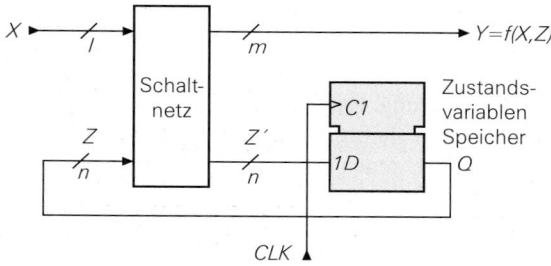

Abb. 8.1.
Blockschaltbild eines Schaltwerks

8.1 Flip-Flops

Es gibt verschiedene Arten von Flip-Flops, die sich in ihrem Aufbau und der Funktionsweise grundlegend unterscheiden. In Abb. 8.2 sind die verschiedenen Varianten zusammengestellt. Bei den transparenten Flip-Flops gibt es einen Zustand, bei dem der Ausgang dem Eingangszustand folgt; daher kommt der Name "transparent". Bei Flip-Flops mit Zwischenspeicherung wird der Eingangszustand bei einer Taktflanke an den Ausgang übertragen; es gibt jedoch keinen Zustand, bei dem der Ausgang dem Eingang momentan folgt. In der untersten Zeile von Abb. 8.2 sind die verschiedenen Eingangskonfigurationen zusammengestellt, nach denen die Flip-Flops benannt werden. Man sieht, dass es bei den Flip-Flops mit D-Eingang Verwechslungsmöglichkeiten gibt. Deshalb ist es zweckmäßig, bei einem D-Flip-Flop immer anzugeben, ob man ein D-Latch oder D-Master-Slave Flip-Flop meint.

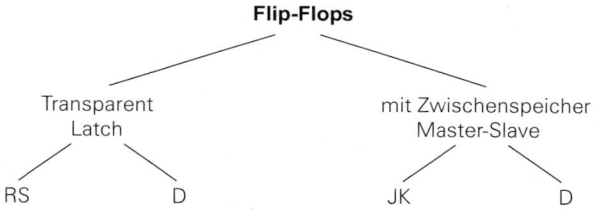

Abb. 8.2.
Ausführungsformen von Flip-Flops

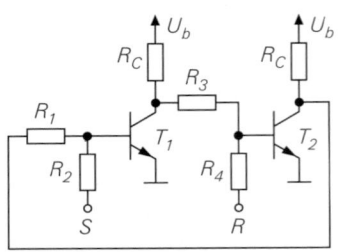
Verstärker mit Mitkopplung

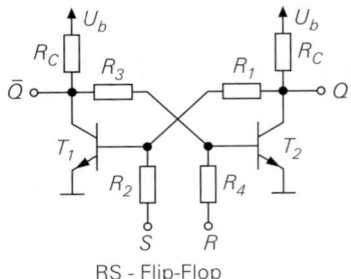
RS - Flip-Flop

Abb. 8.3. Mitgekoppelter Verstärker als Flip-Flop

8.1.1 Transparente Flip-Flops

8.1.1.1 Flip-Flop Grundschaltung

Abbildung 8.3 zeigt einen zweistufigen Verstärker. Da die beiden Verstärkerstufen in Emitterschaltung arbeiten und invertieren, ist die ganze Schaltung ein nicht-invertierender Verstärker. Daher ergibt sich bei der hier eingezeichneten Rückkopplung eine Mitkopplung; sie führt zu einem bistabilen Verhalten der Schaltung. Entweder ist der Transistor T_1 gesperrt und T_2 leitet oder umgekehrt. Dieser Zustand bleibt erhalten bis der zur Zeit gesperrte Transistor von außen über den R- oder S-Eingang leitend gemacht wird. Diese Eigenschaft verleiht der Schaltung bistabiles Verhalten, das man zur Speicherung eines Bits nutzt. Man erkennt die Symmetrie der Schaltung besser, wenn man sie in der für Flip-Flops üblichen Darstellung auf der rechten Seite von Abb. 8.3 zeichnet.

Man sieht, dass jeder Transistor mit den an seiner Basis angeschlossenen Widerständen ein NOR-Gatter bildet: Der Transistor T_1 wird leitend, wenn man an R_1 oder R_2 oder an beide eine positive Spannung anlegt. Mit dieser Erkenntnis kann man die Schaltung in eine Darstellung mit 2 Gattern umzeichnen und gelangt dann zu der Schaltung in Abb. 8.4. Dadurch ergibt sich der große Vorteil, dass man von der schaltungstechnischen Realisierung der Gatter unabhängig wird. Wenn man also zwei NOR-Gatter wie in Abb. 8.4 rückkoppelt, erhält man ein Flip-Flop. Es besitzt die komplementären Ausgänge Q und $\overline{Q}$ und die beiden Eingänge S (Set) und R (Reset). Legt man den komplementären Eingangszustand $S = 1$ und $R = 0$ an, wird:

$$\overline{Q} = \overline{S + Q} = \overline{1 + Q} = 0 \ , \quad Q = \overline{R + \overline{Q}} = \overline{0 + 0} = 1$$

Die beiden Ausgänge nehmen also tatsächlich komplementäre Zustände an. Analog erhalten wir für $R = 1$ und $S = 0$ den umgekehrten Ausgangszustand. Macht man $R = S = 0$, bleibt der alte Ausgangszustand erhalten. Darauf beruht die Anwendung des RS-Flip-Flops

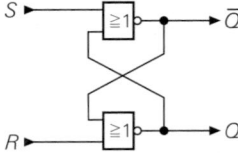

S	R	Q	$\overline{Q}$
0	0	Q_{-1}	$\overline{Q}_{-1}$
0	1	0	1
1	0	1	0
1	1	(0)	(0)

Abb. 8.4.
RS-Flip-Flop aus NOR-Gattern

Abb. 8.5.
Wahrheitstafel eines RS-Flip-Flops aus NOR-Gattern

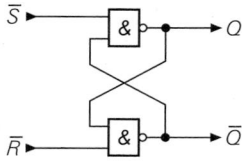

$\overline{S}$	$\overline{R}$	Q	$\overline{Q}$
0	0	(1)	(1)
0	1	1	0
1	0	0	1
1	1	Q_{-1}	$\overline{Q}_{-1}$

Abb. 8.6.
RS-Flip-Flop aus NAND-Gattern

Abb. 8.7.
Wahrheitstafel eines RS-Flip-Flops aus NAND-Gattern

als Speicher. Für $R = S = 1$ werden beide Ausgänge gleichzeitig Null; der Ausgangszustand ist jedoch nicht mehr definiert, wenn R und S anschließend gleichzeitig Null werden. Deshalb ist der Eingangszustand $R = S = 1$ in der Regel nicht zulässig. Eine Übersicht über die Schaltzustände gibt die Wahrheitstafel in Abb. 8.5.

Im Abschnitt 6.2 haben wir gezeigt, dass sich eine logische Gleichung nicht ändert, wenn man alle Variablen negiert und die Rechenoperationen $(+)$ und $(\cdot)$ vertauscht. Wenn wir diese Regel hier anwenden, gelangen wir zu dem RS-Flip-Flop aus NAND-Gattern in Abb. 8.6, das dieselbe Wahrheitstafel wie in Abb. 8.5 besitzt. Man muss jedoch beachten, dass nun die Eingangsvariablen $\overline{R}$ und $\overline{S}$ auftreten. Da wir im folgenden das RS-Flip-Flop aus NAND-Gattern noch häufig einsetzen werden, haben wir seine Wahrheitstafel für die Eingangsvariablen $\overline{R}$ und $\overline{S}$ in Abb. 8.7 zusammengestellt.

8.1.1.2 Taktzustandgesteuerte RS-Flip-Flops

Häufig benötigt man ein RS-Flip-Flop, das nur zu einer bestimmten Zeit auf den Eingangszustand reagiert. Diese Zeit soll durch eine zusätzliche Taktvariable C bestimmt werden. Abb. 8.8 zeigt ein solches statisch getaktetes RS-Flip-Flop. Für $C = 0$ ist $\overline{R} = \overline{S} = 1$. In diesem Fall speichert das Flip-Flop den alten Zustand. Für $C = 1$ wird:

$$R = R' \quad \text{und} \quad S = S'$$

Das Flip-Flop verhält sich dann wie ein normales RS-Flip-Flop.

8.1.1.3 Taktzustandgesteuerte D-Flip-Flops

Häufig möchte man ein Datenbit D speichern. Um dazu das Flip-Flop in Abb. 8.8 zu benutzen, muss man komplementäre Eingangssignale $S, \overline{R}$ bilden. Dazu dient der Inverter G_5 in Abb. 8.9. Bei der so entstehenden Speicherzelle (Data Latch) wird $Q = D$, solange der Takt $C = 1$ ist. Dies erkennt man auch an der Wahrheitstafel in Abb. 8.10. Wegen dieser

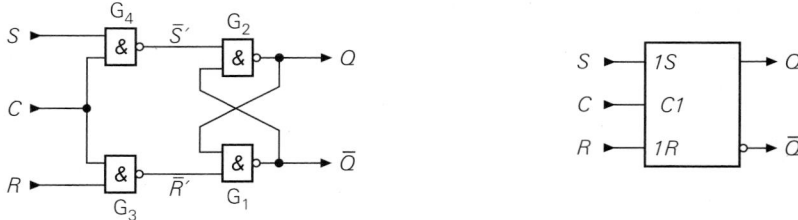

Abb. 8.8. Transparentes RS-Flip-Flop mit Taktsteuerung, Schaltsymbol

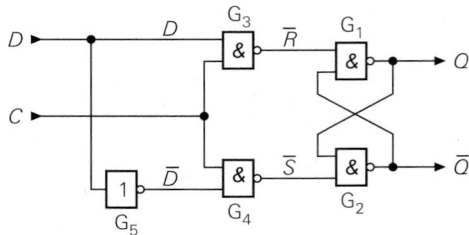

Abb. 8.9.
Transparentes D-Flip-Flop (D-Latch)

C	D	Q
0	0	Q_{-1}
0	1	Q_{-1}
1	0	0
1	1	1

Abb. 8.10.
Wahrheitstafel des transparenten
D-Flip-Flops

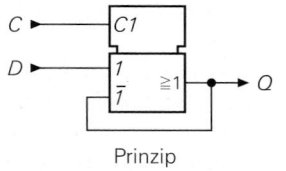

Prinzip

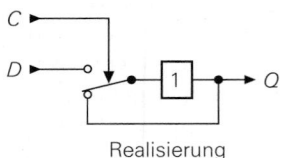

Realisierung

Abb. 8.11. Neue Realisierung eines D-Latch

Eigenschaft wird die taktzustandgesteuerte Speicherzelle als transparentes D-Flip-Flop bezeichnet. Macht man $C = 0$, bleibt der gerade bestehende Ausgangszustand gespeichert.

Neuerdings gibt es eine ganz andere Realisierungsmöglichkeit für ein D-Latch: Der Ausgang eines D-Latch soll doch dem Dateneingang folgen solange der Takt $C = 1$ ist und sonst im alten Zustand verharren. Das ist aber die typische Anwendung für einen Multiplexer, wie er in Abb. 8.11 dargestellt ist. Dabei kommt die Speicherung des alten Zustands dadurch zustande, dass der Ausgang rückgekoppelt wird. Für die Realisierung des Multiplexers verwendet man in CMOS-Schaltungen meist ein Transmission-Gate wie es Abb. 8.11 zeigt. Da das Transmission-Gate keine Verstärkung besitzt, ist ein zusätzlicher Verstärker erforderlich, um das bistabile Verhalten eines Flip-Flops zu realisieren. Wenn man das nicht-invertierende Gatter mit 2 Invertern realisiert, ist eine Verwandtschaft zum konventionellen Flip-Flop gegeben. Das in Abb. 8.12 dargestellte Schaltsymbol eines D-Latch ist aber unabhängig von dem inneren Aufbau.

8.1.2 Flip-Flops mit Zwischenspeicherung

Für viele Anwendungen, wie z.B. Zähler und Schieberegister, sind die transparenten Flip-Flops ungeeignet. Für diese Anwendungen benötigt man Flip-Flops, die den Eingangszustand zwischenspeichern und ihn erst an den Ausgang übertragen, wenn die Eingänge bereits wieder verriegelt sind. Sie bestehen daher aus zwei Flip-Flops: dem „Master"-Flip-Flop am Eingang und dem „Slave"-Flip-Flop am Ausgang.

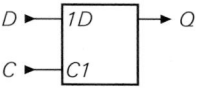

Abb. 8.12.
Schaltsymbol eines D-Latch

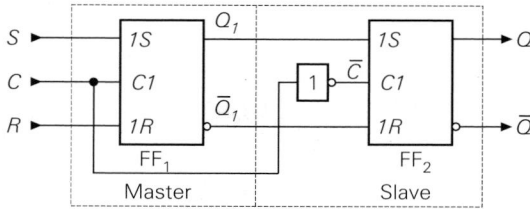

Abb. 8.13.
RS-Master-Slave-Flip-Flop

8.1.2.1 JK Master-Slave Flip-Flops

Abbildung 8.13 zeigt ein solches Master-Slave-Flip-Flop. Es ist aus zwei statisch getakteten RS-Flip-Flops gemäß Abb. 8.8 aufgebaut. Die beiden Flip-Flops werden durch den Takt C komplementär zueinander verriegelt. Zur Invertierung des Taktes dient das NICHT-Gatter. Solange der Takt $C = 1$ ist, wird die Eingangsinformation in den Master eingelesen. Der Ausgangszustand bleibt dabei unverändert, da der Slave mit $\overline{C} = 0$ blockiert ist.

Wenn sich der Takt im Zustand $C = 0$ befindet, wird der Master blockiert. Auf diese Weise wird der Zustand eingefroren, der unmittelbar vor der negativen Taktflanke angelegen hat. Gleichzeitig wird der Slave freigegeben und damit der Zustand des Masters an den Ausgang übertragen. Die Datenübertragung findet also bei der negativen Taktflanke statt; es gibt jedoch keinen Taktzustand, bei dem sich die Eingangsdaten unmittelbar auf den Ausgang auswirken, wie es bei den transparenten Flip-Flops der Fall ist, da die beiden Latches mit komplementären Takten angesteuert werden.

Die Eingangskombination $R = S = 1$ führt auch hier zu einem undefinierten Verhalten. Um sie sinnvoll zu nutzen, legt man in diesem Fall die komplementären Ausgangsdaten an die Eingänge. Dazu dienen die in Abb. 8.14 dick eingezeichnete Rückkopplung über die Gatter G_1 und G_2. Die äußeren Eingänge werden dann als J- bzw. K-Eingang bezeichnet.

Wegen der Rückkopplung muss für den Betrieb des JK-Flip-Flops jedoch eine wichtige *einschränkende Voraussetzung* gemacht werden: Die Wahrheitstafel in Abb. 8.16 gilt nur dann, wenn sich der Zustand an den JK-Eingängen nicht ändert, solange der Takt $C = 1$ ist. Im Unterschied zum RS-Master-Slave-Flip-Flop in Abb. 8.13 kann das Master-Flip-Flop hier nur einmal umkippen und nicht mehr zurück, da eines der beiden Eingangs-UND-Gatter immer über die Rückkopplung blockiert ist. Bei der negativen Taktflanke wird in jedem Fall der Zustand des Master-Flip-Flops an den Slave übertragen, den es vor der negativen Taktflanke hatte. Das ist aber nicht der Zustand gemäß der Wahrheitstafel in Abb. 8.16, falls sich die JK-Eingänge ändern während der Takt $C = 1$ ist. Um dies zu vermeiden, dürfen sich die JK-Eingänge in dieser Zeit nicht ändern. Dann werden

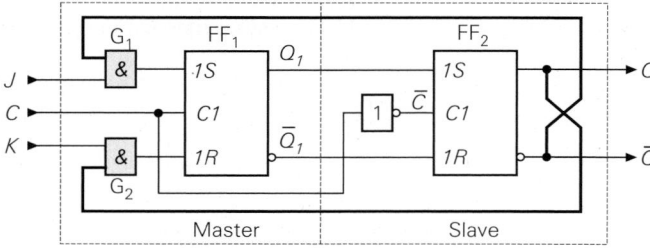

Abb. 8.14. JK-Master-Slave-Flip-Flop

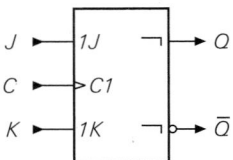

J	K	Q
0	0	Q_{-1} (unverändert)
0	1	0 $\Big\}$
1	0	1 $\quad(Q = J)$
1	1	$\overline{Q}_{-1}$ (invertiert)

Abb. 8.15.
Schaltsymbol eines JK-
Master-Slave-Flip-Flops

Abb. 8.16.
Ausgangszustand eines JK-Master-Slave-Flip-Flops
nach einem (010) Taktzyklus

die Daten bei der negativen Taktflanke an den Ausgang übertragen, die vor der *positiven*
Taktflanke am Eingang angelegen haben. Diese Verzögerung kennzeichnet man häufig im
Schaltsymbol in Abb. 8.15 mit Verzögerungszeichen an den Ausgängen.

8.1.2.2 D Master-Slave Flip-Flops

Flip-Flops mit Zwischenspeicherung lassen sich auch dadurch realisieren, dass man zwei
transparente D-Flip-Flops (Abb. 8.12 auf S. 682) in Reihe schaltet und sie mit komple-
mentärem Takt ansteuert. Dadurch gelangt man zu der Schaltung in Abb. 8.17. Solange
der Takt $C = 0$ ist, folgt der Master dem Eingangssignal, und es wird $Q_1 = D$. Der Slave
speichert währenddessen den alten Zustand. Wenn der Takt auf 1 geht, wird die in diesem
Augenblick anliegende Information D im Master eingefroren und an den Slave und damit
an den Q-Ausgang übertragen. In der übrigen Zeit ist der Zustand des D-Eingangs ohne
Einfluss.

Man sieht, dass die Zwischenspeicherung beim JK- und D-Master-Slave-Flip-Flop
dadurch erreicht wird, dass entweder der Master oder der Slave mit einem invertierten
Takt angesteuert werden. Dadurch wird sicher gestellt, dass die Master-Slave Flip-Flops
in keinem Taktzustand transparent sind. Ein Unterschied besteht lediglich darin, dass beim
JK Flip-Flop der Takt für den Slave invertiert wird, beim D-Flip-Flop dagegen für den
Master. Die Konsequenz ist, dass der Ausgang des JK-Flip-Flops sich bei der negativen
Flanke ändert, der des D-Flip-Flops bei der positiven.

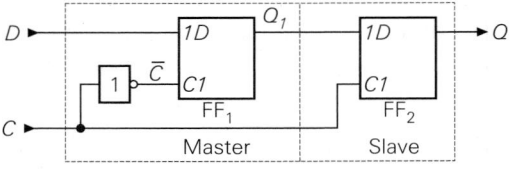

Abb. 8.17.
Flankengetriggertes D-Flip-Flop

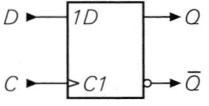

D	Q
0	0
1	1

Abb. 8.18.
Schaltsymbol des D-Master-Slave-Flip-Flop

Abb. 8.19.
Ausgangszustand eines D-Master-Slave-Flip-
Flops nach einer positiven Taktflanke

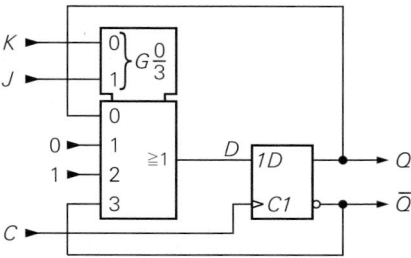

J	K	D
0	0	Q
0	1	0
1	0	1
1	1	$\overline{Q}$

Abb. 8.20.
Erweiterung eines D-Flip-Flops zum JK-Flip-Flop

Abb. 8.21.
Wahrheitstafel des virtuellen
JK-Flip-Flops

8.1.3 Zeitverhalten von Flip-Flops

8.1.3.1 Vergleich JK- und D-Flip-Flops

In Abb. 8.22 ist der zeitliche Verlauf der Eingangs- und Ausgangssignale von D- und JK-Flip-Flops gegenübergestellt. Bei den D-Flip-Flops werden die Daten an den Ausgang übertragen, die während der positiven Taktflanke am Eingang angelegen haben. Beim JK-Flip-Flop erscheinen die neuen Daten bei der negativen Taktflanke am Ausgang, müssen aber bereits vor der positiven Taktflanke den stationären Wert angenommen haben, da sie sich nicht ändern dürfen solange der Takt $C = 1$ ist. Man erkennt, dass für die Bildung der neuen Eingangssignale beim JK-Flip-Flop nur die Zeit zur Verfügung steht, in der der Takt $C = 0$ ist, während bei D-Flip-Flops fast die ganze Taktperiodendauer zur Verfügung steht. Aus diesem Grund werden JK-Flip-Flops, die nach Abb. 8.14 aufgebaut sind, nicht mehr eingesetzt.

Wenn man heute Flip-Flops mit JK-Eingängen benötigt, simuliert man sie mit D-Flip-Flops. Diese Möglichkeit ist in Abb. 8.20 dargestellt. Die Funktionsweise kann man anhand der Wahrheitstafel in Abb. 8.21 verstehen:

– Für $J = K = 0$ wird Q rückgekoppelt, der Zustand bleibt also unverändert
– Für komplementäre Eingangszustände wird D auf 0 bzw. 1 gesetzt
– Für $J = K = 1$ wird $\overline{Q}$ rückgekoppelt, das Flip-Flop toggelt also

In der Hardware von PLDs und FPGAs sind durchweg nur D-Master-Slave Flip-Flops realisiert. Die "Device Fitter", die einen Entwurf in das PLD oder FPGA umsetzen, simulie-

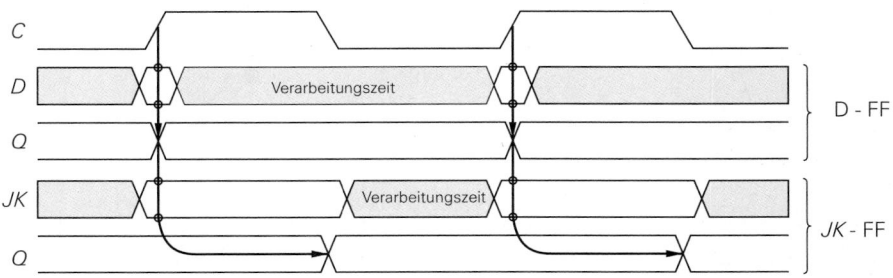

Abb. 8.22. Zeitverhalten von JK- und D-Flip-Flops

ren JK-Flip-Flops nach der gezeigten Methode bei Bedarf. Der Vorteil der JK-Flip-Flops, die auf D-Flip-Flops basieren ist, dass sich ihre JK-Eingänge auch ändern dürfen während $C = 1$ ist und genauso viel Verarbeitungszeit bieten wie D-Flip-Flops.

8.1.3.2 Metastabilität

Im Prinzip überträgt ein D-Master-Slave Flip-Flop die Daten an den Ausgang, die bei der positiven Taktflanke angelegen haben. Der sonstige Signalverlauf des D-Eingangs ist gleichgültig. Damit das Flip-Flop richtig arbeitet, muss das D-Signal allerdings kurz vor und nach der positiven Taktflanke konstant sein. Dies ist in Abb. 8.22 angedeutet und in Abb. 8.23 genauer dargestellt. Die Zeit vor der positiven Taktflanke heißt *setup time*, die danach *hold time*. Bei einem synchronen Schaltwerk gemäß Abb. 8.1 folgt daraus, dass die Ausgangssignale des Schaltnetzes bis zum Beginn der setup time einen stationären Wert liefern müssen. Für das Schaltnetz steht also die Verarbeitungszeit

$$t_{Netz} = T - t_{setup} - t_{delay} = T - t_{setup} - t_{prop} - t_{meta} \tag{8.1}$$

zur Verfügung. Komplizierter sind die Verhältnisse, wenn asynchrone Daten wie in Abb. 8.24 an den D-Eingang angelegt werden. Dann ist es unvermeidbar, dass die setup- und hold-time gelegentlich verletzt werden. Wenn sich sich die Daten während dieser Zeiten ändern, gibt es zwei Probleme:

– Der Zustand, den das Flip-Flop annimmt ist ungewiss. Das ist auch nicht anders zu erwarten, da es unvorhersehbar ist, ob noch die alten oder schon die neuen Daten übernommen werden. Die neuen Daten werden aber spätestens beim nächsten Takt übernommen.
– Die Einschwingzeit des Flip-Flops vergrößert sich: Das Flip-Flop geht vorübergehend in einen *metastabilen* Zustand, aus dem es unter Umständen erst nach längerer Zeit zurückkehrt. Dann vergrößert sich die reguläre Einschwingzeit t_{prop} um die Metastabilitätsdauer t_{meta} auf den Wert:

$$t_{delay} = t_{prop} + t_{meta}$$

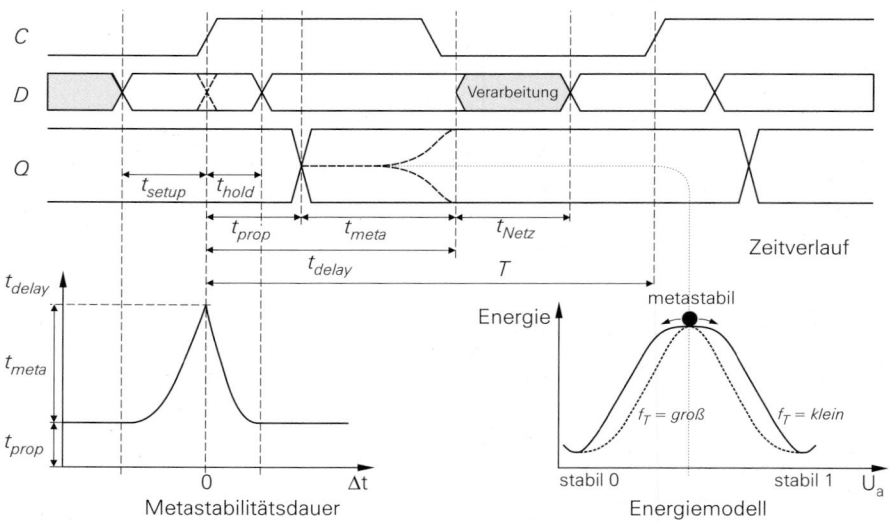

Abb. 8.23. Metastabilität als Folge der Verletzung von Setup- und Holdzeit

Wie stark sich die Delay-Zeit eines Flip-Flops verlängert, hängt davon ab, wie schwerwiegend die Verletzung der Setup- oder Hold-Zeit ist. Das erkennt man in dem Diagramm über die Metastabilitätsdauer in Abb. 8.23. Der ungünstigste Fall, der gestichelt eingezeichnet ist, tritt ein, wenn sich die Daten während der positiven Taktflanke ändern. Während der metastabilen Phase geht der Ausgang des Flip-Flops auf einen Pegel, der ungefähr in der Mitte zwischen dem High- und Low-Pegel liegt.

Man kann den metastabilen Zustand im Energiemodell des Flip-Flops in Abb. 8.23 veranschaulichen: Während der metastabilen Phase befindet sich der Zustand des Flip-Flops energetisch auf einer Bergspitze zwischen dem High- und Low-Zustand in einem labilen Gleichgewicht. Wie lange es dauert bis das Flip-Flop in einen oder anderen stabilen Grundzustand übergeht, hängt davon ab, wie spitz der Berg ist. Das wird von der Transitfrequenz der Gatter bestimmt, die das Flip-Flop bilden. Je größer die Transitfrequenz ist, desto spitzer wird der Berg und desto geringer wird die Dauer der Metastabilität. Wenn sich die Daten nicht im ungünstigsten Augenblick, also bei der positiven Taktflanke, ändern, wird der Zustand des Flip-Flops im Energiemodell nicht auf die Spitze des Bergs gesetzt, sondern auf eine Flanke, aus der es schneller und definiert in einen stabilen Zustand übergeht. Alle getakteten Flip-Flops besitzen das Metastabilitäts-Problem; nicht nur die D-Master-Slave Flip-Flops, bei denen diese Effekt hier erklärt wurde.

Das Problem der Metastabilität ist deshalb so ernst zu nehmen, weil nicht nur das Flip-Flop spinnt, das von der Metastabilität betroffen ist, sondern auch die nachfolgenden Schaltungen, die den unerwarteten Ausgangspegel, der im undefinierten Bereich zwischen High und Low liegt, nicht interpretieren können. Man erkennt in Abb. 8.23, dass sich die Verarbeitungszeit durch die Metastabilität verkürzt. Aus (8.1) lässt sich die maximale Metastabilitätsdauer berechnen:

$$t_{meta,max} = T - t_{setup} - t_{prop} - t_{Netz}$$

Wenn die Dauer der Metastabilität diesen Wert überschreitet, muss mit einer Fehlfunktion des Geräts gerechnet werden. Die Zeitdauer zwischen zwei durch Metastabilität bedingten Fehlfunktionen wird als *MTBF* (Mean Time Between Failures) bezeichnet. Sie lässt sich berechnen gemäß:

$$MTBF = \frac{1}{f_D f_C T_0} e^{t_{meta,max}/\tau}$$

Darin sind T_0 und τ Parameter des verwendeten Flip-Flops; die bei dem 74ALS74 den Wert $T_0 = 8{,}7 \,\mu s$ und $\tau = 1$ ns besitzen. Die Taktfrequenz des Systems ist f_C, die Frequenz der asynchronen Daten ist f_D. Man strebt an, dass ein Fehler im Mittel höchstens einmal während der Lebensdauer des Geräts auftritt, also $MTBF \geq 10$ Jahre. Da man in der Regel die Parameter der verwendeten Flip-Flops nicht kennt, kann man die Größe von *MTBF* nicht ausrechnen. Die Gleichung zeigt aber, dass die *MTBF* mit zunehmender Frequenz des Takts und Daten abnimmt. Das ist auch offensichtlich, da eine Verletzung der Setup- und Holdzeit mit zunehmender Frequenz wahrscheinlicher wird. Aus diesem Grund ist es zweckmäßig, die Flip-Flops zur Synchronisation nicht mit der vollen Taktfrequenz des synchronen Schaltwerks zu betreiben, sondern – wie in Abb. 8.24 dargestellt – über einen Taktteiler mit einer niedrigeren Frequenz.

Verbessern lässt sich die *MTBF* durch die ebenfalls in Abb. 8.24 gezeigte Doppel-Pufferung. Hier fällt die Verarbeitungszeit zwischen dem Flip-Flop FF_2 und FF_3 weg und die maximal zulässige Metastabilitätsdauer $t_{meta,max}$ ist fast gleich der Taktdauer

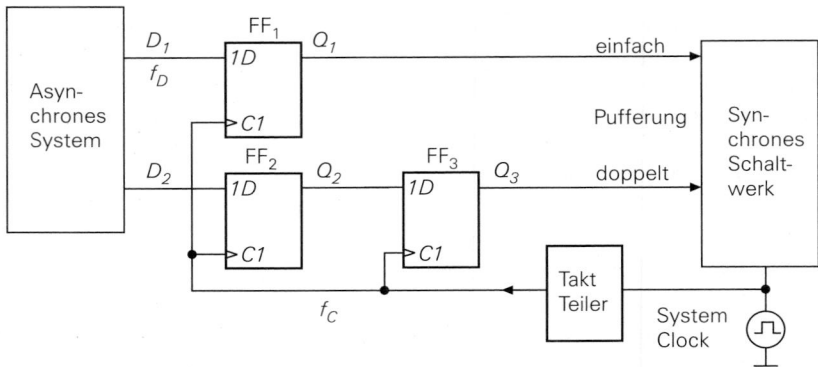

Abb. 8.24. Synchronisation asynchroner Daten: Einfach-Pufferung (oben),
Doppel-Pufferung (unten)

$T = 1/f_C$. Durch die Doppelpufferung werden die externen Daten zwar um zwei Takte
der f_C-Clock verzögert, das ist aber normalerweise kein Problem.

8.1.4 Flip-Flops für Zähler

Man erkennt an der Wahrheitstafel in Abb. 8.16, dass sich der Ausgangszustand eines
JK-Master-Slave Flip-Flops für $J = K = 1$ bei jedem Takt invertiert. Das ist gleichbedeutend mit einer Frequenzteilung durch zwei, wie Abb. 8.25 zeigt. Sie ermöglichen einen
besonders einfachen Aufbau von Zählern. Deshalb wurden Zähler früher überwiegend aus
diesen Flip-Flops aufgebaut.

Einflankengetriggerte D-Flip-Flops lassen sich ebenfalls als Toggle-Flip-Flops betreiben. Dazu macht man wie in Abb. 8.26 $D = \overline{Q}$. Dann invertiert sich der Ausgangszustand
bei jeder positiven Taktflanke. Dies veranschaulicht Abb. 8.26. Beim Einsatz transparenter
D-Flip-Flops würde man statt der Frequenzteilung eine Dauerschwingung erhalten, solange der Takt $C = 1$ ist, da dann wegen des unverriegelten Signaldurchlaufs jeweils nach
Ablauf einer Durchlaufzeit eine Invertierung erfolgen würde.

Häufig benötigt man Flip-Flops, die nicht bei jedem Takt toggeln, sondern nur in
Abhängigkeit von einer Toggle-Variablen. Dazu kann man beim D-Flip-Flop wahlweise

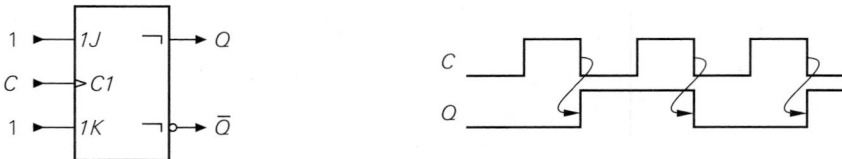

Abb. 8.25. JK-Master-Slave-Flip-Flop als Frequenzteiler

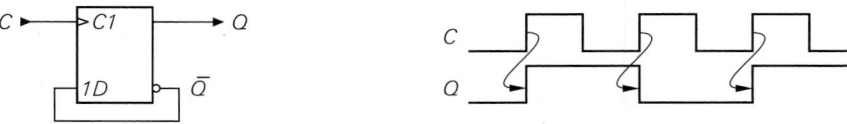

Abb. 8.26. D-Flip-Flop als Frequenzteiler

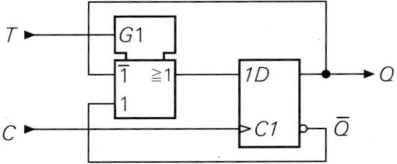

T	Q
0	Q_1
1	$\overline{Q_1}$

Abb. 8.27.
Toggle-Flip-Flop

Abb. 8.28.
Wahrheitstafel

das $\overline{Q}$ bzw. Q auf den D-Eingang rückkoppeln wie in Abb. 8.27 zeigt. Gesteuert wird der Multiplexer vom Toggle-Eingang T; die Funktionsweise ist in der Wahrheitstafel in Abb. 8.28 zusammengefasst.

Noch universellere Flip-Flops ergeben sich, wenn man zusätzlich die Möglichkeit zur synchronen Dateneingabe schafft. Dazu kann man dem Multiplexer vor dem D-Eingang einen weiteren Eingang geben, der wie in Abb. 8.29 über den Load-Eingang L angewählt wird. Für $L = 1$ wird $y = D$ und damit nach dem nächsten Takt $Q = D$. Für $L = 0$ arbeitet die Schaltung genauso wie die in Abb. 8.27. Die Funktionsweise dieses Multifunktions-Flip-Flops ist in Abb. 8.30 zusammengestellt.

Das Schaltsymbol in Abb. 8.29 zeigt die Funktionsweise des Multifunktions-Flip-Flops in der Abhängigkeitsnotation gemäß DIN 40900 Teil 12. Man unterscheidet 2 Bereiche: Den Steuerkopf und den damit gesteuerten Körper. Die Zahlen *hinter* den Symbolen L, C sind beliebige Referenzen; sie zeigen auf die Eingänge, die von ihnen gesteuert werden. Bei den Eingängen stehen die Ziffern der steuernden Signale *davor*. Im Betrieb Load $L = 1$ werden die Daten eingelesen. Die Bezeichnung $1,2D$ zeigt an, dass die Daten mit Taktsteuerung, also taktsynchron übernommen werden; das Komma bedeutet also eine UND-Verknüpfung. Wenn die Load-Variable $L = 0$ ist, also $\overline{2}$ wahr ist, wird der Toggle-Eingang freigegeben: In dieser Betriebsart toggelt das Flip-Flop, wenn die Toggle-

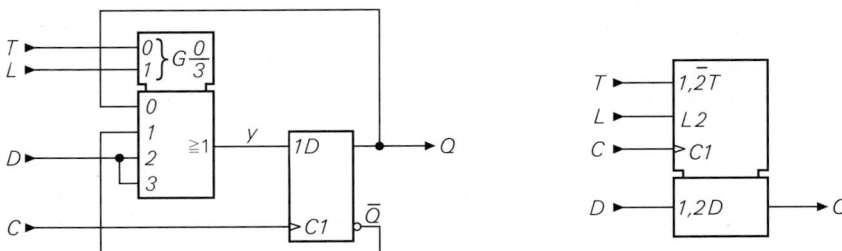

Abb. 8.29. Realisierung von Multifunktions-Flip-Flops

L	T	Q
0	0	Q_{-1}
0	1	$\overline{Q}_{-1}$
1	0	D
1	1	D

Abb. 8.30.
Funktionstabelle eines Multifunktions-Flip-Flops

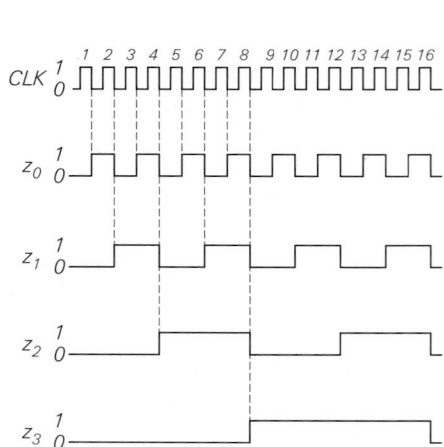

Z	z_3 2^3	z_2 2^2	z_1 2^1	z_0 2^0
0	0	0	0	0
1	0	0	0	1
2	0	0	1	0
3	0	0	1	1
4	0	1	0	0
5	0	1	0	1
6	0	1	1	0
7	0	1	1	1
8	1	0	0	0
9	1	0	0	1
10	1	0	1	0
11	1	0	1	1
12	1	1	0	0
13	1	1	0	1
14	1	1	1	0
15	1	1	1	1
16	0	0	0	0

Abb. 8.31.
Zeitlicher Verlauf der Ausgangszustände eines dualen Vorwärtszählers

Abb. 8.32.
Zustandstabelle eines Dualzählers

Variable $T = 1$ ist bei jedem Takt. Der Körper des Symbols könnte noch weitere D-Kanäle enthalten, die von denselben Variablen gesteuert werden.

8.2 Dualzähler

Eine wichtige Gruppe von Schaltwerken sind die Zähler. Als Zähler kann man jede Schaltung verwenden, bei der innerhalb gewisser Grenzen eine eindeutige Zuordnung zwischen der Zahl der eingegebenen Impulse und dem Zustand der Ausgangsvariablen besteht. Da jede Ausgangsvariable nur zwei Werte annehmen kann, gibt es bei N Ausgängen 2^N mögliche Kombinationen. Oft wird aber nur ein Teil der möglichen Kombinationen ausgenutzt. Welche Zahl durch welche Kombination dargestellt werden soll, ist an und für sich beliebig. Zweckmäßigerweise wählt man jedoch im Zähler eine Zahlendarstellung, die sich leicht verarbeiten lässt. Zu den einfachsten Schaltungen gelangt man bei der reinen Dualdarstellung.

Abbildung 8.32 zeigt die entsprechende Zuordnung zwischen der Zahl der Eingangsimpulse Z und den Werten der Ausgangsvariablen z_i für einen 4 bit-Dualzähler. Liest man diese Abbildung von oben nach unten, kann man zwei Gesetzmäßigkeiten erkennen:

1) Eine Ausgangsvariable z_i ändert dann ihren Wert, wenn die nächst niedrigere Variable z_{i-1} von 1 auf 0 geht.
2) Eine Ausgangsvariable z_i ändert immer dann ihren Wert, wenn alle niedrigeren Variablen $z_{i-1} \ldots z_0$ den Wert 1 besitzen und ein neuer Zählimpuls eintrifft.

Diese Gesetzmäßigkeiten kann man auch aus dem Zeitdiagramm in Abb. 8.31 ablesen. Die Gesetzmäßigkeit 1) führt auf die Realisierung eines Zählers nach dem Asynchron-Verfahren, die Gesetzmäßigkeit 2) führt auf das Synchron-Verfahren.

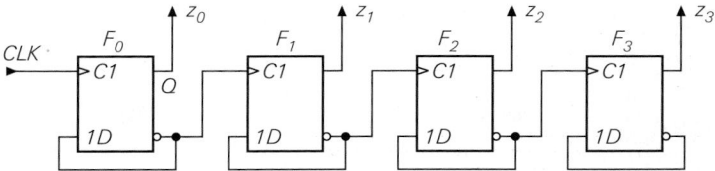

Abb. 8.33. Asynchroner Dualzähler

Gelegentlich benötigt man Zähler, bei denen sich der Zählerstand mit jedem Zählimpuls um Eins verringert. Die Gesetzmäßigkeiten für einen solchen *Rückwärtszähler* kann man ebenfalls aus der Abb. 8.32 entnehmen, indem man sie von unten nach oben liest. Daraus ergibt sich:

1a) Eine Ausgangsvariable z_i ändert beim Rückwärtszähler immer dann ihren Wert, wenn die nächst niedrigere Variable z_{i-1} von 0 auf 1 geht.

2a) Eine Ausgangsvariable z_i ändert beim Rückwärtszähler immer dann ihren Wert, wenn alle niedrigeren Variablen $z_{i-1} \dots z_0$ den Wert 0 besitzen und ein neuer Zählimpuls eintrifft.

8.2.1 Asynchroner Dualzähler

Ein asynchroner Dualzähler lässt sich gemäß der Zählbedingung 1) dadurch realisieren, dass man wie in Abb. 8.33 eine Kette von Flip-Flops aufbaut und deren Takteingang jeweils am Ausgang des vorhergehenden Flip-Flops anschließt. Wenn man dazu D-Flip-Flops am Q-Ausgang des vorhergehenden Flip-Flops anschließt, erhält man einen Rückwärtszähler, da sich der Ausgang jeweils ändert, wenn das vorhergehende Flip-Flop auf $Q = 1$ geht. Damit sich eine Vorwärts-Zählfunktion ergibt, müssen die Flip-Flops ihren Ausgangszustand ändern, wenn das vorhergehende Flip-Flop von 1 auf 0 geht. Deshalb muss man den Takt-Eingang der D-Flip-Flops am $\overline{Q}$-Ausgang des vorhergehenden Flip-Flops anschließen.

Bei Asynchronzählern gibt es jedoch ein Problem: Der Ausgang eines Flip-Flops ändert sich nicht momentan, sondern erst nach der Schaltzeit t_{prop}, die in Abb. 8.23 eingezeichnet ist. Das führt dazu, dass jedes Flip-Flop um diese Zeit gegenüber seinem Vorgänger verzögert umkippt und sich die Verzögerungen gegenüber dem Takteingang summieren. Das Umkippen der Flip-Flops entspricht dem von Domino-Steinen. In Abb. 8.34 sieht man, dass sich dadurch vorübergehend falsche Zählerstände ergeben. Wenn die Summe der Verzögerungszeiten größer ist als die Taktdauer, ändert das erste Flip-Flip seinen Zustand

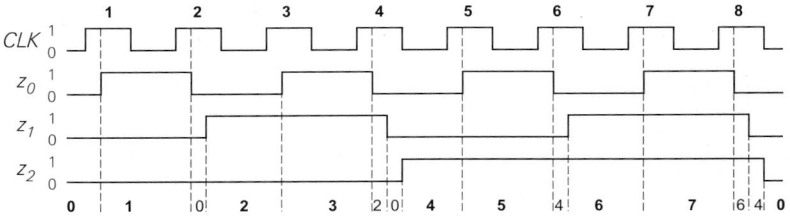

Abb. 8.34. Auftreten unerwünschter Übergangszustände beim Asynchronzähler, die durch die Laufzeit in den Flip-Flops verursacht werden. Die unterste Zeile gibt den Zählerstand dezimal an.

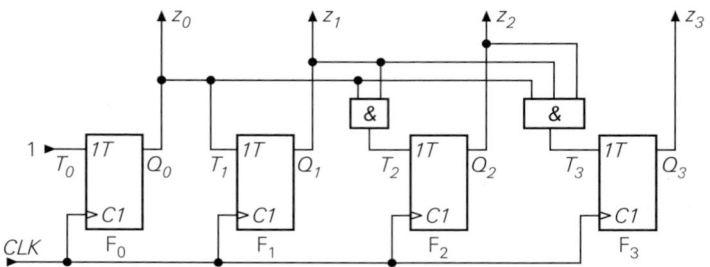

Abb. 8.35. Synchroner Dualzähler

bevor die vorherige Änderung durch die ganze Kette hindurchgelaufen ist. Dann kann man den Zählerstand nie ablesen. Aus diesem Grund verwendet man Asynchronzähler nur als Frequenzteiler wie z.B. in Quarzuhren, um die Frequenz des 32kHz-Quarzes auf 1Hz herunterzuteilen. Diese frequenzteilende Eigenschaft ist in Abb. 8.34 gut zu erkennen.

8.2.2 Synchrone Dualzähler

Bei den *synchronen* Zählern summieren sich die Schaltzeiten der Flip-Flops nicht, da hier alle Flip-Flops gleichzeitig mit dem Eingangstakt betrieben werden. Damit nicht bei jedem Takt alle Flip-Flops umkippen, verwendet man steuerbare Toggle-Flip-Flops nach Abb. 8.27 auf S. 689, die nur umkippen, wenn die Steuervariable $T = 1$ ist. Die Kippbedingung lautet nach Abb. 8.32: Ein Flip-Flop eines Dualzählers darf nur dann umkippen, wenn alle niederwertigeren Flip-Flops Eins sind. Um dies zu realisieren, macht man $T_0 = 1$, $T_1 = z_0$, $T_2 = z_0 \cdot z_1$ und $T_3 = z_0 \cdot z_1 \cdot z_2$. Die dazu erforderlichen UND-Verknüpfungen erkennt man in Abb. 8.35. In dem Zeitdiagramm in Abb. 8.36 sieht man, dass sich die Ausgänge aller Flip-Flops gleichzeitig ändern: Nämlich um eine Schaltzeit nach der positiven Taktflanke.

Zur Realisierung von Synchronzählern mit größerer Wortbreite kann man die in Abb. 8.35 gezeigte Schaltung nach dem gezeigten Prinzip beliebig erweitern. Häufig möchte man jedoch mit vordefinierten 4bit-Zählern arbeiten, die man häufig in einer Bibliothek findet. In diesem Fall muss der Zählerblock einen zusätzlichen Übertrags-Eingang und -Ausgang besitzen.

Bei der Schaltung in Abb. 8.37 blockiert der *ENT*-Eingang (ENable Toggle) alle Flip-Flops des Zählers mit einer Null an jedem Toggle Eingang. Es reicht hier nicht aus, lediglich das erste Flip-Flop zu sperren, denn wenn es den Zustand $Q = 1$ besitzt, könnte das nachfolgende Flip-Flop trotzdem toggeln. Die Übertragsvariable am Ausgang *RCO* (Ripple

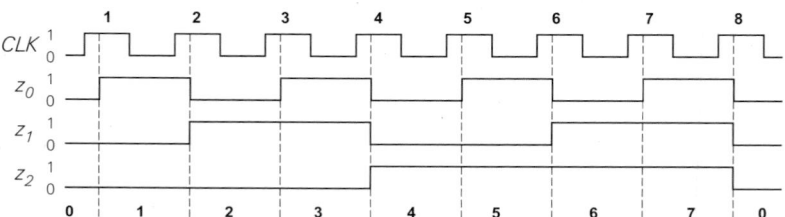

Abb. 8.36. Zeitverlauf im Synchronzähler. Man beachte, dass sich alle Ausgänge gleichzeitig ändern, gegenüber dem Takt um die Laufzeit durch die Flip-Flops verzögert.

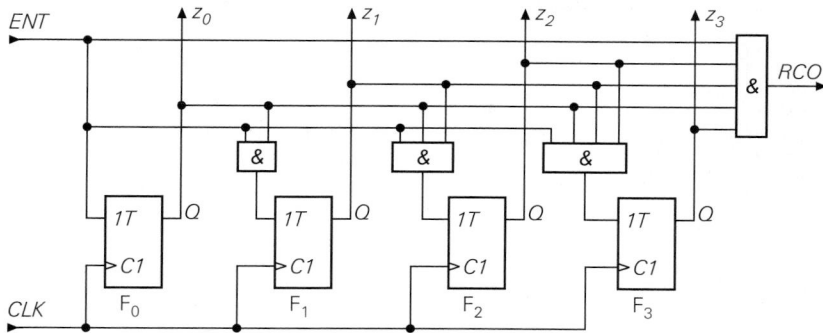

ENT = Enable Toggle RCO = Ripple Carry Output

Abb. 8.37. Zusätze für Synchronen Übertrag am Eingang und am Ausgang

Carry Output) darf nur dann 1 werden, wenn alle Flip-Flops des Zähler-Blocks 1 sind und alle vorhergehenden Flip-Flops, die durch den ENT-Eingang erfasst werden, ebenfalls 1 sind:

$$RCO = ENT \cdot z_0 \cdot z_1 \cdot z_2 \cdot z_3$$

Dieser Übertrag wird durch das UND-Gatter am Ausgang gebildet.

Die Übertragslogik lässt sich vereinfachen, wenn man die erforderliche UND-Verknüpfung gemäß Abb. 8.38 seriell durchführt. Dadurch spart man zwar Gatter-Eingänge, die Gatterlaufzeiten, die die Verarbeitungszeit in Abb. 8.22 bestimmen, addieren sich aber. Die maximale Taktfrequenz wird dadurch nennenswert eingeschränkt.

Vielstellige Zähler lassen sich durch Kaskadierung mehrerer Zählerblöcke realisieren. Abbildung 8.39 zeigt ein Beispiel für einen 16 bit Zähler, der aus vier 4bit Zählern besteht. Durch die Kopplung über die RCO-ENT-Leitung wird die Kippbedingung für Synchronzähler sicher gestellt: Ein Flip-Flop darf nur dann kippen, wenn alle Vorgänger im Zustand 1 sind.

Durch die kaskadierte UND-Verknüpfung summieren sich allerdings auch hier die Laufzeiten. Dadurch ergibt sich bei vielstelligen Zählern eine Reduzierung der maximal möglichen Zählfrequenz. Deshalb sollte man auch hier den Übertrag für die ENT-Eingänge parallel bilden.

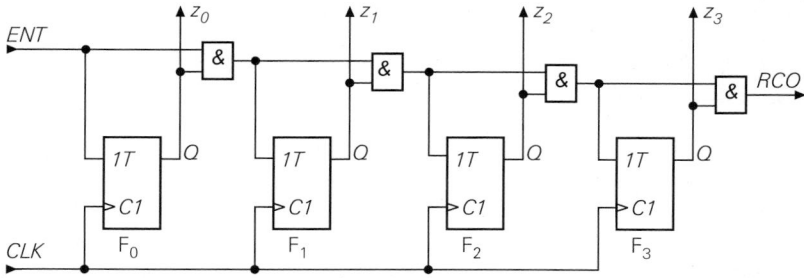

Abb. 8.38. Vereinfachte Übertragslogik, bei stark vergrößerter Gatterlaufzeit

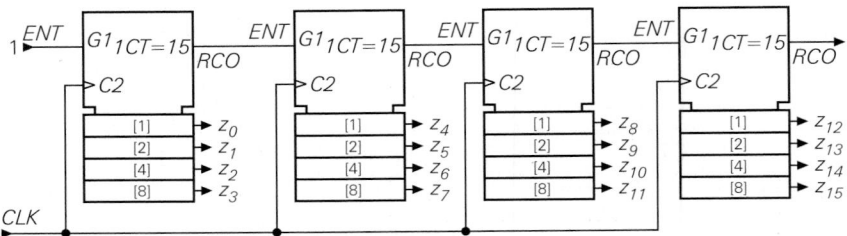

Abb. 8.39. Kaskadierung von synchronen Zählstufen. $1CT = 15$ bedeutet, dass RCO nur dann 1 wird, wenn $ENT = 1$ *und* der ConTents $CT = 15$ ist.

8.2.3 Vorwärts-Rückwärts-Zähler

Bei den Vorwärts-Rückwärts-Zählern unterscheidet man zwei Typen: Solche mit einem Takt-Eingang und einem zweiten Eingang, der die Zählrichtung bestimmt, und solche, die zwei Takt-Eingänge besitzen, von denen der eine den Zählerstand erhöht und der andere verringert.

8.2.3.1 Zähler mit umschaltbarer Zählrichtung

Die Kippbedingung für den Rückwärtszählbetrieb besagt nach Abb. 8.32, dass ein Flip-Flop dann umkippen muss, wenn alle niedrigeren Stellen Null sind. Um dies zu dekodieren, kann man die von Abb. 8.37 bekannte Logik zum Vorwärtszählen an den $\overline{Q}$-Ausgängen anschließen. Bei dem Zähler mit umschaltbarer Zählrichtung in Abb. 8.40 wird über die Vorwärts-Rückwärts-Umschaltung $U/\overline{D}$ entweder der obere Teil der Zähllogik zum Vorwärtszählen oder der untere Teil zum Rückwärtszählen freigegeben.

Ein Übertrag in die nächsthöhere Zählstufe kann in zwei Fällen auftreten, nämlich, wenn beim Vorwärtsbetrieb ($U/\overline{D} = 1$) der Zählerstand 1111 ist, oder wenn beim Rück-

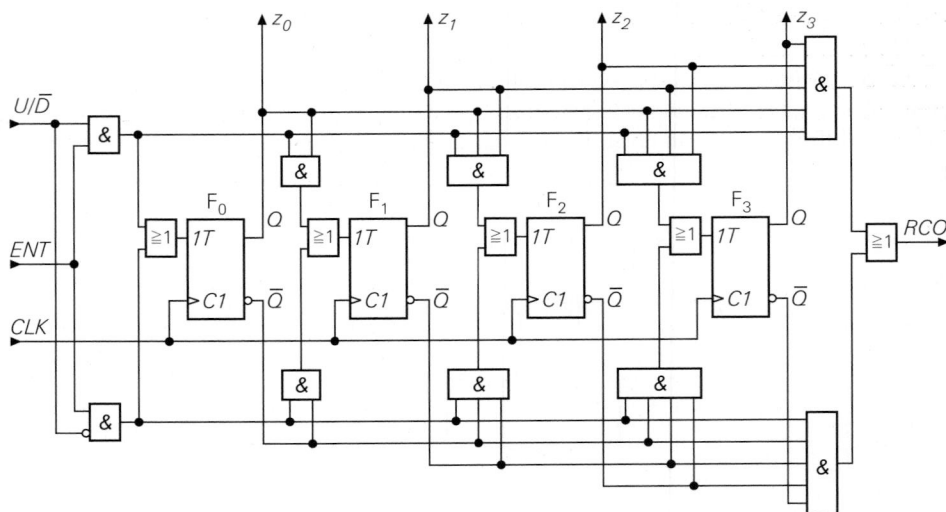

Abb. 8.40. Dualzähler mit Zählrichtungsumschaltung: $U/\overline{D} = UP/\overline{DOWN}$

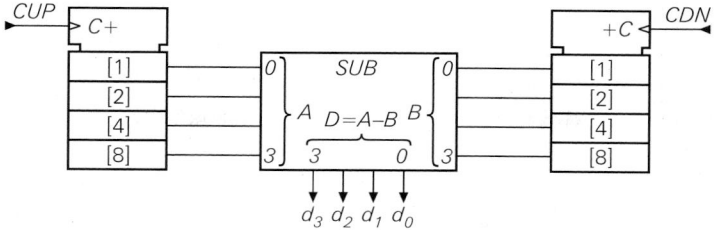

CUP = Clock Up CDN = Clock Down

Abb. 8.41. Koinzidenz-unempfindlicher Vorwärts-Rückwärts-Dualzähler

wärtsbetrieb der Zählerstand 0000 ist. Für die Übertragsvariable ergibt sich damit die Beziehung:

$$RCO = [z_0 z_1 z_2 z_3 (U/\overline{D}) + \overline{z}_0 \overline{z}_1 \overline{z}_2 \overline{z}_3 \overline{(U/\overline{D})}] ENT$$

Diese Variable wird wie in Abb. 8.39 am Enable-Eingang ENT der nächsten Zählstufe angeschlossen. Der Übertrag wird immer vorzeichenrichtig interpretiert, wenn man die Zählrichtung für alle Zähler gemeinsam umschaltet.

8.2.3.2 Zähler mit Vorwärts- und Rückwärts-Eingängen

Wenn man einen Zähler mit 2 Takteingängen aufbauen möchte, bei dem der eine Takteingang aufwärts und der andere abwärts zählt, besteht immer die Möglichkeit, dass beide Zählimpulse gleichzeitig eintreffen. Einen Zähler, der mit einer solchen Situation fertig wird, gibt es nicht. Das Problem lässt sich aber elegant dadurch lösen, dass man wie in Abb. 8.41 zwei Vorwärtszähler einsetzt und anschließend mit einem Subtrahierer die Differenz der Zählerstände bildet.

Das Übertragsbit des Subtrahierers kann nicht zur Vorzeichenanzeige verwendet werden; denn sonst würde man eine nach wie vor positive Differenz fälschlicherweise als negativ interpretieren, wenn einer der beiden Zähler übergelaufen ist und der andere noch nicht. Zum vorzeichenrichtigen Ergebnis kommt man jedoch, wenn man die Differenz - in unserem Beispiel - als vierstellige Zweierkomplementzahl interpretiert. Das Bit d_3 gibt dann das richtige Vorzeichen an, solange die Differenz den zulässigen Bereich von -8 bis $+7$ nicht überschreitet.

8.3 Synchrone BCD-Zähler

Abbildung 8.32 zeigt, dass man mit einem dreistelligen Dualzähler bis 7 zählen kann und mit einem vierstelligen bis 15. Bei einem Zähler für natürliche BCD-Zahlen benötigt man also für jede Dezimalziffer einen vierstelligen Dualzähler, der als Zähldekade bezeichnet wird. Diese Zähldekade unterscheidet sich vom normalen Dualzähler lediglich dadurch, dass sie bei dem zehnten Zählimpuls auf Null zurückspringt und einen Übertrag herausgibt. Mit diesem Übertrag kann man die Zähldekade für die nächst höhere Dezimalziffer ansteuern. Mit BCD-Zählern ist eine Dezimalanzeige des Zählerstandes sehr viel einfacher als beim reinen Dualzähler, weil sich jede Dekade für sich dekodieren und als Dezimalziffer anzeigen lässt.

Da die Dezimalziffer bei der natürlichen BCD-Darstellung durch eine vierstellige Dualzahl dargestellt wird, deren Stellenwerte $2^3, 2^2, 2^1$ und 2^0 betragen, wird diese BCD-Darstellung auch als 8421-Code bezeichnet. Die Zustandstabelle einer Zähldekade im

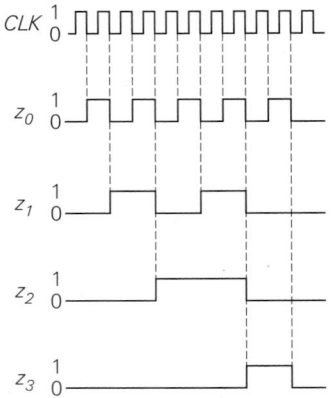

Z	z_3 2^3	z_2 2^2	z_1 2^1	z_0 2^0
0	0	0	0	0
1	0	0	0	1
2	0	0	1	0
3	0	0	1	1
4	0	1	0	0
5	0	1	0	1
6	0	1	1	0
7	0	1	1	1
8	1	0	0	0
9	1	0	0	1
10	0	0	0	0

Abb. 8.42.
Zeitlicher Verlauf der Ausgangszustände
eines BCD-Zählers

Abb. 8.43.
Zustandstabelle für den BCD-Code

8421-Code zeigt Abb. 8.43. Sie muss definitionsgemäß bis zur Ziffer 9 mit Abb. 8.32 auf S. 690 übereinstimmen, während die Zahl Zehn wieder durch 0000 dargestellt wird. Der zugehörige zeitliche Verlauf der Ausgangsvariablen ist in Abb. 8.42 dargestellt.

Die synchrone Zähldekade in Abb. 8.44 entspricht in ihrer Schaltung weitgehend dem synchronen Dualzähler in Abb. 8.37 auf S. 693. Wie bei der asynchronen Zähldekade sind auch hier zwei Zusätze erforderlich, die beim Übergang von $9 = 1001_2$ auf $0 = 0000_2$ sicherstellen, dass das Flip-Flop F_1 nicht umkippt, dafür aber das Flip-Flop F_3. Die Blockierung von F_1 wird in Abb. 8.44 über die Rückkopplung von $\overline{Q}_3$ erreicht, das Umkippen von F_3 durch die zusätzliche Dekodierung der 9 am Toggle-Steuereingang.

8.4 Vorwahlzähler

Vorwahlzähler sind Schaltungen, die ein Ausgangssignal abgeben, wenn die Zahl der Eingangsimpulse gleich einer vorgewählten Zahl M wird. Das Ausgangssignal kann man dazu verwenden, einen bestimmten Vorgang auszulösen. Gleichzeitig greift man damit in den Zählablauf ein, um den Zähler zu stoppen oder wieder in den Anfangszustand zu

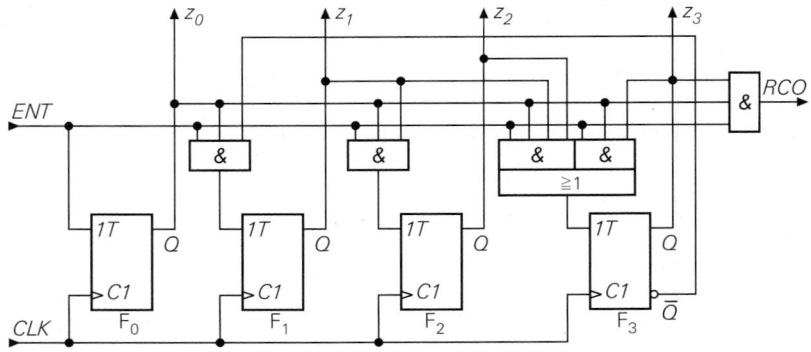

Abb. 8.44. Synchroner BCD-Zähler

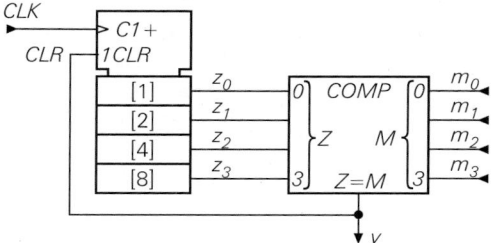

Abb. 8.45.
Modulo $(M + 1)$-Zähler mit Komparator. $1CLR$ bedeutet, dass der Zähler taktsynchron gelöscht wird, wenn $CLR = 1$ ist.

versetzen. Lässt man ihn nach dem Rücksetzen weiterlaufen, erhält man einen Modulo-m-Zähler, dessen Zählzyklus durch die vorgewählte Zahl bestimmt wird.

Die nächstliegende Methode zur Realisierung eines Vorwahlzählers besteht wie in Abb. 8.45 darin, den Zählerstand Z mit der Vorwahlzahl M zu vergleichen. Dazu kann man einen Identitätskomparator verwenden, wie er in Kap. 7.6 beschrieben wird. Wenn nach M Taktimpulsen $Z = M$ geworden ist, wird $y = 1$, und der Zähler wird gelöscht ($Z = 0$). Das Gleichheitssignal y tritt dabei für die Dauer des Löschvorganges auf. Bei einem asynchronen CLR-Eingang beträgt diese Zeit nur wenige Gatterlaufzeiten. Daher ist ein synchroner Löscheingang zu bevorzugen; dann erscheint das Gleichheitssignal genau eine Taktperiode lang. Der Zähler in Abb. 8.45 geht also nach $M + 1$ Taktimpulsen wieder auf Null. Er stellt also einen Modulo $(M + 1)$-Zähler dar.

Der Komparator in Abb. 8.45 lässt sich einsparen, wenn man die bei Synchronzählern meist vorhandenen parallelen Ladeeingänge in Abb. 8.29 benutzt. Von dieser Möglichkeit machen die Schaltungen in Abb. 8.46 und 8.47 Gebrauch. Den Zähler in Abb. 8.46 lädt man mit der Zahl $P = Z_{max} - M$. Nach M Taktimpulsen ist dann der maximale Zählerstand Z_{max} erreicht, der intern dekodiert wird und zu einem Übertrag $RCO = 1$ führt. Wenn man diesen Ausgang wie in Abb. 8.46 mit dem $LOAD$-Eingang verbindet, wird mit dem Takt $M + 1$ wieder die Vorwahlzahl P geladen. Es ergibt sich also wieder ein Modulo-$(M + 1)$-Zähler. Die Vorwahlzahl P lässt sich bei Dualzählern besonders leicht berechnen: sie ist gleich dem Einerkomplement von M (s. Kap. 7.7.3 auf S. 664).

Der Zähler in Abb. 8.47 wird mit der Vorwahlzahl M selbst geladen. Anschließend zählt er rückwärts bis auf Null. Bei Null wird beim Rückwärtszählen ein Übertrag RCO

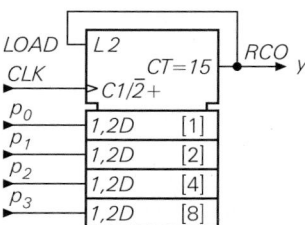

Abb. 8.46.
Modulo $(M + 1)$-Zähler mit paralleler Eingabe von $P = Z_{max} - M$ bei $Z = 15$. Das + Zeichen am CLK-Eingang steht für einen Vorwärtszähler. Der Schrägstrich bedeutet eine ODER-Verknüpfung.

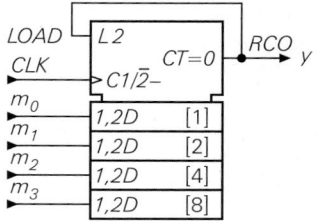

Abb. 8.47.
Modulo $(M+1)$-Zähler mit paralleler Eingabe von M bei $Z = 0$ unter Verwendung eines Rückwärtszählers. Das - Zeichen am CLK-Eingang steht für einen Rückwärtszähler.

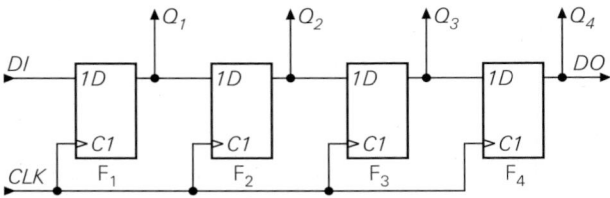

Abb. 8.48.
Einfachste Ausführung eines 4 bit Schieberegisters

DI = Data Input
DO = Data Output
CLK = Clock

generiert (s. Abb. 8.40 auf S. 694), den man dazu verwenden kann, den Zähler wieder neu zu laden.

8.5 Schieberegister

Schieberegister sind Ketten von Flip-Flops, die es ermöglichen, eine am Eingang angelegte Information mit jedem Takt um ein Flip-Flop weiter zu schieben. Nach dem Durchlaufen der Kette steht sie am Ausgang verzögert, aber sonst unverändert zur Verfügung.

8.5.1 Grundschaltung

Das Prinzip ist in Abb. 8.48 dargestellt. Mit dem ersten Takt wird die am Eingang anliegende Information D_1 in das Flip-Flop F_1 eingelesen. Mit dem zweiten Takt wird sie an das Flip-Flop F_2 weiter gegeben; gleichzeitig wird in das Flip-Flop F_1 eine neue Information D_2 eingelesen. Abbildung 8.49 verdeutlicht die Funktionsweise für das Beispiel eines Schieberegisters mit 4 bit Länge. Man erkennt, dass das Schieberegister nach vier Takten mit den seriell eingegebenen Daten gefüllt ist. Sie stehen dann an den vier Flip-Flop-Ausgängen Q_1 bis Q_4 parallel zur Verfügung, oder sie lassen sich mit weiteren Takten wieder seriell am Ausgang Q_4 entnehmen. Als Flip-Flops eignen sich alle Typen mit Zwischenspeicher. Transparente Flip-Flops sind ungeeignet, weil die am Eingang angelegte Information sonst sofort bis zum letzten Flip-Flop durchlaufen würde, wenn der Takt Eins wird.

8.5.2 Schieberegister mit Paralleleingabe

Wenn man wie in Abb. 8.50 vor jeden D-Eingang einen Multiplexer schaltet, kann man über den *LOAD*-Eingang auf Parallel-Eingabe umschalten. Mit dem nächsten Takt werden dann die Daten $d_1 \ldots d_4$ parallel geladen und erscheinen an den Ausgängen $Q_1 \ldots Q_4$. Auf diese Weise ist nicht nur eine *Serien-Parallel-Wandlung* sondern auch eine *Parallel-Serien-Wandlung* möglich.

CLK	Q_1	Q_2	Q_3	Q_4
1	D_1	—	—	—
2	D_2	D_1	—	—
3	D_3	D_2	D_1	—
4	$\mathbf{D_4}$	$\mathbf{D_3}$	$\mathbf{D_2}$	$\mathbf{D_1}$
5	D_5	D_4	D_3	$\mathbf{D_2}$
6	D_6	D_5	D_4	$\mathbf{D_3}$
7	D_7	D_6	D_5	$\mathbf{D_4}$

Abb. 8.49.
Funktionstabelle eines 4 bit-Schieberegisters

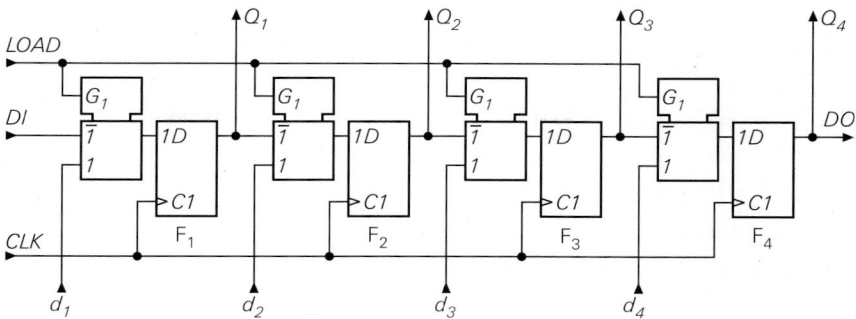

Abb. 8.50. Schieberegister mit parallelen Ladeeingängen

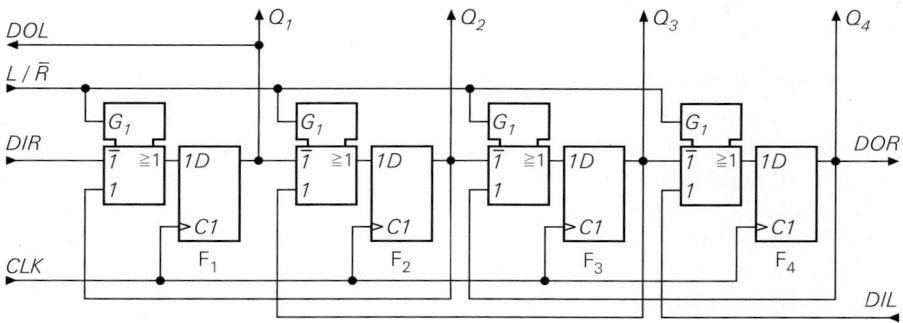

DIR = Data Input rechts DOR = Data Output rechts
DIL = Data Input links DOL = Data Output links
$L/\overline{R}$ = Umschaltung links/rechts

Abb. 8.51. Schieberegister mit umschaltbarer Schieberichtung

Ein Schieberegister mit parallelen Ladeeingängen lässt sich auch als Vorwärts-Rückwärts-Schieberegister betreiben. Dazu schließt man wie in Abb. 8.51 die parallelen Ladeeingänge jeweils am Ausgang des rechten benachbarten Flip-Flops an. Dann ergibt sich für $L/\overline{R} = 1$ eine Datenverschiebung von rechts nach links.

Bei einem normalen Schieberegister werden die Daten am Eingang eingegeben und durch das Register hindurch geschoben; danach sind sie weg oder durch neue ersetzt. Man kann jedoch die im Schieberegister vorhandenen Daten wieder am Eingang einlesen und

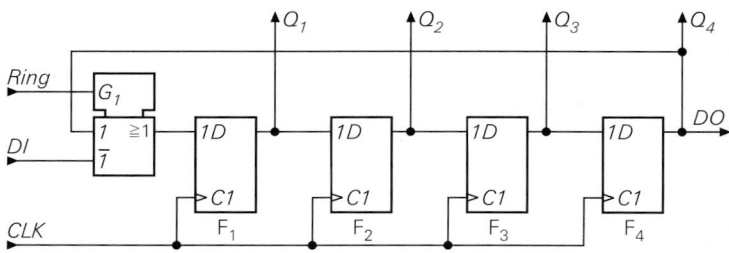

Abb. 8.52. Schieberegister als Umlaufspeicher

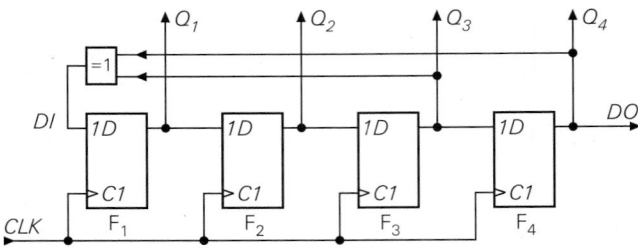

Abb. 8.53. Pseudozufallsgenerator, Grundschaltung für 4 bit

auf diese Weise zirkulieren lassen. Dazu dient der Multiplexer in Abb. 8.52. Wenn der Eingang $Ring = 1$ ist, wird Q_4 rückgekoppelt und die Daten im Schieberegister werden vorne wieder eingelesen.

8.5.3 Erzeugung von Pseudozufallsfolgen

Man kann ein Schieberegister auch so rückkoppeln, dass es selber Daten erzeugt. Dazu verwendet man das EXOR-Gatter in Abb. 8.53. Wenn man davon ausgeht, dass zu Beginn nur $Q_1 = 1$ ist, durchläuft das Schieberegister die in Abb. 8.55 dargestellten Zustände; das kann man leicht verifizieren, wenn man die Wahrheitstafel des EXOR-Gatters in Abb. 6.13 berücksichtigt. Man sieht, dass die Schaltung nach 15 Takten wieder im Anfangszustand angekommen ist. Bei den 15 Takten treten alle möglichen Zahlenkombinationen auf, nur die Null nicht. Sie muss verhindert werden, weil das Schieberegister sonst in diesem Zustand verharren würde. Um das sicher zu stellen, dekodiert man die Null mit der zusätzlichen Logik in Abb. 8.54 und schreibt in diesem Fall eine 1 in das erste Flip-Flop. Im Normalbetrieb ist diese Zusatzlogik jedoch unwirksam, da die Null bei der regulären Folge nie auftritt.

In den Abbildungen 8.55 und 8.56 erkennt man, dass die Folge der Zustände

$$Z = Q_4 \cdot 2^3 + Q_3 \cdot 2^2 + Q_2 \cdot 2^1 + Q_1 \cdot 2^0$$

zufällig erscheint und nicht wie bei einem Zähler von einer Zahl zur nachfolgenden geht. Es handelt sich aber um keine echte Zufallsfolge, weil sie sich hier nach 15 Takten wiederholt; deshalb spricht man von einer Pseudozufallsfolge. Da alle Zahlen - bis auf die Null - genau einmal auftreten, handelt es sich hier um einen *Maximallängen-Generator*. An welchem

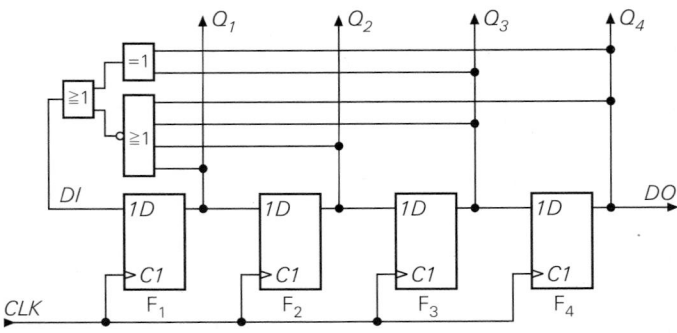

Abb. 8.54. Pseudozufallsgenerator mit Startschaltung

CLK	0	1	2	3	4	5	6	7	8	9	10	11	12	13	14	15
$Q1$	1	0	0	1	1	0	1	0	1	1	1	1	0	0	0	1
$Q2$	0	1	0	0	1	1	0	1	0	1	1	1	1	0	0	0
$Q3$	0	0	1	0	0	1	1	0	1	0	1	1	1	1	0	0
$Q4$	0	0	0	1	0	0	1	1	0	1	0	1	1	1	1	0
DI	0	0	1	1	0	1	0	1	1	1	1	0	0	0	1	0
Z	1	2	4	9	3	6	13	10	5	11	7	15	14	12	8	1

Abb. 8.55. Zustandstabelle des Pseudozufallsgenerators

Ausgang man die Pseudozufallsfolge abnimmt, ist gleichgültig, da an jedem Ausgang dieselbe Folge – lediglich zeitlich verschoben – auftritt.

Um größere Periodenlängen zu erhalten, muss man entsprechend längere Schieberegister verwenden. Bei einem Schieberegister mit 10 Stufen beträgt die Periodenlänge 1023 Taktimpulse, bei 20 Stufen 1048575. Um die maximale Periodenlänge von $n = 2^N - 1$ wirklich zu erreichen, muss man die Rückkopplungslogik an ganz bestimmten Ausgängen anschließen. Auf jeden Fall benötigt man den letzten Ausgang. Welche Ausgänge außerdem durch die Rückkopplungslogik verknüpft werden müssen, ist in Abb. 8.57 zusammengestellt. Man sieht, dass in den meisten Fällen 2 Rückkopplungspunkte ausreichen, bei bestimmten Register-Längen aber auch 4 Rückkopplungspunkte erforderlich sind. Neben den hier angegebenen Punkten gibt es jeweils noch eine symmetrische Lösung mit den

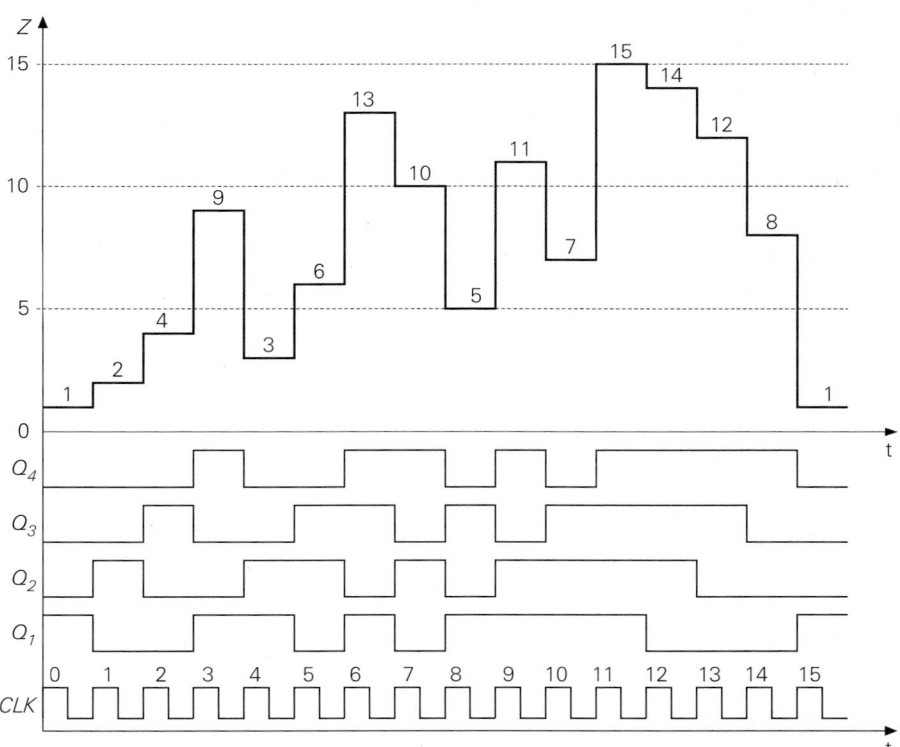

Abb. 8.56. Signalverlauf im Pseudozufallsgenerator

N	3	4	5	6	7	8	9	10	11	12	13	14	15	16	17	18	19	20
	3	4	5	6	7	8	9	10	11	12	13	14	15	16	17	18	19	20
	2	3	3	5	4	7	5	7	9	11	10	13	14	14	14	11	18	17
						5					8	6	8		13		17	
						3					6	4	4		11		14	

Abb. 8.57. Tabelle der Rückkopplungsanschlüsse

Anschlusspunkten Q_{N-i}. Der letzte Anschlusspunkt bleibt dabei erhalten. Statt der Anschlusspunkte 3,5,7,8 kann man also auch die Anschlusspunkte 1,3,5,8 verwenden. Häufig gibt es auch noch weitere Kombinationen, die eine Maximallänge ergeben. Die Rückkopplungslogik selbst besteht lediglich aus EXOR-Gattern; sie stellt einen Paritätsgenerator dar gemäß Abb. 7.18 auf S. 660.

Für viele Anwendungen möchte man das Digitalrauschen in ein Analograuschen umwandeln. Dazu braucht man lediglich an einem Ausgang einen Tiefpass anzuschließen, dessen Grenzfrequenz klein gegenüber der Taktfrequenz ist. Die Spannung wird dann umso größer, je mehr Einsen hintereinander auftreten. Ein wesentlich größere Rauschbandbreite erreicht man jedoch, wenn man die ganze Zahl, die im Schieberegister steht, in einen Digital-Analog-Umsetzer gibt. Auf diese Weise wird das in Abb. 8.56 dargestellte Signal Z in eine Spannung umgesetzt.

Die hier erzeugten Zufallssignale sind keine echten Zufallsfolgen, da sie sich periodisch wiederholen. Daher werden die als Zufallsgenerator rückgekoppelten Schieberegister auch als Pseudo Random Noise Generator PRNG bezeichnet. Bei großer Folgenlänge ist die Abweichung von einer echten Zufallsfolge jedoch minimal. Dafür hat man den Vorteil, dass die damit gewonnenen Messergebnisse reproduzierbar sind. Darüber hinaus kann man z.B. ein Oszilloskop mit der Zufallsfolge triggern, um stehende Oszillogramme zu erhalten.

8.6 Aufbereitung asynchroner Signale

Man kann Schaltwerke sowohl asynchron als auch synchron, d.h. getaktet, realisieren. Die asynchrone Realisierung ist zwar in der Regel weniger aufwendig, bringt jedoch eine Menge Probleme mit sich, da man immer sicherstellen muss, dass keine Übergangszustände als gültig dekodiert werden, die nur kurzzeitig durch Laufzeitunterschiede auftreten (Hazards). Bei synchronen Systemen liegen die Verhältnisse wesentlich einfacher. Wenn an irgend einer Stelle des Systems eine Änderung auftritt, kann sie nur nach einer Taktflanke auftreten. Man kann also am Taktzustand erkennen, wann das System im stationären Zustand ist. Zweckmäßigerweise sorgt man dafür, dass alle Änderungen im System einheitlich entweder bei der positiven oder der negativen Flanke erfolgen. Triggern z.B. alle Schaltungen auf die negative Flanke, dann ist das System sicher im eingeschwungenen Zustand, wenn der Takt 1 ist.

Daten, die von außerhalb in das System gegeben werden, sind in der Regel nicht mit dessen Takt synchronisiert. Um sie synchron verarbeiten zu können, muss man sie zunächst aufbereiten. In den folgenden Abschnitten wollen wir einige Schaltungen angeben, die in diesem Zusammenhang häufig benötigt werden.

8.6.1 Entprellung mechanischer Kontakte

Wenn man einen mechanischen Schalter öffnet oder schließt, entsteht infolge mechanischer Schwingungen jeweils eine Impulskette. Ein Zähler registriert demnach statt eines beab-

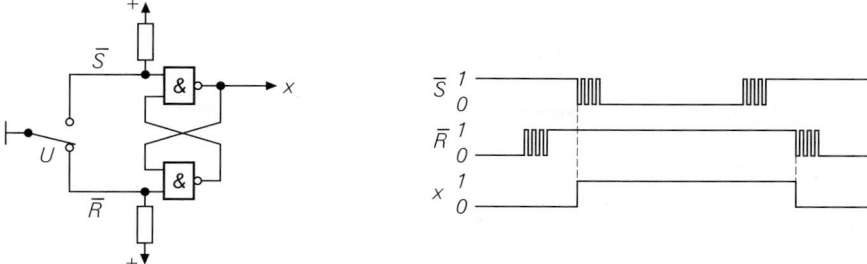

Abb. 8.58. Entprellung eines Schalters

sichtigten Einzelimpulses eine undefinierte Zahl von Impulsen. Ein einfaches Verfahren zur elektronischen Entprellung mit Hilfe eines RS-Flip-Flops ist in Abb. 8.58 dargestellt. Im Ruhezustand ist $\overline{R} = 0$ und $\overline{S} = 1$, also $x = 0$. Betätigt man nun den Schaltkontakt, tritt zunächst durch das Öffnen des Ruhekontaktes eine Impulsfolge am $\overline{R}$-Eingang auf. Da $\overline{R} = \overline{S} = 1$ der Speicherzustand ist, ändert sich am Ausgang x nichts. Nach der vollständigen Öffnung des Ruhekontaktes tritt eine Impulsfolge am Arbeitskontakt auf. Bei der ersten Berührung ist $\overline{R} = 1$ und $\overline{S} = 0$. Dadurch kippt das Flip-Flop um, und es wird $x = 1$. Dieser Zustand bleibt während des weiteren Prellvorgangs gespeichert. Das Flip-Flop kippt erst wieder zurück, wenn der Umschaltkontakt wieder den Ruhekontakt berührt. Der zeitliche Ablauf wird durch das Impulsdiagramm in Abb. 8.58 verdeutlicht.

8.6.2 Flankengetriggertes RS-Flip-Flop

Ein Flip-Flop mit RS-Eingängen wird gesetzt, solange $S = 1$ ist, und zurückgesetzt, solange $R = 1$ ist. Dabei sollte vermieden werden, dass beide Eingänge gleichzeitig Eins werden. Um dies zu erreichen, kann man kurze R- bzw. S-Impulse erzeugen. Eine einfachere Möglichkeit ist in Abb. 8.59 dargestellt. Hier gelangen die Eingangssignale auf die Eingänge von positiv flankengetriggerten D-Flip-Flops. Dadurch wird erreicht, dass nur der Augenblick der positiven Flanke eine Rolle spielt und der übrige zeitliche Verlauf der Eingangssignale belanglos ist. Wenn eine positive Set-Flanke auftritt, wird $Q_1 = Q_2$. Dadurch ergibt sich die Exklusiv-ODER-Verknüpfung:

$$y = \overline{Q}_1 \oplus Q_2 = 1$$

Trifft eine positive Reset-Flanke ein, wird $Q_2 = \overline{Q}_1$. In diesem Fall wird $y = 0$. Der Ausgang y wirkt also wie der Q-Ausgang eines RS-Flip-Flops.

Eine Einschränkung gibt es jedoch auch hier für den zeitlichen Verlauf der Eingangssignale: Die positiven Eingangsflanken dürfen nicht gleichzeitig auftreten. Sie müssen

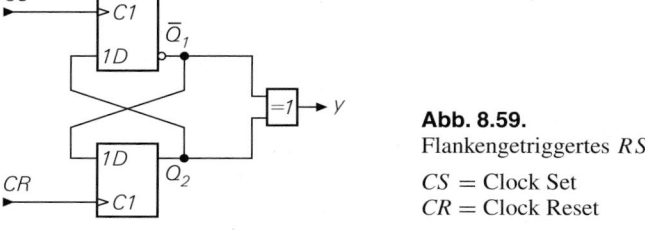

Abb. 8.59.
Flankengetriggertes RS-Flip-Flop

CS = Clock Set
CR = Clock Reset

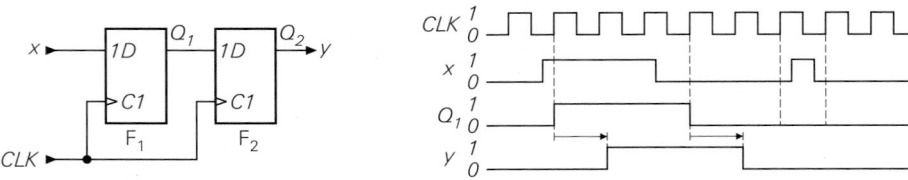

Abb. 8.60. Synchronisation asynchroner Signale

mindestens um die „Propagation Delay Time" t_{prop} plus „Data Setup Time" t_{setup} in Abb. 8.23 zeitlich getrennt sein. Bei gleichzeitigen Eingangsflanken wird das Ausgangssignal invertiert.

8.6.3 Synchronisation von asynchronen Daten

Die einfachste Methode zur Synchronisation von Impulsen besteht in der Verwendung eines D-Flip-Flops wie in Abb. 8.24 bereits gezeigt wurde. Auf diese Weise wird der Zustand der Eingangsvariablen x bei jeder positiven Taktflanke abgefragt und an den Ausgang übertragen. Da sich das Eingangssignal auch während der positiven Taktflanke ändern kann, können metastabile Zustände im Flip-Flop F_1 auftreten. Damit dadurch keine Fehler im Ausgangssignal y entstehen, wurde das zusätzliche Flip-Flop F_2 vorgesehen. Um die Wahrscheinlichkeit für Metastabilität zu reduzieren wird auch hier eine Doppelpufferung angewendet. Abbildung 8.60 zeigt ein Beispiel für den zeitlichen Verlauf. Ein Impuls, der so kurz ist, dass er nicht von einer positiven Taktflanke erfasst wird, wird ignoriert. Dieser Fall ist in Abb. 8.60 ebenfalls eingezeichnet.

Sollen derart kurze Impulse nicht verloren gehen, muss man sie bis zur Übernahme mit einem Flip-Flop zwischenspeichern. Dazu dient das vorgeschaltete D-Flip-Flop F_1 in Abb. 8.61. Es wird über den S-Eingang asynchron gesetzt, wenn $x = 1$ wird. Mit der nächsten positiven Taktflanke wird $y = 1$. Ist zu diesem Zeitpunkt x bereits wieder Null geworden, wird das Flip-Flop F_1 mit derselben Flanke zurückgesetzt. Auf diese Weise wird ein kurzer x-Impuls bis zur nächsten Taktflanke verlängert und kann deshalb nicht verloren gehen. Diese Eigenschaft ist auch in dem Zeitdiagramm zu erkennen.

8.6.4 Synchroner Zeitschalter

Mit der Schaltung in Abb. 8.62 ist es möglich, einen taktsynchronen Ausgangsimpuls zu erzeugen, dessen Dauer eine Taktperiode beträgt, unabhängig von der Dauer des Triggersignals x.

Wenn x von Null auf Eins geht, wird bei der nächsten positiven Taktflanke $Q_1 = 1$. Damit wird auch $y = 1$. Bei der folgenden positiven Taktflanke wird $\overline{Q_2} = 0$ und damit wieder $y = 0$. Dieser Zustand bleibt so lange erhalten, bis x mindestens einen

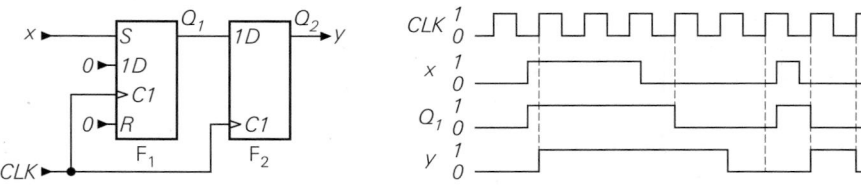

Abb. 8.61. Erfassung kurzer Impulse

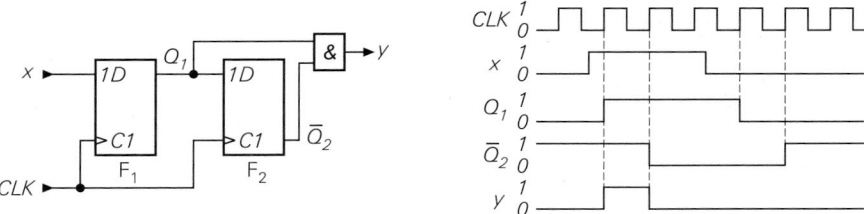

Abb. 8.62. Erzeugung eines synchronen Einzelimpulses

Takt lang Null ist und dann erneut auf Eins geht. Kurze Triggerimpulse, die nicht von einer positiven Taktflanke erfasst werden, gehen wie bei der Synchronisationsschaltung in Abb. 8.60 verloren. Sollen sie berücksichtigt werden, muss man sie wie in Abb. 8.61 in einem zusätzlichen vorgeschalteten Flip-Flop bis zur Übernahme speichern.

Ein synchrones Monoflop für Einschaltdauern von mehr als einer Taktperiode lässt sich auf einfache Weise wie in Abb. 8.63 mit Hilfe eines Synchronzählers realisieren. Setzt man die Triggervariable x auf 1, wird der Zähler mit dem nächsten Taktimpuls parallel geladen. Mit den folgenden Taktimpulsen zählt er bis zum vollen Zählerstand Z_{max}. Ist diese Zahl erreicht, wird der Übertragsausgang $RCO = 1$. In diesem Zustand wird der Zähler über den Count-Enable-Eingang ENP blockiert; die Ausgangsvariable y ist Null. Der normale Enable-Eingang ENT kann für diesen Zweck nicht verwendet werden, da er nicht nur auf die Flip-Flops, sondern zusätzlich direkt auf RCO einwirkt. Dadurch würde eine unerwünschte Schwingung entstehen.

Ein neuer Zyklus wird durch den parallelen Ladevorgang eingeleitet, im Beispiel mit $CT = 8$. Unmittelbar nach dem Laden wird $RCO = 0$ und $y = \overline{RCO} = 1$. Die Rückkopplung von RCO auf das UND-Gatter am x-Eingang verhindert einen neuen Ladevorgang vor Erreichen des Zählerstandes $CT = Z_{max} = 15$. Bis zu diesem Zeitpunkt sollte spätestens $x = 0$ geworden sein, sonst wird der Zähler sofort wieder neu geladen, d.h. er arbeitet dann als Modulo-$(M + 1)$-Zähler wie in Abb. 8.46.

Der zeitliche Ablauf ist in Abb. 8.63 für eine Einschaltdauer von 7 Taktimpulsen dargestellt. Verwendet man einen 4 bit-Dualzähler, muss man ihn für diese Einschaltdauer mit $P = 8$ laden. Der erste Takt wird zum Laden verwendet, die restlichen 6 zum Zählen bis 15.

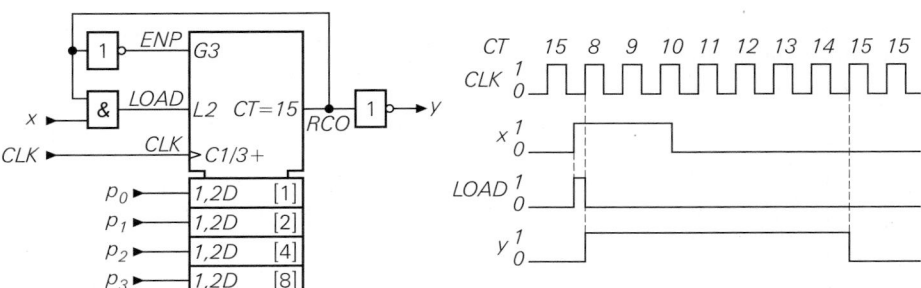

Abb. 8.63. Synchroner Zeitschalter

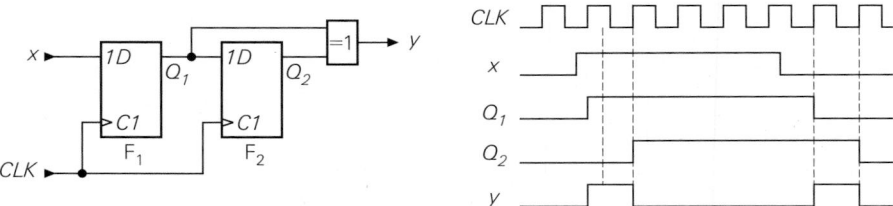

Abb. 8.64. Änderungsdetektor

8.6.5 Synchroner Änderungsdetektor

Ein synchroner Änderungsdetektor soll einen taktsynchronen Ausgangsimpuls liefern, wenn sich die Eingangsvariable x geändert hat. Zur Realisierung einer solchen Schaltung gehen wir von dem Monoflop in Abb. 8.62 aus. Dieses liefert einen Ausgangsimpuls, wenn x von Null auf Eins geht. Um auch beim Übergang von Eins auf Null einen Ausgangsimpuls zu erhalten, ersetzen wir das UND-Gatter durch ein EXOR-Gatter und erhalten die in Abb. 8.64 dargestellte Schaltung.

8.6.6 Synchroner Taktschalter

Häufig stellt sich das Problem, einen Takt ein- und auszuschalten, ohne den Taktgenerator selbst anzuhalten. Zu diesem Zweck könnte man im Prinzip ein UND-Gatter verwenden. Wenn das Einschaltsignal aber nicht mit dem Takt synchronisiert ist, entsteht beim Ein- und Ausschalten ein Taktimpuls mit undefinierter Länge. Um diesen Effekt zu vermeiden, kann man zur Synchronisation wie in Abb. 8.65 ein einflankengetriggertes D-Flip-Flop verwenden. Macht man $EN = 1$, wird bei der nächsten positiven Taktflanke $Q = 1$ und damit auch $CLK = 1$. Wegen der Flankentriggerung hat der erste Impuls des geschalteten Taktes immer die volle Länge.

Zum Ausschalten kann man die positive Taktflanke nicht verwenden, da dann unmittelbar nach dem Anstieg $Q = 0$ wird. Das hätte einen kurzen Ausgangsimpuls zur Folge. Deshalb wird das Flip-Flop über den Reset-Eingang asynchron gelöscht, wenn EN und CLK Null sind. Dazu dient das NOR-Gatter vor dem R-Eingang. Wie man in Abb. 8.65 erkennt, gelangen dann nur ganze Taktimpulse durch das UND-Gatter.

8.7 Systematischer Entwurf von Schaltwerken

Hier soll der systematische Entwurf von Schaltwerken erklärt werden. Der prinzipielle Aufbau ist Abb. 8.66 noch einmal dargestellt. Das Kernstück ist der Speicher für die Zustandsvariablen, der hier mit dem Takt CLK getaktet wird. Deshalb wird ein solches Schaltwerk auch als synchrones Schaltwerk bezeichnet. Als Flip-Flops für die Zustands-

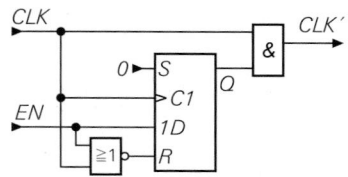

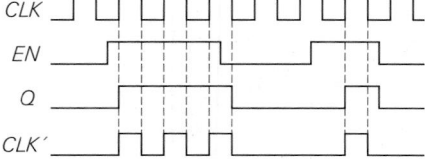

Abb. 8.65. Synchroner Taktschalter

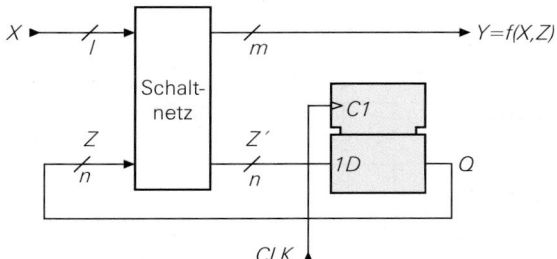

Abb. 8.66.
Blockschaltbild eines Schaltwerks

variablen eignen sich nur Master-Slave-Flip-Flops. Man setzt hier bevorzugt D-Flip-Flops ein, denn JK-Flip-Flops erfordern für jede Zustandsvariable zwei Signale für J, K und stellen gemäß Abb. 8.22 nur die halbe Verarbeitungszeit zur Verfügung. Im Prinzip kann man auch asynchrone Schaltwerke entwerfen indem man auf eine Taktsteuerung verzichtet und das Schaltnetz direkt rückkoppelt, um dadurch Zustände zu speichern [1]. Diese Methode ist jedoch ungebräuchlich, weil der Entwurf schwieriger ist und die Gefahr besteht, dass das Ergebnis von Signallaufzeiten in der Schaltung abhängt. Man kann vier Gruppen von Signalen unterscheiden:

– die Eingangsvariablen X
– die Zustandsvariablen Z, die den aktuellen Zustand des Systems darstellen
– die Zustandsvariablen Z', die den nächsten Zustand des Systems darstellen, der beim nächsten Takt in den Zustandsvariablen-Speicher übernommen wird
– die Ausgangsvariablen Y

Mit dem hier dargestellten Blockschaltbild lassen sich drei verschiedene Quellen für die Erzeugung der Ausgangssignale unterscheiden:

– Sie sind eine Funktion der Eingangs- und Zustandsvariablen $y = f(X,Z)$. Das ist der allgemeinste Fall, der hier dargestellt ist. Die Schaltung wird dann als Mealy-Automat bezeichnet. Die folgenden Varianten stellen eine Spezialisierung dar.
– Sie sind ausschließlich eine Funktion der Zustandsvariablen $y = f(Z)$. Die Schaltung wird dann als Moor-Automat bezeichnet
– Sie sind identisch mit den Zustandsvariablen $y = Z$. Die Schaltung wird dann als Medwedew-Automat bezeichnet. Diese Ausführung wird bei Zählern eingesetzt.

8.7.1 Zustandsdiagramm

Ein Schaltwerk wird durch ein Zustandsdiagramm beschrieben. In Abb. 8.67 ist ein Beispiel für ein Zustandsdiagramm dargestellt. Jeder Zustand S_Z des Systems wird durch einen Kreis repräsentiert. Der Übergang von einem Zustand in einen anderen wird durch einen Pfeil gekennzeichnet. Die Bezeichnung des Pfeils gibt an, unter welcher Bedingung der Übergang stattfinden soll. Bei dem Beispiel in Abb. 8.67 folgt auf den Zustand S_1 der Zustand S_2, wenn $x_1 = 1$ ist. Bei $x_1 = 0$ hingegen geht das System vom Zustand S_1 in den Zustand S_0 zurück. Ein unbeschrifteter Pfeil bedeutet einen unbedingten Übergang.

Wenn sich das System in einem Zustand S_Z (hier z.B. S_2) befindet und keine Übergangsbedingung wahr ist, die zu einem anderen Zustand führt, bleibt das System im Zustand S_Z. Diese an und für sich selbstverständliche Tatsache kann man in Einzelfällen

---

[1] Rabinovich, R.: Transition maps guide successfull asynchronous state-machine design. EDN May 12, 1994, 111-126

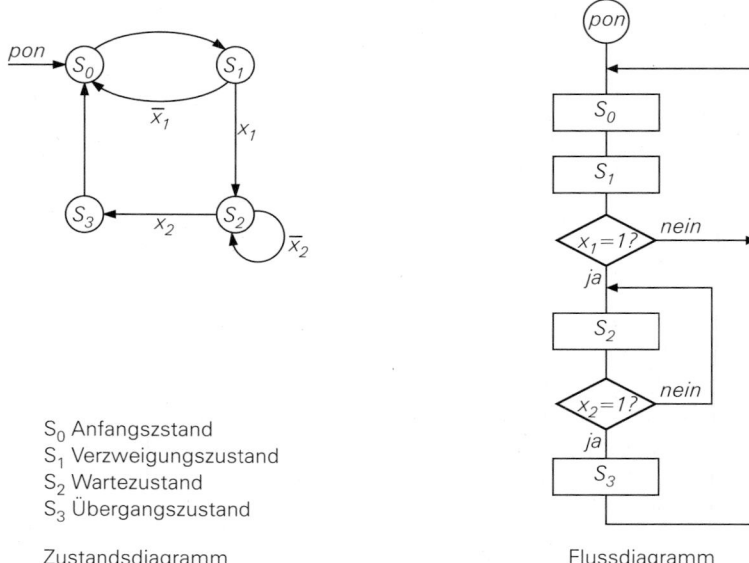

S$_0$ Anfangszstand
S$_1$ Verzweigungszustand
S$_2$ Wartezustand
S$_3$ Übergangszustand

Zustandsdiagramm   Flussdiagramm

Abb. 8.67. Zustandsdiagramm und äquivalentes Flussdiagramm

noch besonders hervorheben, indem man einen Übergangspfeil in das Diagramm einträgt, der von S_Z nach S_Z zurück führt (Wartezustand). In Abb. 8.67 haben wir einen solchen Übergang als Beispiel bei dem Zustand S_2 eingezeichnet.

Nach dem Einschalten der Betriebsspannung muss ein Schaltwerk in einen definierten Anfangszustand gebracht werden. Dazu dient die Bedingung „pon" (power on). Sie wird mit Hilfe einer besonderen Einschaltlogik für eine kurze Zeit nach dem Einschalten der Betriebsspannung auf Eins gesetzt und ist sonst Null. Mit diesem Signal löscht man in der Regel den Zustandsvariablen-Speicher, indem man es an den Reset-Eingängen der Flip-Flops anschließt.

Die Funktion eines Schaltwerkes lässt sich statt mit einem Zustandsdiagramm auch mit einem Flussdiagramm darstellen, wie das Beispiel in Abb. 8.67 zeigt. Diese Darstellung führt auf die Realisierung eines Schaltwerkes mit Hilfe eines Programms für einen Mikrocontroller.

8.7.2 Entwurfsbeispiel für einen Dualzähler

Dieses Beispiel soll den Entwurf eines Dualzählers als Schaltwerk zeigen. Bei einem Dualzähler ist das Zustandsdiagramm besonders einfach; es ist für einen 3bit-Zähler in Abb. 8.68 dargestellt. Nach dem Einschalten der Betriebsspannung müssen die Flip-Flops zunächst über einen Reset-Eingang auf Null gesetzt werden, um einen definierten Anfangszustand S_0 herzustellen. Dann muss der Zähler bei jedem Takt in den nächst höheren Zustand übergehen. Auf den Zustand S_7 folgt bei einem 3bit-Zähler der Zustand S_0. Zur Definition der Variablen ist in Abb. 8.70 das Blockschaltbild für ein Schaltwerk mit 3 Zustandsvariablen dargestellt.

Aus dem Zustandsdiagramm ergibt sich unmittelbar die zugehörige Wahrheitstafel in Abb. 8.69; man muss lediglich zu jedem Zustand $z_0\, z_1\, z_2$ den gewünschten Folgezustand $z_0'\, z_1'\, z_2'$ aus dem Flussdiagramm eintragen. Aus der Wahrheitstafel in Abb. 8.69 erhält

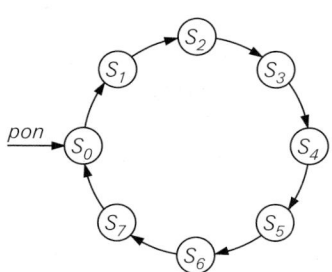

z_2	z_1	z_0	z_2'	z_1'	z_0'
0	0	0	0	0	1
0	0	1	0	1	0
0	1	0	0	1	1
0	1	1	1	0	0
1	0	0	1	0	1
1	0	1	1	1	0
1	1	0	1	1	1
1	1	1	0	0	0

Eingang   Ausgang

$$z_0' = \overline{z}_0$$
$$z_1' = z_0 \overline{z}_1 + \overline{z}_0 z_1$$
$$z_2' = \overline{z}_1 z_2 + \overline{z}_0 z_2 + z_0 z_1 \overline{z}_2$$

Abb. 8.68.
Zustandsdiagramm für einen 3 bit Dualzähler

Abb. 8.69.
Wahrheitstafel zu dem Zustandsdiagramm in
Abb. 8.68

man die logischen Funktionen zur Realisierung des Schaltnetzes. Man kann die Funktion z_2' umformen:

$$z_2' = z_2\,\overline{z}_1 + z_2\,\overline{z}_0 + \overline{z}_2\,z_1\,z_0 = z_2\,(\overline{z}_1 + \overline{z}_2) + \overline{z}_2\,z_1\,z_0 = z_2\,(\overline{z_1\,z_0}) + \overline{z}_2\,(z_1\,z_0)$$

und gelangt so zu der Schaltung in Abb. 8.71 Man erkennt, dass sich bei dem formalen Schaltwerk-Entwurf Toggle-Flip-Flops ergeben gemäß Abb. 8.27 und die in Abb. 8.35 eingezeichnete Kipplogik für Synchronzähler: Ein Flip-Flop darf nur toggeln, wenn alle Vorgänger im Zustand 1 sind.

8.7.3 Entwurfsbeispiel für einen umschaltbaren Zähler

Als zweites Beispiel wollen wir einen Zähler entwerfen, dessen Zählzyklus 0, 1, 2, 3 oder 0, 1, 2 durchläuft, je nachdem, ob die Steuervariable x gleich Eins oder Null ist. Das entsprechende Zustandsdiagramm ist in Abb. 8.72 dargestellt. Da das System 4 Zustände annehmen kann, benötigt man 2 Flip-Flops zur Speicherung des Zustandsvektors Z mit den Variablen z_0 und z_1. Da man an diesen Variablen unmittelbar den Zählerstand ablesen kann, dienen sie gleichzeitig als Ausgangsvariablen. Zusätzlich soll bei Z_{max} noch ein

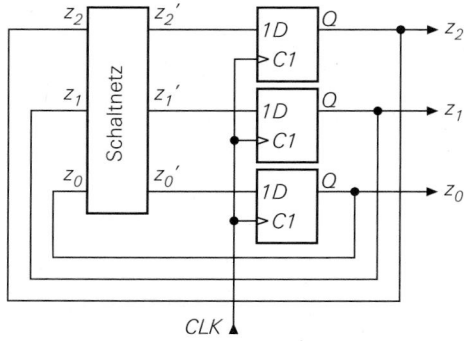

Abb. 8.70.
Blockschaltbild des 3 bit Dualzählers

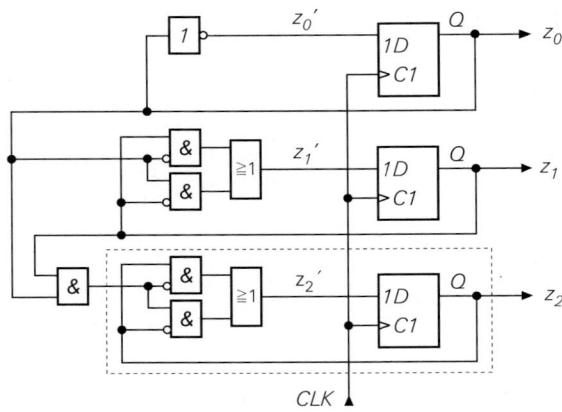

Abb. 8.71.
Schaltung des 3 bit Dualzählers.
Gestrichelt umrandet ist ein
Toggle Flip-Flop

Übertrag y ausgegeben werden, d.h. wenn im Fall $x = 1$ der Zählerstand $Z = 3$ oder im
Fall $x = 0$ der Zählerstand $Z = 2$ ist.

Damit erhält man das Blockschaltbild in Abb. 8.74 mit der Wahrheitstafel in Abb. 8.73.
Auf der linken Seite der Abbildung sind alle Wertekombinationen aufgeführt, die die
Eingangs- und Zustandsvariablen annehmen können. Aus dem Zustandsdiagramm in
Abb. 8.72 kann man für jede Kombination ablesen, welches der nächste Systemzustand
ist. Er ist auf in der rechten Spalte in Abb.8.73 aufgeführt. Zusätzlich ist der jeweilige Wert
der Übertragsvariablen y eingetragen.

Realisiert man das Schaltnetz als ROM, kann man die Wahrheitstafel in Abb. 8.73 unmittelbar als Programmiertabelle verwenden. Dabei dienen die Zustands- und Eingangsvariablen als Adressenvariablen. Unter der jeweiligen Adresse speichert man den nachfolgenden Wert des Zustandsvektors Z' und der Ausgangsvariablen y. Zur Realisierung des
Zählerbeispieles benötigt man demnach ein ROM mit 8 Worten à 3 bit.

Zur Realisierung der Schaltung mit Gattern kann man aus der Wahrheitstafel in
Abb. 8.73 die logischen Funktionen entnehmen:

$$y = xz_0z_1 + \overline{x}\,\overline{z_0}z_1,$$

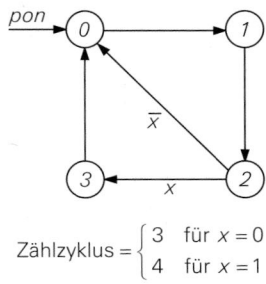

Zählzyklus $= \begin{cases} 3 & \text{für } x = 0 \\ 4 & \text{für } x = 1 \end{cases}$

Abb. 8.72.
Zustandsdiagramm für einen Zähler mit um-
schaltbarem Zählzyklus

x	z_1	z_0	$z_1{'}$	$z_0{'}$	y
0	0	0	0	1	0
0	0	1	1	0	0
0	1	0	0	0	1
0	1	1	0	0	0
1	0	0	0	1	0
1	0	1	1	0	0
1	1	0	1	1	0
1	1	1	0	0	1
Eingang			Ausgang		

Abb. 8.73.
Wahrheitstafel zu dem Zustandsdiagramm
in Abb. 8.72

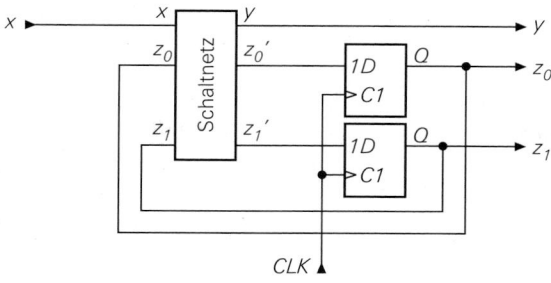

Abb. 8.74.
Schaltwerk zur Realisierung des umschaltbaren Zählers

$$z_0{}' = x\overline{z}_0 + \overline{z}_0\overline{z}_1,$$
$$z_1{}' = x\overline{z}_0 z_1 + z_0\overline{z}_1$$

Damit ergibt sich die in Abb. 8.75 dargestellte Schaltung mit Gattern. Zur Realisierung verwendet man am besten ein PLD (Programmable Logic Array) oder bei sehr umfangreichen Schaltwerken ein FPGA (Field Programmable Gate Array). Da es diese Bausteine fast mit beliebig hoher Komplexität gibt, gelangt man dann immer zu einer *1-Chip-Lösung* für das Schaltwerk. Diese Realisierung besitzt außerdem noch den entscheidenden Vorteil der Flexibilität: Man braucht lediglich den Baustein neu zu programmieren und erhält ohne zusätzliche Änderungen eine Schaltung mit neuen Eigenschaften. Man kann dadurch ein Schaltwerk, das Hardware darstellt, genauso einfach updaten wie Software.

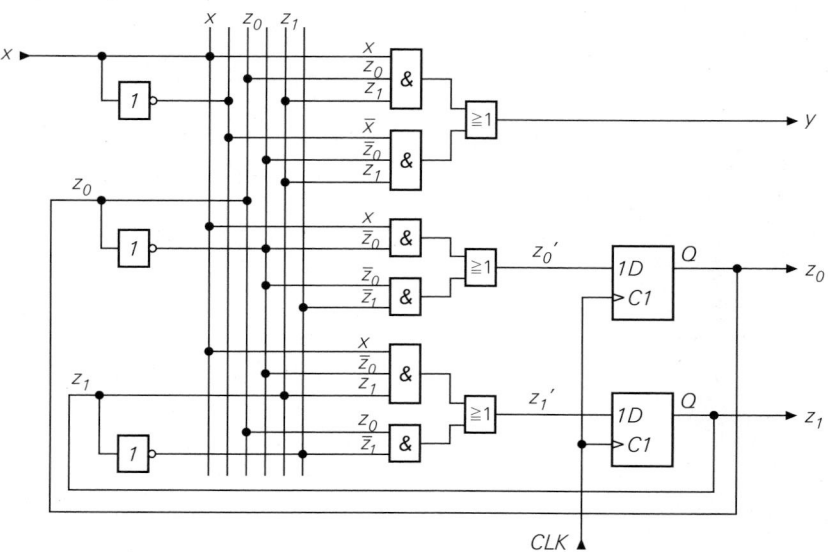

Abb. 8.75. Umschaltbarer Zähler mit einem aus Gattern realisierten Schaltnetz. Der Schaltplan zeigt die Programmierung der UND-Matrix bei der Realisierung mit einem PLD.
$$y = xz_0z_1 + \overline{x}\overline{z}_0z_1 \quad , \quad z_0{}' = x\overline{z}_0 + \overline{z}_0\overline{z}_1 \quad , \quad z_1{}' = x\overline{z}_0z_1 + z_0\overline{z}_1$$

Kapitel 9:
Halbleiterspeicher

9.1 Programmierbare Logik

Digitale Schaltungen, die aus Gattern und Flip-Flops bestehen, baut man nicht mehr aus Bausteinen der 7400-Serie auf, sondern man verwendet Schaltungen, die vom Anwender für die jeweilige Aufgabe programmiert werden können. Der Vorteil dieser Methode besteht darin, dass man statt einer Vielzahl von primitiven Schaltungen (TTL-Grab) nur noch eine einzige, hochintegrierte Schaltung benötigt. Dadurch ergeben sich weitere Vorteile:

– man kommt mit kleineren Leiterplatten aus und spart dadurch Platz und Geld,
– die Zuverlässigkeit steigt, da die Verbindungen auf den Chip sicherer sind als auf der Leiterplatte,
– Designänderungen lassen sich häufig einfach durch Umprogrammieren des Bausteins durchführen.

Eine Übersicht über Speicher für logische Funktionen zeigt Abb. 9.1.

– Bei den programmierbaren logischen Bausteinen (PLDs) werden die logischen Funktionen durch Programmierung von UND- und ODER-Funktionen realisiert und danach bei Bedarf einem Flip-Flop zugeführt. Für umfangreiche Schaltungen verwendet man die heute üblichen komplexen CPLDs, die mehrere PLDs enthalten.
– Bei den Gate-Arrays wird durch die Programmierung die Verbindung zwischen vielen einfachen Logikschaltungen (see of gates) hergestellt. Heute verwendet man ausschließlich die Anwender-programmierbaren FPGAs.

Bei beiden Schaltungsfamilien programmiert der Anwender die Schaltungen für die jeweilige Anwendung. Bei den PLDs wird die Konfiguration in Flash-Speichern auf dem Chip gespeichert, bei FPGAs erfolgt die Speicherung üblicherweise in einem SRAM auf dem Chip, das nach dem Einschalten geladen werden muss.

9.1.1 Programmierbare Logische Bauelemente (PLDs)

Jede logische Funktion lässt sich in disjunktiver Normalform als eine Summe von Produkten darstellen (siehe Kapitel 6.2 auf S. 621) also z.B.:

$$y = \overline{x}_1 x_2 \overline{x}_3 + x_1 \overline{x}_2 \overline{x}_3 + x_1 x_2 \overline{x}_3$$

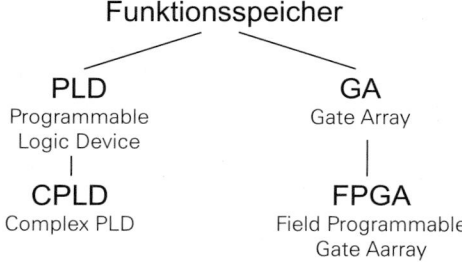

Funktionsspeicher

PLD	**GA**
Programmable Logic Device	Gate Array
CPLD	**FPGA**
Complex PLD	Field Programmable Gate Aarray

Abb. 9.1.
Formen von Funktionsspeichern

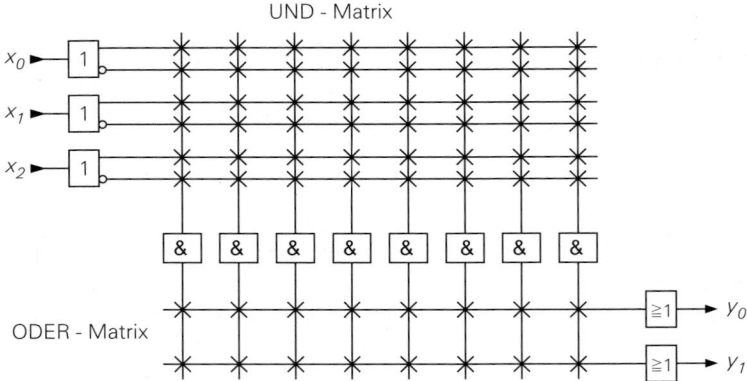

Abb. 9.2. Anordnung der UND-Matrix und ODER-Matrix in einem PLD.
Die Kreuze geben die programmierbaren Verbindungen an.

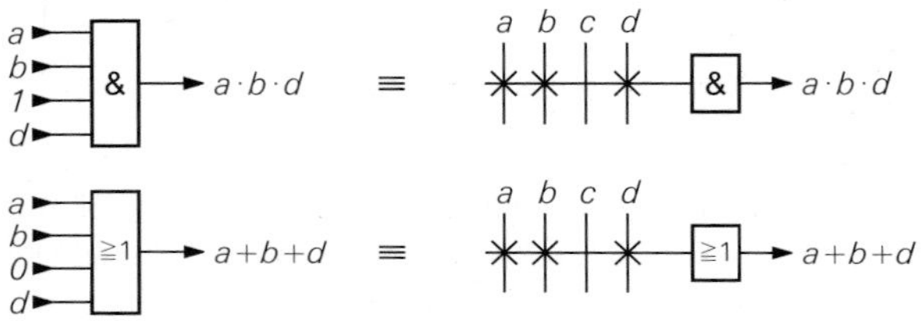

Abb. 9.3. Abgekürzte Darstellung der UND- bzw. ODER-Verknüpfung. Die Kreuze geben an, welcher
Eingang angeschlossen ist. Ein nicht angeschlossener Eingang bleibt wirkungslos, da er
bei der UND-Verknüpfung als 1 bzw. bei der ODER-Verknüpfung als 0 wirkt

Daraus ergibt sich der in Abb. 9.2 dargestellte Aufbau eines PLDs fast zwangsläufig: Zuerst
werden die Eingangssignale direkt und negiert bereitgestellt, dann folgen die programmierbaren UND-Verknüpfungen und dann die ODER-Verknüpfungen. Um diese Verknüpfungen
übersichtlich darzustellen, verwendet man die vereinfachten Symbole von Abb. 9.3.

Wie die Verbindungen in einem PLD programmiert werden, soll an einem Beispiel
gezeigt werden. Ausgehend von der Wahrheitstafel in Abb. 9.4 erhält man die logischen
Funktionen, die man häufig noch vereinfachen kann. Dann stellt man in der Programmiertabelle des PLDs in Abb. 9.5 alle erforderlichen UND-Verknüpfungen bereit indem
man die UND-Matrix programmiert. Danach programmiert man die ODER-Matrix gemäß
der logischen Funktion.

x_2	x_1	x_0	y_1	y_0
0	0	0	1	0
0	0	1	0	0
0	1	0	1	1
0	1	1	0	0
1	0	0	0	1
1	0	1	1	1
1	1	0	1	1
1	1	1	0	1

Abb. 9.4.
Wahrheitstafel zum Beispiel in Abb. 9.5

$$y_0 = x_2 + \overline{x}_0 x_1$$
$$y_1 = \overline{x}_0 x_1 + \overline{x}_0 \overline{x}_2 + x_0 \overline{x}_1 x_2$$

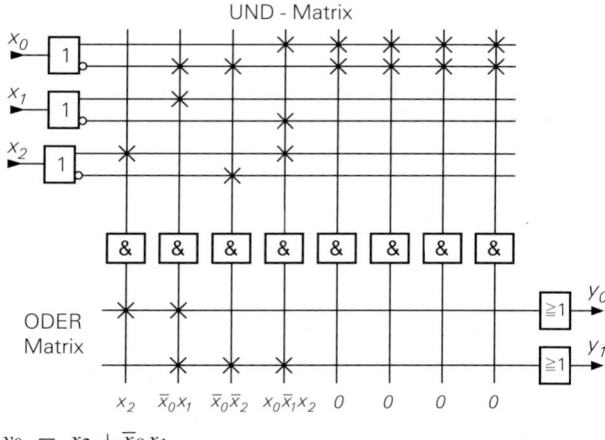

$$y_0 = x_2 + \overline{x}_0 x_1$$
$$y_1 = \overline{x}_0 x_1 + \overline{x}_0 \overline{x}_2 + x_0 \overline{x}_1 x_2$$

Abb. 9.5. Beispiel für die Programmierung eines PLDs

Es gibt PLDs, bei denen die ODER-Matrix fest programmiert ist. Damit in diesem Fall unbenutzte UND-Verknüpfungen nicht stören, schließt man sie an einer Variablen doppelt an, um sicherzustellen, dass sie definiert eine Null liefern. Dies ist in dem Beispiel in Abb. 9.5 ebenfalls eingezeichnet.

Natürlich möchte man mit PLDs nicht nur Schaltnetze, sondern auch Schaltwerke realisieren. Um dies ohne externe Flip-Flops zu ermöglichen, besitzen die PLDs an jedem Ausgang eine Makrozelle, die in Abb. 9.6 zusätzlich eingezeichnet ist. Sie enthält außer dem Flip-Flop einen Multiplexer, mit dem man zwischen einem kombinatorischen

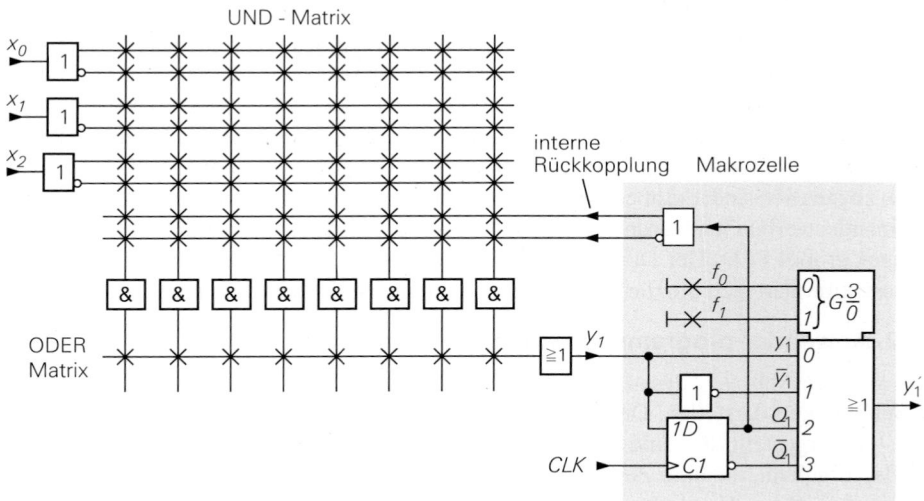

Abb. 9.6. PLD mit Makrozellen zur Realisierung von Schaltwerken. An jedem Ausgang befindet sich eine Makrozelle; hier ist aus Platzgründen lediglich ein einziger Ausgang dargestellt. Man beachte auch die interne Rückkopplung vom Flip-Flop in die UND-Matrix.

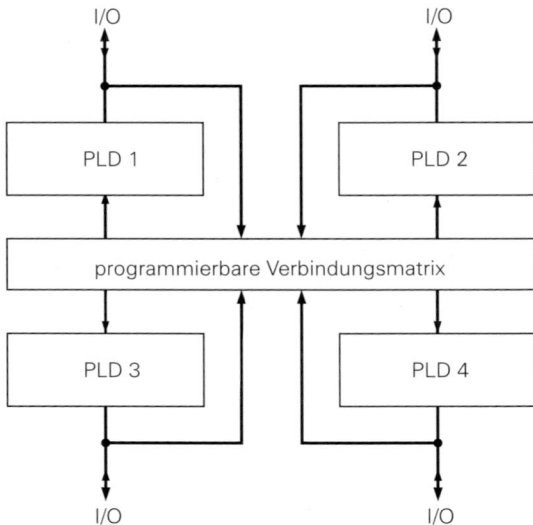

Abb. 9.7.
Aufbau eines CPLDs aus
4 einfachen PLDs

Betrieb und dem sequentiellen Betrieb umschalten kann. Zusätzlich kann man noch eine Negation einschalten, um die Zahl der erforderlichen Produktterme gegebenenfalls zu reduzieren. Zur Auswahl der gewünschten Ausgangsfunktion lassen sich in jeder Makrozelle die beiden Funktionsbits f_0 und f_1 programmieren, die den betreffenden Eingang des Multiplexers auswählen.

Zum Aufbau eines Schaltwerks muss man - gemäß Abb. 8.1 auf Seite 679 - die Ausgangssignale des Registers zum Eingang des Schaltnetzes rückkoppeln. Um damit keine Eingänge des PLDs zu belegen, sind zusätzliche interne Eingänge in die UND-Matrix vorgesehen, die die Ausgangssignale der Register rückkoppeln. Auf diese Weise spart man sich auch die sonst erforderlichen externen Verbindungsleitungen von den Ausgängen zu den Eingängen und belegt mit den Rückkopplungsleitungen keine externen Eingänge.

Einfache PLDs besitzen 10 - 12 Eingänge und 8 - 10 Ausgänge. Für komplexere Anwendungen gibt es die CPLDs (Complex Programmable Logic Device), die aus einer Matrix von einfachen PLDs aufgebaut sind und deren Verbindungen untereinander ebenfalls auf dem Chip programmierbar ist. Bei dem Beispiel in Abb. 9.7 erkennt man 4 PLDs, die von außen zugänglich sind, die aber auch intern über eine programmierbare Verbindungsmatrix miteinander verbunden werden können. Für den Anwender erscheint ein CPLD wie ein einziges großes PLD. Der Device Fitter, der den Entwurf an die Hardware des Baustein anpasst, kümmert sich um die Aufteilung und die internen Verbindungen.

9.1.2 Anwender-programmierbare Gate-Arrays

Man sieht in Abb. 9.1, dass FPGAs die Alternative zu CPLDs zur Realisierung digitaler Schaltungen darstellen. Das Blockschaltbild eines Field Programmable Arrays ist in Abb. 9.8 dargestellt. Sie sind aus einer Matrix von konfigurierbaren logischen Blöcken (CLBs)aufgebaut, die über Zeilen- und Spalten- Verbindungskanäle miteinander verbunden werden. Diese Verbindungskanäle besitzen viele parallel laufende Leitungen, die an den Kreuzungspunkten miteinander verbunden werden können.

Die Konfigurierbaren Logikblöcke (CLBs) entsprechen in ihrem Aufbau der Makrozelle eines PLDs mit der dazugehörigen Logik zur Bildung einer logischen Funktion $f(X)$

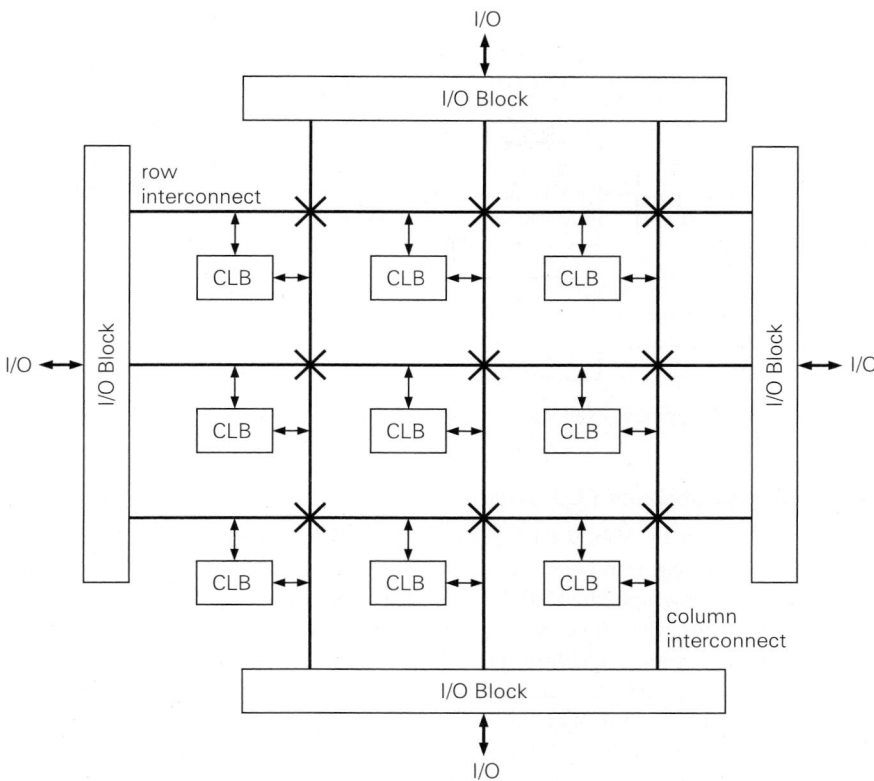

Abb. 9.8. Struktur eines FPGA. Die Verdrahtungskanäle column interconnect und row interconnect bilden die routing matrix. CLB = Configurable Logic Block. Die Kreuze zeigen die programmierbaren Verbindungen

und $g(X)$. Der typische Aufbau ist in Abb. 9.9 dargestellt. Zunächst werden logisch Funktionen von Eingangsvariablen aus einem Verdrahtungskanal gebildet, die dann direkt oder über ein Register an einen anderen Verdrahtungskanal ausgegeben werden. Die Logischen Funktionen werden dabei nicht mit Gattern gebildet, sondern ihre Wahrheitstafel wird als Tabelle (Look Up Table, LUT) gespeichert, die ebenfalls vom Anwender programmiert werden kann.

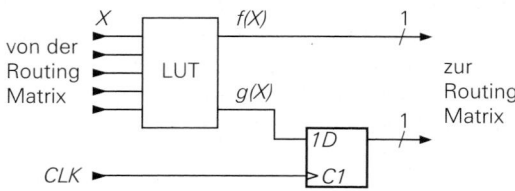

Abb. 9.9.
Innerer Aufbau eines Configurable Logic Block (CLB) im FPGA.
LUT = Look Up Table

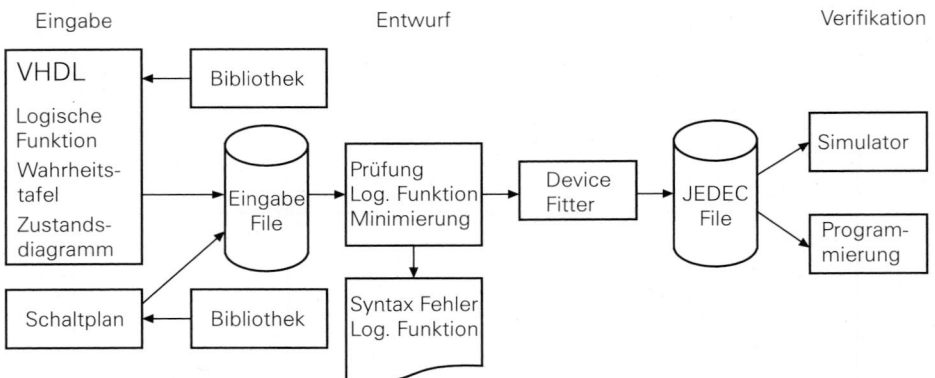

Abb. 9.10. Ablauf des Computer-gestützten von Anwender-programmierbaren Schaltungen

9.1.3 Computer-gestützter PLD-Entwurf

Der Entwurfsvorgang ist in Abb. 9.10 dargestellt. Um die gewünschten Funktionen ein CPLD oder FPGA zu programmieren, muss man die Schaltung zunächst beschreiben. Dazu hat sich die Programmiersprache VHDL (**V**ery High Speed Integrated Circuit **H**ardware **D**escription **L**anguage) durchgesetzt. Sie hat Ähnlichkeit mit C++. Der Vorteil dieser hochstehenden Programmiersprache ist, dass sie dem Programmierer viel Arbeit abnimmt. Um einen 10 bit Zähler zu definieren, muss man lediglich angeben, dass sich der Zählerstand in einer Laufschleife bei jedem Takt um 1 erhöhen soll, bis die Zahl 1023 erreicht ist und dann auf 0 springt. Genau so einfach lässt sich auch mit einer Zeile ein Addierer oder ein Multiplizierer definieren. Dabei muss der Programmierer gar nicht wissen, wie man eine solche Schaltung aufbaut. Die VHDL-Eingabe beinhaltet auch die Eingabe von Wahrheitstafeln oder Zustandsdiagrammen.

Eine besonders transparente Eingabe-Methode ist die Schaltplan-Eingabe. Hier kann man sich auf eine Bibliothek stützen, in der die gängigsten TTL-Funktionen bereits als Makros definiert sind. Dort stehen einem meist neben Gattern und Flip-Flops auch Multiplexer und Demultiplexer, Addierer und Komparatoren, sowie Zähler und Schieberegister zur Verfügung. Dies ist nicht nur nützlich, um einen alten Entwurf mit TTL-Bausteinen in einen PLD-Entwurf umzusetzen, sondern vereinfacht auch den Entwurf neuer Schaltungen, bei dem die TTL-Bausteine nur als Makro dienen. Unterstützt wird die Eingabe hier durch einen grafischen Zeichen-Editor.

Nach der Eingabe, so verschieden sie auch sein mag, werden alle Daten in logische Funktionen umgewandelt und dabei gleichzeitig einer Syntax-Prüfung unterzogen. Danach werden die logischen Funktionen mit dem *Simplifier* vereinfacht. Damit passen sie aber noch nicht unbedingt in den in Frage kommenden Baustein; sie müssen noch an die spezifische Architektur angepasst werden; dazu dient der *Device-Fitter*. Er muss den Entwurf so abändern, dass die zur Verfügung stehenden Resourcen optimal genutzt, und nicht überschritten werden. Dabei kann der Anwender bestimmen, ob der Device-Fitter den Platzbedarf oder die Geschwindigkeit optimieren soll. Bei der Optimierung der Geschwindigkeit ist meist ein größerer Baustein erforderlich. Es ist in jedem Fall ratsam, Platz für Erweiterungen zu lassen, um bei einem Redesign denselben Baustein weiter verwenden zu können. Zum Schluss werden die Programmierdaten, in einem genormten Format, dem *JEDEC-File* abgelegt.

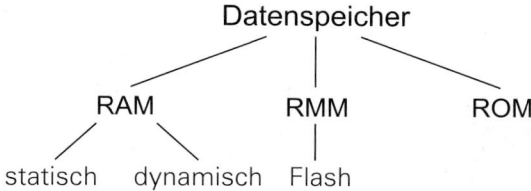

RAM = Random Access Memory
RMM = Read Mostly Memory
ROM = Read Only Memory

Abb. 9.11. Formen von Tabellenspeichern

Bevor man den Entwurf in den Baustein programmiert, ist es zweckmäßig, die Funktionsweise mit einem *Simulator* zu überprüfen. Mit dem Simulator kann man alle Signale überwachen, auch die internen, die an den Pins nicht zur Verfügung stehen. Außerdem lassen sich erst nach dem Layout mit dem Device Fitter die Laufzeiten der Signale auf dem Chip mit einem *Timing-Simulator* ermitteln und überprüfen (*post layout simulation*). Bei FPGAs kann man angeben, welche Verbindungen zeitkritisch sind, da meist verschieden schnelle Datenpfade zur Verfügung stehen und kurze Verbindungen schneller sind als solche, die über mehrere Kreuzungspunkte gehen.

Jeder Hersteller bietet ein Software-Paket an, um Schaltungen mit seinen PLDs und FPGAs zu entwerfen. Dabei berücksichtigt der Device Fitter die Architektur und die Ressourcen des betreffenden Bausteins. Häufig sind die Programme mit eingeschränktem Funktionsumfang kostenlos erhältlich. Damit lassen sich allerdings nur die kleineren Bausteine der jeweiligen Familie programmieren.

9.2 Datenspeicher

In der Computertechnik und bei der Signalverarbeitung muss man Daten speichern. Dabei kann man drei Arten unterscheiden, die in Abb. 9.11 zusammengestellt sind:

– Daten, die während der Verarbeitung vorübergehend anfallen. Sie werden in Schreib-Lesespeichern gespeichert; der für solche Speicher übliche Name ist Random Access Memory, RAM; eigentlich müssten solche Speicher aber Read-Write Memories heißen.
– Daten, die nach einmaligem Schreiben für immer gespeichert werden sollen. Sie werden in Read-Only Memories, ROMs gespeichert. Solche Daten sind Programme in Taschen-

	a_2	a_1	a_0	d_1	d_0	
0	0	0	0	d_{01}	d_{00}	D_0
1	0	0	1	d_{11}	d_{10}	D_1
2	0	1	0	d_{21}	d_{20}	D_2
3	0	1	1	d_{31}	d_{30}	D_3
4	1	0	0	d_{41}	d_{40}	D_4
5	1	0	1	d_{51}	d_{50}	D_5
6	1	1	0	d_{61}	d_{60}	D_6
7	1	1	1	d_{71}	d_{70}	D_7

A steht über $a_2\ a_1\ a_0$, *D* steht über $d_1\ d_0$.

Abb. 9.12.
Anordnung einer Tabelle für einen Speicher mit einer Speicherkapazität von $2^N \cdot m = 2^3 \cdot 2\,\text{bit} = 16\,\text{bit}$

Adresswortbreite: $N = 3$
Datenwortbreite: $m = 2$

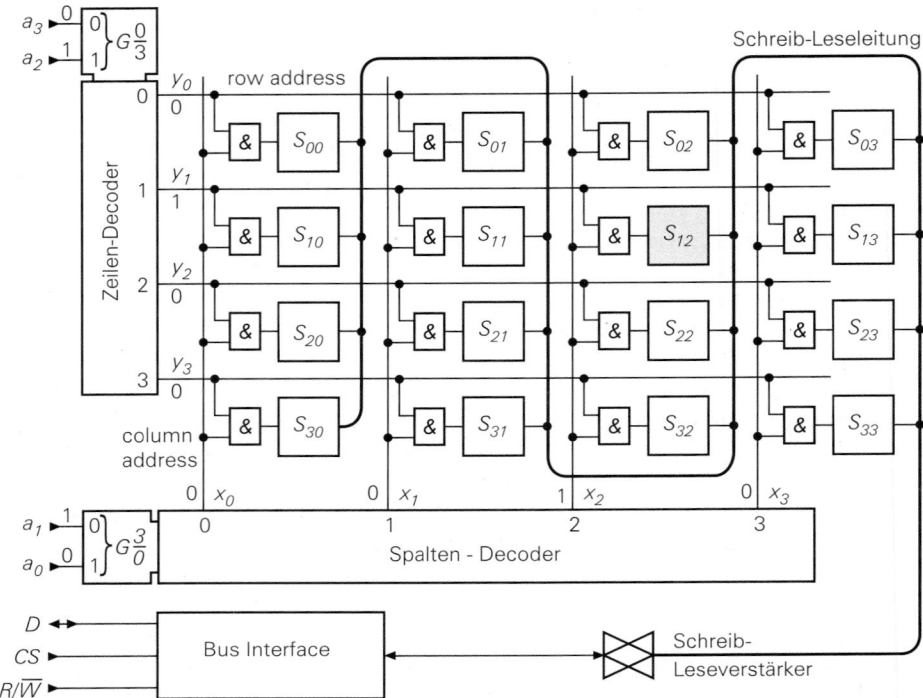

Abb. 9.13. Prinzipieller Aufbau eines Speichers

rechnern oder Mikroprogramme in einer CPU. Sie werden bei der Herstellung festgelegt und sind dann nicht mehr veränderlich.

– Eine Mittelstellung nehmen die Read Mostly Memories, RMMs ein, die meist gelesen und selten neu beschrieben werden. Diese Speicher sind in der letzten Zeit sehr populär geworden und finden Einsatz in USB-Sticks, SD-Cards und Solid State Disks (SSDs).

Ein Datenspeicher ist eine große Tabelle. Man verwendet eine Adresse, um die Speicherzellen zu unterscheiden. Wenn man wie in Abb. 9.12 eine Adresse angibt, kann man die dort gespeicherten Daten lesen oder gegebenenfalls auch schreiben. Meist ist unter einer Adresse nicht nur ein einziges Bit gespeichert, sondern ein ganzes Datenwort.

Der prinzipielle Aufbau eines Speichers dargestellt ist in Abb. 9.13. Die Speicherzellen werden dabei nicht in einer Reihe angeordnet, wie man aufgrund der Tabelle in Abb. 9.12 vermuten könnte, sondern in einer rechteckigen Matrix die wie in diesem Beispiel auch quadratisch sein kann. Entsprechend der Speichermatrix werden die Adressbits aufgeteilt in Zeilen- und Spaltenadressen. Bei dem hier eingetragenen Beispiel $A = 0110$ wird die markierte Speicherzelle S_{12} ausgewählt. Über den Schreib-Leseverstärker kann jetzt das gespeicherte Bit gelesen oder ein neuer Inhalt in diese Speicherzelle geschrieben werden.

Das Bus-Interface übernimmt den bidirektionalen Datenaustausch, wobei die Richtung durch die Schreib-Leseumschaltung $R/\overline{W}$ bestimmt wird. Der Chip-Select CS schaltet den ganzen Speicherchip auf Standby, solange er nicht gebraucht wird.

Nach dem Prinzip in Abb. 9.13 haben aber nur die Speicher der ersten Generation gearbeitet. Wenn man heute Milliarden von Speicherzellen auf einem Chip nach diesem

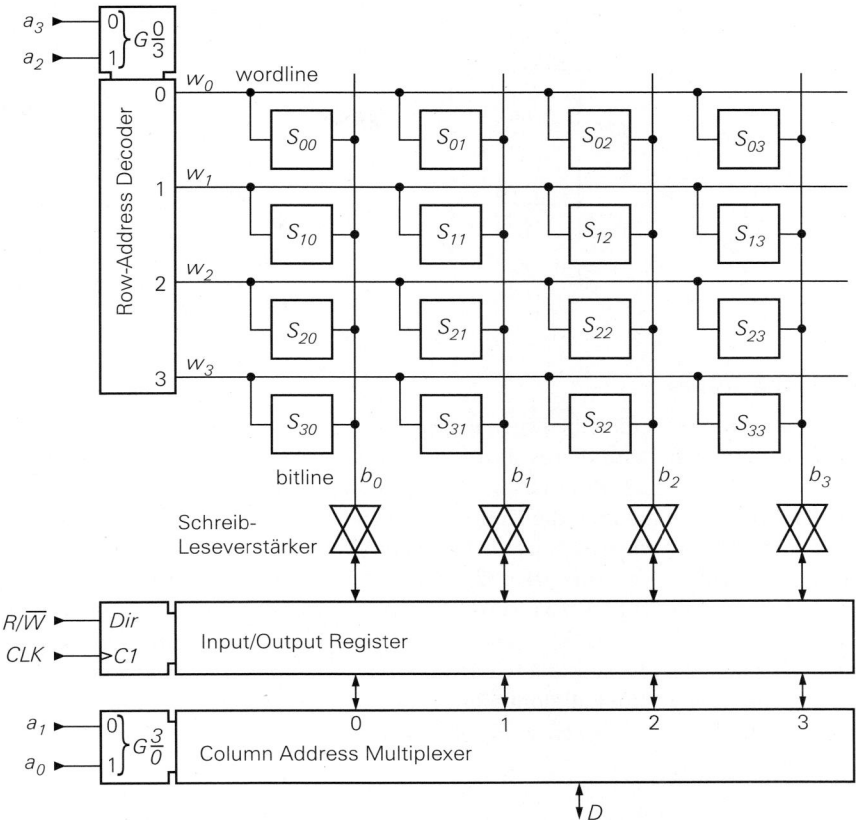

Abb. 9.14. Praktische Ausführung eines Speichers

Prinzip realisieren würde, würde die Leseleitung zu lang und ihre Kapazität zu groß. Aus diesem Grund gibt man heute jeder Spalte eine eigene Leseleitung mit dem zugehörigen Schreib-Leseverstärker. Die resultierende Anordnung ist in Abb. 9.14 dargestellt. Man benötigt dabei zwar Tausende von Schreib-Leseverstärkern. Man hält diese Schaltungen aber einfach; dadurch bleibt der Mehraufwand im Vergleich zum ganzen Chip erträglich. Dadurch ergibt sich aber der große Vorteil, dass alle Speicherzellen einer Zeile gleichzeitig ausgelesen und in das Input/Output Register übertragen werden. Daraus können mehrere Bits sehr schnell seriell oder parallel ausgegeben werden. Zur Adressierung der betreffenden Bits dient hier der Column Address Decoder. Natürlich kann man auf diese Weise auch ein ganzes Wort gleichzeitig lesen und schreiben.

Alle Speicher, die in Abb. 9.11 dargestellt sind, besitzen den hier gezeigten Aufbau. Sie unterscheiden sich hauptsächlich durch den Aufbau der Speicherzelle, der im Folgenden für die verschiedenen Speicher erklärt werden soll.

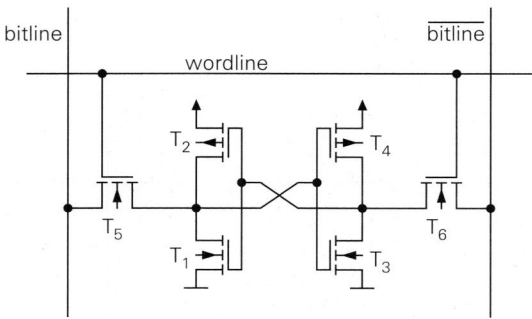

Abb. 9.15.
Aufbau einer SRAM Speicherzelle als 6 Transistor Zelle

9.2.1 Statische RAMs

In einem statischen RAM werden die Daten in Flip-Flops gespeichert. Bei der in Abb. 9.15 dargestellten Speicherzelle wird dieses Flip-Flop aus den beiden rückgekoppelten Invertern T_1, T_2 und T_3, T_4 gebildet. Zum Lesen und Schreiben wird das Flip-Flop mit einem High-Signal auf der Wordline über die Koppeltransistoren T_5 und T_6 mit der Bitline verbunden. Um Störungen zu reduzieren, werden die Schreib- und Lesesignale über die Bitline symmetrisch zum Schreib-Leseverstärker übertragen. Zum Schreiben wird der Ausgang des Schreibverstärkers mit den Ausgängen des Flip-Flops in der Speicherzelle verbunden. Diese sonst streng verbotene Betriebsart funktioniert hier nur deshalb, weil man die Transistoren der Speicherzelle so klein wie möglich macht und den Schreibverstärker so leistungsfähig, dass er in jedem Fall dominiert. Dadurch ist es möglich, die Speicherzelle einfach zu halten und als *6-Transistor Zelle* zu realisieren.

9.2.1.1 Zeitbedingungen

Um die einwandfreie Funktion eines Speichers zu gewährleisten, müssen einige zeitliche Randbedingungen eingehalten werden. Abbildung 9.16 zeigt den Ablauf eines Schreibvorganges. Um zu verhindern, dass die Daten in eine falsche Zelle geschrieben werden, darf der Schreibbefehl erst eine gewisse Wartezeit nach der Adresse angelegt werden. Diese Zeit heißt Address Setup Time t_{AS}. Die Dauer des Schreibimpulses darf den Minimalwert t_{WP} (Write Pulse Width) nicht unterschreiten. Die Daten werden am Ende des Schreibimpulses eingelesen. Sie müssen eine bestimmte Mindestzeit vorher gültig, d.h. stabil

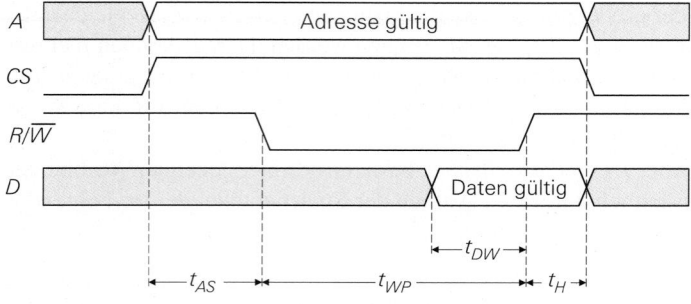

t_{AS} = Address Setup Time t_{WP} = Write Pulse Width
t_H = Hold Time t_{DW} = Data Valid to End of Write Time

Abb. 9.16. Zeitlicher Ablauf eines Schreibvorganges

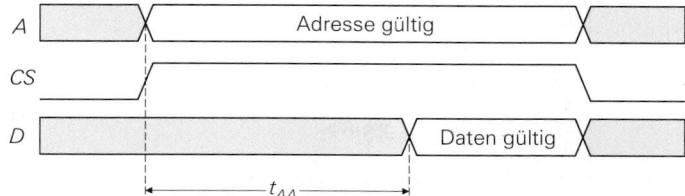

t_{AA} = Address Access Time

Abb. 9.17. Zeitlicher Ablauf eines Lesevorganges

sein. Diese Zeit heißt t_{DW} (Data Valid to End of Write). Bei vielen Speichern müssen die Daten bzw. Adressen noch eine gewisse Zeit t_H nach dem Ende des Schreibimpulses anliegen (Hold Time). Wie man in Abb. 9.16 erkennt, ergibt sich für die Durchführung eines Schreibvorganges die Zeit:

$$t_W = t_{AS} + t_{WP} + t_H$$

Sie wird als Schreib-Zyklus-Zeit (Write Cycle Time) bezeichnet.

Der Lesevorgang ist in Abb. 9.17 dargestellt. Nach dem Anlegen der Adresse muss man die Zeit t_{AA} abwarten, bis die Daten am Ausgang gültig sind. Diese Zeit heißt Lese-Zugriffszeit (Address Access Time) oder einfach Zugriffszeit.

9.2.2 Dynamische RAMs

Wenn man die Speicherkapazität auf einer gegebenen Siliziumfläche erhöhen möchte, muss man den Platzbedarf der Speicherzellen reduzieren. Das wird bei den dynamischen RAMs dadurch erreicht, dass man das Flip-Flop in Abb. 9.15 durch einen Kondensator als Speicher ersetzt, den man auflädt, um eine 1 zu speichern und entlädt für eine 0. Die in Abb. 9.18 dargestellte Speicherzelle enthält außer dem Speicherkondensator nur einen einzigen Transistor, der den Speicherkondensator mit der Bitline verbindet, wenn er über die Wordline eingeschaltet wird.

Die Information wird als Ladung gespeichert; allerdings bleibt sie wegen der Leckströme nur für kurze Zeit erhalten. Deshalb muss der Kondensator regelmäßig (ca. alle 50 ms) nachgeladen werden. Diesen Vorgang bezeichnet man als *Refresh* und die Speicher als *dynamische* RAMs oder kurz DRAMs . Diesem Nachteil stehen mehrere Vorteile gegenüber. Auf derselben Chip-Fläche lässt sich mit dynamischen Speichern ein Vielfaches an Speicherkapazität realisieren. Deshalb werden in der Computertechnik immer DRAMs als Arbeitsspeicher eingesetzt. SRAMs werden nur in den Cache-Speichern verwendet, weil es dort auf kürzeste Zugriffszeit ankommt und der Refresh stören würde.

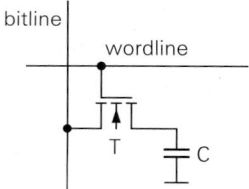

Abb. 9.18.
Eine DRAM Speicherzelle enthält lediglich 2 Bauelemente: den Speicherkondensator und den Auswahltransistor

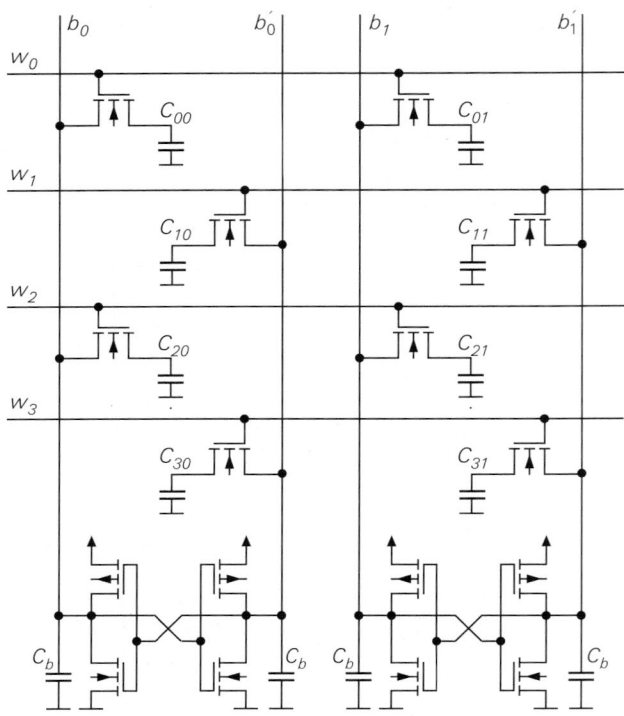

Abb. 9.19.
Anschluss der Schreib-Leseverstärker an die Bitlines

Das Auslesen der in den Speicherkondensatoren vorhandenen Information erfolgt ebenfalls über die Koppeltransistoren. Damit wird der jeweilige Speicherkondensator in Abb. 9.19 mit der zugehörigen Bitline und dem daran angeschlossenen Schreib-Leseverstärker verbunden. Das Problem dabei ist, dass die Kapazität der Speicherkondensatoren aus Platzgründen sehr klein ist und lediglich ca. 50 fF beträgt. Im Vergleich dazu ist die parasitäre Kapazität der Bitline mit ca. $C_b = 1\,\text{pF}$ groß, da sie an einigen 1000 Speicherzellen angeschlossen ist. Aus diesem Grund ist die Spannungsänderung an der Bitline lediglich 1/20 so groß wie die des Speicherkondensators. Um dieses kleine Signal sicher auswerten zu können, erzeugt man ein Referenzsignal indem man jede 2. Speicherzelle einer Spalte an einer 2. Bitline anschließt. Wenn eine Wordline ausgewählt wird, ist also entweder die linke oder die rechte Bitline eines Bitline-Paars aktiv und die andere kann als Referenz dienen.

Als Leseverstärker setzt man einfache Flip-Flops ein, die in Abb. 9.19 eingezeichnet sind. Vor einem Lesevorgang werden alle Bitlines über eine (hier nicht eingezeichnete) *Precharge-Schaltung* auf die halbe Betriebsspannung aufgeladen. Dadurch werden alle Flip-Flops in den metastabilen Zustand versetzt, der in Abb. 9.20 schematisch dargestellt ist. Wenn die Koppeltransistoren einer Wordline eingeschaltet werden, reicht ein kleiner Impuls aus, um die Flip-Flops vom metastabilen in einen stabilen Zustand zu kippen, in Abhängigkeit von der Spannung der Speicherkondensatoren. Man kann zwei Fälle unterscheiden, die in Abb. 9.20 ebenfalls eingezeichnet sind:

– Die Spannung ist größer als $\frac{1}{2}U_b$: Dann kippt das Flip-Flop auf 1 und lädt den Speicherkondensator voll auf.

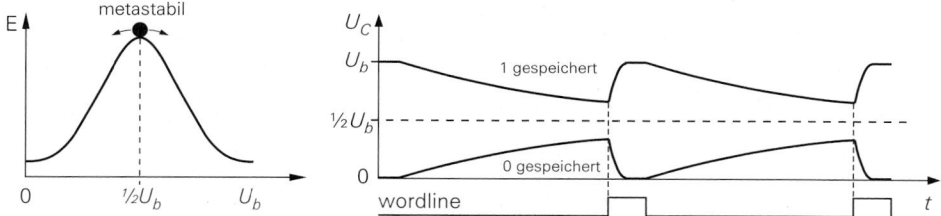

Abb. 9.20. Spannungsverlauf an einem Speicherkondensator bei einem Lese- bzw. Refresh-Zyklus. Man erkennt die Selbstentladung des Speicherkondensators und die Regenerierung der Ladung beim Refresh.

– Die Spannung ist kleiner als $\frac{1}{2}U_b$: Dann kippt das Flip-Flop auf 0 und entlädt den Speicherkondensator.

Nach dem Refresh ist der Speicherkondensator wieder sich selbst überlassen und seine Spannung bewegt sich wieder in Richtung $\frac{1}{2}U_b$. Der nächste Refresh muss erfolgen solange die Spannung am Speicherkondensator groß bzw. klein genug ist, um das Flip-Flop definiert auf 1 oder 0 zu kippen.

Mit dem Lesevorgang wird der betreffende Speicherkondensator nachgeladen, da er an dem als Leseverstärker arbeitenden Flip-Flop angeschlossen ist. Durch die Aktivierung einer Wordline werden also alle daran angeschlossenen Speicherzellen gleichzeitig ausgelesen und regeneriert. Zum Refresh ist es also lediglich erforderlich, in 50 ms jede Wordline einmal zu adressieren, aber nicht jede Speicherzelle einzeln. Es wäre möglich, bessere Schreib-Leseverstärker zu bauen, aber sicher nicht einfachere. Das spielt hier eine wichtige Rolle, da es Tausende von Bitlines gibt, von denen jede einen Schreib-Leseverstärker benötigt.

Bei DRAMs wird die Adresse in zwei Schritten eingegeben wie Abb. 9.21 zeigt: Im ersten Schritt wird die Wort-Adresse im Row Address Latch gespeichert; dabei wird mit den obersten Adressbits auch eine Speicherebene ausgewählt, die man als Bank bezeichnet. Im zweiten Schritt wird die Bit-Adresse im Column Address Latch gespeichert. Beide Teile der Adresse werden über dieselben Anschlüsse eingegeben, um Pins zu sparen. Bei einem 1Gbit RAM, das 30 Adressbits benötigt, sind demnach bei gleicher Aufteilung $m = n = 15$ Adressleitungen erforderlich.

Um den Refresh durchzuführen, ist es erforderlich, alle Wordlines der Speichermatrix in ca 50 ms einmal zu adressieren. Dieser Refresh-Vorgang erfolgt normalerweise von außen durch anlegen der entsprechenden Row-Adressen, in PCs üblicherweise durch den Chipsatz. Neuere DRAMS kann man aber auch in einer stromsparenden Standby Modus versetzen. Dann wird der interne Refresh-Controller aktiv, der bei neueren DRAMs auf dem Chip integriert ist. Er besteht aus dem Refresh-Counter, dem Refresh-Multiplexer und einer hier nicht dargestellten Refresh-State-Machine. Der Refresh-Counter ist ein Dualzähler, der alle Row-Adressen (= Wordlines) in ca. 50 ms durchzählt und über den Refresh-Multiplexer statt der externen Adresse an die Speichermatrix anlegt. Dabei nutzt man die Tatsache nicht aus, das bei Schreib- oder Lesevorgängen die beteiligten Speicherzellen bereits einem Refresh unterzogen wurden. Nur bei Speichern, die sicher regelmäßig ausgelesen werden, kann man auf einen zusätzlichen Refresh verzichten. Derartige Speicher sind z.B. Bildspeicher, die mit mindestens 20 Hz ausgelesen werden.

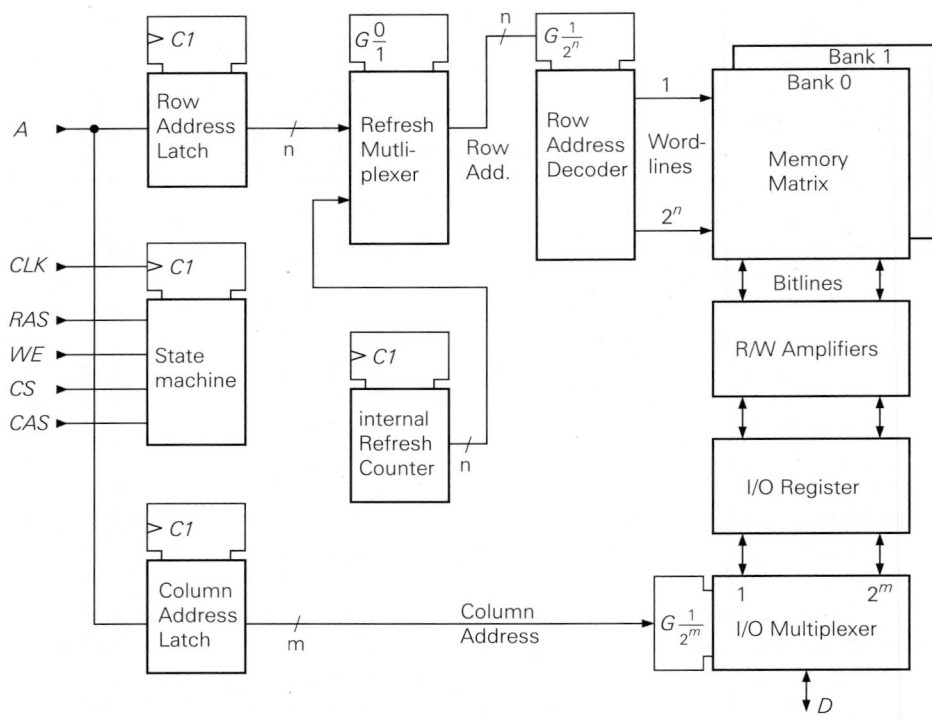

RAS = Row Address Strobe WE = Write Enable
CAS = Column Address Strobe CS = Chip Select

Abb. 9.21. Steuerung eines DRAMs

Ein Schreib- oder Lesevorgang wird immer für alle Speicherzellen, die an einer Word-line angeschlossen sind, gleichzeitig ausgeführt. Daher können alle Bits einer Wordline schnell geschrieben und gelesen werden. Für die Daten Ein- und Ausgabe besitze ein DRAM ein Schaltwerk, das vom einem Command-Wort (und einem Mode-Register) gesteuert wird. Das Command-Wort besteht aus 4 Steuervariablen, die es auch beim SRAM gibt. Die wichtigsten Kombinationen sind in Abb. 9.22 zusammengestellt.

Command	CS Chip Select	RAS Row Address Strobe	CAS Column Address Strobe	WE Write Enable	A Address Bus
Standby	0	x	x	x	x
Selected	1	0	0	0	x
Active	1	**1**	0	0	Row
Read	1	0	**1**	**0**	Column
Write	1	0	**1**	1	Column
Precharge	1	1	0	1	Code
Auto refersh	1	1	1	0	x
Mode Register	1	1	1	1	Code

Abb. 9.22. Die wichtigsten Commands eines DRAMs. x = beliebig

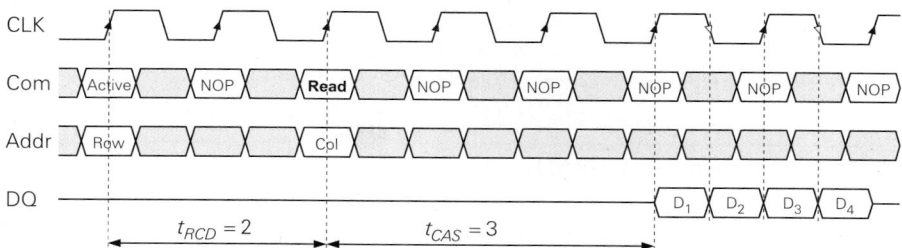

Abb. 9.23. Zeitlicher Ablauf eine Lesevorgangs bei einem DDR-RAM

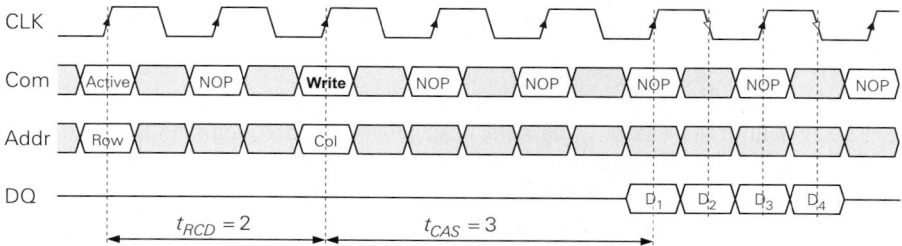

Abb. 9.24. Zeitlicher Ablauf eine Schreibvorgangs bei einem DDR-RAM

Die Steuerung eines DRAMs erfolgt taktsynchron; deshalb werden die DRAMs genauer als Synchrone DRAMs, SDRAMs bezeichnet. Die Taktfrequenz beträgt $100\ldots200\,$MHz; das entspricht einer Periodendauer von $10\ldots5\,$ns. Im Gegensatz zum SRAM benötigt ein Schreib- bzw. Lesevorgang beim DRAM mehrere Taktperioden. Zunächst wird der Speicher in beiden Fällen aktiviert und der obere Teil der Adresse eingegeben, im Row Address Latch gespeichert und damit eine Wordline ausgewählt.

Bei einem Lesevorgang der in Abb. 9.23 dargestellt ist, wird danach der untere Teil der Adresse zusammen mit dem Lesekommando eingegeben und im Column Address Latch gespeichert. Bei einem Lesezugriff wird aber nicht nur das Bit ausgegeben, auf das die Adresse zeigt, sondern ein Burst mit 4 oder 8 bit. Sie werden ohne neue Adressierung nacheinander ausgegeben. Das kann sehr schnell erfolgen, da alle Bits der adressierten Wordlines im I/O-Register zur Verfügung stehen. Um die Bits bei gegebener Taktfrequenz möglichst schnell auszugeben, überträgt man die Daten nicht nur bei der positiven Taktflanke, sondern auch bei der negativen, wie man in Abb. 9.23 erkennt. Die Datenausgabe erfolgt daher mit der *doppelten* Taktfrequenz; die Speicher werden deshalb als Double Date Rate RAMS, kurz DDR-RAMs bezeichnet.

Der in Abb. 9.24 dargestellte Schreibzyklus läuft fast genauso ab wie der beschriebene Lesezyklus. Der einzige Unterschied besteht darin, dass hier das Kommando Write $R/\overline{W} = 0$ ausgegeben wird. Danach wird auch hier nicht nur ein einziges Bit, sondern ein Burst von 4 oder 8bit gespeichert.

Für die Latenzzeiten in einem Schreib- oder Lesezyklus werden 4 verschiedene Werte angegeben, die in Abb. 9.25 zusammengestellt sind. Die Zeiten werden aber nicht in ns angegeben, sondern durch die Anzahl der Takte, dem *CL*-Wert (CLock). Die Angabe der Zeiten erfolgt in einer genormten Reihenfolge:

$$DDR2 - f_{CLK} \quad t_{CAS} - t_{RCD} - t_{RP} - t_{RAS}$$

t_{CAS}	CAS-Latency	Zeit, um Daten bereitzustellen nach der Column-Address-Eingabe
t_{RCD}	RAS to CAS delay	Zeit zwischen RAS- und CAS Eingabe
t_{RP}	Precharde time	Precharge Dauer
t_{RAS}	Active to Precharge Delay	Zeit zwischen Precharge und RAS Eingabe

Abb. 9.25. Die Latenzzeiten eines DRAMs

So bedeutet die Angabe DDR2-667 4-4-4-12, dass es sich um ein DDR-RAM handelt mit einer effektiven Taktfrequenz von $f_{CLK} = 667$ MHz und den Latenzzeiten von 4-4-4-12 Takten. Die Zeiten kann man dann aus der Taktfrequenz berechnen hier am Beispiel von $CL = 4$:

$$t = \frac{2\,CL}{f_{CLK}} = \frac{2 \cdot 4}{667\,\text{MHz}} = 12\,\text{ns}$$

Dabei berücksichtigt der Faktor 2, dass die angegebene Taktfrequenz die Datenrate darstellt, die bei DDR-RAMs doppelt so hoch ist wie die Taktfrequenz. Die Latenzzeiten nehmen mit steigender Taktfrequenz ab. Die Timing-Werte für hochgetaktete Speicher sind jedoch meist entsprechend höher; daher besitzt der Chip DDR2-1066 6-6-6-19 fast dieselben Latenzzeiten wie das obige Beispiel.

Ein neues Schreib- oder Lesekommando kann nicht erst dann erfolgen, wenn die Datenübertragung des vorhergehenden abgeschlossen ist, sondern gleich nach dem ersten. Dadurch wird es möglich, dass sich die Daten des zweiten Zugriffs lückenlos an den ersten anschließen. In diesem optimalen Fall spielen die Latenzzeiten lediglich beim ersten Zugriff eine Rolle; danach werden die Daten zwar um die Latenz verzögert, aber praktisch lückenlos mit der doppelten Taktfrequenz übertragen. Aus diesem Grund bieten Speicher mit höherer Taktfrequenz bei gleicher Latenzzeit einen Vorteil wegen der höheren Datenübertragungsrate.

9.2.3 Flash Speicher

Die Speicherzelle eines Flash-Speichers in Abb. 9.26 ist sehr verwandt mit der DRAM-Speicherzelle in Abb. 9.18. Der Unterschied besteht lediglich darin, dass hier Ladungen auf dem Floating-Gate eines Mosfets gespeichert werden und nicht in einem Kondensator wie beim DRAM. In beiden Fällen sind die gespeicherten Ladungen sehr klein: Man kann die Elektronen fast abzählen! Der Vorteil des floating Gates besteht jedoch darin, dass es - wie man im Aufbau erkennt - rings herum mit Gateoxid isoliert ist. Diese Isolation besitzt deutlich kleinere Sperrströme als die Sperrschicht-Isolation des Schalttransistors

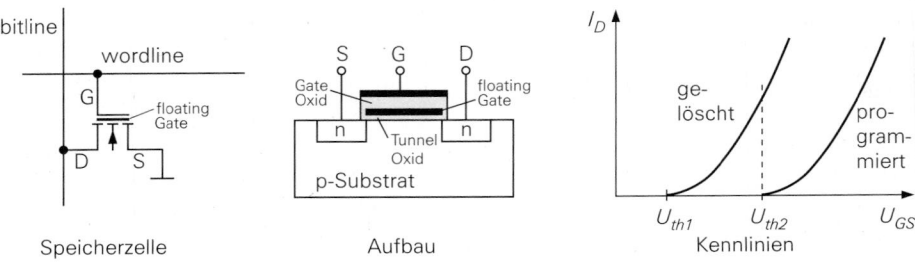

Abb. 9.26. Flash Speicherzelle

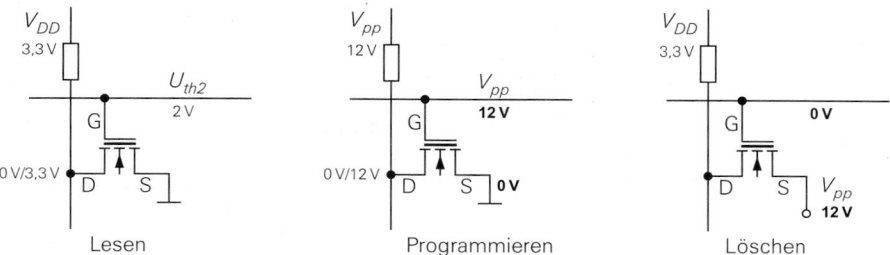

Abb. 9.27. Spannungen an einer Flash-Speicherzelle beim Lesen, Programmieren und Löschen. Die angegebenen Spannungen sind lediglich Beispiele.

in einem DRAM. Deshalb lassen sich hier Speicherzeiten von über 10 Jahren erreichen im Vergleich zu 50 ms beim DRAM.

Durch Ladungen auf dem floating Gate lässt sich die Schwellenspannung des Transistors verändern wie man an den Kennlinien in Abb. 9.26 erkennt. Wenn sich keine Ladungen auf dem floating Gate befinden besitzt der Transistor die Schwellenspannung U_{th1}, wenn man Elektronen auf das floating Gate bringt, steigt die Schwellenspannung auf den Wert U_{th2}. Zum Auslesen der Speicherzelle legt man dann die Spannung U_{th2} an die Wordline an. Wird der Transistor dann leitend, ist die Speicherzelle unprogrammiert, also gelöscht; bleibt der Transistor gesperrt, ist die Speicherzelle programmiert. Beispiele für die Potentiale am Speichertransistor beim Lesen, Schreiben und Löschen sind in Abb. 9.27 eingetragen.

Es ist natürlich eine Kunst, Elektronen auf das floating Gate zu bringen, da es allseits isoliert ist. Es wird dadurch ermöglicht, dass man das Oxid unter dem floating Gate sehr dünn macht. Dann können Elektronen bei ausreichender Feldstärke den Isolator durchtunneln; dieser Vorgang wird als Fowler-Northeim-Tunneleffekt bezeichnet und eine derart dünne Schicht als Tunnel-Oxid. Um die Elektronen dazu zu bringen, von der Source auf das floating Gate zu tunneln, legt man an die Wordline eine hohe positive Programmierspannung V_{PP} an. Das Tunnel-Oxid muss so dick sein, dass der Tunneleffekt bei normalen Lesesignalen nicht eintritt, sondern nur beim Anlegen der Programmierspannung. Aus diesem Grund muss die Programmierspannung deutlich höher sein als die Betriebsspannung. Früher musste man die Programmierspannung extern zuführen; heute befindet sich ein Spannungswandler auf dem Chip. Beispiele für die Potentiale am Speichertransistor beim Programmieren sind ebenfalls in Abb. 9.27 eingetragen.

Zum Löschen polt man die Programmierspannung um, indem man die Source auf die Programmierspannung V_{PP} legt und die Wordline auf 0 V. Dadurch fließen die Elektronen vom Floating Gate wieder ab zum Kanal. Diese Potentialverteilung ist ebenfalls in Abb. 9.27 eingetragen. Um dies zu ermöglichen, kann man die Source-Elektrode nicht fest an Masse anschließen, sondern man muss sie schaltbar machen. Das macht man aber nicht für jede Speicherzelle einzeln, sondern für eine Page von einigen 1000 Speicherzellen gemeinsam, um den Aufwand klein zu halten [1]. Die Folge ist jedoch, dass man die ganze Page nur auf einen Schlag löschen kann; daher kommt die Bezeichnung Flash-Memory.

---

[1] Bei den klassischen EEPROMs kann man die Speicherzellen auch bitweise löschen; da dann mehrere Transistoren je Speicherzelle erforderlich sind, gibt es hier nur geringe Speicherkapazitäten

Um ein Bit zu löschen, muss man daher zunächst die ganze Page auslesen, dann löschen und dann die modifizierte Page wieder programmieren.

Ein Programmier- und Löschvorgang ist relativ langsam; man muss mit Zeiten im ms-Bereich rechnen. Zur Beschleunigung programmiert man eine ganze Page gleichzeitig. Ein anderes Problem besteht darin, dass jeder Programmier- und Löschvorgang das Tunneloxid etwas beschädigt. Deshalb sind nicht beliebig viele Zyklen möglich: Spezifiziert werden $10^5...10^6$ Zyklen. Aus diesem Grund sind Flash-Speicher nicht beliebig oft beschreibbar wie ein RAM, aber doch öfter als ein ROM (Read Only Memory), das man nur ein einziges mal beschreiben kann. Da man Flash-Speicher selten beschreibt, aber häufig liest, sollte man sie als *Read Mostly Memories*, RMMs bezeichnen.

9.3 Fehler-Erkennung und -Korrektur

Bei der Speicherung von Daten in RAMs können zwei verschiedene Arten von Fehlern auftreten: permanente und flüchtige Fehler. Die permanenten Fehler (Hard Errors) werden durch Defekte in den Speicher-ICs selbst oder den beteiligten Ansteuerschaltungen verursacht. Die flüchtigen Fehler (Soft Errors) treten nur zufällig auf und sind daher nicht reproduzierbar. Sie werden hauptsächlich durch α-Strahlung des Gehäuses verursacht. Sie kann die Speicherkondensatoren von dynamischen RAMs umladen, aber auch Speicher-Flip-Flops in statischen RAMs umkippen. Flüchtige Fehler können auch durch Störimpulse entstehen, die innerhalb oder außerhalb der Schaltung erzeugt werden. Lesefehler können bei einem Speicher auch dadurch auftreten, dass die Zugriffszeiten wegen Temperaturerhöhung zunehmen und die Daten innerhalb der erwarteten Zeit nicht eindeutig gelesen werden können.

Das Auftreten von Speicher-Fehlern kann sehr weitreichende Folgen haben. So kann ein einziger Fehler in einem Computer-Speicher nicht nur ein falsches Ergebnis verursachen. sondern zum „Absturz" (endgültiger Ausfall) des Programms führen. Deshalb hat man Verfahren entwickelt, die das Auftreten von Fehlern melden. Um dies zu ermöglichen, muss man neben den eigentlichen Datenbits noch ein oder mehrere Prüfbits mit abspeichern. Je mehr Prüfbits man verwendet, desto mehr Fehler kann man erkennen oder sogar korrigieren.

9.3.1 Paritätsbit

Das einfachste Verfahren zur Fehlererkennung besteht darin, ein Paritätsbit p hinzuzufügen. Man kann gerade oder ungerade Parität vereinbaren. Bei der geraden Parität setzt man das hinzugefügte Paritätsbit auf Null, wenn die Zahl der Einsen im Datenwort gerade ist. Man setzt es auf Eins, wenn sie ungerade ist. Dadurch ist die Gesamtzahl der übertragenen Einsen in einem Datenwort einschließlich Paritätsbit immer gerade. Bei der ungeraden Parität ist sie ungerade.

Das gerade Paritätsbit kann auch als Quersumme (modulo-2) der Datenbits interpretiert werden. Diese Quersumme lässt sich als Exklusiv-ODER-Verknüpfung der Datenbits errechnen wie in Abschnitt 7.5 auf S. 660 gezeigt.

Zur Fehlererkennung speichert man das Paritätsbit d_8 in Abb. 9.28 zusammen mit den Datenbits ab. Beim Auslesen der Daten kann man dann erneut die Parität bilden und über eine Exklusiv-ODER-Verknüpfung mit dem gespeicherten Paritätsbit vergleichen. Wenn sie verschieden sind, ist ein Fehler aufgetreten, und der Fehler-Ausgang wird $f = 1$. Auf diese Weise lässt sich jeder Einzelfehler erkennen. Eine Korrektur ist jedoch nicht

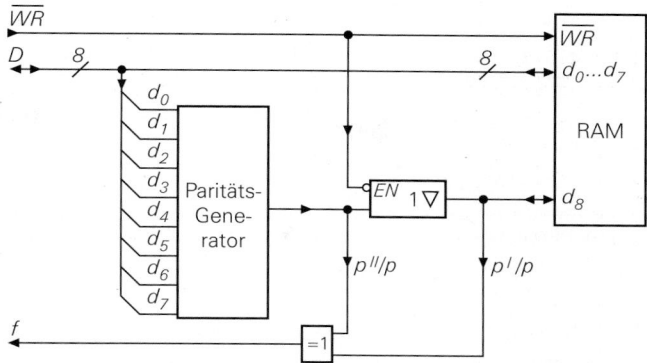

Abb. 9.28. Fehlererkennung durch ein Paritätsbit für eine Datenwortbreite von 8 bit

möglich, da das fehlerhafte Bit nicht lokalisierbar ist. Sind *mehrere* Bits gestört, kann man eine ungerade Fehlerzahl erkennen, eine gerade hingegen nicht.

9.3.2 Hamming-Code

Das Prinzip des Hamming-Codes besteht darin, durch Verwendung mehrerer Prüfbits die Fehlererkennung so zu verfeinern, dass ein Einzelfehler nicht nur erkannt, sondern auch lokalisiert werden kann. Wenn bei einem binären Code das fehlerhafte Bit lokalisiert ist, lässt es sich durch Negation auch korrigieren.

Die Frage nach der für diesen Zweck erforderlichen Zahl von Prüfbits lässt sich einfach beantworten: Mit k Prüfbits kann man 2^k verschiedene Bitnummern angeben. Bei m Datenbits ergibt sich eine Gesamtwortbreite von $m + k$; denn die Prüfbits müssen natürlich auch auf Fehler geprüft werden. Eine zusätzliche Prüfbitkombination benötigt man zur Angabe, dass das empfangene Datenwort richtig ist. Daraus folgt die Bedingung:

$$2^k \geq m + k + 1 \tag{9.1}$$

Die praktisch wichtigen Lösungen von (9.1) sind in Abb. 9.29 zusammengestellt. Man erkennt, dass der relative Anteil der Prüfbits an der Gesamtwortbreite um so kleiner ist, je größer die Wortbreite ist.

Das Verfahren für die Ermittlung der Prüfbits wollen wir an dem Beispiel einer 16 bit-Zahl erläutern. Um 16 bit zu sichern, benötigt man gemäß Abb. 9.29 fünf Prüfbits, also eine Gesamtwortbreite von 21 bit. Nach Hamming berechnet man die einzelnen Prüfbits in Form von Paritätsbits für verschiedene Teile des Datenwortes. In unserem Beispiel benötigt man also 5 Paritätsgeneratoren. Ihre Anschlüsse verteilt man so auf die Datenbits, dass jedes an mindestens 2 der 5 Paritätsgeneratoren angeschlossen ist. Wird nun ein Datenbit falsch gelesen, ergibt sich genau bei denjenigen Paritätsbits ein Unterschied, auf die die betreffende Stelle wirkt. Anstelle der Paritätsfehlermeldung f erhalten wir bei

Zahl der Datenbits	m	$1 \dots 4$	$5 \dots 11$	$12 \dots 26$	$27 \dots 57$	$58 \dots 120$	$121 \dots 247$
Zahl der Prüfbits	k	3	4	5	6	7	8

Abb. 9.29. Anzahl der mindestens benötigten Prüfbits, um einen Einzelfehler zu erkennen und zu korrigieren in Abhängigkeit von der Breite des Datenwortes

Paritäts-Bits	Daten-Bits d_i															
	0	1	2	3	4	5	6	7	8	9	10	11	12	13	14	15
p_0	×	×	×	×							×	×	×		×	
p_1	×				×	×	×				×	×	×	×		
p_2		×				×		×	×		×			×	×	×
p_3			×			×		×		×		×		×	×	×
p_4			×	×	×		×		×	×			×			×

Abb. 9.30. Beispiel für die Bildung der Paritätsbits nach Hamming für 16 bit Wortbreite

diesem Verfahren also ein 5 bit-Fehlerwort, das Syndromwort. Es kann 32 verschiedene Werte annehmen, die einen Rückschluss auf das fehlerhafte Bit zulassen. Man erkennt, dass der Rückschluss bei einem Einzelfehler genau dann eindeutig ist, wenn man für jede Stelle eine andere Anschlusskombination wählt. Ergibt sich ein Unterschied bei nur *einem* Paritätbit, kann nur das betreffende Paritätbit *selbst* fehlerhaft sein, denn nach dem gewählten Anschlussschema müssen bei einem fehlerhaften Datenbit mindestens *zwei* Paritätsbits differieren. Wenn alle Daten- und Paritätsbits fehlerfrei gelesen werden, stimmen die berechneten mit den gespeicherten Paritätsbits überein, und das Syndromwort wird $F = 0$.

Ein Beispiel für die Zuordnung der fünf Paritätsbits zu den einzelnen Datenbits ist in Abb. 9.30 dargestellt. Demnach wirkt z.B. das Datenbit d_0 auf die Paritätsbits p_0 und p_1, das Datenbit d_1 auf die Paritätsbits p_0 und p_2 usw. Man sieht, dass wie verlangt jedes Datenbit auf eine andere Kombination von Prüfbits wirkt. Zur Schaltungsvereinfachung haben wir die Kombinationen so verteilt, dass jeder Paritätsgenerator 8 Eingänge erhält.

Beim Lesen ($R/\overline{W} = 1$) vergleicht der Syndrom-Generator in Abb. 9.31 das gespeicherte Paritätswort P' mit dem aus den Daten D' berechneten Paritätswort P''. Bei auftretenden Fehlern wird das Syndromwort $F = P' \oplus P'' \neq 0$. Der Syndrom-Decoder gibt dann an, welches Datenbit korrigiert werden muss, und veranlasst damit, dass das gestörte Datenbit im Daten-Korrektor invertiert wird.

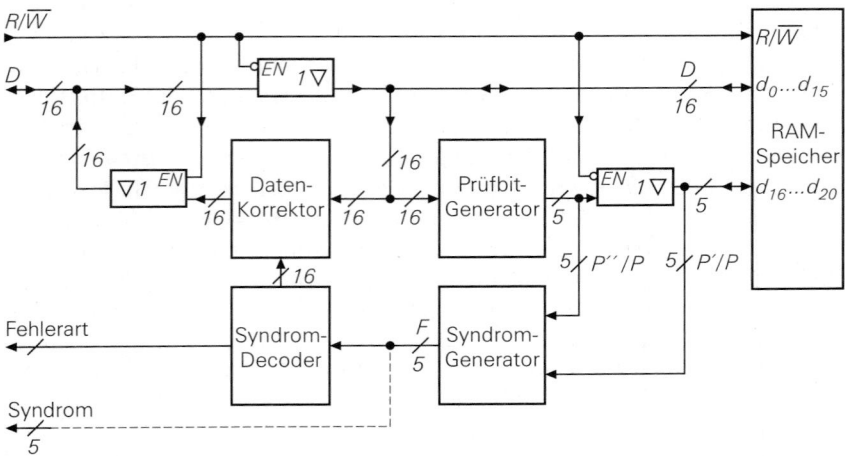

Abb. 9.31. Datenspeicher mit Fehlerkorrektur für 16 bit-Datenworte

Syn-drom-wort	kein Fehler	Datenfehler						Prüfbitfehler					Mehrfachfehler				
		d_0	d_1	d_2	$\ldots$	d_{14}	d_{15}	p_0	p_1	p_2	p_3	p_4					
f_0	0	1	1	1	$\ldots$	1	0	1	0	0	0	0	0	1	$\ldots$	0	1
f_1	0	1	0	0		0	0	0	1	0	0	0	1	0		1	1
f_2	0	0	1	0		1	1	0	0	1	0	0	1	0		1	1
f_3	0	0	0	1		1	1	0	0	0	1	0	0	1		1	1
f_4	0	0	0	1		0	1	0	0	0	0	1	0	0		1	1

Für $f_0 = f_1 = 1$ ist d_0 falsch, für $f_2 = f_3 = f_4 = 1$ ist d_{15} falsch.

Abb. 9.32. Zusammenstellung der Syndromworte und ihre Bedeutung

Die Funktionsweise des Syndrom-Decoders soll anhand von Abb. 9.32 genauer erklärt werden. In Abhängigkeit von dem Syndromwort $f_0 \ldots f_4$ lassen sich drei Fehlerarten unterscheiden: Die Datenfehler $d_0 \ldots d_{15}$, die Prüfbitfehler $p_0 \ldots p_4$ und die Mehrfachfehler. Letztere werden jedoch bei der verwendeten Hamming-Matrix mit minimaler Größe nur unvollständig erkannt und sind nicht korrigierbar.

Der besondere Vorteil von Speichern mit Fehlerkorrektur besteht darin, dass man auftretende Speicherfehler registrieren kann, während sie infolge des Korrekturverfahrens wirkungslos bleiben. Um alle damit verbundenen Vorteile zu erreichen, sind jedoch einige Gesichtspunkte zu beachten: Man sollte die Wahrscheinlichkeit von nicht korrigierbaren Mehrfach-Fehlern möglichst klein halten. Aus diesem Grund sollte man für jedes Daten- und Prüfbit einen separaten Speicher-IC verwenden. Sonst würden bei einem Totalausfall eines Speicherbausteins gleichzeitig mehrere Datenbits gestört. Des Weiteren ist es erforderlich, jeden erkannten Fehler möglichst schnell zu beseitigen. Deshalb unterbricht man bei einem Computer-Speicher das laufende Programm mit einem Interrupt, wenn ein Fehler erkannt wird, und führt ein Fehler-Service-Programm aus. Darin muss zuerst festgestellt werden, ob es sich um einen flüchtigen Fehler handelt, der sich dadurch beseitigen lässt, dass man das korrigierte Datenwort wieder in den Speicher schreibt und erneut ausliest. Bleibt der Fehler bestehen, handelt es sich um einen permanenten Fehler. In diesem Fall liest man das Syndromwort aus, weil sich daraus der beteiligte Speicher-IC lokalisieren lässt, und trägt die IC-Nummer zusammen mit der Häufigkeit des Ausfalls in eine Tabelle ein. Diese Tabelle kann dann regelmäßig abgefragt werden, um die defekten Bausteine auszutauschen. Auf diese Weise erhöht sich die Zuverlässigkeit eines Speichers mit ECC (Error Checking and Correction) ständig.

9.4 First-In-First-Out Memories (FIFO)

9.4.1 Prinzip

Ein FIFO ist eine besondere Form eines Schieberegisters. Das gemeinsame Merkmal ist, dass die Daten in derselben Reihenfolge am Ausgang erscheinen, wie sie eingegeben wurden: das zuerst eingelesene Wort (First In) wird auch wieder zuerst ausgelesen (First Out). Bei einem FIFO kann dieser Vorgang im Unterschied zu einem Schieberegister mit getrennten Takten erfolgen, d.h. der Auslesetakt ist unabhängig vom Einlesetakt. Deshalb benutzt man FIFOs zur Kopplung asynchroner Systeme oder Prozesse.

Die Funktion ist ganz ähnlich wie die einer Warteschlange: Die Daten wandern nicht mit einem festen Takt vom Eingang zum Ausgang, sondern warten nur so lange im Register, bis alle vorhergehenden Daten ausgegeben sind. Abbildung 9.33 zeigt eine schematische

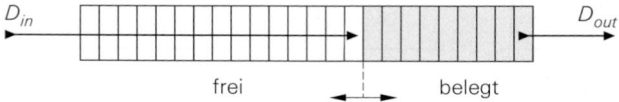

Abb. 9.33.
Schematische Darstellung
der Funktionweise eines
FIFOs

Darstellung. Bei den FIFOs der ersten Generation wurden die Daten tatsächlich nach dem Schema von Abb. 9.33 durch eine Registerkette hindurchgeschoben. Bei der Eingabe wurden die Daten bis zum niedrigsten freien Speicherplatz weitergereicht und von dort mit dem Auslesetakt zum Ausgang weitergeschoben. Ein Nachteil dieses Prinzips war die große Durchlaufzeit (Fall Through Time). Sie macht sich bei leerem FIFO besonders unangenehm bemerkbar, da dann die eingegebenen Daten alle Register durchlaufen müssen, bevor sie am Ausgang verfügbar sind. Dadurch ergeben sich selbst bei kleinen FIFOs Durchlaufzeiten von mehreren Mikrosekunden. Weitere Nachteile sind die aufwendige Schiebelogik und die vielen Schiebeoperationen, die einer stromsparenden Realisierung in CMOS entgegenstehen.

9.4.2 Standart FIFOs

Bei den neuen FIFOs werden nicht mehr die Daten verschoben, sondern lediglich zwei Zeiger, die die Eingabe bzw. Ausgabe-Adresse in einem RAM angeben. Abbildung 9.34 soll dies veranschaulichen. Der Eingabezähler zeigt auf die erste freie Adresse A_{in}, der Ausgabezähler auf die letzte belegte Adresse A_{out}. Im Betrieb mit laufender Datenein- und -ausgabe rotieren also beide Zeiger.

Der Abstand der beiden Zeiger $A_{in} - A_{out}$ gibt den Füllstand des FIFOs an. Wenn $A_{in} - A_{out} = A_{max}$ ist, ist das FIFO voll. Dann dürfen keine weiteren Daten eingegeben werden, da sonst Daten überschrieben werden, die noch nicht ausgelesen wurden. Wenn $A_{in} - A_{out} = 0$ ist, ist das FIFO leer. Dann dürfen keine Daten ausgelesen werden, weil man sonst alte Daten ein zweites Mal erhält. Ein Überlauf bzw. ein Leerlauf sind nur dann vermeidbar, wenn die mittleren Datenraten für die Ein- und Ausgabe gleich sind. Dazu muss man den Füllstand des FIFOs überwachen und versuchen, die Datenrate der Quelle bzw. der Senke so zu beeinflussen, dass das FIFO im Mittel halb voll ist. Dann kann das FIFO kurzzeitige Schwankungen auffangen, wenn seine Speicherkapazität hinreichend

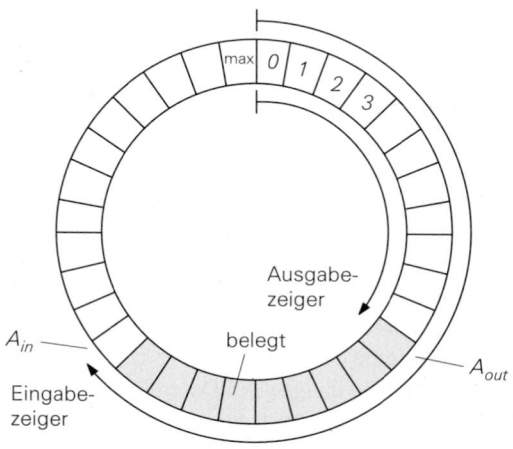

Abb. 9.34.
FIFO als Ringspeicher

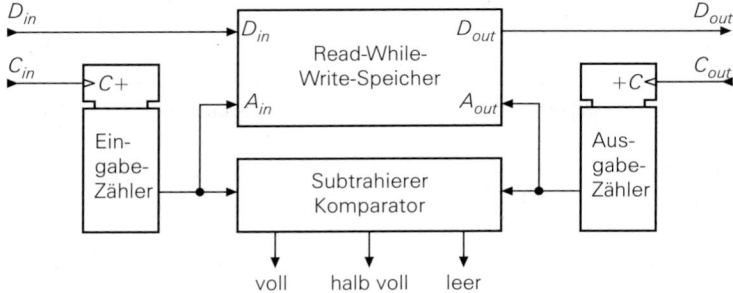

Abb. 9.35. FIFO-Realisierung mit Read-While-Write-Speicher

groß bemessen ist. Der Aufbau eines FIFOs ist in Abb. 9.35 dargestellt. Als Speicher sind hier Read-While-Write-Speicher mit getrennten Adress-Eingängen besonders gut geeignet, da sie gleichzeitig beschrieben und ausgelesen werden können.

9.4.3 FIFO-Realisierung mit Standard-RAMs

Für die Realisierung von großen FIFOs ist es zweckmäßig, auf Standard-RAMs zurückzugreifen, da man dann den höchsten Integrationsgrad und die niedrigsten Kosten erreicht. Dazu ersetzt man den Read-While-Write-Speicher in Abb. 9.35 durch Standard-RAMs, die von einem FIFO-RAM-Controller gesteuert werden. Die sich ergebende Anordnung ist in Abb. 9.36 dargestellt.

Die Eingabe erfolgt über das Eingabe-Register und den Eingabe-Zähler, der auf die Eingabeadresse zeigt. Die Ausgabe erfolgt über das Ausgabe-Register und den Ausgabe-Zähler, der auf die Ausgabeadresse zeigt. Der Adress- bzw. Daten-Multiplexer legen die jeweilige Adresse an das RAM an und steuern den Datentransport. Natürlich ist ein gleichzeitiger Schreib- und Lesezugriff bei Standard-RAMs nicht möglich; deshalb muss ein

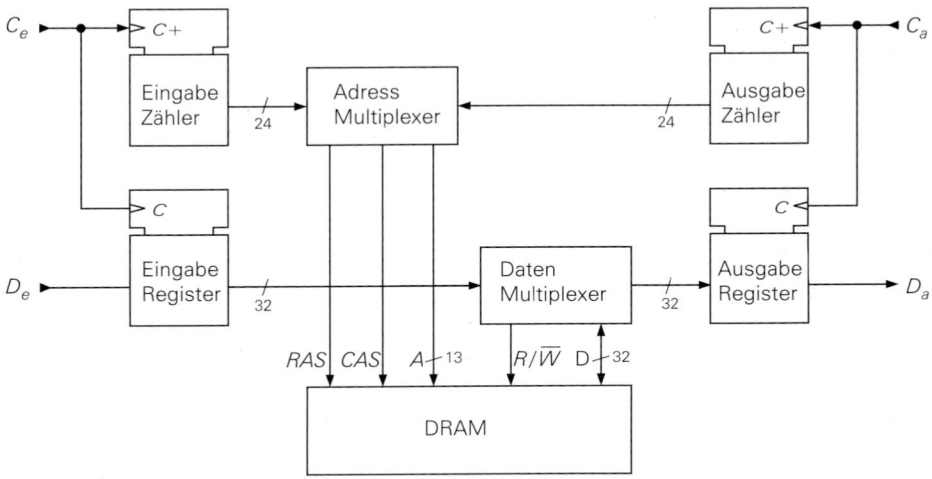

Abb. 9.36. FIFO-RAM Controller. Der Sequential Flow Controller IDT72T6360 ermöglicht als Beispiel den Betrieb von DRAMs mit $2^{24} = 16\,\text{M}$ Worten bei einer Wortbreite bis zu 32 bit.

Vorgang warten bis der andere abgeschlossen ist. Die Ablaufsteuerung übernimmt ein hier nicht eingezeichneter Arbiter.

Ein FIFO muss nicht zwangsläufig zusätzliche Hardware notwendig machen. Man kann ein FIFO auch als ein Programm auf einem ohnehin vorhandenen Mikrocontroller realisieren und die FIFO-Daten zusätzlich im Arbeitsspeicher ablegen. Das Programm kann dann ähnlich arbeiten wie der FIFO-RAM-Controller und über Interrupts aufgerufen werden. Ein derartiges Software-FIFO kann man auch dazu verwenden, um Daten zwischen verschiedenen Prozessen auszutauschen.

Teil II

Anwendungen

Kapitel 10: Analogrechenschaltungen

Mit Mikrocomputern und Signalprozessoren hat man heute die Möglichkeit, mathematische Operationen nahezu mit beliebiger Genauigkeit durchzuführen. Die zu verarbeitenden Größen liegen jedoch häufig als kontinuierliche Signale vor, z.B. in Form einer zur Messgröße analogen elektrischen Spannung. In diesem Fall benötigt man zusätzlich zum Digitalrechner einen Analog-Digital- und einen Digital-Analog-Umsetzer. Dieser Aufwand lohnt sich jedoch nur dann, wenn die Genauigkeitsforderungen so hoch sind, dass sie sich mit Analogrechenschaltungen nicht erfüllen lassen. Die Grenze liegt größenordnungsmäßig bei 0,1%.

Im Folgenden werden die wichtigsten Analogrechenschaltungen mit Operationsverstärkern behandelt: die vier Grundrechenarten, Differential- und Integraloperationen sowie die Bildung transzendenter und beliebiger Funktionen. Dabei soll das Prinzip möglichst deutlich werden. Deshalb gehen wir bei den verwendeten Operationsverstärkern zunächst immer von idealen Eigenschaften aus. Die Einschränkungen und Gesichtspunkte bei der Schaltungsdimensionierung, die sich beim Einsatz realer Operationsverstärker ergeben, haben wir ausführlich in Kapitel 5 behandelt. Die entsprechenden Überlegungen gelten sinngemäß auch für die folgenden Schaltungen. Hier wollen wir nur noch auf solche Nebeneffekte eingehen, die bei den einzelnen Schaltungen eine besondere Rolle spielen.

10.1 Addierer

Zur Addition mehrerer Spannungen kann man einen als Umkehrverstärker beschalteten Operationsverstärker heranziehen. Man schließt die Eingangsspannungen wie in Abb. 10.1 über Vorwiderstände am N-Eingang an. Da dieser Punkt hier eine virtuelle Masse darstellt, liefert die Anwendung der Knotenregel unmittelbar die angegebene Beziehung für die Ausgangsspannung:

$$\frac{U_1}{R_1} + \frac{U_2}{R_2} + \cdots + \frac{U_n}{R_n} + \frac{U_a}{R_N} = 0$$

Man kann den Umkehraddierer auch als Verstärker mit großem Nullpunkt-Einstellungsbereich einsetzen, indem man zur Signalspannung in der beschriebenen Weise eine Gleichspannung addiert.

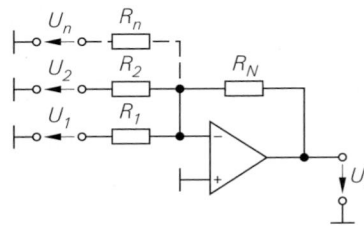

Abb. 10.1.
Umkehraddierer
Ausgangsspannung:

$$U_a = -\frac{R_N}{R_1} U_1 - \frac{R_N}{R_2} U_2 - \cdots - \frac{R_N}{R_n} U_n$$

U. Tietze et al., *Halbleiter-Schaltungstechnik*

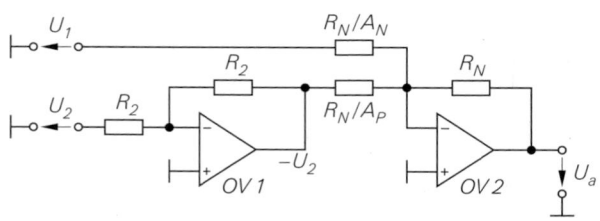

Abb. 10.2.
Subtrahierer mit Addier-
schaltung

Ausgangsspannung:

$U_a = A_D(U_2 - U_1)$

Koeffizientenbedingung:

$A_N = A_P = A_D$

10.2 Subtrahierer

10.2.1 Rückführung auf die Addition

Eine Subtraktion lässt sich auf eine Addition zurückführen, indem man das zu subtrahierende Signal invertiert. Die entstehende Schaltung ist in Abb. 10.2 dargestellt. Der Operationsverstärker OV 1 invertiert die Eingangsspannung U_2. Damit erhalten wir die Ausgangsspannung:

$$U_a = A_P U_2 - A_N U_1 \tag{10.1}$$

Eine reine Differenzbildung gemäß $U_a = A_D(U_2 - U_1)$ ergibt sich, wenn man die beiden Verstärkungsfaktoren A_P und A_N gleich der gewünschten Differenzverstärkung A_D macht. Die Abweichung von der idealen Differenzbildung wird durch die Gleichtaktunterdrückung $G = A_D/A_{Gl}$ charakterisiert. Zu ihrer Berechnung setzen wir

$$U_2 = U_{Gl} + \frac{1}{2}U_D$$

und   (10.2)

$$U_1 = U_{Gl} - \frac{1}{2}U_D$$

in Gl. (10.1) ein und erhalten:

$$U_a = \underbrace{(A_P - A_N)}_{A_{Gl}} U_{Gl} + \underbrace{\frac{1}{2}(A_P + A_N)}_{A_D} U_D \tag{10.3}$$

Darin ist U_{Gl} die Gleichtaktspannung und U_D die Differenzspannung.

Aus Gl. (10.3) ergibt sich die Gleichtaktunterdrückung zu:

$$G = \frac{A_D}{A_{Gl}} = \frac{1}{2} \cdot \frac{A_P + A_N}{A_P - A_N} \tag{10.4}$$

Nun wollen wir annehmen, dass die Koeffizientenbedingung annähernd erfüllt ist. Es soll also gelten:

$$A_N = A - \frac{1}{2}\Delta A$$

$$A_P = A + \frac{1}{2}\Delta A$$

Einsetzen in Gl. (10.4) liefert das Ergebnis:

$$G = \frac{A}{\Delta A} \tag{10.5}$$

Die Gleichtaktunterdrückung ist also gleich dem Kehrwert der relativen Paarungstoleranz der beiden Verstärkungen.

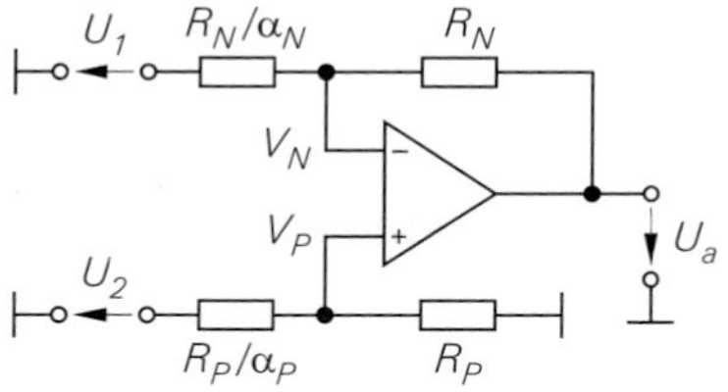

Abb. 10.3.
Subtrahierer mit einem Operationsverstärker

Ausgangsspannung: $U_a = \alpha(U_2 - U_1)$

Koeffizientenbedingung: $\alpha_N = \alpha_P = \alpha$

10.2.2 Subtrahierer mit einem Operationsverstärker

Zur Berechnung der Ausgangsspannung des Subtrahierers in Abb. 10.3 ziehen wir den Überlagerungssatz heran. Danach gilt:

$$U_a = k_1 U_1 + k_2 U_2$$

Für $U_2 = 0$ arbeitet die Schaltung als Umkehrverstärker mit $U_a = -\alpha_N U_1$. Daraus folgt $k_1 = -\alpha_N$. Für $U_1 = 0$ arbeitet die Schaltung als Elektrometerverstärker mit vorgeschaltetem Spannungsteiler. Das Potential

$$V_P = \frac{R_P}{R_P + R_P/\alpha_P} U_2$$

wird demnach mit dem Faktor $(1 + \alpha_N)$ verstärkt. Es wird also in diesem Fall:

$$U_a = \frac{\alpha_P}{1 + \alpha_P}(1 + \alpha_N)U_2$$

Wenn die beiden Widerstandsverhältnisse gleich macht, d.h. $\alpha_N = \alpha_P = \alpha$, folgt daraus die Ausgangsspannung

$$U_a = \alpha(U_2 - U_1)$$

Wenn das Verhältnis der Widerstände am P- und N-Eingang nicht genau gleich α ist, bildet die Schaltung nicht exakt die Differenz der Eingangsspannungen, sondern den Ausdruck:

$$U_a = \frac{1 + \alpha_N}{1 + \alpha_P}\alpha_P U_2 - \alpha_N U_1$$

Zur Berechnung der Gleichtaktunterdrückung verwenden wir wieder den Ansatz Gl. (10.2) und erhalten:

$$G = \frac{A_D}{A_{Gl}} = \frac{1}{2} \cdot \frac{(1 + \alpha_N)\alpha_P + (1 + \alpha_P)\alpha_N}{(1 + \alpha_N)\alpha_P - (1 + \alpha_P)\alpha_N}$$

Bei annähernd erfüllter Koeffizientenbedingung, d.h. $\alpha_N = \alpha - \frac{1}{2}\Delta\alpha$ und $\alpha_P = \alpha + \frac{1}{2}\Delta\alpha$ folgt daraus unter Vernachlässigung von Termen höherer Ordnung:

$$G \approx (1 + \alpha)\frac{\alpha}{\Delta\alpha} \tag{10.6}$$

Bei konstantem α ist demnach die Gleichtaktunterdrückung umgekehrt proportional zur Toleranz der Widerstandsverhältnisse. Sind die beiden Widerstandsverhältnisse gleich, wird $G = \infty$; dies gilt jedoch nur beim idealen Operationsverstärker. Wünscht man eine besonders hohe Gleichtaktunterdrückung, kann man R_P geringfügig variieren und damit $\Delta\alpha$ so einstellen, dass die endliche Gleichtaktunterdrückung des realen Operationsverstärkers kompensiert wird.

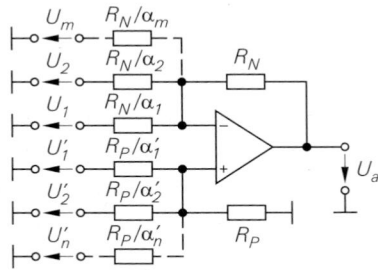

Abb. 10.4.
Mehrfach-Subtrahierer

Ausgangsspannung: $\quad U_a = \sum_{i=1}^{n} \alpha_i' U_i' - \sum_{i=1}^{m} \alpha_i U_i$

Koeffizientenbedingung: $\quad \sum_{i=1}^{n} \alpha_i' = \sum_{i=1}^{m} \alpha_i$

Aus Gl. (10.6) ergibt sich außerdem, dass die Gleichtaktunterdrückung bei gegebener Widerstandstoleranz $\Delta\alpha/\alpha$ annähernd proportional zur eingestellten Differenzverstärkung $A_D = \alpha$ ist. Dies ist ein entscheidender Vorteil gegenüber der vorhergehenden Schaltung.

Ein Zahlenbeispiel soll die Verhältnisse verdeutlichen: Zwei Spannungen von ca. 10 V sollen subtrahiert werden. Ihre Differenz beträgt maximal 100 mV. Dieser Wert soll am Ausgang des Subtrahierers auf 5 V verstärkt erscheinen, bei einer Genauigkeit von 1%. Die Differenzverstärkung muss also $A_D = 50$ betragen. Der Absolutfehler am Ausgang muss kleiner als 5 V · 1% = 50 mV sein. Nun nehmen wir den günstigen Fall an, dass die Gleichtaktverstärkung die einzige Fehlerquelle darstellt. Damit ergibt sich die Forderung:

$$A_{Gl} \leq \frac{50\,\mathrm{mV}}{10\,\mathrm{V}} = 5 \cdot 10^{-3}$$

d.h.

$$G \geq \frac{50}{5 \cdot 10^{-3}} = 10^4 \,\hat{=}\, 80\,\mathrm{dB}$$

Nach Gl. (10.6) lässt sich diese Forderung bei dem Subtrahierer in Abb. 10.3 mit einer Paarungstoleranz von $\Delta\alpha/\alpha = 0,5\%$ erfüllen. Bei der Schaltung in Abb. 10.2 hingegen ist nach Gl. (10.5) eine Paarungstoleranz von 0,01% erforderlich!

In Abb. 10.4 ist eine Erweiterung des Subtrahierers für beliebig viele Additions- und Subtraktionseingänge dargestellt. Voraussetzung für die richtige Funktionsweise ist, dass die angegebene Koeffizientenbedingung erfüllt ist.

Ist dies nach Vorgabe der Koeffizienten noch nicht der Fall, kann man mit dem noch fehlenden Koeffizienten die Spannung 0 addieren bzw. subtrahieren.

Zur Herleitung der angegebenen Beziehung wenden wir die Knotenregel auf den N-Eingang an:

$$\sum_{i=1}^{m} \frac{U_i - V_N}{\left(\dfrac{R_N}{\alpha_i}\right)} + \frac{U_a - V_N}{R_N} = 0$$

Daraus folgt:

$$\sum_{i=1}^{m} \alpha_i U_i - V_N \left[\sum_{i=1}^{m} \alpha_i + 1 \right] + U_a = 0$$

Ganz analog erhält man für den P-Eingang:

$$\sum_{i=1}^{n} \alpha_i' U_i' - V_P \left[\sum_{i=1}^{n} \alpha_i' + 1 \right] = 0$$

Mit $V_N = V_P$ und der zusätzlichen Voraussetzung

$$\sum_{i=1}^{m} \alpha_i = \sum_{i=1}^{n} \alpha_i' \tag{10.7}$$

folgt durch Subtraktion der beiden Gleichungen:

$$U_a = \sum_{i=1}^{n} \alpha_i' U_i' - \sum_{i=1}^{m} \alpha_i U_i$$

Für $n = m = 1$ geht der Mehrfach-Subtrahierer in die Grundschaltung in Abb. 10.3 über.

Die Eingänge der Rechenschaltungen belasten die Signalspannungsquellen. Wenn dadurch keine Rechenfehler entstehen sollen, müssen deren Ausgangswiderstände hinreichend niederohmig sein. Sind die Quellen ihrerseits gegengekoppelte Operationsverstärkerschaltungen, ist diese Bedingung im allgemeinen gut erfüllt. Bei anderen Signalquellen ist es meist notwendig, Impedanzwandler in Form von Elektrometerverstärkern vor die Eingänge zu schalten. Die sich dabei ergebenden Subtrahierer werden als Elektrometer-Subtrahierer (Instrumentation Amplifier) bezeichnet und hauptsächlich in der Messtechnik eingesetzt. Deshalb werden sie noch ausführlich im Kapitel 18.1.2 behandelt.

10.3 Bipolares Koeffizientenglied

Die Schaltung in Abb. 10.5 gestattet die Multiplikation einer Eingangsspannung mit einem konstanten Faktor, der mit dem Potentiometer R_2 zwischen $\pm n$ einstellbar ist. Steht das Potentiometer am rechten Anschlag, ist $q = 0$, und die Schaltung arbeitet als invertierender Verstärker mit der Verstärkung $A = -n$. Der Widerstand $R_1/(n-1)$ ist in diesem Fall wirkungslos, da an ihm keine Spannung abfällt.

Für $q = 1$ liegt die volle Eingangsspannung U_e am P-Eingang. Dadurch wird der Spannungsabfall an dem Widerstand R_1/n gleich Null, und die Schaltung arbeitet als nicht-invertierender Verstärker mit der Verstärkung:

$$A = 1 + \frac{R_1}{R_1/(n-1)} = +n$$

Für Zwischenstellungen beträgt die Verstärkung:

$$A = n(2q - 1)$$

Sie ist also linear von q abhängig und kann deshalb gut mit Hilfe eines geeichten Wendelpotentiometers eingestellt werden. Der Faktor n bestimmt den Koeffizientenbereich. Der kleinste Wert ist $n = 1$; in diesem Fall entfällt der Widerstand $R_1/(n-1)$.

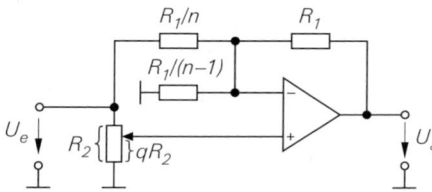

Abb. 10.5.
Bipolares Koeffizientenglied

Ausgangsspannung: $U_a = n(2q-1)U_e$

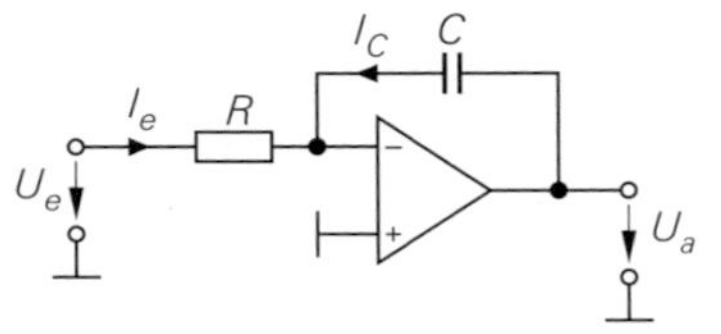

$$\text{Ausgangsspannung:} \quad U_a \;=\; -\frac{1}{RC}\int\limits_{0}^{t} U_e(\tilde{t})d\tilde{t} + U_{a0}$$

Abb. 10.6. Invertierender Integrator

10.4 Integratoren

Eine besonders wichtige Anwendung des Operationsverstärkers in der Analogrechentechnik ist der Integrator. Er bildet allgemein einen Ausdruck der Form:

$$U_a(t) \;=\; K\int\limits_{0}^{t} U_e(\tilde{t})d\tilde{t} + U_a(t=0)$$

10.4.1 Invertierender Integrator

Der Integrator in Abb. 10.6 unterscheidet sich vom Umkehrverstärker dadurch, dass der Gegenkopplungswiderstand R_N durch einen Kondensator C ersetzt wird. Dann ergibt sich die Ausgangsspannung:

$$U_a \;=\; \frac{Q}{C} \;=\; \frac{1}{C}\left[\int\limits_{0}^{t} I_C(\tilde{t})d\tilde{t} + Q_0\right]$$

Dabei ist Q_0 die Ladung, die sich zu Beginn der Integration ($t=0$) auf dem Kondensator befindet. Mit $I_C = -U_e/R$ folgt:

$$U_a \;=\; -\frac{1}{RC}\int\limits_{0}^{t} U_e(\tilde{t})d\tilde{t} + U_{a0}$$

Die Konstante U_{a0} stellt die Anfangsbedingung dar: $U_{a0} = U_a(t=0) = Q_0/C$. Sie muss durch zusätzliche Maßnahmen auf einen definierten Wert gesetzt werden. Darauf werden wir im nächsten Abschnitt eingehen.

Nun wollen wir zwei Sonderfälle untersuchen: Ist die Eingangsspannung U_e zeitlich konstant, erhält man die Ausgangsspannung

$$U_a \;=\; -\frac{U_e}{RC}t + U_{a0}$$

Sie steigt also linear mit der Zeit an. Deshalb ist die Schaltung zur Erzeugung von Dreieck- und Sägezahnspannungen sehr gut geeignet.

Ist U_e eine cosinusförmige Wechselspannung $u_e = \widehat{U}_e \cos\omega t$, wird die Ausgangsspannung:

$$U_a(t) \;=\; -\frac{1}{RC}\int\limits_{0}^{t} \widehat{U}_e \cos\omega\tilde{t}\,d\tilde{t} + U_{a0} \;=\; -\frac{\widehat{U}_e}{\omega RC}\sin\omega t + U_{a0}$$

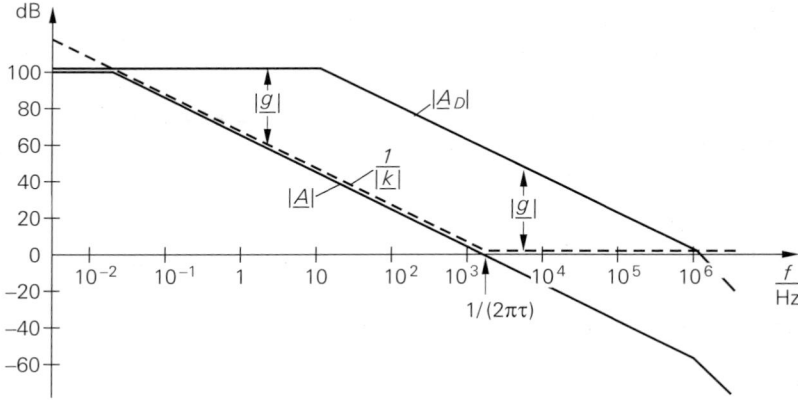

Abb. 10.7. Frequenzgang der Schleifenverstärkung $\underline{g}$

Die Amplitude der Ausgangswechselspannung ist also umgekehrt proportional zur Kreisfrequenz ω. Trägt man den Amplitudenfrequenzgang doppelt-logarithmisch auf, ergibt sich eine Gerade mit der Steigung $-6\,\mathrm{dB/Oktave}$. Diese Eigenschaft ist ein einfaches Kriterium dafür, ob sich eine Schaltung als Integrator verhält.

Das Verhalten im Frequenzbereich lässt sich auch direkt mit Hilfe der komplexen Rechnung ermitteln:

$$\underline{A} = \frac{\underline{U}_a}{\underline{U}_e} = -\frac{\underline{Z}_C}{R} = -\frac{1}{s\,RC} \tag{10.8}$$

Für das Verhältnis der Amplituden folgt daraus

$$\frac{\widehat{U}_a}{\widehat{U}_e} = |\underline{A}| = \frac{1}{\omega RC}$$

wie oben gezeigt.

Bezüglich der Stabilität ist zu beachten, dass das Gegenkopplungsnetzwerk hier im Gegensatz zu den bisher behandelten Schaltungen eine Phasenverschiebung verursacht, d.h. der Rückkopplungsfaktor wird komplex:

$$\underline{k} = \left.\frac{\underline{V}_N}{\underline{U}_a}\right|_{U_e=0} = \frac{s\,RC}{1 + s\,RC} \tag{10.9}$$

Für hohe Frequenzen strebt $\underline{k} \to 1$, und die Phasenverschiebung wird Null. In diesem Frequenzbereich liegen also dieselben Verhältnisse vor wie beim voll gegengekoppelten Umkehrverstärker (s. Kap. 5). Deshalb ist auch die dafür notwendige Frequenzgangkorrektur anzuwenden. Intern korrigierte Verstärker sind in der Regel für diesen Fall ausgelegt und daher auch als Integratoren geeignet.

Der zum Integrieren ausnutzbare Frequenzbereich lässt sich in Abb. 10.7 für ein typisches Beispiel ablesen. Als Integrationszeitkonstante wurde $\tau = RC = 100\,\mu\mathrm{s}$ gewählt. Man sieht, dass damit eine maximale Schleifenverstärkung $|\underline{g}| = |\underline{k}\,\underline{A}_D| \approx 600$ erzielt wird, d.h. eine Rechengenauigkeit von $1/|\underline{g}| \approx 0{,}2\%$. Im Unterschied zum Umkehrverstärker nimmt die Rechengenauigkeit nicht nur bei hohen, sondern auch bei tiefen Frequenzen ab.

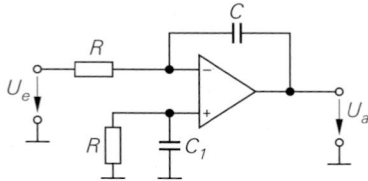

Abb. 10.8.
Integrator mit Eingangsruhestromkompensation.
Der Kondensator C_1 schließt Rauschspannungen
am P-Eingang kurz.

Beim realen Operationsverstärker können Eingangsruhestrom I_B und Offsetspannung U_0 sehr störend sein, weil sich ihre Wirkung zeitlich summiert. Wenn man die Eingangsspannung U_e Null macht, fließt durch den Kondensator der Fehlerstrom:

$$\frac{U_0}{R} + I_B$$

Das hat eine Ausgangsspannungsänderung

$$\frac{dU_a}{dt} = \frac{1}{C}\left(\frac{U_0}{R} + I_B\right) \tag{10.10}$$

zur Folge. Ein Fehlerstrom von $1\,\mu\text{A}$ lässt also die Ausgangsspannung um $1\,\text{V}$ je Sekunde ansteigen, wenn $C = 1\,\mu\text{F}$ ist. Man erkennt an Gl. (10.10), dass bei gegebener Zeitkonstante der Beitrag des Eingangsruhestromes um so kleiner wird je größer man C wählt, während der Beitrag der Offsetspannung konstant bleibt. Da man C nicht beliebig groß machen kann, sollte man zumindest sicherstellen, dass der Einfluss von I_B den von U_0 nicht überwiegt. Das ist dann der Fall, wenn

$$I_B < \frac{U_0}{R} = \frac{U_0 C}{\tau}$$

ist. Will man mit einem Kondensator von $1\,\mu\text{F}$ eine Zeitkonstante von $\tau = 1\,\text{s}$ erreichen, sollte ein Operationsverstärker mit einer Offsetspannung von $1\,\text{mV}$ also einen Eingangsruhestrom besitzen, der kleiner ist als:

$$I_B = \frac{1\,\mu\text{F} \cdot 1\,\text{mV}}{1\,\text{s}} = 1\,\text{nA}$$

Operationsverstärker mit bipolaren Transistoren am Eingang besitzen meist größere Eingangsströme. Ihre störende Wirkung lässt sich wie in Abb. 10.8 dadurch reduzieren, dass man den P-Eingang nicht direkt an Masse legt, sondern über einen Widerstand, der ebenfalls den Wert R besitzt. Dann fällt an beiden Widerständen die Spannung $I_B R$ ab, und der Fehlerstrom durch den Kondensator C wird Null. Die verbliebene Fehlerquelle ist in diesem Fall lediglich die Differenz der Eingangsruheströme, also der Offsetstrom, der jedoch meist klein demgegenüber ist.

Bei Fet-Operationsverstärkern ist der Eingangsruhestrom meist vernachlässigbar klein. Sie sind daher bei großen Integrationszeitkonstanten vorzuziehen, obwohl ihre Offsetspannungen häufig deutlich größer sind als bei Operationsverstärkern mit Bipolartransistoren am Eingang.

Eine weitere Fehlerquelle können Leckströme durch den Kondensator darstellen. Da Elektrolytkondensatoren Leckströme im μA-Gebiet besitzen, kommen sie als Integrationskondensatoren nicht in Frage. Man ist also auf Folienkondensatoren angewiesen. Bei ihnen sind jedoch Kapazitäten über $10\,\mu\text{F}$ äußerst unhandlich.

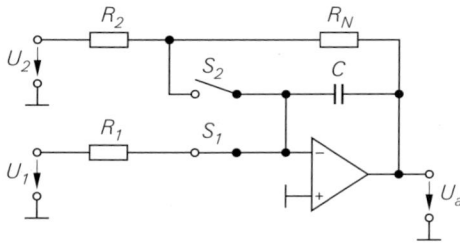

Abb. 10.9.
Integrator mit drei Betriebsarten: Integrieren, Halten, Anfangsbedingung setzen

Anfangsbedingung:

$$U_a(t=0) = -\frac{R_N}{R_2}U_2$$

10.4.2 Anfangsbedingung

Ein Integrator ist bei manchen Anwendungen erst dann brauchbar, wenn man die Ausgangsspannung $U_a(t=0)$ unabhängig von der Eingangsspannung vorgeben kann. Die Schaltung in Abb. 10.9 ermöglicht es, die Integration zu stoppen und Anfangsbedingungen zu setzen.

Ist der Schalter S_1 geschlossen und S_2 offen, arbeitet die Schaltung wie die in Abb. 10.6: Die Spannung U_1 wird integriert. Öffnet man nun den Schalter S_1, wird der Ladestrom beim idealen Integrator gleich Null, und die Ausgangsspannung bleibt auf dem Wert stehen, den sie im Umschaltaugenblick hatte. Dies ist von Nutzen, wenn man eine Rechnung unterbrechen möchte, um die Ausgangsspannung in Ruhe abzulesen. Zum Setzen der Anfangsbedingungen lässt man S_1 geöffnet und schließt S_2. Dadurch wird der Integrator zum Umkehrverstärker mit der Ausgangsspannung:

$$U_a = -\frac{R_N}{R_2}U_2$$

Dieser Wert stellt sich jedoch erst mit einer gewissen Verzögerung ein, die durch die Zeitkonstante $R_N C$ bestimmt wird.

Abbildung 10.10 zeigt eine Möglichkeit, die Schalter elektronisch zu realisieren. Die beiden Fets T_1 und T_2 ersetzen die Schalter S_1 und S_2 in Abb. 10.9. Es gibt 3 Betriebsarten:

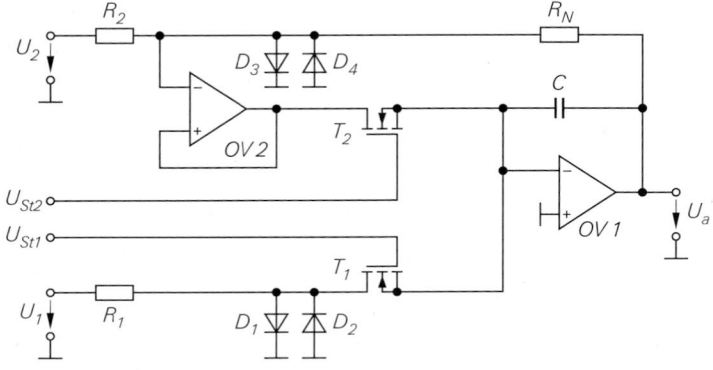

Anfangsbedingung: $\quad U_a(t=0) = -\dfrac{R_N}{R_2}U_2$

Abb. 10.10. Elektronisch gesteuerter Integrator. Eine integrierte Schaltung, die zwei derartige Integratoren enthält, ist der ACF2101 von Texas Instruments.

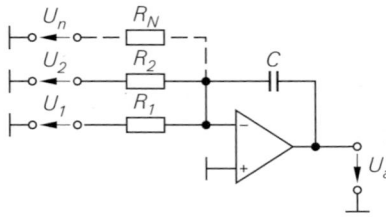

Ausgangsspannung:

$$U_a = -\frac{1}{C}\int\limits_0^t \left(\frac{U_1}{R_1} + \frac{U_2}{R_2} + \cdots + \frac{U_n}{R_n}\right) d\tilde{t} + U_{a0}$$

Abb. 10.11. Summationsintegrator

- Wenn die Steuerspannung U_{St1} positiv ist, leitet der Transistor T_1 und die Schaltung arbeitet als Integrator.
- Wenn U_{St2} positiv ist, werden Anfangsbedingungen gesetzt. In dieser Betriebsart dient der Verstärker $OV2$ als Impedanzwandler, um die Einstellzeit zu verkürzen
- Wenn beide Steuerspannungen Null sind, sperren beide Schalter; der Integrator befindet sich dann im Haltezustand.

Bei einem leitenden Schalter liegen die Drain- und Source-Elektrode auf Nullpotential, weil sie an der virtuellen Masse von $OV1$ angeschlossen sind. Bei geöffnetem Schalter begrenzen die Dioden die Spannung an den Schaltern auf $\pm 0,6$ V.

10.4.3 Summationsintegrator

Genauso, wie man den Umkehrverstärker zum Additionsverstärker erweitern kann, lässt sich auch der Integrator zum Summationsintegrator in Abb. 10.11 erweitern. Die angegebene Beziehung für die Ausgangsspannung ergibt sich unmittelbar aus der Anwendung der Knotenregel auf den Summationspunkt.

10.4.4 Nicht invertierender Integrator

Zur Integration ohne Vorzeichenumkehr kann man zusätzlich zum Integrator einen Umkehrverstärker einsetzen. Eine andere Möglichkeit zeigt Abb. 10.12. Die Schaltung besteht im Prinzip aus einem Tiefpass als Integrierglied und einem parallel geschalteten NIC mit dem Innenwiderstand $-R$, der gleichzeitig als Impedanzwandler wirkt (s. Kap. 11.5 auf S. 781). Zur Berechnung der Ausgangsspannung wenden wir die Knotenregel auf den P-Eingang an und erhalten:

$$\frac{U_a - V_P}{R} + \frac{U_e - V_P}{R} - C\frac{dV_P}{dt} = 0$$

Mit $V_P = V_N = \frac{1}{2}U_a$ folgt das Ergebnis:

$$U_a = \frac{2}{RC}\int\limits_0^t U_e(\tilde{t})d\tilde{t}$$

Zu beachten ist, dass die Eingangsspannungsquelle einen sehr niedrigen Innenwiderstand besitzen muss, damit die Stabilitätsbedingung für den NIC nicht verletzt wird.

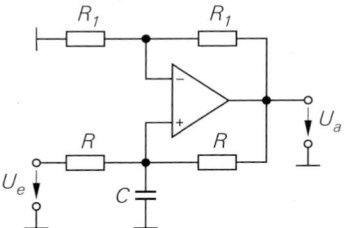

Abb. 10.12.
Nicht invertierender Integrator

Ausgangsspannung: $U_a \;=\; \dfrac{2}{RC} \displaystyle\int_0^t U_e(\tilde{t})\, d\tilde{t} + U_{a\,0}$

Bei der Verlustkompensation durch den NIC werden Differenzen großer Größen gebildet. Deshalb besitzt dieser Integrator nicht die Präzision der Grundschaltung in Abb. 10.6.

10.4.5 Integrator für hohe Frequenzen

Wenn man einen Kondensator mit einer spannungsgesteuerten Stromquelle ansteuert, ergibt sich ebenfalls ein Integrator. Nach diesem Prinzip arbeitet der Integrator in Abb. 10.13. Der CC-Operationsverstärker (Kapitel 5.8 auf S. 600) realisiert die spannungsgesteuerte Stromquelle; er liefert den Strom $I_C = U_e/R$, wenn man den Steilheitswiderstand vernachlässigt. An dem Kondensator ergibt sich daher die Spannung

$$U_a \;=\; \frac{1}{C} \int I_C\, dt \;=\; \frac{1}{RC} \int U_e\, dt$$

Man kann natürlich auch im Frequenzbereich rechnen, wenn man den Widerstand des Kondensators einsetzt:

$$\underline{U}_a \;=\; \frac{\underline{I}_C}{sC} \;=\; \frac{\underline{U}_e}{sRC}$$

Um die Gleichungen nicht zu verfälschen, muss man die Spannung am Kondensator belastungsfrei abnehmen; im Normalfall ist daher noch ein Impedanzwandler erforderlich.

An dem Modell in Abb. 10.13 lassen sich die Auswirkungen der realen Eigenschaften eines CC-Operationsverstärkers auf den Integrator untersuchen. Der Steilheitswiderstand r_S liegt auch hier in Reihe mit dem externen Emitterwiderstand R. Er lässt sich dadurch berücksichtigen, dass man den externen Widerstand entsprechend kleiner wählt.

Der dominierende Tiefpass $r_a C_a$ begrenzt die untere Grenzfrequenz des Integrators auf den Wert $f_u = 1/2\pi r_a(C + C_a)$. Diese Einschränkung besitzen alle Integratoren,

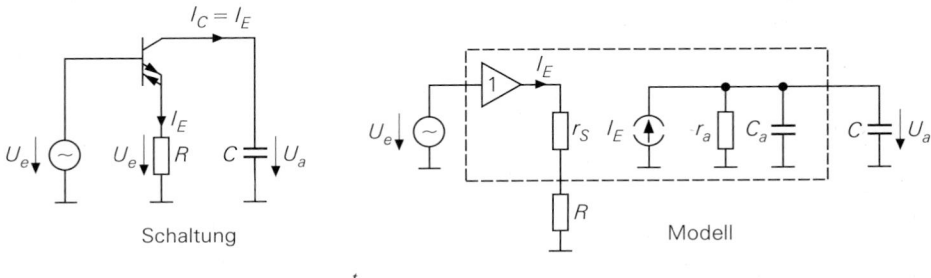

Ausgangsspannung: $U_a \;=\; \dfrac{1}{RC} \displaystyle\int_0^t U_e(\tilde{t})\, d\tilde{t} + U_{a\,0}$

Abb. 10.13. Integrator für hohe Frequenzen mit CC-Operationsverstärker

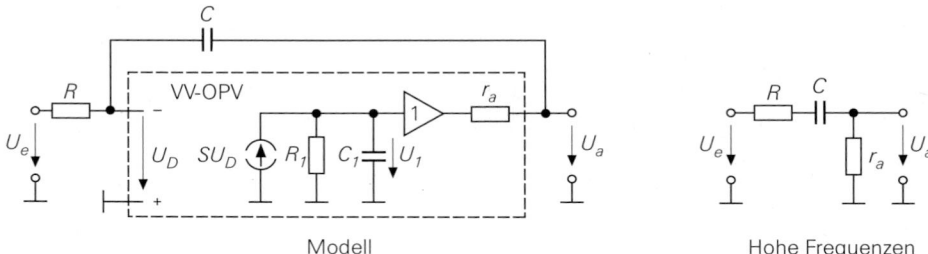

Abb. 10.14. Modell eines VV-Operationsverstärkers als Integrator

denn die Verstärkung müsste beim idealen Integrator bei niedrigen Frequenzen unendlich werden. Die parasitäre Kapazität C_a stellt keine Einschränkung dar, da sie parallel zum Integrationskondensator C liegt. Um sie zu berücksichtigen, kann man den externen Integrationskondensator C entsprechend kleiner wählen. Man sieht, dass es aufgrund des Modells keine Begrenzung der Bandbreite zu hohen Frequenzen hin gibt. Aufgrund untergeordneter Effekte gibt es natürlich auch für den CC-Integrator eine obere Grenzfrequenz; sie liegt aber bei sehr hohen Frequenzen.

Im Vergleich dazu sind die Verhältnisse beim VV-Operationsverstärker sehr viel ungünstiger. In Abb. 10.14 ist ein VV-Operationsverstärker, dessen Modell hier eingezeichnet ist, als Integrator beschaltet. Für hohe Frequenzen stellt der Kondensator C_1 einen Kurzschluss dar; dann liegt der Ausgangswiderstand r_a auf Nullpotential. Für diesen Fall lässt sich das Modell vereinfachen, wie das Modell für hohe Frequenzen zeigt. Der Integrationskondensator wirkt jetzt als Koppelkondensator und überträgt das Eingangssignal zum Ausgang, anstatt es kurzzuschließen. Die Schaltung arbeitet in diesem Frequenzbereich also lediglich als Spannungsteiler gemäß $U_a = U_e r_a/(r_a + R)$.

In Abb. 10.15 ist der typische Verlauf für beide Ausführungsformen gegenübergestellt. Man erkennt, dass die Verstärkung eines realen VV-Integrators wegen der beschriebenen Probleme bei hohen Frequenzen nicht wie bei einem Integrator erforderlich absinkt, son-

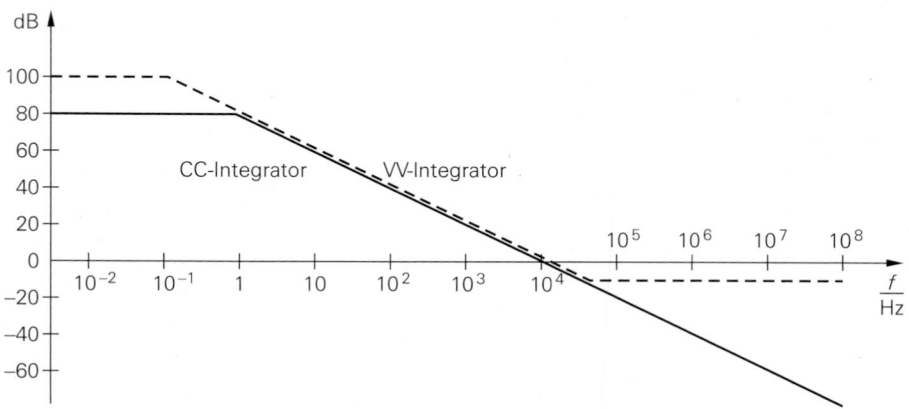

Abb. 10.15. Vergleich eines CC-Integrators mit einem VV-Integrator für eine Integrationszeitkonstante von $\tau = 16\,\mu s$

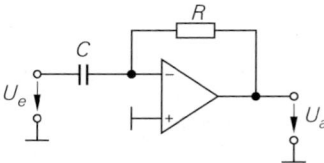

Abb. 10.16.
Differentiator

Ausgangsspannung: $\quad U_a = -RC\,\dfrac{dU_e}{dt}$

dern bei einem konstanten Wert bleibt. In diesem Frequenzbereich sind Integratoren mit CC-Operationsverstärkern viel günstiger.

10.5 Differentiatoren

10.5.1 Prinzipschaltung

Vertauscht man bei dem Integrator in Abb. 10.6 Widerstand und Kondensator, erhält man den Differentiator in Abb. 10.16. Die Anwendung der Knotenregel auf den Summationspunkt liefert die Beziehung:

$$C\frac{dU_e}{dt} + \frac{U_a}{R} = 0,$$

$$U_a = -RC\,\frac{dU_e}{dt} \tag{10.11}$$

Für sinusförmige Wechselspannungen $u_e = \widehat{U}_e \sin \omega t$ erhalten wir damit die Ausgangsspannung:

$$u_a = -\omega\,RC\,\widehat{U}_e \cos \omega t$$

Für das Verhältnis der Amplituden folgt daraus:

$$\frac{\widehat{U}_a}{\widehat{U}_e} = |\underline{A}| = \omega\,RC \tag{10.12}$$

Trägt man den Frequenzgang der Verstärkung doppelt-logarithmisch auf, erhält man eine Gerade mit der Steigung $+6\,$dB/Oktave. Allgemein bezeichnet man eine Schaltung in dem Frequenzbereich als Differentiator, in dem ihre Frequenzgangkurve mit 6 dB/Oktave steigt.

Das Verhalten im Frequenzbereich lässt sich auch direkt mit Hilfe der komplexen Rechnung ermitteln:

$$\underline{A} = \frac{U_a}{U_e} = -\frac{R}{\underline{Z}_C} = -s\,RC \tag{10.13}$$

Daraus folgt

$$|\underline{A}| = \omega\,RC$$

in Übereinstimmung mit Gl. (10.12).

10.5.2 Praktische Realisierung

Die praktische Realisierung der Differentiatorschaltung in Abb. 10.16 bereitet gewisse Schwierigkeiten, da eine große Schwingneigung besteht. Die Ursache liegt darin begründet, dass das Gegenkopplungsnetzwerk bei höheren Frequenzen eine Phasennacheilung von $90°$ verursacht:

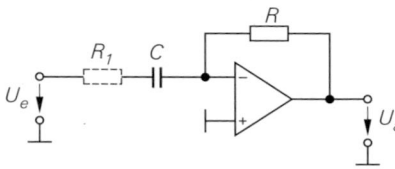

Abb. 10.17.
Praktische Ausführung eines Differentiators

Ausgangsspannung:

$$U_a = -RC \frac{dU_e}{dt} \quad \text{für } f \ll \frac{1}{2\pi R_1 C}$$

$$\underline{k} = \frac{1}{1 + s\,RC} \tag{10.14}$$

Sie addiert sich zur Phasennacheilung des Operationsverstärkers, die im günstigsten Fall selbst schon $90°$ beträgt. Die verbleibende Phasenreserve ist Null, die Schaltung also instabil. Abhilfe lässt sich dadurch schaffen, dass man die Phasenverschiebung des Gegenkopplungsnetzwerkes bei hohen Frequenzen reduziert, indem man mit dem Differentiationskondensator wie in Abb. 10.17 einen Widerstand R_1 in Reihe schaltet. Dadurch muss sich der ausnutzbare Frequenzbereich nicht notwendigerweise reduzieren, da der Differentiator bei höheren Frequenzen wegen abnehmender Schleifenverstärkung ohnehin nicht mehr richtig arbeitet.

Als Grenzfrequenz f_1 für das RC-Glied $R_1 C$ wählt man zweckmäßigerweise den Wert, bei dem die Schleifenverstärkung gleich Eins wird. Dabei geht man zunächst von einem universell korrigierten Verstärker aus, dessen Amplitudenfrequenzgang bei dem Beispiel in Abb. 10.18 gestrichelt eingezeichnet ist. Dann beträgt die Phasenreserve bei der Frequenz f_1 ca. $45°$. Da der Verstärker in der Nähe dieser Frequenz nicht voll gegengekoppelt ist, kann man nun durch Verkleinerung der Korrekturkapazität C_k eine Vergrößerung der Phasenreserve bis zum aperiodischen Grenzfall erzielen.

Zur experimentellen Optimierung der Korrektur-Kapazität gibt man eine Dreieckspannung in den Differentiator und reduziert C_k soweit, bis die rechteckförmige Ausgangsspannung optimal gedämpft ist.

10.5.3 Differentiator mit hohem Eingangswiderstand

Die Tatsache, dass die Eingangsimpedanz des beschriebenen Differentiators kapazitives Verhalten aufweist, kann in manchen Fällen Schwierigkeiten bereiten. Wenn z.B. eine Ope-

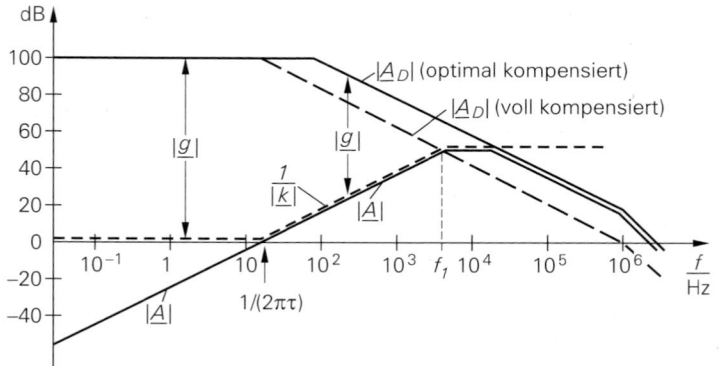

Grenzfrequenz: $f_1 = \sqrt{f_T/2\pi\tau} \quad$ mit $\tau = RC$

Abb. 10.18. Beispiel für den Frequenzgang der Schleifenverstärkung

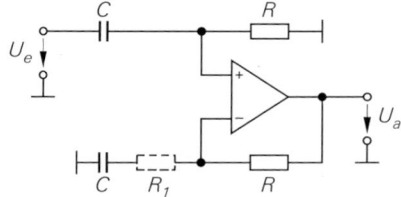

Abb. 10.19.
Differentiator mit hohem Eingangswiderstand

Ausgangsspannung: $\quad U_a = RC \dfrac{dU_e}{dt}$

Eingangsimpedanz: $\quad |\underline{Z}_e| \geq R$

rationsverstärkerschaltung als Steuerspannungsquelle verwendet wird, kann diese leicht instabil werden. In dieser Hinsicht ist der Differentiator in Abb. 10.19 günstiger. Seine Eingangsimpedanz sinkt auch bei hohen Frequenzen nicht unter den Wert R ab.

Die Funktionsweise der Schaltung sei durch folgende Überlegung veranschaulicht: Wechselspannungen mit tiefen Frequenzen werden in dem Eingangs-RC-Glied differenziert. In diesem Frequenzbereich arbeitet der Operationsverstärker als Elektrometerverstärker mit der Verstärkung $\underline{A} = 1$.

Wechselspannungen mit hohen Frequenzen werden über das Eingangs-RC-Glied voll übertragen und durch den gegengekoppelten Verstärker differenziert. Sind beide Zeitkonstanten gleich groß, geht die Differentiation bei tiefen und hohen Frequenzen nahtlos ineinander über.

Bezüglich der Stabilisierung gegen Schwingneigung gelten dieselben Gesichtspunkte wie bei der vorhergehenden Schaltung. Der Dämpfungswiderstand R_1 ist gestrichelt in Abb. 10.19 eingezeichnet.

10.6 Lösung von Differentialgleichungen

Es gibt viele Aufgabenstellungen, die sich am einfachsten in Form von Differentialgleichungen beschreiben lassen. Die Lösung erhält man dadurch, dass man die Differentialgleichung mit den beschriebenen Analogrechenschaltungen nachbildet und die sich einstellende Ausgangsspannung misst. Um Stabilitätsprobleme zu vermeiden, formt man die Differentialgleichung so um, dass statt der Differentiatoren ausschließlich Integratoren benötigt werden. Das Verfahren wollen wir am Beispiel einer linearen Differentialgleichung 2. Ordnung erläutern:

$$y'' + k_1 y' + k_0 y = f(x) \tag{10.15}$$

Im ersten Schritt ersetzt man die unabhängige Variable x durch die Zeit t:

$$x = \frac{t}{\tau}$$

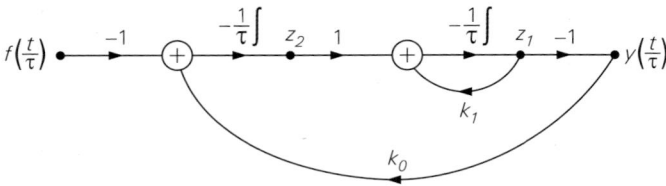

Differentialgleichung: $\quad \tau^2 \ddot{y} + k_1 \tau \dot{y} + k_0 y = f\left(\dfrac{t}{\tau}\right)$

Abb. 10.20. Signalflussgraph zur Lösung der Differentialgleichung

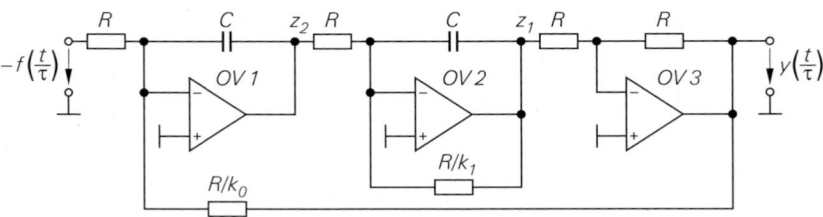

Abb. 10.21. Ausgeführte Analogrechenschaltung

Damit wird nach der Kettenregel:

$$y' = \frac{dy}{dt} \cdot \frac{dt}{dx} = \tau \dot{y} \quad \text{und} \quad y'' = \tau^2 \ddot{y}$$

Einsetzen in die Differentialgleichung (10.15) liefert:

$$\tau^2 \ddot{y} + k_1 \tau \dot{y} + k_0 y = f(t/\tau) \tag{10.16}$$

Im zweiten Schritt löst man die Gleichung nach den nicht abgeleiteten Größen auf:

$$k_0 y - f(t/\tau) = -\tau^2 \ddot{y} - k_1 \tau \dot{y}$$

Im dritten Schritt wird mit $\left(-\dfrac{1}{\tau}\right)$ durchmultipliziert und integriert:

$$-\frac{1}{\tau} \int [k_0 y - f(t/\tau)] dt = \tau \dot{y} + k_1 y \tag{10.17}$$

Auf der linken Seite entsteht auf diese Weise ein Ausdruck, der sich mit einem einfachen Summationsintegrator bilden lässt. Seine Ausgangsspannung wird als Zustandsvariable z_n bezeichnet. Dabei ist n die Ordnung der Differentialgleichung, hier also gleich 2. Damit ergibt sich:

$$z_2 = -\frac{1}{\tau} \int [k_0 y - f(t/\tau)] dt \tag{10.18}$$

Die Ausgangsgröße y wird dabei zunächst einfach als bekannt angenommen. Durch Einsetzen von Gl. (10.18) in Gl. (10.17) ergibt sich:

$$z_2 = \tau \dot{y} + k_1 y \tag{10.19}$$

Diese Differentialgleichung wird nun genauso behandelt wie Gl. (10.16) Damit erhalten wir:

$$z_2 - k_1 y = \tau \dot{y},$$
$$-\frac{1}{\tau} \int [z_2 - k_1 y] dt = -y \tag{10.20}$$

Die linke Seite stellt die Zustandsvariable z_1 dar:

$$z_1 = -\frac{1}{\tau} \int [z_2 - k_1 y] dt \tag{10.21}$$

Dieser Ausdruck wird mit einem zweiten Summationsintegrator gebildet. Einsetzen in Gl. (10.20) liefert die Gleichung für das Ausgangssignal:

$$y = -z_1 \tag{10.22}$$

Da keine abgeleiteten Größen mehr vorkommen, ist das Verfahren beendet. Die letzte Gleichung (10.22) liefert die noch fehlende Beziehung für die als bekannt angenommene Ausgangsgröße y.

Die zur Lösung der Differentialgleichung notwendigen Rechenoperationen (10.18), (10.21), (10.22) lassen sich übersichtlich anhand eines Signalflussgraphen wie in Abb. 10.20 darstellen. Die zugehörige ausgeführte Analogrechenschaltung zeigt Abb. 10.21. Um einen zusätzlichen Umkehrverstärker zur Bildung des Ausdrucks $-k_1 \cdot y$ in Gl. (10.21) einzusparen, wurde von der Tatsache Gebrauch gemacht, dass nach Gl. (10.22) $z_1 = -y$ gilt.

10.7 Funktionsnetzwerke

Wir haben gezeigt, dass man mit einem Kondensator auf einfache Weise mit Hilfe eines Operationsverstärkers einen Integrator realisieren kann. Dabei integriert nicht der Operationsverstärker, sondern die Physik des Kondensators. Auf dieselbe Weise ist es möglich mit einem Bipolartransistor aufgrund seiner Kennlinie Logarithmierer aufzubauen.

10.7.1 Logarithmus

Ein Logarithmierer soll eine Ausgangsspannung liefern, die proportional zum Logarithmus der Eingangsspannung ist. Dazu kann man die Diodenkennlinie heranziehen:

$$I_A \;=\; I_S(e^{\frac{U_{AK}}{nU_T}} - 1) \tag{10.23}$$

Darin ist I_S der Sättigungssperrstrom. U_T ist die Temperaturspannung kT/e_0 und n ein Korrekturfaktor, der zwischen 1 und 2 liegt. Im Durchlassbereich $I_A \gg I_S$ vereinfacht sich die Gl. (10.23) mit guter Genauigkeit zu:

$$I_A \;=\; I_S e^{\frac{U_{AK}}{nU_T}} \tag{10.24}$$

Daraus folgt:

$$U_{AK} \;=\; nU_T \ln \frac{I_A}{I_S} \tag{10.25}$$

also die gesuchte Logarithmus-Funktion. Die einfachste Möglichkeit, diese Beziehung zum Logarithmieren auszunutzen, besteht darin, einen Operationsverstärker wie in Abb. 10.22 mit einer Diode gegenzukoppeln. Der Operationsverstärker wandelt die Eingangsspannung U_e in einen Strom $I_A = U_e/R_1$ um. Gleichzeitig stellt er die Ausgangsspannung $U_a = -U_{AK}$ niederohmig zur Verfügung. Damit wird:

$$U_a \;=\; -nU_T \ln \frac{U_e}{I_S R_1} = -nU_T \ln 10 \cdot \lg \frac{U_e}{I_S R_1} \tag{10.26}$$

$$U_a \;=\; -(1 \ldots 2) \cdot 60\,\text{mV} \cdot \lg \frac{U_e}{I_S R_1} \quad \text{bei Raumtemperatur}$$

Der ausnutzbare Bereich wird durch zwei Effekte eingeschränkt: Die Diode besitzt einen parasitären ohmschen Serienwiderstand. Bei großen Strömen fällt an ihm eine nennenswerte Spannung ab und verfälscht die Logarithmierung. Außerdem ist der Korrekturfaktor n stromabhängig. Eine befriedigende Genauigkeit lässt sich daher nur über ein bis zwei Dekaden der Eingangsspannung erreichen.

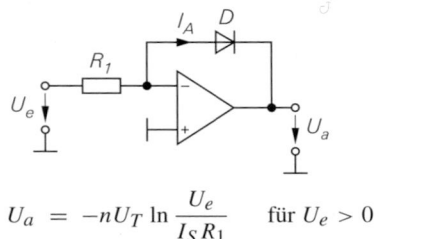

$$U_a = -nU_T \ln \frac{U_e}{I_S R_1} \qquad \text{für } U_e > 0$$

Abb. 10.22.
Logarithmierer mit Diode

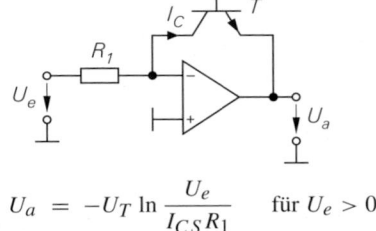

$$U_a = -U_T \ln \frac{U_e}{I_{CS} R_1} \qquad \text{für } U_e > 0$$

Abb. 10.23.
Logarithmierer mit Transistor

Der ungünstige Einfluss des Korrekturfaktors n lässt sich eliminieren, wenn man statt der Diode D einen Transistor T wie in Abb. 10.23 einsetzt. Für den Kollektorstrom gilt nach Gl. (2.2) von S. 38 für $I_C \gg I_{CS}$ die Beziehung:

$$I_C = I_{CS}\, e^{U_{BE}/U_T} \tag{10.27}$$

also:

$$U_{BE} = U_T \ln I_C / I_{CS} \tag{10.28}$$

Für die Ausgangsspannung des Transistor-Logarithmierers in Abb. 10.23 ergibt sich daraus:

$$U_a = -U_{BE} = -U_T \ln \frac{U_e}{I_{CS} R_1}$$

Neben der Elimination des Korrekturfaktors n besitzt die Schaltung in Abb. 10.23 noch zwei weitere Vorteile: Es tritt keine Verfälschung durch den Kollektor-Basis-Sperrstrom auf, da $U_{CB} = 0$ ist. Außerdem geht die Größe der Stromverstärkung nicht in das Ergebnis ein, weil der Basisstrom nach Masse abfließt. Bei geeigneten Transistoren hat man einen Kollektorstrombereich vom pA- bis zum mA-Gebiet, also neun Dekaden, zur Verfügung. Man benötigt allerdings Operationsverstärker mit sehr niedrigen Eingangsströmen, wenn man diesen Bereich voll ausnutzen will.

Der Transistor T erhöht die Schleifenverstärkung der gegengekoppelten Anordnung um seine Spannungsverstärkung. Daher neigt die Schaltung zum Schwingen. Die Spannungsverstärkung des Transistors lässt sich ganz einfach dadurch herabsetzen, dass man wie in Abb. 10.24 einen Emitterwiderstand R_E vorschaltet. Damit wird die Spannungsverstärkung des Transistors durch Stromgegenkopplung auf den Wert $R_1/R_E = 1$ begrenzt. Man darf R_E natürlich nur so groß machen, dass der Ausgang des Operationsverstärkers bei den größten auftretenden Ausgangsströmen nicht übersteuert wird. Der Kondensator C kann die Stabilität der Schaltung durch differenzierende Gegenkopplung weiter verbessern. Dabei ist allerdings zu beachten, dass die obere Grenzfrequenz der Schaltung infolge der nichtlinearen Transistorkennlinie proportional zum Strom abnimmt.

Günstigere Verhältnisse ergeben sich, wenn man den Logarithmier-Transistor aus einer hochohmigen Stromquelle betreibt. Die Schleifenverstärkung beträgt dann $S \cdot R_1$, wobei S die Steilheit der Ansteuerschaltung ist. Da sie vom Kollektorstrom unabhängig ist, lässt sich die Frequenzgang-Korrektur für den ganzen Strombereich optimieren. Operationsverstärker, die einen Stromausgang besitzen, sind die VC- und CC-Operationsverstärker (s. Kap. 5).

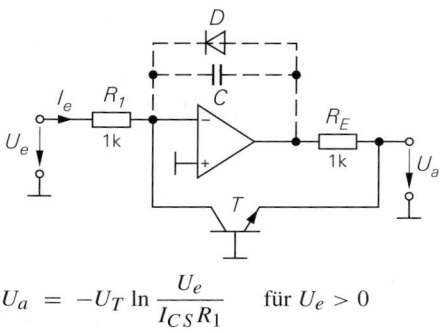

$$U_a = -U_T \ln \frac{U_e}{I_{CS} R_1} \qquad \text{für } U_e > 0$$

Abb. 10.24.
Praktische Ausführung eines Logarithmierers

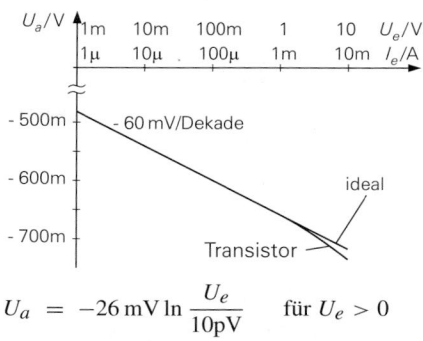

$$U_a = -26\,\text{mV} \ln \frac{U_e}{10\text{pV}} \qquad \text{für } U_e > 0$$

Abb. 10.25.
Ideale und reale Kennlinie

Die Diode D in Abb. 10.24 verhindert eine Übersteuerung des Operationsverstärkers bei negativen Eingangsspannungen. Dadurch wird eine Beschädigung des Transistors T durch zu hohe Emitter-Basis-Sperrspannung vermieden und die Erholzeit verkürzt.

Die Kennlinie in Abb. 10.25 zeigt, dass man beim Logarithmierer die Tatsche ausnutzt, dass Basis-Emitter-Spannung nicht immer 0,6 V beträgt, sondern betragsmäßig um 60 mV zunimmt, wenn sich der Strom verzehnfacht. Die Abweichung der realen Kennlinie des Transistors kommt von seinem Basisbahnwiderstand, an dem bei großen Strömen ein zusätzlicher Spannungsabfall auftritt.

Ein Nachteil der beschriebenen Logarithmierer ist ihre starke Temperaturabhängigkeit. Sie rührt daher, dass sich U_T und I_{CS} stark mit der Temperatur ändern. Bei einer Temperaturerhöhung von 20 °C auf 50 °C nimmt U_T um 10% zu, während sich der Sperrstrom etwa verzehnfacht. Der Einfluss des Sperrstroms lässt sich eliminieren, wenn man die Differenz zweier Logarithmen bildet. Davon machen wir bei der Schaltung in Abb. 10.26 Gebrauch. Hier dient der Differenzverstärker T_1, T_2 zur Logarithmierung. Um die Wirkungsweise der Schaltung zu untersuchen, ermitteln wir die Stromaufteilung im Differenzverstärker. Aus der Maschenregel folgt:

$$U_1 + U_{BE2} - U_{BE1} = 0$$

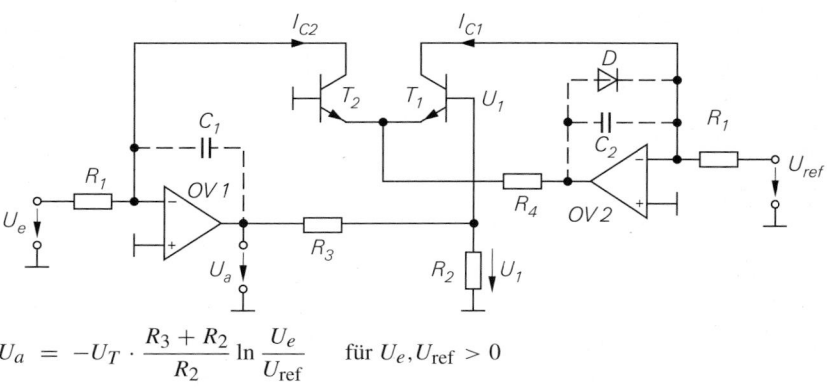

$$U_a = -U_T \cdot \frac{R_3 + R_2}{R_2} \ln \frac{U_e}{U_{\text{ref}}} \qquad \text{für } U_e, U_{\text{ref}} > 0$$

Abb. 10.26. Temperaturkompensierter Logarithmierer

Die Übertragungskennlinien der Transistoren lauten:

$$I_{C1} = I_{CS}e^{\frac{U_{BE1}}{U_T}}$$

$$I_{C2} = I_{CS}e^{\frac{U_{BE2}}{U_T}}$$

Daraus ergibt sich:

$$\frac{I_{C1}}{I_{C2}} = e^{\frac{U_1}{U_T}} \qquad (10.29)$$

Aus Abb. 10.26 entnehmen wir die weiteren Beziehungen

$$I_{C2} = \frac{U_e}{R_1} \qquad I_{C1} = \frac{U_{\text{ref}}}{R_1} \qquad U_1 = \frac{R_2}{R_3 + R_2}U_a$$

wenn man R_2 nicht zu hochohmig wählt. Durch Einsetzen erhalten wir die Ausgangsspannung:

$$U_a = -U_T\frac{R_3 + R_2}{R_2}\ln\frac{U_e}{U_{\text{ref}}} \qquad (10.30)$$

Der Wert von R_4 geht nicht in das Ergebnis ein. Man wählt ihn so groß, dass der Spannungsabfall an ihm kleiner bleibt als die Ausgangsaussteuerbarkeit des Operationsverstärkers OV 2.

Häufig benötigt man Logarithmierer, die eine Ausgangsspannung von 1 V/Dekade liefern. Zur Ermittlung der Dimensionierung von R_2 und R_3 für diesen Sonderfall formen wir die Gl. (10.30) um:

$$U_a = -U_T\frac{R_3 + R_2}{R_2}\cdot\frac{1}{\lg e}\cdot\lg\frac{U_e}{U_{\text{ref}}} = -1\,\text{V}\,\lg\frac{U_e}{U_{\text{ref}}}$$

Daraus folgt mit $U_T = 26\,\text{mV}$ die Bedingung:

$$\frac{R_3 + R_2}{R_2} = \frac{1\,\text{V}\cdot\lg e}{U_T} \approx 16{,}7$$

Wählt man $R_2 = 1\,k\Omega$, ergibt sich $R_3 = 15{,}7\,k\Omega$.

10.7.2 Exponentialfunktion

Abbildung 10.27 zeigt einen e-Funktionsgenerator, der ganz analog aufgebaut ist zu dem Logarithmierer in Abb. 10.23. Legt man eine negative Eingangsspannung an, fließt nach Gl. (10.27) durch den Transistor der Strom:

$$I_C = I_{CS}e^{\frac{U_{BE}}{U_T}} = I_{CS}e^{-\frac{U_e}{U_T}}$$

und man erhält die Ausgangsspannung:

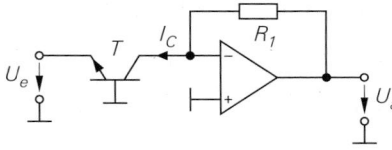

Abb. 10.27.
Einfacher e-Funktionsgenerator

$$U_a = I_{CS}R_1e^{-\frac{U_e}{U_T}} \qquad \text{für } U_e < 0$$

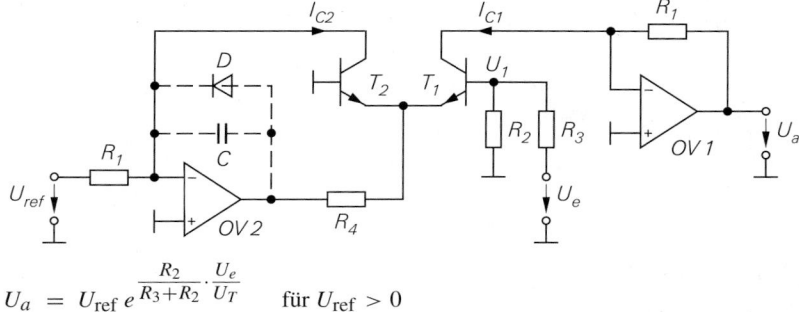

$$U_a = U_{\text{ref}} \, e^{\frac{R_2}{R_3 + R_2} \cdot \frac{U_e}{U_T}} \qquad \text{für } U_{\text{ref}} > 0$$

Abb. 10.28. Temperaturkompensierter e-Funktionsgenerator

$$U_a = I_C R_1 = I_{CS} R_1 e^{-\frac{U_e}{U_T}}$$

Wie bei dem Logarithmierer in Abb. 10.26 lässt sich auch hier die Temperaturstabilität durch den Einsatz eines Differenzverstärkers verbessern. Die entsprechende Schaltung ist in Abb. 10.28 dargestellt. Nach Gl. (10.29) gilt wieder:

$$\frac{I_{C1}}{I_{C2}} = e^{\frac{U_1}{U_T}}$$

Aus Abb. 10.28 entnehmen wir die weiteren Beziehungen:

$$I_{C1} = \frac{U_a}{R_1} \qquad I_{C2} = \frac{U_{\text{ref}}}{R_1} \qquad U_1 = \frac{R_2}{R_3 + R_2} U_e$$

Durch Einsetzen erhalten wir die Ausgangsspannung:

$$U_a = U_{\text{ref}} \, e^{\frac{R_2}{R_3 + R_2} \cdot \frac{U_e}{U_T}} \tag{10.31}$$

Man erkennt, dass I_{CS} nicht mehr in das Ergebnis eingeht, wenn die Transistoren gut gepaart sind. Der Widerstand R_4 begrenzt den Strom durch die Transistoren T_1 und T_2. Seine Größe geht nicht in das Ergebnis ein, solange der Operationsverstärker OV 2 nicht übersteuert wird.

Eine besonders wichtige Dimensionierung ist die, dass sich die Ausgangsspannung um eine Dekade (Faktor 10) erhöht, wenn die Eingangsspannung um 1 V zunimmt. Die dafür erforderliche Bedingung lässt sich aus Gl. (10.31) ableiten:

$$U_a = U_{\text{ref}} \cdot 10^{\frac{R_2}{R_3 + R_2} \cdot \frac{U_e}{U_T} \cdot \lg e} = U_{\text{ref}} \cdot 10^{\frac{U_e}{1\,\text{V}}}$$

Daraus folgt mit $U_T = 26\,\text{mV}$

$$\frac{R_3 + R_2}{R_2} = \frac{1\,\text{V} \cdot \lg e}{U_T} \approx 16{,}7$$

also dieselbe Dimensionierung wie beim Logarithmierer in Abb. 10.26. Die beschriebenen Exponentialfunktionsgeneratoren gestatten es, einen Ausdruck der Form

$$y = e^{ax}$$

zu bilden. Aufgrund der Identität

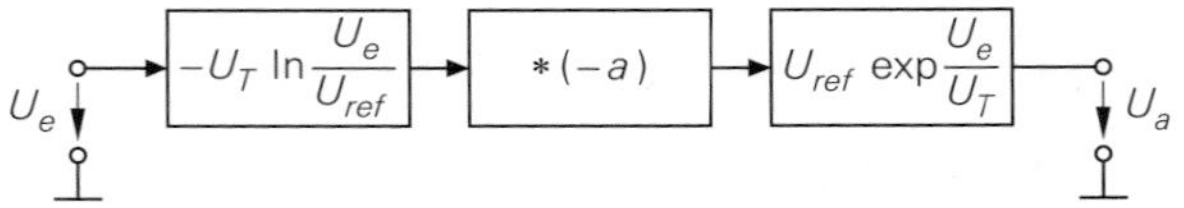

$$U_a = U_{\text{ref}} \left(\frac{U_e}{U_{\text{ref}}} \right)^a \quad \text{für } U_e > 0$$

Abb. 10.29. Allgemeine Potenzfunktion

$$b^{ax} = (e^{\ln b})^{ax} = e^{ax \ln b}$$

kann man damit auch Exponentialfunktionen zu einer beliebigen Basis b gemäß

$$y = b^{ax}$$

berechnen, indem man das Eingangssignal x mit dem Faktor $\ln b$ verstärkt und in den e-Funktionsgenerator gibt.

10.7.3 Bildung von Potenzfunktionen über Logarithmen

Die Berechnung von Potenzen der Form

$$y = x^a$$

lässt sich für $x > 0$ mit Hilfe von Logarithmierern und e-Funktionsgeneratoren durchführen. Dazu verwendet man die Identität:

$$x^a = (e^{\ln x})^a = e^{a \ln x}$$

Die prinzipielle Anordnung ist in Abb. 10.29 gezeigt. Die eingetragenen Gleichungen gelten für den Logarithmierer in Abb. 10.26 und den e-Funktionsgenerator in Abb. 10.28 mit $R_2 = \infty$ und $R_3 = 0$. Damit erhalten wir die Ausgangsspannung:

$$U_a = U_{\text{ref}} e^{\dfrac{a U_T \ln \dfrac{U_e}{U_{\text{ref}}}}{U_T}} = U_{\text{ref}} \left(\frac{U_e}{U_{\text{ref}}} \right)^a$$

Die Potenzierung über Logarithmen ist grundsätzlich nur für positive Eingangsspannungen definiert. Bei ganzzahligem Exponenten a sind rein mathematisch gesehen auch bipolare Eingangssignale zugelassen. Dieser Fall lässt sich schaltungstechnisch dadurch realisieren, dass man Multiplizierer verwendet, wie sie im Abschnitt 10.8 noch beschrieben werden.

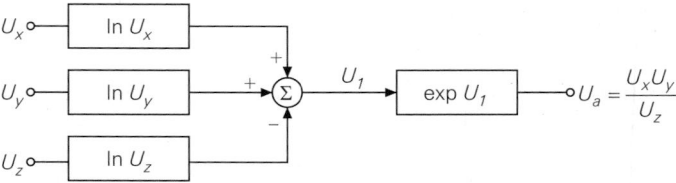

Abb. 10.30. Blockschaltbild zur Multiplikation und Division über Logarithmen

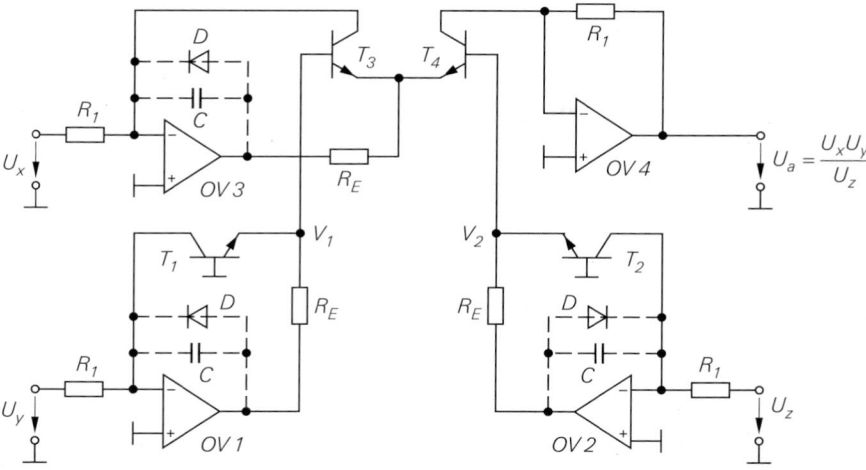

Abb. 10.31. Ausgeführte Schaltung zur Multiplikation und Division über Logarithmen

10.8 Analog-Multiplizierer

Wir haben bisher Schaltungen zum Addieren, Subtrahieren, Differenzieren und Integrieren behandelt. Multiplizieren können diese Schaltungen aber nur mit einem konstanten Faktor, der Spannungsverstärkung $U_a = A\,U_e$. Im Folgenden wollen wir die wichtigsten Prinzipien zur Multiplikation und Division von zwei variablen Spannungen behandeln.

10.8.1 Multiplizierer mit logarithmierenden Funktionsgeneratoren

Die Multiplikation und Division lässt sich auf eine Addition und Subtraktion von Logarithmen zurückführen. Abbildung 10.30 zeigt das Prinzip. Es gilt:

$$\frac{U_x U_y}{U_z} = \exp[\ln U_x + \ln U_y - \ln U_z]$$

Die praktische Realisierung des Prinzips ist in Abb. 10.31 dargestellt. Sie besteht aus dem Logarithmierer von Abb. 10.26 und dem e-Funktionsgenerator von Abb. 10.28. Die Addier-Subtrahier-Schaltung in Abb. 10.30 lässt sich einsparen, wenn man die Eingänge des Differenzverstärkers bei dem e-Funktionsgenerator zur Subtraktion verwendet und berücksichtigt, dass der Referenzspannungsanschluss als zusätzlicher Signaleingang verwendet werden kann. Die Logarithmierer in Abb. 10.31 bilden die Spannungen:

$$V_1 = -U_T \ln \frac{U_y}{I_{CS} R_1} \quad \text{bzw.} \quad V_2 = -U_T \ln \frac{U_z}{I_{CS} R_1}$$

Der e-Funktionsgenerator liefert dann die Ausgangsspannung:

$$U_a = U_x e^{\frac{V_2 - V_1}{U_T}} = \frac{U_x U_y}{U_z}$$

Man erkennt, dass sich in diesem Fall nicht nur die Sperrströme I_{CS} kürzen, sondern auch die Spannung U_T herausfällt. Daher ist keine Temperaturkompensation erforderlich. Voraussetzung ist allerdings, dass die vier Transistoren gleiche Daten und gleiche Temperatur besitzen. Sie sollten daher monolithisch integriert sein.

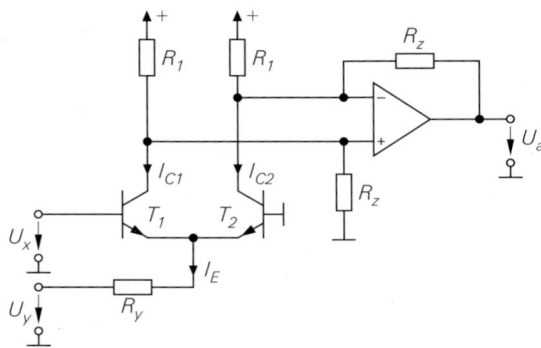

Abb. 10.32.
Prinzip eines Steilheitsmultiplizierers

$$U_a \approx \frac{R_z}{R_y} \cdot \frac{U_x U_y}{2U_T}$$

für $U_y < 0$

Ein prinzipieller Nachteil des Verfahrens ist, dass alle Eingangsspannungen positiv sein müssen und nicht einmal Null werden dürfen. Diese Einschränkungen werden aber nicht durch die Schaltung verursacht, sondern durch die zugrunde liegenden Logarithmenregeln. Ein solcher Multiplizierer wird als Einquadranten-Multiplizierer bezeichnet.

10.8.2 Steilheitsmultiplizierer

Die Spannungsverstärkung eines Verstärkers mit Bipolartransistoren ist proportional zur Steilheit und damit auch zum Kollektorstrom. Wenn man den Kollektorstrom proportional zu einer zweiten Eingangsspannung macht, ist die Ausgangsspannung demnach proportional zum Produkt von zwei Eingangsspannungen. Auf dieser Erkenntnis beruhen die Steilheitsmultiplizierer, die hier beschrieben werden sollen. Für einen Differenzverstärker gilt gemäß (4.61 auf S. 344)

$$I_{C1} - I_{C2} = I_E \tanh \frac{U_x}{2U_T} \approx I_E \cdot \frac{U_x}{2U_T} \approx -\frac{U_y}{R_y} \cdot \frac{U_x}{2U_T} \tag{10.32}$$

Die Kollektorstromdifferenz ist demnach proportional zum Produkt der Eingangsspannung U_x und dem Ruhestrom I_E. Diese Eigenschaft wird bei dem Differenzverstärker in Abb. 10.32 zur Multiplikation ausgenutzt, denn dort ist der Strom I_E näherungsweise proportional zu U_y wenn man eine negative Spannung anlegt. Der Operationsverstärker bildet die Differenz der Kollektorströme:

$$U_a = R_z(I_{C2} - I_{C1}) \approx \frac{R_z}{R_y} \frac{U_x U_y}{2U_T} \tag{10.33}$$

Für das richtige Funktionieren der Schaltung muss vorausgesetzt werden, dass U_y immer negativ ist, während die Spannung U_x beide Vorzeichen annehmen darf. Ein solcher Multiplizierer wird als Zweiquadranten-Multiplizierer bezeichnet.

Der Steilheitsmultiplizierer in Abb. 10.32 lässt sich in verschiedener Hinsicht verbessern. Bei der Herleitung von (10.32) mussten wir die Näherungsannahme treffen, dass $|U_y| \gg U_{BE} \approx 0{,}6\,\text{V}$ ist. Diese Bedingung kann man fallen lassen, wenn man den Widerstand R_y durch eine gesteuerte Stromquelle ersetzt, für die $I_E \sim U_y$ gilt.

Ein weiterer Nachteil der Schaltung in Abb. 10.32 ist darin zu sehen, dass man $|U_x|$ auf kleine Werte beschränken muss, um den Linearitätsfehler bei der Reihenentwicklung klein zu halten. Dies lässt sich umgehen, indem man U_x nicht direkt anlegt, sondern zunächst logarithmiert. Eine Erweiterung zum Vierquadranten-Multiplizierer, d.h. beliebige

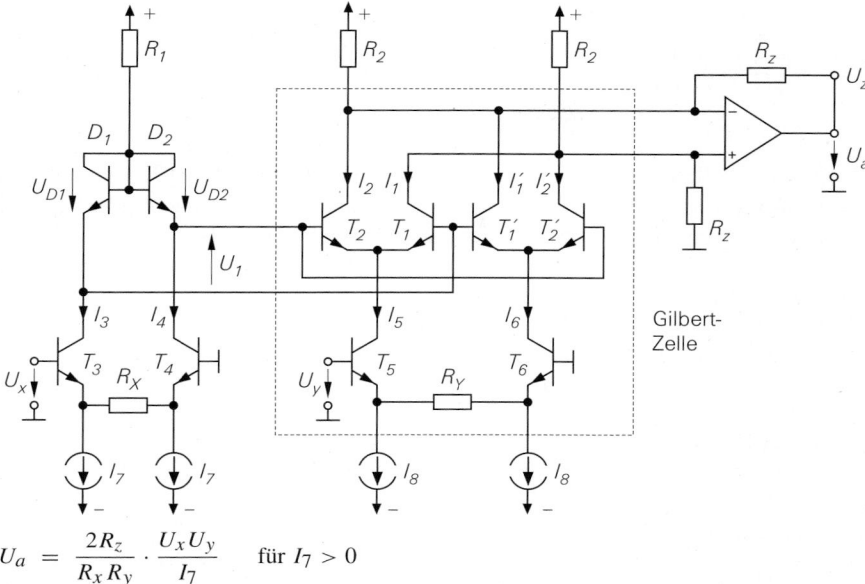

$$U_a = \frac{2R_z}{R_x R_y} \cdot \frac{U_x U_y}{I_7} \quad \text{für } I_7 > 0$$

Abb. 10.33. Vierquadranten-Steilheitsmultiplizierer. Das Kernstück ist die umrandete Gilbert-Zelle.

Vorzeichen für beide Eingangsspannungen, ist dadurch möglich, dass man einen zweiten Differenzverstärker parallel schaltet, dessen Emitterstrom man mit U_y gegensinnig steuert.

Diese Gesichtspunkte wurden bei dem Vierquadranten-Steilheitsmultiplizierer in Abb. 10.33 berücksichtigt. Der Differenzverstärker T_1, T_2 ist derjenige aus Abb. 10.32. Er wurde durch den Differenzverstärker T_1', T_2' symmetrisch ergänzt. Die Transistoren T_5, T_6 bilden einen Differenzverstärker mit Stromgegenkopplung. Dabei stellen die Kollektoren die Ausgänge von zwei Stromquellen dar, die wie verlangt von U_y gegensinnig gesteuert werden:

$$I_5 = I_8 + \frac{U_y}{R_y}, \qquad I_6 = I_8 - \frac{U_y}{R_y} \tag{10.34}$$

Für die Differenz der Kollektorströme in den beiden Differenzverstärkern T_1, T_2 und T_1', T_2' erhalten wir damit in Analogie zur vorhergehenden Schaltung:

$$I_1 - I_2 = I_5 \tanh \frac{U_1}{2U_T} = \left(I_8 + \frac{U_y}{R_y}\right) \tanh \frac{U_1}{2U_T} \tag{10.35}$$

$$I_1' - I_2' = I_6 \tanh \frac{U_1}{2U_T} = \left(I_8 - \frac{U_y}{R_y}\right) \tanh \frac{U_1}{2U_T} \tag{10.36}$$

Der Operationsverstärker bildet die Stromdifferenz:

$$\Delta I = (I_2 + I_1') - (I_2' + I_1) = (I_1' - I_2') - (I_1 - I_2) \tag{10.37}$$

Durch Subtraktion der Gl. (10.35) von Gl. (10.36) folgt daraus:

$$\Delta I \;=\; -\frac{2U_y}{R_y}\tanh\frac{U_1}{2U_T} \;=\; -\frac{2U_y}{R_y}\cdot\frac{\mathrm{e}^{\frac{U_1}{U_T}}-1}{\mathrm{e}^{\frac{U_1}{U_T}}+1} \tag{10.38}$$

Die beiden als Dioden geschalteten Transistoren D_1 und D_2 in Abb. 10.33 sollen diesen nur für kleine Werte von U_1 linearen Zusammenhang auch für große Eingangssignale von U_x linearisieren. Sie dienen zur Logarithmierung des Eingangssignals:

$$U_1 \;=\; U_{D2}-U_{D1} \;=\; U_T\ln\frac{I_4}{I_{CS}}-U_T\ln\frac{I_3}{I_{CS}}$$

Daraus folgt: [1]

$$U_1 \;=\; U_T\ln\frac{I_4}{I_3} \;=\; U_T\ln\frac{I_7-\dfrac{U_x}{R_x}}{I_7+\dfrac{U_x}{R_x}} \;=\; -2U_T\,\mathrm{atanh}\frac{U_x}{I_7R_x} \tag{10.39}$$

Einsetzen in Gl. (10.38) liefert die Stromdifferenz:

$$\Delta I \;=\; \frac{2U_xU_y}{R_xR_yI_7} \tag{10.40}$$

Der als Stromsubtrahierer beschaltete Operationsverstärker bildet daraus die Ausgangsspannung:

$$U_a \;=\; \Delta I R_z \;=\; \frac{2R_z}{R_xR_yI_7}\cdot U_xU_y \;=\; \frac{U_xU_y}{E} \tag{10.41}$$

Darin ist $E = R_xR_yI_7/2R_z$ die Recheneinheit. Sie wird meist gleich 10 V gewählt. Da U_T herausfällt, ergibt sich eine gute Temperaturkompensation. Die Gl. (10.40) bzw. (10.41) ergibt sich hier ohne Reihenentwicklung. Deshalb ist ein wesentlich größerer Eingangsspannungsbereich für U_x zulässig. Die Aussteuerungsgrenze ist dann erreicht, wenn einer der gesteuerten Stromquellentransistoren sperrt. Daraus folgt die Bedingung:

$$|U_x| < R_xI_7 \quad\text{und}\quad |U_y| < R_yI_8$$

Steilheitsmultiplizierer eignen sich nicht nur für Aufgaben im Niederfrequenzbereich, sondern auch als Mischer in der Nachrichtentechnik. Diese Anwendung wird im Abschnitt 25.5.2 auf S. 1479 noch genauer beschrieben.

Der Eingang für die Spannung U_y ist von Natur aus linear wegen der Stromgegenkopplung durch R_y. Die Transdioden D_1 und D_2 bewirken eine Vorverzerrung der Spannung U_x mit einer arctanh-Kennlinie, die die tanh-Kennlinie des Differenzverstärkers linearisiert. In Abb. 10.34 ist die vorverzerrte Spannung U_1 zusammen mit der resultierenden Ausgangsspannung gegenübergestellt zusammen mit der Übertragungskennlinie ohne Vorverzerrung. Man erkennt auf welche Weise die Vorverzerrung der Verrundung der Kennlinie des Differenzverstärkers entgegenwirkt. Diese Methode zur Linearisierung eines Differenzverstärkers lässt sich nicht nur bei Analogmultiplizierern vorteilhaft einsetzen, sondern immer dann, wenn man einen Differenzverstärker bei geringen Verzerrungen weit aussteuern möchte.

---

[1] $\tanh(x) = \dfrac{e^x-e^{-x}}{e^x+e^{-x}} = \dfrac{e^{2x}-1}{e^{2x}+1}$ $\qquad$ $\mathrm{atanh}(x) = -\dfrac{1}{2}\ln\dfrac{1-x}{1+x}$

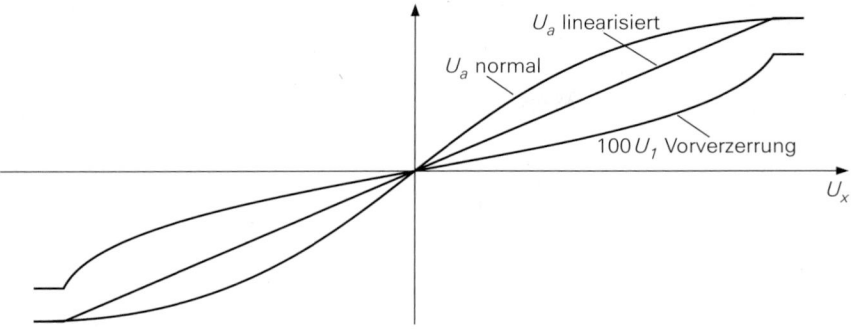

Abb. 10.34. Linearisierung eines Differenzverstärkers

Steilheitsmultiplizierer lassen sich auch zur Division einsetzen. Dazu trennt man die Verbindung zwischen U_a und U_z und verbindet stattdessen U_y mit U_a. Durch die entstehende Gegenkopplung stellt sich die Ausgangsspannung so ein, dass $\Delta I = U_z/R_z$ wird. Mit Gl. (10.40) folgt daraus:

$$\Delta I = \frac{2U_x U_y}{R_x R_y I_7} = \frac{U_z}{R_z}$$

Damit wird die neue Ausgangsspannung:

$$U_a = U_y = \frac{R_x R_y I_7}{2R_z} \cdot \frac{U_z}{U_x} = E\frac{U_z}{U_x} \tag{10.42}$$

Stabilität ist allerdings nur dann gewährleistet, wenn U_x negativ ist, da sonst statt der Gegenkopplung eine Mitkopplung auftritt. Das Vorzeichen von U_z ist dagegen beliebig. Es liegt also ein Zweiquadranten-Dividierer vor.

Steilheitsmultiplizierer nach dem in Abb. 10.33 gezeigten Prinzip sind als integrierte Schaltungen erhältlich; einige Beispiele sind in Abb. 10.35 zusammengestellt. Die erreichbare Genauigkeit liegt bei 0,1% bezogen auf die Recheneinheit E; das sind also 10 mV bei einer Recheneinheit von 10 V. Die einfachen Typen benötigen vier Einsteller, um diese Genauigkeit zu erreichen. Die besseren Typen werden bereits vom Hersteller intern abgeglichen. Bei ihnen ist ein äußerer Abgleich in der Regel nicht erforderlich.

Die 3 dB-Bandbreite ist bei Multiplizierern kein gutes Maß für die nutzbare Bandbreite, denn bei dieser Frequenz beträgt der Rechenfehler bereits 30%. Eine solche Abweichung

IC-Typ	Hersteller	Genauigkeit		Bandbreite		
		ohne Abgleich	mit Abgleich	1%		3 dB
AD 534	Analog Dev.	0,25%	0,1 %	70 kHz	1	MHz
AD 633	Analog Dev.	1 %	0,1 %	100 kHz	1	MHz
AD 734	Analog Dev.	0,1 %		1000 kHz	10	MHz
AD 834	Analog Dev.	2 %			500	MHz
AD 835	Analog Dev.		0,1 %	15 MHz	250	MHz
MLT 04*	Analog Dev.	2 %	0,2 %		8	MHz
MPY 634	Texas Inst.	1 %	0,5 %		10	MHz

Abb. 10.35. Beispiele für integrierte Steilheitsmultiplizierer. * 4 Multiplizierer

ist in den meisten Anwendungsfällen nicht tragbar. Ein besserer Anhaltspunkt ist deshalb diejenige Frequenz, bei der ein Abfall der Ausgangsamplitude um 1% auftritt. Bei einem Tiefpass erster Ordnung ist $f_{1\%} = 0{,}14\ f_{-3dB}$; das kann zur Abschätzung der 1% Bandbreite dienen, falls sie nicht angegeben ist.

Kapitel 11:
Gesteuerte Quellen und Impedanzkonverter

In der linearen Netzwerksynthese verwendet man neben den passiven Bauelementen idealisierte aktive Bauelemente in Form von gesteuerten Strom- und Spannungsquellen. Es gibt vier verschiedene Typen von idealen Quellen, die in Abb. 11.1 gegenübergestellt sind. Sie unterscheiden im Eingangs- und Ausgangssignal. Die spannungsgesteuerten Quellen werden stromlos gesteuert, die stromgesteuerten werden spannungslos gesteuert. Ein Spannungsausgang liefert eine definierte Ausgangsspannung, eine Stromausgang liefert einen definierten Ausgangsstrom. Die deutschen Namen sind jeweils angegeben zusammen mit den international üblichen Bezeichnungen. Die eingetragenen Übertragungsgleichungen gelten für die hier dargestellten idealen Quellen. Eine ganz ähnliche Übersicht haben wir bereits bei den Operationsverstärkern in Kapitel 5 kennen gelernt, die man ebenfalls gemäß spannungs- und stromgesteuerten Ein- und Ausgängen klassifiziert.

Zusätzlich werden in diesem Kapitel idealisierte Transformations-Schaltungen wie z.B. NIC, Gyrator und Zirkulator behandelt. In den folgenden Abschnitten wollen wir die wichtigsten Realisierungsmöglichkeiten beschreiben.

11.1 Spannungsgesteuerte Spannungsquellen

Eine spannungsgesteuerte Spannungsquelle ist dadurch gekennzeichnet, dass die Ausgangsspannung U_2 proportional zur Eingangsspannung U_1 ist. Es handelt sich also um nichts weiter als einen Spannungsverstärker. Als Idealisierung verlangt man, dass die Ausgangsspannung vom Ausgangsstrom unabhängig und der Eingangsstrom Null ist. Damit

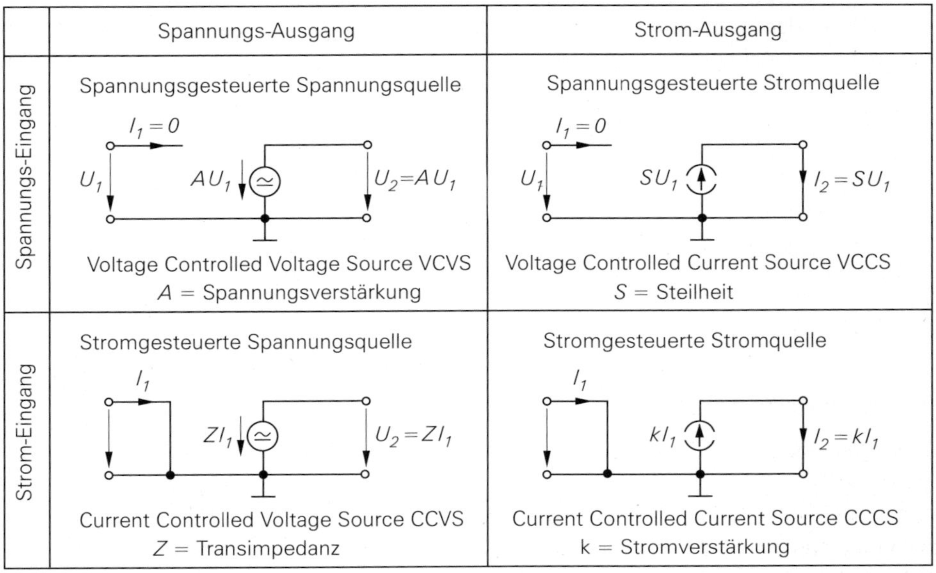

	Spannungs-Ausgang	Strom-Ausgang
Spannungs-Eingang	Spannungsgesteuerte Spannungsquelle $I_1 = 0$ $U_1 \quad A U_1 \quad U_2 = A U_1$ Voltage Controlled Voltage Source VCVS A = Spannungsverstärkung	Spannungsgesteuerte Stromquelle $I_1 = 0$ $U_1 \quad S U_1 \quad I_2 = S U_1$ Voltage Controlled Current Source VCCS S = Steilheit
Strom-Eingang	Stromgesteuerte Spannungsquelle I_1 $Z I_1 \quad U_2 = Z I_1$ Current Controlled Voltage Source CCVS Z = Transimpedanz	Stromgesteuerte Stromquelle I_1 $k I_1 \quad I_2 = k I_1$ Current Controlled Current Source CCCS k = Stromverstärkung

Abb. 11.1. Gegenüberstellung der gesteuerten Quellen bei idealem Verhalten

© Springer-Verlag GmbH Deutschland, ein Teil von Springer Nature 2019
U. Tietze et al., *Halbleiter-Schaltungstechnik*

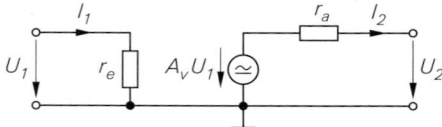

Abb. 11.2.
Modell einer realen spannungsgesteuerten
Spannungsquelle

lauten die Übertragungsgleichungen:

$$I_1 = 0 \cdot U_1 + 0 \cdot I_2 = 0,$$
$$U_2 = A_v U_1 + 0 \cdot I_2 = A_v U_1$$

In der Praxis lässt sich die ideale Quelle nur näherungsweise realisieren. Unter Berücksichtigung der meist gut erfüllbaren Rückwirkungsfreiheit ergibt sich das Ersatzschaltbild in Abb. 11.2 für eine reale Quelle mit den Übertragungsgleichungen:

$$I_1 = \frac{1}{r_e} U_1 + 0 \cdot I_2$$
$$U_2 = A_v U_1 - r_a I_2 \tag{11.1}$$

Die eingezeichnete innere Spannungsquelle ist dabei als ideal anzusehen. r_e ist der Eingangswiderstand, r_a der Ausgangswiderstand.

11.1.1 Ideale Spannungsquelle

Spannungsgesteuerte Spannungsquellen mit niedrigem Ausgangswiderstand und definiert einstellbarer Verstärkung haben wir bereits im Kapitel 5 in Form des Umkehrverstärkers und des Elektrometerverstärkers kennen gelernt. Sie sind in Abb. 11.3/11.4 noch einmal dargestellt. Gemäß (5.64) auf S. 579 erreicht man leicht Ausgangswiderstände, die weit unter 1 Ω liegen und kommt damit dem idealen Verhalten ziemlich nahe. Allerdings ist zu beachten, dass die Ausgangsimpedanz induktiven Charakter besitzt, also mit steigender Frequenz größer wird, da die Schleifenverstärkung abnimmt. Wie stark der Ausgangswiderstand mit der Frequenz zunimmt ist in Abb. 11.5 dargestellt. Wenn die Schleifenverstärkung um 5 Zehnerpotenzen sinkt, steigt der Ausgangswiderstand um diesen Faktor.

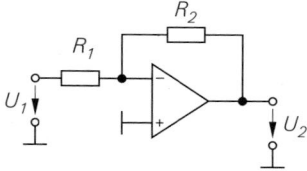

Ideale
Übertragungsfunktion: $U_2 = -\dfrac{R_2}{R_1} U_1$

Eingangsimpedanz: $\underline{Z}_e = R_1$

Ausgangsimpedanz: $\underline{Z}_a = \dfrac{r_a}{\underline{g}}$

Abb. 11.3.
Umkehrverstärker als spannungsgesteuerte Spannungsquelle

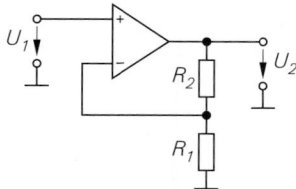

Ideale
Übertragungsfunktion: $U_2 = \left(1 + \dfrac{R_2}{R_1}\right) U_1$

Eingangsimpedanz: $\underline{Z}_e = r_{Gl} \left\|\dfrac{1}{sC}\right.$

Ausgangsimpedanz: $\underline{Z}_a = \dfrac{r_a}{\underline{g}}$

Abb. 11.4.
Elektrometerverstärker als spannungsgesteuerte Spannungsquelle

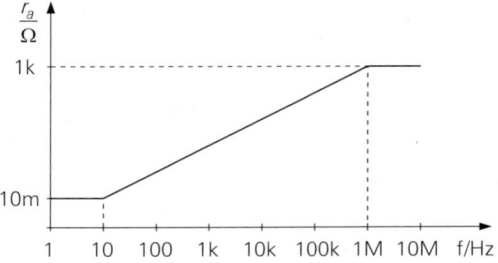

Abb. 11.5.
Zunahme des Ausgangswiderstands durch Abnahme der Schleifenverstärkung bei einem 741-OPV für volle Gegenkopplung

Entgegenwirken kann man diesem Effekt dadurch, dass man am Ausgang einen Kondensator parallelschaltet. Diese Methode ist bei Spannungsreglern üblich. Es setzt aber voraus, dass man lediglich Gleichspannungen benötigt. Außerdem muss die Frequenzgangkorrektur auf diese Betriebsart angepasst werden damit der Operationsverstärker bei kapazitiver Last nicht schwingt.

11.1.2 Spannungsquelle mit negativem Ausgangswiderstand

Mitunter benötigt man Spannungsquellen, deren Spannung nicht nur unabhängig vom Laststrom ist, sondern mit zunehmendem Laststrom ansteigt. Das kann z.B. dazu dienen, um einen unerwünschten Widerstand im Verbraucher oder seinen Zuleitungen zu kompensieren. Um eine derartige Spannungsquelle mit negativem Ausgangswiderstand zu realisieren, muss man den Ausgangsstrom messen und die wirksame Eingangsspannung mit zunehmendem Strom erhöhen. Zur Strommessung dient der Widerstand R_1 in Abb. 11.6; der Widerstand R_2 überträgt die mit steigendem Strom zunehmende Spannung U_a an den Eingang. Zur Berechnung der Ausgangsspannung kann man der Schaltung die Beziehungen

$$\frac{U_1 - U_2}{R_3} + \frac{U_a - U_2}{R_2} = 0 \quad \text{und} \quad U_a = U_2 + R_1 I_2$$

entnehmen. Daraus erhält man die Kennlinie

$$U_2 = U_1 + \frac{R_3}{R_2} R_1 I_2 \tag{11.2}$$

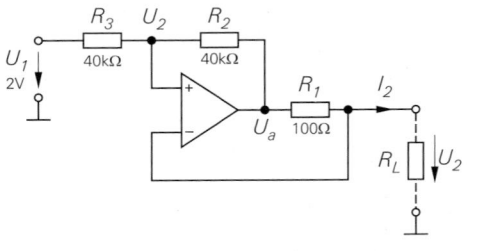

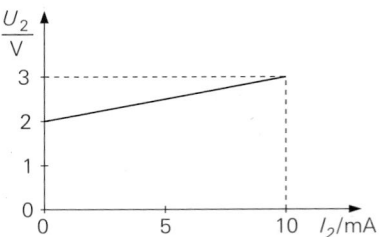

Ausgangsstrom: $\quad U_2 = U_1 - r_a I_2 = 1V + 100\,\Omega\, I_2$
Ausgangswiderstand: $r_a = -R_1 R_3 / R_2 = -100\,\Omega$

Abb. 11.6. Spannungsgesteuerte Spannungsquelle mit negativem Ausgangswiderstand. Das Diagramm zeigt die Kennlinie der Quelle für das Dimensionierungsbeispiel. Ein Kennzeichen des negativen Ausgangswiderstandes ist, dass die Ausgangsspannung mit zunehmendem Ausgangsstrom ansteigt.

Die hier beschriebene Schaltung wird noch einmal bei dem NIC auf Seite 782 erklärt, dort aber mit einer anderen Dimensionierung.

11.2 Stromgesteuerte Spannungsquellen

Das in Abb. 11.7 dargestellte Modell der stromgesteuerten Spannungsquelle ist identisch mit dem der spannungsgesteuerten Spannungsquelle in Abb. 11.2. Der Unterschied besteht lediglich darin, dass jetzt der Eingangsstrom als Steuergröße verwendet wird. Er soll durch die Schaltung möglichst wenig beeinflusst werden. Das ist im Idealfall für $r_e = 0$ gegeben. Die Übertragungsgleichungen lauten bei vernachlässigbarer Rückwirkung:

$$
\begin{aligned}
U_1 &= r_e I_1 + 0 \cdot I_2 & U_1 &= 0 \\
U_2 &= R I_1 - r_a I_2 & \Rightarrow \quad U_2 &= R I_1 \\
&\text{(real)} & &\text{(ideal, } r_e = r_a = 0)
\end{aligned}
\tag{11.3}
$$

Bei der Schaltungsrealisierung nach Abb. 11.8 nutzt man die Tatsache aus, dass der Summationspunkt eines Umkehrverstärkers eine virtuelle Masse darstellt. Dadurch ergibt sich der geforderte niedrige Eingangswiderstand. Die Ausgangsspannung wird $U_2 = -R I_1$, wenn man den Eingangsruhestrom des Verstärkers gegenüber I_1 vernachlässigen kann. Sollen sehr kleine Ströme I_1 als Steuergröße verwendet werden, muss man einen Verstärker mit Fet-Eingang verwenden. Zusätzliche Fehler können durch die Offsetspannung entstehen. Sie sind umso größer, je niedriger der Innenwiderstand R_g der Signalquelle ist, da die Offsetspannung mit dem Faktor $(1 + R/R_g)$ verstärkt wird.

Für die Ausgangsimpedanz ergibt sich dieselbe Beziehung wie bei der vorhergehenden Schaltung. Die darin auftretende Schleifenverstärkung g ist vom Innenwiderstand R_g der Signalquelle abhängig und beträgt:

$$
\underline{g} = \underline{k}\, \underline{A}_D = \frac{R_g}{R + R_g} \underline{A}_D
$$

Eine stromgesteuerte Spannungsquelle mit potentialfreiem Eingang werden wir noch im Kapitel 18.2.2 auf S. 1060 behandeln.

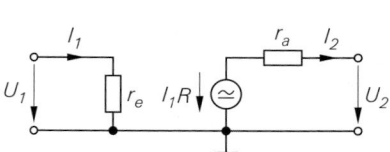

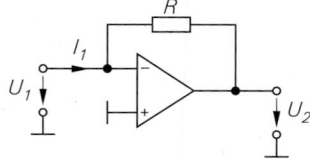

Ideale Übertragungsfunktion: $U_2 = -R I_1$

Eingangsimpedanz: $\underline{Z}_e = \dfrac{R}{\underline{A}_D}$

Ausgangsimpedanz: $\underline{Z}_a = \dfrac{r_a}{\underline{g}}$

Abb. 11.7.
Modell einer realen stromgesteuerten
Spannungsquelle

Abb. 11.8.
Stromgesteuerte Spannungsquelle

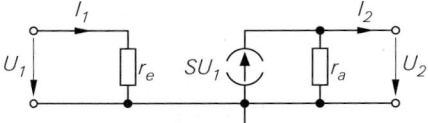

Abb. 11.9.
Modell einer realen einer spannungsgesteuerten Stromquelle

11.3 Spannungsgesteuerte Stromquellen

Spannungsgesteuerte Stromquellen sollen einem Verbraucher einen Strom I_2 einprägen, der von der Ausgangsspannung U_2 unabhängig ist und nur von der Steuerspannung U_1 bestimmt wird. Es soll also gelten:

$$\begin{aligned} I_1 &= 0 \cdot U_1 + 0 \cdot U_2 \\ I_2 &= SU_1 \quad + 0 \cdot U_2 \end{aligned} \tag{11.4}$$

Diese Forderung lässt sich in der Praxis nur näherungsweise erfüllen. Unter Berücksichtigung der gut realisierbaren Rückwirkungsfreiheit ergibt sich für eine reale Stromquelle das Ersatzschaltbild in Abb. 11.9 mit den Übertragungsgleichungen:

$$\begin{aligned} I_1 &= \frac{1}{r_e}U_1 + 0 \cdot U_2, \\ I_2 &= SU_1 \quad - \frac{1}{r_a}U_2 \end{aligned} \tag{11.5}$$

Für $r_e \to \infty$ und $r_a \to \infty$ ergibt sich die ideale Stromquelle. Der Parameter S wird als Steilheit oder Übertragungsleitwert bezeichnet.

11.3.1 Stromquellen für potentialfreie Verbraucher

Beim Umkehr- und beim Elektrometerverstärker fließt durch den Gegenkopplungswiderstand der Strom $I_2 = U_1/R_1$. Er ist also vom Spannungsabfall am Gegenkopplungswiderstand unabhängig. Die beiden Schaltungen lassen sich demnach als Stromquellen verwenden, indem man den Verbraucher R_L anstelle des Gegenkopplungswiderstandes einsetzt, wie es in Abb. 11.10 und 11.11 dargestellt ist.

Für die Eingangsimpedanz erhält man dieselben Beziehungen wie bei den entsprechenden spannungsgesteuerten Spannungsquellen in Abb. 11.3 und 11.4. Bei endlicher

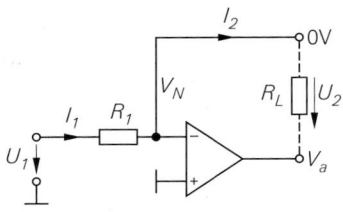

Ausgangsstrom: $I_2 = \dfrac{U_1}{R_1}$

Ausgangswiderstand: $r_a = A_D R_1$

Abb. 11.10.
Invertierender Verstärker als spannungsgesteuerte Stromquelle

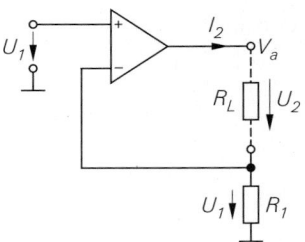

Ausgangsstrom: $I_2 = \dfrac{U_1}{R_1}$

Ausgangswiderstand: $r_a = A_D R_1$

Abb. 11.11.
Nichtinvertierender Verstärker als spannungsgesteuerte Stromquelle

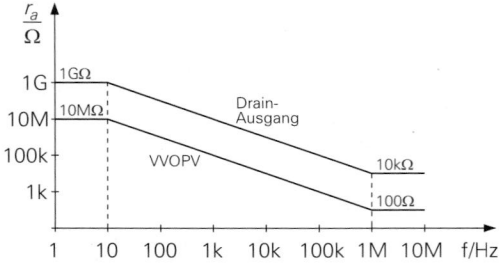

Abb. 11.12.
Abnahme des Ausgangswiderstands durch Abnahme der Schleifenverstärkung bei einem 741-OPV mit $R_1 = 100\,\Omega$ als Beispiel. Darüber: Ausgangswiderstand mit zusätzlichem Fet.

Differenzverstärkung A_D des Operationsverstärkers erhält man für den Ausgangswiderstand nur endliche Werte, weil die Potentialdifferenz $U_D = V_P - V_N$ nicht exakt Null bleibt. Zur Berechnung des Ausgangswiderstandes entnehmen wir der Abb. 11.10 die Beziehungen

$$I_1 = I_2 = \frac{U_1 - V_N}{R_1} \qquad V_N = -\frac{V_a}{A_D} \qquad U_2 = V_N - V_a$$

und erhalten:

$$I_2 = \frac{U_1}{R_1} - \frac{U_2}{R_1(1 + A_D)} \approx \frac{U_1}{R_1} - \frac{U_2}{A_D R_1}$$

Daraus ergibt sich der Ausgangswiderstand zu:

$$r_a = -\frac{\partial U_2}{\partial I_2} = A_D R_1 \tag{11.6}$$

Er ist also proportional zur Differenzverstärkung des Operationsverstärkers.

Da die Differenzverstärkung eines frequenzkorrigierten Operationsverstärkers eine niedrige Grenzfrequenz besitzt (z.B. $f_{gA} \approx 10\,\text{Hz}$ beim Typ 741), muss man bereits bei tiefen Frequenzen berücksichtigen, dass A_D komplex wird. In komplexer Schreibweise lautet die Gl. (11.6):

$$\underline{Z}_a = \underline{A}_D R_1 = \frac{A_D}{1 + j\frac{\omega}{\omega_{gA}}} R_1 \tag{11.7}$$

Diese Ausgangsimpedanz lässt sich als Parallelschaltung eines ohmschen Widerstandes R_a und einer Kapazität C_a darstellen, wie folgende Umformung der Gl. (11.7) zeigt:

$$\underline{Z}_a = \frac{1}{\dfrac{1}{A_D R_1} + \dfrac{s}{A_D R_1 \omega_{gA}}} = R_a \left\| \frac{1}{s\,C_a} \right. \tag{11.8}$$

$$\text{mit } R_a = A_D R_1 \quad , \quad C_a = \frac{1}{A_D R_1 \omega_{gA}} = \frac{1}{2\pi R_1 f_T}$$

Bei einem Operationsverstärker der 741-Klasse mit $A_D = 10^5$ und $f_T = 1\,\text{MHz}$ erhält man für $R_1 = 100\,\Omega$:

$$R_a = 10\,\text{M}\Omega \quad , \quad C_a = 1{,}6\,\text{nF}$$

Wie stark der Ausgangswiderstand mit der Frequenz abnimmt ist in Abb. 11.12 dargestellt. Wenn die Schleifenverstärkung um 5 Zehnerpotenzen sinkt, sinkt auch der Ausgangswiderstand um diesen Faktor. Die Situation lässt sich nennenswert verbessern, wenn

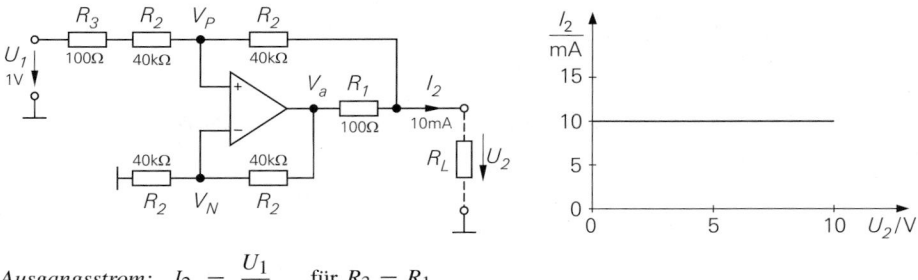

$$\text{Ausgangsstrom:} \quad I_2 \;=\; \frac{U_1}{R_1} \quad \text{für } R_3 = R_1$$

Abb. 11.13. Spannungsgesteuerte Stromquelle für geerdete Verbraucher. Die Realisierung ist besonders einfach, wenn man einen integrierten Subtrahierer einsetzt, der die 4 Widerstände R_2 bereits enthält wie z.B. den AD8276.

man eine Kollektor oder eine Drain-Elektrode als Ausgang der Stromquelle verwendet, die von Natur aus einen hohen Ausgangswiderstand besitzen. Derartige Stromquellen sind in den Abbildungen 11.15 bis 11.21 dargestellt.

Vom Standpunkt der elektrischen Daten her gesehen sind die beiden Stromquellen in Abb. 11.10 und 11.11 für viele Anwendungszwecke geeignet. Sie besitzen jedoch einen großen schaltungstechnischen Nachteil: Der Verbraucher R_L darf nicht einseitig an ein festes Potential angeschlossen werden, da sonst entweder der Verstärkerausgang oder der N-Eingang kurzgeschlossen wird. Diese Einschränkung besitzen die folgenden Schaltungen nicht.

11.3.2 Stromquellen für geerdete Verbraucher

Die Funktionsweise der Stromquelle in Abb. 11.13 beruht darauf, dass der Ausgangsstrom über den Spannungsabfall an R_1 gemessen wird. Die Ausgangsspannung des Operationsverstärkers stellt sich so ein, dass dieser Spannungsabfall gleich der vorgegebenen Eingangsspannung wird. Zur Berechnung des Ausgangsstromes wenden wir die Knotenregel auf den N- und P-Eingang und auf den Ausgang an. Damit ergibt sich:

$$\frac{V_a - V_N}{R_2} - \frac{V_N}{R_2} = 0 \qquad \frac{U_1 - V_P}{R_2 + R_3} + \frac{U_2 - V_P}{R_2} = 0$$

$$\frac{V_a - U_2}{R_1} + \frac{V_P - U_2}{R_2} - I_2 = 0$$

Mit der Bezeichnung $V_N = V_P$ erhalten wir daraus den Ausgangsstrom:

$$I_2 \;=\; \frac{R_1 + 2R_2}{2R_2 + R_3} \cdot \frac{U_1}{R_1} + \frac{R_3 - R_1}{2R_2 + R_3} \cdot \frac{U_2}{R_1} \tag{11.9}$$

Man sieht, dass der Ausgangsstrom für $R_3 = R_1$ von der Ausgangsspannung U_2 unabhängig wird. Dann wird also der Ausgangswiderstand $r_a = \infty$, und der Ausgangsstrom beträgt $I_2 = U_1/R_1$. Der Spannungsabfall an dem Strommesswiderstand ist ungefähr gleich der Eingangsspannung U_1. Um wenig Spannung für die Strommessung zu verschenken wählt man $U_1 \leq 1\,\text{V}$. Die Widerstände R_2 macht man groß gegenüber R_1, damit der Operationsverstärker und die Spannungsquelle U_1 nicht unnötig belastet werden. Durch Feinabgleich von R_3 lässt sich der Ausgangswiderstand der Stromquelle für niedrige Frequenzen auch bei einem realen Operationsverstärker auf Unendlich abgleichen.

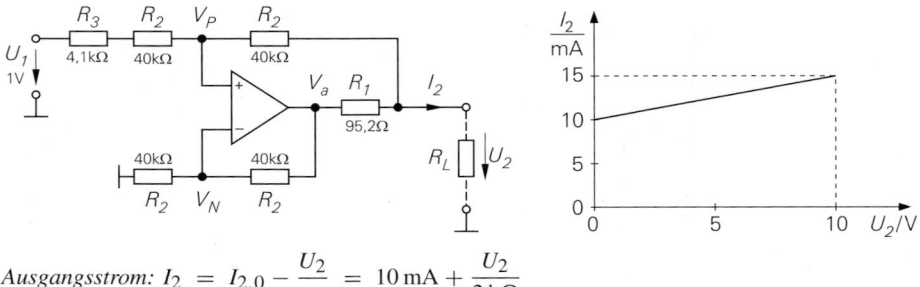

Ausgangsstrom: $I_2 = I_{2,0} - \dfrac{U_2}{r_a} = 10\,\text{mA} + \dfrac{U_2}{2\,\text{k}\Omega}$

Abb. 11.14. Stromquelle mit negativem Ausgangswiderstand. Beispiel für einen Ausgangswiderstand $r_a = -2\,\text{k}\Omega$ und einen Kurzschlußstrom $I_{2,0} = 10\,\text{mA}$

Der Innenwiderstand R_g der Steuerspannungsquelle liegt in Reihe mit R_3 und R_2. Damit er die Ergebnisse nicht verfälscht, sollte er vernachlässigbar sein.

Die Schaltung lässt sich auch als Stromquelle mit *negativem Ausgangswiderstand* dimensionieren. Abb. 11.14 zeigt diese Möglichkeit. Dazu macht man $R_3 > R_1$ um die Mitkopplung zu verstärken und erhält dann aus Gl. (11.9) den Ausgangswiderstand:

$$r_a = -\frac{\partial U_2}{\partial I_2} = \frac{2R_2 + R_3}{R_1 - R_3}\,R_1 \tag{11.10}$$

Gleichzeitig verkleinert man den Strommesswiderstand R_1 geringfügig, um den Kurzschlussstrom $I_{2,0}$ für $U_2 = 0$ konstant zu halten. Aus den Gl. 11.9 und 11.10 folgt dann die Dimensionierung der Stromquelle:

$$R_1 = \frac{-r_a\,U_{ref}}{U_{ref} - r_a\,I_{2,0}} \qquad\qquad R_3 = \left(1 + \frac{2R_2}{-r_a}\right)\frac{U_{ref}}{I_{2,0}} \tag{11.11}$$

Bei der Anwendung der Beziehungen muss man den Ausgangswiderstand vorzeichenrichtig einsetzen.

11.3.3 Transistor-Präzisionsstromquellen

In Kapitel 4 haben wir einfache Stromquellen aus einem Bipolar- bzw. Feldeffekt-Transistor kennen gelernt, die einen Verbraucher speisen können, der mit einem Anschluss auf festem Potential liegt. Der Nachteil dieser Schaltungen besteht darin, dass der Ausgangsstrom nicht genau definiert ist, da er von U_{BE} bzw. U_{GS} beeinflusst wird. Es liegt nun nahe, diesen Einfluss durch Einsatz eines Operationsverstärkers zu eliminieren. Abb. 11.15 zeigt die entsprechenden Schaltungen für einen bipolaren Transistor und für einen Feldeffekttransistor. Die Ausgangsspannung des Operationsverstärkers stellt sich so ein, dass die Spannung an dem Widerstand R_1 gleich U_1 wird. (Dies gilt natürlich nur für positive Spannungen, da die Transistoren sonst sperren.) Der Strom durch R_1 wird dann U_1/R_1. Der Ausgangsstrom beträgt somit:

beim Bipolartransistor: $I_2 = \dfrac{U_1}{R_1}\,\dfrac{B}{B+1} \approx \dfrac{U_1}{R_1}\left(1 - \dfrac{1}{B}\right)$

beim Fet: $I_2 = \dfrac{U_1}{R_1}$

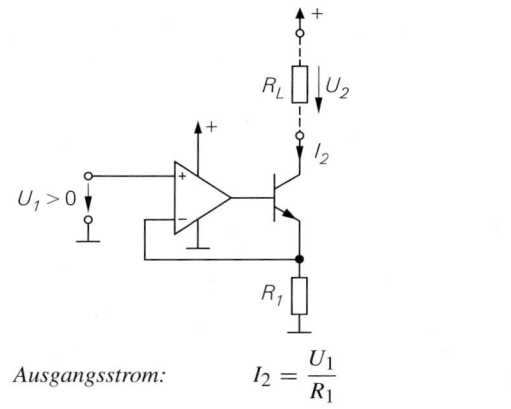

Ausgangsstrom:	$I_2 = \dfrac{U_1}{R_1}$		Ausgangsstrom:	$I_2 = \dfrac{U_1}{R_1}$
Ausgangswiderstand:	$r_a = \beta r_{CE}$		Ausgangswiderstand:	$r_a = \mu A_D R_1$

Abb. 11.15.
Stromquelle mit Bipolartransistor

Abb. 11.16.
Stromquelle mit Mosfet

Der Unterschied rührt daher, dass beim Bipolartransistor ein Teil des Emitterstroms über die Basis abfließt. Da die Stromverstärkung B von U_{CE} abhängt, ändert sich auch I_B mit der Ausgangsspannung U_2. Nach (4.1) auf S. 289 wird durch diesen Effekt der Ausgangswiderstand auf den Wert βr_{CE} begrenzt, auch wenn der Operationsverstärker als ideal angenommen wird.

Der Einfluss der endlichen Stromverstärkung lässt sich verkleinern, wenn man den Bipolartransistor durch eine Darlingtonschaltung ersetzt. Praktisch ganz beseitigen kann man diesen Einfluss durch Einsatz eines Feldeffekttransistors, weil bei ihm kein Gate-Strom fließt. Begrenzt wird der Ausgangswiderstand der Schaltung in Abb. 11.16 letztlich durch die endliche Verstärkung des Operationsverstärkers. Um ihn zu berechnen, entnehmen wir der Schaltung für $U_1 = $ const folgende Beziehungen:

$$dU_{DS} \approx -dU_2$$
$$dU_{GS} = dU_G - dU_S = -A_D R_1 dI_2 - R_1 dI_2 \approx -A_D R_1 dI_2$$

Mit der Grundgleichung (3.9) von S. 190

$$dI_2 = S dU_{GS} + \frac{1}{r_{DS}} dU_{DS}$$

erhalten wir den Ausgangswiderstand:

$$r_a = -\frac{dU_2}{dI_2} = r_{DS}(1 + A_D S R_1) \approx \mu A_D R_1 \tag{11.12}$$

Er ist also noch um den Faktor $\mu = S r_{Ds} \approx 100$ größer als bei der äquivalenten Operationsverstärker-Stromquelle ohne Fet wie Abb. 11.12 zeigt. Mit den Werten des dort angegebenen Zahlenbeispiels erhält man hier den sehr hohen Ausgangswiderstand von ca. $1 \, G\Omega$. Wegen der Frequenzabhängigkeit der Differenzverstärkung A_D ist dieser Wert jedoch nur unterhalb der Grenzfrequenz f_{gA} des Operationsverstärkers gültig. Bei höheren Frequenzen müssen wir die Differenzverstärkung komplex ansetzen und erhalten anstelle von Gl. (11.12) die Ausgangsimpedanz:

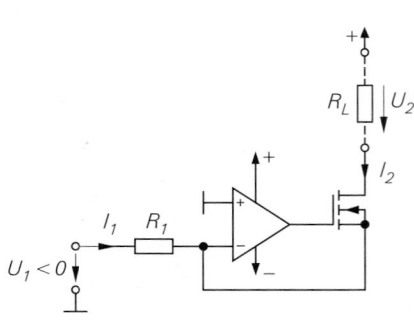

Ausgangsstrom: $\quad I_2 = -\dfrac{U_1}{R_1}$

Ausgangswiderstand: $\quad r_a = \mu A_D R_1$

Abb. 11.17.
Invertierende Stromquelle

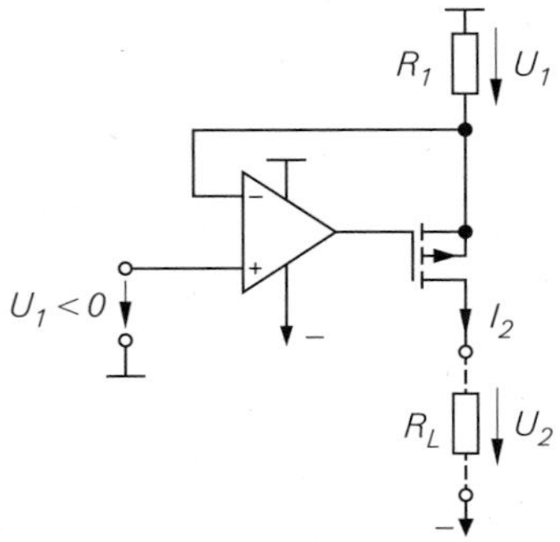

Ausgangsstrom: $\quad I_2 = -\dfrac{U_1}{R_1}$

Ausgangswiderstand: $\quad r_a = \mu A_D R_1$

Abb. 11.18.
Stromquelle für Verbraucher mit negativer Versorgungsspannung

$$\underline{Z}_a \;=\; \underline{A}_D \mu R_1 \;=\; \frac{A_D}{1 + j\dfrac{\omega}{\omega_{gA}}} \mu R_1 \tag{11.13}$$

Wie der Vergleich mit Gl. (11.7) und (11.8) zeigt, lässt sich diese Impedanz darstellen als Parallelschaltung eines ohmschen Widerstandes $R_a = \mu A_D R_1$ und einer Kapazität $C_a = 1/\mu R_1 \omega_T$. Beide Werte sind also um den Faktor μ günstiger. Für das genannte Zahlenbeispiel erhalten wir $C_a = 1\,\mathrm{pF}$. Hier erkennt man den großen Vorteil der Transistor-Präzisionsstromquellen. Selbst wenn die Differenzverstärkung des Operationsverstärkers bei hohen Frequenzen auf $A_D = 1$ absinkt, bleibt noch der ordentliche Ausgangswiderstand des Transistors selbst übrig. Es ist aus dieser Sicht unsinnig, einen VV-Operationsverstärker in einer Stromquelle wie in Abb. 11.13 einzusetzen und den niedrigen Ausgangswiderstand durch Beschaltung heraufzusetzen. Wenn man bipolare Ausgangsströme benötigt, sind aus diesem Grund Schaltungen mit Drain-Ausgang vorzuziehen, die im folgenden Abschnitt beschrieben werden.

Die Schaltung in Abb. 11.16 lässt sich modifizieren, indem man die Eingangsspannung direkt an R_1 anlegt und statt dessen den P-Eingang an Masse anschließt. Diese Möglichkeit zeigt Abb. 11.17. Damit der Fet nicht sperrt, muss U_1 negativ sein. Im Unterschied zu der Schaltung in Abb. 11.16 wird die Steuerspannungsquelle mit I_2 belastet.

Benötigt man eine Stromquelle, deren Ausgangsstrom in der umgekehrten Richtung fließt wie bei der Schaltung in Abb. 11.16, braucht man lediglich den n-Kanal-Fet durch einen p-Kanal-Fet zu ersetzen und gelangt zu der Schaltung in Abb. 11.18.

11.3.3.1 Transistor-Stromquellen für bipolare Ausgangsströme

Ein Nachteil der bisher aufgeführten Transistor-Stromquellen besteht darin, dass sie nur einen unipolaren Ausgangsstrom liefern können. Durch Kombination der Schaltungen in Abb. 11.16 und 11.18 gelangt man zu der Stromquelle in Abb. 11.19, die bipolare Ausgangsströme liefern kann. Die beiden Operationsverstärker OV1 und OV2 bilden hier Stromspiegel mit den Teilströmen

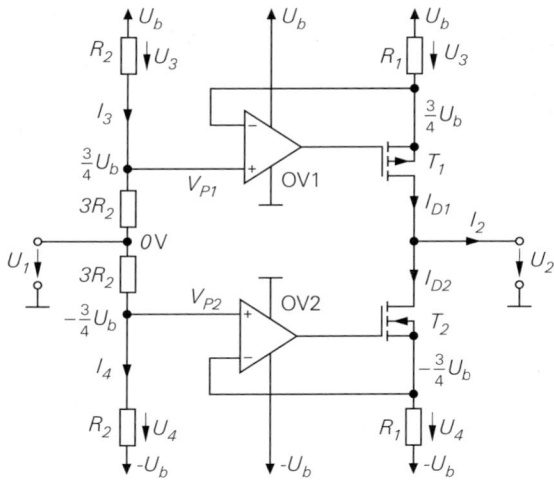

Abb. 11.19.
Bipolare Fet-Stromquelle mit
eingetragenen Ruhepotentialen

Ausgangsstrom: $I_2 = -\dfrac{U_1}{2R_1}$

$$I_{D1} = \frac{R_2}{R_1}I_3 \quad , \quad I_{D2} = \frac{R_2}{R_1}I_4$$

Der Ausgangsstrom ergibt sich als Differenz der beiden Teilströme:

$$I_2 = I_{D1} - I_{D2} = \frac{R_2}{R_1}(I_3 - I_4) \tag{11.14}$$

Im Ruhezustand $U_1 = 0$ ist $I_3 = I_4 = \frac{1}{4}U_b/R_2$. In diesem Fall fließen die Ruheströme

$$I_{D1} = I_{D2} = \frac{U_3}{R_1} = \frac{U_b}{4R_1}$$

die sich genau kompensieren, sodass der Ausgangsstrom $I_2 = 0$ wird. Bei positiven Eingangsspannungen U_1 vergrößert sich der Strom I_{D2} um $U_1/4R_1$, während I_{D1} um denselben Betrag abnimmt. Damit ergibt sich ein Ausgangsstrom:

$$I_2 = -\frac{U_1}{2R_1}$$

Ein Nachteil der Schaltung in Abb. 11.19, dass sie große Ruheströme besitzt, die von der Betriebsspannung abhängen. In dieser Beziehung ist die Schaltung in Abb. 11.20 wesentlich günstiger. Sie unterscheidet sich von der vorhergehenden durch eine andere Art der Ansteuerung der Stromspiegel. Die beiden Stromspiegel OV1 und OV2 werden hier von den Strömen I_3 und I_4 gesteuert, die in den Betriebsspannungsanschlüssen des Spannungsfolgers OV3 fließen.

Dabei wird nun von der Tatsache Gebrauch gemacht, dass man den Operationsverstärker OV3 als Stromknoten auffassen kann, für den nach der Knotenregel die Summe der Ströme gleich Null sein muss. Da man die Eingangsströme vernachlässigen kann und ein Masseanschluss nicht vorhanden ist, ergibt sich:

$$I_5 = I_3 - I_4 = \frac{U_1}{R_3} \tag{11.15}$$

Einsetzen in (11.14) liefert den Ausgangsstrom:

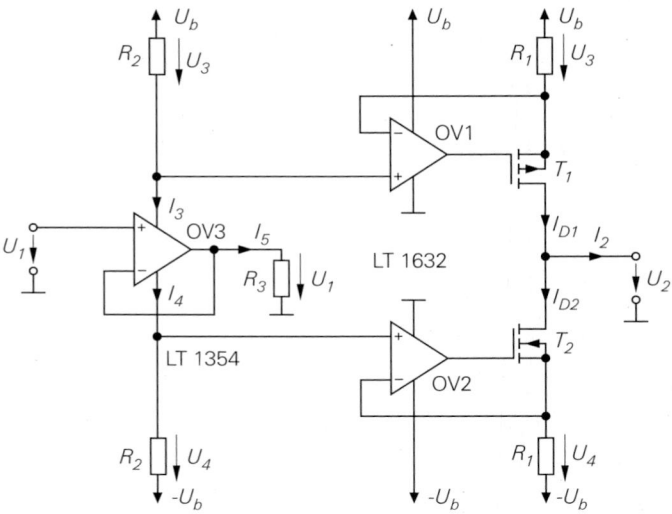

Abb. 11.20. Bipolare Fet-Stromquelle für große Ausgangsströme $I_2 = U_1 R_2 / R_1 R_3$

$$I_2 = \frac{R_2}{R_1 R_3} U_1 \stackrel{R_2 = R_3}{=} \frac{U_1}{R_1} \tag{11.16}$$

Im Ruhezustand ist $I_5 = 0$ und $I_3 = I_4 = I_R$. Dabei ist I_R der Ruhestrom des Operationsverstärkers OV3. Er ist klein gegenüber dem maximal erhältlichen Ausgangsstrom I_5 des Verstärkers. Bei positiver Eingangsspannung wird $I_3 \approx I_5 \gg I_4$. Der Ausgangsstrom I_2 wird dann praktisch ganz von der oberen Ausgangsstufe geliefert, während die untere nahezu sperrt. Bei negativer Eingangsspannung ist es umgekehrt. Es handelt sich also um einen Gegentakt-AB-Betrieb. Da der Ruhestrom in der Endstufe

$$I_{D1} = I_{D2} = \frac{R_2}{R_1} I_R$$

klein ist gegenüber dem maximalen Ausgangsstrom, ergibt sich der Ausgangsstrom im Ruhezustand nur noch als Differenz kleiner Größen. Dadurch wird eine gute Nullpunktstabilität erzielt. Als weiterer Vorteil ergibt sich daraus ein hoher Wirkungsgrad, der besonders dann von Interesse ist, wenn man die Schaltung für hohe Ausgangsströme auslegt. Aus diesem Grund verwendet man für OV3 einen Operationsverstärker mit niedriger Ruhestromaufnahme. Um die Feldeffekttransistoren in Abb. 11.20 richtig anzusteuern, muss

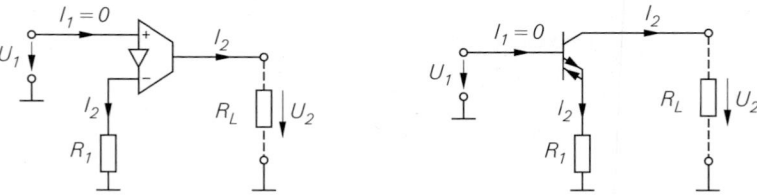

Abb. 11.21. Spannungsgesteuerte Stromquelle mit einem CC-Operationsverstärker. Dieselbe Schaltung mit verschiedenen Schaltsymbolen für den Operationsverstärker $I_2 = U_1 / R_1$

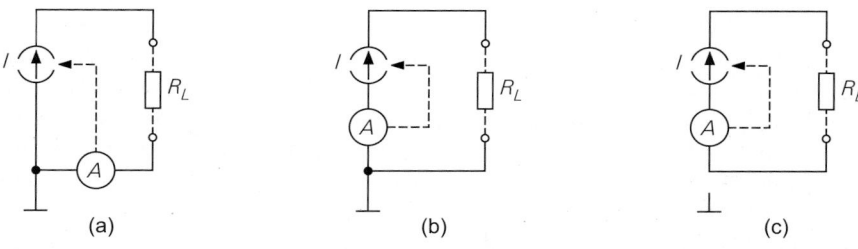

Abb. 11.22. (a) Stromquelle für schwimmende Verbraucher. (b) Stromquelle für einseitig geerdete Verbraucher. (c) Schwimmende Stromquelle für beliebige Verbraucher

die Ausgangsspannung der Operationsverstärker OV1 und OV2 in der Lage sein, bis auf die Betriebsspannung anzusteigen. Deshalb setzt man hier Rail-to-Rail Operationsverstärker gemäß Kap. 5.2.5.2 auf S. 536 ein. Beispiele für geeignete Typen sind in Abb. 11.20 eingetragen

Man kann die ganze Schaltung aber auch als einen einzigen CC-Operationsverstärker gemäß Abb. 5.123b auf S. 602 betrachten: OV3 stellt den Eingangs-Impedanzwandler dar, OV1 und OV2 die Stromspiegel. Die einfachste Möglichkeit zur Realisierung einer spannungsgesteuerten Stromquelle besteht daher im Einsatz eines CC-Operationsverstärkers gemäß Abb. 11.21 (z.B. OPA615 von Texas Instruments).

11.3.4 Schwimmende Stromquellen

Wir haben in den vorhergehenden Abschnitten zwei Typen von Stromquellen kennen gelernt. Bei den Schaltungen in Abb. 11.10 und 11.11 auf S. 771 darf keiner der beiden Anschlüsse des Verbrauchers mit einem festen Potential verbunden sein. Ein solcher Verbraucher wird als erdfrei, potentialfrei oder schwimmend bezeichnet. Abb. 11.22 a verdeutlicht diesen Sachverhalt. Als Verbraucher kommen bei dieser Betriebsart praktisch nur passive Elemente in Frage, da bei aktiven Schaltungen über die Stromversorgung in der Regel eine Masseverbindung besteht. Verbraucher, die mit einem Anschluss auf festem Potential - meist Masse - liegen können mit einer Stromquelle nach Abb. 11.22 b betrieben werden, deren Realisierung in Abb. 11.13 (S. 773) bis 11.20 angegeben ist.

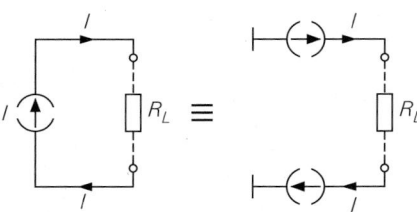

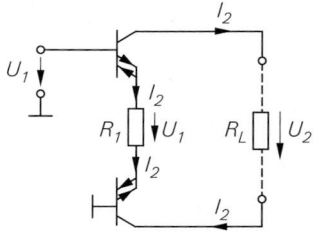

Ausgangsstrom: $I_2 = U_1 / R_1$

Abb. 11.23.
Realisierung einer schwimmenden Stromquelle aus zwei einseitig geerdeten Stromquellen

Abb. 11.24.
Praktische Realisierung einer schwimmenden Stromquelle mit zwei CC-Operationsverstärkern

Möchte man an den Lastwiderstand R_L auf ein beliebiges Potential legen, ohne dass sich der Strom ändert, dann benötigt man eine schwimmende Stromquelle. Sie lässt sich, wie in Abb. 11.23 gezeigt, mit Hilfe von zwei geerdeten Stromquellen realisieren, die entgegengesetzt gleich große Ströme liefern. Man muss in diesem Fall jedoch sicherstellen, dass bei keiner von beiden Stromquellen der Aussteuerbereich überschritten wird. Aus diesem Grund muss entweder der angeschlossene Verbraucher das Potential festlegen oder es ist eine Gleichtaktregelung erforderlich. Sie muss die beiden Ausgangsspannungen der Stromquellen überwachen und eine so regeln, dass die Aussteuerung von beiden Quellen symmetriert wird. Ein Beispiel für die schaltungstechnische Realisierung einer schwimmenden Stromquelle mit zwei CC-Operationsverstärkern (z.B. 2 x OPA615 oder 1 x MAX435) ist in Abb. 11.24 dargestellt.

11.4 Stromgesteuerte Stromquellen

Das Modell der stromgesteuerten in Abb. 11.25 Stromquelle ist identisch mit dem der spannungsgesteuerten Stromquelle in Abb. 11.9. Der Unterschied besteht lediglich darin, dass jetzt der Eingangsstrom als Steuergröße verwendet wird. Er soll durch die Schaltung möglichst wenig beeinflusst werden. Das ist im Idealfall für $r_e = 0$ gegeben. Die Übertragungsgleichungen lauten bei vernachlässigbarer Rückwirkung:

$$
\begin{aligned}
U_1 &= r_e I_1 + 0 \cdot U_2 & \Rightarrow \quad U_1 &= 0 \\
I_2 &= A_I I_1 - \frac{1}{r_a} \cdot U_2 & \Rightarrow \quad I_2 &= A_I I_1 \\
&\text{(real)} & &\text{(ideal, } r_e = 0, r_a = \infty)
\end{aligned}
\tag{11.17}
$$

In Abb. 11.26 und 11.27 sind zwei Beispiele für stromgesteuerte Stromquellen dargestellt, die sich aus den entsprechenden spannungsgesteuerten Stromquellen ergeben durch weglassen des Vorwiderstands. Da der Eingang des Operationsverstärkers stromlos ist, wird $I_2 = I_1$.

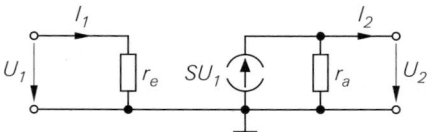

Abb. 11.25.
Modell einer realen stromgesteuerten Stromquelle

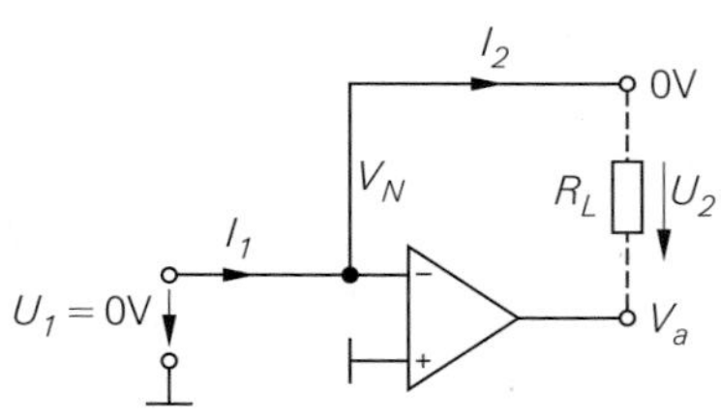

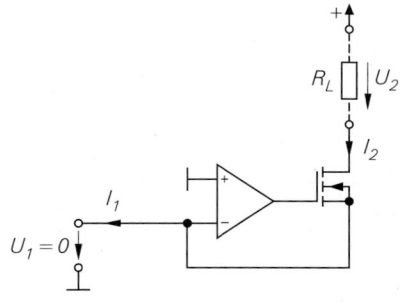

Abb. 11.26.
Stromgesteuerte Stromquelle für potentialfreie Verbraucher

Abb. 11.27.
Stromgesteuerte Stromquelle für potentialgebundene Verbraucher

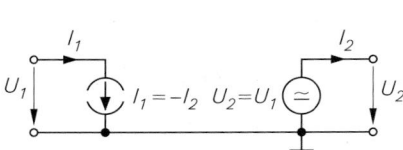

Abb. 11.28.
Modell eines INIC mit gesteuerten Quellen

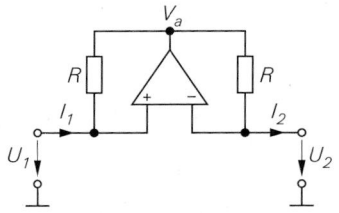

Abb. 11.29.
INIC mit Operationsverstärker

Die größte Freiheit in der Schaltungsdimensionierung ergibt sich, wenn man mit einer Schaltung aus Abschnitt 11.2 eine Strom-Spannungsumsetzung vornimmt und eine der beschriebenen spannungsgesteuerten Stromquellen aus Abschnitt 11.3 nachschaltet. Die einfachste Realisierung ergibt sich, wenn man einen CC-Operationsverstärker einsetzt, bei dem man den nichtinvertierten Eingang an Masse legt.

11.5 Der NIC (Negative Impedance Converter)

Manchmal benötigt man negative Widerstände oder Spannungsquellen mit negativem Innenwiderstand. Nach der Definition des Widerstandes ist $R = +U/I$, wenn Strom- und Spannungspfeil dieselbe Richtung haben. Wenn bei einem Zweipol in diesem Fall eine von außen angelegte Spannung U und der dann durch den Zweipol fließende Strom I entgegengesetzte Vorzeichen besitzen, wird der Quotient $U/I < 0$. Einen solchen Zweipol bezeichnet man als negativen Widerstand. Negative Widerstände lassen sich prinzipiell nur mit aktiven Schaltungen verwirklichen, die man als NIC bezeichnet. Man unterscheidet zwei Typen: den UNIC, der die Spannung bei gleichbleibendem Strom umpolt

$$
\begin{aligned}
U_1 &= -U_2 + 0 \cdot I_2 \\
I_1 &= 0 \cdot U_2 + I_2
\end{aligned}
\qquad
\begin{bmatrix} U_1 \\ I_1 \end{bmatrix} =
\begin{bmatrix} -1 & 0 \\ 0 & 1 \end{bmatrix}
\begin{bmatrix} U_2 \\ I_2 \end{bmatrix}
\qquad (11.18)
$$

und den INIC, der die Stromrichtung bei gleichbleibender Spannung umkehrt. Schaltungstechnisch lässt sich der INIC besonders einfach realisieren. Seine idealisierten Übertragungsgleichungen lauten:

$$
\begin{aligned}
U_1 &= U_2 + 0 \cdot I_2 \\
I_1 &= 0 \cdot U_2 - I_2
\end{aligned}
\qquad
\begin{bmatrix} U_1 \\ I_1 \end{bmatrix} =
\begin{bmatrix} 1 & 0 \\ 0 & -1 \end{bmatrix}
\begin{bmatrix} U_2 \\ I_2 \end{bmatrix}
\qquad (11.19)
$$

Diese Gleichungen lassen sich wie in Abb. 11.28 mit einer spannungsgesteuerten Spannungsquelle und einer stromgesteuerten Stromquelle realisieren. Beide Funktionen kann aber auch ein einziger Operationsverstärker übernehmen. Die entsprechende Schaltung ist in Abb. 11.29 dargestellt.

Beim idealisierten Operationsverstärker ist $V_P = V_N$ und damit wie verlangt $U_1 = U_2$. Die Ausgangsspannung des Operationsverstärkers stellt sich auf den Wert

$$
V_a = U_2 + I_2 R
$$

ein. Damit fließt am Tor 1 wie verlangt der Strom:

$$
I_1 = \frac{U_2 - V_a}{R} = -I_2
$$

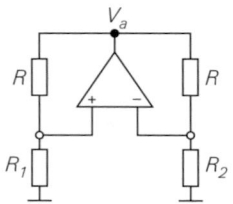

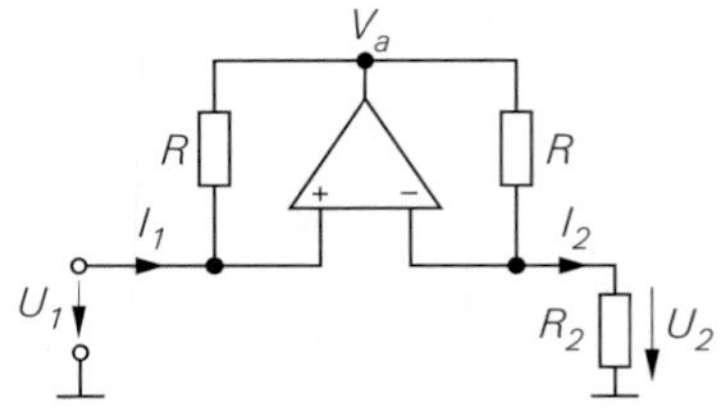

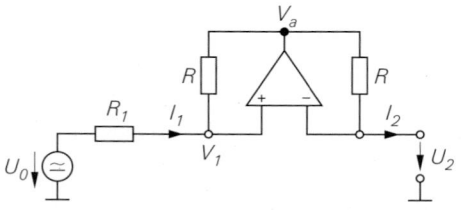

Negativer Widerstand: $\dfrac{U_1}{I_1} = -R_2$

Abb. 11.30.
Beschalteter INIC

Abb. 11.31.
Erzeugung negativer Widerstände

Bei der Herleitung haben wir stillschweigend vorausgesetzt, dass die Schaltung stabil ist. Da sie aber gleichzeitig mit- und gegengekoppelt ist, muss man getrennt untersuchen, ob diese Voraussetzung erfüllt ist. Dazu berechnen wir, welcher Bruchteil der Ausgangsspannung auf den P-Eingang bzw. den N-Eingang gekoppelt wird. Abb. 11.30 zeigt den allgemein beschalteten INIC. R_1 und R_2 sind die Innenwiderstände der angeschlossenen Schaltungen.

Mitgekoppelt wird die Spannung: $V_P = V_a \dfrac{R_1}{R_1 + R}$

Gegengekoppelt wird die Spannung: $V_N = V_a \dfrac{R_2}{R_2 + R}$

Die Schaltung ist stabil, wenn die mitgekoppelte Spannung kleiner ist als die gegengekoppelte, wenn also gilt $R_1 < R_2$.

Als Anwendung des INIC ist in Abb. 11.31 eine Schaltung zur Erzeugung negativer ohmscher Widerstände dargestellt. Legt man am Tor 1 eine positive Spannung an, wird nach Gl. (11.19) auch $U_2 = U_1$ positiv und damit auch I_2. Nach Gl. (11.19) ergibt sich:

$$I_1 = -I_2 = -\frac{U_1}{R_2}$$

Es fließt also ein negativer Strom in das Tor 1 hinein, obwohl wir eine positive Spannung angelegt haben. Das Tor 1 verhält sich demnach wie ein negativer Widerstand der Größe:

Ausgangsspannung: $U_2 = U_0 + I_2 R_1$

Ausgangswiderstand: $r_a = -\dfrac{dU_2}{dI_2} = -R_1$

Abb. 11.32. Spannungsquelle mit negativem Ausgangswiderstand

$$\frac{U_1}{I_1} = -R_2 \tag{11.20}$$

Die Schaltung ist stabil, solange der Innenwiderstand R_1 der am Tor 1 angeschlossenen Schaltung kleiner ist als R_2. Einen solchen negativen Widerstand bezeichnet man als kurzschlussstabil. Es ist auch möglich, einen leerlaufstabilen negativen Widerstand zu erzeugen, indem man den INIC umkehrt, d.h. den Widerstand R_2 am Tor 1 anschließt.

Da die Gl. (11.19) auch für Wechselströme gilt, kann man den Widerstand R_2 durch einen komplexen Widerstand $\underline{Z}_2$ ersetzen und auf diese Weise beliebige negative Impedanzen erzeugen.

Der INIC lässt sich auch als Spannungsquelle mit negativem Ausgangswiderstand betreiben. Eine Spannungsquelle mit der Leerlaufspannung U_0 und dem Ausgangswiderstand r_a liefert bei Belastung die Ausgangsspannung $U = U_0 - I r_a$. Bei normalen Spannungsquellen ist r_a positiv; daher sinkt U bei Belastung ab. Bei einer Spannungsquelle mit negativem Ausgangswiderstand dagegen steigt U bei zunehmender Belastung an. Diese Eigenschaft besitzt die Schaltung in Abb. 11.32. Es gilt nämlich:

$$U_2 = V_1 = U_0 - I_1 R_1$$

Mit $I_1 = -I_2$ folgt daraus:

$$U_2 = U_0 + I_2 R_1$$

Der INIC wurde so angeschlossen, dass die Spannungsquelle leerlaufstabil ist. Auch bei negativen Widerständen gelten die Gesetze der Reihen- und Parallelschaltung unverändert. Man kann die Spannungsquelle mit negativem Ausgangswiderstand also z.B. dazu verwenden, den Widerstand einer längeren Zuleitung zu kompensieren, um am Ende die Spannung U_0 mit dem Ausgangswiderstand Null zu erhalten.

11.6 Der Gyrator

Der Gyrator ist eine Transformationsschaltung, mit der man beliebige Impedanzen in ihre dazu dualen umwandeln kann, also z.B. eine Kapazität in eine Induktivität. Das Schaltsymbol des Gyrators ist in Abb. 11.33 dargestellt. Die Übertragungsgleichungen des idealen Gyrators lauten:

$$I_1 = 0 \cdot U_1 + \frac{1}{R_g} U_2 \qquad \qquad \begin{bmatrix} I_1 \\ I_2 \end{bmatrix} = \begin{bmatrix} 0 & 1/R_g \\ 1/R_g & 0 \end{bmatrix} \begin{bmatrix} U_1 \\ U_2 \end{bmatrix} \tag{11.21}$$
$$I_2 = \frac{1}{R_g} U_1 + 0 \cdot U_2$$

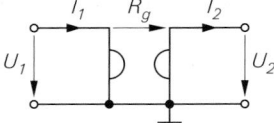

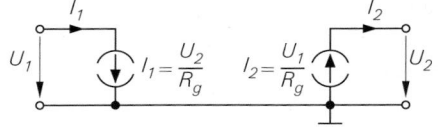

Abb. 11.33.
Schaltsymbol des Gyrators

Abb. 11.34.
Realisierung eines Gyrators mit zwei spannungsgesteuerten Stromquellen

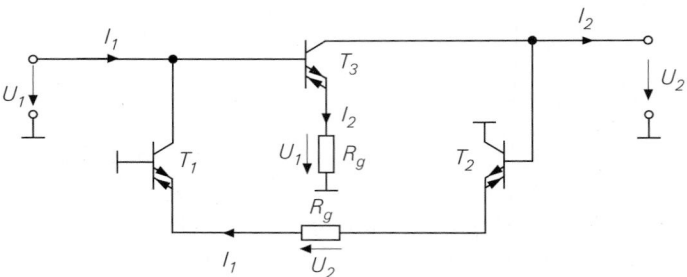

Abb. 11.35. Aufbau eines Gyrators aus CC-Operationsverstärkern als spannungsgesteuerte Stromquellen

Es ist also jeweils der Strom auf der einen Seite proportional zur Spannung auf der
anderen Seite. Man kann demnach einen Gyrator aus zwei spannungsgesteuerten Stromquellen mit hohem Eingangs- und Ausgangswiderstand realisieren, wie es schematisch
in Abb. 11.34 dargestellt ist. Die direkte Realisierung dieses Prinzips besteht im Einsatz
von zwei CC-Operationsverstärkern wie in Abb. 11.35. Die Übertragungsgleichungen lassen sich direkt in der Schaltung bestätigen, wenn man berücksichtigt, dass $U_{BE} = 0$ und
$I_B = 0$ ist. Um die richtigen Vorzeichen für den Strom zu erhalten, reicht im Signalpfad von
links nach rechts ein einfacher CC-Operationsverstärker aus, während in der Gegenrichtung ein Differenzverstärker gemäß Abb. 5.130 erforderlich ist. Um hochwertige Gyratoren
zu realisieren, müssen die Stromquellen einen hohen Ausgangswiderstand besitzen. Dafür
ist der OPA615 (Texas Instruments) besonders gut geeignet, da er Kaskode-Stromspiegel
am Ausgang besitzt, die einen Ausgangswiderstand im Megohm-Bereich besitzen.

11.6.1 Transformation von Zweipolen

Um die Wirkungsweise eines Gyrators zu untersuchen, schließen wir auf der rechten Seite
einen Widerstand R_2 an. Da I_2 und U_2 dieselbe Pfeilrichtung besitzen, gilt nach dem
Ohmschen Gesetz der Zusammenhang $I_2 = U_2/R_2$. Setzt man diese Beziehung in die
Übertragungsgleichungen ein, folgt:

$$U_1 = I_2 R_g = \frac{U_2 R_g}{R_2} \quad \text{und} \quad I_1 = \frac{U_2}{R_g}$$

Das Tor 1 verhält sich demnach wie ein ohmscher Widerstand mit dem Wert:

$$R_1 = \frac{U_1}{I_1} = \frac{R_g^2}{R_2} \tag{11.22}$$

Er ist also proportional zum Kehrwert des Verbraucherwiderstandes am Tor 2. Die Wider-
standstransformation gilt auch für Wechselstromwiderstände und lautet dann entsprechend
zu Gl. (11.22):

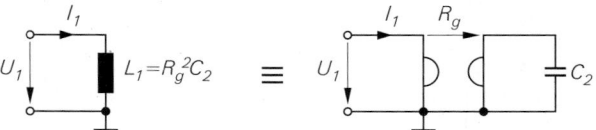

Abb. 11.36.
Simulation einer Induktivität

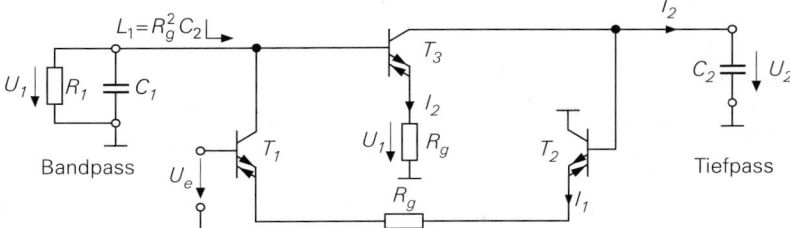

Abb. 11.37. Realisierung eins Schwingkreises mit einem Gyrator zur Simulation der Schwingkreisinduktivität. Die Schaltung arbeitet gleichzeitig als Bandpass- und Tiefpassfilter
wenn man U_e als Eingang benutzt.

$$\underline{Z}_1 = \frac{R_g^2}{\underline{Z}_2} \tag{11.23}$$

Diese Beziehung führt auf eine interessante Anwendung des Gyrators: Schließt man nämlich auf der einen Seite einen Kondensator mit der Kapazität C_2 an, misst man auf der
anderen Seite die Impedanz:

$$\underline{Z}_1 = R_g^2 \cdot j\omega C_2$$

Das ist aber nichts anderes als die Impedanz einer Induktivität:

$$L_1 = R_g^2 C_2 \tag{11.24}$$

Die Bedeutung des Gyrators liegt darin, dass man mit ihm große verlustarme Induktivitäten
erzeugen kann. Die entsprechende Schaltung ist in Abb. 11.36 dargestellt. Die beiden freien
Anschlüsse des Gyrators verhalten sich nach Gl. (11.24) so, als ob zwischen ihnen eine
Induktivität $L_1 = R_g^2 C_2$ läge. Mit $C_2 = 1\,\mu F$ und $R_g = 10\,k\Omega$ ergibt sich $L_1 = 100\,\mathrm{H}$.

Schaltet man zu der Induktivität L_1 einen Kondensator C_1 parallel, erhält man einen
Parallelschwingkreis. Damit lassen sich „L" C-Filter hoher Güte aufbauen. Diese Mög-
lichkeit ist in Abb. 11.37 dargestellt. Die simulierte Induktivität ergibt zusammen mit dem
RC-Glied am Tor 1 einen Schwingkreis mit der Resonanzfrequenz

$$f_r = \frac{1}{2\pi\sqrt{LC}} = \frac{1}{2\pi R_g\sqrt{C_1 C_2}} \overset{C_1 = C_2 = C}{=} \frac{1}{2\pi R_g C}$$

und der Güte $Q = R_1/R$. Wenn man an der Basis von T_1 ein Eingangssignal anschließt,
wird die Schaltung zu einem kombinierten Bandpass- Tiefpassfilter, das in Kapitel 12.12.6
auf S. 853 genauer beschrieben wird.

11.6.2 Transformation von Vierpolen

Mit Gyratoren kann man nicht nur Zweipole, sondern auch Vierpole transformieren. Dazu
schließt man den zu transformierenden Vierpol wie in Abb. 11.38 zwischen zwei Gyratoren
mit gleichen Gyrationswiderständen an. Zwischen den äußeren Toren tritt dann der duale
Vierpol auf. Zur Herleitung der Transformationsgleichungen bildet man das Produkt der
Kettenmatrizen. Der zu transformierende Vierpol besitze die Vierpol-Gleichungen:

$$\begin{bmatrix} U_2 \\ I_2 \end{bmatrix} = \underbrace{\begin{bmatrix} A_{11} & A_{12} \\ A_{21} & A_{22} \end{bmatrix}}_{A} \begin{bmatrix} U_3 \\ I_3 \end{bmatrix}$$

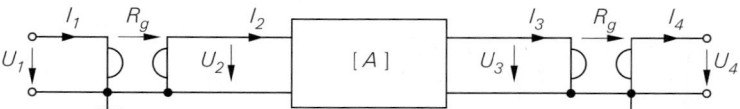

Abb. 11.38. Dualtransformation von Vierpolen

Aus Gl. (11.21) erhalten wir für die Gyratoren die Beziehungen:

$$\begin{bmatrix} U_1 \\ I_1 \end{bmatrix} = \underbrace{\begin{bmatrix} 0 & R_g \\ 1/R_g & 0 \end{bmatrix}}_{A_g} \begin{bmatrix} U_2 \\ I_2 \end{bmatrix} \quad , \quad \begin{bmatrix} U_3 \\ I_3 \end{bmatrix} = \underbrace{\begin{bmatrix} 0 & R_g \\ 1/R_g & 0 \end{bmatrix}}_{A_g} \begin{bmatrix} U_4 \\ I_4 \end{bmatrix}$$

Für die Kettenmatrix $\overline{A}$ des resultierenden Vierpols ergibt sich damit:

$$\overline{A} = A_g \, A \, A_g = \begin{bmatrix} A_{22} & A_{21} R_g^2 \\ A_{12}/R_g^2 & A_{11} \end{bmatrix} \tag{11.25}$$

Das ist die Matrix des dualtransformierten inneren Vierpols; die Übertragungsgleichungen der ganzen Anordnung in Abb. 11.38 lauten daher:

$$\begin{bmatrix} U_1 \\ I_1 \end{bmatrix} = \underbrace{\begin{bmatrix} A_{22} & A_{21} R_g^2 \\ A_{12}/R_g^2 & A_{11} \end{bmatrix}}_{\overline{A}} \begin{bmatrix} U_4 \\ I_4 \end{bmatrix}$$

Abbildung 11.39 zeigt als Beispiel, wie sich eine Schaltung aus drei Induktivitäten durch eine duale Schaltung aus drei Kapazitäten ersetzen lässt. Schaltet man parallel zu L_1 und L_2 extern je einen Kondensator, erhält man ein induktiv gekoppeltes Bandfilter, das ausschließlich aus Kondensatoren aufgebaut ist. Schließt man C_a und C_b kurz, erhält man eine erdfreie Induktivität L_3.

11.7 Der Zirkulator

Ein Zirkulator ist eine Schaltung mit drei oder mehr Anschlusspaaren, die als Tore bezeichnet werden. Das Schaltsymbol ist in Abb. 11.40 dargestellt. Kennzeichnend ist, dass ein Signal, das auf ein Tor gegeben wird, in Pfeilrichtung weitergeleitet wird. Man kann drei Fälle unterscheiden in Abhängigkeit von dem an einem Tor angeschlossenen Widerstand:

– An einem offenen Tor wird das Signal unverändert weitergeleitet
– An einem kurzgeschlossenen Tor wird das wird das Signal invertiert weitergeleitet
– An einem mit dem Widerstand $R = R_g$ abgeschlossenen Tor tritt das Signal in Originalgröße auf und wird dort absorbiert. Es wird dann nicht zum nächsten Tor weitergeleitet.

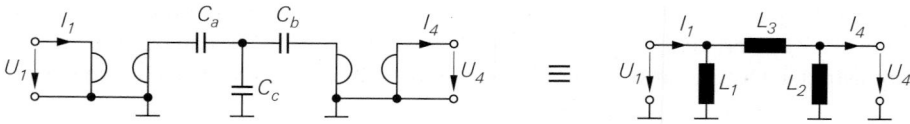

Transformationsgleichungen: $\quad L_1 = R_g^2 C_a \quad , \quad L_2 = R_g^2 C_b \quad , \quad L_3 = R_g^2 C_c$

Abb. 11.39. Beispiel für die Dualtransformation

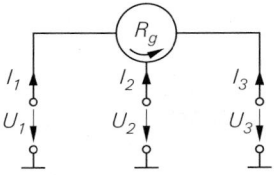

Abb. 11.40.
Schaltsymbol des Zirkulators

Die Übertragungsgleichungen des Zirkulators lauten:

$$I_1 = \frac{1}{R_g}(U_2 - U_3)$$

$$I_2 = \frac{1}{R_g}(U_3 - U_1)$$

$$I_3 = \frac{1}{R_g}(U_1 - U_2)$$

$$
\begin{bmatrix} I_1 \\ I_2 \\ I_3 \end{bmatrix} =
\begin{bmatrix}
0 & \dfrac{1}{R_g} & -\dfrac{1}{R_g} \\[2mm]
-\dfrac{1}{R_g} & 0 & \dfrac{1}{R_g} \\[2mm]
\dfrac{1}{R_g} & -\dfrac{1}{R_g} & 0
\end{bmatrix}
\begin{bmatrix} U_1 \\ U_2 \\ U_3 \end{bmatrix}
$$

Daraus wird ersichtlich, dass man den Zirkulator aus drei spannungsgesteuerten Stromquellen aufbauen kann, wie Abb. 11.41 zeigt. Eine Schaltung, die dieses Modell mit CC-Operationsverstärkern realisiert, ist in Abb. 11.42 dargestellt.

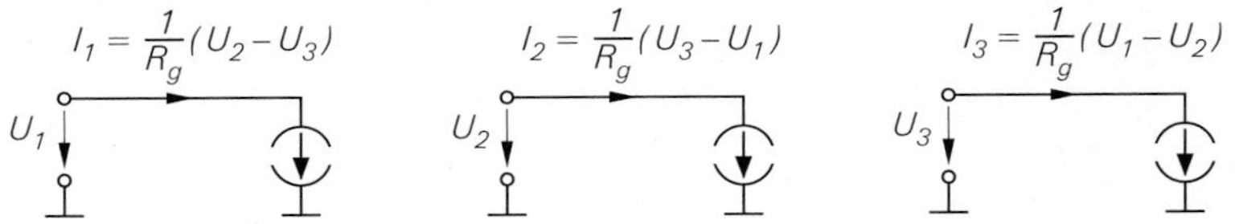

$$I_1 = \frac{1}{R_g}(U_2 - U_3) \qquad I_2 = \frac{1}{R_g}(U_3 - U_1) \qquad I_3 = \frac{1}{R_g}(U_1 - U_2)$$

Abb. 11.41. Modell eines Zirkulators mit spannungsgesteuerten Stromquellen

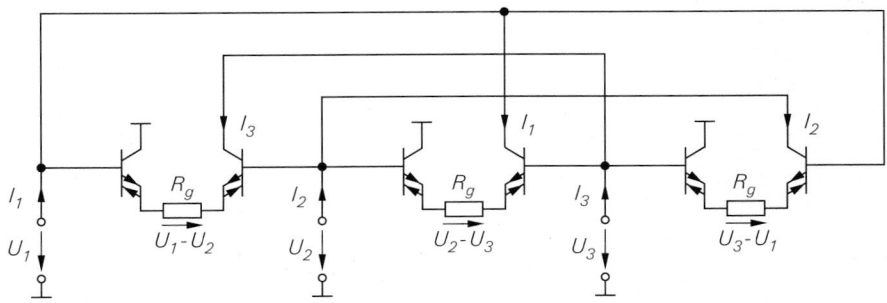

Abb. 11.42. Realisierung eines Zirkulators aus spannungsgesteuerten Stromquellen unter Verwendung von CC-Operationsverstärkern

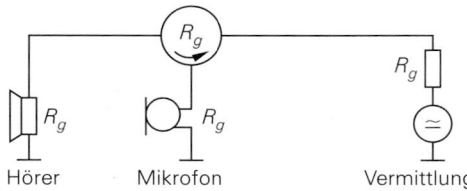

Abb. 11.43.
Einsatz eines Zirkulators als Gabelschaltung im Telefon

Als Beispiel für die Anwendung des Zirkulators ist in Abb. 11.43 eine aktive Telefon-Gabelschaltung dargestellt. Sie besteht aus einem Zirkulator mit drei Toren, die alle mit dem Zirkulationswiderstand R_g abgeschlossen sind. Das vom Mikrofon kommende Signal wird zur Vermittlung geleitet und gelangt nicht in den Hörer. Das von der Vermittlung kommende Signal wird auf den Hörer übertragen und gelangt nicht auf das Mikrofon. Für die richtige Funktionsweise eines ist es wichtig, dass der Innenwiderstand der angeschlossenen Signalquellen oder Verbraucher mit dem charakteristischen Widerstand R_g des Zirkulators übereinstimmen.

Kapitel 12:
Aktive Filter

Es gibt Filter mit ganz unterschiedlichen Eigenschaften. Die wichtigsten sind in Abb. 12.1 gegenübergestellt. Ein Tiefpassfilter lässt tiefe Frequenzen durch und dämpft hohe. Bei einem Hochpassfilter ist es genau umgekehrt. Ein Bandpass lässt nur Frequenzen in der Nähe der Resonanzfrequenz durch und dämpft tiefe und hohe Frequenzen. Eine Bandsperre dämpft nur Frequenzen in der Nähe der Resonanzfrequenz.

12.1 Theoretische Grundlagen von Tiefpassfiltern

12.1.1 Passive Tiefpässe 1. Ordnung

Das einfachste Tiefpassfilter ist der Tiefpass 1. Ordnung mit der Schaltung in Abb. 12.2. Seine Eigenschaften im Frequenz- und Zeitbereich sind besonders einfach zu verstehen und zu berechnen; deshalb sollen sie hier ausführlich behandelt werden. Bei den Filtern höherer Ordnung werden danach dieselben Methoden zur Berechnung verwendet.

12.1.1.1 Beschreibung im Frequenzbereich

Die Übertragungsfunktion der Schaltung erhält man am einfachsten mit komplexer Rechnung, wenn man sie als Spannungsteiler betrachtet:

$$\underline{A}(s) \; = \; \frac{\underline{U}_a(s)}{\underline{U}_e(s)} \; = \; \frac{1/s\,C}{R + 1/s\,C} \; = \; \frac{1}{1 + s\,RC} \tag{12.1}$$

Um daraus die interessierenden Größen zu berechnen, muss man $s = j\omega$ setzen. Für den Tiefpass 1. Ordnung erhält man dann

$$\underline{A}(j\omega) \; = \; \frac{\underline{U}_a(j\omega)}{\underline{U}_e(j\omega)} \; = \; \frac{1}{1 + j\omega\,RC} \tag{12.2}$$

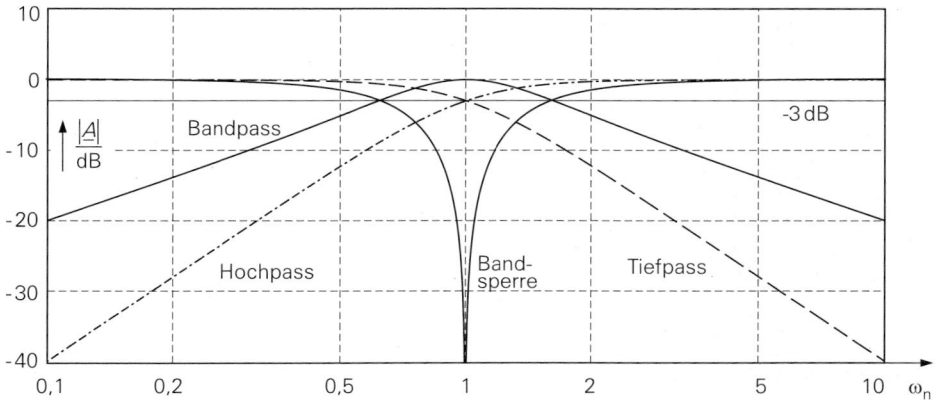

Abb. 12.1. Vergleich verschiedener Filter in 2. Ordnung. Bode-Diagramme für die Verstärkung. Normierung auf die Grenz- bzw. Resonanzfrequenz. Hier eingezeichnete Filtertypen: Tiefpass, Hochpass: Butterworth; Bandpass, Bandsperre: Güte = 1

Damit lässt sich der Betrag der Verstärkung berechnen als Betrag eines komplexen Bruchs. Aus

$$\underline{A}(j\omega) = \frac{\mathrm{Re}(Z) + j\,\mathrm{Im}(Z)}{\mathrm{Re}(N) + j\,\mathrm{Im}(N)} \quad \text{folgt} \quad |\underline{A}|^2 = \frac{\mathrm{Re}(Z)^2 + \mathrm{Im}(Z)^2}{\mathrm{Re}(N)^2 + \mathrm{Im}(N)^2} \tag{12.3}$$

Daraus ergibt sich hier der Betrag der Verstärkung. Allerdings gibt man meist das Betragsquadrat an, um eine Wurzel zu umgehen:

$$|\underline{A}|^2 = \frac{1}{\mathrm{Re}(N)^2 + \mathrm{Im}(N)^2} = \frac{1}{1 + \omega^2 R^2 C^2}$$

Aus der Definition der Grenzfrequenz:

$$|\underline{A}|^2 = \frac{|\underline{U}_a|^2}{|\underline{U}_e|^2} = \frac{1}{1 + \omega_g^2 R^2 C^2} \overset{!}{=} \frac{1}{2} \tag{12.4}$$

erhält man die Grenzfrequenz:

$$\omega_g = 2\pi f_g = \frac{1}{RC} = \frac{1}{\tau} \quad \Rightarrow \quad f_g = \frac{1}{2\pi RC} = \frac{1}{2\pi\tau} \tag{12.5}$$

Um von der speziellen Grenzfrequenz unabhängig zu werden, ist es zweckmäßig, die Frequenzvariablen auf die Grenzfrequenz zu normieren; deshalb definieren wir:

$$\omega_n = \frac{\omega}{\omega_g} = \frac{f}{f_g} \quad \Rightarrow \quad s_n = \frac{s}{\omega_g} = j\frac{\omega}{\omega_g} = j\frac{f}{f_g} = j\,\omega_n \tag{12.6}$$

Dabei ist ω_n eine dimensionslose Größe, die bei der Grenzfrequenz $\omega_n = 1$ ist. Damit lässt sich die Verstärkung in einer besonders einfachen Form angeben:

$$\underline{A}(j\omega_n) = \frac{1}{1 + j\omega_n}, \quad \underline{A}(s_n) = \frac{1}{1 + s_n} \quad \text{und} \quad |\underline{A}|^2 = \frac{1}{1 + \omega_n^2} \tag{12.7}$$

Aus der Übertragungsfunktion lässt sich auch die Phasenverschiebung berechnen:

$$\underline{A}(j\omega) = \frac{\mathrm{Re}(Z) + j\,\mathrm{Im}(Z)}{\mathrm{Re}(N) + j\,\mathrm{Im}(N)} \quad \text{folgt} \quad \varphi = \arctan\frac{\mathrm{Im}(Z)}{\mathrm{Re}(Z)} - \arctan\frac{\mathrm{Im}(N)}{\mathrm{Re}(N)} \tag{12.8}$$

Hier geht man am besten von der Darstellung in (12.7) aus, in der man Real- und Imaginärteil erkennt. Da der Zähler keinen Imaginärteil besitzt, liefert er keinen Beitrag zur Phasenverschiebung:

$$\varphi = -\arctan\frac{\mathrm{Im}(N)}{\mathrm{Re}(N)} = -\arctan\omega_n$$

Zur Beurteilung der Signalverzögerung gibt man die Gruppenlaufzeit an:

$$t_{gr} = -\frac{d\varphi}{d\omega} = -\frac{d\omega_n}{d\omega} \cdot \frac{d\varphi}{d\omega_n} = -\frac{1}{\omega_g} \cdot \frac{d\varphi}{d\omega_n} \tag{12.9}$$

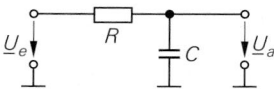

Schaltung

$$\underline{A} = \frac{1}{1 + sRC} = \frac{1}{1 + s_n}$$

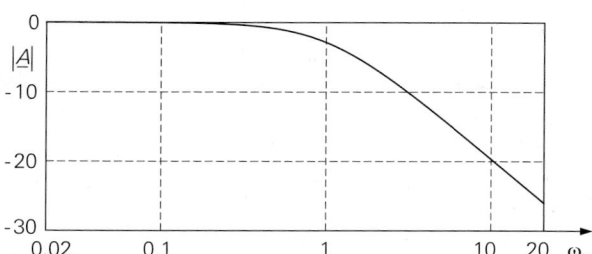

Verstärkung

$$|\underline{A}|^2 = \frac{1}{1 + \omega_n^2}$$

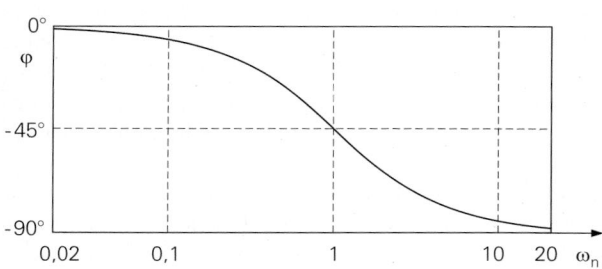

Phasenverschiebung

$$\varphi = -\arctan \omega_n$$

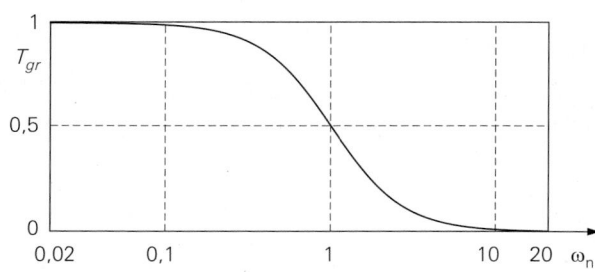

Gruppenlaufzeit

$$T_{gr} = \frac{1}{1 + \omega_n^2}$$

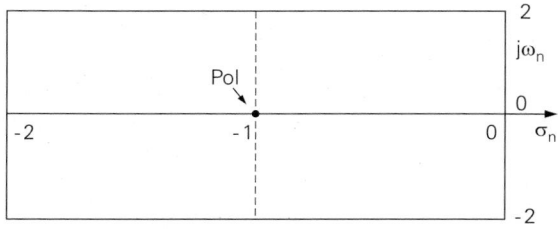

Pol

$$s_n = s/\omega_g = -1$$

Abb. 12.2. Tiefpass 1. Ordnung im Frequenzbereich

Mit der Regel für das Differenzieren des Arcustangens

$$\frac{d}{dx} \arctan x = \frac{1}{1+x^2} \quad \text{folgt} \quad t_{gr} = \frac{1}{\omega_g} \cdot \frac{1}{1+\omega_n^2}$$

Es ist üblich, die Gruppenlaufzeit auf die Grenzkreisfrequenz zu normieren:

$$\boxed{T_{gr} = t_{gr}\,\omega_g = -\frac{d\varphi}{d\omega_n}} \tag{12.10}$$

Damit ergibt sich hier:

$$T_{gr} = t_{gr}\,\omega_g = \frac{1}{1+\omega_n^2}$$

Man erhält denselben Ausdruck wie der für den Betrag der Verstärkung in (12.7). Dass der Verlauf in Abb. 12.2 anders aussieht liegt daran, dass der Betrag - wie immer beim Bode-Diagramm - doppelt logarithmisch dargestellt ist. Eine weitere Verständnisschwierigkeit besteht darin, dass die Gruppenlaufzeit, die als Steigung der Phasenverschiebung definiert ist, bei niedrigen Frequenzen am größten ist, obwohl die Phasenverschiebung fast horizontal verläuft. Der Grund besteht in der logarithmischen Frequenzachse; bei linearer Frequenzachse ist die Steigung der Phasenverschiebung bei niedrigen Frequenzen tatsächlich am größten.

Bei Filtern ist es auch gebräuchlich, die Pole - und gegebenenfalls auch die Nullstellen - der Übertragungsfunktion $\underline{A}(s)$ in der s-Ebene darzustellen. Für einen Tiefpass 1. Ordnung ist das trivial. Abbildung 12.2 zeigt diesen Pol. Der Nenner der Übertragungsfunktion wird Null für:

$$1 + s_n = 0 \quad \Rightarrow \quad s_n = s/\omega_g = -1$$

12.1.1.2 Beschreibung im Zeitbereich

Zur Beschreibung eine Filters im Zeitbereich stellt man die Differentialgleichung auf. Man erhält sie aus der Übertragungsfunktion durch eine Laplace-Rücktransformation. Aus

$$\underline{U}_a(s)\,(1 + sRC) = \underline{U}_e(s)$$

folgt:

$$u_a(t) + RC\,\frac{du_a}{dt} = u_e(t) \tag{12.11}$$

Mit der Anfangsbedingung $u_a(t=0) = 0$ erhält man die Lösung:

$$u_a(t) = U_e\left(1 - e^{-t/RC}\right) = U_e\left(1 - e^{-t/\tau}\right) \tag{12.12}$$

Darin ist U_e die Eingangsspannung nach dem Sprung. Der Verlauf ist in Abb. 12.3 aufgezeichnet. Man erkennt, dass der stationäre Wert $u_a(t \to \infty) = U_e$ nur asymptotisch erreicht wird. Für

$$u_a(t=\tau) = U_e\left(1 - \frac{1}{e}\right) = 0{,}63\,U_e$$

beträgt die Abweichung vom stationären Wert noch 37% der Sprunghöhe. Die Einstellzeit für kleinere Abweichungen lässt sich ebenfalls aus (12.12) berechnen. In Abb. 12.4 sind einige wichtige Werte zusammengestellt.

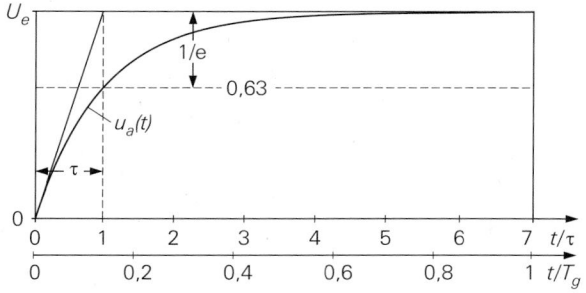

Abb. 12.3.
Sprungantwort eines
Tiefpasses

$$\frac{u_a(t)}{U_e} = \left(1 - e^{-t/\tau}\right)$$

Einstellgenauigkeit	37%	10%	1%	0,1%
Einstellzeit t/τ	1	2,3	4,6	6,9
Einstellzeit t/T_g	0,16	0,37	0,73	1

Abb. 12.4.
Einstellzeit eines Tiefpasses

Zur Beschreibung von Filtern im Zeitbereich ist es zweckmäßig, auch die Zeitachse zu normieren. Dabei wählt man die Schwingungsdauer, die zur Grenzfrequenz gehört:

$$t_n = \frac{t}{T_g} = t f_g \qquad (12.13)$$

Für den Tiefpass 1. Ordnung lautet der Zusammenhang: $T_g = 1/f_g = 2\pi\tau = 6{,}28\,\tau$.

Für Frequenzen, die hoch gegenüber der Grenzfrequenz sind, arbeitet der Tiefpass als Integrierglied. Diese Eigenschaft lässt sich unmittelbar aus der Differentialgleichung (12.11) ablesen: Mit der Voraussetzung $|u_a(t)| \ll |u_e(t)|$ folgt $RC\,\mathrm{d}U_a/\mathrm{d}t = U_e$.
Für Wechselspannungen mit überlagertem Gleichspannungsanteil ist die oben gemachte Voraussetzung $f \gg f_g$ in keinem Fall erfüllt. Zerlegt man die Eingangsspannung aber in einen Gleich- und Wechselspannungsanteil

$$u_e(t) = U_e + u_e'(t)$$

lassen sich beide Teile getrennt integrieren:

$$u_a = \underbrace{\frac{1}{RC} \int_0^t u_e'(\tilde{t})\,d\tilde{t}}_{\text{Restwelligkeit}} + \underbrace{\overline{U}_e}_{\text{Mittelwert}} \qquad (12.14)$$

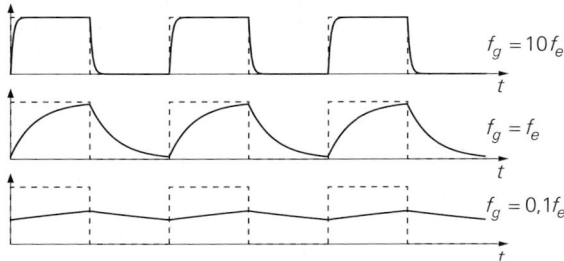

Abb. 12.5.
Rechteckverhalten eines
Tiefpasses für verschiedene
Grenzfrequenzen
– – – – $u_e(t)$
——— $u_a(t)$

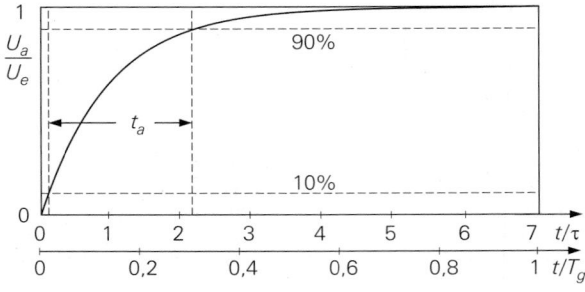

Abb. 12.6.
Anstiegszeit eines
Tiefpasses

$$t_a = \tau \ln 9 \approx 2{,}2\,\tau$$

Macht man die Grenzfrequenz niedriger gegenüber der Signalfrequenz, nimmt die Restwelligkeit ab, wie man in Abb. 12.5 erkennt, und der Mittelwert bleibt übrig:

$$u_a(t) \approx \overline{U}_e$$

Eine weitere Kenngröße zur Charakterisierung von Tiefpässen ist die Anstiegszeit t_a. Sie gibt an, in welcher Zeit die Ausgangsspannung von 10 auf 90% des Endwerts ansteigt, wenn man einen Sprung an den Eingang legt, wie in Abb. 12.6 sieht. Zur Berechnung der Anstiegszeit erhält man aus der e-Funktion in (12.12):

$$t_a = t_{90\%} - t_{10\%} = \tau(\ln 0{,}9 - \ln 0{,}1) = \tau \ln 9 \approx 2{,}2\,\tau$$

Mit $f_g = 1/2\pi\tau$ folgt daraus:

$$\boxed{t_a \approx \frac{1}{3 f_g}} \tag{12.15}$$

12.1.2 Vergleich von Tiefpassfiltern

Hier sollen die Eigenschaften der gebräuchlichsten Tiefpassfilter gegenüber gestellt werden, bevor die Berechnung der Filterkoeffizienten und die schaltungstechnische Realisierung in den späteren Kapiteln folgt.

Die Übertragungsfunktion eines Tiefpasses hat allgemein die Form:

$$\underline{A}(s_n) = \frac{A_0}{1 + c_1 s_n + c_2 s_n^2 + \ldots + c_N s_n^N} \tag{12.16}$$

Darin sind $c_1, c_2 \ldots c_n$ positive reelle Koeffizienten. Die Ordnung des Filters N ist gleich der höchsten Potenz von s_n. Für die Realisierung der Filter ist es günstig, das Nennerpolynom in Faktoren zu zerlegen, weil sich das Filter dann mit getrennten Teilfiltern realisieren lässt. Die Faktorisierung des Nenners soll an einem Filter 2. Ordnung als Beispiel beschrieben werden. Dazu berechnet man die Pole der Übertragungsfunktion, also die Nullstellen des Nenners.

$$\underline{A}(s_n) = A_0 \cdot \frac{1}{1 + a s_n + b s_n^2} = A_0 \cdot \frac{1}{(s_n - s_{n1})(s_n - s_{n2})} \tag{12.17}$$

Die Lösungen der quadratischen Gleichung $1 + a s_n + b s_n^2 = 0$ sind:

$$s_{n1,2} = -\frac{a}{2b} \pm \frac{1}{2b}\sqrt{a^2 - 4b} \tag{12.18}$$

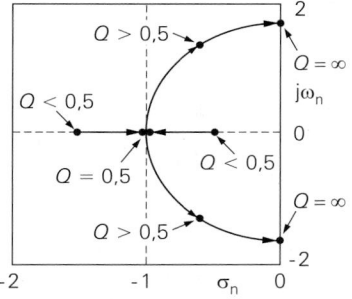

Abb. 12.7.
Verschiebung der Pole in der komplexen
s_n-Ebene mit zunehmender Güte

Wenn man eine Polgüte $Q = \sqrt{b}/a$ definiert, die beim Bandpass (12.49) auf Seite 827 noch eine anschauliche Bedeutung bekommt, folgt daraus

$$s_{n1,2} = -\frac{a}{2b} \pm \frac{a}{2b}\sqrt{1 - 4Q^2} = -\frac{a}{2b} \pm j\,\frac{a}{2b}\sqrt{4Q^2 - 1} = \sigma_n + j\,\omega_n \quad (12.19)$$

Darin ist σ_n die Dämpfung und ω_n die Eigenfrequenz des Pols. Wie die Pole der Übertragungsfunktion geartet sind, hängt von der Güte ab:

– $Q < \frac{1}{2}$: Es gibt 2 reelle Pole
– $Q = \frac{1}{2}$: Es gibt 2 zusammenfallende reelle Pole
– $Q > \frac{1}{2}$: Es gibt 2 konjugiert komplexe Pole

Bei $Q = \infty$ ergibt sich eine ungedämpfte Schwingung; die Anordnung wird also zum Oszillator. Dieser Fall ist bei Filtern also unerwünscht. Die verschiedenen Fälle sind in Abb. 12.7 veranschaulicht. Realisieren lassen sich nur Filter mit reellen Koeffizienten. Deshalb zerlegt man die Übertragungsfunktionen, bei denen die Güte der Teilfilter $Q > 0{,}5$ ist, nicht in Blöcke erster sondern zweiter Ordnung:

$$\underline{A}(s_n) = A_0 \cdot \frac{1}{1 + a_1 s_n + b_1 s_n^2} \cdot \frac{1}{1 + a_2 s_n + b_2 s_n^2} \cdot \ldots \quad (12.20)$$

Darin sind a_i und b_i positive reelle Koeffizienten. Bei ungerader Ordnung N ist der Koeffizient $b_1 = 0$. Es ist gleichgültig, welchem Teilfilter man die Verstärkung A_0 zuordnet. Bei der Realisierung mit aktiven Filtern wird die Verstärkung A_0 auf die Filterstufen verteilt. Dabei strebt man eine gleichmäßige Aussteuerung an. Eine Möglichkeit, Teilfilter 2. Ordnung mit einer Polgüte $Q > 0{,}5$ zu realisieren, besteht in der Verwendung von LRC-Schaltungen. Im Hochfrequenzbereich macht die Realisierung der benötigten Induktivitäten meist keine Schwierigkeiten. Im Niederfrequenzbereich werden jedoch meist große Induktivitäten notwendig, die unhandlich sind und schlechte elektrische Eigenschaften besitzen. Die Verwendung von Induktivitäten lässt sich im Niederfrequenzbereich jedoch umgehen, wenn man zu den RC-Schaltungen aktive Bauelemente (z.B. Operationsverstärker) hinzufügt, deren Beschaltung eine Mitkopplung bewirkt. Solche Schaltungen werden als *aktive Filter* bezeichnet.

Der Frequenzgang lässt sich nach verschiedenen Gesichtspunkten optimieren. Dabei erhält man bestimmte Werte für die Koeffizienten a_i und b_i. Hier wollen wir die Frequenzgänge der Butterworth- Bessel- und Tschebyscheff-Filter und der Filter mit kritischer Dämpfung miteinander vergleichen. Abbildung 12.8 zeigt eine Gegenüberstellung

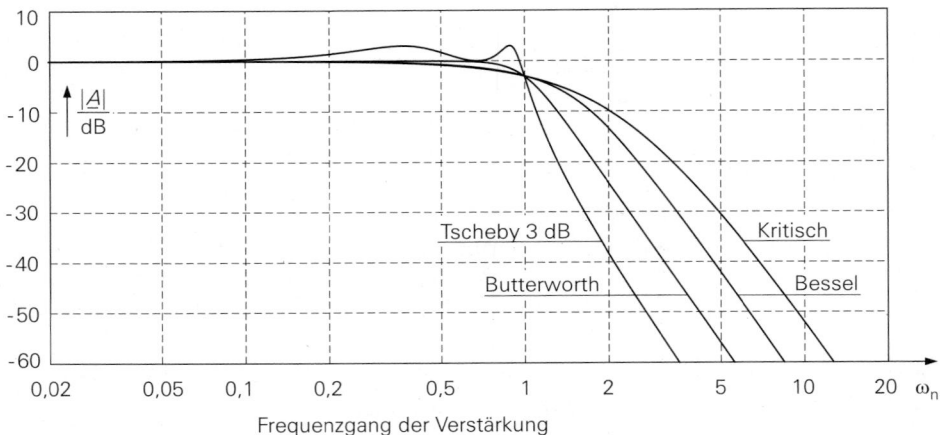

Frequenzgang der Verstärkung

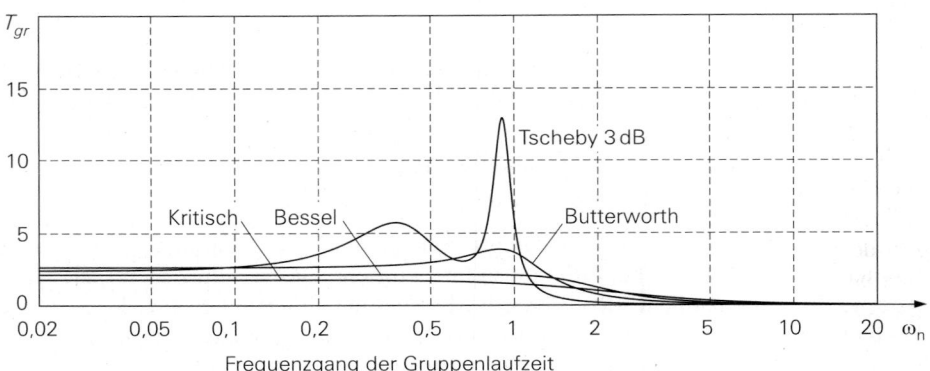

Frequenzgang der Gruppenlaufzeit

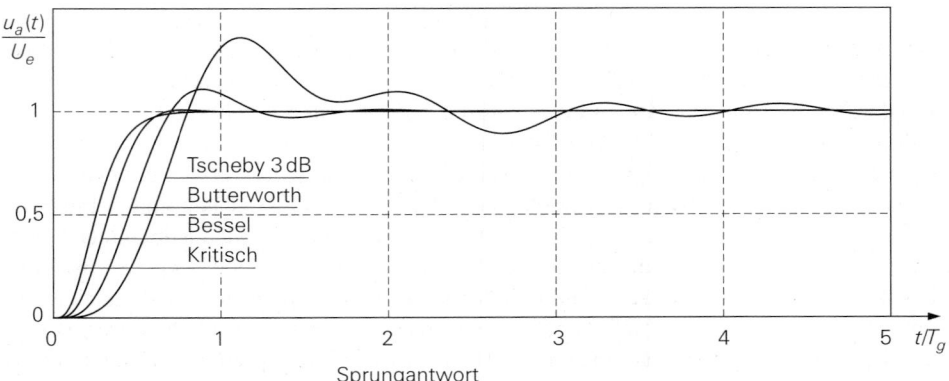

Sprungantwort

Abb. 12.8. Vergleich von Tiefpassfiltern in 4. Ordnung

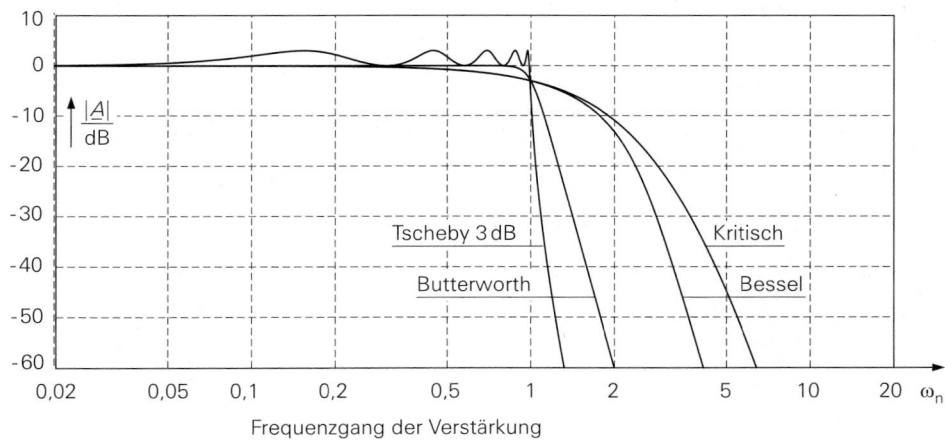

Frequenzgang der Verstärkung

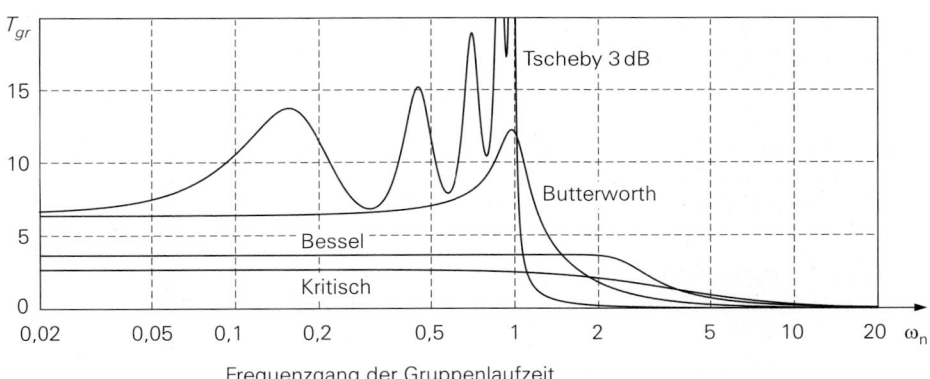

Frequenzgang der Gruppenlaufzeit

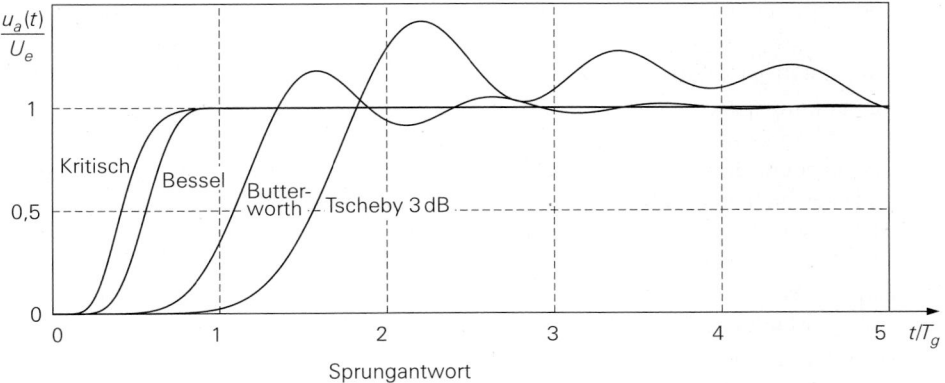

Sprungantwort

Abb. 12.9. Vergleich von Tiefpassfiltern in 10. Ordnung

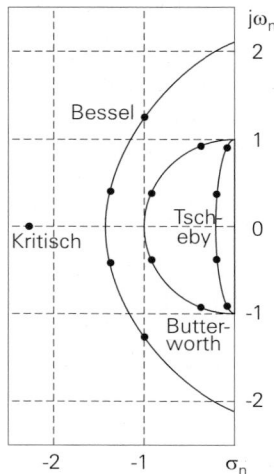

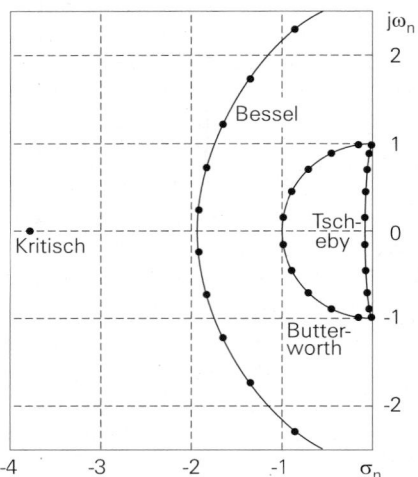

Abb. 12.10.
Pole von Tiefpassfiltern in 4. Ordnung

Abb. 12.11.
Pole von Tiefpassfiltern in 10. Ordnung

der vier Filter in 4. und Abb. 12.9 in 10. Ordnung. Tschebyscheff-Filtern besitzen einen Parameter, der die Welligkeit im Durchlassbereich bestimmt. Hier haben wir eine große Welligkeit von 3 dB als Beispiel zugrunde gelegt, um die Eigenschaften möglichst deutlich zu zeigen.

Passive-Tiefpassfilter, die aus Teilfiltern mit gleichen Grenzfrequenzen bestehen, besitzen eine Sprungantwort ohne Überschwingen; sie realisieren die *kritische Dämpfung*. Allerdings ist der Übergang vom Durchlass- in den Sperrbereich besonders langsam. Dafür ist die Realisierung besonders einfach.

Butterworth-Tiefpassfilter besitzen einen Amplituden-Frequenzgang, der möglichst lang horizontal verläuft und erst kurz vor der Grenzfrequenz scharf abknickt. Ihre Sprungantwort zeigt ein mäßiges Überschwingen, das mit zunehmender Ordnung größer wird.

Tschebyscheff-Tiefpassfilter besitzen von den hier betrachteten Tiefpassfiltern den steilsten Abfall der Verstärkung oberhalb der Grenzfrequenz. Im Durchlassbereich verläuft die Verstärkung jedoch nicht monoton, sondern besitzt eine Welligkeit konstanter Amplitude. Die Gruppenlaufzeit weist allerdings starke Schwankungen auf. Laufzeitschwankungen sind aber gleichbedeutend mit Phasenverzerrungen. In der Nachrichtentechnik werden häufig Daten nicht nur im Betrag, sondern auch in der Phase codiert (Abb. 21.75 auf Seite 1213). Daher kann man in solchen Fällen Phasenverzerrungen nicht tolerieren. Ein weiteres Vergleichskriterium in Abb. 12.8 und Abb. 12.9 ist die Sprungantwort. Bei den schwach gedämpften Polen der Tschebyscheff-Filter ergibt sich ein beträchtliches Überschwingen und eine nur langsam abklingende Schwingung.

Bessel-Tiefpassfilter besitzen eine Sprungantwort praktisch ohne Überschwingen. Das wird bei den Besselfiltern dadurch erreicht, dass die Gruppenlaufzeit über einen möglichst großen Frequenzbereich konstant gehalten wird. Dadurch wird das Eingangssignal mit allen Spektralanteilen um diese Zeit verzögert. Allerdings knickt der Amplituden-Frequenzgang der Bessel-Filter nicht so scharf ab wie bei den Butterworth- und Tschebyscheff-Filtern, aber doch deutlich schärfer als bei den passiven Filtern.

Man kann auch die Pole der Tiefpassfilter in den Abb. 12.10 und 12.11 miteinander verglichen. Die Pole der Butterworthfilter liegen auf dem Einheitskreis um den Nullpunkt. Man sieht, dass die Besselfilter eine wesentlich größere Dämpfung besitzen da der Realteil der Pole σ größer ist. Dagegen sind die Pole der Tschebyscheff-Filter deutlich schwächer gedämpft; das erklärt ihre ausgeprägte Schwingneigung in der Sprungantwort. Bei den passiven Filtern mit kritischer Dämpfung erhält man N-fachen reellen Pol.

Es wird sich später zeigen, dass sich mit ein und derselben Schaltung jeweils alle Filtercharakteristiken einer bestimmten Ordnung realisieren lassen. Die Widerstands- und Kapazitätswerte bestimmen den Filtertyp. Um die Schaltungen dimensionieren zu können, muss man die Filterkoeffizienten der einzelnen Filtertypen kennen. Deshalb wollen wir im nächsten Abschnitten zeigen, wie man sie berechnet.

12.1.3 Filter mit kritischer Dämpfung

Bei einem Tiefpass 1. Ordnung ist die Verstärkung oberhalb der Grenzfrequenz umgekehrt proportional zur Frequenz. In der üblichen Darstellung des Bode-Diagramms entspricht das eine Verstärkungsabnahme von 20 dB je Dekade in der Frequenz. Benötigt man einen steileren Verstärkungsabfall, kann man N Tiefpässe in Reihe schalten. Für die Übertragungsfunktion ergibt sich dann ein Ausdruck der Form

$$\underline{A}(s_n) \; = \; \frac{1}{1 + d_1 s_n} \cdot \frac{1}{1 + d_2 s_n} \cdots \frac{1}{1 + d_N s_n} \tag{12.21}$$

mit den reellen, positiven Koeffizienten $d_1, d_2, d_3, \ldots$. Für $\omega_n \gg 1$ wird $|\underline{A}| \sim 1/\omega_n^N$; die Verstärkung nimmt also mit $N \cdot 20$ dB je Dekade ab. Man erkennt, dass die Übertragungsfunktion N reelle negative Pole besitzt. Dies ist das Kennzeichen der passiven RC-Tiefpässe N-ter Ordnung. Besonders interessant ist der Sonderfall Tiefpässe mit gleicher Grenzfrequenz in Reihe zu schalten. Für $d_1 = d_2 = \ldots = d_N = d$ folgt

$$\underline{A}(s_n) \; = \; \left(\frac{1}{1 + d s_n} \right)^N \tag{12.22}$$

Damit die Verstärkung bei der Grenzfrequenz $\omega_n = f/f_g = 1$ bzw. $s_n = j\omega_n = j$ den Wert -3 dB $\hat{=} 1/\sqrt{2}$ besitzt, muss die Bedingung

$$|\underline{A}|^2 \; = \; \frac{1}{\left(1 + d^2 \right)^N} \; \overset{!}{=} \; \frac{1}{2}$$

erfüllt werden. Daraus folgt

$$d \; = \; \sqrt{\sqrt[N]{2} - 1} \tag{12.23}$$

Die Grenzfrequenz der Teilfilter ist demnach um einen Faktor

$$\frac{f_{gi}}{f_g} \; = \; \frac{1}{d} \; = \; \left(\sqrt[N]{2} - 1 \right)^{-2}$$

höher als die Grenzfrequenz des ganzen Filters. Dies ist der Fall der *kritischen Dämpfung*. Zum Vergleich mit den übrigen Filtern kann man jeweils 2 Tiefpässe 1. Ordnung zu einem Tiefpass 2. Ordnung zusammenfassen:

$$\underline{A}(s_n) \; = \; \frac{1}{1 + d s_n} \cdot \frac{1}{1 + d s_n} \; = \; \frac{1}{1 + 2 d s_n + d^2 s_n^2} \; \overset{!}{=} \; \frac{1}{1 + a_1 s_n + b_1 s_n^2}$$

Daraus folgt:

$$a = 2d, \quad b = d^2, \quad Q = \sqrt{b}/a = \tfrac{1}{2}$$

Alle Pole liegen bei $s_n = -1/d$. Die Frequenzgänge der Filter mit kritischer Dämpfung sind in Abb. 12.17 auf S. 808 dargestellt, die Filterkoeffizienten in Abb. 12.18.

12.1.4 Butterworth-Tiefpässe

Beim Butterworth-Tiefpass soll die Verstärkung bis zur Grenzfrequenz möglichst lange horizontal verlaufen. Aus (12.16) ergibt sich für den Betrag der Verstärkung eines Tiefpasses N-ter Ordnung die allgemeine Form:

$$|\underline{A}|^2 = \frac{A_0^2}{1 + k_2\omega_n^2 + k_4\omega_n^4 + \cdots + k_{2N}\omega_n^{2N}} \tag{12.24}$$

Man erkennt, dass die Verstärkung für Frequenzen $\omega_n < 1$ dann möglichst lange konstant bleibt wenn $|\underline{A}|^2$ nur von der höchsten Potenz von ω_n abhängt. Die niedrigen Potenzen von ω_n liefern nämlich in diesem Frequenzbereich die größten Beiträge zum Nenner und damit zum Abfall der Verstärkung. Damit ergibt sich:

$$|\underline{A}|^2 = \frac{A_0^2}{1 + k_{2N}\omega_n^{2N}}$$

Der Koeffizient k_{2N} ergibt sich aus der Normierungsbedingung, dass die Verstärkung bei der Grenzfrequenz $\omega_n = 1$ um 3 dB abgenommen haben soll. Daraus folgt:

$$\frac{A_0^2}{2} = \frac{A_0^2}{1 + k_{2N}} \quad \text{und} \quad k_{2N} = 1$$

Für das Betragsquadrat der Verstärkung von Butterworth-Tiefpässen N-ter Ordnung ergibt sich somit:

$$|\underline{A}|^2 = \frac{A_0^2}{1 + \omega_n^{2N}} \tag{12.25}$$

Da in dieser Gleichung nur die höchste Potenz von ω_n auftritt, werden die Butterworth-Tiefpässe gelegentlich auch als Potenztiefpässe bezeichnet.

Um einen Butterworth-Tiefpass zu realisieren, benötigt man aber nicht das Betragsquadrat der Verstärkung $|\underline{A}|^2$, sondern die komplexe Verstärkung. Dazu bilden wir den Betrag von (12.16) und führen einen Koeffizientenvergleich mit (12.25) durch. Daraus folgen dann die gesuchten Koeffizienten c_1 bis c_n. Die so erhaltenen Nenner von (12.16) sind die Butterworth-Polynome, von denen wir die ersten vier in Abb. 12.12 zusammengestellt haben.

n	
1	$1 + s_n$
2	$1 + \sqrt{2}s_n + s_n^2$
3	$1 + 2s_n + 2s_n^2 + s_n^3 = (1 + s_n)(1 + s_n + s_n^2)$
4	$1 + 2{,}613s_n + 3{,}414s_n^2 + 2{,}613s_n^3 + s_n^4 = (1 + 1{,}848s_n + s_n^2)(1 + 0{,}765s_n + s_n^2)$

Abb. 12.12. Butterworth-Polynome

Es ist auch möglich, die Pole der Übertragungsfunktion in geschlossener Form anzugeben mithilfe der Kreisteilungsgleichung gemäß Abbildung 12.10 und 12.11. Daraus erhalten wir durch Zusammenfassung der konjugiert komplexen Pole unmittelbar die Koeffizienten a_i und b_i der quadratischen Ausdrücke in (12.20):

Ordnung N gerade:

$$a_i = 2\cos\frac{(2i-1)\pi}{2N} \quad \text{für} \quad i = 1\ldots\frac{N}{2}$$

$$b_i = 1$$

Ordnung N ungerade:

$$a_1 = 1 \qquad a_i = 2\cos\frac{(i-1)\pi}{N} \quad \text{für} \quad i = 2\ldots\frac{N+1}{2}$$

$$b_i = 1$$

Die Frequenzgänge der Butterworth-Filter sind in Abb. 12.21 auf S. 808 dargestellt, die Filterkoeffizienten in Abb. 12.22.

12.1.5 Tschebyscheff-Tiefpässe

Die Verstärkung von Tschebyscheff-Tiefpässen besitzt bei tiefen Frequenzen den Wert A_0, schwankt jedoch noch unterhalb der Grenzfrequenz mit einer gewissen, vorgegebenen Welligkeit. Polynome, die in einem gewissen Bereich eine konstante Welligkeit besitzen, sind die Tschebyscheff-Polynome

$$T_N(x) = \begin{cases} \cos(N\arccos x) & \text{für } 0 \leq x \leq 1 \\ \cosh(N\operatorname{arcosh} x) & \text{für } x > 1, \end{cases}$$

von denen wir die ersten vier in Abb. 12.13 explizit angegeben haben. Im Bereich $0 \leq x \leq 1$ pendelt $|T(x)|$ zwischen 0 und 1; für $x > 1$ steigt $T(x)$ monoton an. Um aus den Tschebyscheff-Polynomen die Gleichung eines Tiefpasses herzustellen, setzt man:

$$|\underline{A}|^2 = \frac{kA_0^2}{1 + \varepsilon^2 T_N^2(x)} \tag{12.26}$$

Die Konstante k wird so gewählt, dass für $x = 0$ das Verstärkungsquadrat $|\underline{A}|^2 = A_0^2$ wird, d.h. $k = 1$ für ungerades N und $k = 1 + \varepsilon^2$ für gerades N. Der Faktor ε ist ein Maß für die Welligkeit. Es ist:

$$\frac{A_{\max}}{A_{\min}} = \sqrt{1 + \varepsilon^2} \quad \Rightarrow \quad \varepsilon = \sqrt{\frac{A_{\max}}{A_{\min}} - 1}$$

und

N	
1	$T_1(x) = x$
2	$T_2(x) = 2x^2 - 1$
3	$T_3(x) = 4x^3 - 3x$
4	$T_4(x) = 8x^4 - 8x^2 + 1$

Abb. 12.13.
Tschebyscheff-Polynome

	Welligkeit			
	0,1 dB	0,5 dB	1 dB	3 dB
A_{max}/A_{min}	1,012	1,059	1,122	1,413
k	1,023	1,122	1,259	1,995
ε	0,153	0,349	0,509	0,998

Abb. 12.14.
Parameter, die sich aus der Welligkeit
von Tschebyscheff-Filtern ergeben

$$\left.\begin{array}{l} A_{max} = A_0\sqrt{1 + \varepsilon^2} \\ A_{min} = A_0 \end{array}\right\} \text{ bei gerader Ordnung}$$

und

$$\left.\begin{array}{l} A_{max} = A_0 \\ A_{min} = A_0/\sqrt{1 + \varepsilon^2} \end{array}\right\} \text{ bei ungerader Ordnung}$$

In Abb. 12.14 haben wir die auftretenden Größen für verschiedene Welligkeiten angegeben. Im Prinzip könnte man aus dem Betrag der Verstärkung die komplexe Verstärkung berechnen und daraus die Koeffizienten der faktorisierten Form bestimmen. Es ist jedoch einfacher, die Pole der Übertragungsfunktion explizit aus denen der Butterworth-Filter zu berechnen, indem man den Kreis, auf dem die Butterworth-Pole liegen, zu einer Ellipse umformt, wie in den Abbildungen 12.10 und 12.11 angedeutet. Daraus ergeben sich die Koeffizienten a_i und b_i:[1]

Ordnung N gerade:

$$\left.\begin{array}{l} b_i' = \dfrac{1}{\cosh^2 \gamma - \cos^2 \dfrac{(2i - 1)\pi}{2N}} \\[4ex] a_i' = 2b_i' \cdot \sinh \gamma \cdot \cos \dfrac{(2i - 1)\pi}{2N} \end{array}\right\} \text{ für } i = 1 \ldots \dfrac{N}{2}$$

Ordnung N ungerade:

$$b_1' = 0$$
$$a_1' = 1/\sinh \gamma$$

$$\left.\begin{array}{l} b_i' = \dfrac{1}{\cosh^2 \gamma - \cos^2 \dfrac{(i - 1)\pi}{N}} \\[4ex] a_i' = 2b_i' \cdot \sinh \gamma \cdot \cos \dfrac{(i - 1)\pi}{N} \end{array}\right\} \text{ für } i = 2 \ldots \dfrac{N + 1}{2}$$

Darin ist $\gamma = \dfrac{1}{N} \text{arsinh} \dfrac{1}{\varepsilon}$.

Setzt man die so erhaltenen Koeffizienten a_i' und b_i' anstelle von a_i und b_i in (12.20) ein, ergeben sich Tschebyscheff-Filter, bei denen s_n nicht auf die 3 dB-Grenzfrequenz ω_g

---

[1] $\sinh x = \frac{1}{2}(e^x - e^{-x})$
$\cosh x = \frac{1}{2}(e^x + e^{-x})$
$\text{arsinh} x = \ln\left(x + \sqrt{x^2 + 1}\right)$

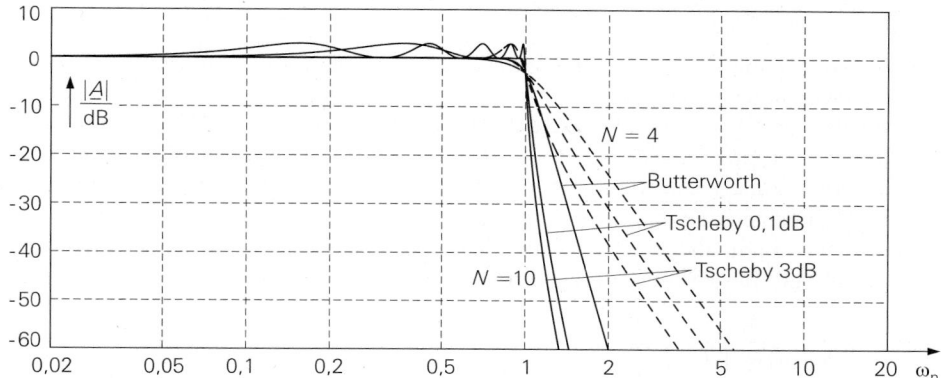

Abb. 12.15. Vergleich der Filtercharakteristik von Tschyscheff-Filtern in 4. und 10. Ordnung mit Butterworthfiltern. Die Filter mit 0,5 und 1 dB Welligkeit liegen zwischen den hier dargestellten Frequenzgängen.

normiert ist, sondern auf eine Frequenz, bei der die Verstärkung zum letzten Mal den Wert $A_{\min}$ annimmt.

Um die verschiedenen Filtertypen besser vergleichen zu können, haben wir auch hier ω_g auf die 3 dB-Grenzfrequenz normiert. Dazu ersetzt man s_n durch αs_n und bestimmt die Normierungskonstante α so, dass die Verstärkung für $s_n = j$ den Wert $1/\sqrt{2}$ annimmt. Die quadratischen Ausdrücke im Nenner der komplexen Verstärkung lauten dann:

$$1 + a_i' \alpha s_n + b_i' \alpha^2 s_n^2$$

Durch Koeffizientenvergleich mit Gl. (12.20) folgt daraus:

$$a_i = \alpha a_i' \quad \text{und} \quad b_i = \alpha^2 b_i'$$

Der Einfluss der Welligkeit auf die Filtercharakteristik ist in Abb. 12.15 dargestellt. Man erkennt, dass Tschebyscheff-Filter mit einer Welligkeit von lediglich 0,1 dB bereits deutlich steiler verlaufen als Butterworth-Filter und der Vorteil einer größeren Welligkeit bis zu 3 dB gering ist. Die Welligkeit der Tschebyscheff-Filter im Durchlassbereich, die man in Kauf nimmt, um eine steilere Filtercharakteristik zu erhalten, lässt sich also bei höheren Ordnungen ohne nennenswerte Einbußen auf 0,1 dB $\cong 1,2\,\%$ reduzieren. Wir haben die Tschebyscheff-Filter mit Welligkeiten bis 3 dB hier hauptsächlich deshalb aufgenommen, um die charakteristischen Eigenschaften dieser Filter zu zeigen. Die Frequenzgänge der Tschebyscheff-Filter sind für Welligkeiten von 0,1 dB, 0,5 dB, 1 dB und 3 dB in den Abbildungen 12.23 und folgenden dargestellt, ebenso auch die Filterkoeffizienten.

Der Übergang vom Durchlass- in den Sperrbereich lässt sich noch weiter versteilern, indem man oberhalb der Grenzfrequenz Nullstellen in den Amplitudenfrequenzgang hinzufügt. Man kann die Dimensionierung so optimieren, dass sich auch im Sperrbereich eine gleichmäßige Welligkeit des Amplitudenfrequenzganges ergibt. Solche Filter werden als *Cauer-Filter* bezeichnet. Die Übertragungsfunktion unterscheidet sich von der gewöhnlichen Tiefpassgleichung dadurch, dass statt der Konstante A_0 im Zähler ein Polynom mit Nullstellen auftritt. Daher lassen sich die versteilerten Tiefpassfilter nicht mit den einfachen Schaltungen im Abschnitt 12.5 realisieren. Im Abschnitt 12.12.5 geben wir jedoch ein Universalfilter an, mit dem sich auch beliebige Zählerpolynome realisieren lassen.

12.1.6 Bessel-Tiefpässe

Die Butterworth- und Tschebyscheff-Tiefpässe besitzen, wie schon gezeigt, ein beträchtliches Überschwingen in der Sprungantwort. Ideales Rechteckverhalten besitzen Filter mit frequenzunabhängiger Gruppenlaufzeit, d.h. frequenzproportionaler Phasenverschiebung. Dieses Verhalten wird am besten durch die Bessel-Filter, gelegentlich auch Thomson-Filter genannt, approximiert. Die Approximation besteht darin, die Koeffizienten so zu wählen, dass die Gruppenlaufzeit unterhalb der Grenzfrequenz $\omega_n = 1$ möglichst wenig von ω_n abhängt. Man nimmt also eine Butterworth-Approximation für die Gruppenlaufzeit vor. Nach (12.20) gilt für die Verstärkung eines Tiefpasses 2. Ordnung mit $s_n = j\omega_n$:

$$\underline{A} = \frac{A_0}{1 + a_1 s_n + b_1 s_n^2} = \frac{A_0}{1 + j a_1 \omega_n - b_1 \omega_n^2}$$

Daraus ergibt sich die Phasenverschiebung zu:

$$\varphi = -\arctan \frac{a_1 \omega_n}{1 - b_1 \omega_n^2} \tag{12.27}$$

Mit der Definition der Gruppenlaufzeit in (12.10) folgt aus (12.27):

$$T_{gr} = \frac{a_1(1 + b_1 \omega_n^2)}{1 + (a_1^2 - 2b_1)\omega_n^2 + b_1^2 \omega_n^4}$$

Um die Gruppenlaufzeit im Butterworth'schen Sinne zu approximieren, müssen wir dafür sorgen, dass die Terme mit ω_n^2 wegfallen. Für $\omega_n \ll 1$ gilt die Näherung:

$$T_{gr} = a_1 \cdot \frac{1 + b_1 \omega_n^2}{1 + (a_1^2 - 2b_1)\omega_n^2}$$

Dieser Ausdruck wird dann von ω_n^2 unabhängig, wenn die Koeffizienten von ω_n^2 im Zähler und Nenner übereinstimmen. Daraus folgt die Bedingung:

$$b_1 = a_1^2 - 2b_1 \quad \text{oder} \quad b_1 = a_1^2/3$$

Die zweite Beziehung ergibt sich aus der Normierungsbedingung $|\underline{A}|^2 = \frac{1}{2}$ für $\omega_n = 1$:

$$\frac{1}{2} = \frac{1}{(1 - b_1)^2 + a_1^2} \quad \Rightarrow \quad a_1 = 1{,}3617 \quad \text{und} \quad b_1 = 0{,}6180$$

Für höhere Ordnungen wird die entsprechende Rechnung ziemlich schwierig, da ein nichtlineares Gleichungssystem entsteht. Es ist jedoch möglich, für die Koeffizienten c_i eine Rekursionsformel anzugeben:

n	
1	$1 + s_n$
2	$1 + s_n + \frac{1}{3}s_n^2$
3	$1 + s_n + \frac{2}{5}s_n^2 + \frac{1}{15}s_n^3$
4	$1 + s_n + \frac{3}{7}s_n^2 + \frac{2}{21}s_n^3 + \frac{1}{105}s_n^4$

Abb. 12.16.
Bessel-Polynome

$$c_1 = 1 \quad \text{und} \quad c_i' = \frac{2(N - i + 1)}{i(2N - i + 1)} c_{i-1} \tag{12.28}$$

Die so erhaltenen Nenner von Gl. (12.28) sind die Bessel-Polynome, die wir bis zur 4. Ordnung in Abb. 12.16 angegeben haben. Dabei ist allerdings zu beachten, dass in dieser Darstellung s_n nicht auf die 3 dB Grenzfrequenz normiert ist, sondern auf den Kehrwert der Gruppenlaufzeit bei niedrigen Frequenzen $T_{gr\,0}$. Diese Normierung ist aber für den Aufbau von Tiefpassfiltern wenig nützlich. Daher haben wir die Koeffizienten wie bei den übrigen Filtern auf die 3 dB-Grenzfrequenz umgerechnet und in Blöcke 2. Ordnung faktorisiert. So ergeben sich die Filterkoeffizienten, die zusammen mit den Frequenzgängen in den Abbildungen 12.19 und 12.20 auf S. 807 angegeben sind.

12.1.7 Zusammenfassung der Theorie

Wir haben gesehen, dass sich die Übertragungsfunktion aller Tiefpassfilter in der Form von Gl. (12.29) darstellen lässt. Die Ordnung N des Filters ist gegeben durch die höchste Potenz von s_n, wenn man den Nenner ausmultipliziert. Sie legt die Asymptotensteigung des Frequenzgangs der Verstärkung auf den Wert $-N \cdot 20\,\text{dB/Dekade}$ fest. Der übrige Verlauf der Verstärkung wird für die jeweilige Ordnung durch den Filtertyp bestimmt. Von besonderer Bedeutung sind Butterworth-, Tschebyscheff- und Bessel-Filter, die sich lediglich durch die Koeffizienten a_i und b_i in Gl. (12.29) unterscheiden. Die Werte der Koeffizienten und die Frequenzgänge sind in den Abbildungen 12.17 bis 12.30 zusammengestellt. Zusätzlich ist die 3 dB-Grenzfrequenz eines jeden Teilfilters durch die Größe f_{gi}/f_g angegeben. Sie wird zur Dimensionierung zwar nicht benötigt, ist aber sehr nützlich, um das richtige Funktionieren der einzelnen Teilfilter zu überprüfen; einige Beispiele sind in Abb. 12.44 eingezeichnet. Außerdem haben wir die Polgüte Q_i der einzelnen Teilfilter angegeben. Sie ist in Analogie zur Güte der selektiven Filter in Abschnitt 12.7.1 definiert. Je größer die Polgüte ist, desto größer ist auch die Schwingneigung des Filters. Filter mit reellen Polen besitzen eine Polgüte $Q \leq 0{,}5$. Mit den Koeffizienten a_i und b_i der faktorisierten Übertragungsfunktion lässt sich der Frequenzgang der Verstärkung, der Phasenverschiebung und der Gruppenlaufzeit berechnen:

$$\underline{A}(s_n) = \frac{A_0}{\prod\limits_i (1 + a_i s_n + b_i s_n^2)} \tag{12.29}$$

$$|\underline{A}|^2 = \frac{A_0^2}{\prod\limits_i \left[1 + (a_i^2 - 2b_i)\omega_n^2 + b_i^2 \omega_n^4 \right]} \tag{12.30}$$

$$\varphi = -\sum_i \arctan \frac{a_i \omega_n}{1 - b_i \omega_n^2} \tag{12.31}$$

$$T_{Gr} = \sum_i \frac{a_i (1 + b_i \omega_n^2)}{1 + (a_i^2 - 2b_i)\omega_n^2 + b_i^2 \omega_n^4} \tag{12.32}$$

$$\frac{f_{gi}}{f_g} = \frac{1}{\sqrt{2}\,b_i} \sqrt{2b_i - a_i^2 + \sqrt{(2b_i - a_i^2)^2 + 4b_i^2}} \tag{12.33}$$

$$Q_i = \frac{\sqrt{b_i}}{a_i} \tag{12.34}$$

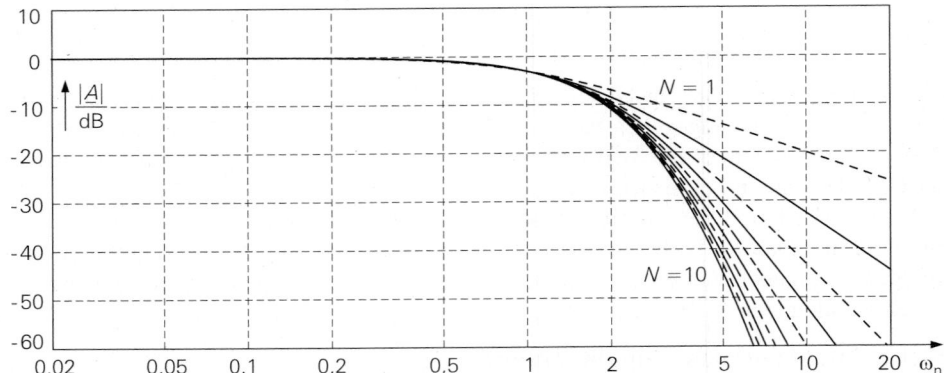

Abb. 12.17. Frequenzgang der Verstärkung von Tiefpässen mit kritischer Dämpfung

N	i	a_i	b_i	f_{gi}/f_g	Q_i
1	1	1,0000	0,0000	1,000	–
2	1	1,2872	0,4142	1,000	0,50
3	1	0,5098	0,0000	1,961	–
	2	1,0197	0,2599	1,262	0,50
4	1	0,8700	0,1892	1,480	0,50
	2	0,8700	0,1892	1,480	0,50
5	1	0,3856	0,0000	2,593	–
	2	0,7712	0,1487	1,669	0,50
	3	0,7712	0,1487	1,669	0,50
6	1	0,6999	0,1225	1,839	0,50
	2	0,6999	0,1225	1,839	0,50
	3	0,6999	0,1225	1,839	0,50
7	1	0,3226	0,0000	3,100	–
	2	0,6453	0,1041	1,995	0,50
	3	0,6453	0,1041	1,995	0,50
	4	0,6453	0,1041	1,995	0,50
8	1	0,6017	0,0905	2,139	0,50
	2	0,6017	0,0905	2,139	0,50
	3	0,6017	0,0905	2,139	0,50
	4	0,6017	0,0905	2,139	0,50
9	1	0,2829	0,0000	3,534	–
	2	0,5659	0,0801	2,275	0,50
	3	0,5659	0,0801	2,275	0,50
	4	0,5659	0,0801	2,275	0,50
	5	0,5659	0,0801	2,275	0,50
10	1	0,5358	0,0718	2,402	0,50
	2	0,5358	0,0718	2,402	0,50
	3	0,5358	0,0718	2,402	0,50
	4	0,5358	0,0718	2,402	0,50
	5	0,5358	0,0718	2,402	0,50

Abb. 12.18. Koeffizienten der Filter mit kritischer Dämpfung

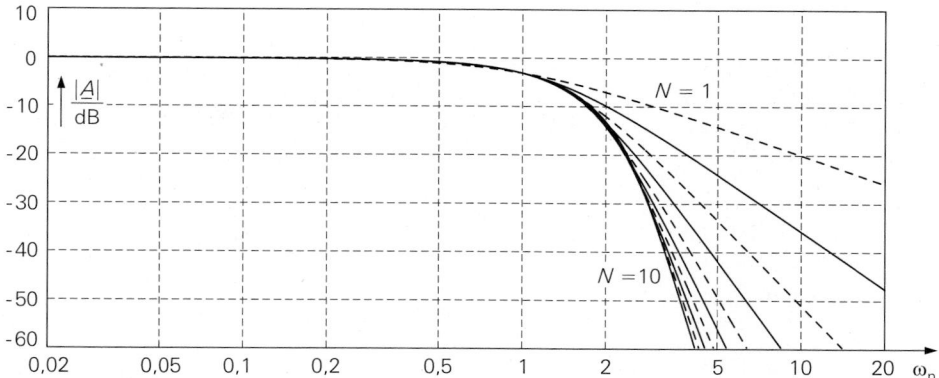

Abb. 12.19. Frequenzgang der Verstärkung von Bessel-Filtern

N	i	a_i	b_i	f_{gi}/f_g	Q_i
1	1	1,0000	0,0000	1,000	–
2	1	1,3617	0,6180	1,000	0,58
3	1	0,7560	0,0000	1,323	–
	2	0,9996	0,4772	1,414	0,69
4	1	1,3397	0,4889	0,978	0,52
	2	0,7743	0,3890	1,797	0,81
5	1	0,6656	0,0000	1,502	–
	2	1,1402	0,4128	1,184	0,56
	3	0,6216	0,3245	2,138	0,92
6	1	1,2217	0,3887	1,063	0,51
	2	0,9686	0,3505	1,431	0,61
	3	0,5131	0,2756	2,447	1,02
7	1	0,5937	0,0000	1,684	–
	2	1,0944	0,3395	1,207	0,53
	3	0,8304	0,3011	1,695	0,66
	4	0,4332	0,2381	2,731	1,13
8	1	1,1112	0,3162	1,164	0,51
	2	0,9754	0,2979	1,381	0,56
	3	0,7202	0,2621	1,963	0,71
	4	0,3728	0,2087	2,992	1,23
9	1	0,5386	0,0000	1,857	–
	2	1,0244	0,2834	1,277	0,52
	3	0,8710	0,2636	1,574	0,59
	4	0,6320	0,2311	2,226	0,76
	5	0,3257	0,1854	3,237	1,32
10	1	1,0215	0,2650	1,264	0,50
	2	0,9393	0,2549	1,412	0,54
	3	0,7815	0,2351	1,780	0,62
	4	0,5604	0,2059	2,479	0,81
	5	0,2883	0,1665	3,466	1,42

Abb. 12.20. Koeffizienten der Bessel-Filter

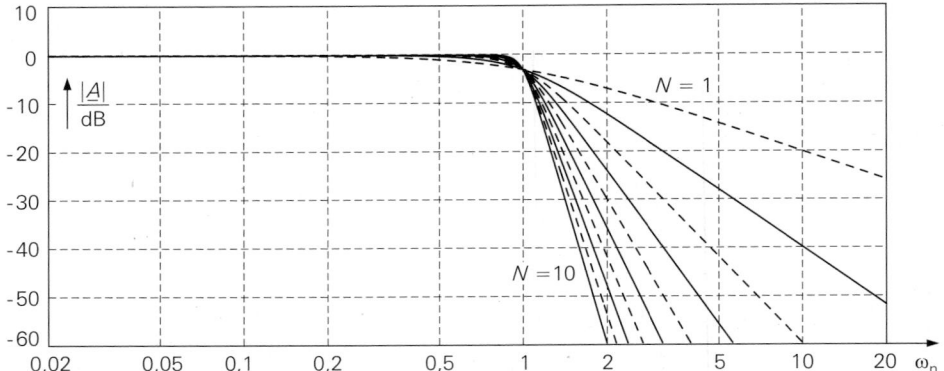

Abb. 12.21. Frequenzgang der Verstärkung von Butterworth-Filtern

N	i	a_i	b_i	f_{gi}/f_g	Q_i
1	1	1,0000	0,0000	1,000	–
2	1	1,4142	1,0000	1,000	0,71
3	1	1,0000	0,0000	1,000	–
	2	1,0000	1,0000	1,272	1,00
4	1	1,8478	1,0000	0,719	0,54
	2	0,7654	1,0000	1,390	1,31
5	1	1,0000	0,0000	1,000	–
	2	1,6180	1,0000	0,859	0,62
	3	0,6180	1,0000	1,448	1,62
6	1	1,9319	1,0000	0,676	0,52
	2	1,4142	1,0000	1,000	0,71
	3	0,5176	1,0000	1,479	1,93
7	1	1,0000	0,0000	1,000	–
	2	1,8019	1,0000	0,745	0,55
	3	1,2470	1,0000	1,117	0,80
	4	0,4450	1,0000	1,499	2,25
8	1	1,9616	1,0000	0,661	0,51
	2	1,6629	1,0000	0,829	0,60
	3	1,1111	1,0000	1,206	0,90
	4	0,3902	1,0000	1,512	2,56
9	1	1,0000	0,0000	1,000	–
	2	1,8794	1,0000	0,703	0,53
	3	1,5321	1,0000	0,917	0,65
	4	1,0000	1,0000	1,272	1,00
	5	0,3473	1,0000	1,521	2,88
10	1	1,9754	1,0000	0,655	0,51
	2	1,7820	1,0000	0,756	0,56
	3	1,4142	1,0000	1,000	0,71
	4	0,9080	1,0000	1,322	1,10
	5	0,3129	1,0000	1,527	3,20

Abb. 12.22. Koeffizienten der Butterworth-Filter

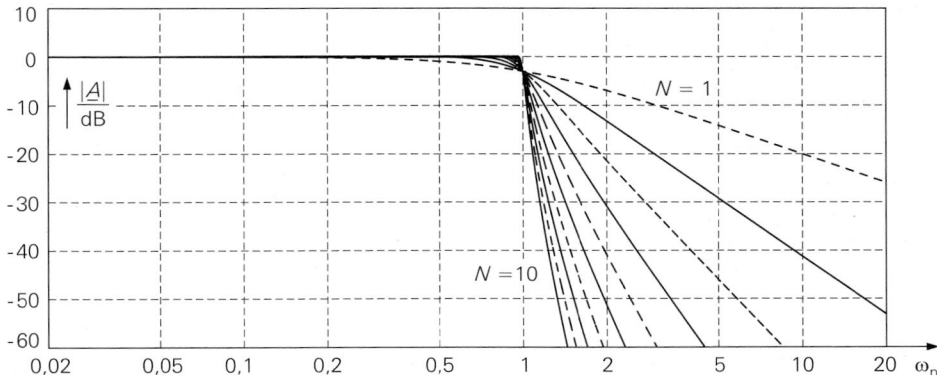

Abb. 12.23. Frequenzgang der Verstärkung von Tschbyscheff-Filtern mit $0,1$ dB Welligkeit

N	i	a_i	b_i	f_{gi}/f_g	Q_i
1	1	1,0000	0,0000	1,000	–
2	1	1,4049	1,1622	1,000	0,77
3	1	1,4328	0,0000	0,698	–
	2	0,7969	1,1418	1,309	1,34
4	1	2,4920	2,3779	0,558	0,62
	2	0,4834	1,1137	1,417	2,18
5	1	2,1056	0,0000	0,475	–
	2	1,5559	2,0248	0,855	0,91
	3	0,3163	1,0775	1,472	3,28
6	1	3,5582	4,5497	0,387	0,60
	2	0,9851	1,7207	1,064	1,33
	3	0,2223	1,0609	1,496	4,63
7	1	2,8346	0,0000	0,353	–
	2	2,1958	3,4542	0,624	0,85
	3	0,6662	1,5143	1,197	1,85
	4	0,1639	1,0441	1,514	6,23
8	1	4,6515	7,6129	0,295	0,59
	2	1,3796	2,6634	0,829	1,18
	3	0,4802	1,3876	1,280	2,45
	4	0,1260	1,0365	1,522	8,08
9	1	3,5838	0,0000	0,279	–
	2	2,8222	5,3817	0,490	0,82
	3	0,9310	2,1779	0,978	1,59
	4	0,3624	1,2987	1,339	3,14
	5	0,0996	1,0279	1,530	10,18
10	1	5,7587	11,5578	0,238	0,59
	2	1,7524	3,8987	0,675	1,13
	3	0,6711	1,8814	1,085	2,04
	4	0,2840	1,2399	1,379	3,92
	5	0,0808	1,0240	1,534	12,52

Abb. 12.24. Koeffizienten der Tschebyscheff-Filter mit $0,1$ dB Welligkeit

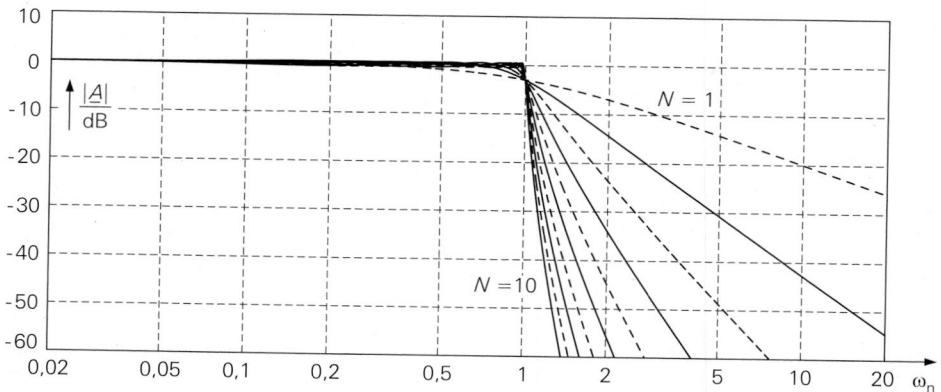

Abb. 12.25. Frequenzgang der Verstärkung von Tschbyscheff-Filtern mit 0,5 dB Welligkeit

N	i	a_i	b_i	f_{gi}/f_g	Q_i
1	1	1,0000	0,0000	1,000	–
2	1	1,3614	1,3827	1,000	0,86
3	1	1,8636	0,0000	0,537	–
	2	0,6402	1,1931	1,335	1,71
4	1	2,6282	3,4341	0,538	0,71
	2	0,3648	1,1509	1,419	2,94
5	1	2,9235	0,0000	0,342	–
	2	1,3025	2,3534	0,881	1,18
	3	0,2290	1,0833	1,480	4,54
6	1	3,8645	6,9797	0,366	0,68
	2	0,7528	1,8573	1,078	1,81
	3	0,1589	1,0711	1,495	6,51
7	1	4,0211	0,0000	0,249	–
	2	1,8729	4,1795	0,645	1,09
	3	0,4861	1,5676	1,208	2,58
	4	0,1156	1,0443	1,517	8,84
8	1	5,1117	11,9607	0,276	0,68
	2	1,0639	2,9365	0,844	1,61
	3	0,3439	1,4206	1,284	3,47
	4	0,0885	1,0407	1,521	11,53
9	1	5,1318	0,0000	0,195	–
	2	2,4283	6,6307	0,506	1,06
	3	0,6839	2,2908	0,989	2,21
	4	0,2559	1,3133	1,344	4,48
	5	0,0695	1,0272	1,532	14,58
10	1	6,3648	18,3695	0,222	0,67
	2	1,3582	4,3453	0,689	1,53
	3	0,4822	1,9440	1,091	2,89
	4	0,1994	1,2520	1,381	5,61
	5	0,0563	1,0263	1,533	17,99

Abb. 12.26. Koeffizienten der Tschebyscheff-Filter mit 0,5 dB Welligkeit

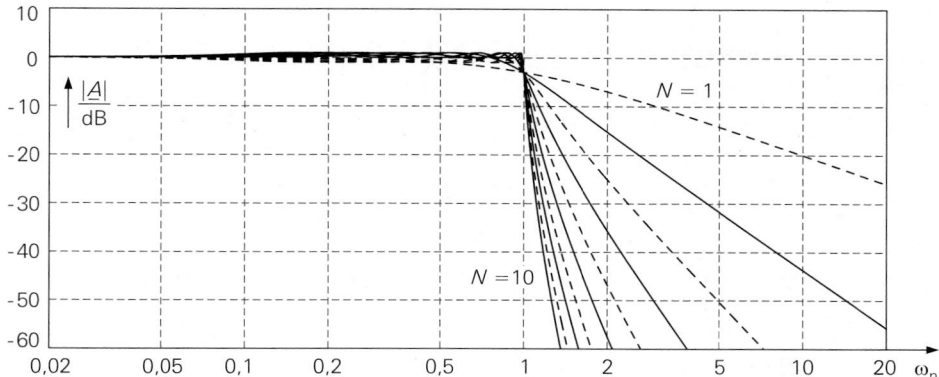

Abb. 12.27. Frequenzgang der Verstärkung von Tschbyscheff-Filtern mit 1 dB Welligkeit

N	i	a_i	b_i	f_{gi}/f_g	Q_i
1	1	1,0000	0,0000	1,000	–
2	1	1,3022	1,5515	1,000	0,96
3	1	2,2156	0,0000	0,451	–
	2	0,5442	1,2057	1,353	2,02
4	1	2,5904	4,1301	0,540	0,78
	2	0,3039	1,1697	1,417	3,56
5	1	3,5711	0,0000	0,280	–
	2	1,1280	2,4896	0,894	1,40
	3	0,1872	1,0814	1,486	5,56
6	1	3,8437	8,5529	0,366	0,76
	2	0,6292	1,9124	1,082	2,20
	3	0,1296	1,0766	1,493	8,00
7	1	4,9520	0,0000	0,202	–
	2	1,6338	4,4899	0,655	1,30
	3	0,3987	1,5834	1,213	3,16
	4	0,0937	1,0423	1,520	10,90
8	1	5,1019	14,7608	0,276	0,75
	2	0,8916	3,0426	0,849	1,96
	3	0,2806	1,4334	1,285	4,27
	4	0,0717	1,0432	1,520	14,24
9	1	6,3415	0,0000	0,158	–
	2	2,1252	7,1711	0,514	1,26
	3	0,5624	2,3278	0,994	2,71
	4	0,2076	1,3166	1,346	5,53
	5	0,0562	1,0258	1,533	18,03
10	1	6,3634	22,7468	0,221	0,75
	2	1,1399	4,5167	0,694	1,86
	3	0,3939	1,9665	1,093	3,56
	4	0,1616	1,2569	1,381	6,94
	5	0,0455	1,0277	1,532	22,26

Abb. 12.28. Koeffizienten der Tschebyscheff-Filter mit 1 dB Welligkeit

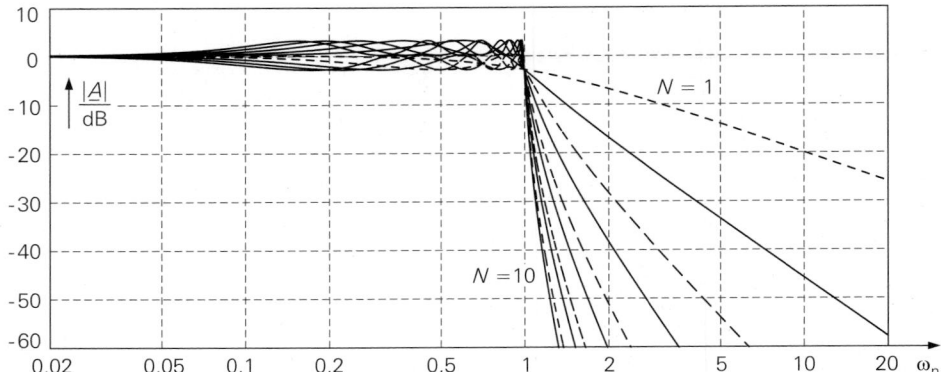

Abb. 12.29. Frequenzgang der Verstärkung von Tschbyscheff-Filtern mit 3 dB Welligkeit

N	i	a_i	b_i	f_{gi}/f_g	Q_i
1	1	1,0000	0,0000	1,000	–
2	1	1,0650	1,9305	1,000	1,30
3	1	3,3496	0,0000	0,299	–
	2	0,3559	1,1923	1,396	3,07
4	1	2,1853	5,5339	0,557	1,08
	2	0,1964	1,2009	1,410	5,58
5	1	5,6334	0,0000	0,178	–
	2	0,7620	2,6530	0,917	2,14
	3	0,1172	1,0686	1,500	8,82
6	1	3,2721	11,6773	0,379	1,04
	2	0,4077	1,9873	1,086	3,46
	3	0,0815	1,0861	1,489	12,78
7	1	7,9064	0,0000	0,126	–
	2	1,1159	4,8963	0,670	1,98
	3	0,2515	1,5944	1,222	5,02
	4	0,0582	1,0348	1,527	17,46
8	1	4,3583	20,2948	0,286	1,03
	2	0,5791	3,1808	0,855	3,08
	3	0,1765	1,4507	1,285	6,83
	4	0,0448	1,0478	1,517	22,87
9	1	10,1759	0,0000	0,098	–
	2	1,4585	7,8971	0,526	1,93
	3	0,3561	2,3651	1,001	4,32
	4	0,1294	1,3165	1,351	8,87
	5	0,0348	1,0210	1,537	29,00
10	1	5,4449	31,3788	0,230	1,03
	2	0,7414	4,7363	0,699	2,94
	3	0,2479	1,9952	1,094	5,70
	4	0,1008	1,2638	1,380	11,15
	5	0,0283	1,0304	1,530	35,85

Abb. 12.30. Koeffizienten der Tschebyscheff-Filter mit 3 dB Welligkeit

12.2 Simulation von Filtern

Natürlich lassen sich Filter - wie alle anderen Schaltungen - mit einem Schaltungssimulator simulieren. Sie bieten häufig auch die Möglichkeit, Übertragungsfunktionen direkt zu simulieren, ohne dass eine schaltungstechnische Realisierung vorliegt. Dazu wird eine spezielle spannungsgesteuerte Spannungsquelle mit $r_e = \infty$ und $r_a = 0$ verwendet, bei der man den Zähler und den Nenner der Übertragungsfunktion direkt eingeben kann. Die einfachste Möglichkeit besteht darin, die Filterkoeffizienten aus unseren Filtertabellen in den Abb. 12.18 bis 12.30 unverändert zu übernehmen. Dabei setzt man dann stillschweigend $\omega_g = 1/(2\pi f_g) = 1$, also $f_g = 1/(2\pi) = 0{,}159\,\text{Hz}$. In Abb. 12.31 ist ein 3 dB-Tschebyscheff-Tiefpass 4. Ordnung als Beispiel gewählt. In den H(s) Blöcken sind die Koeffizienten der beiden Teilfilter 2. Ordnung eingetragen, deren Zähler $Z = 1$ ist. Darun-

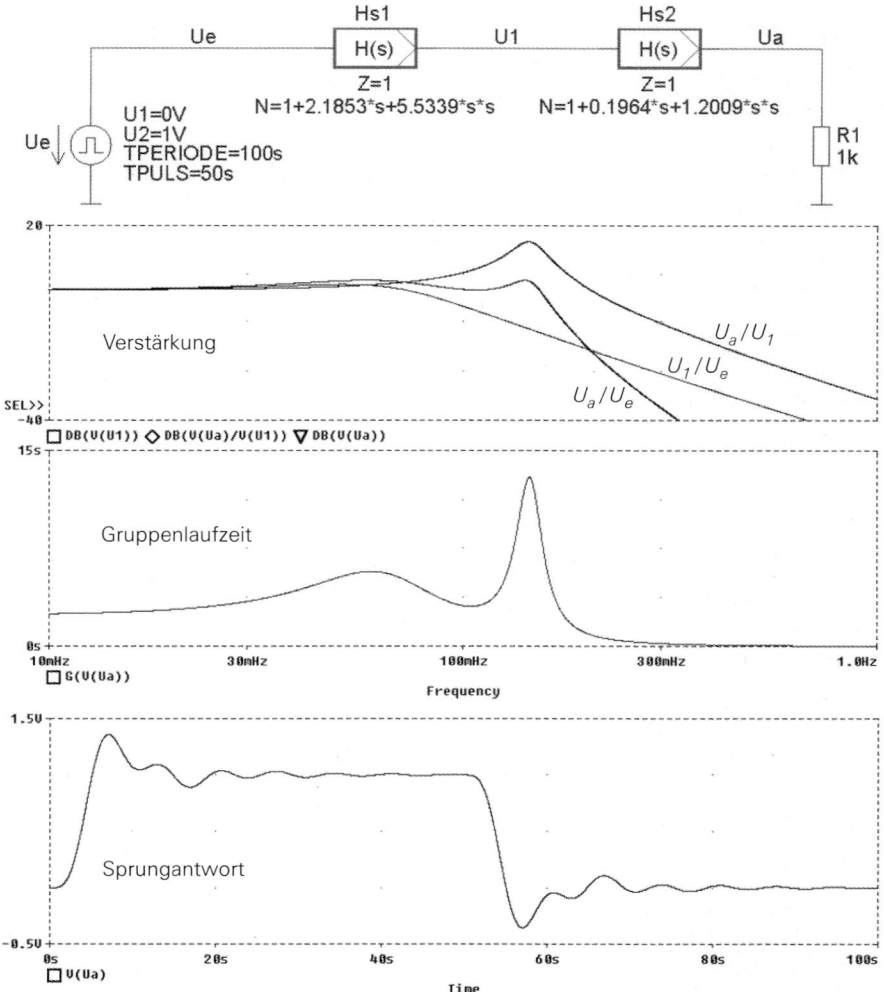

Abb. 12.31. Simulation eines 3 dB-Tschebyscheff-Filters 4. Ordnung

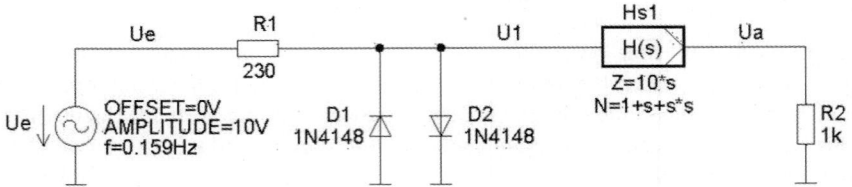

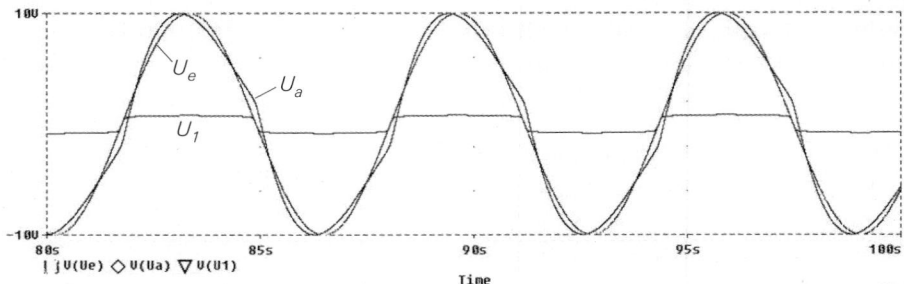

Abb. 12.32. Simulation einer Schaltung, die normale Bauelemente und ein Laplace-Modul enthält. Dargestellt ist der zeitliche Verlauf der Signale in der Schaltung.

ter sind die Simulationsergebnisse dargestellt. Dabei erhält man nicht nur die Verstärkung und die Gruppenlaufzeit, sondern auch die Sprungantwort (Transient).

Wenn man eine bestimmte Grenzfrequenz von z.B. $f_g = 1\,\text{kHz}$ vorgeben möchte, muss man die Normierung aufheben und

$$s_n = \frac{s}{\omega_g} = \frac{s}{2\pi f_g} \overset{1\,\text{kHz}}{=} \frac{s}{2\pi \cdot 1\,\text{kHz}}$$

einsetzen. Bei dem Beispiel für das 3 dB-Tschebyscheff-Filter 4. Ordnung ergibt sich dann mit $a_1 = 2,1853$, $b_1 = 5,5339$, $a_2 = 0,1964$ und $b_2 = 1,2009$:

$$
\underline{A}(s) = \frac{1}{1 + \dfrac{a_1}{\omega_g} s + \dfrac{b_1}{\omega_g^2} s^2} \cdot \frac{1}{1 + \dfrac{a_2}{\omega_g} s + \dfrac{b_2}{\omega_g^2} s^2}
$$

$$
= \frac{1}{1 + 3,48 \cdot 10^{-4}\, s + 1,40 \cdot 10^{-7}\, s^2} \cdot \frac{1}{1 + 3,13 \cdot 10^{-5}\, s + 3,04 \cdot 10^{-8}\, s^2}
$$

Ein Beispiel für den gemischten Einsatz des Laplace-Moduls zusammen mit normalen Bauteilen ist in Abb. 12.32 dargestellt. Hier wird ein Sinussignal mit einem Diodenbegrenzer in ein Trapezsignal umgewandelt. Danach wird die Grundwelle dem $H(s)$-Element, das als Bandpass ($A_r = 10$, $Q = 1$) programmiert ist, wieder herausgefiltert. Die drei Signale sind in Abb. 12.32 im Zeitbereich dargestellt.

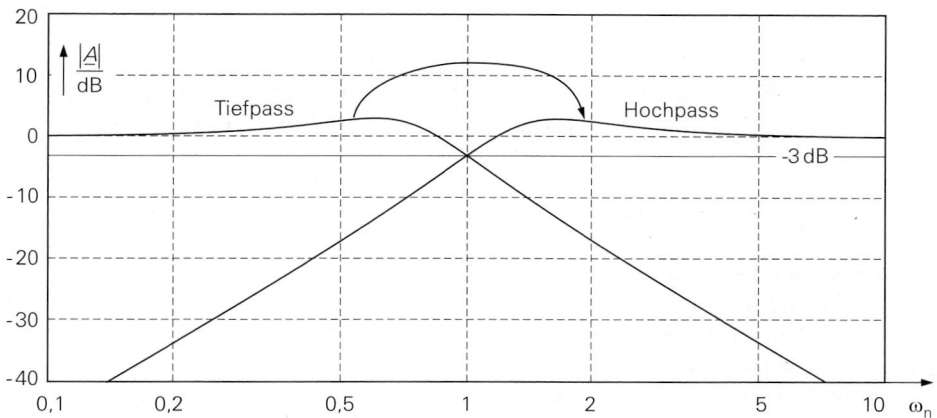

Abb. 12.33. Tiefpass-Hochpass-Transformation
Beispiel: Tschebyscheff-Filter 2. Ordnung mit 3 dB Welligkeit

12.3 Tiefpass-Hochpass-Transformation

In der logarithmischen Darstellung kommt man vom Tiefpass zum analogen Hochpass, indem man die Frequenzgangkurve der Verstärkung an der Grenzfrequenz spiegelt, d.h. ω_n durch $1/\omega_n$ bzw. s_n durch $1/s_n$ ersetzt. Die Grenzfrequenz bleibt dabei erhalten und A_0 geht in A_∞ über, wie man auch in Abb. 12.33 erkennt. Aus Gleichung (12.29) ergibt sich die Übertragungsfunktion für Hochpassfilter:

$$\underline{A}(s_n) = \frac{A_\infty}{\prod\limits_i \left(1 + \dfrac{a_i}{s_n} + \dfrac{b_i}{s_n^2}\right)} = \frac{A_\infty s_n^N}{\prod\limits_i \left(b_i + a_i s_n + s_n^2\right)} \qquad (12.35)$$

Der wesentliche Merkmal der Hochpassfilter besteht darin, dass im Zähler und im Nenner - wenn man alle Produkte ausmultipliziert - die höchste Potenz von s_n steht, die gleich der Ordnung des Filters ist. Deshalb strebt die Verstärkung für hohe Frequenzen gegen A_∞.

12.4 Realisierung von Tief- und Hochpassfiltern 1. Ordnung

Nach (12.29) lautet die Übertragungsfunktion eines Tiefpasses 1. Ordnung allgemein:

$$\underline{A}(s_n) = \frac{A_0}{1 + a_1 s_n} \qquad (12.36)$$

Sie lässt sich mit einem einfachen RC-Glied realisieren. Damit die Filtercharakteristik nicht durch die nachfolgende Schaltung verfälscht wird, fügt man meist wie in Abb. 12.34 einen Impedanzwandler hinzu, der bei Bedarf auch eine Verstärkung bewirken kann.

$$\underline{A}(s_n) = \frac{1 + R_2/R_3}{1 + s\,R_1 C_1} = \frac{1 + R_2/R_3}{1 + \omega_g R_1 C_1 s_n}$$

Die Gleichspannungsverstärkung hat den Wert $A_0 = 1 + R_2/R_3$. Der Koeffizientenvergleich mit (12.36) liefert die Dimensionierung:

$$R_1 C_1 = \frac{a_1}{2\pi f_g} \qquad (12.37)$$

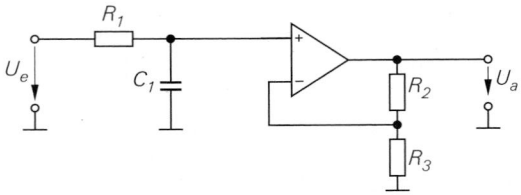

Abb. 12.34.
Tiefpass 1. Ordnung mit Impedanzwandler

$$\underline{A}(s_n) = \frac{1 + R_2/R_3}{1 + \omega_g R_1 C_1 s_n}$$

Wie man aus der Koeffiziententabellen in Abbildungen 12.18 bis 12.30 entnimmt, sind in der 1. Ordnung alle Filtertypen identisch und besitzen den Koeffizienten $a_1 = 1$. Bei der Realisierung von Filtern höherer Ordnung durch Reihenschaltung von Teilfiltern niedriger Ordnung treten jedoch bei ungerader Ordnung auch Stufen 1. Ordnung auf, bei denen $a_1 \neq 1$ ist. Das rührt daher, dass die Teilfilter in der Regel eine andere Grenzfrequenz besitzen als das Gesamtfilter, nämlich $f_{g\,1} = f_g/a_1$.

Um den korrespondierenden Hochpass zu erhalten, muss man in (12.35) $N = 1$ setzen und erhält

$$\underline{A}(s_n) = \frac{A_\infty s_n}{a_1 + s_n} \tag{12.38}$$

In der Schaltung lässt sich dies ganz einfach dadurch realisieren, dass man R_1 mit C_1 vertauscht.

Zu einer Alternative gelangt man, wenn man das Filter mit in die Gegenkopplung des Operationsverstärkers einbezieht. Das entsprechende Tiefpassfilter zeigt Abb. 12.35. Zur Dimensionierung gibt man die Grenzfrequenz, die hier negative Gleichspannungsverstärkung A_0 und die Kapazität C_1 vor. Dann folgt durch Koeffizientenvergleich mit (12.36):

$$R_2 = \frac{a_1}{2\pi f_g C_1} \quad \text{und} \quad R_1 = -\frac{R_2}{A_0}$$

Abbildung 12.36 zeigt den korrespondierenden Hochpass. Durch Koeffizientenvergleich mit (12.38) folgt die Dimensionierung:

$$R_1 = \frac{1}{2\pi f_g a_1 C_1} \quad \text{und} \quad R_2 = -R_1 A_\infty$$

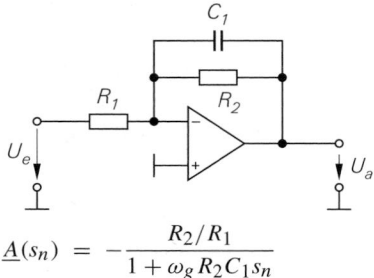

$$\underline{A}(s_n) = -\frac{R_2/R_1}{1 + \omega_g R_2 C_1 s_n}$$

Abb. 12.35.
Tiefpass 1. Ordnung mit invertierendem
Verstärker

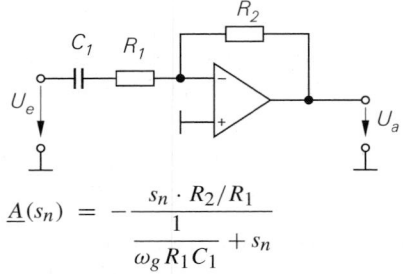

$$\underline{A}(s_n) = -\frac{s_n \cdot R_2/R_1}{\frac{1}{\omega_g R_1 C_1} + s_n}$$

Abb. 12.36.
Hochpass 1. Ordnung mit invertierendem
Verstärker

12.5 Realisierung von Tief- und Hochpassfiltern 2. Ordnung

Nach (12.29) lautet die Übertragungsfunktion eines Tiefpasses 2. Ordnung allgemein:

$$\underline{A}(s_n) = \frac{A_0}{1 + a_1 s_n + b_1 s_n^2} \tag{12.39}$$

In den Tabellen der Filterkoeffizienten sieht man, dass die optimierten Übertragungsfunktionen zweiter und höherer Ordnung konjugiert komplexe Pole besitzen mit einer Polgüte $Q > 0,5$. Im Abschnitt 12.1.2 wurde gezeigt, dass solche Übertragungsfunktionen nicht mit passiven RC-Schaltungen realisierbar sind. Eine Realisierungsmöglichkeit besteht in der Verwendung von Induktivitäten, also LRC-Filtern. In den folgenden Beispielen soll ein Besselfilter mit einer Grenzfrequenz von $f_g = 1$ kHz und einer Verstärkung $A_0 = 1$ realisiert werden. Die Übertragungsfunktion ergibt sich dann mit den Werten aus Abb. 12.20:

$$\underline{A} = \frac{1}{1 + a_1 \cdot s_n + b_1 \cdot s_n^2} = \frac{1}{1 + 1,3617 \cdot s_n + 0,6180 \cdot s_n^2}$$

12.5.1 LRC-Filter

Die klassische Realisierung von Filtern 2. Ordnung besteht im Einsatz von LRC-Filtern wie in Abb. 12.37. Der Koeffizientenvergleich mit Gl. (12.39) liefert die Dimensionierung:

$$R = \frac{b_1}{a_1}\frac{1}{2\pi f_g C} \quad \text{und} \quad L = \frac{b_1}{4\pi^2 f_g^2 C} = \frac{a_1 R}{2\pi f_g}$$

Wenn man die Größe des Kondensators mit $C = 0,1\,\mu$F vorgibt, erhält man damit die Dimensionierung $R = 720\,\Omega$ und $L = 0,157$ H. Man erkennt, dass sich ein solches Filter wegen der Größe der Induktivität außerordentlich schlecht realisieren lässt. Die Verwendung von Induktivitäten lässt sich umgehen, indem man sie mit einer aktiven RC-Schaltung simuliert. Dazu kann man die Gyratorschaltung in Abb. 11.37 auf S.785 heranziehen. Der schaltungstechnische Aufwand ist jedoch beträchtlich. Die gewünschten Übertragungsfunktionen lassen sich wesentlich einfacher mit aktiven Filtern realisieren, bei denen statt der Induktivitäten Kondensatoren in mitgekoppelten Operationsverstärker-Schaltungen eingesetzt werden. Dabei ermöglicht die Mitkopplung auch ohne Induktivitäten Polgüten $Q > 0,5$.

12.5.2 Filter mit Mehrfachgegenkopplung

Ein aktiver RC-Tiefpass 2. Ordnung ist in Abb. 12.38 dargestellt. Durch Koeffizientenvergleich mit (12.39) erhalten wir die Beziehungen:

$$A_0 = -R_2/R_1$$

$$a_1 = \omega_g C_1 \left(R_2 + R_3 + \frac{R_2 R_3}{R_1} \right)$$

$$b_1 = \omega_g^2 C_1 C_2 R_2 R_3$$

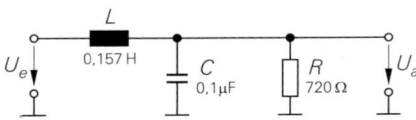

Abb. 12.37.
Passiver Tiefpass 2. Ordnung.
Beispiel: Besselfilter $f_g = 1$ kHz

$$\underline{A}(s_n) = \frac{1}{1 + (L/R)\omega_g s_n + LC\omega_g^2 s_n^2}$$

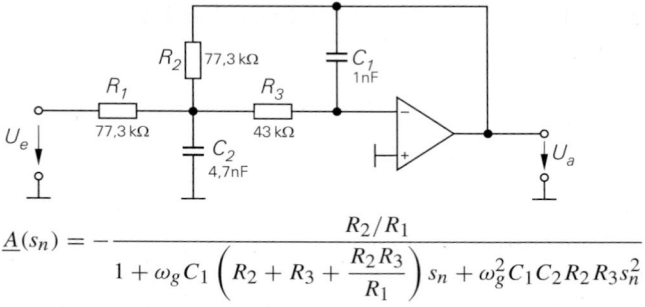

$$\underline{A}(s_n) = -\frac{R_2/R_1}{1 + \omega_g C_1 \left(R_2 + R_3 + \dfrac{R_2 R_3}{R_1}\right) s_n + \omega_g^2 C_1 C_2 R_2 R_3 s_n^2}$$

Abb. 12.38. Aktives Tiefpassfilter 2. Ordnung mit Mehrfachgegenkopplung.
Beispiel für ein Besselfilter mit einer Grenzfrequenz von 1 kHz

Zur Dimensionierung kann man z.B. die Widerstände R_1 und R_3 vorgeben und aus den Dimensionierungsgleichungen R_2, C_1 und C_2 berechnen. Wie man sieht, ist eine Dimensionierung für alle positiven Werte von a_1 und b_1 möglich. Man kann also jeden gewünschten Filtertyp realisieren. Die Gleichspannungsverstärkung A_0 ist negativ. Das Filter bewirkt bei tiefen Frequenzen demnach eine Signalinvertierung.

Um wirklich die gewünschten Frequenzgänge zu erhalten, müssen die Bauelemente enge Toleranzen besitzen. Diese Forderung ist für Widerstände leicht zu erfüllen, da sie in der Normreihe E96 mit Toleranz von 1% lagermäßig geführt werden. Aber auch die Kondensatoren sollten einprozentige Toleranz besitzen; sie sind jedoch meist nur in der Normreihe E6 (Abb. 28.4.1 auf Seite 1745) erhältlich. Daher ist es vorteilhaft, bei der Dimensionierung von Filtern die Kondensatoren vorzugeben und die Widerstandswerte zu berechnen. Dazu lösen wir die Dimensionierungsgleichungen nach den Widerständen auf und erhalten:

$$R_2 = \frac{a_1 C_2 - \sqrt{a_1^2 C_2^2 - 4 C_1 C_2 b_1 (1 - A_0)}}{4 \pi f_g C_1 C_2}$$

$$R_1 = \frac{R_2}{-A_0}$$

$$R_3 = \frac{b_1}{4 \pi^2 f_g^2 C_1 C_2 R_2}$$

Damit sich für R_2 ein reeller Wert ergibt, muss die Bedingung

$$\frac{C_2}{C_1} \geq \frac{4 b_1 (1 - A_0)}{a_1^2}$$

erfüllt sein. Die günstigste Dimensionierung ergibt sich, wenn man C_1 vorgibt und für C_2 den nächst größeren Normwert wählt. Zur Erläuterung der Dimensionierung soll hier wieder das vorhergehende Beispiel, also ein Bessel-Tiefpass mit einer Grenzfrequenz von 1 kHz dienen, hier mit einer Verstärkung von $A_0 = -1$. Wir wählen $C_1 = 1$ nF und erhalten mit der Bedingung $C_2 > 4$ nF den Wert $C_2 = 4,7$ nF. Damit ergeben sich die Widerstände $R_1 = R_2 = 77,3$ kΩ und $R_3 = 43,0$ kΩ. Im Vergleich zu dem LRC-Filter in Abb. 12.37 werden die Vorteile des aktiven Filters besonders deutlich.

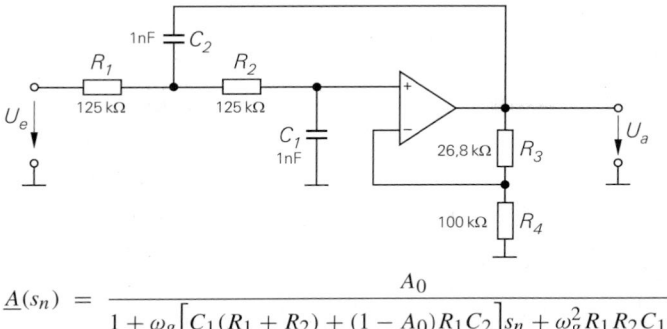

$$\underline{A}(s_n) = \cfrac{A_0}{1 + \omega_g\Big[C_1(R_1 + R_2) + (1 - A_0)R_1C_2\Big]s_n + \omega_g^2 R_1 R_2 C_1 C_2 s_n^2}$$

Abb. 12.39. Aktives Tiefpassfilter 2. Ordnung mit Einfachmitkopplung „Sallen–Key"-Schaltung. Beispiel für ein Besselfilter mit einer Grenzfrequenz von 1 kHz.

12.5.3 Tiefpassfilter mit Einfachmitkopplung

Aktive Filter lassen sich auch mit nicht invertierenden Verstärkern realisieren. Allerdings muss dabei die Verstärkung durch eine interne Gegenkopplung auf einen genau definierten Wert festgelegt werden. Der Spannungsteiler R_4, R_3 in Abb. 12.39 bewirkt diese Gegenkopplung und stellt die innere Verstärkung auf den Wert $A_0 = 1 + R_3/R_4$ ein. Die Mitkopplung erfolgt über den Kondensator C_2.

Die Dimensionierung lässt sich wesentlich vereinfachen, wenn man von vornherein gewisse Spezialisierungen vornimmt. Eine mögliche Spezialisierung ist, *gleiche Widerstände und gleiche Kondensatoren* einzusetzen, d.h. $R_1 = R_2 = R$ und $C_1 = C_2 = C$. Die Übertragungsfunktion lautet dann:

$$\underline{A}(s_n) = \cfrac{A_0}{1 + \omega_g RC(3 - A_0)s_n + (\omega_g RC)^2 s_n^2}$$

Durch Koeffizientenvergleich mit (12.39) erhalten wir die Dimensionierung:

$$RC = \frac{\sqrt{b_1}}{2\pi f_g}, \qquad A_0 = 1 + \frac{R_3}{R_4} = 3 - \frac{a_1}{\sqrt{b_1}} = 3 - \frac{1}{Q_1}$$

Um wieder als Beispiel ein Besselfilter mit einer Grenzfrequenz von 1 kHz zu dimensionieren, wollen wir $C = 1\,\text{nF}$ und $R_4 = 100\,\text{k}\Omega$ vorgeben und erhalten dann die in der Abb. 12.39 eingetragenen Werte.

Die Größe von A_0 bestimmt den Filtertyp. Wie man sieht, hängt sie nur von der Polgüte und nicht von der Grenzfrequenz f_g ab. Setzt man die in den Koeffiziententabellen angegebenen Werte der Filter 2. Ordnung ein, erhält man die in Abb. 12.40 angegebenen Werte für A_0. Bei $A_0 = 3$ schwingt die Schaltung auf der Frequenz $f = 1/(2\pi RC)$. Man erkennt, dass die Einstellung der inneren Verstärkung umso kritischer wird, je näher sie dem Wert $A_0 = 3$ kommt. Daher ist besonders beim Tschebyscheff-Filter eine genaue

	Kritisch	Bessel	Butterworth	3 dB-Tschebyscheff	ungedämpft
Q_i	0,5	0,58	0,71	1,3	∞
A_0	1,000	1,268	1,586	2,234	3,000

Abb. 12.40. Innere Verstärkung bei Einfachmitkopplung für Filter 2. Ordnung

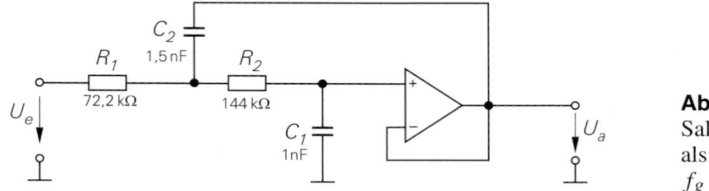

Abb. 12.41.
Sallen-Key-Tiefpass
als Besselfilter für
$f_g = 1\,\text{kHz}$

Einstellung notwendig. Dies ist ein gewisser Nachteil gegenüber den vorhergehenden Filtern. Ein bedeutender Vorteil ist jedoch, dass der Filtertyp ausschließlich durch A_0 bestimmt wird und nicht von R und C abhängt. Daher lässt sich die Grenzfrequenz bei diesem Filter besonders einfach verändern.

Zu einer anderen interessanten Spezialisierung gelangt man, wenn man die *innere Verstärkung* $A_0 = 1$ setzt. Dann arbeitet der Operationsverstärker als Spannungsfolger, also lediglich als Impedanzwandler. Die beiden Widerstände R_4 und R_3 können entfallen. Abbildung 12.41 zeigt diese Spezialisierung. Für $A_0 = 1$ lautet die Übertragungsfunktion:

$$\underline{A}(s_n) \;=\; \frac{1}{1 + \omega_g C_1 (R_1 + R_2)s_n + \omega_g^2 R_1 R_2 C_1 C_2 s_n^2}$$

Gibt man C_1 und C_2 vor, erhält man durch Koeffizientenvergleich mit (12.39):

$$R_{1/2} \;=\; \frac{a_1 C_2 \mp \sqrt{a_1^2 C_2^2 - 4 b_1 C_1 C_2}}{4\pi f_g C_1 C_2} \tag{12.40}$$

Damit sich reelle Werte ergeben, muss die Bedingung

$$C_2/C_1 \geq 4 b_1 / a_1^2 \tag{12.41}$$

erfüllt sein. Wie bei dem Filter mit Mehrfachgegenkopplung ergibt sich die günstigste Dimensionierung, wenn man das Verhältnis C_2/C_1 nicht viel größer wählt, als es die obige Bedingung vorschreibt. Um ein Besselfilter zu realisieren, wollen wir $C_1 = 1\,\text{nF}$ vorgeben. Dann folgt die Bedingung $C_2 \geq 1{,}33\,\text{nF}$; wir wählen den nächsten Normwert der E6-Reihe $C_2 = 1{,}5\,\text{nF}$. Wenn wir wieder eine Grenzfrequenz von von $1\,\text{kHz}$ vorgeben, ergibt sich die in Abb. 12.41 eingetragene Dimensionierung.

Den Spannungsfolger kann man gegebenenfalls auch mit einem Emitterfolger oder Sourcefolger realisieren, wie z.B. in Abb. 27.10 auf Seite 1635. Man kann hier auch die Buffer als Spannungsfolger einsetzen, die in Kapitel 5.3 auf Seite 550 beschrieben werden. Man sieht in Abb. 12.41, dass sich mit dem Sallen-Key-Filter eine besonders einfache Realisierung von Filtern 2. Ordnung ergibt, die außer dem Spannungsfolger lediglich 4 Bauelemente erfordert.

Die angegebenen Übertragungsfunktionen besitzen nur in dem Frequenzbereich Gültigkeit, in dem die Schleifenverstärkung groß gegenüber Eins ist. Bei Tiefpassfiltern sollte diese Forderung nicht nur bei der Grenzfrequenz erfüllt sein, sondern auch bei allen höheren Frequenzen, die im Eingangssignal auftreten können. Wenn keine ausreichende Schleifenverstärkung vorhanden ist, kann das zu einem steileren Abfall der Verstärkung führen, weil durch den Operationsverstärker ein zusätzlicher Tiefpass entsteht. Es kann aber auch zu einer verschlechterten Sperrdämpfung führen, wie wir es bereits beim Integrator in Abschnitt 10.4.5 auf Seite 749 gezeigt haben.

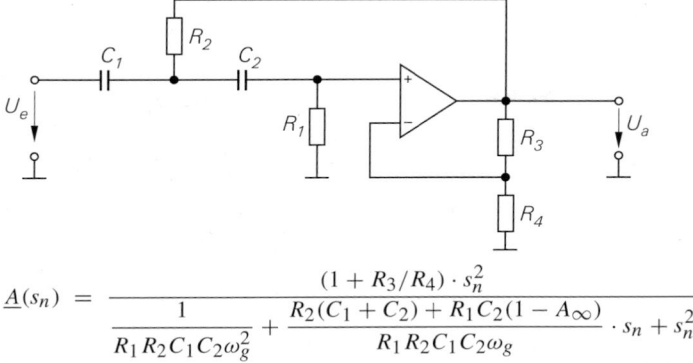

$$\underline{A}(s_n) = \cfrac{(1 + R_3/R_4) \cdot s_n^2}{\cfrac{1}{R_1 R_2 C_1 C_2 \omega_g^2} + \cfrac{R_2(C_1 + C_2) + R_1 C_2 (1 - A_\infty)}{R_1 R_2 C_1 C_2 \omega_g} \cdot s_n + s_n^2}$$

Abb. 12.42. Aktives Hochpassfilter 2. Ordnung mit Einfachmitkopplung

12.5.4 Hochpassfilter mit Einfachmitkopplung

Zur Realisierung von Hochpassfiltern 2. Ordnung erhält man aus (12.35) die Übertragungsfunktion:

$$\underline{A}(s_n) = \frac{A_\infty s_n^2}{b_1 + a_1 s_n + s_n^2} \tag{12.42}$$

Vertauscht man in Abb. 12.39 die Widerstände mit den Kondensatoren, erhält man das *Hochpassfilter* in Abb. 12.42. Zur Erleichterung der Dimensionierung wählen wir die Spezialisierung $A_\infty = (1 + R_3/R_4) = 1$ und $C_1 = C_2 = C$. Der Koeffizientenvergleich mit der Übertragungsfunktion (12.42) liefert in diesem Fall die Dimensionierung:

$$R_1 = \frac{1}{\pi f_g C\, a_1} \qquad R_2 = \frac{a_1}{4\pi f_g C\, b_1}$$

Eine Einschränkung für das Verhältnis der Kapazitäten gibt es hier nicht: Man erhält immer reelle Werte für die Widerstände. Als Beispiel soll ein Bessel-Hochpass mit einer Grenzfrequenz von $f_g = 1\,\text{kHz}$ dimensioniert werden. Wenn man $C = 1\,\text{nF}$ vorgibt, erhält man $R_1 = 234\,\text{k}\Omega$ und $R_2 = 175\,\text{k}\Omega$. Die resultierende Schaltung ist in Abb. 12.43 dargestellt.

Natürlich muss auch bei Hochpassfiltern innerhalb des genutzten Frequenzbereichs eine ausreichende Schleifenverstärkung vorliegen. Man kann dabei davon ausgehen, dass sich die Schaltungen für Frequenzen oberhalb der Grenzfrequenz wie Verstärker mit ohmscher Beschaltung verhalten und dieselbe obere Grenzfrequenz besitzen.

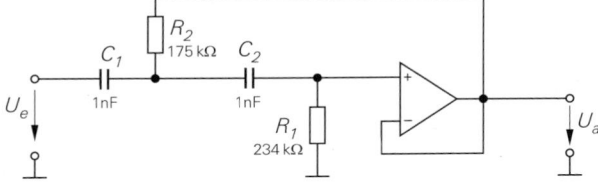

Abb. 12.43.
Sallen–Key-Hochpass
als Besselfilter für
$f_g = 1\,\text{kHz}$

12.6 Realisierung von Tiefpassfiltern höherer Ordnung

Wenn die Filtercharakteristik nicht steil genug ist, gibt es zwei Möglichkeiten zur Verbesserung:

- Man kann einen Filtertyp mit steilerem Abfall der Verstärkung wählen, also z.B. Tschebyscheff statt Bessel. Dabei muss man jedoch eine verschlechterte Sprungantwort in Kauf nehmen.
- Man verwendet ein Filter mit höherer Ordnung, also z.B. ein Filter 4. Ordnung statt 2. Ordnung. Dadurch erhöht sich allerdings der schaltungstechnische Aufwand.

Um ein Filter höherer Ordnung zu realisieren, schaltet man vorzugsweise Teilfilter 2. Ordnung in Reihe. Es wäre jedoch falsch, 2 Filter mit der Dimensionierung für die 2. Ordnung in Reihe zu schalten, um ein Filter 4. Ordnung zu erhalten. Das entstehende Filter hätte bei der Grenzfrequenz eine Dämpfung von $-6\,$dB und außerdem nicht die gewünschte Filtercharakteristik. Man muss deshalb die einzelnen Teilfilter mit den Koeffizienten aus den Filtertabellen in Abb. 12.18 bis 12.30 für die entsprechende Ordnung dimensionieren. Dazu muss man lediglich die Koeffizienten a_1 und b_1 durch a_i und b_i ersetzen. Zur Dimensionierung der Schaltung setzt man in die angegebenen Formeln die gewünschte Grenzfrequenz des *resultierenden Gesamtfilters* ein. Die einzelnen Teilfilter besitzen höhere, aber auch niedrigere Grenzfrequenzen als das ganze Filter, wie Abb. 12.44 zeigt. Dort erkennt man auch, wie sich der Frequenzgang des Gesamtfilters aus den Teilfiltern ergibt. Die Grenzfrequenzen der Teilfilter sind in den Filtertabellen nur angegeben, um die Teilfilter einzeln testen zu können, aber nicht zur Dimensionierung.

Im Prinzip ist es gleichgültig, in welcher Reihenfolge man die einzelnen Filterstufen anordnet, da sich die Frequenzgänge der Teilfilter multiplizieren und die Faktoren eines Produkts vertauschbar sind. In der Praxis gibt es jedoch zusätzliche Gesichtspunkte für die Reihenfolge der Teilfilter.

- Man kann die Teilfilter nach aufsteigender Grenzfrequenz ordnen und das Filter mit der niedrigsten Grenzfrequenz an den Eingang zu schalten; so ist auch die Reihenfolge in den Filtertabellen in Abb. 12.18 bis 12.30. Dann treten in keiner Filterstufe Signale auf, die größer sind als am Eingang des Filters, wenn man einmal von der Welligkeit bei den Tschebyscheff-Filtern absieht. Das ist die normale Anordnung, bei der interne Übersteuerungen des Filters vermieden werden.
- Ein anderer Gesichtspunkt für die Anordnung der Filterstufen kann das Rauschen sein. Diesbezüglich ist gerade die umgekehrte Reihenfolge günstig, weil dann die Teilfilter mit der niedrigen Grenzfrequenz am Ende der Filterkette das Rauschen der Eingangsstufen wieder abschwächen. Dabei kann aber die erste Stufe bereits übersteuert werden, während die Signale am Ausgang noch klein sind. Das wird besonders deutlich bei dem Tschebyscheff-Filter in Abb. 12.44. Hier besitzt ein Teilfilter in der Nähe der Grenzfrequenz eine Verstärkung von $30\,$dB ≈ 30. Befindet sich dieses Teilfilter am Eingang, dürfen die Eingangssignale bei dieser Frequenz nur 1/30 der Aussteuerbarkeit betragen, um eine Übersteuerung zu vermeiden.

Die Dimensionierung soll an einem Bessel-Tiefpass 3. Ordnung gezeigt werden. Er soll mit dem Tiefpass 1. Ordnung von Abb. 12.34 auf S. 816 und dem Tiefpass 2. Ordnung von Abb. 12.41 realisiert werden Die Gleichspannungsverstärkung des Gesamtfilters soll den Wert Eins besitzen. Die entstehende Schaltung ist in Abb. 12.45 dargestellt. Zur Dimensionierung des Filters entnehmen wir aus der Filtertabelle in Abb. 12.20 die Koeffizienten

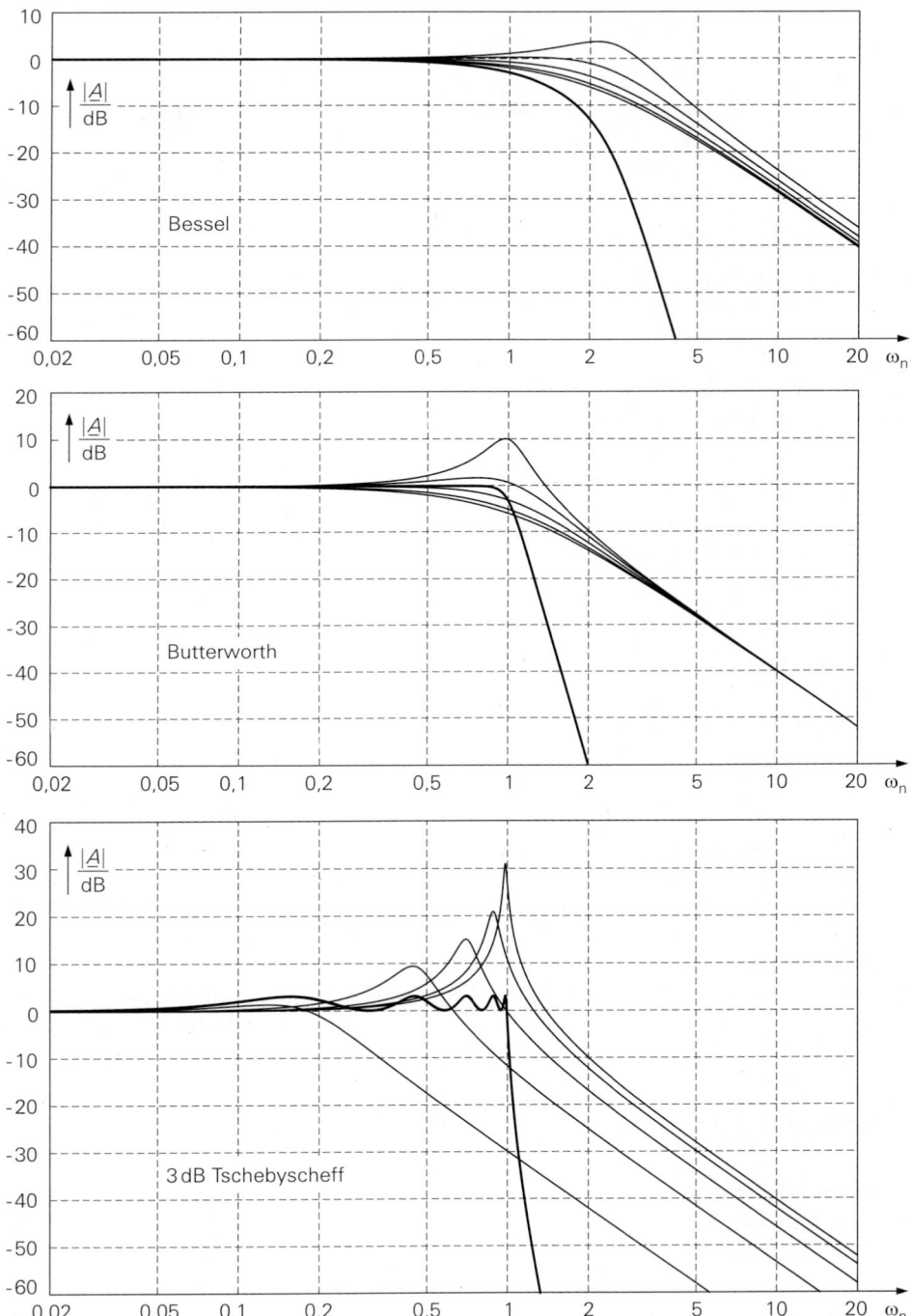

Abb. 12.44. Verstärkung von Filtern 10. Ordnung mit den 5 zugehörigen Teilfiltern

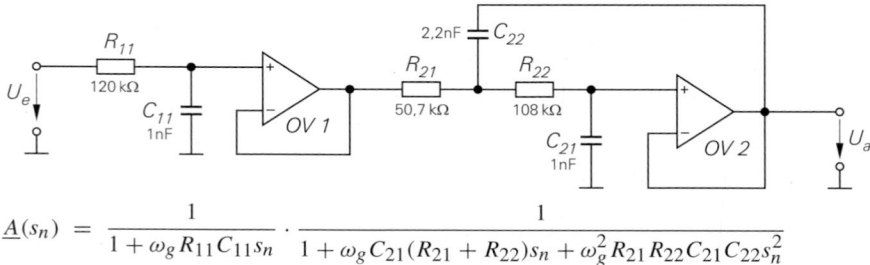

$$\underline{A}(s_n) = \frac{1}{1 + \omega_g R_{11}C_{11}s_n} \cdot \frac{1}{1 + \omega_g C_{21}(R_{21} + R_{22})s_n + \omega_g^2 R_{21}R_{22}C_{21}C_{22}s_n^2}$$

Abb. 12.45. Tiefpassfilter 3. Ordnung aus 2 Teilfiltern.
Beispiel für einen Bessel-Tiefpass mit $f_g = 1\,\text{kHz}$

$a_1 = 0{,}7560$, $a_2 = 0{,}9996$, $b_2 = 0{,}4772$. Die gewünschte Grenzfrequenz sei $f_g = 1\,\text{kHz}$. Wenn man für die erste Filterstufe $C_{11} = 1\,\text{nF}$ vorgibt, ergibt sich nach (12.37)

$$R_{11} = \frac{a_1}{2\pi f_g C_{11}} = \frac{0{,}7560}{2\pi \cdot 1\,\text{kHz} \cdot 1\,\text{nF}} = 120\,\text{k}\Omega$$

Bei der zweiten Filterstufe geben wir $C_{21} = 1\,\text{nF}$ vor und erhalten nach (12.41) für C_{22} die Bedingung:

$$C_{22} \geq \frac{4b_2}{a_2^2} \cdot C_{21} = \frac{4 \cdot 0{,}4772}{(0{,}9996)^2} \cdot 1\,\text{nF} = 1{,}9\,\text{nF}$$

Wir wählen den nächsten Normwert der E6-Reihe $C_{22} = 2{,}2\,\text{nF}$ und erhalten aus (12.40):

$$R_{21/22} = \frac{a_2 C_{22} \mp \sqrt{a_2^2 C_{22}^2 - 4b_2 C_{21} C_{22}}}{4\pi f_g C_{21} C_{22}}$$

$$R_{21} = 50{,}7\,\text{k}\Omega, \qquad R_{22} = 108\,\text{k}\Omega$$

Bei Filtern 3. Ordnung ist es möglich, den ersten Operationsverstärker einzusparen. Durch die gegenseitige Belastung der Filter wird die Übertragungsfunktion aber deutlich komplizierter, wie man in Abb. 12.46 erkennt. Zur Dimensionierung der Schaltung muss man auch hier wieder einen Koeffizientenvergleich mit der Übertragungsfunktion des gewünschten Filtertyps durchführen. Dazu ist es erforderlich, die beiden Teilfilter auszumultiplizieren, um ein einziges Filter 3. Ordnung zu erhalten:

$$\underline{A} = \frac{1}{1 + a_1 s_n} \cdot \frac{1}{1 + a_2 s_n + b_2 s_n^2} = \frac{1}{1 + (a_1 + a_2)s_n + (a_1 a_2 + b_2)s_n^2 + a_1 b_2 s_n^3}$$

Die Dimensionierung soll auch hier wieder an einem Bessel-Tiefpass gezeigt werden. Aus der Filtertabelle in Abb. 12.20 kann man die Werte $a_1 = 0{,}7560$, $a_2 = 0{,}9996$, $b_2 = 0{,}4772$ entnehmen:

$$\underline{A} = \frac{1}{1 + 1{,}7556 \cdot s_n + 1{,}2329 \cdot s_n^2 + 0{,}3608 \cdot s_n^3}$$

Der Koeffizientenvergleich mit der Übertragungsfunktion in Abb. 12.46 liefert das Gleichungssystem:

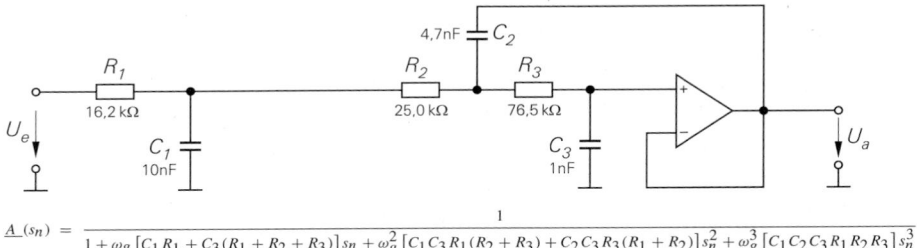

$$A_-(s_n) = \frac{1}{1 + \omega_g\,[C_1R_1 + C_3(R_1 + R_2 + R_3)]\,s_n + \omega_g^2\,[C_1C_3R_1(R_2 + R_3) + C_2C_3R_3(R_1 + R_2)]\,s_n^2 + \omega_g^3\,[C_1C_2C_3R_1R_2R_3]\,s_n^3}$$

Abb. 12.46. Filter 3. Ordnung mit einem einzigen Verstärker.
Beispiel für einen Bessel-Tiefpass mit $f_g = 1\,\text{kHz}$

$$a_1 + a_2 = \omega_g\,[C_1R_1 + C_3(R_1 + R_2 + R_3)] = 1{,}7556$$

$$a_1a_2 + b_2 = \omega_g^2\,[C_1C_3R_1(R_2 + R_3) + C_2C_3R_3(R_1 + R_2)] = 1{,}2329$$

$$a_1b_2 = \omega_g^3\,[C_1C_2C_3R_1R_2R_3] = 0{,}3608$$

Wenn man wieder eine Grenzfrequenz von $f_g = 1\,\text{kHz}$ und die Kondensatoren $C_1 = 10\,\text{nF}$, $C_2 = 4{,}7\,\text{nF}$, $C_3 = 1\,\text{nF}$ vorgibt, erhält man die die in Abb. 12.46 eingetragenen Widerstandswerte. Da es sich um ein nichtlineares Gleichungssystem handelt, verwendet man am besten ein Mathematikprogramm zur numerischen Lösung. Auch hier gibt es - wie bei den Filtern 2. Ordnung - nur dann reelle Lösungen, wenn die Kapazitäten von vorne nach hinten abnehmen.

Als letztes Beispiel soll noch die Dimensionierung eines Tiefpassfilters 4. Ordnung gezeigt werden. Dazu wollen wir das Sallen-Key-Filter 2. Ordnung von Abb. 12.41 zweimal einsetzen. Die resultierende Schaltung ist in Abb. 12.47 dargestellt. Zur Dimensionierung entnehmen wir aus Abb. 12.20 die Filterkoeffizienten $a_1 = 1{,}3397$, $b_1 = 0{,}4889$, $a_2 = 0{,}7743$, $b_2 = 0{,}3890$. Wenn man $C_{11} = C_{21} = 1\,\text{nF}$ vorgibt, erhält man mit (12.41) die Minimalwerte für $C_{12} = 1{,}1\,\text{nF}$ und $C_{22} = 2{,}6\,\text{nF}$. Wir wählen die nächsten Werte aus der Normwertreihe E6 zu $C_{12} = 1{,}5\,\text{nF}$ und $C_{22} = 3{,}3\,\text{nF}$. Der Tiefpass soll auch hier wieder eine Grenzfrequenz von $f_g = 1\,\text{kHz}$ besitzen und die Verstärkung $A_0 = 1$. Dann ergeben sich aus (12.40) die Widerstandswerte, die wir in Abb. 12.47 eingetragen haben.

Bei den Beispielen in den Abbildungen 12.41, 12.45 und 12.47 handelt es sich jeweils um Besselfilter nach Sallen-Key mit einer Grenzfrequenz von 1 kHz. Die Dimensionierung ist trotzdem unterschiedlich, weil die Filterkoeffizienten in 2., 3. und 4. Ordnung jeweils verschieden sind.

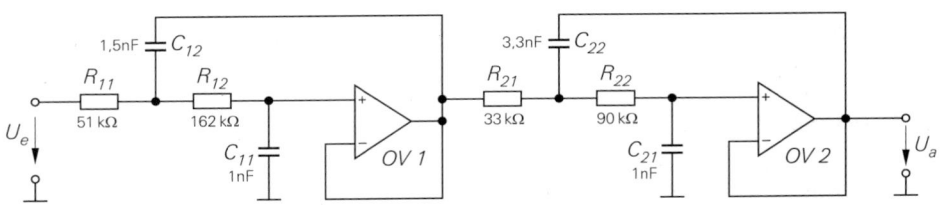

Abb. 12.47. Tiefpassfilter 4. Ordnung. Dimensionierungsbeispiel für einen Bessel-Filter mit einer Grenzfrequenz von $f_g = 1\,\text{kHz}$.

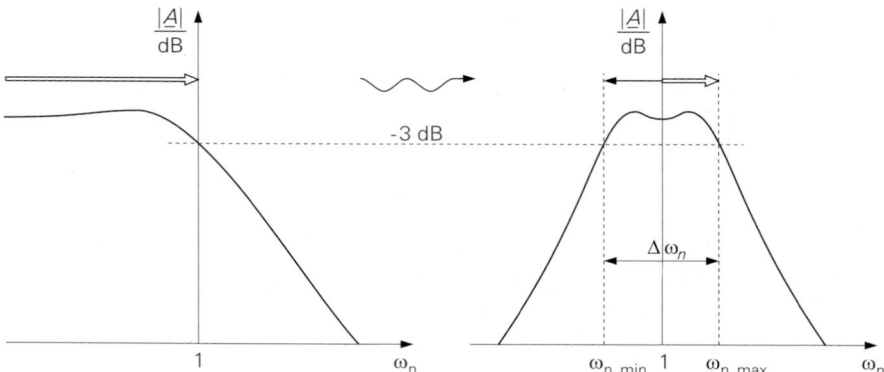

Abb. 12.48. Veranschaulichung der Tiefpass-Bandpass-Transformation

12.7 Tiefpass-Bandpass-Transformation

Im Abschnitt 12.3 haben wir gezeigt, wie man durch Transformation der Frequenzvariablen einen gegebenen Tiefpass-Frequenzgang in den entsprechenden Hochpass-Frequenzgang übersetzen kann. Durch eine ganz ähnliche Transformation kann man auch den Frequenzgang eines Bandpasses erzeugen, indem man in der Tiefpass-Übertragungsfunktion die Frequenzvariable s_n durch den Ausdruck

$$s_n \quad \Rightarrow \quad \frac{1}{\Delta\omega_n}\left(s_n + \frac{1}{s_n}\right) \tag{12.43}$$

ersetzt. Durch diese Transformation wird die Amplitudencharakteristik des Tiefpasses vom Bereich $0 \leq \omega_n \leq 1$ in den Durchlassbereich eines Bandpasses zwischen der Mittenfrequenz $\omega_n = 1$ und der oberen Grenzfrequenz $\omega_{n,\,max}$ abgebildet. Außerdem erscheint sie im logarithmischen Frequenzmaßstab an der Mittenfrequenz gespiegelt mit der unteren Grenzfrequenz $\omega_{n,\,min} = 1/\omega_{n,\,max}$. Die Gleichspannungsverstärkung A_0 geht dabei in die Verstärkung bei der Mitten- bzw Resonanzfrequenzfrequenz A_r über. Abbildung 12.48 veranschaulicht diese Verhältnisse.

Die normierte Bandbreite $\Delta\omega_n = \omega_{n,\,max} - \omega_{n,\,min}$ ist frei wählbar. Aus der angegebenen Abbildungs-Eigenschaft ergibt sich, dass der Bandpass bei $\omega_{n,\,min}$ und $\omega_{n,\,max}$ dieselbe Verstärkung besitzt wie der entsprechende Tiefpass bei $\omega_n = 1$. Ist der Tiefpass wie in unseren Filtertabellen in Abb. 12.18 bis 12.30 auf die 3 dB-Grenzfrequenz normiert, stellt $\Delta\omega_n$ die normierte 3 dB-Bandbreite des Bandpasses dar. Mit

$$\Delta\omega_n = \omega_{n,\,max} - \omega_{n,\,min} \quad \text{und} \quad \omega_{n,\,max} \cdot \omega_{n,\,min} = 1 \tag{12.44}$$

erhalten wir die normierten 3 dB-Grenzfrequenzen:

$$\omega_{n,\,max/min} = \sqrt{1 + \frac{\Delta\omega_n^2}{4}} \pm \frac{1}{2}\Delta\omega_n = \sqrt{1 + \frac{1}{4Q^2}} \pm \frac{1}{2}\Delta\omega_n \tag{12.45}$$

Das Ergebnis lässt sich noch umformen, wenn man die Normierung aufhebt:

$$\omega_n = \frac{\omega}{\omega_r} = \frac{f}{f_r} \quad \text{und} \quad \Delta\omega_n = \frac{\Delta\omega}{\omega_r} = \frac{\Delta f}{f_r} = \frac{B}{f_r} = \frac{1}{Q} \tag{12.46}$$

Darin ist $Q = 1/\Delta\omega_n$ die Güte des Bandpasses und $B = \Delta f = f_{max} - f_{min}$ die Bandbreite. Dann folgt für die Grenzfrequenzen mit $f_r = 1\,\text{kHz}$ und $Q = 10$ als Beispiel:

$$f_{max/min} = f_r \sqrt{1 + \frac{1}{4Q^2}} \pm \frac{B}{2} = 1001\,\text{Hz} \pm 50\,\text{Hz} \tag{12.47}$$

12.7.1 Bandpassfilter 2. Ordnung

Den einfachsten Bandpass erhält man, wenn man die Transformation (12.43) auf einen Tiefpass 1. Ordnung mit

$$\underline{A}(s_n) = \frac{A_0}{1 + s_n}$$

anwendet. Damit ergibt sich für den Bandpass die Übertragungsfunktion 2. Ordnung:

$$\underline{A}(s_n) = \frac{A_0}{1 + \dfrac{1}{\Delta\omega_n}\left(s_n + \dfrac{1}{s_n}\right)} = \frac{A_0 \Delta\omega_n s_n}{1 + \Delta\omega_n s_n + s_n^2} \tag{12.48}$$

Bei Bandpässen interessiert man sich für die Verstärkung A_r bei der Resonanzfrequenz und die Güte Q. Aus den angegebenen Transformationseigenschaften ergibt sich unmittelbar $A_r = A_0$. Dies kann man leicht verifizieren, indem man in (12.48) $\omega_n = 1$, d.h. $s_n = j$ setzt. Da sich für A_r ein reeller Wert ergibt, ist die Phasenverschiebung bei der Resonanzfrequenz gleich Null.

In Analogie zum Schwingkreis definiert man die Güte als das Verhältnis von Resonanzfrequenz f_r zu Bandbreite B. Es gilt also:

$$Q = \frac{f_r}{B} = \frac{f_r}{f_{max} - f_{min}} = \frac{1}{\omega_{n,\,max} - \omega_{n,\,min}} = \frac{1}{\Delta\omega_n} \tag{12.49}$$

Durch Einsetzen in (12.48) erhält man die Übertragungsfunktion:

$$\boxed{\underline{A}(s_n) = \frac{(A_r/Q)s_n}{1 + \dfrac{1}{Q}s_n + s_n^2}} \tag{12.50}$$

Diese Gleichung ermöglicht es, direkt aus der Übertragungsfunktion eines Bandpasses 2. Ordnung alle interessierenden Größen abzulesen und einen Bandpass zu entwerfen.

Aus (12.50) erhalten wir mit $s_n = j\omega_n$ den Betrag der Verstärkung, die Phasenverschiebung und die Gruppenlaufzeit:

$$|\underline{A}| = \frac{(A_r/Q)\omega_n}{\sqrt{1 + \omega_n^2\left(\dfrac{1}{Q^2} - 2\right) + \omega_n^4}} \tag{12.51}$$

$$\varphi = \arctan\frac{Q(1 - \omega_n^2)}{\omega_n} \tag{12.52}$$

$$T_{gr} = \frac{(1 + \omega_n^2)Q}{Q^2 + (1 - 2Q^2)\omega_n^2 + Q^2\omega_n^4} \tag{12.53}$$

Diese Funktionen sind in Abb. 12.49 für die Güten 1 und 10 dargestellt.

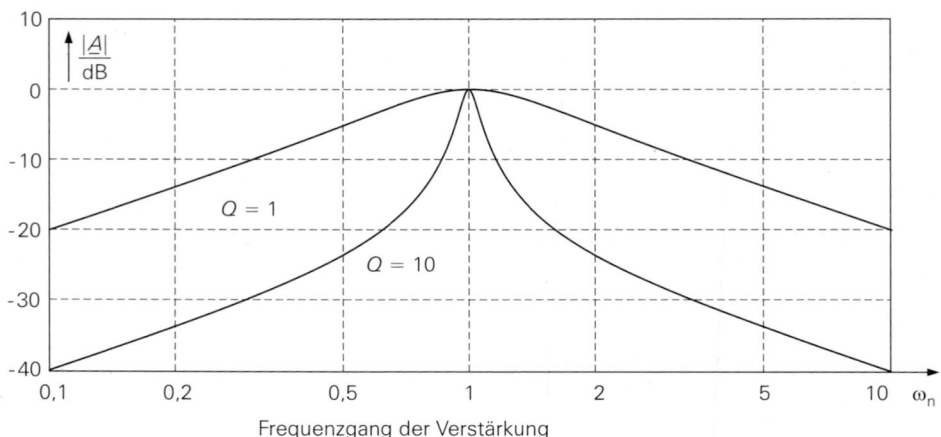

Frequenzgang der Verstärkung

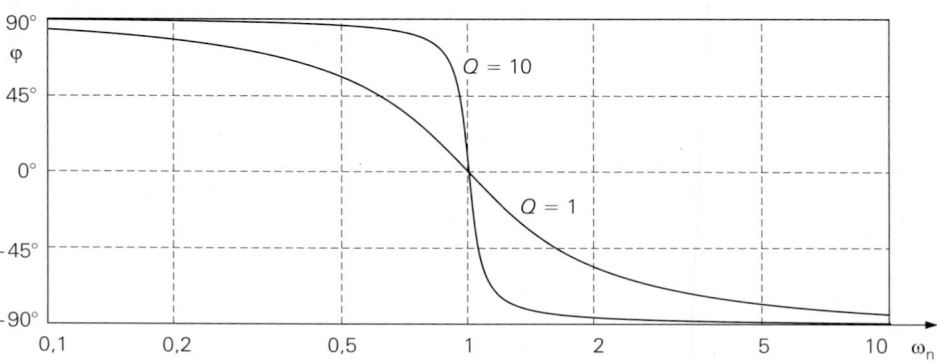

Frequenzgang der Phasenverschiebung

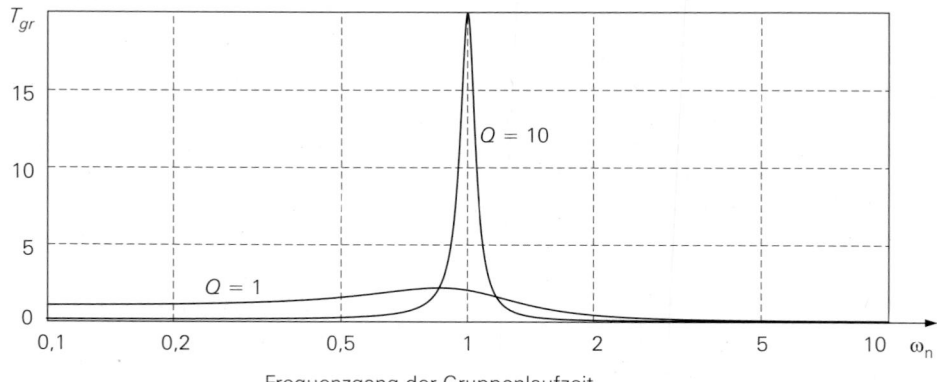

Frequenzgang der Gruppenlaufzeit

Abb. 12.49. Bandpassfilter 2. Ordnung. Frequenzgang der Amplitude, der Phasenverschiebung und der Gruppenlaufzeit mit der Güte $Q = 1$ und $Q = 10$

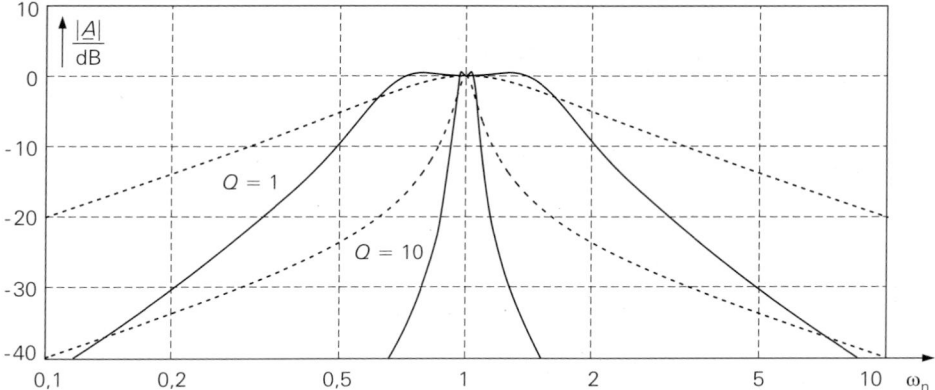

Abb. 12.50. Bandpassfilter 4. Ordnung mit Güten von $Q = 1$ und 10 basierend auf 0,5 dB Tsche-byscheff Tiefpässen. Gestrichelt: Bandpässe 2. Ordnung zum Vergleich.

12.7.2 Bandpassfilter 4. Ordnung

Bei Bandpassfiltern 2. Ordnung wird der Amplitudenfrequenzgang umso spitzer, je größer man die Güte wählt. Es gibt jedoch Anwendungsfälle, bei denen man in der Umgebung der Resonanzfrequenz einen möglichst flachen Verlauf fordern muss und trotzdem einen steilen Übergang in den Sperrbereich benötigt. Dies lässt sich mit Bandpassfiltern höherer Ordnung lösen. Dann hat man die Möglichkeit, außer der Güte auch die gewünschte Filtercharakteristik im Durchlassbereich zu wählen.

Von besonderer Bedeutung ist die Anwendung der Tiefpass-Bandpass-Transformation auf Tiefpässe 2. Ordnung. Sie führt auf Bandpässe 4. Ordnung, die wir im Folgenden näher untersuchen wollen. Durch Einsetzen der Transformationsgleichung (12.43) in die Tiefpassgleichung 2. Ordnung (12.39) erhalten wir die Bandpass-Übertragungsfunktion:

$$\underline{A}(s_n) = \frac{\dfrac{A_r}{b_1 Q^2} s_n^2}{1 + \dfrac{a_1}{b_1 Q} s_n + \left[2 + \dfrac{1}{b_1 Q^2}\right] s_n^2 + \dfrac{a_1}{b_1 Q} s_n^3 + s_n^4} \qquad (12.54)$$

Man erkennt, dass der Amplitudenfrequenzgang bei tiefen und hohen Frequenzen eine Asymptotensteigung von $\pm 40\,$dB/Dekade besitzt, weil die Übertragungsfunktion bei tiefen Frequenzen mit s_n^2 ansteigt und bei hohen Frequenzen mit s_n^{-2} abfällt. Bei der Resonanzfrequenz $\omega_n = 1$ d.h. $s_n = j$ wird die Verstärkung reell und besitzt den Wert A_r.

In Abb. 12.50 haben wir Beispiele für Bandpässe 4. Ordnung aufgezeichnet und zum Vergleich Bandpässe 2. Ordnung mit derselben Güte. Man erkennt, dass die Bandpässe 4. Ordnung eine bessere Sperrdämpfung besitzen und in der Umgebung der Resonanzfrequenz eine konstante Verstärkung besitzen. Sie approximieren daher einen rechteckförmigen Verlauf der Verstärkung besser.

Zur Realisierung ist es auch hier nützlich, die Übertragungsfunktion (12.54) in zwei Faktoren zweiten Grades zerlegen. Je nach Zerlegung des Zählers erhält man zwei verschiedene Realisierungsmöglichkeiten:

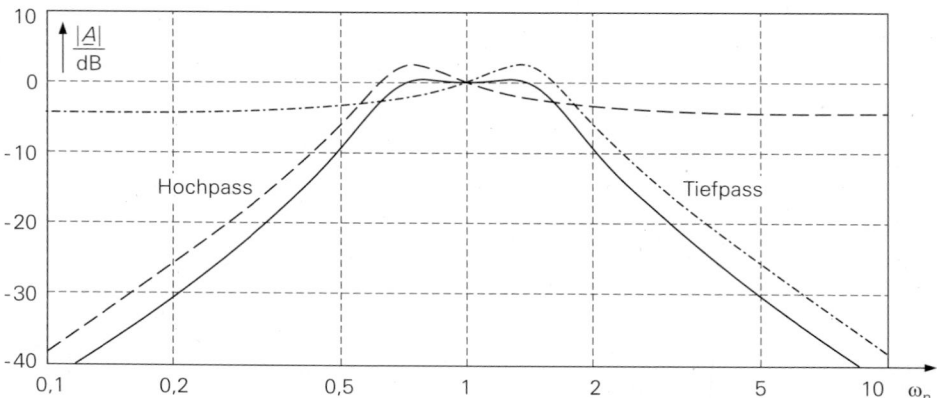

Abb. 12.51. Bandpass 4. Ordnung mit Güte $Q = 1$ realisiert aus einem $0,5$ dB Tschbscheff Tiefpass und dem komplementären Hochpass

- Die Aufspaltung in einen Hochpass, der s_n^2 im Zähler enthält, und einen Tiefpass mit einer Konstanten im Zähler. Diese Realisierung ist bei niedriger Güte vorteilhaft.
- Bei hoher Güte $Q > 1$ verwendet man besser die Reihenschaltung zweier Bandpässe 2. Ordnung, die etwas gegeneinander verstimmt sind.

Zur Realisierung eines Bandpassfilters 4. Ordnung mit einem Hoch- und Tiefpass 2. Ordnung verwendet man einen Tiefpass und einen symmetrischen Hochpass:

$$\underline{A}(s_n) = \frac{A_x}{1 + a_x s_n + b_x s_n^2} \cdot \frac{A_x s_n^2}{b_x + a_x s_n + s_n^2} \tag{12.55}$$

Nach dem Ausmultiplizieren liefert der Koeffizientenvergleich mit (12.54) das Gleichungssystem:

$$\frac{a_x b_x + a_x}{b_x} = \frac{a_1}{b_1 Q} \quad , \quad \frac{a_x^2 + b_x^2 + 1}{b_x} = 2 + \frac{1}{b_1 Q^2} \tag{12.56}$$

Es lässt sich nach Vorgabe von a_1, b_1 und Q mit einem Mathematikprogramm numerisch nach a_x und b_x auflösen. Danach kann man noch die Verstärkung der Teilfilter berechnen:

$$A_x = \frac{1}{Q} \sqrt{\frac{b_x A_r}{b_1}} \tag{12.57}$$

Die Vorgehensweise soll an dem Beispiel in Abb. 12.51 gezeigt werden. Realisiert werden soll ein Bandpass 4. Ordnung mit der Güte $Q = 1$ und der Verstärkung $A_r = 1$. Er soll $0,5$ dB-Tschebyscheff Charakteristik besitzen; dafür erhalten wir aus Abb. 12.26 die Werte $a_1 = 1,3614$ und $b_1 = 1,3827$. Aus (12.56) ergibt sich dann $a_x = 0,3270$ und $b_x = 0,4973$ und aus (12.57) die Verstärkung $A_x = 0,5997$. In Abb. 12.51 ist der resultierende Bandpass dargestellt. Man sieht dabei, wie sich der Bandpass aus dem Zusammenwirken des Hoch- und Tiefpasses ergibt.

Als Alternative zur Realisierung eines Bandpasses 4. Ordnung wollen wir jetzt 2 Bandpassfilter 2. Ordnung einsetzen, die um einen Faktor α gegenüber der Resonanzfrequenz verstimmt sind:

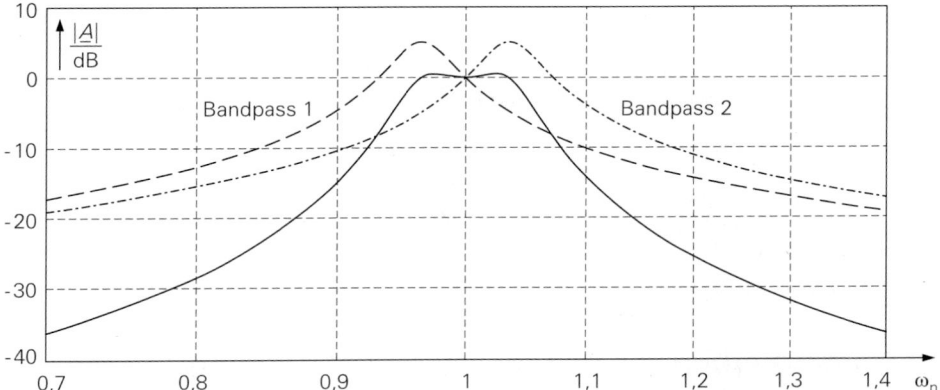

Abb. 12.52. Bandpassfilter 4. Ordnung mit Güte $Q = 10$ realisiert aus 2 symmetrischen Bandpässen. Zur besseren Darstellung wurde hier die Frequenzachse stark gedehnt.

$$\underline{A}(s_n) = \frac{\dfrac{A_x}{Q_x}(\alpha s_n)}{1 + \dfrac{1}{Q_x}(\alpha s_n) + (\alpha s_n)^2} \cdot \frac{\dfrac{A_x}{Q_x}\left(\dfrac{s_n}{\alpha}\right)}{1 + \dfrac{1}{Q_x}\left(\dfrac{s_n}{\alpha}\right) + \left(\dfrac{s_n}{\alpha}\right)^2} \qquad (12.58)$$

Durch Ausmultiplizieren und Koeffizientenvergleich mit (12.54) erhalten wir für α die Bestimmungsgleichung:

$$\alpha^2 + \left[\frac{a_1}{b_1 Q(1 + \alpha^2)}\right]^2 + \frac{1}{\alpha^2} - 2 - \frac{1}{b_1 Q^2} = 0 \qquad (12.59)$$

Nach Vorgabe von a_1, b_1 und Q kann man α numerisch mit einem Mathematikprogramm berechnen. Danach erhält man die Polgüte Q_x und die Verstärkung A_x der Teilfilter zu:

$$Q_x = \frac{b_1}{a_1} \frac{1 + \alpha^2}{\alpha} Q \quad \text{und} \quad A_x = \frac{Q_x}{Q} \sqrt{\frac{A_r}{b_1}} \qquad (12.60)$$

Zur Realisierung muss man 2 getrennte Bandpässe dimensionieren, die in Güte und Verstärkung übereinstimmen, aber verschiedene Resonanzfrequenzen besitzen:

$$f_{r1} = f_r/\alpha \quad \text{und} \quad f_{r2} = f_r \cdot \alpha$$

Die Dimensionierung der Teilfilter sei noch an einem Zahlenbeispiel erläutert: Gesucht ist ein 0,5 dB Tschebyscheff Bandpass mit einer Resonanzfrequenz von $f_r = 1$ kHz und einer Bandbreite von $B = 100$ Hz. Die Güte beträgt also $Q = f_r/B = 10$. Die Verstärkung bei der Resonanzfrequenz soll $A_r = 1$ betragen. Mit den Filterkoeffizienten $a_1 = 1,3614$ und $b_1 = 1,3827$ erhalten wir aus (12.59) $\alpha = 1,0353$. Aus (12.60) ergibt sich dann die Güte der Teilfilter $Q_x = 20,33$ und ihre Verstärkung $A_x = 1,729$. Die Resonanzfrequenzen der Teilfilter sind $f_{r1} = 966$ Hz und $f_{r2} = 1035$ Hz.

In Abb. 12.52 ist der Frequenzgang der beiden Bandpässe 2. Ordnung und der des resultierenden Bandpasses 4. Ordnung aufgezeichnet. Man sieht auch hier, wie die beiden Teilfilter zusammen den gewünschten Bandpass ergeben.

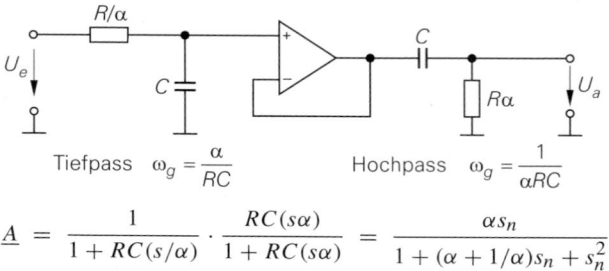

Tiefpass $\omega_g = \dfrac{\alpha}{RC}$ Hochpass $\omega_g = \dfrac{1}{\alpha RC}$

$$\underline{A} = \frac{1}{1 + RC(s/\alpha)} \cdot \frac{RC(s\alpha)}{1 + RC(s\alpha)} = \frac{\alpha s_n}{1 + (\alpha + 1/\alpha)s_n + s_n^2}$$

Abb. 12.53. Bandpassfilter aus Tief- und Hochpass 1. Ordnung

12.8 Realisierung von Bandpassfiltern 2. Ordnung

12.8.1 RC-Filter

Schaltet man wie in Abb. 12.53 einen Tiefpass und einen Hochpass 1. Ordnung in Reihe, erhält man einen Bandpass 2. Ordnung. Mit der Resonanzfrequenz $\omega_r = 1/RC$ und $s_n = s/\omega_r$ ergibt sich die normierte Form. Durch Koeffizientenvergleich mit (12.50) erhalten wir:

$$Q = \frac{\alpha}{1 + \alpha^2} \quad \text{und} \quad A_r = \alpha Q$$

Bei $\alpha = 1$ besitzt die Güte den Maximalwert $Q_{\max} = \frac{1}{2}$. Das ist also die größte Güte, die sich durch Reihenschaltung von Filtern 1. Ordnung erzielen lässt. Höhere Güten lassen sich nur mit LRC-Schaltungen oder mit aktiven RC-Schaltungen realisieren.

12.8.2 LRC-Filter

Die herkömmliche Methode, selektive Filter mit höherer Güte zu realisieren, ist die Verwendung von Schwingkreisen. Abbildung 12.54 zeigt eine solche Schaltung. Ihre Übertragungsfunktion lautet:

$$\underline{A}(s) = \frac{s\,RC}{1 + s\,RC + s^2 LC}$$

Mit der Resonanzfrequenz $\omega_r = 1/\sqrt{LC}$ und $s_n = s/\omega_r$ folgt daraus die normierte Darstellung in Abb. 12.54. Der Koeffizientenvergleich mit (12.50) liefert:

$$Q = \frac{1}{R}\sqrt{\frac{L}{C}} \quad \text{und} \quad A_r = 1$$

Im Hochfrequenzbereich lassen sich die benötigten Induktivitäten leicht mit geringen Verlusten realisieren. Im Niederfrequenzbereich werden die Induktivitäten jedoch unhandlich groß und besitzen schlechte elektrische Eigenschaften. Will man z.B. mit der Schaltung in Abb. 12.54 ein Filter mit der Resonanzfrequenz $f_r = 1\,\text{kHz}$ realisieren, wird bei einer Kapazität von $0{,}1\,\mu\text{F}$ eine Induktivität $L = 253\,\text{mH}$ erforderlich. Eine derart große

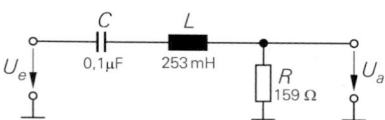

Abb. 12.54.
LRC-Bandpass. $f_r = 1\,\text{kHz}$, $Q = 10$

$$\underline{A}(s_n) = \frac{R\sqrt{C/L}\,s_n}{1 + R\sqrt{C/L}\,s_n + s_n^2}$$

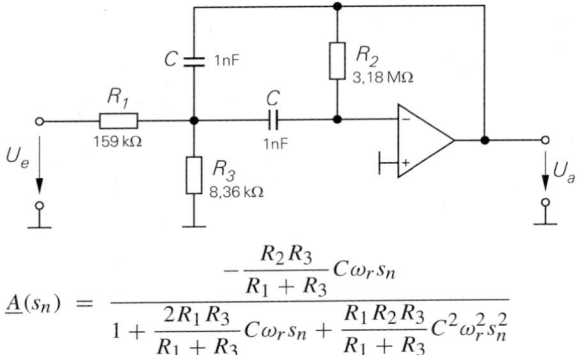

$$\underline{A}(s_n) = \dfrac{-\dfrac{R_2 R_3}{R_1 + R_3} C\omega_r s_n}{1 + \dfrac{2R_1 R_3}{R_1 + R_3} C\omega_r s_n + \dfrac{R_1 R_2 R_3}{R_1 + R_3} C^2 \omega_r^2 s_n^2}$$

Abb. 12.55. Bandpassfilter mit Mehrfachgegenkopplung. Dimensionierungsbeispiel für einen Bandpass mit den Daten $Q = 10$, $A_r = -10$ und $f_r = 1\,\mathrm{kHz}$

Induktivitäten besitzt einen nennenswerten Serienwiderstand, den man beim Entwurf des Filters berücksichtigen müsste.

12.8.3 Bandpass mit Mehrfachgegenkopplung

Auch bei Bandpässen kann man das Prinzip der Mehrfachgegenkopplung einsetzen, indem man die Widerstände und Kondensatoren gemäß Abb. 12.55 neu anordnet. Wie man durch Vergleich mit (12.50) erkennt, muss der Faktor vor s_n^2 gleich Eins sein. Daraus folgt die Resonanzfrequenz:

$$f_r = \frac{1}{2\pi C} \sqrt{\frac{R_1 + R_3}{R_1 R_2 R_3}} \tag{12.61}$$

Setzt man diese Beziehung in die Übertragungsfunktion ein und vergleicht die übrigen Koeffizienten mit (12.50), erhält man die weiteren Ergebnisse:

$$A_r = -\frac{R_2}{2R_1} \tag{12.62}$$

$$Q = \frac{1}{2} \sqrt{\frac{R_2(R_1 + R_3)}{R_1 R_3}} = \pi R_2 C f_r \tag{12.63}$$

Man sieht, dass sich Verstärkung, Güte und Resonanzfrequenz frei wählen lassen. Für die Bandbreite des Filters erhalten wir aus (12.63):

$$B = \frac{f_r}{Q} = \frac{1}{\pi R_2 C}$$

Sie ist also von R_1 und R_3 unabhängig. Andererseits erkennt man in (12.62), dass A_r nicht von R_3 abhängt. Daher hat man die Möglichkeit, mit R_3 die Resonanzfrequenz zu variieren, ohne dabei die Bandbreite und die Verstärkung A_r zu beeinflussen. Lässt man den Widerstand R_3 weg, bleibt das Filter funktionsfähig, aber die Güte wird von A_r abhängig. Aus (12.63) folgt nämlich für $R_3 \to \infty$:

$$A_r = -2Q^2$$

Mit dem Widerstand R_3 lassen sich auch bei niedriger Verstärkung A_r hohe Güten erzielen. Wie man in Abb. 12.55 erkennt, kommt die niedrigere Verstärkung jedoch lediglich dadurch zustande, dass das Eingangssignal im Spannungsteiler R_1, R_3 abgeschwächt wird. Daher muss der Operationsverstärker auch in diesem Fall eine Differenzverstärkung besitzen, die groß gegenüber $2Q^2$ ist. Diese Forderung ist deshalb besonders hart, weil sie bei der Resonanzfrequenz noch erfüllt sein muss. Darauf ist bei der Auswahl des Operationsverstärkers insbesondere bei höheren Frequenzen zu achten.

Die Dimensionierung der Schaltung soll noch an einem Zahlenbeispiel erläutert werden: Ein selektives Filter soll die Resonanzfrequenz $f_r = 1$ kHz und die Güte $Q = 10$ besitzen. Die Grenzfrequenzen haben gemäß (12.47) den Wert 951 Hz und 1051 Hz. Die Verstärkung bei der Resonanzfrequenz soll $A_r = -10$ sein. Man kann nun eine Größe frei wählen, z.B. $C = 1$ nF, und die übrigen berechnen. Zunächst ergibt sich aus (12.63):

$$R_2 = \frac{Q}{\pi f_r C} = 3{,}18\,\text{M}\Omega$$

Damit erhält man aus (12.62):

$$R_1 = \frac{R_2}{-2A_r} = 159\,\text{k}\Omega$$

Der Widerstand R_3 ergibt sich aus (12.61):

$$R_3 = \frac{-A_r R_1}{2Q^2 + A_r} = 8{,}36\,\text{k}\Omega$$

Die Differenzverstärkung des Operationsverstärkers muss bei der Resonanzfrequenz noch groß gegenüber $2Q^2 = 200$ sein.

Die Schaltung besitzt den Vorteil, dass sie auch bei nicht ganz exakter Dimensionierung nicht zu selbständigen Schwingungen auf der Resonanzfrequenz neigt.

12.8.4 Bandpass mit Einfachmitkopplung

Die Anwendung der Einfachmitkopplung führt auf die Bandpassschaltung in Abb. 12.56. Durch die Gegenkopplung über die Widerstände R_1 und $(k-1)R_1$ wird die innere Verstärkung auf den Wert k festgelegt. Durch Koeffizientenvergleich mit (12.50) folgen aus der Übertragungsfunktion die angegebenen Dimensionierungsgleichungen.

Nachteilig ist, dass sich Q und A_r nicht unabhängig voneinander wählen lassen. Ein Vorteil ist jedoch, dass sich die Güte durch Variation von k verändern lässt, ohne dass sich dadurch die Resonanzfrequenz ändert. Für $k = 3$ wird die Verstärkung unendlich groß, d.h. es tritt eine ungedämpfte Schwingung auf. Die Einstellung der inneren Verstärkung k wird also umso kritischer, je näher sie dem Wert 3 kommt.

Auch hier soll ein Beispiel für einen Bandpass mit der Güte $Q = 10$ und der Resonanzfrequenz $f_r = 1$ kHz folgen. Aus der Güte folgt die innere Verstärkung:

$$k = 3 - \frac{1}{Q} = 2{,}9$$

Daraus lässt sich der Spannungsteiler aus den Widerständen R_1 berechnen. Die Verstärkung bei der Resonanzfrequenz liegt hier fest: $A_r = k\,Q = 29$. Nach Vorgabe der Kapazitäten $C = 1$ nF erhält man die Widerstände:

$$R = \frac{1}{2\pi f C} = 159\,\text{k}\Omega$$

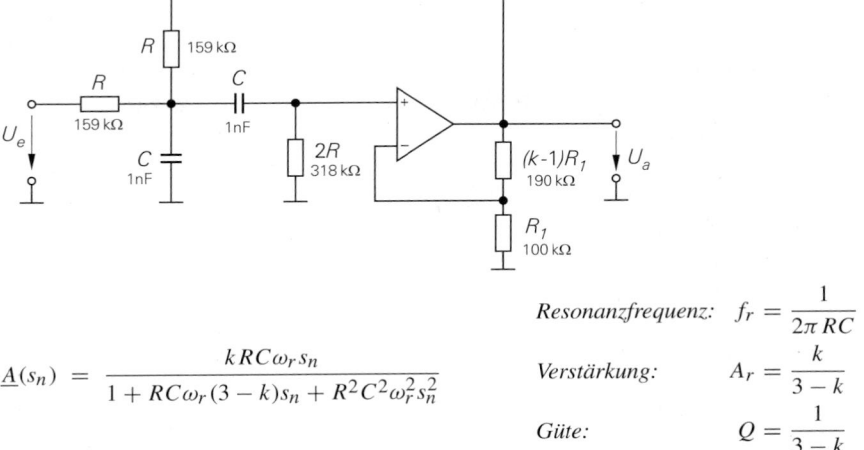

$$\underline{A}(s_n) = \frac{kRC\omega_r s_n}{1 + RC\omega_r(3-k)s_n + R^2C^2\omega_r^2 s_n^2}$$

Resonanzfrequenz: $\quad f_r = \dfrac{1}{2\pi RC}$

Verstärkung: $\qquad A_r = \dfrac{k}{3-k}$

Güte: $\qquad\qquad Q = \dfrac{1}{3-k}$

Abb. 12.56. Bandpassfilter mit Einfachmitkopplung. Dimensionierungsbeispiel für einen Bandpass mit den Daten $Q = 10$ und $f_r = 1\,\text{kHz}$

12.9 Tiefpass-Bandsperren-Transformation

Zur selektiven Unterdrückung einer bestimmten Frequenz benötigt man ein Filter, dessen Verstärkung bei der Resonanzfrequenz Null ist und bei höheren und tieferen Frequenzen auf einen konstanten Wert ansteigt. Solche Filter nennt man *Sperrfilter* oder *Bandsperren*. Zur Charakterisierung der Selektivität definiert man eine *Unterdrückungsgüte $Q = f_r/B$* in Analogie zur Güte bei Bandpässen. Darin ist B die 3 dB-Bandbreite. Je größer die Güte des Filters ist, desto steiler fällt die Verstärkung in der Nähe der Resonanzfrequenz f_r ab.

Wie beim Bandpass kann man auch bei der Bandsperre den Amplitudenfrequenzgang durch eine geeignete Frequenztransformation aus dem Frequenzgang eines Tiefpassfilters erzeugen. Dazu ersetzt man die Variable s_n durch den Ausdruck:

$$s_n \quad \Rightarrow \quad \frac{\Delta\omega_n}{s_n + \dfrac{1}{s_n}} \tag{12.64}$$

Darin ist $\Delta\omega_n = 1/Q$ wieder die normierte 3 dB-Bandbreite. Durch diese Transformation wird die Amplitudencharakteristik des Tiefpasses vom Bereich $0 \le \omega_n \le 1$ in den Durchlassbereich der Bandsperre zwischen $0 \le \omega_n \le \omega_{n,g1}$ abgebildet. Außerdem erscheint sie im logarithmischen Maßstab an der Resonanzfrequenz gespiegelt. Bei Bandsperren 2. Ordnung besitzt die Übertragungsfunktion eine Nullstelle bei der Resonanzfrequenz $\omega_n = 1$ Wie beim Bandpass verdoppelt sich die Ordnung des Filters durch die Transformation. Besonders interessant ist die Anwendung der Transformation auf einen Tiefpass 1. Ordnung. Sie führt auf eine Bandsperre 2. Ordnung mit der Übertragungsfunktion:

$$\underline{A}(s_n) = \frac{A_0(1+s_n^2)}{1 + \Delta\omega_n s_n + s_n^2} = \frac{A_0(1+s_n^2)}{1 + \dfrac{1}{Q}s_n + s_n^2} \tag{12.65}$$

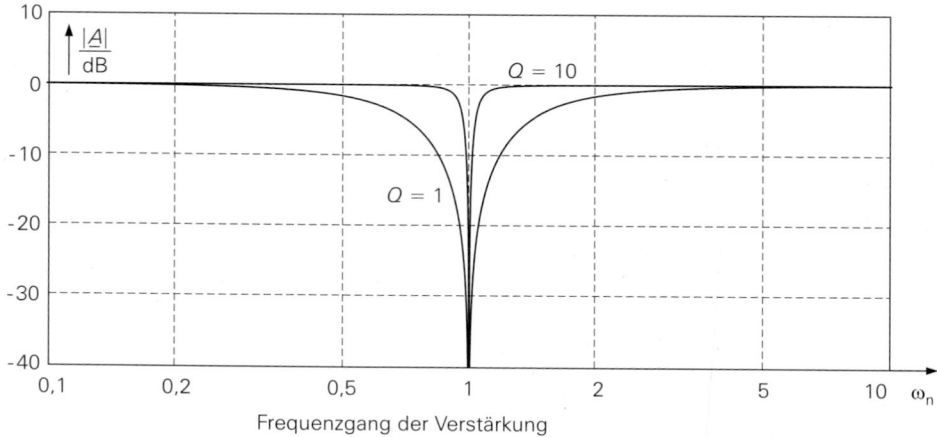

Frequenzgang der Verstärkung

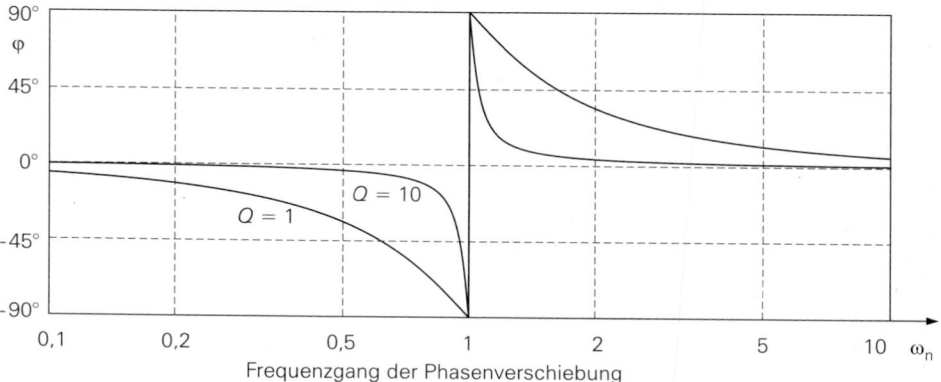

Frequenzgang der Phasenverschiebung

Abb. 12.57. Frequenzgang der Amplitude und Phasenverschiebung für Bandsperren 2. Ordnung mit der Güte $Q = 1$ und $Q = 10$

Man erkennt, dass die Übertragungsfunktion bei der Resonanzfrequenz $\omega_n = 1$, also bei $s_n = j$ eine Nullstelle besitzt. Der Nenner ist identisch mit demjenigen von (12.50) für Bandpassfilter. Aus (12.65) lässt sich auch der Frequenzgang der Amplitude, der Phase und der Gruppenlaufzeit berechnen:

$$|\underline{A}| = \frac{A_0|(1 - \omega_n^2)|}{\sqrt{1 + \omega_n^2\left(\dfrac{1}{Q^2} - 2\right) + \omega_n^4}}$$

$$\varphi = \arctan \frac{\omega_n}{Q(\omega_n^2 - 1)}$$

$$T_{gr} = \frac{(1 + \omega_n^2)Q}{Q^2 + (1 - 2Q^2)\omega_n^2 + Q^2\omega_n^4}$$

Der Verlauf ist in Abb. 12.57 für die Güten 1 und 10 aufgezeichnet. Das Argument der Phasenverschiebung ist der Kehrwert von dem der Bandpassfilter in (12.52). Daher ergibt sich hier dieselbe Formel und dieselbe Grafik für die Gruppenlaufzeit.

12.10 Realisierung von Bandsperren 2. Ordnung

Wie schon gezeigt, kann man mit passiven RC-Schaltungen maximal eine Güte $Q = \frac{1}{2}$ erreichen. Für höhere Güten benötigt man LCR-Schaltungen oder aktive RC-Schaltungen, die eine Mitkopplung zur Erhöhung der Güte enthalten. Ein Sperrfilter lässt sich aber auch auf bereits beschriebene Filter zurückführen:

- Da die Nenner der Übertragungsfunktionen von Tiefpass, Hochpass und Bandsperre ähnlich sind, lässt sich eine Bandsperre durch Addition der Ausgangssignale eines Tief- und eines Hochpasses realisieren. Diese Methode wird in Abschnitt 12.10.2 beschrieben.
- Eine Bandsperre lässt sich auch aus einem Bandpass erzeugen, wenn man das Bandpasssignal vom Eingangssignal subtrahiert. Dieses Verfahren wird in Abschnitt 12.10.3 beschrieben.
- Man kann einen Bandpass auch in die Gegenkopplung eines Operationsverstärkers schalten, um die inverse Funktion zu erhalten. Dieses Prinzip wird in Abschnitt 12.10.4 behandelt.

12.10.1 LRC-Sperrfilter

Eine Methode zur Realisierung von Sperrfiltern beruht auf der Verwendung von Schwingkreisen wie in Abb. 12.58. Bei der Resonanzfrequenz stellt der Serienschwingkreis einen Kurzschluss dar, und die Ausgangsspannung wird Null. Die Übertragungsfunktion der Schaltung lautet:

$$\underline{A}(s) = \frac{1 + s^2 LC}{1 + s\,RC + s^2 LC}$$

Daraus ergibt sich die Resonanzfrequenz $\omega_r = 1/\sqrt{LC}$ und wir erhalten die normierte Form, wie sie in Abb. 12.58 angegeben ist. Die Unterdrückungsgüte ergibt sich durch Koeffizientenvergleich mit (12.65) zu:

$$Q = \frac{1}{R}\sqrt{\frac{L}{C}}$$

Hier ergeben sich demnach dieselben Formeln wie beim LRC-Bandpass in Abschnitt 12.8.2. Bei einer realen Induktivität, die einen Serienwiderstand besitzt, sinkt die Ausgangsspannung bei der Resonanzfrequenz nicht auf Null; die Sperrdämpfung wird also beeinträchtigt.

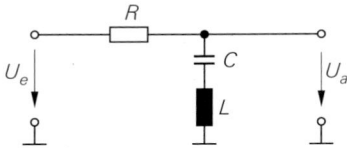

Abb. 12.58.
LRC-Sperrfilter

$$\underline{A}(s_n) = \frac{1 + s_n^2}{1 + R\,\sqrt{C/L}\,s_n + s_n^2}$$

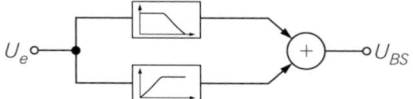

Abb. 12.59.
Realisierung einer Bandsperre mit einem Tief-
und Hochpassfilter

12.10.2 Bandsperre aus Hoch- und Tiefpass

Da die Nenner der Übertragungsfunktionen von Tiefpass, Hochpass und Bandsperre ähnlich sind, lässt sich eine Bandsperre durch Addition eines Tief- und eines Hochpasses
realisieren gemäß der Gleichung:

$$\underline{A} = \frac{A_0(1 + s_n^2)}{1 + \dfrac{1}{Q} s_n + s_n^2} = \frac{A_0}{1 + as_n + bs_n^2} + \frac{A_\infty s_n^2}{b + as_n + s_n^2} \tag{12.66}$$

für $b = 1$, $a = 1/Q$ und $A_\infty = A_0$. Diese Methode ist in Abb. 12.59 schematisch
dargestellt. Sie ist aber nur dann zweckmäßig, wenn man eine Schaltung einsetzt, die beide
Signale mit einem einzigen Filter bereitstellt wie bei dem Integratorfilter in Abb. 12.70.
Beim Einsatz von separaten Filtern müsste man 2 Filter 2. Ordnung realisieren; das würde
den Aufwand verdoppeln und die beiden Filter würden nie exakt gleiche Daten besitzen.

12.10.3 Bandsperre mit Bandpass

Eine Bandsperre lässt sich aus einem Bandpass erzeugen, indem man das Bandpasssignal
vom Eingangssignal subtrahiert.

$$\underline{U}_{BS} = \frac{1 + s_n^2}{1 + \dfrac{1}{Q} s_n + s_n^2} \underline{U}_e = \underline{U}_e - \frac{s_n/Q}{1 + \dfrac{1}{Q} s_n + s_n^2} \underline{U}_e \tag{12.67}$$

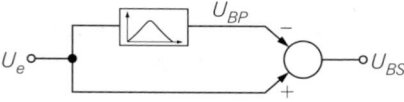

Abb. 12.60.
Realisierung einer Bandsperre durch
Subtraktion eines Bandpasssignals

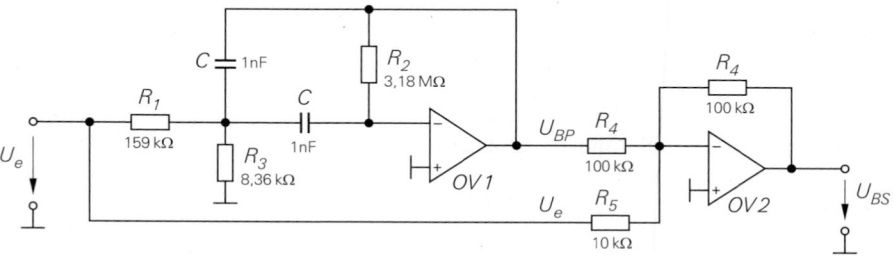

$$\frac{\underline{U}_{BP}}{\underline{U}_e} = -\frac{s_n A_r/Q}{1 + \dfrac{1}{Q} s_n + s_n^2} \qquad \frac{\underline{U}_{BS}}{\underline{U}_e} = -\frac{A_0(1 + s_n^2)}{1 + \dfrac{1}{Q} s_n + s_n^2} \qquad \text{für} \qquad \frac{R_4}{R_5} = A_r = A_0$$

Abb. 12.61. Bandsperre mit einem Bandpass mit Mehrfachgegenkopplung. Dimensionierungsbeispiel für eine Bandsperre mit den Daten $Q = 10$, $A_0 = 10$ und $f_r = 1$ kHz

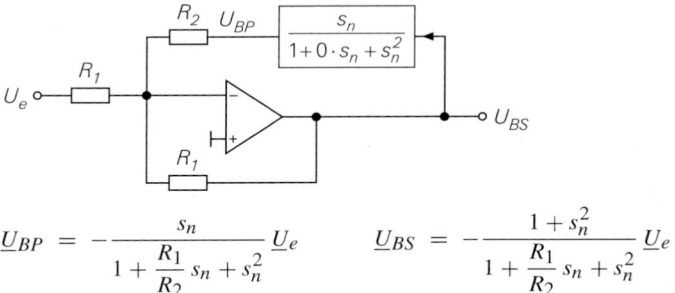

$$\underline{U}_{BP} = -\frac{s_n}{1 + \dfrac{R_1}{R_2} s_n + s_n^2} \underline{U}_e \qquad \underline{U}_{BS} = -\frac{1 + s_n^2}{1 + \dfrac{R_1}{R_2} s_n + s_n^2} \underline{U}_e$$

Abb. 12.62. Realisierung einer Bandsperre als inverser Bandpass

Dabei muss man die Verstärkung anpassen, sodass $A_0 = A_r$ ist. Diese Methode ist in Abb. 12.60 schematisch dargestellt. Ein Beispiel für die Realisierung folgt in Abb. 12.61. Hier wurde der Bandpass von Abb. 12.55 mit einem Summierer kombiniert. Das Dimensionierungsbeispiel zeigt einen Bandpass mit der Güte $Q = 10$ und der Verstärkung $A_r = 10$ bei der Resonanzfrequenz. Aus diesem Grund wird das Eingangssignal ebenfalls mit dem Faktor $R_4/R_5 = 10$ zur Summierung verstärkt. Das negative Vorzeichen für die Subtraktion ist in dem hier verwendeten Bandpass bereits enthalten.

12.10.4 Bandsperre als inverser Bandpass

Man kann einen Bandpass auch in die Gegenkopplung eines Operationsverstärkers schalten, um die inverse Funktion zu erhalten. Dieses Prinzip ist in Abb. 12.62 dargestellt. Dort liegt ein Bandpass mit der Güte $Q = \infty$ in der Gegenkopplung des Operationsverstärkers. Die Dämpfung erfolgt hier über den Gegenkopplungswiderstand R_1. Dadurch ergibt sich sowohl für den Bandpass als auch für die Bandsperre eine definierte Güte von $Q = R_2/R_1$. Dieses Prinzip wird in dem Universalfilter in Abb. 12.71 angewandt. Dort stellen die Operationsverstärker OV2 bis OV4 den ungedämpften Bandpass dar. Der Vorteil dieser Schaltung besteht darin, dass die Sperrdämpfung nur von der Güte des Bandpasses abhängt. Bei allen vorhergehenden Schaltungen ergibt sich die Sperrdämpfung als Differenz großer Signale. Deshalb ist dort bei Verwendung von Bauelementen mit einer Toleranz von 1% lediglich eine Sperrdämpfung von 20 dB zu erwarten, wenn man die Nullstelle nicht individuell abgleicht.

12.11 Allpässe

12.11.1 Grundlagen

Bei den bisher besprochenen Filtern handelt es sich um Schaltungen, bei denen die Verstärkung und die Phasenverschiebung von der Frequenz abhängig waren. Im Gegensatz dazu besitzen die Allpassfilter eine konstante, frequenzunabhängige Verstärkung, aber trotzdem eine frequenzabhängige Phasenverschiebung. Deshalb setzt man sie bevorzugt zur Phasenkorrektur ein. Besonders interessant sind Allpassfilter, deren Phasenverschiebung linear mit der Frequenz ansteigt, denn sie besitzen eine konstante Gruppenlaufzeit. Man verwendet sie daher zur Signalverzögerung. Die wichtigsten Merkmale von Allpassfiltern sind in Abb. 12.63 dargestellt. Man sieht, dass die Verstärkung für alle Frequenzen konstant ist.

Zunächst wollen wir zeigen, wie man vom Frequenzgang eines Tiefpasses zum Frequenzgang eines Allpasses gelangt. Dazu ersetzt man im Zähler von (12.29) den konstanten

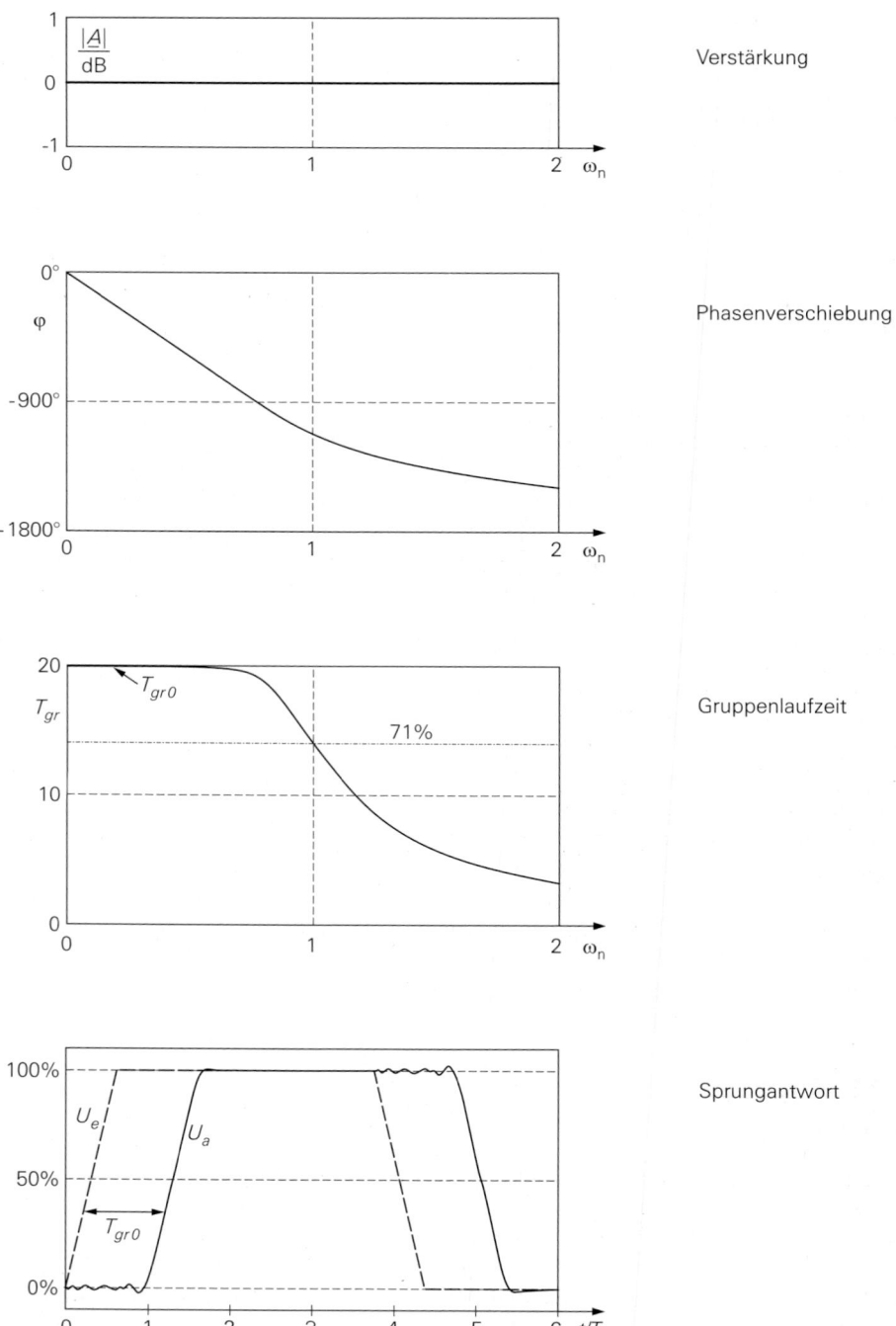

Verstärkung

Phasenverschiebung

Gruppenlaufzeit

Sprungantwort

Abb. 12.63. Verhalten von Allpässen am Beispiel eines Allpasses 10. Ordnung

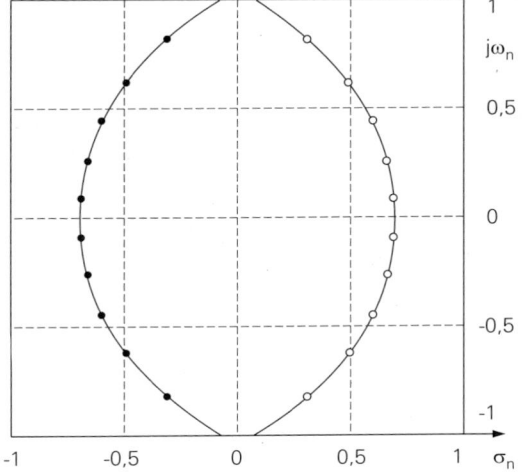

Abb. 12.64.
Pol- Nullstellen-Diagramm eines
Allpassfilters 10. Ordnung. Pole als
Punkte und Nullstellen als Kreise

Zähler A_0 durch den konjugiert komplexen Nenner und erhält dadurch die konstante Verstärkung $|A| = 1$ und die doppelte Phasenverschiebung:

$$\underline{A}(s_n) = \frac{\prod\limits_{i}(1 - a_i s_n + b_i s_n^2)}{\prod\limits_{i}(1 + a_i s_n + b_i s_n^2)} = \frac{\prod\limits_{i}\sqrt{(1 - b_i\omega_n^2)^2 + a_i^2\omega_n^2}\,e^{-j\alpha}}{\prod\limits_{i}\sqrt{(1 - b_i\omega_n^2)^2 + a_i^2\omega_n^2}\,e^{+j\alpha}} \tag{12.68}$$

$$= 1 \cdot e^{-2j\alpha} = e^{j\varphi}$$

Darin ist:

$$\varphi = -2\alpha = -2\sum_i \arctan \frac{a_i\omega_n}{1 - b_i\omega_n^2} \overset{a_i\omega_n < 1}{=} -2\omega_n \sum_i a_i + \dots \tag{12.69}$$

Die Phasenverschiebung nimmt für niedrige Frequenzen linear mit der Frequenz zu; um das zu zeigen haben wir in Abb. 12.63 ausnahmsweise eine lineare Frequenzachse gewählt und keine logarithmische wie es im Bode-Diagramm üblich ist. Unterhalb der Grenzfrequenz steigt die Phasenverschiebung proportional mit der Frequenz, darüber strebt sie asymptotisch gegen $N \cdot 180°$, also in dem Beispiel für $N = 10$ gegen $1800°$.

Die Gruppenlaufzeit ergibt sich aus (12.69) gemäß der Definition in (12.10) zu

$$T_{gr} = t_{gr} \cdot \omega_g = -\frac{d\varphi}{d\omega_n} = 2\sum_i \frac{a_i(1 + b_i\omega_n^2)}{1 + (a_i^2 - 2b_i)\omega_n^2 + b_i^2\omega_n^4} \tag{12.70}$$

und besitzt demnach bei niedrigen Frequenzen den Wert:

$$T_{gr\,0} = 2\sum_i a_i$$

Um eine konstante Gruppenlaufzeit zu erhalten, verwendet man die Filterkoeffizienten der Besselfilter, denn sie sind bereits für eine konstante Gruppenlaufzeit optimiert. Durch Hinzufügen des konjugiert komplexen Zählers verdoppelt sich hier die Phasenverschiebung und die Gruppenlaufzeit. Es ist jedoch zweckmäßig, die so erhaltenen Frequenzgänge

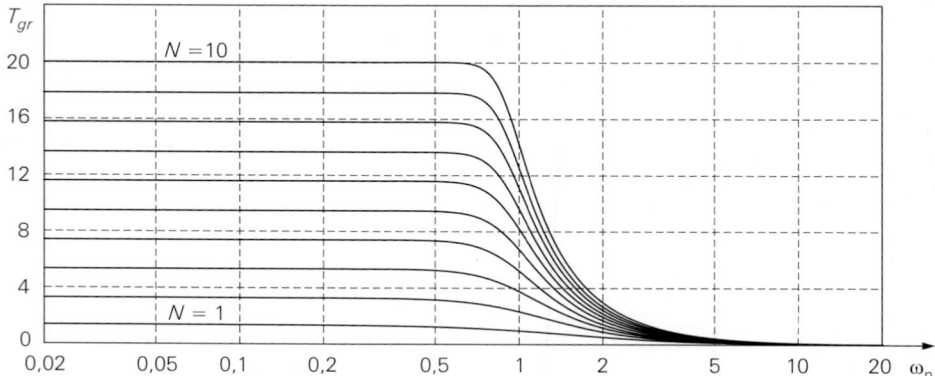

Abb. 12.65. Frequenzgang der Gruppenlaufzeit für 1. bis 10. Ordnung

N	i	a_i	b_i	f_i/f_g	Q_i	$T_{gr\,0}$
1	1	0,6436	0,0000	1,554	–	1,2872
2	1	1,6278	0,8832	1,064	0,58	3,2556
3	1	1,1415	0,0000	0,876	–	5,3014
	2	1,5092	1,0877	0,959	0,69	
4	1	2,3370	1,4878	0,820	0,52	7,3752
	2	1,3506	1,1837	0,919	0,81	
5	1	1,2974	0,0000	0,771	–	9,4625
	2	2,2224	1,5685	0,798	0,56	
	3	1,2116	1,2330	0,901	0,92	
6	1	2,6117	1,7763	0,750	0,51	11,5579
	2	2,0706	1,6015	0,790	0,61	
	3	1,0967	1,2596	0,891	1,02	
7	1	1,3735	0,0000	0,728	–	13,6578
	2	2,5320	1,8169	0,742	0,53	
	3	1,9211	1,6116	0,788	0,66	
	4	1,0023	1,2743	0,886	1,13	
8	1	2,7541	1,9420	0,718	0,51	15,7607
	2	2,4174	1,8300	0,739	0,56	
	3	1,7850	1,6101	0,788	0,71	
	4	0,9239	1,2822	0,883	1,23	
9	1	1,4186	0,0000	0,705	–	17,8656
	2	2,6979	1,9659	0,713	0,52	
	3	2,2940	1,8282	0,740	0,59	
	4	1,6644	1,6027	0,790	0,76	
	5	0,8579	1,2862	0,882	1,32	
10	1	2,8406	2,0490	0,699	0,50	19,9717
	2	2,6120	1,9714	0,712	0,54	
	3	2,1733	1,8184	0,742	0,62	
	4	1,5583	1,5923	0,792	0,81	
	5	0,8018	1,2877	0,881	1,42	

Abb. 12.66. Allpass-Koeffizienten für maximal flache Gruppenlaufzeit

umzunormieren, weil die 3 dB-Grenzfrequenz der Tiefpässe hier ihren Sinn verliert. Daher haben wir die Koeffizienten a_1 und b_1 so umgerechnet, dass die Gruppenlaufzeit bei der Grenzfrequenz $\omega_n = 1$ auf das $1/\sqrt{2}$-fache, des Wertes bei niedrigen Frequenzen - also auf $0,71\ T_{gr\,0}$ - abgenommen hat. Diese Normierung der Gruppenlaufzeit ist in Abb. 12.63 eingetragen.

Die Sprungantwort in Abb. 12.63 zeigt die Verzögerung des Eingangssignals durch den Allpass. Um das zu zeigen wurde hier jedoch die Anstiegssteilheit des Eingangssignals begrenzt, da sonst hohe Frequenzen auftreten, die oberhalb der Bandbreite, also $\omega_n > 1$, des Allpasses liegen. Im Ausgangssignal des Allpasses treten dann Schwingungen auf, die umso größer ist je größer die Frequenzanteile im Eingangssignal oberhalb der Grenzfrequenz sind.

Die Pole und Nullstellen von Allpässen sind in Abb. 12.64 eingezeichnet. Die Pole entsprechen denen von Besselfiltern, ihre absolute Lage unterschiedet sich jedoch aufgrund der geänderten Normierung. Die Nullstellen liegen symmetrisch dazu.

Der Verlauf der Gruppenlaufzeit ist in Abb. 12.65 bis zur 10. Ordnung aufgezeichnet. Die für Allpassfilter umgerechneten Koeffizienten sind in Abb. 12.66 tabelliert. Außerdem ist die Gruppenlaufzeit für niedrige Frequenzen $T_{gr\,0}$ für jede Ordnung mit angegeben und die Polgüte $Q_i = \sqrt{b_i}/a_i$. Da sie durch die Umnormierung nicht beeinflusst wird, hat sie dieselben Werte wie bei den Bessel-Filtern. Um eine Kontrolle von aufgebauten Teilfiltern zu ermöglichen, haben wir in Abb. 12.66 zusätzlich die Größe f_i/f_g aufgeführt. Dabei ist f_i hier diejenige Frequenz, bei der die Phasenverschiebung des betreffenden Teilfilters bei 2. Ordnung $\varphi = -180°$ erreicht bzw. bei 1. Ordnung $\varphi = -90°$. Diese Frequenz ist wesentlich leichter zu messen als die Grenzfrequenz der Gruppenlaufzeit.

In welcher Reihenfolge man bei der Dimensionierung eines Allpasses vorgeht, soll folgendes Zahlenbeispiel erläutern: Ein Signal mit einem Frequenzspektrum von 0 bis 1 kHz soll um $t_{gr\,0} = 3$ ms verzögert werden. Damit keine zu großen Phasenverzerrungen auftreten, soll die Grenzfrequenz des Allpasses $f_g \geq 1$ kHz sein. Nach (12.70) folgt daraus die Forderung:

$$T_{gr\,0} \geq t_{gr\,0} \cdot \omega_g = 3\,\text{ms} \cdot 2\pi \cdot 1\,\text{kHz} = 18,8.$$

Aus Abb. 12.66 kann man entnehmen, dass man dazu ein Filter 10. Ordnung benötigt. Bei ihm ist $T_{gr\,0} = 19,97$. Damit die Gruppenlaufzeit genau 3 ms beträgt, muss nach (12.70) die Grenzfrequenz

$$f_g = \frac{T_{gr\,0}}{2\pi \cdot t_{gr\,0}} = \frac{19,97}{2\pi \cdot 3\,\text{ms}} = 1,059\,\text{kHz}$$

gewählt werden. Dieses Filter entspricht dem, das wir in Abb. 12.63 als Beispiel dargestellt haben.

12.11.2 Realisierung von Allpässen 1. Ordnung

Wie man leicht sieht, besitzt die Schaltung in Abb. 12.67 bei tiefen Frequenzen die Verstärkung +1 und bei hohen Frequenzen − 1. Die Phasenverschiebung geht also von 0 auf − 180°. Die Schaltung ist dann ein Allpass, wenn der Betrag der Verstärkung auch bei mittleren Frequenzen gleich 1 ist. Die Übertragungsfunktion in Abb. 12.67 zeigt, dass der Betrag der Verstärkung offensichtlich konstant gleich Eins ist. Der Koeffizientenvergleich mit (12.68) liefert die Dimensionierung:

$$RC = \frac{a_1}{\omega_g} = \frac{a_1}{2\pi f_g}$$

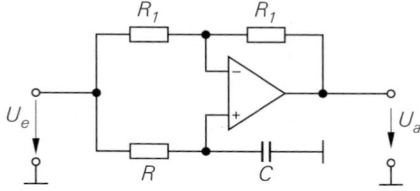

Abb. 12.67.
Allpass 1. Ordnung

$$\underline{A}(s_n) = \frac{1 - s\,RC}{1 + s\,RC} = \frac{1 - RC\omega_g s_n}{1 + RC\omega_g s_n}$$

Die Phasenverschiebung beträgt:

$$\varphi = -2\arctan(\omega RC) = -2\arctan(a_1\omega_n) \tag{12.71}$$

Für den niederfrequenten Grenzwert der Gruppenlaufzeit ergibt sich mit (12.70):

$$T_{gr0} = 2a_1 \quad \Rightarrow \quad t_{gr0} = \frac{T_{gr0}}{\omega_g} = 2RC$$

Der Allpass 1. Ordnung in Abb. 12.67 lässt sich sehr gut als variabler Phasenschieber einsetzen. Man kann durch Variation des Widerstandes R Phasenverschiebungen zwischen 0 und $-180°$ einstellen, ohne die Amplitude zu beeinflussen.

12.11.3 Realisierung von Allpässen 2. Ordnung

Einen Allpass 2. Ordnung kann man wie bei den Bandsperren in Abb. 12.61 dadurch realisieren, dass man von der Eingangsspannung die Ausgangsspannung eines Bandpasses subtrahiert. Hier soll wieder das Bandpassfilter von Abb. 12.55 auf S. 833 verwendet werden. Da die Güten hier relativ klein bleiben, kann man den Widerstand R_3 weglassen und statt dessen die Verstärkung mit dem Widerstand R/α in Abb. 12.68 einstellen. Dann lautet die Übertragungsfunktion der Anordnung:

$$\underline{A}(s_n') = 1 - \frac{\dfrac{A_r}{Q}s_n'}{1 + \dfrac{1}{Q}s_n' + s_n'^{\,2}} = \frac{1 + \dfrac{1 - A_r}{Q}s_n' + s_n'^{\,2}}{1 + \dfrac{1}{Q}s_n' + s_n'^{\,2}}$$

Man erkennt, dass sich für $A_r = 2$ die Übertragungsgleichung eines Allpasses ergibt. Sie ist jedoch noch nicht auf die Grenzfrequenz des Allpasses normiert, sondern auf die Resonanzfrequenz des selektiven Filters. Um zu der richtigen Normierung zu gelangen, setzen wir:

$$\omega_g = \beta\omega_r \quad \Rightarrow \quad s_n' = \frac{s}{\omega_r} = \frac{\beta s}{\omega_g} = \beta s_n$$

Damit lautet die Übertragungsfunktion:

$$\underline{A}(s_n) = \frac{1 - \dfrac{\beta}{Q}s_n + \beta^2 s_n^2}{1 + \dfrac{\beta}{Q}s_n + \beta^2 s_n^2} \overset{!}{=} \frac{1 - a_1 s_n + b_1 s_n^2}{1 + a_1 s_n + b_1 s_n^2} \tag{12.72}$$

Der Koeffizientenvergleich ergibt:

$$a_1 = \frac{\beta}{Q} \quad \text{und} \quad b_1 = \beta^2$$

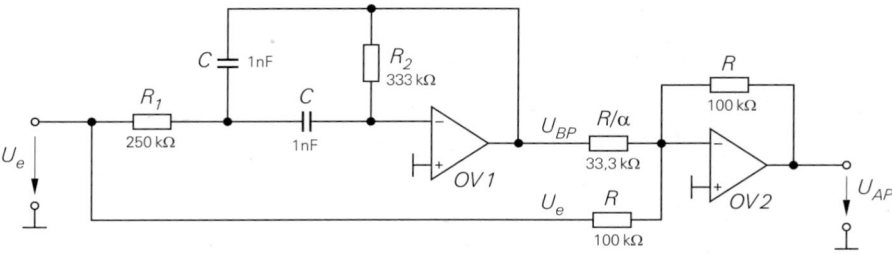

$$\underline{A}(s_n) = \frac{\underline{U}_{AP}}{\underline{U}_e} = -\frac{1 + (2R_1 - \alpha R_2)C\omega_g s_n + R_1 R_2 C^2 \omega_g^2 s_n^2}{1 + 2R_1 C\omega_g s_n + R_1 R_2 C^2 \omega_g^2 s_n^2}$$

Abb. 12.68. Allpass 2. Ordnung. Dimensionierungsbeispiel für einen Allpass mit einer Gruppen-laufzeit von $t_{gr\,0} = 1\,\text{ms}$ bei einer Grenzfrequenz von $f_g = 518\,\text{Hz}$

Damit ergeben sich für den Bandpass folgende Daten:

$$A_r = 2 \qquad f_r = f_g / \sqrt{b_1} \qquad Q = \sqrt{b_1} / a_1$$

Die Dimensionierung erhält man durch Koeffizientenvergleich der Übertragungsfunktion mit (12.72):

$$R_1 = \frac{a_1}{4\pi f_g C}, \qquad R_2 = \frac{b_1}{\pi f_g C a_1} = \frac{4b_1}{a_1^2} R_1 \quad \text{und} \quad \alpha = \frac{a_1^2}{b_1} = \frac{1}{Q^2}$$

Als Beispiel soll ein Allpass 2. Ordnung mit einer Gruppenlaufzeit von $t_{gr\,0} = 1\,\text{ms}$ dimensioniert werden. Daraus ergibt sich eine Grenzfrequenz $f_g = T_{gr\,0}/(2\pi\, t_{gr\,0}) = 518\,\text{Hz}$. Aus Abb. 12.66 können wir die Koeffizienten $a_1 = 1{,}6278$ und $b_1 = 0{,}8832$ entnehmen. Wenn man $C = 1\,\text{nF}$ und $R = 100\,\text{k}\Omega$ vorgibt, erhält man die in Abb. 12.68 eingetragene Dimensionierung. Eine weitere und auch bessere Realisierungsmöglichkeit folgt bei den Integratorfiltern in Abb. 12.74 auf Seite 851.

Aus der Übertragungsfunktion kann man noch eine weitere Anwendung der Schaltung in Abb. 12.68 erkennen. Wählt man nämlich

$$2R_1 - \alpha R_2 = 0 \qquad \Rightarrow \qquad \alpha = \frac{2R_1}{R_2} = \frac{a_1^2}{2b_1} = \frac{1}{2Q^2} \,,$$

ergibt sich ein Sperrfilter, das dem in Abb. 12.61 entspricht.

12.12 Integratorfilter

Mit 2 Integratoren und einem Summierer lassen sich vielseitige Filter aufbauen, die gute Daten besitzen und die sich leicht dimensionieren lassen. Dass man hier für ein Filter 2. Ordnung 3 Operationsverstärker benötigt, ist angesichts der niedrigen Kosten kein Problem. Wenn man integrierte Schaltungen mit 3 oder 4 Operationsverstärkern in einem Gehäuse einsetzt, benötigt man dafür auch lediglich ein einziges Bauelement. Der Vorteil der Integratorfilter besteht darin, dass sie sich leicht dimensionieren lassen und eine geringe Empfindlichkeit gegenüber Toleranzen der Bauelemente besitzen.

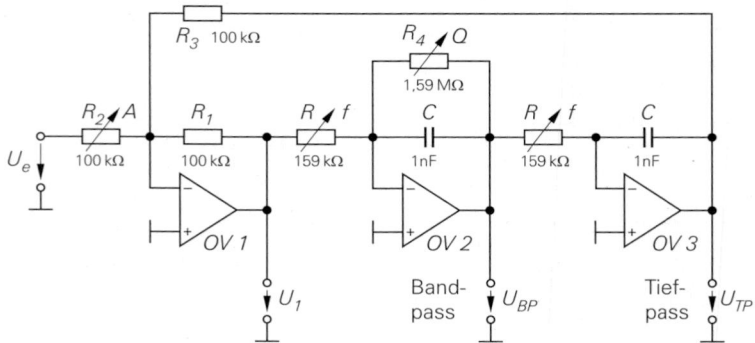

Integrationszeitkonstante: $\tau = RC$

Tiefpass:

$$\frac{U_{TP}}{U_e} = \frac{-\dfrac{R_3}{R_2}}{1 + \dfrac{RR_3}{R_1 R_4}\tau\omega_g s_n + \dfrac{R_3}{R_1}\tau^2\omega_g^2 s_n^2}$$

Bandpass:

$$\frac{U_{BP}}{U_e} = \frac{\dfrac{R_3}{R_2}\tau\omega_g s_n}{1 + \dfrac{RR_3}{R_1 R_4}\tau\omega_g s_n + \dfrac{R_3}{R_1}\tau^2\omega_g^2 s_n^2}$$

Abb. 12.69. Integrator Filter 2. Ordnung in Biquad-Struktur mit Tiefpass- und Bandpass-Ausgang. Diemensionierungsbeispiel für einen Bandpass mit $f_r = 1\,\text{kHz}$, $Q = 10$ und $A_r = 10$

12.12.1 Grundschaltung

Die Grundschaltung eines Integratorfilters ist in Abb. 12.69 dargestellt. Aus den Übertragungsgleichungen für jeden Operationsverstärker

$$U_1 = -\frac{R_1}{R_2}U_e - \frac{R_1}{R_3}U_{TP} \quad , \quad U_{BP} = -\frac{R_4}{R}\frac{1}{1 + R_4 Cs}U_1 \quad , \quad U_{TP} = -\frac{1}{RCs}U_{BP}$$

ergeben sich die angegebenen Übertragungsfunktionen des Filters. Die Spannung U_1 besitzt zwar Hochpass-Verhalten, aber es handelt sich hier für niedrige Frequenzen lediglich um einen Hochpass 1. Ordnung. Wenn man einen echten Hochpass 2. Ordnung in dieser Technik benötigt, sind die Schaltungen in Abb. 12.70 und 12.71 zu bevorzugen.

Zur Dimensionierung der Schaltung ist es günstig, die Eigenfrequenz der Schaltung nicht zu verschieben. Dann wird die Empfindlichkeit gegenüber Bauteiltoleranzen minimiert. Deshalb wählt man nach Möglichkeit:

$$\omega_g \tau = 1 \quad \Rightarrow \quad f_g = \frac{1}{2\pi RC} \tag{12.73}$$

Die Dimensionierung der übrigen Widerstände ergibt sich dann durch Koeffizientenvergleich mit (12.29) auf Seite 805 und (12.50) auf Seite 827 nach Vorgabe von R_1 und der Kapazität C.

Tiefpass

$$R = 1/2\pi C f_g$$
$$R_2 = -R_1 b/A_0$$
$$R_3 = R_1 b$$
$$R_4 = R_1 b/a$$

Bandpass

$$R = 1/2\pi C f_g$$
$$R_2 = -R_1 Q/A_r$$
$$R_3 = R_1$$
$$R_4 = RQ$$

Falls sich dabei unerwünscht kleine oder große Werte für die Widerstände ergeben, kann man von geänderten Vorgaben für R_1 und C ausgehen.

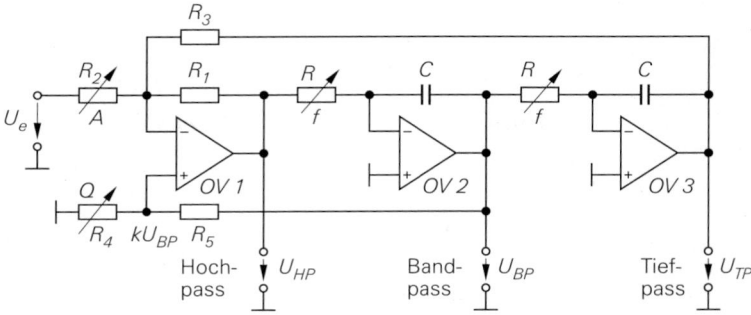

Abb. 12.70. Tiefpass- Bandpass- und Hochpass- Integrator Filter in Biquad-Struktur

Integrationszeitkonstante: $\tau = RC$ $k = R_4/(R_4 + R_5)$

Tiefpass:

$$\frac{U_{TP}}{U_e} = \frac{-\dfrac{R_3}{R_2}}{1 + \dfrac{kR_3}{R_1\|R_2\|R_3}\,\tau\omega_g s_n + \dfrac{R_3}{R_1}\,\tau^2\omega_g^2 s_n^2}$$

Bandpass:

$$\frac{U_{BP}}{U_e} = \frac{\dfrac{R_3}{R_2}\,\tau\omega_g s_n}{1 + \dfrac{kR_3}{R_1\|R_2\|R_3}\,\tau\omega_g s_n + \dfrac{R_3}{R_1}\,\tau^2\omega_g^2 s_n^2}$$

Hochpass:

$$\frac{U_{HP}}{U_e} = \frac{-\dfrac{R_1}{R_2}\,s_n^2}{\dfrac{R_1}{R_3\,\tau^2\omega_g^2} + \dfrac{kR_1}{R_1\|R_2\|R_3}\,\dfrac{1}{\tau\omega_g}\,s_n + s_n^2}$$

Ein Beispiel für die Dimensionierung der Schaltung als Bandpass mit der Resonanzfrequenz $f_r = 1\,\text{kHz}$, der Güte $Q = 10$ und der Verstärkung bei der Resonanzfrequenz $A_r = 10$ ist in Abb. 12.69 eingetragen für $R_1 = 100\,\text{k}\Omega$ und $C = 1\,\text{nF}$.

12.12.2 Integratorfilter mit zusätzlichem Hochpass-Ausgang

Bei der Schaltung in Abb. 12.70 erfolgt die Einstellung der Güte durch Rückkopplung der Bandpassspannung in den nichtinvertierenden Eingang von $OV2$. Zur Berechnung der Filterfunktion kann man der Schaltung für jeden Operationsverstärker die Ausgangsspannung entnehmen:

$$\frac{U_e - kU_{BP}}{R_2} + \frac{U_{HP} - kU_{BP}}{R_1} + \frac{U_{TP} - kU_{BP}}{R_3} = 0$$

$$U_{BP} = -\frac{1}{RCs}\,U_{HP} \qquad U_{TP} = -\frac{1}{RCs}\,U_{BP}$$

Zur Dimensionierung der Schaltung gibt man die Kapazität C und die Widerstände R_1 und R_5 vor und berechnet daraus R, R_2, R_3 und R_4.

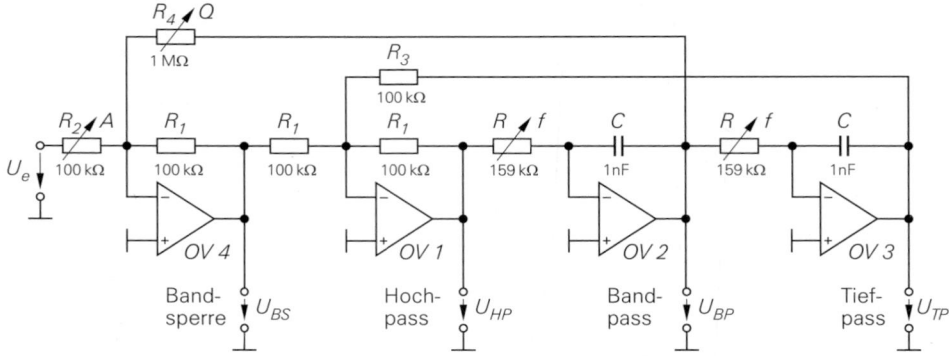

Integrationszeitkonstante: $\tau = RC$

Tiefpass:

$$\frac{U_{TP}}{U_e} = \frac{\dfrac{R_3}{R_2}}{1 + \dfrac{R_3}{R_4}\tau\omega_g s_n + \dfrac{R_3}{R_1}\tau^2\omega_g^2 s_n^2}$$

Bandpass:

$$\frac{U_{BP}}{U_e} = \frac{-\dfrac{R_3}{R_2}\tau\omega_r s_n}{1 + \dfrac{R_3}{R_4}\tau\omega_r s_n + \dfrac{R_3}{R_1}\tau^2\omega_r^2 s_n^2}$$

Hochpass:

$$\frac{U_{HP}}{U_e} = \frac{\dfrac{R_1}{R_2}s_n^2}{\dfrac{R_1}{R_3\,\tau^2\omega_g^2} + \dfrac{R_1}{R_4\,\tau\omega_g}s_n + s_n^2}$$

Bandsperre:

$$\frac{U_{BS}}{U_e} = \frac{-\dfrac{R_1}{R_2}\left(1 + \dfrac{R_3}{R_1}\tau^2\omega_r^2 s_n^2\right)}{1 + \dfrac{R_3}{R_4}\tau\omega_r s_n + \dfrac{R_3}{R_1}\tau^2\omega_r^2 s_n^2}$$

Abb. 12.71. Universalfilter 2. Ordnung mit unabhängig einstellbaren Parametern. State Variable Filter, Biquad. Dimensionierungsbeispiel: Bandpass $Q = 10$, $f_r = 1\,\text{kHz}$, $A_r = -10$ und gleichzeitig eine Bandsperre $Q = 10$, $f_r = 1\,\text{kHz}$, $A_0 = -1$.

12.12.3 Integratorfilter mit zusätzlichem Bandsperren-Ausgang

Man kann die Schaltung in Abb. 12.70 mit einem zusätzlichen Operationsverstärker so erweitern, dass sich zusätzlich ein Bandsperren-Ausgang ergibt. Das Interessante an der Schaltung in Abb. 12.71 ist, dass sie, je nachdem, welchen Ausgang man verwendet, gleichzeitig als selektives Filter, als Sperrfilter, als Tiefpass und als Hochpass arbeitet. Zur Berechnung der Filterfunktionen entnehmen wir der Schaltung folgende Beziehungen, wenn man für die Integrationszeitkonstante $\tau = RC$ einsetzt:

$$U_{BS} = -\frac{R_1}{R_4}U_{BP} - \frac{R_1}{R_2}U_e\,, \qquad U_{HP} = -\frac{R_1}{R_3}U_{TP} - U_{BS}$$

$$U_{BP} = -U_{HP}/s\tau\,, \qquad U_{TP} = -U_{BP}/s\tau$$

Man kann dieses Gleichungssystem nach den gesuchten Größen auflösen und erhält dann die in Abb. 12.71 angegebenen Übertragungsfunktionen. Der Koeffizientenvergleich mit (12.29), (12.35), (12.50) und (12.65) ergibt die Dimensionierung. Sie wird besonders einfach, wenn man wieder $\tau\omega_g = 1$ wählt. Dann ergibt sich die Dimensionierung nach Vorgabe von R_1 und C:

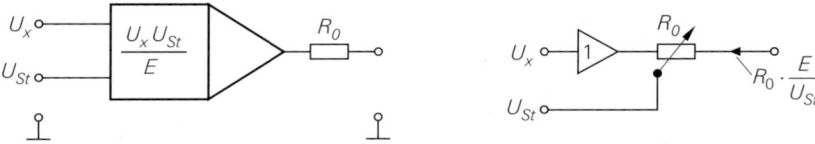

Abb. 12.72. Multiplizierer zur Steuerung der Widerstände, daneben das Modell für die Funktion

Tiefpass	Hochpass	Bandpass	Bandsperre
$R = \dfrac{1}{2\pi C f_g}$	$R = \dfrac{1}{2\pi C f_g}$	$R = \dfrac{1}{2\pi C f_g}$	$R = \dfrac{1}{2\pi C f_g}$
$R_2 = R_1 b_i / A_0$	$R_2 = R_1 / A_\infty$	$R_2 = -R_1 Q / A_r$	$R_2 = -R_1 / A_0$
$R_3 = R_1 b_i$	$R_3 = R_1 / b_i$	$R_3 = R_1$	$R_3 = R_1$
$R_4 = R_1 b_i / a_i$	$R_4 = R_1 / a_i$	$R_4 = R_1 Q$	$R_4 = R_1 Q$

Aus den angegebenen Dimensionierungsgleichungen sieht man, dass bei Hoch- und Tiefpassfiltern R_3 und R_4 den Filtertyp bestimmen, und R_2 die Verstärkung. Bei gegebenem Filtertyp kann man die Grenzfrequenz und Verstärkung unabhängig voneinander durchstimmen.

Auch beim Betrieb als Bandpass bzw. Bandsperre lassen sich die Resonanzfrequenz, die Verstärkung und die Güte variieren, ohne dass sie sich gegenseitig beeinflussen. Das kommt daher, dass die Resonanzfrequenz ausschließlich durch das Produkt $\tau = RC$ bestimmt wird. Da diese Größen nicht in den Gleichungen für A und Q auftreten, ist eine Variation der Frequenz möglich, ohne dabei A und Q zu verändern. Diese beiden Parameter können unabhängig voneinander mit den Widerständen R_2 und R_4 eingestellt werden. Ein Beispiel für die Dimensionierung der Schaltung als kombinierte Bandpass/Bandsperre ist in Abb. 12.71 nach Vorgabe von $C = 1\,\text{nF}$ und $R_1 = 100\,\text{k}\Omega$ eingetragen.

12.12.4 Elektronische Steuerung der Filterparameter

Möchte man einen Filterparameter - z.B. die Resonanzfrequenz - mit einer Spannung steuern, kann man bei den entsprechenden Widerständen Analogmultiplizierer vorschalten, deren Verstärkung man mit einer Steuerspannung variiert, wie es in Abb. 12.72 dargestellt ist. Als wirksamen Widerstand erhält man dann:

$$R_x = R_0 \cdot \frac{E}{U_{St}}$$

Darin ist E die Recheneinheit und $0 \leq U_{St} \leq E$ die Steuerspannung (siehe Kapitel 10.8.2 auf Seite 762). Setzt man je eine solche Schaltung anstelle der beiden frequenzbestimmenden Widerstände R ein, lautet die Resonanzfrequenz des selektiven Filters:

$$f_r = \frac{1}{2\pi R_0 C} \cdot \frac{U_{St}}{E}$$

Sie wird also proportional zur Steuerspannung.

Man kann die Filterparameter auch numerisch steuern, z.B. mit einem Mikrocontroller, indem man statt der Analogmultiplizierer Digital-Analog-Umsetzer einsetzt. Sie liefern eine Ausgangsspannung, die proportional ist zum Produkt von angelegter Zahl und Referenzspannung (siehe Kapitel 17.2.1 auf Seite 1014):

$$U_a = U_{\text{ref}} \frac{Z}{Z_{\text{max}} + 1}$$

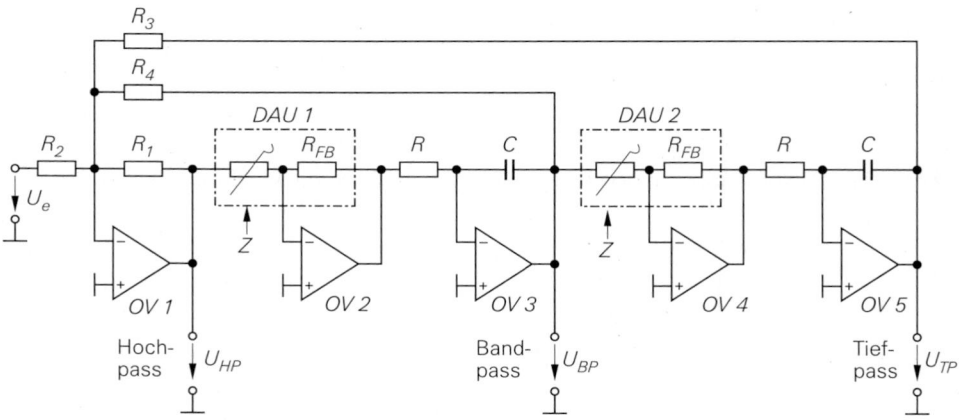

Integrationszeitkonstante: $\tau = RC(Z_{max} + 1)/Z$

Tiefpass:

$$\frac{\underline{U}_{TP}}{\underline{U}_e} = \frac{- R_3/R_2}{1 + \dfrac{R_3}{R_4}\tau\omega_g s_n + \dfrac{R_3}{R_1}\tau^2\omega_g^2 s_n^2}$$

Bandpass:

$$\frac{\underline{U}_{BP}}{\underline{U}_e} = \frac{- \tau\omega_r s_n R_3/R_2}{1 + \dfrac{R_3}{R_4}\tau\omega_r s_n + \dfrac{R_3}{R_1}\tau^2\omega_g^2 s_n^2}$$

Hochpass:

$$\frac{\underline{U}_{HP}}{\underline{U}_e} = \frac{- s_n^2 R_1/R_2}{\dfrac{R_1}{R_3\tau^2\omega_g^2} + \dfrac{R_1}{R_4\tau\omega_g} s_n + s_n^2}$$

Abb. 12.73. Universalfilter mit digital einstellbarer Frequenz

Besonders günstig für den Einsatz in Filtern sind solche Typen, bei denen die Referenzspannung beliebige positive und negative Werte annehmen darf. Aus diesem Grund sind die multiplizierenden DA-Umsetzer mit CMOS-Schaltern, wie sie in Kapitel 17.2.2 beschrieben werden, hier besonders geeignet. Da sie jedoch beträchtliche Widerstandstoleranzen besitzen, kann man sie nicht einfach in Abb. 12.71 vor die Integratoren schalten. Der Einfluss des absoluten Widerstandswertes lässt sich jedoch dadurch eliminieren, dass man Operationsverstärker hinzufügt, die über den im DA-Umsetzer enthaltenen Widerstand gegengekoppelt werden. Die resultierende Schaltung zur digitalen Frequenzeinstellung ist in Abb. 12.73 dargestellt. Beiden Integratoren wurde ein DA-Umsetzer vorgeschaltet. Daraus ergibt sich hier eine resultierende Integrationszeitkonstante:

$$\tau = RC(Z_{max} + 1)/Z \tag{12.74}$$

Wenn die Zahl Z gleich dem Maximalwert Z_{max} ist, also alle Bits gleich Eins sind, erhält man demnach praktisch dieselbe Resonanzfrequenz wie bei der Schaltung in Abb. 12.71.

Im Vergleich zu Abb. 12.71 wurde die Anordnung der Gegenkopplungsschleifen etwas modifiziert, weil die DA-Umsetzer zusammen mit den zugehörigen Operationsverstärkern und den nachfolgenden Integratoren *nichtinvertierende Integratoren* bilden. Die resultierenden Übertragungsfunktionen sind aber ganz ähnlich. Die Dimensionierung wird besonders einfach, wenn man auch hier $\tau\omega_g = 1$ wählt. Setzt man die Integrationszeitkonstante aus (12.74) ein, erkennt man, dass die Grenz- bzw. Resonanzfrequenz proportional zur Zahl Z wird:

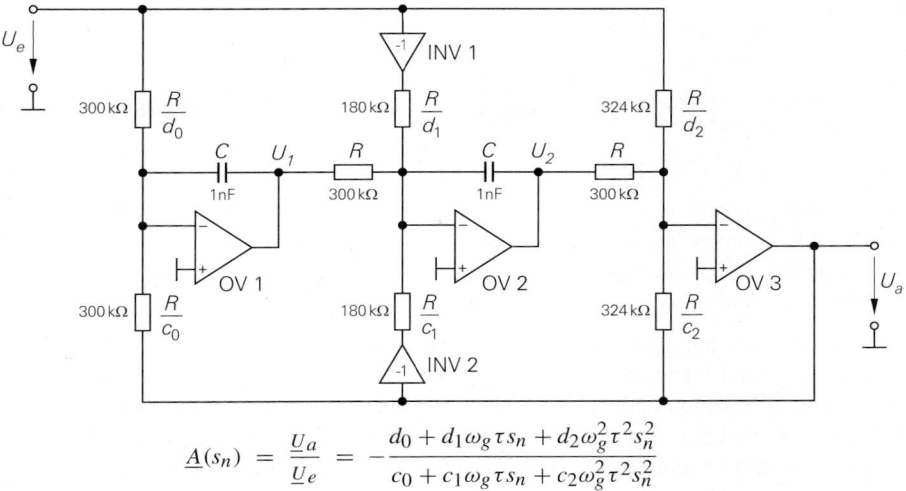

$$\underline{A}(s_n) \;=\; \frac{\underline{U}_a}{\underline{U}_e} \;=\; -\,\frac{d_0 + d_1\omega_g\tau s_n + d_2\omega_g^2\tau^2 s_n^2}{c_0 + c_1\omega_g\tau s_n + c_2\omega_g^2\tau^2 s_n^2}$$

Abb. 12.74. Universalfilter 2. Ordnung mit unabhängig einstellbaren Koeffizienten. Beispiel für einen Allpass mit einer Gruppenlaufzeit von $t_{gr\,0} = 1\,\text{ms}$

$$f_r \;=\; \frac{1}{2\pi\tau} \;=\; \frac{1}{2\pi RC} \cdot \frac{Z}{Z_{\max}+1}$$

Die Ausgänge der DA-Umsetzer müssen einen großen Dynamikbereich besitzen, wenn man die Frequenz über weite Bereiche durchstimmen möchte. Damit keine Gleichspannungsfehler in der Schaltung entstehen, sollte man daher Operationsverstärker mit niedriger Offsetspannung einsetzen.

Die Dimensionierung der Schaltung wird bei den SC-Filtern in Abschnitt 12.13.4 genauer beschrieben. Die Formeln sind nämlich dieselben, weil es sich dort ebenfalls um Integratorfilter mit nicht-invertierenden Integratoren handelt. Eine Alternative zur Realisierung durchstimmbarer Filter besteht im Einsatz von SC-Filtern, die in Kapitel 12.13 behandelt werden.

12.12.5 Filter mit einstellbaren Koeffizienten

Neben den Integratorfiltern mit entkoppelt einstellbaren Filterdaten, die in den letzten Abschnitten behandelt wurden, kann man auch Integratorfilter realisieren, bei denen sich die Filterkoeffizienten unabhängig voneinander einstellen lassen. Zur Berechnung der Übertragungsfunktion wendet man die Knotenregel auf die Summationspunkte in Abb. 12.74 an:

$$\frac{d_0}{R}\,U_e + \frac{c_0}{R}\,U_a + sC\,U_1 \;=\; 0$$

$$-\frac{d_1}{R}\,U_e - \frac{c_1}{R}\,U_a + \frac{1}{R}\,U_1 + sC\,U_2 \;=\; 0$$

$$\frac{d_2}{R}\,U_e + \frac{c_2}{R}\,U_a + \frac{1}{R}\,U_2 \;=\; 0$$

Mit $\tau = RC$ erhält man daraus die angegebene Übertragungsfunktion. Sie wird besonders einfach, wenn man $\tau\omega_g = 1$ wählt:

$$A(s_n) = \frac{d_0 + d_1 s_n + d_2 s_n^2}{c_0 + c_1 s_n + c_2 s_n^2} \tag{12.75}$$

Die bisher beschriebenen Filterarten gehen durch folgende Spezialisierungen im Zähler aus (12.75) hervor:

Tiefpass: $d_1 = d_2 = 0$
Hochpass: $d_0 = d_1 = 0$
Bandpass: $d_0 = d_2 = 0$
Bandsperre: $d_1 = 0, \quad d_0 = d_2$
Allpass: $d_0 = c_0, \quad d_1 = -c_1, \quad d_2 = c_2$

Die Zählerkoeffizienten dürfen beliebige Vorzeichen annehmen, während die Nennerkoeffizienten aus Stabilitätsgründen immer positiv sein müssen. Möchte man das Vorzeichen eines Zählerkoeffizienten ändern, muss man die Eingangsspannung des entsprechenden Koeffizienten invertieren. Das ist hier wegen der invertierenden Integratoren bei dem 2. Integrator erforderlich, um positive Koeffizienten zu erhalten. Die Polgüte wird durch die Nennerkoeffizienten bestimmt:

$$Q_i = \frac{\sqrt{c_0 c_2}}{c_1} \tag{12.76}$$

Die Dimensionierung der Schaltung sei noch an einem Zahlenbeispiel erläutert: Gesucht ist ein Allpass 2. Ordnung. Aus Abb. 12.66 auf S. 842 entnehmen wir die Übertragungsfunktion:

$$A(s_n) = \frac{1 - 1{,}6278\, s_n + 0{,}8832\, s_n^2}{1 + 1{,}6278\, s_n + 0{,}8832\, s_n^2} \tag{12.77}$$

Die Gruppenlaufzeit bei tiefen Frequenzen soll $t_{gr\,0} = 1$ ms betragen. Mit (12.70) erhalten wir daraus die Grenzfrequenz:

$$\omega_g = \frac{T_{gr\,0}}{t_{gr\,0}} = \frac{3{,}2556}{1\,\text{ms}} = 3{,}26\,\text{kHz} \quad \Rightarrow \quad f_g = \frac{\omega_g}{2\pi} = 519\,\text{Hz}$$

Wir wählen $\tau = 1$ ms und erhalten durch Koeffizientenvergleich der Übertragungsfunktion in (12.77) die Dimensionierung:

$$c_0 = d_0 = 1 \quad c_1 = -d_1 = \frac{1{,}6278}{\omega_g \tau} = 0{,}500 \quad c_2 = d_2 = \frac{0{,}8832}{(\omega_g \tau)^2} = 0{,}0833$$

Man strebt Bauelemente mit ähnlicher Größe an. Aus diesem Grund ist der kleine Wert von c_2 nicht optimal. Er lässt sich aber stärker als die Übrigen vergrößern, wenn man τ verkleinert. Wir wählen deshalb $\tau = 0{,}3$ ms und erhalten:

$$c_0 = d_0 = 1 \quad c_1 = -d_1 = 1{,}67 \quad \text{und} \quad c_2 = d_2 = 0{,}926$$

Wenn man $C = 1\,\text{nF}$ vorgibt, folgt $R = \tau/C = 0{,}3\,\text{ms}/1\,\text{nF} = 300\,\text{k}\Omega$ und die in Abb. 12.74 eingetragene Dimensionierung. Der Inverter INV 1 muss bei Allpässen entfallen, um das negative Vorzeichen im Zähler von (12.77) zu realisieren.

Das in Abb. 12.74 gezeigte Filter lässt sich durch Hinzufügen weiterer Integratoren auf höhere Ordnungen erweitern. Das Prinzip ist in Abb. 12.75 dargestellt. Aus den Ausgangsspannungen der einzelnen Integratoren

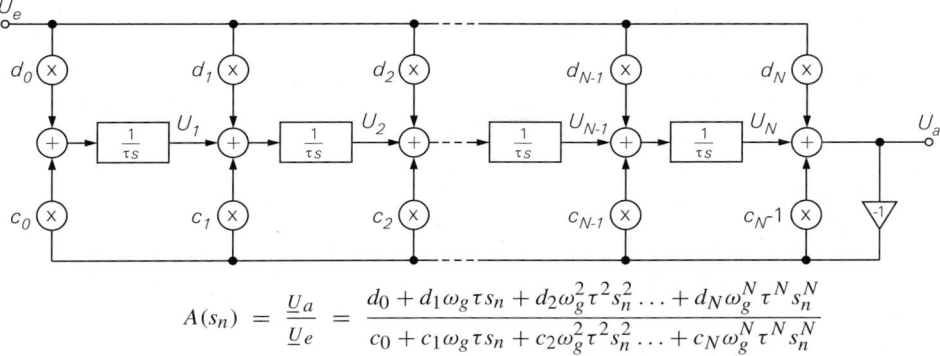

$$A(s_n) = \frac{\underline{U}_a}{\underline{U}_e} = \frac{d_0 + d_1\omega_g\tau s_n + d_2\omega_g^2\tau^2 s_n^2 \ldots + d_N\omega_g^N\tau^N s_n^N}{c_0 + c_1\omega_g\tau s_n + c_2\omega_g^2\tau^2 s_n^2 \ldots + c_N\omega_g^N\tau^N s_n^N}$$

Abb. 12.75. Integratorfilter N. Ordnung mit unabhängig einstellbaren Koeffizienten

$$U_1 = (d_0 U_e - c_0 U_a)\frac{1}{\tau s}$$

$$U_2 = (d_1 U_e - c_1 U_a + U_1)\frac{1}{\tau s}$$

$$\vdots$$

$$U_a = (d_N U_e - (c_N - 1)U_a + U_{N-1})\frac{1}{\tau s}$$

erhält man die angegebene Übertragungsfunktion. Alternativ kann man natürlich - wie immer - Filter 2. Ordnung gemäß Abb. 12.74 kaskadieren. Dadurch lässt sich das Filter einfacher dimensionieren und überprüfen.

12.12.6 Integratorfilter mit VC- und CC-Operationsverstärkern

Wie wir in Abb. 10.15 auf S. 750 gesehen haben, lassen sich auch mit CC-Operationsverstärkern Integratoren realisieren, die bei hohen Frequenzen den konventionellen Integratoren mit VV-Operationsverstärkern überlegen sind. Aus diesem Grund ist es naheliegend, CC-Integratoren auch in Integratorfiltern einzusetzen. Abbildung 12.76 zeigt ein Filter, das

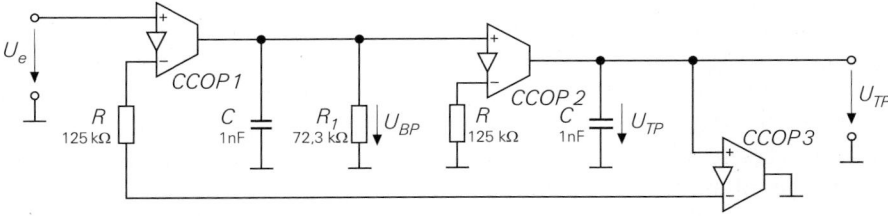

Integrationszeitkonstante: $\tau = RC$

Tiefpass:

$$\frac{\underline{U}_{TP}}{\underline{U}_e} = \frac{1}{1 + \dfrac{R}{R_1}\tau\omega_g s_n + \tau^2\omega_g^2 s_n^2}$$

Bandpass:

$$\frac{\underline{U}_{BP}}{\underline{U}_e} = \frac{\tau\omega_g s_n}{1 + \dfrac{R}{R_1}\tau\omega_g s_n + \tau^2\omega_g^2 s_n^2}$$

Abb. 12.76. Integratorfilter 2. Ordnung mit CC-Operationsverstärkern
Beispiel für ein Besselfilter mit einer Grenzfrequenz von 1 kHz

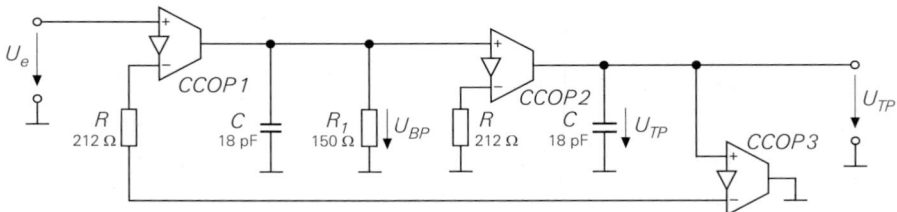

Abb. 12.77. Integratorfilter 2. Ordnung mit CC-Integratoren für hohe Frequenzen mit Tiefpass- und Bandpass-Ausgang. Beispiel für einen Butterworth-Tiefpass mit einer Grenzfrequenz von 30 MHz und dem korrespondierenden Bandpass mit $Q = 0,7$

dem konventionellen Integratorfilter in Abb. 12.69 entspricht. Es besteht aus den beiden CC-Integratoren *OV1, OV2* und dem *OV3*, der als Impedanzwandler arbeitet. Zur Berechnung der Filterfunktionen kann man der Schaltung die folgenden Gleichungen entnehmen:

$$\frac{U_e - U_{TP}}{R} = \frac{U_{BP}}{R_1 \| (1/Cs)} \quad \text{und} \quad U_{TP} = \frac{U_{BP}}{RCs}$$

Daraus folgen die angegebenen Übertragungsgleichungen. Man erkennt, dass sich die Resonanzfrequenz und die Güte unabhängig voneinander einstellen lassen.

Durch Koeffizientenvergleich ergibt sich die Dimensionierung nach Vorgabe der Kapazität C:

Tiefpass

$$R = \frac{\sqrt{b}}{2\pi f_g C}$$

$$R_1 = \frac{\sqrt{b}}{a} R$$

Bandpass

$$R = \frac{1}{2\pi f_g C}$$

$$R_1 = R Q$$

Die Eignung für hohe Frequenzen zeigt das Beispiel in Abb. 12.77. Mit der eingetragenen Dimensionierung ergibt sich ein Butterworth-Tiefpass mit einer Grenzfrequenz von 30 MHz. Bei der Dimensionierung der Schaltung wurden Steilheitswiderstände von $r_S = 10\,\Omega$ und Schaltungskapazitäten von 6 pF parallel zu den Integrationskondensatoren berücksichtigt. Die Schaltung arbeitet bis über 300 MHz mit guter Genauigkeit bei dem Einsatz von CC-Operationsverstärkern der Typen OPA615 oder OPA860.

Das Filter in Abb. 12.76 lässt sich modifizieren zu einer Schaltung mit VC-Operationsverstärkern (OTAs). Sie unterscheiden sich von den CC-Operationsverstärkern lediglich dadurch, dass der invertierende Eingang hochohmig ist und dass sie eine definierte Steilheit besitzen. Der innere Aufbau wird in Kapitel 5.7 auf Seite 595 beschrieben. Die beiden Operationsverstärker CCOP1 und CCOP3 bilden zusammen einen Differenzverstärker mit 2 hochohmigen Eingängen, dessen Steilheit durch den Widerstand R bestimmt wird. Diese Kombination ist aber genau der Aufbau eines VC-Operationsverstärkers. Man kann sie daher zu dem VCOP1 in Abb. 12.78 zusammenfassen. Der Operationsverstärker CCOP2 lässt sich direkt umwandeln in einen VC-Operationsverstärker. Die Übertragungsfunktionen der Schaltung ändern sich dadurch nicht, auch die Dimensionierung bleibt unverändert, wenn man $R = 1/S$ einsetzt. Die resultierenden Filter werden als

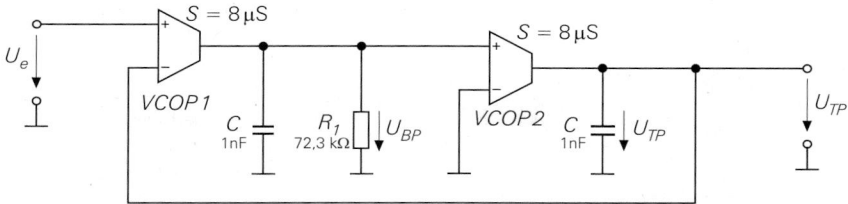

Abb. 12.78. Integratorfilter 2. Ordnung mit VC-Integratoren (OTAs).
Beispiel für ein Besselfilter mit einer Grenzfrequenz von 1 kHz

OTA-C-Filter bezeichnet. Sie lassen sich sogar elektronisch abstimmen indem man die Steilheit verändert.

Bei Filtern in integrierten Schaltungen verwendet man vorzugsweise symmetrische Signale, weil sich dann eingekoppelte Störungen durch Differenzbildung eliminieren lassen. Derartige Filter lassen sich gut mit VC-Operationsverstärkern realisieren, die einen symmetrischen Ausgang besitzen. Um einen VC-Operationsverstärker mit symmetrischem Ausgang zu realisieren kann man von der Schaltung in Abb. 5.115 auf Seite 597 ausgehen und an dem eingangsseitigen Spannungsfolger eine zweite Stromendstufe anschließen.

Auch bei den Filtern mit symmetrischem Aufbau stellen die Integratoren das Kernstück dar. In Abb. 12.79 fließt der Ausgangsstrom $I = S \cdot U_e$ durch den Kondensator vom normalen zum negierten Ausgang. Der Verstärker selbst ist symmetrisch: Wenn man die Eingänge *und* die Ausgänge vertauscht, ändert sich die Funktion der Schaltung nicht.

Mit den symmetrischen Integratoren lässt sich das Integratorfilter in Abb. 12.78 in ein Filter mit symmetrischen Signalen umwandeln. Der erste Integrator in Abb. 12.80 mit dem VCOP1 wandelt das Eingangssignal in ein Stromsignal um und symmetriert es. Der zweite Integrator wird von VCOP2 realisiert. Zur symmetrischen Rückkopplung wird hier der zusätzliche Verstärker VCOP3 benötigt, dessen Eingänge vertauscht angeschlossen werden, um eine Gegenkopplung zu erzielen. Die Übertragungsfunktion der Schaltung und die Dimensionierung ist auch hier genau die gleiche wie bei der Grundschaltung in Abb. 12.76.

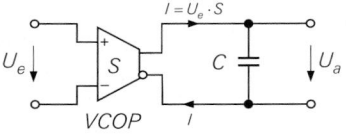

Abb. 12.79.
Symmetrischer OTA-C Integrator

$$\underline{A}(s) = \frac{\underline{U}_a}{\underline{U}_e} = \frac{S}{sC}$$

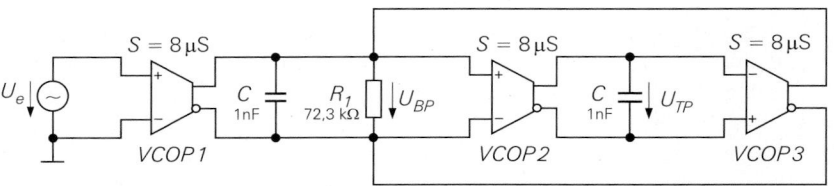

Abb. 12.80. Symmetrisches OTA-C Tiefpassfilter 2. Ordnung .
Beispiel für ein Besselfilter mit einer Grenzfrequenz von 1 kHz

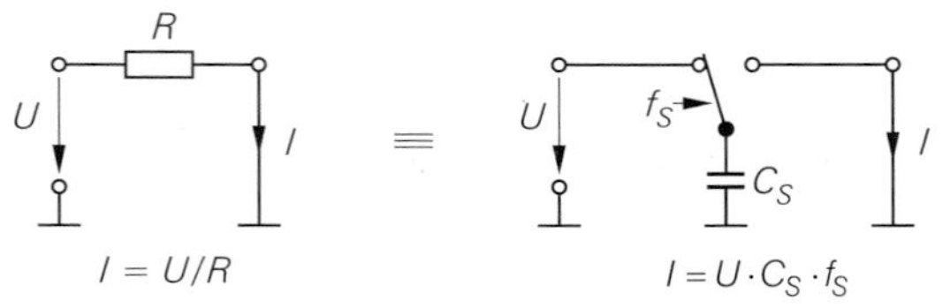

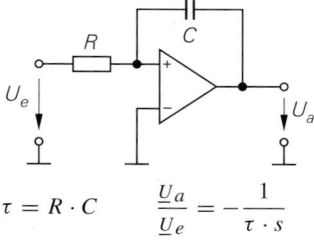

Abb. 12.81.
Äquivalenz von geschalteter Kapazität und ohmschem Widerstand

12.13 Switched-Capacitor-Filter

12.13.1 Grundprinzip

Die bisher beschriebenen aktiven Filter benötigen zu ihrer Realisierung das aktive Bauelement Operationsverstärker sowie als passive Elemente Kondensatoren und Widerstände. Filter mit variabler Grenzfrequenz erreicht man auf übliche Weise nur durch Variation der Kondensatoren oder Widerstände (siehe Abb. 12.73). Es gibt aber die Möglichkeit, einen Widerstand durch einen geschalteten Kondensator (Switched-Capacitor) zu simulieren. Abbildung 12.81 zeigt dieses Prinzip.

Verbindet der Umschalter in der gezeigten Anordnung die geschaltete Kapazität mit der Eingangsspannung, so erhält der Kondensator C_S die Ladung $Q = C_S \cdot U$. In der anderen Schalterstellung gibt der Kondensator die gleiche Ladung wieder ab. In jeder Schaltperiode überträgt er also die Ladung $Q = C_S \cdot U$ vom Eingang zum Ausgang der Schaltung. Auf diese Weise kommt ein Stromfluss zustande, der sich im Mittel zu $I = C_S \cdot U / T_S = C_S \cdot U \cdot f_S$ einstellt. Vergleicht man diese Beziehung mit dem Ohmschen Gesetz, so lässt sich die Grundäquivalenz zwischen der geschalteten Kapazität und einem ohmschen Widerstand angeben als:

$$I = U/R_{\text{äquiv}} = U \cdot C_S \cdot f_S \quad \text{mit} \quad R_{\text{äquiv}} = 1/(C_S \cdot f_S)$$

Bemerkenswert ist der lineare Zusammenhang zwischen der Schaltfrequenz und dem äquivalenten Leitwert. Von dieser Eigenschaft wird bei den Switched-Capacitor-Filtern (SC-Filter) Gebrauch gemacht.

12.13.2 Der SC-Integrator

Der geschaltete Kondensator kann den ohmschen Widerstand in einem herkömmlichen Integrator gemäß Abbildung 12.82 ersetzen. Damit erhält man den SC-Integrator in Abb. 12.83. In einer solchen Anordnung lässt sich die Integrationszeitkonstante

$$\tau = C \cdot R_{\text{äquiv}} = \frac{C}{C_S \cdot f_S} = \frac{\eta}{2\pi f_S} \tag{12.78}$$

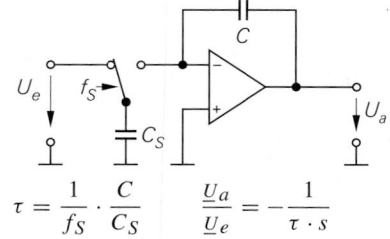

$$\tau = R \cdot C \qquad \frac{U_a}{U_e} = -\frac{1}{\tau \cdot s}$$

Abb. 12.82.
Invertierender Integrator in RC-Technik

$$\tau = \frac{1}{f_S} \cdot \frac{C}{C_S} \qquad \frac{U_a}{U_e} = -\frac{1}{\tau \cdot s}$$

Abb. 12.83.
Invertierender Integrator in SC-Technik

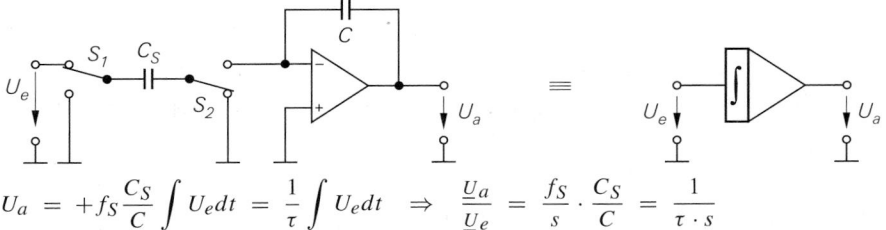

$$U_a = +f_S \frac{C_S}{C} \int U_e dt = \frac{1}{\tau} \int U_e dt \quad \Rightarrow \quad \frac{\underline{U}_a}{\underline{U}_e} = \frac{f_S}{s} \cdot \frac{C_S}{C} = \frac{1}{\tau \cdot s}$$

Abb. 12.84. Der nicht-invertierende Integrator in SC-Technik und sein Schaltsymbol

über die Schaltfrequenz f_S einstellen. Das Kapazitätsverhältnis $C/C_S = \eta/2\pi$ ist hierbei vom Hersteller fest vorgegeben; den Parameter $\eta = 2\pi C/C_S$ findet man im Datenblatt. Er liegt meist zwischen 50 und 200.

Die Verwendung geschalteter Kapazitäten bietet aber noch weitere Vorteile: Um einen nicht invertierenden Integrator in herkömmlicher Technik zu realisieren, benötigt man einen invertierenden Integrator, dem ein Spannungs-Inverter vor- oder nachgeschaltet ist. Beim SC-Integrator lässt sich die Vorzeichenänderung der Eingangsspannung einfach dadurch realisieren, dass man den Kondensator, der auf die abzutastende Eingangsspannung aufgeladen worden ist, während der anschließenden Ladungsübertragungsphase mit *vertauschten* Anschlüssen an den Eingang des Operationsverstärkers legt. Das Vertauschen der Anschlüsse lässt sich wie in Abb. 12.84 mit einem zweiten Umschalter S_2 bewerkstelligen, der gleichzeitig mit S_1 schaltet.

Die Auf- und Entladung des Kondensators C_S erfolgt nicht momentan, sondern entsprechend dem Einschwingvorgang des resultierenden RC-Glieds. Eine momentane Umladung wäre auch gar nicht möglich, weil weder die Eingangsspannungsquelle noch der Operationsverstärker die erforderlichen Ströme liefern könnten. Andererseits bestimmen diese parasitären Widerstände auch die maximale Schaltfrequenz, da sonst eine vollständige Umladung nicht mehr gewährleistet ist.

12.13.3 SC-Filter 1. Ordnung

Die beiden angegebenen Grundschaltungen für SC-Integratoren lassen sich um einen Gegenkopplungswiderstand erweitern, so dass ein Tiefpass 1. Ordnung ähnlich dem in Abb. 12.35 dargestellten entsteht. Üblicherweise wird für die monolithische Ausführung jedoch eine andere Grundstruktur gewählt. Sie besteht aus einem Integrator in SC-Technik und einem zusätzlich vorgeschalteten Summierer. Diese Anordnung wird dann in der in Abb. 12.85 gezeigten Weise um drei Widerstände ergänzt. Damit erhält man gleichzeitig ein Hoch- und ein Tiefpassfilter.

Für die Dimensionierung wählt man am einfachsten die natürliche Grenzfrequenz $f_S/f_g = \eta$. Dann folgt aus den Übertragungsfunktionen die Dimensionierung:

Tiefpass	Hochpass
gegeben: R_1	gegeben: R_1
$R_2 = -R_1 a/A_0$	$R_2 = -R_1/A_\infty$
$R_3 = R_1 a$	$R_3 = R_1/a$

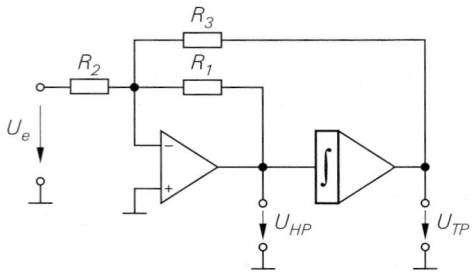

Integrationszeitkonstante: $\tau = \dfrac{C}{C_S f_S} = \dfrac{\eta}{2\pi f_S}$

Tiefpass: $\dfrac{U_{TP}}{\underline{U_e}} = \dfrac{-R_3/R_2}{1 + \dfrac{R_3}{R_1}\tau\omega_g s_n}$ Hochpass: $\dfrac{U_{HP}}{\underline{U_e}} = \dfrac{-s_n\,R_1/R_2}{\dfrac{R_1}{R_3\tau\omega_g} + s_n}$

Abb. 12.85. Hoch- und Tiefpassfilter 1. Ordnung

Bei Filtern 1. Ordnung, bei denen $a_1 = 1$ ist, wird also $R_3 = R_1$. Dann werden die Verstärkungen von Tiefpass und Hochpass gleich; man erhält komplementäre Hoch- und Tiefpassfilter.

12.13.4 SC-Filter 2. Ordnung

SC-Filter 2. Ordnung werden meist in „Biquad"-Struktur nach Abb. 12.73 aufgebaut. Da hier wie dort nichtinvertierende Integratoren verwendet werden, erhält man auch dieselbe Struktur und dieselben Übertragungsfunktionen (monolithisch integrierte Universalfilter enthalten immer diese Biquad-Struktur). Im Unterschied zum kontinuierlichen Fall wird hier natürlich die Integrationszeitkonstante τ nach Gl. (12.78) durch die Wahl der Schaltfrequenz f_S bestimmt.

Zur Bestimmung der Übertragungsfunktion entnehmen wir der Schaltung in Abb. 12.86 folgende Beziehungen:

$$U_{HP} = -\frac{R_3}{R_2}U_e - \frac{R_3}{R_4}U_{BP} - \frac{R_3}{R_1}U_{TP}$$

$$U_{BP} = \frac{1}{\tau s}U_{HP} \qquad U_{TP} = \frac{1}{\tau s}U_{BP}$$

Daraus lassen sich die angegebenen Übertragungsfunktionen für die Einzelfilter berechnen. Macht man wieder die Schaltfrequenz gleich dem η-fachen der Grenzfrequenz (bzw. Resonanzfrequenz), wird $\tau\omega_g = 1$, und man erhält die Dimensionierungsgleichungen:

Tiefpass	Hochpass	Bandpass
gegeben: R_1	gegeben: R_1	gegeben: R_1
$R_2 = -R_1 b/A_0$	$R_2 = -R_1/A_\infty$	$R_2 = -R_1 Q/A_r$
$R_3 = R_1 b$	$R_3 = R_1/b$	$R_3 = R_1$
$R_4 = R_1 b/a$	$R_4 = R_1/a$	$R_4 = R_1 Q$

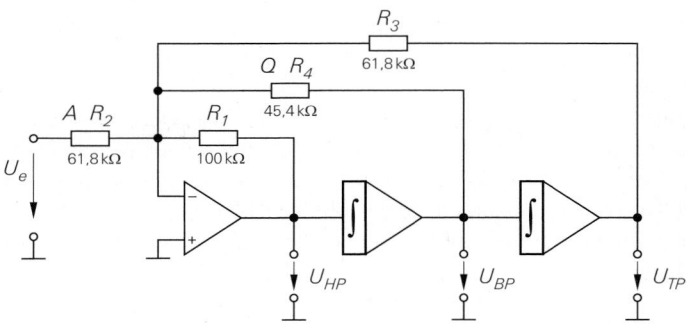

Integrationszeitkonstante: $\tau = \dfrac{C}{C_S f_S} = \dfrac{\eta}{2\pi f_S}$

Tiefpass:

$$\frac{U_{TP}}{U_e} = \frac{-R_3/R_2}{1 + \dfrac{R_3}{R_4}\,\tau\omega_g s_n + \dfrac{R_3}{R_1}\,\tau^2\omega_g^2 s_n^2}$$

Bandpass:

$$\frac{U_{BP}}{U_e} = \frac{-\tau\omega_r s_n R_3/R_2}{1 + \dfrac{R_3}{R_4}\,\tau\omega_r s_n + \dfrac{R_3}{R_1}\,\tau^2\omega_g^2 s_n^2}$$

Hochpass:

$$\frac{U_{HP}}{U_e} = \frac{-s_n^2\,R_1/R_2}{\dfrac{R_1}{R_3\tau^2\omega_g^2} + \dfrac{R_1}{R_4\tau\omega_g}\,s_n + s_n^2}$$

Abb. 12.86. SC-Biquad zur Synthese von Hoch-, Tief- und Bandpass 2. Ordnung. Dimensionierungsbeispiel für ein Bessel-Tiefpassfilter.

Wenn man einen Filtertyp dimensioniert hat, besitzen die beiden anderen natürlich nicht unbedingt dieselben Daten. Für die Grenzfrequenzen (bzw. die Resonanzfrequenz) gilt dann die Relation:

$$f_{gTP}/\sqrt{b} = f_{rBP} = f_{gHP}\sqrt{b}$$

Da bei Butterworthfiltern $b_1 = 1$ ist, fallen hier die drei Frequenzen zusammen. In diesem Fall gilt für die Verstärkungen:

$$A_0 = A_r/Q = A_\infty$$

Als Dimensionierungsbeispiel wollen wir ein Besselfilter 2. Ordnung mit einer Grenzfrequenz $f_g = 1\,\text{kHz}$ und einer Verstärkung im Durchlassbereich $A_0 = -1$ berechnen. Aus Abb. 12.20 auf S. 807 entnehmen wir $a_1 = 1{,}3617$ und $b_1 = 0{,}6180$. Wir wählen $R_1 = 100\,\text{k}\Omega$ und erhalten damit $R_2 = R_3 = 61{,}8\,\text{k}\Omega$ und $R_4 = 45{,}4\,\text{k}\Omega$. Für $\eta = 100$ muss die Schaltfrequenz $f_S = 100\,\text{kHz}$ betragen.

12.13.5 Allgemeine Gesichtspunkte beim Einsatz von SC-Filtern

Bei integrierten SC-Filtern, die neben den Schaltern auch die Kondensatoren und die Operationsverstärker enthalten. findet die 2-Schalter-Anordnung aus Abbildung 12.84 Anwendung, weil sich hierbei der Einfluss der Streukapazitäten kompensiert. Die Umschalter realisiert man als Transmission-Gates. Sie werden von einem internen Taktgenerator angesteuert, der nichtüberlappende Taktsignale bereitstellt. Auf diese Weise ist dafür gesorgt, dass in der Umschaltphase keine Ladung verloren geht.

Wie man sieht, bestimmt das Kapazitätsverhältnis C/C_S zusammen mit der Schaltfrequenz f_S die Integrationszeitkonstante. Ein wesentlicher Vorteil einer integrierten Realisierung ist, dass Kapazitätsverhältnisse mit 0,1% Toleranz hergestellt werden können. Man erreicht daher gut reproduzierbare Genauigkeiten mit monolithischen SC-Filtern. Gut reproduzierbare Zeitkonstanten, die sonst in integrierter Technik nur schwer und aufwendig realisierbar sind, können in SC-Technik einfach erreicht werden. Dazu muss nur das Verhältnis der beiden Kapazitäten entsprechend gewählt werden.

Bei den SC-Filtern handelt es sich um Abtastsysteme. Verletzt man das Abtasttheorem, muss man in jedem Falle mit unerwünschten Mischprodukten im Basisband rechnen. Deshalb darf das Eingangssignal keine Frequenzanteile oberhalb der halben Schaltfrequenz ½ f_S enthalten. Falls die Spektralanteile des Eingangssignals bei dieser Frequenz nicht bereits aus eine genügend hohe Dämpfung (ca. $70 \ldots 90$ dB) besitzen, ist ein analoges Vorfilter erforderlich. Da die typische Abtastfrequenz integrierter SC-Filter gleich dem $50 \ldots 200$-fachen der Grenzfrequenz ist, reicht zu diesem Zweck normalerweise ein einfacher analoger Tiefpass als sogenanntes Anti-Aliasing-Filter aus.

Das Ausgangssignal eines SC-Filters hat immer einen treppenförmigen Verlauf, da sich die Ausgangsspannung nur im Schaltaugenblick ändert. Es enthält also Spektralanteile, die von der Schaltfrequenz herrühren. Je nach Anwendung ist daher auch am Ausgang ein analoges Glättungsfilter erforderlich. Ein Problem mit analogen Anti-Aliasing-Filtern am Eingang und Ausgang von SC-Filter besteht darin, dass man sie für eine feste Frequenz dimensionieren muss.

12.14 Vergleich der Übertragungsfunktionen

Die verschiedenen Filter, die in diesem Kapitel behandelt wurden, sollen hier gegenüber gestellt werden, um die Gemeinsamkeiten und Unterschiede zu erkennen.

– Tiefpass

$$\underline{A}(s_n) = \frac{A_0}{1 + a_1 s_n + b_1 s_n^2} \qquad |\underline{A}| \overset{s_n=j}{=} A_0/\sqrt{2} \qquad \lim_{s_n \to \infty} \underline{A} = 0$$

– Hochpass

$$\underline{A}(s_n) = \frac{A_\infty s_n^2}{b_i + a_i s_n + s_n^2} \qquad |\underline{A}| \overset{s_n=j}{=} A_\infty/\sqrt{2} \qquad \lim_{s_n \to \infty} \underline{A} = A_\infty$$

– Bandpass

$$\underline{A}(s_n) = \frac{(A_r/Q)s_n}{1 + \dfrac{1}{Q}s_n + s_n^2} \qquad |\underline{A}| \overset{s_n=j}{=} A_r \qquad \lim_{s_n \to \infty} \underline{A} = 0$$

– Bandsperre

$$\underline{A}(s_n) = \frac{A_0(1 + s_n^2)}{1 + \dfrac{1}{Q}s_n + s_n^2} \qquad |\underline{A}| \overset{s_n=j}{=} 0 \qquad \lim_{s_n \to \infty} \underline{A} = A_0$$

– Allpass

$$\underline{A}(s_n) = \frac{1 - a_1 s_n + b_1 s_n^2}{1 + a_1 s_n + b_1 s_n^2} \qquad |\underline{A}| \overset{s_n=j}{=} 1 \qquad \lim_{s_n \to \infty} \underline{A} = 1$$

Dazu werden hier Filter 2. Ordnung miteinander verglichen, die auch die Bestandteile für Filter höherer Ordnung darstellen. Gegenüber gestellt werden hier die Übertragungsfunktionen, die Verstärkungen bei der Resonanz- bzw Grenzfrequenz ($s_n = j$) und das Verhalten für hohe Frequenzen ($s_n \rightarrow \infty$). Der Vergleich zeigt, dass die Nenner der Übertragungsfunktionen in ihrer Struktur übereinstimmen. Die entscheidenden Unterschiede bestehen in den Zählern. Daraus erklärt sich auch das unterschiedliche Verhalten für hohe Frequenzen.

Kapitel 13:
Regler

13.1 Grundlagen

Die Aufgabe eines Reglers besteht darin, eine bestimmte physikalische Größe (die Regelgröße Y) auf einen vorgegebenen Sollwert (die Führungsgröße W) zu bringen und dort zu halten. Dazu muss der Regler in geeigneter Weise dem Einfluss von Störungen entgegenwirken. Ein Beispiel ist die Regelung der Zimmertemperatur.

Die prinzipielle Anordnung eines einfachen Regelkreises zeigt Abb. 13.1. Der Regler beeinflusst die Regelgröße Y mit Hilfe der Stellgröße U so, dass die Regelabweichung $E = W - Y$ möglichst klein wird. Die auf die Strecke einwirkenden Störungen werden formal durch eine Störgröße D dargestellt, die der Stellgröße additiv überlagert ist. Im Folgenden wollen wir davon ausgehen, dass alle Größen im Regelkreis durch elektrische Spannungen repräsentiert werden. Dazu sind gegebenenfalls Aktoren erforderlich, die die Strecke steuern und Sensoren, die die Regelgröße messen. Im Fall einer Heizungsregelung wird der Aktor durch einen Stellmotor gebildet und der Sensor mit einem Temperatursensor.

Der Regler wird im einfachsten Fall durch einen Verstärker realisiert, der die Regelabweichung E verstärkt. Wenn die Regelgröße, also der Istwert Y, über den Sollwert W ansteigt, wird E negativ. Dadurch verkleinert sich die Stellgröße U in verstärktem Maße. Diese Abnahme wirkt der angenommenen Zunahme der Regelgröße entgegen. Es liegt also Gegenkopplung vor. Damit sich tatsächlich Gegenkopplung und keine Mitkopplung ergibt, muss an einer Stelle im Regelkreis invertierendes Verhalten vorliegen, hier im Subtrahierer am Eingang.

Die im eingeschwungenen Zustand verbleibende Regelabweichung ist umso kleiner, je höher die Verstärkung A_R des Reglers ist. Nach Abb. 13.1 gilt bei linearen Systemen mit der Streckenverstärkung A_S:

$$U = A_R(W - Y) \quad \text{und} \quad Y = A_S(U + D) \tag{13.1}$$

Damit ergibt sich die Regelgröße Y zu:

$$Y = \frac{A_R A_S}{1 + A_R A_S} W + \frac{A_S}{1 + A_R A_S} D \tag{13.2}$$

Man erkennt, dass das *Führungsverhalten*

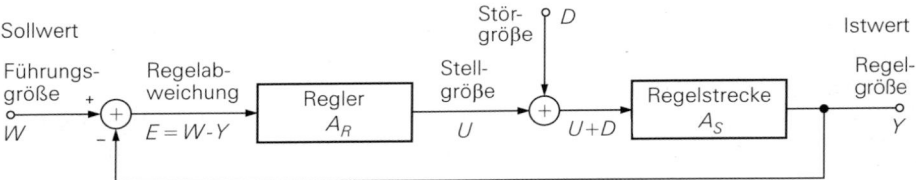

Abb. 13.1. Blockschaltbild eines Regelkreises mit den in der Regelungstechnik üblichen Signalnamen

© Springer-Verlag GmbH Deutschland, ein Teil von Springer Nature 2019
U. Tietze et al., *Halbleiter-Schaltungstechnik*

$$\frac{\partial Y}{\partial W} = \frac{A_R A_S}{1 + A_R A_S} = \frac{g}{1 + g} \tag{13.3}$$

umso besser gleich 1 wird, je größer die Schleifenverstärkung $g = A_R A_S$ ist. Das *Störverhalten*

$$\frac{\partial Y}{\partial D} = \frac{A_S}{1 + A_R A_S} \tag{13.4}$$

wird bei gegebener Strecke umso besser gleich 0, je größer die Verstärkung A_R des Reglers ist. Aus (13.2) lässt sich auch die relative *Regelabweichung* berechnen. Ohne Störung, also $D = 0$, erhält man:

$$\frac{E}{W} = \frac{W - Y}{W} = \frac{1}{1 + A_R A_S} = \frac{1}{1 + g} \tag{13.5}$$

Eine große Schleifenverstärkung $g = A_R A_S$ des Reglers ist demnach nicht nur für die Regelabweichung vorteilhaft, sondern auch für das Führungs- und Störverhalten. Dabei tritt jedoch die Schwierigkeit auf, dass man sie nicht beliebig groß machen kann, da sonst die unvermeidlichen Phasenverschiebungen in dem Regelkreis zur Instabilität führen. Diese Problematik haben wir bereits bei der Frequenzgangkorrektur von Operationsverstärkern auf Seite 555 kennen gelernt. Die Aufgabe der Regelungstechnik besteht darin, trotz dieser Einschränkung eine möglichst kleine Regelabweichung und gleichzeitig ein gutes Einschwingverhalten zu erzielen.

13.1.1 Komponenten eines Regelkreises

Man kann eine Regelstrecke und einen Regler formal in einzelne Funktionsblöcke zerlegen, deren Kombination das Verhalten beschreibt. Die wichtigsten sind in Abb. 13.2 zusammengestellt.

- Ein P-Block entspricht einem einfachen Verstärker
- Ein PT1-Block stellt einen Tiefpass 1. Ordnung mit der Zeitkonstante τ dar, dessen Gleichspannungsverstärkung als P-Verstärkung wirkt
- Ein PT2-Block stellt einen Tiefpass 2. Ordnung dar. Seine Sprungantwort hängt ab von der Polgüte

$$Q = \frac{\sqrt{\tau_1 \tau_2}}{\tau_1 + \tau_2}$$

Für $Q \leq 0,5$ erhält man reelle Pole und eine aperiodische Sprungantwort; für $Q > 0,5$ erhält man ein konjugiert-komplexes Polpaar und eine Sprungantwort mit einer gedämpften Schwingung. Der Fall $Q = 0,5$ wird deshalb auch als aperiodischer Grenzfall bezeichnet.
- Ein I-Block besitzt integrierendes Verhalten. Der Betrag der Verstärkung geht für tiefe Frequenzen gegen unendlich, der Zeitverlauf geht ebenfalls gegen unendlich. In der Praxis treten natürlich Begrenzungen auf.
- Ein D-Block besitzt differenzierendes Verhalten. Im Prinzip lautet die Übertragungsfunktion eines Differenzierers $A = \tau s_n$. Bei einer realisierbaren Übertragungsfunktion darf der Grad des Zählers allerdings nicht höher sein als der des Nenners. Deshalb muss man hier ein Nennerpolynom hinzufügen. Dann strebt die Verstärkung für hohe Frequenzen nicht gegen unendlich, sondern gegen $A = \tau_1 / \tau_2$.

Bezeichnung	Übertragungsfunktion	Symbol

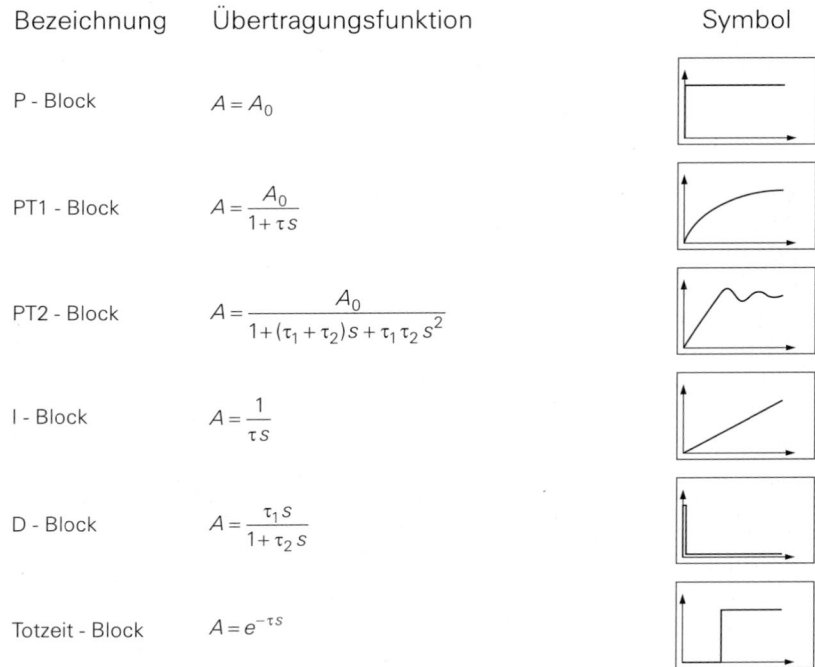

P - Block $\quad A = A_0$

PT1 - Block $\quad A = \dfrac{A_0}{1 + \tau s}$

PT2 - Block $\quad A = \dfrac{A_0}{1 + (\tau_1 + \tau_2)s + \tau_1 \tau_2 s^2}$

I - Block $\quad A = \dfrac{1}{\tau s}$

D - Block $\quad A = \dfrac{\tau_1 s}{1 + \tau_2 s}$

Totzeit - Block $\quad A = e^{-\tau s}$

Abb. 13.2. Komponenten, in die man einen Regler und eine Regelstrecke zerlegen kann. Die Diagramme zeigen jeweils schematisch die Sprungantwort.

– Ein Totzeit-Block bewirkt eine Verzögerung des Signals; hier um die Zeit τ. Dabei handelt es sich um eine unerwünschte Eigenschaft von manchen Regelstrecken. Für tiefe Frequenzen gilt die Näherung.

$$A \; = \; e^{-s_n \tau} \; \overset{\omega\tau \leq 1}{=} \; \frac{1}{1 + \tau s} \qquad (13.6)$$

Im Unterschied zu einem Tiefpass steigt die Phasenverschiebung $\varphi = -\omega_n \tau$ bei einer Totzeit proportional zur Frequenz unbegrenzt an. Diese Eigenschaft erschwert die Regelung.

13.1.2 Beispielstrecke

Die Dimensionierung eines Reglers soll anhand der Regelstrecke in Abb. 13.3 erklärt werden. Es handelt sich bei der Beispielstrecke um drei in Reihe geschaltete Tiefpässe mit den normierten Grenzfrequenzen von $\omega_n = 1$, 10 und 100. Um allgemein gültige Aussagen zu machen, haben wir alle Frequenzen auf die niedrigste Grenzfrequenz normiert:

$$\omega_n \; = \; \tau_1 \, \omega \; = \; \frac{\omega}{\omega_{g1}} \quad \text{und} \quad s_n \; = \; \frac{s}{\omega_{g1}} \; = \; s\,\tau_1 \; = \; \frac{j\omega}{\omega_{g1}} \; = \; j\omega_n \qquad (13.7)$$

Für die Normierung der Zeit gilt dann:

$$t_n \; = \; \frac{t}{\tau_1} \; = \; t\,\omega_{g1} \quad \text{und} \quad s_n\,t_n \; = \; \frac{s}{\omega_{g1}}\,t\,\omega_{g1} \; = \; s\,t \qquad (13.8)$$

$$U \quad \boxed{A_S = \frac{1}{1+s_n} \cdot \frac{1}{1+0{,}1\,s_n} \cdot \frac{1}{1+0{,}01\,s_n}} \quad Y$$

Abb. 13.3.
Modell der Beispiel-Regelstrecke mit PT3-Verhalten.

Für $\tau_1 = 1/\omega_{g1} = 1\,\text{sec}$ gilt daher in den folgenden Diagrammen $|\omega| = |\omega_n|$ und $|t| = |t_n|$; die erste Grenzfrequenz beträgt dann $f_{g1} = \omega_{g1}/2\pi = 0{,}16\,\text{Hz}$.

Das Bodediagramm der Beispielstrecke ist in Abb. 13.4 dargestellt. Man erkennt die drei Grenzfrequenzen mit zunehmend steilerem Abfall der Verstärkung. Die Phasenverschiebung von jedem Tiefpass strebt gegen $-90°$, die der ganzen Strecke also gegen $\varphi = -270°$. Bei der zweiten Grenzfrequenz beträgt die Phasenverschiebung des 2. Tiefpasses $-45°$, der Beitrag des ersten Tiefpasses beträgt dort bereits $-90°$. Die gesamte Phasenverschiebung beträgt dort demnach $-135°$. Die Phasenreserve zu $-180°$ beträgt bei dieser Frequenz also $\alpha = 45°$. Zur Dimensionierung des Reglers ist es nützlich, den Frequenzgang der Strecke zu kennen. Aus der Messung des Betrags lassen sich die Grenzfrequenzen aber nicht ablesen, weil darin keine scharfen Knickpunkte zu erkennen sind wie in der schematischen Darstellung in Abb. 13.3. Wenn die Grenzfrequenzen - wie in diesem Beispiel - weit genug auseinander liegen, gibt die Phasenverschiebung einen genaueren Hinweis auf die Grenzfrequenzen: Bei ω_{g1} beträgt sie $\varphi = -45°$, bei ω_{g2} sind es $\varphi = -135°$ und bei ω_{g3} ist $\varphi = -225°$. Mitunter ist man auch in der Lage, die Übertragungsfunktion der Strecke aus ihren physikalischen Gegebenheiten zu berechnen.

13.2 Regler-Typen

Es gibt verschiedene Typen von Reglern, die mit je eigenen Verfahren entworfen werden. Man unterscheidet zwischen den *klassischen* Reglern und neueren Konzepten wie z.B. der *Zustandsregelung* oder der *Optimalregelung*. Wir beschränken uns im folgenden auf die drei klassischen Regler-Typen, die im Bereich der Regelung elektronischer Schaltungen nach wie vor eine dominante Rolle spielen.

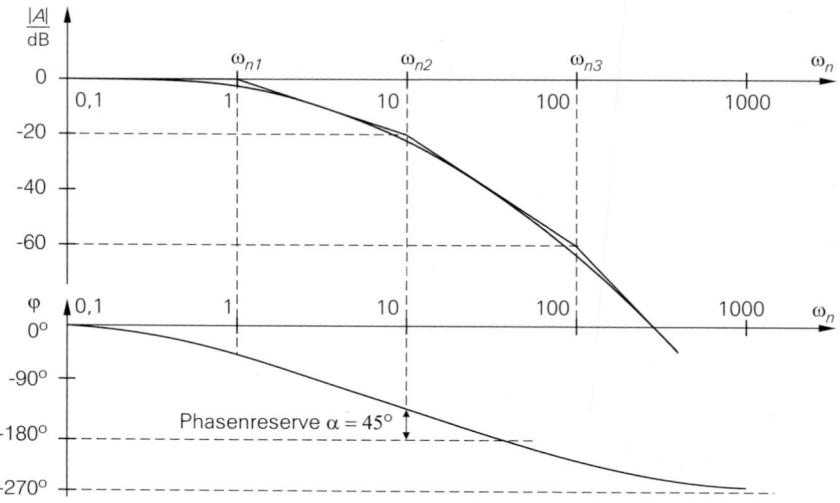

Abb. 13.4. Bode-Diagramm der Beispiel-Regelstrecke

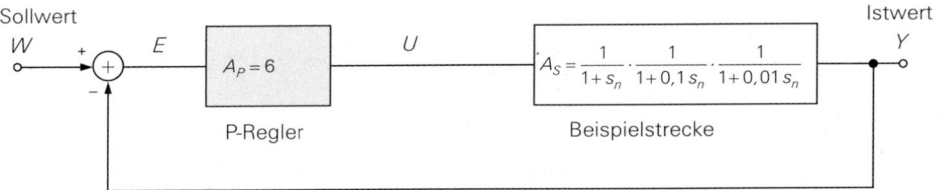

Abb. 13.5. Regelung der Beispielstrecke mit einem P-Regler

13.2.1 P-Regler

Die einfachste Möglichkeit zur Regelung einer Regelstrecke besteht in dem Einsatz eines P-Reglers. In Abb. 13.5 ist der Einsatz eines P-Reglers zur Regelung der Beispielstrecke dargestellt. Bei der Regelung einer Strecke mit einem P-Regler gibt es zur Einstellung nur einen einzigen Parameter - nämlich die P-Verstärkung des Reglers. Das Einschwing-verhalten eines Regelkreises wird durch die Phasenreserve α (= Phasenspielraum) bei der Frequenz bestimmt, bei der die Schleifenverstärkung $|g| = 1$ ist. Besonders markant für die Phasenreserve sind 3 Fälle:

– für $\alpha = 90°$ liegt aperiodisches Einschwingverhalten ohne Überschwingen vor;
– für $\alpha = 60°$ erfolgt der Einschwingvorgang schneller, aber mit Überschwingen;
– für $\alpha = 45°$ erfolgt der Einschwingvorgang noch schneller, aber mit starkem Überschwingen

Meist wählt man eine Phasenreserve von $\alpha = 60°$ als den besten Kompromiss. Die zuge-hörige P-Verstärkung des Reglers erhält man - wie in Abb. 13.6 dargestellt - indem man die Frequenz aufsucht, bei der die Phasenreserve $\alpha = 60°$ beträgt und dann die P-Verstärkung

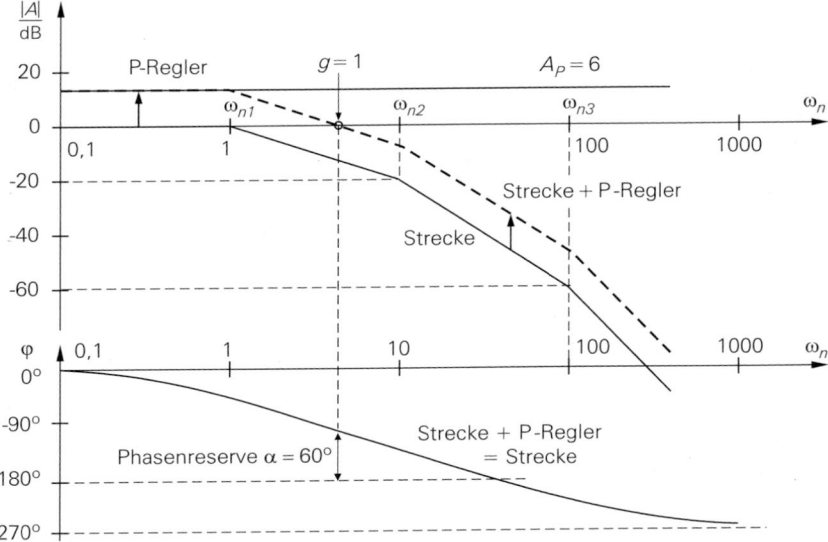

Abb. 13.6. Bode-Diagramm der Beispielstrecke mit P-Regler

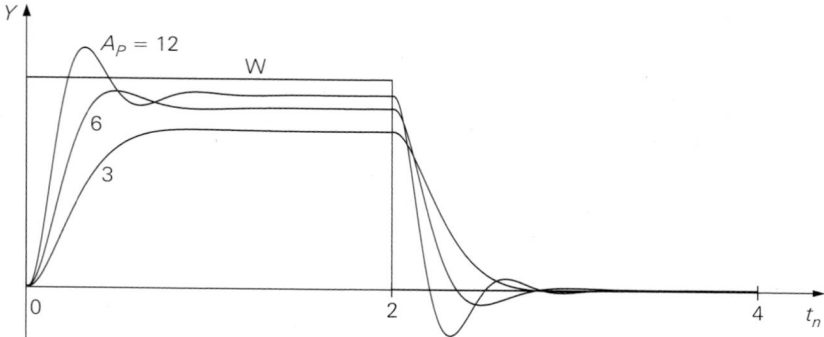

Abb. 13.7. Sprungantworten von P-Reglern mit verschiedenen P-Verstärkungen. Die zugehörigen Phasenreserven betragen von oben nach unten $\alpha = 45°$, $\alpha = 60°$, $\alpha = 90°$. Zeitnormierung: $t_n = t/\tau_1$

so lange erhöht, bis die Schleifenverstärkung bei dieser Frequenz $|g| = A_P A_S = 1$ ist. In dem Beispiel in Abb. 13.6 ergibt sich dabei $A_P = 1/A_S = 6$.

Die resultierende Sprungantwort ist in Abb. 13.7 dargestellt. Man erkennt bei dieser P-Verstärkung ein leichtes Überschwingen. Wenn man die Verstärkung auf $A_P = 12$ erhöht, ergibt sich ein starkes Überschwingen. Bei $A_P = 3$ tritt praktisch kein Überschwingen auf, aber eine deutlich größere Anstiegszeit. In allen Fällen erkennt man eine nennenswerte stationäre Regelabweichung. Bei $A_P = 6$ ergibt sich mit $A_S = 1$ gemäß (13.5)

$$\frac{E}{W} = \frac{W - Y}{W} = \frac{1}{1 + A_P A_S} = \frac{1}{1 + g} = \frac{1}{1 + 6} = 14\%$$

Wenn man die Daten der Regelstrecke nicht kennt, lässt sich ein P-Regler ganz einfach dadurch einstellen, dass man die P-Verstärkung erhöht bis sich in der Sprungantwort ein vernünftiger Kompromiss zwischen Überschwingen und Einstellzeit ergibt.

13.2.2 PI-Regler

Ein schwerwiegender Nachteil von P-Reglern ist die verbleibenden Regelabweichung, die unter Umständen beträchtlich sein kann. Die Ursache ist die beschränkte Schleifenverstärkung $g = A_P A_S$. Sie lässt sich jedoch bei tiefen Frequenzen erhöhen, indem man den Regler um einen Integralzusatz erweitert. Das Blockschaltbild ist in Abb. 13.8 dargestellt. Man dimensioniert den I-Anteil so, dass er die Verstärkung des Reglers unterhalb der 1. Grenzfrequenz der Strecke anhebt. Dann steigt die Schleifenverstärkung für tiefe

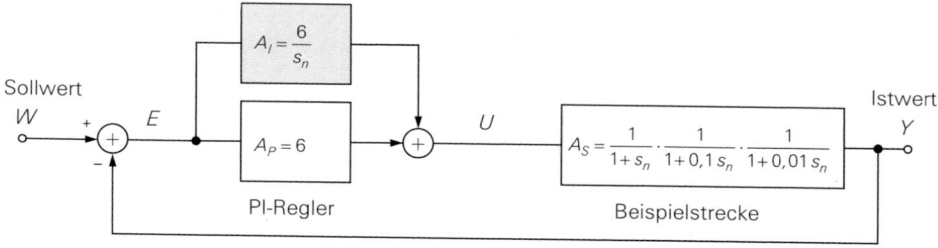

Abb. 13.8. Regelung der Beispielstrecke mit einem PI-Regler

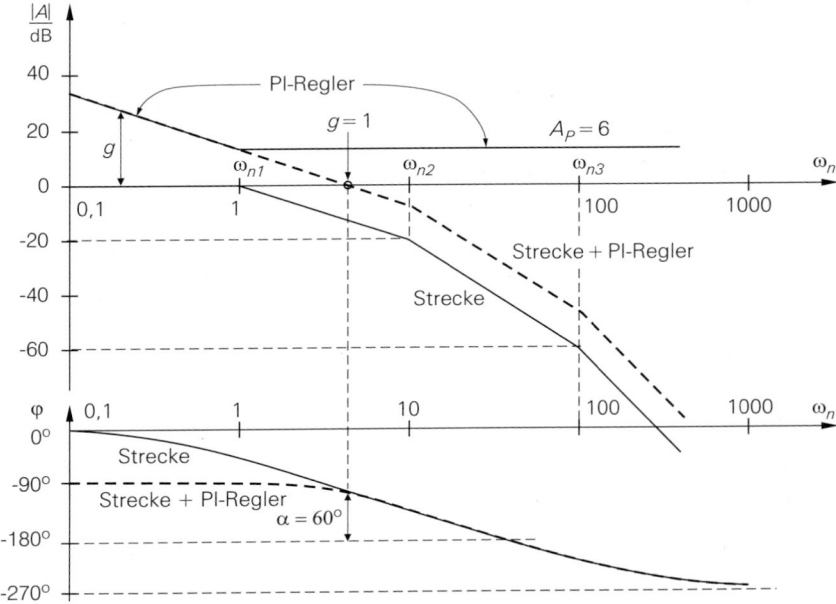

Abb. 13.9. Bodediagramm der Beispielstrecke mit PI-Regler

Frequenzen nahtlos weiter an wie man in Abb. 13.9 erkennt. Dazu muss der I-Anteil die Übertragungsfunktion $A_I = A_P/s_n$ besitzen. Theoretisch müsste $A_I \to \infty$ streben für $s_n \to 0$. Es macht aber keinen messbaren Unterschied, dass reale Integratoren A_I auf die Leerlaufverstärkung des Operationsverstärkers begrenzen.

Die Auswirkung auf die Sprungantwort zeigt Abb. 13.10. Man erkennt, dass bei optimaler Dimensionierung die bleibende Regelabweichung zu Null wird, ohne dass das Überschwingen nennenswert ansteigt. Man sieht dort auch, dass das Überschwingen stark ansteigt, wenn der I-Teil zu groß ist. Ist er zu klein, wird die Regelabweichung zwar auch

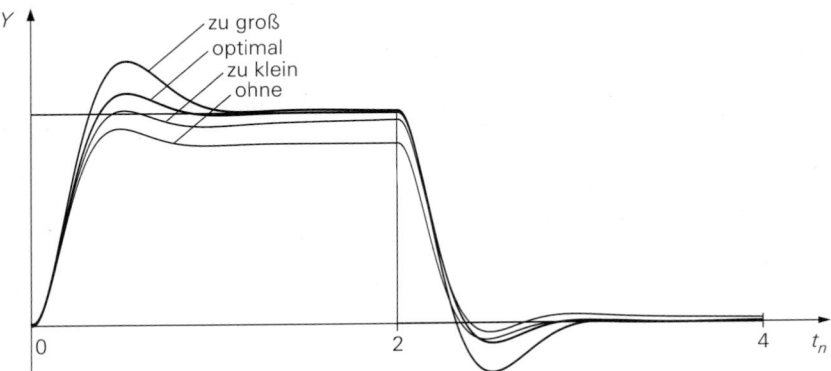

Abb. 13.10. Sprungantwort von PI-Reglern für verschiedene I-Anteile. Sie betragen von oben nach unten $12/s_n$, $6/s_n$, $3/s_n$ und $0/s_n$ (also ohne I-Anteil).

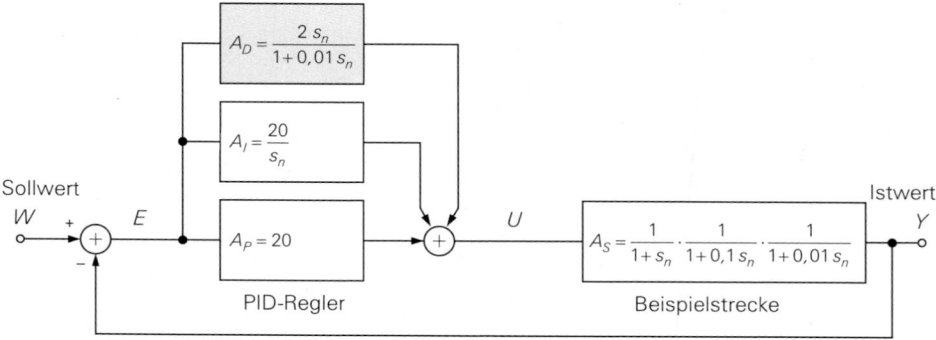

Abb. 13.11. Regelung der Beispielstrecke mit einem PID-Regler

Null, aber die Regelgröße kriecht nur langsam auf den Endwert. Wenn die Daten der Regelstrecke nicht bekannt sind, stellt man zunächst den P-Regler ein und erhöht dann den I-Anteil bis sich die optimale Sprungantwort ergibt.

13.2.3 PID-Regler

Man kann das Verhalten eines Regelkreises weiter verbessern, indem man den Regler um einen Differentialanteil erweitert. Dadurch lässt sich die Anstiegszeit verkürzen, ohne das Überschwingen zu erhöhen. Die Anordnung ist in Abb. 13.11 dargestellt. Der Grundgedanke besteht dabei darin, den 2. Tiefpass der Regelstrecke unschädlich zu machen und seine Phasenverschiebung zu kompensieren. Dazu erweitert man den Regler um einen Differentialteil, der die Verstärkung des Reglers ab der 2. Grenzfrequenz f_{n2} der Strecke ansteigen lässt wie man in Abb. 13.12 sieht.

Allerdings ist ein reiner Differentialteil $A_D = \tau_D s$ nicht realisierbar und auch gar nicht wünschenswert, weil man dadurch das Rauschen bei hohen Frequenzen zu stark anheben und die Schaltungen leicht übersteuern würde. Deshalb begrenzt man die Verstärkung im D-Teil mit einem kombinierten Tiefpass. In dem Beispiel in Abb. 13.11 sieht man, dass die Verstärkung des D-Teils für hohe Frequenzen auf $A_D = 200$ begrenzt wurde, sodass die D-Verstärkung um den Faktor 10 größer wird als die P-Verstärkung. Dies erkennt man auch im Bode-Diagramm in Abb. 13.12. Durch den D-Zusatz wird gleichzeitig die Phasenverschiebung in dem Regelkreis reduziert; dies zeigt der Vergleich mit der Regelstrecke. Dadurch wird die Frequenz, bei der die Phasenreserve $\alpha = 60°$ beträgt, zu höheren Frequenzen verschoben. Wenn man bei dieser Frequenz die Verstärkung des Reglers so weit erhöht, dass die Schleifenverstärkung $g = 1$ wird, ergeben sich im Vergleich zum P- oder PI-Regler deutlich höhere Verstärkungen (hier $A_P = 20$ statt 6). Man sieht im Bode-Diagramm, dass sich Regler und Regelstrecke zusammen fast bis zur 3. Grenzfrequenz der Strecke wie ein Tiefpass 1. Ordnung verhalten. Durch den D-Teil wurde der zweite Tiefpass der Strecke zwar nicht beseitigt, aber seine Grenzfrequenz wurde von ω_{n2} auf ω_{n3} verschoben.

In Abb. 13.13 ist die Sprungantwort der mit einem PID-Regler geregelten Beispielstrecke dargestellt. Man erkennt, dass der Regelkreis durch den D-Zusatz sehr viel schneller geworden ist, ohne eine Zunahme des Überschwingens. In Abb. 13.14 sind die Einschwingvorgänge der beschriebenen Regler gegenübergestellt.

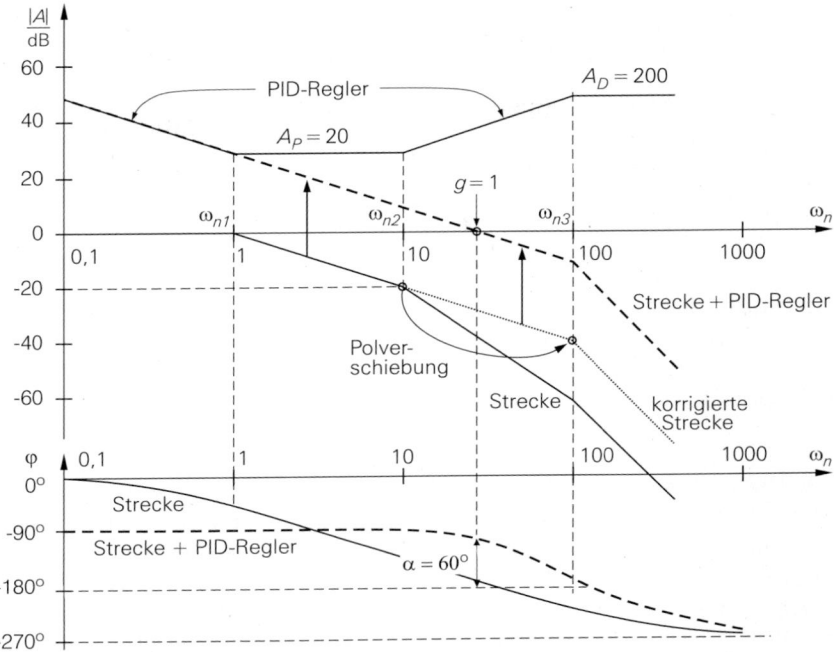

Abb. 13.12. Bodediagramm der Beispielstrecke mit PID-Regler.

Der Vergleich zeigt:

- Ein P-Regler ist langsam und besitzt eine beträchtliche Regelabweichung
- Ein PI-Regler ist auch nicht schneller, aber die Regelabweichung verschwindet. Allerdings sollte man eine Übersteuerung des I-Zusatzes vermeiden, weil man sonst mit großen Erholzeiten rechnen muss.
- Ein PID-Regler verkürzt die Anstiegszeit stark ohne, dass das Überschwingen zunimmt. Das kommt einerseits von dem D-Zusatz, aber auch von der vergrößerten P-Verstärkung.

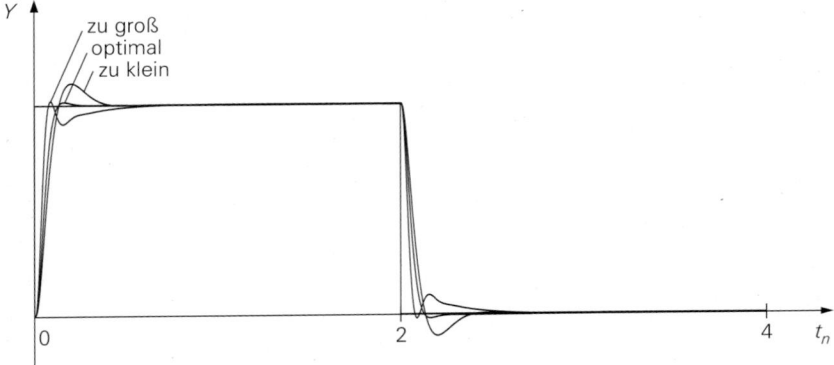

Abb. 13.13. Sprungantwort von PID-Reglern für verschiedene D-Anteile

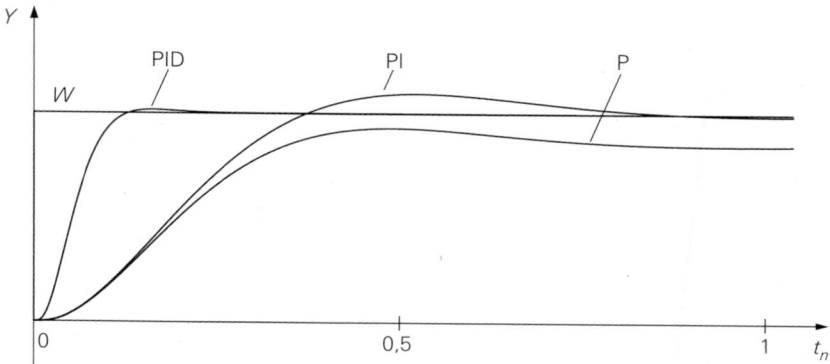

Abb. 13.14. Vergleich der Anstiegszeiten von P-, PI- und PID-Regler mit vergrößerter Zeitauflösung

Der Vorteil ist hier besonders groß, weil die Beispielstrecke gutmütig ist. Wenn es Rauschen im Regelkreis gibt, wird es durch den D-Zusatz häufig untragbar verstärkt. Dann muss man sich mit einer geringeren Verstärkungsanhebung durch den D-Zusatz begnügen. Ein anderes Problem besteht darin, dass der D-Zusatz wegen der hohen Verstärkung – im Beispiel ist $A_D = 200$ – große Ausgangsamplituden aufweist, die leicht zu Übersteuerungen führen. Eine Begrenzung des D-Signals durch Übersteuerung darf nicht auftreten, weil der Regler sonst nichtlinear arbeitet. Um das zu verhindern, sollte man dafür sorgen, dass keine großen Sprünge in der Führungsgröße (dem Sollwert) auftreten. Dazu kann man die Anstiegsgeschwindigkeit mit einem Slewrate-Limiter begrenzen, der in Abschnitt 13.3.2 beschrieben wird.

Wenn man einen PID-Regler experimentell optimieren möchte, hat man das Problem, dass man die drei Parameter für P-, I- und D-Teil gleichzeitig ändern muss. In diesem Fall ist es günstiger, einen Verstärker hinter den PID-Regler zu schalten, mit dessen Verstärkung die 3 Parameter gleichzeitig geändert werden. Diese Variante ist in Abb. 13.15 dargestellt. Der hier gezeigte Regler besitzt genau dieselben Daten wie der in Abb. 13.11. Hier lässt

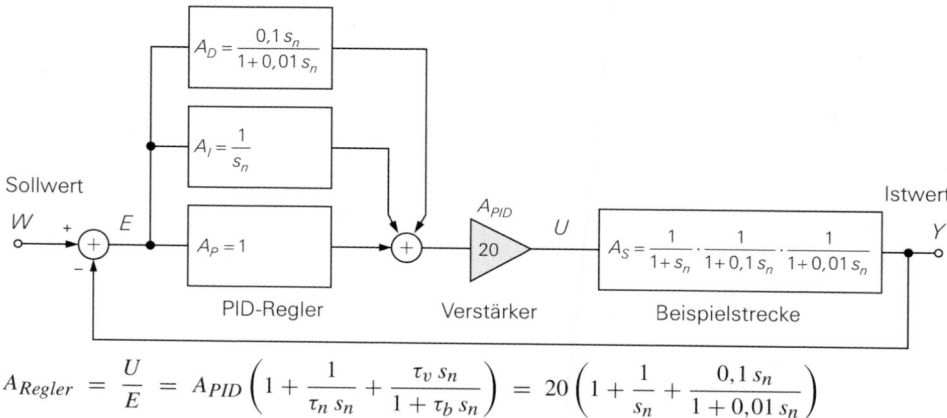

$$A_{Regler} = \frac{U}{E} = A_{PID}\left(1 + \frac{1}{\tau_n\, s_n} + \frac{\tau_v\, s_n}{1 + \tau_b\, s_n}\right) = 20\left(1 + \frac{1}{s_n} + \frac{0{,}1\, s_n}{1 + 0{,}01\, s_n}\right)$$

Abb. 13.15. Gemeinsame Modifikation aller Regler-Einstellungen mit A_{PID}.
τ_n = Nachstellzeit, τ_v = Vorhaltezeit, τ_b = Begrenzungszeit

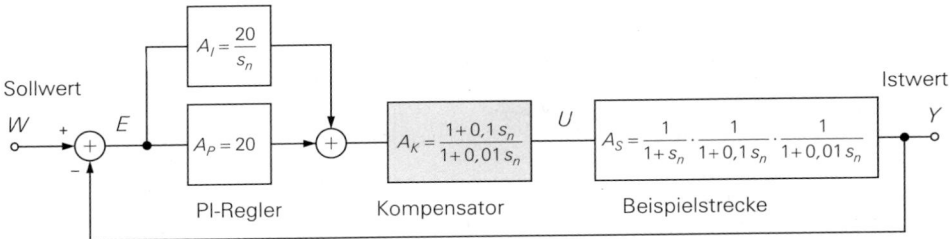

Abb. 13.16. Kompensator als Alternative zum D-Zusatz. Pol-Nullstellen-Kompensation.

sich jedoch mit der Verstärkung A_{PID} der ganze Frequenzgang des Reglers in Abb. 13.12 an einem einzigen Einsteller nach oben und unten schieben ohne dabei die Grenzfrequenzen zu verschieben. Die systematische Dimensionierung des D-Teils in einem PID-Regler wird im nächsten Abschnitt beschrieben.

13.2.4 Kompensator

Man kann den Differentialteil eines PID-Reglers auch als eine Methode betrachten, um einen unerwünschten Tiefpass der Regelstrecke zu beseitigen. Dazu verwendet man allgemein einen Kompensator, den man wie in Abb. 13.16 vor die Strecke schaltet. Um den 2. Tiefpass der Strecke zu kompensieren, müsste der Kompensator im Prinzip lediglich den Ausdruck $A_K = 1 + 0,1\,s_n$ realisieren. Eine Übertragungsfunktion, die lediglich aus einem Zählerpolynom besteht, ist aber nicht realisierbar. Man muss ein Nennerpolynom – also einen Tiefpass – ergänzen, das mindestens dieselbe Ordnung wie das Zählerpolynom besitzt. Hier bietet es sich an, diesen zusätzlichen Tiefpass mit der 3. Grenzfrequenz der Strecke zusammenfallen zu lassen. Man erkennt, dass durch den Kompensator der Pol bei ω_{n2} nach ω_{n3} verschoben wird. Die Übertragungsfunktion des PD-Reglers mit Kompensator ist dann mit

$$A_R = A_P \cdot \frac{1 + 0,1\,s_n}{1 + 0,01\,s_n} = \frac{A_P}{1 + 0,01\,s_n} + \frac{A_P \cdot 0,1\,s_n}{1 + 0,01\,s_n}$$

$$\approx A_P + \frac{A_P \cdot 0,1\,s_n}{1 + 0,01\,s_n} = 20 + \frac{2\,s_n}{1 + 0,01\,s_n}$$

praktisch dieselbe wie bei dem PID-Regler in Abb. 13.11. Auch die Probleme des Kompensators mit Rauschen und Übersteuerung sind dieselben wie bei dem D-Zusatz eines PID-Reglers.

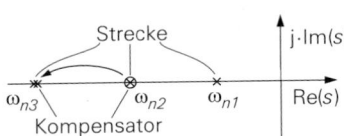

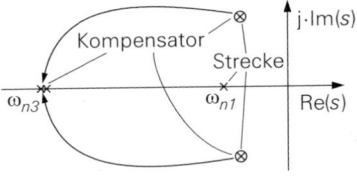

Abb. 13.17.
Verlagerung eines Pols der Regelstrecke durch den Kompensator zu höheren Frequenzen

Abb. 13.18.
Annullierung eines schwach gedämpften Polpaars der Regelstrecke durch Nullstellen eines Kompensators (Pol-Nullstellen-Kompensation)

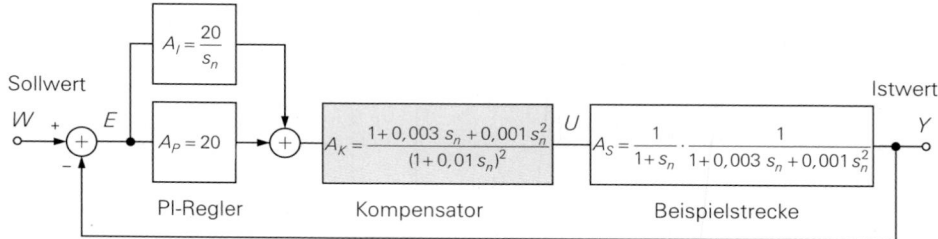

Abb. 13.19. Regelung einer schwach gedämpften Strecke mit einem zusätzlichen Kompensator

Die Wirkung des Kompensators lässt sich in der s-Ebene besonders anschaulich darstellen. Abbildung 13.17 zeigt die 3 Pole (Nullstellen des Nenners) der Beispielstrecke. Der Kompensator neutralisiert den Pol bei ω_{n2} durch eine Nullstelle und erzeugt einen zusätzlichen Pol bei ω_{n3}, der aber für die Regelung der Strecke weniger störend ist, weil er bei höheren Frequenzen liegt.

Wir haben gesehen, dass ein Kompensator 1. Ordnung den D-Teil in einem PID-Regler ersetzen kann, der sich leicht dimensionieren lässt, wenn man die Übertragungsfunktion der Strecke kennt. Ein Kompensator ist aber viel wichtiger, wenn die Strecke nicht so gutmütig ist wie die bisher verwendete Beispielstrecke, sondern schwingungsfähige Pole besitzt. Eine derartige Strecke ergibt sich aus der bisherigen Beispielstrecke indem man die Pole bei den Frequenzen ω_{n2} und ω_{n3} zusammenfasst

$$A_S = \frac{1}{1 + 1\,s_n} \cdot \frac{1}{1 + 0,1\,s_n} \cdot \frac{1}{1 + 0,01\,s_n} = \frac{1}{1 + 1\,s_n} \cdot \frac{1}{1 + 0,11\,s_n + 0,001\,s_n^2}$$

und dann die Polgüte von $Q = \sqrt{0,001}/0,11 = 0,3$ auf $Q = \sqrt{0,001}/0,003 = 10$ erhöht:

$$A_S = \frac{1}{1 + 1\,s_n} \cdot \frac{1}{1 + 0,003\,s_n + 0,001\,s_n^2}$$

Dadurch entsteht ein konjugiert komplexes Polpaar, das in Abb. 13.18 eingezeichnet ist. Eine derart schwach gedämpfte Strecke lässt sich mit einem PID-Regler nicht regeln. Man kann jedoch auch hier die unerwünschten Pole der Strecke durch Nullstellen eines Kompensators unwirksam machen. Allerdings erfordert ein Kompensator 2. Ordnung zur Realisierung auch mindestens 2 Pole. Damit diese Tiefpässe die Regelung möglichst wenig beeinträchtigen, ordnet man sie bei hohen Frequenzen, also kleiner Zeitkonstante an. Allerdings ist dem eine Grenze durch die damit verbundene Rauschanhebung gesetzt. Ein doppelter Pol bei $\omega_{n3} = 100$ erscheint als vernünftiger Kompromiss. Der Kompensator ersetzt also die schwach gedämpften komplexe Pole durch reelle stark gedämpfte Pole. Dies erkennt man auch an dem Blockdiagramm in Abb. 13.19, wenn man die Übertragungsfunktionen des Kompensators und der Strecke ausmultipliziert:

$$A_K \cdot A_S = \frac{1}{1 + s_n} \cdot \frac{1}{1 + 0,01\,s_n} \cdot \frac{1}{1 + 0,01\,s_n}$$

Die Strecke mit Resonanzstelle verhält sich demnach mit Kompensator wie die passive Beispielstrecke in Abb. 13.16 und lässt sich auch wie diese regeln. Das Bodediagramm in Abb. 13.20 zeigt die ausgeprägte Resonanzstelle der Strecke und ihre Annullierung durch den Kompensator. In der Sprungantwort in Abb. 13.21 erkennt man den Nutzen des

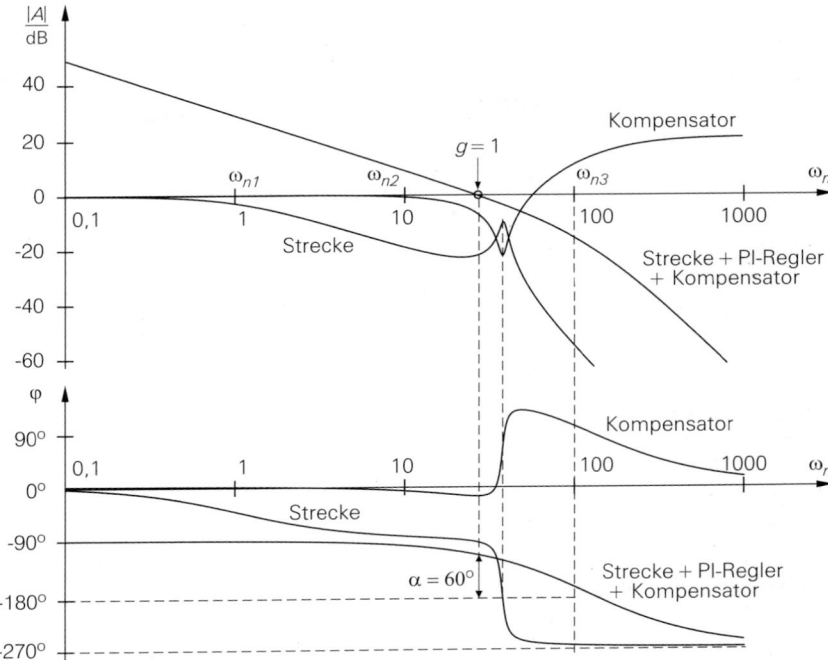

Abb. 13.20. Bodediagramm der Beispielstrecke mit einer Resonanzstelle bei $\omega_n = 30$

Kompensators am besten. Ohne Kompensator ist die P-Verstärkung in diesem Beispiel aus Stabilitätsgründen auf $A_P = 1$ beschränkt; ein D-Zusatz ist hier nicht möglich, da er die Stabilität zusätzlich beeinträchtigt.

13.2.5 Realisierung der Regler

Zur schaltungstechnischen Realisierung der Regler eignen sich die in Kapitel 10 beschriebenen Schaltungen. Damit ergibt sich der PID-Regler in Abb. 13.22 mit der angegebenen Übertragungsfunktion bei der Normierung $\omega_{g1} s_n = s$. Zur Dimensionierung der Schal-

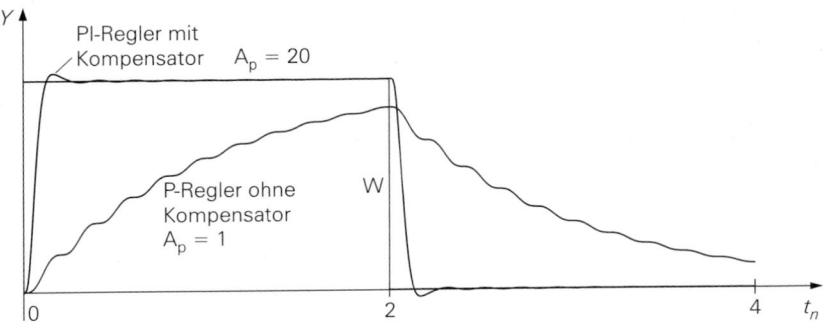

Abb. 13.21. Regelung der Regelstrecke mit Resonanzstelle ohne Kompensator bzw. mit Kompensator bei der Dimensionierung von Abb. 13.19

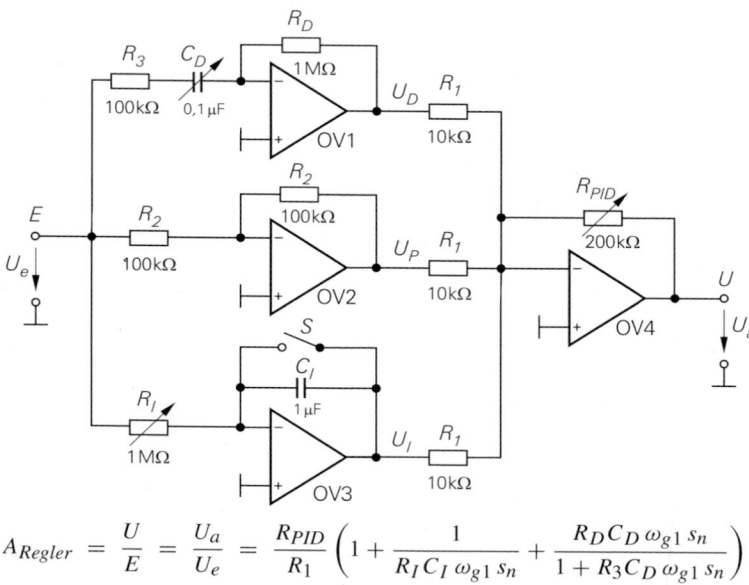

$$A_{Regler} = \frac{U}{E} = \frac{U_a}{U_e} = \frac{R_{PID}}{R_1}\left(1 + \frac{1}{R_I C_I \, \omega_{g1} \, s_n} + \frac{R_D C_D \, \omega_{g1} \, s_n}{1 + R_3 C_D \, \omega_{g1} \, s_n}\right)$$

Abb. 13.22. PID-Regler mit entkoppelt einstellbaren Parametern mit Dimensionierungsbeispiel. $\tau_n = R_I \, C_I$ = Nachstellzeit, $\tau_v = R_D \, C_D$ = Vorhaltezeit

tung macht man Koeffizientenvergleich mit der gewünschten Übertragungsfunktion des Reglers z.B. der in Abb. 13.15 und erhält nach Vorgabe von $\omega_{g1} = 1/\text{sec}$, $C_I = 1\,\mu\text{F}$, $C_D = 0,1\,\mu\text{F}$ und $R_1 = 10\,\text{k}\Omega$:

$$R_{PID}/R_1 = 20 \quad \Rightarrow \quad R_{PID} = 200\,\text{k}\Omega$$

$$R_I C_I \, \omega_g = 1 \quad \Rightarrow \quad R_I = 1\,\text{M}\Omega$$

$$R_D C_D \, \omega_g = 0,1 \quad \Rightarrow \quad R_D = 1\,\text{M}\Omega$$

$$R_3 C_D \, \omega_g = 0,01 \quad \Rightarrow \quad R_3 = 100\,\text{k}\Omega$$

Bei der Dimensionierung der verschiedenen Reglertypen sind wir davon ausgegangen, dass die Daten der Regelstrecke bekannt sind. Wenn das nicht der Fall ist, kann man die optimale Einstellung des Reglers experimentell ermitteln. Den Abgleich des Reglers wollen wir anhand des Reglers in Abb. 13.22 erläutern: Zu Beginn schließt man den Schalter S, um den Integrator auszuschalten. Den Kondensator C_D macht man zu Null; dann liefert auch der Differentiator keinen Beitrag, und die Schaltung arbeitet als reiner P-Regler. Dann gibt man ein Rechtecksignal auf den Eingang W und betrachtet die Sprungantwort Y des Regelkreises. Die verschiedenen Schritte der experimentellen Einstellung eines PID-Reglers sind im Zeitdiagramm in Abb. 13.23 und im Bode-Diagramm in Abb. 13.24 dargestellt.

– Im ersten Schritt erhöht man die P-Verstärkung mit A_{PID} so weit, bis der Einschwingvorgang nur noch schwach gedämpft ist.

– Im zweiten Schritt vergrößert man C_D, um die Differentiationsgrenzfrequenz auf einen Wert zu reduzieren, bei dem die gewünschte Dämpfung erreicht wird. Dabei wählt man meist $R_3 = R_D/10$, um die Verstärkung des Differentiators auf $A_D = 10$ zu begrenzen.

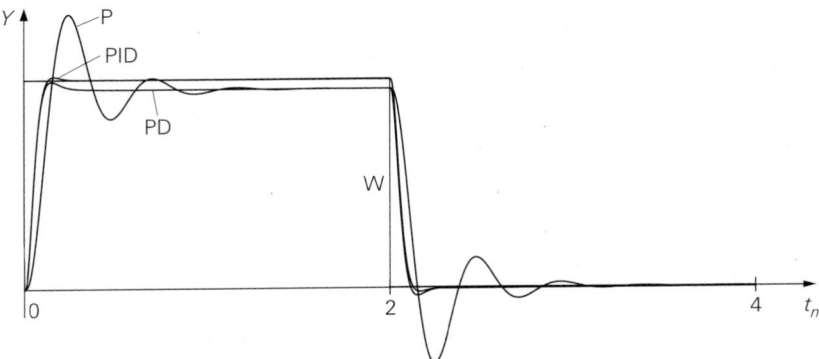

Abb. 13.23. Experimentelle Einstellung eines PID-Reglers anhand der Sprungantwort. Zuerst wird die P-Verstärkung erhöht, dann werden die D-Frequenzen erniedrigt und zuletzt wird die I-Frequenz erhöht.

Bei kleineren Werten wird die Wirkung des Differentiators zu schwach, bei größeren wird das Rauschen im Regelkreis unnötig stark angehoben.

– Im dritten Schritt öffnet man den Schalter S und reduziert die Integrationszeitkonstante mit R_I so weit, dass der Einschwingvorgang möglichst schnell auf den Endwert geht und weder von unten noch von oben dorthin kriecht.

Ein Kompensator lässt sich am einfachsten mit dem Filter in Abb. 12.74 realisieren, weil sich dort die Filterparameter direkt auf Schaltungsparameter abbilden lassen. Die Dimensionierung der Schaltung soll an dem Beispiel in Abb. 13.18 gezeigt werden. Die Übertragungsfunktion des dort benötigten Kompensators ist:

$$A_K = \frac{1 + 0.003\,s_n + 0{,}001\,s_n^2}{(1 + 0{,}01\,s_n)^2} = \frac{1 + 0.003\,s_n + 0{,}001\,s_n^2}{1 + 0{,}02\,s_n + 0{,}0001\,s_n^2} \tag{13.9}$$

Der Koeffizientenvergleich mit der Übertragungsfunktion des Filters ergibt bei der Grenzfrequenz im Beispiel $\omega_{g1} = 1/\text{sec}$ und nach Vorgabe von $\tau = RC = 10\,\text{msec}$ und $C = 100\,\text{nF}$:

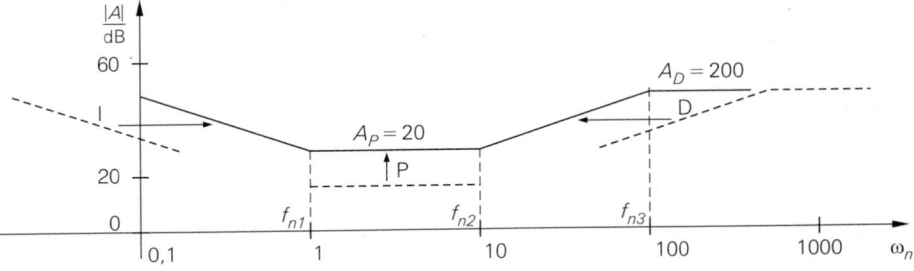

Abb. 13.24. Der experimentelle Abgleich im Bodediagramm. Zuerst wird die P-Verstärkung erhöht, dann werden die D-Frequenzen erniedrigt und zuletzt wird die I-Frequenz erhöht.

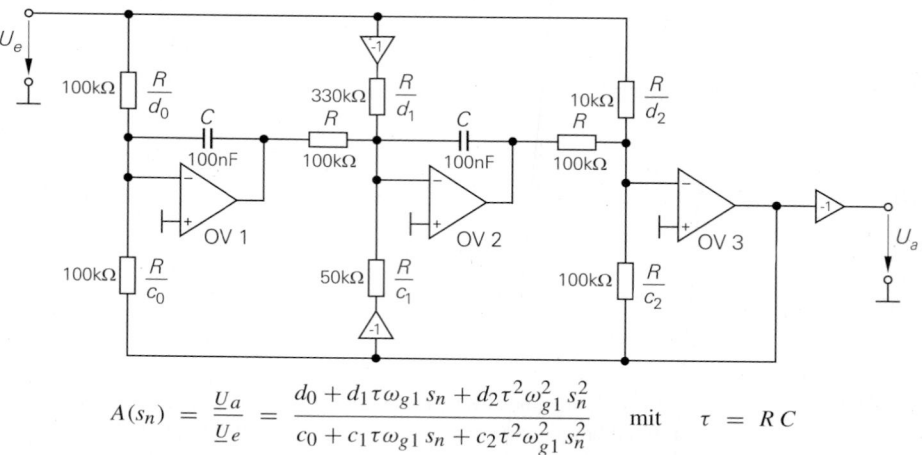

$$A(s_n) = \frac{U_a}{U_e} = \frac{d_0 + d_1 \tau \omega_{g1} s_n + d_2 \tau^2 \omega_{g1}^2 s_n^2}{c_0 + c_1 \tau \omega_{g1} s_n + c_2 \tau^2 \omega_{g1}^2 s_n^2} \quad \text{mit} \quad \tau = RC$$

Abb. 13.25. Kompensator-Realisierung als Universalfilter 2. Ordnung mit unabhängig einstellbaren Koeffizienten. Das Dimensionierungsbeispiel realisiert (13.9).

$$c_0 = d_0 = 1 \qquad \Rightarrow \quad R/c_0 = R/d_0 = 100\,\text{k}\Omega$$

$$d_1 \tau \omega_g = 0{,}003 \qquad \Rightarrow \quad R/d_1 = 330\,\text{k}\Omega$$

$$c_1 \tau \omega_g = 0{,}02 \qquad \Rightarrow \quad R/c_1 = 50\,\text{k}\Omega$$

$$d_2 \tau \omega_g = 0{,}001 \qquad \Rightarrow \quad R/d_2 = 10\,\text{k}\Omega$$

$$c_2 \tau \omega_g = 0{,}0001 \qquad \Rightarrow \quad R/c_2 = 100\,\text{k}\Omega$$

Dieses Filter besitzt genau den Frequenzgang von (13.9), der in Abb. 13.20 dargestellt ist.

13.3 Regelung nichtlinearer Strecken

13.3.1 Statische Nichtlinearität

Bisher sind wir davon ausgegangen, dass die Streckengleichung

$$Y = A_S U$$

lautet, d.h., dass die Regelstrecke linear ist. Bei vielen Strecken ist diese Bedingung jedoch nicht erfüllt. Abb. 13.26 zeigt ein Beispiel für eine derartige Strecke. Es gilt demnach allgemein:

$$Y = f(U)$$

Für kleine Aussteuerung um einen gegebenen Arbeitspunkt U_0 kann man jedoch jede Strecke als linear betrachten, wenn ihre Kennlinie in der Umgebung dieses Arbeitspunktes stetig und differenzierbar ist. In diesem Fall verwendet man die differentielle Größe:

$$A_S = \frac{\mathrm{d}Y}{\mathrm{d}U}$$

Für einen festen Arbeitspunkt kann man den Regler wie beschrieben optimieren. Wenn jedoch größere Änderungen der Führungsgröße W zugelassen werden, treten Schwierigkeiten auf: Da die differentielle Streckenverstärkung A_S vom Arbeitspunkt abhängig ist,

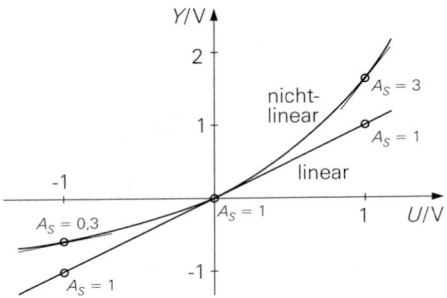

Abb. 13.26.
Vergleich einer nichtlinearen mit
einer linearen Strecke.
Beispiel: $Y = 1\,V\,(e^{U/1\,V} - 1)$

ändert sich die Schleifenverstärkung und damit auch das Einschwingverhalten in Abhängigkeit vom Arbeitspunkt. Dies erkennt man deutlich an der Sprungantwort in Abb. 13.27. Wenn man den Regler für einen Arbeitspunkt richtig dimensioniert, muss man in anderen Arbeitspunkten eine starke Verschlechterung des Einschwingverhaltens in Kauf nehmen.

Dieses Problem lässt sich dadurch beseitigen, dass man die Linearität des Regelkreises durch ein Funktionsnetzwerkes mit der inversen Funktion im Regler herstellt. Das entsprechende Blockschaltbild zeigt Abb. 13.28. Wenn man mit dem Funktionsnetzwerk die Funktion $U = f^{-1}(E)$ bildet, lässt sich die Nichtlinearität der Strecke annullieren und man erhält einen linearen Regelkreis:

$$Y = f(U) = f[f^{-1}(U')] = U'$$

Bei dem Beispiel einer Regelstrecke mit exponentiellem Verlauf in Abb. 13.26

$$Y = 1\,V\,(e^{U/1\,V} - 1)$$

benötigt man als Funktionsnetzwerk zur Linearisierung einen Logarithmierer, der den Ausdruck

$$U = 1\,V \ln\left(\frac{U'}{1\,V} + 1\right)$$

bildet. Auf diese Weise wird die Schleifenverstärkung im Regelkreis konstant gehalten und die Regelstrecke lässt sich in jedem Arbeitspunkt optimal regeln.

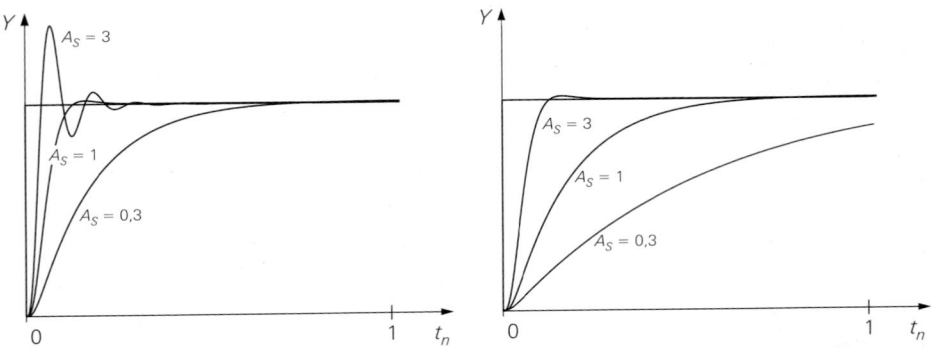

Abb. 13.27. Abhängigkeit der Sprungantwort von der Verstärkung der Strecke bei verschiedenen Arbeitspunkten. Links: Optimiert für $A_S = 1$; Rechts: Optimiert für $A_S = 3$

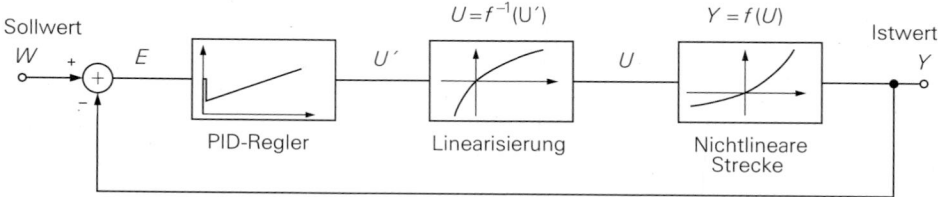

Abb. 13.28. Linearisierung einer nichtlinearen Strecke

13.3.2 Dynamische Nichtlinearität

Eine andere Form der Nichtlinearität ergibt sich in einem Regelkreis leicht durch Über-steuerung. Die Ursache dafür ist die hohe Verstärkung im Regler. In dem Beispiel in Abb. 13.15 besitzt der Verstärker eine Verstärkung von $A_{PID} = 20$, die zusätzliche Ver-stärkung des D-Anteils beträgt für hohe Frequenzen 10. Die Konsequenz ist, dass die Stellgröße bei einem Sprung der Führungsgröße von 1 V auf 200 V springt. Dies erkennt man an der Stellgröße U in Abb. 13.29. Normale Verstärker werden dadurch extrem über-steuert, die Sprungantwort der Regelstrecke wird dadurch stark beeinträchtigt.

Das Problem lässt sich dadurch beseitigen, dass man schnelle Änderung der Führungs-größe verhindert. In Abb. 13.29 ist zum Vergleich der Fall für eine Anstiegsgeschwindig-keit von 5 V/sec dargestellt. Man sieht, dass die Stellgröße in diesem Fall $U = 10$ V nicht überschreitet.

Zur Begrenzung der Anstiegsgeschwindigkeit könnte man im Prinzip einen Tiefpass verwenden. Dadurch würde sie jedoch von abhängig von der Amplitude des Sprungs. Eine bessere Möglichkeit zeigt der Slewrate Limiter in Abb. 13.30. Wenn man hier einen Span-nungssprung auf den Eingang gibt, geht der Verstärker OV 1 an die Aussteuerungsgrenze U_{max}. Dadurch steigt die Ausgangsspannung von OV 2 mit der Geschwindigkeit

$$\frac{dU_a}{dt} = \frac{U_{max}}{RC} = \frac{10V}{2\,sec} = \frac{5\,V}{sec}$$

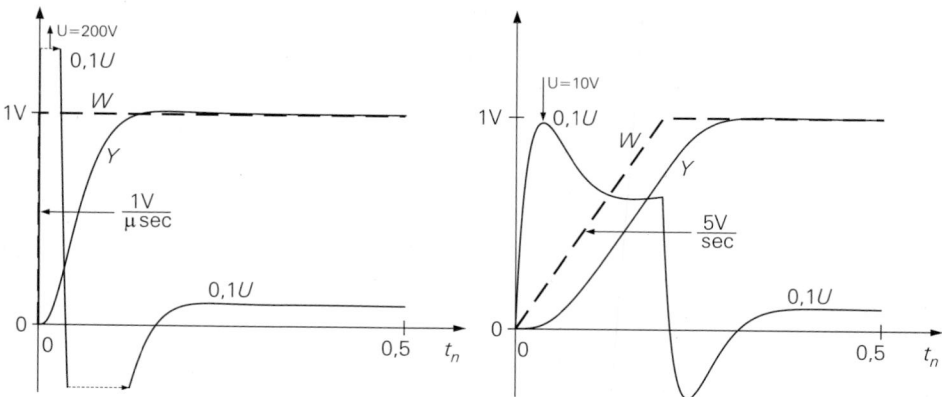

Abb. 13.29. Auswirkung der Führungsgröße auf die Signale im Regelkreis. Stellgröße U, Regel-größe Y bei Anstiegsgeschwindigkeit der Führungsgröße W von 1 V/μsec links und 5 V/sec rechts

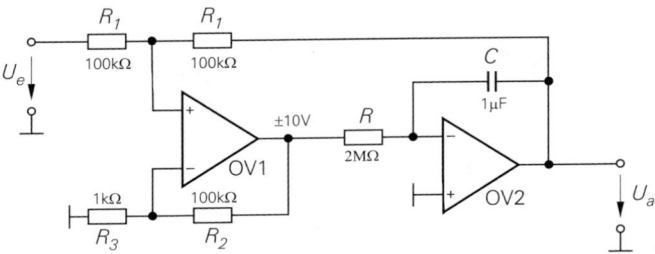

Stationäre Ausgangspannung: $U_a = -U_e$

Maximale Anstiegsgeschwindigkeit: $\dfrac{\mathrm{d}U_a}{\mathrm{d}t} = \dfrac{U_{max}}{RC} = \dfrac{5\,\mathrm{V}}{\mathrm{sec}}$

Abb. 13.30. Schaltung zur Begrenzung der Anstiegsgeschwindigkeit (slewrate limiter)

an, bis sie den durch die Über-alles-Gegenkopplung bestimmten Wert $-U_e$ erreicht. Eine Rechteck-Spannung wird also in die gewünschte Trapezspannung verwandelt. Ist die Anstiegsgeschwindigkeit der Eingangsspannung kleiner als der eingestellte Grenzwert, wird das Signal unverändert übertragen. Die Kleinsignalbandbreite wird also im Gegensatz zum Tiefpass nicht beeinflusst. Die Widerstände R_2 und R_3 begrenzen die Verstärkung von OV1, um die Stabilität der Schaltung zu gewährleisten.

Kapitel 14:
Signalgeneratoren

In diesem Kapitel werden Schaltungen zur Signalformung und Signalerzeugung beschrieben. Dabei handelt es sich überwiegend um Schaltungen für den Niederfrequenzbereich. Oszillatoren für hohe Frequenzen in der Nachrichtentechnik folgen im Kapitel 26.

14.1 Rechteckformung

14.1.1 Komparator

Betreibt man einen Operationsverstärker wie in Abb. 14.1 ohne Gegenkopplung, erhält man einen Komparator. Seine Ausgangsspannung beträgt:

$$U_a = \begin{cases} U_{a,max} & \text{für } U_1 > U_2 \\ U_{a,min} & \text{für } U_1 < U_2 \end{cases}$$

Wegen der hohen Verstärkung spricht die Schaltung auf sehr kleine Spannungsdifferenzen $U_D = U_1 - U_2$ an. Die Ausgangsspannung hängt nur vom Vorzeichen der Differenz ab. Sie eignet sich daher zum Vergleich zweier Spannungen mit hoher Präzision. Dies sieht man auch in der Übertragungskennlinie in Abb. 14.1.

Beim Nulldurchgang der Eingangsspannungsdifferenz springt die Ausgangsspannung nicht momentan von der einen Aussteuerungsgrenze zur anderen, da die Slew Rate begrenzt ist. Bei frequenzkorrigierten Standard-Operationsverstärkern beträgt sie zum Teil nur $1\,\text{V}/\mu\text{s}$. Der Anstieg von $-12\,\text{V}$ auf $+12\,\text{V}$ dauert demnach $24\,\mu\text{s}$. Durch die Erholzeit des Verstärkers nach Übersteuerung tritt noch eine zusätzliche Verzögerung auf. Da der Verstärker nicht gegengekoppelt ist, benötigt er aber keine Frequenzgangkorrektur. Lässt man sie weg, verbessern sich Slew Rate und Erholzeit erheblich.

Wesentlich kürzere Verzögerungszeiten kann man mit speziellen Komparatorverstärkern erreichen. Sie sind für den Betrieb ohne Gegenkopplung konzipiert und bewirken besonders kleine Verzögerungszeiten. Der Ausgang eines Komparators liefert Logikpegel

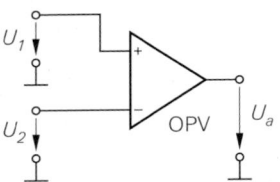

Abb. 14.1. Operationsverstärker als Komparator

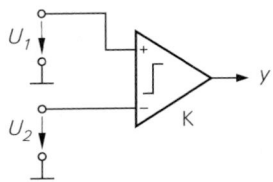

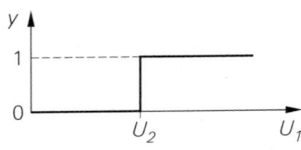

Abb. 14.2. Komparator mit logischem Ausgang

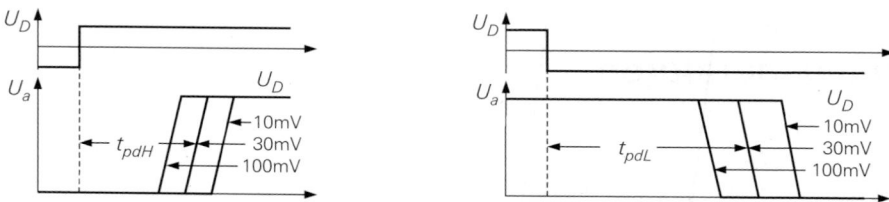

Abb. 14.3. Abhängigkeit der Verzögerungszeit (propagation delay time t_{pd}) von der Übersteuerung am Eingang

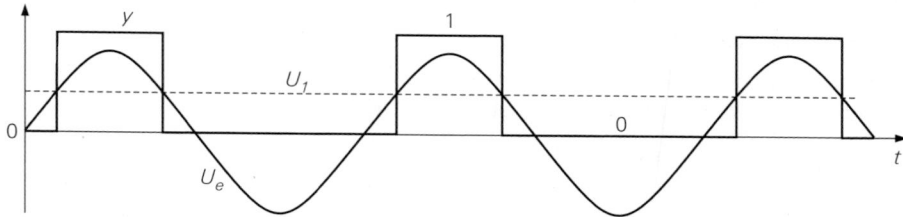

Abb. 14.4. Beispiel für die Arbeitsweise eines Komparators bei sinusförmiger Eingangsspannung

zur unmittelbaren Kopplung mit anderen Digitalschaltungen. Das modifizierte Schaltsymbol und die zugehörige Übertragungskennlinie sind in Abb. 14.2 dargestellt.

Wie groß die Verzögerungszeit eines Komparators ist, hängt stark vom inneren Aufbau ab. Hier gibt es Unterschiede, die über 3 Zehnerpotenzen gehen: Von Nanosekunden bis Mikrosekunden. Allerdings hat eine kurze Schaltzeit immer eine hohe Verlustleistung zur Folge. Bei jedem Komparator hängt die Verzögerungszeit auch von der Stärke der Übersteuerung ab. Man erkennt in Abb. 14.3, dass die Schaltzeiten bei Differenzspannungen von wenigen Millivolt deutlich größer sind als bei 100 mV.

Das Verhalten eines idealen Komparators bei einem sinusförmigen Eingangssignal ist in Abb. 14.4 dargestellt. Man sieht, dass das Ausgangssignal auf $y = 1$ geht, wenn der Triggerpegel überschritten wird und auf Null geht, wenn er wieder unterschritten wird. Wenn der Triggerpegel über oder unter dem Eingangssignal liegt, bleibt der Ausgang konstant auf $y = 0$ bzw. 1.

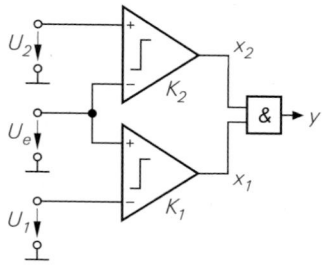

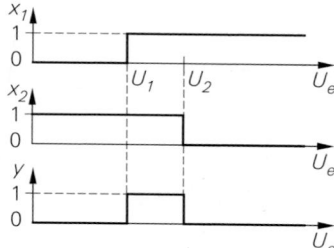

$y = 1$ für $U_1 < U_e < U_2$

Abb. 14.5. Fensterkomparator mit Signalverlauf

14.1.1.1 Fensterkomparator

Mit einem Fensterkomparator kann man feststellen, ob die Eingangsspannung im Bereich zwischen zwei Vergleichsspannungen oder außerhalb liegt. Dazu kann man wie in Abb. 14.5 mit zwei Komparatoren feststellen, ob die Eingangsspannung über der unteren *und* unter der oberen Vergleichsspannung liegt. Diese Bedingung ist nur dann erfüllt, wenn beide Komparatoren eine Eins liefern. Das UND-Gatter bildet diese Verknüpfung. Der Signalverlauf veranschaulicht die Funktionsweise der Schaltung.

14.1.2 Schmitt-Trigger

Ein Schmitt-Trigger ist ein erweiterter Komparator, bei dem Ein- und Ausschaltpegel nicht zusammenfallen, sondern um eine Schalthysterese ΔU_e verschieden sind. Die Schaltung und der Signalverlauf sind in Abb. 14.6 dargestellt. Wenn der obere Triggerpegel U_2 überschritten wird, wird das Flip-Flop gesetzt ($y = 1$); wenn der untere Triggerpegel U_1 unterschritten wird, wird das Flip-Flop zurückgesetzt. Typisch für einen Schmitt-Trigger ist die Hystereseschleife im Ausgangssignal. Die Funktionsweise kann man auch in dem Beispiel für eine sinusförmige Eingangsspannung in Abb. 14.7 bestätigen. Man erhält nur dann ein Ausgangssignal, wenn die Eingangsspannung *beide* Triggerpegel durchläuft. Wenn man das Verhalten des Schmitt-Triggers mit dem des Komparators in Abb. 14.4 vergleicht, sieht man eine große Ähnlichkeit in der Funktionsweise. Tatsächlich geht der Schmitt-Trigger in einen einfachen Komparator über, wenn man die Schalthysterese $\Delta U = U_2 - U_1$ zu Null macht. Trotzdem setzt man häufig einen Schmitt-Trigger statt eines Komparators ein, weil ein kleines überlagertes Störsignal sonst zu einem unerwünschten mehrfachen Schalten eines Komparators führt. Man erkennt in Abb. 14.8, dass der Komparator mehrfach schaltet bei jedem Über- oder Unterschreiten des Triggerpegels während der Schmitt-Trigger nur

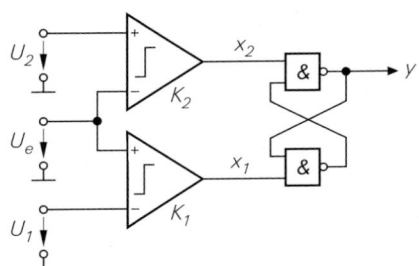 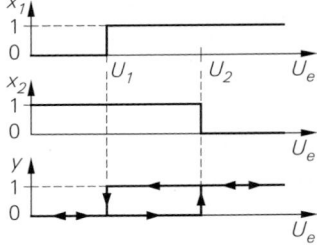

$$\begin{aligned}\text{Einschaltpegel:} \quad &U_{e,ein} = U_2 \\ \text{Ausschaltpegel:} \quad &U_{e,aus} = U_1\end{aligned} \Bigg\} \quad \text{für} \quad U_2 > U_1$$

Abb. 14.6. Schmitt-Trigger mit Signalverlauf

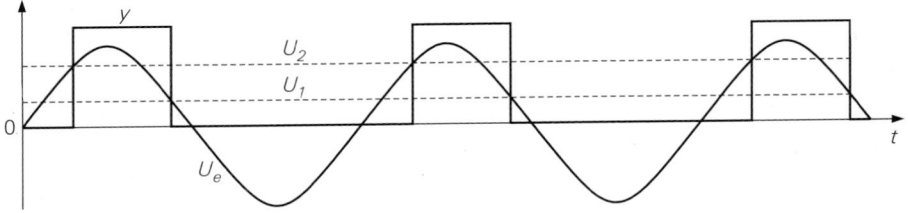

Abb. 14.7. Arbeitsweise eines Schmitt-Triggers bei sinusförmiger Eingangsspannung

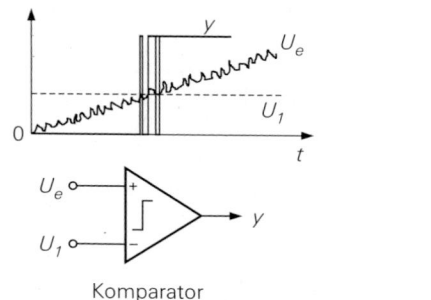
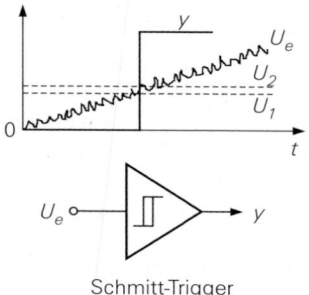

Komparator   Schmitt-Trigger

Abb. 14.8. Vergleich von Komparator und Schmitt-Trigger bei verrauschten Signalen

ein einziges Mal schaltet bei der ersten Überschreitung des Einschaltpegels U_2. Die Hysterese eines Schmitt-Triggers ist auch nützlich, um die Mitkopplung zu verhindern, die leicht dadurch entsteht, dass das Ausgangssignal auf das Eingangssignal einwirkt. Dadurch kann es bei einem Komparator in der Nähe der Schaltschwelle zu Eigenschwingungen kommen.

Man kann einen Schmitt-Trigger auch einfach dadurch realisieren, dass man einen Komparator mitkoppelt. Diese Möglichkeit ist in Abb. 14.9 für einen Operationsverstärker dargestellt und in Abb. 14.10 für einen Komparator. Die Umschaltpegel besitzen hier nicht die Präzision, die man mit dem Schmitt-Trigger in Abb. 14.6 erhält, weil hier die schlecht definierte Ausgangsspannung eingeht. Wenn man aber wie im Beispiel in Abb. 14.10 die Hysterese gering wählt, wird der Schaltpegel U_1 nicht nennenswert verfälscht. Bei beiden

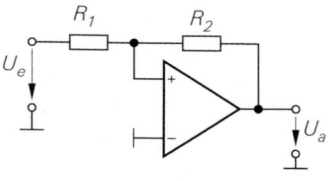
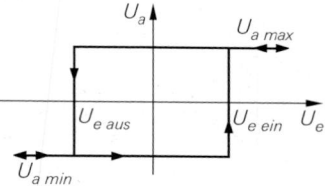

Einschaltpegel: $U_{e,ein} = -\dfrac{R_1}{R_2} U_{a,min}$

Ausschaltpegel: $U_{e,aus} = -\dfrac{R_1}{R_2} U_{a,max}$

Schalthysterese: $\Delta U_e = \dfrac{R_1}{R_2}(U_{a,max} - U_{a,min})$

Abb. 14.9. Mitgekoppelter Operationsverstärker als Schmitt-Trigger mit der Vergleichsspannung Null

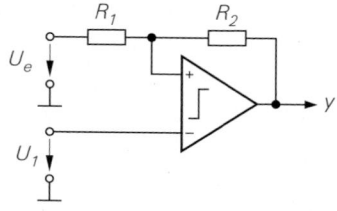
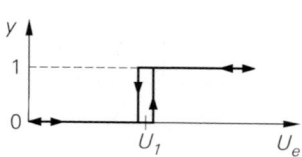

Abb. 14.10. Mitgekoppelter Komparator als Schmitt-Trigger bei schwacher Mitkopplung

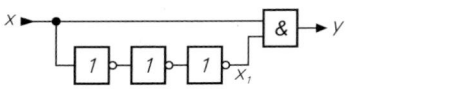 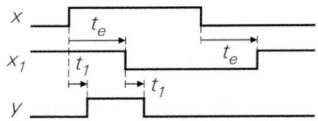

$t_e = 3\,t_{pd}$ = Summe der Inverterlaufzeiten, t_1 = Laufzeit des UND-Gatters

Abb. 14.11. Univibrator für kurze Schaltzeiten

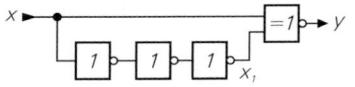 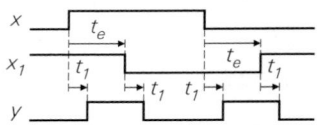

$t_e = 3\,t_{pd}$ = Summe der Inverterlaufzeiten, t_1 = Laufzeit des EXOR-Gatters

Abb. 14.12. Zwei-Flanken getriggerter Univibrator

Schaltungen kann man auch den invertierenden Eingang als Signaleingang verwenden. Dadurch invertiert sich lediglich die Hystereseschleife.

14.2 Impulserzeugung

Schaltungen, die aufgrund eines Signals einen Impuls mit definierter Länge erzeugen, werden als Zeitschalter oder Univibrator bezeichnet.

14.2.1 Erzeugung kurzer Impulse

Kurze Impulse mit einer Dauer von nur wenigen Gatterlaufzeiten lassen sich auf einfache Weise mit der Schaltung in Abb. 14.11 realisieren. Solange die Eingangsvariable $x = 0$ ist, ergibt sich am Ausgang des UND-Gatters eine 0. Wenn $x = 1$ wird, liefert die UND-Verknüpfung so lange eine Eins, bis das Signal durch die Inverterkette gelaufen ist. Wenn das Eingangssignal wieder auf Null geht, wird die UND-Bedingung nicht erfüllt.

Der zeitliche Ablauf ist ebenfalls in Abb. 14.11 dargestellt. Die Dauer des Ausgangsimpulses ist gleich der Verzögerung in der Inverterkette. Sie lässt sich durch eine entsprechende Anzahl von Gattern festlegen. Dabei ist zu beachten, dass die Anzahl der Inverter ungerade sein muss. Wie man im Zeitverlauf erkennt, muss hier das Triggersignal mindestens für die Dauer des Ausgangsimpulses anstehen.

Ersetzt man das UND-Gatter in Abb. 14.11 durch ein EXOR-Gatter, ergibt sich ein Univibrator, der bei jeder Flanke des Eingangssignals einen Ausgangsimpuls liefert. Abb. 14.12 zeigt die entsprechende Schaltung und das zugehörige Zeitdiagramm. Im stationären Fall sind die Eingänge des EXOR-Gatters komplementär und das Ausgangssignal ist Null. Ändert die Eingangsvariable x ihren Zustand, treten wegen der Verzögerung durch die Inverter vorübergehend gleiche Eingangssignale am EXOR-Gatter auf. Während dieser Zeit wird das Ausgangssignal gleich Eins.

14.2.2 Erzeugung längerer Impulse

Zur Realisierung größerer Schaltzeiten wird die Verzögerungskette unhandlich lang. In diesem Fall kann man die Impulsdauer mit einem Zähler bestimmen, der eine bestimmte Anzahl von Taktimpulsen abzählt wie bei den Vorwahlzählern in Kapitel 8.4 auf S. 696. Alternativ kann man Schaltungen verwenden, bei denen die Schaltzeiten durch RC-Glieder bestimmt werden.

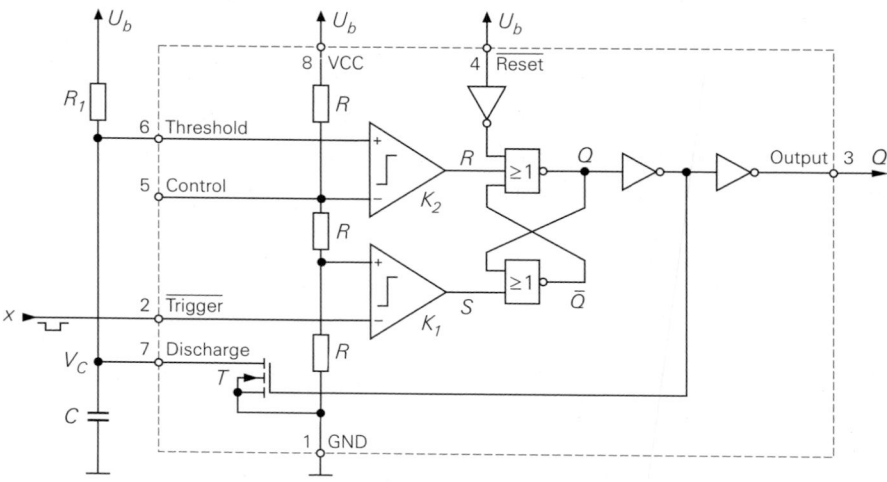

Einschaltdauer: $t_1 = R_1 C \ln 3 \approx 1,1\, R_1 C$

Abb. 14.13. Univibrator mit Timer. Die beiden Komparatoren bilden zusammen mit dem Flip-Flop
einen Schmitt-Trigger. Die eingetragenen Pinnummern gelten für Timer ICM7555

Bei der Schaltung in Abb. 14.13 wird ein Kondensator aufgeladen bis der obere Triggerpegel eines Schmitt-Triggers erreicht ist; dann wird das Flip-Flop zurückgesetzt, d.h.
der Ausgang geht wieder auf $Q = 0$. Der Transistor T wird dadurch leitend und entlädt
den Kondensator. Dieser Zustand bleibt erhalten, bis das Flip-Flop durch eine logische 0
am Trigger-Eingang 2 gesetzt wird. Die Einschaltdauer ist gleich der Zeit, die das Konden-
satorpotential benötigt, um von Null auf die obere Umschaltschwelle $\frac{2}{3} U_b$ anzusteigen.
Sie beträgt:

$$t_1 \;=\; R_1 C \ln 3 \approx 1,1\, R_1 C$$

Trifft während dieser Zeit ein neuer Triggerimpuls ein, bleibt das Flip-Flop gesetzt, er wird
also ignoriert. Abbildung 14.14 zeigt den Spannungsverlauf. Es lassen sich Schaltzeiten
von einigen Mikrosekunden bis zu einigen Minuten realisieren.

Das Entladen des Kondensators C nach Ablauf der Schaltzeit geht nicht beliebig schnell
vor sich, da der Kollektorstrom des Transistors begrenzt ist. Die Entladezeit wird als

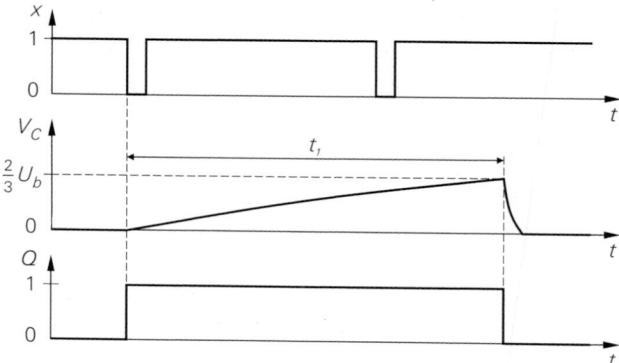

Abb. 14.14.
Spannungsverlauf im
Univibrator

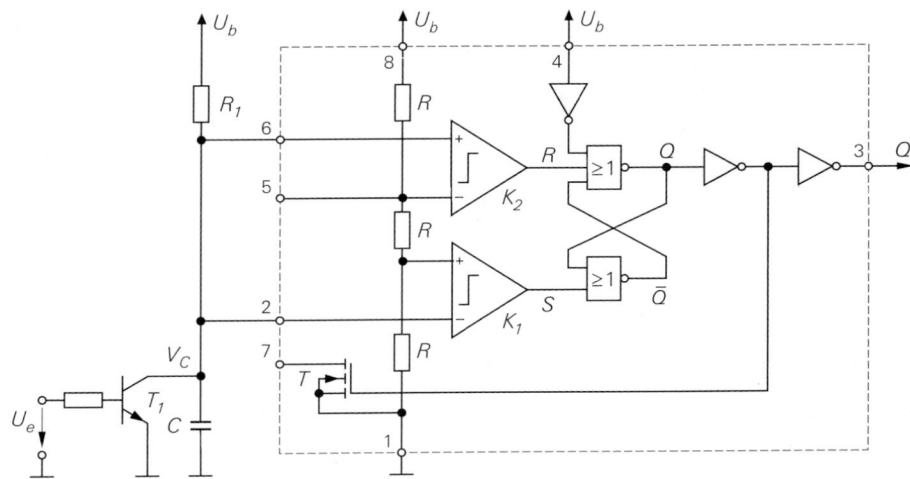

Einschaltdauer: $t_1 = R_1 C \ln 3 \approx 1,1\, R_1 C$

Abb. 14.15. Nachtriggerbarer Univibrator

Erholzeit bezeichnet. Trifft während dieser Zeit ein Trigger-Impuls ein, verkürzt sich die Schaltzeit, weil der Kondensator noch nicht vollständig entladen war. Dasselbe gilt, wenn der Triggerimpuls länger ist als die Schaltzeit.

Es gibt Fälle, in denen die Schaltzeit nicht wie bei der vorhergehenden Schaltung vom ersten Impuls einer Impulsfolge gezählt werden soll, sondern vom letzten. Univibratoren mit dieser Eigenschaft werden als nachtriggerbar bezeichnet. Eine dafür geeignete Schaltung ist in Abb. 14.15 dargestellt. Hier wird der Kondensator mit dem externen Transistors T_1 durch einen positiven Trigger-Impuls ausreichender Dauer entladen. Der Komparator K_1 setzt das Flip-Flop, und der Ausgang geht auf $Q = 1$. Trifft vor Ablauf der Schaltzeit ein neuer Trigger-Impuls ein, wird der Kondensator aufs Neue entladen; der Ausgang bleibt auf 1. Die Flip-Flop wird erst wieder über K_2 zurückgesetzt, wenn die Spannung

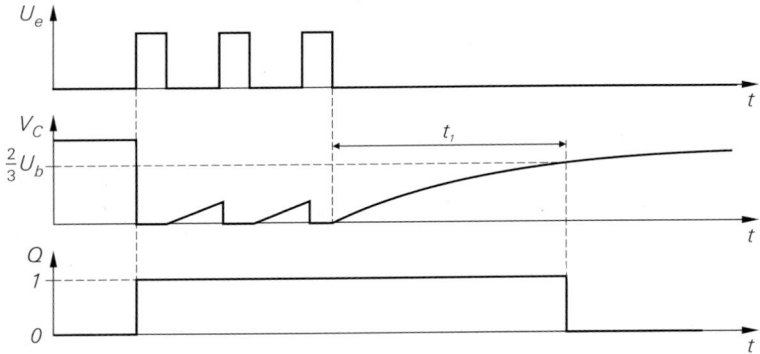

Abb. 14.16. Spannungsverlauf beim nachtriggerbaren Univibrator bei mehreren aufeinander folgenden Trigger-Impulsen

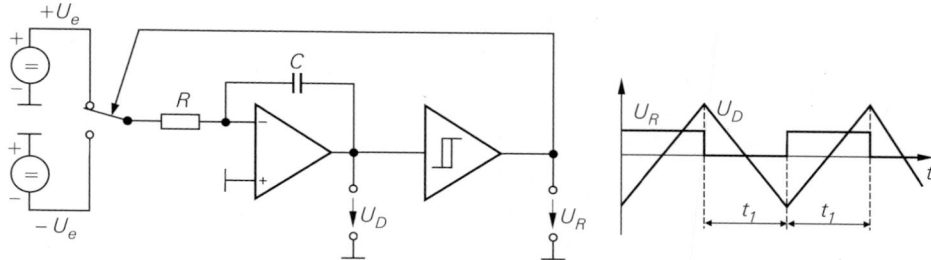

Abb. 14.17. Funktionsgenerator mit Integrator

am Kondensator bis auf $\frac{2}{3}U_b$ angestiegen ist. Das ist der Fall, wenn mindestens für die Zeit

$$t_1 = R_1 C \ln 3$$

kein neuer Trigger-Impuls eintrifft. Deshalb wird die Schaltung auch als „Missing Pulse Detector" bezeichnet. Der Spannungsverlauf ist in Abb. 14.16 für mehrere aufeinanderfolgende Trigger-Impulse aufgezeichnet.

14.3 Rechteckgeneratoren

Schaltungen, die selbsttätig eine Rechteckschwingung erzeugen, werden als Multivibratoren bezeichnet. Die meisten Schaltungen basieren auf einem Integrator mit nachfolgendem Schmitt-Trigger, der das Eingangssignal für den Integrator so umschaltet, dass sich die Ausgangsspannung des Integrators periodisch zwischen den Triggerpegeln auf und ab bewegt. Schaltungen, die neben dem Rechteck auch ein dreieckförmiges Signal erzeugen, werden auch als Funktionsgeneratoren bezeichnet.

14.3.1 Funktionsgeneratoren

Das Prinzip besteht darin, an einen Integrator eine konstante Spannung anzulegen, die entweder positiv oder negativ ist, je nachdem, in welche Richtung die Ausgangsspannung des Integrators gerade laufen soll. Erreicht die Ausgangsspannung des Integrators den Einschalt- bzw. Ausschaltpegel des nachgeschalteten Schmitt-Triggers, wird das Vorzeichen am Eingang des Integrators invertiert. Dadurch entsteht an dessen Ausgang eine dreieckförmige Spannung, die zwischen den Triggerpegeln hin und her läuft.

Es gibt zwei verschiedene Realisierungsmöglichkeiten, die sich in der Ausführung der Integration unterscheiden. Bei der Schaltung in Abb. 14.17 wird je nach Stellung des Analogschalters $+U_e$ bzw. $-U_e$ an einen Integrator gelegt. Bei der Schaltung in Abb. 14.18 wird der Strom $+I_e$ bzw. $-I_e$ über einen Analogschalter in den Kondensator C eingeprägt. Dadurch ergibt sich ebenfalls ein zeitlinearer Anstieg bzw. Abfall der Spannung. Um die dreieckförmige Spannung am Kondensator durch Belastung nicht zu verfälschen, benötigt man hier in der Regel einen Impedanzwandler. Der Vorteil dieser Methode besteht jedoch darin, dass sich der Impedanzwandler und der Strom-Umschalter leichter für höhere Frequenzen realisieren lassen.

Zu der einfachsten Ausführung gelangt man, wenn man von dem Prinzip in Abb. 14.17 ausgeht und die Ausgangsspannung des Schmitt-Triggers selbst als Eingangsspannung für den Integrator verwendet. Die entstehende Schaltung ist in Abb. 14.19 dargestellt. Der Schmitt-Trigger liefert eine konstante Ausgangsspannung, die der Integrator integriert.

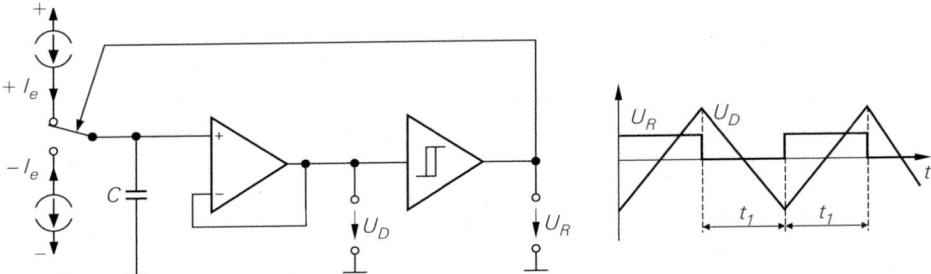

Abb. 14.18. Funktionsgenerator mit Stromquellen zur Integration

Erreicht seine Ausgangsspannung den Trigger-Pegel des Schmitt-Triggers, ändert die zu integrierende Spannung U_R momentan ihr Vorzeichen. Dadurch läuft der Ausgang des Integrators in umgekehrter Richtung, bis der andere Trigger-Pegel erreicht ist. Damit die positive und negative Steigung betragsmäßig gleich groß werden, muss der Komparator eine symmetrische Ausgangsspannung $\pm U_{R,max}$ besitzen. Dann ergibt sich nach Abb. 14.9 für die Dreieckschwingung eine Amplitude von:

$$\hat{U}_D = \frac{R_1}{R_2} U_{R,max}$$

Die Integrationszeit, die der Integrator benötigt, um von $-\hat{U}_D$ bis $\hat{U}_D$ zu laufen, beträgt:

$$t_1 = 2\frac{R_1}{R_2} RC \quad \Rightarrow \quad T = 2t_1 = 4\frac{R_1}{R_2} RC$$

Ein Beispiel für die praktische Ausführung des Stromschaltprinzips ist in Abb. 14.20 dargestellt. Der gesteuerte Stromschalter besteht aus den Transistoren T_1 bis T_3. Solange das Steuersignal $x = 0$ ist, wird der Kondensator über T_1 mit dem Strom I entladen. Wenn die Dreieckspannung den Wert -1 V unterschreitet, kippt der Schmitt-Trigger um, und es wird $x = 1$. Dadurch sperrt T_3, und die Stromquelle T_2 wird eingeschaltet. Sie liefert den doppelten Strom wie T_1, nämlich $2I$. Dadurch wird der Kondensator C mit dem Strom I aufgeladen, ohne dass T_1 abgeschaltet werden muss. Wenn die Dreieckspannung den oberen Triggerpegel von $+1$ V überschreitet, kippt der Schmitt-Trigger in den Zustand $x = 0$ zurück, und der Kondensator C wird wieder entladen. Der Zeitverlauf ist in Abb. 14.21 dargestellt. Die Schwingungsdauer wird durch die Zeit bestimmt, die der Strom I benötigt, um den Kondensator von $-U_1$ auf U_1 aufzuladen $t_1 = CU_1/I$. Daraus folgt die Frequenz:

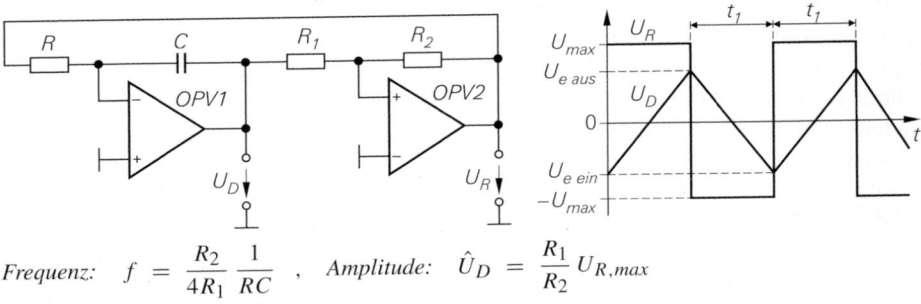

Frequenz: $\quad f = \dfrac{R_2}{4R_1}\dfrac{1}{RC}$, *Amplitude:* $\quad \hat{U}_D = \dfrac{R_1}{R_2} U_{R,max}$

Abb. 14.19. Einfacher Funktionsgenerator mit Integrator

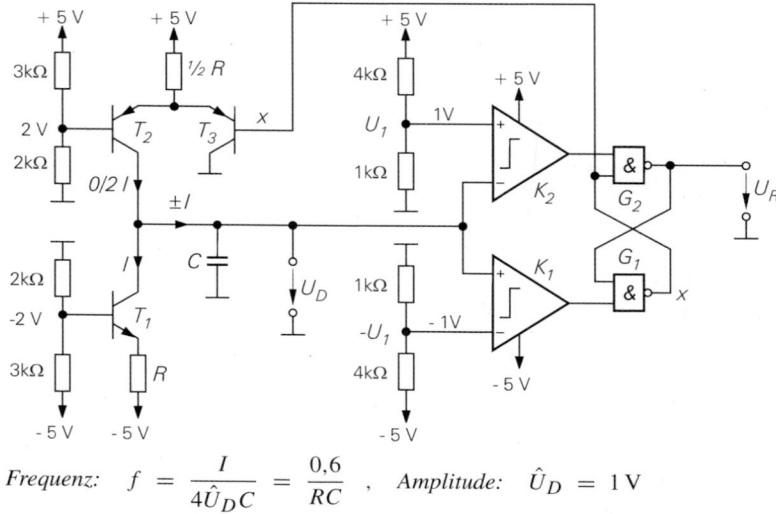

$$\text{Frequenz:} \quad f = \frac{I}{4\hat{U}_D C} = \frac{0{,}6}{RC} \quad , \quad \text{Amplitude:} \quad \hat{U}_D = 1\,\text{V}$$

Abb. 14.20. Schneller Funktionsgenerator mit Stromschalter

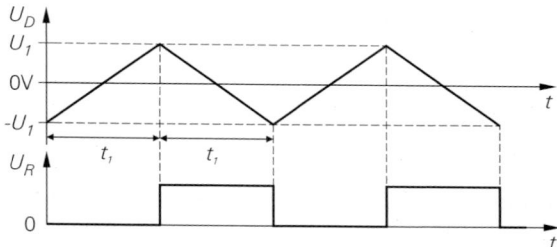

Abb. 14.21.
Signalverlauf im Funktionsgenerator mit Stromschaltern

$$f = \frac{1}{2t_1} = \frac{I}{2CU_1}$$

Den in Abb. 14.18 eingezeichneten Impedanzwandler benötigt man nur dann, wenn man die Dreieckspannung belasten möchte. Hier wurde darauf verzichtet, da die angeschlossenen Komparatoren hochohmig sind. An der angegebenen Gleichung für die Frequenz sieht man, dass sie proportional zum Strom I ist. Daher eignet sich die Schaltung gut zur Frequenzmodulation, wenn man den Strom linear mit dem Modulationssignal steuert.

14.3.2 Einfache Rechteckgeneratoren

Funktionsgeneratoren lassen sich auf einen Schmitt-Trigger reduzieren, wenn man auf den Integrator verzichtet und den Kondensator einfach über einen Widerstand auf- und entlädt. Dadurch ergibt sich allerdings kein linearer, sondern ein exponentieller Signalverlauf am Kondensator; das ist aber gleichgültig, wenn es nur darum geht, ein Rechtecksignal zu erzeugen.

14.3.2.1 Timer als Schmitt-Trigger

Der Multivibrator in Abb. 14.22 besteht aus einem Schmitt-Trigger, einem Entladetransistor T und den zeitbestimmenden Bauteilen R_1, R_2, C. Durch den internen Spannungsteiler R werden die Umschaltschwellen auf die Werte $\frac{1}{3} U_b$ bzw. $\frac{2}{3} U_b$ festgelegt. Wenn das Kon-

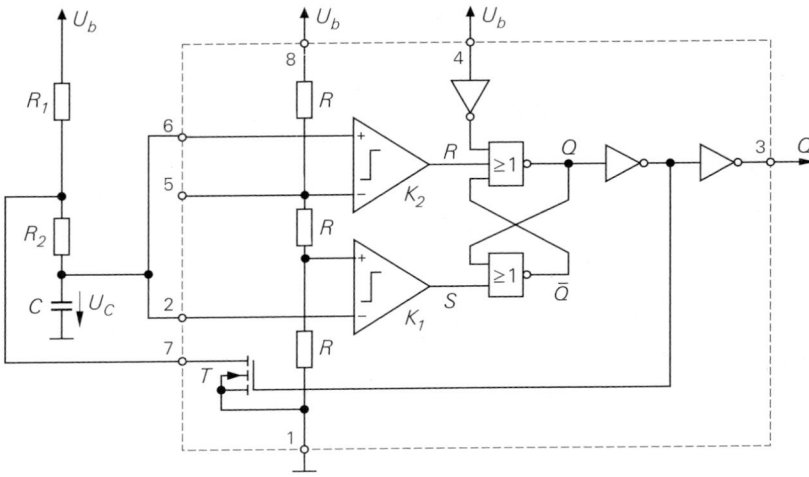

Schwingungsdauer: $T = (R_1 + 2R_2)C \ln 2 \approx 0{,}7 \cdot (R_1 + 2R_2)C$

Abb. 14.22. Multivibrator mit Timer. Die eingetragenen Pinnummern gelten für Timer ICM7555.

densatorpotential die obere Umschaltschwelle überschreitet, wird $R = 1$. Das Flip-Flop wird auf $Q = 0$ zurückgesetzt und der Transistor T wird leitend. Der Kondensator C wird dann über den Widerstand R_2 entladen, bis die untere Umschaltschwelle $\frac{1}{3} U_b$ erreicht ist. Dabei vergeht die Zeit:

$$t_2 = R_2 C \ln 2 \approx 0{,}693\, R_2 C$$

Beim Unterschreiten der Schwelle wird $S = 1$ und das Flip-Flop wird gesetzt, der Ausgang geht auf $Q = 1$, und der Transistor T sperrt. Die Aufladung des Kondensators erfolgt jetzt über die Reihenschaltung der Widerstände R_1 und R_2. Bis zum Erreichen der oberen Umschaltschwelle vergeht die Zeit:

$$t_1 = (R_1 + R_2)C \ln 2 \approx 0{,}693\, (R_1 + R_2)C$$

Die Zeit t_1 ist also immer größer als t_2. Daher lässt sich mit dieser Schaltung keine Symmetrische Rechteckschwingung erzeugen. Für die Frequenz erhält man:

$$f = \frac{1}{t_1 + t_2} \approx \frac{1{,}44}{(R_1 + 2R_2)C}$$

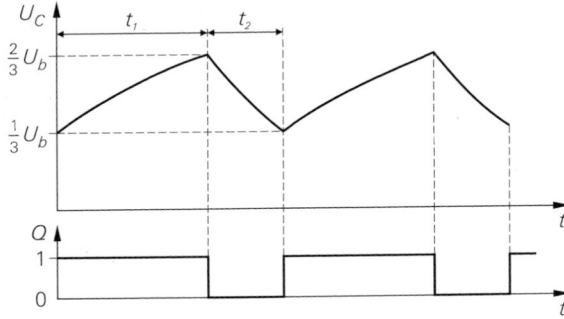

Abb. 14.23.
Spannungsverlauf beim
Multivibrator mit Timer

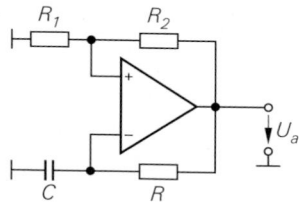
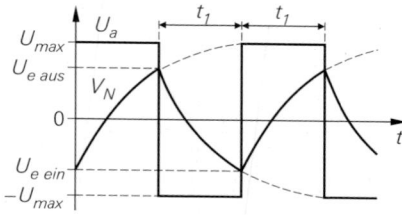

Abb. 14.24. Multivibrator mit OPV-Schmitt-Trigger

Der Spannungsverlauf ist in Abb. 14.23 aufgezeichnet. Mit Hilfe des Reset-Anschlusses Pin 4 kann man die Schwingung anhalten.

Wenn man über den Anschluss Pin 5 eine Spannung einspeist, kann man die Trigger-Pegel verschieben. Auf diese Weise lässt sich die Aufladezeit t_1 und damit die Frequenz des Multivibrators verändern. Ändert man das Potential $U_5 = \frac{2}{3} U_b$ um den Wert ΔU_5, ergibt sich die relative Frequenzänderung:

$$\frac{\Delta f}{f} \approx -3{,}3 \cdot \frac{R_1 + R_2}{R_1 + 2R_2} \cdot \frac{\Delta U_5}{U_b}$$

Bei nicht zu großem Spannungshub erhält man eine Frequenzmodulation mit passabler Linearität.

14.3.2.2 Operationsverstärker als Schmitt-Trigger

Bei dem Multivibrator in Abb. 14.24 wurde der Integrator in Abb. 14.17 einfach durch einen Tiefpass ersetzt. Wir nehmen einmal an, der Ausgang befinde sich wegen der Mitkopplung an der positiven Aussteuerungsgrenze $U_a = U_{max}$. Dann steigt die Spannung am Kondensator an bis die Triggerpegel

$$V_N = V_P = \frac{R_1}{R_1 + R_2} U_{max} = \alpha U_{max}$$

erreicht ist. Nach dem Erreichen des Triggerpegels springt der Ausgang des Schmitt-Triggers auf $- U_{max}$ und der Kondensator wird entladen bis der untere Triggerpegel erreicht wird. Zur Berechnung der Schwingungsdauer können wir die Differentialgleichung für V_N direkt aus der Schaltung entnehmen:

$$\frac{dV_N}{dt} = \frac{\pm U_{max} - V_N}{RC}$$

Mit der Randbedingung

$$V_N(t = 0) = U_{e,ein} = -\alpha U_{max}$$

erhalten wir die Lösung:

$$V_N(t) = U_{max}\left[1 - (1 + \alpha)e^{-\frac{t}{RC}}\right]$$

Der Triggerpegel $U_{e,aus} = \alpha U_{max}$ wird nach der Zeit

$$t_1 = RC \ln \frac{1 + \alpha}{1 - \alpha} = RC \ln\left(1 + \frac{2R_1}{R_2}\right)$$

erreicht. Die Schwingungsdauer beträgt demnach:

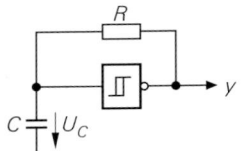 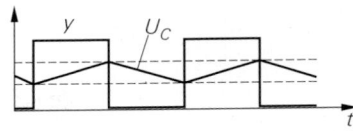

Abb. 14.25. Multivibrator mit Schmitt-Trigger Gatter

$$ T \;=\; 2\,t_1 \;=\; 2RC \ln\left(1 + \frac{2R_1}{R_2}\right) \overset{R_1=R_2}{=} 2RC \ln 3 \;\approx\; 2{,}2\,RC $$

Operationsverstärker besitzen eine interne Frequenzgangkorrektur, die hier die Schalt-zeiten unnötig erhöht. Deshalb ist es für höhere Frequenzen vorteilhaft, stattdessen Komparatoren einzusetzen.

14.3.2.3 Gatter als Schmitt-Trigger

Eine besonders einfache Möglichkeit zur Realisierung eines Multivibrators besteht in der Verwendung eines Schmitt-Trigger Gatters gemäß Abb. 14.25. Hier wird der Kondensator C über den Widerstand R bis zum Ausschaltpegel des Schmitt-Triggers aufgeladen und anschließend wieder bis zum Einschaltpegel entladen. Man erkennt in Abb. 14.25, dass die Spannung am Kondensator zwischen den Triggerpegeln hin und her pendelt. Die Frequenzgenauigkeit und Frequenzstabilität dieser Schaltung ist allerdings schlechter als bei den vorhergehenden Schaltungen.

14.3.3 Rechteckgeneratoren mit hoher Frequenzgenauigkeit

Die Frequenzgenauigkeit der beschriebenen Rechteckgeneratoren ist schlecht, da sie von den Toleranzen von Widerständen und Kondensatoren abhängt und darüber hinaus auch noch Schaltzeiten der aktiven Bauelemente. Hohe Frequenzgenauigkeit lässt sich am einfachsten mit Quarz-Oszillatoren erreichen, die in Kap. 26.3 beschrieben werden. Allerdings ist der damit direkt realisierbare Frequenzbereich auf Werte zwischen $1 \ldots 20\,\text{MHz}$ beschränkt. Eine Ausnahme bilden lediglich die 32 kHz-Quarze für Uhren. Wenn man niedrigere Frequenzen benötigt, schaltet man einen digitalen *Frequenzteiler* nach in Form eines Zählers. Dieses Prinzip ist in Abb. 14.26 dargestellt. Damit die Frequenzteiler möglichst einfach werden, bevorzugt man Dualzähler, die durch Zweierpotenzen teilen. Einige Beispiele sind in Abb. 14.27 zusammengestellt.

gewünschte Frequenz	Quarz-Frequenz	Teiler-faktor
1 Hz	32,768 kHz	2^{15}
1 kHz	1,024 MHz	2^{10}
1 kHz	16,384 MHz	2^{14}
100 kHz	12,800 MHz	2^{7}
1 MHz	16,000 MHz	2^{4}

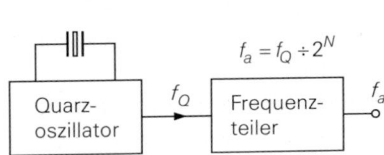

Abb. 14.26.
Blockschaltbild zur Erzeugung genauer Frequenzen

Abb. 14.27.
Beispiele für Teilerfaktoren

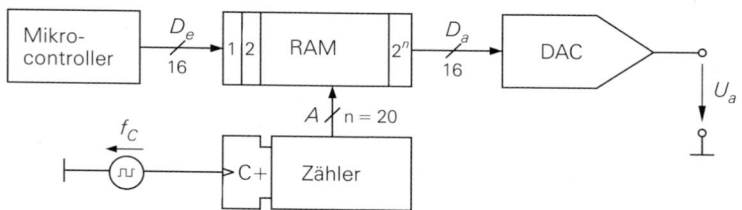

Abb. 14.28. Arbiträrgenerator (Arbitrary Waveform Generator AWG). Die angegebenen Wortbreiten sind lediglich Beispiele. Das RAM hat hier eine Größe von 2 MByte.

Zur Erzeugung hoher Frequenzen mit hoher Frequenzgenauigkeit, die man in der Nachrichtentechnik benötigt, setzt man ebenfalls Quarz-Oszillatoren ein zusammen mit einem Phase Locked Loop (PLL) zur *Frequenzvervielfachung*, siehe Kapitel 27.

14.4 Sinusschwingungen

Früher hat man niederfrequente Sinusschwingungen mit einem Funktionsgenerator erzeugt, indem man das Dreiecksignal an den Spitzen abgeflacht hat. Dazu hat man meist ein Diodennetzwerk eingesetzt. Die gebräuchlichste Schaltung war der MAX 038 von Maxim; damit konnte man Sinus-, Dreieck- und Rechtecksignale im Frequenzbereich von 1 Hz...1 MHz erzeugen bei Klirrfaktoren von 1%. Heutzutage generiert man die Sinusschwingung digital und erzeugt dann das Analogsignal mit einem DA-Umsetzer. Auf diese Weise lassen sich Sinusschwingungen mit hoher Qualität von beliebig niedrigen Frequenzen bis zu mehreren Gigahertz erzeugen.

14.4.1 Generator für beliebige Signale

Bei einem Generator für beliebige Signale (Arbitrary Waveform Generator AWG) wird die gewünschte Signalform - z.B. ein Sinus - von einem Microcontroller einmal berechnet und in ein RAM geschrieben. Danach wird der Inhalt des RAMs ausgegeben, indem ein Zähler den Adressraum periodisch hochzählt. Das Blockschaltbild in Abb. 14.28 zeigt das Prinzip. Der DA-Umsetzer erzeugt das analoge Ausgangssignal. Bei einer Wortbreite von 16 Bit erzielt man einen theoretischen Signal-Rausch-Abstand von 96 dB.

Die Frequenz des Ausgangssignals wird natürlich durch die Taktfrequenz f_C bestimmt, mit der der Zähler hochzählt. Darüber hinaus hängt sie aber auch davon ab, wie viele Perioden der Sinusschwingung bei der Initialisierung in das RAM geschrieben wurden und ob das RAM ganz oder nur bis zu einer bestimmten Adresse hochgezählt wird, die kleiner als 2^n ist. Wichtig ist dabei in jedem Fall, dass der letzte ausgegebene Wert mit dem ersten ohne Stoßstelle aneinander anschließt. Die maximale Ausgangsfrequenz ergibt sich, wenn man im Wechsel den positiven und negativen Scheitelwert der Sinusschwingung ausgibt. In diesem Fall erhält man ein Rechtecksignal mit der Frequenz $f_C/2$.

Man muss das RAM natürlich nicht unbedingt mit einem Sinussignal beschreiben, sondern man kann z.B. auch ein Dreieck- oder Sägezahn-Signal abspeichern, um die von einem Funktionsgenerator gewohnten Signale zu erzeugen. Darüber hinaus kann man das RAM meist auch von außen mit beliebigen Testsignalen beschreiben, die man z.B. mit einem PC berechnet. Daher rührt der Name Arbiträrgenerator (*Arbitrary Waveform Generator, AWG*).

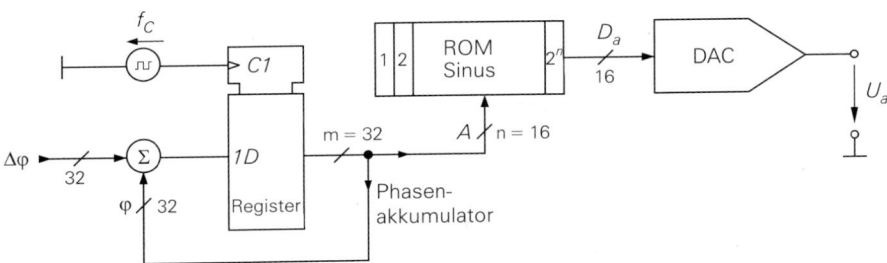

Abb. 14.29. Direkte Digitale Synthese, DDS. Die angegebenen Wortbreiten sind lediglich Beispiele. Das ROM hat hier eine Größe von 128 kByte

14.4.2 Direkte Digitale Synthese

Bei der Direkten Digitalen Synthese (DDS) in Abb. 14.29 wird die Sinusfunktion permanent in einem ROM gespeichert. Die Adresse stellt hier gleichzeitig die Phase der Sinusschwingung dar. Im Unterschied zum Arbiträrgenerator wird die Phase hier nicht mit einem Zähler erzeugt, sondern mit einem Akkumulator, der aus einem Register und einem Addierer besteht; dadurch wird die aktuelle Phase φ bei jedem Takt um das Phaseninkrement $\Delta\varphi$ erhöht. Der Wert von $\Delta\varphi$ lässt sich von außen vorgeben; er bestimmt die Frequenz des Ausgangssignals:

$$f = \frac{\Delta\varphi}{2^m} f_C \qquad (14.1)$$

Die niedrigste Frequenz erhält man für $\Delta\varphi = 1$; dann ist $f = f_C/2^m$. Die höchste Frequenz ergibt sich für $\Delta\varphi = 2^{m-1}$; dann ist $f = f_C/2$; am Ausgang erhält man dann ein Rechteck mit der halben Taktfrequenz. In diesem Fall werden also nicht alle Werte der Tabelle ausgegeben, sondern nur die beiden Scheitelwerte; alle dazwischen liegenden Werte werden übersprungen. Um eine hohe Frequenzgenauigkeit und -Stabilität zu erreichen, verwendet man einen Quarz-Oszillator mit fester Frequenz als Taktgenerator. Um die Frequenz trotzdem fein einstellen zu können, gibt man dem Phasenakkumulator eine Wortbreite, die deutlich größer ist als der Adressraum der Sinus-Tabelle. Für die Adressierung der Tabelle verwendet man nur die obersten Bits der Phase φ.

Um die Tabelle möglichst effizient zu gestalten, speichert man hier keine ganze Sinusschwingung, sondern lediglich einen Quadranten, also die Funktionswerte von $0 \ldots 90°$. Die übrigen Werte ergeben sich, indem man die Tabelle rückwärts ausliest oder das Vorzeichen invertiert.

Eine Frequenzmodulation ist bei dem DDS-Verfahren besonders einfach: man muss lediglich die Sprungweite $\Delta\varphi$ umschalten, wie man in (14.1) erkennt. Auch eine Phasenmodulation ist auf einfache Weise möglich; dazu schaltet man einen Addierer vor den Adresseingang der Tabelle, mit dem man beliebige Winkel addieren kann. Zur Amplitudenmodulation schaltet man einen Multiplizierer zwischen die Tabelle und den Digital-Analog-Umsetzer. Für einfache Anwendungen sind vollständige DDS-Generatoren als integrierte Schaltungen erhältlich, z.B. von Analog Devices. Im allgemeinen Fall realisiert man einen DDS-Generator in einem FPGA mit einem externen DA-Umsetzer.

Kapitel 15:
Leistungsverstärker

Leistungsverstärker sind Schaltungen, bei denen eine hohe Ausgangsleistung im Vordergrund steht und die Spannungsverstärkung eine untergeordnete Rolle spielt. Sie bestehen aus zwei Teilen:

- Aus der Leistungsendstufe, die die erforderlichen Ströme erzeugt, aber meist selbst keine Spannungsverstärkung besitzt
- Einem Vorverstärker, der eine Gegenkopplung ermöglicht, um die die Verzerrungen der Leistungsendstufe zu reduzieren.

Ausgangsspannung und Ausgangsstrom sollen sowohl positive als auch negative Werte annehmen können. Leistungsverstärker, bei denen der Ausgangsstrom nur ein Vorzeichen besitzt, werden als Netzgeräte bezeichnet und im Kapitel 16 auf S. 927 behandelt.

15.1 Emitterfolger als Leistungsverstärker

Die Funktionsweise des Emitterfolgers haben wir bereits in Kapitel 2.4.2 auf S. 138 beschrieben. Nun wollen wir einige Daten berechnen, die bei der Anwendung als Leistungsverstärker besonders interessant sind. Dazu berechnen wir zunächst denjenigen Verbraucherwiderstand, bei dem die Schaltung in Abb. 15.1 die größte Leistung unverzerrt abgibt: Steuert man den Ausgang nach Minus aus, liefert R_L einen Teil des Stroms durch R_E. Die Aussteuerungsgrenze ist erreicht, wenn der Strom durch den Transistor Null wird. Das ist bei der Ausgangsspannung

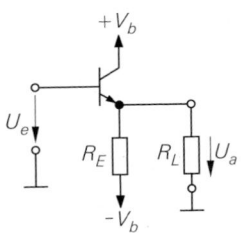

Spannungsverstärkung:	$A \approx 1$
Stromverstärkung bei Leistungsanpassung:	$A_i = \dfrac{1}{2}\beta$
Verbraucherwiderstand für Leistungsanpassung:	$R_L = R_E$
Ausgangsleistung bei Leistungsanpassung und sinusförmiger Vollaussteuerung:	$P_{L\,max} = \dfrac{V_b^2}{8R_E}$
Maximaler Wirkungsgrad:	$\eta_{max} = \dfrac{P_{v\,max}}{P_{ges}} = 6{,}25\,\%$
Maximale Verlustleistung des Transistors:	$P_T = \dfrac{V_b^2}{R_E} = 8P_{v\,max}$

Abb. 15.1. Emitterfolger als Leistungsverstärker

$$U_{a\,\text{min}} = -\frac{R_L}{R_E + R_L} \cdot V_b$$

der Fall. Will man den Ausgang sinusförmig um 0 V aussteuern, darf die Amplitude der Ausgangsspannung den Wert

$$\hat{U}_{a\,\text{max}} = \frac{R_L}{R_E + R_L} \cdot V_b$$

nicht überschreiten wie man in Abb. 2.94 auf S. 140 erkennt. Die an R_L abgegebene Leistung beträgt in diesem Fall

$$P_L = \frac{1}{2} \frac{\hat{U}_{a\,\text{max}}^2}{R_L} = \frac{V_b^2 R_L}{2(R_E + R_L)^2}.$$

Aus $\frac{dP_L}{dR_L} = 0$ folgt, dass sich für $R_L = R_E$ die maximale Ausgangsleistung

$$P_{L\,\text{max}} = \frac{V_b^2}{8R_E}$$

ergibt. Dieses Ergebnis ist insofern überraschend, als man normalerweise erwarten würde, dass die Ausgangsleistung maximal wird, wenn der Verbraucherwiderstand gleich dem Innenwiderstand r_a der Spannungsquelle ist. Dies gilt jedoch nur bei konstanter Leerlaufspannung: dieser Fall liegt hier nicht vor, da man die Leerlaufspannung um so kleiner machen muss, je kleiner R_L ist.

Nun wollen wir für beliebige Ausgangsamplituden und Verbraucherwiderstände die Aufteilung der Leistung in der Schaltung berechnen. Bei sinusförmigem Spannungsverlauf wird an den Verbraucherwiderstand R_L die Leistung

$$P_L = \frac{1}{2} \frac{\hat{U}_a^2}{R_L}$$

abgegeben. Für die Verlustleistung des Transistors ergibt sich

$$P_T = \frac{1}{T} \int_0^T (V_b - U_a(t)) \left(\frac{U_a(t)}{R_L} + \frac{U_a(t) + V_b}{R_E} \right) dt.$$

Mit $U_a(t) = \hat{U}_a \sin \omega t$ folgt:

$$P_T = \frac{V_b^2}{R_E} - \frac{1}{2} \hat{U}_a^2 \left(\frac{1}{R_L} + \frac{1}{R_E} \right).$$

Die Verlustleistung im Transistor ist also ohne Eingangssignal am größten. Für die Leistung in R_E erhält man analog

$$P_E = \frac{V_b^2}{R_E} + \frac{1}{2} \frac{\hat{U}_a^2}{R_E}.$$

Die Schaltung nimmt von den Betriebsspannungsquellen also die Gesamtleistung

$$P_{\text{ges}} = P_L + P_T + P_E = 2 \frac{V_b^2}{R_E}$$

auf. Wir erhalten damit das erstaunliche Ergebnis, dass die aufgenommene Leistung der Schaltung unabhängig von Aussteuerung und Ausgangsleistung konstant bleibt, solange

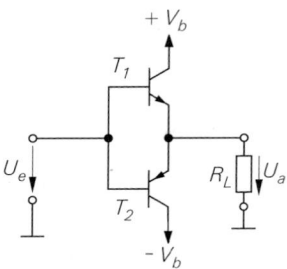

Spannungsverstärkung: $A \approx 1$
Stromverstärkung: $A_i = \beta$

Ausgangsleistung bei sinusförmiger Vollaussteuerung: $P_L = \dfrac{V_b^2}{2R_L}$

Wirkungsgrad bei sinusförmiger Aussteuerung: $\eta = \dfrac{P_L}{P_{ges}} = \dfrac{\hat{U}_a}{V_b} \; 78,5\,\%$

Maximale Verlustleistung in einem Transistors: $P_{T1} = P_{T2} = \dfrac{V_b^2}{\pi^2 R_L} = 0{,}2P_L$

Abb. 15.2. Komplementärer Emitterfolger

die Schaltung nicht übersteuert wird. Der Wirkungsgrad η ist definiert als das Verhältnis von erhältlicher Ausgangsleistung zu aufgenommener Leistung. Mit den Ergebnissen für $P_{L\,max}$ und P_{ges} folgt für den maximalen Wirkungsgrad $\eta_{max} = \frac{1}{16} = 6{,}25\%$. Zwei Merkmale sind für diese Schaltung charakteristisch:

1) Der Strom durch den Transistor wird nie Null.
2) Die von der Schaltung aufgenommene Gesamtleistung ist konstant, unabhängig von der Ausleistung.

Dies sind die Kennzeichen des *A-Betriebs*.

15.2 Komplementäre Emitterfolger

Bei dem Emitterfolger in Abb. 15.1 wurde die Ausgangsleistung dadurch beschränkt, dass über R_E nur ein begrenzter Ausgangsstrom fließen konnte. Wesentlich größere Ausgangsleistung und besseren Wirkungsgrad kann man erzielen, wenn man R_E wie in Abb. 15.2 durch einen weiteren Emitterfolger ersetzt.

15.2.1 Komplementäre Emitterfolger in B-Betrieb

Bei positiven Eingangsspannungen arbeitet T_1 als Emitterfolger, und T_2 sperrt; bei negativen Eingangsspannungen ist es umgekehrt. Die Transistoren sind also abwechselnd je eine halbe Periode leitend. Eine solche Betriebsart wird als *Gegentakt-B-Betrieb* bezeichnet. Für $U_e = 0$ sperren beide Transistoren. Daher nimmt die Schaltung keinen Ruhestrom auf. Der aus der positiven bzw. negativen Betriebsspannungsquelle entnommene Strom ist gleich dem Ausgangsstrom. Man erkennt schon qualitativ, dass die Schaltung einen wesentlich besseren Wirkungsgrad besitzen wird als der normale Emitterfolger. Ein weiterer Unterschied ist, dass man den Ausgang bei jeder Belastung zwischen $\pm V_b$ aussteuern kann, da die Transistoren den Ausgangsstrom nicht begrenzen. Die Differenz zwischen Eingangs-

und Ausgangsspannung ist gleich der Basis-Emitter-Spannung des jeweils leitenden Transistors. Sie ändert sich bei Belastung nur wenig. Daher ist $U_a \approx U_e$, unabhängig von der Belastung. Die Ausgangsleistung ist umgekehrt proportional zu R_L und besitzt keinen Extremwert. Es gibt bei dieser Schaltung also keine Leistungsanpassung. Die maximale Ausgangsleistung wird vielmehr durch die zulässigen Spitzenströme und die maximale Verlustleistung der Transistoren bestimmt. Bei sinusförmiger Aussteuerung beträgt die Ausgangsleistung

$$P_L = \frac{\hat{U}_a^2}{2R_L}.$$

Nun wollen wir die in T_1 auftretende Verlustleistung P_{T1} berechnen; die Verlustleistung in T_2 ist wegen der Symmetrie der Schaltung genauso groß.

$$P_{T1} = \frac{1}{T} \int_0^{T/2} (V_b - U_a(t)) \frac{U_a(t)}{R_L} \, dt.$$

Mit $U_a(t) = \hat{U}_a \sin \omega t$ folgt:

$$P_{T1} = \frac{1}{R_L} \left(\frac{\hat{U}_a V_b}{\pi} - \frac{\hat{U}_a^2}{4} \right).$$

Der Wirkungsgrad der Schaltung beträgt damit:

$$\eta = \frac{P_L}{P_{\text{ges}}} = \frac{P_L}{2P_{T1} + P_L} = \frac{\pi}{4} \cdot \frac{\hat{U}_a}{V_b} \approx 0{,}785 \frac{\hat{U}_a}{V_b} \tag{15.1}$$

Er ist also proportional zur Ausgangsamplitude und erreicht bei Vollaussteuerung ($\hat{U}_a = V_b$) einen Wert von $\eta_{\max} = 78{,}5\%$. Die Verlustleistung der Transistoren erreicht ihr Maximum nicht bei Vollaussteuerung, sondern bei

$$\hat{U}_a = \frac{2}{\pi} V_b \approx 0{,}64 \, V_b.$$

Dies erhält man unmittelbar aus der Beziehung

$$\frac{dP_{T1}}{d\hat{U}_a} = 0.$$

Die Verlustleistung beträgt in diesem Fall pro Transistor

$$P_{T\,\max} = \frac{1}{\pi^2} \frac{V_b^2}{R_L} \approx 0{,}1 \frac{V_b^2}{R_L} \tag{15.2}$$

Den Verlauf von Ausgangsleistung, Verlustleistung und Gesamtleistung zeigt Abb. 15.3 als Funktion der Aussteuerung. Man erkennt, dass die aufgenommene Leistung

$$P_{\text{ges}} = 2P_{T1} + P_L = \frac{2V_b}{\pi R_L} \hat{U}_a \approx 0{,}64 \frac{V_b}{R_L} \hat{U}_a$$

proportional zur Ausgangsamplitude ist. Dies ist das Kennzeichen des *B-Betriebs*.

Wie oben beschrieben, ist jeweils nur ein Transistor leitend. Dies gilt jedoch nur bei Frequenzen der Eingangsspannung, die klein gegenüber der Transitfrequenz der verwendeten Transistoren sind. Ein Transistor benötigt eine gewisse Zeit, um vom leitenden in

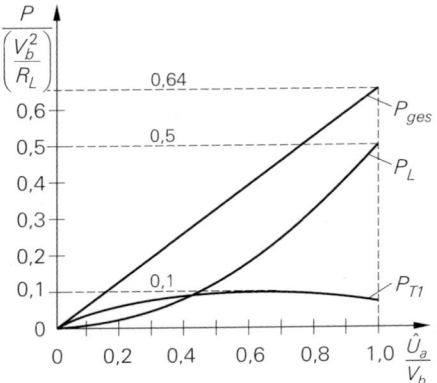

Abb. 15.3.
Leistungsaufteilung in Abhängigkeit von der
Ausgangsamplitude

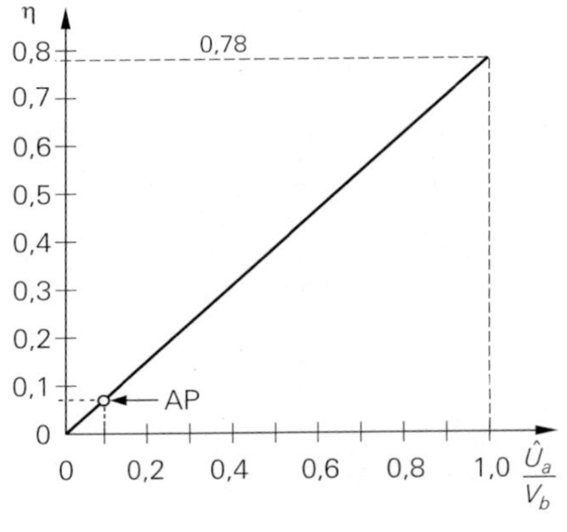

Abb. 15.4.
Abhängigkeit des Wirkungsgrads von der
Ausgangsamplitude. AP = typischer Arbeits-
punkt bei Musikwiedergabe.

den gesperrten Zustand überzugehen. Unterschreitet die Schwingungsdauer der Eingangsspannung diese Zeit, können beide Transistoren gleichzeitig leitend werden. Dann können
sehr hohe Ströme von $+V_b$ nach $-V_b$ durch beide Transistoren fließen, die zur momentanen Zerstörung führen können. Schwingungen mit diesen kritischen Frequenzen können
in gegengekoppelten Verstärkern auftreten oder auch schon dann, wenn man die Emitterfolger kapazitiv belastet. Zum Schutz der Transistoren sollte man eine Strombegrenzung
vorsehen.

15.2.2 Komplementäre Emitterfolger

Abbildung 15.5 zeigt die Übertragungskennlinie der Schaltung für Gegentakt-B-Betrieb in
Abb. 15.2. In einem Eingangsspannungsbereich von $\pm 0{,}7\,\text{V}$ sperren beide Transistoren;
deshalb ist die Ausgangsspannung in diesem Bereich praktisch Null. Erst bei größeren

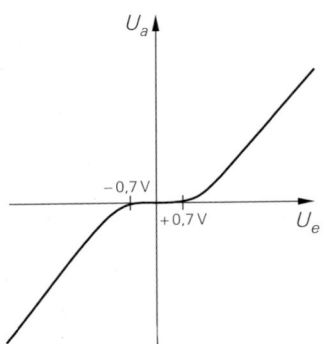

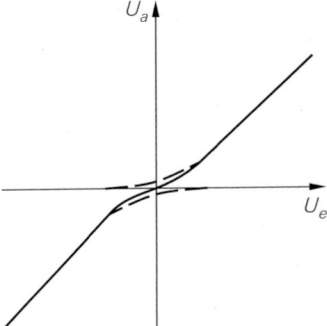

Abb. 15.5.
Übernahmeverzerrungen bei Gegentakt-
B-Betrieb

Abb. 15.6.
Übernahmeverzerrungen bei Gegentakt-AB-
Betrieb

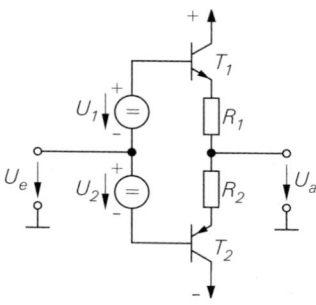

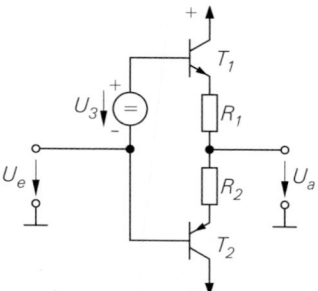

Abb. 15.7.
Einstellung des AB-Betriebs mit zwei Hilfsspannungen

Abb. 15.8.
Einstellung des AB-Betriebs mit einer einzigen Hilfsspannung

Eingangsspannungen ergibt sich ein linearer Spannungsverlauf. Die damit verbundenen Verzerrungen der Ausgangsspannung werden als *Übernahmeverzerrungen* bezeichnet. Sie lassen sich reduzieren, wenn man den beiden Transistoren eine Vorspannung gibt damit ein kleiner Ruhestrom fließt. Man erkennt an der resultierenden Übertragungskennlinie in Abb. 15.6, dass sich die Übernahmeverzerrungen dadurch beträchtlich reduzieren. Gestrichelt eingezeichnet sind die Übertragungskennlinien der Einzel-Emitterfolger. Macht man den Ruhestrom so groß wie den maximalen Ausgangsstrom, würde man eine solche Betriebsart analog zu Abb. 15.1 als Gegentakt-A-Betrieb bezeichnen. Die Übernahmeverzerrungen verkleinern sich jedoch schon beachtlich, wenn man nur einen Ruhestrom fließen lässt, der einen kleinen Bruchteil des maximalen Ausgangsstroms beträgt. Eine solche Betriebsart heißt Gegentakt-AB-Betrieb. Die Übernahmeverzerrungen werden bei Gegentakt-AB-Betrieb schon so klein, dass man sie durch Gegenkopplung über einen Vorverstärker leicht auf nicht mehr störende Werte heruntersetzen kann.

Zusätzliche Verzerrungen können entstehen, wenn die Stromverstärkung der beiden Leistungstransistoren verschieden groß ist. Dann werden positive und negative Signale bei hochohmigen Quellen verschieden verstärkt. Glücklicher Weise betreibt man komplementäre Emitterfolger immer in gegengekoppelten Schaltungen in denen derartige Fehler weitgehend reduziert werden.

In Abb. 15.7 ist die Prinzipschaltung zur Realisierung des AB-Betriebs dargestellt. Um einen kleinen Ruhestrom fließen zu lassen, legt man eine Vorspannung von ca. 1,4 V zwischen den Basisanschlüsse von T_1 und T_2 an. Wenn die beiden Spannungen U_1 und U_2 gleich groß sind, wird das Ausgangsruhepotential ungefähr gleich dem Eingangsruhepotential. Man kann die Vorspannung auch wie in Abb. 15.8 mit nur einer Spannungsquelle $U_3 = U_1 + U_2$ erzeugen. In diesem Fall tritt zwischen Eingang und Ausgang eine Potentialdifferenz von ca. 0,7 V auf.

Zur Erzeugung der Vorspannung kann man die Transdioden T_3, T_4 in Abb. 15.9 oder die Emitterfolger T_3, T_4 in Abb. 15.10 einsetzen. Wenn sie sich auf demselben Chip wie die Leistungstransistoren befinden, ist auch die Temperaturkompensation gewährleistet. Gleichzeitig ist dann auch der Ruhestrom durch die Endstufentransistoren T_1, T_2 definiert. Wenn Sie die Fläche kA besitzen fließt hier auch der Strom $k I_1$.

Die Wahl des Ruhestroms I_1 erfordert besondere Beachtung. Er muss den erforderlichen Basisstrom für die Leistungstransistoren liefern, also $I_1 > I_{a\,max}/B$. Bei einem ma-

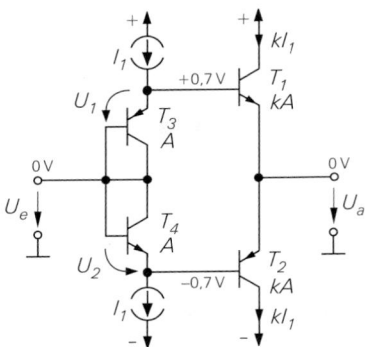

Abb. 15.9.
Vorspannungserzeugung mit Transdioden

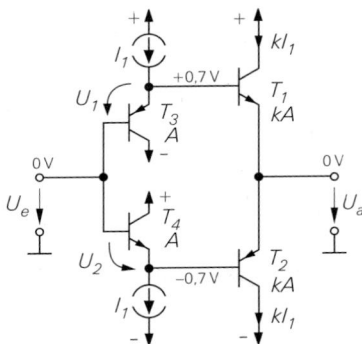

Abb. 15.10.
Vorspannungserzeugung mit Emitterfolgern

ximalen Ausgangsstrom von 1 A und einer Stromverstärkung von $B = 50$, muss demnach $I_1 > 20\,\text{mA}$ gewählt werden. Zusätzlich müssen noch die Transistor- und Schaltkapazitäten vom Strom I_1 umgeladen werden. Um schnell zu schalten, wären dazu Ströme von $I_1 = 100\,\text{mA}$ erforderlich. Bei kleineren Ruheströmen muss man entsprechende Kompromisse mit der Geschwindigkeit schließen.

Bei der Vorspannungserzeugung mit Transdioden in Abb. 15.9 muss die Eingangsspannungsquelle diese Ströme liefern. Bei der Vorspannungserzeugung mit den Emitterfolgern in Abb. 15.10 sind die erforderlichen Signalströme am Eingang um die Stromverstärkung von T_3, T_4 also um den Faktor $\beta \approx 100$ niedriger. Die Stromquellen I_1 müssen aber auch hier die Basisströme der Endstufentransistoren bereitstellen. Weitere Gesichtspunkte für die Kopplung der Endstufe mit dem Vorverstärkern finden Sie auch im Kapitel 5.2.2.2 auf Seite 523.

15.3 Komplementäre Darlington-Schaltungen

Mit den bisher beschriebenen Schaltungen kann man Ausgangsströme bis zu einigen hundert Milliampere erhalten. Will man höhere Ausgangsströme entnehmen, benötigt man Transistoren mit höherer Stromverstärkung. Solche Transistoren kann man aus zwei Einzeltransistoren zusammensetzen, indem man sie als Darlington-Schaltung oder Komplementär-Darlington-Schaltung betreibt. Diese Schaltungen und ihre Daten haben wir bereits in Kapitel 2.4.4 auf S. 166 kennen gelernt. Abb. 15.11 zeigt die Grundschaltung eines Darlington-Leistungsverstärkers. Die Darlington-Schaltungen bestehen aus den Transistoren T_1 und T_1' bzw. T_2 und T_2'.

Die Widerstände R_1 und R_2 dienen als Ableitwiderstände für die in der Basis der Ausgangstransistoren gespeicherte Ladung. Je niederohmiger sie sind, desto schneller können die Ausgangstransistoren gesperrt werden. Dies ist von besonderer Bedeutung, weil sonst beim Vorzeichenwechsel der Eingangsspannung der eine Transistor bereits leitend wird, bevor der andere sperrt. Auf diese Weise kann ein großer Querstrom durch die Endstufe fließen und durch „Secondary Breakdown" die sofortige Zerstörung eintreten. Dieser Effekt ist für die erreichbare Großsignal-Bandbreite maßgebend.

Mitunter möchte man in der Endstufe nur npn Leistungstransistoren einsetzen, weil sie sich leichter in integrierten Schaltungen herstellen lassen. Zu diesem Zweck er-

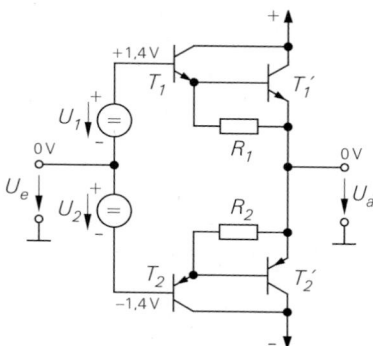

Abb. 15.11.
Komplementäre Darlington-Schaltungen

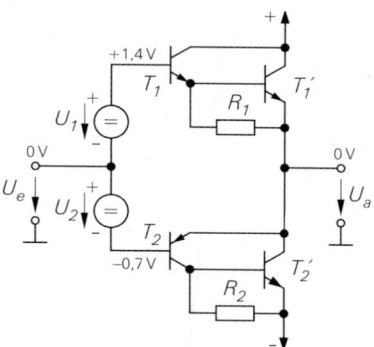

Abb. 15.12.
Quasikomplementäre Darlington-Schaltungen

setzt man die Darlington-Schaltung T_2, T_2' in Abb. 15.11 durch eine Komplementär-Darlington-Schaltung, wie sie in Abb. 2.118b auf S. 167 gezeigt wurde. Die entstehende Schaltung in Abb. 15.12 wird als *quasi-komplementärer* Emitterfolger bezeichnet. Die Komplementär-Darlington-Schaltung T_2, T_2' benötigt allerdings eine Vorspannung von lediglich $U_2 = 0,7$ V. Natürlich kann man auch hier die beiden Hilfsspannungsquellen zu einer einzigen zusammenfassen. Der entstehende Spannungsversatz zwischen Eingang und Ausgang wird automatisch kompensiert, wenn die Leistungsendstufe in einem gegengekoppelten Verstärker eingesetzt wird.

Die Komplementär-Darlingtonschaltung in Abb. 15.12 sollte man aber nur einsetzen, wenn es wirklich keine andere Lösung gibt. Bei den Transistoren T_2 und T_2' handelt es sich nämlich um einen zweistufigen Verstärker, bei dem jeder Transistor in Emitterschaltung betrieben wird und deshalb eine hohe Spannungsverstärkung besitzt. Durch den Verbund der beiden Transistoren wird die Spannungsverstärkung durch Gegenkopplung auf 1 reduziert. Wegen der hohen Schleifenverstärkung neigt dieser Verbund aber zum Schwingen in Abhängigkeit von der Last am Ausgang.

15.4 Komplementäre Drainschaltungen

Leistungsmosfets bieten gegenüber bipolaren Leistungstransistoren den großen Vorteil, dass sie sich sehr viel schneller ein- und ausschalten lassen. Während die Schaltzeiten von bipolaren Leistungstransistoren im Bereich zwischen 100 ns bis 1 μs liegen, betragen sie bei Leistungsmosfets nur 10 ns bis 100 ns. Deshalb sind Leistungsmosfets in Endstufen für Frequenzen über 100 kHz vorteilhaft.

Die Grundschaltung eines komplementären Sourcefolgers ist in Abb. 15.13 dargestellt. Die beiden Hilfsspannungsquellen U_1 dienen wie beim Bipolartransistor in Abb. 15.7 dazu, den gewünschten Ruhestrom einzustellen. Zur Realisierung dieser Hilfsspannungen setzt man auch hier komplementäre Transistoren ein, die in Abb. 15.14 eingezeichnet sind.

Wenn man davon ausgeht, dass die Gate-Source-Spannungen im Arbeitspunkt gleich sind, gibt es auch keinen Spannungsversatz zwischen Eingang und Ausgang. Falls doch eine kleine Spannungsdifferenz bestehen bleibt, weil die n- und p-Kanal Transistoren unterschiedliche Schwellenspannungen besitzen, ist das bei den hier gezeigten Leistungsendstufen nicht von Bedeutung, weil sie immer mit einem Vorverstärker betrieben werden,

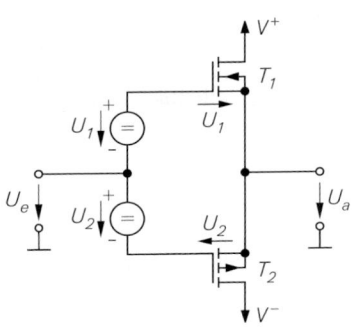

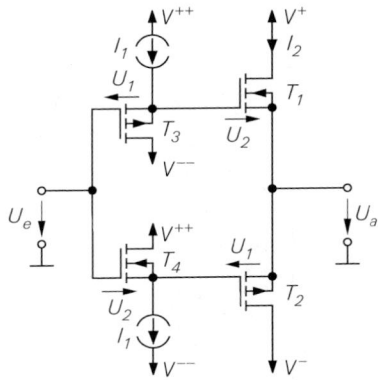

Abb. 15.13.
Prinzip eines komplementären Sourcefolgers

Abb. 15.14.
Vorspannungserzeugung für den Betrieb komplementärer Sourcefolger

der diesen Offset über eine Über-alles-Gegenkopplung eliminiert. Wenn man hier 4 gleiche Transistoren einsetzt, werden auch die Ruheströme gleich, also $I_2 = I_1$. In der Praxis setzt man aber für die Endstufentransistoren T_1, T_2 große Leistungstransistoren ein, deren Fläche k mal so groß ist wie die der Treibertransistoren T_3, T_4. In diesem Fall ist auch der Ruhestrom in der Endstufe um diesen Faktor größer, also $I_2 = k \cdot I_1$.

Leistungsmosfets besitzen zwar wie alle Mosfets ein isoliertes Gate; deshalb ist kein statischer Gatestrom für die Ansteuerung erforderlich. Wegen der großen Gate-Source- und Gate-Drain-Kapazitäten, die im Bereich von einigen 100 pF liegen können, sind bei hohen Frequenzen und beim schnellen Schalten hohe Gateströme erforderlich, die so groß sind wie bei Bipolartransistoren. Deshalb benötigt man hier fast dieselben Ruheströme I_1.

Es ist zweckmäßig, die Ansteuerschaltung mit einer um mindestens 10 V höheren Betriebsspannung als die Endstufe zu betreiben. Sonst liegt die maximal erreichbare Ausgangsspannung beträchtlich unter der Betriebsspannung. Dadurch ergäbe sich ein indiskutabel schlechter Wirkungsgrad.

15.5 Komplementäre Sourceschaltungen

Ohne eine höhere Betriebsspannung für die Ansteuerschaltung kommt man nur dann aus, wenn man die Transistoren in der Leistungsendstufe in Sourceschaltung betreibt. Diese Möglichkeit ist in Abb. 15.15 dargestellt. Hier liegen die Ansteuerpotentiale der Endstufentransistoren innerhalb des Betriebsspannungsbereichs. Wenn die Transistoren voll leitend sind, ergibt sich selbst bei großen Strömen eine Ausgangsaussteuerbarkeit, die lediglich einigen 100 mV unter der Betriebsspannung liegt. Hier liegt dieselben Struktur vor wir bei der Rail-to-Rail Endstufe in Abb. 5.43 auf Seite 540. Dadurch ergeben sich mehrere Konsequenzen:

– Der Drain-Ausgang ist hochohmig. Um einen Verstärker mit niedrigem Ausgangswiderstand zu realisieren, muss man den Ausgangswiderstand durch Gegenkopplung reduzieren. Dazu dient hier die Gegenkopplung über R_N und R_1.
– Es ist immer schwierig, zwei Transistoren anzusteuern, deren Source-Elektroden auf ganz verschiedenen Potentialen liegen. Durch die Leistungstransistoren soll ein defi-

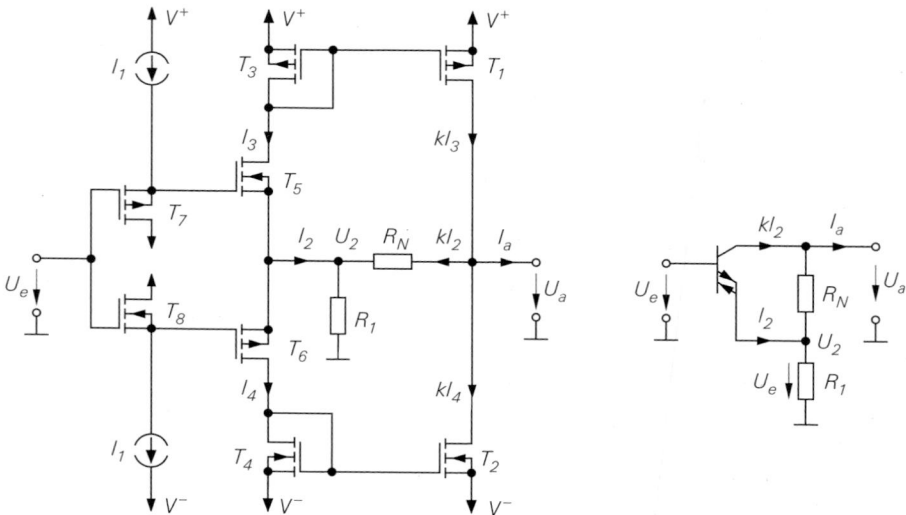

Abb. 15.15. Leistungsendstufe mit komplementären Sourceschaltungen und zugehörigem Treiber; daneben das Modell als CC-Operationsverstärker mit direct feedback

nierter Ruhestrom fließen, der von der Aussteuerung unabhängig ist. Das wird durch die hier verwendete Ansteuerschaltung erreicht.

– Die Leistungsmosfets benötigen zum schnellen Schalten hohe Spitzenströme. Die Ansteuerschaltung muss daher in der Lage sein, diese Ströme bei niedrigem Ruhestrom bereit zu stellen; sie muss also auch im AB-Betrieb arbeiten. Diese Forderung wird hier ebenfalls erfüllt.

Die Endstufentransistoren T_1, T_2 bilden hier zusammen mit den Transistoren T_3, T_4 Stromspiegel; deshalb fließen hier definierte Drainströme. Angesteuert werden die Stromspiegel von dem Spannungsfolger T_5 bis T_8; seine Ruheströme betragen $I_3 = I_4 = I_1$. Daher werden alle Ströme in der Schaltung von I_1 bestimmt. Die Berechnung der Spannungsverstärkung ist mit dem CC-Operationsverstärker-Modell besonders einfach. Der Strom I_2 lässt sich aus der Knotenregel direkt berechnen. Für $I_a = 0$ gilt:

$$I_2 + kI_2 - \frac{U_e}{R_1} = 0 \quad \text{und} \quad U_a = U_e + kI_2R_N$$

Daraus folgt die Ausgangsspannung:

$$U_a = \left(1 + \frac{k}{1+k} \cdot \frac{R_N}{R_1}\right) U_e \overset{k=10}{=} \left(1 + \frac{10}{11}\frac{R_N}{R_1}\right) U_e \overset{R_N/R_1=10}{=} 10\, U_e$$

Das ist die Leerlaufspannungsverstärkung, denn ein Ausgangsstrom wurde hier nicht berücksichtigt. Zur Berechnung des Ausgangswiderstands macht man $U_e = 0$ und erhält:

$$I_a + \frac{U_a}{R_N} + \frac{kU_a}{R_N} = 0 \quad \Rightarrow \quad r_a = -\frac{U_a}{I_a} = \frac{1}{1+k}\, R_N$$

Für $R_N = 1\,\text{k}\Omega$ und ein Stromübersetzung $k = 10$ ergibt sich dann ein Ausgangswiderstand von $r_a = 91\,\Omega$. Das ist für einen Leistungsverstärker ein hoher Wert, für einen

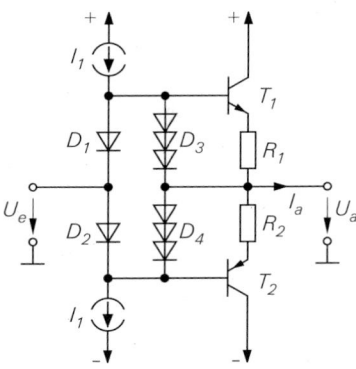

$$I_{a\,\text{max}} = \pm 1{,}4\,\text{V}/R_{1,2}$$

Abb. 15.16.
Strombegrenzung mit Dioden

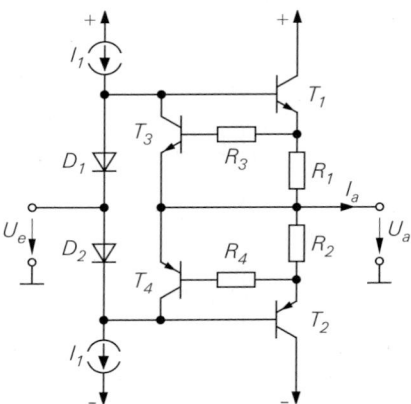

$$I_{a\,\text{max}} = \pm 0{,}7\,\text{V}/R_{1,2}$$

Abb. 15.17.
Strombegrenzung mit Transistoren

Drain-Ausgang, der hier vorliegt, aber ein niedriger. Eine weitere Verringerung des Ausgangswiderstands lässt sich erreichen, indem man einen Operationsverstärker vorschaltet und eine zusätzliche über-alles-Gegenkopplung vorsieht.

15.6 Strombegrenzung

Leistungsverstärker können infolge ihres niedrigen Ausgangswiderstandes leicht überlastet und damit zerstört werden. Schmelzsicherungen kommen nicht in Betracht, weil sie zu langsam sind; die Transistoren brennen schneller durch. Deshalb ist es sinnvoll, den Ausgangsstrom elektronisch auf einen bestimmten Maximalwert zu begrenzen. Die verschiedenen Möglichkeiten sollen am Beispiel der einfachen komplementären Emitterfolger von Abb. 15.9 erläutert werden. Eine besonders einfache Schaltung ist in Abb. 15.16 dargestellt. Die Begrenzung setzt ein, wenn die Mehrfachdiode D_3 bzw. D_4 leitend wird, denn in diesem Fall kann der Spannungsabfall an R_1 bzw. R_2 nicht weiter zunehmen. Der maximale Ausgangsstrom beträgt damit:

$$I_{a\,\text{max}}^+ = \frac{U_{D3} - U_{BE1}}{R_1} = \frac{0{,}7\,\text{V}}{R_1}(n_3 - 1),$$

$$I_{a\,\text{max}}^- = -\frac{U_{D4} - |U_{BE2}|}{R_2} = -\frac{0{,}7\,\text{V}}{R_2}(n_4 - 1).$$

Dabei ist n_3 bzw. n_4 die Anzahl der für D_3 bzw. D_4 eingesetzten Dioden.

Eine bessere Möglichkeit zur Strombegrenzung zeigt Abb. 15.17. Überschreitet der Spannungsabfall an R_1 bzw. R_2 einen Wert von ca. 0,7 V, wird der Transistor T_3 bzw. T_4 leitend. Dadurch wird ein weiteres Ansteigen des Basisstroms von T_1 bzw. T_2 verhindert. Durch diese Regelung wird der Ausgangsstrom auf den Maximalwert

$$I_{a\,\text{max}}^+ \approx \frac{0{,}7\,\text{V}}{R_1} \quad \text{bzw.} \quad I_{a\,\text{max}}^- \approx \frac{0{,}7\,\text{V}}{R_2}$$

begrenzt. Vorteilhaft ist, dass hier nicht die unbekannte Basis-Emitter-Spannung der Leistungstransistoren eingeht, sondern nur die Basis-Emitter-Spannung der Begrenzer-

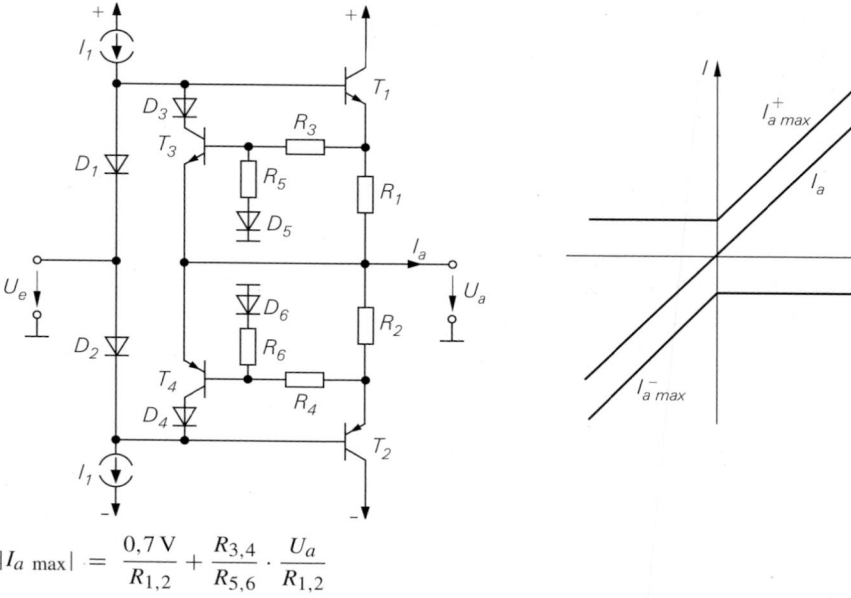

$$|I_{a\ max}| = \frac{0{,}7\,\text{V}}{R_{1,2}} + \frac{R_{3,4}}{R_{5,6}} \cdot \frac{U_a}{R_{1,2}}$$

Abb. 15.18.
Spannungsabhängige Strombegrenzung

Abb. 15.19.
Verlauf der Stromgrenzen und des
Ausgangsstroms bei ohmscher Last

Transistoren. Die Widerstände R_3 und R_4 dienen zum Schutz dieser Transistoren vor zu hohen Basisstromspitzen.

Im Kurzschlussfall fließt der Strom $I_{a\ max}$ bei positiven Eingangsspannungen durch T_1 bei negativen durch T_2. Die Verlustleistung in den Endstufentransistoren beträgt damit:

$$P_{T1} = P_{T2} \approx \frac{1}{2}V_b I_{a\ max}$$

Wie der Vergleich mit Abschnitt 15.2 zeigt, ist dies das Fünffache der Verlustleistung des Normalbetriebs. Dafür muss man aber die Leistungstransistoren und die Kühlkörper dimensionieren, um die Schaltungen in Abb. 15.16 und 15.17 wirklich kurzschlussfest zu machen.

15.6.0.1 Spannungsabhängige Strombegrenzung

Die für den Kurzschlussschutz erforderliche Überdimensionierung der Endstufe lässt sich dann umgehen, wenn nur ohmsche Verbraucher mit einem definierten Widerstand R_L zugelassen werden. Dann kann man davon ausgehen, dass bei kleinen Ausgangsspannungen auch nur kleine Ausgangsströme fließen. Die Strombegrenzung muss dann nicht auf den Maximalstrom $I_{a\ max} = U_{a\ max}/R_L$ eingestellt werden, sondern kann den Ausgangsstrom auf den Wert $I_a = U_a/R_L$ begrenzen, also abhängig von der Ausgangsspannung. Der Maximalstrom im Kurzschlussfall ($U_a = 0$) kann dann entsprechend klein gewählt werden.

Um die Stromgrenze von der Ausgangsspannung abhängig zu machen, gibt man den Transistoren T_3 und T_4 in Abb. 15.18 eine Vorspannung, die mit zunehmender Ausgangsspannung größer wird. Dazu dienen die Widerstände R_5 und R_6, die groß gegenüber R_3 und

R_4 gewählt werden. Bei kleinen Ausgangsspannungen ergibt sich daher dieselbe Stromgrenze wie in Abb. 15.17. Bei größeren positiven Ausgangsspannungen entsteht an R_3 ein zusätzlicher Spannungsabfall der Größe $U_a R_3 / R_5$. Dadurch wird die Stromgrenze auf den Wert

$$I^+_{a\,\text{max}} \approx \frac{0,7\,\text{V}}{R_1} + \frac{R_3}{R_5}\frac{U_a}{R_1}$$

erhöht. Die Diode D_5 verhindert, dass der Transistor T_3 bei negativen Ausgangsspannungen eine positive Vorspannung erhält und dadurch unbeabsichtigt leitend werden könnte. Die Diode D_3 verhindert, dass die Kollektor-Basis-Diode von T_3 leitend wird, wenn es bei negativen Ausgangsspannungen einen größeren Spannungsabfall an R_2 gibt. Sonst würde die Ansteuerschaltung zusätzlich belastet. Die entsprechenden Überlegungen gelten für die negative Strombegrenzung mit T_4.

Der Verlauf der Stromgrenzen ist in Abb. 15.19 zur Veranschaulichung aufgetragen. Mit dieser spannungsabhängigen Strombegrenzung ist es möglich, den sicheren Arbeitsbereich der Leistungstransistoren voll auszunutzen. Sie wird daher auch als SOA (Safe Operating Area)-Strombegrenzung bezeichnet.

15.7 Vier-Quadranten-Betrieb

Die härtesten Bedingungen für eine Leistungsendstufe ergeben sich, wenn man für beliebige positive und negative Ausgangsspannungen eine konstante Stromgrenze $I^+_{a\,\text{max}}$ und $I^-_{a\,\text{max}}$ fordert. Solche Anforderungen entstehen immer dann, wenn kein ohmscher Verbraucher vorliegt, sondern eine Last, die Energie an die Endstufe zurückspeisen kann. Derartige Verbraucher sind z.B. Kondensatoren, Induktivitäten und Elektromotoren. In diesem Fall muss man auf die Strombegrenzung in Abb. 15.16 oder 15.17 zurückgreifen. Der kritische Betriebszustand für den negativen Endstufentransistor T_2 ergibt sich dann, wenn der Verbraucher bei der Ausgangsspannung $U_a = U_{a\,\text{max}} \approx V^+$ den Strombegrenzungsstrom $I^-_{a\,\text{max}}$ in die Schaltung einspeist. Dann fließt der Strom $I^-_{a\,\text{max}}$ bei der Spannung $U_{CE2} \approx 2V^+$ durch T_2. Dann entsteht in T_2 die Verlustleistung $P_{T2} = 2V^+ \cdot I^-_{a\,\text{max}}$. Bei der Spannung $2V^+$ darf man die meisten Bipolartransistoren aber wegen des Durchbruchs zweiter Art (Secondary Breakdown) nur mit einem Bruchteil der thermisch zulässigen Leistung belasten. Man muss deshalb meist mehrere Leistungstransistoren parallel schalten oder besser Leistungsmosfets verwenden, die keinen Durchbruch zweiter Art besitzen.

Eine Möglichkeit, die Spannung an den Endstufentransistoren zu halbieren, ist in Abb. 15.20 dargestellt. Die Grundidee dabei ist, die Kollektorpotentiale von T_1 und T_2 der Eingangsspannung anzupassen. Für positive Eingangsspannungen ergibt sich

$$V_1 = U_e + 0,7\,\text{V} + 3\,\text{V} - 0,7\,\text{V} - 0,7\,\text{V} = U_e + 2,3\,\text{V}.$$

Der Transistor T_1 wird also sicher außerhalb der Sättigung betrieben. Bei negativen Eingangsspannungen übernimmt die Diode D_3 den Ausgangsstrom, und es wird $V_1 = -0,7\,\text{V}$. Sinkt die Eingangsspannung auf $U_e = U_{e\,\text{min}} \approx V^-$, fällt an T_1 nur die Spannung $U_{CE1\,\text{max}} \approx V^-$ ab. Die maximale Spannung an T_3 ist ebenfalls nicht größer. Sie ergibt sich für $U_e = 0$ und beträgt $U_{CE3\,\text{max}} \approx V^+$. Die maximal auftretende Verlustleistung in T_1 und T_3 ist daher $P_{\text{max}} = V^+ \cdot I^+_{a\,\text{max}}$. Es wird also nicht nur die maximal auftretende Kollektor-Emitter-Spannung halbiert, sondern auch die Verlustleistung. Für die negative Seite, T_2, T_4 ergeben sich wegen der Symmetrie der Schaltung die entsprechenden Verhältnisse. Der Verlauf von V_1 und V_2 ist zur Veranschaulichung in Abb. 15.21 dargestellt.

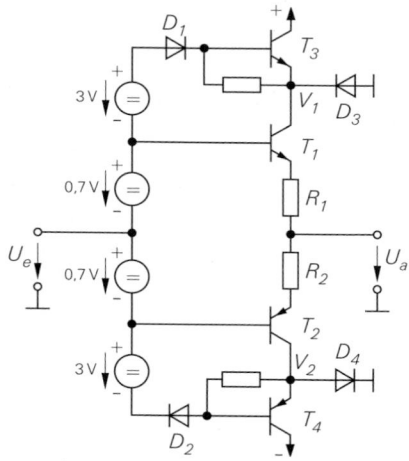

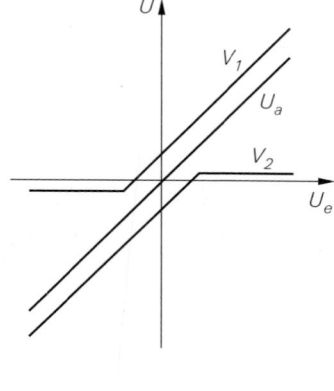

Abb. 15.20.
Gegentaktendstufe für Vier-Quadranten-Betrieb

Abb. 15.21.
Verlauf der Ausgangsspannung und der
Hilfspotentiale V_1 bzw. V_2

15.8 Dimensionierung einer Leistungsendstufe

Um die Dimensionierung einer Leistungsendstufe etwas detaillierter zu beschreiben, wollen wir ein Zahlenbeispiel für einen 50 W-Verstärker durchrechnen. Abbildung 15.22 zeigt die Gesamtschaltung. Sie beruht auf dem Leistungsverstärker von Abb. 15.11.

Der Verstärker soll an einen Verbraucher mit $R_L = 5\,\Omega$ eine Sinusleistung von 50 W abgeben. Der Scheitelwert der Ausgangsspannung beträgt dann $\hat{U}_a = 22{,}4\,\text{V}$ und der Spitzenstrom $\hat{I}_a = 4{,}48\,\text{A}$. Zur Berechnung der Betriebsspannung bestimmen wir den minimalen Spannungsabfall an T_1', T_1, T_3 und R_3. Für die Basis-Emitter-Spannung von T_1 und T_1' müssen wir bei $I_{\max}$ zusammen ca. 2 V veranschlagen. An R_3 fällt eine Dioden-Durchlassspannung ab, also ca. 0,7 V. Die Kollektor-Emitter-Spannung von T_3 soll bei Vollaussteuerung 0,9 V nicht unterschreiten. Die Endstufe soll aus einer unstabilisierten Betriebsspannungsquelle betrieben werden, deren Spannung bei Volllast um ca. 3 V absinken kann. Damit erhalten wir für die Leerlaufbetriebsspannung

$$V_b = 22{,}4\,\text{V} + 2\,\text{V} + 0{,}7\,\text{V} + 0{,}9\,\text{V} + 3\,\text{V} = 29\,\text{V}.$$

Wegen der Symmetrie der Schaltung muss die negative Betriebsspannung genauso groß sein. Damit lassen sich die erforderlichen Grenzdaten der Transistoren T_1' und T_2' angeben. Der maximale Kollektorstrom beträgt 4,48 A. Sicherheitshalber wählen wir $I_{C\,\max} = 10\,\text{A}$. Die maximale Kollektor-Emitter-Spannung tritt bei Vollaussteuerung auf und beträgt $V_b + \hat{U}_a = 51{,}4\,\text{V}$. Wir wählen $U_{CER} = 80\,\text{V}$. Mit der Beziehung (15.2) für die maximale Verlustleistung

$$P_T = 0{,}1\,\frac{V_b^2}{R_L}$$

erhalten wir $P_{T\,1'} = P_{T\,2'} = 17\,\text{W}$. Nach Kapitel 2.1.6 auf S. 51 gilt für den Zusammenhang zwischen Verlustleistung und Wärmewiderstand die Beziehung

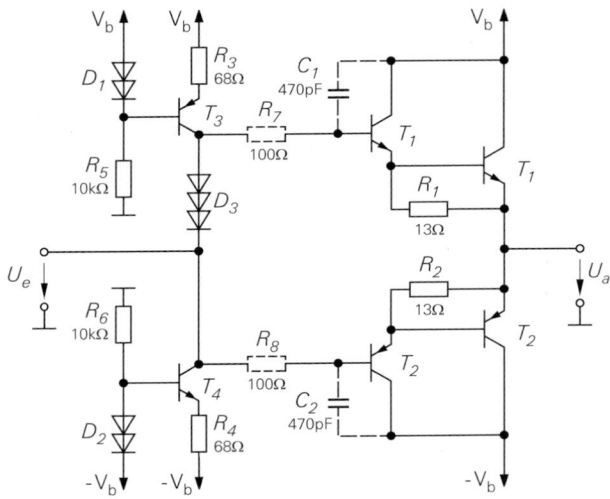

Abb. 15.22.
Leistungsendstufe für eine
Sinusleistung von 50 W

$$P_{\vartheta_j} = \frac{\vartheta_j - \vartheta_U}{R_{th\,JC} + R_{th\,CA}}.$$

Die maximale Sperrschichttemperatur ϑ_j liegt bei Silizium-Transistoren im allgemeinen bei 175 °C. Die Umgebungstemperatur im Gerät soll 55 °C nicht überschreiten. Der Wärmewiderstand der Kühlkörper sei $R_{th\,CA} = 4$ K/W. Damit erhalten wir für den Wärmewiderstand zwischen Halbleiter und Transistorgehäuse die Forderung:

$$17\,\text{W} = \frac{175\,°\text{C} - 55\,°\text{C}}{4\,\text{K/W} + R_{th\,JC}} \quad \Rightarrow \quad R_{th\,JC} = \frac{3,1\,\text{K}}{\text{W}}$$

Häufig wird bei Leistungstransistoren die maximale Verlustleistung P_{25} bei 25 °C Gehäusetemperatur angegeben. Diese Leistung können wir mit der Kenntnis von $R_{th\,CA}$ und ϑ_j berechnen:

$$P_{25} = \frac{\vartheta_j - 25\,°\text{C}}{R_{th\,JC}} = \frac{150\,\text{K}}{3,1\,\text{K/W}} = 48\,\text{W}.$$

Die Stromverstärkung Leistungstransistoren betrage beim maximalen Ausgangsstrom 30. Damit können wir die Daten der Treibertransistoren T_1 und T_2 bestimmen. Ihr maximaler Kollektorstrom beträgt 4,48 A/30 = 149 mA. Dieser Wert gilt jedoch nur für niedrige Frequenzen. Bei Frequenzen oberhalb $f_g \approx 20$ kHz nimmt die Stromverstärkung von Niederfrequenz-Leistungstransistoren bereits deutlich ab. Deshalb muss bei einem steilen Stromanstieg der Treibertransistor kurzzeitig den größten Teil des Ausgangsstromes liefern. Um eine möglichst große Bandbreite zu erzielen, wählen wir $I_{C\,max} = 1$ A.

Im Abschnitt 15.3 haben wir gezeigt, dass es günstig ist, den Ruhestrom nur durch die Treibertransistoren fließen zu lassen und einen Spannungsabfall von ca. 400 mV an den Widerständen R_1 und R_2 einzustellen. Dazu dient die Dreifachdiode, an denen eine Spannung von ca. 2,1 V abfällt. Um die Übernahmeverzerrungen hinreichend klein zu halten, wählen wir einen Ruhestrom von ca. 30 mA. Damit ergibt sich

$$R_1 = R_2 = \frac{400\,\text{mV}}{30\,\text{mA}} = 13\,\Omega.$$

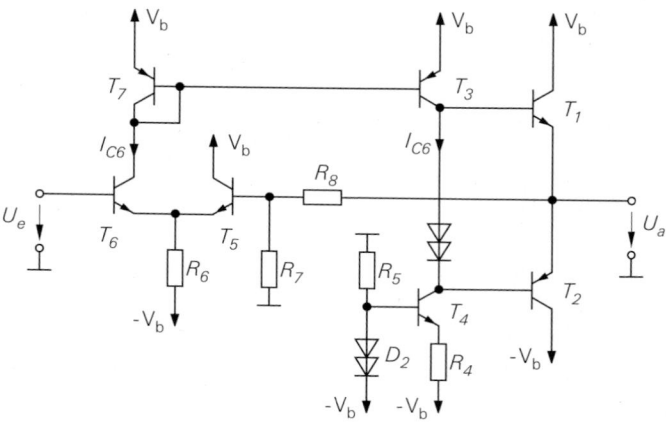

Abb. 15.23. Einfache Ansteuerschaltung mit Spannungsverstärkung

Die Verlustleistung in den Treibertransistoren beträgt im Ruhezustand $30\,\text{mA} \cdot 29\,\text{V} \approx$ $0{,}9\,\text{W}$, bei Vollaussteuerung noch $0{,}75\,\text{W}$. Die Stromverstärkung dieser Transistoren sei 100. Dann beträgt ihr maximaler Basisstrom noch

$$I_{B\,\text{max}} = \frac{1}{100} \left(\frac{4{,}48\,\text{A}}{30} + \frac{0{,}8\,\text{V}}{13\,\Omega} \right) \approx 2\,\text{mA}.$$

Der Strom durch die Konstantstromquellen T_3 und T_4 soll groß gegenüber diesem Wert sein. Wir wählen ca. $10\,\text{mA}$.

Emitterfolger neigen zu parasitären Schwingungen in der Nähe der Transitfrequenz der Ausgangstransistoren. Zur Schwingungsdämpfung kann man die Quellenzeitkonstante vergrößern. Dadurch verlässt man den kritischen Bereich in Abb. 2.104 auf S. 151 nach oben (Pfeil 1). Dazu fügt man in der Schaltung in Abb. 15.22 die RC-Glieder $R_7 C_1$ und $R_8 C_2$ ein. Die Serienwiderstände müssen natürlich so niederohmig gewählt werden, dass der Spannungsabfall daran klein bleibt. Zusätzlich kann man den Ausgang bei hohen Frequenzen bedämpfen. Dazu schaltet man am Ausgang ein Serien-RC-Glied parallel (z.B. $1\,\Omega$ in Reihe mit $0{,}1\,\mu\text{F}$). Dadurch entstehen natürlich bei hohen Frequenzen zusätzliche Verluste.

15.9 Ansteuerschaltungen mit Spannungsverstärkung

Bei den beschriebenen Leistungsendstufen treten in Nullpunktnähe nennenswerte Übernahmeverzerrungen auf. Sie lassen sich durch Gegenkopplung weitgehend beseitigen. Dazu schaltet man eine Ansteuerschaltung mit Spannungsverstärkung vor die Leistungsendstufe und schließt die Gegenkopplung über beide Teile. Eine einfache Möglichkeit besteht darin, zu dem Operationsverstärker in Abb. 5.14 auf Seite 521 einen komplementären Emitterfolger hinzuzufügen. Die Ansteuerung der Endstufe in Abb. 15.23 erfolgt über die Stromquelle T_3, die zusammen mit T_7 einen Stromspiegel für $I_{C\,6}$ bildet. Der Differenzverstärker T_5, T_6 bewirkt die erforderliche Spannungsverstärkung. Sein Arbeitswiderstand ist relativ hoch: er ergibt sich aus der Parallelschaltung der Stromquellen-Innenwiderstände T_3, T_4 und der Eingangswiderstände der Emitterfolger T_1, T_2.

Die ganze Anordnung ist über die Widerstände R_7, R_8 als nichtinvertierender Verstärker gegengekoppelt. Die Spannungsverstärkung beträgt $A = 1 + R_8/R_7$. Damit sich eine ausreichende Schleifenverstärkung ergibt, sollte man A nicht zu groß wählen. Praktikable Werte liegen zwischen 5 und 10.

Wenn man nur Wechselspannungen verstärken will, lässt sich die Nullpunktstabilität der Schaltung verbessern, indem man mit R_7 einen Koppelkondensator in Reihe schaltet. Dadurch verringert sich die Gleichspannungsverstärkung auf 1. Natürlich kann man auch von den besseren Operationsverstärkern in Kapitel 5 ausgehen und dort eine der hier beschriebenen Leistungsendstufen hinzufügen.

15.9.1 Breitband-Ansteuerschaltung

Um bei einem Leistungsverstärker eine hohe Bandbreite zu erreichen, muss man an allen Stellen im Signalpfad hohe Spitzenströme bereitstellen, um die Schaltungs- und Transistorkapazitäten schnell umzuladen. Damit dabei die Ruhestromaufnahme in erträglichen Grenzen bleibt, muss man im ganzen Verstärker – nicht nur in der Endstufe – AB-Betrieb vorsehen. Ein Breitband-Operationsverstärker, der nach diesem Prinzip arbeitet wurde bereits in Abb. 5.30 auf S. 531 behandelt. In Abb. 15.24 wird dieses Prinzip auf Leistungsverstärker angewendet. Hier besteht der Differenzverstärker am Eingang aus den Spannungsfolgern T_1 bis T_4 und T_5 bis T_8. Der Strom durch R_E wird über die Stromspiegel T_9, T_{10} und T_{11}, T_{12} an die Endstufentransistoren übertragen. Da er nicht auf I_0 begrenzt ist, stehen hohe Spitzenströme zur Verfügung. Zusätzlich kann man den Stromspiegeln noch eine Stromübersetzung von $2 \ldots 10$ geben.

Die beiden Spannungsfolger $T_1 \ldots T_4$ und $T_5 \ldots T_8$ bilden den invertierenden bzw. nicht invertierenden Eingang eines Operationsverstärkers, wie es in der Schaltung eingetragen ist. Im Prinzip könnte man diesen Teil der Schaltung als Leistungsoperationsverstärker verwenden. Die Schleifenverstärkung und die Offsetspannung wären aber unbefriedigend. Dieses Problem lässt sich dadurch lösen, dass man einen normalen Operationsverstärker vorschaltet. Er bildet den Signalpfad für niedrige Frequenzen und bestimmt die Offsetspannung und die Gleichspannungsverstärkung. Durch diese Auftrennung in einen HF- und NF-Zweig lassen sich beide Signalpfade getrennt optimieren. Das zugrunde liegende Prinzip ist ebenfalls in Abb. 15.24 anhand des Bode-Diagramms dargestellt für die einzelnen und die kombinierte Verstärkung. Durch die Kombination der beiden Verstärker erhält man die guten Gleichspannungsdaten des NF-Verstärkers in Kombination mit der hohen Transitfrequenz des HF-Verstärkers.

Die Gesamtverstärkung der Schaltung lässt sich mit den Widerständen R_N und R_1 auf Werte zwischen 1 und 10 einstellen. Größere Verstärkungen sind nicht empfehlenswert, da sonst die Schleifenverstärkung im HF-Zweig nicht ausreicht. Die offene Verstärkung des HF-Zweiges lässt sich mit Hilfe von R_E so einstellen, dass sich das gewünschte Einschwingverhalten der Gesamtschaltung ergibt. Für den NF-Operationsverstärker genügt die interne Standard-Frequenzkorrektur.

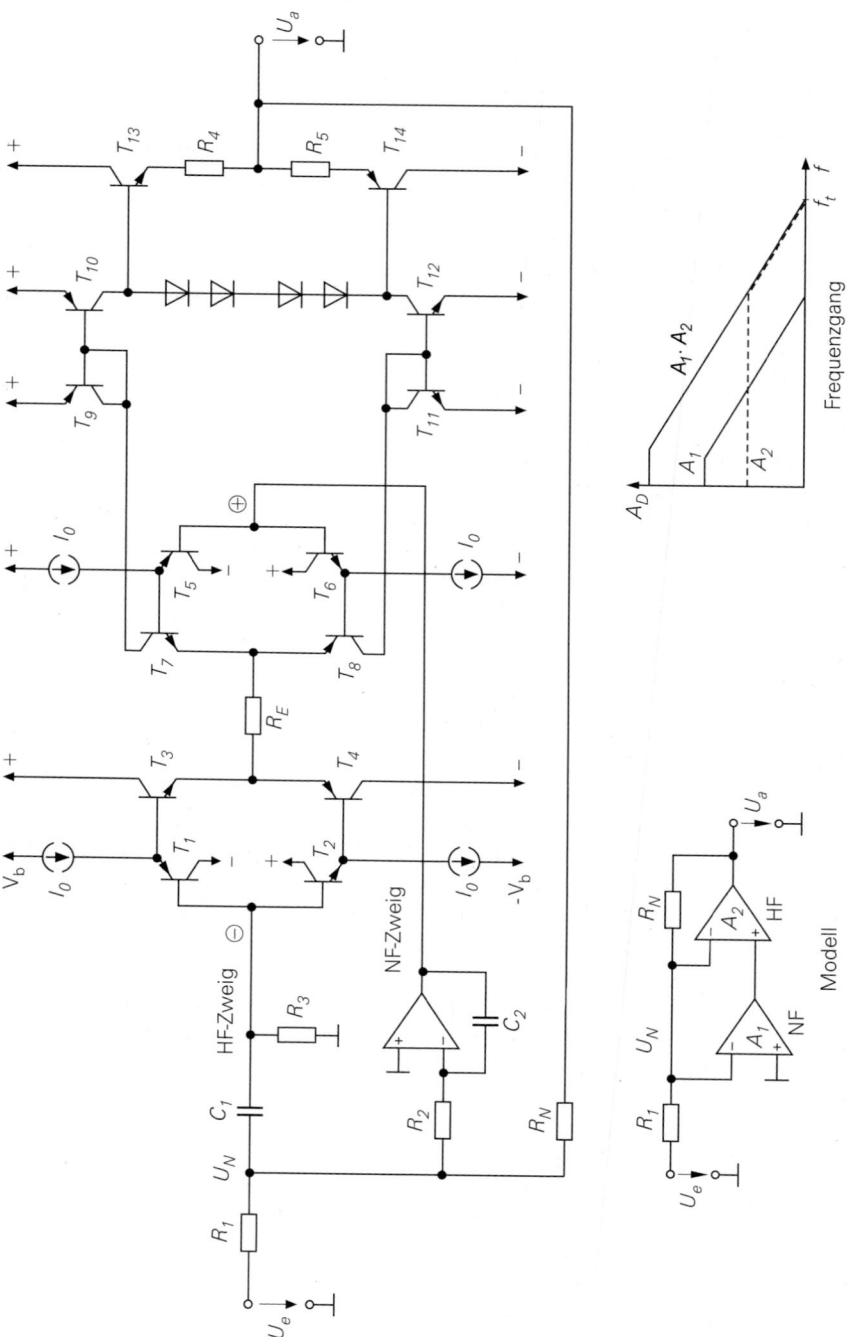

Abb. 15.24. Breitband-Leistungsverstärker $U_a = -U_e R_N / R_1$

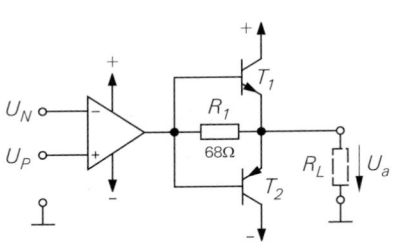

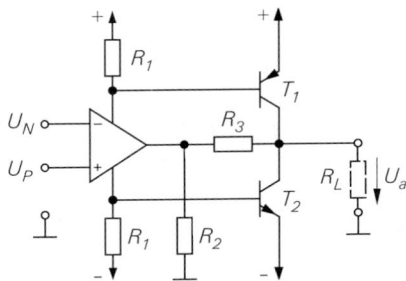

Abb. 15.25.
Stromverstärkung mit komplementären Emitterfolgern

Abb. 15.26.
Stromverstärkung mit komplementären
Emitterschaltungen

15.10 Erhöhung der Ausgangsleistung integrierter Operationsverstärker

Der Ausgangsstrom integrierter Operationsverstärker ist normalerweise auf Werte von 20 mA begrenzt. Es gibt viele Anwendungsfälle, bei denen man ohne großen Aufwand den Ausgangsstrom auf den ungefähr 10fachen Wert vergrößern möchte. Dazu kann man die beschriebenen Leistungsendstufen verwenden. Bei niedrigen Signalfrequenzen lässt sich der Aufwand reduzieren, indem man Gegentakt-Emitterfolger im B-Betrieb einsetzt. Infolge der endlichen Slew-Rate des Operationsverstärkers treten jedoch auch bei Gegenkopplung noch wahrnehmbare Übernahmeverzerrungen auf. Sie lassen sich aber stark reduzieren, indem man wie in Abb. 15.25 einen Widerstand R_1 verwendet, der in Nullpunktnähe die Emitterfolger überbrückt. In diesem Fall reduziert sich die erforderliche Slew-Rate des Verstärkers von unendlich auf einen Wert, der um den Faktor $1 + R_1/R_L$ über der Anstiegsgeschwindigkeit der Ausgangsspannung liegt.

Die Schaltung in Abb. 15.26 besitzt dieselben Eigenschaften wie die vorhergehende. Die Ansteuerung der Endstufentransistoren erfolgt hier jedoch über die Betriebsspannungsanschlüsse. Dadurch entstehen zusammen mit den Ausgangstransistoren des Operationsverstärkers zwei Komplementär-Darlington-Schaltungen, wenn man $R_2 = 0$ macht.

Bei kleinen Ausgangsströmen sperren die beiden Endstufentransistoren T_1 und T_2. In diesem Fall liefert der Operationsverstärker den ganzen Ausgangsstrom. Bei größeren Ausgangsströmen werden die Transistoren T_1 bzw. T_2 leitend und liefern den größten Teil des Ausgangsstromes. Der Ausgangsstrom des Operationsverstärkers bleibt ungefähr auf den Wert 0,7 V/R_1 begrenzt.

Ein gewisser Vorteil gegenüber der vorhergehenden Schaltung besteht darin, dass durch den Ruhestrom des Operationsverstärkers bereits eine Basis-Emitter-Vorspannung an den Endstufentransistoren entsteht. Man dimensioniert die Widerstände R_1 so, dass sie ca. 400 mV beträgt. Dadurch wird der Übernahmebereich bereits stark verkleinert, ohne dass in den Endstufentransistoren ein Ruhestrom fließt, für dessen Stabilisierung man zusätzliche Maßnahmen ergreifen müsste.

Mit dem Spannungsteiler R_2, R_3 kann man der Endstufe eine zusätzliche Spannungsverstärkung geben. Dadurch ist es möglich, die Ausgangsaussteuerbarkeit des Verstärkers zu erhöhen, die dann nur noch um die Sättigungsspannung von T_1 bzw. T_2 unter der Betriebsspannung liegt. Außerdem wird dadurch die Schwingneigung innerhalb der Komplementär-Darlington-Schaltungen reduziert.

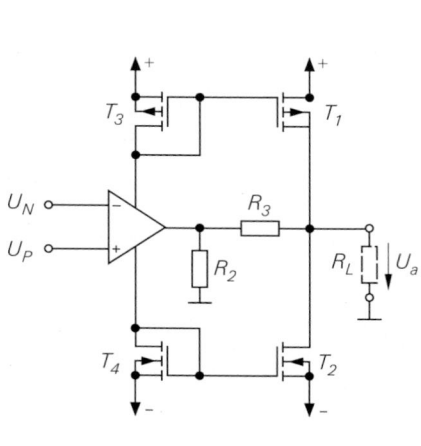

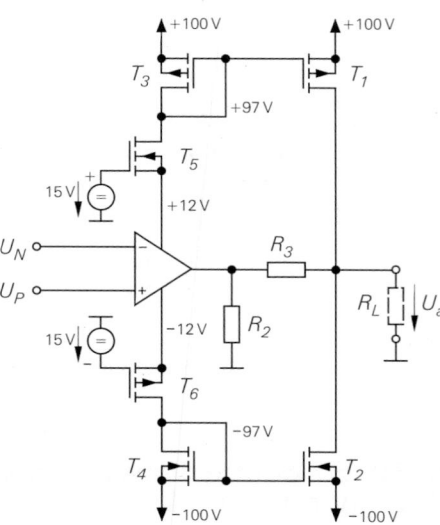

Abb. 15.27.
Stromverstärkung mit Mosfet-Strom-spiegeln

Abb. 15.28.
Leistungsendstufe für hohe Spannungen.
Zahlenbeispiel für ±100 V-Ausgang.

Wenn man die Leistungstransistoren in Abb. 15.26 zu Stromspiegeln ergänzt, ergibt sich die Schaltung in Abb. 15.27. Dann fließt ein definierter Ruhestrom in den Leistungstransistoren, der je nach der Übersetzung der Stromspiegel ein Vielfaches des Operationsverstärker-Ruhestroms beträgt. Zusammen mit dem komplementären Emitter- bzw. Sourcefolger am Ausgang des Operationsverstärkers entsteht dadurch die in Abb. 15.15 gezeigte Schaltung. Hier wurden als Leistungstransistoren Mosfets eingezeichnet, weil sie als Leistungstransistoren gebräuchlicher sind als Bipolartransistoren.

Die Schaltung in Abb. 15.27 lässt sich für hohe Ausgangsspannungen einsetzen, ohne dass ein Operationsverstärker für diese Spannungen benötigt wird. Dazu dienen die beiden die zusätzlichen Transistoren T_5 und T_6 in Abb. 15.28. Sie leiten die Signalströme des Operationsverstärkers unverändert weiter, reduzieren aber seine Betriebsspannungen auf Werte, die durch die Hilfsspannungen gegeben sind. Natürlich muss man mit den Widerständen R_2 und R_3 eine ausreichende Spannungsverstärkung einstellen, damit eine Vollaussteuerung möglich ist. In dem hier eingetragenen Beispiel ist eine Spannungsverstärkung in der Endstufe von 10 sinnvoll: Dann ergibt sich bei einer Aussteuerung des Operationsverstärkers von 10 V eine Ausgangsspannung von 100 V. Die Größe der Spannungsverstärkung hängt nicht nur vom Verhältnis der Widerstände R_2 und R_3 ab, sondern auch von dem Übersetzungsverhältnis der Stromspiegel. Ihre Berechnung wird in Zusammenhang mit Abb. 5.45 auf Seite 542 erklärt.

15.11 Eine Betriebsspannung

Bei den bisher behandelten Leistungsverstärkern haben wir eine positive *und* eine negative Betriebsspannung verwendet, um eine zum Nullpotential symmetrische Ansteuerung des Verbrauchers zu ermöglichen. Bei batteriebetriebenen Geräten steht aber meist nur eine positive Betriebsspannung zur Verfügung. In diesem Fall könnte man mit einem Gleich-

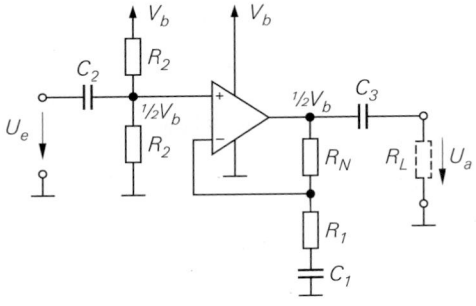

Abb. 15.29.
Leistungsverstärker mit Wechselspannungskopplung zum Betrieb mit einer einzigen positiven Betriebsspannung

$$\hat{U}_a = \left(1 + \frac{R_N}{R_1}\right)\hat{U}_e$$

spannungswandler eine negative Betriebsspannung für den Leistungsverstärker erzeugen. Der damit verbundene Aufwand ist aber meist zu groß. Deshalb sollen hier verschiedene Methoden beschrieben werden, um einen Leistungsverstärker allein aus einer positiver Betriebsspannung zu versorgen.

15.11.1 Wechselspannungskopplung

Bei Schaltungen mit Operationsverstärkern, die aus eine einzigen Betriebsspannung V_b betrieben werden, ist es üblich, allen Signalen die halbe Betriebsspannung zu überlagern; diese Methode haben wir in Abb 5.38 auf Seite 536 dargestellt. Dann liegen die Summationspunkte und die Ausgangsruhepotentiale auf $\frac{1}{2}V_b$ und eine symmetrische Aussteuerung um diesen Arbeitspunkt ist möglich. Dies Methode lässt sich auch dazu benutzen, um Leistungsverstärker aus einer einzigen Betriebsspannung zu betreiben; Abb. 15.29 zeigt ein Beispiel. Der Eingang eines nicht invertierenden Verstärkers wird hier auf $\frac{1}{2}V_b$ gelegt. Zur Ein- und Auskopplung des Signals werden Koppelkondensatoren eingesetzt. Auch bei dem Spannungsteiler R_N, R_1 ist ein Koppelkondensator zweckmäßig, damit das Ausgangsruhepotential des Operationsverstärkers unabhängig von der gewählten Verstärkung auf $\frac{1}{2}V_b$ liegt. Dadurch besitzt die Schaltung allerdings 3 Hochpässe mit den Grenzfrequenzen

$$f_{g1} = \frac{1}{2\pi R_1 C_1} \quad , \quad f_{g2} = \frac{1}{2\pi \frac{1}{2}R_2 C_2} \quad , \quad f_{g3} = \frac{1}{2\pi R_L C_3}$$

Wenn man jeden Hochpass für eine Grenzfrequenz von 20 Hz dimensioniert ergibt sich für die Reihenschaltung der Hochpässe eine Grenzfrequenz von $f_g = 20\,\text{Hz}\sqrt{3} = 35\,\text{Hz}$. Der Koppelkondensator am Ausgang muss besonders groß sein, wenn der Verbraucher niederohmig ist z.B. ein Lautsprecher mit $R_L = 4\,\Omega$:

$$C_3 = \frac{1}{2\pi \cdot f_{g3} \cdot R_L} = \frac{1}{2\pi \cdot 20\,\text{Hz} \cdot 4\,\Omega} = 2000\,\mu\text{F}$$

15.11.2 Brückenschaltung

Man kann auf alle Koppelkondensatoren verzichten, wenn man den Verbraucher an den Ausgängen von zwei Leistungsverstärkern anschließt, deren Ausgangsruhepotential $\frac{1}{2}V_b$ beträgt und die gegensinnig, also symmetrisch gesteuert werden. Dann spielt die das überlagerte Ruhepotential keine Rolle; es muss lediglich an beiden Ausgängen gleich groß sein. Ein derartiger *Brückenverstärker* (Bridge Tied Load BTL) ist in Abb. 15.30 dargestellt. Der Leistungsoperationsverstärker OV1 ist als invertierender Verstärker beschaltet. Sein Eingangsruhepotential wird auch hier durch die beiden Widerstände R_2 auf $\frac{1}{2}V_b$ festgelegt; das Ausgangsruhepotential beträgt dann ebenfalls $U_{a1} = \frac{1}{2}V_b$. Seine Ausgangsspannung

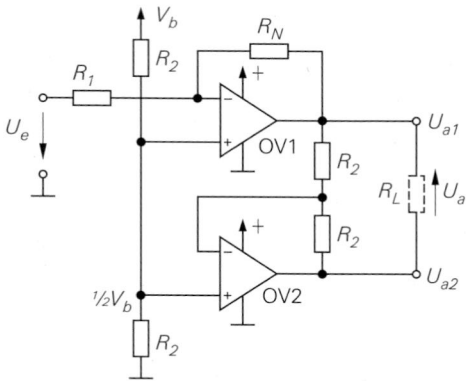

Abb. 15.30.
Leistungsverstärker in Brückenschaltung
zum Betrieb mit einer einzigen positiven
Betriebsspannung

$$U_{a1} = \frac{1}{2}V_b - \frac{R_N}{R_1}\,(U_e - \frac{1}{2}V_b)$$

$$U_{a2} = \frac{1}{2}V_b + \frac{R_N}{R_1}\,(U_e - \frac{1}{2}V_b)$$

$$U_a = U_{a2} - U_{a1}$$

$$= 2\frac{R_N}{R_1}\,(U_e - \frac{1}{2}V_b)$$

wird mit dem Verstärker OV2 invertiert bezogen auf $\frac{1}{2}V_b$. Dadurch ändern sich die beiden Ausgangsspannungen gegenphasig. Man erkennt an der angegebenen Gleichung für die Ausgangsspannung, dass der Verbraucher hier auch ohne Koppelkondensator gleichstromfrei ist bei einem Eingangsruhepotential von $\frac{1}{2}U_b$. Natürlich funktioniert dieses Verfahren nur für Verbraucher, die potentialfrei sind wie z.B. Lautsprecher. Ob man am Eingang einen Koppelkondensator benötigt, hängt von der Quelle ab. Wenn ihr Ruhepotential ebenfalls $\frac{1}{2}V_b$ ist, benötigt man keinen; dann ist selbst bei einer einzigen Betriebsspannung eine Gleichspannungskopplung möglich.

Ein Nachteil des Brückenverstärkers in Abb. 15.30 besteht darin, dass die beiden Verstärker, die das gegenphasige Signal für den Lautsprecher erzeugen, nicht gleichberechtigt sind. Der Verstärker OV2 verstärkt nicht das Eingangssignal, sondern das Ausgangssignal von OV1. Dadurch ist sein Ausgangssignal zeitlich verzögert. Außerdem muss er das mit dem Verbraucher belastete Signal U_{a1} weiter verstärken, das infolge der Belastung deutlich mehr Verzerrungen besitzt als das Eingangssignal. Diesen Nachteil besitzt der Brückenverstärker in Abb. 15.31 nicht, der einen symmetrischen Eingang und Ausgang besitzt. Da die Eingangsspannungsdifferenz der Operationsverstärker im eingeschwungenen Zustand Null ist, wird $U_D = U_{e1} - U_{e2}$. Man kann die Schaltung aus einer symmetrischen Signalquelle betreiben, deren Ruhepotential $\frac{1}{2}V_b$ beträgt oder $U_{e1} = \frac{1}{2}V_b$ wählen wie es in der Schaltung eingezeichnet ist.

Die maximale Ausgangsleistung eines Leistungsverstärkers wird durch die Betriebsspannung bestimmt. Wir wollen von dem Idealfall ausgehen, dass die Ausgangsaussteuerbarkeit eines Verstärkers, der aus einer einzigen Betriebsspannung betrieben wird, zwischen 0 V und V_b liegt. Dann beträgt die maximale Amplitude einer Sinusschwingung $\hat{U}_a = \frac{1}{2}V_b$ und ihr Effektivwert $U_{a\,eff} = \frac{1}{2}V_b/\sqrt{2}$. Die Ausgangsleistung beträgt dann

$$P_{a,normal} = \frac{U^2_{a\,eff}}{R_L} = \frac{(\frac{1}{2}V_b/\sqrt{2}\,)^2}{R_L} = \frac{V^2_b}{8R_L} \qquad (15.3)$$

Bei einem Brückenverstärker erhält man die doppelte Ausgangsamplitude und den doppelten Effektivwert; daher ergibt sich für die maximale Ausgangsleistung der 4-fachen Wert:

$$P_{a,Brücke} = \frac{U^2_{a\,eff}}{R_L} = \frac{(V_b/\sqrt{2}\,)^2}{R_L} = \frac{V^2_b}{2R_L} \qquad (15.4)$$

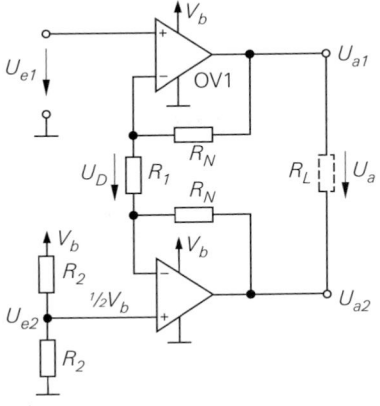

Abb. 15.31.
Verbesserter Leistungsverstärker in Brücken-schaltung. Nach diesem Prinzip arbeitet z.B. der TDA7297

$$U_{a1} = U_{e1} + \frac{R_N}{R_1}(U_{e1} - U_{e2})$$

$$U_{a2} = U_{e2} + \frac{R_N}{R_1}(U_{e2} - U_{e1})$$

$$U_a = U_{a1} - U_{a2}$$

$$= \left(1 + 2\frac{R_N}{R_1}\right)(U_{e1} - U_{e2})$$

Das ist besonders bei batteriebetriebenen Geräten interessant, bei denen man trotz niedriger Betriebsspannung eine möglichst hohe Ausgangsleistung erreichen möchte. Ein paar Beispiele für die maximale Ausgangsleistung, die an einen Verbraucher mit $R_L = 4\,\Omega$ abgegeben werden kann, sind in Abb. 15.32 zusammengestellt. Wegen der doppelten Ausgangsamplitude beim Betrieb als Brücke erhält man dort die 4-fache Ausgangsleistung.

Betriebsspannung V_b	Ausgangsleistung Normal	Ausgangsleistung Brücke
5 V	0,78 W	3,2 W
12 V	4,5 W	18 W

Abb. 15.32.
Maximale Ausgangsleistungen bei sinusförmiger Vollaussteuerung an einem Verbraucher von $R_L = 4\,\Omega$

15.12 Getaktete Leistungsverstärker

Der Wirkungsgrad von Leistungsverstärkern, die im B-Betrieb betrieben werden, beträgt gemäß (15.1):

$$\eta = \frac{P_L}{P_{\text{ges}}} = \frac{\pi}{4} \cdot \frac{\hat{U}_a}{V_b} \approx 0{,}785\,\frac{\hat{U}_a}{V_b}$$

Das sieht auf den ersten Blick gut aus mit einem maximalen Wirkungsgrad von 78% . Bei Musik- und Sprachsignalen liegt die mittlere Amplitude jedoch um einen Faktor 10

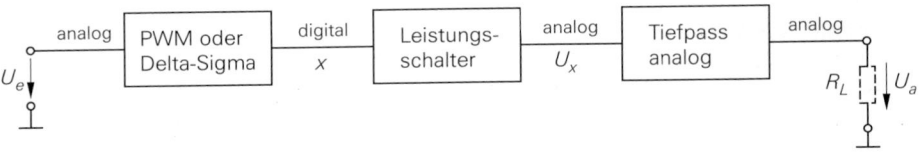

Abb. 15.33. Blockschaltbild eines getakteten Leistungsverstärkers

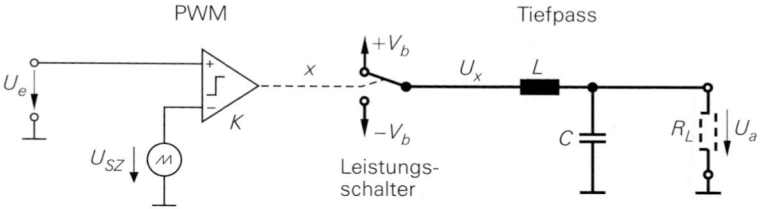

Abb. 15.34. Realisierung eines getakteten Leistungsverstärkers mit einem Pulsbreitenmodulator, PWM

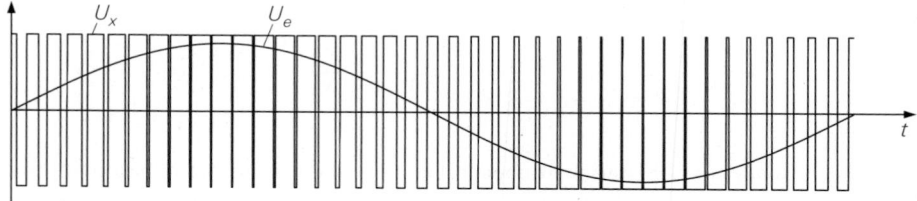

Abb. 15.35. Pulsbreitenmodulation mit 40-facher Signalfrequenz

unter der Maximalamplitude. Da der Wirkungsgrad proportional zur Amplitude ansteigt, beträgt er dann im Mittel lediglich 7,8%. Dieser Punkt ist in Abb. 15.4 eingezeichnet.

Aus diesem Grund setzt man auch bei den Leistungsverstärkern getaktete Schaltungen ein, die wie in der Stromversorgung in Prinzip verlustfrei arbeiten. Möglich geworden ist diese Technik dadurch, dass mit den Leistungsmosfets schnell schaltende Leistungstransistoren zur Verfügung stehen. Damit lassen sich Schaltfrequenzen erreichen, die mindestens um einen Faktor 10 über der maximalen Signalfrequenz liegen. Bei Audio-Verstärkern mit einer Bandbreite von 20 kHz arbeitet man mit Taktfrequenzen von 100 kHz … 1 MHz.

Das Blockschaltbild eines getakteten Leistungsverstärkers ist in Abb. 15.33 dargestellt. Aus dem analogen Eingangssignal wird mit einem Pulsbreitenmodulator oder mit einem Delta-Sigma-Modulator ein digitales Signal x erzeugt, das einen Leistungsschalter so steuert, dass nach Tiefpassfilterung wieder das Eingangssignal originalgetreu entsteht. Bei der Anordnung handelt es sich also um einen Analog-Digital-Analog-Umsetzer.

Dazu kann man den in Abb. 15.34 dargestellten Pulsbreitenmodulator einsetzen. Der Komparator liefert das Signal $x = 1$ solange die Eingangsspannung größer ist als die Sägezahnspannung U_{SZ}. Je größer die Eingangsspannung ist, desto länger wird $x = 1$ und entsprechend $U_x = V_b$. Man erkennt in Abb. 15.35 wie dadurch das Eingangssignal approximiert wird und dass man es daraus mit einem Tiefpass wieder zurückgewinnen kann. Allerdings ist die Abtastung mit einem Pulsbreitenmodulator aus Sicht der Systemtheorie keine gute Methode, weil dabei das Eingangssignal in nicht äquidistanten Zeitabständen abgetastet wird und die Abtastzeitpunkte signalabhängig sind. Dadurch entstehen subharmonische Spektrallinien, die im Nutzfrequenzbereich liegen und die sich daher mit dem Tiefpassfilter am Ausgang nicht entfernen lassen.

Dieses Problem lässt sich dadurch beheben, dass man statt eines Pulsbreitenmodulators einen Delta-Sigma-Modulator einsetzt, der in Abb. 15.36 dargestellt ist. Der Integrator steuert über den Komparator den Schalter so, dass seine Ausgangsspannung U_I im Mittel Null wird. Das ist genau dann der Fall, wenn $\overline{U}_x = -U_e$ ist. Wenn der Ausgang des Integrators positiv ist, wird das Flip-Flop gesetzt und der Schalter wird für eine Taktperi-

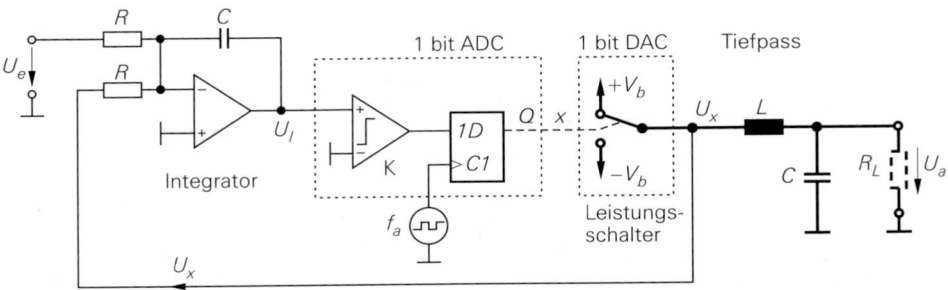

Abb. 15.36. Realisierung eines getakteten Leistungsverstärkers mit einem Delta-Sigma-Modulator

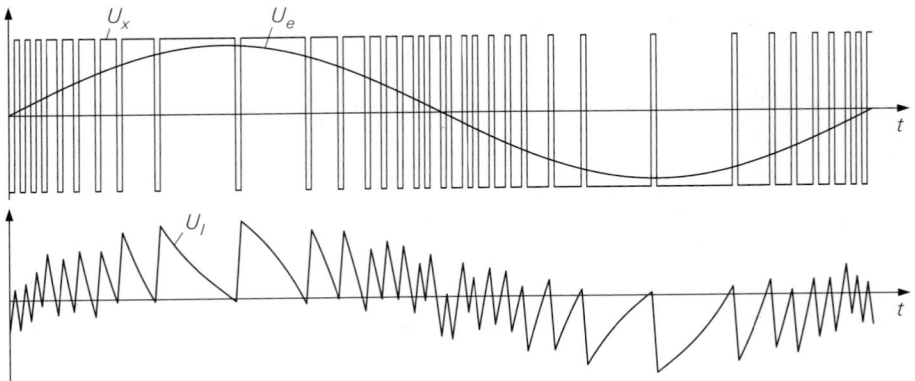

Abb. 15.37. Delta-Sigma-Modulation mit 40-facher Signalfrequenz

ode in die obere Stellung (wie eingezeichnet) geschaltet; dadurch läuft die Spannung U_I nach Minus. Man kann die Kombination des Komparators mit dem Flip-Flop als einen 1 bit Analog-Digitalumsetzer nach dem Parallelverfahren auffassen, der in Kapitel 17.3.1 auf S. 1025 beschrieben wird. Der Signalverlauf ist in Abb. 15.37 für ein sinusförmiges Eingangssignal dargestellt. Ein auffälliger Unterschied zur Pulsbreitenmodulation besteht darin, dass sich die Impulsdauer hier nicht kontinuierlich mit dem Signal ändert, sondern gleich der Taktperiodendauer oder einem Vielfachen davon ist.

Ein weiterer Vorteil eines Delta-Sigma-Modulators besteht darin, dass er durch Rauschformung (noise shaping Kap. 17.3.6 auf S. 1036) das Quantisierungsrauschen zu hohen Frequenzen verschiebt, die durch das Tiefpassfilter am Ausgang unterdrückt werden. Man kann hier auch einen Delta-Sigma höherer Ordnung einsetzen, um das Quantisierungsrauschen noch wirksamer zu hohen Frequenzen zu verschieben.

Das Tiefpassfilter am Ausgang soll das Spektrum des Eingangssignals wieder herausfiltern. Es darf natürlich keine Verluste aufweisen; deshalb kommt nur ein passives LC-Filter in Betracht. Man kann hier auch Filter höherer Ordnung einsetzen. Wichtig ist jedoch, dass sich zusammen mit der Last R_L die richtige Dämpfung für einen maximal flachen Frequenzgang ergibt. Mit dem LC-Filter wird an den Verbraucher die Leistung

$$P_{V\,Nutz} = \frac{U_a^2}{R_L} \qquad (15.5)$$

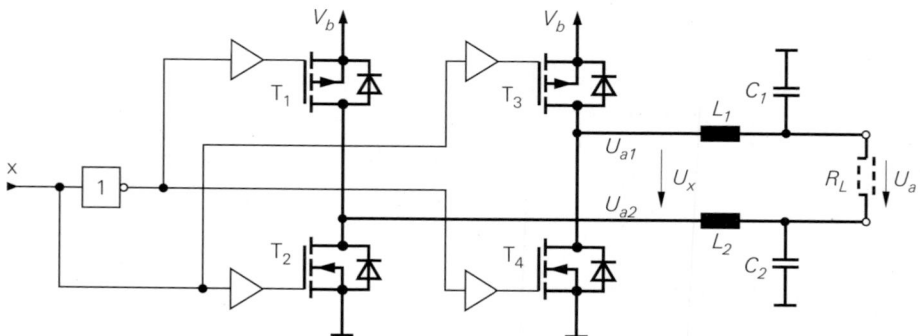

Abb. 15.38. Ausführung der Leistungsendstufe als H-Brücke bei einem getakteten Leistungsverstärker. Bridge-Tied Load (BTL)

abgegeben; ohne Filter entstünde im Verbraucher unabhängig vom Signal die Leistung

$$P_{V\,ges} = \frac{V_b^2}{R_L} \tag{15.6}$$

von der lediglich der in (15.5) angegebene Teil die gewünschte Nutzleistung ist. Der Wirkungsgrad

$$\eta = \frac{P_{V\,Nutz}}{P_{V\,ges}} = \frac{U_a^2}{V_b^2} \tag{15.7}$$

wäre demnach bei kleinen Signalen schlechter als bei einem linearen Verstärker im AB-Betrieb gemäß (15.1). Ein verlustfreies Tiefpassfilter am Ausgang ist bei ohmscher Last also unbedingt erforderlich. Ein Lautsprecher stellt selbst einen Tiefpass dar, weil er die Oberwellen nicht abstrahlt. Er ist aber kein gutes Tiefpassfilter, weil er einen beträchtlichen ohmschen Widerstand besitzt. Deshalb sollte man auch bei Lautsprecherbetrieb nicht auf ein LC-Filter verzichten. Es kann gleichzeitig die HF-Abstrahlung von dem Verbindungskabel zum Lautsprecher reduzieren.

Die praktische Ausführung des Leistungsschalters ist in Abb. 15.38 dargestellt. Man verwendet auch hier eine Brückenschaltung, um nur eine positive Betriebsspannung zu benötigen. Für die oberen Leistungsschalter setzt man hier meist p-Kanal Transistoren ein, weil deren Source-Elektroden dann konstant auf Betriebsspannungspotential liegen; das vereinfacht den Aufbau der Gatetreiber. Wenn die Steuervariable $x = 1$ ist, werden die Schalter T_2 und T_3 eingeschaltet; dann erhält man die Spannung $U_x = V_b$. Wenn $x = 0$ ist, werden die Transistoren T_1 und T_4 leitend und man erhält die Spannung $U_x = -V_b$. Es werden demnach genau dieselben Spannungen erzeugt wie in dem Prinzip in den Abb. 15.34 und 15.36, hier aber aus einer einzigen positiven Betriebsspannung. Der Betrieb der Schaltungen aus einer positiven und negativen Betriebsspannung wäre für niedrige Frequenzen und Gleichspannungen auch sehr gefährlich, da wegen der Induktivität am Ausgang je nach Ausgangsspannung Energie von der einen zur anderen Betriebsspannungsquelle übertragen wird, die zu einem unkontrollierten Anstieg einer Betriebsspannung führt. Um das Rückkopplungssignal $U_x = U_{a1} - U_{a2}$ in Abb. 15.38 zu gewinnen, verwendet man einen Subtrahierer.

Der theoretische Wirkungsgrad der getakteten Leistungsverstärker beträgt 100%. Wegen der Umschalt- und Durchlassverluste der Leistungsschalter und des Stromverbrauchs

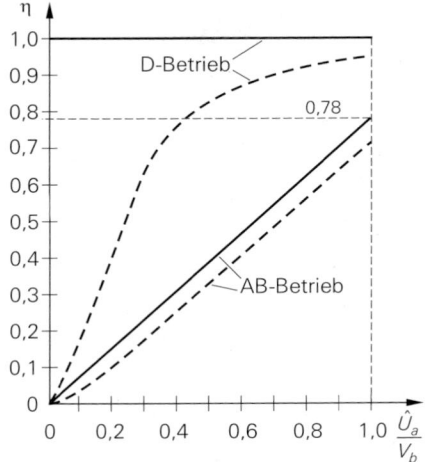

Abb. 15.39.
Wirkungsgrad von Leistungsverstärkern.
Theoretischer Verlauf durchgezogen, praktischer Verlauf gestrichelt bei Berücksichtigung
von Verlusten in den Leisungstransistoren und
in der Ansteuerschaltung von 5% der maximalen Ausgangsleistung.

der Ansteuerschaltung, der selbst bei verschwindend kleinen Ausgangsleistungen auftritt,
sinkt der Wirkungsgrad auch hier bis auf Null ab. Man erkennt jedoch in Abb. 15.39
große Vorteile gegenüber Leistungsverstärkern im AB-Betrieb nicht nur bei der vollen
Ausgangsleistung, sondern besonders bei kleinen und mittleren Ausgangsleistungen, die
bei Musikwiedergabe die Regel darstellen.

Kapitel 16:
Stromversorgung

Jedes elektronische Gerät benötigt eine Stromversorgung. Man unterscheidet zwischen Netz- und Akku-betriebenen Geräten. Eine Übersicht über die bevorzugten Ausführungsformen ist in Abb. 16.1 zusammengestellt. Jede Stromversorgung muss eine oder mehrere Gleichspannungen zur Versorgung liefern, die von Netz- bzw. Akku-Spannungsschwankungen und Lastschwankungen unabhängig sind. In jedem Fall steht ein hoher Wirkungsgrad im Vordergrund, um die Leistungsaufnahme und gleichzeitig den Aufwand für die Kühlung klein zu halten.

Der Wirkungsgrad ist das Verhältnis von abgegebener zu aufgenommener Leistung: $\eta = P_{Abgabe}/P_{Aufnahme}$. Daraus ergibt sich die Verlustleistung

$$P_{Verlust} = P_{Aufnahme} - P_{Abgabe} = \left(\frac{1}{\eta} - 1\right) P_{Abgabe} \qquad (16.1)$$

Die Varianten zur Versorgung eines Geräts aus dem Netz sind in Abb. 16.2 gegenübergestellt. Bei Netzbetrieb ist eine galvanische Trennung mit einem Transformator erforderlich. Im einfachsten Fall kann man dabei einen 50 Hz-Netztransformator mit einem nachfolgenden linearen Spannungsregler einsetzen. Ihr Wirkungsgrad ist jedoch wegen des 50 Hz-Transformators und dem Schwankungsbereich, den der lineare Spannungsregler auffangen muss, sehr schlecht. In Abb. 16.3 erkennt man, dass der Wirkungsgrad lediglich zwischen 25 und 50 % liegt.

Die Verluste im Serienregler lassen sich stark reduzieren, indem man den linear geregelten Transistor durch einen Schaltregler wie in Abb. 16.2 ersetzt. Um die gewünschte Ausgangsgleichspannung zu erhalten, benötigt man zusätzlich ein Tiefpassfilter, das den zeitlichen Mittelwert bildet. Die Größe der Ausgangsspannung lässt sich in diesem Fall durch das Tastverhältnis bestimmen, mit dem der Schalter geschlossen wird. Wenn man ein LC-Tiefpassfilter verwendet, gibt es im Regler keine systematische Verlustquelle mehr und man erreicht einen Wirkungsgrad zwischen 50 und 75 %. Da sich der beschriebene Schaltregler auf der Sekundärseite des Netztransformators befindet, bezeichnet man solche Netzteile auch als *sekundärgetaktete Schaltnetzteile*.

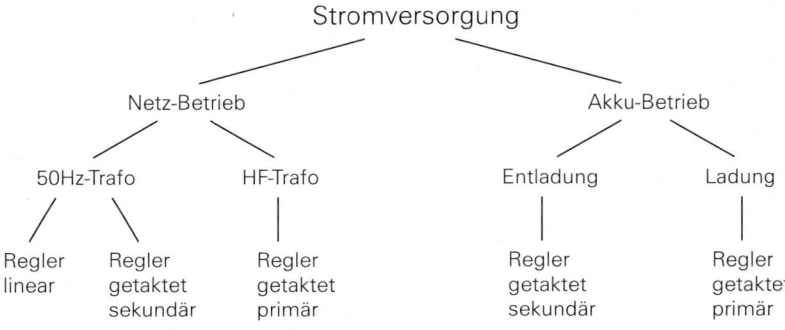

Abb. 16.1. Varianten zur Stromversorgung

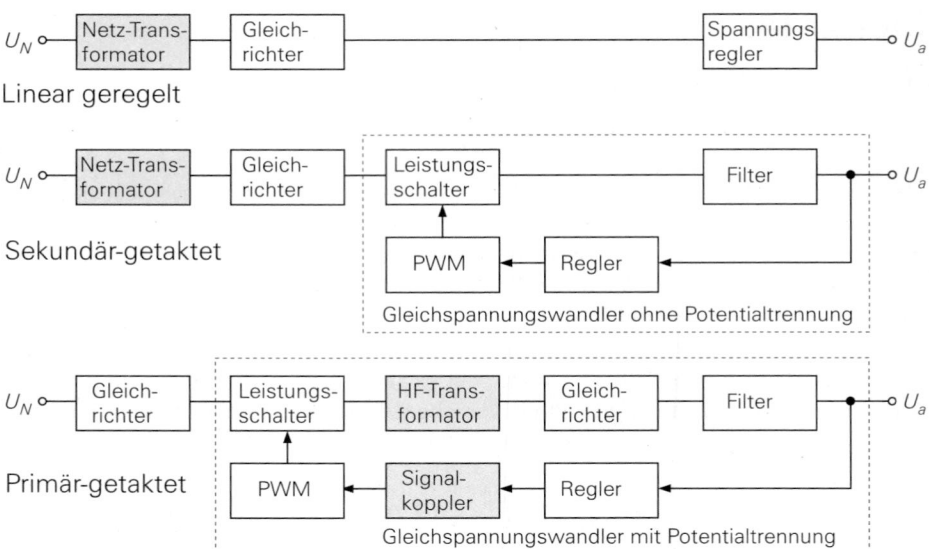

Abb. 16.2. Stromversorgung bei Netz-Betrieb. Die grau hinterlegten Blöcke dienen zur Potentialtrennung. PWM = Puls Width Modulator, Pulsbreitenmodulator

Um den Wirkungsgrad weiter zu verbessern, muss man den 50 Hz-Transformator durch einen Hochfrequenztransformator ersetzen, der mit Frequenzen zwischen 20 kHz und 1 MHz betrieben wird. Hier lassen sich die Verluste sehr kein halten, weil der Transformator dann nur wenige Windungen erfordert. Der Aufwand ist hier allerdings am größten wie man in Abb. 16.2 erkennt. Hier muss man die Netzspannung zunächst gleichrichten und dann in eine hochfrequente Wechselspannung umwandeln bevor man sie transformieren kann. Damit die Ausgangsspannung den gewünschten Wert annimmt, muss die Pulsbreite auch in diesem Fall geregelt werden. Dazu ist auch im Regelungspfad eine Signalübertragung mit Potentialtrennung erforderlich. Obwohl die primär-getaktete Stromversorgung

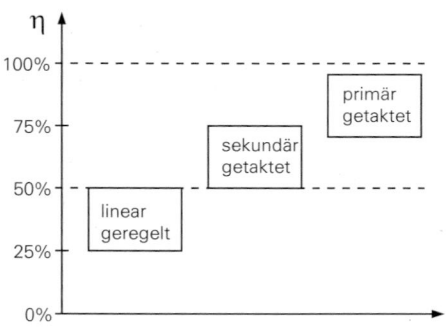

Abb. 16.3.
Vergleich der Wirkungsgrade

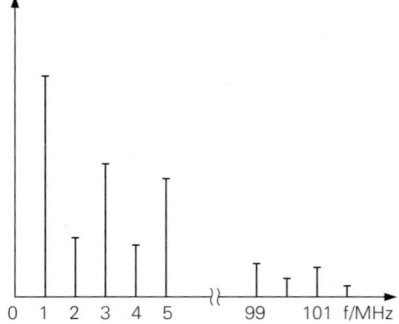

Abb. 16.4.
EMV-Spektrum eines Schaltnetzteils mit
einer Taktfrequenz von 1MHz

die aufwendigste Methode ist, wird sie wegen des hohen Wirkungsgrads und des geringen Gewichts heute durchwegs eingesetzt.

Einen Nachteil besitzen die getakteten Stromversorgungen jedoch gegenüber den linear geregelten: Sie erzeugen nennenswerte EMV-Störungen (ElektroMagnetische Verträglichkeit). Wenn man einen Leistungstransistor mit einer Frequenz von 1 MHz taktet und in 10 ns ein- und ausschaltet, entsteht ein kammförmiges Störspektrum mit Spektrallinien im 1 MHz-Abstand bis zu Frequenzen von über 100 MHz; dies ist in Abb. 16.4 schematisch dargestellt. Rundfunkempfänger können dadurch wegen der kleinen Antennensignale stark gestört werden. Aus diesem Grund ist eine gute Abschirmung eines getakteten Reglers sehr wichtig. Dieses Problem hat man bei Stromversorgungen mit einem 50 Hz-Trafo und einem linearen Regler nicht.

Bei mobilen Geräten wie Handys, Notebooks oder Elektroautos ist man auf Akkubetrieb angewiesen. Hier ist ein hoher Wirkungsgrad noch wichtiger als bei Netzbetrieb, weil jede Wattstunde, die man im Akku speichern muss, hohe Kosten zur Folge hat und natürlich auch zusätzliches Gewicht mit sich bringt. Bei der Verwendung von Akkus muss man natürlich auch die Ladung sicherstellen. Bei Akku-Betrieb kommen zwei Aufgaben auf die Stromversorgung zu, die ebenfalls in Abb. 16.1 dargestellt sind:

– Bei der Entladung des Akkus müssen die Betriebsspannungen für das Gerät bis zur vollständigen Entladung des Akkus konstant gehalten werden. Dies Aufgabe entspricht der eines Spannungsreglers bei Netzbetrieb; allerdings ist hier ein hoher Wirkungsgrad noch wichtiger. Aus diesem Grund setzt man hier keine linearen Regler ein, sondern ausschließlich Schaltregler.
– Bei der Aufladung des Akkus muss ein Laderegler dafür sorgen, dass der Akku voll geladen, aber nicht überladen wird. Von der richtigen Ladetechnik hängt die Lebensdauer des Akkus entscheidend ab. Um auch hier ein geringes Gewicht zu erreichen, ist für die Akkuladung ein primär getakteter Spannungsregler üblich.

16.1 Eigenschaften von Netztransformatoren

Bei der Dimensionierung von Gleichrichterschaltungen spielt der Innenwiderstand R_i des Netztransformators eine große Rolle. Er lässt sich aus den Nenndaten der Sekundärwicklung U_N, I_N und dem Verlustfaktor f_v berechnen. Dieser ist definiert als das Verhältnis von Leerlauf- zu Nennspannung:

$$f_v = \frac{U_L}{U_N} \tag{16.2}$$

Daraus folgt für den Innenwiderstand die Beziehung:

$$R_i = \frac{U_L - U_N}{I_N} = \frac{U_N}{I_N}(f_v - 1) \tag{16.3}$$

Nun definieren wir eine Nennlast $R_N = U_N/I_N$ und erhalten aus Gl. (16.3):

$$R_i = R_N(f_v - 1) \tag{16.4}$$

Eine Übersicht über die Daten gebräuchlicher M-Kerntransformatoren ist in Abb. 16.5 zusammengestellt; die entsprechenden Angaben für Ringkerntransformatoren finden sich in Abb. 16.6.

Ringkerntransformatoren sind schwieriger zu wickeln; daraus resultiert besonders bei kleinen Leistungen ein deutlich höherer Preis. Dem stehen aber einige nennenswerte Vorteile gegenüber: ihr magnetisches Streufeld ist deutlich geringer. Die Hauptinduktivität ist

Kern-Typ (Seitenlänge)	Nenn-leistung	Verlust-faktor	Prim. Windungs-zahl	Prim. Draht-Durch-messer	Norm. sek. Windungs-zahl	Norm. sek. Draht-Durch-messer
[mm]	P_N [W]	f_v	w_1	d_1 [mm]	w_2/U_2 [1/V]	$d_2/\sqrt{I_2}$ [mm/$\sqrt{A}$]
M 42	4	1,31	4716	0,09	28,00	0,61
M 55	15	1,20	2671	0,18	14,62	0,62
M 65	33	1,14	1677	0,26	8,68	0,64
M 74	55	1,11	1235	0,34	6,24	0,65
M 85a	80	1,09	978	0,42	4,83	0,66
M 85b	105	1,06	655	0,48	3,17	0,67
M 102a	135	1,07	763	0,56	3,72	0,69
M 102b	195	1,05	513	0,69	2,45	0,71

Abb. 16.5. Typische Daten von M-Kerntransformatoren für eine Primärspannung von $U_{1\,eff} = 230\,\text{V}$, 50 Hz

Außen-Durch-messer ca.	Nenn-leistung	Verlust-faktor	Prim. Windungs-zahl	Prim. Draht-Durch-messer	Norm. sek. Windungs-zahl	Norm. sek. Draht-Durch-messer
D [mm]	P_N [W]	f_v	w_1	d_1 [mm]	w_2/U_2 [1/V]	$d_2/\sqrt{I_2}$ [mm/$\sqrt{A}$]
60	10	1,18	3500	0,15	19,83	0,49
61	20	1,18	2720	0,18	14,83	0,54
70	30	1,16	2300	0,22	12,33	0,55
80	50	1,15	2140	0,30	11,25	0,56
94	75	1,12	1765	0,36	9,08	0,58
95	100	1,11	1410	0,40	7,08	0,60
100	150	1,09	1100	0,56	5,42	0,61
115	200	1,08	820	0,60	4,00	0,62
120	300	1,07	715	0,71	3,42	0,63

Abb. 16.6. Typische Daten von Ringkerntransformatoren für eine Primärspannung von $U_{1\,eff} = 230\,\text{V}$, 50 Hz

größer; daraus resultieren ein kleinerer Magnetisierungsstrom und geringere Leerlaufverluste. Zur genaueren Berechnung verwendet man am besten den *Magnetic Designer* von Intusoft (Thomatronik).

16.2 Netzgleichrichter

16.2.1 Einweggleichrichter

Die einfachste Methode, eine Wechselspannung gleichzurichten, besteht darin, wie in Abb. 16.7 einen Kondensator über eine Diode aufzuladen. Wenn der Ausgang unbelastet ist, wird der Kondensator C_L während der positiven Halbschwingung auf den Scheitelwert $U_{a,0} = \sqrt{2}U_{L,eff} - U_D$ aufgeladen. Darin ist U_D die Durchlassspannung der Diode. Die maximale Sperrspannung tritt auf, wenn die Transformatorspannung ihren negativen Scheitelwert erreicht. Sie beträgt demnach etwa $2\sqrt{2}U_{L,eff}$.

Bei Belastung entlädt der Verbraucherwiderstand R_v den Kondensator C_L, solange die Diode sperrt. Erst wenn die Leerlaufspannung des Transformators um U_D größer wird

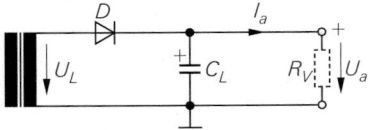

Leerlauf-Ausgangsspannung:	$U_{a,0} = \sqrt{2}U_{L,eff} - U_D$
Last-Ausgangsspannung:	$U_{a,\infty} = U_{a,0}\left(1 - \sqrt{R_i/R_v}\right)$
Maximale Sperrspannung:	$U_{Sperr} = 2\sqrt{2}U_{L,eff}$
Mittlerer Durchlassstrom:	$\bar{I}_D = I_a$
Periodischer Spitzenstrom:	$I_{DS} = \dfrac{U_a}{\sqrt{R_i R_v}}$
Brummspannung:	$U_{Br,ss} = \dfrac{I_a}{C_L f_N}\left(1 - \tfrac{1}{2}\sqrt[4]{R_i/R_v}\right)$
Minimale Ausgangsspannung:	$U_{a,min} \approx U_{a,\infty} - \dfrac{2}{3}U_{Br,ss}$

Abb. 16.7. Einweggleichrichter

als die Ausgangsspannung, wird der Kondensator wieder nachgeladen. Welche Spannung er dabei erreicht, hängt vom Innenwiderstand R_i des Transformators ab. Abbildung 16.8 zeigt den Verlauf der Ausgangsspannung im eingeschwungenen Zustand; beim Einschalten fließen während der ersten Schwingungen viel größere Ströme. Wegen des ungünstigen Verhältnisses von Nachlade- zu Entladezeit sinkt die Ausgangsspannung schon bei geringer Belastung stark ab. Deshalb ist die Schaltung nur bei kleinen Ausgangsströmen empfehlenswert. Die Herleitung der angegebenen Beziehungen folgt beim Brückengleichrichter im nächsten Abschnitt.

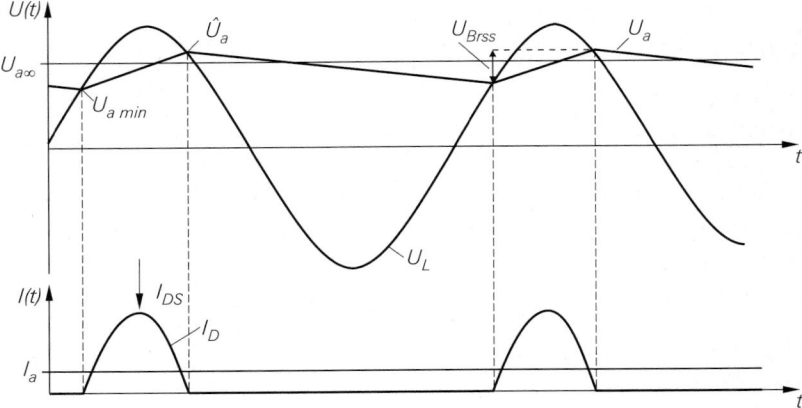

Abb. 16.8. Spannungs- und Stromverlauf beim Einweggleichrichter

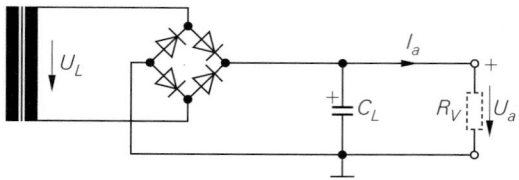

Leerlauf-Ausgangsspannung:	$U_{a,0} = \sqrt{2}\,U_{L,\mathit{eff}} - 2U_D$
Last-Ausgangsspannung:	$U_{a,\infty} = U_{a,0}\left(1 - \sqrt{\dfrac{R_i}{2R_v}}\right)$
Maximale Sperrspannung:	$U_{Sperr} = \sqrt{2}\,U_{L,\mathit{eff}}$
Mittlerer Durchlassstrom:	$\bar{I}_D = \dfrac{1}{2}\,I_a$
Periodischer Spitzenstrom:	$I_{DS} = \dfrac{U_{a,0}}{\sqrt{2R_i\,R_v}}$
Brummspannung:	$U_{Br,ss} = \dfrac{I_a}{2C_L f_N}\left(1 - \sqrt[4]{\dfrac{R_i}{2R_v}}\right)$
Minimale Ausgangsspannung:	$U_{a,min} \approx U_{a,\infty} - \dfrac{2}{3}\,U_{Br,ss}$
Transformator-Nennleistung:	$P_N = (1{,}2\ldots 2)\,U_{a,\infty}\cdot I_a$

Abb. 16.9. Brückengleichrichter

16.2.2 Brückengleichrichter

Das Verhältnis von Nachlade- zu Entladezeit lässt sich wesentlich verbessern, indem man den Ladekondensator C_L während der positiven *und* negativen Halbschwingung auflädt. Das erreicht man mit der Brückenschaltung in Abb. 16.9. Den Vorteil sieht man auch wenn man den Spannungsverlauf im Zweiweggleichrichter in Abb. 16.10 mit dem des Einweggleichrichters in Abb. 16.8 vergleicht.

Die Dioden verbinden während der Nachladezeit den jeweils negativen Pol des Transformators mit Masse und den positiven mit dem Ausgang. Die maximal auftretende Sperrspannung ist gleich der Leerlauf-Ausgangsspannung:

$$U_{a,0} = \sqrt{2}\,U_{L,\mathit{eff}} - 2U_D = \sqrt{2}\,U_{N,\mathit{eff}}\,f_v - 2U_D \tag{16.5}$$

Sie ist also nur halb so groß wie beim Einweggleichrichter.

Zur Berechnung des Spannungsabfalls bei Belastung gehen wir zunächst von einem unendlich großen Ladekondensator aus. Dann ist die Ausgangsspannung eine reine Gleichspannung, die wir mit $U_{a\,\infty}$ bezeichnen. Je weiter die Ausgangsspannung infolge der Belastung absinkt, desto größer wird die Nachladedauer. Der Gleichgewichtszustand ist dann erreicht, wenn die zugeführte Ladung gleich der abgegebenen Ladung ist. Daraus ergibt sich:

$$U_{a,\infty} = U_{a,0}\left(1 - \sqrt{\dfrac{R_i}{2R_v}}\right) \tag{16.6}$$

Darin ist $R_v = U_{a,\infty}/I_a$ der Verbraucherwiderstand. Die Herleitung dieser Beziehung ist mit einer längeren Approximationsrechnung verbunden, bei der die Sinusschwingung

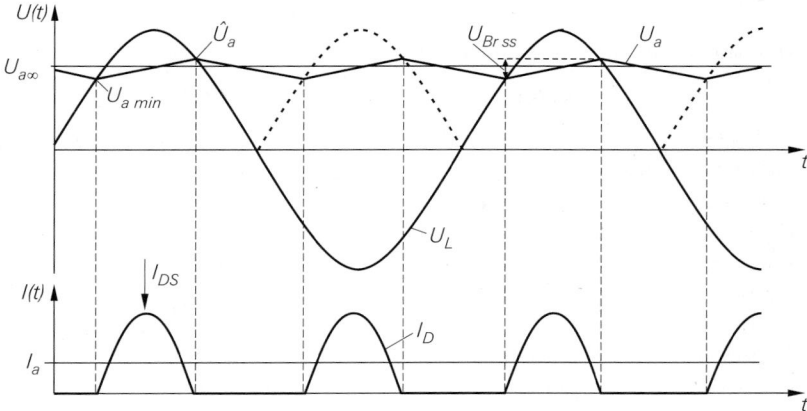

Abb. 16.10. Spannungs- und Stromverlauf beim Zweiweggleichrichter

durch Parabelbögen angenähert wird. Sie soll hier übergangen werden. Wie der Vergleich mit der Einweggleichrichterschaltung in Abb. 16.7 zeigt, geht beim Vollweggleichrichter nur der halbe Innenwiderstand des Transformators in den Spannungsabfall bei Belastung ein.

Um den Gleichrichter richtig dimensionieren zu können, muss man die auftretenden Ströme kennen. Wegen der Erhaltung der Ladung ist der mittlere Durchlassstrom durch jeden Brückenzweig gleich dem halben Ausgangsstrom. Da die Durchlassspannung nur wenig vom Strom abhängt, ergibt sich die Verlustleistung einer Diode zu:

$$P_D = \frac{1}{2} U_D I_a$$

Während der Aufladezeit treten periodisch Spitzenströme I_{DS} auf, die um ein Vielfaches größer sein können als der Ausgangsstrom:

$$I_{DS} = \frac{\hat{U}_L - 2U_D - U_{a,\infty}}{R_i} = \frac{U_{a,0} - U_{a,\infty}}{R_i}$$

Mit Gl. (16.6) folgt daraus:

$$I_{DS} = \frac{U_{a,0}}{\sqrt{2R_i R_v}}$$

Man erkennt, dass der Innenwiderstand R_i der Wechselspannungsquelle einen entscheidenden Einfluss auf den Spitzenstrom hat. Ist die Wechselspannungsquelle sehr niederohmig, kann es sich als notwendig erweisen, einen Widerstand in Reihe zu schalten, um den maximalen Spitzenstrom des Gleichrichters nicht zu überschreiten. Dies ist besonders bei der direkten Gleichrichtung der Netzspannung zu berücksichtigen. Die Zweiweggleichrichtung ist auch in dieser Beziehung günstiger als die Einweggleichrichtung, da der Spitzenstrom um den Faktor $\sqrt{2}$ kleiner ist.

Der Effektivwert des pulsierenden Ladestroms ist größer als der arithmetische Mittelwert. Deshalb muss die Gleichstromleistung kleiner bleiben als die Nennleistung des Transformators für ohmsche Last, wenn die zulässige Verlustleistung im Transformator nicht überschritten werden soll. Die Gleichstromleistung ergibt sich aus der abgegebenen

Leistung $U_{a,\infty}I_a$ und der Verlustleistung im Gleichrichter, die etwa $2U_D I_a$ beträgt. Die Nennleistung des Transformators muss daher zu

$$P_N = \alpha I_a (U_{a,\infty} + 2U_D) \approx \alpha I_a U_{a,\infty} \tag{16.7}$$

gewählt werden. Darin ist α der Formfaktor, mit dem der erhöhte Effektivwert des Stromes berücksichtigt wird. Er beträgt bei Zweiweggleichrichtung etwa 1,2. Es ist jedoch zweckmäßig, nicht nach Gl. (16.7) an die Grenze der thermischen Belastbarkeit zu gehen, sondern den Transformator überzudimensionieren, indem man für α einen höheren Wert einsetzt. Dadurch ergibt sich ein höherer Wirkungsgrad. Der Nachteil des höheren Platzbedarfs hält sich in Grenzen, wenn man Ringkerntransformatoren verwendet. Außerdem bleiben bei ihnen auch im Fall der starken Überdimensionierung die Leerlaufverluste klein.

Bei endlich großem Ladekondensator tritt am Ausgang eine überlagerte Brummspannung auf. Sie lässt sich aus der Ladung berechnen, die dem Kondensator während der Entladezeit t_E entzogen wird:

$$U_{Br,ss} = \frac{I_a t_E}{C_L}$$

Aus Gl. (16.6) ergibt sich näherungsweise:

$$t_E \approx \frac{1}{2}\left(1 - \sqrt[4]{\frac{R_i}{2R_v}}\right) T_N$$

Darin ist $T_N = 1/f_N$ die Periodendauer der Netzwechselspannung. Daraus folgt:

$$U_{Br,ss} = \frac{I_a}{2C_L f_N}\left(1 - \sqrt[4]{\frac{R_i}{2R_v}}\right) \tag{16.8}$$

Von besonderem Interesse ist der untere Scheitelwert der Ausgangsspannung. Er beträgt näherungsweise:

$$U_{a,min} \approx U_{a,\infty} - \frac{2}{3}U_{Br,ss} \tag{16.9}$$

Beispiel: Die Dimensionierung einer Netzgleichrichterschaltung soll an einem Zahlenbeispiel verdeutlicht werden. Gesucht ist eine Gleichspannungsversorgung mit einer minimalen Ausgangsspannung $U_{a,min} = 30\,\text{V}$ bei einem Ausgangsstrom $I_a = 1\,\text{A}$ und einer maximalen Brummspannung $U_{Br,ss} = 3\,\text{V}$. Aus Gl. (16.9) erhalten wir zunächst $U_{a,\infty} = U_{a,min} + \frac{2}{3}U_{Br,ss} = 32\,\text{V}$ und mit Gl. (16.7) und $\alpha = 1,5$ die Transformator-Nennleistung:

$$P_N = \alpha I_a (U_{a,\infty} + 2U_D) = 1,5\,\text{A} \cdot (32\,\text{V} + 2\,\text{V}) = 51\,\text{W}$$

Aus Abb. 16.6 entnehmen wir dafür den Ringkerntyp mit $D = 80\,\text{mm}$. Sein Verlustfaktor beträgt $f_v = 1,15$. Zur weiteren Rechnung benötigt man den Innenwiderstand des Transformators. Er hängt aber von der noch nicht bekannten Nennspannung ab. Zu ihrer Berechnung muss man das nichtlineare Gleichungssystem Gln. (16.4) bis (16.6) lösen. Das geschieht am einfachsten in Form einer Iteration: Als Anfangswert geben wir $U_{N,eff} \approx U_{a,min} = 30\,\text{V}$ vor. Dann folgt mit Gl. (16.4):

$$R_i = R_N(f_v - 1) = \frac{U_{N,eff}^2}{P_N}(f_v - 1) = \frac{(30\,\text{V})^2}{51\,\text{W}} \cdot (1,15 - 1) = 2,65\,\Omega$$

Mit Gln. (16.5) und (16.6) folgt daraus:

$$U_{a,\infty} = \left(\sqrt{2}U_{N,eff}\,f_v - 2U_D\right)\left(1 - \sqrt{\frac{R_i}{2R_v}}\right)$$

$$= \left(\sqrt{2}\cdot 30\,\text{V}\cdot 1{,}15 - 2\,\text{V}\right)\left(1 - \sqrt{\frac{2{,}65\,\Omega}{2\cdot 32\,\text{V}/1\,\text{A}}}\right) \approx 37{,}3\,\text{V}$$

Die Spannung ist also um etwa 5 V höher als oben verlangt. Im nächsten Iterationsschritt reduzieren wir die Transformator-Nennspannung um diesen Betrag und erhalten entsprechend:

$$R_i = 1{,}84\,\Omega \quad , \quad U_{a,\infty} = 32{,}1\,\text{V}$$

Damit wird bereits der gewünschte Wert erreicht. Die Transformatordaten lauten also:

$$U_{N,eff} \approx 25\,\text{V} \quad , \quad I_{N,eff} = \frac{P_N}{U_N} \approx 2\,\text{A}$$

Aus Abb. 16.6 entnehmen wir damit die Wickeldaten für eine Primärspannung von 220 V:

$$w_1 = 2140 \qquad\qquad , \quad d_1 = 0{,}3\,\text{mm}$$

$$w_2 = 11{,}25\,\frac{1}{\text{V}}\cdot 25\,\text{V} = 281 \quad , \quad d_2 = 0{,}56\,\frac{\text{mm}}{\sqrt{\text{A}}}\cdot\sqrt{2\,\text{A}} = 0{,}79\,\text{mm}$$

Die Kapazität des Ladekondensators ergibt sich aus Gl. (16.8) zu:

$$C_L = \frac{I_a}{2U_{Br,ss}\,f_N}\left(1 - \sqrt[4]{\frac{R_i}{2R_v}}\right)$$

$$= \frac{1\,\text{A}}{2\cdot 3\,\text{V}\cdot 50\,\text{Hz}}\left(1 - \sqrt[4]{\frac{1{,}84\,\Omega}{2\cdot 32\,\Omega}}\right) \approx 2000\,\mu\text{F}$$

Die Leerlauf-Ausgangsspannung beträgt 39 V. Diese Spannungsfestigkeit muss der Kondensator mindestens besitzen.

Bei Transformatoren mit mehreren Sekundärwicklungen verläuft die Rechnung genau wie oben. Für P_N wird jeweils die Leistung der betreffenden Sekundärwicklung eingesetzt. Die Gesamtleistung ergibt sich als Summe der Teilleistungen. Sie ist für die Auswahl des Kerns und damit für f_v maßgebend.

16.2.3 Mittelpunkt-Schaltung

16.2.3.1 Grundschaltung

Eine Vollweggleichrichtung lässt sich auch dadurch erreichen, dass man zwei gegenphasige Wechselspannungen einweggleichrichtet. Dieses Prinzip zeigt die Mittelpunktschaltung in Abb. 16.11. An den angegebenen Daten erkennt man, dass dabei die Vorteile der Brückenschaltung erhalten bleiben.

Ein zusätzlicher Vorteil ergibt sich dadurch, dass der Strom jeweils nur durch eine Diode fließen muss und nicht durch zwei wie bei der Brückenschaltung. Dadurch halbiert sich der Spannungsverlust, der durch die Durchlassspannung der Dioden verursacht wird. Andererseits verdoppelt sich der Innenwiderstand des Transformators, da jede Teilwicklung für die halbe Ausgangsleistung zu dimensionieren ist. Dadurch wird der Spannungsverlust wieder

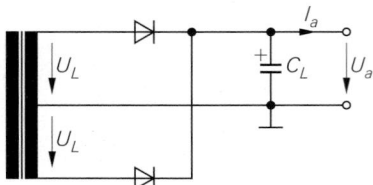

Leerlaufspannung: $U_{a,0} = \sqrt{2}\,U_{L,eff} - U_D$

Last-Ausgangsspannung: $U_{a,\infty} = U_{a,0}\left(1 - \sqrt{\dfrac{R_i}{2R_v}}\right)$

Maximale Sperrspannung: $U_{Sperr} = 2\sqrt{2}\,U_{L,eff}$

Mittlerer Durchlassstrom: $\bar{I}_D = \dfrac{1}{2}\,I_a$

Periodischer Spitzenstrom: $I_{DS} = \dfrac{U_{a,0}}{\sqrt{2R_i R_v}}$

Brummspannung: $U_{Br,ss} = \dfrac{I_a}{2C_L f_N}\left(1 - \sqrt[4]{\dfrac{R_i}{2R_v}}\right)$

Minimale Ausgangsspannung: $U_{a,min} \approx U_{a,\infty} - \dfrac{2}{3}\,U_{Br,ss}$

Abb. 16.11. Mittelpunktschaltung

vergrößert. Welcher Effekt überwiegt, hängt vom Verhältnis der Ausgangsspannung zur Durchlassspannung der Diode ab. Bei kleinen Ausgangsspannungen ist die Mittelpunkt-schaltung günstiger, bei großen Ausgangsspannungen der Brückengleichrichter.

16.2.3.2 Doppelte Mittelpunktschaltung

Bei der Mittelpunktschaltung in Abb. 16.11 bleiben jeweils die negativen Halbwellen unge-nutzt. Man kann sie in einer zweiten Mittelpunktschaltung mit umgepolten Dioden gleich-richten und erhält dann gleichzeitig eine negative Gleichspannung. Diese Möglichkeit zur Erzeugung erdsymmetrischer Spannungen ist in Abb. 16.12 dargestellt. Für die benötigten vier Dioden lässt sich ein integrierter Brückengleichrichter einsetzen. Die Nennleistung des Transformators sollte auch hier das 1,2- bis 2-fache der Gleichstromleistung betragen.

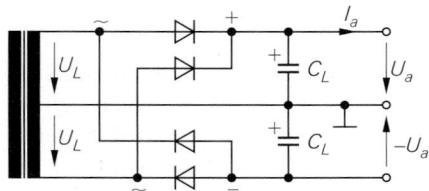

Abb. 16.12.
Doppelte Mittelpunktschaltung für sym-metrische Ausgangsspannungen.
Kenngrößen wie in Abb. 16.11.

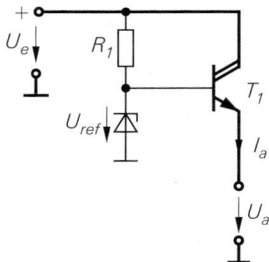

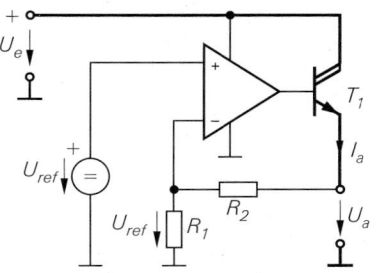

Ausgangsspannung: $U_a = U_{ref} - 2U_{BE}$

Abb. 16.13.
Spannungsstabilisierung mit Emitterfolger

Ausgangsspannung: $U_a = \left(1 + \dfrac{R_2}{R_1}\right)U_{ref}$

Abb. 16.14.
Spannungsregler mit Regelverstärker

16.3 Lineare Spannungsregler

Zum Betrieb von elektronischen Schaltungen benötigt man in der Regel eine Gleichspannung, die einen bestimmten Wert auf 5 bis 10% genau einhält. Diese Toleranz muss über den ganzen Bereich der auftretenden Netzspannungsschwankungen, Laststromschwankungen und Temperaturschwankungen eingehalten werden. Die überlagerte Brummspannung soll höchstens im Millivolt-Bereich liegen. Aus diesen Gründen ist die Ausgangsspannung der beschriebenen Gleichrichterschaltungen nicht direkt als Betriebsspannung für elektronische Schaltungen geeignet, sondern muss durch einen nachgeschalteten Spannungsregler stabilisiert und geglättet werden. Die wichtigsten Kenndaten eines Spannungsreglers sind:

– Die Ausgangsspannung und ihre Toleranz.
– Der maximale Ausgangsstrom und der Kurzschlussstrom.
– Der minimale Spannungsabfall, den der Spannungsregler zur Aufrechterhaltung der Ausgangsspannung benötigt. Er wird als *Dropout Voltage* bezeichnet.
– Die Unterdrückung von Eingangsspannungsschwankungen (Line Regulation).
– Der Ausgangswiderstand, der angibt, wie stark sich die Ausgangsspannung bei Lastschwankungen ändert.

16.3.1 Prinzipien

Der einfachste Serienregler ist ein Emitterfolger, dessen Basis man an einer Referenzspannungsquelle anschließt. Die Referenzspannung kann man z.B. wie in Abb. 16.13 mit Hilfe einer Z-Diode aus der unstabilisierten Eingangsspannung U_e gewinnen.

Die einfachen Schaltung in Abb. 16.13 erfüllt die Anforderungen, die man an Spannungsregler stellen muss, zum großen Teil nicht oder nicht gut genug. Deshalb baut man Spannungsregler mit einem Regelverstärker auf. Dazu eignet sich wie in Abb. 16.14 ein Operationsverstärker. Da normale Operationsverstärker nicht den benötigten Ausgangsstrom liefern, ergänzt man einen Emitterfolger in Form einer Darlingtonschaltung am Ausgang. Der Operationsverstärker arbeitet hier als nicht-invertierender Verstärker für U_{ref}. Die Referenzspannung kann man im Prinzip mit einer Z-Diode erzeugen; meist werden jedoch Bandgap-Referenzen eingesetzt, die in Abschnitt 16.4.2 beschrieben werden. Die Ausgangsspannung lässt sich durch Wahl von R_1 und R_2 auf beliebige Werte $U_a \geq U_{ref}$ $U_a = (1 + R_2/R_1)U_{ref}$ festlegen.

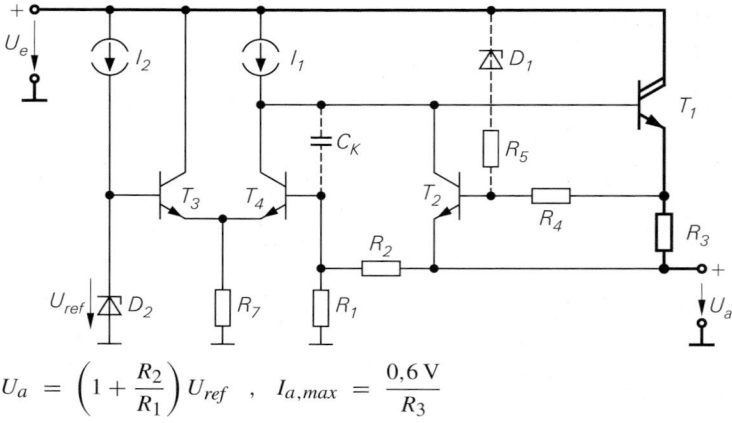

$$U_a = \left(1 + \frac{R_2}{R_1}\right) U_{ref} \quad , \quad I_{a,max} = \frac{0{,}6\,\mathrm{V}}{R_3}$$

Abb. 16.15. Prinzipschaltung eines integrierten Spannungsreglers aus der 7800-Serie

16.3.2 Praktische Ausführung

Die praktische Ausführung eines integrierten Spannungsreglers der 7800-Serie ist in Abb. 16.15 dargestellt. Die Anforderungen an den Regelverstärker sind nicht besonders hoch, da ein Emitterfolger allein schon ein ganz brauchbarer Spannungsregler ist. Deshalb genügt der einfache Differenzverstärker T_3, T_4, der zusammen mit der Darlingtonschaltung T_1 als Leistungsoperationsverstärker arbeitet. Er ist über den Spannungsteiler R_1, R_2 als nicht-invertierender Verstärker gegengekoppelt.

Der Transistor T_2 dient zur Strombegrenzung. Wenn der Spannungsabfall an R_3 den Wert 0,6 V erreicht, wird T_2 leitend und reduziert damit die Ausgangsspannung. Durch die entstehende Gegenkopplung wird die Ausgangsspannung so eingestellt, dass der Spannungsabfall an R_3 auf den Wert 0,6 V stabilisiert wird. Das ist gleichbedeutend mit einem konstanten Ausgangsstrom:

$$I_{a,max} = \frac{0{,}6\,\mathrm{V}}{R_3}$$

Die Ausgangsspannung wird in diesem Betriebszustand vom Lastwiderstand R_L bestimmt:

$$U_a = I_{a,max}\,R_L$$

Beim Erreichen des Maximalstromes tritt in dem Ausgangstransistor T_1 die Verlustleistung

$$P_v = I_{a,max}\,(U_e - U_a)$$

auf. Sie wird im Kurzschlussfall sehr viel größer als im Normalbetrieb, da dann die Ausgangsspannung unter den Sollwert bis auf Null absinkt. Um diese Zunahme der Verlustleistung zu verhindern, kann man die Stromgrenze mit abnehmender Ausgangsspannung reduzieren. Auf diese Weise entsteht eine rückläufige Strom-Spannungskennlinie, wie sie in Abb. 16.16 dargestellt ist.

Eine starke Zunahme der Verlustleistung kann auch dann eintreten, wenn die Eingangsspannung U_e vergrößert wird, da in diesem Fall die Differenz $U_e - U_a$ ebenfalls zunimmt. Ein optimaler Schutz des Ausgangstransistors T_1 lässt sich demnach dadurch erreichen, dass man die Stromgrenze $I_{a,max}$ an die Spannungsdifferenz $U_e - U_a$ anpasst. Dazu dienen der Widerstand R_5 und die Z-Diode D_1, die in Abb. 16.15 gestrichelt eingezeichnet sind.

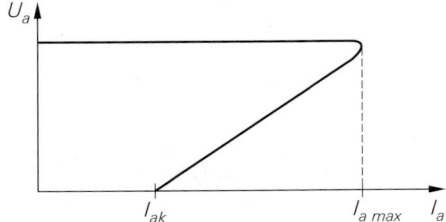

Abb. 16.16.
Ausgangskennlinie bei rückläufiger
Stromgrenze

Wenn die Potentialdifferenz $U_e - U_a$ kleiner ist als die Z-Spannung U_Z der Diode D_1, fließt durch den Widerstand R_5 kein Strom. Dadurch beträgt die Stromgrenze in diesem Fall unverändert $0{,}6\,\mathrm{V}/R_3$. Überschreitet die Potentialdifferenz den Wert U_Z, entsteht durch den Spannungsteiler R_5, R_4 eine positive Basis-Emitter-Vorspannung an dem Transistor T_2. Dadurch wird der Transistor T_2 bereits bei einem entsprechend kleineren Spannungsabfall an R_3 leitend.

Der Kondensator C_k bewirkt die für die Stabilität notwendige Frequenzgangkorrektur. Als zusätzliche Stabilisierungsmaßnahme muss man in der Regel am Eingang und Ausgang je einen Kondensator mit einigen μF nach Masse anschließen.

16.3.3 Einstellung der Ausgangsspannung

Neben den Festspannungsreglern gibt es auch einstellbare Spannungsregler (Serie 78 G). Bei ihnen ist der Spannungsteiler R_1, R_2 weggelassen und dafür der Eingang des Regelverstärkers wie in Abb. 16.17 herausgeführt. Sie besitzen also vier Anschlüsse. Mit dem extern anzuschließenden Spannungsteiler R_1, R_2 kann man beliebige Ausgangsspannungen im Bereich $U_{ref} \approx 5\,\mathrm{V} \le U_a < U_e - 3\,\mathrm{V}$ einstellen.

Einstellbare Spannungsregler mit nur drei Anschlüssen lassen sich dadurch realisieren, dass man auf den Masse-Anschluss verzichtet und den Betriebsstrom des Regelverstärkers zum Ausgang ableitet. Um den Unterschied deutlich zu machen, ist in Abb. 16.17 ein einstellbarer Spannungsregler mit 4 Anschlüssen und daneben in Abb. 16.18 ein einstellbarer Spannungsregler der 317-Serie mit 3 Anschlüssen dargestellt. Die Referenzspannungsquelle ist hier nicht an Masse, sondern als potentialfreie Quelle im Rückkopplungskreis des Regelverstärkers angeschlossen. Die Ausgangsspannung steigt deshalb so weit an, bis

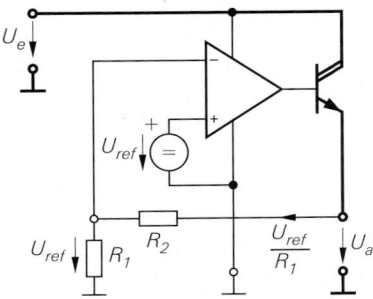

Abb. 16.17.
Einstellbarer Spannungsregler mit vier
Anschlüssen (78 G-Serie)

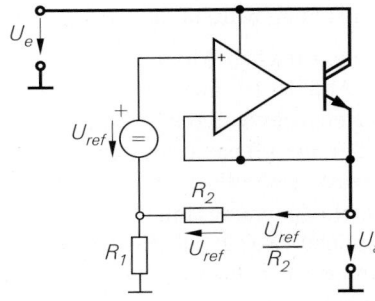

Abb. 16.18.
Einstellbarer Spannungsregler mit drei
Anschlüssen (317-Serie)

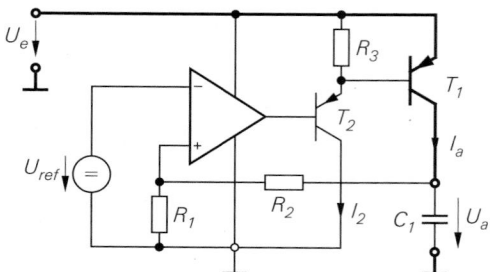

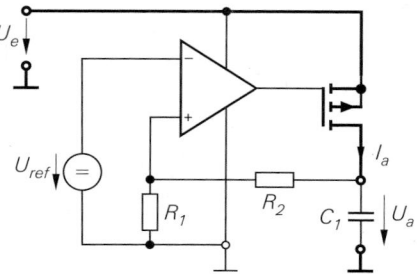

Abb. 16.19.
Spannungsregler mit niedriger Dropout Voltage mit Bipolar-Leistungstransistor

Abb. 16.20.
Spannungsregler mit niedriger Dropout Voltage mit Fet-Leistungstransistor

an R_2 die Spannung U_{ref} abfällt. Dann ist die Eingangsspannungsdifferenz des Operationsverstärkers gerade Null.

Der Ausgang des Spannungsreglers in Abb. 16.18 darf nicht unbelastet bleiben, weil sonst der Strom des Regelverstärkers nicht abfließen kann. Deshalb ist es zweckmäßig, den Spannungsteiler R_1, R_2 niederohmig zu dimensionieren. Man wählt z.B. $R_2 = 240\,\Omega$; dann fließt bei einer Referenzspannung von $U_{ref} = 1,25$ V ein Querstrom von 5 mA. Dann kann auch der aus der Referenzspannungsquelle fließende Strom von etwa $100\,\mu$A den Spannungsabfall an R_1 nicht nennenswert verändern.

16.3.4 Spannungsregler mit geringem Spannungsverlust

Wie man in Abb. 16.15 erkennt, ergibt sich der minimale Spannungsabfall zwischen Eingang und Ausgang des Spannungsreglers aus dem Spannungsabfall von 0,6 V am Strommesswiderstand R_3, der Basis-Emitter-Spannung der Darlingtonschaltung von 1,6 V und dem minimalen Spannungsabfall an der Stromquelle I_1 von etwa 0,3 V. Die *Dropout Voltage* beträgt also 2,5 V. Dies ist besonders bei der Regelung niedriger Ausgangsspannungen störend: Bei einem 5 V-Regler ist deshalb in der Regel eine Eingangsspannung von 10 V erforderlich, was einen Wirkungsgrad unter 50 % zur Folge hat. Die Dropout Voltage lässt sich bei der Schaltung in Abb. 16.15 reduzieren, wenn man die Stromquelle I_1 aus einer Hilfsspannung betreibt, die ein paar Volt über der Eingangsspannung liegt.

Eine einfachere Möglichkeit besteht darin, als Leistungstransistor einen pnp-Transistor wie in Abb. 16.19 einzusetzen. Der minimale Spannungsabfall an dem Spannungsregler ist dann gleich der Sättigungsspannung des Leistungstransistors T_1. Sie lässt sich bei entsprechend großem Basisstrom unter 0,5 V halten. Um die erforderlichen Basisströme für T_1 bereitzustellen, sollte man allerdings hier keine Darlington-Schaltung einsetzen, da sich der minimale Spannungsabfall sonst um eine Emitter-Basis-Spannung erhöht. Deshalb wird der Kollektor von T_2 an Masse angeschlossen und nicht am Ausgang. Ein Nachteil besteht allerdings darin, dass der Leistungstransistor T_1 in der infrage kommenden Technologie eine niedrige Stromverstärkung besitzt und daher große Basisströme benötigt, die über den Transistor T_2 nach Masse abfließen. Sie beeinträchtigen den Wirkungsgrad der Schaltung. Diese Probleme lassen sich dadurch umgehen, dass man den pnp-Leistungstransistor durch einen p-Kanal Leistungsmosfet ersetzt, wie Abb. 16.20 zeigt.

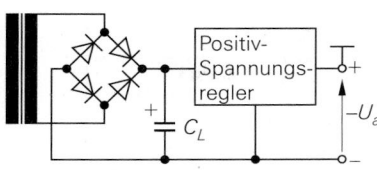

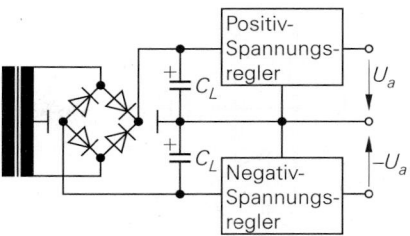

Abb. 16.21.
Stabilisierung einer negativen Spannung

Abb. 16.22.
Stabilisierung von zwei symmetrischen
Spannungen

In beiden Schaltungen wird der Leistungstransistor als invertierender Verstärker in Emitter- bzw. Sourceschaltung betrieben. Das hat einige Konsequenzen:

- Man muss hier nicht den invertierenden Eingang des Operationsverstärkers zur Rückkopplung verwenden, sondern den nichtinvertierenden Eingang.
- Der Leistungstransistor bewirkt eine zusätzliche Spannungsverstärkung, deren Größe stark von der Last abhängt, die man am Ausgang anschließt. Deshalb ist die Schwingneigung des Regelkreises hier größer.
- Der Ausgangswiderstand der Schaltung ist größer. Er wird zwar durch den Regelkreis reduziert, aber nur für niedrige Frequenzen, bei denen die Schleifenverstärkung groß ist.

Diese Probleme lassen sich mit einem großen Kondensator C_1 am Ausgang lösen: Er bewirkt eine Frequenzgangkorrektur, die die Stabilität des Regelkreises weitgehend unabhängig von der Last macht und er sorgt gleichzeitig für einen niedrigen Ausgangswiderstand bei hohen Frequenzen.

16.3.5 Spannungsregler für negative Spannungen

Man kann mit den bisher beschriebenen Spannungsreglern auch negative Ausgangsspannungen stabilisieren, wenn eine massefreie Eingangsspannung zur Verfügung steht. Die entsprechende Schaltung ist in Abb. 16.21 dargestellt. Man erkennt, dass sie nicht mehr funktioniert, wenn die unstabilisierte Spannungsquelle mit dem einen oder dem anderen Anschluss geerdet ist, denn dann wird entweder der Spannungsregler oder die Ausgangsspannung kurzgeschlossen. Dieses Problem tritt z.B. dann auf, wenn man die vereinfachte Schaltung zur gleichzeitigen Erzeugung einer positiven und einer negativen Betriebsspannung von Abb. 16.11 einsetzt. Dabei ist der Mittelpunkt geerdet. Deshalb lässt sich das negative Betriebspotential nicht wie in Abb. 16.21 stabilisieren. Man benötigt in diesem Fall Spannungsregler für negative Ausgangsspannungen wie in Abb. 16.23 und 16.24. Bei den integrierten Komplementärtypen zur 7800- bzw. 317-Serie wird der Leistungstransistor in Emitterschaltung betrieben, weil sich dadurch ein leicht herstellbarer npn-Transistor ergibt. Die Funktionsweise der dargestellten Schaltungen entspricht dadurch dem Spannungsregler mit geringem Spannungsverlust in Abb. 16.19. Aus diesem Grund besitzen die integrierten Negativ-Spannungsregler einen deutlich niedrigeren Spannungsverlust als die entsprechenden Positiv-Spannungsregler.

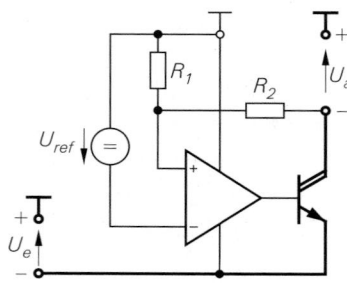

Abb. 16.23.
Negativ-Spannungsregler der
7900-Familie

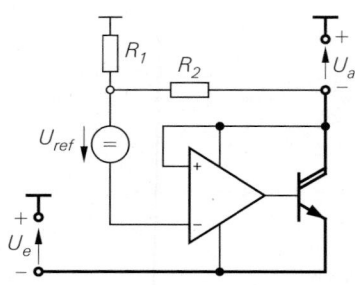

Abb. 16.24.
Negativ-Spannungsregler der 337-Familie

16.3.6 Labornetzgeräte

Bei den beschriebenen Spannungsreglern lässt sich die Ausgangsspannung nur in einem gewissen Bereich $U_a \geq U_{ref}$ einstellen. Die Strombegrenzung dient nur zum Schutz des Spannungsreglers und ist daher fest auf den Wert $I_{a,max}$ eingestellt.

Von einem Labornetzgerät verlangt man, dass Ausgangsspannung und Stromgrenze zwischen Null und einem Maximalwert linear einstellbar sind. Eine dafür geeignete Schaltung ist in Abb. 16.25 dargestellt. Die Spannungsregelung erfolgt über den Operationsverstärker OV 1, der als invertierender Verstärker betrieben wird. Damit wird die Ausgangsspannung:

$$U_a = -\frac{R_2}{R_1} U_{ref\,1}$$

Sie ist also proportional zu dem Einstellwiderstand R_2. Durch Veränderung von $U_{ref\,1}$ ist auch eine Spannungssteuerung möglich. Der Ausgangsstrom fließt von der erdfreien unstabilisierten Leistungs-Spannungsquelle U_L über die Darlington-Schaltung T_1, T_1' durch den Verbraucher und über den Strom-Messwiderstand R_5 wieder zurück zur Spannungsquelle.

Der Spannungsabfall an R_5 ist demnach proportional zum Ausgangsstrom I_a. Er wird durch den als Umkehrverstärker betriebenen Operationsverstärker OV 2 mit der zweiten Referenzspannung $U_{ref\,2}$ verglichen. Solange

$$\frac{I_a R_5}{R_4} < \frac{U_{ref\,2}}{R_3}$$

bleibt, ist $V_{P2} > 0$. Dadurch geht die Ausgangsspannung des Verstärkers OV 2 an die positive Aussteuerungsgrenze, und die Diode D_2 sperrt. Die Spannungsregelung wird in diesem Betriebszustand also nicht beeinflusst. Wenn der Ausgangsstrom den Grenzwert

$$I_{a,max} = \frac{R_4}{R_5 R_3} U_{ref\,2}$$

erreicht, wird $V_{P2} = 0$. Die Ausgangsspannung von OV 2 sinkt ab, und die Diode D_2 wird leitend. Dadurch sinkt auch das Basispotential der Darlington-Schaltung ab: die Stromregelung setzt ein. Der Verstärker OV 1 versucht das Absinken der Ausgangsspannung zu verhindern, indem er seine Ausgangsspannung bis auf den Maximalwert erhöht. Dadurch sperrt die Diode D_1 und die Stromregelung wird nicht beeinträchtigt. Die beiden Dioden arbeiten als UND-Gatter für analoge Signale.

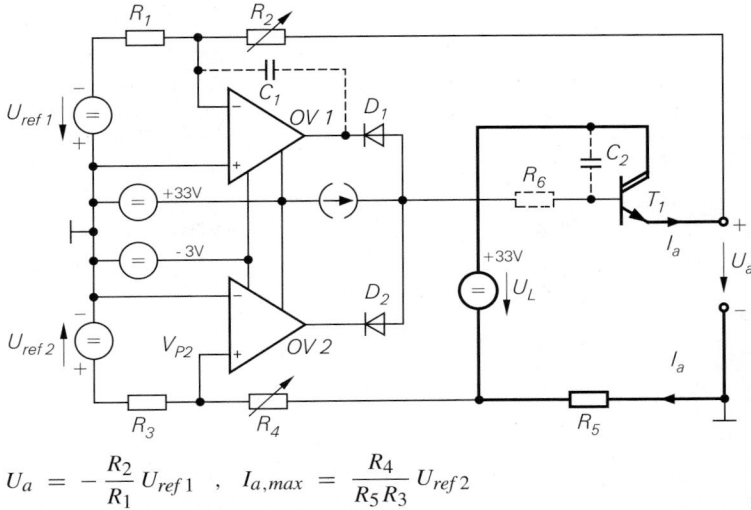

$$U_a = -\frac{R_2}{R_1} U_{ref\,1} \quad , \quad I_{a,max} = \frac{R_4}{R_5 R_3} U_{ref\,2}$$

Abb. 16.25. Labornetzgerät mit frei einstellbarer Ausgangsspannung und Strombegrenzung

In vielen Fällen führt die hier verwendete Strommessung in der Masseleitung der Leistungsstromquelle zu einer Fülle von Einschränkungen beim Schaltungsentwurf. Um diese Probleme zu beseitigen, kann man den Strom am Pluspol der Leistungsspannungsquelle messen. Dazu schaltet man den Strommesswiderstand in die Plusleitung. Für den Stromregler ist jedoch ein auf das Massepotential bezogener Strommesswert erforderlich. Dazu könnte man im Prinzip den Spannungsabfall mit einem Subtrahierer auf das Massepotential übertragen. Viel einfacher ist es jedoch, spezielle integrierte Strommesser einzusetzen.

In Netzgeräten, deren Ausgangsspannung bis auf Null regelbar ist, können besonders hohe Verlustleistungen auftreten. Um die maximale Ausgangsspannung $U_{a,max}$ erreichen zu können, muss die unstabilisierte Spannung U_L größer als $U_{a,max}$ sein. Die maximale Verlustleistung in T_1 tritt dann auf, wenn man bei kleinen Ausgangsspannungen den maximalen Ausgangsstrom $I_{a,max}$ fließen lässt. Sie beträgt dann ungefähr $U_{a,max} \cdot I_{a,max}$, ist also genauso groß wie die maximal erhältliche Ausgangsleistung. Aus diesem Grund bevorzugt man bei größeren Leistungen Schaltregler in der Endstufe, weil bei ihnen die Verlustleistung auch bei großem Spannungsabfall klein bleibt.

16.4 Erzeugung der Referenzspannung

Jeder Spannungsregler und AD- oder DA-Umsetzer benötigt eine Referenzspannungsquelle. Im Prinzip sind die Schaltungen zu Erzeugung einer Referenzspannung auch lineare Spannungsregler; hier steht aber nicht der Wirkungsgrad oder der maximale Ausgangsstrom eine Rolle sondern die Genauigkeit und Konstanz der Ausgangsspannung.

16.4.1 Referenzspannungsquellen mit Dioden

Die einfachste Methode zur Erzeugung einer Referenzspannung besteht darin, wie in Abb. 16.26 die unstabilisierte Eingangsspannung über einen Vorwiderstand auf eine Z-Diode zu geben. Die Ausgangsspannung ist dann gleich der Z-Spannung. Bei den niedrigen Betriebsspannungen, die man heutzutage verwendet, haben Z-Dioden ihre Bedeutung verloren, da sie erst ab 6 V brauchbare Daten besitzen. Zur Stabilisierung kleiner Spannun-

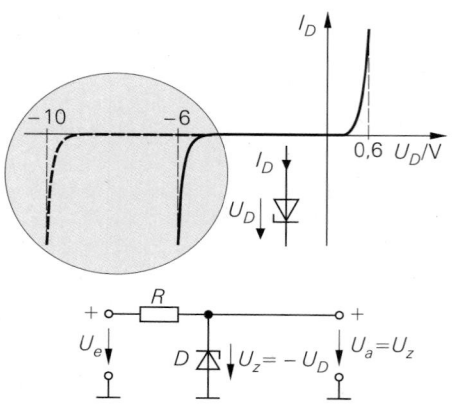

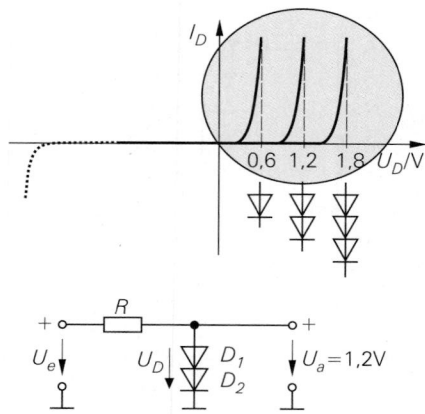

Abb. 16.26.
Stabilisierung hoher Spannungen
mit Z-Dioden in Sperrrichtung
Beispiel: Z-Dioden mit 6 V und 10 V

Abb. 16.27.
Stabilisierung kleiner Spannungen
mit Dioden in Durchlassrichtung
Beispiel: Eine, zwei und drei Dioden

gen setzt man deshalb normale Dioden ein, die in Durchlassrichtung betrieben werden; diese Variante zeigt Abb. 16.27. In Sperrrichtung besitzen Normale Dioden keine definierte Kennlinie; es dürfen auch keine nennenswerten Sperrströme fließen. Dagegen sind Z-Dioden für den Betrieb in Sperrrichtung vorgesehen.

Die Güte der Stabilisierung wird durch die Unterdrückung von Eingangsspannungsschwankungen, den Glättungsfaktor (Line Regulation) $\Delta U_e / \Delta U_a$ charakterisiert. Seine Größe lässt sich in dem Kleinsignalmodell in Abb. 16.28 entnehmen:

$$ G = \frac{\Delta U_e}{\Delta U_a} = \frac{u_e}{u_a} = \frac{r_Z + R}{r_Z} \approx \frac{R}{r_Z} = 10\ldots100 $$

Darin ist r_Z der differentielle Widerstand der Z-Diode im gewählten Arbeitspunkt. Er ist in erster Näherung umgekehrt proportional zum fließenden Strom. Man kann also bei gegebener Eingangsspannung durch Vergrößerung des Vorwiderstands R keine Verbesserung der Stabilisierung erreichen. Ein wesentlicher Gesichtspunkt für die Wahl des Diodenstroms ist das Rauschen der Z-Spannung. Es nimmt bei kleinen Strömen stark zu. Man dimensioniert den Widerstand R so, dass bei der minimalen Eingangsspannung und dem maximalen Ausgangsstrom noch ein ausreichender Diodenstrom fließt. Ein praktisches Dimensionierungsbeispiel gibt es in Kapitel 1.4.1.2 auf S. 25.

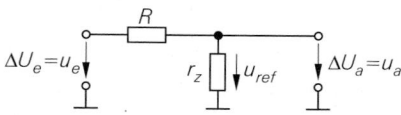

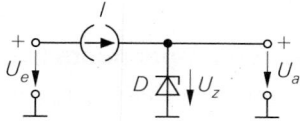

Abb. 16.28.
Kleinsignalmodell zur
Stabilisierung

Abb. 16.29.
Verbesserte Stabilisierung durch
zusätzliche Stromquelle

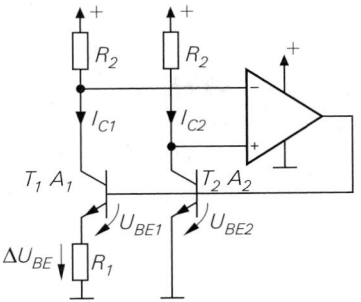

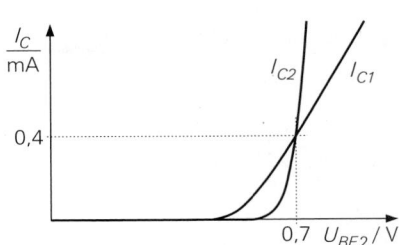

Abb. 16.30.
Erzeugung eines positiven Temperaturkoeffizienten

Abb. 16.31.
Übertragungskennlinien der beiden Transistoren

Eine wichtigeres Merkmal für die Güte der Stabilisierung ist die relative Verringerung der Eingangsspannungsschwankungen, die durch den Stabilisierungsfaktor

$$ S = \frac{dU_e/U_e}{dU_a/U_a} = \frac{U_a}{U_e}\frac{dU_e}{dU_a} = \frac{U_a}{U_e}G \approx \frac{U_a R}{U_e r_Z} $$

beschrieben wird. Um hohe Werte zu erreichen, sollte R möglichst groß sein und trotzdem ein ausreichend großer Strom fließen. Diese widersprüchlichen Forderungen lassen sich nur erfüllen, wenn man den Vorwiderstand wie in Abb. 16.29 durch eine Konstantstromquelle ersetzt. Auf diese Weise kann man sehr hohe Stabilisierungsfaktoren erreichen.

Schwankungen der Referenzspannung können auch durch Temperaturänderungen entstehen. Der Temperaturkoeffizient der Z-Spannung beträgt höheren Z-Spannungen $+1\,\%/K$. Die Durchlassspannung einer Diode sinkt um $-1,7\,\text{mV/K}$; das entspricht einem Temperaturkoeffizienten von $-3\,\%/K$.

16.4.2 Bandabstands-Referenz

Die Idee der Bandabstands-Referenzen besteht darin, den negativen Temperaturkoeffizienten von Dioden mit einer Spannung zu kompensieren, die einen entgegengesetzten positiven Temperaturkoeffizienten besitzt. Wir werden zeigen, dass dieses Prinzip dann optimal funktioniert, wenn beide Spannungen zusammen dem Bandabstand von Silizium $U_{BG} = 1,2\,\text{V}$ entsprechen. Deshalb heißen die Referenzspannungsquellen, die nach diesem Prinzip arbeiten Bandabstands-Referenzen. Die dafür erforderliche Spannung mit positivem Temperaturkoeffizienten lässt sich mit zwei Transistoren erzeugen, die man mit verschiedenen Stromdichten betreibt. Dazu kann man entweder zwei gleiche Transistoren mit verschiedenen Strömen oder zwei Transistoren mit verschiedenen Flächen mit gleichen Strömen betreiben. Davon wird in der Schaltung in Abb. 16.30 gebrauch gemacht. Hier hat der Transistor T_1 eine größere z.B. die $n = 10$-fache Fläche $A_1 = nA_2$. Deswegen steigt sein Kollektorstrom schon bei kleineren Spannungen an, verläuft aber dann wegen der Stromgegenkopplung über R_1 flacher; dies zeigen auch die nebenstehenden Übertragungskennlinien. Die Ausgangsspannung des Operationsverstärkers stellt sich so ein, dass beide Kollektorströme gleich groß werden.

Zur Berechnung der Spannung ΔU_{BE} geht man von den Übertragungskennlinien

$$ U_{BE1} = U_T \ln \frac{I_{C1}}{n I_{S2}} \quad , \quad U_{BE2} = U_T \ln \frac{I_{C2}}{I_{S2}} $$

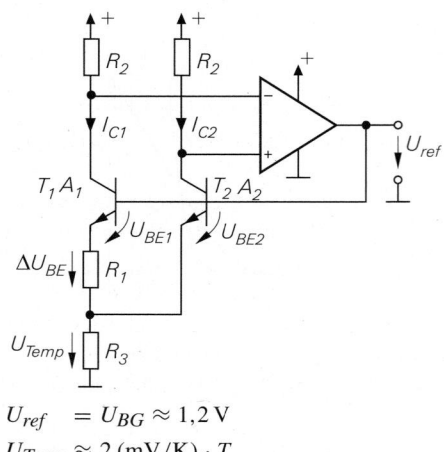

$U_{ref} = U_{BG} \approx 1,2\,\text{V}$

$U_{Temp} \approx 2\,(\text{mV/K}) \cdot T$

Abb. 16.32.
Bandgap-Referenz

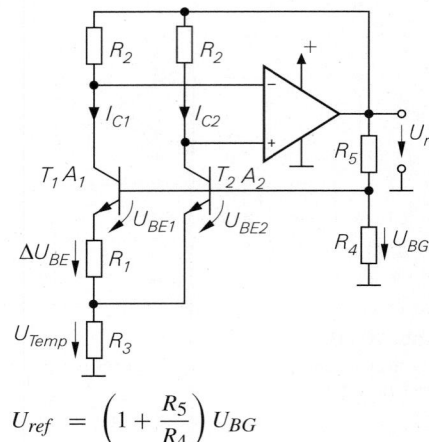

$$U_{ref} = \left(1 + \frac{R_5}{R_4}\right) U_{BG}$$

Abb. 16.33.
Erzeugung höherer Referenzspannungen

der beiden Transistoren aus und erhält daraus:

$$\Delta U_{BE} = U_{BE2} - U_{BE1} = U_T \ln n = \frac{kT}{q} \ln n \qquad (16.10)$$

Das ist also eine Spannung, die Proportional zur Absoluten Temperatur ist (PTAT). Ihr Temperaturkoeffizient beträgt:

$$\frac{d}{dT}(\Delta U_{BE}) = \frac{k}{q} \ln n = \frac{U_T}{T} \ln n \stackrel{n=10}{\approx} 200\,\frac{\mu V}{K}$$

Um damit den negativen Temperaturkoeffizienten einer Diode von $-1,7\,\text{mV/K}$ zu kompensieren, muss man diese Spannung also mit dem Faktor $A = 7,5$ verstärken und zu der Durchlassspannung einer Diode addieren. Das lässt sich auf einfache Weise dadurch erreichen, dass man in der Schaltung in Abb. 16.30 einen gemeinsamen Emitterwiderstand für die beiden Transistoren einfügt. Abbildung 16.32 zeigt diesen Zusatz. Da der Strom I_{C1} und damit auch der gleich große Strom I_{C2} proportional zur Spannung ΔU_{BE} ist, gilt:

$$I_{C1} = I_{C2} = \frac{\Delta U_{BE}}{R_1} = \frac{U_T}{R_1} \ln n$$

Dadurch ergibt sich an R_3 ein Spannungsabfall:

$$U_{Temp} = R_3(I_{C1} + I_{C2}) = 2U_T \frac{R_3}{R_1} \ln n = 2\frac{R_3}{R_1} \Delta U_{BE} \qquad (16.11)$$

Durch entsprechende Wahl von R_1 und R_3 lässt sich demnach jede gewünschte Verstärkung von ΔU_{BE} einstellen. Bei einem Widerstandsverhältnis $R_3/R_1 = 4,25$ ergibt sich der gewünschte Temperaturkoeffizient von $+1,7\text{mV/K}$, wenn das Flächenverhältnis der Transistoren von $n = 10$ beträgt. Diese Spannung von $U_{Temp} \approx 0,5\,\text{V}$ verwendet man bei der Schaltung in Abb. 16.32 dazu, um den Temperaturkoeffizienten der Basis- Emitterspannung von T_2 zu kompensieren. Der Temperaturkoeffizient der Ausgangsspannung wird Null, wenn

$$U_{ref} = U_{Temp} + U_{BE} = E_q/q = 1{,}2\,\text{V} \qquad\qquad (16.12)$$

ist. Darin ist $E_g = 1{,}2$ eV der Bandabstand von Silizium und q die Elementarladung. Gleichung (16.12) ist ein genaueres und gleichzeitig einfacheres Abgleichkriterium für R_3, um den Temperaturkoeffizienten zu minimieren.

Mit Bandgap-Referenzen lassen sich auch höhere Referenzspannungen erzeugen, wenn man wie in Abb. 16.33 nur einen Teil der Ausgangsspannung des Operationsverstärkers über die Widerstände R_5 und R_4 auf die Basisanschlüsse rückkoppelt. Außerdem ist es üblich, die eigentliche Referenzspannungsquelle T_1, T_2 aus der stabilisierten Ausgangsspannung zu betreiben. Dadurch ergibt sich eine wesentlich bessere Unterdrückung von Eingangsspannungsschwankungen (ripple rejection). Bei der Schaltung in Abb. 16.33 kann man die Ausgangsspannung mit der Betriebsspannung verbinden. Dann arbeitet sie als Shunt-Regulator wie eine Z-Diode.

Da die Spannung U_{Temp} proportional zur absoluten Temperatur ist, kann man sie zur Temperaturmessung verwenden (s. auch Kap. 19.1.4 auf S. 1090). Bei manchen Schaltungen ist daher der U_{Temp}-Anschluss herausgeführt.

16.5 Schaltregler ohne Potentialtrennung

Spannungswandler (DC-DC-Converter) sind Schaltungen, die eine Gleichspannung in eine andere Spannung umwandeln, die höher oder niedriger ist. Hier sollen zunächst Schaltungen behandelt werden, die keine Potentialtrennung bewirken und daher keinen Trenntransformator benötigen, sondern lediglich eine Speicherdrossel. In Abb. 16.34 sind die 3 Grundschaltungen für Spannungswandler gegenübergestellt. Sie bestehen jeweils aus vier Bauteilen: zwei Leistungsschaltern, einer Speicherdrossel und einem Speicherkondensator. Der Abwärtswandler ist die gebräuchlichste Schaltung. Die beiden Schalter, die komplementär getaktet werden erzeugen eine Wechselspannung, deren Mittelwert je nach Tastverhältnis zwischen der Eingangsspannung und Null liegt. Das LC-Filter bildet diesen Mittelwert im Prinzip verlustfrei und stellt eine Gleichspannung am Ausgang bereit. Ein Abwärtswandler wird z.B. eingesetzt, um die Betriebsspannung für eine CPU in einem PC zu erzeugen. Hier werden große Ströme bei niedrigen Spannungen benötigt.

Beim *Abwärtswandler* fließt dauernd Strom in den Speicherkondensator. Daher wird die Schaltung auch als *Durchflusswandler* bezeichnet. Das ist beim Aufwärtswandler und beim invertierenden Wandler anders, denn dort wird der Kondensator nicht nachgeladen, solange Energie in die Drossel eingespeichert wird. Sie werden daher als *Sperrwandler* bezeichnet.

Bei dem *Aufwärtswandler* wird $U_a = U_e$, in der eingezeichneten Schalterstellung. Wenn der Schalter S geschlossen wird, wird in der Speicherdrossel Energie gespeichert, die zusätzlich an den Ausgang abgegeben wird, wenn der Schalter S geöffnet und $\overline{S}$ wieder geschlossen wird. Deshalb wird die Ausgangsspannung größer als die Eingangsspannung.

Bei dem *invertierenden Wandler* wird in der Drossel Energie gespeichert, solange der Schalter S geschlossen ist. Wenn der Schalter S wieder geöffnet wird, behält der Drosselstrom seine Richtung bei und lädt den Kondensator (bei positiver Eingangsspannung) über den geschlossenen Schalter $\overline{S}$ auf negative Werte auf.

Auf der rechten Seite in Abb. 16.34 ist jeweils eine einfache Realisierung der drei Schaltregler dargestellt. Als Schalter werden heute ausschließlich Leistungsmosfets eingesetzt, weil sie schnell schalten und mit niedrigen Durchlasswiderständen erhältlich sind. Allerdings muss man beachten, dass Leistungsmosfets eine Inversdiode besitzen, die bei

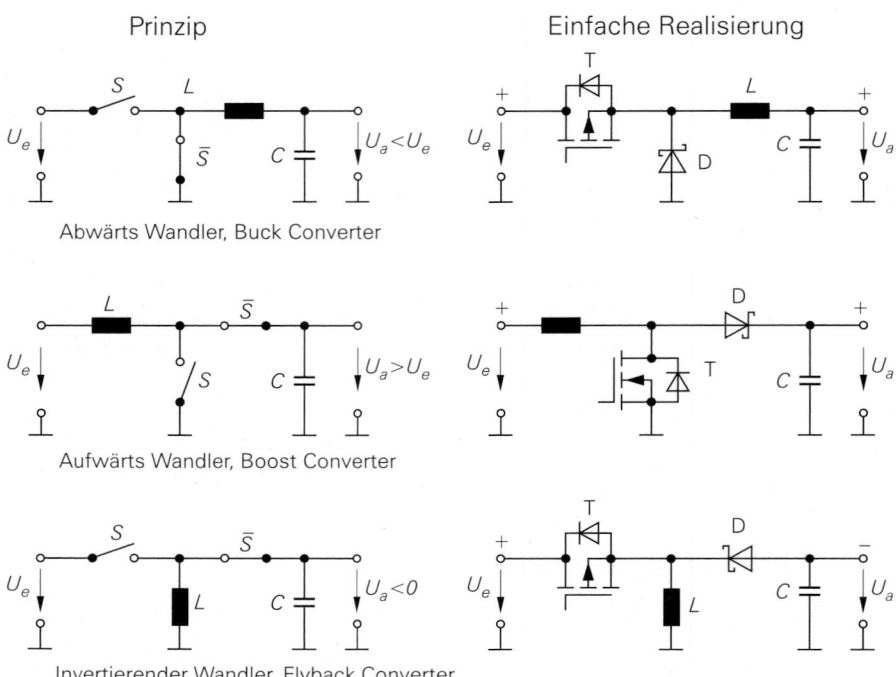

Abb. 16.34. Grundschaltungen für Spannungswandler ohne Potentialtrennung

invertierter Drainspannung leitend wird. Um daran zu erinnern, haben wir diese Diode jeweils eingezeichnet. Man sieht, dass man nur einen Schalter steuern muss und den anderen durch eine Diode ersetzen kann. Davon macht man auch häufig Gebrauch, um Kosten zu sparen. Die Durchlassspannung einer Diode ist jedoch deutlich größer als die eines niederohmigen Leistungsmosfets. Deshalb verschlechtert sich dadurch der Wirkungsgrad.

16.5.1 Der Abwärtswandler

16.5.1.1 Prinzip

Zunächst soll der Abwärtswandler mit einem Schalter und einer Diode in Abb. 16.35 untersucht werden. Solange der Schalter geschlossen ist, wird $U_1 = U_e$. Wenn er öffnet, behält der Drosselstrom seine Richtung bei, und U_1 sinkt ab, bis die Diode leitend wird, also ungefähr auf Nullpotential. Dies erkennt man auch an dem Zeitdiagramm in Abb. 16.36.

Der zeitliche Verlauf des Spulenstroms ergibt sich aus dem Induktionsgesetz:

$$U_L = L \frac{dI_L}{dt} \tag{16.13}$$

Während der Einschaltzeit t_{ein} liegt an der Drossel die Spannung $U_L = U_e - U_a$, während der Ausschaltzeit t_{aus} die Spannung $U_L = -U_a$. Daraus ergibt sich mit Gl. (16.13) die Stromänderung:

$$\Delta I_L = \frac{1}{L}(U_e - U_a)\, t_{ein} = \frac{1}{L} U_a t_{aus} \tag{16.14}$$

Aus dieser Bilanz lässt sich die Ausgangsspannung berechnen:

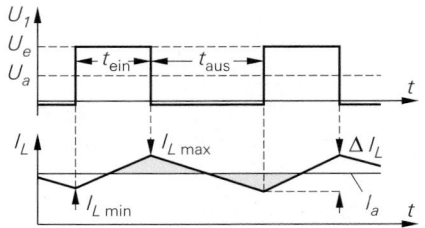

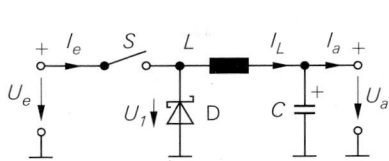

Abb. 16.35.
Abwärtswandler mit Schalter und Diode
(Buck converter)

Abb. 16.36.
Strom- und Spannungsverlauf

$$U_a = \frac{t_{ein}}{t_{ein} + t_{aus}} U_e = \frac{t_{ein}}{T} U_e = p\, U_e \qquad (16.15)$$

Darin ist $T = t_{ein} + t_{aus} = 1/f$ die Schwingungsdauer und $p = t_{ein}/T$ das Tastverhältnis. Man sieht, dass sich als Ausgangsspannung erwartungsgemäß der arithmetische Mittelwert von U_1 ergibt.

Ganz anders wird die Funktionsweise der Schaltung, wenn der Ausgangsstrom I_a kleiner wird als:

$$I_a = \frac{1}{2}\Delta I_L = \frac{U_a}{2L} t_{aus} = \frac{U_a T}{2L}(1 - p) \qquad (16.16)$$

Dann sinkt der Drosselstrom während der Sperrphase des Schalters bis auf Null ab, die Diode sperrt, und die Spannung an der Drossel wird Null. Weil der Drosselstrom zeitweise Null wird, also Lücken aufweist, bezeichnet man dies auch als lückenden Betrieb. Diese Verhältnisse sind in Abb. 16.37 dargestellt. Zur Berechnung der Ausgangsspannung wollen wir annehmen, dass die Schaltung verlustfrei arbeitet. Dann muss die mittlere Eingangsleistung gleich der Ausgangsleistung werden:

$$U_e \bar{I}_e = U_a I_a \qquad (16.17)$$

Der Strom durch die Drossel steigt während der Einschaltdauer t_{ein} von Null auf den Wert $I_L = U_L\, t_{ein}/L$ an. Der arithmetische Mittelwert des Eingangsstroms beträgt daher:

$$\bar{I}_e = \frac{t_{ein}}{T} \cdot \frac{1}{2} I_L = \frac{t_{ein}^2}{2TL} U_L = \frac{T}{2L}(U_e - U_a)\, p^2 \qquad (16.18)$$

Einsetzen in Gl. (16.17) ergibt die Ausgangsspannung und das Tastverhältnis:

$$U_a = \frac{U_e^2 p^2 T}{2L I_a + U_e p^2 T} \quad , \quad p = \sqrt{\frac{2L}{T} \frac{U_a}{U_e(U_e - U_a)}} \sqrt{I_a} \qquad (16.19)$$

Um zu verhindern, dass die Ausgangsspannung bei kleinen Strömen ($I_a < I_{a,min}$) ansteigt, muss man p entsprechend reduzieren. Dies ist in Abb. 16.37 schematisch dargestellt. Man erkennt, dass in diesem Bereich sehr kleine Einschaltdauern realisiert werden müssen. Bei Strömen über $I_{a,min}$ bleibt das Tastverhältnis nach Gl. (16.15) konstant. Dies gilt jedoch nur bei einer verlustfreien Schaltung. Sonst muss p auch oberhalb von $I_{a,min}$ mit zunehmendem Ausgangsstrom — wenn auch geringfügig — vergrößert werden, um die Ausgangsspannung konstant zu halten.

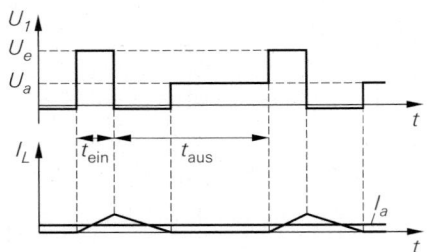
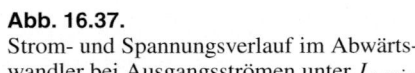

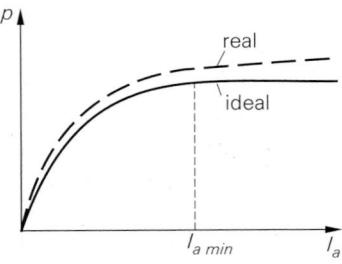

Abb. 16.37.
Strom- und Spannungsverlauf im Abwärtswandler bei Ausgangsströmen unter $I_{a,min}$

Abb. 16.38.
Abhängigkeit des Tastverhältnisses
$p = t_{ein}/T$ vom Ausgangsstrom I_a
bei konstanter Ausgangsspannung U_a

Der Glättungskondensator C bestimmt die Welligkeit der Ausgangsspannung. Der Ladestrom beträgt $I_C = I_L - I_a$. Die während einer Periode zu- und abgeführte Ladung ist demnach gleich den in Abb. 16.36 schraffierten Flächen. Damit erhalten wir für die Welligkeit die Beziehung:

$$\Delta U_a = \frac{\Delta Q_C}{C} = \frac{1}{C} \cdot \frac{1}{2} \cdot \left(\frac{1}{2} t_{ein} + \frac{1}{2} t_{aus}\right) \cdot \frac{1}{2} \Delta I_L = \frac{T}{8C} \Delta I_L$$

Mit Gl. (16.14) ergibt sich daraus die Glättungskapazität:

$$C = \frac{T^2}{8L} \frac{U_a}{\Delta U_a} (1 - p) \tag{16.20}$$

16.5.1.2 Ausführungsbeispiel

Die Dimensionierung des Leistungsteils eines Abwärtswandlers soll noch an einem Beispiel gezeigt werden. Die Dimensionierungsgleichungen lauten gemäß (16.15), (16.16) und (16.20):

Abwärtswandler

$$U_a = \frac{t_{ein}}{t_{ein} + t_{aus}} U_e = \frac{t_{ein}}{T} U_e = p\, U_e \qquad \text{für } I_a > I_{a,min} \tag{16.21}$$

$$L_{min} = \frac{U_a T}{2 I_{a,min}} (1 - p) \tag{16.22}$$

$$C = \frac{T^2}{8L} \frac{U_a}{\Delta U_a} (1 - p) \tag{16.23}$$

Verlangt sei eine Ausgangsspannung von 5 V bei einem maximalen Strom von 5 A. Der minimale Ausgangsstrom sei 0,3 A, die Eingangsspannung betrage etwa 15 V. Als freier Parameter bleibt dann noch die Schwingungsdauer $T = 1/f$. Um mit einer kleinen Induktivität auszukommen, wählt man die Frequenz f so hoch wie möglich. Dem steht jedoch entgegen, dass die Schaltverluste proportional zur Frequenz ansteigen. Aus diesen Gründen werden Schaltfrequenzen zwischen 100 kHz und 1 MHz bevorzugt. Der Schaltregler

normaler, linearer Verlauf   nahe Sättigung   zu hoher Widerstand

Abb. 16.39. Stromverlauf in der Speicherdrossel

soll mit einer Frequenz von 250 kHz betrieben werden; das ergibt eine Schwingungsdauer von $T = 4\,\mu$s.

Nach Gl. (16.21) ergibt sich dann eine Einschaltdauer von

$$t_{ein} = T\,\frac{U_a}{U_e} = 4\,\mu\text{s} \cdot \frac{5\,\text{V}}{15\,\text{V}} = 1{,}3\,\mu\text{s}$$

und das Tastverhältnis:

$$p = \frac{t_{ein}}{T} = \frac{U_a}{U_e} = \frac{5\,\text{V}}{15\,\text{V}} = 0{,}33$$

Die Induktivität der Speicherdrossel wählt man nach Möglichkeit so groß, dass $I_{a,min}$ nicht unterschritten wird. Aus (16.22) folgt dann:

$$L_{min} = \frac{U_a T}{2 I_{a,min}}\,(1 - p) = 4\,\mu\text{s} \cdot \left(1 - \frac{5\,\text{V}}{15\,\text{V}}\right) \frac{5\,\text{V}}{2 \cdot 0{,}3\,\text{A}} = 22\,\mu\text{H}$$

Speicherdrosseln sind in allen gebräuchlichen Induktivitäten und Bauformen im Handel erhältlich; hier ist es also nicht erforderlich, sie selbst zu wickeln. Man muss bei der Auswahl jedoch darauf achten, dass sie einerseits bei dem Maximalstrom nicht in die Sättigung geht oder andererseits keinen zu hohen Widerstand besitzt. Deshalb ist es zweckmäßig, den Stromverlauf zu oszillografieren, um sich von dem ordnungsgemäßen Betrieb zu überzeugen. In Abb. 16.39 sind der gewünschte und die mangelhaften Stromverläufe gegenübergestellt.

Die Ausgangsspannung bleibt selbst dann konstant, wenn der Ausgangsstrom kleiner als der in der Rechnung eingesetzte Wert $I_{a,min} = 0{,}3$ A wird. In diesem Fall reduziert der Regelverstärker über den Komparator das Tastverhältnis entsprechend Abb. 16.38. Probleme treten dann auf, wenn die notwendige Einschaltdauer kürzer als die minimal realisierbare Einschaltdauer des Schalttransistors T wird. In diesem Fall steigt die Ausgangsspannung bei einem Einschaltimpuls so weit an, dass der Transistor anschließend für mehrere Taktperioden gesperrt wird. Daraus resultiert ein sehr unruhiger Betrieb.

Wenn die Ausgangswelligkeit ΔU_a in der Größenordnung von 10 mV liegen soll, erhält man aus Gl. (16.23) für den Glättungskondensator den Wert:

$$C = \frac{T^2}{8L}\,\frac{U_a}{\Delta U_a}\,(1 - p) = \frac{(4\,\mu\text{s})^2}{8 \cdot 22\,\mu\text{H}}\,\frac{5\,\text{V}}{10\,\text{mV}}\,(1 - 0{,}33) = 30\,\mu\text{F}$$

Bei der Berechnung der Filterkapazität wurde der parasitäre Serienwiderstand (*Equivalent Series Resistance, ESR*) und die Serieninduktivität (*Equivalent Series Inductance, ESL*) nicht berücksichtigt. Um trotzdem akzeptable Werte für die Ausgangswelligkeit zu erhalten, ist eine größere Kapazität erforderlich. Zur Realisierung schaltet man mehrere kleine Kondensatoren parallel, da sie immer deutlich kleinere Werte für den Serienwiderstand und die Serieninduktivität aufweisen als ein einziger großer Kondensator.

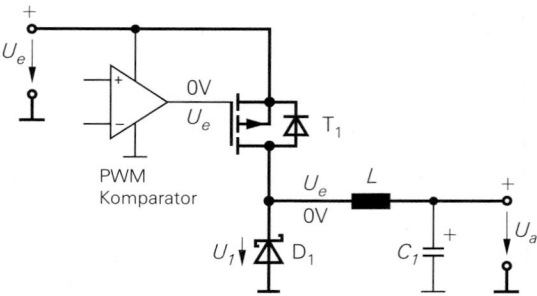

Abb. 16.40. Bei einem Abwärtswandler lässt sich der Leistungsschalter besonders einfach mit einem p-Kanal-Mosfet realisieren. Für die eingetragenen Potentiale gilt: oberer Wert = eingeschaltet, unterer Wert = ausgeschaltet

Die statischen Verluste der Schaltung ergeben sich überwiegend aus den Spannungsabfällen im Leistungsstromkreis. Dabei lässt sich die Speicherdrossel leicht so überdimensionieren, dass ihre ohmschen Verluste klein werden. Dann bleibt als Verlustquelle der Spannungsabfall an den Leistungsschaltern, die aus dem Transistor T und der Diode D gebildet wird.

Während der Zeit t_{ein} fließt der Ausgangsstrom durch T, während t_{aus} durch D. Wenn man bei einem Ausgangsstrom von 5 A mit einem Spannungsabfall von 0,7 V an dem Transistor bzw. an der Diode rechnet, ergibt sich daraus eine Verlustleistung von 3,5 W. Der Wirkungsgrad beträgt daher höchstens:

$$\eta = \frac{P_{Abgabe}}{P_{Aufnahme}} = \frac{25\,\text{W}}{25\,\text{W} + 3,5\,\text{W}} = 88\,\%$$

Dabei sind die Umschaltverluste, die bei der hohen Schaltfrequenz nicht zu vernachlässigen sind, noch nicht berücksichtigt. Zusätzlich wird der Wirkungsgrad durch die Stromaufnahme des Schaltreglers selbst beeinträchtigt. Da dieser Beitrag von dem Ausgangsstrom unabhängig ist, reduziert er den Wirkungsgrad besonders bei kleinen Ausgangsströmen.

16.5.1.3 Leistungsschalter

Die einfachste Möglichkeit zur Realisierung des Leistungsschalters bei dem Abwärtswandler besteht wie Abb. 16.40 im Einsatz eines p-Kanal-Mosfets. Seine Source-Elektrode liegt daher am Eingang. Um ihn zu sperren, soll seine Gate-Source-Spannung gleich Null sein: das Gatepotential muss also auf die Eingangsspannung ansteigen. Um den Transistor leitend zu machen, muss das Gate (bei einem p-Kanal-Fet) negativ gegenüber der Source sein, also z.B. gleich Null. Aus diesem Grund kann man das Ausgangssignal des PWM-Komparators unmittelbar zu Ansteuerung verwenden. Es handelt sich hier demnach um ein negiertes Signal: ein H-Pegel zum Ausschalten und ein Low-Pegel zum Einschalten. Das negierte Schaltsignal erhält man einfach dadurch, dass man die Eingänge des Komparators entsprechend anschließt.

Diese einfache Ansteuerung beschränkt jedoch die zulässige Eingangsspannung: Sie muss so groß sein dass der Mosfet niederohmig leitend wird wenn das Gate zum Einschalten auf Nullpotential liegt; daher muss sie mindestens 5 V betragen. Andererseits darf sie nicht zu groß sein, damit die maximale Gate-Source-Spannung nicht überschritten wird, also nicht größer als 20 V sein.

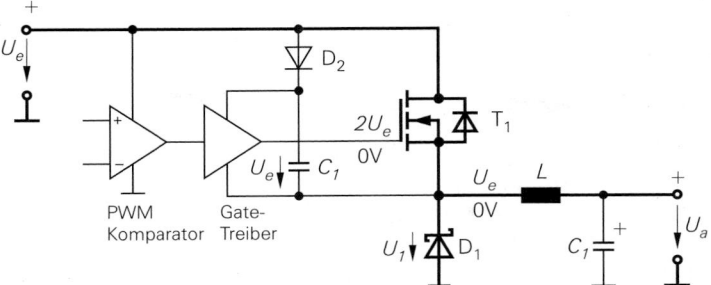

Abb. 16.41. Gate-Treiber mit Hilfsstromversorgung zur Ansteuerung von n-Kanal-Mosfets

Der Einsatz von p-Kanal-Mosfets bringt jedoch noch einen schwerwiegenden Nachteil mit sich: Sie besitzen einen deutlich höheren On-Widerstand als n-Kanal-Mosfets gleicher Größe. Um die ordnungsgemäße Polung für einen n-Kanal-Mosfet zu erhalten, muss man wie in Abb. 16.41 die Drain-Elektrode mit der Eingangsspannung verbinden.

Um einen n-Kanal-Mosfet einzuschalten, ist eine Gatepotential erforderlich, das positiv gegenüber seinem Sourcepotential ist. Dazu benötigt man, wenn der Transistor leitend ist, eine Spannung, die höher als die Betriebsspannung ist. Deshalb muss der Gatetreiber aus einer Hilfsstromversorgung betrieben werden, die auf dem Sourcepotential des Transistors liegt. Zur einfachen Erzeugung richtet man die Wechselspannung, die an der Diode D_1 liegt mit der Diode D_2 gleich. Dadurch wird der Kondensator C_1 auf U_e aufgeladen. Diese Spannung bleibt wegen des Kondensators auch dann erhalten, wenn der Transistor einschaltet: $U_1 = U_e$. Dadurch erhält der Gatetreiber eine konstante Betriebsspannung der Größe U_e bezogen auf das Sourcepotential. Im eingeschalteten Zustand ($U_1 = U_e$) ergibt sich dadurch ein Gatepotential von $2U_e$. Diese Methode zur Hilfsstromversorgung funktioniert hier nur deshalb, weil in einem Schaltregler ständig geschaltet wird. Bei statischem Einschalten würde der Kondensator nicht nachgeladen werden.

Bei niedrigen Ausgangsspannungen im Bereich von $U_a = 1 \ldots 2\,\mathrm{V}$ wie man sie zum Betrieb einer CPU benötigt, bestimmt die Durchlassspannung des Leistungsschalters und der Leistungsdiode den Wirkungsgrad. Wenn man entsprechend niederohmige Leistungsmosfets einsetzt, lassen sich Durchlassspannungen von $0,2\,\mathrm{V}$ erreichen. Leistungsdioden

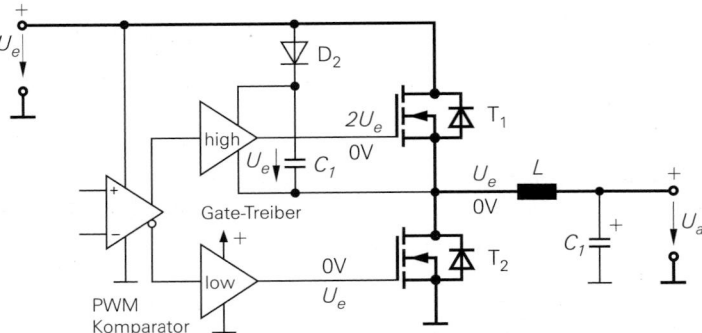

Abb. 16.42. Synchrongleichrichtung mit dem Transistor T_2. Jeder Leistungsschalter erfordert einen separaten Gate-Treiber: low-side driver, high-side driver

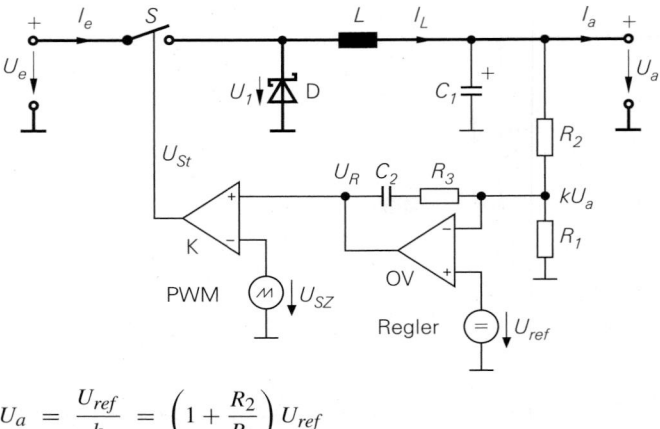

$$U_a = \frac{U_{ref}}{k} = \left(1 + \frac{R_2}{R_1}\right) U_{ref}$$

Abb. 16.43. Abwärtswandlers mit Spannungsregler (voltage mode control)

besitzen jedoch eine deutlich höhere Durchlassspannung; sie beträgt selbst beim Einsatz von Schottky-Dioden 0,7 V. Um die dadurch bedingten Verluste zu reduzieren, setzt man statt einer Leistungsdiode den Leistungstransistor T_2 in Abb. 16.42 ein. Dieser Transistor muss dann komplementär zu T_1 gesteuert werden wie in dem Prinzipschaltbild in Abb. 16.34. Es handelt sich dabei um Synchrongleichrichtung. Dadurch wird gleichzeitig der Niedrigstromeffekt beseitigt, der dadurch entsteht, dass die Leistungsdiode wie in Abb. 16.37 in jedem Zyklus sperrt. Ein Nachteil der *Synchrongleichrichtung* besteht allerdings darin, dass man nicht nur einen zweiten Leistungstransistor benötigt, sondern auch zusätzliche Ansteuerleistung. Das verschlechtert den Wirkungsgrad der Schaltung bei geringer Ausgangslast. Wenn man den Transistor T_2 nicht ansteuert, funktioniert die Schaltung trotzdem, denn dann übernimmt seine Inversdiode den Strom. Dann muss man jedoch – wie bei jeder mit normalen Diode – mit Durchlassspannungen von 1,2 V rechnen.

16.5.1.4 Pulsbreitenmodulation

Die Erzeugung des Schaltsignals erfolgt in zwei Schritten: einem Pulsbreitenmodulator (PWM) und einem Regler mit Spannungsreferenz. Das Blockschaltbild ist in Abb. 16.43 dargestellt. Der Pulsbreitenmodulator besteht aus einem Sägezahngenerator und einem Komparator. Der Komparator schaltet den Schalter ein, solange die Spannung U_R größer ist als die Sägezahnspannung U_{SZ}. Die dabei entstehende Steuerspannung U_{st} ist in Abb. 16.44 dargestellt. Das Tastverhältnis

$$p = \frac{t_{ein}}{T} = \frac{U_R}{\hat{U}_{SZ}}$$

ist proportional zu U_R. Der Subtrahierer bildet die Differenz zwischen der Referenzspannung und der gewichteten Ausgangsspannung $U_{ref} - kU_a$. Der PI-Regelverstärker erhöht U_R so lange, bis diese Differenz Null wird. Die Ausgangsspannung hat dann den Wert $U_a = U_{ref}/k$.

Mit dem RC-Glied R_3, C_2 wird das gewünschte Regelverhalten eingestellt. Dabei ist zu berücksichtigen, dass der Spannungsregelkreis in Schaltreglern leicht zu Instabilitäten neigt. Dies hat zwei Ursachen: zum einen handelt es sich um ein abtastendes System mit einer mittleren Totzeit, die gleich der halben Schwingungsdauer ist; zum anderen stellt

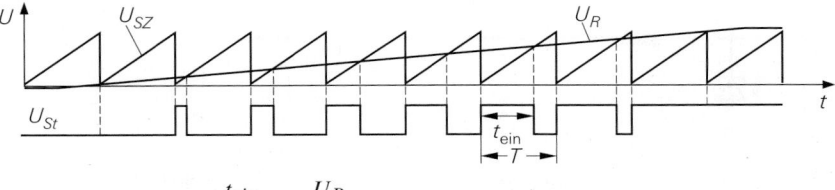

$$\text{Tastverhältnis:} \quad p = \frac{t_{ein}}{T} = \frac{U_R}{\hat{U}_{SZ}} = 0 \dots 100\%$$

Abb. 16.44. Funktionsweise des Pulsbreitenmodulators. Die Spannung U_R läuft hier von der unteren Begrenzung bis zur oberen Begrenzung.

das Ausgangsfilter einen Tiefpass 2. Ordnung dar, der eine Phasennacheilung bis zu $180°$ verursacht. Aus diesen Gründen ist es nützlich, sicherzustellen, dass der Regelverstärker bei hohen Frequenzen keine Phasennacheilung bewirkt. Dazu dient der Widerstand R_3 in Abb. 16.43.

Das LC-Tiefpassfilter in einem Schaltregler ist verantwortlich für Stabilitätsprobleme des Spannungsregelkreises, weil es einen Tiefpass 2. Ordnung darstellt, der für hohe Frequenzen eine Phasennacheilung von $-180°$ verursacht. Man könnte das LC-Filter zwar durch ein RC-Filter ersetzen; das würde aber den Wirkungsgrad unzulässig stark beeinträchtigen. Wenn man die Übertragungsfunktion des in Abb. 16.45 einzeln dargestellten LC-Tiefpasses berechnet, erkennt man, dass die Spannungsübertragungsfunktion einen Tiefpass 2. Ordnung darstellt, aber die Stromübertragungsfunktion lediglich einen Tiefpass 1. Ordnung. Diese Erkenntnis nutzt man dazu aus, um die Regelung eines Schaltreglers zu verbessern, indem man eine Stromregelung für den Spulenstrom des LC-Filters vorsieht. Den Sollwert für diesen Regelkreis liefert dann der bekannte Spannungsregler, der die Ausgangsspannung bestimmt. Dadurch erscheint das LC-Filter für den Spannungsregler als eine Regelstrecke 1. Ordnung solange die Schleifenverstärkung im Stromregelkreis groß ist. Abbildung. 16.46 zeigt die Anwendung dieses Prinzips.

Die praktische Ausführung der Stromregelung in einem Abwärtswandler ist in Abb. 16.47 dargestellt. Der Stromregelkreis besteht aus dem Strommesser und dem

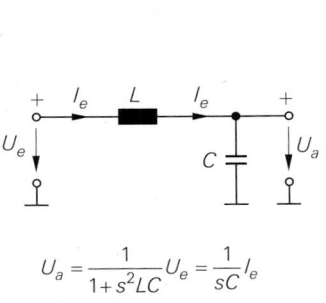

$$U_a = \frac{1}{1+s^2 LC} U_e = \frac{1}{sC} I_e$$

Abb. 16.45.
Tiefpass bei Spannungs- bzw. Stromsteuerung

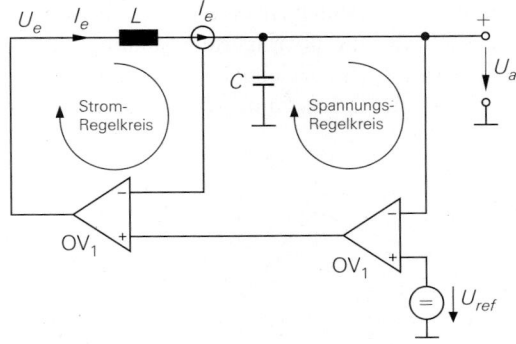

Abb. 16.46.
Spannungsregelkreis mit unterlegtem Stromregelkreis. Der Kreis neben der Induktivität soll symbolisch einen Strommesser mit Spannungsausgang darstellen.

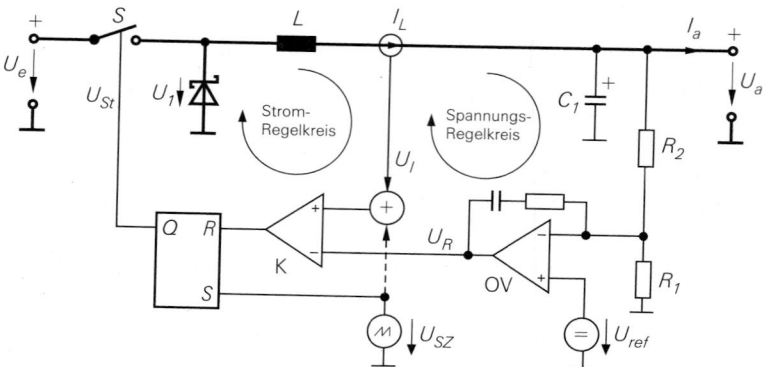

Abb. 16.47. Abwärtswandler mit unterlegter Stromregelung (current mode control)

Komparator, der den Regelverstärker darstellt. Um die Stromregelung getaktet zu betreiben, wird ein RS-Flip-Flop vor den Schalter geschaltet, das bei Beginn von jedem Taktzyklus eingeschaltet wird und von dem Komparator ausgeschaltet wird, wenn der Strommesswert U_I bis auf U_R angestiegen ist; dies ist in Abb. 16.48 dargestellt. Der dreieckförmige Stromverlauf in der Speicherdrossel, den man in Abb. 16.36 erkennt, ersetzt hier die sonst erzeugte Sägezahnspannung gemäß Abb. 16.44. Man erzeugt diese Sägezahnspannung aber trotzdem und addiert etwas zum Strommesssignal (hier gestrichelt eingezeichnet), um auch bei kleinen Ausgangsströmen ein definiertes Schalten des Komparators zu gewährleisten (slope compensation). Der Spannungsregler OV erzeugt hier den Sollwert U_R für den Stromregelkreis. Der Stromregelkreis bringt noch einen zusätzlichen Vorteil mit sich: Der Strom durch die Speicherdrossel und damit auch durch den Leistungsschalter wird ständig überwacht. Der Leistungsschalter wird sofort abgeschaltet, wenn der Strom zu groß wird.

Bei der stromgesteuerten Pulsbreitenregelung muss man den Strom in dem Bruchteil der Schwingungsdauer messen, die unter Umständen lediglich 1 μs beträgt. Dazu kommt nur ein Strommesswiderstand in Betracht, der niederohmig sein muss, um die Verluste klein zu halten. Die Strommessung ist schwierig, wenn der Strommesswiderstand auf hohen Potential liegt und sich nicht einseitig an Masse anschließen lässt. Dann ist ein Subtrahierer erforderlich, der die überlagerte Spannung eliminiert. Dieses Problem besteht z.B. bei dem symbolisch eingezeichneten Strommesser in Abb. 16.47. Dabei ist es zweckmäßig, einen Punkt in der Schaltung zur Strommessung zu verwenden, bei dem lediglich eine

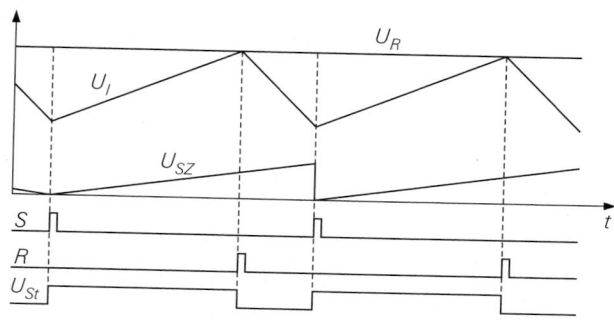

Abb. 16.48.
Zeitverlauf bei
Stromregelung

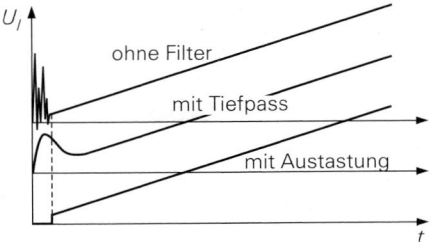

Abb. 16.49.
Fehler im Strommesssignal beim Einschalten
des Leistungsmosfets

Gleichspannung überlagert ist. Wenn man hier den linken Anschluss der Speicherdrossel verwendet hätte, wäre eine hohe Wechselspannung mit steilen Flanken überlagert, die zu ausgeprägten Gleichtaktstörungen in einem Subtrahierer führen würde.

Beim Einschalten des Leistungsschalters treten Störungen auf, die einerseits von der unvermeidlichen Induktivität des Strommesswiderstandes herrühren, andererseits aber auch durch kapazitive Gateströme verursacht werden, die in den Leistungsstromkreis eingekoppelt werden. Abbildung 16.49 zeigt ein typisches Beispiel. Die Störsignale können so groß sein wie der Maximalstrom, der zum regulären Abschalten des Leistungsschalters führt. Um sie zu verkleinern, kann man ein Tiefpassfilter einsetzen. Wie man in der Abbildung erkennt, werden dadurch die Spitzen zwar gedämpft, aber die Störung insgesamt verlängert. Eine bessere Möglichkeit, die ebenfalls in Abb. 16.49 dargestellt ist, besteht darin, das Strommesssignal für eine kurze Zeit nach dem Einschalten auszutasten, um die Störung zu maskieren. Dafür reicht häufig schon eine Zeit von 100 ns aus.

16.5.1.5 Pulsfrequenzmodulation

Neben den Durchlassverlusten stellen die Umschaltverluste die entscheidende Begrenzung für den Wirkungsgrad dar. Beim Einschalten eines Fets wird das Gate aufgeladen; dabei wird die Energie $W = \frac{1}{2}\,C_G U^2$ in der Gatekapazität gespeichert. Dieselbe Energie geht im Gatetreiber verloren. Beim Einschalten wird daher die Energie $W = C_G U^2$ aus der Betriebsspannungsquelle entnommen. Beim Ausschalten wird die in der Gatekapazität gespeicherte Energie ebenfalls im Gatetreiber in Wärme umgesetzt. Wenn der Leistungsmosfet periodisch mit der Frequenz f getaktet wird, ergibt sich daraus die Verlustleistung:

$$P = Wf = C_G U^2 f \tag{16.24}$$

Sie ist demnach proportional zur Frequenz, aber unabhängig von der Ausgangsleistung. Deshalb verschlechtert sich der Wirkungsgrad bei kleinen Ausgangsleistungen. Dieses Problem lässt sich lösen, indem man den Leistungsschalter nicht mit konstanter Frequenz taktet, sondern mit Einschaltimpulsen von konstanter Dauer. Dann ergibt sich eine Schaltfrequenz, die proportional zur Ausgangsleistung ist. Diese Methode wird als Puls-

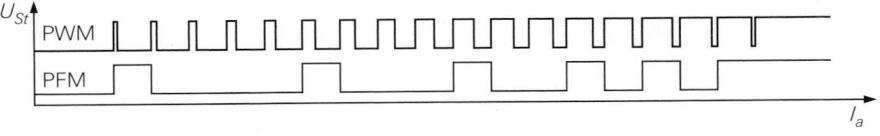

Abb. 16.50. Vergleich von Pulsbreiten- und Pulsfrequenzmodulation bei zunehmendem Ausgangsstrom

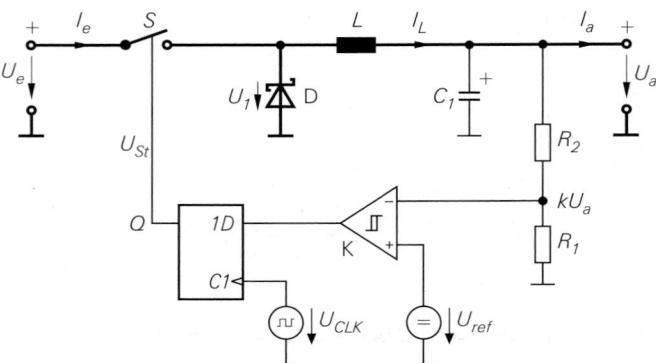

Abb. 16.51. Tiefsetzsteller mit Puls-Frequenz-Modulation, PFM. Der Komparator muss nicht unbedingt eine Hysterese besitzen, da die zeitliche Verzögerung im Komparator und im LC-Glied wie eine Hysterese wirkt.

Frequenz-Modulation, PFM bezeichnet. Ein Vergleich dieser beiden Regelungsmethoden ist in Abb. 16.50 dargestellt. Man erkennt, dass die Schaltfrequenz bei der PFM bei geringen Ausgangsleistungen deutlich niedriger ist als bei der PWM. Das ist der Grund für die deutlich niedrigeren Umschaltverluste.

Eine einfache Realisierung einer PFM-Regelung ist in Abb. 16.51 dargestellt. Ein Komparator vergleicht die gewichtete Ausgangsspannung kU_a mit der Referenzspannung U_{ref} und schaltet das nachfolgende Flip-Flop jeweils für einen Taktzyklus ein, wenn die Ausgangsspannung kleiner als der Sollwert ist. Dadurch wird der Leistungsschalter eingeschaltet, die Ausgangsspannung steigt an. Wenn sie den Sollwert überschritten hat, wird das Flip-Flop beim nächsten Takt nicht erneut eingeschaltet. Aus diesem Grund wird der Leistungsschalter nicht bei jedem Takt eingeschaltet, sondern nur bei Bedarf. In Abb. 16.52 ist der Zeitverlauf schematisch dargestellt. Man sieht, dass die Ausgangsspannung zwischen dem Ein- und Ausschaltpegel des Komparators mit Hysterese hin und her pendelt, aber wegen der in der Drossel gespeicherten Energie auch nach dem Ausschalten noch weiter ansteigt. Natürlich sinkt der Drosselstrom in den langen Schaltpausen auf Null ab; dadurch sperrt die Diode und die Spannung an der Drossel wird Null. Das erkennt man auch in dem Zeitdiagramm am Verlauf der Spannung U_1.

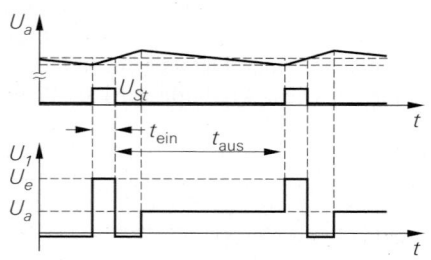

Abb. 16.52.
Zeitverlauf bei PFM-Regelung

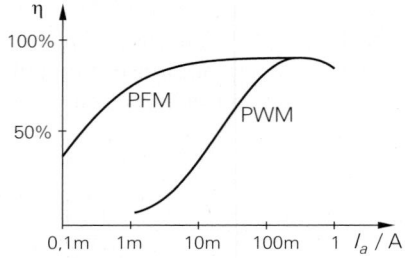

Abb. 16.53.
Beispiel für die Stromabhängigkeit der Wirkungsgrade bei PFM und PWM

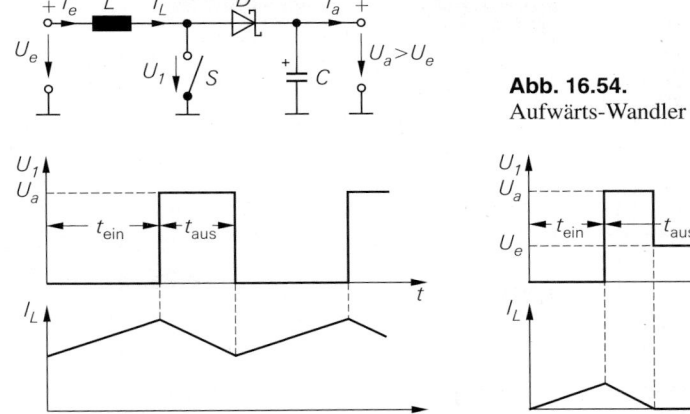

Abb. 16.54.
Aufwärts-Wandler (boost converter)

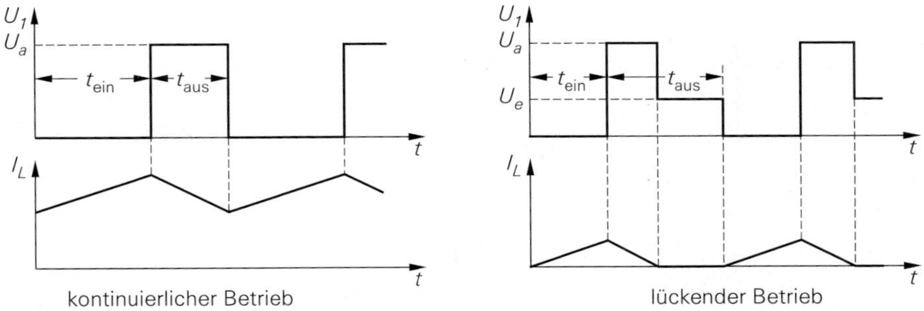

kontinuierlicher Betrieb   lückender Betrieb

Abb. 16.55. Spannungs- und Stromverlauf im Aufwärts-Wandler.
Rechts: Verhältnisse für $I_a < I_{a,min}$

In Abb. 16.53 ist der Wirkungsgrad einer PFM- und PWM-Regelung gegenüberge-stellt. Man erkennt die deutlichen Vorteile der PFM bei kleinen Ausgangsströmen. Bei großen Strömen verschwinden die Unterschiede, da dann die Schaltfrequenz der PFM auf die Werte der PWM ansteigt. Ein Nachteil der PFM besteht jedoch darin, dass die Schalt-frequenz mit abnehmender Ausgangsleistung sinkt. Deshalb ändert sich das in Abb. 16.4 dargestellte EMV Störspektrum mit dem Ausgangsstrom. Aus diesem Grund setzt man die PMF-Regelung nur dann ein, wenn der Ausgangsstrom stark schwankt und selbst bei kleinen Strömen ein hoher Wirkungsgrad gefordert wird.

16.5.2 Aufwärts-Wandler

In Abb. 16.54 ist der Aufwärts-Wandler von Abb. 16.34 auf S. 948 dargestellt, in Abb. 16.55 der Spannungs- bzw. Stromverlauf in der Schaltung. Aus dem Anstieg bzw. Abfall des Drosselstroms I_L während der beiden Schaltzustände des Schalters S lassen sich auch hier die für die Dimensionierung der Schaltung erforderlichen Beziehungen ableiten. Man erhält:

Aufwärts-Wandler

$$U_a = \frac{T}{t_{aus}} U_e = \frac{1}{1-p} U_e \qquad \text{für } I_a > I_{a,min} \tag{16.25}$$

$$L = \frac{U_e T}{2 I_{a,min}} p \tag{16.26}$$

$$C = \frac{I_a T}{\Delta U_a} p \tag{16.27}$$

Darin ist $p = t_{ein}/T$ das Tastverhältnis und $T = t_{ein} + t_{aus} = 1/f$ die Schwingungs-dauer. Die niedrigste Ausgangsspannung ist $U_a = U_e$. Sie ergibt sich – bei verlustfreier Schaltung –, wenn der Schalter S dauernd geöffnet ist.

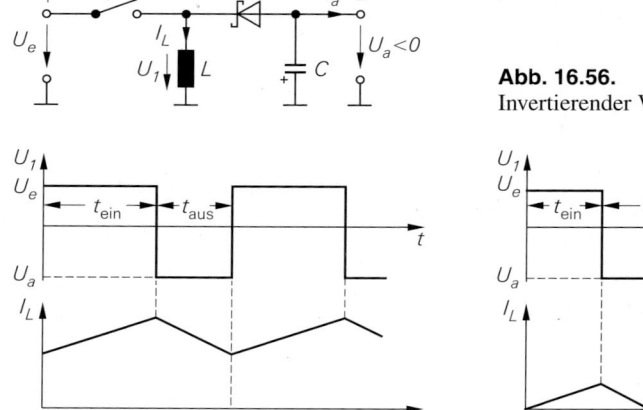

Abb. 16.56.
Invertierender Wandler

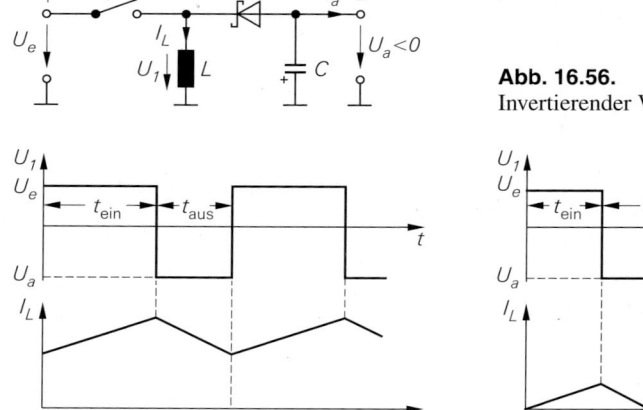

kontinuierlicher Betrieb   lückender Betrieb

Abb. 16.57. Spannungs- und Stromverlauf im invertierenden Wandler.
Rechts: Verhältnisse für $|I_a| < |I_{a,min}|$

Die angegebene Ausgangsspannung ergibt sich auch hier nur unter der Voraussetzung, dass der Drosselstrom nicht Null wird. Bei Unterschreitung des minimalen Ausgangsstroms $I_{a,min}$ muss die Einschaltdauer wie in Abb. 16.38 verkürzt werden, um ein Ansteigen der Ausgangsspannung zu verhindern. Dieser Fall ist in Abb. 16.55 ebenfalls dargestellt. Die Realisierung des Leistungsschalters und die Erzeugung des Schaltsignals erfolgt hier genauso wie beim Abwärtswandler.

16.5.3 Invertierender Wandler

Der invertierende Wandler und die zugehörigen Zeitdiagramme sind in Abb. 16.56 und 16.57 dargestellt. Man sieht, dass sich der Kondensator während der Sperrphase über die Diode auf eine negative Spannung auflädt. Die Ausgangsspannung erhält man auch hier aus der Gleichheit der Spulenstromänderung während der Einschalt- bzw. Ausschaltphase:

Invertierender Wandler

$$U_a = -\frac{t_{ein}}{t_{aus}} U_e = -\frac{p}{1-p} U_e \quad \text{für } |I_a| > |I_{a,min}| \tag{16.28}$$

$$L = \frac{U_e T}{2 I_{a,min}} p \tag{16.29}$$

$$C = \frac{I_a T}{\Delta U_a} p \tag{16.30}$$

Wenn der Ausgangsstrom den Wert $I_{a,min}$ unterschreitet, sinkt der Spulenstrom zeitweise bis auf Null ab. Um die Ausgangsspannung in diesem Fall konstant zu halten, muss auch hier die Einschaltdauer gemäß Abb. 16.38 verkürzt werden. Diese Verhältnisse sind in Abb. 16.57 eingezeichnet.

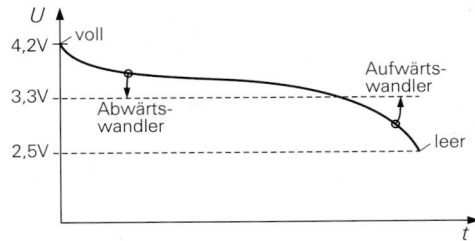

Abb. 16.58.
Erzeugung einer geregelten Spannung
von 3,3 V beim Entladen eines Lithium-
Ionen Akkus

16.5.4 Aufwärts- Abwärtswandler

Es gibt viele Fälle, in denen die ungeregelte Spannung sowohl größer als auch kleiner
als die benötigte Betriebsspannung sein kann. Ein derartiges Beispiel ist in Abb. 16.58
dargestellt. Solange der Akku geladen ist, ist ein Abwärtswandler erforderlich. Wenn man
die Entladung aber bei einer Spannung von 3,3 V beendet, nutzt man die Kapazität des
Akkus aber nur unvollständig. Um die restliche Ladung zu nutzen, ist ein Aufwärtswandler
erforderlich.

Es wäre umständlich, die Akkuspannung zunächst mit einem Aufwärtswandler auf
z.B. 5 V heraufzusetzen und dann mit einem Abwärtswandler auf 3,3 V herabzusetzen. Es
ist einfacher, einen kombinierten Aufwärts- Abwärtswandler gemäß Abb. 16.59 einzusetzen, der eine gemeinsame Speicherdrossel und einen gemeinsamen Speicherkondensator
besitzt. Man kann drei Betriebszustände unterscheiden:

– Für $S_1 = ein$ und $S_2 = aus$ wird $U_a = U_e$.
– Wenn für $S_2 = aus$ nur $S_1, \overline{S}_1$ getaktet wird, arbeitet die Schaltung als Abwärtswandler:
  $U_a < U_e$.
– Wenn für $S_1 = ein$ nur $S_2, \overline{S}_2$ getaktet wird, arbeitet die Schaltung als Aufwärtswandler:
  $U_a > U_e$

Bei den handelsüblichen Produkten gibt es noch eine weitere Betriebsart, bei der für
$U_a \approx U_e$ beide Schalterpaare getaktet werden. Man kann die Schaltung aber auch als
invertierenden Spannungswandler betreiben, bei dem man die Speicherdrossel mit vertauschten Anschlüssen mit dem Ausgang verbindet, um keine Invertierung der Spannung
zu erhalten. Man kann dann zwei Betriebszustände unterscheiden:

– Für $S_1 = S_2 = ein$ wird Energie in der Speicherdrossel gespeichert.
– Für $S_1 = S_2 = aus$ wird die gespeicherte Energie mit vertauschten Anschlüssen an den
  Ausgang übertragen; das ist die eingezeichnete Schalterstellung.

Die Ausgangsspannung ist betragsmäßig genauso groß wie beim invertierenden Wandler:

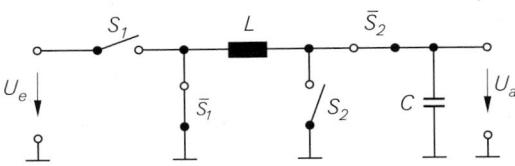

Abb. 16.59.
Buck-Boost Konverter zur kombinierten Abwärts- und Aufwärts-
wandlung

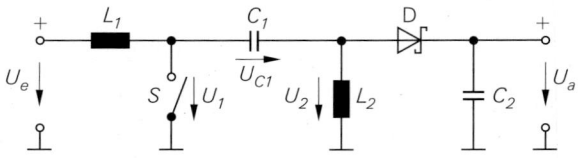

Abb. 16.60.
Sepic Konverter

$$U_a = \frac{t_{ein}}{t_{aus}} U_e = \frac{p}{1-p} U_e \quad \text{für } I_a > I_{a,min} \qquad (16.31)$$

Wenn man höhere Durchlassverluste in Kauf nimmt, kann man die beiden Schalter $\overline{S}_1$ und $\overline{S}_2$ auch durch Dioden ersetzen.

16.5.5 Sepic Konverter

Eine andere Möglichkeit, Spannungen zu erzeugen, die sowohl größer als auch kleiner als die Eingangsspannung sein können, zeigt der in Abb. 16.60 dargestellte Sepic Konverter. Der Eingangsteil der Schaltung, der aus der Speicherdrossel L_1 und dem Schalter S besteht, entspricht dem Aufwärtswandler in Abb. 16.54. Hier wird eine Wechselspannung erzeugt, die über den Koppelkondensator C_1 auf den Gleichrichter D, C_2 übertragen wird; die 2. Speicherdrossel L_2 schließt den Gleichstromkreis. Der Spannungs- und Stromverlauf in der Schaltung ist in Abb. 16.61 dargestellt.

Zur Berechnung der Ausgangsspannung geht man davon aus, dass, wenn der Schalter S_1 geschlossen ist, die Stromzunahme in beiden Speicherdrosseln genau so groß sein muss wie die Stromabnahme, wenn S_1 offen ist. Daraus ergeben sich die Beziehungen:

$$\Delta I_{L1} = \frac{U_e}{L_1} t_{ein} = -\frac{U_e - U_{C1} - U_a}{L_1} t_{aus}$$

$$\Delta I_{L2} = -\frac{U_{C1}}{L_2} t_{ein} = -\frac{U_a}{L_2} t_{aus}$$

Wenn man aus beiden Gleichungen U_{C1} eliminiert, erhält man die Ausgangsspannung

$$U_a = \frac{t_{ein}}{t_{aus}} U_e = \frac{p}{1-p} U_e \quad \text{für } I_a > I_{a,min} \qquad (16.32)$$

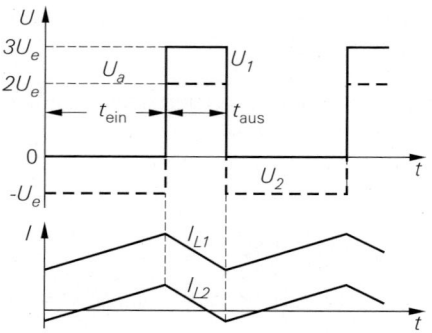

Abb. 16.61.
Strom- und Spannungsverlauf im Sepic Konverter für ein Tastverhältnis von $p = 0,67$ und eine resultierenden Ausgangsspannung $U_a = 2U_e$

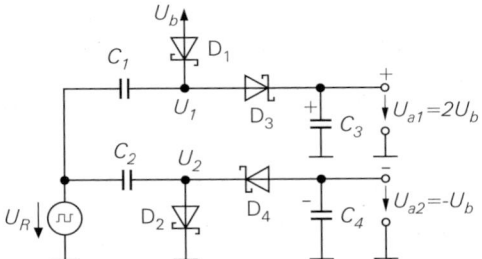

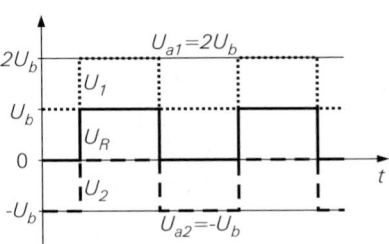

Abb. 16.62.
Gleichspannungswandlung durch Gleichrichten einer Wechselspannung

Abb. 16.63.
Zeitverlauf. Beispiel für $\hat{U}_R = U_b$ bei idealen Dioden

Darin ist $p = t_{ein}/T$ das Tastverhältnis und $T = t_{ein} + t_{aus}$ die Schwingungsdauer. Für $p = 0,5$ wird die Ausgangsspannung bei einer verlustfreien Schaltung so groß wie die Eingangsspannung. Die Spannung am Koppelkondensator C_1 ist unabhängig vom Tastverhältnis $U_{C1} = U_e$.

Der Sepic Konverter ist in der Lage, Ausgangsspannungen zu erzeugen, die sowohl keiner als auch größer sind als die Eingangsspannung. In dieser Beziehung bietet er dieselbe Funktion wie der Buck-Boost Konverter in Abb. 16.59. Ein schwerwiegender Nachteil des Sepic Konverters besteht darin, dass er 2 Speicherdrosseln und 2 Kondensatoren benötigt. Das ist viel schlimmer als die 4 Leistungsschalter, die der Buck-Boost Konverter benötigt. Die Leistungstransistoren lassen sich auf den Chip integrieren, die Speicherdrosseln und die Kondensatoren aber nicht. Ein weiterer Nachteil des Sepic Konverters ergibt sich aus der Tatsache, dass die Schaltung aus zwei gekoppelten Schwingkreisen besteht, zwischen denen die Energie nach dem Einschalten oder bei einem Lastsprung mit schwacher Dämpfung hin und her pendeln kann.

Wenn man bei dem Sepic Konverter in Abb. 16.60 die Diode mit L_2 vertauscht, ergibt sich der Cuk Konverter, der eine negative Ausgangsspannung mit demselben Betrag liefert. Die Schaltung besitzt dann dieselbe Ausgangsspannung wie der invertierende Wandler in Abb. 16.56, benötigt aber im Vergleich dazu eine 2. Speicherdrossel und einen 2. Kondensator.

16.5.6 Spannungswandler mit Ladungspumpe

Ein Nachteil der bisher behandelten Schaltregler besteht darin, dass sie eine Speicherdrossel benötigen. Es gibt bei geringem Strombedarf aber auch Methoden zur verlustfreien Gleichspannungswandlung, die ohne Speicherdrossel auskommen. Die naheliegendste Methode ist, eine Wechselspannung zu erzeugen, diese mit einem Koppelkondensator auf ein neues Potential zu übertragen und dort gleichzurichten. Dieses Prinzip ist in Abb. 16.62 dargestellt, Abb. 16.63 zeigt den zeitlichen Verlauf. Als Eingangsspannung verwendet man einen Rechteckgenerator, den man vorzugsweise durch Herunterteilen des System-Takts und einen Leistungstreiber realisiert.

Allerdings verliert man bei der Gleichrichtung mit Dioden 2 Durchlassspannungen so dass die reale Ausgangsspannung um etwa 1,4 V niedriger ist. Dies ist bei niedrigen Spannungen besonders störend. Deshalb setzt man auch hier bevorzugt Synchrongleichrichtung ein. Wie bei den Schaltreglern mit Speicherdrossel gibt es auch hier 3 Schaltungskonfigurationen zu Spannungserhöhung, -Verringerung und -Invertierung, die in Abb. 16.64

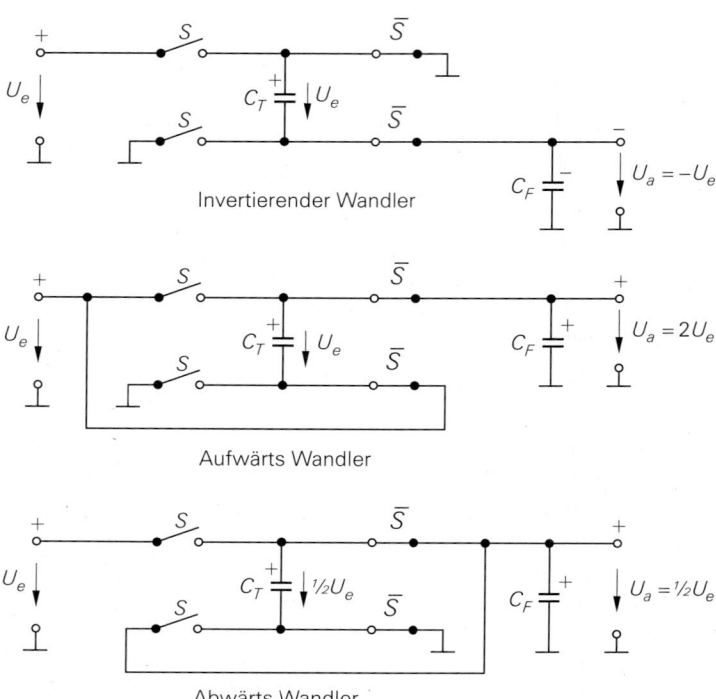

Invertierender Wandler

Aufwärts Wandler

Abwärts Wandler

Abb. 16.64. Gleichspannungswandler nach dem Ladungspumpen-Prinzip, Switched-Capacitor DC-DC Converter. Die Schalter S und $\overline{S}$ werden im Wechsel eingeschaltet

gegenübergestellt sind. Die 3 Schaltungen beruhen darauf, dass ein Transfer-Kondensator C_T zunächst auf die Eingangsspannung aufgeladen und diese Ladung anschließend an den Ausgang übertragen wird. Die Kombination aus 4 Schalter und dem Transfer-Kondensator erkennt man in jeder der 3 Schaltungen.

Hier ist der invertierende Wandler die gebräuchlichste Schaltung. In der ersten Phase wird der Schalter S eingeschaltet, und der Transfer-Kondensator C_T wird auf die Eingangsspannung U_e aufgeladen. In der zweiten Phase wird der Schalter $\overline{S}$ geschlossen; dadurch wird der Pluspol des Transfer-Kondensators mit Masse verbunden und der Minuspol mit dem Ausgang. Dadurch wird der Filter-Kondensator C_F am Ausgang nach mehreren Schaltzyklen auf die Spannung $-U_e$ aufgeladen. Die Schaltung wird dazu eingesetzt, um in einem Gerät, in dem es nur eine positive Betriebsspannung gibt (z.B. aus einer Batterie), für bestimmte Schaltungsteile eine zusätzliche negative Spannung zu erzeugen.

Bei dem Aufwärts Wandler in Abb. 16.64 wird der Transfer-Kondensator ebenfalls in der ersten Phase auf die Eingangsspannung aufgeladen. In der zweiten Phase wird jedoch sein Minuspol mit der Eingangsspannung verbunden und sein Pluspol mit dem Ausgang. Dadurch wird der Filter-Kondensator C_F am Ausgang nach mehreren Schaltzyklen auf die Spannung $2U_e$ aufgeladen.

Bei dem Abwärtswandler sind die beiden Kondensatoren in Reihe geschaltet, wenn der Schalter S geschlossen wird. Bei gleichen Kondensatoren laden sie sich also beide auf $U_e/2$ auf. In den folgenden Schaltzyklen wird der Transfer-Kondensator im Wechsel zwischen der Ausgangsspannung U_a und $U_e - U_a$ hin und her geschaltet. Dadurch wird sichergestellt, dass beide Spannungen gleich groß werden, also gleich $U_e/2$. Das gilt auch für den Fall, dass die beiden Kondensatoren unterschiedliche Kapazität besitzen.

Die Gleichspannungswandler in Abb. 16.64 arbeiten im Prinzip verlustfrei. Verluste treten in der Praxis in den On-Widerständen der Schalttransistoren auf. Auch der Transfer-Kondensator verursacht Verluste, wenn er im Betrieb periodisch umgeladen wird. Man kann für ihn einen effektiven Widerstand $R_{eff} = 1/(fC_t)$ angeben, der genauso wirkt wie der On-Widerstand der Schalttransistoren. Die Verluste lassen sich klein halten, indem man große Kapazitäten und hohe Taktfrequenzen verwendet. Beide Widerstände sind außerdem verantwortlich für den Ausgangswiderstand des Spannungswandlers, sodass die Ausgangsspannung selbst bei konstanter Eingangsspannung mit dem Laststrom abnimmt. Eine weitere Ursache für Verluste sind natürlich auch hier die Ansteuerverluste der Schalttransistoren. Da sie proportional zur Frequenz sind, sollte man die Taktfrequenz nicht unnötig hoch wählen.

Eine Regelung der Ausgangsspannung ist bei den Wandlern nach dem Ladungspumpen-Verfahren nur mit Verlusten möglich. Bei handelsüblichen Produkten mit Spannungsregelung wird dazu der On-Widerstand der Schalttransistoren vergrößert. Bezüglich der Verluste könnte man genau so gut einen linearen Spannungsregler nachschalten; in diesem Fall würde man aber einen zweiten Baustein benötigen.

16.6 Schaltregler mit Potentialtrennung

Die Spannungsregler mit Potentialtrennung besitzen einem Hochfrequenztransformator zur Potentialtrennung zwischen dem Hausstromnetz und der elektronischen Schaltung, die aus Sicherheitsgründen meist mit dem Schutzleiter verbunden wird. Dadurch benötigt man keinen 50Hz-Netztransformator, der groß, schwer und teuer ist und darüber hinaus auch nennenswerte Verluste verursacht. Das Blockschaltbild in Abb. 16.2 zeigt, dass der Wechselrichter direkt aus der gleichgerichteten Netzspannung betrieben wird; seine Eingangsspannung hat dann bei einer Netzspannung von 230V einen Wert von 325V. Aus diesem Grund ist Vorsicht beim Arbeiten an diesen Schaltungen geboten. Weil der Wechselrichter auf der Primärseite des Trenntransformators arbeitet, bezeichnet man die hier behandelten Gleichstromsteller als primärgetaktete Schaltregler.

Bei den primärgetakteten Schaltreglern unterscheidet man zwischen Eintakt- und Gegentakt-Wandlern. Die Eintaktwandler benötigen in der Regel nur einen Leistungsschalter; sie erfordern daher nur wenig Bauteile. Allerdings beschränkt sich ihr Einsatz auf kleine Leistungen. Bei Leistungen über 100 W sind die Gegentakt-Wandler vorteilhaft, obwohl sie zwei Leistungsschalter benötigen.

16.6.1 Eintakt-Wandler

16.6.1.1 Eintakt-Sperrwandler

Der Eintaktwandler in Abb. 16.65 stellt die einfachste Realisierung eines primärgetakteten Schaltreglers dar. Er ergibt sich aus dem Sperrwandler in Abb. 16.56, indem man die Speicherdrossel zu einem Transformator erweitert.

Der zeitliche Verlauf der Spannungen und Ströme ist in Abb. 16.66 dargestellt. Wenn der Leistungsschalter S geschlossen wird, wird $U_S = 0$ und die ganze Eingangsspannung fällt an der Primärwicklung ab. Dadurch steigt der Strom linear an gemäß der Induktivität der Primärwicklung L_p und es wird Energie im Transformator gespeichert. Wenn der Schalter geöffnet wird, kehrt sich die Polung an den Transformator-Wicklungen um und

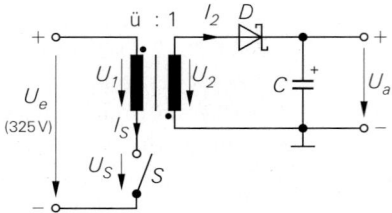

Abb. 16.65.
Sperrwandler (flyback converter). Die Punkte an den Transformator-Wicklungen geben gleichsinnige Polung an.

die Spannung steigt so weit an bis der Gleichrichter am Ausgang leitend wird. Der Strom kommutiert jetzt auf den Ausgangsstromkreis und die gespeicherte Energie wird an den Speicherkondensator am Ausgang übertragen. Da die Energieübertragung in der Sperrphase des Schalters erfolgt, wird die Schaltung als Sperrwandler bezeichnet.

Zur Berechnung der Ausgangsspannung setzt man wieder die Stromzunahme in der Einschaltphase gleich der Stromabnahme in der Ausschaltphase und berücksichtigt hier noch das Übersetzungsverhältnis:

$$\Delta I_p \; = \; \frac{U_e}{L_p}\, t_{ein} \; = \; \frac{1}{\ddot{u}}\, \frac{U_a}{L_s}\, t_{aus}$$

Mit dem Zusammenhang

$$L_p \; = \; \ddot{u}^2 L_s$$

für die Induktivitäten und dem Tastverhältnis $p = t_{ein}/T$ folgt daraus die Ausgangsspannung in Gl. 16.33. Die Größe der Ausgangsspannung lässt sich demnach sowohl mit dem Übersetzungsverhältnis $\ddot{u}$ als auch mit dem Tastverhältnis p bestimmen. Dabei wählt man das Übersetzungsverhältnis so, dass sich für das Tastverhältnis praktikable Werte $0,2 < p < 0,5$ ergeben.

Wenn sich der Schalter öffnet, steigt die Spannung am Schalter an, bis die Diode D leitend wird, also bis auf $U_{S,max} = U_e + \ddot{u}U_a$ (Gl.16.34). Damit sie nicht zu groß wird, macht man die Einschaltdauer $t_{ein} \leq 0,5T$, dann wird $U_{S,max} \leq 2U_e$. Da bei der Gleichrichtung von 230 V Netzspannung eine Gleichspannung von $U_e = 230\,\text{V} \cdot \sqrt{2} = 325\,\text{V}$ entsteht, ergibt sich in diesem Fall am Leistungsschalter eine Spannung von $U_{S,max} = 650\,\text{V}$. Die tatsächlich auftretenden Spannungen sind wegen der unvermeidlichen Streuinduktivitäten noch höher.

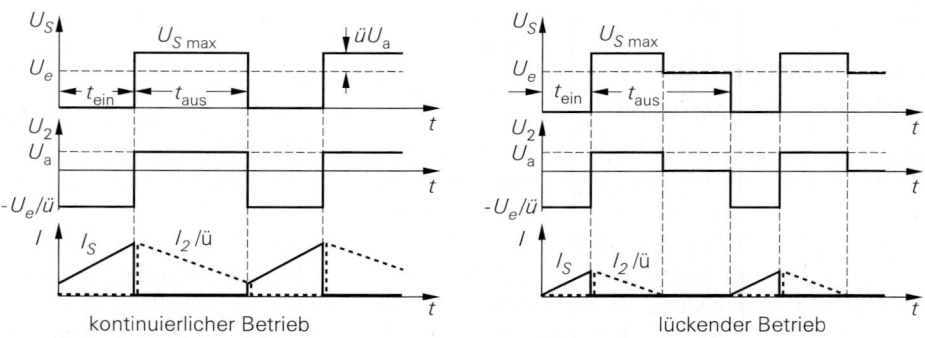

Abb. 16.66. Zeitlicher Verlauf von Spannung und Strom im Sperrwandler

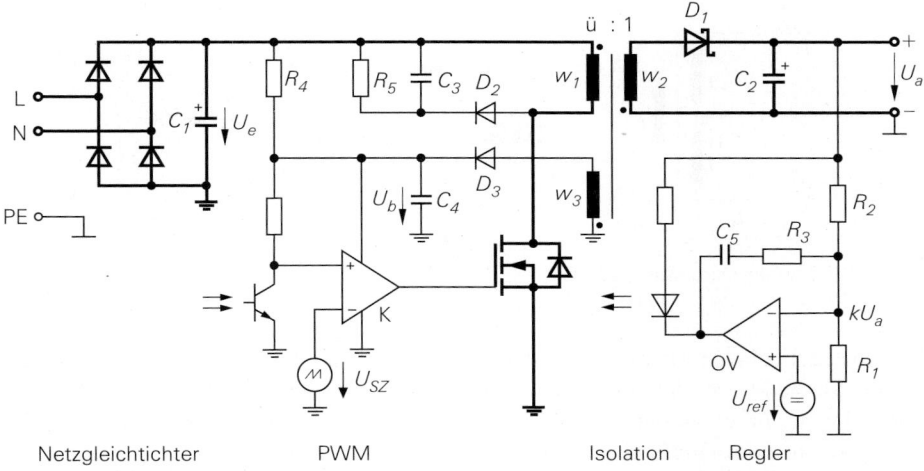

Abb. 16.67. Praktische Ausführung eines Sperrwandlers. Das normale Massezeichen bedeutet Schutzleiterpotential = Schaltungsmasse; das besondere Massezeichen steht für den Minuspol des Gleichspannungszwischenkreises, der sich auf Netzpotential befindet.

Sperrwandler

$$U_a = \frac{t_{ein}}{t_{aus}} \frac{U_e}{\ddot{u}} = \frac{p}{1-p} \frac{U_e}{\ddot{u}} \quad \text{für } I_a > I_{a,min} \qquad (16.33)$$

$$U_{S,max} = U_e + \ddot{u}U_a = \frac{1}{1-p} U_e \qquad (16.34)$$

Im Normalbetrieb geht die Größe des Ausgangsstroms nicht in die Ausgangsspannung ein wie man an Gl.16.33 erkennt. Wenn der Ausgangsstrom klein wird, sinkt der Strom im Transformator periodisch bis auf Null ab wie man in Abb. 16.66 erkennt; die Grenze ist bei einem Ausgangsstrom

$$I_{a,min} = \frac{1}{2} \Delta I_s = \frac{1}{2} \frac{\Delta I_p}{\ddot{u}}$$

erreicht. Bei kleineren Ausgangsströmen muss das Tastverhältnis gemäß Abb. 16.38 reduziert werden, um einen Anstieg der Ausgangsspannung zu verhindern. Wenn man immer im kontinuierlichen Betrieb arbeiten möchte, muss die Induktivität der Primärwicklung daher mindestens den in Gl. 16.22 angegebenen Wert besitzen.

Dass der Sperrwandler keine Speicherdrossel benötigt, ist ein Vorteil, jedoch gleichzeitig auch ein Nachteil, denn der Transformator muss diese Funktion zusätzlich übernehmen. Damit er nicht in die Sättigung geht, muss man ihm einen Luftspalt geben; das reduziert aber die Permeabilität und macht dadurch höhere Windungszahlen erforderlich. Aus diesem Grund setzt man Sperrwandler nur für kleine Leistungen ein.

In Abb. 16.67 ist ein einfaches Beispiel für die praktische Ausführung eines Sperrwandlers dargestellt. Die Netzwechselspannung wird mit dem Brückengleichrichter am Eingang gleichgerichtet. Der Kondensator C_1 stellt den Ladekondensator für den Gleichspannungszwischenkreis mit der Spannung U_e dar. Er wird beim Scheitelwert der Netz-

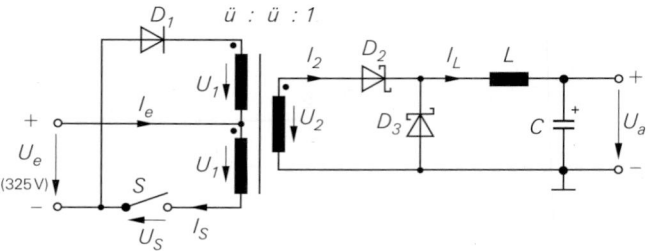

Abb. 16.68. Eintakt-Durchflusswandler

spannung nachgeladen. Da die Innenwiderstände klein sind, treten daher hohe Stromspitzen auf. Sie bedingen viele Oberwellen und einen schlechten Leistungsfaktor. Deshalb ist am Eingang in jedem Fall ein Netzfilter erforderlich, besser noch eine Schaltung zur Leistungsfaktorkorrektur (s. Abschnitt 16.7).

Der Sperrwandler wird hier durch den Transformator und den Leistungstransistor realisiert. Der Pulsbreitenmodulator besteht aus dem Sägezahngenerator und dem nachfolgenden Komparator. Das Stellsignal für die Pulsbreite wird zur Potentialtrennung mit einem Optokoppler übertragen. Der Spannungsregler befindet sich auf der Niederspannungsseite. Der Regelverstärker OV stellt seine Ausgangsspannung so ein, dass $kU_a = U_{ref}$ wird; dann ist:

$$U_a = \left(1 + \frac{R_2}{R_1}\right) U_{ref}$$

unabhängig von Nichtlinearitäten des Optokopplers.

Der Pulsbreitenmodulator benötigt eine Betriebsspannung z.B. $U_b = 15$ V bezogen auf Netzmasse. Sie wird mit der Hilfswicklung w_3, dem Gleichrichter D_3 und dem Ladekondensator C_4 erzeugt. Der Widerstand R_4 ist nur zum Anlaufen der Schaltung erforderlich; er kann im Betrieb abgeschaltet werden. Das Netzwerk D_2, C_3, R_5 stellt ein *Snubber-Netzwerk* dar; es dient zur Begrenzung von Überschwingern, die wegen der Streuinduktivitäten der Transformators auftreten.

16.6.1.2 Eintakt-Durchflusswandler

Bei den Durchflusswandlern setzt man zur Energiespeicherung eine separate Speicherdrossel ein. Da die Transformatorwicklungen in Abb. 16.68 gleiche Polung besitzen, wird hier Energie an den Ausgang übertragen solange der Schalter S geschlossen ist. Daher bezeichnet man die Schaltung als Durchflusswandler. Gespeichert wird die Energie in der Speicherdrossel L und nicht in dem Transformator. Der Spannungsverlauf ist in Abb. 16.69 dargestellt. Solange der Leistungsschalter geschlossen ist, liegt an der Primärwicklung die Eingangsspannung U_e und daher an der Sekundärwicklung die Spannung $U_2 = U_e/ü$.

Wenn sich der Schalter S öffnet, sperrt D_2, und der Strom durch die Speicherdrossel L wird von der Diode D_3 übernommen. Die Verhältnisse auf der Sekundärseite sind daher genau dieselben wie bei dem Durchflusswandler in Abb. 16.35 auf S. 949. Daher ergeben sich hier (abgesehen von dem Faktor $ü$) dieselben Beziehungen für die Ausgangsspannung und dieselben Gesichtspunkte bei der Dimensionierung der Speicherdrossel und des Glättungskondensators:

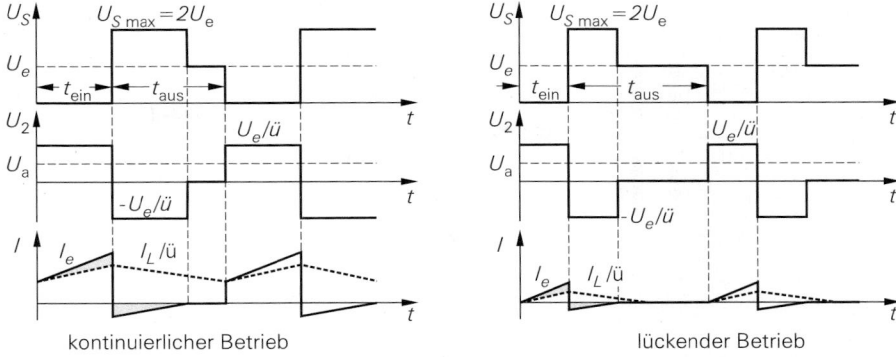

Abb. 16.69. Zeitlicher Verlauf von Strom und Spannung im Durchflusswandler. Grau: Magnetisierung und Entmagnetisierung des Transformators

Eintakt-Durchflusswandler

$$U_a = \frac{t_{ein}}{t_{ein} + t_{aus}} \frac{U_e}{\ddot{u}} = \frac{t_{ein}}{T} \frac{U_e}{\ddot{u}} = p \frac{U_e}{\ddot{u}} \quad \text{für } I_a > I_{a,min} \qquad (16.35)$$

$$U_{S,max} = 2U_e \qquad (16.36)$$

In dem Augenblick, in dem der Leistungsschalter sperrt, sperrt auch die Diode D_2. Ohne weitere Maßnahmen würde die im Transformator gespeicherte Energie dann einen Spannungsimpuls mit extrem hoher Amplitude erzeugen und den Leistungsschalter zerstören. Um dies zu verhindern, gibt man dem Transformator eine zweite Primärwicklung mit derselben Windungszahl wie die erste. Wenn die Spannung an dieser Wicklung bis auf U_e angestiegen ist, wird die Diode D_1 leitend. Dadurch wird die Spannung am Schalter auf $U_{S,max} = 2U_e$ begrenzt. Die im Transformator gespeicherte Magnetisierungsenergie wir jetzt an die Eingangsspannungsquelle zurück geliefert: der Strom I_e in Abb. 16.69 wird in dieser Zeit negativ. Da die Spannung am Transformator in dieser Phase genauso groß ist wie in der Einschaltphase, ist auch die Entmagnetisierungsdauer so groß wie die Einschaltdauer. Aus diesem Grund darf sie nicht größer als 50 % der Periodendauer sein ($p < 0,5$), weil sich sonst der Transformator nicht vollständig entmagnetisieren könnte. Die Folge wäre, das der Strom durch den Transformator bei jedem Zyklus weiter ansteigen würde. Wie groß die Hauptinduktivität des Transformators ist, hat keinen Einfluss auf die Entmagnetisierungsdauer, sondern bestimmt lediglich den Magnetisierungsstrom. Er muss so klein bleiben, dass der Transformator nicht in die Sättigung geht.

Bei kleinen Ausgangsströmen ($I_a < I_{a,min}$) sinkt der Strom durch die Speicherdrossel periodisch auf Null ab. Dieser lückende Betrieb ist in Abb. 16.69 ebenfalls dargestellt. Er hängt nur von der Induktivität der Speicherdrossel ab und ist von der Entmagnetisierung des Transformators unabhängig. Damit die Ausgangsspannung in diesem Fall nicht ansteigt, muss die Einschaltdauer auch hier gemäß Abb. 16.38 reduziert werden.

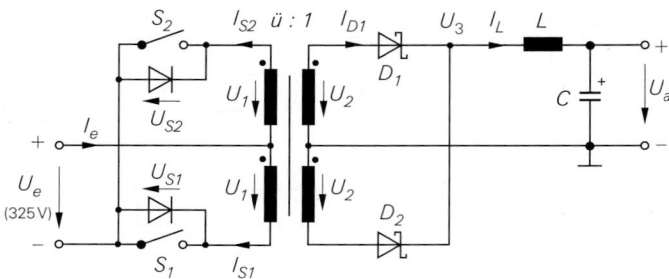

Abb. 16.70. Gegentaktwandler mit Parallelspeisung

16.6.2 Gegentakt-Wandler

Das Kennzeichen der Gegentaktwandler besteht darin, dass zwei Leistungsschalter im Wechsel eingeschaltet und beide Einschaltphasen zur Energieübertragung genutzt werden.

16.6.2.1 Gegentakt-Wandler mit Parallelspeisung

Wenn man bei dem Eintakt-Durchflusswandler in Abb. 16.68 die Diode D_1 durch einen zweiten Schalter ersetzt, gelangt man zu dem Gegentaktwandler in Abb. 16.70. Bei der Schaltung wird ein Zyklus der Dauer T in vier Zeitabschnitte unterteilt. Zuerst wird der Schalter S_1 geschlossen. Dadurch wird die Diode D_1 leitend, und an der Speicherdrossel L liegt die Spannung $U_3 = U_e/ü$. Danach öffnet sich S_1 wieder, und alle Spannungen am Transformator sinken auf Null ab. Die Dioden D_1 und D_2 übernehmen dann je zur Hälfte den Drosselstrom I_L.

Im nächsten Zeitabschnitt bleibt der Schalter S_1 geöffnet; statt dessen schließt sich der Schalter S_2. Dadurch wird D_2 leitend und überträgt ebenfalls die Spannung $U_3 = U_e/ü$. Wenn S_2 wieder sperrt, werden wie im zweiten Zeitabschnitt alle Spannungen am Transformator wie der Null. In Abb. 16.71 sind diese Spannungsverläufe dargestellt.

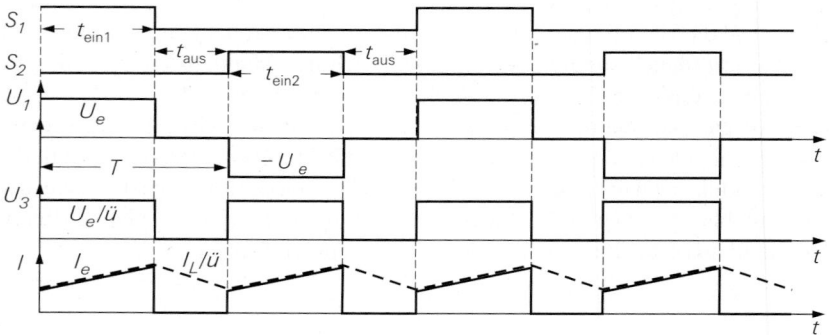

Abb. 16.71. Zeitverlauf im Gegentaktwandler mit Parallelspeisung

Gegentaktwandler

$$U_a = \frac{t_{ein}}{t_{ein} + t_{aus}} \frac{U_e}{\ddot{u}} = \frac{t_{ein}}{T} \frac{U_e}{\ddot{u}} = p \frac{U_e}{\ddot{u}} \quad \text{für } I_a > I_{a,min} \qquad (16.37)$$

$$U_{S,max} = 2U_e \qquad\qquad\qquad (16.38)$$

Wegen des symmetrischen Betriebs arbeitet der Transformator gleichstromfrei. Dies gilt allerdings nur dann, wenn die Einschaltdauern der Leistungsschalter exakt gleich sind, also $t_{ein1} = t_{ein2}$ ist. Diese Bedingung ist bei der Ansteuerung der Schalter sicherzustellen. Sonst geht der Transformator in die Sättigung, die Ströme werden groß, und die Schalter brennen durch. Die Ansteuerung der Leistungsschalter ist hier sehr einfach, da die beiden Source-Anschlüsse auf Minuspotential liegen.

Die zu den Schaltern parallel liegenden Dioden dienen als Freilaufdioden. Sie können den Strom in der Zeit übernehmen, in der beide Schalter geöffnet sind, um die Energie in den Streuinduktivitäten an den Eingang zurückgeben. In dieser Funktionsweise entsprechen sie der Diode D_1 in Abb. 16.68. Wenn man die Schalter mit Leistungsmosfets realisiert, sind diese Dioden bereits in den Transistoren enthalten.

16.6.2.2 Gegentakt-Wandler in Halbbrückenschaltung

Bei dem Gegentaktwandler in Abb. 16.72 wird eine Wechselspannung dadurch erzeugt, dass das eine Ende der Primärwicklung zwischen dem Plus- bzw. Minuspol der Eingangsspannung hin und her geschaltet wird, während das andere auf $U_e/2$ liegt. Die Ansteuerung der Leistungsschalter erfolgt auch hier abwechselnd. Der in Abb. 16.73 dargestellte Spannungsverlauf ist dann derselbe wie bei der vorhergehenden Schaltung. Ein Unterschied besteht hauptsächlich darin, dass die Spannung an den Schaltern hier nicht größer als die Eingangsspannung werden kann. Die beiden Dioden, die zu den Schaltern parallel geschaltet sind, stellen das sicher. Wenn ein sich Schalter öffnet, kann der fließende Strom auf die gegenüber liegende Diode kommutieren und dort für eine gewisse Zeit weiter fließen. Bei der Verwendung von Leistungsmosfets sind diese Dioden bereits im Transistor enthalten. Beim Einsatz von IGBTs muss man zusätzliche Freilaufdioden vorsehen.

Da die Spannung U_3 in rechteckförmiges Signal mit der Einschaltdauer t_{ein} darstellt, wie man in Abb. 16.73 erkennt, ergibt sich auch hier dieselbe Ausgangsspannung wie bei dem Buck-Converter in Abb. 16.35 wenn man zusätzlich das Übersetzungsverhältnis des Transformators berücksichtigt.

Halbbrückenwandler

$$U_a = \frac{t_{ein}}{t_{ein} + t_{aus}} \frac{U_e}{2\ddot{u}} = \frac{t_{ein}}{T} \frac{U_e}{2\ddot{u}} = p \frac{U_e}{2\ddot{u}} \quad \text{für } I_a > I_{a,min} \qquad (16.39)$$

$$U_{S,max} = U_e \qquad\qquad\qquad (16.40)$$

Ein weiterer Vorteil der Schaltung besteht darin, dass der Transformator wegen der kapazitiven Kopplung immer gleichstromfrei ist. Das trifft selbst dann zu, wenn die Einschaltdauern der beiden Schalter nicht exakt gleich lang sind. In diesem Fall verschiebt sich lediglich die Gleichspannung an den Kondensatoren C_1 und C_2 etwas. Die Konden-

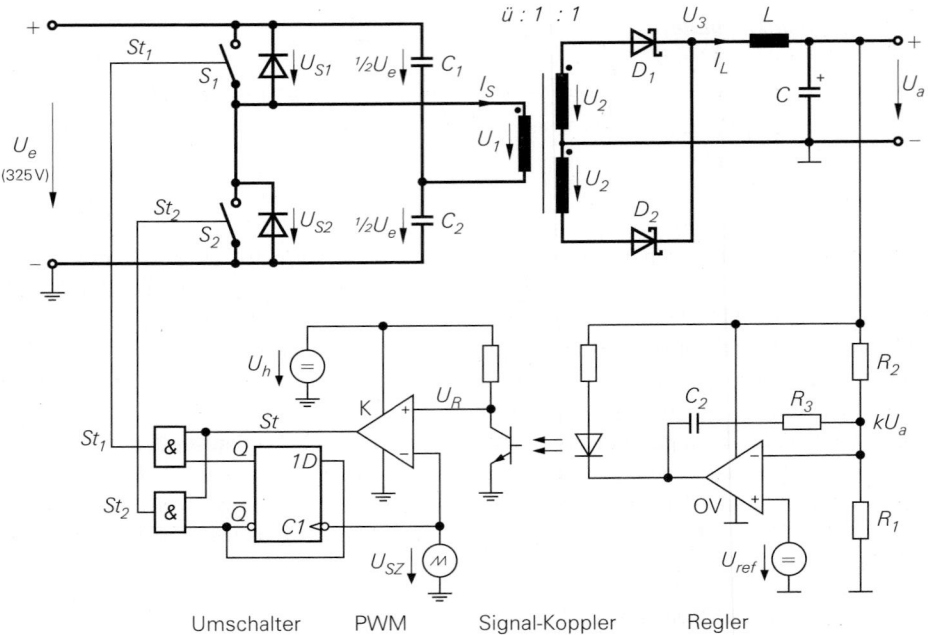

Abb. 16.72. Gegentaktwandler in Halbbrückenschaltung

satoren C_1 und C_2 setzt man nicht nur dazu ein, um den Transformator gleichstromfrei zu halten — dafür würde auch einer der beiden Kondensatoren ausreichen — , sondern gleichzeitig als Filter- und Speicherkondensatoren für die Eingangsspannung. Ein Nachteil der Schaltung ist, dass der Source-Anschluss des oberen Leistungsschalter die volle Eingangsspannung als Wechselspannung aufweist. Daher benötigt man zur Ansteuerung dieses Schalters einen *floating Gatetreiber*.

Die prinzipielle Anordnung zur Erzeugung der Steuersignale für einen Gegentaktwandler ist am Beispiel des Halbbrückenwandler in Abb. 16.72 dargestellt. Die Schaltung basiert auf der Steuerschaltung für den Abwärtswandler in Abb. 16.43. Man erkennt den Operationsverstärker OV, der als Spannungsregler arbeitet. Seine Ausgangsspannung stellt sich so ein, dass $kU_a = U_{ref}$ wird; dann ist:

$$U_a = \left(1 + \frac{R_2}{R_1}\right) U_{ref}$$

Da hier meist eine Potentialtrennung erforderlich ist, kann man das Ausgangssignal des Reglers nicht direkt am Pulsbreitenmodulator anschließen. Deshalb wurde hier ein Optokoppler als einfachste Realisierung der Signalübertragung gewählt. Seine Nichtlinearität wirkt sich hier nicht aus, weil er sich im Regelkreis befindet. Das Ausgangssignal des Pulsbreitenkomparators St in Abb. 16.73 muss dann auf die Leistungsschalter S_1 und S_2 verteilt werden. Dazu dient das Flip-Flop, das bei jeder Taktschwingung toggelt und dadurch einen der beiden Leistungsschalter im Wechsel einschaltet.

Die Hilfsspannung U_h ist zum Betrieb der Steuerschaltung erforderlich, die sich auf Netzpotential befindet. Da die meisten Steuerbausteine lediglich einen niedrigen Anlaufstrom von unter 1 mA benötigen, kann man die Hilfsspannung zunächst mit einem Vor-

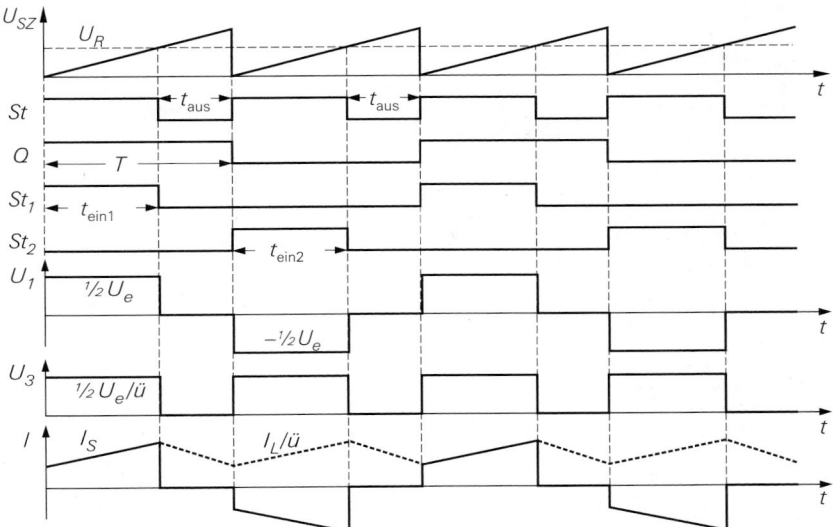

Abb. 16.73. Signalverlauf im Halbbrückenwandler

widerstand aus der Eingangsspannung gewinnen. Für die Stromversorgung im regulären Betrieb verwendet man meist eine zusätzliche Wicklung auf dem Transformator mit nachfolgendem Gleichrichter, um ausreichende Betriebsströme bereitzustellen.

16.6.2.3 Gegentakt-Wandler in Brückenschaltung

Bei dem Vollbrückenwandler in Abb. 16.74 schaltet man *beide* Seiten der Primärwicklung zwischen dem Plus- und Minuspol der Eingangsspannung um. Wenn das Schalterpaar S_1, S_4 eingeschaltet ist wird $U_1 = U_e$, wenn das Schalterpaar S_2, S_3 eingeschaltet ist wird $U_1 = -U_e$ wie man in Abb. 16.74 sieht. Im Vergleich zum Halbbrückenwandler in Abb. 16.72 ergibt sich hier an dem Transformator die doppelte Spannung. Die Schaltung eignet sich daher besonders für große Leistungen bis über 100 kW. Die Ausgangsspannung ist hier doppelt so groß wie beim Halbbrückenwandler. Die Spannung an den Schaltern ist auch hier auf die Größe der Eingangsspannung beschränkt. Dies wird durch die 4 Freilaufdioden sichergestellt.

> *Brückenwandler*
>
> $$U_a = \frac{t_{ein}}{t_{ein} + t_{aus}} \frac{U_e}{\ddot{u}} = \frac{t_{ein}}{T} \frac{U_e}{\ddot{u}} = p \frac{U_e}{\ddot{u}} \quad \text{für } I_a > I_{a,min} \qquad (16.41)$$
>
> $$U_{S,max} = U_e \qquad (16.42)$$

Bei dem Vollbrückenwandler in Abb. 16.74 gibt es mit der Phasenverschiebungsmodulation (Phase Shift Modulation PSM) eine zweite, grundsätzlich andere Möglichkeit zum Betrieb der Schaltung. Hier wird in jedem Brückenzweig eine Wechselspannung mit der Amplitude der Eingangsspannung dadurch erzeugt, dass die beiden Schalter S_1, S_2 bzw. S_3, S_4 im Wechsel eingeschaltet werden wie man in Abb. 16.76 erkennt. Dabei sind die

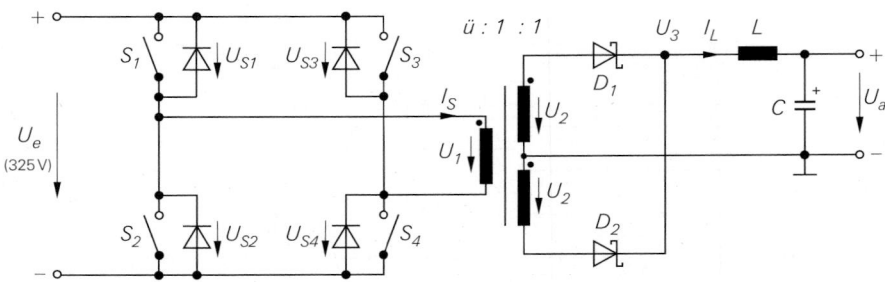

Abb. 16.74. Brückenwandler mit H-Brücke

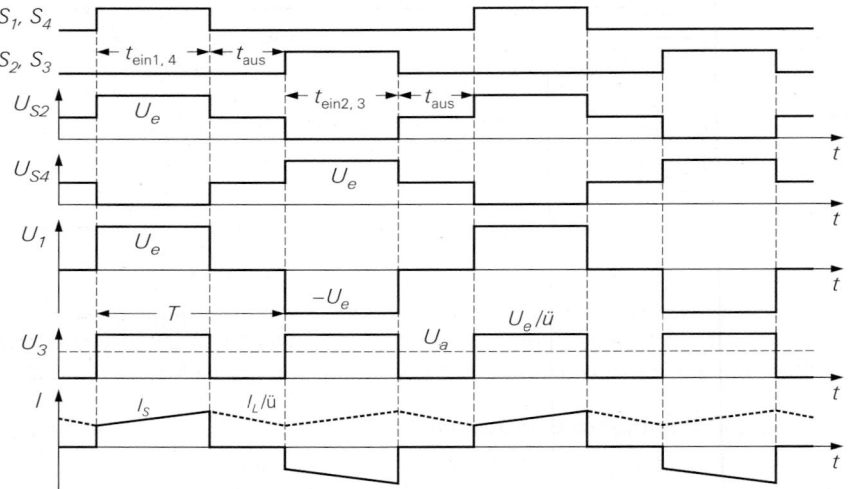

Abb. 16.75. Zeitverlauf im Brückenwandler bei Pulsbreitenmodulation PWM

Einschaltdauern immer konstant gleich der Schwingungsdauer $t_{ein\,1,2} = t_{ein\,3,4} = T$. Eine Modulation wird hier dadurch erreicht, dass die Phase der beiden Ansteuersignale gegeneinander um die Zeit Δt verschoben wird. Am Transformator ergibt sich die Spannungsdifferenz $U_1 = U_{S2} - U_{S4}$, die mit dem Signal bei Pulsbreitenmodulation übereinstimmt wie der Vergleich mit Abb. 16.75 zeigt. Die Spannung auf der Sekundärseite nach dem Gleichrichter ist also auch hier ein pulsbreitenmoduliertes Signal mit dem Tastverhältnis:

$$p = \frac{\Delta t}{T} \tag{16.43}$$

Die Aufgabe eines Phasenverschiebungsmodulators besteht darin, zwei phasenverschobene Steuersignale zu erzeugen, deren Phasenverschiebung von einer Steuerspannung bestimmt wird. Bei der Schaltung in Abb. 16.77 nutzt man die Tatsache aus, dass das Ausgangssignal eines Pulsbreitenmodulators gegenüber dem Sägezahngenerator nicht nur pulsbreitenmoduliert ist, sondern auch eine Phasenmodulation aufweist, wenn man die negativen Flanken in Abb. 16.78 betrachtet. Die gewünschten Ansteuersignale, die hier jeweils für eine ganze Taktperiode konstant sein müssen, erhält man dann dadurch, dass man beide Signale je mit einem Toggle-Flip-Flop herunter teilt. Man erkennt, dass die Zeit der Phasenverschiebung Δt hier genauso groß ist wie die Einschaltdauer t_{ein} bei der

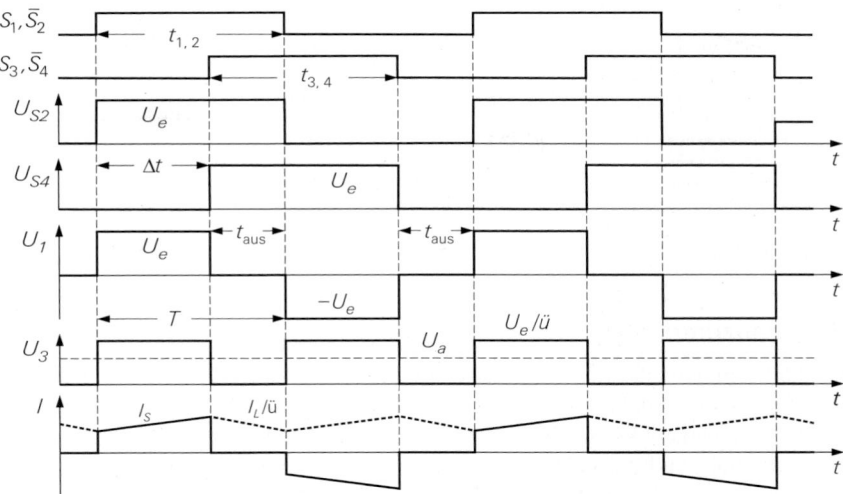

Abb. 16.76. Zeitverlauf im Brückenwandler bei Phasenverschiebungsmodulation PSM

Pulsbreitenmodulation. Aus diesem Grund ergibt sich bei hier dieselbe Ausgangsspannung wie bei der PWM. Das UND-Gatter in Abb. 16.77 dient lediglich dazu, die Synchronisation zwischen den Flip-Flops sicherzustellen.

Ein großer Vorteil der PSM besteht darin, dass die Leistungstransistoren konstant für 50 % der Zeit eingeschaltet werden. Dadurch vereinfacht sich die Ansteuerung der Leistungstransistoren: Man kann einfache Impulsübertrager einsetzen; das wird in Abschnitt 16.6.5.3 noch genauer erläutert. Natürlich darf man einen Schalter einer Halbbrücke erst dann einschalten, wenn der gegenüber liegende Transistor ausgeschaltet hat, da sonst vorübergehend ein Kurzschluss der Eingangsspannung auftritt. Um dies sicher zu stellen verwendet man getrennte Ansteuersignale für die Transistoren, die eine Totzeit von 100 ... 300 ns aufweisen. Dies wurde bei den bisherigen Betrachtungen aus Gründen der Übersichtlichkeit nicht berücksichtigt.

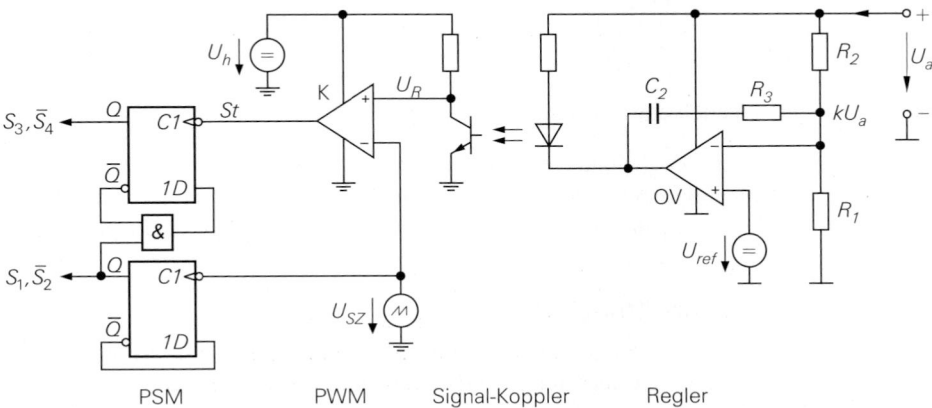

Abb. 16.77. Erzeugung der Steuersignale für Phasenverschiebungsmodulation PSM

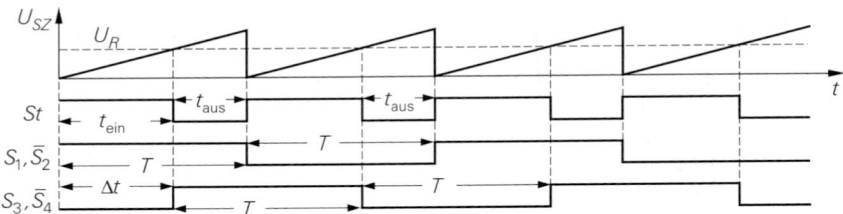

Abb. 16.78. Zeitverlauf der Steuersignale für Phasenverschiebungsmodulation PSM

16.6.3 Resonanzumrichter

In den Leistungsbauelementen der Umrichter sind nennenswerte parasitäre Kapazitäten und Induktivitäten enthalten. Parasitäre Kapazitäten weisen vor allem die Leistungstransistoren auf; hier muss man mit Werten bis 1 nF rechnen. Parasitäre Induktivitäten ergeben sich durch die Verdrahtung und die Streuinduktivitäten der Transformatoren. Hier muss man mit Werten bis zu 1 μH rechnen. Daraus resultieren Schwingkreise mit störende Resonanzfrequenzen im MHz-Bereich, die Bereich der Taktfrequenzen liegen. Man kann diese Resonanzkreise aber bei dem Entwurf von Schaltnetzteilen berücksichtigen und dann daraus sogar Nutzen ziehen. Die resultierenden Schaltungen heißen *Quasi-Resonanz-Umrichter*, weil die Resonanzschwingungen nur vorübergehend auftreten und in einem Schaltzyklus angeregt werden und auch wieder abklingen. Der größte Nutzen dieser Technik lässt sich dadurch erreichen, dass man die Leistungstransistoren ein- und ausschaltet während die Spannung oder der Strom an ihnen Null ist, da dann keine Schaltverluste auftreten. Man bezeichnet diese Technik als *Zero Voltage Switching* (ZVS) bzw. *Zero Current Switching* (ZCS). Dazu vergrößert man meist die parasitären Kapazitäten und Induktivitäten mit zusätzlichen Kondensatoren und Spulen, um die Resonanzfrequenz auf den optimalen Wert zu reduzieren. Die resultierenden Vorteile sind:

– Die Umschaltverluste der Leistungstransistoren verschwinden
– Die Frequenz der Resonanzschwingungen wird reduziert
– Parasitäre Schwingungen werden mit der Taktfrequenz synchronisiert; das führt zu einer Reduktion der Störstrahlung, die von dem Umrichter ausgeht und reduziert die EMV-Probleme (EMV = ElektroMagnetische Verträglichkeit).
– Die Schaltvorgänge werden langsam; sie werden auf die Resonanzfrequenz reduziert ohne dass dadurch die Verlustleistung steigt

Dem stehen jedoch auch einige Nachteile gegenüber:

– Infolge der Resonanzschwingungen müssen die Leistungsschalter höhere Durchlassströme verarbeiten; dadurch erhöhen sich die Durchlassverluste
– Es ist schwierig, das gewünschte Resonanzverhalten über einen großen Lastbereich zu gewährleisten.

16.6.4 Aktive Gleichrichtung

Wenn man mit einem Spannungswandler niedrige Betriebsspannungen erzeugen muss, spielt die Durchlassspannung der Gleichrichter eine wichtige Rolle. Das ist besonders bei Betriebsspannungen im Bereich von 1 V ein schwieriges Problem. Die Durchlassspannungen infrage kommender Dioden sind in Abb. 16.79 gegenüber gestellt. Man erkennt, dass

Bauteil	Durchlassspannung
Silizium-Diode	1,2 V
Si Schottky-Diode	0,7 V
SiC Schottky-Diode	1,8 V
Mosfet	0,2 V

Abb. 16.79.
Durchlassspannungen verschiedener
Gleichrichter bei hohen Strömen

Si-Schottky-Dioden deutlich günstiger sind als normale Si-Dioden. Aus Sicht des An-
wenders sind Schottky-Dioden nichts anders als normale Dioden mit besonders großem
Sperrstrom. Dabei nimmt ihre Durchlassspannung mit der Sperrspannung zu; aus diesem
Grund sollte man die Sperrspannung nicht höher als erforderlich wählen. Zum Vergleich
wurden in der Tabelle noch die neuen Schottky-Dioden aus Silizium-Carbid aufgenommen.
Sie bieten lediglich bei hohen Spannungen Vorteile gegenüber normalen Silizium-Dioden,
weil sie eine kleinere Speicherladung und eine kürzere Erholzeit (reverse recovery time
t_{rr}) besitzen.

Einen großen Vorteil bieten aktive Gleichrichter mit Mosfets wie es bereits in
Abb. 16.42 bei einem Tiefsetzsteller gezeigt wurde. Mosfets sind mit On-Widerständen
von wenigen Milliohm erhältlich; damit erreicht man selbst bei großen Strömen niedrige
Durchlassspannungen. Allerdings ist der Einsatz von aktiven Gleichrichtern bei Span-
nungswandlern mit Potentialtrennung nicht ganz einfach. Zum einen kommen nur n-Kanal
Mosfets in Betracht, weil es kaum niederohmige p-Kanal Transistoren gibt. Zum anderen
sollten die n-Kanal Mosfets mit der Source an der Masse des Ausgangs liegen, um eine
einfache Ansteuerung zu ermöglichen. Dazu müssen die Gleichrichterschaltungen in einem ersten Schritt so umkonfiguriert werden, dass die Anoden der Gleichrichter an Masse
angeschlossen sind. Im nächsten Schritt können die Gleichrichter zu Mosfets ergänzt werden. Abbildung 16.80 zeigt diese Vorgehensweise am Beispiel eines Einweggleichrichters
für Durchflusswandler, Abb. 16.81 zeigt diese Schritte für Gegentaktwandler, bei dem eine
Vollweggleichrichtung erforderlich ist. Wenn man die Mosfets nicht einschaltet, arbeiten
die Schaltungen wie die Diodengleichrichter mit der für normale Silizium-Dioden übli-

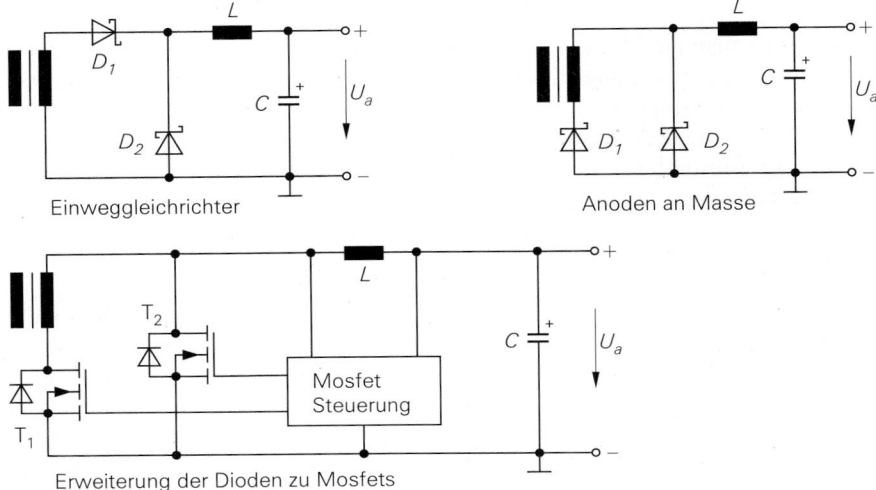

Einweggleichrichter

Anoden an Masse

Erweiterung der Dioden zu Mosfets

Abb. 16.80. Aktiver Einweggleichrichter für Durchflusswandler

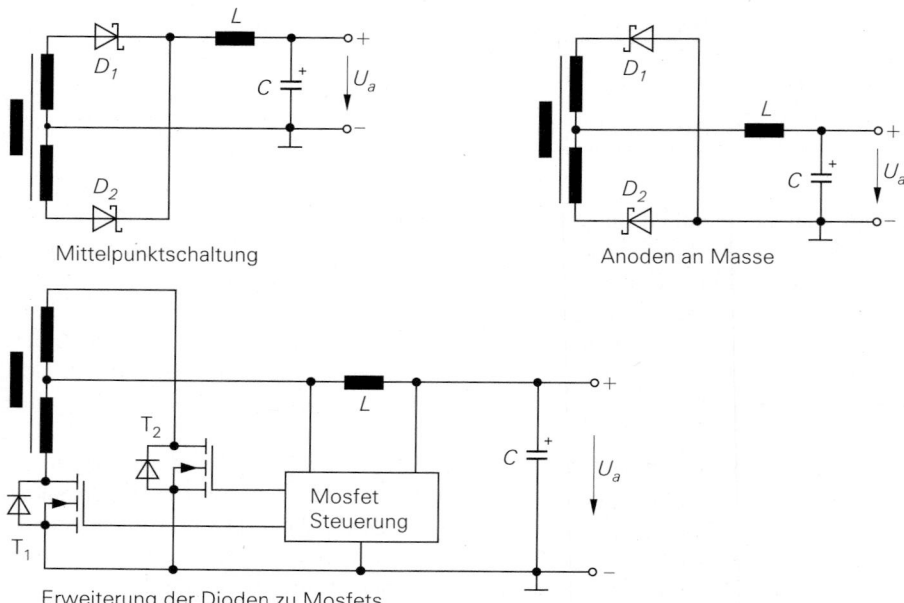

Mittelpunktschaltung

Anoden an Masse

Erweiterung der Dioden zu Mosfets

Abb. 16.81. Aktiver Vollweggleichrichter in Mittelpunktschaltung für Gegentaktwandler

chen Durchlassspannung. Wenn man die Transistoren jedoch einschaltet, verringert sich die Durchlassspannung von 1,2 V auf 0,2 V. Wenn die Dioden leitend werden, werden ihre Kathoden negativ gegenüber Masse. Diese Polung gilt dann auch für die Drain-Elektroden der Mosfets. Deren Funktionsweise wird aber dadurch nicht beeinträchtigt, da sie in der Nähe des Nulldurchgangs einen ON-Widerstand besitzen, der bei kleinen Drainspannungen von der Polung unabhängig ist.

Natürlich muss man die Mosfets in der richtigen Phase einschalten. Dazu verwendet man integrierte Ansteuerschaltungen, die die richtigen Schaltintervalle aus der Trafospannung ableiten. Man kann die Steuersignale für den aktiven Gleichrichter auch von der Primärseite des Schaltreglers beziehen, dafür ist allerdings eine Signalübertragung mit Potentialtrennung erforderlich. Als Betriebsspannung wird in der Regel die Ausgangsspannung verwendet; wenn sie nicht ausreicht, um die Mosfets mit 5 ... 10 V einzuschalten, kann man eine andere Ausgangsspannung dazu heranziehen. Notfalls muss man eine Hilfsspannung mit einer zusätzlichen Trafowicklung erzeugen.

Brückengleichrichter werden auf der Niederspannungsseite von Schaltreglern nicht eingesetzt, weil dabei zwei Durchlassspannungen als Verlust auftreten. Ein aktiver Brückengleichrichter lässt sich nicht auf einfache Weise realisieren, weil es unmöglich ist, die Schaltung so abzuändern, dass die Anoden aller Dioden an Masse liegen. Zur Ansteuerung der hoch liegenden Mosfets wären in diesem Fall floating Gatetreiber erforderlich. Dagegen lässt sich die zweite Transformator-Wicklung in Abb. 16.81, die bei der Mittelpunktschaltung erforderlich ist, so niederohmig ausführen, dass die Verluste gering bleiben.

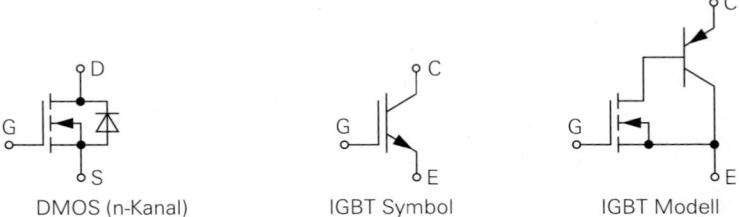

Abb. 16.82. Schaltsymbole. Die Elektroden des IGBT heißen: Gate, Emitter, Kollektor

16.6.5 Leistungsschalter

16.6.5.1 Leistungstransistoren

Hier sollen die Gesichtspunkte behandelt werden, die bei Leistungsschaltern für hohe Spannungen auftreten, wie man sie bei Gleichstromstellern mit Potentialtrennung benötigt. Am gebräuchlichsten ist hier der Einsatz von Leistungsmosfets, den sogenannten DMOS Transistoren, die in Kapitel 3.2.1.5 beschrieben werden. Allerdings steigt der On-Widerstand der MOS-Transistoren mit zunehmender Drain-Source Durchbruchspannung quadratisch an. Wenn bei hoher Spannung große Ströme geschaltet werden sollen, werden daher große Chipflächen erforderlich, die den Transistor teuer machen. In dieser Beziehung sind IGBTs (Insulated Gate Bipolar Transistor) günstiger. Bipolartransistoren werden wegen der großen Schaltzeiten nicht mehr eingesetzt.

Das Schaltsymbol und das Ersatzschaltbild eines IGBT in Abb. 16.82 zeigt, dass der Strom eines pnp-Transistors am Ausgang von einem Feldeffekttransistor am Eingang gesteuert wird. Dadurch erreicht man bei gleicher Chipgröße etwa die 10-fache Stromtragfähigkeit. Der innere Aufbau eines IGBT in Abb. 16.83 unterscheidet sich von einem DMOS-Transistor hauptsächlich durch eine zusätzliche p-dotierte Schicht. Dadurch entsteht der pnp-Transistor, dessen Basisstrom von dem Fet am Eingang gesteuert wird.

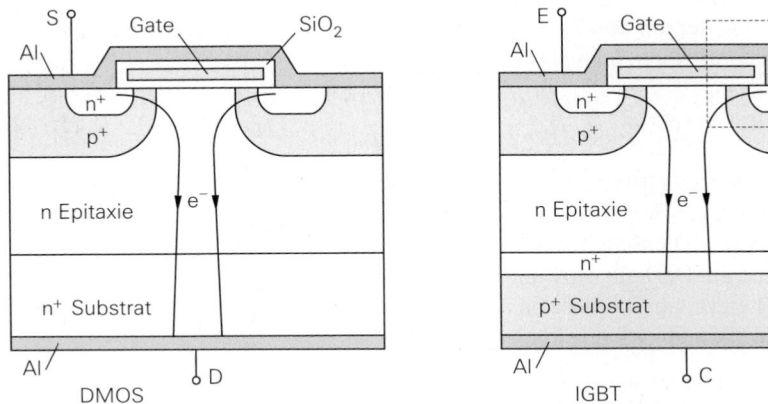

Abb. 16.83. Innerer Aufbau von DMOS (n-Kanal) und IGBT im Vergleich. Die hier dargestellte Struktur wiederholt sich periodisch. Im Unterschied zu den Schaltsymbolen ist es hier üblich, das Substrat als unterste Schicht zu zeichnen: Dadurch ist hier der Drain- bzw. Kollektor-Anschluss unten.

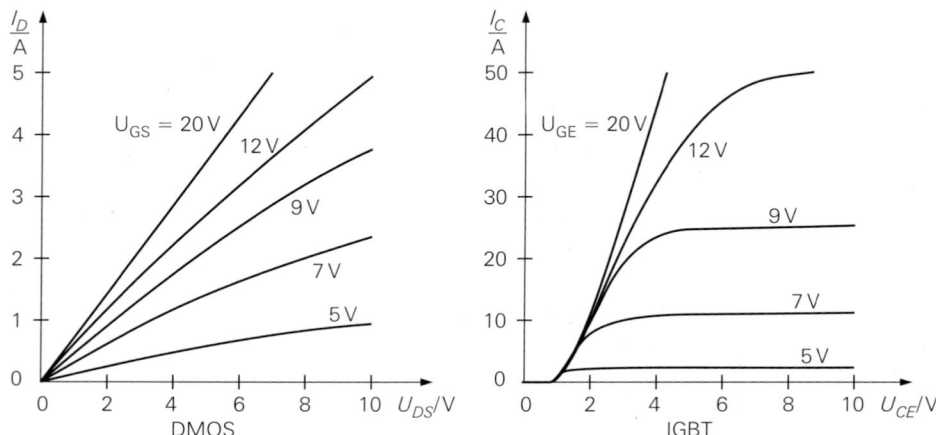

Abb. 16.84. Vergleich der Kennlinien von 1000 V–Transistoren. Der IGBT besitzt bei vergleichbarer Chipfläche die 10-fache Stromtragfähigkeit.

Die Kennlinien in Nullpunktnähe sind in Abb. 16.84 gegenüber gestellt. Man sieht, dass der vergleichbare IGBT 10-fache Ströme bei niedrigen Durchlassspannungen verarbeiten kann. Wegen des pn-Übergangs beginnt der Stromfluss erst bei 1 V; im Vergleich zu den Spannungen, die geschaltet werden von 325 V und mehr spielt das aber keine Rolle.

Der typische Ein- und Ausschaltvorgang eines Mosfets und eines IGBTs ist in den Abbildungen 16.85 dargestellt. Solange der Transistor ausgeschaltet ist, fließt der Strom über die Diode und die Spannung am Transistor ist $U_{DS} = U_{CE} = U_e$. Wenn der Transistor eingeschalter wird, steigt der Strom durch den Transistor zunächst bei konstanter Spannung auf den Wert I_L an. Erst dann sperrt die Diode und die Spannung am Transistor sinkt bis auf die Sättigungsspannung ab. Beim Ausschalten steigt die Spannung am Transistor bei konstantem Strom an bis die Diode wieder leitend wird. Erst dann klingt der Strom durch den Transistor ab und kommutiert auf die Diode.

Die Umschaltverluste entstehen beim Einschalten während der *rise time* t_r und beim Ausschalten während der *fall time* t_f. Man kann sie leicht abschätzen, wenn man die grau hinterlegten Flächen in Abb. 16.85 als Dreiecke approximiert: [1]

$$P = \frac{1}{T} \int_0^T u(t)\, i(t)\, dt \approx U_a\, I_L\, \frac{t_r}{2T} + U_a\, I_L\, \frac{t_f}{2T} = U_a\, I_L\, \frac{t_r + t_f}{2T} \qquad (16.44)$$

Darin ist $f = 1/T$ die Schaltfrequenz. Die durch das Schalten bedingte Verlustleistung ist demnach proportional zur Schaltfrequenz. Deshalb sollte man sie nur so hoch wählen wie unbedingt erforderlich. Die Schaltzeiten lassen sich durch schnelles Ein- und Ausschalten am Gate verkürzen. Deshalb setzt man leistungsfähige Gatetreiber ein, die Ströme im Ampere-Bereich liefern, um die Gatekapazität schnell umzuladen. Bei Feldeffekttransistoren erreicht man dadurch Schaltzeiten von 100 ns.

---

[1] Die hier eingezeichnete Last aus einer Stromquelle mit parallelgeschalteter Diode stellt den Normalfall in Umrichtern dar; dabei wird die Stromquelle durch parasitäre Induktivitäten oder durch eine induktive Last gebildet. Die Freilaufdiode übernimmt den Strom, wenn der Transistor ausgeschaltet ist und verhindert Überspannungen durch Streuinduktivitäten beim Abschalten; bei Feldeffekttransistoren in Halbbrücken- oder Brückenschaltung ist sie schon durch den gegenüberliegenden Transistor vorgegeben.

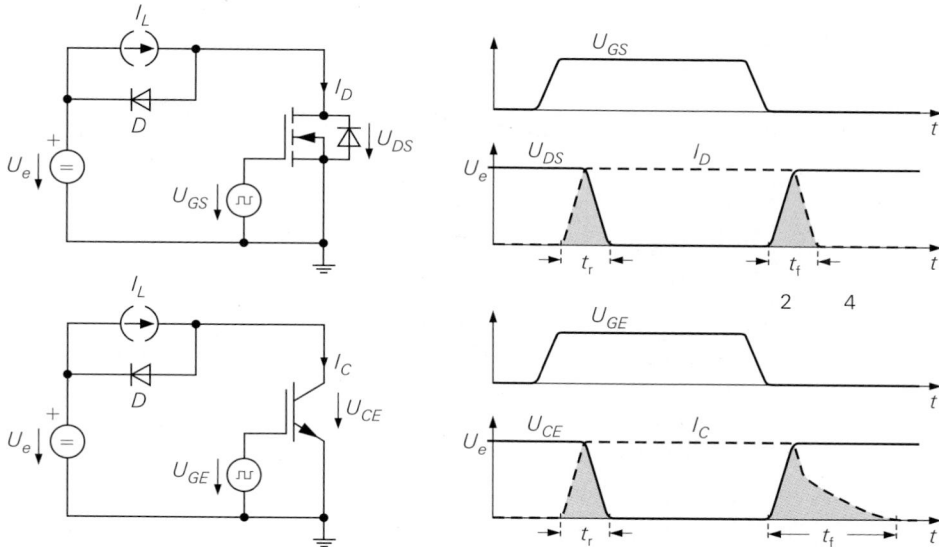

Abb. 16.85. Ein- Ausschaltvorgang eines MOS und IGBT-Leistungsschalters. Die speziellen Massesymbole sollen darauf hinweisen, dass es sich hier nicht um die Schaltungsmasse (= Schutzleiterpotential) handelt, sondern um den Minuspol des Netzgleichrichters.

Hier erkennt man einen schwerwiegenden Nachteil der IGBTs: beim Abschalten sinkt der Strom nach einem kurzen, schnellen Abfall im weiteren Verlauf nur langsam ab. Sie besitzen einen lang andauernden Strom-Schweif, der als *tail current* bezeichnet wird. Seine Dauer lässt sich durch das Gate-Signal nicht verkürzen. Dadurch treten im IGBT hohe Ausschaltverluste auf, die man an der grau hinterlegen Fläche erkennt. Deshalb sind IGBTs nicht für hohe Schaltfrequenzen geeignet; man muss die Schaltleistung aus diesem Grund meist schon bei Frequenzen über 10 kHz reduzieren.

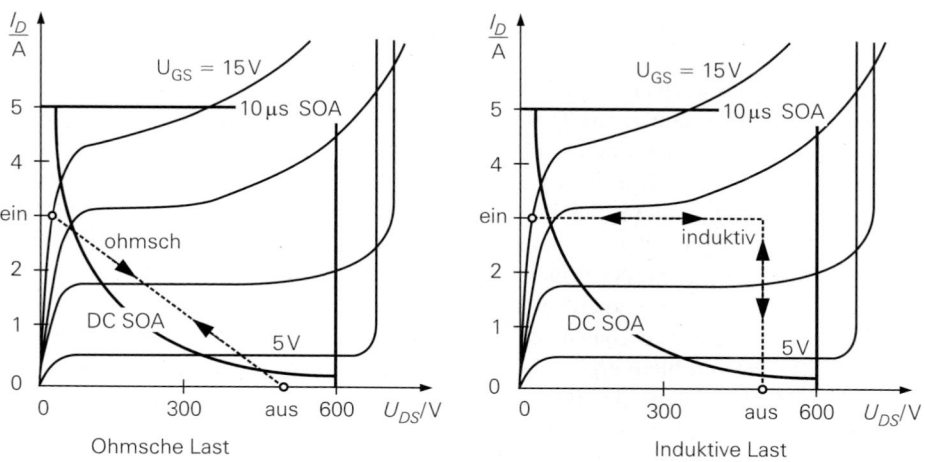

Abb. 16.86. Ein- Ausschaltvorgang eines Leistungsschalters im Ausgangkennlinienfeld

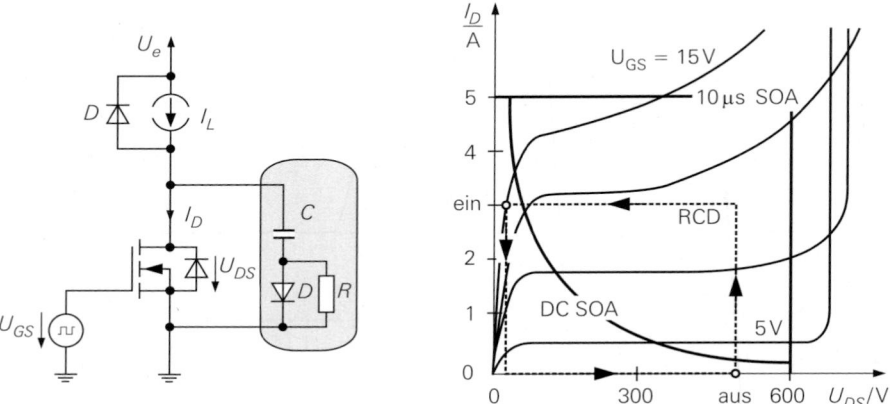

Abb. 16.87. *RCD*-Ausschaltentlastungsnetzwerk

Der Verlauf des Ein- und Ausschaltvorgangs bei einem Leistungsschalter im Ausgangs-kennlinienfeld ist in Abb. 16.86 dargestellt. Als Beispiel ist das Ausgangskennlinienfeld für einen Transistor für 600 V und 5 A dargestellt. Eingezeichnet ist der SOA-Bereich (Safe Operating Area) für Gleichstrom (DC) mit etwa 100 W und für 10 μs mit etwa 3 kW. Dabei darf man den 10 μs-Bereich nie überschreiten, auch nicht kurzfristig! Überspannungen, die durch Streuinduktivitäten entstehen können, müssen mit Kondensatoren ausreichend gedämpft werden. Überströme beim Einschalten muss man durch eine reduzierte Ein-schaltgeschwindigkeit in Grenzen halten.

Bei einem ohmschen Arbeitswiderstand erhält man die Arbeitsgerade im linken Teil der Abb. 16.86. Dieser Fall liegt aber in der Praxis nie vor. Wegen der vorhandenen Indukti-vitäten ergibt sich die auf der rechten Seite dargestellte Arbeitskennlinie: Beim Einschalten steigt zunächst der Strom bei voller Spannung auf den Maximalwert an, dann erst sinkt die Spannung bei konstantem Strom. Der Ausschaltvorgang läuft nach derselben Kennlinie in umgekehrter Reihenfolge ab: Zuerst steigt die Spannung bei konstantem Strom auf den vollen Wert, dann reduziert sich erst der Strom.

Man kann einen Teil der Ein- und Ausschaltverluste des Leistungsschalters mit einem Entlastungsnetzwerk in eine externe passive Schaltung verlagern. Dies ist am Beispiel des Ausschaltentlastungsnetzwerks (Snubber) in Abb. 16.87 dargestellt. Bei leitendem Tran-sistor wird der Kondensator der *RCD-Beschaltung* über den Widerstand R entladen. Wenn der Transistor sperrt, kommutiert der Strom I_L auf die Diode und lädt den Kondensator C auf. Der Strom durch den Transistor geht sofort auf Null und die Spannung an ihm steigt *stromlos* an. Der Verlauf dieses Schaltvorgangs ist Ausgangskennlinienfeld in Abb. 16.87 dargestellt. Der Kondensator muss natürlich vor dem nächsten Ausschaltvorgang wieder entladen werden; dazu dient der Widerstand R. Man muss ihn so niederohmig dimensio-nieren, dass der Kondensator auch bei kurzen Einschaltzeiten weitgehend entladen wird. Dadurch erhöht sich der Einschaltstrom für den Leistungsschalter.

Ein zusätzliches Problem ergibt sich durch die Sperrverzögerungszeit (*reverse reco-very time* t_{rr}) der Freilaufdiode, die in der Regel wegen des Stroms I_L leitend ist, wenn der Transistor eingeschaltet wird. Sie verhält sich wie ein Kurzschluss bis ihre Speicherla-dung ausgeräumt ist. Dabei steigt der Drainstrom kurzfristig auf hohe Werte an bei voller Drainspannung. Man sieht in Abb. 16.88, dass sich die Stromspitze reduzieren lässt, wenn

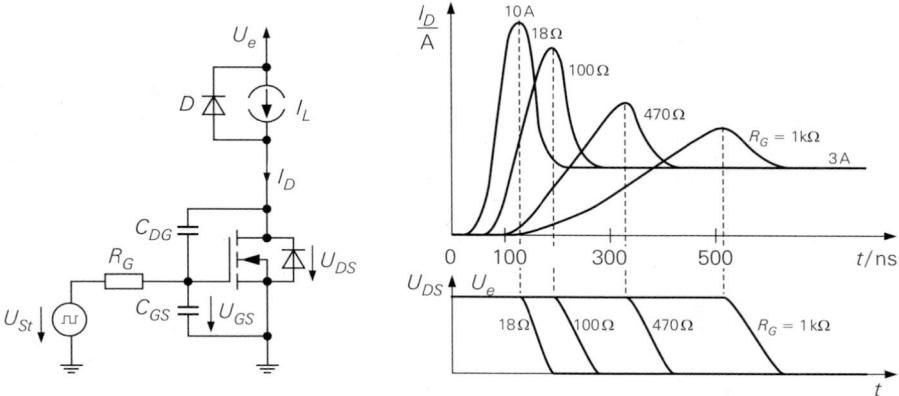

Abb. 16.88. Überhöhung des Drainstroms beim Einschalten aufgrund der Sperrverzögerungszeit der Freilaufdiode D mit einem Zahlenbeispiel

man den Transistor langsam einschaltet; dazu verwendet man einen Gate-Vorwiderstand R_G. Durch das langsame Schalten erhöhen sich zwar die in Abb. 16.88 dargestellten Umschaltverluste, die durch die Freilaufdiode bedingten Verluste reduzieren sich aber. Daraus folgt die Regel:

> *Schalte so schnell wie nötig, aber so langsam wie möglich!*
>
> *Richtwert:* $P_{Umschalt} = P_{Durchlass}$

Eine vernünftige Schaltgeschwindigkeit ist die, bei der die Umschaltverluste genauso groß sind wie die Durchlassverluste. Natürlich ist es wichtig, Dioden mit kurzer Sperrverzögerungszeit einzusetzen. In dieser Beziehung sind die Silizium-Carbid Schottky-Dioden besonders günstig. Besonders schlecht sind meist die parasitären Dioden in Leistungsmosfets, allerdings gibt es hier spezielle Typen mit verkürzter Erholzeit (Fredfet).

16.6.5.2 Gatetreiber ohne Potentialtrennung

Um die Anforderungen an einen Gatetreiber zu erklären, ist der Einschaltvorgang eines Mosfet in Abb. 16.89 schematisch dargestellt. Die Gate-Source- und Drain-Gate-Kapazität sind hier separat eingezeichnet, um ihren Ladevorgang zu untersuchen. Die Gate-Source Kapazität ist meist die größte Kapazität, die Drain-Gate Kapazität ist stark spannungsabhängig. Hier ein Beispiel:

$$C_{GS} = 4\,\text{nF}$$

$$C_{DG} = \begin{cases} 0,1\,\text{nF} & \text{für } U_{DS} > U_{GS} \\ 2\,\text{nF} & \text{für } U_{DS} \leq U_{GS} \end{cases}$$

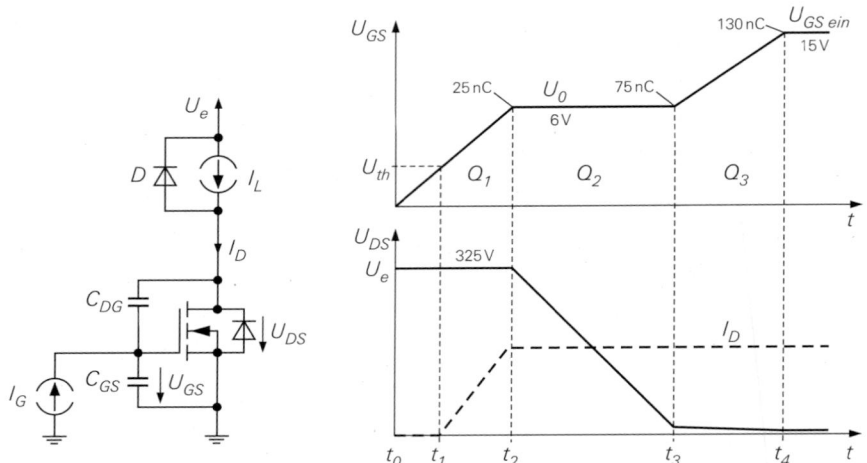

Abb. 16.89. Einschalten eines Leistungsmosfets mit konstantem Gatestrom mit Beispielen für die Spannungen. Die Zeitachse stellt wegen des konstanten Gatestroms gleichzeitig eine Achse für die Gateladung dar. Beispiele für die Gateladung sind eingezeichnet.

Der Verlauf des Einschaltvorgangs lässt sich in mehrere Phasen unterteilen:

- $t_0 < t < t_1$: Der Gatestrom wird eingeschaltet; die Gatespannung steigt bis zur Schwellenspannung U_{th} an
- $t_1 < t < t_2$: Der Transistor wird leitend und der Drainstrom steigt bis auf den Wert I_L an. Die Gateladung für $t_0 < t < t_2$ beträgt:

$$Q_1 = U_0 C_{GS} + U_0 C_{DG} = 6\,\text{V} \cdot 4\,\text{nF} + 6\,\text{V} \cdot 0,1\,nF = 25\,\text{nC}$$

- $t_2 < t < t_3$: Die Drainspannung sinkt ab; die Miller-Kapazität C_{DG} wird bei konstanter Gatespannung umgeladen. Hier beträgt die Gateladung:

$$Q_2 = U_b C_{DG} = 500\,\text{V} \cdot 0,1\,\text{nF} = 50\,\text{nC}$$

- $t_3 < t < t_4$: Der weitere Anstieg der Gatespannung reduziert den On-Widerstand und die Durchlassspannung U_{DS}. Dabei muss nicht nur die Gate-Source Kapazität, sondern auch die große Drain-Gate Kapazität aufgeladen werden:

$$Q_3 = (U_{GS,ein} - U_0)(C_{GS} + C_{DG}) = (15\,\text{V} - 6\,\text{V}) \cdot (4\,\text{nF} + 2\,\text{nF}) = 54\,\text{nC}$$

Insgesamt wird also eine Gateladung

$$Q_G = Q_1 + Q_2 + Q_3 = 129\,\text{nC}$$

benötig. Wenn man den Transistor in $t_S = 100\,\text{ns}$ einschalten möchte, ist also ein Gatestrom von

$$I_G = \frac{Q_G}{t_S} = \frac{129\,\text{nC}}{100\,\text{ns}} = 1,29\,\text{A}$$

erforderlich. Zur Ansteuerung von Leistungsmosfets benötigt man daher leistungsfähige Gatetreiber. Die übliche Technik besteht darin, einen Gegentakt-Treiber gemäß Abb. 16.90 einzusetzen. Gegenüber dem einfachen CMOS-Inverter von Abb. 6.25 benötigt man hier zusätzlich einen Pegelumsetzer, der die logischen Pegel auf die Gatespannung von 15 V

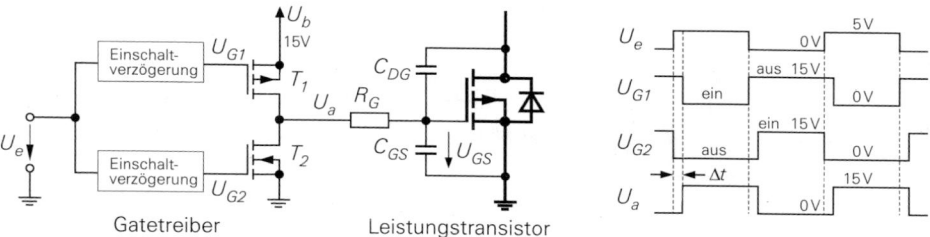

Abb. 16.90. Aufbau eines Gatetreibers. Zeitdiagramm zur Darstellung der Einschaltverzögerung

(in diesem Beispiel) erhöht. Außerdem muss man hier den sonst üblichen Querstrom beim Umschalten der Endstufe vermeiden; er wäre wegen der hohen Spannung von 15 V und der niederohmigen Transistoren untragbar groß. Dies wird bei den Gatetreibern dadurch erreicht, dass man die Transistoren mit einer Verzögerung einschaltet, die man so groß wählt, dass der gegenüber liegende Transistor zuvor sicher ausgeschaltet ist. Übliche Verzögerungszeiten betragen in Treibern $\Delta t = 30\,\text{ns}$.

Zur Ansteuerung einer Halbbrücke wie in Abb. 16.91 benötigt man zwei Gatetreiber nach dem gezeigten Prinzip. Hier kommt jedoch erschwerend hinzu, dass der obere Leistungstransistor als Sourcefolger betrieben wird. Deshalb ist sein Sourcepotential nicht fest, sondern schaltet mit der Ausgangsspannung. Der obere Gatetreiber muss dieses Potential als Bezugspotential (seine Masse) verwenden, um den Transistor ordnungsgemäß ansteuern zu können. Er benötigt eine schwimmende Betriebsspannungsquelle, die auf dieses Potential bezogen ist. Sie wird bei billigen Lösungen aus der Betriebsspannung des unteren Gatetreibers mit der Diode D und dem Kondensator C_1 gewonnen. Wenn die Ausgangsspannung $U_a = 0$ ist, lädt die Diode den Kondensator auf die Hilfsspannung U_b auf. Diese Spannung bleibt auf dem Kondensator als Betriebsspannung erhalten, wenn der obere Leistungstransistor eingeschaltet wird. Voraussetzung für diese Funktionswei-

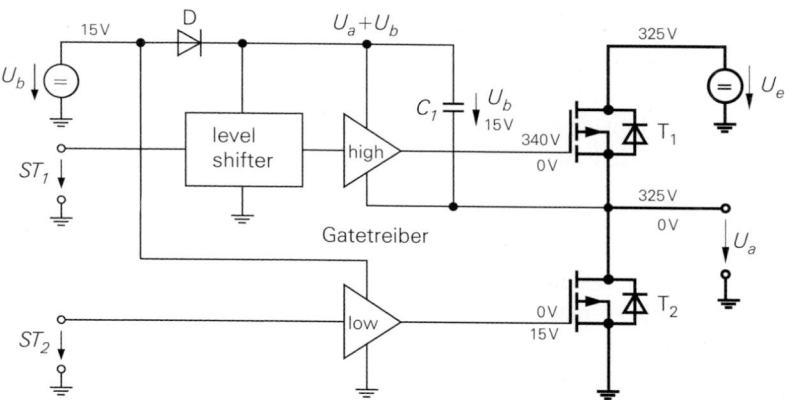

Abb. 16.91. Halbbrückentreiber bestehend aus einem high-side driver und einem low-side driver zur Ansteuerung von zwei n-Kanal Leistungsmosfets bei Netzspannungen. Die eingetragenen Spannungen sind Beispiele für den eingeschalteten Zustand (oben) und den ausgeschalteten Zustand (unten). Die besonderen Massesymbole sollen auch hier daran erinnern, dass sich diese Masse auf dem Minuspol der gleichgerichteten Netzspannung befindet.

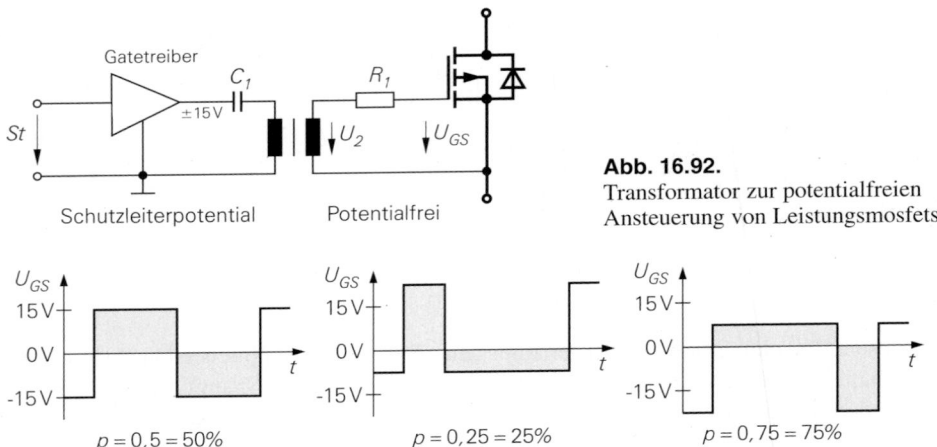

Abb. 16.92.
Transformator zur potentialfreien
Ansteuerung von Leistungsmosfets

Abb. 16.93. Abhängigkeit des Gatesignals vom Tastverhältnis. Die grau hinterlegten Flächen sind bei jedem Tastverhältnis p gleich groß.

se ist natürlich, dass der untere Leistungstransistor periodisch eingeschaltet wird. Diese Methode zur Erzeugung einer Hilfsspannung wurde bereits auf der Niederspannungsseite bei dem Synchrongleichrichter in Abb. 16.42 angewendet. Der Level Shifter muss das Ansteuersignal auf das Sourcepotential des oberen Leistungsschalter transferieren, das in diesem Beispiel zwischen 0 V und 325 V umschaltet. Dazu werden in den integrierten floating Gatetreibern Hochspannungsmosfets eingesetzt.

16.6.5.3 Gatetreiber mit Potentialtrennung

Eine Einschränkung der beschriebenen Gatetreiber besteht darin, dass ihr Massepotential auf dem negativen Anschluss des Gleichstrom-Zwischenkreises liegt, der eine Wechselspannung von einigen 100 V gegenüber dem Schutzleiter aufweist. Deshalb ist es wünschenswert, die Regelung und die Erzeugung der Ansteuersignale auf dem Schutzleiterpotential durchzuführen und von dort auf alle Leistungsschalter zu übertragen. Das Problem dabei ist, dass man nicht nur ein Signal übertragen muss, sondern auch eine nennenswerte Energie zum Ansteuern des Leistungsschalters. Da eine potentialfreie Energieübertragung nur mit Transformatoren möglich ist, versucht man gleichzeitig, das Schaltsignal zu übertragen.

Die einfachste Möglichkeit dazu besteht darin, wie in Abb. 16.92 einen Transformator zwischen den Gatetreiber und den Leistungstransistor zu schalten. Auf der Seite des Gatetreibers ist dabei ein Koppelkondensator erforderlich, um zu verhindern, dass der Transformator durch Gleichstrom-Vormagnetisierung in die Sättigung geht. Abbildung 16.93 zeigt, dass natürlich auch die Sekundärseite des Transformators gleichspannungsfrei ist. Dadurch wird die Gatespannung bei kleinem Tastverhältnis gefährlich hoch; bei großem Tastverhältnis reicht die Gatespannung nicht aus, um den Transistor richtig einzuschalten. Deshalb ist diese Methode nur bei einem konstanten Tastverhältnis von 50 % brauchbar, die allerdings lediglich bei der PSM-Modulation auftritt wie Abb. 16.76 zeigt.

Die Nulllinie des Gatesignals lässt sich mit einer Klemmschaltung fixieren, die in Abb. 16.94 hinzugefügt wurde. Die Diode D wird leitend, wenn die Spannung negativ wird und lädt den Kondensator C_2 so weit auf, dass sich das Gatesignal U_{GS} ausschließlich

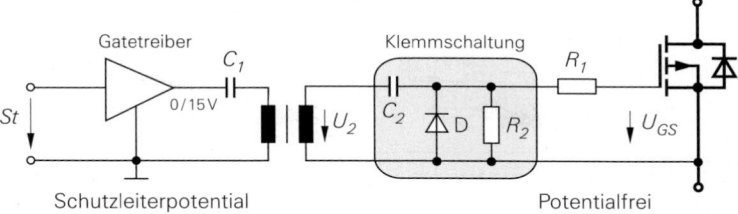

Abb. 16.94. Klemmschaltung zur Fixierung der Nulllinie

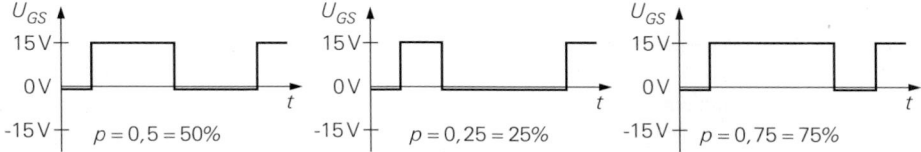

Abb. 16.95. Gatesignal mit Klemmschaltung

im positiven Bereich bewegt. Dadurch wird die Nulllinie des in Abb. 16.95 dargestellten Gatesignals unabhängig vom Tastverhältnis.

Ein potentialfreier Gatetreiber lässt sich nur dann kompromisslos entwerfen, wenn man auch eine potentialfreie Stromversorgung hinzufügt wie in Abb. 16.96. Hier bildet der obere Teil der Schaltung bestehend aus Oszillator, Transformator und Gleichrichter die potentialfreie Stromversorgung. Der untere Teil der Schaltung überträgt das Steuersignal. Zur isolierten Signalübertragung ist hier als Beispiel ein Transformator eingezeichnet. Da hier eine potentialfreie Stromversorgung zur Verfügung steht, ist aber auch eine Signalübertragung mit einem Optokoppler oder einem Lichtleiter möglich.

Wenn man schon den zusätzlichen Aufwand für eine potentialfreie Stromversorgung in Kauf nimmt, dann fügt man meist auch weitere Schaltungen zur Überwachung des Leistungsschalters hinzu. Dabei ist die wichtigste Größe eine Stromüberwachung. Um einen wirksamen Schutz zu erreichen, muss der Leistungstransistor bei Überstrom in wenigen Mikrosekunden abgeschaltet werden. Das lässt sich mit der erforderlichen Geschwindigkeit nur innerhalb des Gatetreibers bewerkstelligen. Ein Problem stellt dabei die Strommessung dar:

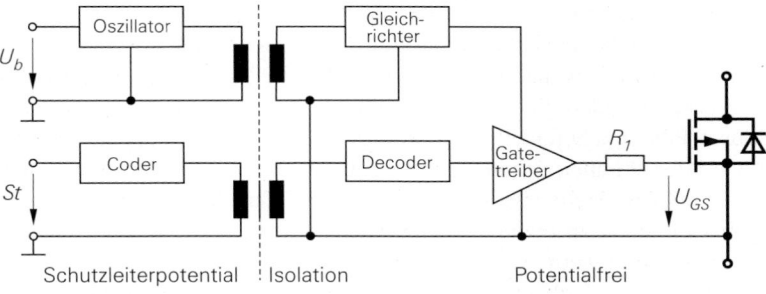

Abb. 16.96. Potentialfreier Gatetreiber mit isolierter Stromversorgung

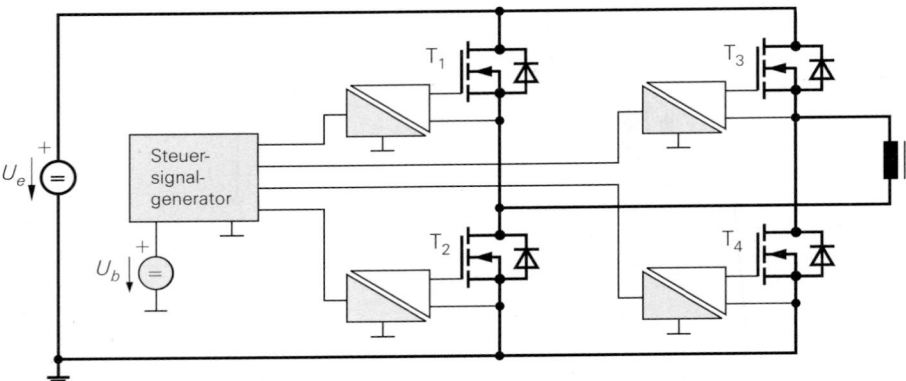

Abb. 16.97. Ansteuerung einer Brücke mit potentialfreien Gatetreibern. Die grau hinterlegten Teile der Schaltung befinden sich auf Schutzleiterpotential, die Leistungsteile sind auf Netzpotential. Die doppelte Trennlinie in den Gattreibern soll auf eine Potentialtrennung hinweisen.

– Ohmsche Widerstände besitzen eine nennenswerte Induktivität, besonders wenn sie niederohmig sind. Deshalb misst man damit nicht den Strom, sondern die bestenfalls Stromanstiegsgeschwindigkeit.

– Stromwandler nach dem Transformator-Prinzip sind eine gute Alternative; sie müssen aber ausreichend Zeit zur Entmagnetisierung erhalten.

– Stromwandler mit Hallelementen sind zu langsam und zu teuer

– Man kann aber den Leistungstransistor selbst zur Stromüberwachung heranziehen. Im Normalbetrieb muss die Spannung an dem Leistungstransistor spätestens $1 \ldots 2 \, \mu s$ nach dem Einschalten auf Werte von wenigen Volt abgesunken sein. Wenn das nicht der Fall ist, liegt ein Fehler vor; meist ein Überstrom, vielleicht sogar Lastkurzschluss. Diese Methode der Stromüberwachung heißt Sättigungsüberwachung; der Begriff stammt noch aus den Zeiten, als Bipolartransistoren als Leistungsschalter eingesetzt wurden.

Wenn die Sättigungsüberwachung einen Fehler festgestellt hat, besteht meist noch genug Zeit, um den Leistungstransistor abzuschalten, bevor er durchbrennt. Allerdings muss man bei einer Schnellabschaltung bei hohem Strom sicherstellen, dass keine hohen Überspannungen auftreten aufgrund parasitärer Induktivitäten. Wenn es zu einer Notfall-Abschaltung kommt, sollte man das auch dem steuernden Schaltungsteil auf Schutzleiterpotential mitteilen, um eventuell Konsequenzen für die übrigen Leistungsschalter einzuleiten. Dazu verwendet man meist einen weiteren isolierten Signalpfad, der genauso realisiert wird wie der für das Steuersignal nur in umgekehrter Richtung.

Der Einsatz von potentialfreien Gatetreibern ist in Abb. 16.97 am Beispiel einer Vollbrückenwandlers dargestellt. Jedem Schalter ist ein Gatetreiber zugeordnet, der sich auf dem jeweiligen Source-Potential befindet. Der Eingang aller Gatetreiber liegt auf Schutzleiterpotential, also auf der üblichen Schaltungsmasse. Deshalb ist es hier möglich, einen Mikrocontroller direkt mit dem Steuersignalgenerator zu verbinden oder die Steuersignale mit dem Mikrocontroller selbst zu erzeugen. Man sieht, dass hier alle Leistungsschalter gleichberechtigt angesteuert werden. Die Potentialdifferenz zwischen der Schaltungs- und Netzmasse, die in der Regel gleich der Netzwechselspannung ist, wird hier durch die potentialfreien Gatetreiber überbrückt. An den oberen Gatetreibern ist zusätzlich zur

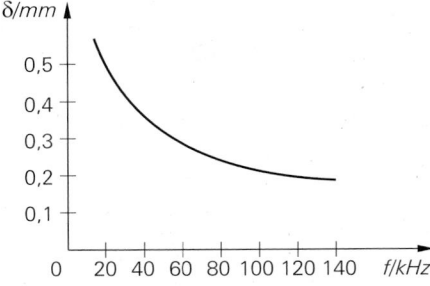

Abb. 16.98.
Auswirkung des Skin-Effekts: Eindringtiefe
als Funktion der Frequenz

Netzwechselspannung die hochfrequente Ausgangsspannung überlagert; deshalb darf die Signalübertragung selbst durch hochfrequente Wechselspannungen mit hoher Amplitude nicht gestört werden. Gute Gatetreiber besitzen eine Spannungsanstiegstoleranz von $dU/dt = 10\,\text{kV}/\mu\text{s}$. Die in Abb. 16.91 dargestellten high-side Treiber müssen dagegen immer mit dem Minuspol des Leistungsstromkreises verbunden sein; sie eignen sich deshalb für die hier dargestellte Anwendung nicht.

16.6.6 Hochfrequenztransformatoren

Speicherdrosseln werden in großer Vielfalt im Handel angeboten. Es sind Typen mit Induktivitäten von $1\,\mu\text{H}$ bis $10\,\text{mH}$ und für Ströme von $0,1\,\text{A}$ bis $60\,\text{A}$ von verschiedenen Herstellern erhältlich. Daher gibt es für den Anwender kaum eine Notwendigkeit, sie selber zu wickeln. Anders ist es bei den Hochfrequenztransformatoren. Dabei ist es ein Zufall, wenn man einen fertigen Transformator mit den passenden Wickeldaten erhält. Daher muss der Anwender die Transformatoren meist selbst berechnen und bei kleinen Stückzahlen auch selbst wickeln.

Die in einem Transformator induzierte Spannung beträgt nach dem Induktionsgesetz:

$$U = w\,\dot{\Phi} = wA_e\dot{B} \tag{16.45}$$

Darin ist Φ der magnetische Fluss, B die magnetische Induktion und A_e die Querschnittsfläche des Kerns, der den Spulenkörper durchsetzt. Für die Primärwindungszahl w_1 folgt aus Gl. (16.45):

$$w_1 = \frac{U_1}{A_e\dot{B}} = \frac{U_1}{A_e}\frac{\Delta t}{\Delta B}$$

Die minimale Windungszahl ergibt sich mit $\Delta B = \hat{B}$, dem zugelassenen Scheitelwert der magnetischen Induktion und dem Maximalwert von:

$$\Delta t = t_{ein,max} = p_{max}T = \frac{p_{max}}{f} = \frac{1}{2f}$$

Daraus folgt:

$$w_1 = \frac{U_1}{2A_e\hat{B}f} \tag{16.46}$$

Man erkennt, dass die erforderliche Windungszahl umgekehrt proportional zur Frequenz ist. Deshalb ist die Leistung, die sich bei einem gegebenen Kern und damit auch einem gegebenen Wickelraum übertragen lässt, proportional zur Frequenz. Die Windungszahl auf der Sekundärseite ergibt sich aus dem Spannungsverhältnis:

Kern-Typ (Seitenlänge) [mm]	Übertragbare Leistung bei 20kHz	Magnetischer Querschnitt A_e	Induktivitäts-Faktor A_L
EC 35	50 W	71 mm^2	2,1 μH
EC 41	80 W	106 mm^2	2,7 μH
EC 52	130 W	141 mm^2	3,4 μH
EC 70	350 W	211 mm^2	3,9 μH

Empfohlene Maximalinduktion: $\hat{B} = 200\,\text{mT} = 2\,\text{kG}$
Induktivität: $L = A_L w^2$

Abb. 16.99. Ferroxcube-Kerne für Hochfrequenztransformatoren

$$w_2 = w_1 \frac{U_2}{U_1} = \frac{w_1}{\ddot{u}} \tag{16.47}$$

Die auftretenden Magnetisierungs- und Kupferverluste lassen sich meist so klein halten, dass man sie nicht berücksichtigen muss.

Die Drahtdurchmesser ergeben sich aus den fließenden Strömen. Man kann aus thermischen Gründen Stromdichten bis $J = 5\ldots7\,\text{A/mm}^2$ zulassen. Wenn man die Kupferverluste klein halten will, sollte man allerdings bei niedrigeren Werten bleiben. Für den Drahtdurchmesser ergibt sich:

$$D = 2\sqrt{\frac{I}{\pi J}} \tag{16.48}$$

Allerdings fließt der Strom bei höheren Frequenzen aufgrund des *Skin-Effekts* nicht mehr gleichmäßig durch den ganzen Querschnitt, sondern nur noch an der Oberfläche des Drahtes. Für die Eindringtiefe (Abfall auf $1/e$) des Stroms gilt:

$$\delta = \frac{2,2\,\text{mm}}{\sqrt{f/\text{kHz}}} \tag{16.49}$$

Man erkennt in Abb. 16.98, wie die Eindringtiefe mit zunehmender Frequenz abnimmt. Aus diesem Grund ist es nicht sinnvoll, den Drahtdurchmesser größer als die doppelte Eindringtiefe zu wählen. Um trotzdem die erforderlichen Querschnitte zu erreichen, kann man Hochfrequenzlitzen verwenden, bei denen die einzelnen Fasern gegeneinander isoliert sind. Günstig ist auch der Einsatz von Flachkabeln oder Kupferfolien, die entsprechend dünn sind.

Die wichtigsten Daten von einigen EC-Kernen aus Ferroxcube sind in Abb. 16.99 zusammengestellt. Dabei stellt die übertragbare Leistung nur einen groben Richtwert dar. Wenn man den Drahtdurchmesser stark überdimensioniert, um die Verluste klein zu halten, kann es sein, dass man den nächstgrößeren Kern benötigt, um ausreichenden Wickelraum zu erhalten. Ein Programm zur Berechnung und Simulation von Drosseln und Transformatoren ist der *Magnetic Designer* von Intusoft (intusoft.com). Es berechnet nicht nur die Wickeldaten, sondern liefert auch Modelle der Transformatoren für die Schaltungssimulation.

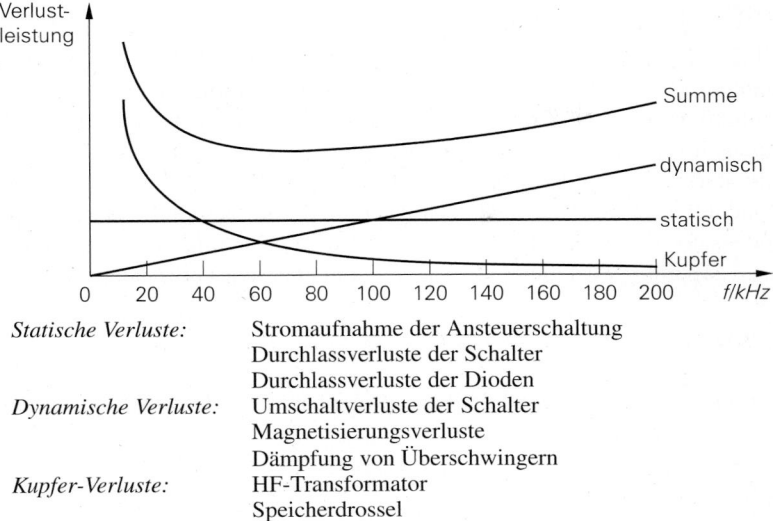

Abb. 16.100. Frequenzabhängigkeit der Verluste in einem Schaltregler

16.6.7 Verlustanalyse

Es gibt drei Arten von Verlusten, die den Wirkungsgrad eines Schaltreglers bestimmen. Die *statischen Verluste* resultieren aus dem Stromverbrauch des Impulsbreitenmodulators und der Treiber, sowie den Durchlassverlusten der Leistungsschalter und des Ausgangsgleichrichters. Sie sind unabhängig von der Schaltfrequenz. Die *dynamischen Verluste* entstehen als Umschaltverluste in den Leistungsschaltern und als Magnetisierungsverluste im HF-Transformator und in der Speicherdrossel. Sie sind näherungsweise proportional zur Schaltfrequenz. Die *Kupferverluste* im HF-Transformator und in der Speicherdrossel ergeben sich aus dem Spannungsabfall am ohmschen Widerstand der Wicklungen. Da man nach Gl. (16.46) mit zunehmender Frequenz mit weniger Windungen auskommt, sind diese Verluste umgekehrt proportional zur Frequenz.

In Abb. 16.100 sind die drei Verlustquellen in Abhängigkeit von der Frequenz aufgetragen. Der sinnvolle Arbeitsbereich liegt zwischen 20 kHz und 1 MHz. Bei hohen Frequenzen werden zwar die magnetischen Bauteile leichter und kleiner, die dynamischen Verluste überwiegen jedoch in diesem Bereich so stark, dass die Gesamtverluste zunehmen.

Ein zusätzliches Problem sind die Überschwinger, die beim Ausschalten der Leistungsschalter entstehen. Sie entstehen durch den Spannungsabfall an den Streuinduktivitäten des HF-Transformators und der Schaltungsverdrahtung. Um sie klein zu halten, sollte man alle Leitungen im Leistungsstromkreis so kurz wie möglich halten. Trotzdem können selbst bei kleinen Streuinduktivitäten hohe Überschwinger entstehen, wenn man schnell schaltet. Dies zeigt folgendes Zahlenbeispiel:

$$U = L_{Streu}\frac{\Delta I}{\Delta t} = 100\,\text{nH} \cdot \frac{1\,\text{A}}{100\,\text{ns}} = 100\,\text{V}$$

Um dadurch nicht die Leistungsschalter zu gefährden, benötigt man ein zusätzliches Entlastungsnetzwerk (*Snubber-Netzwerk*), das aber zusätzliche dynamische Verluste verursacht. Außerdem sollte man nicht schneller schalten als notwendig.

16.7 Leistungsfaktorkorrektur

Zum Betrieb elektronischer Geräte ist eine Gleichspannung erforderlich. Dazu muss die Netzwechselspannung gleichgerichtet werden, auch dann, wenn ein Gleichspannungswandler mit Potentialtrennung folgt. Ein Beispiel dafür ist in Abb. 16.67 gezeigt. Allerdings sind die Widerstände im Stromkreis bei direkter Netzgleichrichtung viel niedriger als bei Gleichrichtung der herunter transformierten Spannung gemäß Abb. 16.9. In Abb. 16.101 sieht man, dass dadurch sehr hohe Stromspitzen während der kurzen Phase auftreten, in der der Ladekondensator C_L nachgeladen wird. Dabei ist die Ladung, die während der kurzen Ladephasen zugeführt wird gleich der Ladung, die über den Verbraucher abfließt:

$$ Q = \frac{1}{T} \int_0^T I_N(t)\, dt = I_L T = 2\overline{I}_N \Delta t $$

Darin ist $\overline{I}_N$ der mittlere Strom während der Stromflussphasen Δt. Daraus folgt für den Laststrom:

$$ \overline{I}_N = \frac{T}{2\,\Delta t} I_L $$

Er wird also umso größer je kürzer die Ladezeiten Δt sind. Dabei sind die auftretenden Stromspitzen deutlich höher als dieser Mittelwert.

Der *Leistungsfaktor PF* (s. Abschnitt 28.2 auf S. 1734) gibt an, wie groß der Anteil der Wirkleistung P an der Scheinleistung S ist:

$$ PF = \frac{P}{S} = \frac{P}{\sqrt{P^2 + Q^2}} = \frac{\int U_N I_N\, dt}{\sqrt{\int U_N^2\, dt \cdot \int I_N^2\, dt}} \tag{16.50} $$

Für die Wirkleistung liefert nur die Grundwelle einen Beitrag; die Oberwellen liefern ausschließlich Blindleistung Q. Der Leistungsfaktor nimmt den größtmöglichen Wert $PF = 1$ an, wenn der Eingangsstrom I_N sinusförmig ist, keine Oberwellen besitzt und die Phasenverschiebung zur Netzspannung Null ist. Seit dem Jahr 2001 ist nach DIN EN61000-3-2 vorgeschrieben, dass bei praktisch allen Elektrogeräten der Oberwellengehalt des Eingangsstroms bestimmte Höchstwerte nicht überschreiten darf. Bei der heutzutage üblichen

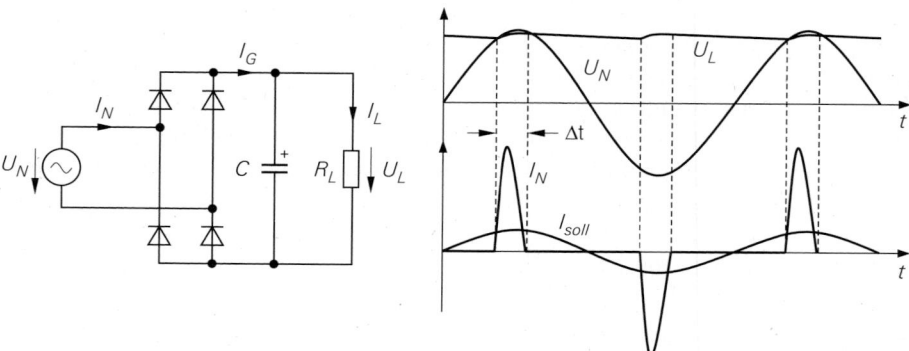

Abb. 16.101. Stromverlauf bei Scheitelwertgleichrichtung

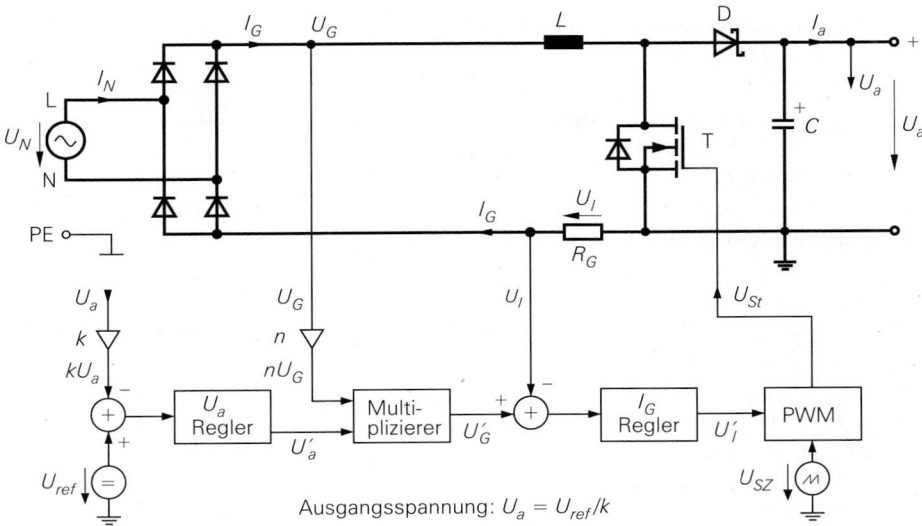

Abb. 16.102. Übliche Schaltung zur Leistungsfaktorkorrektur.
L = Phase, N = Neutralleiter, PE = Schutzleiter = Protective Earth

direkten Netzgleichrichtung gemäß Abb. 16.101, bei der Oberwellen mit großer Amplitude entstehen, sind deshalb meist zusätzliche Maßnahmen zur Reduktion der Oberwellen erforderlich. Dazu setzt man heutzutage keine passiven LC-Filter ein, sondern aktive Schaltungen zur Leistungsfaktorkorrektur (*Power Factor Correction, PFC*), die auf Schaltreglern basieren.

Die übliche Schaltungsanordnung ist in Abb. 16.102 dargestellt. Sie soll dazu dienen, den in Abb. 16.101 gezeigten pulsierenden Stromverlauf I_N in den sinusförmigen Strom I_{soll} umzuwandeln. Die Schaltung beruht auf dem Aufwärtswandler in Abb. 16.54. Er besteht hier aus der Speicherdrossel L, dem Leistungsschalter T, der Diode D und dem Speicherkondensator C. Der Speicherkondensator darf nicht direkt am Gleichrichter angeschlossen werden, denn sonst würde nach wie vor ein pulsierender Wechselstrom fließen. Den Aufwärtswandler kann man sich wie einen regelbaren Widerstand vorstellen, der periodisch so schwankt, dass sich ein sinusförmiger Eingangsstrom ergibt. Die Ausgangsspannung eines Aufwärtswandlers ist höher als seine Eingangsspannung; bei einem

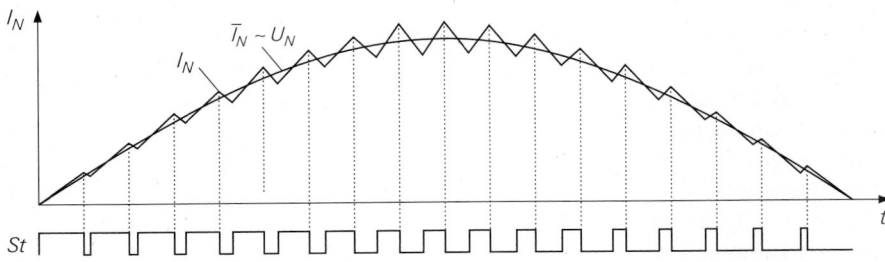

Abb. 16.103. Approximation eines sinusförmigen Stromverlaufs für die Leistungsfaktorkorrektur (PFC) bei kontinuierlichem Stromfluß (CCM)

Scheitelwert Eingangsspannung von $230\,\text{V} \cdot \sqrt{2} = 325\,\text{V}$ wählt man eine Ausgangsspannung von etwa $400\,\text{V}$.

Die Aufgabe der Ansteuerschaltung in Abb. 16.102 besteht darin, das Tastverhältnis für den Leistungsschalter so zu regeln, dass sich eine sinusförmige Stromaufnahme ergibt und gleichzeitig die gewünschte Ausgangsspannung. Dazu sind zwei Regelkreise erforderlich: Ein Stromregelkreis und ein Spannungsregelkreis. Um sicherzustellen, dass der Stromverlauf sinusförmig und in Phase mit der Netzspannung ist, verwendet man die Ausgangsspannung des Gleichrichters U_G als Referenz für den Strom, der an dem Widerstand den Spannungsabfall $U_I = I_G R_G$ bewirkt. Der I_G-Regler stellt seine Ausgangsspannung so ein, dass $U_I = U_G'$ wird. Auf diese Weise wird zwar lediglich der Betrag des Eingangsstroms mit dem Betrag der Eingangsspannung verglichen; auf der Netzseite des Gleichrichters passt dann aber Spannung und Strom für beide Vorzeichen zusammen. Die Arbeitsweise der Schaltung ist in Abb. 16.103 veranschaulicht.

Damit die Ausgangsspannung den gewünschten Wert annimmt, wir über den U_a-Regler die Amplitude der Spannung U_G' so eingestellt, dass $kU_a = U_{ref}$ wird. Dazu wird über den Multiplizierer der Sollwert U_G' für den Strom I_G auf die erforderliche Amplitude geregelt. Diese Regelung muss so langsam erfolgen, dass immer $U_G' \sim U_G$ ist, da sonst Verzerrungen im Stromverlauf auftreten. Dann ist der Netzstrom genauso sinusförmig wie die Netzspannung. Seine Amplitude lässt sich bei verlustfreier Schaltung aus der Ausgangsleistung berechnen:

$$P_N = P_a = \tfrac{1}{2}\hat{I}_N \hat{U}_N = U_a I_a$$

Daraus erhält man den Verlauf des Netzstroms:

$$I_N = \hat{I}_N \sin \omega t = 2I_a \frac{U_a}{\hat{U}_N} \sin \omega t$$

Es gibt integrierte Steuerbausteine, in denen alle Komponenten zur Steuerung einer Schaltung zur Leistungskorrektur enthalten sind. Man muss dann lediglich noch die in Abb. 16.102 dick gezeichneten Leistungsbauelemente hinzufügen. Um die Welligkeit des Stroms klein zu halten, dimensioniert man die Speicherdrossel meist so, dass der Strom kontinuierlich fließt und nie bis auf Null absinkt. Diese Betriebsart bezeichnet man als *Continuous Conduction Mode* (*CCM*). Allerdings ist dann die Diode leitend, wenn der Transistor eingeschaltet wird. Der Drainstrom steigt dann über den fließenden Drosselstrom I_G hinaus an - wie in Abb. 16.88 gezeigt - weil die Diode wegen der Speicherladung während der Sperrverzögerungszeit (*reverse recovery time* t_{rr}) einen Kurzschluss darstellt. Aus diesem Grund ist es hier besonders wichtig, Dioden mit kleiner Speicherladung einzusetzen. Dafür sind die Silizium-Carbid Schottky Dioden besonders geeignet. Normale Schottky-Dioden kommen hier wegen der hohen Spannungen nicht in Betracht.

Die ganze Schaltung zur Leistungsfaktorkorrektur arbeitet auf Netzpotential und weist gegenüber dem Schutzleiter eine Wechselspannung mit einer Amplitude von $325\,\text{V}$ auf. Sie ist nichts anderes als ein erweiterter Gleichrichter. Deshalb ist im Anschluss an diese Schaltung ein Gleichspannungswandler mit Potentialtrennung erforderlich, dessen Niederspannungsseite mit dem Schutzleiter verbunden werden kann. Es ist üblich, aus dem Gleichspannungswandler auch die Betriebsspannung für die Steuerung der Leistungsfaktorkorrektur zu entnehmen. Der Gleichspannungswandler läuft auch dann an, wenn die Schaltung zur Leistungsfaktorkorrektur noch nicht arbeitet, denn die minimale Ausgangsspannung des zugrunde liegenden Aufwärtswandlers ist $U_a = U_G$ wenn der Leistungsschalter nicht eingeschaltet wird.

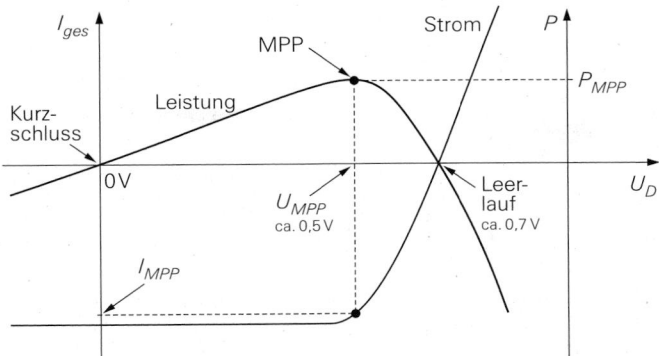

Abb. 16.104. Strom- und Leistungsverlauf einer Solarzelle. Maximum Power Point (MPP)
Leistung P_{MPP} mit zugehörigem Strom I_{MPP} und Spannung U_{MPP}

16.8 Solarwechselrichter

Solarzellen bieten eine umweltfreundliche Möglichkeit zur Stromerzeugung, da es sich bei der Fotovoltaik um regenerative Energie handelt. Die Kennlinien von Fotodioden werden in Kapitel 12.34 beschrieben. Wenn es darum geht, eine möglichst große elektrische Leistung zu gewinnen, sind die beiden Grenzfälle Leerlauf und Kurzschluss uninteressant, weil in beiden Fällen $P = U \cdot I = 0$ ist. Die maximale Leistung gibt es in einem Punkt dazwischen, dem *MP-Punkt* (Maximum Power Point). Der Verlauf der erhältlichen Leistung ist in Abb. 16.104 eingezeichnet. Die erhältliche Leistung ist proportional zur Beleuchtungsstärke wie man in Abb. 16.105 erkennt. Eine Beleuchtungsstärke von $1000 \, \text{W/m}^2$ ergibt sich nur unter optimalen Bedingungen bei klarem Himmel und senkrechter Einstrahlung. Dann kann man bei 20 % Wirkungsgrad mit einem Solarpanel mit $1 \, \text{m}^2$ Fläche eine elektrische Leistung von $P = 200 \, \text{W}$ erzeugen. Bei bewölktem Himmel erhält man aber bestenfalls $\frac{1}{10}$ der Leistung. Die Lage des MP-Punkts hängt von der Beleuchtungsstärke ab wie man ebenfalls in Abb. 16.105 erkennt. Die Verschiebung ist zwar nicht stark, aber man kann leicht mehrere Prozent im Wirkungsgrad verlieren, wenn der angeschlossene Umrichter nicht nachregelt.

Die Ausgangsspannung einer Solarzellen im MP-Punkt liegt bei $U_{MPP} \approx 0{,}5 \, \text{V}$. Derart niedrige Spannungen lassen sich nicht effizient nutzen. Daher schaltet man immer viele Solarzellen in Reihe, um je nach Leistungsbedarf auf Spannungen von $20 \ldots 400 \, \text{V}$ zu kommen. Im Normalfall muss man die Netzwechselspannung mit einem Effektivwert von 230 V und einer Frequenz von 50 Hz erzeugen, um damit handelsübliche Geräte zu betreiben oder die Energie ins Hausstromnetz einzuspeisen. Eine weitere Forderung ist, dass ein Solarwechselrichter selbsttätig den MPP-Punkt aufsucht und sich darauf adaptiert. Wichtig ist auch eine Potentialtrennung im Umrichter damit man das Solarmodul mit dem Schutzleiter PE erden kann.

Der Solarwechselrichter in Abb. 16.106 zeigt ein Beispiel für eine besonders einfache Ausführung des Leistungsteils. Die Solarzellen liefern den Strom für einen Halbbrücken-wandler gemäß Abb. 16.72 auf Seite 972. Er erzeugt eine Wechselspannung, deren Tastverhältnis so moduliert wird, dass ihr Mittelwert eine Frequenz von 50 Hz besitzt. Das nachfolgende *LC*-Filter unterdrückt die Oberwellen, sodass der Transformator nur ein

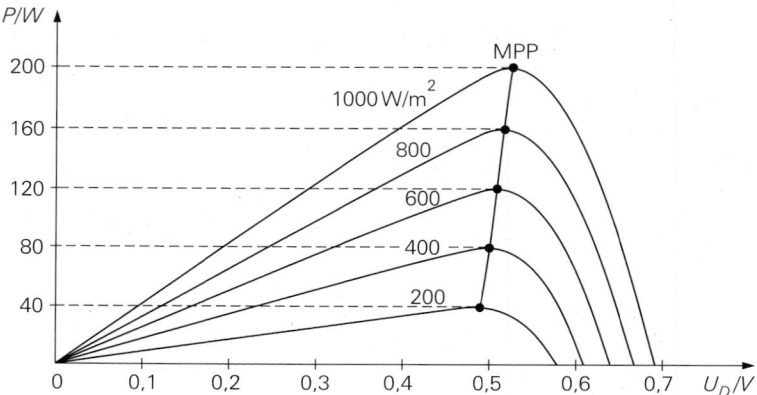

Abb. 16.105. Kennlinien von Solarzellen für verschiedene Beleuchtungsstärken. Die quantitativen
Angaben sind lediglich Beispiele für monolithische Silizium-Solarzellen.

50 Hz-Signal erhält. Das Übersetzungsverhältnis wählt man so, dass am Ausgang eine
Wechselspannung mit einem Effektivwert von 230 V entsteht.

Ein schwerwiegender Nachteil des einfachen Solarwechselrichters in Abb. 16.106 ist
der 50 Hz-Transformator. Solche Transformatoren sind groß, schwer, teuer und haben hohe Verluste. Deshalb ist es zweckmäßig, das Hochfrequenz-Signal des Wechselrichters
zu transformieren und dann ohne einen 50 Hz-Transformator die Netzspannung daraus zu
gewinnen. Bei dem Solarwechselrichter in Abb. 16.107 wird zunächst mit einem Gleichspannungswandler ein Gleichspannungs-Zwischenkreis mit einer konstanten Spannung
erzeugt, die etwas über dem Scheitelwert der gewünschten Netzausgangsspannung liegt,
also z.B. $U_2 = 350$ V beträgt. Der zweite Wechselrichter (Schalter $S_5 \ldots S_8$) erzeugt auch
hier eine Wechselspannung, deren Tastverhältnis so moduliert wird, dass sie nach Tiefpass-
filterung eine Frequenz von 50 Hz besitzt und gleichzeitig den gewünschten Effektivwert
von $U_{a\,eff} = 230$ V. Das nachfolgende LC-Tiefpassfilter überträgt nur das 50 Hz-Signal an
den Ausgang.

Der wesentliche Unterschied zu dem einfachen Solarwechselrichter in Abb. 16.106 besteht hier darin, dass der erforderliche Trenntransformator hier mit einer hohen Frequenz

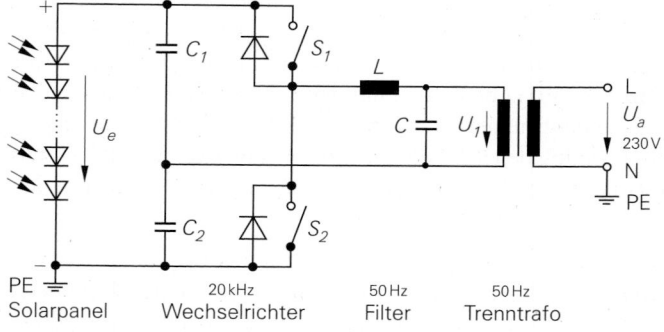

Abb. 16.106. Einfacher Solarwechselrichter mit Halbbrückenwandler
L = Phase, N = Neutralleiter, PE = Schutzleiter = Protective Earth

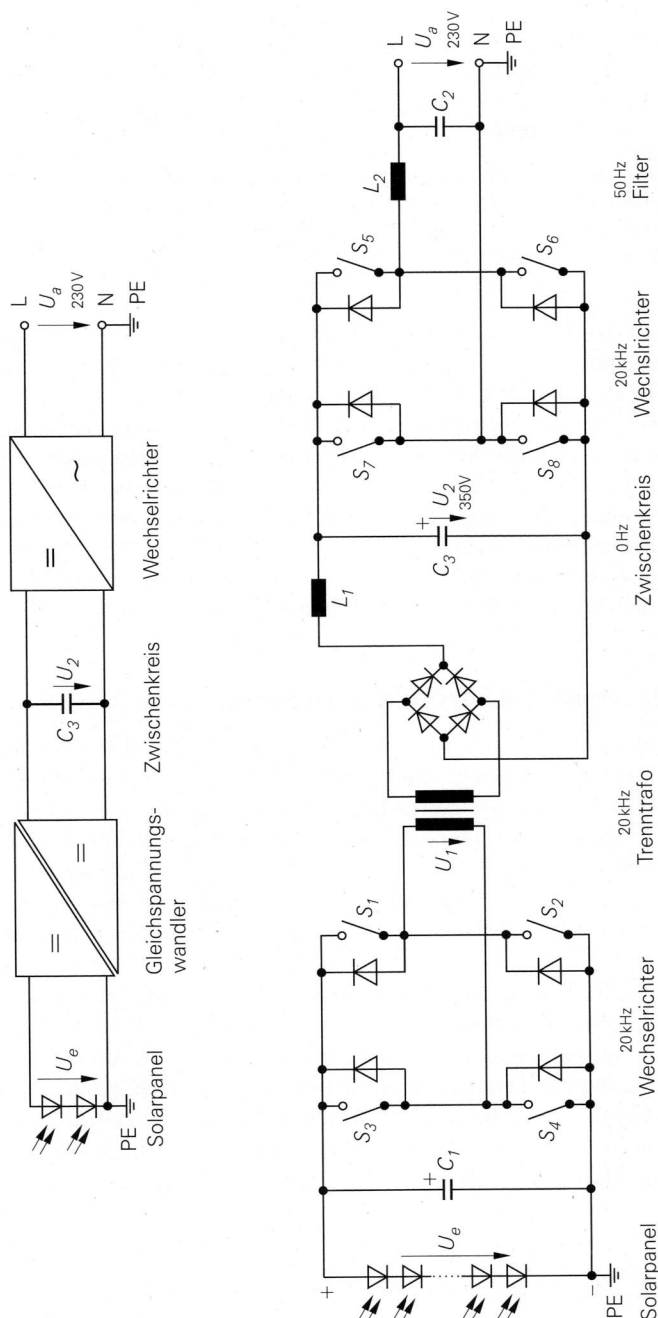

Abb. 16.107. Solarwechselrichter mit 20 kHz-Trenntransformator und Gleichspannungs-Zwischenkreis. Doppelter Schrägstrich in einem Block: Potentialtrennung.

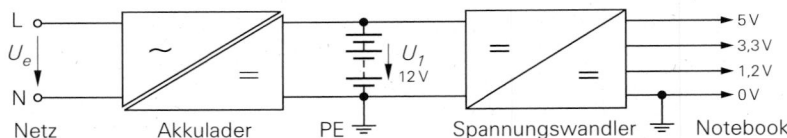

Abb. 16.108. Unterbrechungsfreie Stromversorgung in Notebooks. Die doppelte Trennlinie im Akkulader soll auf eine Potentialtrennung mit einem Transformator hinweisen. Die eingetragenen Ausgangsspannungen sind lediglich Beispiele.
L = Phase, N = Neutralleiter, PE = Schutzleiter = Protective Earth

betrieben wird, sodass ein verlustarmer Hochfrequenztransformator eingesetzt werden kann. Die hier vorgeschlagene Frequenz von 20 kHz ist ein vernünftiger Kompromiss bei dem Einsatz von IGBTs als Schalter. Bei ihnen steigen die Umschaltverluste bei höheren Frequenzen stark an. Bei Solarwechselrichtern für kleine Leistungen kann man auch Leistungsmosfets einsetzten, die sich mit höheren Taktfrequenzen betreiben lassen. Bei der hier gezeigten Schaltung wurden jeweils Wechselrichter in Vollbrückenschaltung gemäß Abb. 16.74 auf Seite 974 eingesetzt, weil sich dadurch die Ausgangsspannung verdoppelt; dann lässt sich bei gegebenem Strom die vierfache Leistung übertragen. Zur Steuerung der Schalter verwendet man am besten einen Mikrocontroller, der die Eingangs- und Ausgangsspannung überwacht, den MP-Punkt ermittelt und daraus die Pulsbreite für die Schalter bestimmt.

16.9 Unterbrechungsfreie Stromversorgung

Die Aufgabe einer unterbrechungsfreien Stromversorgung (USV, bzw. UPS = uninterruptible power supply) besteht darin, die angeschlossenen Verbraucher bei einem Ausfall des Hausstromnetzes weiter mit Strom zu versorgen. Für viele Verbraucher – wie Computern – ist es dabei wichtig, dass die Übernahme durch die Notstromversorgung ohne Unterbrechung erfolgt. Die Überbrückungsdauer eines Netzteils beträgt nämlich meist nur eine einzige Netzschwingungsdauer, also 20 ms, bestimmt durch die Größe des Ladekondensators. Als Energiespeicher verwendet man in unterbrechungsfreien Stromversorgungen Akkus.

Die einfachste Möglichkeit zur Realisierung einer unterbrechungsfreien Stromversorgung ist die in Notebooks übliche Methode, die in Abb. 16.108 dargestellt ist. Die benötigten Betriebsspannungen werden mit einem Spannungswandler aus dem Akku gewonnen. Der Akkulader liefert die laufend benötigte Energie und lädt gleichzeitig den Akku. Bei einem Netzausfall merken die angeschlossenen Verbraucher nichts davon, weil der Spannungswandler seine Energie immer aus den Akku bezieht. Der zusätzliche Aufwand für den unterbrechungsfreien Betrieb ist gering: Er besteht praktisch nur in dem zusätzlich benötigten Akku.

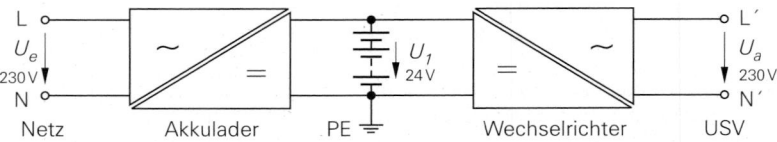

Abb. 16.109. Unterbrechungsfreie Stromversorgung mit Netzspannungs-Ausgang. Die eingetragene Akkuspannung ist lediglich ein Beispiel.

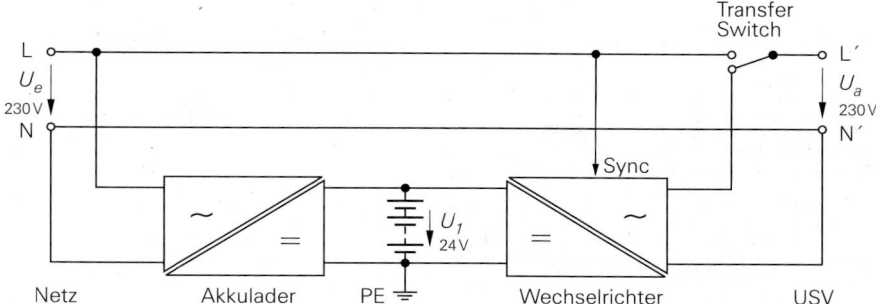

Abb. 16.110. Unterbrechungsfreie Stromversorgung mit verbessertem Wirkungsgrad durch direkte Netzkopplung

Schwieriger sind die Verhältnisse, wenn man den Akku nicht in die Stromversorgung des Geräts integrieren kann, sondern eine Stromversorgung benötigt, die unterbrechungsfrei ein Notstrom-Netz mit 230 V und 50 Hz bereitstellt. In diesem Fall benötigt man einen Wechselrichter, der die Akkuspannung in die Netzspannung umwandelt. Dazu dient der Wechselrichter in Abb. 16.109. Seine Aufgabe ist dieselbe wie bei den Solarwechselrichtern; deshalb kann man hier die Schaltungen von Abb. 16.106 und 16.107 einsetzen. Auch hier ist ein Transformator wegen der beträchtlichen Spannungsunterschiede zweckmäßig. Gleichzeitig ermöglicht ein Transformator im Wechselrichter, den Akku auf Schutzleiterpotential zu legen, was aus Sicherheitsgründen geboten ist.

Ein Nachteil der in Abb. 16.109 dargestellten Anordnung ist, dass die Ausgangsleistung auch bei vorhandenem Netz – also im Normalfall – die Kette von Akkulader und Wechselrichter durchlaufen muss. Dadurch entstehen unnötige Verluste. Deshalb ist es naheliegend, den Verbraucher bei vorhandenem Netz direkt mit dem Netz zu verbinden und nur bei Stromausfall auf den Akkubetrieb über den Wechselrichter umzuschalten. Dazu dient der Transfer-Switch in Abb. 16.110. Dadurch entstehen allerdings zwei zusätzliche Probleme:

– Der Netzausfall muss schnell erkannt werden und die Umschaltung muss in wenigen Millisekunden erfolgen. Als Schalter verwendet man in der Regel Thyristoren oder Triacs.
– Die Ausgangsspannung des Wechselrichters sollte mit der Netzspannung synchronisiert werden, damit nach dem Netzausfall beim Umschalten kein Phasensprung auftritt.

16.10 Stromversorgung mit Akkus

16.10.1 Akkutechnologien

Mobile Geräte wie Handys, Notebooks und Akkuschrauber sind sehr verbreitet. Zur kabellosen Stromversorgung benötigen sie Akkus oder Batterien. Die wichtigsten Akku-Typen sind in Abb. 16.111 gegenübergestellt. Man sieht, dass Lithium-Ionen-Akkus eine besonders hohe Energiedichte besitzen. Deshalb werden sie überall dort eingesetzt wo es auf hohe Speicherkapazität bei geringem Gewicht ankommt. Nickel-Cadmium- und Nickel-Metallhydrid Akkus haben daneben aber auch noch eine Bedeutung, weil sie billiger sind und eine hohe Strombelastbarkeit besitzen. Besonders verbreitet sind hier die Bauformen in Rundzellen: Mignon- und Micro-Zellen. Auch die alten Bleiakkus sind noch sehr ver-

Akku Technologie	Abkür- zung	Energie- dichte Wh/kg	Nenn- spannung V	Entladeschluss- spannung V	Ladeschluss- spannung V
Blei	Blei	30	2,0	1,8	2,4
Nickel-Cadmium	NiCd	50	1,2	0,9	1,6
Nickel-Metallhydrid	NiMH	80	1,2	0,9	1,6
Lithium-Ionen	LiIon	140	3,6	2,5	4,2
SuperCapacitor	SuperC	4	2,5	0,0	2,5
Alkali-Batterie	ABatt	150	1,5	0,0	–

Abb. 16.111. Gebräuchliche Akkutechnologien. Zum Vergleich Alkali-Batterie

breitet in Anwendungen, bei denen es nicht auf das Gewicht ankommt, sondern auf einen niedrigen Preis wie in Starterbatterien. Aufgenommen in die Übersicht wurden auch die sogenannten Supercaps. Sie vereinen die Vorteile des Kondensators als schnellen Strom-lieferanten mit dem des Akkus als Energiespeicher. Allerdings ist ihre Energiedichte ver-gleichsweise schlecht. Die typische Anwendung ist die Bereitstellung von hohen Strömen von $100 \ldots 1000 \, \text{A}$. Erhältlich sind Kapazitäten bis $6000 \, \text{F}$ und Ladungen von $4 \, \text{Ah}$. Zum Vergleich wurden noch Alkali-Batterien – also die alten "Taschenlampenbatterien"– mit aufgenommen. Hier sind die Mignon-Zellen (LR6, AA, 14,5 x 50,5 mm) mit ca. 2,6 Ah und die Micro-Zellen (LR03, AAA, 10,5 x 44,5 mm) mit ca. 1,3 Ah besonders verbreitet. Sie sind den Akkus in der Energiedichte überlegen und natürlich viel billiger. Bei Anwen-dungen mit geringem Stromverbrauch halten sie mehrere Jahre; Akkus leben auch nicht länger.

16.10.2 Entladung

In Abb. 16.111 wurde zusätzlich noch die Spannung am Beginn der Entladung aufgenom-men. Während der Entladung sinkt die Spannung kontinuierlich ab. Der typische Verlauf ist in Abb. 16.112 dargestellt. Für jeden Akku gibt es eine Entladeschlussspannung U_{leer}, die nicht unterschritten werden soll. Sonst wird der Akku tiefentladen und seine Lebensdauer wird reduziert. Um das angeschlossene Gerät optimal zu versorgen, verwendet man Span-nungswandler, die das Gerät bis zur vollständigen Entladung mit konstanter Spannung versorgen. Um dabei keine Energie zu verlieren, setzt man hier Schaltregler ein, wie sie in Kapitel 16.5 ab Seite 947 beschrieben werden. Dabei gibt es folgende Möglichkeiten:

– Bei Abwärtswandlern gemäß Abb. 16.35 liegt die Ausgangsspannung unter der Ein-gangsspannung. Die Akkuspannung U_{leer} muss hier also größer als die Ausgangsspan-nung sein.

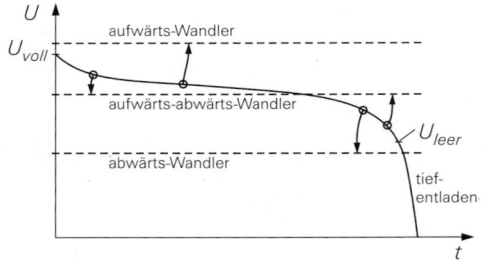

Abb. 16.112.
Entladung von Akkus. Ausgangsspan-nungen von verschiedenen Spannungs-wandlern

– Bei Aufwärtswandlern gemäß Abb. 16.54 liegt die Ausgangsspannung über der Eingangsspannung. Die Akkuspannung U_{voll} muss hier also kleiner als die Ausgangsspannung sein.

– Bei Aufwärts-Abwärtswandlern gemäß Abb. 16.59 kann die Eingangsspannung über oder unter der Ausgangsspannung liegen. Allerdings benötigen diese Wandler mehr Bauteile und besitzen einen etwas schlechteren Wirkungsgrad.

16.10.3 Ladung

Zur Ladung von Akkus muss man Strom zuführen bis der Akku voll geladen ist. Dabei hängt die Zyklenfestigkeit – also die Lebensdauer – eines Akkus stark davon ab, ob der Akku richtig geladen wird. Man unterscheidet zwei Ladeverfahren:

– Bei der *Standardladung* wird der Akku in 10 Stunden geladen mit einem Strom, der $I_0 = CA/10\,\text{h}$ beträgt. Darin ist CA die Ladung des geladenen Akkus in Amperestunden. Diese Größe wird als Kapazität des Akkus bezeichnet, obwohl es sich hier physikalisch nicht um eine Kapazität, sondern um eine Ladung handelt. Bei einem Akku mit $CA = 1\,\text{Ah}$ beträgt der Ladestrom also $I_0 = 0{,}1\,\text{A}$.

– Bei der *Schnellladung* wir der der Akku in 1 Stunde geladen; der erforderliche Ladestrom ist dann gleich der Zahl der Amperestunden $I_0 = CA/1\,\text{h}$. Bei manchen Akkus ist sogar eine Superschnellladung in 15 Minuten zulässig mit $I_0 = 4CA/1\text{h}$. Es ist allerdings nicht selbstverständlich, dass ein Akku schnellladefähig ist. Als Richtlinie kann gelten, dass die Hochstrombelastbarkeit eines Akkus beim Laden mindestens so groß ist wie beim Entladen. Wenn ein Akku 1 Stunde entladen werden kann, darf man ihn auch in 1 Stunde, also mit $I_0 = CA/1\text{h}$ laden, da die Erwärmung durch die parasitären Widerstände die Gleiche ist. Das setzt natürlich ein entsprechend leistungsfähiges Ladegerät voraus.

Bei der Ladung eines Akkus ist es wichtig, die Akku-Technologie des betreffenden Akkus zu kennen, weil jeder Akku ein spezielles Ladeverfahren erfordert. In Abb. 16.113 ist die Ladung von Blei-Akkus dargestellt, in Abb. 16.114 die Ladung von Lithium-Ionen-Akkus. Beide Ladevorgänge unterscheiden sich qualitativ nicht, sondern lediglich in der Größe der Spannungen. Bei Bleiakkus soll $U_0 = 2{,}4\,\text{V}$ nicht überschritten werden, weil sonst eine nennenswerte Elektrolyse von Wasser eintritt. Bei offenen Bleiakkus kann man bei Bedarf Wasser nachfüllen; bei Blei-Gel-Akkus trocknet der Elektrolyt dadurch aus. Bei Lithium-Ionen-Akkus sollte man $U_0 = 4{,}2\,\text{V}$ keinesfalls überschreiten, weil sich sonst ihre Speicherfähigkeit reduziert.

Die Ladung beginnt bei beiden Akkutechnologien mit konstantem Strom. Wenn die Akkuspannung die Ladeschlussspannung erreicht hat, wechselt man zur Spannungsregelung. Das geht automatisch, wenn man ein Netzgerät mit einstellbarer Strom- und Spannungsgrenze gemäß Abb. 16.113 einsetzt. Wenn Spannungsregelung vorliegt, reduziert sich der Ladestrom mit fortschreitender Ladung. Daraus wird dann das Ladeende ermittelt: Wenn der Ladestrom während der Spannungsladephase auf einen kleinen Wert – meist $0{,}1\,I_0$ – abgesunken ist, schaltet man den Ladestrom ganz ab. Es ist nicht zweckmäßig, die Ladeschlussspannung U_0 dauerhaft bestehen zu lassen, weil der Akku unter diesen Bedingungen vorzeitig altert. Aus diesem Grund sollte man kein normales Labornetzgerät mit Einstellern für Strom und Spannung einsetzen.

Nickel-Cadmium- und Nickel-Metallhydrid-Akkus werden auch mit konstantem Ladestrom geladen. An dem Spannungsverlauf in Abb. 16.115 erkennt man, dass die Spannung während des Ladevorgangs nicht kontinuierlich steigt, sondern kurz vor der Vollladung wieder sinkt. Diesen Effekt nutzt man zur Erkennung der Vollladung. Bei Nickel-

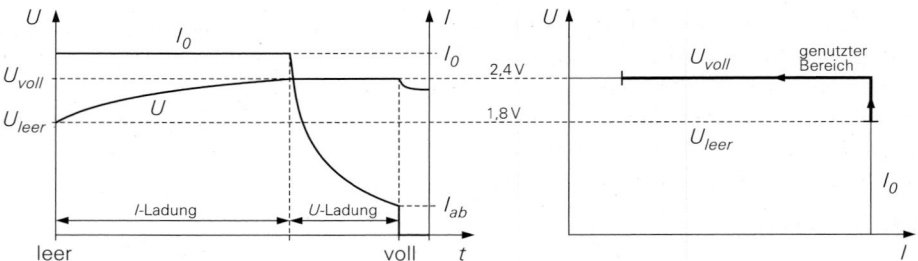

Abb. 16.113. Ladung von Blei-Akkus mit Ladegeräten mit UI-Kennlinie.
Links: Ladekennlinie der Akkus. Rechts: Ausgangskennlinie des Ladegeräts.

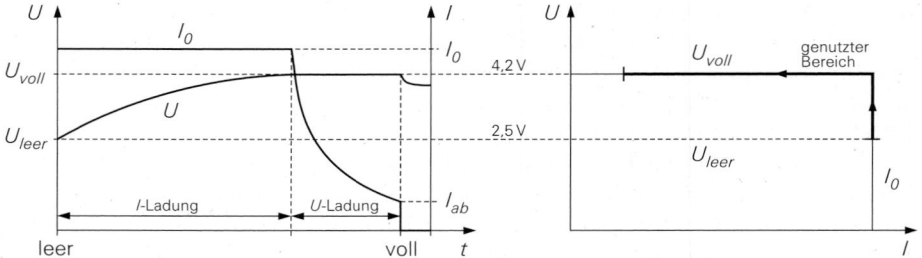

Abb. 16.114. Ladung Lithium-Ionen-Akkus mit Ladegeräten mit UI-Kennlinie.
Links: Ladekennlinie der Akkus. Rechts: Ausgangskennlinie des Ladegeräts.

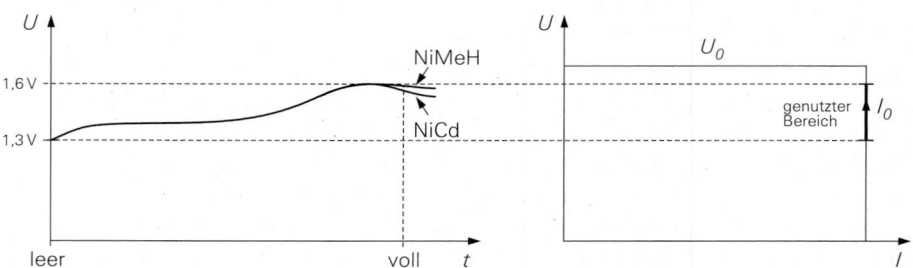

Abb. 16.115. Ladung von Nickel-Cadmium- und Nickel-Metallhydrid-Akkus mit der ΔU-Methode. Der Ladestrom ist hier während der ganzen Ladung konstant.
Links: Ladekennlinie der Akkus. Rechts: Ausgangskennlinie des Ladegeräts.

Cadmium-Akkus kann die Spannungsabnahme $\Delta U = -50\,\text{mV}$ betragen, bei Nickel-Metallhydrid-Akkus ist sie geringer; hier verwendet man meist als Abschaltkriterium, dass die Ladespannung nicht mehr ansteigt. Dieses Abschaltkriterium wird als ΔU-Verfahren bezeichnet. Eine feste Ladeschlussspannung würde bei beiden Akkutypen dazu führen, dass die Vollladung zu früh oder überhaupt nicht erkannt wird.

Die Ursache für den Spannungsabnahme besteht in einer raschen Erwärmung des Akkus gegen Ladeende. Dann wird die zugeführte Energie nicht mehr zur chemischen Umwandlung im Akku genutzt, sondern nur noch zur Erwärmung. Die Akkuspannung sinkt dann, weil sie einen negativen Temperaturkoeffizienten besitzt. Sie ist daher ein indirektes Maß für die Temperatur des Akkus. Daher ist der Temperaturverlauf des Akkus noch aussagekräftiger als sein Spannungsverlauf. Allerdings tritt ein Temperaturanstieg

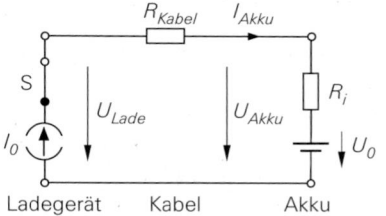
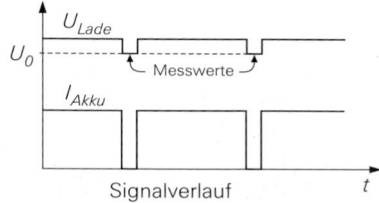

Abb. 16.116. Stromlose Messung der Akkuspannung zur Vermeidung von Messfehlern durch Übergangswiderstände im Ladestromkreis und dem Innenwiderstand des Akkus

nur dann auf, wenn auch ein ausreichender Ladestrom fließt. Das ist aber kein Problem da Nickel-Cadmium- und Nickel-Metallhydrid-Akkus durchwegs schnellladefähig sind.

16.10.4 Ladegerät

Man sieht, dass bei der Akkuladung eine genaue Spannungsmessung wichtig ist. Deshalb sollte man bei der Laderegelung mit einem Mikrocontroller einen AD-Umsetzer mit einer Auflösung von 12 bit einsetzen. Damit ist eine Auflösung von 1 mV möglich. Nennenswerte Messfehler können aber durch den Innenwiderstand des Akku R_i und die Übergangswiderstände im Ladestromkreis R_{Kabel} auftreten, die besonders groß sein können, wenn sich Steckverbindungen im Ladestromkreis befinden. Um diese Fehler auszuschließen, sollte man den Ladestrom während der Spannungsmessung für wenige Millisekunden unterbrechen. Dazu dient der Schalter S in Abb. 16.116. Dann sieht das Ladegerät an seinen Klemmen die Leerlaufspannung des Akkus $U_{Lade} = U_0$, die für den Ladeverlauf entscheidend ist. Im dargestellten Signalverlauf wird der Strom- und Spannungsverlauf illustriert. Für den Ladevorgang selbst stören die Übergangswiderstände nicht. Wenn die Ladequelle als Stromquelle arbeitet, haben sie keinen Einfluss auf den Ladestrom; wenn die Ladequelle bei Blei- und Lithium-Ionen-Akkus in der letzten Ladephase als Spannungsquelle arbeitet, wird die Ladung lediglich geringfügig verzögert.

Es ist zweckmäßig, die Temperatur des Akkus zu überwachen. Zum einen ist der Temperaturanstieg gegen Ladeende bei Nickel-Cadmium- und Nickel-Metallhydrid-Akkus ein guter Hinweis auf die Vollladung. Zum anderen besitzt die Spannung bei allen Akkus einen negativen Temperaturkoeffizienten, den man berücksichtigen muss, wenn ein Akku in einem großen Temperaturbereich geladen werden soll. Zur Temperaturmessung ist es wichtig, die Temperatur des Akkus zu messen und nicht die eines Chips im Ladegerät.

Bei der Akkuladung ist es wichtig, den Akku nicht zu überladen, weil sich sonst seine Zyklenfestigkeit reduziert. Die Kapazität eines Akkus reduziert sich aber auch dann, wenn man ihn regelmäßig nicht vollädt. Dadurch sinkt seine Zyklenfestigkeit ebenfalls. Aus diesen Gründen ist es wichtig, die Vollladung möglichst genau zu erfassen. Dazu gibt es folgende Möglichkeiten:

– Die Zeitmessung: Bei Normalladung ist der Akku in 10 h geladen, bei Schnellladung in entsprechend kürzerer Zeit. Nach dieser Zeit sollte der Ladevorgang auf jeden Fall beendet werden, wenn nicht ein anderes Merkmal ein früheres Ladeende angezeigt hat. Die größte Unsicherheit bei einem zeitgesteuerten Ladeende ist die Möglichkeit, dass der Akku bei Beginn der Ladung nicht ganz entladen war. Häufig werden Akkus nicht deshalb geladen, weil sie leer sind, sondern um die volle Betriebsdauer zu erhalten. Um den Akku trotzdem mit Zeitsteuerung richtig zu laden, könnte man natürlich jeden

Akku vor jeder Ladung ganz entladen; das würde jedoch zusätzliche Entlade-Ladezyklen verursachen. Zusätzliche Entlade-Ladezyklen führt man nur zur Regenerierung von Akkus durch.

– Die Strom- und Spannungsmessung: Bei Blei- und Lithium-Ionen-Akkus lässt sich das Ladeende – wie beschrieben – gut über eine Strommessung bei vorgegebener Ladespannung ermitteln.

– Die Delta-U-Methode ist bei Nickel-Cadmium- und Nickel-Metallhydrid-Akkus ein brauchbarer Hinweis auf das Ladeende. Voraussetzung für diese Methode ist jedoch ein konstanter Ladestrom. Diese Voraussetzung ist nicht erfüllt, wenn das Gerät während der Ladung einen schwankenden Teil des Ladestroms verbraucht wie in einem Notebook oder bei einem Solarlader, bei dem jede Wolke zu einer Abnahme des Ladestrom führt.

– Die Temperatur: Bei Nickel-Cadmium- und Nickel-Metallhydrid-Akkus ist der beschleunigte Temperaturanstieg ein Hinweis auf das Ladeende.

Man sieht, dass es keine universelle und sichere Methode gibt, um den Ladezustand eines Akkus zu bestimmen. Dieses Problem lässt sich dadurch lösen, dass man dem Akku eine Schaltung fest zuordnet, die die geladene und entnommene Ladung bilanziert. Solche Schaltungen zur Ladungsbilanzierung bezeichnet man als *fuel gauge-chips*. Dazu verwendet man einen Amperestundenzähler, der beim Laden erhöht und bei der Entladung verringert wird. Er misst demnach die gespeicherte Ladung. Durch den Vergleich mit der Vollladung (Kapazität) des Akkus lässt sich dann jederzeit eine Aussage über den Ladezustand des Akkus machen. Der Amperestundenzähler lässt sich mit dem tatsächlichen Zustand des Akkus synchronisieren, indem man ihn bei vollständiger Entladung auf Null setzt und nach Vollladung die Kapazität des Akkus neu ermittelt. Ein guter Test für die Qualität der Algorithmen zur Akkuladung besteht darin, einen geladenen Akku am Ladegerät anzuschließen und die Zeit zu messen, die das Ladegerät benötigt, um dies zu erkennen und die Ladung zu beenden.

Vor dem Beginn der eigentlichen Ladung sollte das Ladegerät zunächst einige Tests durchführen, die Aufschluss über den Zustand des Akkus geben und prüfen, ob sich der Akku für die Ladung eignet (Qualification).

– Test auf Verpolung, Kurzschluss oder Unterbrechung
– Test auf Tiefentladung
– Test auf Überhitzung

Nach der Ladung sollte der Ladestrom abgeschaltet werden, denn die hohe Ladeschlussspannung sollte nicht auf Dauer anstehen. Man kann allerdings der Selbstentladung des Akkus entgegenwirken, indem man die verlorene Ladung durch kurze Stromimpulse nachlädt. Dies Methode nennt man Ladungserhaltung oder trickle charge.

Bei dem Einsatz von Akkus werden häufig mehrere Zellen in Reihe geschaltet, um die Spannung zu erhöhen. Bei der Ladung solcher Akkupacks unterstellt man meist, dass alle Zellen gleich sind; dann kann man genauso vorgehen wie bei der Ladung einer einzelnen Zelle, lediglich mit einer entsprechend vervielfachten Spannung. Diese Vorgehensweise kann jedoch dazu führen, dass einzelne Zellen überladen werden, während andere noch nicht voll geladen sind. Um dieses Problem zu beseitigen, muss man jede Zelle des Akkupacks bei der Ladung separat überwachen. Dazu muss man dem Ladegerät auch die internen Verbindungen des Akkupacks zur Überwachung zugänglich machen. Man erkennt in Abb. 16.117 den regulären Ladestromkreis, in dem der Strom I_0 fließt. Das Ladegerät hat hier aber zusätzlich die Möglichkeit, mit den Schaltern S_1, S_2, den Strom an einer

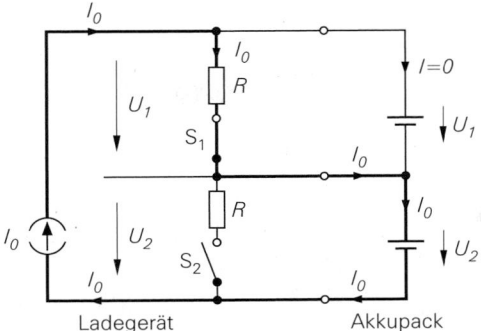

Abb. 16.117.
Ladungsausgleich in einem Akkupack.
Hier wird der Ladestrom an der oberen
Zelle vorbeigeleitet.

Zelle vorbei zu leiten, indem der zugehörige Schalter geschlossen wird. Wenn man den Widerständen den Wert $R = U_1/I_0$ gibt, wird der Ladestrom vollständig umgeleitet. Der dadurch bedingte Energieverlust ist gering, da die Umleitung erst gegen Ladeende erforderlich wird. Man kann die Zellen eines Akkupacks natürlich auch einzel laden; wegen der niedrigeren Spannungen wäre der Wirkungsgrad des Ladegeräts dann aber deutlich schlechter.

Eine Möglichkeit zur Realisierung eines Akkuladers besteht darin, einen Mikrocontroller zu programmieren und damit ein normales Schaltnetzteil zu steuern. Man kann jedoch auch spezielle Lade- und Überwachungsschaltungen einsetzen, die diese Aufgabe übernehmen oder unterstützen.

Kapitel 17:
DA- und AD-Umsetzer

In neuerer Zeit geht man mehr und mehr dazu über, die Signalverarbeitung nicht analog sondern digital durchzuführen. Die Vorteile liegen in der höheren Genauigkeit und Reproduzierbarkeit sowie in der geringen Störempfindlichkeit. Nachteilig ist der höhere Schaltungsaufwand, der jedoch angesichts des zunehmenden Integrationsgrades digitaler Schaltungen immer weniger ins Gewicht fällt.

Statt kontinuierlicher Größen werden diskrete Zahlenfolgen verarbeitet. Die Bauelemente sind Speicher und Rechenwerke. Beim Übergang zur digitalen Signalverarbeitung stellen sich drei Fragen:

1) Wie lässt sich aus der kontinuierlichen Eingangsspannung eine Folge von diskreten Zahlenwerten gewinnen, ohne dabei Information zu verlieren?
2) Wie muss man diese Zahlenfolge verarbeiten, um die gewünschte Übertragungsfunktion zu erhalten?
3) Wie lassen sich die Ausgangswerte wieder in eine kontinuierliche Spannung zurückverwandeln?

Die Einbettung eines digitalen Systems zur Signalverarbeitung in eine analoge Umgebung ist in Abb. 17.1 schematisch dargestellt. Das Abtast-Halte-Glied entnimmt aus dem Eingangssignal $U_e(t)$ in den Abtastaugenblicken t_μ die Spannungen $U_e(t_\mu)$ und hält sie jeweils für ein Abtastintervall konstant. Damit bei der Abtastung keine irreparablen Fehler entstehen, muss das Eingangssignal gemäß dem Abtasttheorem auf die halbe Abtastfrequenz bandbegrenzt sein. Daher ist meist ein Tiefpass am Eingang erforderlich.

Der Analog-Digital-Umsetzer wandelt die zeitdiskrete Spannungsfolge $U_e(t_\mu)$ in eine zeit- und wertdiskrete Zahlenfolge $X(t_\mu)$ um. Bei diesen Werten handelt es sich üblicherweise um N-stellige Dualzahlen. Die Stellenzahl N bestimmt dabei die Größe des Quantisierungsrauschens. Abbildung 17.2 zeigt einige Beispiele für gebräuchliche Abtastfrequenzen und Auflösungen.

Nach der digitalen Signalverarbeitung entsteht eine neue Zahlenfolge $y(t_\mu)$. Um sie wieder in eine Spannung zu verwandeln, verwendet man einen Digital-Analog-Umsetzer. Er liefert an seinem Ausgang eine wert- und zeitdiskrete treppenförmige Spannung. Um sie in eine kontinuierliche Spannung umzuwandeln, muss man einen Tiefpass zur Glättung nachschalten.

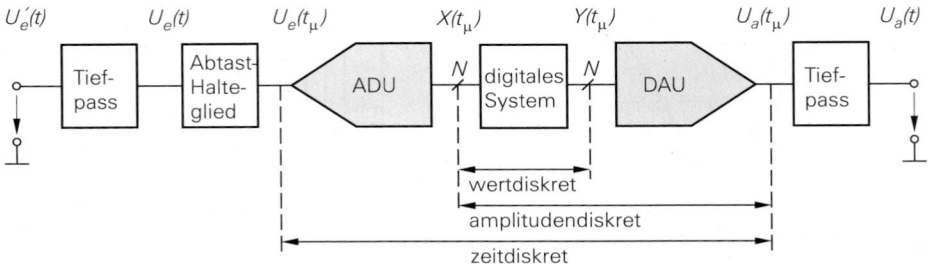

Abb. 17.1. Digitale Verarbeitung analoger Signale

Signal	Bandbreite B	Abtastfrequenz f_a	Rauschabstand SNR	Auflösung N
Temperatur	0,1 Hz	1 S/s	60 dB	12 bit
Telefon-Sprache	3,5 kHz	8 kS/s	60 dB	12 bit
Musik	16 kHz	44,1 kS/s	90 dB	16 bit
Fernsehen	5 MHz	10 MS/s	40 dB	8 bit

Abb. 17.2. Übliche Abtastfrequenzen und Wortbreiten für die digitale Signalverarbeitung. Die Abtastfrequenz wird in S/s (Samples per second) angegeben.

17.1 Systemtheoretische Grundlagen

17.1.1 Quantisierung der Zeit

17.1.1.1 Abtasttheorem

Ein kontinuierliches Eingangssignal lässt sich in eine Folge von diskreten Werten umwandeln, indem man mit Hilfe eines Abtast-Halte-Gliedes in äquidistanten Zeitpunkten $t_\mu = \mu T_a$ Proben aus dem Eingangssignal entnimmt. Dabei ist $f_a = 1/T_a$ die Abtastfrequenz. Man erkennt in Abb. 17.3, dass sich die entstehende Treppenfunktion umso weniger von dem kontinuierlichen Eingangssignal unterscheidet, je höher die Abtastfrequenz ist. Da aber der schaltungstechnische Aufwand stark mit der Abtastfrequenz wächst, ist man bemüht, sie so niedrig wie möglich zu halten. Die Frage ist nun: welches ist die niedrigste Abtastfrequenz, bei der sich das Originalsignal noch *fehlerfrei*, d.h. ohne Informationsverlust rekonstruieren lässt. Diese theoretische Grenze gibt das Abtasttheorem an, das wir im Folgenden erläutern wollen.

Zur mathematischen Beschreibung ist die Treppenfunktion in Abb. 17.3 nicht gut geeignet. Man ersetzt sie deshalb wie in Abb. 17.4 durch eine Folge von Dirac-Impulsen:

$$\tilde{U}_e(t) = \sum_{\mu=0}^{\infty} U_e(t_\mu)\, T_a\, \delta(t - t_\mu) \tag{17.1}$$

Ihre Impulsstärke $U_e(t_\mu)T_a$ ist dabei symbolisch durch einen Pfeil charakterisiert. Man darf sie nicht mit der Impulshöhe verwechseln; denn der Dirac-Impuls ist nach der Definition ein Impuls mit unendlicher Höhe und verschwindender Dauer, dessen Fläche jedoch einen endlichen Wert besitzt, den man als Impulsstärke bezeichnet. Diese Eigenschaft wird durch Abb. 17.5 verdeutlicht, in der der Dirac-Impuls näherungsweise durch einen Rechteckimpuls r_ε dargestellt ist. Dabei gilt der Grenzübergang:

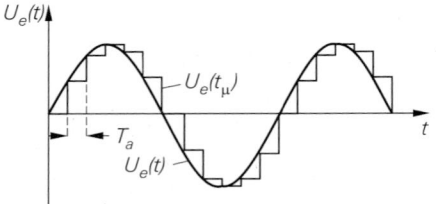

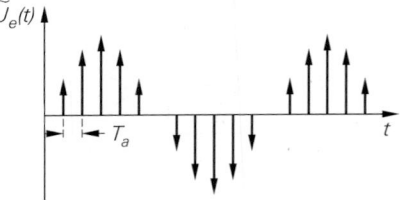

Abb. 17.3.
Beispiel für das Eingangssignal $U_e(t)$ und die Abtastwerte $U_e(t_\mu)$

Abb. 17.4.
Darstellung des Eingangssignals durch eine Impulsfolge

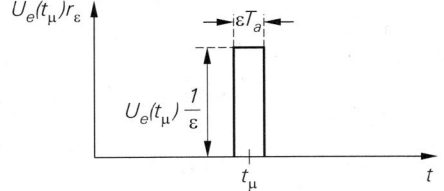

Abb. 17.5.
Näherungsweise Darstellung eines Dirac-
Impulses durch einen endlichen Spannungs-
impuls

$$U_e(t_\mu)\, T_a\, \delta(t - t_\mu) \;=\; \lim_{\varepsilon \to 0} U_e(t_\mu)\, r_\varepsilon(t - t_\mu) \tag{17.2}$$

Um zu untersuchen, welche Informationen die in (17.1) dargestellte Impulsfolge enthält, betrachten wir ihr Spektrum. Durch Anwendung der Fourier-Transformation auf (17.1) erhalten wir:

$$\tilde{X}(jf) \;=\; T_a \sum_{\mu=0}^{\infty} U_e(\mu T_a)\, e^{-2\pi j \mu f / f_a} \tag{17.3}$$

Man erkennt, dass dieses Spektrum eine periodische Funktion ist. Ihre Periode ist gleich der Abtastfrequenz f_a. Durch Fourier-Reihenentwicklung dieser periodischen Funktion lässt sich nun weiter zeigen, dass das Spektrum $|\tilde{X}(jf)|$ im Bereich $-\frac{1}{2} f_a \leq f \leq \frac{1}{2} f_a$ identisch ist mit dem Spektrum $|X(jf)|$ der Originalfunktion. Es enthält also noch die volle Information, obwohl nur wenige Werte aus der Eingangsfunktion entnommen werden.

Dabei ist lediglich eine Einschränkung zu machen, die wir anhand der Abb. 17.6 erläutern wollen: Das Originalspektrum erscheint nur dann unverändert, wenn die Abtastfrequenz mindestens so hoch gewählt wird, dass sich die periodisch wiederkehrenden Spektren nicht überlappen. Das ist gemäß Abb. 17.6 gegeben, wenn das

Abtasttheorem für Tiefpass-Signale: $\boxed{f_a > 2 f_{max}}$ (17.4)

erfüllt ist; dies ist das Abtasttheorem das Nyquist und Shannon als erste aufgestellt haben. Die maximale Signalfrequenz $f_{max} = \frac{1}{2} f_a$ wird als Nyquist-Frequenz bezeichnet. Wenn sich das Spektrum des Eingangssignals nicht von der Frequenz $f = 0$ bis f_{max} erstreckt, sondern lediglich in einem Frequenzband mit der Bandbreite $B = f_{max} - f_{min}$, dann reicht eine niedrigere Abtastfrequenz aus:

Abtasttheorem für Bandpass-Signale: $\boxed{f_a > 2B = 2(f_{max} - f_{min})}$ (17.5)

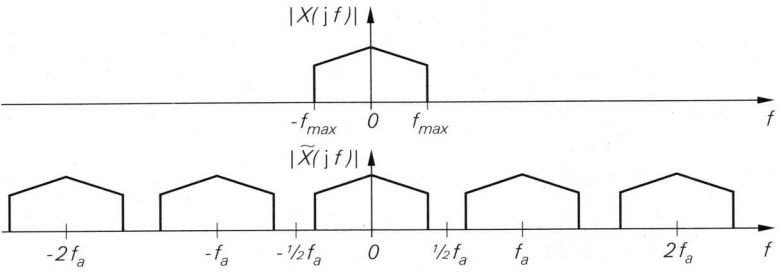

Abb. 17.6. Spektrum der Eingangsspannung vor dem Abtasten (oben), und nach dem Abtasten (unten)

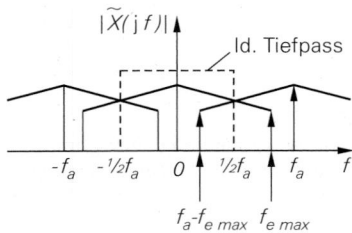

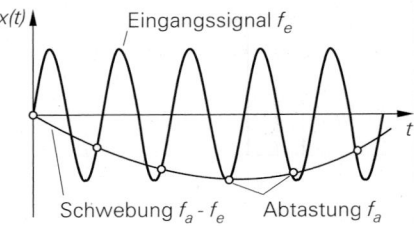

Abb. 17.7.
Überlappung der Spektren bei zu
niedriger Abtastfrequenz

Abb. 17.8.
Zustandekommen der Schwebung bei zu niedriger
Abtastfrequenz für $f_e \lesssim f_a$

17.1.1.2 Rückgewinnung des Analogsignals

Aus Abb. 17.6 lässt sich unmittelbar die Vorschrift für die Rückgewinnung des Analog-signals ablesen: Man braucht lediglich mit Hilfe eines Tiefpassfilters die Spektralanteile oberhalb $\frac{1}{2} f_a$ abzuschneiden. Dabei muss der Tiefpass so dimensioniert werden, dass die Dämpfung bei f_{max} noch Null ist und bei $\frac{1}{2} f_a$ bereits unendlich.

Zusammenfassend ergibt sich die Aussage, dass man aus den Abtastwerten einer kon-tinuierlichen, bandbegrenzten Zeitfunktion die ursprüngliche Funktion wieder vollständig rekonstruieren kann, wenn die Voraussetzung $f_a \geq 2 f_{max}$ erfüllt ist. Dazu muss man aus den Abtastwerten eine Folge von Dirac-Impulsen erzeugen und diese in ein ideales Tiefpassfilter mit $f_g = f_{max}$ geben.

Wählt man die Abtastfrequenz niedriger als nach dem Abtasttheorem vorgeschrieben, entstehen Spektralanteile mit der Differenzfrequenz $f_a - f < f_{max}$, die vom Tiefpassfilter nicht unterdrückt werden und sich am Ausgang als Schwebung äußern (Aliasing). Abbil-dung 17.7 zeigt diese Verhältnisse. Man erkennt, dass die Spektralanteile des Eingangs-signals oberhalb von $\frac{1}{2} f_a$ nicht einfach verloren gehen, sondern invers in das Nutzband gespiegelt werden. Die höchste Signalfrequenz $f_{e\,max}$ findet sich dann als die niedrigs-te Spiegelfrequenz $f_a - f_{e\,max} < \frac{1}{2} f_a$ im Basisband des Ausgangsspektrums wieder. In Abb. 17.8 sind diese Verhältnisse im Zeitbereich dargestellt für ein Eingangssignal, dessen Spektrum nur eine einzige Spektrallinie bei $f_{e\,max} \lesssim f_a$ besitzt. Man erkennt, wie hier eine Schwingung mit der Schwebungsfrequenz $f_a - f_{e\,max}$ zustande kommt.

17.1.1.3 Praktische Gesichtspunkte

Bei der praktischen Realisierung tritt das Problem auf, dass man mit einem realen Sys-tem keine Dirac-Impulse erzeugen kann. Man muss die Impulse also gemäß Abb. 17.5 näherungsweise mit endlicher Amplitude und endlicher Dauer erzeugen, d.h. auf den Grenzübergang in (17.2) verzichten. Durch Einsetzen von (17.2) in (17.1) erhalten wir mit endlichem ε die angenäherte Impulsfolge:

$$\tilde{U}'_e(t) = \sum_{\mu=0}^{\infty} U_e(t_\mu)\, r_\varepsilon(t - t_\mu) \tag{17.6}$$

Durch Fourier-Transformation erhalten wir das Spektrum:

$$\tilde{X}'(jf) = \frac{\sin \pi \varepsilon T_a f}{\pi \varepsilon T_a f}\, \tilde{X}(jf) \tag{17.7}$$

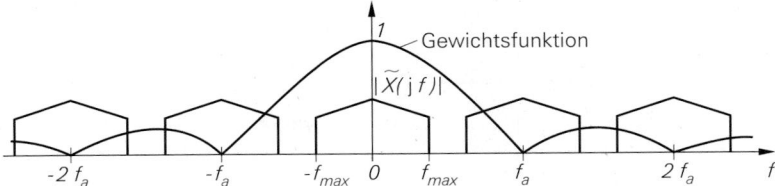

Abb. 17.9. Übergang vom Spektrum der Dirac-Folge zum Spektrum der Treppenfunktion durch die Gewichtsfunktion $|(\sin \pi f/f_a)/(\pi f/f_a)|$

Das ist dasselbe Spektrum wie bei Dirac-Impulsen, jedoch mit einer überlagerten Gewichtsfunktion, die dazu führt, dass höhere Frequenzen abgeschwächt werden. Besonders interessant ist der Fall der Treppenfunktion. Bei ihr ist die Impulsbreite εT_a gleich der Abtastdauer T_a. Dafür ergibt sich das Spektrum:

$$\tilde{X}'(jf) \;=\; \frac{\sin(\pi f/f_a)}{\pi f/f_a}\,\tilde{X}(jf) \tag{17.8}$$

Der Betrag der Gewichtsfunktion ist in Abb. 17.9 über dem symbolischen Spektrum der Dirac-Impulse aufgezeichnet. Bei der halben Abtastfrequenz tritt eine Abschwächung mit dem Faktor 0,64 auf.

Wie man bei der Wahl der Abtastfrequenz und der Eingangs- bzw. Ausgangsfilter vorgehen kann, soll an dem Beispiel in Abb. 17.10 erklärt werden. Angenommen sei ein Eingangsspektrum eines Musiksignals im Bereich $0 \le f \le f_{max} = 16\,\mathrm{kHz}$, das abgetastet und unverfälscht rekonstruiert werden soll. Dabei ist es unerheblich, ob 16 kHz-Komponenten auch tatsächlich mit voller Amplitude auftreten; der lineare Frequenzgang soll vielmehr andeuten, dass in diesem Bereich eine konstante Verstärkung gefordert wird.

Selbst wenn man sicher ist, dass keine Töne über 16 kHz auftreten, so bedeutet dies nicht automatisch, dass das Spektrum am Eingang des Abtasters auf 16 kHz beschränkt ist. Eine breitbandige Störquelle ist z.B. das Verstärkerrauschen. Aus diesem Grund ist es immer angebracht, den in Abb. 17.1 eingezeichneten Eingangstiefpass vorzusehen. Er soll das Eingangsspektrum auf die halbe Abtastfrequenz begrenzen, um Aliasing zu verhindern. Seine Grenzfrequenz muss mindestens f_{max} betragen, um das Eingangssignal nicht zu beschneiden. Andererseits ist es wünschenswert, dass er bei einer nur wenig höheren Frequenz vollständig sperrt, um einen möglichst niedrigen Wert für die Abtastfrequenz verwenden zu können. Mit der Abtastfrequenz steigt nämlich der Aufwand in den AD- bzw. DA-Umsetzern und im digitalen Filter. Andererseits steigt der Aufwand für den Tiefpass mit zunehmender Filtersteilheit und Sperrdämpfung. Deshalb ist immer ein Kompromiss zwischen dem Aufwand in den Tiefpassfiltern einerseits und den Umsetzern und dem digitalen Filter andererseits zu finden. In dem Beispiel mit $f_{max} = 16\,\mathrm{kHz}$ kann man beispielsweise $\frac{1}{2}f_a = 22\,\mathrm{kS/s}$ wählen, also eine Abtastfrequenz von $f_a = 44\,\mathrm{kS/s}$ verwenden.

Das bandbegrenzte Eingangssignal wird durch die Abtastung, wie man in Abb. 17.10 erkennt, zu f_a periodisch fortgesetzt. Deshalb muss nach der DA-Umsetzung das Basisband $0 \le f \le \frac{1}{2}f_a$ wieder herausgefiltert werden. Da man am Ausgang des DA-Umsetzers eine Treppenfunktion erhält, muss man noch zusätzlich die $\sin x/x$-Bewertung nach (17.8) berücksichtigen.

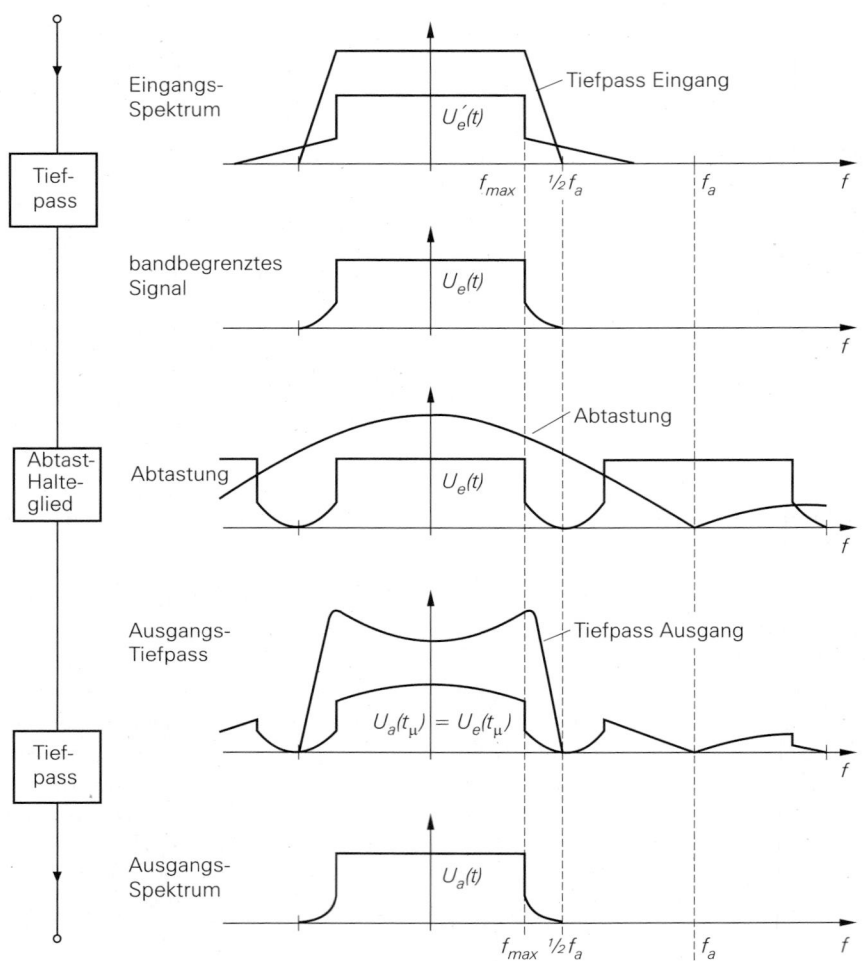

Abb. 17.10. Rekonstruktion des Eingangsspektrums in einem digitalen System gemäß Abb. 17.1 für $y(t_\mu) = x(t_\mu)$. Der AD- und DA-Umsetzer treten hier nicht auf, weil sie die Spektren nicht verändern, sondern lediglich Quantisierungsrauschen hinzufügen.

Man kann die dafür erforderliche Entzerrung entweder im Frequenzgang des digitalen Systems berücksichtigen oder im Ausgangs-Tiefpass durchführen. Die letztere Möglichkeit ist in Abb. 17.10 eingezeichnet. Die Hauptaufgabe des Ausgangsfilters besteht aber darin, das Basisband $0 \le f \le \frac{1}{2} f_a$ aus dem Spektrum herausfiltern: Bei der Frequenz f_{max} muss es noch voll durchlässig sein, während es bei der unter Umständen nur knapp darüber liegenden Frequenz $\frac{1}{2} f_a$ schon vollständig sperren soll. Man sieht, dass es hier bezüglich der Filtersteilheit dieselbe Problematik gibt wie beim Eingangsfilter. Um das Filter realisieren zu können, muss also auch hier ein ausreichender Abstand zwischen f_{max} und $\frac{1}{2} f_a$ bestehen.

Die Problematik, das Eingangs- bzw. Ausgangsfilter zu realisieren, lässt sich entschärfen, wenn man eine deutlich höhere Abtastfrequenz verwendet, also z.B. den doppelten oder vierfachen Wert. Durch diese *Überabtastung* (oversampling) (s. Abschnitt 17.3.5)

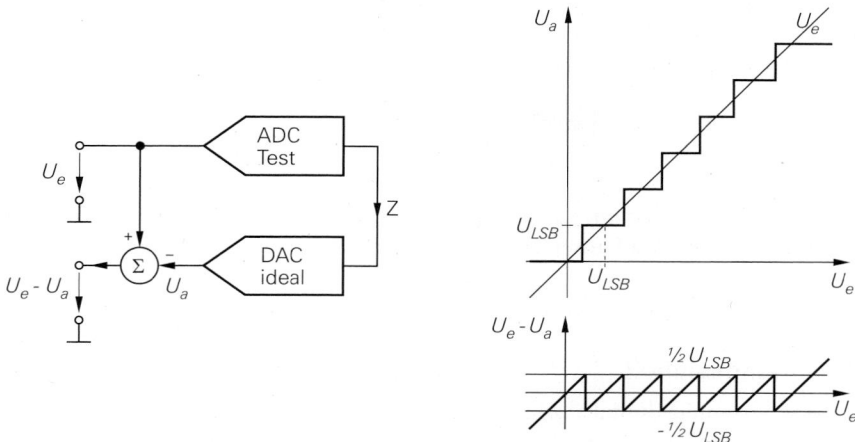

Abb. 17.11. Zustandekommen des Quantisierungsrauschens. Die Spannung U_a (Z) ergibt sich durch DA-Umsetzung der Zahl Z, die am Ausgang des AD-Umsetzers auftritt.

steigt natürlich der Aufwand für die AD- und DA-Umsetzer. Man kann jedoch die Abtastfrequenz mit einem digitalen Tiefpass hinter dem AD-Umsetzer wieder auf den nach dem Abtasttheorem erforderlichen Wert reduzieren. Dadurch vermeidet man eine Erhöhung der Datenrate bei der Übertragung bzw. Speicherung der Daten. Vor der DA-Umsetzung berechnet man mit einem Interpolator wieder Zwischenwerte, um auch dort durch Überabtastung mit einem einfachen Ausgangstiefpass auskommen zu können.

17.1.2 Quantisierung der Amplitude

Bei der Umsetzung einer analogen Größe in eine Zahl mit endlich vielen Bits entsteht infolge der begrenzten Auflösung ein systematischer Fehler, der als Quantisierungsfehler bezeichnet wird. Er beträgt, wie man in Abb. 17.11 erkennt, $\pm \frac{1}{2} U_{LSB}$ d.h. er ist so groß wie die halbe Eingangsspannungsänderung, die erforderlich ist, um die Zahl in der niedrigsten Stelle zu ändern.

Wenn man die erzeugte Zahlenfolge mit einem DA-Umsetzer in eine Spannung zurückverwandelt, äußert sich der Quantisierungsfehler als überlagertes Rauschen. Sein Effektivwert beträgt:

$$U_{r\,eff} \;=\; \frac{U_{LSB}}{\sqrt{12}} \tag{17.9}$$

Bei sinusförmiger Vollaussteuerung beträgt der Effektivwert der Signalspannung bei einem N-bit-Umsetzer:

$$U_{s\,eff} \;=\; \frac{1}{\sqrt{2}} \cdot \frac{1}{2} \cdot 2^N \cdot U_{LSB} \tag{17.10}$$

Daraus erhalten wir den *Signal-Rausch-Abstand* (*signal-to-noise ratio*):

$$SNR \;=\; \frac{U_{s\,eff}}{U_{r\,eff}} \;=\; \sqrt{1{,}5} \cdot 2^N \;\approx\; 2^N \;=\; n \tag{17.11}$$

Er wird in der Praxis normalerweise in Dezibel, d.h. logarithmisch, angegeben; mit

$$\lg x \;=\; \log_{10} x \quad , \quad \operatorname{ld} x \;=\; \log_2 x \quad , \quad \lg x \;=\; \lg 2 \cdot \operatorname{ld} x$$

gilt:

$$SNR_{dB} = 20\,\text{dB lg}\,SNR = 6\,\text{dB ld}\,SNR$$

$$= N \cdot 6\,\text{dB} + 1{,}8\,\text{dB}$$

$$\approx N \cdot 6\,\text{dB} \tag{17.12}$$

Man kann diese Beziehungen aber auch dazu verwenden, aus dem gemessenen *SNR* die *effektive* Auflösung eines AD-Umsetzers zu berechnen:

$$N = \frac{SNR_{dB}}{6\,\text{dB}} \quad \text{oder} \quad n = 2^N = \frac{U_{s\,\text{eff}}}{U_{r\,\text{eff}}} \tag{17.13}$$

17.1.3 Spannungseinheit

Wenn man eine Spannung digital anzeigen oder verarbeiten möchte, muss man sie in eine entsprechende Zahl übersetzen. Diese Aufgabe erfüllt ein Analog-Digital-Umsetzer, ADU, (Analog to Digital Converter, ADC). Dabei soll die Zahl Z in der Regel proportional zur Eingangsspannung U_e sein:

$$Z = \frac{U_e}{U_{\text{LSB}}}$$

Darin ist U_{LSB} die Spannungseinheit für das niedrigste Bit (Least Significant Bit, LSB), also die zu $Z = 1$ gehörige Spannung. Zur Rückverwandlung einer Zahl in eine Spannung verwendet man Digital-Analog-Umsetzer, DAU, (Digital to Analog Converter, DAC). Seine Ausgangsspannung ist proportional zur eingegebenen Zahl gemäß:

$$U_a = U_{\text{LSB}}Z$$

17.2 Digital-Analog Umsetzung

17.2.1 Grundprinzipien der DA-Umsetzung

Die Aufgabe eines Digital-Analog-Umsetzers, DAU, besteht darin, eine Zahl in eine dazu proportionale Spannung umzuwandeln. Man kann dabei drei prinzipiell verschiedene Verfahren unterscheiden:

− das Parallelverfahren
− das Wägeverfahren
− das Zählverfahren

Die Arbeitsweise dieser drei Verfahren ist in Abb. 17.12 schematisch dargestellt. Beim Parallelverfahren werden mit einem Spannungsteiler alle möglichen Ausgangsspannungen bereitgestellt. Mit einem 1-aus-n-Decoder wird dann derjenige Schalter geschlossen, dem die gewünschte Ausgangsspannung zugeordnet ist. Beim Wägeverfahren ist jedem Bit ein Schalter zugeordnet. Über entsprechend gewichtete Widerstände wird dann die Ausgangsspannung aufsummiert. Das Zählverfahren erfordert nur einen einzigen Schalter. Er wird periodisch geöffnet und geschlossen. Sein Tastverhältnis wird mit Hilfe eines Pulsbreitenmodulators so eingestellt, dass der arithmetische Mittelwert der Ausgangsspannung den gewünschten Wert annimmt.

Der Vergleich der drei Verfahren zeigt, dass das Parallelverfahren $Z_{\max} = 2^N$ Schalter erfordert, das Wägeverfahren ld $Z_{\max} = N$ Schalter und das Zählverfahren nur einen einzigen. Wegen der großen Zahl von Schaltern wird das Parallelverfahren nur selten eingesetzt.

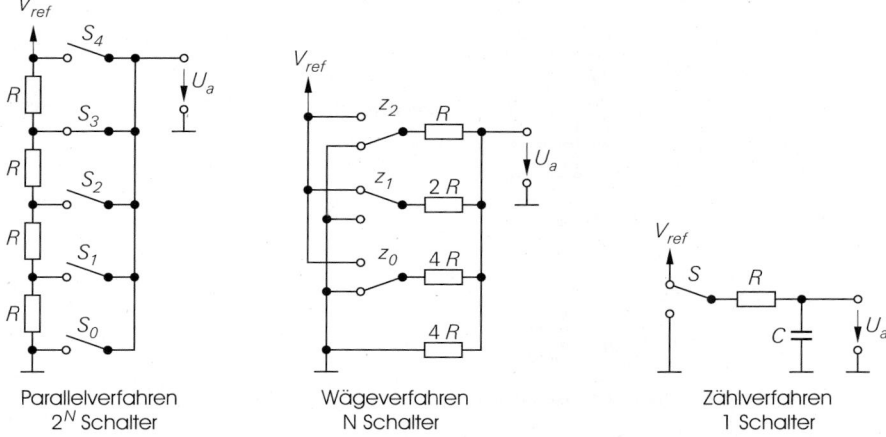

Parallelverfahren	Wägeverfahren	Zählverfahren
2^N Schalter	N Schalter	1 Schalter

Abb. 17.12. Verfahren zur Digital-Analog-Umsetzung

Das Zählverfahren erlangt zunehmende Bedeutung, weil hier der Pulsbreitenmodulator eine einfach zu integrierende digitale Schaltung darstellt. Wenn man ihn mit einer Frequenz betreibt, die weit über der Abtastfrequenz liegt (oversampling), vereinfacht sich dadurch das erforderliche Tiefpassfilter.

Die größte Bedeutung haben DA-Umsetzer nach dem Wägeverfahren. Ihre vielfältigen Realisierungsmöglichkeiten wollen wir im folgenden beschreiben.

17.2.2 Wägeverfahren mit geschalteten Spannungen

Eine einfache Schaltung zur Umwandlung einer Dualzahl in eine dazu proportionale Spannung ist in Abb. 17.13 dargestellt. Die Widerstände sind so gewählt, dass durch sie bei geschlossenem Schalter ein Strom fließt, der dem betreffenden Stellenwert entspricht. Die Schalter müssen immer dann geschlossen werden, wenn in der betreffenden Stelle eine logische Eins auftritt. Wegen der Gegenkopplung des Operationsverstärkers über den Widerstand R_{FB} bleibt der Summationspunkt auf Nullpotential. Die Teilströme werden also ohne gegenseitige Beeinflussung aufsummiert.

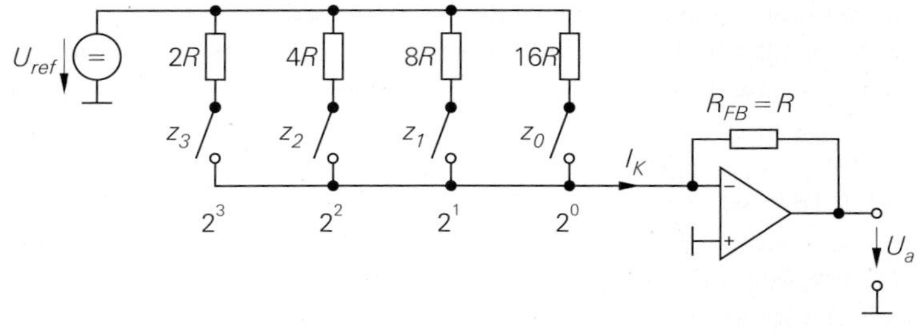

$$U_a = -U_{ref} \cdot \frac{Z}{16} \quad , \quad I_k = \frac{U_{ref}}{R} \cdot \frac{Z}{16}$$

Abb. 17.13. Prinzip eines DA-Umsetzers nach dem Wägeverfahren

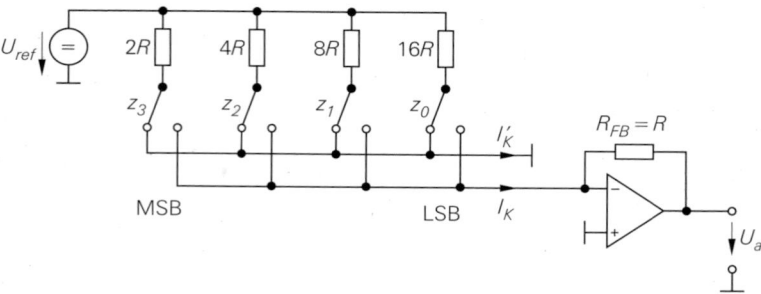

$$I_k = \frac{U_{ref}}{R} \frac{Z}{Z_{max}+1} \quad , \quad I_k' = \frac{U_{ref}}{R} \frac{Z_{max}-Z}{Z_{max}+1} \quad , \quad U_a = -U_{ref} \frac{Z}{Z_{max}+1}$$

Abb. 17.14. DA-Umsetzer mit Wechselschaltern

Wenn der von z_0 gesteuerte Schalter geschlossen ist, ergibt sich die Ausgangsspannung:

$$U_a = U_{LSB} = -U_{ref} \frac{R_{FB}}{16R} = -\frac{1}{16} U_{ref}$$

Im allgemeinen Fall erhält man:

$$U_a = -\frac{1}{2} U_{ref} z_3 - \frac{1}{4} U_{ref} z_2 - \frac{1}{8} U_{ref} z_1 - \frac{1}{16} U_{ref} z_0$$

Daraus ergibt sich:

$$U_a = -\frac{1}{16} U_{ref} \left(8z_3 + 4z_2 + 2z_1 + z_0\right) = -U_{ref} \frac{Z}{Z_{max}+1} \tag{17.14}$$

17.2.2.1 Einsatz von Wechselschaltern

Ein Nachteil des beschriebenen DA-Umsetzers besteht darin, dass die Potentiale an den Schaltern stark schwanken. Solange die Schalter offen sind, liegen sie auf V_{ref}-Potential, wenn sie geschlossen sind, auf Nullpotential. Deshalb müssen bei jedem Schaltvorgang die parasitären Kapazitäten des Schalters umgeladen werden. Dieser Nachteil lässt sich vermeiden, wenn man wie in Abb. 17.14 Wechselschalter einsetzt, mit denen jeweils zwischen der virtuellen Masse und der echten Masse umgeschaltet wird. Dadurch bleibt der Strom durch jeden Widerstand konstant. Daraus ergibt sich ein weiterer Vorteil: Die Belastung der Referenzspannungsquelle ist konstant. Ihr Innenwiderstand braucht also nicht wie bei der vorhergehenden Schaltung Null zu sein. Der Eingangswiderstand des Netzwerkes und damit der Lastwiderstand für die Referenzspannungsquelle beträgt in dem Beispiel:

$$R_e = 2R \,||\, 4R \,||\, 8R \,||\, 16R = \frac{16}{15} R$$

Zur Realisierung der Schalter verwendet man Transmission-Gates gemäß Abb. 17.15. Da sich die Elektroden der Schalter immer auf Nullpotential befinden, ist ihr On-Widerstand konstant und er lässt sich durch geringfügige Verkleinerung von R_x berücksichtigen. Aus demselben Grund kann man auch die sonst in Transmission-Gates (Abb. 6.34) auf S. 637 erforderlichen p-Kanal-Fets in den Schaltern einsparen, das sie nie leitend würden.

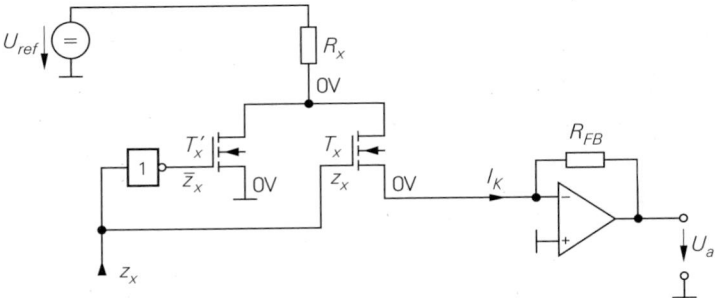

Abb. 17.15. Realisierung eines Wechselschalters mit einem modifizierten Transmission-Gate

17.2.2.2 Leiternetzwerk

Bei der Herstellung von integrierten DA-Umsetzern stößt die Realisierung genauer Widerstände mit stark unterschiedlichen Werten auf erhebliche Schwierigkeiten. Man realisiert die Gewichtung der Ströme deshalb mit *gleichen* Widerständen, die an gewichteten Spannungen angeschlossen sind wie man in Abb. 17.16 erkennt. Die Gewichtung der Spannungen erfolgt über hier einen Spannungsteiler, der die Referenzspannung von Stufe zu Stufe halbiert. Das ist hier nur deshalb möglich, weil die Belastung des Spannungsteiler konstant ist, unabhängig von der Stellung der Schalter. Da die Schaltung formal Ähnlichkeit mit einer Leiter besitzt, wird sie als Leiternetzwerk bezeichnet.

Die Referenzspannungsquelle wird mit dem konstanten Widerstand

$$R_e = 2R \parallel 2R = R$$

belastet. Die Ausgangsspannung des Summierverstärkers ergibt sich zu:

$$
\begin{aligned}
U_a &= -R_{FB}I_k \\
&= -U_{ref}\frac{R_{FB}}{16R}(8z_3 + 4z_2 + 2z_1 + z_0) = -U_{ref}\frac{Z}{Z_{max}+1}
\end{aligned}
\qquad (17.15)
$$

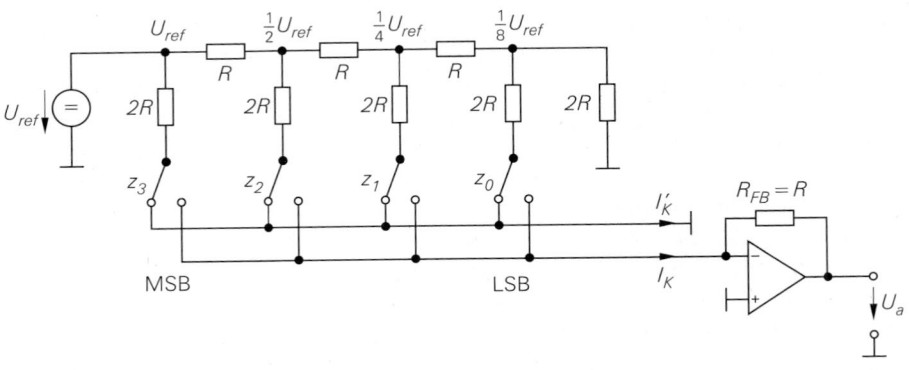

$$U_a = -U_{ref}\frac{Z}{Z_{max}+1}$$

Abb. 17.16. DA-Umsetzer mit Leiternetzwerk

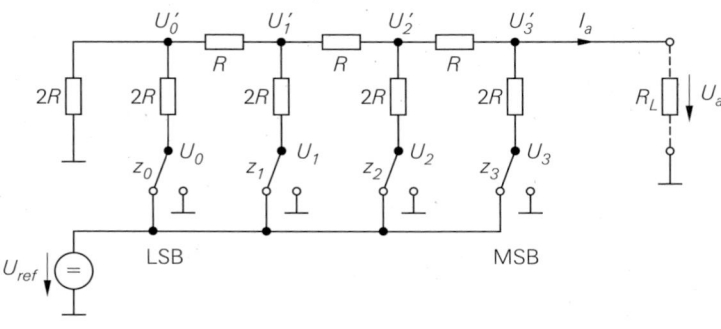

$$U_a = U_{ref} \, \frac{R_L}{R + R_L} \, \frac{Z}{Z_{max} + 1} = U_{ref} \, \frac{R_L}{R + R_L} \, \frac{Z}{16}$$

Abb. 17.17. Invers betriebenes Leiternetzwerk. Hier ist ein Verstärker am Ausgang nicht erforderlich.

Der DA-Umsetzer in Abb. 17.16 erfordert lediglich Widerstände der Größe R, wenn man die Widerstände $2R$ durch Reihenschaltung von zwei Widerständen realisiert. Daher ist die Anordnung gut geeignet für die Herstellung als monolithisch integrierte Schaltung. Dabei lassen sich leicht die erforderlichen Paarungstoleranzen für die Widerstände erreichen. Ihr Absolutwert lässt sich jedoch nicht genau festlegen. So sind Toleranzen bis zu $\pm 50\%$ üblich. Entsprechend stark können natürlich auch die Ströme I_k bzw. I'_k schwanken. Um trotzdem eine eng tolerierte Ausgangsspannung zu erhalten, wird der Gegenkopplungswiderstand R_{FB} mit integriert. Dadurch kürzt sich der Absolutwert von R aus der (17.15) für die Ausgangsspannung heraus. Aus diesem Grund sollte man zur Strom-Spannungs-Umsetzung immer den internen Gegenkopplungswiderstand einsetzen und nie einen externen.

17.2.2.3 Inversbetrieb eines Leiternetzwerks

Gelegentlich wird das Leiternetzwerk auch wie in Abb. 17.17 mit vertauschtem Eingang und Ausgang betrieben, da man dann keinen Verstärker zur Summation benötigt. Man muss dann allerdings die bereits erwähnten Nachteile eines hohen Spannungshubes an den Schaltern und einer ungleichmäßig belasteten Referenzspannungsquelle in Kauf nehmen.

Zur Berechnung der Ausgangsspannung benötigen wir den Zusammenhang zwischen den eingespeisten Spannungen U_i und den zugehörigen Knotenspannungen U'_i. Dabei benutzen wir den Überlagerungssatz, d.h. wir setzen alle eingespeisten Spannungen außer der betrachteten Spannung U_i gleich Null und addieren die einzelnen Anteile. Wenn wir das Netzwerk auch rechts mit dem Widerstand $R_L = 2R$ abschließen, ergibt sich voraussetzungsgemäß an jedem Knotenpunkt nach rechts und links die Belastung $2R$. Daraus folgen die Spannungsanteile $\Delta U'_i = \frac{1}{3}\Delta U_i$ und wir erhalten durch Addition der entsprechend gewichteten Anteile die Ausgangsspannung:

$$U_a = \frac{1}{3}\left(U_3 + \frac{1}{2}U_2 + \frac{1}{4}U_1 + \frac{1}{8}U_0\right) = \frac{2U_{ref}}{3}\frac{Z}{16} \tag{17.16}$$

Da der Innenwiderstand des Netzwerkes unabhängig von der eingestellten Zahl den konstanten Wert R besitzt, bleibt die Gewichtung auch dann erhalten, wenn der Lastwiderstand nicht den zunächst vorausgesetzten Wert $R_L = 2R$ besitzt. Aus dem Ersatzschaltbild in

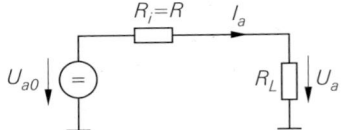

Abb. 17.18.
Ersatzschaltbild zur Berechnung von Leerlaufspannung und Kurzschlussstrom

Abb. 17.18 können wir mit (17.16) unmittelbar die Leerlaufspannung und den Kurzschlussstrom berechnen:

$$U_{a0} = U_{ref}\frac{Z}{16} = U_{ref}\frac{Z}{Z_{max}+1} \quad \text{für} \quad R_L = \infty$$

$$I_{ak} = \frac{U_{ref}}{R}\frac{Z}{16} = \frac{U_{ref}}{R}\frac{Z}{Z_{max}+1} \quad \text{für} \quad R_L = 0$$

$$(17.17)$$

17.2.3 Wägeverfahren mit geschalteten Strömen

DA-Umsetzer lassen sich auch vorteilhaft mit Konstantstromquellen realisieren, die die einzelnen Beiträge zum Ausgangstrom liefern. Dieses Prinzip ist in Abb. 17.19 dargestellt. Die Ströme sind nach dem Stellenwert gewichtet. Je nachdem, ob die betreffende Dualstelle Eins oder Null ist, gelangt der zugehörige Strom an den Ausgang oder wird nach Masse abgeleitet. Die Sammelschiene für den Strom I_k muss hier nicht unbedingt auf Nullpotential liegen, da der Strom, den die Stromquellen liefern, unabhängig von dem Ausgangspotential ist. Dies gilt natürlich nur innerhalb des Aussteuerungsbereiches der Konstantstromquellen (Compliance Voltage). Die Stromschalter realisiert man hier mit Differenzverstärkern gemäß Abb. 4.62 auf S. 352, weil sich damit der Strom mit einer kleinen Differenzspannung ganz von den einen auf den anderen Transistor umschalten lässt.

Zur Erzeugung der Konstantströme verwendet man bei dem Beispiel in Abb. 17.20 einfache Transistorstromquellen gemäß Abb. 4.10 auf S. 288. Der Operationsverstärker bildet zusammen mit den Transistoren T_1 und T_2 einen Stromspiegel für I_{ref}:

$$I_{ref} = \frac{U_{ref}}{R_{ref}} = \frac{U_1}{2R} = 8I_{LSB}$$

Um auch hier die unterschiedlichen Ströme mit gleichen Widerständen zu realisieren, verwendet man ein Leiternetzwerk zur Stromteilung in den Sourceleitungen. Für die gewünschte Funktionsweise der Schaltung ist es erforderlich, dass die Gate-Source Spannun-

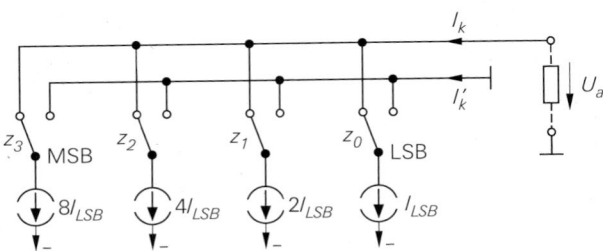

$$U_a = -R_L I_{LSB} Z \quad , \quad I_k = I_{LSB} Z \quad , \quad I'_k = I_{LSB}(Z_{max} - Z)$$

Abb. 17.19. DA-Umsetzer mit geschalteten Stromquellen

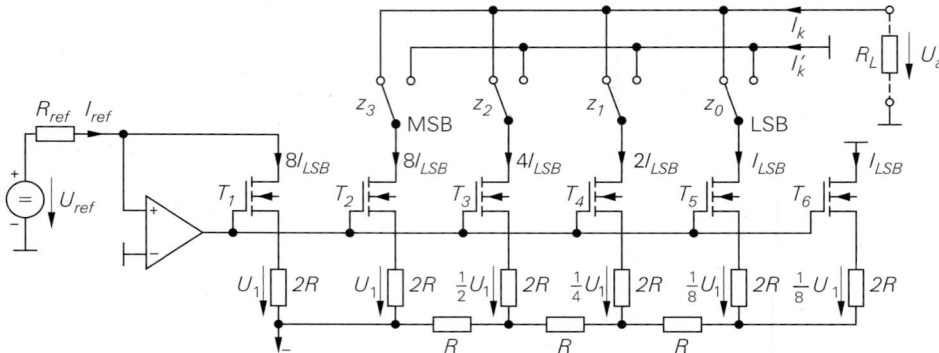

Abb. 17.20. Erzeugung gewichteter Konstantströme mit einem Leiternetzwerk in der Stromquellenbank

gen aller Transistoren gleich groß ist. Um das bei unterschiedlichen Strömen zu erreichen, muss die Größe der Transistoren proportional zum Strom sein.

Eine andere Möglichkeit zur DA-Umsetzung mit geschalteten Stromquellen ist in Abb. 17.21 dargestellt. Hier werden gleich große Ströme erzeugt, die über ein Leiternetzwerk Netzwerk am Ausgang gewichtet werden. Die Anordnung entspricht dem invers betriebenen Leiternetzwerk in Abb. 17.17. Die Widerstände $2R$, die die Abschwächung innerhalb der Kette bewirken, müssen hier an Masse angeschlossen werden. In Reihe mit den Konstantstromquellen wären sie wirkungslos. Andererseits wird die Abschwächung in der Kette durch das Zuschalten einer Stromquelle nicht verändert, da sie einen zumindest theoretisch unendlich hohen Innenwiderstand besitzt.

17.2.4 DA-Umsetzer für spezielle Anwendungen

17.2.4.1 Verarbeitung vorzeichenbehafteter Zahlen

Bei der Beschreibung der DA-Umsetzer sind wir bis jetzt davon ausgegangen, dass positive Zahlen vorliegen, die in positive (je nach Schaltung auch negative) Spannungen umgewandelt werden sollen. Hier wollen wir untersuchen, wie man mit den beschriebe-

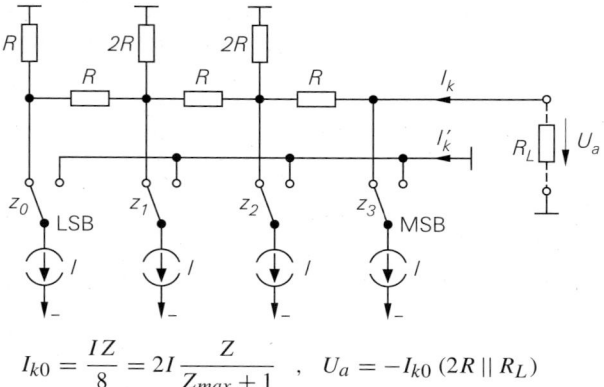

$$I_{k0} = \frac{I Z}{8} = 2I \frac{Z}{Z_{max} + 1} \quad , \quad U_a = -I_{k0} \left(2R \parallel R_L\right)$$

Abb. 17.21. DA-Umsetzer mit einem Leiternetzwerk am Ausgang zur Gewichtung der Ströme

Dezimal	Zweierkomplement K								Offset-Dual Z								Analog	
	v_k	k_6	k_5	k_4	k_3	k_2	k_1	k_0	z_7	z_6	z_5	z_4	z_3	z_2	z_1	z_0	U_1/U_{LSB}	U_a/U_{LSB}
127	0	1	1	1	1	1	1	1	1	1	1	1	1	1	1	1	-255	127
126	0	1	1	1	1	1	1	0	1	1	1	1	1	1	1	0	-254	126
1	0	0	0	0	0	0	0	1	1	0	0	0	0	0	0	1	-129	1
0	0	0	0	0	0	0	0	0	1	0	0	0	0	0	0	0	-128	0
$-$ 1	1	1	1	1	1	1	1	1	0	1	1	1	1	1	1	1	-127	$-$ 1
-127	1	0	0	0	0	0	0	1	0	0	0	0	0	0	0	1	$-$ 1	-127
-128	1	0	0	0	0	0	0	0	0	0	0	0	0	0	0	0	0	-128

Abb. 17.22. Verarbeitung negativer Zahlen in DA-Umsetzern. Beispiel für eine Wortbreite von 8bit mit $U_{LSB} = U_{ref}/256$.

nen DA-Umsetzern bipolare Ausgangsspannungen erzeugen kann. Die übliche Darstellung für Dualzahlen mit beliebigem Vorzeichen ist die Zweierkomplement-Darstellung (siehe Abschnitt 7.7.3.2 auf S. 665). Mit 8 bit kann man auf diese Weise den Bereich von -128 bis $+127$ darstellen; dies ist in Abb. 17.22 zu sehen.

Zur Eingabe in den DA-Umsetzer verschiebt man den Zahlenbereich durch Addition von $Z = K + 128$ auf positive Werte. Zahlen über 128 sind demnach positiv zu werten, Zahlen unter 128 als negativ. Die Bereichsmitte 128 bedeutet in diesem Fall Null. Diese Charakterisierung von vorzeichenbehafteten Zahlen durch rein positive Zahlen bezeichnet man als Offset-Dualdarstellung (Offset Binary). Die Addition von 128 kann man ganz einfach durch Negation des Vorzeichenbits vornehmen wie man in Abb. 17.22 erkennt.

Um eine Ausgangsspannung mit dem richtigen Vorzeichen zu bekommen, macht man die Addition des Offsets wieder rückgängig, indem man auf der Analogseite $128 U_{LSB} = \frac{1}{2} U_{ref}$ subtrahiert. Dazu dient der Summierer OV2 in Abb. 17.23. Er bildet die Ausgangsspannung $U_a = -U_1 - \frac{1}{2} U_{ref}$

$$ U_a = U_{ref} \frac{Z}{256} - \frac{1}{2} U_{ref} = U_{ref} \frac{K + 128}{256} - \frac{1}{2} U_{ref} = U_{ref} \frac{K}{256} \qquad (17.18) $$

Ihre Größe ist zusammen mit der Spannung U_1 in Abb. 17.22 eingetragen.

Die Nullpunktstabilität der Schaltung in Abb. 17.23 lässt sich verbessern indem man zur Subtraktion des Offsets am Ausgang nicht die Referenzspannung direkt, sondern den komplementären Ausgangsstrom I_k' verwendet. Bei der Zweierkomplementzahl $K = 0$, die der Offset-Dualzahl 128 entspricht, beträgt nämlich:

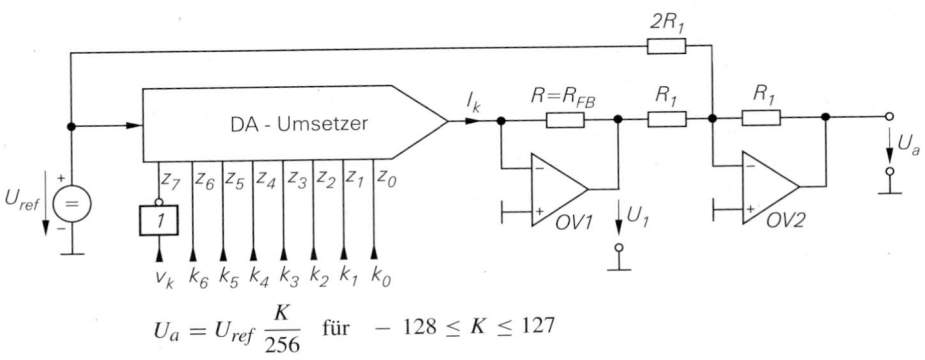

$$ U_a = U_{ref} \frac{K}{256} \quad \text{für} \quad -128 \leq K \leq 127 $$

Abb. 17.23. DA-Umsetzer mit bipolarem Ausgang

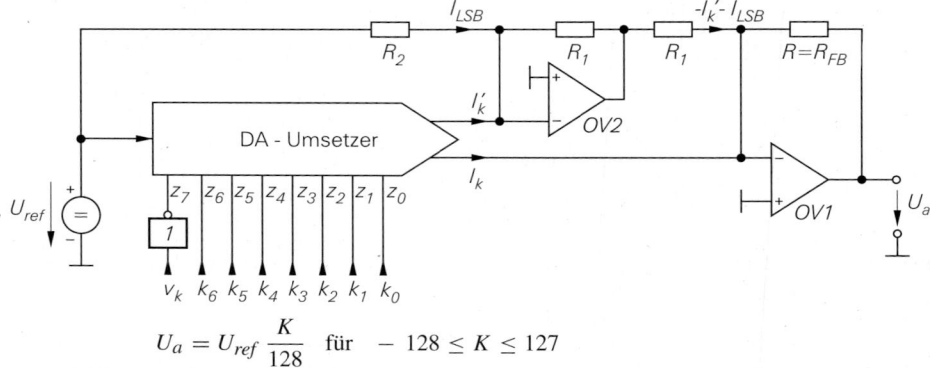

$$U_a = U_{ref} \frac{K}{128} \quad \text{für} \quad -128 \leq K \leq 127$$

Abb. 17.24. Bipolarer DA-Umsetzer mit verbesserter Nullpunktstabilität

$$I_k = 128 I_{LSB} \quad \text{und} \quad I_k' = 127 I_{LSB}$$

Wenn man also I_k' von I_k subtrahiert stimmt der Nullpunkt schon fast. Man muss dann lediglich noch ein $1 I_{LSB}$ subtrahieren, um den exakten Nullpunkt zu erhalten. Diese Methode ist in Abb. 17.24 dargestellt. Der Operationsverstärker OV 1 wandelt wie bisher den Strom I_k in die Ausgangsspannung um. Damit dabei keine Fehler auftreten, wird er über den DAU-internen Widerstand R_{FB} gegengekoppelt. Der Operationsverstärker OV 2 invertiert I_k' und addiert diesen Strom in den Summationspunkt von OV 1. Dabei ist der Absolutwert der beiden Widerstände R_1 beliebig; sie müssen nur gleich sein. Über den Widerstand R_2 wird der Strom I_{LSB} addiert. Wenn $I_{LSB} = U_{ref}/(256R)$ ist, folgt:

$$R_2 = \frac{U_{ref}}{I_{LSB}} = 256 R_1$$

Zur Berechnung der Ausgangsspannung brauchen wir lediglich die Ströme am Summationspunkt von OV 1 zu addieren und erhalten mit $K = Z - 128$:

$$U_a = R \left[\underbrace{\frac{U_{ref}}{R} \frac{Z}{256}}_{I_k} - \underbrace{\frac{U_{ref}}{R} \frac{255 - Z}{256}}_{I_k'} - \underbrace{\frac{U_{ref}}{R} \frac{1}{256}}_{I_{LSB}} \right] = U_{ref} \frac{K}{128} \tag{17.19}$$

17.2.4.2 Multiplizierende DA-Umsetzer

Wir haben gesehen, dass DA-Umsetzer eine Ausgangsspannung liefern, die proportional zur eingegebenen Zahl Z und zur Referenzspannung U_{ref} ist. Sie bilden also das Produkt $U_{ref} Z$. Aus diesem Grund bezeichnet man die Typen, bei denen eine Variation der Referenzspannung möglich ist, auch als *multiplizierende* DA-Umsetzer.

Bei den Typen mit geschalteten Strömen darf die Referenzspannung nur positive Werte annehmen, da sonst die Stromquellen in Abb. 17.20 sperren. Bei den Typen mit geschalteten Spannungen sind dagegen positive und negative Referenzspannungen zulässig. Die Referenzspannung muss nicht unbedingt konstant sein, sondern kann z.B. ein Musiksignal darstellen. Mit der Zahl Z lässt sich dann die Verstärkung einstellen. Die Schaltung stellt also einen multiplizierenden DA-Umsetzer dar: Sie bildet das Produkt von $U_{ref} Z$.

Wenn man dabei Schaltungen mit bipolarer Ausgangsspannung wie in Abb. 17.23 und 17.24 einsetzt, die die vorzeichenrichtige Umsetzung von positiven und negativen Zahlen ermöglichen, ergibt sich sogar eine *Vier-Quadranten-Multiplikation*.

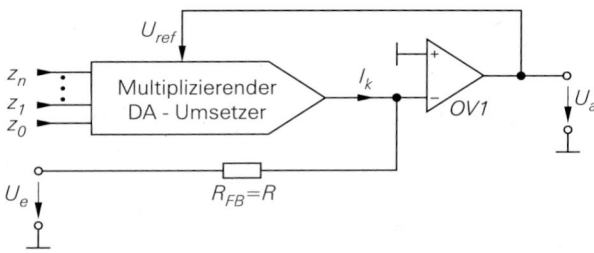

Abb. 17.25.
Dividierender DA-Umsetzer
durch Erweiterung eines
multiplizierenden DA-
Umsetzers

$$U_a = -U_e \, \frac{R}{R_{FB}} \, \frac{Z_{max}+1}{Z}$$

17.2.4.3 Dividierende DA-Umsetzer

Man kann einen multiplizierenden DA-Umsetzer auch so betreiben, dass er durch die eingegebene Zahl *dividiert*. Dazu schaltet man ihn wie in Abb. 17.25 in die Gegenkopplungsschleife eines Operationsverstärkers. Dadurch stellt sich die Referenzspannung U_{ref} so ein, dass $I_k = -U_e/R_{FB}$ wird. Mit der Umsetzergleichung

$$I_k = \frac{U_{ref}}{R} \, \frac{Z}{Z_{max}+1}$$

erhalten wir die Ausgangsspannung:

$$U_a = U_{ref} = I_k R \, \frac{Z_{max}+1}{Z} = -U_e \, \frac{R}{R_{FB}} \, \frac{Z_{max}+1}{Z} = -U_e \, \frac{Z_{max}+1}{Z} \quad (17.20)$$

17.2.5 Genauigkeit von DA-Umsetzern

17.2.5.1 Statische Kenngrößen

Der *Nullpunktfehler* eines DA-Umsetzers wird durch die Sperrströme bestimmt, die durch die geöffneten Schalter fließen.

Der *Vollausschlagfehler* wird einerseits durch die Ein-Widerstände der Schalter und andererseits durch die Genauigkeit des Gegenkopplungswiderstandes R_{FB} bestimmt. Beide Fehler lassen sich durch Abgleich weitgehend beseitigen.

Die *Nichtlinearität* dagegen lässt sich nicht abgleichen. Sie gibt an, um wie viel eine Stufe im ungünstigsten Fall größer oder kleiner als 1 LSB ist. In Abb. 17.26 ist der Fall einer

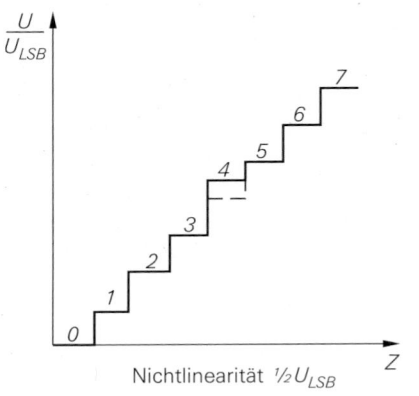

Nichtlinearität $\frac{1}{2} U_{LSB}$

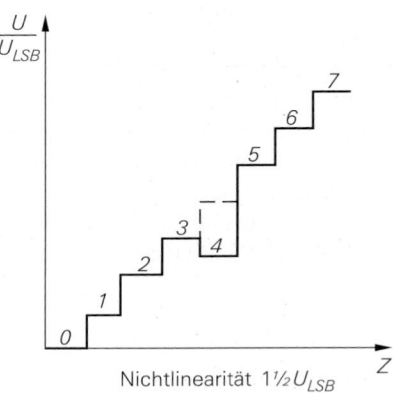

Nichtlinearität $1\frac{1}{2} U_{LSB}$

Abb. 17.26. DA-Umsetzer mit Nichtlinearität

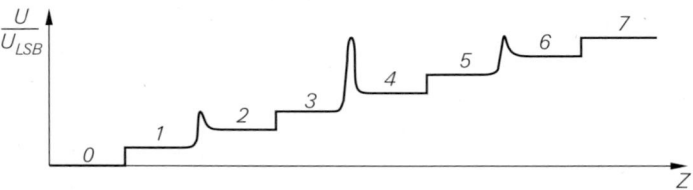

Abb. 17.27. Auftreten positiver Glitche bei zu langsamem Öffnen der Schalter

Nichtlinearität von $\pm\frac{1}{2}$ LSB dargestellt. Der kritische Fall liegt dabei in der Bereichsmitte: Wenn nur das höchste Bit Eins ist, fließt der Strom über einen einzigen Schalter. Verringert man die Zahl um Eins, muss über alle niedrigeren Schalter zusammen ein um ein I_{LSB} kleinerer Strom fließen.

Ist der Linearitätsfehler größer als 1 LSB, kehrt sich die Tendenz um. Dann sinkt an dieser Stelle die Ausgangsspannung ab, wenn man die Zahl um Eins erhöht. Einen derart schwerwiegenden Fehler bezeichnet man als *Monotoniefehler*. Ein Beispiel dafür ist ebenfalls in Abb. 17.26 dargestellt. Die meisten DA-Umsetzer sind so ausgelegt, dass ihre Nichtlinearität $\pm\frac{1}{2}$ LSB nicht überschreitet, da sonst das niedrigste Bit wertlos wird.

17.2.5.2 Glitche

Sehr unangenehme Störimpulse (*Glitche*) können beim Übergang von einer Zahl auf die andere entstehen. Ihre Ursache liegt meist nur zum kleinen Teil in den Ansteuersignalen, die über die Schalter kapazitiv an den Ausgang gelangen. Große Glitche entstehen dann, wenn die Schalter im DA-Umsetzer nicht gleichzeitig schalten. Der kritische Punkt ist dabei wieder die Bereichsmitte: Wenn das höchste Bit (MSB) Eins ist, fließt der Strom nur über einen einzigen Schalter. Verringert man die Zahl um Eins, öffnet sich der Schalter des MSB und alle anderen schließen sich. Wenn sich dabei der Schalter für das MSB öffnet, bevor sich die übrigen Schalter geschlossen haben, geht das Ausgangssignal kurzzeitig auf Null. Öffnet sich der Schalter für das MSB aber etwas zu spät, geht das Ausgangssignal kurzzeitig auf Vollausschlag. Auf diese Weise können also Störimpulse mit der Amplitude des halben Bereichs auftreten. Ein Beispiel für den Fall, dass sich die Schalter schneller schließen als öffnen, ist in Abb. 17.27 dargestellt.

Da die Glitche kurze Impulse sind, lassen sie sich mit einem nachfolgenden Tiefpass verkleinern. Dadurch werden sie aber entsprechend länger. Konstant bleibt dabei die Spannungs-Zeit-Fläche, also die Glitch-Energie. Glitche lassen sich auch dadurch beseitigen, dass man ein Abtast-Halte-Glied nachschaltet. Man kann es während der Glitch-Phase in den Haltezustand versetzen und dadurch den Glitch ausblenden. Abtast-Halte-Glieder, die speziell für diesen Zweck dimensioniert sind, werden als *Deglitcher* bezeichnet. Einfacher ist es jedoch, glitch-arme DA-Umsetzer zu verwenden. Sie besitzen in der Regel einen internen flankengetriggerten Datenspeicher für die Zahl Z, um sicherzustellen, dass die Steuersignale gleichzeitig an alle Schalter gelangen. Mitunter wird auch für die höchsten, kritischen Bits das Parallelverfahren eingesetzt, weil es von Hause aus glitch-frei ist.

17.3 Analog-Digital Umsetzer

Die Aufgabe eines AD-Umsetzers (AD-Converter, ADC) besteht darin, eine Eingangsspannung in eine dazu proportionale Zahl umzuwandeln. Man kann auch hier drei prinzipiell verschiedene Verfahren unterscheiden:

- das Parallelverfahren (word at a time)
- das Wägeverfahren (digit at a time)
- das Zählverfahren (level at a time)

17.3.1 Parallelverfahren

Beim Parallelverfahren vergleicht man die Eingangsspannung gleichzeitig mit $n = 2^N$ Referenzspannungen und stellt fest, mit welcher sie am besten übereinstimmt. Auf diese Weise erhält man die vollständige Zahl in einem Schritt. Allerdings ist der Aufwand sehr hoch, da man für jede mögliche Zahl einen Komparator benötigt. Für einen Messbereich von 0 bis 256 in Schritten von Eins benötigt man also $n = 2^N = 256$ Komparatoren.

Abbildung 17.28 zeigt eine Realisierung des Parallelverfahrens für 3 bit-Zahlen. Mit einer 3 bit-Zahl kann man 8 verschiedene Zahlen einschließlich der Null darstellen. Man benötigt demnach 7 Komparatoren. Die zugehörigen sieben äquidistanten Referenzspannungen werden mit Hilfe eines Spannungsteilers erzeugt.

Legt man nun eine Eingangsspannung an, die beispielsweise zwischen $\frac{5}{2}U_{LSB}$ und $\frac{7}{2}U_{LSB}$ liegt, liefern die Komparatoren 1 bis 3 eine Eins und die Komparatoren 4 bis 7 eine Null. Man benötigt nun eine Logik, die diese Komparatorzustände in die Zahl 3 übersetzt. In Abb. 17.29 haben wir den Zusammenhang zwischen den Komparatorzuständen und der zugehörigen Dualzahl aufgestellt. Wie der Vergleich mit Abb. 7.16 auf S. 659 zeigt, kann man die erforderliche Umwandlung mit einem Prioritätsdecoder vornehmen.

Man darf jedoch den Prioritätsdecoder nicht unmittelbar an den Ausgängen der Komparatoren anschließen. Wenn die Eingangsspannung nicht konstant ist, können im Dualcode vorübergehend völlig falsche Zahlenwerte auftreten. Nehmen wir als Beispiel den Übergang von drei auf vier, also im Dualcode von 011 auf 100. Wenn sich die höchste Stelle infolge kürzerer Laufzeiten früher ändert als die beiden anderen, entstellt vorübergehend die Zahl 111, also sieben. Das entspricht einem Fehler des halben Messbereiches. Da man in der Regel das Ergebnis der AD-Umsetzung in einen Speicher übernimmt, besteht also eine gewisse Wahrscheinlichkeit, diesen völlig falschen Wert zu erwischen. Abhilfe kann man z.B. dadurch schaffen, dass man eine Änderung der Eingangsspannung während der Messzeit mit Hilfe eines Abtast-Halte-Gliedes verhindert. Man benötigt dazu allerdings sehr schnelle Abtast-Halte-Glieder, um die Bandbreite eines AD-Umsetzers nach dem Parallelverfahren nicht zu beeinträchtigen. Außerdem ist damit noch nicht sichergestellt, dass sich die Ausgangszustände der Komparatoren nicht doch ändern, weil schnelle Abtast-Halte-Glieder eine beachtliche Drift besitzen.

Diese Probleme lassen sich jedoch vermeiden, wenn man nicht den Analogwert vor den Komparatoren, sondern den Digitalwert dahinter speichert. Dazu dienen die Flip-Flops in Abb. 17.28 hinter jedem Komparator. Auf diese Weise wird sichergestellt, dass der Prioritätsdecoder für eine ganze Taktperiode konstante Eingangssignale erhält. Vor dem Eintreffen der nächsten Triggerflanke stehen dann am Ausgang des Prioritätsdecoders stationäre Daten zur Verfügung. Die Möglichkeit, ein *digitales Abtast-Halte-Glied* einzusetzen, ist ein besonderer Vorzug des Parallelverfahrens. Es bietet die Voraussetzung für eine Hochgeschwindigkeits-AD-Umsetzung.

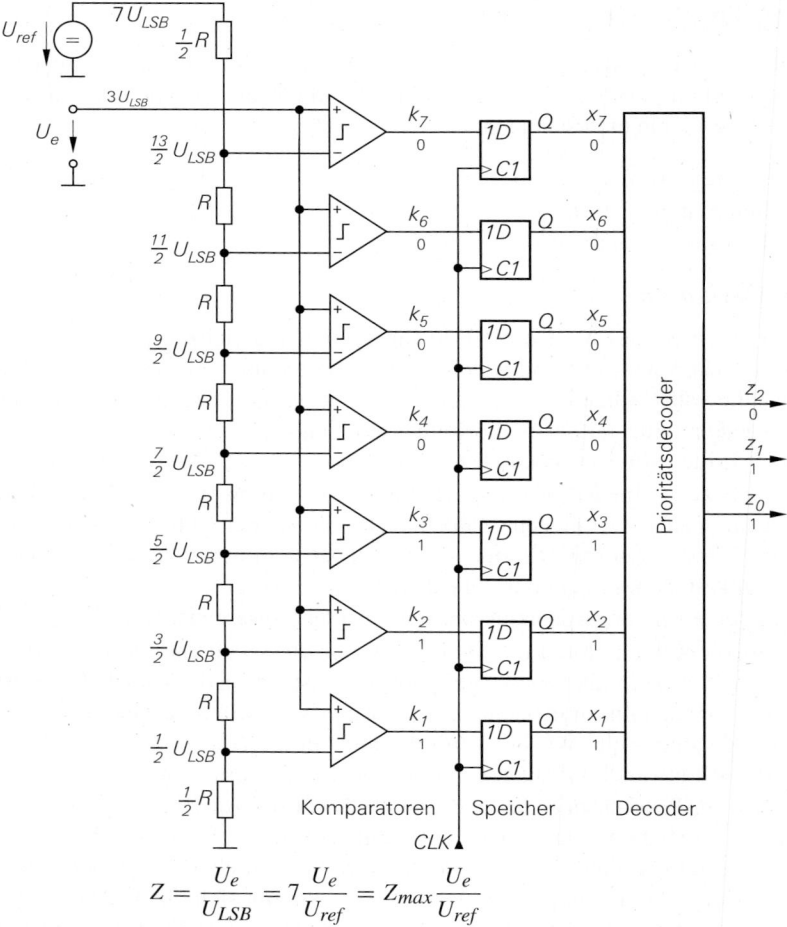

$$Z = \frac{U_e}{U_{LSB}} = 7\frac{U_e}{U_{ref}} = Z_{max}\frac{U_e}{U_{ref}}$$

Abb. 17.28. AD-Umsetzer nach dem Parallelverfahren mit 3 bit und Beispiel für $U_e = 3\,U_{LSB}$

Eingangs-spannung	Komparatorzustände							Dualzahl			Dezimal-äquivalent
U_e/U_{LSB}	k_7	k_6	k_5	k_4	k_3	k_2	k_1	z_2	z_1	z_0	Z
7	1	1	1	1	1	1	1	1	1	1	7
6	0	1	1	1	1	1	1	1	1	0	6
5	0	0	1	1	1	1	1	1	0	1	5
4	0	0	0	1	1	1	1	1	0	0	4
3	**0**	**0**	**0**	**0**	**1**	**1**	**1**	**0**	**1**	**1**	**3**
2	0	0	0	0	0	1	1	0	1	0	2
1	0	0	0	0	0	0	1	0	0	1	1
0	0	0	0	0	0	0	0	0	0	0	0

Abb. 17.29. Variablenzustände im parallelen AD-Umsetzer in
Abhängigkeit von der Eingangsspannung

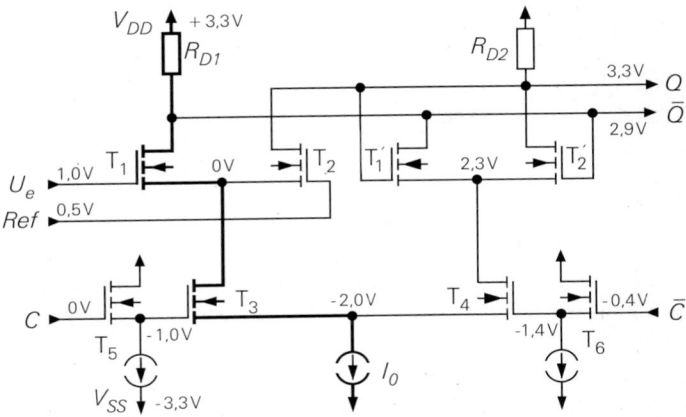

Abb. 17.30. Einsatz eines CML-Flip-Flops als Komparator mit integriertem Flip-Flop. Hier ergibt $C = 1$ transparentes Verhalten.

Der Abtastaugenblick wird durch die Triggerflanke des Taktes bestimmt. Er liegt um die Komparatorlaufzeit vor dieser Flanke. Die Laufzeitdifferenzen bestimmen demnach den *Apertur-Jitter*. Um die im vorhergehenden Abschnitt geforderten niedrigen Werte erreichen zu können, hält man die Signallaufzeit vom Analogeingang bis zu den Speichern so klein wie möglich. Aus diesem Grund wird bei den meisten Ausführungen der Speicher in den Komparator mit einbezogen und unmittelbar hinter den Analogeingang verlegt. Dazu eignet sich besonders gut das in Kap. 6.49 auf S. 643 beschriebenen CML-Flip-Flop, das in Abb. 17.30 für diesen Einsatz modifiziert wurde.

Wenn der Takt wie in dem eingezeichneten Beispiel $C = 1$ ist, arbeitet der Differenzverstärker T_1, T_2 als Komparator; da die Eingangsspannungsdifferenz positiv ist, wird $Q = 1$. Wenn der Takt auf $C = 0$ geht, wird das RS-Flip-Flop T'_1, T'_2 eingeschaltet und speichert den aktuellen Zustand. Dazu ist es nicht einmal erforderlich, dass der Komparator schon voll umgeschaltet hat. Da das Flip-Flop ebenfalls als Differenzverstärker aufgebaut ist, entscheiden Differenzen von wenigen Millivolt darüber, ob das Flip-Flop in den einen oder den anderen Zustand kippt. Auf diese Weise lässt sich der *Apertur-Jitter* auf Pikosekunden reduzieren.

17.3.2 Pipelineumsetzer

Ein Nachteil des Parallelverfahrens besteht darin, dass die Zahl der Komparatoren exponentiell mit der Wortbreite ansteigt. Für einen 10 bit-Umsetzer benötigt man beispielsweise bereits 1023 Komparatoren. Man kann diesen Aufwand wesentlich reduzieren, indem man die Umsetzung in 2 Schritte aufteilt und zuerst die oberen Bits codiert und danach die unteren. Einen 10 bit-Umsetzer realisiert man nach diesem *Kaskadenverfahren* dadurch, dass man in einem ersten Schritt die oberen 5 bit parallel umwandelt, wie es in dem Blockschaltbild in Abb. 17.31 dargestellt ist. Das Ergebnis stellt den grob quantisierten Wert der Eingangsspannung dar. Mit einem DA-Umsetzer bildet man die zugehörige Analogspannung und subtrahiert diese von der Eingangsspannung. Der verbleibende Rest wird mit einem zweiten 5 bit-AD-Umsetzer digitalisiert.

Wenn man die Differenz zwischen Grobwert und Eingangsspannung mit dem Faktor 32 verstärkt, kann man zwei AD-Umsetzer mit demselben Eingangsspannungsbereich

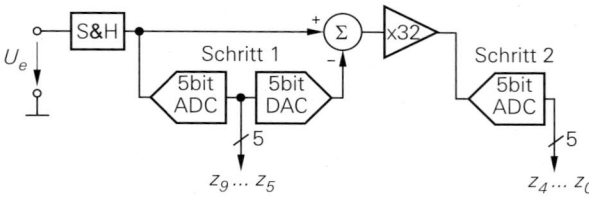

Abb. 17.31.
Kaskaden-Umsetzer mit 2
Stufen. Beispiel für einen
10 bit Umsetzer

verwenden. Ein Unterschied zwischen den beiden Umsetzern besteht allerdings in der Genauigkeitsanforderung: Sie muss bei dem ersten 5 bit-AD-Umsetzer so gut sein wie bei einem 10 bit-Umsetzer, da sonst die gebildete Differenz irrelevant ist.

Parallele AD-Umsetzer mit einer derart hohen Linearität sind aber nicht erhältlich und für höhere Signalfrequenzen auch nicht realisierbar. Die Folge davon ist, dass das Differenzsignal aus dem Feinbereich herausläuft und den zweiten AD-Umsetzer übersteuert. Dadurch treten im Ausgangssignal schwerwiegende Fehler (Missing Codes) auf. Dieses Problem lässt sich beseitigen, indem man die Verstärkung des Differenzsignals auf 16 halbiert wie Abb. 17.32 zeigt. Dadurch wird dann das Bit z_5 sowohl vom Grob- als auch vom Feinquantisierer gebildet. Läuft nun das Feinsignal wegen Linearitätsfehlern des Grobquantisierers aus dem vorgesehenen Bereich heraus, lässt sich der Grobwert mittels z_5' um Eins erhöhen bzw. verringern. Auf diese Weise lassen sich Linearitätsfehler des Grobquantisierers bis auf $\pm \frac{1}{2}$ LSB korrigieren. Seine Linearität braucht bei der Schaltung in Abb. 17.32 im Unterschied zur vorhergehenden nicht besser zu sein als die Auflösung. Lediglich der DA-Umsetzer muss die volle 10 bit-Genauigkeit besitzen. Für die Fehlerkorrektur müssen der Grob- und Feinbereich um mindestens 1 bit überlappen. Um die Auflösung des ganzen Umsetzers dadurch nicht zu reduzieren, besitzt der Feinquantisierer hier ein zusätzliches Bit.

Grob- und Feinwerte müssen natürlich jeweils von derselben Eingangsspannung $U_e(t_j)$ gebildet werden. Dazu muss die Eingangsspannung mit einem Abtast-Halteglied konstant gehalten werden bis das Signal alle Stufen durchlaufen hat. Das ist also in diesem Fall der AD- und DA-Umsetzer der 1. Stufe, der Subtrahierer, der Verstärker und der AD-Umsetzer der 2. Stufe. Um das Verfahren zu beschleunigen, speichert man die Spannung für die Feinquantisierung in einem 2. Abtast-Halteglied. Dadurch steht der Grobquantisierer in Abb. 17.33 schon zur Codierung des nächsten Abtastwerts zur Verfügung, während der Feinquantisierer den vorhergehenden Abtastwert codiert. Das Merkmal dieses *Pipelineverfahrens* besteht darin, dass gleichzeitig aufeinanderfolgende Abtastwerte codiert werden.

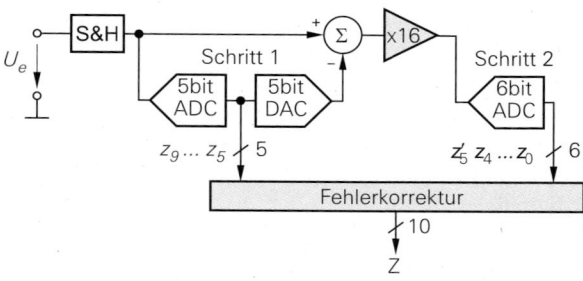

Abb. 17.32.
Überlappung der Bereiche
zur Fehlerkorrektur

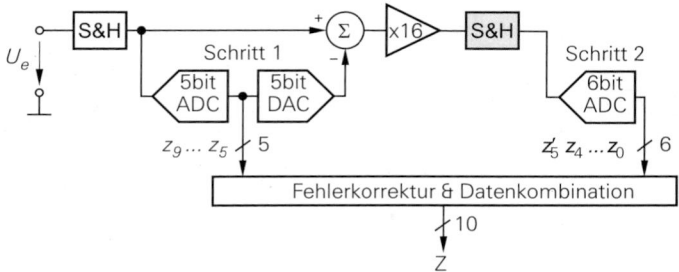

Abb. 17.33. Pipeline-Umsetzer mit 2 Stufen mit einem Abtast-Halteglied vor jeder Stufe

Mit dem Pipeline-Verfahren ist es möglich, die Anzahl der Codierungsschritte zu erhöhen, ohne dadurch die Abtastfrequenz zu reduzieren. In Abb. 17.34 ist ein Umsetzer mit einer 3-stufigen Pipeline dargestellt. Hier werden in jedem Schritt 5 bit codiert und in jeder Stufe wird 1 bit zur Fehlerkorrektur reserviert. Wenn man die AD-Umsetzer in jeder Stufe mit dem Parallelverfahren realisiert, benötigt man lediglich $3 \times 32 = 96$ Komparatoren für einen 12 bit Umsetzer. Abbildung 17.35 zeigt, wie das Eingangssignal die Stufen der Pipeline durchläuft. Man sieht, dass 3 Abtasttakte erforderlich sind, bis ein Abtastwert alle Schritte durchlaufen hat und das 1. Ergebnis vorliegt. Gleichzeitig erkennt man, dass während der Codierung des 1. Abtastwerts im 2. und 3. Schritt bereits die nächsten Abtastwerte im 1. Schritt codiert werden.

Die Zahl der erforderlichen Komparatoren lässt sich weiter reduzieren, indem man in jeder Pipeline-Stufe, also in jedem Schritt nur ein einziges Bit codiert; diese Möglichkeit ist in Abb. 17.36 dargestellt. Hier wird für jeden Schritt nur ein einziger Komparator im AD-Umsetzer benötigt, für den ganzen Nbit-Umsetzer also nur N Komparatoren. Im 1. Schritt wird hier das MSB, z_{N-1} codiert; ist es Null, wird die Eingangsspannung mit dem Faktor 2 verstärkt an die nächste Stufe übergeben. Wenn es 1 ist, wird der entsprechende Betrag

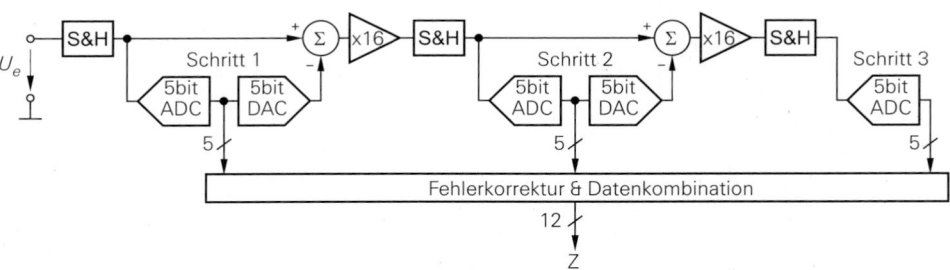

Abb. 17.34. Pipeline-Umsetzer mit 3 Kodierungsschritten. Die Abtast-Halteglieder werden synchron mit der Abtastfrequenz getaktet.

Abtast- wert	Schritt 1	Schritt 2	Schritt 3
1	U_{e1}		
2	U_{e2}	U_{e1}	
3	U_{e3}	U_{e2}	U_{e1}
4	U_{e4}	U_{e3}	U_{e2}

Abb. 17.35.
Die Codierung von 4 Abtastwerten
U_{e1}, U_{e2}, U_{e3}, U_{e4}, in einem 3-stufigen
Pipeline-Umsetzer

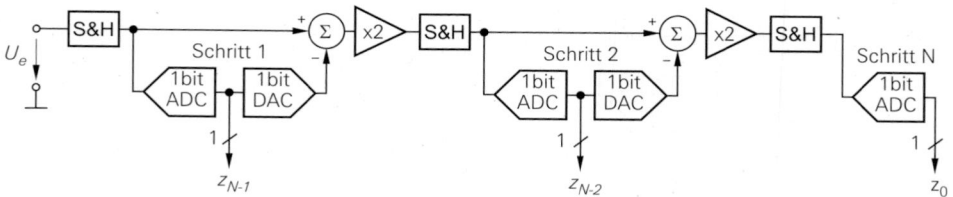

Abb. 17.36. Pipeline-Umsetzer zur Codierung von nur einem einzigen Bit in jedem Schritt

von der Eingangsspannung subtrahiert und dann verstärkt an die 2. Stufe weitergegeben. Zur Codierung einer N-stelligen Dualzahl sind hier demnach N Schritte erforderlich. Für die Codierung des ersten Werts sind also N Abtasttakte erforderlich; danach steht aber bei jedem weiteren Abtasttakt eine vollständige neue Umsetzung zur Verfügung. Die Abtastfrequenz wird also auch hier nur durch die Laufzeit in einem Schritt bestimmt. Allerdings tritt eine Signalverzögerung von N Takten auf zwischen der erstmaligen Abtastung der Eingangsspannung in der 1. Stufe und der Ausgabe der vollständig codierten Zahl am Ausgang. Diese Zeit bezeichnet man als *Latenzzeit*.

17.3.3 Wägeverfahren

Beim Wägeverfahren wird wie bei dem Pipeline-Verfahren in Abb. 17.36 in einem Schritt nur ein Bit des Ergebnisses ermittelt. Allerdings ist die Hardware für einen Schritt hier nur einmal vorhanden; sie muss daher die Codierung für jedes Bit nacheinander N mal durchführen bevor der nächste Abtastwert bearbeitet werden kann. Dabei beginnt man mit dem höchsten Bit und stellt fest, ob es 1 oder 0 ist. Danach werden der Reihe nach die niedrigeren Bits gewogen, um ihren Wert zu ermitteln. Dazu sind bei einer N-stelligen Zahl N Wägeschritte erforderlich.

Der prinzipielle Aufbau eines AD-Umsetzers nach dem Wägeverfahren ist in Abb. 17.37 dargestellt. Der Komparator vergleicht den gespeicherten Messwert mit der Ausgangsspannung des DA-Umsetzers. Beim Messbeginn wird nur das höchste Bit (MSB) auf Eins gesetzt und geprüft, ob die Eingangsspannung größer als $U(Z)$ ist. Ist das der Fall, bleibt es gesetzt. Andernfalls wird es wieder gelöscht. Damit ist das höchste Bit *gewogen*. Dieser Wägevorgang wird anschließend für jedes weitere Bit wiederholt,

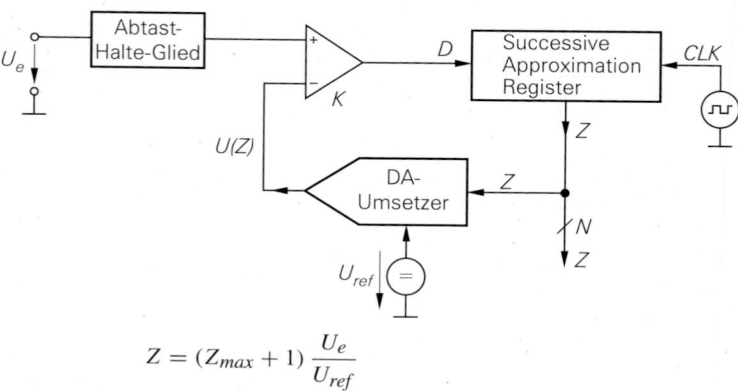

$$Z = (Z_{max} + 1) \frac{U_e}{U_{ref}}$$

Abb. 17.37. AD-Umsetzer nach dem Wägeverfahren

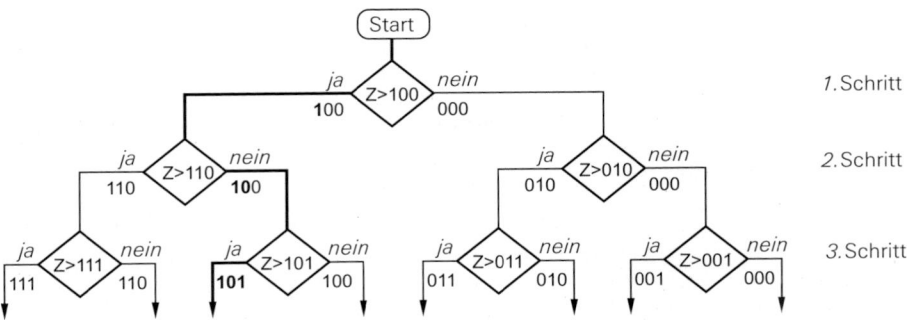

Abb. 17.38. Flussdiagramm für den Ablauf des Wägeverfahrens. Beispiel $Z = 5$

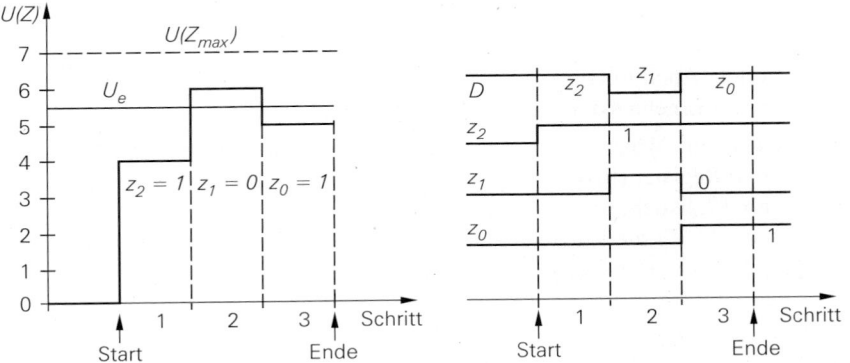

Abb. 17.39. Zeitlicher Verlauf des Analogsignals und der digitalen Signale bei der Umsetzung von 3 bit mit dem Wägeverfahren gemäß dem Beispiel in Abb. 17.38

bis zum Schluss auch das niedrigste Bit (LSB) feststeht. Auf diese Weise entsteht in dem Register eine Zahl, die nach der Umsetzung durch den DAU eine Spannung ergibt, die innerhalb der Auflösung U_{LSB} mit U_e übereinstimmt. Damit wird:

$$U(Z) = U_{ref} \frac{Z}{Z_{max} + 1} = U_e \Rightarrow Z = (Z_{max} + 1) \frac{U_e}{U_{ref}} \qquad (17.21)$$

Das Flussdiagramm für die ersten drei Wägeschritte ist in Abb. 17.38 dargestellt. Man erkennt, dass in jedem Schritt ein Bit versuchsweise gesetzt wird. Wenn dadurch die Eingangsspannung überschritten wird, wird es gleich wieder zurückgesetzt. Abbildung 17.39 zeigt den zugehörigen Zeitverlauf der Spannung $U(Z)$ und der Zahl Z. Der zeitliche Verlauf wird von einem Schaltwerk, dem Successive Approximation Register, SAR gesteuert.

17.3.4 Zählverfahren

17.3.4.1 Modifiziertes Wägeverfahren

Die AD-Umsetzung nach dem Zählverfahren erfordert den geringsten Schaltungsaufwand. Allerdings ist die Umsetzdauer wesentlich größer als bei den anderen Verfahren, denn hier wird das Ergebnis in Einerschritten abgezählt. Sie liegt in der Regel zwischen 1 ms und 1 s. Das genügt jedoch bei langsam veränderlichen Signalen, wie sie z.B. bei der Tempera-

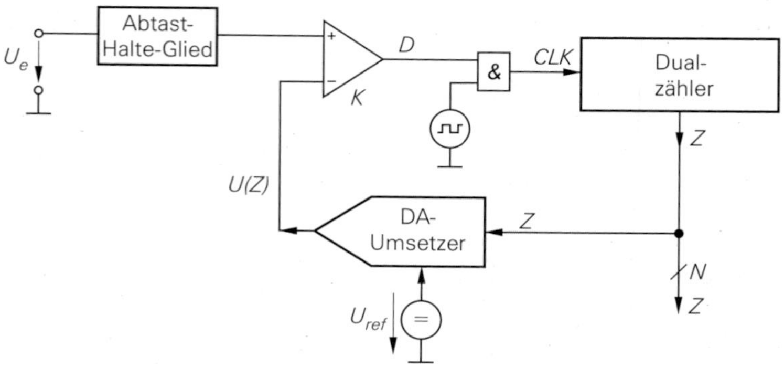

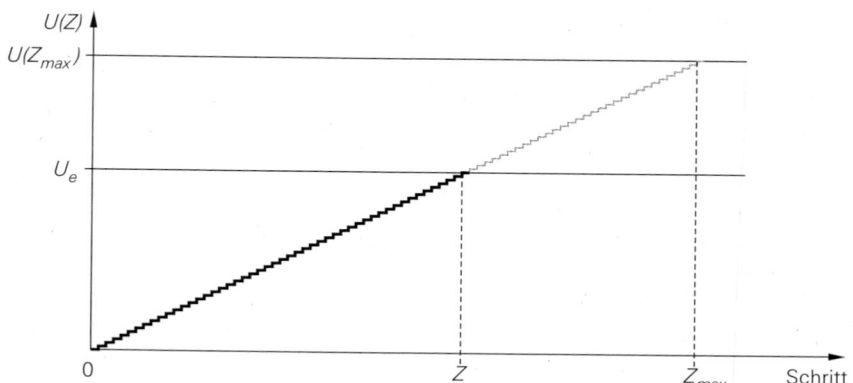

Abb. 17.40. AD-Umsetzer nach dem Zählverfahren durch Modifikation des Wägeverfahrens

turmessung auftreten. Auch in Digitalvoltmetern benötigt man keine größere Geschwindigkeit, weil man das Ergebnis doch nicht schneller ablesen kann.

Der Unterschied zum Wägeverfahren wird besonders deutlich, wenn man das Successive Approximation Register (SAR) im Abb. 17.37 durch einen Dualzähler ersetzt. Diese Variante ist in Abb. 17.40 dargestellt. Der Dualzähler zählt von Null aufwärts bis die Kompensationsspannung $U(Z)$ die Eingangsspannung erreicht. Dann stoppt der Komparator den Zählvorgang mit $D = 0$ und es gilt:

$$U(Z) = \frac{Z}{Z_{max} + 1} U_{ref} = U_e$$

Am Ende des Zählverfahrens liegen also dieselben Verhältnisse vor wie beim Wägeverfahren. Der Unterschied besteht nur darin, dass hier die Zahl Z lediglich in LSB-Schritten erhöht wird. An dem Zeitverlauf in Abb. 17.41 sieht man, dass für die Umsetzung $2^Z \leq 2^N$ Schritte erforderlich sind. Da der Aufbau eines Dualzähler nur wenig einfacher ist als der eines SA-Registers, hat diese Schaltung keine praktische Bedeutung.

Abb. 17.41. Zeitlicher Verlauf beim Zählverfahren durch Modifikation des Wägeverfahrens

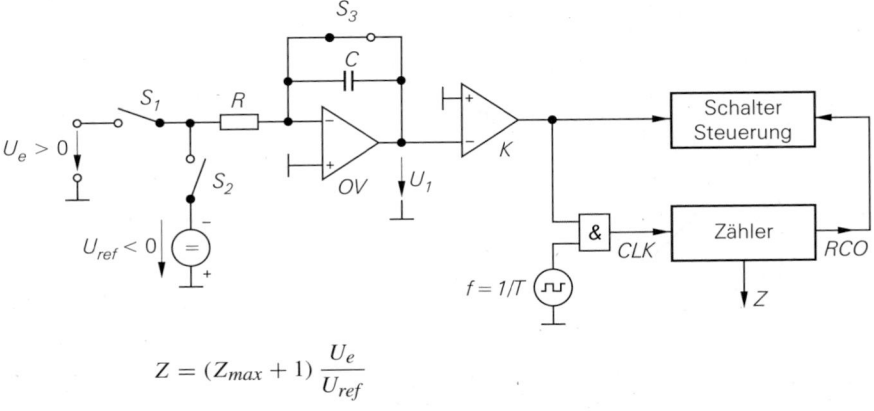

$$Z = (Z_{max} + 1) \frac{U_e}{U_{ref}}$$

Abb. 17.42. AD-Umsetzer nach dem Dual-Slope-Verfahren

17.3.4.2 Dual-Slope-Verfahren

Beim Dual-Slope-Verfahren in Abb. 17.42 teilt sich die Umsetzung in 2 Phasen: Zunächst wird die Eingangsspannung für eine feste Zeit integriert, danach die Referenzspannung mit entgegengesetzter Polarität bis die Ausgangsspannung des Integrators wieder auf Null ist. Bei Messbeginn wird der Zähler gelöscht, der Schalter S_3 geöffnet, und S_1 geschlossen und die Eingangsspannung U_e wird integriert. Wenn sie positiv ist, läuft der Integrator-Ausgang nach Minus wie man in Abb. 17.43 erkennt. Dadurch gibt der Komparator den Taktgenerator frei. Das Ende der ersten Integrationsphase t_1 ist erreicht, wenn der Zähler nach $Z_{max} + 1$ Takten überläuft (mit Ripple-Carry-Output = 1) und damit wieder auf Null steht. Anschließend wird die Referenzspannung integriert; dazu wird der Schalter S_1 geöffnet und der S_2 geschlossen. Da sie negativ ist, steigt die Ausgangsspannung des Integrators jetzt wieder an. Die zweite Integrationsphase ist beendet, wenn U_I bis auf Null angestiegen ist. Dann geht der Komparator auf Null und stoppt damit den Zähler. Der Zählerstand ist gleich der Zahl der Taktimpulse während der Zeit t_2 und damit proportional zur Eingangsspannung.

Der Zusammenhang zwischen der Eingangsspannung U_e und dem Ergebnis Z lässt sich direkt angeben, wenn man die Integration ausrechnet und berücksichtigt, dass die Integration bei 0 V beginnt und bei 0 V endet. Aus

$$U_I = -\frac{1}{RC} \int_0^{t_1} U_e\, dt - \frac{1}{RC} \int_0^{t_2} U_{ref}\, dt \overset{!}{=} 0 \tag{17.22}$$

folgt, wenn man U_e als konstant annimmt:

$$-\frac{1}{RC} U_e\, t_1 - \frac{1}{RC} U_{ref}\, t_2 = 0$$

Mit

$$t_1 = (Z_{max} + 1)\, T \quad \text{und} \quad t_2 = ZT \tag{17.23}$$

folgt:

$$-\frac{1}{RC} U_e\, (Z_{max} + 1)\, T - \frac{1}{RC} U_{ref}\, ZT = 0$$

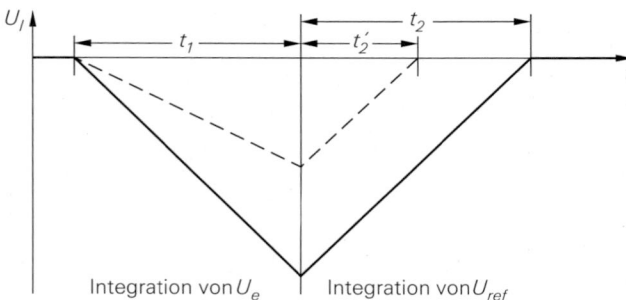

Abb. 17.43.
Zeitlicher Ver-
lauf der Integrator-
Ausgangsspannung
für verschiedene Ein-
gangsspannungen

Man sieht, dass sich die Zeitkonstante RC und die Taktdauer T aus der Gleichung herauskürzen. Damit erhält man:

$$U_e \left(Z_{max} + 1 \right) T + U_{ref} Z T = 0$$

Auflösen nach Z liefert das Ergebnis:

$$Z = - \frac{U_e}{U_{ref}} \left(Z_{max} + 1 \right) \tag{17.24}$$

Nach dieser Gleichung besteht das hervorstehende Merkmal des Dual-Slope-Verfahrens darin, dass weder die Taktfrequenz $1/T$ noch die Integrationszeitkonstante $\tau = RC$ in das Ergebnis eingehen. Man muss lediglich fordern, dass die Taktfrequenz während der Zeit $t_1 + t_2$ konstant ist. Diese Kurzzeitkonstanz lässt sich mit einfachen Taktgeneratoren erreichen. Aus diesen Gründen kann man mit diesem Verfahren selbst mit billigen Bauelementen hohe Genauigkeiten erreichen.

Wie wir bei der Herleitung gesehen haben, geht nicht der Momentanwert der Messspannung in das Ergebnis ein, sondern nur ihr Mittelwert über die Messzeit t_1. Daher werden Wechselspannungen um so stärker abgeschwächt, je höher ihre Frequenz ist. Wechselspannungen, deren Frequenz gleich einem ganzzahligen Vielfachen von $1/t_1$ ist, werden vollständig unterdrückt. Es ist daher günstig, die Frequenz des Taktgenerators so zu wählen, dass t_1 gleich der Schwingungsdauer der Netzwechselspannung oder einem Vielfachen davon wird. Dann werden alle Brummstörungen eliminiert.

Da man mit dem Dual-Slope-Verfahren mit wenig Aufwand hohe Genauigkeit und Störunterdrückung erzielen kann, wird es bevorzugt in Digitalvoltmetern eingesetzt. Dort stört die relativ große Umsetzdauer nicht. Der Zähler in Abb. 17.42 muss nicht unbedingt ein Dualzähler sein. Es ergibt sich dieselbe Funktionsweise, wenn man einen BCD-Zähler einsetzt. Von dieser Möglichkeit macht man in Digitalvoltmetern Gebrauch, weil man dann den Messwert nicht dual/dezimal wandeln muss.

17.3.5 Überabtastung

Die Auflösung eines AD-Umsetzers lässt sich erhöhen indem man eine höhere Abtastfrequenz verwendet als es das Abtasttheorem $f_a \geq 2 f_{max}$ (siehe Abschnitt 17.1.1.1) verlangt und danach mit einem digitalen Tiefpassfilter wieder reduziert. Das Prinzip ist in Abb. 17.44 dargestellt. Die Ursache für die Erhöhung der Auflösung besteht darin, dass sich durch diese Maßnahme das Quantisierungsrauschen reduzieren lässt. Gemäß (17.13) ist das aber gleichbedeutend mit einer Erhöhung der Auflösung, also der effektiven Bitzahl. Wenn man die Taktfrequenz eines AD-Umsetzers verdoppelt, bleibt die Leistung des

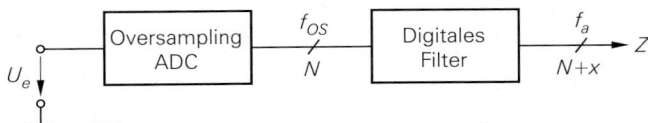

Abb. 17.44. Prinzip der Überabtastung zur Erhöhung der Genauigkeit
f_a = Abtastfrequenz, f_{OS} = Überabtastfrequenz

Quantisierungsrauschens konstant, erstreckt sich aber auf den doppelten Frequenzbereich wie man in Abb. 17.45 erkennt. Dadurch halbiert sich die Rauschleistung im Nutzfrequenzbereich bzw. die Rauschspannung sinkt um den Faktor $1/\sqrt{2}$. Bei einem Überabtastfaktor (OverSampling Ratio)

$$OSR = \frac{f_{os}}{f_a} = \frac{f_{os}}{2f_{max}} \tag{17.25}$$

reduziert sich die Rauschspannung im Nutzfrequenzbereich allgemein um den Faktor $1/\sqrt{OSR}$, gemäß (17.9) also auf den Wert:

$$U_{r\,eff} = \frac{U_{LSB}}{\sqrt{12}} \frac{1}{\sqrt{OSR}} \tag{17.26}$$

Dadurch erhöht sich der Signal-Rausch-Abstand mit (17.10) um einen Faktor $\sqrt{OSR}$ und man erhält mit den Definitionen $\lg x = \log_{10} x$, $\operatorname{ld} x = \log_2 x$, $\lg x = \lg 2 \cdot \operatorname{ld} x$:

$$SNR_{dB} = 20\,\text{dB} \cdot \lg \frac{U_{s\,eff}}{U_{r\,eff}} = 20\,\text{dB} \left(\lg \sqrt{1{,}5} + \lg 2^N + \lg \sqrt{OSR} \right)$$
$$= 1{,}8\,\text{dB} + 6\,\text{dB} \cdot N + 6\,\text{dB} \cdot \operatorname{ld}\sqrt{OSR} \approx 6\,\text{dB}\,(N + \tfrac{1}{2}\operatorname{ld} OSR) \tag{17.27}$$

Wenn man eine Auflösung von $N + x$ bit ansetzt, ergibt sich für die durch Überabtastung zusätzlich gewonnene Stellenzahl x:

$$x = \tfrac{1}{2}\operatorname{ld} OSR \tag{17.28}$$

Bei der in Abb. 17.45 als Beispiel dargestellten Überabtastung mit $OSR = 2$ erhält man demnach lediglich ein halbes Bit an zusätzlicher Auflösung; um 1 bit zu gewinnen, wäre die 4-fache Abtastfrequenz erforderlich. Aus diesem Grund lohnt sich der Aufwand für einen schnelleren AD-Umsetzer und das zusätzlich erforderliche Digitalfilter nicht.

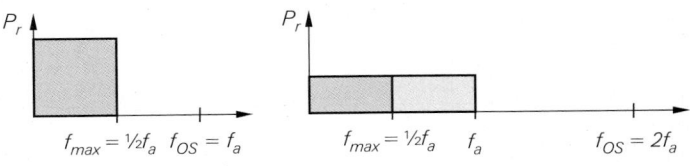

keine Überabtastung   2 fache Überabtastung

Dunkelgrau: Quantisierungsrauschen im Nutzsignalband
Hellgrau: Quantisierungsrauschen oberhalb des Signalbands

Abb. 17.45. Wirkung der Überabtastung auf das Quantisierungsrauschen, hier für $OSR = f_{OS}/f_a = 2$

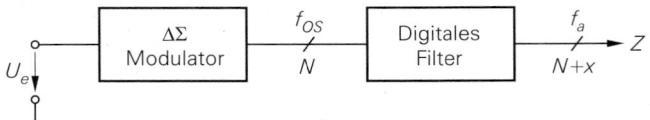

Abb. 17.46. Aufbau eines Delta-Sigma-Umsetzers $f_{OS} = OSR \cdot f_a$

17.3.6 Delta-Sigma-Verfahren

Der Gewinn durch Überabtastung lässt sich deutlich erhöhen, wenn man dafür sorgt, dass das Quantisierungsrauschen in Abb. 17.45 nicht gleichmäßig über den Frequenzbereich verteilt wird, sondern zu hohen Frequenzen hin verschoben wird, die durch das digitale Tiefpassfilter unterdrückt werden. Von einer solchen Methode zur Rauschformung (noise shaping) macht man beim Delta-Sigma-Verfahren Gebrauch.

Das Blockschaltbild eines Delta-Sigma-Umsetzers in Abb. 17.46 entspricht dem des Oversampling-ADC mit dem Unterschied, dass hier ein $\Delta\Sigma$ Modulator eingesetzt wird, der neben der Überabtastung auch die Rauschformung durchführt. Der $\Delta\Sigma$-Modulator liefert Abtastwerte mit der Oversampling-Frequenz $f_{OS} = OSR \cdot f_a$ und der Wortbreite N. Das Tiefpassfilter begrenzt das Spektrum auf die Bandbreite des Eingangssignals f_{max}. Es liefert am Ausgang Werte mit einer um x vergrößerten Wortbreite und der Frequenz $f_a = 2 f_{max}$.

Die Reduzierung des Rauschens durch Rauschformung ist in Abb. 17.47 dargestellt. Während das Quantisierungsrauschen ohne Rauschformung gleichmäßig verteilt ist, wird es durch die Rauschformung zu hohen Frequenzen verschoben, die oberhalb des Durchlassbereichs des digitalen Filters liegen. Dadurch wird der Signal-Rausch-Abstand erhöht und gemäß (17.13) damit auch die effektive Bitzahl. Die Rauschformung lässt sich nicht nur in erster Ordnung anwenden, sondern auch in höherer Ordnung. Dadurch wird die Effektivität der Rauschformung verbessert. Man sieht in Abb. 17.47, dass mit zunehmender Ordnung immer mehr Rauschen aus dem Basisband verdrängt wird. Es verschwindet dadurch nicht, wird aber zu höheren Frequenzen verlagert, die sich durch das digitale Tiefpassfilter unterdrücken lassen.

Der kombinierte Gewinn an Auflösung durch Überabtastung und Rauschformung lässt sich angeben:

$$x = (NSO + \tfrac{1}{2}) \, \mathrm{ld} \, OSR \qquad\qquad (17.29)$$

Darin ist *NSO* die Noise Shaping Order, also die Ordnung der Rauschformung und $OSR = f_{OS}/f_a$ die Oversampling Ratio, also das Verhältnis von Überabtastfrequenz zu

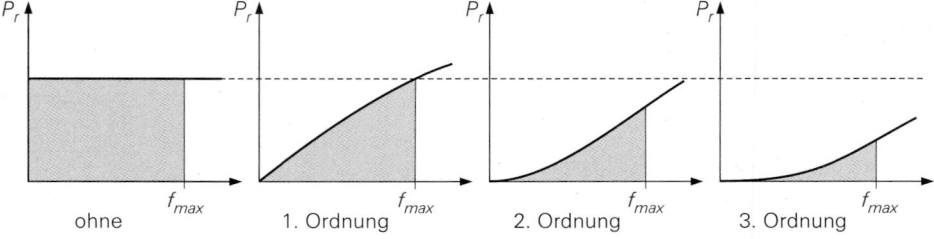

Abb. 17.47. Rauschen im Durchlassbereich des Digitalfilters für verschiedene Ordnungen der Rauschformung

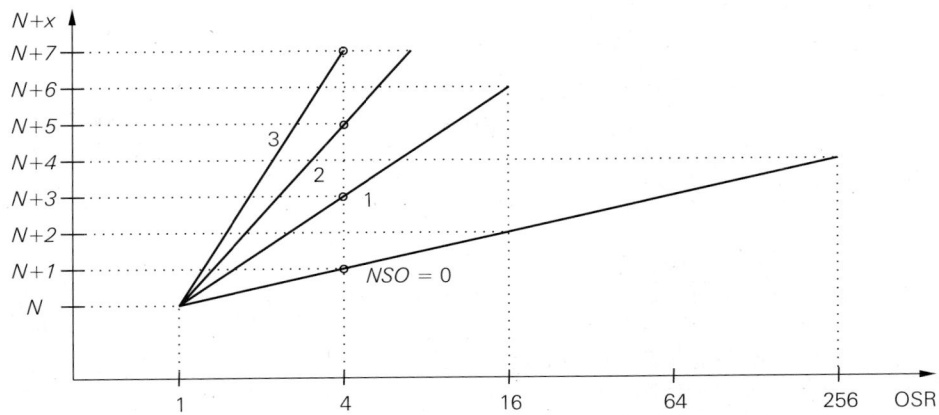

Abb. 17.48. Zunahme der Wortbreite in Abhängigkeit von der Überabtastrate (OverSampling Ratio) $OSR = f_{OS}/f_a = f_{OS}/(2 f_{max})$ und der Ordnung der Rauschformung (Noise Shaping Order) NSO

Abtastfrequenz. Dieser Zusammenhang ist in Abb. 17.48 grafisch dargestellt. Hier sind folgend Fälle dargestellt:

– Ohne Rauschformung ($NSO = 0$) ergibt $x = \frac{1}{2}$ ld OSR in Übereinstimmung mit (17.28) eine Erhöhung der Auflösung um 1 bit bei Vervierfachung der Abtastfrequenz.
– Bei Rauschformung 1. Ordnung ergibt sich aus (17.29) $x = \frac{3}{2}$ ld OSR, also bereits 3 Bits zusätzlich bei Vervierfachung der Abtastfrequenz.
– Bei Rauschformung 2. Ordnung ergibt sich $x = \frac{5}{2}$ ld OSR, also bereits 5 Bits bei vierfacher Abtastfrequenz.
– Bei Rauschformung 3. Ordnung erhält man $x = \frac{7}{2}$ ld OSR, also sogar 7 zusätzliche Bits bei vierfacher Abtastfrequenz.

Der Aufbau eines Delta-Sigma-Umsetzers mit Rauschformung 1. Ordnung ist in Abb. 17.49 dargestellt. Hier wird die Eingangsspannung nicht direkt digitalisiert, sondern die integrierte Differenz zwischen der Eingangsspannung und dem rückgewandelten Digitalwert. Durch diesen Regelkreis wird sichergestellt, dass die Spannungsdifferenz $U_e - U_Y$ im Mittel zu Null wird.

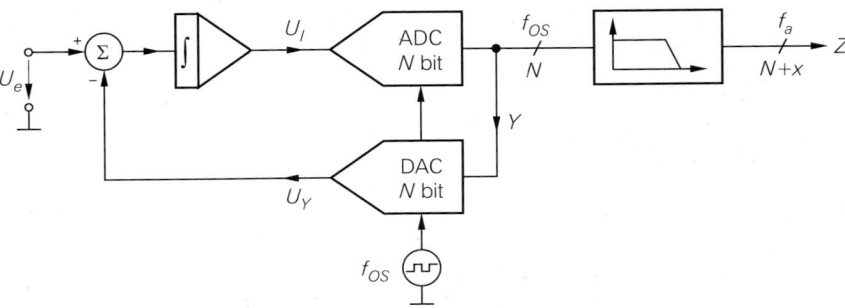

Abb. 17.49. Schaltung eines Delta-Sigma-Umsetzers mit Rauschformung in 1. Ordnung

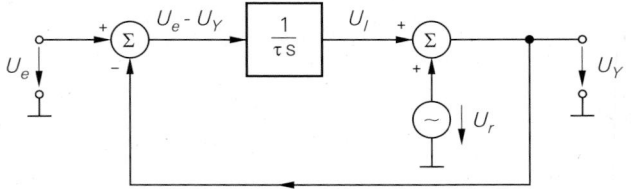

Abb. 17.50.
Modell für einen Delta-Sigma-Umsetzer 1. Ordnung zu Berechnung der Übertragungsfunktionen

Zur Berechnung des Rauschverhaltens verwenden wir das Modell in Abb. 17.50. Bei der Modellierung des AD- und DA-Umsetzers kann man davon ausgehen, dass sie nichts anderes bewirken als dem Signal U_I Rauschen zuzusetzen; hier ist es unerheblich, dass das Signal außerdem noch digitalisiert wird. Deshalb wird ihre Funktion in dem Modell durch einen Summierer repräsentiert, der das Quantisierungsrauschen U_r zusetzt. Die Übertragungsfunktion für das Eingangssignal besitzt Tiefpassverhalten

$$\frac{U_Y}{U_e} = -\frac{1}{1+\tau s}$$

mit der Grenzfrequenz $f_g = 1/(2\pi\tau)$. Für die Rauschübertragungsfunktion erhält man

$$\frac{U_Y}{U_r} = \frac{\tau s}{1+\tau s} \approx \tau s \quad \text{für } \tau s \ll 1$$

Das ist die in Abb. 17.47 dargestellte Hochpasscharakteristik für die erste Ordnung der Rauschformung. Man erkennt den nahezu proportional zur Frequenz verlaufenden Betrag.

Um bei der Überabtastung einen noch besseren Gewinn an Auflösung zu erreichen, setzt man meist eine Rauschformung höherer Ordnung ein. Die durch die Überabtastung zusätzlich gewonnenen Wortbreite x ist dann so groß, dass man die Auflösung des AD- und DA-Umsetzers auf $N = 1$ reduzieren kann, um den schaltungstechnischen Aufwand möglichst gering zu halten. Ein derartiger Umsetzer mit Rauschformung 2. Ordnung ist in Abb. 17.51 dargestellt. Die zusätzliche Rauschformung wird hier durch einen 2. Integrator und Summierer erreicht.

Zur Berechnung der Rauschübertragungsfunktion gemäß Abb. 17.52 wurde das Modell ebenfalls um einen Integrator und Summierer erweitert. Daraus ergibt sich:

$$\frac{U_Y}{U_r} = \frac{\tau^2 s^2}{1+\tau s+\tau^2 s^2} \approx \tau^2 s^2 \quad \text{für } \tau s \ll 1$$

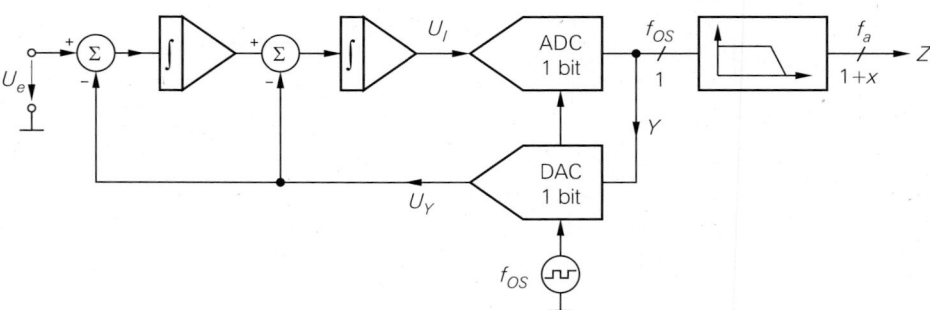

Abb. 17.51. Delta-Sigma-Umsetzer mit Rauschformung 2. Ordnung; hier mit 1Bit Umsetzern als Beispiel

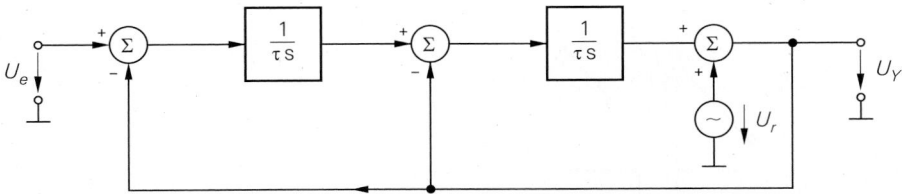

Abb. 17.52. Modell zur Berechnung der Rauschübertragungsfunktion bei einem Delta-Sigma-Umsetzer 2. Ordnung

also ein Hochpass 2. Ordnung, dessen Verstärkung bei niedrigen Frequenzen quadratisch ansteigt. Man erkennt in Abb. 17.47, dass dadurch deutlich weniger Rauschen im Basisband verbleibt.

Nach dem gezeigten Prinzip lässt sich die Ordnung der Rauschformung durch den Einsatz weiterer Integratoren und Summierer erhöhen und der Gewinn an Auflösung weiter verbessern. Man setzt Rauschformung bis zur 4. Ordnung ein. Ein Problem dabei ist jedoch, dass die entstehende Kette von Integratoren zur Instabilität neigt.

Durch den Einsatz von AD- und DA-Umsetzern mit einer Auflösung von nur *einem einzigen* Bit wird die schaltungstechnische Realisierung besonders einfach. Das zeigt das Beispiel in Abb. 17.53. Hier wird der AD-Umsetzer durch einen Komparator realisiert und der DA-Umsetzer durch einen Analogschalter. Mit dem Flip-Flop wird der Abtasttakt auf f_{OS} festgelegt. Wenn die Ausgangsspannung des Integrators U_I negativ ist, wird das Flip-Flop gesetzt ($Q = 1$) und die Referenzspannung wird über den DAC an den Integrator gelegt. Da sie negativ ist, läuft der Integrator dadurch in positive Richtung. Der zeitliche Verlauf ist in Abb. 17.54 dargestellt. Um die Eingangsspannung zu messen, werden Referenz-Impulse angelegt, sodass der Integrator Ausgang möglichst nahe bei Null bleibt. Aus der Anzahl der Taktimpulse, die erforderlich sind, um das Eingangssignal zu kompensieren, lässt sich der Messwert berechnen. Der Strom durch den Eingangswiderstand muss genauso groß sein wie der mittlere Strom von der Referenzquelle:

$$\frac{U_e}{R} = \frac{U_{ref}}{R} \frac{Z}{Z_{max}} \tag{17.30}$$

Daraus ergibt sich das Ergebnis:

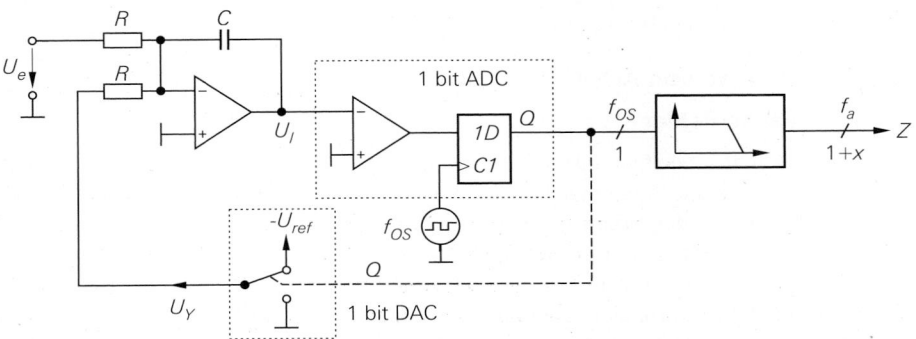

Abb. 17.53. Ausführungsbeispiel für einen Delta-Sigma-Umsetzer mit Rauschformung 1. Ordnung

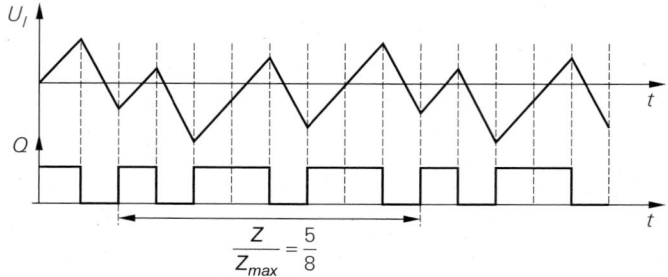

Abb. 17.54. Funktionsweise des $\Delta\Sigma$ Modulators in Abb. 17.53. Beispiel für konstante Eingangsspannung $U_e = \frac{5}{8} U_{ref}$. Das Flip-Flop wird für eine Taktperiode gesetzt, wenn U_I bei
der triggernden Taktflanke negativ ist.

$$Z = \frac{U_e}{U_{ref}} Z_{max} \tag{17.31}$$

Die einfachste Möglichkeit zur Realisierung des digitalen Tiefpassfilters ist ein Zähler, der
die Anzahl der erforderlichen Kompensationsimpulse Z zählt bei Z_{max} Takten. Bei einer
Eingangsspannung von $U_e = \frac{5}{8} U_{ref}$ in dem Beispiel von Abb. 17.54 sind 5 Kompensationsimpulse während 8 Takten erforderlich. Die Auflösung des Umsetzers wird also durch
die Dauer der Mittelwertbildung bestimmt; hier ist $N = \mathrm{ld}\, Z_{max} = \mathrm{ld}\, 8 = 3$.

Man erkennt bei dem Delta-Sigma-Umsetzer in Abb. 17.53 viel Ähnlichkeit mit dem
Dual-Slope-Verfahren in Abb. 17.42. Bei beiden Verfahren wird die Eingangsspannung
mittels eines Integrators mit einer Referenzspannung verglichen und die Taktimpulse zur
Kompensation werden gezählt. Der Unterschied beim Delta-Sigma-Verfahren besteht darin, dass hier viele kurze Kompensationsimpulse eingesetzt werden, währen beim Dual-
Slope-Verfahren nur eine einziger Kompensationsvorgang angewendet wird, der sich über
viele Takte erstreckt. Die Vorteile des Delta-Sigma-Verfahrens sind:

– Am Eingang wird nur ein einfaches Tiefpassfilter benötigt wegen der hohen Überab-
  tastfrequenz. Überabtastraten von $OSR = f_{OS}/f_a = 256$ sind üblich.
– Hoher Gewinn an Auflösung durch Rauschformung.
– Hohe Genauigkeit.
– Einfacher Aufbau bei Einsatz von AD- und DA-Umsetzern mit 1 bit Auflösung.
– Lässt sich leicht in integrierten Schaltungen realisieren.

17.3.7 Genauigkeit von AD-Umsetzern

17.3.7.1 Statische Fehler

Neben dem systematischen Quantisierungsrauschen treten mehr oder weniger große schal-
tungsbedingte Fehler auf. Wenn man bei der idealen Übertragungskennlinie in Abb. 17.55
die Stufenmitten verbindet, erhält man, wie dünn eingezeichnet, eine Gerade durch den
Ursprung mit der Steigung 1. Bei einem realen AD-Umsetzer geht diese Gerade nicht
durch Null (Offsetfehler) und ihre Steigung weicht von Eins ab (Verstärkungsfehler).
Der Verstärkungsfehler verursacht eine über den Aussteuerungsbereich konstante *relative*
Abweichung der Ausgangsgröße vom Sollwert, der Offsetfehler dagegen eine konstante
absolute Abweichung. Diese beiden Fehler lassen sich in der Regel durch Abgleich von

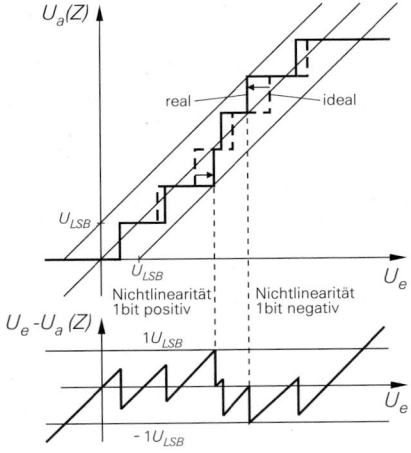

Abb. 17.55.
Übertragungsverhalten eines AD-Umsetzers mit
Linearitätsfehler

Nullpunkt und Vollausschlag beseitigen. Dann verbleiben nur noch die Abweichungen infolge Drift und Nichtlinearität.

Eine über den systematischen Quantisierungsfehler hinausgehende Nichtlinearität entsteht immer dann, wenn die Stufen nicht gleich breit sind. Zur Bestimmung des Linearitätsfehlers gleicht man zunächst Nullpunkt und Verstärkung ab und ermittelt die maximale Abweichung der Eingangsspannung von der idealen Geraden. Dieser Wert abzüglich des systematischen Quantisierungsfehlers von $\frac{1}{2} U_{LSB}$ stellt die *totale Nichtlinearität* dar. Sie wird in der Regel in Bruchteilen der LSB-Einheit angegeben. Bei dem Beispiel in Abb. 17.55 beträgt sie $\pm \frac{1}{2} U_{LSB}$.

Ein weiteres Maß für den Linearitätsfehler ist die *differentielle Nichtlinearität*. Sie gibt an, um welchen Betrag die Breite der einzelnen Stufen vom Sollwert U_{LSB} abweicht. Ist dieser Fehler größer als U_{LSB}, werden einzelne Zahlen übersprungen (Missing Code). Bei noch größeren Abweichungen kann die Zahl Z bei Vergrößerung der Eingangsspannung sogar abnehmen (Monotoniefehler).

17.3.7.2 Dynamische Fehler

Bei der Anwendung von AD-Umsetzern kann man zwei Bereiche unterscheiden, nämlich einerseits den Einsatz in Digitalvoltmetern und andererseits den Einsatz in der Signalverarbeitung. Bei Digitalvoltmetern geht man davon aus, dass die Eingangsspannung während der Umsetzdauer konstant ist. Bei der Signalverarbeitung hingegen ändert sich die Eingangsspannung fortwährend. Zur digitalen Verarbeitung entnimmt man aus dieser Wechselspannung Proben in äquidistanten Zeitabständen mit Hilfe eines Abtast-Halte-Gliedes. Diese Proben werden mit einem AD-Umsetzer digitalisiert. Gemäß dem im Abschnitt 17.1.1.1 behandelten Abtasttheorem muss Abtastfrequenz f_a mindestens doppelt so groß sein wie die höchste Signalfrequenz f_{max}. Daraus ergibt sich die Forderung, dass die Umsetzdauer des AD-Umsetzers und die Einstellzeit des Abtast-Halte-Gliedes, das in dem Abschnitt 17.4 behandelt wird, zusammen kleiner als $1/(2 f_{max})$ sein muss. Um diese Forderung mit erträglichem Aufwand realisieren zu können, begrenzt man die Bandbreite des Signals auf den unbedingt erforderlichen Wert. Deshalb schaltet man meist ein Tiefpassfilter vor.

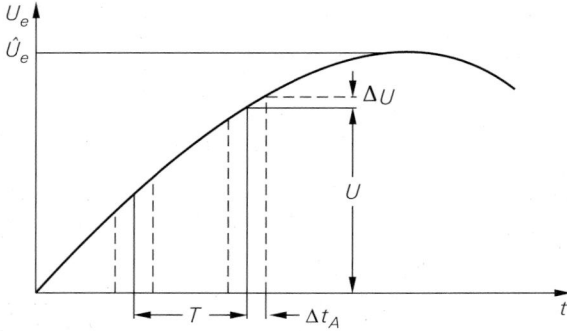

Abb. 17.56.
Wirkung des Apertur-Jitters

Zur Beurteilung der Genauigkeit muss man deshalb die Eigenschaften von AD-Umsetzer und Abtast-Halte-Glied gemeinsam betrachten. Es gibt z.B. keinen Sinn, einen 12 bit-AD-Umsetzer mit einem Abtast-Halte-Glied zu betreiben, das sich innerhalb der zur Verfügung stehenden Zeit nicht auf $1/4096 \approx 0{,}025\%$ des Aussteuerbereichs einstellt.

Ein zusätzlicher dynamischer Fehler wird durch die Unsicherheit des Abtast-Augenblickes (Apertur-Jitter) verursacht. Wegen der Aperturzeit t_A des Abtast-Halte-Gliedes wird der Messwert erst verspätet entnommen. Wenn die Aperturzeit konstant ist, wird aber jeder Messwert um dieselbe Zeit verzögert. Deshalb ist eine äquidistante Abtastung trotzdem gewährleistet. Wenn die Aperturzeit aber wie in Abb. 17.56 um den Apertur-Jitter Δt_A schwankt, entsteht ein Messfehler, der gleich der Spannungsänderung ΔU in dieser Zeit ist. Zur Berechnung des maximalen Fehlers ΔU denken wir uns als Eingangssignal eine Sinusschwingung mit der maximal vorgesehenen Frequenz f_{max}. Die größte Steigung tritt im Nulldurchgang auf:

$$\frac{dU}{dt}\bigg|_{t=0} = \hat{U}\omega_{max}$$

Daraus erhalten wir den Amplitudenfehler:

$$\Delta U = \hat{U}\omega_{max}\,\Delta t_A$$

Wenn er kleiner sein soll als die Quantisierungsstufe U_{LSB} des AD-Umsetzers, ergibt sich daraus für den Apertur-Jitter die Bedingung

$$\Delta t_A \; < \; \frac{U_{LSB}}{\hat{U}\omega_{max}} = \frac{U_{LSB}}{\frac{1}{2}\,U_{max}\,\omega_{max}} \tag{17.32}$$

Bei hohen Signalfrequenzen ist diese Forderung sehr schwer zu erfüllen, wie folgendes Zahlenbeispiel zeigt: Bei einem 12 bit-Umsetzer ist $U_{LSB}/U_{max} = 1/4096$. Wenn die maximale Signalfrequenz 100 MHz beträgt, muss nach (17.32) der Apertur-Jitter kleiner als 0,78 ps sein.

17.3.7.3 Vergleich der Verfahren

Die verschiedenen Verfahren zur AD-Umsetzung werden in Abb. 17.57 bezüglich Aufwand, Abtastrate und Genauigkeit miteinander verglichen. Dabei zeigt sich, dass das Parallelverfahren das schnellste, aber auch das aufwendigste ist. Das Pipeline-Verfahren ist bei deutlich geringerem Aufwand nur wenig langsamer. Auch hier erhält man bei jedem

Verfahren	Umsetzdauer Takte	Latenzzeit Takte	Aufwand	Geschwindig- keit	Genauig- keit
Parallelverfahren	1	1	hoch	sehr schnell	gering
Pipeline Verfahren	1	N	mäßig	schnell	gut
Wägeverfahren	N	N	gering	langsam	gut
Dual-Slope-Verfahren	2^N	2^N	sehr gering	sehr langsam	hoch
Delta-Sigma-Verfahren	OSR	OSR	mäßig	mäßig	hoch

Abb. 17.57. Vergleich der Verfahren zur AD-Umsetzung

Takt einen neuen Abtastwert. Allerdings besteht zwischen der Abtastung des Analogsi-gnals und der Ausgabe der digitalisierten Werte eine Verzögerung von N Takten. Dies wird durch die Latenzzeit zum Ausdruck gebracht. Das Wägeverfahren benötigt für jedes Bit einen Taktschritt; daher ist es relativ langsam; trotzdem ist auch hier ein DA-Umsetzer erforderlich. Das Dual-Slope-Verfahren ist das einfachste Verfahren und bietet selbst mit billigen Bauteilen eine hohe Genauigkeit. Allerdings ist es besonders langsam. Mit dem Delta-Sigma-Verfahren erreicht man eine genauso hohe Genauigkeit, aber man benötigt hier zusätzlich ein digitales Tiefpassfilter für die digitalisierten Werte. Die praktikablen Abtastfrequenzen und Auflösungen der beschriebenen Verfahren sind in Abb. 17.58 ge-genübergestellt.

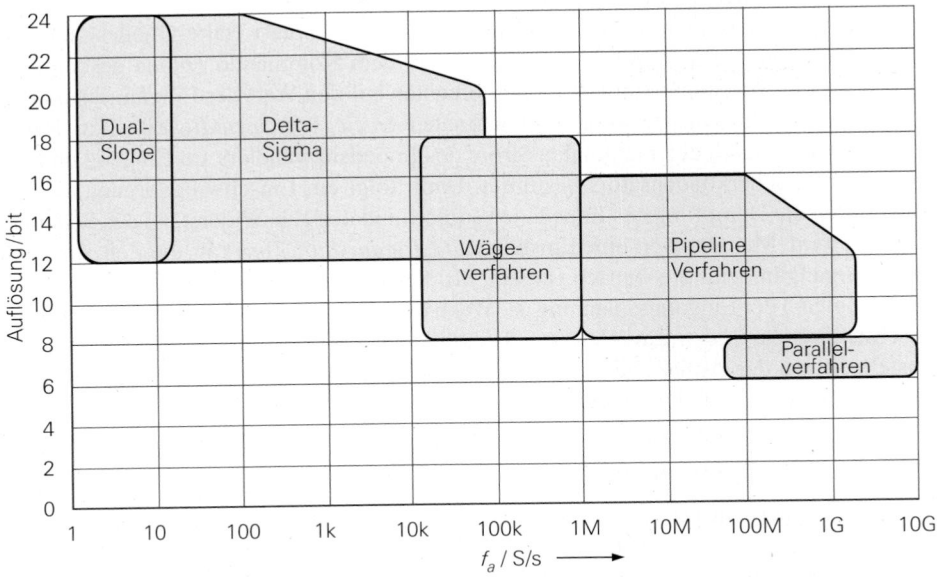

Abb. 17.58. Abtastfrequenzen und Auflösung von AD-Umsetzern

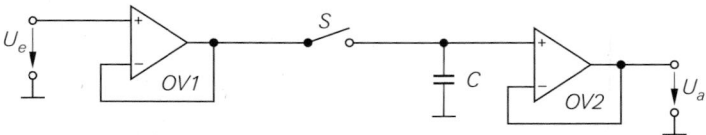

Abb. 17.59. Schematische Anordnung eines Abtast-Halte-Gliedes

17.4 Abtast-Halte-Glieder

17.4.1 Grundlagen

Abtast-Halte-Glieder dienen dazu den Augenblickswert einer Spannung zu speichern. Sie werden hauptsächlich bei AD-Umsetzern eingesetzt, um die Eingangsspannung während der Umsetzdauer konstant zu halten, weil sonst schwerwiegende Fehler bei der Umsetzung auftreten können. Gleichzeitig gewährleisten sie definierte und äquidistante Abtastaugenblicke, das ist eine wichtige Voraussetzung für eine Digitalisierung ohne Informationsverlust. In der Literatur werden die Abtast-Halteglieder meist als Sample-and-Hold ($S\&H$) oder Track-and-Hold Schaltungen bezeichnet.

Das Kernstück eines Abtast-Haltegliedes ist der Speicherkondensator C in Abb. 17.59. Zur Speicherung des Eingangssignals wird der Analogschalter S geschlossen; dann lädt sich der Kondensator auf die Eingangsspannung auf und folgt ihr bis der Schalter geöffnet wird. Dieser Augenblick ist der Abtastzeitpunkt. Der Impedanzwandler am Eingang liefert den erforderlichen Ladestrom und verhindert eine kapazitive Belastung der Eingangsspannungsquelle. Bei Abtast-Haltegliedern für hohe Frequenzen, bei denen die Speicherkapazität nur wenige Pikofarad beträgt, verzichtet man meist auf diesen Impedanzwandler, weil dann Signalquellen mit einem Innenwiderstand von 50 Ω vorliegen, die durch derart kleine Kapazitäten nicht nennenswert beeinflusst werden. Ein Impedanzwandler am Ausgang ist aber in jedem Fall erforderlich damit der Speicherkondensator in der Hold-Phase nicht durch die Last entladen wird.

Die wichtigsten nichtidealen Eigenschaften eines Abtast-Halte-Gliedes sind in Abb. 17.60 eingezeichnet. Wenn der Schalter bei dem Kommando *Folgen* geschlossen wird, steigt die Ausgangsspannung nicht momentan auf den Wert der Eingangsspannung an, sondern nur mit einer bestimmten maximalen *Anstiegsgeschwindigkeit* (Slew Rate). Sie wird primär durch den maximalen Strom des Impedanzwandlers am Eingang und die Größe des Speicherkondensators bestimmt. Dann folgt ein Einschwingvorgang, dessen Dauer durch die Dämpfung des Impedanzwandlers und den Ein-Widerstand des Schalters bestimmt wird. Man definiert eine Einstellzeit t_E (*Acquisition Time*) als die Zeit, die nach dem Übergang in den Folgebetrieb vergeht, bis die Ausgangsspannung mit vorgegebener Toleranz gleich der Eingangsspannung ist. Wenn die Aufladung des Speicherkondensators ausschließlich durch den Ein-Widerstand des Schalters R_S bestimmt wird, lässt sich die Einstellzeit aus der Aufladefunktion eines RC-Gliedes und der geforderten Einstellgenauigkeit berechnen, und man erhält:

$$t_E = R_S C \cdot \begin{cases} 4{,}6 & \text{für } 1\% \\ 6{,}9 & \text{für } 0{,}1\% \end{cases}$$

Sie wird also um so kürzer, je kleiner man C wählt; aus diesem Grund wählt man bei hohen Frequenzen Speicherkondensatoren von nur wenigen Pikofarad.

Wenn der Schalter bei dem Kommando *Halten* geöffnet wird, dauert es einen Augenblick bis sich der Schalter öffnet. Diese Zeit wird als *Apertur-Zeit t_A* (*Aperture Delay*)

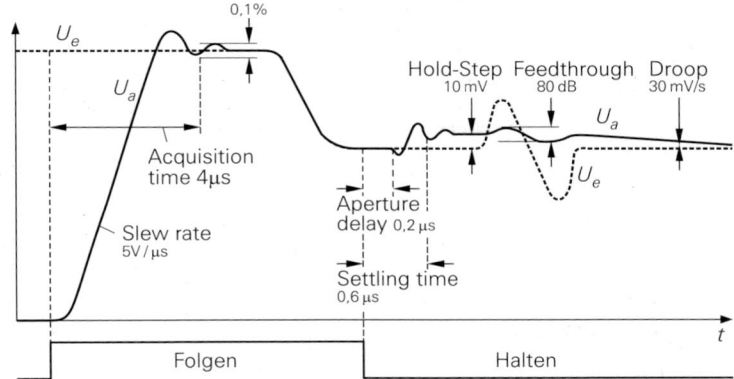

Abb. 17.60. Definition der Kenndaten eines Abtast-Halte-Gliedes. Eingetragen sind als Beispiel die typischen Daten des LF 398 bei einem Haltekondensator von 1 nF.

bezeichnet. Sie ist meist nicht konstant, sondern schwankt etwas; häufig in Abhängigkeit vom jeweiligen Wert der Eingangsspannung. Diese Schwankungen werden als *Apertur-Jitter* Δt_A bezeichnet.

Anschließend bleibt die Ausgangsspannung meist nicht auf dem gespeicherten Wert stehen, sondern es gibt einen kleinen Spannungssprung ΔU_a (*Hold Step*) mit nachfolgendem Einschwingvorgang. Er kommt daher, dass beim Ausschalten eine kleine Ladung über die Kapazität des Schalters C_S vom Ansteuersignal in den Speicherkondensator C gekoppelt wird. Der dabei auftretende Spannungssprung beträgt:

$$\Delta U_a \;=\; \frac{C_S}{C}\,\Delta U_S$$

Darin ist ΔU_S die Amplitude des Ansteuersignals. Die Störung wird also um so kleiner, je größer man C wählt.

Eine weitere nichtideale Eigenschaft ist der *Durchgriff* (*Feedthrough*). Er kommt dadurch zustande, dass trotz geöffnetem Schalter die Eingangsspannung auf den Ausgang wirkt. Dieser Effekt wird hauptsächlich durch den kapazitiven Spannungsteiler verursacht, den die Kapazität des geöffneten Schalters mit dem Speicherkondensator bildet.

Die wichtigste Größe im Speicherzustand ist die *Haltedrift* (*Droop*). Sie wird hauptsächlich durch den Eingangsstrom des Impedanzwandlers am Ausgang und durch den Sperrstrom des Schalters bestimmt. Bei einem Entladestrom I_L ergibt sich:

$$\frac{\Delta U_a}{\Delta t} \;=\; \frac{I_L}{C}$$

Um den Entladestrom klein zu halten, verwendet man für OV 2 einen Verstärker mit Feldeffekttransistoren.

Man sieht, dass alle Kenndaten im Haltezustand um so besser werden, je größer man C wählt, während im Folgebetrieb kleine Werte von C günstiger sind. Daher muss man je nach Anwendung einen Kompromiss schließen.

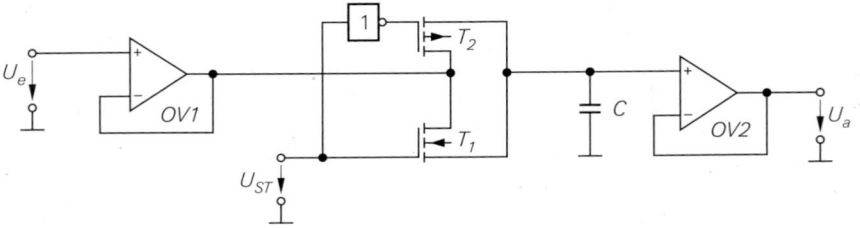

Abb. 17.61. Abtast-Halteglied mit Transmission-Gate als Schalter

17.4.2 Transmission-Gate als Schalter

In CMOS-Schaltungen realisiert man Analogschalter vorzugsweise als Transmission-Gate (Abb. 6.34 auf S. 637). Sie eignen sich auch für den Einsatz in einem Abtast-Halteglied wie in Abb. 17.61 dargestellt. Wenn die Steuerspannung $U_{ST} = U_b$ ist, sind die Mos-Schalter leitend und der Kondensator wird auf die Eingangsspannung aufgeladen. In diesem Betriebszustand folgt die Ausgangsspannung der Eingangsspannung. Wenn man $U_{ST} = 0$ macht, sperren beide Mosfets und die Ladung auf dem Speicherkondensator wird gespeichert. In dieser Phase bleibt die Ausgangsspannung konstant auf dem Wert, den die Eingangsspannung zum Ausschaltzeitpunkt hatte.

Ein Problem stellt die Ladung dar, die beim Ausschalten vom Steuerstromkreis über die Gatekapazität auf den Speicherkondensator übertragen wird. Sie kann zu einem ausgeprägten Hold-Step führen, der in Abb. 17.59 eingezeichnet ist.

17.4.3 Dioden-Brücke als Schalter

Als schnelle Schalter im Nanosekunden-Bereich sind Diodenbrücken besonders gut geeignet. Wenn die beiden Schalter in Abb. 17.62 offen sind, werden die 4 Dioden der Brücke leitend und sie verbinden den Eingang mit dem Ausgang. Da durch jede Diode der Strom $\frac{1}{2}I$ fließt, beträgt ihr differentieller Widerstand

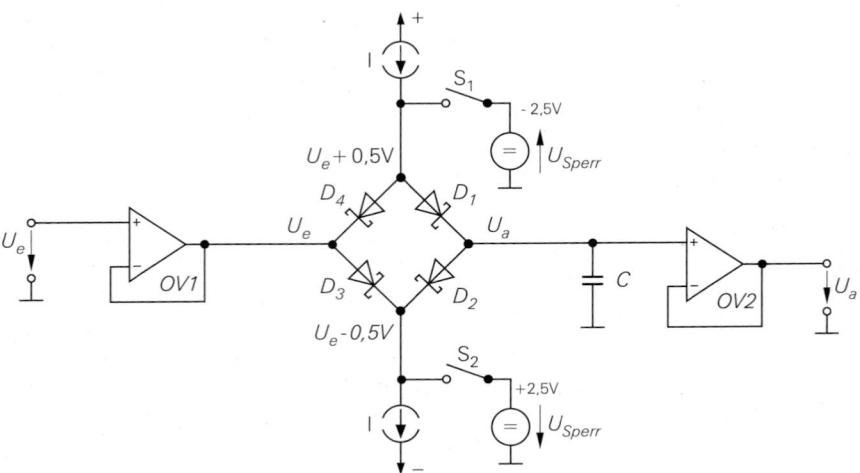

Abb. 17.62. Abtast-Halteglied mit Schottky-Dioden Brücke als Schalter
für Eingangssignale $-2{,}5\,\mathrm{V} \leq U_e \leq +2{,}5\,\mathrm{V}$

$$r_D = \frac{U_T}{\frac{1}{2} I} \overset{I=1\,\text{mA}}{=} \frac{25\,\text{mV}}{\frac{1}{2} \cdot 1\,\text{mA}} = 50\,\Omega$$

Diesen Widerstand besitzt auch die leitende Brücke, da jeweils 2 Dioden in Reihe geschaltet sind und der obere und der untere Brückenzweig parallel liegen. Wenn die Dioden gleich sind, tritt dabei kein Potentialversatz zwischen Eingang und Ausgang auf; es wird also $U_a = U_e$. Aus diesem Grund verwendet man ein Schottky-Dioden Quartett.

Wenn man die beiden Schalter schließt, liegen die Anoden der oberen Dioden auf $-2,5$ V und die Kathoden der unteren auf $+2,5$ V. Dadurch sperren die 4 Dioden. In dieser Phase ist es wichtig, dass die oberen Anoden und die unteren Kathoden auf einem konstanten Potential liegen, um eine kapazitive Kopplung über die Dioden vom Eingang zum Ausgang zu vermeiden. Wenn man die Ströme einfach abschalten würde, läge die Diodenkapazität in Reihe mit der Speicherkapazität. Bei einer Sperrschichtkapazität von 1 pF und einer Speicherkapazität von 10 pF würde sonst in der Sperrphase 1/10 des Eingangssignals an den Ausgang übertragen; das ergäbe einen Feedthrough von lediglich -20 dB. Bei Schaltungen für hohe Frequenzen verzichtet man häufig auf den Impedanzwandler OV1 am Eingang, um die Bandbreite nicht zu beschränken. Wenn das Eingangssignal aus einer 50 Ω-Quelle stammt, stört die Belastung durch einen Speicherkondensator von z.B. $C = 10$ pF auch nicht.

Kapitel 18:
Messschaltungen

In den vorhergehenden Kapiteln haben wir eine Reihe von Verfahren zur analogen und digitalen Signalverarbeitung kennen gelernt. In vielen Fällen müssen jedoch selbst elektrische Signale erst umgeformt werden, bevor sie einer Analogrechenschaltung oder einem AD-Umsetzer zugeführt werden können. Man benötigt zu diesem Zweck Messschaltungen, die als Ausgangssignal eine geerdete Spannung mit niedrigem Innenwiderstand liefern.

18.1 Spannungsmessung

18.1.1 Impedanzwandler

Um die Spannung einer hochohmigen Signalquelle belastungsfrei zu messen, kann man einen Elektrometerverstärker gemäß Abb. 5.94 von S. 578 zur Impedanzwandlung einsetzen. Dabei muss man jedoch beachten, dass die hochohmige Eingangsleitung sehr empfindlich gegenüber kapazitiven Störeinstreuungen ist. Sie muss also in der Regel abgeschirmt werden. Dadurch entsteht eine beträchtliche kapazitive Belastung der Quelle nach Masse ($30\ldots100\,\mathrm{pF/m}$). Bei einem Innenwiderstand der Quelle von beispielsweise $1\,\mathrm{G}\Omega$ und einer Leitungskapazität von $100\,\mathrm{pF}$ resultiert daraus eine obere Grenzfrequenz von nur $1,6\,\mathrm{Hz}$.

Ein weiteres Problem sind zeitliche Schwankungen dieser Kapazität, die z.B. durch mechanische Bewegungen verursacht werden können. Dadurch entstehen sehr große Rauschspannungen. Wenn die Leitung z.B. auf $10\,\mathrm{V}$ aufgeladen ist, ergibt sich durch eine Kapazitätsänderung von 1% ein Spannungssprung von $100\,\mathrm{mV}$!

Diese Nachteile lassen sich vermeiden, wenn man den Elektrometerverstärker dazu benutzt, die Spannung zwischen Innenleiter und Abschirmung klein zu halten. Dazu schließt man die Abschirmung wie in Abb. 18.1 nicht an Masse, sondern am Verstärkerausgang an. Auf diese Weise wird die Leitungskapazität um die Differenzverstärkung des Operationsverstärkers virtuell verkleinert. – Da nur noch die Offsetspannung des Operationsverstärkers an der Leitungskapazität anliegt, verschwindet auch das Leitungsrauschen weitgehend.

18.1.1.1 Vergrößerung der Spannungsaussteuerbarkeit

Die maximal zulässige Betriebsspannung der gängigen integrierten Operationsverstärker beträgt meist $\pm 18\,\mathrm{V}$. Damit ist die Spannungsaussteuerbarkeit auf Werte um $\pm 15\,\mathrm{V}$ begrenzt. Diese Begrenzung lässt sich umgehen, indem man die Betriebspotentiale des Operationsverstärkers durch eine Bootstrap-Schaltung mit dem Eingangspotential mitführt. Dazu dienen die beiden Emitterfolger in Abb. 18.2. Mit ihnen werden die Potentialdifferenzen $V_1 - U_a$ und $U_a - V_2$ auf den Wert $U_Z - 0{,}7\,\mathrm{V}$ stabilisiert. Die Aussteuerbar-

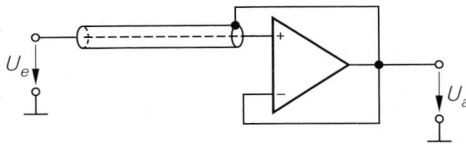

Abb. 18.1.
Verkleinerung der Abschirmungskapazität und des Abschirmungsrauschens durch Mitführung des Abschirmungspotentials mit dem Messpotential (guard drive)

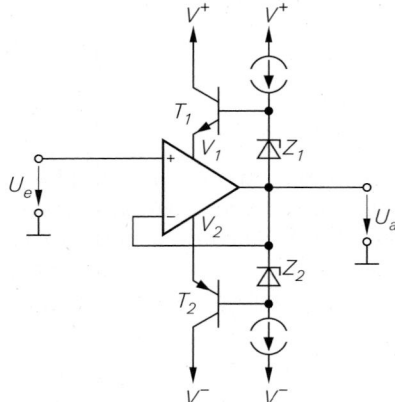

Abb. 18.2.
Spannungsfolger für hohe Eingangsspannungen

keit wird auf diese Weise nicht mehr durch den Operationsverstärker, sondern durch die Spannungsfestigkeit der Emitterfolger und der Konstantstromquellen bestimmt.

18.1.2 Messung von Potentialdifferenzen

Bei der Messung von Potentialdifferenzen kommt es darauf an, die Differenzspannung

$$U_D = V_2 - V_1$$

möglichst unbeeinträchtigt von der überlagerten Gleichtaktspannung

$$U_{Gl} = \frac{1}{2}(V_2 + V_1)$$

zu verstärken. Dabei kommt es häufig vor, dass Differenzspannungen im Millivolt-Bereich Gleichtaktspannungen von 10 V und mehr überlagert sind. Kennzeichnend für die Güte eines Subtrahierers ist daher seine Gleichtaktunterdrückung:

$$G = \frac{A_D}{A_{Gl}} = \frac{U_a/U_D}{U_a/U_{Gl}} = \frac{U_{Gl}}{U_D} \tag{18.1}$$

In dem genannten Zahlenbeispiel muss $G \gg 10\,\text{V}/1\,\text{mV} = 10^4$ sein. Besondere Probleme treten auf, wenn die überlagerte Gleichtaktspannung sehr hohe Werte oder hohe Frequenzen aufweist.

Es gibt drei verschiedene Verfahren zur Verstärkung von Spannungsdifferenzen:

– als Subtrahierer beschaltete Operationsverstärker,
– gegengekoppelte Differenzverstärker,
– Subtraktion mit geschalteten Kondensatoren.

18.1.2.1 Subtrahierer mit beschalteten Operationsverstärkern

Zur Messung von Potentialdifferenzen kann man im Prinzip den Subtrahierer von Abb. 10.3 auf S. 741 einsetzen. Häufig darf man jedoch die zu messenden Potentiale nicht mit dem Eingangswiderstand des Subtrahierers belasten, weil sie einen beträchtlichen Innenwiderstand besitzen. Mit den zusätzlichen Spannungsfolgern in Abb. 18.3 wird die Funktionsweise des Subtrahierers unabhängig von den Innenwiderständen der Messpotentiale.

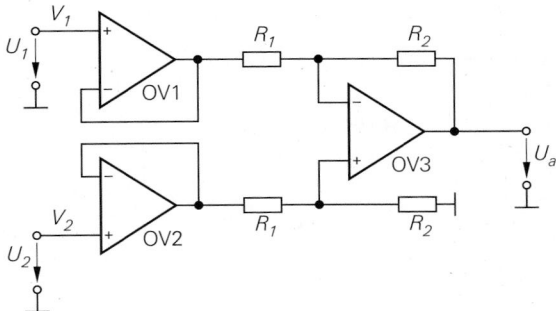

Abb. 18.3.
Subtrahierer mit vorgeschalteten
Impedanzwandlern

$$U_a = \frac{R_2}{R_1}(V_2 - V_1)$$

Eine höhere Gleichtaktunterdrückung lässt sich jedoch erzielen, wenn man die Spannungsverstärkung in die Impedanzwandler verlagert und dem Subtrahierer die Verstärkung 1 gibt. Diese Variante ist in Abb. 18.4 dargestellt. Für $R_1 = \infty$ arbeiten OV 1 und OV 2 als Spannungsfolger; in diesem Fall besteht praktisch kein Unterschied zur vorhergehenden Schaltung.

Ein zusätzlicher Vorteil der Schaltung besteht darin, dass man durch Variation eines einzigen Widerstandes die Differenzverstärkung einstellbar machen kann. Wie man in Abb. 18.4 erkennt, tritt an dem Widerstand R_1 die Potentialdifferenz $V_2 - V_1$ auf. Damit wird:

$$V_2' - V_1' = \left(1 + \frac{2R_2}{R_1}\right)(V_2 - V_1)$$

Diese Differenz wird mit Hilfe des Subtrahierers OV 3 an den geerdeten Ausgang übertragen.

Bei reiner Gleichtaktaussteuerung ($V_1 = V_2 = V_{Gl}$) wird $V_1' = V_2' = V_{Gl}$. Die Gleichtaktverstärkung von OV 1 und OV 2 besitzt also unabhängig von der eingestellten Differenzverstärkung den Wert 1. Mit (10.6) von S. 741 erhalten wir damit die Gleichtaktunterdrückung:

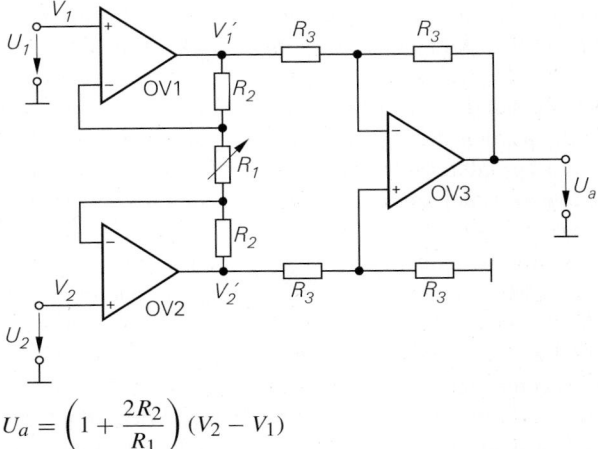

$$U_a = \left(1 + \frac{2R_2}{R_1}\right)(V_2 - V_1)$$

Abb. 18.4. Elektrometer-Subtrahierer (Instrumentation Amplifier)

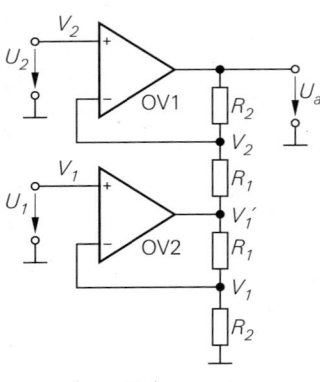

$$U_a = \left(1 + \frac{R_2}{R_1}\right)(V_2 - V_1)$$

Abb. 18.5.
Unsymmetrischer Elektrometer-Subtrahierer

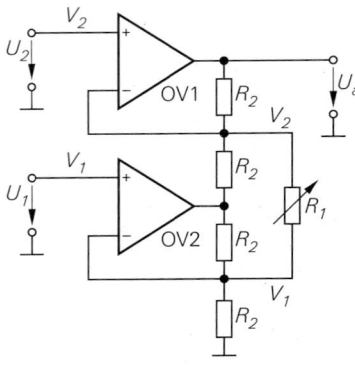

$$U_a = 2\left(1 + \frac{R_2}{R_1}\right)(V_2 - V_1)$$

Abb. 18.6.
Subtrahierer mit einstellbarer Verstärkung

$$G = 2\left(1 + \frac{2R_2}{R_1}\right)\Delta\alpha$$

Darin ist $\Delta\alpha$ die relative Paarungstoleranz der Widerstände R_3, bei Widerständen mit einer Toleranz von 1% ist $\Delta\alpha = 0{,}01$. Bemerkenswert an diesem Ergebnis ist, dass sich die Gleichtaktunterdrückung mit zunehmender Verstärkung verbessert.

Bei dem Elektrometer-Subtrahierer in Abb. 18.4 lässt sich ein Operationsverstärker einsparen, wenn man auf die Symmetrie der Schaltung verzichtet. Der Elektrometerverstärker OV 2 in Abb. 18.5 besitzt die Verstärkung $1 + R_1/R_2$. OV 1 verstärkt das Potential V_2 mit dem Faktor $1 + R_2/R_1$ und addiert gleichzeitig die in den Fußpunkt eingespeiste Spannung V_1' mit dem Gewicht $-R_2/R_1$. Dadurch werden beide Eingangspotentiale betragsmäßig mit $1 + R_2/R_1$ verstärkt. Wenn man die Schaltung wie in Abb. 18.6 modifiziert, lässt sich auch hier die Verstärkung mit einem einzigen Widerstand festlegen.

18.1.2.2 Subtrahierer für hohe Spannungen

Zur Subtraktion von hohen Spannungen kann man die Schaltung von Abb. 18.3 einsetzen. Die drei in diesem Fall erforderlichen Hochspannungsoperationsverstärker kann man häufig dadurch umgehen, dass man $R_1 \gg R_2$ macht; Abb. 18.7 zeigt ein Dimensionierungsbeispiel. Dann wird der Eingangswiderstand so groß, dass man auf die Spannungsfolger häufig verzichten kann. Gleichzeitig werden die Eingangsspannungen am Subtrahierer durch diese Dimensionierung so weit heruntergesetzt, dass man keinen Hochspannungsoperationsverstärker benötigt. In dem Beispiel kann man bei einer Gleichtaktaussteuerbarkeit von 10 V Eingangsspannungen von über 200 V anlegen.

Ein Nachteil dieser Dimensionierung ist jedoch, dass sich Subtrahierer ergeben, deren Verstärkung $A = R_2/R_1 \ll 1$ ist. Man kann einen zweiten Verstärker nachschalten, um die Spannungsdifferenz mit dem gewünschten Faktor zu verstärken. Einfacher ist es jedoch, die Schaltung von Abb. 18.8 einzusetzen, bei der sich die Abschwächung hoher Eingangsspannungen und die Verstärkung unabhängig dimensionieren lassen. Die Widerstände R_1 und R_2 bestimmen auch hier die Verstärkung; die zusätzlichen Widerstände R_3 reduzieren lediglich die Gleichtaktaussteuerung. Bei der angegebenen Dimensionierung ergibt sich die Verstärkung Eins, während die Gleichtaktaussteuerbarkeit im Vergleich zu

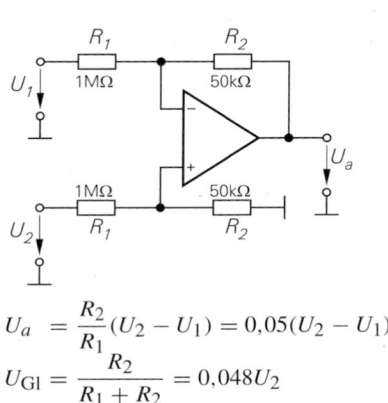

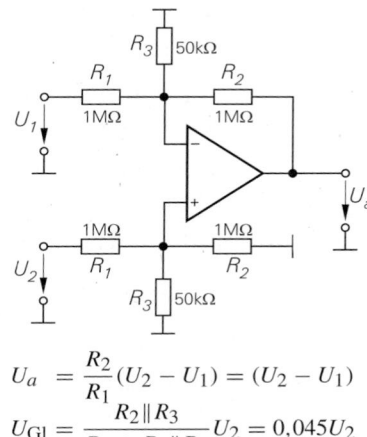

$$U_a = \frac{R_2}{R_1}(U_2 - U_1) = 0{,}05(U_2 - U_1)$$

$$U_{\mathrm{Gl}} = \frac{R_2}{R_1 + R_2} = 0{,}048 U_2$$

Abb. 18.7.
Subtraktion hoher Spannungen

$$U_a = \frac{R_2}{R_1}(U_2 - U_1) = (U_2 - U_1)$$

$$U_{\mathrm{Gl}} = \frac{R_2 \| R_3}{R_1 + R_2 \| R_3} U_2 = 0{,}045 U_2$$

Abb. 18.8.
Subtraktion hoher Spannungen mit frei wähl-
barer Verstärkung

dem Beispiel in Abb. 18.7 praktisch unverändert ist. Ein integrierter Subtrahierer, der nach
diesem Prinzip arbeitet, ist z.B. der INA 148.

Die Erhöhung der Gleichtaktaussteuerbarkeit mit den Widerständen R_3 in Abb. 18.8
bringt jedoch auch Probleme mit sich, die man bei der Auswahl der Operationsverstärker berücksichtigen sollte. Die Widerstände R_3 wirken nämlich als Abschwächer für die
Eingangssignale des Operationsverstärkers. Sie reduzieren daher die Schleifenverstärkung
und damit meist auch die Bandbreite. Gleichzeitig erhöhen sie in demselben Maß die unerwünschte Verstärkung der Offsetspannung und Offsetspannungsdrift. Daher benötigt man
hier hochwertige Operationsverstärker. Die Widerstände R_3 müssen auf beiden Seiten
natürlich dieselbe Abschwächung bewirken. Deshalb sind hier engtolerierte Widerstände
besonders wichtig. Um enge Gleichlauftoleranzen an beiden Eingängen des Operationsverstärkers sicherzustellen, wird man die Widerstände R_2 und R_3 am nichtinvertierenden
Eingang in der Regel nicht zu einem einzigen Widerstand zusammenfassen.

18.1.2.3 Subtrahierer mit gegengekoppelten Differenzverstärkern

Ein Nachteil der bisher behandelten Subtrahierer besteht darin, dass sie 4 mit hoher Genauigkeit gepaarte Widerstände erfordern. Meist werden sie deshalb als Dünnfilmschaltungen
auf dem Siliziumoxid aufgedampft. Eine Schaltung, die von Natur aus nur Differenzen
verstärkt, ist der Differenzverstärker, der keine engtolerierten Widerstände erfordert. Hier
lassen sich leicht Gleichtaktunterdrückungen von

$$G = \frac{A_D}{A_{Gl}} = 10^5 = 100 \text{ dB}$$

und mehr erreichen. Besonders einfach lassen sich Subtrahierer mit VC- und CC-
Operationsverstärkern aufbauen, die wir bereits in Abb. 5.117 und 5.130 auf S. 598
bzw. 606 beschrieben haben. Abbildung 18.9 zeigt die Schaltung mit Transistor- bzw.
Operationsverstärker-Symbolen.

Die Eingangsspannungsdifferenz $U_D = U_{e1} - U_{e2}$ bewirkt einen Strom der Größe
$I_q = U_D / R_E$, der mit den CC-Operationsverstärkern an die Ausgänge übertragen wird.

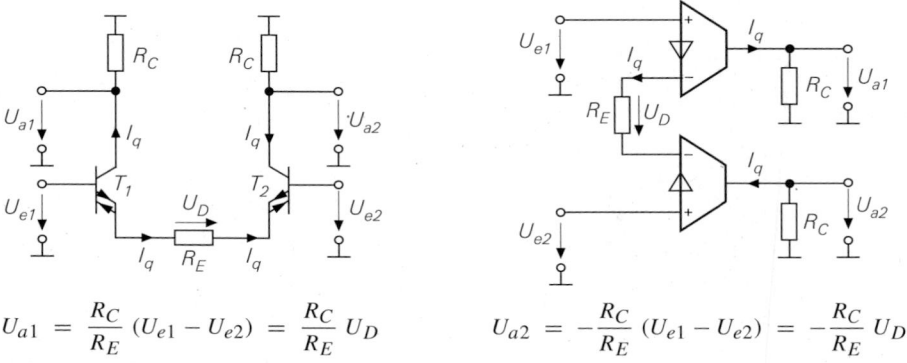

$$U_{a1} = \frac{R_C}{R_E}(U_{e1} - U_{e2}) = \frac{R_C}{R_E} U_D \qquad U_{a2} = -\frac{R_C}{R_E}(U_{e1} - U_{e2}) = -\frac{R_C}{R_E} U_D$$

Abb. 18.9. Differenzverstärker mit CC-Operationsverstärkern

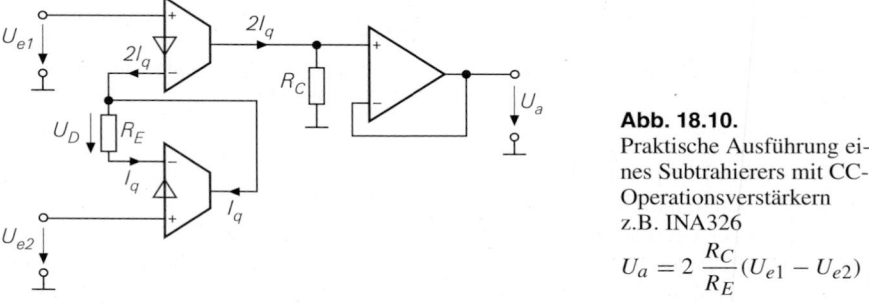

Abb. 18.10.
Praktische Ausführung eines Subtrahierers mit CC-Operationsverstärkern
z.B. INA326

$$U_a = 2\frac{R_C}{R_E}(U_{e1} - U_{e2})$$

Er verursacht an den Kollektorwiderständen die Ausgangsspannungen $\pm U_D R_C / R_E$. Um einen niederohmigen Ausgang zu erhalten, kann man einen invertierenden oder nichtinvertierenden Operationsverstärker nachschalten. Wenn man nur einen einzigen Ausgang benötigt, kann man den nicht benötigten Ausgang am invertierenden Eingang des anderen Operationsverstärker anschließen. Diese Möglichkeit ist in Abb. 18.10 dargestellt. Dadurch verdoppelt sich das Ausgangssignal.

18.1.2.4 Subtrahierer in SC-Technik

Das Prinzip eines Subtrahierers in Switched-Capacitor-Technik besteht darin, einen Kondensator auf die zu messende Spannungsdifferenz aufzuladen und dann in einen einseitig

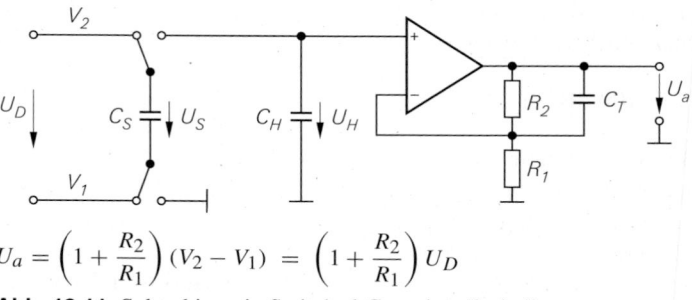

$$U_a = \left(1 + \frac{R_2}{R_1}\right)(V_2 - V_1) = \left(1 + \frac{R_2}{R_1}\right)U_D$$

Abb. 18.11. Subtrahierer in Switched-Capacitor-Technik

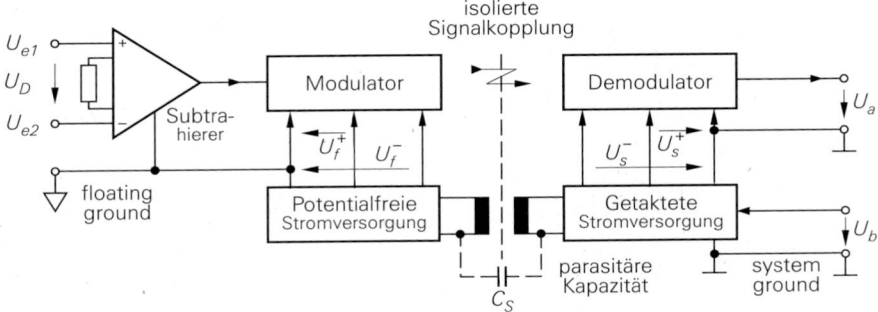

Abb. 18.12. Prinzip zur Messung erdfreier Spannungen mit einem galvanisch getrennten Verstärker

geerdeten Kondensator zu übertragen. Die resultierende Schaltung ist in Abb. 18.11 dargestellt. Solange die Schalter in der linken Stellung stehen, wird der Speicherkondensator C_S auf die Eingangsspannungsdifferenz aufgeladen. Nach dem Umschalten in die rechte Stellung wird die Ladung an den Haltekondensator C_H weitergegeben. Nach einigen Schaltzyklen ist die Spannung U_H auf den stationären Wert

$$U_H = U_S = U_D = V_2 - V_1$$

angestiegen. Diese Spannung lässt sich mit dem nachfolgenden Elektrometerverstärker praktisch beliebig verstärken, da hier keine Differenzbildung mehr erforderlich ist. Die maximale Gleichtaktspannung wird hier lediglich durch die Spannungsfestigkeit der Schalter bestimmt und nicht durch den Verstärker.

18.1.3 Trennverstärker (Isolation Amplifier)

Mit den beschriebenen Subtrahierern lassen sich je nach Schaltungsprinzip Spannungen von 10 V…200 V verarbeiten. Es gibt jedoch viele Anwendungen, bei denen der Messspannung eine wesentlich höhere Gleichtaktspannung überlagert ist, die z.B. einige kV beträgt. Zur Überwindung solcher Potentialunterschiede teilt man die Messschaltung wie in Abb. 18.12 in zwei galvanisch getrennte Teile auf. Eine galvanische Trennung kann auch aus Sicherheitsgründen vorgeschrieben sein wie z.B. bei den meisten medizinischen Anwendungen. Der Senderteil arbeitet auf Messpotential, der Empfängerteil auf Nullpotential. Um diesen Betrieb zu ermöglichen, benötigt der Senderteil eine eigene potentialfreie Stromversorgung, deren Masseanschluss (Floating Ground) das Bezugspotential für den erdfreien Eingang darstellt. Man darf allerdings nicht übersehen, dass dieser Anschluss zwar galvanisch vom Nullpotential (System Ground) getrennt ist, jedoch noch kapazitiv gekoppelt ist. Diese Kopplung kommt hauptsächlich durch die Kapazität C_S des Stromversorgungs-Transformators zustande, wie man in Abb. 18.12 erkennt. Um sie klein zu halten, verwendet man zweckmäßigerweise statt eines Netztransformators einen HF-Transformator den man mit einigen 100 kHz betreibt. Auf diese Weise lassen sich Koppelkapazitäten unter $C_S < 10\,\mathrm{pF}$ erreichen.

   Wenn beide Eingänge hochohmig sind, kann selbst der verkleinerte kapazitive Störstrom noch beträchtliche Spannungsfehler am Floating-Ground-Anschluss verursachen. In solchen Fällen kann es vorteilhaft sein, die Signalquelle am Floating-Ground anzuschließen und das Eingangssignal an den beiden Eingängen eines Subtrahierers nach Abb. 18.4 anzuschließen. Dann sind beide Messleitungen stromlos. Den Subtrahierer versorgt man

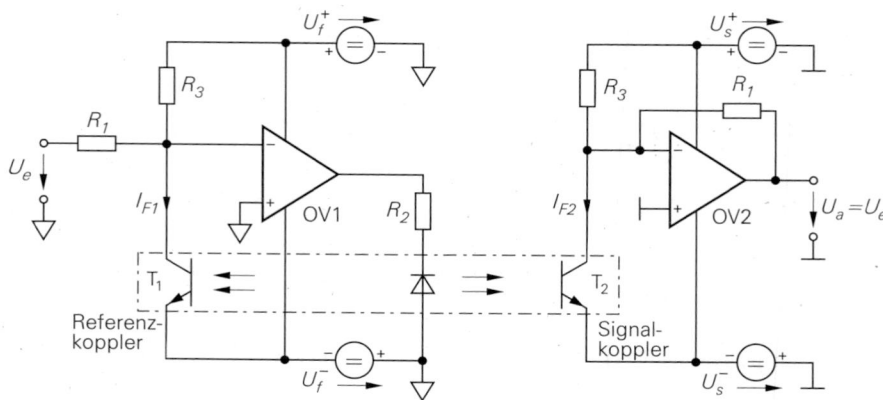

Abb. 18.13. Optische Übertragung eines Analogwertes

aus der potentialfreien Stromversorgung. Dabei lässt sich die verbleibende Gleichtaktaussteuerung gegenüber dem Floating-Ground meist klein halten, wenn man diesen an einem geeigneten Punkt des Messobjektes anschließt.

Die Frage ist nun, wie man ein Messsignal elektrisch isoliert zum Demodulator überträgt. Dafür gibt es drei Möglichkeiten: Transformatoren, Optokoppler oder Koppelkondensatoren. Bei der Übertragung mit Transformatoren oder Kondensatoren muss das Signal auf einen Träger mit genügend hoher Frequenz moduliert werden (Amplituden- oder Tastverhältnismodulation). Mit Optokopplern kann man dagegen auch Gleichspannungen unmittelbar übertragen. Bei hohen Genauigkeitsforderungen kann man das Analogsignal auch direkt auf der Floating-Ground-Seite digitalisieren und die Digitalwerte mit Optokopplern auf die Empfängerseite übertragen.

Eine Möglichkeit zur optischen Analogübertragung zeigt Abb. 18.13. Um den Linearitätsfehler des Optokopplers auszugleichen, wird mit Hilfe des Operationsverstärkers OV 1 der Strom durch die Leuchtdioden so geregelt, dass der Fotostrom in dem Referenzempfänger T_1 gleich dem Sollwert ist. Die Gegenkopplungsschleife wird dabei über den Referenzkoppler geschlossen, und wir erhalten:

$$I_{F1} = \frac{U_e}{R_1} + \frac{U_f^+}{R_3}$$

Da der Fotostrom sein Vorzeichen nicht ändern kann, überlagert man einen konstanten Anteil U_f^+/R_3, um auch bipolare Eingangssignale verarbeiten zu können. Wenn die beiden Optokoppler gute Gleichlaufeigenschaften besitzen ergibt sich die Ausgangsspannung die Ausgangsspannung:

$$U_a = \left(I_{F2} - \frac{U_S^+}{R_3}\right) R_1 = U_e \quad \text{für} \quad I_{F2} = I_{F1} \quad \text{und} \quad U_f^+ = U_S^+$$

Ein Nachteil des Isolationsverstärker in Abb. 18.13 ist der Ruhestrom, den man durch die Optokoppler fließen lassen muss, um den Signalnullpunkt in die Mitte des Arbeitsbereichs zu verlegen. Diesen Nachteil besitzt die Schaltung in Abb. 18.14 nicht. Hier fließt ohne Eingangssignal nur ein kleiner Ruhestrom durch beide Leuchtdioden, dessen Größe durch den Operationsverstärker am Eingang bestimmt wird.

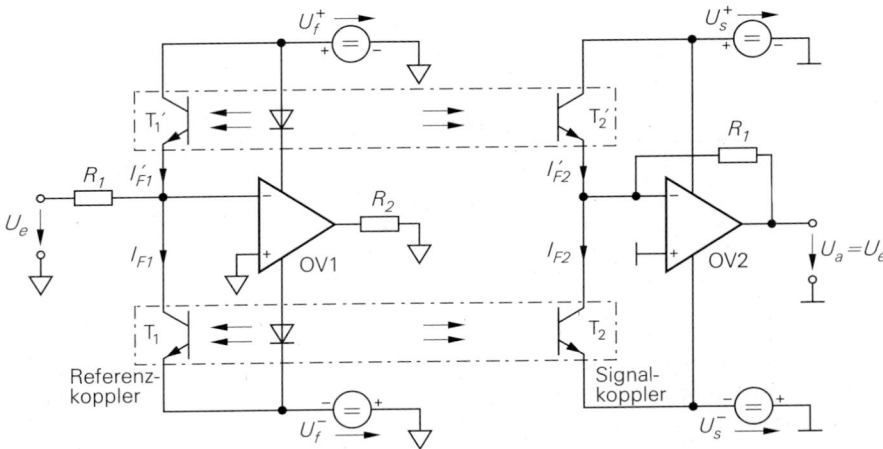

Abb. 18.14. Optische Signalübertragung im Gegentakt-AB-Betrieb. Der Widerstand R_2 bestimmt die Schleifenverstäkrung von OV1

Bei positiven Eingangsspannungen geht der Ausgang von OV1 nach Minus und der Strom durch den unteren Optokoppler steigt an bis $I_{F1} - I'_{F1} = U_e/R_1$ ist. Diese Stromdifferenz bewirkt bei OV2 eine Ausgangsspannung

$$U_a = (I_{F2} - I'_{F2}) R_1 = (I_{F1} - I'_{F1}) R_1 = U_e$$

Da die Paarungstoleranz in den Doppel-Optokopplern nie ideal ist, besitzt die Schaltung in Abb. 18.14 neben einer geringeren Ruhestromaufnahme auch eine bessere Nullpunktstabilität und geringere Verzerrungen.

18.2 Strommessung

18.2.1 Strommessung mit Shunts

Die übliche Methode zur Messung eines Stroms besteht darin, den Strom durch einen Strommesswiderstand, einen Shunt, fließen zu lassen und den Spannungsabfall daran zu messen. Um den Spannungsabfall und die damit verbundene Verlustleistung klein zu halten, dimensioniert man den Shunt so niederohmig, dass der Spannungsabfall 100 mV nicht überschreitet. Deshalb ist in der Regel eine Nachverstärkung dieser Spannung erforderlich.

Die verbreitetste Anwendung ist die Messung der Stromaufnahme einer Schaltung. Dazu fügt man an einer beliebigen Stelle des Versorgungsstromkreis den Shunt zur Strommessung ein, denn der Strom in einem Stromkreis ist an allen Stellen gleich groß. Bei elektronischen Geräten kommt allerdings die Einschränkung hinzu, dass die Schaltung immer mit Masse verbunden ist. Wenn man wie in Abb. 18.15 den Shunt an der Schaltungsmasse anschließt, setzt das eine massefreie (potentialfreie) Betriebsspannungsquelle voraus. An dem unteren Anschluss des Shunts ergibt sich hier eine (gegen Masse) negative Spannung, die der als invertierender Verstärker beschaltete Operationsverstärker in eine positive Ausgangsspannung umsetzt.

Wenn die Betriebsspannungsquelle fest mit der Schaltungsmasse verbunden ist, muss man den Shunt in die positive Versorgungsleitung legen wie in Abb. 18.16 gezeigt wird. Dies ist die übliche Situation; sie tritt zwangsläufig ein, wenn die Stromversorgung mehrere

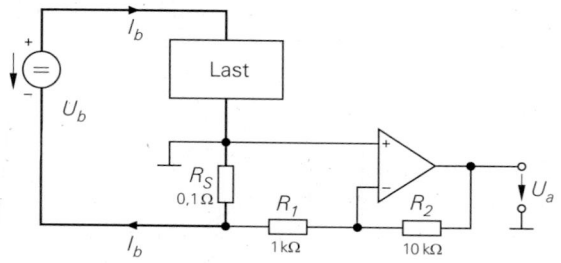

Abb. 18.15.
Strommessung in der Masslei-
tung mit einem Dimensionierungsbeispiel

$$U_a = \frac{R_2}{R_1} R_S I_b$$

Spannungen liefert. Ein Problem entsteht hier dadurch, dass der Strommessspannung, die meist nur 100 mV beträgt, die Betriebsspannung von 3,3 V oder 5 V überlagert ist. Zur Ermittlung des Stroms benötigt man daher einen Subtrahierer, an dessen Ausgang lediglich die verstärkte Potentialdifferenz auftritt. Wenn man für den Subtrahierer Widerstände mit einer Toleranz von 1% einsetzt, muss man davon ausgehen, dass ein Gleichtaktfehler von dieser Größe auftritt, also 5 V · 1 % = 50 mV. Das ist im Vergleich zum Nutzsignal von 100 mV ein untragbar hoher Fehler. Aus diesem Grund wird diese Schaltung selten eingesetzt.

Eine Schaltung, bei der das Toleranzproblem bei der Differenzbildung nicht auftritt, ist in Abb. 18.17 dargestellt. Hier fließt durch den Transistor ein Strom, der an dem Widerstand R_1 einen Spannungsabfall verursacht, der genau so groß ist wie der an dem Shunt.

$$R_S I_b = R_1 I_1 \quad \Rightarrow \quad I_1 = \frac{R_S I_b}{R_1} \quad \Rightarrow \quad U_a = \frac{R_2}{R_1} R_S I_b$$

Der Kollektorstrom des Transistors fließt auch durch R_2 und bewirkt dort die Ausgangs-spannung. Der Ausgang ist allerdings nicht niederohmig; um ihn belastbar zu machen, kann man einen Spannungsfolger nachschalten.

Wenn man den Operationsverstärker aus der Betriebsspannungsquelle U_b versorgt, ist seine Gleichtaktaussteuerung gleich der positiven Betriebsspannung. Dieser Fall lässt sich durch den Einsatz von rail-to-rail Operationsverstärkern handhaben. Es kann jedoch der Wunsch bestehen, den Operationsverstärker aus eine Spannungsquelle zu betreiben, die deutlich niedriger ist als die Spannung an dem Strommesswiderstand. Dann benötigt man Operationsverstärker, deren Gleichtaktaussteuerbarkeit weit über der Betriebsspannung liegt. Dafür verwendet man spezielle Differenzverstärker am Eingang, deren Schaltung in Abb. 18.18 gezeigt ist.

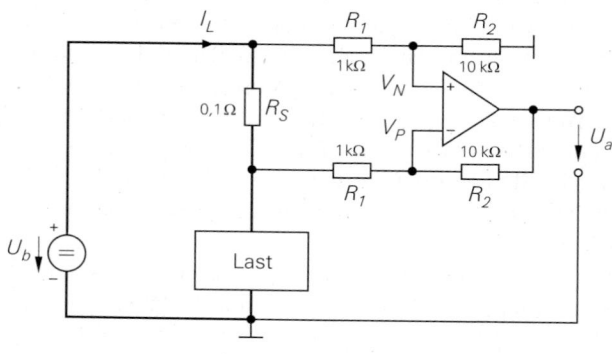

Abb. 18.16.
Strommessung mit einem
Subtrahierer mit einem
Dimensionierungsbeispiel

$$U_a = \frac{R_2}{R_1} R_S I_b$$

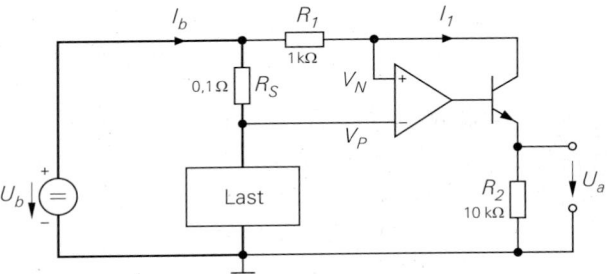

Abb. 18.17.
Strommessung mit Hilfs-
transistor mit einem Di-
mensionierungsbeispiel

$$U_a = \frac{R_2}{R_1} R_S I_b$$

Die Transistoren T_1 und T_4 bilden den Differenzverstärker. Hier sind die Emitter dieser Transistoren die Eingänge und die Basen liegen auf gleichem Potential, also genau umgekehrt wie beim normalen Differenzverstärker. Die Ruheströme werden mit den Transistoren T_2 und T_3 eingestellt, die zusammen mit T_1 und T_4 Stromspiegel bilden. Durch die Parallelschaltung von T_2 und T_3 wird erreicht, dass die Summe der Kollektorströme von T_1 und T_4 konstant gleich I_0 ist wie bei dem konventionellen Differenzverstärker in Abb. 4.52 auf Seite 340.

Wenn man die Transistoren T_1 bis T_4 in der integrierten Schaltung in eine isolierte Wanne setzt, sind z.B. bei dem LT1490 Gleichtaktspannungen möglich, die um 40 V über der Betriebsspannung liegen. Aus diesem Grund wird dieser Differenzverstärker als „over-the-top"-Verstärker bezeichnet. Es ist natürlich ungewöhnlich, Emitter als Eingang zu verwenden, da dann ein entsprechend hoher Eingangsstrom fließt. Die Eingänge des Differenzverstärkers übernehmen hier auch seine Stromversorgung. Wenn man jedoch die Transistoren mit niedrigen Kollektorströmen betreibt, wie in dem Dimensionierungsbeispiel, stören die Eingangsströme nicht.

Man erkennt in Abb. 18.17, dass diese Schaltung zur Strommessung nur für positive Ströme I_b funktioniert, weil sich die Stromrichtung durch den Transistor nicht umkehren lässt. Es kann aber Fälle geben, in denen man den Strom in beiden Richtungen messen möchte z.B. bei der Ladung und Entladung eines Akkus. Dazu kann man wie in Abb. 18.19 die Anordnung zur Strommessung für jedes Vorzeichen mit entgegengesetzter Polung getrennt anwenden und den Strommesswert an dem gemeinsamen Widerstand R_2 summieren. Die Ausgangsspannung gibt dann den Betrag des Stroms an. Sein Vorzeichen erhält man, indem man an den Ausgängen der Operationsverstärker einen Komparator anschließt. Schaltungen, die nach diesem Prinzip arbeiten sind z.B. der AD8210 oder der LT1490.

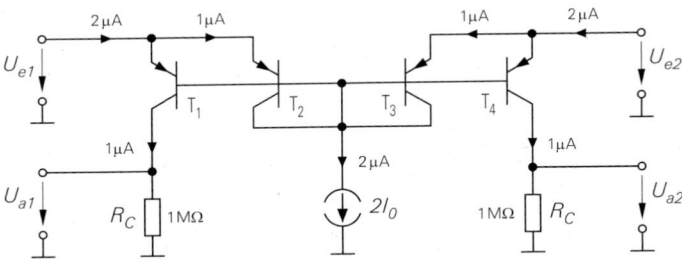

Abb. 18.18.
Differenzver-
stärker
„over the top"

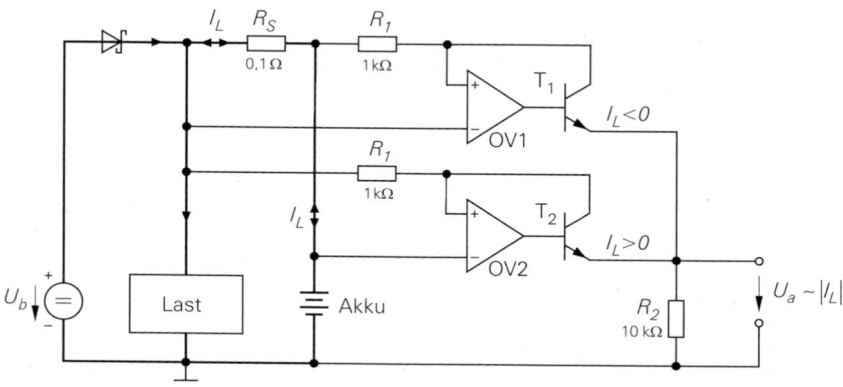

Abb. 18.19. Strommessung für bidirektionale Ströme $U_a = \dfrac{R_2}{R_1} R_S \, |I_L|$

18.2.2 Potentialfreies Amperemeter mit niedrigem Spannungsabfall

In Abschnitt 11.2 auf S. 770 haben wir einen Strom-Spannungs-Konverter kennen gelernt, der sich infolge seines extrem niedrigen Eingangswiderstandes nahezu ideal als Amperemeter eignet. Allerdings können nur Ströme gemessen werden, die unmittelbar nach Masse fließen, da der Eingang eine virtuelle Masse darstellt. Legt man jedoch den Strommesswiderstand wie in Abb. 18.20 in die Gegenkopplung der Eingangsverstärker, ergibt sich ein erdfreies Amperemeter mit sehr niedrigem Spannungsabfall.

Durch die Gegenkopplung über die Widerstände R_1 wird die Eingangsspannungsdifferenz von beiden Verstärkern Null; d.h. $V_{e1} = V_{e2} = V_e$ bzw $U_D = 0$. Wenn ein Strom in den Anschluss 1 fließt, stellt sich das Ausgangspotential von OV 2 durch die Gegenkopplung auf den Wert

$$V_2 = V_e - I R_1 \qquad (18.2)$$

ein. Mit $V_N = V_e$ folgt daraus:

$$V_1 = V_2 + 2(V_e - V_2) = V_e + R_S I \qquad (18.3)$$

Damit ergibt sich der aus dem Anschluss 2 herausfließende Strom zu:

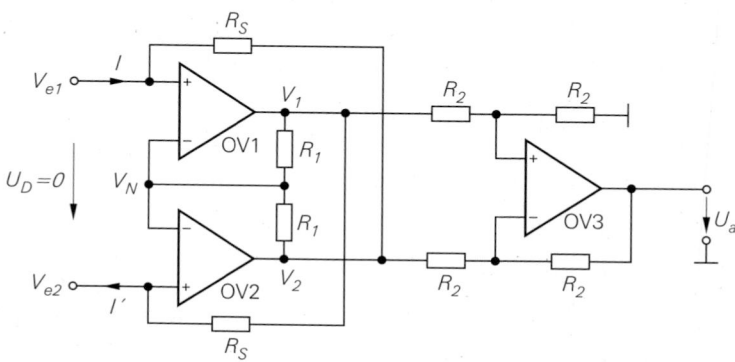

Abb. 18.20. Potentialfreies Amperemeter ohne Spannungsabfall. $U_a = 2R_S I$

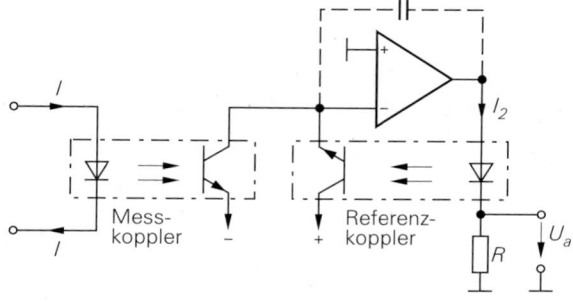

Abb. 18.21.
Einfacher Trennverstärker zur
Strommessung

$U_a = R I$

$$I' = \frac{V_1 - V_e}{R_1} = I \qquad (18.4)$$

Der Subtrahierer OV 3 bildet die Differenz $V_1 - V_2$. Seine Ausgangsspannung beträgt demnach mit (18.2) und (18.3) $U_a = 2R_S I$. Sie ist also proportional zum fließenden Strom. Die Schaltung eignet sich allerdings nur zur Messung kleiner Ströme, weil die Operationsverstärker OV 1 und OV 2 den Strom I aktiv aufbringen müssen.

18.2.3 Strommessung auf hohem Potential

Die Gleichtaktaussteuerbarkeit der vorhergehenden Schaltung ist auf Werte innerhalb der Betriebspotentiale begrenzt. Zur Messung von Strömen auf höherem Potential eignet sich die einfache Schaltung nach Abb. 11.8 von S. 770, wenn man sie statt an Nullpotential am Floating-Ground eines Trennverstärkers anschließt. Ihre Ausgangsspannung wird mit Hilfe des Trennverstärkers auf Nullpotential übertragen.

Der Aufwand lässt sich ganz wesentlich reduzieren, wenn man bei der Strommessung einen Spannungsabfall von 1 bis 2 V zulassen kann (z.B. in der Anodenleitung von Hochspannungsröhren). In diesem Fall lässt man den zu messenden Strom einfach durch die Leuchtdiode eines Optokopplers fließen. Dadurch entfällt die erdfreie Stromversorgung. Zur Linearisierung der Übertragungskennlinie kann man wie in Abb. 18.21 auf der Sekundärseite einen Referenz-Optokoppler verwenden. Sein Eingangsstrom I_2 wird durch den Operationsverstärker so geregelt, dass sich die Fotoströme von Referenz- und Messkoppler gegenseitig aufheben. Wenn die beiden Koppler gut gepaart sind, wird dann $I_2 = I$ Dieser Strom bewirkt die Ausgangsspannung an dem Widerstand R.

18.2.4 Strommessung über das Magnetfeld

Ein Leiter, durch den ein Strom der Größe I fließt, ist gemäß Abb. 18.22 von einem Magnetfeld umgeben, das die *magnetische Induktion*

$$B = \mu_0 \mu_r \frac{1}{2r\pi} \qquad [B] = \frac{\mathrm{Vs}}{\mathrm{m}^2} = \mathrm{T} \qquad (18.5)$$

besitzt. Darin ist $\mu_0 = 4\pi \cdot 10^{-7}\,\mathrm{Vs/Am}$ die magnetische Feldkonstante und μ_r die Permeabilitätszahl des Stoffs, die in Luft gleich 1 ist. Man kann den Ausdruck $L = 2r\pi$ als Länge der betrachteten Feldlinie auffassen. Als Beispiel soll die magnetische Induktion für einen Strom von 1A im Abstand 1mm berechnet werden:

$$B = \mu_0 \mu_r \frac{I}{2r\pi} = 4\pi \cdot 10^{-7} \frac{\mathrm{Vs}}{\mathrm{Am}} \frac{1\,\mathrm{A}}{2 \cdot 10^{-3}\,\mathrm{m}\,\pi} = 0{,}63\,\frac{\mathrm{Vs}}{\mathrm{m}^2} = 0{,}63\,\mathrm{mT}$$

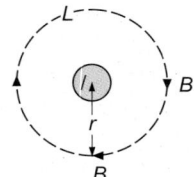

Abb. 18.22.
Magnetische Induktion eines Leiters, der mit dem Strom I durchflossen wird im Abstand r

$$B = \mu_0 \, \mu_r \, \frac{I}{2r\pi}$$

Da die magnetische Induktion proportional zum fließenden Strom ist, kann man sie zur Strommessung verwenden. Zur Messung von Magnetfeldern setzt man *Hallgeneratoren* ein. Der Halleffekt beruht darauf, dass die Lorentzkraft auf Ladungsträger wirkt, die sich in einem Magnetfeld bewegen. Dadurch werden auch die Ladungsträger abgelenkt, die durch einen Leiter fließen. Dann ist, wie in Abb. 18.23 dargestellt, eine Hallspannung

$$U_H = \frac{I_H}{nd} B \tag{18.6}$$

außen an dem Leiter messbar. Um möglichst große Signale zu erhalten, verwendet man Materialien mit geringer Ladungstragerdichte n und geringer Dicke d; deshalb werden Hallelemente als Halbleiter realisiert. Meist fügt man zu dem Hallelement noch eine integrierte Schaltung hinzu, die die Hallspannung aufbereitet und den Hilfsstrom I_H liefert.

Der Einsatz eines integrierten Hallgenerators zur Strommessung auf einer Leiterplatte ist in Abb. 18.24 dargestellt. Man kann den zu messenden Strom mit einer Drahtbrücke über den Hall-IC leiten oder mit einer Leiterbahn darunter hindurch leiten oder beides kombinieren, um die magnetischen Induktionen zu kombinieren. Bei handelsüblichen Bausteinen kann man ein Messsignal in der Größenordnung von 100 mV/A erwarten. Ein wesentlicher Vorteil dieser Methode zur Strommessung gegenüber der Verwendung von Shunts besteht in der Potentialtrennung. Auf diese Weise lässt sich z.B. auch der Strom in einer Phase eines netzbetriebenen Motors ohne zusätzlichen Trennverstärker messen.

Die gebräuchlichste Möglichkeit, Ströme über ihr Magnetfeld zu messen, besteht in der in Abb. 18.25 dargestellten Kompensationsmethode. Hier wird mit einer auf einen Ferritring gewickelten Spule ein Magnetfeld erzeugt, das das von dem Strom I verursachte Magnetfeld gerade kompensiert. Der dazu erforderliche Strom wäre bei einer einzigen Windung auf der Spule gleich dem zu messenden Strom. Um mit kleinen Kompensationsströmen auszukommen, gibt man der Spule $n = 100...1000$ Windungen; dann beträgt der Kompensationsstrom $I_k = I/n$. Dieser Strom fließt auch durch den Messwiderstand R und erzeugt an ihm den Spannungsabfall:

$$U_{mess} = I_k R = \frac{R}{n} \cdot I$$

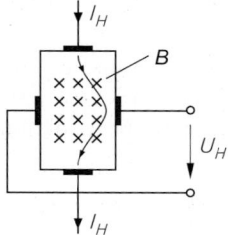

Abb. 18.23.
Der Halleffekt. Eingezeichnet ist die Ablenkung der Bahn eines Ladungsträgers durch das Magnetfeld B.

$$U_H \sim I_H \cdot B$$

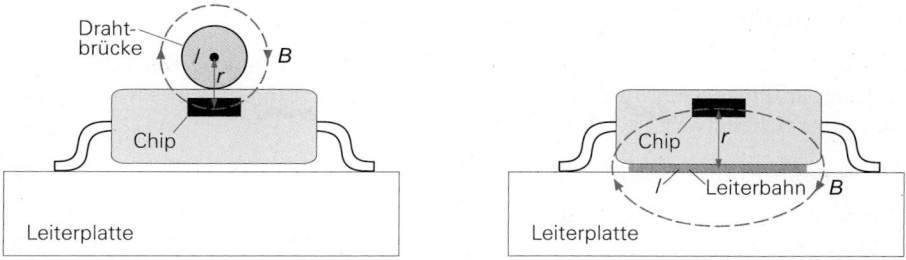

Abb. 18.24. Einsatz eines integrierten Hallgenerators zur Strommessung auf einer Leiterplatte.
Links: Der Strom fließt durch eine Drahtbrücke über den Baustein
Rechts: Der Strom fließt in einer Leiterbahn unter dem Baustein

Der Operationsverstärker in Abb. 18.25 übernimmt die Stromregelung für den Strom I_k.
Seine Ausgangsspannung stellt sich so ein, dass seine Eingangsspannungsdifferenz Null
wird. Dann ist auch die Hallspannung Null, das Magnetfeld ist dann also vollständig kompensiert. Der Vorteil des Kompensationsverfahrens gegenüber der direkten Messung der
magnetischen Induktion ist, dass hier das Feld auf Null abgeglichen wird und daher die
Daten und Nichtlinearitäten des Hallgenerators oder des Ferritkerns nicht in das Messergebnis eingehen. Das vielseitigste Angebot von derartigen Stromsensoren bietet die Firma
LEM. Die Bandbreite der erhältlichen Module beträgt typisch 100 kHz; das ist allerdings
für die meisten getakteten Stromversorgungen zu langsam. Ein weiterer Nachteil ist, dass
diese Stromsensoren für viele Anwendungen zu teuer sind.

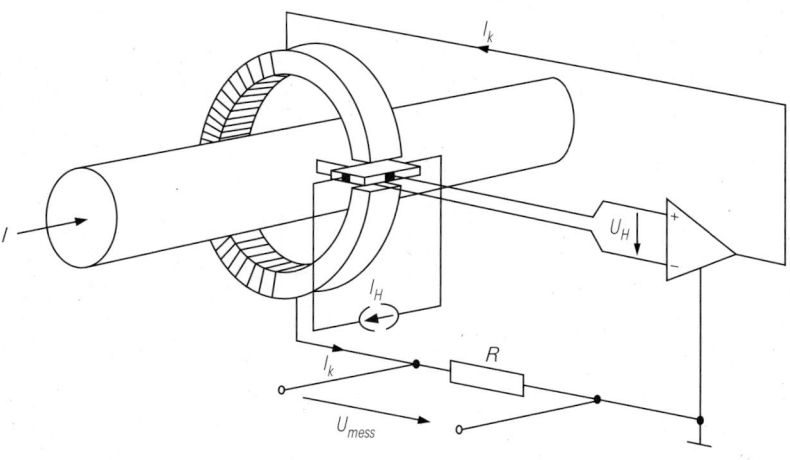

$$U_{mess} = \frac{R}{n} \cdot I$$

Abb. 18.25. Stromwandler nach dem Kompensationsverfahren. Im Luftspalt des Ferritkerns befindet sich der Hallgenerator.

18.3 Messgleichrichter (AC/DC-Converter)

Zur Charakterisierung von Wechselspannungen werden verschiedene Kenngrößen verwendet: der arithmetische Mittelwert des Betrages und der Effektivwert sowie positiver und negativer Scheitelwert.

18.3.1 Messung des Betragsmittelwertes

Zur Betragsbildung einer Wechselspannung benötigt man eine Schaltung, deren Verstärkungsvorzeichen in Abhängigkeit von der Polarität der Eingangsspannung umgeschaltet wird. Ihre Übertragungskennlinie muss also die in Abb. 18.26 dargestellte Form besitzen.

Eine solche Vollweggleichrichtung kann man durch Brückenschaltung von Dioden realisieren. Die erzielbare Genauigkeit ist wegen der Durchlassspannung der Dioden jedoch begrenzt. Dieser Effekt lässt sich beseitigen, indem man den Brückengleichrichter mit einer gesteuerten Stromquelle betreibt. Eine einfache Möglichkeit dazu ist in Abb. 18.27 dargestellt. Der Operationsverstärker wird als spannungsgesteuerte Stromquelle gemäß Abb. 11.11 von S. 771 betrieben. Dadurch wird unabhängig von der Durchlassspannung der Dioden:

$$I_A = \frac{|U_e|}{R}$$

Zur Anzeige des Mittelwertes dieses Stromes kann man z.B. ein Drehspulamperemeter einsetzen. Deshalb wird das Verfahren häufig in Analogmultimetern eingesetzt.

Für Ausgangspotentiale im Bereich $-2U_D < V_a < 2U_D$ ist der Verstärker nicht gegengekoppelt, da sämtliche Dioden sperren. In der Zeit, während der V_a von $2U_D$ auf $-2U_D$ springt, ändert sich V_N nicht. Dies ist eine Totzeit im Regelkreis. Eine Totzeit kann aber je nach Frequenz beliebige Phasenverschiebungen verursachen. Das macht bei der Stabilisierung des Operationsverstärkers besondere Schwierigkeiten. Man wählt Verstärker mit einer hohen Anstiegsgeschwindigkeit der Ausgangsspannung und Dioden mit niedriger Durchlassspannung; dies verringert die Totzeit. Außerdem muss man die Frequenzkorrektur kräftiger dimensionieren als bei linearer Gegenkopplung.

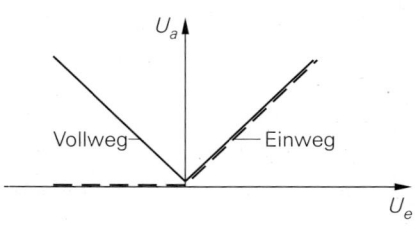

$U_a = |U_e|$

Abb. 18.26.
Kennlinie eines Einweg- und eines Vollweggleichrichters

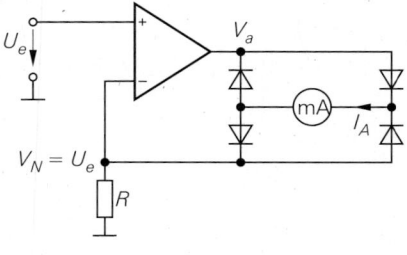

$I_A = |U_e|/R$

Abb. 18.27.
Vollweggleichrichter für erdfreie Anzeigeinstrumente

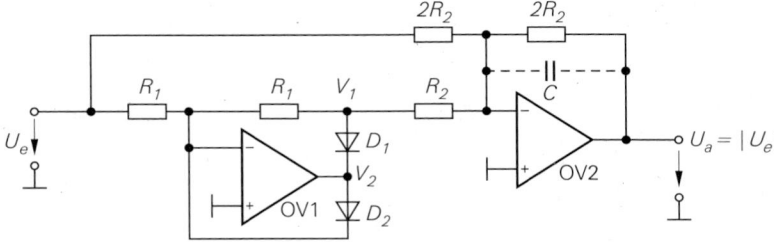

Abb. 18.28. Vollweggleichrichter mit auf Masse bezogenen Ausgang

18.3.1.1 Vollweggleichrichter mit Signalausgang

Bei der vorhergehenden Gleichrichterschaltung muss der Verbraucher (das Messwerk) potentialfrei betrieben werden. Wenn das Signal weiterverarbeitet (z.B. digitalisiert) werden soll, benötigt man jedoch eine Ausgangsspannung, die auf Masse bezogen ist. Dazu kann man mit einem Operationsverstärker eine ideale Diode realisieren, die man wie in Abb. 18.28 zu einem Vollweggleichrichter ergänzen kann.

Zunächst wollen wir die Wirkungsweise von OV 1 untersuchen. Bei positiven Eingangsspannungen arbeitet er als Umkehrverstärker. In diesem Fall ist nämlich V_2 negativ, d.h. die Diode D_1 leitet, und D_2 sperrt. Dadurch wird $V_1 = -U_e$. Bei negativen Eingangsspannungen wird V_2 positiv. D_1 sperrt in diesem Fall; D_2 wird leitend und koppelt den Verstärker gegen. Sie verhindert, dass OV 1 übersteuert wird; daher bleibt der Summationspunkt auf Nullpotential. Da D_1 sperrt, wird V_1 ebenfalls Null. Zusammenfassend gilt also:

$$V_1 = \begin{cases} -U_e & \text{für } U_e \geq 0 \\ 0 & \text{für } U_e \leq 0 \end{cases} \qquad (18.7)$$

Der Verstärker OV 1 arbeitet demnach als invertierender Einweggleichrichter.

Die Erweiterung zum Vollweggleichrichter erfolgt durch den Verstärker OV 2. Er bildet den Ausdruck:

$$U_a = -(U_e + 2V_1) \qquad (18.8)$$

Mit (18.7) folgt daraus:

$$U_a = \begin{cases} U_e & \text{für } U_e \geq 0 \\ -U_e & \text{für } U_e \leq 0 \end{cases} \qquad (18.9)$$

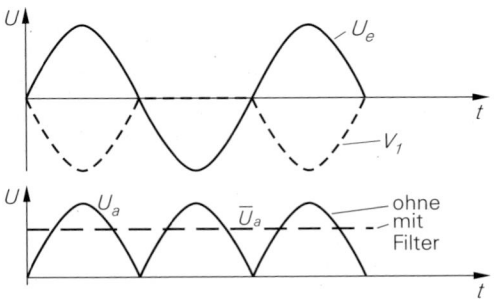

Abb. 18.29.
Spannungsverlauf bei sinusförmiger
Eingangsspannung

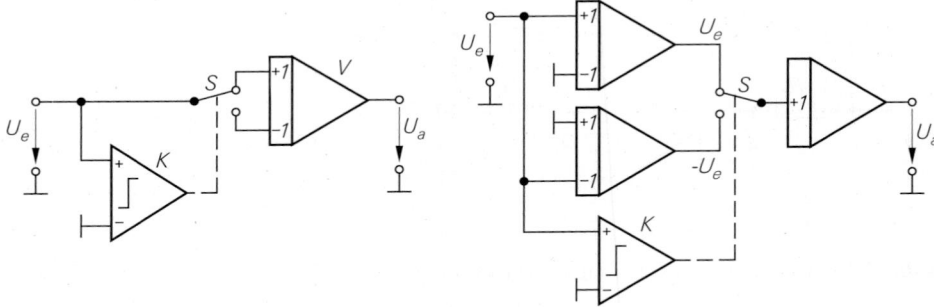

Abb. 18.30.
Gleichrichtung durch Umschalten des
Vorzeichens: $U_a = |U_e|$

Abb. 18.31.
Praktische Ausführung der Gleichrichtung mit
Verstärkungsumschaltung

Dies ist die gewünschte Funktion eines Vollweggleichrichters. Ihr Zustandekommen wird durch Abb. 18.29 verdeutlicht.

Mit Hilfe des Kondensators C lässt sich der Verstärker OV 2 zum Tiefpass 1. Ordnung erweitern. Wenn man seine Grenzfrequenz klein gegenüber der niedrigsten Signalfrequenz wählt, erhält man am Ausgang eine reine Gleichspannung mit dem Wert:

$$U_a = |\overline{U_e}|$$

Der Verstärker OV 1 muss wie bei der vorhergehenden Schaltung eine hohe Anstiegsgeschwindigkeit besitzen, um die Totzeit beim Übergang von einer Diode auf die andere möglichst klein zu halten.

18.3.1.2 Gleichrichtung durch Umschalten des Vorzeichens

In (18.9) erkennt man, dass ein Vollweggleichrichter für positive Spannungen die Verstärkung $A = +1$ und für negative Spannungen $A = -1$ besitzt. Diese Funktion lässt sich auch direkt realisieren, indem man einen Verstärker einsetzt, dessen Verstärkung sich von $+1$ auf -1 umschalten lässt, und die Umschaltung vom Vorzeichen der Eingangsspannung steuert. Dieses Prinzip ist in Abb. 18.30 dargestellt. Bei positiven Eingangsspannungen wird der nicht-invertierende Eingang des Verstärkers benutzt, bei negativen Eingangsspannungen schaltet der Komparator den Schalter auf den invertierenden Eingang um. Dieses Prinzip wird z.B. beim AD 630 verwendet, dessen Aufbau in Abb. 18.31 dargestellt ist.

18.3.1.3 Breitband-Vollweggleichrichter

Bei einem Differenzverstärker steht von Hause aus ein invertierender und ein nicht invertierender Ausgang zur Verfügung. Er kann demnach als schneller Vollweggleichrichter benutzt werden. Dazu wird mit den beiden parallel geschalteten Emitterfolgern T_3/T_4 in Abb. 18.32 das jeweils positivere Kollektorpotential an den Ausgang übertragen. Mit der Z-Diode wird das Kollektor-Ruhe-Potential kompensiert, damit das Ausgangs-Ruhe-Potential Null wird.

Dasselbe Prinzip zur Vollweggleichung lässt sich vorteilhaft auch mit CC-Operationsverstärkern realisieren. Die Schaltung in Abb. 18.33 beruht auf dem Differenzverstärker von Abb. 5.130 auf S. 606. Von den gegensinnigen Ausgangsströmen wird jeweils der positive über die Dioden D_3 bzw. D_4 zum Widerstand R_2 geleitet. Die Dioden D_1 und

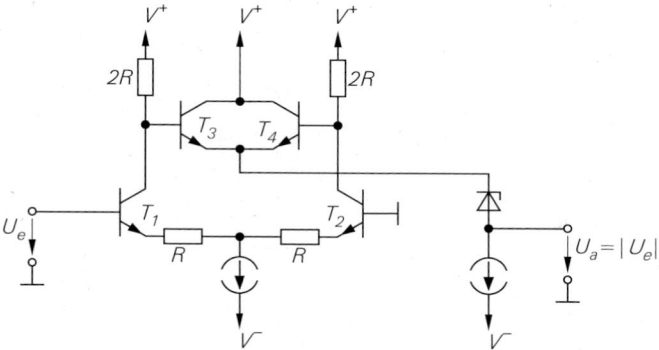

Abb. 18.32. Breitband-Vollweg-Gleichrichter

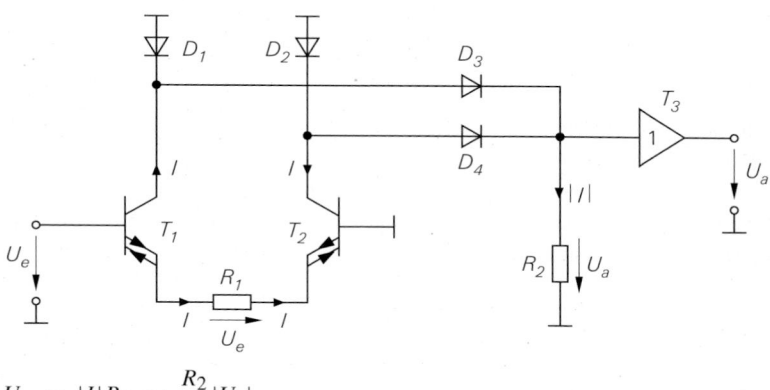

$$U_a \; = \; |I| R_2 \; = \; \frac{R_2}{R_1} |U_e|$$

Abb. 18.33. Differenzverstärker aus CC-Operationsverstärkern zur Vollweg-Gleichrichtung

D_2 leiten negative Ströme nach Masse ab, um die Verstärker nicht zu übersteuern. Die 4 Dioden lassen sich als Brückengleichrichter aus Schottky-Dioden realisieren. Zu dem Widerstand R_2 kann man einen Kondensator parallelschalten, um den Mittelwert zu bilden. Der Verstärker T_3 dient als Impedanzwandler.

18.3.2 Messung des Effektivwertes

Im Unterschied zum arithmetischen Betragsmittelwert (Average Absolute Value, Mean Modulus)

$$\overline{|U|} \; = \; \frac{1}{T} \int_0^T |U| dt \tag{18.10}$$

ist der Effektivwert als quadratischer Mittelwert definiert (Root Mean Square Value, RMS):

$$U_{\text{eff}} \; = \; \sqrt{\overline{(U^2)}} \; = \; \sqrt{\frac{1}{T} \int_0^T U^2 dt} \tag{18.11}$$

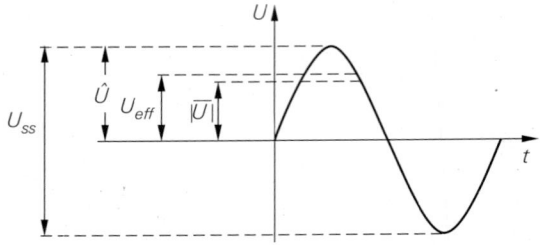

Abb. 18.34.
Relative Größe von Scheitelwert, Effektivwert und Betragsmittelwert bei einer Sinusschwingung

Darin ist T die Messdauer. Man wählt sie groß gegenüber der größten im Signal enthaltenen Schwingungsdauer. Dann ergibt sich eine messzeitunabhängige Anzeige. Bei streng periodischen Funktionen genügt die Mittelung über eine Periode, um das gewünschte Ergebnis zu erhalten.

Bei sinusförmigen Wechselspannungen gilt:

$$U_{\text{eff}} = \widehat{U}/\sqrt{2}$$

Man könnte demnach die Effektivwertmessung auf eine Scheitelwertmessung zurückführen. Bei anderen Kurvenformen treten bei diesem Verfahren beliebig große Fehler auf, insbesondere bei Spannungen mit hohen Spitzen, d.h. großem *Crest-Faktor* $\widehat{U}/U_{\text{eff}}$.

Geringere Abweichungen ergeben sich, wenn man die Effektivwertmessung auf eine Betragsmittelwertmessung zurückführt. Bei sinusförmigem Verlauf gilt:

$$\overline{|U|} = \frac{\widehat{U}}{T} \int_0^T |\sin \omega t| dt = \frac{2}{\pi} \widehat{U} \tag{18.12}$$

Mit $U_{\text{eff}} = \widehat{U}/\sqrt{2}$ folgt daraus der Zusammenhang:

$$U_{\text{eff}} = \frac{\pi}{2\sqrt{2}} \overline{|U|} \approx 1{,}11 \cdot \overline{|U|} \tag{18.13}$$

Die Größenverhältnisse werden durch Abb. 18.34 verdeutlicht. Der *Formfaktor* 1,11 ist bei den meisten handelsüblichen Betragsmittelwertmessern bereits eingeeicht. Sie zeigen für sinusförmigen Verlauf also den Effektivwert an, obwohl sie in Wirklichkeit den Betragsmittelwert messen. Bei anderen Kurvenformen treten durch diese unechte Messung mehr oder weniger große Abweichungen vom wahren Effektivwert auf. Bei dreieckigem Verlauf ergibt sich $U_{\text{eff}} = (2/\sqrt{3})\overline{|U|}$ und bei weißem Rauschen $U_{\text{eff}} = \sqrt{\pi/2}\overline{|U|}$. Bei Gleichspannung ist $U_{\text{eff}} = \overline{|U|}$. Es ergeben sich demnach in Abhängigkeit von der Kurvenform folgende Abweichungen:

Sinus:	Anzeige richtig
Gleichstrom, Rechteck:	Anzeige um 11% zu groß,
Dreieck:	Anzeige um 4% zu klein,
weißes Rauschen:	Anzeige um 11% zu klein.

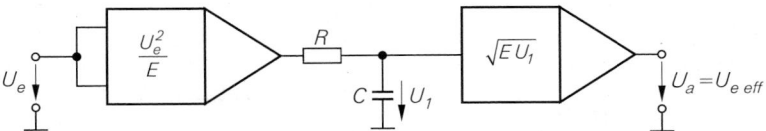

Abb. 18.35. Messung des Effektivwertes mit Rechenschaltungen

18.3.2.1 Echte Effektivwertmessung (True RMS)

Zur echten, Kurvenform-unabhängigen Effektivwertmessung kann man entweder die Definitionsgleichung (18.11) heranziehen oder eine Leistungsmessung durchführen. Nach (18.11) arbeitet die Schaltung in Abb. 18.35. Zur Mittelwertbildung der quadrierten Eingangsspannung wird dabei ein einfacher Tiefpass 1. Ordnung verwendet, dessen Grenzfrequenz klein gegenüber der niedrigsten Signalfrequenz gewählt wird.

Ein Nachteil der Schaltung besteht in ihrem kleinen Dynamikbereich: Wenn man z.B. eine Eingangsspannung von $10\,\mathrm{mV}$ anlegt, erhält man mit der üblichen Recheneinheit von $10\,\mathrm{V}$ am Ausgang des Quadrierers eine Spannung von $10\,\mu\mathrm{V}$. Dieser Wert geht aber bereits im Rauschen des Radizierers unter.

In dieser Beziehung ist die Schaltung in Abb. 18.36 günstiger. Bei ihr wird das Wurzelziehen am Ausgang durch eine Division am Eingang ersetzt. Am Ausgang des Tiefpassfilters tritt demnach die Spannung

$$U_a = \frac{\overline{U_e^2}}{U_a} \tag{18.14}$$

auf. Im eingeschwungenen Zustand ist U_a konstant. Daraus folgt:

$$U_a = \frac{\overline{U_e^2}}{U_a} \quad \text{also} \quad U_a = \sqrt{\overline{U_e^2}} = U_{\mathrm{eff}}$$

Der Vorteil dieser Methode besteht darin, dass die Eingangsspannung U_e nicht mit dem Faktor U_e/E multipliziert wird, der bei kleinen Eingangsspannungen klein gegenüber Eins ist, sondern mit dem Faktor U_e/U_a, der in der Größenordnung von Eins liegt. Dadurch ergibt sich ein wesentlich größerer Dynamikbereich. Die Voraussetzung dafür ist allerdings, dass die Division U_e/U_a auch bei kleinen Signalen mit guter Genauigkeit erfolgt. Dazu eignen sich solche Dividierer am besten, die über Logarithmen arbeiten wie wir sie in Kapitel 10.8.1 auf S. 761 beschrieben haben.

Die implizite Lösung der (18.14) erfolgt dann nach dem in Abb. 18.37 dargestellten Prinzip. Vor der Logarithmierung muss man zunächst den Betrag der Eingangsspannung bilden. Die Quadrierung erfolgt einfach durch Multiplikation des Logarithmus mit zwei. Zur Division durch U_a wird die logarithmierte Ausgangsspannung abgezogen.

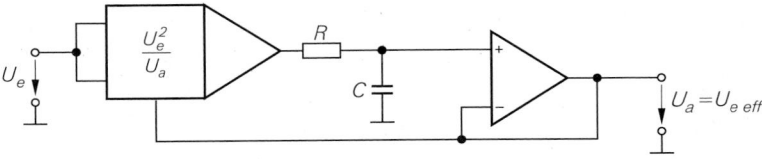

Abb. 18.36. Effektivwertmesser mit erhöhtem Dynamikbereich

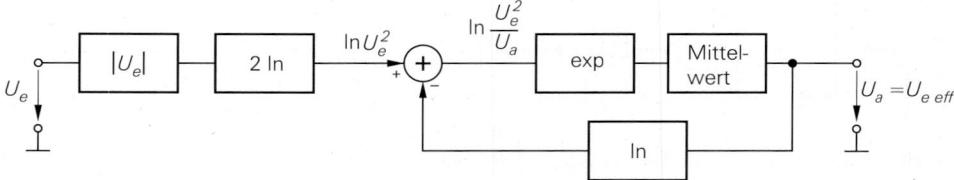

Abb. 18.37. Rechnerische Ermittlung des Effektivwerts über Logarithmen

Die praktische Ausführung dieses Prinzips ist in Abb. 18.38 dargestellt. Am Summationspunkt von OV 2 ergibt sich das vollweggleichgerichtete Eingangssignal. Der Operationsverstärker OV 2 logarithmiert die Eingangsspannung. Die zum Quadrieren erforderliche Spannungsverdopplung wird mit den beiden in Reihe geschalteten Transistoren T_1 und T_2 erreicht:

$$V_2 = -2U_\mathrm{T} \ln \frac{U_e}{I_{C0}R} = -U_\mathrm{T} \ln \left(\frac{U_e}{I_{C0}R} \right)^2$$

OV 4 logarithmiert die Ausgangsspannung:

$$V_4 = -U_T \ln \frac{U_a}{I_{C0}R}$$

Die an T_3 zur Bildung der Exponentialfunktion wirksame Spannung $V_4 - V_2$ ergibt die Ausgangsspannung:

$$U_a = I_{CS}R \exp \frac{V_4 - V_2}{U_T} = \frac{U_e^2}{U_a} \tag{18.15}$$

Mit dem Kondensator C zur Mittelwertbildung ergibt sich also dieselbe Ausgangsspannung wie nach (18.14).

Die Transistoren T_1 bis T_4 müssen monolithisch integriert sein, damit sie – wie bei der Rechnung vorausgesetzt – gleiche Daten besitzen.

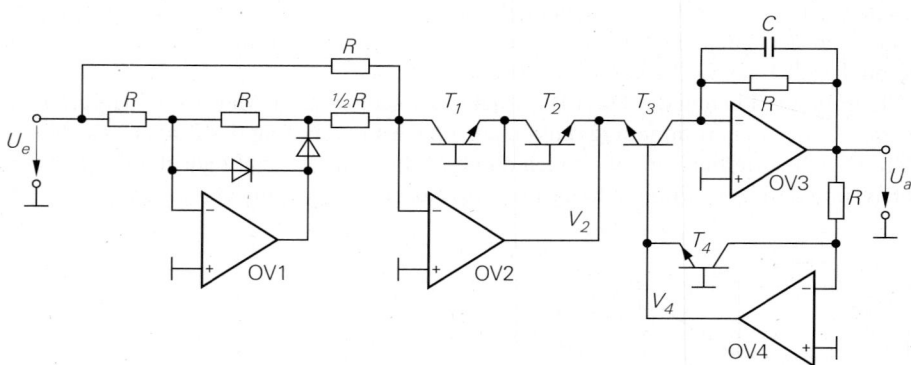

$$U_a = \sqrt{\overline{U_e^2}} = U_{e\,\text{eff}}$$

Abb. 18.38. Praktische Ausführung der Effektivwert-Berechnung

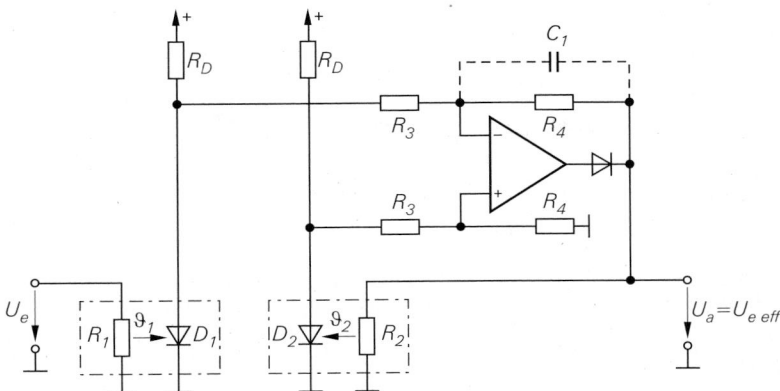

Abb. 18.39. Effektivwertmesser mit thermischer Umformung

18.3.2.2 Leistungsmesser

Nach der Definition ist der Effektivwert einer Wechselspannung diejenige Gleichspannung, die dieselbe mittlere Leistung in einem Widerstand erzeugt. Es gilt also:

$$\overline{U_e^2}/R \;=\; U_a^2/R \;=\; U_{e\,\mathrm{eff}}^2/R$$

Der Effektivwert einer Wechselspannung U_e lässt sich demnach dadurch bestimmen, dass man eine Gleichspannung U_a an einem Widerstand R solange erhöht, bis er genauso heiß wird wie der von U_e erwärmte. Auf diesem Prinzip beruht die thermische Messung des Effektivwerts. Zur Temperaturmessung kann man im Prinzip jede beliebige Methode (s. Kap. 19.1) heranziehen. Besonders vorteilhaft ist der Einsatz von Temperaturfühlern, die sich zusammen mit den Heizwiderständen als integrierte Schaltung herstellen lassen. Deshalb verwendet man heutzutage meist Dioden als Temperaturfühler, wie es in Abb. 18.39 dargestellt ist.

Der Widerstand R_1 wird von der Eingangsspannung erwärmt, der Widerstand R_2 von der Ausgangsspannung. Die Ausgangsspannung steigt so lange an, bis die Differenz der beiden Diodenspannungen Null wird, beide Temperaturen also übereinstimmen. Als Regelverstärker dient hier der als P-Regler beschaltete Operationsverstärker. Die Kondensatoren C_1 halten hochfrequente Signale von dem Operationsverstärker fern.

Die Diode am Ausgang des Regelverstärkers verhindert, dass der Widerstand R_2 mit einer negativen Spannung geheizt wird, da sonst ein Latch-up infolge thermischer Mitkopplung auftreten würde.

Da die Heizleistung proportional zum Quadrat von U_a ist, ergibt sich eine zu U_a proportionale Schleifenverstärkung. Dieser Effekt führt zu einer nichtlinearen Sprungantwort: Die Abschaltzeitkonstante ist wesentlich größer als die Einschaltzeitkonstante. Eine wesentliche Verbesserung lässt sich durch eine zusätzliche quadratische Gegenkopplung erzielen.

Die Widerstände R_1 und R_2 werden meist niederohmig ausgeführt ($50\,\Omega$), um eine hohe Bandbreite zu erreichen. Deshalb sind entsprechend große Ströme zur Ansteuerung erforderlich. Um genaue Messergebnisse zu erreichen, müssen die beiden Messpaare gute Gleichlaufeigenschaften besitzen. Mit der thermischen Umformung lassen sich auf einfache Weise Leistungen und Spannungen für Frequenzen bis über 50 GHz messen, weil

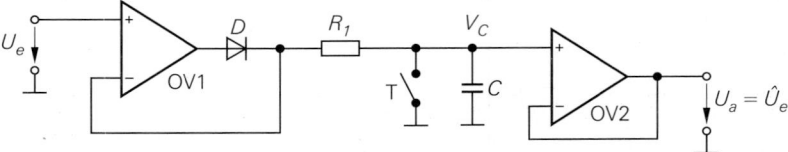

Abb. 18.40. Scheitelwertmesser

lediglich der Eingangswiderstand für diese Frequenz ausgelegt sein muss. Die Leistung wir dabei meist als Vielfaches von 1 mW in dBm angegeben. Der Zusammenhang ist:

$$P[\text{dBm}] = 10 \text{ dBm lg} \frac{P}{1\,\text{mW}} = 20 \text{ dBm lg} \frac{U}{0,224\,\text{V}} \qquad (18.16)$$

Er wird auf Seite 1736 genauer erklärt.

18.3.3 Messung des Scheitelwertes

Eine Scheitelwertmessung lässt sich ganz einfach dadurch realisieren, dass man einen Kondensator über eine Diode auflädt. Zur Elimination der Durchlassspannung kann man die Diode wie in Abb. 18.40 in die Gegenkopplung eines Spannungsfolgers legen. Solange die Eingangsspannung $U_e < V_C$ ist, sperrt die Diode D. Für $U_e > V_C$ leitet die Diode, und über die Gegenkopplung wird $V_C = U_e$. Aufgrund dieser Eigenschaft lädt sich der Kondensator C auf den Spitzenwert der Eingangsspannung auf. Der nachgeschaltete Spannungsfolger belastet den Kondensator nur wenig, so dass der Spitzenwert über längere Zeit gespeichert werden kann. Über den Schalter T lässt sich der Kondensator für eine neue Messung entladen.

Durch die kapazitive Belastung neigt der Verstärker OV 1 zum Schwingen. Dieser Effekt wird durch den Schutzwiderstand R_1 beseitigt. Dadurch vergrößert sich allerdings die Einstellzeit, da sich die Kondensatorspannung nur asymptotisch dem stationären Wert nähert. Ein weiterer Nachteil der Schaltung besteht darin, dass OV 1 für $U_e < V_C$ übersteuert wird. Die dadurch auftretende Erholzeit begrenzt den Einsatz der Schaltung auf niedrige Frequenzen.

Beide Nachteile werden bei dem Scheitelwertmesser nach Abb. 18.41 vermieden. OV 1 wird hier invertierend betrieben. Wenn U_e über den Wert $-V_C$ ansteigt, wird V_1 negativ, und die Diode D_1 leitet. Durch die Gegenkopplung über beide Verstärker stellt sich V_1 so ein, dass $U_a = -U_e$ wird. Neben der Durchlassspannung der Diode D_1 wird dabei auch die Offsetspannung des Impedanzwandlers OV 2 eliminiert. – Nimmt die Eingangsspannung wieder ab, steigt V_1 an. Dadurch sperrt die Diode D_1 und trennt die Gegenkopplung über

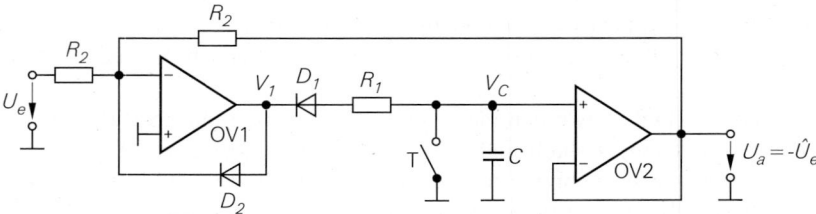

Abb. 18.41. Verbesserter Scheitelwertmesser

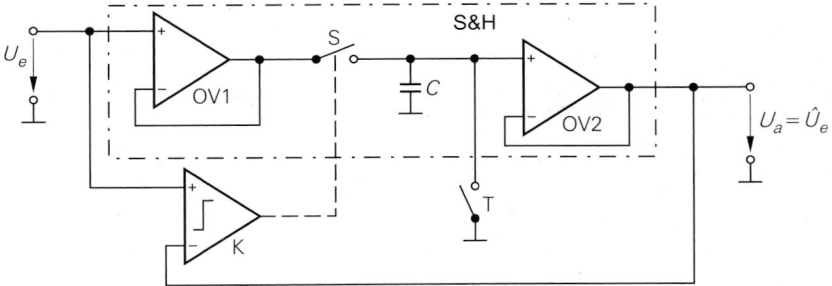

Abb. 18.42. Scheitelwertmesser mit Abtast-Halte-Glied

R_2 auf. V_1 steigt aber nur soweit an, bis die Diode D_2 leitend wird und den Verstärker OV 1 gegenkoppelt. Dadurch wird die Übersteuerung vermieden.

Der invertierte positive Scheitelwert von U_e bleibt auf dem Kondensator C gespeichert, da dieser weder über D_1 noch über den Spannungsfolger OV 2 entladen wird. Nach beendigter Messung lässt sich der Kondensator C über den Schalter T entladen. Zur Messung negativer Scheitelwerte polt man die Dioden um.

Eine andere Möglichkeit, einen Scheitelwertmesser zu realisieren, besteht darin, ein Abtast-Halte-Glied einzusetzen und das Abtast-Kommando im richtigen Augenblick zu geben. Dazu kann man, wie in Abb. 18.42 dargestellt, einfach einen Komparator einsetzen, der feststellt, wann die Eingangsspannung größer als die Ausgangsspannung ist, und in dieser Zeit den Schalter S des Abtast-Halte-Gliedes schließen. Dann folgt das Ausgangssignal dem Eingangssignal, solange es steigt, und bleibt gespeichert, wenn es wieder sinkt. Die Ausgangsspannung steigt erst dann weiter an, wenn die Eingangsspannung das zuletzt gespeicherte Maximum überschreitet. Ein Beispiel für die Funktionsweise ist in Abb. 18.43 dargestellt. Zur Realisierung der Schaltung kann man das Abtast-Halte-Glied von Abb. 17.61 auf S. 1046 verwenden.

18.3.3.1 Momentane Scheitelwertmessung

Zur kontinuierlichen Scheitelwertmessung kann man bei den beschriebenen Verfahren den Schalter T durch einen hochohmigen Widerstand ersetzen. Man dimensioniert ihn so, dass zwischen zwei Spannungsmaxima noch keine wesentliche Entladung des Kondensators C auftritt. Diese Methode bringt allerdings den Nachteil mit sich, dass eine Amplitudenabnahme nur sehr langsam registriert wird.

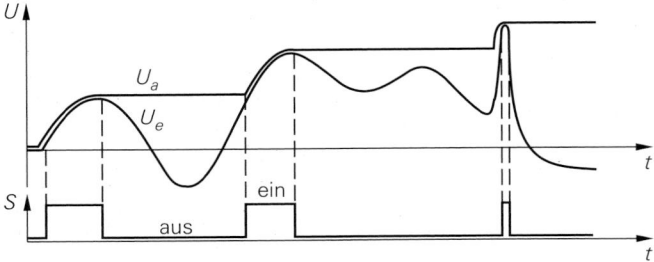

Abb. 18.43. Zeitlicher Verlauf der Signale im Scheitelwertmesser mit Abtast-Halte-Glied

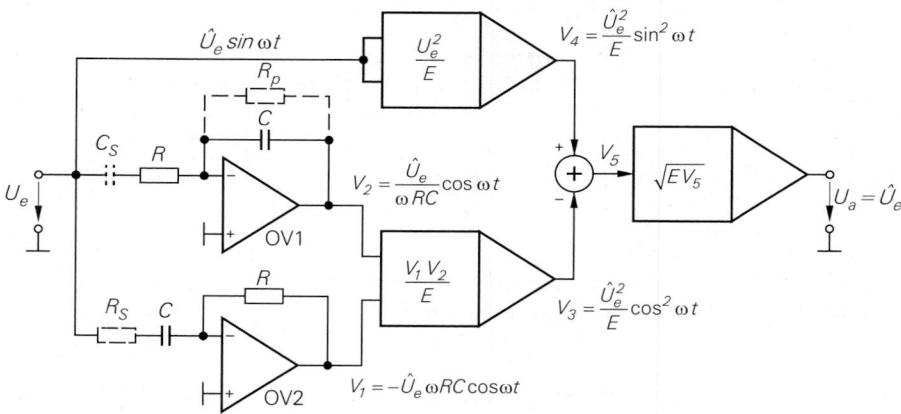

Abb. 18.44. Schaltung zur momentanen Scheitelwertmessung von sinusförmigen Signalen

Für manche Anwendungen, insbesondere in der Regelungstechnik, kommt es darauf an, die Amplitude mit möglichst kurzer Verzögerungszeit zu bestimmen. Bei den beschriebenen Verfahren beträgt die Messzeit jedoch mindestens eine Periode des Eingangssignals. Bei sinusförmigen Signalen kann man jedoch in jedem Augenblick die Amplitude gemäß der trigonometrischen Beziehung

$$\widehat{U} = \sqrt{\widehat{U}^2 \sin^2 \omega t + \widehat{U}^2 \cos^2 \omega t} \tag{18.17}$$

berechnen.

Bei der Messung einer unbekannten sinusförmigen Spannung muss man die $\cos \omega t$-Funktion aus dem Eingangssignal bilden. Dazu kann man einen Differentiator verwenden. An seinem Ausgang ergibt sich:

$$V_1(t) = -RC\frac{dU_e(t)}{dt} = -\widehat{U}_e RC\frac{d\sin\omega t}{dt} = -\widehat{U}_e \omega RC \cos \omega t \tag{18.18}$$

Bei bekannter Frequenz kann man den Koeffizienten ωRC auf den Wert 1 einstellen. Damit steht der gesuchte Term für die weitere Rechnung nach (18.17) zur Verfügung. Durch Quadrieren und Addieren von $U_e(t)$ und $V_1(t)$ erhalten wir demnach eine kontinuierliche Amplitudenanzeige, für die keine Filterung notwendig ist.

Bei variabler Frequenz muss man das Verfahren wie in Abb. 18.44 um einen Integrator erweitern, um einen $\cos^2 \omega t$-Ausdruck mit frequenzunabhängiger Amplitude zu gewinnen. Das Ausgangspotential des Integrators beträgt:

$$V_2(t) = -\frac{1}{RC} \int U_e(t)dt = -\frac{1}{RC} \int \widehat{U}_e \sin\omega t \, dt = \frac{\widehat{U}_e}{\omega RC} \cos \omega t \tag{18.19}$$

Die Integrationskonstante wird dabei mit Hilfe des Widerstandes R_p im eingeschwungenen Zustand zu Null gemacht. Durch Multiplikation von V_1 und V_2 erhalten wir den gesuchten Ausdruck:

$$V_3(t) = -\frac{\widehat{U}_e^2}{E} \cos^2 \omega t$$

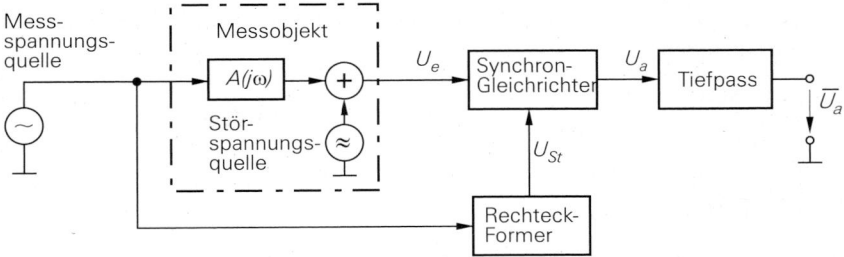

Abb. 18.45. Einsatz eines Synchrongleichrichters zur Messung verrauschter Signale. Für Frequenzen bis 350 kHz ist der Balanced Modulator/Demodulator AD630 besonders geeignet.

Durch Bildung der Differenz $V_4 - V_3$ und Wurzelziehen ergibt sich die Ausgangsspannung $U_a = \widehat{U}_e$. Sie ist also in jedem Augenblick gleich dem Scheitelwert der Eingangsspannung. Bei steilen Amplitudenänderungen treten vorübergehende Abweichungen auf bis der Integrator wieder auf Mittelwert Null eingeschwungen ist. Die Änderung der Ausgangsspannung erfolgt jedoch sofort in der richtigen Richtung, so dass z.B. ein angeschlossener Regelverstärker schon mit sehr geringer Verzögerung eine Trendmeldung erhält.

18.3.4 Synchrongleichrichter

Bei einem Synchrongleichrichter wird das Vorzeichen der Verstärkung nicht durch die Polarität der Eingangsspannung umgeschaltet wie in Abb. 18.30, sondern durch eine externe Steuerspannung $U_{St}(t)$, die mit dem interessierenden Signal korreliert ist. Für diese Aufgabe ist ein Verstärker nützlich, dessen Vorzeichen der Verstärkung sich umschalten lässt wie z.B. bei dem AD630.

Ein Synchrongleichrichter kann in der Messanordnung gemäß Abb. 18.45 dazu benutzt werden, aus einem stark verrauschten Signal die Amplitude derjenigen Schwingung zu bestimmen, deren Frequenz gleich der Steuerfrequenz ist, und deren Phasenlage φ zum Steuersignal konstant ist. Der Sonderfall $f_e = f_{St}$ und $\varphi = 0$ ist in Abb. 18.46 dargestellt. Man erkennt, dass der Synchrongleichrichter hier wie ein Vollweggleichrichter wirkt. Wenn $\varphi \neq 0$ ist oder $f_e \neq f_{St}$, treten neben den positiven Flächen auch negative Flächen auf. Der Mittelwert der Ausgangsspannung ist in diesen Fällen also immer kleiner als im eingezeichneten Fall.

Die Abhängigkeit der Ausgangsspannung von der Frequenz und der Phasenlage wollen wir im folgenden berechnen. Die Eingangsspannung U_e wird im Rhythmus der Steuer-

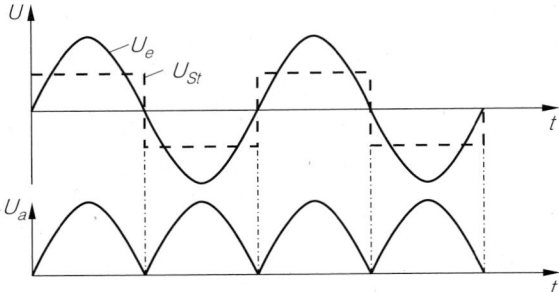

Abb. 18.46.
Wirkungsweise eines Synchrongleichrichters

frequenz f_{St} mit $+1$ bzw. -1 multipliziert. Dieser Sachverhalt lässt sich mathematisch folgendermaßen darstellen:

$$U_a = U_e(t) \cdot S(t) \tag{18.20}$$

Dabei ist:

$$S(t) = \begin{cases} 1 & \text{für } U_{St} > 0 \\ -1 & \text{für } U_{St} < 0 \end{cases}$$

Durch Fourier-Reihenentwicklung folgt daraus:

$$S(t) = \frac{4}{\pi} \sum_{n=0}^{\infty} \frac{1}{2n+1} \sin(2n+1)\omega_{St}t \tag{18.21}$$

Nun denken wir uns als Eingangsspannung eine sinusförmige Wechselspannung mit der Frequenz $f_e = m \cdot f_{St}$, und der Phasenverschiebung φ_m gegenüber der Steuerspannung. Dann ergibt sich mit (18.20) und (18.21) die Ausgangsspannung

$$U_a(t) = \widehat{U}_e \sin(m\omega_{St}t + \varphi_m) \cdot \frac{4}{\pi} \sum_{n=0}^{\infty} \frac{1}{2n+1} \sin(2n+1)\omega_{St}t \tag{18.22}$$

Von dieser Spannung wird mit dem nachgeschalteten Tiefpassfilter der arithmetische Mittelwert gebildet. Mit der Hilfsformel

$$\frac{1}{T} \int_0^T \sin(m\omega_{St}t + \varphi_m) = 0$$

und der Orthogonalitätsrelation

$$\frac{1}{T} \int_0^T \sin(m\omega_{St}t + \varphi_m) \sin l\omega_{St}t\, dt = \begin{cases} 0 & \text{für } m \neq l \\ \frac{1}{2} \cos \varphi_m & \text{für } m = l \end{cases}$$

folgt damit aus (18.22) das Ergebnis:

$$\overline{U}_a = \begin{cases} \dfrac{2}{\pi m} \widehat{U}_e \cdot \cos \varphi_m & \text{für } m = 2n+1 \\ 0 & \text{für } m \neq 2n+1 \end{cases} \tag{18.23}$$

Darin ist $n = 0, 1, 2, 3 \ldots$.

Ist die Eingangsspannung ein beliebiges Frequenzgemisch, liefern nur diejenigen Anteile einen Beitrag zur gemittelten Ausgangsspannung, deren Frequenz gleich oder gleich einem ungeraden Vielfachen der Steuerfrequenz ist. Deshalb ist der Synchrongleichrichter zur selektiven Amplitudenmessung geeignet. Da der Mittelwert der Ausgangsspannung außerdem von der Phasenverschiebung zwischen der betreffenden Komponente der Eingangsspannung und der Steuerspannung abhängt, bezeichnet man den Synchrongleichrichter auch als *phasenempfindlichen Gleichrichter*.

Für $\varphi_m = 90°$ wird $\overline{U}_a$ auch dann gleich Null, wenn die Frequenzbedingung erfüllt ist. In unserem Beispiel in Abb. 18.46 war $m = 1$ und $\varphi_m = 0$. In diesem Fall erhalten wir aus (18.23):

$$\overline{U}_a = \frac{2}{\pi} \widehat{U}_e$$

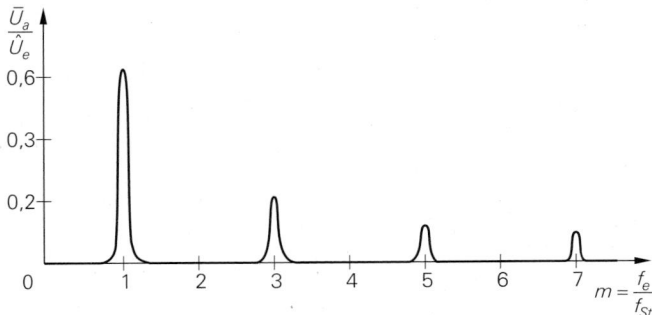

Abb. 18.47. Filtercharakteristik eines Synchrongleichrichters

Dies ist aber gerade der arithmetische Mittelwert einer vollweggleichgerichteten Sinus-
spannung. Dieses Ergebnis konnten wir schon unmittelbar aus Abb. 18.46 entnehmen.

Mit (18.23) haben wir gezeigt, dass nur die Spannungen zur Ausgangsspannung bei-
tragen, deren Frequenz gleich oder gleich einem ungeradzahligen Vielfachen der Steuerfrequenz ist. Das gilt jedoch nur, wenn die Zeitkonstante des Tiefpassfilters unendlich
groß ist. In der Praxis wäre das aber nicht realisierbar und auch gar nicht wünschenswert,
denn dann würde die obere Grenzfrequenz gleich Null; die Ausgangsspannung könnte
sich also zeitlich überhaupt nicht ändern. Ist $f_g > 0$, siebt der Synchron-Gleichrichter
nicht mehr diskrete Frequenzen, sondern einzelne Frequenzbänder aus seiner Eingangsspannung heraus. Die Bandbreite dieser Frequenzbänder ist gleich $2f_g$. Abbildung 18.47
veranschaulicht diese Filtercharakteristik.

Den meist unerwünschten Beitrag der ungeradzahligen Oberschwingungen kann man
beseitigen, indem man statt des Schalters einen *Analogmultiplizierer* als Synchrongleichrichter benutzt. Dann kann man die Eingangsspannung statt mit einer Rechteckfunktion
$S(t)$ mit einer Sinusfunktion $U_{St} = \widehat{U}_{St} \sin \omega t$ multiplizieren. Da diese Sinusfunktion
keine Oberschwingungen enthält, gilt die (18.23) nur noch für $n = 0$. Wenn wir die Amplitude der Steuerspannung gleich der Recheneinheit E des Multiplizierers wählen, ergibt
sich statt (18.23) das Ergebnis:

$$\overline{U}_a = \begin{cases} \frac{1}{2}\widehat{U}_e \cos \varphi & \text{für } f_e = f_{St} \\ 0 & \text{für } f_e \neq f_{St} \end{cases} \qquad (18.24)$$

Gemäß (18.22) liefert der Synchrongleichrichter nicht direkt die Amplitude $\widehat{U}_e$, sondern
den Realteil $\widehat{U}_e \cos \varphi$ der komplexen Amplitude $\underline{U}_e$. Zur Ermittlung ihres Betrages $|\underline{U}_e| =
\widehat{U}_e$ kann man die Phase der Steuerspannung mit einem einstellbaren Phasenschieber so
weit verschieben, bis die Ausgangsspannung des Synchrongleichrichters maximal wird.
Dann sind die Spannungen $U_e(t)$ und $U_{St}(t)$ in Phase, und wir erhalten aus (18.24):

$$\overline{U}_a = \frac{1}{2}\widehat{U}_e = \frac{1}{2}|\underline{U}_e|_{f_e = f_{St}}$$

Wenn man zur Verschiebung der Steuerspannung einen geeichten Phasenschieber verwendet, kann man dort unmittelbar die durch das Messobjekt verursachte Phasenverschiebung
φ ablesen.

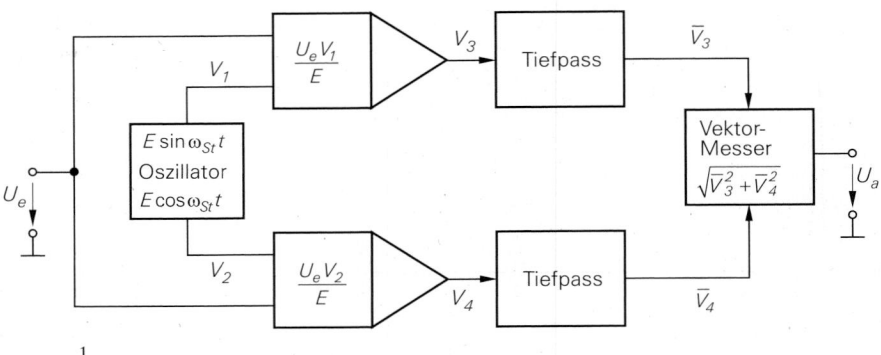

$$U_a = \frac{1}{2} U_e \quad \text{für } f_{St} = f_e$$

Abb. 18.48. Phasenunabhängige Synchrongleichrichtung. E ist die Recheneiheit der Multiplizierer z.B. $E = 10\,\text{V}$

Häufig interessiert man sich nur für die Amplitude eines bestimmten Spektralanteils der Eingangsspannung und nicht für deren Phasenlage. In diesem Fall kann man auf die Synchronisation der Steuerspannung verzichten, wenn man wie in Abb. 18.48 zwei Synchrongleichrichter einsetzt, die mit zwei um 90° gegeneinander verschobenen Steuerspannungen

$$V_1(t) = E \sin \omega_{St} t \quad \text{bzw.} \quad V_2(t) = E \cos \omega_{St} t$$

betrieben werden. Darin ist E die Recheneinheit der als Synchrongleichrichter benutzten Multiplizierer. Zur Erzeugung dieser beiden Steuerspannungen eignet sich Oszillatoren aus den Kapiteln 14.4 auf S. 896 und 26 auf S. 1503, die gleichzeitig zwei um 90° versetzte Schwingungen abgeben können.

Einen Beitrag zu den Ausgangsspannungen der beiden Synchrongleichrichter liefert nur die Spektralkomponente der Eingangsspannung mit der Frequenz f_{St}. Sie besitze die Phasenverschiebung φ gegenüber V_1 und lautet damit:

$$U_e = \widehat{U}_e \sin(\omega_{St} t + \varphi)$$

Nach (18.24) liefert der obere Synchrongleichrichter die Ausgangsspannung:

$$\overline{V}_3 = \frac{1}{2} \widehat{U}_e \cos \varphi \tag{18.25}$$

Die entsprechende Rechnung für den unteren Gleichrichter liefert

$$\overline{V}_4 = \frac{1}{2} \widehat{U}_e \sin \varphi \tag{18.26}$$

Durch Quadrieren und Addieren erhalten wir daraus unabhängig von der Phasenlage die Ausgangsspannung

$$U_a = \frac{1}{2} \widehat{U}_e \sqrt{\sin^2 \varphi + \cos^2 \varphi} = \frac{1}{2} \widehat{U}_e \tag{18.27}$$

Die Schaltung eignet sich demnach als durchstimmbares selektives Voltmeter. Seine Bandbreite ist konstant gleich der doppelten Grenzfrequenz des Tiefpassfilters. Die erreichbare

Filtergüte ist wesentlich höher als bei herkömmlichen aktiven Filtern. Man kann z.B. ohne weiteres ein 1 MHz-Signal mit einer Bandbreite von 1 Hz filtern. Das entspricht einer Güte $Q = 10^6$. Wenn man die Steuerfrequenz kontinuierlich durchstimmt, arbeitet die Schaltung als Spektrumanalysator.

Kapitel 19:
Sensorik

In diesem Kapitel sollen Schaltungen behandelt werden, die es ermöglichen, nicht-elektrische Größen zu messen. Dazu müssen diese zunächst von einem Sensor erfasst werden, der nach Möglichkeit nur auf die gewünschte Messgröße anspricht. Mit der Betriebsschaltung für den Sensor in Abb. 19.1 wird eine Spannung erzeugt, die dann nach Kalibrierung sichtbar angezeigt oder zur Regelung verwendet wird. In modernen Messgeräten mit einem Mikrocontroller führt man die Kalibrierung meist nach der AD-Umsetzung digital durch, weil sie damit einfacher, genauer und iterationsfrei möglich ist. In Abschnitt 19.6.2 gibt es ein Beispiel dafür.

Die einzelnen Schritte werden am Beispiel eines Feuchte-Sensors in Abb. 19.2 konkretisiert. Der Sensor besitzt hier eine von der relativen Luftfeuchtigkeit abhängige Kapazität. Um sie zu messen, muss der Sensor in eine Kapazitäts-Messschaltung einbezogen werden. Sie liefert am Ausgang eine Spannung, die proportional zur Kapazität, aber sicher nicht proportional zur Feuchte ist. Man benötigt also noch eine Schaltung zur Linearisierung und Kalibrierung des Sensors. Es gibt eine große Mannigfaltigkeit von Sensoren für die verschiedensten Messgrößen und Messbereiche. Eine Übersicht ist in Abb. 19.3 zusammengestellt.

19.1 Temperaturmessung

Bei uns ist es üblich, Temperaturen in Grad Celsius anzugeben. Daneben ist im technischen Bereich die Angabe in Kelvin, die absolute Temperatur, gebräuchlich. In USA wird die Temperatur meist in Grad Fahrenheit angegeben. Diese verschiedene Temperaturskalen sind in Abb. 19.4 gegenübergestellt.

Nachfolgend sollen verschiedene Methoden zur Temperaturmessung beschrieben werden. Man erkennt in der Übersicht in Abb. 19.3, dass die metallischen Sensoren, wie Thermoelement und Platin-PTC, sich in einem sehr großen Temperaturbereich einsetzen lassen. Die Temperaturfühler auf Halbleiterbasis (Kaltleiter, Heißleiter, Transistor) sind für universellen Einsatz gut geeignet. Da die Transistor-Sensoren als integrierte Schaltun-

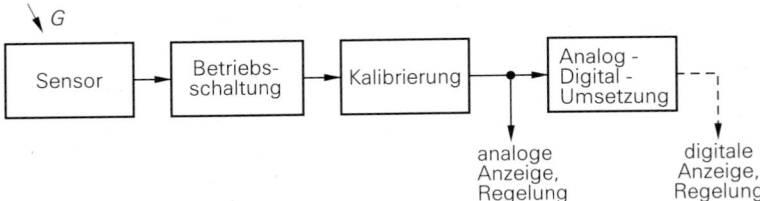

Abb. 19.1. Umwandlung einer physikalischen Größe G in ein kalibriertes elektrisches Signal

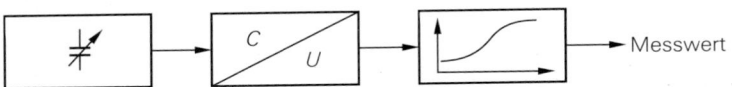

Abb. 19.2. Messwert-Gewinnung am Beispiel eines Feuchtesensors

© Springer-Verlag GmbH Deutschland, ein Teil von Springer Nature 2019
U. Tietze et al., *Halbleiter-Schaltungstechnik*

Messgröße	Sensor	Messbereich	Prinzip
Temperatur	Metall-PTC	$-200\ldots+800°C$	pos. Temperaturkoeffizient des Widerstandes von Metallen, z.B. Platin
	Kaltleiter-PTC	$-50\ldots+150°C$	pos. Temperaturkoeffizient des Widerstandes von Halbleitern, z.B. Silizium
	Heißleiter-NTC	$-50\ldots+150°C$	neg. Temperaturkoeffizient des Widerstandes von Metalloxid-Keramik
	Transistor	$-50\ldots+150°C$	neg. Temperaturkoeffizient der Basis-Emitter-Spannung eines Transistors
	Thermoelement	$-200\ldots+2800°C$	Thermospannung an der Kontaktstelle verschiedener Metalle
	Schwingquarz	$-50\ldots+300°C$	Temperaturkoeffizient der Resonanzfrequenz bei speziell geschliffenen Quarzen
Temperatur über Wärmestrahlung	Pyrometer	$-100\ldots+3000°C$	Spektrale Verteilung der Leuchtdichte ist temperaturabhängig
	Pyroelement	$-50\ldots+2200°C$	Temperaturerhöhung durch Wärmestrahlung erzeugt Polarisationspannung
Lichtintensität	Fotodiode Fototransistor	$10^{-2}\ldots10^{5}$ lx	Strom steigt mit der Intensität durch optisch freigesetzte Ladungsträger
	Fotowiderstand	$10^{-2}\ldots10^{5}$ lx	Elektrischer Widerstand sinkt mit zunehmender Bestrahlung
	Fotomultiplier	$10^{-6}\ldots10^{3}$ lx	Licht setzt Elektronen aus einer Fotokatode frei, die mit nachfolgenden Dynoden vervielfacht werden
Schall	Dynamisches Mikrofon		Induktion einer Spannung durch Bewegung einer Spule im Magnetfeld
	Kondensator-Mikrofon		Spannung eines geladenen Kondensators ändert sich mit dem Plattenabstand
	Kristall-Mikrofon		Piezo-Effekt erzeugt Spannung
Magnetfeld	Induktions-Spule		Liefert Spannung, wenn sich das Magnetfeld ändert oder sich die Spule im Feld bewegt
	Hall-Element	$0,1\,mT\ldots1\,T$	Spannung entsteht quer zum Halbleiter durch Ablenkung der Elektronen im Magnetfeld
	Feldplatte	$0,1\,T\ldots1\,T$	Widerstand steigt im Halbleiter mit zunehmender Feldstärke

Abb. 19.3. Übersicht über Sensoren, Teil 1

Messgröße	Sensor	Messbereich	Prinzip
Kraft	Dehnungs-messsstreifen	$10^{-2}\ldots10^7\,\mathrm{N}$	Kraft bewirkt elastische Dehnung eines Dünnfilmwiderstandes, dessen elektrischer Widerstand dadurch steigt
Druck	Dehnungs-messsstreifen	$10^{-3}\ldots10^3\,\mathrm{bar}$	Brückenschaltung von Dehnungsmessstreifen auf Membran wird durch Druck verstimmt
Beschleunigung	Dehnungs-messsstreifen	$1\ldots5000\,\mathrm{g}$	Dehnungsmessstreifen-brücke wird verstimmt durch Beschleunigungskraft auf mit Masse beschwerte Membran
Weg linear	Weggeber potentio-metrisch	$\mu\mathrm{m}\ldots\mathrm{m}$	Abgriff eines Potentiometers wird verschoben
	Weggeber induktiv	$\mu\mathrm{m}\ldots\mathrm{dm}$	Induktive Brücke wird verstimmt durch Verschiebung eines Ferritkerns
	Schrittweggeber optisch	$\mu\mathrm{m}\ldots\mathrm{m}$	Strichmuster wird abgetastet Anzahl ergibt Weg
Winkel	Schrittwinkelgeber optisch	$1\ldots20\,000/\mathrm{Umdr.}$	Strichmuster wird abgetastet Anzahl ergibt Drehwinkel
	Schrittwinkelgeber magnetisch	$1\ldots1000/\mathrm{Umdr.}$	Magnetische Abtastung eines zahnradförmigen Gebers
	Schrittwinkelgeber kapazitiv	$1\ldots1000/\mathrm{Umdr.}$	Kapazitive Abtastung eines zahnradförmigen Gebers
Strömungsge-schwindigkeit	Flügelrad		Drehzahl nimmt mit Strömungsgeschwindigkeit zu
	Hitzdracht-Anemometer		Abkühlung nimmt mit Strömungsgeschwindigkeit zu
	UltraschallSender/ Empfänger		Doppler-Verschiebung nimmt mit Strömungsgeschwindigkeit zu
Gaskonzentration	Keramik-widerstand		Widerstand ändert sich bei Adsorption des nachzuweisenden Stoffes
	Mosfet		Änderung der Schwellenspannung bei Adsorption des nachzuweisenden Stoffes unter dem Gate
	Absorptions-spektrum		Absorptionslinien charakteristisch für jedes Gas
Feuchte	Kondensator	$1\ldots100\%$	Dielektrizitätskonstante nimmt durch Wasseraufnahme mit der relativen Feuchte zu
	Widerstand	$5\ldots95\%$	Widerstand nimmt durch Wasseraufnahme mit der relativen Feuchte ab

Abb. 19.3. Übersicht über Sensoren, Teil 2

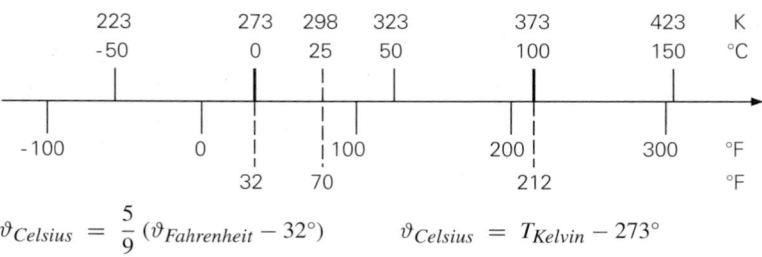

$$\vartheta_{Celsius} = \frac{5}{9}(\vartheta_{Fahrenheit} - 32°) \qquad \vartheta_{Celsius} = T_{Kelvin} - 273°$$

Abb. 19.4. Temperaturskalen

gen hergestellt werden, lässt sich dort die Betriebsschaltung mit integrieren, sodass die aufbereiteten Messwerte als Analog- oder Digitalsignal unmittelbar zur Verfügung stehen. Die höchste Genauigkeit lässt sich mit Platin-Sensoren erreichen, die allerdings teuer sind.

19.1.1 Kaltleiter auf Silizium-Basis, PTC-Sensoren

Der Widerstand von homogen dotiertem Silizium nimmt mit der Temperatur zu. Seine Gleichung lautet:

$$R_\vartheta = R_{25}[1 + 7{,}95 \cdot 10^{-3}\Delta\vartheta/°C + 1{,}95 \cdot 10^{-5}(\Delta\vartheta/°C)^2] \tag{19.1}$$

Darin ist R_{25} der Nennwiderstand bei 25°C. Er liegt meist zwischen $1\ldots2\,k\Omega$. $\Delta\vartheta$ ist die Differenz zwischen der aktuellen Temperatur und der Nenntemperatur: $\Delta\vartheta = \vartheta - 25°C$. Der nutzbare Temperaturbereich liegt hier zwischen 50°C und +150°C.

Bei den hier beschriebenen Widerstandstemperaturfühlern (RTD = Resistive Temperature Detector) ist der Widerstand eine Funktion der Temperatur; der Zusammenhang wird durch die jeweiligen Gleichungen $R = f(\vartheta)$ beschrieben. Wie stark der Widerstand sich mit der Temperatur ändert, wird durch den Temperaturkoeffizienten angegeben, der sich aus (19.1) berechnen lässt:

$$TK = \frac{1}{R} \cdot \frac{dR}{d\vartheta} = 7{,}95 \cdot 10^{-3}\frac{1}{°C} + \ldots \approx 0{,}8\frac{\%}{°C} \tag{19.2}$$

Der Temperaturkoeffizient beträgt hier also 0,8%/°C. Der Widerstand verdoppelt sich demnach ungefähr bei 100 K Temperaturerhöhung. Daraus lässt sich die aus der Widerstandstoleranz resultierende Temperaturtoleranz berechnen:

$$\underbrace{\Delta\vartheta}_{\text{Temperaturtoleranz}} = \frac{1}{TK}\underbrace{\frac{\Delta R}{R}}_{\text{Widerstandstoleranz}} = \frac{°C}{0{,}8\,\%} \cdot 1\,\% = 1{,}25°C \tag{19.3}$$

Je größer der Temperaturkoeffizient ist, desto kleiner wird die Temperaturtoleranz bei gegebener Widerstandstoleranz.

Zur Messung des Widerstandes von Widerstandstemperaturfühlern kann man durch den Sensor einen konstanten Strom fließen lassen. Er sollte so klein sein, dass sich dadurch keine nennenswerte Eigenerwärmung ergibt. Als Richtwert sollte man anstreben, die Verlustleistung unter 1 mW zu halten.

Man erhält eine Spannung am Sensor, die proportional zu seinem Widerstand ist. Die Spannung U_ϑ ist zwar proportional zum Widerstand, aber wegen der nichtlinearen Kennlinien des Sensors keine lineare Funktion der Temperatur. Wenn man die Messwerte

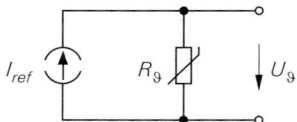

Abb. 19.5.
Grundschaltung zum Betrieb von Widerstands-Temperatursensoren

$$U_\vartheta = I_{ref} R_\vartheta$$

ohnehin digitalisiert, lässt sich die zugehörige Temperatur dadurch ermitteln, dass man die entsprechende Kennliniengleichung nach ϑ auflöst und die Temperatur gemäß der Gleichung berechnet.

Für die meisten Anwendungen ist jedoch eine Linearisierung ausreichend, die sich dadurch ergibt, dass man wie in Abb. 19.6 einen geeigneten Festwiderstand R_{lin} zu dem Sensor parallel schaltet. Abbildung 19.8 zeigt die Wirkung von R_{lin} am Beispiel eines Silizium-Kaltleiters. Mit zunehmendem Wert von R_ϑ steigt der Wert der Parallelschaltung wegen des Linearisierungswiderstandes langsamer an. Dadurch lässt sich der quadratische Term in den Kennlinien weitgehend kompensieren. Die Qualität der Linearisierung hängt wesentlich davon ab, dass man den Linearisierungswiderstand für den geforderten Messbereich optimiert. Im einfachsten Fall entnimmt man diesen Wert dem Datenblatt.

Die Frage ist jedoch, wie man vorgehen muss, wenn man für den gewünschten Messbereich keine Angaben findet. Meist fordert man im ganzen Messbereich eine möglichst niedrige, konstante Fehlergrenze. Mit dem Linearisierungswiderstand lässt sich der Fehler bei drei Temperaturen (ϑ_U, ϑ_M, ϑ_O) zu Null machen. Man verschiebt nun diese drei Temperaturen solange und wählt R_{lin} so, dass der maximale Fehler dazwischen und an den Bereichsenden gleich groß wird. Abbildung 19.8 veranschaulicht dieses Vorgehen.

Einen einfachen Näherungswert für R_{lin} erhält man dadurch, dass man die Temperaturen ϑ_U und ϑ_O auf die Messbereichsgrenzen legt und ϑ_M in die Mitte. Dieser Fall ist in Abb. 19.9 eingezeichnet. Die Linearisierungsbedingung ergibt sich dann aus der Forderung, dass die Widerstandsänderung der Parallelschaltung ($R_\vartheta \| R_{lin}$) in der unteren Hälfte des Messbereichs genauso groß sein soll wie in der oberen. Für R_{lin} ergibt sich daraus:

$$R_{lin} = \frac{R_{\vartheta M}(R_{\vartheta U} + R_{\vartheta O}) - 2R_{\vartheta U} \cdot R_{\vartheta O}}{R_{\vartheta U} + R_{\vartheta O} - 2R_{\vartheta M}} \tag{19.4}$$

Darin sind $R_{\vartheta U}$, $R_{\vartheta M}$ bzw. $R_{\vartheta O}$ die Widerstandswerte des Sensors bei der unteren (ϑ_U), mittleren (ϑ_M) bzw. oberen (ϑ_O) Temperatur. Man erkennt, dass der Linearisierungswiderstand unendlich wird, also entfällt, wenn $R_{\vartheta M}$ in der Mitte zwischen $R_{\vartheta U}$ und $R_{\vartheta O}$ liegt, denn dann ist der Sensor selbst linear. Liegt $R_{\vartheta M}$ oberhalb der Mitte, wird R_{lin}

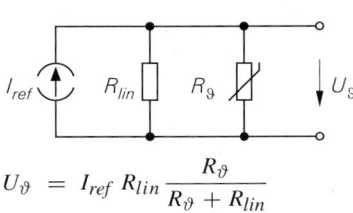

$$U_\vartheta = I_{ref} R_{lin} \frac{R_\vartheta}{R_\vartheta + R_{lin}}$$

Abb. 19.6.
Stromquelle mit Parallelwiderstand zur Linearisierung einer PTC-Kennlinie

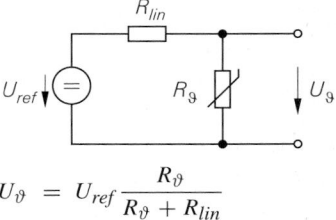

$$U_\vartheta = U_{ref} \frac{R_\vartheta}{R_\vartheta + R_{lin}}$$

Abb. 19.7.
Äquivalente Schaltung aus Spannungsquelle mit Serienwiderstand

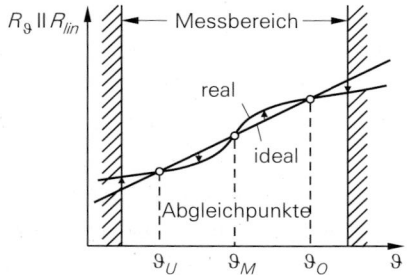

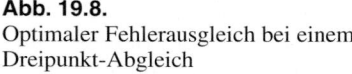

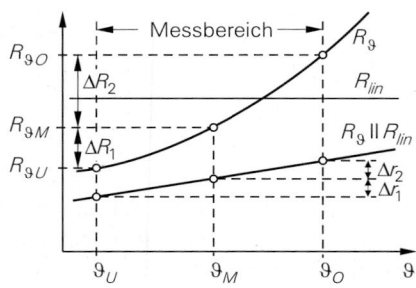

Abb. 19.8.
Optimaler Fehlerausgleich bei einem
Dreipunkt-Abgleich

Abb. 19.9.
Vereinfachte Methode zur Berechnung des
Linearisierungswiderstandes für PTCs

negativ. Dieser Fall tritt auf, wenn der quadratische Term der Sensorkennlinie negativ ist,
wie z.B. bei den Platin-Sensoren.

Die beschriebene Linearisierung ergibt sich auch, wenn man die Stromquelle in
Abb. 19.6 mit dem Linearisierungswiderstand zusammenfasst und in eine äquivalente
Spannungsquelle wie in Abb. 19.7 umrechnet. Der Linearisierungswiderstand R_{lin} ist in
beiden Fällen derselbe. Abbildung 19.10 zeigt die resultierende Messschaltung. Die Spannung U_ϑ ist hier die linearisierte Funktion der Temperatur. Um sie nicht durch Belastung
zu verfälschen, legt man sie an den nichtinvertierenden Eingang eines Elektrometerverstärkers. Durch die Beschaltung mit R_1, R_2 und R_3 kann er gleichzeitig die gewünschte
Verstärkung und Nullpunktverschiebung bewirken. Man erkennt in Abb. 19.10, dass sich
die resultierende Schaltung auch als Messbrücke interpretieren lässt.

An einem Beispiel soll die Dimensionierung der Schaltung erklärt werden. Die Schaltung soll eine Temperatur im Bereich von 0°C bis 100°C messen und Ausgangsspannungen
zwischen 0 V und 2 V liefern. Die Referenzspannung soll 2,5 V betragen. Als Sensor wird
ein Silizium-Kaltleiter gewählt, hier der Typ TSP 102 F. Die Linearisierung soll für diesen
Bereich berechnet werden. Dazu entnimmt man aus dem Datenblatt die Widerstandswerte
an den Bereichsenden und in der Bereichsmitte gemäß Abb. 19.11. Nach Gl. (19.4) folgt
daraus ein Linearisierungswiderstand $R_{lin} = 2851\,\Omega$. Der Linearisierungsfehler ist in der
Mitte zwischen den Stützstellen, also hier bei 25°C und 75°C, am größten. Er beträgt aber
lediglich 0,2 K! An dem Spannungsteiler R_ϑ, R_{lin} ergeben sich dann die in Abb. 19.11 eingetragenen Werte für U_ϑ. Man erkennt, dass die Differenzen zur Bereichsmitte tatsächlich
gleich groß werden.

Zur Berechnung der Widerstände R_1, R_2 und R_3 kann man einen der Werte vorgeben.
Wir wählen $R_2 = R_{lin} = 2851\,\Omega$. Die Widerstände R_1 und R_3 bestimmen die Verstärkung
und den Nullpunkt. Die Verstärkung der Schaltung ergibt sich einerseits aus der geforderten
Ausgangsspannung

$$A = \frac{U_{mess\,O} - U_{mess\,U}}{U_{\vartheta O} - U_{\vartheta U}} = \frac{2,00\,\text{V}}{380\,\text{mV}} = 5{,}263$$

und andererseits aus der Verstärkung für den nicht invertierenden Verstärker:

$$A = 1 + R_3/(R_1 \| R_2)$$

Bei dem gewünschten Nullpunkt $U_{mess\,U} = 0\,\text{V}$ sind die Widerstände R_1 und R_3 virtuell
parallel geschaltet. Daran muss dann die Spannung U_ϑ abfallen:

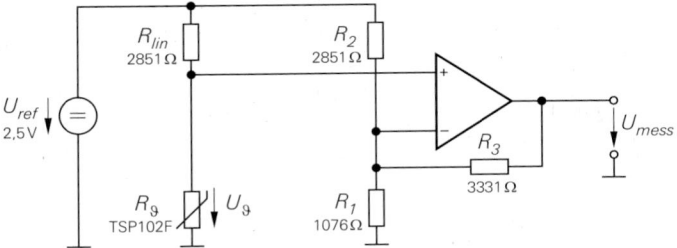

$$U_{mess} = 20\,\text{mV}\,\vartheta/\,^\circ\text{C} \quad \text{für } 0\,^\circ\text{C} \le \vartheta \le 100\,^\circ\text{C}$$

Abb. 19.10. Linearisierung, Nullpunktverschiebung und Verstärkung für einen Silizium-Kaltleiter (PTC). Nach diesem Prinzip arbeitet der AD 22100

ϑ	R_ϑ	U_ϑ	U_{mess}
$\vartheta_U = 0\,^\circ\text{C}$	$R_{\vartheta U} = 813\,\Omega$	$U_{\vartheta U} = 0{,}555\,\text{V}$	$U_{mess\,U} = 0{,}00\,\text{V}$
$\vartheta_M = 50\,^\circ\text{C}$	$R_{\vartheta M} = 1211\,\Omega$	$U_{\vartheta M} = 0{,}745\,\text{V}$	$U_{mess\,M} = 1{,}00\,\text{V}$
$\vartheta_O = 100\,^\circ\text{C}$	$R_{\vartheta O} = 1706\,\Omega$	$U_{\vartheta O} = 0{,}935\,\text{V}$	$U_{mess\,O} = 2{,}00\,\text{V}$

Abb. 19.11. Spannungen in der Meßschaltung in Abb. 19.10

$$U_{\vartheta U} = \frac{R_1 \| R_3}{(R_1 \| R_3) + R_2} U_{ref}$$

Aus diesen beiden Bestimmungsgleichungen folgt:

$$R_1 = 1076\,\Omega \quad \text{und} \quad R_3 = 3331\,\Omega$$

Zur Realisierung der Schaltung wählt man die nächstliegenden Normwerte aus der E 96-Reihe (s. Kap. 28.4 auf S. 1745). Ein Abgleich der Schaltung erübrigt sich dann in den meisten Fällen, wenn man eine eng tolerierte Referenzspannungsquelle einsetzt. Die Funktionsweise der Schaltung kann man anhand von Abb. 19.11 verifizieren.

Bei hohen Anforderungen an die Genauigkeit kann man den Nullpunkt mit R_1 und die Verstärkung mit R_3 abgleichen. Um dabei keinen iterativen Abgleich durchlaufen zu müssen, gleicht man zunächst den Nullpunkt bei einer Temperatur ab, bei der die Spannung an R_3 Null ist. Dann lässt sich R_1 unabhängig von der Größe von R_3 abgleichen. In unserem Beispiel ist

$$U_{mess} = U_\vartheta = 0{,}685\,\text{V}$$

für $R_\vartheta = 1076\,\Omega$ bzw. $\vartheta = 34{,}3\,^\circ\text{C}$. Die Verstärkung lässt sich dann bei einer beliebigen anderen Temperatur (also z.B. $0\,^\circ\text{C}$ oder $100\,^\circ\text{C}$) an R_3 abgleichen, ohne dadurch den Nullpunktabgleich wieder zu verfälschen. Die allgemeine Vorgehensweise beim Abgleich von Sensorschaltungen folgt in Abschnitt 19.6.

Wenn man einen rail-to-rail Operationsverstärker wählt, dessen Gleichtakt- und Ausgangsaussteuerbarkeit bis an die negative Betriebsspannung reicht, lässt sich die Schaltung aus einer einzigen Betriebsspannungsquelle von 2,5 oder 3,3 V betreiben.

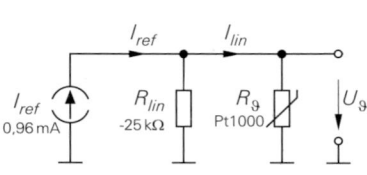

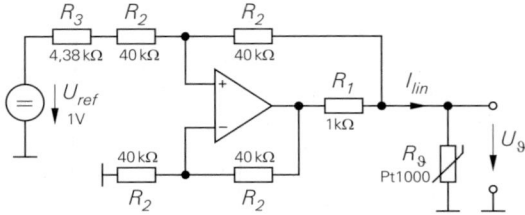

Abb. 19.12.
Prinzip zum linearisierten Betrieb
von Pt 1000-Sensoren

Abb. 19.13.
Realisierung der Stromquelle mit negativem Ausgangswiderstand

ϑ	R_ϑ	I_{lin}	U_ϑ
$\vartheta_U = \quad 0°C$	$R_{\vartheta U} = 1000,00\ \Omega$	$I_{lin\,U} = 1,000\ mA$	$U_{\vartheta U} = 1,000\ V$
$\vartheta_M = 200°C$	$R_{\vartheta M} = 1758,40\ \Omega$	$I_{lin\,M} = 1,033\ mA$	$U_{\vartheta M} = 1,816\ V$
$\vartheta_O = 400°C$	$R_{\vartheta O} = 2470,38\ \Omega$	$I_{lin\,O} = 1,065\ mA$	$U_{\vartheta O} = 2,632\ V$

Abb. 19.14. Spannungen in der Meßschaltung in Abb. 19.13

19.1.2 Metalle als Kaltleiter, PTC-Sensoren

Der Widerstand von Metallen steigt mit zunehmender Temperatur; sie besitzen also einen
positiven Temperaturkoeffizienten. Das gebräuchlichsten Metalle zur Temperaturmessung
ist Platin. In erster Näherung steigt der Widerstand linear mit der Temperatur um ca. 0,4%
je Grad. Bei 100 K Temperaturerhöhung ergibt sich also der 1,4fache Widerstand.

Bei den *Platin-Temperaturfühlern* spezifiziert man den Widerstand R_0 bei 0°C. Üb-
lich ist ein Wert von $100\,\Omega$ (Pt 100), daneben auch $200\,\Omega$ (Pt 200), $500\,\Omega$ (Pt 500) und
$1000\,\Omega$ (Pt 1000). Der Widerstand folgt hier im Temperaturbereich $0°C \leq \vartheta \leq 850°C$ der
Gleichung (DIN 43760 und EN 60571):

$$R_\vartheta = R_0 \left[1 + 3,90802 \cdot 10^{-3} \vartheta/°C - 0,580195 \cdot 10^{-6} (\vartheta/°C)^2 \right] \tag{19.5}$$

und im Bereich $-200°C \leq \vartheta \leq 0°C$ der Gleichung:

$$R_\vartheta = R_0 \left[1 + 3,90802 \cdot 10^{-3} \vartheta/°C - 0,580195 \cdot 10^{-6} (\vartheta/°C)^2 \right.$$
$$\left. + 0,42735 \cdot 10^{-9} (\vartheta/°C)^3 - 4,2735 \cdot 10^{-12} (\vartheta/°C)^4 \right] \tag{19.6}$$

Daraus ergibt sich ein Temperaturkoeffizient von

$$TK = \frac{1}{R} \cdot \frac{dR}{d\vartheta} = 3,91 \cdot 10^{-3} \frac{1}{°C} + ... \approx 0,4 \frac{\%}{°C} \tag{19.7}$$

Der nutzbare Temperaturbereich ist mit $-200°C$ bis $+850°C$ sehr groß und wird bei
hohen Temperaturen nur durch die Thermoelemente (s. Abschnitt 19.1.5) übertroffen. Die
Nichtlinearität der Gleichung ist relativ klein. Aus diesem Grund kann man in einem
begrenzten Temperaturbereich häufig auf eine Linearisierung verzichten.

Bei einem großen Temperaturbereich kann man zur Linearisierung den Linearisierungswiderstand gemäß (19.4) berechnen. Für einen Pt 1000-Sensor ergibt sich bei einem
Temperaturbereich von 0°C bis 400°C ein Widerstand $R_{lin} = -25\,k\Omega$. Man erkennt, dass

nur eine schwache Linearisierung erforderlich ist, da der Linearisierungswiderstand betragsmäßig hochohmig gegenüber dem Widerstand des Sensors ist. Man muss hier zur Linearisierung eine Stromquelle mit negativem Innenwiderstand einsetzen. In Abb. 19.12 ist das Ersatzschaltbild dargestellt. Zur Realisierung ist die Stromquelle nach Abb. 11.14 auf S. 774 besonders gut geeignet. Zu der in Abb. 19.13 eingetragenen Dimensionierung gelangt man, wenn man R_2 vorgibt und dann (11.11) zur Berechnung von R_1 und R_3 heranziehen. Die Funktionsweise der Schaltung kann man anhand von Abb. 19.14 verifizieren.

19.1.3 Heißleiter, NTC-Sensoren

Heißleiter sind temperaturabhängige Widerstände mit einem negativen Temperaturkoeffizienten. Sie werden aus Metalloxid-Keramik hergestellt. Ihr Temperaturkoeffizient ist sehr groß; er liegt zwischen $-3\ldots-5\%$ je Grad. *Leistungsheißleiter* werden zur Einschaltstrom-Begrenzung eingesetzt. Bei ihnen ist eine Erhitzung durch den fließenden Strom erwünscht. Sie müssen einen niedrigen Heißwiderstand und eine hohe Strombelastbarkeit besitzen. Im Gegensatz dazu hält man die Eigenerwärmung bei den *Messheißleitern* möglichst gering. Hier kommt es auf einen möglichst genau spezifizierten Widerstandsverlauf an. Die Temperaturabhängigkeit des Widerstandes lässt sich durch die Beziehung

$$R_T = R_N \cdot \exp\left[B\left(\frac{1}{T} - \frac{1}{T_N}\right)\right] \tag{19.8}$$

approximieren, wenn die interessierende Temperatur T in der Nähe der Nenntemperatur T_N liegt, die meist mit 25°C, also 298K angegeben wird. Dabei müssen die Temperaturen in Kelvin ($T = \vartheta + 273°$) eingesetzt werden. Die Konstante B liegt je nach Typ zwischen $B = 1500\ldots7000\,\mathrm{K}$. Um auch bei großen Temperaturdifferenzen den Widerstandsverlauf besser zu beschreiben, ist die Gleichung

$$\frac{1}{T} = \frac{1}{T_N} + \frac{1}{B}\ln\frac{R_T}{R_N} + \frac{1}{C}\left(\ln\frac{R_T}{R_N}\right)^3 \tag{19.9}$$

vorzuziehen. Zusätzlich ist hier der Term mit dem Koeffizienten $1/C$ eingefügt.

In einem beschränkten Temperaturbereich und bei nicht zu hohen Genauigkeitsanforderungen lässt sich auch der Widerstandsverlauf eines Heißleiters mit einem Parallelwiderstand linearisieren wie Abb. 19.15 zeigt. Zum Betrieb wurde in Abb. 19.16 wieder statt

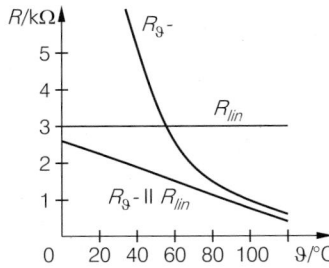

Abb. 19.15.
Linearisierung eines Heißleiters (NTC) mit einem Parallelwiderstand

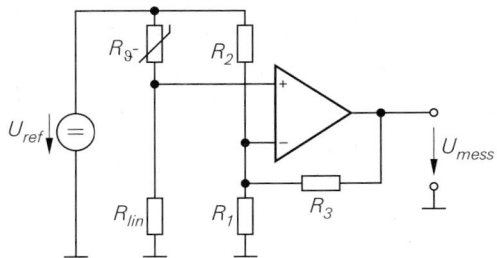

Abb. 19.16.
Betriebsschaltung zur Linearisierung, Nullpunktverschiebung und Verstärkung für Heißleiter

der Stromquelle eine Spannungsquelle mit Serienwiderstand eingesetzt. Die beste Linearisierung ergibt sich auch hier, wenn man den Wendepunkt von $R_{lin} \| R_T$ in die Mitte T_M des gewünschten Temperaturbereichs legt. Daraus folgt für den Linearisierungswiderstand:

$$R_{lin} = \frac{B - T_M}{B + 2T_M} R_{TM} \sim R_{TM}$$

B ist hier der B-Wert des Heißleiters aus der Kennliniengleichung. Man kann auch hier den Temperatursensor mit demselben Linearisierungswiderstand R_{lin} in Reihe schalten und erhält dann einen linearisierten Spannungsverlauf. Um eine mit der Temperatur steigende Spannung zu erhalten, ist es hier zweckmäßig, die Spannung am Linearisierungswiderstand abzugreifen. Dies ist in Abb. 19.16 dargestellt. Die Schaltung und ihre Dimensionierung entspricht im übrigen ganz der Betriebsschaltung für Kaltleiter in Abb. 19.10.

19.1.4 Transistor als Temperatursensor

Aufgrund des inneren Aufbaus ist ein Bipolartransistor ein stark temperaturabhängiges Bauelement. Sein Sperrstrom verdoppelt sich bei ca. 10 °C Temperaturerhöhung, und seine Basis-Emitter-Spannung sinkt um ca. 2 mV/°C (siehe (2.21) auf S. 56). Diese sonst unerwünschten Nebeneffekte lassen sich zur Temperaturmessung ausnutzen. In Abb. 19.17 wird ein als Diode geschalteter Transistor mit einem konstanten Strom betrieben. Dann ergibt sich der in Abb. 19.18 dargestellte Temperaturverlauf der Basis-Emitter-Spannung. Sie hat bei Zimmertemperatur den üblichen Wert von ca. 600 mV. Bei einer Temperaturerhöhung von 100 °C sinkt sie um 200 mV; entsprechend steigt sie bei einer Temperaturabnahme. Der Temperaturkoeffizient beträgt also:

$$TK = \frac{1}{U} \cdot \frac{\Delta U}{\Delta \vartheta} = \frac{1}{600\,\text{mV}} \cdot \frac{200\,\text{mV}}{100\,°\text{C}} \approx 0,3 \, \frac{\%}{°\text{C}} \tag{19.10}$$

Leider ist jedoch die Streuung der Durchlassspannung und des Temperaturkoeffizienten recht groß. Aus diesem Grund verwendet man einzelne Transistoren zur Temperaturmessung heutzutage nur noch bei geringen Anforderungen an die Messgenauigkeit. Besser kalibrieren lassen sich Schaltungen, die auf der Differenz der Basis-Emitter-Spannungen von zwei bei verschiedenen Stromdichten betriebenen Bipolartransistoren beruhen. Das Prinzip ist in Abb. 19.19 dargestellt. Es handelt sich hier um eine Bandabstands-Referenz, wie sie schon in Kapitel 16.32 auf S. 946 beschrieben wurde. Die Differenz der Basis-Emitter-Spannungen beträgt hier:

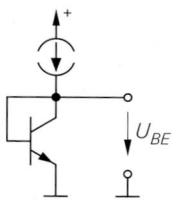

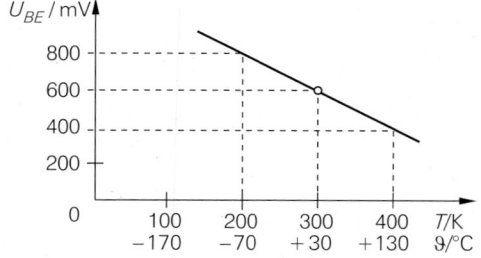

Abb. 19.17.
Nutzung der Basis-Emitter-Spannung
zur Temperaturmessung

Abb. 19.18.
Temperaturabhängigkeit der Basis-Emitter-
Spannung (typischer Verlauf)

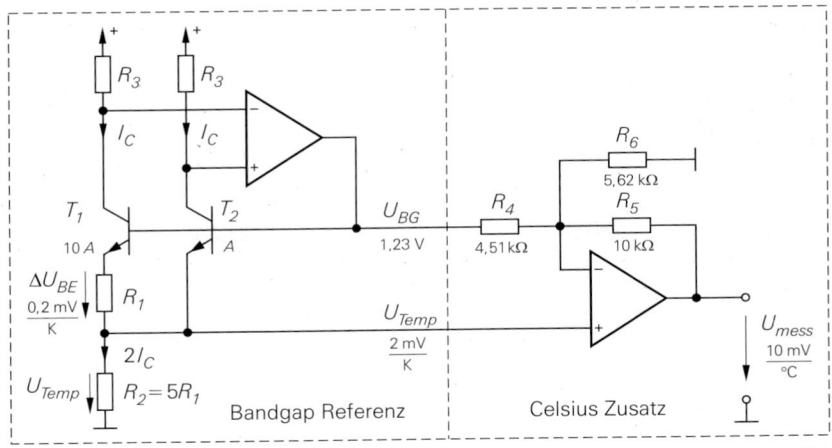

$$U_{BG} = 1{,}23\,\text{V} \qquad U_{Temp} = 2\frac{\text{mV}}{\text{K}}\,T \qquad U_{mess} = 5U_{Temp} - 2{,}2U_{BG} = 10\frac{\text{mV}}{°\text{C}}\,\vartheta$$

Abb. 19.19. Bandgap-Referenz zur Temperaturmessung mit einem Zusatz für einen Celsius-Nullpunkt; Beispiel ADR06

$$\Delta U_{BE} = U_T \ln \frac{I_{C2}}{I_{C0}A_2} - U_T \ln \frac{I_{C1}}{I_{C0}A_1} = U_T \ln \frac{I_{C2}A_1}{I_{C1}A_2}$$

Da die beiden Kollektorströme hier gleich groß sind und das Flächenverhältnis der Transistoren in diesem Beispiel $A_1/A_2 = 10$ beträgt, folgt:

$$\Delta U_{BE} = \frac{kT}{e} \ln 10 = 200 \frac{\mu\text{V}}{\text{K}} \cdot T$$

Zur Realisierung einer Bandgap-Referenz verstärkt man diese Spannung mit R_2 so, dass sich eine Spannung

$$U_{Temp} = 2\frac{\text{mV}}{\text{K}}\,T \tag{19.11}$$

ergibt, die den Temperaturkoeffizienten von T_2 kompensiert (s. Abschnitt 16.4.2 auf S. 945). Die Spannung U_{Temp} lässt sich direkt zur Temperaturmessung verwenden: sie ist proportional zur absoluten Temperatur T („PTAT" = Proportional To Absolute Temperature). Bei $\vartheta = 0°\text{C}$ ist:

$$U_{Temp} = 2\frac{\text{mV}}{\text{K}} \cdot 273\,\text{K} = 546\,\text{mV}$$

Um einen Celsius-Nullpunkt zu erhalten, kann man eine konstante Spannung dieser Größe von U_{Temp} subtrahieren. Dazu benutzt der Subtrahierer in Abb. 19.19 die entsprechend gewichtete Spannung U_{BG}.

Das Prinzip von Abb. 19.19 lässt sich in einen Zweipol abändern, der eine Spannung oder einen Strom liefert, der proportional zur absoluten Temperatur ist. Bei der Schaltung in Abb. 19.20 stellt sich die Ausgangsspannung des Operationsverstärkers so ein, dass die beiden Kollektorströme gleich groß werden. Dabei ergibt sich derselbe Wert für ΔU_{BE}, hier jedoch zwischen den Basisanschlüssen. Die Spannung an R_1 ist also proportional zu T

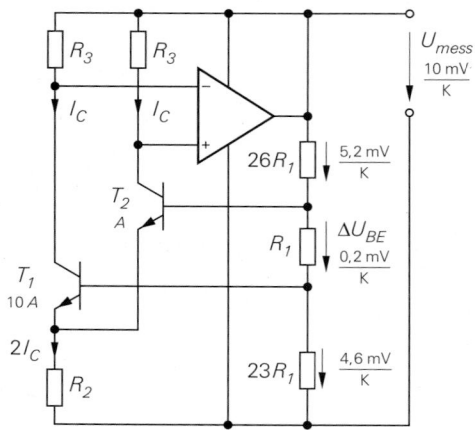

Abb. 19.20.
Bandgap-Zweipol zur Temperaturmessung mit
Spannungsausgang (z.B. LM335)

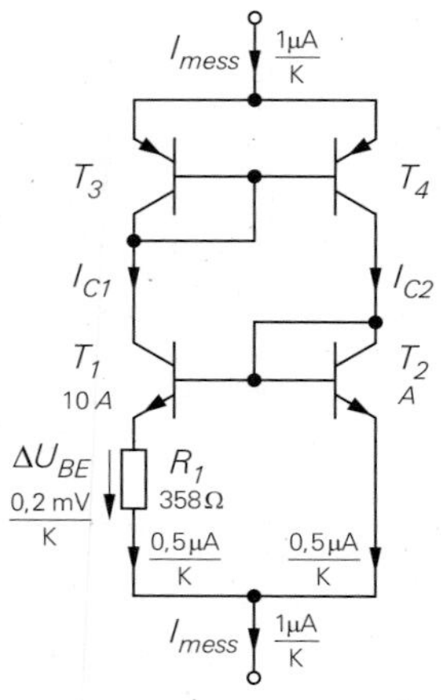

Abb. 19.21.
Bandgap Zweipol zur Temperaturmessung mit Stromausgang (z.B. AD592)

(„PTAT"). Sie lässt sich durch Reihenschaltung mit weiteren Widerständen auf beliebige Werte erhöhen. Bei dem Beispiel in Abb. 19.20 wird sie auf das 50-fache verstärkt:

$$U_{Temp} = 50\Delta U_{BE} = 10\frac{mV}{K} \cdot T$$

Bei Zimmertemperatur ($T \approx 300\,K$) ergibt sich also eine Spannung von $U_{Temp} \approx 3\,V$. Diese Spannung ist gleichzeitig die Betriebsspannung und die Ausgangsspannung des Operationsverstärkers. Die Schaltung verhält sich demnach wie eine Z-Diode mit einem definierten, großen Temperaturkoeffizienten.

Die temperaturproportionale Spannung ΔU_{BE} lässt sich auch dazu nutzen, einen *Strom* zu erzeugen, der zur absoluten Temperatur proportional ist. Bei den Schaltungen in Abb. 19.19 und 19.20 ist der Kollektorstrom I_C proportional zu T. Um den gewünschten Strom zu erhalten, braucht man also nur den Operationsverstärker durch den Stromspiegel T_3, T_4 in Abb. 19.21 zu ersetzen. Dann ist die Bedingung $I_{C1} = I_{C2}$ weiterhin erfüllt. Die Spannung

$$\Delta U_{BE} = U_T \ln \frac{A_1}{A_2} = \frac{k}{e} \ln \frac{A_1}{A_2} \cdot T = 86\frac{\mu V}{K} \ln \frac{A_1}{A_2} \cdot T$$

bedingt dann einen Strom:

$$I_{mess} = 2I_C = 2\Delta U_{BE}/R_1$$

Bei einem Flächenverhältnis von $A_1/A_2 = 8$ und einem Widerstand $R_1 = 358\,\Omega$ ergibt sich dann ein Strom:

$$I_{mess} = T \cdot 1\,\mu A/K$$

Die Schaltung hat viel Ähnlichkeit mit der Referenzstromquelle in Abb. 4.115 auf Seite 412 und benötigt wie diese einen Startzusatz, um zu verhindern, dass alle Transistoren nach dem Einschalten gesperrt bleiben.

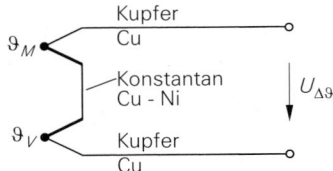

Abb. 19.22.
Prinzip der Temperaturmessung mit Thermoelementen
am Beispiel eines Kupfer-Konstantan-Thermoelements

19.1.5 Das Thermoelement

An der Kontaktstelle von zwei verschiedenen Metallen oder Legierungen ergibt sich aufgrund des Seebeck-Effekts eine Spannung im Millivolt-Bereich, die man als Thermospannung bezeichnet. An dem Prinzip der Temperaturmessung in Abb. 19.22 erkennt man, dass selbst dann, wenn eines der beiden Metalle Kupfer ist, immer zwei Thermoelemente entstehen, die entgegengesetzt gepolt sind. Bei gleichen Temperaturen $\vartheta_M = \vartheta_V$ kompensieren sich daher ihre Thermospannungen. Messen lässt sich also nur die Temperaturdifferenz $\Delta\vartheta = \vartheta_M - \vartheta_V$. Man benötigt also zur Messung von Einzeltemperaturen eine *Vergleichsstelle* mit der Vergleichstemperatur ϑ_V. Besonders einfache Verhältnisse ergeben sich für $\vartheta_V = 0°C$. Dies lässt sich dadurch realisieren, dass man einen Schenkel des Thermopaars in Eiswasser legt. Dann geben die Messwerte an, um wie viel Grad ϑ_M über $0°C$ liegt.

Natürlich ist diese Erzeugung der Vergleichstemperatur nur ein einfaches Denkmodell, das sich schlecht realisieren lässt. Einfacher ist es, einen Ofen zu bauen, der auf eine konstante Temperatur von z.B. $60°C$ geregelt wird, und dies als Vergleichstemperatur zu verwenden. In diesem Fall ist der Messwert dann auf $60°C$ bezogen. Um ihn auf $0°C$ umzurechnen, kann man einfach eine konstante Spannung addieren, die der Vergleichstemperatur von $60°C$ entspricht.

Noch einfacher ist es aber, die Temperatur der Vergleichsstelle sich selbst zu überlassen. Sie wird dann in der Nähe der Umgebungstemperatur liegen. Wenn man sie nicht berücksichtigt, entsteht jedoch leicht ein Fehler von $20 \ldots 50°C$, der für die meisten Anwendungen zu groß ist. Wenn man ihre Größe jedoch misst (das ist z.B. mit einem Transistor-Thermometer-IC ganz einfach), kann man die zugehörige Spannung in den Messstromkreis addieren. Dieses Verfahren ist schematisch in Abb. 19.23 dargestellt. Gleichzeitig ist hier der Fall gezeigt, dass keines der Thermoelement-Metalle Kupfer ist. In diesem Fall entsteht ein zusätzliches unbeabsichtigtes Thermopaar beim Übergang auf eine Kupferleitung zur Auswertung. Damit sich diese beiden Thermospannungen kompensieren, müssen beide Zusatzelemente dieselbe Temperatur besitzen.

Die Anordnung in Abb. 19.23 lässt sich vereinfachen, wenn man die beiden isothermen Blöcke zu einem einzigen mit der Temperatur ϑ_V zusammenfasst und dann die Länge des

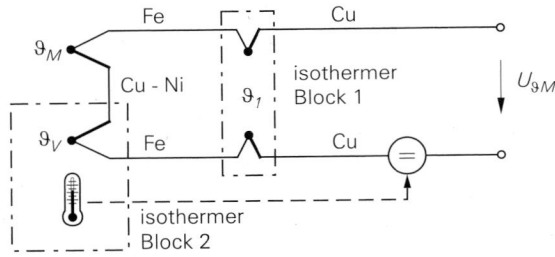

Abb. 19.23.
Kompensation der Vergleichsstellentemperatur ϑ_V

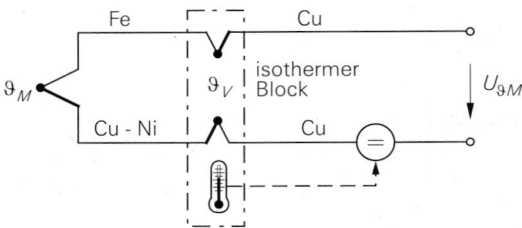

Abb. 19.24.
Praktische Ausführung eines
Thermoelement-Systems

Verbindungsmetalls (hier Eisen) zu Null macht. Dann entsteht die gebräuchliche Anordnung in Abb. 19.24, die nur noch einen isothermen Block benötigt.

Es gibt verschiedene Kombinationen von Metallen bzw. Legierungen für Thermoelemente, die bei IEC 584 und DIN 43710 genormt sind. Sie sind in Abb. 19.26 zusammengestellt. Man erkennt, dass die maximale Verwendungstemperatur sehr unterschiedlich ist, und dass die Edelmetall-Thermoelemente deutlich kleinere Temperaturkoeffizienten besitzen. Der Verlauf der Thermospannung ist in Abb. 19.25 aufgetragen. Man sieht, dass keine der Kurven exakt linear verläuft. Die Typen T, J, E, K besitzen aber eine ordentliche Linearität und liefern daneben relativ hohe Spannungen. Deshalb werden sie bevorzugt, wenn der Temperaturbereich es zulässt. Bei den übrigen Typen ist bei der Auswertung eine Linearisierung erforderlich, wenn man sich nicht auf einen kleinen Temperaturbereich beschränken kann.

Zur Auswertung der Thermospannung muss man gemäß Abb. 19.24 eine Spannung addieren, die der Vergleichstemperatur ϑ_V entspricht, um die Anzeige auf den „Eispunkt", also 0°C, umzurechnen. Diese Korrektur kann entweder auf Thermoelement-Pegeln oder nach der Verstärkung erfolgen. In Abb. 19.27 ist der zweite Fall schematisch dargestellt. Als Beispiel wurde hier ein Eisen-Konstantan-Element eingesetzt. Um seine Spannung auf 10 mV/K zu verstärken, ist nach Abb. 19.26 eine Verstärkung von

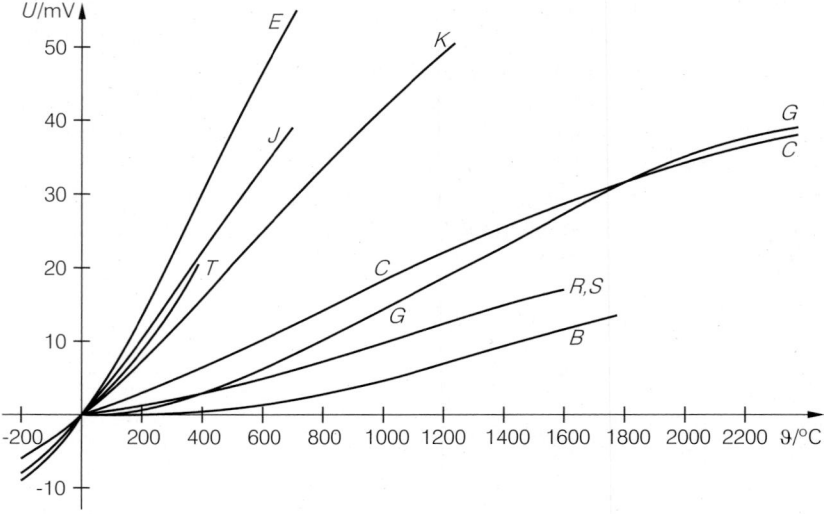

Abb. 19.25. Temperaturabhängigkeit der Thermospannung bei einer Vergleichstemperatur von 0°C

Typ	Metall 1 Pluspol	Metall 2 Minuspol	Temp. Koeff. Mittelwert	Verwendungs- bereich
T	Kupfer	Konstantan	$42{,}8\,\mu\mathrm{V}/^\circ\mathrm{C}$	$-200\ldots+\ 400\,^\circ\mathrm{C}$
J	**Eisen**	**Konstantan**	$51{,}7\,\mu\mathrm{V}/^\circ\mathrm{C}$	$-200\ldots+\ 700\,^\circ\mathrm{C}$
E	Chromel	Konstantan	$60{,}9\,\mu\mathrm{V}/^\circ\mathrm{C}$	$-200\ldots+1000\,^\circ\mathrm{C}$
K	**Chromel**	**Alumel**	$40{,}5\,\mu\mathrm{V}/^\circ\mathrm{C}$	$-200\ldots+1300\,^\circ\mathrm{C}$
S	Platin	Platin $-$ 10% Rhodium	$6{,}4\,\mu\mathrm{V}/^\circ\mathrm{C}$	$0\ldots+1500\,^\circ\mathrm{C}$
R	Platin	Platin $-$ 13% Rhodium	$6{,}4\,\mu\mathrm{V}/^\circ\mathrm{C}$	$0\ldots+1600\,^\circ\mathrm{C}$
B	Platin $-$ 6% Rhodium	Platin $-$ 30% Rhodium		$0\ldots+1800\,^\circ\mathrm{C}$
G	Wolfram	Wolfram $-$ 26% Rhenium		$0\ldots+2800\,^\circ\mathrm{C}$
C	Wolfram $-$ 5% Rhenium	Wolfram$-$ 26% Rhenium	$15\,\mu\mathrm{V}/^\circ\mathrm{C}$	$0\ldots+2800\,^\circ\mathrm{C}$

Konstantan = Kupfer-Nickel, Chromel = Chrom-Nickel, Alumel = Aluminium-Nickel

Abb. 19.26. Übersicht über Thermoelemente. Fett gedruckt sind die gebräuchlichsten Typen J und K. Die Typen B und G sind so nichtlinear, dass sich ein mittlerer Temperaturkoeffizient nicht angeben lässt.

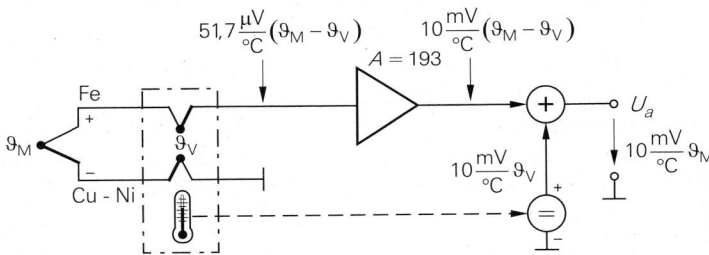

Abb. 19.27. Verstärkung und Vergleichsstellenkompensation für Thermoelemente am Beispiel von Eisen-Konstantan

$$A = \frac{10\,\mathrm{mV/K}}{51{,}7\,\mu\mathrm{V/K}} = 193$$

erforderlich. Dann muss die Vergleichsstellentemperatur mit derselben Empfindlichkeit, also auch 10 mV/K, addiert werden. In Abb. 19.28 ist eine Realisierungsmöglichkeit dieses Prinzips dargestellt. Da die Thermospannungen im μV-Bereich liegen, ist ein driftarmer Operationsverstärker erforderlich. Um bei der hohen Spannungsverstärkung von 193 noch ausreichende Schleifenverstärkung zu erhalten, muss er außerdem eine hohe Differenz-verstärkung A_D besitzen. Die Messung der Vergleichsstellentemperatur wird besonders

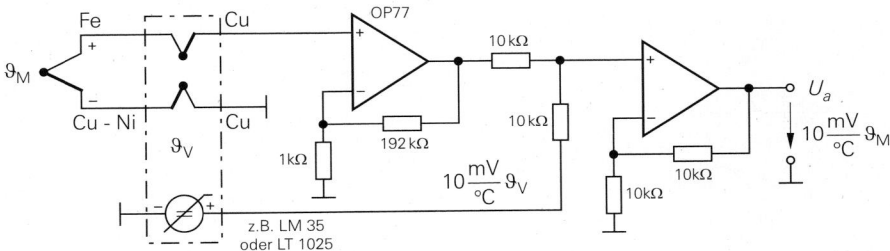

Abb. 19.28. Praktische Ausführung der Betriebsschaltung für Thermoelemente am Beispiel von Eisen-Konstantan

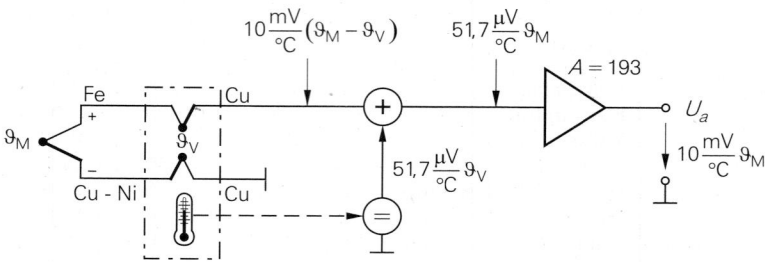

Abb. 19.29. Vergleichsstellenkompensation vor der Verstärkung von Thermoelement-Signalen am Beispiel von Eisen-Konstantan

einfach, wenn man einen fertigen Temperatursensor mit Celsius-Nullpunkt einsetzt wie z.B. den LM 35 von National oder den LT 1025 von Linear Technology. Man kann aber natürlich auch jede andere Schaltung aus diesem Kapitel verwenden, die ein Ausgangssignal von 10 mV/K liefert.

In Abb. 19.29 ist als Alternative das Prinzip dargestellt, dass man zu der Spannung des Thermoelements die Eispunktkorrektur addiert und dann erst verstärkt. Dazu ist beim Eisen-Konstantan-Element eine Spannung von 51,7 μV/K zu addieren. Besonders einfach wird die Schaltung, wenn man von der Tatsache Gebrauch macht, dass das Thermoelement erdfrei ist. Dann kann man das Thermoelement wie in Abb. 19.30 einfach mit der Korrekturspannungsquelle in Reihe schalten.

Die einfachste Realisierung ergibt sich, wenn man spezielle ICs für den Betrieb von Thermoelementen einsetzt wie z.B. die Serie AD 594...597 von Analog Devices. Dabei sind die Typen AD 594 und 596 für den Betrieb von Eisen-Konstantan-Elementen (Typ J) kalibriert, und die Typen AD 595 und 597 für Chromel-Alumel (Typ K). Die Drähte des Thermoelements werden hier direkt, wie Abb. 19.31 zeigt, an die integrierte Schaltung angeschlossen. Sie stellt den isothermen Block mit der Vergleichstemperatur ϑ_V dar. Dabei geht man davon aus, dass der Silizium-Kristall dieselbe Temperatur wie die Anschluss-Beine besitzt. Die Eispunkt-Korrektur wird für die Chip-Temperatur gebildet, zur Thermospannung addiert und verstärkt. Dabei sind Nullpunkt und Verstärkung intern auf 1°C genau abgeglichen erhältlich. Schließt man die Eingänge kurz und lässt das Thermoelement weg, ergibt sich am Ausgang lediglich die Eispunkt-Korrekturspannung von:

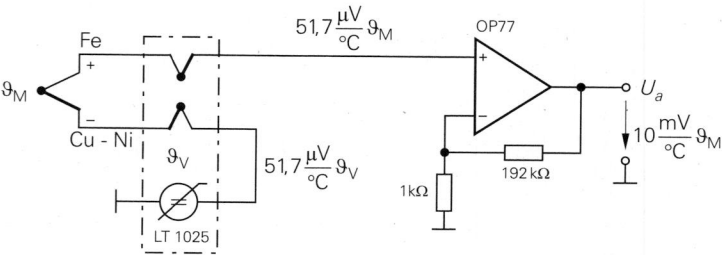

Abb. 19.30. Praktische Ausführung für die Vergleichsstellenkompensation vor der Verstärkung am Beispiel von Eisen-Konstantan-Thermoelementen

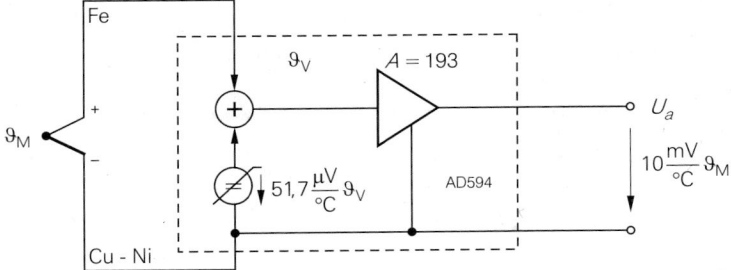

Abb. 19.31. Einsatz integrierter Thermoelement-Verstärker

$$U_\vartheta = 51{,}7\frac{\mu V}{°C} \cdot \vartheta_V \cdot 193 = 10\frac{mV}{°C}\vartheta_V$$

Die Schaltung arbeitet dann also als Transistor-Temperatursensor mit Celsius-Nullpunkt.

19.2 Druckmessung

Der Druck ist definiert als Kraft pro Fläche:

$$p = F/A$$

Die Einheit des Drucks ist:

$$1\,\text{Pascal} = \frac{1\,\text{Newton}}{1\,\text{Quadratmeter}}; \quad 1\,\text{Pa} = \frac{1\,\text{N}}{1\,\text{m}^2}$$

Daneben ist auch noch die Einheit bar gebräuchlich. Es gilt der Zusammenhang:

$$1\,\text{bar} = 100\,\text{kPa} \quad \text{bzw.} \quad 1\,\text{mbar} = 1\,\text{hPa}$$

Mitunter wird der Druck auch als Höhe einer Wasser- bzw. Quecksilbersäule angegeben. Die Zusammenhänge sind:

$$\begin{aligned} 1\,\text{cm}\,H_2O &= 98{,}1\,\text{Pa} &= 0{,}981\,\text{mbar} \\ 1\,\text{mm}\,Hg &= 133\,\text{Pa} &= 1{,}33\,\text{mbar} \end{aligned}$$

In englischen Datenblättern wird der Druck meist in

$$\text{psi} = \text{pounds per square inch}$$

Druckbereich	Anwendung
< 40 mbar	Füllstand in Wasch-, Geschirrspülmaschine
100 mbar	Staubsauger, Filterüberwachung, Durchflussmessung
200 mbar	Blutdruckmessung
1 bar	Barometer, Kfz (Korrektur für Zündung und Einspritzung)
2 bar	Kfz (Reifendruck)
10 bar	Kfz (Öldruck, Pressluft für Bremsen), Kühlmaschinen
50 bar	Pneumatik, Industrieroboter
500 bar	Hydraulik, Baumaschinen
2000 bar	Automotor mit Benzineinspritzung

Abb. 19.32. Praktisch auftretende Drücke

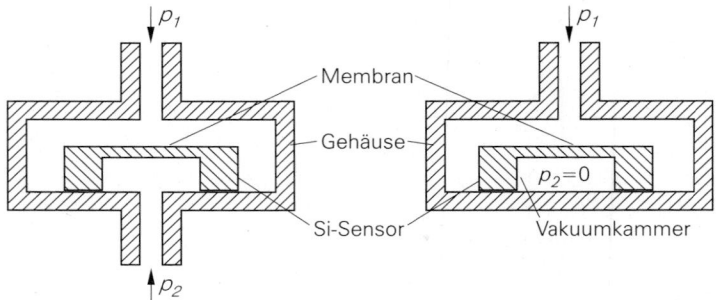

a Differenzdruck-Sensor   **b** Absolutdruck-Sensor

Abb. 19.33. Drucksensoren

angegeben. Hier lautet die Umrechnung:

$$1\,\text{psi} \,=\, 6{,}89\,\text{kPa} \,=\, 68{,}9\,\text{mbar} \quad \text{bzw.} \quad 15\,\text{psi} \approx 1\,\text{bar}$$

Abb. 19.32 gibt ein paar Beispiele für die Größenordnung von praktisch auftretenden Drücken. Drucksensoren lassen sich sehr universell einsetzen. Man kann mit ihnen über Druckdifferenzen auch Durchflussgeschwindigkeiten und Durchflussmengen bestimmen.

19.2.1 Aufbau von Drucksensoren

Drucksensoren registrieren die durch den Druck bedingte Biegung einer Membran. Dazu bringt man auf der Membran eine Brücke von Dehnungsmessstreifen an. Sie verändern ihren Widerstand aufgrund des piezoresistiven Effekts bei Biegung, Druck oder Zug. Früher waren sie meist aus aufgedampften Konstantan- oder Platin-Iridium-Schichten aufgebaut. Heutzutage verwendet man meist in Silizium implantierte Widerstände. Dabei dient das Silizium-Substrat gleichzeitig als Membran. Ihr Vorteil ist eine billigere Herstellung und eine um mehr als den Faktor 10 höhere Empfindlichkeit. Nachteilig ist hier jedoch ein höherer Temperaturkoeffizient.

Der Aufbau eines Drucksensors ist in Abb. 19.33 schematisch dargestellt. Beim Differenzdruck-Sensor in Abb. 19.33 a herrscht auf der einen Seite der Membran der Druck p_1, auf der anderen p_2. Für die Auslenkung der Membran ist daher nur die Druckdifferenz $p_1 - p_2$ maßgebend. Beim Absolutdruck-Sensor in Abb. 19.33 b bildet man die eine Seite der Membran als Vakuum-Kammer aus.

Ein Beispiel für die Anordnung der Dehnungsmessstreifen auf der Membran ist in Abb. 19.34 dargestellt. Die linke Abbildung zeigt, dass sich bei der Durchbiegung der Membran Zonen ergeben, die gedehnt bzw. gestaucht werden. In diesen Bereichen – siehe rechte Abbildung – ordnet man die vier Brückenwiderstände an. Sie werden so miteinander verbunden, dass sich die Widerstände in den Brückenzweigen gegensinnig ändern. Durch diese Anordnung ergibt sich, wie man in Abb. 19.35 erkennt, ein besonders großes Ausgangssignal, während sich gleichsinnige Effekte, wie der Absolutwert der Widerstände und ihr Temperaturkoeffizient, kompensieren. Wegen der geringen Widerstandsänderungen ΔR ist das Ausgangssignal trotzdem niedrig. Es liegt bei Maximaldruck je nach Sensor zwischen 25 und 250 mV bei einer Betriebsspannung von $U_{ref} = 5$ V. Die relative Widerstandsänderung liegt also zwischen 0,5 und 5%.

Das Ausgangssignal eines realen Drucksensors setzt sich aus einem druckproportionalen Anteil und einem unerwünschten Offset-Anteil zusammen:

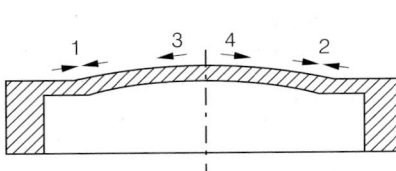

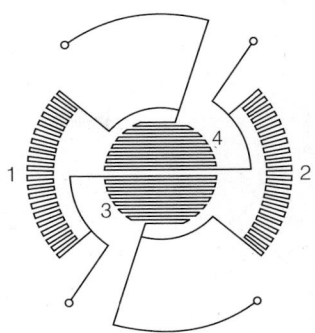

a Dehnung und Stauchung der Membran

b Anordnung der Dehnungsmessstreifen auf der Membran

Abb. 19.34. Membran bei Drucksensoren

$$U_D = S \cdot p \cdot U_{ref} + O \cdot U_{ref} = U_p + U_O \qquad (19.12)$$

Darin ist

$$S = \frac{\Delta U_D}{\Delta p \, U_{ref}} = \frac{\Delta R}{\Delta p \cdot R}$$

die Empfindlichkeit und O der Offset. Beide Anteile liefern einen Beitrag, der proportional zur Referenzspannung ist. Um nicht zu kleine Signale zu erhalten, verwendet man
möglichst große Referenzspannungen. Dem sind jedoch durch die Eigenerwärmung des
Sensors Grenzen gesetzt. Daher verwendet man Referenzspannungen zwischen 2 und 12 V.

19.2.2 Betrieb temperaturkompensierter Drucksensoren

Drucksensoren auf Silizium-Basis besitzen so hohe Temperaturkoeffizienten, dass man auf
eine Temperaturkompensation meist nicht verzichten kann. Am einfachsten ist für den Anwender der Einsatz von Drucksensoren, die schon vom Hersteller temperaturkompensiert
sind. Es kann jedoch der Fall eintreten, dass man aus Kostengründen die Temperaturkompensation selbst realisieren muss. Wie man dabei vorgehen kann, wird im nächsten
Abschnitt gezeigt.

Es gibt ein paar grundsätzliche Gesichtspunkte bei der Aufbereitung von Drucksensor-
Signalen:

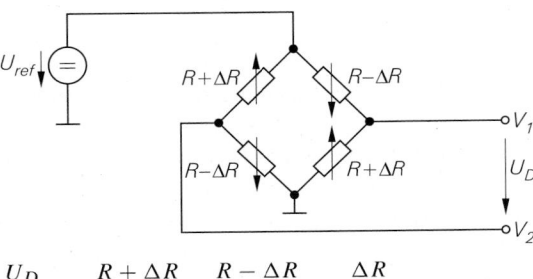

$$\frac{U_D}{U_{ref}} = \frac{R + \Delta R}{2R} - \frac{R - \Delta R}{2R} = \frac{\Delta R}{R}$$

Abb. 19.35. Messbrücke eines Drucksensors

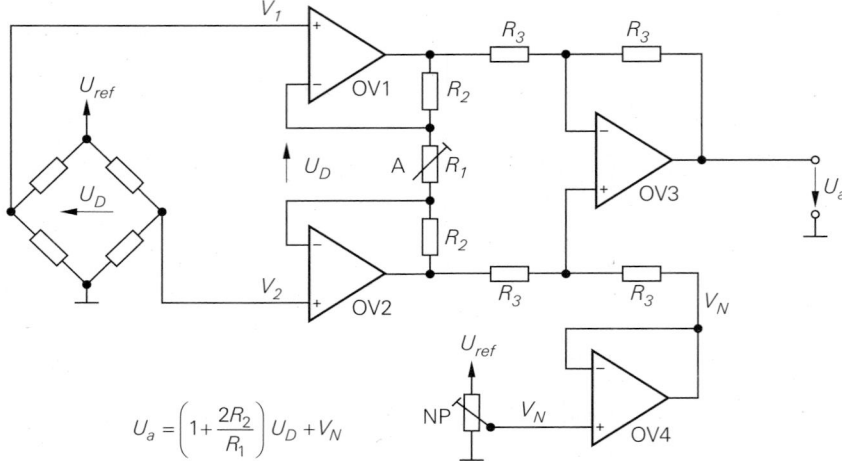

$$U_a = \left(1 + \frac{2R_2}{R_1}\right) U_D + V_N$$

Abb. 19.36. Betriebsschaltung für Drucksensoren. Realisierung mit einem Instrumentation Amplifier.

1) Die vier Brückenwiderstände in Abb. 19.35 sind zwar untereinander gut gepaart, ihr Absolutwert besitzt jedoch eine große Toleranz und ist darüber hinaus stark temperaturabhängig. Aus diesem Grund sollte man die Ausgangssignale nicht belasten: man setzt daher meist einen Elektrometer-Subtrahierer zur Verstärkung ein.

2) Drucksensoren besitzen meist einen Nullpunktfehler, der absolut gesehen zwar klein ist (z.B. $\pm 50\,\text{mV}$); der Vergleich mit dem Nutzsignal zeigt jedoch, dass er meist in der Größenordnung des Messbereichs liegt. Daher ist ein Nullpunkteinsteller erforderlich, der den ganzen Messbereich überstreicht.

3) Auch die Empfindlichkeit eines Drucksensors weist meist beträchtliche Toleranzen auf (z.B. $\pm 30\%$), so dass auch ein Verstärkungs-Abgleich erforderlich ist.

4) Der Abgleich von Nullpunkt und Verstärkung sollte iterationsfrei möglich sein.

5) Da die Nutzsignale eines Drucksensors klein sind, ist meist eine hohe Nachverstärkung erforderlich. Dadurch ergibt sich ein nennenswertes Verstärkerrauschen, und auch der Drucksensor selbst besitzt ein nicht zu vernachlässigendes Widerstandsrauschen. Daher sollte man die Bandbreite am Ausgang des Verstärkers auf den Frequenzbereich der Druckschwankungen begrenzen.

6) Häufig möchte man die Druckmessschaltung ausschließlich aus einer positiven Betriebsspannung betreiben und ohne eine zusätzliche negative Betriebsspannung auskommen.

Die übliche Schaltung zur Aufbereitung von Drucksensorsignalen ist ein Subtrahierer (Instrumentation Amplifier). In Abb. 19.36 wird der Subtrahierer von Abb. 18.4 auf S. 1051 eingesetzt. Die Verstärkung lässt sich mit dem Widerstand R_1 abgleichen. Zur Nullpunkteinstellung wurde der Fußpunkt des Spannungsteilers R_3 nicht an Masse, sondern über den Impedanzwandler OV 4 am einem Nullpunkteinsteller angeschlossen. Dadurch wird die Spannung V_N zur Ausgangsspannung addiert.

Ein Beispiel soll die Dimensionierung der Schaltung erläutern. Ein Luftdruckmesser soll eine Ausgangsspannung von $5\,\text{mV/hPa}$ liefern. Als Druckmesser soll der KPY 63 AK eingesetzt werden. Er liefert bei einer Betriebsspannung von $U_{ref} = 5\,\text{V}$ ein Signal von

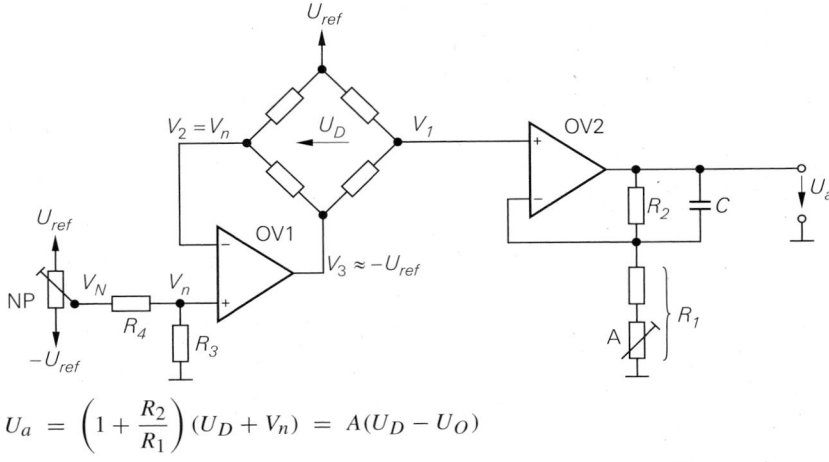

$$U_a = \left(1 + \frac{R_2}{R_1}\right)(U_D + V_n) = A(U_D - U_O)$$

Abb. 19.37. Übertragung des Nutzsignals auf den rechten Brückenzweig

$50...150\,\mu\mathrm{V/hPa}$; sein Nullpunktfehler kann bis zu $\pm 25\,\mathrm{mV}$ betragen. Die Verstärkung muss demnach zwischen 33 und 100 liegen. Wenn man $R_2 = 100\,\mathrm{k\Omega}$ vorgibt, folgt daraus der Einstellbereich $R_1 = 1{,}4\,\mathrm{k\Omega}...6{,}25\,\mathrm{k\Omega}$. Wenn man die Schaltung aus einer einzigen Spannung betreiben möchte, kann man mit dem Nullpunkteinsteller $\tfrac{1}{2}\,U_{ref}$ der Ausgangsspannung überlagern.

Die Schaltung zur Aufbereitung der Sensorsignale lässt sich nennenswert vereinfachen, wenn eine negative Betriebsspannung zur Verfügung steht oder wenn man sie mit einem Spannungswandler erzeugt. Bei der Schaltung in Abb. 19.37 liegt ein Brückenzweig des Drucksensors in der Gegenkopplung des Verstärkers OV 1. Macht man in Gedanken $V_n = 0$, stellt sich die Ausgangsspannung von OV 1 so ein, dass $V_2 = 0$ wird. Dadurch wird also das ganze Brückensignal U_D auf den rechten Ausgang der Brücke übertragen, und eine Subtraktion ist nicht mehr erforderlich. Deshalb benötigt man hier nur den einfachen Elektrometerverstärker OV 2 zur Verstärkung. Zum Nullpunktabgleich legt man an OV 1 die Spannung V_n an. Dann wird $V_2 = V_n$ und:

$$V_1 = U_D + V_n = U_P + U_O + V_n$$

Der Nullpunkt ist also für $V_n = -U_O$ abgeglichen.

Mit dem Kondensator C lässt sich auf einfache Weise ein Tiefpass realisieren, der die Rauschbandbreite der Schaltung begrenzt. Man kann sogar einen Tiefpass 2. Ordnung realisieren, indem man einen zweiten Kondensator direkt am Brückenausgang nach Masse anschließt.

19.2.3 Temperaturkompensation von Drucksensoren

Naturgemäß sind die dotierten Silizium-Widerstände eines Drucksensors temperaturabhängig. Sie werden ja sogar zur Temperaturmessung eingesetzt (siehe Abschnitt 19.1.1). Der typische Verlauf des Widerstandes ist in Abb. 19.38 dargestellt. Sein Temperaturkoeffizient beträgt bei Raumtemperatur:

$$TK_R = \frac{\Delta R}{R \cdot \Delta\vartheta} \approx 1350\,\frac{\mathrm{ppm}}{\mathrm{K}} = 0{,}135\,\frac{\%}{\mathrm{K}}$$

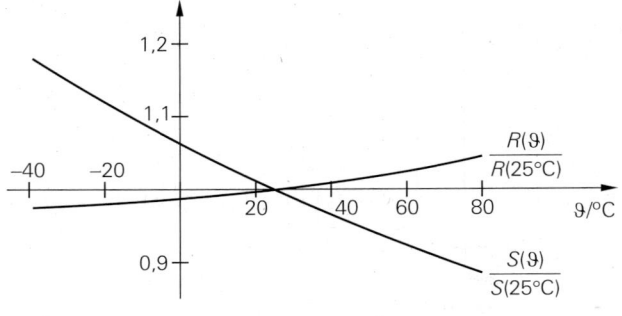

$$TK_R = \frac{\Delta R}{R\Delta\vartheta} \approx +1350\frac{\text{ppm}}{\text{K}} \quad , \quad TK_S = \frac{\Delta S}{S\Delta\vartheta} \approx -2350\frac{\text{ppm}}{\text{K}}$$

Abb. 19.38. Temperaturabhängigkeit des Widerstandes und der Empfindlichkeit von Silizium-Drucksensoren

In einer Brückenanordnung, wie sie in Drucksensoren eingesetzt wird, ist diese temperatur-bedingte Widerstandsänderung nicht störend, wenn sie in allen Widerständen gleich ist und das Ausgangssignal nicht belastet wird. Ein Problem entsteht jedoch dadurch, dass auch die Druckempfindlichkeit des Sensors temperaturabhängig ist: ihr Temperaturkoeffizient beträgt:

$$TK_S = \frac{\Delta S}{S \cdot \Delta\vartheta} \approx -2350\frac{\text{ppm}}{\text{K}} = -0{,}235\frac{\%}{\text{K}}$$

Bei 40° Temperaturerhöhung ist sie also bereits um 10% gesunken, wie man auch in Abb. 19.38 erkennt. Damit die Messung dadurch nicht verfälscht wird, muss die Ver-stärkung entsprechend mit der Temperatur erhöht werden. Dabei darf natürlich nicht die Temperatur des Verstärkers zugrunde gelegt werden, sondern die des Drucksensors. Der Temperaturfühler muss also in den Drucksensor mit eingebaut werden. Aus diesem Grund liegt die Überlegung nahe, den Drucksensor selbst als Temperatursensor einzusetzen. Dazu kann man die Referenzspannung U_{ref} so mit der Temperatur erhöhen, dass die Empfind-lichkeitsabnahme gerade kompensiert wird:

$$U_D = S \cdot P \cdot U_{ref} + 0 \cdot U_{ref} = U_P + U_O$$

Wenn man die Brücke statt mit einer konstanten Spannung U_{ref} mit einem konstanten Strom I_{ref} betreibt, steigt die Spannung an der Brücke mit der Temperatur in demsel-ben Maß wie ihr Widerstand. Leider reicht jedoch die Spannungszunahme von $TK_R = 1350$ ppm/K nicht aus, um die Empfindlichkeitsabnahme von $TK_S = -2350$ ppm/K zu kompensieren. Gibt man der Stromquelle in Abb. 19.39 jedoch einen negativen Innenwider-stand, steigt der Strom I_B mit zunehmender Spannung. Die Forderung, dass die Brücken-spannung U_B um den Faktor $|TK_S/TK_R|$ schneller steigt als bei konstantem Strom, liefert die Bedingung:

$$U_B = |TK_S/TK_R|R_B I_k = (R_i \| R_B)I_k$$

Daraus folgt für die Dimensionierung von R_i:

$$R_i = \frac{|TK_S|}{TK_R - |TK_S|}R_B = -2{,}35 R_B$$

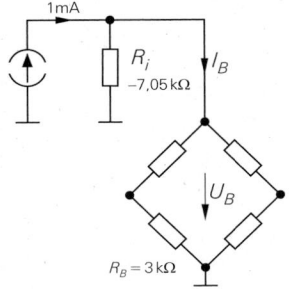

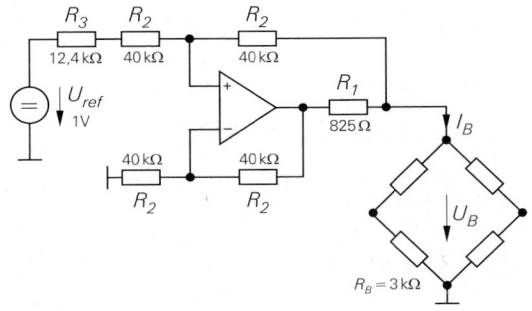

$$I_k = 1\,\text{mA} \quad R_i = -7{,}05\,\text{k}\Omega$$

Abb. 19.39.
Betrieb eines Drucksensors aus
einer Stromquelle mit negativem
Innenwiderstand

Abb. 19.40.
Praktische Realisierung der Stromquelle

Zur Realisierung einer geeigneten Stromquelle ist auch hier die Schaltung von Abb. 11.13 auf S. 773 gut geeignet. Abb. 19.39 zeigt ihren Einsatz zur Temperaturkompensation eines Drucksensors mit einem Brückenwiderstand von $R_B = 3\,\text{k}\Omega$. Wir wählen einen Kurzschlussstrom von $I_k = 1\,\text{mA}$ und $R_2 = 40\,\text{k}\Omega$. Dann erhält man gemäß (11.11) die in Abb. 19.40 eingetragenen Werte für R_1 und R_3.

19.3 Feuchtemessung

Die Feuchte gibt den Wassergehalt an. Besonders interessant ist der Wassergehalt der Luft. Man definiert eine *absolute Feuchte* F_{abs} als Wassermenge, die in einem bestimmten Luftvolumen enthalten ist:

$$F_{abs} = \frac{\text{Masse des Wassers}}{\text{Luftvolumen}}; \quad [F_{abs}] = \frac{\text{g}}{\text{m}^3} \tag{19.13}$$

Wie viel Wasser maximal in der Luft gelöst sein kann, gibt die *Sättigungsfeuchte* F_{sat} an:

$$F_{sat} = F_{abs\,\text{max}} = f(\vartheta) \tag{19.14}$$

Wie groß sie ist, hängt stark von der Temperatur ab, wie Abb. 19.41 zeigt. Beim Erreichen oder Überschreiten der Sättigungsfeuchte kondensiert Wasser: der *Taupunkt* ist erreicht. Aus der Ermittlung des Taupunkts lässt sich also mittels Abb. 19.41 direkt die absolute Feuchte angeben.

Die meisten von der Luftfeuchtigkeit ausgelösten Reaktionen, wie z.B. auch das körperliche Wohlbefinden, hängen von der *relativen Luftfeuchte* F_{rel} ab:

$$F_{rel} = \frac{F_{abs}}{F_{sat}} \tag{19.15}$$

Sie gibt also an, zu welchem Prozentsatz die Sättigungsfeuchte erreicht ist. Wie groß die relative Luftfeuchtigkeit ist, lässt sich mit Hilfe von Abb. 19.41 bestimmen. Ermittelt man z.B. durch Abkühlen der Luft einen Taupunkt von $25\,^\circ\text{C}$, beträgt die absolute Feuchte $F_{abs} = 20\,\text{g/m}^3$. Bei einer Temperatur von z.B. $55\,^\circ\text{C}$ könnte die Luft aber $F_{sat} = 100\,\text{g/m}^3$ Wasser aufnehmen. Die relative Luftfeuchte beträgt also bei $55\,^\circ\text{C}$:

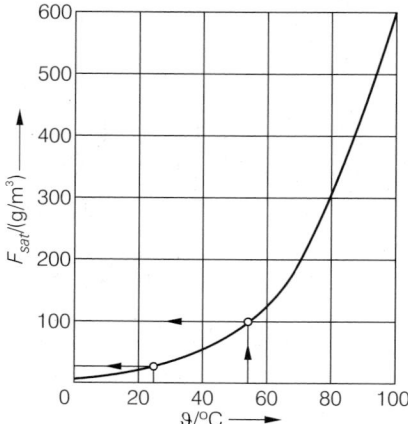

Abb. 19.41.
Abhängigkeit der Sättigungsfeuchte von
der Temperatur

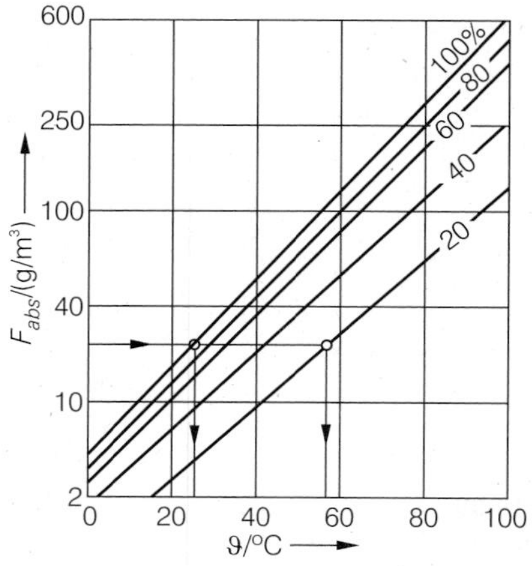

Abb. 19.42.
Abhängigkeit der Feuchte von der Temperatur.
Parameter: relative Feuchte F_{rel}

$$F_{rel} = \frac{F_{abs}}{F_{sat}} = \frac{20\,\mathrm{g/m^3}}{100\,\mathrm{g/m^3}} = 20\%$$

Wie die relative Luftfeuchte von der Temperatur abhängt, lässt sich aus Abb. 19.42 direkt entnehmen. Für $F_{rel} = 100\%$ gehen beide Diagramme in Abb. 19.41 und Abb. 19.42 ineinander über.

19.3.1 Feuchtesensoren

Das oben genannte Beispiel zeigt, dass sich die relative Luftfeuchte durch Messung der Umgebungstemperatur und des Taupunkts bestimmen lässt. Die Messung des Taupunkts ist zwar genau und bedarf keiner weiteren Kalibrierung, die dazu erforderliche Kühlung ist jedoch aufwendig. Die gebräuchlichen Sensoren zur Bestimmung der Feuchte vereinfachen die Messung dadurch, dass sie einen Messwert liefern, der direkt von der – meist interessierenden – relativen Feuchte abhängt. Sie bestehen aus einem Kondensator mit einem Dielektrikum, dessen Dielektrizitätskonstante feuchtigkeitsabhängig ist.

Abb. 19.43 zeigt den schematischen Aufbau. Als Dielektrikum verwendet man Aluminiumoxid oder eine spezielle Kunststofffolie. Eine oder beide Elektroden bestehen aus einem für Wasserdampf durchlässigen Metall. Der Kapazitätsverlauf ist an einem Beispiel in Abb. 19.44 dargestellt. Man sieht, dass es naturgemäß eine bestimmte Grundkapazität C_0 gibt, und dass der Kapazitätsanstieg nichtlinear erfolgt. In einem beschränkten Messbereich lässt sich diese Nichtlinearität mit einem Serienkondensator weitgehend beseitigen.

19.3.2 Betriebsschaltungen für kapazitive Feuchtesensoren

Zur Bestimmung der Feuchte muss man die Kapazität des Feuchtesensors bestimmen. Daher kommen hier alle Schaltungen zur Kapazitätsmessung in Betracht. Man kann z.B. eine Wechselspannung an den Sensor anlegen und den fließenden Strom messen, wie Abb. 19.45 schematisch zeigt. Obwohl dieses Verfahren so einfach aussieht, ist es doch aufwendig, da es neben einem kalibrierten Wechselstrommesser eine Wechselspannungsquelle mit konstanter Amplitude und Frequenz erfordert.

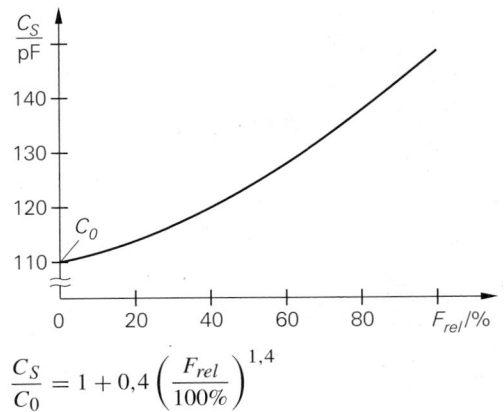

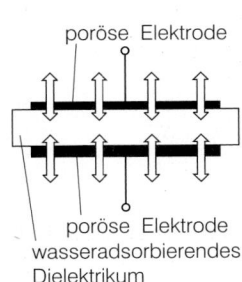

poröse Elektrode

poröse Elektrode
wasseradsorbierendes
Dielektrikum

$$\frac{C_S}{C_0} = 1 + 0.4 \left(\frac{F_{rel}}{100\%} \right)^{1,4}$$

Abb. 19.43.
Schematischer Aufbau eines
kapazitiven Feuchtesensors

Abb. 19.44.
Abhängigkeit der Sensorkapazität von der relativen Feuchte.

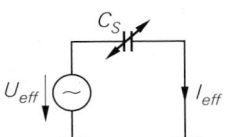

Abb. 19.45.
Kapazitätsmessung durch Messung des Scheinwiderstandes

$$I_{eff} = 2\pi U_{eff} \cdot f \cdot C_S$$

Eine Schaltung, mit der sich eine sehr viel höhere Genauigkeit erreichen lässt, ist in Abb. 19.46 dargestellt. Hier bestimmt man die Kapazität des Feuchtesensors gemäß der Definition der Kapazität $C_S = Q/U$. Zunächst lädt man den Kondensator C_S auf U_{ref} auf und entlädt ihn anschließend über den Summationspunkt. Dabei fließt der mittlere Strom:

$$\overline{I}_S = U_{ref} \cdot f \cdot C_S$$

Darin ist f die Frequenz, mit welcher der Schalter betätigt wird. Am Ausgang ergibt sich dann wegen der Mittelwertbildung durch C_1 eine Gleichspannung, die proportional zu C_S ist.

Ein Schönheitsfehler der Schaltung Abb. 19.46 ist, dass die Taktfrequenz in das Ergebnis eingeht. Bei der Schaltung in Abb. 19.47 wurde daher der Widerstand R durch den getakteten Kondensator C_G ersetzt. Im Gegenkopplungszweig fließt über C_G der mittlere Strom:

$$\overline{I}_G = U_a \cdot f \cdot C_G$$

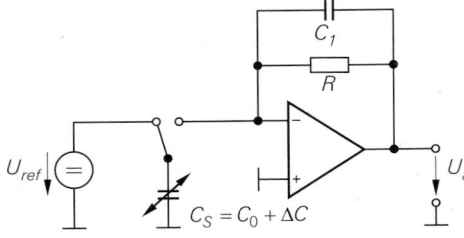

Abb. 19.46.
Prinzip der Feuchtemessung in
Switched-Capacitor-Technik

$$U_a = -U_{ref} \cdot R \cdot f \cdot C_S$$

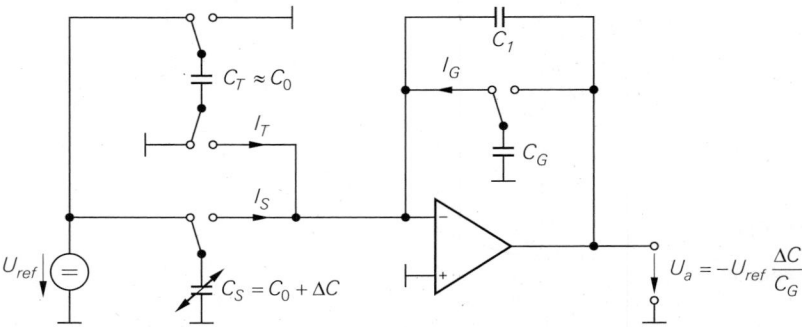

Abb. 19.47. Feuchtemessung mit Nullpunktkompensation und eliminierter Frequenzabhängigkeit

Der zusätzliche Kondensator C_T ermöglicht eine Nullpunktkompensation von C_0. Er wird ebenfalls auf die Spannung U_{ref} aufgeladen, dann jedoch umgepolt an den Summationspunkt gelegt. Damit ergibt sich der Strom:

$$\overline{I}_T \ = \ -U_{ref} \cdot f \cdot C_T$$

Aus der Knotenregel, angewandt auf den Summationspunkt, $\overline{I}_S + \overline{I}_T + \overline{I}_G = 0$ folgt dann die Ausgangsspannung:

$$U_a \ = \ -U_{ref} \frac{C_S - C_T}{C_G} \ = \ -U_{ref} \frac{\Delta C}{C_G}$$

Man erkennt, dass durch den Einsatz der Switched-Capacitor-Technik zur Nullpunkt- und Verstärkungseinstellung alle Ströme proportional zu f sind. Dadurch hebt sich die Schaltfrequenz aus dem Ergebnis heraus. Der Kondensator C_1 hat keinen Einfluss auf die Größe der Ausgangsspannung; er bildet lediglich den Mittelwert. Zur Realisierung der Schalter ist der LTC 1043 besonders gut geeignet, da er nicht nur 4 Wechselschalter, sondern daneben auch einen Taktgenerator enthält, der die Schalter ansteuert. Zum Abgleich des Nullpunkts und der Verstärkung kann man die Referenzspannung für C_S und C_T einstellbar machen.

19.4 Drehwinkelkodierer

Drehwinkelkodierer, die auch als Drehgeber bezeichnet werden, sind Sensoren, die dazu dienen, Drehwinkel zu messen oder die Position zu bestimmen. Dabei handelt es sich heutzutage manchmal lediglich darum, die Lautstärke einzustellen, die man früher an einem Potentiometer eingestellt hat. Man kann zwischen Absolutwert-Encodern und inkrementellen Encodern unterscheiden, die zunächst beschrieben werden. Die gebräuchlichste Methode zur Messung eines Drehwinkels besteht darin, auf einer Scheibe Markierungen anzubringen, die optisch abgetastet werden. Dazu kann man die Scheibe mit einem Kranz von Schlitzen versehen und sie mit einer Gabellichtschranke erfassen. Diese Möglichkeit ist in Abb. 19.48 dargestellt. Man kann die Scheibe aber ebenso gut mit reflektierenden Marken versehen, die man wie in Abb. 19.49 mit einer Reflexlichtschranke abtastet. Bei einer ganzen Umdrehung erhält man bei beiden Ausführungen an dem Fototransistor FT so viele Impulse wie die Scheibe Schlitze bzw. Markierungen besitzt. Die Anzahl liegt je nach Erfordernissen zwischen 10 und 200. Wenn es z.B. nur darum geht, die Lautstärke einzustellen, reicht eine geringe Anzahl aus.

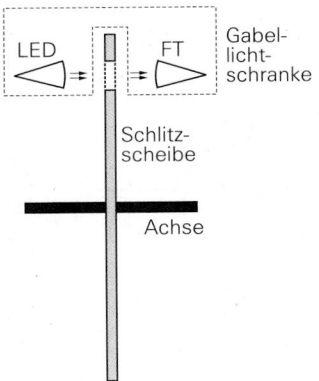

Abb. 19.48.
Drehgeber mit Gabellichtschranke

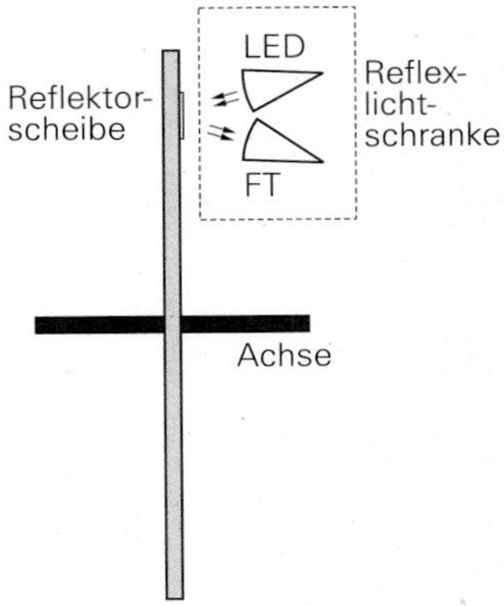

Abb. 19.49.
Drehgeber mit Reflexlichtschranke

Eine Einschränkung des in Abb. 19.48 und 19.49 beschriebenen Prinzips besteht darin, dass man lediglich messen kann, wie viele Marken durchlaufen wurden, aber nicht die Drehrichtung. Um die Winkelposition zu bestimmen, ist es aber erforderlich, mit Impulsen bei Rechtsdrehung aufwärts zu zählen und bei Linksdrehung abwärts. Aus diesem Grund verwendet man 2 nebeneinander liegende Fotodetektoren, die so angeordnet sind, dass jeweils nur einer beleuchtet wird. Abb. 19.50 zeigt die Anordnung. Wenn man hier die Schlitzscheibe nach rechts bewegt, ist bei den positiven Flanken von Kanal A der Kanal B auf 0. Bei einer Bewegung nach links gibt es bei den positiven Flanken im Kanal A im Kanal B eine 1. Dadurch ist eine Erkennung der Drehrichtung möglich. Kennzeichnend ist, dass hier zwei Signale entstehen, die um 90° phasenverschoben sind. Natürlich kann man diese Methode nicht nur zur Erfassung von Drehbewegungen nutzen, sondern auch als linearer Weggeber. Davon wird z.B. in Tintenstrahldruckern und Kopierern Gebrauch gemacht.

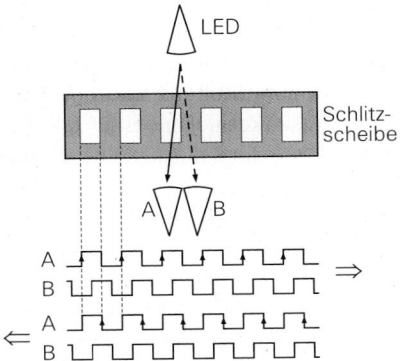

Abb. 19.50.
Richtungserkennung mit 2 Fotoempfängern

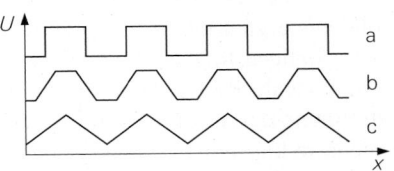

Abb. 19.51.
Signalformen in einem Kanal in Abhängigkeit von der optischen Anordnung

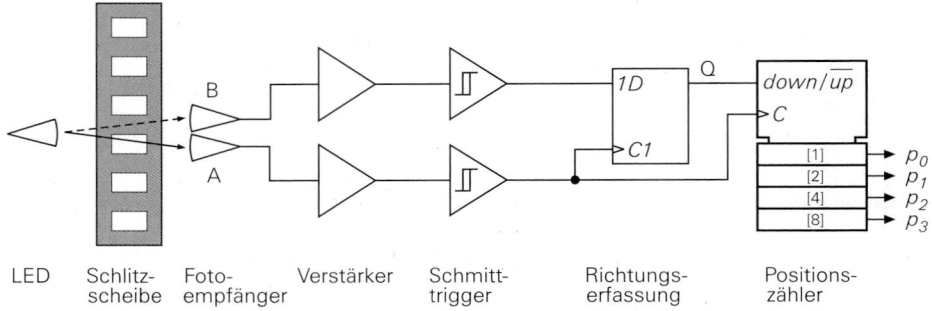

LED   Schlitz-   Foto-   Verstärker   Schmitt-   Richtungs-   Positions-
       scheibe   empfänger   trigger   erfassung   zähler

Abb. 19.52. Signalauswertung bei Drehgebern mit Richtungserfassung

Eine einfache Möglichkeit zur Auswertung der Fotodetektor-Signale ist in Abb. 19.52 dargestellt. Die Signale werden verstärkt und mit Schmitt-Triggern in Rechtecksignale umgewandelt. Mit den nachfolgenden Flip-Flop wird dann bei jeder positiven Flanke im Kanal A der Zustand von Kanal B abgefragt und gespeichert. Ist er Null, bewegt sich die Scheibe vorwärts, also rechts herum. Bei der digitalen Auswertung sind Signale mit steilen Flanken unerlässlich, weil die Taktsteuerung von Flip-Flops sonst nicht funktioniert. Deshalb sind die Schmitt-Trigger hier unerlässlich. Um die Position zu gewinnen, werden die Zählimpulse mit dem anschließenden Zähler aufsummiert: Bei Bewegung nach rechts bzw. im Uhrzeigersinn wird aufwärts gezählt, sonst abwärts. Meist verwendet man zur Auswertung der Schmitt-Trigger-Signale jedoch nicht die hier eingezeichnete Hardware, sondern den ohnehin im Gerät vorhandenen Mikrocontroller.

Man kann auch die Analogsignale der Fotoempfänger nach den Verstärkern direkt auswerten. Ihr Verlauf in Abb. 19.51 hängt von der Breite der Schlitze und Zwischenräume ab. Die Kurven b und c zeigen mögliche Signalverläufe im Vergleich zum Rechtecksignal der Schmitt-Trigger. Besonders interessant ist die Signalform c, weil man hier die Position der Scheibe zwischen zwei Schlitzen aufgrund der Amplitude interpolieren kann. Dadurch lässt sich die Auflösung der Drehwinkelerkennung bei gutem Signal-Rauschabstand um den Faktor 10 steigern. Zur Auswertung setzt man auch hier vorteilhaft einen Mikrocontroller ein, und digitalisiert das Analogsignal an den Ausgängen der Verstärker in Abb. 19.52.

Bei den behandelten Verfahren zur Drehwinkelmessung wird ein Zähler bei jeder Marke aufwärts- oder abwärts gezählt. Aus diesem Grund handelt es sich um eine inkrementelle Bestimmung des Drehwinkels. Die absolute Position der Drehung lässt sich auf diese Weise jedoch nicht bestimmen. Das ist bei der Einstellung der Lautstärke auch nicht erforderlich, denn man möchte sie lediglich erhöhen oder erniedrigen. Wenn man die absolute Winkelposition erfassen möchte, kann man eine Index-Marke anbringen, die in der Stellung 0 ein besonderes Signal liefert. Dazu kann man einem Schlitz die doppelte Breite geben oder eine zusätzliche Indexspur vorsehen. Solange die Index-Marke nicht durchlaufen wird, ist die absolute Bestimmung des Drehwinkels auf diese Weise aber nicht möglich. Zur Bestimmung des absoluten Drehwinkels bringt man auf der Schlitz- oder Reflektorscheibe mehrere konzentrisch angeordnete Spuren an, deren Marken die Position mit einem digitalen Wort parallel angeben. Dabei wird jede Spur mit einem separaten Fotosensor abgetastet. In dem Beispiel in Abb. 19.53 sind 3 Spuren dargestellt. Mit 3 Fotoempfängern erhält man hier einen absoluten Code für die Position mit 3 bit Genauigkeit. Bei höheren Anforderungen an die Genauigkeit verwendet man entsprechend mehr Spuren. Man kann

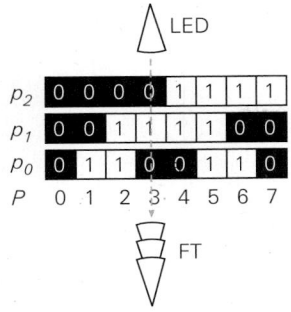

P	p_2	p_1	p_0
0	0	0	0
1	0	0	1
2	0	1	1
3	0	1	0
4	1	1	0
5	1	1	1
6	1	0	1
7	1	0	0

Abb. 19.53.
Drehgeber mit Asolutwerterfassung
der Position

Abb. 19.54.
Gray-Code für 3 bit

die Marken auf den Spuren im Prinzip dual kodieren; zur Erhöhung der Störsicherheit verwendet man aber meist den in Abb. 19.54 dargestellten Gray-Code. Hier ändert sich beim Übergang zur nächsten Zahl jeweils nur ein einziges Bit.

19.5 Übertragung von Sensorsignalen

Zwischen dem Sensor und dem Ort, an dem die Signale ausgewertet werden, liegen häufig große Entfernungen und Umgebungen mit hohen Störpegeln. Deshalb sind in solchen Fällen besondere Maßnahmen erforderlich, damit die Messwerte nicht durch äußere Einflüsse verfälscht werden. Je nach Anwendungsbereich und der erforderlichen Sicherheitsklasse unterscheidet man zwischen einer galvanischen Signalübertragung und der aufwendigeren Technik mit galvanischer Trennung.

19.5.1 Galvanisch gekoppelte Signalübertragung

Bei großen Leitungslängen lässt sich der ohmsche Leitungswiderstand R_L nicht vernachlässigen. Selbst kleine, zum Betrieb des Sensors erforderliche Ströme führen dann zu so hohen Spannungsabfällen, dass sie den Messwert untragbar verfälschen. Dieses Problem lässt sich dadurch lösen, dass man das Messsignal über zwei zusätzliche Leitungen zur Auswertung führt, über die kein Strom fließt. Zur Gewinnung der Messgröße setzt man dann in der Auswertung einen Elektrometer-Subtrahierer wie in Abb. 19.55 ein. Der

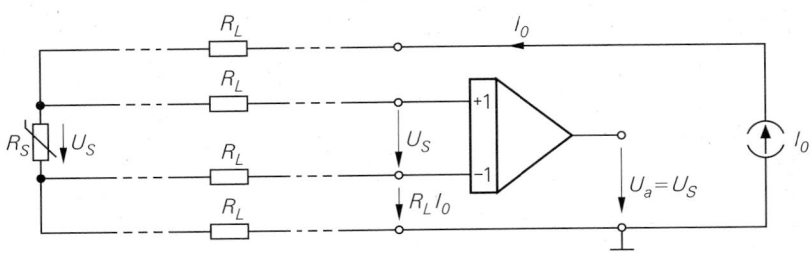

$$U_a = I_0 R_S = U_S \qquad U_{Gl} = I_0 R_L$$

Abb. 19.55. Vierdrahtmessung am Beispiel eines Widerstand-Temperaturfühlers

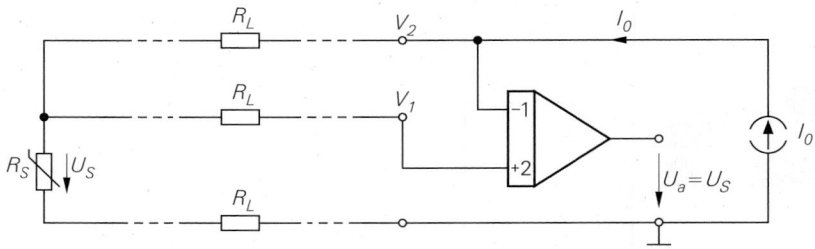

$$V_1 = I_0(R_S + R_L) \qquad V_2 = I_0(R_S + 2R_L) \qquad U_a = 2V_1 - V_2 = I_0 R_S = U_S$$

Abb. 19.56. Dreidrahtmessung am Beispiel eines Widerstands-Temperaturfühlers

Spannungsabfall im Messstromkreis bewirkt hier lediglich eine Gleichtaktaussteuerung $U_{Gl} = I_0 R_L$, die nach der Subtraktion herausfällt.

Man kann eine Leitung einsparen, wenn man voraussetzt, dass der Widerstand in allen Leitungen gleich groß ist, und kommt so zur Dreileitermethode in Abb. 19.56. Hier lässt sich der Spannungsabfall an R_L herausrechnen, indem man den Ausdruck

$$U_2 = 2V_1 - V_2 = 2U_S + 2I_0 R_L - U_S - 2I_0 R_L = U_S$$

bildet. Wenn die Sensorsignale klein sind, wie z.B. bei Druckaufnehmern oder Thermoelementen, muss man sie in unmittelbarer Nachbarschaft des Sensors vorverstärken, bevor man sie über eine längere Leitung überträgt. Abbildung 19.57 zeigt dieses Prinzip. Das Ausgangssignal wird hier allerdings durch Spannungsabfall an R_L verfälscht. Wenn man jedoch die Verstärkung A groß genug wählt, spielt dieser Fehler keine große Rolle. Er lässt sich ganz vermeiden, wenn man auch hier zusätzlich die Vierleitertechnik von Abb. 19.55 einsetzt. Allerdings benötigt man dann auf der Empfängerseite einen zusätzlichen Subtrahierer.

Einfacher ist es, in diesem Fall das Sensorsignal in einen dazu proportionalen Strom umzuwandeln. Ein Strom wird durch die Leitungswiderstände nicht verfälscht. Das Prinzip ist in Abb. 19.58 dargestellt. Die spannungsgesteuerte Stromquelle setzt die Sensorspannung U_S in einen Strom $I_S = SU_S$ um. Er bewirkt an dem Arbeitswiderstand einen Spannungsabfall $U_a = SR_1 U_S$. Wählt man $R_1 = 1/S$, ergibt sich wieder das Sensorsignal. Man kann aber die Anordnung gleichzeitig zur Verstärkung der Sensorspannung verwenden, indem man $A = SR_1 \gg 1$ macht.

Eine weitere Vereinfachung der Signalübertragung ist dadurch möglich, dass man dafür sorgt, dass die Stromaufnahme des Sensors und der spannungsgesteuerten Stromquelle konstant sind. In diesem Fall kann man den Signalstrom I_S und den Verbraucherstrom I_V über dieselbe Leitung übertragen. Man benötigt dann nur noch zwei Leitungen, wie man in

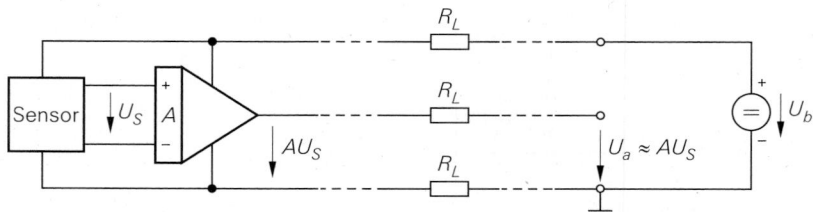

Abb. 19.57. Vorverstärker beim Sensor reduziert Fehler bei der Signalübertragung

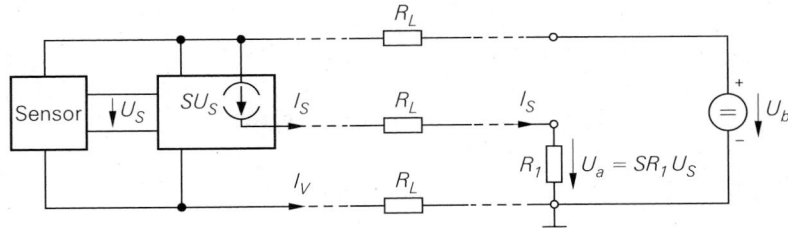

$$U_a = I_S R_1 = SU_S R_1 = AU_S$$

Abb. 19.58. Vorverstärker mit Stromausgang beim Sensor eliminiert Fehler bei der Signalübertragung. Beispiel für eine integrierte spannungsgesteuerte Stromquelle: XTR 105 von Texas Instruments

Abb. 19.59 erkennt. Sie dienen sowohl zur Versorgung des Sensors und der Betriebsschaltung als auch zur Übertragung des Messsignals. Wenn man am Messwiderstand den Strom I_V bzw. die daraus resultierende Spannung $R_1 I_V$ subtrahiert, bleibt das Sensorsignal übrig. Wie bei der Stromübertragung in Abb. 19.58 beeinträchtigen die Leitungswiderstände R_L das Messergebnis nicht. Voraussetzung ist allerdings, dass die Betriebsspannung U_b so groß ist, dass trotz aller im Stromkreis auftretenden Spannungsabfälle die Stromquellen nicht in die Sättigung gehen.

Die Ströme $I_V + I_S$ einer Stromschleife (Current loop) sind genormt. Sie liegen zwischen 4 mA und 20 mA. Dabei entspricht 4 mA dem unteren Bereichsende und 20 mA dem oberen. Bei unipolaren Signalen legt man den Nullpunkt auf 4 mA. Bei bipolaren Signalen legt man ihn auf 12 mA und erhält dann einen Aussteuerbereich von ± 8 mA. Wenn man, wie üblich, $R_1 = 250\,\Omega$ wählt, ergeben sich auf der Empfängerseite in beiden Fällen Spannungen von $U_a = 1 \ldots 5$ V. Ein integrierter Stromschleifen-Empfänger, der zusätzlich eine Referenzspannungsquelle zur Wiederherstellung des Nullpunkts besitzt, ist der Current Loop Receiver RCV 420 von Texas Instruments.

Der innere Aufbau einer Sensor-Betriebsschaltung mit Stromschleifenausgang ist in Abb. 19.60 dargestellt. Das Kernstück der Schaltung ist eine Transistor-

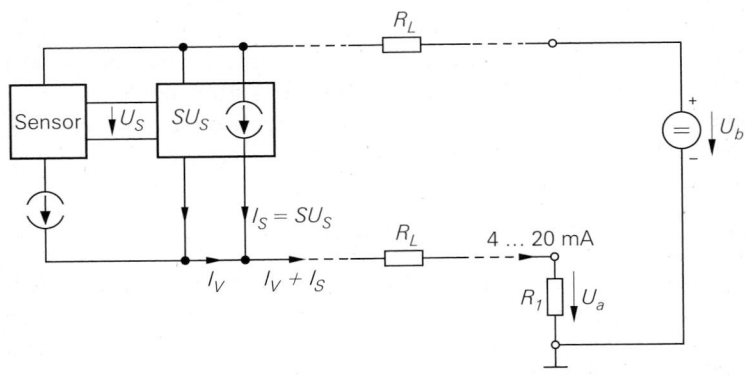

$$U_a = (I_V + I_S)R_1 = R_1 I_V + R_1 SU_S$$

Abb. 19.59. Zweidraht-Stromschleife zur Sensorsignalübertragung. Current Loop Transmitter: XTR 105 von Texas Instruments bzw. AD 693 von Analog Devices

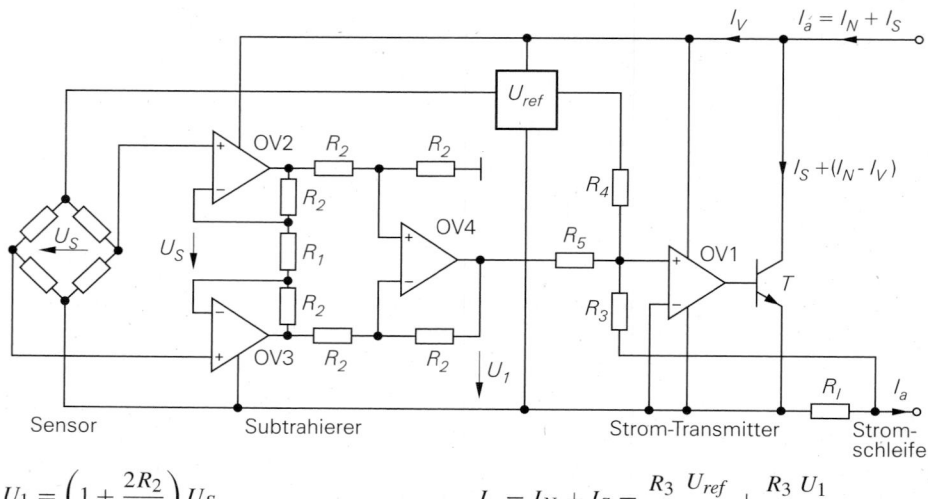

$$U_1 = \left(1 + \frac{2R_2}{R_1}\right) U_S \qquad\qquad I_a = I_N + I_S = \frac{R_3}{R_4}\frac{U_{ref}}{R_I} + \frac{R_3}{R_5}\frac{U_1}{R_I}$$

Abb. 19.60. Innerer Aufbau eines Current Loop-Transmitters am Beispiel des AD 693 von Analog Devices bzw. XTR 105 von Texas Instruments. Als Beispiel wurde hier ein Drucksensor angeschlossen.

Präzisionsstromquelle, bestehend aus dem Transistor T, dem Operationsverstärker OV 1 und dem Strommesswiderstand R_1. Der Strom I_a stellt sich so ein, dass die Eingangsspannungsdifferenz von OV 1 Null wird. Wenn man zur Vereinfachung R_4 einmal weglässt, ist dies der Fall, wenn der Spannungsabfall $I_a R_1 = U_1$ ist. Der Widerstand R_4 dient lediglich dazu, den Stromnullpunkt von $I_N = 4\,\text{mA}$ bzw. 12 mA zu addieren. Das Sensorsignal wird mit dem Elektrometer-Subtrahierer aufbereitet und steuert dann die Stromquelle. Der Kunstgriff bei der Anordnung in Abb. 19.60 besteht darin, dass die Verbraucherströme für die vier Operationsverstärker, die Referenzspannungsquelle und angeschlossene Sensoren ebenfalls durch den Strommesswiderstand R_1 fließen. Ihre Summe wird also bei der Strommessung mit berücksichtigt. Durch den Transistor T fließt dann nur noch der Strom, der an dem Soll-Ausgangsstrom fehlt. Damit das auch beim kleinsten Schleifenstrom von $I_a = 4\,\text{mA}$ funktioniert, muss die Summe aller Verbraucherströme $I_V < 4\,\text{mA}$ sein. Bei den handelsüblichen integrierten Schaltungen liegt die interne Stromaufnahme unter 1 mA, so dass noch bis zu 3 mA für den Betrieb des Sensors zur Verfügung stehen.

Ein positiver Nebeneffekt des beschriebenen Verfahrens besteht darin, dass man Störungen leicht erkennen kann: Ist der Schleifenstrom kleiner als 4 mA, liegt eine Störung vor, z.B. ein Nebenschluss oder eine Unterbrechung.

19.5.2 Galvanisch getrennte Signalübertragung

Bei Signalübertragung über größerer Entfernungen muss man davon ausgehen, dass zwischen den Nullleitern nennenswerte Potentialdifferenzen bestehen, die nicht nur zu hohen Ausgleichsströmen in der Masseleitung führen und das Messsignal verfälschen, sondern auch die Schaltungen beschädigen können. In diesem Fall ist die Signalübertragung mit Potentialtrennung nützlich. Als Bauelemente sind hier Optokoppler und Transformatoren gebräuchlich. Beide erfordern allerdings auf der Senderseite einen Modulator und einen Demodulator im Empfänger, da eine direkte Übertragung eines Sensorsignals nicht mög-

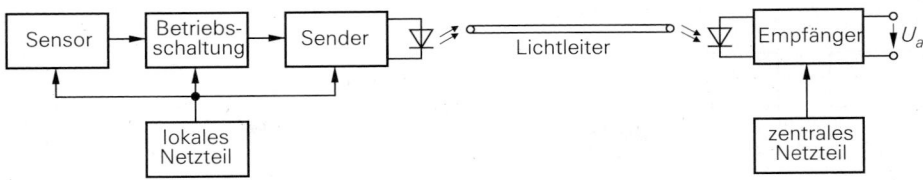

Abb. 19.61. Prinzip der optischen Übertragung von Sensorsignalen mit Lichtleitern

lich ist. Die sicherste Möglichkeit zur Signalübertragung stellen Lichtleiter dar, die man als Optokoppler mit einem ausgedehnten Lichtweg betrachten kann. Sie werden weder von elektrostatischen noch von elektromagnetischen Feldern beeinträchtigt und können nahezu beliebig große Potentialdifferenzen überbrücken. Abbildung 19.61 zeigt das Prinzip zur optischen Übertragung von Sensorsignalen.

Eine Übertragung von Analogsignalen ist jedoch mit Lichtleitern ungebräuchlich, weil die Dämpfung der optischen Übertragungsstrecke schlecht definiert ist, und auch Temperaturschwankungen und Alterung unterworfen ist. Deshalb wandelt man das Sensorsignal im Sender in ein serielles digitales Signal. Dazu gibt es verschiedene Möglichkeiten. Bei der Spannungs-Frequenz-Umsetzung ist die Frequenz eine lineare Funktion der Spannung; das Tastverhältnis des Ausgangssignals ist konstant 1 : 1. Bei der Spannungs-Tastverhältnis-Umsetzung ist die Frequenz konstant, dafür aber das Tastverhältnis eine lineare Funktion der Spannung. Abbildung 19.62 zeigt das Prinzip der beiden Verfahren. Sie sind besonders dann vorteilhaft, wenn man auf der Empfängerseite ein Analogsignal zurückgewinnen möchte.

Man kann die Signale auch digital weiterverarbeiten, indem man die Frequenz bzw. das Tastverhältnis digital misst. Wenn man jedoch hohe Genauigkeit benötigt, ist es besser, die Digitalisierung mit einem handelsüblichen AD-Umsetzer auf der Sensorseite vorzunehmen und das Ergebnis seriell zu übertragen.

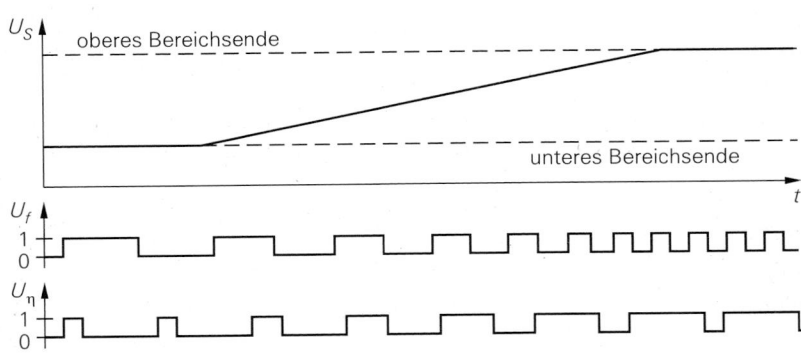

Oben:	Analoges Sensorsignal
Mitte:	Spannungs-Frequenz-Umsetzung
Unten:	Spannungs-Tastverhältnis-Umsetzung

Abb. 19.62. Digitale Modulationsverfahren

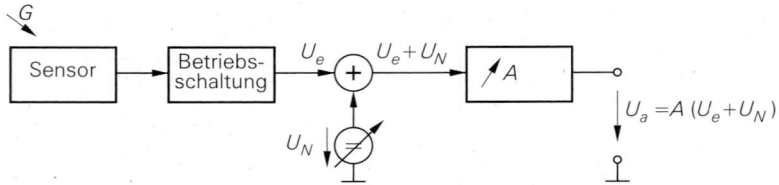

Abb. 19.63. Prinzipielle Anordnung zur Kalibrierung von Sensorsignalen durch Abgleich des Nullpunkts U_N und der Verstärkung A

19.6 Kalibrierung von Sensorsignalen

Manche Sensoren sind so eng toleriert, dass eine Kalibrierung nicht erforderlich ist, wenn man auch in der Betriebsschaltung ausreichend eng tolerierte Bauelemente einsetzt. In diesem Fall lässt sich der Sensor sogar ohne neuen Abgleich austauschen. In einer derart glücklichen Situation befindet man sich jedoch nur bei einigen Temperatursensoren. Im allgemeinen Fall ist bei einem Sensorwechsel immer eine neue Kalibrierung erforderlich. Bei hohen Genauigkeits-Anforderungen kann sogar eine regelmäßige Kalibrierung notwendig sein.

19.6.1 Kalibrierung des Analogsignals

Um den Vorgang der Kalibrierung unabhängig von den speziellen Eigenschaften des Sensors erklären zu können, soll die Abgleichschaltung wie in Abb. 19.63 ganz von der Betriebsschaltung des Sensors getrennt werden. Wir wollen einmal davon ausgehen, dass das Sensorsignal linear von der physikalischen Größe G abhängt bzw. von der Betriebsschaltung linearisiert wird. Dann lässt sich die Eingangsspannung der Kalibrierungsschaltung in der Form

$$U_e = a' + m'G \qquad (19.16)$$

darstellen. Das kalibrierte Signal soll in der Regel proportional zur Messgröße sein gemäß der Gleichung:

$$U_a = mG \qquad (19.17)$$

Abbildung 19.64 zeigt den Verlauf der Spannungen am Beispiel einer Temperaturmessung. Die Abgleichschaltung muss also eine Nullpunkt- und eine Verstärkungskorrektur ermöglichen. Eine wichtige Randbedingung ist, dass die Kalibrierung *iterationsfrei* erfolgen kann, d.h., es soll eine Prozedur geben, bei der die eine Einstellung die andere nicht beeinflusst. Dies ist bei der Anordnung in Abb. 19.63 möglich. Ihre Ausgangsspannung beträgt:

$$U_a = A(U_e + U_N) \qquad (19.18)$$

Setzt man die Gleichungen (19.16) ein, ergeben sich durch Koeffizientenvergleich die Abgleichbedingungen:

Nullpunkt: $U_N = -a'$
Verstärkung: $A = m/m'$

Zum Nullpunktabgleich legt man an den Sensor die zum Messwert $U_a = 0$ gehörige physikalische Größe $G = G_0$ an. Dann gleicht man mit U_N die Ausgangsspannung auf

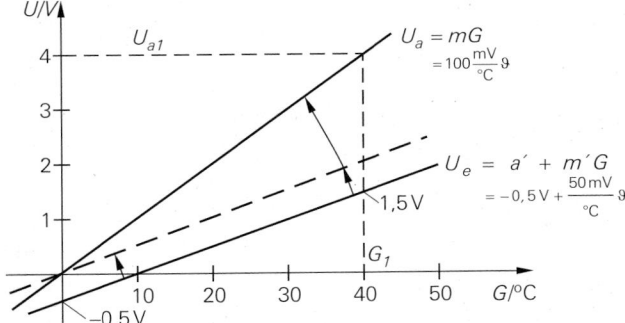

Abb. 19.64.
Veranschaulichung
eines Abgleichvor-
gangs: zuerst Null-
punktabgleich, dann
Verstärkungsabgleich.
Beispiel: Fieberthermo-
meter

$U_a = 0$ ab. Dieser Abgleich ist von der zufälligen Einstellung der Verstärkung A unabhängig; man muss lediglich sicherstellen, dass $A \neq 0$ ist. In Abb. 19.64 erfolgt durch den Nullpunktabgleich eine Parallelverschiebung der Eingangskennlinie durch den Nullpunkt.

Zum Verstärkungsabgleich legt man die physikalische Größe G_1 an und kalibriert die Verstärkung A so, dass sich der Sollwert der Ausgangsspannung $U_{a1} = mG_1$ ergibt. In Abb. 19.64 entspricht dies einer Drehung der verschobenen Eingangskennlinie, bis sie mit der gewünschten Funktion zusammenfällt. Der Nullpunktabgleich wird dadurch nicht beeinträchtigt, weil bei der Verstärkungseinstellung lediglich der Faktor A in Gl. (19.18) verändert wird.

Man erkennt, dass die umgekehrte Reihenfolge nicht zu einem iterationsfreien Abgleich führt. Es ist demnach zwingend erforderlich, dass der Nullpunkteinsteller *vor* dem Verstärkungseinsteller im Signalpfad liegt. Die Schaltung in Abb. 19.63 kann also nicht anders angeordnet werden.

Die Kalibrierung soll noch an dem Beispiel des Fieberthermometers in Abb. 19.64 erläutert werden. Zur Nullpunkteinstellung bringt man den Sensor auf die Temperatur $\vartheta = 0\,°C$ und gleicht mit U_N die Ausgangsspannung auf $U_a = 0$ ab. Dies ist bei der Spannung

$$U_N = -a' = +0{,}5\,\text{V}$$

der Fall. Zur Kalibrierung der Verstärkung legt man an den Sensor den zweiten Abgleichpunkt an, z.B. $G_1 = \vartheta_1 = 40\,°C$, und gleicht die Verstärkung A ab, bis sich auch hier der Sollwert der Ausgangsspannung

$$U_{a1} = mG_1 = \frac{100\,\text{mV}}{°C} \cdot 40\,°C = 4\,\text{V}$$

ergibt. Die Verstärkung hat dann den Wert:

$$A = \frac{m}{m'} = \frac{100\,\text{mV}/°C}{50\,\text{mV}/°C} = 2$$

Der beschriebene Abgleich setzt voraus, dass man zunächst den Nullpunkt $U_a = 0$ bei $G = 0$ abgleicht. Es kann jedoch der Fall eintreten, dass sich die physikalische Größe $G = 0$ nicht oder nicht mit der gewünschten Genauigkeit realisieren lässt. Es kann auch der Wunsch bestehen, beide Abgleichpunkte in die Nähe des interessierenden Messbereichs zu legen; bei dem Beispiel des Fieberthermometers in Abb. 19.64 also z.B. auf $G_1 = 40\,°C$ und $G_2 = 30\,°C$. Dadurch lassen sich Fehler, die aus Nichtlinearitäten resultieren, in diesem Bereich klein halten. Um auch in diesem Fall zu einem iterationsfreie Abgleich zu

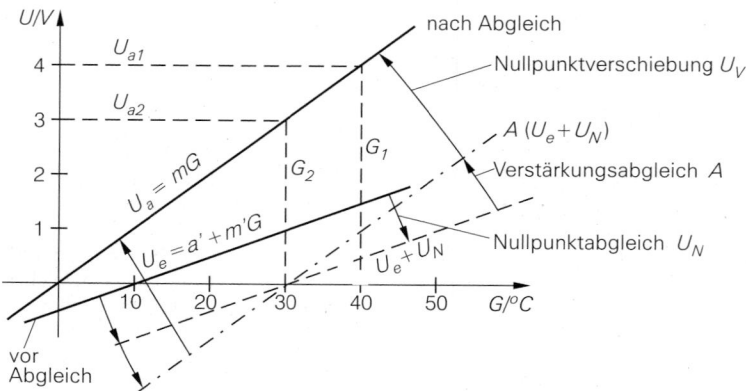

Abb. 19.65. Iterationsfreier Abgleichvorgang bei zwei von Null verschiedenen Abgleichpunkten G_1, G_2

kommen, kann man den Nullpunkt der Eingangskennlinie wie in Abb. 19.65 auf einen dieser Abgleichpunkte verschieben und am Ausgang eine entsprechende Spannung addieren. Dazu dient die zusätzliche Spannung U_V in Abb. 19.66. Man dimensioniert sie vorzugsweise für den kleineren der beiden Abgleichpunkte:

$$U_V = U_{a2} = mG_2$$

Zum Nullpunktabgleich legt man die physikalische Größe G_2 an und gleicht mit U_N die Spannung $U_e + U_N$ bzw. $A(U_e + U_N)$ auf Null ab. Dazu muss man nicht in die Schaltung hineinmessen, sondern man verfolgt den Abgleich am Ausgang. Hier muss sich dann der Abgleichwert $U_{a2} = U_V$ ergeben. Da die Ausgangsspannung des Verstärkers nach dem Abgleich gerade Null ist, ist er unabhängig von der Größe von A.

Anschließend legt man den anderen Abgleichwert an und gleicht die Verstärkung A wie bisher ab. Dabei dreht sich die verschobene Eingangskennlinie in Abb. 19.65, bis sie die richtige Steigung besitzt. Durch die ausgangsseitige Spannungsaddition gelangt man dann zu dem kalibrierten Ausgangssignal.

Ein Beispiel für die praktische Realisierung einer Abgleichschaltung ist in Abb. 19.67 dargestellt. Die Eingangsspannung und die Spannung des Nullpunkteinstellers werden am Summationspunkt von OV 1 addiert. Die Verstärkung wird an dem Gegenkopplungs-widerstand eingestellt. Der Festwiderstand dient zur Begrenzung des Einstellbereichs; er verhindert gleichzeitig, dass sich die Verstärkung auf Null stellen lässt. Der Verstärker OV 2 bewirkt die ausgangsseitige Nullpunktverschiebung für den ersten Abgleichpunkt. Da ihre

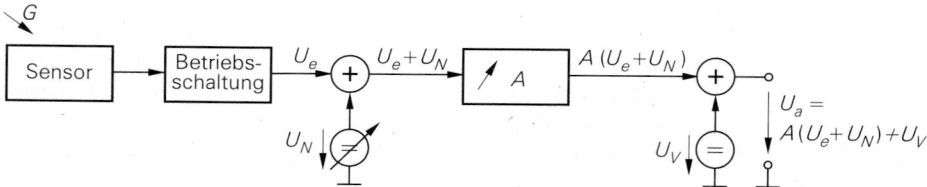

Abb. 19.66. Anordnung zum iterationsfreien Abgleich von Sensorsignalen, bei zwei von Null verschiedenen Abgleichpunkten

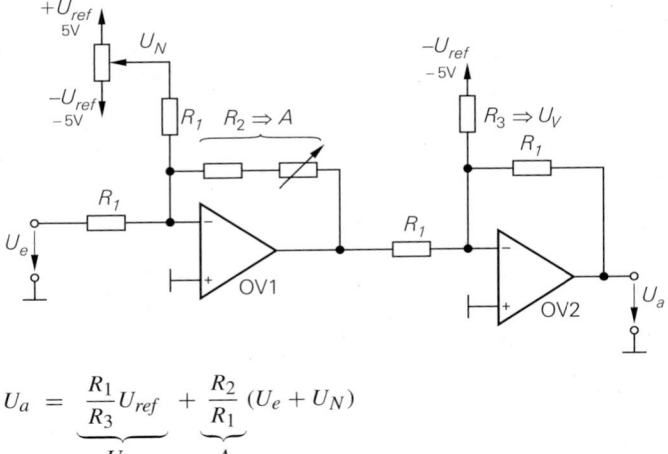

$$U_a = \underbrace{\frac{R_1}{R_3}U_{ref}}_{U_V} + \underbrace{\frac{R_2}{R_1}}_{A}(U_e + U_N)$$

Abb. 19.67. Praktische Ausführung einer Abgleichschaltung

Größe vorgegeben wird, lässt sie sich durch die Wahl von R_3 festlegen. Ein Abgleich ist hier nicht erforderlich.

Die Vorgehensweise beim Abgleich soll noch am Beispiel des Fieberthermometers erläutert werden. Gegeben seien die Eingangs- und Ausgangskennlinien

$$U_e = -0,5\,\text{V} + \frac{50\,\text{mV}}{{}^\circ\text{C}}\vartheta \qquad U_a = \frac{100\,\text{mV}}{{}^\circ\text{C}}\vartheta$$

und die Abgleichpunkte:

$$(\vartheta_2 = 30{}^\circ\text{C},\ U_{a2} = 3\,\text{V}) \qquad (\vartheta_1 = 40{}^\circ\text{C},\ U_{a1} = 4\,\text{V})$$

Daraus folgt die ausgangsseitige Nullpunktverschiebung $U_V = U_{a2} = 3\,\text{V}$. Gibt man $R_1 = 10\,\text{k}\Omega$ vor, folgt bei einer Referenzspannung von $-5\,\text{V}$ der Widerstand $R_3 = 16,7\,\text{k}\Omega$. Zum Nullpunktabgleich legt man an den Sensor eine Temperatur von $\vartheta_2 = 30{}^\circ$ an und gleicht die Ausgangsspannung auf $U_{a2} = 3\,\text{V}$ ab. Die dazu erforderliche Spannung beträgt:

$$U_N = -U_{e1} = +0,5\,\text{V} - \frac{50\,\text{mV}}{{}^\circ\text{C}} \cdot 30{}^\circ = -1\,\text{V}$$

Die Ausgangsspannung von OV 1 ist dann Null, und der zufällig eingestellte Wert von A beeinflusst den Nullpunktabgleich nicht. Um die Verstärkung zu kalibrieren, gibt man den anderen Abgleichpunkt $\vartheta_1 = 40{}^\circ\text{C}$ vor und gleicht die Ausgangsspannung auf $U_{a1} = 4\,\text{V}$ ab. Das ist bei einer Verstärkung von

$$A = \frac{m}{m'} = \frac{100\,\text{mV}/{}^\circ\text{C}}{50\,\text{mV}/{}^\circ\text{C}} = 2$$

der Fall. Mit $R_1 = 10\,\text{k}\Omega$ folgt daraus im abgeglichenen Zustand ein Wert von $R_2 = 20\,\text{k}\Omega$.

19.6.2 Computer-gestützte Kalibrierung

Wenn man beabsichtigt, ein Sensorsignal mit einem Mikrocomputer weiterzuverarbeiten, ist es vorteilhaft, auch die Kalibrierung mit dem Mikrocomputer vorzunehmen. Wie man

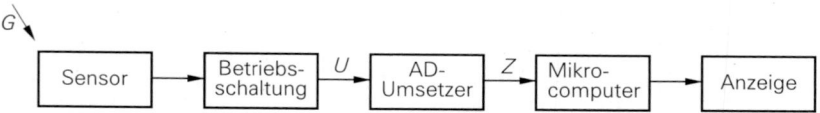

Abb. 19.68. Anordnung zur Computer-gestützten Kalibrierung von Sensorsignalen

in Abb. 19.68 erkennt, spart man in diesem Fall nicht nur die analoge Abgleichschaltung, sondern die Kalibrierung lässt sich auch einfacher durchführen, und ihre Genauigkeit und Stabilität sind besser. Zur Kalibrierung gehen wir davon aus, dass die Zahl Z am Ausgang des AD-Umsetzers wie in Abb. 19.69 eine lineare Funktion der Messgröße G ist:

$$Z = a + bG \tag{19.19}$$

Die Abgleichkoeffizienten a und b bestimmt man aus zwei Abgleichpunkten:

$$(G_1, Z_1) \quad \text{und} \quad (G_2, Z_2)$$

indem man die Bestimmungsgleichungen

$$Z_1 = a + bG_1 \quad \text{und} \quad Z_2 = a + bG_2$$

nach a und b auflöst:

$$b = \frac{Z_2 - Z_1}{G_2 - G_1} \tag{19.20}$$

bzw.

$$a = Z_1 - bG_1 \tag{19.21}$$

Um aus einem Messwert Z die zugehörige physikalische Größe zu berechnen, muss man Gl. (19.19) nach G auflösen:

$$G = (Z - a)/b \tag{19.22}$$

Zur praktischen Durchführung der Kalibrierung speichert man die beabsichtigten Abgleichwerte z.B. $G_1 = 30°C$ und $G_2 = 40°C$ in einer Tabelle. Dann legt man sie nacheinander an den Sensor an und gibt dem Mikrocomputer z.B. über Drucktasten den Befehl, die zugehörigen Messwerte z.B. $Z_1 = 1000$ und $Z_2 = 3000$ einzulesen und zusätzlich in der Tabelle abzulegen. Daraus kann ein Programm des Mikrocomputers die Abgleichwerte gemäß Gl. (19.20/10) berechnen und auch in der Tabelle speichern:

$$b = 200/°C \quad \text{bzw.} \quad a = -5000$$

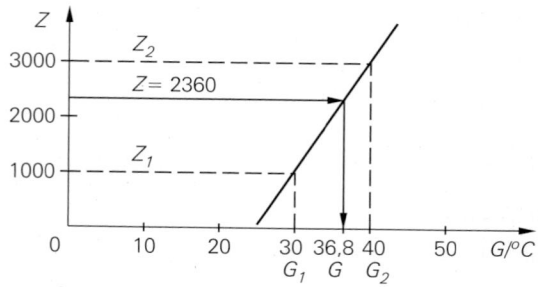

Abb. 19.69.
Numerische Kalibrierung eines Sensors mit den Abgleichpunkten (G_1, Z_1) und (G_2, Z_2)

Damit ist die Kalibrierung abgeschlossen. Das Auswerteprogramm kann dann gemäß Gl. (19.22) die Größen G_i berechnen. Zu einem Messwert von $Z = 2360$ ergibt sich in dem Beispiel eine Temperatur von:

$$G = \frac{Z - a}{b} = \frac{2360 + 5000}{200/^\circ C} = 36,8^\circ C$$

Bei der rechnerischen Kalibrierung nimmt man also die Kennlinie der Hardware (Abb. 19.69) als gegeben, man stellt ihre Gleichung auf und verwendet sie dann dazu, Messwerte Z_i auf physikalische Größen G_i abzubilden. Man muss hier also keine Kennlinien verschieben oder drehen wie bei der analogen Kalibrierung. Die Wahl der Abgleichpunkte ist hier beliebig; der Abgleich ist grundsätzlich iterationsfrei, da die Abgleichwerte durch Lösung eines Gleichungssystems ermittelt werden.

Ein besonders schwieriges Problem besteht darin, Sensoren zu kalibrieren, deren Signal nicht nur von der gesuchten Größe, sondern zusätzlich auch von einer zweiten Größe abhängt. Die verbreitetste Form solcher unerwünschter Doppelabhängigkeiten besteht in der Temperaturabhängigkeit von Sensorsignalen. Ein Beispiel dafür sind die Drucksensoren. Daran soll hier die Vorgehensweise erklärt werden. Der Messwert Z setzt sich hier aus vier Anteilen zusammen:

$$Z = a + bp + c\vartheta + d\vartheta p \tag{19.23}$$

Darin bedeutet

p Druck,
ϑ Temperatur,
a Nullpunktfehler,
b Druckempfindlichkeit,
c Temperaturkoeffizient des Nullpunkts,
d Temperaturkoeffizient der Empfindlichkeit.

Zur Bestimmung der vier Koeffizienten a, b, c und d macht man vier Abgleichmessungen, die sich jeweils in einer Größe unterscheiden:

$$Z_{11} = a + bp_1 + c\vartheta_1 + dp_1\vartheta_1 \qquad Z_{21} = a + bp_2 + c\vartheta_1 + dp_2\vartheta_1$$

$$Z_{12} = a + bp_1 + c\vartheta_2 + dp_1\vartheta_2 \qquad Z_{22} = a + bp_2 + c\vartheta_2 + dp_2\vartheta_2$$

und erhält daraus:

$$d = \frac{Z_{22} + Z_{11} - Z_{12} - Z_{21}}{(p_2 - p_1)(\vartheta_2 - \vartheta_1)} \qquad b = \frac{Z_{22} - Z_{12}}{(p_2 - p_1)} - d\vartheta_2$$

$$c = \frac{Z_{22} - Z_{21}}{\vartheta_2 - \vartheta_1} - dp_2 \qquad a = Z_{22} - bp_2 - c\vartheta_2 - dp_2\vartheta_2 \tag{19.24}$$

Damit ist die Kalibrierung abgeschlossen, und der Druck lässt sich aus Gl. (19.23) berechnen:

$$p = \frac{Z - a - c\vartheta}{b + d\vartheta} \tag{19.25}$$

Die Durchführung der Kalibrierung soll noch an einem Beispiel erklärt werden. Die vier erforderlichen Abgleichwerte sollen bei einem Druck von $p_1 = 900$ mbar und $p_2 = 1035$ mbar gewonnen werden, und zwar jeweils bei einer Temperatur $\vartheta_1 = 25^\circ C$ und $\vartheta_2 = 50^\circ C$. Dabei ergeben sich die Messwerte in Abb. 19.70. Mit Gl. (19.24) erhält man daraus die Abgleichkoeffizienten:

	$\vartheta_1 = 25°C$	$\vartheta_2 = 50°C$
$p_1 = 900\,\text{mbar}$	$Z_{11} = 3061$	$Z_{12} = 2837$
$p_2 = 1035\,\text{mbar}$	$Z_{21} = 3720$	$Z_{22} = 3456$

Abb. 19.70.
Beispiel für Druckkalibrierung

$$a = -1375 \qquad b = 5{,}18\,\frac{1}{\text{mbar}}$$

$$c = 1{,}71\,\frac{1}{°C} \qquad d = -0{,}0119\,\frac{1}{\text{mbar}\cdot°C}$$

Diese Kalibrierung ist sehr genau, da sie nicht nur Nullpunkt und Verstärkung abgleicht, sondern darüber hinaus auch den Temperaturkoeffizienten der Empfindlichkeit und des Nullpunkts berücksichtigt. Auf diese Weise lassen sich mit billigen, unkalibrierten Drucksensoren Präzisionsmessungen durchführen.

Zur Druckmessung verwendet man Gl. (19.25). Wenn man z.B. bei einer Temperatur von $\vartheta = 15°C$ einen Messwert $Z = 3351$ erhält, ergibt dies einen Druck von:

$$p = \frac{Z - a - c\vartheta}{b + d\vartheta} = \frac{3351 + 1375 - 1{,}71 \cdot 15}{5{,}18 - 0{,}0119 \cdot 15}\,\text{mbar} = 940\,\text{mbar}$$

Eine kalibrierte Temperaturmessung ist natürlich erforderlich, um den Temperatureinfluss richtig berücksichtigen zu können. Die Temperaturmessung wird in diesem Fall natürlich auch, wie beschrieben, rechnerisch kalibriert. Damit ergibt sich das Blockschaltbild in Abb. 19.71. Die von den Betriebsschaltungen aufbereiteten Signale des Temperatur- bzw. Drucksensors gelangen auf einen Analog-Digital-Umsetzer mit eingebautem Multiplexer. Der Mikrocomputer erhält die Messwerte Z und berechnet daraus während der Kalibrierung die Abgleichkoeffizienten und dann im Normalbetrieb die Messgrößen. Damit dies mit ausreichender Genauigkeit möglich ist, muss der AD-Umsetzer eine Genauigkeit von mindestens 12 bit besitzen. So genaue AD-Umsetzer sind in Ein-Chip-Mikrocomputern nicht erhältlich. Man muss daher in der Regel separate AD-Umsetzer einsetzen wie z.B. den AD 7582 von Analog Devices, der auch einen Eingangsmultiplexer enthält.

Speziell auf die Auswertung von Sensorsignalen zugeschnitten ist die Sensor-Signalprozessor-Familie MSP 430 von Texas Instruments, die eine besonders niedrige Stromaufnahme besitzt. Sie enthält neben einem hochauflösenden AD-Umsetzer mit Multiplexer auch einen Treiber für Flüssigkristallanzeigen.

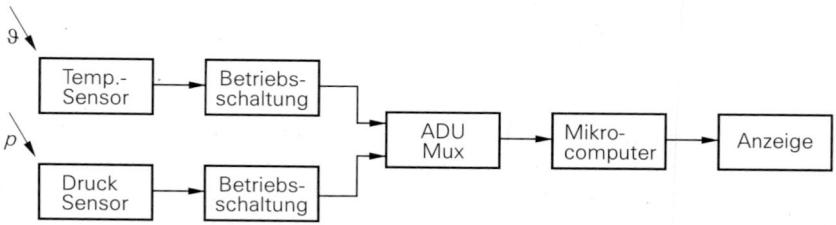

Abb. 19.71. Anordnung zur rechnerischen Temperatur- und Druckkalibrierung und -Messung

Kapitel 20:
Optoelektronische Bauelemente

20.1 Fotometrische Grundbegriffe

Das menschliche Auge nimmt elektromagnetische Wellen im Bereich von 400 nm bis 700 nm als Licht wahr. Die Wellenlänge vermittelt den Farbeindruck, die Intensität den Helligkeitseindruck. Man sieht in Abb. 20.1, dass das Auge Licht im Wellenlängenbereich von 400 ... 700 nm wahrnimmt; die maximale Empfindlichkeit liegt im grünen bei 555 nm.

Zur quantitativen Messung der Helligkeit muss man einige fotometrische Größen definieren. Der *Lichtstrom* Φ ist ein Maß für die Zahl der Lichtquanten, die durch einen Beobachtungsquerschnitt A tritt. Es handelt sich um die optische Leistung; seine Maßeinheit ist Lumen (lm).

Zur Charakterisierung der Helligkeit einer Lichtquelle ist der Lichtstrom ungeeignet, denn er hängt im allgemeinen vom Beobachtungsquerschnitt A und dem Abstand r von der Lichtquelle ab. Bei einer punktförmigen, kugelsymmetrischen Lichtquelle ist der Lichtstrom proportional zu dem Raumwinkel in Abb. 20.2. Er gibt den Bereich an, in dem die Lichtstärke auf 50% vom Maximum abgefallen ist. Seine Definition ist:

$$\Omega = \frac{\text{Kugelfläche}}{\text{Radius}^2} = \frac{A}{r^2} \qquad [\Omega] = \text{sr} \qquad (20.1)$$

Er ist eigentlich dimensionslos, wird jedoch üblicherweise mit der Einheit *Steradiant* (sr) versehen. Die volle Kugeloberfläche erscheint vom Mittelpunkt aus unter dem Raumwinkel:

$$\Omega_0 = \frac{4\pi r^2}{r^2} \text{ sr} = 4\pi \text{ sr}$$

Ein Kreiskegel mit dem Öffnungswinkel φ besitzt den Raumwinkel

$$\Omega = 2\pi(1 - \cos \frac{\varphi}{2}) \text{ sr} \qquad (20.2)$$

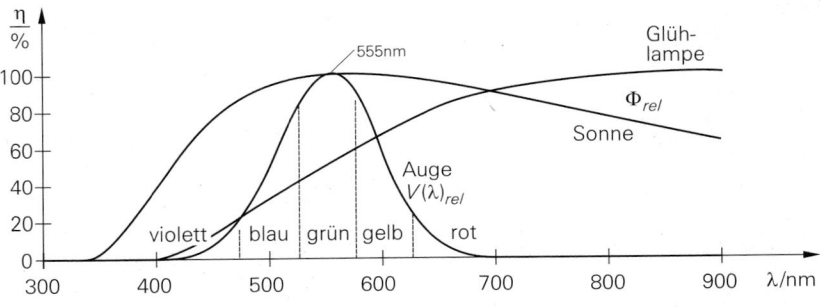

Abb. 20.1. Spektrale Augenempfindlichkeit und relativer Lichtstrom von Sonne und Glühlampe zum Vergleich

© Springer-Verlag GmbH Deutschland, ein Teil von Springer Nature 2019
U. Tietze et al., *Halbleiter-Schaltungstechnik*

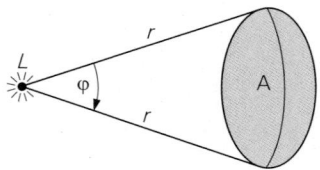

Abb. 20.2.
Definition des Raumwinkels Φ. A ist die Kogeloberfläche, die zu dem Öffnungswinkel φ gehört.

Bei einem Öffnungswinkel von $\varphi = 66°$ ergibt sich ein Raumwinkel von $\Omega = 1\,\mathrm{sr}$. Bei kleinen Raumwinkeln kann man die Kugeloberfläche näherungsweise durch eine ebene Fläche ersetzen.

Die *Lichtstärke* bestimmt wie groß die Helligkeit einer Lichtquelle erscheint. Das hängt davon ab wie groß der Lichtstrom ist, der in einen bestimmten Raumwinkel fällt:

$$I = \frac{\Phi}{\Omega} \qquad\qquad [I] = \frac{\mathrm{lm}}{\mathrm{sr}} = \mathrm{cd} \qquad\qquad (20.3)$$

Hierbei wird vorausgesetzt, dass die Strahlung im ganzen Raumwinkel gleichmäßig ist; sonst muss man differentielle Größen verwenden. Ihre Einheit ist 1 Candela (cd). Es gilt der Zusammenhang $1\,\mathrm{cd} = 1\,\mathrm{lm/sr}$. Eine Lichtquelle besitzt also die Lichtstärke $1\,\mathrm{cd}$, wenn sie in den Raumwinkel $1\,\mathrm{sr}$ den Lichtstrom $1\,\mathrm{lm}$ aussendet. Bei Kugelsymmetrie beträgt der gesamte ausgesendete Lichtstrom dann $\Phi_{\mathrm{ges}} = I\Omega_0 = 1\,\mathrm{cd}\,4\pi\,\mathrm{sr} = 4\pi\,\mathrm{lm}$. Ein Beispiel für die Abstrahlcharakteristik einer Leuchtdiode ist in Abb. 20.3 dargestellt. Definitionsgemäß ist $1\,\mathrm{cd}$ die Lichtstärke, die ein schwarzer Körper mit $\frac{1}{60}\,\mathrm{cm}^2 = 1{,}7\,\mathrm{mm}^2$ Oberfläche bei der Temperatur des erstarrenden Platins (1769 °C) besitzt. Eine große Kerzenflamme (Candela) besitzt die Lichtstärke $I \approx 1\,\mathrm{cd}$.

Bei ausgedehnten Lichtquellen gibt man im allgemeinen die *Leuchtdichte* an. Sie ist definiert als das Verhältnis der Lichtstärke zur leuchtenden Flache:

$$L = \frac{I}{A} = \frac{\Phi}{A\,\Omega} \qquad\qquad [L] = \frac{\mathrm{cd}}{\mathrm{m}^2} = \frac{\mathrm{lm}}{\mathrm{sr}\cdot\mathrm{m}^2} \qquad\qquad (20.4)$$

Die Einheit der Leuchtdichte war früher das Stilb:

$$1\,\mathrm{sb} = 1\frac{\mathrm{cd}}{\mathrm{cm}^2} = 10^4\,\frac{\mathrm{cd}}{\mathrm{m}^2}$$

Einige Beispiele für Leuchtdichten sind in Abb. 20.4 zusammengestellt.

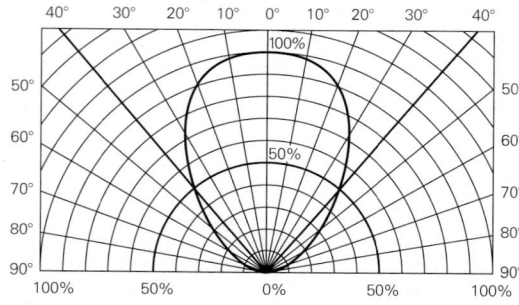

Abb. 20.3.
Abstrahlcharakteristik einer Leuchtdiode. Dargestellt ist die relative Lichtstärke in Abhägigkeit vom Abstrahlwinkel $I = f(\alpha)$. Der Öffnungswinkel beträgt in diesem Beispiel $\varphi = 80°$

Lichtquelle	Leuchtdichte L cd/cm^2 = sb
Blauer Himmel	1
Vollmond	0,25
Mittagssonne	100.000
Kerzenflamme	1
Leuchtröhre	1
LED-Lampe	5000
Glühlampe, klar	200...3000
Xenon Lampe	$10^5...10^6$

Abb. 20.4.
Leuchtdichten von Lichtquellen

Lichtquelle	Beleuchtungsstärke E lm/m^2 = lx
Sonne im Sommer	100.000
Sonne im Winter	10.000
Bedeckt im Sommer	10.000
Bedeckt im Winter	1.000
Vollmond	0,2
Mondlose Nacht	0,0003
Lesbarkeitsgrenze	0,5...2
Schreibplatz	1.000

Abb. 20.5.
Beispiele für Beleuchtungsstärken

Ein Maß dafür, wie hell eine angeleuchtete Fläche A dem Betrachter erscheint, ist die *Beleuchtungsstärke*. Sie ist definiert als das Verhältnis von auftreffendem Lichtstrom zur Empfängerfläche:

$$E = \frac{\Phi}{A} = \frac{I\Omega}{A} = \frac{I}{r^2} \qquad [E] = \frac{\text{lm}}{\text{m}^2} = \text{lx} \qquad (20.5)$$

Die Beleuchtungsstärke lässt sich auch aus der Lichtstärke und dem Raumwinkel berechnen; bei senkrechter Beleuchtung kürzt sich dann die Fläche A und es geht nur der Abstand zur Lichtquelle r in das Ergebnis ein wie Gl. 20.5 zeigt. Typische Werte von Beleuchtungsstärken zeigt Abb. 20.5.

Ein Beispiel soll die Berechnung der Fotometrischen Größen demonstrieren. Gegeben sei punktförmiger Strahler z.B. eine Leuchtdiode mit einer elektrischen Leistung von 1 W die in einen Öffnungswinkel von $\varphi = 45°$ einen Lichtstrom von $\Phi = 100$ lm aussendet. Aus dem Öffnungswinkel lässt sich der Raumwinkel gemäß (20.2) berechnen:

$$\Omega = 2\pi \left(1 - \cos\frac{\varphi}{2}\right)\text{sr} = 2\pi \left(1 - \cos\frac{45°}{2}\right.\text{sr} = 0{,}478\,\text{sr}$$

Mit (20.3) kann man die Lichtstärke berechnen:

$$I = \frac{\Phi}{\Omega} = \frac{100\,\text{lm}}{0{,}478\,\text{sr}} = 209\,\text{cd}$$

Zur Berechnung der Beleuchtungsstärke muss man zunächst aus dem Raumwinkel die Größe der beleuchteten Fläche ermitteln. Bei einem Abstand zur Lichtquelle von z.B. $r = 50$ cm ergibt sich mit (20.1):

$$A = \Omega r^2 = 0{,}478 \cdot (0{,}5\text{m})^2 = 0{,}12\,\text{m}^2$$

Damit erhält man gemäß (20.5) die Beleuchtungsstärke:

$$E = \frac{\Phi}{A} = \frac{100\,\text{lm}}{0{,}12\,\text{m}^2} = 833\,\text{lx}$$

Bei einer ausgedehnten Lichtquelle mit einer Fläche von z.B. $0{,}1\,\text{m}^2$ die ebenfalls $\Phi = 100$ lm aussendet lässt sich ihre Leuchtdichte gemäß (20.4) berechnen. Der Öffnungswinkel sei auch hier $\varphi = 45°$, also $\Omega = 0{,}478$ sr:

Physikalische Größen	Zusammenhang	Einheiten
Lichtstrom	Φ	$1\,\text{lm} = 1\,\text{cd}\,\text{sr} \mathrel{\hat{=}} 1{,}47\,\text{mW}$
Lichtstärke	$I = \dfrac{d\Phi}{d\Omega}$	$1\,\text{cd} = 1\,\dfrac{\text{lm}}{\text{sr}} \mathrel{\hat{=}} 1{,}47\,\dfrac{\text{mW}}{\text{sr}}$
Leuchtdichte	$L = \dfrac{dI}{dF_n}$	$1\,\dfrac{\text{cd}}{\text{m}^2} = 10^{-4}\,\dfrac{\text{cd}}{\text{cm}^2} = 10^{-4}\,\text{sb}$
Beleuchtungsstärke	$E = \dfrac{d\Phi}{dF_n}$	$1\,\text{lx} = 1\,\dfrac{\text{lm}}{\text{m}^2} \mathrel{\hat{=}} 1{,}47\,\dfrac{\text{mW}}{\text{m}^2}$

Abb. 20.6. Zusammenstellung von fotometrischen Größen. Die optischen Leistungsangaben beziehen sich auf eine Wellenlänge von $\lambda = 555\,\text{nm}$

$$L = \frac{\Phi}{A\,\Omega} = \frac{100\,\text{lm}}{0{,}1\,\text{m}^2 \cdot 0{,}478\,\text{sr}} = 2100\,\frac{\text{cd}}{\text{m}^2} = 0{,}21\,\text{sb}$$

Neben den angegebenen Fotometrischen Einheiten sind besonders in der amerikanischen Literatur weitere Einheiten gebräuchlich, die wir in Abb. 20.6 zusammengestellt haben. Hier sind die exakten Definitionen der fotometrischen Größen angegeben. Man muss die differentiellen Definitionen immer dann verwenden, wenn sich die Größe in dem betrachteten Bereich ändert.

20.2 Leuchtdioden

Leuchtdioden (Light Emitting Diodes, LED) sind spezielle Dioden, bei denen die Energie, die beim Übergang der Elektronen vom Leitungsband ins Valenzband frei wird, in Form von Licht abgegeben werden kann. Dabei ist die Energie der Fotonen $W = h \cdot f$ bestenfalls gleich dem Bandabstand ΔW. Die korrespondierende Wellenlänge beträgt:

$$\lambda_{min} = \frac{c}{f} = \frac{h \cdot c}{\Delta W} = \frac{1240\,\text{nm}}{\Delta W / \text{eV}} \tag{20.6}$$

Darin ist Plancksches Wirkungsquantum $h = 6{,}626 \cdot 10^{-34}\,\text{Js} = 4{,}136 \cdot 10^{-15}\,\text{eVs}$ und die Lichtgeschwindigkeit $c = 2{,}998 \cdot 10^{8}\,\text{m/s}$. Daher könnte Silizium mit einem Bandabstand von $\Delta W = 1{,}1\,\text{eV}$ infrarotes Licht mit einer Wellenlänge von $\lambda = 1127\,\text{nm}$ aussenden. Dieser optische Übergang tritt aber nicht auf, da der Impuls der Elektronen im Leitungs- und Valenzband unterschiedlich ist. Da die Fotonen keinen Impuls besitzen, würde dadurch der Impulssatz verletzt.

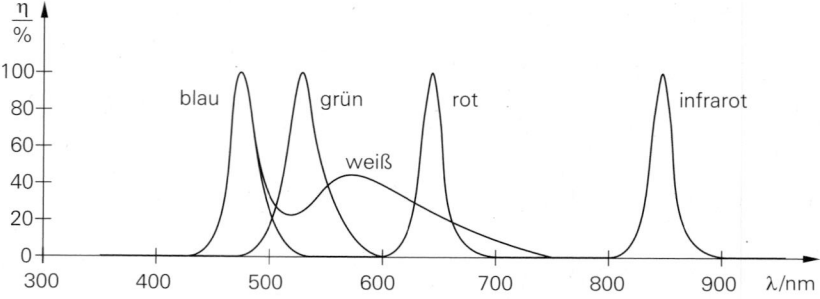

Abb. 20.7. Typische Spektren von Leuchtdioden

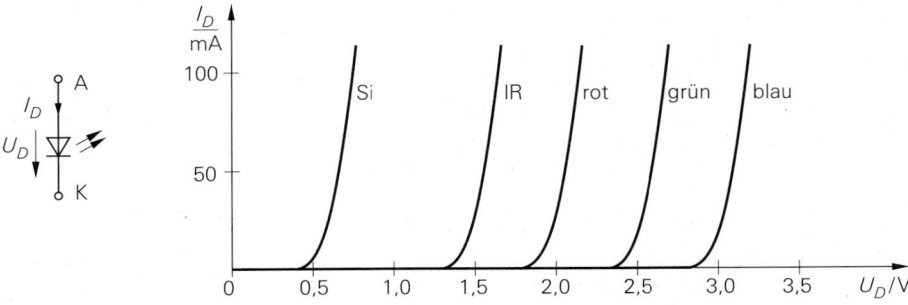

Abb. 20.8. Schaltsymbol und typische Kennlinien von Leuchtdioden. Siliziumdiode zum Vergleich

Aus diesem Grund verwendet man Mischkristalle von 3- und 5-wertigen Elementen z.B. GaAs, GaP oder InGaN. Dort ist die Impulsbedingung erfüllt und der Bandabstand lässt sich durch das Mischverhältnis so einstellen, dass sich die gewünschte Wellenlänge bzw. Farbe ergibt. Beispiele für die Spektren von Leuchtdioden sind in Abb. 20.7 dargestellt. Man erkennt, dass sie scharf begrenzt sind. Zur Erzeugung von weißem Licht gibt es zwei Möglichkeiten: Man kann entweder eine rote, grüne und blaue Leuchtdiode mit entsprechenden Intensitäten kombinieren oder eine blaue Leuchtdiode einsetzen, bei der man mit einem Farbconverter einen Teil des blauen Lichts durch Fluoreszenz in langwelligeres Licht umwandelt. Dies ist die kostengünstigere Lösung. Das typische Spektrum für eine weiße Leuchtdiode mit Farbconverter ist in Abbildung 20.7 ebenfalls eingezeichnet.

Kennlinien von Leuchtdioden sind in Abb. 20.8 schematisch dargestellt. Man sieht, dass die Leuchtdioden eine wesentlich größere Durchlassspannung besitzen als Silizium-Dioden. Die Ursache ist der größere Bandabstand ΔW, der gemäß (20.6) erforderlich ist, um sichtbares Licht zu erzeugen.

Der Lichtstrom von $\Phi = 1$ lm ist bei einer Wellenlänge von $\lambda = 555$ nm definiert als eine optische Leistung von $P_L = 1{,}47$ mW. Daraus folgt der Zusammenhang

$$P_L = 1{,}47 \frac{mW}{lm} \Phi \qquad \text{bzw.} \qquad \Phi = 680 \frac{lm}{W} P_L \qquad (20.7)$$

Bei einer Lichtquelle mit einem Wirkungsgrad von 100% ist die elektrische Leistung P_{el} gleich der optischen Leistung P_L. In Abb. 20.9 sind die Wirkungsgerade handelsüblicher Lichtquellen gegenübergestellt. Man sieht, dass moderne Leuchtdioden den Wirkungsgrad von Energiesparlampen übertreffen. Neben dem optischen Wirkungsgrad ist hier auch der elektrische Wirkungsgrad angegeben: $P_L/P_{el} = 1{,}47 (mW/lm)(\Phi/P_{el})$.

Lichtquelle	Optischer Wirkungsgrad Φ/P_{el}	Elektrischer Wirkungsgrad P_L/P_{el}	Lebensdauer
Glühlampe, klar	10 lm/W	1,5 %	2.000 h
Halogenlampe	12 lm/W	1,8 %	2.000 h
Energiesparlampe	50 lm/W	7,4 %	8.000 h
Leuchtröhre	80 lm/W	12 %	10.000 h
Leuchtdiode	… 100 lm/W	… 15 %	… 40.000 h

Abb. 20.9. Vergleich verschiedener Lichtquellen. Die Variationsbreite ist sehr groß; die Angaben sind lediglich Richtwerte.

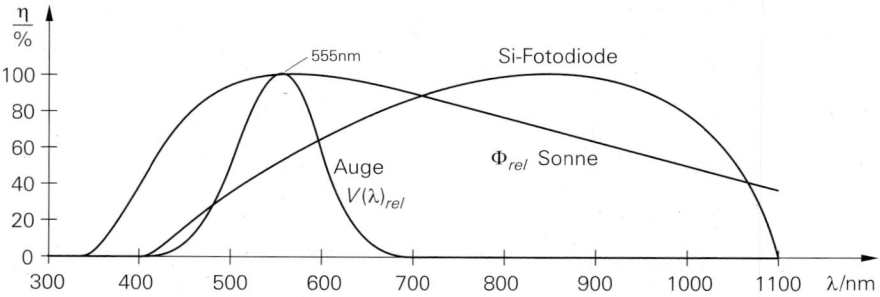

Abb. 20.10. Relative spektrale Empfindlichkeit von Si-Fotozellen. Menschliches Auge und Spektrum des Sonnenlichts zum Vergleich

20.3 Fotodiode

Fotodioden sind Dioden, die bei Beleuchtung Strom erzeugen. Diesen Effekt besitzen alle Dioden; bei Fotodioden wählt man den Aufbau so, dass möglichst viel Licht auf den pn-Übergang gelangt. Durch das einfallende Licht werden Elektronen aus dem Valenzband in das Leitungsband gehoben. Die meisten Halbleitermaterialien besitzen diesen Effekt; aus Kostengründen verwendet man aber meist Siliziumdioden. Da der Bandabstand bei ihnen $\Delta W = 1{,}1\,\mathrm{eV}$ beträgt, muss die Wellenlänge des Lichts gemäß (20.6) kleiner als $\lambda = 1127\,\mathrm{nm}$ sein. Das erkennt man an spektrale Empfindlichkeit von Silizium-Fotodioden in Abb. 20.10; die maximale Empfindlichkeit liegt hier im Infrarotbereich. Dies ist für das Auge zwar unsichtbar, der Lichtstrom der Sonne ist in diesem Bereich aber noch hoch.

Die Kennlinie einer Fotodiode in Abb. 20.12 lässt sich gut mit dem Modell in Abb. 20.11 beschreiben. Wenn kein Licht auf die Fotodiode fällt ist $I_P = 0$, und sie verhält sie sich wie eine normale Diode mit der Kennlinie:

$$I_D = I_S e^{\frac{U_D}{U_T}}$$

Bei Beleuchtung fließt der Fotostrom $I_P = S \cdot E$, der unabhängig von der Spannung an der Diode U_D ist. Darin ist die Empfindlichkeit (Sensitivity)

$$S = \frac{\text{Fotostrom}}{\text{Beleuchtungsstärke}} = \frac{I_P}{E} \qquad [S] = \frac{\mathrm{A}}{\mathrm{lx}} \qquad (20.8)$$

Sie ist proportional zur fotoempfindlichen Fläche der Fotodiode. Um große Fotoströme zu erhalten, benötigt man also eine große Diodenfläche. Bei Kurzschluss $U_D = 0$ wird $I_{ges} = -I_P$; dann ist der ganze Fotostrom von außen messbar. Bei offenen Anschlüssen fließt der Fotostrom ganz durch die Diode und bewirkt die Spannung:

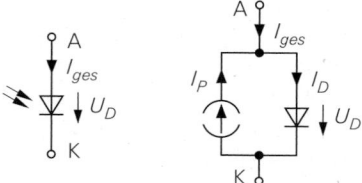

Abb. 20.11.
Schaltsymbol und Modell einer Fotodiode

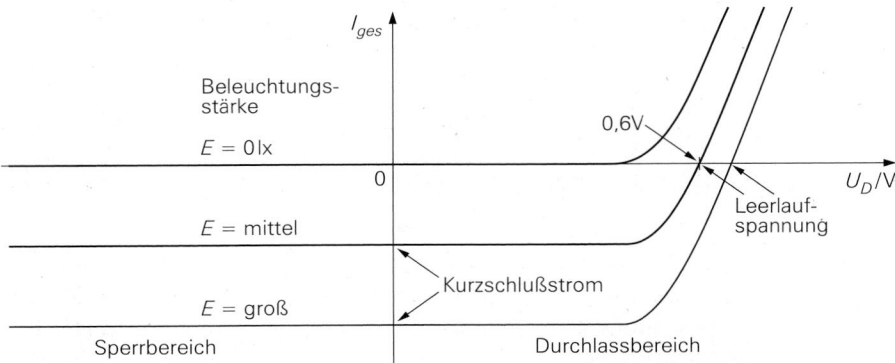

Abb. 20.12. Kennlinie einer Si-Fotodiode für verschiedene Beleuchtungsstärken

$$U_D = U_T \ln \frac{I_P}{I_S} = U_T \ln \frac{S}{I_S} E \qquad (20.9)$$

Die Leerlaufspannung hängt nur von der Beleuchtungsstärke ab, da der Sperrstrom I_S genau wie S proportional zu Fläche der Diode ist. Gleichung (20.9) ist für Belichtungsmesser nützlich, da man die Beleuchtungsstärke wegen der Logarithmierung über viele Zehnerpotenzen messen kann. Die Spannung U_D steigt hier - wie bei jeder Diode - um $U_T \ln 10 = 60\,\text{mV}$ wenn sich die Beleuchtungsstärke verzehnfacht.

20.3.1 Fotozellen als Empfänger

Fotodioden eignen sich zur Messung der Beleuchtungsstärke. In Abb. 20.13 wird die Fotodiode im Kurzschluss $U_D = 0$ betrieben. Der Fotostrom bewirkt am Gegenkopplungswiderstand den Spannungsabfall $U_a = I_P \cdot R_N$. Bei der Schaltung in Abb. 20.14 wird die Fotodiode im Leerlauf betrieben. Sie logarithmiert aus diesem Grund den Fotostrom mit der internen Diodenkennlinie. Die Spannung gemäß (20.9) wird mit dem Operationsverstärker belastungsfrei verstärkt.

Der Fotoempfänger in Abb. 20.13 eignet sich zur Erfassung von Signalen bis zum MHz Bereich. Für höhere Frequenzen wie sie bei der Nachrichtenübertragung mit Glasfasern auftreten ist die Schaltung in Abb. 20.15 besser geeignet. Hier wird die Sperrschichtkapazität der Fotodiode durch Betrieb im Sperrbereich gemäß (1.12) auf Seite 19 reduziert. Der Fotostrom wird im Vergleich zum Betrieb bei 0V nicht verändert wie man in Abb. 20.12

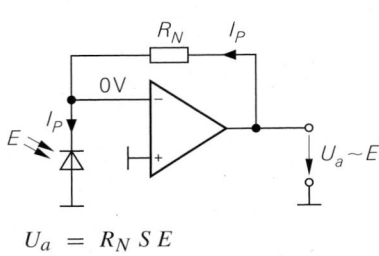

$$U_a = R_N S E$$

Abb. 20.13.
Fotoempfänger mit linearem Ausgang

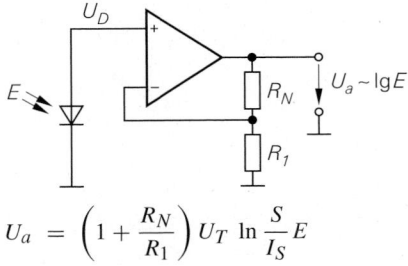

$$U_a = \left(1 + \frac{R_N}{R_1}\right) U_T \ln \frac{S}{I_S} E$$

Abb. 20.14.
Fotoempfänger mit logarithmischem Ausgang

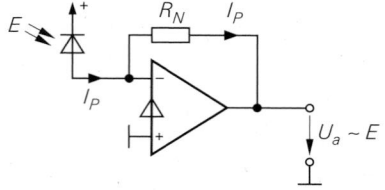

Abb. 20.15.
Fotoempfänger für hohe Frequenzen für Glasfaser-Kommunikation

sieht. Vorteilhat ist es, Transimpedanzverstärker einzusetzen, da sie von Hause aus am invertierenden Eingang einen niedrigen Eingangswiderstand besitzen (siehe Seite 587). Bei konventionellen VV-Operationsverstärkern in Abb. 20.13 ergibt sich ein niedriger Eingangswiderstand nur durch die Gegenkopplung solange die Schleifenverstärkung hoch ist. Mit dem Prinzip in Abb. 20.15 lassen sich mit handelsüblichen Bauteilen Bandbreiten im Gigahertzbereich und damit Datenraten von 10 Gbit/s erreichen.

20.3.2 Fotozellen zur Energiegewinnung

Wenn es darum geht, eine möglichst große elektrische Leistung zu gewinnen, sind die beiden Grenzfälle Leerlauf und Kurzschluss uninteressant, da in beiden Fällen $P = U \cdot I = 0$ ist. Die maximale Leistung gibt es in einem Punkt dazwischen, dem *MPP-Punkt* (Maximum Power Point). Der Verlauf der erhältlichen Leistung ist in Abb. 20.16 eingezeichnet. Die Lage des MPP-Punkts hängt von der Beleuchtungsstärke ab. Daher muss man ihn ständig neu ermitteln und den angeschlossenen Umrichter nachregeln, um maximale Leistung zu erhalten. Bei der größten auftretenden Beleuchtungsstärke von $E = 1000 \, \text{W/m}^2$ kann man bei 20% Wirkungsgrad mit einem Solarpanel mit 1 m² Fläche eine elektrische Leistung von $P = 200 \, \text{W}$ erzeugen.

Die Ausgangsspannung von Solarzellen lässt sich nur in seltenen Fällen direkt nutzen; bestenfalls zur Ladung von Akkus. Im Normalfall muss man eine Wechselspannung mit einem Effektivwert von 230 V erzeugen bei einer Frequenz von 50 Hz, um damit handelsübliche Geräte zu betreiben oder die Energie ins Lichtnetz einzuspeisen. Eine weitere Forderung ist, dass ein Solarwechselrichter selbsttätig den MPP-Punkt aufsucht und sich darauf adaptiert. Die Schaltungstechnik der Solarwechselrichter wird in Kapitel 12.34 auf Seite 816 beschrieben.

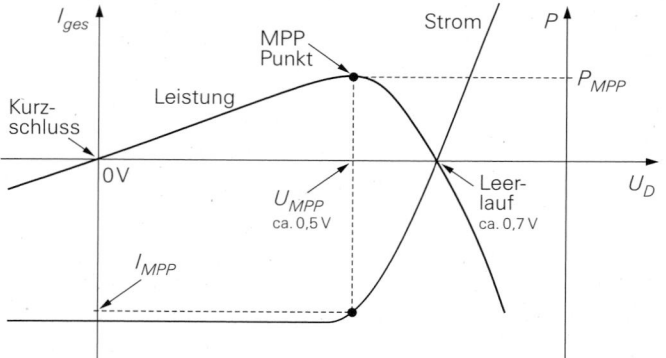

Abb. 20.16. Strom- und Leistungsverlauf einer Solarzelle. Maximum Power Point (MPP) P_{MPP} mit zugehörigem Strom I_{MPP} und Spannung U_{MPP}

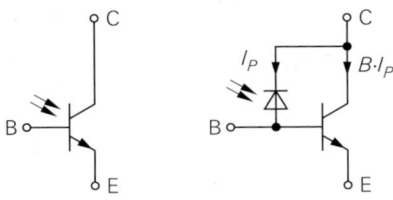

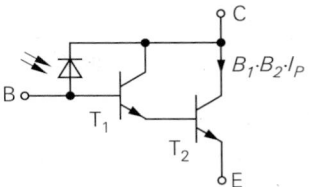

Abb. 20.17.
Schaltsymbol und Modell eines Fototransistors

Abb. 20.18.
Ersatzschaltbild eines Darlington-
Fototransistors

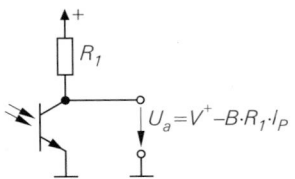

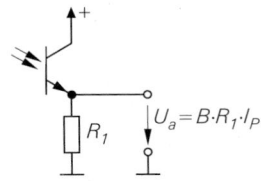

Abb. 20.19.
Fototransistor in Emitterschaltung

Abb. 20.20.
Fototransistor in Kollektorschaltung

20.4 Fototransistor

Bei einem Fototransistor ist die Kollektor-Basis-Strecke als Fotodiode ausgebildet.
Abb. 20.17 zeigt sein Schaltsymbol, und sein Ersatzschaltbild. Die Wirkungsweise des
Fototransistors lässt sich leicht anhand des Ersatzschaltbildes verstehen: Der Strom durch
die Fotodiode bewirkt einen Basisstrom der mit dem Transistor verstärkt wird. Ob es
günstiger ist, die Basis anzuschließen oder offen zu lassen, hängt ganz von der jeweiligen
Schaltung ab. Bei offener Basis wird der ganze Fotostrom verstärkt; der Transistor ist
dann aber langsam, weil die Basisladung nur über die Basis abfließen kann. Wenn man die
Basisladung über einen Basis-Emitter-Widerstand ableitet, wird der Fototransistor zwar
schneller, dafür sinkt aber die Stromverstärkung. Mitunter wird der Basisanschluss von
Fototransistoren nicht herausgeführt; dann spricht man von Fotoduodioden.

Um eine besonders hohe Stromverstärkung zu erzielen kann man Darlington-Foto-
transistoren verwenden. Das Ersatzschaltbild ist in Abb. 20.18 dargestellt. Hier wird der
Fotostrom von beiden Transistoren verstärkt. Allerdings sind sie sogar noch langsamer als
die normalen Fototransistoren. Wenn es auf hohe Frequenzen ankommt sind Fototransistoren ungeeignet; dann muss man sich mit den kleinen Strömen von Fotodioden begnügen
und zur Verstärkung einen Operationsverstärker gemäß Abb. 20.15 einsetzen.

Die einfachsten Fotoempfänger bestehen aus einem Fototransistor und einem Arbeitswiderstand. In Abb. 20.19 arbeitet der Fototransistor in Emitterschaltung. Hier sinkt die
Ausgangsspannung bei Beleuchtung; bei der Schaltung in Abb. 20.20 steigt sie.

20.5 Optokoppler

Optokoppler sind Bausteine, die das Licht von einem optischen Sender zu einem Empfänger übertragen. Sie werden eingesetzt, um Nachrichten auf ein beliebiges Potential
zu übertragen. Sie arbeiten meist im Infrarot-Bereich, weil dort der Wirkungsgrad der
Leuchtdioden und die Empfindlichkeit der Fotodioden besonders hoch ist. Als Empfän-

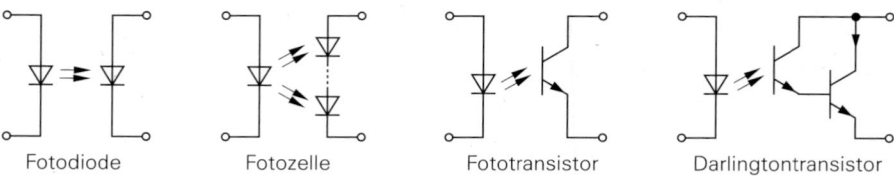

Fotodiode   Fotozelle   Fototransistor   Darlingtontransistor

Abb. 20.21. Optokoppler mit verschiedenen Empfängern

Empfänger	Übersetzungs-verhältnis $\alpha = I_a/I_e$	Grenz-frequenz
Fotodiode	ca. 0,1%	10 MHz
Fotozelle	ca. 1%	
Fototransistor	10... 100%	300 kHz
Foto-Darlington-Transistor	100...1000%	30 kHz

Abb. 20.22. Gegenüberstellung von Optokopplern

ger kommen je nach Anwendung verschiedene Ausführungsformen zum Einsatz die in Abb. 20.21 gegenüber gestellt sind:

- Bei einer Fotodiode als Empfänge ergibt sich die größte Bandbreite, aber der kleinste Ausgangsstrom.
- Mitunter wird der Fotoempfänger auch als Fotozelle zur Energiegewinnung ausgeführt. Damit lässt sich etwas Energie erzeugen, um eine Schaltung auf hochliegendem Potential zu betreiben. Ein Beispiel ist der VO1263 von Vishay der ca. 1 mW liefert.
- Fototransistoren erreichen als Empfänger ein Stromübersetzungsverhältnis bis zu 100%; d.h. der Strom durch den Fototransistor ist genauso groß wie der durch die Fotodiode.
- Darlingtontransistoren liefern das größte Übersetzungsverhältnis, aber auch die geringste Bandbreite.

Ein wichtiges Merkmal eines Optokopplers ist das Übersetzungsverhältnis $\alpha = I_a/I_e$. Es wird im wesentlichen von den Eigenschaften des Empfängers bestimmt. Typische Werte sind in Abb. 20.22 zusammengestellt. Optokoppler eignen sich sowohl zur Übertragung digitaler als auch analoger Signale. Für die Anwendung als Sensoren werden Optokoppler auch als Gabellichtschranken bzw. Reflexionslichtschranken ausgeführt (siehe Kapitel 19.4 auf Seite 1106).

20.6 Optische Anzeige

20.6.1 Flüssigkristallanzeigen

Neben den bereits in Abschnitt 20.2 beschriebenen Leuchtdioden werden Flüssigkristall-anzeigen (Liquid Cristal Display LCD) zur optischen Anzeige verwendet. Sie werden in Bildschirmen von Handys, Computern und Fernsehgeräten eingesetzt. Der Aufbau einer LCD-Zelle ist in Abb. 20.23 schematisch dargestellt. Das Kernstück ist eine ca. $10\,\mu$m dicke Flüssigkristall-Schicht, die zwischen zwei transparenten Elektroden liegt. Wenn man keine Spannung anlegt, $U_F = 0$ dreht die Flüssigkristall-Schicht die Polarisationsebene des durchtretenden Lichts um 90°. Wenn man eine Wechselspannung anlegt, wird sie nicht gedreht. Dieser Effekt lässt sich als Schalter für Licht einsetzen, indem man zwei senkrecht stehende Polarisationsfilter verwendet. Das Licht kann nur dann durchtreten, wenn es von dem Flüssigkristall um 90° gedreht wird.

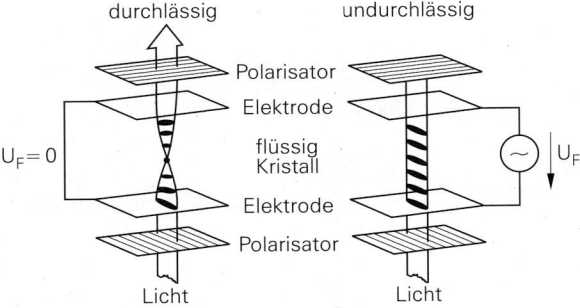

durchlässig   undurchlässig

Abb. 20.23.
Funktionsweise von Flüssigkristallanzeigen. Links: Polarisationsebene wird gedreht.
Rechts: Polarisationsebene
wird nicht gedreht

Im Unterschied zu den Leuchtdioden erzeugen LCDs selbst kein Licht, sondern sind auf Fremdbeleuchtung angewiesen. Bei der transmissiven Betriebsweise in Abb. 20.23 wird die Anzeige von hinten beleuchtet z.B. mit Leuchtdioden. Bei der reflektiven Betriebsweise wird Tageslicht, das von oben kommt an einer Reflektorfolie auf der Rückseite reflektiert.

Eine LCD-Zelle verhält sich wie ein Kondensator. Zur Ansteuerung verwendet man Wechselspannungen mit einer Frequenz, die so hoch ist, dass kein Flimmern auftritt. Andererseits wählt man die Frequenz nicht unnötig hoch, damit der durch den Kondensator fließende Wechselstrom klein bleibt. Praktische Werte liegen zwischen 30 und 100 Hz. Der ansteuernden Wechselspannung darf keine Gleichspannung überlagert sein, da schon bei 50 mV elektrolytische Vorgänge einsetzen, die die Lebensdauer reduzieren. Da die Kapazität eines Flüssigkristallelements nur ca. 1 nF/cm^2 beträgt, liegen die zur Ansteuerung erforderlichen Ströme deutlich unter 1 μA. Dieser extrem niedrige Stromverbrauch stellt bei Beleuchtung mit Tageslicht einen Vorteil gegenüber Leuchtdioden dar.

Wie der Kontrast von dem Effektivwert der angelegten Wechselspannungsamplitude abhängt, ist in Abb. 20.24 dargestellt. Bei Wechselspannungen unter $U_{\text{aus eff}} \approx 1,5\,\text{V}$ ist die Anzeige praktisch unsichtbar; bei Spannungen über $U_{\text{ein eff}} \approx 2,5\,\text{V}$ ergibt sich maximaler Kontrast.

20.6.2 Binär-Anzeige

Leuchtdioden benötigen bei Tageslicht zur guten Sichtbarkeit einen Durchlassstrom von 1…10 mA. Diese Ströme lassen sich am einfachsten mit Gattern wie in Abb. 20.25 und 20.26 bereitstellen. In Abb. 20.25 leuchtet die Leuchtdiode, wenn am Gatterausgang ein H-Pegel auftritt, am Eingang also ein L-Pegel anliegt. In Abb. 20.26 ist es umgekehrt. Die Strombegrenzung erfolgt jeweils über die gatterinternen Widerstände. Wegen der relativ hohen Belastung durch die Leuchtdioden besitzen die Gatterausgänge keine spezifizierten

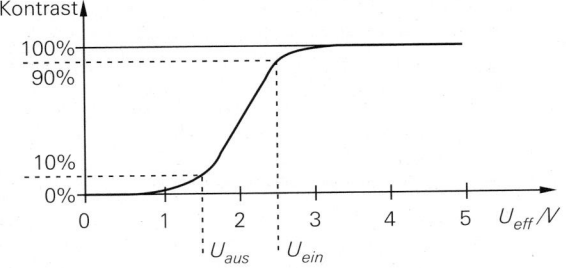

Abb. 20.24.
Abhängigkeit des Kontrastes
vom Effektivwert der angelegten Wechselspannung. Werte
als Beispiel.

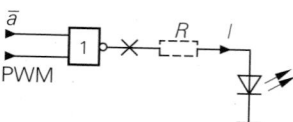

Abb. 20.25.
Anzeige mit LED an Masse

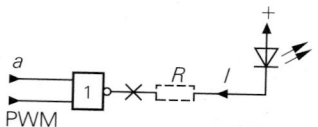

Abb. 20.26.
Anzeige mit LED an der Betriebsspannung

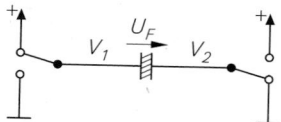

Abb. 20.27.
Prinzip einer gleichspannungsfreien
Ansteuerung

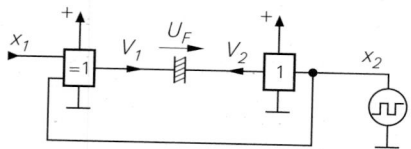

Abb. 20.28.
Praktische Realisierung der LCD-Ansteuerung

Spannungspegel und dürfen daher nicht als Logiksignale weiterverwendet werden. Im Schaltplan wird dies durch das Kreuz am Gatterausgang angedeutet.

Zur Steuerung der Intensität kann man auch den PWM-Eingang verwenden, an den man eine rechteckförmige Wechselspannung anlegt. Mit deren Tastverhältnis lässt sich dann der mittlere Diodenstrom bis auf Null reduzieren. Damit dabei kein Flimmern sichtbar wird, sollte die Frequenz mindestens 100 Hz betragen.

Zur Ansteuerung von LCD-Anzeigen muss man eine Wechselspannung erzeugen, deren Effektivwert ausreichend hoch ist, und deren Mittelwert Null ist. Dafür steht in der Regel lediglich eine positive Betriebsspannung zur Verfügung. Diese Forderungen lassen sich am einfachsten dadurch realisieren, dass man die Anzeige wie in Abb. 20.27 zwischen zwei Schaltern anschließt, die entweder gleichphasig oder gegenphasig zwischen Masse und Betriebsspannung V^+ hin und her geschaltet werden. Bei gleichphasigem Betrieb ist $U_F = 0$, bei gegenphasigem Betrieb ist $U_{F\,\text{eff}} = V^+$. Dies wird durch das Zeitdiagramm in Abb. 20.29 veranschaulicht.

Die praktische Realisierung ist in Abb. 20.28 dargestellt. Wenn die Steuervariable $x_1 = 0$ ist, arbeitet das EXOR-Gatter nichtinvertierend; dann sind V_1 und V_2 gleichphasig im Takt des Taktgenerators und die Spannung an der LCD-Zelle ist Null. Wenn $x_1 = 1$ ist,

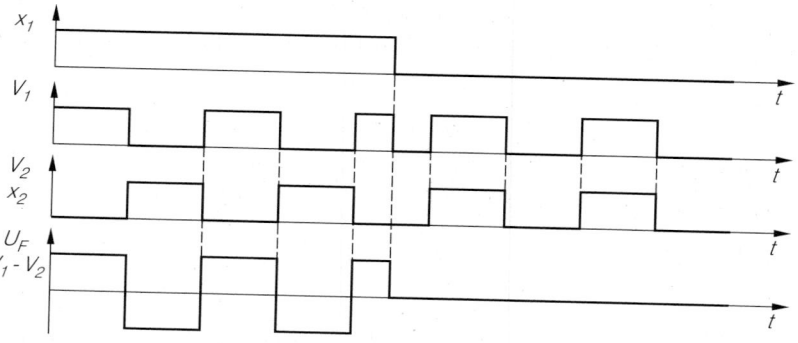

Abb. 20.29. Spannungsverlauf bei ein- bzw. ausgeschalteter Flüssigkristallanzeige

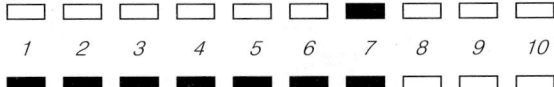

Abb. 20.30.
Leuchtpunkt (oben) und
Leuchtband (unten)

invertiert das EXOR-Gatter dann erhält die Anzeige gegenphasige Signale. CMOS-Gatter sind hier am besten geeignet, da ihre Ausgangspegel bei der rein kapazitiven Belastung nur wenige Millivolt von der Betriebsspannung bzw. dem Nullpotential abweichen. Außerdem kommt nur bei dem Einsatz von CMOS-Gattern der niedrige Stromverbrauch der Flüssigkristallanzeigen zur Geltung. Der Effektivwert der Spannung an der Anzeige ist gleich der Betriebsspannung, da $U_F = \pm U_b$ beträgt.

20.6.3 Analog-Anzeige

Eine quasi-analoge Anzeige lässt sich dadurch erreichen, dass man eine Vielzahl von Anzeigeelementen in einer Reihe anordnet. Dabei ergibt sich eine *Leuchtpunkt*-Anzeige, wenn man jeweils nur das Element einschaltet, das dem Anzeigewert zugeordnet ist. Eine *Leuchtband*-Anzeige erhält man, wenn man auch alle niedrigeren Anzeigeelemente einschaltet. In Abb. 20.30 sind diese beiden Alternativen gegenübergestellt.

Als Anzeige-Treiber setzt man heutzutage keine primitiven Schaltungen wie 1-aus-n-Decoder mehr ein sondern Mikrocontroller. Das stellt nicht nur die flexibelste Lösung dar, sondern meist auch die kostengünstigste. Ein Beispiel für eine Leuchtpunkt-Leuchtbandanzeige ist in Abb. 20.31 dargestellt. Die Leuchtdioden werden an einem Port angeschlossen, die analogen oder digitalen Eingangssignale an einem weiteren Port. Mit einem weiteren Eingang könnte man z.B. zwischen Leuchtpunkt- und Leuchtbandanzeige umschalten. Geeignet sind alle einfachen 8 bit Mikrocontroller wie sie von Microchip, Atmel und vielen weiteren Herstellern angeboten werden. Ob man Widerstände zur Strombegrenzung benötigt, hängt von der Betriebsspannung und der Belastbarkeit der Port-Ausgänge ab.

Bei dem Leuchtband in Abb. 20.30 benötigt man für jede Leuchtdiode einen Port-Pin des Mikrocontrollers. Die erforderliche Anzahl der Pins lässt sich durch Zeitmultiplex reduzieren. Besonders effizient ist das *Charlieplexing* (= Cross-Plexing), eine Methode, die nach dem Erfinder, Charlie Allen, benannt wird. Sie beruht darauf, dass man 2 Leuchtdioden über zwei Leitungen getrennt voneinander ansteuern kann, wenn man sie - wie

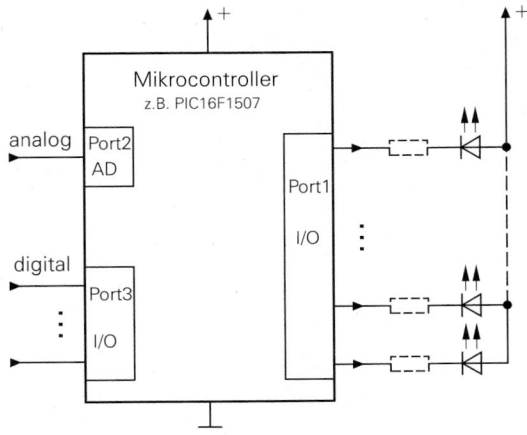

Abb. 20.31.
Mikrocontroller zu Ansteuerung
von Leuchtpunkt und Leuchtband

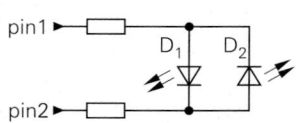

pins	ohne	Multiplex	Charlieplex
p	$n = p$	n	$n = p(p-1)$
2	2	1	2
3	3	2	6
4	4	4	12
5	5	6	20

Abb. 20.32.
Charlieplexing Prinzip

Abb. 20.33.
Zahl der benötigten Port-Anschlüsse p
Zahl der Leuchtdioden n

in Abb. 20.32 dargestellt - antiparallel schaltet. Wenn man pin1 = 1 und pin2 = 0 macht, leuchtet D1, bei umgekehrter Polung D2. Wenn man einen pin hochohmig macht, indem man ihn auf Eingang oder auf hochohmig schaltet, leuchtet keine Leuchtdiode.

Dieses Prinzip lässt sich auf mehrere pins erweitern. In Abb. 20.33 ist angegeben, wie viele Leuchtdioden sich jeweils anschließen lassen im Vergleich zum konventionellen Multiplex-Verfahren. Man sieht, dass das Multiplexverfahren bei geringen Leuchtdiodenzahlen keinen Vorteil gegenüber dem direkten Anschluss in Abb. 20.31 besitzt. Charlieplexing bietet dagegen eine beachtliche Einsparung von pins.

Das Beispiel in Abb. 20.34 zeigt wie man mit 3 Pins 6 LEDs ansteuern kann. Das Prinzip besteht darin, dass an jedem Pin ein LED-Paar gemäß Abb. 20.32 angeschlossen wird, das zu allen anderen Pins führt. Zur Ansteuerung wird jeweils nur eine einzige Diode ausgewählt indem man an ihre Anode eine 1 (Betriebsspannung) und an ihre Katode eine 0 (Masse) anlegt. Die übrigen Pins werden auf Z (hochohmig = Tri-State oder Eingang) geschaltet. Die resultierende Wahrheitstafel in Abb. 20.35 lässt sich direkt an der Schaltung verifizieren.

Die Funktionsweise von Charlieplexing setzt voraus, dass man jedem Pin eines Mikrocontroller-Ports 3 Zustände zuweisen kann: high, low und hochohmig. Das ist zwar bei den meisten Mikrocontrollern möglich, jedoch nicht wenn man externe Treiber benötigt. Da der Strom eines Port-Anschlusses meist 20 mA nicht übersteigen darf, kann man bei 20 LEDs lediglich einen mittleren Strom von 1 mA erreichen.

20.6.4 Numerische Anzeige

Die einfachste Möglichkeit zur Darstellung der Zahlen von 0 ... 9 besteht darin, sieben Anzeigeelemente wie in Abb. 20.36 zu einer *Siebensegment-Anzeige* zusammenzufügen. Je nachdem, welche Kombination der Segmente a ... g eingeschaltet wird, lassen sich damit alle Ziffern darstellen und zusätzlich noch die Buchstaben A ... F. Allerdings müssen die

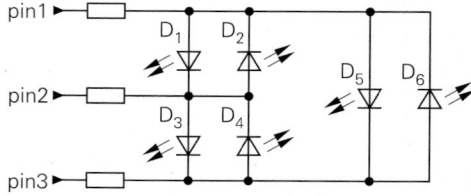

LED	pin1	pin2	pin3
D1	1	0	Z
D2	0	1	Z
D3	Z	1	0
D4	Z	0	1
D5	1	Z	0
D6	0	Z	1

Abb. 20.34.
Charlieplexing für 6 LEDs

Abb. 20.35.
Wahrheitstafel für Charlieplexing.
Z = hochohmig

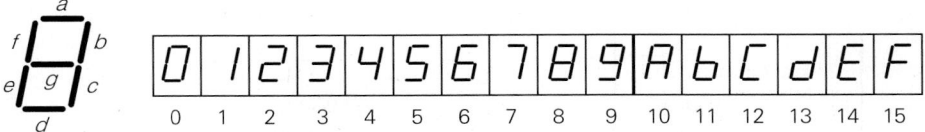

Abb. 20.36. Symbole der Siebensegment-Anzeige

Ziffer	BCD-Eingang				Sieben-Segment-Ausgang						
Z	2^3	2^2	2^1	2^0	a	b	c	d	e	f	g
0	0	0	0	0	1	1	1	1	1	1	0
1	0	0	0	1	0	1	1	0	0	0	0
2	0	0	1	0	1	1	0	1	1	0	1
3	0	0	1	1	1	1	1	1	0	0	1
4	0	1	0	0	0	1	1	0	0	1	1
5	0	1	0	1	1	0	1	1	0	1	1
6	0	1	1	0	1	0	1	1	1	1	1
7	0	1	1	1	1	1	1	0	0	0	0
8	1	0	0	0	1	1	1	1	1	1	1
9	1	0	0	1	1	1	1	1	0	1	1
10	1	0	1	0	1	1	1	0	1	1	1
11	1	0	1	1	0	0	1	1	1	1	1
12	1	1	0	0	1	0	0	1	1	1	0
13	1	1	0	1	0	1	1	1	1	0	1
14	1	1	1	0	1	0	0	1	1	1	1
15	1	1	1	1	1	0	0	0	1	1	1

Abb. 20.37. Wahrheitstafel für einen BCD-Siebensegment-Decoder
und Erweiterung zum Hexadezimal-Decoder

Zahlen 11 bzw. 13 als Kleinbuchstaben b bzw. d dargestellt werden, weil man sie sonst nicht von der 8 bzw. 0 unterscheiden könnte. Abbildung 20.37 zeigt die Wahrheitstafel.

Zur Ansteuerung einer Siebensegment-Anzeige muss man bei jeder Ziffer, die üblicherweise dual kodiert vorliegt (Binär Codiert Dezimal BCD), die zugehörige Kombination von Segmenten einschalten. Dafür hat man früher spezielle Siebensegment-Decoder eingesetzt gemäß Abb. 20.38 bzw. 20.39. Heute schließt an die Anzeigen an dem Port eines

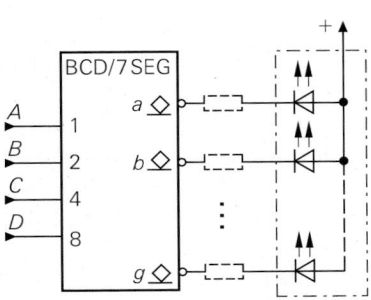

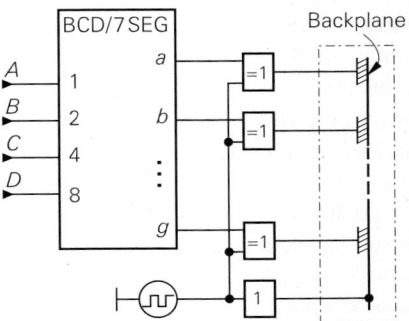

Abb. 20.38.
Anschluss einer LED-Anzeige an einem
Siebensegment-Decoder

Abb. 20.39.
Anschluss einer Flüssigkristallanzeige an einem
Siebensegment-Decoder

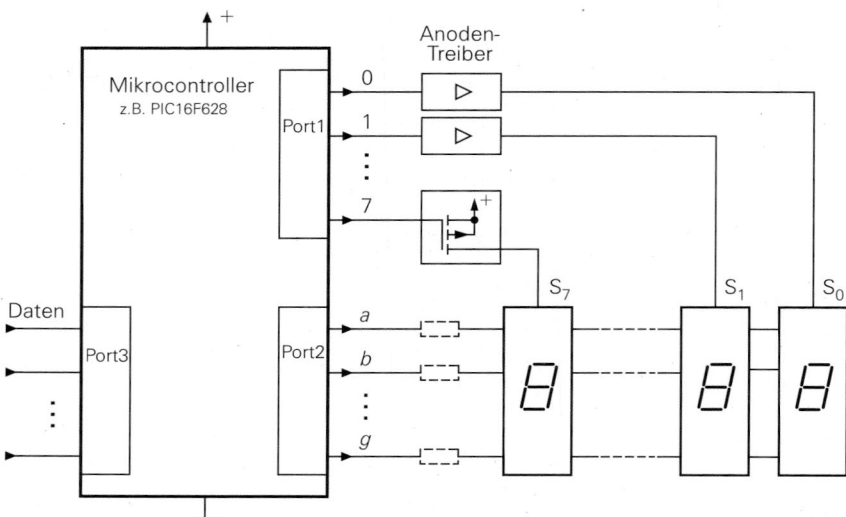

Abb. 20.40. Anschluss einer 8stelligen Multiplexanzeige an einen Mikrocontroller für Anzeigen mit gemeinsamer Anode

Mikrocontrollers an und realisiert den Decoder per Software. Dabei bildet man nicht eine Schaltung mit Gattern nach, sondern speichert die Wahrheitstafel und kopiert die jeweils benötigte Zeile in das Portregister.

20.6.5 Multiplex Anzeige

Bei der numerischen Anzeige benötigt man in der Regel mehrere Ziffern. Um die Zahl der benötigten Treiber und Leitungen klein zu halten, ist es jedoch bei mehrstelligen Anzeigen zweckmäßig, sie als Matrix zu verbinden und im Zeitmultiplex zu betreiben. Eine 8-stelligen 7-Segment-LED-Multiplexanzeige ist in Abb. 20.40 als Beispiel dargestellt. Die entsprechenden Segmente aller Anzeigen werden parallel geschaltet. Damit nicht die gleichen Segmente aller Stellen gleichzeitig leuchten, schaltet man jeweils nur eine Stelle ein und wählt im Zeitmultiplex eine Stelle nach der anderen aus. Dann kann man über einen zweiten Port des Mikrocontrollers jeweils die benötigten Segmente der betreffenden Stelle einschalten. Zum Betrieb einer 8stelligen 7-Segment-Anzeige benötigt man also lediglich 15 Leitungen. Für die Dateneingabe wurde hier ein weiterer Port des Mikrocontrollers vorgesehen.

Durch eine Multiplexanzeige wird der Strombedarf der ganzen LED-Anzeige nicht verändert. Der erforderliche Strom muss jedoch in diesem Fall von einer reduzierten Anzahl von Port-Anschlüssen bereitgestellt werden. Deshalb muss man die Vorwiderstände entsprechend dimensionieren und die Belastbarkeit der Ports im Auge behalten. Ein Beispiel soll dieses Problem verdeutlichen. Der Strom durch ein Segment soll bei kontinuierlichem Stromfluss 2 mA betragen. Da eine Stelle der Anzeige nur für 1/8 der Zeit eingeschaltet ist, muss hier der 8-fache Strom fließen, also 16 mA, um dieselbe Intensität wie bei kontinuierlichem Betrieb zu erhalten. Wenn alle Segmente einer Stelle angezeigt werden sollen, fließt in der gemeinsamen Anodenleitung der 7-fache Segmentstrom; das sind 112 mA. Derart große Ströme kann ein Port eines Mikrocontrollers nicht liefern. Deshalb benötigt man zusätzliche Anodentreiber. Die einfachste Realisierung besteht im Einsatz von

Anoden

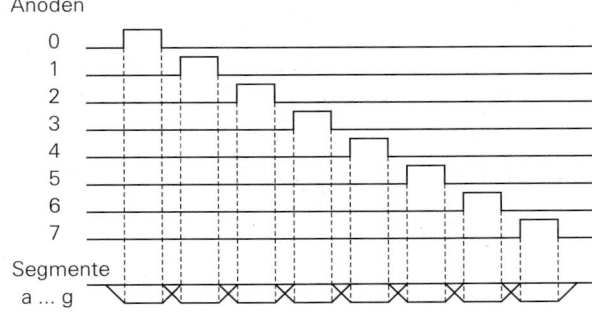

Abb. 20.41.
Zeitverlauf der Anoden- und
Segmentsignale

p-Kanal Mosfets wie in Abb. 20.40. Wegen der niedrigen Betriebsspannung benötigt man Mosfets mit geringer Schwellenspannung, die als logic-level-Mosfets bezeichnet werden.

Der Multiplex-Betrieb wird vom Mikrocontroller durchgeführt. Dazu aktiviert man eine Stelle nach der anderen und schaltet die zugehörigen Segmente ein. Der zeitliche Verlauf ist in Abb. 20.41 dargestellt. Zuerst werden die Segmente Stelle S_0 aktiviert indem man an die Segmente $a \dots g$, die leuchten sollen, über Port2 eine 0 ausgibt. Dann wird die zugehörige Anode auf high-Potential gelegt indem man an dem pin0 von Port1 (wegen der invertierenden Anodentreiber) eine 0 ausgibt. Diese Ausgabe wird für die übrigen Stelle wiederholt. Damit sich eine flimmerfreie Anzeige ergibt, sollte der ganze Anzeigezyklus mindestens 100 mal in der Sekunde durchlaufen werden. Wenn der Mikrocontroller längere Zeit für andere Aufgaben benötigt wird kann die Anzeige flackern. Um das zu verhindern, kann man mit einem Timer periodisch einen Interrupt für die das Anzeigeprogramm auslösen.

20.6.6 Alpha-Numerische Anzeige

Mit Siebensegment-Anzeigen lassen sich außer Zahlen nur wenige Buchstaben darstellen. Zur Anzeige des ganzen Alphabets benötigt man eine größere Auflösung. Sie lässt sich durch den Einsatz von 16-Segment-Anzeigen bzw. 35-Punkt-Matrizen erzielen.

20.6.6.1 16-Segment-Anzeigen

Die Anordnung der Segmente einer 16-Segment-Anzeige ist in Abb. 20.42 dargestellt. Gegenüber der Siebensegment-Anzeige in Abb. 20.36 sind die Segmente a, d und g in zwei Teile aufgeteilt und die Segmente h bis m hinzugefügt. Damit lässt sich der in Abb. 20.43 dargestellte Zeichensatz erzeugen. Man beschränkt sich meist auf 64 Zeichen, die die Großbuchstaben, die Ziffern und die wichtigsten Sonderzeichen enthalten.

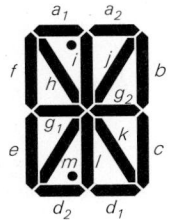

Abb. 20.42.
16-Segment-Anzeige. Die beiden zusätzlichen Punkte werden nicht als Segmente gezählt.

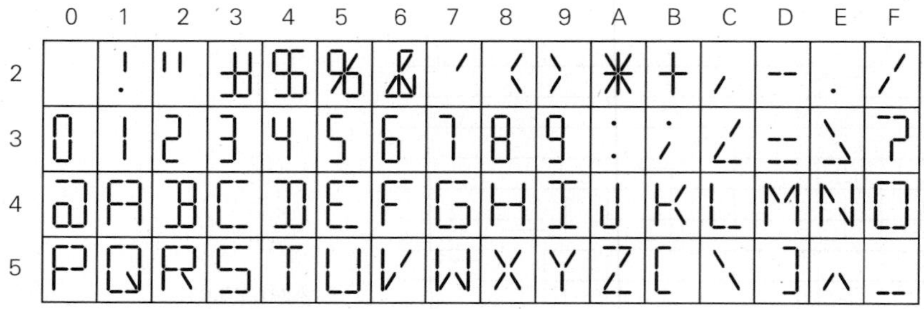

	0	1	2	3	4	5	6	7	8	9	A	B	C	D	E	F
2		!	"	#	$	%	&	'	(	)	✳	+	,	--	.	/
3	0	1	2	3	4	5	6	7	8	9	:	;	<	=	>	?
4	@	A	B	C	D	E	F	G	H	I	J	K	L	M	N	O
5	P	Q	R	S	T	U	V	W	X	Y	Z	[	\	]	^	_

Abb. 20.43. Gebräuchlicher Zeichensatz einer 16-Segment-Anzeige. Beispiel K $\widehat{=}$ 4B$_{Hex}$ = 75$_{Dez}$

20.6.6.2 35-Punktmatrix-Anzeigen

Eine bessere Auflösung als mit 16 Segmenten erhält man, wenn man eine Punktmatrix mit 5×7 Punkten verwendet, wie sie in Abb. 20.44 dargestellt ist. Damit lassen sich praktisch alle denkbaren Zeichen approximieren. So lassen sich – wie Abb. 20.46 zeigt – alle 96 ASCII-Zeichen und 32 weitere Sonderzeichen darstellen.

Wegen der Vielzahl der entstehenden Leitungen wird jedoch bei den Matrix-Anzeigen nicht von jedem Element ein Anschluss herausgeführt, sondern sie werden auch elektrisch als Matrix verbunden. Dies ist in Abb. 20.45 am Beispiel von Leuchtdioden dargestellt. Dadurch ergeben sich nur 12 äußere Anschlüsse. Allerdings ist es dadurch unmöglich, alle erforderlichen Elemente gleichzeitig einzuschalten. Man betreibt die Anzeige deshalb im Zeitmultiplex, indem man Zeile für Zeile (Zeile = row = r) selektiert und dabei jeweils die gewünschte Kombination von Anzeigeelementen (Spalte = column = c) einschaltet. Wenn man die Weiterschaltung genügend schnell vornimmt, bekommt der Betrachter den Eindruck, dass alle angesteuerten Punkte gleichzeitig aktiv sind. Bei einer Zyklusfrequenz über 100 Hz ist die Anzeige für das menschliche Auge praktisch flimmerfrei.

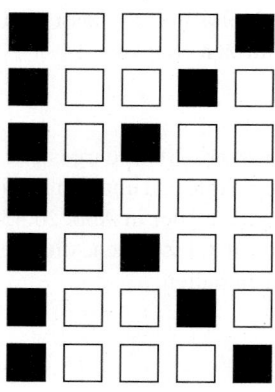

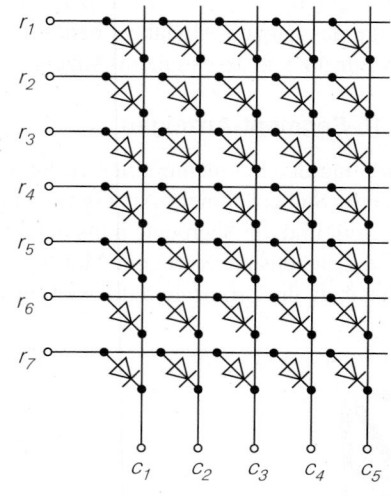

Abb. 20.44.
Anordnung der Punkte in einer 35-Punkt-Matrix in 7 Zeilen zu je 5 Spalten

Abb. 20.45.
Matrixförmige Verbindung der Anzeigeelemente am Beispiel von Leuchtdioden

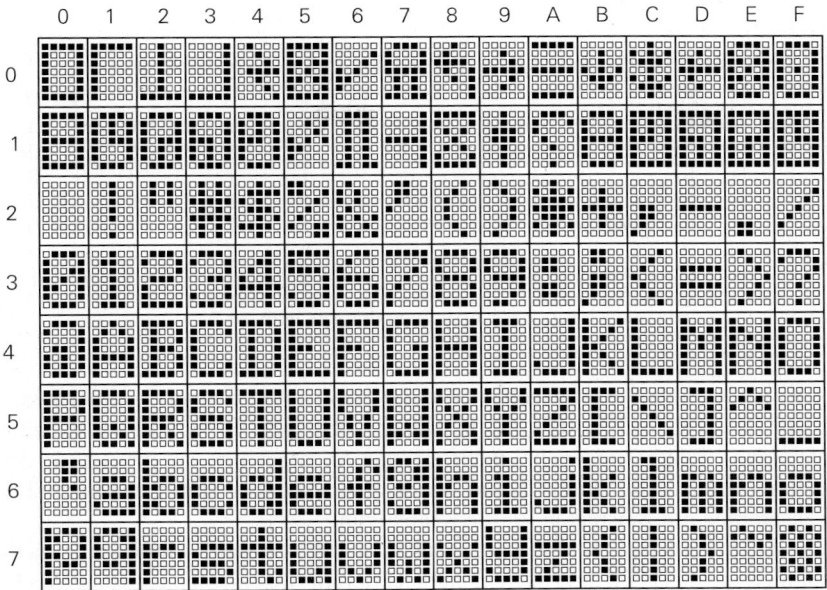

Abb. 20.46. Beispiel für einen ASCII-Zeichengenerator . Beispiel K $\widehat{=}$ 4B$_{\text{Hex}}$ = 75$_{\text{Dez}}$

Zur Ansteuerung von 35-Punkt-Matrizen setzt man auch hier einen Mikrocontroller ein. In dem Beispiel in Abb. 20.47 wird über Port1 jeweils eine Zeile aktiviert und gleichzeitig über Port2 die zugehörigen Spalten. Die ASCII-Zeichen-Tabelle in Abb. 20.46 wird im Mikrocontroller gespeichert und mit dem gewünschten Symbol und der gerade ausgewählten Zeile adressiert. Daraus lässt sich dann das benötigte Muster für die entsprechende

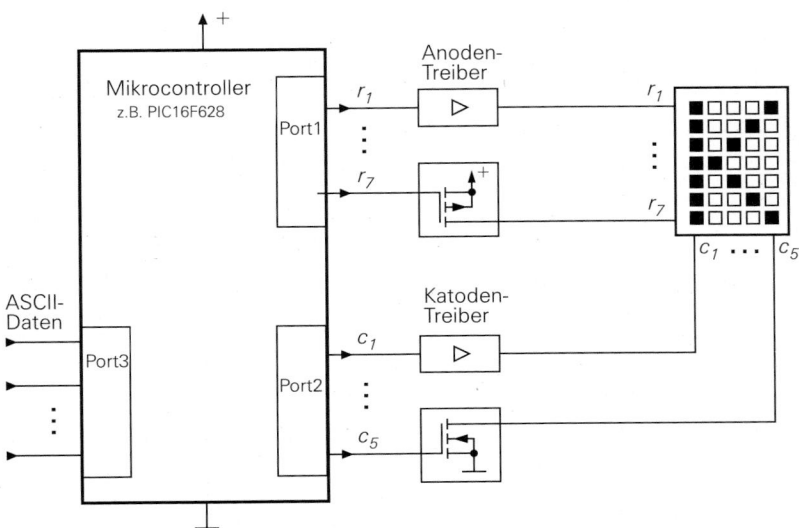

Abb. 20.47. Multiplexanzeige für Leuchtdioden-Matrizen mit 5 × 7 Elementen

Zeilen-nummer	ROM-Adresse										ROM-Inhalt				
	ASCII- K $\widehat{=}$ 4B$_{Hex}$							Zeile			Spaltencode				
r	a_9	a_8	a_7	a_6	a_5	a_4	a_3	a_2	a_1	a_0	c_1	c_2	c_3	c_4	c_5
1	1	0	0	1	0	1	1	0	0	1	1	0	0	0	1
2	1	0	0	1	0	1	1	0	1	0	1	0	0	1	0
3	1	0	0	1	0	1	1	0	1	1	1	0	1	0	0
4	1	0	0	1	0	1	1	1	0	0	1	1	0	0	0
5	1	0	0	1	0	1	1	1	0	1	1	0	1	0	0
6	1	0	0	1	0	1	1	1	1	0	1	0	0	1	0
7	1	0	0	1	0	1	1	1	1	1	1	0	0	0	1

Abb. 20.48. Inhalt des Zeichengenerators zur Darstellung des Zeichens „K"

Zeile auslesen und über den Port2 ausgeben. Wie der Inhalt des Zeichengenerators ausse-hen muss, ist am Beispiel des Zeichens „K" in Abb. 20.48 dargestellt. Wegen der Vielzahl der Matrixelemente reicht besonders bei mehrstelligen Anzeigen der Ausgangsstrom der Portanschlüsse nicht aus. Aus diesen Grund wurden hier Anoden- und Kathodentreiber vorgesehen zusammen mit Beispielen für die Realisierung.

Die Multiplex-Ansteuerung von Flüssigkristallanzeigen ist etwas komplizierter, da es sich dabei nicht vermeiden lässt, dass auch nicht-selektierten Anzeigeelemente eine Wech-selspannung erhalten. Zur Ansteuerung solcher Flüssigkristall-Matrizen verwendet man daher *drei* Spannungspegel (außer Masse), um zu erreichen, dass die selektierten Seg-mente eine ausreichend große und die übrigen eine hinreichend kleine Wechselspannung erhalten. Diese spezielle Art der Multiplex-Technik wird als Triplex-Verfahren bezeichnet.

Teil III

Schaltungen der Nachrichtentechnik

Kapitel 21:
Grundlagen

21.1 Nachrichtentechnische Systeme

Nachrichtentechnische Systeme sind heute genauso selbstverständlich in unser Alltagsleben integriert wie die elektrische Energieversorgung. Dazu gehören neben dem analogen Telefon als klassisches leitungsgebundenes System und dem analogen Rundfunk und Fernsehen als klassische drahtlose Systeme in zunehmendem Masse moderne Systeme wie ISDN-Telefone, schnurlose und Mobiltelefone, Rundfunk- und Fernsehempfang über Breitband-Kabelnetze oder Satellitenempfang, PC-Modems, drahtlose PC-Mäuse und -Tastaturen, drahtlose Garagentoröffner sowie die in den Autoschlüssel integrierten Fernentriegler, und vieles mehr. Darüber hinaus entstehen durch die Kopplung verschiedener Systeme und die Einführung spezieller Vermittlungsverfahren heterogene Systeme wie das Internet.

Wir bezeichnen ein Übertragungssystem genau dann als nachrichtentechnisches System, wenn eine *Modulation* zur Anpassung an den Übertragungskanal verwendet wird; in diesem Sinne ist die Nachrichtentechnik als Lehre von den *Modulationsverfahren* zu verstehen. Davon unterscheiden wir Übertragungssysteme ohne Modulation, z.B. die Verbindungssysteme der Computertechnik (V.24, SCSI, usw.), die lediglich spezielle Leitungen und Treiber zur direkten Übertragung der Signale über größere Entfernungen verwenden. Charakteristisch für ein Nachrichtenübertragungssystem ist demnach die Verwendung eines *Modulators* im Sender und eines zugehörigen *Demodulators* im Empfänger.

Abbildung 21.1 zeigt die Komponenten eines analogen und eines digitalen Nachrichtenübertragungssystems. Die abwärts durchlaufenen Komponenten bilden den *Sender*, die aufwärts durchlaufenen den *Empfänger*. Zwischen Sender und Empfänger fungiert der *Kanal* als Übertragungsmedium; dabei kann es sich um eine Leitung oder eine drahtlose Übertragungsstrecke mit Sende- und Empfangsantenne handeln.

Beim analogen System wird das zu übertragende Nutzsignal $s(t)$ direkt dem *analogen Modulator* zugeführt. Das Ausgangssignal des Modulators wird mit einem *Sendeverstärker* verstärkt und auf den Kanal gegeben. Die meisten analogen Modulatoren erzeugen bereits ein Signal mit der gewünschten Sendefrequenz; in diesem Fall besteht der Sendeverstärker nur aus einem oder mehreren in Reihe geschalteten Verstärkern. In einigen Fällen erzeugt der Modulator ein Signal auf einer Zwischenfrequenz, die im Sendeverstärker mit Hilfe eines Mischers auf die Sendefrequenz umgesetzt wird. Der Kanal bewirkt eine Dämpfung des Signals, die bei drahtlosen Übertragungsstrecken bis zu 150 dB betragen kann (z.B. Sendeleistung $1\,\mathrm{kW} = 10^3\,\mathrm{W} \rightarrow$ Empfangsleistung $1\,\mathrm{pW} = 10^{-12}\,\mathrm{W}$); dadurch liegt die Leistung des Signals im Extremfall nur noch wenig über der Leistung des unvermeidlichen thermischen Rauschens. Im Empfänger verstärkt ein *Empfangsverstärker* das Signal soweit, dass es dem Demodulator zugeführt werden kann; dabei muss eine Verstärkungsregelung eingesetzt werden, um den je nach Entfernung zum Sender stark unterschiedlichen Empfangspegel auf einen festen Pegel für den Demodulator anzuheben. Bei drahtlosen Systemen und leitungsgebundenen Systemen mit Mehrfachnutzung muss der Empfangsverstärker zusätzlich eine Frequenzselektion vornehmen, um das gewünschte Empfangssignal von den Signalen in benachbarten Frequenzbereichen zu trennen; dazu werden mehrere Filter sowie ein oder zwei Mischer zur Frequenzumsetzung eingesetzt.

© Springer-Verlag GmbH Deutschland, ein Teil von Springer Nature 2019
U. Tietze et al., *Halbleiter-Schaltungstechnik*

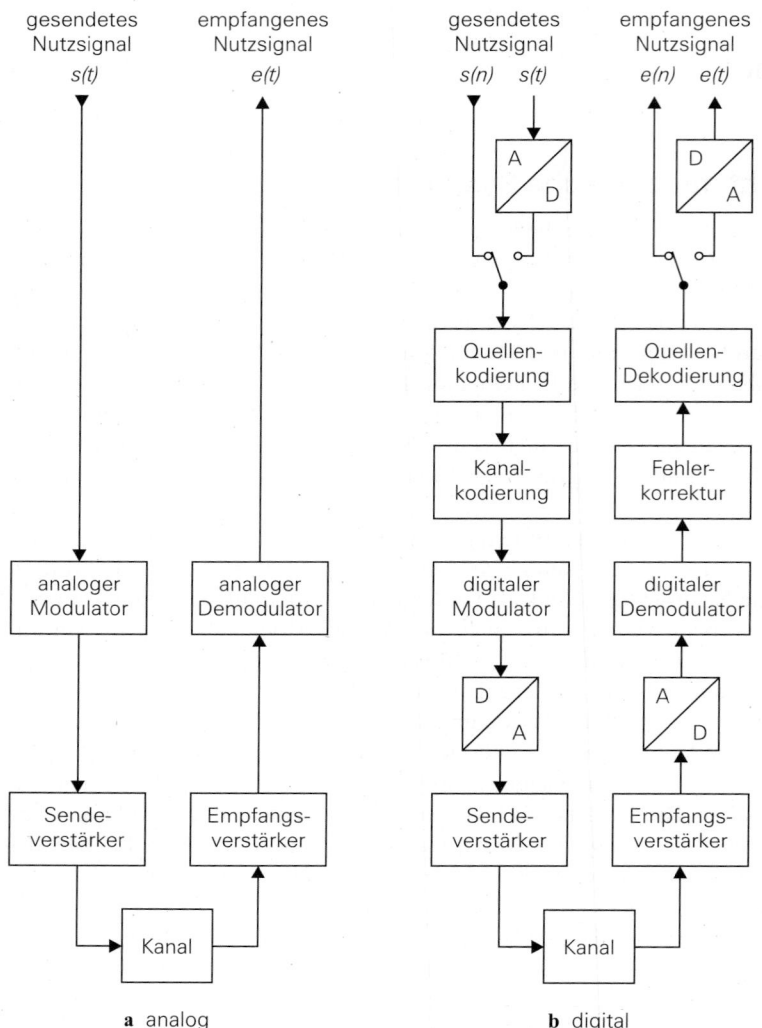

Abb. 21.1. Komponenten eines Nachrichtenübertragungssystems

Aus dem selektierten und pegelrichtig verstärkten Signal erzeugt der *analoge Demodulator* das empfangene Nutzsignal $e(t)$.

Das digitale System enthält alle Komponenten des analogen Systems; allerdings sind der Modulator und der Demodulator in diesem Fall digital realisiert und über D/A- bzw. A/D-Umsetzer mit den Verstärkern verbunden. Die Umsetzer werden gelegentlich als Bestandteil des Modulators bzw. Demodulators aufgefasst und nicht separat dargestellt; in diesem Fall besitzt der digitale Modulator einen digitalen Ein- und einen analogen Ausgang, der digitale Demodulator einen analogen Ein- und einen digitalen Ausgang. Diese, dem analogen System entsprechenden Komponenten bilden bereits ein einsatzfähiges System. Es wird ergänzt durch eine *Kanalkodierung* im Sender, die eine Redundanz in Form von Prüfbits, Kontrollsummen oder einer speziellen Kodierung einfügt; diese Redundanz

Eigenschaft	analog	digital
Schaltungsaufwand	gering	hoch
Bandbreitenausnutzung	schlecht	gut – sehr gut
Komplexität des Modulationsverfahrens	gering	hoch
erforderlicher Signal-Rausch-Abstand im Empfänger	hoch	gering
erforderliche Sendeleistung	hoch	gering
Übertragungsqualität:		
– bei geringem Signal-Rausch-Abstand	schlecht	sehr gut
– bei hohem Signal-Rausch-Abstand	gut	ideal
Genauigkeit arithmetischer Operationen	gering	hoch – ideal
Temperaturdrift	ja	nein
alterungsbedingte Drift	ja	nein
Abgleichaufwand bei der Herstellung	hoch	gering

Abb. 21.2. Eigenschaften analoger und digitaler Nachrichtenübertragungssysteme

wird zur *Fehlerkorrektur* im Empfänger verwendet. Darüber hinaus wird in einigen Systemen eine *Quellenkodierung* und *Quellen-Dekodierung* eingesetzt, um die zu übertragende Datenmenge zu reduzieren. Die Quellenkodierung ist im allgemeinen nicht verlustfrei, d.h. bei der Dekodierung wird das Signal nicht exakt rekonstruiert; die Quellenkodierung stützt sich vielmehr auf physiologische Erkenntnisse, nach denen bestimmte Anteile in Sprach- oder Bildsignalen vom Menschen nicht wahrgenommen werden. Auf dieser Ebene wird das digitale Signal $s(n)$ gesendet und das Signal $e(n)$ empfangen. Zur Übertragung von analogen Signalen werden zusätzliche Umsetzer im Sender und Empfänger benötigt; das ist z.B. bei digitalen Telefonen der Fall, bei denen das gesendete Nutzsignal $s(t)$ von einem Mikrofon stammt und das empfangene Nutzsignal $e(t)$ auf einen Lautsprecher ausgegeben wird.

Ein analoges System besitzt weniger Komponenten, die zudem in vielen Fällen einfacher aufgebaut sind als die entsprechenden Komponenten eines digitalen Systems. Es hat jedoch den Nachteil, dass Rauschen und andere Störungen, die bei der Übertragung hinzugefügt werden, nicht mehr vom Signal getrennt werden können; deshalb nimmt der Signal-Rausch-Abstand vor allem bei einer Übertragung über mehrere Teilstrecken stark ab. Darüber hinaus nutzen die analogen Modulationsverfahren die zur Verfügung stehende Bandbreite nur schlecht aus und benötigen einen relativ hohen Signal-Rausch-Abstand am Empfängereingang, um eine gute Übertragungsqualität zu erzielen.

In digitalen Systemen werden komplexe Modulationsverfahren mit einer erheblich besseren Ausnutzung der Bandbreite verwendet. Rauschen und andere Störungen werden durch eine Schwellwert-Entscheidung im Demodulator vollständig entfernt, solange sie eine bestimmte Amplitude nicht überschreiten. Wird diese Amplitude überschritten, wird zwar zunächst eine Fehlentscheidung getroffen, diese kann jedoch durch die Fehlerkorrektur korrigiert werden, solange die Wahrscheinlichkeit von Fehlentscheidungen unter einer bestimmten Grenze bleibt. Deshalb ermöglichen digitale Systeme bereits bei einem geringen Signal-Rausch-Abstand am Empfängereingang eine nahezu ideale Übertragung. Die bessere Ausnutzung der Bandbreite durch den Einsatz komplexer Modulationsverfahren ist ebenfalls sehr wichtig, da die anhaltende Einführung neuer Systeme eine zunehmende Verknappung der Sendefrequenzen zur Folge hat.

Abbildung 21.2 zeigt einen Vergleich der wichtigsten Eigenschaften analoger und digitaler Systeme; dabei sind auch die *üblichen* Vorteile digitaler Systeme wie fehlende

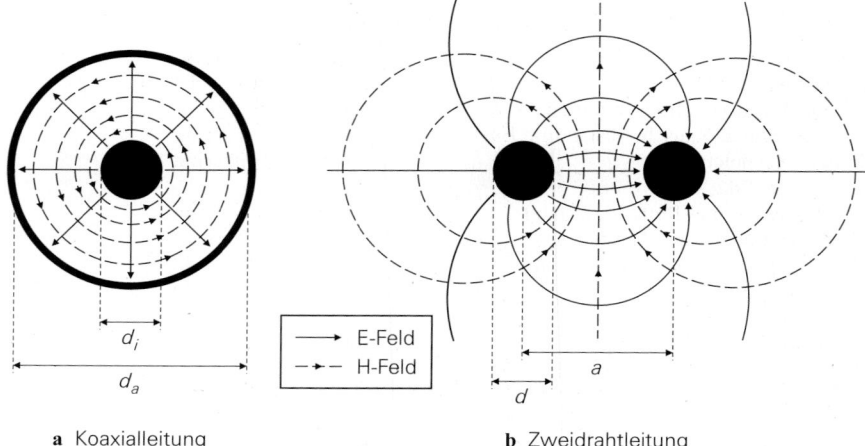

a Koaxialleitung   **b** Zweidrahtleitung

Abb. 21.3. Querschnitt und Feldlinien von Leitungen zur Nachrichtenübertragung

Drift und geringer Abgleichaufwand enthalten. Die Eigenschaften sind zum Teil redundant; so ist die bessere Ausnutzung der Bandbreite bei digitalen Systemen ein Folge der höheren Komplexität des Modulationsverfahrens und der geringere erforderliche Signal-Rausch-Abstand im Empfänger erlaubt eine Reduktion der Sendeleistung.

21.2 Übertragungskanäle

Wir behandeln die Übertragungskanäle in der Reihenfolge ihrer großtechnischen Nutzung: *Leitung*, *drahtlose Verbindung* und *faseroptische Verbindung*. Trotz der Unterschiede im Aufbau und der Beschreibung ist allen Kanälen eines gemein: die Übertragung erfolgt mit Hilfe elektromagnetischer Wellen.

21.2.1 Leitung

Für die Nachrichtenübertragung werden überwiegend die *Koaxialleitung* und die *Zwei-drahtleitung* eingesetzt; Abb. 21.3 zeigt einen Querschnitt dieser Leitungen mit den Feld-linien der E- und H-Felder sowie den charakteristischen Abmessungen. Die Koaxialleitung ist eine *abgeschirmte Leitung*, da die Felder auf den Raum zwischen Innen- und Außen-leiter begrenzt sind; eine Beeinflussung benachbarter Komponenten ist dadurch ausge-schlossen [1]. Im Gegensatz dazu kann das Signal einer *ungeschirmten* Zweidrahtleitung durch kapazitive (E-Feld) oder induktive (H-Feld) Kopplung in benachbarte Komponen-ten oder parallel liegende ungeschirmte Leitungen eingekoppelt werden; man nennt dies *Übersprechen*.

Bei einer Koaxialleitung ist der Raum zwischen Innen- und Außenleiter mit einem Di-elektrikum gefüllt, um die Leiter zu zentrieren; üblicherweise wird Teflon ($\epsilon_r = 2{,}05$) oder Polystyrol ($\epsilon_r = 2{,}5$) verwendet. Die Leiter der Zweidrahtleitung besitzen jeweils einen Mantel aus Polyäthylen; sie werden entweder verdrillt oder durch einen Steg verbunden.

---

[1] Bei vielen praktischen Koaxialleitungen ist der Außenleiter nicht ideal *dicht*, so dass auch außer-halb der Leitung schwache Felder vorhanden sind.

21.2.1.1 Feldwellenwiderstand und Ausbreitungsgeschwindigkeit

Das Verhältnis von E-Feldstärke und H-Feldstärke einer fortschreitenden elektromagnetischen Welle ist durch den *Feldwellenwiderstand* Z_F gegeben; aus den Maxwell'schen Gleichungen folgt [21.1]:

$$Z_F = \frac{|E|}{|H|} = \sqrt{\frac{\mu_0 \mu_r}{\epsilon_0 \epsilon_r}} = 120\pi \, \Omega \sqrt{\frac{\mu_r}{\epsilon_r}} \stackrel{\mu_r=1}{=} \frac{120\pi \, \Omega}{\sqrt{\epsilon_r}} = \frac{377 \, \Omega}{\sqrt{\epsilon_r}}$$

Man kann $\mu_r = 1$ setzen, da bei Leitungen im allgemeinen keine magnetischen Stoffe eingesetzt werden. Für die *Ausbreitungsgeschwindigkeit* gilt

$$v = \frac{c_0}{\sqrt{\epsilon_r \mu_r}} \stackrel{\mu_r=1}{=} \frac{c_0}{\sqrt{\epsilon_r}} \tag{21.1}$$

mit der Freiraum-Lichtgeschwindigkeit $c_0 = 3 \cdot 10^8 \, \text{m/s}$. Sie beträgt für die üblichen Dielektrika mit $\epsilon_r \approx 2 \ldots 2{,}5$ etwa $2 \cdot 10^8 \, \text{m/s}$, d.h. 2/3 der Lichtgeschwindigkeit.

21.2.1.2 Leitungswellenwiderstand

Das Verhältnis von Spannung und Strom einer fortschreitenden Welle ist durch den *Leitungswellenwiderstand* Z_W gegeben. Er wird berechnet, indem man durch Integration entlang einer E-Feldlinie vom Leiter 1 zum Leiter 2 die Spannung und durch Integration entlang einer H-Feldlinie den Strom bestimmt [21.1]:

$$U = \int_1^2 E \, dr \quad, \quad I = \oint H \, dr$$

Daraus folgt:

$$Z_W = \frac{U}{I} = Z_F k_g = Z_F \cdot \begin{cases} \dfrac{1}{2\pi} \ln \dfrac{d_a}{d_i} & \text{Koaxialleitung} \\[2ex] \dfrac{1}{\pi} \ln \left(\dfrac{a}{d} + \sqrt{\left(\dfrac{a}{d}\right)^2 - 1} \right) & \text{Zweidrahtleitung} \end{cases}$$

Der Leitungswellenwiderstand setzt sich demnach aus dem Feldwellenwiderstand und einem die Leitung beschreibenden *Geometriefaktor* k_G zusammen. Durch Einsetzen von Z_F erhält man:

$$Z_W = \begin{cases} \dfrac{60 \, \Omega}{\sqrt{\epsilon_r}} \ln \dfrac{d_a}{d_i} & \text{Koaxialleitung} \\[2ex] \dfrac{120 \, \Omega}{\sqrt{\epsilon_r}} \ln \left(\dfrac{a}{d} + \sqrt{\left(\dfrac{a}{d}\right)^2 - 1} \right) & \text{Zweidrahtleitung} \end{cases} \tag{21.2}$$

In der Praxis werden Koaxialleitungen mit $Z_W = 50 \, \Omega$ (z.B. $\epsilon_r = 2{,}05$, $d_i = 2{,}6 \, \text{mm}$, $d_a = 8{,}6 \, \text{mm}$) und $Z_W = 75 \, \Omega$ und verdrillte Zweidrahtleitungen mit $Z_W = 110 \, \Omega$ eingesetzt. Bei der Zweidrahtleitung ist die Berechnung von Z_W schwierig, da sich die Felder im Mantel ($\epsilon_r > 1$) und im Außenraum ($\epsilon_r = 1$) ausbreiten; deshalb muss man in (21.2) einen *effektiven* Wert für ϵ_r einsetzen, der nur durch Feldsimulation oder Messung bestimmt werden kann.

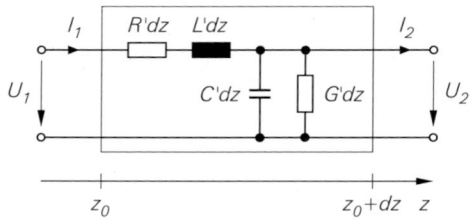

Abb. 21.4.
Ersatzschaltbild für ein kurzes Leistungs-
stück der Länge dz

Der Leitungswellenwiderstand ist kein ohmscher Widerstand und kann deshalb nicht mit einem Ohmmeter oder Impedanzmessgerät gemessen werden. Er beschreibt lediglich das Verhältnis zwischen der Spannung und dem Strom *einer* Welle. Wir werden noch sehen, dass im allgemeinen Fall zwei Wellen auf einer Leitung vorhanden sind: eine *vorlaufende Welle* mit $U_f = Z_W I_f$ und eine *rücklaufende Welle* mit $U_r = Z_W I_r$; daraus erhält man mit $U = U_f + U_r$ und $I = I_f - I_r$ die zwischen den Leitern messbare Spannung U und den durch die Leitung fließenden Strom I.

In der Praxis wird der Präfix *Leitung* meist weggelassen; man spricht dann nur vom *Wellenwiderstand*. Häufig werden auch die Formelzeichen Z_L oder Z_0 verwendet. Da der Wellenwiderstand auch komplex sein kann, wird er wie eine Impedanz mit Z bezeichnet; manchmal werden jedoch auch die Formelzeichen R_W, R_L oder R_0 verwendet.

21.2.1.3 Leitungsgleichung

Man kann ein kurzes Leitungsstück durch ein Ersatzschaltbild mit vier konzentrierten Bauelementen beschreiben, siehe Abb. 21.4; dabei werden vier *Leitungsbeläge* verwendet [21.1]:

- Der *Induktivitätsbelag* L' repräsentiert die im H-Feld gespeicherte Energie pro Längen- einheit. Die Einheit ist *Henry pro Meter*: $[L'] = \text{H/m}$.
- Der *Kapazitätsbelag* C' repräsentiert die im E-Feld gespeicherte Energie pro Längen- einheit. Die Einheit ist *Farad pro Meter*: $[C'] = \text{F/m}$.
- Der *Widerstandsbelag* R' berücksichtigt die ohmschen Verluste in den Leitern. Die Ein- heit ist *Ohm pro Meter*: $[R'] = \Omega/\text{m}$. Dieser Anteil entspricht bei niedrigen Frequenzen dem Gleichstromwiderstand der Leiter. Bei Frequenzen oberhalb etwa 10 kHz nimmt er aufgrund der Stromverdrängung (*Skin-Effekt*) proportional zur Wurzel aus der Frequenz zu: $R' \sim \sqrt{f}$; dadurch ergibt sich eine mit der Frequenz zunehmende Dämpfung.
- Der *Ableitungsbelag* G' berücksichtigt den Isolationsleitwert und die Polarisationsver- luste des Dielektrikums. Die Einheit ist *Siemens pro Meter*: $[G'] = \text{S/m}$. Der Isolations- leitwert ist im allgemeinen vernachlässigbar gering. Die Polarisationsverluste nehmen proportional zur Frequenz zu ($G' \sim f$), sind aber im technischen Anwendungsbereich dennoch meist kleiner als die ohmschen Verluste.

Aus Abb. 21.4 entnimmt man für die Spannungen und Ströme:

$$U_2 = U_1 - \left(R'dz + j\omega L'dz\right) I_1$$
$$I_2 = I_1 - \left(G'dz + j\omega C'dz\right) U_2$$

Durch Einsetzen von

$$U_2 = U_1 + dU \quad , \quad I_2 = I_1 + dI$$

und Dividieren durch dz mit anschließendem Grenzübergang

$$dz \rightarrow 0 \;, \quad U_1 \rightarrow U_2 = U \;, \quad I_1 \rightarrow I_2 = I$$

erhält man:

$$\frac{dU}{dz} = -\left(R' + j\omega L'\right) I \tag{21.3}$$

$$\frac{dI}{dz} = -\left(G' + j\omega C'\right) U \tag{21.4}$$

Daraus folgt durch Differenzieren von (21.3) nach z und Einsetzen von (21.4) die *Leitungsgleichung*:

$$\frac{d^2 U}{dz^2} = \left(R' + j\omega L'\right)\left(G' + j\omega C'\right) U = \gamma_L^2 U \tag{21.5}$$

Sie hat die allgemeine Lösung

$$U(z) = U_f\, e^{-\gamma_L z} + U_r\, e^{\gamma_L z} \tag{21.6}$$

mit der *Ausbreitungskonstante*:

$$\gamma_L = \sqrt{\left(R' + j\omega L'\right)\left(G' + j\omega C'\right)} \tag{21.7}$$

Bei verlustarmen Leitungen gilt bereits bei Frequenzen im unteren kHz-Bereich $j\omega L' \gg R'$ und $j\omega C' \gg G'$; daraus folgt für die Ausbreitungskonstante [21.1]

$$\gamma_L \approx \underbrace{\frac{R'}{2}\sqrt{\frac{C'}{L'}} + \frac{G'}{2}\sqrt{\frac{L'}{C'}}}_{\alpha_L} + j\,\underbrace{\omega\sqrt{L'C'}}_{\beta_L} \tag{21.8}$$

mit der *Dämpfungskonstante* α_L und der *Phasenkonstante* β_L. Bei einer verlustfreien Leitung ($R' = G' = 0$) wird die Dämpfungskonstante zu Null.

Zur Veranschaulichung bilden wir die Zeitfunktion:

$$u(t,z) = \mathrm{Re}\left\{U(z)\,e^{j\omega t}\right\} \overset{(21.6)}{=} \mathrm{Re}\left\{U_f\, e^{j\omega t - \gamma_L z} + U_r\, e^{j\omega t + \gamma_L z}\right\}$$

$$= \underbrace{|U_f|\, e^{-\alpha_L z}\cos\left(\omega t - \beta_L z + \varphi_f\right)}_{\text{vorlaufende Welle}} + \underbrace{|U_r|\, e^{\alpha_L z}\cos\left(\omega t + \beta_L z + \varphi_r\right)}_{\text{rücklaufende Welle}}$$

$$= u_f(t,z) + u_r(t,z)$$

Sie setzt sich aus einer *vorlaufenden Welle* $u_f(t,z)$ und einer *rücklaufenden Welle* $u_r(t,z)$ zusammen. Abbildung 21.5 zeigt diese Wellen zu einem Zeitpunkt t_0 und eine Viertel-Periodendauer später. Man erkennt die gegenläufige Ausbreitung und die zunehmende Dämpfung in Ausbreitungsrichtung. Die *Ausbreitungsgeschwindigkeit* v erhält man aus der Betrachtung eines Maximums der Cosinus-Funktion; für die vorlaufende Welle gilt:

$$\omega t - \beta_L z + \varphi_f = 0 \Rightarrow \boxed{\; v = \frac{dz}{dt} = \frac{\omega}{\beta_L} = \frac{1}{\sqrt{L'C'}} \;} \tag{21.9}$$

Für die rücklaufende Welle enthält man eine betragsmäßig gleiche, jedoch negative Ausbreitungsgeschwindigkeit; auch darin zeigt sich die gegenläufige Ausbreitung der beiden

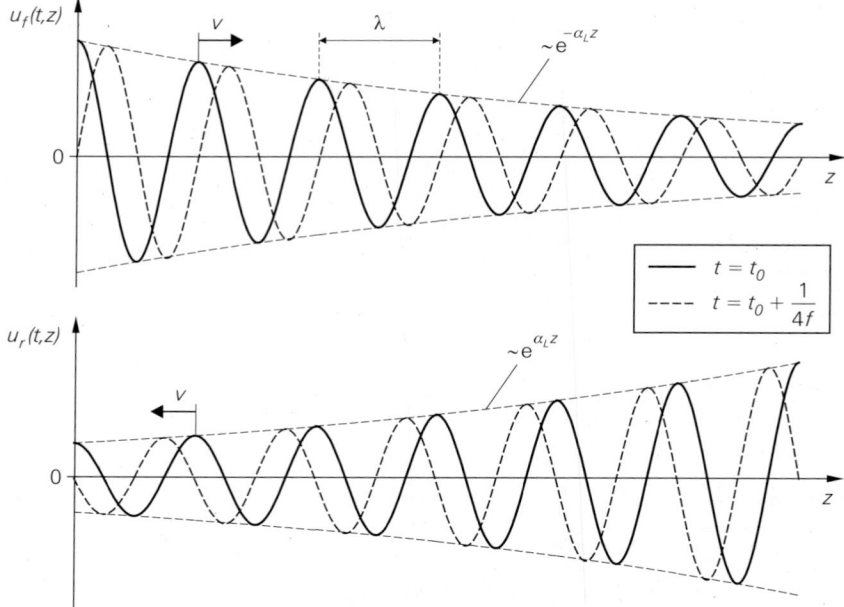

Abb. 21.5. Vorlaufende (oben) und rücklaufende (unten) Welle auf einer Leitung zu einem Zeitpunkt t_0 und eine Viertel-Periodendauer später

Wellen. Die *Wellenlänge* λ entspricht dem Abstand von zwei benachbarten Maxima; dazu muss der ortsabhängige Teil des Arguments der Cosinus-Funktion den Bereich 2π durchlaufen:

$$\beta_L \lambda = 2\pi \Rightarrow \boxed{\lambda = \frac{2\pi}{\beta_L} = \frac{1}{f\sqrt{L'C'}} = \frac{v}{f}} \tag{21.10}$$

Zur Berechnung des Stroms I auf der Leitung lösen wir (21.3) nach I auf und setzen U aus (21.6) ein:

$$I = -\frac{1}{R' + j\omega L'}\frac{dU}{dz} = -\frac{1}{R' + j\omega L'}\left(-\gamma_L U_f\, e^{-\gamma_L z} + \gamma_L U_r\, e^{\gamma_L z}\right)$$

$$= \sqrt{\frac{G' + j\omega C'}{R' + jwL'}}\left(U_f\, e^{-\gamma_L z} - U_r\, e^{\gamma_L z}\right)$$

Mit dem *Leitungswellenwiderstand*

$$Z_W = \sqrt{\frac{R' + jwL'}{G' + j\omega C'}} \tag{21.11}$$

gilt:

$$I = \frac{U_f}{Z_W}e^{-\gamma_L z} - \frac{U_r}{Z_W}e^{\gamma_L z} = I_f\, e^{-\gamma_L z} - I_r\, e^{\gamma_L z} \tag{21.12}$$

Auch hier erhält man eine vorlaufende und eine rücklaufende Welle, die in diesem Fall aber subtrahiert werden. Die Stromwellen sind über den Leitungswellenwiderstand mit den entsprechenden Spannungswellen gekoppelt; diesen Zusammenhang haben wir bereits im vorangehenden Abschnitt beschrieben.

Die Spannungen U_f und U_r sowie die Ströme I_f und I_r der vorlaufenden und rücklaufenden Welle sind nicht direkt messbar, da auf der Leitung immer die Überlagerung der beiden Wellen vorliegt; messbar sind demnach nur U und I. Zur Messung der Wellen muss man einen Richtkoppler verwenden [21.1].

Bei verlustarmen Leitungen kann man den Einfluss von R' und G' auf den Leitungswellenwiderstand vernachlässigen; dann gilt:

$$\boxed{Z_W \approx \sqrt{\frac{L'}{C'}}} \tag{21.13}$$

Für verlustfreie Leitungen gilt dieser Zusammenhang exakt.

Im vorangehenden Abschnitt haben wir den Leitungswellenwiderstand für spezielle Leitungen unter Verwendung des Geometriefaktors k_G aus dem Feldwellenwiderstand berechnet. Diese Berechnung ist mit der Berechnung über die Leitungsbeläge identisch, da L' und C' ebenfalls Geometrie-Eigenschaften sind.

21.2.1.4 Dämpfung

Die Dämpfung einer Leitung wird durch den Widerstandsbelag $R' \sim \sqrt{f}$ und den Ableitungsbelag $G' \sim f$ verursacht; aus (21.8) und (21.13) folgt für die Dämpfungskonstante einer verlustarmen Leitung:

$$\alpha_L \approx \underbrace{\frac{R'}{2Z_W}}_{\sim\sqrt{f}} + \underbrace{\frac{G'Z_W}{2}}_{\sim f} \tag{21.14}$$

In der Praxis wird meist der *Dämpfungsbelag a'* in *Dezibel pro Meter* angegeben:

$$\boxed{a' = 20\,\text{dB/m} \cdot \log e^{\,(\alpha_L \cdot 1\,\text{m})} \overset{\alpha_L \ll 1/\text{m}}{\approx} 8{,}686\,\text{dB} \cdot \alpha_L} \tag{21.15}$$

Umgekehrt gilt:

$$\alpha_L \approx 0{,}115\,\text{m}^{-1} \cdot \frac{a'}{\text{dB/m}} \tag{21.16}$$

Die Frequenzabhängigkeit wird mit Hilfe von zwei Konstanten beschrieben:

$$\frac{a'}{\text{dB/m}} = k_1 \sqrt{\frac{f}{\text{MHz}}} + k_2 \frac{f}{\text{MHz}} \tag{21.17}$$

Abbildung 21.6 zeigt typische Werte für 50 Ω-Koaxialleitungen.

Für die Dämpfung a einer Leitung der Länge l gilt:

$$a = a'l$$

Abbildung 21.7 zeigt die Dämpfung in Abhängigkeit von der Länge und der Frequenz. Die Dämpfung einer Zweidrahtleitung ist um den Faktor $2 \ldots 5$ höher.

Typ	Beschreibung	D [mm]	ϵ_r	k_1	k_2	a' [dB/m] 10 MHz	10 GHz
RG-58C	Standard-Kabel, bis 1 GHz	5	2,05	0,015	$2,7 \cdot 10^{-4}$	0,047	(4,2)
UT-141C-LL	Festmantel-Kabel, bis 36 GHz	3,6	1,68	0,01	$8 \cdot 10^{-6}$	0,032	1,08
UT-070-LL	Festmantel-Kabel, bis 72 GHz	1,8	1,68	0,02	$8 \cdot 10^{-6}$	0,063	2,08

Abb. 21.6. Beispiele für die Parameter von 50 Ω-Koaxialleitungen

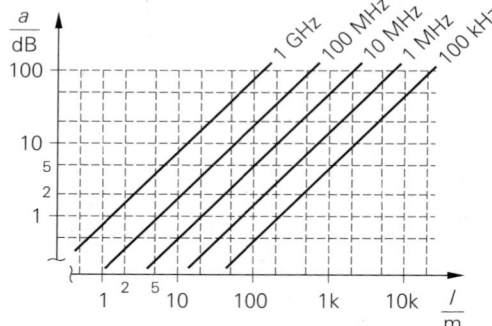

Abb. 21.7.
Dämpfung a einer 50 Ω-Koaxialleitung des Typs RG-58C mit der Länge l für verschiedene Frequenzen

21.2.1.5 Kenngrößen einer Leitung

Eine Leitung wird üblicherweise durch Angabe des Leitungswellenwiderstands Z_W, der Ausbreitungsgeschwindigkeit v und des Dämpfungsbelags a' spezifiziert. Anstelle der Ausbreitungsgeschwindigkeit kann auch die relative Dielektrizitätskonstante ϵ_r angegeben werden; daraus folgt mit (21.1) die Ausbreitungsgeschwindigkeit. Alternativ zu Z_W und v bzw. ϵ_r kann auch der Induktivitätsbelag L' und der Kapazitätsbelag C' angegeben werden; dies ist jedoch in der Praxis unüblich. Abbildung 21.8 enthält eine Übersicht über die Größen und die Zusammenhänge.

Leitungswellenwiderstand
$$Z_W = \sqrt{\frac{L'}{C'}}$$

Ausbreitungsgeschwindigkeit
$$v = \frac{1}{\sqrt{L'C'}} = \frac{c_0}{\sqrt{\epsilon_r}} = 3 \cdot 10^8 \frac{m}{s} \cdot \frac{1}{\sqrt{\epsilon_r}}$$

Induktivitätsbelag
$$L' = \frac{Z_W}{v}$$

Kapazitätsbelag
$$C' = \frac{1}{Z_W v}$$

Dämpfungskonstante
$$\alpha_L = 0,115 \, m^{-1} \cdot \frac{a'}{dB/m}$$

Phasenkonstante
$$\beta_L = \frac{\omega}{v} = \frac{2\pi f}{v} = \frac{2\pi}{\lambda} \quad \text{mit } \lambda = \frac{v}{f}$$

Ausbreitungskonstante
$$\gamma_L = \alpha_L + j\beta_L$$

Abb. 21.8. Kenngrößen einer Leitung

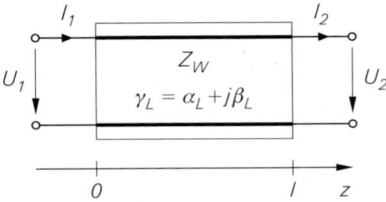

Abb. 21.9.
Vierpoldarstellung einer Leitung

21.2.1.6 Vierpoldarstellung einer Leitung

Abbildung 21.9 zeigt die Vierpoldarstellung einer Leitung der Länge l mit den zugehörigen Strömen und Spannungen. Wir stellen nun die Spannung U_1 mit der Ortskoordinate $z = 0$ und die Spannung U_2 mit der Ortskoordinate $z = l$ gemäß (21.6) als Summe einer vorlaufenden und einer rücklaufenden Welle dar:

$$U_1 = U_f + U_r \tag{21.18}$$

$$U_2 = U_f e^{-\gamma_L l} + U_r e^{\gamma_L l} \tag{21.19}$$

Für die Ströme gilt entsprechend:

$$I_1 = I_f - I_r = \frac{U_f}{Z_W} - \frac{U_r}{Z_W} \tag{21.20}$$

$$I_2 = I_f e^{-\gamma_L l} - I_r e^{\gamma_L l} = \frac{U_f}{Z_W} e^{-\gamma_L l} - \frac{U_r}{Z_W} e^{\gamma_L l} \tag{21.21}$$

Aus den Gleichungen (21.19) und (21.21) erhält man:

$$U_2 + Z_W I_2 = 2 U_f e^{-\gamma_L l} \quad , \quad U_2 - Z_W I_2 = 2 U_r e^{\gamma_L l} \tag{21.22}$$

Daraus folgt, dass die rücklaufende Welle durch die Beschaltung am Tor 2 bestimmt wird. Für $U_2 - Z_W I_2 = 0$, d.h. bei Beschaltung des Tors 2 mit einem Widerstand $R = Z_W = U_2/I_2$, existiert keine rücklaufende Welle; man nennt dies *Abschluss mit dem Wellenwiderstand*. Durch Auflösen von (21.22) nach U_f und U_r und Einsetzen in die Gleichungen (21.18) und (21.20) folgt:

$$U_1 = \frac{U_2}{2} \left(e^{\gamma_L l} + e^{-\gamma_L l} \right) + \frac{Z_W I_2}{2} \left(e^{\gamma_L l} - e^{-\gamma_L l} \right)$$

$$I_1 = \frac{U_2}{2 Z_W} \left(e^{\gamma_L l} - e^{-\gamma_L l} \right) + \frac{I_2}{2} \left(e^{\gamma_L l} + e^{-\gamma_L l} \right)$$

Mit

$$\cosh(\gamma_L l) = \frac{1}{2} \left(e^{\gamma_L l} + e^{-\gamma_L l} \right) \quad , \quad \sinh(\gamma_L l) = \frac{1}{2} \left(e^{\gamma_L l} - e^{-\gamma_L l} \right)$$

erhält man die *Vierpolgleichungen einer Leitung*:

$$\begin{bmatrix} U_1 \\ I_1 \end{bmatrix} = \begin{bmatrix} \cosh(\gamma_L l) & Z_W \sinh(\gamma_L l) \\ \dfrac{1}{Z_W} \sinh(\gamma_L l) & \cosh(\gamma_L l) \end{bmatrix} \begin{bmatrix} U_2 \\ I_2 \end{bmatrix} \tag{21.23}$$

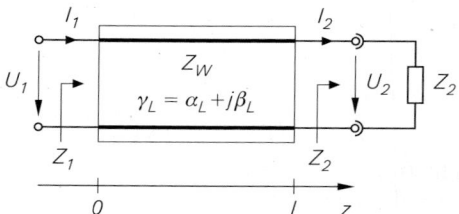

Abb. 21.10.
Leitung mit Abschluss

21.2.1.7 Leitung mit Abschluss

Wir betrachten nun eine Leitung mit einer Abschluss-Impedanz Z_2 und berechnen die Eingangsimpedanz Z_1, siehe Abb. 21.10; mit $U_2 = Z_2 I_2$ folgt aus (21.23):

$$Z_1 = \frac{U_1}{I_1} = \frac{Z_2 \cosh(\gamma_L l) + Z_W \sinh(\gamma_L l)}{\dfrac{Z_2}{Z_W} \sinh(\gamma_L l) + \cosh(\gamma_L l)} = \frac{Z_2 + Z_W \tanh(\gamma_L l)}{\dfrac{Z_2}{Z_W} \tanh(\gamma_L l) + 1} \tag{21.24}$$

Für eine verlustfreie Leitung ($\alpha_L = 0$) folgt mit

$$\gamma_L = j\beta_L = j\frac{2\pi}{\lambda}$$

und $\tanh(j\beta_L l) = j \tan(\beta_L l)$:

$$\boxed{Z_1 = \frac{Z_2 + j\,Z_W \tan\left(\dfrac{2\pi l}{\lambda}\right)}{1 + j\,\dfrac{Z_2}{Z_W} \tan\left(\dfrac{2\pi l}{\lambda}\right)}} \tag{21.25}$$

Die Gleichungen (21.24) und (21.25) zeigen, dass die Leitung eine Impedanztransformation $Z_2 \rightarrow Z_1$ bewirkt. Zur Veranschaulichung betrachten wir einige Spezialfälle:

- **Abschluss mit dem Wellenwiderstand:** Für $Z_2 = Z_W$ gilt $Z_1 = Z_2 = Z_W$, und zwar unabhängig von der Länge der Leitung. Wir haben im letzten Abschnitt bereits erwähnt, dass in diesem Fall keine rücklaufende Welle vorhanden ist. Der Abschluss mit dem Wellenwiderstand ist die bevorzugte Betriebsart bei Übertragungsleitungen, weil in diesem Fall eine optimale Leistungsübertragung von der Signalquelle zur Last stattfindet; wir gehen darauf im Abschnitt 21.3 noch näher ein.
- **Elektrisch kurze Leitung:** Wenn die Leitung sehr viel kürzer ist als die Wellenlänge λ, kann man die tanh- bzw. tan-Terme vernachlässigen; dann gilt $Z_1 = Z_2$. Dieser Fall entspricht der *normalen* Verbindungsleitung in niederfrequenten Schaltungen, die als ideale Verbindung angesehen werden kann. Mit zunehmender Frequenz nimmt die zulässige Länge für eine elektrisch kurze Leitung entsprechend der Wellenlänge, also umgekehrt proportional zur Frequenz, ab; im GHz-Bereich bewirken bereits Längen von wenigen Millimetern eine spürbare Impedanztransformation.
- **$\lambda/4$-Leitung:** Für eine verlustfreie Leitung mit einer Länge entsprechend einem Viertel der Wellenlänge λ erhält man $\tan(2\pi l/\lambda) = \tan(\pi/2) \rightarrow \infty$; damit folgt aus (21.25):

$$\boxed{Z_1 = \frac{Z_W^2}{Z_2}} \tag{21.26}$$

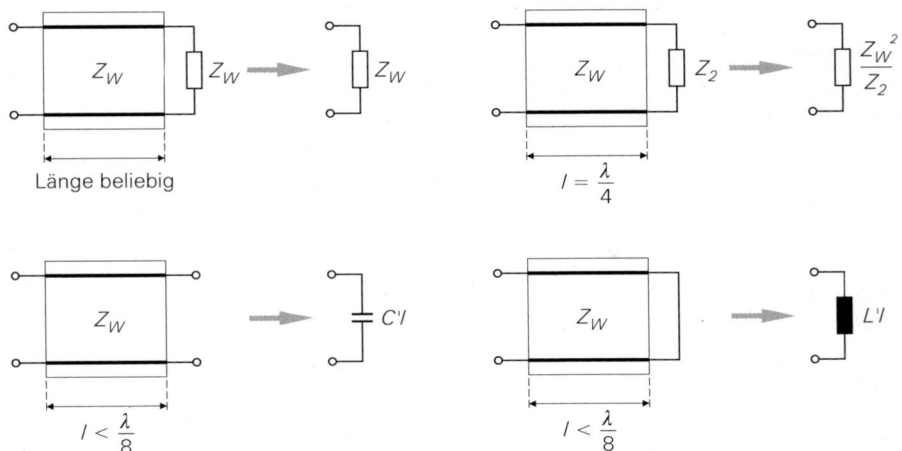

Abb. 21.11. Transformationseigenschaften einer Leitung

Dieser Zusammenhang gilt auch für verlustarme Leitungen ausreichend genau. Die $\lambda/4$-Leitung wird oft anstelle eines Übertragers zur Widerstandtransformation eingesetzt; dabei wird ein Widerstand $Z_2 = R_2$ mit einer $\lambda/4$-Leitung mit $Z_W = \sqrt{R_1 R_2}$ auf $Z_1 = R_1$ transformiert. Man nennt eine derartige Leitung auch $\lambda/4$-*Transformator*.

– **Offene Leitung:** Eine Leitung mit $Z_2 \to \infty$ wird als *offene* oder *leerlaufende Leitung* bezeichnet; im verlustfreien Fall folgt aus (21.25):

$$Z_1 = \frac{Z_W}{j \tan\left(\dfrac{2\pi l}{\lambda}\right)} \overset{l < \lambda/8}{\approx} \frac{Z_W}{j\,\dfrac{2\pi l}{\lambda}} = \frac{1}{j\omega C'l} = \frac{1}{j\omega C} \tag{21.27}$$

Eine offene, verlustfreie Leitung wirkt demnach als Reaktanz, wobei je nach Länge kapazitives ($\tan(2\pi l/\lambda) > 0$) oder induktives ($\tan(2\pi l/\lambda) < 0$) Verhalten vorliegt; für $l < \lambda/8$ wirkt die Leitung als Kapazität mit $C = C'l$.

– **Kurzgeschlossene Leitung:** Für eine kurzgeschlossene ($Z_2 = 0$), verlustfreie Leitung folgt aus (21.25):

$$Z_1 = j Z_W \tan\left(\frac{2\pi l}{\lambda}\right) \overset{l < \lambda/8}{\approx} j Z_W \frac{2\pi l}{\lambda} = j\omega L'l = j\omega L \tag{21.28}$$

Eine kurzgeschlossene, verlustfreie Leitung wirkt demnach ebenfalls als Reaktanz, wobei je nach Länge induktives ($\tan(2\pi l/\lambda) > 0$) oder kapazitives ($\tan(2\pi l/\lambda) < 0$) Verhalten vorliegt; für $l < \lambda/8$ wirkt die Leitung als Induktivität mit $L = L'l$.

Die letzten drei Fälle spielen eine große Rolle bei der Realisierung von Anpass-Schaltungen im oberen MHz- und im GHz-Bereich; dabei werden jedoch keine Koaxial- oder Zweidrahtleitungen, sondern die im folgenden beschriebene Streifenleitung verwendet. Abbildung 21.11 fasst die Transformationseigenschaften einer Leitung zusammen.

Beispiel: Ein 10 MHz-Signal soll mit einem Oszilloskop gemessen werden; dazu wird der entsprechende Punkt mit einer ein Meter langen 50 Ω-Koaxialleitung mit dem Eingang des Oszilloskops verbunden. Da die Eingangsimpedanz des Oszilloskops ($1\,\mathrm{M}\Omega \,\|\, 20\,\mathrm{pF} \Rightarrow Z_2 \approx -j\,1{,}6\,\mathrm{k}\Omega$) wesentlich höher ist als der Wellenwiderstand der

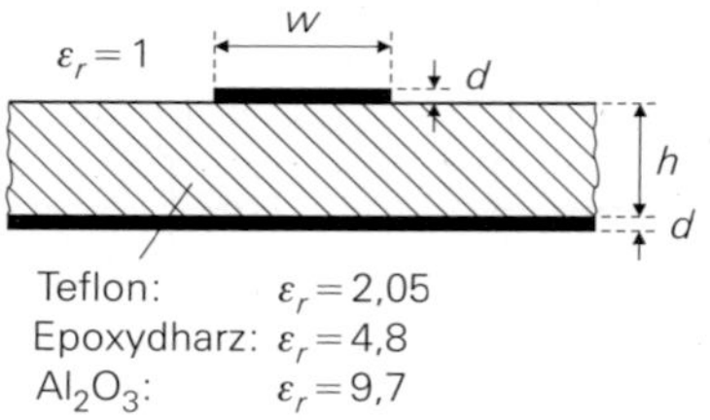

Teflon: $\epsilon_r = 2{,}05$
Epoxydharz: $\epsilon_r = 4{,}8$
Al$_2$O$_3$: $\epsilon_r = 9{,}7$

Abb. 21.12.
Querschnitt einer Mikrostreifenleitung

Leitung ($Z_W = 50\,\Omega$), ist die Leitung praktisch *offen*. Mit $v \approx 2 \cdot 10^8\,\text{m/s}$ erhält man $\lambda = v/f = 20\,\text{m}$, d.h. es gilt $l < \lambda/8 = 2{,}5\,\text{m}$; demnach gilt nach (21.27) $Z_1 = 1/jwC$ mit $C = C'l = l/Z_W v \approx 100\,\text{pF}$. Zu dieser Kapazität der praktisch offenen Leitung wird noch die Eingangskapazität des Oszilloskops addiert: $C = 100\,\text{pF} + 20\,\text{pF} = 120\,\text{pF}$. Eine exakte Berechnung mit Hilfe von (21.25) liefert:

$$Z_1 = \frac{-j\,1{,}6\,\text{k}\Omega + j\,50\,\Omega\,\tan\left(\dfrac{\pi}{10}\right)}{1 + j\,\dfrac{-j\,1{,}6\,\text{k}\Omega}{50\,\Omega}\,\tan\left(\dfrac{\pi}{10}\right)} = -j\,139\,\Omega \overset{!}{=} \frac{1}{j\omega C}$$

Daraus folgt $C = 114\,\text{pF}$. Das zu messende Signal wird demnach mit einer Kapazität belastet, die wesentlich höher ist als die Eingangskapazität des Oszilloskops. Die Leitung der Länge ein Meter ist also keine elektrisch kurze Leitung.

21.2.1.8 Streifenleitung

Mit zunehmender Frequenz muss man auch die Verbindungen auf Leiterplatten als Leitungen mit definiertem Wellenwiderstand ausführen, um eine verzerrungsfreie Signalübertragung von hochfrequenten Analog- und schnellen Digitalsignalen zu gewährleisten; dazu werden verschiedene Ausführungen von *Streifenleitungen* verwendet [21.1].

Die am einfachsten zu realisierende Streifenleitung ist die in Abb. 21.12 gezeigte *Mikrostreifenleitung (Microstrip)*, die sich praktisch nicht von normalen Leiterplatten-Verbindungen unterscheidet und deshalb in der herkömmlichen Ätztechnik hergestellt werden kann. Aufgrund der durchgehenden Massefläche auf der Unterseite müssen beidseitig mit Kupfer beschichtete Leiterplatten verwendet werden. Leiterplatten aus *Pertinax* scheiden aufgrund ihrer hohen dielektrischen Verluste aus. Mit Epoxydharz-Leiterplatten ($\epsilon_r \approx 4{,}8$) kann man bei geringen Anforderungen und Frequenzen unter 1 GHz akzeptable Ergebnisse erzielen; dabei ist vor allem die Streuung von ϵ_r problematisch. Im allgemeinen werden jedoch Substrate aus *Teflon* ($\epsilon_r = 2{,}05$) oder, vor allem im GHz-Bereich, *Aluminiumoxid-Keramik* (Al$_2$O$_3$, $\epsilon_r = 9{,}7$) verwendet.

Eine Berechnung des Leitungswellenwiderstands und der Leitungsbeläge ist nur mit sehr aufwendigen mathematischen Verfahren möglich; in der Praxis werden die benötigten Größen meist mit Hilfe einer Feldsimulation ermittelt. Es gibt jedoch halb-empirische Formeln für den Leitungswellenwiderstand einer Mikrostreifenleitung mit den in Abb. 21.12 genannten Abmessungen, die unter der in der Praxis im allgemeinen leicht zu erfüllenden Nebenbedingung $w/d \gg 10$ auf etwa 2% genau sind [21.1]; für $w > h$ gilt

$$\frac{Z_W}{\Omega} \approx \frac{188{,}5 \big/ \sqrt{\epsilon_r}}{\dfrac{w}{2h} + 0{,}441 + \dfrac{\epsilon_r + 1}{2\pi\epsilon_r}\left[\ln\left(\dfrac{w}{2h} + 0{,}94\right) + 1{,}451\right] + \dfrac{0{,}082\,(\epsilon_r - 1)}{\epsilon_r^2}}$$

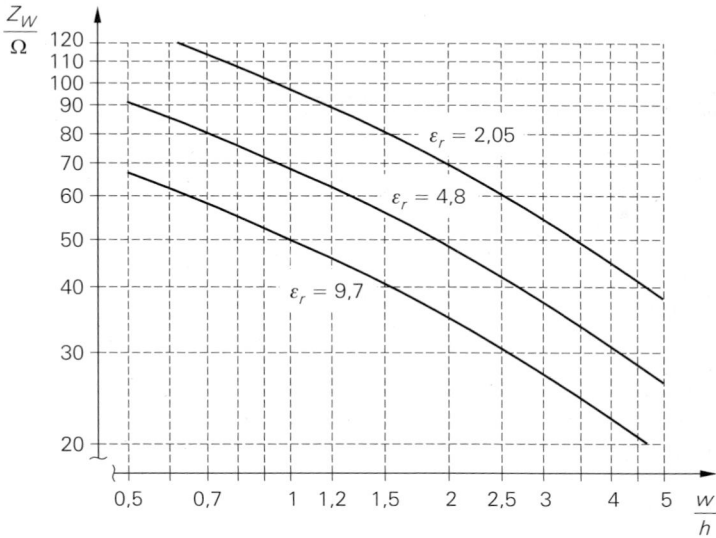

Abb. 21.13. Leitungswellenwiderstand einer Mikrostreifenleitung für Teflon ($\epsilon_r = 2,05$), Epoxydharz ($\epsilon_r = 4,8$) und Al$_2$O$_3$ ($\epsilon_r = 9,7$)

und für $w < h$:

$$\frac{Z_W}{\Omega} \approx \frac{60}{\sqrt{\dfrac{\epsilon_r + 1}{2}}} \left[\ln\left(\frac{8h}{w}\right) + \frac{1}{32}\left(\frac{w}{h}\right)^2 - \frac{1}{2}\frac{\epsilon_r - 1}{\epsilon_r + 1}\left(0{,}4516 + \frac{0{,}2416}{\epsilon_r}\right) \right]$$

Abbildung 21.13 zeigt die Verläufe für Teflon, Epoxydharz und Al$_2$O$_3$.

21.2.2 Drahtlose Verbindung

Abbildung 21.14 zeigt die Komponenten eines drahtlosen Übertragungssystems. Das Ausgangssignal des Sendeverstärkers wird über eine Leitung zur *Sendeantenne* geführt. Da
die Eingangsimpedanz der Antenne im allgemeinen nicht mit dem Wellenwiderstand der
Leitung übereinstimmt, ist zur optimalen Leistungsübertragung ein *Anpassnetzwerk* erforderlich. Die von der Sendeantenne abgestrahlte elektromagnetische Welle wird von der
im Abstand r aufgestellten *Empfangsantenne* empfangen. Das Empfangssignal wird über
ein weiteres *Anpassnetzwerk* und eine Leitung zum Empfangsverstärker geführt.

21.2.2.1 Antennen

Es gibt sehr unterschiedliche Bauformen von Antennen; eine Übersicht ist in [21.1] enthalten. Sie unterscheiden sich bezüglich des Frequenzbereichs, der Bandbreite und der
Richtcharakteristik. Letztere gibt an, wie sich die abgestrahlte Leistung im Raum verteilt.
Sendeantennen für *Rundfunk und Fernsehen* strahlen normalerweise horizontal in alle
Richtungen ab, damit das Signal von allen im Umkreis aufgestellten Empfängern empfangen werden kann. Auch Rundfunk- und Fernseh-Empfangsantennen für portable Geräte
haben eine breite Richtcharakteristik, damit möglichst keine Ausrichtung auf den Sender
erforderlich ist; damit kann man jedoch nur relativ starke Sender empfangen. Dagegen
werden bei Geräten mit festem Standort *Richtantennen* verwendet, die auch den Empfang

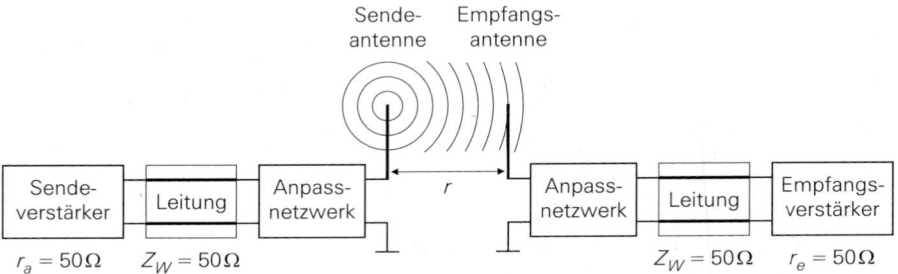

Abb. 21.14. Komponenten eines drahtlosen Übertragungssystems

schwacher Sender ermöglichen, dazu aber möglichst genau auf den Sender ausgerichtet werden müssen; bei einer Fehlausrichtung ist kein Empfang mehr möglich. Ein Beispiel dafür sind die *Parabolantennen* in Satelliten-Empfangsanlagen. In der *Mobilkommunikation* ist eine Ausrichtung des Mobilteils nicht möglich, da der Standort der Basisstation im allgemeinen unbekannt ist und je nach Standort des Mobilteils und den momentanen Ausbreitungsbedingungen wechselt; deshalb werden hier ebenfalls Antennen mit breiter Richtcharakteristik eingesetzt. Die Basisstationen selbst arbeiten mit einer Sektorierung, d.h. die Umgebung ist in Sektoren eingeteilt, die von je einer Antenne mit entsprechender Richtcharakteristik bedient werden. Beim *Richtfunk* werden Sende- und Empfangsantennen mit extrem enger Richtcharakteristik verwendet; dadurch kann man mit relativ geringer Sendeleistung große Reichweiten erzielen, ein unerwünschtes Abhören weitgehend vermeiden und dieselbe Sendefrequenz zur Übertragung in andere Richtungen verwenden. Jede Antenne kann prinzipiell sowohl als Sende- als auch als Empfangsantenne verwendet werden; die Richtcharakteristik ist dieselbe.

Bei bidirektionalen Übertragungsstrecken mit gemeinsamer Sende- und Empfangsantenne muss man verhindern, dass das Ausgangssignal des Sendeverstärkers auf den empfindlichen Eingang des Empfangsverstärkers gelangt; dieser würde sonst sofort zerstört. Bei abwechselndem Senden und Empfangen wird ein Antennenumschalter verwendet, siehe Abb. 21.15a. Gleichzeitiges Senden und Empfangen mit einer Antenne ist ebenfalls möglich, wenn man getrennte Sende- und Empfangsfrequenzen verwendet; in diesem Fall erfolgt die Trennung mit einem speziellen Filter (*Duplexer*). Abbildung 21.15b zeigt einen einfachen Duplexer mit Parallelschwingkreisen.

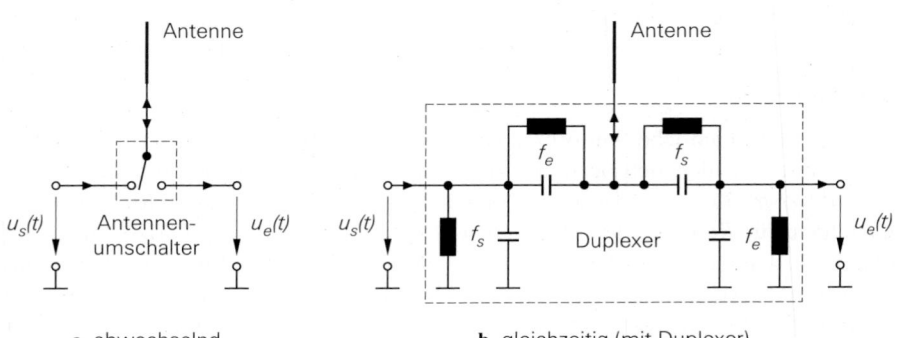

Abb. 21.15. Betriebsarten einer gemeinsamen Sende- und Empfangsantenne

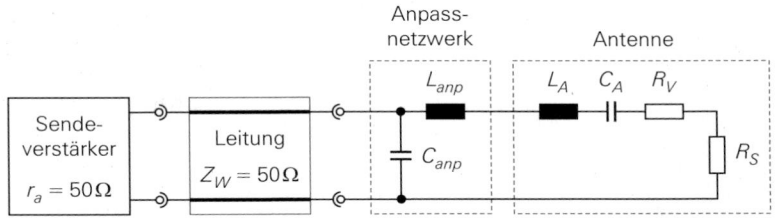

Abb. 21.16. Ersatzschaltbild einer Stabantenne (Länge $< \lambda/4$) einschließlich der Verbindung zum Sendeverstärker

21.2.2.1.1 Richtfaktor

Als Kennzeichen für die Richtcharakteristik wird der *Richtfaktor D (directivity)* verwendet; er gibt an, um welchen Faktor die Sendeleistung in der Hauptrichtung größer ist als bei einer hypothetischen Antenne mit gleichmäßiger Ausstrahlung in alle Richtungen. Die Bezugsantenne ist hypothetisch, da es keine Einzelantenne gibt, die eine gleichmäßige Ausstrahlung besitzt; deshalb ist der Richtfaktor einer realen Antenne immer größer als Eins. Der Richtfaktor bezieht sich auf die *abgestrahlte* Leistung; in der Praxis interessiert jedoch die der Antenne *zugeführte* Leistung (*Speiseleistung*), die aufgrund von Verlusten größer ist als die abgestrahlte Leistung.

21.2.2.1.2 Ersatzschaltbild

Abbildung 21.16 zeigt das Ersatzschaltbild einer elektrisch kurzen Stabantenne (Länge $< \lambda/4$) einschließlich der Verbindung zum Sendeverstärker; dabei sind L_A und C_A die reaktiven Elemente der Antenne, R_S ist der *Strahlungswiderstand* und R_V der ohmsche *Verlustwiderstand* [21.1]. Die Betriebsfrequenz liegt unterhalb der Resonanzfrequenz, d.h. die Antennenimpedanz hat einen kapazitiven Anteil; die Summe aus Strahlungs- und Verlustwiderstand ist kleiner als 50 Ω. Die Antennenimpedanz wird durch das Anpassnetzwerk auf 50 Ω transformiert.

Abbildung 21.17 zeigt den Strahlungswiderstand R_S einer Stabantenne in Abhängigkeit von der relativen Länge l/λ [21.1]. Er wird für $l < \lambda/8$ sehr klein; eine Anpassung an 50 Ω ist dann nur noch sehr schmalbandig möglich. Besonders günstig sind Stabantennen mit $l/\lambda \approx 0{,}26 \ldots 0{,}27$. Sie haben einschließlich des Verlustwiderstands einen Gesamtwiderstand von 50 Ω und werden geringfügig oberhalb der Resonanzfrequenz betrieben; die Anpassung erfolgt in diesem Fall mit einer Serienkapazität.

21.2.2.1.3 Antennenwirkungsgrad

Aus Abbildung 21.16 kann man unmittelbar den *Antennenwirkungsgrad* η ablesen:

$$\eta = \frac{R_S}{R_S + R_V} < 1$$

Er gibt das Verhältnis von zugeführter zu abgestrahlter Leistung an. Betreibt man die Antenne als Empfangsantenne, erhält man zwar formal dasselbe Ersatzschaltbild, der Verlustwiderstand hat jedoch aufgrund einer etwas anderen Stromverteilung nicht denselben Wert; deshalb muss man zwischen dem *Sendewirkungsgrad* η_S und dem *Empfangswirkungsgrad* η_E unterscheiden.

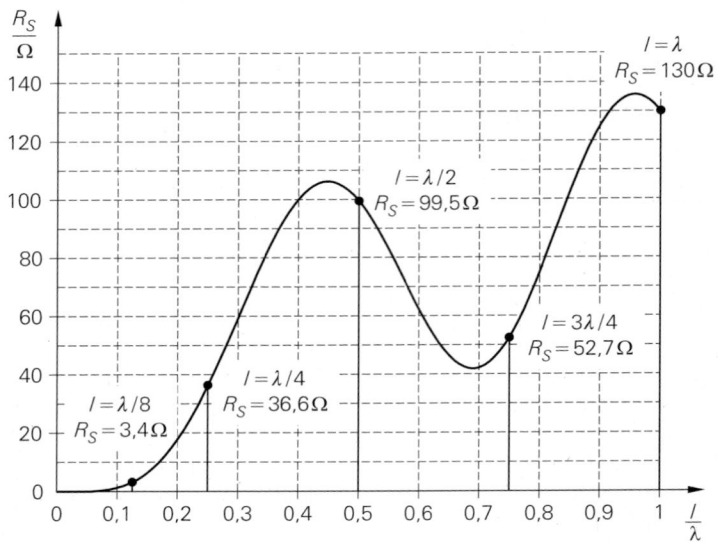

Abb. 21.17. Strahlungswiderstand einer Stabantenne in Abhängigkeit von der relativen Länge l/λ

21.2.2.1.4 Antennengewinn

Das Produkt aus dem Richtfaktor und dem Antennenwirkungsgrad wird *Antennengewinn* genannt:

$$G = D\eta$$

Der Antennengewinn vergleicht demnach die Sendeleistung einer realen, verlustbehafteten Antenne in der Hauptrichtung mit der Sendeleistung einer hypothetischen, verlustfreien Antenne mit gleichmäßiger Ausstrahlung *bei gleicher zugeführter Leistung*. Aufgrund des unterschiedlichen Antennenwirkungsgrads im Sende- und Empfangsfall muss man zwischen dem *Sendegewinn* und dem *Empfangsgewinn* unterscheiden; in der Praxis sind die Unterschiede jedoch meist so gering, dass diese Unterscheidung nicht notwendig ist.

21.2.2.2 Leistungsübertragung über eine drahtlose Verbindung

Mit Hilfe des Antennengewinns G_S der Sendeantenne und des Antennengewinns G_E der Empfangsantenne können wir einen Zusammenhang zwischen der Sendeleistung P_S und der Empfangsleistung P_E einer drahtlosen Verbindung angeben [21.1]:

$$P_E = P_S\, G_S\, G_E \left(\frac{\lambda}{4\pi r}\right)^2 \tag{21.29}$$

Dabei ist

$$\lambda = \frac{c_0}{f} = \frac{3\cdot 10^8\,\mathrm{m/s}}{f}$$

die Freiraum-Wellenlänge und r der Abstand zwischen Sender und Empfänger. Der Faktor

$$\left(\frac{\lambda}{4\pi r}\right)^2 = \frac{\lambda^2/(4\pi)}{4\pi r^2} = \frac{\text{wirksame Fläche der Empfangsantenne}}{\text{Kugeloberfläche}}$$

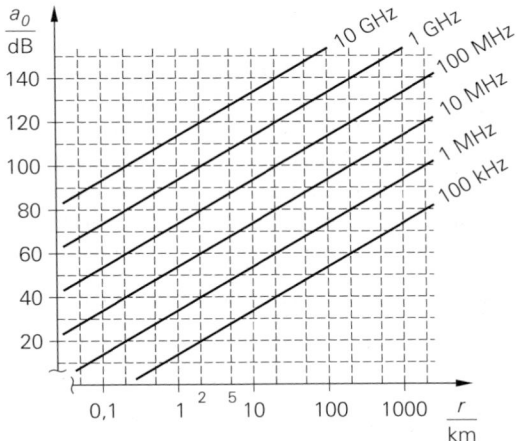

Abb. 21.18.
Grunddämpfung einer drahtlosen
Verbindung nach (21.31)

berücksichtigt, dass die Empfangsantenne nur einen Teil der gleichmäßig ausgestrahlten
Kugeloberfläche abdeckt [2].

In der Praxis wird die *Streckendämpfung*

$$\frac{a}{\text{dB}} = 10 \log \frac{P_S}{P_E} = 20 \log \frac{4\pi r}{\lambda} - \frac{G_S}{\text{dB}} - \frac{G_E}{\text{dB}} \tag{21.30}$$

angegeben; dabei ist

$$\frac{a_0}{\text{dB}} = 20 \log \frac{4\pi r}{\lambda} = 20 \log \frac{4\pi r f}{c_0} \tag{21.31}$$

die *Grunddämpfung*. Die Dämpfung nimmt demnach mit zunehmendem Abstand und
zunehmender Frequenz mit jeweils 20 dB pro Dekade zu. Nach Einsetzen der Konstanten
erhält man:

$$\frac{a}{\text{dB}} = 32,4 + 20 \log \frac{r}{\text{km}} + 20 \log \frac{f}{\text{MHz}} - \frac{G_S}{\text{dB}} - \frac{G_E}{\text{dB}}$$

Abbildung 21.18 zeigt die Grunddämpfung a_0 in Abhängigkeit vom Abstand und der
Frequenz.

Die Gleichungen (21.29) und (21.30) gelten nur bei idealer Ausbreitung im Raum. Reale Verbindungen haben je nach Frequenz eine mehr oder weniger hohe *Zusatzdämpfung*, die
durch die Luft, Nebel oder Regen verursacht wird; hinzu kommen bodennahe Absorption
und lokale Einbrüche infolge Mehrwegausbreitung. Eine ausführliche Beschreibung der
Ausbreitungsbedingungen in den verschiedenen Frequenzbereichen findet man in [21.1].

21.2.2.3 Frequenzbereiche

Der Frequenzbereich wird in Bereiche eingeteilt; Abb. 21.19 zeigt die Einteilung im Bereich von 30 kHz bis 300 GHz mit den entsprechenden Bezeichnungen. Der Bereich zwischen 200 MHz und 220 GHz wird auch als *Mikrowellenbereich* bezeichnet; er ist in 12
Bänder eingeteilt, siehe Abb. 21.20. Die Bereichs- und Band-Bezeichnungen werden oft
im Zusammenhang mit Bauteilen verwendet, z.B. *UHF-Transistor* oder *S-Band-Fet*.

---

[2] Man beachte, dass die Sende- und Empfangsantenne nun als verlustfreie Antennen mit gleichmäßiger Ausstrahlung zu betrachten sind, da die Abweichung hiervon bereits durch die Antennengewinne G_S und G_E erfasst wird.

Frequenz	Wellenlänge	Bezeichnung (kurz/englisch/deutsch)		
30 kHz ... 300 kHz	10 km ... 1 km	LF	Low Frequencies	Langwellen
300 kHz ... 3 MHz	1 km ... 100 m	MF	Medium $\sim$	Mittel $\sim$
3 MHz ... 30 MHz	100 m ... 10 m	HF	High $\sim$	Kurz $\sim$
30 MHz ... 300 MHz	10 m ... 1 m	VHF	Very High $\sim$	Ultrakurz $\sim$
300 MHz ... 3 GHz	1 m ... 10 cm	UHF	Ultra High $\sim$	Dezimeter $\sim$
3 GHz ... 30 GHz	10 cm ... 1 cm	SHF	Super High $\sim$	Zentimeter $\sim$
30 GHz ... 300 GHz	1 cm ... 1 mm	EHF	Extremely High $\sim$	Millimeter $\sim$

Abb. 21.19. Frequenz- und Wellenlängenbereiche für drahtlose Verbindungen im Bereich von 30 kHz bis 300 GHz

Bezeichnung	P	L	S	C	X	Ku	K	Ka	Q	E	F	G
von, in GHz	0,2	1	2	4	8	12	18	27	40	60	90	140
bis, in GHz	1	2	4	8	12	18	27	40	60	90	140	220

Abb. 21.20. Mikrowellenbänder

Bezeichnung	Frequenz	Wellenlänge
Langwellen-Rundfunk	148,5 ... 283,5 kHz	2,02 ... 1,06 km
Mittelwellen-Rundfunk	526,5 ... 1606,5 kHz	572 ... 187 m
Kurzwellen-Rundfunk	3,9 ... 26,1 MHz	76 ... 11,5 m
Fernsehbereich I	41 ... 68 MHz	7,31 ... 4,41 m
UKW-Rundfunk	88 ... 108 MHz	3,41 ... 2,78 m
Fernsehbereich III	174 ... 230 MHz	1,72 ... 1,3 m
Fernsehbereich IV+V	470 ... 860 MHz	63,8 ... 34,9 cm
Satelliten-Fernsehbereich	10,7 ... 12,75 GHz	2,8 ... 2,35 cm

Abb. 21.21. Frequenz- und Wellenlängenbereiche für Rundfunk und Fernsehen

System	Frequenzbereich	
	Uplink	Downlink
GSM900	890 ... 915 MHz	935 ... 960 MHz
GSM1800	1710 ... 1785 MHz	1805 ... 1880 MHz
UMTS	1920 ... 1980 MHz	2110 ... 2170 MHz

Uplink: Mobilteil → Basisstation
Downlink: Basisstation → Mobilteil

Abb. 21.22.
Frequenzbereiche für die
Mobilkommunikation

Neben dieser anwendungsunabhängigen Einteilung in Bereiche oder Bänder ist jeder speziellen Anwendung ein Frequenzbereich zugeteilt. Abbildung 21.21 zeigt die Bereiche für Rundfunk und Fernsehen, Abb. 21.22 die für die Mobilkommunikation.

21.2.3 Faseroptische Verbindung

Neben der Verbindung über Koaxial- oder Zweidrahtleitungen und der drahtlosen Verbindung gewinnt die faseroptische Verbindung über *Lichtwellenleiter* (*Glasfaser*) zunehmend an Bedeutung. Dabei wird ein Trägersignal im Infrarotbereich ($f = 190 \ldots 360$ THz, $\lambda = 1,55 \ldots 0,85\ \mu$m) verwendet, das mit Signalfrequenzen bis zu 100 GHz moduliert

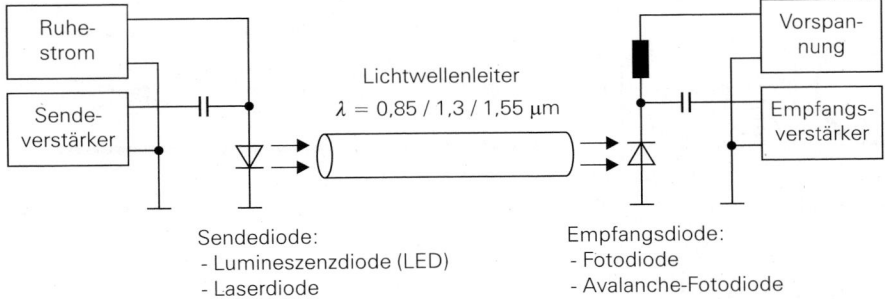

Abb. 21.23. Komponenten eines einfachen faseroptischen Übertragungssystems

werden kann; dadurch sind theoretisch Übertragungsraten bis zu 200 Gbit/s möglich. Zur Zeit sind Systeme mit 10 Gbit/s im Einsatz; Systeme mit bis zu 40 Gbit/s werden erprobt. Aufgrund der sehr kleinen relativen Modulationsbandbreite (Signal- zu Trägerfrequenz $\ll 10^{-3}$) ist die Dämpfung im Übertragungsband konstant; deshalb ist der Aufwand für die Entzerrung im Empfänger trotz der erheblich höheren Datenraten geringer als bei Leitungen.

Ein weiterer Vorteil der faseroptischen Verbindung ist die Unempfindlichkeit gegen äußere elektromagnetische Störungen (optimale *passive elektromagnetische Verträglichkeit*) und das Fehlen jeglicher Störausstrahlung (optimale *aktive elektromagnetische Verträglichkeit*); deshalb kann man Lichtwellenleiter ohne gegenseitige Beeinflussung in Bündeln durch stark elektromagnetisch gestörte Bereiche verlegen.

Abbildung 21.23 zeigt die Komponenten eines einfachen faseroptischen Übertragungssystems. Im Sender wird die Strahlungsintensität der *Sendediode* mit einem elektrischen Signal moduliert, im Empfänger wird die einfallende Strahlungsintensität mit einer *Empfangsdiode* in ein elektrisches Signal zurückgewandelt. In leistungsfähigeren Systemen werden zusätzlich besondere elektro-optische Komponenten wie z.B. optische Verstärker, Wellenlängenmultiplexer und optische Oszillatoren eingesetzt. Wir beschreiben hier nur die Eigenschaften der verschiedenen Lichtwellenleiter und verweisen darüber hinaus auf die Literatur [21.2],[21.3].

21.2.3.1 Lichtwellenleiter

Ein hochwertiger Lichtwellenleiter besteht aus einer sehr dünnen Faser aus Silikatglas; dabei werden die in Abb. 21.24 gezeigten Querschnitte verwendet. Die Strahlung breitet sich im Kern mit der Brechzahl n_K und dem Durchmesser d_K aus, während der Mantel mit der etwas geringeren Brechzahl n_M und dem Außendurchmesser d_M nur zur Führung benötigt wird; die äußere Umhüllung dient zum Schutz des Lichtwellenleiters. Typische Werte für eine Stufenfaser sind $n_K \approx 1{,}4$ und $n_M/n_K \approx 0{,}99$, d.h. die Brechzahl des Mantels ist nur um 1% geringer als die des Kerns. Lichtwellenleiter aus Glas werden als *Glasfasern* bezeichnet.

Seit einiger Zeit gibt es auch Lichtwellenleiter aus Kunststoff, die als *Plastikfasern* bezeichnet werden. Sie sind billiger und aufgrund ihrer hohen mechanischen Flexibilität einfacher zu verlegen als Lichtwellenleiter aus Glas, haben aber erheblich schlechtere Ausbreitungseigenschaften und können deshalb nur für kurze Verbindungen und niedrige Datenraten eingesetzt werden. Ihr Durchmesser ist erheblich größer als der von Lichtwellenleitern aus Glas; typisch sind $d_K = 0{,}98$ mm und $d_M = 1$ mm.

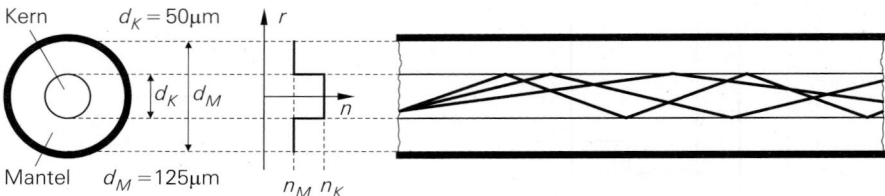

a Stufenfaser

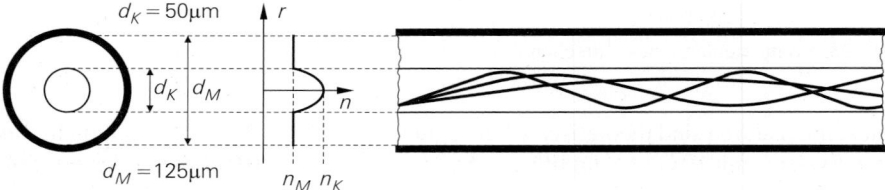

b Gradientenfaser

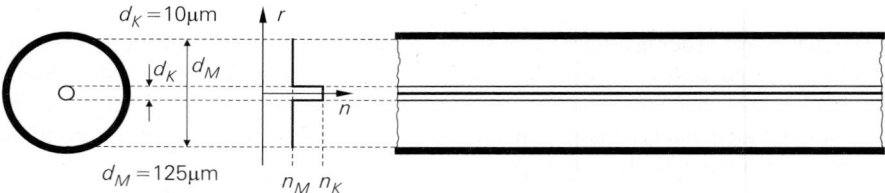

c Einmodenfaser

Abb. 21.24. Querschnitt, Brechzahlverlauf und Ausbreitungsverhalten von Lichtwellenleitern aus Silikatglas

21.2.3.1.1 Grenzwinkel und Akzeptanzwinkel

Die Ausbreitung kann mit Hilfe der Strahlenoptik veranschaulicht werden. Demnach wird ein im Kern verlaufender Strahl an der Grenzfläche zum Mantel total reflektiert, d.h. in den Kern zurückgebrochen, wenn der Winkel zwischen Strahl und Grenzfläche kleiner als der *Grenzwinkel* β_g ist; es gilt [3]:

$$\cos \beta_g = \frac{n_M}{n_K} < 1$$

Mit den typischen Werten für eine Stufenfaser erhält man $\beta_g \approx 8°$. Damit der Winkel im Lichtwellenleiter kleiner bleibt als der Grenzwinkel, muss der Einfallswinkel an der Stirnseite kleiner als der *Akzeptanzwinkel* α_A sein. Abbildung 21.25 veranschaulicht die Zusammenhänge. Aus dem Brechungsgesetz folgt:

$$\frac{\sin \alpha_A}{\sin \beta_g} = n_K$$

---

[3] In der Strahlenoptik wird häufig der Winkel zwischen dem Strahl und der *Normale* der Grenzfläche (Senkrechte auf der Grenzfläche) verwendet; in diesem Fall gilt $\sin \beta_g = n_M/n_K$. Wir beziehen den Winkel auf die Faserachse.

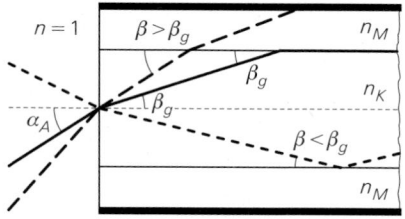

Abb. 21.25.
Grenzwinkel β_g und Akzeptanzwinkel α_A

21.2.3.1.2 Numerische Apertur

In der Praxis wird anstelle des Akzeptanzwinkels die *numerische Apertur*

$$A_N \;=\; \sin \alpha_A \;=\; n_K \sin \beta_g \;=\; n_K \sqrt{1 - \cos^2 \beta_g} \;=\; \sqrt{n_K^2 - n_M^2}$$

angegeben; ein typischer Wert ist $A_N = 0,2$. Die Angabe von β_g und A_N ist äquivalent zur Angabe von n_K und n_M. Die numerische Apertur ist eine wichtige Größe im Zusammenhang mit der Kopplung zwischen Sendediode und Lichtwellenleiter; ein hoher Wert, verbunden mit einem entsprechend hohen Akzeptanzwinkel, ist von Vorteil. Für die Ausbreitungsgeschwindigkeit gilt:

$$v \;=\; \frac{c_0}{\sqrt{\epsilon_{r,K}}} \;=\; \frac{c_0}{n_K}$$

Dabei ist $\epsilon_{r,K} = n_K^2$ die Dielektrizitätskonstante des Kernmaterials.

21.2.3.1.3 Moden

Bei Anwendung der Maxwell'schen Gleichungen zeigt sich, dass aufgrund der Randbedingungen für die Felder nicht alle Winkel im Bereich $0 \le \beta < \beta_g$ für eine Ausbreitung in Frage kommen; es sind vielmehr nur diskrete Winkel β_m entsprechend der Beziehung

$$\sin \beta_m \;=\; \frac{\sqrt{2}\lambda m}{\pi d_K} \quad \text{mit } m = 0,1,2,\ldots \text{ und } m \le \frac{\pi d_K}{\sqrt{2}\lambda}$$

möglich [21.2]. Die zu diesen Winkeln gehörenden Strahlen werden *Moden* oder *Eigenwellen* genannt; ihre Anzahl nimmt mit zunehmendem Durchmesser des Kerns zu.

Bei einer *Stufenfaser* ist der Durchmesser des Kerns so groß, dass sich mehrere Moden ausbreiten können, siehe Abb 21.24a. Da die verschiedenen Moden unterschiedliche Wegstrecken zurücklegen, wird ein von der Sendediode eingekoppelter Impuls mit zunehmender Faserlänge zeitlich immer weiter aufgeweitet. Durch diese *Modendispersion* wird die Bandbreite vor allem bei großen Faserlängen stark begrenzt; deshalb wird die Stufenfaser im Weitverkehr nicht mehr eingesetzt. In einfachen Systemen mit Entfernungen bis zu 100 Metern und Datenraten bis maximal 40 Mbit/s werden Stufenfasern aus Kunststoff eingesetzt [21.4].

Bei der *Gradientenfaser* wird ein stetiger Übergang der Brechzahl verwendet; dadurch werden die Moden im Sinne einer *kontinuierlichen* Totalreflexion in Richtung der Faserachse zurückgebogen, siehe Abb 21.24b. Da die Ausbreitungsgeschwindigkeit in den Außenbereichen des Kerns aufgrund der abnehmenden Brechzahl zunimmt, breiten sich die *schräg* verlaufenden Moden schneller aus als die Mode auf der Faserachse; dadurch wird die Modendispersion stark verringert und die Bandbreite erhöht. Die Gradientenfaser erreicht zwar nicht die Bandbreite der nachfolgend beschriebenen Einmodenfaser,

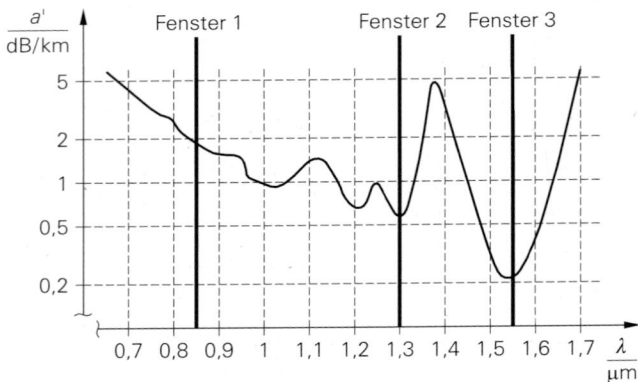

Abb. 21.26. Dämpfungskoeffizient eines typischen Lichtwellenleiters aus Silikatglas in Abhängigkeit von der Wellenlänge

hat aber den Vorteil, dass aufgrund des größeren Kerndurchmessers eine einfachere Verbindungstechnik mit größeren Toleranzen bezüglich der Ausrichtung verwendet werden kann.

Bei der *Einmodenfaser* ist der Kerndurchmesser so klein, dass sich nur noch die Grundmode ausbreiten kann, siehe Abb. 21.24c; dadurch entfällt die Modendispersion. Den zulässigen Kerndurchmesser erhält man aus der Bedingung, dass der Winkel der Mode mit $m = 1$ bereits über dem Grenzwinkel liegen muss:

$$\beta_1 > \beta_g \;\Rightarrow\; d_K < \frac{\sqrt{2}\lambda}{\pi\sqrt{1 - \left(\dfrac{n_M}{n_K}\right)^2}} \overset{n_K/n_M \approx 0{,}999}{\approx} 10\,\lambda$$

Die Brechzahl des Mantels ist in diesem Fall nur noch um $0{,}1\,\%$ geringer als die des Kerns, damit der zulässige Kerndurchmesser nicht zu klein wird. Mit dieser Faser wird die höchste Bandbreite erzielt. Nachteilig ist die aufwendige Verbindungstechnik.

21.2.3.2 Wellenlängenbereiche

Zur Übertragung mit Lichtwellenleitern aus Silikatglas (*Glasfasern*) werden drei Bereiche genutzt, in denen die Dämpfung besonders gering ist, siehe Abb. 21.26. Diese Bereiche werden als *Fenster* bezeichnet. Abbildung 21.27 fasst die Kenngrößen der Fenster zusammen. Es wird grundsätzlich immer die *Freiraumwellenlänge* angegeben; dadurch ist die Angabe unabhängig von der Brechzahl des Lichtwellenleiters.

Das Fenster 1 wird trotz seiner vergleichsweise hohen Dämpfung oft verwendet, da man im Sender herkömmliche Infrarot-Lumineszenzdioden (IR-LED) und im Empfänger herkömmliche Infrarot-Fotodioden (IR-Fotodioden) einsetzen kann. Die Verbindungslängen sind kleiner als fünf Kilometer und die Datenraten liegen unter $200\,\text{Mbit/s}$; dabei werden Gradientenfasern mit $d_K = 50\,\mu\text{m}$ verwendet.

Für Verbindungen im Weitverkehr mit höchsten Datenraten werden ausschließlich die Fenster 2 und 3 verwendet; dabei geht man von den bisher verwendeten Gradientenfasern zunehmend auf Einmodenfasern mit $d_K = 10\,\mu\text{m} < 10\lambda$ über. Datenraten über $1\,\text{Gbit/s}$

werden nur mit Einmodenfasern erzielt. Auf der Sendeseite werden Laserdioden und auf der Empfangsseite Avalanche-Fotodioden eingesetzt.

Zur Übertragung mit Lichtwellenleitern aus Kunststoff (*Plastikfasern*) wird häufig sichtbares Licht mit einer Wellenlänge von $\lambda = 660\,\mu$m verwendet. Die Dämpfung ist extrem hoch, so dass die Verbindungslänge auf 100 m beschränkt ist. Im Sender werden rote Lumineszenzdioden (LED) und im Empfänger Fotodioden für den sichtbaren Bereich eingesetzt.

21.2.4 Vergleich der Übertragungskanäle

Wir beschränken uns hier auf einen Vergleich der Dämpfungen, da ein Vergleich der Datenraten nur unter Berücksichtigung der Modulationsverfahren möglich ist. Außerdem ist die Datenrate bei drahtloser Übertragung durch den zugeteilten Frequenzbereich und nicht durch die Trägerfrequenz limitiert.

Abbildung 21.28 zeigt die Überlegenheit des Lichtwellenleiters im Vergleich zur Koaxialleitung. Da die Modulation beim Lichtwellenleiter sehr schmalbandig ist, hängt die Dämpfung nur von der Entfernung ab; bei einer zulässigen Dämpfung von 40 dB zwischen Sender und Empfänger kann man bis zu 100 km ohne Zwischenverstärker überbrücken. Bei der Koaxialleitung hängt die Dämpfung auch von der Frequenz ab; deshalb ist die überbrückbare Entfernung durch die maximal zulässige Dämpfung bei der oberen Grenzfrequenz gegeben.

Bei der drahtlosen Verbindung geht die Entfernung nur logarithmisch in die Dämpfung ein; deshalb erhält man in der halblogarithmischen Darstellung in Abb. 21.28 Geraden. Die drahtlose Verbindung ist im Grenzfall sehr großer Entfernungen allen anderen Verbindungen überlegen. Allerdings muss die technisch zur Verfügung stehende Bandbreite unter den zahlreichen Systemen aufgeteilt werden. Aufgrund der hohen Empfindlichkeit schmalbandiger Empfänger kann die zulässige Dämpfung bis zu 150 dB betragen. In Abb. 21.28 ist allerdings nur die Grunddämpfung dargestellt; die Abnahme der Dämpfung durch die Gewinne von Sende- und Empfangsantenne (üblicherweise 3 . . . 20 dB, bei großen Parabolantennen über 40 dB) und die Zusatzdämpfung durch Luft, Regen, Nebel und bodennahe Absorption sind nicht berücksichtigt. Der Hauptvorteil der drahtlosen Verbindung ist natürlich die Drahtlosigkeit.

Für den Fernsprech- und Datenverkehr werden heute fast ausschließlich faseroptische Verbindungen mit mehreren parallel verlegten Lichtwellenleitern verwendet; darauf beruht die hohe Übertragungsleistung öffentlicher und privater Weitverkehrsnetze wie z.B. dem *Internet*.

Bezeichnung	Wellenlänge [nm]	Frequenz [THz]	Dämpfung [dB/km]	Lichtwellenleiter
	660	455	230 (!)	Plastikfaser
Fenster 1	850	353	2	Gradientenfaser
Fenster 2	1300	231	0,6	Gradienten- und Einmodenfaser
Fenster 3	1550	194	0,2	Einmodenfaser

Abb. 21.27. Wellenlängenbereiche für Lichtwellenleiter

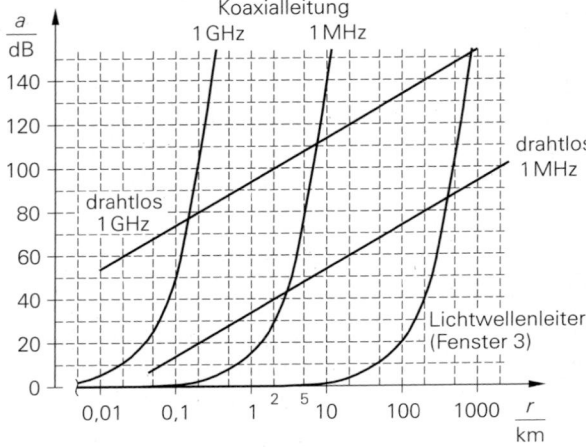

Abb. 21.28.
Dämpfungen der Übertragungskanäle

21.3 Reflexionsfaktor und S-Parameter

Im Abschnitt 21.2.1 haben wir gesehen, dass die Spannungen und Ströme auf einer Leitung durch eine vorlaufende und eine rücklaufende Welle beschrieben werden, dass der Zusammenhang zwischen diesen Wellen von der Beschaltung abhängt und dass im allgemeinen eine Impedanztransformation stattfindet; nur bei elektrisch kurzen Leitungen kann man eine ideale Verbindung annehmen. Diese Beschreibung wird nun auf beliebige Zwei- und Vierpole ausgedehnt, d.h. *alle* Spannungen und Ströme in einer Schaltung werden in eine vor- und eine rücklaufende Welle zerlegt; dadurch wird eine einheitliche Beschreibung von Bauelementen und Verbindungsleitungen möglich. Die Bauelemente werden in diesem Fall nicht mehr mit Impedanzen oder Admittanzen, sondern durch das Verhältnis von vor- und rücklaufender Welle charakterisiert; die entsprechenden Größen sind der *Reflexionsfaktor* und die *S-Parameter*.

21.3.1 Wellengrößen

Die Spannungen der vorlaufenden (Index f) und der rücklaufenden (Index r) Welle auf einer Leitung sind über den Leitungswellenwiderstand Z_W mit den jeweiligen Strömen gekoppelt:

$$U_f = Z_W I_f \quad , \quad U_r = Z_W I_r$$

Deshalb ist zur Beschreibung der beiden Wellen jeweils eine Größe ausreichend. Man verwendet dazu die *Wellengrößen*:

$$a = \frac{U_f}{\sqrt{Z_W}} = I_f \sqrt{Z_W} \qquad \text{vorlaufende Welle}$$

$$\text{(21.32)}$$

$$b = \frac{U_r}{\sqrt{Z_W}} = I_r \sqrt{Z_W} \qquad \text{rücklaufende Welle}$$

Sie sind ein Maß für die von den Wellen transportierte Leistung und haben die Einheit *Wurzel Watt*:

$$[a] = [b] = \sqrt{\text{VA}} = \sqrt{\text{W}}$$

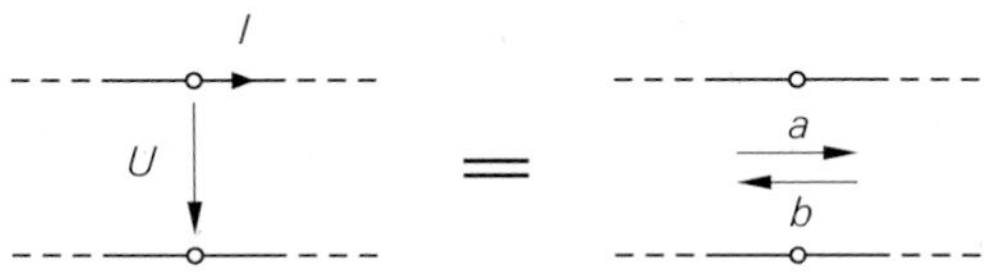

Abb. 21.29.
Äquivalente Darstellungen für die
Größen in einer Schaltung

Für die transportierten Leistungen gilt [4]:

$$P_f = \mathrm{Re}\left\{U_f I_f^*\right\} \overset{Z_W \text{ reell}}{=} |a|^2$$
$$P_r = \mathrm{Re}\left\{U_r I_r^*\right\} \overset{Z_W \text{ reell}}{=} |b|^2$$

(21.33)

Der Leitungswellenwiderstand Z_W ist reell; deshalb sind U_f und I_f sowie U_r und I_r immer in Phase und beide Wellen transportieren nur Wirkleistung.

21.3.1.1 Darstellung mit Hilfe von Spannung und Strom

Die Spannung U und den Strom I erhält man durch Überlagerung der vorlaufenden und der rücklaufenden Welle [5]:

$$U = U_f + U_r \quad , \quad I = I_f - I_r$$

Daraus folgt durch Einsetzen der Wellengrößen aus (21.32)

$$U = \sqrt{Z_W}\,(a + b)$$

(21.34)

$$I = \frac{1}{\sqrt{Z_W}}\,(a - b)$$

(21.35)

und, durch Umkehrung:

$$a = \frac{1}{2}\left(\frac{U}{\sqrt{Z_W}} + I\sqrt{Z_W}\right)$$

(21.36)

$$b = \frac{1}{2}\left(\frac{U}{\sqrt{Z_W}} - I\sqrt{Z_W}\right)$$

(21.37)

Damit erhält man die in Abb. 21.29 gezeigten äquivalenten Darstellungen für die Größen in einer Schaltung.

Die Gleichungen (21.34)–(21.37) sind für sich betrachtet unanschaulich, da das zugrundeliegende Prinzip der Wellengrößen als Ersatz für die Spannungen und Ströme der vor- und rücklaufenden Welle nur noch indirekt enthalten ist; man muss diese Gleichungen deshalb immer im Zusammenhang mit (21.32) sehen.

---

[4] Wir verwenden *Effektivwertzeiger*; demnach gilt bei reellen Zeigern $P = UI$ und bei komplexen Zeigern $P = \mathrm{Re}\left\{UI^*\right\}$ mit $I^* = \mathrm{Re}\left\{I\right\} - j\,\mathrm{Im}\left\{I\right\}$.
[5] Diese Zusammenhänge folgen aus (21.6) und (21.12) durch Einsetzen von $z = 0$.

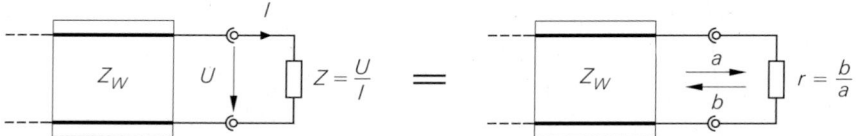

Abb. 21.30. Impedanz und Reflexionsfaktor eines Zweipols

21.3.2 Reflexionsfaktor

Nach dem Übergang auf die Wellengrößen wird ein Zweipol nicht mehr durch die Impedanz Z, sondern durch das Verhältnis aus vor- und rücklaufender Welle beschrieben, siehe Abb. 21.30. Die vorlaufende Welle wird in diesem Fall *einfallende Welle* und die rücklaufende Welle *reflektierte Welle* genannt. Der Quotient aus reflektierter und einfallender Welle wird *Reflexionsfaktor r* genannt:

$$\text{Reflexionsfaktor } r = \frac{\text{reflektierte Welle}}{\text{einfallende Welle}} = \frac{U_r}{U_f} = \frac{b}{a}$$

Unter Verwendung von $Z = U/I$ folgt aus (21.36) und (21.37):

$$r = \frac{U_r}{U_f} = \frac{b}{a} = \frac{Z - Z_W}{Z + Z_W} \qquad (21.38)$$

Umgekehrt gilt:

$$Z = Z_W \frac{1 + r}{1 - r} \qquad (21.39)$$

21.3.2.1 Reflexionsfaktor-Ebene (r-Ebene)

Die Gleichung (21.38) beschreibt eine Abbildung der *Impedanz-Ebene (Z-Ebene)* auf die *Reflexionsfaktor-Ebene (r-Ebene)*. Der Bereich passiver Zweipole mit Re $\{Z\} \geq 0$ (rechte Z-Halbebene) fällt in den Einheitskreis der r-Ebene, d.h. für passive Zweipole gilt $|r| \leq 1$, siehe Abb. 21.31. Die Passivität zeigt sich darin, dass die vom Zweipol aufgenommene Wirkleistung als Differenz zwischen einfallender und reflektierter Wirkleistung immer positiv oder Null ist:

$$P = P_f - P_r \overset{(21.33)}{=} |a|^2 - |b|^2 \overset{(21.38)}{=} |a|^2 \left(1 - |r|^2\right) \overset{|r| \leq 1}{\geq} 0$$

Der Faktor

$$k_P = 1 - |r|^2 \qquad (21.40)$$

wird *Leistungsübertragungsfaktor* genannt. Für aktive Zweipole erhält man Re $\{Z\} < 0$, $|r| > 1$ und $P < 0$, d.h. aktive Zweipole geben Wirkleistung ab.

Die Abbildung der Z- auf die r-Ebene hat drei spezielle Punkte:

– **Anpassung:** Für $Z = Z_W$ liegt Anpassung an den Wellenwiderstand vor. Wir haben bereits im Abschnitt 21.2 gesehen, dass in diesem Fall die rücklaufende bzw. reflektierte Welle verschwindet ($b = 0$); entsprechend folgt aus (21.38) $r = 0$. Die einfallende Wirkleistung P_f wird vollständig vom Zweipol absorbiert.

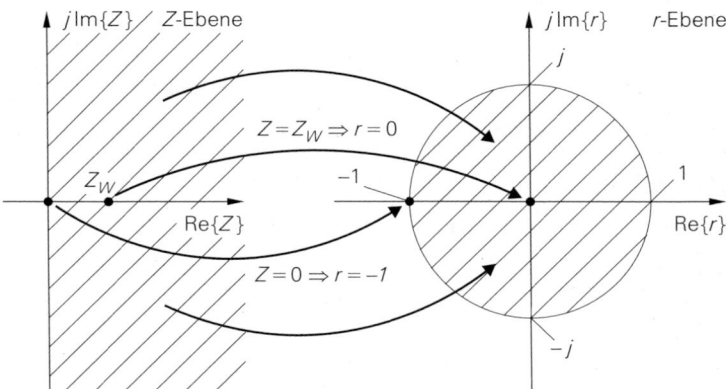

Abb. 21.31. Abbildung der Impedanz-Ebene (Z-Ebene) auf die Reflexionsfaktor-Ebene (r-Ebene) bei passiven Zweipolen (Re $\{Z\} \geq 0$)

- **Kurzschluss:** Für $Z = 0$ erhält man $r = -1$, d.h. einfallende und reflektierte Welle sind betragsmäßig gleich groß, jedoch in Gegenphase: $b = -a$. Der Zweipol nimmt in diesem Fall keine Wirkleistung auf; die einfallende Wirkleistung wird vollständig reflektiert: $P_r = P_f$.
- **Leerlauf:** Für $Z \to \infty$ erhält man $r = 1$; einfallende und reflektierte Welle sind gleich groß und in Phase: $b = a$. Auch in diesem Fall wird die einfallende Wirkleistung vollständig reflektiert: $P_r = P_f$.

Neben diesen Punkten treten folgende Bereiche auf:

- **Ohmsche Widerstände:** Für ohmsche Widerstände ($Z = R$) erhält man einen reellen Reflexionsfaktor im Bereich $-1 < r < 1$. Dieser Bereich besteht aus einem Teilbereich mit $0 < R < Z_W$ und $-1 < r < 0$, dem Anpassungspunkt mit $R = Z_W$ und $r = 0$ und einem Teilbereich mit $Z_W < R < \infty$ und $0 < r < 1$.
- **Induktivitäten:** Für Induktivitäten (Re $\{Z\} = 0$, Im $\{Z\} > 0$) erhält man $|r| = 1$ und $0 < \arg\{r\} < \pi$, d.h. die obere Hälfte des Einheitskreises in der r-Ebene.
- **Kapazitäten:** Für Kapazitäten (Re $\{Z\} = 0$, Im $\{Z\} < 0$) erhält man ebenfalls $|r| = 1$, jedoch $-\pi < \arg\{r\} < 0$, d.h. die untere Hälfte des Einheitskreises in der r-Ebene.

Abbildung 21.32 zeigt die speziellen Punkte und Bereiche in der r-Ebene.

Abbildung 21.33 zeigt den Betrag des Reflexionsfaktors und den Leistungsübertragungsfaktor bei ohmschen Widerständen für $Z_W = 50\,\Omega$. Der Betrag des Reflexionsfaktors nimmt bei einer Abweichung vom Anpassungspunkt $Z = R = 50\,\Omega$ schnell zu und geht asymptotisch gegen Eins. Der Leistungsübertragungsfaktor verläuft im Bereich um den Anpassungspunkt weniger steil; deshalb ist eine geringe Fehlanpassung bezüglich der Leistungsübertragung unkritisch. Im Bereich $20\,\Omega < Z = R < 130\,\Omega$ erhält man aus (21.38) $|r| < 0{,}45$ und aus (21.40) $k_P = 1 - |r|^2 > 0{,}8$; der Verlust an Übertragungsleistung ist in diesem Fall kleiner als 1 dB ($10 \log k_P = -0{,}97$ dB).

21.3.2.2 Einfluss einer Leitung auf den Reflexionsfaktor

Im Abschnitt 21.2.1 haben wir gezeigt, dass eine Leitung eine Impedanztransformation bewirkt. Wir können diese Impedanztransformation nun mit Hilfe des Reflexionsfaktors darstellen; dazu betrachten wir eine Leitung der Länge l mit einer Abschlussimpedanz

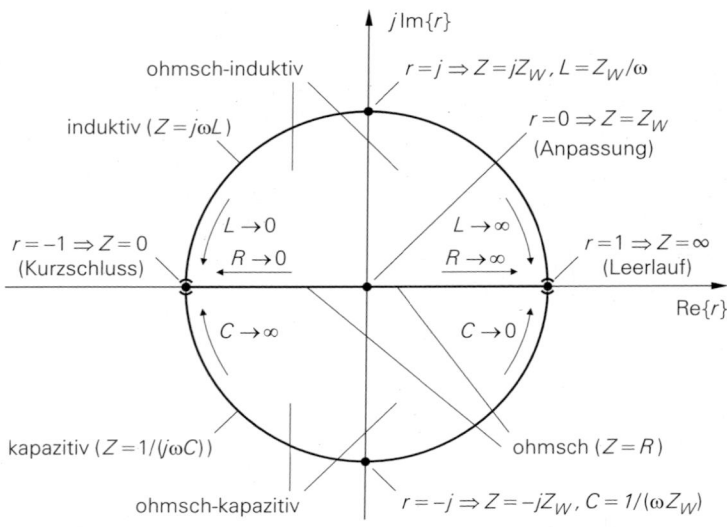

Abb. 21.32. Spezielle Punkte und Bereiche in der Reflexionsfaktor-Ebene (r-Ebene)

Z_2 und dem zugehörigen Reflexionsfaktor r_2 und berechnen den Reflexionsfaktor r_1 am Eingang der Leitung, siehe Abb. 21.34.

Für die Spannung entlang der Leitung gilt:

$$U(z) = U_f(z) + U_r(z) \overset{(21.6)}{=} U_f(0)\, e^{-\gamma_L z} + U_r(0)\, e^{\gamma_L z}$$

Dabei sind $U_f(0)$ und $U_r(0)$ die Spannungen der einfallenden und der reflektierten Welle am Punkt $z = 0$. Daraus erhält man mit (21.32) die Wellen $a(z)$ und $b(z)$ entlang der Leitung:

$$a(z) = \frac{U_f(z)}{\sqrt{Z_W}} = \frac{U_f(0)}{\sqrt{Z_W}}\, e^{-\gamma_L z} \quad, \quad b(z) = \frac{U_r(z)}{\sqrt{Z_W}} = \frac{U_r(0)}{\sqrt{Z_W}}\, e^{\gamma_L z}$$

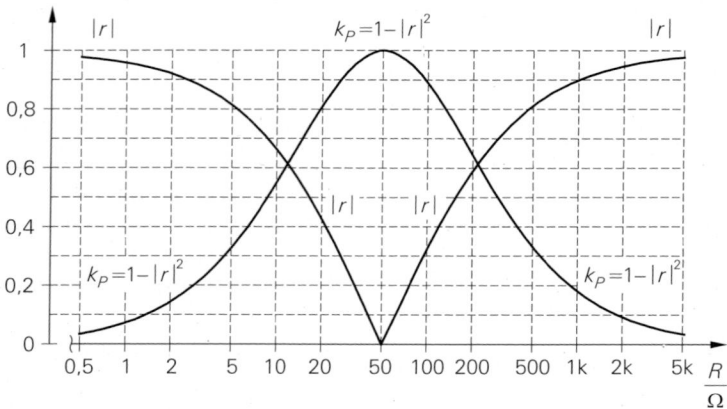

Abb. 21.33. Betrag des Reflexionsfaktors und Leistungsübertragungsfaktor $k_P = 1 - |r|^2$ bei ohmschen Widerständen für $Z_W = 50\,\Omega$

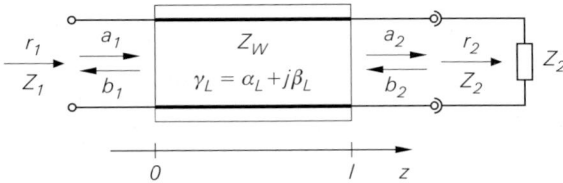

Abb. 21.34.
Einfluss einer Leitung auf den
Reflexionsfaktor

Damit kann man die Reflexionsfaktoren r_1 und r_2 berechnen:

$$r_1 = \frac{b_1}{a_1} = \frac{b(0)}{a(0)} = \frac{U_r(0)}{U_f(0)} \quad , \quad r_2 = \frac{b_2}{a_2} = \frac{b(l)}{a(l)} = \frac{U_r(0)}{U_f(0)} e^{2\gamma_L l}$$

Daraus folgt mit $\gamma_L = \alpha_L + j\beta_L$:

$$r_1 = r_2 e^{-2\gamma_L l} = r_2 e^{-2\alpha_L l} e^{-2j\beta_L l} \tag{21.41}$$

Demnach wird der Reflexionsfaktor durch die Leitung betragsmäßig mit der doppelten Dämpfungskonstante α_L gedämpft und mit der doppelten Phasenkonstante β_L gedreht.

Besonders wichtig ist der Fall einer verlustlosen Leitung; aus (21.41) folgt mit $\alpha_L = 0$:

$$r_1 = r_2 e^{-2j\beta_L l} \overset{\beta_L = 2\pi/\lambda}{=} r_2 e^{-j\frac{4\pi l}{\lambda}} \overset{\varphi = -4\pi l/\lambda}{=} r_2 e^{j\varphi} \tag{21.42}$$

In diesem Fall wird der Reflexionsfaktor nur gedreht, und zwar mit zwei Umdrehungen pro Wellenlänge im Uhrzeigersinn: $l = \lambda \Rightarrow \varphi = -4\pi$. Abbildung 21.35a zeigt dies am Beispiel eines Widerstands $Z_2 = R_2 = Z_W/3$ mit $r_2 = -1/2$ für den Fall, dass die Leitungslänge schrittweise um $\Delta l = \lambda/16$ zunimmt. Der Reflexionsfaktor wird zunächst in den ohmsch-induktiven Bereich gedreht. Für $l = \lambda/4$ ($\varphi = -\pi$) wird $r_1 = -r_2 = 1/2$ mit $Z_1 = Z_W^2/R_2 = 3Z_W$ erreicht; diese Eigenschaft einer $\lambda/4$-Leitung haben wir bereits in (21.26) und Abb. 21.11 beschrieben. Bei weiterer Zunahme der Leitungslänge wird der ohmsch-kapazitive Bereich durchlaufen, bis schließlich für $l = \lambda/2$ ($\varphi = -2\pi$) der Ausgangspunkt erreicht wird: $r_1 = r_2$. Der Reflexionsfaktor r_1 ist demnach mit $\Delta l = \lambda/2$ periodisch.

Abbildung 21.35b zeigt, dass eine kurze kurzgeschlossene Leitung ($r_2 = -1$) induktiv und eine kurze leerlaufende Leitung ($r_2 = 1$) kapazitiv wirkt; auch dies haben wir bereits in (21.27) und (21.28) sowie Abb. 21.11 beschrieben. Mit $l = \lambda/4$ wird der Kurzschluss zum Leerlauf und der Leerlauf zum Kurzschluss.

Bei Abschluss mit dem Wellenwiderstand ($Z_2 = Z_W$) gilt $r_2 = 0$. In diesem Fall ist die Drehung wirkungslos; es gilt $r_1 = 0$ und $Z_1 = Z_W$, unabhängig von der Länge der Leitung.

21.3.2.3 Stehwellenverhältnis

Wir betrachten nun den Verlauf des Spannungszeigers $U(z)$ entlang einer verlustlosen Leitung; aus (21.34) folgt unter Verwendung von (21.38) und (21.32):

$$U(z) = \sqrt{Z_W}\,(a(z) + b(z)) = \sqrt{Z_W}\,a(z)\,(1 + r(z)) = U_f(z)\,(1 + r(z)) \tag{21.43}$$

Dabei ist $U_f(z)$ der Spannungszeiger der einfallenden Welle und $r(z)$ der Reflexionsfaktor. Bei einer verlustlosen Leitung werden die Wellen nicht gedämpft; deshalb ist der Betrag des Spannungszeigers $U_f(z)$ entlang der Leitung konstant:

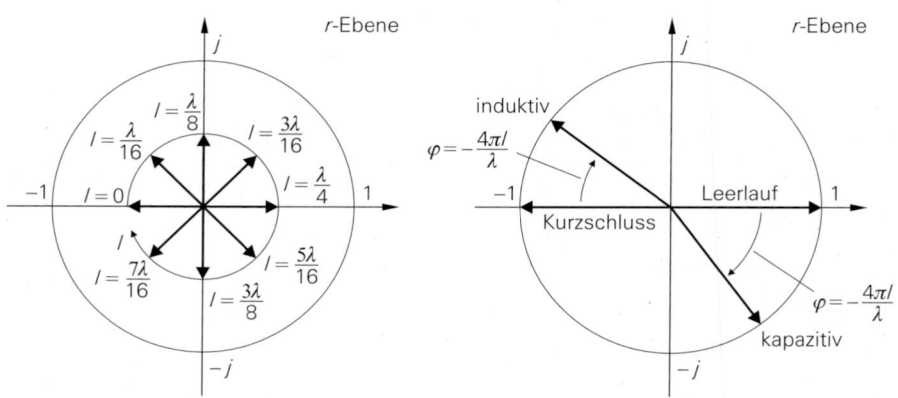

a Widerstand: $Z_2 = R_2 = Z_W/3$, $r_2 = -1/2$ **b** Kurzschluss ($r_2 = -1$) und Leerlauf ($r_2 = 1$)

Abb. 21.35. Drehung des Reflexionsfaktors bei einer verlustlosen Leitung

$$|U_f(z)| = |U_f| = \text{const.}$$

Damit erhält man aus (21.43) für den Betrag des Spannungszeigers $U(z)$:

$$|U(z)| = |U_f|\,|1 + r(z)| \tag{21.44}$$

Der Betrag des Reflexionsfaktors ist bei einer verlustlosen Leitung ebenfalls konstant:

$$|r(z)| = |r| = \text{const.}$$

Da der Reflexionsfaktor entlang der Leitung eine Drehung erfährt, nimmt der Faktor $|1 + r(z)|$ in (21.44) Werte im Bereich

$$1 - |r| \le |1 + r(z)| \le 1 + |r|$$

an; dadurch treten entlang der Leitung abwechselnd Punkte mit maximalem oder minimalem Betrag des Spannungszeigers $U(z)$ auf:

$$U_{max} = |U_f|\,(1 + |r|) \quad , \quad U_{min} = |U_f|\,(1 - |r|) \tag{21.45}$$

Man erhält eine stehende Welle mit dem *Stehwellenverhältnis* (*voltage standing wave ratio, VSWR*):

$$s = \frac{U_{max}}{U_{min}} = \frac{1 + |r|}{1 - |r|} \tag{21.46}$$

Im angepassten Fall ($r = 0$) wird das Stehwellenverhältnis zu Eins; in diesem Fall tritt keine stehende Welle auf und der Betrag des Spannungszeigers $U(z)$ ist über die gesamte Leitungslänge konstant: $|U(z)| = |U_f|$. Im reaktiven Fall ($|r| = 1$) nimmt das Stehwellenverhältnis den Wert Unendlich an; in diesem Fall gilt $U_{max} = 2|U_f|$ und $U_{min} = 0$. Der Abstand zwischen den Maxima und Minima beträgt $\lambda/4$ entsprechend einer Drehung des Reflexionsfaktors um den Winkel π (180°).

    Abbildung 21.36 zeigt eine stehende Welle auf einer verlustlosen Leitung der Länge $l = \lambda/2$ für den Fall $r_2 = 0{,}5\,e^{j\,30°}$. Für die Beträge der Reflexionsfaktoren gilt demnach $|r(z)| = |r| = |r_1| = |r_2| = 0{,}5$. Der Betrag des Spannungszeigers $U(z)$ ist gemäß (21.44) proportional zum Betrag des Faktors $1 + r(z)$; deshalb wird dieser Faktor in Abb. 21.36

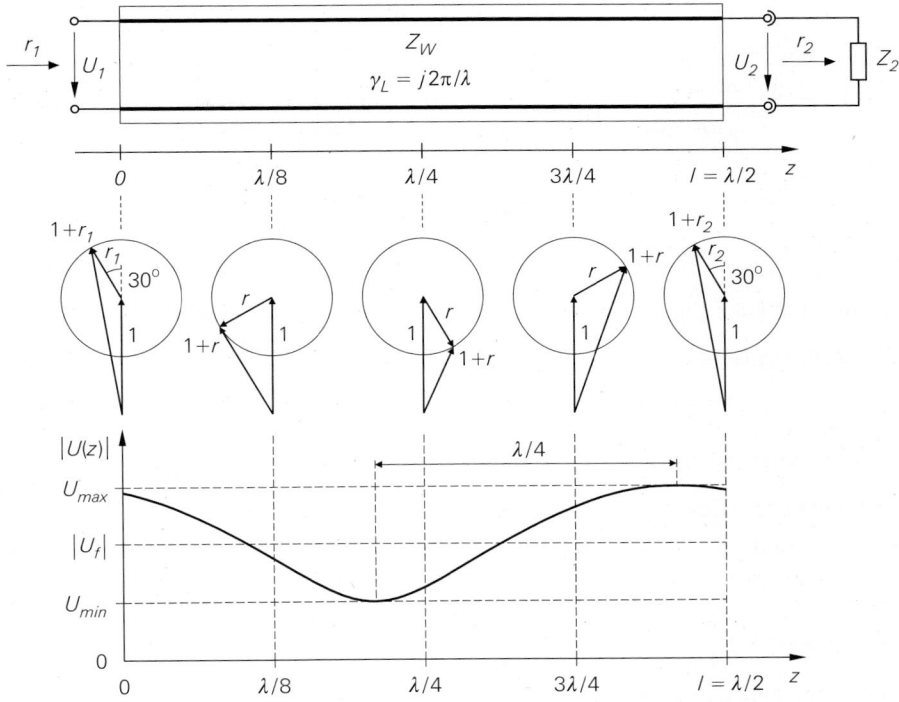

Abb. 21.36. Stehende Welle auf einer verlustlosen Leitung der Länge $\lambda/2$ für den Fall $r_2 = 0,5\,e^{j\,30°}$

an fünf Stellen im Abstand $\lambda/8$ geometrisch konstruiert. Da der Reflexionsfaktor bei einer Leitung mit $l = \lambda/2$ eine Drehung um den Winkel 2π (360°) erfährt, tritt genau ein Maximum und ein Minimum auf. Mit $|r| = 0,5$ erhält man aus (21.46) das Stehwellenverhältnis $s = 3$.

Das Stehwellenverhältnis ist auch für die übertragene Wirkleistung P von Bedeutung. Bei einer verlustlosen Leitung sind die Beträge der Wellengrößen und des Reflexionsfaktors entlang der Leitung konstant; dann gilt:

$$P = P_f - P_r = |a|^2 - |b|^2 = |a|^2\left(1 - |r|^2\right) = \frac{|U_f|^2}{Z_W}\left(1 - |r|^2\right)$$

Daraus folgt durch Einsetzen von (21.45):

$$P = \frac{U_{max}^2}{Z_W}\frac{1 - |r|^2}{(1 + |r|)^2} = \frac{U_{max}^2}{Z_W}\frac{1 - |r|}{1 + |r|} = \frac{1}{s}\frac{U_{max}^2}{Z_W} = \frac{P_{max}}{s}$$

Demnach ist die übertragene Wirkleistung P um das Stehwellenverhältnis geringer als die Wirkleistung P_{max}, die bei Anpassung und gleicher maximaler Spannung übertragen werden kann.

Das Stehwellenverhältnis hat in der Praxis eine große Bedeutung, da es mit einer Spannungs- bzw. E-Feld-Sonde durch Verschieben entlang der Leitung direkt gemessen werden kann; auch die Wellenlänge kann ermittelt werden. Aus dem gemessenen Stehwellenverhältnis kann man mit (21.46) den Betrag des Reflexionsfaktors berechnen:

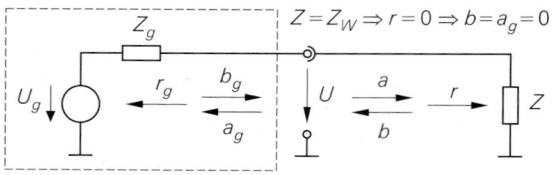

Abb. 21.37.
Wellenquelle

$$|r| = \frac{s-1}{s+1} \qquad (21.47)$$

Eine Bestimmung der Phase ist auf diesem Wege allerdings nicht möglich.

21.3.3 Wellenquelle

Eine Signalquelle mit Innenwiderstand wird als *Wellenquelle* bezeichnet; von ihr geht eine unabhängige Welle aus, während die bisher behandelten passiven Zweipole nur einfallende Wellen reflektieren. Abbildung 21.37 zeigt eine Wellenquelle mit den zugehörigen Größen.

21.3.3.1 Unabhängige Welle einer Wellenquelle

Die von der Quelle ausgehende Welle b_g setzt sich aus einem von der Quelle erzeugten Anteil $b_{g,0}$ und einem reflektierten Anteil $r_g a_g$ zusammen:

$$b_g = b_{g,0} + r_g a_g \qquad \text{mit } r_g = \frac{Z_g - Z_W}{Z_g + Z_W} \qquad (21.48)$$

Der von der Quelle erzeugte Anteil wird *unabhängige Welle* genannt, da er nicht von der einfallenden Welle a_g abhängt. Bei Belastung mit dem Wellenwiderstand $Z = Z_W$ gilt $r = 0$ und $b = a_g = 0$, siehe Abb. 21.37; in diesem Fall gilt $a = b_g = b_{g,0}$. Wir können demnach die unabhängige Welle $b_{g,0}$ bestimmen, in dem wir die Spannung U für den Fall $Z = Z_W$ berechnen und diese anschließend in eine Welle umrechnen; mit

$$U = \frac{U_g Z}{Z_g + Z} \overset{Z=Z_W}{=} \frac{U_g Z_W}{Z_g + Z_W} = \frac{U_g}{2}\left(1 - \frac{Z_g - Z_W}{Z_g + Z_W}\right) = \frac{U_g}{2}\left(1 - r_g\right)$$

sowie $a = b_g = b_{g,0}$ und $b = a_g = 0$ folgt aus (21.34):

$$\boxed{b_{g,0} = \frac{U}{\sqrt{Z_W}} = \frac{U_g}{2\sqrt{Z_W}}\left(1 - r_g\right)} \qquad (21.49)$$

Für eine angepasste Wellenquelle mit $Z_g = Z_W$ und $r_g = 0$ gilt:

$$b_{g,0} = \frac{U_g}{2\sqrt{Z_W}} \qquad (21.50)$$

21.3.3.2 Verfügbare Leistung

Bei Hochfrequenz-Verstärkern wird gewöhnlich die *verfügbare Leistungsverstärkung* angegeben; dabei wird die Leistung am Ausgang des Verstärkers nicht auf die der Quelle entnommene Leistung, sondern auf die *verfügbare Leistung* (*available power*) $P_{A,g}$ bezogen. Die verfügbare Leistung ist die maximale Wirkleistung, die einer Quelle bei Leistungsanpassung entnommen werden kann; es gilt [6]:

---

[6] Wir verwenden *Effektivwertzeiger*; mit Spitzenwertzeigern gilt $P_{A,g} = |\hat{U}_g|^2/(8\,\mathrm{Re}\,\{Z_g\})$.

$$P_{A,g} = \frac{|U_g|^2}{4\,\mathrm{Re}\,\{Z_g\}} \overset{Z_g=R_g}{=} \frac{|U_g|^2}{4R_g} \tag{21.51}$$

Für Berechnungen mit den Wellengrößen benötigten wir eine Darstellung mit Hilfe von $b_{g,0}$ und r_g. Aus (21.49) folgt:

$$|U_g|^2 = \frac{4\,Z_W\,|b_{g,0}|^2}{|1 - r_g|^2}$$

Daraus folgt mit

$$\mathrm{Re}\,\{Z_g\} = \mathrm{Re}\left\{Z_W\frac{1+r_g}{1-r_g}\right\} = \mathrm{Re}\left\{Z_W\frac{(1+r_g)(1-r_g^*)}{|1-r_g|^2}\right\} = Z_W\frac{1-|r_g|^2}{|1-r_g|^2}$$

durch Einsetzen in (21.51):

$$P_{A,g} = \frac{|b_{g,0}|^2}{1 - |r_g|^2} \tag{21.52}$$

Dabei ist zu beachten, dass $b_{g,0}$ ebenfalls von r_g abhängt, d.h. aus $|r_g| \to 1$ folgt *nicht* $P_{A,g} \to \infty$; vielmehr gilt $P_{A,g} = 0$ für $r_g = 1$ (eine Quelle mit $Z_g = \infty$ gibt keine Leistung ab) und $P_{A,g} = \infty$ für $r_g = -1$ (bei einer Quelle mit $Z_g = 0$ ist die Leistung nicht beschränkt).

21.3.4 S-Parameter

Wir wenden nun die Beschreibung mit Hilfe der Wellengrößen auf Vierpole an, indem wir die Spannungen und Ströme mit (21.36) und (21.37) in die entsprechenden Wellen umrechnen, siehe Abb. 21.38:

$$a_1 = \frac{1}{2}\left(\frac{U_1}{\sqrt{Z_W}} + I_1\sqrt{Z_W}\right) \quad,\quad b_1 = \frac{1}{2}\left(\frac{U_1}{\sqrt{Z_W}} - I_1\sqrt{Z_W}\right)$$

$$a_2 = \frac{1}{2}\left(\frac{U_2}{\sqrt{Z_W}} + I_2\sqrt{Z_W}\right) \quad,\quad b_2 = \frac{1}{2}\left(\frac{U_2}{\sqrt{Z_W}} - I_2\sqrt{Z_W}\right)$$

Dabei sind a_1 und a_2 die einfallenden Wellen und b_1 und b_2 die reflektierten bzw. ausfallenden Wellen.

21.3.4.1 S-Matrix

Die Zusammenhänge zwischen den Wellen werden in Form einer Matrix-Gleichung angegeben:

$$\begin{bmatrix} b_1 \\ b_2 \end{bmatrix} = \begin{bmatrix} S_{11} & S_{12} \\ S_{21} & S_{22} \end{bmatrix} \begin{bmatrix} a_1 \\ a_2 \end{bmatrix} \tag{21.53}$$

Die Parameter $S_{11} \ldots S_{22}$ werden *Streu-Parameter* (*scattering parameters*) oder *S-Parameter* genannt; sie bilden die *S-Matrix*. Die Beschreibung eines Vierpols mit S-Parametern ist äquivalent zur Beschreibung mit anderen Vierpol-Parametern, z.B. den in Abb. 21.38 gezeigten Y-Parametern oder den Z- oder H-Parametern. Allerdings sind die S-Parameter auf den Wellenwiderstand Z_W normiert; dieser muss deshalb immer mit angegeben werden. Abbildung 21.39 zeigt die Beschaltung des Vierpols zur Ermittlung

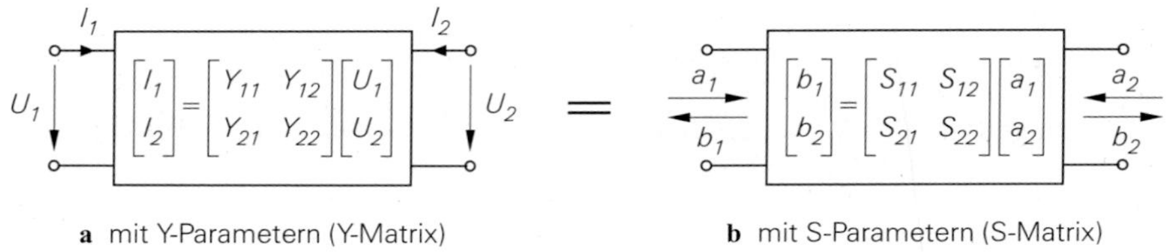
I_1
I_2
U_1
U_2
$\begin{bmatrix} I_1 \\ I_2 \end{bmatrix} = \begin{bmatrix} Y_{11} & Y_{12} \\ Y_{21} & Y_{22} \end{bmatrix} \begin{bmatrix} U_1 \\ U_2 \end{bmatrix}$
a_1
b_1
$\begin{bmatrix} b_1 \\ b_2 \end{bmatrix} = \begin{bmatrix} S_{11} & S_{12} \\ S_{21} & S_{22} \end{bmatrix} \begin{bmatrix} a_1 \\ a_2 \end{bmatrix}$
a_2
b_2
a mit Y-Parametern (Y-Matrix)
b mit S-Parametern (S-Matrix)

Abb. 21.38. Äquivalente Beschreibungen eines Vierpols

der S-Parameter. Wir bezeichnen das linke Anschlusspaar im folgenden als *Eingang* und das rechte als *Ausgang*, behalten aber die Indices *1* und *2* bei.

21.3.4.1.1 Eingangsreflexionsfaktor S_{11}

Der Parameter S_{11} entspricht dem *Eingangsreflexionsfaktor bei ausgangsseitigem Abschluss mit dem Wellenwiderstand*:

$$S_{11} = \left. \frac{b_1}{a_1} \right|_{a_2=0} \overset{(21.38)}{=} \left. r_1 \right|_{r_L=0} = \left. r_1 \right|_{R_L=Z_W} \tag{21.54}$$

Er ist ein Maß für die Eingangsimpedanz Z_e bei Betrieb mit einer Last $R_L = Z_W$:

$$\left. Z_e \right|_{R_L=Z_W} = \left. \frac{U_1}{I_1} \right|_{R_L=Z_W} \overset{(21.39)}{=} \left. Z_W \frac{1+r_1}{1-r_1} \right|_{R_L=Z_W} = Z_W \frac{1+S_{11}}{1-S_{11}}$$

Für $S_{11} = 0$ liegt eine Anpassung an den Wellenwiderstand vor: $Z_e = Z_W$.

21.3.4.1.2 Ausgangsreflexionsfaktor S_{22}

Der Parameter S_{22} entspricht dem *Ausgangsreflexionsfaktor bei eingangsseitigem Abschluss mit dem Wellenwiderstand*:

$$S_{22} = \left. \frac{b_2}{a_2} \right|_{a_1=0} \overset{(21.38)}{=} \left. r_2 \right|_{r_g=0} = \left. r_2 \right|_{R_g=Z_W} \tag{21.55}$$

Er ist ein Maß für die Ausgangsimpedanz Z_a bei Betrieb mit einer Quelle mit $R_g = Z_W$:

$$\left. Z_a \right|_{R_g=Z_W} = \left. \frac{U_2}{I_2} \right|_{R_g=Z_W} \overset{(21.39)}{=} \left. Z_W \frac{1+r_2}{1-r_2} \right|_{R_g=Z_W} = Z_W \frac{1+S_{22}}{1-S_{22}}$$

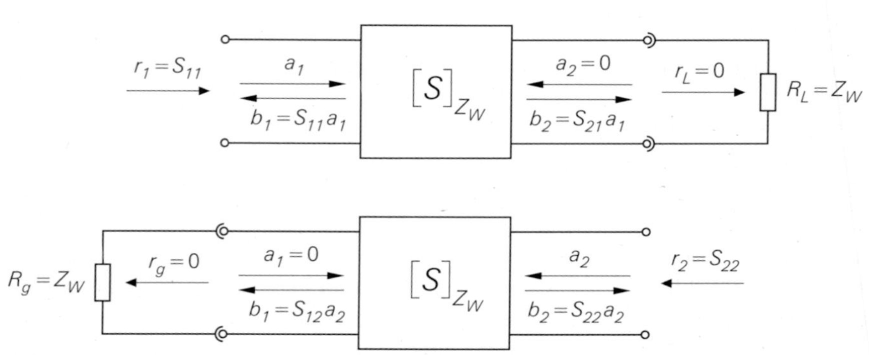
$r_1 = S_{11}$
a_1
$b_1 = S_{11} a_1$
$[S]_{Z_W}$
$a_2 = 0$
$b_2 = S_{21} a_1$
$r_L = 0$
$R_L = Z_W$
$R_g = Z_W$
$r_g = 0$
$a_1 = 0$
$b_1 = S_{12} a_2$
$[S]_{Z_W}$
a_2
$b_2 = S_{22} a_2$
$r_2 = S_{22}$

Abb. 21.39. Beschaltung zur Ermittlung der S-Parameter S_{11} und S_{21} (oben) sowie S_{12} und S_{22} (unten)

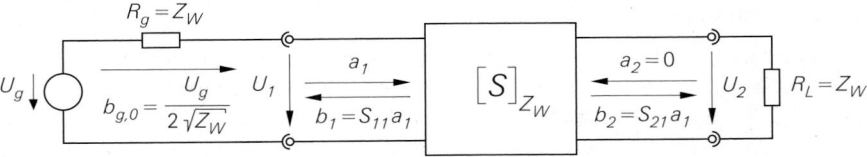

Abb. 21.40. Beschaltung zur Erläuterung von S_{21}

Für $S_{22} = 0$ liegt eine Anpassung an den Wellenwiderstand vor: $Z_a = Z_W$.

21.3.4.1.3 Vorwärts-Transmissionsfaktor S_{21}

Der Parameter S_{21} wird *Vorwärts-Transmissionsfaktor bei ausgangsseitigem Abschluss mit dem Wellenwiderstand* genannt und beschreibt das Übertragungsverhalten vom Eingang zum Ausgang:

$$S_{21} = \left. \frac{b_2}{a_1} \right|_{a_2=0} \tag{21.56}$$

Zur Erläuterung betrachten wir die Schaltung in Abb. 21.40, bei der der Eingang mit einer Quelle mit $R_g = Z_W$ und der Ausgang mit einer Last $R_L = Z_W$ beschaltet ist, und ermitteln den Zusammenhang zwischen S_{21} und der Betriebsverstärkung $A_B = U_2/U_g$. Für die Ausgangsspannung gilt:

$$U_2 \overset{(21.34)}{=} \sqrt{Z_W}\,(a_2 + b_2) \overset{a_2=0}{=} \sqrt{Z_W}\,b_2 = \sqrt{Z_W}\,S_{21}a_1 \tag{21.57}$$

Die einfallende Welle a_1 entspricht der unabhängigen Welle $b_{g,0}$ der Quelle, da wegen $R_g = Z_W$ kein reflektierter Anteil vorhanden ist:

$$a_1 = b_{g,0} \overset{(21.50)}{=} \frac{U_g}{2\sqrt{Z_W}}$$

Durch Einsetzen in (21.57) und Auflösen nach S_{21} folgt:

$$S_{21} = \frac{2U_2}{U_g} = \left. 2A_B \right|_{R_g=R_L=Z_W} \tag{21.58}$$

Demnach entspricht S_{21} der doppelten Betriebsverstärkung bei beidseitiger Beschaltung mit dem Wellenwiderstand.

21.3.4.1.4 Rückwärts-Transmissionsfaktor S_{12}

Der Parameter S_{12} wird *Rückwärts-Transmissionsfaktor bei eingangsseitigem Abschluss mit dem Wellenwiderstand* genannt und beschreibt das Übertragungsverhalten vom Ausgang zum Eingang:

$$S_{12} = \left. \frac{b_1}{a_2} \right|_{a_1=0} \tag{21.59}$$

Er entspricht der doppelten Rückwärts-Betriebsverstärkung.

21.3.4.1.5 Bezeichnung

Die S-Parameter werden in der Praxis entsprechend ihren Formelzeichen mit $S_{11}, \ldots, S_{22}$ bezeichnet; die Verwendung der ausgeschriebenen Bezeichnungen ist unüblich. Manchmal werden S_{11} und S_{22} nur als *Ein-* bzw. *Ausgangsreflexionsfaktor* und S_{21} und S_{12} nur als *Vorwärts-* bzw. *Rückwärts-Transmissionsfaktor* bezeichnet; dies ist jedoch irreführend, da diese Bezeichnungen auch allgemein, d.h. ohne Einhaltung der Abschluss-Bedingungen, verwendet werden. Wir verwenden diese Bezeichnungen nur zusammen mit dem jeweiligen Formelzeichen, z.B. *(Eingangs-) Reflexionsfaktor* S_{11}.

21.3.4.2 Messung der S-Parameter

Der Hauptvorteil der S-Parameter zeigt sich bei der Messung. Alle anderen Parameter (Y, Z, H, ...) müssen mit einem Kurzschluss oder einem Leerlauf am Ein- oder Ausgang gemessen werden; dabei stellt sich das Problem, *wo* der Ein- bzw. Ausgang ist, da bereits sehr kurze Zuleitungen eine spürbare Impedanztransformation bewirken können. Abbildung 21.35b zeigt, wie ein Kurzschluss im Abstand l mit zunehmender Frequenz (l/λ nimmt zu) als Induktivität wirkt; für $l = \lambda/4$ geht er in einen Leerlauf über und für $\lambda/4 < l < \lambda/2$ wirkt er als Kapazität. Im Gegensatz dazu werden die S-Parameter mit Abschlusswiderständen $R_g = R_L = Z_W$ gemessen, die über Leitungen mit dem Wellenwiderstand Z_W angeschlossen werden; in diesem Fall findet keine Impedanztransformation statt, d.h. die Abschluss-Bedingungen sind unabhängig von der Länge der Zuleitung für alle Frequenzen erfüllt.

Ein weiterer Vorteil der S-Parameter liegt darin, dass sie mit den Abschlusswiderständen gemessen werden, die auch bei normalem Betrieb vorliegen. Für diesen Fall ist der Vierpol, z.B. ein Verstärker, ausgelegt, so dass durch die Messbedingungen keine unzulässige Belastung verursacht wird; demgegenüber tritt bei einem Kurzschluss im allgemeinen eine zu hohe Strombelastung und bei einem Leerlauf aufgrund von ungedämpften Resonanzen in den Anpassnetzwerken eine zu hohe Spannungsbelastung auf.

21.3.4.3 Zusammenhang mit den Y-Parametern

In der Hochfrequenztechnik werden neben den S-Parametern auch die Y-Parameter verwendet, siehe Abb. 21.38:

$$\begin{bmatrix} I_1 \\ I_2 \end{bmatrix} = \begin{bmatrix} Y_{11} & Y_{12} \\ Y_{21} & Y_{22} \end{bmatrix} \begin{bmatrix} U_1 \\ U_2 \end{bmatrix} \tag{21.60}$$

Sie sind von Interesse, da ein direkter Zusammenhang zwischen den Y-Parametern und den im Abschnitt 4.2.2 genannten Kleinsignal-Kenngrößen eines Verstärkers besteht [7]:

$$Y_{11} = \frac{1}{r_e} \quad, \quad Y_{21} = S = -\frac{A}{r_a}$$

$$Y_{22} = \frac{1}{r_a} \quad, \quad Y_{12} = S_r = -\frac{A_r}{r_e} \tag{21.61}$$

Abbildung 21.41 zeigt die Umrechnung zwischen den S- und den Y-Parametern.

21.3.4.4 S-Parameter eines Transistors

Zur Verdeutlichung betrachten wir die S-Parameter eines Bipolartransistors in Emitterschaltung; wir verwenden dazu das Kleinsignalmodell in Abb. 21.42a, das wir aus

---

[7] Siehe (4.146)–(4.150) und (4.155)–(4.157).

$$S_{11} = \frac{1 + (Y_{22} - Y_{11})\, Z_W - \Delta_Y Z_W^2}{1 + (Y_{11} + Y_{22})\, Z_W + \Delta_Y Z_W^2} \qquad\qquad Y_{11} = \frac{1}{Z_W} \frac{1 - S_{11} + S_{22} - \Delta_S}{1 + S_{11} + S_{22} + \Delta_S}$$

$$S_{12} = \frac{-2 Y_{12} Z_W}{1 + (Y_{11} + Y_{22})\, Z_W + \Delta_Y Z_W^2} \qquad\qquad Y_{12} = \frac{1}{Z_W} \frac{-2 S_{12}}{1 + S_{11} + S_{22} + \Delta_S}$$

$$S_{21} = \frac{-2 Y_{21} Z_W}{1 + (Y_{11} + Y_{22})\, Z_W + \Delta_Y Z_W^2} \qquad\qquad Y_{21} = \frac{1}{Z_W} \frac{-2 S_{21}}{1 + S_{11} + S_{22} + \Delta_S}$$

$$S_{22} = \frac{1 + (Y_{11} - Y_{22})\, Z_W - \Delta_Y Z_W^2}{1 + (Y_{11} + Y_{22})\, Z_W + \Delta_Y Z_W^2} \qquad\qquad Y_{22} = \frac{1}{Z_W} \frac{1 + S_{11} - S_{22} - \Delta_S}{1 + S_{11} + S_{22} + \Delta_S}$$

$$\Delta_Y = Y_{11} Y_{22} - Y_{12} Y_{21} \qquad\qquad\qquad \Delta_S = S_{11} S_{22} - S_{12} S_{21}$$

Abb. 21.41. Umrechnung zwischen den S- und den Y-Parametern

Abb. 2.41 übernehmen. Für einen Fet erhält man nahezu gleiche Ergebnisse, da sich die Kleinsignalmodelle nur unwesentlich unterscheiden, siehe Abb. 3.49. Die S-Parameter werden in der Praxis immer für $Z_W = 50\,\Omega$ angegeben.

Die niederfrequenten Werte der Parameter S_{11} und S_{22} kann man auf einfache Weise bestimmen, da der Transistor bei niedrigen Frequenzen keine Rückwirkung aufweist; sie entsprechen den Reflexionsfaktoren r_1 am Eingang und r_2 am Ausgang, die man ohne Rückwirkung unmittelbar aus dem Eingangswiderstand r_e und dem Ausgangswiderstand r_a des Transistors bei niedrigen Frequenzen berechnen kann:

$$S_{11} \overset{(21.54)}{=} r_1 \overset{(21.38)}{=} \frac{r_e - Z_W}{r_e + Z_W}$$

$$S_{22} \overset{(21.55)}{=} r_2 \overset{(21.38)}{=} \frac{r_a - Z_W}{r_a + Z_W}$$

Aus Abb. 21.42a entnimmt man für niedrige Frequenzen $r_e = R_B + r_{BE}$ und $r_a = r_{CE}$; daraus folgt:

$$S_{11} = \frac{R_B + r_{BE} - Z_W}{R_B + r_{BE} + Z_W} \approx 1 - \frac{2 Z_W}{r_{BE}} \tag{21.62}$$

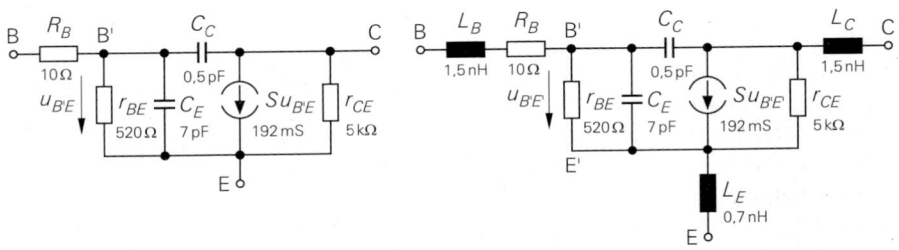

a ohne Gehäuse   **b** mit Gehäuse (vereinfacht)

Abb. 21.42. Kleinsignalmodell eines Bipolartransistors

$$S_{22} = \frac{r_{CE} - Z_W}{r_{CE} + Z_W} \approx 1 - \frac{2Z_W}{r_{CE}} \tag{21.63}$$

Für die Näherungen wird $R_B < Z_W \ll r_{BE}, r_{CE}$ angenommen. Zur Ermittlung von S_{21} berechnen wir zunächst die Betriebsverstärkung mit $R_g = R_L = Z_W$:

$$A_B = -\frac{r_{BE}}{Z_W + R_B + r_{BE}} S(Z_W \| r_{CE}) \approx -\frac{Sr_{BE} Z_W}{Z_W + r_{BE}} = -\frac{\beta Z_W}{Z_W + r_{BE}}$$

Dabei wird ebenfalls $R_B < Z_W \ll r_{BE}, r_{CE}$ angenommen. Mit (21.58) folgt:

$$S_{21} = 2A_B \approx -\frac{2\beta Z_W}{Z_W + r_{BE}} \tag{21.64}$$

Aufgrund der fehlenden Rückwirkung gilt $S_{12} = 0$. Damit können wir die Lage der niederfrequenten S-Parameter in der r-Ebene angeben: S_{11} und S_{22} liegen in der Nähe des Leerlaufpunkts $r = 1$, S_{12} liegt im Ursprung $r = 0$ und S_{21} auf der negativ reellen Achse außerhalb des Einheitskreises.

21.3.4.5 Ortskurven

Der Frequenzgang der S-Parameter wird in Form von Ortskurven in der r-Ebene angegeben; Abb. 21.43 zeigt dies für einen Bipolartransistor ohne Gehäuse mit dem Kleinsignalmodell in Abb. 21.42a und für einen Transistor mit Gehäuse mit dem Kleinsignalmodell in Abb. 21.42b, bei dem ein vereinfachtes Gehäusemodell mit drei Zuleitungsinduktivitäten verwendet wird. Die Kleinsignalparameter des Transistors wurden für $I_C = 5\,\text{mA}$, $\beta = 100$, $U_A = 25\,\text{V}$, $f_T = 4\,\text{GHz}$ und $C_C = 0,5\,\text{pF}$ mit Hilfe von Abb. 2.45 auf Seite 86 ermittelt; sie sind typisch für Hochfrequenz-Einzeltransistoren der BFR-Reihe. Durch Einsetzen von

$$S = 192\,\text{mS} \quad , \quad r_{BE} = 520\,\Omega \quad , \quad r_{CE} = 5\,\text{k}\Omega$$

und $Z_W = 50\,\Omega$ in (21.62)-(21.64) erhält man die niederfrequenten Werte der S-Parameter:

$$S_{11} = 0,83 \quad , \quad S_{12} = 0 \quad , \quad S_{21} = -16,9 \quad , \quad S_{22} = 0,98$$

Die Ortskurven in Abb. 21.43 beginnen für $f = 0$ bei diesen Werten und sind bis $f = 6\,\text{GHz}$ dargestellt. S_{11} und S_{22} verlaufen ohne Gehäuse im ohmsch-kapazitiven Bereich (Im$\{r\} < 0$). Mit Gehäuse tritt aufgrund der Zuleitungsinduktivitäten sowohl am Eingang als auch am Ausgang eine Serienresonanz auf, bei der die Impedanzen ohmsch werden (Im$\{r\} = 0$); oberhalb der Resonanzfrequenzen sind S_{11} und S_{22} induktiv (Im$\{r\} > 0$). S_{21} wird durch das Gehäuse nur wenig beeinflusst; mit zunehmender Frequenz nimmt der Betrag ab, wobei eine Phasendrehung von etwa $180°$ auftritt. Der Betrag von S_{12} ist ohne Gehäuse auch bei sehr hohen Frequenzen kleiner als 0,07, d.h. die Rückwirkung bleibt relativ klein; mit Gehäuse nimmt die Rückwirkung aufgrund der Zuleitungsinduktivitäten deutlich zu. Da die Rückwirkung ein Maß für die Stabilität ist (Rückwirkung → Rückkopplung → Oszillator), sind vor allem Hochfrequenz-Einzeltransistoren mit relativ langen Zuleitungen anfällig für parasitäre Schwingungen; deshalb sind im GHz-Bereich SMD-Gehäuse mit kleinen Zuleitungsinduktivitäten zwingend notwendig. In integrierten Schaltungen tritt dieses Problem nur bei den Schaltungsteilen auf, die mit äußeren Anschlüssen verbunden sind; im Inneren sind die Zuleitungsinduktivitäten im allgemeinen vernachlässigbar gering.

Beispiel: In Abb. 21.44 und Abb. 21.45 sind die S- und die Y-Parameter des Hochfrequenz-Einzeltransistors BFR93 für $I_C = 5\,\text{mA}$ und $U_{CE} = 5\,\text{V}$ dargestellt.

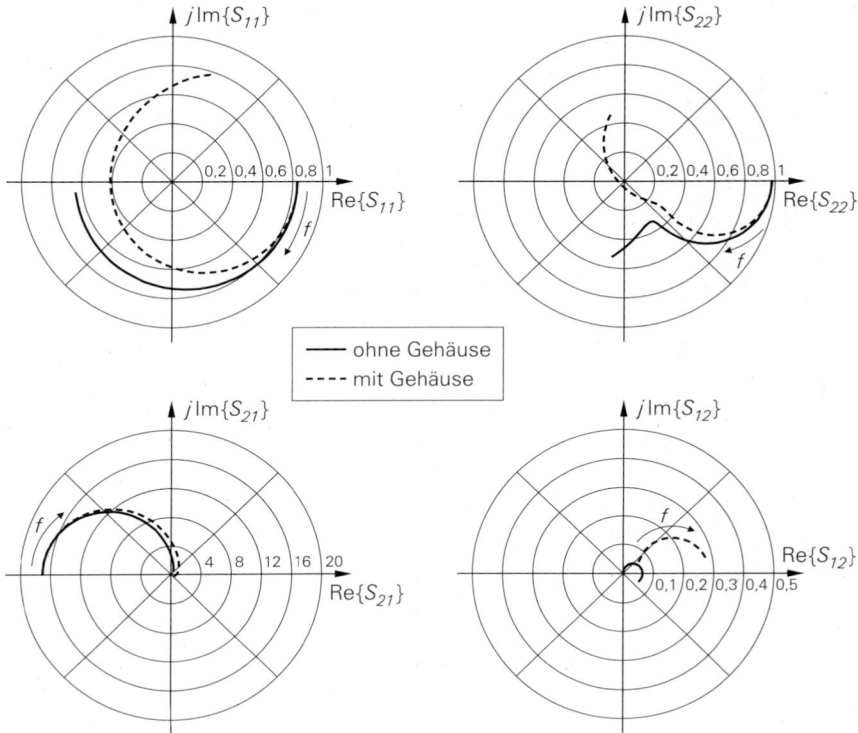

Abb. 21.43. S-Parameter eines Bipolartransistors ($Z_W = 50\,\Omega$)

Die Ortkurven der S-Parameter sind mit $Z_W = 50\,\Omega$ ermittelt und stimmen mit Ausnahme von S_{12} gut mit den prinzipiellen Verläufen in Abb. 21.43 überein. Die Abweichung bei S_{12} ist eine Folge der vereinfachten Modellierung des Gehäuses in Abb. 21.42b.

Nach Abb. 21.44 liegt die Serienresonanz am Eingang etwa bei 1 GHz, die am Ausgang etwa bei 5,5 GHz. Durch Vergleich der Ortskurven von S_{11} und Y_{11} erkennt man die Auswirkung der Rückwirkung: bei S_{11}, gemessen bei ausgangsseitigem Abschluss mit Z_W, liegt die Serienresonanz bei 1 GHz, bei Y_{11}, gemessen mit ausgangsseitigem Kurzschluss, dagegen bei 2 GHz (Im$\{Y_{11}\} = 0$). Die Betriebsbedingungen *Abschluss mit Z_W* und *Kurzschluss* sind dabei *kleinsignalmäßig* zu verstehen, d.h. der Ausgang wird über eine ausreichend große Kapazität mit einem Widerstand Z_W oder mit Masse verbunden.

Die Ortskurve für Y_{22} hat zwischen 230 MHz und 1,09 GHz einen negativen Realteil; in diesem Bereich ist der Transistor potentiell instabil. Schließt man am Ausgang eine Last Y_L mit Re$\{Y_{22} + Y_L\} < 0$ und Im$\{Y_{22} + Y_L\} = 0$ an [8], tritt eine parasitäre Schwingung auf; dies ist hier für Induktivitäten zwischen 16 nH ($Y_L = 1/(j\omega L) = -j\,9$ mS bei $f =$

---

[8] Ein Transistor ist genau dann instabil, wenn die Ein- oder Ausgangsadmittanz des Transistors zusammen mit der Admittanz der äußeren Beschaltung einen negativen Widerstand bildet; dazu muss Re$\{Y\} < 0$ und Im$\{Y\} = 0$ gelten. Dasselbe gilt für Impedanzen; hier muss Re$\{Z\} < 0$ und Im$\{Z\} = 0$ gelten. Man kann diese Bedingungen auf die gewohnten Schwingbedingungen für die Schleifenverstärkung und die Phase eines Oszillators zurückführen; dabei entspricht die Bedingung für den Realteil der Bedingung für die Schleifenverstärkung und die Bedingung für den Imaginärteil der Bedingung für die Phase.

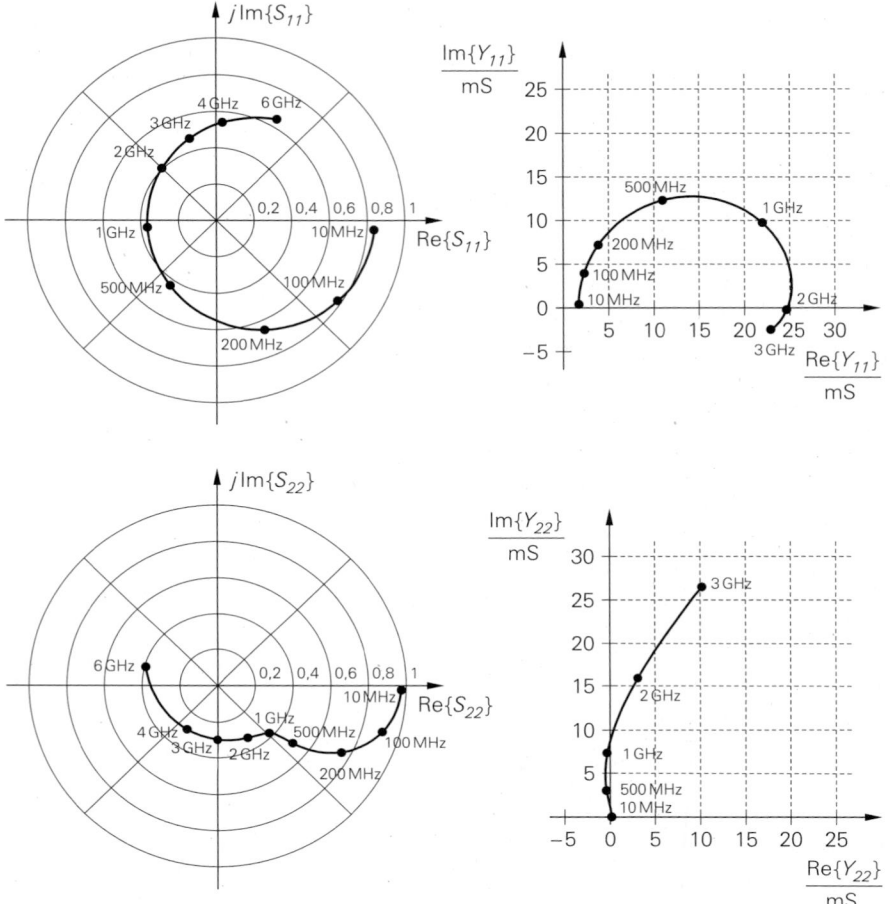

Abb. 21.44. Parameter des Hochfrequenz-Transistors BFR93 (Teil 1)

1,09 GHz) und 550 nH ($Y_L = 1/(j\omega L) = -j\,1,25$ mS bei $f = 230$ MHz) der Fall. Wird der Eingang dagegen mit $Z_W = 50\,\Omega$ abgeschlossen, tritt keine potentielle Instabilität auf, da die Ortskurve von S_{22} vollständig innerhalb des Einheitskreises der r-Ebene verläuft; daraus folgt für die Ausgangsimpedanz Re $\{Z_a\} > 0$ und für die Ausgangsadmittanz Re $\{Y_a\} > 0$. Dieses Verhalten ist typisch für Hochfrequenz-Transistoren; deshalb ist eine Messung der S-Parameter ohne Stabilitätsprobleme möglich, während bei der Messung von Y-, Z- oder H-Parametern parasitäre Schwingungen auftreten können, die eine korrekte Messung unmöglich machen.

21.4 Modulationsverfahren

Das zu übertragende Nutzsignal muss im allgemeinen in ein für die Übertragung geeignetes Sendesignal umgewandelt werden; diesen Vorgang nennt man *Modulation*, die dazu verwendeten Verfahren *Modulationsverfahren*. Man unterscheidet dabei zwischen einer *Übertragung im Basisband*, bei der das Nutzsignal in seinem ursprünglichen Frequenz-

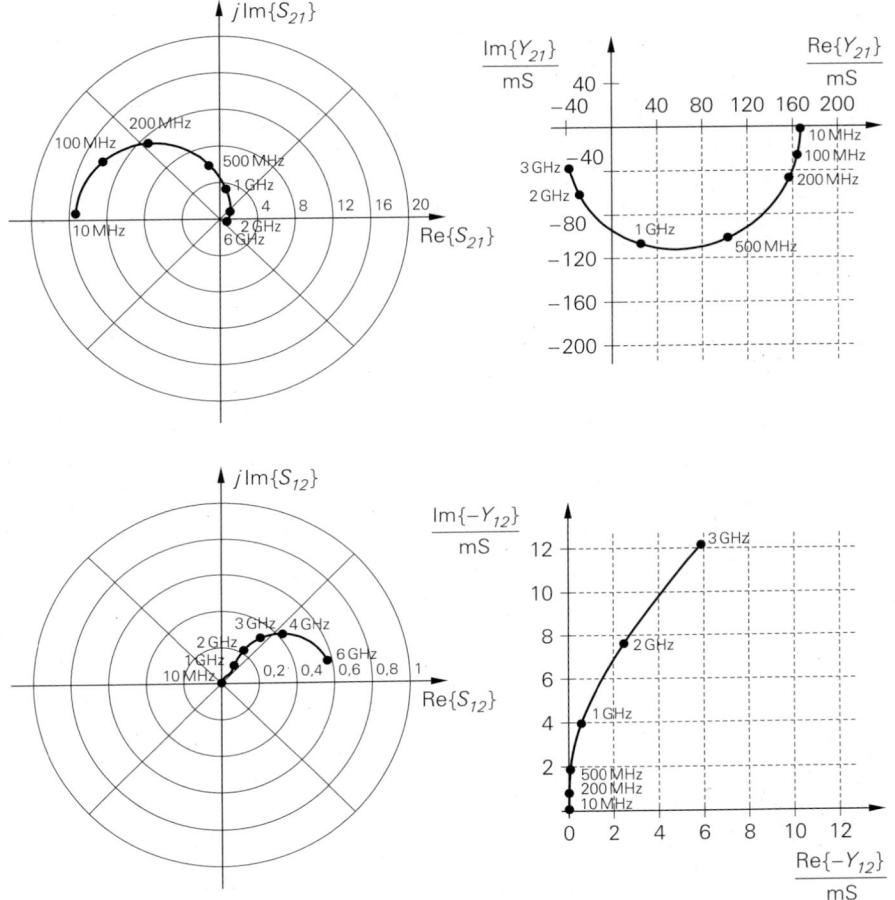

Abb. 21.45. Parameter des Hochfrequenz-Transistors BFR93 (Teil 2)

bereich übertragen wird, und einer *trägerfrequenten Übertragung*, bei der das Nutzsignal auf eine höhere Sendefrequenz umgesetzt wird. Die Übertragung im Basisband ist typisch für leitungsgebundene Systeme wie das Telefon; dabei kann das Nutzsignal im einfachsten Fall unverändert, d.h. ohne Modulation, übertragen werden, wie dies beim analogen Telefon der Fall ist. Es gibt aber auch leitungsgebundene Systeme, die eine trägerfrequente Übertragung verwenden; ein Beispiel hierfür ist die Übertragung von Rundfunk- und Fernsehsignalen über das Breitband-Kabelnetz. Die Übertragung über Lichtwellenleiter ist ebenfalls leitungsgebunden und für beide Übertragungsarten geeignet. Im Gegensatz dazu muss bei drahtlosen Systemen eine trägerfrequente Übertragung verwendet werden, da die Baugröße der benötigten Antennen umgekehrt proportional zur Sendefrequenz ist und eine direkte Übertragung niederfrequenter Signale extrem große Antennen erfordern würde. Darüber hinaus steht bei der drahtlosen Übertragung nur *ein* Übertragungskanal zur Verfügung, so dass die verschiedenen Systeme zwangsläufig verschiedene Frequenzbereiche benutzen müssen.

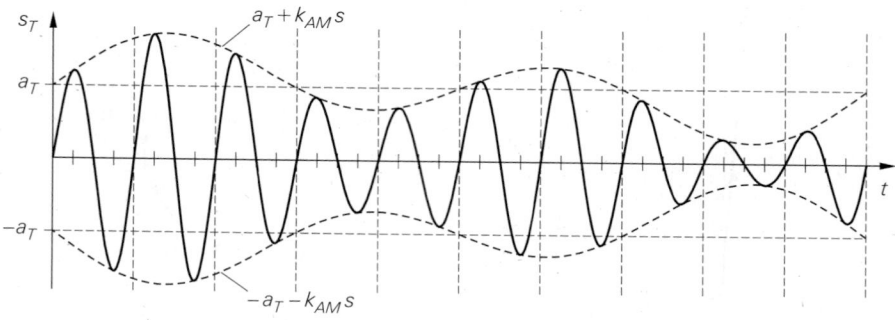

a Amplitudenmodulation (AM)

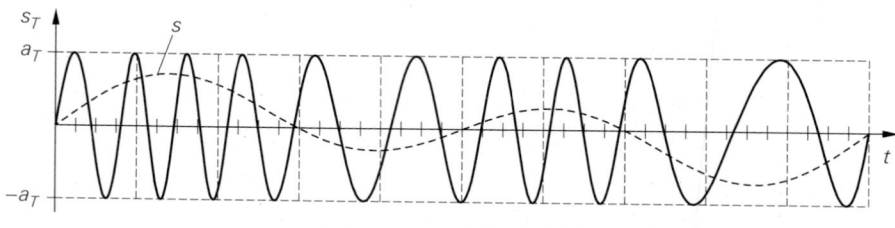

b Frequenzmodulation (FM)

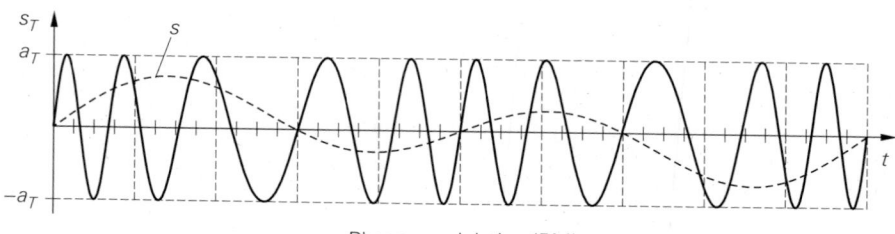

c Phasenmodulation (PM)

Abb. 21.46. Analoge Modulationsverfahren

Wir beschränken uns im folgenden auf die *trägerfrequente Übertragung*; dabei werden die Parameter *Amplitude*, *Frequenz* und *Phase* eines hochfrequenten *Trägersignals*

$$s_T(t) \;=\; a_T \cos \omega_T t \tag{21.65}$$

durch das Nutzsignal $s(t)$ variiert. Diese Variation erfolgt bei den *analogen Modulationsverfahren* direkt durch das Nutzsignal:

- *Amplitudenmodulation* (AM): $s_T(t) \;=\; [a_T + k_{AM}s(t)] \cos \omega_T t$
- *Frequenzmodulation* (FM): $s_T(t) \;=\; a_T \cos \left[\omega_T t + k_{FM} \int_0^t s(\tau)d\tau \right]$
- *Phasenmodulation* (PM): $s_T(t) \;=\; a_T \cos \left[\omega_T t + k_{PM}s(t) \right]$

Die Parameter k_{AM}, k_{FM} und k_{PM} sind ein Maß für die Stärke der Modulation. Abbildung 21.46 zeigt die modulierten Trägersignale für diese Verfahren. Da die Frequenz als Ableitung der Phase nach der Zeit definiert ist ($\omega = d\varphi/dt$), sind diese Parameter voneinander abhängig; deshalb werden die Frequenz- und die Phasenmodulation unter dem

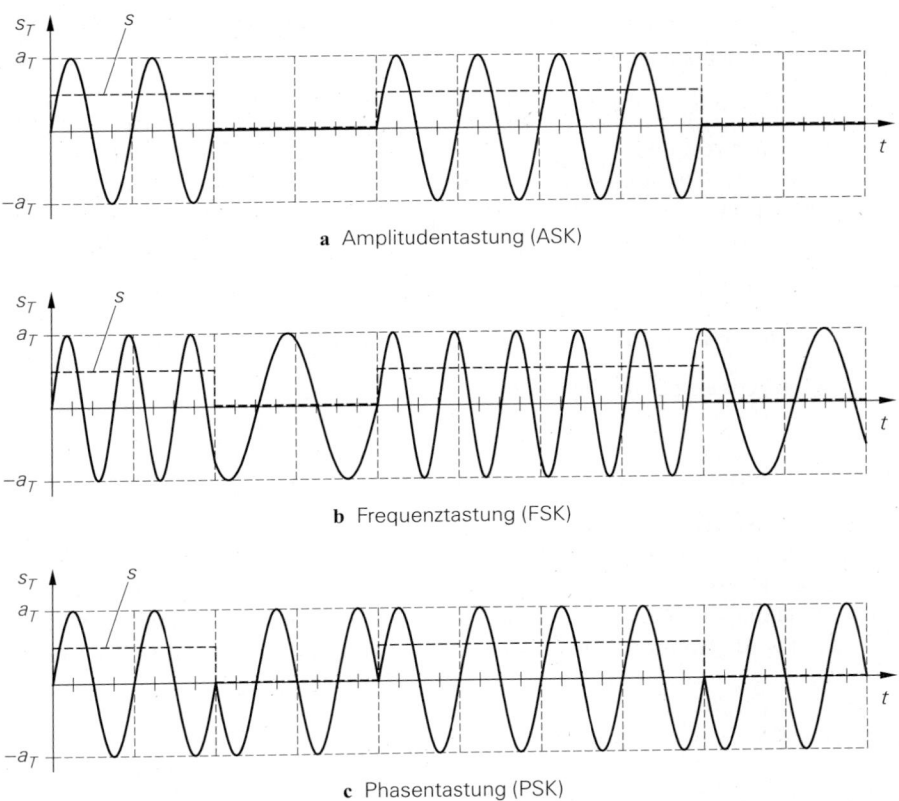

a Amplitudentastung (ASK)

b Frequenztastung (FSK)

c Phasentastung (PSK)

Abb. 21.47. Einfache digitale Modulationsverfahren

Begriff *Winkelmodulation* zusammengefasst. Die Amplituden- und die Frequenzmodulation sind die klassischen Verfahren der Rundfunktechnik: Langwellen- und Mittelwellen-Rundfunk verwenden AM, der UKW-Rundfunk FM. Wir gehen in den beiden folgenden Abschnitten näher auf diese Verfahren ein.

Die binäre Übertragung digitaler Signale erfolgt im einfachsten Fall dadurch, dass für $s(t)$ ein zweistufiges Rechtecksignal, z.B. $s(t) = 0$ für eine Null und $s(t) = 1$ für eine Eins, verwendet wird; in diesem Fall wird zwischen zwei Amplituden, zwei Frequenzen oder zwei Phasen umgeschaltet. Diese Modulation wird *Tastung*, die Modulationsverfahren werden *Amplitudentastung* (ASK, *amplitude shift keying*), *Frequenztastung* (FSK, *frequency shift keying*) und *Phasentastung* (PSK, *phase shift keying*) genannt; Abb. 21.47 zeigt die modulierten Trägersignale. Man kann auch mehr als zwei Stufen verwenden; die entsprechenden Verfahren werden n-ASK, n-FSK und n-PSK genannt, wobei n die Anzahl der Stufen ist. Die zweistufigen Verfahren werden deshalb auch 2-ASK, 2-FSK und 2-PSK genannt. Die Tastverfahren sind streng genommen keine eigenen Verfahren, da es sich um eine gewöhnliche AM, FM oder PM mit einem speziellen Nutzsignal handelt.

Darüber hinaus gibt es eine Vielzahl weiterer Modulationsverfahren, bei denen die Amplitude *und* die Phase moduliert wird. Bei diesen Verfahren besteht kein einfacher

Zusammenhang zwischen dem Nutzsignal $s(t)$ und dem modulierten Trägersignal $s_T(t)$; man kann dann die Darstellung

$$s_T(t) = a(t) \cos[\omega_T t + \varphi(t)] \tag{21.66}$$

mit der allgemeinen Amplitudenmodulation $a(t)$ und der allgemeinen Phasenmodulation $\varphi(t)$ verwenden. Der Zusammenhang zwischen $a(t)$ und $\varphi(t)$ und dem Nutzsignal $s(t)$ kennzeichnet das jeweilige Verfahren. In den meisten Fällen wird jedoch eine andere Darstellung verwendet, die auf einer trigonometrischen Umformung von (21.66) beruht:

$$\begin{aligned}
s_T(t) &= a(t) \cos[\omega_T t + \varphi(t)] \\
&= a(t) \cos \varphi(t) \cos \omega_T t - a(t) \sin \varphi(t) \sin \omega_T t \\
&= i(t) \cos \omega_T t - q(t) \sin \omega_T t
\end{aligned} \tag{21.67}$$

Die Signale

$$i(t) = a(t) \cos \varphi(t) \quad , \quad q(t) = a(t) \sin \varphi(t) \tag{21.68}$$

werden *Quadraturkomponenten* genannt; dabei ist $i(t)$ das *Inphase-Signal* und $q(t)$ das *Quadratur-Signal*. Man kann demnach ein amplituden- und phasenmoduliertes Signal als Differenz eines mit $i(t)$ amplitudenmodulierten Cosinus-Trägersignals und eines mit $q(t)$ amplitudenmodulierten Sinus-Trägersignals auffassen. Das zugehörige analoge Modulationsverfahren wird *Quadratur-Amplitudenmodulation* (QAM) genannt. Mit der Umkehrung [9]

$$a(t) = \sqrt{i^2(t) + q^2(t)} \quad , \quad \varphi(t) = \arctan \frac{q(t)}{i(t)} + \frac{\pi}{2}(1 - \operatorname{sign} i(t)) \tag{21.69}$$

gelangt man von der Darstellung mit den Quadraturkomponenten auf die Darstellung mit Amplituden- und Phasenmodulation.

Abbildung 21.48 zeigt eine Übersicht über die wichtigsten Modulationsverfahren. Bei allen modernen, trägerfrequenten Verfahren erzeugt der Modulator aus dem Nutzsignal zunächst die Quadraturkomponenten $i(t)$ und $q(t)$; daraus wird mit einem *I/Q-Mischer* gemäß (21.67) das modulierte Trägersignal gebildet. Wir gehen darauf im Abschnitt 21.4.3 noch näher ein. Die Übertragung im Basisband erfolgt entweder direkt, d.h. ohne Modulation, oder mit Pulsmodulationsverfahren, bei denen die zu übertragende Nachricht digitalisiert und in geeignete Pulsmuster umcodiert wird, siehe [21.5]. Wir gehen darauf nicht weiter ein.

21.4.1 Amplitudenmodulation

Bei der *Amplitudenmodulation* (AM) wird die Amplitude des Trägersignals $s_T(t)$ durch das zu übertragende Nutzsignal $s(t)$ moduliert; die Phase des Trägersignals bleibt konstant. Man unterscheidet zwischen der *Amplitudenmodulation mit Träger* und der *Amplitudenmodulation ohne Träger*:

$$s_T(t) = \begin{cases} [a_T + k_{AM} s(t)] \cos \omega_T t & \text{AM mit Träger} \\ k_{AM} s(t) \cos \omega_T t & \text{AM ohne Träger} \end{cases} \tag{21.70}$$

---

[9] Für die *Signum-Funktion* gilt: $\operatorname{sign} x = 1$ für $x > 0$, $\operatorname{sign} x = 0$ für $x = 0$, $\operatorname{sign} x = -1$ für $x < 0$.

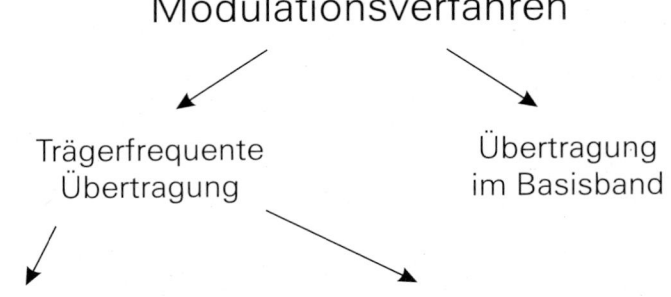

Modulationsverfahren

Trägerfrequente
Übertragung

Übertragung
im Basisband

analoge Verfahren:

Amplitudenmodulation (AM)
Frequenzmodulation (FM)
Phasenmodulation (PM)
Quadratur-Amplitudenmodulation (QAM)
Einseitenbandmodulation (ESB/SSB)

digitale Verfahren:

Amplitudentastung (n-ASK)
Frequenztastung (n-FSK)
Phasentastung (n-PSK,QPSK,DQPSK,...)
Quadratur-Amplitudentastung (n-QAM)
Verfahren mit kontinuierlicher Phase
  (continuous phase, CPFSK,MSK,GMSK) ·
Weitere Verfahren (OFDM,CDMA,...)

Abb. 21.48. Übersicht über die wichtigsten Modulationsverfahren

21.4.1.1 Darstellung im Zeitbereich

Für ein sinusförmiges Nutzsignal

$$s(t) = a_s \cos \omega_s t$$

erhält man bei der AM mit Träger

$$s_T(t) = [a_T + k_{AM} a_s \cos \omega_s t] \cos \omega_T t \tag{21.71}$$

$$= \underbrace{a_T \cos \omega_T t}_{\substack{\text{unmoduliertes} \\ \text{Trägersignal} \\ s_{T,u}(t)}} + \underbrace{\frac{k_{AM} a_s}{2} \cos(\omega_T - \omega_s) t}_{\substack{\text{Nutzsignal im} \\ \text{unteren Seitenband} \\ s_{USB}(t)}} + \underbrace{\frac{k_{AM} a_s}{2} \cos(\omega_T + \omega_s) t}_{\substack{\text{Nutzsignal im} \\ \text{oberen Seitenband} \\ s_{OSB}(t)}}$$

Das modulierte Trägersignal besteht demnach aus dem *unmodulierten Trägersignal*, einem Nutzsignal bei der Frequenz $f_T - f_s$ im *unteren Seitenband* und einem Nutzsignal bei der Frequenz $f_T + f_s$ im *oberen Seitenband*. Bei der AM ohne Träger entfällt das unmodulierte Trägersignal. Wegen des doppelten Auftretens des Nutzsignals in den beiden Seitenbändern wird die AM auch als *Zweiseitenbandmodulation* bezeichnet. Abbildung 21.49 zeigt die bei der AM auftretenden Teilsignale sowie die modulierten Trägersignale mit und ohne Träger.

    Der Betrag der Amplitude des modulierten Trägersignals wird *Hüllkurve $s_{T,H}$* genannt:

$$s_{T,H} = \begin{cases} |a_T + k_{AM} s(t)| & \text{AM mit Träger} \\ |k_{AM} s(t)| & \text{AM ohne Träger} \end{cases}$$

Bei der AM mit Träger setzt sich die Hüllkurve aus dem Nutzsignal und der Trägeramplitude zusammen, solange der *Modulationsgrad*

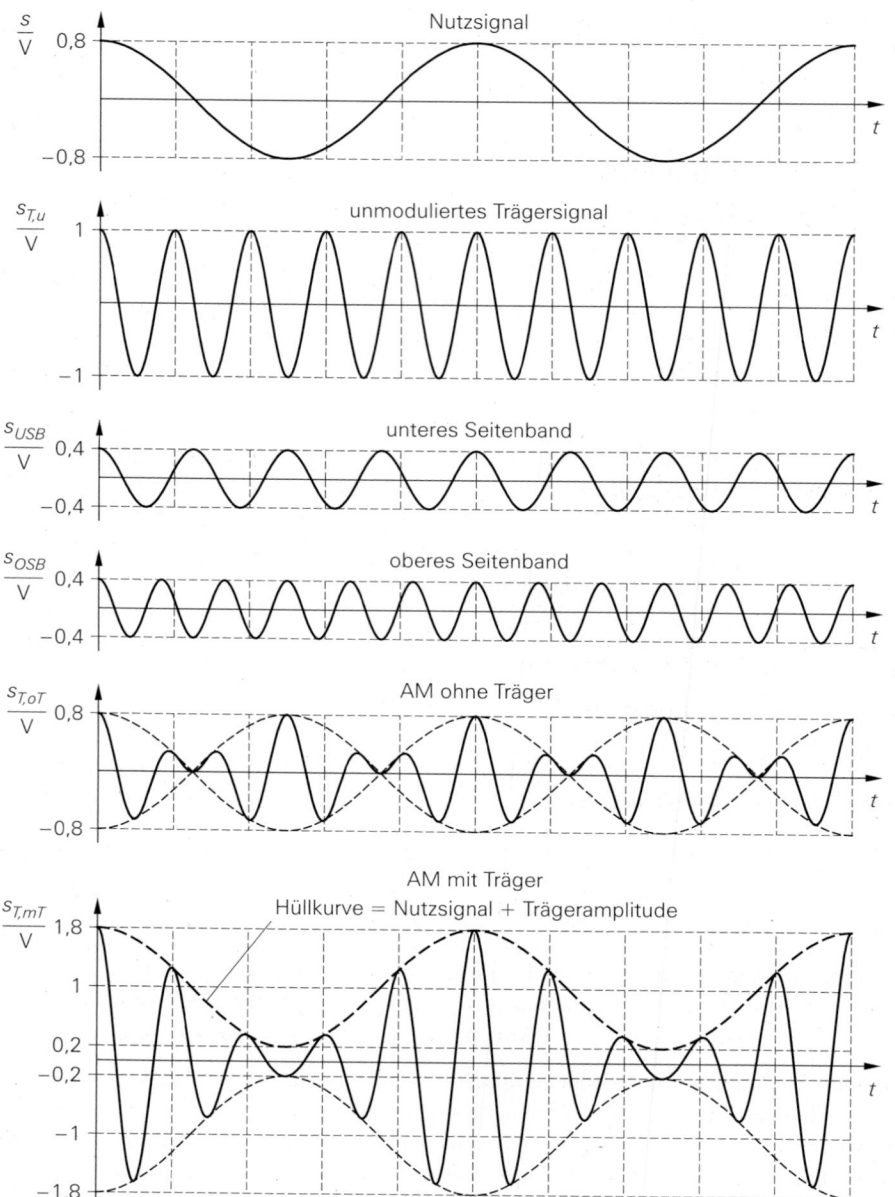

Abb. 21.49. Signale bei Amplitudenmodulation

$$m = \frac{k_{AM} a_s}{a_T} \tag{21.72}$$

kleiner als Eins bleibt; dann gilt:

$$a_T + k_{AM} s(t) > 0$$

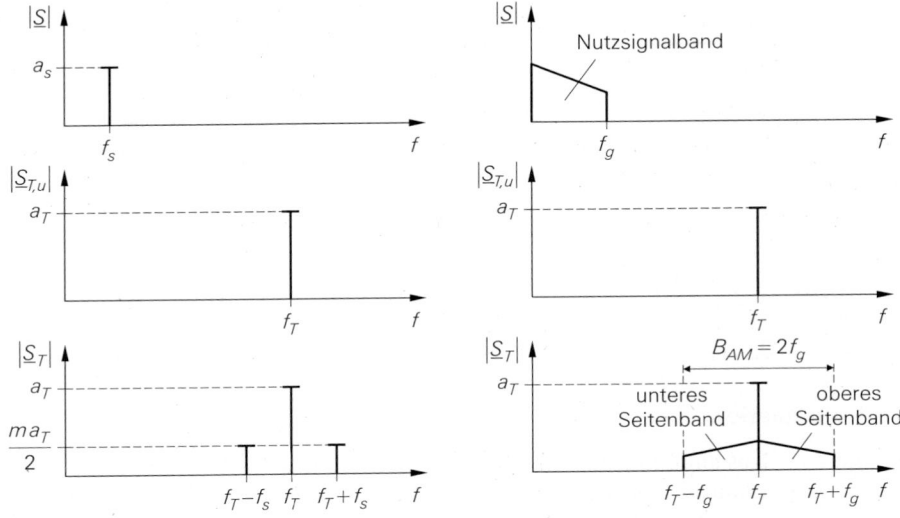

a Modulation mit einem Sinussignal   **b** Modulation mit einem allgemeinen Signal

Abb. 21.50. Darstellung der Amplitudenmodulation mit Träger im Frequenzbereich. Bei AM ohne Träger fehlt der Träger im modulierten Signal.

Abbildung 21.49 zeigt dies für $m = 0{,}8$. In diesem Fall kann man das Nutzsignal durch eine Spitzenwertgleichrichtung des modulierten Trägersignals mit anschließender Abtrennung des Gleichanteils zurückgewinnen. Diese Art der Demodulation wird *Hüllkurvendetektion* genannt. Aufgrund dieser einfachen Möglichkeit zur Demodulation wird beim AM-Rundfunk ausschließlich die AM mit Träger verwendet.

21.4.1.2 Darstellung im Frequenzbereich

Die frequenzmäßige Darstellung der AM mit Träger für den Fall einer sinusförmigen Modulation ist bereits durch (21.71) gegeben; mit (21.72) folgt:

$$s_T(t) = a_T \cos \omega_T t + \frac{m a_T}{2} \cos(\omega_T - \omega_s) t + \frac{m a_T}{2} \cos(\omega_T + \omega_s) t$$

Abbildung 21.50a zeigt die Betragsspektren des Nutzsignals, des unmodulierten Trägers und des modulierten Trägers. Da die AM ein *lineares Modulationsverfahren* ist, kann man die Seitenbänder für eine beliebige Kombination aus Nutzsignalen durch Überlagerung der Seitenbänder der einzelnen Nutzsignale bilden; deshalb entsprechen die Seitenbänder eines mit einem allgemeinen Signal modulierten Trägers dem Nutzsignalband, wobei das obere Seitenband in *Gleichlage*, das untere in *Kehrlage*, d.h. mit invertierter Frequenzfolge, auftritt, siehe Abb. 21.50b. Die Bandbreite des modulierten Trägers entspricht demnach der doppelten oberen Grenzfrequenz des Nutzsignals:

$$B_{AM} = 2f_g \tag{21.73}$$

Bei der AM ohne Träger fehlt der Trägeranteil im modulierten Signal.

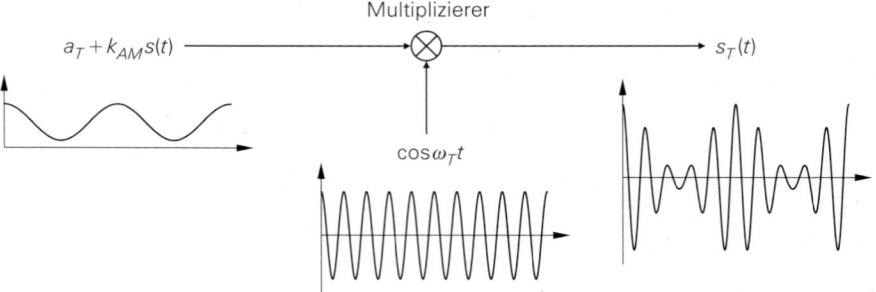

Abb. 21.51. Amplitudenmodulator mit Multiplizierer

21.4.1.3 Modulation

Zur Erzeugung eines amplitudenmodulierten Signals muss man nach (21.70) einen Multiplizierer und ein sinusförmiges Trägersignal $\cos \omega_T t$ verwenden. Abbildung 21.51 zeigt dies für den Fall einer AM mit Träger.

Man kann anstelle des sinusförmigen Trägersignals $\cos \omega_T t$ ein Rechtecksignal mit den Amplitudenwerten 0 und 1 und der Periodendauer $T_T = 1/f_T$ verwenden; in diesem Fall wird nur noch mit 0 und 1 multipliziert und der Multiplizierer kann durch einen Schalter ersetzt werden. Aus der Fourierreihe des Rechtecksignals

$$s_{T,u}(t) = \begin{cases} 1 & \text{für } nT_T \le t < (n+1/2)T_T \\ 0 & \text{für } (n+1/2) \le t < (n+1)T_T \end{cases} \quad n \text{ ganzzahlig}$$

$$= \frac{1}{2} + \frac{2}{\pi} \cos \omega_T t - \frac{2}{3\pi} \cos 3\omega_T t + \frac{2}{5\pi} \cos 5\omega_T t + \cdots$$

$$= \frac{1}{2} + \frac{2}{\pi} \sum_{n=0}^{\infty} \frac{(-1)^n}{2n+1} \cos (2n+1) \omega_T t$$

entnimmt man, dass neben dem gewünschten Träger mit der Frequenz f_T weitere Trägeranteile bei ungeradzahligen Vielfachen von f_T sowie ein Gleichanteil auftreten. Jeder dieser Anteile wird durch das Nutzsignal moduliert und erhält entsprechende Seitenbänder. Aus diesem Gemisch wird mit Hilfe eines Bandpasses der gewünschte Träger mit seinen Seitenbändern ausgefiltert. Abbildung 21.52 zeigt den Amplitudenmodulator mit Schalter einschließlich der zeit- und frequenzmäßigen Darstellung der Signale. Wenn das Rechtecksignal nicht symmetrisch ist (Tastverhältnis $\neq$ 50%), treten zusätzliche Trägeranteile bei allen geradzahligen Vielfachen von f_T auf; gleichzeitig nimmt die Amplitude des gewünschten Trägers ab. Als Schalter kann man elektronische Schalter mit Fets oder die im Kapitel 25 beschriebenen Mischer einsetzen.

Abbildung 21.53 zeigt ein Schaltungsbeispiel mit einem Mosfet als Kurzschluss-Schalter und einem zweikreisigen Bandpass zur Ausfilterung des gewünschten Trägers und der zugehörigen Seitenbänder. Die Spannung U_S entspricht dem Signal $a_T + k_{AM}s(t)$ in Abb. 21.52; sie muss größer Null sein, damit man eine AM mit Träger erhält. Der Verstärker wird zur Entkopplung von Schalter und Filter benötigt; die Dimensionierung eines zweikreisigen Bandpasses wird im Abschnitt 23.2 beschrieben.

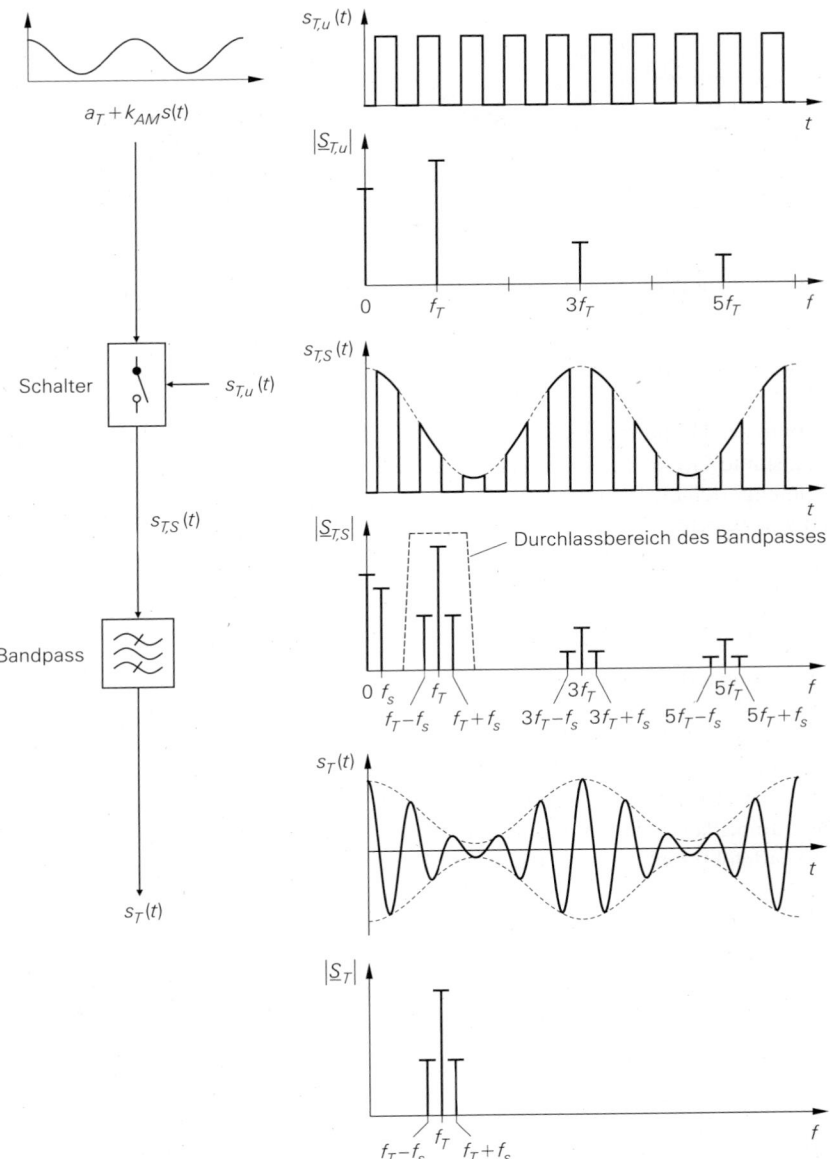

Abb. 21.52. Amplitudenmodulator mit Schalter

21.4.1.4 Demodulation

21.4.1.4.1 Hüllkurvendetektor

Zur Demodulation einer AM mit Träger kann man den in Abb. 21.54 gezeigten *Hüllkurvendetektor* verwenden; er besteht aus einem Spitzenwertgleichrichter mit verlustbehaftetem Speicherglied (R_{Gl}, C_{Gl}) und einem Hochpass (C_k, R_L) zur Abtrennung des Gleichanteils. Für eine korrekte Demodulation müssen folgende Bedingungen erfüllt sein:

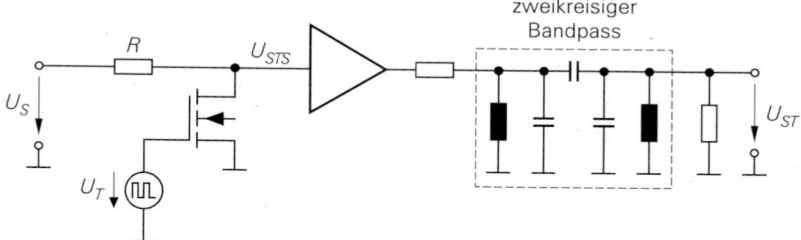

Abb. 21.53. Beispiel für einen Amplitudenmodulator mit Kurzschluss-Schalter

- die Trägerfrequenz muss wesentlich höher sein als die maximale Frequenz des Nutzsignals;
- das Minimum der Hüllkurve muss größer sein als die Durchlassspannung der Diode;
- die Zeitkonstante $T_{Gl} = C_{Gl}(R_{Gl} \parallel R_L)$ des Speichergliedes muss so gewählt werden, dass die gleichgerichtete Spannung der Hüllkurve folgen kann (die Kapazität C_k kann im Bereich der Trägerfrequenz als Kurzschluss betrachtet werden; deshalb wird $R_{Gl} \parallel R_L$ wirksam);
- das Nutzsignal muss ein reines Wechselspannungssignal sein, da der Hochpass neben dem durch den Träger verursachten Gleichanteil auch den Gleichanteil des Nutzsignals unterdrückt;
- Die Grenzfrequenz des Hochpasses muss kleiner sein als die minimale Frequenz des Nutzsignals.

Der Hauptvorteil des Hüllkurvendetektors ist sein einfacher Aufbau. Nachteilig ist die Nichtlinearität aufgrund der nichtlinearen Kennlinie der Diode, vor allem im Bereich kleiner Trägeramplituden; dadurch wird der Aussteuerungsbereich nach unten begrenzt. Der Hüllkurvendetektor wird in einfachen AM-Rundfunkempfängern eingesetzt.

21.4.1.4.2 Synchrondemodulator

Eine qualitativ bessere, schaltungstechnisch jedoch wesentlich aufwendigere Demodulation ist die *Synchrondemodulation*; dabei wird das modulierte Trägersignal mit einem unmodulierten Trägersignal gleicher Frequenz und gleicher Phase multipliziert. Für ein

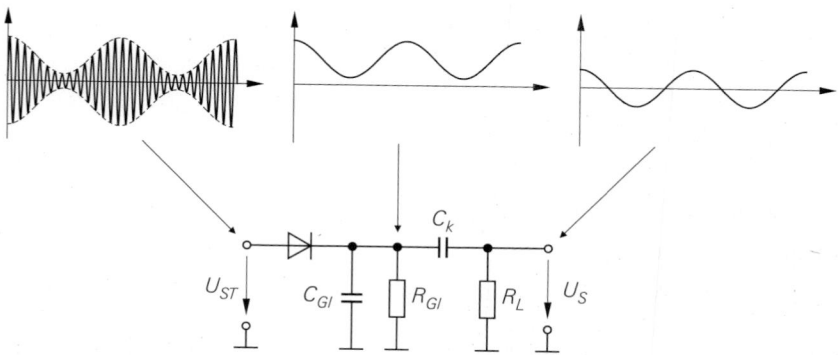

Abb. 21.54. Hüllkurvendetektor

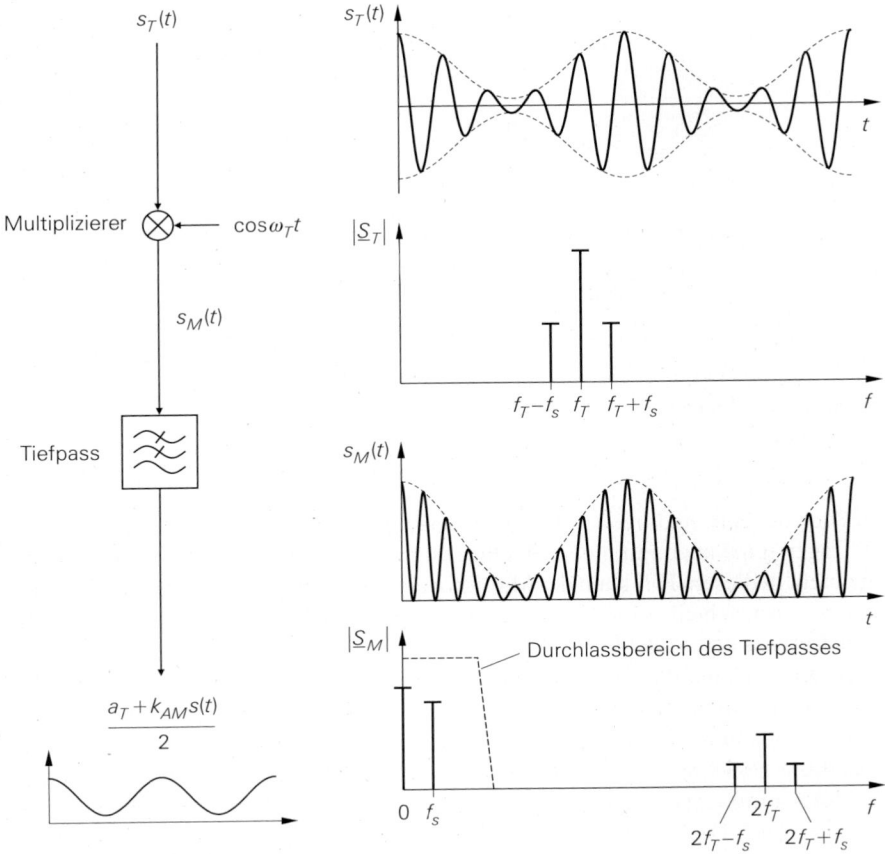

Abb. 21.55. Synchrondemodulator

sinusförmig moduliertes Trägersignal erhält man:

$$s_M(t) = s_T(t) \cos \omega_T t \qquad (21.74)$$

$$= [a_T + k_{AM} a_s \cos \omega_s t] \cos \omega_T t \ \cos \omega_T t$$

$$= [a_T + k_{AM} a_s \cos \omega_s t] \frac{1 + \cos 2\omega_T t}{2}$$

$$= \frac{a_T}{2} + \frac{k_{AM} a_s}{2} \cos \omega_s t + \frac{a_T}{2} \cos 2\omega_T t$$

$$+ \frac{k_{AM} a_s}{4} \cos(2\omega_T - \omega_s)t + \frac{k_{AM} a_s}{4} \cos(2\omega_T + \omega_s)t$$

Das Produktsignal $s_M(t)$ enthält neben dem gewünschten Anteil

$$a_T + k_{AM} a_s \cos \omega_s t$$

mit der Gewichtung $1/2$ weitere Anteile im Bereich der doppelten Trägerfrequenz; letztere werden mit einem Tiefpass unterdrückt. Abbildung 21.55 zeigt den *Synchrondemodulator*

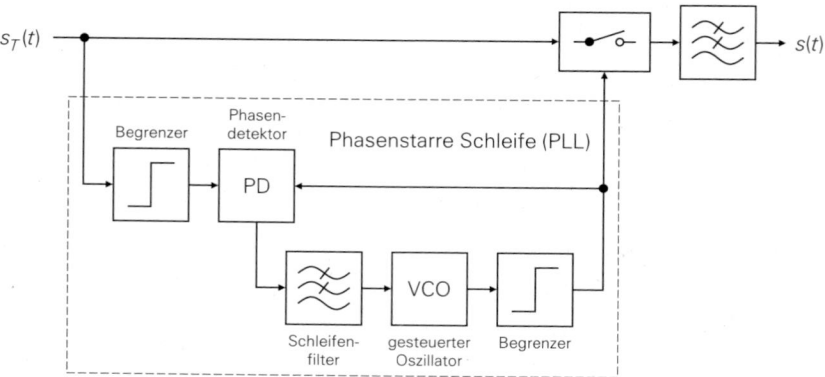

Abb. 21.56. Synchrondemodulator mit Schalter und phasenstarrer Schleife zur Trägerrückgewinnung

einschließlich der zeit- und frequenzmäßigen Darstellung der Signale. Man kann das modulierte Trägersignal auch mit einem Rechtecksignal mit der Periodendauer $T_T = 1/f_T$ multiplizieren; in diesem Fall kann der Multiplizierer durch einen Schalter ersetzt werden. Die dadurch verursachten zusätzlichen Anteile im Produktsignal $s_M(t)$ werden ebenfalls durch den Tiefpass unterdrückt.

Der Synchrondemodulator mit Multiplizierer bzw. Schalter entspricht weitgehend dem Amplitudenmodulator mit Multiplizierer bzw. Schalter; sie unterscheiden sich nur bezüglich der benötigten Filter. Im Modulator erfordert der Einsatz eines Schalters einen zusätzlichen Bandpass zur Unterdrückung der unerwünschten Anteile; dagegen wird der Tiefpass im Demodulator immer benötigt, unabhängig davon, ob ein Multiplizierer oder ein Schalter verwendet wird. Deshalb wird der Synchrondemodulator in der Praxis grundsätzlich mit einem elektronischen Schalter oder einem der im Kapitel 25 beschriebenen Mischer ausgeführt.

Das beim Synchrondemodulator zur Demodulation benötigte sinus- oder rechteckförmige Trägersignal mit gleicher Frequenz und gleicher Phase im Bezug auf das Trägersignal im Modulator kann bei der AM mit Träger mittels einer *phasenstarren Schleife* (PLL) aus dem im modulierten Signal enthaltenen Trägeranteil gewonnen werden, siehe Abb. 21.56; darin liegt ein wesentlicher Teil des Schaltungsaufwands für den Synchrondemodulator. Bei der AM ohne Träger ist dies nicht möglich; in diesem Fall muss das Nutzsignal selbst ein geeignetes Merkmal aufweisen, dass eine Synchronisation im Demodulator ermöglicht.

21.4.2 Frequenzmodulation

Bei der *Frequenzmodulation* (FM) wird die *Momentanfrequenz* bzw. *Momentan-Kreisfrequenz*

$$\omega(t) = \frac{d\phi}{dt} \quad \Rightarrow \quad f(t) = \frac{\omega(t)}{2\pi} = \frac{1}{2\pi}\frac{d\phi}{dt}$$

durch das Nutzsignal moduliert:

$$\omega(t) = \omega_T + k_{FM}s(t) \tag{21.75}$$

Zur Bildung des modulierten Trägersignals muss die Momentanphase $\phi(t)$ durch Integration der Momentan-Kreisfrequenz $\omega(t)$ gebildet werden [10]:

$$s_T(t) \;=\; a_T \cos \phi(t) \;=\; a_T \cos\left[\int_0^t \omega(\tau)\,d\tau\right]$$

Durch Einsetzen von (21.75) und Durchführen der Integration erhält man:

$$s_T(t) \;=\; a_T \cos\left[\omega_T t + k_{FM} \int_0^t s(\tau)\,d\tau\right] \tag{21.76}$$

Demnach entspricht das frequenzmodulierte Trägersignal einem phasenmodulierten Trägersignal

$$s_T(t) \;=\; a_T \cos\left[\omega_T t + \varphi(t)\right]$$

mit der Phase:

$$\varphi(t) \;=\; k_{FM} \int_0^t s(\tau)\,d\tau$$

21.4.2.1 Darstellung im Zeitbereich

Für ein sinusförmiges Nutzsignal

$$s(t) \;=\; a_s \cos \omega_s t \tag{21.77}$$

erhält man die Momentan-Kreisfrequenz:

$$\omega(t) \;=\; \omega_T + k_{FM} a_s \cos \omega_s t$$

Sie schwankt sinusförmig im Bereich $\omega_T \pm k_{FM} a_s$. Die maximale Abweichung von der Trägerfrequenz wird *Frequenzhub* genannt:

$$\Delta\omega \;=\; k_{FM} a_s \quad\Rightarrow\quad \Delta f \;=\; \frac{\Delta\omega}{2\pi} \;=\; \frac{k_{FM} a_s}{2\pi} \tag{21.78}$$

Für das modulierte Trägersignal erhält man

$$s_T(t) \;=\; a_T \cos\left[\omega_T t + k_{FM} a_s \int_0^t \cos \omega_s \tau\,d\tau\right]$$

$$\;=\; a_T \cos\left[\omega_T t + \frac{k_{FM} a_s}{\omega_s} \sin \omega_s t\right] \tag{21.79}$$

mit der Phase:

$$\varphi(t) \;=\; \frac{k_{FM} a_s}{\omega_s} \sin \omega_s t \;=\; \eta \sin \omega_s t$$

Der Phasenhub

$$\eta \;=\; \frac{k_{FM} a_s}{\omega_s} \overset{(21.78)}{=} \frac{\Delta\omega}{\omega_s} \;=\; \frac{\Delta f}{f_s} \tag{21.80}$$

wird *Modulationsindex* genannt und entspricht dem Verhältnis aus Frequenzhub Δf und Nutzsignalfrequenz f_s. Abbildung 21.57 zeigt die bei der Frequenzmodulation auftretenden Signale.

---

[10] Als Untergrenze für die Integrale muss im allgemeinen Fall $-\infty$ verwendet werden, da die Phase zum Zeitpunkt t vom gesamten, vorausgegangenen Verlauf des Signals s abhängt. Wir betrachten hier nur den Bereich $t \geq 0$ und unterstellen $\int_{-\infty}^0 s(\tau)\,d\tau = 0$; dann kann die Untergrenze auf Null gesetzt werden.

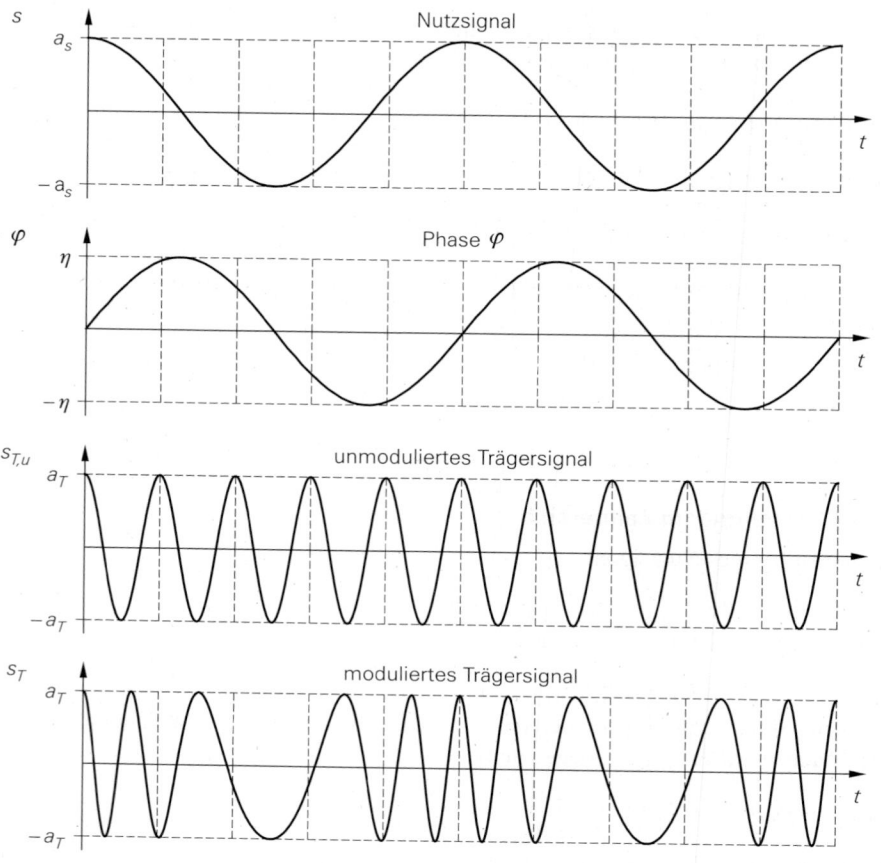

Abb. 21.57. Signale bei Frequenzmodulation

21.4.2.2 Darstellung im Frequenzbereich

Die frequenzmäßige Darstellung der FM für den Fall einer sinusförmigen Modulation folgt aus der Reihenentwicklung des modulierten Trägers:

$$
\begin{aligned}
s_T(t) &= a_T \cos\left[\omega_T t + \eta \sin \omega_s t\right] \\
&= a_T J_0(\eta) \cos \omega_T t \\
&\quad - a_T J_1(\eta) \cos(\omega_T - \omega_s)t + a_T J_1(\eta) \cos(\omega_T + \omega_s)t \\
&\quad + a_T J_2(\eta) \cos(\omega_T - 2\omega_s)t + a_T J_2(\eta) \cos(\omega_T + 2\omega_s)t \\
&\quad - a_T J_3(\eta) \cos(\omega_T - 3\omega_s)t + a_T J_3(\eta) \cos(\omega_T + 3\omega_s)t \\
&\quad + a_T J_4(\eta) \cos(\omega_T - 4\omega_s)t + a_T J_4(\eta) \cos(\omega_T + 4\omega_s)t \\
&\quad - \cdots \\
&= a_T J_0(\eta) \cos \omega_T t \qquad\qquad \text{Träger}
\end{aligned}
\tag{21.81}
$$

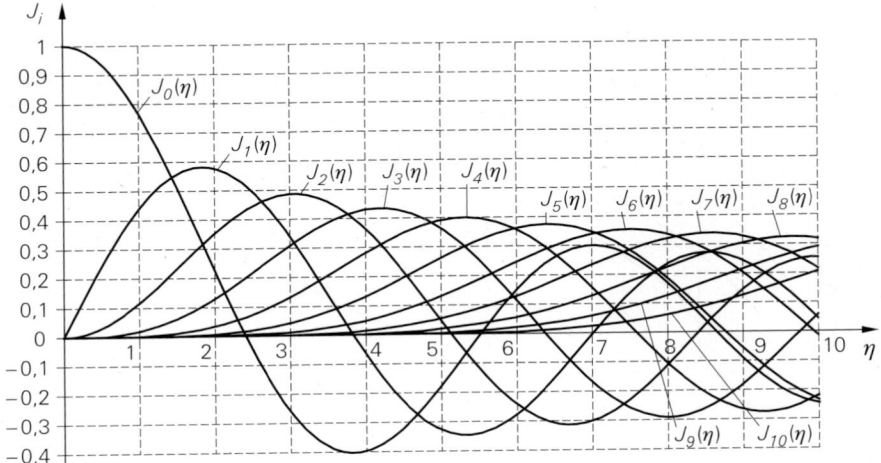

Abb. 21.58. Besselfunktionen $J_0(\eta) \dots J_{10}(\eta)$

$$+ a_T \sum_{n=1}^{\infty} (-1)^n J_n(\eta) \cos(\omega_T - n\omega_s)t \qquad \text{unteres Seitenband}$$

$$+ a_T \sum_{n=1}^{\infty} J_n(\eta) \cos(\omega_T + n\omega_s)t \qquad \text{oberes Seitenband}$$

Dabei sind J_n die in Abb. 21.58 gezeigten *Besselfunktionen erster Art*; η ist der Modulationsindex gemäß (21.80). Das Spektrum besteht demnach aus unendlich vielen Anteilen, die im Abstand der Nutzsignalfrequenz zu beiden Seiten des Trägers liegen; sie bilden ein unteres und ein oberes Seitenband. Da der Betrag der Besselfunktionen bei konstantem Argument η und zunehmender Ordnung n stark abnimmt, kann man die beiden Reihen in (21.81) in der Praxis nach einer endlichen Anzahl von Gliedern abbrechen. Zur Verdeutlichung haben wir in Abb. 21.59 den Betrag der Besselfunktionen in Dezibel und die Betragsspektren, ebenfalls in Dezibel, für drei Werte von η dargestellt. Man erkennt, dass das Betragsspektrum mit zunehmendem Wert von η immer breiter wird. Da die Besselfunktionen Nullstellen besitzen, können einzelne Anteile fehlen; so fehlt z.B. bei $\eta = 2,4$ wegen $J_0(2,4) = 0$ der Trägeranteil.

Die Bandbreite eines frequenzmodulierten Trägersignals kann nicht exakt angegeben werden. Eine nähere Untersuchung ergibt, dass 99% der Sendeleistung im Träger und in den $(\eta + 1)$ darunter und darüber liegenden Anteilen enthalten ist; deshalb wird als Bandbreite für ein sinusförmiges Nutzsignal mit der Frequenz f_s die *Carson-Bandbreite* [21.5]

$$B_{FM} = 2(\eta + 1) f_s \qquad (21.82)$$

angegeben. Durch Einsetzen von η aus (21.80) erhält man:

$$B_{FM} = 2(\Delta f + f_s) \qquad (21.83)$$

Die Bandbreite wird maximal, wenn man die maximale Nutzsignalfrequenz $f_{s,max}$ einsetzt. Als Maß für die Stärke einer FM wird der *minimale Modulationsindex* η_{min} angegeben,

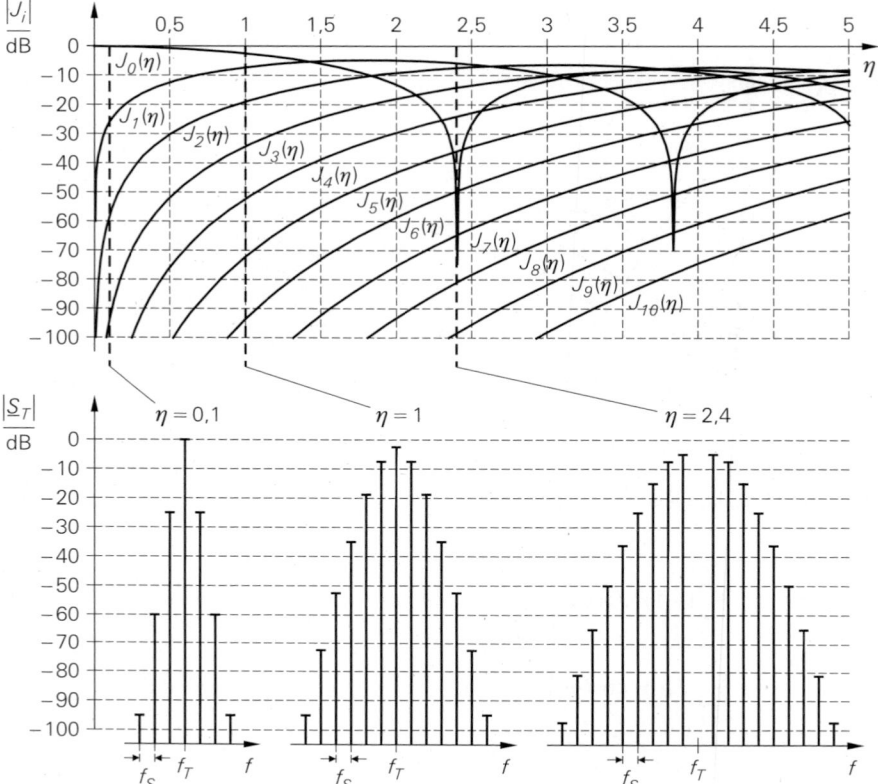

Abb. 21.59. Betrag der Besselfunktionen $J_0(\eta)\dots J_{10}(\eta)$ in Dezibel und Betragsspektren des modulierten Trägersignals für $\eta = 0,1/1/2,4$

der für $f_s = f_{s,max}$ erreicht wird und dem Verhältnis aus Frequenzhub und maximaler Nutzsignalfrequenz entspricht:

$$\eta_{min} = \frac{\Delta f}{f_{s,max}}$$

Dann gilt:

$$B_{FM} = 2\,(\eta_{min} + 1)\,f_{s,max}$$

Beim UKW-Rundfunk wird $\Delta f = 75\,\text{kHz}$ und $f_g = 15\,\text{kHz}$ verwendet; daraus folgt $\eta_{min} = 5$ und $B_{FM} = 180\,\text{kHz}$.

Die FM ist ein *nichtlineares Modulationsverfahren*; deshalb kann man das Spektrum eines mit einem allgemeinen Signal modulierten Trägersignals nicht durch Addition der Spektren der einzelnen Anteile berechnen. Bei einem allgemeinen Signal ist das Spektrum auch nur in Ausnahmefällen symmetrisch zum Träger. Trotz dieser Einschränkungen kann man die Formeln für die Bandbreite auch im allgemeinen Fall verwenden; f_g ist dann die obere Grenzfrequenz des Nutzsignals.

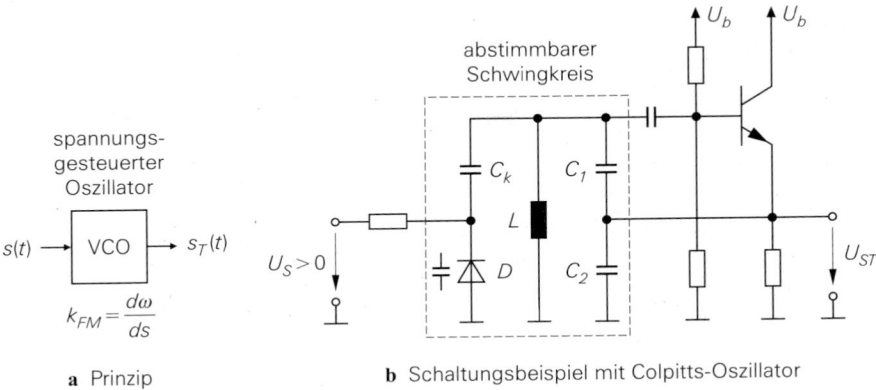

a Prinzip   **b** Schaltungsbeispiel mit Colpitts-Oszillator

Abb. 21.60. Frequenzmodulator

21.4.2.3 Modulation

Als Frequenzmodulator verwendet man einen spannungsgesteuerten Oszillator (*VCO*, *voltage controlled oscillator*), der mit dem Nutzsignal $s(t)$ gesteuert wird, siehe Abb. 21.60a; dabei ist die Konstante k_{FM} durch die Abstimmsteilheit des Oszillators gegeben:

$$k_{FM} = \frac{d\omega}{ds}$$

Abbildung 21.60b zeigt einen einfachen FM-Modulator auf der Basis eines Colpitts-Oszillators, dessen Frequenz mit der Kapazitätsdiode D moduliert wird. Die Abstimmsteilheit hängt von der Kapazitätskennlinie und der Ankopplung der Diode an den Resonanzkreis ab; letztere wird mit der Kapazität C_k eingestellt. Da das Ausgangssignal des Oszillators im allgemeinen starke Oberwellen enthält, muss man das gewünschte Signal mit einem Bandpass ausfiltern.

FM-Modulatoren auf der Basis von Hochfrequenz-Oszillatoren werden immer dann eingesetzt, wenn die Trägerfrequenz gleich der Sendefrequenz sein soll; wird das modulierte Signal dagegen auf einer niedrigeren Zwischenfrequenz erzeugt und erst danach auf die Sendefrequenz umgesetzt, kann man auch Niederfrequenz-Oszillatoren verwenden.

21.4.2.4 Demodulation

21.4.2.4.1 Diskriminator

Eine Möglichkeit zur Demodulation eines FM-Signals besteht in der Umwandlung in ein amplitudenmoduliertes Signal mit anschließender Hüllkurvendetektion nach Abb. 21.61. Das Eingangssignal wird zunächst mit einem Begrenzer und einem Bandpass auf eine konstante, von den Empfangsbedingungen unabhängige Amplitude gebracht; dabei wird auch eine eventuell vorhandene, den weiteren Demodulationsprozess störende Amplitudenmodulation beseitigt (AM-Unterdrückung). Als Begrenzer wird eine Reihenschaltung von mehreren Differenzverstärkern mit einer Gleichspannungsgegenkopplung zur Arbeitspunkteinstellung verwendet, siehe Abb. 21.62; dabei sind die Widerstände so gewählt, dass die Transistoren nicht in die Sättigung geraten.

Zur Umwandlung der FM in eine AM verwendet man einen *(Frequenz-) Diskriminator* mit frequenzabhängiger Verstärkung. Da der Frequenzhub der FM im allgemeinen sehr viel kleiner ist als die Trägerfrequenz, ist der relative Frequenzhub sehr klein; deshalb

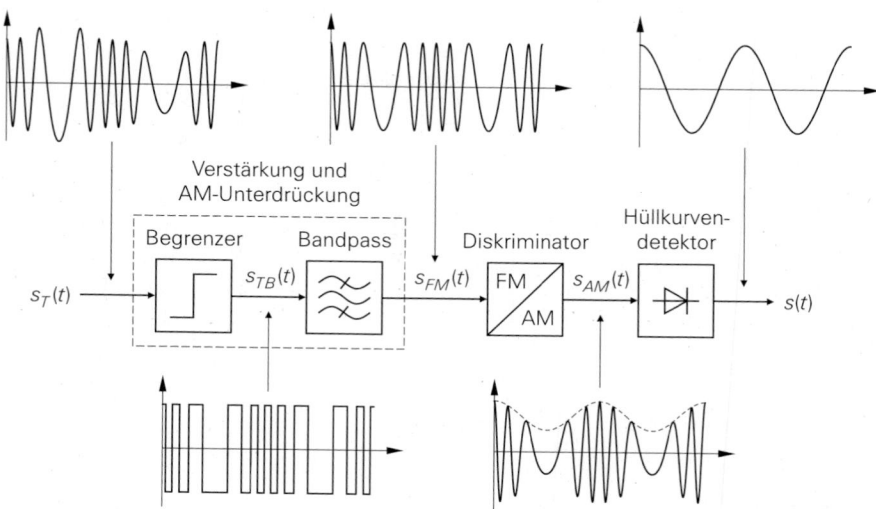

Abb. 21.61. Frequenzdemodulator mit Diskriminator

muss die Frequenzabhängigkeit der Verstärkung im Bereich der Trägerfrequenz sehr groß sein, damit eine ausreichende Empfindlichkeit erzielt wird. Beim *Flankendiskriminator* verwendet man dazu einen Schwingkreis, dessen Resonanzfrequenz geringfügig oberhalb der Trägerfrequenz liegt, so dass das FM-modulierte Trägersignal an der Flanke der Resonanzkurve frequenzabhängig verstärkt wird; Abb. 21.63 zeigt den Flankendiskriminator zusammen mit dem nachfolgenden Hüllkurvendetektor. Da die Steigung der Resonanzkurve nicht konstant ist, erhält man mit dieser einfachen Ausführung keine ausreichend lineare Kennlinie; der Klirrfaktor nimmt bereits bei geringer Aussteuerung stark zu. Deshalb wird in der Praxis ausschließlich der in Abb. 21.64 gezeigte *Gegentakt-Flankendiskriminator* eingesetzt, bei dem die Differenz zwischen zwei gegeneinander verschobenen Resonanzkurven ausgewertet wird; dadurch erhält man einen Bereich mit linearer Kennlinie, siehe Abb. 21.65. Bei einem Frequenzhub von Δf muss der lineare Teil der Kennlinie $2\Delta f$ breit sein; dazu muss

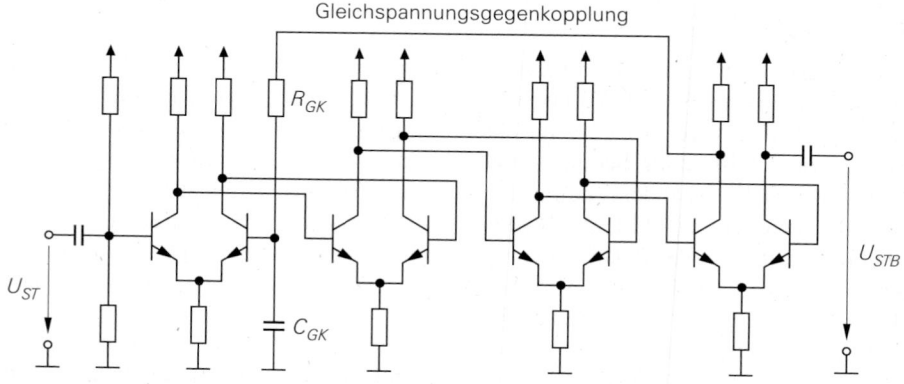

Abb. 21.62. Vierstufiger Begrenzer mit Differenzverstärkern

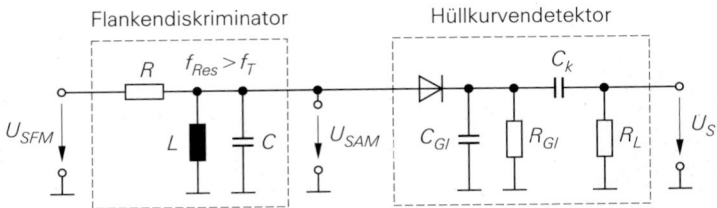

Abb. 21.63. Flankendiskriminator mit Hüllkurvendetektor

$$\Delta f_{Res} = f_{Res,1} - f_{Res,2} \approx 5\Delta f$$

gewählt werden. Die Trägerfrequenz entspricht näherungsweise dem Mittelwert der beiden Resonanzfrequenzen:

$$f_T = \sqrt{f_{Res,1} f_{Res,2}} \overset{\Delta f_{Res} \ll f_{Res,1}, f_{Res,2}}{\approx} \frac{f_{Res,1} + f_{Res,2}}{2}$$

Daraus folgt für die Wahl der Resonanzfrequenzen:

$$f_{Res,1} = f_T + \frac{5\Delta f}{2} \quad , \quad f_{Res,2} = f_T - \frac{5\Delta f}{2}$$

Die Bandbreite B der beiden Resonanzkreise muss $4\Delta f$ betragen; daraus folgt für die Güten:

$$Q_1 = \frac{f_{Res,1}}{B} \approx \frac{f_T}{4\Delta f} + 0,6 \quad , \quad Q_2 = \frac{f_{Res,1}}{B} \approx \frac{f_T}{4\Delta f} - 0,6$$

Damit kann man die Widerstände bestimmen:

$$R_1 = Q_1 \sqrt{\frac{L_1}{C_1}} \quad , \quad R_2 = Q_2 \sqrt{\frac{L_2}{C_2}}$$

In der Praxis muss man die Widerstände geringfügig größer wählen, da die Hüllkurvendetektoren die Kreise zusätzlich belasten; für $C_{Gl1}, C_{Gl2} \leq C_1, C_2$ und $R_{Gl1}, R_{Gl2} \gg R_1, R_2$ ist diese Belastung gering. Die Zeitkonstante der Hüllkurvendetektoren muss so gewählt werden, dass diese der maximalen Signalfrequenz folgen können.

Beispiel: Beim FM-Rundfunk mit $\Delta f = 75\,\text{kHz}$ erfolgt die Demodulation bei der Zwischenfrequenz $f_T = 10,7\,\text{MHz}$; daraus folgt $f_{Res,1} = 10,89\,\text{MHz}$ und $f_{Res,2} = 10,51\,\text{MHz}$. Durch Vorgabe von $C_1 = C_2 = 1\,\text{nF}$ erhält man $L_1 = 214\,\text{nH}$ und $L_2 = 229\,\text{nH}$. Mit $Q_1 = 36,2$ und $Q_2 = 35,1$ folgt schließlich $R_1 = 530\,\Omega$ und $R_2 = 531\,\Omega$.

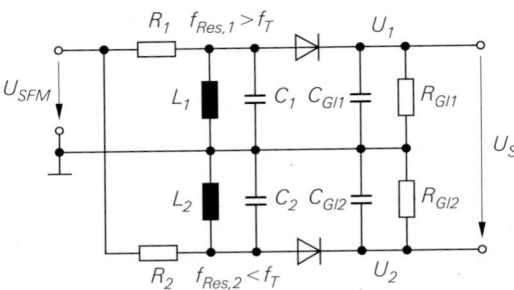

Abb. 21.64.
Gegentakt-Flankendiskriminator

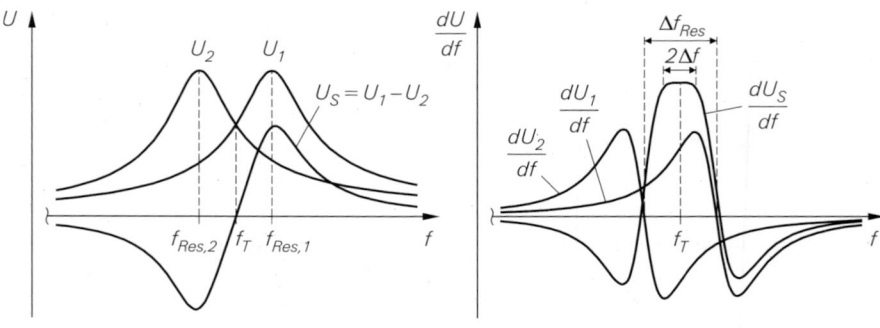

a Übertragungskennlinien   **b** Steigung der Übertragungskennlinien

Abb. 21.65. Kennlinie des Gegentakt-Flankendiskriminators

Ausgehend von diesen Werten erfolgt eine Feinabstimmung, mit der auch der Einfluss der Hüllkurvendetektoren ausgeglichen wird; für letztere kann man $C_{Gl1} = C_{Gl2} = 1\,\mathrm{nF}$ und $R_{Gl1} = R_{Gl2} = 10\,\mathrm{k\Omega}$ wählen, um die oben genannten Bedingungen zu erfüllen.

21.4.2.4.2 PLL-Demodulator

Qualitativ hochwertig und sehr gut integrierbar ist der in Abb. 21.66 gezeigte *PLL-Demodulator*; dabei wird die Frequenz eines gesteuerten Oszillators (VCO) mit Hilfe einer phasenstarren Schleife (PLL) der Momentanfrequenz des modulierten Trägers nachgeführt. Ist die Kennlinie des VCO linear und die Bandbreite des Schleifenfilters größer als die maximale Frequenz des Nutzsignals, erhält man am Ausgang des Schleifenfilters ein zum Nutzsignal proportionales Signal. In der Praxis arbeitet der PLL-Demodulator meist auf einer Zwischenfrequenz, die wesentlich niedriger ist als die Empfangsfrequenz; in diesem Fall kann man einen VCO mit rechteckförmigem Ausgangssignal verwenden und den nachfolgenden Begrenzer einsparen.

21.4.3 Digitale Modulationsverfahren

Zur Übertragung binärer Daten werden *digitale Modulationsverfahren* verwendet. Man unterscheidet dabei die einfachen, aus den entsprechenden analogen Verfahren abgeleiteten Tastverfahren und die komplexen Verfahren; sie unterscheiden sich sowohl bezüglich ihrer Übertragungsrate und Fehleranfälligkeit, als auch bezüglich der verwendeten Schaltungstechnik.

21.4.3.1 Einfache Tastverfahren

Zu den einfachen Tastverfahren gehören die *Amplitudentastung* (ASK) und die *Frequenztastung* (FSK). Sie basieren auf der analogen Amplituden- bzw. Frequenzmodulation und verwenden anstelle eines allgemeinen ein binäres Nutzsignal. Die entsprechenden Signale haben wir bereits in Abb. 21.47 dargestellt.

21.4.3.1.1 Amplitudentastung (2-ASK)

Bei der Amplitudentastung wird als Modulator ein Schalter verwendet, mit dem das Trägersignal ein- und ausgeschaltet wird. Als Demodulator verwendet man einen Hüllkurvendetektor mit nachfolgendem Komparator; dadurch wird unterhalb der Schaltschwelle des Komparators auf Null, oberhalb auf Eins erkannt. Da die Amplitude des empfangenen

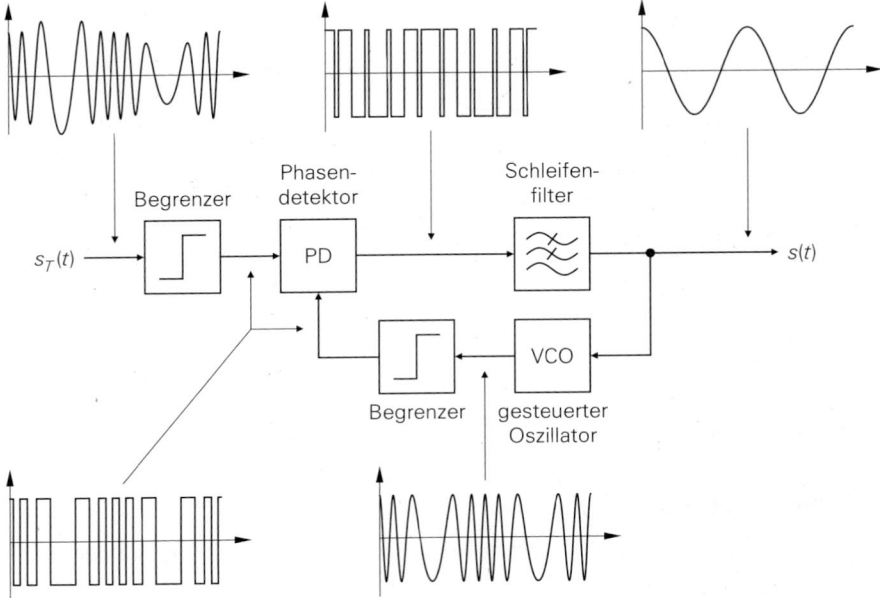

Abb. 21.66. Frequenzdemodulation mit phasenstarrer Schleife (PLL-Demodulator)

Trägersignals stark variieren kann, muss man entweder einen geregelten Verstärker einsetzen, um das Signal auf einen definierten Pegel zu verstärken, oder die Schaltschwelle des Komparators geeignet anpassen. Zur Anpassung der Schaltschwelle kann man einen zweiten Hüllkurvendetektor mit wesentlich größerer Zeitkonstante einsetzen, der die Amplitude $U_{s,max}$ eines Eins-Bits ermittelt und entsprechend seiner Zeitkonstante hält; die Schaltschwelle des Komparators wird dann auf die halbe Trägeramplitude eingestellt, siehe Abb. 21.67.

Die Amplitudentastung wird nur in sehr einfachen Systemen mit Übertragungsraten bis maximal $1,2$ kBit/s eingesetzt. Ihr Hauptvorteil liegt in der einfachen Schaltungstechnik. Die mehrstufige Amplitudentastung (n-ASK mit $n > 2$), die eine höhere Übertragungsrate ermöglicht, wird in der Praxis nicht verwendet; hier sind andere Verfahren günstiger, z.B. die Frequenztastung.

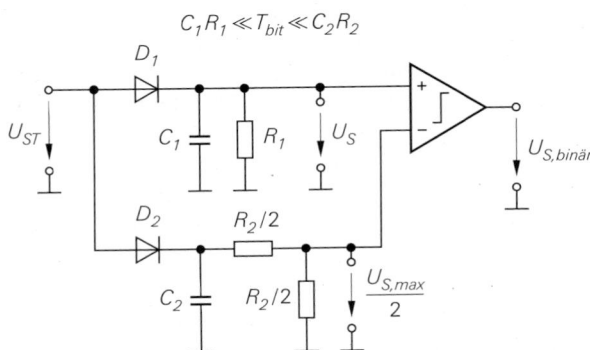

Abb. 21.67.
Demodulator für Amplitudentastung mit automatischer Anpassung der Schaltschwelle

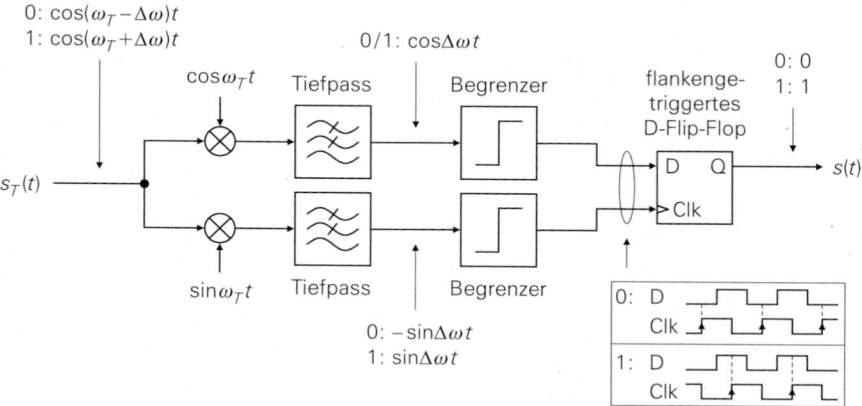

Abb. 21.68. Binärer Frequenzdiskriminator zur Demodulation von 2-FSK-Signalen

21.4.3.1.2 Frequenztastung (2-FSK)

Bei der Frequenztastung werden dieselben Komponenten verwendet wie bei der analogen Frequenzmodulation. Der FM-Modulator wird durch das binäre Nutzsignal zwischen zwei Frequenzen f_1 und f_2 umgeschaltet. Als Demodulator kann man den Gegentakt-Flankendiskriminator verwenden; dabei werden die beiden Resonanzkreise auf die Frequenzen f_1 und f_2 eingestellt und die Ausgangssignale der Hüllkurvendetektoren mit einem Komparator verglichen. Eine lineare Diskriminator-Kennlinie ist hier nicht erforderlich.

In integrierten Empfangsschaltungen für 2-FSK wird meist der in Abb. 21.68 gezeigte binäre Frequenzdiskriminator mit flankengetriggertem D-Flip-Flop eingesetzt. Das modulierte Trägersignal

$$s_T(t) = \cos(\omega_T \pm \Delta\omega)t$$

mit den Frequenzen $f_T - \Delta f$ für eine binäre Null und $f_T + \Delta f$ für eine binäre Eins wird zunächst mit einem Cosinus- und einem Sinus-Trägersignal multipliziert; dabei erhält man folgende Anteile:

$$\cos(\omega_T \pm \Delta\omega)t \cdot \cos\omega_T t = \frac{1}{2}\cos(\pm\Delta\omega)t + \frac{1}{2}\cos(2\omega_T \pm \Delta\omega)t$$

$$\cos(\omega_T \pm \Delta\omega)t \cdot \sin\omega_T t = -\frac{1}{2}\sin(\pm\Delta\omega)t + \frac{1}{2}\sin(2\omega_T \pm \Delta\omega)t$$

Die Anteile bei der doppelten Trägerfrequenz werden mit Tiefpässen unterdrückt. Am Ausgang der Tiefpässe erhält man bei Vernachlässigung der Vorfaktoren und Berücksichtigung der Symmetrie der Cosinus- und Sinusfunktion:

$$\cos(\pm\Delta\omega)t = \cos\Delta\omega t \quad , \quad -\sin(\pm\Delta\omega)t = \mp\sin\Delta\omega t$$

Nach einer Umwandlung in Rechtecksignale mit Hilfe von Begrenzern erhält man die binären Daten aus der zeitlichen Folge der steigenden Flanken; zur Auswertung wird ein flankengetriggertes D-Flip-Flop verwendet. In der Praxis werden anstelle der Multiplizierer zwei elektronische Schalter eingesetzt, die mit zwei gegeneinander verschobenen Rechtecksignalen angesteuert werden; die dabei entstehenden Oberwellen bei Mehrfachen

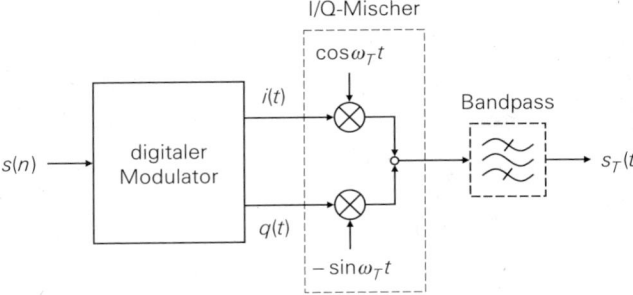

Abb. 21.69. Modulator für digitale Modulationsverfahren

der Trägerfrequenz werden durch die Tiefpässe unterdrückt. Die Trägerfrequenz im Empfänger muss nicht exakt mit der Trägerfrequenz im Sender übereinstimmen; sie muss nur zwischen $f_T - \Delta f$ und $f_T + \Delta f$ liegen. In der Praxis werden die Trägerfrequenzen im Sender und im Empfänger von Quarz-Oszillatoren mit gleicher Nominalfrequenz abgeleitet; dadurch ist die Abweichung im allgemeinen deutlich kleiner als der Frequenzhub Δf.

Die Frequenztastung 2-FSK wird häufig in einfachen Systemen mit Datenraten bis zu mehreren Kilobit pro Sekunde eingesetzt; auch 4-FSK-Systeme sind im Einsatz. Bei höheren Datenraten werden jedoch komplexere Verfahren verwendet; diese ermöglichen eine höhere Datenrate bei gleicher Bandbreite des Sendesignals und sind weniger störanfällig.

21.4.3.2 I/Q-Darstellung digitaler Modulationsverfahren

Bei digitalen Modulationsverfahren werden in der Regel sowohl die Amplitude als auch die Phase moduliert; dadurch kann man bei gleicher Bandbreite eine höhere Datenrate erzielen. Zur Darstellung des modulierten Trägersignals werden die *Quadraturkomponenten* $i(t)$ und $q(t)$ aus (21.67) verwendet:

$$s_T(t) = a(t) \cos[\omega_T t + \varphi(t)] = i(t) \cos \omega_T t - q(t) \sin \omega_T t$$

21.4.3.2.1 Modulation und Demodulation

Die Modulation erfolgt in zwei Schritten. Im ersten Schritt erzeugt ein *digitaler Modulator* aus dem binären Datensignal $s(n)$ das *Inphase-Signal* $i(t)$ und das *Quadratur-Signal* $q(t)$. Im zweiten Schritt wird mit einem *I/Q-Mischer* das modulierte Trägersignal $s_T(t)$ gebildet. Abbildung 21.69 zeigt den Aufbau des Modulators. In der Praxis muss nach dem I/Q-Mischer ein Bandpass zur Unterdrückung unerwünschter Anteile eingesetzt werden; dies gilt vor allem dann, wenn die Mischer als Schalter ausgeführt werden, was in der Praxis fast immer der Fall ist.

Die Demodulation erfolgt ebenfalls in zwei Schritten. Im ersten Schritt werden mit einem I/Q-Mischer die Signale

$$i_M(t) = s_T(t) \cos \omega_T t = [\,i(t) \cos \omega_T t - q(t) \sin \omega_T t\,] \cos \omega_T t$$

$$= \frac{1}{2} [\,i(t) + i(t) \cos 2\omega_T t - q(t) \sin 2\omega_T t\,]$$

$$q_M(t) = s_T(t) (-\sin \omega_T t) = [\,i(t) \cos \omega_T t - q(t) \sin \omega_T t\,] (-\sin \omega_T t)$$

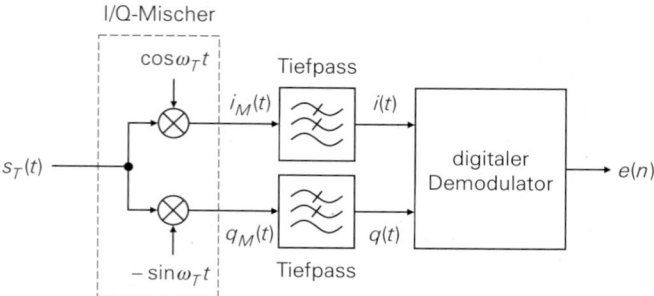

Abb. 21.70. Demodulator für digitale Modulationsverfahren

$$= \frac{1}{2}\,[\,q(t) - q(t)\cos 2\omega_T\,t - i(t)\sin 2\omega_T\,t\,]$$

gebildet; daraus erhält man nach Tiefpass-Filterung die Quadraturkomponenten $i(t)$ und $q(t)$. Im zweiten Schritt ermittelt ein *digitaler Demodulator* das binäre Datensignal $e(n)$. Abbildung 21.70 zeigt den Aufbau des Demodulators. Die frequenz- und phasenrichtige Bereitstellung der unmodulierten Trägersignale $\cos \omega_T\,t$ und $-\sin \omega_T\,t$ ist aufwendig. In der Praxis wird die Trägerfrequenz im Sender und im Empfänger von Quarz-Oszillatoren mit gleicher Nominalfrequenz abgeleitet; dadurch ist die anfängliche Frequenzabweichung gering. Der Quarz-Oszillator im Empfänger ist abstimmbar und wird mit Hilfe von periodisch übertragenen Phasensynchronworten nachgeregelt. Bei Mobilkommunikationssystemen wird häufig zusätzlich zum Nutzkanal ein spezieller *Pilotkanal* ausgewertet; dieser enthält ein spezielles Pilotsignal, das eine Synchronisation ermöglicht.

Die Trägerfrequenz f_T entspricht häufig der Sendefrequenz; in diesem Fall wird das modulierte Signal nur noch verstärkt und der Sendeantenne zugeführt. Mit zunehmender Sendefrequenz wird es allerdings immer schwieriger, I/Q-Mischer mit gleichen Eigenschaften im I- und im Q-Zweig herzustellen und die unmodulierten Trägersignale $\cos \omega_T\,t$ und $-\sin \omega_T\,t$ mit gleicher Amplitude und exakter Phasenverschiebung bereitzustellen; dann wird als Trägerfrequenz eine niedrigere Zwischenfrequenz verwendet. Die Umsetzung auf die Sendefrequenz erfolgt mit einem weiteren Mischer.

21.4.3.2.2 Komplexes Basisbandsignal

Die Quadraturkomponenten werden zu einem *komplexen Basisbandsignal*

$$s_B(t) = i(t) + j\,q(t) \tag{21.84}$$

zusammengefasst. Dieses Signal entspricht den aus der komplexen Wechselstromrechnung bekannten komplexen Zeigern; dort gilt

$$u(t) = \hat{u}\cos(\omega t + \varphi) = \mathrm{Re}\left\{\hat{u}\,e^{j\varphi}e^{j\omega t}\right\} = \mathrm{Re}\left\{U\,e^{j\omega t}\right\}$$

$$\Rightarrow \quad U = \hat{u}\,e^{j\varphi}$$

mit dem komplexen Zeiger U. Entsprechend gilt für das modulierte Trägersignal:

$$s_T(t) = a(t)\cos[\omega_T\,t + \varphi(t)] = \mathrm{Re}\left\{a(t)\,e^{j\varphi(t)}e^{j\omega_T\,t}\right\}$$

$$= i(t)\cos \omega_T\,t - q(t)\sin \omega_T\,t = \mathrm{Re}\left\{[i(t) + j\,q(t)]\,e^{j\omega_T\,t}\right\}$$

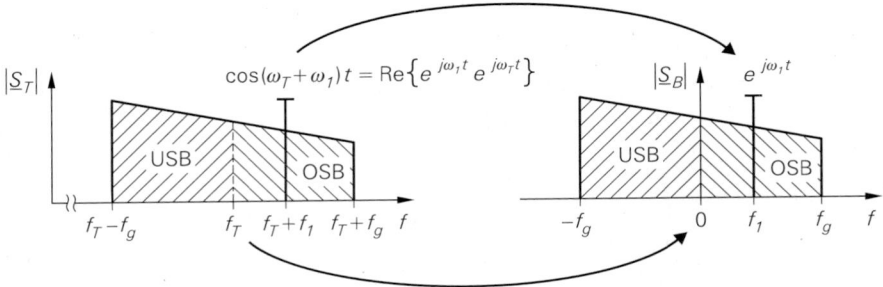

a moduliertes Trägersignal   **b** Basisbandsignal

Abb. 21.71. Betragsspektren der Signale (USB: unteres Seitenband; OSB: oberes Seitenband) mit
einem Beispiel für ein Eintonsignal mit der Basisbandfrequenz f_1

$$\Rightarrow \quad s_B(t) \; = \; a(t)\,e^{j\varphi(t)} \; = \; i(t) + j\,q(t)$$

Der komplexe Zeiger ist zeitabhängig, da Amplitude und Phase bzw. Real- und Imaginärteil
zeitabhängig sind; man erhält demnach anstelle eines komplexen Zeigers ein komplexes
Signal. Aus dem komplexen Basisbandsignal folgt mit

$$s_T(t) \; = \; \mathrm{Re}\left\{s_B(t)\,e^{j\omega_T t}\right\} \tag{21.85}$$

das modulierte Trägersignal. In der Praxis wird der Zusatz *komplex* meist weggelassen;
man spricht dann nur vom *Basisbandsignal*.

Im Frequenzbereich entspricht der Übergang vom modulierten Trägersignal zum Basisbandsignal einer Verschiebung des Spektrums um die Trägerfrequenz, siehe Abb. 21.71;
dabei wird das untere Seitenband auf negative, das obere auf positive Basisbandfrequenzen
abgebildet. Der unmodulierte Träger hat die Basisbandfrequenz Null. Da die Seitenbänder
unabhängig voneinander sind, ist das Spektrum im allgemeinen unsymmetrisch.

Die Hauptvorteile des Basisbandsignals sind die Unabhängigkeit von der Trägerfrequenz und die Darstellung des Trägerzustands mit einem Signal, dessen Betrag und Phase
der Trägeramplitude und -phase entsprechen. Bei sinusförmigen Hoch- und Zwischen-
frequenzsignalen wird meist nicht die Absolutfrequenz, sondern der Abstand zum Träger
angegeben; dieser Abstand entspricht der Basisbandfrequenz.

Beispiele: Für ein amplitudenmoduliertes Trägersignal

$$s_T(t) \; = \; [a_T + k_{AM}s(t)]\cos\omega_T t$$

gilt:

$$s_T(t) \; = \; \mathrm{Re}\left\{[a_T + k_{AM}s(t)]\,e^{j\omega_T t}\right\} \quad \Rightarrow \quad s_B(t) = a_T + k_{AM}s(t)$$

Daraus folgt:

$$i(t) \; = \; a_T + k_{AM}s(t) \; , \quad q(t) \; = \; 0$$

Das Basisbandsignal ist reell. Für ein frequenzmoduliertes Trägersignal

$$s_T(t) \; = \; a_T \cos\left[\omega_T t + k_{FM}\int_0^t s(\tau)\,d\tau\right]$$

gilt:

$$s_T(t) = \mathrm{Re}\left\{\left[a_T\, e^{j\,k_{FM}\int_0^t s(\tau)\,d\tau}\right] e^{j\omega_T t}\right\}$$

$$\Rightarrow\quad s_B(t) = a_T\, e^{j\,k_{FM}\int_0^t s(\tau)\,d\tau}$$

Daraus folgt:

$$i(t) = a_T \cos\left[k_{FM}\int_0^t s(\tau)\,d\tau\right]\ ,\quad q(t) = a_T \sin\left[k_{FM}\int_0^t s(\tau)\,d\tau\right]$$

In diesem Fall ist das Basisbandsignal komplex.

21.4.3.2.3 Bandbreite

Die obere Grenzfrequenz $f_{g,B}$ des komplexen Basisbandsignals entspricht dem Maximum der Grenzfrequenzen der Quadraturkomponenten; wenn $f_{g,i}$ die obere Grenzfrequenz des Inphase-Signals $i(t)$ und $f_{g,q}$ die obere Grenzfrequenz des Quadratur-Signals $q(t)$ ist, gilt:

$$f_{g,B} = \max\left\{f_{g,i}\,,\,f_{g,q}\right\}$$

Die beiden amplitudenmodulierten Signale $i(t)\cos\omega_T t$ und $q(t)\sin\omega_T t$ haben nach (21.73) eine Bandbreite entsprechend der doppelten oberen Grenzfrequenz:

$$B_{AM,i} = 2f_{g,i}\ ,\quad B_{AM,q} = 2f_{g,q}$$

Daraus folgt, dass die Bandbreite des modulierten Trägersignals dem doppelten Maximum der Grenzfrequenzen der Quadraturkomponenten entspricht:

$$B = \max\left\{B_{AM,i}\,,\,B_{AM,q}\right\} = 2f_{g,B} = \max\left\{2f_{g,i}\,,\,2f_{g,q}\right\} \tag{21.86}$$

Bei den Quadraturkomponenten wird in der Praxis immer die *zweiseitige Bandbreite* angegeben; sie entspricht der *einseitigen Bandbreite* der amplitudenmodulierten Signale:

$$B_i = 2f_{g,i} = B_{AM,i}\ ,\quad B_q = 2f_{g,q} = B_{AM,q}$$

Dadurch wird der Faktor 2 vermieden und die (einseitige) Bandbreite des modulierten Trägersignals, die gleich der benötigten Übertragungsbandbreite ist, entspricht dem Maximum der (zweiseitigen) Bandbreite der Quadraturkomponenten. Man spricht dann nur noch von der Bandbreite B. Abbildung 21.72 verdeutlicht die Zusammenhänge.

21.4.3.2.4 Konstellationsdiagramme

Zur Übertragung eines binären Datensignals $s(n)$ werden jeweils m Bit zu einem Symbol zusammengefasst, siehe Abb. 21.73; dabei wird die *Datenrate* r_D (Taktfrequenz f_D) auf die *Symbolrate* $r_S = r_D/m$ (Symboltakt $f_S = f_D/m$) reduziert. Der digitale Modulator ordnet jedem der 2^m möglichen Symbole einen bestimmten Trägerzustand zu und erzeugt die zugehörigen Quadraturkomponenten i und q. Stellt man die 2^m Trägerzustände, beschrieben durch den jeweiligen Basisbandzeiger $s_B = i + j\,q$, in der IQ-Ebene dar, erhält man das *Konstellationsdiagramm* des Modulationsverfahrens. Abbildung 21.74 zeigt die Konstellationsdiagramme für 2-PSK ($m = 1$), 4-PSK ($m = 2$) und 8-PSK ($m = 3$) zusammen mit den resultierenden Quadraturkomponenten für das Datensignal aus Abb. 21.73. Die Zuordnung der Symbole zu den Trägerzuständen erfolgt nach dem *Gray-Code*, so dass sich benachbarte Trägerzustände nur in einem Bit unterscheiden. Damit erreicht man eine minimale Bitfehlerrate, da eine durch Störungen verursachte, fehlerhafte Symbolerkennung im Demodulator in den meisten Fällen ein Nachbarsymbol liefert und damit nur *einen* Bitfehler erzeugt.

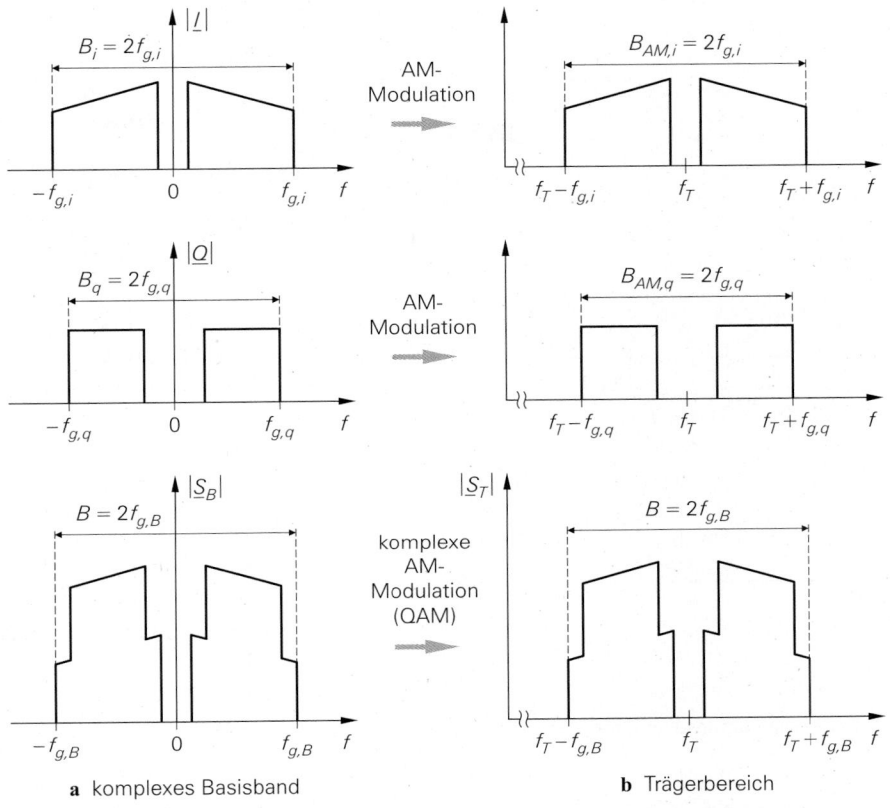

a komplexes Basisband   **b** Trägerbereich

Abb. 21.72. Bandbreiten der Signale: Inphase-Signal $i(t)$ (oben), Quadratur-Signal $q(t)$ (Mitte) und komplexes Basisbandsignal $s_B(t)$ (unten)

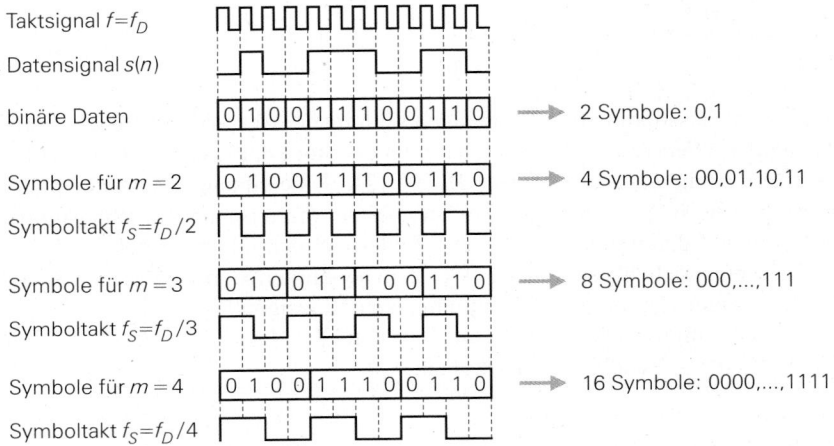

Abb. 21.73. Bildung der Symbole aus dem binären Datensignal

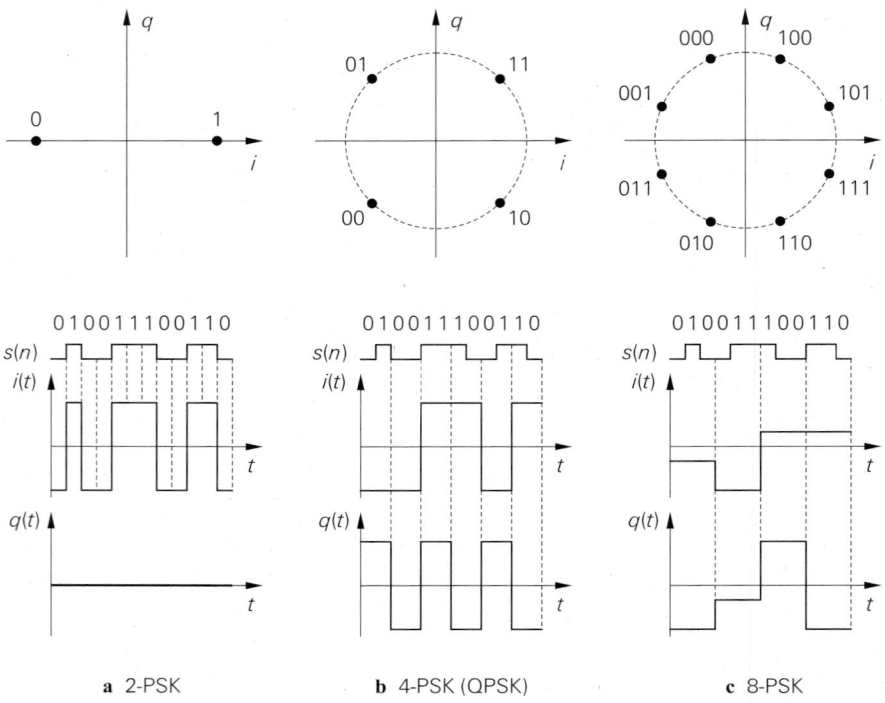

a 2-PSK   **b** 4-PSK (QPSK)   **c** 8-PSK

Abb. 21.74. Konstellationsdiagramme für n-PSK-Verfahren

Die Bandbreite des modulierten Trägersignals ist proportional zum Symboltakt und beträgt in der Praxis $B \approx (1{,}3 \ldots 2)\, f_S$; daraus folgt, dass man bei vorgegebener Bandbreite bei 4-PSK die doppelte und bei 8-PSK die dreifache Datenrate im Vergleich zu 2-PSK erzielt. Das Verhältnis aus der Datenrate und der Bandbreite wird *Bandbreiteneffizienz* Γ genannt [21.6]:

$$\Gamma = \frac{r_D}{B} \overset{\substack{r_D = m r_S \\ B = (1{,}3...2)\cdot f_S}}{=} \frac{m}{(1{,}3 \ldots 2)}\, \frac{\text{Bit}}{\text{s} \cdot \text{Hz}} \tag{21.87}$$

Bei gleicher Leistung des modulierten Trägersignals nimmt der Abstand der Trägerzustände mit zunehmendem Wert von m ab; dadurch nimmt die Störanfälligkeit zu. Ein Maß für die Störanfälligkeit ist die *Leistungseffizienz* E_b/N_0 [21.6]; sie gibt an, um welchen Faktor die mittlere Energie E_b pro empfangenem Bit über der thermischen Rauschleistungsdichte N_0 liegen muss, damit eine vorgegebene Fehlerrate nicht überschritten wird. Die Leistungseffizienz entspricht bis auf einen Faktor dem benötigten Signal-Rausch-Abstand am Eingang des Demodulators; mit der empfangenen Nutzsignalleistung $P_e = E_b f_D$ (mittlere Energie pro empfangenem Bit × Datenrate) und der Rauschleistung $P_r = N_0 B$ (Rauschleistungsdichte × Bandbreite) erhält man:

$$SNR = \frac{P_e}{P_r} = \frac{E_b f_D}{N_0 B} \overset{\substack{f_D = m f_S \\ B = (1{,}3...2)\cdot f_S}}{=} = \frac{m}{(1{,}3 \ldots 2)}\, \frac{E_b}{N_0} \tag{21.88}$$

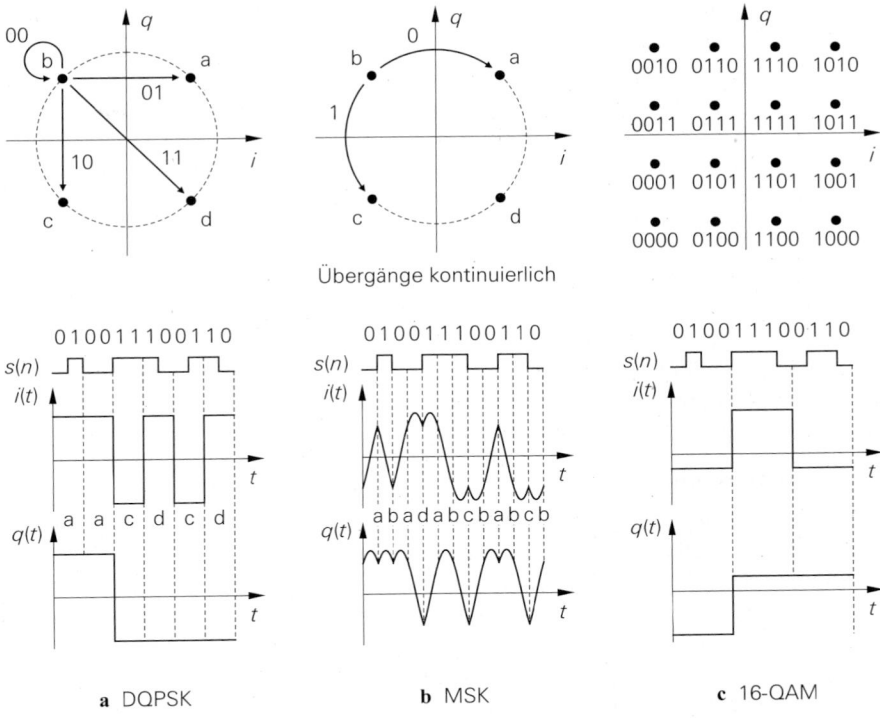

a DQPSK **b** MSK **c** 16-QAM

Abb. 21.75. Konstellationsdiagramme für DQPSK, MSK und 16-QAM

Die Forderungen nach hoher Bandbreiteneffizienz (Γ groß) und hoher Leistungseffizienz (E_b/N_0 bzw. *SNR* klein) sind gegenläufig. Einen guten Kompromiss erzielt man mit 4-PSK, auch QPSK (*quadri-phase shift keying*) genannt; dieses Verfahren wird deshalb häufig verwendet.

Abbildung 21.75 zeigt die Konstellationsdiagramme weiterer, häufig verwendeter Modulationsverfahren. DQPSK (*differential quadri-phase shift keying*) ist ein Vertreter der *differentiellen* Modulationsverfahren, bei denen die Symbole nicht durch Trägerzustände, sondern durch Zustandsübergänge repräsentiert werden. Bei diesen Verfahren kann der Demodulator das binäre Datensignal durch den sukzessiven Vergleich von jeweils zwei aufeinander folgenden Symbolen ermitteln, ohne die absolute Phase zu kennen; dadurch wird der Demodulator vergleichsweise einfach. Ebenfalls differentiell arbeitet das Verfahren MSK (*minimum shift keying*); dabei ändert sich die Trägerphase mit jedem Datenbit kontinuierlich um $\pm 90°$. Dieses Verfahren hat den Vorteil, dass die Trägeramplitude immer konstant bleibt, und zwar unabhängig von der Geschwindigkeit der Zustandsübergänge. In diesem Fall treten auch bei nichtlinearen Verstärkern keine Intermodulationsverzerrungen auf. Bei n-PSK und DQPSK haben zwar ebenfalls alle Zustände dieselbe Amplitude, jedoch können die Übergänge in der Praxis nicht schlagartig erfolgen, wie wir im nächsten Abschnitt noch sehen werden; dadurch ändert sich bei diesen Verfahren die Trägeramplitude im Bereich der Übergänge. Bei 16-QAM (*quadratur amplitude modulation*) wird ein 4×4-Konstellationsdiagramm verwendet. QAM-Verfahren besitzen eine hohe Bandbreiteneffizienz und werden immer dann eingesetzt, wenn bei begrenzter Bandbreite höchste

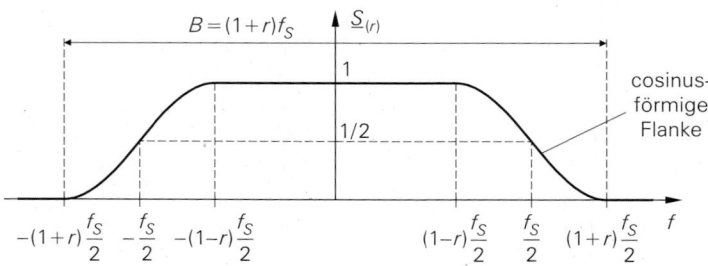

Abb. 21.76. Spektrum eines Cosinus-Rolloff-Impulses

Übertragungsraten benötigt werden; Systeme mit 64-QAM (8×8) und 256-QAM (16×16) sind ebenfalls im Einsatz. Bei diesen Verfahren wird allerdings ein hoher Signal-Rausch-Abstand am Eingang des Demodulators benötigt.

21.4.3.3 Impulsformung

Bei n-PSK, DQPSK und 16-QAM erhält man für die Quadraturkomponenten $i(t)$ und $q(t)$ eine Folge von rechteckförmigen Impulsen mit der *Symboldauer* $T_S = 1/f_S$, siehe Abb. 21.74 und Abb. 21.75. Sie sind in dieser Form nicht für die Übertragung geeignet, da das Betragsspektrum eines rechteckförmigen Impulses relativ breit ist und mit zunehmender Frequenz nur sehr langsam abfällt; die zur Übertragung benötigte Bandbreite wäre unverhältnismäßig hoch. Durch eine *Impulsformung* mit geeigneten Filtern kann man eine deutliche Reduktion der Bandbreite erzielen; dazu werden die Quadraturkomponenten $i(t)$ und $q(t)$ mit *Impulsfiltern* gefiltert.

21.4.3.3.1 Cosinus-Rolloff-Impulse

Besonders günstige Eigenschaften haben *Cosinus-Rolloff-Impulse*

$$s_{(r)}(t) = \frac{\sin(\pi f_S t)}{\pi f_S t} \frac{\cos(\pi r f_S t)}{1 - (2 r f_S t)^2} \quad \text{mit } 0 < r \le 1$$

mit dem Spektrum:

$$\underline{S}_{(r)}(f) = \begin{cases} 1 & \text{für } |f| < (1 - r)\dfrac{f_S}{2} \\[2mm] \dfrac{1}{2}\left[1 + \cos\dfrac{\pi}{r}\left(\dfrac{|f|}{f_S} - \dfrac{1-r}{2}\right)\right] & \text{für } (1-r)\dfrac{f_S}{2} \le |f| \le (1+r)\dfrac{f_S}{2} \\[2mm] 0 & \text{für } |f| > (1+r)\dfrac{f_S}{2} \end{cases}$$

Der Parameter r wird *Rolloff-Faktor* genannt und beeinflusst die (zweiseitige) Bandbreite des Impulses:

$$B = (1 + r) f_S \quad \Rightarrow \quad B T_S = 1 + r \tag{21.89}$$

Abbildung 21.76 zeigt das Spektrum eines Cosinus-Rolloff-Impulses. In der Praxis wird $r = 0,3 \ldots 1$ verwendet; daraus folgt $B = (1,3 \ldots 2) f_S$.

Abbildung 21.77 zeigt die Zeitsignale und die Betragsspektren der Cosinus-Rolloff-Impulse mit $r = 0,3$ und $r = 1$ im Vergleich zum Rechteck-Impuls. Die Betragsspektren der Cosinus-Rolloff-Impulse fallen wesentlich schneller ab. Die Bandbreite entspricht der

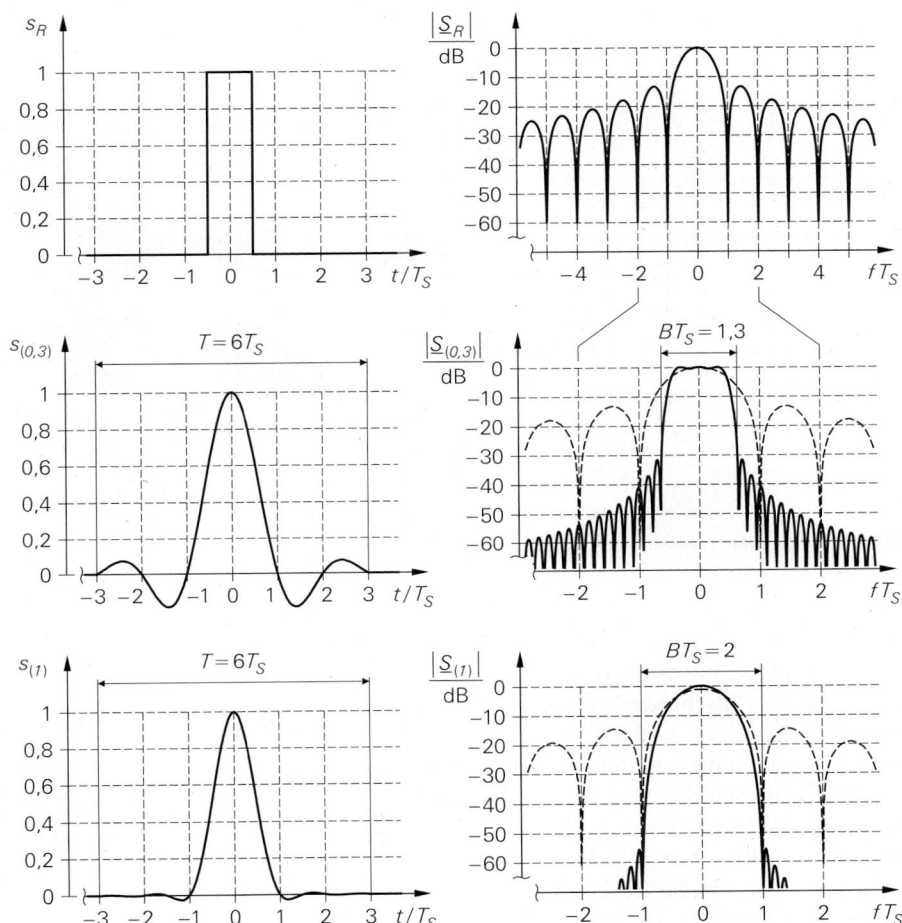

Abb. 21.77. Impulse und Betragsspektren: Rechteck-Impuls (oben), Cosinus-Rolloff-Impuls $s_{(0,3)}$ mit $r = 0,3$ (Mitte) und Cosinus-Rolloff-Impuls $s_{(1)}$ mit $r = 1$ (unten) mit der Impulsdauer $T = 6T_S$. Bei den Cosinus-Rolloff-Impulsen ist zum Vergleich das Spektrum des Rechteck-Impulses dargestellt.

Breite des Hauptbereichs zwischen den beiden inneren Nullstellen. Die Anteile außerhalb des Hauptbereichs resultieren aus der notwendigen Begrenzung der unendlich langen Impulsdauer; man kann sie durch Vergrößern der Impulsdauer beliebig klein machen. In Abb 21.77 beträgt die Impulsdauer $T = 6T_S$ ($-3 \leq t/T_S \leq 3$). Mit zunehmendem Rolloff-Faktor fallen die Impulse schneller ab, so dass die Begrenzung weniger wirksam wird.

Da die Cosinus-Rolloff-Impulse länger sind als die Symboldauer T_S, entsteht ein Impulsnebensprechen; man nennt dies *Symbolinterferenz (inter symbol interference, ISI)*. Die Besonderheit der Cosinus-Rolloff-Impulse liegt nun darin, dass das zentrale Maximum den Wert Eins aufweist und zu beiden Seiten Nullstellen im Abstand T_S vorhanden sind, siehe Abb. 21.77; dadurch verschwindet die Symbolinterferenz, wenn die Symbole im Demodulator jeweils in der Mitte der Symboldauer abgetastet werden. Bei einer Ab-

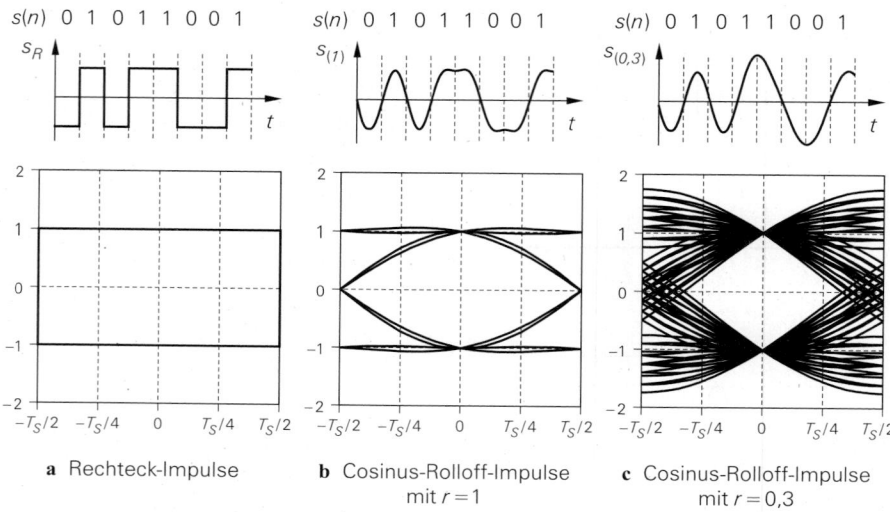

$s(n)$ 0 1 0 1 1 0 0 1 $s(n)$ 0 1 0 1 1 0 0 1 $s(n)$ 0 1 0 1 1 0 0 1

a Rechteck-Impulse   **b** Cosinus-Rolloff-Impulse   **c** Cosinus-Rolloff-Impulse
mit $r = 1$ mit $r = 0{,}3$

Abb. 21.78. Zeitsignale (oben) und Augendiagramme (unten)

weichung vom idealen Abtastzeitpunkt kann der abgetastete Wert durch die benachbarten Impulse so stark verfälscht werden, dass der Demodulator eine Fehlentscheidung trifft, die zu einem Bitfehler führt. Auskunft über die zulässige Verschiebung des Abtastzeitpunkts und die damit verbundene Reduktion des Störabstands gibt das *Augendiagramm*; dabei werden alle möglichen Signalverläufe innerhalb einer Symboldauer berechnet und über einer gemeinsamen Zeitachse $-T_S/2 < t < T_S/2$ dargestellt. Abbildung 21.78 zeigt die Augendiagramme für Cosinus-Rolloff-Impulse mit $r = 0{,}3$ und $r = 1$ im Vergleich zum idealen Augendiagramm für Rechteck-Impulse. Man erkennt, dass bei einer Abtastung in der Mitte der Impulsdauer ($t = 0$) keine Reduktion des Störabstands auftritt. Bei einer Verschiebung des Abtastzeitpunkts nimmt der Störabstand ab, und zwar umso schneller, je kleiner der Rolloff-Faktor r ist. Der Bereich zwischen dem untersten Verlauf für eine Eins und dem obersten Verlauf für eine Null wird *Auge* genannt. Bei Rechteck-Impulsen ist das Auge maximal geöffnet; bei Cosinus-Rolloff-Impulsen schließt sich das Auge für $r \to 0$. Die Öffnung des Auges ist ein Maß für den Synchronisationsaufwand im Empfänger: je kleiner das Auge ist, umso genauer muss der Abtastzeitpunkt eingehalten werden.

Das Augendiagramm zeigt ferner, dass die Amplitude nach der Impulsformung nicht mehr konstant ist. Daraus ergibt sich der Umstand, dass auch bei n-PSK und DQPSK eine Amplitudenmodulation auftritt, obwohl alle Zustände im Konstellationsdiagramm denselben Betrag besitzen. Die Amplitudenmodulation nimmt mit abnehmendem Rolloff-Faktor zu; dadurch nimmt der Spitzenwertfaktor (Verhältnis von Maximalwert und Effektivwert) ebenfalls zu.

Bei der Wahl des Rolloff-Faktors muss man einen Kompromiss zwischen der benötigten Bandbreite und der Öffnung des Auges eingehen. Die Bandbreite nimmt für $r \to 0$ den minimalen Wert $B = f_S$ an. Die Öffnung des Auges wird für $r = 1$ maximal; dann gilt $B = 2f_S$.

21.4.3.3.2 Impulsfilter

Zur Impulsformung werden linearphasige Transversalfilter mit endlicher Impulsantwort eingesetzt. Diese Filter enthalten Verzögerungsglieder, deren Ausgangssignale gewichtet addiert werden. Sie werden normalerweise als digitale *FIR-Filter (finite impulse response)* realisiert; in diesem Fall kann man die Verzögerungsglieder als Schieberegister ausführen. Man kann Transversalfilter aber auch als analoge Filter realisieren, indem man Laufzeitleitungen, Abtast-Halte-Glieder oder ein ladungsgekoppeltes Schieberegister (*charge coupled device, CCD*) zur Signalverzögerung einsetzt. Eine weitere Möglichkeit ist die Verwendung von Oberflächenwellenfiltern (*surface acoustic wave filter, SAW-Filter*), bei denen die Laufzeit einer akustischen Welle zur Signalverzögerung eingesetzt wird. SAW-Filter sind jedoch nur als Bandpässe realisierbar.

Die einfachste Möglichkeit zur Impulsfilterung ist der Einsatz eines SAW-Bandpasses mit Cosinus-Rolloff-Charakteristik im Trägerbereich, d.h. nach dem I/Q-Mischer; der Modulator hat dann den in Abb. 21.79a gezeigten Aufbau. In der Praxis entsteht dadurch kein zusätzlicher Aufwand, da nach dem I/Q-Mischer ohnehin ein Bandpass zur Unterdrückung unerwünschter Anteile eingesetzt werden muss, siehe Abb. 21.69. Als Trägerfrequenz muss eine Zwischenfrequenz ($f_T \approx 10 \dots 100\,\mathrm{MHz}$) verwendet werden, damit das SAW-Filter mit der gewünschten Bandbreite realisiert werden kann.

Zur Impulsfilterung im Basisband werden getrennte Filter für die Quadraturkomponenten $i(t)$ und $q(t)$ benötigt. Abbildung 21.79b zeigt einen Modulator mit analogen Cosinus-Rolloff-Tiefpässen. Zur Realisierung kann man das in Abb. 21.80 gezeigte analoge Transversalfilter mit Abtast-Halte-Gliedern und einem invertierenden Operationsverstärker zur gewichteten Summation verwenden. Da die Quadraturkomponenten im Basisband eine zweiseitige Bandbreite $B = (1 + r)f_S \le 2f_S$ haben, muss die Taktfrequenz des Transversalfilters mindestens um den Faktor 2 über der Symbolfrequenz f_S liegen, damit das Abtasttheorem erfüllt wird. In der Praxis wird das Filter meist mit der vierfachen Symbolfrequenz getaktet, um den Abstand zu den Alias-Komponenten zu erhöhen (*oversampling*). Daraus folgt, dass für Cosinus-Rolloff-Impulse mit einer Impulslänge von $6\,T_S$ ein Filter mit $6 \cdot 4 = 24$ Verzögerungsgliedern bzw. 48 Abtast-Halte-Gliedern benötigt wird. Bei Modulationsverfahren mit zweiwertigen Quadraturkomponenten kann man die Verzögerungsglieder durch D-Flip-Flops ersetzen; dies ist bei 2-PSK, 4-PSK (QPSK) und DQPSK der Fall. Um den Aufwand für die Filter zu reduzieren, werden die Cosinus-Rolloff-Tiefpässe in einfachen Systemen oft nur näherungsweise realisiert. Wenn man eine etwas höhere Bandbreite und eine geringere Augenöffnung in Kauf nimmt, kann man anstelle der Transversalfilter auch gewöhnliche Tiefpassfilter einsetzen.

In komplexen Systemen wird die Impulsfilterung mit digitalen FIR-Filtern durchgeführt; dabei werden zusätzlich D/A-Umsetzer zur Erzeugung der analogen Quadraturkomponenten benötigt. Abbildung 21.79c zeigt einen Modulator mit digitalen Cosinus-Rolloff-Tiefpässen. Die Wortbreite am Eingang der Filter ergibt sich aus dem Konstellationsdiagramm und beträgt maximal 4 Bit (256-QAM $\to$ 16×16-Konstellationsdiagramm $\to$ je 4 Bit für $i_R(n)$ und $q_R(n)$). Die Wortbreite am Ausgang entspricht der Auflösung der D/A-Umsetzer und muss entsprechend dem geforderten Signal-Rausch-Abstand gewählt werden; in der Praxis sind $10 \dots 14$ Bit üblich. Bei Modulationsverfahren mit zweiwertigen Quadraturkomponenten (2-PSK, QPSK und DQPSK) werden die Filter besonders einfach, da das Eingangssignal nur die Werte ± 1 annimmt und mit einem Bit dargestellt werden kann. Da das Ausgangswort des Filters bei einer Impulsdauer von $6\,T_S$ von maximal 7 aufeinanderfolgenden Bits abhängt, kann man bei einer Taktfrequenz von $4f_S$ alle

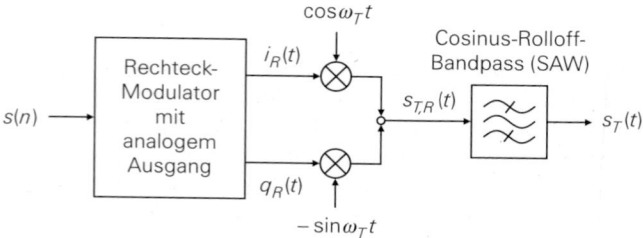

a Cosinus-Rolloff-Bandpass im Trägerbereich

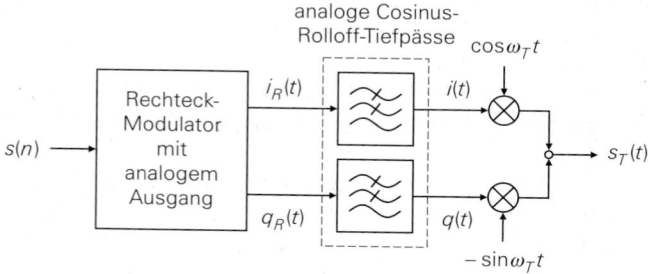

b analoge Cosinus-Rolloff-Tiefpässe im Basisband

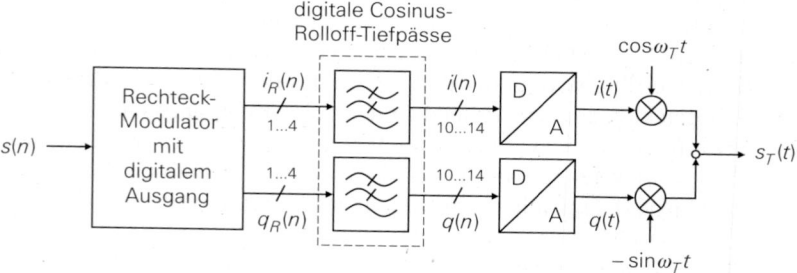

c digitale Cosinus-Rolloff-Tiefpässe und D/A-Umsetzer im Basisband

Abb. 21.79. Impulsfilter

$4 \cdot 2^7 = 512$ möglichen Ausgangsworte in einem ROM abspeichern. Zur Adressierung wird ein Schieberegister der Länge 7 sowie die volle und die halbe Taktfrequenz, d.h. $4 f_S$ und $2 f_S$, verwendet. Abbildung 21.81 zeigt dieses einfache Filter. Die Taktfrequenz wird oft auf $8 f_S$ oder $16 f_S$ erhöht, um den Abstand zu den Alias-Komponenten weiter zu vergrößern; dann wird ein ROM mit 1024 oder 2048 Worten benötigt.

In den meisten modernen Systemen erfolgt die Impulsfilterung mit einem digitalen Signalprozessor (DSP), der darüber hinaus alle weiteren digitalen Funktionen übernimmt, d.h. alle Funktionen, die in Abb. 21.1b *oberhalb* der D/A- bzw. A/D-Umsetzer dargestellt sind. Wenn die Rechenleistung handelsüblicher DSPs nicht ausreicht oder die Verlustleistung eines handelsüblichen DSPs mit der benötigten Rechenleistung zu hoch ist, werden kundenspezifische DSPs mit speziellen digitalen Komponenten zur Beschleunigung

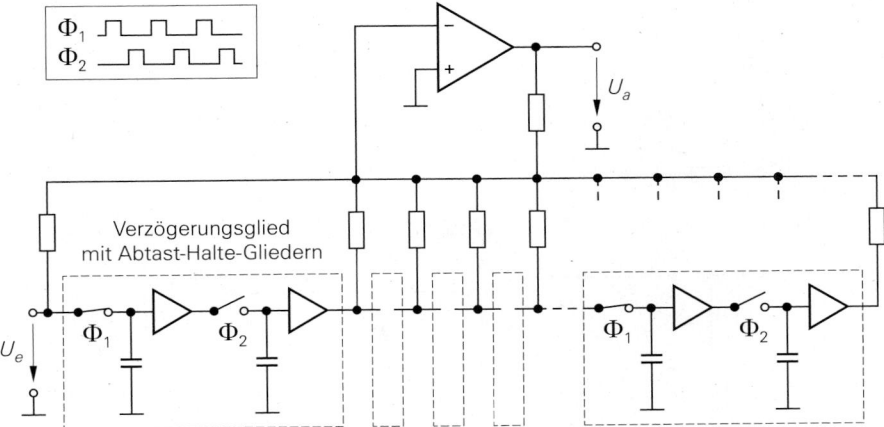

Abb. 21.80. Analoges Transversalfilter mit Abtast-Halte-Gliedern

zeitkritischer Funktionen eingesetzt. Ein derartiger DSP kann zum Beispiel zwei der in Abb. 21.81 gezeigten Filter und die nachfolgenden D/A-Umsetzer enthalten.

Bei einer Impulsfilterung mit analogen Transversalfiltern oder digitalen Filtern müssen zusätzlich analoge Anti-Alias-Filter eingesetzt werden, um die Alias-Anteile bei Mehrfachen der Taktfrequenz zu entfernen; diese Filter sind in Abb. 21.79b/c nicht dargestellt.

21.4.3.4 Ein einfacher QPSK-Modulator

Wir zeigen im folgenden einen einfachen Modulator für ein QPSK-System, der in gleicher Form auch für DQPSK verwendet werden kann, wenn das binäre Nutzsignal vor dem Modulator kodiert wird. Wir gehen davon aus, dass der Modulator das modulierte Trägersignal

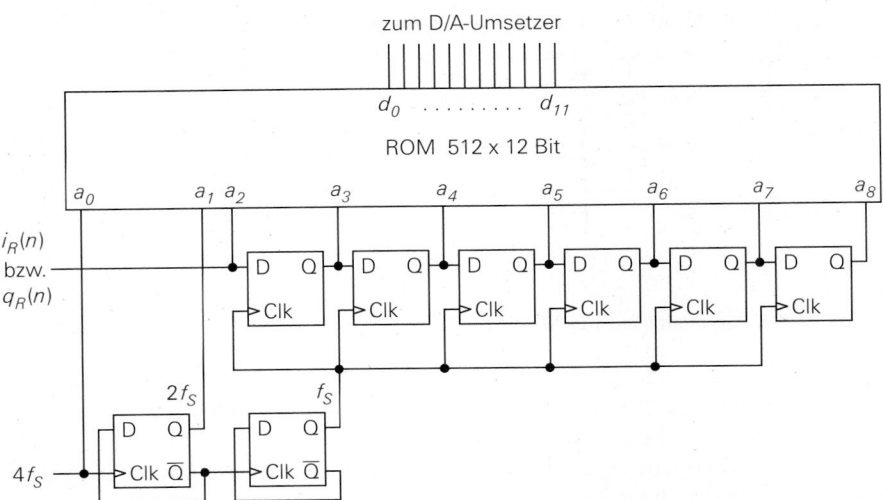

Abb. 21.81. Digitales Cosinus-Rolloff-Filter mit ROM für Modulationsverfahren mit zweiwertigen Quadraturkomponenten

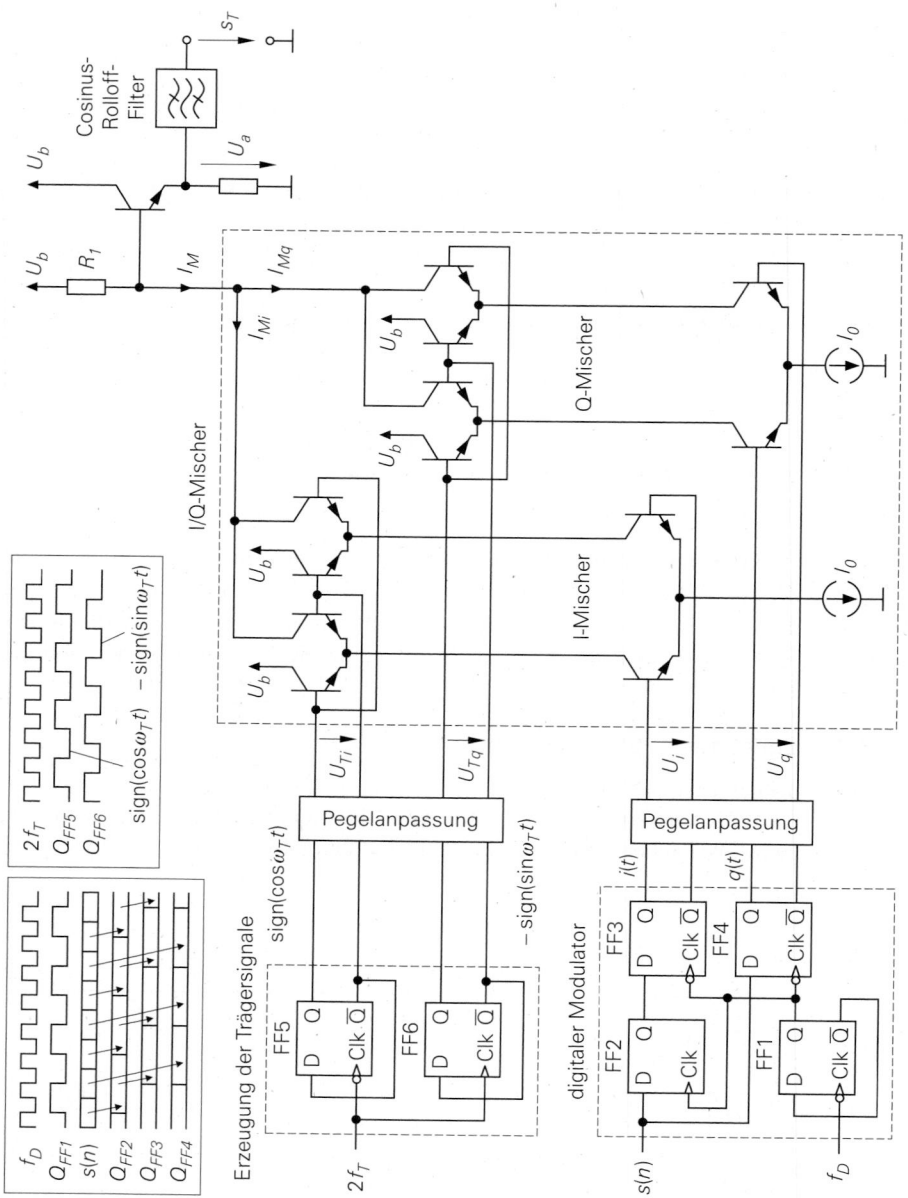

Abb. 21.82. QPSK-Modulator mit I/Q-Mischer

auf einer Zwischenfrequenz erzeugt, die anschließend auf die Sendefrequenz umgesetzt wird.

Abbildung 21.82 zeigt den QPSK-Modulator mit I/Q-Mischer, Abb. 21.83 die Signalverläufe. Der digitale Modulator besteht aus einem 2 Bit-Serien-Parallel-Wandler, der die Bits des binären Datensignals $s(n)$ auf den i- und den q-Zweig verteilt; dabei reduziert das Flip-Flop FF1 die Taktfrequenz $f_D = 1/T_D$ um den Faktor 2 auf die Symbolfrequenz:

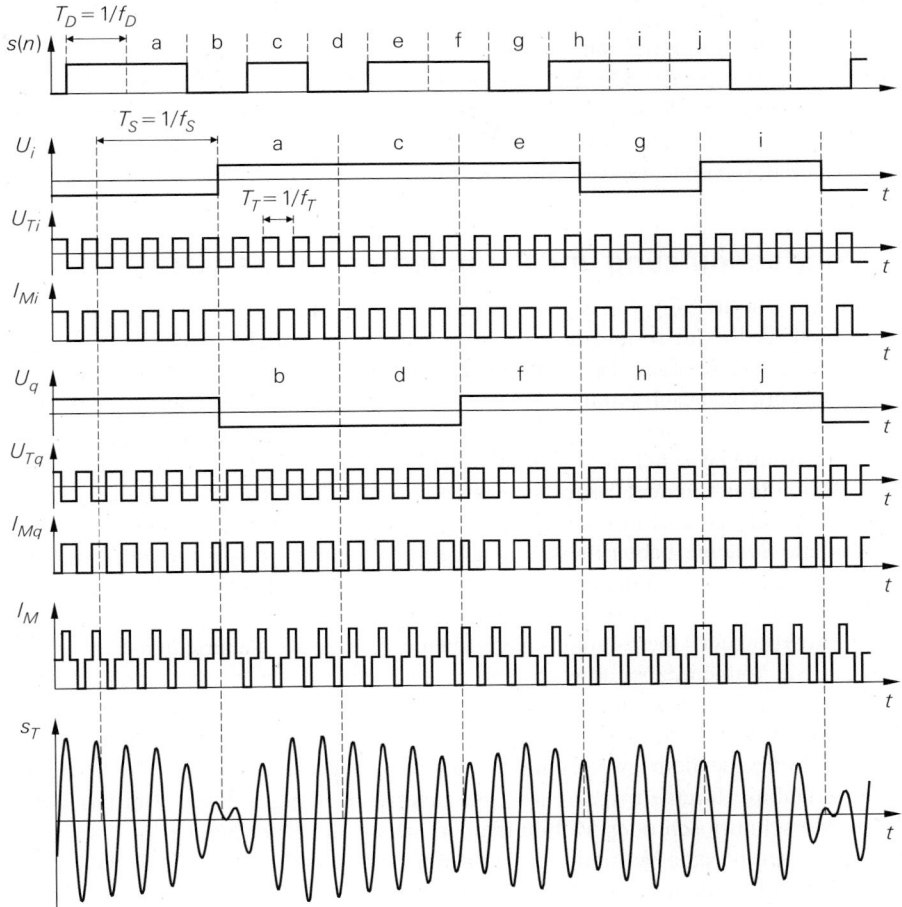

Abb. 21.83. Signale im Modulator

$f_S = 1/T_S = f_D/2$. Die i-Bits werden mit dem Flip-Flop FF2 zwischengespeichert, bis die zugehörigen q-Bits zur Verfügung stehen; dann werden beide Bits synchron von den Flip-Flops FF3 und FF4 übernommen. Die pegelangepassten Ausgangsspannungen U_i und U_q des Modulators werden mit einem I/Q-Mischer auf die Trägerfrequenz umgesetzt. Als Trägersignale dienen zwei um eine Viertelperiode gegeneinander verschobene Rechteck-signale mit der Trägerfrequenz $f_T = 1/T_T$, die mit den Teiler-Flip-Flops FF5 und FF6 aus einem Rechtecksignal mit der doppelten Trägerfrequenz abgeleitet werden. Die Grund-wellen der Rechtecksignale entsprechen den Trägersignalen $\cos \omega_T t$ und $- \sin \omega_T t$ eines idealen I/Q-Mischers. Die Stromschalter der Mischer werden mit den pegelangepassten Trägerspannungen U_{Ti} und U_{Tq} umgeschaltet; dadurch erhält man am Ausgang der Mi-scher die rechteckförmigen Ströme I_{Mi} und I_{Mq}. Die Addition der Ausgangssignale der Mischer erfolgt durch eine Addition der Ströme I_{Mi} und I_{Mq}. Der Summenstrom I_M wird mit dem Widerstand R_1 in eine Spannung umgewandelt; eine Kollektorschaltung dient als Puffer. Aus der Ausgangsspannung U_a erhält man nach Filterung mit einem Cosinus-Rolloff-Bandpass-Filter (SAW-Filter) das modulierte Trägersignal $s_T(t)$. In Abb. 21.82

ist das modulierte Trägersignal $s_T(t)$ ohne die durch das Filter verursachte Verzögerung dargestellt, um den Zusammenhang mit dem Strom I_M zu verdeutlichen.

Obwohl alle Punkte des QPSK-Konstellationsdiagramms denselben Betrag haben, erhält man neben einer Phasen- auch eine Amplitudenmodulation; letztere wird durch die Cosinus-Rolloff-Filterung verursacht. Ein diagonaler Übergang im Konstellationsdiagramm verläuft durch den Ursprung; in diesem Fall geht die Amplitude kurzzeitig bis auf Null zurück.

21.5 Mehrfachnutzung und Gruppierung von Kanälen

Zur drahtlosen Übertragung von Signalen steht ein zweidimensionaler Raum zur Verfügung, der durch die Frequenz- und die Zeitachse aufgespannt wird. In diesem Raum müssen die Übertragungskanäle sämtlicher nachrichtentechnischer Systeme untergebracht werden, d.h. der Raum wird mehrfach genutzt. Die Verfahren zur Aufteilung dieses Raumes werden *Multiplex-Verfahren* genannt.

Die Übertragung zwischen zwei Kommunikationspartnern kann uni- oder bidirektional erfolgen. Bei unidirektionaler Übertragung agiert einer der Partner als Nachrichten-Sender, der andere als Nachrichten-Empfänger; typische Beispiele sind Rundfunk und Fernsehen. Unidirektionale Systeme haben meist einen Verteil-Charakter, d.h. ein Sender versorgt viele Empfänger mit ein und derselben Nachricht; deshalb werden derartige Systeme als *Verteilungssysteme* (*broadcast systems*) und das Verteilen selbst als *broadcasting* bezeichnet. Bei bidirektionaler Übertragung agieren beide Partner als Nachrichten-Sender und -Empfänger. Sie können dabei abwechselnd einen Kanal oder getrennte Kanäle für die beiden Übertragungsrichtungen verwenden. Im ersten Fall spricht man von *Halbduplex-*, im zweiten von *Duplex-* oder *Vollduplex-Betrieb*. Ein Beispiel für Halbduplex-Betrieb ist der CB-Sprechfunk, bei dem jeweils nur einer der Partner sprechen kann und die Übergabe der Sprecherlaubnis durch ein spezielles Übergabesignal erfolgt (*Over!*). Bei modernen Systemen wie schnurlosen oder Mobiltelefonen erfolgt die Übertragung im Duplexbetrieb; dazu müssen für eine Verbindung zwei Kanäle gruppiert werden. Die Verfahren zur Gruppierung werden *Duplex-Verfahren* genannt.

21.5.1 Multiplex-Verfahren

21.5.1.1 Frequenzmultiplex

Das wichtigste Verfahren zur Aufteilung des Übertragungsraums ist der *Frequenzmultiplex* (*frequency division multiple access, FDMA*); dabei wird jedem Übertragungskanal ein bestimmter Frequenzbereich dauerhaft zugeteilt. Alle Kanäle einer bestimmten Anwendung belegen zusammen den für die Anwendung zur Verfügung stehenden Frequenzbereich; einige Beispiele haben wir in den Abbildungen 21.21 und 21.22 auf Seite 1162f. angegeben. Alle nachrichtentechnischen Systeme verwenden auf der obersten Ebene einen Frequenzmultiplex; es gibt kein System, das den gesamten zur Verfügung stehenden Frequenzbereich benutzt. Abbildung 21.84a veranschaulicht die Aufteilung des Übertragungsraums bei Frequenzmultiplex. Die Kanäle werden in diesem Zusammenhang auch als *Frequenzkanäle* (*frequency channels*) bezeichnet. Zwischen den Kanälen verbleibt eine Frequenzlücke, die als Übergangsbereich für die Filter im Empfänger benötigt wird; deshalb ist der Kanalabstand K etwas größer als die Bandbreite B der Signale.

Beim Frequenzmultiplex ist keine Koordination zwischen den Systemen in benachbarten Kanälen notwendig. Jedes System kann den ihm zur Verfügung gestellten Kanal ohne Einschränkung nutzen.

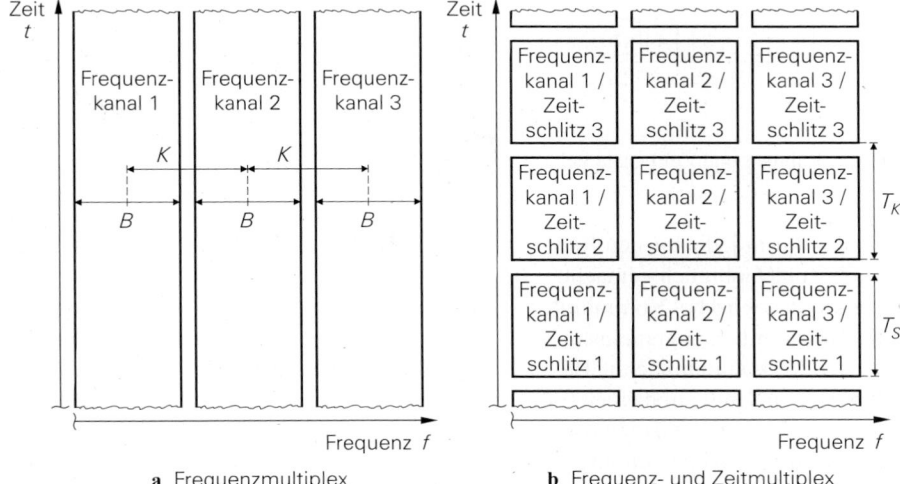

a Frequenzmultiplex   **b** Frequenz- und Zeitmultiplex

Abb. 21.84. Multiplex-Verfahren

21.5.1.2 Zeitmultiplex

Die Einteilung der Übertragungszeit der einzelnen Frequenzkanäle in *Zeitschlitze* (*time slots*) wird *Zeitmultiplex* (*time division multiple access, TDMA*) genannt. Abbildung 21.84b zeigt dies für den Fall, dass alle Frequenzkanäle dasselbe Zeitraster verwenden. Dies ist bei vielen Anwendungen der Fall, im allgemeinen aber nicht notwendig.

Man muss zwischen *Zeitmultiplex auf der Datenebene* und *Zeitmultiplex auf der Senderebene* unterscheiden. Beim Zeitmultiplex auf der Datenebene werden mehrere Datenströme zu einem Datenstrom zusammengefasst und mit *einem* Sender gesendet; entsprechend wird das gesendete Signal mit einem Empfänger empfangen und der resultierende Datenstrom in die ursprünglichen Datenströme aufgeteilt. Ein Beispiel dafür ist die Richtfunkübertragung von Telefongesprächen; dabei werden z.B. 30 digitalisierte Sprachsignale mit einer Datenrate von jeweils 64 kBits/s zu einem Datenstrom mit 1,92 MBit/s zusammengefasst und gemeinsam gesendet. Die Einteilung der Übertragungszeit in Zeitschlitze bezieht sich in diesem Fall nur auf die Anordnung der Daten; auf den Sender und das Sendesignal hat dies keinen Einfluss [11].

Beim Zeitmultiplex auf der Senderebene werden die Zeitschlitze von *verschiedenen* Sendern genutzt; dazu ist eine Koordination der Sender erforderlich, damit sich die Sendezeiten nicht überschneiden. Für die Umschaltung von einem Sender auf einen anderen wird eine Zeitlücke zwischen den Zeitschlitzen benötigt; deshalb ist der Abstand T_K zwischen dem Beginn zweier aufeinanderfolgender Zeitschlitze etwas größer als die Dauer T_S eines Zeitschlitzes, siehe Abb. 21.84b.

Die Zeitschlitze werden zyklisch durchnummeriert und zu *Rahmen* (*frames*) zusammengefasst; dabei bilden alle Zeitschlitze mit derselben Nummer einen *Zeitkanal* (*time channel*). Abbildung 21.85 zeigt dies für ein Beispiel mit vier Zeitkanälen. Man kann die Zeitkanäle weiter aufteilen, indem sich m Sender einen Zeitkanal dadurch teilen, dass

---

[11] Wir verwenden den Begriff *Sender* hier wieder im engeren Sinne und bezeichnen damit nur die Komponenten vom Modulator bis zur Antenne; deshalb gehören die Komponenten zum Zusammenfassen der Datenströme zu einem Datenstrom nicht zum Sender.

Abb. 21.85. Rahmen und Zeitkanäle bei Zeitmultiplex mit vier Kanälen

jeder Sender nur in jedem m-ten Rahmen einen Zeitschlitz belegt. Davon wird z.B. beim GSM-Mobilfunk Gebrauch gemacht.

Zeitmultiplex wird bei Kommunikationssystemen immer dann verwendet, wenn mehrere Teilnehmer mit einer gemeinsamen Basisstation (*base station, BS* bzw. *base transceiver station, BTS*) kommunizieren. Bei Frequenzmultiplex müsste die Basisstation für jeden Teilnehmer einen Sender und einen Empfänger bereitstellen; dagegen können bei Zeitmultiplex mit einem Sender und einem Empfänger mehrere Teilnehmer bedient werden. Beim GSM-Mobilfunk wird ein Zeitmultiplex mit acht Zeitschlitzen verwendet; dadurch kann eine GSM-Basisstation mit sechs Sende-Empfangs-Einheiten maximal $6 \times 8 = 48$ Teilnehmer bedienen. Bei schnurlosen Telefonen nach dem DECT-Standard wird ein Zeitmultiplex mit 24 Zeitschlitzen verwendet, von denen jeweils 12 für die beiden Übertragungsrichtungen vorgesehen sind; dadurch kann eine DECT-Basisstation mit einer Sende-Empfangs-Einheit maximal 12 Telefone bedienen. Daraus folgt, dass die Anzahl der Zeitschlitze mit Blick auf die Verbindungskapazität möglichst groß gewählt werden muss; dem steht allerdings der höhere Koordinationsaufwand und die geringere Effizienz aufgrund des ungünstigeren Verhältnisses aus Zeitschlitzlänge und Zeitlücke zwischen den Zeitschlitzen entgegen.

21.5.1.3 Codemultiplex

Das *Codemultiplex-Verfahren* (*code division multiple access, CDMA*) ist ein Verfahren zur Mehrfachnutzung eines Frequenzkanals durch mehrere Sender ohne Aufteilung der Sendezeit. Die Datenströme der Sender werden mit *orthogonalen Codeworten* codiert und ohne weitere Koordination mit digitalen Sendern zeitgleich mit derselben Sendefrequenz gesendet. Jeder Empfänger empfängt die Summe aller gesendeten Signale und kann daraus mit Hilfe des Codes des zugehörigen Senders die für ihn bestimmten Daten extrahieren. Dieses Verfahren wird auch *Direktsequenz-Verfahren* (*direct sequence CDMA, DS-CDMA*) genannt. Abbildung 21.86 zeigt das Grundprinzip. Die Sender- und Empfänger-Komponenten enthalten in dieser Darstellung keinen speziellen Modulator bzw. Demodulator.

Neben dem Direktsequenz-Verfahren gibt es noch weitere Codemultiplex-Verfahren, z.B. das Frequenzsprung-Verfahren (*frequency hopping CDMA, FH-CDMA*), bei dem die Sendefrequenz entsprechend einem Codemuster verändert wird; wir gehen darauf nicht näher ein und verweisen auf die Literatur [21.7]. Da bei Codemultiplex für jede Verbindung ein Code benötigt wird, entspricht die Verbindungskapazität der Anzahl der orthogonalen Codeworte. Sie ist bei Verwendung entsprechender Codes erheblich höher als die Verbindungskapazität bei Zeitmultiplex.

21.5.1.3.1 Prinzip des Direktsequenz-Verfahrens

Beim Direktsequenz-Verfahren wird jedes Bit des zu sendenden Datenstroms mit einem binären Codewort exklusiv-oder-verknüpft; Abb. 21.87 zeigt dies am Beispiel einer Codierung mit Walsh-Codes der Länge 8 (Sender 6: $s_6(t) = d_6(t) \oplus c_6(t)$). Durch die Codierung nimmt die Bitrate entsprechend der Länge des Codeworts zu. Dadurch nimmt auch die zur Übertragung benötigte Bandbreite zu. Deshalb wird die Codierung auch als *Spreizung* (*spreading*), die Länge der Codeworte als *Spreizfaktor* (*spreading factor, SF*) und das Codemultiplex-Verfahren als *spektrales Spreizverfahren* (*spread spectrum modulation*) bezeichnet. Aus der Bitdauer T_B des uncodierten Datenstroms und der Bitdauer T_C des Codeworts erhält man den Spreizfaktor:

$$SF = \frac{T_B}{T_C} \tag{21.90}$$

In Abb. 21.87 gilt $SF = 8$. Die Bits des codierten Datenstroms und des Codeworts werden zur Unterscheidung von den Bits des uncodierten Datenstroms als *Chips* bezeichnet; demnach ist T_B die *Bitdauer* und T_C die *Chip-Dauer*.

In den Empfängern wird das Empfangssignal mit den Codeworten exklusiv-oder-verknüpft und über eine Bitdauer integriert; diesen Decodier-Vorgang nennt man *Entspreizung* (*despreading*). Aufgrund der Orthogonalität [12] der Codeworte liefert die Integration nur bei dem Empfänger einen Anteil ungleich Null, der dasselbe Codewort verwendet wie der Sender. Abbildung 21.87 zeigt dies für den Fall, dass das Empfangssignal $e(t)$ gleich dem Sendesignal $s_6(t)$ des Senders 6 ist. Da die Spreizung, die Addition der Sendesignale und die Entspreizung lineare Operationen sind, funktioniert die Trennung bei einem aus mehreren Sendesignalen zusammengesetzten Empfangssignal in gleicher Weise.

21.5.1.3.2 Praktische Ausführung

In Abb. 21.86 und Abb. 21.87 haben wir das Grundprinzip des Codemultiplex ohne die Verwendung eines speziellen Modulationsverfahrens dargestellt. In der Praxis wird der Codemultiplex jedoch immer in Verbindung mit einem der bekannten Modulationsverfahren eingesetzt; üblich sind QPSK und DQPSK. Abbildung 21.88 zeigt die Integration der Komponenten für den Codemultiplex in ein System mit QPSK-Modulation. Die Spreizung erfolgt nach der Modulation, jedoch vor der Rolloff-Filterung; die Entspreizung erfolgt vor der Demodulation. Die ZF- und HF-Komponenten des Senders und des Empfängers sind in Abb. 21.88 nicht dargestellt. Als Sender wird meist der in Abb. 22.6c auf Seite 1239 gezeigte Sender mit digitalem I/Q-Mischer verwendet. Die Komponenten des Modulators arbeiten in diesem Fall ebenfalls digital und werden mit einem digitalen Signalprozessor (DSP) realisiert. Als Empfänger wird bevorzugt der Empfänger mit ZF-Abtastung nach Abb. 22.25c auf Seite 1266 oder der direktumsetzende Empfänger nach Abb. 22.35 auf Seite 1278 eingesetzt; dabei werden die Komponenten des Demodulators ebenfalls mit einem DSP realisiert.

Bei der Planung eines Übertragungssystems mit Codemultiplex müssen noch einige weitere Aspekte berücksichtigt werden, die wir im folgenden nur kurz diskutieren. Wir betrachten dazu ein Mobilkommunikationssystem, bei dem mehrere Mobilgeräte mit einer gemeinsamen Basisstation kommunizieren, siehe Abb. 21.89; dabei werden alle *downlink*-Kanäle (Basisstation $\rightarrow$ Mobilgerät) *synchron* über den Sender der Basisstation gesendet, während die *uplink*-Kanäle (Mobilgerät $\rightarrow$ Basisstation) *asynchron*, d.h. ohne Koordination zwischen den Sendern der Mobilgeräte, arbeiten.

---

[12] Signale der Länge T ($t \in [0,T]$) sind *orthogonal*, wenn gilt:

$$\int_0^T c_i(t)\, c_j(t)\, dt = \begin{cases} k \neq 0 & \text{für } i = j \\ 0 & \text{für } i \neq j \end{cases}$$

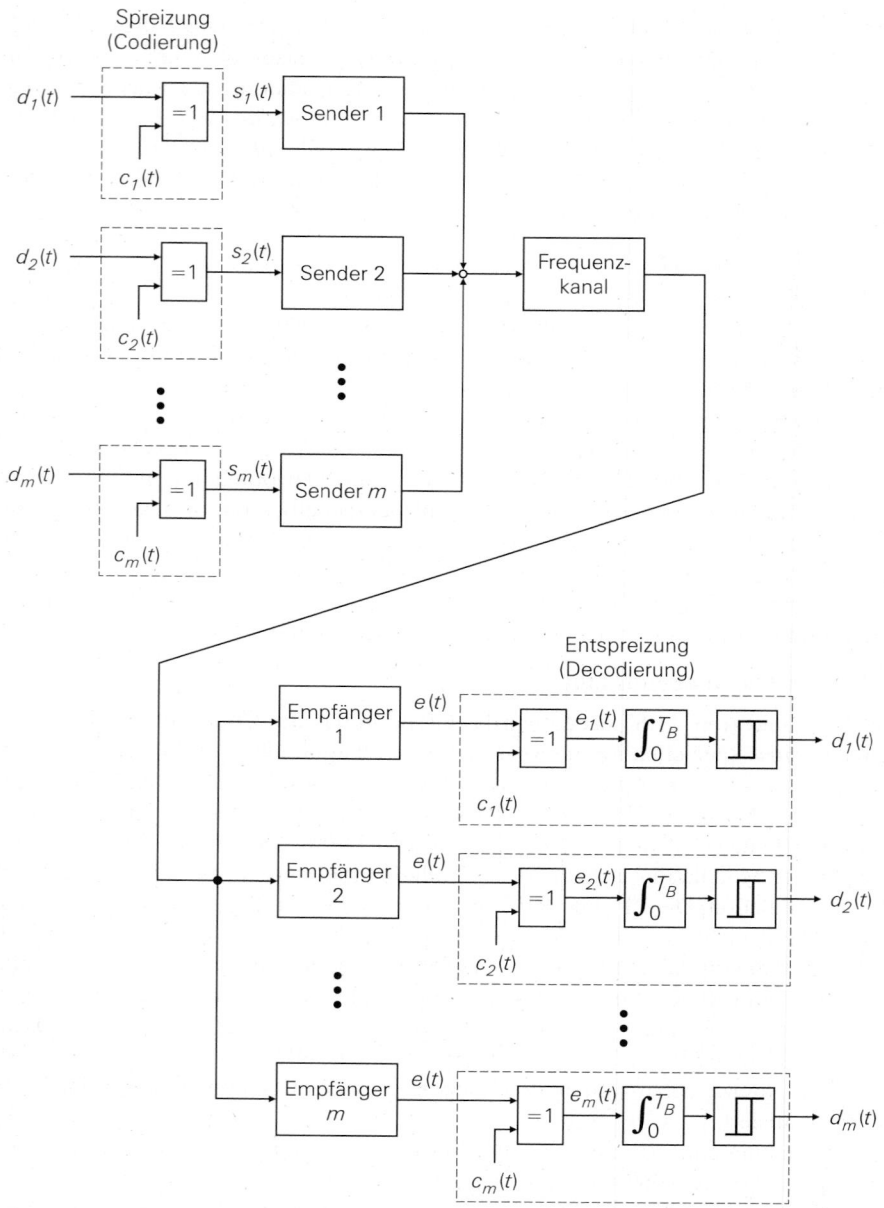

Abb. 21.86. Codemultiplex nach dem Direktsequenz-Verfahren (*direct sequence CDMA, DS-CDMA*)

– Die Walsh-Codes, die wir in Abb. 21.87 verwendet haben, sind nur bei synchronem Betrieb orthogonal; bei einer zeitlichen Verschiebung der Codeworte ist eine korrekte Trennung der Kanäle nicht mehr möglich. Deshalb kann man die Walsh-Codes nur für die *downlink*-Kanäle verwenden. Für die *uplink*-Kanäle werden Codeworte benötigt, die

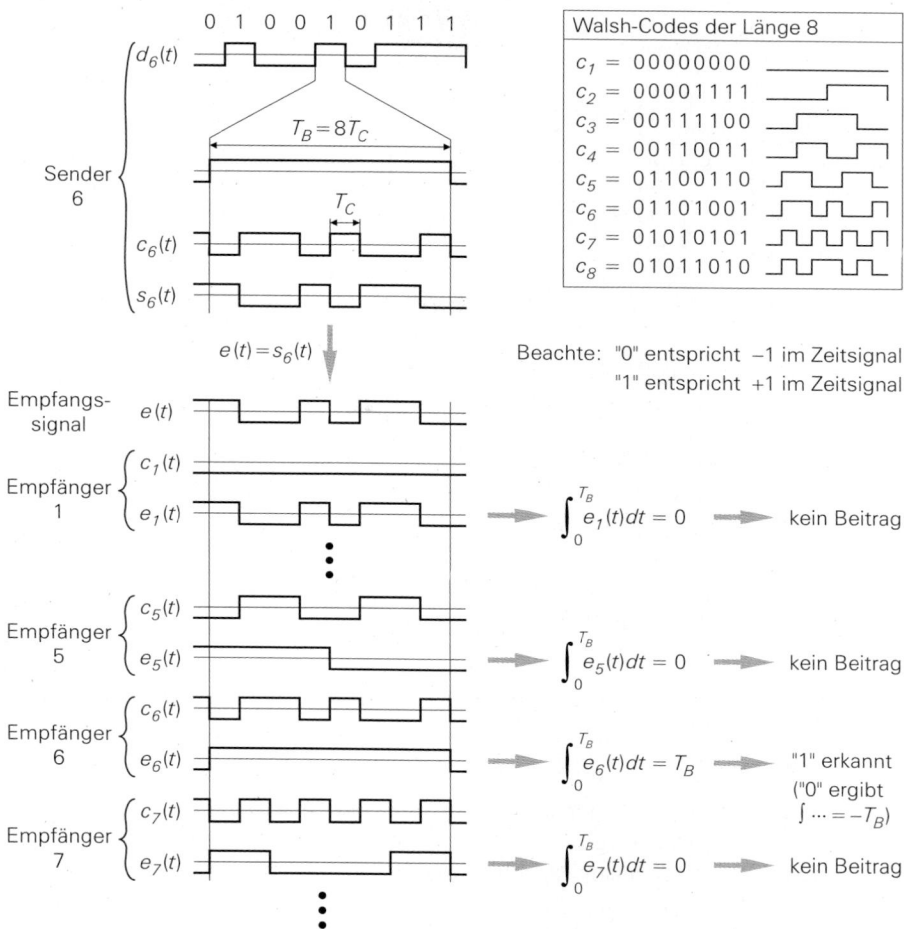

Abb. 21.87. Spreizung und Entspreizung mit Walsh-Codes der Länge 8

auch bei einer zeitlichen Verschiebung näherungsweise orthogonal sind. Ein Maß hierfür ist die Kreuzkorrelationsfunktion, mit der die Ähnlichkeit von Signalen in Abhängigkeit von der zeitlichen Verschiebung gemessen wird.[13] Ihr Betrag muss für alle Codeworte und alle zeitlichen Verschiebungen möglichst klein sein. In der Praxis wird meist ein Satz von binären Zufallsfolgen (*pseudo noise*, *PN* bzw. *pseudo random binary sequence*, *PRBS*) verwendet [21.7]. Dabei denkt man sich das zeitlich verschobene Signal $c_j(t+\tau)$ periodisch fortgesetzt, indem das Argument $t + \tau$ modulo T betrachtet wird, so dass es immer in $[0, T]$ liegt. Die Kreuzkorrelationsfunktion ist in diesem Fall ebenfalls mit T periodisch, d.h. man muss nur den Bereich $\tau \in [0, T]$ betrachten.

---

[13] Die Kreuzkorrelationsfunktion für zwei Signale der Länge T ($t \in [0, T]$) lautet:

$$R_{ij}(\tau) = \int_0^T c_i(t)\, c_j((t + \tau) \bmod T)\, dt$$

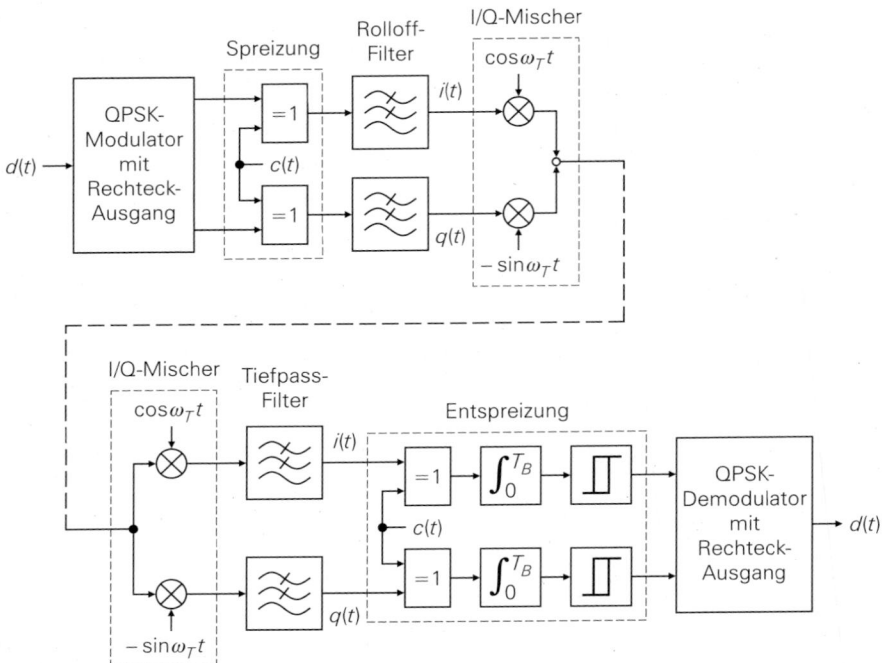

Abb. 21.88. Codemultiplex in Verbindung mit QPSK-Modulation: Modulator (oben) und Demodulator (unten)

– Die Codeworte werden zur Trennung der Kanäle *und* zur spektralen Spreizung des Sendesignals verwendet. Dabei ergibt sich häufig das Problem, dass Codeworte mit geringer Kreuzkorrelation eine ungünstige spektrale Verteilung der Sendeleistung bewirken. Eine Möglichkeit zur Abhilfe besteht darin, die Eigenschaften bezüglich Kanaltrennung und spektraler Spreizung dadurch zu entkoppeln, dass *zwei* Codierungen vorgenommen werden: zunächst erfolgt die Kanaltrennung durch eine Codierung mit langen Codeworten (*long codes*) und anschließend die spektrale Spreizung mit kurzen Codeworten (*short codes*). Beide Codeworte haben meist dieselbe Chip-Dauer, wobei die Länge der kurzen Codeworte der Bitdauer des uncodierten Datenstroms entspricht, während sich die langen Codeworte über mehrere Bits des uncodierten Datenstroms erstrecken [21.7].

– Da die in der Praxis verwendeten Codeworte nicht exakt orthogonal sind, verursacht jedes Sendesignal in allen nicht zugehörigen Empfängern ein rauschartiges Störsignal; dadurch nehmen die Signal-Geräusch-Abstände in den Empfängern ab. Die Verbindungskapazität des Systems ist erschöpft, wenn die Anzahl der Sendesignale so stark zugenommen hat, dass die Signal-Geräusch-Abstände auf den für eine korrekte Demodulation benötigten Wert abgenommen haben. In diesem Fall liegt die Anzahl der Sendesignale im allgemeinen noch deutlich unter der Anzahl der Codeworte; deshalb ist die Verbindungskapazität eines praktischen Systems nicht durch die Anzahl der Codeworte, sondern durch die Pegel der Störsignale begrenzt, die ihrerseits von der Verteilung der Mobilgeräte abhängen. Die Verbindungskapazität ist demnach variabel.

– Die Verbindungskapazität wird maximal, wenn jeder Empfänger das für ihn bestimmte Sendesignal mit einem höheren Pegel empfängt als alle anderen Sendesignale oder

Mobilgerät 1

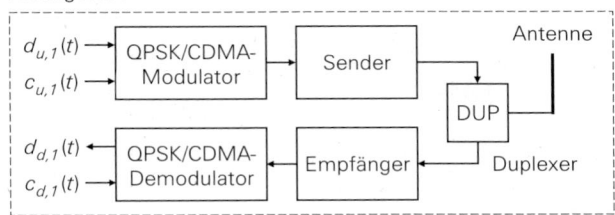

Basisstation

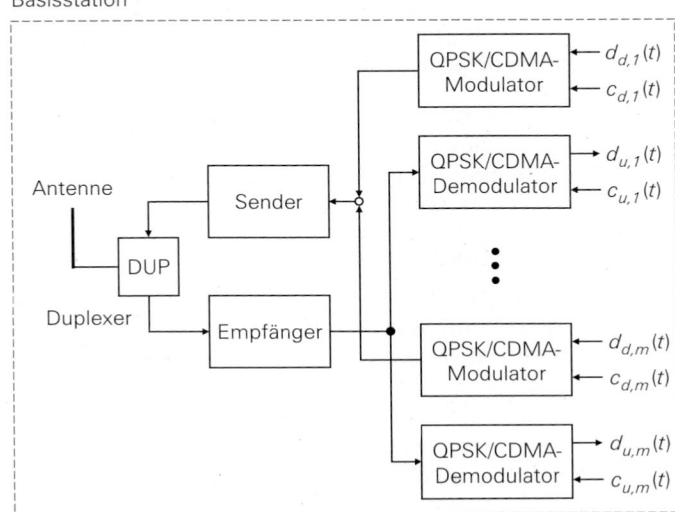

Mobilgerät m

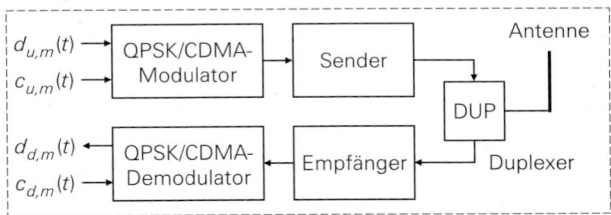

Abb. 21.89. Mobilkommunikationssystem mit QPSK-Modulation und Codemultiplex mit separaten Codeworten für *uplink* (Mobilgerät $\rightarrow$ Basisstation, Index u) und *downlink* (Basisstation $\rightarrow$ Mobilgerät, Index d)

wenn die Pegel aller empfangenen Sendesignale gleich sind. Zur Einhaltung dieser Bedingung muss eine Leistungsregelung verwendet werden. Die Sendeleistung der Mobilgeräte muss so eingestellt werden, dass alle *uplink*-Kanäle mit gleichem Pegel an der Basisstation eintreffen; dann ist der Signal-Geräusch-Abstand in allen Kanälen gleich.

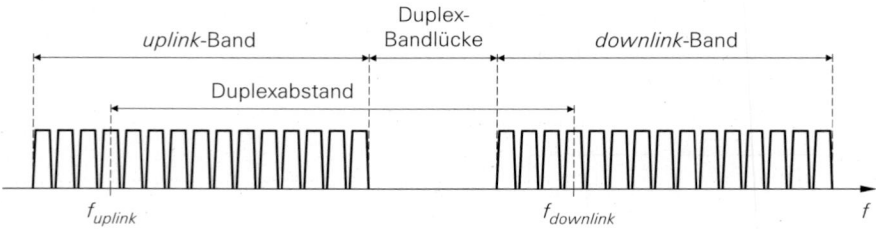

Abb. 21.90. Gruppierung der Kanäle bei Frequenzduplex

Die Leistung der *downlink*-Kanäle muss so klein sein, dass ein korrekter Empfang in den zugehörigen Mobilgeräten gerade noch möglich ist; dadurch werden die Störsignale in den Empfängern der anderen Mobilgeräte verringert.

Trotz dieser Anforderungen und dem damit verbundenen Realisierungsaufwand ist ein System mit Codemultiplex einem System mit Zeitmultiplex überlegen; deshalb werden die bestehenden Systeme mit Zeitmultiplex (GSM, DECT) sukzessive durch Systeme mit Codemultiplex (UMTS, IS-95) abgelöst.

21.5.2 Duplex-Verfahren

Wir betrachten die Duplex-Verfahren am Beispiel eines Mobilkommunikationssystems und bezeichnen deshalb die Kanäle für die beiden Übertragungsrichtungen als *uplink*- (Mobilgerät → Basisstation) und *downlink*-Kanäle (Basisstation → Mobilgerät).

21.5.2.1 Frequenzduplex

Beim Frequenzduplex (*frequency division duplex, FDD*) werden für den *uplink*- und den *downlink*-Kanal einer Verbindung getrennte Frequenzkanäle verwendet; dabei bilden alle *uplink*-Kanäle das *uplink*-Band und alle *downlink*-Kanäle das *downlink*-Band. Jedem *uplink*-Kanal wird ein *downlink*-Kanal fest zugeordnet, siehe Abb. 21.90. Der Frequenzabstand zwischen den beiden Kanälen wird *Duplexabstand* genannt. In den Mobilgeräten und den Basisstationen werden die Bänder mit einem *Duplexer* getrennt, siehe Abb. 21.15b auf Seite 1158 und Abb. 21.89 auf Seite 1229; dazu wird zwischen dem *uplink*- und dem *downlink*-Band eine *Duplex-Bandlücke* eingefügt, die als Übergangsbereich für die Filter des Duplexers dient.

Bei Frequenzduplex werden die Sender und die Empfänger gleichzeitig betrieben; dabei muss die Dämpfung der Filter des Duplexers ausreichend hoch sein, damit das Sendesignal nicht mit zu hohem Pegel in den Empfänger gelangt und den HF-Vorverstärker blockiert. Darüber hinaus wird eine gute Abschirmung zwischen Sender und Empfänger benötigt, damit das Übersprechen auf ein unkritisches Maß beschränkt wird.

21.5.2.2 Zeitduplex

Beim Zeitduplex (*time division duplex, TDD*) werden für den *uplink*- und den *downlink*-Kanal einer Verbindung verschiedene Zeitschlitze eines Frequenzkanals mit Zeitmultiplex verwendet; in diesem Fall arbeiten die Sender und die Empfänger nur für die Dauer des jeweiligen Zeitschlitzes und die Antenne kann mit einem Antennenumschalter zwischen Sender und Empfänger umgeschaltet werden, siehe Abb. 21.15a auf Seite 1158.

Da der Sender und der Empfänger eines Geräts bei Zeitduplex nicht gleichzeitig betrieben werden, wird keine Abschirmung zwischen Sender und Empfänger benötigt. Auch der benötigte Antennenumschalter ist einfacher, billiger und erheblich kleiner als der bei Frequenzduplex benötigte Duplexer. Deshalb wird die Kombination Zeitmultiplex/Zeitduplex vor allem bei einfachen Systemen mit wenigen Zeitschlitzen eingesetzt; in diesem Fall fallen die genannten Vorteile stärker ins Gewicht als die Nachteile aufgrund der erforderlichen Koordination beim Zugriff auf die einzelnen Zeitschlitze.

Kapitel 22:
Sender und Empfänger

Im folgenden beschreiben wir den Aufbau von Sendern und Empfängern für die drahtlose Übertragung; dabei verwenden wir die Begriffe im engen Sinne: die Komponenten vom Modulator bis zur Sendeantenne bilden den *Sender*, die Komponenten von der Empfangsantenne bis zum Demodulator den *Empfänger*.

Die Anforderungen an Sender und Empfänger unterscheiden sich deutlich, da im Sender nur das Nutzsignal verarbeitet wird, während im Empfänger das Nutzsignal aus dem von der Antenne empfangenen Frequenzgemisch ausgefiltert werden muss. Darüber hinaus wird im Sender mit konstanten oder nur wenig variierenden Signalpegeln gearbeitet, während im Empfänger in Abhängigkeit vom Abstand zum Sender extrem hohe Pegelunterschiede auftreten können. Die Hauptanforderungen an den Sender bestehen darin, das Nutzsignal möglichst störungsfrei in das hochfrequente Sendesignal umzusetzen, dieses mit möglichst hohem Wirkungsgrad zu verstärken und die Aussendung unerwünschter, bei der Umsetzung oder Verstärkung entstandener Störsignale möglichst gering zu halten. Die Hauptanforderung an den Empfänger besteht darin, das Nutzsignal auch bei sehr geringem Empfangspegel und gleichzeitigem Empfang sehr starker Signale in benachbarten Frequenzbereichen mit möglichst hohem Signal-Geräusch-Abstand und möglichst geringen Intermodulationsverzerrungen auszufiltern. Demnach hat man beim Sender in erster Linie ein *Wirkungsgrad-Problem*, beim Empfänger dagegen ein *Selektions-* und *Dynamik-* bzw. *Rausch-Problem*.

22.1 Sender

Wir beschreiben zunächst den Aufbau von Sendern mit analoger Modulation und gehen anschließend auf Sender mit digitaler Modulation ein. Die Beschreibung erfolgt mit Hilfe von vereinfachten Blockschaltbildern, in denen nur die wesentlichen Komponenten dargestellt sind.

22.1.1 Sender mit analoger Modulation

22.1.1.1 Sender mit direkter Modulation

Den einfachsten Sender erhält man, wenn die Trägerfrequenz f_T des analogen Modulators gleich der Sendefrequenz f_{HF} ist; in diesem Fall muss das Ausgangssignal des Modulators nur noch verstärkt und der Antenne zugeführt werden. In der Praxis muss nach dem Sendeverstärker ein *Ausgangsfilter* eingesetzt werden, das die Verzerrungsprodukte des Verstärkers auf ein zulässiges Maß dämpft. Abbildung 22.1a zeigt den Aufbau eines Senders mit *direkter Modulation*. Die Betragsspektren der Signale sind in Abb. 22.2 dargestellt.

22.1.1.2 Sender mit einer Zwischenfrequenz

Mit zunehmender Frequenz und zunehmenden Anforderungen wird es immer schwieriger, den Modulator mit der erforderlichen Genauigkeit auszuführen. Man verwendet dann als Trägerfrequenz f_T eine niedrigere *Zwischenfrequenz* f_{ZF}, bei der der Modulator problemlos realisiert werden kann:

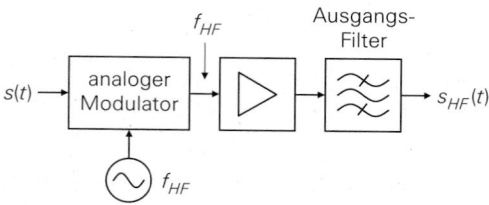

a mit direkter Modulation

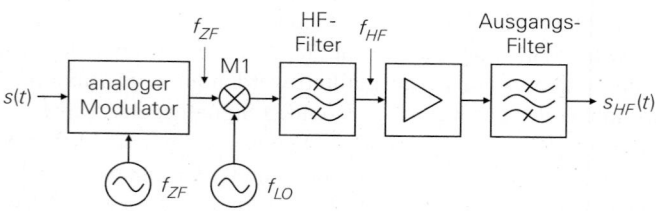

b mit einer Zwischenfrequenz

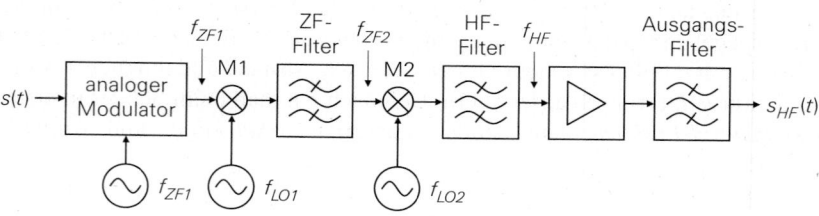

c mit zwei Zwischenfrequenzen

Abb. 22.1. Sender mit analoger Modulation

$$f_T = f_{ZF} \ll f_{HF}$$

Abbildung 22.1b zeigt den Aufbau eines Senders mit *einer Zwischenfrequenz*. Die Umsetzung auf die Sendefrequenz f_{HF} erfolgt mit dem Mischer M1, der von einem *Lokaloszillator* (*local oscillator*, LO) mit der Frequenz

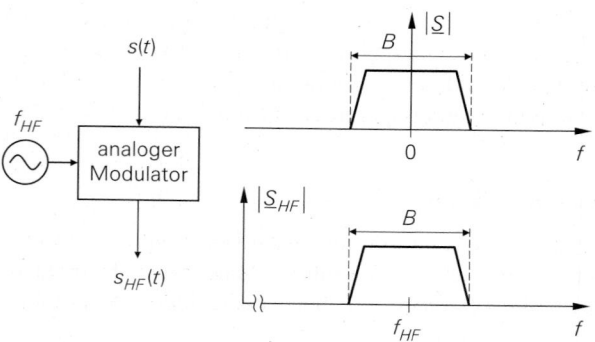

Abb. 22.2.
Betragsspektren bei direkter Modulation

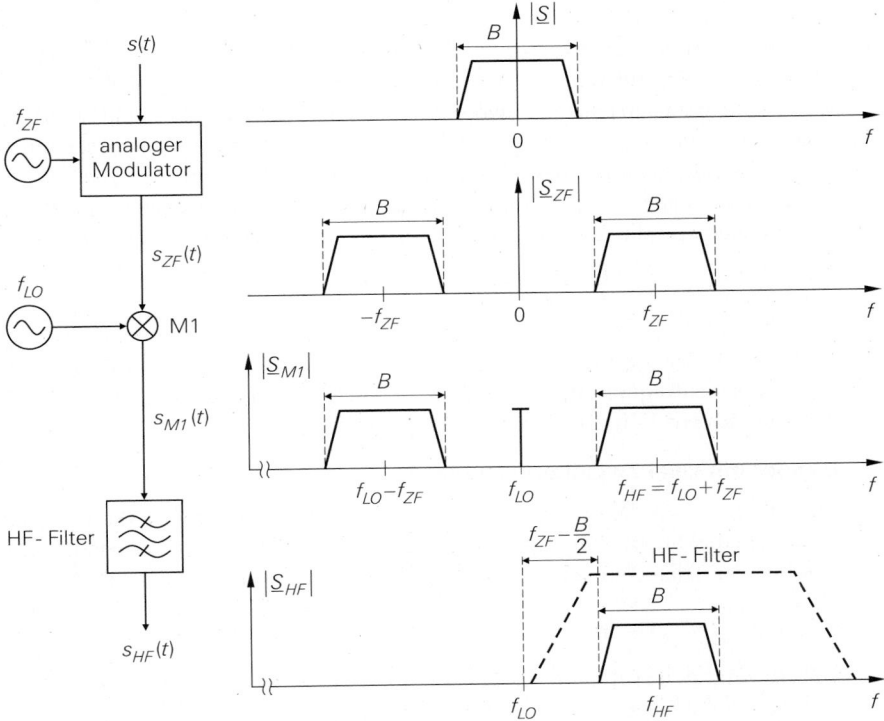

Abb. 22.3. Betragsspektren bei einer Zwischenfrequenz

$$f_{LO} = f_{HF} - f_{ZF}$$

gespeist wird. Bei der Mischung werden die Summen- und Differenzfrequenzen gebildet:

$$f_{LO} + f_{ZF} = f_{HF} \quad , \quad f_{LO} - f_{ZF} = f_{HF} - 2f_{ZF}$$

Der Anteil bei der Sendefrequenz wird mit einem *HF-Filter* ausgefiltert und dem Sende-verstärker zugeführt. Abbildung 22.3 zeigt die Betragsspektren der Signale.

Wegen $f_{HF} = f_{LO} + f_{ZF}$ ist die Frequenzfolge im ZF- und im HF-Signal gleich, d.h. eine höhere ZF-Frequenz führt auf eine höhere HF-Frequenz; man nennt dies *Mischung in Gleichlage*. Man kann auch $f_{HF} = f_{LO} - f_{ZF}$ wählen, indem in Abb. 22.3 der Anteil un-terhalb der Lokaloszillatorfrequenz ausgefiltert wird. In diesem Fall ist die Frequenzfolge im Sendesignal invertiert; man nennt dies *Mischung in Kehrlage*. Die Kehrlage muss im Empfänger berücksichtigt werden, damit das Nutzsignal korrekt empfangen werden kann; dazu wird auch im Empfänger ein Mischer in Kehrlage betrieben.

Bei Mischern tritt am Ausgang auch ein mehr oder weniger starker Anteil mit der Loka-loszillatorfrequenz f_{LO} auf, siehe Abb. 22.3; daraus folgt, dass der Übergangsbereich des HF-Filters (Übergang vom Durchlass- zum Sperrbereich) maximal die Breite $f_{ZF} - B/2$ haben darf, damit des Sendesignal vollständig im Durchlassbereich und das Lokaloszil-latorsignal im Sperrbereich liegt. Besonders günstig sind Oberflächenwellenfilter (SAW-Filter), da sie einen sehr schmalen Übergangsbereich und eine konstante Laufzeit haben; dabei stört allerdings die hohe Einfügungsdämpfung (> 20 dB). Stehen für die gewünsch-te Sendefrequenz keine SAW-Filter zur Verfügung, muss man LC-Filter oder Filter mit dielektrischen Resonatoren verwenden. Da diese Filter an den Rändern des Durchlassbereichs eine störende Laufzeitverzerrung aufweisen, muss die Breite des Übergangsbereichs meist deutlich kleiner gewählt werden, damit das Sendesignal nicht in diesen Bereichen liegt. Alternativ kann man den ganzen Bereich zwischen den Anteilen ober- und unterhalb der Lokaloszillatorfrequenz als Übergangsbereich nutzen und letztere mit einem separaten Serien- oder Parallelschwingkreis unterdrücken (Übertragungsnullstelle bei f_{LO}).

Mit zunehmender Sendefrequenz nimmt das Verhältnis aus Sendefrequenz und Breite des Übergangsbereichs zu; die Güte des HF-Filters muss dann ebenfalls zunehmen:

$$ Q_{HF} \sim \frac{f_{HF}}{f_{ZF} - B/2} \overset{f_{ZF}=f_T \gg B}{\approx} \frac{f_{HF}}{f_T} $$

Daraus resultieren ein höherer Filtergrad und größere Laufzeitverzerrungen. In der Praxis wählt man die Zwischenfrequenz möglichst hoch, damit der Übergangsbereich möglichst breit und die Güte des HF-Filters entsprechend gering wird.

22.1.1.3 Sender mit zwei Zwischenfrequenzen

Bei Sendern mit einer Zwischenfrequenz und hohen Sendefrequenzen wird die Güte des HF-Filters inakzeptabel hoch; dann muss eine zweite Zwischenfrequenz verwendet werden, die zwischen der Trägerfrequenz des Modulators und der Sendefrequenz liegt:

$$ f_T = f_{ZF1} < f_{ZF2} < f_{HF} $$

Abbildung 22.1c zeigt den Aufbau eines Senders mit *zwei Zwischenfrequenzen*; die Betragsspektren der Signale sind in Abb. 22.4 dargestellt. Der Mischer M1 setzt das Ausgangssignal des Modulators von der ersten auf die zweite Zwischenfrequenz um; dazu wird ein Lokaloszillator mit der Frequenz $f_{LO1} = f_{ZF2} - f_{ZF1}$ benötigt. Anschließend wird der Anteil oberhalb der Lokaloszillatorfrequenz mit einem *ZF-Filter* ausgefiltert. Die Güte des ZF-Filters ist proportional zum Verhältnis aus der zweiten Zwischenfrequenz und der Breite des Übergangsbereichs:

$$ Q_{ZF} \sim \frac{f_{ZF2}}{f_{ZF1} - B/2} \overset{f_{ZF1}=f_T \gg B}{\approx} \frac{f_{ZF2}}{f_T} $$

Die Umsetzung auf die Sendefrequenz erfolgt mit dem Mischer M2, der von einem zweiten Lokaloszillator mit der Frequenz $f_{LO2} = f_{HF} - f_{ZF2}$ gespeist wird. Zur Ausfilterung des Sendesignals wird ein HF-Filter mit der Güte

$$ Q_{HF} \sim \frac{f_{HF}}{f_{ZF2} - B/2} \overset{f_{ZF2} \gg B}{\approx} \frac{f_{HF}}{f_{ZF2}} $$

benötigt.

Man erkennt, dass die Gesamtgüte $Q \sim f_{HF}/f_T$, die beim Sender mit einer Zwischenfrequenz vom HF-Filter erbracht werden muss, beim Sender mit zwei Zwischenfrequenzen auf zwei Filter verteilt werden kann:

$$ Q = Q_{HF} Q_{ZF} \sim \frac{f_{HF}}{f_T} $$

Die Verteilung lässt sich durch die Wahl der zweiten Zwischenfrequenz steuern: wählt man sie relativ hoch, erhält man $Q_{ZF} > Q_{HF}$, wählt man sie relativ niedrig, gilt $Q_{ZF} < Q_{HF}$. In der Praxis hängt die Wahl von der Sendefrequenz und den zur Verfügung stehenden Filtern

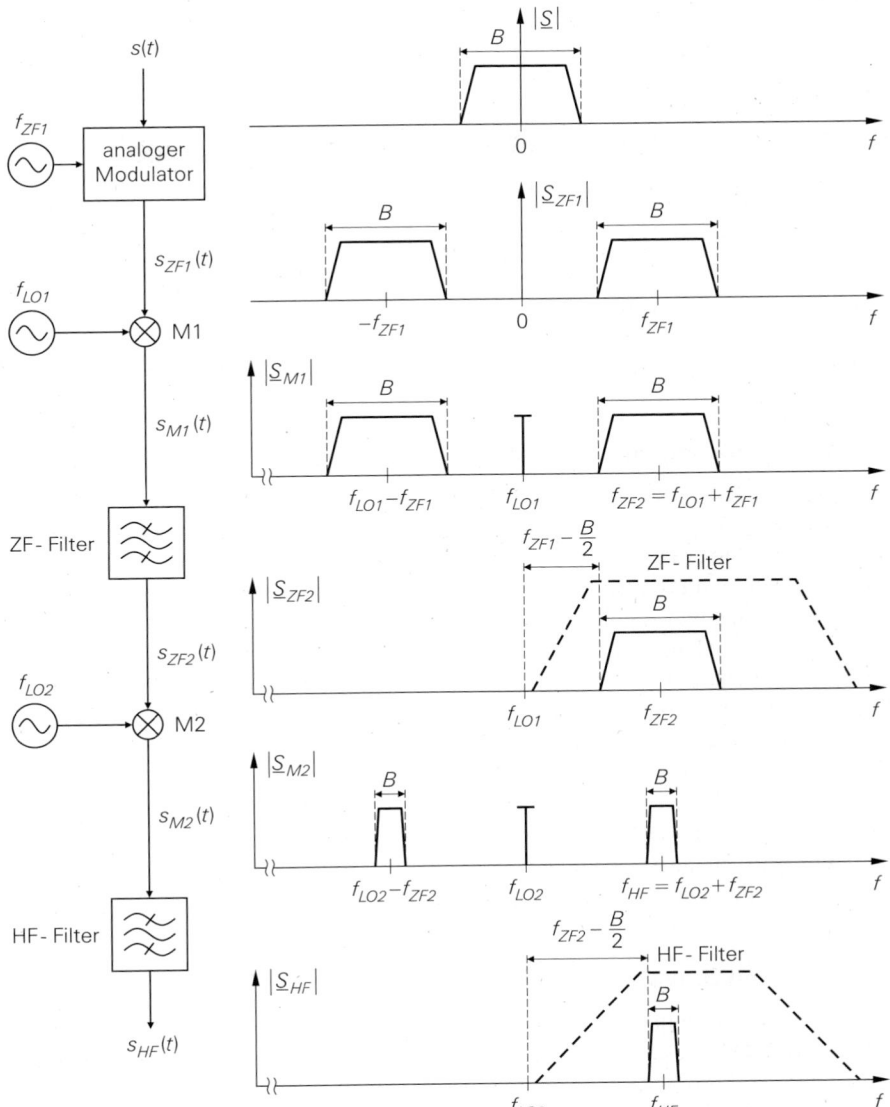

Abb. 22.4. Betragsspektren bei zwei Zwischenfrequenzen

ab. Auch die projektierte Stückzahl spielt eine große Rolle, da man bei hohen Stückzahlen kundenspezifische dielektrische oder SAW-Filter verwenden kann; für Massenanwendungen wie die Mobilkommunikation werden sogar neue Filtertechnologien entwickelt. Dagegen muss man bei Kleinserien auf die verfügbaren Standardfilter zurückgreifen. Die Verwendung von LC-Filtern mit diskreten Bauelementen wird aus Platz- und Abgleichgründen nach Möglichkeit vermieden.

Auch beim Sender mit zwei Zwischenfrequenzen kann man einen oder beide Mischer in Kehrlage betreiben, indem man die Anteile unterhalb der Lokaloszillatorfrequenz aus-

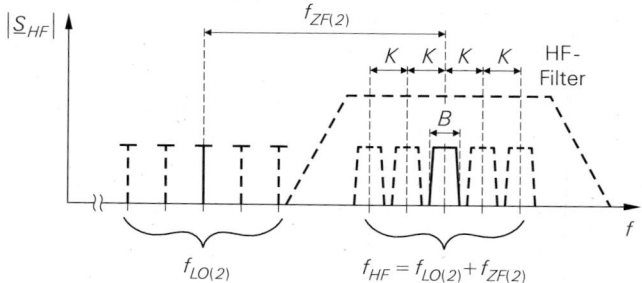

Abb. 22.5.
Sender mit variabler
Sendefrequenz

filtert. Wenn beide Mischer in Kehrlage betrieben werden, ist das Sendesignal wieder in Gleichlage.

22.1.1.4 Sender mit variabler Sendefrequenz

Bei Sendern mit variabler Sendefrequenz ist die Frequenz des letzten Lokaloszillators variabel; dadurch kann man die Sendefrequenz ändern, ohne dass die vorausgehenden Komponenten von der Änderung betroffen sind. Die Änderung erfolgt innerhalb des für die Anwendung zugeteilten Frequenzbereichs entsprechend dem Kanalabstand K; Abb. 22.5 zeigt dies am Beispiel eines Senders mit fünf Kanälen. Das HF-Filter wird so ausgelegt, dass alle Kanäle in den Durchlassbereich und alle Lokaloszillatorfrequenzen in den Sperrbereich fallen. Alternativ kann man ein abstimmbares HF-Filter verwenden; davon wird jedoch in der Praxis nur in Ausnahmefällen Gebrauch gemacht.

Bei geringer Kanalanzahl und geringem Kanalabstand ändern sich die Lokaloszillator- und die Sendefrequenz nur wenig; man kann dann einen Sender mit einer Zwischenfrequenz verwenden, solange der Übergangsbereich zwischen der höchsten Lokaloszillatorfrequenz und der unteren Grenze des Kanalrasters noch ausreichend breit ist. In den meisten Fällen muss man jedoch einen Sender mit zwei Zwischenfrequenzen verwenden; dabei wird die zweite Zwischenfrequenz relativ hoch gewählt, damit der Übergangsbereich möglichst breit wird.

22.1.2 Sender mit digitaler Modulation

Sender mit digitaler Modulation sind prinzipiell genauso aufgebaut wie Sender mit analoger Modulation. Der wesentliche Unterschied besteht darin, dass digitale Modulatoren primär die Quadraturkomponenten $i(t)$ und $q(t)$ erzeugen, die mit einem I/Q-Mischer zu einem modulierten Trägersignal zusammengesetzt werden.

Abbildung 22.6a zeigt einen digitalen Sender mit direkter Modulation. Er entspricht dem analogen Sender mit direkter Modulation in Abb. 22.1a, wenn man die Kombination aus digitalem Modulator, I/Q-Mischer (MI und MQ) und nachfolgendem Filter als analogen Modulator auffasst. Dasselbe gilt für digitale Sender mit einer oder zwei Zwischenfrequenzen. Ein digitaler Sender mit einer Zwischenfrequenz ist in Abb. 22.6b dargestellt.

Bei besonders hohen Anforderungen an die Genauigkeit des I/Q-Mischers wird ein digitaler I/Q-Mischer eingesetzt; dadurch werden Amplituden- und Phasenfehler zwischen den beiden Zweigen vermieden. Am Ausgang des digitalen I/Q-Mischers erhält man ein digitales ZF-Signal, das mit einem D/A-Umsetzer und einem nachfolgenden ZF-Filter in ein analoges ZF-Signal umgewandelt wird. Da die Frequenz des ZF-Signals aufgrund der begrenzten Taktrate des digitalen I/Q-Mischers und des D/A-Umsetzers vergleichswei-

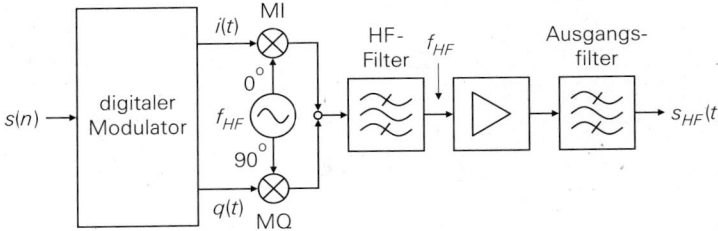

a mit direkter Modulation

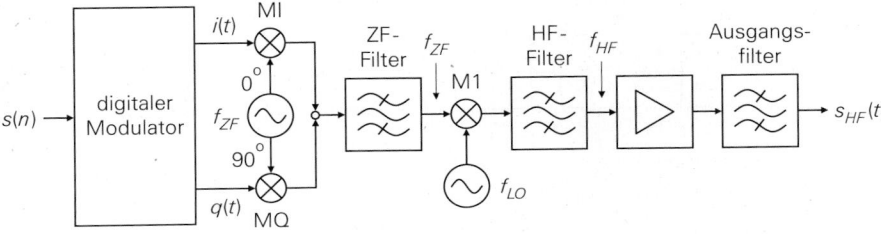

b mit einer Zwischenfrequenz und analogem I/Q-Mischer

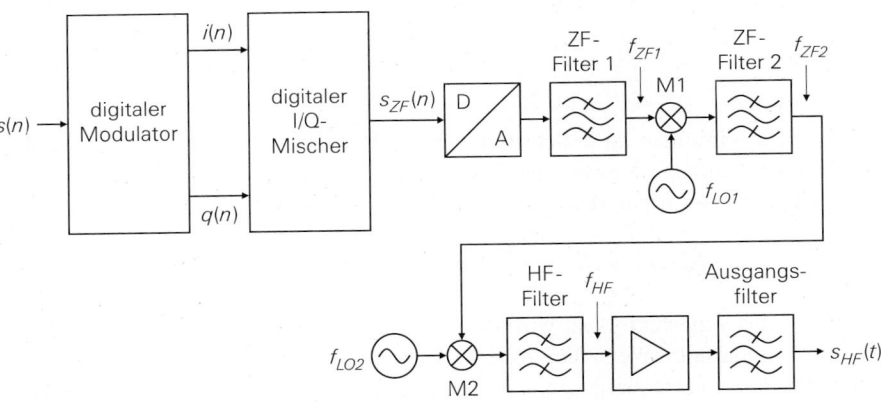

c mit zwei Zwischenfrequenzen und digitalem I/Q-Mischer

Abb. 22.6. Sender mit digitaler Modulation

se niedrig gewählt werden muss, wird meist eine zweite Zwischenfrequenz verwendet; Abb. 22.6c zeigt den resultierenden Sender.

22.1.3 Erzeugung der Lokaloszillatorfrequenzen

Die benötigten Lokaloszillatorfrequenzen werden mit phasenstarren Schleifen (PLL) von einem Quarz-Oszillator mit der Referenzfrequenz f_{REF} abgeleitet. Abbildung 22.7 zeigt dies am Beispiel eines Senders mit einer Zwischenfrequenz und variabler Sendefrequenz. Die Zwischenfrequenz ist fest und wird durch die Teilerfaktoren n_1 und n_2 festgelegt:

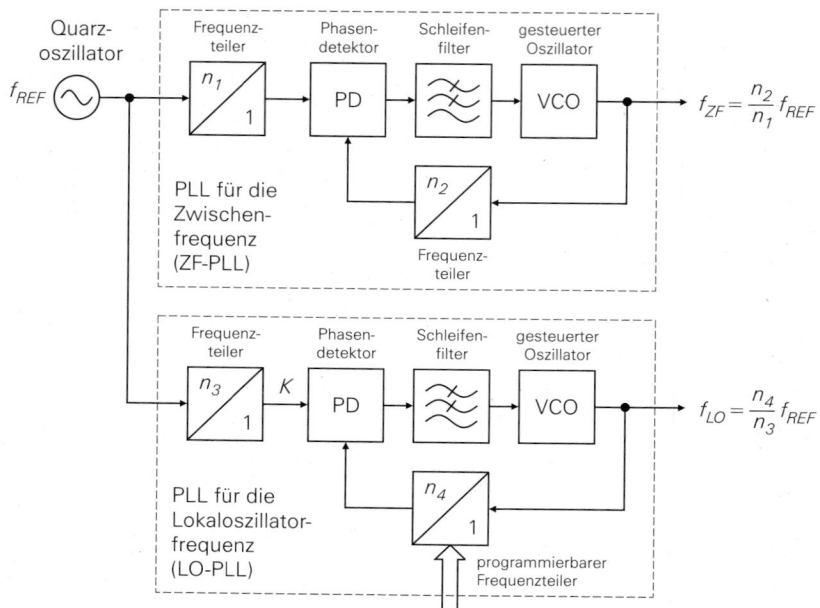

Abb. 22.7. Erzeugung der Lokaloszillatorfrequenzen

$$f_{ZF} = \frac{n_2}{n_1} f_{REF}$$

Die Lokaloszillatorfrequenz ist in Schritten entsprechend dem *Kanalabstand K* variabel; dazu wird die Referenzfrequenz mit dem Teilerfaktor n_3 auf den Kanalabstand geteilt und mit einer PLL mit programmierbarem Teilerfaktor n_4 vervielfacht:

$$K = \frac{f_{REF}}{n_3} \quad , \quad f_{LO} = n_4 K = \frac{n_4}{n_3} f_{REF}$$

Durch Ändern des Teilerfaktors n_4 wird die Lokaloszillatorfrequenz und damit auch die Sendefrequenz eingestellt. Wenn die Lokaloszillatorfrequenzen nicht durch K teilbar sind, muss man die Referenzfrequenz mit dem Teilerfaktor n_3 auf den größten gemeinsamen Teiler (ggT) von K und den Lokaloszillatorfrequenzen teilen und diesen mit n_4 vervielfachen.

Beispiel: Der QPSK-Modulator mit I/Q-Mischer aus Abb. 21.82 auf Seite 1220 soll zu einem Sender mit einer Zwischenfrequenz erweitert und für eine Datenrate von 200 kBit/s bei einem Rolloff-Faktor von $r = 1$ ausgelegt werden. Als Referenz wird ein Quarz-Oszillator mit $f_{REF} = 10$ MHz verwendet; daraus erhält man durch Teilung um den Faktor 50 den Datentakt $f_D = 200$ kHz. Als Träger- bzw. Zwischenfrequenz wird $f_T = f_{ZF} = 70$ MHz verwendet, da für diese Frequenz preisgünstige SAW-Filter verfügbar sind. Da der I/Q-Mischer in Abb. 21.82 mit der Frequenz $2 f_T = 140$ MHz angesteuert werden muss, wählen wir für die ZF-PLL in Abb. 22.7 $n_1 = 1$ und $n_2 = 14$. Bei QPSK ist die Symbolfrequenz gleich der halben Datenrate: $f_S = f_D/2$; daraus folgt die Bandbreite $B = (1 + r) f_S = 200$ kHz. Wir nehmen an, dass der Sender vier Kanäle im Bereich von $433 \ldots 434$ MHz mit einem Abstand von $K = 250$ kHz benutzen kann. Aus den Sendefrequenzen $f_{HF} = 433{,}125/433{,}375/433{,}625/433{,}875$ MHz erhält man die Lokaloszillatorfrequenzen $f_{LO} = f_{HF} - f_{ZF} = 363,125/363,375/363,625/363,875$ MHz; da sie keine Vielfachen von K sind, muss der größte gemeinsame Teiler gebildet werden: $\text{ggT}\{K, f_{LO}\} = 125$ kHz. Daraus folgt für die LO-PLL $n_3 = 10$ MHz$/125$ kHz $= 80$ und $n_4 = f_{LO}/125$ kHz $= 2905/2907/2909/2911$. Das HF-Filter muss alle Kanäle ohne größere Laufzeitverzerrungen übertragen und gleichzeitig die höchste Lokaloszillatorfrequenz ausreichend stark dämpfen. Dazu kann man das im Abschnitt 23.2 beschriebene zweikreisige Bandfilter für eine Mittenfrequenz von 434,4 MHz und eine Bandbreite von 10 MHz auslegen; dann wird das Nutzsignal um 6 dB, die Lokaloszillatorfrequenz um mehr als 54 dB und der Anteil unterhalb der Lokaloszillatorfrequenz um mehr als 70 dB gedämpft.

22.2 Empfänger

Der Empfänger muss das zu empfangende Signal aus dem Antennensignal ausfiltern und soweit verstärken, dass es dem Demodulator zugeführt werden kann. Die Empfangsfrequenz ist in den meisten Fällen variabel, damit verschiedene Kanäle, z.B. verschiedene Rundfunksender, empfangen werden können. Da der Empfangspegel je nach Entfernung zwischen Sender und Empfänger stark variieren kann, muss der Empfänger im allgemeinen Verstärker mit variabler Verstärkung und eine Verstärkungsregelung enthalten, um die Unterschiede im Empfangspegel auszugleichen; nur bei Sendern mit reiner Winkelmodulation kann man Begrenzer-Verstärker einsetzen, die das zu empfangende Signal nach der Filterung in ein Rechtecksignal umwandeln.

Wir beschreiben zunächst Empfänger für analoge Modulationsverfahren, bei denen das Empfangssignal auf eine Zwischenfrequenz umgesetzt und anschließend mit einem analogen Demodulator (z.B. Hüllkurvendetektor bei AM oder Gegentakt-Flankendiskriminator bei FM) demoduliert wird; anschließend gehen wir auf die Erweiterungen zum Empfang digital modulierter Signale ein.

22.2.1 Geradeausempfänger

In der Anfangszeit der Rundfunktechnik wurde der in Abb. 22.8a gezeigte *Geradeausempfänger* verwendet, bei dem das zu empfangende Signal mit einem HF-Filter ausgefiltert und, nach einer festen oder variablen Verstärkung, direkt dem Demodulator zugeführt wird. Das HF-Filter muss abstimmbar sein, damit verschiedene Sender empfangen werden können. Als Modulationsverfahren konnte nur die Amplitudenmodulation verwendet werden, da der zur Demodulation eingesetzte Hüllkurvendetektor als einziger Demodulator problemlos mit einer variablen Trägerfrequenz $f_T = f_{HF}$ arbeiten kann; alle anderen Demodulatoren müssen für eine feste Trägerfrequenz ausgelegt oder frequenzsynchron mit dem HF-Filter abgestimmt werden.

Neben der Beschränkung auf Amplitudenmodulation hat der Geradeausempfänger weitere, gravierende Nachteile:

- Die Sendefrequenz kann maximal um zwei Zehnerpotenzen größer sein als die Bandbreite des zu empfangenden Signals, da sonst die Güte des HF-Filters zu groß wird. In der Anfangszeit der Rundfunktechnik gab es nur sehr wenige Sender mit weit auseinanderliegenden Sendefrequenzen; deshalb konnte der gewünschte Sender mit einem einfachen Schwingkreis ausgefiltert werden.
- Abstimmbare HF-Filter mit hoher Güte sind aufwendig und nur in einem sehr begrenzten Frequenzbereich unter Beibehaltung der Bandbreite abstimmbar; dagegen konnten

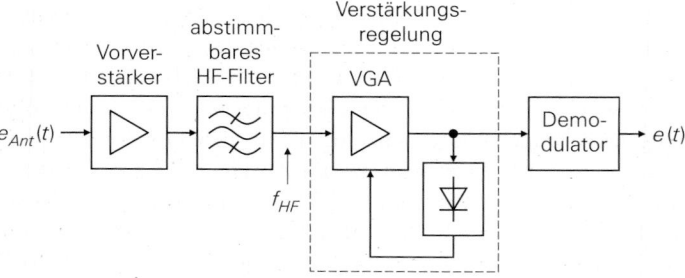

a Geradeausempfänger

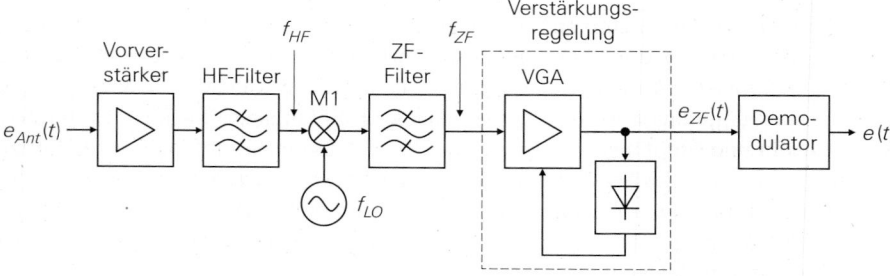

b Überlagerungsempfänger (mit einer Zwischenfrequenz)

Abb. 22.8. Empfängerkonzepte

die in der Anfangszeit eingesetzten Schwingkreise auf einfache Weise mit einem Dreh-kondensator abgestimmt werden.

– Die gesamte Verstärkung muss bei der Sendefrequenz erfolgen; dazu müssen Hoch-frequenztransistoren mit hohem Ruhestrom und vergleichsweise geringer Verstärkung eingesetzt werden.

– Mit zunehmender Frequenz arbeitet der Hüllkurvendetektor aufgrund der parasitären Kapazität der Gleichrichterdiode immer schlechter.

Mit zunehmender Senderdichte und Nutzung höherer Frequenzen geriet der Geradeaus-empfänger schnell an seine Leistungsgrenze.

22.2.2 Überlagerungsempfänger

Beim *Überlagerungsempfänger* wird die Abstimmung des HF-Filters durch eine Frequenz-umsetzung mit einem Mischer mit variabler Lokaloszillatorfrequenz f_{LO} ersetzt; dadurch wird das zu empfangende Signal auf eine feste *Zwischenfrequenz* (*ZF-Frequenz*)

$$f_{ZF} = f_{HF} - f_{LO} \ll f_{HF}$$

umgesetzt. Zur Ausfilterung wird ein *Zwischenfrequenzfilter* (*ZF-Filter*) mit wesentlich geringerer Güte eingesetzt:

$$Q_{ZF} \sim \frac{f_{ZF}}{B} \overset{f_{ZF} \ll f_{HF}}{\ll} \frac{f_{HF}}{B} \sim Q_{HF}$$

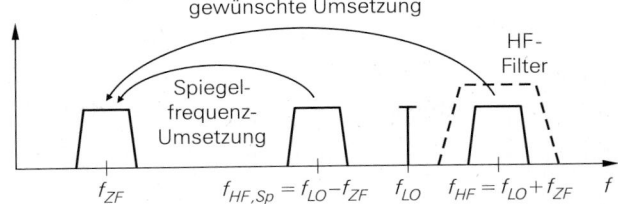

Abb. 22.9.
Spiegelfrequenz beim
Überlagerungsempfänger

Die variable Verstärkung und die Demodulation erfolgen ebenfalls bei der ZF-Frequenz. Damit werden alle Nachteile des Geradeausempfängers vermieden. Abbildung 22.8b zeigt den Aufbau eines Überlagerungsempfängers mit einer Zwischenfrequenz.

22.2.2.1 HF-Filter

Bei der Frequenzumsetzung wird neben der gewünschten Empfangsfrequenz

$$f_{HF} = f_{LO} + f_{ZF}$$

auch die *Spiegelfrequenz*

$$f_{HF,Sp} = f_{LO} - f_{ZF}$$

auf die ZF-Frequenz umgesetzt, siehe Abb. 22.9; dadurch fällt ein spiegelbildlich zur Lokaloszillatorfrequenz liegender Bereich in den Durchlassbereich des ZF-Filters. Um dies zu verhindern, muss das vor dem Mischer angeordnete HF-Filter so ausgelegt werden, dass alle gewünschten Empfangsfrequenzen im Durchlass- und die zugehörigen Spiegelfrequenzen im Sperrbereich liegen, siehe Abb. 22.10; das HF-Filter wird deshalb auch *Spiegelfrequenzfilter* (*image filter*) genannt. In der Praxis wird das HF-Filter so ausgelegt, dass auch die Lokaloszillatorfrequenzen im Sperrbereich liegen; dadurch wird verhindert, dass das relativ starke Signal des Lokaloszillators rückwärts in den Vorverstärker und auf die Empfangsantenne gelangen kann. Diese Eigenschaft ist von großer Bedeutung, da die unerwünschte Ausstrahlung der Lokaloszillatorsignale über die Empfangsantenne ein Hauptproblem beim EMV-gerechten Entwurf von Empfängern darstellt.

Die Lokaloszillatorsignale sind in der Praxis nicht sinusförmig, sondern weisen starke harmonische Verzerrungen auf; dadurch erhält man weitere Spiegelfrequenzen höherer Ordnung zu beiden Seiten der Harmonischen der Lokaloszillatorfrequenz, die ebenfalls in den Durchlassbereich des ZF-Filters fallen:

$$f_{HF,Sp(n)} = n f_{LO} \pm f_{ZF}$$

Diese Spiegelfrequenzen und die zugehörigen Harmonischen der Lokaloszillatorfrequenz müssen ebenfalls durch das HF-Filter unterdrückt werden; deshalb muss das HF-Filter auch oberhalb des Empfangsbereichs eine möglichst hohe Sperrdämpfung aufweisen. In der Praxis werden LC-Filter oder Filter mit dielektrischen Resonatoren eingesetzt; dabei sind zwei bis vier Resonanzkreise üblich. Diese Filter werden als 2-, 3- oder 4-polige Filter bezeichnet, wobei sich die Anzahl der Pole auf den äquivalenten Tiefpass bezieht und deshalb gleich der Anzahl der Resonanzkreise ist [1].

---

[1] Ein einfacher Resonanzkreis hat zwei Pole: $s = \pm j\omega_0$. Ein Filter mit vier Resonanzkreisen hat demnach acht Pole, wird aber in der Praxis dennoch als 4-poliges Filter bezeichnet, da Bandpassfilter mit einer Tiefpass-Bandpass-Transformation aus einem äquivalenten Tiefpass mit der halben Polzahl berechnet werden.

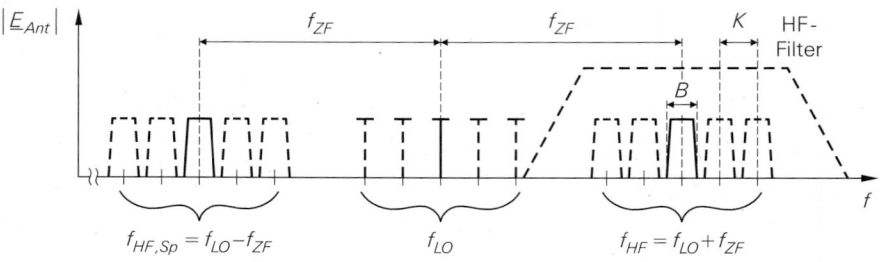

Abb. 22.10. Auslegung des HF-Filters beim Überlagerungsempfänger

Mit zunehmender Empfangsfrequenz und gleichbleibender ZF-Frequenz wird der relative Abstand zwischen der Empfangsfrequenz und der Spiegelfrequenz immer kleiner; dadurch nimmt die Güte

$$Q_{HF} \sim \frac{f_{HF}}{f_{ZF}}$$

des HF-Filters zu. Wenn die Trennung von Empfangs- und Spiegelfrequenz nicht mehr mit vertretbarem Aufwand durchgeführt werden kann, muss man entweder die ZF-Frequenz erhöhen, um die Güte des HF-Filters zu verringern, oder einen Überlagerungsempfänger mit zwei Zwischenfrequenzen verwenden.

Man kann das HF-Filter auch so auslegen, dass die unterhalb der Lokaloszillatorfrequenz liegende Frequenz $f_{LO} - f_{ZF}$ als Empfangsfrequenz f_{HF} dient und die zugehörige Spiegelfrequenz $f_{HF,Sp} = f_{LO} + f_{ZF}$ unterdrückt wird. In diesem Fall arbeitet der Mischer M1 in *Kehrlage*, da die Frequenzfolge aufgrund des Zusammenhangs $f_{ZF} = f_{LO} - f_{HF}$ invertiert wird; dagegen arbeitet der Mischer bei $f_{ZF} = f_{HF} - f_{LO}$ in *Gleichlage* und die Frequenzfolge bleibt erhalten. Bei Gleichlage liegt die Spiegelfrequenz unterhalb der Empfangsfrequenz, bei Kehrlage oberhalb. Deshalb wird die Kehrlage immer dann verwendet, wenn der Frequenzbereich oberhalb der Empfangsfrequenz mit deutlich schwächeren Signalen belegt ist als der Frequenzbereich unterhalb der Empfangsfrequenz; die Unterdrückung der Spiegelfrequenz ist dann einfacher. Die Kehrlage muss im Demodulator berücksichtigt oder durch eine Kehrlage im Sender kompensiert werden.

22.2.2.2 Vorverstärker

Vor dem HF-Filter wird ein rauscharmer *Vorverstärker* (low noise amplifier, LNA) eingesetzt, um die Rauschzahl des Empfängers gering zu halten, siehe Abb. 22.8b. Ohne Vorverstärker beträgt die Rauschzahl nach (4.204):

$$F_{e,o} = F_{HFF} + \frac{F_{M1} - 1}{G_{A,HFF}} \overset{\substack{F_{HFF} = D_{HFF} \\ G_{A,HFF} = 1/D_{HFF}}}{=} D_{HFF} F_{M1}$$

Dabei ist F_{HFF} die Rauschzahl und $G_{A,HFF}$ die verfügbare Leistungsverstärkung des HF-Filters und F_{M1} die Rauschzahl am Eingang des Mischers M1; letztere wird mit (4.204) aus der Rauschzahl des Mischers und den Rauschzahlen der nachfolgenden Komponenten berechnet. Wir nehmen allseitige Anpassung an; dann entspricht die Rauschzahl des Filters der Leistungsdämpfung D_{HFF} im Durchlassbereich und die verfügbare Leistungsverstärkung dem Kehrwert der Leistungsdämpfung [22.1]. Mit den typischen Werten $D_{HFF} \approx 1{,}6$ (2 dB) und $F_{M1} \approx 10$ (10 dB) erhält man eine inakzeptabel hohe Rauschzahl: $F_{e,o} \approx 16$

(12 dB). Mit einem Vorverstärker mit der Rauschzahl F_{VV} und der verfügbaren Leistungs-verstärkung $G_{A,VV}$ beträgt die Rauschzahl:

$$F_e = F_{VV} + \frac{F_{e,o} - 1}{G_{A,VV}} = F_{VV} + \frac{D_{HFF} F_{M1} - 1}{G_{A,VV}}$$

Sie ist bei ausreichend großer Verstärkung wesentlich kleiner als die Rauschzahl ohne Vorverstärker und geht im Grenzfall sehr hoher Verstärkung gegen die Rauschzahl des Vorverstärkers.

In der Praxis kann man die Verstärkung des Vorverstärkers nicht beliebig groß machen, da an dieser Stelle noch das gesamte Empfangssignal der Antenne verstärkt wird; dabei können sowohl das zu empfangende Signal als auch die Signale in den Nachbarkanälen bei guten Empfangsbedingungen relativ hohe Pegel aufweisen und einen Vorverstärker mit zu großer Verstärkung übersteuern. Darüber hinaus ist eine hohe Verstärkung im HF-Bereich nur mit vergleichsweise hohem Aufwand erzielbar. Deshalb wählt man die Verstärkung nur so groß, dass die Rauschzahl des Empfängers auf einen akzeptablen Wert abnimmt. Typische Werte sind $F_{VV} \approx 2$ (3 dB) und $G_{A,VV} \approx 10 \ldots 100$ (10 ... 20 dB). Mit diesen Werten erhält man für das obige Beispiel $F_e \approx 2,15 \ldots 3,5$ (3,3 ... 5,4 dB) im Vergleich zu $F_{e,o} \approx 16$ (12 dB) ohne Vorverstärker.

22.2.2.3 Vorselektion

Wenn die Gefahr einer Übersteuerung des Vorverstärkers durch Signale in benachbarten Bändern besteht, z.B. weil in diesen Bändern Signale mit sehr hohen Pegeln auftreten können oder die Bandbreite der Antenne und der Anpassnetzwerke am Eingang relativ groß ist, so dass benachbarte Bänder nicht gedämpft werden, muss man vor dem Vorverstärker ein *Vorselektionsfilter* (*preselection filter, preselector*) einsetzen. Dieses Filter muss im Gegensatz zum HF-Filter in der Regel weder steile Flanken noch eine hohe Sperrdämpfung haben, da hier nur eine Reduktion des Gesamtpegels am Eingang des Vorverstärkers um typisch 10 ... 30 dB erforderlich ist. Da die Rauschzahl des Empfängers durch dieses Filter wieder zunimmt, ist eine geringe Leistungsdämpfung im Durchlassbereich besonders wichtig.

22.2.2.4 ZF-Filter

Mit dem Mischer wird der gesamte Durchlassbereich des HF-Filters in den Bereich der Zwischenfrequenz umgesetzt, siehe Abb. 22.11; dort wird der Kanal mit der gewünschten Empfangsfrequenz mit dem ZF-Filter ausgefiltert. Das ZF-Filter wird deshalb auch als *Kanalfilter* (*channel filter*) bezeichnet. Es muss sehr steile Flanken besitzen, da als Übergangsbereich zwischen Durchlass- und Sperrbereich nur der Zwischenraum zwischen benachbarten Kanälen zur Verfügung steht. Besonders gut geeignet sind Oberflächenwellenfilter (*SAW-Filter*), die trotz extrem steiler Flanken praktisch keine Laufzeitverzerrung aufweisen; dagegen nehmen die Laufzeitverzerrungen bei LC- oder dielektrischen Filtern mit zunehmender Flankensteilheit zu. Bei Anwendungen, die relativ unempfindlich gegen Laufzeitverzerrungen sind, werden Filter mit keramischen Resonatoren (*Keramik-Filter*) eingesetzt; dies ist z.B. beim AM-Rundfunk der Fall. Dagegen muss man die Laufzeitverzerrungen bei digitalen Modulationsverfahren möglichst gering halten; hier ist der Einsatz von SAW-Filtern meist zwingend notwendig.

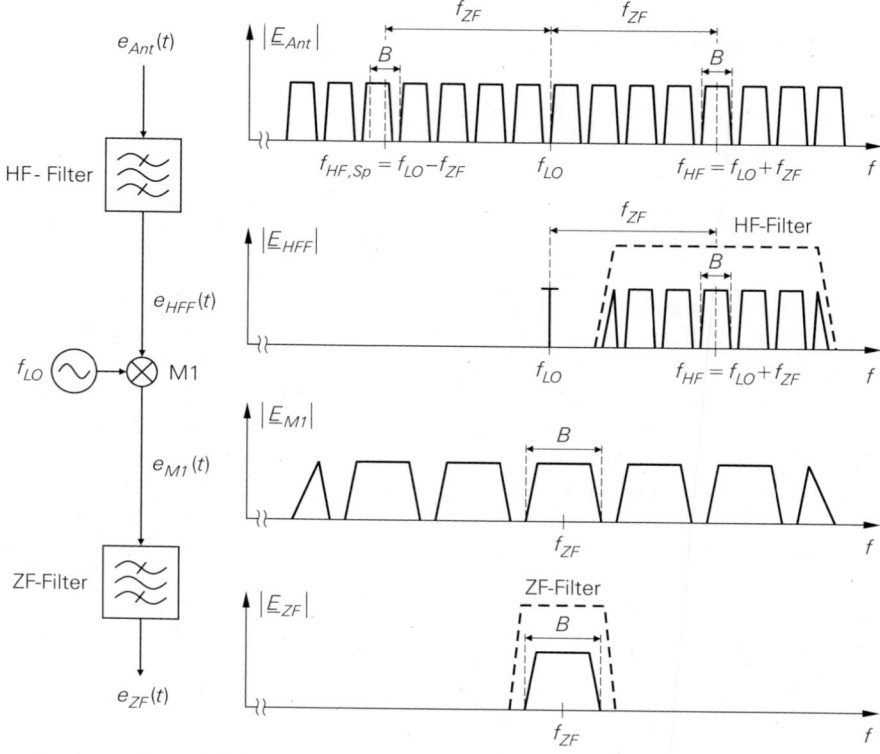

Abb. 22.11. Betragsspektren bei einem Überlagerungsempfänger mit einer Zwischenfrequenz

22.2.2.5 Überlagerungsempfänger mit zwei Zwischenfrequenzen

Bei dem in Abb. 22.12 gezeigten Überlagerungsempfänger mit zwei Zwischenfrequenzen wird die Empfangsfrequenz zunächst auf eine relativ hohe erste Zwischenfrequenz f_{ZF1} umgesetzt, die so gewählt wird, dass die Trennung von Empfangs- und Spiegelfrequenz mit einem HF-Filter mit akzeptabler Güte

$$Q_{HF} \sim \frac{f_{HF}}{f_{ZF1}}$$

erfolgen kann. Abbildung 22.13 zeigt die Betragsspektren.

Das *ZF-Filter 1* filtert einen Bereich aus, in dem der gewünschte Kanal liegt. Eine ausschließliche Ausfilterung des gewünschten Kanals ist an dieser Stelle aufgrund der hohen benötigten Güte noch nicht möglich. Das ZF-Filter 1 dient als Spiegelfrequenzfilter für den zweiten Mischer, d.h. die Spiegelfrequenz

$$f_{ZF1,Sp} = f_{ZF1} - 2f_{ZF2}$$

muss im Sperrbereich des Filters liegen. Um eine Rückwärtsübertragung der zweiten Lokaloszillatorfrequenz

$$f_{LO2} = f_{ZF1} - f_{ZF2}$$

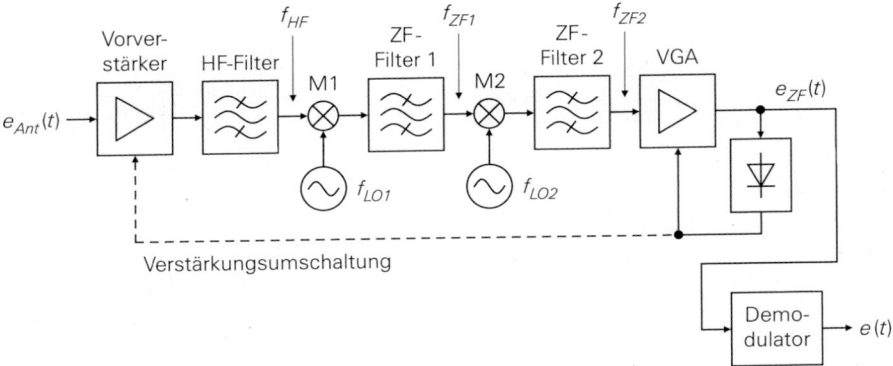

Abb. 22.12. Überlagerungsempfänger mit zwei Zwischenfrequenzen

zu verhindern, muss auch diese im Sperrbereich liegen; daraus folgt für die Güte des Filters:

$$Q_{ZF1} \sim \frac{f_{ZF1}}{f_{ZF2}}$$

Nach der Umsetzung auf die zweite Zwischenfrequenz mit dem Mischer M2 wird der gewünschte Kanal mit dem als Kanalfilter wirkenden *ZF-Filter 2* ausgefiltert.

Man kann einen oder beide Mischer in Kehrlage betreiben, indem man die unterhalb der Lokaloszillatorfrequenzen liegenden Frequenzen $f_{LO1} - f_{ZF1}$ bzw. $f_{LO2} - f_{ZF2}$ als Empfangsfrequenzen auffasst; das HF-Filter unterdrückt in diesem Fall die Spiegelfrequenz $f_{HF,Sp} = f_{LO1} + f_{ZF1}$, das ZF-Filter 1 die Spiegelfrequenz $f_{ZF1,Sp} = f_{LO2} + f_{ZF2}$. Wenn nur ein Mischer in Kehrlage betrieben wird, wird die Frequenzfolge wegen $f_{ZF1} = f_{LO1} - f_{HF}$ bzw. $f_{ZF2} = f_{LO2} - f_{ZF1}$ invertiert; dies muss im Demodulator berücksichtigt oder durch eine Kehrlage im Sender kompensiert werden. Wenn beide Mischer in Kehrlage betrieben werden, arbeitet der Empfänger insgesamt wieder in Gleichlage.

Der Vorteil des Überlagerungsempfängers mit zwei Zwischenfrequenzen liegt darin, dass die Güte zur Ausfilterung des gewünschten Kanals, die beim Überlagerungsempfänger mit einer Zwischenfrequenz von einem ZF-Filter erbracht werden muss, auf zwei ZF-Filter verteilt werden kann:

$$Q_{ZF} \sim \frac{f_{ZF1}}{B} = \frac{f_{ZF1}}{f_{ZF2}} \frac{f_{ZF2}}{B} \sim Q_{ZF1} Q_{ZF2}$$

Dies ist immer dann erforderlich, wenn die Empfangsfrequenz f_{HF} sehr hoch ist, so dass zur Begrenzung der Güte des HF-Filters eine hohe (erste) Zwischenfrequenz f_{ZF1} erforderlich ist, oder die Bandbreite B des Empfangssignals sehr klein ist.

22.2.2.6 Erzeugung der Lokaloszillatorfrequenzen

Die benötigten Lokaloszillatorfrequenzen werden mit phasenstarren Schleifen (PLL) von einem Quarz-Oszillator abgeleitet; darauf sind wir bereits bei der Beschreibung von Sendern näher eingegangen, siehe Seite 1239 und Abb. 22.7. Bei Empfängern mit variabler Empfangsfrequenz wird die Frequenz des ersten Lokaloszillators variiert, indem die Teilerfaktoren der zugehörigen PLL entsprechend angepasst werden.

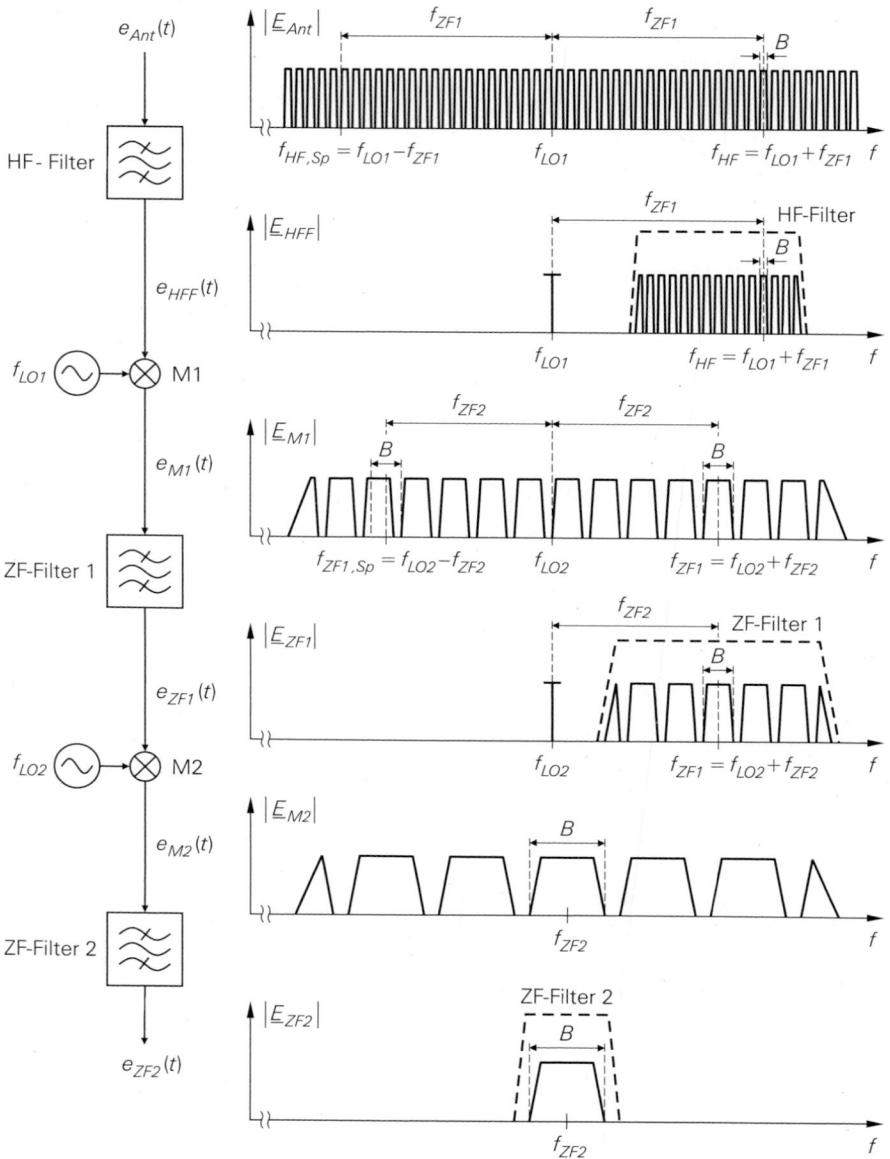

Abb. 22.13. Betragsspektren bei einem Überlagerungsempfänger mit zwei Zwischenfrequenzen

22.2.3 Verstärkungsregelung

Zur Verstärkungsregelung wird ein *regelbarer Verstärker* (*variable gain amplifier*, VGA) und ein Amplitudenmesser eingesetzt; Abb. 22.14a zeigt die vereinfachte Darstellung. Der VGA bildet die Spannung

$$u_a(t) = A(U_R)\, u_e(t) \quad \Rightarrow \quad \hat{u}_a = |A(U_R)|\, \hat{u}_e \tag{22.1}$$

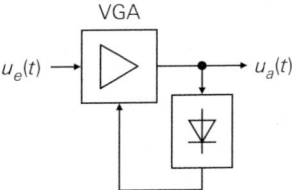

a vereinfachte Darstellung

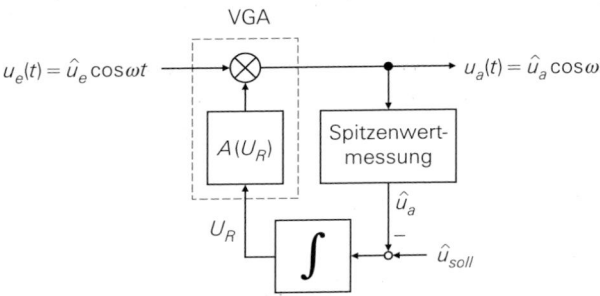

b regelungstechnisches Ersatzschaltbild

Abb. 22.14.
Verstärkungsregelung

mit der variablen Verstärkung $A(U_R)$ und der Regelspannung U_R. Zur Amplitudenmessung wird meist ein Spitzenwertgleichrichter eingesetzt, dessen Ausgangssignal mit dem Sollwert verglichen wird; aus der Differenz bildet ein Integrator die Regelspannung U_R. Abbildung 22.14b zeigt das regelungstechnische Ersatzschaltbild der Verstärkungsregelung.

22.2.3.1 Regelverhalten

Im eingeschwungenen Zustand (Arbeitspunkt A) erhält man $\hat{u}_a = \hat{u}_{soll}$ und $U_R = U_{R,A}$ mit:

$$|A(U_{R,A})| = \frac{\hat{u}_{soll}}{\hat{u}_e}$$

Zur Untersuchung des dynamischen Verhaltens linearisieren wir (22.1) im Arbeitspunkt:

$$d\hat{u}_a = \left(\hat{u}_e \frac{d|A|}{dU_R}\right)\bigg|_A dU_R + |A(U_R)|\big|_A d\hat{u}_e$$

$$= \underbrace{\hat{u}_{e,A} \frac{d|A|}{dU_R}\bigg|_A}_{k_R} dU_R + \underbrace{|A(U_{R,A})|}_{k_F} d\hat{u}_e \qquad (22.2)$$

Mit den Faktoren k_R und k_F und den Laplacetransformierten

$$U_e(s) = \mathcal{L}\{d\hat{u}_e\} \quad , \quad U_a(s) = \mathcal{L}\{d\hat{u}_a\} \quad , \quad U_R(s) = \mathcal{L}\{dU_R\}$$

erhält man das in Abb. 22.15 gezeigte lineare Modell der Verstärkungsregelung mit der Übertragungsfunktion:

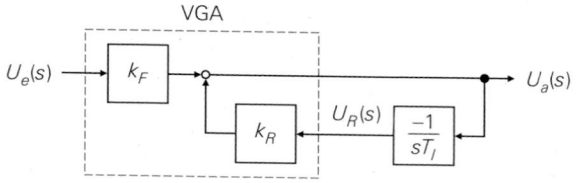

Abb. 22.15.
Lineares Modell der Verstärkungsregelung

$$H_R(s) = \frac{U_a(s)}{U_e(s)} = k_F \frac{sT_I/k_R}{1+sT_I/k_R} \overset{T_R=T_I/k_R}{=} k_F \frac{sT_R}{1+sT_R}$$

Dabei ist T_I die Zeitkonstante des Integrators und T_R die resultierende Zeitkonstante des Regelkreises. Man erhält einen Hochpass mit der Verstärkung k_F und der -3dB-Grenzfrequenz:

$$f_{-3dB} = \frac{1}{2\pi T_R} = \frac{k_R}{2\pi T_I} = \frac{\hat{u}_{e,A}}{2\pi T_I}\frac{d|A|}{dU_R}\bigg|_A \tag{22.3}$$

Abbildung 22.16 zeigt den Betragsfrequenzgang. Änderungen der Eingangsamplitude, deren Frequenz unterhalb der Grenzfrequenz liegt, werden mit abnehmender Frequenz immer besser unterdrückt; Änderungen mit Frequenzen oberhalb der Grenzfrequenz werden mit $k_F = |A(U_{R,A})|$ verstärkt. Die Grenzfrequenz muss kleiner sein als die untere Grenzfrequenz der im Nutzsignal enthaltenen Amplitudenmodulation, damit das Nutzsignal nicht verfälscht wird.

Die Grenzfrequenz ist nach (22.3) proportional zur Eingangsamplitude $\hat{u}_e$ und zur Ableitung der Verstärkungskennlinie $|A(U_R)|$. Damit die Grenzfrequenz nicht vom Arbeitspunkt abhängt, muss

$$k_R = \hat{u}_e \frac{d|A|}{dU_R} = \frac{\hat{u}_{soll}}{|A(U_R)|}\frac{d|A|}{dU_R} = \text{const.}$$

gelten; daraus folgt:

$$\frac{d|A|}{dU_R} = \frac{k_R}{\hat{u}_{soll}}|A(U_R)| \quad \Rightarrow \quad |A(U_R)| = A_0\, e^{\frac{k_R U_R}{\hat{u}_{soll}}} \tag{22.4}$$

Demnach muss der VGA eine exponentielle Verstärkungskennlinie besitzen. In der Praxis wird die Verstärkung in Dezibel, d.h. logarithmisch, angegeben; dann erhält man einen linearen Zusammenhang:

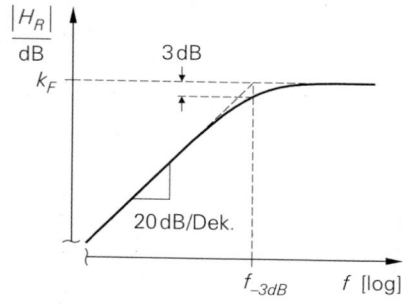

Abb. 22.16.
Betragsfrequenzgang der Verstärkungsregelung

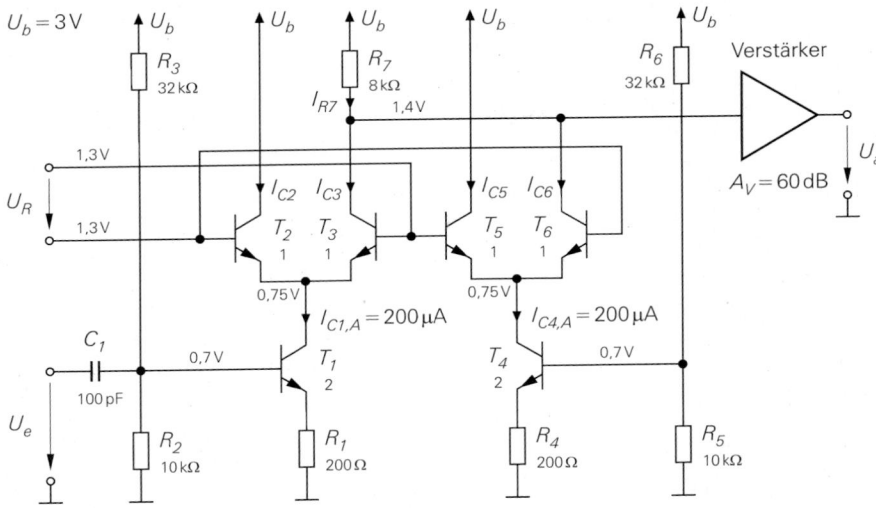

Abb. 22.17. VGA mit Differenzverstärkern zur Stromverteilung

$$A(U_R)\,[\text{dB}] \;=\; A_0\,[\text{dB}] + \frac{k_R U_R}{\hat{u}_{soll}} \cdot 8{,}68\,\text{dB}$$

22.2.3.2 Regelbarer Verstärker (VGA)

Es gibt mehrere Schaltungskonzepte zur Realisierung eines regelbaren Verstärkers (*variable gain amplifier, VGA*). In integrierten Schaltungen wird fast ausschließlich der in Abb. 22.17 gezeigte VGA mit Differenzverstärkern zur Stromverteilung eingesetzt. Er bietet einen Einstellbereich von etwa 60 dB mit der geforderten exponentiellen Kennlinie.

Die VGA-Zelle besteht aus einer Emitterschaltung mit Stromgegenkopplung (T_1, R_1) und einem Differenzverstärker (T_2, T_3). Über die Widerstände R_2 und R_3 wird der Ruhestrom eingestellt, R_7 dient als Arbeitswiderstand. Der Ausgangsstrom

$$I_{C1}(t) \;=\; I_{C1,A} + i_{C1}(t) \;=\; I_{C1,A} + \frac{S_1}{1 + S_1 R_1}\, u_e(t)$$

der Emitterschaltung wird mit dem Differenzverstärker auf den Arbeitswiderstand und die Versorgungsspannung verteilt; dabei gilt nach (4.61) [2]:

$$I_{C3} \;=\; \frac{I_{C1}}{2}\left(1 + \tanh\frac{U_R}{2U_T}\right) \;=\; \frac{I_{C1}}{1 + e^{-\frac{U_R}{U_T}}}$$

Daraus folgt für die Kleinsignal-Ausgangsspannung unter Berücksichtigung des nachfolgenden Verstärkers mit der Verstärkung A_V:

$$u_a(t) \;=\; -A_V\, i_{C3}(t) R_7 \;=\; -\frac{A_V\, i_{C1}(t) R_7}{1 + e^{-\frac{U_R}{U_T}}} \;=\; -\frac{A_V S_1 R_7}{1 + S_1 R_1}\,\frac{u_e(t)}{1 + e^{-\frac{U_R}{U_T}}}$$

Als Regelbereich dient der Bereich $U_R < -2U_T$; hier kann man die Konstante Eins gegenüber der e-Funktion vernachlässigen und erhält die gewünschte, exponentielle Verstärkungskennlinie:

---

[2] Der Strom I_{C1} entspricht dem Ruhestrom $2I_0$ des Differenzverstärkers.

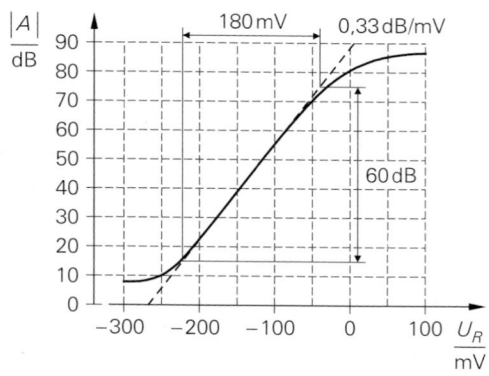

Abb. 22.18.
Kennlinie des VGA aus Abb. 22.17
$f = 3\,\text{MHz})$

$$u_a(t) \approx -\frac{A_V\,S_1\,R_7}{1 + S_1\,R_1}\, e^{\frac{U_R}{U_T}}\, u_e(t) \quad \Rightarrow \quad A(U_R) \approx -\frac{A_V\,S_1\,R_7}{1 + S_1\,R_1}\, e^{\frac{U_R}{U_T}} \qquad (22.5)$$

Abbildung 22.18 zeigt die Kennlinie des VGA aus Abb. 22.17 für eine Signalfrequenz von 3 MHz. Der Regelbereich umfasst 60 dB mit einer Steilheit von 0,33 dB/mV. Er wird nach oben durch die Abweichung vom exponentiellen Verlauf und nach unten durch die Sperrdämpfung der VGA-Zelle begrenzt; letztere hängt von den parasitären Kapazitäten ab und wird mit zunehmender Frequenz schlechter. Abbildung 22.19 zeigt den Betragsfrequenzgang in Abhängigkeit von der Regelspannung. Oberhalb 10 MHz nimmt die Verstärkung mit 20 dB/Dekade ab; dadurch nimmt der Regelbereich entsprechend ab. Die minimale Verstärkung nimmt in diesem Bereich aufgrund der abnehmenden Sperrdämpfung der VGA-Zelle auf 25 dB zu.

Durch die Stromverteilung ändert sich auch die Gleichspannung am Ausgang der VGA-Zelle; dadurch wird eine galvanische Kopplung mit dem nachfolgenden Verstärker erschwert. Man kann diese Änderung kompensieren, indem man eine zweite VGA-Zelle ($T_4 \ldots T_6$, $R_4 \ldots R_6$) mit gleichem Ruhestrom und gegensinnig angesteuertem Differenzverstärker parallel schaltet; dann gilt

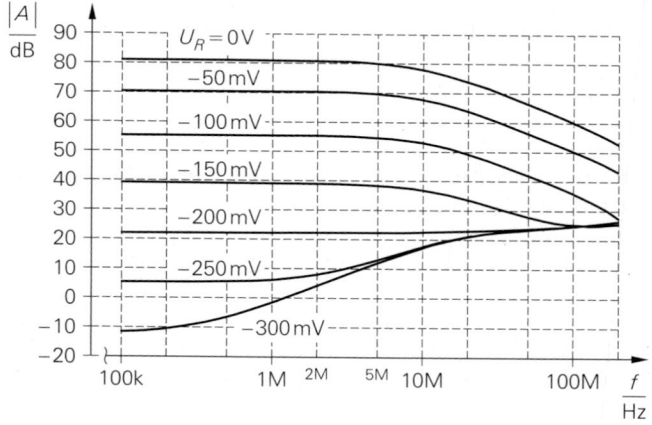

Abb. 22.19. Betragsfrequenzgang des VGA aus Abb. 22.17

$$I_{R7,A} = I_{C3,A} + I_{C6,A} = I_{C1,A} = I_{C4,A}$$

und die Gleichspannung bleibt konstant.

Für die Auslegung des Regelkreises nach (22.3) wird der Faktor k_R benötigt; ein Vergleich von (22.4) und (22.5) liefert:

$$k_R = \frac{\hat{u}_{soll}}{U_T} \tag{22.6}$$

Dabei ist $\hat{u}_{soll}$ die gewünschte Amplitude am Ausgang des VGA, siehe Abb. 22.14b. Aus $\hat{u}_{soll}$ und der Grenzfrequenz f_{-3dB} wird die Zeitkonstante T_I der Integrators berechnet:

$$T_I = \frac{k_R}{2\pi f_{-3dB}} = \frac{\hat{u}_{soll}}{2\pi f_{-3dB} U_T} \tag{22.7}$$

22.2.3.3 Anordnung der Verstärkungsregelung im Empfänger

Beim Geradeausempfänger nach Abb. 22.8a muss die Verstärkungsregelung im HF-Bereich erfolgen; dies ist ungünstig, da der Regelbereich mit zunehmender Frequenz abnimmt und die HF-Frequenz variabel ist. Beim Überlagerungsempfänger mit einer Zwischenfrequenz nach Abb. 22.8b erfolgt die Verstärkungsregelung im ZF-Bereich nach dem ZF-Filter. Die Anordnung nach dem ZF-Filter ist zwingend, da das Signal vor dem ZF-Filter neben dem Nutzkanal noch alle im Durchlassbereich des HF-Filters liegenden Nachbarkanäle enthält.

Bei Systemen mit extrem unterschiedlichen Empfangspegeln muss bei hohen Pegeln zusätzlich die Verstärkung des Vorverstärkers reduziert werden, um eine Übersteuerung der nachfolgenden Komponenten zu verhindern; dazu dient die Verstärkungsumschaltung in Abb. 22.12. Dies funktioniert allerdings nur unter der Voraussetzung, dass der hohe Pegel durch den Nutzkanal verursacht wird; eine Übersteuerung des Vorverstärkers durch einen Nachbarkanal kann dadurch nicht verhindert werden.

Aus diesen Betrachtungen folgt, dass eine optimale Aussteuerung aller Komponenten nur möglich ist, wenn *alle* Verstärker regelbar ausgeführt werden und jeder Verstärker durch den Pegel an seinem eigenen Ausgang geregelt wird; dadurch wird unabhängig von den Pegeln der Nachbarkanäle eine maximale Empfindlichkeit für den Nutzkanal erzielt. In der Praxis wird eine derartig aufwendige Verstärkungsregelung nur in Ausnahmefällen eingesetzt. Für die meisten Anwendungen ist die hier beschriebene Regelung auf der Basis des Nutzsignalpegels ausreichend.

22.2.3.4 Pegeldetektion

Viele Systeme benötigen zusätzlich zum amplitudengeregelten Nutzsignal ein Maß für den Empfangspegel des Nutzsignals; typische Beispiele sind der UKW-Rundfunk, bei dem die automatische Stereo/Mono-Umschaltung vom Empfangspegel gesteuert wird, und die Mobilkommunikation, bei der im allgemeinen mehrere Basisstationen das Sendesignal eines mobilen Geräts empfangen und die Basisstation mit dem höchsten Empfangspegel die Verbindung übernimmt.

Zur Pegeldetektion kann man die Regelspannung der Verstärkungsregelung verwenden. Wenn der regelbare Verstärker eine exponentielle Kennlinie besitzt, ist die Regelspannung U_R ein logarithmisches Maß für den Empfangspegel. Im eingeschwungenen Zustand gilt mit (22.4):

$$\hat{u}_{soll} = |A(U_R)| \, \hat{u}_e = A_0 \hat{u}_e \, e^{\frac{k_R U_R}{\hat{u}_{soll}}} \quad \Rightarrow \quad U_R = \frac{\hat{u}_{soll}}{k_R} \ln\left(\frac{\hat{u}_{soll}}{A_0 \hat{u}_e}\right)$$

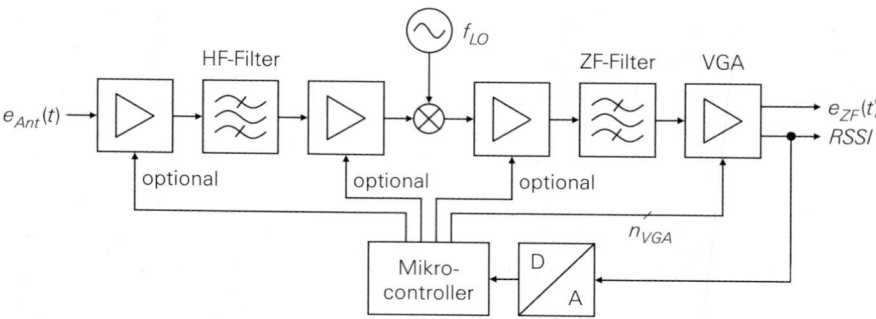

Abb. 22.20. Digitale Verstärkungsregelung

Daraus folgt für den VGA aus Abb. 22.17 unter Verwendung von (22.6):

$$ U_R = U_T \ln\left(\frac{\hat{u}_{soll}}{A_0 \cdot 1\,\text{V}}\right) - U_T \ln\left(\frac{\hat{u}_e}{1\,\text{V}}\right) $$

Bei einer Zunahme von $\hat{u}_e$ um den Faktor 10 (20 dB) nimmt U_R um $U_T \ln 10 \approx 60\,\text{mV}$ ab; demnach beträgt die Steilheit der Pegeldetektion $-3\,\text{mV/dB}$.

Diese einfache Pegeldetektion ist auf den Bereich mit exponentieller Kennlinie beschränkt und temperaturabhängig. Integrierte Empfängerschaltungen stellen meist ein temperaturkompensiertes Pegelsignal mit positiver Steilheit bereit; dieses Signal wird *received signal strength indicator* (*RSSI*) genannt.

22.2.3.5 Digitale Verstärkungsregelung

Bezüglich der Grenzfrequenz der Verstärkungsregelung existieren konträre Forderungen: einerseits soll sie möglichst klein sein, damit eine im Nutzsignal enthaltene Amplitudenmodulation nicht ausgeregelt wird; andererseits soll sie möglichst groß sein, damit nach einer Kanalumschaltung möglichst schnell der eingeschwungene Zustand erreicht wird. Eine Möglichkeit zur Optimierung besteht darin, die Zeitkonstante des Integrators umzuschalten: im normalen Betrieb wird eine große Zeitkonstante mit entsprechend geringer Grenzfrequenz verwendet; dagegen wird bei großen Regelabweichungen, wie sie z.B. nach einer Kanalumschaltung auftreten, auf eine kleinere Zeitkonstante umgeschaltet.

Eine flexiblere und bessere Lösung ist die Verwendung einer *digitalen Verstärkungsregelung* nach Abb. 22.20; dabei wertet ein Mikrocontroller das Pegelsignal *RSSI* (*received signal strength indicator*) des letzten ZF-Verstärkers aus und passt die Verstärkungen der HF- und ZF-Verstärker geeignet an. Der überwiegende Teil des Regelumfangs muss auch hier vom letzten ZF-Verstärker erbracht werden, da alle anderen Verstärker neben dem gewünschten Kanal auch noch Nachbarkanäle verstärken, deren Pegel vergleichsweise groß sein kann; dadurch besteht die Gefahr einer Übersteuerung. Die Umschaltungen für die drei eingangsseitigen Verstärker in Abb. 22.20 sind optional; in der Praxis wird meist nur der erste Verstärker umgeschaltet.

Die digitale Verstärkungsregelung erfolgt in den meisten Fällen in Stufen mit einer Auflösung von etwa $2 \ldots 4\,\text{dB}$ entsprechend der Verstärkungsabstufung des letzten ZF-Verstärkers. Die Verstärkung wird mit einem binären Steuerwort eingestellt (n_{VGA} Bit in Abb. 22.20). Die Änderung der Verstärkung erfolgt entweder durch eine Verstärkungsumschaltung in den einzelnen Verstärkerstufen oder durch den Einsatz programmierbarer Dämpfungsglieder zwischen den Stufen.

Der Mikrocontroller kann den Empfangspegel durch eine relativ kurze Mittelung des Pegelsignals $RSSI$ unter Berücksichtigung der aktuellen Verstärkungseinstellung schätzen und alle regelbaren Verstärker in einem Schritt nahezu richtig programmieren; dadurch wird die Einschwingzeit erheblich verkürzt. Nach dieser Voreinstellung wird die Dauer der Mittelung so weit erhöht, dass nur noch die Amplitudenänderungen ausgeregelt werden, deren Frequenz unterhalb der unteren Grenzfrequenz der Amplitudenmodulation des Nutzsignals liegt. In der Praxis wird die Verstärkungseinstellung vom zentralen Mikrocontroller für die Steuerung des Gesamtsystems vorgenommen; deshalb kann man das Regelverhalten besonders einfach an den vorliegenden Betriebszustand (normaler Empfang, Kanalumschaltung, Sendersuchlauf, usw.) anpassen.

22.2.4 Dynamikbereich eines Empfängers

Der Dynamikbereich eines Empfängers entspricht der Differenz zwischen dem maximalen und dem minimalen Empfangspegel. Der maximale Empfangspegel ist durch die maximal zulässigen Intermodulationsverzerrungen gegeben und hängt vom *Intercept-Punkt* des Empfängers ab. Der minimale Empfangspegel folgt aus dem minimalen Signal-Geräusch-Abstand am Eingang des Demodulators und hängt von der *Rauschzahl* des Empfängers ab. Der Intercept-Punkt und die Rauschzahl des Empfängers hängen ihrerseits von den Intercept-Punkten, den Rauschzahlen und den Verstärkungen der einzelnen Komponenten ab; deshalb besteht die wesentliche Aufgabe beim Entwurf eines Empfängers darin, Komponenten mit geeigneten Kenngrößen auszuwählen. Da einerseits die Leistungsfähigkeit einer Signalverarbeitungskette durch das schwächste Glied in der Kette limitiert wird und andererseits Komponenten mit unnötig guten Kenngrößen entweder teuer sind oder eine hohe Leistungsaufnahme aufweisen, muss die Auswahl der Komponenten ausgewogen sein, damit ein optimales Ergebnis erzielt wird.

Wir berechnen im folgenden den Dynamikbereich des Empfängers in Abb. 22.21. Wir nehmen an, dass der Empfänger Kanäle mit einer Bandbreite $B = 125\,\text{kHz}$ und einem Kanalabstand $K = 150\,\text{kHz}$ empfangen soll, die im Bereich von $434\,\text{MHz}$ liegen; dazu verwenden wir einen Empfänger mit einer Zwischenfrequenz $f_{ZF} = 70\,\text{MHz}$. Im HF-Bereich werden zwei identische HF-Verstärker mit einer Verstärkung $A = 12\,\text{dB}$ eingesetzt; dabei entspricht der HF-Verstärker 1 dem Vorverstärker aus Abb. 22.8a. Zwischen den beiden HF-Verstärkern ist das HF-Filter zur Unterdrückung der Spiegelfrequenz

$$f_{HF,Sp} = f_{HF} - 2 f_{ZF} = 434\,\text{MHz} - 2 \cdot 70\,\text{MHz} = 294\,\text{MHz}$$

angeordnet; es ist als zweikreisiges Bandfilter ausgeführt und besitzt eine Dämpfung von $6\,\text{dB}$ ($A = -6\,\text{dB}$). Zur Anpassung an den Empfangspegel ist eine Verstärkungsumschaltung mit einem programmierbaren Dämpfungsglied vorgesehen, dessen Dämpfung zwischen $1\,\text{dB}$ und $25\,\text{dB}$ ($A_1 = -1\,\text{dB}$, $A_2 = -25\,\text{dB}$) umgeschaltet werden kann. Man beachte in diesem Zusammenhang, dass die Rauschzahlen eines passiven, reaktiven Filters und eines Dämpfungsglieds der jeweiligen Leistungsdämpfung entsprechen [22.1]. Als Mischer wird ein Diodenmischer mit einem Konversionsverlust von $7\,\text{dB}$ ($A = -7\,\text{dB}$) und einer Rauschzahl von ebenfalls $7\,\text{dB}$ eingesetzt. Im ZF-Bereich folgen zwei identische ZF-Verstärker mit einer Verstärkung $A = 25\,\text{dB}$, zwischen denen das ZF-Filter angeordnet ist. Als ZF-Filter wird ein Oberflächenwellenfilter (SAW-Filter) mit einer Mittenfrequenz von $70\,\text{MHz}$ und einer Bandbreite von $125\,\text{kHz}$ verwendet; die Dämpfung beträgt $24\,\text{dB}$ ($A = -24\,\text{dB}$). Anschließend folgt ein regelbarer ZF-Verstärker, der einen konstanten

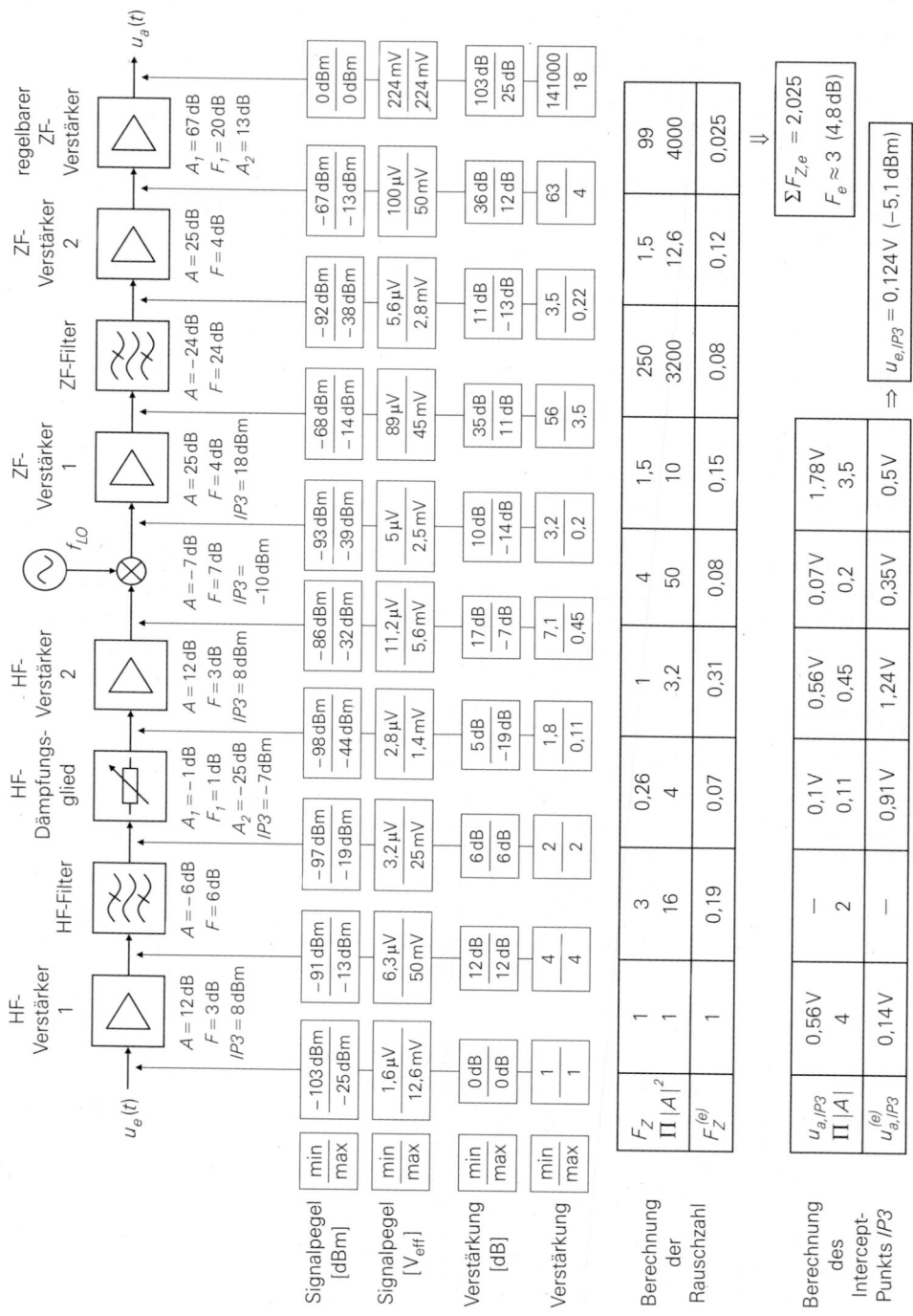

Abb. 22.21. Beispiel zur Berechnung des Dynamikbereichs eines Empfängers. Alle Komponenten sind an einen Wellenwiderstand von $Z_W = 50\,\Omega$ angepasst ($0\,\mathrm{dBm} \Leftrightarrow 224\,\mathrm{mV}$).

Ausgangspegel von 0 dBm für den nachfolgenden Demodulator bereitstellt; er basiert auf dem VGA aus Abb. 22.17 und hat eine für VGA-Zellen typische, hohe Rauschzahl von 20 dB. Für die folgenden Berechnungen nehmen wir an, dass alle Komponenten an einen Wellenwiderstand von $Z_W = 50\,\Omega$ angepasst sind ($0\,\mathrm{dBm} \Leftrightarrow 224\,\mathrm{mV}$) [3].

22.2.4.1 Rauschzahl des Empfängers

Aufgrund der angenommenen Anpassung entsprechen die angegebenen Verstärkungen in Dezibel den verfügbaren Leistungsverstärkungen G_A in Dezibel:

$$G_A\,[\mathrm{dB}] = A\,[\mathrm{dB}] \quad \Rightarrow \quad G_A = |A|^2$$

und die Rauschzahl kann mit Hilfe von (4.204) berechnet werden:

$$F_e = F_1 + \frac{F_2 - 1}{G_{A1}} + \frac{F_3 - 1}{G_{A1}\,G_{A2}} + \cdots \overset{(4.202)}{=} 1 + F_{Z1} + \frac{F_{Z2}}{|A_1|^2} + \frac{F_{Z3}}{|A_1 A_2|^2} + \cdots$$

Dabei ist $F_Z = F - 1$ die Zusatzrauschzahl der jeweiligen Komponente. In Abb. 22.21 sind die Rauschzahlen der Komponenten in Dezibel angegeben; daraus folgen mit

$$F_Z = 10^{\frac{F\,[\mathrm{dB}]}{10}} - 1$$

die in der oberen Tabelle angegebenen Zusatzrauschzahlen. Unter den Zusatzrauschzahlen sind die Leistungsverstärkungen vom Eingang des Empfängers bis zum Eingang der jeweiligen Komponente angegeben ($\Pi\,|A|^2$); damit werden die Zusatzrauschzahlen auf den Eingang des Empfängers umgerechnet:

$$F_Z^{(e)} = \frac{F_Z}{\Pi\,|A|^2}$$

Durch Addition erhält man die Zusatzrauschzahl und die Rauschzahl des Empfängers:

$$F_{Z,e} = \Sigma\,F_Z^{(e)} \quad \Rightarrow \quad F_e = F_{Z,e} + 1$$

Für den Empfänger in Abb. 22.21 gilt $F_{Z,e} \approx 2$ und $F_e \approx 3$ ($4{,}8\,\mathrm{dB}$).

Die auf den Eingang umgerechneten Zusatzrauschzahlen der Komponenten zeigen, welchen Beitrag die einzelnen Komponenten zur Zusatzrauschzahl des Empfängers leisten. Daraus folgt, welche Komponenten rauschärmer ausgeführt werden müssen, damit die Rauschzahl des Empfängers nennenswert abnimmt, und welche Komponenten eine höhere Rauschzahl aufweisen können, ohne dass die Rauschzahl des Empfängers nennenswert zunimmt. Bei dem Empfänger in Abb. 22.21 dominiert der Beitrag des ersten HF-Verstärkers, gefolgt vom Beitrag des zweiten HF-Verstärkers und des HF-Filters. Unter praktischen Gesichtspunkten ist der Empfänger dennoch als ausgewogen zu betrachten, da eine Verringerung der Rauschzahlen der HF-Verstärker nur mit vergleichsweise hohem Aufwand möglich ist. Vor allem beim ersten HF-Verstärkers muss man häufig einen

---

[3] Der Pegel $0\,\mathrm{dBm}$ entspricht einer Leistung von $1\,\mathrm{mW}$ am Wellenwiderstand $Z_W = 50\,\Omega$:

$$P = \frac{u_{eff,0\,\mathrm{dBm}}^2}{50\,\Omega} \overset{!}{=} 1\,\mathrm{mW} \quad \Rightarrow \quad u_{eff,0\,\mathrm{dBm}} = 223{,}6\,\mathrm{mV} \approx 224\,\mathrm{mV}$$

$$\Rightarrow \quad u_{eff}\,[\mathrm{dBm}] = \left(20\log\frac{u_{eff}}{u_{eff,0\,\mathrm{dBm}}}\right)\,[\mathrm{dBm}] = \left(13 + 20\log\frac{u_{eff}}{\mathrm{V}}\right)\,[\mathrm{dBm}]$$

Kompromiss zwischen einer niedrigen Rauschzahl und einem hohen Intercept-Punkt eingehen: ein hoher Intercept-Punkt erfordert eine Gegenkopplung, die eine Erhöhung der Rauschzahl zur Folge hat.

22.2.4.2 Minimaler Empfangspegel

Der minimale Empfangspegel $P_{e,min}$ ergibt sich aus der effektiven Rauschleistung $P_{r,e}$ am Eingang des Empfängers und dem erforderlichen minimalen Signal-Geräusch-Abstand $SNR_{e,min}$ für eine fehlerfreie Demodulation des Empfangssignals:

$$SNR_{e,min} = \frac{P_{e,min}}{P_{r,e}} \quad \Rightarrow \quad P_{e,min} = SNR_{e,min} P_{r,e} \tag{22.8}$$

Der minimale Empfangspegel wird auch *Empfindlichkeit* (*sensitivity*) genannt: ein geringerer minimaler Empfangspegel ist gleichbedeutend mit einer höheren Empfindlichkeit.

Die effektive Rauschleistung folgt aus der thermischen Rauschleistungsdichte N_0, der Bandbreite B und der Rauschzahl F_e des Empfängers:

$$P_{r,e} = N_0 B F_e = kTBF_e \overset{T=300\,K}{=} 4{,}14 \cdot 10^{-21} \frac{W}{Hz} \cdot B F_e \tag{22.9}$$

Daraus folgt:

$$P_{r,e}\,[\text{dBm}] = -174\,\text{dBm} + 10\,\text{dB} \cdot \log \frac{B}{Hz} + F_e\,[\text{dB}] \tag{22.10}$$

Durch Einsetzen in (22.8) erhält man den minimalen Empfangspegel:

$$P_{e,min}\,[\text{dBm}] = P_{r,e}\,[\text{dBm}] + SNR_{e,min}\,[\text{dB}]$$

$$= -174\,\text{dBm} + 10\,\text{dB} \cdot \log \frac{B}{Hz} + F_e\,[\text{dB}] + SNR_{e,min}\,[\text{dB}] \tag{22.11}$$

Er hängt wesentlich von der Bandbreite ab; deshalb ist der minimale Empfangspegel eines Systems mit einer hohen Datenrate und einer damit verbundenen hohen Bandbreite höher als der eines Systems mit einer niedrigen Datenrate, wenn beide Systeme dasselbe Modulationsverfahren ($SNR_{e,min}$ gleich) und Empfänger mit gleicher Rauschzahl verwenden. Eine Erhöhung der Datenrate um den Faktor 10 erhöht den minimalen Empfangspegel um 10 dB.

Der Empfänger in Abb. 22.21 soll ein QPSK-moduliertes Signal mit einer maximalen Symbolfehlerrate von 10^{-6} empfangen; dazu ist nach [22.2] eine Leistungseffizienz von $E_b/N_0 = 10\,\text{dB}$ erforderlich. Aus der erforderlichen Leistungseffizienz, dem angenommenen Datentakt $f_D = 200\,\text{kHz}$ und der angenommenen Bandbreite $B = 125\,\text{kHz}$ [4] erhält man mit (21.88) den erforderlichen Signal-Geräusch-Abstand:

$$SNR_{e,min}\,[\text{dB}] = 10\,\text{dB} \cdot \log \frac{E_b f_D}{N_0 B} = 12\,\text{dB}$$

Durch Einsetzen in (22.11) erhält man mit $B = 125\,\text{kHz}$ und $F_e \approx 5\,\text{dB}$ den minimalen Empfangspegel:

$$P_{e,min}\,[\text{dBm}] = -174\,\text{dBm} + 51\,\text{dB} + 5\,\text{dB} + 12\,\text{dB} = -106\,\text{dBm}$$

Dies entspricht einem Effektivwert von $1{,}1\,\mu V$.

---

[4] Wir nehmen ein QPSK-System mit einer Datenrate $r_D = 200\,\text{kBit/s}$ und einem Rolloff-Faktor $r = 0{,}25$ an; daraus folgen der Datentakt $f_D = 200\,\text{kHz}$, der Symboltakt $f_S = f_D/2 = 100\,\text{kHz}$ (zwei Bit pro Symbol) und die Bandbreite $B = (1+r)f_S = 125\,\text{kHz}$, siehe (21.89).

22.2.4.3 Maximaler Empfangspegel

Der maximale Empfangspegel hängt von den zulässigen nichtlinearen Verzerrungen ab; dabei dominiert die Intermodulation 3. Ordnung (IM3), die durch den Intermodulationsabstand *IM3* beschrieben wird. Zur Charakterisierung dient der Intercept-Punkt *IP3*. Die Zusammenhänge haben wir im Abschnitt 4.2.3 auf Seite 451 beschrieben; dabei haben wir die Amplituden sinusförmiger Signale verwendet. Dagegen werden in der Hochfrequenztechnik meist die Pegel in dBm oder die entsprechenden Effektivwerte angegeben. Bei Anpassung am Eingang gilt:

$$R_g = r_e = Z_W \quad \Rightarrow \quad \hat{u}_e = \hat{u}_g/2 \quad , \quad \hat{u}_{e,IP3} = \hat{u}_{g,IP3}/2$$

Damit folgt aus (4.184):

$$IM3 \approx \left(\frac{\hat{u}_{g,IP3}}{\hat{u}_g} \right)^2 = \left(\frac{\hat{u}_{e,IP3}}{\hat{u}_e} \right)^2 = \left(\frac{u_{e,IP3}}{u_e} \right)^2 \qquad (22.12)$$

Dabei sind u_e und $u_{e,IP3}$ die Effektivwerte und $\hat{u}_e = \sqrt{2}\,u_e$ und $\hat{u}_{e,IP3} = \sqrt{2}\,u_{e,IP3}$ die Amplituden des Eingangssignals und des Intercept-Punkts *IP3*, bezogen auf den Eingang des Empfängers. In der Praxis werden der Intermodulationsabstand in Dezibel und die Effektivwerte des Eingangssignals und des Intercept-Punkts in dBm angegeben; dann gilt:

$$IM3\,[\text{dB}] \approx 2\left(u_{e,IP3}\,[\text{dBm}] - u_e\,[\text{dBm}] \right) = 2\left(IIP3\,[\text{dBm}] - P_e\,[\text{dBm}] \right) \quad (22.13)$$

Dabei entspricht $u_{e,IP3}$ dem Eingangs-Intercept-Punkt *IIP3*.

Der Intercept-Punkt wird mit einem Zweitonsignal ermittelt; deshalb gelten die Intermodulationsabstände nach (22.12) und (22.13) ebenfalls nur für ein Zweitonsignal, siehe Abb. 22.22a auf Seite 1261. Dagegen empfängt ein Empfänger im allgemeinen ein Gemisch aus modulierten Signalen, das sich aus dem gewünschten Empfangssignal und den Signalen in den Nachbarkanälen zusammensetzt. Die Angabe eines Intermodulationsabstands ist in diesem Fall nicht möglich; deshalb wird in der Praxis der Zweiton-Intermodulationsabstand als Ersatzgröße verwendet, indem man die zulässige Nichtlinearität und daraus den zugehörigen Zweiton-Intermodulationsabstand ermittelt.

Bei der Berechnung des maximalen Empfangspegels werden die Signale in den Nachbarkanälen vernachlässigt, da das gewünschte Empfangssignal in diesem Fall gemäß Voraussetzung den maximal zulässigen Pegel besitzt und gleichzeitig angenommen wird, dass eventuell vorhandene Signale in den Nachbarkanälen wesentlich geringere Pegel haben. Die Intermodulation wirkt sich in diesem Fall nur als nichtlineare Verzerrung des gewünschten Empfangssignals aus; Intermodulationsprodukte aus den Nachbarkanälen spielen keine Rolle. Der benötigte Zweiton-Intermodulationsabstand hängt von der Modulationsart und weiteren Parametern des gewünschten Empfangssignals ab und wird experimentell oder durch eine Systemsimulation ermittelt. Wir gehen darauf nicht weiter ein und setzen den benötigten Intermodulationsabstand als bekannt voraus.

Der Intercept-Punkt $u_{e,IP3}$ des Empfängers wird aus den Intercept-Punkten der Komponenten berechnet; dabei werden nur die Komponenten bis zum letzten ZF-Filter berücksichtigt, da nach diesem Filter alle Nachbarkanäle unterdrückt sind. In Abb. 22.21 sind die Ausgangs-Intercept-Punkte der Komponenten in dBm angegeben; daraus erhält man die in der unteren Tabelle angegebenen Effektivwerte $u_{a,IP3}$, die mit den zugehörigen Verstärkungen vom Eingang des Empfängers bis zum Ausgang der jeweiligen Komponente $(\prod |A|)$ auf den Eingang umgerechnet werden:

$$u_{a,IP3}^{(e)} = \frac{u_{a,IP3}}{\Pi \,|A|}$$

Im Abschnitt 4.2.3 haben wir gezeigt, dass man die Intercept-Punkte 3. Ordnung einer Reihenschaltung invers quadratisch addieren muss, siehe Seite 456:

$$\frac{1}{u_{e,IP3}^2} = \Sigma \, \frac{1}{u_{a,IP3}^{(e)\,2}}$$

Für den Empfänger in Abb. 22.21 erhält man $u_{e,IP3} = 0{,}124$ V bzw. $IIP3 = -5{,}1$ dBm.

Aus dem Intercept-Punkt $IIP3$ und dem benötigten Intermodulationsabstand $IM3_{min}$ erhält man mit (22.13) den *maximalen Empfangspegel*:

$$P_{e,max}\,[\text{dBm}] = IIP3\,[\text{dBm}] - \frac{IM3_{min}\,[\text{dB}]}{2} \tag{22.14}$$

Bei digital modulierten Signalen ist der benötigte Intermodulationsabstand in den meisten Fällen sehr gering. Die zulässigen Empfangspegel liegen oft im Bereich des Kompressionspunkts. In diesem Bereich kann die Intermodulation nicht mehr mit den extrapolierten Gleichungen (22.13) und (22.14) beschrieben werden, siehe Abb. 4.151 auf Seite 455. Wir nehmen hier an, dass ein extrapolierter Intermodulationsabstand $IM3_{min} \approx 14$ dB benötigt wird; daraus folgt für den Empfänger in Abb. 22.21:

$$P_{e,max} = -5{,}1\,\text{dBm} - \frac{14\,\text{dB}}{2} \approx -12\,\text{dBm}$$

Dies entspricht einem Effektivwert von 56 mV.

Die auf den Eingang umgerechneten Intercept-Punkte der Komponenten zeigen, welchen Beitrag die Komponenten zum Intercept-Punkt des Empfängers leisten; dabei ist ein kleiner Wert schlechter als ein großer. In Abb. 22.21 dominiert der Beitrag des ersten HF-Verstärkers; durch die Quadrierung der Werte bei der invers quadratischen Addition wird dies noch zusätzlich verstärkt. Die Dominanz des Intercept-Punkts des ersten HF-Verstärkers ist typisch für Empfänger; eine Verbesserung an dieser Stelle ist jedoch nur mit hohem Aufwand möglich und geht zu Lasten der Rauschzahl oder der Stromaufnahme.

22.2.4.4 Dynamikbereich

22.2.4.4.1 Maximaler Dynamikbereich

Aus dem minimalen und dem maximalen Empfangspegel erhält man den *maximalen Dynamikbereich* des Empfängers:

$$D_{max} = \frac{P_{e,max}}{P_{e,min}} \quad \Rightarrow \quad D_{max}\,[\text{dB}] = P_{e,max}\,[\text{dBm}] - P_{e,min}\,[\text{dBm}] \tag{22.15}$$

Für den Empfänger in Abb. 22.21 gilt:

$$D_{max} = -12\,\text{dBm} - (-106\,\text{dBm}) = 94\,\text{dB}$$

Der maximale Dynamikbereich gilt nur für den Fall, dass keine störenden Einflüsse durch Signale in den Nachbarkanälen vorhanden sind.

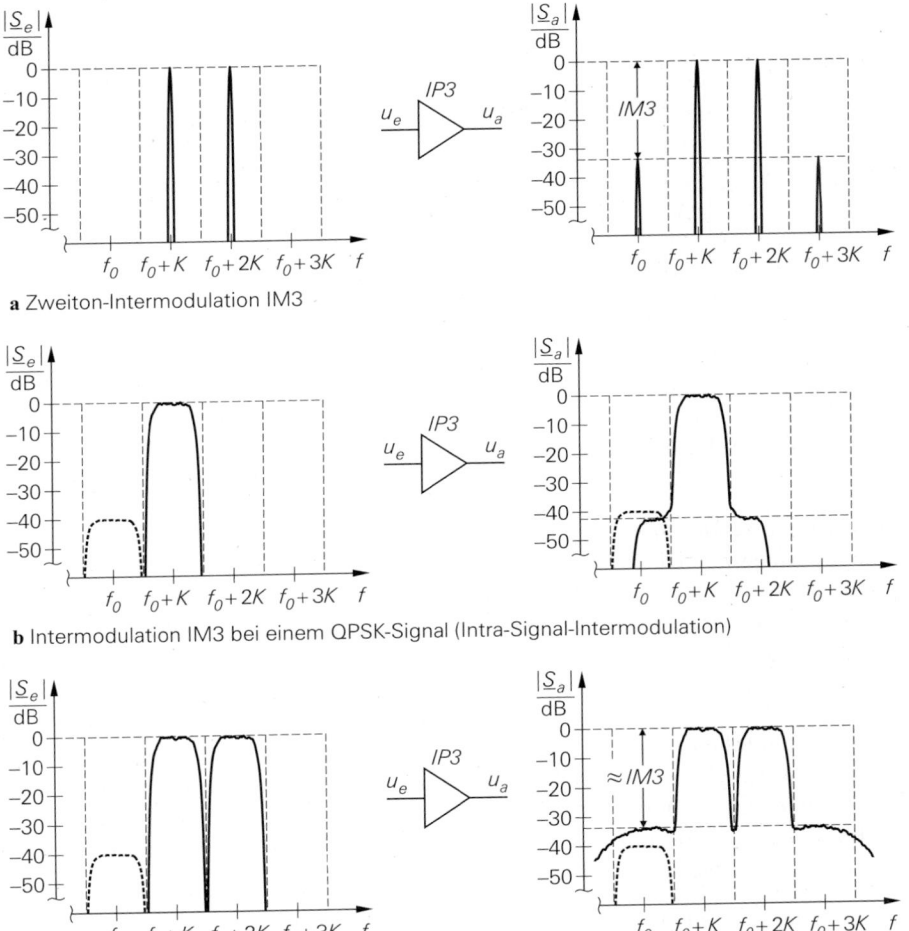

a Zweiton-Intermodulation IM3

b Intermodulation IM3 bei einem QPSK-Signal (Intra-Signal-Intermodulation)

c Intermodulation IM3 bei zwei QPSK-Signalen (Inter-Signal-Intermodulation)

Abb. 22.22. Intermodulation bei Zweitonsignalen und QPSK-modulierten Signalen (--: gewünschtes Empfangssignal mit der Mittenfrequenz f_0; —: Signal(e) in den Nachbarkanälen mit den Mittenfrequenzen $f_0 + nK$)

22.2.4.4.2 Verfügbarer Dynamikbereich

Der *verfügbare Dynamikbereich* hängt von den Pegeln in den Nachbarkanälen ab und kann erheblich geringer sein als der maximale Dynamikbereich D_{max}. Wir betrachten dazu die beiden Fälle in Abb. 22.22b und Abb. 22.22c:

– In Abb. 22.22b ist ein um 40 dB stärkeres Signal im Nachbarkanal $f_0 + K$ vorhanden. Durch die Intermodulation IM3 bilden sich am Ausgang sogenannte *Schultern*, die in den Kanal des gewünschten Empfangssignals fallen. Der *Schulterabstand* hängt nicht nur vom Intercept-Punkt *IP3*, sondern auch von den Parametern des Signals ab. Er beträgt hier etwa 42 dB. Da die Schultern keine konstante Leistungsdichte aufweisen,

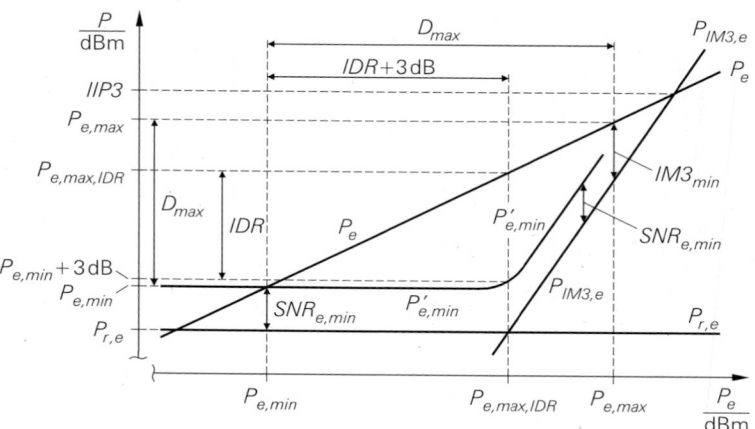

Abb. 22.23. Grafische Darstellung des Dynamikbereichs eines Empfängers

muss man die Störleistung, die in den Kanal des gewünschten Empfangssignals fällt, durch eine Integration der Leistungsdichte der Schulter ermitteln.

– In Abb. 22.22c sind zwei um 40 dB stärkere Signale in den Nachbarkanälen $f_0 + K$ und $f_0 + 2K$ vorhanden. Dieser Fall entspricht weitgehend dem Zweiton-Fall in Abb. 22.22a, mit dem Unterschied, dass nun zwei modulierte Signale an die Stelle der zwei Sinussignale treten. Auch in diesem Fall bilden sich Schultern, die hier aber im Gegensatz zu Abb. 22.22b in den Kanälen f_0 und $f_0 + 3K$ eine näherungsweise konstante Leistungsdichte besitzen. Wenn die Leistungen der modulierten Signale und der Sinussignale gleich sind, unterscheidet sich der Schulterabstand nur geringfügig vom Zweiton-Intermodulationsabstand *IM3*; deshalb kann man die Störleistung, die in den Kanal des gewünschten Empfangssignals fällt, sehr gut mit Hilfe des Zweiton-Intermodulationsabstands abschätzen.

In beiden Fällen wird die Empfindlichkeit für das gewünschte Empfangssignal reduziert, da nun zusätzlich zur effektiven Rauschleistung $P_{r,e}$ nach (22.9) die auf den Eingang bezogene Störleistung $P_{IM3,e}$ der Intermodulationsprodukte wirksam wird. Für den minimalen Empfangspegel gilt in diesem Fall:

$$P'_{e,min} = SNR_{e,min}\left(P_{r,e} + P_{IM3,e}\right) = \begin{cases} SNR_{e,min}\,P_{r,e} & \text{für } P_{r,e} \gg P_{IM3,e} \\ SNR_{e,min}\,P_{IM3,e} & \text{für } P_{r,e} \ll P_{IM3,e} \end{cases}$$

Dadurch wird der Dynamikbereich reduziert.

Für den in Abb. 22.22c gezeigten Fall mit zwei starken Signalen kann man die Verhältnisse einfach grafisch darstellen; dabei nimmt man an, dass die starken Signale jeweils den Empfangspegel P_e haben und trägt alle Pegel in dBm über P_e auf, siehe Abb. 22.23:

– Die effektive Rauschleistung $P_{r,e}$ hängt nicht von P_e ab und erscheint als Horizontale.
– P_e selbst erscheint als Diagonale.
– Beim minimalen Empfangspegel $P_{e,min}$ liegt P_e um den minimalen Signal-Geräusch-Abstand $SNR_{e,min}$ über der effektiven Rauschleistung $P_{r,e}$.
– Die Kurve für die Leistung $P_{IM3,e}$ der Intermodulation IM3 hat die dreifache Steigung der Diagonalen P_e und schneidet diese beim Eingangs-Intercept-Punkt *IIP3*.

– Beim maximalen Empfangspegel $P_{e,max}$ liegt $P_{IM3,e}$ um den minimalen Intermodulationsabstand $IM3_{min}$ unter P_e.
– Der maximale Dynamikbereich D_{max} entspricht dem Abstand zwischen $P_{e,max}$ und $P_{e,min}$.
– Die Kurve des minimalen Empfangspegels $P'_{e,min}$ verläuft um den minimalen Signal-Geräusch-Abstand $SNR_{e,min}$ oberhalb der Summe $P_{r,e} + P_{IM3,e}$.

22.2.4.4.3 Inband-Dynamikbereich

Beim Empfangspegel $P_{e,max,IDR}$ sind die effektive Rauschleistung $P_{r,e}$ und die Leistung $P_{IM3,e}$ der Intermodulation gleich; daraus folgt für den zugehörigen minimalen Empfangspegel:

$$P'_{e,min} \overset{P_{r,e}=P_{IM3,e}}{=} 2P_{e,min} \;\Rightarrow\; P'_{e,min}\,[\text{dBm}] = P_{e,min}\,[\text{dBm}] + 3\,\text{dB}$$

Der zugehörige Abstand zwischen P_e und $P'_{e,min}$ wird *Inband-Dynamikbereich* (*inband dynamic range, IDR*) genannt:

$$IDR = \frac{P_{e,max,IDR}}{2P_{e,min}} \;\Rightarrow\; IDR\,[\text{dB}] = P_{e,max,IDR}\,[\text{dBm}] - P_{e,min}\,[\text{dBm}] - 3\,\text{dB}$$

Er entspricht dem maximal zulässigen Pegelunterschied zwischen einem gewünschten Empfangssignal mit dem Empfangspegel $P'_{e,min} = 2P_{e,min}$ und zwei starken Signalen in den Nachbarkanälen gemäß Abb. 22.22c. Dabei wird vorausgesetzt, dass die Signale in den Nachbarkanälen *im Empfangsband* (*inband*) liegen, d.h. sie werden ungedämpft bis zum letzten ZF-Filter übertragen und erst durch dieses Filter unterdrückt.

Bei der Bestimmung des Pegels $P_{e,max,IDR}$ geht man von der Bedingung $P_{IM3,e} = P_{r,e}$ aus:

$$P_{IM3,e}\,[\text{dBm}] = P_{e,max,IDR}\,[\text{dBm}] - IM3\,[\text{dB}] \overset{!}{=} P_{r,e}\,[\text{dBm}]$$

Den Intermodulationsabstand $IM3$ erhält man aus (22.13):

$$IM3\,[\text{dB}] \approx 2\left(IIP3\,[\text{dBm}] - P_{e,max,IDR}\,[\text{dBm}]\right)$$

Durch Einsetzen und Auflösen nach $P_{e,max,IDR}$ folgt:

$$P_{e,max,IDR}\,[\text{dBm}] = \frac{2}{3}IIP3\,[\text{dBm}] + \frac{1}{3}P_{r,e}\,[\text{dBm}]$$

Aus (22.10) und (22.11) erhält man den Zusammenhang zwischen dem minimalen Empfangspegel $P_{e,min}$ und der thermischen Rauschleistung $P_{r,e}$:

$$P_{e,min}\,[\text{dBm}] = P_{r,e}\,[\text{dBm}] + SNR_{e,min}\,[\text{dB}]$$

Setzt man die Gleichungen für $P_{e,max,IDR}$ und $P_{e,min}$ in die Gleichung für IDR ein, erhält man folgende Zusammenhänge für den *Inband-Dynamikbereich*:

$$IDR\,[\text{dB}] = \frac{2}{3}\left(IIP3\,[\text{dBm}] - P_{e,min}\,[\text{dBm}]\right) - \frac{1}{3}SNR_{e,min}\,[\text{dB}] - 3\,\text{dB} \qquad (22.16)$$

$$= \frac{2}{3}\left(IIP3\,[\text{dBm}] - P_{r,e}\,[\text{dBm}]\right) - SNR_{e,min}\,[\text{dB}] - 3\,\text{dB} \qquad (22.17)$$

Da der erforderliche minimale Signal-Geräusch-Abstand $SNR_{e,min}$ von der Modulation des Signals abhängt, wird der Inband-Dynamikbereich in der Praxis häufig für den Fall

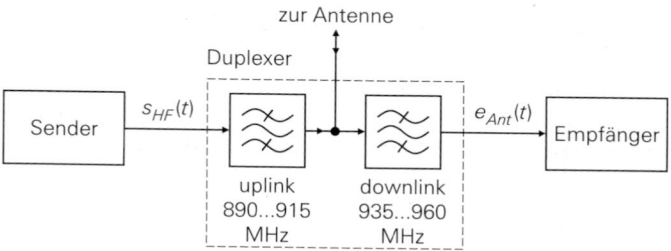

Abb. 22.24. Trennung von *uplink-* und *downlink*-Bereich mit einem Duplexer am Beispiel eines Mobilgeräts für GSM900

$SNR_{e,min} = 0\,\text{dB}$ angegeben; damit erhält man eine von der Modulation des Signals unabhängige Charakterisierung des Empfängers. Für den Empfänger in Abb. 22.21 gilt $IIP3 = -5{,}1\,\text{dBm}$, $P_{e,min} = -106\,\text{dBm}$, $P_{r,e} = -118\,\text{dBm}$ und $SNR_{e,min} = 12\,\text{dB}$; daraus folgt $IDR \approx 60\,\text{dB}$. Der Inband-Dynamikbereich IDR ist deutlich geringer als der maximale Dynamikbereich $D_{max} = 94\,\text{dB}$. Der praktisch verfügbare Dynamikbereich liegt zwischen diesen Extremen.

22.2.4.4.4 Bemerkungen zum Dynamikbereich

Die Verringerung der Empfindlichkeit durch Intermodulationsprodukte macht sich vor allem bei Rundfunkempfängern störend bemerkbar. Sie bewirkt, dass man schwache Sender in der Nähe eines oder mehrerer starker Sender nicht mehr empfangen kann. Dasselbe Problem tritt bei Basisstationen der Mobilkommunikation auf, die Signale von mehreren Mobilgeräten mit stark unterschiedlichen Pegeln empfangen müssen. Die Mobilgeräte selbst sind weniger anfällig, da sie im Normalfall mit der Basisstation mit dem höchsten Empfangspegel kommunizieren. Die Blockierung eines Mobilgeräts durch andere Mobilgeräte in unmittelbarer Nähe wird verhindert, indem für die Verbindung von den Mobilgeräten zu den Basisstationen (*uplink*) ein anderer Frequenzbereich verwendet wird als für die Verbindung von den Basisstationen zu den Mobilgeräten (*downlink*), siehe Abb. 21.22. Die Trennung von *uplink-* und *downlink*-Bereich erfolgt mit einem aus zwei Bandpässen bestehenden *Duplexer*; Abb. 22.24 zeigt dies am Beispiel eines Mobilgeräts für GSM900. Die beiden Bereiche sind durch eine Frequenzlücke getrennt, die als Übergangsbereich für die Bandpässe des Duplexers benötigt wird. Nachteilig ist die durch den Duplexer verursachte Zunahme der Rauschzahl; sie nimmt um die Leistungsdämpfung D_D des Duplexers zu:

$$F_e' \overset{(4.204)}{=} F_D + \frac{F_e - 1}{G_{A,D}} \overset{F_D = 1/G_{A,D} = D_D}{=} D_D + D_D\,(F_e - 1) = D_D F_e$$

Dabei ist F_e die Rauschzahl des Empfängers ohne Duplexer. Daraus folgt:

$$F_e'\,[\text{dB}] = D_D\,[\text{dB}] + F_e\,[\text{dB}]$$

Für typische Duplexer gilt $D_D \approx 3 \ldots 4\,\text{dB}$. Demnach nimmt der maximale Dynamikbereich durch den Einsatz des Duplexers um den Faktor D_D ab; dagegen nimmt der verfügbare Dynamikbereich bei einem Betrieb in der Nähe anderer Mobilgeräte erheblich zu, da deren vergleichsweise starke Sendesignale nicht mehr in den Empfänger gelangen können.

Der verfügbare Dynamikbereich hängt auch von der Sperrdämpfung der HF- und ZF-Filter ab. Wenn z.B. das letzte ZF-Filter eine Sperrdämpfung von 50 dB aufweist, der Pegel des Nachbarkanals aber um 50 dB höher ist, sind die Pegel des Nutz- und des Nachbarkanals am Ausgang des Filters gleich; in diesem Fall ist kein Empfang mehr möglich. Auch die Lage der Spiegelfrequenzen und die dort auftretenden Pegel, die durch die Wahl der ZF-Frequenzen festgelegt wird, wirkt sich auf den verfügbaren Dynamikbereich aus. Deshalb muss man bei der Entwicklung eines Empfängers neben den hier angestellten Betrachtungen noch eine Vielzahl von anwendungsspezifischen Nebenbedingungen berücksichtigen.

22.2.5 Empfänger für digitale Modulationsverfahren

Empfänger für digitale Modulationsverfahren sind prinzipiell genauso aufgebaut wie Empfänger für analoge Modulationsverfahren; sie unterscheiden sich nur bezüglich des Demodulators: während analoge Demodulatoren das ZF-Signal direkt verarbeiten, erfolgt bei digitalen Demodulatoren eine zusätzliche Frequenzumsetzung mit einem I/Q-Mischer zur Bereitstellung der Quadraturkomponenten $i(t)$ und $q(t)$; diese werden dem digitalen Demodulator zugeführt.

Den prinzipiellen Aufbau eines Demodulators für digitale Modulationsverfahren haben wir bereits in Abb. 21.70 gezeigt; er ist in Abb. 22.25a noch einmal dargestellt, ergänzt um eine Verstärkungsregelung. Als Eingangssignal dient das ZF-Signal $e_{ZF}(t)$ eines Überlagerungsempfängers mit einer oder zwei Zwischenfrequenzen, siehe Abb. 22.8b bzw. Abb. 22.12; es entspricht dem Trägersignal $s_T(t)$ aus Abb. 21.70. Daraus erhält man mit einem I/Q-Mischer und zwei Tiefpässen die Quadraturkomponenten $i(t)$ und $q(t)$, die dem Demodulator zugeführt werden.

Die Tiefpässe nach dem I/Q-Mischer bewirken im Vergleich zu einem Empfänger für analoge Modulationsverfahren eine zusätzliche Filterung. Deshalb erfolgt die Ausfilterung des gewünschten Kanals bei einem Empfänger für digitale Modulationsverfahren normalerweise nicht durch das letzte ZF-Filter, sondern erst durch die Tiefpässe nach dem I/Q-Mischer; sie werden deshalb in Abb. 22.25a auch als *Kanalfilter* bezeichnet. In diesem Fall hat ein Empfänger für digitale Modulationsverfahren bereits mit einer Zwischenfrequenz bezüglich der Filterung dieselben Eigenschaften wie ein Empfänger für analoge Modulationsverfahren mit zwei Zwischenfrequenzen. Abbildung 22.26 zeigt die zugehörigen Betragsspektren für den i-Zweig; sie gelten in gleicher Weise für den q-Zweig.

Die Kanalfilterung nach dem I/Q-Mischer hat jedoch zwei Nachteile:

- Die Verstärkungsregelung kann erst nach den Tiefpässen durchgeführt werden, da das ZF-Signal noch Nachbarkanäle mit wesentlich höheren Pegeln enthalten kann. Zur Regelung werden zwei regelbare Verstärker benötigt, die den mittleren Betrag

$$\overline{|e_B(t)|} = \sqrt{\overline{i^2(t) + q^2(t)}}$$

des komplexen Basisbandsignals $e_B(t) = i(t) + j q(t)$ auf einen Sollwert verstärken. Eine analoge Realisierung dieser Verstärkungsregelung ist aufwendig.
- Die Tiefpässe zur Kanalfilterung müssen sehr steile Flanken besitzen, da die Frequenzlücke zwischen dem Nutz- und den Nachbarkanälen sehr klein ist; gleichzeitig muss die Gruppenlaufzeit im Nutzkanal möglichst konstant sein, da digitale Modulationsverfahren sehr empfindlich auf Laufzeitverzerrungen reagieren. Diese Forderungen sind mit analogen Tiefpässen nur schwer zu erfüllen.

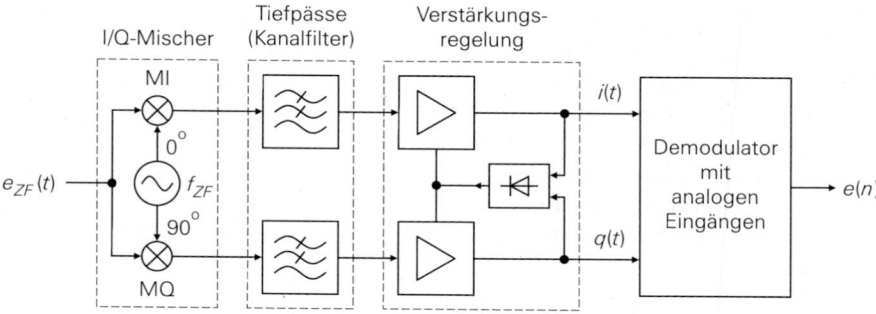

a mit analogen Kanalfiltern und analoger Verstärkungsregelung

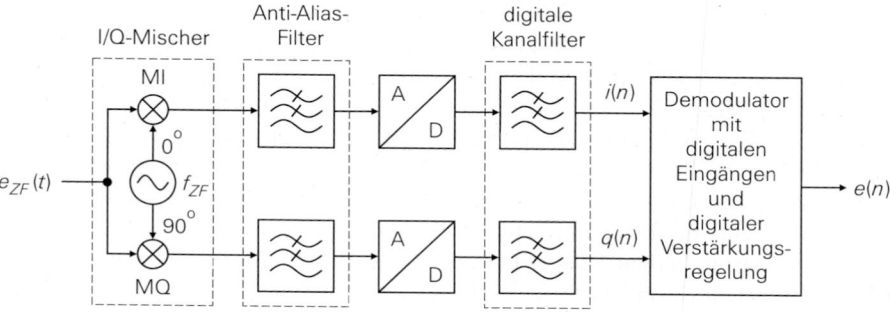

b mit digitalen Kanalfiltern

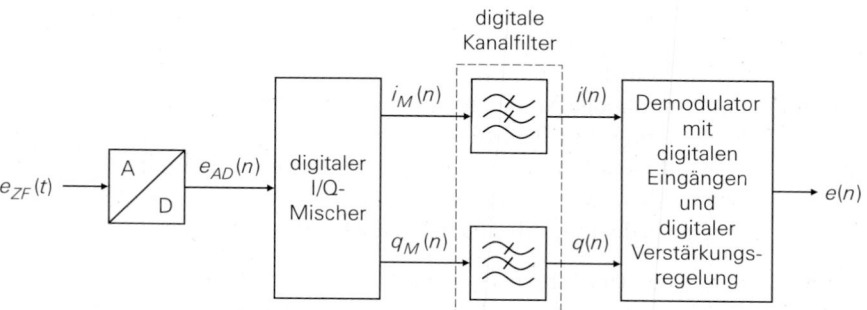

c mit ZF-Abtastung und digitalen Kanalfiltern

Abb. 22.25. Empfänger für digitale Modulationsverfahren (ohne HF- und ZF-Komponenten, siehe hierzu Abb. 22.8b und Abb. 22.12)

Aufgrund dieser Nachteile wird ein Demodulator mit analogen Eingängen in der Praxis meist in Verbindung mit einer Kanalfilterung und Verstärkungsregelung im ZF-Bereich eingesetzt; in diesem Fall werden die Tiefpässe in Abb. 22.25a nur zur Unterdrückung der Anteile bei der doppelten ZF-Frequenz benötigt und die Verstärkungsregelung für i und q entfällt.

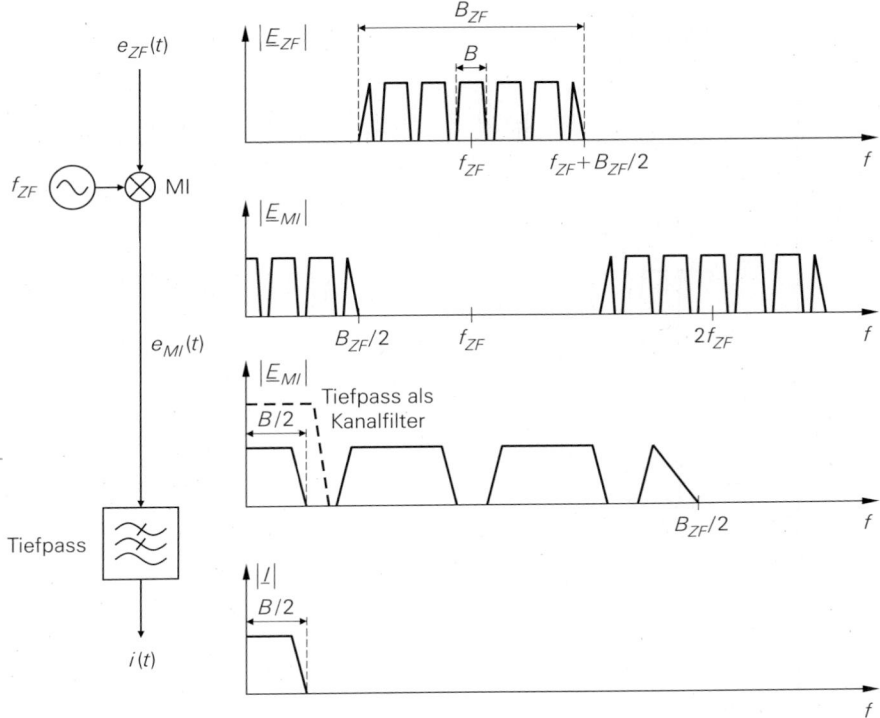

Abb. 22.26. Betragsspektren für einen digitalen Empfänger mit analogen Kanalfiltern nach Abb. 22.25a (nur i-Zweig, q-Zweig ist identisch)

22.2.5.1 Empfänger mit digitalen Kanalfiltern

22.2.5.1.1 Aufbau

Eine für die Praxis besser geeignete Ausführung erhält man, wenn man die Kanalfilter als digitale Filter ausführt und einen Demodulator mit digitalen Eingängen verwendet, siehe Abb. 22.25b; dazu werden die Ausgangssignale des I/Q-Mischers einer Anti-Alias-Filterung unterzogen und mit zwei A/D-Umsetzern digitalisiert. Die digitalen Kanalfilter werden als linearphasige FIR-Filter ausgeführt; dadurch werden Laufzeitverzerrungen vermieden. Die Verstärkungsregelung ist in den Demodulator integriert und an das jeweilige Modulationsverfahren angepasst. Abbildung 22.27 zeigt die Betragsspektren für den i-Zweig; sie gelten in gleicher Weise für den q-Zweig.

Die Anforderungen an die Anti-Alias-Filter sind vergleichsweise gering, da für den Übergang vom Durchlass- in den Sperrbereich nach Abb. 22.27 ein Bereich der Breite $2f_{ZF} - (B_{ZF} + B)/2$ zur Verfügung steht; meist reicht ein LC-Filter zweiten oder dritten Grades aus. In der Praxis ist im Ausgangssignal der Mischer zusätzlich das ZF- und das Lokaloszillatorsignal in abgeschwächter Form vorhanden; Ursache hierfür sind Unsymmetrien und Übersprechen in den Mischern. Das ZF-Signal ist in den meisten Fällen ausreichend stark gedämpft, so dass es nicht mehr störend wirkt. Das Lokaloszillatorsignal hat einen wesentlich höheren Pegel und muss deshalb zusätzlich gedämpft werden; dies kann auf zwei Arten geschehen:

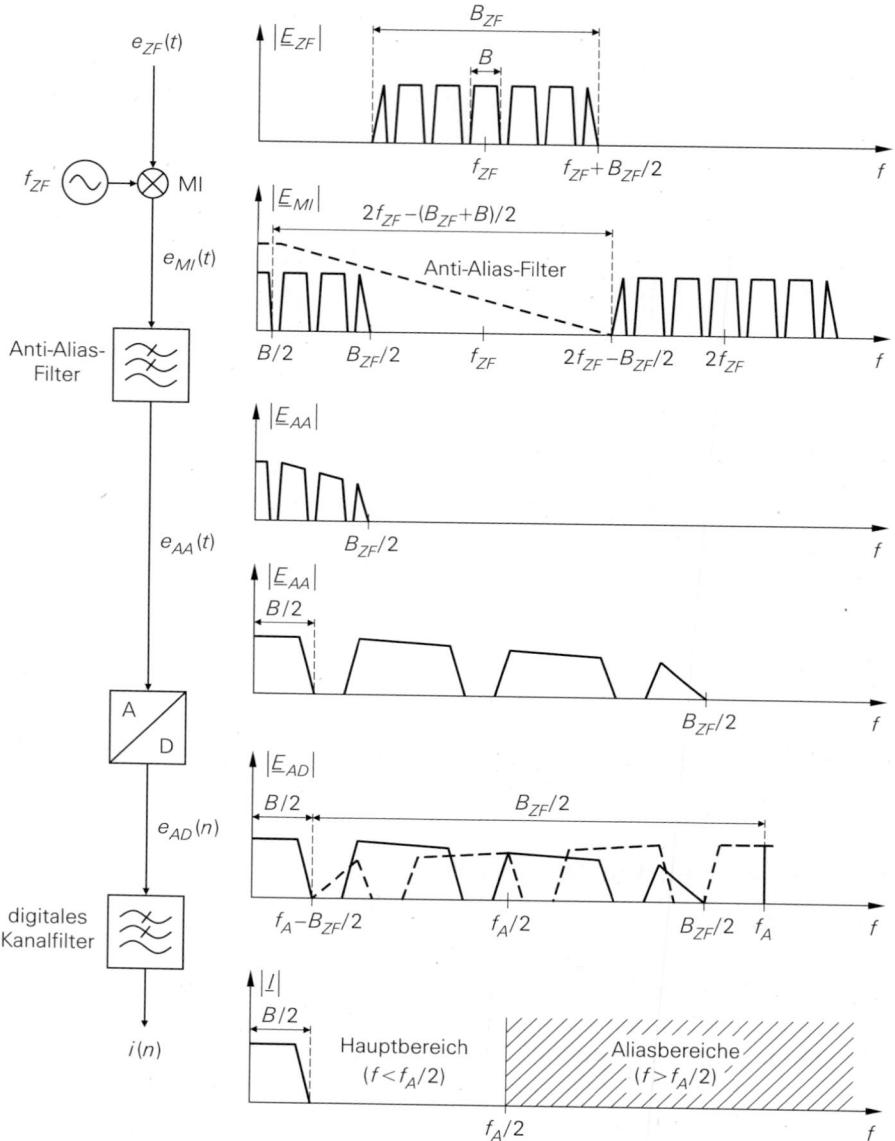

Abb. 22.27. Betragsspektren bei einem digitalen Empfänger mit digitalen Kanalfiltern nach Abb. 22.25b (nur i-Zweig, q-Zweig ist identisch)

– Die Anti-Alias-Filter werden um Sperrfilter ergänzt, deren Resonanzfrequenz auf die ZF-Frequenz abgestimmt wird, siehe Abb. 22.28.

– Die Abtastfrequenz der A/D-Umsetzer wird so gewählt, dass der Abstand zwischen der ZF-Frequenz und den Harmonischen der Abtastfrequenz größer als die halbe Bandbreite des Nutzsignals (= $B/2$) ist; dann fällt die ZF-Frequenz nach der Abtastung in den Sperrbereich der digitalen Kanalfilter.

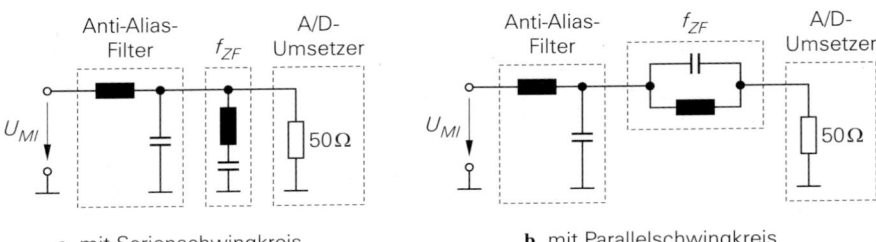

a mit Serienschwingkreis   **b** mit Parallelschwingkreis

Abb. 22.28. Anti-Alias-Filter mit Sperrfilter für die ZF-Frequenz zur Dämpfung des Lokaloszillatorsignals

Man kann auch beide Verfahren kombinieren.

Nach der Anti-Alias-Filterung hat das Signal eine obere Grenzfrequenz entsprechend der halben Bandbreite des ZF-Filters ($= B_{ZF}/2$), siehe Abb. 22.27; deshalb wäre für eine Alias-freie A/D-Umsetzung eine Abtastfrequenz $f_A > B_{ZF}$ erforderlich. Da das nachfolgende digitale Kanalfilter alle Anteile oberhalb der halben Bandbreite des Nutzsignals ($= B/2$) unterdrückt, kann man in diesem Bereich ein Aliasing zulassen; daraus folgt für die Abtastfrequenz:

$$f_A > \frac{B_{ZF} + B}{2} \tag{22.18}$$

In Abb. 22.27 ist der Grenzfall minimaler Abtastfrequenz dargestellt; dann reichen die gestrichelt dargestellten Alias-Komponenten bis an die Grenze des Nutzkanals.

Das ZF-Signal und die Signale nach den Mischern enthalten noch mehrere Nachbarkanäle; deshalb kann der Gesamtpegel dieser Signale wesentlich höher sein als der Pegel des Nutzkanals. Damit die A/D-Umsetzer in diesem Fall nicht übersteuert werden, muss neben der in den Demodulator integrierten Verstärkungsregelung für den Nutzkanal eine Verstärkungsregelung für das ZF-Signal eingesetzt werden; dazu wird die in den Überlagerungsempfängern nach Abb. 22.8b bzw. Abb. 22.12 vorhandene Verstärkungsregelung im ZF-Bereich verwendet.

22.2.5.1.2 Dynamikbereich

Der verfügbare Dynamikbereich des Empfängers hängt maßgeblich von der Auflösung der A/D-Umsetzer ab. Wir zeigen dies für den Fall eines Nutzkanals mit der Leistung P_K und eines Nachbarkanals mit der Leistung P_{NK}. Abbildung 22.29 zeigt das zugehörige Betragsquadrat des Spektrums am Ausgang eines der A/D-Umsetzer. Die Leistungen der Kanäle entsprechen der Fläche unter der jeweiligen Betragsquadrat-Kurve [5]. $P_{r,Q}$ ist die Leistung des Quantisierungsgeräusches des A/D-Umsetzers; sie ist im Frequenzintervall von Null bis zur halben Abtastfrequenz gleichverteilt. Wir nehmen an, dass die Leistung

---

[5] Die Leistung eines Signals $x(t)$ mit der Fouriertransformierten (zweiseitiges Spektrum) $X(f)$ beträgt:

$$P_x = \int_{-\infty}^{+\infty} |X(f)|^2 \, df$$

Dieser Zusammenhang wird *Parseval'sche Gleichung* genannt. Wir verwenden einseitige Betragsspektren; dann entfallen die negativen Frequenzen und die untere Grenze des Integrals wird zu Null.

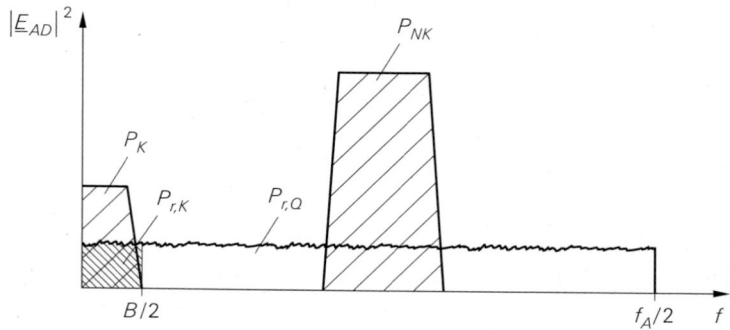

Abb. 22.29. Betragsquadrat des Spektrums am Ausgang des A/D-Umsetzers bei einem Nutzkanal mit der Leistung P_K und einem Nachbarkanal mit der Leistung P_{NK}. $P_{r,Q}$ ist die Leistung des Quantisierungsgeräusches, $P_{r,K}$ der Anteil im Nutzkanal.

im Nachbarkanal deutlich größer ist als die Leistung im Nutzkanal; dann ist die Gesamtleistung etwa gleich der Leistung im Nachbarkanal:

$$P = P_K + P_{NK} + P_{r,Q} \overset{P_{NK} \gg P_K, P_{r,Q}}{\approx} P_{NK}$$

Ein idealer A/D-Umsetzer mit einer Auflösung von N Bit erreicht bei Vollaussteuerung einen Signal-Geräusch-Abstand:

$$SNR = \frac{3 \cdot 2^{2N}}{C^2} \quad \Rightarrow \quad SNR\,[dB] = N \cdot 6\,dB + 4,8\,dB - C\,[dB] \qquad (22.19)$$

Dabei ist

$$C = \frac{\text{Spitzenwert}}{\text{Effektivwert}} = \frac{u_{max}}{u_{eff}} \qquad (22.20)$$

der *Spitzenwertfaktor* (*crest factor*) des Signals; er liegt zwischen $C = 1$ (0 dB) für ein Rechteck-Signal und $C \approx 4$ (12 dB) für ein rauschartiges Signal [6]. Demnach hängt der erzielbare Signal-Geräusch-Abstand von der Art des Signals im Nachbarkanal ab. Aus der Gesamtleistung P und dem Signal-Geräusch-Abstand kann man die Leistung des Quantisierungsgeräusches berechnen:

$$SNR = \frac{P}{P_{r,Q}} \quad \Rightarrow \quad P_{r,Q} = \frac{P}{SNR} = \frac{PC^2}{3 \cdot 2^{2N}}$$

Davon fällt der Anteil

$$P_{r,K} = P_{r,Q} \frac{B}{f_A} = \frac{PC^2}{3 \cdot 2^{2N}} \frac{B}{f_A}$$

in den Nutzkanal, siehe Abb. 22.29. Damit eine korrekte Demodulation des Nutzsignals möglich ist, muss der Signal-Geräusch-Abstand SNR_K im Nutzkanal größer sein als der minimale Signal-Geräusch-Abstand $SNR_{e,min}$ des verwendeten Modulationsverfahrens:

---

[6] Für ein sinusförmiges Signal mit $C = \sqrt{2}$ (3 dB) erhält man aus (22.19) den Zusammenhang $SNR = N \cdot 6\,dB + 1,8\,dB$, siehe (17.12) auf Seite 1014.

$$SNR_K = \frac{P_K}{P_{r,K}} > SNR_{e,min}$$

Daraus folgt für die Leistung im Nutzkanal

$$P_K > \frac{SNR_{e,min} P C^2}{3 \cdot 2^{2N}} \frac{B}{f_A} \tag{22.21}$$

und für das zulässige Verhältnis aus Nachbarkanal- und Nutzkanal-Leistung (verfügbarer Dynamikbereich):

$$\frac{P_{NK}}{P_K} \overset{P_{NK} \approx P}{\approx} \frac{P}{P_K} < \frac{3 \cdot 2^{2N}}{SNR_{e,min} C^2} \frac{f_A}{B} \tag{22.22}$$

Die Größen $SNR_{e,min}$, C und B sind durch das verwendete Modulationsverfahren vorgegeben; deshalb wird der verfügbare Dynamikbereich in erster Linie durch die Auflösung N des A/D-Umsetzers und die Abtastfrequenz f_A festgelegt. Während bei Audio-Anwendungen häufig die Abtastrate erhöht wird, um einen besseren Signal-Geräusch-Abstand zu erzielen (*oversampling*), ist dies bei Empfängern aufgrund der sehr hohen minimalen Abtastrate im allgemeinen nicht möglich; hier muss die Auflösung erhöht werden, wenn der verfügbare Dynamikbereich zu klein ist.

Der Signal-Rausch-Abstand realer A/D-Umsetzer ist aufgrund vielfältiger Störeinflüsse geringer als der eines idealen A/D-Umsetzers nach (22.19); deshalb muss man in der Praxis anstelle der Auflösung N die *effektive Auflösung* $N_{eff} < N$ einsetzen, die im Datenblatt angegeben ist. In vielen Datenblättern wird anstelle der effektiven Auflösung der Signal-Geräusch-Abstand für ein Sinussignal in Abhängigkeit von der Signal- und der Abtastfrequenz angegeben; daraus erhält man mit

$$N_{eff} = \frac{SNR\,[dB] - 1{,}8\,dB}{6\,dB} \tag{22.23}$$

die effektive Auflösung.

Beispiel: Wir betrachten einen Empfänger für ein QPSK-System mit einer Datenrate $r_D = 200\,\text{kBit/s}$, einem Rolloff-Faktor $r = 1$ und einer Bandbreite $B = 200\,\text{kHz}$. Die Bandbreite des letzten ZF-Filters soll $B_{ZF} = 1\,\text{MHz}$ betragen. Für die Abtastfrequenz muss nach (22.18)

$$f_A > \frac{B_{ZF} + B}{2} = 600\,\text{kHz}$$

gelten; wir wählen $f_A = 800\,\text{kHz}$. Bei QPSK ist bei einer Fehlerrate von 10^{-6} ein minimaler Signal-Geräusch-Abstand $SNR_{e,min} = 20$ (13 dB) erforderlich [22.2]; bei $r = 1$ beträgt der Spitzenwertfaktor $C \approx 1{,}25$ (2 dB). Wir nehmen ferner an, dass der verfügbare Dynamikbereich $P_{NK}/P_K = 10^6$ (60 dB) betragen soll; daraus folgt durch Auflösen von (22.22) nach N:

$$N > \frac{1}{2} \operatorname{ld}\left(\frac{P_{NK}}{P_K} \frac{SNR_{e,min} C^2}{3} \frac{B}{f_A} \right) = \frac{1}{2} \operatorname{ld}\left(10^6 \cdot 10{,}4 \cdot \frac{1}{4} \right) \approx 10{,}7$$

Demnach wird ein A/D-Umsetzer mit einer effektiven Auflösung von mindestens 10,7 Bit bei $f_A = 800\,\text{kHz}$ benötigt; dem entspricht nach (22.23) ein Signal-Geräusch-Abstand $SNR = 10{,}7 \cdot 6\,dB + 1{,}8\,dB = 66\,dB$ bei Betrieb mit einem Sinussignal. In der Praxis ist dazu ein 12 Bit-Umsetzer erforderlich.

Dieses Beispiel ist typisch für Empfänger mit digitalen Kanalfiltern. Es werden A/D-Umsetzer mit vergleichsweise hohen Auflösungen benötigt, obwohl der erforderliche Signal-Rausch-Abstand $SNR_{e,min}$ im Nutzkanal sehr klein ist. Ursache hierfür sind Signale mit hohen Pegeln in den Nachbarkanälen.

22.2.5.2 Empfänger mit ZF-Abtastung und digitalen Kanalfiltern

Wenn man zusätzlich zur den Kanalfiltern auch den I/Q-Mischer digital ausführt, erhält man den in Abb. 22.25c gezeigten Empfänger mit *ZF-Abtastung (IF sampling)*, bei dem bereits das ZF-Signal digitalisiert wird. Da die Bandbreite B_{ZF} des ZF-Signals im allgemeinen wesentlich geringer ist als die ZF-Frequenz, kann man eine *Unterabtastung (subsampling)* vornehmen, d.h. die Abtastfrequenz f_A kleiner wählen als die ZF-Frequenz, ohne dass die Forderung $f_A > 2B_{ZF}$ des Abtasttheorems verletzt wird. Durch den Alias-Effekt wird das ZF-Signal auf eine niedrigere Frequenz umgesetzt; Abb. 22.30 zeigt dies am Beispiel einer Abtastung im ersten, zweiten und dritten Aliasbereich im Vergleich zu einer Abtastung im Hauptbereich.

Bei einer Abtastung im Hauptbereich muss das Abtasttheorem in seiner gewohnten Form eingehalten werden, d.h. die obere Grenzfrequenz muss kleiner sein als die halbe Abtastfrequenz:

$$f_g = f_{ZF} + \frac{B_{ZF}}{2} < \frac{f_A}{2}$$

Bei einer Unterabtastung im m-ten Aliasbereich muss das ZF-Signal vollständig in diesem Bereich enthalten sein [7]; dazu muss an der unteren Grenze

$$f_{ZF} - \frac{B_{ZF}}{2} > m\frac{f_A}{2}$$

und an der oberen Grenze

$$f_{ZF} + \frac{B_{ZF}}{2} < (m+1)\frac{f_A}{2}$$

gelten. Durch Zusammenfassen erhält man die allgemeine Bedingung für die Abtastfrequenz f_A:

$$\frac{2f_{ZF} + B_{ZF}}{m+1} < f_A < \frac{2f_{ZF} - B_{ZF}}{m} \quad \text{mit } m \le \frac{f_{ZF}}{B_{ZF}} - \frac{1}{2} \tag{22.24}$$

Sie gilt mit $m = 0$ auch für den Hauptbereich; in diesem Fall entfällt die obere Grenze. Aus (22.24) folgt durch Einsetzen des maximal möglichen, ganzzahligen Wertes für m die minimale Abtastfrequenz $f_{A,min}$; sie hängt vom Quotienten f_{ZF}/B_{ZF} ab und liegt im Bereich:

$$2B_{ZF} < f_{A,min} < 2B_{ZF}\left(1 + \frac{B_{ZF}}{2f_{ZF}}\right)$$

Für die digitale ZF-Frequenz $f_{ZF,D}$ am Ausgang des A/D-Umsetzers erhält man:

$$f_{ZF,D} = \begin{cases} f_{ZF} - m\dfrac{f_A}{2} & m \text{ gerade} \\[2ex] (m+1)\dfrac{f_A}{2} - f_{ZF} & m \text{ ungerade} \end{cases} \tag{22.25}$$

Daraus folgt, dass das ZF-Signal bei geradzahligen Werten von m in Gleichlage und bei ungeradzahligen in Kehrlage umgesetzt wird, siehe Abb. 22.30. Eine Kehrlage muss

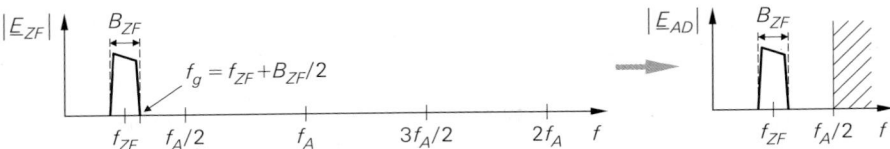

a Abtastung im Hauptbereich ($m = 0$, Normallage)

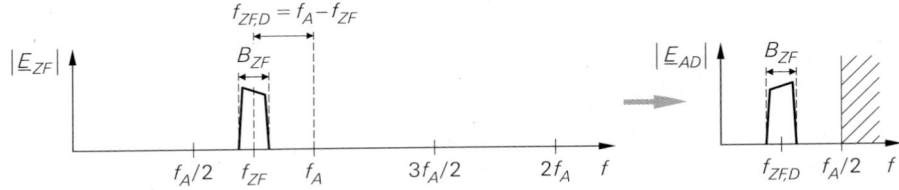

b Unterabtastung im ersten Aliasbereich ($m = 1$, Kehrlage)

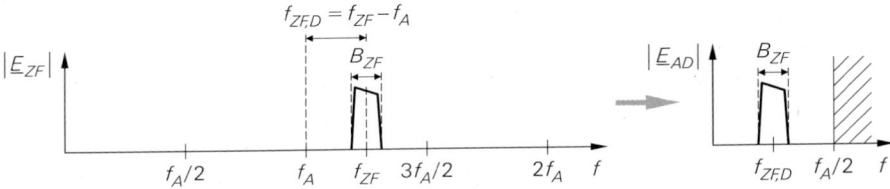

c Unterabtastung im zweiten Aliasbereich ($m = 2$, Normallage)

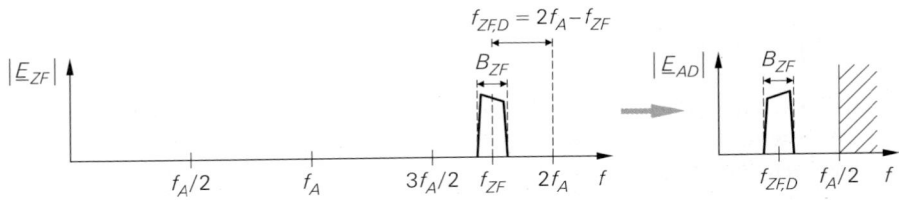

d Unterabtastung im dritten Aliasbereich ($m = 3$, Kehrlage)

Abb. 22.30. Frequenzumsetzung bei ZF-Abtastung

entweder im Demodulator berücksichtigt oder durch eine Kehrlage im Sender oder den Mischern des vorausgehenden Überlagerungsempfängers kompensiert werden.

Aus dem digitalen Ausgangssignal $e_{AD}(n)$ des A/D-Umsetzers bildet der digitale I/Q-Mischer die Signale:

$$i_M(n) = e_{AD}(n) \cos\left(2\pi n \frac{f_{ZF,D}}{f_A}\right)$$

$$q_M(n) = -e_{AD}(n) \sin\left(2\pi n \frac{f_{ZF,D}}{f_A}\right)$$

---

[7] Diese Bedingung gilt nur für den Fall, dass man das gesamte ZF-Signal digital verarbeiten will. Beschränkt man sich auf den Nutzkanal, kann man ein Aliasing zulassen, solange der Nutzkanal nicht betroffen ist. Wir gehen darauf später noch näher ein.

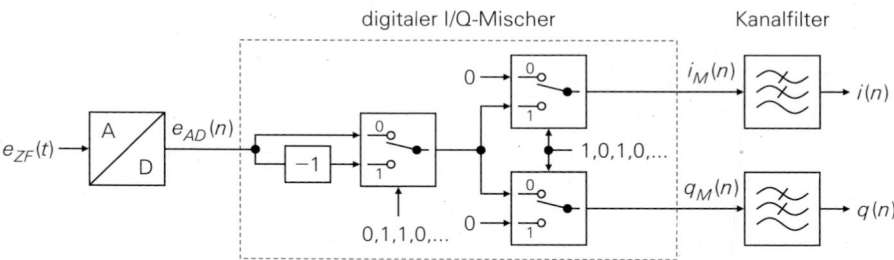

Abb. 22.31. Digitaler Empfänger mit ZF-Abtastung für den Fall $f_{ZF,D} = f_A/4$. Die Schalter werden synchron mit dem A/D-Umsetzer umgeschaltet.

Daraus erhält man nach der Kanalfilterung die digitalen Quadraturkomponenten $i(n)$ und $q(n)$. Der digitale I/Q-Mischer wird besonders einfach, wenn die digitale ZF-Frequenz gleich einem Viertel der Abtastfrequenz ist; dann gilt

$$f_{ZF,D} = \frac{f_A}{4} \quad \Rightarrow \quad \begin{cases} i_M(n) = e_{AD}(n) \cos\left(\frac{\pi n}{2}\right) \\ \\ q_M(n) = -e_{AD}(n) \sin\left(\frac{\pi n}{2}\right) \end{cases} \tag{22.26}$$

mit:

$$\cos\left(\frac{\pi n}{2}\right) = 1, 0, -1, 0, \ldots \qquad \text{für } n = 0, 1, 2, 3, \ldots$$

$$\sin\left(\frac{\pi n}{2}\right) = 0, 1, 0, -1, \ldots \qquad \text{für } n = 0, 1, 2, 3, \ldots$$

In diesem Fall treten nur die Faktoren 0 (Wert wird unterdrückt), 1 (Wert wird übernommen) und −1 (Wert wird mit invertiertem Vorzeichen übernommen) auf und man muss keine Multiplikationen durchführen. Aus (22.26) erhält man den Zusammenhang:

$$i_M(n) = [\ e_{AD}(0), \quad 0 \quad, -e_{AD}(2), \quad 0 \quad, e_{AD}(4), \quad 0 \quad, \ldots]$$
$$q_M(n) = [\quad 0 \quad, -e_{AD}(1), \quad 0 \quad, e_{AD}(3), \quad 0 \quad, -e_{AD}(5), \ldots]$$

Demnach muss die Folge $e_{AD}(n)$ über einen gesteuerten Invertierer geführt und anschließend mit einem Demultiplexer auf die beiden Ausgänge verteilt werden; daraus folgt die in Abb. 22.31 gezeigte Realisierung eines digitalen Empfängers mit ZF-Abtastung.

Für die Abtastfrequenz erhält man durch Einsetzen von (22.26) in (22.25) die Bedingung:

$$\boxed{f_A = \frac{4 f_{ZF}}{2m + 1} \quad \text{mit } m \leq \frac{f_{ZF}}{B_{ZF}} - \frac{1}{2}} \tag{22.27}$$

Daraus folgt $f_A = 4 f_{ZF}$ für den Hauptbereich ($m = 0$, Gleichlage), $f_A = 4 f_{ZF}/3$ für den ersten Aliasbereich ($m = 1$, Kehrlage), $f_A = 4 f_{ZF}/5$ für den zweiten Aliasbereich ($m = 2$, Gleichlage), usw.. In Abb. 22.30 ist diese Bedingung eingehalten. Abbildung 22.32 zeigt einige gängige ZF-Frequenzen zusammen mit den zugehörigen Abtastfrequenzen für $m = 0 \ldots 4$.

ZF-Frequenz	Abtastfrequenzen				
	$m = 0$	$m = 1$	$m = 2$	$m = 3$	$m = 4$
455 kHz	1,82 MHz	606,67 kHz	364 kHz	260 kHz	202,22 kHz
10,7 MHz	42,8 MHz	14,267 MHz	8,56 MHz	6,114 MHz	4,756 MHz
21,4 MHz	85,6 MHz	28,533 MHz	17,12 MHz	12,23 MHz	9,511 MHz
70 MHz	280 MHz	93,33 MHz	56 MHz	40 MHz	31,11 MHz

Abb. 22.32. Abtastfrequenzen für einige gängige ZF-Frequenzen

Zur Unterabtastung muss man spezielle, für Unterabtastung geeignete A/D-Umsetzer verwenden, da die Analogbandbreite, d.h. die Bandbreite des analogen Eingangsteils und des Abtast-Halte-Glieds, in diesem Fall größer sein muss als die Abtastfrequenz.

Abbildung 22.33 zeigt die Betragsspektren eines digitalen Empfängers mit ZF-Abtastung für den Fall $f_{ZF,D} = f_A/4$ und $f_A = 4f_{ZF}/5$ ($m = 2$). Man erkennt, dass bei Einhaltung der Bedingung (22.27) kein Aliasing auftritt; deshalb wird das gesamte ZF-Signal unverfälscht digitalisiert. Man kann demnach auch die Nachbarkanäle empfangen, indem man anstelle der Tiefpässe Bandpässe als Kanalfilter einsetzt und deren Ausgangssignal noch einmal frequenzmäßig umsetzt. Dadurch wird es möglich, *alle* vollständig im Durchlassbereich des ZF-Filters liegenden Kanäle ohne Änderung der Lokaloszillatorfrequenzen zu empfangen. Die Umschaltung der Kanalfilter ist in der Praxis besonders einfach, da die Kanalfilterung im allgemeinen mit einem digitalen Signalprozessor (DSP) durchgeführt wird; man muss dann nur die Koeffizienten für das Filter austauschen. Dieses Verfahren ist vor allem für schmalbandige Systeme von Interesse, da nun eine ganze Gruppe von Kanälen mit denselben Lokaloszillatorfrequenzen empfangen werden kann. Im Extremfall liegt das gesamte Frequenzband der Anwendung innerhalb der ZF-Bandbreite; dann kann man mit festen Lokaloszillatorfrequenzen arbeiten und die Kanalauswahl ausschließlich über die Umschaltung der Kanalfilter vornehmen. Wenn man dagegen, wie in Abb. 22.33, nur den Nutzkanal verarbeiten will, kann man ein Aliasing zulassen, solange der Nutzkanal nicht betroffen ist; dadurch kann die Bedingung für m in (22.27) weiter gefasst werden. Wir gehen anschaulich vor, indem wir die ZF-Bandbreite in Abb. 22.33 so weit vergrößern, dass gerade noch kein Aliasing im Nutzkanal auftritt, siehe Abb. 22.34; es gilt:

$$B_{ZF,max} = f_A - B \quad \Rightarrow \quad f_A > B_{ZF} + B \tag{22.28}$$

Setzt man (22.27) in (22.28) ein und löst nach m auf, erhält man die Bedingung:

$$m < \frac{2f_{ZF}}{B_{ZF} + B} - \frac{1}{2} \tag{22.29}$$

Ein Vergleich von (22.28) und (22.18) zeigt, dass die minimale Abtastfrequenz bei einer ZF-Abtastung doppelt so hoch ist wie bei einer Abtastung der Quadraturkomponenten nach analoger I/Q-Mischung. Die Ursache hierfür liegt darin, dass das ZF-Signal *beide* Quadraturkomponenten enthält:

$$e_{ZF}(t) = i(t)\cos(2\pi f_{ZF}t) - q(t)\sin(2\pi f_{ZF}t)$$

Man kann demnach eine ZF-Abtastung mit *einem* A/D-Umsetzer und der Abtastrate nach (22.28) oder eine Abtastung der Quadraturkomponenten mit *zwei* A/D-Umsetzern und der *halben* Abtastrate vornehmen.

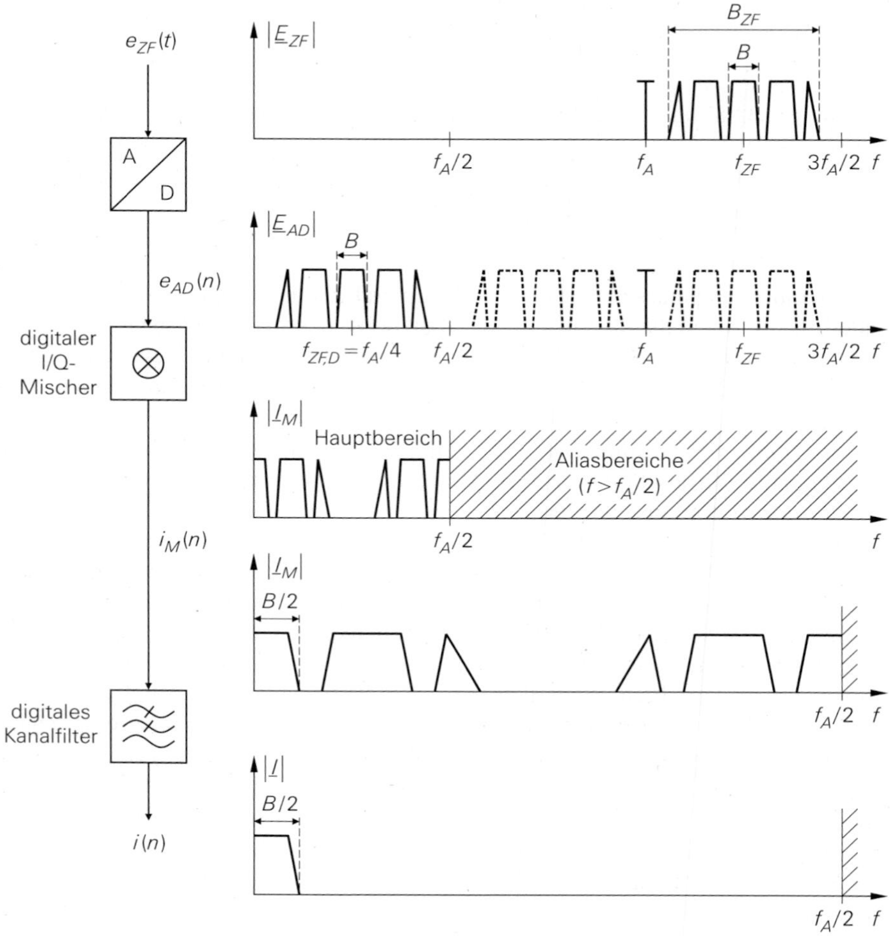

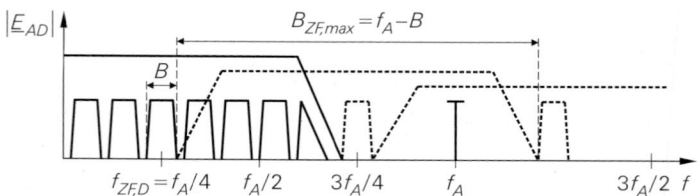

Abb. 22.33. Betragsspektren bei einem digitalen Empfänger mit ZF-Abtastung für $f_{ZF,D} = f_A/4$ und $f_A = 4 f_{ZF}/5$ ($m = 2$)

Abb. 22.34. Maximale ZF-Bandbreite bei Unterabtastung

22.2.5.3 Vergleich der Empfänger für digitale Modulationsverfahren

Der Empfänger mit analogen Kanalfiltern nach Abb. 22.25a wird in dieser Form nicht eingesetzt. Von Bedeutung ist nur die Variante mit Kanalfilterung und Verstärkungsregelung im ZF-Bereich; die analogen Tiefpässe werden dann nur noch zur Unterdrückung der

Anteile bei der doppelten ZF-Frequenz benötigt. Diese Variante wird häufig bei einfachen Systemen mit einfachen Modulationsverfahren und vergleichsweise niedrigen Datenraten eingesetzt.

Der Empfänger mit digitalen Kanalfiltern ist weit verbreitet. Er ermöglicht eine wesentlich bessere Trennung von Nutz- und Nachbarkanälen; dadurch kann man die Frequenzlücke zwischen den Kanälen sehr klein machen und das für die Anwendung zur Verfügung stehende Frequenzband besser nutzen. Die Abtastung der Quadraturkomponenten kann mit A/D-Umsetzern mit geringer Analogbandbreite erfolgen; dadurch bleibt die Verlustleistung im Analogteil der Umsetzer gering. Mit zunehmender Komplexität des Modulationsverfahrens machen sich die unvermeidlichen Unsymmetrien im analogen I/Q-Mischer immer stärker störend bemerkbar; dadurch nimmt die Bitfehlerrate zu. Ein sorgfältiger Abgleich des I/Q-Mischers bezüglich Amplitude und Phase der beiden Signalpfade ist bei komplexen Modulationsverfahren unumgänglich. Dieser Abgleich muss temperatur- und langzeitstabil sein, damit die Anforderungen dauerhaft eingehalten werden.

Der digitale I/Q-Mischer im Empfänger mit ZF-Abtastung arbeitet exakt; deshalb erzielt man mit diesem Empfänger die besten Ergebnisse. Wenn die Bedingung $f_{ZF,D} = f_A/4$ eingehalten wird, besteht der Mischer nur aus drei Multiplexern und einem Invertierer.

22.2.5.4 Direktumsetzender Empfänger

Wenn man bei den Empfängern für digitale Modulationsverfahren in Abb. 22.25 auf Seite 1266 anstelle eines ZF-Signals das HF-Signal als Eingangssignal verwendet, erhält man einen *direktumsetzenden Empfänger* (*direct conversion receiver*). Der vorausgehende Überlagerungsempfänger reduziert sich auf den Vorverstärker und das HF-Filter; alle ZF-Komponenten entfallen. In der Praxis wird fast ausschließlich der Empfänger mit digitalen Kanalfiltern nach Abb. 22.25b verwendet; dabei muss nach dem I/Q-Mischer eine Verstärkungsregelung erfolgen, damit die A/D-Umsetzer optimal ausgesteuert werden. Die Verstärkungsregelung für den Nutzkanal erfolgt wie gewohnt im Demodulator. Daraus folgt die in Abb. 22.35 gezeigte, typische Ausführung eines direktumsetzenden Empfängers. Abbildung 22.36 zeigt die zugehörigen Betragsspektren für den i-Zweig; sie gelten in gleicher Weise für den q-Zweig.

Beim direktumsetzenden Empfänger treten keine Spiegelfrequenzen auf; deshalb wird das HF-Filter nur zur Begrenzung des Empfangsbandes mit dem Ziel einer Begrenzung der Empfangsleistung benötigt. Die Bandbreite des HF-Filters muss wie beim Überlagerungsempfänger mindestens so groß sein wie der zu empfangende Frequenzbereich; sie kann aber auch größer sein, solange die zusätzliche Empfangsleistung den Dynamikbereich der nachfolgenden Komponenten nicht zu sehr einschränkt.

In den Ausgangssignalen des I/Q-Mischers sind neben den Anteilen bei den Differenzfrequenzen im Bereich $0 \leq f \leq B_{HF}/2$ auch noch Anteile bei den Summenfrequenzen im Bereich von $2 f_{HF}$ enthalten; hinzu kommen Anteile bei f_{HF}, die durch Übersprechen in den Mischern verursacht werden. Diese Anteile werden durch das Anti-Alias-Filter unterdrückt.

Die minimale Abtastfrequenz der A/D-Umsetzer hängt von der Bandbreite B des Nutzkanals und von der Bandbreite B_{AAF} des Anti-Alias-Filters oder der Bandbreite B_{HF} des HF-Filters ab, je nachdem, welche von den beiden Bandbreiten kleiner ist:

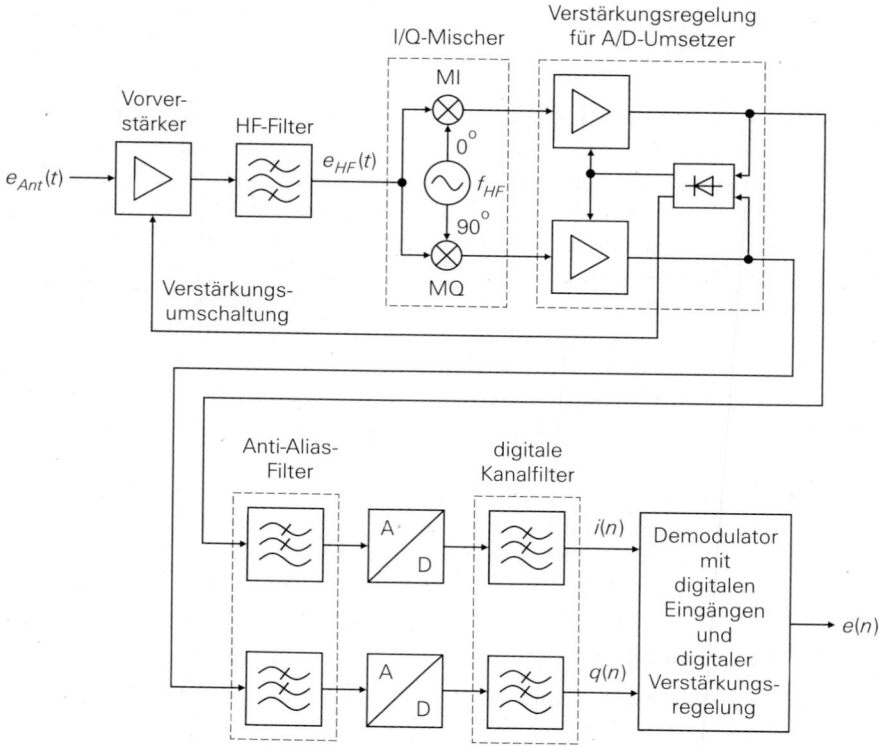

Abb. 22.35. Direktumsetzender Empfänger (*direct conversion receiver*)

$$f_A > \begin{cases} \dfrac{B + B_{AAF}}{2} & \text{für } B_{AAF} < B_{HF} \\[3mm] \dfrac{B + B_{HF}}{2} & \text{für } B_{AAF} \geq B_{HF} \end{cases} \qquad (22.30)$$

In beiden Fällen bleibt der Nutzkanal gerade noch frei von Alias-Anteilen. In Abb. 22.36 ist der Fall $B_{AAF} < B_{HF}$ dargestellt. Man kann die Abtastfrequenz jedoch auch so wählen, dass *alle* Kanäle im Durchlassbereich des HF-Filters ohne Aliasing digitalisiert werden und die Kanalauswahl durch eine Umschaltung der digitalen Kanalfilter vornehmen; in diesem Fall muss $f_A > B_{HF}$ gelten. Das Anti-Alias-Filter wird dann nur noch zur Unterdrückung der Anteile im Bereich von f_{HF} und $2 f_{HF}$ benötigt.

Der wesentliche Vorteil eines direktumsetzenden Empfängers liegt in der geringeren Anzahl an Filtern. Er ist besonders gut für eine monolithische Integration geeignet, da nur noch das HF-Filter als externe Komponente benötigt wird; dagegen werden die Anti-Alias-Filter als aktive RC-Filter realisiert. Gleichzeitig wird nur noch ein Lokaloszillator mit einem RC-Quadraturnetzwerk (0°/90°) benötigt, der mit Ausnahme eines frequenzbestimmenden Resonanzkreises und einer Kapazitätsdiode zur Frequenzabstimmung ebenfalls integriert werden kann. Durch den Wegfall der ZF-Komponenten nimmt die Stromaufnahme des Empfängers deutlich ab; vor allem die beim Überlagerungsempfänger benötigten leistungsstarken Treiber für die SAW-ZF-Filter und die nachfolgenden Verstärker zum Ausgleich der relativ hohen Dämpfung dieser Filter entfallen.

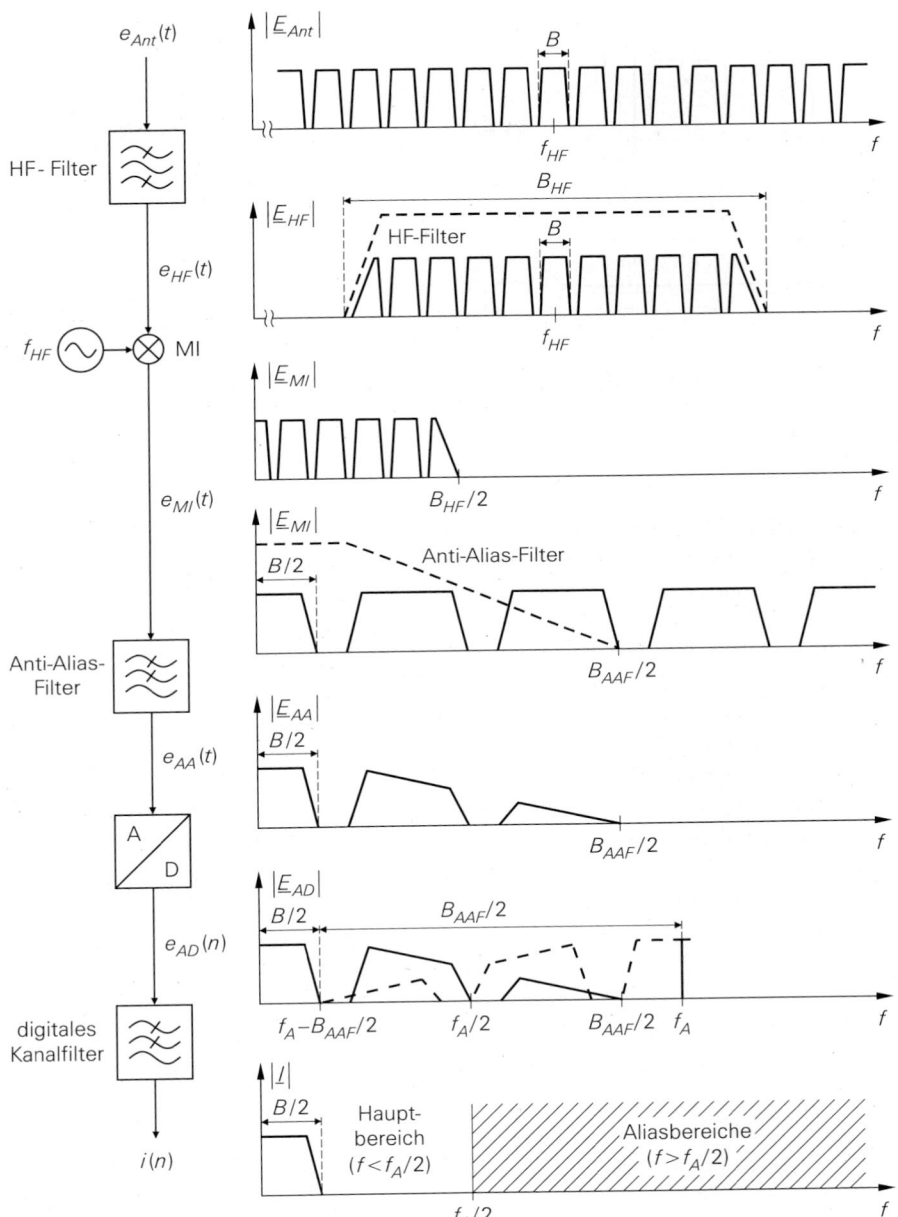

Abb. 22.36. Betragsspektren bei einem direktumsetzenden Empfänger (nur i-Zweig, q-Zweig ist identisch)

Neben den genannten Vorteilen treten beim direktumsetzende Empfänger drei zusätzliche Probleme auf, deren negative Auswirkungen durch schaltungstechnische Maßnahmen auf ein unkritisches Maß beschränkt werden muss:

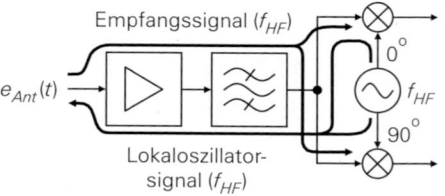

Abb. 22.37.
Abstrahlung des Lokaloszillatorsignals beim direktumsetzenden Empfänger

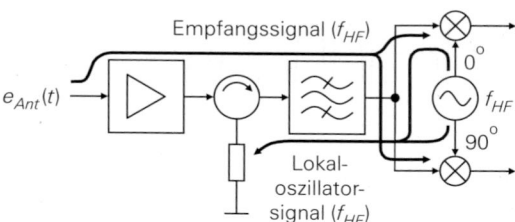

Abb. 22.38.
Direktumsetzender Empfänger mit Zirkulator

– Die Lokaloszillatorfrequenz entspricht der Empfangsfrequenz; dadurch besteht die Gefahr, dass das relativ starke Lokaloszillatorsignal über das HF-Filter und den Vorverstärker auf die Antenne gelangt und abgestrahlt wird, siehe Abb. 22.37. Um dies zu verhindern, muss der Vorverstärker eine besonders geringe Rückwirkung aufweisen. Alternativ kann man zwischen dem Vorverstärker und dem HF-Filter einen 3-Tor-Zirkulator einfügen; dann wird das Lokaloszillatorsignal an das dritte Tor abgeleitet und gelangt nicht mehr auf den Ausgang des Vorverstärkers, siehe Abb. 22.38.

– Wenn das Lokaloszillatorsignal in den HF-Zweig gelangt und dort reflektiert wird, erhält man einen Selbstmisch-Effekt (*self-mixing*). Daraus resultiert ein Gleichanteil an den Ausgängen des I/Q-Mischers, der den Gleichanteil des Nutzsignals überlagert. Da eine Abtrennung dieses störenden Gleichanteils nicht möglich ist, muss der gesamte Gleichanteil im Demodulator mit einem digitalen Hochpass mit sehr geringer Grenzfrequenz abgetrennt werden. Dies muss so geschehen, dass das Nutzsignal möglichst wenig beeinträchtigt wird.

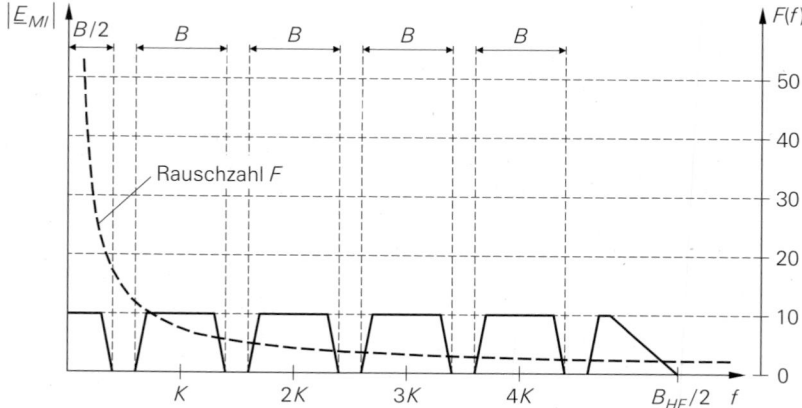

Abb. 22.39. Verlauf der spektralen Rauschzahl $F(f)$ der regelbaren Verstärker im Kanalraster eines direktumsetzenden Empfängers

– Die regelbaren Verstärker arbeiten als NF-Verstärker im Bereich des 1/f-Rauschens; dadurch ist ihre Rauschzahl erheblich höher als die eines ZF-Verstärkers. Zwar kann man den Einfluss auf die Rauschzahl des Empfängers dadurch vermindern, dass man die Verstärkung des HF-Vorverstärkers möglichst hoch wählt, dem sind jedoch enge Grenzen gesetzt, da eine hohe Verstärkung im HF-Bereich nur mit mehreren Verstärkerstufen und vergleichsweise hoher Stromaufnahme möglich ist; gleichzeitig wird die Übersteuerungsfestigkeit reduziert. Abbildung 22.39 zeigt den Verlauf der spektralen Rauschzahl $F(f)$ der regelbaren Verstärker im Kanalraster. Eine Möglichkeit zur Verbesserung der Rauschzahl besteht darin, nicht den Kanal bei $f = 0$, sondern den m-ten Nachbarkanal bei $f = mK$ als Nutzkanal zu verwenden; dort ist die spektrale Rauschzahl kleiner [8].

Ein weiteres Problem liegt in der Einhaltung der erforderlichen Amplituden- und Phasengenauigkeit des I/Q-Mischers. Die Anforderungen an den I/Q-Mischer eines direktumsetzenden Empfängers und eines Überlagerungsempfängers sind zwar gleich, sie sind aber bei einem I/Q-Mischer mit HF-Eingang aufgrund der höheren Frequenz ungleich schwerer zu erfüllen als bei einem I/Q-Mischer mit ZF-Eingang.

Die genannten Probleme des direktumsetzenden Empfängers werden zur Zeit gut beherrscht. Man kann deshalb davon ausgehen, dass der direktumsetzende Empfänger den Überlagerungsempfänger ablösen wird. In diesem Zusammenhang wird erwogen, auch den Empfänger mit ZF-Abtastung nach Abb. 22.25c als direktumsetzenden Empfänger einzusetzen, indem man vor dem A/D-Umsetzer nur noch einen Vorverstärker und ein HF-Filter anordnet; man nennt dies *HF-Abtastung* (*RF sampling*).

---

[8] Nach Abb. 22.39 ist die Bandbreite der Nachbarkanäle doppelt so groß wie die Bandbreite des Kanals bei $f = 0$. Diese Kanäle enthalten jedoch zwei HF-Kanäle, i.e. $f_{HF} + K$ und $f_{HF} - K$, die bei der weiteren digitalen Verarbeitung durch Kombinieren der Quadraturkomponenten separiert werden; dabei wird nur die halbe Rauschleistung wirksam, wodurch der Faktor 2 in der Bandbreite kompensiert wird.

Kapitel 23:
Passive Komponenten

23.1 Hochfrequenz-Ersatzschaltbilder

Bei der Dimensionierung und Simulation von Hochfrequenz- und Zwischenfrequenz-Schaltungen muss man das Verhalten passiver Bauelemente bei hohen Frequenzen berücksichtigen; dazu werden die in Abb. 23.1 gezeigten Hochfrequenz-Ersatzschaltbilder für Widerstände, Spulen bzw. Drosseln (Spulen mit Kern) und Kondensatoren verwendet.

Es ist üblich, die reaktiven Bauelemente als *Spule (inductor)* und *Kondensator (capacitor)* und die zugehörigen idealen Werte als *Induktivität (inductance)* und *Kapazität (capacitance)* zu bezeichnen. Bei Widerständen existiert im deutschsprachigen Raum keine derartige Unterscheidung; dagegen wird im englischsprachigen Raum zwischen dem Bauteil *resistor* und dem Wert *resistance* unterschieden.

Die zusätzlichen Elemente in den Ersatzschaltbildern werden *parasitäre Elemente* genannt. Ihre Werte hängen vom Aufbau des jeweiligen Bauelements ab. Eine der wichtigsten Größen ist die parasitäre Induktivität des Bauteilkörpers und der Anschlussleitungen. Sie ist näherungsweise proportional zur Länge und beträgt etwa 1 nH/mm; demnach muss man bei einem herkömmlichen Widerstand mit einer Gesamtlänge von 15 mm (je 5 mm für den Bauteilkörper und die beiden Anschlussleitungen) mit einer Induktivität von $L_R \approx 15$ nH rechnen. Noch größere Werte erhält man bei gewickelten Folienkondensatoren, da hier die Wicklung der Folien als Induktivität wirkt. Bei Spulen kann man diesen Anteil vernachlässigen, wenn die Hauptinduktivität ausreichend groß ist. Ähnliche Zusammenhänge gelten für die parasitäre Kapazität.

Man kann die Werte der parasitären Elemente minimieren, indem man die Bauteile miniaturisiert und ohne Anschlussleitungen ausführt; das ist bei Bauteilen für Oberflächenmontage (SMD-Bauteilen, *surface mounted devices*) der Fall. In modernen HF- und ZF-Schaltungen werden ausschließlich SMD-Bauteile verwendet; wir beschränken uns deshalb auf diesen Typ. Der Gültigkeitsbereich der Ersatzschaltbilder hängt von der Baugröße der SMD-Bauteile ab und nimmt mit abnehmender Größe zu. Für Bauteile der Baugröße 1206 (3 mm × 1,5 mm) sind die Ersatzschaltbilder bis 1 GHz, mit Einschränkungen bis 2 GHz verwendbar. Wir geben die Impedanzen und die Reflexionsfaktoren im

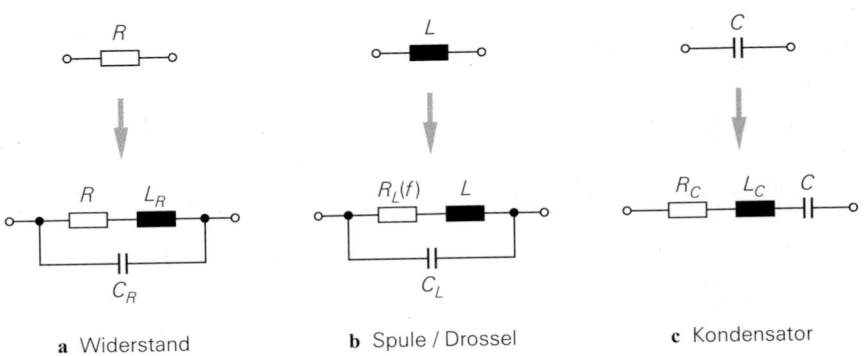

a Widerstand   **b** Spule / Drossel   **c** Kondensator

Abb. 23.1. Hochfrequenz-Ersatzschaltbilder von SMD-Bauteilen

folgenden bis 5 GHz an, um das Verhalten der Ersatzschaltbilder in diesem Bereich zu charakterisieren. Das Verhalten realer Bauelemente hängt in diesem Bereich nicht nur von den Eigenschaften des Bauelements, sondern auch von der Montage ab; deshalb nehmen die Anforderungen an die Montage- und Lötpräzision mit zunehmender Frequenz zu.

23.1.1 Widerstand

Abbildung 23.1a zeigt das Ersatzschaltbild für einen SMD-Widerstand. Es entspricht dem Ersatzschaltbild eines Parallelschwingkreises mit verlustbehafteter Induktivität. Für die Impedanz gilt:

$$Z_R(s) = (R + sL_R) \parallel \frac{1}{sC_R} = \frac{R + sL_R}{1 + sC_R R + s^2 L_R C_R} \tag{23.1}$$

Daraus folgt:

$$Z_R(j\omega) = \frac{R + j\left(\omega\left(L_R - C_R R^2\right) - \omega^3 L_R^2 C_R\right)}{\left(1 - \omega^2 L_R C_R\right)^2 + \omega^2 C_R^2 R^2} \tag{23.2}$$

Das dominierende Verhalten des Widerstands hängt vom Vorzeichen des Terms $(L_R - C_R R^2)$ im Imaginärteil von $Z_R(j\omega)$ ab:

$$R < \sqrt{L_R/C_R} \Rightarrow \text{ induktives Verhalten}$$
$$R > \sqrt{L_R/C_R} \Rightarrow \text{ kapazitives Verhalten}$$

Für $R = \sqrt{L_R/C_R}$ verläuft der Imaginärteil maximal flach und die Impedanz bleibt möglichst lange reell. Für sehr hohe Frequenzen erhält man immer kapazitives Verhalten, da hier die Kapazität C_R dominiert; in diesem Bereich ist das Ersatzschaltbild jedoch nicht mehr gültig.

Abbildung 23.2 zeigt den Betrag und die Phase der Impedanz von SMD-Widerständen der Baugröße 1206 mit $L_R = 3$ nH und $C_R = 0{,}2$ pF. Einen maximal flachen Imaginärteil, bei dem die Phase möglichst lange Null bleibt, erhält man für $R = \sqrt{L_R/C_R} \approx 120\,\Omega$. Bei kleineren Werten verhalten sich die Widerstände induktiv (Phase positiv), bei größeren kapazitiv (Phase negativ). Für $R \approx 190\,\Omega$ verläuft der Betrag maximal flach.

Neben der Impedanz ist auch der Reflexionsfaktor

$$r_R(j\omega) = \frac{Z_R(j\omega) - Z_W}{Z_R(j\omega) + Z_W} \tag{23.3}$$

von Interesse; dabei ist Z_W der Wellenwiderstand der verwendeten Leitungen. Abbildung 23.3 zeigt den Verlauf des Reflexionsfaktors für die Widerstände aus Abb. 23.2. Die maximal flache Phase der Impedanz des 120 Ω-Widerstands hat eine ebenfalls maximal flache Phase des Reflexionsfaktors zur Folge; deshalb beginnt der Verlauf des Reflexionsfaktors in diesem Fall tangential zu Realteil-Achse. Dagegen beginnt der Verlauf für den 190 Ω-Widerstand mit maximal flachem Betrag der Impedanz senkrecht zur Realteil-Achse.

Man erkennt ferner, dass mit einem 50 Ω-Widerstand kein breitbandiger 50 Ω-Abschluss erzielt werden kann. Dazu muss eine Kapazität $C \approx 1$ pF parallelgeschaltet werden, damit der Imaginärteil maximal flach wird:

$$L_R = (C_R + C)\,R^2 \Rightarrow C = \frac{L_R}{R^2} - C_R = \frac{3\,\text{nH}}{(50\,\Omega)^2} - 0{,}2\,\text{pF} \approx 1\,\text{pF}$$

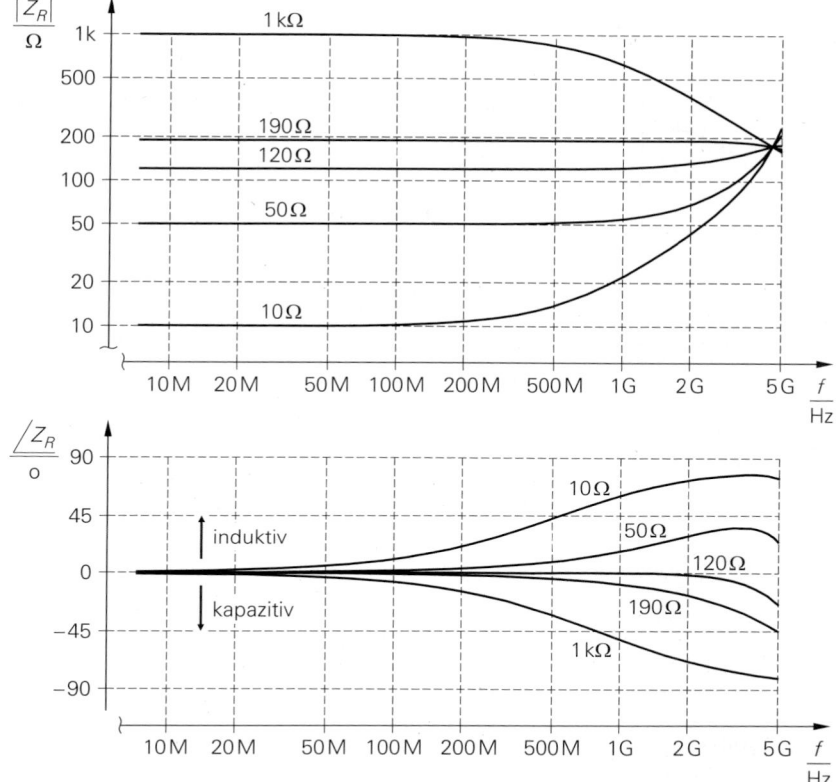

Abb. 23.2. Impedanz von SMD-Widerständen der Baugröße 1206 mit $L_R = 3\,\text{nH}$ und $C_R = 0,2\,\text{pF}$

Auf diese Weise kann man alle Widerstände mit $R < \sqrt{L_R/C_R}$ kompensieren.

23.1.2 Spule

Das in Abb. 23.1b gezeigte Ersatzschaltbild einer Spule ist formal gleich dem Ersatz-schaltbild eines Widerstands; nur die Größenverhältnisse der Werte unterscheiden sich. Der parasitäre Widerstand R_L wird durch den Hautwiderstand (*skin*-Effekt) der Wicklung verursacht und ist proportional zu Wurzel aus der Frequenz [23.1]:

$$R_L(f) = k_{RL}\sqrt{f} \tag{23.4}$$

Der *Verlustwiderstandskoeffizient* k_{RL} mit der Einheit $\Omega/\sqrt{\text{Hz}}$ ist bei SMD-Spulen mit einer Induktivität bis $10\,\mu\text{H}$ etwa proportional zur Induktivität:

$$k_{RL} \approx k_L L \tag{23.5}$$

Typische Werte sind $k_L \approx 1200\,\Omega/(\sqrt{\text{Hz}}\cdot\text{H})$ für die Baugröße 1206 und $k_L \approx 600\,\Omega/(\sqrt{\text{Hz}}\cdot\text{H})$ für die Baugröße 1812 [23.2]. Bei SMD-Spulen der Baugröße 1812 mit einer Induktivität größer $10\,\mu\text{H}$ gilt näherungsweise [23.2]:

$$k_{RL} \approx 20\,\Omega/\sqrt{\text{Hz}}\cdot\left(\frac{L}{\text{H}}\right)^{0,7}$$

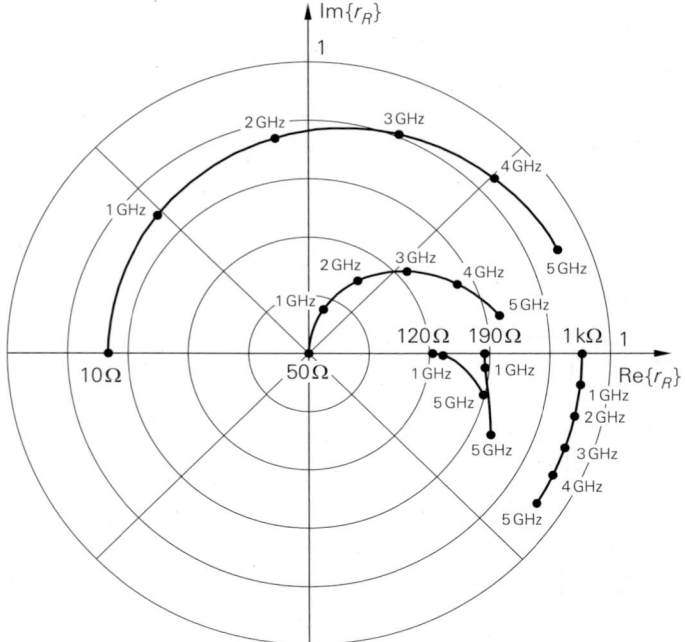

Abb. 23.3. Reflexionsfaktor von SMD-Widerständen

Die Parallelresonanz ist bei einer Spule stark ausgeprägt, wie die Betragsverläufe der Impedanz im oberen Teil von Abb. 23.4 zeigen. Bei der Frequenz

$$\omega_r = \frac{1}{\sqrt{LC_L}} \quad \Rightarrow \quad f_r = \frac{1}{2\pi\sqrt{LC_L}} \tag{23.6}$$

erhält man die Güte:

$$Q_r = \frac{1}{R_L(f_r)}\sqrt{\frac{L}{C_L}} = \frac{\sqrt{2\pi}}{k_{RL}}\sqrt[4]{\frac{L^3}{C_L}} \tag{23.7}$$

Für SMD-Spulen der Baugrößen 1206 und 1812 gilt $Q_r \approx 100\ldots300$. Bezüglich der Resonanzfrequenz muss man zwischen der *Phasenresonanzfrequenz*

$$f_{r,ph} = f_r\sqrt{1 - \frac{1}{Q_r^2}}$$

und der *Betragsresonanzfrequenz*

$$f_{r,max} \approx f_r\sqrt{1 - \frac{1}{2Q_r^4}}$$

unterscheiden [23.1]. Bei der Phasenresonanzfrequenz wird die Impedanz der Spule reell. Bei der Betragsresonanzfrequenz nimmt der Betrag der Impedanz den Maximalwert

$$Z_{L,max} \approx Q_r^2\,R_L(f_r)$$

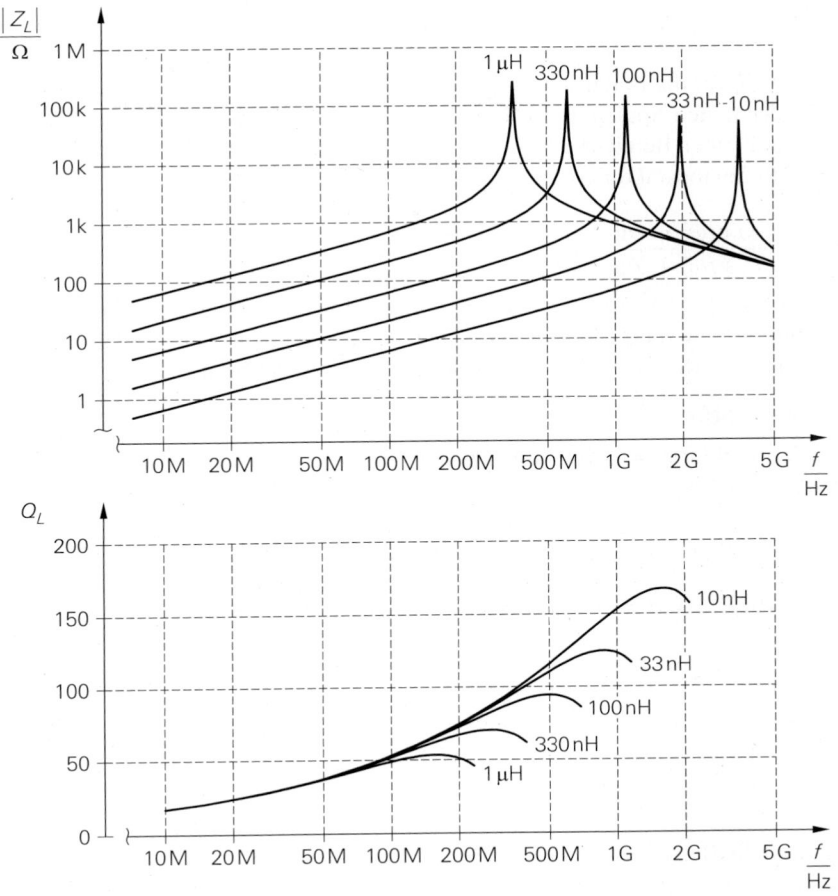

Abb. 23.4. Betrag der Impedanz und Spulengüte von SMD-Spulen der Baugröße 1206 mit $k_L =$ 1200 $\Omega/(\sqrt{\text{Hz}} \cdot \text{H})$ und $C_L = 0{,}2\,\text{pF}$

an. Aufgrund der hohen Güte Q_r unterscheiden sich die Frequenzen f_r, $f_{r,ph}$ und $f_{r,max}$ nur minimal; deshalb wird in der Praxis meist die Frequenz f_r als *Resonanzfrequenz* (*self resonating frequency*, SRF) bezeichnet.

Wichtiger als die Güte Q_r ist die *Spulengüte* (*quality factor*, QF)

$$Q_L(f) = \frac{\text{Im}\{Z_L(j2\pi f)\}}{\text{Re}\{Z_L(j2\pi f)\}} \overset{f<f_r/4}{\approx} \frac{2\pi f L}{R_L(f)} = \frac{2\pi L}{k_{RL}}\sqrt{f} \qquad (23.8)$$

Sie ist ein Maß für die Verluste (Q_L hoch → Verluste gering) und nur für den Frequenzbereich mit induktivem Verhalten ($f < f_{r,ph}$) definiert. Sie ist im Frequenzbereich bis $f_r/4$ näherungsweise proportional zur Wurzel aus der Frequenz und wird etwa bei $f_r/2$ maximal; oberhalb des Maximums nimmt sie schnell ab und wird bei der Phasenresonanzfrequenz zu Null. In Abb. 23.4 sind die Verläufe im unteren Teil dargestellt. Für SMD-Spulen mit einer Induktivität kleiner als $10\,\mu\text{H}$ gilt $k_{RL} \approx k_L L$; damit folgt aus (23.8):

$$Q_L(f) \approx \frac{2\pi}{k_L} \sqrt{f} \approx \frac{\sqrt{f/\text{Hz}}}{100\dots200}$$

Der Faktor 100 gilt für die Baugröße 1812 und der Faktor 200 für die Baugröße 1206.

Aufgrund der hohen Spulengüte Q_L und der hohen Güte Q_r ist die Impedanz mit Ausnahme eines kleinen Bereichs um die Resonanzfrequenz nahezu rein imaginär; daraus folgt, dass der Reflexionsfaktor etwa den Betrag Eins hat:

$$r_L(j\omega) = \frac{Z_L(j\omega) - Z_W}{Z_L(j\omega) + Z_W} \approx e^{j\left(\pi - 2\arctan\frac{\text{Im}\{Z_L(j\omega)\}}{Z_W}\right)}$$

Für $\omega = 0$ gilt Im $\{Z_L(j\,0)\} = 0$ und $r_L(j\,0) \approx -1$, d.h. die Ortskurve des Reflexionsfaktors beginnt für $f = 0$ im Kurzschlusspunkt der r-Ebene. Abbildung 23.6a zeigt den typischen Verlauf des Reflexionsfaktors am Beispiel einer SMD-Spule mit $L = 100\,\text{nH}$.

23.1.3 Kondensator

Das Ersatzschaltbild eines Kondensators ist in Abb. 23.1c dargestellt; man erhält einen verlustbehafteten Serienresonanzkreis mit der Impedanz:

$$Z_C(s) = R_C + sL_C + \frac{1}{sC} = \frac{1 + sCR_C + s^2 L_C C}{sC} \tag{23.9}$$

Die *Resonanzfrequenz* (*self resonating frequency*, SRF) beträgt

$$\omega_r = \frac{1}{\sqrt{L_C C}} \quad\Rightarrow\quad f_r = \frac{1}{2\pi\sqrt{L_C C}} \tag{23.10}$$

mit der Güte:

$$Q_r = \frac{1}{R_C}\sqrt{\frac{L_C}{C}} \tag{23.11}$$

Die Phasen- und die Betragsresonanzfrequenz sind gleich der Resonanzfrequenz f_r; eine Unterscheidung wie bei einer Spule ist hier nicht erforderlich. Abbildung 23.5 zeigt die Betragsverläufe der Impedanz von SMD-Kondensatoren der Baugröße 1206 mit $R_C = 0,2\,\Omega$ und $L_C = 3\,\text{nH}$.

Wichtiger als die Güte Q_r ist die *Kondensatorgüte* (*quality factor*, QF)

$$Q_C(f) = -\frac{\text{Im}\{Z_C(j2\pi f)\}}{\text{Re}\{Z_C(j2\pi f)\}} \overset{f < f_r/4}{\approx} \frac{1}{2\pi f C R_C} \tag{23.12}$$

Sie ist ein Maß für die Verluste (Q_C hoch $\to$ Verluste gering) und nur für den Frequenzbereich mit kapazitivem Verhalten ($f < f_r$) definiert. Sie ist im Frequenzbereich bis $f_r/4$ näherungsweise umgekehrt proportional zur Frequenz und geht demnach für $f \to 0$ gegen Unendlich.

Da die Impedanz mit Ausnahme eines kleinen Bereichs um die Resonanzfrequenz nahezu rein imaginär ist, hat der Reflexionsfaktor etwa den Betrag Eins:

$$r_C(j\omega) = \frac{Z_C(j\omega) - Z_W}{Z_C(j\omega) + Z_W} \approx e^{j\left(\pi - 2\arctan\frac{\text{Im}\{Z_C(j\omega)\}}{Z_W}\right)}$$

Für $\omega = 0$ gilt Im $\{Z_C(j\,0)\} = \infty$ und $r_C(j\,0) \approx 1$, d.h. die Ortskurve des Reflexionsfaktors beginnt für $f = 0$ im Leerlaufpunkt der r-Ebene. Abbildung 23.6b zeigt den typischen Verlauf des Reflexionsfaktors am Beispiel eines SMD-Kondensators mit $C = 10\,\text{pF}$.

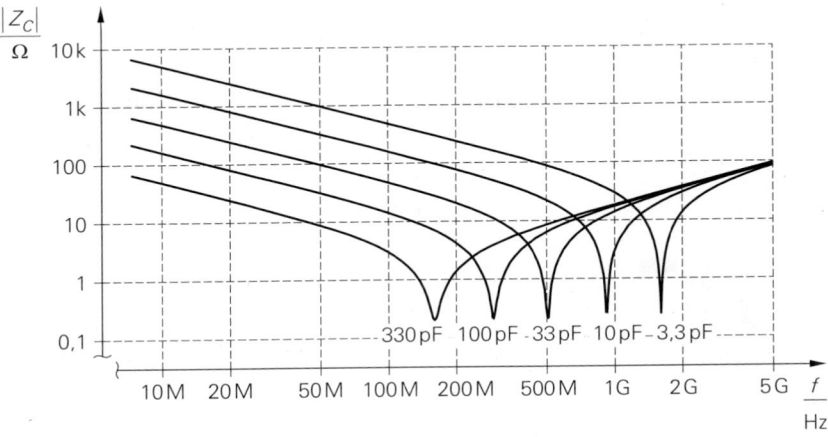

Abb. 23.5. Betrag der Impedanz von SMD-Kondensatoren der Baugröße 1206 mit $R_C = 0,2\,\Omega$ und $L_C = 3\,\text{nH}$

23.2 Filter

Neben Verstärkern und Mischern gehören Filter zu den wichtigsten Komponenten nachrichtentechnischer Systeme. Mit Ausnahme der Filter im niederfrequenten Basisbandteil sind die Filter passiv; aktive Filter sind für die üblichen ZF- und HF-Frequenzen nur in Ausnahmefällen geeignet. Die klassischen LC-Filter werden in zunehmendem Maße durch dielektrische Filter oder Oberflächenwellenfilter (SAW-Filter) ersetzt; dies gilt vor allem für Anwendungen mit hohen Stückzahlen, bei denen kunden- oder applikationsspezifische Filter verwendet werden. Der wesentliche Vorteil der dielektrischen und SAW-Filter liegt darin, dass es sich bei diesen Filtern um *ein* Bauteil handelt, dass vom Hersteller unter Einhaltung der zulässigen Toleranzen geliefert wird und deshalb auch in Anwendungen mit hohen Genauigkeitsanforderungen ohne Abgleich eingesetzt werden kann; im Gegensatz dazu werden LC-Filter aus mehreren Bauteilen zusammengesetzt und können

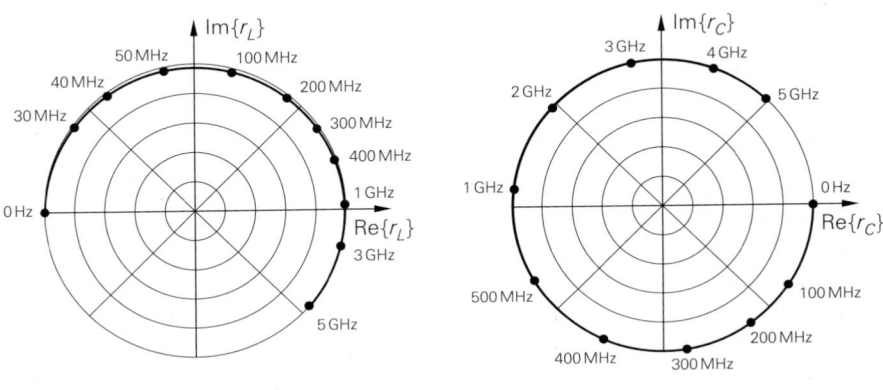

a SMD-Spule mit $L = 100\,\text{nH}$ **b** SMD-Kondensator mit $C = 10\,\text{pF}$

Abb. 23.6. Typischer Verlauf des Reflexionsfaktors bei SMD-Spulen und SMD-Kondensatoren der Baugröße 1206

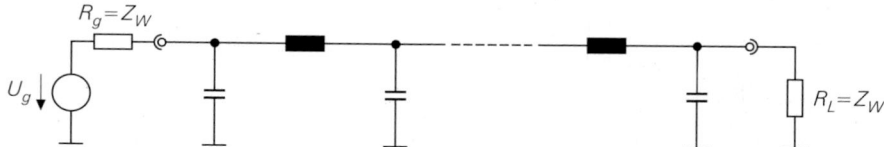

a Tiefpass

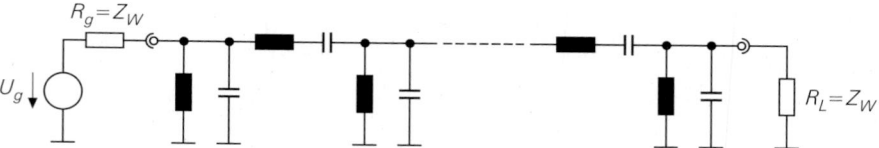

b Bandpass

Abb. 23.7. LC-Filter

nur in unkritischen Anwendungen ohne Abgleich eingesetzt werden. Bei SAW-Filtern kommt als weiterer, in vielen Anwendungen unverzichtbarer Vorteil die nahezu konstante Gruppenlaufzeit hinzu, die unabhängig vom Betragsverlauf erzielt werden kann.

23.2.1 LC-Filter

LC-Filter werden meist mit Hilfe von Filterkatalogen entworfen. Dabei muss zunächst eine geeignete Filtercharakteristik (Butterworth, Thompson, Tschebyscheff, etc.) ausgewählt werden, mit der die Anforderungen an den Betragsverlauf, die Gruppenlaufzeit und die Flankensteilheit erfüllt werden können. Anschließend wird der erforderliche Filtergrad ermittelt. Die Filterstrukturen und die normierten Bauteilewerte für die Filter sind in den Filterkatalogen angegeben, z.B. in [23.3].

Tiefpass-Filter haben in den meisten Fällen die in Abb. 23.7a gezeigte Abzweig-Struktur und werden *direkt* entworfen. Im Gegensatz dazu wird bei Bandpass-Filtern zunächst ein äquivalentes Tiefpass-Filter mit den gewünschten Eigenschaften ermittelt, das anschließend mit einer Tiefpass-Bandpass-Transformation in das entsprechende Bandpass-Filter überführt wird; dabei erhält man aus der Tiefpass-Struktur in Abb. 23.7a die Bandpass-Struktur in Abb. 23.7b [23.3]. Dieses Verfahren führt nicht immer zum Erfolg, da die Tiefpass-Bandpass-Transformation auf einer nichtlinearen Abbildung der Frequenzachse basiert; dadurch ändert sich der Verlauf der Gruppenlaufzeit.

23.2.1.1 Zweikreisiges Bandfilter

Beim Entwurf eines Senders oder Empfängers kann man durch geeignete Wahl der ZF-Frequenzen in den meisten Fällen auf Standard-ZF-Filter zurückgreifen; dagegen muss man die HF-Filter entsprechend der vorgeschriebenen Sende- bzw. Empfangsfrequenz ausführen. Wenn keine Standard-Filter zur Verfügung stehen und keine hohen Stückzahlen benötigt werden, wird das in Abb. 23.8 gezeigte *zweikreisige Bandfilter* verwendet; es entspricht seinen Eigenschaften nach einem zweikreisigen dielektrischen Filter.

Wir beschränken uns im folgenden auf den symmetrischen Fall mit $R_g = R_L = Z_W$, $L_1 = L_2 = L$ und $C_1 = C_2 = C$. Zunächst werden die Resonanzfrequenz

$$f_r = \frac{1}{2\pi\sqrt{L\,(C + C_{12})}}$$

(23.13)

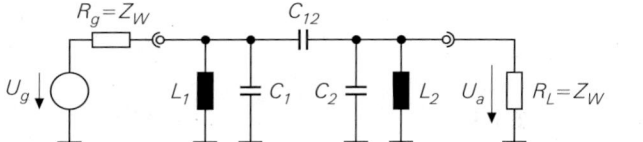

Abb. 23.8.
Zweikreisiges Bandfilter

und die Resonanzgüte

$$Q_r = Z_W \sqrt{\frac{C + C_{12}}{L}} \qquad (23.14)$$

definiert. Daraus erhält man mit der Verstimmung

$$v = Q_r \left(\frac{\omega}{\omega_r} - \frac{\omega_r}{\omega} \right) = Q_r \left(\frac{f}{f_r} - \frac{f_r}{f} \right) \qquad (23.15)$$

und dem Koppelfaktor

$$k = \omega_r C_{12} Z_W = 2\pi f_r C_{12} Z_W \qquad (23.16)$$

die Betriebsübertragungsfunktion [23.1]

$$A_B(jv) = \frac{U_a(jv)}{U_g(jv)} = \frac{jk}{1 + k^2 - v^2 + 2jv} \qquad (23.17)$$

mit dem Betragsquadrat (= Leistungsübertragungsfunktion):

$$|A_B(jv)|^2 = \frac{k^2}{\left(1 + k^2\right)^2 + \left(2 - 2k^2\right) v^2 + v^4} \qquad (23.18)$$

Die Verstimmung v tritt hier an die Stelle der Kreisfrequenz ω; deshalb wird als Argument jv anstelle von $j\omega$ verwendet. Der Übergang von ω bzw. f auf v gemäß (23.15) entspricht einer Bandpass-Tiefpass-Transformation; deshalb ist $A_B(jv)$ die Übertragungsfunktion des äquivalenten Tiefpass-Filters.

Bei der Berechnung der Gruppenlaufzeit muss man von der Kreisfrequenz ω ausgehen und den nichtlinearen Zusammenhang zwischen ω und der Verstimmung v berücksichtigen; es gilt:

$$\tau_{Gr}(\omega) = -\frac{d}{d\omega} \left[\arctan \frac{\operatorname{Im}\{A_B(j\omega)\}}{\operatorname{Re}\{A_B(jw)\}} \right]$$

$$= -\frac{d}{dv} \left[\arctan \frac{\operatorname{Im}\{A_B(jv)\}}{\operatorname{Re}\{A_B(jv)\}} \right] \frac{dv}{d\omega}$$

Eine Berechnung unter Verwendung von (23.17) und (23.15) führt auf das Ergebnis:

$$\tau_{Gr}(\omega) = \frac{2\left(v^2 + k^2 + 1\right)}{\left(v^2 - k^2 - 1\right)^2 + 4v^2} \frac{Q_r}{\omega_r} \left(1 + \left(\frac{\omega_r}{\omega}\right)^2\right) \qquad (23.19)$$

Dabei hängt v gemäß (23.15) ebenfalls von ω ab.

Abbildung 23.9 zeigt den Betragsfrequenzgang eines zweikreisigen Bandfilters mit einer Mittenfrequenz $f_M = 433{,}4\,\text{MHz}$ und einer Bandbreite $B = 10\,\text{MHz}$ für verschiedene Koppelfaktoren k; Abb. 23.10 zeigt eine Vergrößerung des Durchlassbereichs und

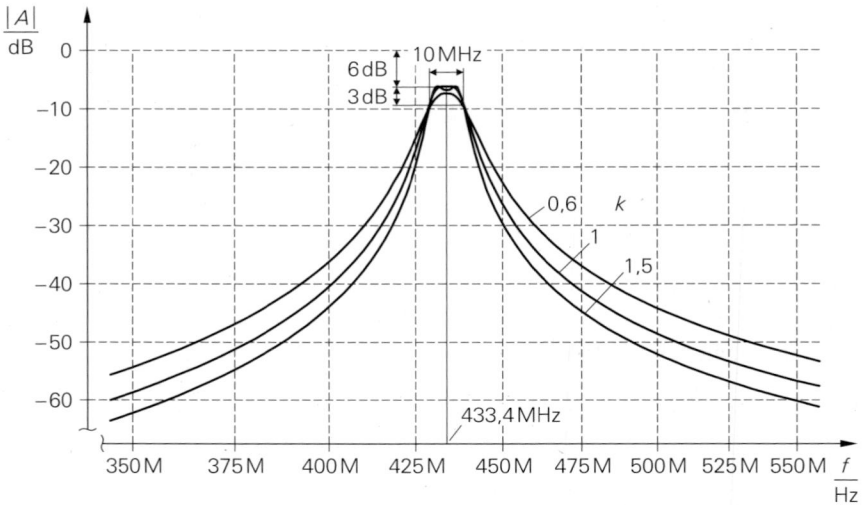

Abb. 23.9. Betragsfrequenzgang eines zweikreisigen Bandfilters mit $f_M = 433,4\,\text{MHz}$ und $B = 10\,\text{MHz}$ für verschiedene Koppelfaktoren k

den Verlauf der Gruppenlaufzeit. Auf den Zusammenhang zwischen der Mittenfrequenz f_M und der Resonanzfrequenz f_r gehen wir im Zusammenhang mit der Dimensionierung des Filters noch näher ein.

Aus (23.18) kann man drei Fälle ableiten:

– **Kritische Kopplung (k = 1):** Das Bandfilter hat einen maximal flachen Betragsverlauf, da das äquivalente Tiefpass-Filter in diesem Fall eine Butterworth-Charakteristik hat, wie ein Vergleich mit (12.25) auf Seite 800 zeigt:

$$|A_B(jv)|^2 = \frac{1}{4 + v^4}$$

Der Betrag wird bei der Resonanzfrequenz maximal:

$$A_{B,max} = |A_B(j\,0)| = \frac{1}{2}$$

Dem entspricht eine Dämpfung von 6 dB. Die -3dB-Grenzfrequenzen mit einer Dämpfung von 9 dB liegen bei einer Verstimmung $v = \pm\sqrt{2}$:

$$\left|A_B\left(\pm j\sqrt{2}\right)\right| = \frac{A_{B,max}}{\sqrt{2}} = \frac{1}{2\sqrt{2}}$$

In der Praxis wird die kritische Kopplung häufig verwendet, da sie einen guten Kompromiss zwischen möglichst hoher Flankensteilheit beim Übergang in den Sperrbereich und möglichst flachem Verlauf der Gruppenlaufzeit im Durchlassbereich bietet.

– **Überkritische Kopplung (k > 1):** Der Betragsverlauf weist zwei Maxima mit

$$A_{B,max} = \left|A_B\left(\pm j\sqrt{k^2 - 1}\right)\right| = \frac{1}{2}$$

auf, die zu beiden Seiten eines lokalen Minimums bei der Resonanzfrequenz liegen:

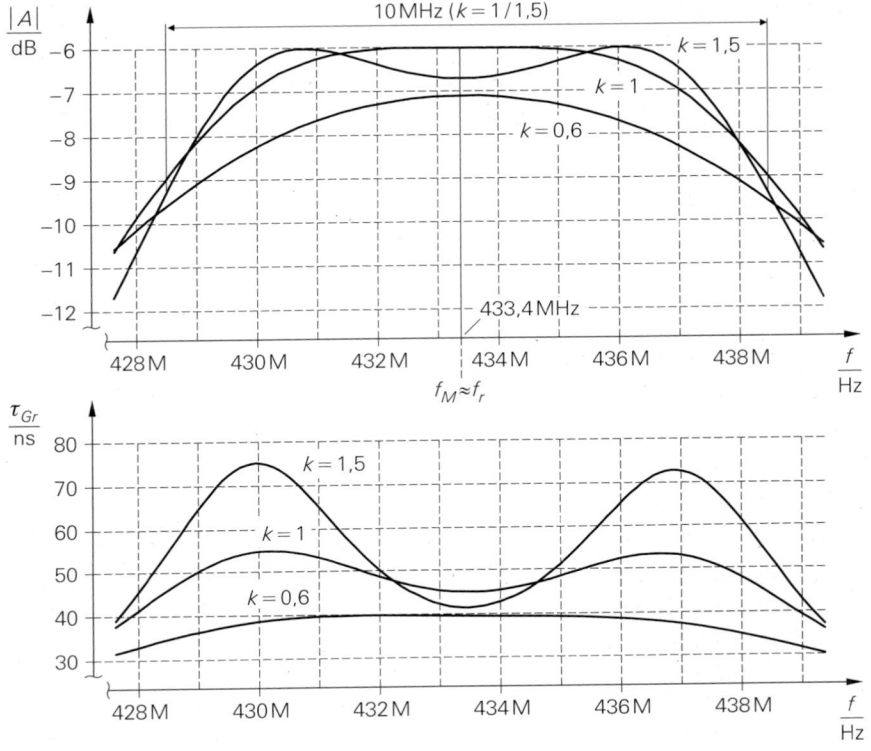

Abb. 23.10. Betragsfrequenzgang und Gruppenlaufzeit eines zweikreisigen Bandfilters mit $f_M = 433{,}4\,\mathrm{MHz}$ und $B = 10\,\mathrm{MHz}$ im Durchlassbereich für verschiedene Koppelfaktoren k

$$A_{B,0} = |A_B(j\,0)| = \frac{k}{1+k^2} < \frac{1}{2} \quad \text{für } k > 1$$

Das äquivalente Tiefpass-Filter hat eine Tschebyscheff-Charakteristik mit der Welligkeit:

$$w = \frac{A_{B,max}}{A_{B,0}} = \frac{1+k^2}{2k} > 1 \quad \text{für } k > 1$$

Abbildung 23.11 zeigt die Welligkeit in Abhängigkeit vom Koppelfaktor. Die -3dB-Grenzfrequenzen liegen bei einer Verstimmung $v = \pm\sqrt{2}\,k$; sie sind hier allerdings auf den Betragsquadrat-Mittelwert aus dem Maximalwert und dem lokalen Minimum bei der Mittenfrequenz bezogen:

$$\left|A_B\left(\pm j\sqrt{2}\,k\right)\right| = \frac{\sqrt{\dfrac{1}{2}\left(A_{B,max}^2 + A_{B,0}^2\right)}}{\sqrt{2}} = \frac{1}{4}\sqrt{1 + \frac{1}{w^2}}$$

Deshalb ist die zugehörige Dämpfung größer als 9 dB. Die überkritische Kopplung wird in der Praxis immer dann angewendet, wenn eine hohe Flankensteilheit beim Übergang in den Sperrbereich benötigt wird; dies geht allerdings zu Lasten der Gruppenlaufzeit, die für $k > 1$ eine ausgeprägte Welligkeit aufweist.

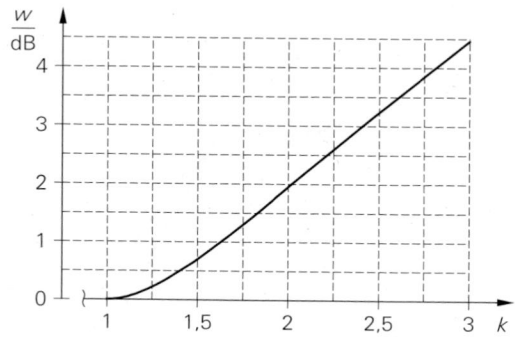

Abb. 23.11.
Welligkeit eines zweikreisigen Bandfilters mit überkritischer Kopplung

– **Unterkritische Kopplung (k < 1):** Der Betragsverlauf hat wie bei der kritischen Kopplung ein Maximum bei der Mittenfrequenz; die zugehörige Dämpfung ist hier jedoch
größer als 6 dB:

$$A_{B,max} = \frac{k}{1 + k^2} < \frac{1}{2} \quad \text{für } k < 1$$

Zu beiden Seiten des Maximums fällt der Betrag schneller ab als bei kritischer Kopplung. Das äquivalente Tiefpass-Filter hat für $k \approx 0{,}6$ eine Bessel-Charakteristik. Die
unterkritische Kopplung wird angewendet, wenn eine möglichst konstante Gruppenlaufzeit über den gesamten Durchlassbereich benötigt wird. Dies ist nur selten der Fall, da
das Filter fast ausschließlich als HF-Filter in Sendern und Empfängern verwendet wird;
dann ist die Bandbreite des Filters wesentlich größer als die Bandbreite eines Kanals
und die Schwankung der Gruppenlaufzeit innerhalb eines Kanals selbst bei kritischer
oder überkritischer Kopplung ausreichend gering.

Zur Dimensionierung werden die Mittenfrequenz f_M und die -3dB-Bandbreite B benötigt; daraus erhält man die Resonanzfrequenz:

$$f_r = \sqrt{f_M^2 - \frac{B^2}{4}} \tag{23.20}$$

Die Differenz zwischen den beiden Frequenzen ist eine Folge des nichtlinearen Zusammenhangs zwischen der Frequenz f und der Verstimmung v, siehe (23.15); deshalb ist der
Verlauf der Filterkurven bezüglich der Verstimmung v symmetrisch, bezüglich der Frequenz f jedoch unsymmetrisch. Für die beiden -3dB-Grenzfrequenzen (U/O: untere/obere
Grenzfrequenz)

$$f_U = f_M - \frac{B}{2} \quad , \quad f_O = f_M + \frac{B}{2}$$

erhält man durch Einsetzen in (23.15) und anschließendes Umformen:

$$v_U = -\frac{Q_r B}{f_r} \quad , \quad v_O = \frac{Q_r B}{f_r}$$

Bei den -3dB-Grenzfrequenzen beträgt die Verstimmung $v = \pm\sqrt{2}\,k$, d.h. $v_U = -\sqrt{2}\,k$
und $v_O = \sqrt{2}\,k$; daraus folgt für die Resonanzgüte:

$$Q_r = \sqrt{2}\,k\,\frac{f_r}{B} \tag{23.21}$$

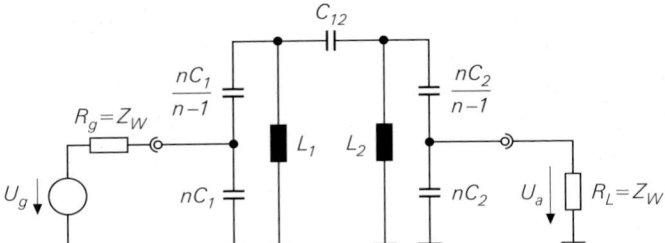

Abb. 23.12. Zweikreisiges Bandfilter mit kapazitiver Ankopplung

Durch Einsetzen von f_r nach (23.20) und Q_r nach (23.21) in (23.13), (23.14) und (23.16) erhält man die Dimensionierung der Bauelemente:

$$L = \frac{Z_W}{2\pi f_r Q_r} \quad , \quad C = \frac{Q_r - k}{2\pi f_r Z_W} \quad , \quad C_{12} = \frac{k}{2\pi f_r Z_W} \tag{23.22}$$

In Abb. 23.8 gilt dann $L_1 = L_2 = L$ und $C_1 = C_2 = C$.

Bei einem Wellenwiderstand $Z_W = 50\,\Omega$ werden die Induktivitäten L_1 und L_2 bei hohen Frequenzen sehr klein. In diesem Fall kann man die in Abb. 23.12 gezeigte Variante mit kapazitiver Ankopplung verwenden; dabei muss $n > 1$ gelten. Die Dimensionierung erfolgt ebenfalls mit (23.20)–(23.22), nur in (23.22) wird nun $n^2 Z_W$ anstelle von Z_W eingesetzt; dadurch werden die Induktivitäten um den Faktor n^2 größer und die Kapazitäten um denselben Faktor kleiner.

Beispiel: Wir dimensionieren im folgenden ein zweikreisiges Bandfilter mit einer Mittenfrequenz $f_M = 433,4\,\text{MHz}$, einer -3dB-Bandbreite $B = 10\,\text{MHz}$ und einem Koppelfaktor $k = 1$ für einen Wellenwiderstand $Z_W = 50\,\Omega$. Aus (23.20) und (23.21) erhalten wir $f_r = 433,37\,\text{MHz}$ und $Q_r = 61,29$; daraus folgt mit (23.22) $L \approx 300\,\text{pH}$, $C \approx 442\,\text{pF}$ und $C_{12} \approx 7,3\,\text{pF}$. Die Induktivität ist mit 300 pH unpraktikabel klein. Deshalb verwenden wir das Filter mit kapazitiver Ankopplung aus Abb. 23.12 und wählen n so, dass wir für L den Normwert 22 nH erhalten. Da die Induktivitäten um den Faktor n^2 größer werden, muss $n^2 \cdot 300\,\text{pH} = 22\,\text{nH}$ gelten; daraus folgt $n^2 \approx 73,3$ und $n \approx 8,56$. Die Induktivitäten können nun als SMD-Spulen ausgeführt werden. Die Kapazitäten werden um den Faktor n^2 kleiner: $C \approx 6\,\text{pF}$ und $C_{12} \approx 0,1\,\text{pF}$. Die Kapazität C wird in die beiden Kapazitäten $nC \approx 51,7\,\text{pF} = 47\,\text{pF} \,\|\, 4,7\,\text{pF}$ und $nC/(n-1) \approx 6,8\,\text{pF}$ aufgeteilt. Die Koppelkapazität C_{12} wird durch eine kapazitive Kopplung zwischen zwei benachbarten Leiterbahnen realisiert.

23.2.1.2 Filter mit Leitungen

Bei Frequenzen oberhalb 500 MHz werden die Induktivitäten und Kapazitäten eines LC-Filters so klein, dass eine Realisierung mit Spulen und Kondensatoren nicht mehr möglich ist. Man muss dann Leitungen verwenden. Da in diesem Bereich ausnahmslos Bandpass-Filter eingesetzt werden, benötigt man zur Realisierung der entsprechenden Filterstruktur in Abb. 23.7b ein Leitungselement mit der Charakteristik eines Serienschwingkreises und ein Element mit der Charakteristik eines Parallelschwingkreises. Dazu eignen sich Leitungen der Länge $\lambda/4$, die an einem Ende leerlaufen oder kurzgeschlossen sind. Beim Entwurf wird die *Richards-Transformation* verwendet, die eine direkte Berechnung eines Leitungsfilters aus dem äquivalenten Tiefpass-Filter erlaubt. Wir verweisen dazu auf den Abschnitt *Mikrowellenfilter mit Leitungen* in [23.1].

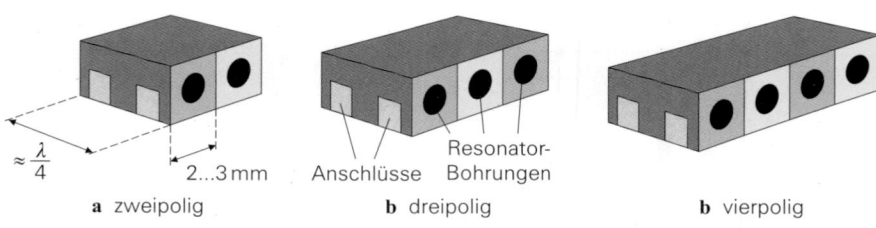

Abb. 23.13. Dielektrische Bandpass-Filter

23.2.2 Dielektrische Filter

Im Frequenzbereich von 800 MHz bis 5 GHz werden Filter mit gekoppelten Resonatoren der Länge $\lambda/4$ eingesetzt; dabei bleibt ein Ende des Resonators offen, während das andere kurzgeschlossen wird. Damit die Abmessungen nicht zu groß werden, wird ein Dielektrikum mit möglichst geringen Verlusten und möglichst hoher relativer Dielektrizitätszahl eingesetzt, um die Wellenlänge von der Freiraumwellenlänge $\lambda_0 = c_0/f$ auf

$$\lambda = \frac{v}{f} = \frac{c_0}{\sqrt{\epsilon_r}\, f} \tag{23.23}$$

zu reduzieren. Die Filter werden deshalb als *dielektrische Filter* bezeichnet. Im Frequenzbereich bis 1 GHz werden Bariumtitanat-Verbindungen mit $\epsilon_r \approx 90$ verwendet; damit beträgt die Länge eines Resonators etwa 8 mm ($\lambda \approx 32$ mm bei $f = 1$ GHz). Bei höheren Frequenzen werden Dielektrika mit geringerer relativer Dielektrizitätszahl eingesetzt.

Ein dielektrisches Bandpass-Filter mit n Resonatoren wird als n-poliges Filter bezeichnet. Die Anzahl der Pole bezieht sich auf das äquivalente Tiefpass-Filter, da die Übertragungsfunktion des Bandpass-Filters $2n$ Pole (zwei pro Resonator) hat. Abbildung 23.13 zeigt die typische Bauform handelsüblicher dielektrischer Filter [23.4].

In Abbildung 23.14 ist der Querschnitt durch ein zweipoliges Filter dargestellt. Es besteht aus zwei Resonator-Körpern aus Bariumtitanat, die mit einer axialen Resonator-Bohrung und einer radialen Bohrung zur Ein- bzw. Auskopplung versehen sind. Die Resonator-Körper sind mit Ausnahme der leerlaufenden Seite, der Bohrungen zur Ein- bzw. Auskopplung und einer kleinen Lücke zur kapazitiven Kopplung der Resonatoren metallisiert. Man beachte, dass sich die elektromagnetischen Felder in den Resonator-Körpern ausbreiten; die Resonator-Bohrungen sind feldfrei. Die Länge der Resonatoren ist in der Praxis immer etwas kleiner als $\lambda/4$, da die Felder am offenen Ende in den Außenraum ausgreifen (Streufeld); dadurch ist die elektrische Länge des Resonators größer als die mechanische Länge.

Das Ersatzschaltbild eines zweipoligen dielektrischen Filters entspricht dem Schaltbild des zweikreisigen Bandfilters in Abb. 23.8 bzw. Abb. 23.12. Bei drei- oder mehrpoligen Filtern kommen weitere Parallelresonanzkreise hinzu, die in gleicher Weise kapazitiv gekoppelt sind. Diese Entsprechung gilt jedoch nur für den Durchlassbereich und die angrenzenden Teile des Sperrbereichs, da die Resonatoren bei allen ungeradzahligen Oberwellen ebenfalls eine Parallelresonanz aufweisen; dadurch treten oberhalb des gewünschten Durchlassbereichs weitere Bereiche mit geringer Dämpfung auf.

Dielektrische Filter werden als HF-Filter in Sendern und Empfängern eingesetzt; dabei werden überwiegend zwei- oder dreipolige Filter verwendet. Die geringe Baugröße der Filter ist vor allem für Mobilgeräte wichtig. Abbildung 23.15 zeigt den Betragsfrequenzgang

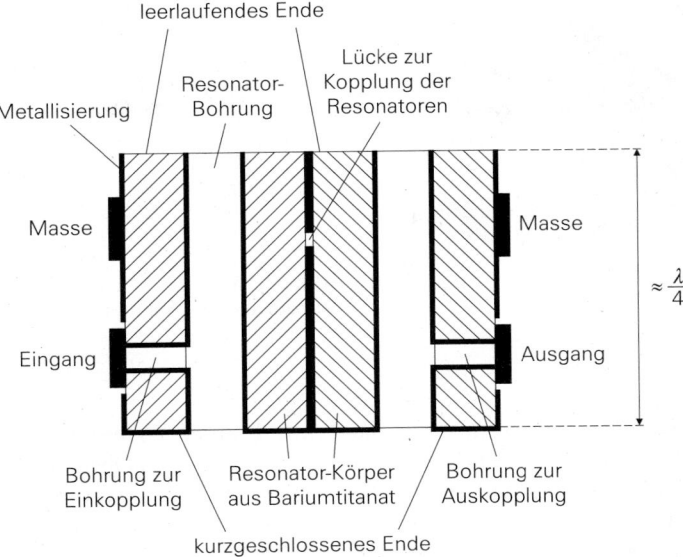

Abb. 23.14. Querschnitt eines zweipoligen dielektrischen Bandpass-Filters. Die elektromagnetischen Felder breiten sich in den schraffierten Resonator-Körpern aus; die Bohrungen sind feldfrei.

eines dreipoligen Filters für das amerikanische Mobilkommunikationssystem PCS mit einer Mittenfrequenz $f_M = 1,92\,\text{GHz}$ und einer Baugröße von $6,5\,\text{mm} \times 4,3\,\text{mm} \times 2\,\text{mm}$ [23.4].

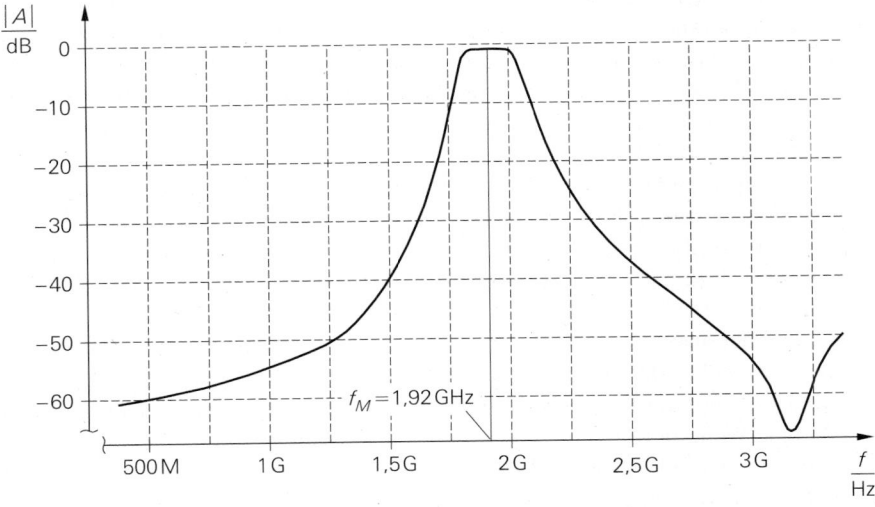

Abb. 23.15. Betragsfrequenzgang eines dreipoligen dielektrischen Bandpass-Filters mit einer Mittenfrequenz $f_M = 1,92\,\text{GHz}$

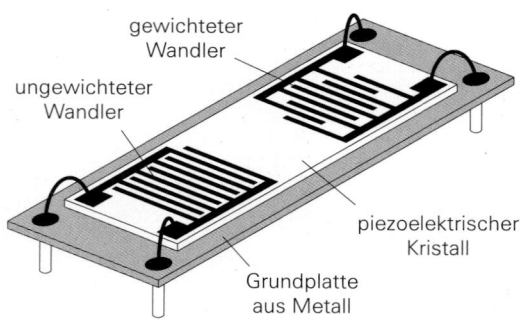

Abb. 23.16.
Aufbau eines SAW-Filters

23.2.3 SAW-Filter

Ein SAW-Filter (*surface acoustic wave filter, Oberflächenwellenfilter, OFW-Filter*) ist ein transversales Filter (FIR-Filter), bei dem die Laufzeit einer akustischen Oberflächenwelle auf einem piezoelektrischen Kristall als Verzögerungsglied dient. Die Anregung der Oberflächenwelle durch ein elektrisches Eingangssignal und ihre Rückwandlung in ein elektrisches Ausgangssignal erfolgt mit piezoelektrischen Wandlern, die aufgrund ihrer kammartig ineinander greifenden Elektroden auch als *Interdigitalwandler* bezeichnet werden. Abbildung 23.16 zeigt den Aufbau eines SAW-Filters mit einem gewichteten und einem ungewichteten Wandler, die durch eine Laufstrecke getrennt sind.

Eine akustische Oberflächenwelle (Rayleigh-Welle) ist eine an der Oberfläche eines Festkörpers geführte elastische Welle, die sich mit einer Geschwindigkeit $v \approx 3000 \dots 4000\,\text{m/s}$ ausbreitet. Die Ausbreitungsgeschwindigkeit hängt bei ebenen Oberflächen nicht von der Frequenz der Welle ab, d.h. es tritt keine Dispersion auf; dadurch bleibt die Form der Welle erhalten und die Gruppenlaufzeit ist konstant. Als piezoelektrischer Kristall wird überwiegend Lithiumniobat (LiNbO_3) mit $v = 3990\,\text{m/s}$ verwendet; daraus resultieren Wellenlängen zwischen $\lambda = 400\,\mu\text{m}$ bei $f = 10\,\text{MHz}$ und $\lambda = 4\,\mu\text{m}$ bei $f = 1\,\text{GHz}$. Die Elektroden der Wandler haben den Abstand $\lambda/2$ und sind $\lambda/4$ breit; dadurch werden die Abmessungen der Elektroden für Frequenzen oberhalb 1 GHz kleiner als $1\,\mu\text{m}$. Die maximale Arbeitsfrequenz für SAW-Filter ist demnach durch die minimale Strukturgröße des Herstellungsprozesses gegeben. Derzeit sind SAW-Filter mit Mittenfrequenzen bis zu 400 MHz verfügbar; dabei wird oberhalb 200 MHz Quarz anstelle von Lithiumniobat verwendet.

Die Übertragungsfunktion eines SAW-Filters entspricht der Übertragungsfunktion eines Transversal- bzw. FIR-Filters. Die Koeffizienten des Filters ergeben sich aus den Längen der Elektroden der beiden Wandler; da die beiden Wandler nacheinander wirksam werden, muss man dazu das Faltungsprodukt der Elektrodenlängen der beiden Wandler bilden. In der Praxis ist häufig ein Wandler *ungewichtet*, d.h. alle Elektroden haben dieselbe Länge, und der andere *gewichtet*, siehe Abb. 23.16. Abbildung 23.17 erläutert den Zusammenhang zwischen der Geometrie und dem Betragsfrequenzgang.

Die Durchlassdämpfung eines SAW-Filters ist relativ hoch. Der als Sender betriebene Wandler gibt eine Welle in Richtung des empfangenden Wandlers und eine Welle in der Gegenrichtung ab; dadurch geht die Hälfte der Leistung verloren, was einer Dämpfung von 3 dB entspricht. Die Dämpfung des empfangenden Wandlers beträgt aus Symmetriegründen ebenfalls 3 dB, so dass die theoretische Untergrenze für die Dämpfung eines SAW-Filters bei 6 dB liegt. In der Praxis muss die Dämpfung wesentlich höher sein, damit

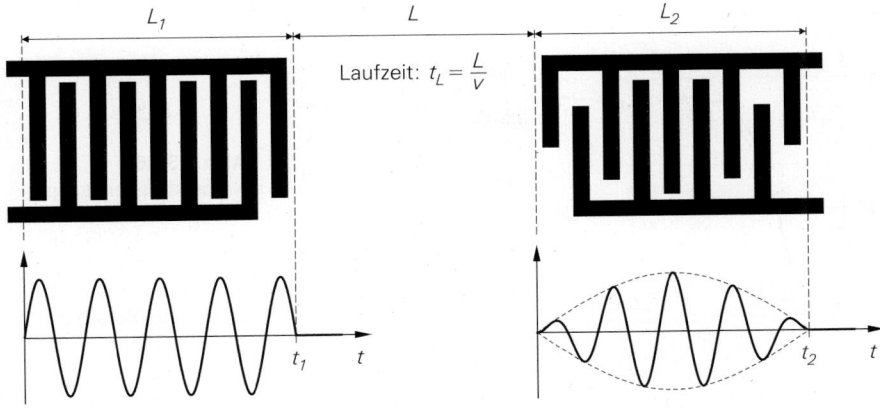

a Geometrie und Impulsantwort der Wandler

b Impulsantwort des Filters (Faltungsprodukt der Impulsantworten der Wandler + Laufzeit)

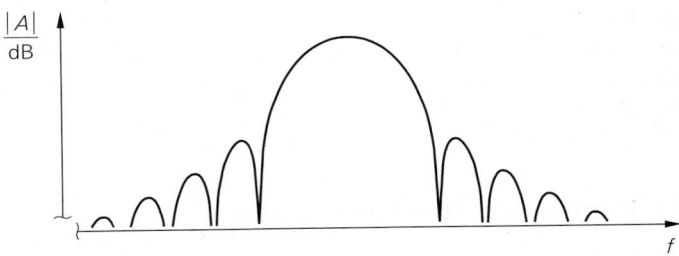

c Betragsfrequenzgang des Filters (Betrag der Laplacetransformierten der Impulsantwort)

Abb. 23.17. Zusammenhang zwischen der Geometrie und dem Betragsfrequenzgang eines SAW-Filters

die an den Wandlern und an den Enden des Kristalls reflektierten Wellen die Übertragungsfunktion nicht zu stark beeinträchtigen. Besonders störend ist das *triple-transit*-Echo, das an jedem Wandler einmal reflektiert wird und damit die Laufstrecke dreimal passiert. Das *triple-transit*-Echo erfährt etwa die dreifache Dämpfung (in Dezibel) wie das Nutzsignal und muss um mindestens 40 dB stärker gedämpft werden als dieses; deshalb beträgt die Dämpfung für das Nutzsignal bei den Standard-Filtern mindestens 20 dB. Eine unzureichende Dämpfung des *triple-transit*-Echos führt zu einer Welligkeit im Betragsfrequenzgang und in der Gruppenlaufzeit; dies ist bei *low-loss*-Filtern der Fall, bei denen die Welligkeit zu Gunsten einer geringeren Dämpfung in Kauf genommen wird. Abbildung 23.18 zeigt den Betragsfrequenzgang eines Standard- und eines *low-loss*-SAW-Filters im Vergleich [23.5].

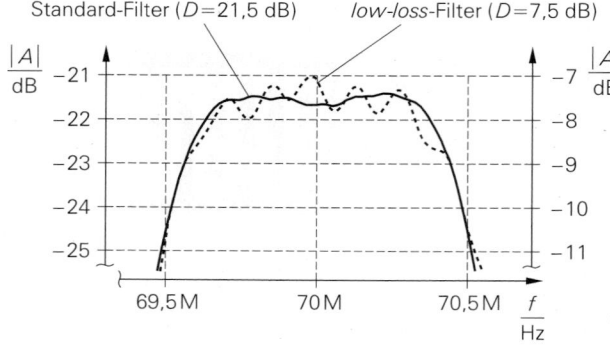

Abb. 23.18.
Betragsfrequenzgang
eines Standard- und eines
low-loss-SAW-Filters
mit einer Mittenfrequenz
$f_M = 70\,\text{MHz}$ und
einer -3dB-Bandbreite
$B = 1\,\text{MHz}$

Der Betragsfrequenzgang eines SAW-Filters wird für den Fall beidseitiger Anpassung an den Wellenwiderstand $Z_W = 50\,\Omega$ angegeben. Ohne Anpassung wird weder der spezifizierte Frequenzgang noch die spezifizierte Dämpfung erreicht. Die Schaltungen zur Anpassung sind im Datenblatt angegeben. Die Impedanz der beiden Wandler kann mit Hilfe des in Abb. 23.19a gezeigten elektro-mechanischen Ersatzschaltbilds eines piezoelektrischen Wandlers beschrieben werden. Dabei sind R_m, L_m und C_m die Ersatzelemente zur Beschreibung der mechanischen Eigenschaften; C_{stat} ist die statische Kapazität der ineinander greifenden Elektroden des Wandlers. Bei der Mittenfrequenz wird die Impedanz des elektro-mechanischen Teils reell; dann wird nur noch der elektro-mechanische Widerstand R_m und die statische Kapazität C_{stat} wirksam, siehe Abb. 23.19b. Die Größenverhältnisse sind so, dass die Impedanz des Wandlers nicht nur bei der Mittenfrequenz, sondern über den gesamten Durchlassbereich und darüber hinaus ohmsch-kapazitiv ist. Der Widerstand R_m ist im allgemeinen größer als $50\,\Omega$; deshalb muss die aus der Kapazität C_{stat} und den äußeren Elementen bestehende Anpassschaltung eine Transformation von R_m auf $50\,\Omega$ bewirken. Abbildung 23.20 zeigt drei Beispiele.

23.3 Schaltungen zur Impedanztransformation

Schaltungen zur Impedanztransformation werden zur *Anpassung* und zur *Ankopplung* benötigt. Bei der Anpassung wird die Ein- oder Ausgangsimpedanz einer Komponente an den Wellenwiderstand einer Leitung angepasst, damit keine Reflexionen auftreten und die übertragene Leistung maximal wird. In einigen Fällen wird auch eine gezielte Fehlanpassung

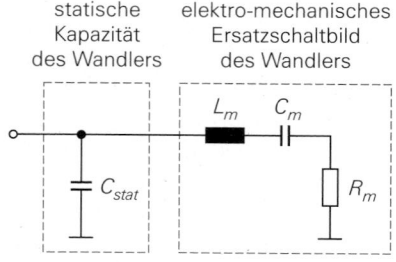

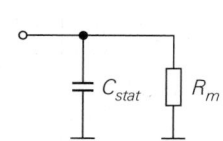

a für den Bereich um die Mittenfrequenz   **b** bei der Mittenfrequenz

Abb. 23.19. Ersatzschaltbild eines piezoelektrischen Wandlers

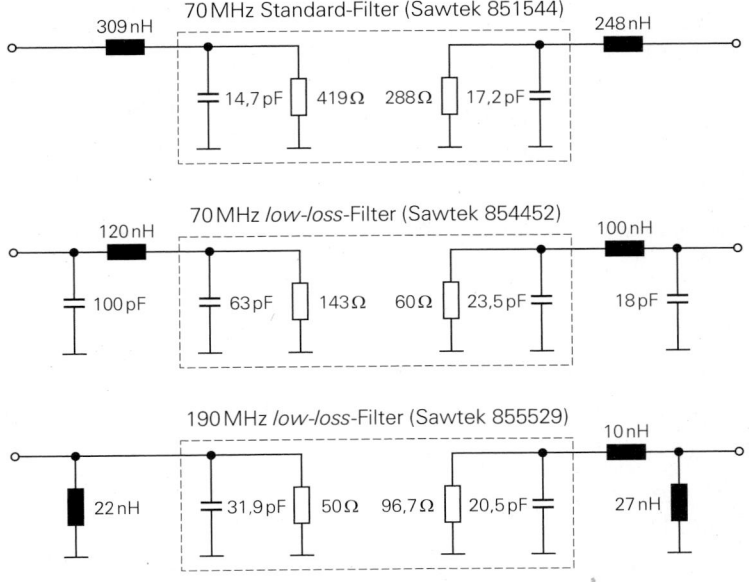

Abb. 23.20. Anpassung von SAW-Filtern an $Z_W = 50\,\Omega$

vorgenommen. Bei der Ankopplung wird eine Last an einen Schwingkreis angeschlossen; dabei wird die Impedanz der Last so transformiert, dass die Güte des Schwingkreises einen vorgeschriebenen Wert erreicht.

23.3.1 Anpassung

Wir beschreiben im folgenden einfache reaktive Netzwerke zur verlustlosen Anpassung einer beliebigen Impedanz an den Wellenwiderstand Z_W einer Leitung. Die Anpassung ist in diesem Fall *schmalbandig* und nur bei einer Frequenz exakt. In der Praxis reicht dies aus, solange die Bandbreite der Anpassung größer ist als die Bandbreite des zu übertragenden Signals. Als Kriterium wird der Reflexionsfaktor r verwendet, der bei der Mittenfrequenz zu Null werden muss (= Anpassung) und dessen Betrag an den Bandgrenzen einen bestimmten Wert nicht überschreiten soll; meist wird $|r| < 0{,}1$ gefordert. Die Überprüfung erfolgt durch eine Schaltungssimulation oder durch eine Messung an einem Testaufbau.

Die Bandbreite der Anpassung nimmt mit zunehmendem Transformationsfaktor ab; deshalb kann man Impedanzen mit $|Z| \ll Z_W$ und $|Z| \gg Z_W$ nur sehr schmalbandig anpassen. Wenn die Bandbreite der einfachen Anpassnetzwerke nicht ausreicht, muss man aufwendigere Netzwerke zur breitbandigen Anpassung verwenden. Diese Netzwerke sind häufig nicht verlustfrei, da man in diesem Fall neben dem Reflexionsfaktor auch das breitbandige Übertragungsverhalten optimieren muss. Wir gehen darauf nicht näher ein und verweisen auf die Literatur [23.1].

23.3.1.1 Anpassnetzwerke mit zwei Elementen

Abbildung 23.21 zeigt zwei Netzwerke zur Anpassung einer Impedanz $Z = R + jX$ an den Wellenwiderstand Z_W einer Leitung. Die Anpassung erfolgt mit zwei reaktiven Elementen, die bei der Mittenfrequenz f_M die Reaktanzen X_1 und X_2 besitzen. Wenn anstelle der Impedanz Z die Admittanz $Y = G + jB$ gegeben ist, muss man zunächst eine

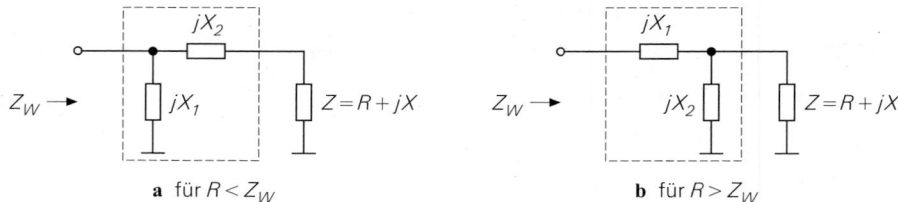

$$\mathbf{a} \ \text{für } R < Z_W \qquad\qquad \mathbf{b} \ \text{für } R > Z_W$$

Abb. 23.21. Anpassnetzwerke mit zwei Elementen. Dimensionierung mit (23.25) für $R < Z_W$ und (23.27) für $R > Z_W$.

Umrechnung vornehmen:

$$Z = \frac{1}{Y} = \frac{1}{G + jB} = \frac{G - jB}{G^2 + B^2}$$

$$\Rightarrow \quad R = \frac{G}{G^2 + B^2} \ , \quad X = -\frac{B}{G^2 + B^2} \tag{23.24}$$

Für das Netzwerk in Abb. 23.21a erhält man die Bedingung:

$$jX_1 \, \| \, (Z + jX_2) = \frac{jX_1 \, (Z + jX_2)}{Z + j \, (X_1 + X_2)} \overset{!}{=} Z_W$$

Durch Einsetzen von $Z = R + jX$, Trennen nach Real- und Imaginärteil und Auflösen nach X_1 und X_2 erhält man die Bedingungen:

$$X_1 = \pm \frac{Z_W R}{\sqrt{R \, (Z_W - R)}} \ , \quad X_2 = \mp \sqrt{R \, (Z_W - R)} - X \tag{23.25}$$

Dabei muss $R < Z_W$ gelten, damit der Term unter den Wurzeln positiv bleibt; deshalb kann man mit diesem Netzwerk nur eine *Aufwärtstransformation* $R \to Z_W > R$ durchführen. Es gibt zwei Lösungen entsprechend den $\pm$-Vorzeichen; dabei muss bei einer Reaktanz das positive und bei der anderen Reaktanz das negative Vorzeichen gewählt werden. Eine positive Reaktanz wird durch eine Induktivität, eine negative durch eine Kapazität realisiert:

$$X_{1/2} > 0 \ \Rightarrow \ L_{1/2} = \frac{X_{1/2}}{2\pi f_M}$$

$$X_{1/2} < 0 \ \Rightarrow \ C_{1/2} = -\frac{1}{2\pi f_M X_{1/2}} \tag{23.26}$$

Für Widerstände ($Z = R$, $X = 0$) unterscheiden sich die Vorzeichen von X_1 und X_2 in (23.25); damit erhält man die in Abb. 23.22 gezeigten Varianten mit einer Induktivität und einer Kapazität. Die Variante in Abb. 23.22a hat eine Tiefpass- und die in Abb. 23.22b eine Hochpass-Charakteristik. Bei allgemeinen Impedanzen ($X \neq 0$) hängt das Vorzeichen von X_2 zusätzlich von der Reaktanz X ab; dann sind auch Varianten mit zwei Induktivitäten ($X_1, X_2 > 0$) oder zwei Kapazitäten ($X_1, X_2 < 0$) möglich. Bei $X_2 = 0$ entfällt das Serien-Element und die Anpassung erfolgt mit einer Parallel-Induktivität ($X_1 > 0$) oder einer Parallel-Kapazität ($X_1 < 0$).

Für das Netzwerk in Abb. 23.21b erhält man die Bedingung:

$$jX_1 + (Z \, \| \, jX_2) = \frac{jZ \, (X_1 + X_2) - X_1 X_2}{Z + jX_2} \overset{!}{=} Z_W$$

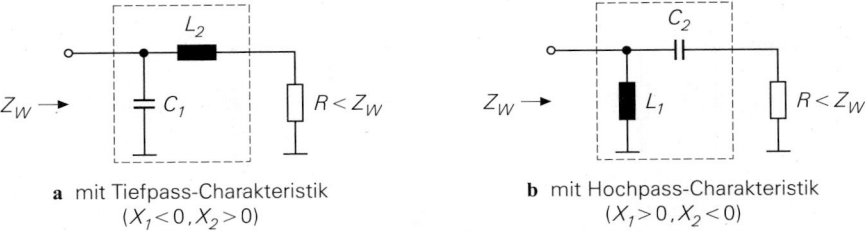

a mit Tiefpass-Charakteristik
$(X_1 < 0, X_2 > 0)$

b mit Hochpass-Charakteristik
$(X_1 > 0, X_2 < 0)$

Abb. 23.22. Aufwärtstransformation von Widerständen. Dimensionierung mit (23.25) und (23.26).

Durch Einsetzen von $Z = R + jX$, Trennen nach Real- und Imaginärteil und Auflösen nach X_1 und X_2 erhält man die Bedingungen:

$$X_1 = \pm Z_W \sqrt{\frac{R^2 + X^2}{Z_W R} - 1}$$

$$X_2 = \frac{\mp \left(R^2 + X^2 \right)}{R \sqrt{\dfrac{R^2 + X^2}{Z_W R} - 1} \pm X} \tag{23.27}$$

Für Widerstände ($Z = R$, $X = 0$) gilt:

$$X_1 = \pm \sqrt{Z_W (R - Z_W)} \quad , \quad X_2 = \mp \frac{Z_W R}{\sqrt{Z_W (R - Z_W)}} \tag{23.28}$$

Dabei muss $R > Z_W$ gelten, damit der Term unter den Wurzeln positiv bleibt; deshalb kann man mit diesem Netzwerk bei Widerständen nur eine *Abwärtstransformation* $R \to Z_W < R$ durchführen. Dagegen kann man bei komplexen Impedanzen ($X \neq 0$) auch eine Aufwärtstransformation durchführen, solange

$$R^2 + X^2 > Z_W R$$

gilt; bei $|X| > Z_W/2$ ist dies für alle Werte von R möglich. Auch hier gibt es zwei Lösungen, und die Elemente werden gemäß (23.26) durch eine Induktivität oder eine Kapazität realisiert.

Für Widerstände ($Z = R$, $X = 0$) unterscheiden sich die Vorzeichen von X_1 und X_2, siehe (23.28); damit erhält man die in Abb. 23.23 gezeigten Varianten mit einer Induktivität und einer Kapazität. Die Variante in Abb. 23.23a hat eine Tiefpass- und die in Abb. 23.23b eine Hochpass-Charakteristik. Bei allgemeinen Impedanzen ($X \neq 0$) hängt das Vorzeichen von X_2 zusätzlich von der Reaktanz X ab; dann sind auch Varianten mit zwei Induktivitäten ($X_1, X_2 > 0$) oder zwei Kapazitäten ($X_1, X_2 < 0$) möglich. Wenn in (23.27) der Term im Nenner von X_2 zu Null wird, entfällt das Parallel-Element und die Anpassung erfolgt mit einer Serien-Induktivität ($X_1 > 0$) oder einer Serien-Kapazität ($X_1 < 0$).

Man kann die Filtercharakteristik der Anpassnetzwerke zur Unterdrückung unerwünschter Signalanteile nutzen. Enthält das Signal z.B. noch Reste eines Lokaloszillatorsignals oder eines unerwünschten Seitenbandes, die durch eine vorausgehende Frequenzumsetzung verursacht werden, wählt man die Tiefpass-Charakteristik, wenn diese Anteile oberhalb der Mittenfrequenz liegen, und die Hochpass-Charakteristik, wenn sie unterhalb

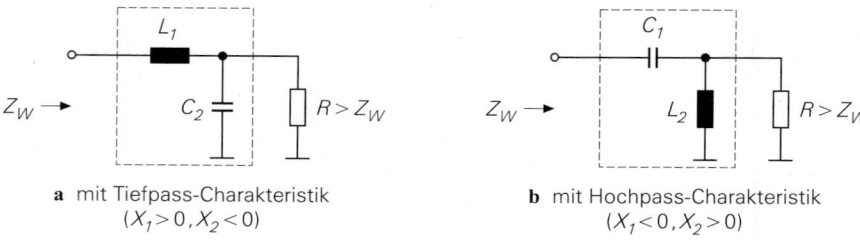

a mit Tiefpass-Charakteristik
$(X_1 > 0, X_2 < 0)$

b mit Hochpass-Charakteristik
$(X_1 < 0, X_2 > 0)$

Abb. 23.23. Abwärtstransformation von Widerständen. Dimensionierung mit (23.28) und (23.26).

liegen. Dagegen muss man bei der Anpassung von Verstärkern in erster Linie die Stabilität beachten.

Beispiel: Wir betrachten die eingangsseitige Anpassung des 70 MHz-*low-loss*-SAW-Filters in Abb. 23.20 auf Seite 1301. Das Ersatzschaltbild besteht aus einem Widerstand $R_m = 143\,\Omega$ und einer Parallel-Kapazität $C_{stat} = 63\,\mathrm{pF}$; daraus folgt bei der Mittenfrequenz $f_M = 70\,\mathrm{MHz}$ die Admittanz

$$Y = G + jB = \frac{1}{R_m} + j\omega C_{stat} \overset{\omega = 2\pi \cdot 70\,\mathrm{MHz}}{=} (7 + j\,27,7)\,\mathrm{mS}$$

mit $G = 7\,\mathrm{mS}$ und $B = 27,7\,\mathrm{mS}$. Durch Umrechnen mit (23.24) erhält man die Impedanz Z mit $R = 8,58\,\Omega$ und $X = -33,9\,\Omega$. Die Anpassung an $Z_W = 50\,\Omega$ muss wegen $R < Z_W$ mit dem Anpassnetzwerk aus Abb. 23.21a erfolgen. Aus (23.25) folgt $X_1 = \pm 22,8\,\Omega$ und $X_2 = (\mp 18,9 + 33,9)\,\Omega$. Wir wählen hier die Tiefpass-Charakteristik mit $X_1 = -22,8\,\Omega$ und $X_2 = 52,8\,\Omega$, um die Dämpfung bei Frequenzen oberhalb des Durchlassbereichs zu erhöhen; daraus folgt mit (23.26):

$$C_1 = \frac{1}{2\pi \cdot 70\,\mathrm{MHz} \cdot 22,8\,\Omega} \approx 100\,\mathrm{pF} \quad , \quad L_2 = \frac{X_2}{2\pi \cdot 70\,\mathrm{MHz}} \approx 120\,\mathrm{nH}$$

Für die Variante mit Hochpass-Charakteristik erhält man zwei Induktivitäten: $X_1 = 22,8\,\Omega \rightarrow L_1 \approx 52\,\mathrm{nH}$ und $X_2 = 15\,\Omega \rightarrow L_2 \approx 34\,\mathrm{nH}$. In diesem Fall erhält man aufgrund der Serien-Induktivität L_2 zusätzlich eine Tiefpass-Charakteristik, so dass insgesamt eine Bandpass-Charakteristik vorliegt. Abbildung 23.24 zeigt die beiden Varianten.

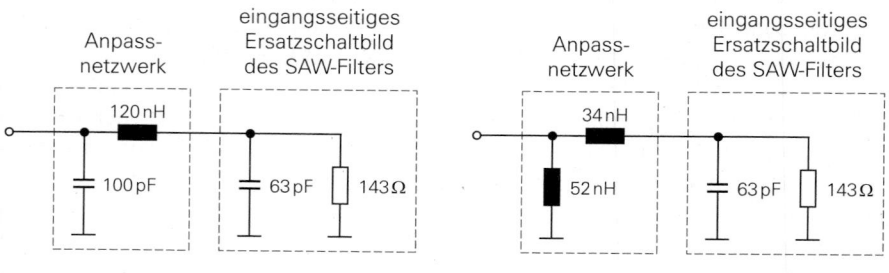

a mit Tiefpass-Charakteristik

b mit Hochpass-Charakteristik

Abb. 23.24. Eingangsseitige Anpassung eines 70 MHz-*low-loss*-SAW-Filters an $Z_W = 50\,\Omega$

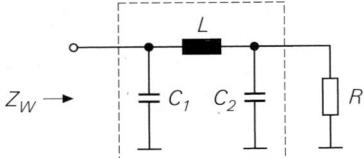

Abb. 23.25.
Collins-Filter

23.3.1.2 Collins-Filter

In der Praxis wird anstelle der einfachen Anpassnetzwerke mit zwei Elementen häufig das in Abb. 23.25 gezeigte π-Netzwerk mit zwei Parallel-Kapazitäten und einer Serien-Induktivität eingesetzt; es wird als *Collins-Filter* bezeichnet und hat Tiefpass-Charakteristik. Den zusätzlichen Freiheitsgrad, den man durch das dritte Element erhält, kann man zur Optimierung der Bandbreite oder zur Verschiebung der Werte der Elemente in einen für die Realisierung günstigeren Bereich verwenden.

Wir beschränken uns hier zunächst auf die Anpassung von Widerständen; dann erhält man bei der Mittenfrequenz $\omega_M = 2\pi f_M$ die Bedingung:

$$\cfrac{1}{j\omega_M C_1 + \cfrac{1}{j\omega_M L + \cfrac{1}{j\omega_M C_2 + \cfrac{1}{R}}}} \overset{!}{=} Z_W$$

Daraus erhält man durch Ausmultiplizieren und Trennen nach Real- und Imaginärteil unter Verwendung des Transformationsverhältnisses

$$t = \frac{R}{Z_W} \tag{23.29}$$

und des Kapazitätsverhältnisses

$$c = \frac{C_1}{C_2} \tag{23.30}$$

die Dimensionierungsgleichungen [23.6]:

$$C_1 = \frac{c}{2\pi f_M R} \sqrt{\frac{t\,(t-1)}{t-c^2}} \tag{23.31}$$

$$C_2 = \frac{1}{2\pi f_M R} \sqrt{\frac{t\,(t-1)}{t-c^2}} \tag{23.32}$$

$$L = \frac{R}{2\pi f_M} \sqrt{\frac{(t-1)\left(t-c^2\right)}{t\,(t-c)^2}} \tag{23.33}$$

Das Kapazitätsverhältnis muss in Abhängigkeit vom Transformationsverhältnis gewählt werden, damit die Terme unter den Wurzeln positiv sind:

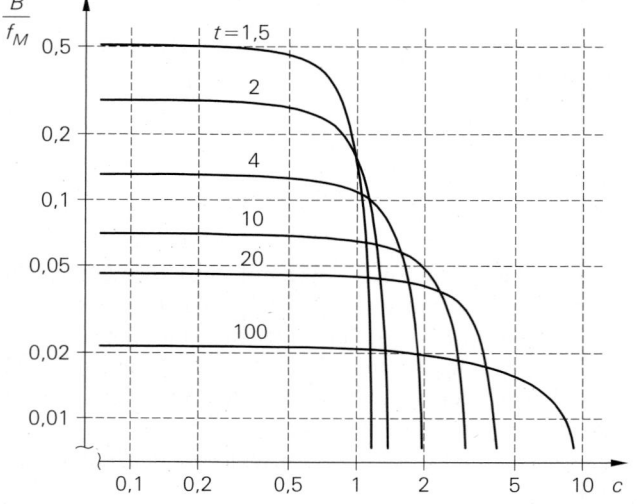

Abb. 23.26.
Relative Bandbreite B/f_M ($|r| < 0,1$) eines Collins-Filters für verschiedene Werte des Transformationsverhältnisses t

$$
\begin{aligned}
t > 1 &\;\Rightarrow\; c < \sqrt{t} \\
t < 1 &\;\Rightarrow\; c > \sqrt{t}
\end{aligned}
\tag{23.34}
$$

Über die Wahl des Kapazitätsverhältnisses c kann man die Werte der Elemente und die Bandbreite beeinflussen. Abbildung 23.26 zeigt die relative Bandbreite B/f_M, für die der Betrag des Reflexionsfaktors kleiner als $0,1$ bleibt, für verschiedene Werte des Transformationsverhältnisses t. Man erkennt, dass die Bandbreite mit zunehmendem Transformationsverhältnis abnimmt. In Abb. 23.26 sind nur Kurven für $t > 1$ dargestellt. Für $t < 1$ vertauscht man Eingang und Ausgang, indem man t durch $1/t$ und c durch $1/c$ ersetzt.

Das Collins-Filter kann auch zur Anpassung allgemeiner Impedanzen Z verwendet werden. Dazu geht man von der Darstellung

$$
Z = R \,\|\, jX
$$

aus und kompensiert den reaktiven Anteil mit einer Querreaktanz $X_p = -X$:

$$
Z_p = Z \,\|\, jX_p = R \,\|\, jX \,\|\, jX_p \overset{X_p=-X}{=} R
$$

Die Querreaktanz X_p wird mit der parallel liegenden Kapazität C_2 zu einer Reaktanz X_2 zusammengefasst:

$$
jX_2 = \frac{1}{j2\pi f_M C_2} \,\|\, jX_p \;\Rightarrow\; X_2 = \frac{X_p}{1 - 2\pi f_M C_2 X_p}
$$

Diese wird gemäß (23.26) durch eine Kapazität oder eine Induktivität realisiert.

Das Collins-Filter wird überwiegend bei der Anpassung von Verstärkern eingesetzt; dabei werden die Elemente des Filters teilweise durch die parasitären Elemente der Transistoren realisiert, siehe Abb. 24.35 auf Seite 1359. Wir gehen darauf im Kapitel 24 noch näher ein.

23.3.1.3 Anpassung mit Streifenleitungen

Mit zunehmender Frequenz werden die Induktivitäten und Kapazitäten in den Anpassnetzwerken immer kleiner; dadurch wird eine Realisierung mit herkömmlichen Bauelementen immer schwieriger. Außerdem machen sich mit zunehmender Frequenz die parasitären Effekte der verwendeten Spulen und Kondensatoren immer stärker bemerkbar. Deshalb werden bei Frequenzen im GHz-Bereich häufig Streifenleitungen zur Anpassung verwendet. Es gibt eine Vielzahl von geeigneten Strukturen, die in der Literatur ausführlich beschrieben werden [23.1]. Wir stellen im folgenden einige typische Strukturen vor. Dabei ist zu beachten, dass die einzelnen Streifenleitungen einer Struktur *direkt* miteinander verbunden werden müssen; die räumliche Trennung in den nachfolgenden Abbildungen dient nur der besseren Darstellung.

Eine wichtige Klasse von Strukturen zur Anpassung mit Streifenleitungen basiert auf dem $\lambda/4$-Transformator, den wir bereits im Abschnitt 21.2 beschrieben haben, siehe Abb. 21.11 auf Seite 1155 und (21.26) auf Seite 1154. Ein $\lambda/4$-Transformator besteht aus einer Leitung der Länge $\lambda/4$ mit einem Wellenwiderstand Z_{W1}. Schließt man das eine Ende der Leitung mit einer Impedanz $Z = R + jX$ ab, erhält man am anderen Ende die Impedanz:

$$Z_1 \overset{(21.26)}{=} \frac{Z_{W1}^2}{Z} = \frac{Z_{W1}^2}{R + jX} \overset{!}{=} Z_W$$

Sie soll im Falle einer Anpassung mit dem Wellenwiderstand Z_W der Verbindungsleitungen übereinstimmen.

Abbildung 23.27a zeigt die Anpassung für den Fall eines Widerstands ($Z = R, X = 0$); dann muss die Leitung des $\lambda/4$-Transformators den Wellenwiderstand

$$Z_{W1} = \sqrt{Z_W R}$$

haben. Der Transformationsbereich ist eng begrenzt, da man den Wellenwiderstand einer Streifenleitung in der Praxis maximal um den Faktor 4 variieren kann, siehe Abb. 21.13 auf Seite 1157; daraus folgt bei $Z_W/2 < Z_{W1} < 2Z_W$ ein Transformationsbereich von $Z_W/4 < R < 4Z_W$.

Bei einer allgemeinen Impedanz Z kann man die Struktur in Abb. 23.27b verwenden, bei der zunächst eine $\lambda/4$-Transformation auf

$$Z_1 = \frac{Z_{W1}^2}{Z} \overset{\substack{Z_{W1}=\sqrt{Z_W R} \\ Z=R+jX}}{=} \frac{Z_W R}{R + jX} = \frac{1}{\dfrac{1}{Z_W} + j\dfrac{X}{Z_W R}}$$

vorgenommen wird; anschließend wird der reaktive Anteil mit einer Querreaktanz X_2 kompensiert. Aus der Bedingung $Z_1 \parallel jX_2 = Z_W$ folgt:

$$X_2 = \frac{Z_W R}{X}$$

Die Querreaktanz wird im kapazitiven Fall ($X < 0 \rightarrow X_2 < 0$) durch eine kurze leerlaufende Leitung und im induktiven Fall ($X > 0 \rightarrow X_2 > 0$) durch eine kurze kurzgeschlossene Leitung realisiert. Für die benötigte Länge erhält man im kapazitiven Fall aus (21.27)

$$l_2 = \frac{\lambda}{2\pi} \arctan\left(-\frac{Z_{W1}}{X_2}\right) = \frac{\lambda}{2\pi} \arctan\left(-\frac{Z_{W1}X}{Z_W R}\right) \quad \text{für } X < 0$$

und im induktiven Fall aus (21.28):

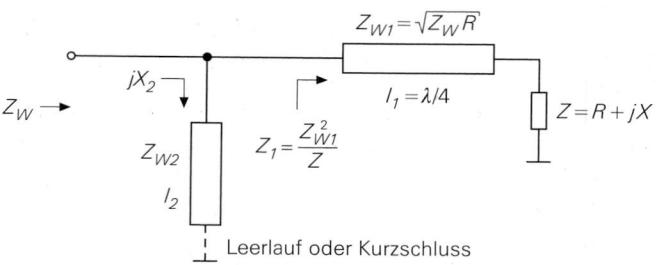

a Transformation eines Widerstands

b Transformation einer Impedanz mit anschließender Querkompensation

c Transformation einer längskompensierten Impedanz

Abb. 23.27. Beispiele zur Anpassung mit Streifenleitungen bei Verwendung eines $\lambda/4$-Transformators

$$l_2 \ = \ \frac{\lambda}{2\pi}\,\arctan\!\left(\frac{X_2}{Z_{W1}}\right) \ = \ \frac{\lambda}{2\pi}\,\arctan\!\left(\frac{Z_W R}{Z_{W1} X}\right) \qquad \text{für } X > 0$$

Den Wellenwiderstand Z_{W1} wählt man im kapazitiven Fall möglichst klein (breite Streifenleitung) und im induktiven Fall möglichst groß (schmale Streifenleitung), damit die Länge minimal wird. Man bezeichnet diese Leitungen als *kapazitive* und *induktive Stichleitungen*.

Abbildung 23.27c zeigt eine weitere Struktur zur Anpassung einer allgemeinen Impedanz Z. Zunächst wird der Reflexionsfaktor

$$r_Z \ = \ |r_Z|\,e^{j\varphi_z} \ = \ \frac{Z - Z_W}{Z + Z_W}$$

mit einer Verbindungsleitung ($Z_{W2} = Z_W$) der Länge l_2 so gedreht, dass er reell wird (Längskompensation): $r_1 = \pm|r_Z|$; anschließend wird der zugehörige Widerstand

$$R_1 \ = \ \frac{1 \pm |r_Z|}{1 \mp |r_Z|}$$

mit einem $\lambda/4$-Transformator mit

$$Z_{W1} \ = \ \sqrt{Z_W R_1}$$

auf den Wellenwiderstand Z_W transformiert. Die Drehung des Reflexionsfaktors r_Z erfolgt entsprechend (21.42) auf Seite 1173:

$$r_1 = r_Z\, e^{-j\frac{4\pi l_2}{\lambda}} = |r_Z|\, e^{j\left(\varphi_z - \frac{4\pi l_2}{\lambda}\right)}$$

Er wird für

$$\varphi_z - \frac{4\pi l_2}{\lambda} = n\pi \quad\Rightarrow\quad l_2 = \frac{\lambda}{4}\left(\frac{\varphi_z}{\pi} - n\right) \qquad n \text{ ganzzahlig}$$

reell. Damit die Leitung möglichst kurz wird, wählt man:

$$\varphi_z > 0 \;\Rightarrow\; n = 0 \quad \Rightarrow\; r_1 = |r_Z|$$
$$\varphi_z < 0 \;\Rightarrow\; n = -1 \quad \Rightarrow\; r_1 = -|r_Z|$$

Die Strukturen in Abb. 23.27 sind so ausgelegt, dass der erste Schritt der Anpassung durch eine Längsleitung erfolgt; dadurch wird eine räumliche Distanz zwischen der anzupassenden Impedanz und den weiteren Elementen hergestellt, die die Anordnung der Streifenleitungen auf dem Substrat erleichtert. Auf der angepassten Seite hat man bezüglich der Anordnung weiterer Elemente kein Problem, da man hier eine Verbindungsleitung mit dem Wellenwiderstand Z_W zur räumlichen Trennung einsetzen kann.

Die Anpassung mit einem $\lambda/4$-Transformator ermöglicht nur ein eng begrenztes Transformationsverhältnis und ist bezüglich der benötigten Leitungslängen nicht optimal. Bessere Ergebnisse erzielt man mit den Strukturen in Abb. 23.28. Wir betrachten zunächst die Anpassung mit einer Längsleitung nach Abb. 23.28a; dazu verwenden wir die Gleichung (21.25), aus der wir die Eingangsimpedanz Z_1 einer Leitung mit dem Wellenwiderstand Z_{W1} und der Länge l_1 bei Abschluss mit einer Impedanz $Z_2 = Z = R + jX$ ableiten, und fordern $Z_1 = Z_W$:

$$Z_1 = \frac{Z + j\,Z_{W1}\tan\left(\frac{2\pi l_1}{\lambda}\right)}{1 + j\,\dfrac{Z}{Z_{W1}}\tan\left(\frac{2\pi l_1}{\lambda}\right)} \overset{!}{=} Z_W$$

Durch Ausmultiplizieren und Trennen nach Real- und Imaginärteil folgen mit der Abkürzung

$$k_{l1} = \tan\left(\frac{2\pi l_1}{\lambda}\right) \tag{23.35}$$

die Bedingungen:

$$R = Z_W\left(1 - \frac{k_{l1}X}{Z_{W1}}\right) \;,\quad X = k_{l1}\left(\frac{Z_W R}{Z_{W1}} - Z_{W1}\right)$$

Durch Auflösen nach Z_{W1} und k_{l1} erhält man die Dimensionierungsgleichungen:

$$Z_{W1} = \sqrt{Z_{W1}\left(R - \frac{X^2}{Z_W - R}\right)} \tag{23.36}$$

$$k_{l1} = \frac{Z_{W1}}{X}\left(1 - \frac{R}{Z_W}\right)$$

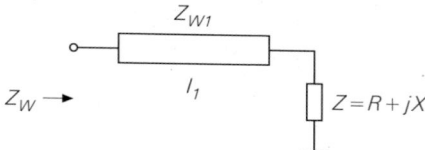

a mit einer Längsleitung

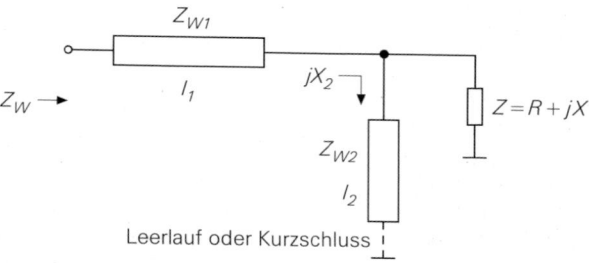

b mit einer Längsleitung und ausgangsseitiger Kompensation

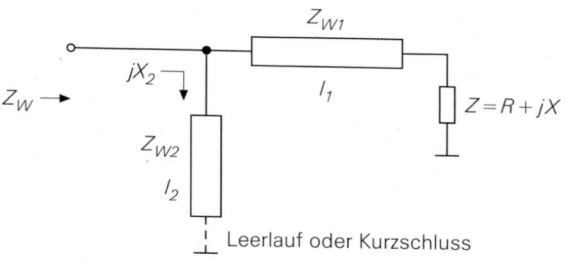

c mit einer Längsleitung und eingangsseitiger Kompensation

Abb. 23.28.
Beispiele zur Anpassung
mit Streifenleitungen

Für $R > Z_W$ ist die Anpassung für alle Werte von X möglich; dagegen muss für $R < Z_W$ die Bedingung

$$|X| < \sqrt{R\,(Z_W - R)} \qquad (23.37)$$

erfüllt sein, damit der Term unter der Wurzel in (23.36) positiv ist. Diese Bedingung lässt sich besonders einfach in der r-Ebene darstellen: für alle Impedanzen, deren Reflexionsfaktor in der r-Ebene innerhalb der beiden, in Abb. 23.29 gezeigten kreisförmigen Bereiche liegt, ist eine Anpassung mit einer einfachen Längsleitung möglich.

Zur Anpassung von Impedanzen, für die (23.37) nicht erfüllt ist, muss man die Strukturen in Abb. 23.28b und Abb. 23.28c verwenden. Bei der Struktur in Abb. 23.28b wird die Reaktanz X durch eine Parallelreaktanz X_2 so weit kompensiert, dass die Bedingung (23.37) erfüllt ist; dadurch wird die Anpassung durch eine Längsleitung möglich. Bei der Struktur in Abb. 23.28c lässt man eine Parallelreaktanz X_1 am Eingang der Längsleitung zu:

$$Z_1 = Z_W \,||\, jX_1$$

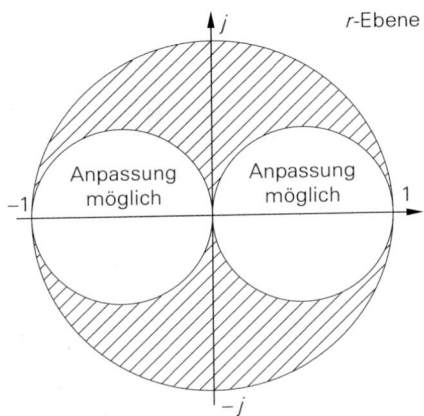

Abb. 23.29.
Bereich möglicher Anpassung mit einer
Längsleitung

Diese wird anschließend durch eine Parallelreaktanz $X_2 = -X_1$ kompensiert. Wir gehen auf diese Strukturen nicht näher ein, da in diesen Fällen Freiheitsgrade vorhanden sind, die zur Optimierung der Wellenwiderstände Z_{W1} und Z_{W2} sowie der Leitungslängen genutzt werden können; dies geschieht in der Praxis mit Hilfe von Simulationsprogrammen für Hochfrequenzschaltungen, die über geeignete Optimierungsalgorithmen verfügen. Die beiden Strukturen werden häufig kombiniert, um weitere Freiheitsgrade für die Optimierung zu erhalten.

23.3.2 Ankopplung

Zur Leistungsauskopplung aus einem Parallelschwingkreises muss man einen Lastwiderstand an den Schwingkreis ankoppeln. Da für die Güte eines mit einem Lastwiderstand R_L belasteten, ansonsten aber verlustlosen Parallelschwingkreises

$$Q_r = R_L \sqrt{\frac{C}{L}}$$

gilt und in Hochfrequenzschaltungen üblicherweise $R_L = Z_W = 50\,\Omega$ verwendet wird, muss man das Verhältnis C/L vergleichsweise hoch wählen, um eine ausreichende Güte zu erhalten; dadurch wird die Induktivität bei hohen Resonanzfrequenzen sehr klein. Als Beispiel betrachten wir einen Resonanzkreis, der bei einer Resonanzfrequenz von $f_r = 1$ GHz eine Güte $Q_r = 50$ besitzen soll; dann gilt:

$$f_r = \frac{1}{2\pi\sqrt{LC}} = 1\,\text{GHz}\,,\ Q_r = 50 \ \Rightarrow \ C = 159\,\text{pF}\,,\ L = 159\,\text{pH}$$

Die Induktivität ist mit 159 pH unpraktikabel klein. Gleichzeitig ist die Kapazität zu groß, da die Eigenresonanzfrequenz eines Kondensators mit $C = 159$ pF im allgemeinen deutlich unter 1 GHz liegt, siehe Abb. 23.5 auf Seite 1289. Man kann eine ausreichende Güte und praktikable Werte für die Elemente demnach nur dadurch erzielen, dass man den Lastwiderstand transformiert; dazu werden die in Abb. 23.30 gezeigten Verfahren zur Ankopplung verwendet. Wir geben für jedes in Abb. 23.30 gezeigte Verfahren (links) ein äquivalentes Ersatzschaltbild (Mitte) und ein vereinfachtes Ersatzschaltbild (rechts) an.

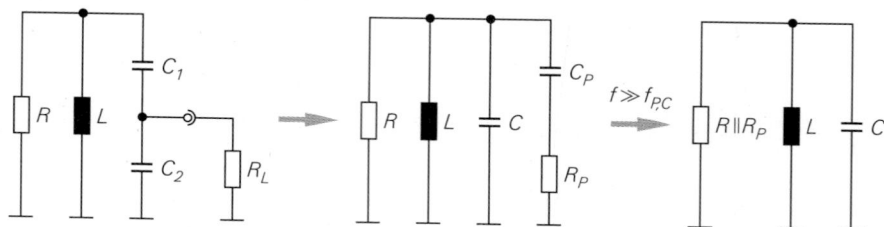

a mit kapazitivem Spannungsteiler

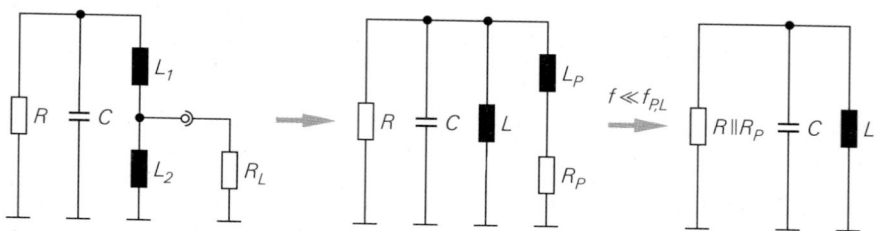

b mit induktivem Spannungsteiler

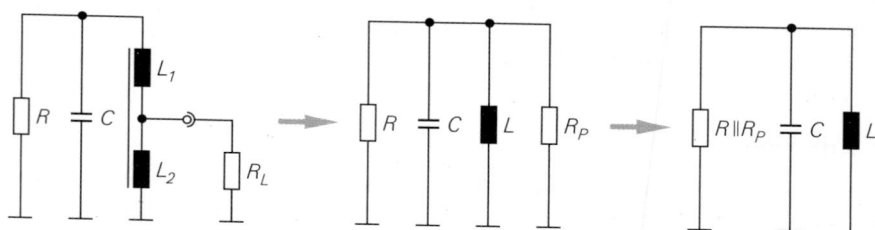

c mit festgekoppeltem induktivem Spannungsteiler

Abb. 23.30. Verfahren zur Ankopplung eines Widerstandes R_L an einen Parallelschwingkreis

23.3.2.1 Ankopplung mit kapazitivem Spannungsteiler

Mit dem Teilerfaktor

$$n_C = 1 + \frac{C_2}{C_1} \tag{23.38}$$

folgt für die Elemente des äquivalenten Ersatzschaltbilds in Abb. 23.30a:

$$R_P = n_C^2 R_L \quad , \quad C_P = \frac{C_1}{n_C} \quad , \quad C = \frac{C_1 C_2}{C_1 + C_2} \tag{23.39}$$

Für

$$f \gg f_{P,C} = \frac{1}{2\pi C_P R_P} = \frac{1}{2\pi n_C C_1 R_L} \approx \frac{1}{2\pi C_2 R_L} \tag{23.40}$$

kann man die Kapazität C_P vernachlässigen; dann wird der Schwingkreis mit dem transformierten Widerstand R_p belastet, der parallel zum Resonanzwiderstand R liegt.

23.3.2.2 Ankopplung mit induktivem Spannungsteiler

Mit dem Teilerfaktor

$$n_L = 1 + \frac{L_1}{L_2} \tag{23.41}$$

folgt für die Elemente des äquivalenten Ersatzschaltbilds in Abb. 23.30b:

$$R_P = n_L^2 R_L \quad , \quad L_P = n_L L_1 \quad , \quad L = L_1 + L_2 \tag{23.42}$$

Für

$$f \ll f_{P,L} = \frac{R_P}{2\pi L_P} = \frac{n_L R_L}{2\pi L_1} \approx \frac{R_L}{2\pi L_2} \tag{23.43}$$

kann man die Induktivität L_P vernachlässigen; dann wird der Schwingkreis mit dem transformierten Widerstand R_P belastet, der parallel zum Resonanzwiderstand R liegt.

23.3.2.3 Ankopplung mit festgekoppeltem induktivem Spannungsteiler

Wenn man die Induktivitäten des induktiven Spannungsteilers fest koppelt, so dass für die Gegeninduktivität

$$M = \sqrt{L_1 L_2}$$

gilt, erhält man den Teilerfaktor:

$$n_{L,k} = 1 + \sqrt{\frac{L_1}{L_2}} \tag{23.44}$$

Für die Elemente des äquivalenten Ersatzschaltbilds in Abb. 23.30c gilt:

$$R_P = n_{L,k}^2 R_L \quad , \quad L = L_1 + L_2 + 2M = \left(\sqrt{L_1} + \sqrt{L_2} \right)^2 \tag{23.45}$$

Der Schwingkreis wird mit dem transformierten Widerstand R_P belastet, der parallel zum Resonanzwiderstand R liegt. Die Transformation hängt nicht von der Frequenz ab.

23.4 Leistungsteiler und Hybride

Wenn die Ausgangsleistung eines angepassten Verstärkers auf zwei Lastwiderstände verteilt werden soll, muss man einen *Leistungsteiler* (*power splitter*) einsetzen; er ermöglicht eine verlustfreie, allseitige Anpassung an den Wellenwiderstand Z_W. Das Prinzip der Leistungsteilung bei einem angepassten HF-Verstärker ist in Abb. 23.31 im Vergleich zur Vorgehensweise bei einem NF-Verstärker dargestellt. NF-Verstärker haben im allgemeinen einen sehr kleinen Ausgangswiderstand r_a; deshalb kann man am Ausgang mehrere Lastwiderstände anschließen, solange der zulässige Ausgangsstrom nicht überschritten wird. Die vom Verstärker abgegebene Leistung hängt von den Lastwiderständen ab. Dagegen muss ein angepasster HF-Verstärker immer mit einem Lastwiderstand $R_L = Z_W$ betrieben werden, damit die abgegebene Leistung maximal wird und keine Reflexionen auftreten, durch die der Verstärker zerstört werden kann. Daraus folgt, dass die abgegebene Leistung konstant ist und im Falle mehrerer Lastwiderstände mit einem Leistungsteiler verteilt werden muss.

Wir beschreiben im folgenden Leistungsteiler mit drei Anschlüssen und Leistungsteiler mit vier Anschlüssen. Letztere werden als *Hybride* bezeichnet und können auch als Leistungssummierer (*power combiner*) eingesetzt werden.

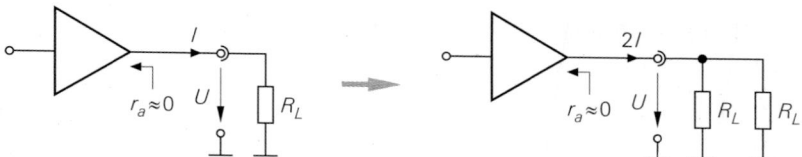

a NF-Verstärker mit zwei Lastwiderständen

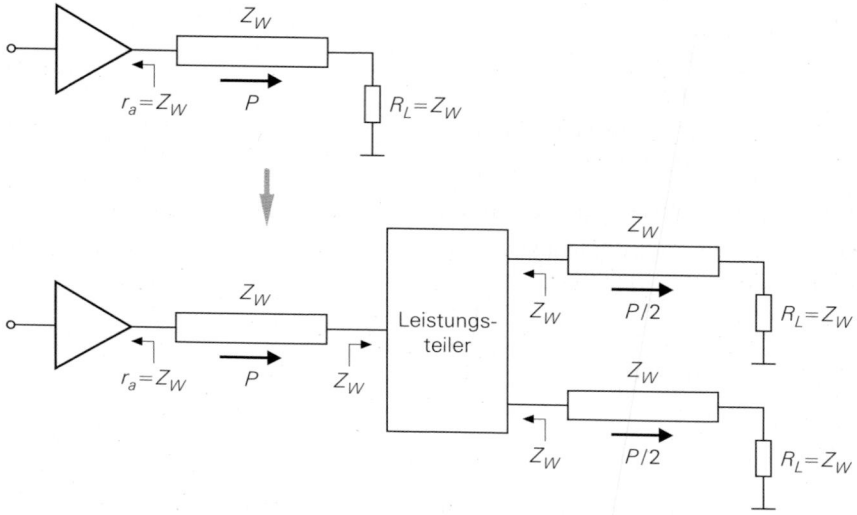

b angepasster HF-Verstärker mit zwei Lastwiderständen und Leistungsteiler

Abb. 23.31. Verstärker mit zwei Lastwiderständen

Ein typischer Anwendungsfall für Leistungsteiler und Leistungssummierer sind HF-Leistungsverstärker, die aus zwei parallelgeschalteten Stufen bestehen, siehe Abb. 23.32. Die Eingangsleistung wird mit einem Leistungsteiler auf die beiden Stufen verteilt, und die Ausgangsleistungen der Stufen werden mit einem Leistungssummierer addiert.

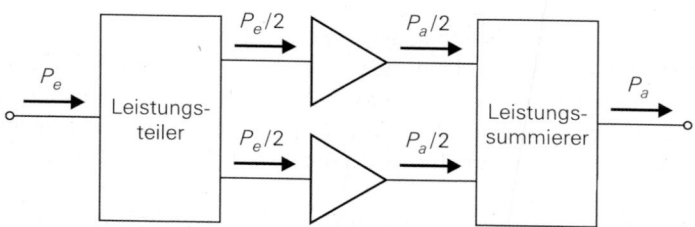

Abb. 23.32. Leistungsteiler und Leistungssummierer bei einem HF-Verstärker mit zwei parallelgeschalteten Stufen

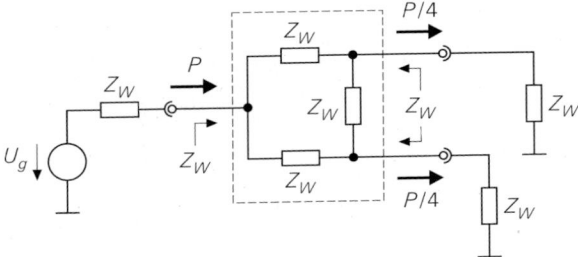

a Dreieckschaltung

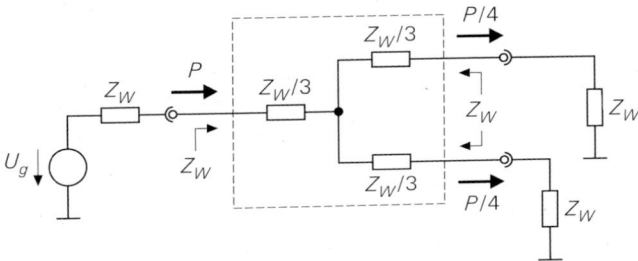

b Sternschaltung

Abb. 23.33. Verlustbehaftete Leistungsteiler mit Widerständen

23.4.1 Leistungsteiler

23.4.1.1 Verlustbehaftete Leistungsteiler mit Widerständen

Zur breitbandigen Leistungsteilung werden die in Abb. 23.33 gezeigten, verlustbehafteten Leistungsteiler mit Widerständen (*resistive power splitter*) eingesetzt. Sie sind allseitig angepasst, geben aber nur die Hälfte der zugeführten Leistung an den Ausgängen ab; die andere Hälfte geht in den Widerständen des Teilers verloren. Da an jedem Ausgang ein Viertel der Eingangsleistung abgegeben wird, werden diese Teiler auch als *6 dB-Leistungsteiler* bezeichnet. Eine Bezeichnung der drei Anschlüsse ist aufgrund der Symmetrie nicht erforderlich.

23.4.1.2 Wilkinson-Teiler

Allseitige Anpassung und Verlustfreiheit zeichnen den in Abb. 23.34 gezeigten *Wilkinson-Teiler* aus. Er besteht aus zwei $\lambda/4$-Leitungen und einem Widerstand und ist demzufolge schmalbandig. Der Eingang muss gekennzeichnet werden, da der Teiler unsymmetrisch ist und nur in der in Abb. 23.34 gezeigten Konfiguration verlustfrei arbeitet. Da an jedem Ausgang die Hälfte der Eingangsleistung abgegeben wird, wird diese Teiler auch als *3 dB-Leistungsteiler* bezeichnet.

Das Verhalten des Wilkinson-Teilers lässt sich am einfachsten mit Hilfe der S-Parameter beschreiben; es gilt [23.1]:

$$
\begin{bmatrix} b_1 \\ b_2 \\ b_3 \end{bmatrix} = \begin{bmatrix} S_{11} & S_{12} & S_{13} \\ S_{21} & S_{22} & S_{23} \\ S_{31} & S_{32} & S_{33} \end{bmatrix} \begin{bmatrix} a_1 \\ a_2 \\ a_3 \end{bmatrix} = \frac{-j}{\sqrt{2}} \begin{bmatrix} 0 & 1 & 1 \\ 1 & 0 & 0 \\ 1 & 0 & 0 \end{bmatrix} \begin{bmatrix} a_1 \\ a_2 \\ a_3 \end{bmatrix} \qquad (23.46)
$$

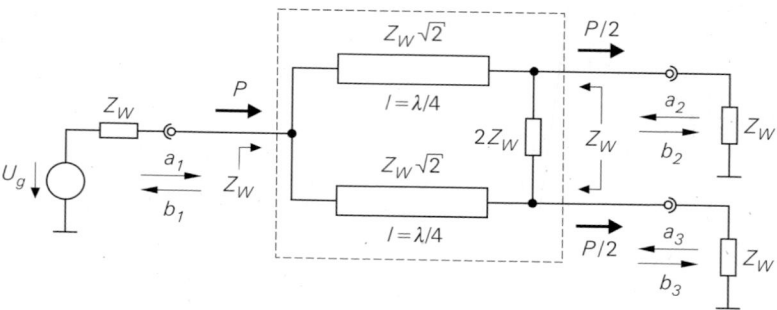

Abb. 23.34. Wilkinson-Teiler

Die allseitige Anpassung zeigt sich darin, dass die Reflexionsfaktoren an den drei Anschlüssen Null sind: $S_{11} = S_{22} = S_{33} = 0$. Wenn am Anschluss 1 eine Welle a_1 mit der Leistung

$$P_1 = |a_1|^2$$

einfällt, erhält man an den Anschlüssen 2 und 3 ausfallende Wellen mit den Leistungen:

$$P_2 = |b_2|^2 = |S_{21}|^2|a_1|^2 = \frac{|a_1|^2}{2} = \frac{P_1}{2}$$

$$P_3 = |b_3|^2 = |S_{31}|^2|a_1|^2 = \frac{|a_1|^2}{2} = \frac{P_1}{2}$$

Man beachte, dass in diesem Fall aufgrund der allseitigen Anpassung $b_1 = a_2 = a_3 = 0$ gilt. Fällt dagegen am Anschluss 2 eine Welle a_2 mit der Leistung $P_2 = |a_2|^2$ ein, erhält man $P_1 = |S_{12}|^2|a_2|^2 = |a_2|^2/2 = P_2/2$ und $P_3 = |S_{32}|^2|a_2|^2 = 0$, d.h. die Hälfte der Leistung wird am Anschluss 1 abgegeben; die andere Hälfte geht am Widerstand des Teilers verloren. Dasselbe gilt für eine einfallende Welle am Anschluss 3.

23.4.2 Hybride

Man kann zeigen, dass ein verlustloser, symmetrischer, allseitig an den Wellenwiderstand angepasster Leistungsteiler nur mit vier Anschlüssen ausgeführt werden kann; bei drei Anschlüssen führen die an die S-Parameter zu stellenden Anforderungen auf einen Widerspruch [23.1]. Leistungsteiler mit vier Anschlüssen werden als *Hybride* oder *Ringkoppler* bezeichnet. Die an einem Anschluss zugeführte Leistung wird auf zwei der drei anderen Anschlüsse verteilt; der vierte Anschluss bleibt ohne Signal.

23.4.2.1 S-Parameter eines Hybrids

Die Eigenschaften eines Hybrids lassen sich am einfachsten mit Hilfe der S-Parameter beschreiben; dabei muss man zwischen dem *180°-Hybrid* mit

$$\begin{bmatrix} b_1 \\ b_2 \\ b_3 \\ b_4 \end{bmatrix} = \frac{-j}{\sqrt{2}} \begin{bmatrix} 0 & 0 & 1 & 1 \\ 0 & 0 & 1 & -1 \\ 1 & 1 & 0 & 0 \\ 1 & -1 & 0 & 0 \end{bmatrix} \begin{bmatrix} a_1 \\ a_2 \\ a_3 \\ a_4 \end{bmatrix} \tag{23.47}$$

und dem *90°-Hybrid* mit

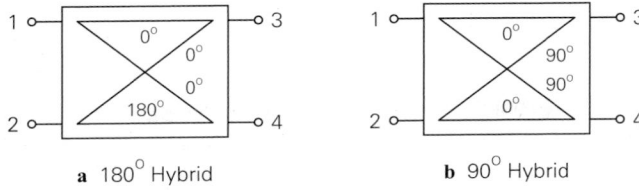

a 180° Hybrid   **b** 90° Hybrid

Abb. 23.35. Hybride

$$
\begin{bmatrix} b_1 \\ b_2 \\ b_3 \\ b_4 \end{bmatrix} = \frac{-j}{\sqrt{2}} \begin{bmatrix} 0 & 0 & -j & 1 \\ 0 & 0 & 1 & -j \\ -j & 1 & 0 & 0 \\ 1 & -j & 0 & 0 \end{bmatrix} \begin{bmatrix} a_1 \\ a_2 \\ a_3 \\ a_4 \end{bmatrix}
\tag{23.48}
$$

unterscheiden. Beide Hybride sind allseitig angepasst: $S_{11} = S_{22} = S_{33} = S_{44} = 0$.
Abbildung 23.35 zeigt die symbolische Darstellung der beiden Varianten.

Wir betrachten zunächst den 180°-Hybrid. Eine am Anschluss 1 einfallende Welle a_1
wird leistungsmäßig auf die Anschlüsse 3 und 4 verteilt; aus (23.47) folgt mit $a_2 = 0$:

$$
b_3 = S_{31} a_1 = \frac{-j a_1}{\sqrt{2}} \quad\Rightarrow\quad P_3 = |b_3|^2 = \frac{|a_1|^2}{2} = \frac{P_1}{2}
$$

$$
b_4 = S_{41} a_1 = \frac{-j a_1}{\sqrt{2}} \quad\Rightarrow\quad P_4 = |b_3|^2 = \frac{|a_1|^2}{2} = \frac{P_1}{2}
$$

Die ausfallenden Wellen b_3 und b_4 sind phasengleich. Eine am Anschluss 2 einfallende
Welle a_2 wird ebenfalls leistungsmäßig auf die Anschlüsse 3 und 4 verteilt, allerdings sind
hier die ausfallenden Wellen b_3 und b_4 um 180° phasenverschoben; aus (23.47) folgt mit
$a_1 = 0$:

$$
b_3 = S_{32} a_2 = \frac{-j a_2}{\sqrt{2}} \quad\Rightarrow\quad P_3 = |b_3|^2 = \frac{|a_2|^2}{2} = \frac{P_2}{2}
$$

$$
b_4 = S_{42} a_2 = \frac{j a_2}{\sqrt{2}} \quad\Rightarrow\quad P_4 = |b_3|^2 = \frac{|a_2|^2}{2} = \frac{P_2}{2}
$$

Die Phasenverschiebung von 180° zwischen den Anschlüssen 2 und 4 ist in der symbolischen Darstellung in Abb. 23.35a vermerkt. Beim 90°-Hybrid erhält man für eine am
Anschluss 1 einfallende Welle

$$
b_3 = S_{31} a_1 = \frac{-a_1}{\sqrt{2}} \quad\Rightarrow\quad P_3 = |b_3|^2 = \frac{|a_1|^2}{2} = \frac{P_1}{2}
$$

$$
b_4 = S_{41} a_1 = \frac{-j a_1}{\sqrt{2}} \quad\Rightarrow\quad P_4 = |b_3|^2 = \frac{|a_1|^2}{2} = \frac{P_1}{2}
$$

und für eine am Anschluss 2 einfallende Welle:

$$
b_3 = S_{32} a_2 = \frac{-j a_2}{\sqrt{2}} \quad\Rightarrow\quad P_3 = |b_3|^2 = \frac{|a_2|^2}{2} = \frac{P_2}{2}
$$

$$
b_4 = S_{42} a_2 = \frac{-a_2}{\sqrt{2}} \quad\Rightarrow\quad P_4 = |b_3|^2 = \frac{|a_2|^2}{2} = \frac{P_2}{2}
$$

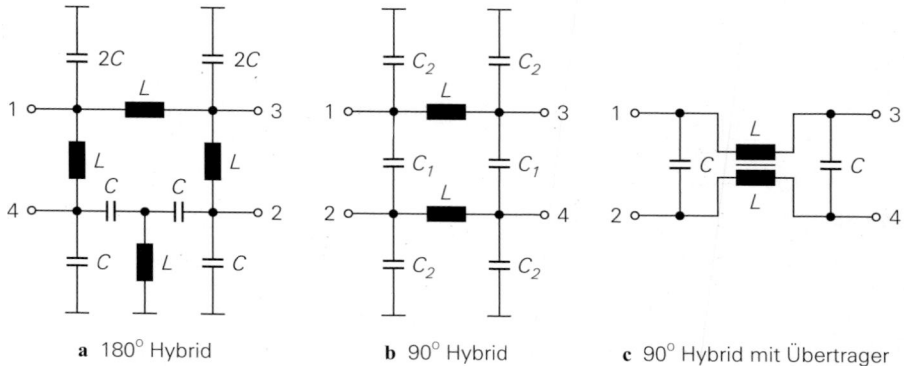

a 180° Hybrid   **b** 90° Hybrid   **c** 90° Hybrid mit Übertrager

Abb. 23.36. Hybride mit Spulen und Kondensatoren

Hier sind die ausfallenden Wellen in beiden Fällen um 90° phasenverschoben; in der symbolischen Darstellung in Abb. 23.35b ist dies vermerkt.

23.4.2.2 Hybride mit Spulen und Kondensatoren

Abbildung 23.36 zeigt drei Hybride mit Spulen und Kondensatoren [23.7]. Für das 180°-Hybrid in Abb. 23.36a muss gelten:

$$L = \frac{Z_W \sqrt{2}}{2\pi f_M} \quad , \quad C = \frac{1}{2\pi f_M Z_W \sqrt{2}} \tag{23.49}$$

Dabei ist f_M die Mittenfrequenz, bei der der Hybrid exakt arbeitet. Die Bandbreite beträgt etwa 20% der Mittenfrequenz. Für das 90°-Hybrid in Abb. 23.36b muss gelten:

$$L = \frac{Z_W}{2\pi f_M \sqrt{2}} \quad , \quad C_1 = \frac{1}{2\pi f_M Z_W} \quad , \quad C_2 = \frac{\sqrt{2}-1}{2\pi f_M Z_W} \tag{23.50}$$

Die Bandbreite beträgt hier nur etwa 2% der Mittenfrequenz. Für das 90°-Hybrid mit zwei festgekoppelten Spulen in Abb. 23.36c muss gelten:

$$L = \frac{Z_W}{2\pi f_M} \quad , \quad C = \frac{1}{2\pi f_M Z_W} \tag{23.51}$$

Die Bandbreite beträgt ebenfalls nur etwa 2% der Mittenfrequenz.

23.4.2.3 Hybride mit Leitungen

Bei Frequenzen im GHz-Bereich werden Hybride meist mit Streifenleitungen ausgeführt; Abb. 23.37 zeigt drei Ausführungen [23.1],[23.7]. Besonders platzsparend und mit einer Bandbreite von etwa 10% der Mittenfrequenz relativ breitbandig ist die Ausführung in Abb. 23.37c mit zwei nichtgekoppelten Leitungen der Länge $\lambda/8$ und zwei Kapazitäten:

$$C = \frac{1}{2\pi f_M Z_W} \tag{23.52}$$

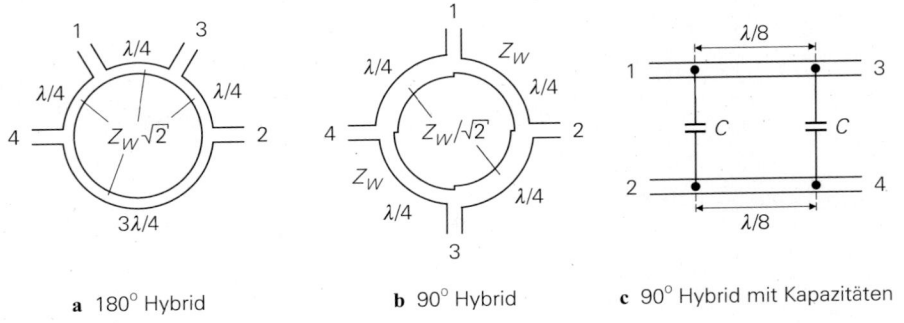

a 180° Hybrid   **b** 90° Hybrid   **c** 90° Hybrid mit Kapazitäten

Abb. 23.37. Hybride mit Leitungen

Kapitel 24:
Hochfrequenz-Verstärker

In den Hochfrequenz- und Zwischenfrequenz-Baugruppen eines nachrichtentechnischen Systems werden bis heute neben integrierten auch diskret aufgebaute Verstärker mit Einzeltransistoren eingesetzt; das gilt vor allem für die Hochfrequenz-Leistungsverstärker in den Sendern. Dagegen werden in den niederfrequenten Baugruppen nur noch integrierte Verstärker verwendet. Der Einsatz von Einzeltransistoren ist auf den jeweiligen Stand der Halbleitertechnologie zurückzuführen. Im Zuge der Entwicklung neuer Halbleiterprozesse mit höheren Transitfrequenzen werden zunächst Einzeltransistoren hergestellt; die Herstellung integrierter Schaltungen auf der Basis eines neuen Prozesses erfolgt meist erst mehrere Jahre später. Darüber hinaus werden bei der Herstellung von Einzeltransistoren mit besonders hohen Transitfrequenzen häufig Materialien oder Prozessschritte verwendet, die für eine Fertigung integrierter Schaltungen aus produktionstechnischen oder wirtschaftlichen Gründen nicht oder noch nicht geeignet sind. Die starken Wachstumsraten bei drahtlosen Kommunikationssystemen haben allerdings dazu geführt, dass die Entwicklung von Halbleiterprozessen für Hochfrequenz-Anwendungen stark forciert wurde.

Transistoren in integrierten Schaltungen auf der Basis von Verbindungshalbleitern wie Gallium-Arsenid (GaAs) oder Silizium-Germanium (SiGe) haben eine Transitfrequenz von bis zu 400 GHz; CMOS-Transistoren erreichen bis zu 70 GHz. Während auf Gallium-Arsenid-Basis nur relativ niedrig integrierte Schaltungen kostengünstig hergestellt werden können, ist der Silizium-Germanium-*HBT* (*hetero-junction bipolar transistor*) [1] kompatibel zur CMOS-Technik und kann deshalb mit hochintegrierten CMOS-Schaltungen kombiniert werden; dadurch lassen sich fast alle Komponenten eines Senders oder Empfängers kostengünstig in einer integrierten Schaltung realisieren. Eine weitere Kostenreduktion ergibt sich durch die Verwendung von Standard-CMOS-Prozessen, die zwar mit Einschränkungen bezüglich des Rauschens und einiger anderer Parameter verbunden ist, für viele Anwendungen aber ausreicht.

In diskreten Schaltungen werden Bipolartransistoren oder Sperrschicht-Fets mit Metall-Gate-Kanal-Übergang (*Mesfet*, *metall-semiconductor field effect transistor*) [2] eingesetzt. Bei den Bipolartransistoren handelt es sich meist um GaAs- oder SiGe-HBTs, bei den Mesfets meist um GaAs-Mesfets. Die Transitfrequenzen diskreter Transistoren werden durch die parasitären Elemente des Gehäuses begrenzt und sind deshalb trotz überlegener Technologie geringer als die Transitfrequenzen integrierter Transistoren.

24.1 Integrierte Hochfrequenz-Verstärker

Bei integrierten Hochfrequenz-Verstärkern wird prinzipiell dieselbe Schaltungstechnik verwendet wie bei Niederfrequenz- oder Operationsverstärkern. Ein typischer Verstärker besteht aus einem Differenzverstärker als Spannungsverstärker und Kollektorschaltungen

---

[1] Der Aufbau eines HBTs entspricht dem eines herkömmlichen Bipolartransistors; dabei werden jedoch verschiedene Materialzusammensetzungen für die Basis- und die Emitterzone verwendet, um die Stromverstärkung bei hohen Frequenzen zu verbessern.

[2] Der prinzipielle Aufbau eines Mesfets ist in Abb. 3.27b auf Seite 205 gezeigt.

© Springer-Verlag GmbH Deutschland, ein Teil von Springer Nature 2019
U. Tietze et al., *Halbleiter-Schaltungstechnik*

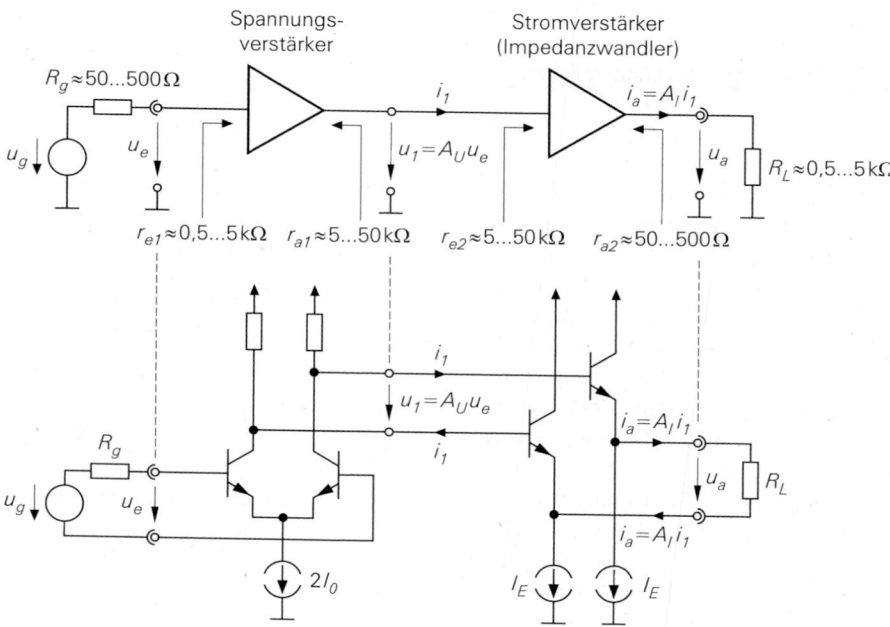

a Prinzip und Ausführung eines integrierten Verstärkers

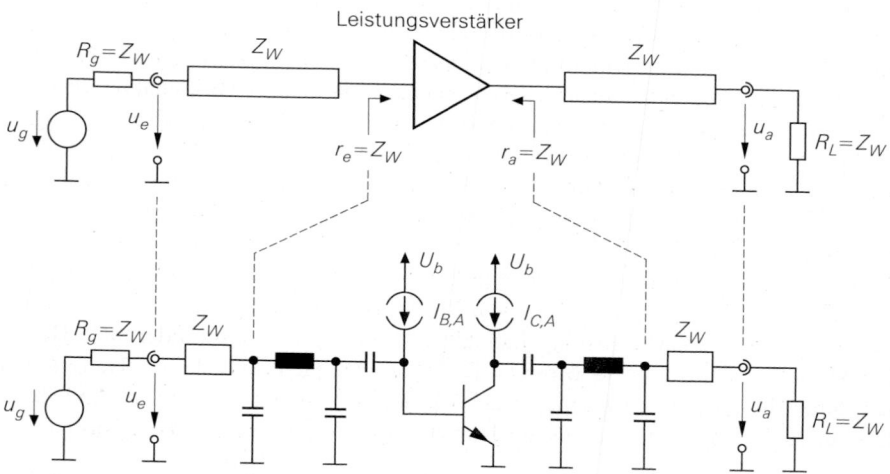

b Prinzip und Ausführung eines angepassten Verstärkers mit einem Einzeltransistor

Abb. 24.1. Prinzipieller Aufbau von Hochfrequenz-Verstärkern

als Stromverstärker bzw. Impedanzwandler, siehe Abb. 24.1a. Der Differenzverstärker wird häufig als Kaskode-Differenzverstärker ausgeführt, um die Rückwirkung und die Eingangskapazität zu verringern (kein Miller-Effekt). Diese Schaltungen werden im Abschnitt 4.1 beschrieben. Da die typische Transitfrequenz der Hochfrequenz-Transistoren ($f_T \approx 50 \ldots 100\,\text{GHz}$) um den Faktor 100 höher ist als die der Niederfrequenz-Transistoren ($f_T \approx 500\,\text{MHz}\ldots 1\,\text{GHz}$), nimmt die Bandbreite der Verstärker etwa um den gleichen Faktor zu. Dabei muss allerdings vorausgesetzt werden, dass der parasitäre Einfluss der Kontaktierungen und Verbindungsleitungen innerhalb einer integrierten Schaltung so weit reduziert werden kann, dass die Bandbreite primär durch die Transitfrequenz der Transistoren und nicht durch die Verbindungen begrenzt wird; dies ist ein zentrales Problem sowohl beim Entwurf als auch bei der Nutzung eines Hochfrequenz-Halbleiterprozesses.

24.1.1 Anpassung

Die Verbindungsleitungen innerhalb einer integrierten Schaltung sind im allgemeinen so kurz, dass sie bis in den GHz-Bereich als ideal angesehen werden können [3]; deshalb ist innerhalb der Schaltung keine Anpassung an den Wellenwiderstand erforderlich. Dagegen müssen die signalführenden äußeren Anschlüsse an den Wellenwiderstand der äußeren Leitungen angepasst werden, damit keine Reflexionen auftreten. Im Idealfall kann man die Schaltung so dimensionieren, dass die Ein- und Ausgangsimpedanzen einschließlich der parasitären Einflüsse der Bonddrähte, der Anschlussbeine und des Gehäuses dem Wellenwiderstand entsprechen. Andernfalls muss man externe Bauelemente oder Streifenleitungen zur Anpassung verwenden, siehe Abschnitt 23.3.

In Abb. 24.1a sind typische Werte für die niederfrequenten Ein- und Ausgangswiderstände des Spannungs- und des Stromverstärkers in einem integrierten Hochfrequenz-Verstärker angegeben; dabei wird angenommen, dass gleichartige Verstärker als Signalquelle und als Last dienen.

24.1.1.1 Eingangsseitige Anpassung

Bei hohen Frequenzen ist die Eingangsimpedanz eines Differenzverstärkers aufgrund der Transistor-Kapazitäten ohmsch-kapazitiv; erst bei sehr hohen Frequenzen machen sich parasitäre Induktivitäten bemerkbar, die auf die Laufzeiten der Ladungsträger zurückzuführen sind. Der Realteil der Eingangsimpedanz bleibt üblicherweise bis in den GHz-Bereich betragsmäßig größer als der übliche Wellenwiderstand $Z_W = 50\,\Omega$ der externen Leitungen.

Ein rigoroses Verfahren zur Anpassung besteht darin, einen Abschlusswiderstand $R = 2Z_W = 100\,\Omega$ zwischen die beiden Eingänge des Differenzverstärkers zu schalten, siehe Abb. 24.2a; dadurch sind beide Eingänge an $Z_W = 50\,\Omega$ angepasst. Dieses Verfahren ist einfach, mit einem Widerstand in der integrierten Schaltung realisierbar und breitbandig. Nachteilig ist die leistungsmäßig schlechte Kopplung aufgrund der Verluste des Widerstands und die starke Zunahme der Rauschzahl, siehe Abschnitt 24.1.2. Anstelle eines Widerstands $R = 2Z_W$ zwischen den beiden Eingängen kann man an jedem der beiden Eingänge einen Widerstand $R = Z_W$ nach Masse anschließen; eine galvanische Kopplung an Signalquellen mit einem Gleichspannungsanteil ist dann allerdings nicht mehr möglich, da die Eingänge in diesem Fall niederohmig mit Masse verbunden sind. Deshalb wird bevorzugt die Variante mit einem Widerstand $R = 2Z_W$ verwendet.

Alternativ kann man die Eingangsstufen in Basisschaltung ausführen, siehe Abb. 24.2b; dadurch entspricht die Eingangsimpedanz etwa dem Steilheitswiderstand $1/S = U_T/I_0$ der Transistoren. Bei einem Ruhestrom $I_0 \approx 520\,\mu\text{A}$ erhält man $1/S \approx Z_W = 50\,\Omega$. Die

---

[3] Es handelt sich dabei um *elektrisch kurze Leitungen*, siehe Abschnitt 21.2. Die Bezeichnung *ideal* bezieht sich in diesem Zusammenhang nicht auf die Verluste; letztere sind in integrierten Schaltungen aufgrund der vergleichsweise dünnen Metallisierung und Verlusten im Substrat relativ hoch.

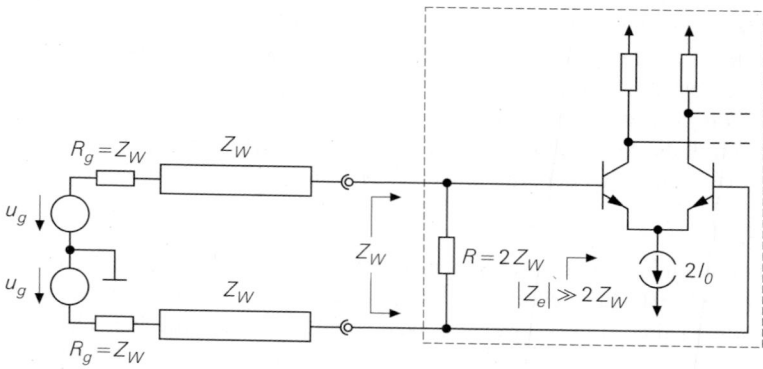

a mit Abschlusswiderstand

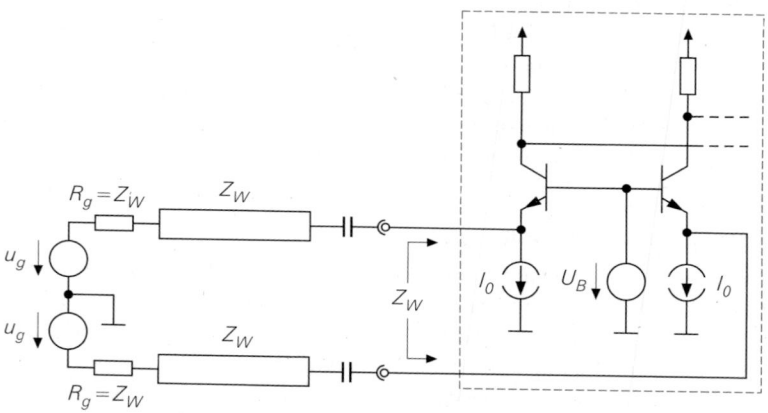

b mit Eingangsstufen in Basisschaltung ($I_0 \approx 520\,\mu A$ für $Z_W = 50\,\Omega$)

Abb. 24.2. Eingangsseitige Anpassung eines integrierten Verstärkers ohne Verwendung spezieller Anpassnetzwerke aus reaktiven Elementen oder Streifenleitungen

leistungsmäßige Kopplung ist in diesem Fall ideal. Nachteilig ist die vergleichsweise hohe Rauschzahl, siehe Abschnitt 24.1.2.

Beide Verfahren eignen sich nur für Frequenzen im MHz-Bereich. Im GHz-Bereich macht sich der Einfluss der Bonddrähte, der Anschlussbeine und des Gehäuses störend bemerkbar und man muss ein Anpassnetzwerk aus reaktiven Bauelementen oder Streifenleitungen verwenden, siehe Abschnitt 23.3.1. Unter günstigen Umständen kann das Anpassnetzwerk mit integrierten Induktivitäten und Kapazitäten realisiert werden; dann werden keine externen Elemente benötigt.

24.1.1.2 Ausgangsseitige Anpassung

Die Ausgangsimpedanz einer Kollektorschaltung kann breitbandig an den üblichen Wellenwiderstand $Z_W = 50\,\Omega$ angepasst werden, indem man die Ausgangsimpedanz des Spannungsverstärkers unter Beachtung der Impedanztransformation einer Kollektorschaltung beeinflusst. Wir verweisen dazu *qualitativ* auf Abb. 2.107a auf Seite 154 und den in

Abb. 2.108 links unten gezeigten Fall: die Ausgangsimpedanz einer Kollektorschaltung ist breitbandig ohmsch, wenn die vorausgehende Verstärkerstufe eine ohmsch-kapazitive Ausgangsimpedanz besitzt, deren Grenzfrequenz der Grenzfrequenz f_β des Transistors entspricht. *Quantitativ* kann man diese Anpassung aufgrund sekundärer Effekte nur mit Hilfe einer Schaltungssimulation erzielen. Auch hier macht sich im GHz-Bereich der Einfluss des Bonddrahtes, des Anschlussbeines und des Gehäuses störend bemerkbar; eine Anpassung bleibt jedoch prinzipiell möglich, wenn auch nicht mehr breitbandig.

Wenn eine Anpassung durch Beeinflussung der Ausgangsimpedanz der Kollektorschaltungen nicht möglich ist, werden externe Anpassnetzwerke mit reaktiven Bauelementen oder Streifenleitungen eingesetzt.

24.1.2 Rauschzahl

Im Abschnitt 2.3.4 haben wir gezeigt, dass die Rauschzahl eines Bipolartransistors bei vorgegebenem Kollektorstrom $I_{C,A}$ minimal wird, wenn der effektive Quellenwiderstand zwischen Basis- und Emitter-Anschluss den optimalen Wert

$$R_{g\,opt} = \sqrt{R_B^2 + \frac{\beta\,U_T}{I_{C,A}}\left(\frac{U_T}{I_{C,A}} + 2R_B\right)} \overset{R_B \to 0}{\approx} \frac{U_T\,\sqrt{\beta}}{I_{C,A}} \tag{24.1}$$

besitzt; dabei ist R_B der Basisbahnwiderstand und β die Stromverstärkung des Transistors. Für Kollektorströme im Bereich $I_{C,A} \approx 0{,}1\ldots 1$ mA erhält man mit $\beta \approx 100$ den Wertebereich $R_{g\,opt} \approx 260\ldots 2600\,\Omega$. Mit größeren Kollektorströmen kann man $R_{g\,opt}$ weiter reduzieren, z.B. auf $50\,\Omega$ bei $I_{C,A} = 23$ mA und $R_B = 10\,\Omega$, jedoch erzielt man damit nur noch ein lokales Minimum der Rauschzahl, wie Abb. 2.52 auf Seite 94 zeigt. Dieser Umstand wird durch den Basisbahnwiderstand verursacht. Bei Niederfrequenz-Anwendungen verwendet man sehr große Transistoren mit sehr kleinen Basisbahnwiderständen; dadurch wird das globale Minimum der Rauschzahl auch bei kleinen Quellenwiderständen näherungsweise erreicht. Die Transitfrequenz der Transistoren nimmt in diesem Fall allerdings stark ab; deshalb ist diese Vorgehensweise bei Hochfrequenz-Anwendungen nur in Ausnahmefällen möglich.

Bei der Eingangsanpassung mit Abschlusswiderstand gemäß Abb. 24.2a hat der effektive Quellenwiderstand aufgrund der Parallelschaltung der externen Widerstände $R_g = Z_W$ und des internen Abschlusswiderstands $R = 2Z_W$ für jeden der beiden Transistoren des Differenzverstärkers den Wert $R_{g,eff} = R_g \parallel R/2 = Z_W/2 = 25\,\Omega$; er ist damit deutlich kleiner als der optimale Quellenwiderstand $R_{g\,opt} \approx 260\ldots 2600\,\Omega$. Darüber hinaus wirkt sich das Rauschen des Abschlusswiderstands aus. Daraus resultiert eine vergleichsweise hohe Rauschzahl. Bei der Eingangsanpassung mit Basisschaltung gemäß Abb. 24.2b hat der effektive Quellenwiderstand den Wert $R_{g,eff} = R_g = Z_W = 50\,\Omega$; auch hier ist die Rauschzahl vergleichsweise hoch.

Im Falle einer Anpassung mit reaktiven Bauelementen oder Streifenleitungen wird der Innenwiderstand R_g der Signalquelle mit einem verlustlosen und rauschfreien Anpassnetzwerk auf den Eingangswiderstand r_e des Transistors transformiert. Bei Vernachlässigung des Basisbahnwiderstands R_B gilt $r_e = r_{BE}$; daraus folgt für den effektiven Quellenwiderstand $R_{g,eff}$ zwischen Basis- und Emitter-Anschluss: $R_{g,eff} = r_{BE}$. Mit $r_{BE} = \beta U_T / I_{C,A}$ und $R_{g\,opt}$ aus (24.1) erhält man für $R_B = 0$ den Zusammenhang:

$$R_{g,eff} = r_{BE} = R_{g\,opt}\,\sqrt{\beta} \tag{24.2}$$

Demnach ist der effektive Quellenwiderstand bei Anpassung etwa um den Faktor $\sqrt{\beta} \approx 10$ größer als der optimale Quellenwiderstand. Die Rauschzahl ist in diesem Fall zwar geringer als bei den Varianten mit Abschlusswiderstand oder Basisschaltung, jedoch deutlich größer als die optimale Rauschzahl.

Die optimale Rauschzahl erhält man nur, wenn man anstelle der (Leistungs-) Anpassung eine *Rauschanpassung* vornimmt; dabei wird der Innenwiderstand $R_g = Z_W$ der Signalquelle nicht auf $r_e = r_{BE}$, sondern auf $R_{gopt} = r_{BE}/\sqrt{\beta}$ transformiert. Daraus folgt umgekehrt, dass der Eingangswiderstand des (rausch-) angepassten Verstärkers nicht mehr Z_W, sondern $Z_W\sqrt{\beta}$ beträgt. Damit erhält man einen Eingangsreflexionsfaktor

$$ r \overset{(21.38)}{=} \frac{Z_W\sqrt{\beta} - Z_W}{Z_W\sqrt{\beta} + Z_W} = \frac{\sqrt{\beta}-1}{\sqrt{\beta}+1} \overset{\beta \approx 100}{\approx} 0{,}82 $$

und ein Stehwellenverhältnis (*VSWR*):

$$ s \overset{(21.46)}{=} \frac{1+|r|}{1-|r|} = \sqrt{\beta} \overset{\beta \approx 100}{\approx} 10 $$

Für die meisten Anwendungen ist dies inakzeptabel; deshalb wird in der Praxis in den Fällen, in denen eine geringe Rauschzahl wichtig ist, ein Kompromiss zwischen Leistungs- und Rauschanpassung verwendet. Ist die Rauschzahl unkritisch, wird die Leistungsanpassung verwendet.

Oberhalb $f = f_T/\sqrt{\beta} \approx f_T/10$ kann man die Korrelation zwischen den Rauschquellen des Transistors nicht mehr vernachlässigen; die optimale Quellenimpedanz ist dann nicht mehr reell. Wir gehen hier nicht weiter auf diesen Bereich ein.

Beispiel: Wir haben die Rauschzahlen der beschriebenen Schaltungsvarianten für einen integrierten Verstärker mit den Transistor-Parametern aus Abb. 4.5 auf Seite 284 mit Hilfe einer Schaltungssimulation ermittelt. Wir können uns dabei aufgrund der Symmetrie auf einen der beiden Eingangstransistoren beschränken; Abb. 24.3 zeigt die entsprechenden Schaltungen. Wir verwenden einen Transistor der Größe 10 und einen Ruhestrom von $I_{C,A} = 1\,\text{mA}$; bei der Basisschaltung nach Abb. 24.3c reduzieren wir den Ruhestrom auf $520\,\mu\text{A}$, um eine Anpassung an $Z_W = 50\,\Omega$ zu erhalten. Der Basisbahnwiderstand hat den Wert $R_B = 50\,\Omega$; die Stromverstärkung beträgt $\beta = 100$, die Frequenz $f = 10\,\text{MHz}$. Aus (24.1) folgt $R_{gopt} = 575\,\Omega$ für $I_{C,A} = 1\,\text{mA}$ und $R_{gopt} = 867\,\Omega$ für $I_{C,A} = 520\,\mu\text{A}$.

Die Schaltung ohne Anpassung nach Abb. 24.3a erzielt für $R_g = R_{gopt} = 575\,\Omega$ die optimale Rauschzahl $F_{opt} = 1{,}26$ (1 dB); für $R_g = 50\,\Omega$ gilt $F = 2{,}3$ (3,6 dB). Für die Schaltung mit Abschlusswiderstand nach Abb. 24.3b erhält man $F = 7$ (8,5 dB); hier nimmt die Rauschzahl also deutlich zu. Einen besseren Wert erzielt die Basisschaltung nach Abb. 24.3c; hier gilt $F = 2{,}6$ (4,1 dB). Bei einer Leistungsanpassung an $R_g = Z_W = 50\,\Omega$ nach Abb. 24.3d erhält man mit $F = 1{,}6$ (2 dB) einen Wert, der nur noch um den Faktor $1{,}26$ (1 dB) über dem optimalen Wert liegt. Bei einer Rauschanpassung wird die optimale Rauschzahl erzielt.

Wenn eine Leistungsanpassung zur Vermeidung von Reflexionen unbedingt erforderlich ist, erhält man mit der Schaltung mit Anpassnetzwerk und Leistungsanpassung nach Abb. 24.3d die geringste Rauschzahl, gefolgt von der Basisschaltung nach Abb. 24.3c und der Schaltung mit Abschlusswiderstand nach Abb. 24.3b. Ohne Leistungsanpassung ist die Schaltung mit Anpassnetzwerk und Rauschanpassung nach Abb. 24.3d sowohl bezüglich der Rauschzahl als auch bezüglich des Reflexionsfaktors deutlich besser als die Schaltung ohne Anpassung nach Abb. 24.3a für den Fall $R_g = 50\,\Omega$.

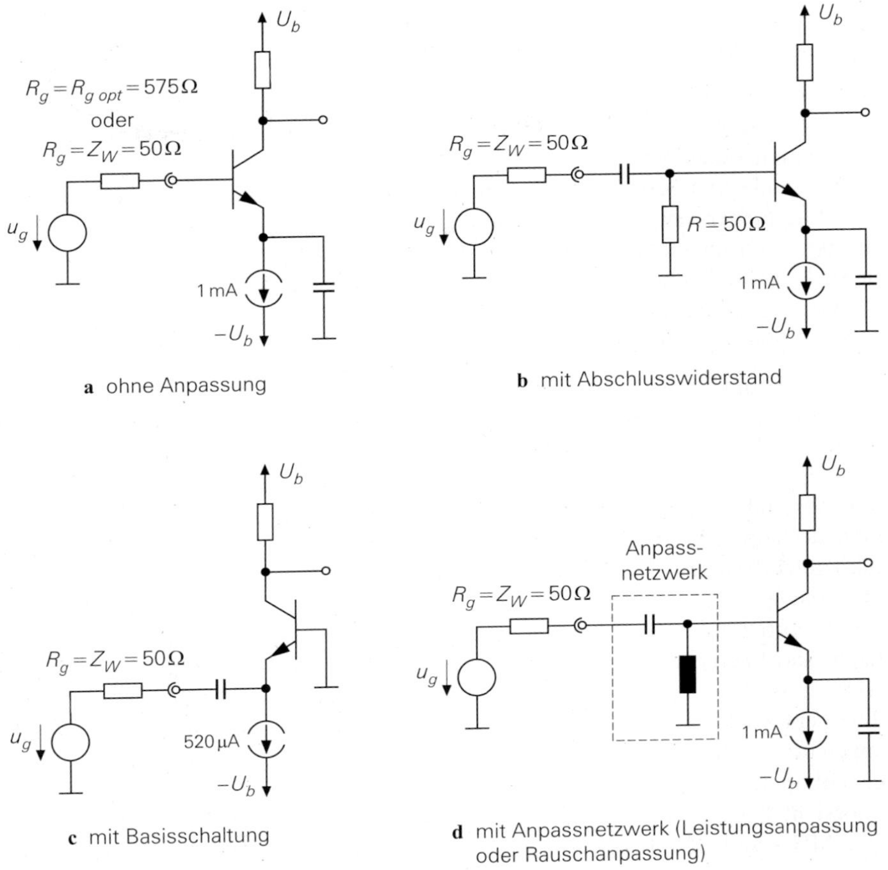

$R_g = R_{g\,opt} = 575\,\Omega$
oder
$R_g = Z_W = 50\,\Omega$

a ohne Anpassung

$R_g = Z_W = 50\,\Omega$

$R = 50\,\Omega$

b mit Abschlusswiderstand

$R_g = Z_W = 50\,\Omega$

c mit Basisschaltung

$R_g = Z_W = 50\,\Omega$

Anpass-
netzwerk

d mit Anpassnetzwerk (Leistungsanpassung)
oder Rauschanpassung)

Abb. 24.3. Schaltungen zum Vergleich der Rauschzahlen

24.1.3 Entwurf rauscharmer integrierter HF-Verstärker (LNA)

Abbildung 24.4 zeigt die Parameter, die beim Entwurf eines integrierten HF-Verstärkers
wichtig sind. Alle Parameter hängen mehr oder weniger voneinander ab und müssen gemeinsam optimiert werden, da die Forderungen, die sich aus der Optimierung einzelner
Parameter ergeben, widersprüchlich sind.

Besonders kritisch sind die Anforderungen beim ersten Verstärker in einem Empfänger. Dieser Verstärker wird auch als LNA (*low noise amplifier*) bezeichnet, obwohl in den
meisten Anwendungen nicht eine möglichst geringe Rauschzahl, sondern ein möglichst

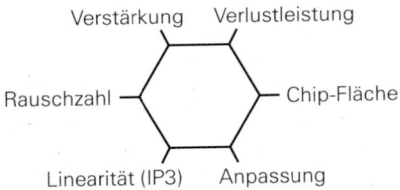

Abb. 24.4.
Parameter beim Entwurf eines integrierten HF-
Verstärkers

großer Dynamikbereich bei *ausreichend* geringer Rauschzahl gefordert ist. Die Anforderungen an einen LNA lauten:

- Die Verstärkung soll einen mittleren Wert haben, damit die Rauschzahl des Empfängers auf einen akzeptablen Wert abnimmt *und* starke Signale ohne Übersteuerung verarbeitet werden können; darauf sind wir bereits im Abschnitt 22.2.2.2 eingegangen.
- Die Rauschzahl soll möglichst gering sein, da sie den stärksten Einfluss auf die Rauschzahl des Empfängers hat, siehe Abschnitt 22.2.4.
- Der Kompressionspunkt und der Intercept-Punkt *IP3* sollen möglichst hoch sein, damit ein hoher Dynamikbereich erzielt wird, siehe Abschnitt 22.2.4.
- Am Eingang soll eine möglichst gute Anpassung an den Wellenwiderstand Z_W der externen Leitungen vorliegen.

Die relative Wichtigkeit dieser Forderungen hängt stark von der Anwendung ab. Bei einem Satellitenempfänger sind die Empfangspegel generell niedrig; deshalb wird kein hoher Dynamikbereich benötigt und man kann die Rauschzahl ohne Rücksicht auf den Dynamikbereich optimieren. Dagegen hängen die Empfangspegel in der Mobilkommunikation stark vom Abstand zwischen Basisstation und Mobilteil ab und können sehr große Werte annehmen; deshalb muss vor allem der Empfänger in einer Basisstation einen sehr hohen Dynamikbereich besitzen. Die meisten anderen Anwendungen liegen zwischen diesen beiden Extremen.

Wir konzentrieren uns im folgenden auf das *magische LNA-Dreieck* aus Anpassung, Rauschzahl und Intercept-Punkt für den Fall hoher Anforderungen an den Dynamikbereich. Man muss in diesem Fall eine Gegenkopplung verwenden, um einen ausreichend hohen Intercept-Punkt zu erzielen. Bei der Untersuchung des Rauschverhaltens der Grundschaltungen im Abschnitt 4.2.4.8 haben wir gesehen, dass die Emitterschaltung mit Spannungsgegenkopplung prinzipiell den besten Kompromiss zwischen Linearität und Rauschzahl ermöglicht. Die dazu erforderlichen Bedingungen können jedoch bei HF-Verstärkern im oberen MHz- und GHz-Bereich nicht eingehalten werden. Zudem kann man bei HF-Verstärkern aufgrund der Schmalbandigkeit eine Stromgegenkopplung mit Induktivitäten verwenden, die ebenfalls sehr günstige Eigenschaften besitzt; deshalb wird fast ausschließlich die Stromgegenkopplung verwendet. Abbildung 24.5 zeigt die Varianten mit ohmscher und induktiver Stromgegenkopplung. Die Emitter- und die Sourceschaltung werden grundsätzlich mit Kaskode ausgeführt, um den Miller-Effekt zu vermeiden, siehe Abschnitt 4.1.3.

24.1.3.1 Ohmsche Gegenkopplung bei niedrigen Frequenzen

Wir betrachten zunächst die Abhängigkeit der Größen bei niedrigen Frequenzen, bei denen wir noch mit dem statischen Transistormodell rechnen können. Wir erhalten dadurch einen Einblick in die Zusammenhänge.

24.1.3.1.1 Eingangswiderstand

Abbildung 24.6 zeigt die Kleinsignalersatzschaltbilder der Eingangskreise einer Emitter- und einer Basisschaltung, jeweils mit ohmscher Stromgegenkopplung; wir haben dabei auf eine detaillierte Darstellung der Kleinsignalersatzschaltbilder der Transistoren verzichtet. Bei der Basisschaltung haben wir den Innenwiderstand der Stromquelle aus Abb. 24.5b vernachlässigt und die Zählrichtungen der Spannungen so gewählt, dass dieselbe Orientierung bezüglich des Kollektorstroms i_C vorliegt wie bei der Emitterschaltung. Der Transistor arbeitet in beiden Fällen mit der reduzierten Steilheit S_{red}, die wir in (2.85) eingeführt haben:

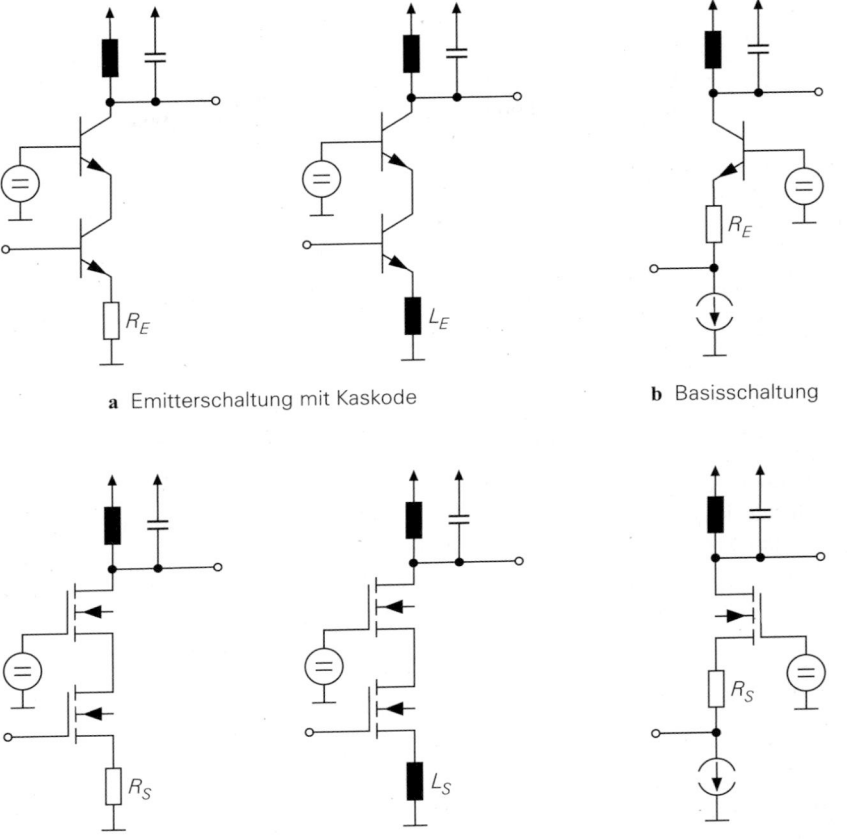

a Emitterschaltung mit Kaskode   **b** Basisschaltung

c Sourceschaltung mit Kaskode   **d** Gateschaltung

Abb. 24.5. Grundschaltungen eines integrierten HF-Verstärkers mit Stromgegenkopplung für Anwendungen mit hohen Anforderungen an den Dynamikbereich

$$S_{red} = \frac{i_C}{u_e} = \frac{S}{1 + SR_E}$$

Für die Eingangswiderstände gilt:

$$r_e = \begin{cases} \beta/S_{red} & \text{Emitterschaltung} \\ 1/S_{red} & \text{Basisschaltung} \end{cases}$$

Wir setzen in beiden Fällen eine Leistungsanpassung voraus: $R_g = r_e$; dann gilt:

$$\frac{u_e}{u_g} = \frac{r_e}{R_g + r_e} \overset{R_g = r_e}{=} \frac{1}{2} \quad \Rightarrow \quad \frac{i_C}{u_g} = \frac{1}{2}\frac{i_C}{u_e} = \frac{1}{2}S_{red}$$

Wir untersuchen im folgenden den Einfluss der Gegenkopplung, indem wir den Gegenkopplungsfaktor SR_E variieren. Damit die Verstärkung konstant bleibt, müssen wir dabei R_E und S so variieren, dass die reduzierte Steilheit S_{red} konstant bleibt.

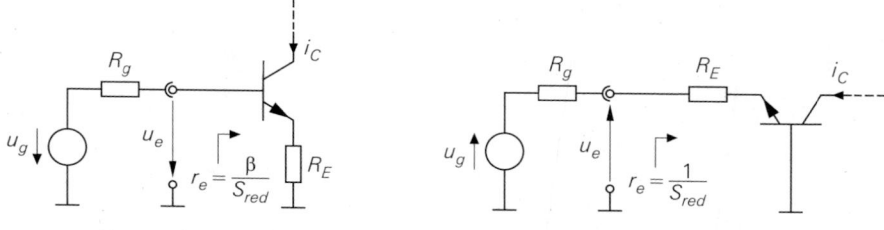

a Emitterschaltung   **b** Basisschaltung

Abb. 24.6. Kleinsignalersatzschaltbilder der Eingangskreise mit ohmscher Stromgegenkopplung. Wir haben hier auf eine detaillierte Darstellung der Kleinsignalersatzschaltbilder der Transistoren verzichtet. Es gilt: $S_{red} = S/(1 + SR_E)$.

24.1.3.1.2 Eingangs-Intercept-Punkt

Zur Abschätzung des Eingangs-Intercept-Punkts *IIP3* erweitern wir die Reihenentwicklung der Kennlinie der Emitterschaltung mit Stromgegenkopplung aus (2.86) auf Seite 113 um den kubischen Anteil. Da wir dabei nicht nur den Gegenkopplungswiderstand R_E, sondern auch den Innenwiderstand R_g der Signalquelle berücksichtigen müssen, fassen wir die beiden Widerstände zu einem äquivalenten Gegenkopplungswiderstand zusammen, siehe Abb. 24.7:

$$R'_E = \begin{cases} R_E + R_g/\beta & \text{Emitterschaltung} \\ R_E + R_g & \text{Basisschaltung} \end{cases}$$

Die Berechnung der Reihenentwicklung ist aufwendig; das Ergebnis lautet:

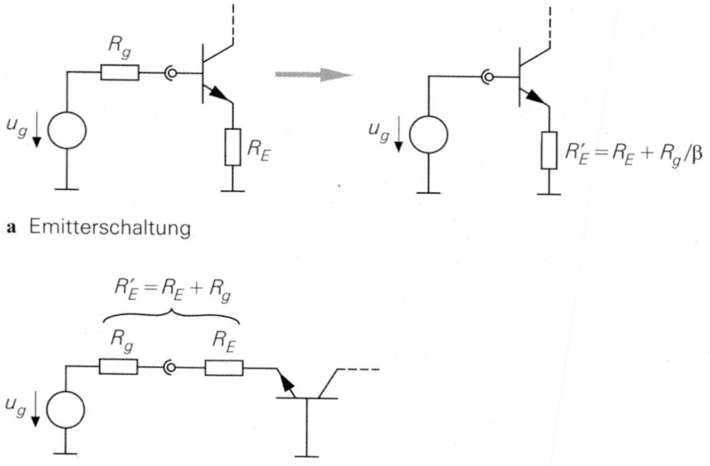

a Emitterschaltung

b Basisschaltung

Abb. 24.7. Berücksichtigung des Innenwiderstands R_g der Signalquelle bei der Berechnung des Eingangs-Intercept-Punkts *IIP3*

$$\frac{i_C}{I_{C,A}} = \underbrace{\frac{1}{1 + SR'_E}}_{a_1} \frac{u_g}{U_T} + \dots + \underbrace{\left[\frac{1}{2\left(1 + SR'_E\right)^5} - \frac{1}{3\left(1 + SR'_E\right)^4} \right]}_{a_3} \left(\frac{u_g}{U_T} \right)^3 + \dots$$

Bei Leistungsanpassung mit $R_g = r_e$ gilt für beide Schaltungen:

$$SR'_E = 1 + 2SR_E$$

Damit und mit den Koeffizienten a_1 und a_3 der Reihenentwicklung berechnen wir mit (4.180) auf Seite 454 den Eingangs-Intercept-Punkt $IP3$:

$$\frac{\hat{u}_{g,IP3}}{U_T} = \sqrt{\left| \frac{4a_1}{3a_3} \right|} = \frac{8\sqrt{2}\left(1 + SR_E\right)^2}{\sqrt{1 + 4SR_E}}$$

Er ist für beide Schaltungen gleich.

24.1.3.1.3 Rauschzahl

Die Rauschzahl der Emitterschaltung berechnen wir mit (4.189) auf Seite 464 und den äquivalenten Rauschdichten aus (4.220) und (4.221) auf Seite 494:

$$F = 1 + \frac{|\underline{u}_{r,0}(f)|^2 + R_g^2 |\underline{i}_{r,0}(f)|^2}{4kT_0R_g} = 1 + \frac{R_B + R_E}{R_g} + \frac{1}{2SR_g} + \frac{SR_g}{2\beta}$$

Die Rauschzahl der Basisschaltung ist normalerweise etwas größer, da das Rauschen im Kollektorkreis wegen der geringen Stromverstärkung nicht vernachlässigt werden kann, siehe Abschnitt 4.2.4.8. Wir vernachlässigen diesen Effekt, da es uns hier nicht um möglichst exakte Werte, sondern um das Verhalten bei zunehmender Stromgegenkopplung geht; damit erhalten wir bei Leistungsanpassung mit $R_g = r_e$:

$$F = \begin{cases} 1 + \dfrac{1 + 2S\left(R_B + R_E\right)}{2\beta\left(1 + SR_E\right)} + \dfrac{1}{2}\left(1 + SR_E\right) & \text{Emitterschaltung} \\[3mm] 1 + \dfrac{1 + 2S\left(R_B + R_E\right)}{2\left(1 + SR_E\right)} + \dfrac{1}{2\beta}\left(1 + SR_E\right) & \text{Basisschaltung} \end{cases} \tag{24.3}$$

Da sich die Eingangswiderstände r_e und damit auch die Innenwiderstände R_g um die Stromverstärkung β unterscheiden, tritt dieser Faktor bei der Rauschzahl der Emitterschaltung im Nenner des zweiten Terms, bei der Basisschaltung dagegen im Nenner des dritten Terms auf. Für uns ist nur der Bereich mittlerer Gegenkopplung mit $SR_E \ll \beta$ von Interesse; in diesem Bereich gilt:

$$F \approx \begin{cases} 3/2 + SR_E & \text{Emitterschaltung} \\ 3/2 + SR_B & \text{Basisschaltung} \end{cases}$$

Die Rauschzahl der Emitterschaltung nimmt demnach proportional zum Gegenkopplungsfaktor zu, während die Rauschzahl der Basisschaltung etwa konstant bleibt. Wenn der Basisbahnwiderstand relativ groß ist, nimmt die Rauschzahl der Basisschaltung mit zunehmender Gegenkopplung sogar spürbar ab.

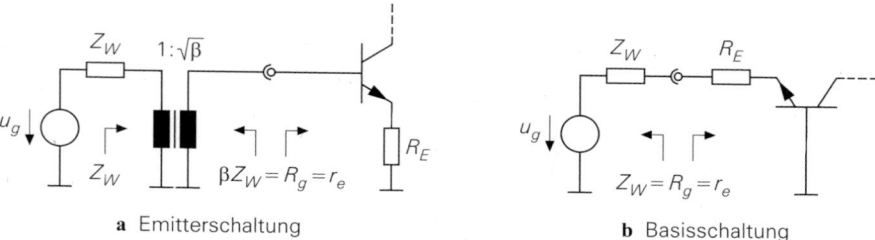

a Emitterschaltung   **b** Basisschaltung

Abb. 24.8. Anpassung an den Wellenwiderstand Z_W

24.1.3.1.4 Leistungsanpassung

Bevor wir die Schaltungen vergleichen können, müssen wir noch eine Anpassung an den Wellenwiderstand Z_W der externen Leitungen vornehmen; wir nehmen $Z_W = 50\,\Omega$ an. Bei der Basisschaltung wird kein Anpassnetzwerk benötigt, da die reduzierte Steilheit S_{red} üblicherweise im Bereich von $20\,\mathrm{mS} = 1/(50\,\Omega)$ liegt und deshalb ohne Kompromisse auf diesen Wert festgelegt werden kann; deshalb gilt für die Basisschaltung:

$$R_g = r_e = 1/S_{red} = Z_W = 50\,\Omega$$

Dagegen gilt für die Emitterschaltung:

$$R_g = r_e = \beta/S_{red} = \beta Z_W \overset{\beta=100}{=} 5\,\mathrm{k}\Omega$$

Hier müssen wir eine Impedanztransformation mit dem Faktor β vornehmen, z.B. mit einem Übertrager mit dem Übersetzungsverhältnis $1{:}\sqrt{\beta}$. Abbildung 24.8 zeigt die Anpassung der beiden Schaltungen.

Die Impedanztransformation bei der Emitterschaltung wirkt sich auch auf den Eingangs-Intercept-Punkt *IIP3* aus, da die Quellenspannung u_g nun auf der Primärseite des Übertragers in Abb. 24.8a liegt und um den Faktor $\sqrt{\beta}$ geringer ist als die transformierte Spannung auf der Sekundärseite; dadurch reduziert sich die Spannung $\hat{u}_{g,IP3}$ ebenfalls um den Faktor $\sqrt{\beta}$.

24.1.3.1.5 Vergleich der Schaltungen

Abbildung 24.9 zeigt in der oberen Hälfte die Rauschzahl F und den Eingangs-Intercept-Punkt *IIP3* für eine Emitter- und eine Basisschaltung in Abhängigkeit vom Gegenkopplungsfaktor SR_E; wir haben dabei die Rauschzahl in dB und den Intercept-Punkt in dBm angegeben [4]:

$$F\,[\mathrm{dB}] = 10\log F \quad , \quad IIP3\,[\mathrm{dBm}] \overset{Z_W=50\,\Omega}{=} 20\log\left(\frac{\hat{u}_{g,IP3}}{1\,\mathrm{V}}\right) + 4$$

In der unteren Hälfte haben wir zusätzlich die relative Inband-Dynamik

$$IDR_{rel}\,[\mathrm{dB}] \overset{(22.16)}{\sim} \frac{2}{3}\,(\,IIP3\,[\mathrm{dBm}] - F\,[\mathrm{dB}]\,)$$

und den Arbeitspunktstrom $I_{C,A} = S U_T$ der Transistoren dargestellt. Die relative Inband-Dynamik haben wir auf den Wert der Emitterschaltung bei $SR_E = 0$ bezogen.

---

[4] Der *IIP3* bezieht sich auf die verfügbare Leistung $P_{A,g} = \hat{u}_g^2/(8Z_W)$ des Signalgenerators; daraus folgt mit $IIP3\,[\mathrm{dBm}] = 10\log(P_{A,g}/1\,\mathrm{mW})$ die genannte Umrechnungsformel.

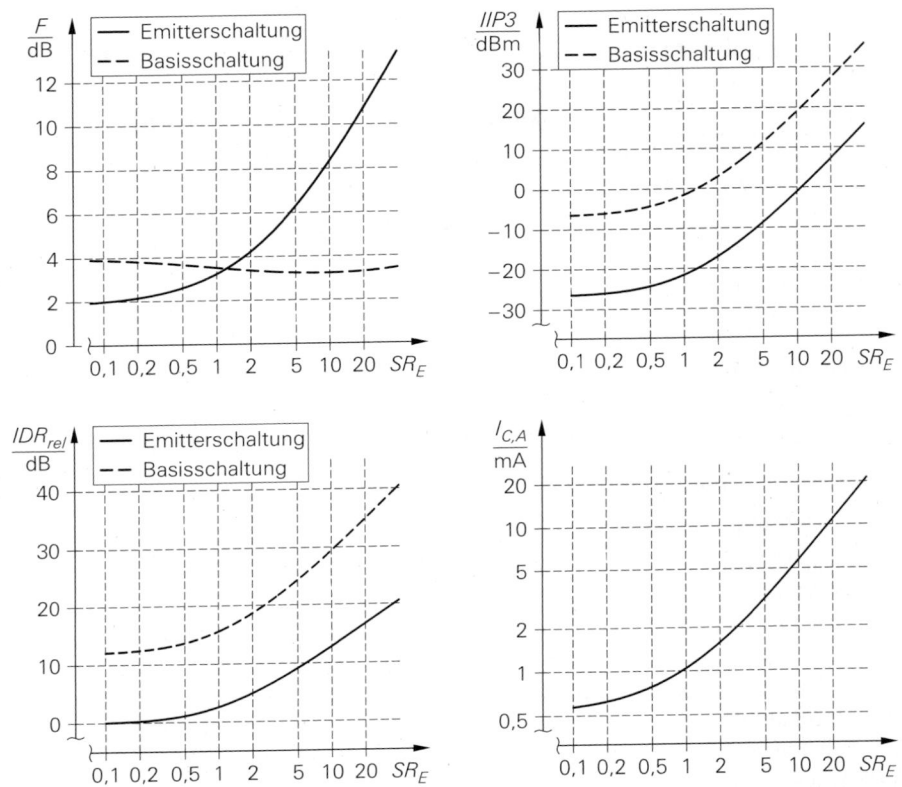

Abb. 24.9. Rauschzahl F, Eingangs-Intercept-Punkt $IIP3$, relative Inband-Dynamik IDR_{rel} und Ruhestrom $I_{C,A}$ für eine Emitter- und eine Basisschaltung mit $S_{red} = 20\,\mathrm{mS}$, $\beta = 100$ und $SR_B = 1$ bei Leistungsanpassung an $Z_W = 50\,\Omega$

Die Kurven zeigen die deutliche Überlegenheit der Basisschaltung in allen Anwendungen, in denen eine Anpassung an den Wellenwiderstand externer Leitungen *und* eine hohe Inband-Dynamik benötigt werden; nur bei geringen Anforderungen an die Inband-Dynamik ist die Emitterschaltung aufgrund ihrer geringeren Rauschzahl für $SR_E \to 0$ besser. Durch die Impedanztransformation in Abb. 24.8a hat sich zwar die Leistungsverstärkung der Emitterschaltung um den Faktor β erhöht – bei $\beta = 100$ um 20 dB –, eine hohe Verstärkung ist aber bei einem LNA in einem Empfänger mit hohem Dynamikbereich störend. Die Basisschaltung profitiert also davon, dass sie einen niedrigen Eingangswiderstand *und* eine moderate Verstärkung besitzt.

Da wir die statischen Gleichungen verwendet haben, sind die Ergebnisse für die Emitterschaltung nur für den Frequenzbereich $f < f_\beta = f_T/\beta$ gültig; oberhalb f_β nimmt die Stromverstärkung ab, siehe Abb. 2.43 auf Seite 82. Bei der Basisschaltung ist keine Einschränkung erforderlich, da die statischen Gleichungen im Eingangskreis bis in den Bereich der Transitfrequenz f_T gültig bleiben.

Man kann dieselbe Berechnung auch für Verstärker mit Mosfets durchführen. Auch hier zeigt sich, dass die Gateschaltung der Sourceschaltung deutlich überlegen ist, wenn eine Anpassung an externe Leitungen *und* ein hoher Dynamikbereich benötigt werden.

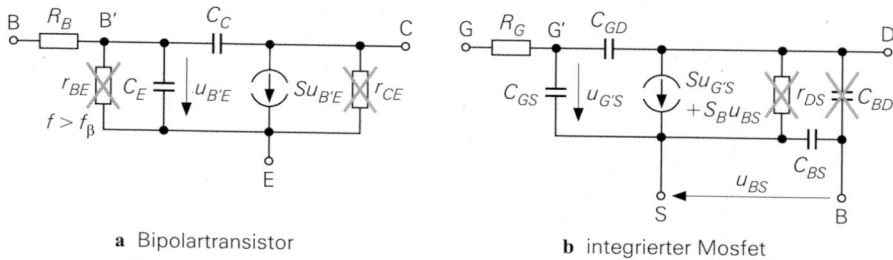

a Bipolartransistor   **b** integrierter Mosfet

Abb. 24.10. Kleinsignalersatzschaltbilder der Transistoren

Diese Zusammenhänge bleiben auch mit zunehmender Frequenz erhalten, allerdings holen die Emitterschaltung und die Sourceschaltung im Vergleich zur Basisschaltung und zur Gateschaltung deutlich auf, wenn man eine induktive Stromgegenkopplung verwendet.

24.1.3.2 Gegenkopplung bei hohen Frequenzen

24.1.3.2.1 Kleinsignalersatzschaltbild

Abbildung 24.10 zeigt die Kleinsignalersatzschaltbilder eines Bipolartransistors und eines integrierten Mosfets. Die Widerstände r_{CE} und r_{DS} sowie die Kapazität C_{BD} können wir vernachlässigen, da bei den Schaltungen in Abb. 24.5a und 24.5c auf den Eingangstransistor eine Kaskodestufe mit niedriger Eingangsimpedanz folgt. Für $f > f_\beta$ können wir zudem den Widerstand r_{BE} vernachlässigen. Mit diesen Vernachlässigungen sind die Kleinsignalersatzschaltbilder ohne Stromgegenkopplung äquivalent, da in diesem Fall $u_{BS} = 0$ gilt; die Substrat-Steilheit S_B und die Kapazität C_{BS} sind in diesem Fall unwirksam.

Bei Stromgegenkopplung müssen wir S_B und C_{BS} berücksichtigen. Wir können aber eine Umformung vornehmen, die den Einfluss dieser Elemente verdeutlicht. Dazu betreiben wir den Mosfet mit einer Source-Impedanz Z_S, verbinden den Bulk-Anschluss mit Masse, trennen die gesteuerte Stromquelle in Abb. 24.10b in zwei Quellen mit den Steilheiten S und S_B auf und trennen die Quelle mit der Steilheit S_B in eine Quelle am Drain-Anschluss und eine Quelle am Source-Anschluss auf. Die Quelle am Source-Anschluss liegt parallel zu ihrer Steuerspannung und kann deshalb durch einen Widerstand $1/S_B$ ersetzt werden. Abbildung 24.11 zeigt das ursprüngliche Schaltbild und das Ergebnis der Umformung. Der Widerstand $1/S_B$ und die Kapazität C_{BS} liegen demnach parallel zur Source-Impedanz Z_S; dadurch wird die Stärke der Gegenkopplung begrenzt. Die Kapazität C_{BS} können wir zwar

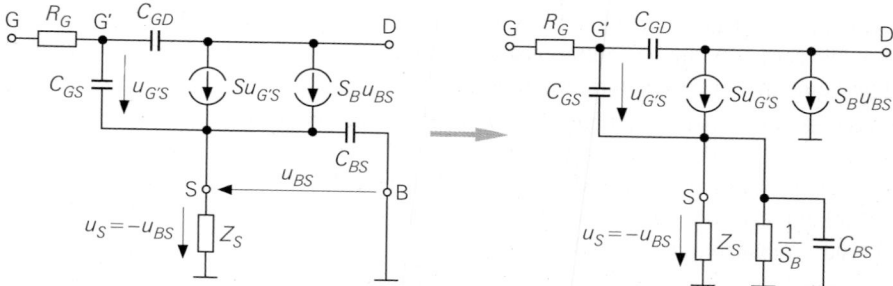

Abb. 24.11. Umformung des Kleinsignalersatzschaltbilds des Mosfets aus Abb. 24.10b bei Stromgegenkopplung mit einer Source-Impedanz Z_S

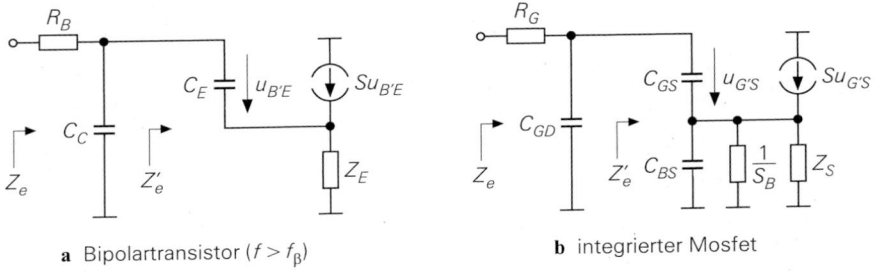

a Bipolartransistor $(f > f_\beta)$ **b** integrierter Mosfet

Abb. 24.12. Kleinsignalersatzschaltbilder für den Eingangskreis

durch eine Source-Induktivität in Resonanz nehmen, aber der Betrag der effektiven Gegenkopplungsimpedanz ist durch $1/S_B$ nach oben beschränkt.

Aufgrund der Stromgegenkopplung arbeiten die Eingangstransistoren mit einer entsprechend reduzierten Steilheit S_{red}, während die Kaskodestufen näherungsweise die Eingangsimpedanz $1/S$ besitzen; die Verstärkung der Eingangsstufen beträgt demnach $A \approx -S_{red}/S$ mit $|A| < 1$. Wir können deshalb die Spannung am Kollektor- bzw. Drain-Anschluss näherungsweise zu Null setzen; der Anschluss ist dann mit der Kleinsignalmasse verbunden. Damit erhalten wir die in Abb. 24.12 gezeigten Kleinsignalersatzschaltbilder für die Eingangskreise.

24.1.3.2.2 Eingangsimpedanz und Anpassung bei einem Bipolartransistor

Für die *innere* Eingangsimpedanz Z_e' der Emitterschaltung mit Stromgegenkopplung in Abb. 24.12a gilt:

$$Z_e' = \frac{1 + Z_E(S + sC_E)}{sC_E} \overset{f < f_T}{\approx} \frac{1 + SZ_E}{sC_E}$$

Daraus folgt für die ohmsche und die induktive Gegenkopplung[5]:

$$Z_e' \approx \begin{cases} \dfrac{1 + SR_E}{sC_E} & \text{für } Z_E = R_E \\[2ex] \dfrac{1}{sC_E} + \dfrac{SL_E}{C_E} \overset{(2.45)}{\approx} \dfrac{1}{sC_E} + \omega_T L_E & \text{für } Z_E = sL_E \end{cases} \qquad (24.4)$$

Bei ohmscher Gegenkopplung mit $Z_E = R_E$ ist die innere Eingangsimpedanz kapazitiv; zusammen mit der Kapazität C_C und dem Basisbahnwiderstand R_B erhält man eine Eingangsimpedanz mit konstantem Realteil R_B:

$$Z_e \approx R_B + \frac{1}{sC} \quad \text{mit } C = C_C + \frac{C_E}{1 + SR_E}$$

Bei Leistungsanpassung muss die Quellenimpedanz Z_g nach Abb. 24.13a konjugiert-komplex zur Eingangsimpedanz Z_e sein: $Z_g = Z_e^*$; deshalb hat die Quellenimpedanz ebenfalls den Realteil R_B. Der Basisbahnwiderstand R_B ist aber im allgemeinen deutlich geringer als der Realteil der optimalen Quellenimpedanz $Z_{g,opt}$, bei der die Rauschzahl minimal wird; daraus resultiert eine relativ hohe Rauschzahl. Außerdem führt das thermische Rauschen des Gegenkopplungswiderstands R_E zu einer weiteren Erhöhung der

---

[5] Bei der Berechnung der Transitfrequenz $\omega_T = 2\pi f_T$ mit (2.45) nehmen wir $C_E \gg C_C$ an.

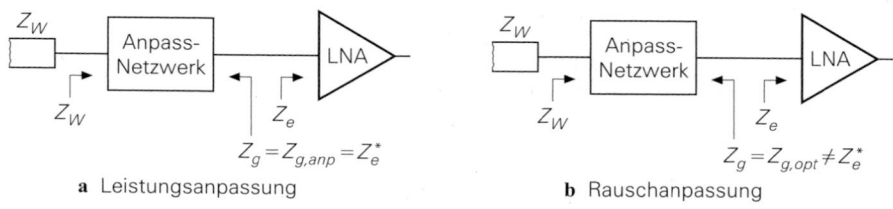

a Leistungsanpassung   **b** Rauschanpassung

Abb. 24.13. Impedanzen bei Anpassung

Rauschzahl. Bessere Eigenschaften erhält man mit einer induktiven Gegenkopplung mit einer Induktivität L_E und $Z_E = sL_E$. Die innere Eingangsimpedanz Z_e' hat in diesem Fall einen ohmschen Anteil $\omega_T L_E$, der eine Zunahme des Realteils der Eingangsimpedanz Z_e verursacht und dadurch die Differenz zwischen der Leistungsanpassung nach Abb. 24.13a und der Rauschanpassung nach Abb. 24.13b erheblich reduziert; darüber hinaus erzeugt die Induktivität im Idealfall kein Rauschen. Wir verdeutlichen die Zusammenhänge mit einem ausführlichen Beispiel.

Beispiel: Wir vergleichen die beiden Emitterschaltungen mit Kaskode in Abb. 24.14 bezüglich ihres Verhaltens bei ohmscher und induktiver Stromgegenkopplung mit Hilfe einer Schaltungssimulation und verwenden dabei typische integrierte Bipolartransistoren des Typs UHFP-N mit einer Transitfrequenz $f_T \approx 9$ GHz. Wir haben auf eine praktische Ausführung der Arbeitspunkteinstellung verzichtet – man verwendet dazu Schaltungen ähnlich der in Abb. 24.28b – und den Arbeitspunktstrom $I_{C,A} = 3$ mA mit einer idealen Stromquelle $I_{B,A}$ eingestellt. Die Betriebsfrequenz beträgt $f = 900$ MHz. Wir ermitteln die Eingangsimpedanz Z_e und daraus die Quellenimpedanz $Z_{g,anp} = Z_e^*$ bei Leistungsanpassung. Anschließend ermitteln wir die optimale Quellenimpedanz $Z_{g,opt}$ bei Rauschanpassung; dazu verwenden wir das in Abb. 2.55 auf Seite 99 gezeigte Verfahren. Wir variieren den Gegenkopplungswiderstand R_E im Bereich $R_E = 0 \dots 100\,\Omega$ und die Gegenkopplungsinduktivität L_E im Bereich $L_E = 0 \dots 18$ nH mit $2\pi f L_E = 0 \dots 100\,\Omega$.

Abbildung 24.15 zeigt die Ortskurven der Impedanzen $Z_{g,anp}$ und $Z_{g,opt}$ bei ohmscher und induktiver Gegenkopplung. Die Ortskurven beginnen für $R_E = 0$ bzw. $L_E = 0$ in den Punkten $Z_{g,anp} = (43 + j73)\,\Omega$ und $Z_{g,opt} = (170 + j40)\,\Omega$ und verlaufen entsprechend den Pfeilen. Wir stellen fest:

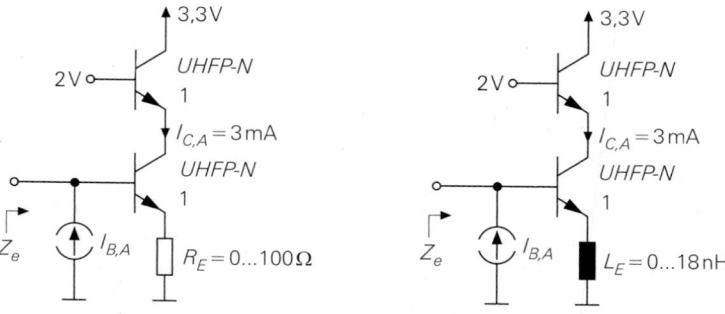

a ohmsche Stromgegenkopplung   **b** induktive Stromgegenkopplung

Abb. 24.14. Beispiel: Emitterschaltung mit Kaskode mit Transistoren UHFP-N der Größe 1 und einem Arbeitspunktstrom $I_{C,A} = 3$ mA. Die Betriebsfrequenz beträgt $f = 900$ MHz.

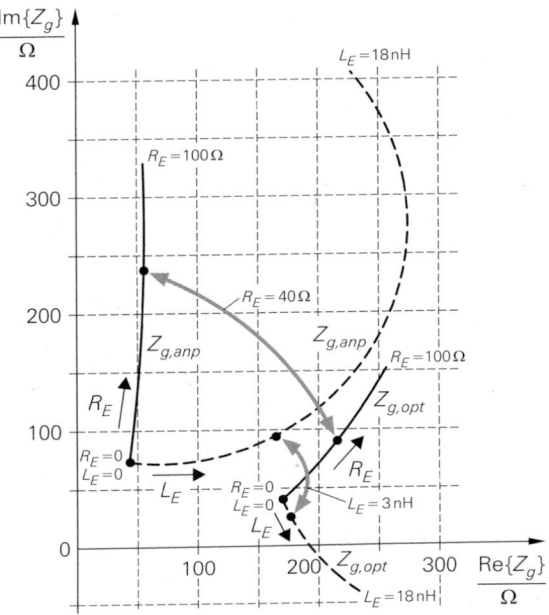

Abb. 24.15.
Beispiel: Ortskurven der Impedanzen $Z_{g,anp}$ für Leistungsanpassung und $Z_{g,opt}$ für Rauschanpassung bei ohmscher (R_E) und induktiver (L_E) Stromgegenkopplung. Die Doppelpfeile markieren die Werte für die Schaltungensbeispiele aus Abb. 24.17.

- Bei ohmscher Gegenkopplung bleibt der Realteil von $Z_{g,anp}$ wie erwartet etwa konstant; der Imaginärteil nimmt mit zunehmender Gegenkopplung zu, da die Eingangskapazität abnimmt. Der Abstand zur optimalen Quellenimpedanz $Z_{g,opt}$ nimmt mit zunehmender Gegenkopplung ebenfalls zu. Wir erwarten deshalb, dass auch die Rauschzahl mit zunehmender Gegenkopplung zunimmt, wie wir dies bereits bei niedrigen Frequenzen im letzten Abschnitt festgestellt haben.

- Bei induktiver Gegenkopplung nimmt zunächst nur der Realteil von $Z_{g,anp}$ zu, während der Imaginärteil etwa konstant bleibt; dadurch verläuft $Z_{g,anp}$ zunächst in Richtung $Z_{g,opt}$. Der Abstand zwischen $Z_{g,anp}$ und $Z_{g,opt}$ durchläuft ein Minimum und nimmt dann wieder zu. Wir erwarten deshalb, dass die Rauschzahl ebenfalls ein Minimum durchläuft.

Abbildung 24.16 zeigt die Verläufe der Rauschzahl F_{anp} bei Leistungsanpassung und der optimalen Rauschzahl F_{opt}. Bei ohmscher Gegenkopplung nimmt der Abstand zwischen der optimalen Rauschzahl F_{opt} und der Rauschzahl F_{anp} bei Leistungsanpassung erwartungsgemäß mit zunehmender Gegenkopplung zu; auch die optimale Rauschzahl F_{opt} nimmt zu, da sich das Rauschen des Gegenkopplungswiderstands immer stärker bemerkbar macht. Bei induktiver Gegenkopplung erhalten wir für $L_E \approx 3\,\mathrm{nH}$ das erwartete Minimum der Rauschzahl F_{anp} bei Leistungsanpassung; dabei wird die optimale Rauschzahl F_{opt} nahezu erreicht.

   Wir haben beide Varianten der Emitterschaltung mit Kaskode und eine Basisschaltung mit ohmscher Stromgegenkopplung für eine Verstärkung von $20\,\mathrm{dB}$ bei $f = 900\,\mathrm{MHz}$ dimensioniert. Die Eingänge haben wir an den Wellenwiderstand $Z_W = 50\,\Omega$ der externen Leitungen angepasst. Wir beschränken uns auf eine Anpassung mit idealen Elementen und weisen darauf hin, dass bei der praktischen Realisierung der Anpassnetzwerke auch der Einfluss des Gehäuses und der Bonddrähte berücksichtigt werden muss. An den Ausgängen

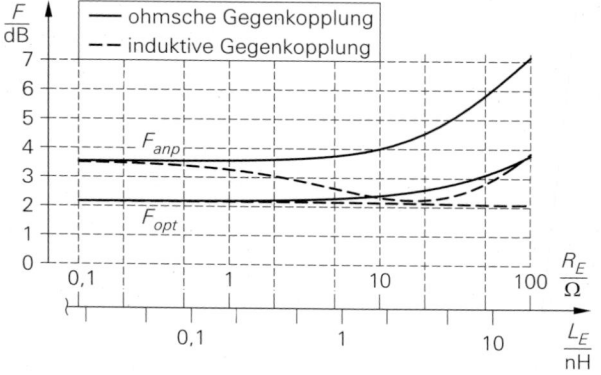

Abb. 24.16.
Beispiel: Rauschzahl F_{anp} bei Leistungsanpassung und optimale Rauschzahl F_{opt} für die Schaltungen aus Abb. 24.14

folgen weitere Stufen, deren Eingangsimpedanz einen ohmschen und einen kapazitiven Anteil besitzt. Wir nehmen an, dass der ohmsche Anteil bereits im Kollektorwiderstand R_C enthalten ist; den kapazitiven Anteil und die Ausgangskapazität der Kaskode stimmen wir mit der Kollektorinduktivität L_C auf Parallelresonanz bei $f = 900\,\text{MHz}$ ab. Auf eine zusätzliche Kapazität wie in Abb. 24.5 haben wir verzichtet.

Bei den Emitterschaltungen mit Kaskode verwenden wir die Anpassnetzwerke aus Abb. 23.21 auf Seite 1302. Bei der Basisschaltung verwenden wir das Collins-Filter aus Abb. 23.25 auf Seite 1305, weil wir in diesem Fall die Kapazität C_2 des Collins-Filters mit der Ausgangskapazität der Stromquelle I_0 zu einer gemeinsamen Kapazität C_0 zusammenfassen können. Bei der Dimensionierung sind wir iterativ vorgegangen:

- Wir haben den Eingang mit $50\,\Omega$ abgeschlossen und die Ausgangsimpedanz durch Variation von L_C auf Parallelresonanz bei $f = 900\,\text{MHz}$ abgestimmt.
- Wir haben das Anpassnetzwerk am Eingang entfernt, die Eingangsimpedanz ohne Anpassnetzwerk ermittelt und ein neues Anpassnetzwerk berechnet.
- Mit dem neuen Wert für L_C und dem neuen Anpassnetzwerk haben wir die Verstärkung ermittelt und durch Variation von R_C auf 20 dB eingestellt.

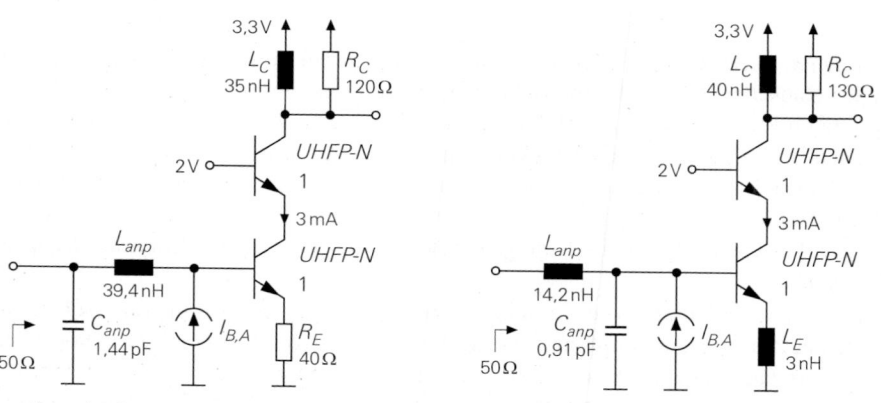

a ohmsche Stromgegenkopplung   **b** induktive Stromgegenkopplung

Abb. 24.17. Beispiel: Dimensionierte Emitterschaltungen mit Kaskode ($f = 900\,\text{MHz}$)

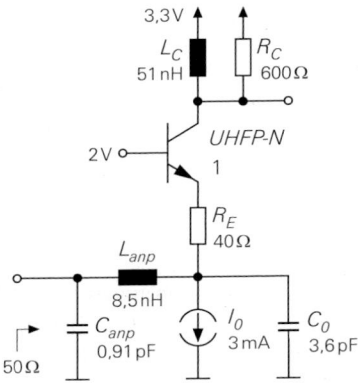

Abb. 24.18.
Beispiel: Dimensionierte Basisschaltung mit ohmscher Stromgegenkopplung ($f = 900\,\text{MHz}$)

Nach einigen Iterationen ändern sich die Werte praktisch nicht mehr.

Anschließend haben wir die Rauschzahl F, den Eingangs-Intercept-Punkt *IIP3* und die relative Inband-Dynamik

$$IDR_{rel}\,[\text{dB}] \;\sim\; 2\,(\,IIP3\,[\text{dBm}] \;-\; F\,[\text{dB}]\,)\,/\,3$$

ermittelt; Abb. 24.19 zeigt die Ergebnisse. Wie schon bei niedrigen Frequenzen zeigt sich die Basisschaltung auch hier überlegen, wenn eine hohe Inband-Dynamik gefordert ist; der Vorteil gegenüber der Emitterschaltung mit induktiver Gegenkopplung ist aber gering und wird mit einer relativ hohen Rauschzahl erkauft. In der Praxis muss man von Fall zu Fall entscheiden, ob die geringere Rauschzahl der Emitterschaltung mit induktiver Gegenkopplung oder die höhere Inband-Dynamik der Basisschaltung wichtiger ist. Die Emitterschaltung mit ohmscher Gegenkopplung besitzt deutlich schlechtere Parameter.

Wir vergleichen die Parameter der Schaltungen mit ohmscher Gegenkopplung noch mit den Ergebnissen des letzten Abschnitts. Für den Gegenkopplungsfaktor gilt:

$$SR_E \;=\; \frac{I_{C,A}}{U_T}\,R_E \;=\; \frac{3\,\text{mA}}{26\,\text{mV}} \cdot 40\,\Omega \;=\; 4{,}6$$

Für diesen Gegenkopplungsfaktor entnehmen wir aus Abb. 24.9 auf Seite 1333 für die Emitterschaltung die Werte $F \approx 6\,\text{dB}$ und $IIP3 \approx -10\,\text{dBm}$ und für die Basisschaltung $IIP3 \approx 10\,\text{dBm}$. Die Rauschzahl der Basisschaltung müssen wir mit (24.3) berechnen, da in unserem Beispiel $R_B = 40\,\Omega$ und $SR_B = 4{,}6$ gilt, während in Abb. 24.9 $SR_B = 1$ angenommen wurde; wir erhalten:

$$F \;\approx\; 1 + \frac{1 + 2SR_B + 2SR_E}{2(1 + SR_E)} \;=\; 1 + \frac{1 + 2\cdot 4{,}6 + 2\cdot 4{,}6}{2(1 + 4{,}6)} \;\approx\; 2{,}7 \;\approx\; 4{,}4\,\text{dB}$$

	Emitterschaltung Abb. 24.17a	Emitterschaltung Abb. 24.17b	Basisschaltung Abb. 24.18
Gegenkopplung	$R_E = 40\,\Omega$	$L_E = 3\,\text{nH}$	$R_E = 40\,\Omega$
Rauschzahl F	6,1 dB	2,8 dB	5,8 dB
Eingangs-Intercept-Punkt *IIP3*	$-9{,}7\,\text{dBm}$	-1 dBm	7,7 dBm
relative Inband-Dynamik IDR_{rel}	0 dB	8 dB	11,8 dB

Abb. 24.19. Beispiel: Simulierte Parameter der Schaltungen ($f = 900\,\text{MHz}$)

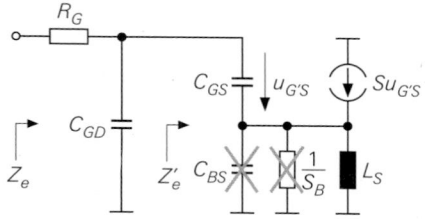

Abb. 24.20.
Vereinfachtes Kleinsignalersatzschaltbild für
den Eingangskreis bei einem Mosfet

Die Werte stimmen trotz der hohen Frequenz gut mit den simulierten Werten aus Abb. 24.19 überein; nur die Rauschzahl der Basisschaltung fällt zu niedrig aus, da wir in (24.3) den Einfluss des Kollektorwiderstands R_C nicht berücksichtigt haben, siehe (4.233) auf Seite 500. Auch bei der Emitterschaltung mit induktiver Gegenkopplung erreichen wir aufgrund des Kollektorwiderstands mit $F = 2,8\,\mathrm{dB}$ nicht den Wert $F = 2,2\,\mathrm{dB}$ aus Abb. 24.16.

24.1.3.2.3 Eingangsimpedanz und Anpassung bei einem Mosfet

Aufgrund der geringeren Nichtlinearität der Übertragungskennlinie ist die Gegenkopplung bei einem Mosfet normalerweise wesentlich geringer als bei einem Bipolartransistor. In den meisten Fällen ist die Impedanz Z_S in Abb. 24.12b so gering, dass man die Substrat-Steilheit S_B und die Bulk-Source-Kapazität C_{BS} für die prinzipiellen Überlegungen, die wir hier anstellen, vernachlässigen kann; dann erhält man bei induktiver Stromgegenkopplung das in Abb. 24.20 gezeigte vereinfachte Kleinsignalersatzschaltbild, das dem Kleinsignalersatzschaltbild des Bipolartransistors in Abb. 24.12a entspricht.

Für die innere Eingangsimpedanz gilt entsprechend dem induktiven Fall in (24.4) [6]:

$$Z'_e \approx \frac{1}{sC_{GS}} + \frac{SL_S}{C_{GS}} \overset{(3.49)}{\approx} \frac{\omega_T}{sS} + \omega_T L_S$$

Die Induktivität L_S erzeugt auch hier einen ohmschen Anteil $\omega_T L_S$. Da der Gatewiderstand R_G und die Gate-Drain-Kapazität C_{GD} klein sind, können wir für die Eingangsimpedanz Z_e die Näherung $Z_e \approx Z'_e$ verwenden. Bei Leistungsanpassung muss die Quellenimpedanz den Wert $Z_{g,anp} = Z^*_e$ haben; daraus folgt mit $Z_e \approx Z'_e$ und $s = j\omega$:

$$Z_{g,anp} \approx \omega_T L_S + j\,\frac{\omega_T}{\omega S} = 2\pi f_T L_S + j\,\frac{f_T}{Sf} \tag{24.5}$$

Aus (3.56) entnehmen wir die optimale Quellenimpedanz für eine Rauschanpassung ohne Gegenkopplung:

$$Z_{g,opt} \approx \frac{f_T}{Sf}\,(0,3 + j0,66)$$

Wenn wir annehmen, dass sich die optimale Quellenimpedanz durch die schwache Gegenkopplung nur wenig ändert, können wir die Realteile von $Z_{g,anp}$ und $Z_{g,opt}$ gleichsetzen und damit einen Schätzwert für die optimale Induktivität erhalten:

$$\mathrm{Re}\,\{Z_{g,anp}\} \overset{!}{=} \mathrm{Re}\,\{Z_{g,opt}\} \quad \Rightarrow \quad L_S \approx \frac{0,3}{2\pi f S} \approx \frac{0,05}{Sf} \tag{24.6}$$

Durch Einsetzen in (24.5) folgt

---

[6] Bei der Berechnung der Transitfrequenz $\omega_T = 2\pi f_T$ mit (3.49) nehmen wir $C_{GS} \gg C_{GD}$ an.

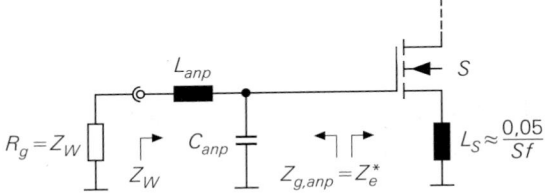

Abb. 24.21.
Leistungsanpassung mit näherungsweiser Rauschanpassung bei einem Mosfet mit der Steilheit S

$$Z_{g,anp} \approx \frac{f_T}{Sf}(0{,}3 + j)$$

und damit eine gute Übereinstimmung zwischen Leistungsanpassung und Rauschanpassung. Die Anpassung an den Wellenwiderstand Z_W der äußeren Leitungen erfolgt mit einem Anpassnetzwerk, siehe Abb. 24.21.

Man kann die Steilheit S so wählen, dass die Realteile von $Z_{g,anp}$ und $Z_{g,opt}$ dem Wellenwiderstand Z_W entsprechen:

$$\text{Re}\{Z_{g,anp}\} \overset{!}{=} \text{Re}\{Z_{g,opt}\} \overset{!}{=} Z_W \Rightarrow S \approx \frac{0{,}3\,f_T}{Z_W f} \quad, \quad L_S \approx \frac{Z_W}{2\pi f_T}$$

In diesem Fall entfällt die Kapazität C_{anp} in Abb. 24.21 und für die Induktivität gilt [7]:

$$L_{anp} \approx \frac{Z_W}{0{,}6\,\pi f}$$

Für $Z_W = 50\,\Omega$ ist jedoch die erforderliche Steilheit

$$S \approx \frac{0{,}3\,f_T}{Z_W f} \overset{Z_W = 50\,\Omega}{=} 6\,\text{mS} \cdot \frac{f_T}{f} \overset{f < f_T/5}{>} 30\,\text{mS}$$

sehr hoch; dadurch wird ein unverhältnismäßig hoher Arbeitspunktstrom benötigt. In der Praxis wird meist eine geringere Steilheit verwendet.

Während die Steilheit bei einem Bipolartransistor gemäß $S = I_{C,A}/U_T$ unmittelbar aus dem Arbeitspunktstrom $I_{C,A}$ folgt, haben wir bei einem Mosfet wegen

$$S \overset{(3.10)}{=} K\left(U_{GS,A} - U_{th}\right) \overset{(3.5)}{=} \frac{K_n' W}{L}\left(U_{GS,A} - U_{th}\right) \overset{L = L_{min}}{\sim} W\left(U_{GS,A} - U_{th}\right)$$

einen weiteren Freiheitsgrad, da wir die Kanalweite W und die Arbeitspunktspannung $U_{GS,A}$ unabhängig voneinander vorgeben können. Da die Kapazitäten eines Mosfets proportional zur Kanalweite W sind und das Verhältnis aus Steilheit und Eingangskapazität proportional zur Transitfrequenz ist, variieren wir damit die Transitfrequenz des Mosfets:

$$f_T \sim \frac{S}{C} \sim \frac{S}{W} \sim U_{GS,A} - U_{th}$$

Bei der Wahl der Parameter W und $U_{GS,A}$ müssen mehrere Aspekte berücksichtigt werden:

– Die optimale Rauschzahl F_{opt} nimmt mit zunehmender Transitfrequenz ab, siehe (3.57); demnach sollte die Transitfrequenz möglichst hoch sein. Allerdings nehmen die im Abschnitt 3.3.4 beschriebenen Rauschfaktoren bei großen Arbeitspunktspannungen $U_{GS,A}$

---

[7] In der Literatur wird dieser Fall bevorzugt behandelt. Wir halten ihn für nicht sinnvoll, da man in der Praxis keine Längs-Induktivität ohne Quer-Kapazitäten realisieren kann und zusätzlich die Kapazitäten des Bondpads und des Gehäuses berücksichtigt werden müssen.

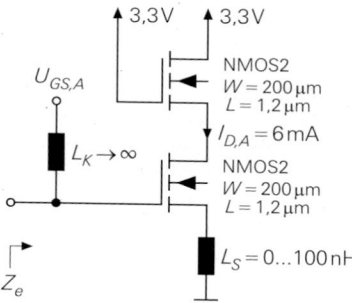

Abb. 24.22.
Beispiel: Sourceschaltung mit Kaskode und induktiver Stromgegenkopplung für $f = 900\,\mathrm{MHz}$

und den damit verbundenen hohen Stromdichten zu, so dass man ein von der Technologie abhängiges Optimum erhält.

- Mit zunehmender Transitfrequenz nimmt die Impedanz $Z_{g,anp}$ zu, siehe (24.5); dadurch wird die Anpassung an den Wellenwiderstand der externen Leitungen erschwert.
- Die Arbeitspunktspannung $U_{GS,A}$ muss so gewählt werden, dass der Arbeitspunkt im Abschnürbereich liegt: $U_{DS,A} > U_{DS,ab} = U_{GS,A} - U_{th}$; dadurch wird $U_{GS,A}$ vor allem bei niedrigen Betriebsspannungen nach oben begrenzt.

In der Praxis muss man einen geeigneten Kompromiss finden.

Beispiel: Wir betrachten die in Abb. 24.22 gezeigte Sourceschaltung mit Kaskode und induktiver Stromgegenkopplung. Die Betriebsfrequenz beträgt wieder $f = 900\,\mathrm{MHz}$. Wir haben eine relativ große Kanallänge L gewählt, damit wir die Rauschfaktoren für große Kanallängen und die Parameter des Mosfets NMOS2 aus unseren Bibliotheken für *PSpice* verwenden können. Den Arbeitspunkt haben wir mit $W = 200\,\mu\mathrm{m}$ und $U_{GS,A} = 1{,}83\,\mathrm{V}$ so eingestellt, dass der Arbeitspunktstrom $I_{D,A} \approx 6\,\mathrm{mA}$ beträgt; der Arbeitspunkt des unteren Mosfets liegt dabei bereits leicht im ohmschen Bereich.

Im Arbeitspunkt gilt $S = 9{,}5\,\mathrm{mS}$, $C_{GS} = 270\,\mathrm{fF}$ und $C_{GD} = 80\,\mathrm{fF}$ [8]; daraus folgt mit (3.49) die Transitfrequenz $f_T \approx 4{,}3\,\mathrm{GHz}$. Die Transitfrequenz ist relativ gering; wir können aber bei der gewählten Kanallänge keinen höheren Wert erzielen, da wir $U_{GS,A}$ nicht größer wählen können, ohne dass der untere Mosfet zu stark in den ohmschen Bereich gerät. Die geringe Transitfrequenz hat jedoch den Vorteil, dass der Betrag der Impedanz $Z_{g,anp}$ ebenfalls relativ gering ist, siehe (24.5); dadurch wird die Anpassung an $Z_W = 50\,\Omega$ erleichtert.

Wir haben wieder die Quellenimpedanz $Z_{g,anp}$ bei Leistungsanpassung und die optimale Quellenimpedanz $Z_{g,opt}$ bei Rauschanpassung ermittelt; Abb. 24.23 zeigt die Ergebnisse. Man erhält prinzipiell dieselben Verläufe wie bei der entsprechenden Schaltung mit Bipolartransistoren, siehe Abb. 24.15; auch die Verläufe der in Abb. 24.24 gezeigten Rauschzahlen F_{anp} und F_{opt} unterscheiden sich nicht prinzipiell von den Verläufen in Abb. 24.16. Für $L_S = 13\,\mathrm{nH}$ wird bei Leistungsanpassung mit $F_{anp} \approx 1\,\mathrm{dB}$ eine Rauschzahl erzielt, die nur geringfügig über der optimalen Rauschzahl $F_{opt} = 0{,}85\,\mathrm{dB}$ ohne Gegenkopplung liegt. Aus (24.6) erhalten wir den relativ guten Schätzwert $L_S \approx 6\,\mathrm{nH}$.

Abbildung 24.25 zeigt die dimensionierte Schaltung. Wir sind dabei genauso vorgegangen wie bei den Schaltungen mit Bipolartransistoren im letzten Abschnitt. Die Verstärkung beträgt wieder $20\,\mathrm{dB}$. Für die Rauschzahl erhält man mit *PSpice* [8] den Wert $F = 1{,}6\,\mathrm{dB}$. Die Modellierung des Rauschens eines Mosfets entspricht in dieser Version aber nicht

---

[8] Diese Werte haben wir der OUT-Datei von *PSpice* entnommen.

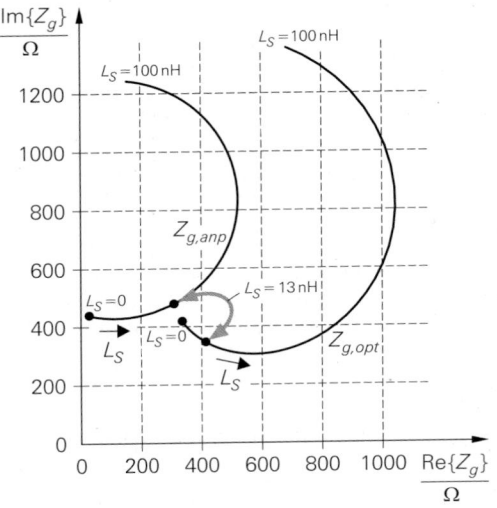

Abb. 24.23.
Beispiel: Ortskurven der Impedanzen $Z_{g,anp}$ für Leistungsanpassung und $Z_{g,opt}$ für Rauschanpassung für die Sourceschaltung mit Kaskode und induktiver Stromgegenkopplung aus Abb. 24.22

dem aktuellen Stand, den wir im Abschnitt 3.3.4 beschrieben haben; deshalb müssen wir diesen Wert als ungenau betrachten. Für den Eingangs-Intercept-Punkt haben wir den Wert $IIP3 = -8\,\text{dBm}$ ermittelt.

24.1.3.2.4 Vergleich von Bipolartransistor und Mosfet

Bezüglich der Rauschzahl ist der Mosfet dem Bipolartransistor überlegen. Die optimale Rauschzahl eines Bipolartransistors ist durch den Basisbahnwiderstand und die Stromverstärkung nach unten begrenzt und liegt bereits bei niedrigen Frequenzen über 1 dB; dagegen geht die optimale Rauschzahl eines Mosfets bei mittleren Frequenzen ($f_{g(1/f)} \ll f \ll f_T$) gegen 0 dB, d.h. das Rauschen des Mosfets macht sich nicht bemerkbar. Bei $f \approx f_T/10$ liegt die optimale Rauschzahl eines Bipolartransistors im Bereich von 2 dB, die eines Mosfets im Bereich von 0,5 dB. Man kann demnach mit einem Mosfet eine um 1 ... 2 dB geringere Rauschzahl erzielen.

Bei den praktisch wichtigen Ausführungen mit induktiver Stromgegenkopplung ergibt sich der Wert der Gegenkopplungs-Induktivität aus dem Minimum der Rauschzahl und nicht – wie sonst bei Gegenkopplungen üblich – aus Forderungen bezüglich der

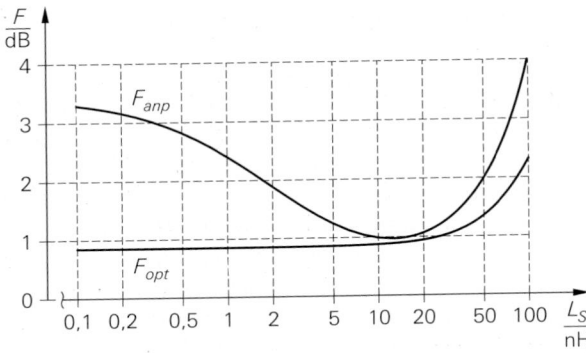

Abb. 24.24.
Beispiel: Rauschzahl F_{anp} bei Leistungsanpassung und optimale Rauschzahl F_{opt} für die Sourceschaltung mit Kaskode und induktiver Stromgegenkopplung aus Abb. 24.22

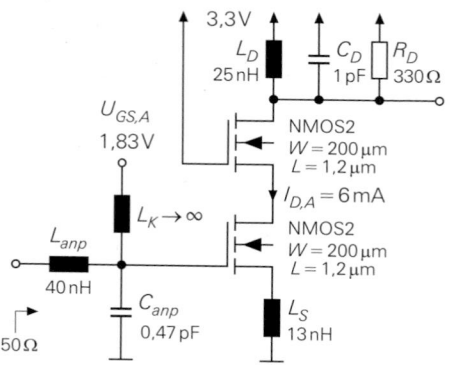

Abb. 24.25.
Beispiel: Dimensionierte Sourceschaltung mit Kaskode und induktiver Stromgegenkopplung für $f = 900\,\text{MHz}$

Linearität. Bei typischen Emitterschaltungen führt die induktive Stromgegenkopplung in der Regel zu einer deutlichen Verbesserung der Linearität, ausgedrückt durch einen entsprechend hohen Eingangs-Intercept-Punkt *IIP3*; bei typischen Sourceschaltungen ist das nicht der Fall. Deshalb sind sowohl der Eingangs-Intercept-Punkt *IIP3* als auch der Inband-Dynamikbereich *IDR* bei einer Emitterschaltung üblicherweise größer als bei einer Sourceschaltung. Auch bei unseren Beispielen ist dies der Fall: *IIP3* = −1 dBm für die Emitterschaltung in Abb. 24.17b im Vergleich zu *IIP3* = − 8 dBm für die Sourceschaltung in Abb. 24.25. Den höchsten *IIP3* und den größten Inband-Dynamikbereich erzielt jedoch die Basisschaltung aus Abb. 24.18.

Wir können also festhalten:

– Die geringste Rauschzahl erzielt man mit der Sourceschaltung, gefolgt von der Emitterschaltung und der Basisschaltung.
– Beim Eingangs-Intercept-Punkt und beim Inband-Dynamikbereich ist die Reihenfolge genau umgekehrt; hier erzielt man mit der Basisschaltung die höchsten Werte, gefolgt von der Emitterschaltung und der Sourceschaltung.

Daraus folgt mit Hinblick auf die Mobilkommunikation:

– In den Mobilgeräten ist aufgrund der schlechten Antennen die Empfindlichkeit und damit eine niedrige Rauschzahl besonders wichtig; hier ist die Sourceschaltung vorteilhaft.
– In den Basisstationen ist der Dynamikbereich besonders wichtig; hier wird man die Emitterschaltung oder die Basisschaltung verwenden.

24.2 Hochfrequenz-Verstärker mit Einzeltransistoren

Abbildung 24.1b auf Seite 1322 zeigt den prinzipiellen Aufbau eines Hochfrequenz-Verstärkers mit einem Einzeltransistor. Man erkennt, dass sich die Schaltungstechnik grundlegend von der des in Abb. 24.1a gezeigten integrierten Verstärkers unterscheidet. Der eigentliche Verstärker besteht aus einem Bipolartransistor in Emitterschaltung und einer Beschaltung zur Arbeitspunkteinstellung, die in Abb. 24.1b symbolisch durch die beiden Stromquellen $I_{B,A}$ und $I_{C,A}$ dargestellt ist; auf deren praktische Realisierung gehen wir später noch näher ein. Anstelle eines Bipolartransistors kann auch ein Feldeffekttransistor eingesetzt werden. Vor und nach dem Transistor werden Koppelkondensatoren eingesetzt, damit der Arbeitspunkt nicht durch die weitere Beschaltung beeinflusst wird; daran schließen sich die Netzwerke zur Anpassung an den Wellenwiderstand der Signalleitungen an.

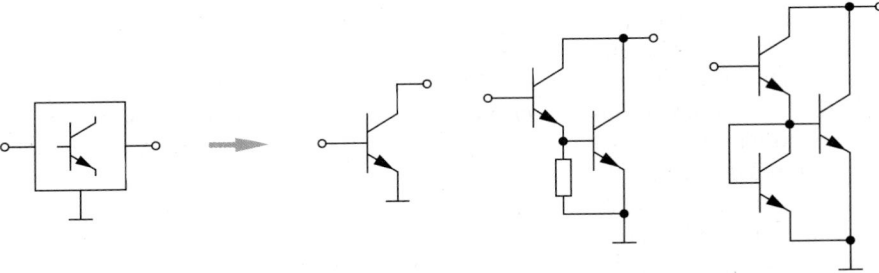

a Symbol und Ausführungen

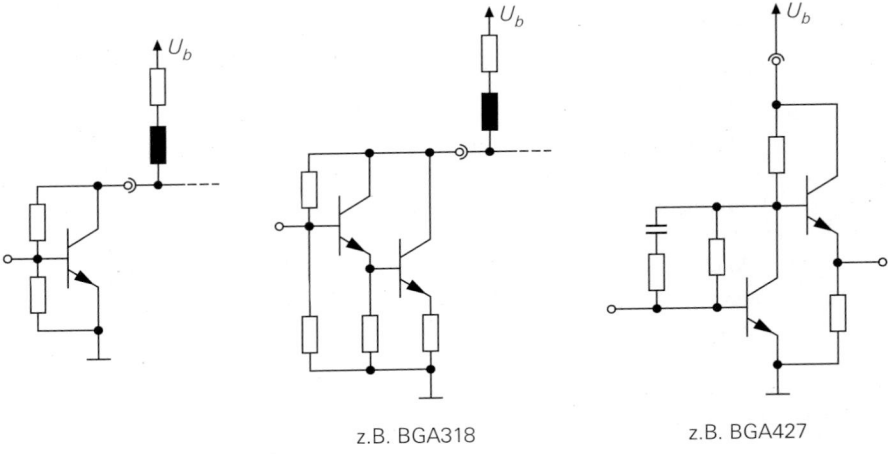

z.B. BGA318   z.B. BGA427

b Ausführungen mit zusätzlichen Elementen zur Arbeitspunkteinstellung

Abb. 24.26. Verallgemeinerter Einzeltransistor

In Abb. 24.1b werden π-Glieder (Collins-Filter) mit einer Längsinduktivität und zwei Querkapazitäten zur Anpassung verwendet.

24.2.1 Verallgemeinerter Einzeltransistor

Die Bezeichnung *Einzeltransistor* ist nicht im strengen Sinne zu verstehen, da die in der Praxis verwendeten Bauteile häufig mehrere Transistoren sowie zusätzliche Widerstände und Kapazitäten zur Vereinfachung der Arbeitspunkteinstellung enthalten. Wir nennen diese Bauteile *verallgemeinerte Einzeltransistoren*[9].

Abbildung 24.26a zeigt das Symbol und die wichtigsten Ausführungen eines verallgemeinerten Einzeltransistors ohne Zusätze zur Arbeitspunkteinstellung; dabei wird häufig die Darlington-Schaltung verwendet, um eine höhere Stromverstärkung bei hohen Frequenzen zu erzielen. In Abb. 24.26b sind einige typische Ausführungen mit Zusätzen zur Arbeitspunkteinstellung gezeigt; dabei kann die links dargestellte Variante in glei-

---

[9] In diesem Zusammenhang ergibt sich eine Verbindung zum CC-Operationsverstärker, der ebenfalls als verallgemeinerter Einzeltransistor aufgefasst werden kann, siehe Abschnitt 5.8 sowie die Abbildungen 5.124 bis 5.130.

cher Weise für die Darlington-Schaltungen aus Abb. 24.26a verwendet werden. Durch die Widerstände erhält man eine Spannungsgegenkopplung, die jedoch bei ausreichend hochohmiger Dimensionierung bei hohen Frequenzen praktisch unwirksam wird, wenn die Impedanz der Kollektor-Basis-Kapazität auf vergleichbare Werte abgenommen hat. Als äußeres Arbeitselement wird eine Spule verwendet, deren Induktivität so gewählt wird, dass sie bei der Arbeitsfrequenz als Leerlauf aufgefasst werden kann; dadurch erfolgt eine Trennung zwischen dem signalführenden und dem Gleichstrompfad. Bei der in Abb. 24.26b in der Mitte dargestellten Ausführung ist zusätzlich ein Emitterwiderstand zur Stromgegenkopplung enthalten; sie eignet sich deshalb besonders gut für breitbandige Verstärker oder Verstärker mit besonderen Anforderungen an die Linearität.

Die in Abb. 24.26b rechts dargestellte Variante besteht aus einer Emitterschaltung mit Spannungsgegenkopplung, auf die eine Kollektorschaltung folgt. Sie gehört streng genommen nicht mehr zu den verallgemeinerten Einzeltransistoren, da sie, wie der integrierte Verstärker in Abb. 24.1b, aus einem Spannungsverstärker (Emitterschaltung) und einem Stromverstärker (Kollektorschaltung) besteht. Wir haben sie hier dennoch aufgenommen, da sie üblicherweise in einem für Einzeltransistoren typischen Gehäuse angeboten wird. Die Spannungsgegenkopplung besteht häufig aus zwei Widerständen und einer Kapazität. Bezüglich der Arbeitspunkteinstellung wirkt nur der direkt zwischen Basis und Kollektor angeschlossene Widerstand; mit ihm wird die Kollektorspannung im Arbeitspunkt eingestellt. Die Kapazität ist so dimensioniert, dass sie bei der Betriebsfrequenz als Kurzschluss betrachtet werden kann; dann wird die Parallelschaltung der beiden Widerstände wirksam.

Die Ausführungen in Abb. 24.26 werden zu den niedrig integrierten Schaltungen gezählt und als *integrierte Mikrowellenschaltungen* (*monolithic microwave integrated circuits*, MMIC) bezeichnet. Sie werden in Silizium- (Si-MMIC), Silizium-Germanium- (SiGe-MMIC) oder Gallium-Arsenid-Technologie (GaAs-MMIC) hergestellt und sind für Frequenzen bis 20 GHz geeignet.

24.2.2 Arbeitspunkteinstellung

Die Arbeitspunkteinstellung erfolgt prinzipiell genauso wie bei Niederfrequenz-Transistoren. Allerdings versucht man bei Hochfrequenz-Transistoren, die zur Arbeitspunkteinstellung benötigten Widerstände bei der Betriebsfrequenz unwirksam zu machen, da sie sich ungünstig auf die Verstärkung und die Rauschzahl auswirken. Dazu werden zusätzlich zu den Widerständen eine oder mehrere Induktivitäten eingesetzt, die bezüglich der Arbeitspunkteinstellung als Kurzschluss, bei der Betriebsfrequenz dagegen näherungsweise als Leerlauf angesehen werden können.

Wir beschreiben die Arbeitspunkteinstellung im folgenden am Beispiel eines Bipolartransistors. Die beschriebenen Schaltungen können in gleicher Weise auch für Feldeffekttransistoren verwendet werden.

24.2.2.1 Gleichstromgegenkopplung

Wendet man das oben genannte Prinzip auf die in Abb. 2.77a auf Seite 124 gezeigte Arbeitspunkteinstellung mit Gleichstromgegenkopplung an, erhält man die in Abb. 24.27a gezeigte Schaltung, bei der die Basis des Transistors über die Induktivität L_B und der Kollektor über die Induktivität L_C hochfrequenzmäßig entkoppelt ist. Auf einen Kollektorwiderstand kann man in diesem Fall verzichten; dann fällt im Kollektorkreis keine Gleichspannung ab, so dass die Schaltung besonders gut für geringe Versorgungsspannungen geeignet ist. Im Extremfall kann man R_1 und R_2 entfernen und den freiwerdenden

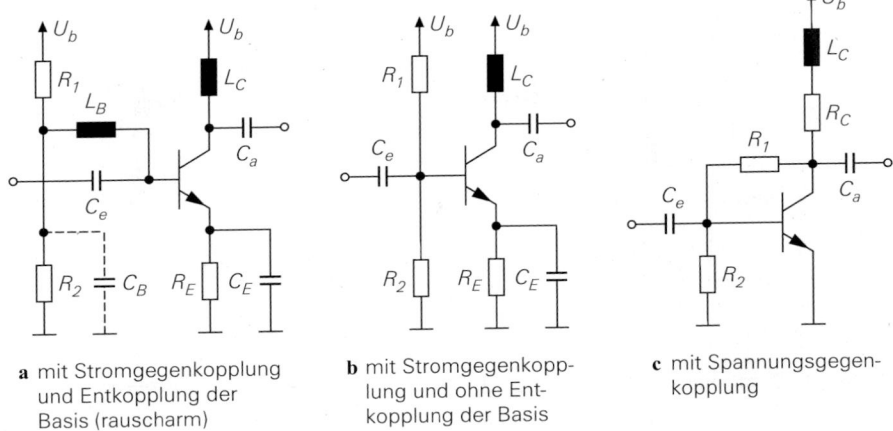

a mit Stromgegenkopplung und Entkopplung der Basis (rauscharm)

b mit Stromgegenkopplung und ohne Entkopplung der Basis

c mit Spannungsgegenkopplung

Abb. 24.27. Arbeitspunkteinstellung bei Hochfrequenz-Transistoren

Anschluss von L_B direkt mit der Versorgungsspannung verbinden; der Transistor arbeitet dann mit $U_{BE,A} = U_{CE,A}$. Aufgrund der Entkopplung der Basis wirkt sich das Rauschen der Widerstände R_1 und R_2 bei der Betriebsfrequenz nur sehr gering auf die Rauschzahl des Verstärkers aus; diese Art der Arbeitspunkteinstellung ist demnach besonders rauscharm. Dies gilt vor allem dann, wenn man zusätzlich eine Kapazität C_B einfügt, die bei der Betriebsfrequenz näherungsweise als Kurzschluss wirkt. Wenn eine geringfügige Zunahme der Rauschzahl unkritisch ist, kann man auf die Entkopplung der Basis verzichten und die Schaltung in Abb. 24.27b verwenden.

Mit zunehmender Frequenz wird die Entkopplung immer schwieriger, da die Eigenschaften der zur Realisierung der Induktivitäten eingesetzten Spulen immer schlechter werden. Damit der Betrag der Impedanz möglichst hoch wird, wählt man eine Spule, deren Resonanzfrequenz möglichst gut mit der Betriebsfrequenz übereinstimmt; damit erzielt man näherungsweise die Resonanzimpedanz, die allerdings mit zunehmender Resonanzfrequenz abnimmt, wie Abb. 23.4 auf Seite 1287 zeigt. Deshalb werden die Induktivitäten im GHz-Bereich durch Streifenleitungen der Länge $\lambda/4$ ersetzt. Diese Leitungen sind an ihrem Transistor-fernen Ende durch die Kapazität C_B bzw. durch die Verbindung mit der Versorgungsspannung kleinsignalmäßig kurzgeschlossen und wirken deshalb an ihrem Transistor-nahen Ende als Leerlauf.

Besonders problematisch ist die Kapazität C_E, die bei der Betriebsfrequenz möglichst gut als Kurzschluss wirken muss. Auch hier versucht man, zur Realisierung einen Kondensator zu verwenden, dessen Resonanzfrequenz möglichst gut mit der Betriebsfrequenz übereinstimmt; dadurch erreicht man Impedanzen, deren Betrag in der Größenordnung des Serienwiderstands des Kondensators liegen (typ. $0,2\,\Omega$). Mit zunehmender Resonanzfrequenz nimmt jedoch die Resonanzgüte der Kondensatoren zu, siehe Abb. 23.5 auf Seite 1289; dadurch wird diese Abstimmung immer schwieriger. Alternativ könnte man eine leerlaufende Streifenleitung der Länge $\lambda/4$ einsetzen, die Transistor-seitig als Kurzschluss wirkt; aufgrund der unvermeidlichen Abstrahlung am leerlaufenden Ende (Antennen-Effekt) ist diese Lösung allerdings nicht praktikabel. Eine kurzgeschlossene Streifenleitung scheidet ebenfalls aus, da sie gleichstrommäßig als Kurzschluss wirkt und dadurch den Widerstand R_E kurzschließt. Aufgrund dieser Problematik wird die Gleich-

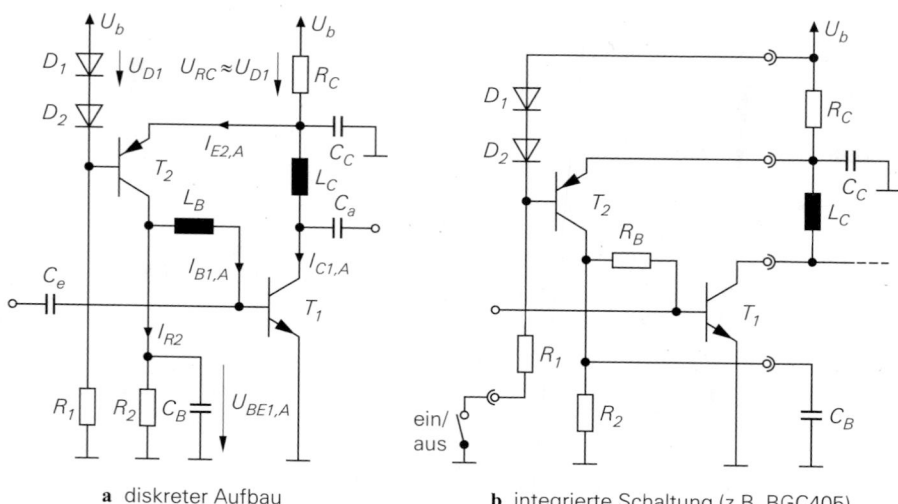

a diskreter Aufbau   **b** integrierte Schaltung (z.B. BGC405)

Abb. 24.28. Arbeitspunktregelung

stromgegenkopplung nur im MHz-Bereich verwendet; im GHz-Bereich muss man den Emitter-Anschluss des Transistors direkt mit Masse verbinden.

24.2.2.2 Gleichspannungsgegenkopplung

Abbildung 24.27c zeigt die Arbeitspunkteinstellung mit Gleichspannungsgegenkopplung. Sie wird in dieser Form in vielen integrierten Mikrowellenschaltungen eingesetzt, siehe Abb. 24.26b. Ein Kollektorwiderstand R_C ist hier unbedingt erforderlich, damit die Gegenkopplung wirksam werden kann und ein stabiler Arbeitspunkt erzielt wird. Der Kollektor wird durch die Induktivität L_C entkoppelt, damit der Ausgang bei der Betriebsfrequenz nicht durch den Kollektorwiderstand belastet wird. Eine Entkopplung der Basis kann dadurch erfolgen, dass man die Widerstände R_1 und R_2 mit Serien-Induktivitäten versieht; davon wird jedoch in der Praxis kein Gebrauch gemacht. Nachteilig ist die Zunahme der Rauschzahl aufgrund der Rauschbeiträge von R_1 und R_2; man kann sie durch eine hochohmige Dimensionierung klein halten.

24.2.2.3 Arbeitspunktregelung

In diskret aufgebauten und integrierten Verstärkern wird häufig die in Abb. 24.28 gezeigte Arbeitspunktregelung eingesetzt; dabei wird der Kollektorstrom des Hochfrequenz-Transistors T_1 über den Spannungsabfall U_{RC} am Kollektorwiderstand R_C gemessen und mit einem Sollwert U_{D1} verglichen. Der Transistor T_2 regelt die Basisspannung des Transistors T_1 so, dass $U_{RC} \approx U_{D1} \approx 0{,}7$ V gilt.

Wir betrachten zunächst die Schaltung in Abb. 24.28a. Es gilt:

$$U_{RC} = \left(I_{C1,A} + I_{E2,A} \right) R_C \ , \ U_{BE1,A} = I_{R2} R_2 \ , \ I_{E2,A} \overset{I_{B2,A} \approx 0}{\approx} I_{B1,A} + I_{R2}$$

Daraus folgt:

$$U_{RC} = \left(I_{C1,A} + I_{B1,A} + \frac{U_{BE1,A}}{R_2} \right) R_C \overset{I_{C1,A} \gg I_{B1,A}}{\approx} \left(I_{C1,A} + \frac{U_{BE1,A}}{R_2} \right) R_C$$

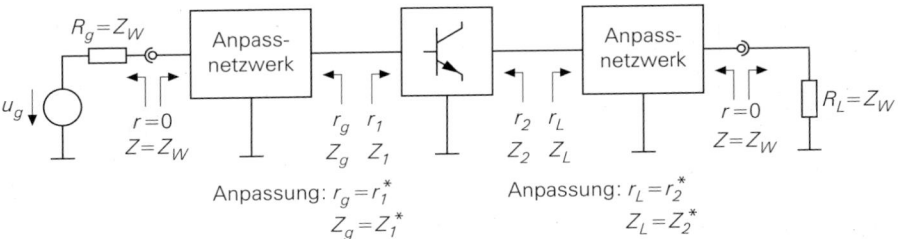

Abb. 24.29. Bedingungen für eine beidseitige Anpassung

Wenn die Emitter-Basis-Spannung des Transistors T_2 etwa der Spannung an der Diode D_2 entspricht, erhält man:

$$U_{RC} \approx U_{D1} \quad \Rightarrow \quad I_{C1,A} \approx \frac{U_{D1}}{R_C} - \frac{U_{BE1,A}}{R_2} \approx 0{,}7\,\mathrm{V}\left(\frac{1}{R_C} - \frac{1}{R_2}\right)$$

In der Praxis gilt meist $R_2 \gg R_C$; dann gilt $I_{C1,A} \approx 0{,}7\,\mathrm{V}/R_C$.

Der Regelkreis muss eine ausgeprägte Tiefpass-Charakteristik 1. Grades erhalten, damit die Stabilität gewährleistet ist; dazu dient die Kapazität C_B. Sie wird so gewählt, dass die Grenzfrequenz

$$f_g = \frac{1}{2\pi C_B\,(R_2 \,\|\, r_{BE1})}$$

mindestens um den Faktor 10^4 unter der Betriebsfrequenz liegt.

Abbildung 24.28b zeigt die Arbeitspunktregelung am Beispiel einer integrierten Schaltung; dabei müssen die Elemente L_C und C_B extern realisiert werden. Die Induktivität L_B wird üblicherweise durch einen Widerstand ersetzt; dadurch ändert sich der Arbeitspunkt geringfügig. Der Widerstand R_C wird häufig extern realisiert, damit man den Ruhestrom einstellen kann. Diese Einstellung ist notwendig, da der bezüglich Verstärkung oder Rauschzahl optimale Ruhestrom von der Betriebsfrequenz abhängt. Darüber hinaus wird der Masse-seitige Anschluss des Widerstands R_1 nach außen geführt; dadurch kann man den Verstärker mit einem Schalter ein- und ausschalten.

24.2.3 Anpassung einstufiger Verstärker

Die Berechnung der Anpassnetzwerke für einen Verstärker mit einem verallgemeinerten Einzeltransistor ist aufwendig, da die Ein- und Ausgangsimpedanzen aufgrund der relativ starken Rückwirkung von der Beschaltung am jeweils anderen Anschluss abhängen. Die Berechnung erfolgt gewöhnlich auf der Basis der S-Parameter des Transistors *einschließlich* der Arbeitspunkteinstellung.

24.2.3.1 Bedingungen für die Anpassung

Abbildung 24.29 zeigt den Transistor mit den Anpassnetzwerken und den Reflexionsfaktoren an den verschiedenen Stellen. Die Reflexionsfaktoren an der Signalquelle und der Last sind jeweils Null, da an diesen Stellen Anpassung vorliegt. Am Eingang des Transistors erhält man den durch das eingangsseitige Anpassnetzwerk von Null auf r_g transformierten Reflexionsfaktor der Signalquelle, dem der Eingangsreflexionsfaktor r_1 des Transistors gegenübersteht. Entsprechend erhält man am Ausgang des Transistors den

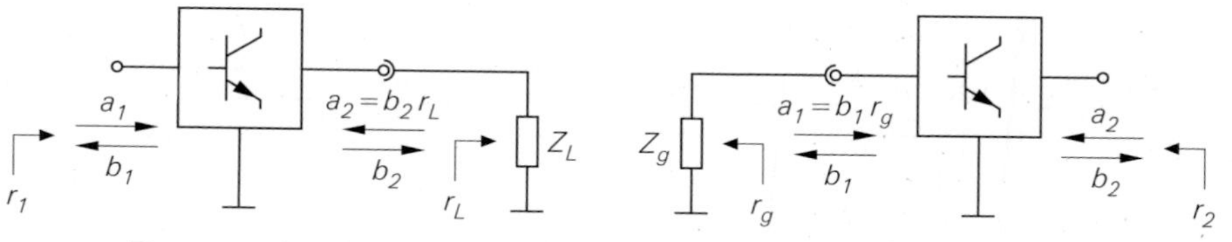

a Eingangsreflexionsfaktor r_1 **b** Ausgangsreflexionsfaktor r_2

Abb. 24.30. Berechnung der Reflexionsfaktoren des beschalteten Transistors

durch das ausgangsseitige Anpassnetzwerk von Null auf r_L transformierten Reflexionsfaktor der Last, dem der Ausgangsreflexionsfaktor r_2 des Transistors gegenübersteht. Im Falle der beidseitigen Anpassung müssen die jeweiligen Reflexionsfaktoren konjugiert komplex zueinander sein:

$$r_g = r_1^* \quad , \quad r_L = r_2^* \tag{24.7}$$

In diesem Fall sind die zugehörigen Impedanzen ebenfalls konjugiert komplex zueinander:

$$Z_g = Z_W \frac{1 + r_g}{1 - r_g} \overset{r_g = r_1^*}{=} Z_W \frac{1 + r_1^*}{1 - r_1^*} = Z_1^*$$

$$Z_L = Z_W \frac{1 + r_L}{1 - r_L} \overset{r_L = r_2^*}{=} Z_W \frac{1 + r_2^*}{1 - r_2^*} = Z_2^*$$

Dadurch sind die Bedingungen für eine Leistungsanpassung erfüllt.

24.2.3.2 Reflexionsfaktoren des Transistors

Die Reflexionsfaktoren r_1 und r_2 des Transistors hängen aufgrund der Rückwirkung ihrerseits von r_L und r_g ab, siehe Abb. 24.30. Für den Transistor einschließlich der Arbeitspunkteinstellung gilt:

$$\begin{bmatrix} b_1 \\ b_2 \end{bmatrix} = \begin{bmatrix} S_{11} & S_{12} \\ S_{21} & S_{22} \end{bmatrix} \begin{bmatrix} a_1 \\ a_2 \end{bmatrix}$$

Daraus erhält man den Eingangsreflexionsfaktor r_1 bei ausgangsseitiger Beschaltung mit einer Last mit dem Reflexionsfaktor r_L, indem man die Bedingung $a_2 = b_2 r_L$ aus Abb. 24.30a einsetzt und nach $r_1 = b_1/a_1$ auflöst. Entsprechend setzt man zur Berechnung des Ausgangsreflexionsfaktors r_2 bei eingangsseitiger Beschaltung mit einer Quelle mit dem Reflexionsfaktor r_g die Bedingung $a_1 = b_1 r_g$ aus Abb. 24.30b ein und löst nach $r_2 = b_2/a_2$ auf. Man erhält:

$$r_1 = S_{11} + \frac{S_{12} S_{21} r_L}{1 - S_{22} r_L} \tag{24.8}$$

$$r_2 = S_{22} + \frac{S_{12} S_{21} r_g}{1 - S_{11} r_g} \tag{24.9}$$

Ohne Rückwirkung ($S_{12} = 0$) besteht keine gegenseitige Abhängigkeit; dann gilt $r_1 = S_{11}$ und $r_2 = S_{22}$.

24.2.3.3 Berechnung der Anpassung

Setzt man die Bedingungen (24.7) in (24.8) und (24.9) ein, erhält man nach aufwendiger Rechnung die Reflexionsfaktoren r_g und r_L bei Anpassung [24.1]:

$$r_{g,a} = \frac{B_1 \pm \sqrt{B_1^2 - 4|C_1|^2}}{2C_1} \tag{24.10}$$

$$r_{L,a} = \frac{B_2 \pm \sqrt{B_2^2 - 4|C_2|^2}}{2C_2} \tag{24.11}$$

Dabei gilt:

$$B_1 = 1 + |S_{11}|^2 - |S_{22}|^2 - |\Delta_S|^2$$

$$B_2 = 1 - |S_{11}|^2 + |S_{22}|^2 - |\Delta_S|^2$$

$$C_1 = S_{11} - \Delta_S S_{22}^*$$

$$C_2 = S_{22} - \Delta_S S_{11}^*$$

$$\Delta_S = S_{11}S_{22} - S_{12}S_{21}$$

In (24.10) und (24.11) gilt für $B_1 > 0$ bzw. $B_2 > 0$ das Minus-Zeichen, für $B_1 < 0$ bzw. $B_2 < 0$ das Plus-Zeichen.

24.2.3.4 Stabilität bei der Betriebsfrequenz

Damit der Verstärker stabil ist, muss

$$|r_{g,a}| < 1 \quad , \quad |r_{L,a}| < 1$$

gelten; dann sind die Realteile der Impedanzen positiv:

$$\mathrm{Re}\{Z_g\} = \mathrm{Re}\{Z_1\} > 0 \quad , \quad \mathrm{Re}\{Z_L\} = \mathrm{Re}\{Z_2\} > 0$$

Man kann zeigen, dass dies genau dann der Fall ist, wenn für den *Stabilitätsfaktor (k-Faktor)*

$$k = \frac{1 + |S_{11}S_{22} - S_{12}S_{21}|^2 - |S_{11}|^2 - |S_{22}|^2}{2|S_{12}S_{21}|} > 1 \tag{24.12}$$

gilt und die Nebenbedingungen

$$|S_{12}S_{21}| < 1 - |S_{11}|^2 \quad , \quad |S_{12}S_{21}| < 1 - |S_{22}|^2 \tag{24.13}$$

erfüllt sind [24.1].

Ohne Rückwirkung ($S_{12} = 0$) gilt $k \to \infty$. Die Nebenbedingungen fordern in diesem Fall $|S_{11}| < 1$ und $|S_{22}| < 1$, d.h. die Realteile der Ein- und der Ausgangsimpedanz des Transistors einschließlich der Arbeitspunkteinstellung müssen größer Null sein. Demnach kann man einen rückwirkungsfreien Transistor genau dann beidseitig anpassen, wenn die Realteile der Impedanzen größer Null sind. Mit Rückwirkung ($S_{12} \neq 0$) werden die Nebenbedingungen schärfer; positive Realteile der Ein- und Ausgangsimpedanz reichen dann nicht mehr aus. In diesem Fall ist jedoch die Bedingung $k > 1$ meist schärfer als die Nebenbedingungen, d.h. die Nebenbedingungen sind erfüllt, $k > 1$ dagegen nicht.

24.2.3.5 Berechnung der Anpassnetzwerke

Wenn die Bedingungen (24.12) und (24.13) erfüllt sind, kann man mit Hilfe der Reflexionsfaktoren $r_{g,a}$ und $r_{L,a}$ aus (24.10) und (24.11) die Anpassnetzwerke ermitteln. Dazu berechnet man zunächst die Ein- und die Ausgangsimpedanz des Transistors mit Arbeitspunkteinstellung bei Anpassung:

$$Z_{1,a} = Z_W \frac{1 + r_{1,a}}{1 - r_{1,a}} \overset{r_{1,a} = r_{g,a}^*}{=} Z_W \frac{1 + r_{g,a}^*}{1 - r_{g,a}^*} \tag{24.14}$$

$$Z_{2,a} = Z_W \frac{1 + r_{2,a}}{1 - r_{2,a}} \overset{r_{2,a} = r_{L,a}^*}{=} Z_W \frac{1 + r_{L,a}^*}{1 - r_{L,a}^*} \tag{24.15}$$

Für diese Impedanzen kann man nun mit den im Abschnitt 23.3 beschriebenen Verfahren die Anpassnetzwerke berechnen.

Wenn die Bedingungen (24.12) und (24.13) nicht erfüllt sind, ist keine eindeutige Vorgehensweise möglich. Man muss in diesem Fall ein- oder ausgangsseitig eine Fehlanpassung in Kauf nehmen; dabei stellt sich das Problem, geeignete Reflexionsfaktoren r_g und r_L zu finden, für die die Fehlanpassung möglichst klein ist und die gleichzeitig einen ausreichend stabilen Betrieb ermöglichen. In [24.1] wird ein Verfahren auf der Basis von Stabilitätskreisen beschrieben, auf das wir hier nicht näher eingehen. Ein vergleichsweise einfaches Verfahren besteht darin, den Transistor ein- oder ausgangsseitig mit zusätzlichen Lastwiderständen zu beschalten, so dass die S-Parameter des derart beschalteten Transistors die Bedingungen (24.12) und (24.13) erfüllen. Es hängt jedoch vom Anwendungsfall ab, ob man damit insgesamt ein besseres Ergebnis erzielt als mit einer unter Umständen geringen Fehlanpassung.

24.2.3.6 Stabilität im ganzen Frequenzbereich

Die Stabilitätsbedingungen (24.12) und (24.13) garantieren nur die Stabilität bei der Betriebsfrequenz, für die die Anpassnetzwerke ermittelt werden. Damit ist jedoch noch keineswegs sichergestellt, dass der Verstärker bei allen Frequenzen stabil ist. Letzteres kann man mit einem Testaufbau oder durch eine Simulation des Kleinsignalfrequenzgangs über den ganzen Frequenzbereich von Null bis über die Transitfrequenz des Transistors hinaus überprüfen. Bei der Messung des Kleinsignalfrequenzgangs mit einem Netzwerkanalysator ist zu beachten, dass der Verstärker in diesem Fall breitbandig mit $R_g = Z_W$ und $R_L = Z_W$ beschaltet ist; dagegen kann am Einsatzort des Verstärkers ebenfalls nur eine schmalbandige Anpassung vorliegen, die abseits der Betriebsfrequenz ein instabiles Verhalten verursachen kann, d.h. Stabilität am Netzwerkanalysator bedeutet nicht immer Stabilität am Einsatzort.

24.2.3.7 Leistungsverstärkung

Bei beidseitiger Anpassung mit reaktiven, d.h. verlustlosen, Anpassnetzwerken erhält man die *maximal verfügbare Leistungsverstärkung* (*maximum available power gain*) [24.1]:

$$MAG = \left| \frac{S_{21}}{S_{12}} \right| \left(k - \sqrt{k^2 - 1} \right) \tag{24.16}$$

mit dem Stabilitätsfaktor $k > 1$ aus (24.12). Auf diese und andere Leistungsverstärkungen gehen wir im Abschnitt 24.4.1 noch näher ein.

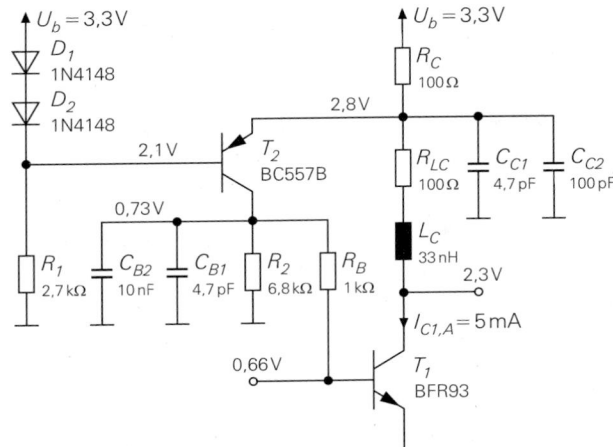

Abb. 24.31.
Arbeitspunkteinstellung
für den Transistor BFR93

Beispiel: Im folgenden entwerfen wir einen beidseitig angepassten Hochfrequenz-Verstärker mit dem Transistor BFR93 für eine Betriebsfrequenz (Mittenfrequenz) $f_M = 1{,}88\,\mathrm{GHz}$. Die Versorgungsspannung soll 3,3 V betragen. Wir verwenden eine Arbeitspunktregelung nach Abb. 24.28a mit einem Ruhestrom $I_{C1,A} = 5\,\mathrm{mA}$. Für diesen Ruhestrom erhält man laut Datenblatt eine minimale Rauschzahl [10].

Abbildung 24.31 zeigt die dimensionierte Schaltung zur Arbeitspunkteinstellung; dabei wurden folgende Aspekte berücksichtigt:

- Da die Eingangsimpedanz des Transistors sehr klein ist ($\mathrm{Re}\{S_{11}\} < 0 \to \mathrm{Re}\{Z_e\} < 50\,\Omega$), wird auf eine induktive Entkopplung der Basis verzichtet; deshalb wird anstelle der Induktivität L_B in Abb. 24.28a ein Widerstand $R_B = 1\,\mathrm{k}\Omega$ eingesetzt.
- Zur induktiven Entkopplung des Kollektors wird eine Spule mit $L_C = 33\,\mathrm{nH}$ eingesetzt, deren Parallelresonanzfrequenz etwa bei 1,9 GHz liegt ($C \approx 0{,}2\,\mathrm{pF}$).
- In Reihe zu L_C wird ein Widerstand $R_{LC} = 100\,\Omega$ eingefügt; er verursacht unterhalb der Betriebsfrequenz Verluste, die den k-Faktor im Bereich zwischen 100 MHz und 1,8 GHz erhöhen, siehe Abb. 24.32. Mit dieser Maßnahme wird die Schwingneigung in diesem Bereich vermindert.
- Zur kapazitiven Abblockung bei der Betriebsfrequenz werden die Kondensatoren C_{B1} und C_{C1} eingesetzt, deren Serienresonanzfrequenz ebenfalls etwa bei 1,9 GHz liegt ($C = 4{,}7\,\mathrm{pF}$, Baugröße 0604: $L \approx 1{,}5\,\mathrm{nH}$).
- Parallel zu C_{C1} wird ein weiterer Kondensator C_{C2} mit größerer Kapazität eingesetzt, um die kapazitive Abblockung bei niedrigen Frequenzen zu verbessern.
- Der Kondensator C_{B2} bestimmt die Grenzfrequenz der Arbeitspunktregelung und wird deshalb relativ groß gewählt.

---

[10] Das Datenblatt zeigt auch, dass die maximale Transitfrequenz für $I_C \approx 20\,\mathrm{mA}$ erreicht wird und $I_C = 5\,\mathrm{mA}$ diesbezüglich nicht optimal ist. Hier ist jedoch Vorsicht geboten, da die Transitfrequenz bei kurzgeschlossenem Ausgang gemessen wird und deshalb nur bedingt Rückschlüsse auf die erzielbare Leistungsverstärkung im beidseitig angepassten Fall erlaubt. So ergab ein parallel zum hier beschriebenen Entwurf durchgeführter Entwurf mit $I_C = 20\,\mathrm{mA}$ nur eine um 0,2 dB höhere Leistungsverstärkung, die den höheren Ruhestrom nicht rechtfertigt, zumal gleichzeitig die Rauschzahl deutlich zunimmt.

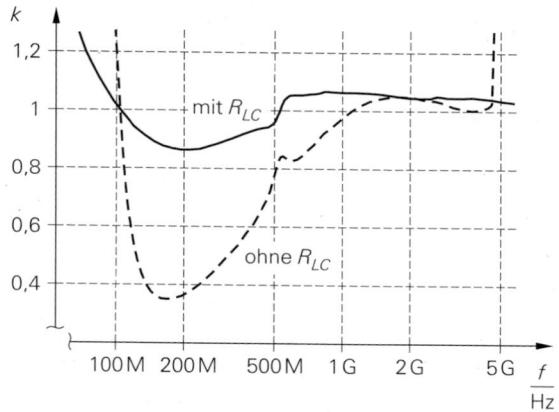

Abb. 24.32.
k-Faktor für das Schaltungsbeispiel aus Abb. 24.31

Die S-Parameter des Transistors mit Arbeitspunkteinstellung ermitteln wir mit Hilfe einer Schaltungssimulation [11]:

$$S_{11} = -0,3223 + j\,0,2527 \quad , \quad S_{12} = 0,1428 + j\,0,1833$$
$$S_{21} = 1,178 + j\,1,3254 \quad , \quad S_{22} = 0,09015 - j\,0,249$$

Daraus folgt mit (24.12) $k = 1,05 > 1$, d.h. eine beidseitige Anpassung ist möglich. Die zu erwartende Leistungsverstärkung erhalten wir aus (24.16): $MAG = 5,57 \approx 7,5\,\text{dB}$. Aus (24.10) und (24.11) folgt:

$$r_{g,a} = -0,6475 - j\,0,402 \quad , \quad r_{L,a} = 0,3791 + j\,0,6$$

Daraus berechnen wir mit (24.14) und (24.15) die Ein- und die Ausgangsimpedanz des Transistors mit Arbeitspunkteinstellung bei Anpassung:

$$Z_{1,a} = (7,3 + j\,14)\,\Omega \quad , \quad Z_{2,a} = (33 - j\,80)\,\Omega$$

Bei beiden Impedanzen ist der Realteil kleiner als $Z_W = 50\,\Omega$, so dass wir zur Anpassung eine Aufwärtstransformation nach Abb. 23.21a auf Seite 1302 vornehmen müssen.

Für die eingangsseitige Anpassung erhalten wir aus (23.25) mit $R = 7,3\,\Omega$ und $X = 14\,\Omega$:

$$X_1 = \pm 20,7\,\Omega \quad , \quad X_2 = \mp 17,7\,\Omega - 14\,\Omega$$

Wir wählen die Hochpass-Charakteristik ($X_1 > 0$, $X_2 < 0$) nach Abb. 23.22b auf Seite 1303, da in diesem Fall die Serien-Kapazität C_2 gleichzeitig als Koppelkondensator verwendet werden kann; aus

$$X_1 = 20,7\,\Omega \quad , \quad X_2 = -31,7\,\Omega$$

folgt mit (23.26):

---

[11] Wir haben bei dieser Simulation die Hochfrequenz-Ersatzschaltbilder der Widerstände und Kondensatoren berücksichtigt. Dennoch können die Ergebnisse dieser Simulation nicht für einen praktischen Schaltungsentwurf verwendet werden, da das vom Hersteller bereitgestellte Simulationsmodell für den Transistor BFR93 in diesem Frequenzbereich zu ungenau ist. In der Praxis muss man die S-Parameter des Transistors einschließlich der Arbeitspunkteinstellung mit einem Netzwerkanalysator messen. Wir verwenden hier die S-Parameter aus der Simulation, damit das Beispiel mit *PSpice* nachvollzogen werden kann.

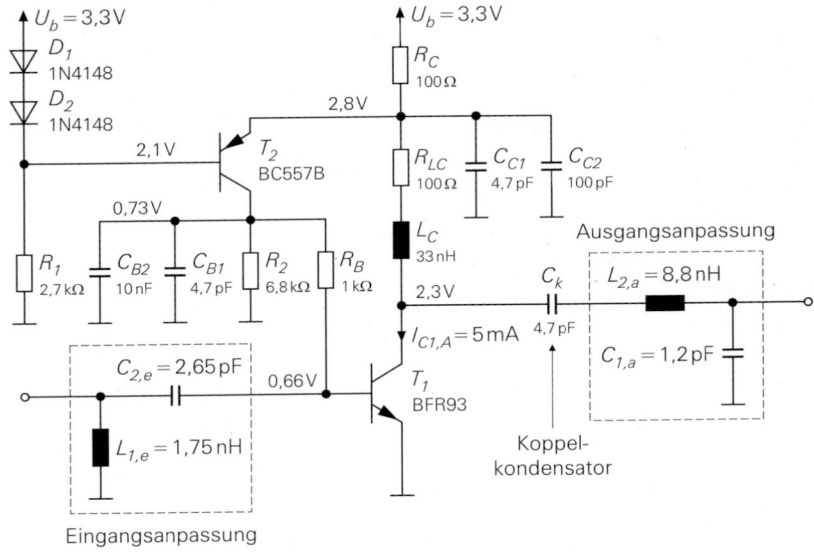

Abb. 24.33. Verstärker mit Anpassnetzwerken

$$L_{1,e} = 1{,}75\,\text{nH} \quad, \quad C_{2,e} = 2{,}65\,\text{pF}$$

Der zusätzliche Index *e* verweist auf die *eingangsseitige* Anpassung.

Für die ausgangsseitige Anpassung erhalten wir aus (23.25) mit $R = 33\,\Omega$ und $X = -80\,\Omega$:

$$X_1 = \pm 70\,\Omega \quad, \quad X_2 = \mp 24\,\Omega + 80\,\Omega$$

Hier wählen wir die Tiefpass-Charakteristik ($X_1 < 0$, $X_2 > 0$) nach Abb. 23.22a auf Seite 1303, damit insgesamt eine Bandpass-Charakteristik vorliegt; aus

$$X_1 = -70\,\Omega \quad, \quad X_2 = 104\,\Omega$$

folgt mit (23.26):

$$C_{1,a} = 1{,}2\,\text{pF} \quad, \quad L_{2,a} = 8{,}8\,\text{nH}$$

Der zusätzliche Index *a* verweist auf die *ausgangsseitige* Anpassung. Am Ausgang wird zusätzlich ein Koppelkondensator benötigt. Wir verwenden dazu einen 4,7 pF-Kondensator, dessen Serienresonanzfrequenz bei 1,9 GHz liegt; er wirkt bei der Betriebsfrequenz $f_M = 1{,}88\,\text{GHz}$ praktisch als Kurzschluss und hat damit keinen Einfluss auf die Anpassung.

Abbildung 24.33 zeigt den Verstärker mit den beiden Anpassnetzwerken. Die Elemente der Anpassnetzwerke sind ideal; deshalb ist der Entwurf in der Praxis in diesem Stadium noch nicht abgeschlossen. Man muss nun prüfen, an welchen Stellen Spulen und Kondensatoren eingesetzt werden können und wo ggf. Streifenleitungen zur Realisierung der Elemente vorteilhaft oder zwingend sind. Wir gehen darauf nicht weiter ein und verweisen auf die Anmerkungen zur Anpassung mehrstufiger Verstärker im folgenden Abschnitt.

Zum Abschluss zeigen wir noch die erzielten Ergebnisse. Abbildung 24.34 zeigt im oberen Teil die Beträge der S-Parameter des angepassten Verstärkers im Bereich der Betriebsfrequenz $f_M = 1{,}88\,\text{GHz}$. Man erkennt, dass die Anpassung relativ schmalbandig

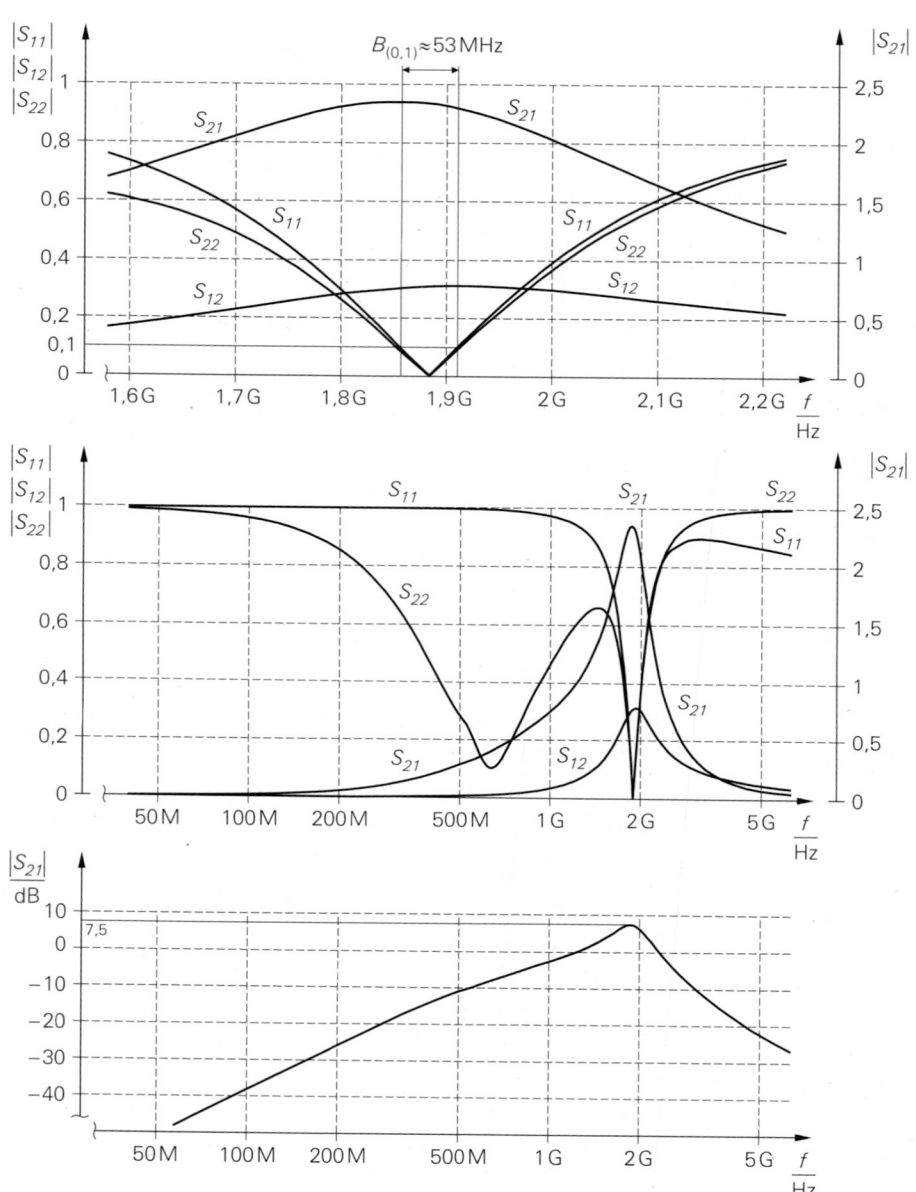

Abb. 24.34. S-Parameter des Verstärkers aus Abb. 24.33

ist. Fordert man für die Reflexionsfaktoren $|S_{11}| < 0{,}1$ und $|S_{22}| < 0{,}1$, erhält man eine Bandbreite von etwa 53 MHz. Die Eingangsanpassung ist etwas schmalbandiger als die Ausgangsanpassung, da hier der Transformationsfaktor für den Realteil der Impedanz größer ist: $7{,}3\,\Omega \rightarrow 50\,\Omega$ am Eingang im Vergleich zu $33\,\Omega \rightarrow 50\,\Omega$ am Ausgang. Im mittleren Teil von Abb. 24.34 sind die Beträge der S-Parameter über einen größeren Bereich dargestellt. Dabei fällt auf, dass der Ausgang im Bereich um 600 MHz ebenfalls näherungsweise angepasst ist ($|S_{22}| \approx 0,1$). Die Lage dieses Bereichs hängt von der Kapazität des Koppelkondensators am Ausgang ab und kann mit diesem eingestellt werden. Diese Eigenschaft kann man vorteilhaft nutzen, wenn nach dem Verstärker ein Mischer zur Umsetzung auf eine niedrigere Zwischenfrequenz folgt; dann kann man durch geeignete Wahl des Koppelkondensators auch für die Zwischenfrequenz eine ausreichend gute Anpassung erzielen. Wir wollen mit diesem Hinweis andeuten, dass in der Hochfrequenz-Schaltungstechnik häufig sekundäre Effekte genutzt werden. Im unteren Teil von Abb. 24.34 ist der Verlauf der Verstärkung in Dezibel dargestellt. Bei der Betriebsfrequenz wird das Maximum erzielt, das wir bereits mit Hilfe von (24.16) berechnet haben: $MAG \approx 7,5\,dB$. Die Verstärkung ist vergleichsweise gering, da der Transistor BFR93 nur eine Transitfrequenz von 5 GHz besitzt und hier an der Grenze seiner Leistungsfähigkeit betrieben wird. In aktuellen Schaltungen für den Frequenzbereich um 2 GHz werden Transistoren mit Transitfrequenzen im Bereich von 25 GHz eingesetzt; damit wird eine Verstärkung von $20\dots25\,dB$ erzielt.

24.2.4 Anpassung mehrstufiger Verstärker

Man kann die Anpassung eines mehrstufigen Verstärkers in gleicher Weise durchführen wie die Anpassung eines einstufigen Verstärkers, indem man jede Stufe beidseitig anpasst und die Stufen anschließend in Reihe schaltet; dabei kann man die Anpassnetzwerke zwischen den Stufen häufig durch Zusammenfassen der Elemente vereinfachen. In den meisten Fällen ist diese Vorgehensweise jedoch nicht optimal. Sie wird in der Praxis deshalb nur dann angewendet, wenn die Stufen aus aufbautechnischen Gründen so weit voneinander entfernt sind, dass die Verbindungen zwischen den Stufen nicht mehr als elektrisch kurze Leitungen aufgefasst werden können; das ist vor allem im GHz-Bereich der Fall.

In allen anderen Fällen wird der Ausgang jeder Stufe direkt an den Eingang der folgenden Stufe angepasst. Die Berechnung einer derartigen Anpassung ist aufwendig, da ein n-stufiger Verstärker insgesamt $n + 1$ Anpassnetzwerke (Eingangsanpassung, Ausgangsanpassung und $n - 1$ Anpassungen zwischen den Stufen) besitzt, die aufgrund der Rückwirkung der Transistoren voneinander abhängig sind. Man geht in zwei Schritten vor:

- Im ersten Schritt müssen auf der Basis der S-Parameter der einzelnen Transistoren Strukturen zur Anpassung ausgewählt werden, mit denen eine Anpassung prinzipiell möglich ist. Dabei werden auch alle Leitungen berücksichtigt, die aus aufbautechnischen Gründen unvermeidlich sind, d.h. man muss das Platinen-Layout des Verstärkers in groben Zügen vorgeben.
- Im zweiten Schritt werden die Werte der Elemente in den einzelnen Strukturen mit Hilfe eines Simulationsprogramms ermittelt; dazu werden iterative Optimierungsverfahren (*optimizer*) eingesetzt, die eine bezüglich der vom Anwender vorgegebenen Kriterien optimale Dimensionierung finden. Die Kriterien lauten häufig: maximiere $|S_{21}|$ unter den Randbedingungen $|S_{11}| < 0,1$ und $|S_{22}| < 0,1$ im angegebenen Frequenzbereich.

Ist die Rückwirkung der Transistoren nicht besonders hoch, kann man bereits im ersten Durchlauf ein ausreichend gutes Ergebnis erzielen. Andernfalls muss man die Strukturen variieren und weitere Durchläufe durchführen. Erneute Durchläufe sind häufig auch deshalb erforderlich, weil die gefundenen Werte für die Elemente nicht realisierbar sind oder nicht im Rahmen des vorgegebenen Platinen-Layouts angeordnet werden können.

Dieses Verfahren wird in der Praxis auch bei einstufigen Verstärkern angewendet. Zwar kann man die idealen Anpassnetzwerke in diesem Fall mit dem im vorausgehenden Abschnitt beschriebenen Verfahren direkt berechnen, ihre praktische Realisierung unter

Berücksichtigung der Eigenschaften realer Bauelemente und des Platinen-Layouts erfordert jedoch ebenfalls eine rechnergestützte Optimierung.

24.2.4.1 Anpassung mit Serien-Induktivität

Bei Hochfrequenz-Bipolartransistoren mit einer Transitfrequenz über 10 GHz sind die Kapazitäten des eigentlichen Transistors so klein, dass die Eingangs- und die Ausgangskapazität durch die parasitären Kapazitäten des Gehäuses gegeben sind. Für diese Transistoren erhält man das in Abb. 24.35a gezeigte Ersatzschaltbild mit den Gehäuse-Kapazitäten C_{BE} und C_{CE} und den Gehäuse-Induktivitäten L_B, L_C und L_E; dabei gilt $C_{BE} > C_{CE} > C_C$ und $L_B \approx L_C > L_E$. Aufgrund der Größenverhältnisse kann man das Ersatzschaltbild vereinfachen. Setzt man dieses vereinfachte Ersatzschaltbild bei einem mehrstufigen Verstärker nach Abb. 24.35b ein, erhält man zwischen den Stufen jeweils ein Collins-Filter, dessen Kapazitäten durch die Kapazitäten der Transistoren gebildet werden und dessen Induktivität der Reihenschaltung der Gehäuse-Induktivitäten und einer äußeren Induktivität entspricht. Deshalb kann man die Anpassung zwischen den Stufen bei günstigen Größenverhältnissen mit einer Serien-Induktivität vornehmen. Auch am Eingang und am Ausgang des Verstärkers kann man die parasitären Elemente der Transistoren in ein Collins-Filter integrieren.

24.2.5 Neutralisation

Haupthindernis bei der Anpassung ist die Rückwirkung der Transistoren; sie verringert den Stabilitätsfaktor k und verhindert bei $k < 1$ eine beidseitige Anpassung. Für einen rückwirkungsfreien Transistor gilt $S_{12} = 0$ und $k \to \infty$; dann kann beidseitig angepasst werden, sofern die Realteile der Ein- und Ausgangsimpedanz positiv sind, d.h. wenn $|S_{11}| < 1$ und $|S_{22}| < 1$ gilt. Ein rückwirkungsfreier Transistor arbeitet *unilateral*, d.h. er überträgt Signale nur noch in Vorwärts-Richtung.

24.2.5.1 Schaltungen zur Neutralisation

Die Rückwirkung wird bei Bipolartransistoren durch die Kollektor-Basis-Kapazität C_C und bei Fets durch die Gate-Drain-Kapazität C_{GD} verursacht. Sie kann eliminiert werden, indem man die Basis über eine gleichgroße *Neutralisationskapazität* C_n mit einem Punkt in der Schaltung verbindet, der die invertierte Kleinsignalspannung des Kollektors besitzt. Einen solchen Punkt erhält man, indem man die Spule zur Entkopplung des Kollektors mit einem Mittelabgriff versieht und diesen mit der Versorgungsspannung verbindet, siehe Abb. 24.36; der dem Kollektor gegenüberliegende Anschluss hat dann die invertierte Kleinsignalspannung. Die Neutralisation ist bis etwa 300 MHz nahezu ideal; darüber machen sich die parasitären Einflüsse des Transistors (Basisbahnwiderstand und Basis-Induktivität), der Spule und des Kondensators störend bemerkbar. Bei Verstärkern für größere Ausgangsleistung werden häufig zwei Transistoren in Gegentaktschaltung eingesetzt; in diesem Fall kann man die Transistoren durch ein Kreuzkopplung mit zwei Kapazitäten C_{n1} und C_{n2} neutralisieren, siehe Abb. 24.37. Auf demselben Prinzip beruht die Neutralisation eines Differenzverstärkers nach Abb. 24.38.

24.2.5.2 Leistungsverstärkung bei Neutralisation

Mit Neutralisation und beidseitiger Anpassung wird der größtmögliche Leistungsgewinn erzielt, der *unilaterale Leistungsgewinn* (*unilateral power gain*) [24.1]:

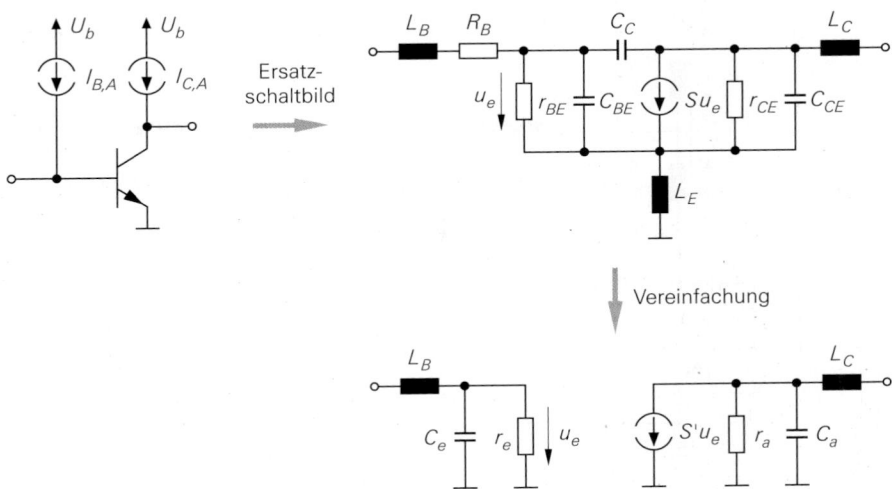

a vereinfachtes Ersatzschaltbild eines Bipolartransistors in Emitterschaltung

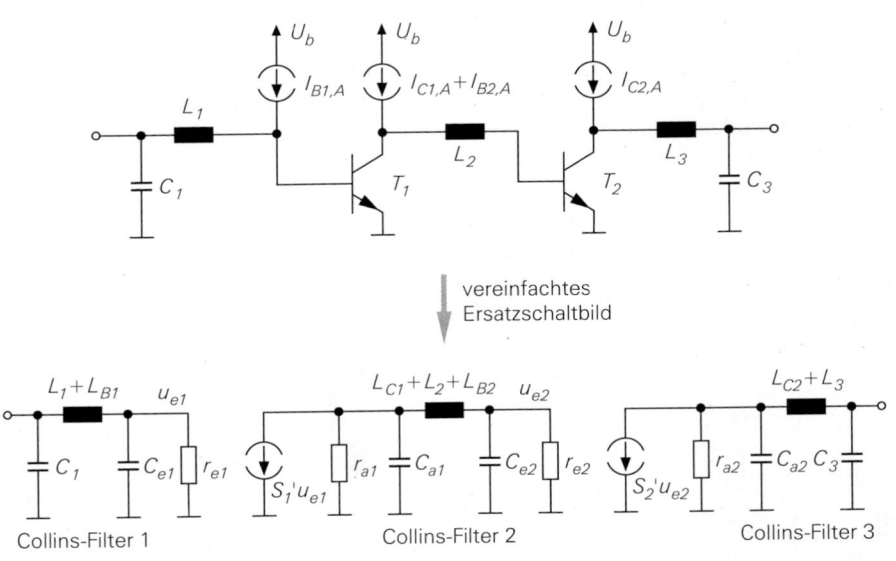

b vereinfachtes Ersatzschaltbild eines zweistufigen Verstärkers mit Anpassung

Abb. 24.35. Anpassung eines zweistufigen Verstärkers mit Collins-Filtern unter Nutzung der parasitären Elemente der Transistoren

$$U = \frac{\dfrac{1}{2}\left|\dfrac{S_{21}}{S_{12}} - 1\right|^2}{k\left|\dfrac{S_{21}}{S_{12}}\right| - \mathrm{Re}\left\{\dfrac{S_{21}}{S_{12}}\right\}} \qquad (24.17)$$

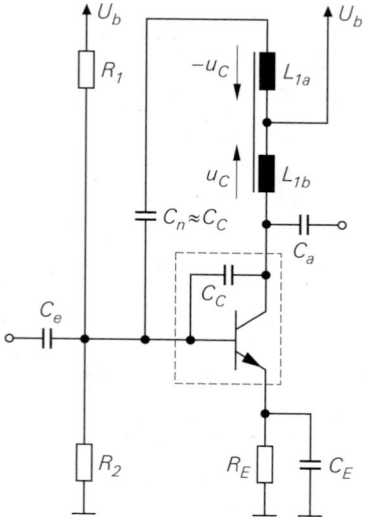

Abb. 24.36.
Neutralisation eines Transistors

Dabei sind die S-Parameter des Transistors *ohne* Neutralisation und der Stabilitätsfaktor k aus (24.12) auf Seite 1351 einzusetzen. Man kann auch die S-Parameter des neutralisierten Transistors verwenden; dann gilt $S_{12,n} = 0$ und man erhält [12]:

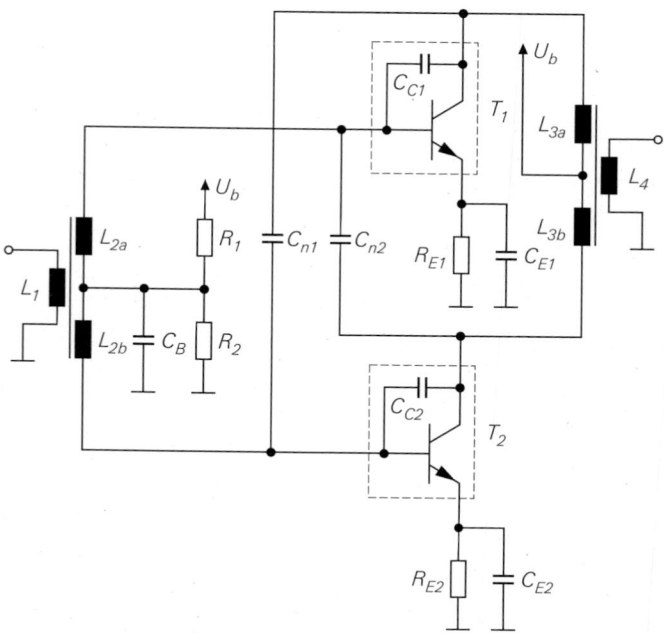

Abb. 24.37. Neutralisation einer Gegentaktschaltung

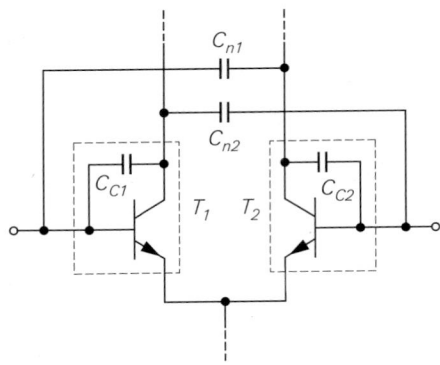

Abb. 24.38.
Neutralisation eines Differenzverstärkers

$$U = \frac{|S_{21,n}|^2}{\left(1 - |S_{11,n}|^2\right)\left(1 - |S_{22,n}|^2\right)}$$

24.2.6 Besondere Schaltungen zur Verbesserung der Anpassung

Wenn man bei einem Verstärker mit den bisher beschriebenen Verfahren keine ausreichende Anpassung erzielen kann, kann man Zirkulatoren oder 90°-Hybride zur Verbesserung der Anpassung einsetzen. Dies ist z.B. dann der Fall, wenn am Eingang eines Verstärkers zur Minimierung der Rauschzahl eine Rauschanpassung vorgenommen wird und gleichzeitig ein möglichst geringer Reflexionsfaktor benötigt wird.

24.2.6.1 Anpassung mit Zirkulatoren

Ein *Zirkulator* ist ein übertragungsunsymmetrisches Mehrtor. In der Praxis werden ausschließlich 3-Tor-Zirkulatoren eingesetzt, die für Frequenzen im GHz-Bereich geeignet sind und deren Übertragungsunsymmetrie mit Hilfe von vormagnetisierten Ferriten erzielt wird [24.1].

Ein idealer 3-Tor-Zirkulator wird durch

$$\begin{bmatrix} b_1 \\ b_2 \\ b_3 \end{bmatrix} = e^{j\varphi} \begin{bmatrix} 0 & 0 & 1 \\ 1 & 0 & 0 \\ 0 & 1 & 0 \end{bmatrix} \begin{bmatrix} a_1 \\ a_2 \\ a_3 \end{bmatrix} \tag{24.18}$$

beschrieben; dabei sind a_1, a_2, a_3 die einfallenden und b_1, b_2, b_3 die reflektierten Wellen an den drei Toren. Der Zirkulator ist allseitig angepasst: $S_{11,z} = S_{22,z} = S_{33,z} = 0$. Die einfallenden Wellen werden in der Reihenfolge $1 \to 2 \to 3 \to 1$ an das nächste Tor übertragen und erfahren dabei eine Drehung um den Winkel φ. Die Übertragungsunsymmetrie zeigt sich in der Unsymmetrie der S-Matrix: $S_{12,z} \neq S_{21,z}$, $S_{13,z} \neq S_{31,z}$ und $S_{23,z} \neq S_{32,z}$.

Abbildung 24.39 zeigt einen nichtangepassten Verstärker ($S_{11,v} \neq 0$, $S_{22,v} \neq 0$) mit je einem Zirkulator am Eingang und am Ausgang. Die Übertragungsrichtung der Zirkulatoren wird durch die Pfeile in den Symbolen angegeben. Wir betrachten zunächst den Zirkulator

---

[12] Diesen Zusammenhang erhält man, indem man den Übertragungsgewinn G_T gemäß (24.34) auf Seite 1376 für den rückwirkungsfreien und beidseitig angepassten Fall berechnet; dann gilt $S_{12} = 0$, $r_g = S_{11}^*$ und $r_L = S_{22}^*$.

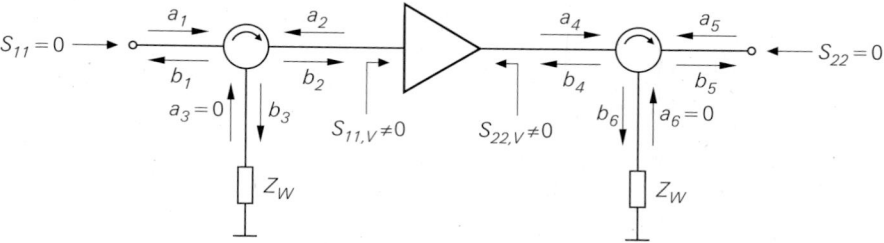

Abb. 24.39. Anpassung mit Zirkulatoren

am Eingang und nehmen ohne Beschränkung der Allgemeinheit $\varphi = 0$ an; dann wird die von der Signalquelle einfallende Welle a_1 unverändert zum Verstärker übertragen:

$$b_2 = S_{21,Z} a_1 \overset{\varphi=0}{=} a_1$$

Die am Eingang des Verstärkers reflektierte Welle $a_2 = S_{11,V} b_2$ wird an den Abschlusswiderstand Z_W am Tor 3 übertragen:

$$b_3 = S_{32,Z} a_2 = S_{32,Z} S_{11,V} S_{21,Z} a_1 \overset{\varphi=0}{=} S_{11,V} a_1$$

Sie wird dort reflexionsfrei absorbiert. Daraus folgt, dass am Tor 3 keine einfallende und demzufolge am Tor 1 keine reflektierte Welle auftritt:

$$a_3 = 0 \quad \Rightarrow \quad b_1 = S_{13,Z} a_3 = 0$$

Dann wird der Reflexionsfaktor am Eingang zu Null:

$$S_{11} = \frac{b_1}{a_1} \overset{b_1=0}{=} 0$$

Die Funktionsweise dieser Anpassung beruht demnach darauf, dass die am Eingang des Verstärkers reflektierte Welle nicht zur Signalquelle gelangt, sondern im Abschlusswiderstand absorbiert wird. Dies erfordert in der Praxis einen Zirkulator mit möglichst guten Eigenschaften und einen sehr guten Abschluss am Tor 3. Der Zirkulator am Ausgang des Verstärkers arbeitet in gleicher Weise.

In der Praxis wird meist nur ein Zirkulator eingesetzt, um einen der Reflexionsfaktoren des Verstärkers zu verbessern. Bei rauscharmen Verstärkern wird der eingangsseitige Zirkulator eingesetzt, um die bei einer Rauschanpassung vorliegende Fehlanpassung am Eingang zu beheben; auf die Rauschanpassung gehen wir im folgenden Abschnitt noch näher ein. Bei Leistungsverstärkern wird gelegentlich ein Zirkulator am Ausgang eingesetzt; in diesem Fall erfüllt der Zirkulator gleich zwei Funktionen:

– Der Reflexionsfaktor S_{22} am Ausgang des Verstärkers wird zu Null.
– Die von der Last reflektierte Welle gelangt nicht auf den Ausgang des Verstärkers, sondern wird im Abschlusswiderstand Z_W absorbiert.

Die zweite Funktion ist von Bedeutung, da Leistungsverstärker durch die reflektierte Welle zerstört werden können.

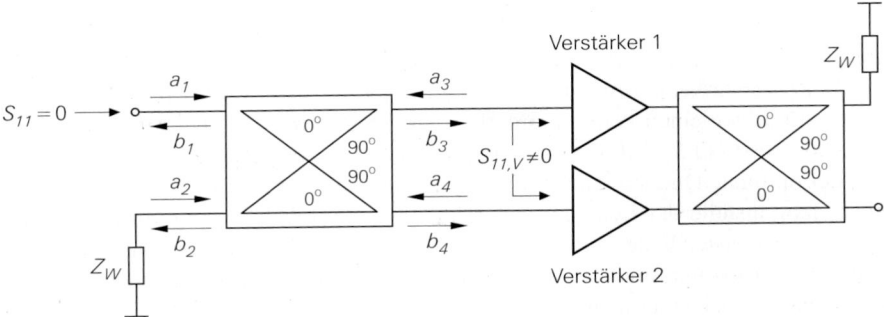

Abb. 24.40. Anpassung mit 90°-Hybriden

24.2.6.2 Anpassung mit Hybriden

Bei der Anpassung mit 90°-Hybriden werden zwei Hybride und zwei Verstärker mit gleichen Eigenschaften benötigt; Abb. 24.40 zeigt die Anordnung. Die S-Parameter eines
90°-Hybrids entnehmen wir Gleichung (23.48) auf Seite 1317.

Wir betrachten zunächst die Verhältnisse am Eingang. Eine einfallende Welle a_1 wird
leistungsmäßig auf die beiden Verstärker verteilt, wobei die Welle b_4 am Verstärker 2 um
90° voreilt:

$$b_3 = S_{31,H}\, a_1 = -\frac{a_1}{\sqrt{2}} \quad , \quad b_4 = S_{41,H}\, a_1 = -j\,\frac{a_1}{\sqrt{2}}$$

An den Eingängen der Verstärker werden die Wellen entsprechend dem Eingangsreflexionsfaktor $S_{11,V}$ reflektiert:

$$a_3 = S_{11,V}\, b_3 = -S_{11,V}\,\frac{a_1}{\sqrt{2}} \quad , \quad a_4 = S_{11,V}\, b_4 = -j\, S_{11,V}\,\frac{a_1}{\sqrt{2}}$$

Damit kann man die ausfallenden Wellen an den Toren 1 und 2 berechnen:

$$b_1 = S_{13,H}\, a_3 + S_{14,H}\, a_4 = -\frac{a_3}{\sqrt{2}} - j\,\frac{a_4}{\sqrt{2}} = 0$$

$$b_2 = S_{23,H}\, a_3 + S_{24,H}\, a_4 = -j\,\frac{a_3}{\sqrt{2}} - \frac{a_4}{\sqrt{2}} = j\, S_{11,V}\, a_1$$

Man erkennt, dass die von den Verstärkern reflektierten Wellen zum Abschlusswiderstand
Z_W am Tor 2 übertragen werden und der Reflexionsfaktor am Tor 1 zu Null wird:

$$S_{11} = \frac{b_1}{a_1} \overset{b_1=0}{=} 0$$

Am Ausgang erhält man auf die gleiche Weise $S_{22} = 0$.

Der Hybrid am Ausgang arbeitet als Leistungssummierer (*power combiner*) und addiert
die Ausgangsleistungen der beiden Verstärker. Deshalb wird diese Variante der Anpassung
trotz des vergleichsweise hohen schaltungstechnischen Aufwands häufig bei Leistungsverstärkern eingesetzt.

24.2.7 Rauschen

Im Abschnitt 24.1 haben wir im Zusammenhang mit der Rauschzahl integrierter Hochfrequenz-Verstärker gezeigt, dass man bei Bipolartransistoren mit einer (Leistungs-) Anpassung im allgemeinen keine minimale Rauschzahl erhält, da das Anpassnetzwerk den Quellenwiderstand R_g auf den Eingangswiderstand r_{BE} des Transistors transformiert, während der optimale Quellenwiderstand $r_{BE}/\sqrt{\beta}$ beträgt. Zur Minimierung der Rauschzahl kann man anstelle der Leistungsanpassung eine Rauschanpassung vornehmen, die allerdings in den meisten Fällen auf einen unzulässig hohen Eingangsreflexionsfaktor führt. Bei Feldeffekttransistoren sind die Zusammenhänge ähnlich; auch hier unterscheiden sich Leistungs- und Rauschanpassung deutlich.

24.2.7.1 Rauschparameter und Rauschzahl

Bei Frequenzen im GHz-Bereich kann man das Rauschverhalten von Bipolartransistoren und Feldeffekttransistoren nicht mehr ausreichend genau mit den Rauschmodellen aus den Abschnitten 2.3.4 und 3.3.4 beschreiben; man muss dann die in den Datenblättern angegebenen Rauschparameter verwenden: die minimale Rauschzahl F_{opt}, den optimalen Reflexionsfaktor $r_{g,opt}$ der Signalquelle und den normierten Rauschwiderstand r_n. Anstelle des normierten Rauschwiderstands wird häufig auch der Rauschwiderstand $R_n = r_n Z_W$ angegeben. Mit den Rauschparametern kann man die Rauschzahl für jeden beliebigen Reflexionsfaktor r_g berechnen [24.2]:

$$F = F_{opt} + 4 r_n \frac{\left| r_g - r_{g,opt} \right|^2}{\left(1 - |r_g|^2 \right) \left| 1 + r_{g,opt} \right|^2} \tag{24.19}$$

Für $r_g = r_{g,opt}$ gilt $F = F_{opt}$.

24.2.7.2 Entwurf eines rauscharmen Verstärkers

Beim Entwurf eines Verstärkers wird die Rauschzahl für alle Reflexionsfaktoren mit $|r_g| < 1$ berechnet und in der r-Ebene dargestellt; dabei erhält man Kreise mit konstanter Rauschzahl. Ebenfalls eingetragen wird die zugehörige Leistungsverstärkung; dabei erhält man für den Reflexionsfaktor $r_{g,a}$ bei Leistungsanpassung den maximal verfügbaren Leistungsgewinn MAG, sofern eine beidseitige Anpassung möglich ist. Die Leistungsverstärkung für andere Werte von r_g entspricht dem Übertragungsgewinn G_T und wird wie folgt berechnet:

$$r_g \overset{(24.9)}{\Longrightarrow} r_2 = S_{22} + \frac{S_{12}S_{21}r_g}{1 - S_{11}r_g} \overset{\text{Anpassung}}{\Longrightarrow} r_L = r_2^*$$

$$\overset{(24.34)}{\Longrightarrow} G_T = \frac{|S_{21}|^2 \left(1 - |r_g|^2 \right) \left(1 - |r_L|^2 \right)}{\left| \left(1 - S_{11}r_g \right) \left(1 - S_{22}r_L \right) - S_{12}S_{21}r_g r_L \right|^2}$$

Man erhält Kreise mit konstanter Leistungsverstärkung. Die Berechnung erfolgt normalerweise mit Hilfe geeigneter Simulations- oder Mathematikprogramme.

Abbildung 24.41 zeigt die Rauschzahl und die Leistungsverstärkung eines GaAs-Mesfets CFY10 bei $f = 9\,\text{GHz}$. Für $r_g = r_{g,a} = -0{,}68 + j\,0{,}5$ erhält man eine Leistungsanpassung, für $r_g = r_{g,opt} = -0{,}24 + j\,0{,}33$ eine Rauschanpassung. Die Kreise konstanter Rauschzahl zeigen, dass die Rauschzahl bei Leistungsanpassung um 3 dB größer ist als bei Rauschanpassung. Entsprechend entnimmt man den Kreisen konstanter

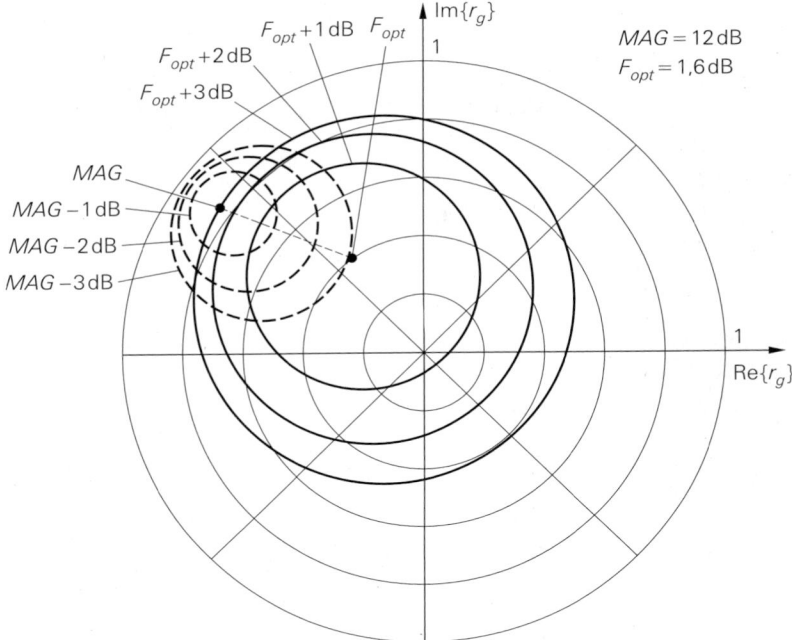

Abb. 24.41. Rauschzahl und Leistungsverstärkung eines GaAs-Mesfets CFY10 bei $f = 9\,\text{GHz}$ ($I_{D,A} = 15\,\text{mA}$, $U_{DS,A} = 4\,\text{V}$)

Leistungsverstärkung, dass die Leistungsverstärkung bei Rauschanpassung um $3,1$ dB unter *MAG* liegt. Man kann nun einen Reflexionsfaktor r_g auf der Verbindungslinie zwischen $r_{g,a}$ und $r_{g,opt}$ wählen, für den die anwendungsspezifischen Anforderungen am besten erfüllt sind.

Wenn eine beidseitige Anpassung nicht möglich ist, kann man häufig eine Rauschanpassung am Eingang und eine Leistungsanpassung am Ausgang vornehmen. Dazu werden zunächst die Kreise konstanter Rauschzahl in der r-Ebene dargestellt. Anschließend wird die Leistungsverstärkung für alle Werte von r_g berechnet, für die ein stabiler Betrieb möglich ist; dabei geht man wie folgt vor:

– Ausgehend vom vorgegebenen Reflexionsfaktor r_g wird der Reflexionsfaktor am Ausgang berechnet:

$$r_2 \overset{(24.9)}{=} S_{22} + \frac{S_{12}S_{21}r_g}{1 - S_{11}r_g}$$

Wenn $|r_2| \geq 1$ gilt, ist kein stabiler Betrieb mit Leistungsanpassung am Ausgang möglich.

– Wenn $|r_2| < 1$ gilt, wird eine Leistungsanpassung am Ausgang angenommen: $r_L = r_2^*$.
– Der zugehörige Reflexionsfaktor am Eingang wird berechnet:

$$r_1 \overset{(24.8)}{=} S_{11} + \frac{S_{12}S_{21}r_L}{1 - S_{22}r_L} = S_{11} + \frac{S_{12}S_{21}r_2^*}{1 - S_{22}r_2^*}$$

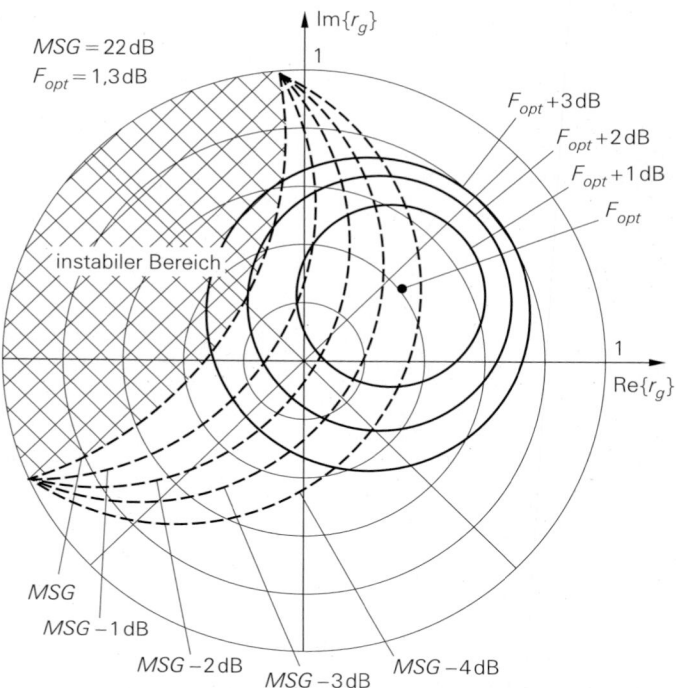

Abb. 24.42. Rauschzahl und Leistungsverstärkung eines Bipolartransistors BFP405 bei $f = 2{,}4\,\text{GHz}$ ($I_{C,A} = 5\,\text{mA}$, $U_{CE,A} = 4\,\text{V}$)

Wenn $|r_1| \geq 1$ gilt, ist kein stabiler Betrieb mit Leistungsanpassung am Ausgang möglich.

– Wenn $|r_1| < 1$ gilt, wird der zugehörige Übertragungsgewinn G_T berechnet:

$$G_T = \frac{|S_{21}|^2 \left(1 - |r_g|^2\right)\left(1 - |r_L|^2\right)}{\left|(1 - S_{11}r_g)(1 - S_{22}r_L) - S_{12}S_{21}r_g r_L\right|^2}$$

Man erhält Kreise konstanter Leistungsverstärkung, die durch einen ebenfalls kreisförmigen Stabilitätsrand begrenzt werden. Am Stabilitätsrand wird der *maximale stabile Leistungsgewinn (maximum stable power gain)* MSG erzielt; wir gehen darauf im Abschnitt 24.4.1 noch näher ein.

Abbildung 24.42 zeigt die Rauschzahl und die Leistungsverstärkung eines Bipolartransistors BFP405 bei $f = 2{,}4\,\text{GHz}$. Der Stabilitätsfaktor ist kleiner als Eins, so dass keine beidseitige Leistungsanpassung möglich ist. Für $r_g = r_{g,opt} = 0{,}32 + j\,0{,}25$ erhält man eine Rauschanpassung. Die Kreise konstanter Leistungsverstärkung werden durch den Stabilitätsrand begrenzt, an dem der maximale stabile Leistungsgewinn MSG erzielt wird. Die Kreise konstanter Leistungsverstärkung zeigen, dass die Leistungsverstärkung bei Rauschanpassung um 3,5 dB unter MSG liegt. Entsprechend entnimmt man den Kreisen konstanter Rauschzahl, dass die Rauschzahl bei einem Betrieb mit der Leistungsverstärkung MSG um 1,8 dB über der minimalen Rauschzahl liegt. Man kann nun einen geeigneten Reflexionsfaktor r_g wählen.

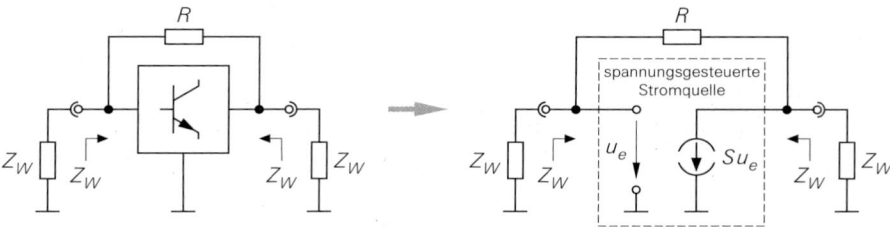

Abb. 24.43. Prinzip eines Breitband-Verstärkers

Wenn der optimale Reflexionsfaktor $r_{g,opt}$ bei ausgangsseitiger Leistungsanpassung im instabilen Bereich liegt, muss man auf die Leistungsanpassung verzichten und den Stabilitätsrand durch geeignete Wahl von $r_L \neq r_2^*$ so weit verschieben, bis $r_{g,opt}$ im stabilen Bereich liegt.

Die Optimierung der Parameter r_g und r_L bezüglich Rauschen, Leistungsverstärkung und ggf. weiterer Kriterien erfolgt in der Praxis mit Hilfe von Simulations- oder Mathematikprogrammen, die über Verfahren zur nichtlinearen Optimierung verfügen.

24.3 Breitband-Verstärker

Verstärker, die über einen größeren Frequenzbereich eine konstante Verstärkung aufweisen, bezeichnet man als *Breitband-Verstärker* (*broadband amplifiers*). Hochfrequenz-Verstärker werden als breitbandig bezeichnet, wenn ihre Bandbreite B größer ist als die Mittenfrequenz f_M; daraus resultiert eine untere Grenzfrequenz $f_U = f_M - B/2 < f_M/2$, eine obere Grenzfrequenz $f_O = f_M + B/2 > 3 f_M/2$ und ein Verhältnis $f_O/f_U > 3$. Gelegentlich wird auch $f_O/f_U > 2$ als Kriterium verwendet. Die Bezeichnung *breitbandig* erhalten diese Verstärker nur, weil ihre Bandbreite deutlich höher ist als die Bandbreite der für Hochfrequenzanwendungen typischen, reaktiv angepassten Verstärker, für die in den meisten Fällen $f_O/f_U < 1{,}1$ gilt. Darüber hinaus bezieht sich die Breitbandigkeit bei Hochfrequenz-Verstärkern auch auf die Anpassung an den Wellenwiderstand; deshalb wird als Bandbreite meist nicht die -3 dB-Bandbreite, sondern die Bandbreite, innerhalb der die Beträge der Reflexionsfaktoren am Eingang und am Ausgang unter einer vorgegeben Schranke bleiben, verwendet. Während bei reaktiv angepassten Verstärkern üblicherweise Reflexionsfaktoren mit $|r| < 0{,}1$ gefordert werden, lässt man bei Breitband-Verstärkern Reflexionsfaktoren mit $|r| < 0{,}2$ zu. In der schwächeren Forderung drückt sich die Tatsache aus, dass eine breitbandige Anpassung im MHz- oder GHz-Bereich erheblich aufwendiger ist als eine schmalbandige, reaktive Anpassung.

24.3.1 Prinzip eines Breitband-Verstärkers

Das Funktionsprinzip eines Breitband-Verstärkers beruht darauf, dass man eine spannungsgesteuerte Stromquelle mit einem Gegenkopplungswiderstand beidseitig an einen Wellenwiderstand Z_W anpassen kann. Zur Realisierung der spannungsgesteuerten Stromquelle wird ein verallgemeinerter Einzeltransistor aus Abb. 24.26 auf Seite 1345 eingesetzt [13]. Abbildung 24.43 zeigt das Prinzip eines Breitband-Verstärkers.

---

[13] Die in Abb. 24.26b rechts gezeigte Variante kann nicht verwendet werden, da sie keinen hochohmigen Ausgang besitzt.

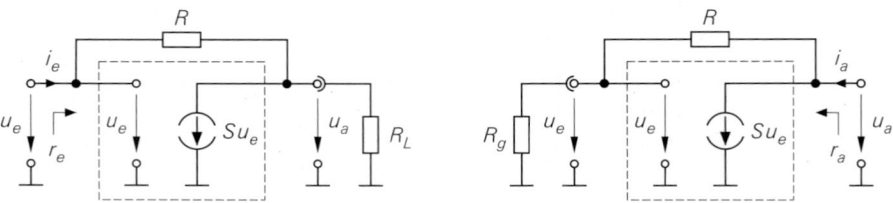

a Verstärkung und Eingangswiderstand   **b** Ausgangswiderstand

Abb. 24.44. Ersatzschaltbilder zur Berechnung der Verstärkung sowie des Ein- und des Ausgangswiderstands eines Breitband-Verstärkers

Wir berechnen zunächst die Verstärkung mit Hilfe des in Abb. 24.44a gezeigten Kleinsignalersatzschaltbilds. Die Knotengleichung am Ausgang lautet:

$$\frac{u_e - u_a}{R} = Su_e + \frac{u_a}{R_L}$$

Daraus erhält man die Verstärkung:

$$A = \frac{u_a}{u_e} = \frac{R_L(1 - SR)}{R + R_L} \tag{24.20}$$

Für den Eingangsstrom gilt:

$$i_e = \frac{u_e - u_a}{R} = \frac{u_e(1 - A)}{R}$$

Daraus folgt für den Eingangswiderstand:

$$r_e = \frac{u_e}{i_e} = \frac{R + R_L}{1 + SR_L} \tag{24.21}$$

Aus Abb. 24.44b entnimmt man:

$$i_a = \frac{u_a}{R + R_g} + Su_e = \frac{u_a}{R + R_g} + S\frac{R_g u_a}{R + R_g}$$

Daraus folgt für den Ausgangswiderstand:

$$r_a = \frac{u_a}{i_a} = \frac{R + R_g}{1 + SR_g} \tag{24.22}$$

Wir setzen nun $R_L = R_g = Z_W$ und berechnen die Reflexionsfaktoren am Eingang
und am Ausgang:

$$S_{11} = \frac{r_e - Z_W}{r_e + Z_W}\bigg|_{R_L = Z_W} = \frac{R - SZ_W^2}{R + 2Z_W + SZ_W^2} \tag{24.23}$$

$$S_{22} = \frac{r_a - Z_W}{r_a + Z_W}\bigg|_{R_g = Z_W} = \frac{R - SZ_W^2}{R + 2Z_W + SZ_W^2} = S_{11} \tag{24.24}$$

Die Reflexionsfaktoren S_{11} und S_{22} sind identisch und werden für

$$\boxed{R = SZ_W^2} \tag{24.25}$$

zu Null; dann liegt beidseitige Anpassung vor. Für den Vorwärts-Transmissionsfaktor folgt:

$$S_{21} = A \Big|_{R_L = Z_W, \, R = S Z_W^2} = -\frac{R}{Z_W} + 1 = -S Z_W + 1 \tag{24.26}$$

Er ist gleich der Verstärkung im beidseitig angepassten Fall. Man kann ihn nur über die Steilheit S beeinflussen, da der Gegenkopplungswiderstand an die Steilheit gebunden ist. Eine hohe Steilheit ergibt eine hohe Verstärkung.

24.3.2 Ausführung eines Breitband-Verstärkers

Abbildung 24.45 zeigt die praktische Ausführung eines Breitband-Verstärkers auf der Basis eines integrierten Darlington-Transistors mit Widerständen zur Arbeitspunkteinstellung. Die Widerstände R_3 und R_4 haben Werte im kΩ-Bereich und können vernachlässigt werden; insbesondere ist der interne Gegenkopplungswiderstand R_3 mindestens um den Faktor 10 größer als der zur Anpassung benötigte Widerstand R. Für den effektiven Gegenkopplungswiderstand gilt demnach:

$$R_{eff} = R \parallel R_3 \overset{R \ll R_3}{\approx} R$$

Der Widerstand R_C dient zur Einstellung des Ruhestroms. Er liegt kleinsignalmäßig parallel zum Ausgang des Verstärkers und wirkt wie ein zusätzlicher Lastwiderstand. Daraus folgt, dass der Verstärker die Symmetriebedingung $S_{11} = S_{22}$ eines idealen Breitband-Verstärkers nicht mehr exakt erfüllt und die Anpassungsbedingung $S_{11} = S_{22} = 0$ nur näherungsweise eingehalten werden kann. Deshalb muss R_C möglichst groß gewählt werden. Im Bereich der oberen Grenzfrequenz kann man die Verstärkung und die Anpassung mit den Induktivitäten L_R und L_C verbessern. In der Induktivität L_R gehen auch die parasitären Induktivitäten des Widerstands R und des Koppelkondensators C_k auf; deshalb kann man für C_k einen Kondensator mit relativ hoher Kapazität und Induktivität, d.h. niedriger Resonanzfrequenz, verwenden, ohne dass dies negative Auswirkungen hat. Die Kapazitäten C_e und C_a dienen als Koppelkondensatoren. Sie sind problematisch, da übliche Kondensatoren nur in einem relativ schmalen Bereich um die Resonanzfrequenz eine Impedanz mit $|X| \ll Z_W = 50\,\Omega$ erzielen, siehe Abb. 23.5 auf Seite 1289; deshalb wird die Bandbreite der Anpassung in der Regel durch die Koppelkondensatoren begrenzt.

Aus der gewünschten Verstärkung erhält man mit (24.26) die erforderliche Steilheit S der spannungsgesteuerten Stromquelle, die näherungsweise der Steilheit des Transistors T_2 unter Berücksichtigung der Stromgegenkopplung über R_2 entspricht:

$$S \approx \frac{S_2}{1 + S_2 R_2} \quad \text{mit } S_2 = \frac{I_{C2,A}}{U_T}$$

Durch die Wahl des Ruhestroms $I_{C2,A}$ wird die maximale Ausgangsleistung des Verstärkers festgelegt. In der Praxis ist eine Aussteuerung mit einem Effektivwert bis zu $I_{eff} \approx I_{C2,A}/2$ sinnvoll; der Klirrfaktor bleibt dann unter 10%. Daraus folgt für die Ausgangsleistung und den Ruhestrom:

$$P_{a,max} = I_{eff}^2 Z_W \approx \frac{I_{C2,A}^2 Z_W}{4} \quad \Rightarrow \quad I_{C2,A} > \sqrt{\frac{4\, P_{a,max}}{Z_W}} \tag{24.27}$$

Der Ruhestrom muss jedoch mindestens so groß sein, dass die erforderliche Steilheit erreicht wird: $I_{C2,A} \geq S U_T$; ist dies der Fall, erhält man für den Widerstand der Stromgegenkopplung:

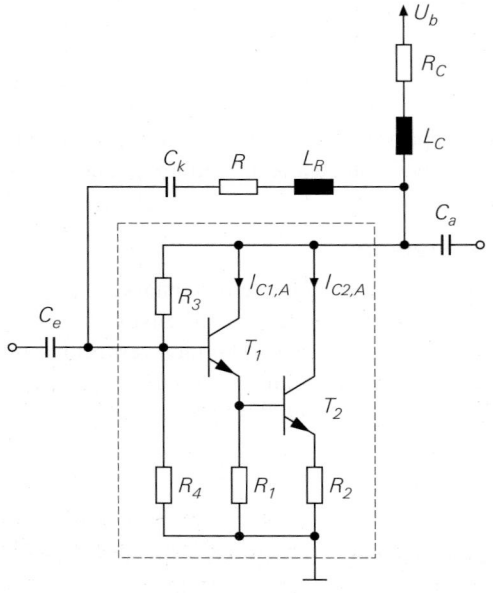

Abb. 24.45.
Praktische Ausführung eines Breitband-Verstärkers

$$R_2 \overset{I_{C,A} > S U_T}{=} \frac{1}{S} - \frac{U_T}{I_{C2,A}} \tag{24.28}$$

Die parasitäre Induktivität des Widerstands R_2 muss möglichst gering sein, damit eine unerwünschte reaktive Gegenkopplung vermieden wird; dies ist vor allem bei Werten unter 20 Ω wichtig. Wenn man beim Aufbau eines Breitband-Verstärkers mit Stromgegenkopplung nicht die erwartete Bandbreite erzielt, liegt dies häufig an einer zu hohen parasitären Induktivität im Emitterkreis von T_2.

Die Stromgegenkopplung über R_2 wirkt sich auch auf die Bandbreite aus; sie nimmt mit zunehmender Gegenkopplung zu. Deshalb wird bei besonders breitbandigen Verstärkern auch dann eine Stromgegenkopplung verwendet, wenn dies aufgrund der Ausgangsleistung nicht erforderlich ist; ein typisches Beispiel dafür sind Breitband-Messverstärker.

Beispiel: Wir entwerfen im folgenden einen Breitband-Verstärker nach Abb. 24.45 für ein 50 Ω-System und verwenden dazu zwei Transistoren des Typs BFR93 in Darlington-Schaltung, siehe Abb. 24.46. Wir fordern eine Verstärkung $A = 16$ dB und eine maximale Ausgangsleistung $P_{a,max} = 0,3$ mW $= -5$ dBm. Als Versorgungsspannung nehmen wir $U_b = 5$ V an. Aus der Verstärkung folgt:

$$|A| = |S_{21}| = 10^{\frac{A\,[\text{dB}]}{20\,\text{dB}}} = 10^{\frac{16\,\text{dB}}{20\,\text{dB}}} = 6,3$$

Damit erhalten wir aus (24.26) die erforderliche Steilheit:

$$S_{21} = -S Z_W + 1 \overset{!}{=} 6,3 \overset{Z_W = 50\,\Omega}{\Longrightarrow} S = \frac{7,3}{50\,\Omega} = 146\,\text{mS}$$

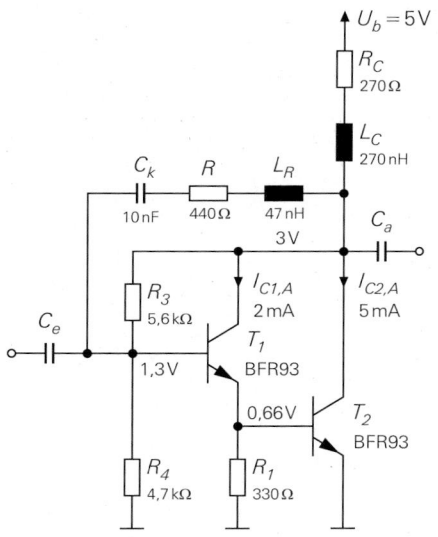

Abb. 24.46.
Beispiel für einen Breitband-Verstärker

Daraus folgt für den Ruhestrom von T_2: $I_{C2,A} > SU_T = 3,8\,\text{mA}$. Aus der maximalen Ausgangsleistung folgt mit (24.27) $I_{C2,A} > 4,9\,\text{mA}$. Wir wählen $I_{C2,A} = 5\,\text{mA}$. Für den Widerstand R_2 erhalten wir aus (24.28) $R_2 = 1,6\,\Omega$. Wir verzichten zunächst auf eine Stromgegenkopplung, da wir aufgrund sekundärer Effekte mit einem Verlust an Verstärkung rechnen müssen.

Für den Ruhestrom des Transistors T_1 wählen wir $I_{C1,A} = 2\,\text{mA}$, da die Transitfrequenz bei kleineren Strömen schnell abnimmt. Da die Basis-Emitter-Spannung von T_2 etwa 0,66 V beträgt und der Basisstrom $I_{B2,A} \approx 50\,\mu\text{A}$ (Stromverstärkung etwa 100) gegen $I_{C1,A} = 2\,\text{mA}$ vernachlässigt werden kann, erhalten wir für den Widerstand R_1: $R_1 \approx 0,66\,\text{V}/2\,\text{mA} = 330\,\Omega$. Für den Spannungsteiler zur Arbeitspunkteinstellung wählen wir $R_3 = 5,6\,\text{k}\Omega$ und $R_4 = 4,7\,\text{k}\Omega$; damit erhält man an den Kollektoren der Transistoren eine Spannung von 3 V, siehe Abb. 24.46. Damit sich für T_2 der gewünschte Ruhestrom $I_{C2,A} = 5\,\text{mA}$ einstellt, muss man bei einer Versorgungsspannung $U_b = 5\,\text{V}$ einen Kollektorwiderstand $R_C = 270\,\Omega$ verwenden.

Nachdem alle Widerstände zur Arbeitspunkteinstellung dimensioniert sind, können wir die Steilheit S berechnen; dazu entnehmen wir aus Abschnitt 2.4.4 die Gleichung für die Steilheit eines Darlington-Transistors mit Widerstand R und setzen $R = R_1$ ein:

$$S \approx S_1 \frac{1 + S_2 \, (r_{BE2} \| R_1)}{1 + S_1 \, (r_{BE2} \| R_1)}$$

Mit $S_1 = I_{C1,A}/U_T = 77\,\text{mS}$, $S_2 = I_{C2,A}/U_T = 192\,\text{mS}$ und $R_1 = 330\,\Omega$ folgt $S \approx 185\,\text{mS}$. Damit folgt für den Gegenkopplungswiderstand aus (24.25) $R = SZ_W^2 = 463\,\Omega$.

Der weitere Entwurf erfolgt mit Hilfe von Schaltungssimulationen. Dabei haben wir für alle Widerstände und Spulen sowie den Kondensator C_k die Hochfrequenz-Ersatzschaltbilder eingesetzt; nur für die Koppelkondensatoren C_e und C_a haben wir ideale Kapazitäten angenommen. Zunächst werden die Reflexionsfaktoren S_{11} und S_{22} bei niedrigen Frequenzen durch eine Feinabstimmung des Gegenkopplungswiderstands R optimiert; man erhält $R \approx 440\,\Omega$. Anschließend wird die Verstärkung und die Anpassung bei hohen Frequenzen

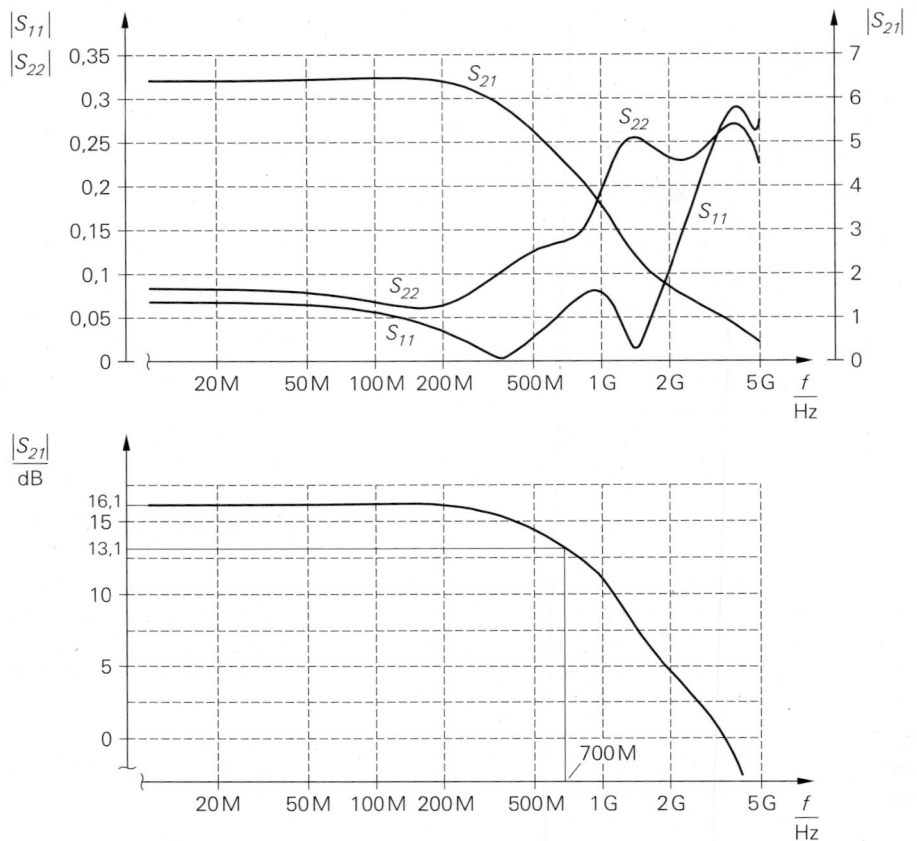

Abb. 24.47. S-Parameter des Breitband-Verstärkers aus Abb. 24.46

durch Einfügen der Spulen L_R und L_C optimiert. Mit $L_R = 47\,\text{nH}$ und $L_C = 270\,\text{nH}$ erhält man die in Abb. 24.47 gezeigten Betragsverläufe der S-Parameter. Die für Breitband-Verstärker typische Forderung $|S_{22}| < 0{,}2$ wird bis etwa 1 GHz erfüllt; in diesem Bereich gilt $|S_{11}| < 0{,}1$, d.h. die Eingangsanpassung ist für einen Breitband-Verstärker außergewöhnlich gut. Die gewünschte Verstärkung $|S_{21}| = 6{,}3 = 16\,\text{dB}$ wird bis etwa 300 MHz erreicht; die $-3\,\text{dB}$-Grenzfrequenz liegt bei 700 MHz.

Die berechnete Stromgegenkopplung für den Transistor T_2 mit $R_2 \approx 1{,}6\,\Omega$ kann entfallen, da der Verstärker die gewünschte Verstärkung erzielt. Die Abweichung zur Rechnung hat zwei Ursachen: zum einen ist die Steilheit $S = 185\,\text{mS}$ des Darlington-Transistors geringer als die Steilheit $S_2 = 192\,\text{mS}$ des Transistors T_2, zum anderen hat der Transistor BFR93 bereits einen parasitären Emitterwiderstand von etwa 1 Ω.

Die insgesamt sehr guten Eigenschaften dieses Verstärkers können jedoch in der Praxis nur in einem vergleichsweise kleinen Frequenzband genutzt werden, da die Koppelkondensatoren C_e und C_a nicht breitbandig niederohmig ausgeführt werden können; ggf. muss man mehrere Kondensatoren mit gegeneinander verschobenen Resonanzfrequenzen einsetzen.

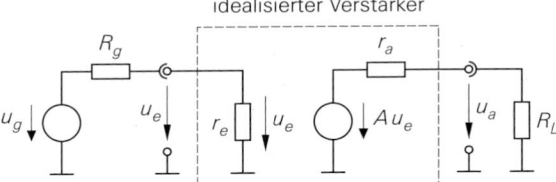

Abb. 24.48.
Idealisierter Verstärker mit
Signalquelle und Last

24.4 Kenngrößen von Hochfrequenz-Verstärkern

Im Abschnitt 4.2 haben wir die Eigenschaften von Verstärkern beschrieben; dabei haben wir uns auf Verstärker beschränkt, die durch statische Kennlinien und die daraus ableitbaren linearen und nichtlinearen Kenngrößen beschrieben werden können. Bei Niederfrequenz-Verstärkern und ZF-Verstärkern mit niedriger ZF-Frequenz ist diese Beschreibung ausreichend, solange die auftretenden Frequenzen so gering sind, dass die dynamischen Eigenschaften vernachlässigt werden können. Bei Hochfrequenz-Verstärkern ist das im allgemeinen nicht der Fall; deshalb sind einige Ergänzungen und Erweiterungen erforderlich, auf die wir im folgenden eingehen.

24.4.1 Leistungsverstärkung

Bei Hochfrequenz-Verstärkern wird üblicherweise die *Leistungsverstärkung* (*power gain*) angegeben, die im deutschsprachigen Raum auch als *Gewinn* bezeichnet wird. Es gibt mehrere verschiedene Gewinn-Definitionen, die sich in ihren Bezugsgrößen unterscheiden. Die zugehörigen Gleichungen auf der Basis der S- oder Y-Parameter sind teilweise sehr umfangreich und dadurch unanschaulich. Wir gehen deshalb so vor, dass wir die Gewinn-Definitionen zunächst am Beispiel eines idealisierten Verstärkers erläutern und anschließend auf den allgemeinen Fall erweitern. Die umfangreichen Gleichungen auf der Basis der S- und Y-Parameter sind nur für eine rechnergestützte Auswertung gedacht; eine Berechnung *zu Fuß* ist im allgemeinen zu aufwendig.

Abbildung 24.48 zeigt den idealisierten Verstärker mit der Leerlaufverstärkung A, dem Eingangswiderstand r_e und dem Ausgangswiderstand r_a; eine Rückwirkung ist nicht vorhanden. Er wird mit einer Signalquelle mit dem Innenwiderstand R_g und einer Last R_L betrieben. Für die weiteren Berechnungen benötigen wir die *Betriebsverstärkung*

$$A_B = \frac{u_a}{u_g} = \frac{r_e}{R_g + r_e} A \frac{R_L}{r_a + R_L}$$

und die *Verstärkung mit Last*:

$$A_L = \frac{u_a}{u_e} = A \frac{R_L}{r_a + R_L}$$

Für den allgemeinen Fall gehen wir von einem Verstärker aus, der mit S- oder Y-Parametern beschrieben wird. Er wird mit einer Quelle mit der Impedanz $Z_g = 1/Y_g$ und mit einer Last $Z_L = 1/Y_L$ betrieben, siehe Abbildung 24.49. Für die Darstellung mit Hilfe der S-Parameter benötigen wir zusätzlich die Reflexionsfaktoren der Quelle und der Last

$$r_g = \frac{Z_g - Z_W}{Z_g + Z_W} \quad , \quad r_L = \frac{Z_L - Z_W}{Z_L + Z_W}$$

und die Determinante der S-Matrix:

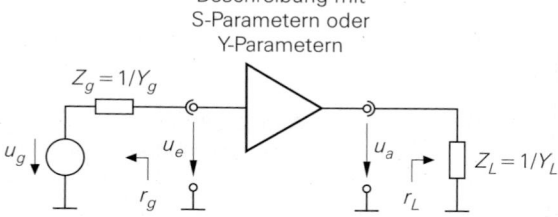

Abb. 24.49.
Allgemeiner Verstärker mit
Signalquelle und Last

$$\Delta_S = S_{11}S_{22} - S_{12}S_{21}$$

Man beachte, dass es sich bei den Größen r_g und r_L um Reflexionsfaktoren handelt, während r_e und r_a die Widerstände des idealisierten Verstärkers aus Abb. 24.48 sind.

24.4.1.1 Klemmenleistungsgewinn

Der *Klemmenleistungsgewinn* (*power gain* bzw. *direct power gain*) entspricht der Leistungsverstärkung im üblichen Sprachgebrauch:

$$G = \frac{P_L}{P_e} = \frac{\text{von der Last aufgenommene Wirkleistung}}{\text{vom Verstärker am Eingang aufgenommene Wirkleistung}}$$

Für den idealisierten Verstärker aus Abb. 24.48 gilt [14]:

$$P_L = \frac{u_a^2}{R_L} \quad , \quad P_e = \frac{u_e^2}{r_e}$$

Daraus folgt:

$$G = \left(\frac{u_a}{u_e}\right)^2 \frac{r_e}{R_L} = A_L^2 \frac{r_e}{R_L} = \frac{A^2 r_e R_L}{(r_a + R_L)^2} \tag{24.29}$$

Eine entsprechende Berechnung für den Verstärker aus Abb. 24.49 führt auf:

$$G = \frac{|S_{21}|^2 \left(1 - |r_L|^2\right)}{1 - |S_{11}|^2 + |r_L|^2 \left(|S_{22}|^2 - |\Delta_S|^2\right) - 2\,\text{Re}\left\{r_L\left(S_{22} - \Delta_S S_{11}^*\right)\right\}}$$

$$= \frac{|Y_{21}|^2\,\text{Re}\{Y_L\}}{\text{Re}\left\{Y_{11} - \dfrac{Y_{12}Y_{21}}{Y_{22}Y_L}\right\}|Y_{22} + Y_L|^2} \tag{24.30}$$

Der Klemmenleistungsgewinn hängt nicht von der Impedanz der Signalquelle ab und beinhaltet deshalb keine Aussage über die eingangsseitige Anpassung. Vergleicht man z.B. zwei Verstärker, die mit derselben Signalquelle und derselben Last dieselbe Wirkleistung an die Last abgegeben, so erzielt der Verstärker mit der geringeren Eingangswirkleistung einen höheren Klemmenleistungsgewinn. Diese Eigenschaft ist im Zusammenhang mit Hochfrequenz-Verstärkern nicht sinnvoll; deshalb wird der Klemmenleistungsgewinn in der Hochfrequenztechnik nur selten verwendet.

---

[14] Wir verwenden Effektivwerte; deshalb gilt $P = u^2/R$.

24.4.1.2 Einfügungsgewinn

Beim *Einfügungsgewinn* (*insertion gain*) werden die von der Last aufgenommenen Wirkleistungen mit und ohne Verstärker ins Verhältnis gesetzt:

$$G_I = \frac{P_L}{P_{L,oV}} = \frac{\text{von der Last aufgenommene Wirkleistung mit Verstärker}}{\text{von der Last aufgenommene Wirkleistung ohne Verstärker}}$$

Demnach ist $P_{L,oV}$ die Wirkleistung, die die Signalquelle direkt an die Last abgegeben kann. Für den idealisierten Verstärker aus Abb. 24.48 gilt:

$$P_L = \frac{u_a^2}{R_L} \quad , \quad P_{L,oV} = \frac{u_g^2 R_L}{\left(R_g + R_L\right)^2}$$

Daraus folgt:

$$G_I = \left(\frac{u_a}{u_g}\right)^2 \left(\frac{R_g + R_L}{R_L}\right)^2 = A_B^2 \left(\frac{R_g + R_L}{R_L}\right)^2$$

$$= \left(\frac{r_e}{R_g + r_e}\right)^2 A^2 \left(\frac{R_g + R_L}{r_a + R_L}\right)^2 \tag{24.31}$$

Eine entsprechende Berechnung für den Verstärker aus Abb. 24.49 führt auf:

$$G_I = \frac{|S_{21}|^2 |1 - r_g r_L|^2}{\left|\left(1 - S_{11}r_g\right)\left(1 - S_{22}r_L\right) - S_{12}S_{21}r_g r_L\right|^2}$$

$$= \frac{|Y_{21}|^2 |Y_g + Y_L|^2}{\left|\left(Y_{11} + Y_g\right)\left(Y_{22} + Y_L\right) - Y_{12}Y_{21}\right|^2} \tag{24.32}$$

Der Einfügungsgewinn hängt von der Impedanz der Signalquelle und der Last ab und berücksichtigt demnach die Anpassung am Eingang und am Ausgang. Das Maximum wird jedoch im allgemeinen nicht bei beidseitiger Anpassung erreicht. Wir verdeutlichen dies am Beispiel des idealisierten Verstärkers. Bei beidseitiger Anpassung gilt $R_g = r_e$ und $R_L = r_a$; durch Einsetzen in (24.31) folgt:

$$G_{I,anp} = \left(\frac{1}{2}\right)^2 A^2 \left(\frac{R_g + R_L}{2R_L}\right)^2$$

Daraus folgt, dass der Einfügungsgewinn trotz beidseitiger Anpassung vom Verhältnis R_g/R_L abhängt; nur für den Spezialfall gleicher Widerstände am Eingang und am Ausgang, d.h. $R_g = r_e = r_a = R_L$, erhält man einen konstanten Einfügungsgewinn. Aufgrund dieser Eigenschaft wird der Einfügungsgewinn nur selten verwendet.

24.4.1.3 Übertragungsgewinn

Der *Übertragungsgewinn* (*transducer gain*) gibt das Verhältnis aus der von der Last aufgenommenen Wirkleistung zur verfügbaren (Wirk-) Leistung der Signalquelle an [15]:

$$G_T = \frac{P_L}{P_{A,g}} = \frac{\text{von der Last aufgenommene Wirkleistung}}{\text{verfügbare Leistung der Signalquelle}}$$

Für den idealisierten Verstärker aus Abb. 24.48 gilt:

$$P_L = \frac{u_a^2}{R_L} \quad , \quad P_{A,g} = \frac{u_g^2}{4R_g}$$

Daraus folgt:

$$G_T = \left(\frac{u_a}{u_g}\right)^2 \frac{4R_g}{R_L} = A_B^2 \frac{4R_g}{R_L} = \left(\frac{r_e}{R_g + r_e}\right)^2 A^2 \frac{4R_g R_L}{(r_a + R_L)^2} \qquad (24.33)$$

Eine entsprechende Berechnung für den Verstärker aus Abb. 24.49 führt auf:

$$G_T = \frac{|S_{21}|^2 \left(1 - |r_g|^2\right)\left(1 - |r_L|^2\right)}{\left|(1 - S_{11}r_g)(1 - S_{22}r_L) - S_{12}S_{21}r_g r_L\right|^2}$$

$$= \frac{4|Y_{21}|^2 \operatorname{Re}\{Y_g\}\operatorname{Re}\{Y_L\}}{\left|(Y_{11} + Y_g)(Y_{22} + Y_L) - Y_{12}Y_{21}\right|^2} \qquad (24.34)$$

Der Übertragungsgewinn hängt von der Impedanz der Signalquelle und der Last ab und wird bei beidseitiger Anpassung maximal. Man zeigt dies mit Hilfe von (24.33):

$$\frac{\partial G_T}{\partial R_g} = 0 \quad , \quad \frac{\partial G_T}{\partial R_L} = 0 \quad \Longrightarrow \quad R_g = r_e \quad , \quad R_L = r_a$$

Damit erfüllt der Übertragungsgewinn die Anforderungen, die an eine sinnvolle Gewinn-Definition zu stellen sind.

24.4.1.4 Verfügbarer Leistungsgewinn

Beim *verfügbaren Leistungsgewinn* (*available power gain*) werden die verfügbaren Leistungen des Verstärkers und der Last ins Verhältnis gesetzt [15]:

$$G_A = \frac{P_{A,V}}{P_{A,g}} = \frac{\text{verfügbare Leistung des Verstärkers}}{\text{verfügbare Leistung der Signalquelle}}$$

Er wird auch als *verfügbare Leistungsverstärkung* bezeichnet. Für den idealisierten Verstärker aus Abb. 24.48 gilt:

$$P_{A,V} = \frac{(Au_e)^2}{4r_a} \quad , \quad P_{A,g} = \frac{u_g^2}{4R_g}$$

Daraus folgt:

$$G_A = \left(\frac{Au_e}{u_g}\right)^2 \frac{R_g}{r_a} = \left(\frac{r_e}{R_g + r_e}\right)^2 A^2 \frac{R_g}{r_a} \qquad (24.35)$$

Eine entsprechende Berechnung für den Verstärker aus Abb. 24.49 führt auf:

$$G_A = \frac{|S_{21}|^2 \left(1 - |r_g|^2\right)}{1 - |S_{22}|^2 + |r_g|^2 \left(|S_{11}|^2 - |\Delta_S|^2\right) - 2\operatorname{Re}\{r_g(S_{11} - \Delta_S S_{22}^*)\}}$$

$$= \frac{|Y_{21}|^2 \operatorname{Re}\{Y_g\}}{\operatorname{Re}\{((Y_{11} + Y_g)Y_{22} - Y_{12}Y_{21})(Y_{11} + Y_g)^*\}} \qquad (24.36)$$

---

[15] Die verfügbare Leistung ist per Definition eine Wirkleistung und muss deshalb nicht explizit als Wirkleistung bezeichnet werden.

Der verfügbare Leistungsgewinn hängt nicht von der Last ab und beinhaltet deshalb keine Aussage über die ausgangsseitige Anpassung. Er wird für Rauschberechnungen benötigt, da diese auf der Basis von verfügbaren Leistungen durchgeführt werden. Wir haben den verfügbaren Leistungsgewinn bereits im Abschnitt 4.2.4 zur Berechnung der Rauschzahl einer Reihenschaltung von Verstärkern eingesetzt, siehe (4.203) und (4.204) auf Seite 472.

24.4.1.5 Vergleich der Gewinn-Definitionen

Die speziellen Eigenschaften der einzelnen Gewinn-Definitionen haben wir bereits in den jeweiligen Abschnitten angegeben; wir beschränken uns hier deshalb auf einen kurzen Vergleich.

Der Klemmenleistungsgewinn G spielt bei Hochfrequenz-Verstärkern keine Rolle, da man die verfügbare Leistung der Signalquelle möglichst gut nutzen will und die dazu nötige eingangsseitige Anpassung nicht in den Klemmenleistungsgewinn eingeht. Er wird vielmehr maximal, wenn der Verstärker möglichst wenig Leistung von der Signalquelle aufnimmt, d.h. die Anpassung möglichst schlecht ist. Bei Niederfrequenz-Verstärkern ist der Klemmenleistungsgewinn relevant, da man in diesem Fall die Signalquelle möglichst wenig belasten will, um eine möglichst hohe Spannungsverstärkung zu erzielen; bei Hochfrequenz-Verstärkern ist eine derartige Fehlanpassung aufgrund der damit verbundenen Reflexionen unerwünscht.

Der Einfügungsgewinn G_I ist im Zusammenhang mit angepassten Verstärkern keine sinnvolle Größe. Wir erläutern dies am Beispiel des idealisierten Verstärkers aus Abb. 24.48. Bei beidseitiger Anpassung und verschiedenen Widerständen am Eingang und Ausgang liegt bei direkter Verbindung von Signalquelle und Last eine Fehlanpassung vor, die man in der Praxis mit einem Anpassnetzwerk beheben würde; deshalb sind die beiden Betriebsfälle, die bei der Definition des Einfügungsgewinns verglichen werden, in diesem Fall keine *praktischen*, sondern nur *theoretische* Alternativen. Bei beidseitiger Anpassung und gleichen Widerständen am Eingang und am Ausgang liegt auch bei direkter Verbindung von Signalquelle und Last Anpassung vor ($R_g = R_L$); in diesem Fall wird jedoch die verfügbare Leistung der Signalquelle an die Last abgegeben und der Einfügungsgewinn G_I entspricht dem Übertragungsgewinn G_T.

Der Übertragungsgewinn G_T ist aufgrund seiner Eigenschaften der bevorzugt verwendete Gewinn in der Hochfrequenztechnik; man spricht dann nur vom *Gewinn* oder der *Verstärkung*. Wir empfehlen die Verwendung der Bezeichnung *Gewinn*. Die Bezeichnung *Verstärkung* ist irreführend und nur bei beidseitiger Anpassung und gleichen Widerständen am Eingang und Ausgang korrekt; in diesem Fall sind die Spannungs- und die Stromverstärkung sowie der Übertragungsgewinn *in Dezibel* gleich.

Der verfügbare Leistungsgewinn G_A wird, wie bereits erwähnt, für Rauschberechnungen benötigt; darüber hinaus hat er keine Bedeutung.

24.4.1.6 Gewinn bei beidseitiger Anpassung

Im beidseitig angepassten Fall und bei gleichen Widerständen am Eingang und Ausgang gilt für den idealisierten Verstärker aus Abb. 24.48 $R_g = r_e = r_a = R_L = Z_W$; in diesem Fall sind alle Gewinn-Definitionen identisch:

$$G = G_I = G_T = G_A = \frac{A^2}{4} = 4\,A_B^2 \tag{24.37}$$

Dies gilt auch für einen allgemeinen Verstärker. Man kann dies durch einen Vergleich der Gleichungen auf der Basis der S- und Y-Parameter unter Berücksichtigung der jeweiligen

Anpassungsbedingungen zeigen; aufgrund des Umfangs der erforderlichen Berechnungen verzichten wir auf einen Beweis.

Bei Verwendung der S-Parameter gilt für einen beidseitig angepassten Verstärker mit $R_g = R_L = Z_W$:

$$S_{11} = S_{22} = r_g = r_L = 0 \quad \Rightarrow \quad G = G_I = G_T = G_A = |S_{21}|^2$$

Man erhält einen einfachen Zusammenhang, weil die Messbedingung $R_L = Z_W$ für die Ermittlung von S_{21} gleich der Betriebsbedingung ist.

Bei Verwendung der Y-Parameter liegt eine beidseitige Anpassung an $1/Y_g = 1/Y_L = Z_W$ genau dann vor, wenn die Bedingungen [16]

$$Y_{11} = Y_{22} \quad , \quad (Y_{11}Y_{22} - Y_{12}Y_{21}) Z_W^2 = 1 \tag{24.38}$$

erfüllt sind; dann gilt:

$$G = G_I = G_T = G_A = \frac{|Y_{21}|^2 Z_W^2}{|1 + Y_{11}Z_W|^2} \tag{24.39}$$

Bei einem Verstärker ohne Rückwirkung gilt $Y_{12} = 0$; dann folgt aus den obigen Bedingungen $Y_{11} = Y_{22} = 1/Z_W$, d.h. der Eingangswiderstand $r_e = 1/Y_{11}$ und der Ausgangswiderstand $r_a = 1/Y_{22}$ müssen gleich dem Wellenwiderstand Z_W sein. Dieser Fall entspricht dem idealisierten Verstärker aus Abb. 24.48, für den man für den Fall $R_g = R_L = Z_W$ die Anpassungsbedingungen $r_e = Z_W$ und $r_a = Z_W$ unmittelbar entnehmen kann.

24.4.1.7 Maximaler Leistungsgewinn bei Transistoren

Im Abschnitt 24.2 haben wir beschrieben, dass ein verallgemeinerter Einzeltransistor beidseitig angepasst werden kann, wenn für den Stabilitätsfaktor

$$k = \frac{1 + |S_{11}S_{22} - S_{12}S_{21}|^2 - |S_{11}|^2 - |S_{22}|^2}{2 |S_{12}S_{21}|} > 1 \tag{24.40}$$

gilt und die Nebenbedingungen

$$|S_{12}S_{21}| < 1 - |S_{11}|^2 \quad , \quad |S_{12}S_{21}| < 1 - |S_{22}|^2 \tag{24.41}$$

erfüllt sind; dabei sind $S_{11}, \ldots, S_{22}$ die S-Parameter des Transistors. Für die Y-Parameter muss

$$k = \frac{2 \operatorname{Re}\{Y_{11}\} \operatorname{Re}\{Y_{22}\} - \operatorname{Re}\{Y_{12}Y_{21}\}}{|Y_{12}Y_{21}|} > 1 \tag{24.42}$$

und

$$\operatorname{Re}\{Y_{11}\} \geq 0 \quad , \quad \operatorname{Re}\{Y_{22}\} \geq 0 \tag{24.43}$$

gelten.

24.4.1.7.1 Maximaler verfügbarer Leistungsgewinn

Für den Transistor *einschließlich* der Anpassnetzwerke gilt im beidseitig angepassten Fall $S_{11,a} = S_{22,a} = 0$, siehe Abb. 24.50. Der zugehörige Leistungsgewinn wird *maximaler verfügbarer Leistungsgewinn* (*maximum available power gain*) genannt und ist durch

$$MAG = |S_{21,a}|^2 = \left|\frac{S_{21}}{S_{12}}\right| \left(k - \sqrt{k^2 - 1}\right) = \left|\frac{Y_{21}}{Y_{12}}\right| \left(k - \sqrt{k^2 - 1}\right) \tag{24.44}$$

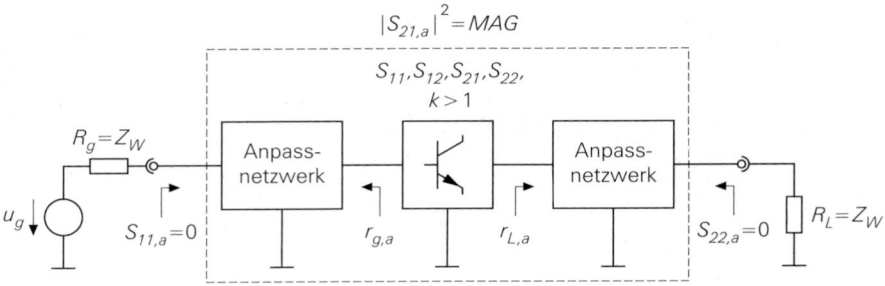

Abb. 24.50. Maximaler verfügbarer Leistungsgewinn *MAG* bei einem beidseitig angepassten Verstärkerntmag

gegeben [24.1]. Er ist bei hohen Frequenzen umgekehrt proportional zum Quadrat der Frequenz: $MAG \sim 1/f^2$; dem entspricht ein Abfall mit 20 dB/Dekade. Ursache dafür ist die Frequenzabhängigkeit der S- bzw. Y-Parameter.

24.4.1.7.2 Maximaler stabiler Leistungsgewinn

Bei Frequenzen oberhalb etwa einem Viertel der Transitfrequenz sind die Bedingungen für eine beidseitige Anpassung üblicherweise erfüllt. Unterhalb dieses Bereichs wird $k < 1$, d.h. eine beidseitige Anpassung ist nicht mehr möglich; in diesem Fall ist auch der maximale verfügbare Leistungsgewinn nicht mehr definiert. Man kann dann nur noch den *maximalen stabilen Gewinn* (*maximum stable power gain*)

$$MSG = \left| \frac{S_{21}}{S_{12}} \right| = \left| \frac{Y_{21}}{Y_{12}} \right| \tag{24.45}$$

erzielen [24.1]. Er ist bei niedrigen Frequenzen näherungsweise umgekehrt proportional zur Frequenz: $MSG \sim 1/f$; dem entspricht ein Abfall mit 10 dB/Dekade. Mit Annäherung an die Frequenz mit $k = 1$ nimmt der Abfall auf 20 dB/Dekade zu; dadurch ergibt sich ein glatter Übergang zwischen *MSG* und *MAG*.

24.4.1.7.3 Unilateraler Leistungsgewinn

Der höchste zu erzielende Leistungsgewinn ist der *unilaterale Leistungsgewinn* (*unilateral power gain*):

$$U = \frac{\frac{1}{2} \left| \frac{S_{21}}{S_{12}} - 1 \right|^2}{k \left| \frac{S_{21}}{S_{12}} \right| - \mathrm{Re} \left\{ \frac{S_{21}}{S_{12}} \right\}} = \frac{|Y_{21} - Y_{12}|^2}{4 \left(\mathrm{Re} \{Y_{11}\} \, \mathrm{Re} \{Y_{22}\} - \mathrm{Re} \{Y_{12} Y_{21}\} \right)} \tag{24.46}$$

Dabei wird vorausgesetzt, dass der Transistor mit einer geeigneten Schaltung *neutralisiert*, d.h. rückwirkungsfrei gemacht, wird; er arbeitet dann *unilateral*. Schaltungen zur Neutralisation werden im Abschnitt 24.2 beschrieben. Der unilaterale Leistungsgewinn ist bei hohen Frequenzen näherungsweise umgekehrt proportional zum Quadrat der Frequenz: $U \sim 1/f^2$; dem entspricht ein Abfall mit 20 dB/Dekade.

---

[16] Diese Bedingungen erhält man, indem man die Y-Parameter gemäß Abb. 21.41 auf Seite 1181 aus den S-Parametern berechnet und dabei $S_{11} = S_{22} = 0$ berücksichtigt.

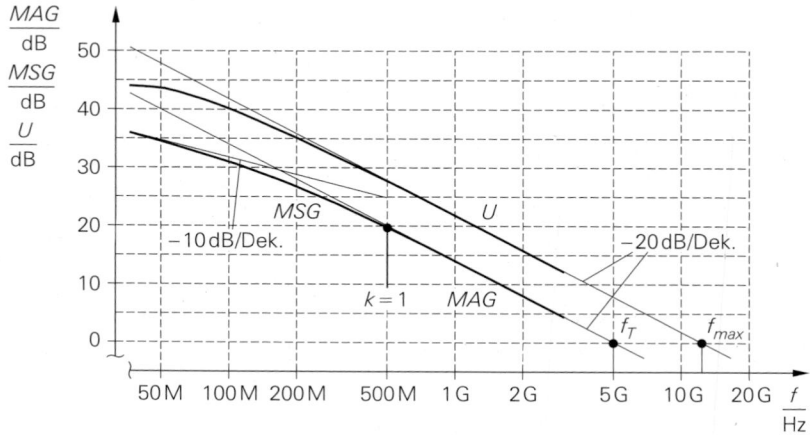

Abb. 24.51. Maximale Leistungsgewinne für den Transistor BFR93 bei $U_{CE,A} = 5\,\mathrm{V}$ und $I_{C,A} = 30\,\mathrm{mA}$

24.4.1.7.4 Grenzfrequenzen

Der maximale verfügbare Leistungsgewinn *MAG* nimmt bei der Transitfrequenz f_T des Transistors den Wert Eins bzw 0 dB an. Der unilaterale Leistungsgewinn U ist auch oberhalb der Transitfrequenz noch größer als Eins, da in diesem Fall die Rückwirkung beseitigt ist. Die Frequenz, bei der U den Wert Eins bzw. 0 dB annimmt, wird *maximale Schwingfrequenz f_{max}* genannt. Sie ist die maximale Frequenz, bei der der Transistor als Oszillator betrieben werden kann.

   Beispiel: Abbildung 24.51 zeigt die maximalen Leistungsgewinne für den Transistor BFR93 bei $U_{CE,A} = 5\,\mathrm{V}$ und $I_{C,A} = 30\,\mathrm{mA}$. Der maximal verfügbare Leistungsgewinn *MAG* ist nur für $f > 500\,\mathrm{MHz}$ definiert, da nur hier der Stabilitätsfaktor k größer als Eins ist. Er nimmt mit 20 dB/Dek. ab und wird bei der Transitfrequenz $f_T = 5\,\mathrm{GHz}$ zu Eins bzw. 0 dB. Für $f < 500\,\mathrm{MHz}$ wird der maximale stabile Leistungsgewinn *MSG* erzielt, der bei niedrigen Frequenzen mit 10 dB/Dek. abnimmt. Der unilaterale Leistungsgewinn U ist bei hohen Frequenzen etwa um 7,5 dB größer als *MAG* und wird bei $f_{max} = 12\,\mathrm{GHz}$ zu Eins bzw. 0 dB.

   Bei Transistoren mit Transitfrequenzen über 20 GHz ist die Kollektor-Basis-Kapazität C_C bzw. die Gate-Drain-Kapazität C_{GD} üblicherweise so weit reduziert, dass der Transistor bereits ohne Neutralisierung näherungsweise als rückwirkungsfrei angesehen werden kann; dann ist die maximale Schwingfrequenz f_{max} nur noch geringfügig höher als die Transitfrequenz f_T.

24.4.2 Nichtlineare Kenngrößen

Im Abschnitt 4.2.3 haben wir das nichtlineare Verhalten von Verstärkern mit Hilfe einer Reihenentwicklung der Betriebs-Übertragungskennlinie beschrieben. Wir haben gezeigt, dass bei Verstärkern in Systemen mit Bandpassfiltern die im Abschnitt 4.2.3.6 beschriebenen *Intermodulationsverzerrungen* maßgebend sind; dagegen spielt der Klirrfaktor keine Rolle, da die Oberwellen der Signale außerhalb des Durchlassbereichs liegen. Das nichtlineare Verhalten der Grundwelle wird durch den *Kompressionspunkt*, das der Intermodulationsprodukte durch die *Intercept-Punkte* beschrieben.

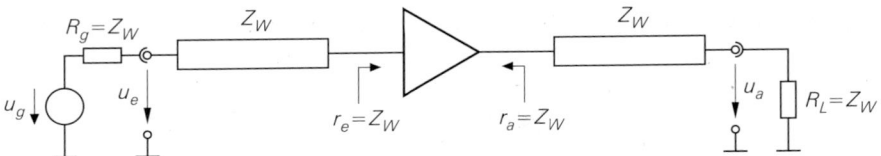

Abb. 24.52. Betriebsbedingungen eines Hochfrequenz-Verstärkers im relevanten Frequenzbereich (Durchlassbereich)

Zur Beschreibung von Hochfrequenz-Verstärkern sind einige Erweiterungen nötig, auf die wir im folgenden eingehen. Wir setzen dabei die Ausführungen im Abschnitt 4.2.3 als bekannt voraus und empfehlen, ggf. dort nachzulesen.

24.4.2.1 Betriebsbedingungen

Abbildung 24.52 zeigt die Betriebsbedingungen eines Hochfrequenz-Verstärkers. Hochfrequenz-Verstärker werden *angepasst* betrieben, d.h. Ein- und Ausgangswiderstand entsprechen im relevanten Frequenzbereich (Durchlassbereich) dem Wellenwiderstand Z_W der verwendeten Leitungen. Die Verbindung mit der Signalquelle und der Last wird über Leitungen mit dem Wellenwiderstand Z_W hergestellt. Diese Leitungen sind oft nicht *elektrisch kurz*, d.h. die Länge der Leitungen ist *nicht* wesentlich geringer als die Wellenlänge; daraus folgt, dass diese Leitungen eine zur Länge proportionale Phasenverschiebung verursachen. Diese Phasenverschiebung ist im allgemeinen nicht störend, führt aber dazu, dass die Phasenverhältnisse der Signale nicht nur vom Verstärker, sondern von der ganzen Anordnung abhängen.

24.4.2.2 Kennlinien eines Hochfrequenz-Verstärkers

Ein Hochfrequenz-Verstärker kann durch nichtlineare Kennlinien beschrieben werden. Diese Kennlinien hängen von der Frequenz ab und beschreiben nicht nur die Amplitude, sondern auch die Phase des Ausgangssignals. Ursache dafür ist die Frequenzabhängigkeit des Verstärkers und der Anpassnetzwerke am Eingang und am Ausgang.

24.4.2.2.1 Grundwellen-Übertragungsfunktion

Bei Ansteuerung mit einem Einton-Signal

$$u_g(t) \;=\; \hat{u}_g \cos(\omega_0 t + \varphi_g)$$

erhält man am Ausgang:

$$u_a(t) \;=\; \underbrace{\hat{u}_a \cos(\omega_0 t + \varphi_a)}_{\text{Grundwelle}} + \underbrace{\cdots\cdots\cdots}_{\text{Oberwellen}}$$

Die Oberwellen liegen im Normalfall außerhalb des Durchlassbereichs und werden deshalb nicht weiter betrachtet. Die Amplitude $\hat{u}_a$ und die Phase φ_a des Ausgangssignals hängen von der Amplitude $\hat{u}_g$ und von der Frequenz ω_0 des Generatorsignals ab:

$$\hat{u}_a \;=\; \hat{u}_a(\hat{u}_g, \omega_0) \quad , \quad \varphi_a \;=\; \varphi_a(\hat{u}_g, \omega_0)$$

Stellt man die Signale mit Hilfe der komplexen Effektivwert-Zeiger

$$\underline{u}_g \;=\; \frac{\hat{u}_g}{\sqrt{2}}\, e^{j\varphi_g} \quad , \quad \underline{u}_a \;=\; \frac{\hat{u}_a(\hat{u}_g, \omega_0)}{\sqrt{2}}\, e^{j\varphi_a(\hat{u}_g, \omega_0)}$$

dar und bildet den Quotienten der Zeiger, erhält man die Übertragungsfunktion

$$\frac{\underline{u}_a}{\underline{u}_g} = \frac{\hat{u}_a(\hat{u}_g,\omega_0)}{\hat{u}_g} e^{j(\varphi_a(\hat{u}_g,\omega_0) - \varphi_g)}$$

für die Amplitude $\hat{u}_g$ und die Frequenz ω_0. Verwendet man zur Beschreibung der Abhängigkeiten anstelle der Amplituden die Effektivwerte $u_g = |\underline{u}_g|$ und $u_a = |\underline{u}_a|$ und setzt die allgemeine Frequenz ω ein, erhält man die aussteuerungs- und frequenzabhängige *Grundwellen-Übertragungsfunktion*:

$$\underline{H}(u_g,\omega) = \frac{u_a(u_g,\omega)}{\underline{u}_g} = \frac{u_a(u_g,\omega)}{u_g} e^{j(\varphi_a(u_g,\omega) - \varphi_g)} \tag{24.47}$$

Sie wird auch *Beschreibungsfunktion* (*describing function*) genannt und beschreibt das Einton-Verhalten eines Verstärkers vollständig.

24.4.2.2.2 Verstärkungs-, AM/AM- und AM/PM-Kennlinie

Wird der Verstärker schmalbandig betrieben, kann man die Frequenzabhängigkeit im Durchlassbereich vernachlässigen und anstelle der Frequenz ω die *Mittenfrequenz* ω_M einsetzen; die Grundwellen-Übertragungsfunktion hängt dann nur noch von der Aussteuerung ab:

$$\underline{H}_{\omega_M}(u_g) = \underline{H}(u_g,\omega)\Big|_{\omega=\omega_M} = \frac{u_a(u_g)}{u_g} e^{j(\varphi_a(u_g) - \varphi_g)}$$

Der Betrag dieser Übertragungsfunktion wird *Verstärkungskennlinie* genannt:

$$A_B(u_g) = \frac{u_a(u_g)}{u_g} \tag{24.48}$$

Bei Leistungsverstärkern wird anstelle der Verstärkungskennlinie die *AM/AM-Kennlinie* angegeben:

$$f_{AM}(u_g) = u_a(u_g) = A_B(u_g) u_g \tag{24.49}$$

Da die absolute Phase von der Länge der Leitungen abhängt, verwendet man die Phase bei Kleinsignalaussteuerung ($u_g \to 0$) als Referenzphase und bezeichnet die aussteuerungsabhängige Abweichung von der Kleinsignalphase als *AM/PM-Kennlinie*:

$$f_{PM}(u_g) = \varphi_a(u_g) - \lim_{u_g \to 0} \varphi_a(u_g) \tag{24.50}$$

Bei der Darstellung der Kennlinien werden häufig nicht die Effektivwerte, sondern die Leistungen verwendet; dabei wird anstelle des Effektivwerts u_g die *verfügbare Leistung*

$$P_{A,g} = \frac{u_g^2}{4R_g} \overset{R_g=Z_W}{=} \frac{u_g^2}{4Z_W}$$

des Generators und anstelle des Effektivwerts u_a die von der Last aufgenommene Leistung

$$P_L = \frac{u_a^2}{R_L} \overset{R_L=Z_W}{=} \frac{u_a^2}{Z_W}$$

verwendet. Das Verhältnis dieser Leistungen entspricht dem *Übertragungsgewinn* G_T, den wir im Abschnitt 24.4.1.3 auf Seite 1375 beschrieben haben. Die Leistungen werden in dBm angegeben:

$$P_{A,g} \, [\text{dBm}] \;=\; 10\,\text{dBm} \cdot \log\left(\frac{P_{A,g}}{1\,\text{mW}}\right) \;\overset{Z_W=50\,\Omega}{=}\; 20\,\text{dBm} \cdot \log\frac{u_g}{1\,\text{V}} + 7\,\text{dB} \qquad (24.51)$$

$$P_L \, [\text{dBm}] \;=\; 10\,\text{dBm} \cdot \log\left(\frac{P_L}{1\,\text{mW}}\right) \;\overset{Z_W=50\,\Omega}{=}\; 20\,\text{dBm} \cdot \log\frac{u_a}{1\,\text{V}} + 13\,\text{dB} \qquad (24.52)$$

Dabei führt der Faktor 4 im Nenner der verfügbaren Leistung $P_{A,g}$ bei der Umrechnung von u_g nach $P_{A,g}$ zu einem Verlust von 6 dB; deshalb erhält man hier +7 anstelle von +13. Umgekehrt gilt:

$$u_g \overset{Z_W=50\,\Omega}{=} 1\,\text{V} \cdot 10^{\frac{P_{A,g}\,[\text{dBm}]-7\,\text{dB}}{20\,\text{dBm}}} \qquad (24.53)$$

$$u_a \overset{Z_W=50\,\Omega}{=} 1\,\text{V} \cdot 10^{\frac{P_L\,[\text{dBm}]-13\,\text{dB}}{20\,\text{dBm}}} \qquad (24.54)$$

Der Bezug auf die verfügbare Leistung des Generators ist wichtig, da die Anpassung am Eingang mit zunehmender Aussteuerung immer schlechter wird; dadurch wird die vom Verstärker tatsächlich aufgenommene Leistung geringer als die verfügbare Leistung des Generators [17].

Abbildung 24.53 zeigt die Kennlinien des Verstärkers aus Abb. 24.33 auf Seite 1355. Die Verstärkungskennlinie eignet sich gut zur Darstellung der Abweichung vom linearen Verhalten im Bereich geringer und mittlerer Aussteuerung. Diesen Bereich haben wir im Abschnitt 4.2.3 als *quasi-linearen Bereich* bezeichnet. Dagegen eignet sich die AM/AM-Kennlinie besser zur Darstellung des Verhaltens bei *schwacher* und *starker Übersteuerung*. Deshalb wird bei Kleinsignalverstärkern bevorzugt die Verstärkungskennlinie und bei Leistungsverstärkern bevorzugt die AM/AM-Kennlinie dargestellt.

24.4.2.3 Kleinsignalverstärkung

Bei geringer Aussteuerung arbeitet der Verstärker mit der *Kleinsignalverstärkung*:

$$A_{B,0} \;=\; \lim_{u_g \to 0} A_B(u_g)$$

Der zugehörige Gewinn wird *Kleinsignal-Übertragungsgewinn* genannt:

$$G_{T,0} \;=\; \lim_{P_{A,g} \to 0} G_T \;=\; \lim_{P_{A,g} \to 0} \frac{P_L}{P_{A,g}} \;=\; A_{B,0}^2 \qquad (24.55)$$

In Dezibel sind beide Werte gleich:

$$G_{T,0}\,[\text{dB}] \;=\; 10\,\text{dB} \cdot \log G_{T,0} \;=\; 20\,\text{dB} \cdot \log A_{B,0} \;=\; A_{B,0}\,[\text{dB}]$$

Beispiel: Aus Abb. 24.53 entnimmt man $G_{T,0} = 7{,}3\,\text{dB} = 5{,}4$; daraus folgt mit (24.55) $A_{B,0} = 2{,}3$.

---

[17] In der Literatur wird oft nur von der *Eingangsleistung* P_{in} des Verstärkers gesprochen, ohne dass klar wird, ob die *ideale* Eingangsleistung bei Anpassung (= verfügbare Leistung des Generators) oder die *tatsächliche* Eingangsleistung gemeint ist. Wir weisen hier noch einmal ausdrücklich darauf hin, dass die verfügbare Leistung des Generators verwendet werden muss; nur dann entspricht die Verstärkung dem *Übertragungsgewinn*, den wir im Abschnitt 24.4.1 als einzig sinnvolle Gewinn-Definition identifiziert haben. Auch für die Messung der Kennlinien ist dies bedeutsam, da man bei HF-Signalgeneratoren die verfügbare Leistung direkt einstellt, während die tatsächliche Eingangsleistung des Verstärkers nur mit einem Richtkoppler und einer separaten Messung der Leistungen der einfallenden und der reflektierten Welle ermittelt werden kann.

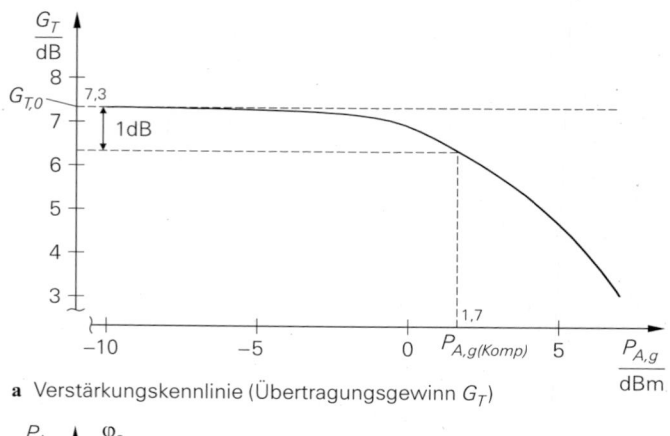

a Verstärkungskennlinie (Übertragungsgewinn G_T)

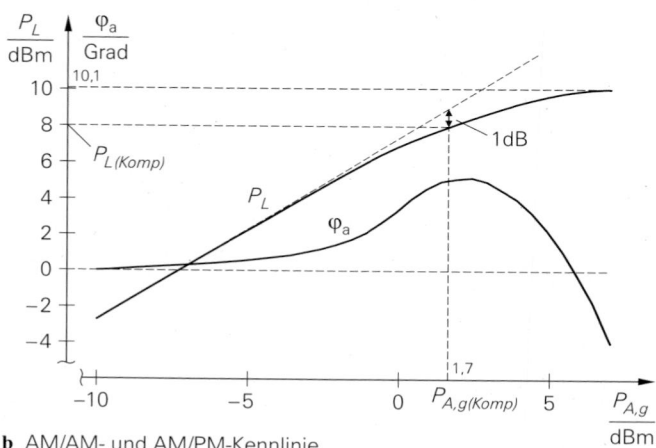

b AM/AM- und AM/PM-Kennlinie

Abb. 24.53. Kennlinien des Verstärkers aus Abb. 24.33 auf Seite 1355 ($f_M = 1880\,\text{MHz}$)

24.4.2.4 Kompressionspunkt

Am *1dB-Kompressionspunkt* hat die Verstärkung im Vergleich zur Kleinsignalverstärkung um 1 dB abgenommen; daraus folgt für den *eingangsseitigen Kompressionspunkt* $u_{g,\text{Komp}}$

$$A_B(u_{g,\text{Komp})} = 10^{-1/20} A_{B,0} = 0{,}89 A_{B,0}$$

und für den *ausgangsseitigen Kompressionspunkt* $u_{a,\text{Komp}}$:

$$u_{a,\text{Komp}} = u_a(u_{g,\text{Komp}}) = A_B(u_{g,\text{Komp}}) u_{g,\text{Komp}} = 0{,}89 A_{B,0} u_{g,\text{Komp}}$$

Diese Zusammenhänge haben wir bereits im Abschnitt 4.2.3.5 auf Seite 450 vorgestellt. Wir verwenden hier jedoch die Effektivwerte $u_{g,\text{Komp}}$ und $u_{a,\text{Komp}}$ anstelle der Amplituden $\hat{u}_{g,\text{Komp}}$ und $\hat{u}_{a,\text{Komp}}$. Aus den Effektivwerten erhält man mit (24.51) und (24.52) die zugehörigen Leistungen $P_{A,g(\text{Komp})}$ und $P_{L(\text{Komp})}$ in dBm; dabei gilt:

$$P_{L(\text{Komp})}\,[\text{dBm}] = P_{A,g(\text{Komp})}\,[\text{dBm}] + G_{T,0}\,[\text{dB}] - 1\,\text{dB} \tag{24.56}$$

Beispiel: In Abb. 24.53 liegt der eingangsseitige Kompressionspunkt bei $P_{A,g(\text{Komp})} = 1{,}7\,\text{dBm}$ und der ausgangsseitige Kompressionspunkt bei $P_{L(\text{Komp})} = 8\,\text{dBm}$. Daraus

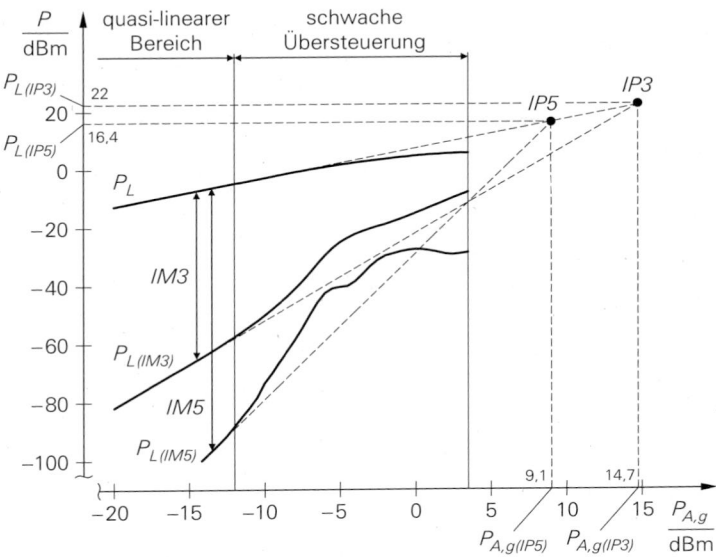

Abb. 24.54. Intermodulationskennlinien des Verstärkers aus Abb. 24.33 auf Seite 1355

erhält man mit (24.53) und (24.54) die zugehörigen Effektivwerte $u_{g,Komp} = 0{,}54\,\text{V}$ und $u_{a,Komp} = 0{,}56\,\text{V}$. Die Amplituden $\hat{u}_{g,Komp}$ und $\hat{u}_{a,Komp}$ sind um den Faktor $\sqrt{2}$ größer.

Wir erinnern hier noch einmal daran, dass sich die Umrechnungsformeln (24.53) und (24.54) aufgrund des zusätzlichen Faktors 4 im Nenner der verfügbaren Leistung $P_{A,g}$ unterscheiden.

24.4.2.5 Intermodulation

Die *Intermodulation* haben wir bereits im Abschnitt 4.2.3.6 auf Seite 451 beschrieben. Alle Zusammenhänge und Größen gelten für Hochfrequenz-Verstärker in gleicher Weise. Wir gehen hier jedoch nicht von einer Reihenentwicklung der Betriebs-Übertragungskennlinie aus, sondern entnehmen die *Intermodulationsabstände* und die *Intercept-Punkte* aus den gemessenen *Intermodulationskennlinien*; gleichzeitig verwenden wir auch hier wieder die Effektivwerte bzw. die Leistungen in dBm anstelle der Amplituden.

24.4.2.5.1 Intermodulationskennlinien

Abbildung 24.54 zeigt die *Intermodulationskennlinien* des Verstärkers aus Abb. 24.33 auf Seite 1355. Man erhält die typischen, bereits in Abb. 4.151 auf Seite 455 gezeigten Verläufe im *quasi-linearen Bereich* und im *Bereich schwacher Übersteuerung*. Der *Bereich starker Übersteuerung* wird bei Hochfrequenz-Verstärkern nicht vermessen, da die Anpassung in diesem Bereich sehr schlecht ist und der Verstärker durch die dabei auftretenden hohen Stehwellenverhältnisse zerstört werden kann.

24.4.2.5.2 Intercept-Punkte und Intermodulationsabstände

Die *Eingangs-Intercept-Punkte* $P_{A,g(IP3)}$ und $P_{A,g(IP5)}$ und die zugehörigen *Ausgangs-Intercept-Punkte* $P_{L(IP3)}$ und $P_{L(IP5)}$ erhält man durch Extrapolation der gemessenen Verläufe im quasi-linearen Bereich. Daraus kann man mit (24.53) die Effektivwerte $u_{g,IP3}$

und $u_{g,IP5}$ am Eingang und mit (24.54) die Effektivwerte $u_{a,IP3}$ und $u_{a,IP5}$ am Ausgang berechnen. Aus (4.183) erhält man die Effektivwerte der Intermodulationsprodukte im quasi-linearen Bereich, indem man anstelle der Amplituden die Effektivwerte einsetzt:

$$u_{a,IM3} = \frac{u_a^3}{u_{a,IP3}^2} \quad , \quad u_{a,IM5} = \frac{u_a^5}{u_{a,IP5}^4}$$

Daraus folgt für die Leistungen in dBm:

$$\boxed{\begin{aligned} P_{L(IM3)}\,[\text{dBm}] &= 3P_L\,[\text{dBm}] - 2P_{L(IP3)}\,[\text{dBm}] \\ P_{L(IM5)}\,[\text{dBm}] &= 5P_L\,[\text{dBm}] - 4P_{L(IP5)}\,[\text{dBm}] \end{aligned}} \tag{24.57}$$

Entsprechend erhält man aus (4.184) die *Intermodulationsabstände*

$$IM3 = \left(\frac{u_{a,IP3}}{u_a}\right)^2 \quad , \quad IM5 = \left(\frac{u_{a,IP5}}{u_a}\right)^4$$

und:

$$\boxed{\begin{aligned} IM3\,[\text{dB}] &= 2\left(P_{L(IP3)}\,[\text{dBm}] - P_L\,[\text{dBm}]\right) \\ IM5\,[\text{dB}] &= 4\left(P_{L(IP5)}\,[\text{dBm}] - P_L\,[\text{dBm}]\right) \end{aligned}} \tag{24.58}$$

Beispiel: Aus Abb. 24.54 entnimmt man die Intercept-Punkte $P_{L(IP3)} = 22\,\text{dBm}$ und $P_{L(IP5)} = 16{,}4\,\text{dBm}$ am Ausgang. Die entsprechenden Werte am Eingang sind um den Kleinsignal-Übertragungsgewinn $G_{T,0} = 7{,}3\,\text{dB}$ aus Abb. 24.53a geringer. Die Grenze zwischen dem quasi-linearen Bereich und dem Bereich schwacher Übersteuerung liegt bei $P_{A,g} = -12\,\text{dBm}$ bzw. $P_L = P_{A,g} + G_{T,0} = -4{,}7\,\text{dBm}$. Für die Intermodulationsabstände an dieser Grenze erhält man mit (24.58) $IM3 = 53{,}4\,\text{dB}$ und $IM5 = 84{,}4\,\text{dB}$. Die Intermodulationsprodukte haben die Leistungen $P_{L(IM3)} = -58{,}1\,\text{dBm}$ und $P_{L(IM5)} = -89{,}1\,\text{dBm}$.

24.4.2.5.3 Praktische Hinweise

Die Zahlenwerte des vorausgehenden Beispiels zeigen, dass der Intermodulationsabstand *IM5* im quasi-linearen Bereich so hoch ist, dass die zugehörige Leistung $P_{L(IM5)}$ in der Praxis nur mit einem Spektralanalysator mit hohem Dynamikbereich gemessen werden kann. Oft kann man den Intercept-Punkt *IP5* gar nicht bestimmen, weil der Dynamikbereich der Messgeräte nicht ausreicht. In diesem Fall sind die Intermodulationsprodukte 5.Ordnung aber meist ohnehin nicht mehr relevant, so dass die Angabe des *IP3* ausreicht.

In der Praxis werden viele Hochfrequenz-Verstärker im Bereich schwacher Übersteuerung betrieben. In diesem Bereich kann man die Intermodulationsabstände und die Leistungen der Intermodulationsprodukte nicht mehr mit Hilfe der Intercept-Punkte bestimmen, sondern muss die Werte direkt aus den Intermodulationskennlinien entnehmen. Bei der Auslegung von Hochfrequenz-Baugruppen wird häufig der Fehler begangen, die Intermodulationsprodukte mit Hilfe der Intercept-Punkte abzuschätzen, obwohl die Verstärker nicht im quasi-linearen Bereich arbeiten.

Kapitel 25:
Mischer

Mischer (*mixer*) werden zur Frequenzumsetzung (*frequency conversion*) in Sendern und Empfängern benötigt und gehören zusammen mit Verstärkern und Filtern zu den wesentlichen Komponenten eines drahtlosen Übertragungssystems. Wir beschreiben im folgenden zunächst das Funktionsprinzip eines Mischers und gehen anschließend auf die in der Praxis verwendeten Schaltungen ein.

25.1 Funktionsprinzip eines idealen Mischers

Ein idealer Mischer entspricht einem Multiplizierer, siehe Abb. 25.1. An den Eingängen werden das umzusetzende Signal und das zur Umsetzung benötigte *Lokaloszillatorsignal* angelegt; letzteres ist im Idealfall ein Sinussignal. Am Ausgang erhält man das umgesetzte Signal sowie zusätzliche, bei der Umsetzung anfallende Anteile. Die unerwünschten Anteile müssen im Zuge der weiteren Verarbeitung durch Filter unterdrückt werden; deshalb werden zur Frequenzumsetzung neben einem Mischer ein oder zwei Filter benötigt. Üblicherweise bezeichnet man den Eingang mit dem umzusetzenden Signal als *Eingang* und den Eingang mit dem Lokaloszillatorsignal als *Lokaloszillator-Eingang*.

Wenn das Eingangssignal auf eine höhere Frequenz umgesetzt wird, spricht man von einer *Aufwärtsmischung* (*upconversion*); der Mischer wird dann als *Aufwärtsmischer* (*upconversion mixer*) bezeichnet. Entsprechend spricht man von einer *Abwärtsmischung* (*downconversion*) und einem *Abwärtsmischer* (*downconversion mixer*), wenn das Eingangssignal auf eine niedrigere Frequenz umgesetzt wird. Abbildung 25.2 zeigt die charakteristischen Frequenzen bei einem Aufwärts- und einem Abwärtsmischer:

- Die *Zwischenfrequenz* (*ZF-Frequenz*, *intermediate frequency*, *IF*) f_{ZF} ist die niedrigere der beiden Trägerfrequenzen, d.h. die Trägerfrequenz des Eingangssignals beim Aufwärtsmischer bzw. die Trägerfrequenz des Ausgangssignals beim Abwärtsmischer. Bei der Aufwärtsmischung eines Signals aus dem Basisband oder der Abwärtsmischung eines Signals ins Basisband gilt $f_{ZF} = 0$; das ist z.B. bei I/Q-Mischern der Fall.
- Die *Hochfrequenz* (*HF-Frequenz*, *radio frequency*, *RF*) f_{HF} ist die höhere der beiden Trägerfrequenzen, d.h. die Trägerfrequenz des Ausgangssignals beim Aufwärtsmischer bzw. die Trägerfrequenz des Eingangssignals beim Abwärtsmischer.
- Die *Lokaloszillatorfrequenz* (*LO-Frequenz*, *local oscillator frequency*, *LO*) f_{LO} ist die Frequenz des benötigten Lokaloszillatorsignals und entspricht dem Frequenzversatz der Umsetzung.

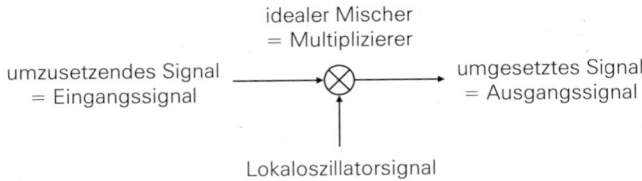

Abb. 25.1. Idealer Mischer

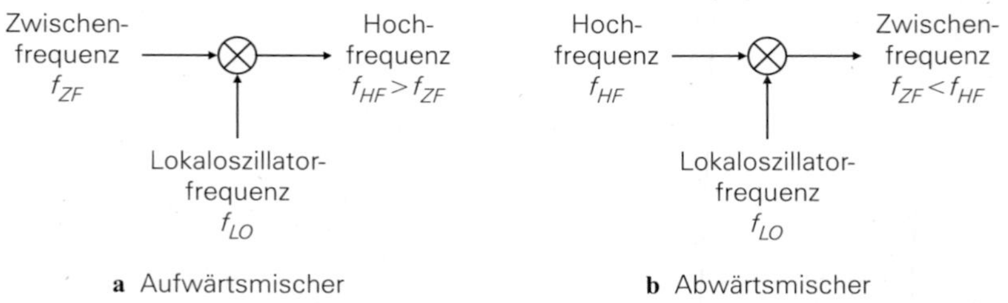

a Aufwärtsmischer   **b** Abwärtsmischer

Abb. 25.2. Frequenzen bei Mischern

Die Signale werden entsprechend als ZF-, HF- und LO-Signal bezeichnet.

Bei den Frequenzen muss man zwischen den auf den einzelnen Mischer bezogenen Frequenzen und den Frequenzen in einem konkreten Sender oder Empfänger unterscheiden. In einem Sender tritt jede ZF-Frequenz des Senders an einem der Mischer als ZF-Frequenz auf. Entsprechend wird jede ZF- und die Sendefrequenz eines Senders mit Hilfe eines Mischers erzeugt und tritt deshalb beim jeweiligen Mischer als HF-Frequenz auf. In einem Empfänger gilt dasselbe. Wir beziehen uns im folgenden auf die Frequenzen an einem einzelnen Mischer; die Bedeutung dieser Frequenzen in einem konkreten Sender oder Empfänger bleibt offen.

25.1.1 Aufwärtsmischer

Beim Aufwärtsmischer wird am Eingang ein ZF-Signal

$$s_{ZF}(t) = a(t) \cos[\omega_{ZF} t + \varphi(t)]$$

zugeführt und mit dem Lokaloszillatorsignal

$$s_{LO}(t) = 2 \cos \omega_{LO} t$$

multipliziert, siehe Abb. 25.3. Wir geben dem Lokaloszillatorsignal die Amplitude 2, damit in den folgenden Gleichungen keine Vorfaktoren $1/2$ auftreten; das grundsätzliche Verhalten ändert sich dadurch nicht. Am Ausgang erhält man:

$$s_{HF}(t) = s_{ZF}(t) \cdot s_{LO}(t) = a(t) \cos[\omega_{ZF} t + \varphi(t)] \cdot 2 \cos \omega_{LO} t$$

$$= \underbrace{a(t) \cos[(\omega_{LO} + \omega_{ZF})t + \varphi(t)]}_{\substack{\text{Oberband}\,(f > f_{LO}) \\ \text{in Gleichlage}}} + \underbrace{a(t) \cos[(\omega_{LO} - \omega_{ZF})t - \varphi(t)]}_{\substack{\text{Unterband}\,(f < f_{LO}) \\ \text{in Kehrlage}}}$$

Der Anteil bei der Frequenz $f_{LO} + f_{ZF}$ wird als *Oberband* bezeichnet und weist dieselbe Frequenzfolge auf wie das ZF-Signal; man nennt dies *Gleichlage*. Der Anteil bei der Frequenz $f_{LO} - f_{ZF}$ wird als *Unterband* bezeichnet und weist eine im Vergleich zum ZF-Signal invertierte Frequenzfolge auf; man nennt dies *Kehrlage*. Jedes der beiden Bänder kann als Ausgangssignal dienen. Das unerwünschte Band muss mit einem Filter unterdrückt werden.

25.1.2 Abwärtsmischer

Beim Abwärtsmischer wird am Eingang ein HF-Signal

$$s_{HF}(t) = a(t) \cos[\omega_{HF} t + \varphi(t)]$$

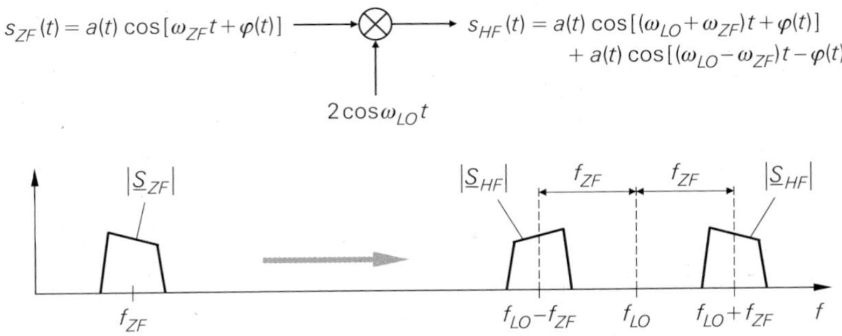

$s_{ZF}(t) = a(t) \cos[\omega_{ZF}t + \varphi(t)]$ ──────▶ ⊗ ────▶ $s_{HF}(t) = a(t) \cos[(\omega_{LO} + \omega_{ZF})t + \varphi(t)]$
$\qquad\qquad\qquad\qquad\qquad\qquad\qquad\qquad\qquad\qquad\qquad\qquad + a(t) \cos[(\omega_{LO} - \omega_{ZF})t - \varphi(t)]$

$2\cos\omega_{LO}t$

Abb. 25.3. Zeitsignale und Betragsspektren beim Aufwärtsmischer

zugeführt und mit dem Lokaloszillatorsignal

$$s_{LO}(t) \;=\; 2\cos\omega_{LO}t$$

multipliziert, siehe Abb. 25.4. Am Ausgang erhält man:

$$s_M(t) \;=\; s_{ZF}(t) \cdot s_{LO}(t) \;=\; a(t)\cos[\omega_{HF}t + \varphi(t)] \cdot 2\cos\omega_{LO}t$$

$$= \begin{cases} a(t)\cos[(\omega_{HF} - \omega_{LO})t + \varphi(t)] & \text{Gleichlage } (f_{HF} > f_{LO}) \\[4pt] \quad + a(t)\cos[(\omega_{HF} + \omega_{LO})t + \varphi(t)] & \\[8pt] a(t)\cos[(\omega_{LO} - \omega_{HF})t - \varphi(t)] & \text{Kehrlage } (f_{HF} < f_{LO}) \\[4pt] \quad + a(t)\cos[(\omega_{LO} + \omega_{HF})t + \varphi(t)] & \end{cases}$$

Das Ausgangssignal enthält neben dem gewünschten Anteil bei der Differenzfrequenz einen zusätzlichen Anteil bei der Summenfrequenz, der mit einem Filter unterdrückt werden muss; für das ZF-Signal gilt dann:

$$s_{ZF}(t) \;=\; \begin{cases} a(t)\cos[(\omega_{HF} - \omega_{LO})t + \varphi(t)] & \text{Gleichlage } (f_{HF} > f_{LO}) \\[4pt] a(t)\cos[(\omega_{LO} - \omega_{HF})t - \varphi(t)] & \text{Kehrlage } (f_{HF} < f_{LO}) \end{cases}$$

Wenn die HF-Frequenz größer ist als die LO-Frequenz, erhält man ein ZF-Signal in *Gleichlage* mit gleicher Frequenzfolge, siehe Abb. 25.4a; andernfalls erhält man ein ZF-Signal in *Kehrlage* mit invertierter Frequenzfolge, siehe Abb. 25.4b.

Beim Abwärtsmischer tritt häufig der Fall auf, dass das am HF-Eingang zugeführte Signal neben dem gewünschten HF-Signal mit der Frequenz $f_{HF} = f_{LO} \pm f_{ZF}$ ein *Spiegelsignal* mit der *Spiegelfrequenz* $f_{HF,Sp} = f_{LO} \mp f_{ZF}$ enthält, das ebenfalls auf die ZF-Frequenz umgesetzt wird; der Mischer arbeitet in diesem Fall in Gleich- und in Kehrlage. Abbildung 25.5 zeigt dies am Beispiel eines Abwärtsmischers mit der HF-Frequenz $f_{HF} = f_{LO} + f_{ZF}$ in Gleichlage und der Spiegelfrequenz $f_{HF,Sp} = f_{LO} - f_{ZF}$ in Kehrlage; dabei wird die Frequenzfolge des Spiegelsignals aufgrund der Kehrlage invertiert. Damit der Mischer nur das gewünschte HF-Signal umsetzt, muss das Spiegelsignal mit einem vor dem Mischer angeordneten *Spiegelfrequenzfilter* unterdrückt werden; wir gehen darauf im Zusammenhang mit Empfängern im Abschnitt 22.2 näher ein.

Die Existenz des Spiegelsignals ist eine Folge der funktionalen Symmetrie von Auf- und Abwärtsmischer: der Aufwärtsmischer setzt ein ZF-Signal in zwei HF-Signale um,

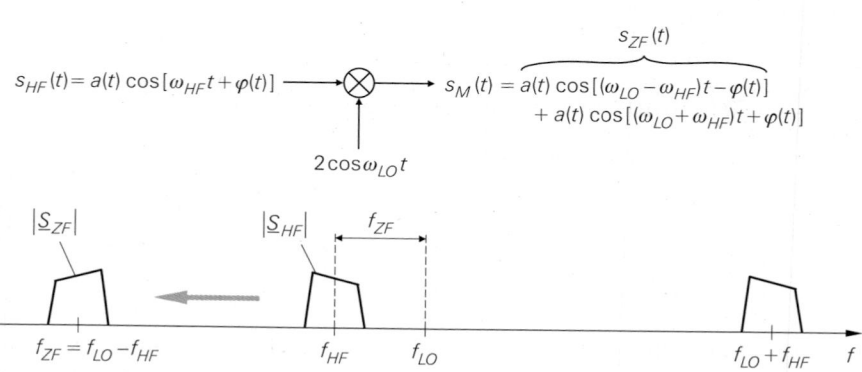

a in Gleichlage ($f_{HF} > f_{LO}$)

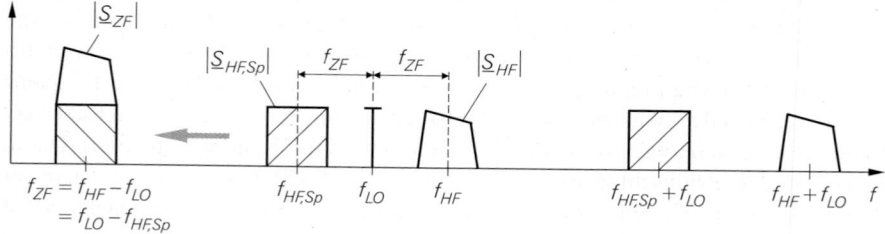

b in Kehrlage ($f_{HF} < f_{LO}$)

Abb. 25.4. Zeitsignale und Betragsspektren beim Abwärtsmischer

von denen eines *nach* dem Mischer ausgewählt werden muss; entsprechend setzt der Abwärtsmischer zwei HF-Signale in ein ZF-Signal um, so dass hier eines der HF-Signale *vor* dem Mischer ausgewählt werden muss.

Abb. 25.5. Spiegelfrequenz $f_{HF,Sp}$ bei einem Abwärtsmischer in Gleichlage. Die Frequenzfolge des Spiegelsignals $|\underline{S}_{HF,Sp}|$ wird aufgrund der Kehrlage invertiert.

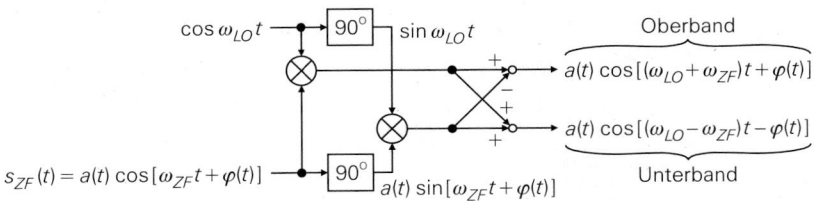

Abb. 25.6. Aufwärtsmischer mit Spiegelfrequenz-Unterdrückung (= Unterdrückung des unerwünschten Bandes). Die Phasenschieber haben 90° Phasennacheilung. In der Praxis wird nur das gewünschte Ausgangssignal gebildet.

25.1.3 Mischer mit Spiegelfrequenz-Unterdrückung

Die Existenz der zwei Bänder beim Aufwärtsmischer und der Spiegelfrequenz beim Abwärtsmischer ist eine Folge des Multiplikationstheorems für trigonometrische Funktionen:

$$\cos \omega_1 t \cdot \cos \omega_2 t = \frac{1}{2} \left[\cos (\omega_1 + \omega_2) \, t + \cos (\omega_1 - \omega_2) \, t \right]$$

Bei der Multiplikation reeller Schwingungen treten demnach immer Anteile bei der Summen- *und* der Differenzfrequenz auf. Dagegen gilt für komplexe Schwingungen der Form

$$e^{j \omega t} = \cos \omega t + j \sin \omega t$$

der Zusammenhang:

$$e^{j \omega_1 t} \cdot e^{j \omega_2 t} = e^{j (\omega_1 + \omega_2) t}$$

Hier tritt nur die Summenfrequenz auf. Durch Realteil-Bildung erhält man:

$$\mathrm{Re} \left\{ e^{j \omega_1 t} \cdot e^{j \omega_2 t} \right\} = \cos \omega_1 t \cdot \cos \omega_2 t - \sin \omega_1 t \cdot \sin \omega_2 t$$

$$= \mathrm{Re} \left\{ e^{j (\omega_1 + \omega_2) t} \right\} = \cos (\omega_1 + \omega_2) \, t$$

Entsprechend gilt:

$$\mathrm{Re} \left\{ e^{j \omega_1 t} \cdot e^{-j \omega_2 t} \right\} = \cos \omega_1 t \cdot \cos \omega_2 t + \sin \omega_1 t \cdot \sin \omega_2 t$$

$$= \mathrm{Re} \left\{ e^{j (\omega_1 - \omega_2) t} \right\} = \cos (\omega_1 - \omega_2) \, t$$

Man kann demnach die Summen- oder die Differenzfrequenz unterdrücken, indem man zwei Mischer, einen Subtrahierer bzw. Addierer und zwei 90°-Phasenschieber mit 90° Phasen*nacheilung* zur Erzeugung der Sinus-Anteile aus den Cosinus-Anteilen verwendet. Mit $\omega_1 = \omega_{LO}$ und $\omega_2 = \omega_{ZF}$ erhält man den in Abbildung 25.6 gezeigten Aufwärtsmischer mit Spiegelfrequenz-Unterdrückung. In der Praxis wird nur das gewünschte Ausgangssignal gebildet; an diesem Ausgang ist das unerwünschte Band unterdrückt. Der Begriff der Spiegelfrequenz-Unterdrückung ist in diesem Zusammenhang eigentlich nicht korrekt, da beim Aufwärtsmischer keine Überlagerung von zwei Anteilen auftritt; dennoch ist die Bezeichnung in der Praxis üblich.

Der eigentliche *Mischer mit Spiegelfrequenz-Unterdrückung* (*image-rejection mixer*, *IRM*) ist jedoch der Abwärtsmischer mit Spiegelfrequenz-Unterdrückung. Dazu kehrt man die Signalrichtung zwischen dem ZF-Anschluss und den Anschlüssen für das Oberband und das Unterband um und speist ein Signalgemisch aus einem Oberband- und einem

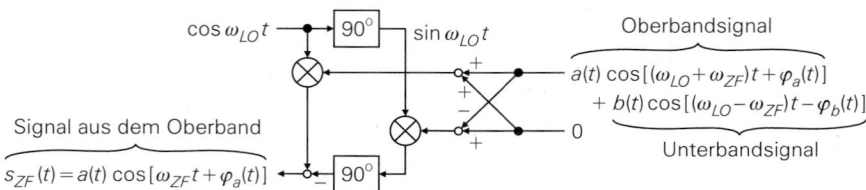

a Einspeisung am Oberband-Anschluss

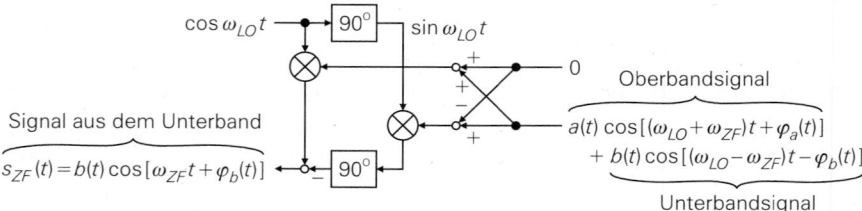

b Einspeisung am Unterband-Anschluss

Abb. 25.7. Ableitung des Abwärtsmischers mit Spiegelfrequenz-Unterdrückung aus dem Aufwärtsmischer mit Spiegelfrequenz-Unterdrückung. Auf die zusätzlichen Minus-Zeichen an
den Ausgängen der jeweils unteren Phasenschieber wird im Text eingegangen.

Unterbandsignal ein. Wenn man dieses Signalgemisch gemäß Abb. 25.7a am Oberband-
Anschluss einspeist, erhält man am ZF-Anschluss nur das Signal aus dem Oberband;
entsprechend erhält man bei Einspeisung am Unterband-Anschluss gemäß Abb. 25.7b nur
das Signal aus dem Unterband. Zusätzlich erhält man am ZF-Anschluss Anteile bei $2\omega_{LO}\pm$
ω_{ZF}, die für die Funktion unbedeutend sind. Man beachte, dass die Ausgänge der unteren
Phasenschieber in Abb. 25.7a und Abb. 25.7b mit einem Minus-Zeichen versehen werden
müssen, damit man anstelle der 90° Phasen*nacheilung* aus Abb. 25.6 eine der umgekehrten
Signalrichtung entsprechende 90° Phasen*voreilung* erhält. Verschiebt man alle Vorzeichen
auf die ZF-Seite, erhält man die in Abb. 25.8 gezeigte übliche Darstellung mit einem HF-
Eingang und zwei ZF-Ausgängen; dabei sind auch die Tiefpassfilter dargestellt, die die
Anteile bei der ZF-Frequenz durchlassen und die wesentlich höherfrequenten Anteilen bei
$2\omega_{LO}\pm\omega_{ZF}$ unterdrücken. Auch hier wird in der Praxis nur das gewünschte Ausgangssignal
gebildet. Mit $f_{HF} = f_{LO} + f_{ZF}$ arbeitet der Mischer in Gleichlage und unterdrückt die
Spiegelfrequenz $f_{HF,Sp} = f_{LO} - f_{ZF}$; mit $f_{HF} = f_{LO} - f_{ZF}$ arbeitet der Mischer in
Kehrlage und unterdrückt die Spiegelfrequenz $f_{HF,Sp} = f_{LO} + f_{ZF}$.

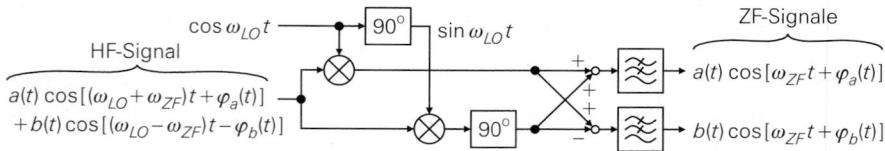

Abb. 25.8. Übliche Darstellung eines Abwärtsmischers mit Spiegelfrequenz-Unterdrückung und
Tiefpassfiltern zur Unterdrückung der Anteile bei $2\omega_{LO} \pm \omega_{ZF}$. Die Phasenschieber
haben 90° Phasennacheilung. In der Praxis wird nur das gewünschte Ausgangssignal
gebildet.

Die Spiegelfrequenz-Unterdrückung beruht auf einer Auslöschung gleich großer Anteile; deshalb müssen die Amplituden und die Phasenbeziehungen in der Praxis sehr genau eingehalten werden. Wir gehen darauf im Abschnitt 25.7 noch näher ein.

25.2 Funktionsprinzipen bei praktischen Mischern

In der Praxis werden nur selten Multiplizierer eingesetzt. Praktische Multiplizierer weisen bezüglich beiden Eingängen eine hohe Linearität auf, die für eine Frequenzumsetzung nicht erforderlich ist, wie wir im folgenden noch sehen werden. Praktische Multiplizierer sind als Mischer sogar unerwünscht, da sie aufgrund der aufwendigen Schaltungstechnik zur Erzielung der erforderlichen Linearität eine sehr hohe Rauschzahl aufweisen, die bei einem Betrieb als Mischer in den meisten Fällen intolerabel hoch ist.

Bei einem praktischen Mischer reicht es aus, wenn die Signale einer idealen Aufwärts- oder Abwärtsmischung in den Spannungen oder Strömen des Mischers *enthalten* sind. Die Spannungen und Ströme können beliebige, weitere Signale enthalten, sofern diese frequenzmäßig von den Nutzsignalen getrennt sind und mit Filtern am Ausgang unterdrückt werden können. Man muss in diesem Zusammenhang zwischen einer additiven und einer multiplikativen Mischung unterscheiden. Wir beschreiben diese beiden Arten der Mischung im folgenden am Beispiel eines Aufwärtsmischers.

25.2.1 Additive Mischung

Bei der *additiven Mischung* werden das ZF- und das LO-Signal addiert, mit einem geeigneten Gleichanteil U_0 versehen und auf ein Bauteil mit einer nichtlinearen Kennlinie geführt. Durch die Nichtlinearität wird eine Vielzahl von Mischfrequenzen erzeugt, unter denen sich auch die gewünschte HF-Frequenz befindet; letztere wird mit einem Bandpass ausgefiltert. Abb. 25.9 zeigt das Prinzip der additiven Mischung.

25.2.1.1 Gleichungsmäßige Beschreibung

Als nichtlineare Kennlinie wird in der Praxis die nichtlineare Strom-Spannungs-Kennlinie $I(U)$ einer Diode oder eines Transistors eingesetzt, d.h. das Eingangssignal ist eine Spannung, das Ausgangssignal ein Strom. Die Kennlinie wird durch eine Taylor-Reihe im Arbeitspunkt U_0 dargestellt:

$$I(U) = I(U_0) + \left.\frac{dI}{dU}\right|_{U=U_0} (U - U_0) + \frac{1}{2}\left.\frac{d^2I}{dU^2}\right|_{U=U_0} (U - U_0)^2$$

$$+ \frac{1}{6}\left.\frac{d^3I}{dU^3}\right|_{U=U_0} (U - U_0)^3 + \frac{1}{24}\left.\frac{d^4I}{dU^4}\right|_{U=U_0} (U - U_0)^4 + \cdots$$

Mit den Kleinsignalgrößen

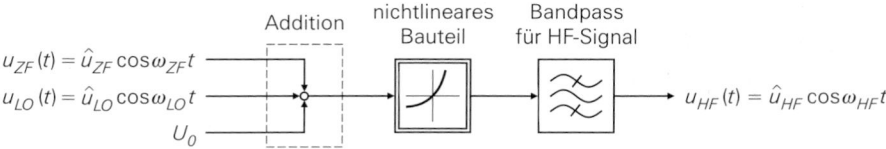

Abb. 25.9. Prinzip der additiven Mischung

$$i = I(U) - I(U_0) \quad , \quad u = U - U_0$$

und den Abkürzungen $a_1, a_2, \ldots$ für die Ableitungen erhält man:

$$i = a_1 u + a_2 u^2 + a_3 u^3 + a_4 u^4 + \cdots$$

Wir können nun die Kleinsignalspannung

$$u(t) = u_{ZF}(t) + u_{LO}(t) = \hat{u}_{ZF} \cos \omega_{ZF} t + \hat{u}_{LO} \cos \omega_{LO} t$$

einsetzen und erhalten:

$$
\begin{aligned}
i(t) = \;& a_1 \left(\hat{u}_{ZF} \cos \omega_{ZF} t + u_{LO} \cos \omega_{LO} t \right) \\
& + a_2 \left(\hat{u}_{ZF}^2 \cos^2 \omega_{ZF} t + 2\, \hat{u}_{ZF}\, \hat{u}_{LO} \cos \omega_{ZF} t \cos \omega_{LO} t + \hat{u}_{LO}^2 \cos^2 \omega_{LO} t \right) \\
& + \cdots
\end{aligned}
$$

Im quadratischen Term ist der gewünschte Ausdruck

$$2\, a_2\, \hat{u}_{ZF}\, \hat{u}_{LO} \cos \omega_{ZF} t \cos \omega_{LO} t$$

$$= a_2\, \hat{u}_{ZF}\, \hat{u}_{LO} \left[\cos (\omega_{LO} + \omega_{ZF})\, t + \cos (\omega_{LO} - \omega_{ZF})\, t \right]$$

enthalten. Der Strom $i(t)$ wird einem Bandpass zugeführt, der den Anteil bei $f_{HF} = f_{LO} + f_{ZF}$ (Gleichlage) oder den Anteil bei $f_{HF} = f_{LO} - f_{ZF}$ (Kehrlage) abtrennt und in eine Ausgangsspannung

$$u_{HF}(t) = \hat{u}_{HF} \cos \omega_{HF} t = R_{BP}\, a_2\, \hat{u}_{ZF}\, \hat{u}_{LO} \cos \omega_{HF} t$$

umwandelt; dabei ist R_{BP} der Übertragungswiderstand des Bandpasses im Durchlassbereich [1].

Die Amplitude $\hat{u}_{HF}$ der Ausgangsspannung ist proportional zum Koeffizienten a_2 der nichtlinearen Kennlinie; dieser sollte möglichst groß sein, damit die für eine bestimmte Ausgangsamplitude erforderliche Oszillatoramplitude $\hat{u}_{LO}$ klein bleibt.

25.2.1.2 Nichtlinearität

Wertet man weitere Terme des Stroms $i(t)$ aus, zeigt sich, dass alle Koeffizienten a_i mit geradzahligem Index i einen Beitrag bei der Frequenz f_{HF} liefern; so enthält z.B. der Term

$$a_4 u^4(t) = a_4 \left(\hat{u}_{ZF} \cos \omega_{ZF} t + \hat{u}_{LO} \cos \omega_{LO} t \right)^4$$

die Anteile

$$\frac{3}{2}\, a_4\, \hat{u}_{ZF}\, \hat{u}_{LO}^3 \left[\cos (\omega_{LO} + \omega_{ZF})\, t + \cos (\omega_{LO} - \omega_{ZF})\, t \right]$$

und:

$$\frac{3}{2}\, a_4\, \hat{u}_{ZF}^3\, \hat{u}_{LO} \left[\cos (\omega_{LO} + \omega_{ZF})\, t + \cos (\omega_{LO} - \omega_{ZF})\, t \right]$$

Die Amplitude des ersten Anteils ist proportional zu $\hat{u}_{ZF}$ und addiert sich zum gewünschten Ausgangssignal; dagegen ist die Amplitude des zweiten Anteils proportional zu $\hat{u}_{ZF}^3$

---

[1] Man beachte die Einheiten: $[R_{BP}] = \Omega$, $[a_2] = \text{A/V}^2$ und $[\hat{u}_{ZF}] = [\hat{u}_{LO}] = \text{V}$; daraus folgt $[R_{BP}\, a_2\, \hat{u}_{ZF}\, \hat{u}_{LO}] = \text{V}$.

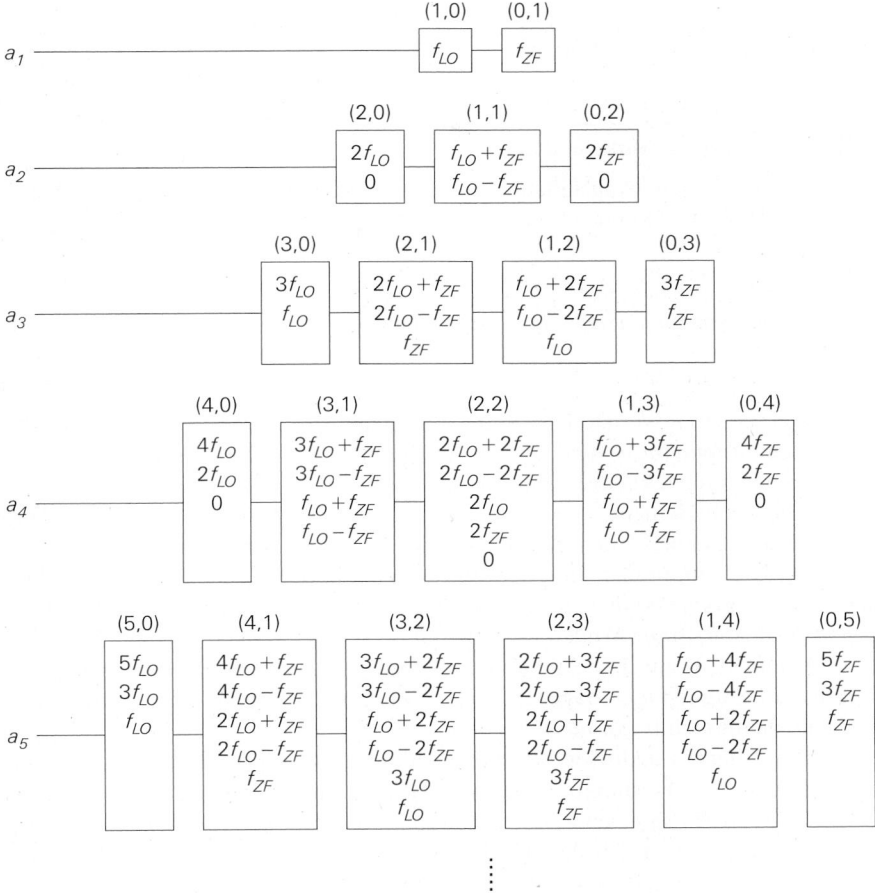

Abb. 25.10. Frequenzpyramide

und damit nichtlinear. Bei kleinen ZF-Amplituden kann man den nichtlinearen Anteil vernachlässigen; dazu muss die Bedingung

$$\left| \frac{3}{2}\, a_4\, \hat{u}_{ZF}^3\, \hat{u}_{LO} \right| \ll \left| a_2\, \hat{u}_{ZF}\, \hat{u}_{LO} \right| \quad \Rightarrow \quad \hat{u}_{ZF} \ll \sqrt{\left| \frac{2\,a_2}{3\,a_4} \right|}$$

eingehalten werden. Durch die Auswertung weiterer Terme des Stroms $i(t)$ erhält man weitere Bedingungen für $\hat{u}_{ZF}$ in Abhängigkeit von den Koeffizienten $a_6, a_8, \dots$. Die additive Mischung ist demnach im allgemeinen nichtlinear und kann nur bei kleinen ZF-Amplituden als quasi-linear aufgefasst werden; streng linear ist sie nur, wenn alle Koeffizienten mit geradzahligem Index $i \ge 4$ gleich Null sind, z.B. bei einer quadratischen Kennlinie mit $i = a_2 u^2$.

Die bei der additiven Mischung entstehenden Frequenzen kann man in Form einer *Frequenzpyramide* systematisch darstellen, siehe Abb. 25.10. Durch die Koeffizienten a_i werden Frequenzgruppen mit der Bezeichnung (m,n) mit ganzzahligen, nicht negativen Werten für m und n und $m+n = i$ verursacht; für den Koeffizienten a_2 erhält man demnach die Gruppen $(2,0)$, $(1,1)$ und $(0,2)$. Die zu einer Gruppe (m,n) gehörenden Frequenzen findet man durch Berechnen der Summe

$$\underbrace{\pm f_{LO} \pm \cdots \pm f_{LO}}_{m \text{ Summanden}} \underbrace{\pm f_{ZF} \pm \cdots \pm f_{ZF}}_{n \text{ Summanden}}$$

für alle möglichen Vorzeichenkonstellationen und Beschränkung auf nicht negative Werte. So erhält man z.B. für die Gruppe $(1,1)$ die Summen

$$f_{LO} + f_{ZF} \quad , \quad f_{LO} - f_{ZF} \quad , \quad - f_{LO} + f_{ZF} \quad , \quad - f_{LO} - f_{ZF}$$

und, unter der Voraussetzung $f_{LO} > f_{ZF}$, die Frequenzen:

$$f_{LO} + f_{ZF} \quad , \quad f_{LO} - f_{ZF}$$

Bei Gruppen mit größeren Werten für m und n nimmt die Anzahl der Frequenzen zu. Alle Frequenzen einer Gruppe (m,n) sind auch in den Gruppen $(m+2,n)$ und $(m,n+2)$ enthalten; daraus folgt durch rekursive Anwendung, dass alle Frequenzen eines Koeffizienten a_i auch durch die Koeffizienten $a_{(i+2)}$, $a_{(i+4)}$, $a_{(i+6)}$, ... erzeugt werden. Deshalb sind bei einem additiven Mischer neben dem Koeffizienten a_2 auch die Koeffizienten a_4, a_6, a_8, ... von Bedeutung. Die Amplituden einer Gruppe (m,n) sind proportional zu $\hat{u}_{LO}^m \hat{u}_{ZF}^n$. Das gewünschte Ausgangssignal mit $f_{HF} = f_{LO} \pm f_{ZF}$ liegt in der Gruppe $(1,1)$ und ist demnach proportional zu $\hat{u}_{LO} \hat{u}_{ZF}$. Weitere Anteile mit derselben Frequenz treten z.B. in den Gruppen $(3,1)$ und $(1,3)$ auf. Der Anteil in der Gruppe $(3,1)$ ist proportional zu $\hat{u}_{LO}^3 \hat{u}_{ZF}$ und damit linear bezüglich $\hat{u}_{ZF}$; dagegen ist der Anteil in der Gruppe $(1,3)$ proportional zu $\hat{u}_{LO} \hat{u}_{ZF}^3$ und damit nichtlinear bezüglich $\hat{u}_{ZF}$.

Die Nichtlinearität der additiven Mischung hat nicht nur einen nichtlinearen Zusammenhang zwischen der ZF-Amplitude $\hat{u}_{ZF}$ und HF-Amplitude $\hat{u}_{HF}$ zur Folge, sondern führt bei modulierten ZF-Signalen zusätzlich zu *Intermodulationsverzerrungen*. Dazu ersetzen wir die bisher konstante ZF-Amplitude $\hat{u}_{ZF}$ durch ein amplitudenmoduliertes Signal ohne Träger mit der Modulationsfrequenz f_m; dann gilt:

$$u_{ZF}(t) = \hat{u}_{ZF} \cos \omega_m t \cos \omega_{ZF} t$$

$$= \frac{\hat{u}_{ZF}}{2} \left[\cos (\omega_{ZF} + \omega_m) t + \cos (\omega_{ZF} - \omega_m) t \right]$$

Eine Berechnung, die wir hier nicht im Detail ausführen, zeigt, dass alle Koeffizienten a_i mit geradzahligem Index i einen Anteil bei den gewünschten Ausgangsfrequenzen $f_{LO} \pm f_{ZF} \pm f_m$ liefern. Die Koeffizienten a_i mit $i = 4,6,8,\ldots$ liefern zusätzlich Anteile bei den Frequenzen $f_{LO} \pm f_{ZF} \pm 3f_m$, die mit $i = 6,8,\ldots$ Anteile bei $f_{LO} \pm f_{ZF} \pm 5f_m$, usw.. Diese unerwünschten Anteile sind proportional zu höheren Potenzen der ZF-Amplitude und müssen deshalb ebenfalls durch eine Beschränkung der ZF-Amplitude auf ein zulässiges Maß begrenzt werden. Sie werden *Intermodulationsprodukte* genannt. Man kann auch für diesen Fall eine Frequenzpyramide angeben, indem man in der Gruppe $(0,1)$ anstelle der Frequenz f_{ZF} die Frequenzen $f_{ZF} + f_m$ und $f_{ZF} - f_m$ einsetzt und die weiteren Gruppen in gewohnter Weise berechnet; dabei nimmt die Anzahl der Frequenzen in den Gruppen gegenüber Abb. 25.10 zu, da man nun die Summen

$$\underbrace{\pm f_{LO} \pm \cdots \pm f_{LO}}_{m \text{ Summanden}} \underbrace{\pm (f_{ZF} \pm f_m) \pm \cdots \pm (f_{ZF} \pm f_m)}_{n \text{ Summanden } f_{ZF} \pm f_m}$$

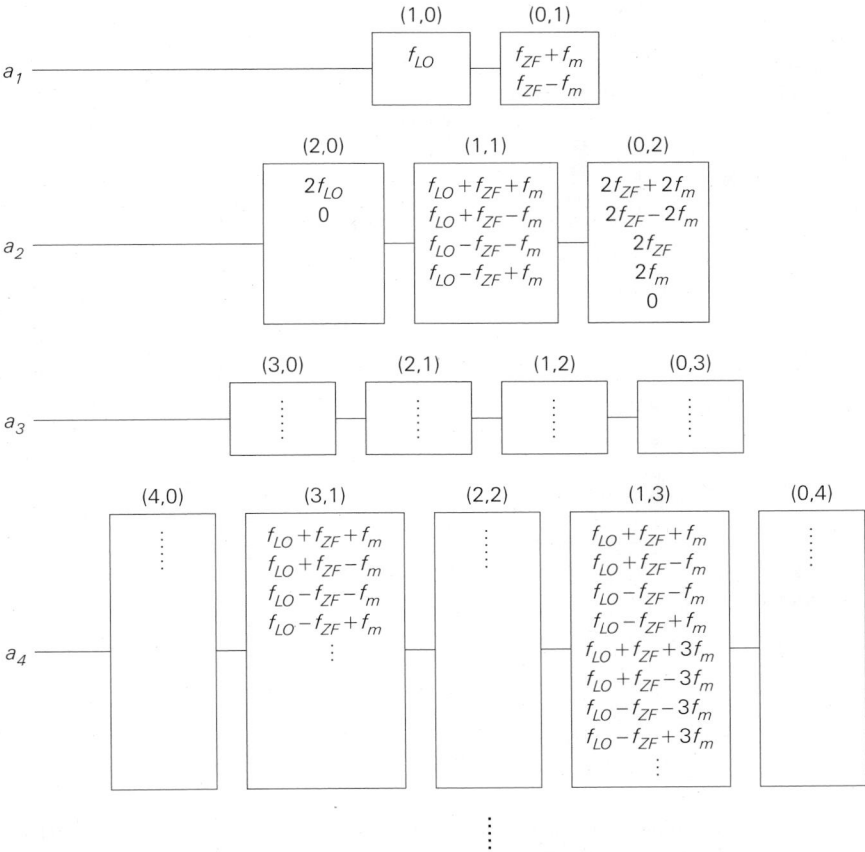

Abb. 25.11. Frequenzpyramide für Intermodulationsprodukte

berechnen muss. Abbildung 25.11 zeigt einen Ausschnitt aus der Frequenzpyramide für Intermodulationsprodukte mit den Intermodulationsprodukten 3. Ordnung ($f_{LO} \pm f_{ZF} \pm 3f_m$) in der Gruppe (1,3), die proportional zu $\hat{u}_{LO}\hat{u}_{ZF}^3$ sind.

Die Zusammenhänge sind prinzipiell dieselben wie bei einem nichtlinearen Verstärker; deshalb kann man bei Mischern die nichtlinearen Kenngrößen (Kompressionspunkt und Intercept-Punkte) in gleicher Weise angeben. Die Zusammenhänge zwischen den Kenngrößen und den Koeffizienten der nichtlinearen Kennlinie sind allerdings verschieden, da bei einem Verstärker die Koeffizienten a_i mit ungeradzahligem Index i, bei einem Mischer dagegen die mit geradzahligem Index i maßgebend sind. Man kann einen nichtlinearen Mischer als nichtlinearen Verstärker mit zusätzlicher Frequenzverschiebung auffassen; wir verweisen deshalb *qualitativ* auf die Ausführungen im Abschnitt 4.2.3.

25.2.1.3 Praktische Ausführung

25.2.1.3.1 Additiver Mischer mit Diode

Bei der Schaltung mit Diode in Abb. 25.12a wird das ZF-Signal zusammen mit der Spannung U_0 zur Einstellung des Arbeitspunkts direkt zugeführt; das LO-Signal wird über

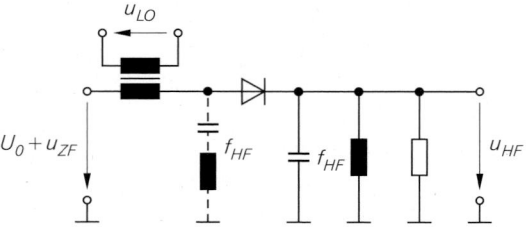

a mit Diode und Addition mittels Übertrager

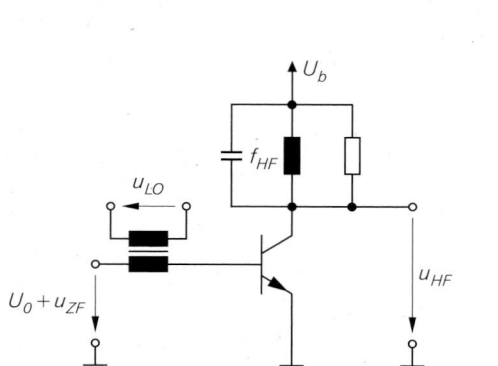

b mit Bipolartransistor und Addition mittels
Übertrager

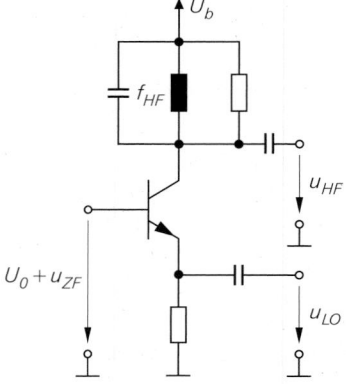

c mit Bipolartransistor und Addition
durch getrennte Zuführung an
Basis und Emitter

Abb. 25.12. Typische Schaltungen für eine additive Mischung. Die Parallelschwingkreise sind auf
die HF-Frequenz f_{HF} abgestimmt.

einen Übertrager eingekoppelt. Als Bandpass für das HF-Signal wird ein Parallelschwingkreis verwendet. Die Spannung an der Diode entspricht der Summe $U_0 + u_{ZF} + u_{LO}$, da
der Parallelschwingkreis bei der ZF- und der LO-Frequenz als Kurzschluss wirkt. Alle
Stromanteile mit Ausnahme des HF-Anteils werden ausgangsseitig durch den Parallelschwingkreis kurzgeschlossen; der HF-Anteil erzeugt am Widerstand des Schwingkreises
die HF-Ausgangsspannung u_{HF}. Die Schaltung hat den Nachteil, dass der HF-Strom über
die ZF- und LO-Signalquelle fließen muss, damit der HF-Stromkreis geschlossen ist. Man
kann dies verhindern, indem man zwischen dem Übertrager und der Diode einen Serienschwingkreis nach Masse anschließt, der den HF-Strom an dieser Stelle kurzschließt,
siehe Abb. 25.12a. Für einen optimalen Betrieb ist eine vollständige Entkopplung der ZF-,
LO- und HF-Anschlüsse erforderlich; dazu muss man auch den ZF- und den LO-Kreis mit
einem Parallelschwingkreis versehen, der für die jeweilige Frequenz als Leerlauf, für die
anderen Frequenzen dagegen näherungsweise als Kurzschluss wirkt. Wir gehen darauf im
Abschnitt 25.3 noch näher ein. Da die Diode ein passives Element ist, ist die verfügbare
HF-Leistung am Ausgang grundsätzlich geringer als die zugeführte ZF-Leistung, d.h. es
entsteht ein *Mischverlust* (*conversion loss*).

25.2.1.3.2 Additiver Mischer mit Bipolartransistor

Einen *Mischgewinn* (*conversion gain*) kann man durch den Einsatz eines Bipolartransistors erzielen, siehe Abbildung 25.12b. Hier fließt der HF-Strom nicht über die ZF- oder LO-Signalquelle. Der HF-Teil ist relativ gut von den anderen Teilen entkoppelt. Man kann diese Entkopplung weiter verbessern, indem man einen Kaskode-Transistor einfügt. Da der HF-Strom beim Transistor an einem separaten Anschluss, dem Kollektor, entnommen werden kann, kann man die Addition des ZF- und des LO-Signals auch dadurch durchführen, dass man ein Signal an der Basis und das andere am Emitter zuführt, wie in Abb. 25.9c gezeigt; dann wird kein Übertrager benötigt. Allerdings fließt der HF-Strom in diesem Fall über die LO-Signalquelle.

Aus der exponentiellen Kennlinie

$$ I(U) \;=\; I_S \left(e^{\frac{U}{nU_T}} - 1 \right) $$

einer Diode ($U = U_D$, $I = I_D$, $n = 1\ldots2$) bzw. eines Bipolartransistors ($U = U_{BE}$, $I = I_C$, $n = 1$) kann man die Koeffizienten der nichtlinearen Kennlinie im Arbeitspunkt $I_0 = I(U_0)$ berechnen:

$$ a_i \;=\; \frac{1}{i\,!} \left. \frac{d^i I}{dU^i} \right|_{U=U_0} \;=\; \frac{1}{i\,!}\, \frac{I_0}{(nU_T)^i} \;\;\Rightarrow\;\; a_2 \;=\; \frac{1}{2}\, \frac{I_0}{(nU_T)^2} \;\;,\;\; \ldots $$

Die Koeffizienten sind proportional zum Ruhestrom; für $I_0 = 100\,\mu\text{A}$ und $n = 1$ erhält man $a_2 \approx 74\,\text{mA/V}^2$. Die Wahl des Ruhestroms I_0 und der Amplituden des ZF- und LO-Signals muss so erfolgen, dass der Spitzenstrom

$$ I_{max} \;=\; I_S \left(e^{\frac{U_0 + \hat{u}_{LO} + \hat{u}_{ZF}}{nU_T}} - 1 \right) \;\approx\; I_S\, e^{\frac{U_0 + \hat{u}_{LO} + \hat{u}_{ZF}}{nU_T}} \;=\; I_0\, e^{\frac{\hat{u}_{LO} + \hat{u}_{ZF}}{nU_T}} $$

nicht zu groß wird; für $\hat{u}_{LO} + \hat{u}_{ZF} = 100\,\text{mV}$ und $n = 1$ erhält man bereits $I_{max} \approx 47\,I_0$. In der Praxis werden die Pegel so gewählt, dass die maximale Amplitude des ZF-Signals noch deutlich kleiner ist als die Lokaloszillator-Amplitude; dann hängt der Spitzenstrom praktisch nicht vom ZF-Signal ab.

25.2.1.3.3 Additiver Mischer mit Feldeffekttransistor

Anstelle eines Bipolartransistors kann man auch einen Feldeffekttransistor verwenden. Dies ist sogar besonders günstig, da ein Feldeffekttransistor aufgrund seiner näherungsweise quadratischen Übertragungskennlinie ($a_2 \neq 0$ und $a_i \approx 0$ für $i > 2$) nur sehr geringe Intermodulationsverzerrungen erzeugt. Abbildung 25.13a zeigt eine häufig verwendete Ausführung mit einem Sperrschicht-Fet; dabei kann man auf eine Vorspannung U_0 verzichten und den Arbeitspunkt mit dem Widerstand R_S einstellen. Aus der Übertragungskennlinie

$$ I_D \;=\; \frac{K}{2}\, (U_{GS} - U_{th})^2 $$

folgt:

$$ a_2 \;=\; \frac{1}{2}\, \frac{d^2 I_D}{dU_{GS}^2} \;=\; \frac{K}{2} $$

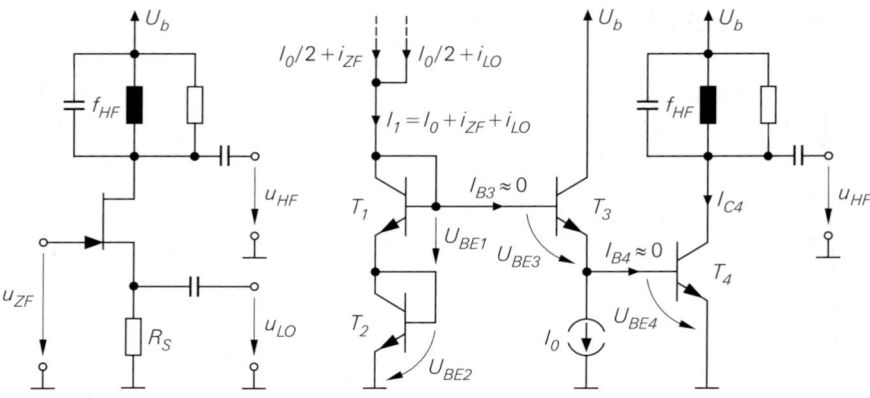

a Feldeffekttransistor   **b** Stromquadrierer mit Bipolartransistoren

Abb. 25.13. Additive Mischer mit näherungsweise quadratischer Kennlinie. Die Parallelschwing-kreise sind auf die HF-Frequenz f_{HF} abgestimmt.

Demnach hängt der Koeffizient a_2 nicht vom Ruhestrom, sondern nur von der Größe des Fets, ausgedrückt durch den Steilheitskoeffizienten K, ab. Er ist auch bei sehr großen Fets deutlich kleiner als bei einem Bipolartransistor mit typischem Arbeitspunkt; typische Werte liegen im Bereich $a_2 \approx 1 \dots 10\,\mathrm{mA/V^2}$.

25.2.1.3.4 Additiver Mischer mit Stromquadrierer

Eine ebenfalls näherungsweise quadratische Kennlinie besitzt der in Abb. 25.13b gezeigte Stromquadrierer mit Bipolartransistoren: $I_{C4} \sim I_1^2$. Für den Fall gleichgroßer Transistoren (gleicher Sättigungssperrstrom I_S) und bei Vernachlässigung der Basisströme gilt:

$$ U_{BE1} \; = \; U_{BE2} \; = \; U_T \ln \frac{I_1}{I_S} \quad , \quad U_{BE3} \; = \; U_T \ln \frac{I_0}{I_S} \quad , \quad U_{BE4} \; = \; U_T \ln \frac{I_{C4}}{I_S} $$

Aus der Maschengleichung

$$ U_{BE1} + U_{BE2} \; = \; U_{BE3} + U_{BE4} $$

erhält man:

$$ U_{BE4} \; = \; U_{BE1} + U_{BE2} - U_{BE3} \; = \; U_T \ln \frac{I_1^2}{I_0 I_S} \quad \Rightarrow \quad I_{C4} \; = \; \frac{I_1^2}{I_0} $$

Der Eingangsstrom I_1 setzt sich aus dem Ruhestrom I_0, dem ZF-Strom i_{ZF} und dem LO-Strom i_{LO} zusammen; er wird von zwei Stromquellen mit dem Ruhestrom $I_0/2$ und den Kleinsignalströmen i_{ZF} und i_{LO} geliefert.

25.2.1.3.5 Additiver Mischer mit Dual-Gate-Mosfet

Ein häufig verwendeter additiver Mischer ist der in Abb. 25.14a gezeigte Mischer mit zwei Mosfets in Kaskodeschaltung, der in der Praxis in den meisten Fällen mit einem *Dual-Gate-Mosfet* (*DGFET*) realisiert wird, siehe Abb. 25.14b. Wir nehmen hier Mosfets gleicher Größe an, d.h. beide Mosfets haben denselben Steilheitskoeffizienten K. Der untere Mosfet wird im ohmschen Bereich betrieben; dadurch hängt der Drainstrom I_{D1} nicht nur von der

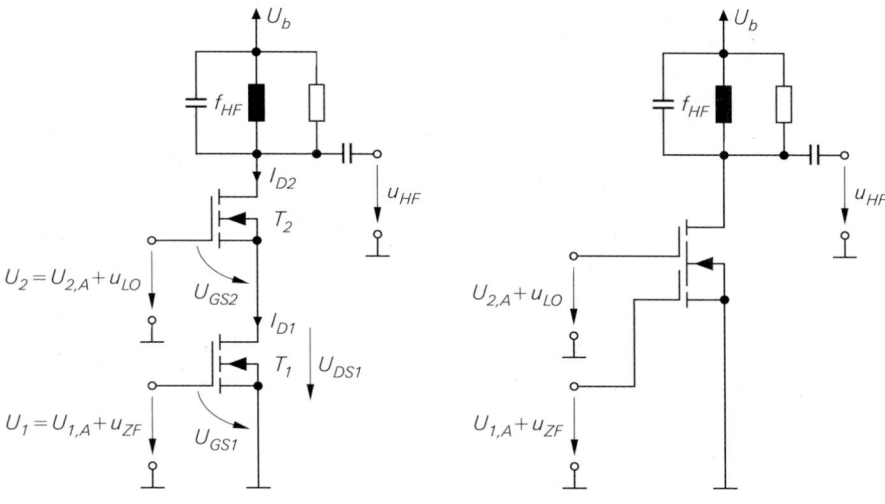

a mit zwei Einzel-Mosfets   **b** mit Dual-Gate-Mosfet (z.B. BF998)

Abb. 25.14. Additive Mischer mit zwei Mosfets

Gate-Source-Spannung U_{GS1}, sondern auch stark von der Drain-Source-Spannung U_{DS1} ab; mit $U_1 = U_{GS1}$ gilt:

$$I_{D1} \overset{(3.2)}{=} K U_{DS1} \left(U_1 - U_{th} - \frac{U_{DS1}}{2} \right)$$

Die Kanallängenmodulation kann hier vernachlässigt werden. Der obere Mosfet wird im Abschnürbereich betrieben. Er arbeitet bezüglich des unteren Mosfets in Drainschaltung (Sourcefolger) und gibt dadurch die Spannung U_{DS1} vor; aus

$$I_{D2} \overset{(3.3)}{=} \frac{K}{2} (U_{GS2} - U_{th})^2$$

und $I_{D1} = I_{D2}$ folgt:

$$U_{DS1} = U_2 - U_{GS2} = U_2 - U_{th} - \sqrt{\frac{2 I_{D1}}{K}}$$

Setzt man diese Gleichung in die Gleichung für I_{D1} ein, erhält man unter anderem einen Term $K U_1 U_2$, der wegen $U_1 = U_{1,A} + u_{ZF}$ und $U_2 = U_{2,A} + u_{LO}$ das gewünschte Produkt aus ZF- und LO-Signal enthält. Da U_{DS1} ebenfalls von I_{D1} abhängt, kann man die resultierende Gleichung nicht nach I_{D1} auflösen; deshalb kann der Drainstrom und das durch den Parallelschwingkreis ausgefilterte HF-Signal nur numerisch bestimmt werden. Das LO-Signal und die Arbeitspunktspannung $U_{2,A}$ werden so gewählt, dass der ohmsche Bereich des unteren Mosfets vollständig durchfahren wird; dadurch wird das HF-Signal maximal. Dieser Mischer wird in der Literatur häufig zu den multiplikativen Mischern gezählt, da das ZF- und das LO-Signal an getrennten Anschlüssen zugeführt und nicht explizit addiert werden. Wir zählen ihn zu den additiven Mischern, da die Drain-Source-Spannung U_{DS1} aufgrund ihrer Abhängigkeit von I_{D1} nicht nur von U_2, sondern auch von U_1 abhängt: $U_{DS1} = U_{DS1}(U_1, U_2)$; dadurch enthält der Drainstrom Anteile, die nichtlinear bezüglich U_1 sind.

25.2.1.4 Einsatz additiver Mischer

In modernen Sendern und Empfängern werden nur noch selten additive Mischer eingesetzt; dies hat im wesentlichen zwei Gründe:

- Ein praktischer Mischer muss so aufgebaut werden, dass die Eingänge und der Ausgang möglichst gut entkoppelt sind und an den Wellenwiderstand angepasst werden können, die Verstärkung möglichst hoch und die Rauschzahl möglichst gering ist; dies ist bei einem additiven Mischer nur mit Einschränkungen möglich.
- Die Intermodulationsverzerrungen sind aufgrund der prinzipbedingten Nichtlinearität vergleichsweise hoch; dadurch wird der Dynamikbereich eingeschränkt.

25.2.2 Multiplikative Mischung

Bei der *multiplikativen Mischung* wird das ZF-Signal mit dem LO-Signal multipliziert. Im Unterschied zur Funktionsweise eines idealen Mischers wird dabei allerdings kein sinusförmiges, sondern ein allgemeines, periodisches LO-Signal mit der Grundfrequenz f_{LO} verwendet. Aus den Mischfrequenzen wird die gewünschte HF-Frequenz mit einem Bandpass ausgefiltert.

Besonders einfach wird die multiplikative Mischung, wenn man rechteckförmige LO-Signale verwendet; dann kann man die Multiplikation mit Schaltern durchführen. Abbildung 25.15 zeigt das Prinzip der multiplikativen Mischung und die Spezialfälle mit einem unipolaren und einem bipolaren Rechtecksignal. Im Falle des unipolaren Rechtecksignals wird das ZF-Signal nur noch mit 0 und 1 multipliziert; dazu kann man einen Ein-/Ausschalter verwenden, der als Serien- oder Kurzschlussschalter arbeitet. Im Falle des bipolaren Rechtecksignals wird das ZF-Signal mit $+1$ und -1 multipliziert; dazu kann man mit einem invertierenden Verstärker $-u_{ZF}$ bilden und mit einem Umschalter zwischen u_{ZF} und $-u_{ZF}$ umschalten. Alternativ kann ein zweipoliger Umschalter verwendet werden. Die Schalter werden als elektronische Schalter ausgeführt und mit einem Rechtecksignal mit der Frequenz f_{LO} angesteuert.

25.2.2.1 Gleichungsmäßige Beschreibung

Das Signal $s_M(t)$ am Ausgang des Multiplizierers in Abb. 25.15 erhält man durch Fourier-Reihenentwicklung des LO-Signals:

$$s_M(t) = s_{ZF}(t) \cdot s_{LO}(t)$$

$$= s_{ZF}(t) \cdot [c_0 + c_1 \cos(\omega_{LO}t + \varphi_1) + c_2 \cos(2\omega_{LO}t + \varphi_2) + \cdots]$$

$$= s_{ZF}(t) \cdot \left[c_0 + \sum_{n=1}^{\infty} c_n \cos(n\omega_{LO}t + \varphi_n) \right]$$

Das ZF-Signal wird demnach mit der Grund- (c_1) und den Oberwellen ($c_2, \ldots$) des LO-Signals multipliziert; darüber hinaus erfolgt eine direkte Übertragung entsprechend dem Gleichanteil (c_0).

Für die Rechtecksignale aus Abb. 25.15 erhält man die Fourier-Reihen:

$$s_{LO}(t) = \begin{cases} \dfrac{1}{2} + \dfrac{2}{\pi} \cos\omega_{LO}t - \dfrac{2}{3\pi} \cos 3\omega_{LO}t + \cdots & \text{unipolar} \\[4mm] \dfrac{4}{\pi} \cos\omega_{LO}t - \dfrac{4}{3\pi} \cos 3\omega_{LO}t + \cdots & \text{bipolar} \end{cases}$$

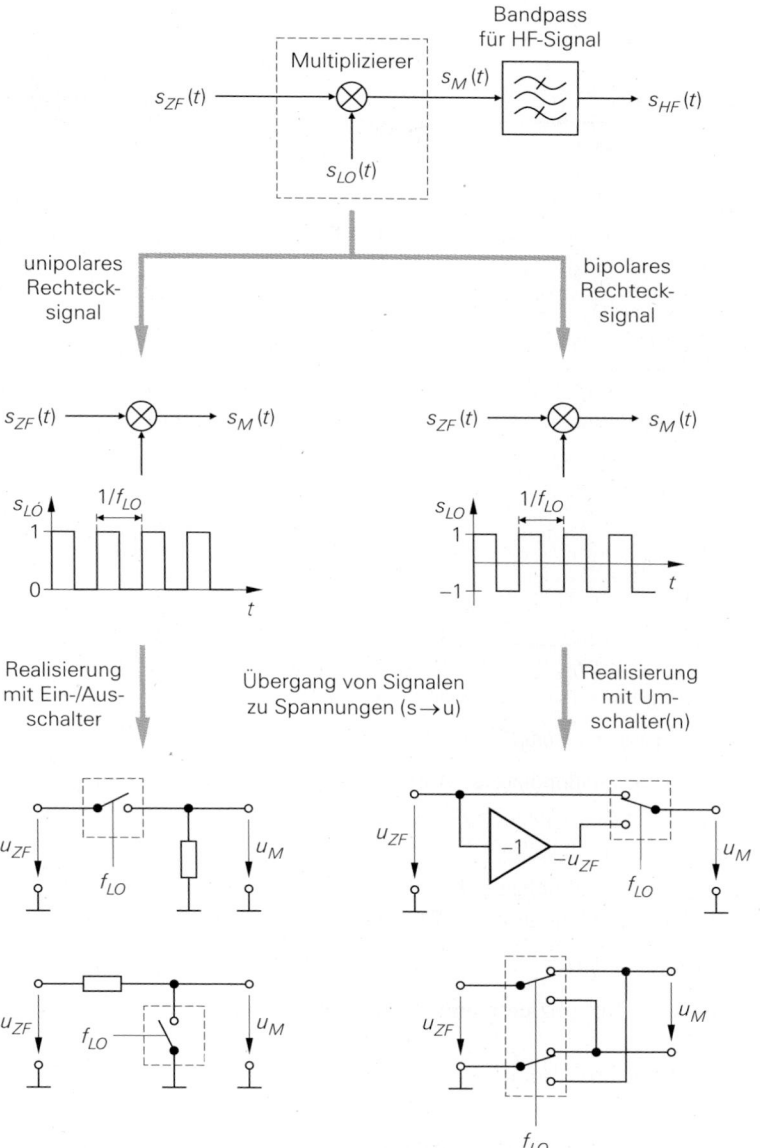

Abb. 25.15. Prinzip der multiplikativen Mischung (oben) und Spezialfälle mit rechteckförmigen LO-Signalen

$$= \begin{cases} \dfrac{1}{2} + \dfrac{2}{\pi} \displaystyle\sum_{n=0}^{\infty} \dfrac{(-1)^n}{2n+1} \cos(2n+1)\,\omega_{LO}t & \text{unipolar} \\[4ex] \dfrac{4}{\pi} \displaystyle\sum_{n=0}^{\infty} \dfrac{(-1)^n}{2n+1} \cos(2n+1)\,\omega_{LO}t & \text{bipolar} \end{cases} \qquad (25.1)$$

a Betragsspektrum des ZF-Signals

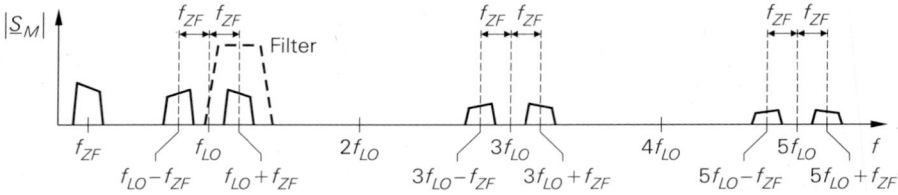

b Betragsspektrum am Ausgang des Multiplizierers bei unipolarem Rechtecksignal

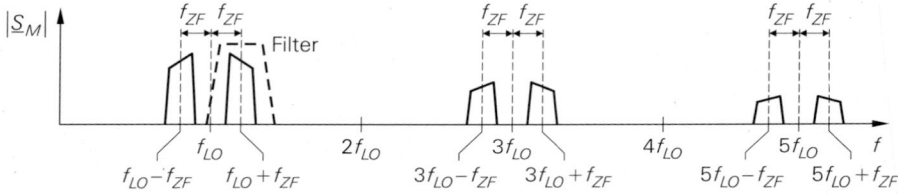

c Betragsspektrum am Ausgang des Multiplizierers bei bipolarem Rechtecksignal

Abb. 25.16. Betragsspektren bei multiplikativer Aufwärtsmischung mit rechteckförmigen LO-Signalen

Hier treten nur ungeradzahlige Vielfache der LO-Frequenz auf. Darüber hinaus besitzt das bipolare Rechtecksignal keinen Gleichanteil. Mit dem modulierten ZF-Signal

$$s_{ZF}(t) = a(t) \cos[\omega_{ZF} t + \varphi(t)]$$

erhält man am Ausgang des Multiplizierers mit unipolarem Rechtecksignal:

$$s_M(t) = \frac{a(t)}{2} \cos[\omega_{ZF} t + \varphi(t)]$$

$$+ \frac{a(t)}{\pi} \{\cos[(\omega_{LO} + \omega_{ZF})t + \varphi(t)] + \cos[(\omega_{LO} - \omega_{ZF})t - \varphi(t)]\}$$

$$- \frac{a(t)}{3\pi} \{\cos[(3\omega_{LO} + \omega_{ZF})t + \varphi(t)] + \cos[(3\omega_{LO} - \omega_{ZF})t - \varphi(t)]\}$$

$$+ \cdots$$

Beim bipolaren Rechtecksignal entfällt der Anteil bei der ZF-Frequenz und alle anderen Anteile haben die doppelte Amplitude. Abbildung 25.16 zeigt die zugehörigen Betragsspektren. Bei der LO-Frequenz und allen ungeradzahligen Vielfachen der LO-Frequenz tritt ein Oberband in Gleichlage und ein Unterband in Kehrlage auf. Die Amplituden nehmen mit zunehmender Frequenz entsprechend den Fourier-Koeffizienten des LO-Signals

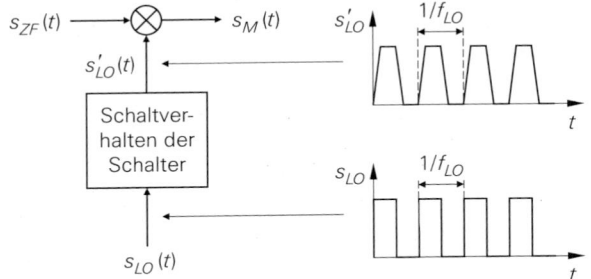

Abb. 25.17.
Auswirkung des Schaltver-
haltens der elektronischen
Schalter

ab. Als HF-Ausgangssignal wird das Ober- oder das Unterband der LO-Frequenz verwendet, d.h. $f_{HF} = f_{LO} \pm f_{ZF}$; alle anderen Anteile werden mit einem Filter unterdrückt.
Prinzipiell kann man jedoch auch die höherfrequenten Anteile als HF-Ausgangssignal
verwenden.

Wenn die Rechtecksignale nicht symmetrisch sind (Tastverhältnis $\neq 50\%$), enthält die
Fourier-Reihe auch Anteile bei geradzahligen Vielfachen der LO-Frequenz; dann treten
am Ausgang des Mischers auch bei diesen Frequenzen Ober- und Unterbänder auf, z.B.
bei $2f_{LO} \pm f_{ZF}$.

25.2.2.2 Schaltverhalten der Schalter

Die elektronischen Schalter in praktischen Mischern haben kein ideales Schaltverhalten,
sondern weisen ein Übergangsverhalten auf; dadurch wird das ZF-Signal nicht mit einem
idealen, sondern mit einem entsprechend dem Schaltverhalten verformten Rechtecksignal
multipliziert, siehe Abb. 25.17. Man muss dann zwischen dem zugeführten LO-Signal
s_{LO} und dem bezüglich der Multiplikation wirksamen LO-Signal s'_{LO} unterscheiden. Die
grundsätzliche Funktion des Mischers wird dadurch jedoch nicht beeinträchtigt, da die
Verformung nur zur einer Änderung der Fourier-Koeffizienten des LO-Signals führt, die
toleriert werden kann, solange die Grundwelle des wirksamen LO-Signals ausreichend
groß bleibt.

In der Praxis ist auch das zugeführte LO-Signal s_{LO} meist kein Rechtecksignal, da
die Erzeugung von hochfrequenten Rechtecksignalen aufwendig ist und eine erhebliche
Störaussendung verursacht; man verwendet statt dessen das nahezu sinusförmige Signal eines Hochfrequenz-Oszillators. Das wirksame LO-Signal hängt in diesem Fall vom
Schaltverhalten der elektronischen Schalter bei sinusförmigem Steuersignal ab.

Mit zunehmender LO-Frequenz macht sich das nichtideale Schaltverhalten immer
stärker bemerkbar. Bei Frequenz oberhalb 10 GHz arbeiten selbst die schnellsten Schalt-
dioden nicht mehr als Schalter, sondern werden nur noch innerhalb des Übergangsbereichs
betrieben; dadurch geht der multiplikative Mischer in einen additiven Mischer über.

Beim idealen Mischer haben wir im Zusammenhang mit der Spiegelfrequenz auf die
funktionale Symmetrie zwischen Auf- und Abwärtsmischer hingewiesen; sie lautet im
allgemeinen Fall: jedes bei einer Aufwärtsmischung entstehende Band wirkt bei einer
Abwärtsmischung als Spiegelfrequenzband. Daraus folgt für einen multiplikativen Abwärtsmischer, dass bei einer HF-Frequenz $f_{HF} = f_{LO} + f_{ZF}$ nicht nur das Band bei
$f_{LO} - f_{ZF}$, sondern auch die Bänder bei allen Oberwellen des LO-Signals ($nf_{LO} \pm f_{ZF}$
mit $n = 2,3,\ldots$) als Spiegelfrequenzbänder wirken, da sie ebenfalls auf die ZF-Frequenz

umgesetzt werden. Deshalb muss das Spiegelfrequenzfilter auch bei diesen Frequenzen eine ausreichend hohe Dämpfung besitzen.

25.2.2.3 Nichtlinearität

Die gleichungsmäßige Beschreibung zeigt, dass die multiplikative Mischung bezüglich des Zusammenhangs zwischen ZF- und HF-Amplitude linear ist; demzufolge treten auch keine Intermodulationsprodukte auf. In der Praxis ist dies nicht erfüllt, da die benötigten elektronischen Schalter nicht exakt linear arbeiten und Aussteuerungsgrenzen aufweisen. Deshalb werden auch bei multiplikativen Mischern die nichtlinearen Kenngrößen (Kompressionspunkt und Intercept-Punkte) angegeben. Man erhält prinzipiell dieselben Zusammenhänge wie bei additiven Mischern; allerdings ist die Nichtlinearität in den meisten Fällen erheblich geringer, da sie nur durch sekundäre Effekte verursacht wird, während die Nichtlinearität bei additiven Mischern Voraussetzung für die Funktion des Mischers ist. Deshalb erzielt man mit multiplikativen Mischern höhere Kompressions- und Intercept-Punkte.

25.2.2.4 Praktische Ausführung

Prinzipiell kann man jeden additiven Mischer auch als multiplikativen Mischer verwenden, indem man ein rechteckförmiges LO-Signal verwendet und den Arbeitspunkt und die Amplitude des LO-Signals so wählt, dass die Diode oder der Transistor des additiven Mischers mit der LO-Frequenz zwischen einem sperrenden und einem leitenden Zustand umgeschaltet wird. Gleichzeitig wird die Amplitude des Eingangssignals so klein gewählt, dass Kleinsignalaussteuerung vorliegt; dann wird das Eingangssignal mit der jeweiligen Kleinsignalverstärkung verstärkt, d.h. abwechselnd mit Null (= Kleinsignalverstärkung im gesperrten Zustand) und einem konstanten Wert (= Kleinsignalverstärkung im leitenden Zustand) multipliziert. Damit erhält man einen multiplikativen Mischer mit Ein-/Ausschalter und, je nach Schaltung, zusätzlicher Verstärkung oder Dämpfung. Abbildung 25.18 zeigt dies am Beispiel des Mischers mit einer Diode aus Abb. 25.12a. Man erhält getrennte Kleinsignalersatzschaltbilder für den gesperrten und den leitenden Zustand der Diode. Daraus folgt, dass die Diode als elektronischer Ein-/Ausschalter mit einem Durchlasswiderstand entsprechend dem Kleinsignalwiderstand $r_D(\hat{u}_{LO})$ im leitenden Zustand arbeitet.

Die in der Praxis üblichen multiplikativen Mischer werden in den folgenden Abschnitten beschrieben.

25.3 Mischer mit Dioden

Mischer mit Dioden sind weit verbreitet und werden vor allem in diskret aufgebauten Schaltungen eingesetzt. Sie arbeiten fast ausschließlich als multiplikative Mischer, d.h. die Dioden werden als Schalter betrieben. Da die Diode ein passives Bauelement ist, weisen diese Mischer immer einen *Mischverlust* (*conversion loss*) auf, der typisch 5 ... 8 dB beträgt. Sie werden deshalb auch als *passive Mischer* bezeichnet.

Aufgrund der hohen Frequenzen werden Dioden mit ausgezeichnetem Schaltverhalten benötigt. Man verwendet spezielle Schottky-Dioden (*Mischerdioden*) mit sehr kleiner Sperrschichtkapazität; die Diffusionskapazität ist bei Schottky-Dioden ohnehin vernachlässigbar klein. Zur Minimierung der Sperrschichtkapazität muss die Fläche des Metall-Halbleiter-Übergangs minimiert und die Dotierung im Vergleich zu Standard-Dioden verringert werden; dadurch nimmt der Bahnwiderstand zu. Deshalb zeichnen sich Mischerdioden durch eine sehr kleine Kapazität und einen relativ hohen Bahnwiderstand aus.

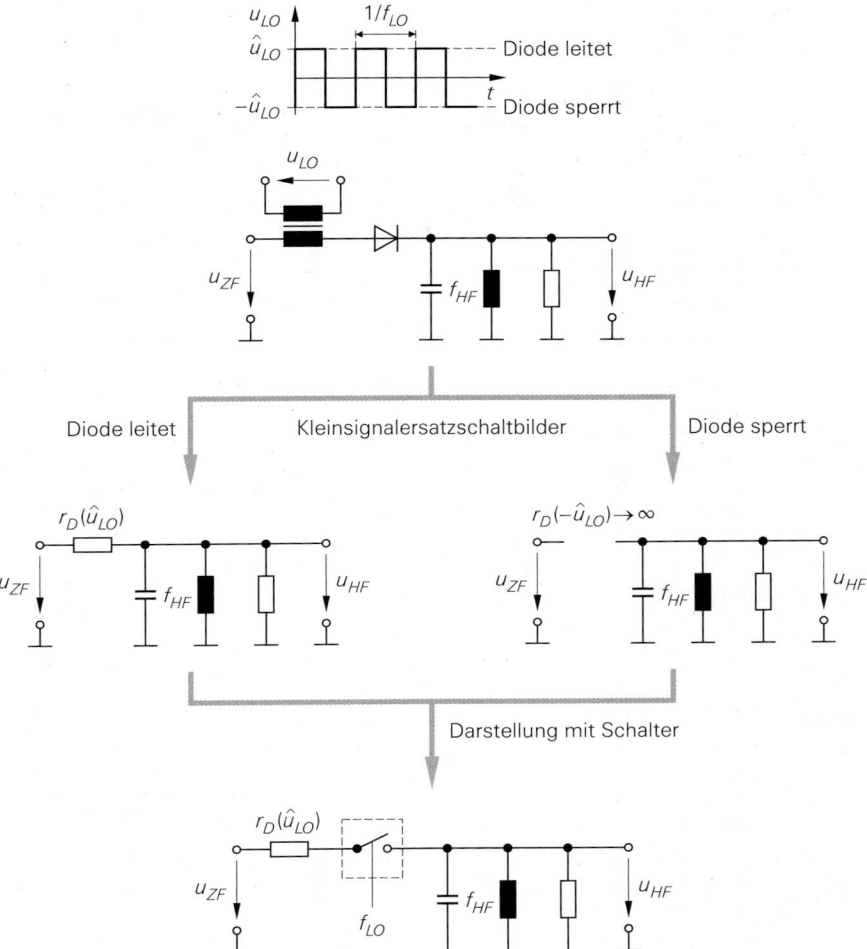

Abb. 25.18. Beispiel für einen multiplikativen Mischer mit einer Diode

Wir gehen im folgenden ausführlich auf den Mischer mit einer Diode ein, da man alle Mischer mit Dioden bezüglich ihres Übertragungsverhaltens auf diese Struktur reduzieren kann.

25.3.1 Eintaktmischer

Abbildung 25.19a zeigt das Schaltbild eines Mischers mit einer Diode, der als *Eintakt-(Dioden-)mischer* bezeichnet wird. Die LO-Spannung U_{LO} ist eine Großsignalspannung, mit der der Arbeitspunkt der Diode periodisch zwischen dem Durchlass- und dem Sperrbereich umgeschaltet wird. Die ZF-Spannung u_{ZF} ist eine Kleinsignalspannung und wird entsprechend dem Kleinsignalverhalten der Diode auf den HF-Ausgang übertragen. Die LO- und die ZF-Spannung werden mit einem 1:1-Übertrager addiert.

Die Trennung der Frequenzen an den drei Anschlüssen erfolgt mit drei schmalbandigen Parallelschwingkreisen. Sie wirken bei der Resonanzfrequenz als Leerlauf und sind des-

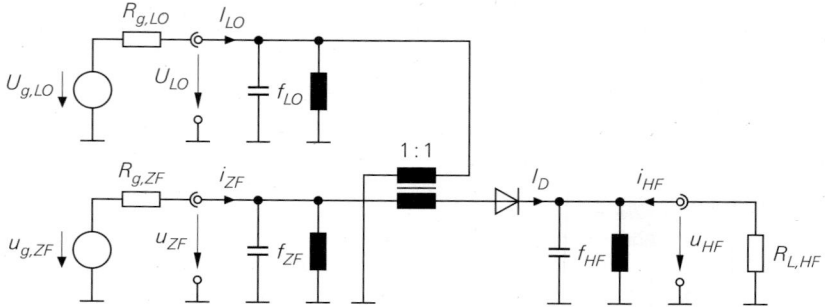

a Schaltbild mit Signalquellen und HF-Lastwiderstand

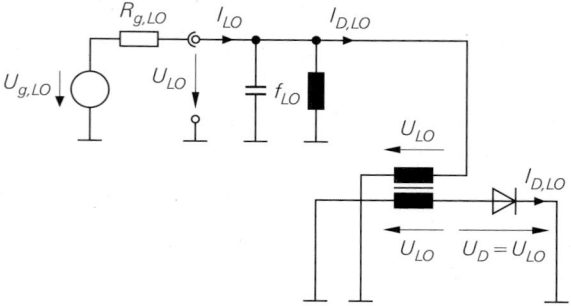

b LO-Kreis

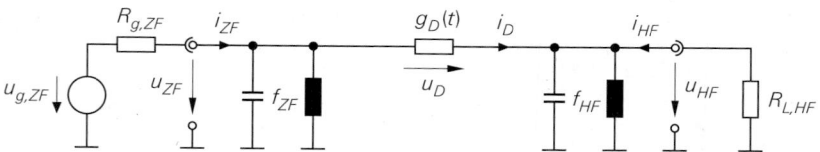

c Kleinsignalersatzschaltbild für den HF- und den ZF-Kreis

Abb. 25.19. Eintaktmischer

halb für diese Frequenz unwirksam. Dagegen werden alle anderen Frequenzen näherungsweise kurzgeschlossen. Daraus folgt, dass an den Anschlüssen nur noch Spannungen und
Ströme mit der jeweiligen Resonanzfrequenz auftreten. Die Kapazität der Diode wird als
Bestandteil der Parallelschwingkreise aufgefasst und muss deshalb nicht getrennt berücksichtigt werden [2]. Aufgrund der schmalbandigen Filter bezeichnet man diese Betriebsart
als *Schmalbandbetrieb*.

Die Vorgehensweise zur Berechnung der Eigenschaften ist prinzipiell dieselbe wie bei
allen Kleinsignalschaltungen: man ermittelt den Arbeitspunkt und linearisiert die Schaltung; anschließend kann man das Kleinsignalverhalten berechnen. Im Unterschied zu Ver-

---

[2] Durch das Zusammenwirken von Kapazität und Bahnwiderstand der Diode entstehen frequenzproportionale Verluste, die wir im Rahmen unserer einfachen Untersuchung vernachlässigen.
Eine ausführliche Berechnung findet sich in [25.1].

stärkern ist der Arbeitspunkt bei Mischern jedoch nicht konstant, sondern ändert sich periodisch entsprechend der LO-Spannung; man erhält einen *zeitvarianten Arbeitspunkt*. Die Berechnung dieses zeitvarianten Arbeitspunkts erfolgt durch eine Betrachtung des *LO-Kreises*.

25.3.1.1 LO-Kreis

Abbildung 25.19b zeigt den LO-Kreis des Eintaktmischers; dabei ist berücksichtigt, dass die Parallelschwingkreise am ZF- und am HF-Anschluss bei der LO-Frequenz und Vielfachen davon als Kurzschluss wirken. Der 1:1-Übertrager überträgt die LO-Spannung auf die Diode. Sie ist sinusförmig mit der LO-Frequenz f_{LO}, da der LO-Parallelschwingkreis alle Oberwellen bei Vielfachen von f_{LO} unterdrückt:

$$U_D(t) = U_{LO}(t) = \hat{u}_{LO} \cos \omega_{LO} t$$

Aus der Spannung erhält man mit Hilfe der Kennlinie der Diode den Strom $I_{D,LO}(t)$ des zeitvarianten Arbeitspunkts

$$I_{D,LO}(t) = I_D(U_{LO}(t))$$

mit dem Maximalwert:

$$I_{D,max} = I_D(\hat{u}_{LO})$$

Man kann ihn nicht mit der einfachen, exponentiellen Diodenkennlinie nach (1.1) berechnen, da Mischerdioden in einem Bereich betrieben werden, in dem sich der Bahnwiderstand deutlich bemerkbar macht. Abbildung 25.20 zeigt den prinzipiellen Verlauf von $U_{LO}(t)$ und $I_{D,LO}(t)$. Damit ein nennenswerter Strom fließt, muss die Amplitude $\hat{u}_{LO}$ größer sein als die Flussspannung U_F der Diode.

Der Strom $I_{D,LO}(t)$ kann in eine Fourier-Reihe entwickelt werden:

$$I_{D,LO}(t) = I_{D,0} + \sum_{n=1}^{\infty} \hat{i}_{D,n} \cos n\omega_{LO} t \tag{25.2}$$

Dabei ist $I_{D,0}$ der Gleichanteil und $\hat{i}_{D,1}$ die Amplitude der Grundwelle mit der Frequenz f_{LO}. Die Reihe enthält hier nur Cosinus-Anteile, da der Strom in Abb. 25.20 eine *gerade* Funktion der Zeit ist ($I_{D,LO}(-t) = I_{D,LO}(t)$); für die Koeffizienten der Fourier-Reihe gilt in diesem Fall:

$$I_{D,0} = f_{LO} \int_0^{1/f_{LO}} I_{D,LO}(t)\,dt$$

$$\hat{i}_{D,n} = 2 f_{LO} \int_0^{1/f_{LO}} I_{D,LO}(t) \cos n\omega_{LO} t\,dt$$

In der Praxis kann man die Koeffizienten mit Hilfe einer Schaltungssimulation ermitteln, indem man eine Zeitbereichssimulation des LO-Kreises vornimmt, den Strom $I_{D,LO}(t)$ spektral darstellt [3] und die Amplituden der Anteile abliest.

Abbildung 25.21a zeigt den Gleichanteil $I_{D,0}$, den Grundwellenanteil $\hat{i}_{D,1}$ und den Maximalstrom $I_{D,max}$ für eine Schottky-Diode des Typs BAS40 in Abhängigkeit von der LO-Amplitude $\hat{u}_{LO}$. Oberhalb $\hat{u}_{LO} = 0{,}3$ V verlaufen die Anteile aufgrund des Bahnwiderstands nicht mehr exponentiell.

---

[3] Bei *PSpice* nutzt man dazu die *FFT*-Funktion des Programms *Probe*.

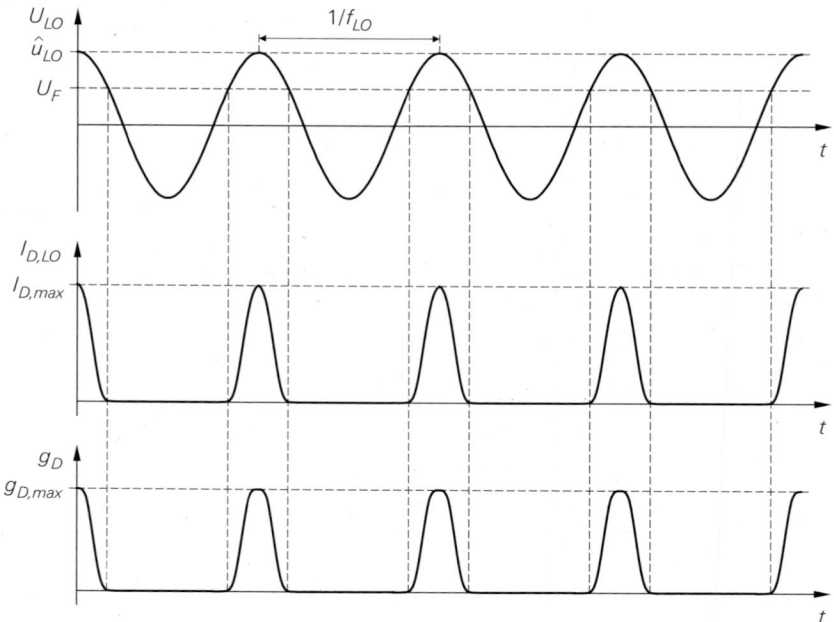

Abb. 25.20. Eintaktmischer: Spannung $U_{LO}(t)$ am LO-Kreis, Strom $I_{D,LO}(t)$ der Diode und resultierender Verlauf des Kleinsignalleitwerts $g_D(t)$. U_F ist die Flussspannung der Diode.

Der Gleichanteil und die Oberwellen des Stroms $I_{D,LO}(t)$ werden durch den LO-Parallelschwingkreis kurzgeschlossen; nur für die Grundwelle ist der Schwingkreis unwirksam. Daraus folgt, dass der Strom $I_{LO}(t)$ am LO-Anschluss der Grundwelle des Stroms $I_{D,LO}(t)$ entspricht:

$$I_{LO}(t) = I_{D,LO}(t)\Big|_{f=f_{LO}} = \hat{i}_{D,1}\cos\omega_{LO}t$$

Da sowohl $U_{LO}(t)$ als auch $I_{LO}(t)$ sinusförmig sind, verhält sich der LO-Kreis bei konstanter LO-Amplitude nach außen wie ein ohmscher Widerstand mit:

$$R_{LO} = \frac{U_{LO}(t)}{I_{LO}(t)} = \frac{\hat{u}_{LO}}{\hat{i}_{D,1}} \tag{25.3}$$

Demnach treten beim Betrieb mit einer sinusförmigen LO-Spannungsquelle $U_{g,LO}$ mit Innenwiderstand $R_{g,LO}$ keine Oberwellen im Strom $I_{LO}(t)$ auf. Bei $R_{LO} = R_{g,LO}$ liegt Leistungsanpassung zwischen der LO-Spannungsquelle und dem LO-Kreis vor; bei $R_{LO} \neq R_{g,LO}$ kann man ein Anpassnetzwerk einsetzen oder das Übersetzungsverhältnis des Übertragers ändern. Die Leistungsanpassung wird allerdings nur für die vorgegebene LO-Amplitude erzielt, da der Widerstand R_{LO} aufgrund des nichtlinearen Zusammenhangs zwischen $\hat{u}_{LO}$ und $\hat{i}_{D,1}$ mit zunehmender LO-Amplitude abnimmt. Abbildung 25.21b zeigt den Widerstand R_{LO} in Abhängigkeit von der LO-Amplitude für eine Schottky-Diode des Typs BAS40.

Die LO-Spannung wird in der Praxis mit einem Hochfrequenz-Oszillator erzeugt; dabei ist die benötigte Leistung am LO-Anschluss von Interesse:

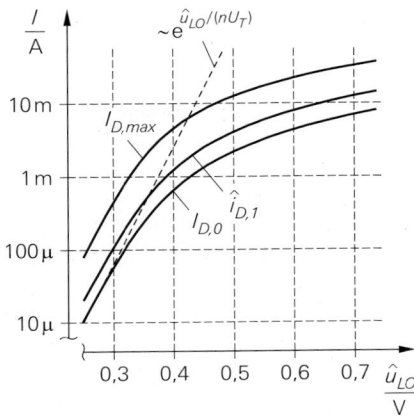

a Strom der Diode: Gleichanteil $I_{D,0}$, Grundwellenanteil $\hat{i}_{D,1}$ und Maximalstrom $I_{D,max}$

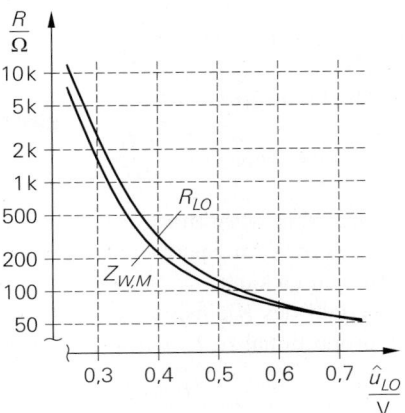

b Widerstände für Leistungsanpassung: R_{LO} am LO-Anschluss und $Z_{W,M}$ am ZF- und HF-Anschluss

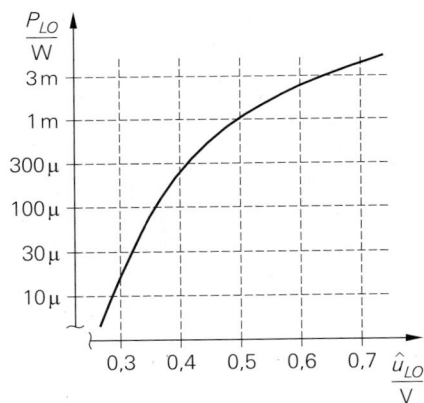

c Leistung P_{LO} am LO-Anschluss

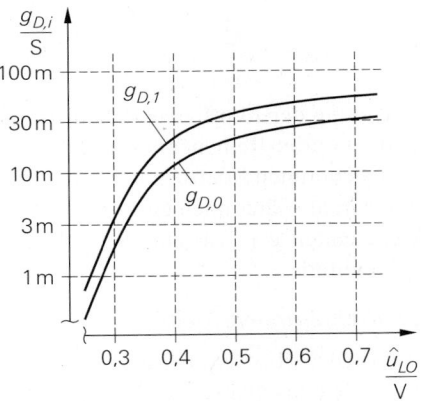

d Kleinsignalleitwert: Gleichanteil $g_{D,0}$ und Grundwellenanteil $g_{D,1}$

Abb. 25.21. Größen für einen Eintaktmischer mit einer Schottky-Diode des Typs BAS40

$$P_{LO} = \frac{1}{2}\,\hat{u}_{LO}\,\hat{i}_{D,1} = \frac{1}{2}\,\frac{\hat{u}_{LO}^2}{R_{LO}} \tag{25.4}$$

Sie nimmt mit zunehmender LO-Amplitude stärker zu als bei einem ohmschen Widerstand, da R_{LO} gleichzeitig abnimmt. Abbildung 25.21c zeigt die LO-Leistung in Abhängigkeit von der LO-Amplitude für eine Schottky-Diode des Typs BAS40.

25.3.1.2 Kleinsignalersatzschaltbild

Durch Linearisieren der Diode erhält man das in Abb. 25.19c gezeigte Kleinsignalersatzschaltbild für den ZF- und den HF-Kreis. Da der Arbeitspunkt zeitvariant ist, wird die Diode durch einen zeitvarianten Kleinsignalleitwert $g_D(t)$

$$g_D(t) = g_D(U_{LO}(t)) = \left.\frac{dI_D}{dU_D}\right|_{U_D=U_{LO}(t)} \tag{25.5}$$

mit dem Maximalwert

$$g_{D,max} = g_D(\hat{u}_{LO}) = \left.\frac{dI_D}{dU_D}\right|_{U_D=\hat{u}_{LO}}$$

beschrieben. Man verwendet den Kleinsignalleitwert, da der Kleinsignalwiderstand $r_D(t) = 1/g_D(t)$ im Sperrbereich gegen Unendlich geht und deshalb nicht adäquat dargestellt werden kann.

Der Verlauf des Kleinsignalleitwerts ist in Abb. 25.20 dargestellt. Er ist bei kleinen Strömen proportional zu $I_{D,LO}(t)$, da hier gemäß (1.3)

$$g_D(t) = \frac{1}{r_D(t)} \approx \frac{I_{D,LO}(t)}{nU_T} \tag{25.6}$$

gilt. Bei großen Strömen macht sich der Bahnwiderstand bemerkbar. Hier nimmt der Leitwert nicht mehr proportional zum Strom zu; deshalb sind die Spitzen im Verlauf des Leitwerts weniger ausgeprägt als die des Stroms.

Der Kleinsignalleitwert wird ebenfalls in eine Fourier-Reihe entwickelt:

$$g_D(t) = g_{D,0} + \sum_{n=1}^{\infty} g_{D,n} \cos n\omega_{LO}t \tag{25.7}$$

Die Berechnung der Koeffizienten kann wie beim Strom $I_{D,LO}(t)$ über die Integralgleichungen der Fourier-Reihenentwicklung erfolgen. In der Praxis ist dies nicht erforderlich, da man die benötigten Koeffizienten mit Hilfe einer Schaltungssimulation ermitteln kann; wir gehen darauf später noch ein. Abbildung 25.21d zeigt den Gleichanteil $g_{D,0}$ und den Grundwellenanteil $g_{D,1}$ für eine Schottky-Diode des Typs BAS40 in Abhängigkeit von der LO-Amplitude.

25.3.1.3 Kleinsignalverhalten

Wir betreiben den Mischer im folgenden in Gleichlage mit $f_{HF} = f_{LO} + f_{ZF}$ und berechnen zunächst den Kleinsignalstrom $i_D(t)$ der Diode. Aus Abb. 25.19c folgt:

$$i_D(t) = g_D(t) u_D(t) = g_D(t) (u_{ZF}(t) - u_{HF}(t)) \tag{25.8}$$

Die Spannungen $u_{ZF}(t)$ und $u_{HF}(t)$ enthalten nur Anteile bei der ZF- bzw. HF-Frequenz, da die Parallelschwingkreise alle anderen Frequenzen kurzschließen:

$$u_{ZF}(t) = \hat{u}_{ZF} \cos \omega_{ZF}t \quad , \quad u_{HF}(t) = \hat{u}_{HF} \cos \omega_{HF}t \tag{25.9}$$

Durch Einsetzen von (25.7) und (25.9) in (25.8) erhält man:

$$
\begin{aligned}
i_D(t) &= \left(g_{D,0} + \sum_{n=1}^{\infty} g_{D,n} \cos n\omega_{LO}t\right) (\hat{u}_{ZF} \cos \omega_{ZF}t - \hat{u}_{HF} \cos \omega_{HF}t) \\
&= (g_{D,0} + g_{D,1} \cos \omega_{LO}t + \cdots) (\hat{u}_{ZF} \cos \omega_{ZF}t - \hat{u}_{HF} \cos \omega_{HF}t) \\
&= g_{D,0} \hat{u}_{ZF} \cos \omega_{ZF}t - g_{D,0} \hat{u}_{HF} \cos \omega_{HF}t \\
&\quad + g_{D,1} \hat{u}_{ZF} \cos \omega_{LO}t \cos \omega_{ZF}t - g_{D,1} \hat{u}_{HF} \cos \omega_{LO}t \cos \omega_{HF}t + \cdots \\
&= g_{D,0} \hat{u}_{ZF} \cos \omega_{ZF}t - g_{D,0} \hat{u}_{HF} \cos \omega_{HF}t
\end{aligned}
$$

$$+ \frac{g_{D,1}\hat{u}_{ZF}}{2} \left[\cos(\underbrace{\omega_{LO} + \omega_{ZF}}_{\omega_{HF}})t + \cos(\omega_{LO} - \omega_{ZF})t \right]$$

$$- \frac{g_{D,1}\hat{u}_{HF}}{2} \left[\cos(\omega_{HF} + \omega_{LO})t + \cos(\underbrace{\omega_{HF} - \omega_{LO}}_{\omega_{ZF}})t \right] + \cdots$$

Man erkennt, dass der Grundwellenanteil $g_{D,1}$ des Kleinsignalleitwerts $g_D(t)$ die gewünschte Frequenzumsetzung von f_{ZF} nach f_{HF} bewirkt, indem er einen Anteil bei der Frequenz $f_{LO} + f_{ZF} = f_{HF}$ verursacht, der proportional zur ZF-Amplitude $\hat{u}_{ZF}$ ist. In gleicher Weise erfolgt eine Umsetzung von f_{HF} nach f_{ZF}, d.h. es entsteht ein Anteil bei der Frequenz $f_{HF} - f_{LO} = f_{ZF}$, der proportional zur HF-Amplitude $\hat{u}_{HF}$ ist. Durch die Oberwellenanteile des Kleinsignalleitwerts entstehen weitere Anteile bei höheren Frequenzen, die für die weitere Rechnung nicht relevant sind.

Der Kleinsignalstrom $i_D(t)$ der Diode fließt durch den ZF- und den HF-Kreis. Durch die Parallelschwingkreise werden im ZF-Kreis alle Anteile mit $f \neq f_{ZF}$ und im HF-Kreis alle Anteile mit $f \neq f_{HF}$ kurzgeschlossen; nur die Anteile mit den jeweiligen Resonanzfrequenzen fließen über die Anschlüsse. Demnach erhält man die Kleinsignalströme $i_{ZF}(t)$ und $i_{HF}(t)$, indem man aus dem Strom $i_D(t)$ die Anteile bei f_{ZF} bzw. f_{HF} extrahiert:

$$i_{ZF}(t) = \left. i_D(t) \right|_{f=f_{ZF}} = \left(g_{D,0}\hat{u}_{ZF} - \frac{g_{D,1}\hat{u}_{HF}}{2} \right) \cos \omega_{ZF} t$$

$$i_{HF}(t) = \left. -i_D(t) \right|_{f=f_{HF}} = \left(g_{D,0}\hat{u}_{HF} - \frac{g_{D,1}\hat{u}_{ZF}}{2} \right) \cos \omega_{HF} t$$

Daraus entnimmt man für die Spannungs- und Stromzeiger die Zusammenhänge:

$$\underline{i}_{ZF} = g_{D,0}\underline{u}_{ZF} - \frac{g_{D,1}\underline{u}_{HF}}{2} \tag{25.10}$$

$$\underline{i}_{HF} = g_{D,0}\underline{u}_{HF} - \frac{g_{D,1}\underline{u}_{ZF}}{2} \tag{25.11}$$

Diese Gleichungen entsprechen den Gleichungen eines Vierpols in Y-Darstellung; deshalb kann man das Kleinsignalverhalten des Mischers durch eine Y-Matrix beschreiben:

$$\begin{bmatrix} \underline{i}_{ZF} \\ \underline{i}_{HF} \end{bmatrix} = \begin{bmatrix} g_{D,0} & -\dfrac{g_{D,1}}{2} \\ -\dfrac{g_{D,1}}{2} & g_{D,0} \end{bmatrix} \begin{bmatrix} \underline{u}_{ZF} \\ \underline{u}_{HF} \end{bmatrix} \tag{25.12}$$

Mit dieser Y-Matrix kann man alle interessierenden Größen wie z.B. die Kleinsignalverstärkung oder die Ein- bzw. Ausgangswiderstände an den Anschlüssen berechnen. Die Frequenzumsetzung des Mischers tritt dabei nicht mehr explizit in Erscheinung. Abbildung 25.22 zeigt das zugehörige Kleinsignalersatzschaltbild.

Aus der Y-Darstellung des Mischers folgt unmittelbar ein Verfahren zur Ermittlung der Koeffizienten $g_{D,0}$ und $g_{D,1}$ mit Hilfe einer Schaltungssimulation. Dazu betreibt man den Mischer gemäß Abb. 25.23 mit einer LO-Spannungsquelle mit der vorgesehenen Amplitude $\hat{u}_{LO}$ und einer ZF-Spannungsquelle mit der Kleinsignalamplitude $\hat{u}_{ZF} \ll \hat{u}_{LO}$. In der Schaltungssimulation kann man die beiden Spannungsquellen unmittelbar in Reihe schalten; dadurch entfällt der Übertrager. Die Parallelschwingkreise am LO- und am ZF-Anschluss entfallen ebenfalls, da die Spannungsquellen nur Anteile mit der jeweiligen

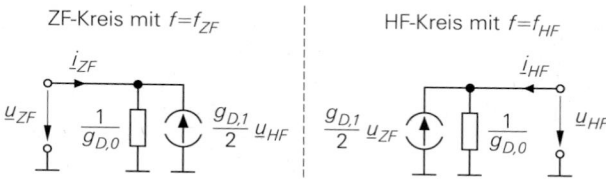

Abb. 25.22.
Kleinsignalersatzschalt-
bild eines Mischers bei
Schmalbandbetrieb

Frequenz enthalten und alle anderen Frequenzen kurzschließen; sie übernehmen damit dieselbe Funktion wie die Schwingkreise. Der HF-Ausgang wird kurzgeschlossen; dadurch entfällt der HF-Parallelschwingkreis. Für diesen Betriebsfall folgt aus (25.12) mit $\underline{u}_{HF} = 0$:

$$\underline{i}_{ZF} = g_{D,0}\underline{u}_{ZF} \quad , \quad \underline{i}_{HF} = -\frac{g_{D,1}}{2}\underline{u}_{ZF}$$

Daraus erhält man durch Einsetzen der Kleinsignalamplituden die Bestimmungsgleichungen für die Koeffizienten:

$$g_{D,0} = \frac{\hat{i}_{ZF}}{\hat{u}_{ZF}} \quad , \quad g_{D,1} = -\frac{2\hat{i}_{HF}}{\hat{u}_{ZF}}$$

Die Kleinsignalamplitude $\hat{u}_{ZF}$ ist durch die ZF-Spannungsquelle vorgegeben. Nun wird mit Hilfe einer Zeitbereichssimulation der Strom $I_D(t)$ der Diode ermittelt. Aus der spektralen Darstellung von $I_D(t)$ kann man die Kleinsignalamplituden $\hat{i}_{ZF}$ (Anteil bei f_{ZF}) und $\hat{i}_{HF}$ (Anteil bei f_{HF}) entnehmen.

25.3.1.4 Mischverstärkung

Wir können nun die *Mischverstärkung*

$$A_M = \frac{\underline{u}_{HF}}{\underline{u}_{ZF}}$$

des Mischers berechnen. Am HF-Anschluss gilt nach Abb. 25.19c:

$$\underline{i}_{HF} = -\frac{\underline{u}_{HF}}{R_{L,HF}}$$

Einsetzen in (25.11) und Auflösen nach $\underline{u}_{HF}/\underline{u}_{ZF}$ und liefert:

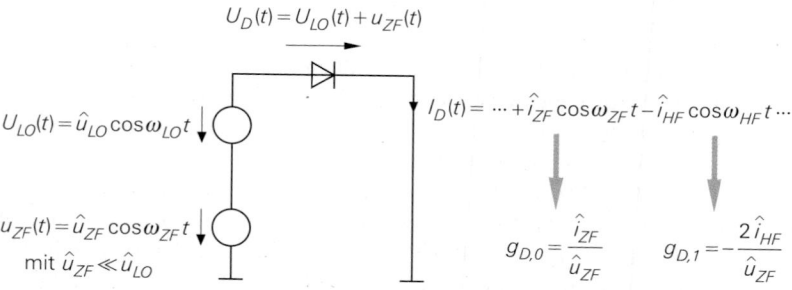

Abb. 25.23. Schaltungssimulation zur Ermittlung der Koeffizienten $g_{D,0}$ und $g_{D,1}$ eines Eintakt-mischers. Die Amplituden $\hat{i}_{ZF}$ und $\hat{i}_{HF}$ erhält man aus der spektralen Darstellung des Stroms $I_D(t)$.

$$A_M = \frac{\underline{u}_{HF}}{\underline{u}_{ZF}} = \frac{1}{2} \frac{g_{D,1} R_{L,HF}}{1 + g_{D,0} R_{L,HF}} \tag{25.13}$$

Die Mischverstärkung ist proportional zum Grundwellenanteil $g_{D,1}$ des Kleinsignalleitwerts der Diode. Sie wird für $R_{L,HF} \to \infty$ maximal; in diesem Fall wird allerdings keine Leistung an den HF-Kreis abgegeben.

25.3.1.5 Mischgewinn

Mischer werden in den meisten Fällen in einem angepassten System eingesetzt; in diesem Fall entsprechen der Innenwiderstand $R_{g,ZF}$ der ZF-Spannungsquelle und der HF-Lastwiderstand $R_{L,HF}$ dem Wellenwiderstand Z_W des Systems: $R_{g,ZF} = R_{L,HF} = Z_W$. Die dabei erzielte Leistungsverstärkung wird *Mischgewinn* (*conversion gain*) G_M genannt und entspricht dem Übertragungsgewinn G_T eines Verstärkers; mit den Y-Parametern

$$Y_{11} = Y_{22} = g_{D,0} \; , \quad Y_{12} = Y_{21} = -\frac{g_{D,1}}{2}$$

des Mischers und den Quellen- und Lastleitwerten

$$\mathrm{Re}\{Y_g\} = \frac{1}{R_{g,ZF}} \; , \quad \mathrm{Re}\{Y_L\} = \frac{1}{R_{L,HF}}$$

erhält man aus (24.34):

$$G_M = \frac{g_{D,1}^2 R_{g,ZF} R_{L,HF}}{\left[(1 + g_{D,0} R_{g,ZF})(1 + g_{D,0} R_{L,HF}) - \frac{1}{4} g_{D,1}^2 R_{g,ZF} R_{L,HF} \right]^2} \tag{25.14}$$

Daraus folgt mit $R_{g,ZF} = R_{L,HF} = Z_W$:

$$G_M = \left[\frac{g_{D,1} Z_W}{(1 + g_{D,0} Z_W)^2 - \frac{1}{4} g_{D,1}^2 Z_W^2} \right]^2 \tag{25.15}$$

Da der Mischgewinn bei Mischern mit Dioden kleiner als Eins ist, wird häufig der *Mischverlust* (*conversion loss*) $L_M = 1/G_M$ angegeben. Die Werte werden meist in Dezibel angegeben:

$$G_M\,[\mathrm{dB}] = 10 \log G_M \; , \quad L_M\,[\mathrm{dB}] = 10 \log L_M = -G_M\,[\mathrm{dB}]$$

Im Abschnitt 24.4.1.6 haben wir gezeigt, dass ein Verstärker genau dann beidseitig an einen Wellenwiderstand Z_W angepasst ist, wenn die Y-Parameter die Bedingungen

$$Y_{11} = Y_{22} \; , \quad (Y_{11} Y_{22} - Y_{12} Y_{21}) Z_W^2 = 1$$

erfüllen, siehe (24.38). Da ein Diodenmischer die erste Bedingung erfüllt, kann man aus der zweiten Bedingung den für eine beidseitige Anpassung erforderlichen Wellenwiderstand berechnen:

$$Z_{W,M} = \frac{1}{\sqrt{Y_{11} Y_{22} - Y_{12} Y_{21}}} = \frac{1}{\sqrt{g_{D,0}^2 - \frac{g_{D,1}^2}{4}}} \tag{25.16}$$

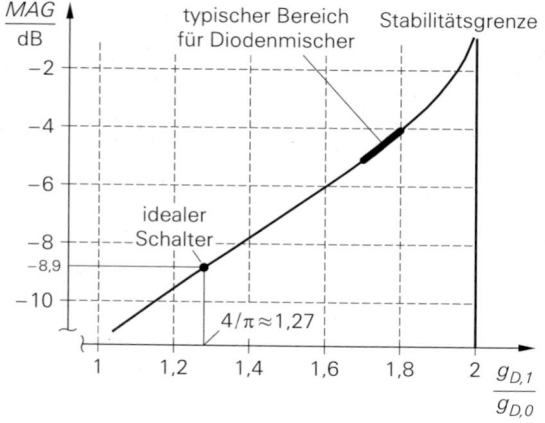

Abb. 25.24.
Maximaler verfügbarer Leistungsgewinn *MAG* in Abhängigkeit
vom Verhältnis der Koeffizienten
$g_{D,1}$ und $g_{D,0}$ des Kleinsignalleitwerts $g_D(t)$

Die zugehörige Leistungsverstärkung entspricht dem maximalen verfügbaren Leistungsgewinn *MAG* eines Verstärkers und wird mit (24.39) berechnet:

$$MAG = \frac{|Y_{21}|^2 Z_{W,M}^2}{\left|1 + Y_{11}Z_{W,M}\right|^2} = \frac{1 - \sqrt{1 - \frac{1}{4}\left(\frac{g_{D,1}}{g_{D,0}}\right)^2}}{1 + \sqrt{1 - \frac{1}{4}\left(\frac{g_{D,1}}{g_{D,0}}\right)^2}} \tag{25.17}$$

Dasselbe Ergebnis erhält man, wenn man (25.16) in (25.15) einsetzt oder das Maximum
des Mischgewinns über die Bedingung

$$\frac{dG_M}{dZ_W} = 0$$

ermittelt. Der maximale verfügbare Leistungsgewinn hängt nur noch vom Verhältnis der
Koeffizienten $g_{D,1}$ und $g_{D,0}$ des Kleinsignalleitwerts der Diode ab, siehe Abb. 25.24.
Damit der Mischer bei beidseitiger Anpassung stabil ist, muss die *Stabilitätsbedingung*

$$g_{D,0} > \frac{g_{D,1}}{2} \tag{25.18}$$

erfüllt sein; nur dann sind die Terme unter den Wurzeln in (25.16) und (25.17) positiv.
Aus der Stabilitätsbedingung folgt die Stabilitätsgrenze in Abb. 25.24. Bei Mischern mit
Dioden ist die Stabilitätsbedingung aufgrund der Passivität der Dioden immer erfüllt.

Abbildung 25.25 zeigt den Mischgewinn $G_{M(50)}$ in einem $50\,\Omega$-System ($R_{g,ZF} = R_{L,HF} = 50\,\Omega$) und den maximalen verfügbaren Leistungsgewinn *MAG* ($R_{g,ZF} = R_{L,HF} = Z_{W,M}$) für einen Eintaktmischer mit einer Schottky-Diode des Typs BAS40
in Abhängigkeit von der LO-Amplitude. Der Wellenwiderstand $Z_{W,M}$ für beidseitige An-
passung ist in Abb. 25.21b auf Seite 1411 dargestellt. Der maximale verfügbare Leistungsgewinn *MAG* erreicht für $\hat{u}_{LO} \approx 0,3\,\text{V}$ einen Maximalwert von etwa $-3\,\text{dB}$ und nimmt
darüber langsam ab. Der Mischgewinn $G_{M(50)}$ ist bei kleinen LO-Amplituden aufgrund
der starken Fehlanpassung ($Z_{W,M} \gg 50\,\Omega$) sehr klein, nimmt aber mit zunehmender LO-
Amplitude rasch zu und weist im Bereich $\hat{u}_{LO} = 0,5\ldots0,6\,\text{V}$ ein breites Maximum auf.
Oberhalb dieses Maximums sind $G_{M(50)}$ und *MAG* nahezu gleich, da $Z_{W,M}$ in diesem
Bereich gegen $50\,\Omega$ geht.

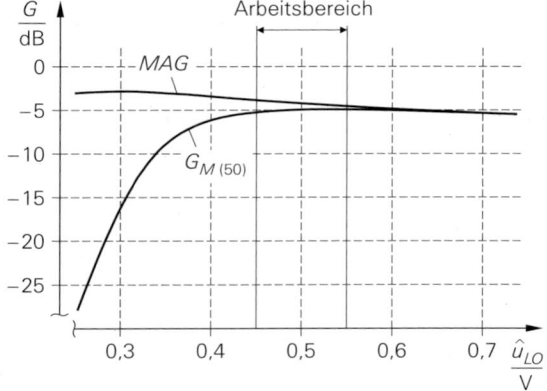

Abb. 25.25.
Mischgewinn $G_{M(50)}$ ($R_{g,ZF} = R_{L,HF} = 50\,\Omega$) und maximaler verfügbarer Leistungsgewinn MAG für einen Eintaktmischer mit einer Schottky-Diode des Typs BAS40

Mischer mit Dioden werden in den meisten Fällen ohne spezielle Anpassschaltungen betrieben. Die LO-Amplitude wird so gewählt, dass das Maximum des Mischgewinns $G_{M(50)}$ fast erreicht wird; dadurch wird ein guter Kompromiss zwischen Mischgewinn und benötigter LO-Leistung erzielt. In Abb. 25.25 ist der sinnvolle Arbeitsbereich für die Diode BAS40 eingezeichnet; hier wird $G_{M(50)} \approx -5\,\text{dB}$ erzielt. Eine Anpassung lohnt sich nicht, da der maximale verfügbare Leistungsgewinn nur um etwa 1 dB größer ist.

Durch das Zusammenwirken von Bahnwiderstand und Kapazität der Diode entstehen zusätzliche, frequenzproportionale Verluste, die wir hier nicht berücksichtigt haben; dadurch reduziert sich der Mischgewinn je nach Diode und Frequenz auf $G_{M(50)} \approx -5\ldots-8\,\text{dB}$. In [25.1] werden diese Verluste näher erläutert.

25.3.1.6 Vergleich mit idealem Schalter

In Abb. 25.18 auf Seite 1407 haben wir einen Eintaktmischer mit rechteckförmigem LO-Signal als Beispiel für einen multiplikativen Mischer mit Schalter gezeigt. Bei idealem Schaltverhalten erhält man bei diesem Mischer einen rechteckförmigen Verlauf des Kleinsignalleitwerts $g_D(t)$ mit den Werten $g_D = 0$ (Schalter geöffnet) und $g_{D,max} = 1/r_D(\hat{u}_{LO})$ (Schalter geschlossen); daraus folgt mit Hilfe der Reihenentwicklung für ein unipolares Rechtecksignal nach (25.1):

$$g_{D,0} = \frac{g_{D,max}}{2} \quad , \quad g_{D,1} = \frac{2\,g_{D,max}}{\pi} \quad \Rightarrow \quad \frac{g_{D,1}}{g_{D,0}} = \frac{4}{\pi}$$

Durch Einsetzen in (25.17) erhält man

$$MAG = \frac{1 - \sqrt{1 - 4/\pi^2}}{1 + \sqrt{1 - 4/\pi^2}} \approx 0{,}13$$

bzw. $MAG \approx -8{,}9\,\text{dB}$. Demnach ist der maximale verfügbare Leistungsgewinn mit einer rechteckförmigen LO-Spannung deutlich geringer als mit einer sinusförmigen LO-Spannung ($MAG \approx -4\ldots-5\,\text{dB}$). Dieses Ergebnis ist auf den ersten Blick überraschend. Es hängt damit zusammen, dass für den maximalen verfügbaren Leistungsgewinn nur das Verhältnis $g_{D,1}/g_{D,0}$ maßgebend ist. Dieses Verhältnis hat bei einem idealen Schalter den Wert $4/\pi \approx 1{,}27$ und ist damit geringer als bei typischen Diodenmischern mit sinusförmiger LO-Spannung ($g_{D,1}/g_{D,0} \approx 1{,}7\ldots1{,}8$), siehe Abb. 25.24. Für die Praxis ist dieses

Ergebnis von Vorteil, da die LO-Spannung ohnehin mit einem Hochfrequenz-Oszillator mit näherungsweise sinusförmiger Ausgangsspannung erzeugt wird.

25.3.1.7 Nachteile des Eintaktmischers

Beim Eintaktmischer ist vor allem die Verkopplung der Anschlüsse störend. Die Trennung der Frequenzen mit Hilfe der drei Parallelschwingkreise, die wir bei der vorausgegangenen Berechnung als ideal angenommen haben, ist in der Praxis nur näherungsweise möglich. Vor allem die HF- und die LO-Frequenz liegen häufig dicht beieinander, so dass eine Einkopplung des starken LO-Signals in den HF-Kreis nur mit hohem Filteraufwand verhindert werden kann. Bei einem Einsatz in Sendern und Empfängern mit variabler Sende- bzw. Empfangsfrequenz sind sowohl die HF- als auch die LO-Frequenz variabel; dadurch wird die Trennung der Frequenzen zusätzlich erschwert. Wenn sich die Abstimmbereiche der HF- und der LO-Frequenz überschneiden, ist eine Trennung mit festfrequenten Filtern nicht mehr möglich. Darüber hinaus erzeugt der Eintaktmischer eine starke Oberwelle bei der doppelten LO-Frequenz, da er nur eine Halbwelle der LO-Spannung nutzt.

25.3.2 Gegentaktmischer

Abbildung 25.26a zeigt das Schaltbild eines Mischers mit zwei Dioden, der als *Gegentakt-(Dioden-)mischer* bezeichnet wird. Mit der LO-Spannung U_{LO} wird der Arbeitspunkt der Dioden periodisch zwischen dem Durchlass- und dem Sperrbereich umgeschaltet. Die ZF-Kleinsignalspannung u_{ZF} wird mit dem 1:1:1-Übertrager $\ddot{U}_1$ zur Spannung der Diode D_1 addiert und von der Spannung der Diode D_2 subtrahiert; dadurch werden die Dioden kleinsignalmäßig im Gegentakt angesteuert, d.h. über beide Dioden fließt betragsmäßig derselbe Kleinsignalstrom i_D, jedoch mit unterschiedlicher Richtung. Auf der HF-Seite wird der Kleinsignalstrom i_D mit dem 1:1:1-Übertrager $\ddot{U}_2$ ausgekoppelt und dem HF-Filter zugeführt.

Beim Gegentaktmischer sind der ZF- und der HF-Kreis vom LO-Kreis entkoppelt. Der Kleinsignalstrom i_D der Dioden, der durch den ZF- und den HF-Kreis fließt, enthält keine Anteile bei der LO-Frequenz f_{LO} oder Vielfachen davon. Umgekehrt fließen im LO-Kreis keine Ströme mit der ZF- oder der HF-Frequenz. Abbildung 25.27 verdeutlicht dies anhand der Betriebsfälle des Übertragers $\ddot{U}_1$. Abbildung 25.27a zeigt, dass der Mittelabgriff der Sekundärseite bei symmetrischer Belastung stromlos ist; deshalb verursacht die ZF-Spannung u_{ZF} keinen Strom im LO-Kreis. Abbildung 25.27b zeigt, dass sich eine symmetrische Ansteuerung der Sekundärseite nicht auf die Primärseite auswirkt, da sich die Durchflutungen der beiden Sekundärspulen aufgrund des entgegengesetzten Stromflusses aufheben; deshalb verursacht die LO-Spannung U_{LO} keinen Strom im ZF-Kreis. Demnach sind der ZF- und der LO-Kreis entkoppelt. In gleicher Weise sind auch der HF- und der LO-Kreis entkoppelt. Daraus folgt, dass die Filter im ZF- und im HF-Kreis nur noch zur Unterdrückung der jeweils anderen Frequenz und nicht mehr zur Unterdrückung der LO-Frequenz benötigt werden. Dadurch reduzieren sich vor allem die Anforderungen an das HF-Filter, da eine Trennung der dicht beieinander liegenden Frequenzen f_{HF} und f_{LO} nicht mehr notwendig ist. In gleicher Weise reduzieren sich die Anforderungen an das LO-Filter, da nun nur noch die Oberwellen bei Vielfachen von f_{LO} unterdrückt werden müssen. Wenn man am LO-Anschluss Oberwellen zulassen kann, kann das LO-Filter entfallen; dadurch ändern sich jedoch die zeitlichen Verläufe der LO-Spannung und des LO-Stroms und damit auch das Kleinsignalverhalten.

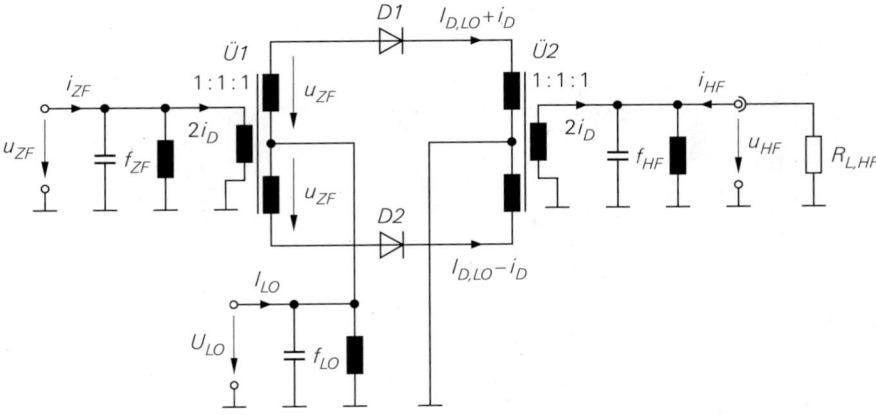

a Schaltbild mit Lastwiderstand

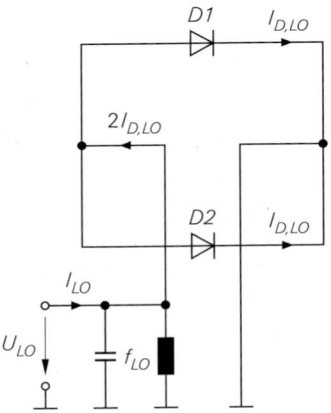

b LO-Kreis

Abb. 25.26. Gegentaktmischer

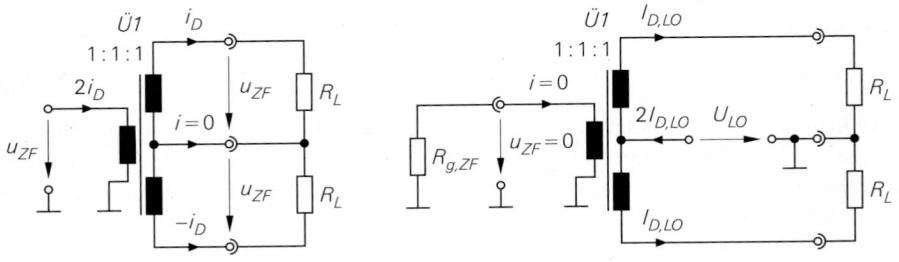

a Ansteuerung der Primärseite   **b** symmetrische Ansteuerung der Sekundärseite

Abb. 25.27. Spannungen und Ströme am Übertrager $Ü_1$ bei symmetrischer Belastung der Sekundärseite

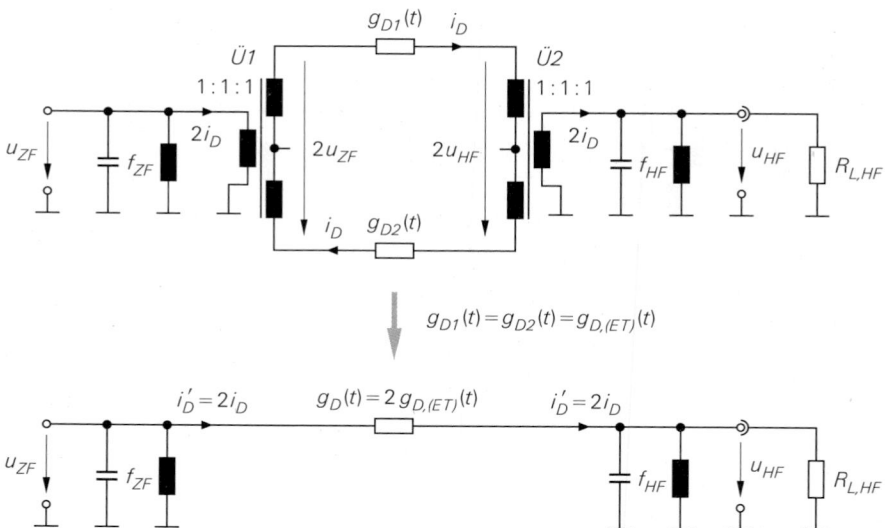

Abb. 25.28. Kleinsignalersatzschaltbild eines Gegentaktmischers

25.3.2.1 LO-Kreis

Abbildung 25.26b zeigt den LO-Kreis des Gegentaktmischers. Über beide Dioden fließt derselbe Strom $I_{D,LO}(t)$ wie bei einem Eintaktmischer mit gleicher LO-Amplitude $\hat{u}_{LO}$. Da die beiden Dioden parallelgeschaltet sind, ist der Strom $I_{LO}(t)$ am LO-Anschluss doppelt so groß wie beim Eintaktmischer:

$$I_{LO}(t) \;=\; 2\,I_{D,LO}(t)\Big|_{f=f_{LO}}$$

Dadurch halbiert sich der Widerstand R_{LO}:

$$R_{LO} \;=\; \frac{1}{2}\,R_{LO(ET)} \tag{25.19}$$

25.3.2.2 Kleinsignalersatzschaltbild und Kleinsignalverhalten

Durch Linearisieren der Dioden erhält man das in Abb. 25.28 oben gezeigte Kleinsignalersatzschaltbild. Die Kleinsignalleitwerte $g_{D1}(t)$ und $g_{D2}(t)$ sind gleich groß und entsprechen dem Kleinsignalleitwert eines Eintaktmischers mit gleicher LO-Amplitude, da die Spannungen und die Ströme der Dioden in beiden Fällen gleich sind:

$$g_{D1}(t) \;=\; g_{D2}(t) \;=\; g_{D(ET)}(t) \tag{25.20}$$

Man kann das Kleinsignalersatzschaltbild des Gegentaktmischers in das Kleinsignalersatzschaltbild eines Eintaktmischers überführen, indem man die Kleinsignalleitwerte der Dioden auf die Primärseite der Übertrager umrechnet; dazu wird zunächst der der Kleinsignalstrom $i_D(t)$ der Dioden berechnet:

$$2u_{ZF}(t) - 2u_{HF}(t) \;=\; \frac{i_D(t)}{g_{D1}(t)} + \frac{i_D(t)}{g_{D2}(t)} \;\overset{(25.20)}{=}\; \frac{2\,i_D(t)}{g_{D(ET)}(t)}$$

$$\Rightarrow \quad i_D(t) \;=\; g_{D(ET)}(t)\,(u_{ZF}(t) - u_{HF}(t))$$

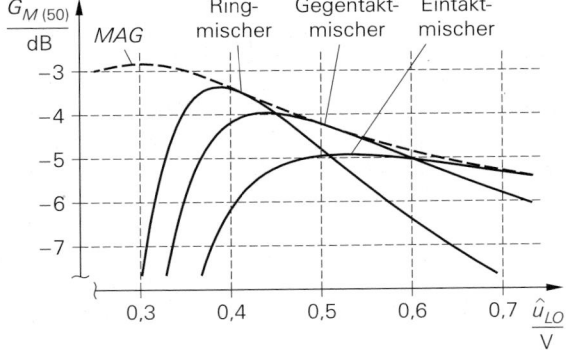

Abb. 25.29.
Mischgewinn $G_{M(50)}$ in einem
50 Ω-System für einen Eintakt-,
einen Gegentakt- und einen
Ringmischer mit Schottky-
Dioden des Typs BAS40

Durch Umrechnen auf die Primärseite der Übertrager erhält man:

$$i_D'(t) = 2\,i_D(t) = 2\,g_{D(ET)}(t)\,(u_{ZF}(t) - u_{HF}(t))$$

Daraus folgt das in Abb. 25.28 unten gezeigte Kleinsignalersatzschaltbild, das dem Kleinsignalersatzschaltbild eines Eintaktmischers entspricht. Der Kleinsignalleitwert $g_D(t)$ ist
doppelt so groß wie bei einem Eintaktmischer mit gleicher LO-Amplitude:

$$g_D(t) = 2\,g_{D(ET)}(t) \tag{25.21}$$

Damit sind auch die Koeffizienten der Fourier-Reihe von $g_D(t)$ doppelt so groß:

$$g_{D,0} = 2\,g_{D,0(ET)} \quad , \quad g_{D,1} = 2\,g_{D,1(ET)} \tag{25.22}$$

Mit diesem Zusammenhang kann man die Y-Matrix des Gegentaktmischers nach (25.12)
aufstellen und alle weiteren Größen mit den Gleichungen (25.13)-(25.17) des Eintaktmischers berechnen.

Der maximale verfügbare Leistungsgewinn *MAG* ist genauso groß wie bei einem Eintaktmischer mit gleicher LO-Amplitude, da hier gemäß (25.17) nur das Verhältnis von $g_{D,1}$
und $g_{D,0}$ eingeht; der zugehörige Wellenwiderstand ist jedoch um den Faktor 2 geringer,
siehe (25.16):

$$Z_{W,M} = \frac{1}{2}\,Z_{W,M(ET)} \tag{25.23}$$

Der Mischgewinn $G_{M(50)}$ in einem 50 Ω-System verläuft ähnlich wie bei einem Eintaktmischer; Abb. 25.29 zeigt einen Vergleich von Mischern mit Schottky-Dioden des Typs
BAS40. Das Maximum von $G_{M(50)}$ liegt bei einem Gegentaktmischer immer etwas höher
als bei einem Eintaktmischer und wird bei einer geringeren LO-Amplitude erreicht.

25.3.2.3 Vor- und Nachteile des Gegentaktmischers

Der wesentliche Vorteil des Gegentaktmischers im Vergleich zum Eintaktmischer ist die
Entkopplung des LO-Kreises vom ZF- und vom HF-Kreis; dadurch wird eine Einkopplung
des starken LO-Signals in den ZF- und den HF-Kreis verhindert. In der Praxis hängt der
Grad der Entkopplung von der Symmetrie der Übertrager ab.

Der wesentliche Nachteil des Gegentaktmischers besteht darin, dass er ebenfalls nur
eine Halbwelle der LO-Spannung nutzt und deshalb eine starke Oberwelle bei der doppelten LO-Frequenz erzeugt. Darüber hinaus stört die Verkopplung von ZF- und HF-Kreis,
vor allem dann, wenn die ZF-Frequenz relativ hoch ist.

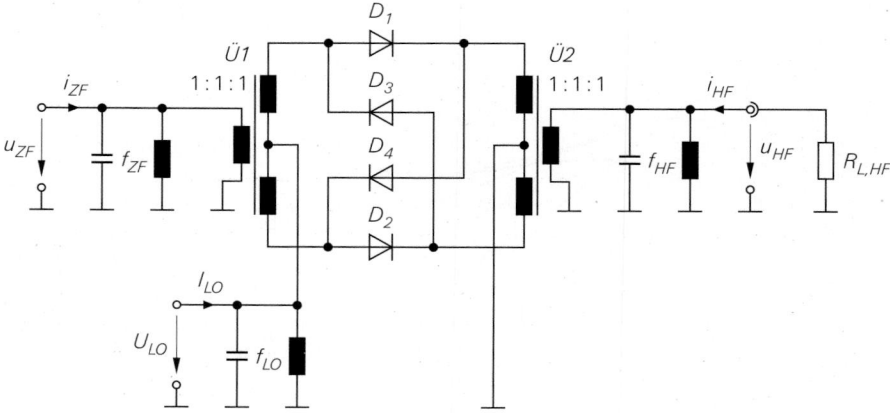

a Darstellung in Form von zwei antiparallelen Gegentaktmischern

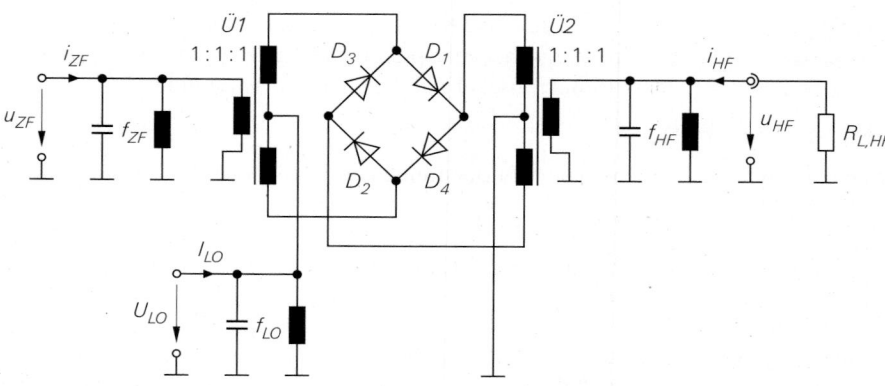

b Darstellung mit Diodenring

Abb. 25.30. Ringmischer

25.3.3 Ringmischer

Abbildung 25.30 zeigt das Schaltbild eines Mischers mit vier Dioden, der als *Ringmischer* oder *Ringmodulator* bezeichnet wird. Er besteht aus zwei antiparallel geschalteten Gegentaktmischern (D_1/D_2 und D_3/D_4), die kreuzweise verbunden sind, siehe Abb. 25.30a. Durch Umzeichnen erhält man die Darstellung mit einem Diodenring in Abb. 25.30b; ihr verdankt der Ringmischer seinen Namen. Wir verwenden im folgenden die Darstellung mit zwei Gegentaktmischern, da sie übersichtlicher ist.

Aufgrund der Antiparallelschaltung der beiden Gegentaktmischer nutzt der Ringmischer beide Halbwellen der LO-Spannung: bei positiver LO-Spannung leiten die Dioden D_1 und D_2, bei negativer die Dioden D_3 und D_4. Abbildung 25.31 zeigt die beiden Zustände des LO-Kreises. Die kreuzweise Verbindung bewirkt, dass die Polarität des Kleinsignalstroms $2i_D$ auf der HF-Seite mit jeder Halbwelle der LO-Spannung wechselt; deshalb arbeitet ein Ringmischer prinzipiell als multiplikativer Mischer mit bipolarem Rechtecksignal.

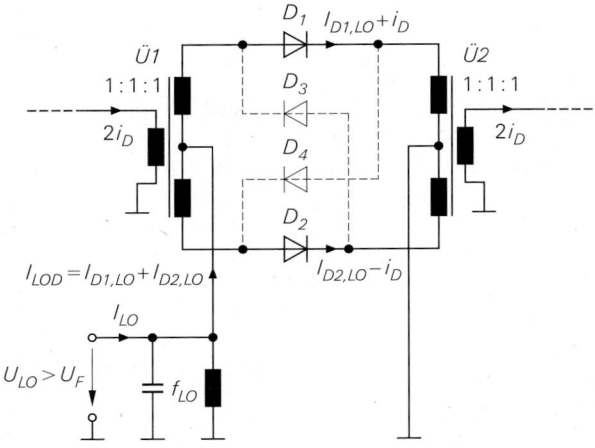

a positive LO-Spannung

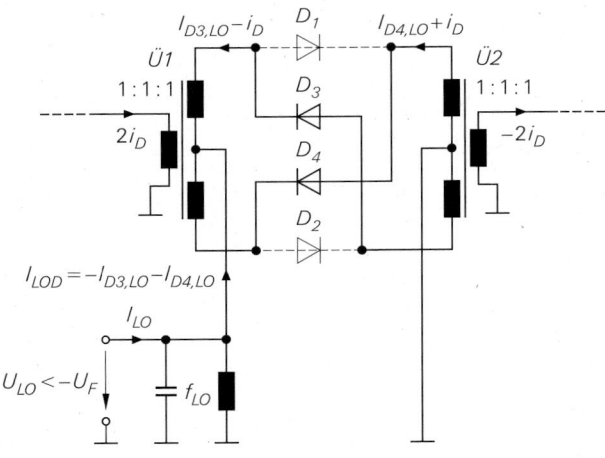

b negative LO-Spannung

Abb. 25.31.
LO-Kreis eines Ringmischers. U_F ist die Flussspannung der Dioden.

Im Abschnitt 25.2.2 haben wir gezeigt, dass das HF-Signal eines multiplikativen Mischers mit bipolarem Rechtecksignal keinen Anteil bei der ZF-Frequenz enthält, siehe 25.16c auf Seite 1404; entsprechend enthält das ZF-Signal keinen Anteil bei der HF-Frequenz. Daraus folgt, dass ZF- und HF-Kreis bei einem Ringmischer entkoppelt sind. Da der LO-Kreis bereits aufgrund der Eigenschaften der beiden Gegentaktmischer vom ZF- und vom HF-Kreis entkoppelt ist, sind demnach alle drei Kreise entkoppelt. Die Anzahl der benötigten Filter lässt sich dadurch aber nicht reduzieren, da sowohl das ZF- als auch das HF-Signal Anteile im Bereich von Vielfachen der LO-Frequenz enthalten.

25.3.3.1 LO-Kreis

Abbildung 25.31 zeigt den LO-Kreis des Ringmischers für die beiden Halbwellen der LO-Spannung. Die Ströme $I_{D1,LO}(t), \ldots, I_{D4,LO}(t)$ der Dioden und der Gesamtstrom $I_{LOD}(t)$ sind in Abb. 25.32 dargestellt. Durch jede Diode fließt derselbe Strom wie bei

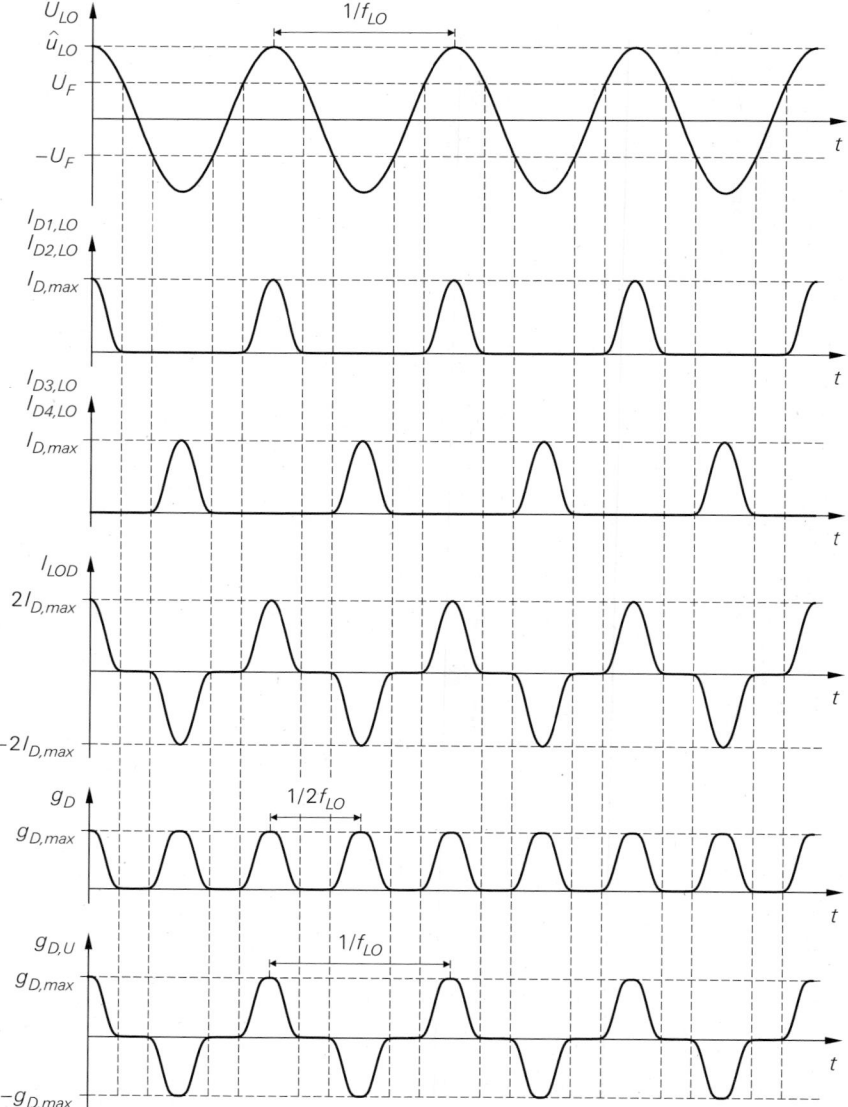

Abb. 25.32. Ringmischer: Spannung $U_{LO}(t)$ am LO-Kreis, Ströme der Dioden $D_1 \dots D_4$, Gesamtstrom I_{LOD} der Dioden, Kleinsignalleitwerte $g_D(t)$ und $g_{D,U}(t)$. U_F ist die Flussspannung der Dioden.

einem Eintaktmischer mit gleicher LO-Amplitude. Der Gesamtstrom $I_{LOD}(t)$ ist aufgrund
der Symmetrie mittelwertfrei und enthält nur Anteile bei ungeradzahligen Vielfachen der
LO-Frequenz:

$$I_{LOD}(t) = \hat{i}_{LOD,1} \cos \omega_{LO} t + \hat{i}_{LOD,3} \cos 3\omega_{LO} t + \hat{i}_{LOD,5} \cos 5\omega_{LO} t + \cdots$$

Die Oberwellen von $I_{LOD}(t)$ werden durch das LO-Filter kurzgeschlossen. Der Grundwellenanteil entspricht dem LO-Strom $I_{LO}(t)$:

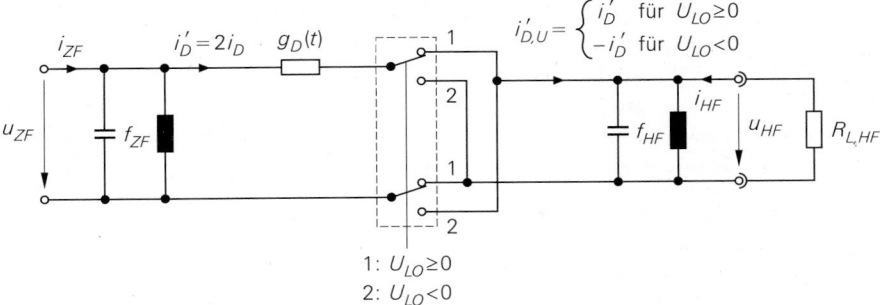

Abb. 25.33. Kleinsignalersatzschaltbild eines Ringmischers

$$ I_{LO}(t) \;=\; I_{LOD}(t)\Big|_{f=f_{LO}} \;=\; \hat{i}_{LOD,1}\cos\omega_{LO}t $$

Die Amplitude $\hat{i}_{LOD,1}$ ist um den Faktor vier größer als bei einem Eintaktmischer mit gleicher LO-Amplitude, da in beiden Halbwellen der LO-Spannung ein Strom fließt und jeweils zwei Dioden parallelgeschaltet sind; dadurch reduziert sich der Widerstand R_{LO} um den Faktor vier:

$$ R_{LO} \;=\; \frac{\hat{u}_{LO}}{\hat{i}_{LOD,1}} \;=\; \frac{1}{4}\,R_{LO(ET)} $$

25.3.3.2 Kleinsignalersatzschaltbild und Kleinsignalverhalten

Abbildung 25.33 zeigt das Kleinsignalersatzschaltbild eines Ringmischers; es folgt aus dem Kleinsignalersatzschaltbild eines Gegentaktmischers durch Einfügen von zwei Umschaltern zur Beschreibung des Polaritätswechsels. Der Kleinsignalleitwert $g_D(t)$ setzt sich aus den Kleinsignalleitwerten der beiden Gegentaktmischer zusammen, die um eine halbe LO-Periodendauer gegeneinander verschoben sind; in Abb. 25.32 ist der Verlauf von $g_D(t)$ dargestellt.

Die Berechnung des Kleinsignalverhaltens ist aufgrund des Polaritätswechsels aufwendiger als bei einem Ein- oder Gegentaktmischer. Zunächst werden die Kleinsignalströme $i'_D(t)$ und $i'_{D,U}(t)$ auf der ZF- bzw. HF-Seite berechnet; aus Abb. 25.33 folgt:

$$ i'_D(t) \;=\; \begin{cases} g_D(t)\,[\,u_{ZF}(t)-u_{HF}(t)\,] & U_{LO}\geq 0 \\[2mm] g_D(t)\,[\,u_{ZF}(t)+u_{HF}(t)\,] & U_{LO}<0 \end{cases} $$

$$ i'_{D,U}(t) \;=\; \begin{cases} i'_D(t) \;=\; g_D(t)\,[\,u_{ZF}(t)-u_{HF}(t)\,] & U_{LO}\geq 0 \\[2mm] -i'_D(t) \;=\; -g_D(t)\,[\,u_{ZF}(t)+u_{HF}(t)\,] & U_{LO}<0 \end{cases} $$

Die Fallunterscheidung kann entfallen, wenn man zusätzlich den Kleinsignalleitwert

$$ g_{D,U}(t) \;=\; \begin{cases} g_D(t) & U_{LO}\geq 0 \\[2mm] -g_D(t) & U_{LO}<0 \end{cases} $$

einführt; dann gilt:

$$ \begin{aligned} i'_D(t) &\;=\; g_D(t)\,u_{ZF}(t) - g_{D,U}(t)\,u_{HF}(t) \\[2mm] i'_{D,U}(t) &\;=\; g_{D,U}(t)\,u_{ZF}(t) - g_D(t)\,u_{HF}(t) \end{aligned} \tag{25.24} $$

Der Verlauf von $g_{D,U}(t)$ ist in Abb. 25.32 dargestellt. Die Gleichungen zeigen, dass die Ströme und Spannungen auf derselben Seite der Umschalter durch den Kleinsignalleitwert $g_D(t)$ verknüpft sind, während die kreuzweise Verknüpfung über den Kleinsignalleitwert $g_{D,U}(t)$ erfolgt.

Die Kleinsignalleitwerte $g_D(t)$ und $g_{D,U}(t)$ können mit Hilfe des Kleinsignalleitwerts eines Eintaktmischers mit gleicher LO-Amplitude dargestellt werden:

$$g_D(t) = 2\left[g_{D(ET)}(t) + g_{D(ET)}(t - T_{LO}/2)\right]$$

$$g_{D,U}(t) = 2\left[g_{D(ET)}(t) - g_{D(ET)}(t - T_{LO}/2)\right]$$

Dabei ist berücksichtigt, dass die Kleinsignalleitwerte der beiden Gegentaktmischer jeweils um den Faktor zwei größer sind als die des Eintaktmischers und mit einer Verschiebung um eine halbe LO-Periodendauer ($T_{LO} = 1/f_{LO}$) addiert bzw. subtrahiert werden. Setzt man die Fourier-Reihe

$$g_{D(ET)}(t) = g_{D,0(ET)} + \sum_{n=1}^{\infty} g_{D,n(ET)} \cos n\omega_{LO}t$$

aus (25.7) ein, entfallen bei $g_D(t)$ alle Anteile bei ungeradzahligen Vielfachen von f_{LO} und bei $g_{D,U}(t)$ alle Anteile bei geradzahligen Vielfachen von f_{LO} einschließlich des Gleichanteils; es gilt:

$$\begin{aligned} g_D(t) &= 4\left[g_{D,0(ET)} + g_{D,2(ET)} \cos 2\omega_{LO}t + \cdots\right] \\ g_{D,U}(t) &= 4\left[g_{D,1(ET)} \cos \omega_{LO}t + g_{D,3(ET)} \cos 3\omega_{LO}t + \cdots\right] \end{aligned} \tag{25.25}$$

Diese Eigenschaften kann man den Verläufen von $g_D(t)$ und $g_{D,U}(t)$ in Abb. 25.32 entnehmen: $g_D(t)$ hat die Grundfrequenz $2f_{LO}$ und besitzt demnach Anteile bei den Frequenzen $0, 2f_{LO}, 4f_{LO}, \dots$; dagegen hat $g_{D,U}(t)$ die Grundfrequenz f_{LO}, ist symmetrisch und mittelwertfrei und besitzt demnach Anteile bei den Frequenzen $f_{LO}, 3f_{LO}, 5f_{LO}, \dots$.

Setzt man die Fourier-Reihen der Kleinsignalleitwerte aus (25.25) in die Gleichung (25.24) für die Kleinsignalströme ein und ordnet die Terme nach Frequenzen, erhält man Anteile bei folgenden Frequenzen:

$$i'_D(t): \quad f_{ZF}, 2f_{LO} \pm f_{ZF}, 4f_{LO} \pm f_{ZF}, 6f_{LO} \pm f_{ZF}, \dots$$

$$i'_{D,U}(t): \quad \underbrace{f_{LO} + f_{ZF}}_{f_{HF}}, \underbrace{f_{LO} - f_{ZF}}_{f_{HF,Sp}}, 3f_{LO} \pm f_{ZF}, 5f_{LO} \pm f_{ZF}, \dots \tag{25.26}$$

Der Kleinsignalstrom $i'_D(t)$ auf der ZF-Seite enthält keinen Anteil bei der HF-Frequenz und der Kleinsignalstrom $i'_{D,U}(t)$ auf der HF-Seite keinen Anteil bei der ZF-Frequenz, d.h. ZF- und HF-Kreis sind, wie bereits erwähnt, entkoppelt.

Aus den Kleinsignalströmen $i'_D(t)$ und $i'_{D,U}(t)$ erhält man durch Extraktion der betreffenden Anteile den ZF- und den HF-Strom:

$$i_{ZF}(t) = i'_D(t)\big|_{f=f_{ZF}} \quad , \quad i_{HF}(t) = -i'_{D,U}(t)\big|_{f=f_{HF}}$$

Alle anderen Anteile werden durch die Filter kurzgeschlossen. Die Berechnung, die wir hier nicht im Detail durchführen, erfolgt wie beim Eintaktmischer und führt ebenfalls auf eine Y-Matrix der Form:

$$\begin{bmatrix} i_{ZF} \\ i_{HF} \end{bmatrix} = \begin{bmatrix} g_{D,0} & -\dfrac{g_{D,1}}{2} \\ -\dfrac{g_{D,1}}{2} & g_{D,0} \end{bmatrix} \begin{bmatrix} u_{ZF} \\ u_{HF} \end{bmatrix} \tag{25.27}$$

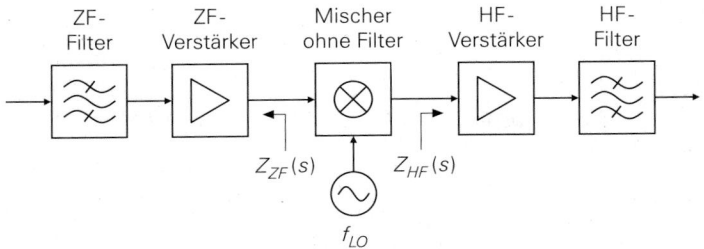

Abb. 25.34. Breitbandiger Betrieb eines Mischers

Der Koeffizient $g_{D,0}$ entspricht dem Gleichanteil in $g_D(t)$ und der Koeffizient $g_{D,1}$ dem Grundwellenanteil in $g_{D,U}(t)$; daraus folgt mit (25.25) der Zusammenhang mit den Koeffizienten eines Eintaktmischers mit gleicher LO-Amplitude:

$$g_{D,0} = 4 g_{D,0(ET)} \quad , \quad g_{D,1} = 4 g_{D,1(ET)} \tag{25.28}$$

Damit kann man die Y-Matrix des Ringmischers aufstellen und alle weiteren Größen mit den Gleichungen (25.13)–(25.17) des Eintaktmischers berechnen.

Der maximale verfügbare Leistungsgewinn *MAG* ist genauso groß wie bei einem Eintakt- oder Gegentaktmischer mit gleicher LO-Amplitude, da hier gemäß (25.17) nur das Verhältnis von $g_{D,1}$ und $g_{D,0}$ eingeht; der zugehörige Wellenwiderstand ist jedoch um den Faktor 4 geringer, siehe (25.16):

$$Z_{W,M} = \frac{1}{4} Z_{W,M(ET)} \tag{25.29}$$

Der Mischgewinn $G_{M(50)}$ in einem 50 Ω-System verläuft ähnlich wie einem Eintakt- oder Gegentaktmischer; Abb. 25.29 auf Seite 1421 zeigt einen Vergleich von Mischern mit Schottky-Dioden des Typs BAS40. Das Maximum von $G_{M(50)}$ liegt bei einem Ringmischer immer etwas höher als bei einem Eintakt- oder Gegentaktmischer und wird bei einer geringeren LO-Amplitude erreicht.

25.3.4 Breitbandiger Betrieb

Mischer werden häufig in der in Abb. 25.34 gezeigten Anordnung betrieben. Das ZF- und das HF-Filter sind in diesem Fall durch Verstärker vom Mischer getrennt. Die störenden Anteile in den Kleinsignalströmen am Eingang und am Ausgang des Mischers werden nun nicht mehr durch die Filter kurzgeschlossen, sondern wirken sich entsprechend den Impedanzen $Z_{ZF}(s)$ und $Z_{HF}(s)$ der Verstärker aus. Das gilt vor allem für den Anteil bei der Spiegelfrequenz $f_{HF,Sp}$, der genauso groß ist wie der Anteil bei der HF-Frequenz f_{HF}; er wird, wie alle anderen Störanteile auch, vom HF-Verstärker in Abb. 25.34 verstärkt und erst im nachfolgenden HF-Filter unterdrückt.

Das Kleinsignalverhalten des Mischers hängt von den Werten der Impedanzen $Z_{ZF}(s)$ und $Z_{HF}(s)$ bei allen beteiligten Frequenzen ab und kann im allgemeinen nur noch mit Hilfe numerischer Methoden oder einer Schaltungssimulation ermittelt werden. Man spricht in diesem Zusammenhang von einem *breitbandigen Betrieb* des Mischers.

Wir betrachten im folgenden zunächst den in der Praxis häufigen Fall, bei dem die Spiegelfrequenz berücksichtigt werden muss, alle weiteren Frequenzen aber nach wie vor kurzgeschlossen sind. Diesen Fall kann man noch geschlossen behandeln. Anschließend

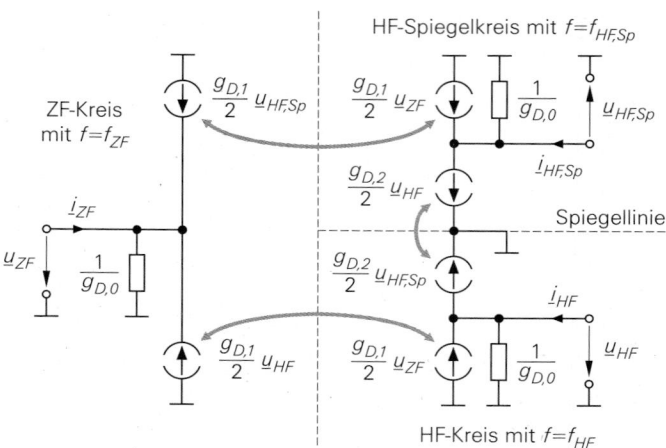

Abb. 25.35. Kleinsignalersatzschaltbild eines Mischers bei Breitbandbetrieb mit kurzgeschlossenen Oberwellen bei $nf_{LO} \pm f_{ZF}$ für $n > 1$

beschreiben wir den allgemeinen Fall und zeigen, wie Mischer in Schaltungssimulatoren berechnet werden.

25.3.4.1 Kleinsignalverhalten

Nimmt man an, dass die Beträge der Impedanzen $Z_{ZF}(s)$ und $Z_{HF}(s)$ bei Vielfachen der LO-Frequenz vernachlässigbar klein sind, werden von den in (25.26) genannten Anteilen nur die Anteile bei der ZF-Frequenz f_{ZF}, der HF-Frequenz f_{HF} und der Spiegelfrequenz $f_{HF,Sp}$ wirksam. Berechnet man diese Anteile, indem man anstelle der HF-Spannung $u_{HF}(t)$ die Summe $u_{HF}(t) + u_{HF,Sp}(t)$ einsetzt, erhält man die Y-Matrix

$$
\begin{bmatrix} i_{ZF} \\ i_{HF} \\ i_{HF,Sp} \end{bmatrix} = \begin{bmatrix} g_{D,0} & -\dfrac{g_{D,1}}{2} & -\dfrac{g_{D,1}}{2} \\ -\dfrac{g_{D,1}}{2} & g_{D,0} & \dfrac{g_{D,2}}{2} \\ -\dfrac{g_{D,1}}{2} & \dfrac{g_{D,2}}{2} & g_{D,0} \end{bmatrix} \begin{bmatrix} u_{ZF} \\ u_{HF} \\ u_{HF,Sp} \end{bmatrix} \tag{25.30}
$$

und das Kleinsignalersatzschaltbild in Abb. 25.35. Dabei tritt eine Verkopplung der Anteile bei der HF-Frequenz und der Spiegelfrequenz über den Fourier-Koeffizienten $g_{D,2}$ des Kleinsignalleitwerts $g_D(t)$ auf. Dieser Anteil kommt dadurch zustande, dass man bei der Multiplikation

$$
g_{D,2} \cos 2\omega_{LO} t \cdot \cos \omega_{HF} t = g_{D,2} \cos 2\omega_{LO} t \cdot \cos(\omega_{LO} + \omega_{ZF})t
$$

einen Anteil

$$
\frac{g_{D,2}}{2} \cos(2\omega_{LO} - \omega_{LO} - \omega_{ZF})t = \frac{g_{D,2}}{2} \cos(\omega_{LO} - \omega_{ZF})t = \frac{g_{D,2}}{2} \cos \omega_{HF,Sp} t
$$

bei der Spiegelfrequenz erhält. Dieser Anteil wird bei schmalbandigem Betrieb durch das HF-Filter kurzgeschlossen; setzt man $u_{HF,Sp} = 0$ ein und berücksichtigt, dass der Strom $i_{HF,Sp}$ in diesem Fall nicht von Interesse ist, reduziert sich (25.30) auf (25.27).

Man beachte, dass das Kleinsignalersatzschaltbild in Abb. 25.35 nur deshalb zwei HF-Anschlüsse aufweist, weil wir die Anteile bei der HF-Frequenz und der Spiegelfrequenz

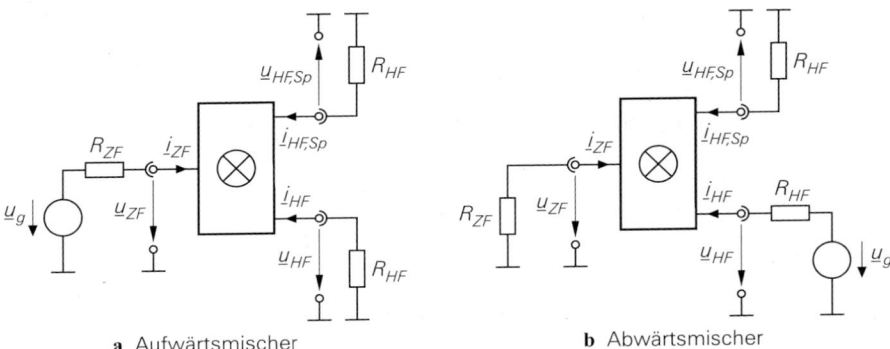

a Aufwärtsmischer **b** Abwärtsmischer

Abb. 25.36. Kleinsignalersatzschaltbilder zur Berechnung der Kenngrößen eines Mischers bei Breitbandbetrieb mit kurzgeschlossenen Oberwellen bei $nf_{LO} \pm f_{ZF}$ für $n > 1$

getrennt dargestellt haben. Der reale Mischer hat nach wie vor nur einen HF-Anschluss. Für die weitere Rechnung nehmen wir folgendes an:

– Die Impedanzen bei der HF- und der Spiegelfrequenz sind gleich und alle Impedanzen sind reell:

$$Z_{ZF}(2j\pi f_{ZF}) = R_{ZF} \quad , \quad Z_{HF}(2j\pi f_{HF}) = Z_{HF}(2j\pi f_{HF,Sp}) = R_{HF}$$

– Der ZF-Kreis ist von den beiden HF-Kreisen entkoppelt. Diese Entkopplung ist bei einem Ringmischer unabhängig von der Beschaltung immer gegeben; dagegen muss man bei einem Eintakt- oder Gegentaktmischer zusätzlich

$$Z_{ZF}(2j\pi f_{HF}) = Z_{ZF}(2j\pi f_{HF,Sp}) = 0 \quad , \quad Z_{HF}(2j\pi f_{ZF}) = 0$$

fordern.

– Der LO-Kreis ist von den anderen Kreisen entkoppelt. Diese Entkopplung ist bei einem Gegentakt- oder Ringmischer unabhängig von der Beschaltung immer gegeben; dagegen muss man bei einem Eintaktmischer zusätzlich

$$Z_{ZF}(2j\pi f_{LO}) = 0 \quad , \quad Z_{HF}(2j\pi f_{LO}) = 0$$

fordern.

Mit diesen Annahmen erhält man die in Abb. 25.36 gezeigten Kleinsignalersatzschaltbilder für den Betrieb als Aufwärts- und als Abwärtsmischer. Der Aufwärtsmischer in Abb. 25.36a ist symmetrisch; daraus folgt $\underline{u}_{HF} = \underline{u}_{HF,Sp}$ und $\underline{i}_{HF} = \underline{i}_{HF,Sp}$. Mit den normierten Leitwerten

$$g_1 = \frac{g_{D,1}}{2g_{D,0}} \quad , \quad g_2 = \frac{g_{D,2}}{2g_{D,0}} \quad , \quad g_{ZF} = \frac{1}{R_{ZF}g_{D,0}} \quad , \quad g_{HF} = \frac{1}{R_{HF}g_{D,0}} \tag{25.31}$$

und

$$\underline{i}_{HF} = -\frac{\underline{u}_{HF}}{R_{HF}} = -g_{HF}\,g_{D,0}\,\underline{u}_{HF}$$

folgt aus (25.30) für den Aufwärtsmischer:

$$\begin{bmatrix} \underline{i}_{ZF} \\ 0 \end{bmatrix} = g_{D,0} \begin{bmatrix} 1 & -2g_1 \\ -g_1 & 1+g_2+g_{HF} \end{bmatrix} \begin{bmatrix} \underline{u}_{ZF} \\ \underline{u}_{HF} \end{bmatrix} \tag{25.32}$$

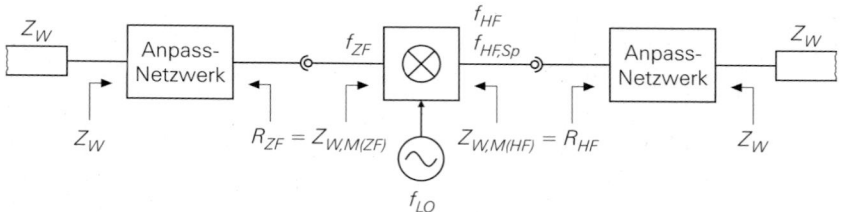

Abb. 25.37. Anpassung eines Breitbandmischers

Entsprechend folgt mit

$$\underline{i}_{ZF} = -\frac{\underline{u}_{ZF}}{R_{ZF}} = -g_{ZF}\, g_{D,0}\,\underline{u}_{ZF} \quad , \quad \underline{i}_{HF,Sp} = -\frac{\underline{u}_{HF,Sp}}{R_{HF}} = -g_{HF}\, g_{D,0}\,\underline{u}_{HF,Sp}$$

für den Abwärtsmischer:

$$\begin{bmatrix} 0 \\ \underline{i}_{HF} \\ 0 \end{bmatrix} = g_{D,0} \begin{bmatrix} 1+g_{ZF} & -g_1 & -g_1 \\ -g_1 & 1 & g_2 \\ -g_1 & g_2 & 1+g_{HF} \end{bmatrix} \begin{bmatrix} \underline{u}_{ZF} \\ \underline{u}_{HF} \\ \underline{u}_{HF,Sp} \end{bmatrix} \tag{25.33}$$

25.3.4.2 Anpassung

Aus (25.32) erhält man die Eingangsimpedanz

$$Z_{W,M(ZF)} = \frac{\underline{u}_{ZF}}{\underline{i}_{ZF}} = \frac{1}{g_{D,0}} \frac{1+g_2+g_{HF}}{1-2g_1^2+g_2+g_{HF}} \tag{25.34}$$

am ZF-Anschluss und aus (25.33) die Eingangsimpedanz

$$Z_{W,M(HF)} = \frac{\underline{u}_{HF}}{\underline{i}_{HF}} = \frac{1}{g_{D,0}} \frac{(1+g_{ZF})(1+g_{HF})-g_1^2}{(1+g_{ZF})(1-g_2^2+g_{HF})-g_1^2(2-2g_2+g_{HF})} \tag{25.35}$$

am HF-Anschluss. Damit beidseitige Anpassung vorliegt, müssen die Bedingungen

$$Z_{W,M(ZF)} \stackrel{!}{=} R_{ZF} = \frac{1}{g_{ZF}\, g_{D,0}} \tag{25.36}$$

$$Z_{W,M(HF)} \stackrel{!}{=} R_{HF} = \frac{1}{g_{HF}\, g_{D,0}} \tag{25.37}$$

erfüllt werden, d.h. die normierten Leitwerte g_{ZF} und g_{HF} müssen entsprechend gewählt werden. Gleichzeitig sollten die zugehörigen Impedanzen R_{ZF} und R_{HF} möglichst gut mit dem Wellenwiderstand Z_W der verwendeten Leitungen übereinstimmen, damit die Transformationsfaktoren der in Abb. 25.37 gezeigten Anpassnetzwerke klein bleiben oder auf eine Anpassung verzichtet werden kann.

Aus der ZF-Eingangsimpedanz nach (25.34) und der Anpassungsbedingung (25.36) erhält man den Zusammenhang zwischen g_{ZF} und g_{HF} bei ZF-Anpassung:

$$g_{ZF} = 1 - \frac{2g_1^2}{1+g_2+g_{HF}}$$

Man ermittelt nun für verschiedene LO-Amplituden $\hat{u}_{LO}$ die Parameter $g_{D,0}$, g_1 und g_2 und daraus den Wert für g_{HF}, für den die HF-Eingangsimpedanz nach (25.35) die Anpassungsbedingung (25.37) erfüllt; dazu verwendet man entweder ein Mathematikprogramm oder den Optimierer eines Schaltungssimulators. Anschließend wählt man die LO-Amplitude aus, für die die Impedanzen R_{ZF} und R_{HF} am besten mit dem Wellenwiderstand Z_W übereinstimmen. Man kann $R_{ZF} = Z_W$ oder $R_{HF} = Z_W$ wählen und dadurch eines der beiden in Abb. 25.37 gezeigten Anpassnetzwerke einsparen. In der Praxis wird häufig auf eine Anpassung verzichtet; man minimiert dann die Fehlanpassung an den beiden Anschlüssen.

25.3.4.3 Mischgewinn

Aus Abb. 25.36a entnimmt man:

$$ \underline{i}_{ZF} = \frac{\underline{u}_g - \underline{u}_{ZF}}{R_{ZF}} = (\underline{u}_g - \underline{u}_{ZF}) \, g_{D,0} \, g_{ZF} $$

Setzt man diesen Zusammenhang in (25.32) ein, erhält man die *Betriebsverstärkung*

$$ A_B = \frac{\underline{u}_{HF}}{\underline{u}_g} = \frac{g_1 g_{ZF}}{(1 + g_{ZF})(1 + g_2 + g_{HF}) - 2g_1^2} $$

und daraus mit (24.33) auf Seite 1376 den *Mischgewinn* G_M bei Breitbandbetrieb:

$$ G_M = A_B^2 \frac{4R_g}{R_L} = A_B^2 \frac{4R_{ZF}}{R_{HF}} = \frac{4g_1^2 g_{ZF} g_{HF}}{\Big((1 + g_{ZF})(1 + g_2 + g_{HF}) - 2g_1\Big)^2} $$

Dabei ist $R_g = R_{ZF}$ der Innenwiderstand der Quelle und $R_L = R_{HF}$ der Lastwiderstand, siehe Abb. 25.36a. Nach Entnormierung erhält man:

$$ \boxed{ G_M = \frac{g_{D,1}^2 R_{ZF} R_{HF}}{\left[(1 + g_{D,0} R_{ZF}) \left(1 + \left(g_{D,0} + \frac{g_{D,2}}{2}\right) R_{HF}\right) - \frac{1}{2} g_{D,1}^2 R_{ZF} R_{HF} \right]^2} } \tag{25.38} $$

Daraus folgt mit $R_{ZF} = R_{HF} = Z_W$ der Mischgewinn ohne Anpassung und mit $R_{ZF} = Z_{W,M(ZF)}$ und $R_{HF} = Z_{W,M(HF)}$ der maximale verfügbare Leistungsgewinn *MAG*.

Wir haben den Mischgewinn für den Aufwärtsmischer in Abb. 25.36a berechnet. Da Diodenmischer passive Netzwerke und damit reziprok sind, ist der Mischgewinn für den Abwärtsmischer in Abb. 25.36b identisch. Der rechnerische Beweis ist umfangreich, da man bei der Berechnung des Mischgewinns für den Abwärtsmischer mit Hilfe von (25.33) einen Ausdruck erhält, der nur aufwendig in (25.38) überführt werden kann.

Vergleicht man den Mischgewinn bei Breitbandbetrieb gemäß (25.38) mit dem Mischgewinn bei Schmalbandbetrieb gemäß (25.14) auf Seite 1415, fällt auf, dass die Ausdrücke im Zähler gleich sind. Bei Breitbandbetrieb ergeben sich im Nenner zwei Änderungen: der Leitwert $g_{D,2}$ führt zu einer Abnahme des Mischgewinns, der geänderte Faktor vor dem rechten Term zu einer Zunahme. Im typischen Arbeitsbereich kompensieren sich die Einflüsse sehr gut, so dass in der Praxis häufig nicht zwischen den beiden Gewinnen unterschieden wird.

Beispiel: Wir haben einen Ringmischer mit vier Dioden des Typs BAS40 untersucht und die Kenngrößen bei breitbandigem Betrieb ermittelt, siehe Abb. 25.38. Abbildung 25.38a zeigt die Ströme einer einzelnen Diode in Abhängigkeit von der LO-Amplitude. Wir haben hier zusätzlich zu den bereits in Abb. 25.21a auf Seite 1411 dargestellten Kurven auch den Strom $\hat{i}_{D,2}$ dargestellt. Abbildung 25.38b zeigt die Leitwerte des Mischers; sie sind bei einem Ringmischer gemäß (25.28) um den Faktor 4 größer als die in Abb. 25.21d gezeigten Werte eines Eintaktmischers mit einer Diode. Durch Normierung gemäß (25.31) erhält

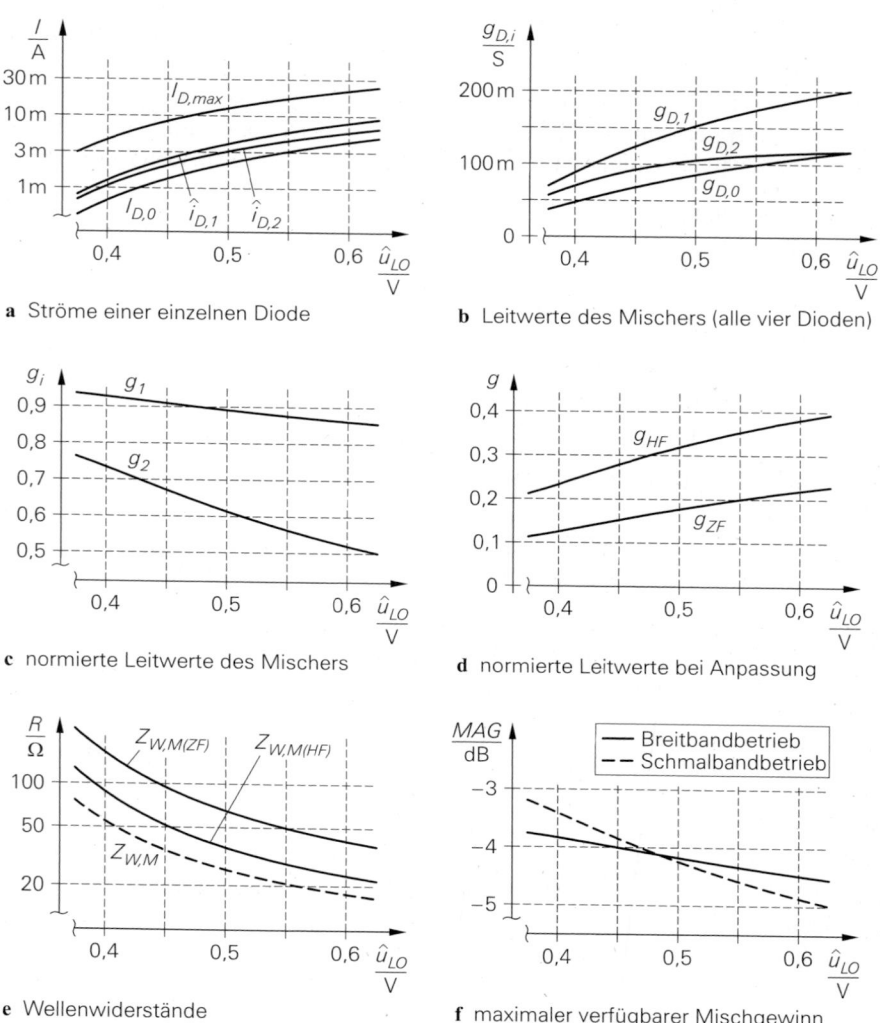

a Ströme einer einzelnen Diode

b Leitwerte des Mischers (alle vier Dioden)

c normierte Leitwerte des Mischers

d normierte Leitwerte bei Anpassung

e Wellenwiderstände

f maximaler verfügbarer Mischgewinn

Abb. 25.38. Kenngrößen eines Ringmischers mit Dioden des Typs BAS40 bei Breitbandbetrieb mit kurzgeschlossenen Oberwellen. Zum Vergleich sind der Wellenwiderstand Z_W und der maximale verfügbare Leistungsgewinn bei Schmalbandbetrieb dargestellt.

man die in Abb. 25.38c gezeigten normierten Leitwerte g_1 und g_2 des Mischers. Mit diesen Werten haben wir die Gleichungen (25.34)–(25.37) mit einem Mathematikprogramm ausgewertet und die in Abb. 25.38d gezeigten normierten Leitwerte g_{ZF} und g_{HF} bei beidseitiger Anpassung ermittelt. Daraus erhält man durch Entnormierung mit (25.31) die in Abb. 25.38e dargestellten Wellenwiderstände $Z_{W,M(ZF)}$ und $Z_{W,M(HF)}$. Zum Vergleich ist der Wellenwiderstand Z_W bei Schmalbandbetrieb gemäß (25.16) dargestellt. Abschließend haben wir die maximalen verfügbaren Leistungsgewinne für beide Betriebsarten mit (25.17) und (25.38) ermittelt und durch Simulationen mit *PSpice* verifiziert; Abb. 25.38f zeigt die Ergebnisse.

Man erkennt, dass die Wellenwiderstände $Z_{W,M(ZF)}$ und $Z_{W,M(HF)}$ für eine LO-Amplitude $\hat{u}_{LO} = 0,5\,\text{V}$ nahe am typischen Wellenwiderstand $Z_W = 50\,\Omega$ liegen. Für diese LO-Amplitude gilt $g_{D,0} = 86,4\,\text{mS}$, $g_{D,1} = 154\,\text{mS}$ und $g_{D,2} = 106\,\text{mS}$; daraus folgt $g_1 = 0,891$ und $g_2 = 0,613$. Mit diesen Werten erhält man die normierten Leitwerte $g_{ZF} = 0,177$ und $g_{HF} = 0,319$ bei beidseitiger Anpassung und daraus die Wellenwiderstände:

$$Z_{W,M(ZF)} = \frac{1}{g_{ZF}g_{D,0}} \approx 65\,\Omega \quad , \quad Z_{W,M(HF)} = \frac{1}{g_{HF}g_{D,0}} \approx 36\,\Omega$$

Der maximale verfügbare Leistungsgewinn beträgt $MAG \approx -4,2\,\text{dB}$ und ist damit etwas größer als der maximale verfügbare Leistungsgewinn bei Schmalbandbetrieb. Wir verzichten auf eine Anpassung und betreiben den Mischer mit $R_{ZF} = R_{HF} = 50\,\Omega$; für diesen Fall beträgt der Mischgewinn gemäß (25.38) $G_M \approx 0,36 = -4,4\,\text{dB}$. Eine Anpassung lohnt also nicht.

25.3.4.4 Allgemeiner Fall

Im allgemeinen Fall erhält man eine $m \times m$-Y-Matrix, in die *alle* Fourier-Koeffizienten $g_{D,n}$ des Leitwerts $g_D(t)$ eingehen. Wir betrachten im folgenden einen Abwärtsmischer und nehmen an, dass das Empfangssignal im oberen Seitenband liegt, d.h. es gilt $f_{HF} = f_{LO} + f_{ZF}$.

Da man bei allgemeinem Breitbandbetrieb auf eine Entkopplung der Kreise durch separate Filter verzichtet, eine Entkopplung des LO-Kreises aber auf jeden Fall erforderlich ist, damit sich die Impedanzen $Z_{ZF}(s)$ und $Z_{HF}(s)$ nicht auf den LO-Kreis und den Leitwert $g_D(t)$ auswirken, werden in der Praxis ausschließlich Gegentakt- und Ringmischer verwendet, die diese Entkopplung inhärent besitzen.

Bei einem Abwärtsmischer werden alle Frequenzen $f = nf_{LO} \pm f_{ZF}$ auf die ZF-Frequenz f_{ZF} umgesetzt. Wir verwenden im folgenden Indices der Form $(n, \pm 1)$ für die Größen bei den *Port-Frequenzen* $f = nf_{LO} \pm f_{ZF}$; dabei entspricht $(0,1)$ der ZF-Frequenz, $(1, +1)$ der HF-Frequenz und $(1, -1)$ der Spiegelfrequenz.

Für die Y-Matrix eines Diodenmischers gilt

$$\begin{bmatrix} \underline{i}_{(0,1)} \\ \underline{i}_{(1,+1)} \\ \underline{i}_{(1,-1)} \\ \underline{i}_{(2,+1)} \\ \underline{i}_{(2,-1)} \\ \underline{i}_{(3,+1)} \\ \underline{i}_{(3,-1)} \\ \vdots \end{bmatrix} = g_{D,0} \begin{bmatrix} 1 & -g_1 & -g_1 & -g_2 & -g_2 & -g_3 & -g_3 & \cdots \\ -g_1 & 1 & g_2 & g_1 & g_3 & g_2 & g_4 & \\ -g_1 & g_2 & 1 & g_3 & g_1 & g_4 & g_2 & \\ -g_2 & g_1 & g_3 & 1 & g_4 & g_1 & g_5 & \\ -g_2 & g_3 & g_1 & g_4 & 1 & g_5 & g_1 & \\ -g_3 & g_2 & g_4 & g_1 & g_5 & 1 & g_6 & \\ -g_3 & g_4 & g_2 & g_5 & g_1 & g_6 & 1 & \\ \vdots & & & & & & & \ddots \end{bmatrix} \begin{bmatrix} \underline{u}_{(0,1)} \\ \underline{u}_{(1,+1)} \\ \underline{u}_{(1,-1)} \\ \underline{u}_{(2,+1)} \\ \underline{u}_{(2,-1)} \\ \underline{u}_{(3,+1)} \\ \underline{u}_{(3,-1)} \\ \vdots \end{bmatrix}$$

mit den normierten Fourier-Koeffizienten:

$$g_1 = \frac{g_{D,1}}{2g_{D,0}} \quad , \quad g_2 = \frac{g_{D,2}}{2g_{D,0}} \quad , \quad g_3 = \frac{g_{D,3}}{2g_{D,0}} \quad , \quad g_4 = \frac{g_{D,4}}{2g_{D,0}} \quad , \quad \cdots$$

Die Y-Matrix beschreibt ein Vieltor, dessen Anschlüsse als *Ports* bezeichnet werden. In der normierten Y-Matrix sind Strom und Spannung am selben Port über den Faktor 1 verknüpft; die weiteren Verknüpfungen lauten:

$$\underline{i}_{(0,1)} \overset{-g_n}{\longleftrightarrow} \underline{u}_{(n,\pm1)} \quad , \quad \underline{i}_{(m,\pm1)} \overset{g_{|m-n|}}{\longleftrightarrow} \underline{u}_{(n,\pm1)} \quad , \quad \underline{i}_{(m,\pm1)} \overset{g_{m+n}}{\longleftrightarrow} \underline{u}_{(n,\mp1)}$$

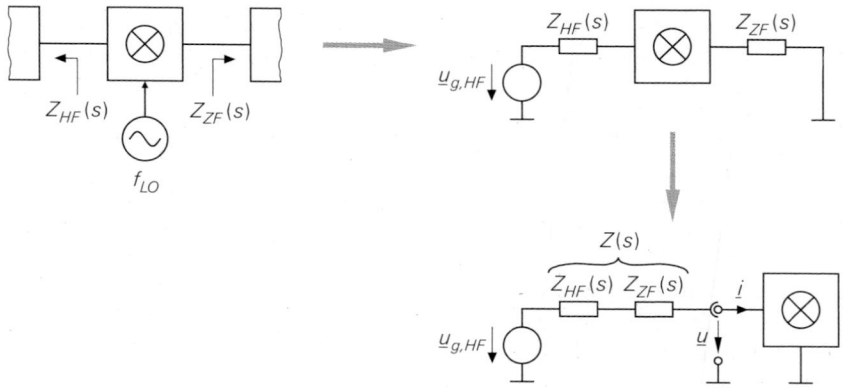

Abb. 25.39. Impedanzen bei einem Breitband-Gegentaktmischer.

In unserem Fall dient der ZF-Port $(0, 1)$ als Ausgang und der HF-Port $(1, +1)$ als Eingang.

Alle Ports sind mit äußeren *Port-Impedanzen* beschaltet, die sich aus den Impedanzen $Z_{HF}(s)$ und $Z_{ZF}(s)$ im ZF- und im HF-Kreis ergeben. Gegentakt- und Ringmischer verhalten sich in diesem Zusammenhang unterschiedlich und müssen getrennt untersucht werden.

25.3.4.4.1 Breitband-Gegentaktmischer

Abbildung 25.39 verdeutlicht die Schritte zur Bestimmung der Port-Impedanzen eines Gegentaktmischers; dabei gehen wir zunächst von der allgemeinen Darstellung zum Kleinsignalersatzschaltbild über und verschieben anschließend die Elemente. Die Port-Impedanzen entsprechen der Impedanz $Z(s) = Z_{HF}(s) + Z_{ZF}(s)$ bei der jeweiligen Port-Frequenz:

$$
\begin{aligned}
Z_{(0,1)} &= Z(j2\pi f_{ZF}) &&= Z_{HF}(j2\pi f_{ZF}) + Z_{ZF}(j2\pi f_{ZF}) \\
Z_{(1,+1)} &= Z(j2\pi(f_{LO} + f_{ZF})) &&= Z_{HF}(j2\pi(f_{LO} + f_{ZF})) + Z_{ZF}(j2\pi(f_{LO} + f_{ZF})) \\
Z_{(1,-1)} &= Z(j2\pi(f_{LO} - f_{ZF})) &&= Z_{HF}(j2\pi(f_{LO} - f_{ZF})) + Z_{ZF}(j2\pi(f_{LO} - f_{ZF})) \\
&\;\;\vdots
\end{aligned}
$$

Damit erhalten wir das in Abb. 25.40 gezeigte Kleinsignalersatzschaltbild; dabei haben wir den ZF-Port auf der rechten Seite und alle anderen Ports auf der linken Seite dargestellt. Die Spannungsquelle $u_{g,HF}$ erscheint nur am HF-Port, da sie nur ein Signal bei der HF-Frequenz liefert. Am HF- und am ZF-Port haben wir die Anteile der Port-Impedanzen getrennt dargestellt, damit man die Auswirkungen der Verkopplung des HF- und des ZF-Kreises auf die Port-Impedanzen explizit erkennen kann. Mit

$$
Z_{ZF}(j2\pi f_{HF}) = Z_{HF}(j2\pi f_{ZF}) = 0
$$

sind die Kreise entkoppelt. Schließt man zusätzlich alle anderen Ports kurz, erhält man den Schmalbandbetrieb.

Wir können nun die Kenngrößen des Mischers bestimmen, indem wir die Y-Matrix zusammen mit den Port-Gleichungen

$$
\underline{i}_{(0,1)} = -\frac{\underline{u}_{(0,1)}}{Z_{(0,1)}} \;,\quad \underline{i}_{(1,+1)} = \frac{\underline{u}_{g,HF} - \underline{u}_{(1,+1)}}{Z_{(1,+1)}} \;,\quad \underline{i}_{(1,-1)} = -\frac{\underline{u}_{(1,-1)}}{Z_{(1,-1)}} \;,\quad \dots
$$

auswerten. Das resultierende lineare Gleichungssystem

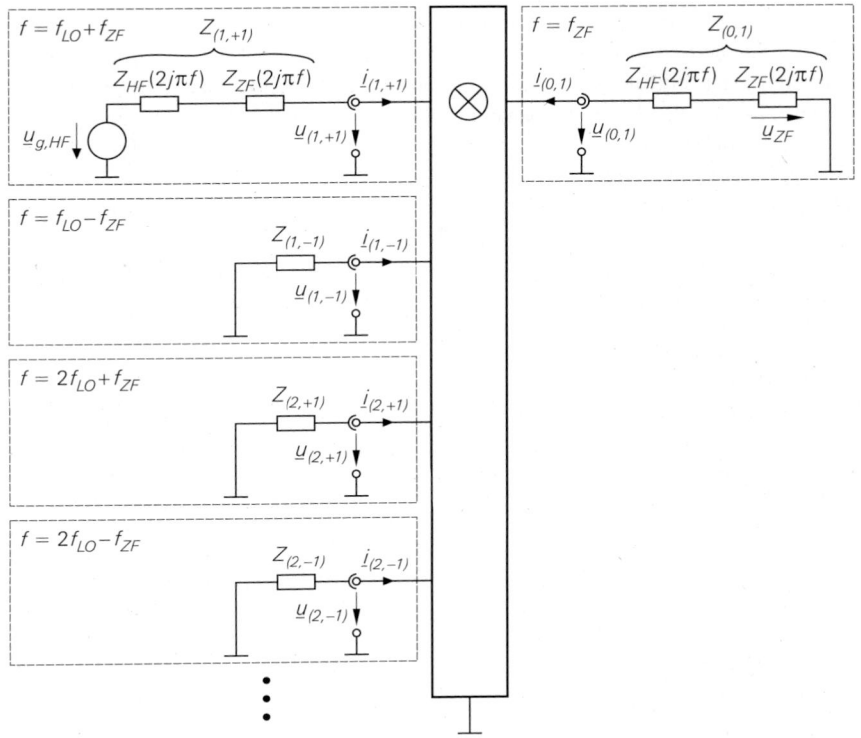

Abb. 25.40. Kleinsignalersatzschaltbild zur Berechnung der Kenngrößen eines Breitband-Gegen-taktmischers

$$
\underline{u}_{g,HF}
\begin{bmatrix} 0 \\ \underline{y}_{(1,+1)} \\ 0 \\ \vdots \end{bmatrix}
=
\begin{bmatrix}
1 + y_{(0,1)} & -g_1 & -g_1 & \cdots \\
-g_1 & 1 + y_{(1,+1)} & g_2 & \\
-g_1 & g_2 & 1 + y_{(1,-1)} & \\
\vdots & & & \ddots
\end{bmatrix}
\begin{bmatrix} \underline{u}_{(0,1)} \\ \underline{u}_{(1,+1)} \\ \underline{u}_{(1,-1)} \\ \vdots \end{bmatrix}
$$

mit den normierten Port-Admittanzen

$$
y_{(0,1)} = \frac{1}{Z_{(0,1)}\, g_{D,0}} \quad , \quad y_{(n,\pm 1)} = \frac{1}{Z_{(n,\pm 1)}\, g_{D,0}} \quad \text{für } n \geq 1
$$

wird numerisch gelöst [4]; damit erhält man alle Spannungen, durch Einsetzen der Spannungen in die Port-Gleichungen alle Ströme und daraus alle weiteren Kenngrößen. Für die ZF-Spannung entnehmen wir aus Abb. 25.40:

$$
\underline{u}_{ZF} = -\underline{i}_{(0,1)} Z_{ZF}(j2\pi f_{ZF}) = \underline{u}_{(0,1)} \frac{Z_{ZF}(j2\pi f_{ZF})}{Z_{ZF}(j2\pi f_{ZF}) + Z_{HF}(j2\pi f_{ZF})}
$$

---

[4] Gleichungssysteme der Form $b = Ax$ mit einem gegebenen Vektor b, einer gegebenen Matrix A und einem gesuchten Vektor x löst man durch Invertieren der Matrix: $x = A^{-1}b$. In numerischen Mathematikprogrammen wie z.B. *MathWorks MATLAB* oder *GNU Octave* verwendet man dazu den Befehl x=inv(A)*b.

Wenn ein Port kurzgeschlossen ist, wird die entsprechende Spannung zu Null; dadurch entfällt die zugehörige Spalte in der Y-Matrix. Da in diesem Fall der zugehörige Strom nicht von Interesse ist, entfällt auch die zugehörige Zeile. Schließt man alle Ports mit Ausnahme des ZF- und des HF-Ports kurz, reduziert sich die Y-Matrix auf die 2 × 2-Y-Matrix bei Schmalbandbetrieb. Wenn ein Port offen ist, wird der entsprechende Strom zu Null; in diesem Fall ergibt sich keine Reduktion der Y-Matrix.

Wir stellen fest, dass die allgemeine Berechnung der Kleinsignal-Kenngrößen eines Diodenmischers auf ein lineares Gleichungssystem führt, das nicht geschlossen ausgewertet werden kann und auch keine anschaulichen Schlüsse zulässt, das aber sehr leicht numerisch ausgewertet werden kann; deshalb werden Mischer in der Praxis üblicherweise mit Hilfe von numerischen Optimierungsverfahren dimensioniert.

25.3.4.4.2 Breitband-Ringmischer

Beim Ringmischer sind der HF- und der ZF-Anschluss entkoppelt. An den Anschlüssen treten nach (25.26) nur die folgenden Anteile auf:

$$\text{HF-Anschluss}: \quad f_{LO} + f_{ZF}, \ f_{LO} - f_{ZF}, \ 3f_{LO} \pm f_{ZF}, \ 5f_{LO} \pm f_{ZF}, \ \ldots$$

$$\text{ZF-Anschluss}: \quad f_{ZF}, \ 2f_{LO} \pm f_{ZF}, \ 4f_{LO} \pm f_{ZF}, \ 6f_{LO} \pm f_{ZF}, \ \ldots$$

Aufgrund der Entkopplung wird an den entsprechenden Ports nur die HF-Impedanz $Z_{HF}(s)$ oder nur die ZF-Impedanz $Z_{ZF}(s)$ wirksam; daraus folgt für die Port-Impedanzen:

$$Z_{(0,1)} = Z_{ZF}(j2\pi f_{ZF})$$

$$Z_{(n,\pm 1)} = \begin{cases} Z_{HF}(j2\pi(nf_{LO} \pm f_{ZF})) & \text{für } n = 1,3,5,7,\ldots \\ Z_{ZF}(j2\pi(nf_{LO} \pm f_{ZF})) & \text{für } n = 2,4,6,8,\ldots \end{cases}$$

Abbildung 25.41 zeigt das zugehörige Kleinsignalersatzschaltbild. Da man nun die Ports den Anschlüssen zuordnen kann, haben wir die zum HF-Anschluss gehörenden Ports links und die zum ZF-Anschluss gehörenden Ports rechts dargestellt.

Die Port-Gleichungen und das resultierende lineare Gleichungssystem bleiben unverändert; man muss nur die Port-Impedanzen und die Fourier-Koeffizienten $g_{D,n}$ des Ringmischers einsetzen. Am ZF-Port tritt nun keine Spannungsteilung mehr auf und wir erhalten:

$$\underline{u}_{ZF} = \underline{u}_{(0,1)} = -\underline{i}_{(0,1)} Z_{ZF}(j2\pi f_{ZF})$$

Beispiel: Der Mischgewinn eines Ringmischers wird in der Praxis üblicherweise mit breitbandigen 50 Ω-Abschlüssen am HF- und am ZF-Anschluss gemessen; dann gilt:

$$Z_{HF}(s) = Z_{ZF}(s) = Z_{(0,1)} = Z_{(1,+1)} = Z_{(1,-1)} = \cdots = Z_W = 50\,\Omega$$

Aus der verfügbaren Leistung

$$P_{A,g} = \frac{|\underline{u}_{g,HF}|^2}{4Z_W}$$

des HF-Signalgenerators und der Leistung

$$P_L = \frac{|\underline{u}_{ZF}|^2}{Z_W}$$

am ZF-Ausgang erhält man den zugehörigen Mischgewinn $G_{M(50)}$:

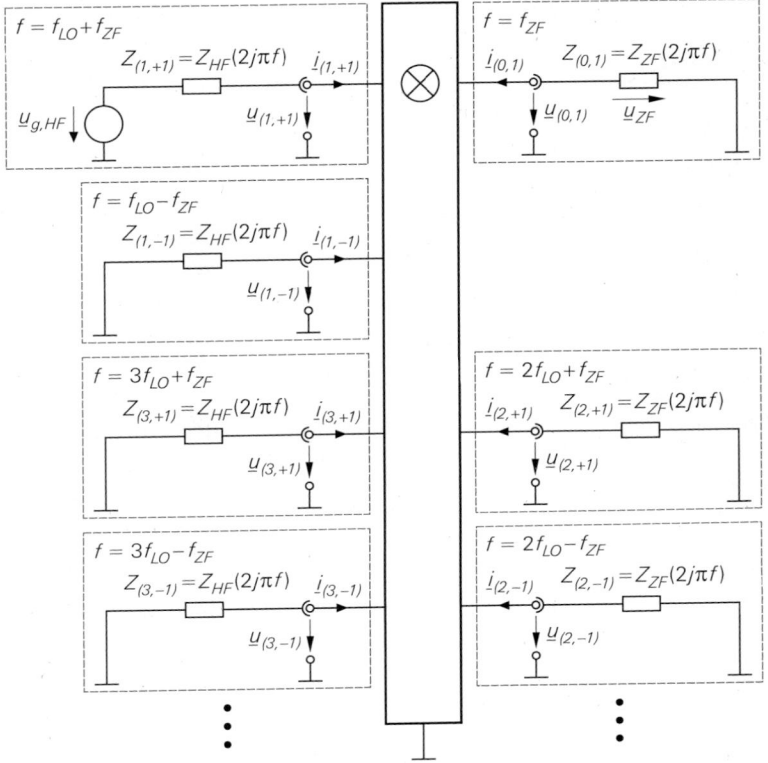

Abb. 25.41. Kleinsignalersatzschaltbild zur Berechnung der Kenngrößen eines Breitband-Ring-mischers

$$G_{M(50)} = \frac{P_L}{P_{A,g}} = \frac{4\,|\underline{u}_{ZF}|^2}{|\underline{u}_{g,HF}|^2} \;\Rightarrow\; G_{M(50)}\,[\mathrm{dB}] = 20\log\left|\frac{\underline{u}_{ZF}}{\underline{u}_{g,HF}}\right| + 6\,\mathrm{dB}$$

Wir haben den Mischgewinn eines Ringmischers mit Dioden des Typs BAS40 für diesen *echten* Breitbandbetrieb numerisch bestimmt und mit dem Mischgewinn bei Breitband-betrieb mit kurzgeschlossenen Oberwellen und dem Mischgewinn bei Schmalbandbetrieb verglichen. Abbildung 25.42 zeigt die Ergebnisse.

Zur Verdeutlichung geben wir noch Zahlenwerte für $\hat{u}_{LO} = 0{,}5\,\mathrm{V}$ an. Für die Dioden haben wir mit *PSpice* folgende Werte ermittelt:

n	0	1	2	3	4	5	6
$g_{D,n}$ [mS]	86,4	154	106	48,9	3,1	−19,4	−19,9
g_n	—	0,891	0,614	0,283	0,018	−0,112	−0,115

Für die normierten Port-Admittanzen gilt:

$$y_{(0,1)} = y_{(1,+1)} = y_{(1,-1)} = \cdots = \frac{1}{Z_W g_{D,0}} = 0{,}231$$

Wir beschränken uns hier auf die ersten drei Oberwellen und erhalten damit das lineare Gleichungssystem

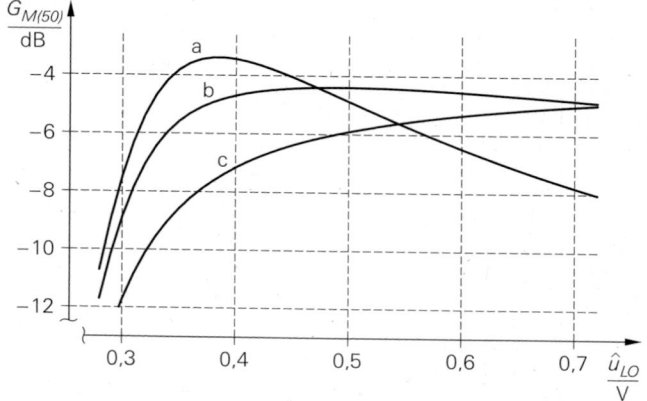

Abb. 25.42. Mischgewinn $G_{M(50)}$ eines Ringmischers mit Dioden des Typs BAS40 bei (**a**) Schmalbandbetrieb, (**b**) Breitbandbetrieb mit kurzgeschlossenen Oberwellen und (**c**) Breitbandbetrieb

$$
\underline{u}_{g,HF}
\begin{bmatrix}
0 \\
0,231 \\
0 \\
0 \\
0 \\
0 \\
0
\end{bmatrix}
= Y_M
\begin{bmatrix}
\underline{u}_{(0,1)} \\
\underline{u}_{(1,+1)} \\
\underline{u}_{(1,-1)} \\
\underline{u}_{(2,+1)} \\
\underline{u}_{(2,-1)} \\
\underline{u}_{(3,+1)} \\
\underline{u}_{(3,-1)}
\end{bmatrix}
$$

mit:

$$
Y_M =
\begin{bmatrix}
1,231 & -0,891 & -0,891 & -0,614 & -0,614 & -0,283 & -0,283 \\
-0,891 & 1,231 & 0,614 & 0,891 & 0,283 & 0,614 & 0,018 \\
-0,891 & 0,614 & 1,231 & 0,283 & 0,891 & 0,018 & 0,614 \\
-0,614 & 0,891 & 0,283 & 1,231 & 0,018 & 0,891 & -0,112 \\
-0,614 & 0,283 & 0,891 & 0,018 & 1,231 & -0,112 & 0,891 \\
-0,283 & 0,614 & 0,018 & 0,891 & -0,112 & 1,231 & -0,115 \\
-0,283 & 0,018 & 0,614 & -0,112 & 0,891 & -0,115 & 1,231
\end{bmatrix}
$$

Die Lösung

$$
\begin{bmatrix}
\underline{u}_{(0,1)} \\
\underline{u}_{(1,+1)} \\
\underline{u}_{(1,-1)} \\
\underline{u}_{(2,+1)} \\
\underline{u}_{(2,-1)} \\
\underline{u}_{(3,+1)} \\
\underline{u}_{(3,-1)}
\end{bmatrix}
= \underline{u}_{g,HF}\, Y_M^{-1}
\begin{bmatrix}
0 \\
0,231 \\
0 \\
0 \\
0 \\
0 \\
0
\end{bmatrix}
= \underline{u}_{g,HF}
\begin{bmatrix}
0,270 \\
0,661 \\
-0,121 \\
-0,259 \\
0,016 \\
-0,070 \\
0,071
\end{bmatrix}
$$

haben wir mit einem Mathematikprogramm ermittelt. Daraus erhalten wir mit

$$
\underline{u}_{ZF} = \underline{u}_{(0,1)} = 0,27\,\underline{u}_{g,HF}
$$

den Mischgewinn $G_{M(50)} = 0,292 = -5,4\,\text{dB}$. Er ist etwas größer als der Wert in Abb. 25.42, da wir hier nur drei Oberwellen berücksichtigt haben. Bei der Simulation eines Mischers mit einem Schaltungssimulator muss der Nutzer angeben, wie viele Oberwellen berücksichtigt werden sollen; die Berechnung erfolgt dann auf die hier vorgestellte Weise.

25.3.4.5 Vergleich von Schmalband- und Breitbandbetrieb

Die Verläufe des Mischgewinns in Abb. 25.42 sind typisch für Diodenmischer. Bei Schmalbandbetrieb wird bereits bei geringer LO-Amplitude ein hoher Mischgewinn erzielt; eine weitere Erhöhung der LO-Amplitude führt zu einer deutlichen Abnahme. Der Breitbandbetrieb mit kurzgeschlossenen Oberwellen zeichnet sich üblicherweise durch ein sehr breites Maximum des Mischgewinns aus; Abweichungen der LO-Amplitude vom optimalen Wert sind unkritisch. Beim echten Breitbandbetrieb muss man eine erheblich größere LO-Amplitude wählen, um einen vergleichbaren Mischgewinn zu erzielen; diese Betriebsart spielt aber in der Praxis keine Rolle, da in typischen Sendern und Empfängern aufgrund der Filter und Anpassnetzwerke ohnehin keine breitbandigen Abschlüsse mit konstantem Wellenwiderstand vorliegen. Der Schmalbandbetrieb ist die bevorzugte Betriebsart.

In der Praxis sind die Anteile im Bereich der Oberwellen üblicherweise relativ gut kurzgeschlossen; wir bezeichnen deshalb den Breitbandbetrieb mit kurzgeschlossenen Oberwellen als *den* Breitbandbetrieb schlechthin. Der Anteil bei der Spiegelfrequenz ist mehr oder weniger gut kurzgeschlossen, so dass der praktische Betrieb zwischen dem Schmal- und dem Breitbandbetrieb liegt. Für die Grenzfälle halten wir fest:

- Die Wellenwiderstände $Z_{W,M(ZF)}$ und $Z_{W,M(HF)}$ für eine Leistungsanpassung am ZF- bzw. HF-Anschluss sind bei Breitbandbetrieb größer als bei Schmalbandbetrieb und nicht mehr gleich; typische Werte sind:

$$Z_{W,M(ZF)} \approx (2 \dots 3{,}5) \, Z_{W,M} \quad , \quad Z_{W,M(HF)} \approx (1{,}2 \dots 1{,}8) \, Z_{W,M}$$

Dabei ist $Z_{W,M}$ der Wellenwiderstand bei Schmalbandbetrieb, siehe (25.16). Der Wellenwiderstand $Z_{W,M(ZF)}$ am ZF-Anschluss ist demnach etwa um den Faktor zwei größer als der Wellenwiderstand $Z_{W,M(HF)}$ am HF-Anschluss.
- Der Mischgewinn G_M und der maximale verfügbare Leistungsgewinn MAG unterscheiden sich im typischen Arbeitsbereich nur wenig. Bei kleinen LO-Amplituden ist der MAG bei Schmalbandbetrieb größer, bei großen LO-Amplituden der MAG bei Breitbandbetrieb.
- Bei Breitbandbetrieb wird meist auf separate Anpassnetzwerke verzichtet. Man optimiert den Mischgewinn G_M durch eine geeignete Wahl der LO-Amplitude und – sofern möglich – der Übersetzungsverhältnisse der Übertrager.

25.3.5 Kenngrößen

Wir haben gesehen, dass man einen Diodenmischer mit Hilfe einer Y-Matrix beschreiben kann; dabei tritt die Frequenzumsetzung nicht mehr explizit in Erscheinung. Ein Mischer verhält sich demnach wie ein Verstärker, der *zusätzlich* eine Frequenzumsetzung bewirkt; deshalb gelten die im Abschnitt 24.4 beschriebenen Kenngrößen von HF-Verstärkern auch für Mischer. Bei der Berechnung des Mischgewinns G_M, der dem Übertragungsgewinn G_T eines Verstärkers entspricht, und des maximal verfügbaren Mischgewinns MAG haben wir diese Analogie bereits verwendet.

Auch die im Abschnitt 24.4.2 beschriebenen nichtlinearen Kenngrößen gelten für Mischer in gleicher Weise. Abbildung 25.43 zeigt als Beispiel die AM/AM-Kennlinie und die Intermodulationskennlinie eines Eintaktmischers mit einer Schottky-Diode des Typs BAS40 bei allseitiger Anpassung und einer LO-Leistung $P_{LO} = 1 \, \mathrm{mW} = 0 \, \mathrm{dBm}$.

Diodenmischer haben ein ausgezeichnetes Intermodulationsverhalten. Im Gegensatz zu Verstärkern bleibt die Leistung der Intermodulationsprodukte immer unterhalb der extrapolierten Geraden. Der für Verstärker typische starke Anstieg der Intermodulations-

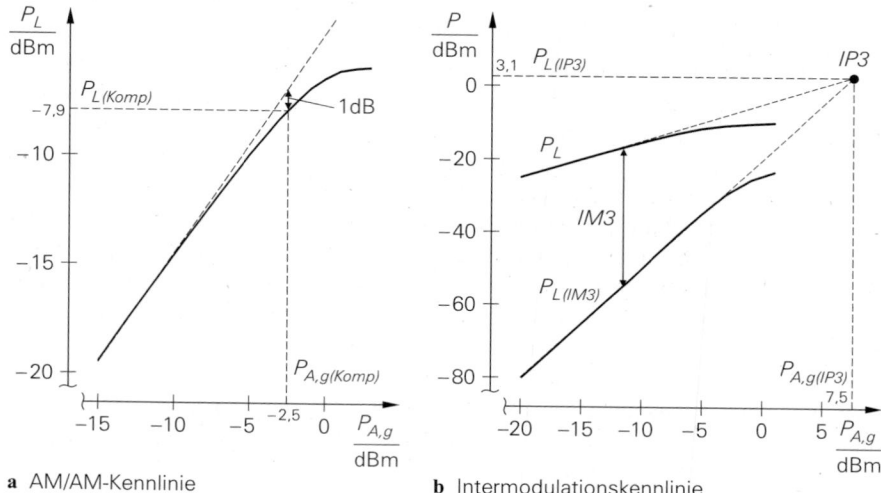

a AM/AM-Kennlinie **b** Intermodulationskennlinie

Abb. 25.43. Kennlinien eines Eintaktmischers mit einer Schottky-Diode des Typs BAS40 bei allseitiger Anpassung ($Z_W = 50\,\Omega$) und einer LO-Leistung $P_{LO} = 1\,\text{mW} = 0\,\text{dBm}$

produkte bei Übersteuerung tritt hier nicht auf; deshalb kann man die Leistungen der
Intermodulationsprodukte und die Intermodulationsabstände bis zum Kompressionspunkt
mit Hilfe der Intercept-Punkte berechnen, siehe (24.57) und (24.58) auf Seite 1386.

Darüber hinaus gibt es einen engen Zusammenhang zwischen den nichtlinearen Kenngrößen und der LO-Leistung. Bei typischen Diodenmischern entspricht der Eingangs-
Kompressionspunkt etwa der LO-Leistung und der Eingangs-Intercept-Punkt *IIP3* liegt
um etwa 10 dB über der LO-Leistung:

$$P_{A,g(Komp)}\,[\text{dBm}] \approx P_{LO}\,[\text{dBm}]$$

$$P_{A,g(IP3)}\,[\text{dBm}] \approx P_{LO}\,[\text{dBm}] + 10\,\text{dB}$$

Bei sehr guten Diodenmischern liegt der *IIP3* um bis zu 15 dB über der LO-Leistung.

Beispiel: Für einen Eintaktmischer mit einer Schottky-Diode des Typs BAS40 und
einer LO-Leistung $P_{LO} = 0\,\text{dBm}$ entnimmt man aus den Kennlinien in Abb. 25.43
den Eingangs-Kompressionspunkt $P_{A,g(Komp)} = -2,5\,\text{dBm}$ und den Eingangs-Intercept-
Punkt $P_{A,g(IP3)} = 7,5\,\text{dBm}$. Die Werte liegen nur um 2,5 dB unter den Werten der Näherungen.

25.3.6 Rauschen

Die Berechnung der Rauschzahl eines Diodenmischers ist aufwendig und kann nur numerisch erfolgen. Viele HF-Schaltungssimulatoren besitzen dafür eine spezielle Analy-
sefunktion (*mixer noise analysis*). Wir skizzieren die Vorgehensweise, da sie wichtige
Einblicke in die Zusammenhänge ermöglicht, und beschreiben anschließend Näherungen
für den Schmalband- und den Breitbandbetrieb. Wir betrachten einen Abwärtsmischer,
da das Rauschen der Abwärtsmischer in einem Empfänger von besonderem Interesse ist;
dagegen sind die Pegel der Signale in einem Sender meist so groß, dass das Rauschen
keinen störenden Einfluss hat.

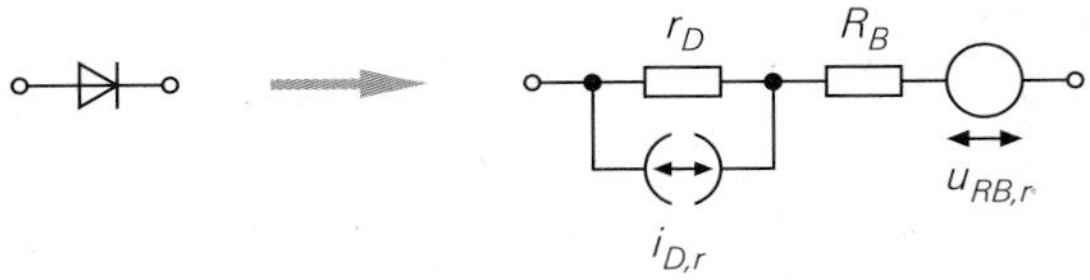

Abb. 25.44.
Kleinsignalersatzschaltbild einer
Diode mit Rauschquellen

25.3.6.1 Verfahren zur Berechnung der Rauschzahl

Wir gehen kurz auf das Verfahren zur Berechnung der Rauschzahl ein, um einige Zusammenhänge zu erläutern, die für die weitere Betrachtung wichtig sind. HF-Schaltungssimulatoren verwenden dieses Verfahren zur numerischen Berechnung der Rauschzahl.

25.3.6.1.1 Rauschquellen

Eine Diode besitzt zwei Rauschquellen: den pn-Übergang und den Bahnwiderstand R_B. Abbildung 25.44 zeigt das Kleinsignalersatzschaltbild einer Diode mit der Rauschstromquelle $i_{D,r}$ des pn-Übergangs und der Rauschspannungsquelle $u_{RB,r}$ des Bahnwiderstands R_B. Da die Diode durch die LO-Spannung großsignalmäßig ausgesteuert wird, ist der Arbeitspunkt zeitvariant; dadurch sind auch die Rauschstromdichte der Rauschstromquelle $i_{D,r}$ und der differentielle Widerstand r_D zeitvariant. Eine exakte Berechnung ist aufwendig. Man erhält jedoch eine ausreichend genaue Näherung, indem man die mittleren Werte verwendet, die sich aus dem Gleichanteil $I_{D,0}$ des Diodenstroms ergeben; daraus folgt für den differentiellen Widerstand

$$r_D \overset{(1.3)}{=} \frac{U_T}{I_{D,0}} \overset{U_T=kT/q}{=} \frac{kT}{q I_{D,0}}$$

und für die Rauschstromdichte des pn-Übergangs:

$$|\underline{i}_{D,r}(f)|^2 \overset{(2.50)}{=} 2q I_{D,0} \overset{U_T=kT/q}{=} \frac{2kT I_{D,0}}{U_T} = \frac{2kT}{r_D}$$

Für die Rauschspannungsdichte des Bahnwiderstands gilt:

$$|\underline{u}_{RB,r}(f)|^2 \overset{(2.49)}{=} 4kT R_B$$

Rechnet man die Rauschstromdichte des pn-Übergangs in die äquivalente Rauschspannungsdichte

$$|\underline{u}_{D,r}(f)|^2 = |\underline{i}_{D,r}(f)|^2 r_D^2 = 2kT r_D = \frac{1}{2} \cdot 4kT r_D$$

um, zeigt sich, dass die Rauschdichte eines pn-Übergangs nur halb so groß ist wie die Rauschdichte eines thermisch rauschenden Widerstands mit demselben Widerstandswert. Von diesem Zusammenhang machen wir im folgenden noch Gebrauch.

25.3.6.1.2 Kleinsignalersatzschaltbild

Abbildung 25.45 zeigt das Kleinsignalersatzschaltbild zur Berechnung der Rauschzahl eines Diodenmischers. Man erhält dieses Kleinsignalersatzschaltbild, indem man das im Abschnitt 25.3.4.4 für den allgemeinen Breitbandbetrieb entwickelte Kleinsignalersatzschaltbild um die Rauschquellen ergänzt. Wir unterscheiden hier nicht mehr zwischen

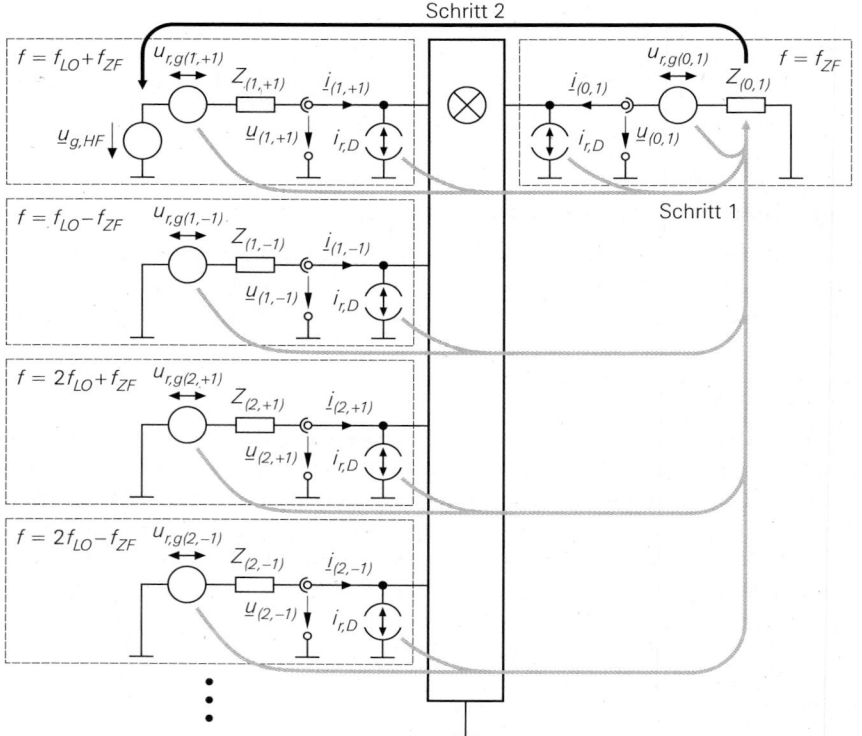

Abb. 25.45. Kleinsignalersatzschaltbild zur allgemeinen Berechnung der Rauschzahl eines Dioden-mischers. Die Pfeile verdeutlichen die Umrechnung der Rauschquellen auf den Ein-gang.

Eintakt-, Gegentakt- und Ringmischer, sondern setzen voraus, dass die Port-Impedanzen $Z_{(0,1)}$ und $Z_{(n,\pm1)}$ für den jeweiligen Mischertyp korrekt bestimmt wurden [5].

Die Rauschspannungsquellen $u_{r,g(0,1)}$ und $u_{r,g(n,\pm1)}$ beschreiben das Rauschen der äu-ßeren Beschaltung im Bereich der jeweiligen Port-Frequenz. Das Rauschen des Diodenmi-schers wird durch die Rauschstromquellen $i_{r,D}$ beschrieben, die sich aus den Rauschquel-len der Dioden ergeben. Wir gehen hier nicht weiter auf die Berechnung ein, die dadurch erschwert wird, dass die von den pn-Übergängen an den einzelnen Ports hervorgerufenen Anteile korreliert sind, die von den Bahnwiderständen hervorgerufenen Anteile jedoch nicht.

25.3.6.1.3 Berechnung der Rauschzahl

Zur Berechnung der Rauschzahl müssen wir:

– den Mischer mit einem Referenz-Signalgenerator mit der Referenztemperatur $T_0 = 290\,\text{K}$ betreiben;

---

[5] Ohne den Bezug der Port-Impedanzen auf die Impedanzen $Z_{HF}(s)$ und $Z_{ZF}(s)$ an den Anschlüs-sen sind die Kleinsignalersatzschaltbilder des Gegentaktmischers in Abb. 25.40 auf Seite 1435 und des Ringmischers in Abb. 25.41 auf Seite 1437 identisch.

– alle Rauschquellen auf den Eingang umrechnen und unter Berücksichtigung der Korrelation zu einer Ersatzrauschquelle zusammenfassen;

– das Verhältnis der Rauschspannungsdichten der Ersatzrauschquelle und der Rauschspannungsdichte des Referenz-Signalgenerators bilden.

Wir haben diese Schritte im Abschnitt 4.2.4 für Verstärker beschrieben. Die Umrechnung der Rauschquellen auf den Eingang erfolgt in zwei Schritten: zunächst werden die Rauschquellen mit Hilfe der Übertragungsfunktionen von der jeweiligen Quelle zum ZF-Port auf den ZF-Port umgerechnet; anschließend werden diese umgerechneten Rauschquellen mit Hilfe der Übertragungsfunktion vom HF- zum ZF-Port auf den HF-Port umgerechnet. Die Pfeile in Abb. 25.45 verdeutlichen die Umrechnung.

Man erkennt, dass die Rauschzahl im allgemeinen von den Impedanzen und den Rauschdichten an *allen* Ports abhängt. Durch die Verwendung eines Referenz-Signalgenerators sind nur die Verhältnisse am HF-Port definiert; die Beschaltung der anderen Ports und die zugehörigen Rauschdichten bleiben unbestimmt. Die Angabe einer Rauschzahl für einen Mischer ist deshalb grundsätzlich immer mit Annahmen bezüglich der Impedanzen an den anderen Ports verbunden; besondere Bedeutung haben dabei der Schmalbandbetrieb, bei dem alle Ports außer dem HF- und dem ZF-Port kurzgeschlossen sind, und der Breitbandbetrieb, bei dem angenommen wird, dass am Spiegelfrequenz-Port dieselben Verhältnisse vorliegen wie am HF-Port und das Rauschen der anderen Ports vernachlässigt werden kann.

25.3.6.2 Näherungen für Schmalband- und Breitbandbetrieb

Bei der Bestimmung der Näherungen macht man sich die Tatsache zu Nutze, dass ein Diodenmischer passiv ist. Bei passiven Vierpolen mit ausschließlich thermischem Rauschen entspricht die Rauschzahl F dem Kehrwert des verfügbaren Gewinns G_A:

$$F = \frac{1}{G_A} \quad \Rightarrow \quad F\,[\mathrm{dB}] = -G_A\,[\mathrm{dB}] \tag{25.39}$$

Typische Beispiele sind Dämpfungsglieder und Leistungsteiler. Man kann diesen Zusammenhang auch auf einen Diodenmischer bei Schmalbandbetrieb anwenden, wenn man die Bahnwiderstände vernachlässigt und berücksichtigt, dass die pn-Übergänge nur die halbe Rauschdichte eines entsprechenden, thermisch rauschenden Widerstands aufweisen.

Für die Rauschzahl gilt allgemein $F = 1 + F_Z$; dabei beschreibt die Zusatzrauschzahl F_Z den Anteil des Rauschens, der vom rauschenden Vierpol hinzugefügt wird. Bei einem thermisch rauschenden Vierpol gilt nach (25.39):

$$F_Z = F - 1 = \frac{1}{G_A} - 1$$

Dieser Anteil ist bei einem Diodenmischer ohne Bahnwiderstände nur halb so groß; daraus folgt für die Rauschzahl eines Diodenmischers bei Schmalbandbetrieb die *Zweiseitenband-Rauschzahl* (*double sideband noise figure*):

$$F_{DSB} = 1 + \frac{1}{2}\left(\frac{1}{G_A} - 1\right) = \frac{1}{2}\left(1 + \frac{1}{G_A}\right) \tag{25.40}$$

Aus der Bedingung $G_A \leq 1$ für passive Netzwerke folgt $F_{DSB} \geq 1 = 0\,\mathrm{dB}$.

Die Bezeichnung *Zweiseitenband-Rauschzahl* ist sehr verwirrend, da der Spiegelfrequenz-Port bei Schmalbandbetrieb kurzgeschlossen ist und deshalb bezüglich des Rauschens nur *ein* Seitenband wirksam wird. Die Bezeichnung bezieht sich aber auf einen ganz anderen, für nachrichtentechnische Empfänger unüblichen Betriebsfall, bei dem Breitbandbetrieb vorliegt und das Nutzsignal ebenfalls in beiden Seitenbändern vorhanden ist. Die Bezeichnung *Zweiseitenband* bezieht sich hier also auf das Nutzsignal und nicht auf das Rauschen.

Bei Breitbandbetrieb mit gleichen Verhältnissen am HF- und am Spiegelfrequenz-Port ist der Anteil des Rauschens, der vom Mischer hinzugefügt wird, doppelt so groß wie bei Schmalbandbetrieb; daraus folgt für die Rauschzahl eines Diodenmischers bei Breitbandbetrieb die *Einseitenband-Rauschzahl* (*single sideband noise figure*):

$$F_{SSB} = 1 + \left(\frac{1}{G_A} - 1 \right) = \frac{1}{G_A} \qquad (25.41)$$

Auch hier bezieht sich die Bezeichnung *Einseitenband* auf das Nutzsignal.

Man kann zeigen, dass bei Breitbandbetrieb $G_A \leq 1/2$ gilt; daraus folgt $F_{SSB} \geq 2 = 3\,\mathrm{dB}$. Für praktische Diodenmischer ist dieser Zusammenhang jedoch ohne Bedeutung, da für den verfügbaren Gewinn bei Schmalband- und bei Breitbandbetrieb dieselben Zusammenhänge gelten wie für den maximalen Gewinn *MAG* oder den Mischgewinn G_M: bei kleinen LO-Leistungen sind die Gewinne bei Schmalbandbetrieb, bei hohen LO-Leistungen die bei Breitbandbetrieb größer; im Bereich typischer LO-Leistungen sind die Unterschiede gering, siehe Abb. 25.38f auf Seite 1432 oder Abb. 25.42 auf Seite 1438. Damit erhält man für das Verhältnis der beiden Rauschzahlen unter Voraussetzung gleicher verfügbarer Gewinne bei Schmal- und Breitbandbetrieb:

$$\frac{F_{SSB}}{F_{DSB}} = \frac{2}{1 + G_A} \overset{G_A \approx 0,15...0,3}{\approx} 1,5 \ldots 1,75$$

Demnach ist die Einseitenband-Rauschzahl bei praktischen Diodenmischern mit geringer Fehlanpassung und $G_A \approx G_M \approx -8 \ldots -5\,\mathrm{dB} \approx 0,15 \ldots 0,3$ etwa um den Faktor $1,5 \ldots 1,75 \approx 2 \ldots 2,5\,\mathrm{dB}$ größer als die Zweiseitenband-Rauschzahl.

Die tatsächlichen Rauschzahlen eines Diodenmischers sind aufgrund des thermischen Rauschens der Bahnwiderstände höher; das gilt vor allem bei hohen LO-Leistungen, bei denen sich die Bahnwiderstände immer stärker bemerkbar machen. Darüber hinaus treten ohmsche Verluste in den Übertragern auf, die ebenfalls mit einem entsprechenden thermischen Rauschen verbunden sind. Wenn die thermischen Anteile des Rauschens dominieren, gilt $F_{DSB} \approx 1/G_A$ und $F_{SSB} \approx 2/G_A - 1$.

In der Praxis liegt meist weder reiner Schmalband- noch reiner Breitbandbetrieb vor; gleichzeitig macht sich das thermische Rauschen der Bahnwiderstände und Übertrager bemerkbar, dominiert aber nicht. In diesem Fall kann man für die Rauschzahl eines Diodenmischers die Abschätzung

$$F \approx \frac{1}{G_A} \approx \frac{1}{G_M} \qquad (25.42)$$

verwenden. Genauere Werte erhält man nur mit Hilfe einer numerischen Analyse.

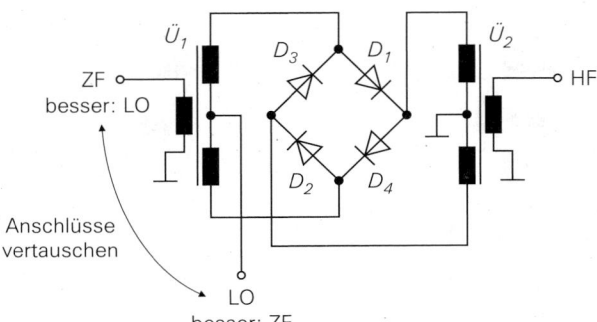

Abb. 25.46.
Ringmischer als diskretes
Bauteil

25.3.7 Praktische Diodenmischer

In der Praxis werden überwiegend Ringmischer eingesetzt. Sie sind als diskrete Bauteile erhältlich und enthalten neben den vier Dioden auch die beiden Übertrager; Abb. 25.46 zeigt die übliche Ausführung mit insgesamt vier Anschlüssen: LO-, ZF-, HF- und ein gemeinsamer Masse-Anschluss. Bei einigen Ausführungen sind die Masseanschlüsse nicht verbunden; dann hat der Ringmischer sechs Anschlüsse.

Aufgrund der Entkopplung der Anschlüsse und der Symmetrie der Schaltung kann man die Anschlüsse eines Ringmischers vertauschen; dadurch ändern sich zwar die Spannungen und Ströme der Dioden, das Kleinsignalersatzschaltbild und die Betriebsgrößen (R_{LO}, $Z_{W,M}$, MAG, usw.) bleiben aber gleich, sofern die Übertrager symmetrisch sind. Bei praktischen Ringmischern werden häufig der LO- und der ZF-Anschluss vertauscht, siehe Abb. 25.46. Der Übertrager $\ddot{U}_1$ arbeitet dann nicht mehr bei der ZF-Frequenz, sondern bei der wesentlich höheren LO-Frequenz; dadurch reduziert sich die Baugröße des Übertragers. Die ZF-Frequenz kann in diesem Fall sehr niedrig gewählt werden. Abbildung 25.47 zeigt die zugehörige Stromverteilung. Im LO-Kreis leiten abwechselnd die Dioden D_1/D_4 ($U_{LO} > 0$) und D_2/D_3 ($U_{LO} < 0$); dadurch fließt der ZF-Strom abwechselnd über die beiden Sekundärwicklungen der Übertragers $\ddot{U}_2$.

Diskrete Ringmischer sind immer für eine bestimmte LO-Leistung ausgelegt. Bei dieser Leistung wird der Mischgewinn $G_{M(50)}$ in einem 50 Ω-System maximal und die Anschlüsse sind möglichst gut an 50 Ω angepasst. Dies wird durch die Verwendung geeigneter Dioden und eine Anpassung der Übersetzungsverhältnisse der Übertrager erreicht. Der Ringmischer ist dann nicht mehr symmetrisch, d.h. die angegebene Anschlussbelegung muss eingehalten werden. Im Datenblatt wird anstelle des Mischgewinns der Mischverlust (*conversion loss*) in dB angegeben:

$$L_{M(50)}\,[\text{dB}] \;=\; -G_{M(50)}\,[\text{dB}] \;=\; -10\log G_{M(50)}$$

Die LO-Leistung wird in dBm angegeben:

$$P_{LO}\,[\text{dBm}] \;=\; 10\log \frac{P_{LO}}{1\,\text{mW}}$$

Ein Mischer für eine LO-Leistung von n dBm wird als *Level-n-Mischer* bezeichnet.

Für den ZF- und den LO-/HF-Anschluss sind Frequenzbereiche angegeben, in denen der Mischer seine Spezifikationen erfüllt; sie resultieren aus der Bandbreite der Dioden und der Übertrager. Die Entkopplung der Anschlüsse ist aufgrund von Unsymmetrien in den Übertragern sowie kapazitiven und induktiven Kopplungen nicht ideal. Besonders kritisch

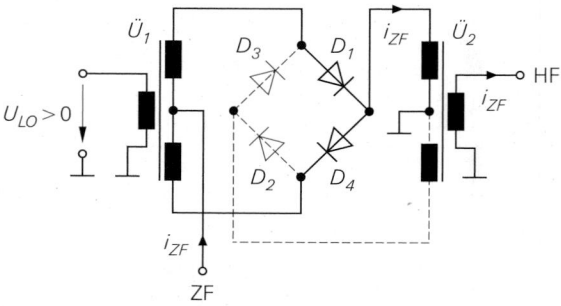

a positive LO-Spannung

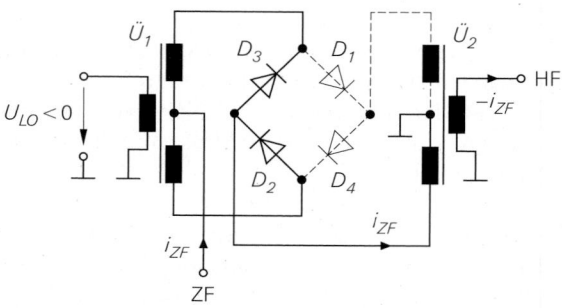

b negative LO-Spannung

Abb. 25.47.
Stromverteilung bei einem
Ringmischer mit vertauschten
LO- und ZF-Anschlüssen

ist das Übersprechen des starken LO-Signals in den ZF- und den HF-Kreis; deshalb wird
im Datenblatt die *Isolation* zwischen dem LO- und dem HF- (*LO-RF isolation*) sowie zwischen dem LO- und dem ZF-Anschluss (*LO-IF isolation*) angegeben. Die Isolation nimmt
mit zunehmender LO-Frequenz ab; typische Werte liegen im Bereich von 50 . . . 70 dB bei
$f_{LO} < 10\,\mathrm{MHz}$ und 20 . . . 30 dB bei $f_{LO} > 1\,\mathrm{GHz}$. Diese Werte gelten allerdings nur für
den Fall, dass der ZF- und der HF-Anschluss bei der LO-Frequenz mit 50 Ω abgeschlos-
sen sind, d.h. es wird ein breitbandiger Betrieb des Mischers angenommen. Bei einem
schmalbandigen Betrieb mit ZF- und HF-Filtern direkt am Mischer ist die Isolation im
allgemeinen wesentlich höher. Eine große Auswahl an Ringmischern findet man in [25.2].

Bei Frequenzen oberhalb 5 GHz werden die Übertrager durch Hybride aus Streifenleitungen ersetzt. Abbildung 25.48 zeigt eine weit verbreitete Ausführung eines Gegentaktmischers mit einem 180°-Hybrid. Das LO-Signal wird am Anschluss 4 des Hybrids
zugeführt und mit jeweils halber Leistung an die Anschlüsse 1 und 2 übertragen. Die
LO-Signale an den Anschlüssen 1 und 2 sind aufgrund des 180°-Pfades des Hybrids in
Gegenphase; dadurch sind die Dioden bezüglich des LO-Signals in Reihe geschaltet und
leiten während einer Halbwelle. In dieser Halbwelle sind der ZF- und der HF-Kreis über
die Kleinsignalleitwerte der Dioden verbunden. Da die Signale an den Anschlüssen 1 und
2 bezüglich des ZF- und des HF-Kreises gleichphasig wirken, wird das gegenphasig anliegende LO-Signal nicht in den ZF- und den HF-Kreis übertragen. Entsprechend werden das
ZF- und das HF-Signal nicht in den LO-Kreis übertragen, da sich gleichphasige Signale
an den Anschlüssen 1 und 2 am Anschluss 4 kompensieren. Aufgrund dieser Eigenschaft

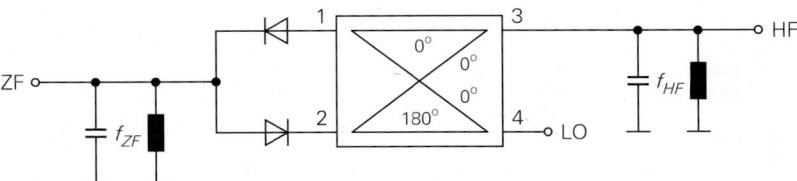

Abb. 25.48. Gegentaktmischer mit 180°-Hybrid

wird die Entkopplung des LO-Kreises vom ZF- und vom HF-Kreis beim Gegentaktmischer mit 180°-Hybrid bereits mit *einem* Hybrid erreicht, während beim Gegentaktmischer mit Übertragern zwei Übertrager benötigt werden.

Bei Frequenzen oberhalb 10 GHz werden häufig Eintaktmischer eingesetzt; dabei wird die Summation des LO- und des ZF-Signals, die in Abb. 25.19a mit einem Übertrager erfolgt, mit gekoppelten Leitungen vorgenommen.

25.4 Passive Mischer mit Feldeffekttransistoren

Im Abschnitt 3.1.3 haben wir gezeigt, wie man einen Feldeffekttransistor als steuerbaren Widerstand einsetzen kann, und im Abschnitt 25.3 haben wir gesehen, dass Mischer mit Dioden auf dem Prinzip eines mit der LO-Spannung variierenden Kleinsignalwiderstands beruhen. Es liegt also nahe, die Dioden in den im Abschnitt 25.3 beschriebenen Mischern durch Feldeffekttransistoren zu ersetzen; Abb. 25.49a zeigt dies am Beispiel eines Eintaktmischers. In diskreten passiven Fet-Mischern werden ausschließlich Sperrschicht-Fets mit Schottky-Gate-Kontakt (*MESFET, metal-semiconductor field-effect transistor*) verwendet, meist auf Gallium-Arsenid-Basis (*GaAs-MESFET*). In integrierten Schaltungen werden Mosfets verwendet. Wegen der höheren Beweglichkeit der Ladungsträger werden ausschließlich n-Kanal-Fets verwendet.

Während der Kleinsignalwiderstand einer Diode durch den LO-Strom gesteuert wird, wird der Kanalwiderstand $R_{DS,on}$ eines Feldeffekttransistors durch die Spannung am Gate-Anschluss bestimmt; dennoch liegt keine Trennung zwischen dem LO-Kreis und den ZF- und HF-Kreisen vor, da das hochfrequente LO-Signal über die im Ersatzschaltbild in Abb. 25.49b gezeigten Gate-Kanal-Kapazitäten C_{GS} und C_{GD} in die ZF- und HF-Kreise eingekoppelt wird. Aufgrund der hohen Frequenzen müssen wir auch die Bahnwiderstände R_G, R_S und R_D berücksichtigen.

Am Source- und am Drain-Anschluss liegen nur die mittelwertfreien Spannungen u_{ZF} und u_{HF} an; deshalb gilt für die mittlere Drain-Source-Spannung $U_{DS} = 0$. Da Feldeffekttransistoren in passiven Mischern symmetrisch aufgebaut sind, sind Source und Drain in diesem Fall gleichwertig. Man deutet dies im Schaltsymbol dadurch an, dass der Gate-Anschluss in die Mitte des Kanals verschoben wird.

Wir können uns hier auf eine Untersuchung des LO-Kreises beschränken, aus der wir den zeitlichen Verlauf des Kanalwiderstands $R_{DS,on}$ und des für den Mischvorgang maßgebenden Leitwerts

$$g_F(t) = \frac{1}{R_{DS,on}(t) + R_S + R_D}$$

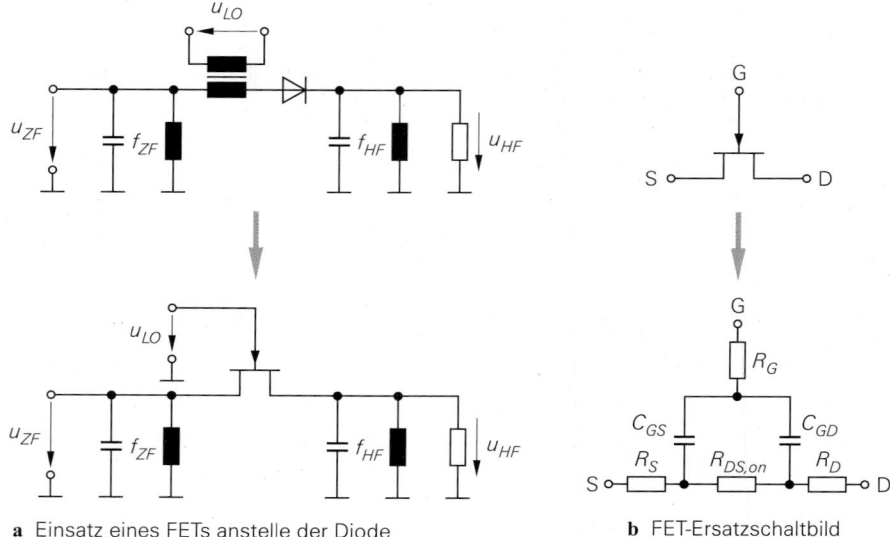

a Einsatz eines FETs anstelle der Diode   **b** FET-Ersatzschaltbild

Abb. 25.49. Prinzip eines passiven Eintaktmischers mit Feldeffekttransistor

erhalten. Der Leitwert $g_F(t)$ entspricht dem Kleinsignalleitwert $g_D(t)$ bei Diodenmischern, so dass wir anschließend die Gleichungen für Diodenmischer verwenden können; wir setzen deshalb den Abschnitt 25.3 als bekannt voraus.

25.4.1 Eintaktmischer

Abbildung 25.50a zeigt das Schaltbild eines *Eintakt-Fet-Mischers*. Die Spannung U_{LO} ist eine Großsignalspannung, mit der der Kanalwiderstand des Fets moduliert wird; die Spannungen u_{ZF} und u_{HF} sind Kleinsignalspannungen. Die Trennung der Frequenzen erfolgt wie beim Eintaktmischer mit Diode mit Hilfe von drei schmalbandigen Parallelschwingkreisen. Da die Kapazitäten eines Fets wesentlich größer sind als die einer Mischerdiode, muss man bei der Dimensionierung der Parallelschwingkreise die am jeweiligen Anschluss wirksame Kapazität des Fets berücksichtigen. Der Arbeitspunkt des Fets wird mit der Gleichspannung $U_{GS,0}$ eingestellt. Der LO-Kreis und die Arbeitspunkteinstellung werden über die Koppelelemente C_k und L_k entkoppelt.

25.4.1.1 LO-Kreis

Abbildung 25.50b zeigt den LO-Kreis des Eintakt-Fet-Mischers; dabei ist berücksichtigt, dass die Parallelschwingkreise am ZF- und am HF-Anschluss bei der LO-Frequenz näherungsweise als Kurzschluss wirken. Außerdem haben wir die Koppelinduktivität L_k eliminiert, indem wir die Gleichspannungsquelle $U_{GS,0}$ in den Fußpunkt der Induktivität L_{LO} des LO-Parallelschwingkreises verschoben haben; dabei muss auch die Koppelkapazität C_k verschoben werden, damit kein Gleichstrom in Richtung LO-Generator fließen kann. Wir betrachten den LO-Kreis zunächst ohne das in Abb. 25.50b gezeigte Anpassnetzwerk; in diesem Fall sind die Wechselspannungsanteile der Spannungen U_{LO} und U_{GS} gleich.

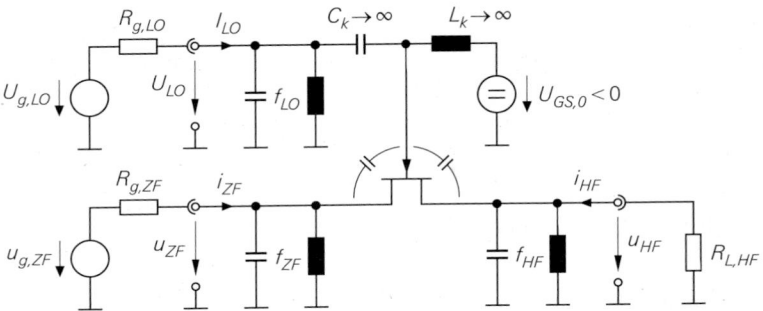

a Schaltbild mit Signalquellen und HF-Lastwiderstand

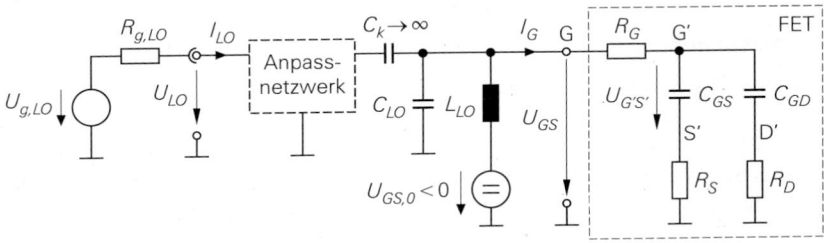

b LO-Kreis. Die Verschiebung der Spannungsquelle $U_{GS,0}$ wird im Text erläutert.

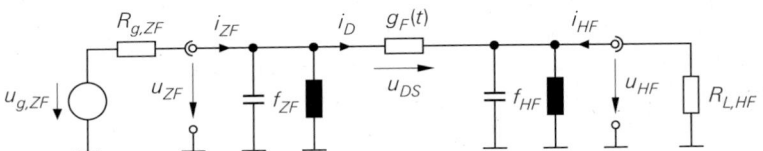

c Kleinsignalersatzschaltbild für den HF- und den ZF-Kreis

Abb. 25.50. Eintakt-Fet-Mischer

25.4.1.1.1 Kapazitäten

Aufgrund des symmetrischen Aufbaus des Fets gilt $C_{GS} = C_{GD}$ und $R_D = R_S$; deshalb kann man das Ersatzschaltbild des Fets durch ein RC-Glied mit

$$C_G' = C_{GS} + C_{GD} \quad , \quad R_G' = R_G + R_S \| R_D$$

ersetzen, siehe Abb. 25.51.

Bei den Gate-Kanal-Kapazitäten handelt es sich im Falle eines Sperrschicht-Fets um nichtlineare Sperrschichtkapazitäten, für die gemäß Abb. 3.43 auf Seite 223 die Gleichungen (3.37) und (3.38) mit den angegebenen Entsprechungen gelten; daraus folgt:

$$C_G' = C_G'(U_{G'S'}) = C_{GS}(U_{G'S'}) + C_{GD}(U_{G'D'}) \overset{U_{G'S'}=U_{G'D'}}{=} \frac{C_{S0,S} + C_{S0,D}}{\left(1 - \dfrac{U_{G'S'}}{U_{Diff}}\right)^{m_s}}$$

Bei einem Mosfet muss man die in Abb. 3.35 auf Seite 215 gezeigten Kapazitäten und deren Verlauf in Abhängigkeit von $U_{G'S'}$ berücksichtigen, siehe Abb. 3.36. Da der Arbeitspunkt

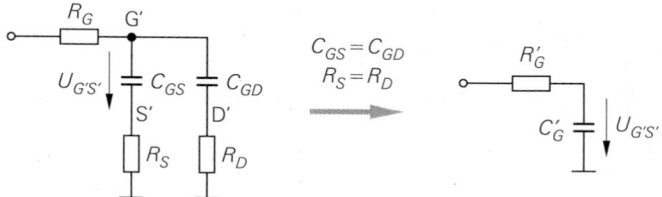

Abb. 25.51. Ersatzschaltbild für den Fet im LO-Kreis

$U_{GS,0}$ normalerweise im Sperrbereich liegt und $U_{DS} \approx 0$ gilt, wird der Mosfet abwechselnd im Sperrbereich und im ohmschen Bereich betrieben. Zur Bestimmung der Kapazität $C'_G(U_{G'S'})$ muss man die im Abschnitt 3.3.2 angegebenen Gleichungen auswerten. Wir verzichten hier auf eine weitere Darstellung und setzen $C'_G(U_{G'S'})$ als bekannt voraus.

25.4.1.1.2 Ersatzschaltbild

Da der LO-Parallelschwingkreis eine sinusförmige äußere Gate-Source-Spannung

$$U_{GS}(t) = U_{GS,0} + \hat{u}_{LO} \cos \omega_{LO} t$$

erzwingt und die Bahnwiderstände klein sind, ist auch die Steuerspannung $U_{G'S'}$ näherungsweise sinusförmig:

$$U_{G'S'}(t) \approx U_{GS,0} + \hat{u}_{G'S'} \cos \omega_{LO} t$$

Dagegen enthält der Gatestrom I_G Oberwellen bei Vielfachen der LO-Frequenz, deren Amplituden vom Arbeitspunkt $U_{GS,0}$ und der Amplitude $\hat{u}_{G'S'}$ abhängen. Aus der Amplitude der Grundwelle des Gatestroms und der Amplitude $\hat{u}_{G'S'}$ ergibt sich die *Grundwellen-Kapazität* $C'_{G(GW)}$, die bei kleinen LO-Amplituden der Kleinsignalkapazität $C'_G(U_{GS,0})$ im Arbeitspunkt entspricht und mit zunehmender LO-Amplitude zunimmt. Damit erhält man das in in Abb. 25.52 links gezeigte Ersatzschaltbild.

25.4.1.1.3 Anpassung

Für einen optimalen Betrieb müssen wir die Steueramplitude $\hat{u}_{G'S'}$ maximieren; in diesem Fall werden aber auch die Spannung am Widerstand R'_G und die aufgenommene Wirkleistung maximal. Wir müssen also auch hier eine Leistungsanpassung vornehmen. Im folgenden vergleichen wir drei Betriebsfälle mit und ohne Anpassung.

Zunächst wandeln wir die Reihenschaltung

$$Z_G = R'_G + \frac{1}{j\omega_{LO} C'_{G(GW)}}$$

unter Verwendung der *Gate-Grenzfrequenz*

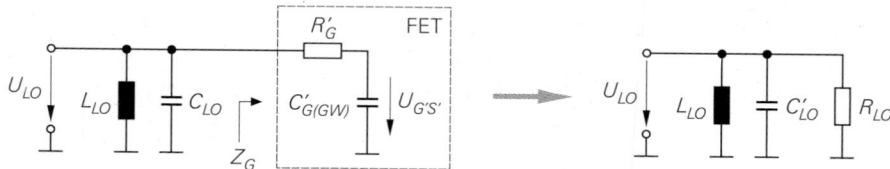

Abb. 25.52. Ersatzschaltbild für den LO-Kreis eines passiven Fet-Mischers

$$\omega_G = \frac{1}{C'_{G(GW)} R'_G} \tag{25.43}$$

in eine äquivalente Parallelschaltung

$$\frac{1}{Z_G} = \frac{j\omega_{LO} C'_{G(GW)}}{1 + j\omega_{LO} C'_{G(GW)} R'_G} = \frac{j\omega_{LO} C'_{G(GW)}}{1 + j\omega_{LO}/\omega_G}$$

$$= j\omega_{LO} C'_{G(GW)} \frac{\omega_G^2}{\omega_G^2 + \omega_{LO}^2} + \frac{1}{R'_G} \frac{\omega_{LO}^2}{\omega_G^2 + \omega_{LO}^2}$$

um und fassen die Kapazitäten zusammen; dadurch erhalten wir das in Abb. 25.52 rechts gezeigte Ersatzschaltbild mit:

$$C'_{LO} = C_{LO} + C'_{G(GW)} \frac{\omega_G^2}{\omega_G^2 + \omega_{LO}^2} \overset{\omega_{LO} \ll \omega_G}{\approx} C_{LO} + C'_{G(GW)} \tag{25.44}$$

$$R_{LO} = R'_G \left(1 + \frac{\omega_G^2}{\omega_{LO}^2}\right) \overset{\omega_{LO} \ll \omega_G}{\approx} R'_G \frac{\omega_G^2}{\omega_{LO}^2} \tag{25.45}$$

Die Elemente L_{LO} und C_{LO} werden so gewählt, dass Parallelresonanz vorliegt:

$$\omega_{LO}^2 L_{LO} C'_{LO} = \omega_{LO}^2 L_{LO} \left(C_{LO} + C'_{G(GW)} \frac{\omega_G^2}{\omega_G^2 + \omega_{LO}^2}\right) = 1$$

In diesem Fall wird nur noch der Widerstand R_{LO} wirksam und wir können den Zusammenhang zwischen der Amplitude $\hat{u}_{g,LO}$ des LO-Generators und der Amplitude $\hat{u}_{G'S'}$ der Steuerspannung für den Abb. 25.53a gezeigten Fall ohne Anpassnetzwerk in zwei Schritten ermitteln:

– Den Zusammenhang zwischen $\hat{u}_{g,LO}$ und $\hat{u}_{LO}$ erhalten wir durch Spannungsteilung an $R_{g,LO} = Z_W$ und R_{LO}:

$$\underline{U}_{LO} = \underline{U}_{g,LO} \frac{R_{LO}}{Z_W + R_{LO}} \Rightarrow \hat{u}_{LO} = \hat{u}_{g,LO} \frac{R_{LO}}{Z_W + R_{LO}}$$

– Den Zusammenhang zwischen $\hat{u}_{LO}$ und $\hat{u}_{G'S'}$ erhalten wir durch Spannungsteilung an R'_G und $C'_{G(GW)}$:

$$\underline{U}_{G'S'} = \underline{U}_{LO} \frac{1}{1 + j\omega_{LO}/\omega_G} \Rightarrow \hat{u}_{G'S'} = \hat{u}_{LO} \frac{1}{\sqrt{1 + \omega_{LO}^2/\omega_G^2}} \tag{25.46}$$

Damit folgt mit (25.45) für den Betrieb ohne Anpassnetzwerk:

$$\hat{u}_{G'S'} = \hat{u}_{g,LO} \frac{\sqrt{1 + \omega_{LO}^2/\omega_G^2}}{1 + \frac{\omega_{LO}^2}{\omega_G^2} \left(1 + \frac{Z_W}{R'_G}\right)} \tag{25.47}$$

Abbildung 25.54 zeigt den Verlauf der Steueramplitude ohne Anpassnetzwerk zusammen mit weiteren Verläufen, auf die wir noch eingehen.

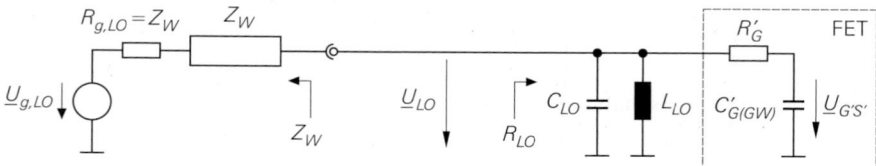

a ohne Anpassnetzwerk

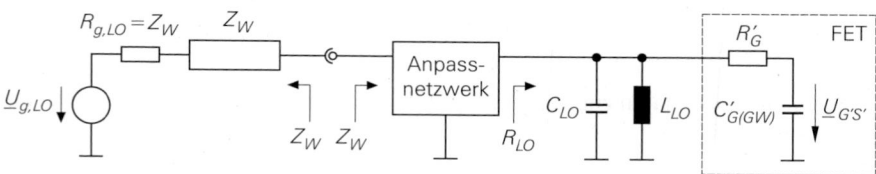

b mit Anpassnetzwerk

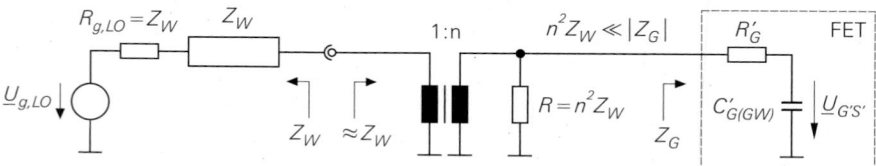

c mit Übertrager und Abschlusswiderstand bei niedrigen LO-Frequenzen

Abb. 25.53. Impedanzen im LO-Kreis eines passiven Fet-Mischers

Wir betrachten nun den in Abb. 25.53b gezeigten Fall mit Anpassnetzwerk. Zur Berechnung der Steueramplitude nutzen wir die Eigenschaft, dass der LO-Generator bei Anpassung die verfügbare Leistung

$$P_{LO} = \frac{u_{g,LO(eff)}^2}{4R_{g,LO}} = \frac{\hat{u}_{g,LO}^2}{8R_{g,LO}} \overset{R_{g,LO}=Z_W}{=} \frac{\hat{u}_{g,LO}^2}{8Z_W} \tag{25.48}$$

abgibt und diese Leistung bei verlustfreier Anpassung im Widerstand R_{LO} umgesetzt wird:

$$P_{LO} = \frac{\hat{u}_{g,LO}^2}{8Z_W} \overset{!}{=} \frac{\hat{u}_{LO}^2}{2R_{LO}} \quad \Rightarrow \quad \hat{u}_{LO} = \frac{\hat{u}_{g,LO}}{2}\sqrt{\frac{R_{LO}}{Z_W}} \tag{25.49}$$

Der Zusammenhang zwischen $\hat{u}_{LO}$ und $\hat{u}_{G'S'}$ ist weiterhin durch (25.46) gegeben; daraus folgt mit (25.45) für den Betrieb mit Anpassnetzwerk:

$$\hat{u}_{G'S'} = \hat{u}_{g,LO}\frac{\omega_G}{2\omega_{LO}}\sqrt{\frac{R_G'}{Z_W}} \tag{25.50}$$

Der Verlauf ist ebenfalls in Abbildung 25.54 dargestellt.

Der Vergleich mit dem Verlauf ohne Anpassnetzwerk zeigt, dass es einen Bereich gibt, in dem auch ohne Anpassnetzwerk eine gute Anpassung vorliegt. Die LO-Frequenz, bei der man auch ohne Anpassnetzwerk eine exakte Anpassung erhält, folgt aus (25.45) mit der Bedingung $R_{LO} = Z_W$:

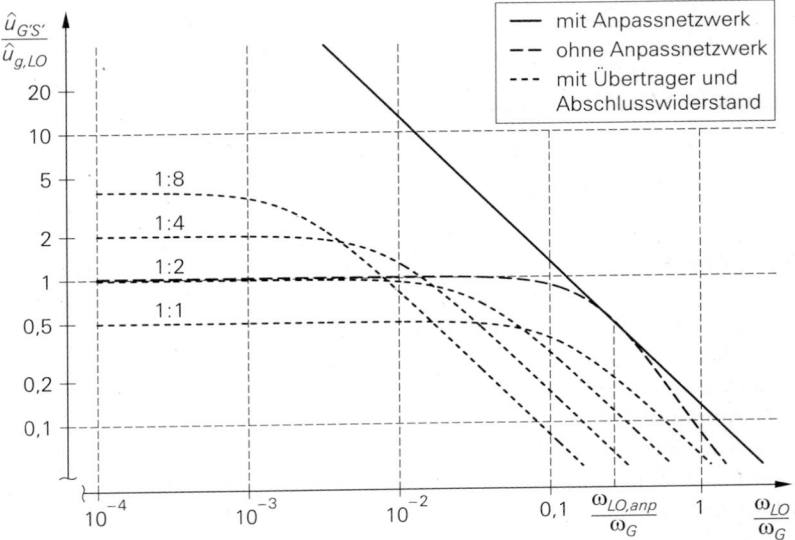

Abb. 25.54. Steueramplitude $\hat{u}_{G'S'}$ für verschiedene Betriebsfälle

$$\omega_{LO,anp} = \frac{\omega_G}{\sqrt{Z_W/R'_G - 1}} \overset{R'_G \ll Z_W}{\approx} \omega_G \sqrt{\frac{R'_G}{Z_W}} = \frac{1}{C'_{G(GW)}\sqrt{R'_G Z_W}} \tag{25.51}$$

Bei geringen LO-Frequenzen erhält man mit Anpassnetzwerk deutlich größere Steueramplituden, da das Anpassnetzwerk in diesem Fall eine Resonanzüberhöhung bewirkt. Bei LO-Frequenzen oberhalb $\omega_{LO,anp}$ wird die Steueramplitude zu gering; deshalb ist $\omega_{LO,anp}$ die maximale *praktische* Betriebsfrequenz für einen Fet-Mischer.

Die bisher beschriebenen Fälle sind schmalbandig, da sie eine Frequenzabstimmung des LO-Kreises voraussetzen. Bei niedrigen LO-Frequenzen kann man eine breitbandige Anpassung erzielen, indem man den LO-Parallelschwingkreis durch einen 1:n-Übertrager mit einem Abschlusswiderstand $R = n^2 Z_W$ ersetzt, siehe Abb. 25.53c; damit erreicht man eine ausreichend gute Anpassung in dem Bereich, in dem der Betrag der Gate-Impedanz noch deutlich größer ist als der Abschlusswiderstand:

$$\omega_{LO} \ll \frac{1}{n^2 Z_W C'_{G(GW)}}$$

Für die Steueramplitude gilt in diesem Bereich:

$$\hat{u}_{G'S'} = \hat{u}_{g,LO}\frac{n}{2}$$

Abbildung 25.54 zeigt den Verlauf der Steueramplitude für verschiedene Werte von n. Die Verläufe gelten allerdings nur für den Fall, dass der ZF- und der HF-Anschluss bei der LO-Frequenz kurzgeschlossen sind, d.h. es liegt noch kein echter Breitbandbetrieb vor. Lässt man die Kurzschluss-Bedingungen fallen, indem man die Parallelschwingkreise im ZF- und im HF-Kreis entfernt, und nimmt statt dessen breitbandige Abschlüsse mit dem Wellenwiderstand Z_W an, muss man diese Abschlüsse bei der Berechnung des Widerstands R'_G und der Gate-Grenzfrequenz ω_G berücksichtigen, indem man in Abb. 25.51 anstelle von R_S und R_D die Reihenschaltungen $R_S + Z_W$ und $R_D + Z_W$ einsetzt; dadurch nimmt R'_G stark zu und die Gate-Grenzfrequenz entsprechend stark ab.

25.4.1.2 Kleinsignalersatzschaltbild und Kleinsignalverhalten

Abbildung 25.50c zeigt das Kleinsignalersatzschaltbild für den ZF- und den HF-Kreis; es stimmt mit dem Kleinsignalersatzschaltbild eines Eintaktmischers mit Diode in Abb. 25.19c auf Seite 1408 überein.

Die Dimensionierung eines passiven Fet-Mischers ist aufwendiger als die eines Mischers mit Dioden. Die Kennlinien von Mischerdioden unterscheiden sich nur wenig; gleichzeitig sind die Stromdichte und die Steilheit so groß, dass man die benötigten großen Änderungen des Leitwertes mit einer sehr kleinen Diodenfläche mit entsprechend geringer Kapazität und einer geringen LO-Amplitude erzielen kann. Da Mischer mit Dioden grundsätzlich ohne Vorspannung betrieben werden, bleibt als einziger Dimensionierungsparameter die LO-Amplitude.

Bei einem Fet sind die Stromdichte und die Steilheit wesentlich geringer, so dass ein relativ großer Fet (Steilheitskoeffizient K bzw. Kanalweite W groß) und/oder eine relativ große LO-Amplitude benötigt werden, um eine ausreichend große Änderung des Leitwerts zu erzielen. Da ein großer Fet auch große Kapazitäten besitzt, hängt die optimale Dimensionierung vom Frequenzbereich ab, in dem der Mischer betrieben wird.

25.4.1.2.1 Arbeitspunkt

Die Spannung $U_{G'S'}$ wirkt als Steuerspannung für den Kanalwiderstand; aus (3.7) auf Seite 187 folgt:

$$\frac{1}{R_{DS,on}(t)} = \begin{cases} K\,(U_{G'S'}(t) - U_{th}) & \text{für } U_{G'S'}(t) \geq U_{th} \\ 0 & \text{für } U_{G'S'}(t) < U_{th} \end{cases} \qquad (25.52)$$

Dabei ist K der *Steilheitskoeffizient* und U_{th} die *Schwellenspannung* des Fets. Daraus erhält man den für den Mischvorgang maßgebenden Leitwert:

$$g_F(t) = \frac{1}{R_{DS,on}(t) + R_S + R_D} \qquad (25.53)$$

Der Arbeitspunkt ist durch die Arbeitspunktspannung $U_{GS,0}$ und die Amplitude $\hat{u}_{G'S'}$ der Steuerspannung gegeben. Um einen Überblick über die Abhängigkeiten zu bekommen, haben wir den maximal verfügbaren Mischgewinn *MAG* und den auf den Steilheitskoeffizienten K normierten Wellenwiderstand $Z_{W,M}K$ für verschiedene Arbeitspunkte ermittelt und beide Größen in Abb. 25.55 als Funktion von $\hat{u}_{G'S'}$ mit $U_{GS,0}$ als Parameter dargestellt; dabei sind wir wie folgt vorgegangen:

– Berechnung des Leitwerts $g_F(t)$ für $R_S = R_D = 0$.
– Bestimmung der Koeffizienten $g_{F,0}$ und $g_{F,1}$ der Fourier-Reihenentwicklung:

$$g_F(t) = g_{F,0} + g_{F,1} \cos \omega_{LO} t + g_{F,2} \cos 2\omega_{LO} t + \cdots$$

Die Koeffizienten entsprechen den Koeffizienten $g_{D,0}$ und $g_{D,1}$ einer Mischerdiode.
– Berechnung des maximal verfügbaren Mischgewinns *MAG* mit (25.17) auf Seite 1416. Der Mischgewinn *MAG* hängt nicht vom Steilheitskoeffizienten K ab.
– Berechnung des Wellenwiderstands $Z_{W,M}$ des Mischers mit (25.16) auf Seite 1415. Es gilt $Z_{W,M} \sim 1/K$; deshalb haben wir den normierten Wellenwiderstand $Z_{W,M}K$ für

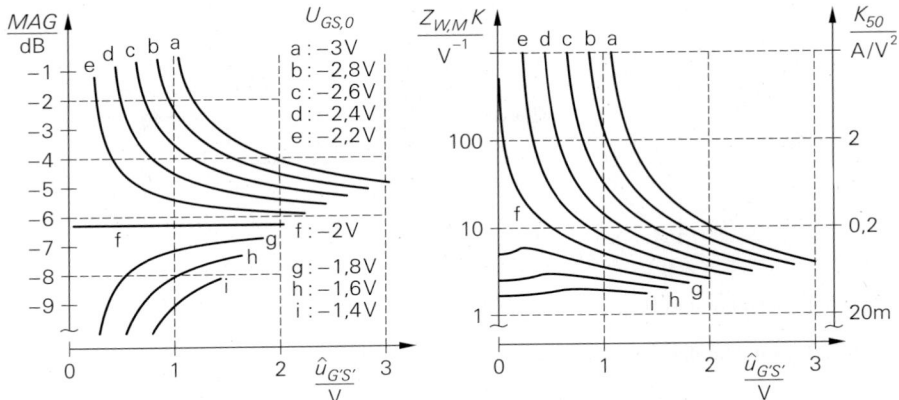

Abb. 25.55. Maximaler verfügbarer Mischgewinn MAG und normierter Wellenwiderstand $Z_{W,M} K$ für einen Sperrschicht-Fet mit $U_{th} = -2\,\text{V}$ und vernachlässigbar kleinen Bahnwiderständen R_S und R_D. Zusätzlich ist der Steilheitskoeffizient K_{50} für $Z_{W,M} = 50\,\Omega$ angegeben.

die Darstellung gewählt. Zusätzlich haben wir eine zweite y-Achse angebracht, an der man den Steilheitskoeffizienten K_{50} für $Z_{W,M} = 50\,\Omega$ ablesen kann.

Die Kurven **a – e** gehören zu Arbeitspunkten im Sperrbereich ($U_{GS,0} < U_{th}$), für die Kurve **f** gilt $U_{GS,0} = U_{th}$ und die Kurven **g – i** gehören zu Arbeitspunkten im ohmschen Bereich ($U_{GS,0} > U_{th}$). Die Kurven sind nur für den Amplitudenbereich dargestellt, für den die Steuerspannung $U_{G'S'}(t)$ kleiner Null bleibt, d.h. es gilt $\hat{u}_{G'S'} < |U_{GS,0}|$. Diese Beschränkung ist bei einem Sperrschicht-Fet zwingend, damit die Gate-Kanal-Diode nicht leitet; dagegen sind bei einem Mosfet auch größere Amplituden möglich. Abbildung 25.56 zeigt den Verlauf des Leitwerts $g_F(t)$ für drei Arbeitspunkte.

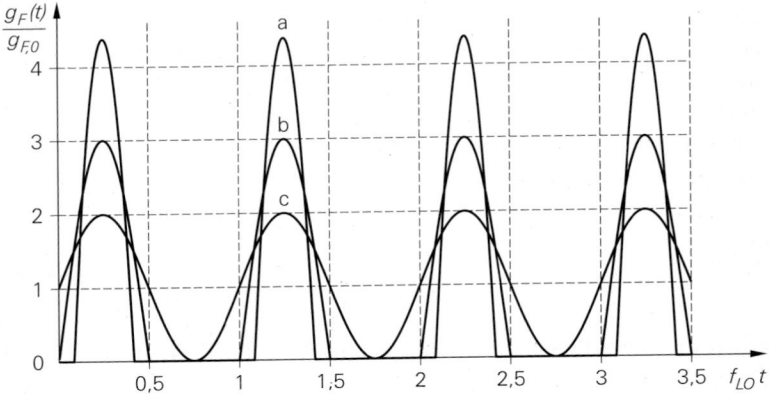

Abb. 25.56. Leitwert $g_F(t)$ für einen Arbeitspunkt im Sperrbereich (**a**), für $U_{GS,0} = U_{th}$ (**b**) und für einen Arbeitspunkt, bei dem der Fet immer im ohmschen Bereich betrieben wird (**c**). Die Verläufe sind auf den Mittelwert $g_{F,0}$ normiert.

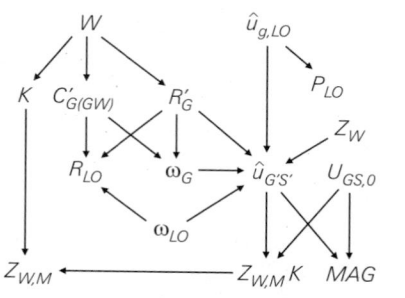 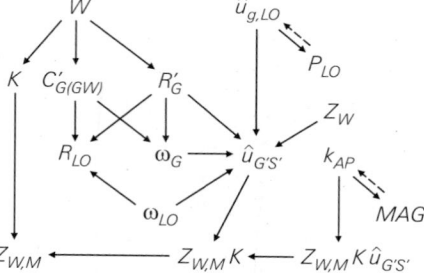

a mit Arbeitspunktspannung $U_{GS,0}$ **b** mit Arbeitspunktfaktor k_{AP}

Abb. 25.57. Berechnung der Parameter eines passiven Fet-Mischers

Um einen hohen Mischgewinn MAG zu erzielen, muss man einen Arbeitspunkt im Sperrbereich wählen. Mit zunehmendem Mischgewinn nimmt allerdings auch der benötigte Steilheitskoeffizient K stark zu und man muss einen großen Fet mit entsprechend großen Kapazitäten verwenden. Der Grenzfall ist durch $U_{GS,0} = U_{th}$ gegeben. In diesem Fall entspricht der Verlauf von $g_F(t)$ den positiven Halbwellen der Steuerspannung und das Verhältnis $g_{F,1}/g_{F,0}$ ist konstant; daraus resultiert ein konstanter Mischgewinn $MAG \approx -6{,}3\,\mathrm{dB}$.

25.4.1.2.2 Dimensionierung

Die Dimensionierung eines passiven Fet-Mischers ist wesentlich aufwendiger als die eines Diodenmischers, da es drei Freiheitsgrade gibt: die Größe des Fets – ausgedrückt durch die Gate-Weite W –, die Amplitude $\hat{u}_{g,LO}$ des LO-Generators und die Arbeitspunktspannung $U_{GS,0}$. Daraus kann man nach dem in Abb. 25.57a gezeigten Berechnungsschema die drei wichtigsten Betriebsparameter berechnen: die LO-Leistung P_{LO}, den Mischgewinn MAG und den Wellenwiderstand $Z_{W,M}$. Die LO-Leistung soll möglichst gering und der Mischgewinn möglichst hoch sein. Der Wellenwiderstand $Z_{W,M}$ soll nicht zu stark vom Wellenwiderstand Z_W der Leitungen abweichen, damit die Transformationsfaktoren der Anpassnetzwerke im ZF- und im HF-Kreis nicht zu groß werden. Aus demselben Grund sollte die Resonanzüberhöhung im LO-Kreis nicht zu groß werden; ggf. muss man auch im angepassten Fall einen Abschlusswiderstand einsetzen. Darüber hinaus muss bei einem Sperrschicht-Fet $\hat{u}_{G'S'} < |U_{GS,0}|$ gelten, damit die Gate-Kanal-Diode nicht leitet.

Eine für die Dimensionierung vorteilhafte Darstellung der Abhängigkeiten erhält man, wenn man den maximalen verfügbaren Mischgewinn MAG und den normierten Wellenwiderstand $Z_{W,M} K \hat{u}_{G'S'}$ als Funktion des *Arbeitspunktfaktors*

$$k_{AP} = \frac{U_{GS,0} - U_{th}}{\hat{u}_{G'S'}} \tag{25.54}$$

darstellt. Damit erhält man anstelle der Kurvenscharen in Abb. 25.55 die in Abb. 25.58 dargestellten Verläufe, die sich im Bereich $k_{AP} < 0{,}5$ nahezu exakt durch folgende Gleichungen beschreiben lassen:

$$\frac{MAG}{\mathrm{dB}} = -6{,}28 - 4{,}2\,k_{AP} - 1{,}28\,k_{AP}^5 \tag{25.55}$$

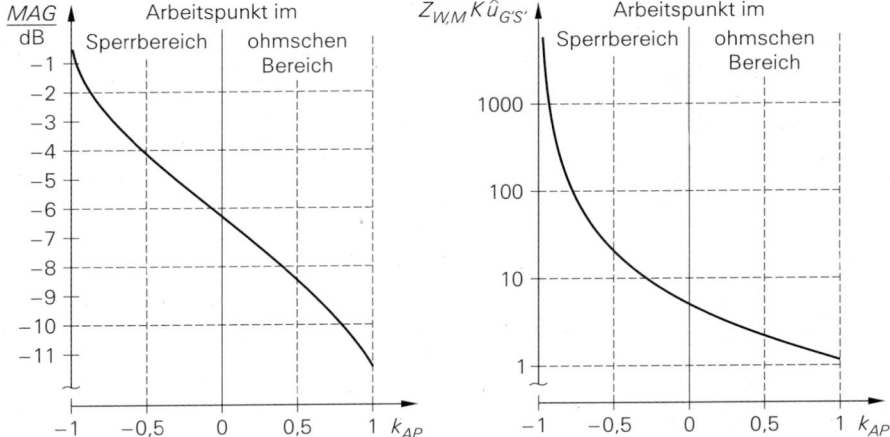

Abb. 25.58. Maximaler verfügbarer Mischgewinn *MAG* und doppelt normierter Wellenwiderstand $Z_{W,M} K \hat{u}_{G'S'}$ als Funktion des Arbeitspunktfaktors $k_{AP} = (U_{GS,0} - U_{th})/\hat{u}_{G'S'}$. Für $k_{AP} = -1$ liegt der Aussteuerungsbereich vollständig im Sperrbereich, für $k_{AP} = 1$ vollständig im ohmschen Bereich.

$$Z_{W,M} K \hat{u}_{G'S'} = \frac{5,15}{(k_{AP} + 1)^2} \qquad (25.56)$$

Für $k_{AP} < 0$ liegt der Arbeitspunkt im Sperrbereich und für $k_{AP} > 0$ im ohmschen Bereich; $k_{AP} = 0$ beschreibt den Grenzfall $U_{GS,0} = U_{th}$. Für $k_{AP} = -1$ liegt der Aussteuerungsbereich vollständig im Sperrbereich, für $k_{AP} = 1$ vollständig im ohmschen Bereich. Der Arbeitspunktfaktor ist eine Ersatzgröße für die Arbeitspunktspannung $U_{GS,0}$, für die nun

$$U_{GS,0} = U_{th} + k_{AP}\hat{u}_{G'S'} \qquad (25.57)$$

gilt; das zugehörige Berechnungsschema ist in Abb. 25.57b dargestellt. In der Praxis gibt man meist die LO-Leistung P_{LO} und den Mischgewinn *MAG* vor und berechnet daraus die LO-Amplitude $\hat{u}_{g,LO}$ und den Arbeitspunktfaktor k_{AP}.

Man muss nun in dem 3-dimensionalen Parameterraum $(W; P_{LO}; MAG)$ den Punkt finden, der die gegebenen Randbedingungen am besten erfüllt; dabei muss man prüfen, ob eine Anpassung des Widerstands R_{LO} im LO-Kreis und des Wellenwiderstands $Z_{W,M}$ im ZF- und im HF-Kreis an den Wellenwiderstand Z_W der Leitungen unter den gegebenen Randbedingungen möglich ist. Auch die Ausführung der Parallelschwingkreise zur Trennung der Frequenzen wird problematisch, wenn die Kapazitäten des Fets zu groß werden. Das Ergebnis der Optimierung hängt direkt und indirekt von der LO-Frequenz ab: direkt, weil ω_{LO} in das Berechnungsschema eingeht und dort eine wesentliche Rolle spielt; indirekt, weil die praktisch realisierbaren Transformationsfaktoren der Anpassnetzwerke von der Frequenz abhängen. Wir gehen darauf in einem Beispiel zum Gegentaktmischer noch näher ein.

25.4.1.3 Nachteile des Eintaktmischers

Ein Eintakt-Fet-Mischer hat dieselben Nachteile wie ein Eintakt-Diodenmischer. Da der Wellenwiderstand $Z_{W,M}$ eines Fet-Mischers mit hohem Mischgewinn deutlich höher ist als der eines Diodenmischers, kann man in der Praxis oft keine ausreichende Trennung

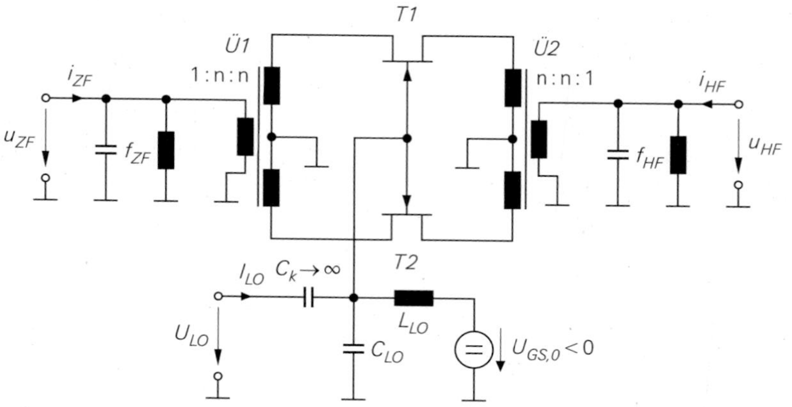

Abb. 25.59. Gegentakt-Fet-Mischer

der LO- und der HF-Frequenz durch die Parallelschwingkreise im LO- und im HF-Kreis erzielen. Man muss dann einen Gegentakt- oder Ringmischer verwenden.

25.4.2 Gegentaktmischer

Abbildung 25.59 zeigt das Schaltbild eines *Gegentakt-Fet-Mischers*. Aufgrund der Symmetrie ist der LO-Kreis vom ZF- und vom HF-Kreis entkoppelt; dadurch sind die Gate- und Drain-Anschlüsse der Fets bezüglich des LO-Kreises mit Masse verbunden, wie wir es bei der Berechnung des LO-Kreises mit Hilfe von Abb. 25.51 auf Seite 1450 vorausgesetzt haben. Wie beim Eintakt-Fet-Mischer machen wir auch hier wieder von der Möglichkeit Gebrauch, die Arbeitspunktspannung $U_{GS,0}$ am Fußpunkt der LO-Induktivität L_{LO} einzuspeisen. Bei der Dimensionierung der Parallelschwingkreise müssen wir wieder die Kapazitäten der Fets an den jeweiligen Anschlüssen berücksichtigen.

Bei der Untersuchung des Eintakt-Fet-Mischers haben wir gesehen, dass der Wellenwiderstand $Z_{W,M}$ des Mischers relativ groß wird, wenn man einen hohen Mischgewinn erzielen will. Wir nutzen deshalb die Übertrager, um eine Anpassung an den Wellenwiderstand Z_W der Leitungen herzustellen, indem wir 1:n:n-Übertrager verwenden und damit eine Impedanztransformation mit dem Faktor n^2 erzielen.

Zur Berechnung des LO-Kreises können die Gleichungen des Eintakt-Fet-Mischers und zur Berechnung des Kleinsignalverhaltens die Gleichungen des Eintakt-Diodenmischers verwenden, wenn wir berücksichtigen, dass die beiden Fets des Gegentaktmischers sowohl im LO-Kreis als auch im Kleinsignalersatzschaltbild parallelgeschaltet sind. Wir erläutern die Berechnung mit einem ausführlichen Beispiel.

Beispiel: Wir suchen eine günstige Dimensionierung für einen Gegentakt-Fet-Mischer zur Umsetzung des ISM-Bandes $f_{HF} = 2,4 \ldots 2,5\,\text{GHz}$ auf die Zwischenfrequenz $f_{ZF} = 190\,\text{MHz}$; dazu benötigen wir einen Lokaloszillator mit $f_{LO} = f_{HF} - f_{ZF} = 2,21 \ldots 2,31\,\text{GHz}$. Die relative Bandbreite beträgt:

$$\frac{B}{f_M} = \frac{2,31 - 2,21}{(2,21 + 2,31)/2} \approx 0,044$$

Da beim Gegentaktmischers zwei Fets parallelgeschaltet sind, müssen wir die Gleichungen des Eintaktmischers an allen Stellen, an denen einer der Fet-Parameter K, R'_G oder $C'_{G(GW)}$

eingeht, mit einem zusätzlichen Faktor 2 versehen. Wir kennzeichnen diesen Faktor im folgenden durch eine Unterstreichung: $\underline{2}$.

Die Anpassung im LO-Kreis soll mit einem Collins-Filter erfolgen. Aus Abb. 23.26 auf Seite 1306 entnehmen wir, dass wir bei einer relativen Bandbreite 0,044 ein Transformationsverhältnis $t \approx 20$ erzielen können. Bei einem Wellenwiderstand $Z_W = 50\,\Omega$ darf demnach der Widerstand R_{LO} im LO-Kreis maximal $1\,\mathrm{k}\Omega$ betragen. Damit erhalten wir aus (25.45) die Bedingung:

$$R_{LO} = \frac{R'_G}{\underline{2}}\left(1 + \omega_G^2/\omega_{LO}^2\right) \leq 1\,\mathrm{k}\Omega \qquad (25.58)$$

Im HF- und im ZF-Kreis setzen wir 1:2:2-Übertrager mit dem Transformationsverhältnis $2^2 = 4$ ein; daraus resultiert für den Wellenwiderstand $Z_{W,M}$ die Forderung:

$$Z_{W,M} = 4Z_W = 200\,\Omega$$

Aus (25.56) erhalten wir die Forderung:

$$\hat{u}_{G'S'} = \frac{5{,}15}{\underline{2}K\,Z_{W,M}\,(k_{AP}+1)^2} = \frac{12{,}88\,\mathrm{mA/V}}{K\,(k_{AP}+1)^2} \qquad (25.59)$$

Wir verwenden typische GaAs-Mesfets mit folgenden Kenngrößen:

- Die Schwellenspannung beträgt $U_{th} = -2\,\mathrm{V}$.
- Der relative Steilheitskoeffizienten beträgt:

$$K'_n \approx 30\,\mu\mathrm{A/V}^2$$

Daraus erhält man mit einer typischen Gate-Länge $L \approx 0{,}3\,\mu\mathrm{m}$ den auf die Gate-Weite W bezogenen Steilheitskoeffizienten:

$$\frac{K}{W} = \frac{K'_n}{L} \approx 100\,\frac{\mathrm{A}}{\mathrm{V}^2\mathrm{m}}$$

- Die auf die Gate-Weite W bezogenen relativen Sperrschichtkapazitäten betragen etwa:

$$\frac{C_{S0,S}}{W} = \frac{C_{S0,D}}{W} \approx 2\,\frac{\mathrm{nF}}{\mathrm{m}} \quad \Rightarrow \quad \left.\frac{C'_G(U_{G'S'})}{W}\right|_{U_{G'S'}=0} = \frac{C_{S0,S}+C_{S0,D}}{W} \approx 4\,\frac{\mathrm{nF}}{\mathrm{m}}$$

Die Kleinsignalkapazität im Arbeitspunkt $U_{G'S'} = U_{GS,0}$ ist um den Faktor

$$\left(1 - \frac{U_{GS,0}}{U_{Diff}}\right)^{m_S}$$

geringer und die für uns maßgebende Grundwellenkapazität $C'_{G(GW)}$ ist wiederum etwas größer als die Kleinsignalkapazität. Der Arbeitspunkt liegt im Sperrbereich:

$$U_{GS,0} \approx U_{th} - 0{,}2\,\mathrm{V}$$

Mit den typischen Werten $U_{Diff} \approx 1\,\mathrm{V}$ und $m_S = 0{,}5$ erhält man:

$$\frac{C'_{G(GW)}}{W} \approx 2{,}2\,\frac{\mathrm{nF}}{\mathrm{m}}$$

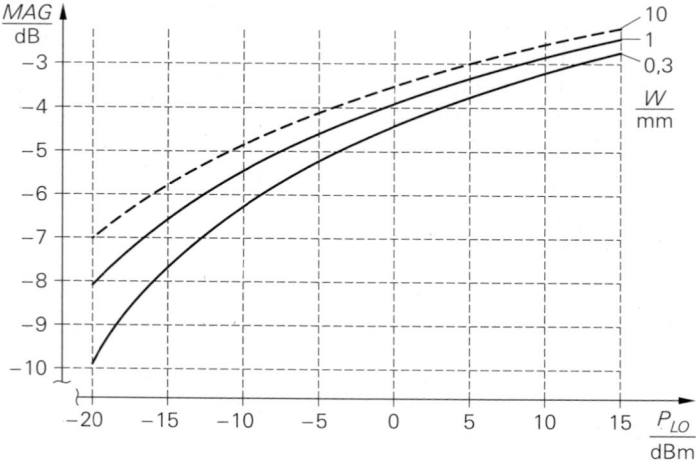

Abb. 25.60. Beispiel: Zusammenhang zwischen dem maximalem Mischgewinn *MAG*, der LO-Leistung P_{LO} und der Gate-Weite *W* für einen Gegentakt-Fet-Mischer mit typischen GaAs-Mesfets für $f_{LO} = 2,26\,\text{GHz}$. Die Gate-Weite $W = 10\,\text{mm}$ ist nicht praktikabel, da die Kapazitäten zu groß werden.

- Bei einem typischen GaAs-Mesfet dominiert der Gate-Bahnwiderstand R_G. Dieser Widerstand setzt sich aus zwei Anteilen zusammen: einem *inneren* Anteil, der etwa umgekehrt proportional zur Gate-Weite *W* ist, und einem *äußeren* Anteil, der näherungsweise konstant ist. Wir verwenden im folgenden den typischen Zusammenhang:

$$R'_G = 1\,\Omega + \frac{1,5 \cdot 10^{-3}\,\Omega\text{m}}{W}$$

Für die Gate-Weite erhalten wir durch eine numerische Auswertung von (25.58) die Bedingung $W > 0,29\,\text{mm}$. Wir gehen nun wie folgt vor:

- Wir geben die Gate-Weite vor und berechnen die Parameter K, R'_G, $C'_{G(GW)}$ und ω_G der Fets.
- Wir variieren den Arbeitspunktfaktor k_{AP} und berechnen daraus mit (25.55) den maximalen Mischgewinn *MAG* und mit (25.59) die Steueramplitude $\hat{u}_{G'S'}$.
- Wir berechnen die LO-Amplitude $\hat{u}_{g,LO}$, indem wir (25.50) nach $\hat{u}_{g,LO}$ auflösen; daraus erhalten wir mit (25.48) die LO-Leistung P_{LO}.
- Wir stellen den maximalen Mischgewinn als Funktion der LO-Leistung dar.

Abbildung 25.60 zeigt die resultierenden Kurven für verschiedene Gate-Weiten. Die Gate-Weite $W = 10\,\text{mm}$ ist nicht praktikabel, da die Kapazitäten zu groß werden. Wir haben die zugehörige Kurve nur dargestellt, um zu zeigen, dass eine weitere Erhöhung der Gate-Weite keine nennenswerte Verbesserung mehr bringt. Wir haben für dieses Beispiel $W = 0,3\,\text{mm}$ und $P_{LO} = -5\,\text{dBm}$ gewählt; dazu gehören die Werte $k_{AP} = -0,25$, $\hat{u}_{G'S'} = 0,77\,\text{V}$, $\hat{u}_{g,LO} = 0,35\,\text{V}$, $U_{GS,0} = -2,19\,\text{V}$ und der Mischgewinn $MAG = -5,3\,\text{dB}$.

Abbildung 25.61 zeigt die dimensionierte Schaltung des Mischers in einer ersten Entwicklungsversion mit idealen Kapazitäten und Induktivitäten. Man erkennt, dass die Kapazitäten der Fets in jedem Kreis parallel zu äußeren Kapazitäten liegen und mit diesen verrechnet werden können. Bei der Dimensionierung sind wir wie folgt vorgegangen:

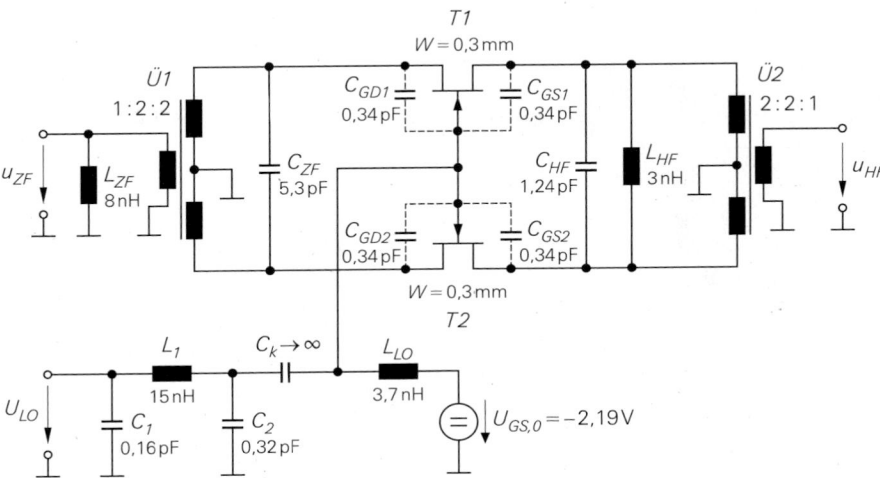

Abb. 25.61. Beispiel: Gegentakt-Fet-Mischer mit zwei GaAs-Mesfets für $f_{LO} = 2,26\,\text{GHz}$, $f_{HF} = 2,45\,\text{GHz}$ und $f_{ZF} = 190\,\text{MHz}$ mit allseitiger Anpassung an $Z_W = 50\,\Omega$ und einer LO-Leistung $P_{LO} = -5\,\text{dBm}$. Die Schwellenspannung der Fets beträgt $U_{th} = -2\,\text{V}$.

- Im LO-Kreis haben wir die Gate-Kapazitäten der Fets mit der LO-Induktivität L_{LO} in Resonanz genommen und anschließend den Resonanzwiderstand $R_{LO} = 950\,\Omega$ mit einem Collins-Filter (L_1, C_1, C_2) an $Z_W = 50\,\Omega$ angepasst. Auf eine separate LO-Kapazität C_{LO} haben wir verzichtet.
- Den ZF-Kreis haben wir mit L_{ZF} und C_{ZF} auf $f_{ZF} = 190\,\text{MHz}$ abgestimmt; dabei haben wir C_{ZF} auf die Sekundärseite des Übertragers verschoben, um einen günstigeren, in diesem Fall wesentlich kleineren Wert zu erhalten.
- Den HF-Kreis haben wir mit L_{HF} und C_{HF} auf $f_{HF} = 2,45\,\text{GHz}$ abgestimmt. Hier haben wir beide Elemente auf die Sekundärseite des Übertragers verschoben. Bei der Dimensionierung haben wir darauf geachtet, dass die Impedanz des Kreises bei der Spiegelfrequenz $f_{HF,Sp} = 2,07\,\text{GHz}$ bereits deutlich abgenommen hat. Den bei der Berechnung vorausgesetzten Kurzschluss bei der Spiegelfrequenz können wir zwar nicht herstellen, in der Praxis reicht es jedoch aus, wenn die Impedanz bei der Spiegelfrequenz etwa um den Faktor 4 abgenommen hat.

Wir haben diese Schritte mit *PSpice* durchgeführt und damit trotz des mangelhaften Kurzschlusses bei der Spiegelfrequenz eine sehr gute allseitige Anpassung und einen Mischgewinn $G_M \approx -5,9\,\text{dB}$ erzielt, der nur um $0,6\,\text{dB}$ unter dem idealen maximalen Mischgewinn liegt.

25.4.3 Ringmischer

Abbildung 25.62 zeigt das Schaltbild eines Ringmischers mit Fets. Im Gegensatz zum Ringmischer mit Dioden wird hier ein dritter Übertrager benötigt, um die komplementären Ansteuersignale für die Fets T1/T2 und T3/T4 zu erzeugen. Alle drei Übertrager können zur Anpassung an den Wellenwiderstand der Leitungen verwendet werden, indem man die Übersetzungsverhältnisse entsprechend wählt.

Wie beim Ringmischer mit Dioden sind auch hier der ZF- und der HF-Kreis entkoppelt. Man kann diese Eigenschaft aber nicht zur Vereinfachung der ZF- und HF-Filter nutzen,

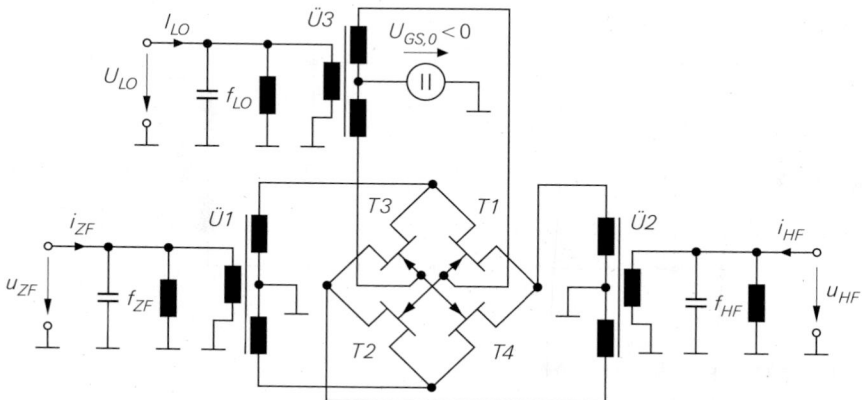

Abb. 25.62. Fet-Ringmischer

da die Parallelschwingkreise am ZF- und am HF-Anschluss nicht nur zur Trennung der Frequenzen dienen, sondern vor allem zur Kompensation der Kapazitäten der Fets benötigt werden; deshalb ist auch der Fet-Ringmischer in der Praxis immer schmalbandig.

Zur Berechnung des LO-Kreises können die Gleichungen des Eintakt-Fet-Mischers und zur Berechnung des Kleinsignalverhaltens die Gleichungen des Eintakt-Diodenmischers verwenden, wenn man berücksichtigt, dass die vier Fets des Ringmischers sowohl im LO-Kreis als auch im Kleinsignalersatzschaltbild parallelgeschaltet sind.

25.4.4 Integrierte Fet-Mischer

Fet-Mischer eignet sich auch sehr gut für eine Integration in MOS-Technik. In diesem Fall werden die Übertrager durch eine symmetrische Ansteuerung mit Differenzverstärkern ersetzt; auch das Ausgangssignal wird differentiell entnommen. Die benötigten Induktivitäten können als integrierte Spulen in den Metallisierungsebenen realisiert werden. Die geringe Güte der integrierten Spulen führt zwar zu Verlusten und reduziert den Mischgewinn, stellt aber kein grundsätzliches Problem dar. Der hohe Wellenwiderstand eines Fet-Mischers, der in diskreten Schaltungen die Anpassung an den Wellenwiderstand der Leitungen erschwert, ist in integrierten Schaltungen von Vorteil.

Meist wird der Ringmischer verwendet. Abbildung 25.63 zeigt die beiden häufig verwendeten Darstellungen eines Ringmischers in integrierten MOS-Schaltungen. Wir haben auch hier den Gate-Anschluss in die Mitte verschoben, um den passiven Betrieb der Fets zu betonen. In Anwendungen mit relativ niedrigen Frequenzen kann man die Kapazitäten der Fets vernachlässigen und auf eine Resonanzabstimmung mit Induktivitäten verzichten.

Abbildung 25.64 zeigt einen Abwärtsmischer mit Resonanzabstimmung in allen Kreisen. Diese Ausführung ist nur für relativ hohe ZF-Frequenzen geeignet, bei denen eine Resonanzabstimmung mit integrierten Induktivitäten noch möglich ist. Gleichspannungsmäßig sind alle Anschlüsse über die Induktivitäten mit der Versorgungsspannung verbunden. Da in diesem Fall die Arbeitspunktspannung $U_{GS,0}$ gleich Null ist, muss die Schwellenspannung der Fets gering sein ($U_{th} \approx 0{,}2 \ldots 0{,}3$ V), damit man einen typischen Arbeitspunktfaktor $k_{AP} \approx -0{,}5$ erzielen kann. Wenn dies nicht möglich ist, muss man für die HF- und ZF-Kreise eine geringere Versorgungsspannung verwenden. Die Induktivitäten im LO- und im HF-Kreis kompensieren nicht nur die Kapazitäten der Fets des

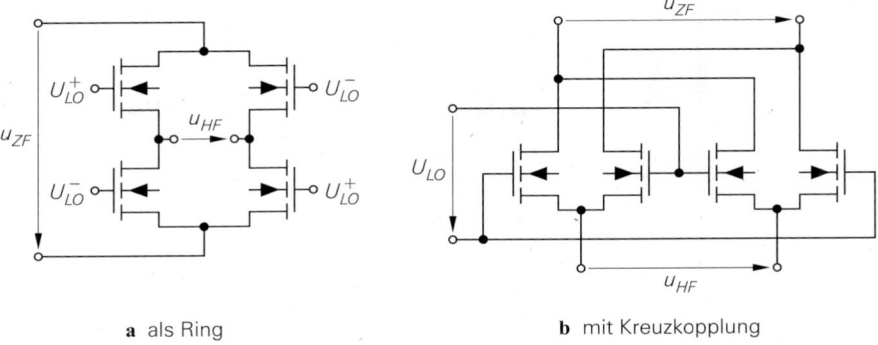

a als Ring   **b** mit Kreuzkopplung

Abb. 25.63. Darstellung eines passiven Ringmischers in MOS-Technik

Mischers, sondern auch die Ausgangskapazitäten der jeweiligen Treiber; dadurch werden
nur noch die Resonanzwiderstände wirksam, die sich aus den Ausgangswiderständen der
Treiber-Fets und den Verlustwiderständen der Induktivitäten ergeben. Für eine Anpassung
muss der Resonanzwiderstand im LO-Kreis dem LO-Widerstand R_{LO} und der Resonanzwiderstand im HF-Kreis dem Wellenwiderstand $Z_{W,M}$ des Mischers entsprechen. Da die
Resonanzwiderstände üblicherweise relativ hoch sind, ist eine Anpassung durch eine geeignete Dimensionierung des Mischers meist problemlos möglich. Am ZF-Ausgang müssen wir eine kapazitive Kopplung verwenden, die bei hohen ZF-Frequenzen aber ebenfalls
problemlos möglich ist. Die Anpassung im ZF-Kreis wird durch eine Eingangsstufe mit
Spannungsgegenkopplung hergestellt; dadurch lässt sich der Eingangswiderstand der Stu-

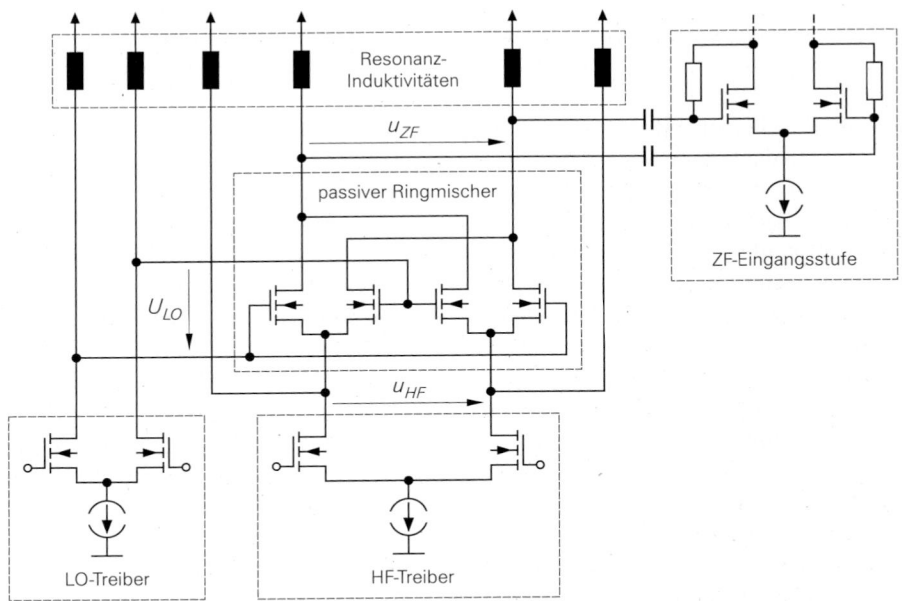

Abb. 25.64. Beispiel für einen passiven Ringmischer in MOS-Technik für die Abwärtsmischung in
einem Empfänger mit relativ hoher ZF-Frequenz

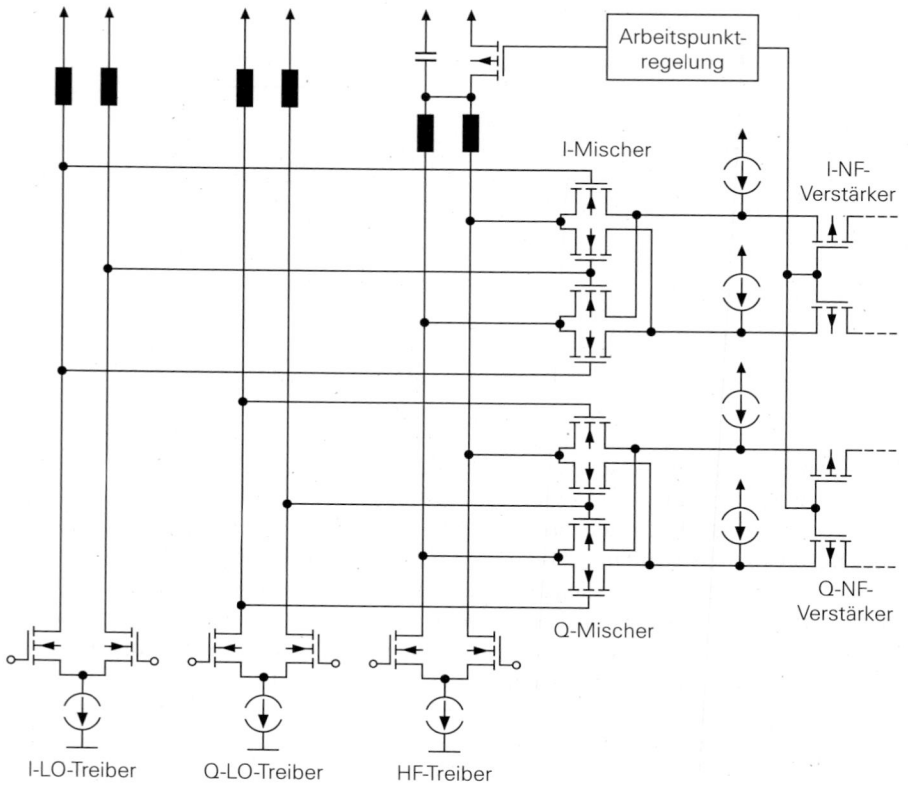

Abb. 25.65. Beispiel für einen passiven I/Q-Abwärtsmischer in CMOS-Technik für den Einsatz in einem direktumsetzenden Empfänger (*direct conversion receiver*)

fe mit Hilfe der Gegenkopplungswiderstände einstellen. Die Eingangskapazitäten werden auch hier durch die Induktivitäten kompensiert. Ein großer Vorteil der Schaltung liegt darin, dass sie nur eine sehr geringe Versorgungsspannung benötigt. Wir weisen darauf hin, dass die Schaltung *formal* weitgehend dem aktiven Doppel-Gegentaktmischer (Gilbert-Mischer) mit Feldeffekttransistors entspricht, wie ein Vergleich mit Abb. 25.80 auf Seite 1480 zeigt, wenn man die Bipolartransistoren durch Feldeffekttransistoren ersetzt. Beide Varianten unterscheiden sich nur bezüglich des Arbeitspunkts der Fets in der kreuzgekoppelten Mischerzelle. Wenn man bei der passiven Variante in Abb. 25.64 die Induktivitäten im HF-Kreis entfernt und die Versorgungsspannung im ZF-Kreis erhöht, arbeiten die Fets der Mischerzelle im Abschnürbereich und man erhält die aktive Variante.

Bei einem direktumsetzenden Empfänger nach Abb. 22.35 auf Seite 1278 liegen ganz andere Verhältnisse vor. Hier gilt $f_{LO} = f_{HF}$ und das Empfangssignal wird mit einem I/Q-Mischer direkt in die niederfrequenten Quadraturkomponenten umgesetzt; eine Resonanzabstimmung an den Ausgängen der Mischer ist deshalb weder nötig noch möglich. Abbildung 25.65 zeigt die typische Ausführung eines passiven I/Q-Abwärtsmischers in CMOS-Technik. Auf die Mischer folgen nun NF-Verstärker, die üblicherweise mit sehr geringen Ruheströmen betrieben werden. Eine Anpassung der NF-Verstärker an die Wellenwiderstände der Mischer kann in diesem Fall durch die Verwendung von Gateschaltungen erfolgen, die wegen $r_e = 1/S$ auch bei geringen Ruheströmen einen passenden Eingangs-widerstand aufweisen. Die Gleichspannungspotentiale an den Mischerzellen müssen nun so weit unterhalb der positiven Versorgungsspannung liegen, dass die Stromquellen an den Eingängen der NF-Verstärker nicht in den ohmschen Bereich geraten. Eine Arbeitspunkt-regelung übernimmt die korrekte Einstellung der Arbeitspunkte in den NF-Eingangsstufen und im HF-Treiber. Die Fets in den Mischerzellen werden jetzt mit $U_{GS,0} > 0$ betrieben. Wenn man damit keinen passenden Arbeitspunktfaktor erzielen kann, müssen auch die LO-Treiber in die Arbeitspunktregelung einbezogen werden.

25.4.5 Eigenschaften von passiven Fet-Mischern

25.4.5.1 Frequenzbereich

Passive Fet-Mischer sind schmalbandig, da man die Kapazitäten der Fets mit Hilfe der Re-sonanzkreise kompensieren muss. Davon ausgenommen sind nur Mischer, die mit sehr niedrigen Frequenzen betrieben werden und bei denen man die Kapazitäten vernach-lässigen kann. Die maximale praktische Betriebsfrequenz beträgt etwa ein Drittel der Gate-Grenzfrequenz ω_G, die ihrerseits etwa der Steilheitsgrenzfrequenz ω_{Y21s} der Fets entspricht, wie ein Vergleich von (25.43) auf Seite 1451 mit (3.48) auf Seite 227 unter Berücksichtigung von $R'_G \approx R_G$ und $C'_{G(GW)} \approx C_{GS} + C_{GD}$ zeigt.

25.4.5.2 LO-Leistung

Die benötigte LO-Leistung ist bei einem Fet-Mischer mit Anpassung im LO-Kreis pro-portional zum Quadrat der LO-Frequenz:

$$P_{LO} \overset{(25.48)}{=} \frac{\hat{u}^2_{g,LO}}{8 Z_W} \overset{(25.50)}{\approx} \frac{\hat{u}^2_{G'S'}}{2 R'_G} \frac{\omega^2_{LO}}{\omega^2_G} \overset{(25.43)}{=} \frac{R'_G}{2} \left(\omega_{LO} C'_{G(GW)} \hat{u}_{G'S'} \right)^2$$

Deshalb werden bei niedrigen Frequenzen wesentlich geringere LO-Leistungen benötigt als bei einem vergleichbaren Diodenmischer, bei dem die benötigte LO-Leistung nicht von der Frequenz abhängt.

25.4.5.3 Nichtlinearität

Fet-Mischer sind hochlinear, da die Nichtlinearität des Kanalwiderstands sehr gering ist; der Kompressionspunkt und der Intercept-Punkt *IIP3* sind entsprechend hoch. Da bei Diodenmischern ein direkter Zusammenhang zwischen der LO-Leistung P_{LO} und dem Intercept-Punkt *IIP3* besteht, wird das Verhältnis dieser Größen als Entscheidungskriteri-um bei der Wahl zwischen diskreten Fet- und Diodenmischern verwendet. Da Fet-Mischer bei niedrigen Frequenzen eine wesentlich geringere LO-Leistung benötigen, haben sie Diodenmischer aus allen schmalbandigen Anwendungen im unteren GHz-Bereich fast vollständig verdrängt.

Der Intercept-Punkt *IIP3* hängt von der Spannung U_{DS} im Arbeitspunkt ab. Bei ty-pischen GaAs-Mesfets kann man den *IIP3* optimieren, indem man die Fets nicht mit $U_{DS} = 0$, sondern mit $U_{DS} \approx 0,1 \ldots 0,2$ V betreibt. In Anwendungen mit höchsten Anforderungen an die Linearität führt man die Mischer so aus, dass die Spannung U_{DS} abgeglichen werden kann.

25.4.5.4 Rauschen

Bei passiven Fet-Mischern treten nur thermische Rauschquellen auf; deshalb erhält man die Rauschzahl gemäß (25.39) auf Seite 1443 aus dem verfügbaren Gewinn G_A:

$$F_{DSB} = \frac{1}{G_A} \quad , \quad F_{SSB} = 1 + 2\left(\frac{1}{G_A} - 1\right) = \frac{2}{G_A} - 1$$

Wie beim Diodenmischer wird auch hier angenommen, dass bei der Einseitenband-Rauschzahl F_{SSB} gleiche Verhältnisse bei der HF- und der Spiegelfrequenz vorliegen, siehe Abschnitt 25.3.6.2.

25.5 Aktive Mischer mit Transistoren

In integrierten Schaltungen werden fast ausschließlich multiplikative Mischer mit Transistoren eingesetzt. Bei diesen Mischern wird das Eingangssignal mit einem Spannungs-Strom-Wandler in einen Strom umgewandelt und mit einem oder zwei als Umschalter betriebenen Differenzverstärkern auf den Ausgang geschaltet. Diese Mischer werden auch als *aktive Mischer* bezeichnet.

Wir beschreiben im folgenden die beiden gängigen Schaltungen: den *Gegentaktmischer (single balanced mixer)* und den *Doppel-Gegentaktmischer (double balanced mixer)*; letzterer wird nach seinem Erfinder B. Gilbert auch als *Gilbert-Mischer (Gilbert mixer)* bezeichnet. Beide Schaltungen können mit Bipolartransistoren oder Mosfets realisiert werden; wir beschränken uns im folgenden auf die Ausführungen mit Bipolartransistoren.

25.5.1 Gegentaktmischer

Abbildung 25.66 zeigt das Schaltbild eines *Gegentaktmischers (single balanced mixer)*, der als Aufwärtsmischer betrieben wird. Er besteht aus einer Emitterschaltung mit Stromgegenkopplung (T_3, R_E), die als Spannungs-Strom-Wandler (U/I-Wandler) arbeitet, und einem Differenzverstärker (T_1, T_2), mit dem der Ausgangsstrom der Emitterschaltung abwechselnd auf den HF-Ausgang oder auf die Versorgungsspannung geschaltet wird. Am Eingang wird die ZF-Kleinsignalspannung u_{ZF} zusammen mit einer Gleichspannung U_0 zur Einstellung des Arbeitspunkts zugeführt. Die Umschaltung des Differenzverstärkers erfolgt durch eine LO-Spannung U_{LO}, die im Idealfall rechteckförmig ist. Aus den Mischprodukten im Strom I_{C2} wird der HF-Kleinsignalstrom i_{HF} mit einem HF-Filter abgetrennt und über eine Koppelkapazität C_k dem HF-Lastwiderstand $R_{L,HF}$ zugeführt.

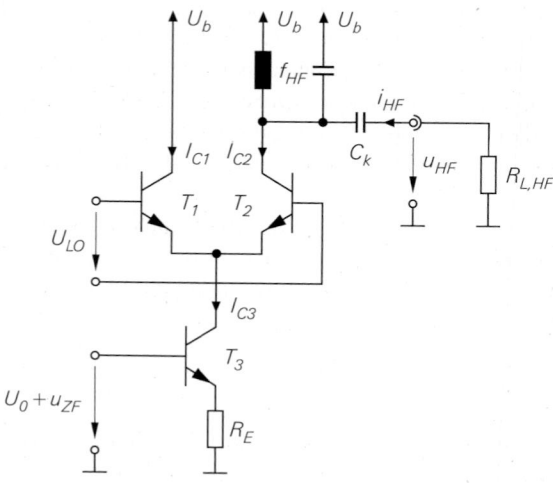

Abb. 25.66.
Gegentaktmischer mit Transistoren

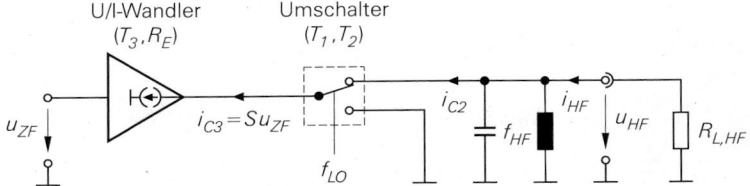

Abb. 25.67. Funktionsprinzip (= Kleinsignalersatzschaltbild) eines Gegentaktmischers mit Transistoren

Das Funktionsprinzip des Gegentaktmischers ist in Abb. 25.67 dargestellt. Man erkennt, dass der Umschalter bezüglich des Übertragungsverhaltens nur als Ein-/Ausschalter wirkt; deshalb arbeitet der Gegentaktmischer in dieser Form als multiplikativer Mischer mit unipolarem Rechtecksignal, wie ein Vergleich mit Abb. 25.15 auf Seite 1403 zeigt.

25.5.1.1 Berechnung des Übertragungsverhaltens

Der Strom I_{C3} am Ausgang der Emitterschaltung setzt sich aus dem Ruhestrom $I_{C3,A}$ und dem Kleinsignalstrom i_{C3} zusammen:

$$I_{C3} = I_{C3,A} + i_{C3} \tag{25.60}$$

Der Ruhestrom $I_{C3,A}$ wird durch die Gleichspannung U_0 am Eingang eingestellt. Für den Kleinsignalstrom i_{C3} gilt:

$$i_{C3} = S u_{ZF} \tag{25.61}$$

Dabei ist

$$S = \frac{S_3}{1 + S_3 R_E} \overset{S_3 = I_{C3,A}/U_T}{=} \frac{I_{C3,A}}{U_T + I_{C3,A} R_E} \tag{25.62}$$

die Steilheit des Spannungs-Strom-Wandlers.

Aus dem Strom I_{C3} erhält man mit Hilfe der Stromkennlinien des Differenzverstärkers die Kollektorströme der Transistoren T_1 und T_2; aus (4.61) auf Seite 344 folgt mit den Zusammenhängen $2 I_0 = I_{C3}$ und $U_D = U_{LO}$:

$$I_{C1} = \frac{I_{C3}}{2} \left(1 + \tanh \frac{U_{LO}}{2 U_T} \right) \quad , \quad I_{C2} = \frac{I_{C3}}{2} \left(1 - \tanh \frac{U_{LO}}{2 U_T} \right) \tag{25.63}$$

Dabei ist $U_T = 26\,\mathrm{mV}$ die Temperaturspannung. Abbildung 25.68 zeigt die Ströme in Abhängigkeit von der LO-Spannung. Für $U_{LO} < -5 U_T = -130\,\mathrm{mV}$ und $U_{LO} > 5 U_T = 130\,\mathrm{mV}$ ist der Differenzverstärker praktisch vollständig ausgesteuert und arbeitet wie gewünscht als Schalter. Dazwischen liegt der Umschaltbereich, in dem beide Transistoren leiten.

Für den Zeitverlauf des Stroms I_{C2} erhält man durch Einsetzen von (25.60) und (25.61) in (25.63):

$$I_{C2}(t) = [\, \underbrace{I_{C3,A} + S u_{ZF}(t)}_{s_{ZF}(t)} \,] \underbrace{\left[\frac{1}{2} \left(1 - \tanh \frac{U_{LO}(t)}{2 U_T} \right) \right]}_{s'_{LO}(t)} \tag{25.64}$$

Man erkennt, dass der Gegentaktmischer als multiplikativer Mischer arbeitet: das ZF-Signal $s_{ZF}(t)$ wird mit dem LO-Signal $s'_{LO}(t)$ multipliziert. Zusätzlich tritt ein Gleichanteil

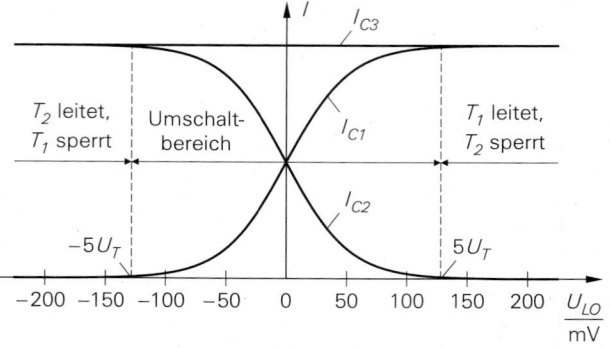

Abb. 25.68.
Stromkennlinien des Differenzverstärkers

entsprechend dem Ruhestrom $I_{C3,A}$ auf, der ebenfalls mit $s'_{LO}(t)$ multipliziert wird. Das LO-Signal $s'_{LO}(t)$ folgt aus der LO-Spannung $U_{LO}(t)$ unter Berücksichtigung des Schaltverhaltens des Differenzverstärkers. Abbildung 25.69 verdeutlicht die Zusammenhänge.

25.5.1.2 Rechteckförmige LO-Spannung

Wir betrachten zunächst den Betrieb mit einer bipolaren, rechteckförmigen LO-Spannung mit der Amplitude $\hat{u}_{LO}$; dann ist auch das LO-Signal $s'_{LO}(t)$ rechteckförmig mit den Werten:

$$s'_{LO} = \frac{1}{2}\left(1 - \tanh\frac{U_{LO}}{2U_T}\right) \overset{\overset{U_{LO}=\pm\hat{u}_{LO}}{\tanh(-x)=-\tanh x}}{=} \frac{1}{2}\left(1 \mp \tanh\frac{\hat{u}_{LO}}{2U_T}\right)$$

Abbildung 25.70a zeigt den Verlauf von $U_{LO}(t)$ und $s'_{LO}(t)$ für verschiedene Amplituden. Für $\hat{u}_{LO} > 5U_T = 130\,\text{mV}$ erhält man für $s'_{LO}(t)$ näherungsweise ein unipolares Rechtecksignal mit den Werten 0 und 1. In diesem Fall kann man den Mischer als idealen Schalter betrachten.

Zur weiteren Berechnung wird das Signal $s'_{LO}(t)$ in eine Fourier-Reihe entwickelt:

$$s'_{LO}(t) = c_0 + c_1\cos\omega_{LO}t + c_3\cos 3\omega_{LO}t + c_5\cos 5\omega_{LO}t + \cdots$$

$$= c_0 + \sum_{n=0}^{\infty} c_{(2n+1)}\cos(2n+1)\omega_{LO}t \tag{25.65}$$

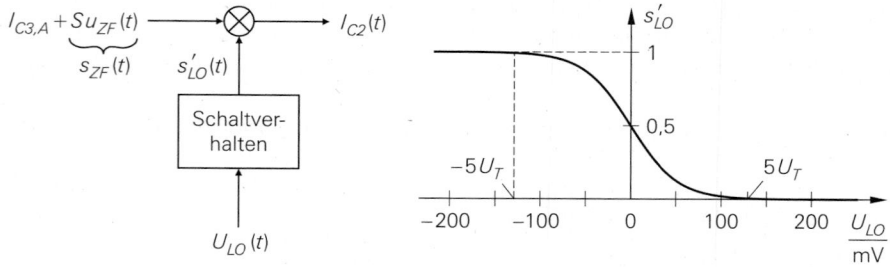

a Modell des Gegentaktmischers   **b** Kennlinie für das Schaltverhalten

Abb. 25.69. Darstellung des Gegentaktmischers als multiplikativen Mischer unter Berücksichtigung des Schaltverhaltens des Differenzverstärkers

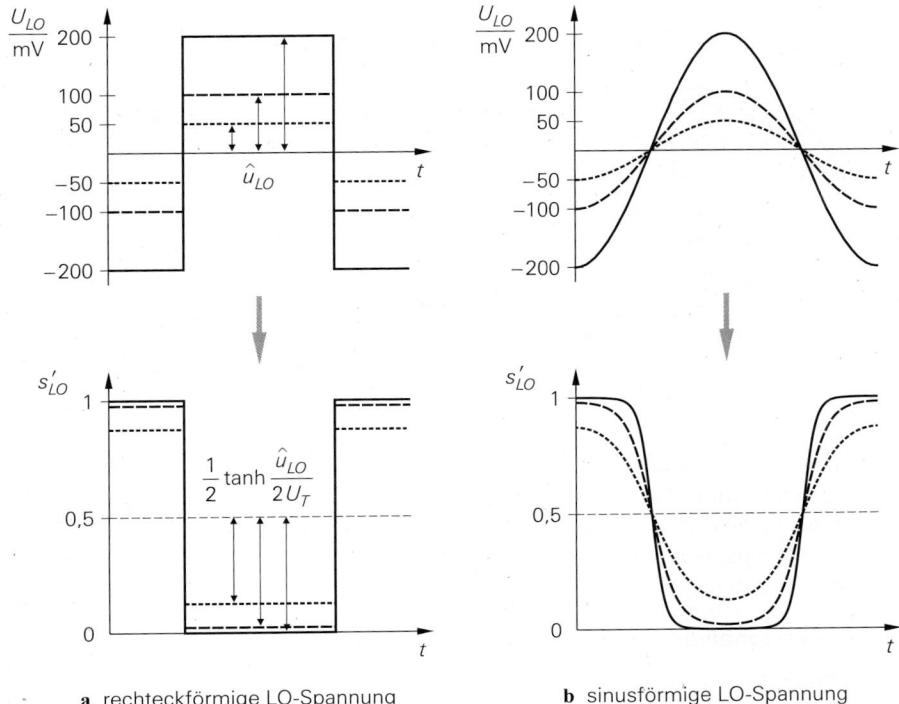

a rechteckförmige LO-Spannung   **b** sinusförmige LO-Spannung

Abb. 25.70. LO-Spannung $U_{LO}(t)$ und LO-Signal $s'_{LO}(t)$ für die Amplituden $\hat{u}_{LO} =$ 50 mV / 100 mV / 200 mV

Die Reihe enthält neben dem Gleichanteil c_0 nur Cosinus-Anteile bei der LO-Frequenz f_{LO} und ungeradzahligen Vielfachen davon, da $s'_{LO}(t)$ gemäß Abb. 25.70 eine *gerade* Funktion der Zeit ist ($s'_{LO}(t) = s'_{LO}(-t)$) und ein Tastverhältnis von 50% aufweist. Man kann $s'_{LO}(t)$ als Summe eines Gleichanteils $c_0 = 1/2$ und eines bipolaren Rechtecksignals mit der Amplitude

$$\frac{1}{2} \tanh \frac{\hat{u}_{LO}}{2U_T}$$

auffassen; dann erhält man unter Verwendung der Reihenentwicklung für ein bipolares Rechtecksignal in (25.1) die Koeffizienten:

$$c_0 = \frac{1}{2} \ , \quad c_1 = \frac{2}{\pi} \tanh \frac{\hat{u}_{LO}}{2U_T} \ , \quad c_3 = -\frac{2}{3\pi} \tanh \frac{\hat{u}_{LO}}{2U_T} \ , \quad \cdots \qquad (25.66)$$

Abbildung 25.71 zeigt die Koeffizienten c_1 und $|c_3|$ in Abhängigkeit von der Amplitude $\hat{u}_{LO}$. Sie gehen für $\hat{u}_{LO} \rightarrow \infty$ in die Koeffizienten für ein unipolares Rechtecksignal über; praktisch ist dies für $\hat{u}_{LO} > 5U_T$ der Fall.

25.5.1.3 Sinusförmige LO-Spannung

Die Erzeugung einer rechteckförmigen LO-Spannung wird mit zunehmender LO-Frequenz immer schwieriger; deshalb wird bei hohen Frequenzen die näherungsweise sinusförmige Ausgangsspannung eines Hochfrequenz-Oszillators verwendet. Abbildung 25.70b zeigt

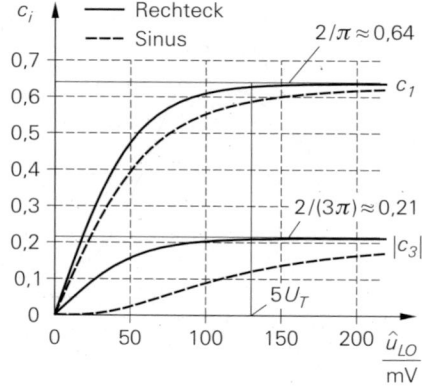

Abb. 25.71.
Koeffizienten c_1 und $|c_3|$ der Fourier-Reihe des LO-Signals $s'_{LO}(t)$ für eine rechteckförmige und eine sinusförmige LO-Spannung

den Verlauf von $U_{LO}(t)$ und $s'_{LO}(t)$ für diesen Fall. Auch hier geht das LO-Signal $s'_{LO}(t)$ mit zunehmender Amplitude in ein unipolares Rechtecksignal über. Die Koeffizienten der Fourier-Reihe sind mit Ausnahme des Gleichanteils c_0 kleiner als bei einer rechteckförmigen LO-Spannung mit gleicher Amplitude; Abb. 25.71 zeigt einen Vergleich der Koeffizienten c_1 und $|c_3|$.

25.5.1.4 Kleinsignalverhalten

Wir können nun das Kleinsignal-Übertragungsverhalten berechnen, indem wir eine sinusförmige ZF-Spannung

$$u_{ZF}(t) = \hat{u}_{ZF} \cos \omega_{ZF} t$$

und die Fourier-Reihe für $s'_{LO}(t)$ aus (25.65) in (25.64) einsetzen:

$$
\begin{aligned}
I_{C2}(t) &= \left[I_{C3,A} + S u_{ZF}(t) \right] s'_{LO}(t) \\
&= \left[I_{C3,A} + S \hat{u}_{ZF} \cos \omega_{ZF} t \right] \left[c_0 + c_1 \cos \omega_{LO} t + c_3 \cos 3\omega_{LO} t + \cdots \right] \\
&= I_{C3,A} \left[c_0 + c_1 \cos \omega_{LO} t + c_3 \cos 3\omega_{LO} t + \cdots \right] \\
&\quad + c_0 S \hat{u}_{ZF} \cos \omega_{ZF} t \\
&\quad + \frac{c_1 S \hat{u}_{ZF}}{2} \left[\cos(\omega_{LO} + \omega_{ZF})t + \cos(\omega_{LO} - \omega_{ZF})t \right] \\
&\quad + \frac{c_3 S \hat{u}_{ZF}}{2} \left[\cos(3\omega_{LO} + \omega_{ZF})t + \cos(3\omega_{LO} - \omega_{ZF})t \right] \\
&\quad + \cdots
\end{aligned}
$$

Abbildung 25.72 zeigt das Betragsspektrum des Stroms I_{C2}. Wir nehmen an, dass der Mischer in Gleichlage arbeitet; dann gilt $f_{HF} = f_{LO} + f_{ZF}$. Das HF-Filter schließt alle Anteile mit Ausnahme des HF-Anteils kurz; daraus folgt für den HF-Strom

$$i_{HF}(t) = I_{C2}(t) \Big|_{f = f_{HF} = f_{LO} + f_{ZF}} = \frac{c_1}{2} S \hat{u}_{ZF} \cos \omega_{HF} t$$

und für die HF-Spannung:

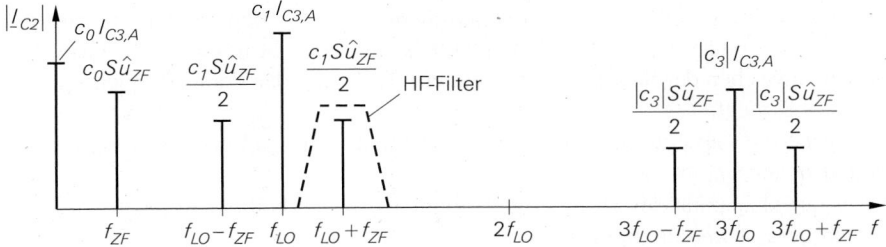

Abb. 25.72. Betragsspektrum des Stroms $I_{C2}(t)$ für eine sinusförmige ZF-Spannung

$$u_{HF}(t) = -R_{L,HF} i_{HF}(t) = -\frac{c_1}{2} S R_{L,HF} \hat{u}_{ZF} \cos \omega_{HF} t$$

Wir nehmen dabei an, dass der Ausgangswiderstand des Transistors T_2 vernachlässigt werden kann. Für die Spannungszeiger gilt:

$$\underline{u}_{HF} = -\frac{c_1}{2} S R_{L,HF} \underline{u}_{ZF} \tag{25.67}$$

25.5.1.5 Mischverstärkung

Aus (25.67) folgt, dass der Gegentaktmischer wie ein Verstärker mit der *Mischverstärkung*

$$\boxed{A_M = \frac{\underline{u}_{HF}}{\underline{u}_{ZF}} = -\frac{c_1}{2} S R_{L,HF} \overset{(25.62)}{=} -\frac{c_1}{2} \frac{S_3 R_{L,HF}}{1 + S_3 R_E}} \tag{25.68}$$

arbeitet. Die Frequenzumsetzung tritt dabei nicht mehr explizit in Erscheinung.

Die Mischverstärkung ist um den Faktor $c_1/2$ geringer als die Verstärkung A einer äquivalenten Emitterschaltung mit Stromgegenkopplung:

$$A \overset{(2.82)}{=} -\frac{S R_C}{1 + S R_E} \overset{\substack{S=S_3 \\ R_C=R_{L,HF}}}{=} -\frac{S_3 R_{L,HF}}{1 + S_3 R_E} \quad \Rightarrow \quad A_M = \frac{c_1}{2} A$$

Der Koeffizient c_1 resultiert aus der Funktionsweise eines multiplikativen Mischers und nimmt maximal den Wert $2/\pi \approx 0{,}64$ an, siehe Abb. 25.71. Der Faktor $1/2$ wird dadurch verursacht, dass bei der Mischung neben dem HF-Nutzband bei $f_{LO} + f_{ZF}$ ein Spiegelfrequenzband mit gleicher Amplitude bei $f_{LO} - f_{ZF}$ entsteht, das durch das HF-Filter unterdrückt wird, siehe Abb. 25.72. Demnach ist die Mischverstärkung mindestens um den Faktor $1/\pi$ ($\approx 10\,\mathrm{dB}$) geringer als die Verstärkung einer äquivalenten Emitterschaltung mit Stromgegenkopplung; typische Werte liegen im Bereich $|A_M| \approx 2 \ldots 10\,(6 \ldots 20\,\mathrm{dB})$.

25.5.1.6 Bandbreite

Wir haben die Mischverstärkung A_M nur für den statischen Fall, d.h. ohne Berücksichtigung der Kapazitäten der Transistoren, berechnet; sie gilt deshalb streng genommen nur für niedrige Frequenzen. Die Bandbreite des Gegentaktmischers ist jedoch im allgemeinen sehr hoch; dies hat drei Ursachen:

– Die Emitterschaltung mit Stromgegenkopplung bildet zusammen mit den Transistoren des Differenzverstärkers eine Kaskodeschaltung und erreicht deshalb eine Grenzfrequenz, die zwischen der Steilheitsgrenzfrequenz f_{Y21e} und der Transitfrequenz f_T des Transistors T_3 liegt.

– Der Transistor T_2 arbeitet bezüglich des Kleinsignalstroms in Basisschaltung mit der α-Grenzfrequenz $f_\alpha \approx f_T$.

– Die Ausgangskapazität des Transistors T_2 kann als Bestandteil der Kapazität des HF-Filters aufgefasst werden und wirkt sich deshalb nicht störend aus.

Deshalb kann man die Mischverstärkung auch bei höheren Frequenzen mit Hilfe der statischen Mischverstärkung abschätzen.

25.5.1.7 Anpassung

Bei hohen Frequenzen muss der Gegentaktmischer allseitig an den Wellenwiderstand Z_W der externen Leitungen angepasst werden, um unerwünschte Reflexionen und Impedanztransformationen zu vermeiden. Dazu kann man dieselben Verfahren einsetzen wie bei Verstärkern:

– die Schaltungen zur Impedanztransformation aus Abschnitt 23.3.1;
– die Verfahren zur Anpassung integrierter Verstärker aus Abschnitt 24.1.1, siehe Abb. 24.2 auf Seite 1324.

Abbildung 25.73 zeigt ein typisches Beispiel:

– Die Emitterschaltung am Eingang wird durch eine Basisschaltung mit dem Ruhestrom I_0 und dem Eingangswiderstand

$$\frac{1}{S_3} = \frac{U_T}{I_0} \tag{25.69}$$

ersetzt; für $I_0 \approx 520\,\mu A$ erhält man eine Anpassung an $Z_W = 50\,\Omega$. Wird eine Stromgegenkopplung zur Verbesserung der Linearität benötigt, kann man einen höheren Ruhestrom wählen und einen zusätzlichen Längswiderstand

$$R_E = Z_W - \frac{1}{S_3} = Z_W - \frac{U_T}{I_0} \tag{25.70}$$

einsetzen; dadurch bleibt die Anpassung erhalten. Die Basisschaltung hat allerdings den Nachteil, dass die Steilheit S der Spannungs-Strom-Wandlung fest an den Wellenwiderstand Z_W gekoppelt ist; durch Einsetzen von (25.69) und (25.70) in (25.62) erhält man mit und ohne R_E:

$$S = \frac{1}{Z_W} \tag{25.71}$$

Deshalb kann man die Mischverstärkung nicht über S beeinflussen.

– Am LO-Eingang wird ein Abschlusswiderstand R_{LO} verwendet. Wenn die LO-Spannung symmetrisch zugeführt wird, muss $R_{LO} = 2Z_W$ gelten, damit beide Eingänge mit Z_W abgeschlossen sind. Dabei wird unterstellt, dass die Eingangsimpedanzen der Transistoren T_1 und T_2 wesentlich größer sind als Z_W und vernachlässigt werden können.

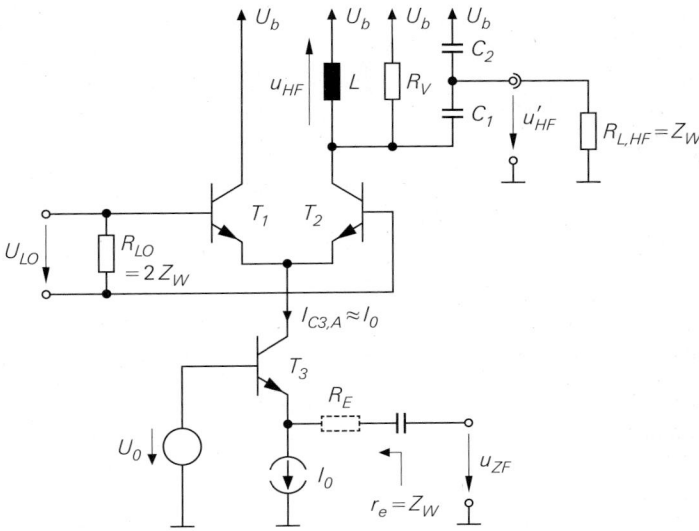

Abb. 25.73. Beispiel zur Anpassung eines Gegentaktmischers

– Der Lastwiderstand $R_{L,HF} = Z_W$ am Ausgang wird mit einem kapazitiven Spannungs-teiler (C_1, C_2) angekoppelt; damit erhält man nach (23.38) und (23.39) einen transformierten Lastwiderstand:

$$R_P = Z_W \left(1 + \frac{C_2}{C_1}\right)^2 \tag{25.72}$$

Die Koppelkapazität C_k aus Abb. 25.66 wird nicht mehr benötigt, da der Lastwider-stand bereits durch den kapazitiven Spannungsteiler gleichspannungsmäßig entkoppelt ist. Abbildung 25.74 zeigt die Transformation. Wir nehmen im folgenden an, dass der Verlustwiderstand R_V alle Verlustwiderstände des Parallelschwingkreises einschließ-lich des Ausgangswiderstands des Transistors T_2 repräsentiert [6]. Dann lautet die An-passungsbedingung $R_V = R_P$.

Die eingangsseitige Anpassung ist vor allem bei einem Betrieb als Abwärtsmischer wich-tig, da in diesem Fall das HF-Signal am Eingang anliegt und die dem Mischer vorausge-henden HF-Komponenten häufig sehr empfindlich auf eine Fehlanpassung reagieren.

25.5.1.8 Mischgewinn

Wir können nun den *Mischgewinn* G_M des Gegentaktmischers ermitteln. Er entspricht dem Übertragungsgewinn G_T eines Verstärkers und wird mit (24.33) berechnet:

$$G_M = G_T = \left(\frac{r_e}{R_g + r_e}\right)^2 A^2 \frac{4 R_g R_L}{(r_a + R_L)^2}$$

Dabei ist r_e der Eingangswiderstand, A die Leerlaufverstärkung und r_a der Ausgangswi-derstand des Gegentaktmischers; R_g ist der Innenwiderstand der Signalquelle und R_L der

---

[6] Unter dem Ausgangswiderstand des Transistors verstehen wir hier den Kehrwert des Realteils der Ausgangsadmittanz: $r_a = 1/\text{Re}\{Y_a\}$. Bei niedrigen Frequenzen gilt $r_a = r_{CE} = U_A/I_{C,A}$, siehe (2.13); bei hohen Frequenzen ist der Ausgangswiderstand deutlich geringer.

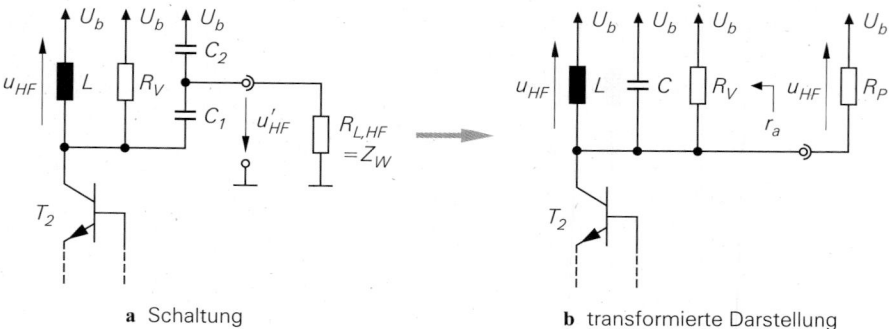

a Schaltung   **b** transformierte Darstellung

Abb. 25.74. Transformation des Lastwiderstands durch kapazitive Ankopplung

Lastwiderstand. Wir betrachten hier nur den beidseitig angepassten Fall mit $r_e = R_g = Z_W$ und $r_a = R_L$; dann gilt:

$$G_M = \frac{A^2 Z_W}{4 r_a} \tag{25.73}$$

Die Leerlaufverstärkung und den Ausgangswiderstand kann man mit Hilfe der transformierten Darstellung in Abb. 25.74b ermitteln, da die Transformation verlustlos ist: an R_P wird dieselbe Leistung abgegeben wie an $R_{L,HF}$. Da R_V voraussetzungsgemäß alle Verlustwiderstände repräsentiert, folgt aus Abb. 25.74b:

$$r_a = R_V \tag{25.74}$$

Bei Leerlauf, d.h. ohne R_P, wirkt R_V als Lastwiderstand; deshalb erhält man die Leerlaufverstärkung A aus (25.68), indem man R_V anstelle von $R_{L,HF}$ einsetzt:

$$A = -\frac{1}{2} c_1 S R_V \tag{25.75}$$

Dabei ist S die Steilheit des Spannungs-Strom-Wandlers:

$$S = \begin{cases} S_3 & \text{ohne Stromgegenkopplung} \\ S_3 / (1 + S_3 R_E) & \text{mit Stromgegenkopplung} \end{cases} \tag{25.76}$$

Durch Einsetzen von (25.74) und (25.75) in (25.73) erhält man den *Mischgewinn eines Gegentaktmischers bei beidseitiger Anpassung*:

$$\boxed{G_M = \frac{1}{16} c_1^2 S^2 Z_W R_V} \tag{25.77}$$

Er ist proportional zum Verlustwiderstand R_V. Bei niedrigen Frequenzen ist R_V sehr groß und muss ggf. durch einen zusätzlichen Parallelwiderstand verringert werden, damit die Spannung am Parallelschwingkreis nicht zu groß wird. Mit zunehmender Frequenz nimmt R_V ab. Vorteilhaft ist in diesem Zusammenhang, dass R_V nur *linear* in den Mischgewinn (= Leistungsverstärkung) eingeht; deshalb nimmt die Spannungsverstärkung im angepassten Fall bei abnehmendem Verlustwiderstand nur proportional zu $\sqrt{R_V}$ und nicht, wie z.B. die Leerlaufverstärkung in (25.75), proportional zu R_V ab.

Ausgangsseitig gilt im angepassten Fall $R_V = R_P$; daraus folgt mit (25.72) das benötigte Kapazitätsverhältnis des kapazitiven Spannungsteilers:

$$R_V = Z_W \left(1 + \frac{C_2}{C_1}\right)^2 \quad \Rightarrow \quad \frac{C_2}{C_1} = \sqrt{\frac{R_V}{Z_W} - 1} \qquad (25.78)$$

Beispiel: Wir betrachten den angepassten Gegentaktmischer mit Basisschaltung aus Abb. 25.73; hier gilt nach (25.71) der Zusammenhang $S = 1/Z_W$. Durch Einsetzen in (25.77) erhält man bei voll ausgesteuertem Differenzverstärker ($c_1 = 2/\pi$) und $Z_W = 50\,\Omega$:

$$G_M \overset{S=1/Z_W}{=} \frac{1}{16} c_1^2 \frac{R_V}{Z_W} = \frac{1}{16}\left(\frac{2}{\pi}\right)^2 \frac{R_V}{50\,\Omega} = \frac{R_V}{1974\,\Omega}$$

Für einen Mischgewinn $G_M = 4\,(6\,\text{dB})$ wird demnach ein Verlustwiderstand $R_V \approx 7,9\,\text{k}\Omega$ benötigt. Daraus folgt mit (25.78) das Kapazitätsverhältnis des kapazitiven Spannungsteilers: $C_2/C_1 \approx 11,6$. Damit ist die Grenze des praktisch machbaren bereits erreicht; ein größerer Mischgewinn ist auf diese Weise nicht zu erzielen. Ursache dafür ist der für angepasste Gegentaktmischer mit Basisschaltung fundamentale Zusammenhang $S = 1/Z_W$; dadurch wird die Steilheit S, die quadratisch in den Mischgewinn eingeht, auf einen vergleichsweise kleinen Wert begrenzt.

Bessere Ergebnisse kann man mit einem Gegentaktmischer mit Emitterschaltung nach Abb. 25.75 erzielen; in diesem Fall kann man die Steilheit S frei wählen und den vergleichsweise hochohmigen Eingang unabhängig davon mit einem Abschlusswiderstand $R_1 \approx Z_W$ anpassen. Wir verzichten hier auf eine Stromgegenkopplung und wählen $I_0 = 2\,\text{mA}$; dann gilt $S = S_3 = I_0/U_T \approx 77\,\text{mS}$. Mit $\beta_3 = 100$ folgt für den Eingangswiderstand des Transistors T_3: $r_{BE3} = \beta_3/S_3 \approx 1,3\,\text{k}\Omega$; mit $R_1 = 52\,\Omega$ folgt $r_e = (R_1 \| r_{BE}) = 50\,\Omega$. Durch Einsetzen in (25.77) erhält man mit $c_1 = 2/\pi$:

$$G_M = \frac{1}{16}\left(\frac{2}{\pi}\right)^2 (77\,\text{mS})^2 \cdot 50\,\Omega \cdot R_V = \frac{R_V}{133\,\Omega}$$

Wir nehmen an, dass der Verlustwiderstand R_V durch den Ausgangswiderstand des Transistors T_2 verursacht wird. Da der Ruhestrom größer ist als beim Gegentaktmischer mit Basisschaltung, gehen wir von einem entsprechend reduzierten Wert aus: $R_V = 7,9\,\text{k}\Omega \cdot (520\,\mu\text{A}/2\,\text{mA}) \approx 2050\,\Omega$. Damit wird ein Mischgewinn $G_M \approx 15\,(12\,\text{dB})$ erzielt. Für den kapazitiven Spannungsteiler folgt aus (25.78): $C_2/C_1 \approx 5,4$.

Der Mischgewinn des Gegentaktmischers mit Emitterschaltung ist in diesem Beispiel etwa um den Faktor 4 (6 dB) höher als beim Gegentaktmischer mit Basisschaltung. Nachteilig ist die Zunahme der Rauschzahl durch den Abschlusswiderstand R_1; deshalb wird diese Ausführung nicht als Abwärtsmischer in Empfängern eingesetzt.

25.5.1.9 Praktische Ausführung

Abbildung 25.76 zeigt eine praktische Ausführung eines Gegentaktmischers mit allen zur Arbeitspunkteinstellung und Anpassung an $Z_W = 50\,\Omega$ benötigten Bauteilen. Mit den Widerständen R_1, R_2 und R_3 werden die Spannungen U_0 und U_1 zur Arbeitspunkteinstellung erzeugt; C_3 und C_6 dienen als Abblock-Kapazitäten. Die Widerstände R_4 und R_5 führen die Spannung U_1 an die Eingänge des Differenzverstärkers und dienen gleichzeitig als LO-Abschlusswiderstände: $R_4 = R_5 = 50\,\Omega$. Die Reihenschaltung von R_4 und R_5 entspricht dem Widerstand $R_{LO} = 2Z_W$ in Abb. 25.73 und Abb. 25.75. Die LO-Spannung

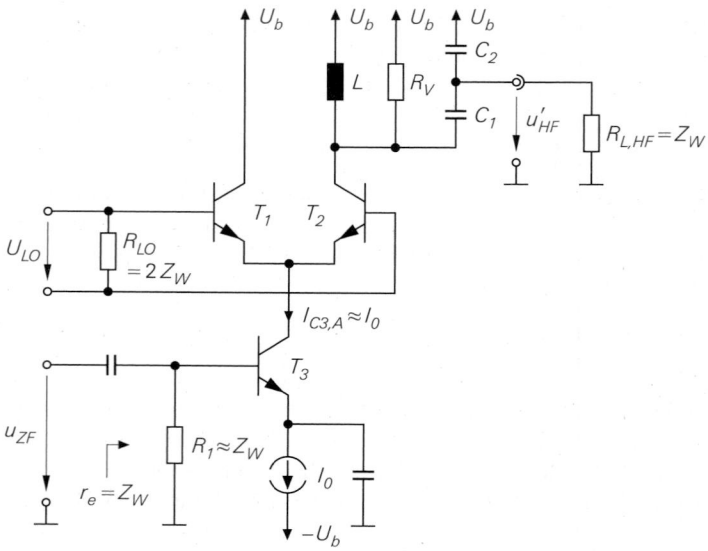

Abb. 25.75. Gegentaktmischer mit Emitterschaltung und Anpassung

wird über die Koppelkapazitäten C_4 und C_5 zugeführt. Mit dem Widerstand R_6 wird der für eine Anpassung an $50\,\Omega$ erforderliche Ruhestrom $I_{C3,A} \approx 520\,\mu$A eingestellt. Auf eine Stromgegenkopplung wird verzichtet. Die ZF-Spannung wird über die Koppelkapazität C_7 zugeführt. Die ausgangsseitige Beschaltung mit dem kapazitiven Spannungsteiler C_1, C_2 und dem Resonanzwiderstand R_V wird aus Abb. 25.73 übernommen. Die Kapazität C_2 wird hier jedoch nicht mit der Versorgungsspannung U_b (Kleinsignalmasse), sondern

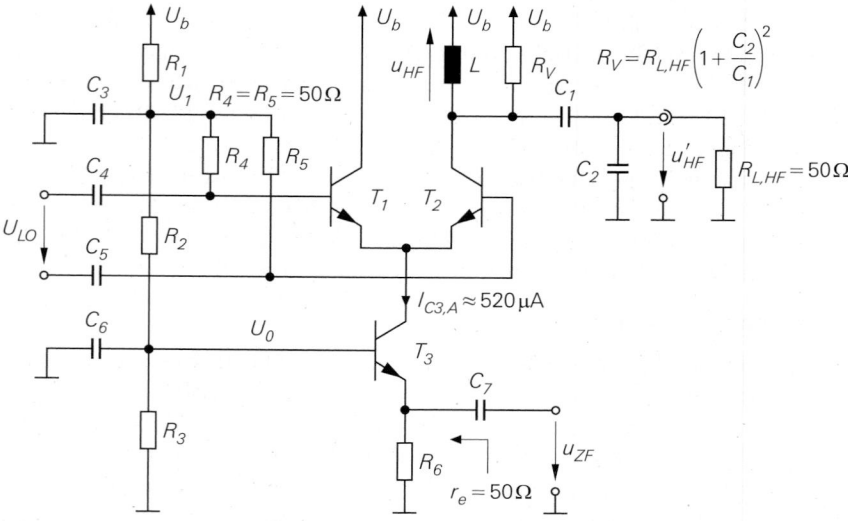

Abb. 25.76. Praktische Ausführung eines Gegentaktmischers mit Anpassung an $Z_W = 50\,\Omega$

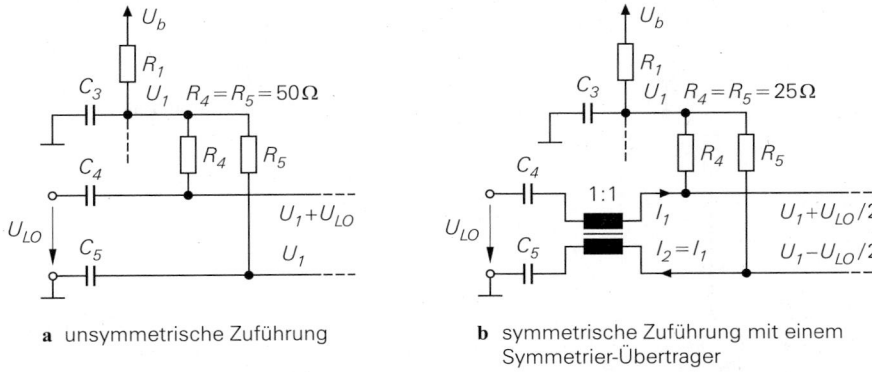

a unsymmetrische Zuführung   **b** symmetrische Zuführung mit einem
                                            Symmetrier-Übertrager

Abb. 25.77. Verwendung einer unsymmetrischen LO-Spannung

mit Masse verbunden; dadurch gelangt der HF-Ausgangsstrom, der bei hohen Spannungsteilerfaktoren fast vollständig über C_2 fließt, nicht auf die Versorgungsspannungsleitung.

Die symmetrische LO-Spannung kann mit einem Oszillator mit Differenzausgang erzeugt werden. Häufig steht jedoch nur eine unsymmetrische LO-Spannung zur Verfügung;
dann kann man die in Abb. 25.77 gezeigten Zuführungen verwenden. In Abb. 25.77a wird
die LO-Spannung an einem der beiden LO-Eingänge unsymmetrisch zugeführt; der andere
Eingang wird kleinsignalmäßig kurzgeschlossen (C_5 nach Masse). Die Unsymmetrie wirkt
sich jedoch nachteilig auf das Verzerrungsverhalten des Mischers aus; deshalb wird in der
Praxis häufig die in Abb. 25.77b gezeigte symmetrische Zuführung mit einem Symmetrier-
Übertrager verwendet. Der Symmetrier-Übertrager erzwingt die Bedingung $I_1 = I_2$ und
damit eine reine Differenzaussteuerung der LO-Eingänge.

In integrierten Schaltungen wird die Symmetrierung einer unsymmetrischen LO-
Spannung mit einem Differenzverstärker mit unsymmetrischem Eingang und symmetrischem Ausgang vorgenommen. Dieser Differenzverstärker dient gleichzeitig als Verstärker für das LO-Signal und wird galvanisch mit dem Differenzverstärker des Gegentaktmischers gekoppelt. Abbildung 25.78 zeigt eine typische Ausführung. Die Induktivität
L und die Kapazitäten $C_1, \ldots, C_4$ sind im allgemeinen nicht integriert; sie werden extern angeschlossen. Die LO-seitige Anpassung erfolgt mit dem Widerstand $R_B \approx Z_W$.
Der Differenzverstärker T_4, T_5 wird übersteuert betrieben und erzeugt aus einer sinusförmigen Spannung U'_{LO} eine näherungsweise rechteckförmige LO-Spannung U_{LO} mit der
Amplitude $I_1 R_C > 5 U_T$. Über den Widerstand R_1 wird die maximale Spannung U_1 an
den LO-Eingängen eingestellt; dadurch nehmen die Spannungen an den LO-Eingängen
abwechselnd die Werte U_1 und $U_1 - I_1 R_C$ an.

25.5.1.10 Gegentaktmischer mit Übertragern

Gegentaktmischer werden häufig mit Übertragern ausgeführt. Abbildung 25.79 zeigt eine
typische Ausführung mit zwei Übertragern. Der LO-Übertrager $\ddot{U}_1$ dient zur symmetrischen Zuführung einer unsymmetrischen LO-Spannung und kann gleichzeitig zur Anpassung verwendet werden, indem das Übersetzungsverhältnis geeignet gewählt wird.

Der Ausgangsübertrager $\ddot{U}_2$ wird ebenfalls symmetrisch ausgeführt; dadurch kann man
auch den Strom I_{C1} des Transistors T_1 nutzen. Wir gehen im folgenden von einem 1:1:1-
Übertrager aus; dann entspricht der Sekundärstrom I_1 der Differenz der Primärströme:

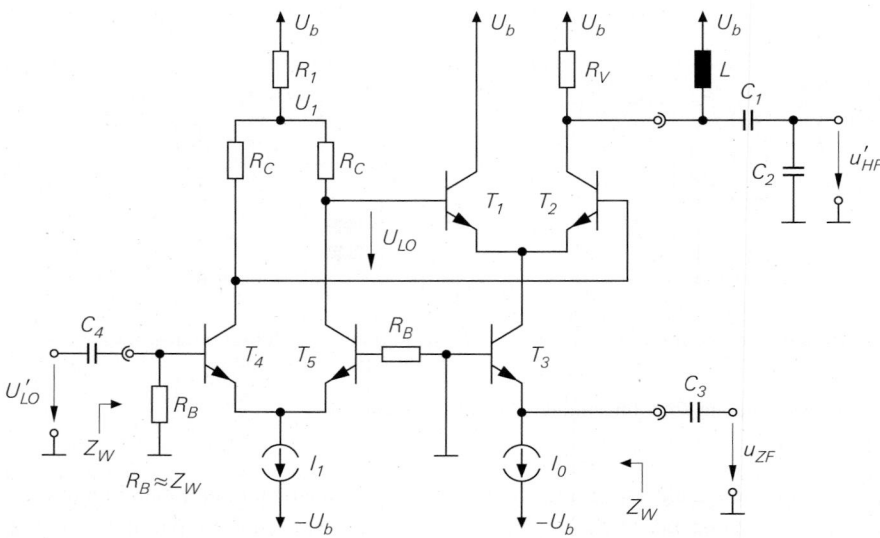

Abb. 25.78. Praktische Ausführung eines integrierten Gegentaktmischers

$$I_1(t) = I_{C2}(t) - I_{C1}(t)$$

Für den Strom I_{C2} gilt nach (25.64):

$$I_{C2}(t) = [\,I_{C3,A} + S u_{ZF}(t)\,]\left[\frac{1}{2}\left(1 - \tanh\frac{U_{LO}(t)}{2U_T}\right)\right]$$

Entsprechend gilt für den Strom I_{C1}:

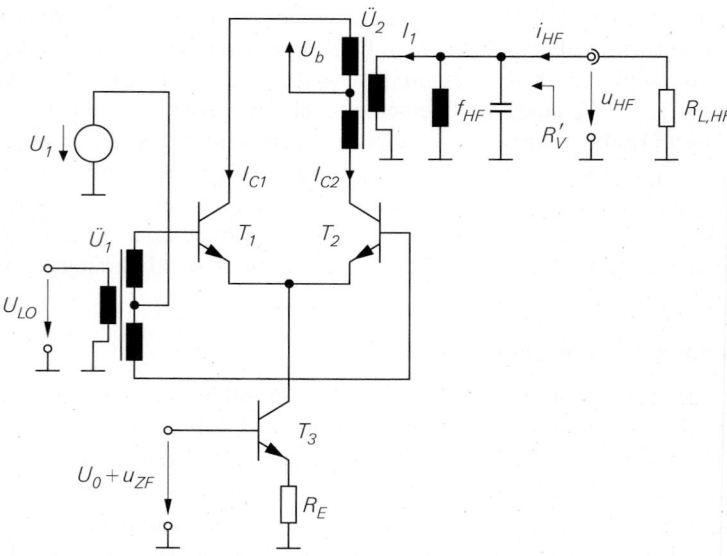

Abb. 25.79. Gegentaktmischer mit Übertragern

$$I_{C1}(t) = [\, I_{C3,A} + Su_{ZF}(t)\,]\left[\frac{1}{2}\left(1 + \tanh\frac{U_{LO}(t)}{2U_T}\right)\right]$$

Daraus folgt für den Sekundärstrom des Übertragers:

$$I_1(t) = [\, I_{C3,A} + Su_{ZF}(t)\,]\underbrace{\left[-\tanh\frac{U_{LO}(t)}{2U_T}\right]}_{s'_{LO}(t)} \tag{25.79}$$

Das LO-Signal $s'_{LO}(t)$ ist in diesem Fall mittelwertfrei und hat die doppelte Amplitude wie bei einem Gegentaktmischer ohne Ausgangsübertrager. Für die Koeffizienten der Fourier-Reihe von $s'_{LO}(t)$ bedeutet dies, dass der Koeffizient c_0 zu Null wird, während alle anderen Koeffizienten um den Faktor 2 größer sind. Dadurch nimmt die Mischverstärkung A_M, die nach (25.68) proportional zum Koeffizienten c_1 ist, ebenfalls um den Faktor 2 zu. Der Mischgewinn G_M bei Anpassung ist nach (25.77) proportional zum Quadrat des Koeffizienten c_1 und müsste demnach um den Faktor 4 zunehmen. In der Praxis ist dies meist nicht der Fall, da nun auch der Ausgangswiderstand des Transistors T_1 wirksam wird und eine Abnahme des Verlustwiderstands R_V verursacht. Im Extremfall wird der Verlustwiderstand ausschließlich durch die Transistoren verursacht; dann nimmt der Mischgewinn nur um den Faktor 2 zu.

Der Übertrager $Ü_2$ wird auch zur ausgangsseitigen Anpassung verwendet; dazu wird das Übersetzungsverhältnis $ü$ so gewählt, dass der auf die Sekundärseite bezogene Verlustwiderstand $R'_V = R_V/ü^2$ gleich dem Lastwiderstand $R_{L,HF}$ wird.

25.5.1.11 Nachteil des Gegentaktmischers mit Transistoren

Der wesentliche Nachteil des Gegentaktmischers liegt darin, dass der Differenzverstärker nicht nur den Kleinsignalstrom $i_{C3} = Su_{ZF}$, sondern auch den Ruhestrom $I_{C3,A}$ des Spannungs-Strom-Wandlers umschaltet. Dadurch enthalten die Kollektorströme der Transistoren T_1 und T_2 bei voller Aussteuerung des Differenzverstärkers einen rechteckförmigen Anteil mit der Amplitude $I_{C3,A}$ und der Frequenz f_{LO}, der wesentlich größer ist als der Kleinsignalanteil. Dieser Anteil verursacht im Spektrum der Kollektorströme Anteile bei der LO-Frequenz und ungeradzahligen Vielfachen davon, die proportional zu $I_{C3,A}$ sind, siehe Abb. 25.72 auf Seite 1471. Besonders störend ist der Anteil bei der LO-Frequenz, der dicht bei der HF-Frequenz liegt und durch das HF-Filter unterdrückt werden muss; deshalb sind die Anforderungen an das Filter hoch.

Dieser Nachteil verhindert auch eine effiziente integrierte Ausführung des Gegentaktmischers. Dazu wäre es wünschenswert, das HF-Filter durch einen ohmschen Lastwiderstand zu ersetzen, das resultierende Ausgangssignal mit einem integrierten Impedanzwandler (eine oder mehrere Kollektorschaltungen) an den Wellenwiderstand Z_W anzupassen und erst anschließend zu filtern. Auch hier stört der rechteckförmige Anteil im Kollektorstrom von T_2. Um eine Übersteuerung durch diesen Anteil zu verhindern, muss der ohmsche Lastwiderstand so klein gewählt werden, dass keine Mischverstärkung mehr erzielt werden kann.

25.5.2 Doppel-Gegentaktmischer (Gilbert-Mischer)

Abbildung 25.80 zeigt das Schaltbild eines *Doppel-Gegentaktmischers* (*double balanced mixer*), der nach seinem Erfinder B. Gilbert auch als *Gilbert-Mischer* (*Gilbert mixer*) bezeichnet wird. Er ist der bevorzugte Mischer in integrierten Schaltungen, da er ohne direkt

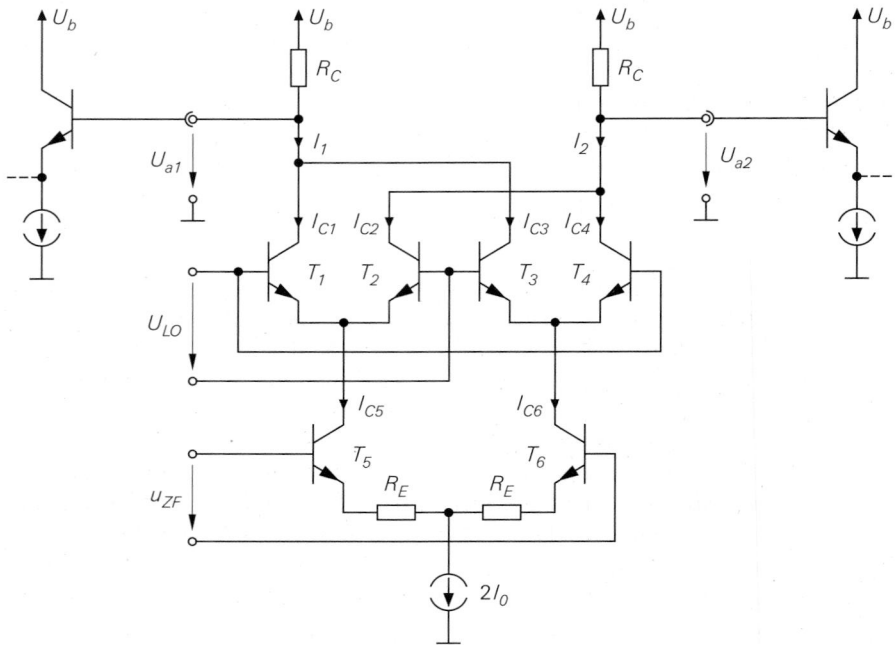

Abb. 25.80. Doppel-Gegentaktmischer mit Transistoren (Gilbert-Mischer)

am Mischer angeordnete Filter betrieben werden kann; die Unterdrückung unerwünschter Anteile in den Ausgangsspannungen erfolgt dann erst in den nachfolgenden Komponenten. Wir gehen im folgenden von einem Aufwärtsmischer aus.

Ein Vergleich des Doppel-Gegentaktmischers in Abb. 25.80 mit dem Gegentaktmischer aus Abb. 25.66 auf Seite 1466 zeigt, dass der Doppel-Gegentaktmischer aus zwei Gegentaktmischern besteht, deren Ausgänge verbunden sind: T_1, T_2 und T_5 sowie T_3, T_4 und T_6. Die als Spannungs-Strom-Wandler (U/I-Wandler) arbeitenden Emitterschaltungen mit Stromgegenkopplung (T_5 und T_6) sind zu einem Differenzverstärker mit Stromgegenkopplung zusammengefasst und werden durch die ZF-Spannung u_{ZF} gegensinnig ausgesteuert; dadurch ist der Verbindungspunkt der beiden Gegenkopplungswiderstände R_E ein virtueller Massepunkt (Kleinsignalmasse). Die Ruheströme werden mit einer Stromquelle $2I_0$ eingestellt: $I_{C5,A} = I_{C6,A} = I_0$. Die LO-Spannung U_{LO} ist im Idealfall rechteckförmig und wird den als Umschalter betriebenen Differenzverstärkern (T_1,T_2 und T_3,T_4) gegensinnig zugeführt. Dieser Teil der Schaltung wird als *Gilbert-Zelle* (*Gilbert cell*) bezeichnet. Anstelle der HF-Filter werden zwei Kollektorwiderstände R_C eingesetzt; dadurch findet an dieser Stelle noch keine Filterung statt und die Ausgangsspannungen enthalten neben dem gewünschten HF-Anteil auch alle weiteren, bei der Umsetzung erzeugten Anteile. An den Ausgängen werden üblicherweise Kollektorschaltungen als Impedanzwandler eingesetzt. Erst danach folgt das HF-Filter; dabei werden in den meisten Fällen dielektrische oder SAW-Filter eingesetzt.

Der Doppel-Gegentaktmischer in Abb. 25.80 entspricht einem Differenzverstärker mit Stromgegenkopplung und Kollektorwiderständen, bei dem die Polarität zwischen den ZF-Eingängen und den Ausgängen umgeschaltet werden kann. Wie einen Differenzverstärker

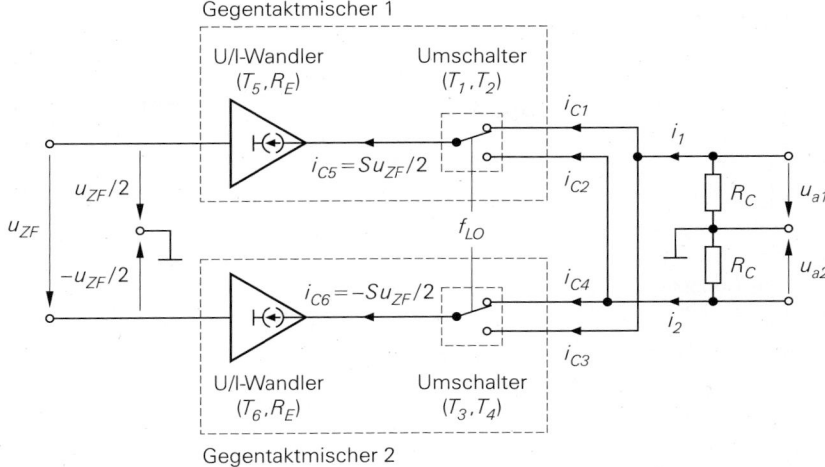

Abb. 25.81. Funktionsprinzip (= Kleinsignalersatzschaltbild) eines Doppel-Gegentaktmischers mit Transistoren

kann man auch einen Doppel-Gegentaktmischer unsymmetrisch betreiben, indem man einen der beiden ZF-Eingänge auf ein konstantes Potential legt, nur einen Ausgang verwendet oder beides kombiniert. Auch der LO-Eingang kann unsymmetrisch betrieben werden. Ein unsymmetrischer Betrieb hat jedoch negative Auswirkungen auf das Verzerrungsverhalten; deshalb wird eine unsymmetrische ZF- oder LO-Spannung bereits vor dem Mischer mit einem Symmetrier-Übertrager oder einem unsymmetrischen Differenzverstärker in eine symmetrische Spannung umgewandelt. Diese Verfahren sind in Abb. 25.77b und Abb. 25.78 am Beispiel eines Gegentaktmischers mit unsymmetrischer LO-Spannung dargestellt. Entsprechend wird bei einem unsymmetrischen Ausgang der Kollektorwiderstand am ungenutzten Ausgang meist beibehalten.

Das Funktionsprinzip des Doppel-Gegentaktmischers ist in Abb. 25.81 dargestellt. Man erkennt, dass die beiden Gegentaktmischer jeweils mit der halben ZF-Spannung gegensinnig angesteuert werden. Der Doppel-Gegentaktmischer arbeitet als multiplikativer Mischer mit bipolarem Rechtecksignal, wie ein Vergleich mit Abb. 25.15 auf Seite 1403 zeigt.

25.5.2.1 Berechnung des Übertragungsverhaltens

Die Berechnung erfolgt wie beim Gegentaktmischer. Für die Kollektorströme des Differenzverstärkers T_5, T_6 gilt:

$$I_{C5} = I_0 + \frac{1}{2} S u_{ZF} \quad , \quad I_{C6} = I_0 - \frac{1}{2} S u_{ZF} \tag{25.80}$$

Dabei ist

$$S = \frac{S_5}{1 + S_5 R_E} = \frac{S_6}{1 + S_6 R_E} \overset{S_5 = S_6 = I_0 / U_T}{=} \frac{I_0}{U_T + I_0 R_E} \tag{25.81}$$

die Steilheit der Spannungs-Strom-Wandler. Für die Kollektorströme der Transistoren $T_1, \ldots, T_4$ gilt in Analogie zu (25.63):

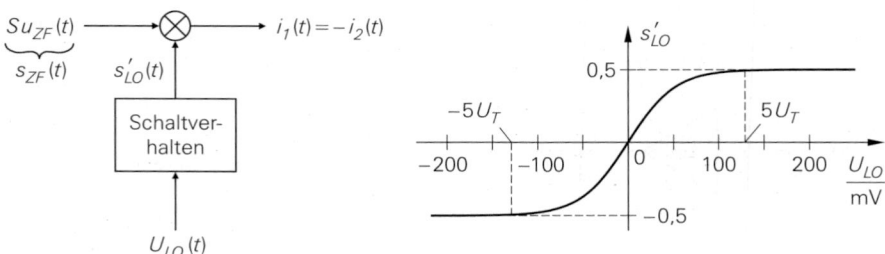

a Modell des Doppel-   b Kennlinie für das Schaltverhalten
   Gegentaktmischers

Abb. 25.82. Darstellung des Doppel-Gegentaktmischers als multiplikativen Mischer unter Berücksichtigung des Schaltverhaltens

$$I_{C1} = \frac{I_{C5}}{2}\left(1 + \tanh\frac{U_{LO}}{2U_T}\right) \quad , \quad I_{C2} = \frac{I_{C5}}{2}\left(1 - \tanh\frac{U_{LO}}{2U_T}\right)$$

$$I_{C3} = \frac{I_{C6}}{2}\left(1 - \tanh\frac{U_{LO}}{2U_T}\right) \quad , \quad I_{C4} = \frac{I_{C6}}{2}\left(1 + \tanh\frac{U_{LO}}{2U_T}\right) \tag{25.82}$$

Am Ausgang der Gilbert-Zelle werden die Ströme addiert:

$$I_1 = I_{C1} + I_{C3} \quad , \quad I_2 = I_{C2} + I_{C4} \tag{25.83}$$

Durch Einsetzen von (25.80) und (25.82) in (25.83) erhält man die Zeitverläufe:

$$I_1(t) = I_0 + \frac{1}{2}Su_{ZF}(t)\tanh\frac{U_{LO}(t)}{2U_T}$$

$$I_2(t) = I_0 - \frac{1}{2}Su_{ZF}(t)\tanh\frac{U_{LO}(t)}{2U_T} \tag{25.84}$$

Man erkennt, dass beim Doppel-Gegentaktmischer nur die Kleinsignalanteile umgeschaltet werden; die Ruheströme I_0 bleiben konstant. Darin liegt ein wesentlicher Vorteil im Vergleich zum Gegentaktmischer, bei dem auch der Ruhestrom umgeschaltet wird, siehe (25.64) auf Seite 1467. Wir können uns deshalb im folgenden auf die Betrachtung der Kleinsignalströme

$$i_1(t) = \underbrace{Su_{ZF}(t)}_{s_{ZF}(t)} \underbrace{\left[\frac{1}{2}\tanh\frac{U_{LO}(t)}{2U_T}\right]}_{s'_{LO}(t)} \quad , \quad i_2(t) = -i_1(t) \tag{25.85}$$

beschränken. Man erkennt, dass der Doppel-Gegentaktmischer als multiplikativer Mischer arbeitet: das ZF-Signal $s_{ZF}(t)$ wird mit dem LO-Signal $s'_{LO}(t)$ multipliziert. Das LO-Signal $s'_{LO}(t)$ folgt aus der Spannung $U_{LO}(t)$ unter Berücksichtigung des Schaltverhaltens. Abbildung 25.82 verdeutlicht die Zusammenhänge.

Den Zusammenhang zwischen einer rechteck- oder sinusförmigen LO-Spannung $U_{LO}(t)$ und dem LO-Signal $s'_{LO}(t)$ haben wir bereits beim Gegentaktmischers gezeigt. Beim Doppel-Gegentaktmischer entfällt der Gleichanteil in $s'_{LO}(t)$, da die Kennlinie für das Schaltverhalten symmetrisch zum Ursprung ist [7]; dadurch wird der Koeffizient c_0 der Fourier-Reihenentwicklung von $s'_{LO}(t)$ zu Null. Damit folgt aus (25.65):

$$s'_{LO}(t) = c_1 \cos \omega_{LO} t + c_3 \cos 3\omega_{LO} t + c_5 \cos 5\omega_{LO} t + \cdots \qquad (25.86)$$

Die Koeffizienten $c_1, c_3, \ldots$ haben dieselben Werte wie bei einem Gegentaktmischer [8]. Für eine rechteckförmige LO-Spannung mit der Amplitude $\hat{u}_{LO}$ gilt nach (25.66):

$$c_1 = \frac{2}{\pi} \tanh \frac{\hat{u}_{LO}}{2U_T} \quad , \quad c_3 = -\frac{2}{3\pi} \tanh \frac{\hat{u}_{LO}}{2U_T} \quad , \quad \cdots$$

In Abb. 25.71 auf Seite 1470 sind die Koeffizienten c_1 und $|c_3|$ für eine rechteckförmige und eine sinusförmige LO-Spannung dargestellt.

25.5.2.2 Kleinsignalverhalten

Wir können nun die Kleinsignal-Ausgangsspannungen

$$u_{a1}(t) = -R_C i_1(t) \quad , \quad u_{a2}(t) = -R_C i_2(t) = -u_{a1}(t)$$

für eine sinusförmige ZF-Spannung

$$u_{ZF}(t) = \hat{u}_{ZF} \cos \omega_{ZF} t$$

berechnen. Durch Einsetzen der Kleinsignalströme aus (25.85) und der Fourier-Reihenentwicklung aus (25.86) erhält man:

$$u_{a1}(t) = -S R_C \hat{u}_{ZF} \cos \omega_{ZF} t \, [\, c_1 \cos \omega_{LO} t + c_3 \cos 3\omega_{LO} t + \cdots]$$

$$= -\frac{c_1}{2} S R_C \hat{u}_{ZF} [\cos(\omega_{LO} + \omega_{ZF})t + \cos(\omega_{LO} - \omega_{ZF})t\,]$$

$$- \frac{c_3}{2} S R_C \hat{u}_{ZF} [\cos(3\omega_{LO} + \omega_{ZF})t + \cos(3\omega_{LO} - \omega_{ZF})t\,]$$

$$- \cdots$$

mit dem HF-Anteil:

$$u_{HF}(t) = u_{a1}(t) \Big|_{f=f_{HF}=f_{LO}+f_{ZF}} = -\frac{c_1}{2} S R_C \hat{u}_{ZF} \cos \omega_{HF} t \qquad (25.87)$$

Abbildung 25.83 zeigt das zugehörige Betragsspektrum; es entspricht dem Betragsspektrum eines multiplikativen Mischers mit bipolarem Rechtecksignal in Abb. 25.16c auf Seite 1404. Störende Anteile bei der LO-Frequenz f_{LO} und Vielfachen davon, die beim Gegentaktmischer durch die Umschaltung des Ruhestroms verursacht werden, treten hier nicht auf, wie ein Vergleich mit Abb. 25.72 auf Seite 1471 zeigt.

---

[7] Um die Kennlinie des Gegentaktmischers aus Abb. 25.69b in die Kennlinie des Doppel-Gegentaktmischers in Abb. 25.82b zu überführen, muss neben der vertikalen Verschiebung um $1/2$ auch die U_{LO}-Achse gespiegelt werden. Die Ursache dafür liegt darin, dass beim Doppel-Gegentaktmischer der Strom I_1 auf der Seite des Transistors T_1 betrachtet wird, beim Gegentaktmischer dagegen der Strom I_{C2} des Transistors T_2.

[8] In der Literatur findet man häufig die Aussage, dass die Koeffizienten $c_1, c_3, \ldots$ beim Doppel-Gegentaktmischer um den Faktor 2 größer sind als beim Gegentaktmischer. In diesem Fall wird der Faktor $1/2$ in (25.85) nicht als Bestandteil von $s'_{LO}(t)$ aufgefasst, sondern getrennt behandelt. Die Koeffizienten sind dann zwar um den Faktor 2 größer, dies wird jedoch durch den getrennt zu behandelnden Faktor $1/2$ im Verlauf der weiteren Rechnung wieder aufgehoben. In diesem Zusammenhang muss man auch genau prüfen, wie die Steilheit S definiert ist und ob das Ausgangssignal unsymmetrisch oder symmetrisch entnommen wird.

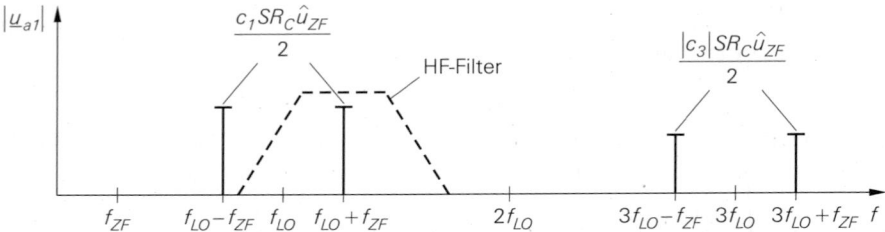

Abb. 25.83. Betragsspektrum der Ausgangsspannung $u_{a1}(t)$ für eine sinusförmige ZF-Spannung

Der Maximalwert der Ausgangsspannung $u_{a1}(t)$ beträgt

$$u_{a1,max} = \max |u_{a1}(t)| = \frac{1}{2} S R_C \hat{u}_{ZF}$$

und ist bei einer idealen Umschaltung ($c_1 = 2/\pi$) nur um den Faktor $1/c_1 = \pi/2 \approx 1{,}57$ (4 dB) größer als die Amplitude des HF-Anteils in (25.87); deshalb kann man ohne größere Einschränkung des Dynamikbereichs zunächst die *ganze* Ausgangsspannung weiterverarbeiten und den HF-Anteil erst später ausfiltern. Die Anforderungen an das HF-Filter sind geringer als bei einem Gegentaktmischer, da kein Anteil bei der LO-Frequenz auftritt; man vergleiche dazu Abb. 25.83 mit Abb. 25.72 auf Seite 1471.

25.5.2.3 Mischverstärkung

Für die Spannungszeiger erhält man aus (25.87):

$$\underline{u}_{HF} = -\frac{c_1}{2} S R_C \, \underline{u}_{ZF} \tag{25.88}$$

Daraus folgt für die *Mischverstärkung*:

$$A_M = \frac{\underline{u}_{HF}}{\underline{u}_{ZF}} = -\frac{c_1}{2} S R_C \overset{(25.81)}{=} -\frac{c_1}{2} \frac{S_5 R_C}{1 + S_5 R_E} \tag{25.89}$$

Bei der Mischverstärkung wird nur der HF-Anteil in der Ausgangsspannung $u_{a1}(t)$ berücksichtigt; damit entspricht sie formal der Differenzverstärkung A_D eines Differenzverstärkers. In den meisten Fällen wird jedoch die Differenz-Ausgangsspannung $u_a(t) = u_{a1}(t) - u_{a2}(t)$ verwendet; dann ist die Mischverstärkung um den Faktor 2 größer:

$$A_{M,diff} = 2 A_M = -c_1 S R_C \tag{25.90}$$

Wir bezeichnen im folgenden A_M als *einseitige Mischverstärkung* und $A_{M,diff}$ als *Differenz-Mischverstärkung*.

Die einseitige Mischverstärkung A_M des Doppel-Gegentaktmischers entspricht der Mischverstärkung des Gegentaktmischers in (25.68) auf Seite 1471, wenn man $R_C = R_{L,HF}$, d.h. gleiche Lastwiderstände für den HF-Anteil, annimmt. Typische Werte liegen im Bereich $|A_M| \approx 2 \ldots 10$ (6 $\ldots$ 20 dB).

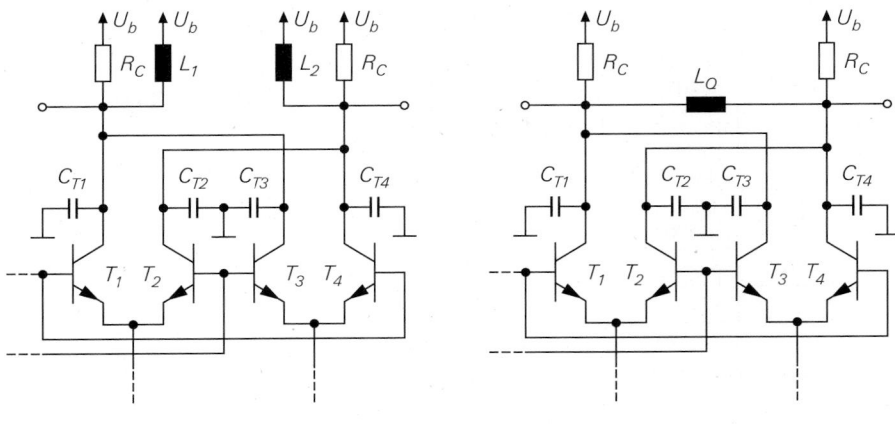

a mit zwei Induktivitäten nach U_b **b** mit einer Quer-Induktivität

Abb. 25.84. Kompensation der Ausgangskapazitäten der Transistoren $T_1, \ldots, T_4$ durch Resonanz-abstimmung mit Induktivitäten

25.5.2.4 Bandbreite

Bezüglich der Bandbreite gelten prinzipiell dieselben Überlegungen wie beim Gegentakt-mischer. Allerdings fehlt beim Doppel-Gegentaktmischer mit Kollektorwiderständen und nachfolgenden Impedanzwandlern die Möglichkeit, die Ausgangskapazitäten der Transis-toren $T_1, \ldots, T_4$ zu kompensieren; sie bilden zusammen mit den Kollektorwiderständen Tiefpässe und begrenzen dadurch die ausgangsseitige Bandbreite. Dies macht sich vor allem bei Aufwärtsmischern bemerkbar, bei denen das Ausgangssignal die hohe Frequenz f_{HF} besitzt. Bei Abwärtsmischern mit der wesentlich geringeren Ausgangsfrequenz f_{ZF} ist dies weniger störend. Als Abhilfe kann man die Steilheit S erhöhen und die Widerstände R_C entsprechend reduzieren; dies geht jedoch zu Lasten der Stromaufnahme.

Alternativ kann man Induktivitäten zur Kompensation der Kapazitäten einsetzen; Abb. 25.84 zeigt zwei Möglichkeiten. In beiden Fällen enthält man Parallelschwingkrei-se an den Ausgängen, die bei einem Aufwärtsmischer auf die HF-Frequenz abgestimmt werden und ihrer Funktion nach dem HF-Filter eines Gegentaktmischers entsprechen. In integrierten Schaltungen ist dieses Verfahren vor allem dann interessant, wenn die be-nötigten Induktivitäten so klein sind, dass sie integriert oder mit Hilfe von Bonddrähten realisiert werden können; andernfalls müssen externe Induktivitäten verwendet werden.

25.5.2.5 Doppel-Gegentaktmischer in integrierten Schaltungen

In integrierten Schaltungen wird der Doppel-Gegentaktmischer zusammen mit zusätzli-chen Verstärkern realisiert; Abb. 25.85 zeigt eine typische Ausführung. Eine Anpassung an den Wellenwiderstand externer Leitungen ist in diesem Fall nur an den Ein- und Aus-gängen der integrierten Schaltung erforderlich. Der Mischer selbst wird ohne Anpassung betrieben. Die Umsetzung unsymmetrischer externer Spannungen in die symmetrischen Spannungen für den Mischer erfolgt mit Hilfe unsymmetrisch betriebener Differenzver-stärker-Stufen in den drei Verstärkern. Da der Eingangs- und der Ausgangsverstärker für einen bestimmten Frequenzbereich ausgelegt werden müssen, sind integrierte Schaltun-gen dieser Art meist nur in einem engen Frequenzbereich einsetzbar. Beim LO-Verstärker

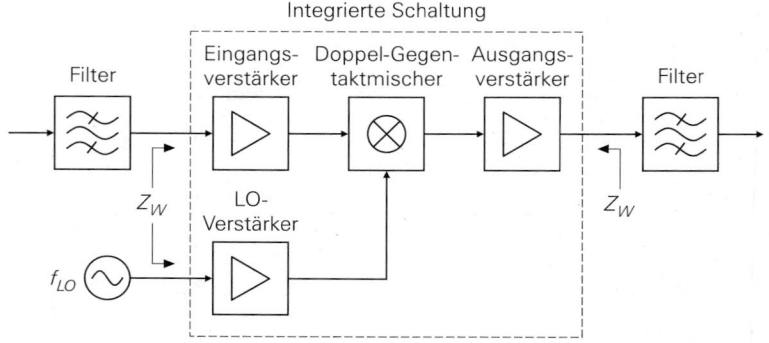

Abb. 25.85. Doppel-Gegentaktmischer mit Verstärkern in einer integrierten Schaltung

ist dies nicht der Fall; er kann als breitbandiger Begrenzer-Verstärker ausgeführt werden. Abbildung 25.86 zeigt ein Beispiel mit Basisschaltungen zur Anpassung an den Eingängen.

Ein Mischer in einer integrierten Schaltung wird durch die Mischverstärkung und die Ein- und Ausgangsimpedanzen an den drei Anschlusspaaren beschrieben. Die Angabe eines Mischgewinns (Leistungsverstärkung) ist aufgrund des nicht angepassten Betriebs nicht sinnvoll.

25.5.2.6 Anpassung

Für den universellen Einsatz werden integrierte Doppel-Gegentaktmischer ohne Eingangs- und Ausgangsverstärker verwendet. In diesem Fall müssen der Eingang und der Ausgang des Mischers an den Wellenwiderstand angepasst werden. Man verwendet dazu dieselben Verfahren wie beim Gegentaktmischer. Abbildung 25.87 zeigt einige Beispiele zur eingangsseitigen Anpassung. Wie beim Gegentaktmischer werden auch hier häufig Basisschaltungen anstelle der Emitterschaltungen eingesetzt. Wird ein unsymmetrischer Eingang benötigt, kann man einen Symmetrier-Übertrager ergänzen. Alternativ zu diesen Verfahren kann man die Anpassnetzwerke aus Abschnitt 23.3.1 verwenden. Bei einem symmetrischen Eingang kann man entweder zwei unsymmetrische oder ein symmetrisches Anpassnetzwerk einsetzen; Abb. 25.88 zeigt dies am Beispiel einer Aufwärtstransformation von $r_e < Z_W$ auf Z_W mit Hilfe des Anpassnetzwerks aus Abb. 23.22b auf Seite 1303.

Am Ausgang werden ebenfalls die Anpassnetzwerke aus Abschnitt 23.3.1 eingesetzt; Abb. 25.89 zeigt dies am Beispiel einer Abwärtstransformation mit Hilfe des Anpassnetzwerks aus Abb. 23.23b auf Seite 1304. Bei Abwärtsmischern oder Aufwärtsmischern mit niedriger HF-Frequenz ist die Ausgangsimpedanz der Transistoren $T_1, \ldots, T_4$ bei der Ausgangsfrequenz sehr hoch. In diesem Fall werden die Kollektorwiderstände zur Begrenzung der Spannungsamplituden an den Kollektoren der Transistoren benötigt; gleichzeitig ermöglichen sie ein praktikables Transformationsverhältnis R_C/Z_W. Dieser Fall ist in Abb. 25.89a in Verbindung mit einem symmetrischen Anpassnetzwerk dargestellt. Bei Aufwärtsmischern mit hoher HF-Frequenz ist die Ausgangsimpedanz der Transistoren häufig so gering, dass man auf die Kollektorwiderstände verzichten kann; dann erfolgt die Anpassung gemäß Abb. 25.89b mit zwei unsymmetrischen Anpassnetzwerken, da man in diesem Fall die Induktivitäten der Anpassnetzwerke gleichzeitig zur Zuführung der Versorgungsspannung nutzen kann.

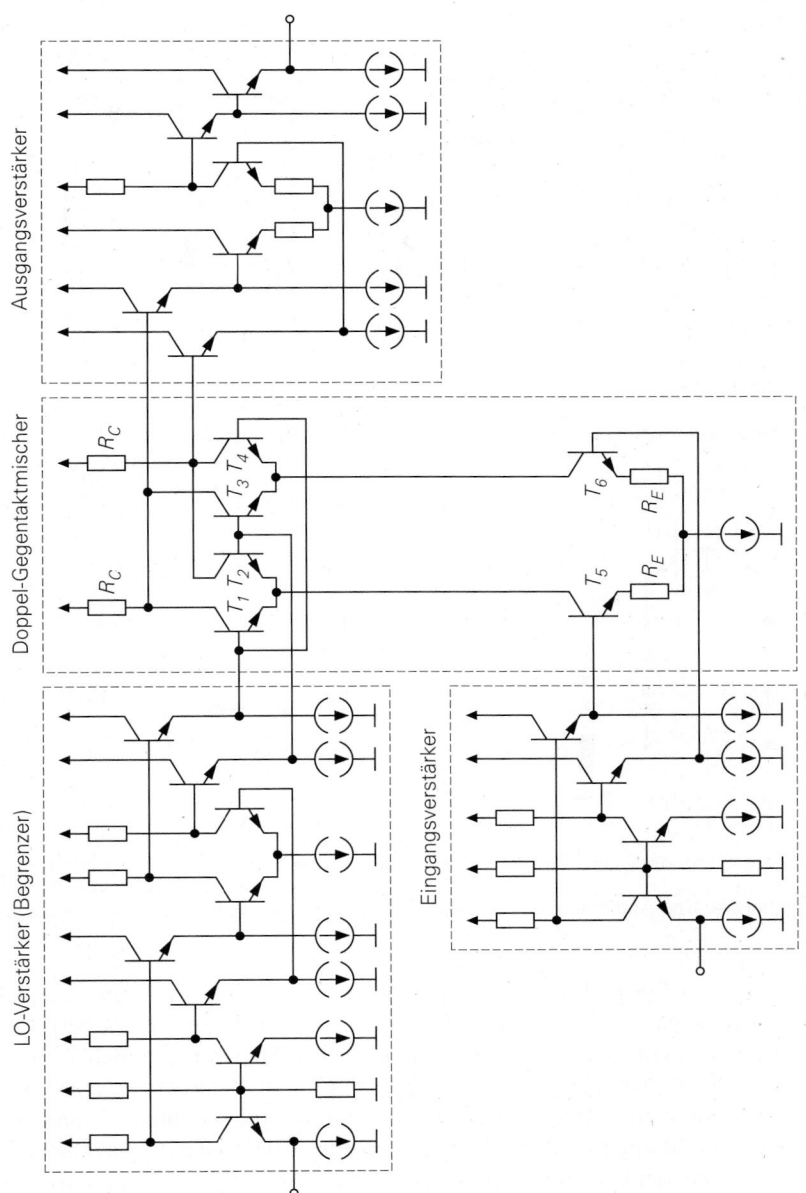

Abb. 25.86. Beispiel für einen Doppel-Gegentaktmischer mit Verstärkern in einer integrierten Schaltung

Zum Übergang von unsymmetrischen Signalquellen und Lasten auf die symmetrischen Ein- und Ausgänge des Doppel-Gegentaktmischers werden neben Symmetrier-Übertragern auch 1:1:n- und n:n:1-Übertrager eingesetzt; dann kann die Anpassung ganz oder teilweise durch geeignete Wahl des Übersetzungsverhältnisses erfolgen. Ab-

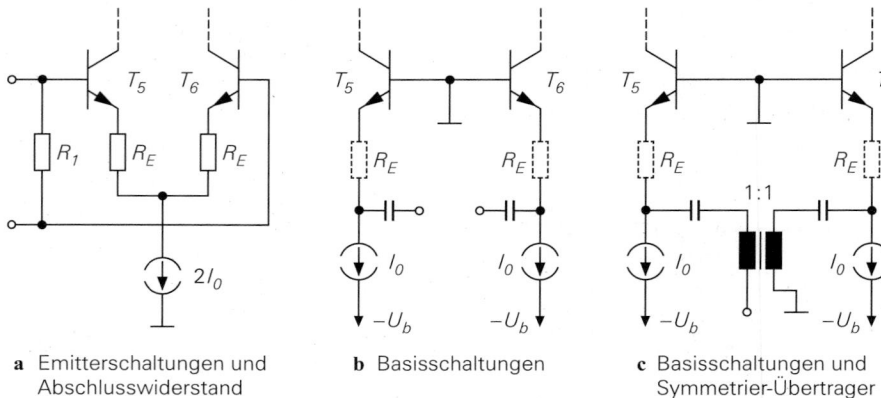

a Emitterschaltungen und   **b** Basisschaltungen   **c** Basisschaltungen und
Abschlusswiderstand   Symmetrier-Übertrager

Abb. 25.87. Beispiele zur eingangsseitigen Anpassung eines Doppel-Gegentaktmischers

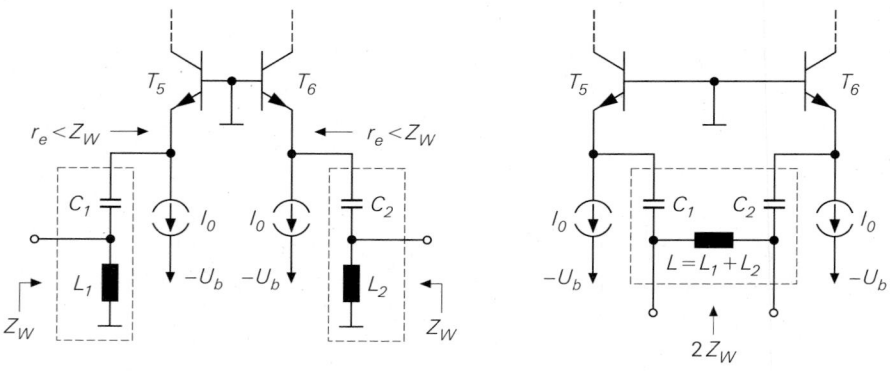

a zwei unsymmetrische Anpassnetzwerke   **b** symmetrisches Anpassnetzwerk

Abb. 25.88. Eingangsseitige Anpassung eines Doppel-Gegentaktmischers mit Anpassnetzwerken

bildung 25.90 zeigt ein Beispiel mit drei Übertragern. Da die Eingangsadmittanz der Transistoren ohmsch-kapazitiv ist, erhält man auch auf der Primärseite der Übertrager $\ddot{U}_1$ und $\ddot{U}_2$ ohmsch-kapazitive Admittanzen; deshalb ist zur Anpassung an den Wellenwiderstand zusätzlich eine Kompensation des kapazitiven Anteils erforderlich. Dies kann im einfachsten Fall durch eine Resonanzabstimmung mit den Induktivitäten L_1 und L_2 erfolgen. Die Ausgangsadmittanz auf der Sekundärseite des Übertragers $\ddot{U}_3$ hat ebenfalls einen kapazitiven Anteil, der hier jedoch als Bestandteil des HF-Filters aufgefasst werden kann.

25.5.2.7 Mischgewinn

Zur Berechnung des Mischgewinns im beidseitig angepassten Fall fassen wir die Kollektorwiderstände R_C und die Ausgangswiderstände der Transistoren $T_1, \ldots, T_4$ zu zwei Verlustwiderständen R_V zusammen. Die Lastwiderstände $R_{L1} = R_{L2} = Z_W$ werden durch die Anpassnetzwerke in zwei Widerstände R_P transformiert, die parallel zu den Verlustwiderständen liegen. Im angepassten Fall gilt $R_V = R_P$. Abbildung 25.91 zeigt die Transformation an einem der beiden Ausgänge. Damit haben wir an jedem der beiden Aus-

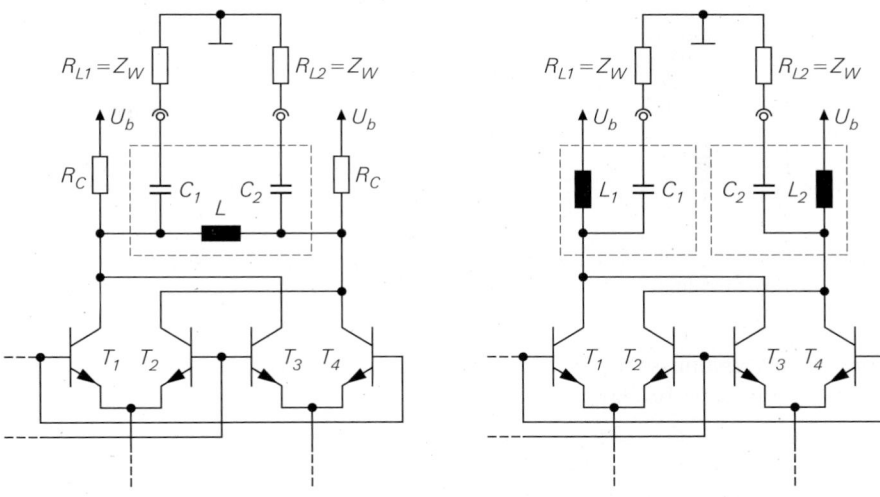

a mit Kollektorwiderständen   **b** ohne Kollektorwiderstände

Abb. 25.89. Ausgangsseitige Anpassung eines Doppel-Gegentaktmischers mit Anpassnetzwerken

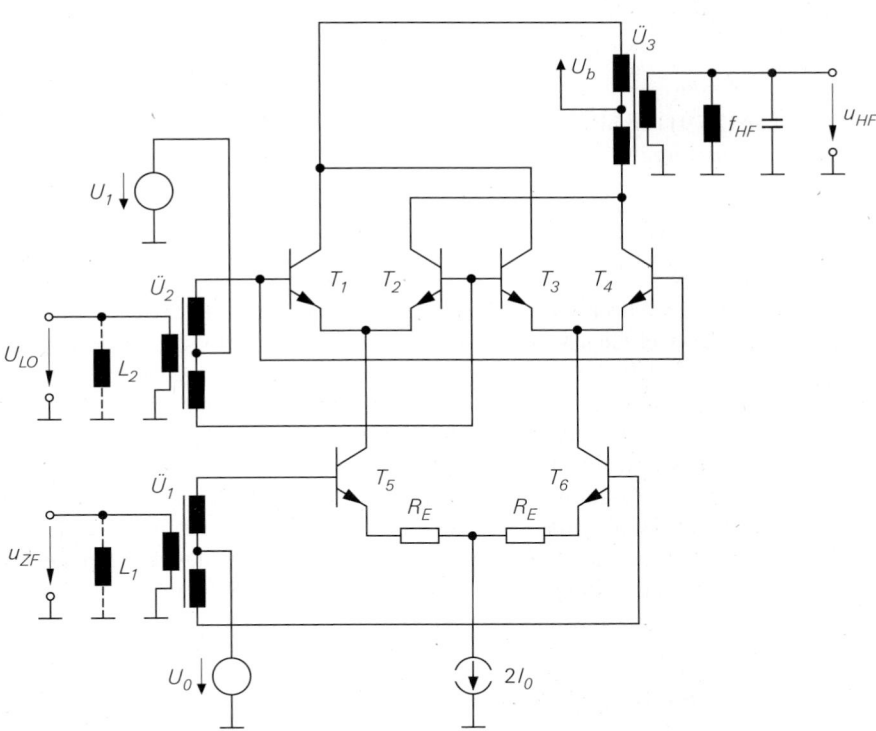

Abb. 25.90. Doppel-Gegentaktmischer mit Übertragern

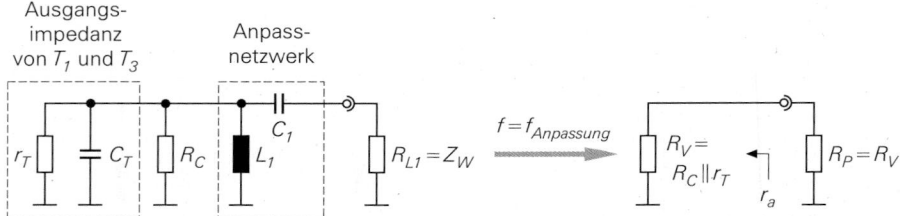

Abb. 25.91. Kleinsignalersatzschaltbild für die Transformation des Lastwiderstands an einem der beiden Ausgänge

gänge dieselben Verhältnisse wie am Ausgang eines Gegentaktmischers, siehe Abb. 25.74 auf Seite 1474. Für den Mischgewinn gilt nach (25.73):

$$G_M = \frac{A^2 Z_W}{r_a} \overset{r_a = R_V}{=} \frac{A^2 Z_W}{R_V} \tag{25.91}$$

Dabei ist Z_W der Eingangswiderstand an *einem* Eingang und R_V der transformierte Lastwiderstand an *einem* Ausgang. Deshalb muss man für die Leerlaufverstärkung A die Leerlaufverstärkung von *einem* Eingang zu *einem* Ausgang oder, alternativ, die Differenz-Leerlaufverstärkung einsetzen. Letztere folgt aus der Differenz-Mischverstärkung $A_{M,diff}$ durch Einsetzen von R_V anstelle von R_C:

$$A = A_{M,diff}\Big|_{R_C = R_V} \overset{(25.90)}{=} -c_1 S R_V$$

Durch Einsetzen in (25.91) erhält man den *Mischgewinn eines Doppel-Gegentaktmischers bei beidseitiger Anpassung*:

$$\boxed{G_M = \frac{1}{4} c_1^2 S^2 Z_W R_V} \tag{25.92}$$

Ein Vergleich mit dem Mischgewinn eines Gegentaktmischers in (25.77) zeigt, dass der Mischgewinn des Doppel-Gegentaktmischers bei gleichen Verlustwiderständen R_V um den Faktor 4 größer ist. Der Fall gleicher Verlustwiderstände liegt jedoch nur bei niedrigen Frequenzen vor; dann sind die Ausgangswiderstände der Transistoren vernachlässigbar und die Verlustwiderstände entsprechen den Kollektorwiderständen. In diesem Fall erzielt der Doppel-Gegentaktmischer aufgrund seines Differenzausgangs die doppelte Ausgangsspannung und die vierfache Ausgangsleistung. Dagegen dominieren bei hohen Frequenzen die Ausgangswiderstände der Transistoren. Da beim Doppel-Gegentaktmischer an jedem Ausgang zwei Transistoren parallelgeschaltet sind, sind die Verlustwiderstände in diesem Fall um den Faktor 2 kleiner als beim Gegentaktmischer in Abb. 25.74; in diesem Fall ist der Mischgewinn des Doppel-Gegentaktmischers nur noch doppelt so groß wie der des Gegentaktmischers.

25.5.2.8 I/Q-Mischer mit Doppel-Gegentaktmischern

Der Doppel-Gegentaktmischer eignet sich besonders gut zur Realisierung der I/Q-Mischer in digitalen Modulatoren und Demodulatoren; dabei werden jeweils zwei Mischer benötigt. Abbildung 25.92 zeigt die Anordnung der Mischer für die beiden Fälle; wir haben sie aus Abb. 21.69 auf Seite 1207 und Abb. 21.70 auf Seite 1208 entnommen.

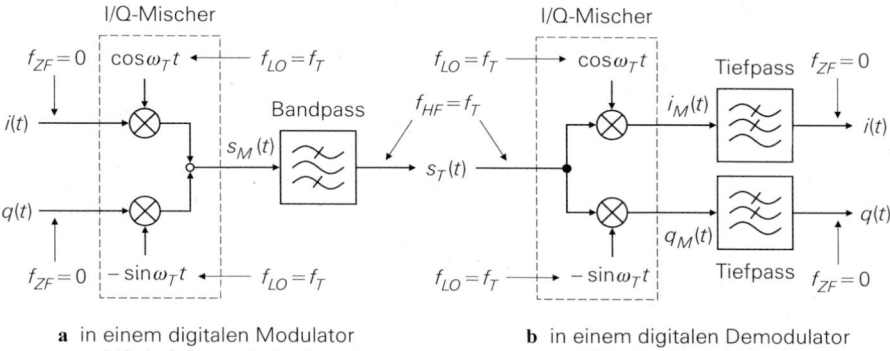

Abb. 25.92. I/Q-Mischer

Beim I/Q-Mischer sind die HF- und die LO-Frequenzen der beiden Mischer gleich der Trägerfrequenz f_T des Trägersignals $s_T(t)$: $f_{HF} = f_{LO} = f_T$. Die Quadratur-Komponenten $i(t)$ und $q(t)$ sind Basisbandsignale mit der Trägerfrequenz Null: $f_{ZF} = 0$. In diesem Fall existiert keine Spiegelfrequenz, da die HF-Frequenz und die Spiegelfre-quenz wegen $f_{ZF} = 0$ zusammenfallen: $f_{HF} = f_{LO} \pm f_{ZF} = f_{LO} \mp f_{ZF} = f_{HF,Sp}$. Ein I/Q-Mischer arbeitet nur dann korrekt, wenn die Mischverstärkungen der beiden Mi-scher gleich sind und die Phasenverschiebung zwischen den beiden LO-Signalen 90° beträgt. Die Anforderungen sind ohne Abgleich nur dadurch zu erfüllen, dass beide Mi-scher einschließlich der Komponenten zur Erzeugung der LO-Signale in *einer* integrierten Schaltung realisiert werden. Dabei wird ausschließlich der Doppel-Gegentaktmischer aus Abb. 25.80 auf Seite 1480 verwendet, da er keine Filter direkt am Mischer benötigt und deshalb ohne externe Komponenten auskommt.

Beim I/Q-Abwärtsmischer nach Abb. 25.92b werden zwei Doppel-Gegentaktmischer eingesetzt, die an den Eingängen verbunden sind; die Ausgangssignale werden getrennt weiterverarbeitet. Beim I/Q-Aufwärtsmischer nach Abb. 25.92a müssen die Ausgangs-signale der beiden Doppel-Gegentaktmischer addiert werden. Diese Addition kann ohne zusätzlichen Schaltungsaufwand erfolgen, indem man anstelle der Ausgangsspannungen die Ausgangsströme addiert und gemeinsame Kollektorwiderstände gemäß Abb. 25.93 verwendet; dabei kann man jede der beiden Ausgangsspannungen oder die Ausgangs-Differenzspannung $s_M(t)$ des I/Q-Aufwärtsmischers auffassen.

25.5.3 Kenngrößen

Aktive Mischer mit Transistoren können als Verstärker mit *zusätzlicher* Frequenzumset-zung betrachtet werden; deshalb gelten die Aussagen zu HF-Verstärkern im Abschnitt 24.4 auch für aktive Mischer, wenn man berücksichtigt, dass sich die Frequenzen der Ein- und Ausgangssignale bei Mischern unterscheiden.

25.5.4 Rauschen

Wir beschränken uns bei der Betrachtung des Rauschens auf Abwärtsmischer in Emp-fängern, da das Rauschen in diesem Fall von besonderem Interesse ist. Beim Gegentakt-mischer besteht die Eingangsstufe aus einer Emitter- oder Basisschaltung, beim Doppel-Gegentaktmischer aus einem Differenzverstärker; wir können deshalb die prinzipiellen

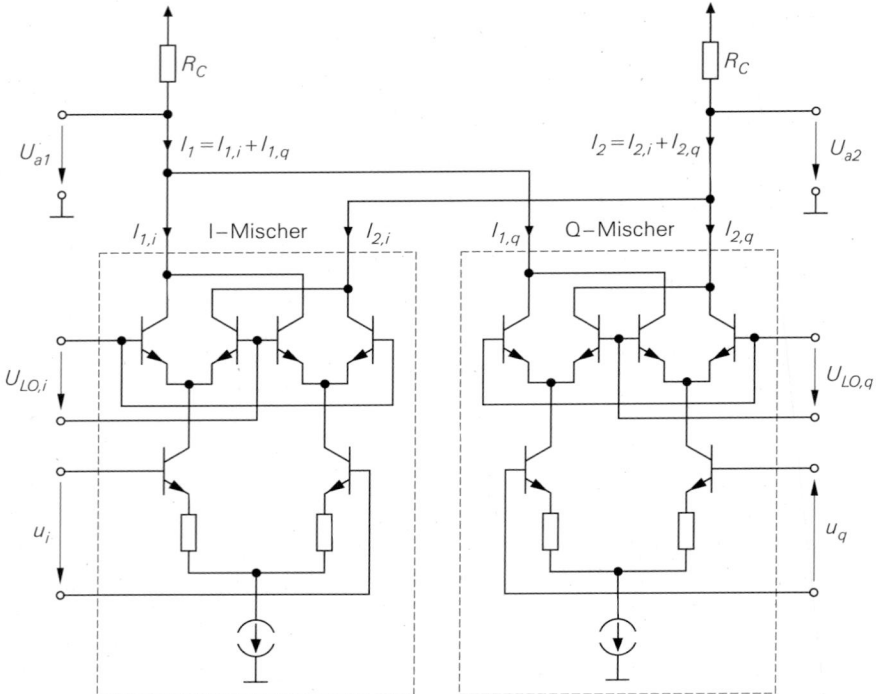

Abb. 25.93. I/Q-Aufwärtsmischer mit zwei Doppel-Gegentaktmischern und Stromaddition

Ergebnisse zum Rauschverhalten der Grundschaltungen aus den Abschnitten 4.2.4.8 und 24.1 auf aktive Mischer übertragen:

- Beim Differenzverstärker werden die Rauschquellen von zwei Transistoren wirksam; deshalb ist die Rauschzahl eines Doppel-Gegentaktmischers grundsätzlich höher als die eines Gegentaktmischers.
- Die Basisschaltung weist eine höhere Rauschzahl auf als die Emitterschaltung.
- In Anwendungen mit hohen Anforderungen an den Dynamikbereich ist eine Stromgegenkopplung erforderlich. Da eine Stromgegenkopplung mit Widerständen zu einer Erhöhung der Rauschzahl führt, wird nach Möglichkeit eine Stromgegenkopplung mit Induktivitäten verwendet; dadurch wird der Mischer jedoch schmalbandig.

Man muss zwei Betriebsfälle unterscheiden:

- Wenn sich der Mischer wie in Abb. 25.86 auf Seite 1487 im inneren Teil einer integrierten Schaltung befindet, ist keine Leistungsanpassung erforderlich und man kann die Rauschzahl und den Intercept-Punkt *IIP3* ohne Rücksicht auf die Eingangsimpedanz optimieren. In diesem Fall wird meist der Doppel-Gegentaktmischer mit einem Differenzverstärker in Emitterschaltung am Eingang verwendet.
- Wenn der Eingang des Mischers direkt mit externen Leitungen verbunden ist, ist ein Kompromiss zwischen Leistungsanpassung und Rauschanpassung erforderlich, um die Rauschzahl *und* den Eingangsreflexionsfaktor gering zu halten und gleichzeitig einen ausreichend hohen Intercept-Punkt zu erzielen. Es gelten dann dieselben Überlegungen

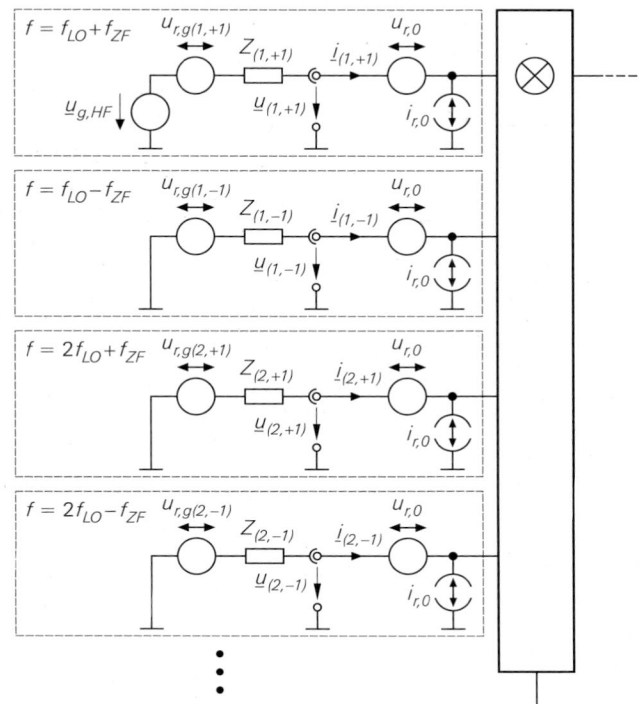

Abb. 25.94.
Kleinsignalersatzschalt-
bild zur Berechnung
der Rauschzahl eines
aktiven Mischers. Der
ZF-Kreis ist hier nicht
dargestellt.

wie bei rauscharmen integrierten HF-Verstärkern, siehe Abschnitt 24.1.3. Die Eingangsstufen werden in Emitterschaltung oder in Basisschaltung betrieben.

Im zweiten Fall erzielt man mit einem Gegentaktmischer in Emitterschaltung die geringste
Rauschzahl; dabei kann man den Dynamikbereich durch eine induktive Stromgegenkopplung optimieren, ohne dass die Rauschzahl nennenswert zunimmt. Beim Gegentaktmischer
muss aber unmittelbar am Ausgang ein ZF-Filter folgen, das den starken Anteil bei der
LO-Frequenz f_{LO} unterdrückt, bevor weitere Verstärker folgen. Ist dies nicht möglich,
muss der Doppel-Gegentaktmischer verwendet werden; dadurch nimmt die Rauschzahl
deutlich zu.

Durch die Frequenzumsetzung wird neben dem Rauschen im Bereich der HF-Frequenz
f_{HF} auch das Rauschen im Bereich der Spiegelfrequenz $f_{HF,Sp}$ und der Oberwellen
$nf_{LO} \pm f_{ZF}$ auf die ZF-Frequenz umgesetzt. Bei der Berechnung geht man genauso vor,
wie wir es im Abschnitt 25.3.6 für einen Diodenmischer beschrieben haben. Man erhält
auch für einen aktiven Mischer ein Kleinsignalersatzschaltbild mit einem Kreis für jede
Frequenz, siehe Abb. 25.94; dabei treten die äquivalenten Rauschquellen $u_{r,0}$ und $i_{r,0}$ der
Transistoren in der Eingangsstufe an die Stelle der Rauschstromquelle $i_{r,D}$ der Dioden in
Abb. 25.45. Daraus resultiert ein wichtiger Unterschied: während man die Rauschstromquelle der Dioden bei der Spiegelfrequenz und den Oberwellen unwirksam machen kann,
indem man diese Frequenzbereiche kleinsignalmäßig kurzschließt, wird bei aktiven Mischern die Rauschspannungsquelle $u_{r,0}$ auch bei einem Kurzschluss wirksam. Bei einem
aktiven Mischer kann man demnach nicht verhindern, dass das Rauschen aus diesen Bereichen in den ZF-Bereich umgesetzt wird. Aus diesem Grund ist die Rauschzahl eines

aktiven Mischers deutlich höher als die eines Verstärkers. Besonders störend wirkt sich dieser Effekt bei aktiven Mischern mit Mosfets aus, da die Rauschspannungsdichte der Rauschspannungsquelle $u_{r,0}$ bei einem Mosfet größer ist als bei einem Bipolartransistor.

Die Rauschzahl hängt darüber hinaus stark von der Auslegung im Hinblick auf bestimmte Anwendungen ab. Gegentaktmischer mit geringem Dynamikbereich erreichen Rauschzahlen im Bereich von 6 dB und liegen damit im selben Bereich wie passive Dioden- oder Fet-Mischer. Bei den meisten aktiven Mischern handelt es sich aber um Doppel-Gegentaktmischer mit Rauschzahlen im Bereich 10 ... 12 dB.

25.6 Vergleich aktiver und passiver Mischer

25.6.1 Rauschzahl, Intercept-Punkt und Dynamikbereich

Aktive Mischer mit Transistoren haben in den meisten Fällen eine höhere Rauschzahl als passive Dioden- oder Fet-Mischer. Da sie jedoch einen Mischgewinn im Bereich von 10 dB besitzen, sind sie passiven Mischern hinsichtlich der Empfänger-Rauschzahl F_e häufig überlegen, da sich das auf den Eingang umgerechnete Rauschen der nachfolgenden Komponenten weniger stark auswirkt. Passive Mischer haben jedoch einen wesentlich höheren Eingangs-Intercept-Punkt *IIP3* und deshalb auch einen größeren Dynamikbereich. Einen vergleichbar hohen Dynamikbereich erreichen aktive Mischer nur mit starker Stromgegenkopplung und einer Dimensionierung, die zu einer deutlichen Zunahme der Rauschzahl führt.

Abbildung 25.95 zeigt typische Werte für eine Anwendung mit geringem und eine Anwendung mit hohem Dynamikbereich. Die Gesamtverstärkung beträgt in beiden Fällen $G = 10$ dB; dazu muss nach den passiven Mischern mit einem typischen Mischgewinn $G_M = -6$ dB ein Verstärker mit $G_V = 16$ dB eingesetzt werden. Bei dem in Abb. 25.95a gezeigten Fall mit geringem Dynamikbereich kann man einen auf niedriges Rauschen optimierten aktiven Mischer mit einer Rauschzahl von 6 dB einsetzen. Der passive Mischer hat in diesem Fall zwar auch nur eine Rauschzahl von 6 dB, diese erhöht sich jedoch durch den nachfolgenden Verstärker auf 8 dB. Man kann bei der Berechnung der Rauschzahl von der Eigenschaft Gebrauch machen, dass sich ein passiver Mischer mit $G_M = -F_M$ wie ein Dämpfungsglied mit der Dämpfung $D = -G_M = F_M$ verhält und dadurch die Rauschzahl der nachfolgenden Komponente auf

$$F\,[\text{dB}] \;=\; F_V\,[\text{dB}] + D\,[\text{dB}] \;=\; F_V\,[\text{dB}] + F_M\,[\text{dB}]$$

zunimmt oder Gl. (4.204) zur Berechnung der Rauschzahl einer Reihenschaltung verwenden:

$$G_M \;=\; -6\,\text{dB} \;=\; 1/4 \;\;,\;\; F_M \;=\; 6\,\text{dB} \;=\; 4 \;\;,\;\; F_V \;=\; 2\,\text{dB} \;=\; 1{,}58$$

$$\Rightarrow\;\; F \;=\; F_M + \frac{F_V - 1}{G_M} \;=\; 4 + \frac{0{,}58}{1/4} \;=\; 6{,}3 \;=\; 8\,\text{dB}$$

Der aktive Mischer ist in diesem Fall aufgrund der geringeren Gesamtrauschzahl überlegen.

Bei hohen Anforderungen an den Dynamikbereich sind aktive Mischer unterlegen, wie das Beispiel in Abb. 25.95b zeigt. Die Rauschzahl von aktiven Mischern nimmt stark zu, wenn ein hoher Eingangs-Intercept-Punkt *IIP3* benötigt wird; dagegen ist die Rauschzahl passiver Mischer nur vom Mischgewinn abhängig und damit weitgehend unabhängig vom Intercept-Punkt. Man muss allerdings berücksichtigten, dass die Rauschzahl eines Verstärkers mit zunehmendem *IIP3* ebenfalls zunimmt; deshalb ist die Rauschzahl des Verstärkers in Abb. 25.95b höher als in Abb. 25.95a.

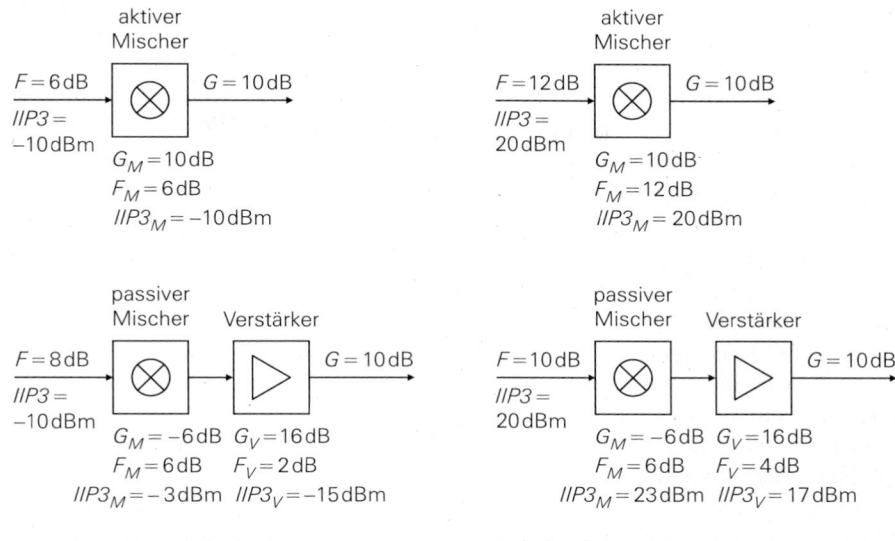

a geringer Dynamikbereich   **b** hoher Dynamikbereich

Abb. 25.95. Typische Werte für aktive und passive Mischer. Der Dynamikbereich wird wesentlich durch den Eingangs-Intercept-Punkt *IIP3* bestimmt; die Unterschiede in den Rausch-zahlen sind im Vergleich dazu gering.

25.6.2 Bandbreite

Diodenmischer erreichen die höchste Betriebsfrequenz und die größte Bandbreite. Ober-halb 10 GHz kann man nur noch Diodenmischer verwenden. Die Bandbreite der Dioden selbst reicht von Null bis zur oberen Grenzfrequenz, die durch die Kapazitäten der Dioden bestimmt wird. Bei Diodenmischern mit integrierten Übertragern wird die Bandbreite durch die Übertrager festgelegt. Da die obere Grenzfrequenz der Übertrager meist um den Faktor 10 . . . 100 über der unteren Grenzfrequenz liegt, sind diese Mischer ebenfalls breitbandig. In Anwendungen mit höchsten Anforderungen an den Dynamikbereich oder hoher Bandbreite werden ausschließlich Diodenmischer eingesetzt; dazu gehören z.B. Messempfänger und Spektralanalysatoren.

Passive Fet-Mischer sind schmalbandig, da man die Kapazitäten der Fets durch Parallel-Induktivitäten in Resonanz nehmen muss; auch die Anpassung im LO-Kreis hängt stark von der Frequenz ab. Der Dynamikbereich ist oft noch größer als der von Dioden-mischern; deshalb haben passive Fet-Mischer Diodenmischer aus allen schmalbandigen Anwendungen mit hohen Anforderungen an den Dynamikbereich verdrängt. Ein typisches Anwendungsfeld sind die Basisstationen der Mobilkommunikation.

Aktive Mischer können relativ breitbandig sein, wenn die Eingangsstufen in Basis-schaltung oder in Emitterschaltung mit ohmscher Stromgegenkopplung ausgeführt sind und die Betriebsfrequenzen niedrig sind; in diesem Fall ist die Rauschzahl aber vergleichs-weise hoch. Aktive Mischer mit induktiver Stromgegenkopplung sind schmalbandig, haben eine geringere Rauschzahl und meist auch einen höheren Intercept-Punkt. Aktive Mischer im inneren Teil einer integrierten Schaltung erreichen sehr hohe Bandbreiten, da hier nur die parasitären Kapazitäten der Transistoren und der internen Verbindungen wirksam wer-den und keine Anpassung erforderlich ist.

25.6.3 LO-Leistung

Bei Diodenmischern besteht eine direkte Verbindung zwischen der LO-Leistung und dem Intercept-Punkt; deshalb ist die benötigte LO-Leistung vor allem bei sehr hohen Anforderungen an den Dynamikbereich hoch.

Bei passiven Fet-Mischern ist die benötigte LO-Leistung proportional zur Frequenz und deshalb vor allem bei niedrigen LO-Frequenzen sehr gering. Im GHz-Bereich steigt die LO-Leistung auf das Niveau der Diodenmischer an.

Bei aktiven Mischern hängt die benötigte LO-Leistung stark von den Betriebsbedingungen ab. Der aktive Mischer selbst benötigt nur eine sehr geringe LO-Leistung, die aufgrund der Eingangskapazitäten der Schalttransistoren proportional zur Frequenz ist. Die tatsächlich benötigte LO-Leistung hängt davon ab, ob eine Anpassung im LO-Kreis erforderlich ist und wie diese hergestellt wird. Bei einfachen Ausführungen wird die Anpassung häufig mit einem Abschlusswiderstand hergestellt; in diesem Fall ist die benötigte LO-Leistung relativ hoch und wird fast ausschließlich im Abschlusswiderstand umgesetzt. Im inneren Teil einer integrierten Schaltung ist keine Anpassung erforderlich; dann wird nur die geringe LO-Leistung des aktiven Mischers selbst benötigt. Der aktive Mischer ist deshalb der bevorzugte Mischer in hochintegrierten Empfängerschaltungen für Mobiltelefone und andere mobile Terminals, die keine hohen Anforderungen an den Dynamikbereich stellen und deren Leistungsaufnahme möglichst gering sein muss.

25.7 Mischer mit Spiegelfrequenz-Unterdrückung

Im Abschnitt 25.1.3 haben wir das Funktionsprinzip eines Mischers mit Spiegelfrequenz-Unterdrückung beschrieben. Im folgenden beschreiben wir einige praktische Realisierungen. Wir beschränken uns dabei auf den *Abwärtsmischer mit Spiegelfrequenz-Unterdrückung* (*image-rejection mixer*, *IRM*) aus Abb. 25.8, der in Abb. 25.96a noch einmal dargestellt ist. Man kann den 90°-Phasenschieber aus dem LO-Kreis in den HF-Kreis verlegen, ohne dass sich die Funktion ändert; damit erhält man die Variante in Abb. 25.96b. Man beachte, dass die Phasenschieber 90° Phasen*nacheilung* haben.

Für die beiden Mischer kann man im Prinzip jede der in den vorausgehenden Abschnitten beschriebene passive oder aktive Variante verwenden. Der Mischer mit Spiegelfrequenz-Unterdrückung wird überwiegend in hochintegrierten Empfängerschaltungen eingesetzt; in diesem Fall werden meist aktive Doppel-Gegentaktmischer (Gilbert-Mischer) und RC-Phasenschieber verwendet. In hochwertigen Empfängern werden diskrete Ausführungen mit passiven Mischern und Phasenschiebern mit LC-Elementen oder Streifenleitungen (Hybride) verwendet.

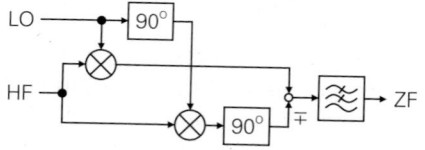
a mit Phasenschieber im LO-Kreis

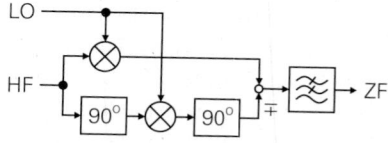
b mit Phasenschieber im HF-Kreis

Abb. 25.96. Abwärtsmischer mit Spiegelfrequenz-Unterdrückung. Bei Subtraktion der Pfade arbeitet der Mischer in Gleichlage ($f_{HF} = f_{LO} + f_{ZF}$), bei Addition in Kehrlage ($f_{HF} = f_{LO} - f_{ZF}$). Die Phasenschieber haben 90° Phasennacheilung.

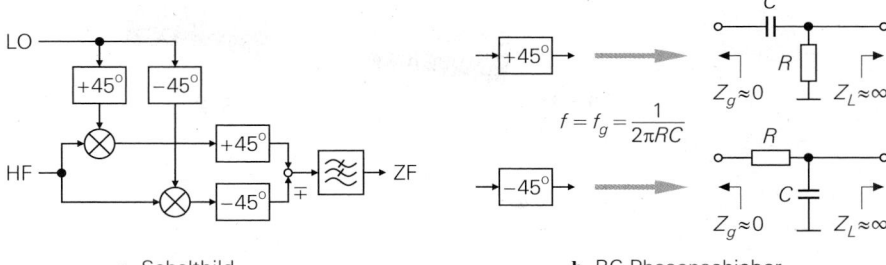

a Schaltbild   **b** RC-Phasenschieber

Abb. 25.97. Abwärtsmischer mit Spiegelfrequenz-Unterdrückung und $\pm 45°$-RC-Phasenschiebern. Die Grenzfrequenz f_g muss mit der jeweiligen Signalfrequenz übereinstimmen: $f_g = f_{LO}$ im LO-Kreis und $f_g = f_{ZF}$ im ZF-Kreis.

25.7.1 Phasenschieber

Praktische Phasenschieber werden in der Regel nicht als 90°-Phasenschieber in einem Pfad ausgeführt; man verwendet statt dessen zwei Phasenschieber, deren Phase sich um 90° unterscheidet. Da die Spiegelfrequenz-Unterdrückung auf einer Auslöschung gleich großer Anteile beruht, muss man nicht nur die relative Phasenverschiebung von 90° einhalten, sondern auch sicherstellen, dass die Amplituden gleich sind.

25.7.1.1 RC-Phasenschieber

Abbildung 25.97 zeigt die einfachste Ausführung mit $\pm 45°$-RC-Phasenschiebern, deren Grenzfrequenz

$$f_g = \frac{1}{2\pi\,RC}$$

mit der jeweiligen Signalfrequenz übereinstimmen muss: $f_g = f_{LO}$ im LO-Kreis und $f_g = f_{ZF}$ im ZF-Kreis. Die Phasenschieber arbeiten in dieser Form jedoch nur korrekt, wenn sie mit einer niederohmigen Signalquelle ($Z_g \approx 0$) und einer hochohmigen Last ($Z_L \approx \infty$) betrieben werden; dazu muss man vor und nach den Phasenschiebern Impedanzwandler einsetzen. Alternativ kann man die Phasenschieber so dimensionieren, dass man unter Berücksichtigung der Quellenimpedanz Z_g und der Lastimpedanz Z_L eine relative Phasenverschiebung von 90° *und* gleiche Amplituden erhält. Im LO-Kreis sind die Eingänge der Phasenschieber verbunden; dadurch sind die Eingangssignale unabhängig von der Quellenimpedanz Z_g (= Quellenimpedanz der LO-Signalquelle) identisch und man muss nur die Lastimpedanz Z_L (= Eingangsimpedanz der Mischer am LO-Eingang) berücksichtigen.

25.7.1.2 RC-Polyphasen-Filter

In integrierten Schaltungen werden anstelle der RC-Phasenschieber häufig RC-Polyphasen-Filter eingesetzt. Abbildung 25.98 zeigt eine einstufige Ausführung für die Frequenz:

$$f_1 = \frac{1}{2\pi\,R_1 C_1}$$

Bei Ansteuerung mit der Spannungsquelle U_{g1} haben die Ausgangsspannungen die in der linken Spalte gezeigten Phasen. Die Lastimpedanz Z_L wirkt sich nur auf die Grundphase φ_0 aus und hat keinen Einfluss auf die Phasenverschiebungen zwischen den Ausgängen.

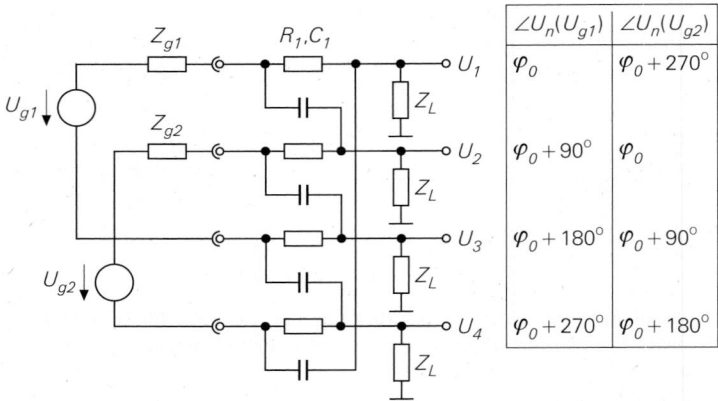

	$\angle U_n(U_{g1})$	$\angle U_n(U_{g2})$
U_1	φ_0	$\varphi_0 + 270°$
U_2	$\varphi_0 + 90°$	φ_0
U_3	$\varphi_0 + 180°$	$\varphi_0 + 90°$
U_4	$\varphi_0 + 270°$	$\varphi_0 + 180°$

Abb. 25.98. Einstufiges RC-Polyphasen-Filter

Bei Ansteuerung mit der Spannungsquelle U_{g2} erhält man die Phasen in der rechten Spalte. Die Grundphase φ_0 hängt zwar von der Frequenz ab, die Phasenverschiebungen zwischen den Ausgängen sind jedoch frequenzunabhängig, d.h. bezüglich der Phasenverhältnisse ist das Filter grundsätzlich breitbandig. Die Amplituden an den Ausgängen 1 und 3 sowie 2 und 4 sind ebenfalls für alle Frequenzen gleich; die für den Mischer mit Spiegelfrequenz-Unterdrückung wichtige Übereinstimmung *aller* Amplituden ist aber nur bei der Frequenz f_1 gegeben. Aufgrund der Phasenverschiebung von 90° zwischen den Anteilen der beiden Spannungsquellen kann man das Filter nicht nur zur Phasenverschiebung, sondern auch zur Addition der beiden Quellensignale verwenden.

Man kann die Bandbreite des Filters erhöhen, indem man mehrere Stufen mit verschiedenen Frequenzen in Reihe schaltet, siehe Abb. 25.99. Die Phasenverschiebungen zwischen den Ausgängen sind auch hier frequenzunabhängig, so dass man die Frequenzen der einzelnen Stufen nur mit Hinblick auf die Amplitudenverhältnisse optimieren muss.

Abbildung 25.100 zeigt einen Abwärtsmischer mit Spiegelfrequenz-Unterdrückung mit zwei aktiven Doppel-Gegentaktmischern (Gilbert-Mischer) und zwei einstufigen RC-Polyphasen-Filtern. Die Ausgangsströme der beiden Gilbert-Mischer werden über das ZF-

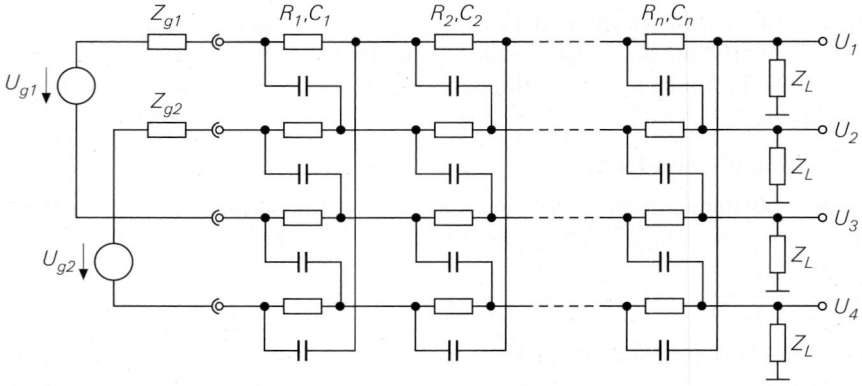

Abb. 25.99. Mehrstufiges RC-Polyphasen-Filter

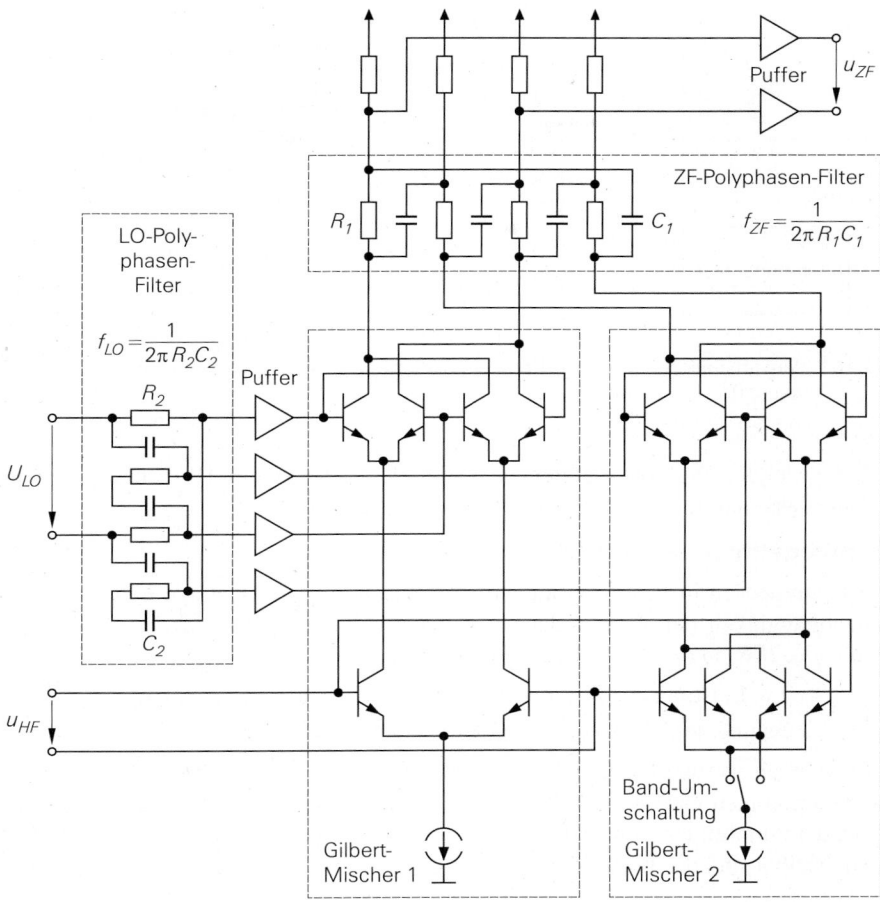

Abb. 25.100. Abwärtsmischer mit Spiegelfrequenz-Unterdrückung mit zwei aktiven Doppel-Gegentaktmischern (Gilbert-Mischer) und zwei einstufigen RC-Polyphasen-Filtern. Mit der Band-Umschaltung wird zwischen dem Oberband und dem Unterband umgeschaltet.

Polyphasen-Filter R_1, C_1 addiert. Der rechte Gilbert-Mischer verfügt über zwei schaltbare HF-Eingangsstufen, mit denen die Polarität des HF-Signals umgeschaltet werden kann; dadurch erfolgt eine *Band-Umschaltung* zwischen dem Oberband ($f_{HF} = f_{LO} + f_{ZF}$) und dem Unterband ($f_{HF} = f_{LO} - f_{ZF}$). Das LO-Polyphasen-Filter erzeugt die phasenverschobenen LO-Signale für die beiden Gilbert-Mischer. Als Puffer werden Impedanzwandler mit Kollektorschaltungen verwendet.

25.7.1.3 Hybride als Phasenschieber

Zur Phasenverschiebung kann man auch die im Abschnitt 23.4.2 beschriebenen 90°-Hybride mit LC-Elementen oder Streifenleitungen einsetzen; Abb. 25.101 zeigt eine typische Ausführung mit diskreten Komponenten. Alle Komponenten sind allseitig an den Wellenwiderstand Z_W der Leitungen angepasst; dazu muss die Aufteilung des HF-Signals auf die beiden Mischer mit einem Leistungsteiler erfolgen, z.B. mit dem in Abb. 23.34 auf

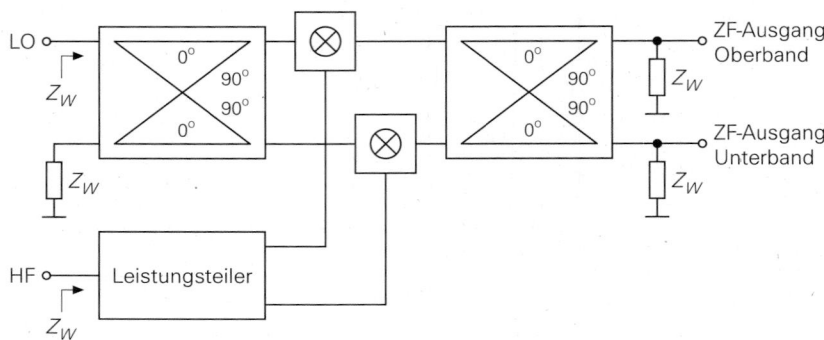

Abb. 25.101. Abwärtsmischer mit Spiegelfrequenz-Unterdrückung mit zwei passiven Mischern und zwei 90°-Hybriden

Seite 1316 gezeigten Wilkinson-Teiler. Man kann den LO- und den HF-Eingang vertauschen, ohne dass sich die Funktion ändert, siehe Abb. 25.96.

25.7.2 Spiegelfrequenz-Unterdrückung

Durch Unsymmetrien in den Amplituden und Phasen der beiden Pfade und durch die Frequenzabhängigkeit der Amplituden ist die *Spiegelfrequenz-Unterdrückung* (*image-rejection ratio*, *IRR*) in der Praxis begrenzt; es gilt:

$$IRR = \frac{\text{Leistung des ZF-Anteils aus dem HF-Band}}{\text{Leistung des ZF-Anteils aus dem Spiegelfrequenzband}}$$

Beide Leistungen werden an dem Ausgang gemessen, an dem der ZF-Anteil aus dem HF-Band entnommen wird. Innerhalb integrierter Schaltungen wird manchmal auch das Verhältnis der Amplituden verwendet; dann erhält man wegen $P \sim U^2$ den Wert $IRR' = \sqrt{IRR}$. In Dezibel sind die Werte identisch:

$$IRR\,[\text{dB}] = 10 \log IRR = 20 \log IRR'$$

Man kann die Spiegelfrequenz-Unterdrückung aus dem Amplituden- und dem Phasenfehler der beiden Pfade berechnen. Wir kürzen die Berechnung durch eine einfache Überlegung ab: bei der Subtraktion bzw. Addition der Pfade addieren sich die Anteile aus dem HF-Band gemäß $1/2 + 1/2 = 1$, während sich die Anteile aus dem Spiegelfrequenzband gemäß $1/2 - 1/2 = 0$ auslöschen. Nimmt man nun an, dass die Pfade die Betragsverstärkungen 1 und $k \neq 1$ besitzen und zwischen beiden Pfaden ein Phasenfehler φ auftritt, erhält man statt dessen

$$a = \frac{1}{2} + \frac{1}{2} k e^{j\varphi} \quad , \quad b = \frac{1}{2} - \frac{1}{2} k e^{j\varphi}$$

und daraus die Spiegelfrequenz-Unterdrückung:

$$IRR = \frac{|a|^2}{|b|^2} = \frac{\left|1 + k e^{j\varphi}\right|^2}{\left|1 - k e^{j\varphi}\right|^2} = \frac{1 + k^2 + 2k \cos\varphi}{1 + k^2 - 2k \cos\varphi}$$

Wegen $\cos\varphi = \cos(-\varphi)$ ist das Vorzeichen des Phasenfehlers nicht relevant. Der Wert ändert sich auch nicht, wenn man anstelle von k den Kehrwert $1/k$ einsetzt. Für $k = 1$ und

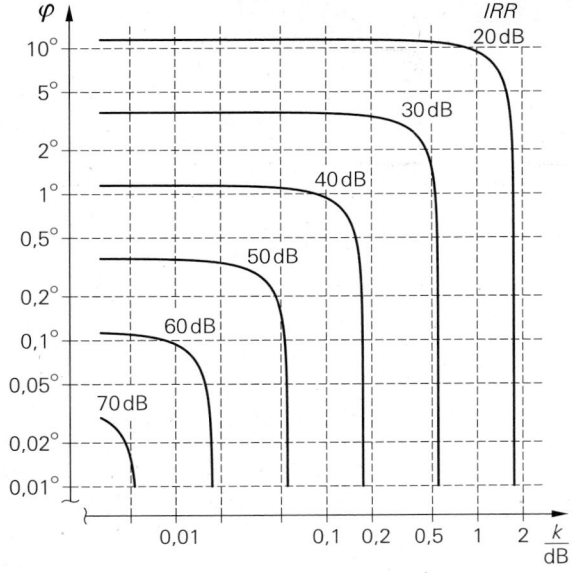

Abb. 25.102.
Spiegelfrequenz-Unterdrückung *IRR* in Abhängigkeit vom Amplitudenfehler k und vom Phasenfehler φ

$\varphi = 0$ erhält man die ideale Spiegelfrequenz-Unterdrückung *IRR* $= \infty$. Abbildung 25.102 zeigt die Abhängigkeit der Spiegelfrequenz-Unterdrückung von den beiden Fehlergrößen; dabei ist der Amplitudenfehler in Dezibel angegeben:

$$k\,[\text{dB}] \;=\; 20\log k$$

Wegen der Symmetrie-Eigenschaften muss nur der Bereich $k > 1 = 0\,\text{dB}$ und $\varphi > 0$ dargestellt werden.

Man erkennt, dass eine hohe Spiegelfrequenz-Unterdrückung nur mit hochgenauen Amplituden- und Phasenbeziehungen erreicht werden kann. Bei einem Phasenfehler von nur einem Grad kann man nur noch *IRR* $\approx 40\,\text{dB}$ erzielen; deshalb ist in den meisten Fällen ein Abgleich erforderlich. Aber auch mit Abgleich sind Mischer mit Spiegelfrequenz-Unterdrückung kein Ersatz für die Spiegelfrequenz-Filter in Empfängern, sondern können nur die Anforderungen an diese Filter reduzieren.

Kapitel 26:
Oszillatoren

Schaltungen zur Erzeugung ungedämpfter Schwingungen bezeichnet man als *Oszillatoren* (*oscillator*, *OSC*). In nachrichtentechnischen Schaltungen werden Oszillatoren zur Erzeugung der *Lokaloszillatorsignale* (*local oscillator*, *LO*) für die Mischer in Sendern und Empfängern benötigt; dabei kommen zwei grundsätzlich verschiedene Arten von Oszillatoren zum Einsatz:

- **Oszillatoren mit analoger Schwingungserzeugung (analoge Oszillatoren)**: Diese Oszillatoren bestehen aus einem Verstärker und einem Resonanzkreis. Bei diskret aufgebauten Oszillatoren dient häufig ein einziger Transistor als Verstärker, während bei integrierten Oszillatoren meist mehrere Transistoren verwendet werden. Als Resonanzkreis kann ein LC-Resonanzkreis eingesetzt werden. Alternativ kann man jede beliebige schwingungsfähige Anordnung verwenden, deren elektrisches Verhalten in der Nähe der Resonanzfrequenz durch einen LC-Resonanzkreis beschrieben werden kann; typische Beispiele sind kurzgeschlossene oder leerlaufende Streifenleitungen, dielektrische Resonatoren, Oberflächenwellen-Resonatoren (SAW-Resonatoren) und Quarze. Wenn eine Frequenzabstimmung erforderlich ist, werden in den meisten Fällen Kapazitätsdioden eingesetzt; man erhält dann einen *VCO* (*voltage-controlled oscillator*). Abbildung 26.1a zeigt eine typische Ausführung mit der Abstimmspannung U_S und der Ausgangsspannung U_a.

- **Oszillatoren mit digitaler Schwingungserzeugung (digitale Oszillatoren)**: Bei diesen Oszillatoren werden mit digitalen Schaltkreisen zeitdiskrete Schwingungen erzeugt, die entweder als LO-Signale für digitale Mischer dienen – z.B. für die digitalen I/Q-Mischer in Abb. 22.6c und Abb. 22.25c – oder mit Digital-Analog-Umsetzern (DAC) in analoge Schwingungen umgesetzt wird. Diese Art der Schwingungserzeugung wird als *Direkte Digitale Synthese* (*direct digital synthesis*, *DDS* bezeichnet. Abbildung 26.1b zeigt eine typische Ausführung; dabei wird mit einem Phasenakkumulator ein Phasenverlauf $\varphi(n)$ mit konstantem Phaseninkrement $\Delta\varphi$ gebildet, aus dem mit Hilfe einer Kosinus-/Sinus-Tabelle die zeitdiskreten Schwingungen $\cos\varphi(n)$ und $\sin\varphi(n)$ erzeugt

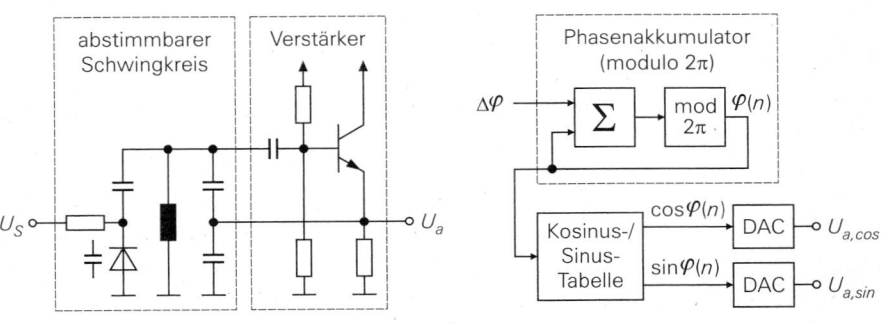

a analoge Schwingungserzeugung   **b** digitale Schwingungserzeugung

Abb. 26.1. Oszillatoren für nachrichtentechnische Schaltungen

werden, die bei Bedarf in analoge Signale umgesetzt werden. Die Frequenz wird mit dem Phaseninkrement $\Delta\varphi$ eingestellt. Ein Oszillator dieser Art wird aufgrund der numerischen Einstellung der Frequenz auch als *NCO* (*numerically-controlled oscillator*) bezeichnet.

Im Analogteil von Sendern und Empfängern werden werden fast ausschließlich analoge Oszillatoren eingesetzt; die wichtigsten Gründe dafür sind:

- Das Rauschen der analogen Komponenten liegt in der Regel deutlich unter dem Quantisierungsrauschen der Digital-Analog-Umsetzer. Dieser Punkt ist sehr wichtig; wir gehen darauf bei der Beschreibung des Rauschverhaltens von Oszillatoren noch näher ein.
- Mit analogen Oszillatoren kann man Frequenzen bis in den Bereich der Transitfrequenz der verwendeten Transistoren erzeugen. Mit entsprechenden Transistoren sind Frequenzen bis zu 100 GHz möglich. Dagegen wird die Frequenz digitaler Oszillatoren durch die maximale Taktfrequenz der digitalen Schaltkreise und die mit zunehmender Frequenz abnehmende Auflösung der Digital-Analog-Umsetzer begrenzt; Frequenzen bis etwa 500 MHz sind möglich.
- Die Verlustleistung analoger Oszillatoren ist wesentlich geringer. Die Stromaufnahme eines analogen Oszillators liegt unabhängig von der Frequenz meist im Bereich von $0,1 \ldots 10$ mA; dagegen nimmt die Stromaufnahme digitaler Oszillatoren mit zunehmender Frequenz zu und liegt bei Frequenzen über 100 MHz im Bereich von $100 \ldots 500$ mA.

Es gibt jedoch Anwendungen, bei denen auch im Analogteil ein digitaler Oszillator mit Digital-Analog-Umsetzern verwendet wird. Der Grund dafür liegt meist darin, dass die Frequenz eines NCO durch Setzen eines neuen Phaseninkrements $\Delta\varphi$ ohne Verzögerung geändert werden kann, während ein VCO immer in eine phasenstarre Schleife (PLL) eingebunden ist – siehe Abschnitt 22.1.3 –, die eine Einschwingzeit benötigt.

Wir beschränken uns im folgenden auf analoge Oszillatoren und gehen dabei zunächst auf Oszillatoren mit LC-Resonanzkreis ein.

26.1 LC-Oszillatoren

Oszillatoren mit LC-Resonanzkreis werden als *LC-Oszillatoren* bezeichnet und bestehen aus einem Verstärker und einem LC-Serien- oder LC-Parallelschwingkreis. Damit sich eine Schwingung aufbauen kann, muss man die beiden Komponenten so verschalten, dass sich eine *Mitkopplung* (*positive feedback*) mit einer *Schleifenverstärkung* (*loop gain*) größer Eins ergibt. Wir beschreiben zunächst die Eigenschaften von LC-Resonanzkreisen.

26.1.1 LC-Resonanzkreise

LC-Resonanzkreise bestehen aus einer Induktivität L und einer Kapazität C. Neben den Werten für L und C ist der *Kennwiderstand*

$$R_k = \sqrt{\frac{L}{C}} \tag{26.1}$$

eine wichtige Größe. Typische Werte liegen im Bereich $R_k = 10 \ldots 1000\,\Omega$, d.h. der Wert der Induktivität ist um den Faktor $10^{2\ldots6}$ größer als der Wert der Kapazität.

In der Praxis werden LC-Resonanzkreise mit diskreten Spulen und Kondensatoren oder mit Streifenleitungen aufgebaut. Da diese Elemente verlustbehaftet sind, enthält das Ersatzschaltbild zusätzlich Widerstände, die die Verluste repräsentieren. Bei Oszillatoren

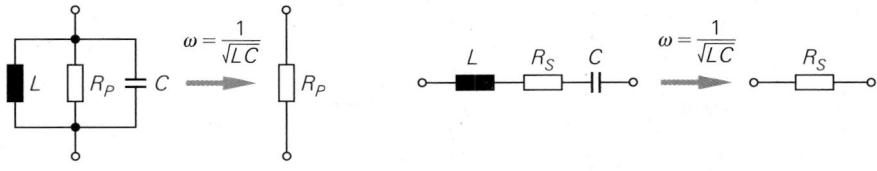

a Parallelschwingkreis   **b** Serienschwingkreis

Abb. 26.2. Ersatzschaltbilder für LC-Resonanzkreise im Bereich der Resonanzfrequenz

ist nur das Verhalten im Bereich der Resonanzfrequenz von Interesse; in diesem Fall kann man die Widerstände zu einem äquivalenten Widerstand zusammenfassen und erhält damit die in Abb. 26.2 gezeigten Ersatzschaltbilder. Bei der *Resonanzfrequenz*

$$\omega_R = 2\pi f_R = \frac{1}{\sqrt{LC}} \tag{26.2}$$

kompensieren sich die Induktivitäten und die Kapazitäten und es werden nur noch die Widerstände wirksam. Die *Güte (quality)*

$$Q = \frac{f_R}{B} = \begin{cases} R_P \sqrt{\dfrac{C}{L}} = \dfrac{R_P}{R_k} & \text{Parallelschwingkreis} \\[4mm] \dfrac{1}{R_S} \sqrt{\dfrac{L}{C}} = \dfrac{R_k}{R_S} & \text{Serienschwingkreis} \end{cases} \tag{26.3}$$

ist ein Maß für Bandbreite B des Schwingkreises. Für die Impedanzen gilt:

$$Z(s) = \begin{cases} \dfrac{1}{\dfrac{1}{sL} + \dfrac{1}{R_P} + sC} = \dfrac{R_P}{1 + Q\left(\dfrac{\omega_R}{s} + \dfrac{s}{\omega_R}\right)} & \text{Parallelschwingkreis} \\[6mm] sL + R_S + \dfrac{1}{sC} = R_S\left[1 + Q\left(\dfrac{\omega_R}{s} + \dfrac{s}{\omega_R}\right)\right] & \text{Serienschwingkreis} \end{cases}$$

Die Ausdrücke in den geschweiften Klammern werden bei der Resonanzfrequenz ω_R zu Null; dann gilt:

$$Z(j\omega_R) = \begin{cases} R_P = Q R_k & \text{Parallelschwingkreis} \\[4mm] R_S = \dfrac{R_k}{Q} & \text{Serienschwingkreis} \end{cases}$$

Die Güte Q beschreibt, wie stark sich die Impedanzen bei einer Abweichung von der Resonanzfrequenz ändern. Abbildung 26.3 zeigt den Betrag der Impedanz für Parallel- und Serienschwingkreise mit einem Kennwiderstand $R_k = 100\,\Omega$. Bei Oszillatoren muss die Güte möglichst hoch sein, damit die Frequenz möglichst stabil und das Rauschen möglichst gering ist; dazu muss der *Parallelwiderstand R_P* eines Parallelschwingkreises möglichst hoch und der *Serienwiderstand R_S* eines Serienschwingkreises möglichst gering sein.

Die Elemente des Ersatzschaltbilds werden in der Praxis meist mit Hilfe einer Messung bestimmt; dazu misst man den Betrag der Impedanz im Bereich der Resonanzfrequenz und ermittelt mit einem Schaltungssimulator oder einem Mathematikprogramm die Werte für

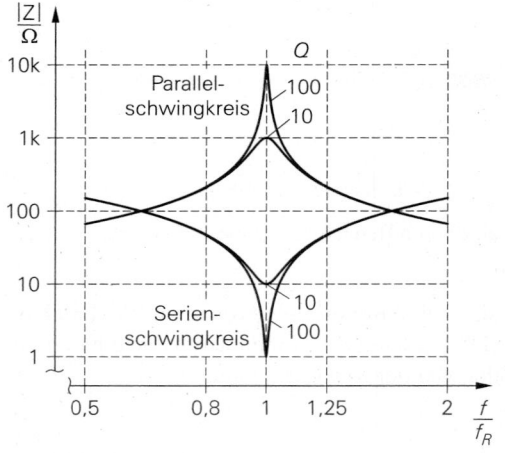

Abb. 26.3.
Betrag der Impedanz Z für Parallel-
und Serienschwingkreise mit einem
Kennwiderstand $R_k = 100\,\Omega$.

L, R und C, für die man denselben Verlauf erhält. Bei Resonanzkreisen mit Spulen und Kondensatoren kann man die Elemente auch aus den in Abb. 23.1 auf Seite 1283 gezeigten Hochfrequenzen-Ersatzschaltbildern berechnen, sofern deren Werte bekannt sind. Man nutzt dabei die Eigenschaft, dass die Güte bei Parallelschaltung und Serienschaltung praktisch gleich ist; deshalb kann man den Widerstand R_S und die Güte bei Serienresonanz bestimmen und daraus mit

$$R_P \approx Q^2 R_S \tag{26.4}$$

den Widerstand R_P bei Parallelresonanz berechnen. Bei Resonanzkreisen mit Streifenleitungen kann man die Elemente des Ersatzschaltbilds mit einem elektro-magnetischen Feldsimulator bestimmen.

Beispiel: Gesucht wird ein LC-Resonanzkreis mit SMD-Bauteilen für $f_R = 100\,\text{MHz}$. Aus den Angaben aus Abschnitt 23.1 erhalten wir das Ersatzschaltbild in Abb. 26.4. Die parasitäre Kapazität C_L der Spule können wir aufgrund ihrer Impedanz $Z_{CL} \approx -j\,8\,\text{k}\Omega$ bei 100 MHz vernachlässigen. Wir müssen nun die Werte L_L und C so wählen, dass die Güte maximal wird; dazu drücken wir zunächst alle Elemente als Funktion von L_L aus:

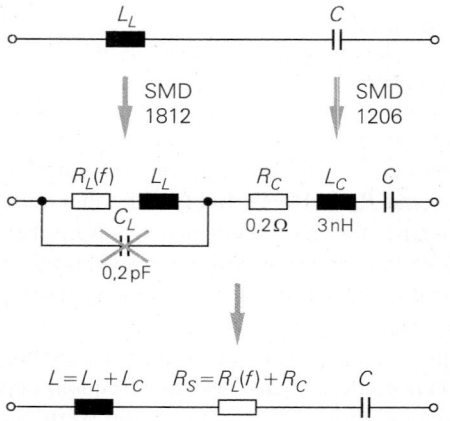

Abb. 26.4.
Beispiel: Ersatzschaltbild für einen LC-
Resonanzkreis mit SMD-Bauteilen

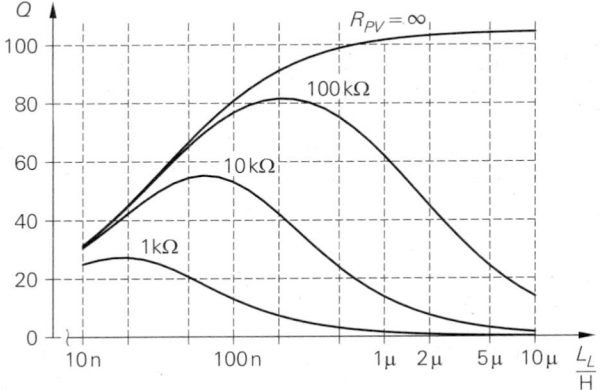

Abb. 26.5.
Beispiel: Güte für einen
LC-Parallelschwingkreis
mit SMD-Bauteilen und
einem zusätzlichen Parallelwiderstand R_{PV}

- Aus Abb. 26.4 entnehmen wir $L = L_L + L_C$.
- Aus der Forderung $f_R = 100\,\text{MHz}$ erhalten wir mit (26.2) den Zusammenhang zwischen C und L_L:

$$C = \frac{1}{\omega_R^2 L} = \frac{1}{(2\pi f_R)^2 (L_L + L_C)}$$

- Aus Abb. 26.4 erhalten wir in Verbindung mit (23.4) und (23.5)

$$R_S = R_L(f_R) + R_C = k_L L_L \sqrt{f_R} + R_C$$

Für die Baugröße 1812 gilt $k_L \approx 600\,\Omega/(\sqrt{\text{Hz}} \cdot \text{H})$.

Anschließend berechnen wir mit (26.3) die Güte des Kreises bei Serienresonanz in Abhängigkeit von L_L; dabei erhalten wir die Kurve mit $R_{PV} = \infty$ in Abb. 26.5. Die Güte
wird im Bereich $L > 1\,\mu\text{H}$ maximal. Wir haben bis jetzt aber noch nicht berücksichtigt,
dass wir den Kreis zusammen mit einem Verstärker betreiben müssen, um einen Oszillator
zu erhalten. Wir nehmen an, dass der Kreis in Parallelresonanz betrieben werden soll und
berechnen dazu mit (26.4) den zugehörigen Parallelwiderstand $R_P = Q^2 R_S$. Wir nehmen
ferner an, dass der Verstärker als zusätzlicher Parallelwiderstand R_{PV} wirkt; dann gilt für
den effektiven Parallelwiderstand:

$$R_P' = R_P \parallel R_{PV} = Q^2 R_S \parallel R_{PV}$$

Damit berechnen wir mit (26.3) die Güte des Kreises bei Parallelresonanz und erhalten
die Kurven mit $R_{PV} = 1/10/100\,\text{k}\Omega$ in Abb. 26.5. Wir werden im folgenden noch sehen,
dass für typische Verstärker $R_{PV} \approx 10\,\text{k}\Omega$ gilt; daraus folgt, dass wir mit $L_L \approx 100\,\text{nH}$
eine maximale Güte von etwa $50 \ldots 60$ erhalten.

26.1.2 Verstärker mit selektiver Mitkopplung

Die Schwingungserzeugung in einem analogen Oszillator beruht auf einer *selektiven Mitkopplung*; dabei wird das Ausgangssignal eines Verstärkers über ein frequenzselektives
Netzwerk auf den Eingang zurückgekoppelt. Wenn es dabei eine Frequenz gibt, bei der die
Schleifenverstärkung (*loop gain*) in der resultierenden Schleife betragsmäßig größer Eins
ist und die Phase Null (modulo 2π) hat, baut sich eine Schwingung bei dieser Frequenz
auf. Das frequenzselektive Netzwerk stellt sicher, dass diese Bedingung nur für eine genau
definierte Frequenz erfüllt ist.

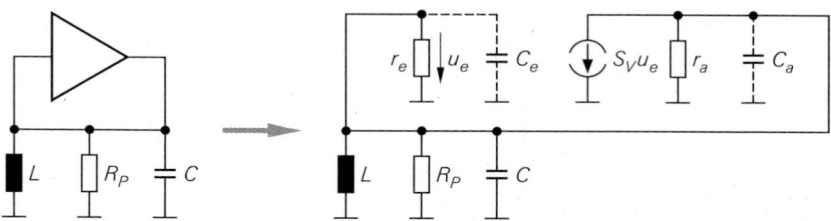

a mit Parallelschwingkreis

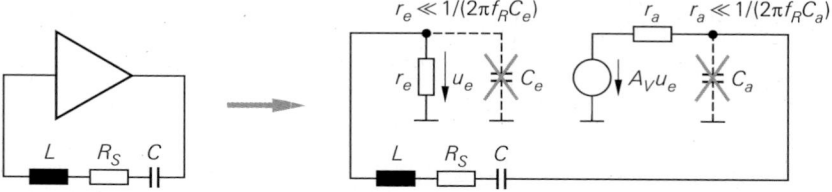

b mit Serienschwingkreis

Abb. 26.6. Verstärker mit selektiver Mitkopplung: Schaltungen und Ersatzschaltbilder

Die Bedingung für die Schleifenverstärkung entspricht systemtheoretisch die Forderung nach einem konjugiert-komplexen Polpaar in der rechten s-Halbebene: $s_P = \sigma \pm j\omega$ mit $\sigma > 0$; dazu gehört im Zeitbereich eine Schwingung mit zunehmender Amplitude:

$$s_P = \sigma \pm j\omega \;\Rightarrow\; x(t) = e^{(\sigma+j\omega)t} + e^{(\sigma-j\omega)t} = 2e^{\sigma t}\cos\omega t$$

Damit sich die Schwingung aufbaut, bedarf es einer Anregung, die bei einer analogen Schaltung aufgrund des thermischen Rauschens aber grundsätzlich immer vorhanden ist. Die Amplitude nimmt zu, bis die Aussteuerungsgrenzen des Verstärkers erreicht werden; dadurch wird die Amplitude begrenzt und der Betrag der Schleifenverstärkung nimmt auf Eins ab. Dies ist gleichbedeutend mit $\sigma \to 0$, d.h. das konjugiert-komplexe Polpaar wird durch die Begrenzung auf die imaginäre Achse verschoben ($s_P = \pm j\omega$) und man erhält eine ungedämpfte Schwingung. Alternativ zur Begrenzung durch die Aussteuerungsgrenzen kann man eine Amplitudenregelung verwenden; dabei wird die Amplitude der Schwingung gemessen und durch eine Reduktion der Schleifenverstärkung auf einen Sollwert begrenzt, der unterhalb der Aussteuerungsgrenzen liegt.

Bei LC-Oszillatoren besteht das frequenzselektive Netzwerk aus einem Parallel- oder Serienschwingkreis; Abb. 26.6 zeigt die resultierenden Schaltungen und die zugehörigen Ersatzschaltbilder. Bei beiden Schaltungen wird die Mitkopplung bei der Resonanzfrequenz der Schwingkreise maximal.

26.1.2.1 Mitkopplung mit Parallelschwingkreis

Bei der Schaltung mit Parallelschwingkreis in Abb. 26.6a muss der Verstärker hochohmig sein, da der Eingangswiderstand r_e und der Ausgangswiderstand r_a parallel zu R_P liegen und die Güte des Kreises reduzieren; daraus ergibt sich die Forderung $r_e \parallel r_a > R_P$. Wir haben hier berücksichtigt, dass bei Verstärkern mit hochohmigem Ausgang bevorzugt das Ersatzschaltbild mit einer spannungsgesteuerten Stromquelle aus Abb. 4.133b auf Seite 430 verwendet wird. Bei höheren Frequenzen muss man zusätzlich die Eingangskapazität C_e und die Ausgangskapazität C_a des Verstärkers berücksichtigen. Diese Kapazitäten liegen jedoch parallel zur Kapazität C und können mit dieser zusammengefasst werden; wir nehmen deshalb im folgenden an, dass die Kapazitäten des Verstärkers in C enthalten sind.

26.1.2.2 Mitkopplung mit Serienschwingkreis

Bei der Schaltung mit Serienschwingkreis in Abb. 26.6b muss der Verstärker niederohmig sein, da der Eingangswiderstand r_e und der Ausgangswiderstand r_a in Reihe zu R_S liegen und die Güte des Kreises reduzieren; daraus ergibt sich die Forderung $r_e + r_a < R_S$. In diesem Fall wird für den Verstärker bevorzugt das Ersatzschaltbild mit einer spannungsgesteuerten Spannungsquelle aus Abb. 4.133a verwendet. Die Kapazitäten C_e und C_a des Verstärkers kann man in der Regel vernachlässigen, da ihre Impedanzen bei der Resonanzfrequenz meist deutlich größer sind als die Widerstände r_e und r_a.

26.1.2.3 Vergleich der Schaltungen

Typische LC-Resonanzkreise haben einen Kennwiderstand $R_k \approx 100\,\Omega$ und eine Güte $Q \approx 100$; daraus folgt für den Parallelwiderstand $R_P = QR_k \approx 10\,\text{k}\Omega$ und für den Serienwiderstand $R_S = R_k/Q \approx 1\,\Omega$. Die Bedingung $r_e \parallel r_a > R_P$ bei der Schaltung mit Parallelschwingkreis kann man mit einfachen ein- oder zweistufigen Verstärkern problemlos einhalten. Bei ungünstigen Verhältnissen kann man am Eingang, am Ausgang oder beidseitig eine der im Abschnitt 23.3.2 beschriebenen Ankopplungen verwenden, siehe Abb. 26.7; damit werden entweder der Eingangswiderstand r_e oder der Ausgangswiderstand r_a oder beide Widerstände mit den entsprechenden Teilerfaktoren in hochohmigere Widerstände transformiert.

Im Gegensatz dazu kann man die Bedingung $r_e + r_a < R_S$ der Schaltung mit Serienschwingkreis bei LC-Resonanzkreisen mit $R_S \approx 1\,\Omega$ nicht einhalten. Die Schaltung mit Serienschwingkreis wird deshalb nur in Verbindung mit speziellen Serienresonatoren verwendet, bei denen der Kennwiderstand R_k und der Serienwiderstand R_S deutlich größer sind als bei einem typischen LC-Resonanzkreis; ein Beispiel dafür sind Quarze. Oft muss man selbst in diesen Fällen noch eine zusätzliche Impedanztransformation vornehmen. Man verwendet dazu die in Abb. 26.8a gezeigten Anpassnetzwerke aus Abb. 23.22 und Abb. 23.23; damit werden die Widerstände r_e und r_a in niederohmigere Widerstände transformiert. Bei den Anpassnetzwerken kann man die Serien-Elemente mit den Elementen des Resonators zusammenfassen, so dass in praktischen Schaltungen nur die Parallel-Elemente ergänzt werden müssen, siehe Abb. 26.8b. In der Regel ist die Schwingkreisinduktivität L viel größer als die Serien-Induktivitäten L_{S1} und L_{S2} und die Schwingkreiskapazität C viel kleiner als die Serien-Kapazitäten C_{S1} und C_{S2}; dadurch ändert sich die Resonanzfrequenz nur geringfügig. In der Praxis wird meist die Variante mit zwei Parallel-Kapazitäten verwendet.

26.1.3 Schleifenverstärkung

26.1.3.1 Berechnung bei Verstärkern ohne Rückwirkung

Zur Berechnung der Schleifenverstärkung (*loop gain*, *LG*) trennen wir die Schleifen in Abb. 26.6 an den gesteuerten Quellen auf, legen eine Spannung u_e an und berechnen die mitgekoppelte Spannung $u_{e,MK}$, siehe Abb. 26.9:

– Für die Schaltung mit Parallelschwingkreis erhalten wir mit $R'_P = R_P \parallel r_a \parallel r_e$:

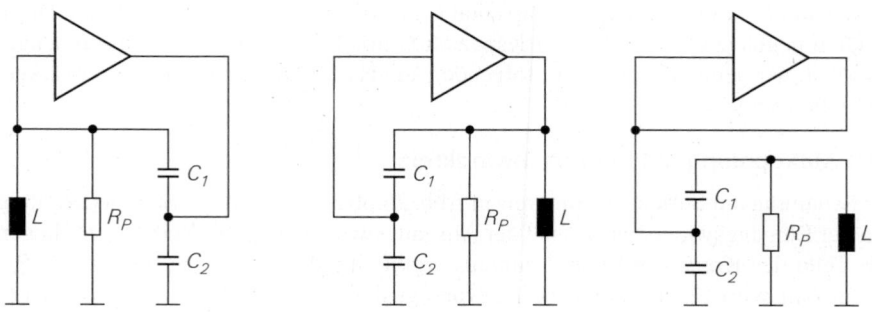

a kapazitive Ankopplung am Ausgang, am Eingang und beidseitig

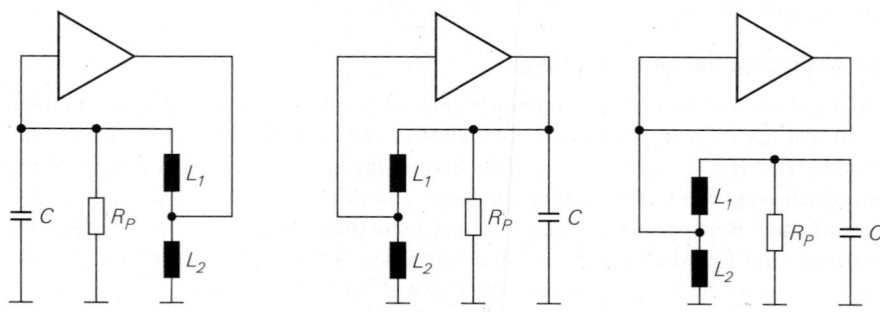

b induktive Ankopplung am Ausgang, am Eingang und beidseitig

Abb. 26.7. Ankopplungen zur Verbesserung der Güte bei Parallelschwingkreisen

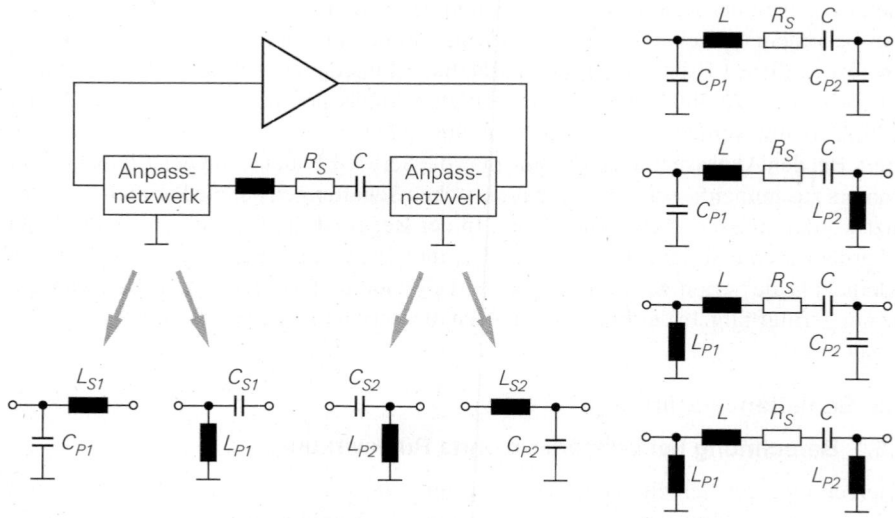

a Netzwerke zur Anpassung   **b** praktische Schaltungen

Abb. 26.8. Anpassnetzwerke zur Verbesserung der Güte bei Serienschwingkreisen

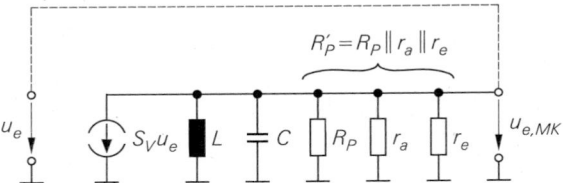

a mit Parallelschwingkreis

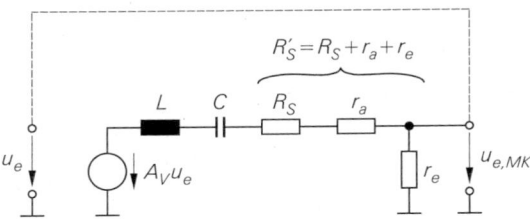

b mit Serienschwingkreis

Abb. 26.9.
Ersatzschaltbilder zur Berechnung der Schleifenverstärkung

$$LG(s) \;=\; \frac{\underline{u}_{e,MK}(s)}{\underline{u}_e(s)} \;=\; -\frac{S_V}{\dfrac{1}{sL} + \dfrac{1}{R_P'} + sC} \quad\Rightarrow\quad LG(j\omega_R) \;=\; -\,S_V R_P' \overset{!}{>} 1$$

Damit die Schleifenverstärkung $LG(j\omega_R)$ größer Eins wird, muss die Steilheit S_V einen negativen Wert mit $|S_V| > 1/R_P'$ haben.

– Für die Schaltung mit Serienschwingkreis gilt mit $R_S' = R_S + r_a + r_e$:

$$LG(s) \;=\; \frac{\underline{u}_{e,MK}(s)}{\underline{u}_e(s)} \;=\; \frac{A_V r_e}{sL + R_S' + \dfrac{1}{sC}} \quad\Rightarrow\quad LG(j\omega_R) \;=\; \frac{A_V r_e}{R_S'} \overset{!}{>} 1$$

Hier muss das Produkt aus der Verstärkung A_V und dem Spannungsteilerfaktor r_e/R_S' größer als Eins sein.

Typische Oszillatoren arbeiten mit einer Schleifenverstärkung $LG(j\omega_R) = 1{,}2\ldots 1{,}6$ ($2\ldots 4\,\mathrm{dB}$); dadurch wird ein sicheres Anschwingen gewährleistet.

   Die Berechnung der Schleifenverstärkung ist hier einfach möglich, da wir rückwirkungsfreie Verstärker angenommen haben und deshalb die Schleifen an den Verstärkern auftrennen können, ohne die Impedanzverhältnisse zu verändern. Bei niedrigen Frequenzen und einem mehrstufigen Aufbau der Verstärker ist dies in der Regel möglich. Oszillatoren in nachrichtentechnischen Schaltungen werden jedoch meist bei hohen Frequenzen betrieben und müssen mit möglichst einfachen Verstärkern aufgebaut werden, um eine niedrige Stromaufnahme, geringes Rauschen und gut definierte Phasenverhältnisse zu gewährleisten; in diesem Fall muss die Rückwirkung berücksichtigt werden.

26.1.3.2 Berechnung bei Verstärkern mit Rückwirkung

Bei Verstärkern mit Rückwirkung kann man die Schleife nicht mehr einfach auftrennen, ohne die Impedanzverhältnisse zu verändern; dadurch ist eine direkte Berechnung oder Simulation der Schleifenverstärkung nicht mehr möglich. Man kann jedoch die *Schleifen-*

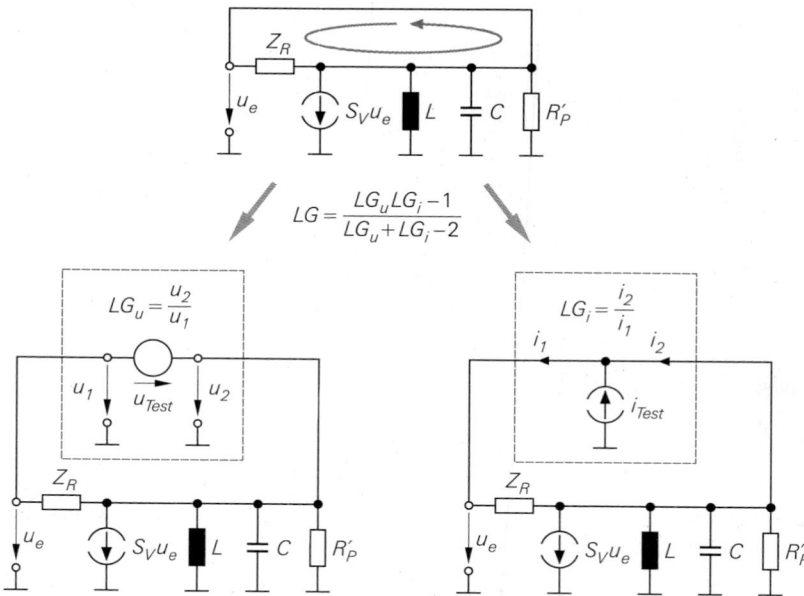

a Schleifen-Spannungsverstärkung   **b** Schleifen-Stromverstärkung

Abb. 26.10. Verfahren zur Berechnung oder Simulation der Schleifenverstärkung LG

Spannungsverstärkung LG_u und die *Schleifen-Stromverstärkung* LG_i getrennt ermitteln und daraus mit

$$LG = |LG|\, e^{j\varphi_{LG}} = \frac{LG_u LG_i - 1}{LG_u + LG_i - 2}$$

die Schleifenverstärkung berechnen. Abbildung 26.10 zeigt dies am Beispiel eines Oszillators mit Parallelschwingkreis und Rückwirkung über die Impedanz Z_R:

– Zur Bestimmung der Schleifen-Spannungsverstärkung LG_u wird eine ideale Spannungsquelle eingefügt, siehe Abb. 26.10a. Da die Quelle den Innenwiderstand Null hat, bleiben die Impedanzverhältnisse unverändert. Die Quelle erlaubt aber die getrennte Ausbildung der Spannungen u_1 und u_2, aus denen man bei der gegebenen Orientierung den Zusammenhang

$$LG_u = \frac{u_2}{u_1}$$

erhält.

– Zur Bestimmung der Schleifen-Stromverstärkung LG_i wird an derselben Stelle ein Strom eingespeist, siehe Abb. 26.10b. Da die Stromquelle den Innenwiderstand Unendlich hat, bleiben die Impedanzverhältnisse ebenfalls unverändert. Die Quelle erlaubt hier die getrennte Ausbildung der Ströme i_1 und i_2, aus denen man bei der gegebenen Orientierung den Zusammenhang

$$LG_i = \frac{i_2}{i_1}$$

erhält.

Man kann die Quellen an jedem beliebigen Punkt in der Schleife einfügen, muss dabei aber die Orientierung berücksichtigen. Wenn Unklarheit bezüglich der Orientierung besteht, muss man beide Richtungen prüfen und das betragsmäßig größere Ergebnis verwenden [1].

Die Berechnung der Schleifenverstärkung ist bereits bei sehr einfachen Oszillator-Schaltungen sehr aufwendig, da man aufgrund der hohen Frequenzen die vollständigen Hochfrequenz-Ersatzschaltbilder der Transistoren in den Verstärkern verwenden muss, um ausreichend genaue Aussagen über den Betrag und die Phase der Schleifenverstärkung zu erhalten. Wir sehen deshalb von einer rigorosen Berechnung ab und argumentieren im folgenden qualitativ; dazu beurteilen wir den Einfluss einzelner Schaltungselemente auf die Schleifenverstärkung mit Hilfe vereinfachender Annahmen und dimensionieren die Schaltung anschließend mit einer Schaltungssimulation.

26.1.3.3 Güte der Schleifenverstärkung

Aus der Phase φ_{LG} der Schleifenverstärkung kann man die Güte des Kreises inklusive Verstärker ermitteln; es gilt:

$$Q_{LG} = -\frac{f_R}{2}\frac{d\varphi_{LG}}{df}\bigg|_{f=f_R} \quad \text{mit } \varphi_{LG} = \arg\{LG\} \tag{26.5}$$

Diese Güte wird als *Lastgüte (loaded quality)* Q_L oder als *Betriebsgüte* Q_B bezeichnet. Wir bezeichnen sie als *Schleifengüte (loop quality)*, um den Bezug zur Schleifenverstärkung zu betonen. Abbildung 26.11 zeigt als Beispiel den Betrag und die Phase der Schleifenverstärkung eines Oszillators mit einer Resonanzfrequenz $f_R = 100\,\text{MHz}$ und einer Schleifengüte $Q_{LG} = 50$.

Wenn man die Elemente der Schleife kennt, kann man die Schleifengüte direkt aus den Elementen berechnen; für die Schleifen in Abb. 26.9 gilt:

$$Q_{LG} = \begin{cases} R'_P\sqrt{\dfrac{C}{L}} = \dfrac{R'_P}{R_k} = \dfrac{R'_P}{R_P}Q = \dfrac{R_P\,||\,r_e\,||\,r_a}{R_P}Q & \text{Parallelkreis} \\[4mm] \dfrac{1}{R'_S}\sqrt{\dfrac{L}{C}} = \dfrac{R_k}{R'_S} = \dfrac{R_S}{R'_S}Q = \dfrac{R_S}{R_S+r_e+r_a}Q & \text{Serienkreis} \end{cases} \tag{26.6}$$

In den meisten Fällen wird die Güte durch den Verstärker reduziert: $Q_{LG} < Q$. Es kann aber auch $Q_{LG} > Q$ gelten, wenn der Verstärker bei der Resonanzfrequenz potentiell instabil ist ($r_e < 0$ oder $r_a < 0$). In der Schaltungssimulation wird die Schleifengüte mit (26.5) berechnet [2].

---

[1] Dieses Verfahren wird in [26.1] beschrieben. Wir haben für unsere Simulationen mit *PSpice* die Elemente *LG* und *LG-Modus* und ein Makro *LoopGain* zur Berechnung und Anzeige der Schleifenverstärkung erstellt, um das Verfahren bequem anwenden zu können. Da das Verfahren einige Einschränkungen besitzt und von der Orientierung abhängig ist, haben wir zusätzlich das verbesserte Verfahren aus [26.2] implementiert. Es arbeitet mit denselben Elementen, verwendet aber umfangreichere Gleichungen zur Berechnung der Schleifenverstärkung. Wir haben dazu das Makro *LoopGainFR* erstellt. In der Regel liefern beide Verfahren nahezu identische Ergebnisse. Die beiden Makros berechnen die Schleifenverstärkung mit Bezug auf eine Gegenkopplung, d.h. eine Phase von 0° (modulo 360°) entspricht einer Gegenkopplung und eine Phase von ±180° (modulo 360°) entspricht einer Mitkopplung.

[2] Für Simulationen mit *PSpice* haben wir ein Makro *Guete* erstellt. Die Anzeige der Schleifengüte erfolgt mit *Guete(LoopGain)*.

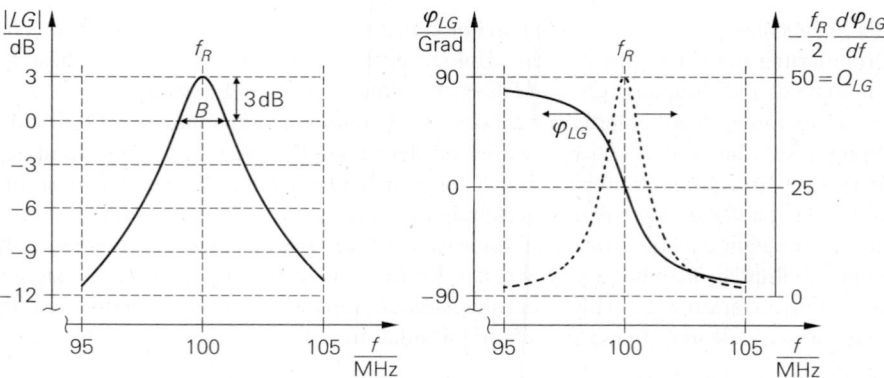

Abb. 26.11. Beispiel für die Schleifenverstärkung LG eines Oszillators mit einer Resonanzfrequenz $f_R = 100\,\text{MHz}$ und einer Schleifengüte $Q_{LG} = 50$

Die Ableitung $d\varphi_{LG}/df$ wird als *Phasensteilheit* bezeichnet und ist ein Maß dafür, wie stark sich die Resonanzfrequenz ändert, wenn in der Schleife eine zusätzliche Phasenverschiebung $\Delta\varphi$ auftritt:

$$\Delta f_R \approx -\left(\left.\frac{d\varphi_{LG}}{df}\right|_{f=f_R}\right)^{-1} \Delta\varphi = \frac{f_R}{2Q_{LG}}\Delta\varphi$$

In der Praxis werden derartige Phasenverschiebungen durch Bauteiletoleranzen, temperaturbedingte Änderungen der Schleifenparameter oder Schwankungen der Versorgungsspannung verursacht. Eine hohe Phasensteilheit bzw. eine hohe Schleifengüte gewährleistet in diesen Fällen eine stabile Resonanzfrequenz.

26.1.3.4 Übertragungsfunktion und Zeitsignale

In der Umgebung der Resonanzfrequenz kann man die Schleifenverstärkung näherungsweise durch einen Bandpass ersten Grades beschreiben:

$$LG(s) \approx LG(j\omega_R)\frac{\dfrac{s}{Q_{LG}\omega_R}}{1 + \dfrac{s}{Q_{LG}\omega_R} + \dfrac{s^2}{\omega_R^2}} \qquad \text{mit } \omega_R = 2\pi f_R \qquad (26.7)$$

Wir setzen voraus, dass die Schleifenverstärkung bei der Resonanzfrequenz die Phase Null hat; dann ist $LG(j\omega_R)$ reell und größer Null.

Aus der Schleifenverstärkung erhält man die Übertragungsfunktion

$$H(s) = \frac{LG(s)}{1 - LG(s)} = LG(j\omega_R)\frac{\dfrac{s}{Q_{LG}\omega_R}}{1 + \left[1 - LG(j\omega_R)\right]\dfrac{s}{Q_{LG}\omega_R} + \dfrac{s^2}{\omega_R^2}}$$

und daraus mit Hilfe einer inversen Laplace-Transformation das zugehörige Zeitsignal

$$h(t) = \mathcal{L}^{-1}\{H(s)\} = c\,e^{\sigma t}\cos\omega t$$

mit:

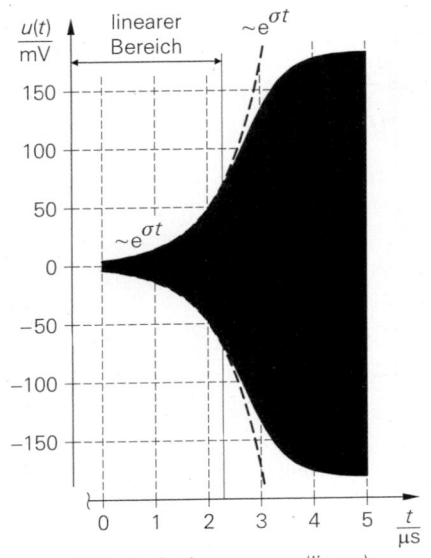

a Schwingkreisspannung (linear)

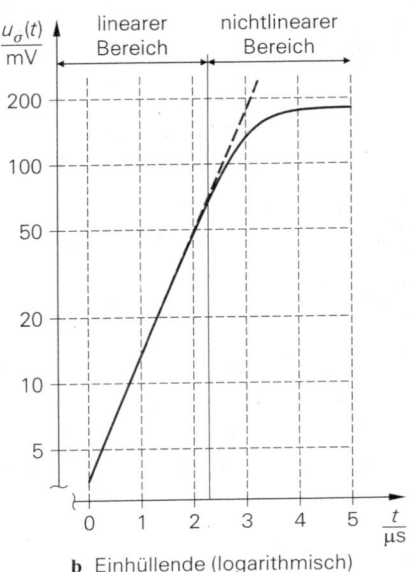

b Einhüllende (logarithmisch)

Abb. 26.12. Beispiel für den Einschwingvorgang der Schwingkreisspannung eines Oszillators mit $f_R = 100\,\text{MHz}$. Für $t < 2,2\,\mu\text{s}$ arbeitet der Oszillator im linearen Bereich.

$$\sigma = \omega_R \frac{LG(j\omega_R) - 1}{2Q_{LG}} \overset{LG(j\omega_R)\approx1,4}{\approx} \frac{\omega_R}{5Q_{LG}} \tag{26.8}$$

$$\omega = \omega_R \sqrt{1 - \left(\frac{LG(j\omega_R) - 1}{2Q_{LG}}\right)^2} \overset{\substack{LG(j\omega_R)\approx1,4 \\ Q_{LG}\gg1}}{\approx} \omega_R \tag{26.9}$$

Der Anfangswert c ist nicht weiter von Interesse. Solange der Oszillator im linearen Bereich arbeitet, sind die Wechselanteile sämtlicher Spannungen und Ströme proportional zu $h(t)$ und nehmen exponentiell mit der Wachstumskonstante σ zu. Für die Einhüllende erhält man bei halblogarithmischer Darstellung eine Gerade mit der Steigung σ:

$$h_\sigma(t) = c\,e^{\sigma t} \quad\Rightarrow\quad \ln h_\sigma(t) = \ln c + \sigma t \tag{26.10}$$

Mit zunehmender Aussteuerung gerät der Oszillator in den nichtlinearen Bereich und erreicht schließlich den stationären Zustand mit $LG(j\omega_R) = 1$ und $\sigma = 0$. Abbildung 26.12 verdeutlicht die Zusammenhänge.

Die Wachstumskonstante σ ist nach (26.8) umgekehrt proportional zur Schleifengüte Q_{LG}; daraus folgt, dass die Dauer des Einschwingvorgangs etwa proportional zur Schleifengüte ist. Bei realen Schaltungen ist dieser Effekt in der Regel unkritisch, in der Zeitbereichssimulation von Oszillatoren mit sehr hohen Schleifengüten führt er aber zu sehr langen Simulationszeiten. Aus (26.9) folgt, dass die Frequenz während des Einschwingvorgangs geringfügig zunimmt und erst im stationären Zustand mit $LG(j\omega_R) = 1$ den Endwert ω_R erreicht. In der Praxis wird dieser Effekt jedoch meist durch nichtlineare Effekte im Verstärker überlagert.

Beispiel: Aus Abb. 26.12b entnimmt man im linearen Bereich $u_\sigma(t_1 = 0) \approx 3,5\,\text{mV}$ und $u_\sigma(t_2 = 2\,\mu\text{s}) \approx 50\,\text{mV}$; daraus folgt mit (26.10):

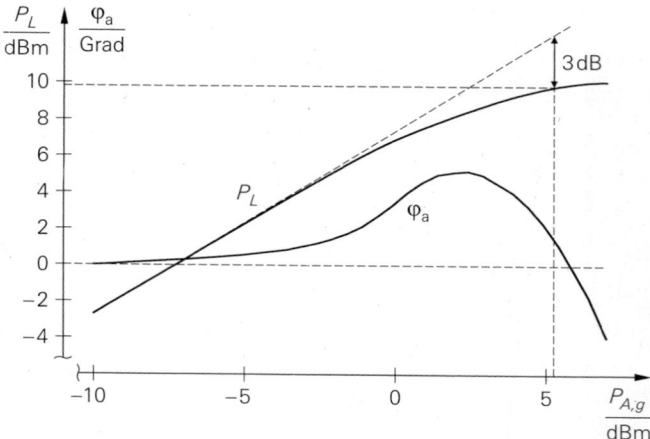

Abb. 26.13. Beispiel für das Verhalten eines Verstärkers bei Übersteuerung

$$\frac{u_\sigma(t_2)}{u_\sigma(t_1)} = \frac{c\,e^{\sigma t_2}}{c\,e^{\sigma t_1}} \quad\Rightarrow\quad \sigma = \frac{1}{t_2 - t_1}\ln\frac{u_\sigma(t_2)}{u_\sigma(t_1)} = 1{,}33\cdot 10^6\,\mathrm{s}^{-1}$$

Mit $LG(j\omega_R) \approx 1{,}4$ und $\omega_R = 2\pi \cdot 100\,\mathrm{MHz}$ erhält man aus (26.8) $Q_{LG} \approx 95$.

26.1.3.5 Schleifenverstärkung bei Übersteuerung

Typische Oszillatoren arbeiten mit einer Kleinsignal-Schleifenverstärkung im Bereich von 1,4 (3 dB). Da die Schleifenverstärkung im stationären Zustand den Wert Eins haben muss, nimmt die Amplitude zu, bis die jeweilige Verstärkungsgröße – die Steilheit S_V in Abb. 26.6a oder die Verstärkung A_V in Abb. 26.6b – entsprechend abgenommen hat; dabei gerät der Verstärker in die Übersteuerung.

Bei Übersteuerung ändern sich in der Regel *alle* Größen eines Verstärkers, also nicht nur die Verstärkungsgröße, sondern auch die Eingangs- und die Ausgangsimpedanz; dadurch kann sich im Extremfall ein völlig anderes Verhalten ergeben. Die Spannungen und Ströme sind nicht mehr sinusförmig, sondern enthalten mehr oder weniger starke Oberwellen. Die Größen des Verstärkers werden in diesem Fall aus den Grundwellen der Spannungen und Ströme berechnet. Im Idealfall nimmt bei Übersteuerung nur der Betrag der Verstärkungsgröße ab, während alle anderen Größen einschließlich der Phase der Verstärkungsgröße konstant bleiben; in diesem Fall erhält man im stationären Zustand dieselben Phasenverhältnisse und dieselbe Güte wie im Kleinsignalfall.

Das Verhalten des Verstärkers wird durch die AM/AM- und die AM/PM-Kennlinie beschrieben, siehe Abschnitt 24.4.2; das Beispiel aus Abb. 24.53 ist in Abb. 26.13 noch einmal dargestellt. Wenn man mit diesem Verstärker einen Oszillator mit einer Kleinsignal-Schleifenverstärkung von 3 dB aufbaut, nimmt die Amplitude soweit zu, bis die Verstärkung um 3 dB abgenommen hat. Der Verstärker würde demnach im stationären Zustand – beidseitige Anpassung bei der Resonanzfrequenz vorausgesetzt – mit einer Ausgangsleistung $P_L \approx 10\,\mathrm{dBm}$ arbeiten. Die Phase φ_a weicht in diesem Fall um weniger als $2°$ von der Kleinsignal-Phase ab; damit ist der Verstärker in dieser Hinsicht vorbildlich.

Man muss demnach beim Entwurf eines Oszillators immer auch das Verhalten des Verstärkers bei Übersteuerung beachten und ggf. optimieren; dabei muss man vor allem darauf achten, dass die Schleifengüte möglichst erhalten bleibt.

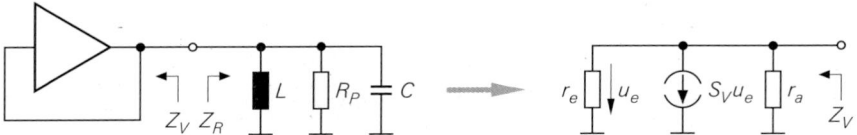

a mit Parallelschwingkreis

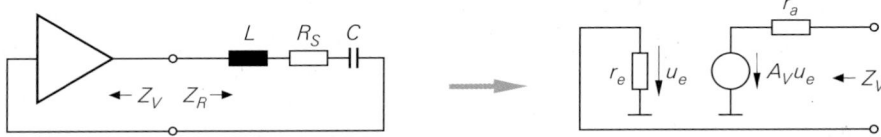

b mit Serienschwingkreis

Abb. 26.14. Alternative Betrachtung der Schaltungen aus Abb. 26.6

26.1.3.6 Negative Widerstände

Man kann die Schaltungen aus Abb. 26.6 auch mit Hilfe von zwei Impedanzen darstellen, siehe Abb. 26.14; dabei ist $Z_V(s)$ die Impedanz des Verstärkers und $Z_R(s)$ die Impedanz des Resonanzkreises. Aus den einfachen Ersatzschaltbildern mit ohmschen Ein- und Ausgangswiderständen erhält man:

$$Z_V(s) = \begin{cases} \dfrac{1}{1/r_e + 1/r_a + S_V} & \text{Parallelschwingkreis} \\[2mm] r_a + r_e\,(1 - A_V) & \text{Serienschwingkreis} \end{cases}$$

Mit einer negativen Steilheit S_V mit ausreichend großem Betrag oder einer ausreichend großen Verstärkung A_V wird der Realteil der Impedanz Z_V negativ und wirkt als negativer Widerstand; dadurch wird der Widerstand des Resonanzkreises kompensiert. Wenn es eine Frequenz gibt, bei der die Impedanz $Z(s) = Z_V(s) + Z_R(s)$ die Bedingungen

$$\operatorname{Re}\{Z(j\omega)\} = \operatorname{Re}\{Z_V(j\omega) + Z_R(j\omega)\} < 0$$
$$\operatorname{Im}\{Z(j\omega)\} = \operatorname{Im}\{Z_V(j\omega) + Z_R(j\omega)\} = 0$$

erfüllt, baut sich eine Schwingung bei dieser Frequenz auf. Mit zunehmender Amplitude geht der Realteil von $Z(j\omega)$ aufgrund der einsetzenden Übersteuerung gegen Null und man erhält eine ungedämpfte Schwingung.

In der Praxis werden zur Berechnung und Messung die im Abschnitt 21.3 beschriebenen Wellengrößen a (einfallende Welle) und b (reflektierte Welle) und die Reflexionsfaktoren

$$r_R = = \frac{b_R}{a_R} = \frac{Z_R - Z_W}{Z_R + Z_W} \quad , \quad r_V = = \frac{b_V}{a_V} = \frac{Z_V - Z_W}{Z_V + Z_W}$$

verwendet. Abbildung 26.15 zeigt dies für den Fall mit einem Parallelschwingkreis. Die einfallenden Wellen a_V und a_R entsprechen den reflektierten Wellen b_R und b_V; dadurch erhält man eine Schleife mit der *Reflexions-Schleifenverstärkung*:

$$LG_r = r_R\,r_V$$

Auch hier muss der Betrag größer Eins sein und die Phase muss $0°$ (modulo 2π) betragen, damit sich eine Schwingung aufbauen kann.

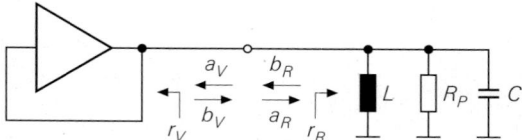

Abb. 26.15.
Beschreibung eines Oszillators mit Wellengrößen und Reflexionsfaktoren

Diese alternative Betrachtung ist vor allem für diskret aufgebaute Oszillatoren im GHz-Bereich von Interesse. Der Verstärker besteht in diesem Fall aus einem HF-Transistor, der im instabilen Bereich betrieben wird und deshalb an einem der Anschlüsse einen Reflexionsfaktor r_V mit $|r_V| > 1/|r_R| > 1$ aufweist. Da die Phasenbeziehungen bei hohen Frequenzen von den Längen der Verbindungsleitungen abhängen und eine verlustlose Leitung nach Abb. 21.34 auf Seite 1173 eine Drehung des Reflexionsfaktors bewirkt, kann man die Phasenbedingung mit Hilfe der Länge der Verbindungsleitung zwischen Transistor und Resonanzkreis einstellen.

Die Reflexions-Schleifenverstärkung LG_r entspricht nicht der Schleifenverstärkung LG; lediglich im eingeschwungenen Zustand sind die beiden Schleifenverstärkungen gleich:

$$LG_r = 1 \quad \Rightarrow \quad LG = 1$$

Wir werden deshalb diese alternative Betrachtung nicht verwenden.

26.1.4 LC-Oszillatoren mit zweistufigen Verstärkern

Wir betrachten zunächst LC-Oszillatoren mit zweistufigen Verstärkern. Bei diesen Oszillatoren sind die wichtigen Größen gut entkoppelt; wir können deshalb die Schleifenverstärkung leichter beeinflussen und einige wichtige Zusammenhänge übersichtlicher darstellen als bei den Oszillatoren mit einstufigem Verstärker, auf die wir anschließend eingehen.

26.1.4.1 Zweistufiger LC-Oszillator mit Parallelschwingkreis

26.1.4.1.1 Schaltung

Abbildung 26.16 zeigt einen einfachen, zweistufigen LC-Oszillator mit Parallelschwingkreis, den wir mit folgenden Überlegungen schrittweise aus Abb. 26.6a entwickelt haben:

- Wir gehen von einem Parallelschwingkreis mit einer Resonanzfrequenz $f_R = 100\,\mathrm{MHz}$ aus. Die Elemente haben die Werte $L = 100\,\mathrm{nH}$, $C = 25\,\mathrm{pF}$ und $R_P = 5\,\mathrm{k\Omega}$; die Güte beträgt $Q = 80$. Den Wert für C müssen wir später noch verringern, um die Kapazitäten des Verstärkers zu kompensieren. Man beachte, dass R_P nur ein Ersatzelement für die Verluste des Kreises ist; in der realen Schaltung ist dieser Widerstand nicht vorhanden.
- Bei einem Parallelschwingkreis muss der Verstärker hochohmig sein; wir verwenden deshalb als erste Stufe eine Kollektorschaltung mit dem Transistor T_1 als Impedanzwandler. Wir verbinden den Resonanzkreis hier nicht mit Masse, sondern mit der positiven Versorgungsspannung U_b; dann ist auch die Basis von T_1 mit U_b verbunden und der Basisstrom fließt über die Induktivität L. Den Ruhestrom stellen wir mit einer Stromquelle I_0 ein.
- Als Stromquelle am Ausgang des Verstärkers verwenden wir eine Basisschaltung mit dem Transistor T_2. Wir können den Kollektor direkt mit dem Schwingkreis verbinden; der Kollektorstrom fließt dann über die Induktivität L. Die Basis verbinden wir mit U_b und den Ruhestrom stellen wir wieder mit einer Stromquelle I_0 ein.

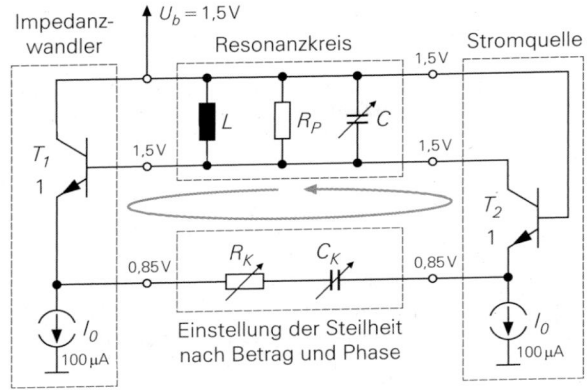

Abb. 26.16.
Zweistufiger LC-Oszillator
mit Parallelschwingkreis

– Die Steilheit S_V des Verstärkers stellen wir mit R_K und C_K ein. Ein Widerstand reicht hier nicht aus, da wir aufgrund der hohen Frequenz mit Phasennacheilungen in beiden Stufen rechnen müssen, die wir mit der Kapazität C_K kompensieren können. Für $f = 0$ sind die beiden Stufen entkoppelt und wir erhalten $S_V = 0$. Mit zunehmender Frequenz nimmt die Kopplung durch die abnehmende Impedanz von C_K zu; dadurch nimmt auch S_V zu. Wir erhalten demnach ein Hochpass-Verhalten mit einer positiven Phase.

Wir verwenden Transistoren mit den Parametern aus Abb. 4.5 und einem Ruhestrom $I_0 = 100\,\mu A$. Die Arbeitspunktspannungen sind in Abb. 26.16 eingetragen.

26.1.4.1.2 Dimensionierung

Wir verzichten auf eine aufwendige Berechnung mit Hilfe eines Kleinsignalersatzschaltbilds und gehen direkt in die Schaltungssimulation. Wir haben drei variable Elemente – C, C_K und R_K – und müssen damit drei Größen einstellen: die Resonanzfrequenz f_R und den Betrag und die Phase der Schleifenverstärkung. Da die Resonanzfrequenz praktisch nicht von C_K und R_K abhängt, können wir die Dimensionierung problemlos durchführen:

– Wir beginnen mit $R_K = R_P$ und einem großen Wert für C_K; damit wird das Betragsmaximum der Schleifenverstärkung kleiner Eins.
– Wir passen die Schwingkreiskapazität C so an, dass der Betrag der Schleifenverstärkung bei der gewünschten Resonanzfrequenz $f_R = 100\,MHz$ maximal wird.
– Wir reduzieren C_K, bis die Phase der Schleifenverstärkung bei der Resonanzfrequenz zu Null wird.
– Wir variieren R_K und C_K gegensinnig, bis der Betrag der Schleifenverstärkung bei der Resonanzfrequenz etwa 3 dB $= \sqrt{2}$ beträgt und halten dabei die Phase auf Null.
– Geringfügige Änderungen der Resonanzfrequenz gleichen wir durch eine Nachjustierung von C aus.

Abbildung 26.17 zeigt die dimensionierte Schaltung, bei der wir die beiden Stromquellen aus Abb. 26.16 durch eine Stromquellenbank ersetzt haben.

Auf eine Darstellung der Schleifenverstärkung nach Betrag und Phase können wir verzichten, da man der Form nach immer die in Abb. 26.11 auf Seite 1514 gezeigten Verläufe erhält; lediglich die Beschriftung der Frequenzachsen und der Achse für die Phasensteilheit ändert sich. Bei der Auswertung der Schleifengüte mit (26.5) erhalten wir mit $Q_{LG} \approx 105$ einen Wert, der über der Güte des Resonanzkreises liegt. Wir haben

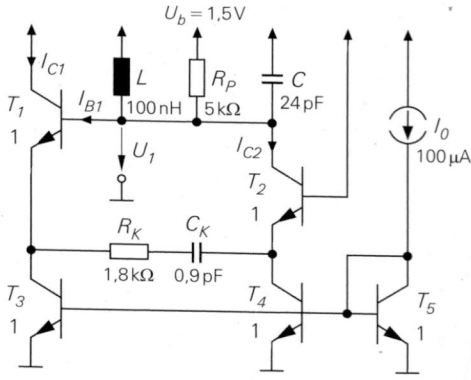

Abb. 26.17.
Dimensionierter zweistufiger Oszillator mit Parallelschwingkreis für
$f_R = 100\,\text{MHz}$

bereits darauf hingewiesen, dass dies ein Hinweis darauf ist, dass der Verstärker potentiell instabil ist. Hier ist es die Kollektorschaltung mit dem Transistor T_1, die aufgrund der kapazitiven Last, die sich aus C_k und der Kollektor-Substrat-Kapazität des Transistors T_3 ergibt, eine Eingangsimpedanz mit negativem Realteil besitzt und den Kreis entdämpft. Dieser Effekt ist prinzipiell hilfreich, kann aber problematisch werden, wenn sich dadurch weitere Resonanzstellen mit einer Schleifenverstärkung größer Eins ergeben; das ist hier jedoch nicht der Fall, wie eine Simulation der Schleifenverstärkung über den gesamten Frequenzbereich zeigt.

26.1.4.1.3 Signale

Abbildung 26.18 zeigt die Zeitverläufe der Schwingkreisspannung U_1 und der Kollektorströme der Transistoren im eingeschwungenen Zustand. Wir müssen nun prüfen, durch welche Art der Übersteuerung die Schleifenverstärkung von 3 dB auf 0 dB reduziert wird. Zunächst stellen wir fest, dass die Amplitude der Schwingkreisspannung U_1 nicht so groß wird, dass die Kollektor-Basis-Dioden der Transistoren leitend werden. Da beide Transistoren im Arbeitspunkt mit $U_{BC,A} = 0$ betrieben werden und die Amplitude von U_1

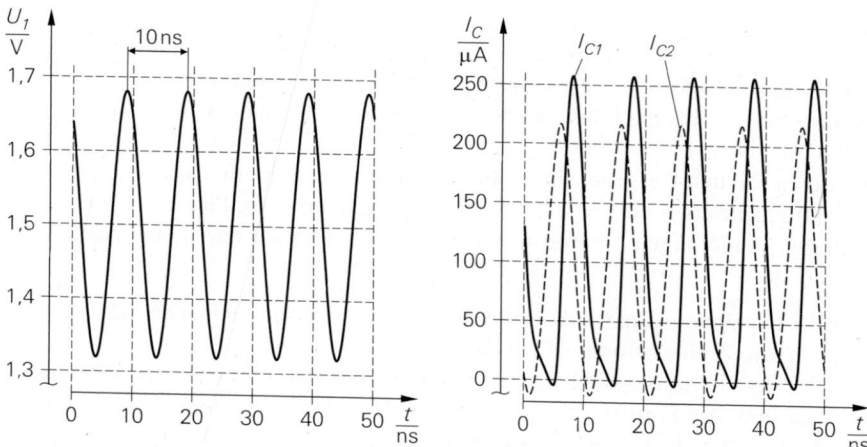

Abb. 26.18. Schwingkreisspannung U_1 und Kollektorströme der Transistoren für die Schaltung aus Abb. 26.17

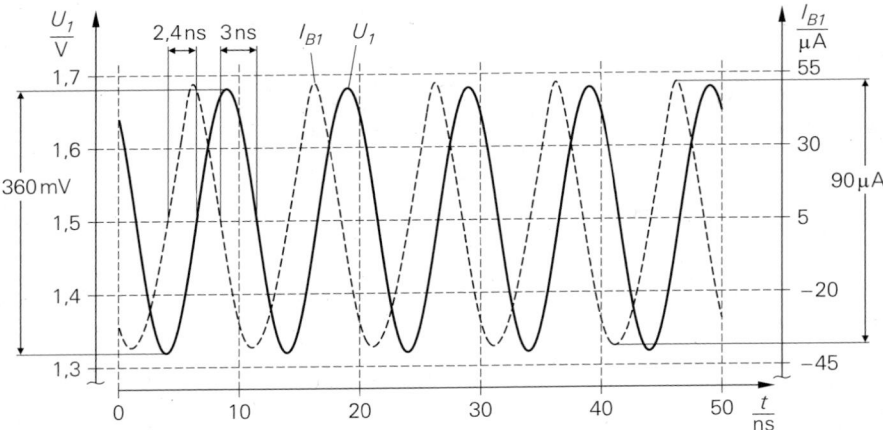

Abb. 26.19. Schwingkreisspannung U_1 und Basisstrom I_{B1} für die Schaltung aus Abb. 26.17

etwa 180 mV beträgt, gilt für beide Transistor $U_{BC} < 180$ mV; die Ströme der Dioden bleiben dabei noch vernachlässigbar klein. Diese Feststellung ist besonders wichtig, da die Kollektor-Basis-Dioden parallel zum Schwingkreis liegen und eine Begrenzung der Schwingungsamplitude durch diese Dioden eine starke Reduktion der Schleifengüte zur Folge hätte. Der Kollektorstrom I_{C2} ist sinusförmig, d.h. die Basisschaltung arbeitet nahezu linear; dagegen ist der Kollektorstrom I_{C1} der Kollektorschaltung nach unten begrenzt. Die Übersteuerung findet hier also in der Kollektorschaltung statt. Da der Basisstrom I_{B1} den Schwingkreis belastet, ermitteln wir mit Hilfe der in Abb. 26.19 gezeigten Zeitverläufe von U_1 und I_{B1} einen Schätzwert für die Großsignal-Eingangsadmittanz Y der Kollektorschaltung bei der Resonanzfrequenz; dazu bestimmen wir aus den Spitze-Spitze-Werten und den Abständen der Nulldurchgänge Schätzwerte für den Betrag und die Phase von Y:

$$|Y| \approx \frac{90\,\mu A}{360\,mV} = 0{,}25\,mS \quad , \quad \arg\{Y\} \approx 360° \cdot \frac{(2{,}4\,ns + 3\,ns)/2}{10\,ns} \approx 97°$$

Daraus folgt:

$$Y \approx 0{,}25\,mS \cdot e^{j97°} \approx (-0{,}03 + j0{,}25)\,mS$$

$$\approx -\frac{1}{33\,k\Omega} + j2\pi \cdot 100\,MHz \cdot 0{,}4\,pF$$

Die Eingangsadmittanz entspricht einer Parallelschaltung eines negativen Widerstands mit -33 kΩ und einer Kapazität mit $0{,}4$ pF. Der Schwingkreis wird also auch im eingeschwungenen Zustand entdämpft, so dass wir bei diesem Oszillator außerordentlich günstige Verhältnisse bezüglich der Schleifengüte haben.

26.1.4.1.4 Auskopplung

Zur Auskopplung des Oszillatorsignals wird ein Pufferverstärker benötigt; dazu muss zunächst ein Punkt gewählt werden, an dem die Auskopplung erfolgen soll. Da sich die Kollektorschaltung als unkritisch bezüglich der Schleifengüte erwiesen hat, kann man z.B. einen Pufferverstärker verwenden, dessen erste Stufe ebenfalls aus einer Kollektorschaltung besteht, die direkt mit dem Schwingkreis verbunden wird, siehe Abb. 26.20a.

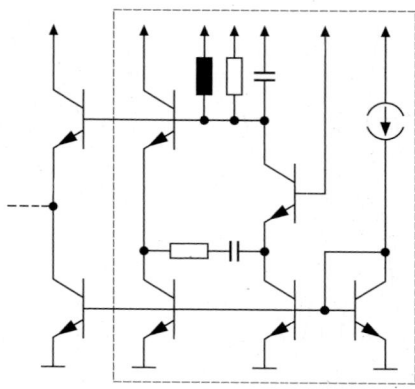 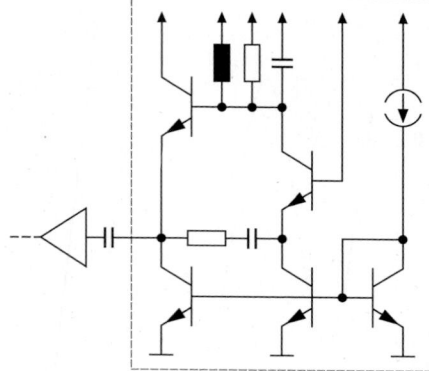

a mit Kollektorschaltung am Schwingkreis   **b** am Ausgang der Kollektorschaltung

Abb. 26.20. Auskopplung des Oszillatorsignals

Alternativ kann man den Pufferverstärker direkt oder – wie in Abb. 26.20b gezeigt – über eine Koppelkapazität am Ausgang der Kollektorschaltung anschließen.

Durch die Eingangsimpedanz des Pufferverstärkers ändert sich die Schleifenverstärkung; deshalb muss man die Dimensionierung des Oszillators nach dem Entwurf des Pufferverstärkers anpassen. Ein guter Pufferverstärker muss folgende Eigenschaften haben:

– Die Eingangsimpedanz muss so hoch sein, dass man auch mit Pufferverstärker die erforderliche Schleifenverstärkung erzielen kann.
– Die Rückwirkung muss möglichst gering sein, damit die am Ausgang des Pufferverstärkers angeschlossenen Lasten (weitere Verstärker, Mischer, etc.) nur einen vernachlässigbar geringen Einfluss auf den Oszillator haben.
– Der Pufferverstärker darf das Übersteuerungsverhalten des Oszillators nicht negativ beeinflussen.

In der Praxis werden in der Regel mehrstufige Pufferverstärker mit Kollektorschaltungen zur Impedanzwandlung und Emitterschaltungen mit Kaskode oder Basisschaltungen zur Minimierung der Rückwirkung eingesetzt.

26.1.4.2 Zweistufiger Oszillator mit Serienschwingkreis

Wir haben bereits darauf hingewiesen, dass für einen Oszillator mit LC-Serienschwingkreis aufgrund des niedrigen Kennwiderstands von LC-Resonatoren ein extrem niederohmiger Verstärker erforderlich ist; deshalb wird diese Variante in der Praxis nur selten verwendet. Wir verwenden ersatzweise einen 10 MHz-Quarz-Resonator, um das Prinzip eines zweistufigen Oszillators mit Serienschwingkreis an einem praxisgerechten Beispiel zu erläutern. Wir bringen dieses Beispiel an dieser Stelle, weil wir den zweistufigen Verstärker, den wir im letzten Abschnitt verwendet haben, auch hier verwenden können, wenn wir den Resonator und das Netzwerk zur Einstellung der Schleifenverstärkung vertauschen. Damit erhalten wir die Schaltung in Abb. 26.21, bei der die Basisschaltung mit dem Transistor T_2 als niederohmige Eingangsstufe und die Kollektorschaltung mit dem Transistor T_1 als niederohmige Ausgangsstufe dient.

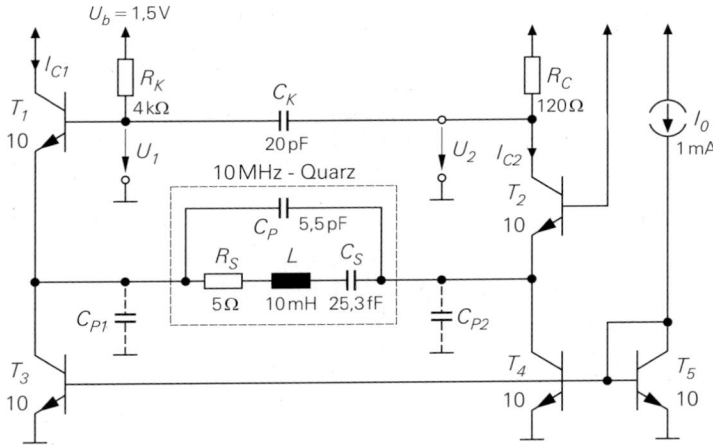

Abb. 26.21. Zweistufiger Oszillator mit Serienschwingkreis. Als Schwingkreis wird ein Quarz-Resonator verwendet.

Der Quarz-Resonator wird durch die Serienelemente $L = 10\,\mathrm{mH}$, $C = 25,3\,\mathrm{fF}$ und $R_S = 5\,\Omega$ sowie eine Parallelkapazität $C_P = 5,5\,\mathrm{pF}$ beschrieben; wir gehen darauf im Abschnitt 26.3.1 noch näher ein. Aus den Serienelementen erhalten wir mit (26.3) die für Quarz-Resonatoren typische, sehr hohe Güte $Q \approx 126000$. Um den Verstärker nie-derohmiger zu machen, haben wir die Ruheströme auf $1\,\mathrm{mA}$ erhöht; daraus folgt für die Basisschaltung $r_e \approx 1/S_2 = U_T/I_{C2,A} \approx 26\,\Omega$ und für die Kollektorschaltung $r_a \approx 1/S_1 = U_T/I_{C1,A} \approx 26\,\Omega$. Da wir damit die Bedingung $r_e + r_a < R_S$ noch nicht einhalten können, müssten wir die Ruheströme weiter erhöhen oder eine der in Abb. 26.8b gezeigten Schaltungen zur Impedanztransformation verwenden, z.B. die Variante mit den Parallelkapazitäten C_{P1} und C_{P2}, die wir in Abb. 26.21 angedeutet haben. Wir verzichten hier auf diese Maßnahmen und nehmen eine Reduktion der Güte um eine Größenordnung in Kauf, damit die Schaltung mit vertretbarem Aufwand simuliert werden kann [3].

Die Resonanzfrequenz ist durch den Quarz-Resonator sehr genau definiert, so dass wir auf eine Abstimmung der Resonanzfrequenz verzichten können. Mit R_K und C_K stellen wir die Schleifenverstärkung auf einen Maximalwert von $3\,\mathrm{dB}$ und Phase Null ein; die resultierenden Werte sind in Abb. 26.21 angegeben. Die Schleifengüte beträgt $Q_{LG} \approx 8700$.

Abbildung 26.22 zeigt die Spannungen und die Kollektorströme im eingeschwunge-nen Zustand. Man erkennt, dass die Spannung U_1 am Eingang der Kollektorschaltung der Spannung U_2 am Ausgang der Basisschaltung voreilt. Die Kollektorströme sind nahezu sinusförmig. Die Auskopplung des Oszillatorsignals kann am Ausgang der Kollektorschal-tung oder am Ausgang der Basisschaltung erfolgen.

---

[3] Die Zeitbereichssimulation von Oszillatoren mit sehr hohen Schleifengüten ist problematisch, da der Rechenaufwand linear bis quadratisch mit der Schleifengüte zunimmt: (1) die Dauer des Einschwingvorgangs ist etwa proportional zur Schleifengüte, so dass der zu simulierende Zeitab-schnitt proportional zur Schleifengüte zunimmt; (2) mit zunehmender Güte muss die Schrittweite reduziert werden, damit die numerische Integration ausreichend genau erfolgt. Da man die erfor-derliche Schrittweite nur schwer vorhersagen kann – typische Werte liegen im Bereich von 100 Punkten pro Periode – , muss man mehrere Simulationen mit sukzessive reduzierter Schrittweite durchführen, bis man ein stabiles Ergebnis erhält.

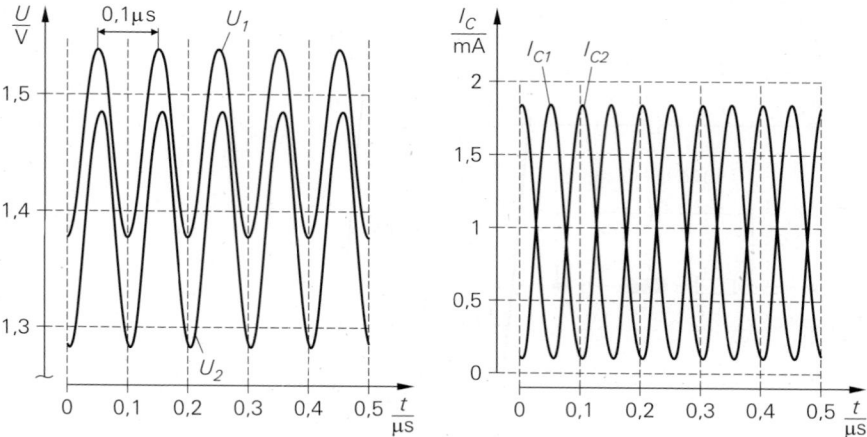

Abb. 26.22. Spannungen und Kollektorströme für die Schaltung aus Abb. 26.21

Die Begrenzung kommt hier dadurch zustande, dass die effektiven Steilheiten der Transistoren mit zunehmender Aussteuerung abnehmen; dadurch nimmt die Schleifenverstärkung ab. Mit abnehmenden Steilheiten nehmen aber die Widerstände r_e und r_a zu, so dass die Güte bei einer Schleifenverstärkung von 3 dB um den Faktor 1,4 reduziert wird. Bei Quarz-Resonatoren kann man dies in Kauf nehmen, vor allem dann, wenn man die Ruheströme weiter erhöht oder eine Impedanztransformation mit C_{P1} und C_{P2} vornimmt. Bei besonders hohen Anforderungen muss man eine Amplitudenregelung verwenden; wir gehen darauf im Abschnitt 26.5 noch näher ein.

26.1.4.3 Zusammenfassung der wichtigen Punkte

Wir fassen die wichtigen Punkte zusammen:

- LC-Oszillatoren werden bevorzugt mit Parallelschwingkreisen ausgeführt.
- Wir müssen die Schaltung so dimensionieren, dass die Schleifenverstärkung bei der gewünschten Oszillatorfrequenz (1) maximal wird, (2) etwa den Betrag 3 dB $= \sqrt{2}$ und (3) die Phase Null hat.
- Wir benötigen mindestens drei variable Elemente, um die drei Bedingungen erfüllen zu können. Bei Oszillatoren mit zweistufigem Verstärker ist die Einstellung der Frequenz sehr gut von der Einstellung des Betrags und der Phase der Schleifenverstärkung entkoppelt; im Gegensatz dazu gibt es bei den im nächsten Abschnitt beschriebenen Oszillatoren mit einstufigem Verstärker starke Abhängigkeiten.
- Wir müssen darauf achten, dass die Schleifengüte möglichst hoch wird; dazu müssen wir ggf. (1) die Ruheströme des Verstärkers anpassen, um günstigere Werte für die Eingangs- und/oder die Ausgangsimpedanz zu erzielen, (2) induktive oder kapazitive Ankopplungen verwenden oder (3) Anpassnetzwerke einsetzen.
- Eine ausreichend genaue Berechnung mit Hilfe eines Kleinsignalersatzschaltbilds ist nicht mit vertretbarem Aufwand möglich; deshalb erfolgt die Dimensionierung mit Hilfe einer Schaltungssimulation.
- Diese Vorgehensweise stellt sicher, dass der Oszillator schwingt. Sollte dies in der Zeitbereichssimulation nicht der Fall sein, fehlt entweder eine geeignete Anregung – die in realen Schaltungen durch das Rauschen gegeben ist – oder die Schrittweite ist

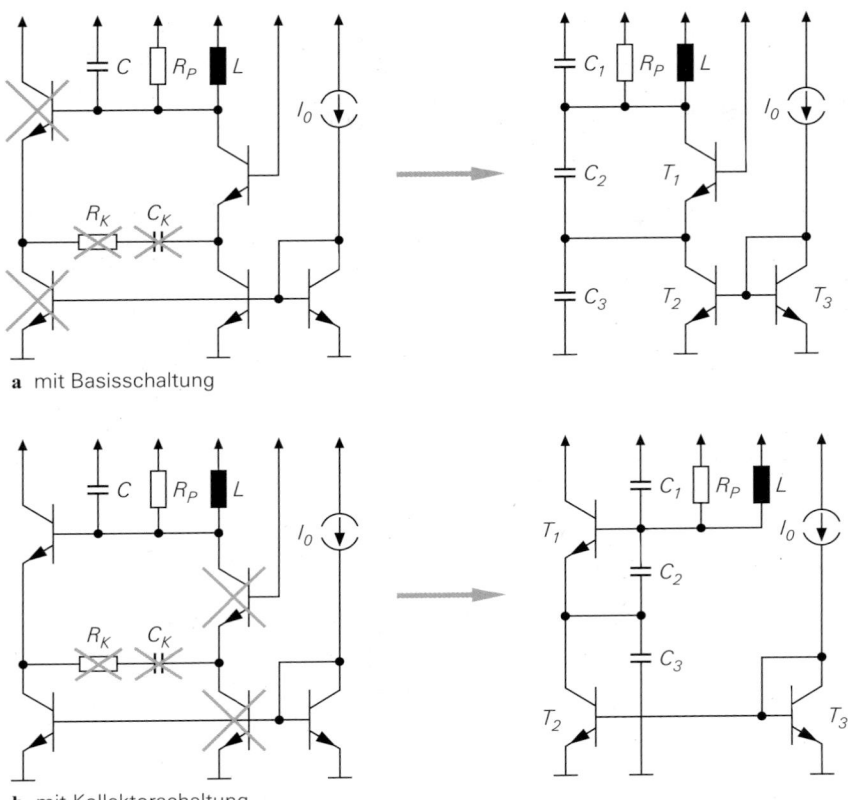

a mit Basisschaltung

b mit Kollektorschaltung

Abb. 26.23. LC-Oszillatoren mit einstufigen Verstärkern

zu groß. Wenn ein diskret aufgebauter Oszillator trotz erfolgreicher Simulation nicht
schwingt, liegt dies in der Regel an einer unzureichenden Modellierung; vor allem bei
hohen Frequenzen muss man für alle Elemente die Hochfrequenz-Ersatzschaltbilder
verwenden.

– Das Übersteuerungsverhalten des Verstärkers muss analysiert werden. Die Begrenzung
der Amplitude darf nicht zu einer starken Reduktion der Schleifengüte führen. Im Idealfall wird durch die Übersteuerung nur der Betrag der Schleifenverstärkung reduziert,
während die Phase, die Güte und die Resonanzfrequenz gleich bleiben.

26.1.5 LC-Oszillatoren mit einstufigen Verstärkern

Die einstufigen Verstärker entsprechen den Grundschaltungen eines Transistors. Beim
Bipolartransistor sind dies die Emitter-, die Kollektor- und die Basisschaltung, beim Feldeffekttransistor die Source-, die Drain- und die Gateschaltung. Wir verwenden im folgenden Bipolartransistoren, weisen aber darauf hin, dass man alle Schaltungen auch mit
Feldeffekttransistors aufbauen kann.

Die LC-Oszillatoren mit Basis- und Kollektorschaltung kann man gemäß Abb. 26.23
direkt aus dem Oszillator mit zweistufigem Verstärker aus Abb. 26.17 ableiten:

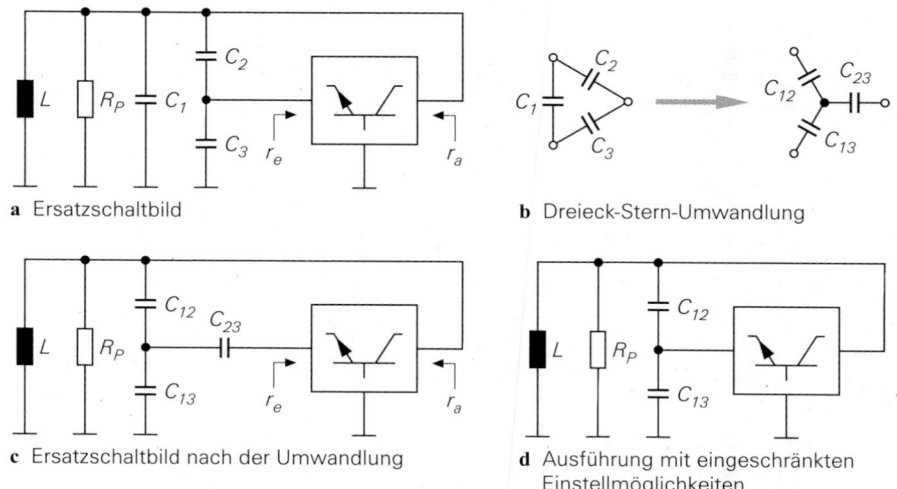

a Ersatzschaltbild

b Dreieck-Stern-Umwandlung

c Ersatzschaltbild nach der Umwandlung

d Ausführung mit eingeschränkten Einstellmöglichkeiten

Abb. 26.24. Kleinsignalersatzschaltbild eines Colpitts-Oszillators in Basisschaltung

- Ersetzt man die Kollektorschaltung durch eine kapazitive Mitkopplung vom Schwingkreis zum Eingang der Basisschaltung, erhält man den in Abb. 26.23a gezeigten Oszillator in Basisschaltung.
- Ersetzt man die Basisschaltung durch eine kapazitive Mitkopplung vom Ausgang der Kollektorschaltung zum Schwingkreis, erhält man den in Abb. 26.23b gezeigten Oszillator in Kollektorschaltung.

In beiden Fällen erfolgt die Mitkopplung über einen kapazitiven Spannungsteiler, der nicht nur die Mitkopplung herstellt, sondern auch zur Ankopplung des niedrigen Eingangswiderstands der Basisschaltung bzw. des niedrigen Ausgangswiderstands der Kollektorschaltung an den Schwingkreis dient – siehe Abb. 26.7a auf Seite 1510 – und die Arbeitspunktspannungen entkoppelt. Oszillatoren mit kapazitivem Spannungsteiler werden als *Colpitts-Oszillatoren* bezeichnet.

26.1.5.1 Colpitts-Oszillator in Basisschaltung

26.1.5.1.1 Schaltung

Abbildung 26.24a zeigt das Kleinsignalersatzschaltbild des *Colpitts-Oszillators in Basisschaltung* aus Abb. 26.23a; dabei haben wir das Ersatzschaltbild des Transistors nur symbolisch dargestellt und die Ausgangsimpedanz des Stromspiegels T_2, T_3 vernachlässigt. Für die näherungsweise Berechnung vernachlässigen wir die Kapazitäten des Transistors und verwenden das statische Kleinsignalersatzschaltbild mit dem Eingangswiderstand r_e und dem Ausgangswiderstand r_a. Die Ergebnisse der Berechnung verwenden wir als Startwerte für die Dimensionierung mit Hilfe einer Schaltungssimulation.

Die drei Kapazitäten bilden eine Dreieck-Schaltung, die man gemäß Abb. 26.24b in eine äquivalente Stern-Schaltung mit

$$C_{12} = C_1 + C_2 + \frac{C_1 C_2}{C_3} \quad , \quad C_{13} = C_1 + C_3 + \frac{C_1 C_3}{C_2} \quad , \quad C_{23} = C_2 + C_3 + \frac{C_2 C_3}{C_1}$$

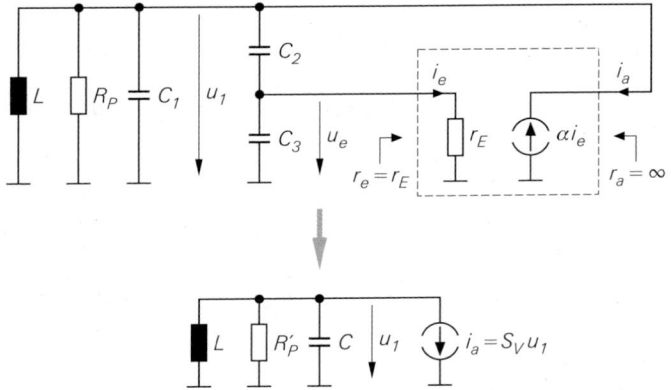

Abb. 26.25. Vereinfachtes Kleinsignalersatzschaltbild des Colpitts-Oszillators in Basisschaltung

umwandeln kann; damit erhält man die alternative Darstellung in Abb. 26.24c. Bei günstigen Verhältnissen kann bei der Dimensionierung der Fall $C_1 \rightarrow 0$ bzw. $C_{23} \rightarrow \infty$ eintreten; dann reduziert sich die Schaltung auf die in Abb. 26.24d gezeigte Ausführung mit zwei Kapazitäten. Im allgemeinen kann man mit dieser Ausführung aber keine korrekte Einstellung der Schleifenverstärkung erzielen, da ein Freiheitsgrad fehlt.

26.1.5.1.2 Berechnung

Zur näherungsweisen Berechnung verwenden wir das Kleinsignalersatzschaltbild in Abb. 26.25, bei dem wir für den Transistor das statische Kleinsignalersatzschaltbild aus Abb. 2.39b auf Seite 79 mit $r_E \approx 1/S$ und $\alpha \approx 1$ eingesetzt haben. Der Ausgangswiderstand r_a ist dabei bereits vernachlässigt.

Bei der Resonanzfrequenz ist die Impedanz der Kapazität C_3 normalerweise kleiner als der Eingangswiderstand r_e; deshalb gilt für die effektive Kapazität des Schwingkreises

$$C \approx C_1 + \frac{C_2 C_3}{C_2 + C_3}$$

und für die Resonanzfrequenz:

$$\omega_R = 2\pi f_R = \frac{1}{\sqrt{LC}} \approx \frac{1}{\sqrt{L\left(C_1 + \dfrac{C_2 C_3}{C_2 + C_3}\right)}}$$

Der Eingangswiderstand $r_e = r_E$ wird über die Ankopplung mit dem Teilerfaktor

$$n_C = 1 + \frac{C_3}{C_2}$$

an den Schwingkreis transformiert; daraus folgt für den effektiven Parallelwiderstand:

$$R'_P = R_P \| R_{PV} = R_P \| n_C^2 r_E = \frac{R_P n_C^2 r_E}{R_P + n_C^2 r_E} \tag{26.11}$$

Für die auf die Schwingkreisspannung u_1 bezogene Steilheit S_V erhalten wir:

$$S_V = \frac{i_a}{u_1} \approx \frac{-\alpha i_e}{n_C u_e} \approx -\frac{1}{n_C r_E}$$

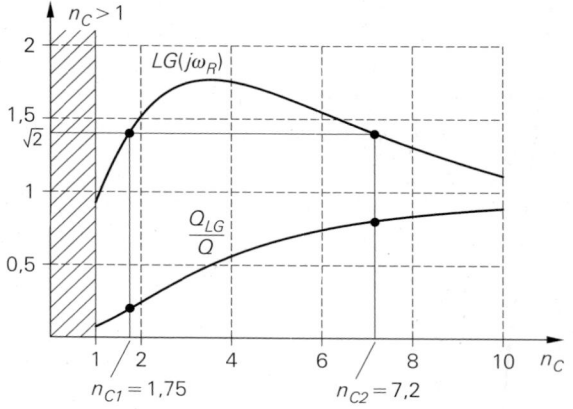

Abb. 26.26.
Schleifenverstärkung $LG(j\omega_R)$ und relative Schleifengüte Q_{LG}/Q für $R_P = 5\,k\Omega$ und $r_E = 400\,\Omega$ in Abhängigkeit vom Teilerfaktor n_C. Der korrekte Teilerfaktor beträgt $n_{C2} = 7,2$.

Dabei haben wir $u_e \approx u_1/n_C$ und $\alpha \approx 1$ verwendet. Für die Schleifenverstärkung bei der Resonanzfrequenz gilt:

$$LG(j\omega_R) = -S_V R_P' \approx \frac{n_C R_P}{R_P + n_C^2 r_E} \tag{26.12}$$

Sie geht für $n_C \to 0$ und $n_C \to \infty$ gegen Null und wird für

$$n_C = n_{C,max} = \sqrt{\frac{R_P}{r_E}} \quad \Rightarrow \quad LG(j\omega_R)\Big|_{n_C=n_{C,max}} = \frac{1}{2}\sqrt{\frac{R_P}{r_E}}$$

maximal. Damit eine Schleifenverstärkung von $3\,dB = \sqrt{2}$ möglich ist, muss

$$\frac{1}{2}\sqrt{\frac{R_P}{r_E}} \geq \sqrt{2} \quad \Rightarrow \quad r_E \leq \frac{R_P}{8} \quad \Rightarrow \quad S \geq \frac{8}{R_P}$$

gelten; dabei haben wir $r_E \approx 1/S$ verwendet. Daraus erhalten wir mit $S = I_{C,A}/U_T$ und $U_T = 26\,mV$ eine Untergrenze für den Arbeitspunktstrom:

$$I_{C,A} \geq \frac{8 U_T}{R_P} \approx \frac{0,2\,V}{R_P} \tag{26.13}$$

Wir verwenden im folgenden wieder den Parallelschwingkreis aus Abschnitt 26.1.4.1 mit $R_P = 5\,k\Omega$ und müssen deshalb $I_{C,A} \geq 40\,\mu A$ wählen.

In der Praxis wählt man einen Arbeitspunktstrom, der mindestens um den Faktor 2 über der Untergrenze liegt. Da die maximal mögliche Schleifenverstärkung in diesem Fall größer als $\sqrt{2}$ ist, existieren zwei verschiedene Teilerfaktoren n_C, für die die Schleifenverstärkung den Wert $\sqrt{2}$ annimmt. Man muss den größeren Teilerfaktor verwenden, damit der effektive Parallelwiderstand R_P' und die Schleifengüte

$$Q_{LG} \overset{(26.6)}{=} \frac{R_P'}{R_P} Q \overset{(26.11)}{=} \frac{R_P \,||\, R_{PV}}{R_P} Q = \frac{n_C^2 r_E}{R_P + n_C^2 r_E} Q \tag{26.14}$$

maximal werden. Abbildung 26.26 zeigt den Verlauf der Schleifenverstärkung und der relativen Schleifengüte Q_{LG}/Q für $R_P = 5\,k\Omega$ und $r_E = 400\,\Omega$. Der korrekte Teilerfaktor beträgt in diesem Fall $n_{C2} = 7,2$.

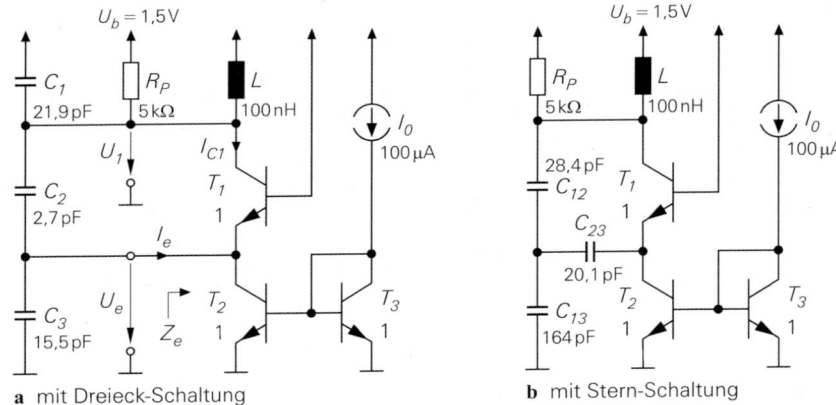

a mit Dreieck-Schaltung   **b** mit Stern-Schaltung

Abb. 26.27. Dimensionierter Colpitts-Oszillator in Basisschaltung für $f_R = 100\,\text{MHz}$

26.1.5.1.3 Dimensionierung

Für die Dimensionierung mit Hilfe einer Schaltungsdimensionierung verwenden wir die Parameter C, n_C und den Faktor:

$$k_C = 1 - \frac{C_1}{C}$$

Daraus folgt für die Kapazitäten:

$$C_1 = (1 - k_C)\,C \quad , \quad C_2 = \frac{k_C n_C}{n_C - 1}\,C \quad , \quad C_3 = k_C n_C C$$

Mit diesen Parametern erhält man eine näherungsweise Entkopplung: die Resonanzfrequenz wird in erster Linie mit C eingestellt, n_C wirkt in erster Linie auf den Betrag und k_C in erster Linie auf die Phase der Schleifenverstärkung. Als Startwerte verwendet man

$$C = \frac{1}{(2\pi f_R)^2\,L} \quad , \quad k_C = 1$$

und einen großen Wert für n_C. Der Betrag der Schleifenverstärkung muss mit zunehmendem Teilerfaktor n_C abnehmen. Ist dies nicht der Fall, muss man n_C weiter erhöhen. Abbildung 26.27a zeigt die dimensionierte Schaltung. Bei der Dimensionierung erhält man zunächst die Parameter $C = 24,2\,\text{pF}$, $n_C = 6,77$ und $k_C = 0,0947$ und daraus die Kapazitäten.

Abbildung 26.27b zeigt die Variante mit Stern-Schaltung, die aber ungünstigere Werte für die Kapazitäten aufweist. In der Praxis berechnet man immer beide Varianten und wählt die günstigere. Wenn k_C bei der Dimensionierung in der Nähe von Eins bleibt, kann man die Variante mit zwei Kapazitäten aus Abb. 26.24d verwenden; dazu setzt man $k_C = 1$ und optimiert die Schleifenverstärkung mit C und n_C.

Die Schleifengüte beträgt $Q_{LG} = 50$ und liegt damit deutlich unter der Güte $Q = 80$ des Schwingkreises. Dieser Verlust ist jedoch prinzipbedingt. Man kann durch eine Optimierung des Ruhestroms und der Größe der Transistoren eine geringfügige Verbesserung erzielen, das Optimum ist aber nur sehr schwach ausgeprägt. Mit $Q_{LG} > Q/2$ liegt man bereits sehr nahe am Optimum. Aus dem Verhältnis von Q und Q_{LG} kann man mit (26.14) den effektiven Lastwiderstand R_{PV} des Verstärkers ermitteln:

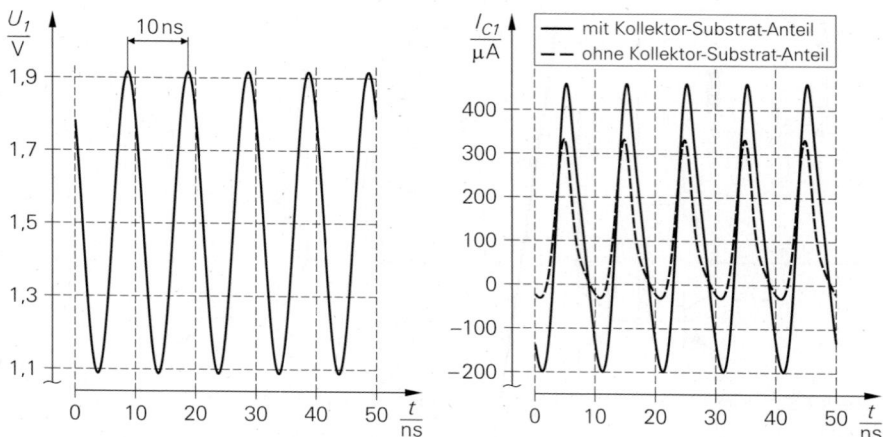

Abb. 26.28. Schwingkreisspannung U_1 und Kollektorstrom I_{C1} für die Schaltung aus Abb. 26.27

$$R_{PV} = \frac{Q_{LG} R_p}{Q - Q_{LG}}$$

Mit $R_P = 5\,\mathrm{k\Omega}$, $Q = 80$ und $Q_{LG} = 50$ erhält man $R_{PV} = 8{,}3\,\mathrm{k\Omega}$.

26.1.5.1.4 Signale

Abbildung 26.28 zeigt den Verlauf der Schwingkreisspannung U_1 und des Kollektorstroms I_{C1} im eingeschwungenen Zustand. Da der Transistor T_1 im Arbeitspunkt mit der Basis-Kollektor-Spannung $U_{BC,A} = 0\,\mathrm{V}$ betrieben wird, entspricht die maximale Basis-Kollektor-Spannung der Amplitude der Schwingkreisspannung U_1, die etwa $410\,\mathrm{mV}$ beträgt; damit bleibt der Strom durch die Basis-Kollektor-Diode noch vernachlässigbar klein. Der Kollektorstrom I_{C1} enthält neben dem Strom der gesteuerten Quelle des Transistors auch die kapazitiven Ströme der Kollektor-Substrat-Kapazität C_S und der Kollektor-Basis-Kapazität C_C und nimmt deshalb auch stark negative Werte an. Da der Substrat-Strom in der Schaltungssimulation als separate Variable ausgegeben wird, kann man den Strom der Kollektor-Substrat-Kapazität C_S durch eine Addition des Kollektor- und des Substrat-Stroms eliminieren und erhält damit den in Abb. 26.28 gestrichelt dargestellten Verlauf; bei der Kollektor-Basis-Kapazität C_C ist dies leider nicht möglich. Dennoch erkennt man, dass die Begrenzung der Amplitude dadurch erfolgt, dass T_1 bei abnehmender Schwingkreisspannung U_1 in den Sperrbereich gerät; dadurch nimmt die Schleifenverstärkung ab. Diese Art der Begrenzung ist wünschenswert, da die Großsignalwerte für den Ein- und den Ausgangswiderstand in diesem Fall in der Regel größer sind als die entsprechenden Kleinsignalwerte und deshalb keine Reduktion der Schleifengüte erfolgt. Wir haben zur Überprüfung die Impedanz Z_e am Eingang der Basisschaltung – siehe Abb. 26.27a – ermittelt:

$$Z_e = \frac{u_e}{i_e} = \begin{cases} (321 + j\,70)\,\Omega & \text{Kleinsignal} \\ (462 + j\,60)\,\Omega & \text{Großsignal} \end{cases}$$

Der Quotient der Realteile entspricht genau der Kleinsignal-Schleifenverstärkung: $462/321 \approx \sqrt{2}$. Die Reduktion der Schleifenverstärkung kommt demnach dadurch zustande, dass das Verhältnis i_e/u_e um den Faktor 1,4 abnimmt, d.h. die Basisschaltung

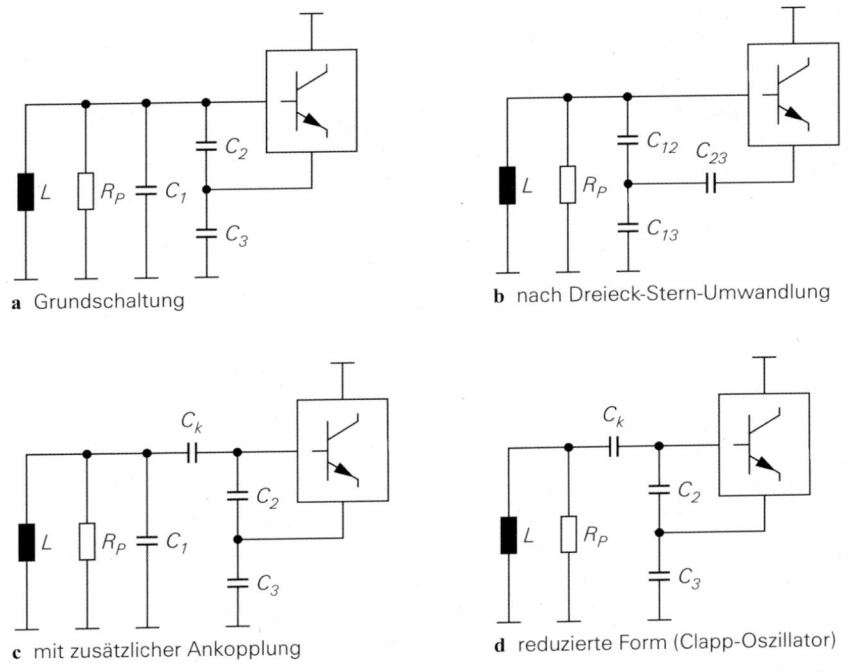

a Grundschaltung

b nach Dreieck-Stern-Umwandlung

c mit zusätzlicher Ankopplung

d reduzierte Form (Clapp-Oszillator)

Abb. 26.29. Kleinsignalersatzschaltbilder von Colpitts-Oszillatoren in Kollektorschaltung

nimmt am Eingang weniger Signalstrom auf und liefert deshalb am Ausgang auch weniger Signalstrom an den Schwingkreis zurück.

26.1.5.2 Colpitts-Oszillator in Kollektorschaltung

26.1.5.2.1 Schaltung

Abbildung 26.29a zeigt das Kleinsignalersatzschaltbild des *Colpitts-Oszillators in Kollektorschaltung* aus Abb. 26.23b; dabei haben wir das Ersatzschaltbild des Transistors T_1 nur symbolisch dargestellt und die Ausgangsimpedanz des Stromspiegels T_2, T_3 vernachlässigt. Durch eine Dreieck-Stern-Umwandlung mit

$$C_{12} = C_1 + C_2 + \frac{C_1 C_2}{C_3} \quad , \quad C_{13} = C_1 + C_3 + \frac{C_1 C_3}{C_2} \quad , \quad C_{23} = C_2 + C_3 + \frac{C_2 C_3}{C_1}$$

erhält man die alternative Form in Abb. 26.29b. In günstigen Fällen kann – wie beim Colpitts-Oszillator in Basisschaltung – die Kapazität C_1 entfallen oder die Kapazität C_{23} durch einen Kurzschluss ersetzt werden.

Die Grundschaltung in Abb. 26.29a hat den Nachteil, dass die volle Schwingkreisspannung am Eingang der Kollektorschaltung anliegt; dadurch gerät die Schaltung bereits bei sehr geringen Amplituden am Schwingkreis in die Übersteuerung. Abhilfe schafft die Schaltung mit zusätzlicher Ankopplung in Abb. 26.29c. Bei dieser Schaltung wird der kapazitive Spannungsteiler aus C_2 und C_3 durch eine weitere Kapazität C_k erweitert, so dass nicht nur am Ausgang, sondern auch am Eingang der Kollektorschaltung nur ein Teil der Schwingkreisspannung anliegt. Durch die vierte Kapazität erhält man einen weiteren Freiheitsgrad, der zur Optimierung des Verhaltens im eingeschwungenen Zustand – besonders

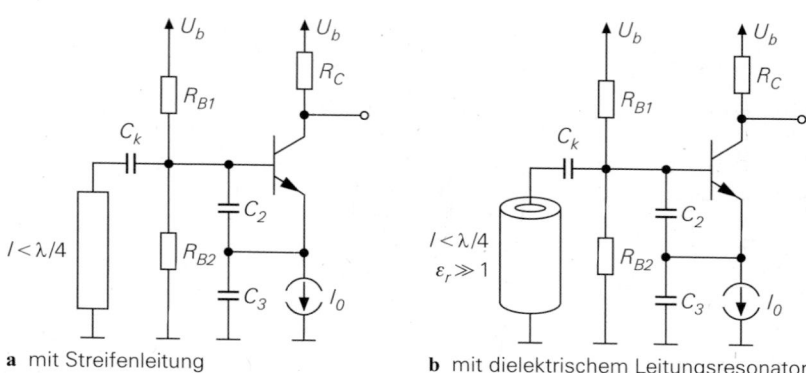

a mit Streifenleitung   **b** mit dielektrischem Leitungsresonator

Abb. 26.30. Clapp-Oszillatoren mit Leitungsresonatoren

mit Hinblick auf das Rauschen – verwendet werden kann. Bei der Dimensionierung gibt man einen Parameter vor und ermittelt die drei verbleibenden Parameter in Abhängigkeit vom vorgegebenen Parameter. Die gefundenen Dimensionierungen sind kleinsignalmäßig äquivalent, führen aber zu unterschiedlichem Verhalten im eingeschwungenen Zustand.

In der Praxis wird der zusätzliche Freiheitsgrad häufig nicht genutzt, indem man C_1 entfernt; damit erhält man die reduzierte Form in Abbildung 26.29d, die als *Clapp-Oszillator* bezeichnet wird. Der Definition nach erhält man einen Clapp-Oszillator aus einem Colpitts-Oszillator, indem man die Induktivität durch eine Reihenschaltung aus einer Induktivität und einer Kapazität – hier L und C_k – ersetzt. Das gilt auch für Colpitts-Oszillatoren in Basis- oder Emitterschaltung. Diese Definition ist aber für das Verständnis der Schaltung mit Hinblick auf die Schleifenverstärkung nicht hilfreich. Wir verwenden deshalb die Bezeichnung *verallgemeinerter Clapp-Oszillator* für alle Oszillatoren, bei denen sowohl der Eingang als auch der Ausgang des Verstärkers über einen kapazitiven Spannungsteiler mit mindestens *drei* Kapazitäten an den Schwingkreis angekoppelt ist. In diesem Sinne handelt es sich auch bei der Schaltung in Abb. 26.29c um einen verallgemeinerten Clapp-Oszillator.

Bei höheren Frequenzen wird anstelle eines LC-Schwingkreises häufig ein Leitungsresonator eingesetzt; Abb. 26.30 zeigt zwei praktische Ausführungen, bei denen wir weitere typische Merkmale berücksichtigt haben:

- Der Basisstrom des Transistors kann aufgrund der Kapazität C_k nicht mehr über den Gleichstrompfad des Resonanzkreises fließen, sondern muss separat zugeführt werden; dazu dient der Basis-Spannungsteiler R_{B1}, R_{B2}, der hochohmig sein muss, damit die Güte des Kreises möglichst wenig reduziert wird. Bei der geringen Versorgungsspannung $U_b = 1{,}5\,\mathrm{V}$, die wir in unseren Beispielen verwenden, kann R_{B2} entfallen; die Spannung an der Basis liegt dann nur geringfügig unter der Versorgungsspannung.
- Wenn der Gleichstrompfad des Resonanzkreises nicht für die Arbeitspunkteinstellung benötigt wird, verbindet man den Resonanzkreis nicht mit der positiven Versorgungsspannung, wie wir das bisher getan haben, sondern mit Masse.
- Die Auskopplung des Signals erfolgt in der Regel über einen Widerstand R_C oder eine Induktivität L_C am Kollektor; dadurch bleibt die Rückwirkung der nachfolgenden Schaltungsteile auf den Oszillator gering. Wenn die Versorgungsspannung ausreichend hoch ist, kann man die Rückwirkung weiter verringern, indem man den Transistor

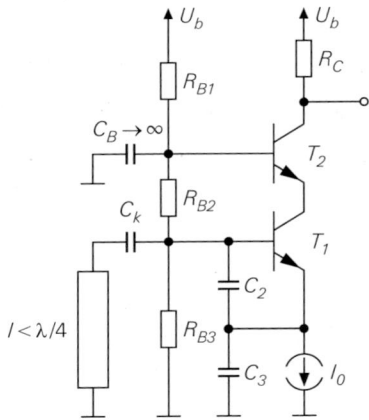

Abb. 26.31.
Clapp-Oszillator (T_1) mit Kaskode-Stufe (T_2)

um eine Kaskode-Stufe ergänzt und das Signal am Kollektor des Kaskode-Transistors entnimmt, siehe Abb. 26.31.

Der Typ des Oszillators – Colpitts oder Clapp – , hängt von der Größe der Koppelkapazität C_k ab: ist sie deutlich größer als C_2 und C_3, wirkt sie bei der Resonanzfrequenz praktisch als Kurzschluss und man erhält einen Colpitts-Oszillator; andernfalls erhält man einen Clapp-Oszillator. Ohne Kenntnis der Kapazitätswerte kann man den Typ demnach nicht bestimmen.

26.1.5.2.2 Berechnung

Zur näherungsweisen Berechnung gehen wir von dem in Abb. 26.32 oben gezeigten vereinfachten Kleinsignalersatzschaltbild aus, bei dem wir für den Transistor das statische Kleinsignalersatzschaltbild aus Abb. 2.39a auf Seite 79 mit $r_{BE} = \beta/S$ eingesetzt haben. Wir nehmen an, dass die Kapazitäten C_k, C_2, C_3 als ideale Ankopplungen mit den Teilerfaktoren

$$n_C = 1 + \frac{C_3}{C_2} \approx \frac{u_B}{u_E} \quad , \quad n_k = 1 + \frac{C_2 C_3}{C_k (C_2 + C_3)} \approx \frac{u_1}{u_B}$$

wirken. Damit können wir die Elemente des Transistors auf die Schwingkreisspannung u_1 umrechnen und erhalten das in Abb. 26.32 unten gezeigte Ersatzschaltbild mit dem Verlustwiderstand R_{PV} und der effektiven Steilheit S_V.

Wir berechnen zunächst den Verlustwiderstand R_{PV}; dazu müssen wir *alle* Widerstände des Transistors mit den entsprechenden Teilerfaktoren auf die Schwingkreisspannung umrechnen. Die Betonung auf *alle* ist wichtig, da die gesteuerten Quellen ganz oder teilweise als Widerstände wirken können. Im vorliegenden Fall tritt neben dem Basis-Emitter-Widerstand r_{BE} ein Widerstand $1/S$ auf, den man erkennt, wenn man die gesteuerte Stromquelle $S u_{BE}$ unter Verwendung von $u_{BE} = u_B - u_E$ in zwei Stromquellen $S u_B$ und $S u_E$ zerlegt und berücksichtigt, dass die Stromquelle $S u_E$ von der an ihr anliegenden Spannung u_E gesteuert wird, siehe Abb. 26.32.

Für r_{BE} erhalten wir den Teilerfaktor

$$\frac{u_1}{u_{BE}} = \frac{u_1}{u_B - u_E} = \frac{1}{\dfrac{u_B}{u_1} - \dfrac{u_E}{u_1}} = \frac{1}{\dfrac{1}{n_k} - \dfrac{1}{n_k n_C}} = \frac{n_k n_C}{n_C - 1}$$

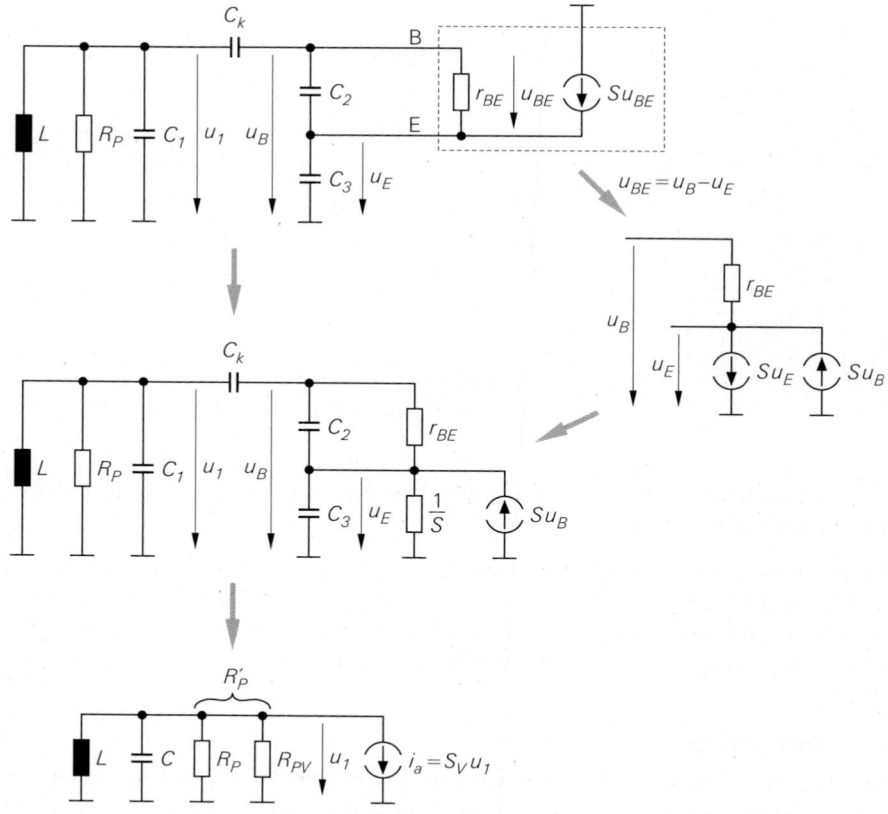

Abb. 26.32. Vereinfachtes Kleinsignalersatzschaltbild eines Colpitts-Oszillators in Kollektorschaltung

und für den Widerstand $1/S$:

$$\frac{u_1}{u_E} = n_k n_C$$

Daraus folgt für den Verlustwiderstand:

$$R_{PV} = r_{BE} \left(\frac{n_k n_C}{n_C - 1} \right)^2 \; || \; \frac{n_k^2 n_C^2}{S} \; \overset{Sr_{BE}=\beta}{=} \; \frac{n_k^2 n_C^2 r_{BE}}{\beta + (n_C - 1)^2}$$

Die Stromquelle Su_B wird von der Spannung $u_B = u_1/n_k$ gesteuert und liefert den auf die Schwingkreisspannung bezogenen Strom:

$$i_a = -\frac{Su_B}{n_k n_C} = -\frac{Su_1}{n_k^2 n_C} \; \Rightarrow \; S_V = \frac{i_a}{u_1} = -\frac{S}{n_k^2 n_C}$$

Daraus folgt für die Schleifenverstärkung bei der Resonanzfrequenz:

$$LG(j\omega_R) = -S_V R_P' = -S_V (R_P \, || \, R_{PV}) = \frac{\beta n_C R_P}{\left[\beta + (n_C - 1)^2 \right] R_P + n_k^2 n_C^2 r_{BE}}$$

Eine einfachere Darstellung erhält man, wenn man das Verhältnis der Widerstände bildet:

$$n_R = \frac{n_k^2 r_{BE}}{R_P} \quad \Rightarrow \quad LG(j\omega_R) = \frac{\beta n_C}{\beta + (n_C - 1)^2 + n_C^2 n_R}$$

Dabei gilt:

- Die Stromverstärkung β ist eine Konstante.
- Der Faktor n_R beschreibt die effektive Größe des Transistors mit Bezug auf den Verlustwiderstand R_P des Resonanzkreises. Die effektive Größe setzt sich aus der tatsächlichen Größe – ausgedrückt durch r_{BE} – und dem Teilerfaktor n_k der Ankopplung zusammen. Beim Colpitts-Oszillator gilt $n_k = 1$, beim Clapp-Oszillator $n_k > 1$.
- Mit dem Faktor n_C wird die Schleifenverstärkung eingestellt.

Die Schleifenverstärkung wird für

$$n_C = n_{C,max} \approx \sqrt{\frac{\beta}{n_R}} \quad \Rightarrow \quad LG(j\omega_R) \approx \frac{1}{2}\sqrt{\frac{\beta}{n_R}}$$

maximal. Damit eine Schleifenverstärkung von $3\,\mathrm{dB} = \sqrt{2}$ möglich ist, muss für den Arbeitspunktstrom des Transistors

$$I_{C,A} > \frac{8 n_k^2 U_T}{R_P} \approx n_k^2 \cdot \frac{0{,}2\,\mathrm{V}}{R_P}$$

gelten; dabei haben wir $r_{BE} = \beta U_T / I_{C,A}$ und $U_T = 26\,\mathrm{mV}$ verwendet. Wir erhalten hier bis auf den Faktor n_k^2 dasselbe Ergebnis wie für den Colpitts-Oszillator in Basisschaltung, siehe (26.13) auf Seite 1528. Auch bei der Kollektorschaltung wählt man den Strom in der Praxis mindestens um den Faktor 2 größer und erhält dadurch zwei Werte für n_C, für die die Schleifenverstärkung den Wert $\sqrt{2}$ annimmt. Auch hier erhält man mit dem größeren Wert für n_C die höhere Schleifengüte.

26.1.5.2.3 Dimensionierung

Zur Dimensionierung verwenden wir die Teilerfaktoren n_C und n_k, die effektive Schwingkreiskapazität

$$C = C_1 + \frac{C_k C_2 C_3}{C_k(C_2 + C_3) + C_2 C_3}$$

und den Faktor $k_C = 1 - C_1/C$. Daraus folgt für die Kapazitäten:

$$C_1 = (1 - k_C)\,C \quad , \quad C_2 = \frac{k_C n_k n_C}{n_C - 1}\,C \quad , \quad C_3 = k_C n_k n_C C \quad , \quad C_k = \frac{k_C n_k}{n_k - 1}\,C$$

Mit C wird die Resonanzfrequenz, mit n_C primär der Betrag und mit k_C primär die Phase der Schleifenverstärkung eingestellt. Den Teilerfaktor n_k geben wir vor. Für $n_k = 1$ gilt $C_k \to \infty$, d.h. C_k wird durch einen Kurzschluss ersetzt.

Abbildung 26.33 zeigt einen Colpitts- und einen Clapp-Oszillator in Kollektorschaltung für $f_R = 100\,\mathrm{MHz}$. Man beachte, dass R_P nur ein Ersatzelement für die Verluste im Schwingkreis ist und deshalb in der realen Schaltung nicht als separater Widerstand auftritt. Beim Colpitts-Oszillator in Abb. 26.33a haben wir die Induktivität L wieder mit der positiven Versorgungsspannung verbunden, um den Basisstrom des Transistors einfach zuführen zu können; beim Clapp-Oszillator in Abb. 26.33b müssen wir dazu den Widerstand R_{B1} verwenden. Den Arbeitspunktstrom des Clapp-Oszillators haben wir wegen

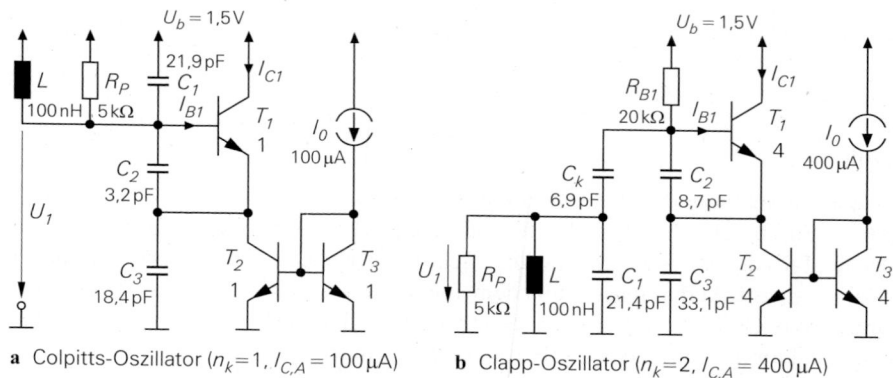

a Colpitts-Oszillator ($n_k=1$, $I_{C,A}=100\,\mu A$)   **b** Clapp-Oszillator ($n_k=2$, $I_{C,A}=400\,\mu A$)

Abb. 26.33. Dimensionierte Oszillatoren mit Kollektorschaltung für $f_R = 100\,\text{MHz}$

$n_k = 2$ und $I_{C,A} \sim n_k^2$ um den Faktor 4 größer gewählt. Die Schleifengüte beträgt beim Colpitts-Oszillator $Q_{LG} = 48$ und beim Clapp-Oszillator $Q_{LG} = 54$.

26.1.5.2.4 Signale

Abbildung 26.34 zeigt die Signale der Schaltungen aus Abb. 26.33. Beim Clapp-Oszillator mit $n_k = 2$ hat die Schwingkreisspannung U_1 etwa die doppelte Amplitude; der Kollektorstrom ist etwa um den Faktor 4 größer. Wir erhalten hier nicht exakt die Faktoren $n_k = 2$ und $n_k^2 = 4$, weil wir n_k ohne die Kapazitäten der Transistoren berechnet haben; der tatsächliche Wert für n_k ist etwas größer.

Die Amplitude wird dadurch begrenzt, dass der Transistor bei der negativen Halbwelle der Schwingkreisspannung in den Sperrbereich gerät; dadurch nehmen die Steilheit und die Schleifenverstärkung ab. Wichtig ist in diesem Zusammenhang wieder die Feststellung, dass die Begrenzung keine Reduktion der Güte zur Folge hat.

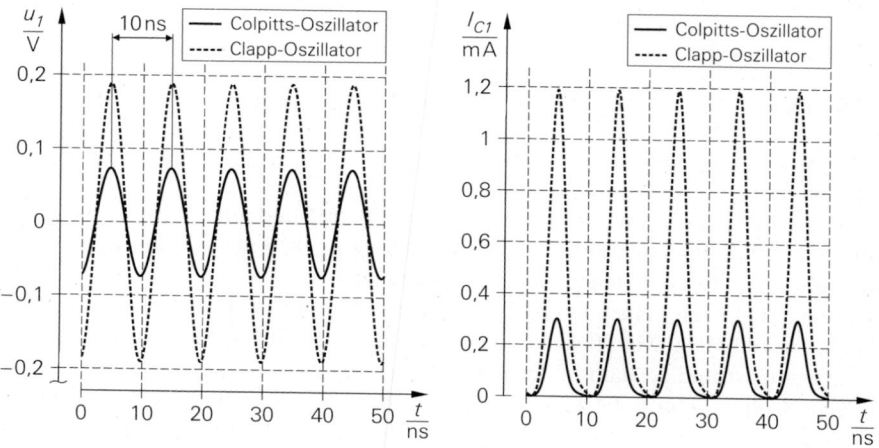

Abb. 26.34. Schwingkreisspannungen (ohne Gleichanteil) und Kollektorströme für die Schaltungen aus Abb. 26.33

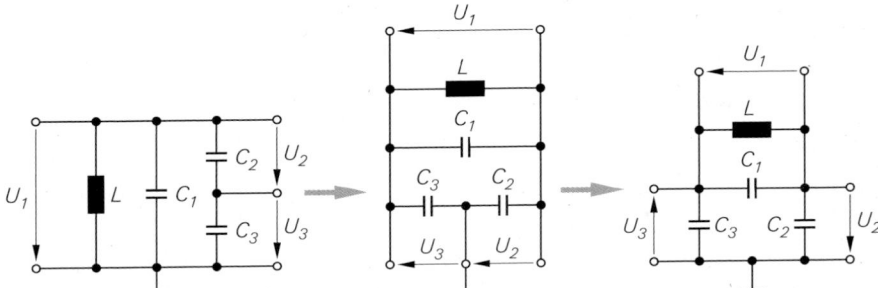

Abb. 26.35. Umwandlung des Schwingkreises zur Bereitstellung gegenphasiger Signale

26.1.5.3 Colpitts-Oszillator in Emitterschaltung

Die Emitterschaltung arbeitet im Gegensatz zur Basis- und zur Kollektorschaltung als invertierender Verstärker. Eine Mitkopplung über einen Parallelschwingkreis ist deshalb nur möglich, wenn auch am Schwingkreis eine Invertierung erfolgt, d.h. gegenphasige Signale verwendet werden. Abbildung 26.35 zeigt die erforderliche Umwandlung des Schwingkreises in zwei Schritten:

– Im ersten Schritt wird der Schwingkreis gedreht und der Masseanschluss auf den Mittelabgriff des kapazitiven Spannungsteilers C_2, C_3 verlegt.
– Im zweiten Schritt wird der Schwingkreis als π-Glied dargestellt.

Die Spannungen U_2 und U_3 sind nun bezüglich Masse in Gegenphase.

Abbildung 26.36a zeigt den klassischen Aufbau eines Colpitts-Oszillators in Emitterschaltung. Er besteht aus einem Wechselspannungsverstärker in diskreter Schaltungstechnik – siehe Abb. 2.82 auf Seite 127, hier aber ohne Wechselspannungsgegenkopplung – und dem π-Glied L, C_2, C_3, das den Schwingkreis bildet. Die Kapazität C_1 aus Abb. 26.35 kann hier entfallen, da die Koppelkapazität C_k als dritter Freiheitsgrad zur Verfügung steht: sie bildet zusammen mit der Eingangsimpedanz der Emitterschaltung einen Hochpass, der eine Kompensation der Phase in der Schleife ermöglicht. Der Kollektorwiderstand R_C muss hochohmig sein oder durch eine Stromquelle ersetzt werden, damit die Güte möglichst hoch wird; auch die Auskopplung des Signals am Kollektor muss hochohmig erfolgen.

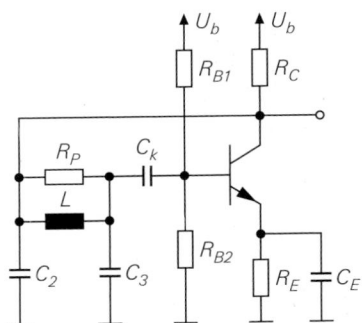

a klassische Ausführung in diskreter Schaltungstechnik

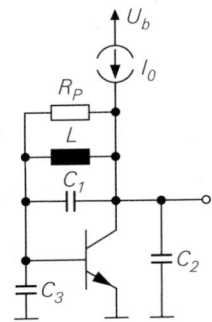

b Ausführung für geringe Versorgungsspannung

Abb. 26.36. Colpitts-Oszillatoren in Emitterschaltung (*Pierce-Oszillatoren*)

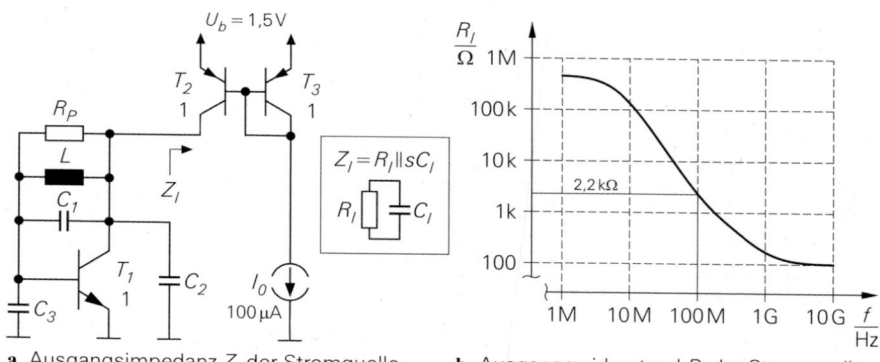

a Ausgangsimpedanz Z_I der Stromquelle   **b** Ausgangswiderstand R_I der Stromquelle

Abb. 26.37. Ausgangswiderstand der Stromquelle bei einem Colpitts-Oszillator in Emitterschaltung

Abbildung 26.36b zeigt eine Ausführung, die mit $U_{BE,A} = U_{CE,A} \approx 0,7\,\text{V}$ arbeitet und für Versorgungsspannungen ab 1 V geeignet ist. Die Schaltung hat jedoch den Nachteil, dass die Stromquelle I_0 hier nicht – wie bei den bisher beschriebenen Oszillatoren – am niederohmigen Emitter-, sondern am hochohmigen Kollektoranschluss angeschlossen ist und reale Stromquellen bei hohen Frequenzen einen relativ geringen Ausgangswiderstand besitzen; dadurch kann die Schleifengüte erheblich reduziert werden. Abbildung 26.37 zeigt die Frequenzabhängigkeit des Ausgangswiderstands für eine Stromquelle mit einem einfachen Stromspiegel. Für $f < 5\,\text{MHz}$ erhält man den für Stromquellen typischen hohen Ausgangswiderstand; bei höheren Frequenzen nimmt der Ausgangswiderstand jedoch schnell ab und beträgt bei $f = 100\,\text{MHz}$ nur noch $R_I = 2,2\,\text{k}\Omega$. Wenn wir für den Verlustwiderstand des Schwingkreises $R_P \approx 5\,\text{k}\Omega$ annehmen und berücksichtigen, dass der Ausgangswiderstand bei einer typischen Dimensionierung mit einem sehr geringen Teilerfaktor $1 + C_2/C_3 \approx 1,1 \ldots 1,5$ an den Kreis transformiert wird, müssen wir $R_I > 20\,\text{k}\Omega$ fordern, damit die Güte des Kreises nur wenig abnimmt; nach Abb. 26.37b ist dazu $f < 30\,\text{MHz}$ erforderlich. Die Ausgangskapazität C_I der Stromquelle wirkt sich nicht störend aus, da sie kleinsignalmäßig parallel zu C_2 liegt.

Colpitts-Oszillatoren in Emitterschaltung werden auch *Pierce-Oszillatoren* genannt. Aufgrund der genannten Probleme bei der Arbeitspunkteinstellung wird dieser Oszillatortyp vor allem bei Frequenzen im unteren MHz-Bereich verwendet. Vor allem Quarz-Oszillatoren werden meist als Pierce-Oszillatoren ausgeführt; dabei wird die Induktivität L durch einen Quarz-Resonator ersetzt. Wir gehen darauf im Abschnitt 26.3.2 noch näher ein und verzichten deshalb hier auf ein dimensioniertes Beispiel.

26.1.5.4 Colpitts-Oszillator mit CMOS-Inverter

Wenn man die Emitterschaltung in Abb. 26.36 durch einen CMOS-Inverter ersetzt, erhält man den Colpitts-Oszillator mit CMOS-Inverter in Abb. 26.38, bei dem wir zusätzlich zum Inverter T_1, T_2 des Oszillators einen weiteren Inverter T_3, T_4 als Puffer ergänzt haben. Dieser Oszillator eignet sich aufgrund seines starken Phasenrauschens zwar nicht als Lokaloszillator für Sender und Empfänger, ist aber *der* Taktoszillator schlechthin für alle digitalen Schaltungen, bei denen das Phasenrauschen des Taktes keine Rolle spielt. Da die Frequenz von Taktsignalen im allgemeinen sehr stabil sein muss, wird anstelle der

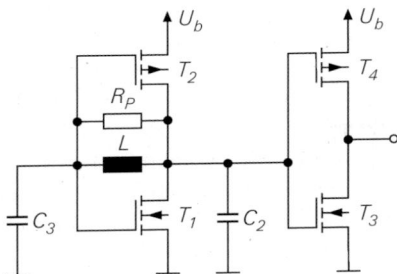

Abb. 26.38.
Colpitts-Oszillator mit CMOS-Inverter (T_1, T_2) und CMOS-Puffer (T_3, T_4)

Induktivität L ein Quarz-Resonator eingesetzt. Wir gehen darauf im Abschnitt 26.3.2 noch näher ein.

26.1.5.5 Colpitts-Oszillator mit Differenzverstärker

26.1.5.5.1 Schaltung

In integrierten Schaltungen für Sender und Empfänger werden in den LO-Kreisen in der Regel differentielle Signale verwendet, da Mischer mit Transistoren ohnehin ein differentielles LO-Signal benötigen und deshalb auch die LO-Treiber als Differenzverstärker ausgeführt werden. Es liegt deshalb nahe, auch den Oszillator mit einem Differenzverstärker aufzubauen.

Abbildung 26.39 zeigt die typische Ausführung eines Colpitts-Oszillators mit Differenzverstärker. Es handelt sich dabei um einen symmetrisch ergänzten Colpitts-Oszillator in Emitterschaltung. Die Mitkopplung kann wie beim Colpitts-Oszillator in Basis- oder Kollektorschaltung über einfache kapazitive Spannungsteiler $2C_2, 2C_3$ erfolgen, da die bei der Emitterschaltung notwendige Invertierung hier durch die Kreuzkopplung der kapazitiven Spannungsteiler erfolgt. Die Schaltung gehört zur Klasse der Gegentakt-Oszillatoren.

Folgt man dem in Abb. 26.39 gestrichelt eingezeichneten Pfad, erkennt man, dass die kapazitiven Spannungsteiler bezüglich des Schwingkreises eine Reihenschaltung aus je zwei Kapazitäten $2C_2$ und $2C_3$ bilden; die effektive Schwingkreiskapazität entspricht deshalb auch hier der Parallelschaltung von C_1 und der Reihenschaltung C_2, C_3:

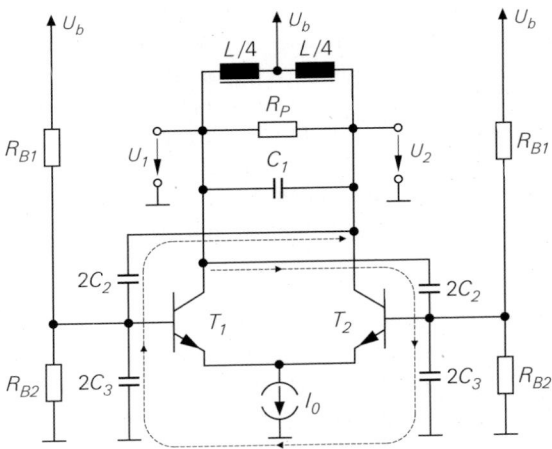

Abb. 26.39.
Colpitts-Oszillator mit Differenzverstärker

$$C = C_1 + \frac{C_2 C_3}{C_2 + C_3}$$

Aufgrund der Symmetrie kann man die beiden Kapazitäten $2C_3$ durch eine Kapazität C_3 zwischen den Basisanschlüssen der Transistoren ersetzen; dadurch reduziert sich die benötigte Fläche in einer integrierten Schaltung um den Faktor 4. Die Schwingkreisinduktivität L besitzt eine Mittelanzapfung und dient als Gleichstrompfad für die Kollektorströme der Transistoren. Die beiden Teilinduktivitäten haben aufgrund der Kopplung nur den Wert $L/4$; mit der Gegeninduktivität $M = L/4$ (feste Kopplung mit Kopplungsfaktor $k = 1$) beträgt die effektive Induktivität:

$$\frac{L}{4} + \frac{L}{4} + 2M \overset{M=L/4}{=} L$$

Die Arbeitspunktspannungen an den Basisanschlüssen werden mit den beiden Spannungsteilern R_{B1}, R_{B2} eingestellt. Bei geringen Versorgungsspannungen können die Widerstände R_{B2} entfallen; die Transistoren arbeiten dann mit $U_{BE,A} \approx U_{CE,A}$ bzw. $U_{BC,A} \approx 0\,\mathrm{V}$.

26.1.5.5.2 Dimensionierung

Zur Dimensionierung werden wieder die Gesamtkapazität C und die Faktoren

$$k_C = 1 - \frac{C_1}{C} \quad , \quad n_C = 1 + \frac{C_3}{C_2}$$

verwendet; daraus folgt für die Kapazitäten:

$$C_1 = (1 - k_C)\,C \quad , \quad C_2 = \frac{k_C n_C}{n_C - 1}\,C \quad , \quad C_3 = k_C n_C C$$

Die Phasenkorrektur kann man hier auch über die Widerstände R_{B1} und R_{B2} beeinflussen: mit abnehmendem Parallelwiderstand $R_{B1} \parallel R_{B2}$ nimmt die durch eine Reduktion von k_C erzielbare Phasenvoreilung zu. Da die beiden Emitterschaltungen des Differenzverstärkers prinzipbedingt eine größere Phasennacheilung aufweisen als eine Basis- oder Kollektorschaltung, wird die Phasenkorrektur bei höheren Frequenzen problematisch.

Wir dimensionieren die Schaltung für $f_R = 100\,\mathrm{MHz}$, $U_b = 1{,}5\,\mathrm{V}$ und Arbeitspunktströme $I_{C1,A} = I_{C2,A} = 100\,\mu\mathrm{A}$. Aufgrund der geringen Versorgungsspannung verzichten wir auf die Widerstände R_{B2} und betreiben die Transistoren mit $U_{BC,A} \approx 0\,\mathrm{V}$. Die Dimensionierung ergibt $C = 24{,}7\,\mathrm{pF}$, $k_C = 0{,}025$ und $n_C = 2{,}8$; dabei müssen wir die Widerstände R_{B1} auf $1\,\mathrm{k\Omega}$ reduzieren, um eine Phasenkorrektur zu ermöglichen. Abbildung 26.40 zeigt die dimensionierte Schaltung. Wir haben hier eine alternative Darstellung verwendet, bei der man die Zusammensetzung der effektiven Schwingkreiskapazität besser, den Differenzverstärker jedoch schlechter erkennen kann. Die beiden Kapazitäten $2C_3$ aus Abb. 26.39 haben wir durch eine entsprechende Kapazität C_3 zwischen den Basisanschlüssen der Transistoren T_1, T_2 ersetzt. Die Schleifengüte beträgt $Q_{LG} = 46$.

26.1.5.5.3 Signale

Die Ausgangsspannungen U_1, U_2 und die Kollektorströme I_{C1}, I_{C2} sind ebenfalls in Abb. 26.40 dargestellt. Auch hier stellen wir zunächst wieder fest, dass die Basis-Kollektor-Dioden der Transistoren immer gesperrt bleiben und die Reduktion der Schleifenverstärkung durch eine Reduktion der effektiven Steilheiten der Transistoren erfolgt. Bei den Kollektorströmen haben wir den Kollektor-Substrat-Anteil abgezogen.

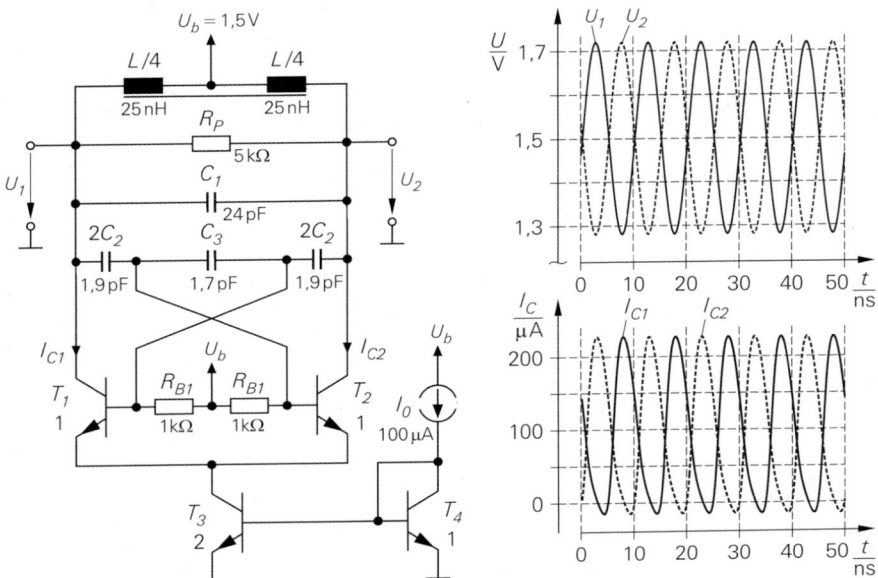

Abb. 26.40. Dimensionierter Colpitts-Oszillator mit Differenzverstärker für $f_R = 100\,\text{MHz}$. Bei den Kollektorströmen haben wir den Kollektor-Substrat-Anteil abgezogen.

26.1.5.6 Eigenschaften integrierter und diskreter Colpitts-Oszillatoren

Man kann alle beschriebenen Colpitts-Oszillatoren in integrierter oder diskreter Schaltungstechnik realisieren. Bei integrierten Oszillatoren muss die Induktivität des Schwingkreises in der Regel extern angeschlossen werden, da sie entweder zu groß für eine Integration ist oder die Güte einer integrierten Induktivität nicht ausreicht. Bei niedrigen Frequenzen werden auch die Kapazitäten sehr groß und können nicht mehr integriert werden.

Abbildung 26.41 zeigt das Ersatzschaltbild eines integrierten Oszillators mit externer Induktivität und typischen Werten für die parasitären Elemente des Gehäuses, des Bonddrahtes und des Bondpads. Da die externe Seite durch die Induktivität L und die interne Seite durch die Kapazitäten C_1, C_2, C_3 dominiert wird, kann man die anderen Elemente ohne großen Fehler mit diesen Elementen zusammenfassen, d.h. alle parasitären Indukti-

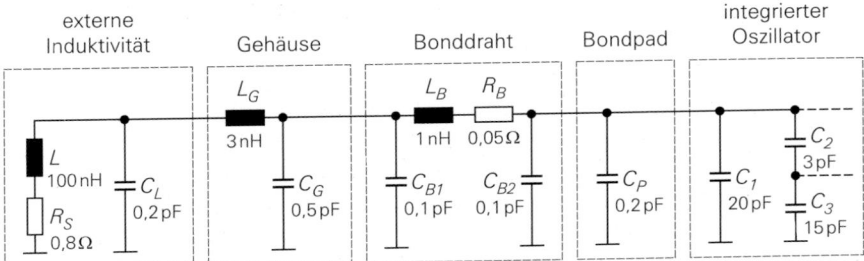

Abb. 26.41. Ersatzschaltbild eines integrierten Oszillators mit externer Induktivität. Die Elemente der externen Induktivität und des integrierten Oszillators gelten für $f_R \approx 100\,\text{MHz}$.

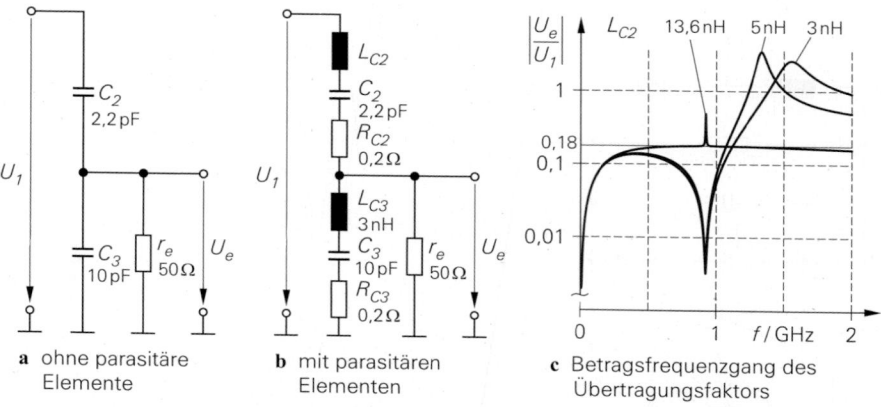

a ohne parasitäre
    Elemente

b mit parasitären
    Elementen

c Betragsfrequenzgang des
    Übertragungsfaktors

Abb. 26.42. Kapazitiver Spannungsteiler eines diskret aufgebauten Colpitts-Oszillators

vitäten werden zu L und alle parasitären Kapazitäten zu C_1 addiert. Der Serienwiderstand R_B des Bonddrahtes wird mit dem Serienwiderstand R_S der Induktivität zusammengefasst und in einen äquivalenten Parallelwiderstand R_P umgerechnet. Daraus folgt, dass die parasitären Elemente eine Reduktion der Resonanzfrequenz und eine geringfügige Zunahme der Verluste bzw. Abnahme des Parallelwiderstands R_P bewirken, das prinzipielle Verhalten aber nicht verändern, solange L und C_1, C_2, C_3 die dominierenden Elemente bleiben. Durch die Induktivitäten L_G und L_B erhält man zwar zusätzliche Resonanzstellen im Bereich von 5 ... 10 GHz, diese werden jedoch durch die Kapazitäten des Oszillators praktisch kurzgeschlossen, so dass die Schleifenverstärkung bei diesen Frequenzen in der Regel deutlich kleiner als Eins bleibt und keine Gefahr unerwünschter Schwingungen besteht. Bei $f_R > 1$ GHz werden die Werte für L und C_1, C_2, C_3 so klein, dass die Resonanzfrequenz wesentlich durch die parasitären Elemente bestimmt wird. Im Grenzfall wird die externe Induktivität durch einen Kurzschluss ersetzt, so dass der Schwingkreis nur noch aus den parasitären Elementen besteht.

Das gutmütige Verhalten integrierter Oszillatoren beruht darauf, dass die integrierten Kapazitäten und Transistoren praktisch frei von parasitären Induktivitäten sind. Bei diskret aufgebauten Oszillatoren sind die Verhältnisse wesentlich ungünstiger. Hier besitzt jedes Bauteil und jede Verbindungsleitung eine parasitäre Induktivität von 1 ... 5 nH, was eine Vielzahl von Resonanzstellen zur Folge hat. Bei Colpitts-Oszillatoren wirkt sich dies vor allem im kapazitiven Spannungsteiler C_2, C_3 aus, der aufgrund der parasitären Induktivitäten ein ausgeprägtes Resonanzverhalten zeigt. Abbildung 26.42 zeigt dies am Beispiel eines Spannungsteilers mit dem Teilerfaktor:

$$k_C = 1 + \frac{C_3}{C_2} = 1 + \frac{10}{2,2} = 5,55 \quad \Rightarrow \quad \left|\frac{U_e}{U_1}\right| = \frac{1}{k_C} = 0,18 \quad \text{für } f > f_U$$

Oberhalb einer unteren Grenzfrequenz f_U, die hier etwa 500 MHz beträgt, sollte der Übertragungsfaktor etwa 0,18 betragen. Berücksichtigt man jedoch die in Abb. 26.42b gezeigten parasitären Induktivitäten, erhält man einen Frequenzgang mit ausgeprägten Resonanzstellen. Wenn man SMD-Kondensatoren mit einer typischen Induktivität von 3 nH verwendet, wird mit zunehmender Frequenz bei etwa 900 MHz die Serienresonanz der größeren Kapazität C_3 durchlaufen, die eine starke Abnahme des Übertragungsfaktors verursacht. Bei weiter zunehmender Frequenz wird bei etwa 1,5 GHz die Serienresonanz der kleineren

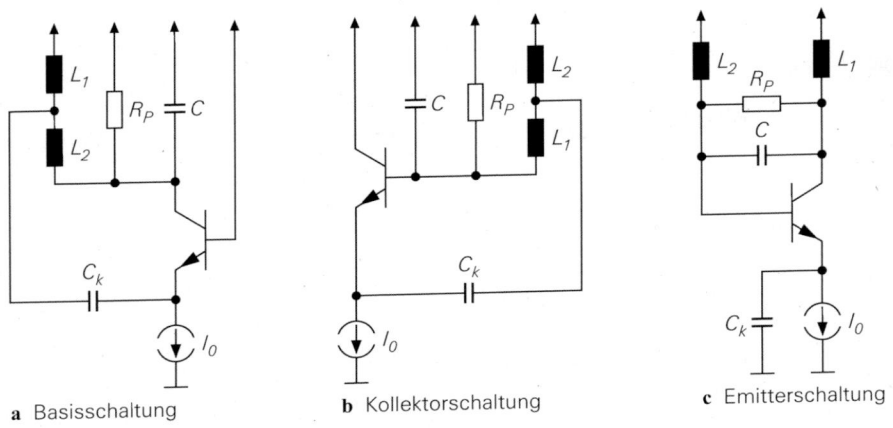

a Basisschaltung   **b** Kollektorschaltung   **c** Emitterschaltung

Abb. 26.43. Hartley-Oszillatoren

Kapazität C_2 durchlaufen, die eine Überhöhung des Übertragungsfaktors bewirkt; dabei wird der Betrag des Übertragungsfaktors größer als Eins. Wenn man die parasitäre Induktivität der Kapazität C_2 erhöht, nimmt die Frequenz der Serienresonanz ab, bis der Kompensationspunkt $L_{C2}\,C_2 = L_{C3}\,C_3$ erreicht wird, an dem der Übertragungsfaktor mit Ausnahme eines kleinen Bereichs um die Resonanzfrequenz praktisch den idealen Wert annimmt. Im vorliegenden Fall kann man den Teiler kompensieren, indem man eine Induktivität mit 10 nH in Reihe zu C_2 vorsieht; dazu kann man z.B. eine kurze Leitung von etwa 10 mm Länge verwenden.

Bei vielen diskret aufgebauten Colpitts-Oszillatoren mit $f_R > 300\,\text{MHz}$ wird der Teilerfaktor durch die Serienresonanz von C_3 beeinflusst und ist deshalb größer als das Kapazitätsverhältnis $k_C = 1 + C_3/C_2$. Das eigentliche Problem ist jedoch die durch die Serienresonanz von C_2 verursachte parasitäre Resonanzstelle in der Schleifenverstärkung, die deutlich größer sein kann als die Resonanzstelle des LC-Kreises; der Oszillator schwingt dann auf dieser parasitären Resonanzstelle. Um dies zu verhindern, muss man die parasitären Induktivitäten so klein wie möglich halten und ggf. eine Kompensation mit $L_{C2}\,C_2 = L_{C3}\,C_3$ herstellen.

Der Aufbau diskreter Colpitts-Oszillatoren mit $f_R > 300\,\text{MHz}$ nach Schaltplänen aus Büchern oder Zeitschriften scheitert häufig daran, dass die Funktion stark von den verwendeten Bauteilen und vom Layout der Schaltung abhängt und beides in der Regel nicht angegeben ist.

26.1.5.7 Hartley-Oszillatoren

Wenn man anstelle eines kapazitiven Spannungsteilers einen induktiven Spannungsteiler einsetzt, erhält man die in Abb. 26.43 gezeigten *Hartley-Oszillatoren*. Die Teilinduktivitäten L_1 und L_2 können unabhängig oder gekoppelt sein. Die Koppelkapazität C_k wird zur Trennungen der Arbeitspunktspannungen und als Freiheitsgrad zur Einstellung der Schleifenverstärkung benötigt.

Hartley-Oszillatoren werden nur selten verwendet, da sie zwei Induktivitäten oder eine Induktivität mit Anzapfung benötigen und der induktive Teilerfaktor $n_L = 1 + L_2/L_1$ in der Praxis nicht so flexibel variiert werden kann wie der kapazitive Teilerfaktor n_C bei Colpitts-Oszillatoren. Wir gehen deshalb nicht weiter auf diese Oszillatoren ein.

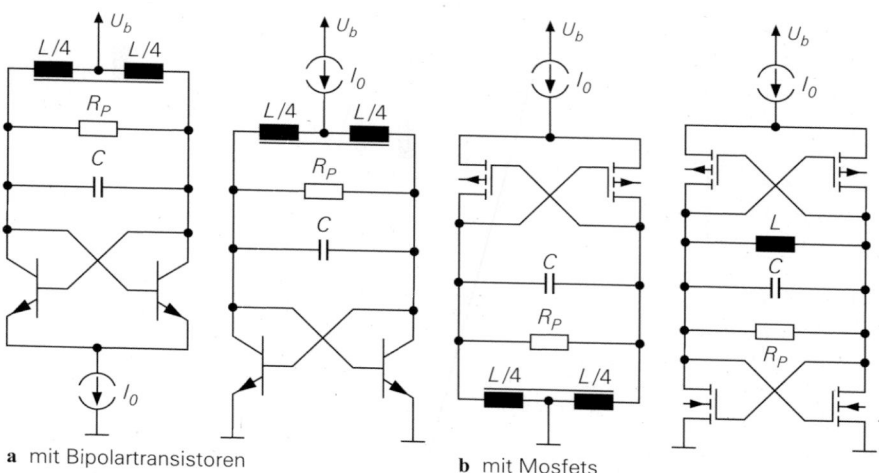

a mit Bipolartransistoren   **b** mit Mosfets

Abb. 26.44. Gegentaktoszillatoren mit direkter Kreuzkopplung

26.1.5.8 Gegentaktoszillatoren

26.1.5.8.1 Schaltungen

Oszillatoren mit zwei im Gegentakt arbeitenden Transistoren werden als *Gegentaktoszillatoren* bezeichnet. Der im Abschnitt 26.1.5.5 beschriebene Colpitts-Oszillator mit Differenzverstärker gehört bereits in diese Klasse und bildet den Ausgangspunkt für die in Abb. 26.44 gezeigten Gegentaktoszillatoren mit direkter Kreuzkopplung.

Die in Abb. 26.44a gezeigten Varianten mit Bipolartransistoren erhält man, indem man die kapazitiven Spannungsteiler des Colpitts-Oszillators mit Differenzverstärker durch eine direkte Kreuzkopplung ersetzt und die Stromquelle I_0 wahlweise im Emitter- oder im Kollektorzweig anordnet. Aufgrund der direkten Kopplung entfallen die Basisspannungsteiler und die Transistoren arbeiten mit $U_{BE,A} = U_{CE,A}$ bzw. $U_{BC,A} = 0$.

Abbildung 26.44b zeigt zwei Ausführungen mit Mosfets. Diese Transistoren sind aufgrund ihres hohen 1/f-Rauschens nicht gut für Oszillatoren geeignet und werden deshalb nur eingesetzt, wenn die Schaltung aus Kostengründen in einem preisgünstigen CMOS-Prozess hergestellt werden soll. Bei der Ausführung mit *einer* Kreuzkopplung verwendet man p-Kanal-Mosfets, da diese ein geringeres 1/f-Rauschen aufweisen. Die bei gleicher Steilheit größeren Kapazitäten der p-Kanal-Mosfets sind bei einem Oszillator unproblematisch, da sie im Kleinsignalersatzschaltbild parallel zur Schwingkreiskapazität C liegen. Die Ausführung mit zwei Kreuzkopplungen hat den Vorteil, dass die auf den Schwingkreis bezogene Steilheit S_V bei gleichem Ruhestrom doppelt so groß ist; dadurch kann man den Ruhestrom halbieren, muss aber das höhere 1/f-Rauschen der n-Kanal-Mosfets in Kauf nehmen. Bei beiden Ausführungen kann man bei geringen Versorgungsspannungen und passenden Schwellenspannungen der Mosfets auf die Stromquelle verzichten und die Source-Anschlüsse der p-Kanal-Mosfets direkt mit der Versorgungsspannung verbinden. Die Schaltung mit zwei Kreuzkopplungen geht dadurch in eine Schleife mit zwei CMOS-Invertern über, wie Abb. 26.45 zeigt.

Bei allen Varianten, bei denen der Mittelabgriff der gekoppelten Induktivitäten mit der Versorgungsspannung oder mit Masse verbunden ist, kann man auch zwei unabhängige

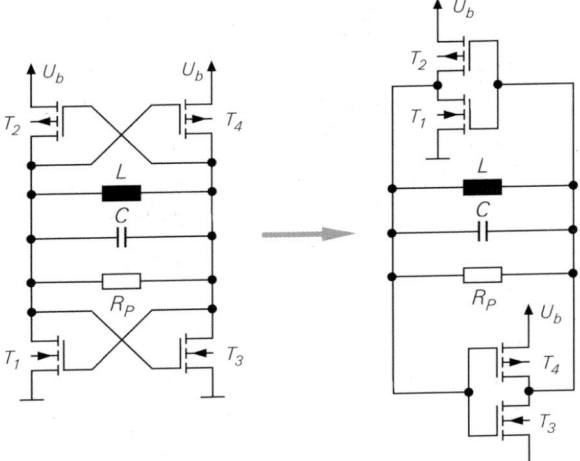

Abb. 26.45.
Gegentaktoszillator mit
zwei CMOS-Invertern

Induktivitäten der Größe $L/2$ verwenden. Abbildung 26.46 zeigt zwei typische Ausführungen.

26.1.5.8.2 Berechnung

Zur näherungsweisen Berechnung führen wir die Schaltung auf das in Abb. 26.9a auf Seite 1511 gezeigte Ersatzschaltbild zurück, indem wir die auf die Schwingkreisspannung bezogene Steilheit S_V und die Widerstände r_e und r_a der kreuzgekoppelten Transistoren bestimmen. Abbildung 26.47 zeigt die direkte Kreuzkopplung mit Bipolartransistoren zusammen mit dem zugehörigen Kleinsignalersatzschaltbild. Bei Gegentaktaussteuerung sind die Kleinsignalspannungen und -ströme spiegelsymmetrisch:

$$i_1 = -i_2 \quad \Rightarrow \quad i_0 = 0 \quad , \quad u_{BE1} = -u_{BE2} = -\frac{u_1}{2}$$

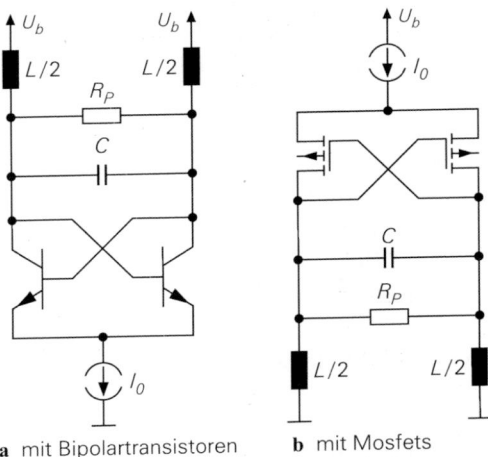

a mit Bipolartransistoren   **b** mit Mosfets

Abb. 26.46.
Gegentaktoszillatoren mit
unabhängigen Induktivitäten

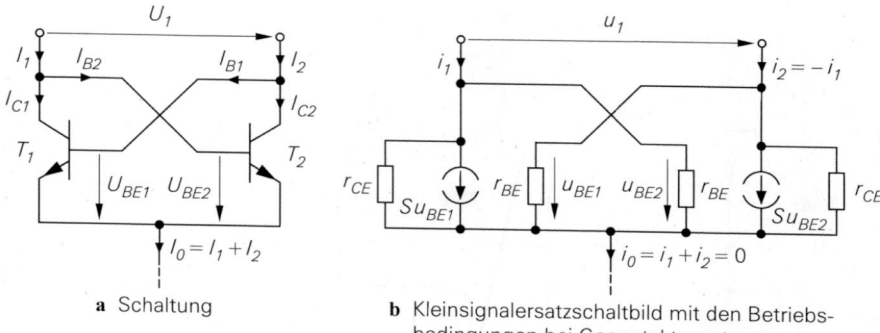

a Schaltung   **b** Kleinsignalersatzschaltbild mit den Betriebsbedingungen bei Gegentaktaussteuerung

Abb. 26.47. Direkte Kreuzkopplung mit Bipolartransistoren

Da die Eingänge der beiden Emitterschaltungen mit den Ausgängen verbunden sind, dürfen wir bei der Berechnung von S_V, r_e und r_a nur die jeweiligen Elemente des Ersatzschaltbilds berücksichtigen:

$$S_V = \left.\frac{i_1}{u_1}\right|_{\substack{r_{BE}\to\infty\\r_{CE}\to\infty}} = \left.\frac{Su_{BE1}}{u_1}\right|_{\substack{r_{BE}\to\infty\\r_{CE}\to\infty}} \overset{u_{BE1}=-u_1/2}{=} -\frac{S}{2}$$

$$r_e = \left.\frac{u_1}{i_1}\right|_{\substack{S=0\\r_{CE}\to\infty}} = 2r_{BE}$$

$$r_a = \left.\frac{u_1}{i_1}\right|_{\substack{S=0\\r_{BE}\to\infty}} = 2r_{CE}$$

Daraus folgt für die Schleifenverstärkung bei der Resonanzfrequenz:

$$LG(j\omega_R) = -S_V (R_P \| r_e \| r_a)$$

$$= \frac{SR_P r_{BE} r_{CE}}{R_P(r_{BE} + r_{CE}) + 2r_{BE}r_{CE}} \overset{r_{CE}\gg r_{BE}, R_P}{\approx} \frac{SR_P r_{BE}}{R_P + 2r_{BE}}$$

Wegen $S = I_{C,A}/U_T$ und $r_{BE} = \beta/S$ kann man die Schleifenverstärkung hier nur über die Arbeitspunktströme $I_{C1,A} = I_{C2,A} = I_{C,A}$ der Transistoren einstellen:

$$LG(j\omega_R) = 3\,\text{dB} = \sqrt{2} \;\Rightarrow\; S \approx \frac{2\sqrt{2}\,\beta}{R_P\left(\beta - \sqrt{2}\right)} \overset{\beta\gg1}{\approx} \frac{2\sqrt{2}}{R_P}$$

$$\Rightarrow\; I_{C,A} \approx \frac{2\sqrt{2}\,U_T}{R_P} \overset{U_T=26\,\text{mV}}{\approx} \frac{74\,\text{mV}}{R_P}$$

Für den Parallelschwingkreis mit $R_P = 5\,\text{k}\Omega$, den wir bisher in den Beispielen verwendet haben, erhält man $I_{C,A} \approx 15\,\mu\text{A}$.

Da die Grenzfrequenzen von Bipolartransistoren bei kleinen Strömen gering sind und deshalb bereits bei relativ niedrigen Frequenzen eine große Phasennacheilung auftritt, die man aufgrund der fehlenden Möglichkeit zur Phasenkorrektur auch nicht kompensieren kann, kann man die direkte Kreuzkopplung mit Bipolartransistoren in der Praxis nur in

Ausnahmefällen verwenden. Prinzipiell könnte man die Steilheit durch eine Stromgegenkopplung mit Emitter-Gegenkopplungswiderständen R_E reduzieren, die dann zusammen mit einer Korrekturkapazität auch eine korrekte Einstellung der Schleifenphase ermöglicht; dabei wird jedoch ein großer Gegenkopplungsfaktor SR_E benötigt, der eine starke Zunahme des Rauschens verursacht, siehe Abschnitt 4.2.4.8.2 auf Seite 492. Der im Abschnitt 26.1.5.5 beschriebene Colpitts-Oszillator mit Differenzverstärker und kapazitiven Spannungsteilern ist in jedem Fall die bessere Lösung.

Wesentlich günstiger sind die Verhältnisse bei den Ausführungen mit MOS-Transistoren. Mit den Ersetzungen $r_{BE} \rightarrow \infty$ und $r_{CE} \rightarrow r_{DS}$ können wir die Ergebnisse für Bipolartransistoren unmittelbar verwenden und erhalten:

$$LG(j\omega_R) = \frac{SR_P r_{DS}}{R_P + 2r_{DS}} \stackrel{!}{=} \sqrt{2} \;\Rightarrow\; S = \sqrt{2}\left(\frac{2}{R_P} + \frac{1}{r_{DS}}\right)$$

Aus den Gleichungen

$$S \stackrel{(3.11)}{=} \sqrt{2KI_{D,A}} \;,\; r_{DS} \stackrel{(3.12)}{=} \frac{U_A}{I_{D,A}}$$

eines Mosfets und der relativen Schleifengüte

$$\frac{Q_{LG}}{Q} = \frac{R_P \,||\, 2r_{DS}}{R_P} = \frac{2r_{DS}}{R_P + 2r_{DS}}$$

folgt zwar, dass die Schleifengüte für $r_{DS} \rightarrow \infty$ bzw. $I_{D,A} \rightarrow 0$ maximal wird und dabei die Größe der Transistoren gegen Unendlich geht ($K \rightarrow \infty$), damit die benötigte Steilheit erzielt werden kann, dieses Maximum ist aber so breit, dass man den Arbeitspunktstrom $I_{D,A}$ ohne nennenswerten Verlust an Schleifengüte in einem weiten Bereich wählen kann. Gibt man die relative Schleifengüte Q_{LG}/Q vor, folgt für $I_{D,A}$, die Steilheit S und den Steilheitskoeffizienten K:

$$I_{D,A} = \frac{2U_A}{R_P}\left(\frac{Q}{Q_{LG}} - 1\right) \tag{26.15}$$

$$S = \frac{2\sqrt{2}}{R_P}\frac{Q}{Q_{LG}} \tag{26.16}$$

$$K = \frac{S^2}{2I_{D,A}} = \frac{2}{U_A R_P}\frac{\left(\dfrac{Q}{Q_{LG}}\right)^2}{\dfrac{Q}{Q_{LG}} - 1} \tag{26.17}$$

Beispiel: Für $Q_{LG}/Q = 0{,}95$ und $R_P = 5\,\mathrm{k\Omega}$ erhält man selbst bei einer sehr geringen Early-Spannung von $U_A = 3\,\mathrm{V}$ noch einen Arbeitspunktstrom von $I_{D,A} = 63\,\mu\mathrm{A}$. Der Steilheitskoeffizient beträgt in diesem Fall $K = 2{,}8\,\mathrm{mA/V}^2$. Bei einem relativen Steilheitskoeffizienten von $K_p' \approx 40\,\mu\mathrm{A/V}^2$ für die p-Kanal-Mosfets in einem typischen CMOS-Prozess wird dazu ein Transistor mit $W/L = 70$ benötigt, z.B. $L = 0{,}5\,\mu\mathrm{m}$ und $W = 35\,\mu\mathrm{m}$. Das Beispiel zeigt, dass man trotz der Forderung nach einer sehr hohen relativen Schleifengüte von 95 % der Schwingkreisgüte einen praktikablen Drainstrom und Mosfets mit sinnvollen Abmessungen erhält.

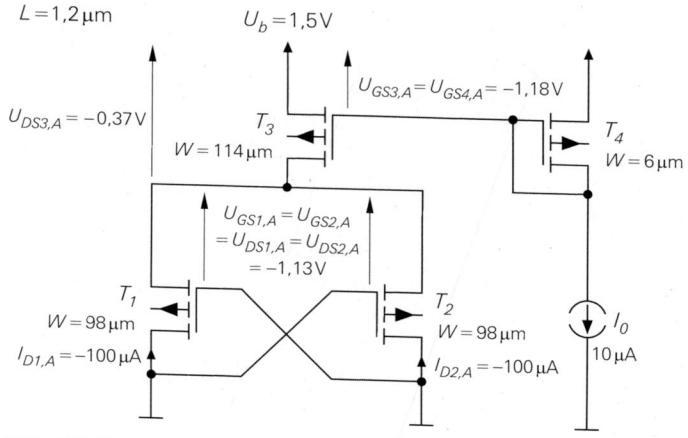

Abb. 26.48. Arbeitspunkt des Gegentaktoszillators

26.1.5.8.3 Dimensionierung

Wir dimensionieren den Gegentaktoszillator mit p-Kanal-Mosfets und unabhängigen Induktivitäten aus Abb. 26.46b für $f_R = 100\,\text{MHz}$ und verwenden Mosfets des Typs PMOS2 mit einer Kanallänge $L = 1{,}2\,\mu\text{m}$. Bei dieser Kanallänge beträgt die Early-Spannung[4] $U_A \approx 10\,\text{V}$. Der Parallelwiderstand des Schwingkreises beträgt wieder $R_P = 5\,\text{k}\Omega$. Wir geben $I_{D,A} = 100\,\mu\text{A}$ vor und berechnen daraus mit (26.15) den Kehrwert der relativen Schleifengüte:

$$I_{D,A} = \frac{2U_A}{R_P}\left(\frac{Q}{Q_{LG}} - 1\right) \quad \Rightarrow \quad \frac{Q}{Q_{LG}} = 1 + \frac{I_{D,A}R_P}{2U_A} = 1{,}025$$

Wir erreichen damit praktisch die volle Güte. Für die Steilheit und den Steilheitskoeffizienten erhalten wir aus (26.16) und (26.17) die Werte $S = 0{,}58\,\text{mS}$ und $K = 1{,}68\,\text{mA/V}^2$. Da der relative Steilheitskoeffizient K'_p aufgrund der geringen Kanallänge nicht direkt angegeben werden kann, ermitteln wir die erforderliche Kanalweite W mit Hilfe einer Schaltungssimulation; dabei variieren wir W, bis wir die erforderliche Steilheit erhalten [4].

Bei Oszillatoren mit Mosfets müssen wir die Arbeitspunktspannungen und die daraus resultierenden Grenzen zwischen dem Abschnürbereich und dem ohmschen Bereich für jeden Mosfet bestimmen, um die Verhältnisse im eingeschwungenen Zustand beurteilen zu können. Abbildung 26.48 zeigt die Schaltung ohne den Schwingkreis. Aufgrund des Substrateffekts hängen die Schwellenspannungen der Mosfets von der jeweiligen Bulk-Source-Spannung ab. Da das Substrat bei p-Kanal-Mosfets mit der positiven Versorgungsspannung verbunden ist, werden die Mosfets T_3, T_4 des Stromspiegels mit $U_{BS} = 0\,\text{V}$ und die Mosfets T_1, T_2 mit $U_{BS} = -U_{DS3,A} = 0{,}37\,\text{V}$ betrieben. Die zugehörigen Schwellenspannungen [4] sind $U_{th1} = U_{th2} = -0{,}86\,\text{V}$ und $U_{th3} = U_{th4} = -0{,}77\,\text{V}$. Für die Abschnürspannung von T_3 folgt $U_{DS3,ab} = U_{GS3,A} - U_{th3} = -0{,}41\,\text{V}$; T_3 arbeitet demnach bei $U_{DS3,A} = -0{,}37\,\text{V}$ bereits leicht im ohmschen Bereich. T_1 und T_2 arbeiten im Arbeitspunkt mit $U_{DS1,ab} = U_{DS2,ab} = U_{GS1,A} - U_{th1} = -0{,}27\,\text{V}$ und $U_{DS1,A} = U_{DS2,A} = -1{,}13\,\text{V}$ im Abschnürbereich. Aus der Kreuzkopplung und der

---

[4] Wir verwenden dabei die Ergebnisse der Arbeitspunktanalyse, die bei *PSpice* in der Datei mit der Endung *OUT* im Abschnitt *operating point information* abgelegt werden. Für die Early-Spannung gilt: $U_A = |ID| / GDS$. GM ist die Steilheit, VTH die Schwellenspannung.

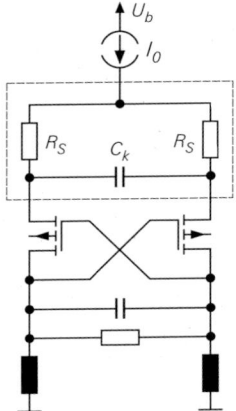

Abb. 26.49.
Phasenkorrektur bei einem Gegentaktoszillator
mit direkter Kopplung

Symmetrie folgt, dass sich die Spannungen $U_{GS1} = U_{DS2}$ und $U_{GS2} = U_{DS1}$ gegenläufig ändern. Bei einer Aussteuerung ΔU wird demnach für

$$U_{DS1,ab} = U_{GS1,A} - \Delta U - U_{th1} \overset{!}{=} U_{DS1,A} + \Delta U$$

$$\Rightarrow \quad \Delta U = \frac{1}{2}\left(U_{GS1,A} - U_{th1} - U_{DS1,A}\right) \overset{U_{GS1,A} = U_{DS1,A}}{=} -\frac{U_{th1}}{2} = 0{,}43\,\text{V}$$

die Grenze zum ohmschen Bereich erreicht. Andererseits sperrt der Mosfet bei einer Aussteuerung mit:

$$U_{GS1,A} + \Delta U > U_{th1} \quad \Rightarrow \quad \Delta U > U_{th1} - U_{GS1,A} = 0{,}27\,\text{V}$$

Wir können deshalb davon ausgehen, dass die Amplitude des Oszillators begrenzt wird, bevor der ohmsche Bereich erreicht wird; dadurch bleibt die Schleifengüte erhalten. Die allgemeine, für n- und p-Kanal-Mosfets gültige Bedingung für eine Begrenzung durch den Sperrbereich lautet:

$$\boxed{|U_{GS} - U_{th}| < \left|\frac{U_{th}}{2}\right|} \qquad (26.18)$$

Zur Dimensionierung stehen uns hier nur zwei freie Parameter zur Verfügung: die Schwingkreiskapazität C und die Kanalweite W der Mosfets T_1 und T_2. Damit können wir im allgemeinen keine korrekte Einstellung der Schleifenverstärkung nach Frequenz, Betrag und Phase vornehmen. Mosfets haben jedoch in der Regel eine deutlich geringere Phasennacheilung als Bipolartransistoren, so dass man häufig auch ohne Phasenkorrektur einen akzeptablen Verlauf der Schleifenverstärkung erhält. Bei größeren Phasennacheilungen kann man die in Abb. 26.49 gezeigte Phasenkorrektur mit Sourcewiderständen R_S und einer Korrekturkapazität C_k verwenden.

Abbildung 26.50 zeigt die dimensionierte Schaltung. Auf eine Phasenkorrektur können wir verzichten, da die Mosfets praktisch keine Phasennacheilung verursachen. Die Schleifengüte beträgt $Q_{LG} = 77$ und liegt nur minimal unter der Güte $Q = 80$ des Schwingkreises. Damit ist die Schleifengüte zwar deutlich höher als bei dem im Abschnitt 26.1.5.5 dimensionierten Colpitts-Oszillator mit Differenzverstärker und Bipolartransistoren, der

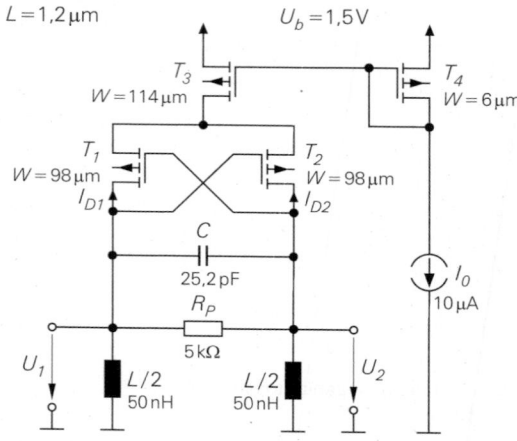

Abb. 26.50.
Dimensionierter Gegentaktoszillator
für $f_R = 100\,\text{MHz}$

nur $Q_{LG} = 46$ erreicht, aufgrund des wesentlich geringeren 1/f-Rauschens der Bipolartransistoren liefert der Colpitts-Oszillator aber dennoch ein rauschärmeres Signal. Wir gehen im Abschnitt 26.6 noch näher auf das Rauschen ein.

26.1.5.8.4 Signale

Abbildung 26.51 zeigt die Signale des Gegentaktoszillators aus Abb. 26.50. Die Amplitude der Spannungen U_1 und U_2 beträgt 0,31 V und liegt damit nur wenig über der Aussteuerung $\Delta U = 0,27$ V, die wir als Grenze zum Sperrbereich ermittelt haben; der ohmsche Bereich mit $\Delta U = 0,43$ V wird nicht erreicht.

26.1.5.9 Weitere Oszillatoren

26.1.5.9.1 Seiler-Oszillator

Wir haben bei den Colpitts-Oszillatoren einen Teil der Schwingkreiskapazität C als direkte Parallelkapazität C_1 zur Schwingkreisinduktivität L belassen und einen Teil zur Realisie-

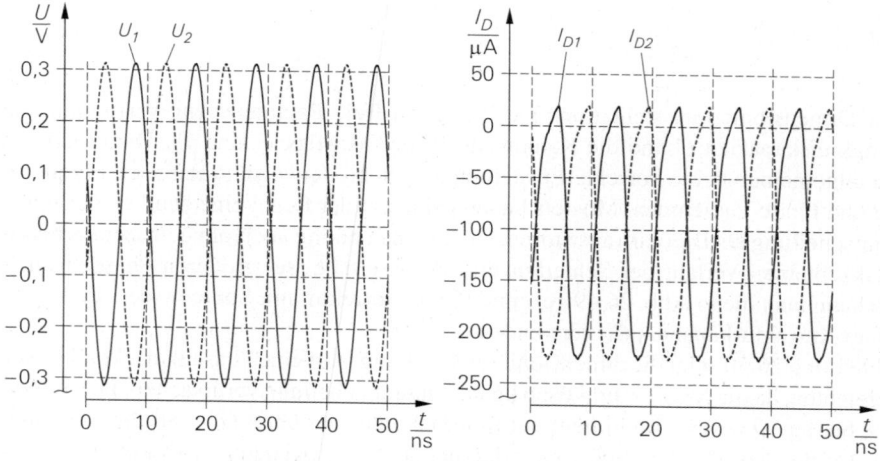

Abb. 26.51. Signale des Gegentaktoszillators aus Abb. 26.50

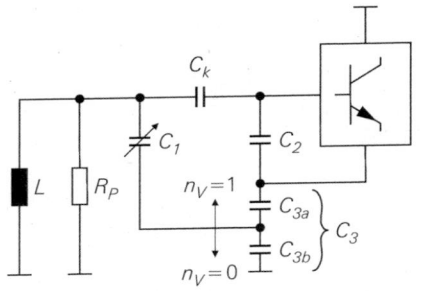 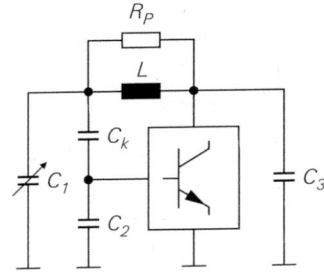

a in Kollektorschaltung mit variablem Faktor n_V **b** in Emitterschaltung mit $n_V = 1$

Abb. 26.52. Kleinsignalersatzschaltbild eines Vackar-Oszillators mit Frequenzabstimmung

rung des kapazitiven Spannungsteilers C_2, C_3 verwendet; dadurch haben wir den dritten Freiheitsgrad zur korrekten Einstellung der Schleifenverstärkung gewonnen. Oszillatoren mit dieser Aufteilung werden auch als *Seiler-Oszillatoren* bezeichnet. Wir haben diese Bezeichnung nicht verwendet, da man die Dreieck-Schaltung C_1, C_2, C_3 in eine äquivalente Sternschaltung umwandeln kann und dadurch einen Colpitts-Oszillator mit Serienkapazität am Eingang des Verstärkers erhält, siehe Abb. 26.24 auf Seite 1526 und das dimensionierte Beispiel in Abb. 26.27 auf Seite 1529.

26.1.5.9.2 Vackar-Oszillator

Der Colpitts-Oszillator mit aufgeteilter Schwingkreiskapazität bietet bereits die Möglichkeit, die Frequenz durch eine Abstimmung von C_1 in einem gewissen Bereich zu ändern, ohne dass sich die Schleifenverstärkung stark ändert; den dabei erzielbaren Abstimmbereich muss man im Einzelfall ermitteln. Zur Erzielung eines größeren Abstimmbereiches wird aber ein vierter Freiheitsgrad benötigt, um die Schleifenverstärkung über den ganzen Bereich hinweg möglichst korrekt einstellen zu können. Diese Möglichkeit bietet der in Abb. 26.52a gezeigte *Vackar-Oszillator*, bei dem die Kapazität C_1 nicht mit Masse – wie in Abb. 26.29c auf Seite 1531 –, sondern mit einem *Abgriff* der Kapazität C_3 verbunden ist; dazu muss C_3 in zwei Teilkapazitäten

$$C_{3a} = \frac{C_3}{1 - n_V} \quad , \quad C_{3b} = \frac{C_3}{n_V}$$

aufgeteilt werden. Den Faktor n_V mit $0 \leq n_V \leq 1$ nennen wir *Vackar-Faktor*. Für $n_V = 0$ erhält man den Colpitts-Oszillator. Für $n_V = 1$ erhält man eine einseitig mit Masse verbundene Abstimmkapazität, wenn man den Oszillator in Emitterschaltung ausführt, siehe Abb.26.52b. Die Dimensionierung ist aufwendig und erfolgt in der Praxis numerisch. Die positiven Eigenschaften des Vackar-Oszillators zeigen sich auch nur, wenn der Transistor und die Arbeitspunkteinstellung innerhalb des Abstimmbereichs weitgehend frequenzunabhängig sind.

26.1.5.9.3 Oszillatoren mit Übertragern

Abbildung 26.53 zeigt zwei Oszillatoren, bei denen die Mitkopplung mit einem Übertrager hergestellt wird. Beim *Meißner-Oszillator* ist der Schwingkreis auf der Primär-, beim *Armstrong-Oszillator* auf der Sekundärseite des Übertragers angeordnet. Die Schleifenverstärkung wird mit dem Übersetzungsverhältnis des Übertragers, der Schwingkreiskapazität

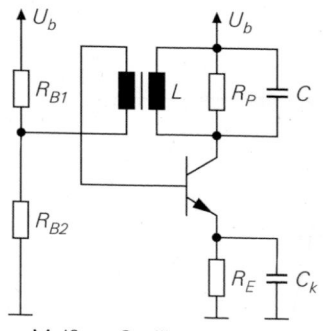

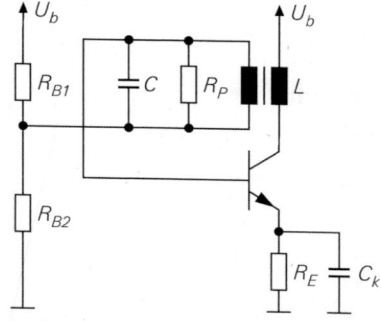

a Meißner-Oszillator   b Armstrong-Oszillator

Abb. 26.53. Oszillatoren mit Übertragern

C und der Phasenkorrekturkapazität C_k eingestellt. Diese Oszillatoren werden heute nicht mehr verwendet.

26.2 Oszillatoren mit Leitungen

Bei Frequenzen im GHz-Bereich werden die Induktivitäten und Kapazitäten von LC-Resonanzkreisen so klein, dass ein Aufbau mit diskreten Bauelementen nicht mehr möglich ist. Man muss dann Resonanzkreise mit Leitungen verwenden. In den meisten Fällen wird eine einseitig kurzgeschlossene Leitung der Länge $l < \lambda/4$ eingesetzt, die zusammen mit einer externen Kapazität einen Parallelschwingkreis bildet. Als Leitung kann man eine gewöhnliche Koaxialleitung, eine Streifenleitung oder einen keramischen Koaxialresonator verwenden.

Abbildung 26.54 zeigt das Prinzip und zwei typische Ausführungen von Oszillatoren mit Leitungen. In der Praxis werden fast ausschließlich Colpitts-Oszillatoren in Basis- oder Kollektorschaltung verwendet; dabei werden die Elemente L, C_1, R_P des Resonanzkreises durch die Leitung gebildet, während der kapazitive Spannungsteiler C_2, C_3 erhalten bleibt, wie ein Vergleich von Abb. 26.54b mit Abb. 26.33a auf Seite 1536 und Abb. 26.54c mit Abb. 26.27a auf Seite 1529 zeigt.

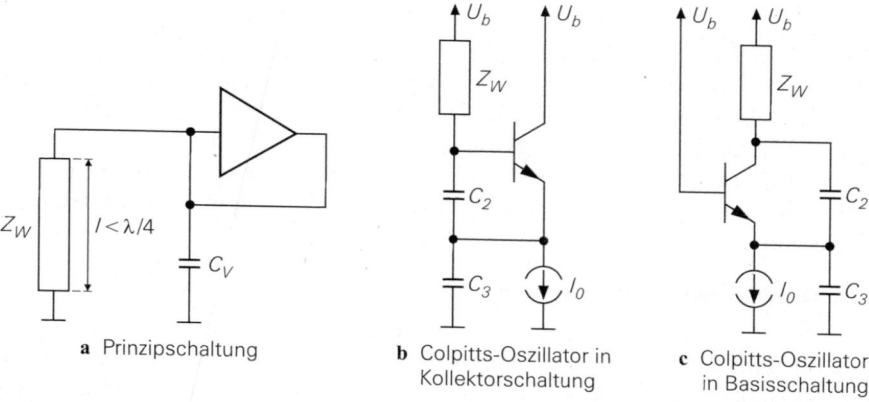

a Prinzipschaltung   b Colpitts-Oszillator in   c Colpitts-Oszillator
                                Kollektorschaltung   in Basisschaltung

Abb. 26.54. Oszillatoren mit Leitungen

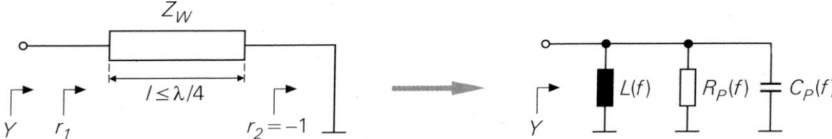

Abb. 26.55. Ersatzschaltbild für eine einseitig kurzgeschlossene Leitung mit $l \leq \lambda/4$ bei der Frequenz $f = v/\lambda$ (λ =Wellenlänge, v =Ausbreitungsgeschwindigkeit der Leitung)

26.2.1 Leitungsresonatoren

26.2.1.1 Ersatzschaltbild

Abbildung 26.55 zeigt das Ersatzschaltbild einer einseitig kurzgeschlossenen Leitung mit $l \leq \lambda/4$. Die Elemente des Ersatzschaltbilds hängen von der Frequenz ab. Die Leitung verhält sich demnach nur in der unmittelbaren Umgebung der Frequenz $f = v/\lambda$ wie ein Parallelschwingkreis mit den angegebenen Werten; für andere Frequenzen erhält man andere Werte.

26.2.1.2 Betriebsbedingungen

Bei der *Leerlauf-Resonanzfrequenz* (*self-resonant frequency*, *SRF*) f_0 entspricht die Länge l der Leitung einem Viertel der Wellenlänge:

$$ f = f_0 \quad \Rightarrow \quad \boxed{l = \frac{\lambda}{4} = \frac{v}{4f_0} = \frac{c}{4f_0\sqrt{\epsilon_r}} \quad \text{mit } c = 3 \cdot 10^8 \,\text{m/s}} \qquad (26.19) $$

Die Leerlauf-Resonanzfrequenz ist die niedrigste Frequenz, bei der eine Parallelresonanz der Leitung auftritt. Weitere Parallelresonanzen treten bei allen ungeradzahligen Vielfachen von f_0 auf; deshalb muss man sicherstellen, dass die Schleifenverstärkung eines Oszillators oberhalb der gewünschten Resonanzfrequenz abnimmt, damit der Oszillator nicht auf einer dieser Vielfachen schwingt. In einer Schaltungssimulation kann man dies nur prüfen, wenn man für die Leitung ein richtiges Leitungsmodell und nicht das Ersatzschaltbild aus Abb. 26.55 verwendet. Wir verwenden das Ersatzschaltbild deshalb nur zur Dimensionierung von Oszillatoren und setzen in der Schaltungssimulation ein Leitungsmodell ein.

Durch die zusätzliche Kapazität C_V des Verstärkers wird die Resonanzfrequenz zu niedrigeren Frequenzen verschoben; deshalb gilt für die Resonanzfrequenz des Oszillators:

$$ f_R < f_0 $$

Da die Elemente des Ersatzschaltbilds frequenzabhängig sind und für $f = f_R$ berechnet werden müssen, kann man die Abhängigkeit der Resonanzfrequenz von C_V nicht direkt angeben; vielmehr muss man $f_R < f_0$ vorgeben, die Elemente $L(f_R)$ und $C_P(f_R)$ berechnen und damit die zugehörige Kapazität $C_V(f_R)$ ermitteln:

$$ \omega_R^2 L(f_R)\left[C_P(f_R) + C_V\right] \stackrel{!}{=} 1 \quad \Rightarrow \quad C_V(f_R) = \frac{1}{\omega_R^2 L(f_R)} - C_P(f_R) \qquad (26.20) $$

26.2.1.3 Berechnung der Elemente

Wir gehen vom Reflexionsfaktor $r_2 = -1$ am kurzgeschlossenen Ende der Leitung aus und berechnen den zugehörigen Reflexionsfaktor r_1 am Eingang der Leitung:

$$r_1 \overset{(21.41)}{=} r_2\,e^{-2\alpha_L l}\,e^{-2j\beta_L l} \overset{r_2=-1}{=} -e^{-2\alpha_L l}\,e^{-2j\beta_L l}$$

Dabei ist α_L die Dämpfungskonstante der Leitung bei der Frequenz f_R,

$$\beta_L \;=\; \frac{2\pi}{\lambda} \;=\; \frac{2\pi f_R}{v}$$

die Ausbreitungskonstante und v die Ausbreitungsgeschwindigkeit der Wellen auf der Leitung. Daraus folgt unter Verwendung von (26.19):

$$r_1 \;=\; -e^{-2\alpha_L l}\,e^{-j\pi f_R/f_0} \;=\; -e^{-2\alpha_L l}\Big[\cos(\pi f_R/f_0) - j\sin(\pi f_R/f_0)\Big]$$

Für die Admittanz Y am Eingang erhält man:

$$Y \;=\; \frac{1}{Z_W}\,\frac{1-r_1}{1+r_1} \;=\; \frac{1}{Z_W}\,\frac{1-e^{-4\alpha_L l} - j2e^{-2\alpha_L l}\sin(\pi f_R/f_0)}{1+e^{-4\alpha_L l} - 2e^{-2\alpha_L l}\cos(\pi f_R/f_0)}$$

Durch Gleichsetzen mit der Admittanz

$$Y \;=\; \frac{1}{R_P} + j2\pi f_R C_P - \frac{1}{j2\pi f_R L}$$

eines Parallelschwingkreises und Annahme einer geringen Dämpfung mit $\alpha_L l \ll 1$ erhält man nach einer umfangreichen Rechnung:

$$L(f_R) \;=\; \frac{Z_W}{\pi f_R}\,\frac{1-\cos(\pi f_R/f_0)}{\pi f_R/f_0 + \sin(\pi f_R/f_0)} \tag{26.21}$$

$$C_P(f_R) \;=\; \frac{1}{4\pi f_R Z_W}\,\frac{\pi f_R/f_0 - \sin(\pi f_R/f_0)}{1-\cos(\pi f_R/f_0)} \tag{26.22}$$

$$R_P(f_R) \;=\; \frac{Z_W}{2\,\alpha_L(f_R)\,l}\Big[1-\cos(\pi f_R/f_0)\Big] \tag{26.23}$$

Wir schreiben hier ausdrücklich $\alpha_L(f_R)$, da α_L gemäß (21.16) und (21.17) auf Seite 1151 von der Frequenz abhängt. Bei der Leerlauf-Resonanzfrequenz f_0 gilt:

$$L(f_0) \;=\; \frac{2Z_W}{\pi^2 f_0} \quad,\quad C_P(f_0) \;=\; \frac{1}{8 f_0 Z_W} \quad,\quad R_P(f_0) \;=\; \frac{Z_W}{\alpha_L(f_0)\,l} \tag{26.24}$$

Für die zur Resonanzabstimmung erforderliche Kapazität C_V folgt aus (26.20):

$$C_V(f_R) \;=\; \frac{1}{2\pi f_R Z_W}\,\frac{\sin(\pi f_R/f_0)}{1-\cos(\pi f_R/f_0)} \tag{26.25}$$

Für $f_R = f_0$ gilt erwartungsgemäß $C_V(f_0) = 0$.

Wenn die Verluste der Kapazität C_V vernachlässigbar klein sind, beträgt die Güte:

$$Q(f_R) \;=\; \frac{R_p(f_R)}{2\pi f_R L(f_R)} \;=\; \frac{\pi f_R/f_0 + \sin(\pi f_R/f_0)}{4\,\alpha_L(f_R)\,l} \tag{26.26}$$

Für $f_R = f_0$ erhält man die *Leerlaufgüte* $Q(f_0)$, die auch mit dem Formelzeichen Q_0 bezeichnet wird:

$$Q(f_0) \;=\; \frac{\pi}{4\,\alpha_L(f_0)\,l} \tag{26.27}$$

Bei Koaxialleitungen dominieren in der Regel die ohmschen Verluste; dann gilt

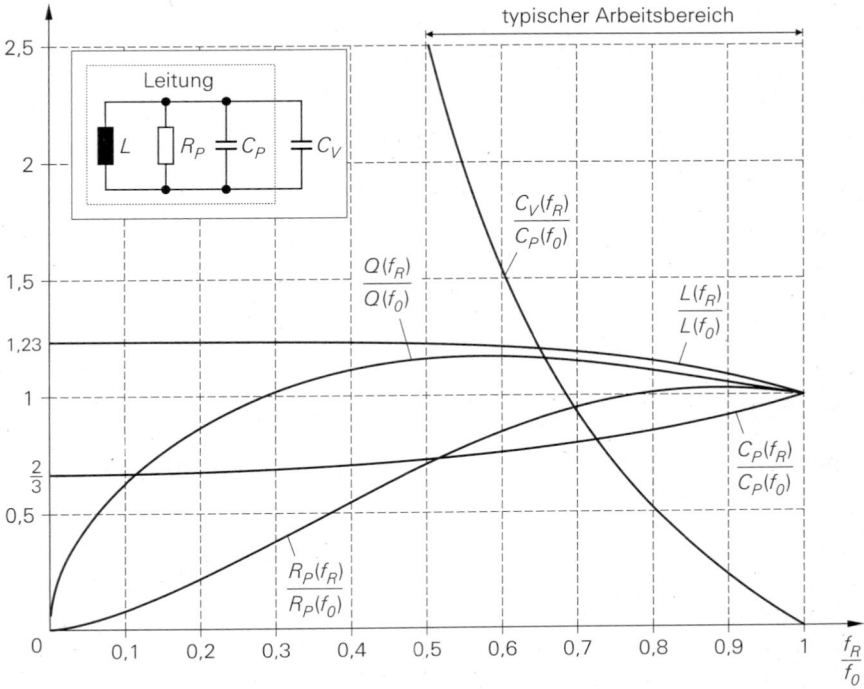

Abb. 26.56. Normierte Parameter eines Leitungsresonators

$$\alpha_L \sim \sqrt{f} \quad \Rightarrow \quad \frac{\alpha_L(f_R)}{\alpha_L(f_0)} = \sqrt{f_R/f_0}$$

$$Q(f_0) \sim \frac{1}{\alpha_L(f_0) \cdot l} \sim \frac{1}{\sqrt{f_0} \cdot 1/f_0} = \sqrt{f_0}$$

Die Leerlaufgüte nimmt demnach mit der Wurzel aus der Frequenz zu, bis sich die dielektrischen Verluste bemerkbar machen und die Güte begrenzen.

In Abb. 26.56 haben wir die normierten Parameter eines Leitungsresonators für den Fall $\alpha_L \sim \sqrt{f}$ dargestellt; dazu haben wir die Parameter auf ihren Wert bei der Leerlauf-Resonanzfrequenz f_0 normiert. Die Kapazität C_V haben wir auf $C_P(f_0)$ normiert. Ausgehend von $f_R/f_0 = 1$ nimmt die Induktivität L mit abnehmender Resonanzfrequenz zu; die Kapazität C_P und der Verlustwiderstand R_P nehmen ab. Der typische Arbeitsbereich ist $f_R/f_0 > 0{,}5$. Die Güte bleibt im Arbeitsbereich etwa konstant. Das schwach ausgeprägte Maximum der Güte im Bereich von $f_R/f_0 \approx 0{,}6$ ist für die Praxis unbedeutend, da die Verluste der Kapazität C_V noch nicht berücksichtigt sind.

26.2.1.4 Praktische Leitungsresonatoren

26.2.1.4.1 Festmantel-Koaxialleitungen

Diese Koaxialleitungen (*semi-rigid coaxial cable*) haben einen festen, für einmalige Biegung geeigneten Kupfermantel und werden normalerweise als fest installierte HF-Übertragungsleitungen verwendet. Durch den Kupfermantel und die Verwendung spezieller Dielektrika (*low density PTFE*, $\epsilon_r \approx 1{,}7$) wird selbst bei kleiner Bauform eine niedrige

Dämpfung erzielt. Typische Vertreter sind die in Abb. 21.6 auf Seite 1152 genannten Typen UT-141C-LL und UT-070-LL mit einem Dämpfungsbelag:

$$a' = 0{,}01\ldots 0{,}02\,\mathrm{dB/m} \cdot \sqrt{f/\mathrm{MHz}} = 0{,}32\ldots 0{,}63\,\mathrm{dB/m} \cdot \sqrt{f/\mathrm{GHz}}$$

Mit der Ausbreitungsgeschwindigkeit $v = c/\sqrt{\epsilon_r} \approx 2{,}3 \cdot 10^8$ m/s folgt für die Länge l, den Dämpfungsfaktor $\alpha_L l$ und die Güte Q:

$$l = \frac{v}{4 f_0} = \frac{57{,}5\,\mathrm{mm}}{f/\mathrm{GHz}}$$

$$\alpha_L(f_0)\cdot l = 0{,}115\,\mathrm{m}^{-1} \cdot \frac{a'}{\mathrm{dB/m}} \cdot l = \frac{(2{,}1\ldots 4{,}2)\cdot 10^{-3}}{\sqrt{f/\mathrm{GHz}}}$$

$$Q(f_0) = \frac{\pi}{4\,\alpha_L(f_0)\,l} = (190\ldots 380)\cdot \sqrt{f/\mathrm{GHz}}$$

Die Güte nimmt mit der Wurzel aus der Frequenz zu und erreicht bei 10 GHz Werte über 1000.

Beispiel: Wir dimensionieren einen Leitungsresonator mit einer 50 Ω-Koaxialleitung des Typs UT-141C-LL für $f_R = 2$ GHz. Aus Abb. 21.6 auf Seite 1152 entnehmen wir die Parameter $\epsilon_r = 1{,}68$, $k_1 = 0{,}01$ und $k_2 = 8 \cdot 10^{-6}$. Aus (21.17) erhalten wir mit $f_R = 2000$ MHz den Dämpfungsbelag $a' \approx 0{,}46\,\mathrm{dB/m}$ und aus (21.16) die Dämpfungskonstante $\alpha_L \approx 0{,}053\,\mathrm{m}^{-1}$. Um eine ausreichend große Kapazität C_V für den Verstärker zu erhalten, wählen wir $f_R/f_0 = 0{,}8$; damit folgt aus (26.21), (26.22) und (26.25) $L = 4{,}6\,\mathrm{nH}$, $C_P = 0{,}85\,\mathrm{pF}$ und $C_V = 0{,}52\,\mathrm{pF}$. Die Länge erhalten wir mit $f_0 = f_R/0{,}8 = 2{,}5$ GHz und $\epsilon_r = 1{,}68$ aus (26.19): $l \approx 23$ mm. Damit folgt aus (26.23) und (26.26) $R_P \approx 37\,\mathrm{k}\Omega$ und $Q \approx 630$.

Induktivitäten mit $L \approx 5\,\mathrm{nH}$ sind zwar noch als diskrete Bauelemente erhältlich, erreichen aber bei $f_R = 2$ GHz nur eine Güte $Q_L \approx 200$, siehe Abb. 23.4 auf Seite 1287. Da die Güte in beiden Fällen proportional zur Wurzel aus der Frequenz ist, erzielt man mit Koaxialleitungen auch bei niedrigen Frequenzen höhere Güten als mit einem LC-Schwingkreis. Dem Einsatz von Leitungsresonatoren steht demnach in der Praxis nur die mit abnehmender Frequenz zunehmende Länge der Leitung entgegen.

Der hochohmige Verlustwiderstand R_P ist ungünstig, da der effektive Verlustwiderstand R_{PV} des Verstärkers in diesem Fall ebenfalls hochohmig sein muss, damit die Güte erhalten bleibt. Die Bedingung $R_{PV} > R_P$, die für eine relative Schleifengüte $Q_{LG}/Q > 0{,}5$ erforderlich ist, kann in der Praxis oft nicht eingehalten werden.

26.2.1.4.2 Keramische Koaxialresonatoren

Das obige Beispiel zur Dimensionierung eines Leitungsresonators mit einer Koaxialleitung offenbart zwei Nachteile:

- Bei Frequenzen unter 2 GHz werden die Leitungen für den kompakten Aufbau eines Oszillators zu lang.
- Der Parallelwiderstand R_P ist zu hoch; dadurch wird die Güte durch den effektiven Verlustwiderstand R_{PV} des Verstärkers in der Praxis oft erheblich reduziert.

Beide Nachteile kann man umgehen, indem man die prinzipielle Bauform einer Koaxialleitung beibehält, aber ein Dielektrikum mit einer höheren relativen Dielektrizitätskonstante ϵ_r verwendet; es gilt:

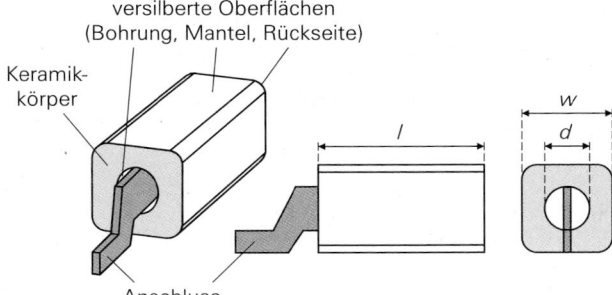

versilberte Oberflächen
(Bohrung, Mantel, Rückseite)

Keramik-
körper

l

w
d

Anschluss

Abb. 26.57.
Aufbau eines keramischen
Koaxialresonators

$$l \sim \frac{1}{\sqrt{\epsilon_r}} \ , \ \ Z_W \sim \frac{1}{\sqrt{\epsilon_r}} \ , \ \ \alpha_L \sim \sqrt{\epsilon_r} \ \Rightarrow \ R_P \sim \frac{1}{\sqrt{\epsilon_r}} \ , \ \ Q \sim \text{const.}$$

Man verwendet einen zylindrischen Keramikkörper mit zentraler Bohrung, der mit Ausnahme der Stirnseite versilbert wird, siehe Abb. 26.57. Die Bohrung, die den Innenleiter bildet, wird auf der Stirnseite mit einem Anschlussbein kontaktiert; die Außenseite wird flächig mit der Trägerplatine verlötet. Als Dielektrikum werden Calzium-Magnesium-Titanat (CaMgTi, $\epsilon_r \approx 20$), Barium-Niobate (Ba[...]Nb, $\epsilon_r \approx 35 \dots 45$) und Barium-Titanate (Ba[...]Ti, $\epsilon_r \approx 75 \dots 90$) verwendet.

Die elektromagnetischen Wellen breiten sich im Dielektrikum aus. Für den Wellenwiderstand gilt:

$$Z_W \approx \frac{60\,\Omega}{\sqrt{\epsilon_r}} \ \ln\left(1{,}08 \cdot \frac{w}{d}\right) \ \approx \ 6 \dots 25\,\Omega$$

Die Leerlaufgüte $Q(f_0)$ bzw. Q_0 entnimmt man dem Datenblatt. Bei niedrigen Frequenzen dominieren die ohmschen Verluste und die Leerlaufgüte nimmt mit $Q(f_0) \sim \sqrt{f_0}$ zu. Mit zunehmender Frequenz werden die dielektrischen Verluste dominant und die Leerlaufgüte geht gegen einen Grenzwert Q_{max}, der je nach Baugröße und Dielektrikum im Bereich $Q_{max} \approx 200 \dots 1000$ liegt. Tabelle 26.58 zeigt typische Werte.

Die Elemente L und C_P des Ersatzschaltbilds werden mit (26.21) und (26.22) auf Seite 1554 aus dem Wellenwiderstand Z_W, der Leerlauf-Resonanzfrequenz f_0 des Resonators und der Resonanzfrequenz f_R berechnet. Zur Berechnung des Verlustwiderstands R_P mit (26.23) wird die Dämpfungskonstante $\alpha_L(f_R)$ benötigt, die man im allgemeinen nicht kennt. Wenn die Resonanzfrequenz relativ nahe bei der Leerlauf-Resonanzfrequenz liegt, kann man ersatzweise den Verlustwiderstand bei der Leerlauf-Resonanzfrequenz verwenden:

$$\frac{f_R}{f_0} > 0{,}7 \ \Rightarrow \ R_P(f_R) \approx R_P(f_0) \overset{(26.24)}{=} \frac{Z_W}{\alpha_L(f_0)\,l} \overset{(26.27)}{=} \frac{4 Z_W Q(f_0)}{\pi} \quad (26.28)$$

Beispiel: Wir beziehen uns auf das obige Beispiel zur Dimensionierung eines Leitungsresonators für $f_R = 2\,\text{GHz}$, verwenden nun aber anstelle einer Koaxialleitung einen keramischen Koaxialresonator der Bauform LP aus Abb. 26.58 mit $\epsilon_r = 20$, $Z_W = 20\,\Omega$, $f_0 = 2{,}5\,\text{GHz}$ und $Q(f_0) \approx 480$. Aus (26.21), (26.22), (26.25) und (26.28) erhalten wir $L = 1{,}8\,\text{nH}$, $C_P = 2{,}1\,\text{pF}$, $C_V = 1{,}3\,\text{pF}$ und $R_P \approx 12\,\text{k}\Omega$. Wenn wir annehmen, das der Verstärker einen effektiven Verlustwiderstand $R_{PV} = 20\,\text{k}\Omega$ besitzt, folgt für die Schleifengüte:

Bauform	w [mm]	d [mm]	ϵ_r	Z_W [Ω]	Leerlaufgüte $Q(f_0)$				
					500 MHz	750 MHz	1 GHz	2 GHz	3 GHz
HP	12	3,3	20	18			920		
			39	13		800			
			90	8,6	600				
SP	6	2,4	20	13			500	620	
			39	9,5		420	480		
			90	6,3	300	350	380		
LP	4	1	20	20			350	460	500
			39	14		280	320	440	
			90	9,3	210	260	280		
SM	2	0,8	20	13			180	230	260
			39	9,5		150	170	220	
			90	6,3	100	130	150		

HP: high profile, SP: standard profile, LP: low profile, SM: sub-miniature profile

Abb. 26.58. Typische Kennwerte von keramischen Koaxialresonatoren

$$Q_{LG} = Q\,\frac{R_P \parallel R_{PV}}{R_P} = Q\,\frac{R_{PV}}{R_P + R_{PV}} = 480 \cdot \frac{20}{12 + 20} = 300$$

Für die Koaxialleitung mit $R_P = 37\,\text{k}\Omega$ und $Q = 630$ folgt:

$$Q_{LG} = 630 \cdot \frac{20}{37 + 20} = 221$$

Obwohl die Koaxialleitung eine höhere Leerlaufgüte besitzt und die Leerlauf-Resonanz-frequenz $f_0 = 2{,}5\,\text{GHz}$ für keramische Koaxialresonatoren bereits relativ hoch ist, wird mit dem keramischen Koaxialresonator eine höhere Schleifengüte erzielt; er ist mit

$$l = \frac{c}{4 f_0 \sqrt{\epsilon_r}} = \frac{3 \cdot 10^8\,\text{m/s}}{4 \cdot 2{,}5 \cdot 10^9\,\text{Hz} \cdot \sqrt{20}} \approx 6{,}7\,\text{mm}$$

auch deutlich kürzer als die Koaxialleitung mit $l = 23\,\text{mm}$. Mit abnehmender Frequenz nehmen die Vorteile keramischer Koaxialresonatoren weiter zu.

26.2.1.4.3 Streifenleitungen

Diese Leitungen haben wir im Abschnitt 21.2.1.8 auf Seite 1156 beschrieben. Sie können auf den Substraten diskreter und integrierter HF-Schaltungen hergestellt werden; typische Materialien sind Epoxydharz, Teflon, Aluminiumoxid-Keramik und Quarz (SiO$_2$, $\epsilon_r = 3{,}8$) bei diskreten und Gallium-Arsenid (GaAs, $\epsilon_r = 12{,}9$) bei integrierten Schaltungen. Der Dämpfungsbelag hängt von zahlreichen Faktoren ab, ist aber generell höher als bei hochwertigen Koaxialleitungen.

In der Praxis werden Streifenleitungen meist in Verbindung mit einem *dielektrischen Resonator* (*dielectric resonator*, *DR*) eingesetzt; dabei handelt es sich um zylindrische Resonatoren mit einem Durchmesser $d = 2 \ldots 10\,\text{mm}$ und einer Höhe $h \approx 0{,}4\,d$. Als Materialien werden Zirkonium- und Barium-Titanate verwendet. Einige Ausführungen haben eine axiale Bohrung. Abbildung 26.59 zeigt die beiden typischen Ausführungen und die elektromagnetischen Felder bei Resonanz. Je nach Material und Baugröße liegen die Resonanzfrequenzen im Bereich $f_0 = 1 \ldots 50\,\text{GHz}$ mit einer Güte $Q \approx 10000$.

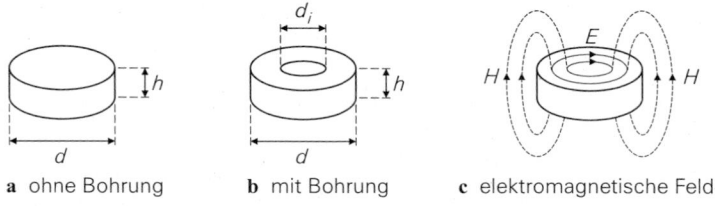

a ohne Bohrung   **b** mit Bohrung   **c** elektromagnetische Felder

Abb. 26.59. Dielektrische Resonatoren

Bringt man einen dielektrischen Resonator in die Nähe einer Streifenleitung, erhält man eine elektromagnetische Kopplung mit ausgeprägtem Resonanzverhalten. Man kann den Resonator auch verwenden, um eine frequenzselektive Kopplung (Bandpass) zwischen zwei Leitungen herzustellen. Abbildung 26.60 zeigt beide Varianten mit den zugehörigen Ersatzschaltbildern. Die Beschreibung des Verhaltens erfolgt über die Ortskurven der Reflexionsfaktoren r_1 und r_2, die entweder durch Messung an einem Testaufbau oder mit Hilfe einer elektromagnetischen Feldsimulation ermittelt werden.

26.2.1.5 Leitungsparameter

Für die Schaltungssimulation mit einem Leitungsmodell werden die Leitungsparameter L', C', R', G' benötigt. Aus den Leitungsgleichungen

$$Z_W = \sqrt{\frac{L'}{C'}} \quad , \quad v = \frac{1}{\sqrt{L'C'}} \quad , \quad \alpha_L(f_R) = \frac{R'}{2Z_W} + \frac{G'Z_W}{2}$$

folgt:

$$L' = \frac{Z_W}{v} \quad , \quad C' = \frac{1}{Z_W v} \quad , \quad R' + G'Z_W^2 = 2Z_W \alpha_L(f_R)$$

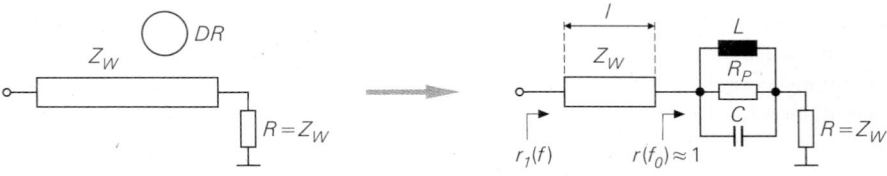

a Streifenleitung mit dielektrischem Resonator

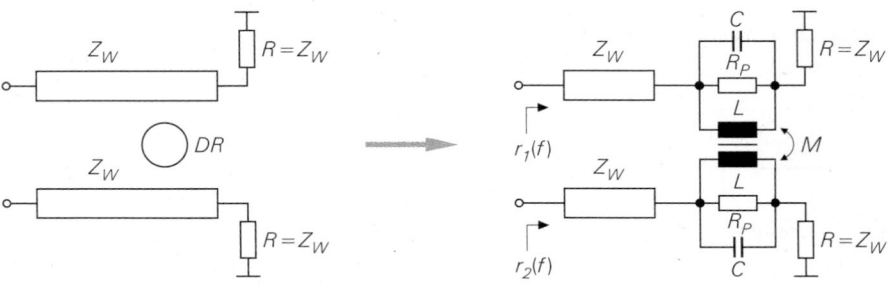

b frequenzselektive Kopplung von zwei Streifenleitungen

Abb. 26.60. Anwendungen von dielektrischen Resonatoren

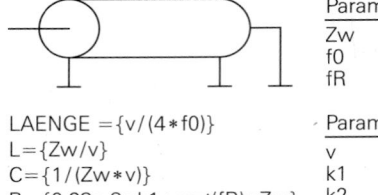

Parameter	
Zw	50
f0	2.5e9
fR	2e9

LAENGE $=\{v/(4*f0)\}$
L$=\{Zw/v\}$
C$=\{1/(Zw*v)\}$
R$=\{0.23e-3*k1*\text{sqrt}(fR)*Zw\}$
G$=\{0.23e-6*k2*fR/Zw\}$

Parameter	
v	2.3e8
k1	0.01
k2	8e-6

Abb. 26.61.
Modellierung eines Leitungsresonators mit
einer Koaxialleitung des Typs UT-141C-LL
in *PSpice*

Die Verluste kann man mit wahlweise mit R' oder G' modellieren und die jeweils andere Größe auf Null setzen. Wenn man jedoch die Konstanten k_1 und k_2 der aus (21.16) und (21.17) auf Seite 1151 folgenden Darstellung

$$\alpha_L(f_R) = 0{,}115\,\mathrm{m}^{-1} \cdot \left(k_1 \sqrt{\frac{f_R}{\mathrm{MHz}}} + k_2 \frac{f_R}{\mathrm{MHz}} \right)$$

kennt, ist es nach (21.14) physikalisch korrekt, die durch k_1 beschriebenen ohmschen Verluste dem Widerstandsbelag R' und die durch k_2 beschriebenen dielektrischen Verluste dem Ableitungsbelag G' zuzuordnen:

$$R' = 0{,}23\,\mathrm{m}^{-1} \cdot Z_W\, k_1 \sqrt{\frac{f_R}{\mathrm{MHz}}} \quad , \quad G' = 0{,}23\,\mathrm{m}^{-1} \cdot \frac{k_2}{Z_W} \frac{f_R}{\mathrm{MHz}}$$

Abbildung 26.61 zeigt als Beispiel die Modellierung eines Leitungsresonators mit einer Koaxialleitung des Typs UT-141C-LL in *PSpice*. Da in *PSpice* keine frequenzabhängige Modellierung der Verluste möglich ist, gibt das Modell die Verluste nur in der unmittelbaren Umgebung der Resonanzfrequenz f_R richtig wieder.

Bei einem keramischen Koaxialresonator kann man entweder die Konstanten k_1 und k_2 aus den im Datenblatt angegebenen Güte-Kurven ermitteln und dann wie bei einer Koaxialleitung vorgehen oder ersatzweise die Werte bei der Leerlauf-Resonanzfrequenz verwenden; letzteres führt mit (26.28) und (26.19) auf:

$$R' = 2Z_W\,\alpha_L(f_R) \approx 2Z_W\,\alpha_L(f_0) = \frac{2\pi f_0 Z_W}{Q(f_0)\,v} \quad , \quad G' = 0$$

Abbildung 26.62 zeigt ein Beispiel.

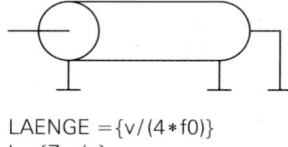

Parameter	
Zw	20
f0	2.5e9
er	20

LAENGE $=\{v/(4*f0)\}$
L$=\{Zw/v\}$
C$=\{1/(Zw*v)\}$
R$=\{6.283*f0*Zw/(Q*v)\}$
G$=0$

Parameter	
v	$\{3e8/\text{sqrt}(er)\}$
Q	480

Abb. 26.62.
Modellierung eines keramischen Koaxialresonators mit $Z_W = 20\,\Omega$, $\epsilon_r = 20$,
$f_0 = 2{,}5\,\mathrm{GHz}$ und $Q(f_0) = 480$ in
PSpice

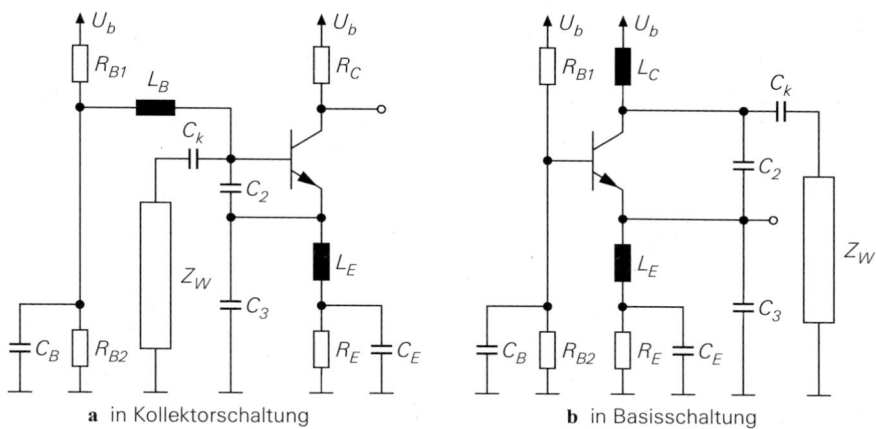

a in Kollektorschaltung   **b** in Basisschaltung

Abb. 26.63. Diskret aufgebaute Clapp-Oszillatoren mit Leitungsresonator

26.2.2 Schaltungen

26.2.2.1 Oszillatoren mit Leitungsresonatoren

Diese Oszillatoren werden fast ausschließlich als diskret aufgebaute Colpitts- oder Clapp-Oszillatoren in Basis- oder Kollektorschaltung realisiert; Abb. 26.54 auf Seite 1552 zeigt den prinzipiellen Aufbau. Der Entwurf erfolgt wie bei LC-Oszillatoren. Da der Parallelwiderstand R_P bei Koaxialresonatoren in der Regel deutlich höher ist als bei LC-Schwingkreisen und diskrete HF-Transistoren mit Strömen im Milliampere-Bereich betrieben werden müssen, muss man eine Ankopplung mit einer Kapazität C_k zur Reduktion der Schleifenverstärkung einsetzen, wie Abb. 26.30 auf Seite 1532 am Beispiel der Kollektorschaltung zeigt; dadurch erhält man einen Clapp-Oszillator. Man kann anstelle eines Bipolartransistors auch einen HF-Sperrschicht-Fet einsetzen, dessen vergleichsweise geringe Steilheit hier von Vorteil ist.

Abbildung 26.63 zeigt zwei typische Ausführungen mit diskreten HF-Bipolartransistoren. Anstelle der Stromquelle wird in der diskreten Schaltungstechnik eine Reihenschaltung aus einem Widerstand R_E zur Einstellung des Ruhestroms und einer Induktivität L_E zur Erzielung einer hohen Impedanz bei der Oszillatorfrequenz f_R verwendet. Besonders gut eignet sich dazu eine Induktivität, deren Resonanzfrequenz in der Nähe der Oszillatorfrequenz liegt. Der Widerstand R_E wird durch eine Kapazität C_E wechselspannungsmäßig kurzgeschlossen, damit sich sein Rauschen nicht störend bemerkbar macht. Bei der Kollektorschaltung wird häufig auch der Basisstrom über eine Induktivität L_B zugeführt; damit wird eine hohe Impedanz bei der Resonanzfrequenz *und gleichzeitig*, in Verbindung mit einer großen Kapazität C_B, eine niedrige Impedanz bei niedrigen Frequenzen erzielt. Durch diese Maßnahme wird die Auswirkung des 1/f-Rauschens des Transistors erheblich reduziert. Bei der Basisschaltung ist dies ohne besondere Maßnahmen der Fall, allerdings muss hier der Kollektorstrom über eine Induktivität L_C zugeführt werden. Die Kollektorschaltung hat den Vorteil, dass man das Oszillatorsignal rückwirkungsarm am Kollektor auskoppeln kann. Die Rückwirkung lässt sich weiter verringern, indem man eine Kaskode-Stufe ergänzt, siehe Abb. 26.31 auf Seite 1533.

Die Dimensionierung ist aufwendiger als bei einem LC-Oszillator. Mit C_k, C_2 und C_3 haben wir zwar drei Freiheitsgrade zur Einstellung der Schleifenverstärkung, diese

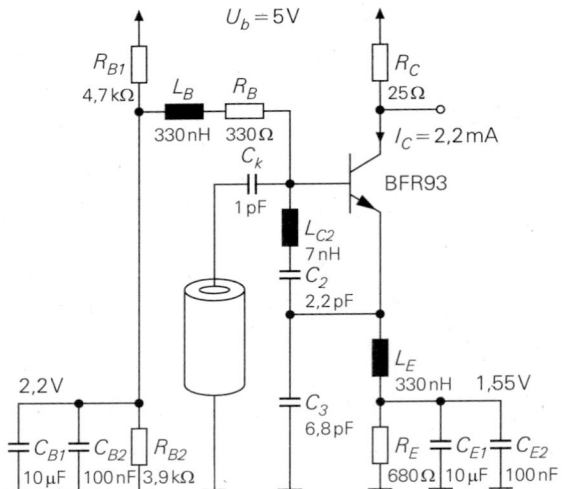

Abb. 26.64.
Dimensioniertes Beispiel eines
Clapp-Oszillators mit kerami-
schem Koaxialresonator für
$f_R \approx 500\,\mathrm{MHz}$. Die Induktivität L_{C2} wird als Leitung
realisiert.

reichen jedoch oft nicht aus; deshalb muss man auch die Länge und ggf. die Bauform
des Resonators als Freiheitsgrad nutzen. Aufgrund der weiteren Parallelresonanzstellen
bei höheren Frequenzen und der jeweils zwischen zwei Parallelresonanzstellen liegenden
Serienresonanzstellen erhält man in Verbindung mit den parasitären Elementen der Kapazitäten, Induktivitäten und des Transistors eine sehr ungünstige Schleifenverstärkung mit
mehreren parasitären Resonanzstellen, die meist oberhalb der gewünschten Resonanzfrequenz liegen. Eine Dimensionierung mit Hilfe einer Schaltungssimulation ist nur sinnvoll,
wenn man die HF-Ersatzschaltbilder der Bauteile verwendet und das Layout berücksichtigt. Besonders kritisch sind die Serieninduktivitäten der Kapazitäten C_2 und C_3, siehe
Abschnitt 26.1.5.6 und das Beispiel in Abb. 26.42 auf Seite 1542. Da der Resonator in der
Regel relativ lose angekoppelt ist – typische Werte für C_k liegen bei 1 pF oder darunter –,
empfiehlt es sich, zunächst die Stabilität der Schaltung ohne den Resonator und C_k sicherzustellen und dafür zu sorgen, dass die Schleifenverstärkung im Bereich der vorgesehenen
Oszillatorfrequenz und darüber abnimmt.

Beispiel: Wir dimensionieren den Clapp-Oszillator aus Abb. 26.63a für $f_R \approx 500\,\mathrm{MHz}$
und verwenden dazu einen keramischen Koaxialresonator der Bauform SP mit $Z_W =
6{,}3\,\Omega$, $\epsilon_r = 90$, $f_0 = 500\,\mathrm{MHz}$ und $Q(f_0) = 300$. Die Länge beträgt $l = 15{,}8\,\mathrm{mm}$.
Da wir bei den Kapazitäten mit einer parasitären Induktivität von 3 nH rechnen müssen,
müssen wir für C_2 und C_3 Werte unter 10 pF wählen, damit die Serienresonanzen oberhalb 1 GHz liegen; dadurch wird der praktisch erzielbare Teilerfaktor auf den Bereich
$k_C = 1 + C_3/C_2 \approx 2 \ldots 5$ begrenzt. Wir wählen $C_3 = 6{,}8\,\mathrm{pF}$ und $C_2 = 2{,}2\,\mathrm{pF}$. Für die
Induktivitäten L_B und L_E verwenden wir SMD-Spulen mit 330 nH, deren Resonanzfre-
quenz bei etwa 600 MHz liegt. Als Transistor verwenden wir einen HF-Bipolartransistor
des Typs BFR93, den wir mit einem Ruhestrom von etwa 2 mA betreiben. Wir wählen
diesen relativ geringen Ruhestrom, um die Steilheit und die Transitfrequenz zu reduzieren; letzteres begünstigt die erforderliche Abnahme der Schleifenverstärkung oberhalb der
Resonanzfrequenz.

Abbildung 26.64 zeigt das Schaltbild des Oszillators. In der Schaltungssimulation haben wir für alle Elemente die Hochfrequenz-Ersatzschaltbilder aus dem Abschnitt 23.1
verwendet; nur die Induktivität L_{C2}, die zusammen mit der Induktivität des Ersatzschalt-

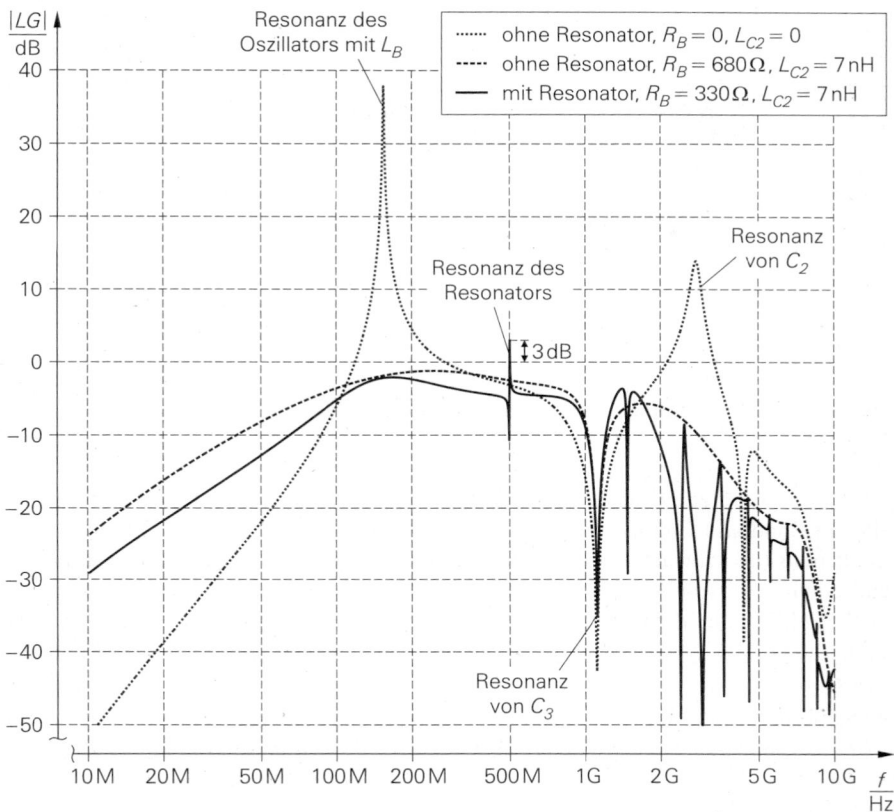

Abb. 26.65. Schleifenverstärkung der Schaltung aus Abb. 26.64

bilds von C_2 die effektive parasitäre Induktivität von C_2 bildet, haben wir als ideale Induktivität modelliert. In der Praxis wird L_{C2} durch eine kurze Leitung von etwa 7 mm Länge realisiert; zu Versuchszwecken kann man auch eine etwa gleich lange Drahtschleife einsetzen, die einen Abgleich der Induktivität erlaubt.

Abbildung 26.65 zeigt die Schleifenverstärkung der Schaltung. Zunächst haben wir den Resonator und die Kapazität C_k entfernt und die Kompensationselemente L_{C2} und R_B auf Null gesetzt. Man erhält zwei ausgeprägte Resonanzstellen mit hoher Schleifenverstärkung: die Resonanz von C_2 bei 2,8 GHz und die Resonanz des Oszillators mit der Induktivität L_B bei 155 MHz. Dann haben wir die Resonanz von C_2 mit $L_{C2} = 7$ nH in die Nähe der Resonanz von C_3 verschoben und die Resonanz des Oszillators mit L_B durch den Dämpfungswiderstand $R_B = 680\,\Omega$ unterbunden. Damit erhalten wir eine Schleifenverstärkung, die zwischen 100 MHz und 1 GHz knapp unter der 0 dB-Linie verläuft, die Resonanz von C_3 bei 1,1 GHz durchläuft und darüber abfällt. Jetzt koppeln wir den Resonator an und erhalten die gewünschte Resonanzstelle bei 500 MHz. Im GHz-Bereich verursacht der Resonator viele Resonanzstellen, die aber alle unter der 0 dB-Linie bleiben. Den Dämpfungswiderstand R_B können wir auf 330 Ω verringern, was sich günstig auf das Rauschverhalten auswirkt.

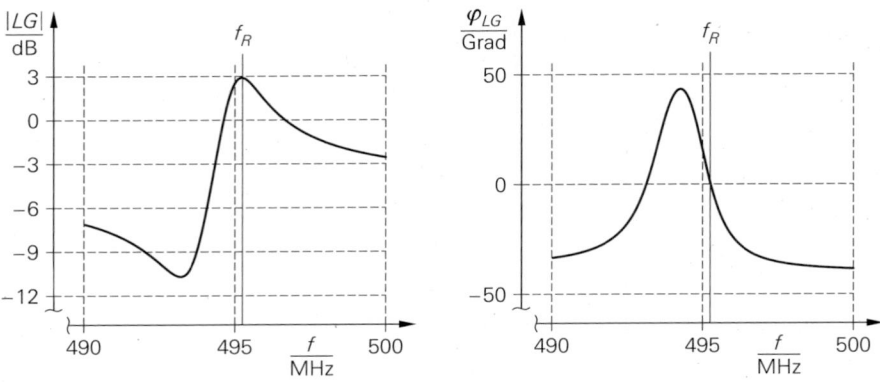

Abb. 26.66. Schleifenverstärkung im Bereich der Resonanzfrequenz

Abbildung 26.66 zeigt die Schleifenverstärkung im Bereich der Resonanzfrequenz. Anstelle der Bandpass-Charakteristik bei Resonanzkreisen mit direkter Kopplung ($C_k \rightarrow \infty$) erhält man bei schwach angekoppelten Resonatoren einen S-förmigen Betragsverlauf und einen positiven Ausschlag in der Phase. Die Schleifenverstärkung erreicht bei $f_R = 495{,}2\,\text{MHz}$ ihr Maximum mit einer Verstärkung von $3\,\text{dB}$ und Phase Null. Die Schleifengüte beträgt $Q_{LG} \approx 250$ und liegt damit nur wenig unter der Leerlaufgüte des Resonators.

Die Schleifenverstärkung oberhalb $500\,\text{MHz}$ hängt stark von der Kompensationsinduktivität L_{C2} ab. Abbildung zeigt, dass ein zu kleiner Wert ($L_{C2} = 4\,\text{nH}$) oder ein zu großer Wert ($L_{C2} = 12\,\text{nH}$) unerwünschte Resonanzstellen verursacht; der Oszillator schwingt dann auf einer falschen Frequenz.

In der Praxis ist die Dimensionierung an dieser Stelle noch nicht abgeschlossen. Im nächsten Schritt wird das Platinen-Layout erstellt; dabei müssen die Leiterbahnen so ge-

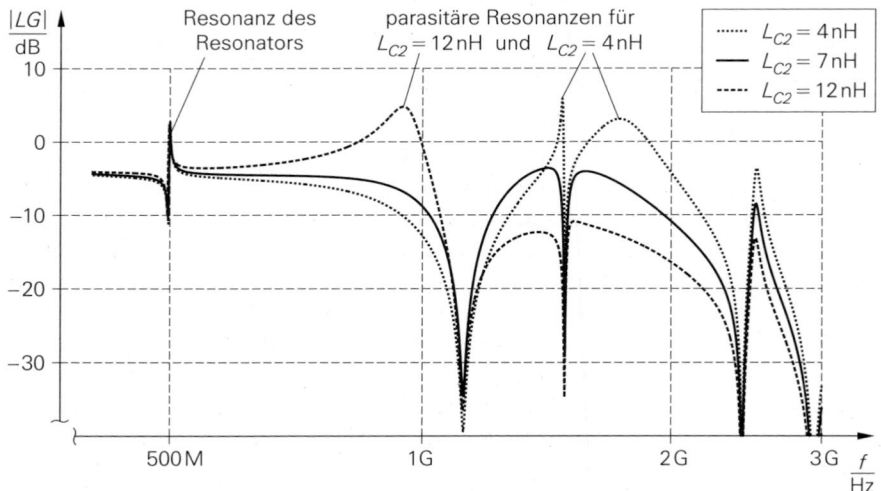

Abb. 26.67. Abhängigkeit der Schleifenverstärkung von der Kompensationsinduktivität L_{C2}

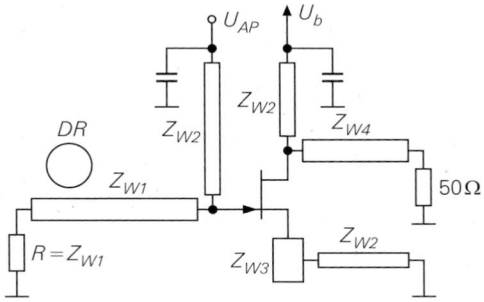

Abb. 26.68.
Typischer Aufbau eines Oszillators mit
dielektrischem Resonator (DRO)

führt werden, dass man bei C_2 die gewünschte Kompensationsinduktivität L_{C2} erhält und
bei C_3 keine zusätzliche parasitäre Induktivität auftritt. Bei CAD-Programmen, die speziell für den Entwurf von Hochfrequenzschaltungen ausgelegt sind, werden die parasitären
Elemente des Layouts automatisch in die Schaltungssimulation übernommen, so dass man
die Auswirkungen unmittelbar beurteilen kann. Anschließend wird ein Prototyp erstellt,
an dem man einen letzten Feinabgleich der Elemente vornimmt.

Dieses Beispiel zeigt, dass der Entwurf diskret aufgebauter Oszillatoren oberhalb
100 MHz eine genaue Modellierung der parasitären Elemente und Erfahrung im Umgang
mit parasitären Resonanzen erfordert. Bei schwach angekoppelten Resonatoren erhält man
zudem *keine* ausgeprägte Bandpass-Charakteristik, die bei der Unterdrückung parasitärer
Resonanzstellen hilfreich wäre. Bei Leitungsresonatoren mit ihren zahlreichen Resonanzstellen muss man die Schleifenverstärkung bis zu sehr hohen Frequenzen prüfen. Das bei
HF-Verstärkern übliche Verfahren, parasitäre Resonanzen mit Dämpfungswiderständen zu
unterdrücken – z.B. dem Widerstand R_{LC} in Abb. 24.31 auf Seite 1353 –, kann man bei
Oszillatoren oft nicht anwenden, da sich die Widerstände auch im Bereich der gewünschten
Resonanzfrequenz auswirken und die Güte der Schleifenverstärkung erheblich reduzieren
können. Bei dem Widerstand R_B in unserem Beispiel ist das nicht der Fall.

26.2.2.2 Oszillatoren mit dielektrischen Resonatoren

Diese Oszillatoren werden als *DRO* (*dielectric resonator oscillator*) bezeichnet. Wir zählen
sie zu den Oszillatoren mit Leitungen, da ihre Funktion auf der Kopplung des Resonators
mit einer oder zwei Streifenleitungen beruht. Oberhalb etwa 3 GHz sind nahezu alle diskret aufgebauten Oszillatoren als DRO realisiert. Die Obergrenze liegt bei etwa 50 GHz.
Aufgrund der hohen Frequenzen werden alle Elemente als Streifenleitungen ausgeführt;
Abb. 26.68 zeigt einen typischen DRO mit einem GaAs-Mesfet als Verstärker.

Die Dimensionierung erfolgt mit Hilfe der Reflexionsfaktoren des Resonators und des
Verstärkers nach dem im Abschnitt 26.1.3.6 beschriebenen Verfahren, siehe Abb. 26.15
auf Seite 1518. Wir gehen nicht weiter auf diese Oszillatoren ein.

26.3 Quarz-Oszillatoren

Bei Quarz-Oszillatoren (*crystal oscillator*, *XTAL oscillator*, *XO*) wird die hohe Güte der
mechanischen Schwingung und die geringe Toleranz der Resonanzfrequenz eines schwingenden Quarz-Kristalls (SiO$_2$) genutzt. Wir beschränken uns im folgenden auf die *Dickenscherschwinger* mit *AT-Schnitt*, die für Anwendungen ab 1 MHz eingesetzt werden und
im *Oberton-Betrieb* für Frequenzen bis etwa 250 MHz geeignet sind.

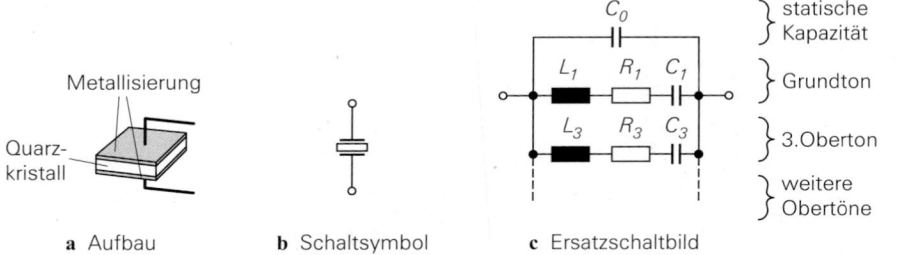

Abb. 26.69. Quarz-Resonator

Quarz-Oszillatoren werden in zwei verschiedenen Bereichen eingesetzt, die unterschiedliche Anforderungen stellen:

- **Taktoszillatoren** werden zur Taktung (*Clock, CLK*) digitaler Schaltungen und Mikroprozessoren verwendet. Sie sind für alle gängigen Frequenzen als fertige Module erhältlich und arbeiten in der Regel *freilaufend*, d.h. ohne eine phasenstarre Kopplung an eine Referenz. Die Frequenz muss je nach Anwendung mehr oder weniger genau sein; eine Temperaturkompensation ist im allgemeinen nicht erforderlich. Die Anforderungen an das Rauschen des Oszillators, dass im wesentlichen von der Güte des Quarzes und vom schaltungstechnischen Aufwand im Oszillator abhängt, sind gering; deshalb werden meist sehr einfache Schaltungen verwendet. Bei vielen digitalen Schaltungen und Mikroprozessoren ist der Oszillator bereits eingebaut, so dass man nur noch einen Quarz mit der gewünschten Frequenz anschließen muss.
- **Referenzoszillatoren** müssen ein Referenzsignal mit sehr genauer Frequenz liefern. Freilaufende Referenzoszillatoren werden meist als temperaturkompensierte Quarz-Oszillatoren (*temperature compensated crystal oscillator, TCXO*) oder als temperaturgeregelte Quarz-Oszillatoren (*oven-controlled crystal oscillator, OCXO*) realisiert; bei letzteren wird der Oszillator durch ein geregeltes Heizelement auf konstanter Temperatur gehalten. Darüber hinaus gibt es Quarz-Referenzoszillatoren, bei denen die erforderliche Langzeitgenauigkeit durch eine phasenstarre Kopplung mit einem Frequenznormal – z.B. dem Langwellen-Zeitsignalsender DCF77 – erzielt wird. In hochwertigen Messgeräten wird ein 10 MHz-OCXO eingesetzt, der ausreichend genau für die Einzelanwendung ist und zusätzlich mit einer externen Referenz synchronisiert werden kann, damit man mehrere Messgeräte über eine gemeinsame Referenz phasenstarr koppeln kann. In Sendern und Empfängern werden alle Lokaloszillatoren mit phasenstarren Schleifen (PLL) an den Referenzoszillator gekoppelt, siehe Abb. 22.7 auf Seite 1240.

26.3.1 Quarz-Resonatoren

Abbildung 26.69 zeigt den Aufbau, das Schaltsymbol und das Ersatzschaltbild eines Quarz-Resonators. Der Resonator besteht aus einem Quarz-Kristallplättchen, das unter einem bestimmten Winkel aus einem Kristallblock herausgeschnitten wird; daher resultiert die Bezeichnung *Schnitt*. Für Resonatoren oberhalb 1 MHz wird der *AT-Schnitt* verwendet, der in diesem Frequenzbereich eine hohe Schwingungsgüte und einen geringen Temperaturkoeffizienten gewährleistet. Bei Quarz-Resonatoren im kHz-Bereich (*NF-Quarze*) werden andere Schnitte verwendet. Das Kristallplättchen wird auf beiden Außenflächen metallisiert und kontaktiert. Man erhält einen Plattenkondensator mit einer Kapazität C_0, die als statische Kapazität bezeichnet wird. Aus diesem Grund ist auch das Schaltsymbol aus dem

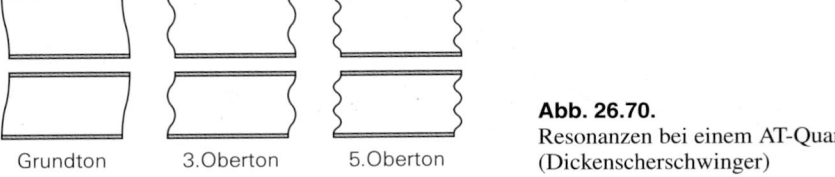

Abb. 26.70.
Resonanzen bei einem AT-Quarz
(Dickenscherschwinger)

Grundton   3.Oberton   5.Oberton

Schaltsymbol einer Kapazität abgeleitet. Beim Anlegen einer Wechselspannung wird das Kristallplättchen durch den Piezo-Effekt zu mechanischen Schwingungen angeregt. Beim AT-Schnitt schwingt das Plättchen *quer*, d.h. es wird geschert, und die Resonanzfrequenz hängt von der Dicke des Plättchens ab; deshalb werden AT-Quarze auch als Dickenscherschwinger bezeichnet.

26.3.1.1 Ersatzschaltbild

Die mechanische Schwingung wirkt wie bei allen elektromechanischen Wandlern auf die elektrische Seite zurück und wird durch entsprechende Elemente im Ersatzschaltbild beschrieben. Da ein Quarz-Resonator gemäß Abb. 26.70 mehrere Resonanzstellen besitzt, die als *Grundton* und *Obertöne* (3.Oberton, 5.~, 7.~, ...) bezeichnet werden, enthält das in Abb. 26.69c gezeigte Ersatzschaltbild mehrere Serienschwingkreise mit den Elementen L_n, C_n, R_n; dabei gilt näherungsweise:

$$L_n \approx L_1 \quad , \quad C_n \approx \frac{C_1}{n^2} \quad , \quad R_n \approx nR_1 \quad \text{für } n = 3,5,7, \dots$$

Alle Resonanzen haben etwa dieselbe Güte:

$$Q = Q_1 = \frac{1}{R_1} \sqrt{\frac{L_1}{C_1}} \approx Q_n \quad \text{für } n = 3,5,7, \dots$$

Abbildung 26.71 zeigt typische Werte. Obwohl man jeden Quarz im Grundton oder einem der Obertöne betreiben kann, wird in der Praxis zwischen *Grundton-Quarzen* und *Oberton-Quarzen* unterschieden. Oberton-Quarze sind speziell für den Oberton-Betrieb optimiert und haben eine höhere Güte als Grundton-Quarze.

26.3.1.2 Impedanz und Resonanzfrequenzen

Im Bereich des Grundtons kann man die Elemente zur Beschreibung der Oberton-Resonanzen vernachlässigen; dann gilt für die Impedanz des Resonators:

Frequenz [MHz]	Ton n	L_n [mH]	C_n [fF]	R_n [Ω]	C_0 [pF]	Q	Δf [kHz]
1	1	3000	8,4	400	3,5	47.000	1,2
2	1	500	12,7	100	4	63.000	3,2
4	1	100	15,8	25	4,5	101.000	7
10	1	10	25,3	5	5,5	126.000	23
30	3	10	2,8	15	5,5	126.000	7,7
50	5	10	1	25	5,5	126.000	4,6
150	7	3	0,38	60	6	47.000	4,7

Abb. 26.71. Elektrische Daten von typischen AT-Quarzen ($\Delta f = f_P - f_S$)

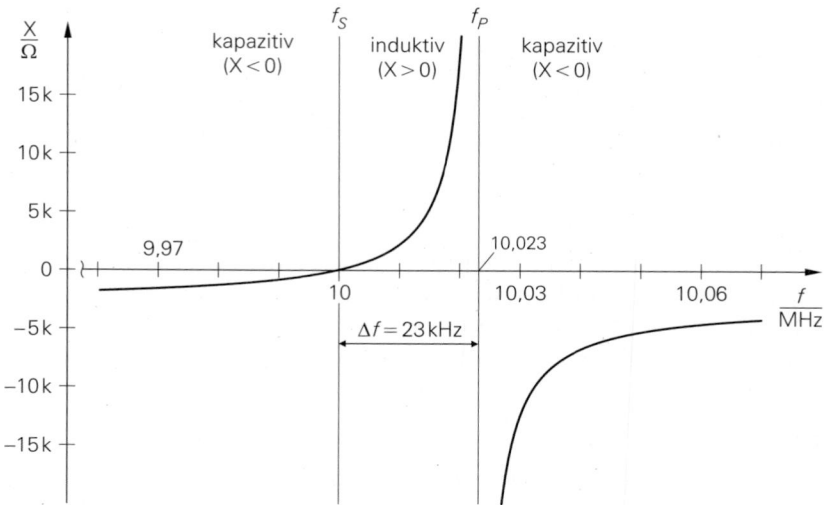

Abb. 26.72. Reaktanz X eines 10 MHz-Quarz-Resonators ($f_S = 10$ MHz, $f_P = 10{,}023$ MHz)

$$Z(s) = \left(R_1 + sL_1 + \frac{1}{sC_1}\right) \parallel \frac{1}{sC_0} = \frac{1 + sC_1R_1 + s^2L_1C_1}{s(C_0 + C_1) + s^2C_0C_1R_1 + s^3L_1C_1C_0}$$

Für die Reaktanz $X = \operatorname{Im}\{Z(j2\pi f)\}$ erhält man den in Abb. 26.72 gezeigten Verlauf mit einer Serienresonanz ($X = 0$) bei der *Serienresonanzfrequenz* f_S und einer Parallelresonanz ($X \to \pm\infty$) bei der *Parallelresonanzfrequenz* f_P. Da die Güte des Resonators sehr hoch ist, kann man den Widerstand R_1 bei der Berechnung der Resonanzfrequenzen vernachlässigen; dann gilt

$$Z(s) \approx \frac{1}{s(C_0 + C_1)}\frac{1 + s^2L_1C_1}{1 + s^2\dfrac{L_1C_1C_0}{C_0 + C_1}}$$

und:

$$\omega_S = 2\pi f_S = \frac{1}{\sqrt{L_1C_1}} \quad , \quad \omega_P = 2\pi f_P = \sqrt{\frac{C_0 + C_1}{L_1C_1C_0}} \tag{26.29}$$

Die Parallelresonanzfrequenz liegt wegen

$$f_P = f_S\sqrt{1 + \frac{C_1}{C_0}} \tag{26.30}$$

um einige Kilohertz über der Serienresonanzfrequenz. Typische Werte für den Abstand $\Delta f = f_P - f_S$ sind in Abb. 26.71 angegeben.

Unterhalb der Serienresonanzfrequenz f_S und oberhalb der Parallelresonanzfrequenz f_P ist die Reaktanz kleiner Null und damit kapazitiv. Für $f \ll f_S$ verhält sich der Quarz-Resonator wie eine Kapazität mit dem Wert C_0. Das gilt auch für $f \gg f_P$, bis man in den Bereich des 1.Obertons gerät, in dem sich dieselbe Folge aus einer Serien- und einer Parallelresonanz ergibt wie beim Grundton; für die weiteren Obertöne gilt dasselbe.

Für die praktische Anwendung ist der Bereich mit induktivem Verhalten ($X > 0$) zwischen den Resonanzfrequenzen von Interesse. In diesem schmalen Bereich nimmt die Reaktanz jeden Wert zwischen Null und Unendlich an. Da die Frequenz dabei praktisch konstant bleibt, verhält sich der Quarz-Resonator wie eine beliebig große Induktivität:

$$X = \omega L = 2\pi f L \quad \Rightarrow \quad L = \frac{X}{2\pi f} \overset{f \approx f_S}{\approx} \frac{X}{2\pi f_S} \overset{X=0...\infty}{=} 0...\infty$$

Deshalb kann man bei jedem für den jeweiligen Frequenzbereich geeigneten LC-Oszillator anstelle der Induktivität einen Quarz-Resonator einsetzen und erhält damit ohne weiteren Abgleich einen Oszillator mit einer Frequenz, die zwischen f_S und f_P liegt und eine Toleranz von maximal

$$\frac{\Delta f}{f_S} = \frac{f_P - f_S}{f_S} \overset{(26.30)}{=} \sqrt{1 + \frac{C_1}{C_0}} - 1 \overset{C_1 \ll C_0}{\approx} \frac{C_1}{2C_0} \approx 3 \cdot 10^{-5} ... 3 \cdot 10^{-3}$$

aufweist. Da diese Toleranz für viele praktische Anwendungen aber immer noch zu hoch ist, wird bei Quarz-Resonatoren die *Lastkapazität* C_L angegeben, die parallel zum Quarz-Resonator anliegen muss, damit die angegebene Frequenz erzielt wird. Bei einem 10 MHz-Quarz-Resonator für eine bestimmte Lastkapazität C_L nimmt die Reaktanz bei 10 MHz den Wert $X = 1/(2\pi \cdot 10\,\text{MHz} \cdot C_L)$ an und kompensiert damit die Reaktanz $X_{CL} = -X$ der Lastkapazität; die Oszillatorfrequenz beträgt dann exakt 10 MHz. Deshalb liegt die Serienresonanzfrequenz f_S bei einem praktischen Quarz-Resonator einige Kilohertz unterhalb und die Parallelresonanzfrequenz f_P einige Kilohertz oberhalb der angegebenen Resonator-Frequenz.

Beispiel: Wir vergleichen einen LC- und einen Quarz-Oszillator mit $f_R = 10\,\text{MHz}$. Typische Werte für den LC-Oszillator sind $L = 10\,\mu\text{H}$ und $C = 25{,}33\,\text{pF}$. Die Werte müssen sehr genau eingehalten werden. Aus

$$\omega_R = \frac{1}{\sqrt{LC}} \quad \Rightarrow \quad \begin{cases} \dfrac{d\omega_R}{dL} = -\dfrac{1}{2L\sqrt{LC}} = -\dfrac{\omega_R}{2L} \\[2mm] \dfrac{d\omega_R}{dC} = -\dfrac{1}{2C\sqrt{LC}} = -\dfrac{\omega_R}{2C} \end{cases}$$

folgt für die relativen Abweichungen:

$$\frac{d\omega_R}{\omega_R} = \frac{df_R}{f_R} = -\frac{1}{2}\frac{dL}{L} = -\frac{1}{2}\frac{dC}{C}$$

Eine Zunahme von L oder C um 1 % führt demnach zu einer Abnahme der Resonanzfrequenz um 0,5 % bzw. 50 kHz.

Wir ersetzen nun die Induktivität L durch einen 10 MHz-Quarz-Resonator, der für eine Lastkapazität $C_L = C \approx 25\,\text{pF}$ ausgelegt ist. Da die Lastkapazität parallel zur statischen Kapazität C_0 liegt, erhalten wir aus (26.30) die Bedingung:

$$f_R = f_P\Big|_{C_0 \to C_0 + C_L} = f_S\sqrt{1 + \frac{C_1}{C_0 + C_L}} \overset{C_L = 25\,\text{pF}}{=} 10\,\text{MHz}$$

Durch Auflösen nach f_S und Einsetzen von C_0 und C_1 kann man f_S berechnen. Uns interessieren hier aber nicht die absoluten Werte, sondern die relative Abweichung von f_R bei einer relativen Abweichung von C_L bzw. $C'_L = C_0 + C_L$:

$$f_R = f_S \sqrt{1 + \frac{C_1}{C'_L}} \quad \Rightarrow \quad \frac{df_R}{dC'_L} = -\frac{f_R}{2} \frac{C_1}{C'_L (C'_L + C_1)} \overset{C'_L \gg C_1}{\approx} -\frac{f_R}{2} \frac{C_1}{C'^2_L}$$

Daraus folgt:

$$\frac{df_R}{f_R} \approx -\frac{C_1}{2C'_L} \frac{dC'_L}{C'_L} = -\frac{C_1 C_L}{2 (C_0 + C_L)^2} \frac{dC_L}{C_L}$$

Mit den Werten $C_0 = 5{,}5\,\mathrm{pF}$ und $C_1 \approx 25\,\mathrm{fF}$ aus Abb. 26.71 und $C_L = 25\,\mathrm{pF}$ folgt:

$$\frac{df_R}{f_R} \approx -\frac{0{,}025 \cdot 25}{2 (5{,}5 + 25)^2} \frac{dC_L}{C_L} \approx -3{,}4 \cdot 10^{-4} \cdot \frac{dC_L}{C_L}$$

Eine Zunahme von C_L um 1 % führt nun nur noch zu einer Abnahme der Frequenz um 0,00034 % bzw. 34 Hz.

Da die relative Abweichung proportional zu C_1 ist und wir in diesem Beispiel den Quarz-Resonator mit dem höchsten Wert für C_1 verwendet haben, stellt das Ergebnis praktisch den *worst case* für Quarz-Oszillatoren dar. Bei Oberton-Betrieb mit $C_n \approx C_1/n^2$ nimmt die relative Abweichung weiter ab; deshalb kann man die Frequenzgenauigkeit eines 10 MHz-Referenzoszillators stark verbessern, indem man anstelle eines 10 MHz-Quarz-Resonators im Grundton einen 2 MHz-Quarz-Resonator im 5.Oberton betreibt. Da C_1 nach Abb. 26.71 etwa um den Faktor 2 geringer ist und durch den Betrieb im 5.Oberton noch einmal um den Faktor 25 abnimmt, ist die relative Abweichung um den Faktor 50 geringer. Damit gerät man aber in den Bereich, in dem die temperaturbedingten Änderungen dominieren, d.h. der Vorteil ist nur dann praktisch nutzbar, wenn man gleichzeitig eine sehr exakte Temperaturkompensation vornimmt oder eine Temperaturregelung einsetzt.

26.3.1.3 Frequenzabgleich

Bei freilaufenden Referenzoszillatoren wird in der Praxis ein Frequenzabgleich mit einem Trimmkondensator (*Trimmer*) vorgenommen. Man kann den Trimmer in Serie oder parallel zum Quarz-Resonator anschließen. Bei einem Parallel-Trimmer C_p bleibt die Serienresonanzfrequenz f_S unverändert, während die Parallelresonanzfrequenz von C_p abhängt:

$$f'_P = f_S \sqrt{1 + \frac{C_1}{C_0 + C_p}} = \begin{cases} f_P & \text{für } C_p = 0 \\ f_S & \text{für } C_p \to \infty \end{cases}$$

Dagegen bleibt bei einem Serien-Trimmer C_s die Parallelresonanzfrequenz f_P unverändert und für die Serienresonanzfrequenz gilt:

$$f'_S = f_S \sqrt{1 + \frac{C_1}{C_0 + C_s}} = \begin{cases} f_P & \text{für } C_s = 0 \\ f_S & \text{für } C_s \to \infty \end{cases}$$

Bei einem Oszillator mit Parallelresonanz nach Abb. 26.73a kann man beide Varianten einsetzen, da die Oszillatorfrequenz f_R in diesem Fall zwischen f_S und f_P liegt und von beiden Frequenzen abhängt. Bei einem Oszillator mit Serienresonanz nach Abb. 26.73b gilt $f_R = f_S$; in diesem Fall wird nur der Serien-Trimmer wirksam.

Abbildung 26.74a zeigt die Abgleichkennlinien für die drei Fälle aus Abb. 26.73a/b; dabei haben wir bei den Fällen mit Parallelresonanz die in Abb. 26.73c gezeigte Kapazität der C_V des Verstärkers berücksichtigt. Bei Parallelresonanz erreicht man mit C_p

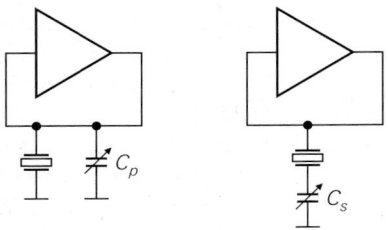

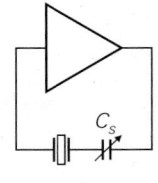

a Frequenzabgleich bei Parallelresonanz   **b** Frequenzabgleich bei Serienresonanz

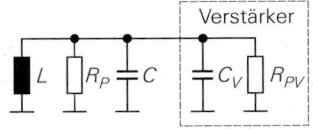
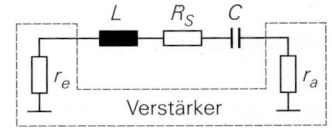

c Ersatzschaltbild bei Parallelresonanz   **d** Ersatzschaltbild bei Serienresonanz

Abb. 26.73. Frequenzabgleich bei einem Quarz-Resonator

einen großen Abgleichbereich, wenn C_V klein ist; bei C_s ist es umgekehrt. Den größten Abgleichbereich erhält man bei Serienresonanz.

In allen Fällen nimmt die Güte des Resonators durch den Abgleich nur minimal ab. Für den Betrieb als Oszillator ist jedoch die Schleifengüte entscheidend, d.h. wir müssen für alle drei Fälle den Verlustwiderstand des Resonators – R_P bei Parallelresonanz und R_S bei Serienresonanz – ermitteln und mit den Verlustwiderständen typischer Verstärker vergleichen, um festzustellen, wie stark die Güte durch den Verstärker abnimmt. Bei Parallelresonanz erhalten wir das Ersatzschaltbild in Abb. 26.73c mit dem Verlustwiderstand R_P des Resonators und dem Verlustwiderstand R_{PV} des Verstärkers. Damit die Güte erhalten bleibt, muss $R_{PV} \gg R_P$ gelten; ein kleiner Wert für R_P erleichtert das

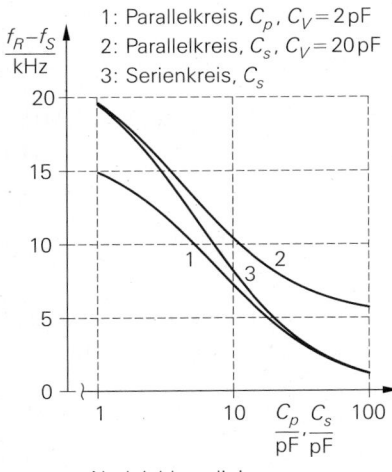
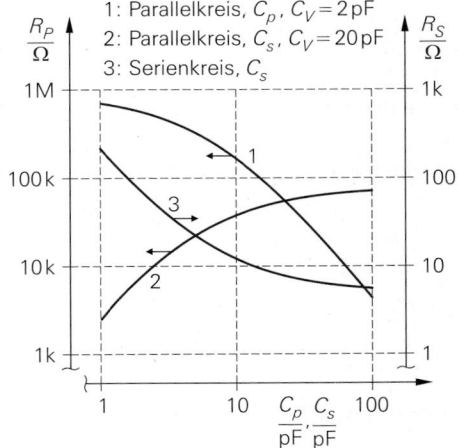

a Abgleichkennlinie   **b** Parallel- bzw. Serienwiderstand

Abb. 26.74. Kennlinien und Verlustwiderstände beim Frequenzabgleich eines 10 MHz-Quarz-Resonators

Einhalten dieser Bedingung. Abbildung 26.74b zeigt, dass R_P bei einem Serien-Trimmer (Kurve 2) geringer ist als bei einem Parallel-Trimmer (Kurve 1); für typische Trimmer mit 3 ... 10 pF erzielt man deshalb mit einem Serien-Trimmer in der Regel eine deutlich höhere Schleifengüte. Bei Serienresonanz erhalten wir das Ersatzschaltbild in Abb. 26.73d mit dem Verlustwiderstand R_S des Resonators und den Verlustwiderständen r_e und r_a des Verstärkers. In diesem Fall muss $r_e + r_a \ll R_S$ gelten, damit die Güte erhalten bleibt; dabei ist ein großer Wert für R_S vorteilhaft. Kurve 3 in Abb. 26.74b zeigt, dass man mit kleinen Werten für C_s hohe Werte für R_S und damit eine hohe Schleifengüte erzielt. Deshalb wird der Abgleich in der Praxis sowohl bei Parallel- als auch bei Serienresonanz mit einem Serien-Trimmer mit einem möglichst kleinen Wert durchgeführt.

26.3.1.4 Verlustleistung

Die Verlustleistung P_V eines Quarz-Resonators entspricht der am jeweiligen Widerstand R_n des Ersatzschaltbilds umgesetzten Leistung (R_1 bei Grundton-Betrieb, R_3 bei Betrieb auf dem 3.Oberton, usw.). Damit der Resonator nicht mechanisch überlastet wird, darf die Verlustleistung einen von der Baugröße abhängigen Maximalwert $P_{V,max}$ nicht überschreiten; typische Werte liegen im Bereich $P_{V,max} = 0,1 \ldots 1\,\mathrm{mW}$.

Da der durch den Widerstand R_n fließende Strom i aufgrund der hohen Güte sinusförmig ist, kann man die Verlustleistung aus der Amplitude $\hat{i}$ berechnen:

$$P_V = i_{eff}^2 R_n = \frac{1}{2}\hat{i}^2 R_n$$

Der Strom i ist allerdings nur in einer Schaltungssimulation verfügbar. An einem aufgebauten Quarz-Oszillator kann man dagegen nur die Spannung u am Resonator messen; in diesem Fall gilt:

$$P_V = \frac{1}{2}\hat{i}^2 R_n = \frac{1}{2}\frac{\hat{u}^2}{|Z_n(\omega_R)|^2} R_n \quad \text{mit } Z_n(\omega_R) = R_n + j\left(\omega_R L_n - \frac{1}{\omega_R C_n}\right)$$

Bei einem Oszillator mit Serienresonanz ($f_R = f_S$) kompensieren sich die Reaktanzen von L_n und C_n; dann gilt:

$$\omega_R = \omega_S \ \Rightarrow \ Z_n(\omega_S) = R_n \ \Rightarrow \ P_V = \frac{\hat{u}^2}{2R_n}$$

In diesem Fall ist die zulässige Amplitude $\hat{u}$ sehr klein; bei einem hochwertigen 10 MHz-Quarz-Resonator mit $R_1 = 5\,\Omega$ und $P_{V,max} = 0,1\,\mathrm{mW}$ muss $\hat{u} < 32\,\mathrm{mV}$ gelten. Bei einem Oszillator mit Parallelresonanz gilt:

$$f_R = f_S\sqrt{1 + \frac{C_n}{C_0 + C_L}} = f_S\sqrt{1 + \frac{C_n}{C_L'}} \overset{C_n \ll C_L'}{\approx} f_S\left(1 + \frac{C_n}{2C_L'}\right)$$

Dabei ist C_L die Lastkapazität, die parallel zum Quarz-Resonator wirksam wird, und $C_L' = C_L + C_0$ die *effektive* Lastkapazität. Mit diesem Zusammenhang erhält man:

$$|Z_n(\omega_R)|^2 \approx R_n^2 + \frac{1}{(\omega_S C_L')^2} \ \Rightarrow \ P_V \approx \frac{\hat{u}^2}{2}\frac{(\omega_S C_L')^2 R_n}{1 + (\omega_S C_L' R_n)^2} \overset{!}{\le} P_{V,max}$$

Damit kann man die zulässige Amplitude ermitteln. Für einen 10 MHz-Quarz-Resonator mit $R_1 = 5\,\Omega$, $P_{V,max} = 0,1\,\mathrm{mW}$ und $C_0 = 5,5\,\mathrm{pF}$ erhält man bei einer typischen Lastkapazität $C_L \approx 20\,\mathrm{pF}$ die Forderung $\hat{u} < 4\,\mathrm{V}$.

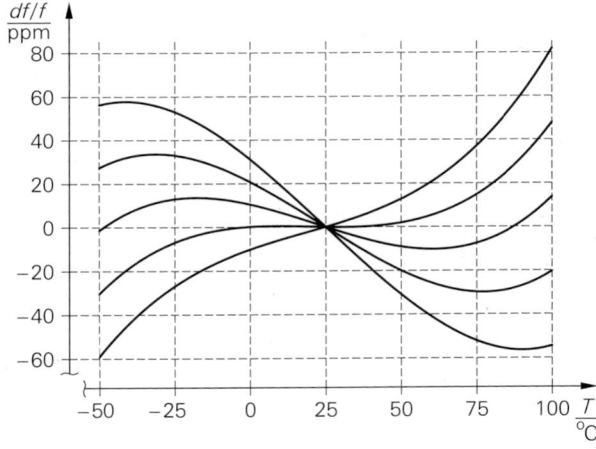

Abb. 26.75.
Temperaturgang der Resonanzfrequenzen für verschiedene Schnittwinkel

26.3.1.5 Temperaturverhalten

Der Temperaturgang der Resonanzfrequenzen eines Quarz-Resonators lässt sich durch den Schnittwinkel beeinflussen; Abb. 26.75 zeigt typische Verläufe. Damit die Frequenz eines freilaufenden Referenzoszillators möglichst unabhängig von der Temperatur wird, muss der Schnittwinkel so gewählt werden, dass der Quarz-Resonator den Temperaturgang der Reaktanz des Verstärkers und des Abgleich-Trimmers kompensiert. In der Praxis werden häufig zusätzliche keramische Serien- oder Parallelkondensatoren mit genormtem Temperaturgang (*Klasse-1-Kondensatoren*) eingesetzt, um die Frequenz über einen größeren Temperaturbereich konstant zu halten. Temperaturkompensierte Quarz-Oszillatoren (*TCXO*) beruhen auf diesem Prinzip.

26.3.2 Schaltungen

Quarz-Oszillatoren werden häufig als *Pierce-Oszillator* (= Colpitts-Oszillator in Emitterschaltung) oder *Butler-Oszillator* aufgebaut. Abbildung 26.76 zeigt im oberen Teil die Prinzipschaltbilder und darunter jeweils eine typische Ausführung in diskreter Schaltungstechnik. Man beachte, dass die Prinzipschaltbilder bei Verwendung eines allgemeinen Symbols für den Verstärker identisch sind. Beim Pierce-Oszillator ist der Verstärker invertierend und hochohmig, beim Butler-Oszillator nichtinvertierend und niederohmig. Während man einen relativ hochohmigen Verstärker mit *einem* Transistor realisieren kann – alle im Abschnitt 26.1.5 beschriebenen LC-Oszillatoren arbeiten auf diese Weise –, muss man einen niederohmigen Verstärker in der Regel zweistufig aufbauen. Der Butler-Oszillator entspricht dem zweistufigen Oszillator mit Serienschwingkreis, den wir im Abschnitt 26.1.4.2 beschrieben haben, siehe Abb. 26.21 auf Seite 1523.

Die Kapazitäten C_2 und C_3 bilden beim Pierce-Oszillator den für Colpitts-Oszillatoren typischen kapazitiven Spannungsteiler. Beim Butler-Oszillator bewirken die Kapazitäten zusammen mit der statischen Kapazität C_0 des Quarz-Resonators eine Abnahme der Schleifenverstärkung bei hohen Frequenzen; bei Verwendung von Transistoren mit relativ geringer Transitfrequenz kann man darauf verzichten. Man kann die Kapazitäten aber auch zur Impedanztransformation gemäß Abb. 26.8 auf Seite 1510 verwenden; in diesem Fall entsprechen C_2 und C_3 den in Abb. 26.8b gezeigten Kapazitäten C_{P1} und C_{P2} und haben bei $f_R = 10\,\text{MHz}$ Werte von einigen Nanofarad. Die Phase der Schleifenverstär-

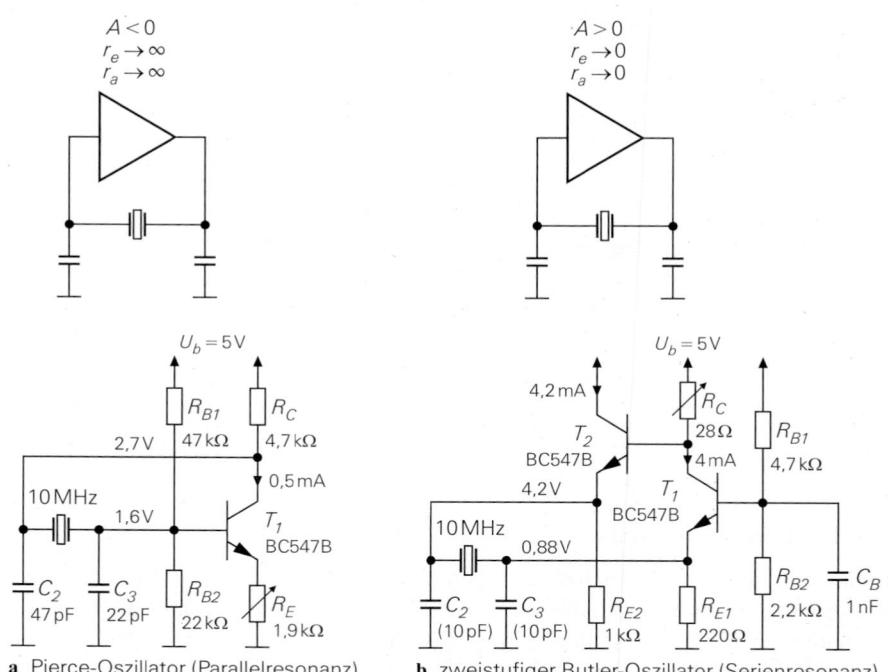

a Pierce-Oszillator (Parallelresonanz)   **b** zweistufiger Butler-Oszillator (Serienresonanz)

Abb. 26.76. Prinzipschaltbilder und Beispiele für diskrete Quarz-Oszillatoren mit Parallel- und Serienresonanz (Dimensionierung für einen Quarz-Resonator mit $R_1 = 5\,\Omega$)

kung ändert sich dadurch jedoch grundlegend, so dass zusätzliche Phasenschieber benötigt werden.

26.3.2.1 Taktoszillatoren

26.3.2.1.1 Taktoszillatoren für diskrete Schaltungen

Quarz-Oszillatoren zur Taktung digitaler Schaltungen, die keine besonderen Anforderungen an das Rauschen des Taktsignals stellen, kann man mit digitalen Gattern realisieren; Abb. 26.77 zeigt zwei häufig verwendete Schaltungen. Bei CMOS-Gattern verwendet man den Pierce-Oszillator mit einem einzelnen Inverter als invertierenden Verstärker, siehe Abb. 26.77a. Der Widerstand R_1 hält den Inverter im linearen Bereich. Da es sich um eine Spannungsgegenkopplung handelt, die den Eingangswiderstand reduziert, muss R_1 hochohmig sein, damit der Eingang hochohmig bleibt. Der Widerstand R_2 entkoppelt den Ausgang des Inverters von der Rückkopplung, erhöht den Ausgangswiderstand und bildet mit C_2 einen Tiefpass, der die Anregung von Obertönen verhindert. Bei Frequenzen oberhalb einiger Megahertz ersetzt man R_2 durch eine Kapazität $10\ldots47\,\mathrm{pF}$. Bei den vergleichsweise niederohmigen TTL-Gattern verwendet man den Butler-Oszillator mit zwei Invertern, bei denen der Ein- und der Ausgangswiderstand durch eine Spannungsgegenkopplung mit den niederohmigen Widerständen R_1 und R_2 reduziert wird, siehe Abb. 26.77b. Die Kapazität C_1 dient zur Entkopplung der Arbeitspunktspannungen am Ausgang des ersten und am Eingang des zweiten Gatters. Aufgrund der steilen Flanken der TTL-Inverter kann der Quarz-Resonator auf einem Oberton angeregt werden; in die-

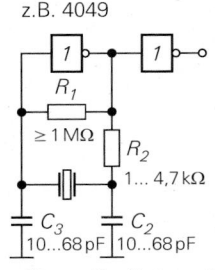

z.B. 4049

R_1
$\geq 1\,\mathrm{M}\Omega$
R_2
$1\ldots 4,7\,\mathrm{k}\Omega$
C_3
$10\ldots 68\,\mathrm{pF}$
C_2
$10\ldots 68\,\mathrm{pF}$

a Pierce-Oszillator mit
CMOS-Inverter
(Parallelresonanz)

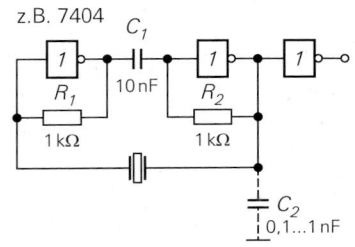

z.B. 7404 C_1

R_1 $10\,\mathrm{nF}$ R_2
$1\,\mathrm{k}\Omega$ $1\,\mathrm{k}\Omega$
C_2
$0,1\ldots 1\,\mathrm{nF}$

b Butler-Oszillator mit TTL-Invertern
(Serienresonanz)

Abb. 26.77.
Taktoszillatoren mit
digitalen Gattern für
$f_R = 1 \ldots 10\,\mathrm{MHz}$

sem Fall ergänzt man die Kapazität C_2, die dafür sorgt, dass die Schleifenverstärkung beim Grundton deutlich größer ist als bei den Obertönen.

Beide Taktoszillatoren kann man auch mit einem Quarz-Resonator im Oberton-Betrieb verwenden; dazu ersetzt man die Kapazität C_2 in Abb. 26.77a durch einen LC-Parallelschwingkreis bzw. die Kapazität C_1 in Abb. 26.77b durch einen LC-Serienschwingkreis und stimmt die Schwingkreise auf den gewünschten Oberton ab.

In digitalen Schaltungen werden häufig mehrere Taktsignale mit Teilerfaktoren 2^n benötigt. Dazu kann man CMOS-Taktbausteine mit integriertem Teiler verwenden, z.B. den Baustein CD4060B. Abbildung 26.78 zeigt eine Schaltung mit einem 1024 kHz-Quarz-Resonator, die häufig verwendet wird, wenn eine einfache und kostengünstige 1 kHz-Referenz benötigt wird. Mit dem Trimmer C_3 kann man die Frequenz abgleichen.

26.3.2.1.2 Taktoszillatoren für integrierte Schaltungen

Die meisten integrierten Quarz-Taktoszillatoren werden als Pierce-Oszillatoren realisiert; dabei wird das typische π-Glied mit dem Quarz-Resonator und den beiden Kapazitäten des Colpitts-Spannungsteilers extern angeschlossen. Die Kapazitäten werden nicht integriert, da sie zur Anpassung des Oszillators an Quarz-Resonatoren mit unterschiedlicher Frequenz und Güte benötigt werden. Abbildung 26.79 zeigt typische Ausführungen mit Bipolartransistoren und Mosfets, die für eine geringe Versorgungsspannung geeignet sind.

Bei der Ausführung mit Bipolartransistoren wählt man den Ruhestrom I_0 und den Emitterwiderstand R_E so, dass $I_0 R_E \approx 0,3\,\mathrm{V}$ gilt und die Schleifenverstärkung den gewünschten Wert hat. Der Widerstand $R_B \gg R_E$ dient zur Arbeitspunkteinstellung und hat nur einen geringen Einfluss auf die Schleifenverstärkung. Typische Werte für den Betrieb

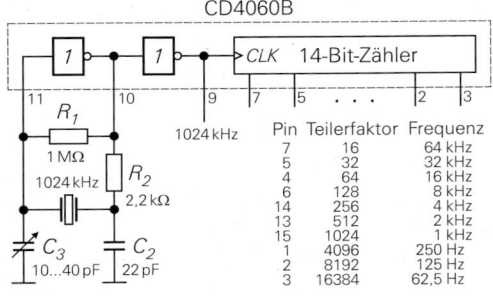

CD4060B

CLK   14-Bit-Zähler

R_1
$1\,\mathrm{M}\Omega$
1024 kHz
R_2
$2,2\,\mathrm{k}\Omega$
C_3
$10\ldots 40\,\mathrm{pF}$
C_2
$22\,\mathrm{pF}$
1024 kHz

Pin	Teilerfaktor	Frequenz
7	16	64 kHz
5	32	32 kHz
4	64	16 kHz
6	128	8 kHz
14	256	4 kHz
13	512	2 kHz
15	1024	1 kHz
1	4096	250 Hz
2	8192	125 Hz
3	16384	62,5 Hz

Abb. 26.78.
CMOS-Taktoszillator mit
$f_R = 1024\,\mathrm{kHz}$ und Teiler

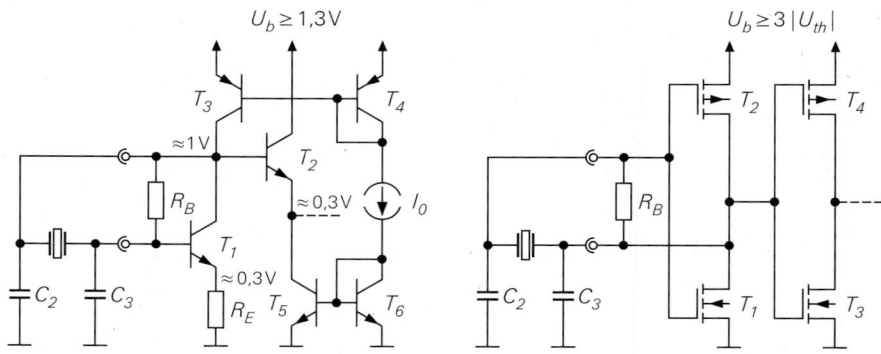

Abb. 26.79. Quarz-Taktoszillatoren für integrierte Schaltungen mit geringer Versorgungsspannung

mit einem 1 MHz-Quarz-Resonator sind $I_0 = 200\,\mu$A, $R_E = 1{,}5\,$kΩ, $R_B = 30\,$kΩ und – je nach Güte des Resonators – $C_1 = C_2 = 68\ldots120\,$pF. Die Kollektorschaltung mit dem Transistor T_2 dient als Puffer. Bei der Ausführung mit Mosfets muss man die Mosfets so skalieren, dass die gewünschte Schleifenverstärkung erreicht wird. Der Widerstand R_B sollte möglichst hochohmig sein.

Ebenfalls geeignet ist der in Abb. 26.80 gezeigte Gegentakt-Butler-Oszillator mit Serienresonanz, der keine externen Kapazitäten benötigt. Da die Eingangswiderstände $r_e \approx 1/S = U_T/I_0$ der Transistoren T_1 und T_2 in Reihe zum Serienwiderstand des Resonators liegen, muss man den Ruhestrom I_0 aber deutlich höher wählen als bei einem Pierce-Oszillator, um eine vergleichbare Schleifengüte zu erzielen. Meist nimmt man eine deutliche Reduktion der Güte in Kauf und wählt $I_0 \approx 1$ mA. Dieser Nachteil wird zum Teil dadurch aufgewogen, dass die Kollektorwiderstände im Bereich $R_C \approx 50\ldots100\,\Omega$ liegen und das Signal ohne Pufferverstärker niederohmig abgegriffen werden kann. Durch die statische Kapazität C_0 des Resonators nimmt die Schleifenverstärkung mit zunehmender Frequenz zu; deshalb muss man besonders darauf achten, dass die Schleifenverstärkung im gesamten Frequenzbereich oberhalb der Resonanzfrequenz kleiner Eins bleibt. Bei dem diskret aufgebauten Butler-Oszillator in Abb. 26.76 auf Seite 1574 wird dies durch die Kapazitäten C_2 und C_3 sichergestellt. Hier übernehmen die Kollektor-Substrat-Kapazitäten der Stromquellen-Transistoren T_3 und T_4 diese Funktion; deshalb werden diese Transistoren häufig größer dimensioniert, um ausreichend große Kapazitäten zu erhalten.

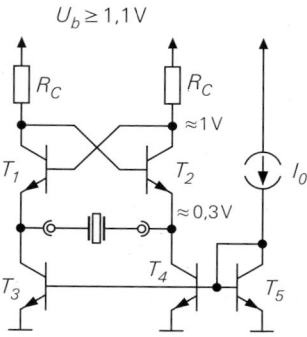

Abb. 26.80.
Gegentakt-Butler-Oszillator für integrierte Schaltungen mit geringer Versorgungsspannung

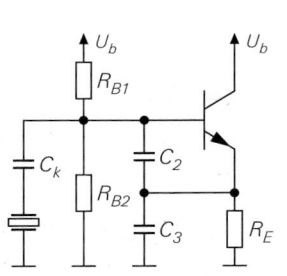 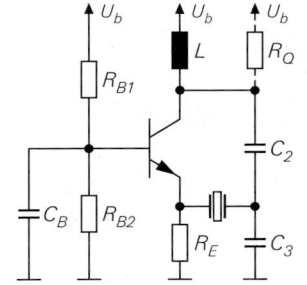

a Clapp-Oszillator (Parallelresonanz)   **b** Butler-Oszillator (Serienresonanz)

Abb. 26.81. Diskrete Quarz-Oszillatoren für $f_R \geq 10\,\text{MHz}$

26.3.2.1.3 Eigenschaften von Taktoszillatoren

Bei Taktoszillatoren möchte man preisgünstige Quarz-Resonatoren verwenden, die erhebliche fertigungsbedingte Schwankungen der Güte aufweisen können; dabei gilt die Regel, dass der Oszillator auch bei einer um den Faktor 3 reduzierten Güte noch sicher arbeiten soll. Da die Schleifenverstärkung proportional zur Güte ist, muss man den Oszillator für die minimale Güte auslegen. Bei der Nenngüte ist die Schleifenverstärkung dann um 10 dB höher, was zu einer starken Übersteuerung des Verstärkers und einer Reduktion der Schleifengüte im eingeschwungenen Zustand führt; deshalb weisen einfache Taktoszillatoren häufig ein relativ hohes Rauschen und einen hohen Takt-Jitter auf. Für viele digitale Schaltungen ist dies jedoch unerheblich. Wenn der Oszillator aber zur Taktung von A/D- oder D/A-Umsetzern mit hoher Auflösung oder als Referenz für eine phasenstarre Schleife eingesetzt werden soll, muss man einen der im nächsten Abschnitt beschriebenen Referenzoszillatoren verwenden.

26.3.2.2 Referenzoszillatoren

Bei diesen Oszillatoren sind niedriges Rauschen und geringer Takt-Jitter besonders wichtig; deshalb muss man die Schleifengüte maximieren und dafür sorgen, dass die Güte auch im eingeschwungenen Zustand erhalten bleibt. Eine wichtige Voraussetzung dafür ist die Verwendung von hochwertigen Quarz-Resonatoren mit hoher Güte und geringen Toleranzen.

26.3.2.2.1 Grundschaltungen

Bei Frequenzen bis 10 MHz werden meist die in Abb. 26.76 gezeigten Oszillatoren verwendet. Oberhalb 10 MHz verwendet man entweder einen Clapp-Oszillator mit Parallelresonanz oder einen einstufigen Butler-Oszillator mit Serienresonanz.

Clapp-Oszillator

Den in Abb. 26.81a gezeigten Clapp-Oszillator erhält man, indem man die Induktivität des in Abb. 26.29d auf Seite 1531 gezeigten Clapp-Oszillators durch einen Quarz-Resonator ersetzt. Die Koppelkapazität C_k ist in der Regel deutlich kleiner als die Kapazitäten C_2, C_3 des Colpitts-Spannungsteilers; typische Werte liegen im Bereich $C_k = 1 \ldots 4,7\,\text{pF}$ und $C_2, C_3 = 22 \ldots 100\,\text{pF}$. Die Widerstände kann man meist problemlos so hochohmig wählen, dass die Schleifengüte ausreichend hoch bleibt; nur bei sehr geringen Versorgungsspannungen muss der Widerstand R_E durch eine Stromquelle ersetzt werden.

Butler-Oszillator

Ab etwa 30 MHz muss man Oberton-Oszillatoren verwenden. Damit der Quarz-Resonator auf einem Oberton betrieben werden kann, muss man die Schleife um einen auf den gewünschten Oberton abgestimmten LC-Schwingkreis erweitern; dadurch wird Schleifenverstärkung unter- und oberhalb des gewünschten Obertons stark reduziert. Die am häufigsten verwendete Schaltung ist der in Abb. 26.81b gezeigte einstufige Butler-Oszillator. Man erhält ihn aus dem zweistufigen Butler-Oszillator aus Abb. 26.76b, indem man den Widerstand R_C und die Kollektorschaltung mit dem Transistor T_2 durch einen LC-Parallelschwingkreis mit kapazitivem Spannungsteiler ersetzt. Die resultierende Schaltung entspricht dem in Abb. 26.27 auf Seite 1529 gezeigten Colpitts-Oszillator in Basisschaltung mit dem Unterschied, dass die Schleife nun über den Quarz-Resonator geschlossen wird und man deshalb nur bei den Serienresonanzfrequenzen des Resonators eine ausreichend starke Mitkopplung erhält.

Bei der Dimensionierung ersetzt man den Quarz-Resonator zunächst durch eine Parallelschaltung aus einem Widerstand entsprechend dem Serienwiderstand R_n des Resonators beim gewünschten Oberton n und einer Kapazität entsprechend der statischen Kapazität C_0 des Resonators. Dann dimensioniert man die Schaltung so, dass sie etwa auf dem gewünschten Oberton schwingt. Schließlich ersetzt man die Ersatzelemente wieder durch den Quarz-Resonator. Die Güte des LC-Schwingkreises darf nicht zu hoch sein, da sonst ein sehr exakter Abgleich des Kreises erforderlich ist. In der Praxis verwendet man Güten im Bereich von 10; dazu kann man eine Spule mit entsprechend geringer Güte verwenden oder die Güte mit dem in Abb. 26.81b gezeigten Widerstand R_Q reduzieren.

Die Schaltung hat den Vorteil, dass man die Phase der Schleifenverstärkung durch eine Verstimmung des LC-Schwingkreises einstellen und damit das Rauschverhalten im eingeschwungenen Zustand optimieren kann. Ein weiterer Vorteil ist das günstige Begrenzungsverhalten. Im Gegensatz zu den Oszillatoren mit Parallelresonanz wird der Butler-Oszillator so dimensioniert, dass die Amplitude durch die Basis-Kollektor-Diode des Transistors begrenzt wird. Dadurch wird zwar die Güte des LC-Schwingkreises reduziert, das ist hier aber nicht relevant, da die Serienresonanz des Quarz-Resonators die Schleifengüte bestimmt. Die Begrenzung durch die Basis-Kollektor-Diode muss wirksam werden, bevor die Amplitude des Stroms am Eingang der Basisschaltung so groß wird, dass der Eingangswiderstand zunimmt. Abbildung 26.82 zeigt Schaltung mit den relevanten Größen und das zugehörige Ersatzschaltbild. Die Basis-Kollektor-Diode leitet, wenn die Basis-Kollektor-Spannung U_{BC} größer als 0,6 V wird; mit $u_1(t) = \hat{u}_1 \cos \omega_R t$ folgt:

$$U_{BC} = U_B + \hat{u}_1 - U_b \overset{!}{>} 0{,}6\,\text{V} \quad \Rightarrow \quad \hat{u}_1 > U_b - U_B + 0{,}6\,\text{V}$$

Den Zusammenhang zwischen u_1 und dem Eingangsstrom i_e der Basisschaltung erhalten wir aus dem Kleinsignalersatzschaltbild:

$$\frac{\underline{i}_e(s)}{\underline{u}_1(s)} = \frac{sC_2}{1 + s(C_2 + C_3)(R_n + r_E)}$$

Dabei ist R_n der Serienwiderstand des Resonators und $r_E \approx 1/S$ der Eingangswiderstand des Transistors am Emitter; den Widerstand R_E können wir wegen $R_E \gg r_E$ vernachlässigen. Für das Verhältnis der Amplituden bei der Resonanzfrequenz gilt:

$$\frac{\hat{i}_e}{\hat{u}_1} = \left| \frac{\underline{i}_e(s)}{\underline{u}_1(s)} \right|_{s=j\omega_R} = \frac{\omega_R C_2}{\sqrt{1 + \left[\omega_R (C_2 + C_3)(R_n + r_E) \right]^2}} \approx \frac{C_2}{(C_2 + C_3)(R_n + r_E)}$$

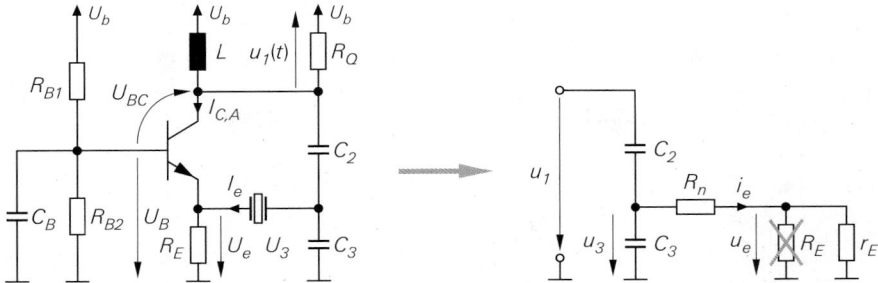

Abb. 26.82. Ersatzschaltbild zur Berechnung des Begrenzungsverhaltens

Bei der Näherung machen wir davon Gebrauch, dass die Phase bei der Resonanzfrequenz etwa Null sein muss und deshalb der Term mit s bzw. ω_R im Nenner größer sein muss als die Konstante Eins; bei korrekter Einstellung der Schleifenverstärkung ist diese Bedingung demnach automatisch erfüllt. Beim Eintritt der Begrenzung sollte die Amplitude $\hat{i}_e$ nicht mehr als 2/3 des Ruhestroms betragen:

$$\hat{u}_1 = U_b - U_B + 0{,}6\,\text{V} \quad \Rightarrow \quad \hat{i}_e \leq \frac{2}{3} I_{C,A}$$

Damit erhält man die Bedingung:

$$I_{C,A} \geq \frac{3}{2} \frac{C_2}{C_2 + C_3} \frac{U_b - U_B + 0{,}6\,\text{V}}{R_n + r_E} \tag{26.31}$$

Die Bedingung ist implizit, da $r_E \approx 1/S = U_T/I_{C,A}$ von $I_{C,A}$ abhängt; das stört aber nicht, da man bei der Dimensionierung zunächst $I_{C,A}$ vorgibt, dann die Schleifenverstärkung mit C_2 und C_3 einstellt und erst danach prüft, ob die Bedingung erfüllt ist.

Beispiel: Wir dimensionieren den einstufigen Butler-Oszillator aus Abb. 26.81b in diskreter Schaltungstechnik für $f_R = 30$ MHz. Da der Transistor in Basisschaltung betrieben wird, können wir bei dieser Frequenz noch einen gewöhnlichen NF-Kleinleistungstransistor des Typs BC547B verwenden. Als Resonator verwenden wir einen 10 MHz-Quarz-Resonator im 3.Oberton ($n = 3$) mit $R_n = R_3 = 3R_1 = 15\,\Omega$, $C_0 = 5{,}5\,\text{pF}$ und $Q = 126000$. Den Ruhestrom $I_{C,A}$ des Transistors wählen wir so, dass der Eingangswiderstand r_e der Basisschaltung kleiner wird als der Serienwiderstand R_3 des Resonators:

$$I_{C,A} = 3\,\text{mA} \quad \Rightarrow \quad r_e \approx r_E \approx \frac{1}{S} = \frac{U_T}{I_{C,A}} = \frac{26\,\text{mV}}{3\,\text{mA}} \approx 9\,\Omega$$

Da der LC-Schwingkreis eine geringe Güte besitzt und der Teilerfaktor $n_C = 1 + C_3/C_2$ meist sehr hoch ist, beträgt der effektive Ausgangswiderstand r_a der Basisschaltung am Ausgang des Teilers nur wenige Ohm; wir erwarten deshalb eine Schleifengüte von:

$$Q_{LG} \overset{(26.6)}{=} \frac{R_3}{R_3 + r_e + r_a} Q \overset{r_a \to 0}{\approx} \frac{15}{15 + 9} \cdot 126000 \approx 79000$$

Für den LC-Schwingkreis geben wir $L = 1\,\mu\text{H}$ vor und erhalten damit für $f_R = 30$ MHz eine effektive Schwingkreiskapazität:

$$\omega_R^2 LC \overset{!}{=} 1 \quad \Rightarrow \quad C = \frac{1}{\omega_R^2 L} = \frac{1}{(2\pi \cdot 30\,\text{MHz})^2 \cdot 1\,\mu\text{H}} \approx 28\,\text{pF}$$

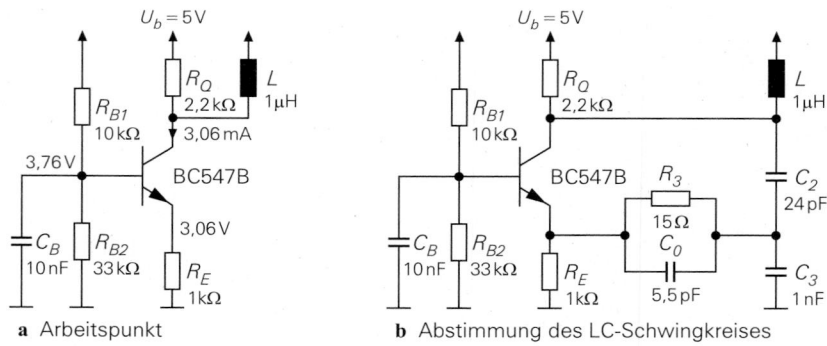

a Arbeitspunkt   **b** Abstimmung des LC-Schwingkreises

Abb. 26.83. Beispiel: Dimensionierung eines Butler-Oszillators für $f_R = 30\,\text{MHz}$

Sie setzt sich näherungsweise aus der Kollektor-Basis-Kapazität $C_C \approx 3{,}5\,\text{pF}$ des Transistors und den Kapazitäten C_2 und C_3 zusammen:

$$C \approx C_C + \frac{C_2 C_3}{C_2 + C_3}$$

Wir erwarten einen hohen Teilerfaktor mit $C_3 \gg C_2$; daraus folgt:

$$C \overset{C_3 \gg C_2}{\approx} C_C + C_2 \;\Rightarrow\; C_2 \approx C - C_C \approx 24{,}5\,\text{pF} \;,\; C_3 > 250\,\text{pF}$$

Den Widerstand R_Q erhalten wir aus der Forderung, dass der LC-Schwingkreis etwa eine Güte von 10 haben soll:

$$Q \overset{(26.3)}{=} R_Q \sqrt{\frac{C}{L}} \overset{!}{\approx} 10 \;\Rightarrow\; R_Q \approx 10 \cdot \sqrt{\frac{1\,\mu\text{H}}{28\,\text{pF}}} \approx 1{,}9\,\text{k}\Omega$$

Da wir die Verluste der Spule vernachlässigt haben, wählen wir mit $R_Q = 2{,}2\,\text{k}\Omega$ den nächstgrößeren Normwert.

Abbildung 26.83a zeigt den Arbeitspunkt der Schaltung. Die Widerstände R_{B1}, R_{B2} und R_E haben wir so gewählt, dass der Ruhestrom etwa 3 mA beträgt. Damit die Basis des Transistors bei $f_R = 30\,\text{MHz}$ kleinsignalmäßig möglichst gut mit Masse verbunden ist, haben wir für C_B einen Kondensator gewählt, dessen Resonanzfrequenz etwa bei 30 MHz liegt ($C_B = 10\,\text{nF}$, $L_{CB} \approx 3\,\text{nH} \Rightarrow f_{res} \approx 29\,\text{MHz}$).

Zunächst ersetzen wir den Quarz-Resonator durch eine RC-Parallelschaltung R_3, C_0 und dimensionieren den Teiler C_2, C_3 mit Hilfe einer Schaltungssimulation so, dass wir bei $f_R = 30\,\text{MHz}$ eine Schleifenverstärkung von etwa 3 dB erhalten. Abbildung 26.83b zeigt die Schaltung mit den optimierten Werten $C_2 = 24\,\text{pF}$ und $C_3 = 1\,\text{nF}$. Die Schleifengüte beträgt $Q_{LG} \approx 8$. Wenn wir nun die RC-Parallelschaltung durch den Quarz-Resonator ersetzen, erhalten wir eine Schleifengüte $Q_{LG} \approx 72500$. Die Bedingung (26.31) für eine Begrenzung durch die Kollektor-Basis-Diode ist erfüllt:

$$I_{C,A} \geq \frac{3}{2} \frac{C_2}{C_2 + C_3} \frac{U_b - U_B + 0{,}6\,\text{V}}{R_n + r_E}$$

$$= \frac{3}{2} \frac{24}{24 + 1000} \frac{5\,\text{V} - 3{,}76\,\text{V} + 0{,}6\,\text{V}}{15\,\Omega + 9\,\Omega} \approx 2{,}7\,\text{mA}$$

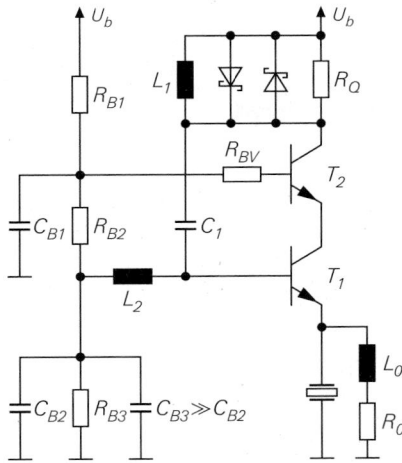

Abb. 26.84.
Typischer Aufbau eines diskreten Quarz-
Oszillators für hohe Anforderungen

26.3.2.2.2 Schaltungen für hohe Anforderungen

Diskrete Ausführung

Die im letzten Abschnitt behandelten Oszillatoren sind einfach zu realisieren, haben aber den Nachteil, dass die Rauschzahlen der Kollektorschaltung des Clapp-Oszillators und der Basisschaltung des Butler-Oszillators relativ hoch sind und die Begrenzung der Amplitude durch die Basis-Kollektor-Dioden das Rauschverhalten zusätzlich verschlechtert. Bei hohen Anforderungen wird deshalb bevorzugt eine Emitterschaltung mit Kaskode-Stufe und einer rauscharmen Begrenzung durch Schottky-Dioden verwendet. Als weitere Maßnahme wird der bei Serienresonanz störende Einfluss der statischen Kapazität C_0 durch eine Parallelinduktivität kompensiert.

Abbildung 26.84 zeigt den typischen Aufbau eines derartigen Oszillators. Die Transistoren werden mit einem Ruhestrom von etwa $10 \ldots 20 \, \text{mA}$ betrieben. Die Induktivität L_0 bildet zusammen mit der statischen Kapazität C_0 des Quarz-Resonators einen Parallelschwingkreis, der auf die Resonanzfrequenz abgeglichen wird; für $f_R = 10 \ldots 100 \, \text{MHz}$ und $C_0 \approx 5 \ldots 6 \, \text{pF}$ erhält man $L_0 \approx 0,47 \ldots 47 \, \mu\text{H}$. Die Güte dieses Kreises wird mit dem Widerstand R_0 eingestellt. Da R_0 auch als Gegenkopplungswiderstand für die Arbeitspunkteinstellung dient, ist der Wertebereich eingeschränkt; typische Werte liegen im Bereich $R_0 = 100 \ldots 330 \, \Omega$. Daraus folgt für die Güte des Parallelschwingkreises:

$$ Q_0 = \frac{\omega_R L_0}{R_0} = \frac{1}{\omega_R C_0 R_0} \approx 1 \ldots 30 $$

Man wählt R_0 so, dass $Q_0 \approx 5 \ldots 10$ gilt.

Die Mitkopplung erfolgt über den Parallelschwingkreis aus L_1, L_2, C_1. Die Güte dieses Kreises wird mit R_Q eingestellt und nimmt bei einsetzender Begrenzung durch die Schottky-Dioden ab; dadurch wird die Schleifenverstärkung reduziert. Die gezeigte Ausführung des Kreises hat den Vorteil, dass man die Induktivität L_2 zur Zuführung des Basisstroms des Transistors T_1 verwenden kann; dadurch kann man das 1/f-Rauschen des Transistors und das Rauschen des Basisspannungsteilers sehr stark reduzieren, wenn man gleichzeitig zwei Abblockkondensatoren verwendet, von denen der eine bei der Resonanzfrequenz f_R und der andere bei Frequenzen unter $10 \, \text{kHz}$ eine besonders niedrige

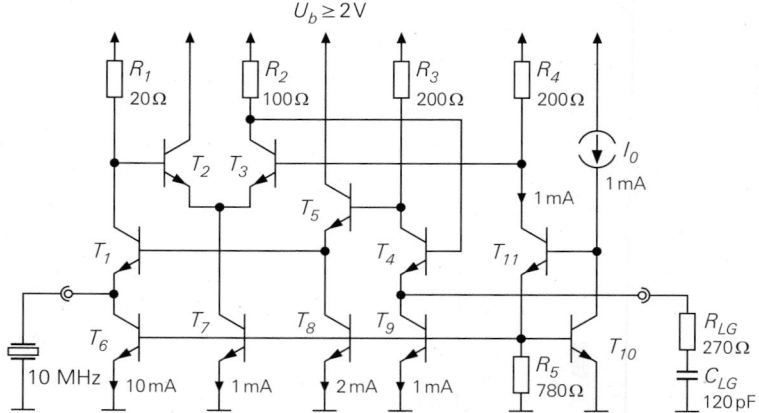

Abb. 26.85. Integrierter Quarz-Oszillator für hohe Anforderungen

Impedanz besitzt. Bei T_2 ist dies nicht notwendig, da die Kaskode praktisch keinen Einfluss auf das Rauschverhalten hat; hier muss man statt dessen einen Basisvorwiderstand $R_{BV} \approx 22 \ldots 100\,\Omega$ einfügen, um parasitäre Schwingungen der Kaskode-Stufe zu verhindern. Die besten Ergebnisse erzielt man mit rauscharmen HF-Transistoren, z.B. dem Typ BFP181. Da diese Transistoren eine für diese Anwendung viel zu hohe Transitfrequenz besitzen, muss der praktische Aufbau äußerst sorgfältig erfolgen, damit keine parasitären Schwingungen im oberen MHz- oder im GHz-Bereich auftreten; dazu sind häufig weitere Filtermaßnahmen im Bereich des Basisspannungsteilers und/oder das Einfügen eines Dämpfungswiderstands in der Emitterleitung von T_2 erforderlich.

Integrierte Ausführung

Dasselbe Prinzip kann man auch in einem integrierten Quarz-Oszillator verwenden; Abb. 26.85 zeigt eine typische Ausführung. Die Emitterschaltung mit dem Transistor T_1 wird mit einem Ruhestrom von etwa 10 mA betrieben, damit der Emitterwiderstand r_E klein bleibt. Die Verstärkung dieser Stufe liegt bei einem hochwertigen 10 MHz-Quarz-Resonator etwa bei $2 \ldots 2{,}5$. Der nachfolgende Differenzverstärker T_2, T_3 begrenzt die Amplitude auf etwa 50 mV (100 mV Spitze-Spitze); die Verstärkung im linearen Bereich liegt etwa bei Eins. Das Ausgangssignal des Differenzverstärkers wird mit einer weiteren Emitterschaltung mit dem Transistor T_4 nach Betrag und Phase angepasst – dazu dienen die externen Elemente R_{LG} und C_{LG} – und über die Kollektorschaltung mit dem Transistor T_5 auf die Basis von T_1 zurückgekoppelt. Die anderen Transistoren bilden eine Stromquellenbank zur Einstellung der Ruheströme.

Bei Transistoren mit großen Kollektor-Substrat-Kapazitäten kann die Ausgangskapazität des Stromquellen-Transistors T_6 so groß werden, dass die Schleifenverstärkung oberhalb der Resonanzfrequenz größer Eins wird; in diesem Fall muss man einen Widerstand mit $10 \ldots 50\,\Omega$ in die Kollektorleitung von T_6 einfügen und die Wirkung mit einer Simulation der Schleifenverstärkung bis zur Transitfrequenz der Transistoren verifizieren.

Die Schaltung hat den Vorteil, dass keine Induktivitäten benötigt werden und die Schleifenverstärkung vergleichsweise einfach mit R_{LG} und C_{LG} eingestellt werden kann. Mit einem hochwertigen 10 MHz-Quarz-Resonator mit einer Güte $Q \approx 126.000$ erzielt man mit der in Abb. 26.85 angegebenen Dimensionierung eine Schleifengüte $Q_{LG} > 80.000$.

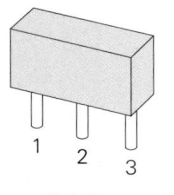 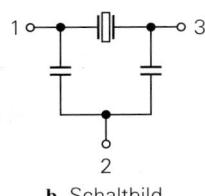

a Gehäuse   b Schaltbild

Abb. 26.86.
Keramischer Resonator mit Colpitts-
Kapazitäten für den Betrieb mit einem
Inverter

Durch eine nachträgliche Variation von R_{LG} und C_{LG} kann man das Rauschen im einge-schwungenen Zustand optimieren. Aufgrund des mehrstufigen Aufbaus ist das Rauschen aber deutlich höher als bei der diskreten Ausführung in Abb. 26.84.

26.3.3 Alternative Resonatoren

26.3.3.1 Keramische Resonatoren

Für Taktoszillatoren wird die hohe Güte von Quarz-Resonatoren in der Regel nicht benö-tigt. Als einfache und preisgünstige Alternative werden *Keramik-Resonatoren* verwendet, die wie Quarz-Resonatoren aufgebaut sind, aber anstelle eines Quarz-Plättchens ein Plätt-chen aus Zirkonium-Titanat-Keramik verwenden. Um die Anwendung weiter zu verein-fachen, sind die Kapazitäten für einen Colpitts-Oszillator mit Inverter gemäß Abb. 26.79 auf Seite 1576 bereits mit integriert, so dass der Resonator ohne weitere Beschaltung di-rekt an die Taktoszillator-Anschlüsse gängiger Mikrocontroller, Interface-Bausteine (z.B. USB-Controller) oder Audio-D/A-Umsetzer (z.B. in MP3-Playern) angeschlossen werden kann. Abbildung 26.86 zeigt eine typische Ausführung im Standardgehäuse. In modernen Geräten werden miniaturisierte Ausführungen in SMD-Technik eingesetzt.

Keramische Resonatoren gibt es für den Frequenzbereich $f_R = 0{,}4\ldots50\,\text{MHz}$. Das Ersatzschaltbild entspricht dem eines Quarz-Resonators; die Güte $Q \approx 500\ldots4000$ ist jedoch deutlich geringer. Abbildung 26.89 auf Seite 1584 zeigt typische Werte.

26.3.3.2 Oberflächenwellen-Resonatoren

Quarz-Resonatoren kann man im Oberton-Betrieb bis etwa 200 MHz einsetzen; der hö-here Schaltungsaufwand für Oberton-Oszillatoren ist dabei aber bereits störend. Höher-frequente Referenzsignale mit hohen Genauigkeitsanforderungen wurden in der Vergan-genheit in der Regel mit phasenstarren Schleifen (PLL) aus niederfrequenten Quarz-Oszillatorsignalen abgeleitet; für die in sehr großen Stückzahlen gefertigten drahtlosen Fernbedienungen mit Frequenzen im Bereich von 433...434 MHz ist dies aber zu aufwen-dig und zu teuer. Für diese Anwendungen werden heute *Oberflächenwellen-Resonatoren* (*surface-acoustic wave resonator, SAW resonator*) – kurz *SAW-Resonatoren* genannt – verwendet.

Abbildung 26.87 zeigt den Aufbau eines SAW-Resonators, der weitgehend dem Auf-bau eines SAW-Filters entspricht, siehe Abb. 23.16 auf Seite 1298. Ein SAW-Resonator besitzt in der Regel nur einen aktiven Wandler. Die Resonanz wird durch die Reflexion der erzeugten Oberflächenwellen an den beiden Reflektoren verursacht. Man kann aber auch ein schmalbandiges SAW-Filter als Resonator verwenden; dabei wird das Filter an-stelle eines Serienschwingkreises im Rückkopplungszweig eines Verstärkers eingesetzt. SAW-Filter, die für diesen Einsatz gedacht sind, werden als *Vierpol-SAW-Resonatoren* bezeichnet, im Gegensatz zu dem in Abb. 26.87 gezeigten *Zweipol-SAW-Resonator*. Ab-bildung 26.88 zeigt die Schaltsymbole und Ersatzschaltbilder der beiden Ausführungen.

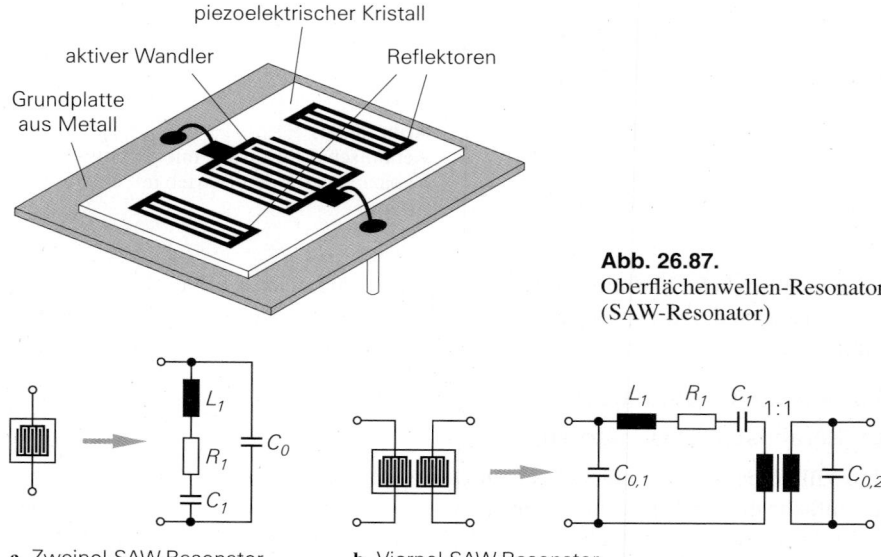

Abb. 26.87.
Oberflächenwellen-Resonator
(SAW-Resonator)

a Zweipol-SAW-Resonator   **b** Vierpol-SAW-Resonator

Abb. 26.88. Schaltsymbole und Ersatzschaltbilder von SAW-Resonatoren

Beim Vierpol-SAW-Resonator tritt keine statische Kapazität parallel zum Serien-schwingkreis auf; dadurch wird eine Zunahme der Schleifenverstärkung oberhalb der Resonanzfrequenz vermieden. Darüber hinaus kann man die Polarität der Schleifenver-stärkung invertieren, indem man die Anschlüsse am Eingang oder am Ausgang vertauscht; dadurch ist der Resonator für Serienresonanz-Oszillatoren mit invertierendem und nichtin-vertierendem Verstärker gleichermaßen geeignet.

SAW-Resonatoren gibt es für den Frequenzbereich $f_R = 200 \ldots 1000\,\mathrm{MHz}$. Sie schließen damit unmittelbar an den von Oberton-Quarz-Resonatoren abgedeckten Bereich an. Die Güte liegt bei $Q \approx 10.000 \ldots 30.000$. Abbildung 26.89 zeigt typische Werte.

Frequenz [MHz]	L_1 [mH]	C_1 [fF]	R_1 [Ω]	C_0 [pF]	Q	Δf [kHz]
Quarz-Resonatoren						
1	3.000	8,4	400	3,5	47.000	1,2
10	10	25,3	5	5,5	126.000	23
Keramische Resonatoren						
0,4	8	19.790	10	280	2.010	13,9
1	5	5.066	45	55	700	45
10	0,1	2.745	7	18	900	680
20	0,5	126	20	12	3.140	105
50	0,2	50,7	30	5,5	2.090	230
SAW-Resonatoren						
315	0,16	1,6	20	2,5	15.800	101
434	0,1	1,34	20	2	13.600	146
916	0,06	0,5	13	2	26.500	115

Abb. 26.89. Typische Kenndaten mechanischer Resonatoren ($\Delta f = f_P - f_S$)

26.4 Frequenzabstimmung

In nachrichtentechnischen Systemen sind die Oszillatoren mit Ausnahme der freilaufenden Referenzoszillatoren immer über eine phasenstarre Schleife (PLL) an eine Referenz gekoppelt. Bei Sendern und Empfängern gilt das nicht nur für die Lokaloszillatoren mit variabler Frequenz, mit denen der Sende- bzw. Empfangskanal ausgewählt wird, sondern auch für die Lokaloszillatoren mit fester Frequenz, da die Frequenzgenauigkeit im freilaufenden Betrieb selbst bei Quarz-Oszillatoren in der Regel zu gering ist oder aus systemtechnischen Gründen ohnehin eine phasenstarre Kopplung erfolgen muss; siehe Abschnitt 22.1.3 und Abb. 22.7 auf Seite 1240.

Die Frequenzabstimmung erfolgt in der Regel mit Kapazitätsdioden (*(bipolare) Varaktoren*) oder *MOS-Kondensatoren* (*MOS-Varaktoren*), deren Kapazität mit einer Gleichspannung leistungslos gesteuert werden kann. Kapazitätsdioden haben wir im Abschnitt 1.4.3 behandelt. Bei MOS-Varaktoren nutzt man die Spannungsabhängigkeit der Gate-Kapazität eines Mosfets, bei dem Source- und Bulk-Anschluss verbunden sind. Die Varaktoren werden direkt oder über Koppelkapazitäten am Schwingkreis eines Oszillators angeschlossen – siehe Abb. 1.27 auf Seite 29 –, so dass die Frequenz des Oszillators mit Hilfe der Gleichspannung am Varaktor eingestellt werden kann. Man nennt diese Oszillatoren deshalb auch *spannungsgesteuerte Oszillatoren* (*voltage-controlled oscillator*) oder kurz *VCO*.

Es gibt zahlreiche weitere Möglichkeiten, die Frequenz eines Oszillators zu steuern, die aber nur in Ausnahmefällen angewendet werden; wir verzichten deshalb auf eine Darstellung. In breitbandigen Sendern und Empfängern mit Frequenzen im GHz-Bereich werden gelegentlich *YIG-Oszillatoren* verwendet, bei denen das Resonanzverhalten eines dielektrischen Resonators durch ein Magnetfeld beeinflusst wird; dabei bezieht sich die Bezeichnung YIG auf das Material des Resonators: Yttrium-Indium-Granat. Obwohl die primäre Steuergröße in diesem Fall keine Spannung ist, zählt man diese Oszillatoren dennoch zu den VCOs, da die Steuergröße ihrerseits wieder durch eine Spannung gesteuert wird.

In der Praxis wird die Bezeichnung VCO nicht einheitlich verwendet. Während man in der Schaltungstechnik *alle* Oszillatoren mit Frequenzabstimmung als VCOs bezeichnet, werden in der Nachrichtentechnik nur die Oszillatoren als VCOs bezeichnet, die ein Signal mit variabler Frequenz liefern müssen. Oszillatoren, bei denen die Frequenzabstimmung nur dazu dient, den Oszillator durch eine geringfügige Änderung der Frequenz an eine Referenz zu koppeln, werden in der Nachrichtentechnik nicht als VCOs bezeichnet.

Aus dem zulässigen Bereich der Steuerspannung und der zugehörigen Änderung der Kapazität der Varaktoren ergibt sich zusammen mit den Parametern des abzustimmenden Schwingkreises der *Abstimmbereich* (*tuning range*), d.h. der Bereich, innerhalb dem die Frequenz des Oszillators abgestimmt werden kann. Wenn der Abstimmbereich größer ist als eine Oktave (Frequenzverhältnis 1:2), bezeichnet man den Oszillator als *Breitband-VCO* (*wideband VCO*).

VCOs in mobilen Endgeräten, die verschiedene Funkdienste nutzen, verfügen häufig nicht nur über eine kontinuierliche Abstimmung innerhalb eines Frequenzbandes, sondern zusätzlich über eine Umschaltung zwischen den Frequenzbändern der verschiedenen Dienste. Ob man dabei einen einzigen Oszillator – z.B. einen LC-Oszillator mit einer Bandumschaltung durch eine elektronische Umschaltung der Induktivität und einer Abstimmung innerhalb des Bandes mit einem Varaktor – verwenden kann oder getrennte Oszillatoren verwenden muss, muss im Einzelfall geprüft werden. VCOs mit Bandumschaltung werden als *Multiband-VCOs* (*multiband VCO*) bezeichnet.

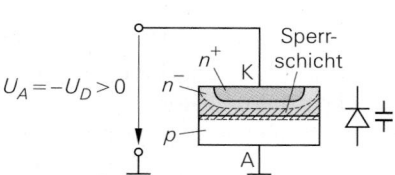

a Kapazitätsdiode (bipolarer Varaktor)

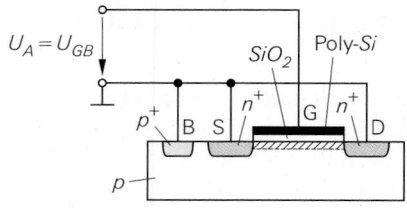

b MOS-Varaktor (n-Kanal-Ausführung)

Abb. 26.90. Aufbau von Varaktoren

26.4.1 Varaktoren

26.4.1.1 Bipolare Varaktoren

Bipolare Varaktoren (Kapazitätsdioden, Abstimmdioden, *varicap*) haben wir bereits im Abschnitt 1.4.3 beschrieben. Sie sind als diskrete Bauelemente in verschiedenen Ausführungen und Kapazitätsbereichen erhältlich und werden in allen diskret aufgebauten VCOs eingesetzt.

Abbildung 26.90a zeigt den inneren Aufbau mit der spannungsabhängigen Sperrschicht, die die Kapazität bildet. Das Ersatzschaltbild erhält man aus dem Kleinsignalmodell in Abb. 1.20b auf Seite 23, indem man berücksichtigt, dass die Diode im Sperrbereich betrieben wird ($r_D \to \infty$) und die Kapazität C_D in diesem Fall der Sperrschichtkapazität C_S entspricht, siehe Abschnitt 1.3.4.2:

$$C_D(U_A) \;=\; C_S(U_D = -U_A) \;\overset{(1.12)}{=}\; \frac{C_{S0}}{\left(1 + \dfrac{U_A}{U_{Diff}}\right)^{m_S}} \tag{26.32}$$

Dabei ist C_{S0} die Null-Kapazität bei $U_A = 0$, U_{Diff} die Diffusionsspannung und m_S der Kapazitätskoeffizient. Da bei Kapazitätsdioden ein anderes Dotierungsprofil verwendet wird als bei gewöhnlichen Dioden, sind die Werte für U_{Diff} und m_S größer; typische Werte sind $U_{Diff} \approx 0{,}7 \ldots 1$ V und $m_S = 0{,}4 \ldots 1$.

In integrierten Schaltungen kann man zwar jeden gesperrten pn-Übergang durch Variation der Sperrspannung als Kapazitätsdiode betreiben, man erreicht dabei aber nicht die Kapazitätsänderung und die Güte der mit speziellen Halbleiterprozessen hergestellten diskreten Dioden.

26.4.1.2 MOS-Varaktoren

Es gibt mehrere Möglichkeiten, in einem MOS-Prozess einen Varaktor herzustellen. Wir beschränken uns hier auf die Variante, die man aus einem n-Kanal-Mosfet erhält, indem man den Bulk-, den Source- und den Drain-Anschluss verbindet, siehe Abb. 26.90b. Da der Source- und der Drain-Anschluss aufgrund der Symmetrie gleichwertig sind, werden häufig beide Anschlüsse mit Source bezeichnet. Die als Steuerspannung wirkende Gate-Substrat-Spannung U_{GB} kann im Gegensatz zur Steuerspannung einer Kapazitätsdiode beide Polaritäten annehmen, da das Gate isoliert ist.

Die Funktion eines MOS-Varaktors hängt von der Ladungsverteilung im Substrat unterhalb des Gate-Anschlusses ab, siehe Abb. 26.91:

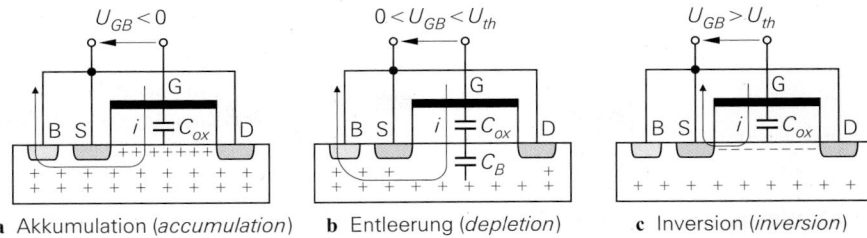

a Akkumulation (*accumulation*)   **b** Entleerung (*depletion*)   **c** Inversion (*inversion*)

Abb. 26.91. Ladungsverteilung in einem n-Kanal-MOS-Varaktor

- **Akkumulation** (*accumulation*): Für $U_{GB} < 0$ *akkumulieren* positive Ladungen im Substrat unter dem Gate und bilden den Gegenpol zum Gate. Die wirksame Kapazität entspricht in diesem Fall der Oxid-Kapazität C_{ox}.
- **Entleerung** (*depletion*): Für $0 < U_{GB} < U_{th}$ werden die positiven Ladungen im Substrat verdrängt, d.h. der Bereich unter dem Gate wird *entleert*. In diesem Fall wird der Gegenpol zum Gate durch die Ladung in der Tiefe des Substrats gebildet, so dass die Substrat-Kapazität C_B in Reihe zu C_{ox} wirksam wird; dadurch nimmt die Gesamtkapazität ab.
- **Inversion** (*inversion*): Für $U_{GB} > U_{th}$ bildet sich der aus negativen Ladungen bestehende Kanal, d.h. das Substrat unter dem Gate *invertiert* seine Ladung. In diesem Fall bildet der Kanal den Gegenpol zum Gate und die Tiefe des Substrats ist nicht mehr beteiligt, da der kapazitive Strom i nun nicht mehr über den Bulk-, sondern über den Source-Anschluss fließt. Die wirksame Kapazität entspricht wieder der Oxid-Kapazität.

Abbildung 26.92 zeigt den Verlauf der effektiven Kapazität im Vergleich zu einer typischen Kapazitätsdiode.

26.4.1.3 Kleinsignalmodell

Abbildung 26.93 zeigt die Kleinsignalmodelle von Varaktoren mit der Varaktor-Kapazität C_V und dem Bahnwiderstand R_V. Beide Werte hängen von der Abstimmspannung U_A ab. Bei diskreten Varaktoren muss man zusätzlich die Induktivität L_G und die Kapazität C_G des Gehäuses berücksichtigen.

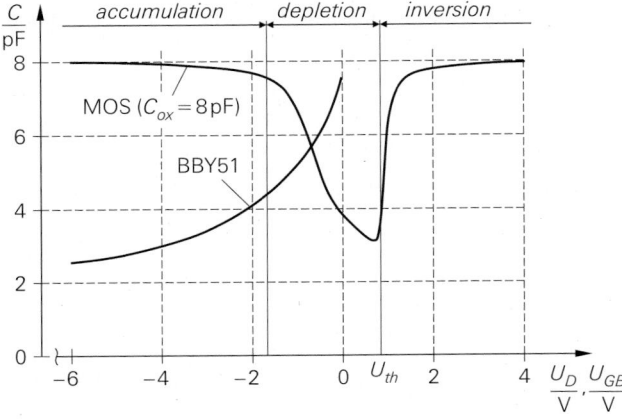

Abb. 26.92. Kapazität eines n-Kanal-MOS-Varaktors im Vergleich zu einer Kapazitätsdiode des Typs BBY51

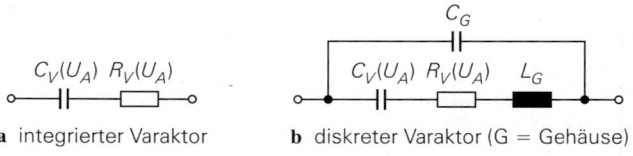

a integrierter Varaktor   **b** diskreter Varaktor (G = Gehäuse)

Abb. 26.93.
Kleinsignalmodelle von
Varaktoren

26.4.2 Abstimmung

Abbildung 26.94 zeigt die Frequenzabstimmung von Schwingkreisen mit einem Varaktor C_V. Bei dem Parallelschwingkreis in Abb. 26.94a kann es sich um einen LC-Schwingkreis oder das Modell für einen Resonator mit Parallelresonanz handeln, z.B. einen keramischen Koaxialresonator. Oszillatoren mit Parallelresonanz sind meist als Colpitts-Oszillatoren aufgebaut; für diesen Fall nehmen wir an, dass die Kapazitäten des Colpitts-Spannungsteilers und des Verstärkers in C_P enthalten sind. Für $C_K \to \infty$ (Kurzschluss von C_K) liegt der Varaktor parallel zu C_P. Bei dem Serienschwingkreis in Abb. 26.94b kann es sich um einen Serienresonator mit statischer Kapazität C_0 handeln, z.B. einen Quarz-Resonator; dagegen erhält man mit $C \to \infty$ das HF-Ersatzschaltbild einer Spule.

26.4.2.1 Abstimmung eines Parallelschwingkreises

Für die Resonanzfrequenz des Parallelschwingkreises in Abb. 26.94a gilt:

$$\omega_R = 2\pi f_R = \frac{1}{\sqrt{L\left(C_P + \dfrac{C_K C_V}{C_K + C_V}\right)}} \tag{26.33}$$

Wir nehmen an, dass der Varaktor im Bereich $C_{V,min} \le C_V \le C_{V,max}$ abgestimmt werden kann und verwenden im folgenden das Kapazitätsverhältnis:

$$v = \frac{C_{V,max}}{C_{V,min}} \quad \Rightarrow \quad C_{V,max} = v C_{V,min}$$

Die Kapazitäten C_P und C_K beziehen wir ebenfalls auf $C_{V,min}$:

$$c_P = \frac{C_P}{C_{V,min}} \quad , \quad c_K = \frac{C_K}{C_{V,min}} \tag{26.34}$$

Setzt man diese Zusammenhänge für die Fälle $C_V = C_{V,min}$ und $C_V = C_{V,max} = v C_{V,min}$ in (26.33) ein, erhält man für das Verhältnis der minimalen und der maximalen Resonanzfrequenz:

$$\frac{f_{R,max}}{f_{R,min}} = \sqrt{\frac{c_K + 1}{c_K + v} \frac{v c_P + (c_P + v)\,c_K}{c_P + (c_P + 1)\,c_K}} \tag{26.35}$$

Für $C_K \to \infty$ (Kurzschluss von C_K) folgt $c_K \to \infty$ und:

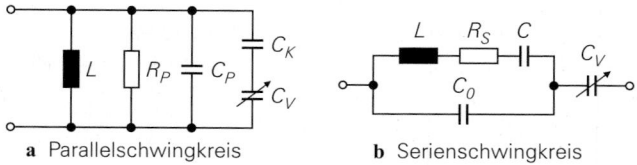

a Parallelschwingkreis   **b** Serienschwingkreis

Abb. 26.94.
Frequenzabstimmung
mit einem Varaktor C_V

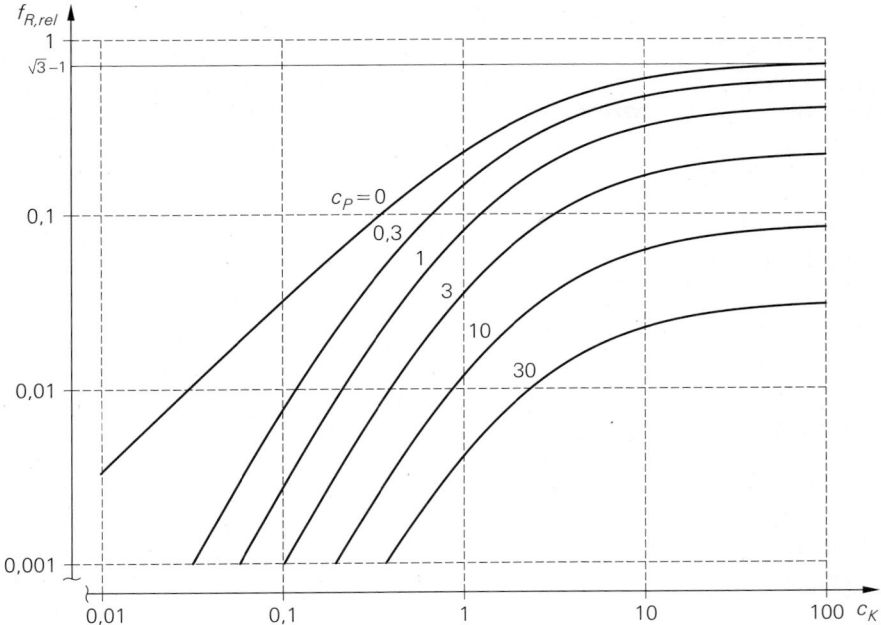

Abb. 26.95. Relativer Abstimmbereich eines Parallelschwingkreises für einen Varaktor mit einem Kapazitätsverhältnis $v = 3$

$$\frac{f_{R,max}}{f_{R,min}} = \sqrt{\frac{c_P + v}{c_P + 1}} \quad \text{für } c_K \to \infty \tag{26.36}$$

Daraus erhält man mit $C_P = 0$ bzw. $c_P = 0$ den maximal möglichen Abstimmbereich:

$$\frac{f_{R,max}}{f_{R,min}} = \sqrt{v} \quad \text{für } c_K \to \infty, c_P = 0$$

In diesem Fall besteht der Schwingkreis nur noch aus L und C_V und das Verhältnis der Resonanzfrequenzen entspricht der Wurzel des Kapazitätsverhältnisses v. In der Praxis kann man dies nur näherungsweise erreichen, indem man den Verstärker über eine möglichst kleine Kapazität mit dem Schwingkreis koppelt und dadurch die effektive Parallelkapazität C_P klein hält. Für einen Oszillator mit einem Abstimmbereich von einer Oktave ($f_{R,max}/f_{R,min} = 2$) benötigt man demnach einen Varaktor mit einem Kapazitätsverhältnis $v \geq 4$. Zur Darstellung verwenden wir den *relativen Abstimmbereich*:

$$f_{R,rel} = \frac{f_{R,max}}{f_{R,min}} - 1 = \frac{f_{R,max} - f_{R,min}}{f_{R,min}} \tag{26.37}$$

Bei einem Abstimmbereich von einer Oktave gilt $f_{R,rel} = 1$.

Abbildung 26.95 zeigt den relativen Abstimmbereich eines Parallelschwingkreises für einen Varaktor mit einem Kapazitätsverhältnis $v = 3$. Für $c_P = 0$ und $c_K \to \infty$ erhält man den maximal möglichen relativen Abstimmbereich $f_{R,rel} = \sqrt{3} - 1 \approx 0,73$. Mit zunehmender Parallelkapazität C_P und mit abnehmender Koppelkapazität C_K nimmt der relative Abstimmbereich ab.

Bei der Dimensionierung gibt man den gewünschten Abstimmbereich vor und ermittelt die in der jeweiligen Schaltung unvermeidbare, minimale Parallelkapazität $C_{P,min}$. Bei einem Colpitts-Oszillator ergibt sich $C_{P,min}$ aus den Kapazitäten des Colpitts-Spannungsteilers und des Transistors. Damit erhält man den minimalen Wert für c_P:

$$c_{P,min} = \frac{C_{P,min}}{C_{V,min}} \tag{26.38}$$

Aus (26.36) und (26.37) erhält man den maximalen Wert für c_P, bei dem der gewünschte relative Abstimmbereich mit $c_K \rightarrow \infty$ gerade noch erreicht werden kann:

$$c_{P,max} = \frac{v - \left(f_{R,max}/f_{R,min}\right)^2}{\left(f_{R,max}/f_{R,min}\right)^2 - 1} = \frac{v - \left(f_{R,rel} + 1\right)^2}{f_{R,rel}(f_{R,rel} + 2)} \tag{26.39}$$

Es muss $c_{P,max} \geq c_{P,min}$ gelten, damit eine Lösung existiert; daraus erhält man eine Forderung für die minimale Varaktor-Kapazität:

$$c_{P,max} \geq c_{P,min} = \frac{C_{P,min}}{C_{V,min}} \quad \Rightarrow \quad C_{V,min} \geq \frac{C_{P,min}}{c_{P,max}} \tag{26.40}$$

Wenn diese Forderung erfüllt ist, kann man im Prinzip einen beliebigen Wert c_P im Bereich $c_{P,min} \ldots c_{P,max}$ wählen und den zugehörigen Wert für c_K mit

$$c_K = \frac{b + \sqrt{b^2 + 4ac}}{2a} \quad \text{mit} \quad \left\{ \begin{array}{l} a = c_{P,max} - c_P \\ b = c_P + v\,(c_P + 1) \\ c = vc_P \end{array} \right. \tag{26.41}$$

berechnen. Da die Varaktor-Kapazität jedoch nichtlinear ist, muss die Spannungsamplitude am Varaktor klein bleiben; dazu muss die Kapazität C_K des kapazitiven Spannungsteilers C_K, C_V in Abb. 26.94a möglichst klein sein, d.h. c_K muss minimiert werden. Aus den Verläufen in Abb. 26.95 erkennt man, dass c_K für $c_P \rightarrow 0$ minimal wird, d.h. man muss c_P minimieren, indem man $C_{V,min}$ maximiert. Daraus ergibt sich folgende Vorgehensweise:

– Man ermittelt die unvermeidbare Parallelkapazität $C_{P,min}$.
– Man wählt einen Varaktor aus und ermittelt das erzielbare Kapazitätsverhältnis v.
– Aus (26.39) erhält man $c_{P,max}$ und damit mit (26.40) die Untergrenze für $C_{V,min}$.
– Da keine Obergrenze für $C_{V,min}$ existiert und ein möglichst großer Wert vorteilhaft ist, muss man in der Praxis einen Kompromisswert finden, für den man mit (26.38) und (26.41) einen ausreichend kleinen Wert für c_K erhält. Gegebenenfalls muss man mehrere Varaktoren parallel schalten, um einen ausreichend großen Wert für $C_{V,min}$ zu erzielen.
– Aus (26.34) folgt $C_P = c_P C_{V,min}$ und $C_K = c_K C_{V,min}$.
– Aus (26.33) erhält man die Induktivität:

$$L = \frac{1}{\left(2\pi f_{R,max}\right)^2 \left(C_P + \dfrac{C_K C_{V,min}}{C_K + C_{V,min}}\right)} = \frac{1}{\left(2\pi f_{R,max}\right)^2 C_{V,min}\left(c_P + \dfrac{c_K}{c_K + 1}\right)}$$

In der Praxis muss man diese Schritte in der Regel für verschiedene Varaktoren und verschiedene Werte für $C_{V,min}$ durchführen, bis eine Dimensionierung mit praktikablen Werten für die Kapazitäten und die Induktivität L vorliegt. Wenn L vorgegeben ist, ermittelt man den zugehörigen Wert für $C_{V,min}$, indem man die Gleichungen mit einem Mathematikprogramm auswertet.

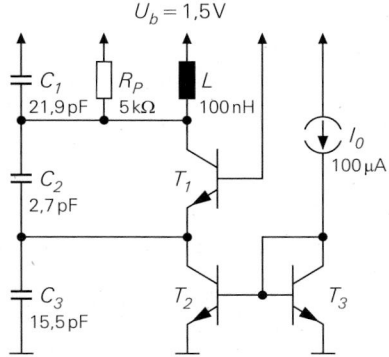

Abb. 26.96.
Beispiel: Colpitts-Oszillator für $f_R = 100\,\text{MHz}$

Beispiel: Wir versehen den Colpitts-Oszillator in Basisschaltung aus Abb. 26.27a auf Seite 1529 mit einer Frequenzabstimmung um $\pm 2{,}5\%$, um ihn in einem Empfänger als Festfrequenz-Lokaloszillator einsetzen zu können. Mit $f_{R,min} = 97{,}5\,\text{MHz}$ und $f_{R,max} = 102{,}5\,\text{MHz}$ erhalten wir $f_{R,rel} = 0{,}051$. Wir nehmen an, dass die Abstimmspannung von einer phasenstarren Schleife (PLL) erzeugt wird, die ebenfalls mit einer Versorgungsspannung $U_b = 1{,}5\,\text{V}$ betrieben wird und deshalb nur eine Spannung im Bereich $U_A = 0{,}3\ldots 1{,}2\,\text{V}$ liefern kann. Wir verwenden eine Kapazitätsdiode des Typs BB804 mit $C_{V,max} = C_D(U_A = 0{,}3\,\text{V}) = 70\,\text{pF}$, $C_{V,min} = C_D(U_A = 1{,}2\,\text{V}) = 52\,\text{pF}$ und $v = C_{V,max}/C_{V,min} = 1{,}35$. Aus (26.39) folgt $c_{P,max} = 2{,}29$.

Abbildung 26.96 zeigt den Oszillator mit den dimensionierten Kapazitäten C_1, C_2, C_3. Alle Kapazitäten mit Ausnahme der Kapazität C_1 bilden die unvermeidbare, minimale Parallelkapazität $C_{P,min}$; dazu gehören neben C_2 und C_3 auch die Kapazitäten der Transistoren. Wir können $C_{P,min}$ aus $L = 100\,\text{nH}$, $C_1 = 21{,}9\,\text{pF}$ und $f_R = 100\,\text{MHz}$ berechnen:

$$C_{P,min} = \frac{1}{(2\pi f_R)^2 L} - C_1 = \frac{1}{(2\pi \cdot 100\,\text{MHz})^2 \cdot 100\,\text{nH}} - 21{,}9\,\text{pF} = 3{,}43\,\text{pF}$$

Damit folgt (26.38) $c_{P,min} = 0{,}066$ und aus (26.40) $C_{V,min} \geq 1{,}5\,\text{pF}$.

Da die Induktivität $L = 100\,\text{nH}$ vorgegeben ist, werten wir Gleichungen entsprechend der beschriebenen Vorgehensweise mit einem Mathematikprogramm aus. Abbildung 26.97

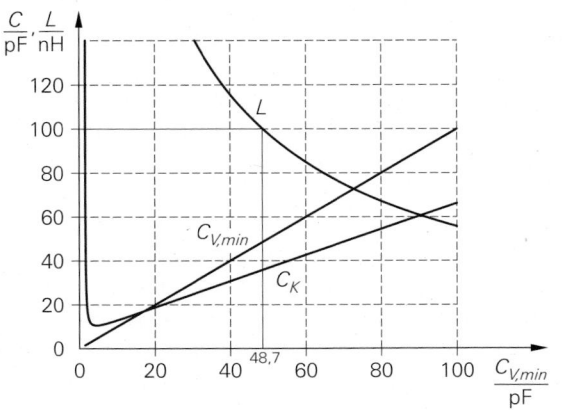

Abb. 26.97.
Beispiel: Dimensionierung der Frequenzabstimmung

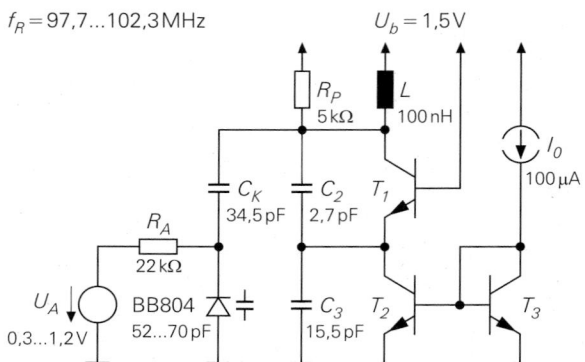

$f_R = 97,7\ldots102,3\,\text{MHz}$

Abb. 26.98.
Beispiel: Dimensionierte Schaltung (R_P repräsentiert die Verluste und ist kein Element der realen Schaltung)

zeigt das Ergebnis; dabei haben wir $C_{V,min}$ auch als Diagonale dargestellt, um den Vergleich mit C_K zu vereinfachen. Für $L = 100\,\text{nH}$ entnehmen wir $C_{V,min} = 48,7\,\text{pF}$ und $C_K = 36\,\text{pF}$. Der gefundene Wert für $C_{V,min}$ liegt unterhalb der minimalen Kapazität $C_{V,min} = 52\,\text{pF}$ der Diode, so dass wir einen geringfügig nach unten verschobenen Frequenzbereich erhalten; wir führen deshalb eine Feinabstimmung durch, indem wir den Abstimmbereich geringfügig verringern. Für $\pm2,34\%$ erhalten wir $C_{V,min} = 52\,\text{pF}$ und $C_K = 34,5\,\text{pF}$.

Im allgemeinen unterscheidet sich der gefundene Wert für $C_{V,min}$ wesentlich stärker von der minimalen Kapazität der Diode, so dass man mehrere Dioden parallel oder in Reihe schalten oder andere Dioden verwenden muss, um eine praktikable Lösung zu erhalten.

Abbildung 26.98 zeigt die dimensionierte Schaltung. Die Abstimmspannung U_A muss über einen Widerstand R_A zugeführt werden, damit die Diode nicht durch die Spannungsquelle kleinsignalmäßig kurzgeschlossen wird. Der Widerstand muss so groß gewählt werden, dass die Güte des Schwingkreises nicht nennenswert reduziert wird; aufgrund der kapazitiven Ankopplung mit dem minimalen Teilerfaktor $1 + C_{V,min}/C_K \approx 2,5$ ist dazu

$$R_A \left(1 + \frac{C_{V,min}}{C_K}\right)^2 \gg R_P$$

erforderlich. Wir wählen $R_A = 22\,\text{k}\Omega$.

Anstelle von R_A kann man auch eine Induktivität $L_A \gg L$ einsetzen, siehe Abschnitt 1.4.3 und Abb. 1.28 auf Seite 30. Man verwendet dazu eine Induktivität mit geringer Güte, deren Parallelresonanzfrequenz etwa der Resonanzfrequenz des Kreises entspricht; dadurch wird die Impedanz maximal. Bei diskret aufgebauten Oszillatoren oder integrierten Oszillatoren mit externen Kapazitätsdioden hat man die Wahl zwischen einem Widerstand R_A oder einer Induktivität L_A; dagegen muss man bei vollständig integrierten Oszillatoren einen Widerstand R_A verwenden, da eine ausreichend große Induktivität L_A nicht integriert werden kann.

Die Ankopplung über C_K hat auch zur Folge, dass an der Diode nur die (1/2,5)-fache Schwingkreisspannung auftritt. Da die Amplitude der Schwingkreisspannung bei dieser Schaltung ohnehin bereits sehr klein ist – sie beträgt nach Abb. 26.28 auf Seite 1530 etwa 180 mV –, bleibt die Amplitude an der Diode hier sehr klein. Bei Schaltungen mit größeren Amplituden muss man mit einer Schaltungssimulation prüfen, ob die Amplitude an den Dioden so groß wird, dass das Verhalten des Oszillators beeinträchtigt wird. Gegebenenfalls muss man eine Dimensionierung mit einem größeren Teilerfaktor ermitteln, indem man die Schwingkreisinduktivität L verringert, Dioden mit einem größeren Kapazitätsverhältnis verwendet oder den Bereich für die Abstimmspannung vergrößert.

26.4.2.2 Kennlinie

Aus der Kennlinie $C_V(U_A)$ des Varaktors und dem Zusammenhang zwischen der Kapazität C_V und der Resonanzfrequenz $f_R(C_V)$ erhält man die *Abstimmkennlinie* (*tuning characteristic*):

$$f_R(U_A) = f_R(C_V(U_A))$$

Sie sollte möglichst linear sein, damit der Betrieb mit einer phasenstarren Schleife (PLL) erleichtert wird. Für die regelungstechnische Auslegung einer PLL ist die Steigung

$$K_{VCO} = \frac{df_R}{dU_A} = \frac{\partial f_R}{\partial C_V} \frac{\partial C_V}{\partial U_A} \tag{26.42}$$

der Abstimmkennlinie maßgebend. Sie wird *Abstimmsteilheit* oder *VCO-Steilheit* (*VCO gain*) genannt und geht direkt in die Schleifenverstärkung der PLL ein. Ein einigermaßen konstantes Regelverhalten im gesamten Abstimmbereich erhält man nur, wenn die Steigung etwa konstant, d.h. die Abstimmkennlinie näherungsweise linear ist.

Aus (26.33) erhält man:

$$\frac{\partial f_R}{\partial C_V} = - \frac{\left(\dfrac{C_K}{C_K + C_V}\right)^2}{4\pi \sqrt{L} \left(C_P + \dfrac{C_K C_V}{C_K + C_V}\right)^{3/2}} = -2\pi^2 f_R^3 L \left(\frac{C_K}{C_K + C_V}\right)^2 \tag{26.43}$$

Wir betrachten die Grenzfälle:

– Der Abstimmbereich wird maximal, wenn die Schwingkreiskapazität nur aus der Varaktor-Kapazität C_V besteht ($C_P = 0$, $C_K \to \infty$); in diesem Fall gilt:

$$f_R = \frac{1}{2\pi \sqrt{LC_V}} \quad \Rightarrow \quad \frac{\partial f_R}{\partial C_V} = -\frac{1}{4\pi \sqrt{L}\, C_V^{3/2}}$$

Für eine Kapazitätsdiode mit

$$C_V = \frac{C_{S0}}{\left(1 + \dfrac{U_A}{U_{Diff}}\right)^{m_S}} \quad \Rightarrow \quad \frac{\partial C_V}{\partial U_A} = -\frac{m_S C_{S0}}{U_{Diff} \left(1 + \dfrac{U_A}{U_{Diff}}\right)^{m_S+1}}$$

kann man die Steigung der Abstimmkennlinie durch Einsetzen in (26.42) direkt angeben:

$$\frac{df_R}{dU_A} = \frac{m_S}{4\pi \sqrt{LC_{S0}}\, U_{Diff}} \left(1 + \frac{U_A}{U_{Diff}}\right)^{\frac{m_S}{2}-1} \overset{!}{=} \text{const.} \quad \Rightarrow \quad m_S = 2$$

Sie ist für $m_S = 2$ konstant. Kapazitätsdioden mit $m_S = 0{,}4 \ldots 1$ sind für diesen Anwendungsfall demnach nicht geeignet; deshalb gibt es spezielle *hyperabrupte Kapazitätsdioden*, die diesen Verlauf mit Hilfe eines speziellen Dotierungsprofils in einem Teilbereich annähern.

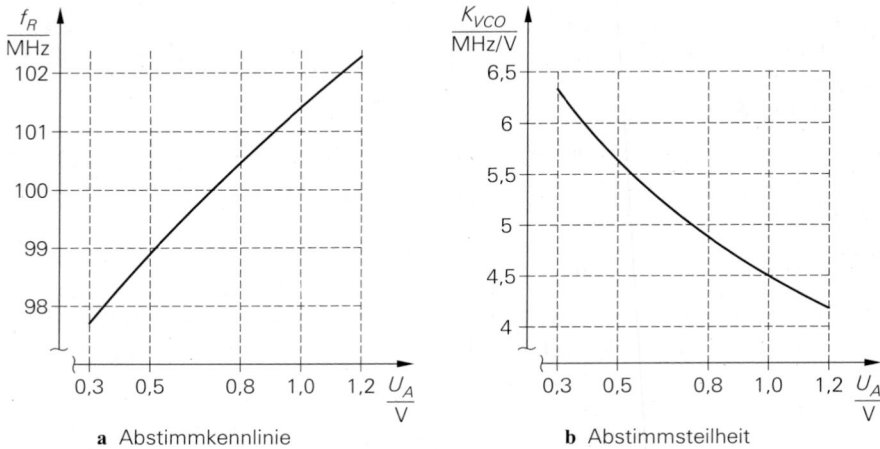

a Abstimmkennlinie   **b** Abstimmsteilheit

Abb. 26.99. Beispiel: Abstimmverhalten der Schaltung aus Abb. 26.98

– Wenn der Abstimmbereich sehr klein wird, bleibt die Resonanzfrequenz f_R etwa konstant; in diesem Fall folgt aus (26.43):

$$\frac{\partial f_R}{\partial C_V} \sim -\left(\frac{C_K}{C_K + C_V}\right)^2 \overset{C_K \ll C_V}{\sim} -\frac{1}{C_V^2}$$

Daraus folgt für die Steigung der Abstimmkennlinie:

$$\frac{df_R}{dU_A} \sim \left(1 + \frac{U_A}{U_{Diff}}\right)^{m_S - 1} \overset{!}{=} \text{const.} \quad \Rightarrow \quad m_S = 1$$

Hier erhält man für $m_S = 1$ eine konstante Steigung. Auch für diesen Anwendungsfall gibt es spezielle hyperabrupte Kapazitätsdioden, die diesen Verlauf über den gesamten Abstimmbereich annähern. Man erhält aber auch mit $m_S < 1$ in den meisten Fällen eine akzeptable Abstimmkennlinie.

In der Praxis ermittelt man die Abstimmkennlinie numerisch. Wenn der Bereich für die Abstimmspannung U_A relativ klein ist, kann man den Kapazitätsverlauf der Dioden in der Regel durch geeignete Parameter C_{S0}, U_{Diff}, m_S sehr gut beschreiben. Viele Dioden besitzen jedoch aufgrund spezieller Dotierungsprofile einen Kapazitätsverlauf, der sich bei voller Ausnutzung des zulässigen Bereichs für die Abstimmspannung nicht mit einfachen Gleichungen beschreiben lässt; in diesem Fall muss man eine Wertetabelle verwenden und eventuell benötigte Zwischenwerte interpolieren.

Beispiel: Wir bestimmen die Abstimmkennlinie und die Abstimmsteilheit der Schaltung aus Abb. 26.98, indem wir (26.33) und (26.43) mit $C_P = C_{P,min} = 3,43\,\text{pF}$, $C_K = 34,5\,\text{pF}$ und $L = 100\,\text{nH}$ auswerten und dabei die für die Kapazitätsdiode BB804 im Bereich $U_A = 0,3\ldots 1,2\,\text{V}$ gültige Näherung

$$C_V(U_A) \approx \frac{82,1\,\text{pF}}{\left(1 + \dfrac{U_A}{0,72\,\text{V}}\right)^{0,46}}$$

verwenden, die wir aus den im Datenblatt angegebenen Kurven ermittelt haben. Abbildung 26.99 zeigt, dass die Abstimmkennlinie trotz des ungünstigen Kapazitätskoeffizienten

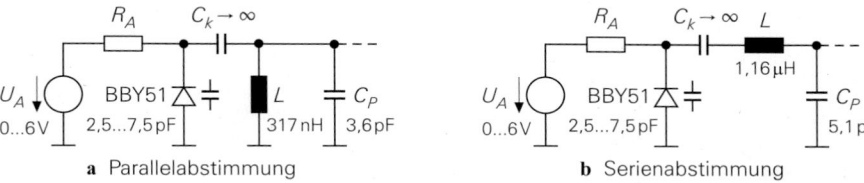

Abb. 26.100. Breitband-Abstimmung

$m_S = 0{,}46$ noch näherungsweise linear ist. Die Abstimmsteilheit K_{VCO} variiert etwa um den Faktor $1{,}5$, was mit Hinblick auf die Einbindung in eine PLL unproblematisch ist. Die guten Eigenschaften beruhen wesentlich darauf, dass der Bereich für die Abstimmspannung relativ klein ist.

26.4.2.3 Abstimmung eines Serienschwingkreises

Für die Resonanzfrequenz des Serienschwingkreises in Abb. 26.94b auf Seite 1588 gilt:

$$\omega_R = 2\pi f_R = \sqrt{\frac{C + C_0 + C_V}{LC(C_0 + C_V)}} = \frac{1}{\sqrt{L\dfrac{CC'_V}{C + C'_V}}} \qquad \text{mit } C'_V = C_0 + C_V \qquad (26.44)$$

Ein Vergleich mit (26.33) auf Seite 1588 zeigt, dass man bei der Dimensionierung der Abstimmung genauso vorgehen kann wie bei einem Parallelschwingkreis, wenn man $C_P = 0$ setzt, C_K durch C ersetzt und anstelle der Varaktor-Kapazität C_V die Kapazität $C'_V = C_0 + C_V$ einsetzt. Der Abstimmbereich wird durch die Kapazität C_0 eingeschränkt, da das wirksame Kapazitätsverhältnis $v = C'_{V,max}/C'_{V,min}$ kleiner ist als das Kapazitätsverhältnis $C_{V,max}/C_{V,min}$ des Varaktors.

In der Praxis werden vor allem Quarz- und SAW-Resonatoren auf diese Weise abgestimmt. Da die Resonanzfrequenz dieser Resonatoren nur minimalen Schwankungen unterliegt, ist der erforderliche Abstimmbereich in der Regel sehr klein; typische Werte liegen unter $\pm 0{,}1\%$.

26.4.2.4 Breitband-Abstimmung

Bei einer Breitband-Abstimmung, bei der das Verhältnis $f_{R,max}/f_{R,min}$ noch deutlich kleiner ist als die Wurzel aus dem Kapazitätsverhältnis $v = C_{V,max}/C_{V,min}$ der Varaktoren, hat man die Wahl zwischen Parallel- und Serienabstimmung, siehe Abb. 26.100; es gilt:

$$\omega_R = \begin{cases} \dfrac{1}{\sqrt{L(C_P + C_V)}} & \text{Parallelabstimmung} \\[3mm] \sqrt{\dfrac{C_P + C_V}{LC_P C_V}} & \text{Serienabstimmung} \end{cases}$$

Wir haben beide Ausführungen so dimensioniert, dass wir mit einer Kapazitätsdiode des Typs BBY51 ($C_V = 2{,}5\ldots 7{,}5\,\text{pF}$, $U_A = 0\ldots 6\,\text{V}$, $m_S = 0{,}6$) einen Abstimmbereich $f_R = 85\ldots 115\,\text{MHz}$ erhalten. Die Kapazität C_P entspricht wieder der unvermeidbaren Parallelkapazität, in der die Kapazitäten des Verstärkers und des Colpitts-Spannungsteilers zusammengefasst sind. Die Parallelabstimmung hat den Vorteil, dass man die Induktivität

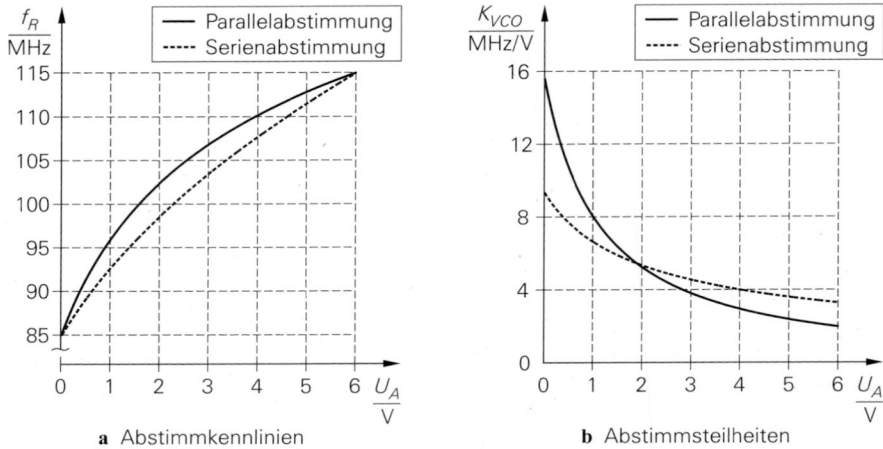

a Abstimmkennlinien   **b** Abstimmsteilheiten

Abb. 26.101. Kennlinien der Breitband-Abstimmung aus Abb. 26.100

L anstelle mit Masse auch mit einer beliebigen Gleichspannung verbinden und zur Arbeitspunkteinstellung des folgenden Verstärkers nutzen kann. Abbildung 26.101 zeigt die Abstimmkennlinien und die Abstimmsteilheiten. Die Serienabstimmung erweist sich als deutlich besser; die Abstimmsteilheit variiert hier nur um den Faktor 3 im Gegensatz zum Faktor 8 bei Parallelabstimmung.

Wesentlich bessere Ergebnisse erzielt man mit einer hyperabrupten Kapazitätsdiode. Abbildung 26.102 zeigt die Schaltung und die Kennlinien einer Serienabstimmung mit einer Diode des Typs MA4ST1230 ($m_S \approx 1$). Wir haben die Schaltung wieder für $f_R = 85\ldots115\,\text{MHz}$ dimensioniert. Die Abstimmkennlinie ist nahezu linear und die Abstimmsteilheit bleibt im Bereich $K_{VCO} = 5,4\ldots6,6\,\text{MHz/V}$.

Der Abstimmbereich wird maximal, wenn bei Parallelabstimmung $C_P \to 0$ und bei Serienabstimmung $C_P \to \infty$ gilt. Letzteres führt auf einen Oszillator mit Serienresonanz,

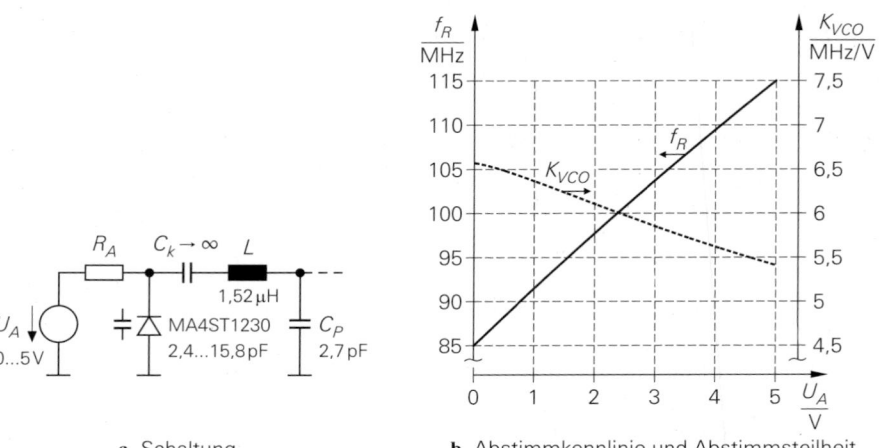

a Schaltung   **b** Abstimmkennlinie und Abstimmsteilheit

Abb. 26.102. Serienabstimmung mit einer hyperabrupten Kapazitätsdiode

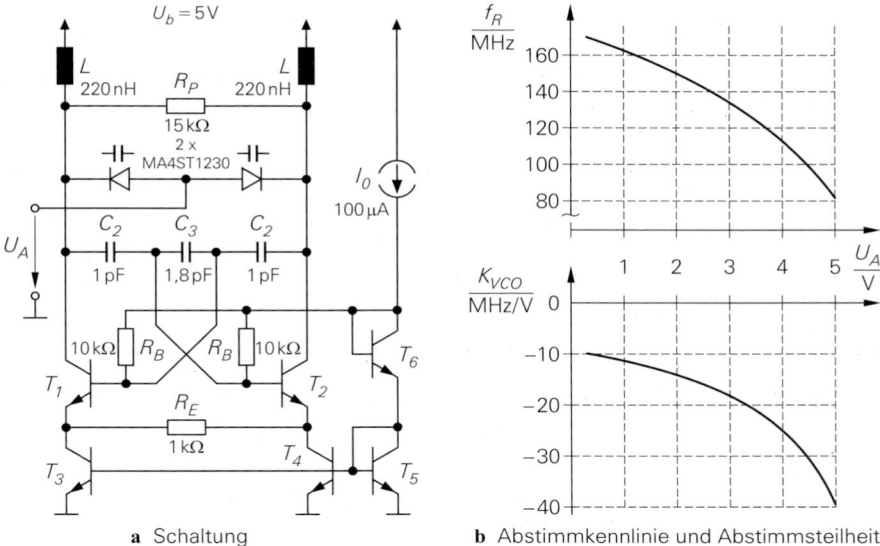

a Schaltung   **b** Abstimmkennlinie und Abstimmsteilheit

Abb. 26.103. Breitband-VCO für $f_R = 82 \ldots 170\,\text{MHz}$

d.h. die Kapazität C_P in Abb. 26.100b entfällt und der folgende Verstärker muss einen niederohmigen Eingang haben. Wir haben bereits im Zusammenhang mit den zweistufigen LC-Oszillatoren im Abschnitt 26.1.4 darauf hingewiesen, dass eine Serienresonanz ungünstig ist, da die Ruheströme des Verstärkers verhältnismäßig hoch sein müssen, damit der effektive Serienwiderstand des Schwingkreises klein bleibt; deshalb wird bei Breitband-VCOs mit maximalem Abstimmbereich in der Regel die Parallelabstimmung verwendet. Abbildung 26.103 zeigt ein typisches Beispiel auf der Basis des Colpitts-Oszillators mit Differenzverstärker aus Abb. 26.40 auf Seite 1541. Wir nehmen hier an, dass der Verstärker einschließlich der Kapazitäten als integrierte Schaltung vorliegt, an die die Induktivitäten und die Kapazitätsdioden extern angeschlossen werden. Die Abstimmspannung U_A wird hier nicht an den Kathoden, sondern an den Anoden der Dioden zugeführt. Da die Anoden in der Symmetrieebene des Differenzverstärkers liegen, ist die Spannung an diesem Punkt bei idealer Differenzaussteuerung konstant, d.h. der Punkt liegt kleinsignalmäßig auf Masse; wir können deshalb die Abstimmspannung direkt anlegen, ohne dass die Dioden kleinsignalmäßig kurzgeschlossen werden.

Bei Breitband-VCOs ist es im allgemeinen nicht möglich, die Schleifenverstärkung über den gesamten Abstimmbereich optimal einzustellen, d.h. eine maximale Verstärkung von 3 dB bei Phase Null zu erzielen. Mit zunehmender Frequenz nimmt das Betragsmaximum der Schleifenverstärkung ab und die Phase eilt immer stärker nach. Um dennoch der optimalen Einstellung möglichst nahe zu kommen, muss der Verstärker einen Hochpass enthalten, der dem Abfall von Betrag und Phase entgegenwirkt. Diesen Hochpass haben wir in der Schaltung in Abb. 26.103a dadurch realisiert, dass wir im Gegensatz zu Abb. 26.40 zwei Stromquellen (T_3, T_4) eingesetzt und einen Gegenkopplungswiderstand R_E vorgesehen haben. Wir müssen in diesem Fall keine separate Kapazität parallel zu R_E vorsehen, da die Kollektor-Substrat-Kapazitäten der Transistoren T_3 und T_4 bereits in diesem Sinne wirken. Wir haben R_E und die Kapazitäten C_2, C_3 des Colpitts-Spannungsteilers mit Hilfe einer Schaltungssimulation so dimensioniert, dass der Hochpass die Phase über den gesamten Abstimmbereich $f_R = 82 \ldots 170$ MHz nahezu optimal kompensiert. Das Betragsmaximum schwankt zwischen $3,5$ dB bei $f_R = 82$ MHz und noch akzeptablen $2,2$ dB bei $f_R = 170$ MHz. Eine weitere Verbesserung kann man dadurch erzielen, dass man die Abstimmspannung U_A nicht nur zur Abstimmung der Varaktoren, sondern auch zur Steuerung der Stromquelle I_0 verwendet, um die Ruheströme und damit auch die Schleifenverstärkung mit zunehmender Frequenz anzuheben. Denkbar wäre auch, den Colpitts-Spannungsteiler C_2, C_3 um einen lose angekoppelten Varaktor so zu erweitern, dass der Teilerfaktor mit zunehmender Frequenz abnimmt. Man kann aber auch eine deutlich höhere Schleifenverstärkung einstellen und eine Amplitudenregelung verwenden. Wir gehen hier nicht weiter auf diese Möglichkeiten ein.

Der Abstimmbereich der Schaltung ist etwas größer als eine Oktave und die Abstimmsteilheit variiert um den Faktor 4, siehe Abb. 26.103b. Die Kennlinien verlaufen hier nach unten, da die Zählrichtung der Abstimmspannung im Vergleich zu den bisherigen Schaltungen invertiert ist.

Viele VCOs in integrierten Schaltungen für die Mobilkommunikation sind auf diese Weise realisiert. Da die meisten modernen Mobilkommunikationssysteme im Frequenzbereich $1,8 \ldots 5,5$ GHz arbeiten, sind die Oszillatorfrequenzen um den Faktor $10 \ldots 30$ höher als in unserem Beispiel; dadurch werden die Induktivitäten so klein, dass sie ebenfalls integriert werden können. Auch hyperabrupte bipolare Varaktoren sind in modernen HF-Halbleiterprozessen verfügbar, so dass keine externen Varaktoren benötigt werden. In HF-CMOS-Prozessen werden MOS-Varaktoren verwendet.

26.4.2.5 Aussteuerung

Bei VCOs mit Kapazitätsdioden und großem Abstimmbereich sind die Dioden mit einem geringen Teilerfaktor an den Schwingkreis angekoppelt; dadurch wird die Spannungsamplitude an den Dioden relativ groß und entspricht im Grenzfall einer direkten Ankopplung der vollen Amplitude der Schwingkreisspannung. Daraus ergeben sich zwei Probleme:

– Wenn die Amplitude zu groß wird, geraten die Dioden in den Durchlassbereich, begrenzen die Schwingkreisspannung und reduzieren die Güte des Kreises. Das gilt vor allem für kleine Abstimmspannungen U_A, bei denen der Abstand zum Durchlassbereich am geringsten ist. Bei $U_A = 0$ ist nur noch eine Amplitude von etwa $0,4$ V zulässig. Dieses Problem tritt bei MOS-Varaktoren nicht auf, da diese keinen Durchlassbereich besitzen.
– Aufgrund der Nichtlinearität der Varaktor-Kapazität hängt die effektive Kapazität von der Spannungsamplitude ab. Bei Kapazitätsdioden nimmt die effektive Kapazität mit der Amplitude zu; dadurch nimmt die Resonanzfrequenz ab. Die resultierende Umwandlung von Amplitudenschwankungen in Frequenzschwankungen beeinträchtigt die Frequenzstabilität des Oszillators und wirkt sich negativ auf das Rauschverhalten aus. Darüber hinaus verursacht die Nichtlinearität Oberwellen in der Schwingkreisspannung und – im Falle einer Modulation – Intermodulationsverzerrungen.

In beiden Fällen erzielt man bessere Ergebnisse, wenn man eine Reihenschaltung von zwei entgegengesetzt gepolten Kapazitätsdioden verwendet, siehe Abb. 1.28b auf Seite 30 und die Dioden D_1, D_2 in Abb. 26.104. Dieselbe Anordnung liegt auch bei dem in Abb. 26.103 gezeigten Breitband-VCO vor.

Ob eine derartige Reihenschaltung notwendig ist und welche Verbesserung man damit erzielen kann, muss man im Einzelfall mit Hilfe von Schaltungssimulationen oder Testmustern prüfen. Im allgemeinen versucht man zunächst, das Begrenzungsverhalten des

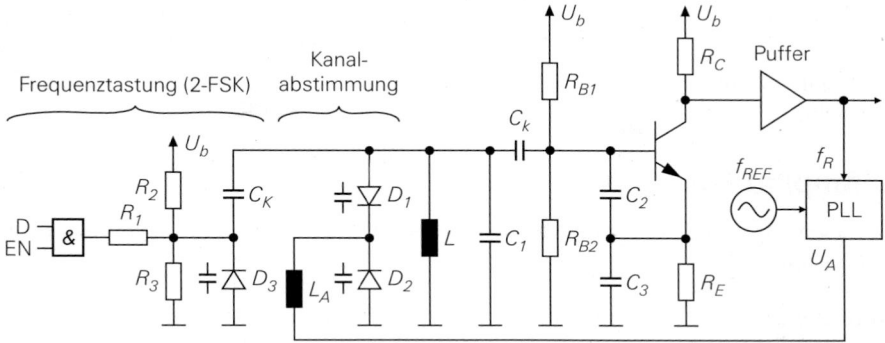

Abb. 26.104. Einfacher Sender mit Kanalabstimmung und Frequenztastung

Oszillators so auszulegen, dass keine zu großen Amplituden auftreten. Wenn dies nicht gelingt, kann man schnelle Schottky-Dioden zur Amplitudenbegrenzung einsetzen oder eine Amplitudenregelung verwenden.

26.4.2.6 Modulation

In Sendern mit FM-Modulation oder Frequenztastung (2-FSK) wird häufig eine direkte Modulation des HF-Oszillators vorgenommen; dazu verwendet man einen VCO mit kleinem Abstimmbereich, siehe Abschnitt 21.4.2.3 und Abb. 21.60 auf Seite 1201. Für die FM-Modulation wird eine hochlineare Abstimmkennlinie benötigt; deshalb wählt man den Abstimmbereich größer als den benötigten Frequenzhub und verwendet nur einen kleinen Teil der Kennlinie. Bei Frequenztastung wird die Frequenz mit einer rechteckförmigen Abstimmspannung zwischen zwei Werten umgeschaltet; die Form der Abstimmkennlinie ist dabei unbedeutend. In beiden Fällen werden häufig zwei Abstimmkreise verwendet: ein Kreis mit einem geringen Abstimmbereich zur Modulation und ein Kreis mit einem großen Abstimmbereich zur Einstellung der Sendefrequenz.

Abbildung 26.104 zeigt die typische Ausführung eines einfachen Senders mit Kanalabstimmung und Frequenztastung. Ausgangspunkt ist ein LC-Clapp-Oszillator mit den Schwingkreiselementen L, C_1, C_2, C_3, C_k. Die Kanalabstimmung erfolgt mit den antiseriell geschalteten Kapazitätsdioden D_1, D_2; die Abstimmspannung U_A wird dabei von einer phasenstarren Schleife (PLL) so geregelt, dass $f_R = n f_{REF}$ gilt. Die Frequenztastung erfolgt über einen zweiten Abstimmkreis mit der Kapazitätsdiode D_3, die über die sehr kleine Kapazität C_K nur schwach angekoppelt. Als Abstimmspannung dient hier eine Gleichspannung zur Einstellung des Arbeitspunkts mit einem überlagerten Rechtecksignal kleiner Amplitude zur Umtastung der Frequenz. Erzeugt wird dieses Signal mit den Widerständen R_1, R_2, R_3 aus dem Ausgangssignal eines UND-Gatters mit dem Dateneingang D (*data*) und dem Freigabeeingang EN (*enable*). Die Bandbreite der PLL muss deutlich geringer sein als die Taktrate der Daten (Umtastrate), damit die Frequenztastung nicht durch die Kanalabstimmung ausgeregelt wird.

Eine weitere Vereinfachung ergibt sich, wenn man auf die Kanalabstimmung verzichtet und einen passend abgestimmten Quarz- oder SAW-Resonator einsetzt; dann entfallen die PLL und die Dioden D_1, D_2. Die Induktivität L und die Kapazität C_1 werden durch den Resonator ersetzt; C_k wird durch einen Kurzschluss ersetzt. Der Sendekanal ist durch den Resonator vorgegeben und kann nicht verändert werden. Man verwendet in diesem Fall *Co-*

demultiplex, um mehrere Sender und die zugehörigen Empfänger auf derselben Frequenz betreiben zu können; dabei verwendet jedes Sender-/Empfänger-Paar einen individuellen Code, der eine Trennung des eigenen Signals vom Signal anderer Sender-/Empfänger-Paare erlaubt.

26.5 Amplitudenregelung

Es gibt verschiedene Gründe für den Einsatz einer Amplitudenregelung in einem Oszillator; die wichtigsten sind:

– **Minimierung von Oberwellen**: Es gibt Anwendungen, in denen ein Oszillator ein möglichst sinusförmiges Signal liefern muss. Ein Beispiel dafür sind einfache ASK- oder FSK-modulierte Sender, bei denen die Modulation durch Ein-/Ausschalten oder FM-Modulation des Oszillators erfolgt und das Oszillatorsignal direkt auf den Sendeverstärker gegeben wird. In diesen Anwendungen kann man den Oszillator durch eine Amplitudenregelung im linearen Bereich halten und dadurch die Oberwellen minimieren. Wenn man die Amplitude nicht am Oszillator, sondern am Ausgang des Sendeverstärkers misst, werden zusätzlich alle toleranz- und temperaturbedingten Schwankungen im Oszillator und im Sendeverstärker ausgeregelt und man erhält eine sehr stabile Sendeleistung.
– **Ausgleich von Bauteile-Toleranzen**: Integrierte Oszillatorschaltungen, die mit einem externen Resonator arbeiten, müssen auch bei starken Schwankungen der Resonatorgüte zuverlässig arbeiten. So kann z.B. der Serienwiderstand eines 10 MHz-Quarz-Resonators – je nach Qualität – im Bereich 5 ... 25 Ω liegen. Bei Referenzoszillatoren, die so ausgelegt sind, dass die Güte nahezu vollständig erhalten bleibt, wirkt sich diese Schwankung voll auf den Betrag der Schleifenverstärkung aus. Legt man die Schleifenverstärkung für die minimale Güte aus, wird sie bei maximaler Güte viel zu hoch; dadurch kann die Aussteuerung so stark zunehmen, dass mechanische Resonatoren thermisch oder mechanisch überlastet und ggf. sogar zerstört werden. Eine Amplitudenregelung verhindert dies durch eine von der Güte unabhängige Begrenzung der Aussteuerung.
– **Ausgleich von Schwankungen der Schleifenverstärkung bei Breitband-VCOs**: Mit zunehmendem Abstimmbereich wird es immer schwieriger, eine einigermaßen konstante Schleifenverstärkung zu gewährleisten. Wenn die Schwankungen keinen zufriedenstellenden Betrieb über den gesamten Abstimmbereich zulassen, muss man auch hier eine Amplitudenregelung einsetzen.

Der wesentliche Nachteil einer Amplitudenregelung liegt darin, dass die zusätzlich benötigten Schaltungsteile das Rauschverhalten ungünstig beeinflussen können.

26.5.1 Regelung und Begrenzung

Abbildung 26.105 zeigt den Unterschied zwischen einer Amplitudenbegrenzung und einer Amplitudenregelung am Beispiel des Quarz-Oszillators aus Abb. 26.85 auf Seite 1582. Bei der Amplitudenbegrenzung in Abb. 26.105a werden die Amplituden der Spannungen U_2 und U_3 begrenzt. Der Begrenzer stabilisiert also die Amplitude am *Eingang* der Emitterschaltung mit dem Transistor T_1; dadurch hängen die Amplituden des Kollektorstroms I_{C1} und der Spannung U_1 von der Güte des Quarz-Resonators ab. Dagegen wird bei der Amplitudenregelung in Abb. 26.105b die Amplitude am *Ausgang* der Emitterschaltung

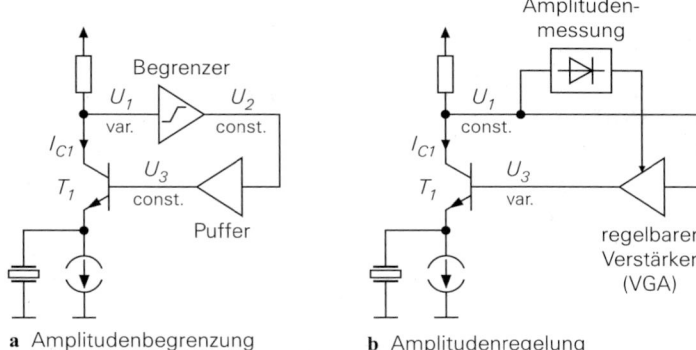

Abb. 26.105. Unterschied zwischen Begrenzung und Regelung
(const./var. = konstante/variable Amplitude)

stabilisiert, indem die Verstärkung des regelbaren Verstärkers (VGA) angepasst wird; dadurch bleibt die Amplitude des Kollektorstroms I_{C1} konstant.

26.5.2 Regelmechanismen

Die Regelung erfolgt durch eine Reduktion der Schleifenverstärkung auf Eins, sobald die gewünschte Amplitude erreicht wird. Zur Reduktion der Schleifenverstärkung werden zwei Mechanismen verwendet:

– Im einfachsten Fall werden die Ruheströme des Verstärkers reduziert. Diese Methode wird vor allem bei einstufigen Oszillatoren mit Parallelschwingkreis verwenden, bei denen die effektive Steilheit S_V des Verstärkers häufig direkt proportional zur Steilheit des Transistors und damit zum Ruhestrom ist. Der Regelbereich ist begrenzt, da sich bei einer größeren Änderung der Ruheströme wichtige Parameter des Transistors zu stark ändern, z.B. die Basis-Emitter-Kapazität und die Transitfrequenz.
– Einen größeren Regelbereich erzielt man, wenn man einen Differenzverstärker als Stromteiler einsetzt. Diese Methode entspricht weitgehend der Verstärkungsregelung mit einem regelbaren Verstärker (VGA) in Empfängern, die wir bereits im Abschnitt 22.2.3 beschrieben haben.

Die Regelung erfolgt in den meisten Fällen über eine Regelspannung U_R. Wir wählen die Zählrichtung im folgenden immer so, dass die Schleifenverstärkung LG mit zunehmender Spannung U_R zunimmt, d.h. die Steigung der Kennlinie $LG(U_R)$ ist positiv:

$$K_{LG} = \frac{dLG}{dU_R} > 0$$

Daraus folgt, dass U_R am Beginn des Schwingungsaufbaus den Maximalwert $U_{R,max}$ mit $LG(U_{R,max}) > 0$ annimmt und beim Erreichen der Soll-Amplitude auf den Wert $U_{R,0}$ mit $LG(U_{R,0}) = 1$ reduziert wird.

26.5.2.1 Regelung über den Ruhestrom

Abbildung 26.106 zeigt die Regelung über den Ruhestrom bei einem integrierten und einem diskreten Colpitts-Oszillator in Basisschaltung. Bei der integrierten Ausführung in Abb. 26.106a setzt sich der Ruhestrom aus dem Konstantstrom I_0 und dem variablen Strom

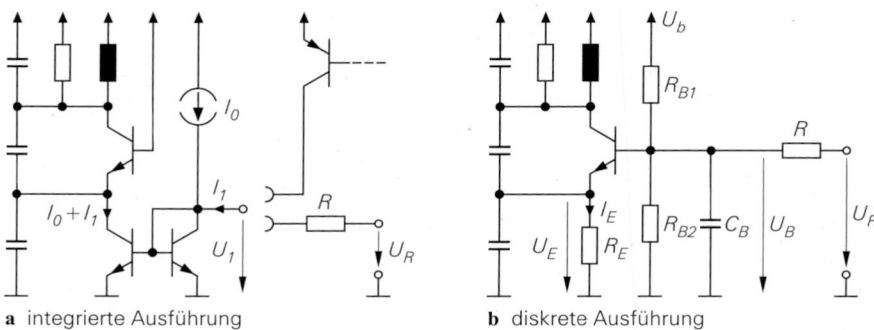

a integrierte Ausführung   **b** diskrete Ausführung

Abb. 26.106. Regelung über den Ruhestrom bei einem Colpitts-Oszillator in Basisschaltung

I_1 zusammen; dabei kann der variable Strom von einer Stromquelle geliefert werden oder mit einem Widerstand R gemäß

$$I_1 = \frac{U_R - U_1}{R} \approx \frac{U_R - 0,7\,\text{V}}{R}$$

aus der Regelspannung U_R abgeleitet werden.

Bei der diskreten Ausführung in Abb. 26.106b wird der Ruhestrom

$$I_E = \frac{U_E}{R_E} \approx \frac{U_B - 0,7\,\text{V}}{R_E}$$

durch einen Eingriff in den Basisspannungsteiler variiert. Wenn die Ströme im Spannungs-teiler deutlich größer sind als der Basisstrom des Transistors, kann man die Basisspannung U_B aus der Knotengleichung am Basisanschluss berechnen:

$$\frac{U_B}{R_{B2}} = \frac{U_b - U_B}{R_{B1}} + \frac{U_R - U_B}{R} \quad \Rightarrow \quad U_B = (R_{B1} \parallel R_{B2} \parallel R)\left(\frac{U_b}{R_{B1}} + \frac{U_R}{R}\right)$$

Die Kapazität C_B stellt einen näherungsweisen Kleinsignal-Kurzschluss der Basis bei der Resonanzfrequenz sicher.

26.5.2.2 Regelung mit Stromteiler

Abbildung 26.107 zeigt die Regelung mit Stromteiler bei einem Colpitts-Oszillator in Ba-sisschaltung. Bei der einfachen Ausführung in Abb. 26.107a werden der Ruhestrom I_0 und der Eingangsstrom I_e über den Differenzverstärker T_1, T_2 aufgeteilt. Die Aufteilung erfolgt entsprechend den Kennlinien des Differenzverstärkers, siehe (4.61) auf Seite 344. Für $U_R > 5U_T \approx 125\,\text{mV}$ sperrt T_2 und es gilt $I_{C1} = I_0 - I_e$. Mit abnehmender Re-gelspannung U_R verlagern sich die Ströme immer stärker auf T_2; dadurch nimmt die Schleifenverstärkung ab. Damit T_1 und T_2 bezüglich der Oszillatorschleife in Basisschal-tung arbeiten, müssen die Impedanzen in den Basiskreisen bei der Resonanzfrequenz f_R möglichst gering sein; dazu dienen die Kapazitäten C_{B1} und C_{B2}. Bei geringen Reso-nanzfrequenzen werden die erforderlichen Werte für C_{B1} und C_{B2} für eine Integration zu groß; in diesem Fall muss die Regelspannung niederohmig bereitgestellt werden, z.B. über Kollektorschaltungen. Ein besseres Rauschverhalten erzielt man mit der in Abb. 26.107b gezeigten Ausführung, bei der der Stromteiler T_2, T_3 als Kaskode-Stufe für T_1 ausgeführt ist.

Abbildung 26.108 zeigt die Regelung mit Stromteiler bei einem Colpitts-Oszillator mit Differenzverstärker. Die Transistoren $T_1 \ldots T_6$ bilden hier dieselbe Anordnung wie bei dem

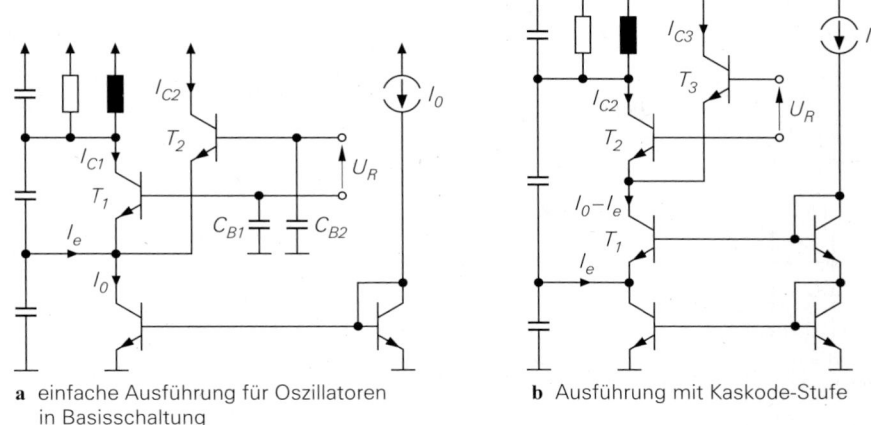

a einfache Ausführung für Oszillatoren in Basisschaltung

b Ausführung mit Kaskode-Stufe

Abb. 26.107. Regelung mit Stromteiler bei einem Colpitts-Oszillator in Basisschaltung

regelbaren Verstärker in Abb. 22.17 auf Seite 1251 oder dem Doppel-Gegentaktmischer in Abb. 25.80 auf Seite 1480.

26.5.3 Amplitudenmessung

Die Amplitudenmessung kann mit einem einfachen Spitzenwert-Gleichrichter erfolgen; eine lineare Kennlinie ist dabei nicht erforderlich. Die Messung erfolgt in der Regel nicht am Oszillator selbst, sondern am Ausgang des nachfolgenden Verstärkers. Damit die Messung nicht von toleranz- oder temperaturbedingten Schwankungen des Gleichanteils der Ausgangsspannung abhängt, kann man zusätzlich den Mittelwert (= Gleichanteil) messen

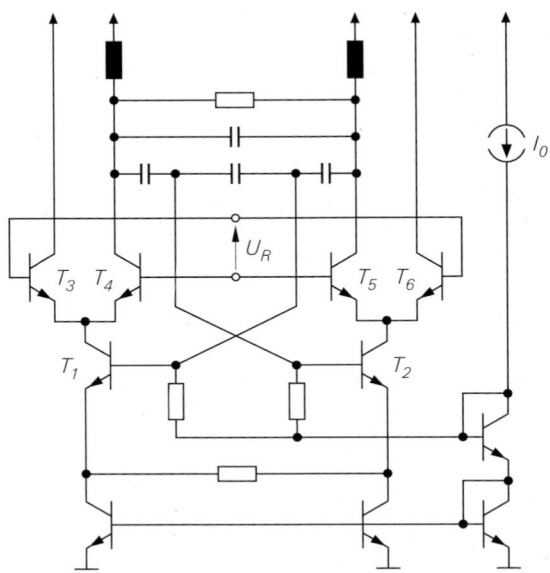

Abb. 26.108.
Regelung mit Stromteiler bei einem Colpitts-Oszillator mit Differenzverstärker

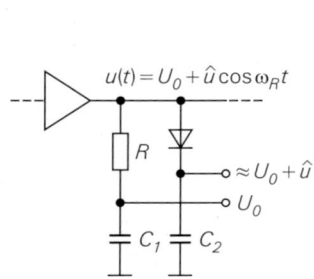

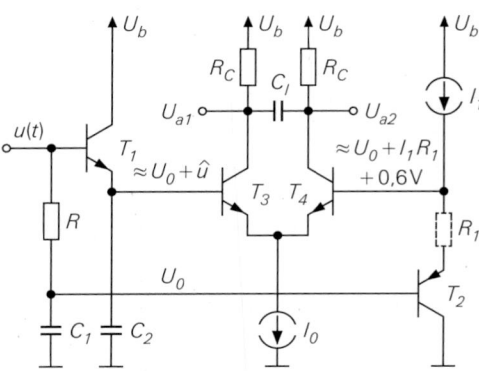

a Messung von Mittel- und Spitzenwert

b Beispiel für eine praktische Ausführung mit integrierendem Regelverstärker (T_3, T_4)

Abb. 26.109. Amplitudenmessung

und als Referenz verwenden; Abbildung 26.109a zeigt das Prinzip. Die Grenzfrequenz des RC-Glieds R, C_1 sollte mindestens um den Faktor 100 unter der Resonanzfrequenz liegen:

$$f_g = \frac{1}{2\pi R C_1} < \frac{f_R}{100} \Rightarrow C_1 > \frac{100}{2\pi f_R R}$$

Damit ein einfacher Vergleich des Mittel- und des Spitzenwerts möglich ist, muss eine der beiden gemessenen Spannungen so verschoben werden, dass man bei der gewünschten Amplitude eine Spannungsdifferenz von Null erhält. Abbildung 26.109b ein Beispiel für eine praktische Ausführung inklusive eines Differenzverstärkers, der als integrierender Regelverstärker arbeitet. Die Spitzenwert-Gleichrichtung erfolgt mit dem Transistor T_1; dadurch fließt der Ladestrom für C_2 über den Kollektor des Transistors und der Eingang wird nur mit dem wesentlich geringeren Basisstrom belastet. Der Mittelwert U_0 wird mit der Kollektorschaltung T_2 gepuffert und nach oben verschoben. Der Ruhestrom I_1 muss klein sein, damit der Basisstrom von T_2 den Mittelwert nicht nennenswert verfälscht. Der Differenzverstärker T_3, T_4 vergleicht die beiden Spannungen, die bei der gewünschten Amplitude etwa gleich sind:

$$U_0 + \hat{u} \approx U_0 + I_1 R_1 + 0{,}6\,\text{V} \Rightarrow \hat{u} \approx I_1 R_1 + 0{,}6\,\text{V}$$

Mit R_1 kann man demnach die Amplitude einstellen. Die Übertragungsfunktion

$$H(s) = \frac{S R_C}{1 + 2 s R_C C_I} \overset{R_C \text{ groß}}{\approx} \frac{S}{2 s C_I} \quad \text{mit } S = S_3 = S_4 = \frac{I_0}{2 U_T}$$

des Differenzverstärkers approximiert einen Integrator; dadurch entspricht die Differenz $U_{a1} - U_{a2}$ näherungsweise der integrierten Regelabweichung.

Abb. 26.110 zeigt einen Puffer-Verstärker mit Amplitudenmessung und Regelverstärker in differentieller Ausführung, der zusammen mit dem Oszillator in Abb. 26.108 eingesetzt werden kann. Das differentielle Ausgangssignal des Oszillators wird über die als Impedanzwandler arbeitenden Kollektorschaltungen T_1, T_2 auf einen Differenzverstärker T_3, T_4 mit Stromgegenkopplung (R_E) geführt. An den Kollektoren von T_3 und T_4 wird das Ausgangssignal für die nachfolgenden, nicht dargestellten Komponenten entnommen. Die Transistoren T_5, T_6 bilden zusammen mit der Kapazität C_2 den Spitzenwert-Gleichrichter,

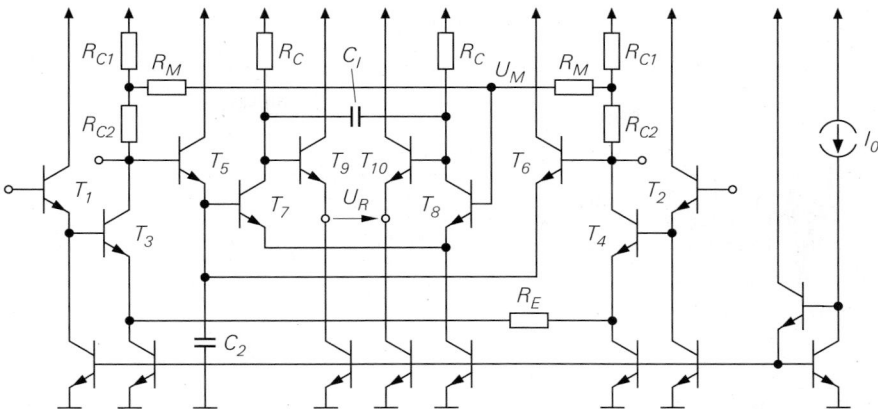

Abb. 26.110. Puffer-Verstärker mit Amplitudenmessung und Regelverstärker in differentieller Ausführung

der aufgrund der differentiellen Aussteuerung beide Halbwellen nutzt. Der Mittelwert wird über die Widerstände R_M als Mittelwert der differentiellen Ausgangsspannungen gebildet; eine Kapazität wird dabei nicht benötigt. Um den Mittelwert mit einem positiven Offset zu versehen, erfolgt der Abgriff zwischen den beiden Kollektorwiderständen R_{C1}, R_{C2}; dabei gibt der Spannungsabfall an R_{C2} die Soll-Amplitude vor. Der Regelverstärker T_7, T_8 bildet die Differenz zwischen dem Spitzenwert und dem verschobenen Mittelwert U_M und führt eine näherungsweise Integration durch. Die Ausgänge des Regelverstärkers werden mit den Kollektorschaltungen T_9, T_{10} gepuffert, an deren Ausgang die Regelspannung U_R für den Oszillator entnommen wird.

26.6 Phasenrauschen

Ein Oszillator soll idealerweise ein Signal mit konstanter Amplitude und konstanter Frequenz erzeugen. Aufgrund des Rauschens der Transistoren und der Widerstände ergeben sich jedoch Schwankungen in beiden Größen. Da jeder praktische Oszillator eine Amplitudenbegrenzung oder -regelung besitzt, werden die Schwankungen der Amplitude weitgehend unterdrückt; deshalb sind in erster Linie die Schwankungen der Frequenz bzw. der Phase von Interesse, die als *Phasenrauschen* (*phase noise*) bezeichnet werden.

26.6.1 Darstellung im Zeit- und im Frequenzbereich

Das Phasenrauschen entspricht einer Phasenmodulation (PM) des Oszillators. Da die Phase $\varphi(t)$ und die Momentanfrequenz $\omega(t)$ eines Signals über $\omega = d\varphi/dt$ verknüpft sind, kann man das Phasenrauschen auch durch eine äquivalente Frequenzmodulation (FM) beschreiben. Beide Modulationsarten haben wir im Abschnitt 21.4 beschrieben. Der einzige Unterschied besteht darin, dass die Modulation bei einem Oszillator nicht durch ein relativ starkes Nutzsignal, sondern durch ein schwaches Rauschsignal erfolgt. Die Beschreibung der Modulation kann im Zeit- und im Frequenzbereich erfolgen.

26.6.1.1 Zeitbereich

Wenn man die Phase $\varphi(t)$ eines schwach phasenmodulierten Oszillatorsignals

$$s_T(t) = a_T \sin [\omega_R t + \varphi(t)]$$

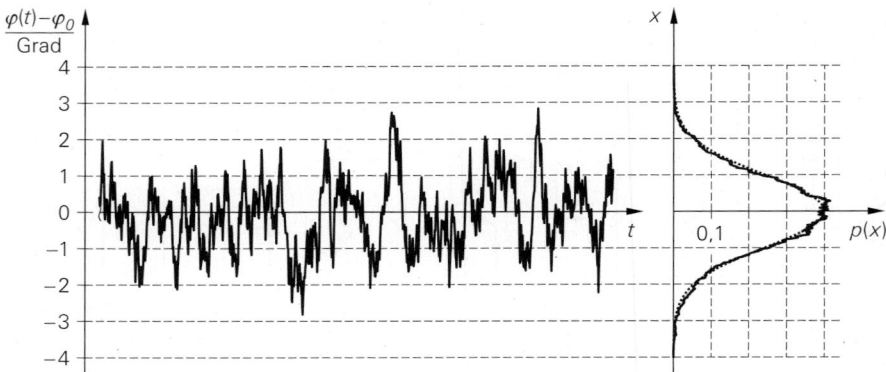

Abb. 26.111. Zeitverlauf und Verteilung der Phase eines Oszillatorsignals mit einer Standardabweichung $\sigma_\varphi = 1°$

repetierend misst und die Werte in einem Histogramm aufträgt, erhält man eine Normalverteilung

$$p(x) \;=\; \frac{1}{\sqrt{2\pi}\,\sigma}\, e^{-x^2/(2\sigma^2)} \qquad \text{mit } x = \varphi - \varphi_0\,,\, \sigma = \sigma_\varphi$$

mit dem Mittelwert φ_0 und der Standardabweichung σ_φ, siehe Abb. 26.111. Der Mittelwert ergibt sich aus der bei der Messung verwendeten Referenzphase, die beliebig gewählt werden kann. Er enthält keine Aussage über das Signal und wird auch bei der Effektivwertberechnung nicht berücksichtigt; deshalb sind Effektivwert und Standardabweichung hier identisch: $\varphi_{eff} = \sigma_\varphi$. Die Schwankung der Phase wird als *Phasen-Jitter (phase jitter)* und der Effektivwert φ_{eff} als *effektiver Phasen-Jitter (RMS phase jitter)* bezeichnet.

Der Phasen-Jitter wird in der Praxis immer dann zur Beschreibung der Phasenrauschens verwendet, wenn sich die Phasenschwankungen unmittelbar als Phasenfehler auswirken. Ein Beispiel dafür sind digitale Übertragungsverfahren; hier verursacht der Phasen-Jitter eine entsprechende Drehung der in Abb. 21.74 auf Seite 1212 und Abb. 21.75 auf Seite 1213 gezeigten Konstellationsdiagramme. Wenn die Drehung so groß wird, dass das aktuelle Symbol in den Entscheidungsbereich eines benachbarten Symbols fällt, ergibt sich ein Symbolfehler. Der zulässige Phasen-Jitter hängt von vielen Faktoren ab, ist aber bei höherstufigen Modulationsarten mit vielen Punkten im Konstellationsdiagramm (z.B. 16-QAM) im allgemeinen wesentlich geringer als bei einem zwei- oder vierstufigen Modulationsverfahren (z.B. 2-PSK oder 4-PSK).

Wenn das Oszillatorsignal zur Taktung von digitalen Schaltungen verwendet wird, ist in erster Linie die durch den Phasen-Jitter verursachte Verschiebung der Nulldurchgänge von Interesse, die als *Takt-Jitter (clock jitter, timing jitter)* bezeichnet wird; Abb. 26.112 zeigt dies durch den Vergleich eines Signals mit Phasen-Jitter mit einem Signal ohne Phasen-Jitter. Für die zeitliche Verschiebung $\tau(t)$ gilt:

$$\tau(t) \;=\; \frac{\varphi(t)}{\omega_R}$$

Daraus folgt für den *effektiven Takt-Jitter (RMS clock/timing jitter)*:

$$\tau_{eff} \;=\; \frac{\varphi_{eff}}{\omega_R}$$

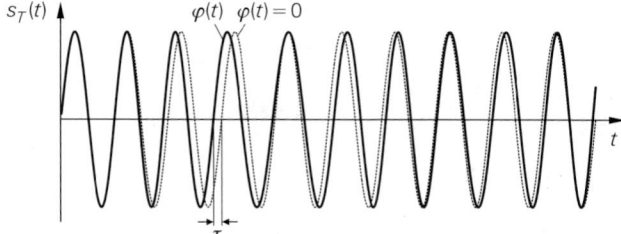

Abb. 26.112.
Takt-Jitter

Bei A/D- und D/A-Umsetzern führt der Takt-Jitter zu einer Verschiebung der Abtastzeitpunkte; dadurch werden die Signale verfälscht. Der zulässige Takt-Jitter hängt von der Abtastrate und der Auflösung der Umsetzer ab.

26.6.1.2 Frequenzbereich

26.6.1.2.1 Phasenrauschdichte

Die Beschreibung im Frequenzbereich erfolgt mit der *Phasenrauschdichte* (*phase noise density*) $S_\varphi(f_M)$. Sie gibt die spektrale Verteilung der Phasenrauschleistung

$$P_\varphi = \varphi_{eff}^2 = \int_0^\infty S_\varphi(f_M)\,df_M \qquad (26.45)$$

an und hat die Einheit:

$$\left[S_\varphi(f_M)\right] = \frac{\text{rad}^2}{\text{Hz}}$$

Als Frequenzvariable wird die Modulationsfrequenz f_M verwendet.

Die Phasenrauschdichte praktischer Oszillatoren kann sehr gut durch die Funktion

$$S_\varphi(f_M) = S_{\varphi,0}\left[1 + \left(\frac{f_{g(W)}}{f_M}\right)^2\right]\left[1 + \frac{f_{g(1/f)}}{f_M}\right]$$

$$= S_{\varphi,0}\left[1 + \frac{f_{g(1/f)}}{f_M} + \left(\frac{f_{g(W)}}{f_M}\right)^2 + \left(\frac{f'_{g(1/f)}}{f_M}\right)^3\right] \qquad (26.46)$$

$$\text{mit } f'_{g(1/f)} = \sqrt[3]{f_{g(W)}^2\, f_{g(1/f)}}$$

mit der *Grundrauschdichte* (*noise floor*) $S_{\varphi,0}$, der *Grenzfrequenz des weißen Rauschens* (*white noise corner frequency*) $f_{g(W)}$ und der *1/f-Grenzfrequenz* (*1/f corner frequency*) $f_{g(1/f)}$ beschrieben werden. Bei Oszillatoren mit geringer oder mittlerer Schleifengüte gilt in der Regel $f_{g(1/f)} \ll f_{g(W)}$; dadurch tritt der zweite, $1/f_M$-proportionale Anteil in (26.46) im Gesamtverlauf nicht in Erscheinung. Abbildung 26.113 zeigt einen typischen Verlauf mit $S_{\varphi,0} = 10^{-15}\,\text{rad}^2/\text{Hz}$, $f_{g(W)} = 1\,\text{MHz}$ und $f_{g(1/f)} = 1\,\text{kHz}$.

Den effektiven Phasen-Jitter φ_{eff} kann man in der Praxis nicht durch Einsetzen der Funktion $S_\varphi(f_M)$ aus (26.46) in (26.45) berechnen, da das Integral sowohl an der oberen als auch an der unteren Grenze divergiert. Das liegt zum einen daran, dass die Funktion den wahren Verlauf für $f_M \to 0$ und $f_M \to \infty$ nicht korrekt beschreibt, zum anderen aber auch daran, dass sich in praktischen Anwendungen die Anteile unterhalb einer unteren

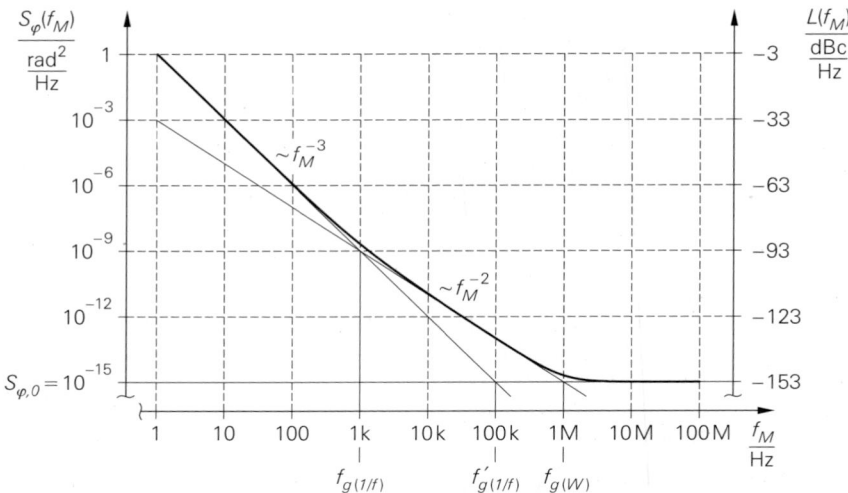

Abb. 26.113. Phasenrauschdichte S_φ und Einseitenband-Rauschdichte L

Grenzfrequenz f_U und oberhalb einer oberen Grenzfrequenz f_O nicht mehr störend be-bemerkbar machen. Bei digitalen Modulationsverfahren entspricht die obere Grenzfrequenz etwa dem Symboltakt f_S. Die untere Grenzfrequenz ergibt sich aus der Grenzfrequenz des Phasenregelkreises des digitalen Empfängers, die etwa $f_S/(100\dots1000)$ beträgt, d.h. der Empfänger schätzt die Phase durch Mittelung über $100\dots1000$ Symbole. Daraus folgt für den effektiven Phasen-Jitter:

$$\varphi_{eff}^2 = \int_{f_U}^{f_O} S_\varphi(f_M)\,df_M \qquad \text{mit } f_U = f_S/(100\dots1000)\,,\ f_O = f_S$$

$$= S_{\varphi,0}\left[f_O - f_U + \ln\frac{f_O}{f_U} + f_{g(W)}^2\left(\frac{1}{f_U} - \frac{1}{f_O}\right) + 2f_{g(1/f)}'^3\left(\frac{1}{f_U^2} - \frac{1}{f_O^2}\right)\right]$$

$$\overset{f_U \ll f_O}{\approx} S_{\varphi,0}\left[f_O + \frac{f_{g(W)}^2}{f_U}\left(1 + \frac{2f_{g(1/f)}}{f_U}\right)\right] \qquad (26.47)$$

Der Anteil mit f_O ist in den meisten Fällen vernachlässigbar klein.

Beispiel: Wir ermitteln aus der Phasenrauschdichte in Abb. 26.113 den effektiven Phasen-Jitter für ein digitales Modulationsverfahren mit einem Symboltakt $f_S = 100\,\text{kHz}$ und einer Phasenschätzung über 500 Symbole. Mit $f_O = f_S = 100\,\text{kHz}$ und $f_U = f_S/500 = 200\,\text{Hz}$ erhalten wir aus (26.47):

$$\varphi_{eff}^2 \approx 10^{-15}\,\frac{\text{rad}^2}{\text{Hz}} \cdot \left[100\,\text{kHz} + \frac{(1\,\text{MHz})^2}{200\,\text{Hz}}\left(1 + \frac{2\cdot1\,\text{kHz}}{200\,\text{Hz}}\right)\right] = 5{,}5\cdot10^{-5}\,\text{rad}^2$$

Daraus folgt $\varphi_{eff} = 0{,}0074\,\text{rad} = 0{,}42°$. Dieser Wert ist sehr klein; man muss aber berücksichtigen, dass das Signal im Sender und im Empfänger mit mehreren Mischern umgesetzt wird, so dass sich der effektive Phasen-Jitter der jeweiligen Lokaloszillatoren quadratisch addiert. Bei vier Lokaloszillatoren mit gleichem Phasen-Jitter erhält man demnach den doppelten effektiven Phasen-Jitter.

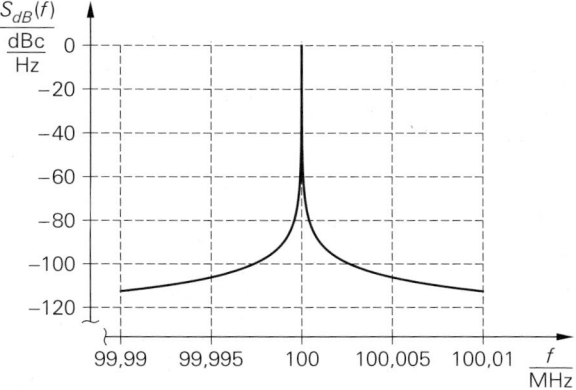

Abb. 26.114.
Spektrum des
Oszillatorsignals

26.6.1.2.2 Einseitenband-Rauschdichte

Ein ideales Oszillatorsignal entspricht im Frequenzbereich einer Linie bei der Oszillatorfrequenz f_R; das zugehörige komplexe Basisbandsignal ist ein konstanter Zeiger:

$$s_T(t) = a_T \sin \omega_R t \quad \Rightarrow \quad \underline{s}_T = a_T$$

Durch die Phasenmodulation

$$s_T(t) = a_T \sin[\omega_R t + \varphi(t)] \quad \Rightarrow \quad \underline{s}_T = a_T \, e^{j\varphi(t)} \overset{|\varphi(t)| \ll 1}{\approx} a_T \, (1 + j\varphi(t))$$

erhält das Oszillatorsignal zwei Seitenbänder, die, bezogen auf die Trägeramplitude a_T, jeweils der halben Phasenrauschdichte entsprechen; daraus folgt für das auf die Trägeramplitude normierte Spektrum des modulierten Oszillatorsignals:

$$S(f) = \underbrace{\delta_0(f - f_R)}_{\text{Träger bei } f = f_R} + \underbrace{\frac{1}{2} S_\varphi(f - f_R)}_{\text{oberes Seitenband}} + \underbrace{\frac{1}{2} S_\varphi(f_R - f)}_{\text{unteres Seitenband}}$$

Das Spektrum wird in der Praxis logarithmisch angegeben:

$$S_{dB}(f) = 10 \log S(f)$$

Die Einheit ist:

$$[S_{dB}(f)] = \frac{\text{dBc}}{\text{Hz}}$$

Dabei ist dBc die Abkürzung für *dB carrier*, d.h. Dezibel bezogen auf den Träger.

Abbildung 26.114 zeigt das Spektrum eines Oszillatorsignals mit $f_R = 100\,\text{MHz}$ und der Phasenrauschdichte aus Abb. 26.113. Durch die Darstellung mit einer linearen Frequenzachse stellen sich die Seitenbänder hier völlig anders dar als die Phasenrauschdichte in Abb. 26.113, obwohl es sich bis auf den Faktor $1/2$ um dieselbe Größe handelt; deshalb stellt man in der Praxis nur das obere Seitenband dar und verwendet dabei eine logarithmische Frequenzachse mit der Modulationsfrequenz $f_M = f - f_R$. Das resultierende Spektrum wird *Einseitenband-Rauschdichte (single sideband noise-to-carrier ratio)* $L(f_M)$ genannt und stimmt bis auf die Einheit und den Faktor $1/2$ (entspricht $-3\,\text{dB}$) mit der Phasenrauschdichte $S_\varphi(f_M)$ überein, siehe Abb. 26.113:

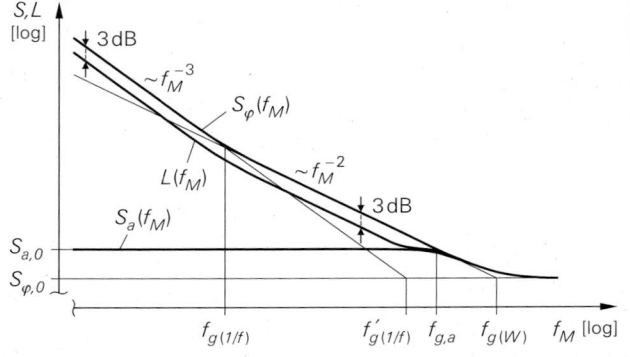

Abb. 26.115.
Beispiel zum Verlauf
der Rauschdichten

$$L(f_M) \;=\; \frac{1}{2}\,S_\varphi(f_M)$$

Bei großen Modulationsfrequenzen kann man das Amplitudenrauschen nicht mehr vernachlässigen; in diesem Bereich gilt

$$L(f_M) \;=\; \frac{1}{2}\big(S_\varphi(f_M) + S_a(f_M)\big)$$

mit der Amplitudenrauschdichte $S_a(f_M)$.

Die Phasenrauschdichte S_φ geht für $f_M \to 0$ gegen Unendlich; darin kommt zum Ausdruck, dass die Phase keiner Begrenzung unterliegt und sich über längere Zeit beliebig entwickeln kann. Für $f_M \to 0$ bzw. $t \to \infty$ ist keine Aussage über die Phase möglich; deshalb geht auch der effektive Phasen-Jitter φ_{eff} gemäß (26.47) für $f_U \to 0$ gegen Unendlich. Dagegen bleibt die Amplitude aufgrund der Amplitudenbegrenzung oder -regelung auch für $t \to \infty$ stabil. Die Amplitudenrauschdichte S_a muss demnach für $f_M \to 0$ gegen Null oder gegen eine Konstante gehen, damit der Effektivwert des Amplitudenrauschens endlich bleibt. Daraus folgt, dass die Amplitudenrauschdichte für $f_M \to 0$ im Vergleich zur stark zunehmenden Phasenrauschdichte extrem klein wird. Oberhalb einer bestimmten Grenzfrequenz $f_{g,a}$ wird die Amplitudenbegrenzung oder -regelung wirkungslos; in diesem Bereich sind die Phasen- und die Amplitudenrauschdichte identisch. Man kann diese Grenzfrequenz berechnen, das sprengt aber den Rahmen unserer Darstellung. In der Praxis kann man davon ausgehen, dass die Grenzfrequenz $f_{g,a}$ nicht wesentlich geringer ist als die Grenzfrequenz $f_{g(W)}$ des Phasenrauschens, so dass sich die Amplitudenrauschdichte erst im Bereich von $f_{g(W)}$ und darüber bemerkbar macht. Abbildung 26.115 zeigt ein Beispiel mit $f_{g,a} < f_{g(W)}$; es gilt:

$$S_\varphi(f_M) \;=\; \begin{cases} 2\,L(f_M) & \text{für } f_M < f_{g,a} \\ L(f_M) & \text{für } f_M > f_{g,a} \end{cases} \tag{26.48}$$

In der Praxis wird meist die Gleichung für $f_M < f_{g,a}$ verwendet; den Fehler um den Faktor 2 (3 dB) bei höheren Frequenzen nimmt man dabei in Kauf. Das ist dadurch gerechtfertigt, dass der Verlauf bei höheren Frequenzen praktisch nicht in die Berechnung des effektiven Phasen-Jitters mittels (26.47) eingeht.

26.6.2 Entstehung

Ein Oszillatorsignal besteht aus verstärktem Rauschen, dass entsprechend der Schleifen-Übertragungsfunktion gefiltert wird; dabei werden drei Anteile unterschieden:

- **Linearer Anteil**: Dieser Anteil entsteht aufgrund des weißen Rauschens der Transistoren und Widerstände im Bereich der Oszillatorfrequenz f_R. Durch die Formung mit der Schleifen-Übertragungsfunktion ergeben sich daraus der konstante und der $1/f_M^2$-proportionale Anteil der Phasenrauschdichte. Wir bezeichnen diesen Anteil als *linear*, weil man ihn bis auf einen konstanten Faktor mit Hilfe einer linearen Kleinsignalrechnung ermitteln kann.

- **Modulationsanteil**: Dieser Anteil entsteht durch eine direkte Modulation des Oszillators durch das niederfrequente Rauschen der Transistoren. Dieses Rauschen bewirkt eine geringe Schwankung des Arbeitspunkts, die sich aufgrund der zugehörigen Schwankung der Transistorparameter auf die Frequenz und die Phase des Oszillatorsignals auswirkt. In gleicher Weise wirkt sich auch das Rauschen der Versorgungsspannung und das Rauschen der Abstimmspannungen der Varaktoren zur Frequenzabstimmung aus. Da bei niedrigen Frequenzen das 1/f-Rauschen dominiert, erzeugt dieser Anteil den $1/f_M^3$-proportionalen und den nur bei Oszillatoren mir sehr hoher Güte beobachtbaren $1/f_M$-proportionalen Anteil der Phasenrauschdichte.

- **Konversionsanteil**: Die meisten Oszillatoren werden mit Großsignalaussteuerung betrieben. In diesem Fall sind die Parameter der Transistoren nicht mehr konstant, sondern ändern sich periodisch mit der Oszillatorfrequenz f_R; dadurch arbeiten die Transistoren als Mischer mit der LO-Frequenz $f_{LO} = f_R$ und bewirken eine Frequenzumsetzung (Konversion) der Rauschanteile bei Vielfachen von f_R. Diese Frequenzumsetzung haben wir bei der Beschreibung des Rauschverhaltens von Mischern im Abschnitt 25.3.6 ausführlich beschrieben. Bei Oszillatoren werden durch die Konversion Rauschanteile aus dem Bereich der Oberwellen ($n \cdot f_R$ mit $n > 1$) und das niederfrequente Rauschen ($0 \cdot f_R$) entsprechend der Konversionsmatrix in den Bereich um die Oszillatorfrequenz übertragen.

Abbildung 26.116 verdeutlicht die Überlagerung der Anteile und die Filterung mit der Schleifen-Übertragungsfunktion, aus der sich der im letzten Abschnitt beschriebene Verlauf der Phasenrauschdichte ergibt.

Den Konversionsanteil kann man vermeiden, indem man den Oszillator mit einer Amplitudenregelung im linearen Bereich hält; wir werden aber noch sehen, dass die dazu notwendige Reduktion der Amplitude zu einem generellen Anstieg der Phasenrauschdichte führt, so dass man mit dieser Maßnahme in der Praxis nur selten eine Verbesserung erzielen kann. Wenn der Betrag der Schleifenverstärkung im Bereich von 3 dB liegt, sind die Oberwellen im eingeschwungenen Zustand und die Elemente der Konversionsmatrix bei den meisten Oszillatoren so klein, dass die Konversion des Rauschens aus dem Bereich der Oberwellen vernachlässigt werden kann. Beim niederfrequenten Rauschen ist das nicht der Fall, da die Rauschdichten der Transistoren im 1/f-Bereich stark ansteigen und deshalb auch bei einem kleinen Konversionsfaktor einen deutlichen Beitrag zur Phasenrauschdichte liefern. Da das niederfrequente Rauschen nicht nur durch Konversion, sondern auch durch Modulation wirksam wird, tritt der durch das 1/f-Rauschen verursachte $1/f_M^3$-proportionale Anteil der Phasenrauschdichte auch bei einem linearen Betrieb des Oszillators auf.

26.6.2.1 Linearer Anteil

Dieser Anteil ergibt sich aus dem weißen Rauschen der Transistoren und Widerstände im Bereich der Oszillatorfrequenz und der Filterung durch die Schleifen-

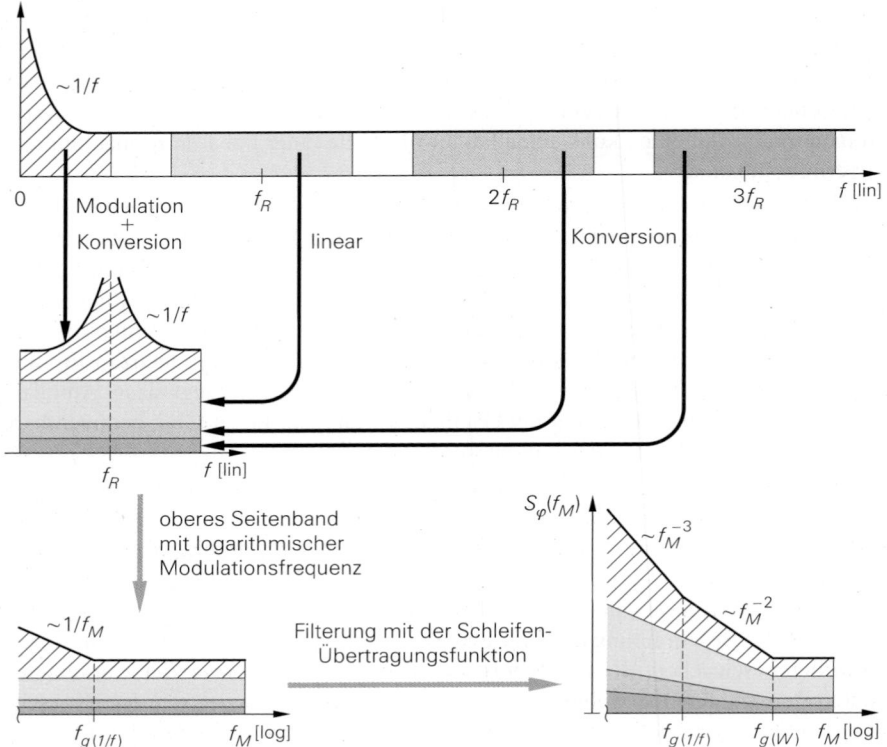

Abb. 26.116. Entstehung der Phasenrauschdichhte $S_\varphi(f_M)$. Es sind nur die ersten beiden Oberwellen-Bänder dargestellt.

Übertragungsfunktion, die im eingeschwungenen Zustand mit (26.7) und $LG(j\omega_R) = 1$ die Form

$$H'_{LG}(s) = \frac{1}{1 - LG(s)} = \frac{1 + \dfrac{s}{Q_{LG}\omega_R} + \dfrac{s^2}{\omega_R^2}}{1 + \dfrac{s^2}{\omega_R^2}} = 1 + \frac{\omega_R}{Q_{LG}} \frac{s}{\omega_R^2 + s^2}$$

mit dem Betragsquadrat

$$\left| H'_{LG}(j\omega) \right|^2 = 1 + \left(\frac{\omega_R}{Q_{LG}} \frac{\omega}{\omega_R^2 - \omega^2} \right)^2$$

annimmt. Im oberen Seitenband erhält man mit $\omega = \omega_R + \omega_M$ sowie $\omega_R = 2\pi f_R$ und $\omega_M = 2\pi f_M$:

$$|H_{LG}(j2\pi f_M)|^2 = 1 + \left(\frac{f_R}{Q_{LG}} \frac{f_R + f_M}{f_M(2f_R + f_M)} \right)^2 \overset{f_M \ll f_R}{\approx} 1 + \left(\frac{f_R}{2Q_{LG} f_M} \right)^2$$

Mit der Grenzfrequenz

$$\boxed{f_{g(W)} = \frac{f_R}{2Q_{LG}}} \tag{26.49}$$

des weißen Rauschens folgt:

$$|H_{LG}(j2\pi f_M)|^2 = 1 + \left(\frac{f_{g(W)}}{f_M}\right)^2 \approx \begin{cases} 1 & \text{für } f_M > f_{g(W)} \\ \left(\dfrac{f_{g(W)}}{f_M}\right)^2 & \text{für } f_M < f_{g(W)} \end{cases}$$

Der lineare Anteil liefert demnach den konstanten und den $1/f_M^2$-proportionalen Anteil der Phasenrauschdichte:

$$S_\varphi(f_M) = S_{\varphi,0}\,|H_{LG}(j2\pi f_M)|^2 = S_{\varphi,0}\left[1 + \left(\frac{f_{g(W)}}{f_M}\right)^2\right]$$

Die Konstante $S_{\varphi,0}$ entspricht dem Verhältnis der verfügbaren Rauschleistungsdichte des weißen Rauschens und der verfügbaren Leistung P_{osz} des Oszillators [26.3]:

$$S_{\varphi,0} = \frac{P_r(f)}{P_{osz}} = \frac{FkT}{P_{osz}} \tag{26.50}$$

Dabei ist F eine Pseudo-Rauschzahl, die angibt, um welchen Faktor das weiße Rauschen über der thermischen Rauschleistungsdichte kT liegt. Bei Raumtemperatur gilt:

$$kT = 4{,}4 \cdot 10^{-21}\,\frac{\text{W}}{\text{Hz}} = -174\,\frac{\text{dBm}}{\text{Hz}} \qquad \text{für } T = 300\,\text{K}$$

Wenn man die Pseudo-Rauschzahl in dB und die Leistung des Oszillators in dBm angibt, erhält man bei Raumtemperatur die Größengleichung:

$$S_{\varphi,0} = 10^{(-174 + F\,[\text{dB}] - P_{osz}\,[\text{dBm}])}$$

Die Pseudo-Rauschzahl F entspricht nicht der Rauschzahl der Transistoren, sondern ist meist deutlich höher. In der Praxis muss man P_{osz} und $S_{\varphi,0}$ messen und F mit (26.50) berechnen.

Aus der resultierenden Darstellung

$$\boxed{S_\varphi(f_M) = \frac{FkT}{P_{osz}}\left[1 + \left(\frac{f_R}{2Q_{LG}f_M}\right)^2\right]} \tag{26.51}$$

für den linearen Anteil der Phasenrauschdichte ergeben sich folgende Forderungen an einen phasenrauscharmen Oszillator:

– Das weiße Rauschen der Schaltung, repräsentiert durch die Pseudo-Rauschzahl F, muss minimiert werden.
– Die Leistung P_{osz} des Oszillators muss maximiert werden.
– Die Schleifengüte Q_{LG} muss maximiert werden.

In der Praxis sind die drei Größen allerdings nicht unabhängig; deshalb muss man den optimalen Betriebspunkt empirisch ermitteln. Da die Leistung durch die Versorgungs-spannung und die zulässige Stromaufnahme des Oszillators begrenzt wird und die Ein-flussmöglichkeiten auf die Pseudo-Rauschzahl begrenzt sind, bleibt als wirksames Mittel zur Verringerung der Phasenrauschdichte nur die Erhöhung der Schleifengüte.

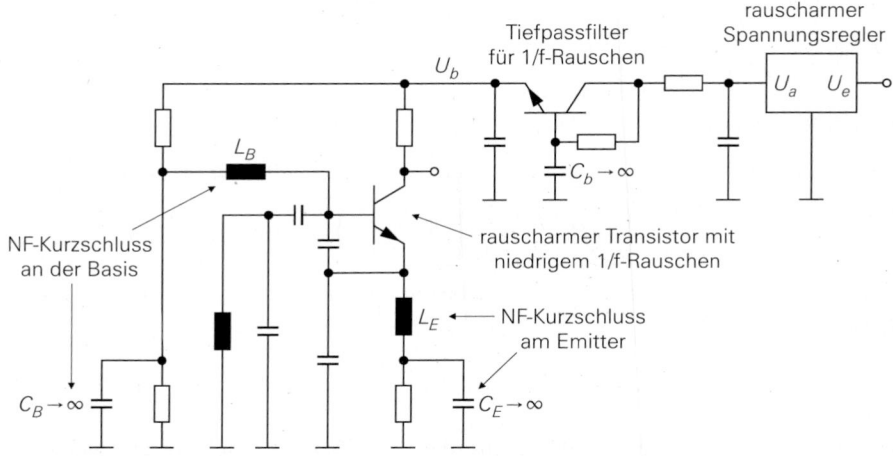

Abb. 26.117. Maßnahmen zur Minimierung des 1/f-Rauschens

26.6.2.2 Modulations- und Konversionsanteil

Diese beiden Anteile erzeugen im wesentlichen den $1/f_M^3$-proportionalen Anteil der Phasenrauschdichte. Ausgangsgrößen ist das 1/f-Rauschen der Transistoren, der Versorgungsspannung und der Abstimmspannungen der Varaktoren. Da man die Modulation und die Konversion selbst nur in Grenzen beeinflussen kann, ist in erster Linie eine Minimierung der Ausgangsgrößen anzustreben. Für diskret aufgebaute Oszillatoren bedeutet dies:

– Man verwendet rauscharme Transistoren mit möglichst geringem 1/f-Rauschen.
– Man wählt eine Arbeitspunkteinstellung, bei der die Transistoren im niederfrequenten Bereich kleinsignalmäßig möglichst gut kurzgeschlossen sind.
– Man verwendet eine Spannungsversorgung mit einem rauscharmen Spannungsregler und einem nachfolgenden Tiefpassfilter mit einer Kollektorschaltung als Puffer.

Abbildung 26.117 zeigt diese Maßnahmen an einem Beispiel. Die Dimensionierung der Induktivitäten L_E und L_B ist kritisch, da man zusätzliche Resonanzstellen in der Schleifenverstärkung erhält. Eine geringe Güte der Induktivitäten ist hier von Vorteil. Die Schleifenverstärkung an den unerwünschten Resonanzstellen muss kleiner Eins sein; dazu muss man häufig niederohmige Dämpfungswiderstände einfügen, z.B. den Widerstand R_B in Abb. 26.64 auf Seite 1562. Die Kapazitäten C_E, C_B und C_b müssen sehr groß gewählt werden. Da große Kondensatoren eine niedrige Serienresonanzfrequenz haben und C_E und C_B auch im Bereich der Oszillatorfrequenz einen näherungsweisen Kleinsignal-Kurzschluss gewährleisten müssen, muss man in der Praxis mindestens zwei Kondensatoren mit geeignet abgestuften Werten parallel schalten.

Bei integrierten Oszillatoren erfordern diese Maßnahmen eine entsprechende äußere Beschaltung, da die benötigten Induktivitäten und Kapazitäten nicht integriert werden können. Da eine Schwingkreisinduktivität mit hoher Güte ebenfalls nicht integriert werden kann – das gilt auch für alle anderen Resonatoren (Leitung, Quarz, SAW, usw.) –, bleiben bei einem einstufigen Colpitts-Oszillator nur noch der Transistor und die Kapazitäten des Colpitts-Spannungsteilers für die Integration übrig, die dann keine Vorteile mehr bringt. Deshalb werden Oszillatoren mit besonders hohen Anforderungen bis heute diskret aufgebaut.

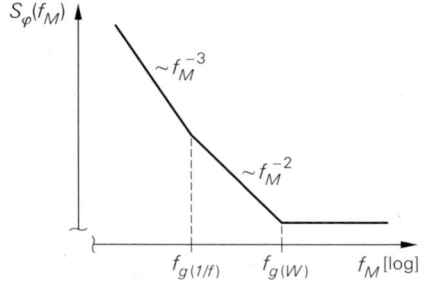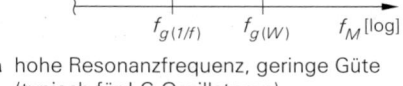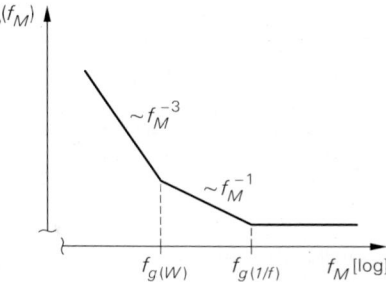

a hohe Resonanzfrequenz, geringe Güte
(typisch für LC-Oszillatoren)

b geringe Resonanzfrequenz, hohe Güte
(typisch für Quarz-Referenzoszillatoren)

Abb. 26.118. Abhängigkeit des Verlaufs der Phasenrauschdichte von der Resonanzfrequenz und der Schleifengüte

Die Modulation durch das Rauschen der Versorgungsspannung U_b ist genau dann gering, wenn sich die Resonanzfrequenz bei einer Änderung der Versorgungsspannung möglichst wenig ändert. Dieses Kriterium kann man in der Schaltungssimulation zur empirischen Optimierung des Arbeitspunkts verwenden. Wenn die Resonanzfrequenz bei einer bestimmten Versorgungsspannung ein lokales Minimum oder Maximum aufweist, verschwindet die Modulation an diesem Punkt, da hier $df_R/dU_b = 0$ gilt, d.h. geringe Schwankungen der Versorgungsspannung wirken sich nicht auf die Frequenz und die Phase aus.

Die Konversion hängt von den Spannungs- und Stromverläufen im eingeschwungenen Zustand und den Nichtlinearitäten der Transistoren ab. Hier war in der Vergangenheit nur eine empirische Optimierung möglich. Inzwischen gibt es jedoch Schaltungssimulatoren, die zusätzlich zu den Spannungen und Strömen auch die periodischen Rauschgrößen und ihren Einfluss auf das Phasenrauschen berechnen können. Das Verfahren ist in [26.4] beschrieben.

Aus den modulierten und konvertierten 1/f-Rauschanteilen ergibt sich durch Überlagerung mit dem linearen Anteil die 1/f-Grenzfrequenz $f_{g(1/f)}$ der Phasenrauschdichte. Wir betonen ausdrücklich, dass diese Grenzfrequenz nicht mit der 1/f-Grenzfrequenz der Transistoren übereinstimmt. Bei integrierten Gegentakt-Oszillatoren mit Mosfets, die eine sehr hohe 1/f-Grenzfrequenz im Bereich von 1 MHz haben, kann man die 1/f-Grenzfrequenz der Phasenrauschdichte durch eine Optimierung der Spannungs- und Stromverläufe auf bis zu 10 kHz reduzieren.

Bei Oszillatoren mit sehr hoher Schleifengüte und vergleichsweise geringer Resonanzfrequenz kann die 1/f-Grenzfrequenz größer werden als die Grenzfrequenz $f_{g(W)}$ des weißen Rauschens; in diesem Fall hat die Phasenrauschdichte den in Abb. 26.118b gezeigten Verlauf. Ein typisches Beispiel sind hochwertige Quarz-Referenzoszillatoren; hier erhält man mit $f_R = 10\,\text{MHz}$ und $Q_{LG} \approx 50.000$ aus (26.49) die Grenzfrequenz $f_{g(W)} = 100\,\text{Hz}$, die unterhalb der typischen 1/f-Grenzfrequenz im Bereich von 1 kHz liegt.

26.6.3 Frequenzteilung und Frequenzvervielfachung

Der $1/f_M^2$-proportionale Anteil der Phasenrauschdichte ist nach (26.51) proportional zum Quadrat der Resonanzfrequenz; das gilt auch für den $1/f_M$- und den $1/f_M^3$-proportionalen

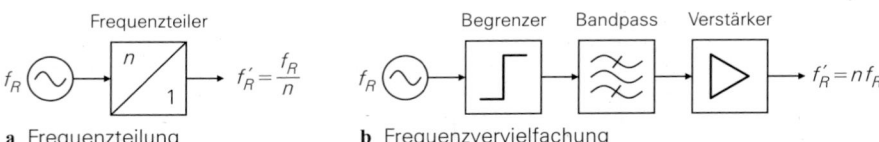

a Frequenzteilung   **b** Frequenzvervielfachung

Abb. 26.119. Frequenzteilung und Frequenzvervielfachung

Anteil. Dieser Zusammenhang bleibt auch bei einer idealen Frequenzteilung oder Frequenzvervielfachung erhalten:

$$f_R' = \frac{f_R}{n} \quad \Rightarrow \quad S_\varphi'(f_M) = \frac{S_\varphi(f_M)}{n^2} \quad \text{für } S_\varphi(f_M) > \frac{n^2 kT}{P_{osz}}$$

$$f_R' = n f_R \quad \Rightarrow \quad S_\varphi'(f_M) = n^2 S_\varphi(f_M)$$

Die Einschränkung bei der Frequenzteilung besagt, dass die durch das unvermeidliche thermische Rauschen gegebene Untergrenze kT/P_{osz} nicht unterschritten werden kann.

Die Frequenzteilung erfolgt mit einem digitalen Frequenzteiler, siehe Abb. 26.119a. Für diesen Zweck gibt es spezielle Teiler mit analogem Vorverstärker, die für sinusförmige Eingangssignale mit vergleichsweise kleiner Amplitude ausgelegt sind. Da reale Teiler ebenfalls Phasenrauschen erzeugen, ist die Untergrenze für die Phasenrauschdichte S_φ' am Ausgang nicht durch die thermische Untergrenze, sondern durch die Phasenrauschdichte des Teilers gegeben. Abbildung 26.120 zeigt ein typisches Beispiel. Unterhalb der nach unten verschobenen Grenzfrequenz des weißen Rauschens wird die Phasenrauschdichte um den Faktor n^2 reduziert; darüber folgt sie der Phasenrauschdichte des Teilers. Bei großen Teilerfaktoren kann die Grenzfrequenz $f_{g(W)}'$ kleiner werden als die 1/f-Grenzfrequenz $f_{g,T(1/f)}$ des Teilers; dann erhält man einen Bereich mit einem $1/f_M$-proportionalen Verlauf, der durch das 1/f-Rauschen des Teilers verursacht wird.

Bei der Frequenzvervielfachung werden mit einem Begrenzer starke Oberwellen erzeugt und die gewünschte Oberwelle mit einem Bandpass ausgefiltert, siehe Abb. 26.119b; dabei nimmt die Phasenrauschdichte im Idealfall um den Faktor n^2 zu. In der Praxis ist die Zunahme aufgrund des Rauschens des Begrenzers höher. Eine Frequenzvervielfachung lohnt sich nur, wenn man auf diese Weise ein geringeres Phasenrauschen erzielen kann als

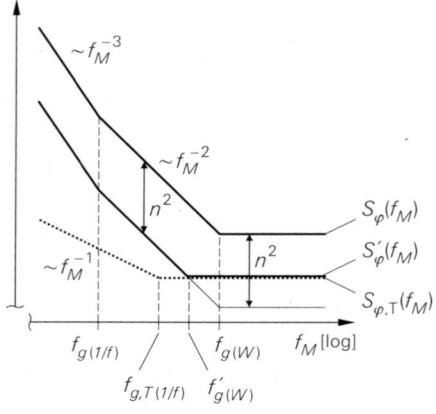

Abb. 26.120.
Phasenrauschdichten bei Frequenzteilung

S_φ = Oszillator

$S_{\varphi,T}$ = Frequenzteiler

S_φ' = Ausgang

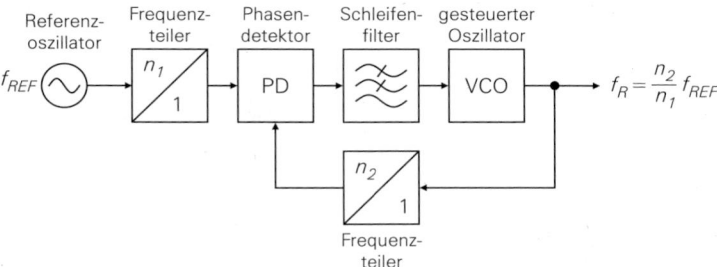

a Blockschaltbild

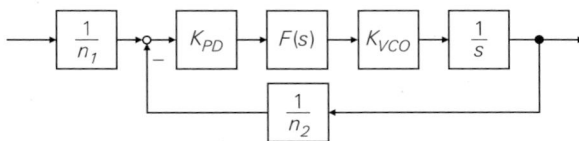

b regelungstechnisches Ersatzschaltbild

Abb. 26.121. Phasenregelschleife (PLL)

mit einem Oszillator mit der Resonanzfrequenz $f'_R = nf_R$. Der wesentliche Nachteil der Frequenzvervielfachung liegt darin, dass die Phasenrauschdichte nicht nur in den $1/f^x_M$-proportionalen Bereichen um den Faktor n^2 angehoben wird, sondern auch das Grundrauschen $S_{\varphi,0}$ um diesen Faktor zunimmt. Die Frequenzvervielfachung wirkt deshalb mit Blick auf (26.51) auf Seite 1613 nicht wie eine Erhöhung der Resonanzfrequenz von f_R auf $f'_R = nf_R$, sondern wie eine Erhöhung der Pseudo-Rauschzahl F um den Faktor n^2. Ein Oszillator mit der Resonanzfrequenz f'_R und gleicher Schleifengüte Q_{LG} hat demnach bei gleicher Pseudo-Rauschzahl ein um den den Faktor n^2 geringeres Grundrauschen.

26.6.4 Betrieb mit einer Phasenregelschleife

Bei einer Phasenregelschleife (PLL) hängt das Phasenrauschen am Ausgang von zwei Oszillatoren ab: dem Referenzoszillator mit der Frequenz f_{REF} und dem VCO mit der Frequenz f_R. Die grundsätzliche Funktionsweise einer PLL wird im Kapitel 27 beschrieben, die Anwendung zur LO-Signalerzeugung in Sendern und Empfängern im Abschnitt 22.1.3.

Abbildung 26.121 zeigt das Blockschaltbild und das regelungstechnische Ersatzschaltbild einer PLL. Die Teilerfaktoren n_1 und n_2, die Phasendetektor-Konstante K_{PD} und die Abstimmsteilheit K_{VCO} des VCOs sind Konstanten; als frequenzabhängige Elemente treten das Schleifenfilter mit der Übertragungsfunktion $F(s)$ und ein Integrator $1/s$ auf. Der Integrator beschreibt die Tatsache, dass die Abstimmspannung auf die Frequenz des VCOs wirkt und die Phase das Integral der Frequenz ist.

Das qualitative Verhalten der PLL und den prinzipiellen Verlauf der Phasenrauschdichte am Ausgang können wir auch ohne eine Berechnung der Übertragungsfunktionen bestimmen. Jeder Regelkreis hat eine obere Grenzfrequenz f_g, unterhalb der die Ausgangsgröße der Eingangsgröße folgt; Störungen, die innerhalb der Schleife wirken, werden dabei ausgeregelt. Die Eingangsgröße ist in unserem Fall das Signal des Referenzoszillators mit der Phasenrauschdichte $S_{\varphi,ref}$. Da die Ausgangsfrequenz um den Faktor n_2/n_1 größer ist als die Eingangsfrequenz, gilt für die Phasenrauschdichte S'_φ am Ausgang unterhalb der Grenzfrequenz f_g:

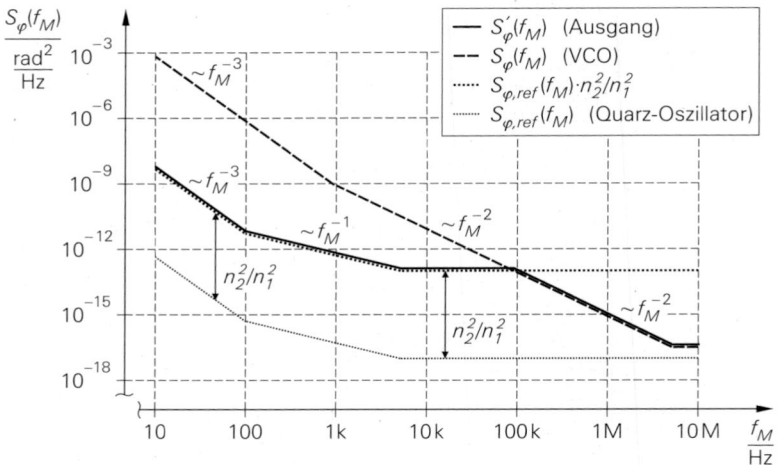

Abb. 26.122. Phasenrauschdichten für eine Phasenregelschleife (PLL) mit einem 10 MHz-Quarz-Referenzoszillator und einem 1 GHz-VCO

$$S'_\varphi(f_M) = \left(\frac{n_2}{n_1}\right)^2 S_{\varphi,ref}(f_M) \qquad \text{für } f_M < f_g$$

Oberhalb der Grenzfrequenz f_g ist der Regelkreis unwirksam und man erhält am Ausgang die Überlagerung der Phasenrauschdichten aller Komponenten, gewichtet mit dem Betragsquadrat der jeweiligen Übertragungsfunktion. Da das Schleifenfilter höhere Frequenzen unterdrückt, wird jedoch nur die Phasenrauschdichte S_φ des VCOs direkt am Ausgang wirksam [5]; daraus folgt:

$$S'_\varphi(f_M) \approx S_\varphi(f_M) \qquad \text{für } f_M > f_g$$

Die optimale Grenzfrequenz erhält man aus dem Schnittpunkt der beiden Anteile:

$$\left(\frac{n_2}{n_1}\right)^2 S_{\varphi,ref}(f_g) \overset{!}{=} S_\varphi(f_g) \tag{26.52}$$

In diesem Fall entspricht die Phasenrauschdichte S'_φ am Ausgang immer dem Minimum der beiden Anteile:

$$S'_\varphi(f_M) = \min\left\{\left(\frac{n_2}{n_1}\right)^2 S_{\varphi,ref}(f_M),\ S_\varphi(f_M)\right\}$$

Abbildung 26.122 zeigt dies am Beispiel einer PLL mit einem Quarz-Referenzoszillator ($f_{REF} = 10$ MHz, $Q_{LG} = 50.000$, $F = 7$ dB, $P_{osz} = 3$ dBm, $f_{g(1/f)} = 5$ kHz) und einem VCO ($f_R = 1$ GHz, $Q_{LG} = 100$, $F = 12$ dB, $P_{osz} = 3$ dBm, $f_{g(1/f)} = 1$ kHz); dabei gilt $n_2/n_1 = f_R/f_{REF} = 100$. Die optimale Grenzfrequenz f_g liegt hier bei etwa 100 kHz. Man erkennt die starke Reduktion des Phasenrauschens am Ausgang im Vergleich zum Phasenrauschen des VCOs. Unterhalb 100 Hz beträgt die Reduktion 50 dB.

---

[5] Wir nehmen an, dass das Phasenrauschen der Varaktoren inklusive Ansteuerschaltung bereits im Phasenrauschen des VCOs enthalten ist.

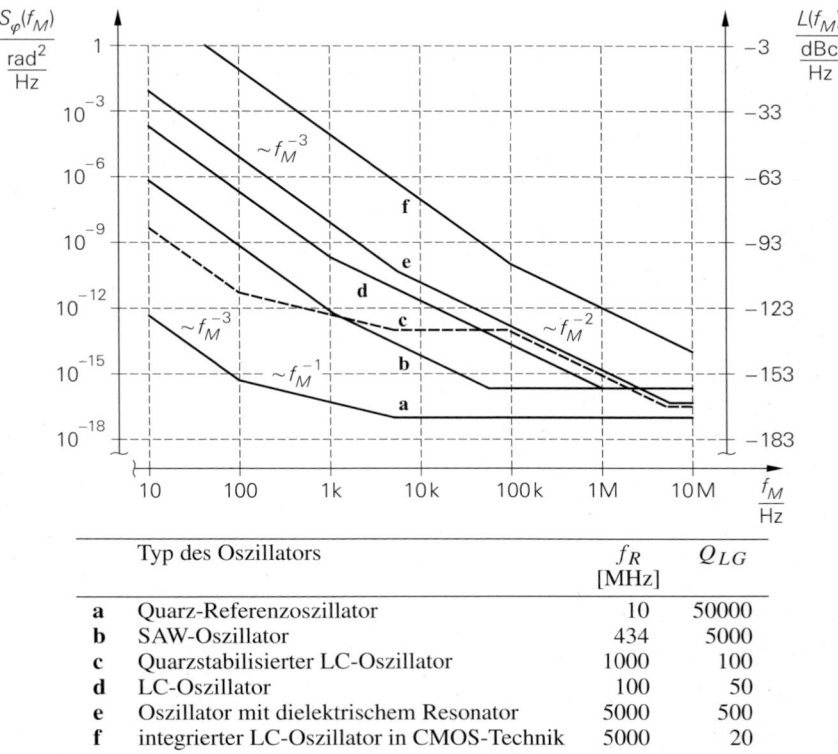

	Typ des Oszillators	f_R [MHz]	Q_{LG}
a	Quarz-Referenzoszillator	10	50000
b	SAW-Oszillator	434	5000
c	Quarzstabilisierter LC-Oszillator	1000	100
d	LC-Oszillator	100	50
e	Oszillator mit dielektrischem Resonator	5000	500
f	integrierter LC-Oszillator in CMOS-Technik	5000	20

Abb. 26.123. Phasenrauschdichten und Einseitenband-Rauschdichte für verschiedene Oszillatoren

Oszillatoren mit PLL und Quarz-Referenzoszillator werden als *quarzstabilisierte Oszillatoren* bezeichnet und immer dann eingesetzt, wenn ein niedriges Phasenrauschen im Bereich kleiner Modulationsfrequenzen erforderlich ist, um einen geringen effektiven Phasen-Jitter φ_{eff} zu erzielen. Man erkennt diese Oszillatoren am typischen Verlauf der Phasenrauschdichte.

26.6.5 Vergleich verschiedener Oszillatoren

Abbildung 26.123 zeigt einen Vergleich der Phasenrauschdichten verschiedener Oszillatoren. Die Werte bei $f_M = 10\,\text{kHz}$ unterscheiden sich um bis zu 100 dB. Der Vergleich des 5 GHz-Oszillators mit dielektrischem Resonator (DRO) in diskreter Schaltungstechnik (**e**) und des vollständig integrierten 5 GHz-LC-Oszillators in CMOS-Technik (**f**) zeigt die deutliche Überlegenheit diskreter Oszillatoren.

Kapitel 27:
Phasenregelschleife (PLL)

Eine *Phasenregelschleife* (*phase-locked loop*, *PLL*) ist ein Regelkreis zur Kopplung der Frequenz oder Phase eines spannungsgesteuerten Oszillators (*voltage-controlled oscillator*, *VCO*) mit einem harmonischen Eingangssignal. Man unterscheidet zwischen *analogen PLLs* (*analog PLL, APLL*), bei denen nur analoge Signale auftreten und ein Mischer zur Bildung der Regelabweichung verwendet wird, und *digitalen PLLs* (*digital PLL, DPLL*), bei denen die analogen Signale mit Begrenzern in digitale Signale umgewandelt werden und die Regelabweichung mit einem digitalen Phasendetektor (PD) oder einem digitalen Phasen-Frequenz-Detektor (PFD) gebildet wird. Eine digitale PLL ist demnach eine gemischt-analog-digitale Schaltung (*mixed-signal circuit*). Abbildung 27.1 zeigt die beiden Ausführungsformen. Eine Sonderform der digitalen PLL ist die *voll-digitale PLL* (*all-digital PLL, ADPLL*), bei der auch das Schleifenfilter und der VCO digital realisiert sind; darauf gehen wir nicht weiter ein.

Analoge PLLs sind in den meisten Fällen *mono-frequent*, d.h. der VCO liefert im eingeschwungenen Zustand ein Signal $s_{VCO}(t)$, dessen Frequenz f_{VCO} mit der Frequenz f_S eines harmonischen Anteils im Eingangssignal $s(t)$ übereinstimmt. Dieser Fall ist in Abb. 27.1a dargestellt. Dagegen werden bei digitalen PLLs in den meisten Fällen zusätzliche digitale Frequenzteiler eingesetzt, um eine Frequenz f_{VCO} zu erzeugen, die ein Vielfaches — in

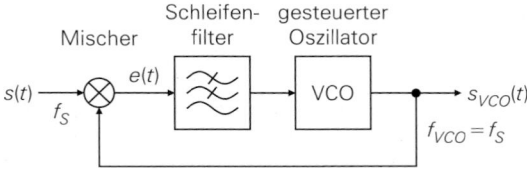

a Analoge PLL (APLL)

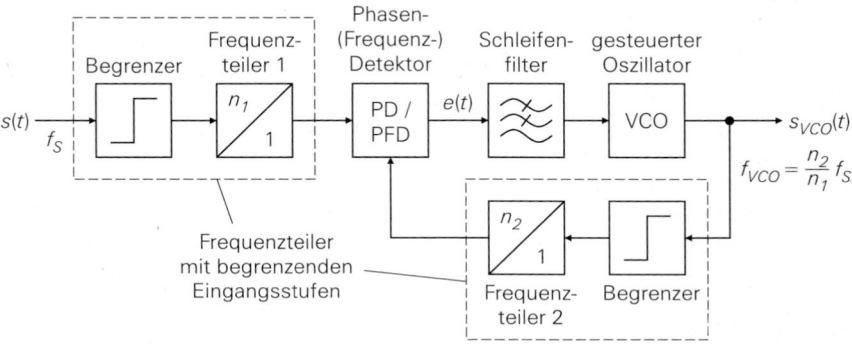

b Digitale PLL (DPLL)

Abb. 27.1. Ausführungsformen einer Phasenregelschleife (PLL). Die Frequenzteiler der digitalen PLL sind optional. Begrenzer und Frequenzteiler werden im folgenden als eine Komponente aufgefasst.

Ausnahmefällen auch ein Bruchteil — der Frequenz f_S des Eingangssignals beträgt, siehe Abb. 27.1b. Digitale PLLs sind demnach in der Regel *multi-frequent*.

Im folgenden stellen wir die Begrenzer einer digitalen PLL nicht mehr explizit dar, sondern nehmen an, dass die Eingangsstufen der digitalen Frequenzteiler als Begrenzer wirken und die Signale $s(t)$ und $s_{VCO}(t)$ eine ausreichende Amplitude haben, damit die Teiler korrekt arbeiten. In Abb. 27.1b ist die Zusammenfassung der Begrenzer und der Teiler angedeutet. Bei einer digitalen PLL mit nur einem oder ganz ohne Frequenzteiler nehmen wir dasselbe für die Eingänge des Phasen- (Frequenz-) Detektors PD/PFD an.

Bei digitalen PLLs ist ferner zu beachten, dass die Signale des Phasen- (Frequenz-) Detektors und der Frequenzteiler zwar digital, d.h. zweiwertig (0/1), aber nicht mit einer festen Abtastrate getaktet sind; vielmehr handelt es sich bei allen digitalen Komponenten um asynchrone Schaltwerke. Wir müssen deshalb auch die digitalen Signale mit der kontinuierlichen Zeitvariablen t versehen und nicht mit dem diskreten Abtastindex n synchroner Schaltwerke, der sich auf eine Abtastung mit einer festen Abtastrate f_A bezieht. So ist z.B. das Ausgangssignal des PD/PFD in Abb. 27.1b mit $e(t)$ und nicht mit $e(n)$ bezeichnet.

27.1 Anwendungen

Zur Erläuterung der Funktion, die eine PLL in einem System erfüllt, und zur Klärung des Verhältnisses zwischen analogen PLLs und digitalen PLLs betrachten wir drei typische Anwendungsfälle, auf die wir an anderer Stelle schon kurz eingegangen sind und die in Abb. 27.2 noch einmal dargestellt sind.

27.1.1 Frequenzsynthese (Synthesizer)

Die Erzeugung von Lokaloszillatorfrequenzen für Sender und Empfänger mit Hilfe von PLLs wird im Abschnitt 22.1.3 beschrieben. Abbildung 22.7 auf Seite 1240 zeigt dies am Beispiel eines Senders mit einer festen Zwischenfrequenz und einer variablen Sendefrequenz; dabei werden zwei digitale PLLs entsprechend Abb. 27.1b verwendet. Das Blockschaltbild ist in Abb. 27.2a noch einmal dargestellt, erweitert um eine optionale Teilerfaktorsteuerung, auf deren Funktion wir im Abschnitt 27.3.9 eingehen.

Zur Frequenzsynthese werden aufgrund der benötigten Frequenzteiler fast ausschließlich digitale PLLs eingesetzt. Lediglich bei sehr hohen Frequenzen werden vereinzelt noch analoge PLLs verwendet, bei denen die Frequenzumsetzung nicht mit digitalen Frequenzteilern, sondern mit Mischern oder speziellen Dioden zur Erzeugung von Oberwellen oder Subharmonischen erfolgt. Wir gehen auf diese Sonderformen nicht ein, da sie aufgrund der fortschreitenden Zunahme der maximalen Taktfrequenz digitaler Schaltungen an Bedeutung verlieren.

Wichtigstes Ziel beim Entwurf einer PLL zur Frequenzsynthese ist eine möglichst hohe spektrale Reinheit des Ausgangssignals; dazu müssen das Rauschen und die Amplituden der in einer PLL auftretenden Störtöne minimiert werden. Bei variablen Frequenzen wird zudem häufig ein schnelles Umschalten der Frequenz (Kanalwechsel) benötigt. Wir werden noch sehen, dass diese Forderungen konträr sind.

27.1.2 Träger-/Takt-Regeneration (Synchronizer)

Beim Empfang von analog oder digital modulierten Signalen müssen die Träger- und Taktsignale des Senders im Empfänger regeneriert werden, damit man ein optimales Empfangsergebnis erhält; nur bei sehr einfachen Signalen und geringen Anforderungen kann man darauf verzichten. Ein Beispiel dafür ist die im Abschnitt 21.4.1.4 beschriebene De-

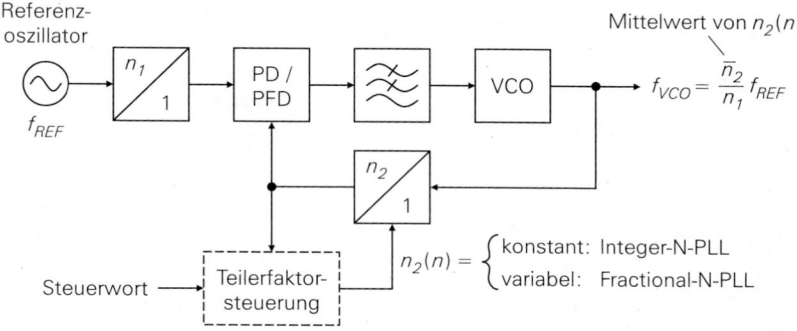

a Frequenzsynthese (Synthesizer)

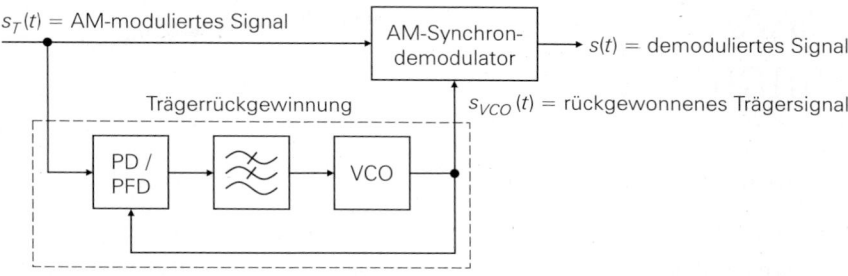

b AM-Trägerrückgewinnung als Beispiel für eine Träger-/Takt-Regeneration (Synchronizer)

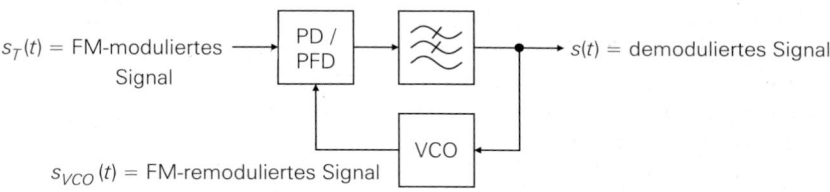

c FM-Demodulation als Beispiel für eine Phasen-/Frequenz-Demodulation (Demodulator)

Abb. 27.2. Typische Anwendungen einer Phasenregelschleife (PLL)

modulation von AM-modulierten Signalen. Dazu kann man entweder den in Abb. 21.54 auf Seite 1194 gezeigten Hüllkurvendetektor verwenden, der keine Regeneration benötigt, oder den in Abb. 21.55 gezeigten, qualitativ höherwertigen Synchrondemodulator, für den jedoch eine Rückgewinnung der Trägerfrequenz des Senders erforderlich ist. Die PLL zur Trägerrückgewinnung aus Abb. 21.56 haben wir in Abb. 27.2b noch einmal dargestellt, allerdings ohne explizite Darstellung der Begrenzer.

Bei der Träger-/Takt-Regeneration arbeitet die PLL als sehr schmalbandiges Filter zur Extraktion eines harmonischen Signalanteils aus dem Empfangssignal. Bei einem AM-Signal handelt es sich dabei um den im Empfangssignal enthaltenen Träger. Bei digital modulierten Signalen sind die Träger- und die Taktfrequenz in der Regel nicht direkt im

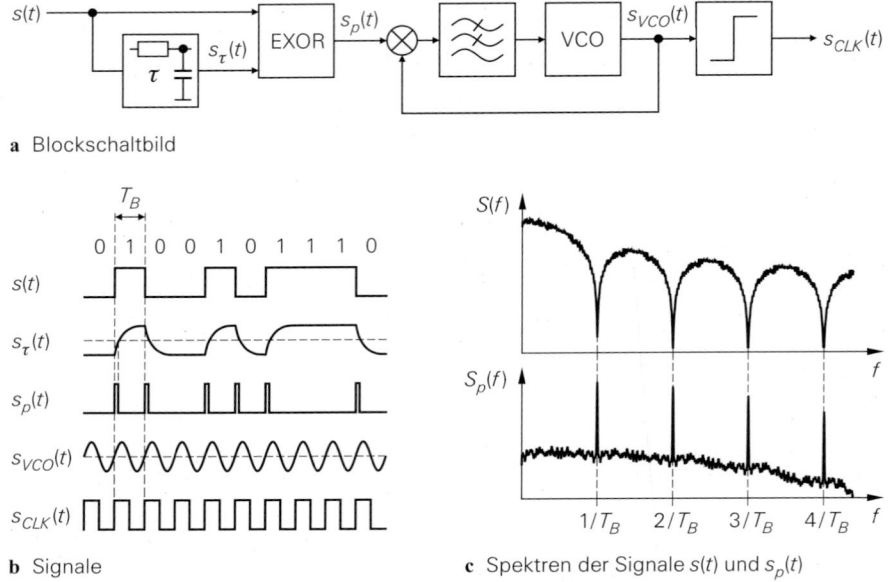

a Blockschaltbild

b Signale

c Spektren der Signale $s(t)$ und $s_p(t)$

Abb. 27.3. Taktregeneration für ein digitales Datensignal mit Hilfe einer analogen PLL

Empfangssignal enthalten; in diesem Fall muss man das Empfangssignal einer geeigneten nichtlinearen Operation unterziehen, um ein Signal mit einer entsprechenden harmonischen Komponente zu erhalten. Abbildung 27.3 zeigt dies am Beispiel der Taktregeneration für ein digitales Datensignal. Zunächst werden mit einem RC-Verzögerungsglied und einem Exklusiv-Oder-Gatter (EXOR) die Flanken des Datensignals detektiert; anschließend wird der in den Flanken-Impulsen enthaltene Anteil bei der Datenrate $1/T_B$ mit einer analogen PLL schmalbandig ausgefiltert. Abbildung 27.3c zeigt, dass das Datensignal selbst keinen Anteil bei $1/T_B$ enthält, während die Flanken-Impulse Anteile bei $1/T_B$ und Vielfachen davon enthalten. Man kann demnach auch eine der Vielfachen ausfiltern, indem man die Leerlauffrequenz des VCOs in die Nähe der gewünschten Vielfachen legt. Die Verwendung einer analogen PLL ist hier zwingend, da die Flanken-Impulse von den binären Daten abhängen und deshalb unregelmäßig auftreten, siehe Abb. 27.3b. Das Ausbleiben der Impulse bei gleichbleibenden binären Daten beeinträchtigt die Funktion einer analogen PLL nicht, solange die Impulse nicht ganz ausbleiben; dagegen führen fehlende Impulse bei einer digitalen PLL zu einer Fehlfunktion, d.h. die PLL schwingt nicht auf die Datenrate ein. Im Gegensatz dazu kann man bei der Trägerrückgewinnung für AM-modulierte Signale sowohl eine analoge als auch eine digitale PLL verwenden, da der Träger in diesem Fall immer vorhanden und ausreichend stark ist, so dass auch ein digitaler Phasen- (Frequenz-) Detektor korrekt arbeitet.

27.1.3 Phasen-/Frequenz-Demodulation (Demodulator)

Die Demodulation eines FM-modulierten Signals mit Hilfe einer PLL haben wir bereits im Abschnitt 21.4.2.4.2 beschrieben, siehe Abb. 21.66 auf Seite 1205. Das Blockschaltbild ist in Abb. 27.2c noch einmal dargestellt, auch hier wieder ohne explizite Darstellung der Begrenzer. Am Ausgang des Schleifenfilters erhält man das demodulierte Signal.

27.2 Analoge PLL

Die Beschreibung der Funktionsweise einer PLL unterscheidet sich deutlich von der Beschreibung anderer Regelkreise. Das liegt daran, dass hier nicht die Signale — repräsentiert durch Spannungen und/oder Ströme in einer Schaltung —, sondern die *Phasen* der Signale von Interesse sind; zudem ist das Großsignalverhalten sehr komplex und kann nicht geschlossen angegeben werden. Wir beschreiben die Funktionsweise deshalb zunächst anschaulich am Beispiel einer analogen PLL.

Abbildung 27.4 zeigt das Blockschaltbild und Schaltungsbeispiele für die Komponenten einer analogen PLL. Das Blockschaltbild in Abb. 27.4a zeigt die relevanten Signale:

- das Eingangssignal $s(t)$, das die Führungsgröße des Regelkreises bildet;
- das Ausgangssignal $e(t)$ des Mischers, das der Regelabweichung (*error*) entspricht;
- das Ausgangssignal $e_{LF}(t)$ des Schleifenfilters (*loop filter, LF*);
- das Ausgangssignal $s_{VCO}(t)$ des VCOs, das der Regelgröße entspricht.

Im regelungstechnischen Sinne entspricht das Schleifenfilter dem Regler und der VCO der Regelstrecke, diese Begriffe werden jedoch in der Praxis nicht verwendet.

Das Eingangssignal $s(t)$ und das Ausgangssignal $s_{VCO}(t)$ sind hochfrequente Signale, bei denen die Frequenz bzw. die Phase die relevante Größe ist. Die Signale $e(t)$ und $e_{LF}(t)$ setzen sich aus einem niederfrequenten Nutzanteil, der im eingeschwungenen Zustand konstant ist, und einem hochfrequenten Störanteil zusammen. Das Schleifenfilter hat neben seiner Funktion als Regler die Aufgabe, den hochfrequenten Störanteil möglichst gut zu unterdrücken, damit der VCO nicht durch den Störanteil moduliert wird. Die Umsetzung zwischen den hochfrequenten und den niederfrequenten Signalen erfolgt im Mischer, der hier als Phasen-Spannungs-Wandler arbeitet, und im VCO, der als Spannungs-Frequenz-Wandler arbeitet. Da die Phase $\varphi_{VCO}(t)$ des VCOs gemäß

$$\omega_{VCO}(t) = 2\pi f_{VCO}(t) = \frac{d\varphi_{VCO}(t)}{dt} \quad \Rightarrow \quad \varphi_{VCO}(t) = 2\pi \int_{-\infty}^{t} f_{VCO}(t_1)\,dt_1 \quad (27.1)$$

durch Integration über die Frequenz gebildet wird, hat der VCO ein integrierendes Verhalten, wenn man die Phase als Ausgangsgröße betrachtet.

27.2.1 Komponenten

In den Abbildungen 27.4b–d sind Schaltungsbeispiele für den Mischer, das Schleifenfilter und den VCO dargestellt. Als Mischer dient der Doppel-Gegentaktmischer (Gilbert-Mischer) aus Abb. 25.80 auf Seite 1480 mit den Transistoren $T_1 \ldots T_6$. Die differenziellen Eingänge des Mischers werden über die Kapazitäten C_{1a} bzw. C_{2a} unsymmetrisch angesteuert; der jeweils komplementäre Eingang ist über die Kapazitäten C_{1b} bzw. C_{2b} kleinsignalmäßig kurzgeschlossen. Mit der Stromquelle I_1 und dem Widerstand R_1 werden die Ausgangsspannung im Arbeitspunkt und die Verstärkung eingestellt. Das Ausgangssignal wird über den Emitterfolger T_7 ausgekoppelt. Mit den Widerständen und Kapazitäten rechts des Mischers werden die Arbeitspunktspannungen U_{B1} und U_{B2} eingestellt. Als Schleifenfilter kann man ein passives oder ein aktives Filter verwenden; Abb. 27.4c zeigt entsprechende Beispiele. Bei dem aktiven Filter handelt es sich um das Tiefpassfilter 3. Ordnung aus Abb. 12.46 auf Seite 825, bei dem wir anstelle des Operationsverstärkers einen Emitterfolger als einfachen Impedanzwandler eingesetzt haben. Als VCO dient ein Clapp-Oszillator mit Frequenzabstimmung.

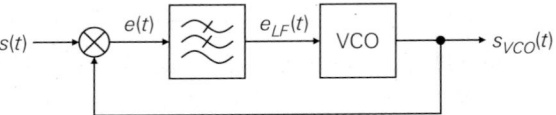

a Blockschaltbild und Signale

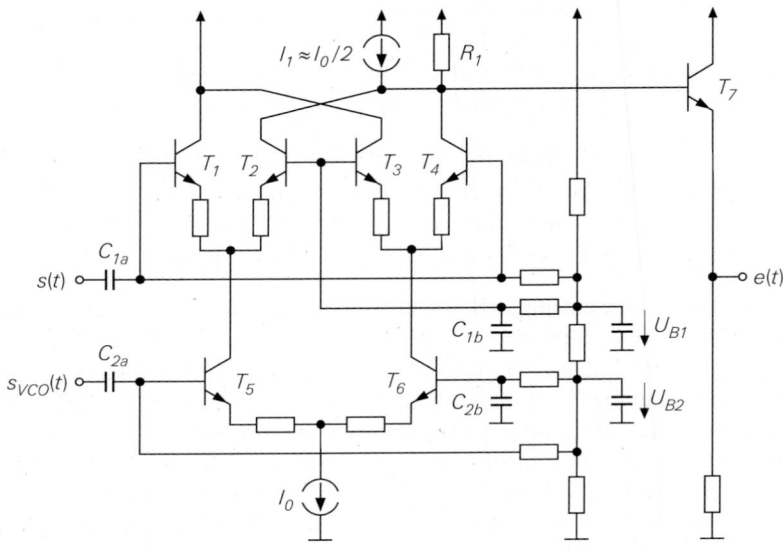

b Beispiel für die Ausführung des Mischers

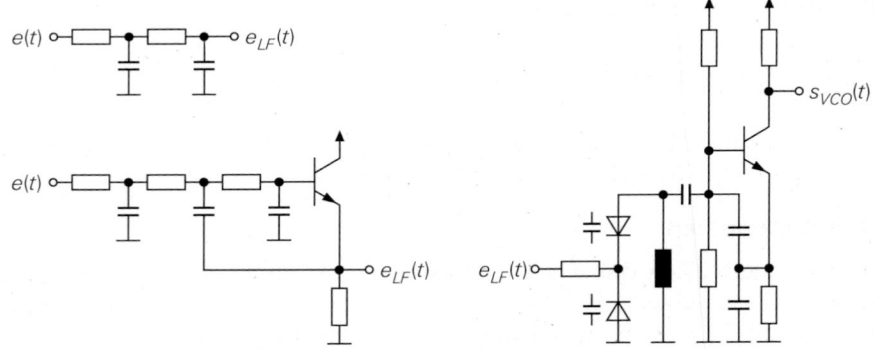

c Beispiele für Schleifenfilter (passiv und aktiv)   **d** Beispiel für einen einfachen VCO

Abb. 27.4. Blockschaltbild und Schaltungsbeispiele für die Komponenten einer analogen PLL

27.2.2 Kennlinie des Mischers als Phasendetektor

Der Mischer aus Abb. 27.4 multipliziert die Signale $s(t)$ und $s_{VCO}(t)$:

$$\left.\begin{array}{l} s(t) = \hat{s}\cos(\omega_S t + \phi_S) \\ s_{VCO}(t) = \hat{s}_{VCO}\cos(\omega_{VCO}t + \phi_{VCO}) \end{array}\right\} \Rightarrow e(t) = k_M\, s(t)\, s_{VCO}(t)$$

Dabei ist k_M der Verstärkungsfaktor des Mischers, $\omega_S = 2\pi f_S$ die Frequenz des relevanten Anteils im Eingangssignals $s(t)$ und $\omega_{VCO} = 2\pi f_{VCO}$ die Frequenz des VCOs. Da im folgenden nur die *Phasendifferenz*

$$\boxed{\phi_e = \phi_S - \phi_{VCO}} \qquad (27.2)$$

von Interesse ist, können wir ohne Beschränkung der Allgemeinheit annehmen, dass die Phase ϕ_S des Eingangssignals $s(t)$ gleich Null ist; dann gilt $\phi_e = -\phi_{VCO}$ und:

$$e(t) = k_M \hat{s} \hat{s}_{VCO} \cos(\omega_S t) \cos(\omega_{VCO} t - \phi_e)$$

Mit dem Produkt-Theorem

$$\cos x \cos y = \frac{1}{2} [\cos(x-y) + \cos(x+y)]$$

erhalten wir:

$$e(t) = \underbrace{\frac{k_M \hat{s} \hat{s}_{VCO}}{2}}_{\substack{\text{Amplitude} \\ \hat{e}}} [\underbrace{\cos((\omega_S - \omega_{VCO})t + \phi_e)}_{\substack{\text{Anteil bei der} \\ \text{Differenzfrequenz} \\ \Delta f = f_S - f_{VCO}}} + \underbrace{\cos((\omega_S + \omega_{VCO})t - \phi_e)}_{\substack{\text{Anteil bei der} \\ \text{Summenfrequenz} \\ f_S + f_{VCO}}}] \quad (27.3)$$

Damit die PLL einschwingen kann, muss die Frequenz f_S in der Nähe der VCO-Frequenz liegen: $f_S \approx f_{VCO}$; daraus folgt:

$$\Delta f = f_S - f_{VCO} \ll f_S < f_S + f_{VCO} \approx 2 f_S$$

Das Schleifenfilter wird so ausgelegt, dass der Anteil bei der Differenzfrequenz Δf im Durchlassbereich und der Anteil bei der wesentlich höheren Summenfrequenz im Sperrbereich liegt; dann gilt für das Signal am Ausgang des Schleifenfilters mit der Übertragungsfunktion $H_{LF}(s)$:

$$e_{LF}(t) = |H_{LF}(j2\pi\Delta f)| \, \hat{e} \cos(2\pi\Delta f t + \phi_e + \arg\{H_{LF}(j2\pi\Delta f)\})$$

Bei einem passiven Schleifenfilter hat die Verstärkung im Durchlassbereich etwa den Betrag Eins und eine lineare Phase:

$$|H_{LF}(j2\pi\Delta f)| \approx 1 \quad , \quad \arg\{H_{LF}(j2\pi\Delta f)\} \approx -2\pi\Delta f \tau_0$$

Dabei ist τ_0 die Gruppenlaufzeit des Schleifenfilters bei niedrigen Frequenzen. Damit erhalten wir:

$$e_{LF}(t) = \hat{e} \cos(2\pi\Delta f(t - \tau_0) + \phi_e) \qquad (27.4)$$

Das Signal $e_{LF}(t)$ steuert die VCO-Frequenz f_{VCO}. Da jede Änderung von $e_{LF}(t)$ eine Änderung von f_{VCO} verursacht, die ihrerseits eine Änderung der Differenzfrequenz Δf bewirkt, ist $e_{LF}(t)$ kein sinusförmiges Signal, wie (27.4) suggeriert, sondern ein frequenzmoduliertes Signal. Daraus resultiert ein komplexer nichtlinearer Einschwingvorgang, den wir im Abschnitt 27.2.13 noch näher beschreiben werden.

Wenn die PLL einschwingt, erhält man im eingeschwungenen Zustand $f_S = f_{VCO}$ und $\Delta f = 0$; das Ausgangssignal des Schleifenfilters ist in diesem Fall konstant:

$$e_{LF}(t) = \hat{e} \cos\phi_e$$

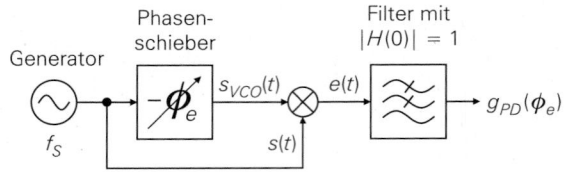

Abb. 27.5.
Messung der Kennlinie eines
Phasendetektors am Beispiel
eines Mischers

Der Mischer arbeitet dann als Phasendetektor mit der Kennlinie:

$$g_{PD}(\phi_e) = \hat{e} \cos \phi_e \quad \text{mit } \hat{e} = \frac{k_M \, \hat{s} \, \hat{s}_{VCO}}{2} \tag{27.5}$$

Dass wir die Kennlinie aus dem Signal $e_{LF}(t)$ am Ausgang des Schleifenfilters ermitteln können, hängt mit der Definition der Kennlinie eines Phasendetektors zusammen:

Die Kennlinie eines Phasendetektors entspricht dem Gleichanteil (Mittelwert) des Ausgangssignals in Abhängigkeit von der Phasenverschiebung ϕ_e der beiden Eingangssignale bei gleicher Frequenz.

Ein Schleifenfilter mit $|H_{LF}(0| = 1$ bildet genau diesen Gleichanteil bzw. Mittelwert; deshalb entspricht unsere Vorgehensweise bei der Berechnung genau der Vorgehensweise bei der praktischen Messung einer Phasendetektor-Kennlinie, siehe Abb. 27.5.

Wir haben den Mischer aus Abb. 27.4b für eine Betriebsspannung von 5 V dimensioniert und die Kennlinie gemäß Abb. 27.5 simuliert [1]; Abb. 27.6a zeigt das Ergebnis. Man erkennt den kosinus-förmigen Verlauf aus (27.5), der hier allerdings um die Arbeitspunktspannung am Ausgang des Mischers (ca. 3,5 V) nach oben verschoben ist. Die Amplitude $\hat{e}$ beträgt etwa 0,65 V.

27.2.3 Phasendetektor-Konstante des Mischers

Für die Untersuchung des Kleinsignalverhaltens wird die Steilheit der Kennlinie in einem Arbeitspunkt A benötigt, die als *Phasendetektor-Konstante k_{PD}* bezeichnet wird:

$$k_{PD} = \frac{dg_{PD}(\phi_e)}{d\phi_e}\bigg|_{\phi_e=\phi_{e,A}} \tag{27.6}$$

Für den Mischer erhalten wir aus (27.5):

$$k_{PD} = -\hat{e} \sin \phi_{e,A} \tag{27.7}$$

Abbildung 27.6b zeigt den Verlauf von k_{PD} für das Beispiel; dabei haben wir zusätzlich zur y-Achse mit der Einheit V/rad eine weitere y-Achse mit der Einheit V/Grad eingezeichnet. Zur Unterscheidung bezeichnen wir eine Angabe in V/Grad mit dem Formelzeichen k_{PD}°; es gilt:

$$2\pi k_{PD} = 360° \cdot k_{PD}^{\circ} \quad \Rightarrow \quad k_{PD}^{\circ} = \frac{2\pi k_{PD}}{360°} = 0{,}01745 \, \text{rad/Grad} \cdot k_{PD}$$

---

[1] Die zugehörige Simulation *Mischer* finden Sie in den Simulationsbeispielen unter der Rubrik *PLL*.

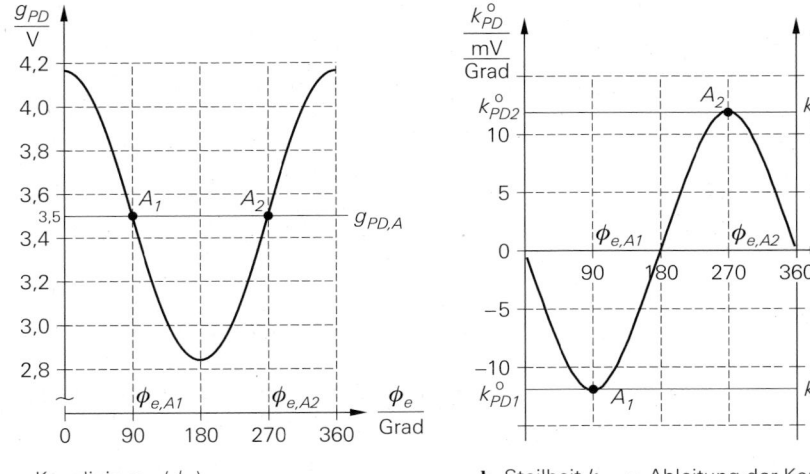

a Kennlinie $g_{PD}(\phi_e)$ **b** Steilheit k_{PD} = Ableitung der Kennlinie

Abb. 27.6. Beispiel für die Kennlinie und die Steilheit eines Mischers bei Betrieb als Phasendetektor

27.2.4 Arbeitspunkt des Mischers

Wir haben in Abb. 27.6 ein Beispiel für mögliche Arbeitspunkte eingezeichnet. Im Arbeitspunkt gilt $f_S = f_{VCO}$; dazu muss am Ausgang des Mischers ein konstanter Wert $g_{PD,A}$ anliegen, der — nach Durchgang durch das Schleifenfilter — den VCO auf die Eingangsfrequenz f_S einstellt. Wir nehmen hier an, dass dies für $g_{PD,A} = 3,5$ V der Fall ist. Aus Abb. 27.6a entnehmen wir, dass es zwei mögliche Arbeitspunkte gibt: A_1 und A_2. Die Arbeitspunkte unterscheiden sich in der Phasendifferenz ($\phi_{e,A1}$ bzw. $\phi_{e,A2}$) und im Vorzeichen der Phasendetektor-Konstante: $k_{PD1} = -k_{PD2}$. Daraus folgt für den Regelkreis, dass einer der beiden Arbeitspunkte stabil ist (Gegenkopplung), während der andere instabil ist (Mitkopplung). Welcher Arbeitspunkt stabil und welcher instabil ist, hängt von den anderen Komponenten im Regelkreis ab; wir können diese Frage demnach nur im Zusammenhang mit der Kennlinie des VCOs und der Gleichspannungsverstärkung des Schleifenfilters beantworten. Letztere kann bei aktiven Filtern auch negativ sein. Entscheidend ist also, in welchem der beiden möglichen Arbeitspunkte eine Gegenkopplung vorliegt.

Für den praktischen Betrieb einer analogen PLL bedeutet dies, dass man den Regelkreis vor der Inbetriebnahme nicht auf Gegenkopplung prüfen muss. Wenn es überhaupt mögliche Arbeitspunkte gibt, stellt sich der Regelkreis automatisch auf den stabilen Arbeitspunkt ein. Den jeweils anderen Arbeitspunkt erhält man dann, indem man die Eingänge des Mischers vertauscht. Bei Anwendungen, bei denen nur die Frequenz von Interesse ist, sind die beiden Arbeitspunkte gleichwertig.

27.2.5 Kennlinie des VCOs

Wir haben den VCO aus Abb. 27.4d für eine Betriebsspannung von 5 V und eine Frequenz im Bereich von 10 MHz dimensioniert und die Abstimmkennlinie $f_{VCO}(U_A)$ simuliert [2]; Abb. 27.7a zeigt das Ergebnis.

---

[2] Die zugehörigen Simulationen *VCO* und *VCO_Osz* finden Sie in den Simulationsbeispielen unter der Rubrik *PLL*.

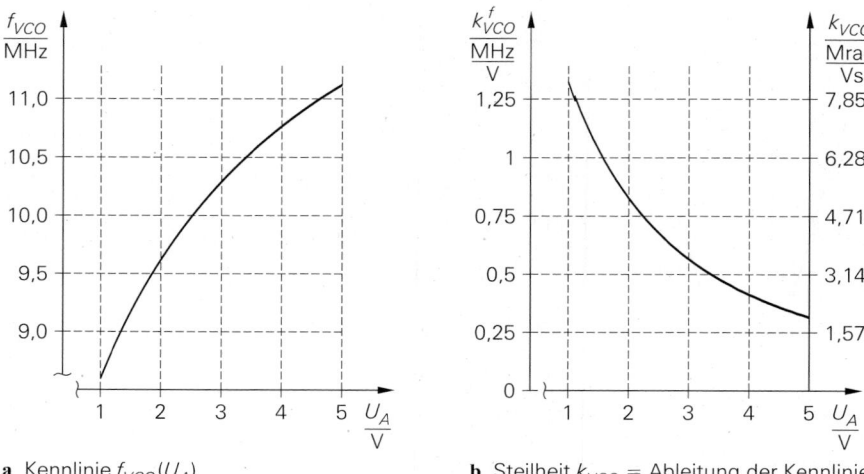

a Kennlinie $f_{VCO}(U_A)$ **b** Steilheit k_{VCO} = Ableitung der Kennlinie

Abb. 27.7. Beispiel für die Kennlinie und die Steilheit eines VCOs

27.2.6 VCO-Konstante

Für die Untersuchung des Kleinsignalverhaltens wird die Steilheit der Kennlinie in einem Arbeitspunkt A benötigt, die als *VCO-Konstante* k_{VCO} bezeichnet wird:

$$k_{VCO} = \left. \frac{d f_{VCO}(U_A)}{d U_A} \right|_{U_A = U_{A,A}} \tag{27.8}$$

Abbildung 27.7b zeigt den Verlauf von k_{VCO} für das Beispiel; dabei haben wir zusätzlich zur y-Achse mit der Einheit (Mrad/s)/V eine weitere y-Achse mit der Einheit MHz/V eingezeichnet. Zur Unterscheidung bezeichnen wir eine Angabe in MHz/V mit dem Formelzeichen k_{VCO}^f; es gilt:

$$k_{VCO} = 2\pi k_{VCO}^f$$

Man erkennt, dass der Verlauf stark nichtlinear ist. Die Steilheit variiert im dargestellten Abstimmbereich $U_A = 1 \ldots 5$ V um den Faktor 5.

27.2.7 Arbeitspunkt der PLL

Abbildung 27.8 zeigt die Gesamtschaltung des Beispiels. Ohne Eingangssignal erhalten wir am Ausgang des Mischers die Arbeitspunktspannung von 3,5 V und am Ausgang des Schleifenfilters eine Spannung von 2,5 V; damit folgt aus Abb. 27.7a eine Leerlauffrequenz von $f_{VCO} \approx 10$ MHz. Im Arbeitspunkt gilt $|k_{PD}| \approx 680$ mV/rad und $k_{VCO} \approx 3,8$ Mrad/(Vs). Da die Gleichspannungsverstärkung des Schleifenfilters und die VCO-Konstante größer Null sind, muss auch die Phasendetektor-Konstante k_{PD} größer Null sein, damit eine Gegenkopplung vorliegt; wir erhalten demnach einen Arbeitspunkt im ansteigenden Teil der Kennlinie des Phasendetektors entsprechend dem Punkt A2 in Abb. 27.6.

Die Phasenverschiebung im Arbeitspunkt beträgt allgemein:

$$\phi_{e,A} = \phi_{S,A} - \phi_{VCO,A}$$

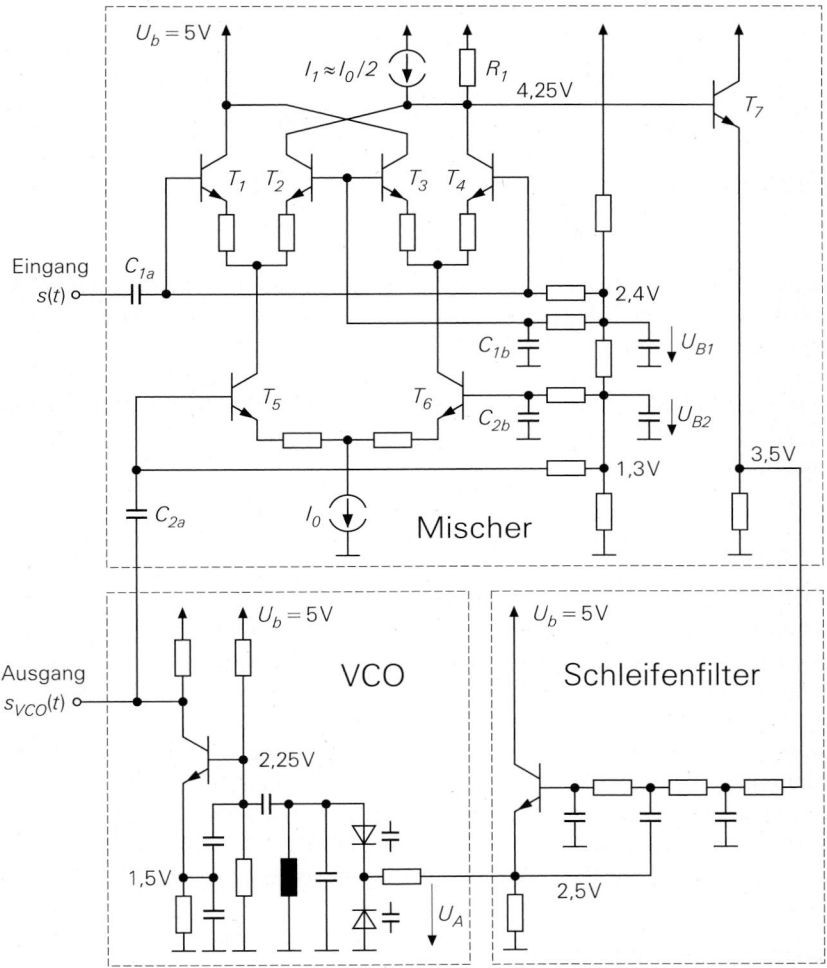

Abb. 27.8. Gesamtschaltung der analogen PLL des Beispiels

Da auch hier wieder nur die Phasendifferenz von Interesse ist, können wir die Phase $\phi_{S,A}$ des Eingangssignals $s(t)$ ohne Beschränkung der Allgemeinheit zu Null setzen; dann gilt:

$$\phi_{e,A} = -\phi_{VCO,A}$$

Für das Beispiel gilt $\phi_{e,A} = 270°$.

27.2.8 Regelungstechnisches Kleinsignalersatzschaltbild

Abbildung 27.9 zeigt das regelungstechnische Kleinsignalersatzschaltbild der PLL mit:

- der Phasendetektor-Konstante k_{PD} aus (27.6);
- dem Schleifenfilter $H_{LF}(s)$;
- der VCO-Konstanten k_{VCO} aus (27.8);
- einem Integrator $1/s$ zur Beschreibung des Zusammenhangs zwischen VCO-Frequenz und VCO-Phase gemäß (27.1).

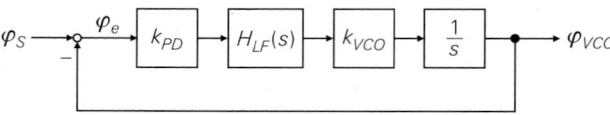

Abb. 27.9.
Regelungstechnisches
Kleinsignalersatzschalt-
bild einer analogen PLL

Für die Kleinsignalgrößen im Arbeitspunkt A gilt:

$$\varphi_S = \phi_S - \phi_{S,A} \overset{\phi_{S,A}=0}{=} \phi_S \; , \quad \varphi_{VCO} = \phi_{VCO} - \phi_{VCO,A} \; , \quad \varphi_e = \phi_e - \phi_{e,A}$$

Aufgrund der Annahme $\phi_{S,A} = 0$ müssen wir beim Eingangssignal nicht zwischen der Großsignalphase ϕ_S und der Kleinsignalphase φ_S unterscheiden. Beim VCO-Signal ist dagegen eine klare Trennung erforderlich, um Fehlinterpretationen zu vermeiden. Wir werden im folgenden sehen, dass für alle PLLs im eingeschwungenen Zustand $\varphi_S = \varphi_{VCO}$ gilt, d.h. die Kleinsignalphasen des Eingangssignals und des VCO-Signals sind identisch. Für die Anwendung einer PLL ist jedoch die Großsignalphase ϕ_{VCO} entscheidend, für die im eingeschwungenen Zustand

$$\phi_{VCO} = \phi_{VCO,A} + \varphi_{VCO} \overset{\substack{\phi_{VCO,A}=-\phi_{e,A} \\ \varphi_{VCO}=\varphi_S=\phi_S}}{=} \phi_S - \phi_{e,A}$$

gilt. Aus der Regelungstechnik ist bekannt, dass bei einem stabilen Regelkreis im eingeschwungenen Zustand keine Regelabweichung auftritt, d.h. die Eingangs- gleich der Ausgangsgröße ist, wenn der Vorwärtszweig mindestens einen Integrator enthält. Das ist bei einer PLL aufgrund des Zusammenhangs zwischen VCO-Frequenz und VCO-Phase zwar immer erfüllt, führt hier aber nur dazu, dass die *Kleinsignal*-Regelabweichung φ_e zu Null wird, während die *Großsignal*-Regelabweichung $\phi_{e,A}$ im allgemeinen einen Wert ungleich Null annimmt. Damit auch die Großsignal-Regelabweichung generell zu Null wird, d.h. die Großsignalphasen des Eingangs- und des VCO-Signals übereinstimmen, muss der Vorwärtszweig einen weiteren Integrator enthalten. Die Großsignal-Regelabweichung wird in diesem Zusammenhang auch als *statische Regelabweichung* bezeichnet. Wir kommen darauf im folgenden noch zurück.

27.2.9 Übertragungsfunktionen

Aus dem Kleinsignalersatzschaltbild in Abb. 27.9 erhalten wir die Übertragungsfunktionen

$$H_{ol}(s) = k_{PD} \, k_{VCO} \, \frac{H_{LF}(s)}{s}$$

der offenen Schleife (*open-loop*) und

$$H_{cl}(s) = \frac{\varphi_{VCO}(s)}{\varphi_S(s)} = \frac{H_{ol}(s)}{1 + H_{ol}(s)} = \frac{1}{1 + \dfrac{s}{k_{PD} \, k_{VCO} H_{LF}(s)}} \tag{27.9}$$

der geschlossenen Schleife (*closed-loop*). Für das Schleifenfilter 3. Ordnung aus Abb. 27.8, das in der Regelungstechnik als P-T3-Regler bezeichnet wird, gilt bei reellen Polen:

$$H_{LF}(s) = \frac{H_0}{(1 + sT_1)(1 + sT_2)(1 + sT_3)} \tag{27.10}$$

In der dargestellten Form gilt $H_0 \approx 1$. Wir können H_0 aber dadurch verringern, dass wir einen Spannungsteiler zwischen Schleifenfilter und VCO einfügen; wir betrachten deshalb H_0 als freien Parameter mit der Einschränkung $0 < H_0 < 1$.

Die Pole des Schleifenfilters setzen sich aus einem dominanten Pol mit der Zeitkonstanten T_1 und zwei nicht-dominanten Polen mit den Zeitkonstanten $T_2 \ll T_1$ und $T_3 \ll T_1$ zusammen. In diesem Fall können wir bei der Auslegung des Regelkreises das *Verfahren der Summenzeitkonstante* anwenden, indem wir die Pole zu *einem* Pol mit der Summenzeitkonstante

$$T_0 = T_1 + T_2 + T_3 \qquad (27.11)$$

zusammenfassen; damit erhalten wir für das Schleifenfilter die Näherung

$$H_{LF}(s) \approx \frac{H_0}{1 + sT_0}$$

und für die geschlossene Schleife unter Verwendung von (27.9) ein System 2. Ordnung mit der Kennfrequenz $\omega_0 = 2\pi f_0$ und der Güte Q:

$$H_{cl}(s) \approx \cfrac{1}{1 + \cfrac{s(1 + sT_0)}{k_{PD}\, k_{VCO} H_0}} = \frac{1}{1 + \dfrac{s}{Q\omega_0} + \left(\dfrac{s}{\omega_0}\right)^2} \qquad (27.12)$$

$$\omega_0 = \sqrt{\frac{k_{PD}\, k_{VCO} H_0}{T_0}}$$

$$Q = \sqrt{k_{PD}\, k_{VCO} H_0 T_0}$$

Bei der Dimensionierung gibt man die Güte Q vor und erhält damit unter Berücksichtigung der Beschränkung $0 < H_0 < 1$:

$$T_0 = \frac{Q^2}{k_{PD}\, k_{VCO} H_0} > \frac{Q^2}{k_{PD}\, k_{VCO}} = T_{0,min} = H_0 T_0 \qquad (27.13)$$

$$\omega_0 = \frac{k_{PD}\, k_{VCO} H_0}{Q} < \frac{k_{PD}\, k_{VCO}}{Q} = \omega_{0,max} = \frac{Q}{T_{0,min}} \qquad (27.14)$$

Für $Q = 1/2$ erhalten wir ein aperiodisches Einschwingen; für das Beispiel gilt in diesem Fall

$$\omega_0 < \omega_{0,max} = 2 k_{PD}\, k_{VCO} = 2 \cdot 680\,\text{mV/rad} \cdot 3{,}8\,\text{Mrad/(Vs)} \approx 5{,}2 \cdot 10^6\,\text{s}^{-1}$$

bzw. $f_0 < 820\,\text{kHz}$. Wir können demnach eine Kennfrequenz von bis zu 820 kHz erzielen.

27.2.10 Schleifenbandbreite

Die -3dB-Bandbreite f_{-3dB} der geschlossenen Schleife, die als *Schleifenbandbreite* (*loop bandwidth*) bezeichnet wird, ist in der Regel etwas größer als die Kennfrequenz f_0. Man erhält sie aus der Bedingung:

$$|H_{cl}(j 2\pi f_{-3dB})|^2 \overset{!}{=} \frac{1}{2}$$

Für die praktische Dimensionierung einer PLL ist die Differenz zwischen f_0 und f_{-3dB} jedoch unbedeutend; deshalb wird in der Praxis die formelmäßig einfacher darzustellende Kennfrequenz f_0 als Schleifenbandbreite bezeichnet. Wir schließen uns dem an.

27.2.11 Wahl der Schleifenbandbreite

Das Schleifenfilter erfüllt zwei Aufgaben:

- Es übernimmt die Funktion des Reglers; dabei ist die Summenzeitkonstante T_0 entscheidend.
- Es muss den Störton bei der Summenfrequenz $f_S + f_{VCO} = 2f_S$ unterdrücken; dabei ist der Betrag der Übertragungsfunktion des Schleifenfilters bei dieser Frequenz entscheidend:

$$|H_{LF}(j4\pi f_S)| \approx \frac{H_0}{(4\pi f_S)^3 \, T_1 T_2 T_3} \qquad (27.15)$$

Wir können nun wie folgt vorgehen:

- Wir können die Schleifenbandbreite vorgeben, die Dämpfung des Störtons für verschiedene Ordnungen des Schleifenfilters berechnen und eine passende Ordnung wählen.
- Wir können die Ordnung des Schleifenfilters vorgeben und die Schleifenbandbreite so wählen, dass die Dämpfung einen vorgegebenen Wert annimmt. Wenn wir dabei keine akzeptable Schleifenbandbreite erhalten, müssen wir die Ordnung erhöhen.

Wir gehen hier den zweiten Weg. Mit den typischen Werten $T_2 = T_3 = T_1/10$ für ein aktives Schleifenfilter 3. Ordnung gilt $T_0 = 1{,}2\,T_1$ und:

$$|H_{LF}(j4\pi f_S)| \approx \frac{H_0}{11{,}5\,(f_S T_0)^3} = \frac{T_{0,min}}{11{,}5\,f_S^3\,T_0^4}$$

Wir können nun die Dämpfung des Störtons vorgeben und daraus mit

$$T_0 = \sqrt[4]{\frac{T_{0,min}}{11{,}5\,f_S^3\,|H_{LF}(j4\pi f_S)|}} \qquad (27.16)$$

die Summenzeitkonstante berechnen. Daraus erhalten wir dann mit (27.14) die Regelbandbreite f_0 und mit (27.13) die Gleichspannungsverstärkung H_0 des Schleifenfilters:

$$f_0 = \frac{\omega_0}{2\pi} = \frac{Q}{2\pi T_0} \quad , \quad H_0 = \frac{T_{0,min}}{T_0}$$

27.2.12 Dimensionierung der Beispielschaltung

Für das Beispiel erhalten wir aus (27.13) mit $Q = 1/2$:

$$T_{0,min} = \frac{Q^2}{k_{PD}\,k_{VCO}} = \frac{1/4}{680\,\text{mV/rad} \cdot 3{,}8\,\text{Mrad/(Vs)}} \approx 97\,\text{ns}$$

Wir fordern eine Dämpfung von $100\,\text{dB}$, d.h. $|H_{LF}(j4\pi f_S)| = 10^{-5}$. Mit $f_S = 10\,\text{MHz}$ folgt aus (27.16) $T_0 \approx 958\,\text{ns}$ und daraus $f_0 \approx 83\,\text{kHz}$ und $H_0 \approx 0{,}1$. Wir können nun entweder H_0 auf $0{,}1$ reduzieren oder die Konstanten k_{PD} und k_{VCO} so anpassen, dass das Produkt $k_{PD}\,k_{VCO}$ um den Faktor 10 abnimmt und wir $H_0 = 1$ erhalten. Wir haben den zweiten Weg gewählt und k_{VCO} um den Faktor 10 reduziert, indem wir Abstimmdioden mit geringerer Kapazität verwendet und eine parallel zur Schwingkreisinduktivität liegende Kapazität ergänzt haben.

Die Dimensionierung des Schleifenfilters ist aufwendig. Aus der in Abb. 27.10a gezeigten Schaltung erhalten wir unter der Annahme, dass der Emitterfolger als idealer Spannungsfolger arbeitet, die Übertragungsfunktion:

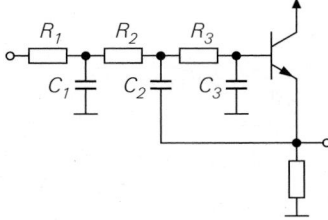
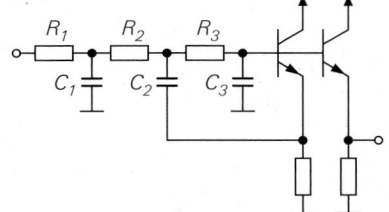

a Grundschaltung   **b** mit verbesserter Sperrdämpfung

Abb. 27.10. Schaltung des Schleifenfilters

$$H_{LF}(s) = \frac{1}{1 + c_1 s + c_2 s^2 + c_3 s^3}$$

$$c_1 = C_1 R_1 + C_3(R_1 + R_2 + R_3)$$
$$c_2 = C_1 C_3 R_1(R_2 + R_3) + C_2 C_3 R_3(R_1 + R_2)$$
$$c_3 = C_1 C_2 C_3 R_1 R_2 R_3$$

Aus $T_0 = T_1 + T_2 + T_3 = 958\,\text{ns}$ und $T_2 = T_3 = T_1/10$ folgt $T_1 \approx 800\,\text{ns}$ und $T_2 = T_3 \approx 80\,\text{ns}$; daraus folgt durch Einsetzen in (27.10) und Koeffizientenvergleich:

$$c_1 = T_0 = T_1 + T_2 + T_3 \approx 9.6 \cdot 10^{-7}\,\text{s}$$
$$c_2 = T_1(T_2 + T_3) + T_2 T_3 \approx 1.3 \cdot 10^{-13}\,\text{s}^2$$
$$c_3 = T_1 T_2 T_3 \approx 5.1 \cdot 10^{-21}\,\text{s}^3$$

Mit $C_1 = C_2 = C_3 = 100\,\text{pF}$ folgt:

$$2R_1 + R_2 + R_3 = 9600\,\Omega$$
$$R_1 R_2 + 2R_1 R_3 + R_2 R_3 = 1.3 \cdot 10^7\,\Omega^2$$
$$R_1 R_2 R_3 = 5.1 \cdot 10^9\,\Omega^3$$

Wir haben dieses Gleichungssystem mit einem Mathematikprogramm gelöst und dabei die Werte $R_1 = 900\,\Omega$, $R_2 = 7\,\text{k}\Omega$ und $R_3 = 810\,\Omega$ erhalten. Aufgrund des endlichen Ausgangswiderstands des Emitterfolgers und des Durchgriffs über die Kapazität C_2 erreicht die Schaltung in Abb. 27.10a nicht die berechnete Sperrdämpfung; wir verwenden deshalb die in Abb. 27.10b gezeigte Variante mit verbesserter Sperrdämpfung.

Wir verzichten auf eine Darstellung der dimensionierten Schaltung und verweisen auf die Simulationsbeispiele in der Rubrik *PLL*.

27.2.13 Verhalten der PLL

Im Leerlauf, d.h. ohne Eingangssignal $s(t)$, erhalten wir die *Leerlauffrequenz* $f_{VCO,0}$ des VCOs. Sie beträgt in unserem Beispiel $10,011\,\text{MHz}$. Wir legen nun Eingangssignale mit verschiedenen Frequenzen $f_S = f_{VCO,0} + \Delta f$ an und betrachten die Abstimmspannung U_A, die ein Maß für die Frequenz des VCOs ist. Wenn die PLL einschwingt, erhalten wir eine konstante Abstimmspannung. Die zugehörige VCO-Frequenz könnten wir mit Hilfe der Kennlinie des VCOs ermitteln; das ist jedoch unnötig, da im eingeschwungenen Zustand $f_S = f_{VCO}$ gilt.

Abbildung 27.11 zeigt die Verläufe der Abstimmspannung für verschiedene Werte von Δf. Man erkennt, dass die PLL nur im *Fangbereich* (*lock-in range*)

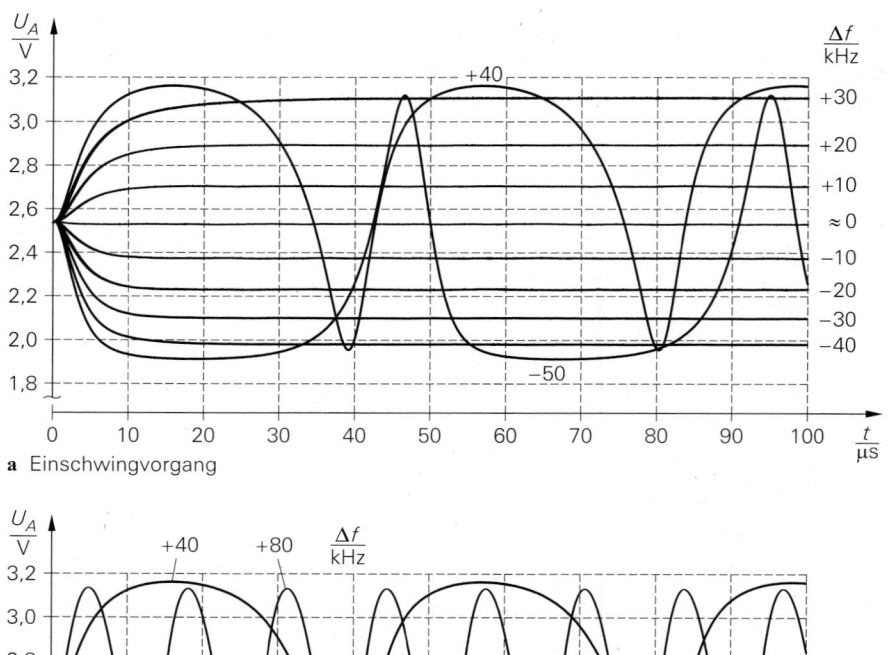

a Einschwingvorgang

b Verhalten bei größerem Frequenzversatz

Abb. 27.11. Verhalten der analogen PLL des Beispiels

$$-40\,\text{kHz} \leq \Delta f \leq +30\,\text{kHz}$$

einschwingt. Man spricht in diesem Zusammenhang auch vom *Einrasten* (*lock-in*) der PLL. Für $\Delta f > 30\,\text{kHz}$ und $\Delta f < -40\,\text{kHz}$ reicht die am Ausgang des Schleifenfilters verfügbare Aussteuerung nicht aus, um den VCO auf die gewünschte Frequenz einzustellen. Wird der Fangbereich nur wenig überschritten, erhält man unsymmetrische Verläufe, bei denen die Frequenz des VCOs für kurze Zeit in der Nähe der Eingangsfrequenz verbleibt, dann aber in die entgegengesetzte Richtung ausschlägt und wieder zurückkehrt; in Abb. 27.11 gilt dies für $\Delta f = +40\,\text{kHz}$ und $\Delta f = -50\,\text{kHz}$. Wird der Fangbereich stärker überschritten, erhält man einen nahezu sinusförmigen Verlauf der Abstimmspannung.

In Abb. 27.11a erkennt man ferner, dass sich die Verläufe für betragsmäßig gleiche Werte von Δf in ihrer Form unterscheiden. So ist z.B. die Einschwingzeit (*settling time*) für $\Delta f = -30\,\text{kHz}$ deutlich kleiner als die Einschwingzeit für $\Delta f = +30\,\text{kHz}$; nur für betragsmäßig kleine Werte von Δf erhält man symmetrische Verläufe. Die Ursache

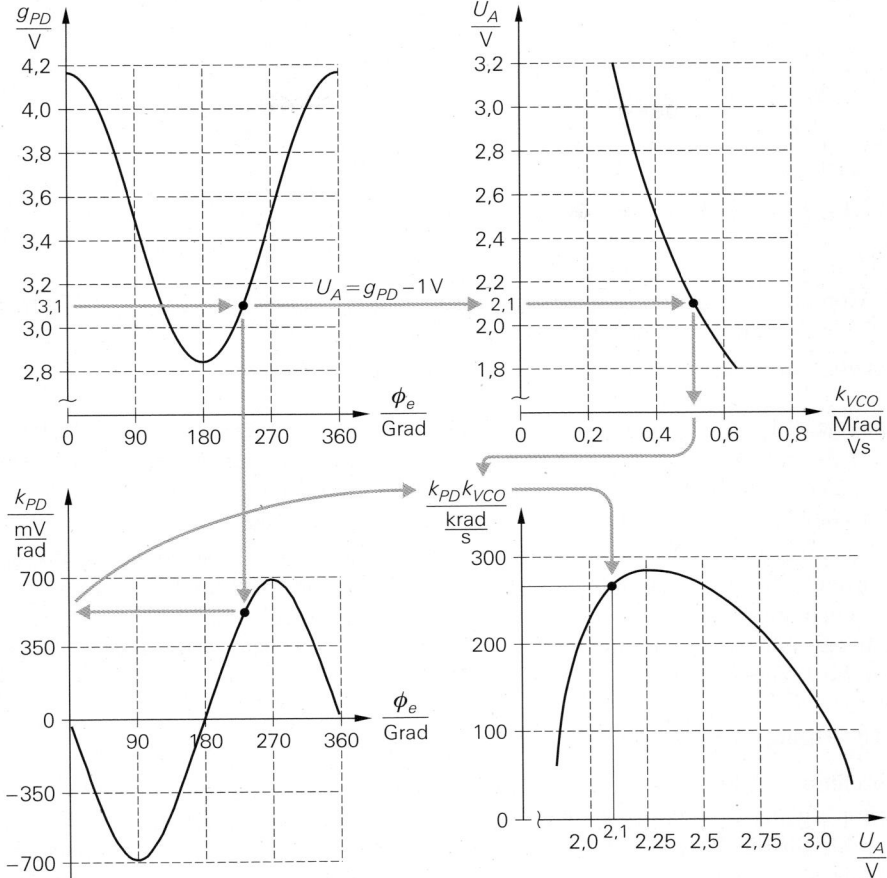

Abb. 27.12. Abhängigkeit des Produkts $k_{PD}\,k_{VCO}$ von der Abstimmspannung U_A. Die Berechnung erfolgt mit Hilfe der Kennlinie (links oben) und der Steilheit (links unten) des Phasendetektors sowie der Steilheit des VCOs (rechts oben), die hier mit vertauschten Achsen dargestellt ist. Da wir die Steilheit des VCOs im Zuge der Dimensionierung etwa um den Faktor 10 reduziert haben, sind die Werte im Vergleich zu Abb. 27.7b entsprechend geringer.

dafür liegt darin, dass die Konstanten k_{PD} und k_{VCO} nur *Kleinsignalkonstanten* sind und bereits bei praktisch relevanten Werten für Δf deutlich variieren. Beim Mischer liegt der eingeschwungene Zustand für $\Delta f < 0$ links und für $\Delta f > 0$ rechts des Arbeitspunkts A2 in Abb. 27.6 auf Seite 1629. In beiden Fällen nimmt k_{PD} ab. Dagegen nimmt die Steilheit des VCOs gemäß Abb. 27.7 auf Seite 1630 monoton ab, so dass wir für $\Delta f < 0$ einen größeren und für $\Delta f > 0$ einen kleineren Wert erhalten. Abbildung 27.12 zeigt die Abhängigkeit des Produkts $k_{PD}\,k_{VCO}$ von der Abstimmspannung U_A. Wenn das Produkt $k_{PD}\,k_{VCO}$ abnimmt, nimmt gemäß (27.14) auch die Schleifenbandbreite ab; dadurch nimmt die Einschwingzeit zu.

Die Abnahme der Schleifenbandbreite für betragsmäßig größere Werte von Δf wirkt sich auch negativ auf die Größe des Fangbereichs aus. Die PLL schwingt nur ein, wenn:

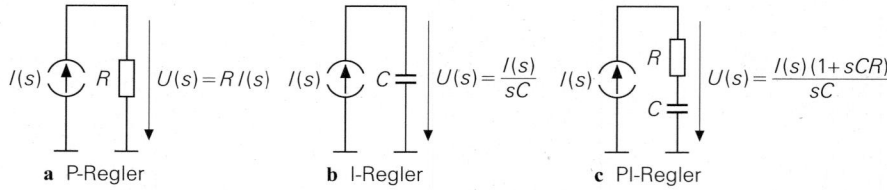

a P-Regler   **b** I-Regler   **c** PI-Regler

Abb. 27.13. Regler mit Stromquellen und Strom-Spannungs-Wandlung

– die Amplitude des Differenzanteils am Ausgang des Mischers groß genug ist, um den VCO auf die Eingangsfrequenz zu ziehen;
– der Differenzanteil im Durchlassbereich des Schleifenfilters liegt.

Für analoge PLLs gilt, dass der Fangbereich etwa $\pm f_0$ beträgt. Für unser Beispiel gilt im Leerlauf $f_0 \approx 83\,\text{kHz}$; bei konstanter Schleifenbandbreite könnten wir demnach einen entsprechenden Fangbereich erwarten. Aufgrund der Abnahme der Schleifenbandbreite fällt der Fangbereich mit $-40\,/+30\,\text{kHz}$ jedoch deutlich geringer aus.

In der vorliegenden Form erhalten wir im eingeschwungenen Zustand nur identische Frequenzen: $f_S = f_{VCO}$; die Phasen von Eingangssignal und VCO-Signal unterscheiden sich dagegen um die statische Regelabweichung ϕ_e, die gemäß Abb. 27.12 von U_A bzw. Δf abhängt. Für viele Anwendungen wird jedoch eine feste Phasenbeziehung benötigt, z.B. für die Taktregeneration.

27.2.14 Phasenregelung

Im Abschnitt 27.2.8 haben wir bereits darauf hingewiesen, dass im Vorwärtszweig ein Integrator ergänzt werden muss, damit die statische Regelabweichung ϕ_e zu Null wird oder — als für die Praxis in der Regel gleichwertige Alternative — einen konstanten Wert annimmt. Letzterer hängt von der Funktionsweise des Phasendetektors ab. Bei einem Mischer erhält man in diesem Fall eine statische Regelabweichung von $270°$ für $k_{VCO} > 0$ (Arbeitspunkt A2 in Abb. 27.6) oder $90°$ für $k_{VCO} < 0$ (Arbeitspunkt A1 in Abb. 27.6).

In der Sprache der Regelungstechnik bedeutet das Ergänzen eines Integrators, dass anstelle eines P-Reglers ein I- oder PI-Regler eingesetzt wird. Einen I-Regler können wir hier aber nicht verwenden, da die Schleife in Form des VCOs bereits einen Integrator enthält und Regelkreise mit zwei Integratoren nicht stabil sind. Die Ausführung der drei Reglertypen ist besonders einfach, wenn die Eingangsgröße ein Strom und die Ausgangsgröße eine Spannung ist, d.h. der Regler als Strom-Spannungs-Wandler arbeitet; in diesem Fall kann man die Schaltungen in Abb. 27.13 verwenden. In unserem Beispiel ist die Realisierung eines PI-Reglers besonders einfach möglich, da der Mischer als Spannungs-Strom-Wandler arbeitet — siehe hierzu Abb. 25.81 auf Seite 1481 — und wir deshalb lediglich den Widerstand R_1 am Ausgang des Mischers durch eine RC-Reihenschaltung gemäß Abb. 27.13c ersetzen müssen, siehe Abb. 27.14.

27.2.15 Übertragungsfunktionen mit PI-Regler

Der PI-Regler wird als Bestandteil des Schleifenfilters $H_{LF}(s)$ aufgefasst; deshalb bleibt das regelungstechnische Kleinsignalersatzschaltbild aus Abb. 27.9 auf Seite 1632 unverändert gültig. Für das Schleifenfilter gilt nun:

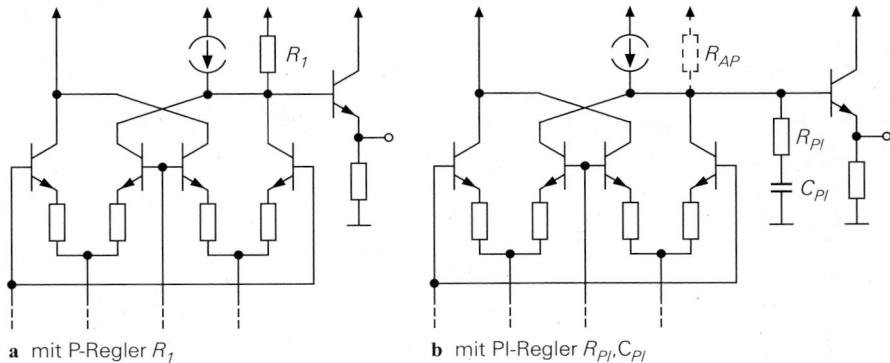

a mit P-Regler R_1 **b** mit PI-Regler R_{PI}, C_{PI}

Abb. 27.14. Ausgangskreis des Mischers. Die Funktion des zusätzlichen Widerstands R_{AP} wird im Abschnitt 27.2.16 beschrieben.

$$H_{LF}(s) \;=\; \underbrace{\frac{1 + sT_I}{sT_I}}_{\text{PI-Regler}} \cdot \underbrace{\frac{H_0}{(1 + sT_1)\,(1 + sT_2)\,(1 + sT_3)}}_{\text{bisheriges Schleifenfilter}} \tag{27.17}$$

Durch den PI-Regler erhöht sich die Ordnung des Schleifenfilters von 3 auf 4. In der Regelungstechnik spricht man in diesem Fall von einem PI-T3-Regler. Auch hier wenden wir wieder das Verfahren der Summenzeitkonstanten an und erhalten mit $T_0 = T_1 + T_2 + T_3$:

$$H_{LF}(s) \;\approx\; H_0 \frac{1 + sT_I}{sT_I\,(1 + sT_0)} \tag{27.18}$$

Daraus folgt mit (27.9) für die offene bzw. geschlossene Schleife:

$$H_{ol}(s) \;=\; k_{PD}\,k_{VCO}\,H_0 \frac{1 + sT_I}{s^2 T_I\,(1 + sT_0)}$$

$$H_{cl}(s) \;=\; \frac{1 + sT_I}{1 + sT_I + s^2 \dfrac{T_I}{k_{PD}\,k_{VCO}\,H_0} + s^3 \dfrac{T_I\,T_0}{k_{PD}\,k_{VCO}\,H_0}}$$

Wir können hier auf ein weiteres Verfahren der Regelungstechnik zurückgreifen: die Dimensionierung eines Regelkreises mit zwei Integratoren, einer Nullstelle und einem Pol nach dem *symmetrischen Optimum*. Das symmetrische Optimum besagt in diesem Fall, dass der Betrag der Übertragungsfunktion der offenen Schleife bei der Frequenz

$$\omega_0 \;=\; \frac{1}{\sqrt{T_I\,T_0}} \tag{27.19}$$

gleich Eins sein muss; daraus folgt mit der für die Gültigkeit des Optimums notwendigen Bedingung $T_I > T_0$

$$T_I \;=\; \frac{k}{\omega_0} \;,\quad T_0 \;=\; \frac{1}{k\,\omega_0} \qquad \text{mit } k > 1 \tag{27.20}$$

und:

$$H_{ol}(s) = k_{PD}\, k_{VCO}\, H_0 \, \frac{1 + s \, \dfrac{k}{\omega_0}}{s^2 \dfrac{k}{\omega_0} \left(1 + \dfrac{s}{k\omega_0}\right)}$$

Daraus erhalten wir durch Auswerten der Bedingung $|H_{ol}(j\omega_0)| = 1$ die Forderung:

$$\boxed{k_{PD}\, k_{VCO}\, H_0 \; = \; \omega_0} \tag{27.21}$$

Für die geschlossene Schleife gilt in diesem Fall:

$$H_{cl}(s) = \frac{1 + k \, \dfrac{s}{\omega_0}}{1 + k \, \dfrac{s}{\omega_0} + k \left(\dfrac{s}{\omega_0}\right)^2 + \left(\dfrac{s}{\omega_0}\right)^3} \overset{s_n = s/\omega_0}{=} \frac{1 + k s_n}{1 + k s_n + k s_n^2 + s_n^3} \tag{27.22}$$

Für $k > 3$ erhält man drei reelle Pole und für $k = 3$ einen reellen Dreifach-Pol. In der Praxis wird $k < 3$ gewählt; dann erhält man einen reellen Pol und ein konjugiert-komplexes Polpaar mit der Güte [3]:

$$Q = \frac{1}{k-1} \qquad \text{für } 1 \le k \le 3 \tag{27.23}$$

Abbildung 27.15 zeigt den Betrag der Übertragungsfunktion $H_{ol}(s)$ der offenen Schleife für $k = 2{,}5$ über der normierten Kreisfrequenz ω/ω_0. Man erkennt den symmetrischen Verlauf bezüglich $\omega/\omega_0 = 1$, dem das symmetrische Optimum seinen Namen verdankt.

In Abb. 27.16 ist der Betrag der Übertragungsfunktion $H_{cl}(s)$ der geschlossenen Schleife für verschiedene Werte von k dargestellt; Abb. 27.17 zeigt die zugehörigen Sprungantworten. In der Praxis wird meist $k \approx 2{,}5$ gewählt. Wir weisen hier aber noch einmal darauf hin, dass die Konstanten k_{PD} und k_{VCO} nur Kleinsignalkonstanten sind und die gezeigten Sprungantworten deshalb nur für kleine Sprünge gültig sind. Bei größeren Sprüngen ändern sich die Werte während des Einschwingvorgangs, d.h. der Einschwingvorgang ist nicht mehr linear. Die Gleichungen (27.19)–(27.21) des symmetrischen Optimums dienen deshalb in der Praxis nur als Ausgangspunkt; ausgehend davon muss man den Einschwingvorgang über den gesamten Betriebsbereich untersuchen und die Zeitkonstanten T_I und T_0 bei Bedarf anpassen. Bei VCOs mit stark nichtlinearer Abstimmkennlinie muss ggf. eine Schaltung zur Linearisierung der Kennlinie eingesetzt werden.

Abbildung 27.17 zeigt ferner, dass man mit einem PI-Regler immer einen Einschwingvorgang mit Überschwingen erhält, auch wenn die Pole für $k \ge 3$ reell sind. Ursache dafür ist die Nullstelle des PI-Reglers, die direkt in die Übertragungsfunktion der geschlossenen Schleife eingeht.

27.2.16 Dimensionierung mit PI-Regler

Da wir für unser Beispiel keinen Anwendungsfall definiert haben und deshalb auch keine besonderen Anforderungen an die Schleifenbandbreite haben, nehmen wir auch hier wieder an, dass die Ordnung des Schleifenfilters vorgegeben ist und wir die Schleifenbandbreite aus der geforderten Dämpfung des Störtons berechnen können.

---

[3] Zur Berechnung der Güte zerlegt man den Nenner der Übertragungsfunktion $H_{cl}(s)$ in einen linearen und einen quadratischen Term in s; anschließend berechnet man die Güte aus den Koeffizienten des quadratischen Terms.

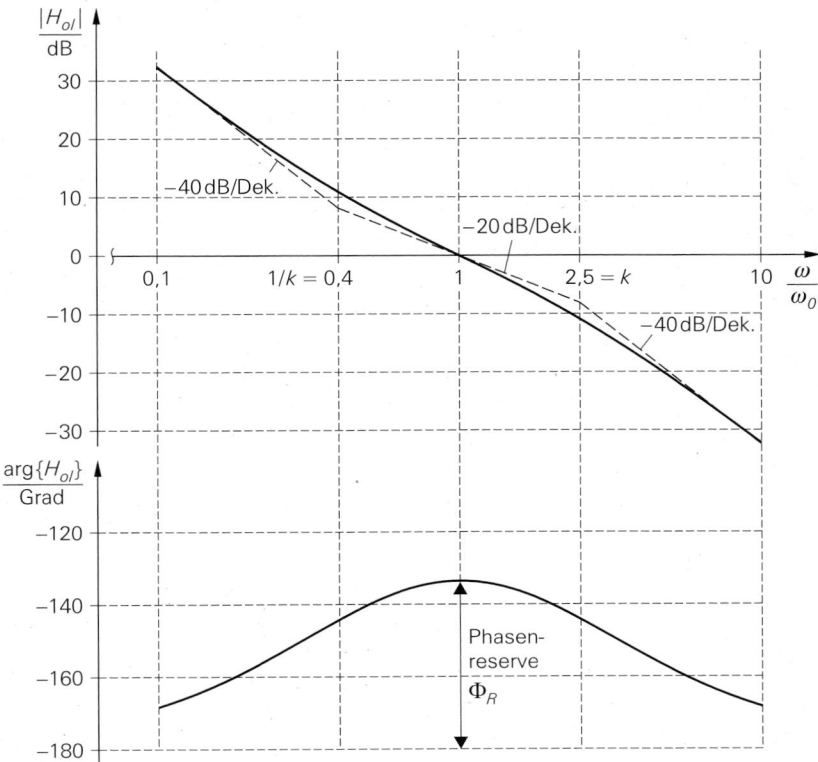

Abb. 27.15. Betrag und Phase der Übertragungsfunktion $H_{ol}(s)$ der offenen Schleife für $k = 2,5$. Man beachte, dass die Phasenreserve Φ_R sowohl bei einer Zunahme des Betrags (Durchtrittspunkt mit 0 dB wandert nach rechts) als auch bei einer Abnahme des Betrags (Durchtrittspunkt mit 0 dB wandert nach links) abnimmt.

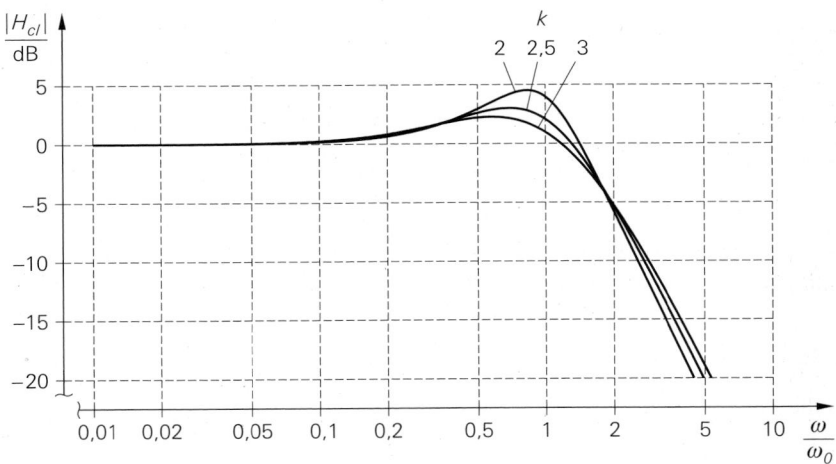

Abb. 27.16. Betrag der Übertragungsfunktion $H_{cl}(s)$ der geschlossenen Schleife

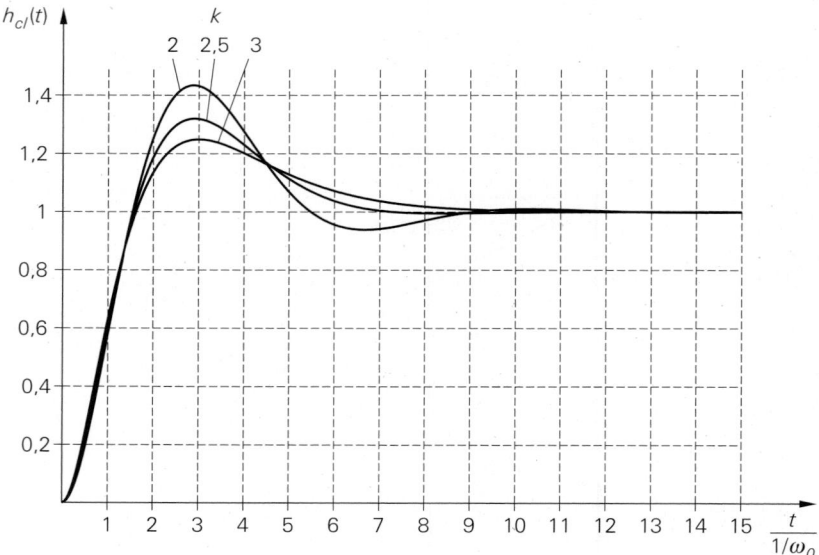

Abb. 27.17. Normierte Kleinsignal-Sprungantwort der geschlossenen Schleife

Für ein Schleifenfilter 4. Ordnung gemäß (27.17) folgt aus der Bedingung

$$T_0 = \frac{1}{k\omega_0} \stackrel{k=2,5}{=} \frac{1}{2,5\,\omega_0}$$

des symmetrischen Optimums, der Summenzeitkonstante $T_0 = T_1 + T_2 + T_3$ und den typischen Werten

$$T_2 = T_3 = \frac{1}{10\,\omega_0}$$

der Zusammenhang:

$$T_1 = \frac{1}{\omega_0}\left(\frac{1}{k} - \frac{1}{5}\right) \quad\Rightarrow\quad T_1 T_2 T_3 = \frac{1}{100\,\omega_0^3}\left(\frac{1}{k} - \frac{1}{5}\right) \stackrel{k=2,5}{=} \frac{1}{500\,\omega_0^3}$$

Aus (27.15) folgt mit $H_0 = 1$ und einer Dämpfung von $100\,\mathrm{dB}$:

$$T_1 T_2 T_3 = \frac{H_0}{(4\pi f_S)^3\,|H_{LF}(j4\pi f_S)|} = \frac{1}{(4\pi \cdot 10\,\mathrm{MHz})^3 \cdot 10^{-5}} \approx 5 \cdot 10^{-20}\,\mathrm{s}^3$$

Damit erhalten wir die Schleifenbandbreite

$$f_0 = \frac{\omega_0}{2\pi} = \frac{1}{2\pi\,\sqrt[3]{500\,T_1 T_2 T_3}} \approx 54\,\mathrm{kHz}$$

und daraus die Zeitkonstanten des Schleifenfilters:

$$T_I = \frac{k}{\omega_0} \stackrel{k=2,5}{\approx} 7,4\,\mu\mathrm{s} \quad,\quad T_1 = \frac{1}{5\,\omega_0} \approx 590\,\mathrm{ns} \quad,\quad T_2 = T_3 = \frac{1}{10\,\omega_0} \approx 295\,\mathrm{ns}$$

Wir gehen wie im Abschnitt 27.2.12 vor und erhalten mit $C_1 = C_2 = C_3 = 100\,\mathrm{pF}$ die Widerstandswerte $R_1 = 1,85\,\mathrm{k\Omega}$, $R_2 = 3,7\,\mathrm{k\Omega}$ und $R_3 = 4,4\,\mathrm{k\Omega}$; dabei haben wir

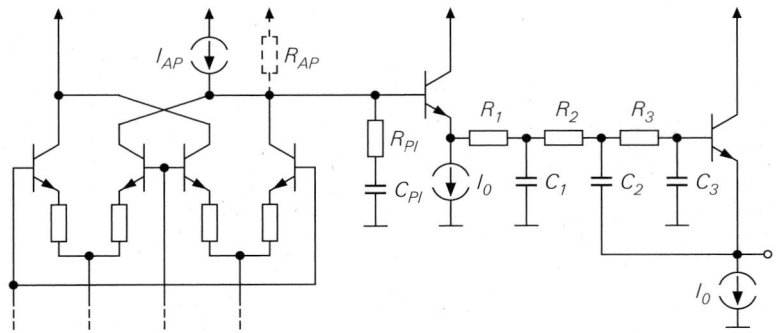

a aktive Variante des Beispiels

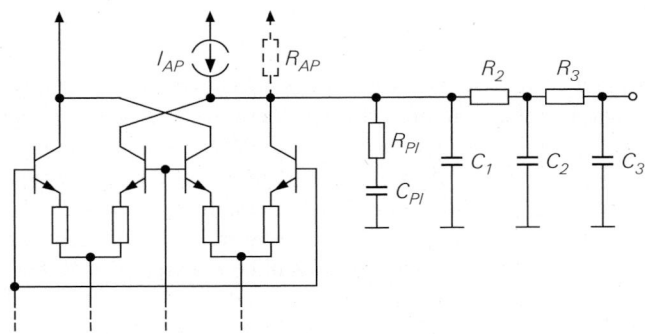

b passive Variante

Abb. 27.18. Ausgangskreis des Mischers und Schleifenfilter mit PI-Regler (PI-T3-Regler)

das nichtlineare Gleichungssystem für die Widerstände wieder mit einem Mathematikprogramm gelöst. Damit die Kennlinie und die Steilheit des Mischers unverändert bleiben, muss der Widerstand R_{PI} des PI-Reglers in Abb. 27.14b denselben Wert haben wie der Widerstand R_1 des P-Reglers in Abb. 27.14a, in unserem Beispiel $R_{PI} = R_1 = 20\,\mathrm{k\Omega}$; daraus folgt für die Kapazität C_{PI} des PI-Reglers:

$$T_I = R_{PI}\,C_{PI} \quad \Rightarrow \quad C_{PI} = \frac{T_I}{R_{PI}} = \frac{7{,}4\,\mu s}{20\,\mathrm{k\Omega}} = 370\,\mathrm{pF}$$

Abbildung 27.18a zeigt den Ausgangskreis des Mischers und das Schleifenfilter des Beispiels. Der PI-Regler und der Tiefpass 3. Ordnung bilden zusammen einen PI-T3-Regler.

Alternativ könnten wir auch die passive Variante in Abb. 27.18b verwenden, die ebenfalls die Ordnung 4 aufweist, jedoch bezüglich der Dimensionierung eingeschränkt ist. Eine Übertragungsfunktion mit $T_2 = T_3$, d.h. mit einem doppelten Pol, können wir mit dieser Variante nicht realisieren. Dagegen wäre die um zwei Basis-Emitter-Spannungen höhere Ausgangsspannung in unserem Beispiel vorteilhaft, da sich der Arbeitspunkt in einen Bereich verschieben würde, in dem die Nichtlinearität der VCO-Kennlinie geringer ist. Wir weisen hier schon einmal darauf hin, dass auch bei digitalen PLLs überwiegend Phasendetektoren mit Stromausgang verwendet werden und dass das passive Schleifenfilter aus Abb. 27.18b *das* typische Schleifenfilter für diese PLLs ist.

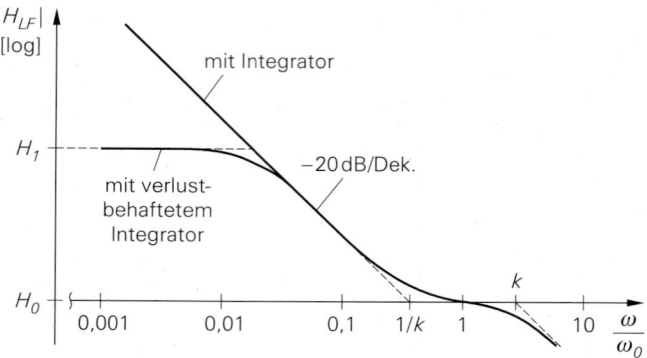

Abb. 27.19. Betrag der Übertragungsfunktion $H_{LF}(s)$ eines Schleifenfilters mit einem verlustbehafteten Integrator

Eine analoge PLL mit PI-Regler ist in dieser Form allerdings noch nicht funktionsfähig. Die Ursache dafür ist der geringe Fangbereich, der erfordert, dass die Leerlauffrequenz des VCOs in der Nähe der Eingangsfrequenz liegt; dazu muss die Arbeitspunktspannung am Ausgang des Mischers bzw. Schleifenfilters einen wohldefinierten, von der Temperatur und Bauteile-Toleranzen unabhängigen Wert annehmen. In der Schaltung in Abb. 27.18a lässt sich das im einfachsten Fall mit dem zusätzlichen Widerstand R_{AP} sicherstellen; wir können dann mit R_{AP} und der Stromquelle I_{AP} den Arbeitspunkt einstellen. Der Widerstand R_{AP} liegt allerdings parallel zu den Elementen R_{PI} und C_{PI} des PI-Reglers und begrenzt die Verstärkung des Reglers bei niedrigen Frequenzen auf einen endlichen Wert, siehe Abb.27.19; wir erhalten damit einen *verlustbehafteten Integrator* (*lossy integrator*), dessen Pol nicht mehr bei $s = 0$ liegt, sondern etwas in die linke s-Halbebene verschoben ist. Für die Auslegung des Regelkreises nach dem symmetrischen Optimum ist das zwar unerheblich, da der Verlauf der Übertragungsfunktion des offenen Kreises im Bereich der Schleifenbandbreite ω_0 nicht spürbar beeinflusst wird, die statische Regelabweichung wird aber nur noch näherungsweise zu Null bzw. nimmt nur näherungsweise einen konstanten Wert an. Wir nehmen diese Einschränkung hier in Kauf, da eine Beschreibung aufwendigerer Maßnahmen zur Arbeitspunkteinstellung oder zur Erweiterung des Fangbereichs analoger PLLs den Rahmen unserer Darstellung sprengt und wir uns in den folgenden Unterkapiteln auf digitale PLLs konzentrieren werden, bei denen dieses Problem nicht auftritt.

Damit die statische Regelabweichung klein bleibt, muss $H_1 \gg H_0$ bzw. $R_{AP} \gg R_{PI}$ gelten, siehe Abb. 27.19. Ein zu großer Wert für R_{AP} beeinträchtigt jedoch die Stabilität des Arbeitspunktes. In der Praxis ist $R_{AP} \approx 10\,R_{PI}$ in der Regel ein sinnvoller Kompromiss; wir wählen deshalb für unser Beispiel $R_{AP} = 200\,\text{k}\Omega$.

Als letztes müssen wir noch die Forderung $k_{PD}\,k_{VCO}\,H_0 = \omega_0$ aus (27.21) erfüllen; dazu passen wir auch hier wieder die Steilheit des VCOs an. Mit $H_0 = 1$ und $f_0 = 54\,\text{kHz}$ erhalten wir mit

$$k_{VCO} = \frac{\omega_0}{k_{PD}\,H_0} = \frac{2\pi \cdot 54\,\text{kHz}}{0{,}7\,\text{V/rad}} = 0{,}485\,\text{Mrad/V}$$

einen etwas größeren Wert als für das Beispiel mit P-Regler.

Wir verzichten auch hier wieder auf eine Darstellung der dimensionierten Schaltung und verweisen auf die Simulationsbeispiele in der Rubrik *PLL*.

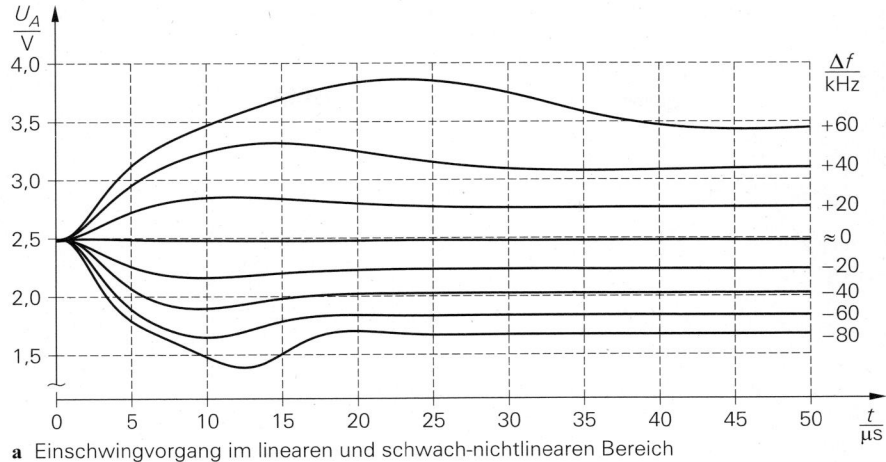

a Einschwingvorgang im linearen und schwach-nichtlinearen Bereich

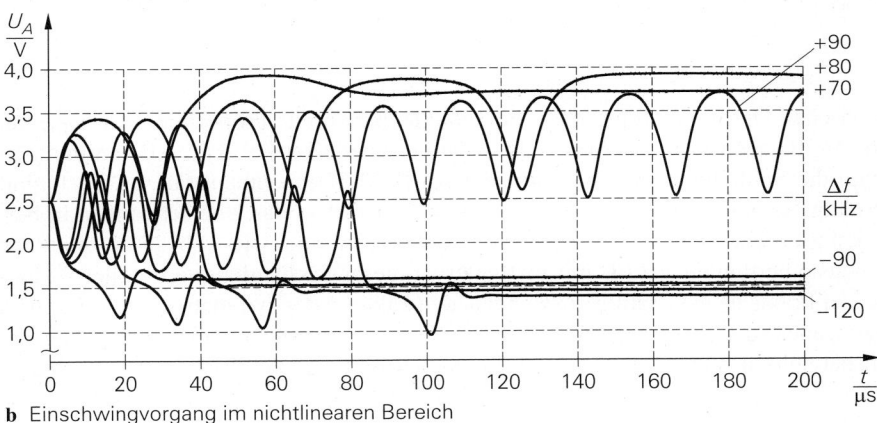

b Einschwingvorgang im nichtlinearen Bereich

Abb. 27.20. Verhalten der analogen PLL mit PI-Regler

27.2.17 Verhalten der analogen PLL mit PI-Regler

Abbildung 27.20 zeigt die Verläufe der Abstimmspannung für verschiedene Werte von Δf. Für $-40\,\text{kHz} \leq \Delta f \leq 20\,\text{kHz}$ entspricht das Verhalten der Sprungantwort aus Abb. 27.17 für $k = 2,5$. Für $\Delta f = -60\,\text{kHz}$ und $\Delta f = 40\,\text{kHz}$ zeigt sich nach dem anfänglichen Überschwingen bereits ein leichtes Unterschwingen, das für betragsmäßig größere Werte von Δf zunimmt, bis für $\Delta f = -90\,\text{kHz}$ und $\Delta f = 70\,\text{kHz}$ der Bereich mit nichtlinearem Einschwingen erreicht wird.

Das Verhalten im linearen und schwach-nichtlinearen Bereich in Abb. 27.20a ist eine Folge des Verlaufs der Übertragungsfunktion der offenen Schleife in Abb. 27.15 auf Seite 1641. Auch hier hängt das Produkt $k_{PD}\,k_{VCO}$ vom Arbeitspunkt ab. Die Phasendetektor-Konstante k_{PD} ändert sich nur wenig, da der Arbeitspunkt des Mischers aufgrund des verlustbehafteten PI-Reglers immer im Bereich des Arbeitspunkts A2 in Abb. 27.6 auf Seite 1629 bleibt; dagegen variiert die VCO-Konstante k_{VCO} im relevanten Bereich um mehr als den Faktor 4, siehe Abb. 27.21b. Aus der Forderung $k_{PD}\,k_{VCO}\,H_0 = \omega_0$ des

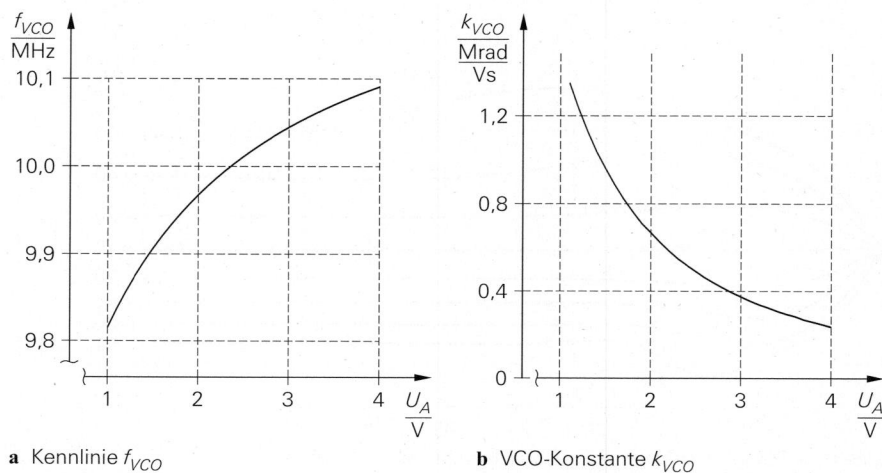

a Kennlinie f_{VCO} **b** VCO-Konstante k_{VCO}

Abb. 27.21. Kennlinie und VCO-Konstante des VCOs für das Beispiel einer analogen PLL mit PI-Regler

symmetrischen Optimums folgt, dass die Schleifenbandbreite proportional zu k_{VCO} ist. In Abb. 27.20a zeigt sich das darin, dass die Einschwingzeit für $\Delta f > 0$ zunimmt, da k_{VCO} und die Schleifenbandbreite ω_0 in diesem Bereich abnehmen. Für $\Delta f < 0$ sind die Verhältnisse genau umgekehrt. Man erkennt ferner, dass das Überschwingen in beiden Fällen größer wird, da die Phasenreserve jeweils abnimmt, wie Abb. 27.22 zeigt. Für die Dimensionierung einer PLL mit PI-Regler ist dieser Sachverhalt von großer Bedeutung. In der Praxis ist man häufig gezwungen, den Faktor k des symmetrischen Optimums deutlich größer zu wählen als 2,5, damit das Einschwingverhalten an den Grenzen des Betriebsbereichs akzeptabel ist. Das gilt für analoge und digitale PLLs gleichermaßen.

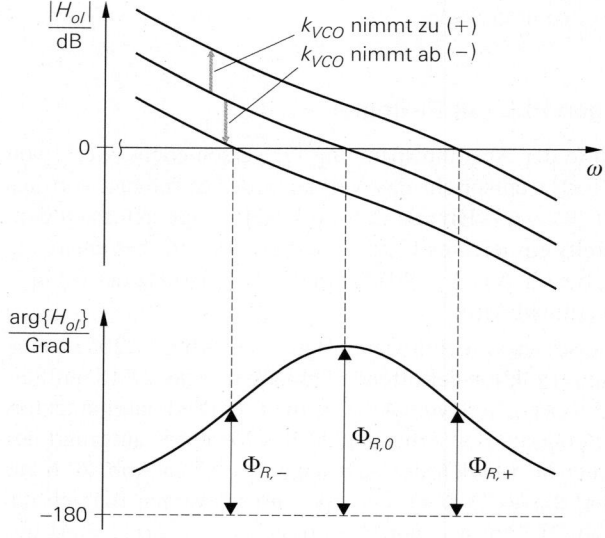

Abb. 27.22.
Phasenreserve einer analogen PLL mit PI-Regler

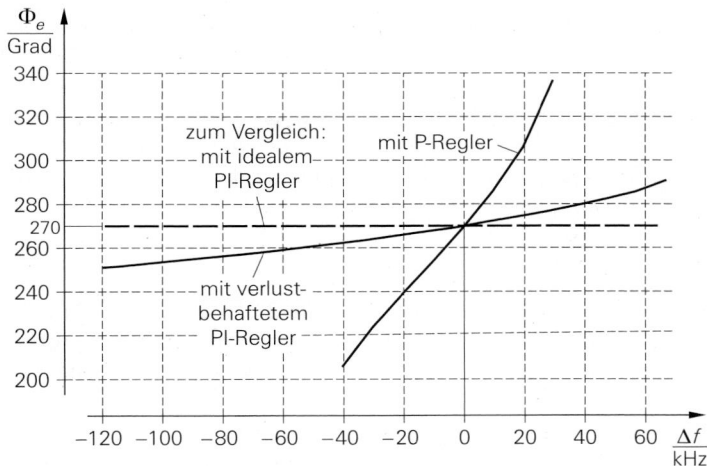

Abb. 27.23. Statischer Phasenfehler der analogen PLLs des Beispiels

Im nichtlinearen Bereich in Abb. 27.20b erhält man eine mit zunehmendem Betrag von Δf immer länger andauernde Phase mit einer oszillierenden Abstimmspannung, an die sich ein schwach-nichtlinearer Einschwingvorgang auf den Endwert anschließt. Die starke Unsymmetrie zwischen $\Delta f > 0$ und $\Delta f < 0$ ist zum Teil durch die stark unterschiedlichen Werte von k_{VCO}, zum Teil aber auch durch das unsymmetrische Übersteuerungsverhalten des Mischers bedingt. Der Fangbereich ist deutlich größer als in dem Beispiel mit P-Regler. Dennoch gilt auch hier die Regel, dass der Fangbereich in der Größenordnung der Schleifenbandbreite liegt.

Abschließend vergleichen wir den statischen Phasenfehler der beiden PLLs, der in Abb. 27.23 in Abhängigkeit von der Frequenz Δf dargestellt ist. Für die PLL mit P-Regler erhalten wir erwartungsgemäß eine starke Abhängigkeit, die sich aus der Kennlinie des Mischers ergibt. Bei der PLL mit PI-Regler sollte der statische Phasenfehler konstant sein, hier $270°$. Da wir aber nur einen verlustbehafteten PI-Regler mit endlicher Gleichverstärkung verwenden konnten, erhalten wir auch hier eine Abhängigkeit, die aber wesentlich geringer ist. Ob diese Abhängigkeit toleriert werden kann, hängt vom Anwendungsfall ab.

27.2.18 Zusammenfassung

Wir beenden die Betrachtung analoger PLLs an dieser Stelle und halten abschließend fest:

- Analoge PLLs haben einen Fangbereich, der in der Größenordnung der Schleifenbandbreite liegt und in der Regel kleiner als 1% der Eingangs- bzw. VCO-Frequenz ist.
- Analoge PLLs haben einen definierten Leerlauf, d.h. sie arbeiten auch ohne Eingangssignal; der VCO stellt sich dabei auf die durch den Arbeitspunkt gegebene Leerlauffrequenz $f_{VCO,0}$ ein.
- Die Phasendetektor-Konstante k_{PD} eines Mischers hängt gemäß (27.5) von den Amplituden des Eingangs- und des VCO-Signals ab. Während das VCO-Signal in der Regel eine konstante Amplitude aufweist, muss das Eingangssignal — sofern es nicht ebenfalls eine konstante Amplitude aufweist — einer Amplitudenregelung oder Amplitudenbegrenzung unterworfen werden. In Empfängern der Nachrichtentechnik wird dies von der Verstärkungsregelung übernommen, siehe Abschnitt 22.2.3.

– Das wichtigste Einsatzfeld für analoge PLLs ist die Träger- und Taktregeneration für digitale Übertragungsverfahren. In diesem Fall ist der kleine Fangbereich völlig ausreichend, da die Träger- bzw. Taktfrequenzen in der Regel nur Schwankungen von weniger als einem Promille aufweisen. Als VCOs werden häufig abstimmbare Quarz-Oszillatoren eingesetzt; dabei ist durch die hohe Frequenzgenauigkeit der Quarze sichergestellt, dass die Leerlauffrequenz der PLL im Empfänger nur wenig von der entsprechenden Träger- oder Taktfrequenz im Sender abweicht.

27.3 Digitale PLL

In Abb. 27.24 ist die Grundform einer digitalen PLL aus Abb. 27.1b auf Seite 1621 noch einmal dargestellt, allerdings ohne explizite Darstellung eventuell vorhandener Begrenzer an den Eingängen der beiden Frequenzteiler oder — falls einer oder beide Frequenzteiler fehlen — an den Eingängen des Phasen- (Frequenz-) Detektors.

Digital bedeutet hier, dass die wesentlichen Signale zweiwertig sind, d.h. durch zwei verschiedene Spannungen oder zwei verschiedene Ströme dargestellt werden. Es bedeutet *nicht*, dass die Signale den typischen Signalen einer standardisierten Logikfamilie — z.B. TTL oder ECL — entsprechen. Es bedeutet auch *nicht*, dass die Pegel für eine logische Null und eine logische Eins in der gesamten Schaltung identisch sind; so kann z.B. ein digitaler Phasendetektor am Eingang mit den Spannungen 2 V für eine logische Null und 3 V für eine logische Eins angesteuert werden und am Ausgang die Ströme 1 mA für eine logische Null und 2 mA für eine logische Eins liefern. Mit anderen Worten: *digital* bedeutet hier, dass es sich um rechteckförmige Signale handelt, die eine beliebige Amplitude und einen beliebigen Offset haben können.

Signale, die nicht rechteckförmig sind, werden mit Begrenzern in diese Form gebracht. Dazu werden ein- oder mehrstufigen Verstärker verwendet, die mit Übersteuerung am Ausgang betrieben werden; ein Beispiel dafür ist der vierstufige Begrenzer in Abb. 21.62 auf Seite 1202. An allen Stellen, an denen im Normalfall keine rechteckförmigen Signale vorliegen — z.B. am Ausgang des VCOs —, denken wir uns einen entsprechenden Begrenzer ergänzt. Wir nehmen also an, dass *alle* Signale in Abb. 27.24 rechteckförmig sind.

Wir entwickeln die digitale PLL aus der analogen PLL und setzen deshalb den Abschnitt 27.2 im folgenden als bekannt voraus. Wir werden sehen, dass die Unterschiede in regelungstechnischer Hinsicht minimal sind; nur die Kennlinie des Phasen- (Frequenz-) Detektors und das Großsignal-Einschwingverhalten ändern sich signifikant.

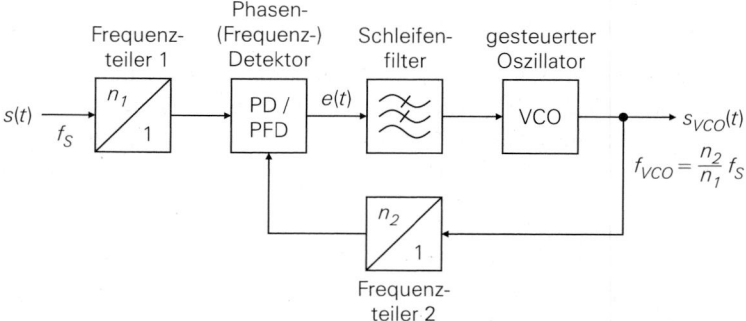

Abb. 27.24. Digitale PLL (DPLL) ohne explizite Darstellung eventuell vorhandener Begrenzer an den Eingängen der beiden Frequenzteiler

s(t)
=
e(t)
e_LF(t)
VCO
s_VCO(t)

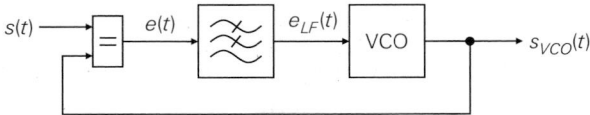

a Blockschaltbild und Signale

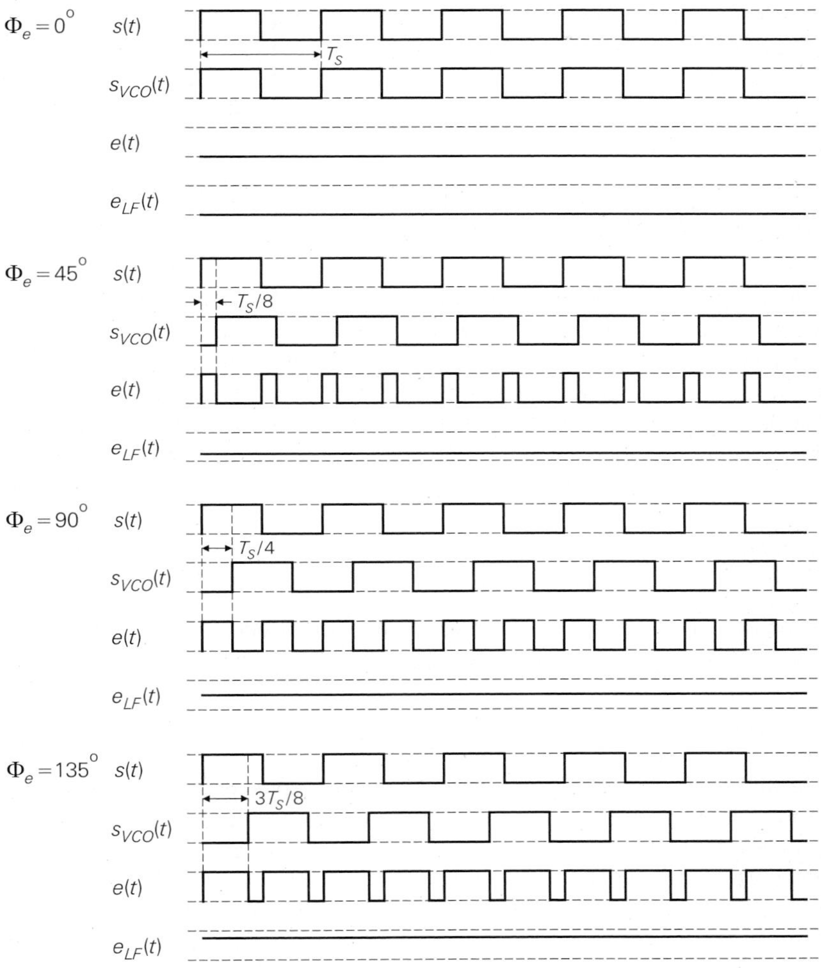

Φe = 0°
s(t)
T_S
s_VCO(t)
e(t)
e_LF(t)
Φe = 45°
s(t)
T_S/8
s_VCO(t)
e(t)
e_LF(t)
Φe = 90°
s(t)
T_S/4
s_VCO(t)
e(t)
e_LF(t)
Φe = 135°
s(t)
3T_S/8
s_VCO(t)
e(t)
e_LF(t)

b Signalverläufe für verschiedene Phasenfehler Φ_e

Abb. 27.25. Digitale PLL mit EXOR-Phasendetektor

27.3.1 Digitale PLL mit EXOR-Phasendetektor

Die einfachste Form einer digitalen PLL erhalten wir, indem wir die Frequenzteiler entfernen und ein Exklusiv-Oder-Gatter (EXOR) als Phasendetektor verwenden; Abb. 27.25 zeigt das Blockschaltbild und die Signalverläufe. Als Schleifenfilter dient ein Tiefpass, der den Mittelwert des Fehlersignals $e(t)$ bildet.

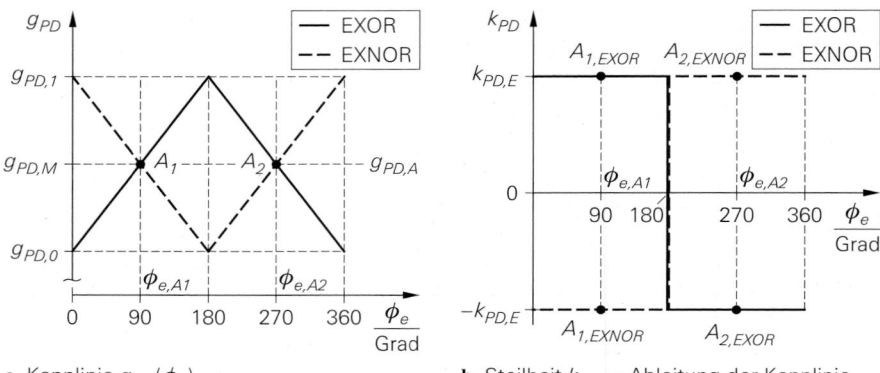

a Kennlinie $g_{PD}(\phi_e)$

b Steilheit k_{PD} = Ableitung der Kennlinie

Abb. 27.26. Kennlinie eines EXOR/EXNOR-Gatters bei Betrieb als Phasendetektor

Die Kennlinie des EXOR-Phasendetektors können wir auch hier wieder mit dem Messaufbau aus Abb. 27.5 auf Seite 1628 ermitteln, die Verhältnisse in Abb. 27.25b sind jedoch so übersichtlich, dass wir die Kennlinie direkt ableiten können. Für $0 < \phi_e < 180°$ erhalten wir einen linear ansteigenden und für $180° < \phi_e < 360°$ einen linear abfallenden Verlauf, siehe Abb. 27.26. Wir können anstelle des EXOR-Gatters auch ein EXNOR-Gatter einsetzen; dadurch werden die Signale $e(t)$ und $e_{LF}(t)$ invertiert und die Kennlinie um 180° verschoben. Wir haben die Extremwerte mit $g_{PD,0}$ und $g_{PD,1}$ und den Mittelwert mit

$$g_{PD,M} = \frac{g_{PD,0} + g_{PD,1}}{2}$$

bezeichnet; dabei lassen wir bewusst offen, ob es sich um Ströme oder Spannungen handelt. Für die Phasendetektor-Konstante k_{PD} des EXOR/EXNOR-Phasendetektors (Index E) gilt:

$$k_{PD} = \pm k_{PD,E} = \pm \frac{|g_{PD,1} - g_{PD,0}|}{\pi} \tag{27.24}$$

Welcher der in Abb. 27.26 eingezeichneten möglichen Arbeitspunkte stabil ist, hängt vom Typ des Gatters — EXOR oder EXNOR — und vom Vorzeichen der VCO-Konstante ab.

Die Kennlinie hat allerdings nur dann den in Abb. 27.25 gezeigten Verlauf, wenn das Tastverhältnis des Eingangssignals $s(t)$ und des VCO-Signals $s_{VCO}(t)$ 50% beträgt; andernfalls treten in der Kennlinie Bereiche mit einem konstanten Wert g_{PD} und der zugehörigen Steilheit $k_{PD} = 0$ auf. Wenn eines der beiden Signale ein abweichendes Tastverhältnis besitzt, kann man zwei Wege beschreiten:

– Man kann beide Signale mit je einem Frequenzteiler mit Teilerfaktor 2 auf die halbe Frequenz teilen und den Phasendetektor auf dieser reduzierten Frequenz betreiben, siehe Abb. 27.27. Durch die Teilung haben die geteilten Signale ein Tastverhältnis von 50%, sofern die Verzögerungszeiten für die Schaltvorgänge $0 \to 1$ und $1 \to 0$ gleich sind. In der Praxis ist das nicht immer exakt erfüllt, die typischen Abweichungen sind aber meist vernachlässigbar gering.

– Verzerrte Signale, bei denen der Anteil bei der Grundwelle dominiert, kann man mit dem in Abb. 27.28 gezeigten *Symmetrier-Begrenzer* in ein Rechtecksignal mit einem Tastverhältnis von 50% umwandeln.

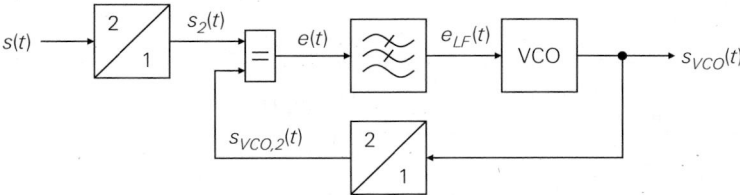

a Blockschaltbild und Signale

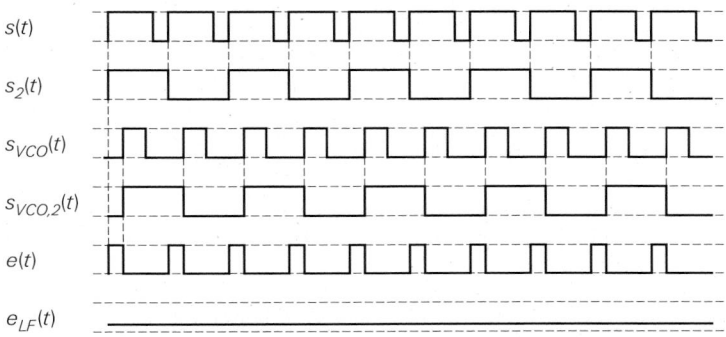

b Signalverläufe für $\Phi_e = 45^\circ$

Abb. 27.27. Digitale PLL mit EXOR-Phasendetektor und Frequenzteilern mit Teilerfaktor 2 zur Erzeugung von Signalen mit einem Tastverhältnis von 50%

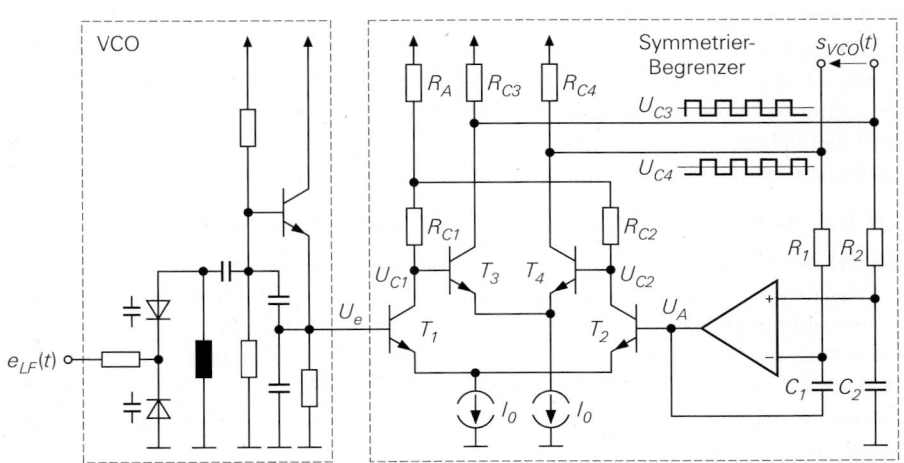

Abb. 27.28. VCO mit Symmetrier-Begrenzer. Der Operationsverstärker stellt die Arbeitspunktspannung U_A des zweistufigen Begrenzers (T_1, T_2 und T_3, T_4) so ein, dass die Mittelwerte der Spannungen U_{C3} und U_{C4} gleich sind. Das ist nur der Fall, wenn das Tastverhältnis 50% beträgt. Die Mittelwerte werden mit den Tiefpässen R_1, C_1 und R_2, C_2 gebildet. Mit dem Widerstand R_A werden die Arbeitspunktspannungen $U_{C1,A}$ und $U_{C2,A}$ am Ausgang der ersten Begrenzerstufe eingestellt.

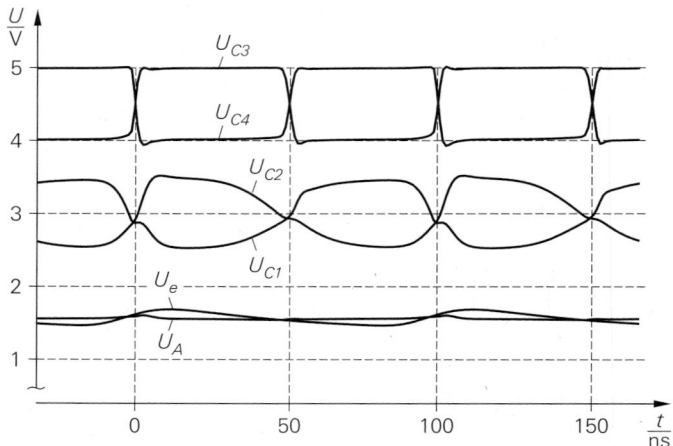

Abb. 27.29. Typische Spannungsverläufe des Symmetrier-Begrenzers aus Abb. 27.28 für ein Eingangssignal mit $f = 10\,\text{MHz}$

Der zweite Fall tritt häufig bei VCOs auf. In den meisten Fällen kann man bei einem typischen VCO mit LC-Resonanzkreis nicht die sehr gut sinusförmige Spannung am Resonanzkreis auskoppeln — das würde die Güte des Resonanzkreises reduzieren —, sondern muss eine Auskopplung an einem niederohmigen Punkt — in unserem Beispiel am Emitter des Oszillator-Transistors — vornehmen; dadurch ist das ausgekoppelte Signal mehr oder weniger verzerrt und man erhält mit einem normalen Begrenzer kein Tastverhältnis von 50%. Bei einem Symmetrier-Begrenzer gemäß Abb. 27.28 stellt eine Regelschleife den Arbeitspunkt des Begrenzers so ein, dass die Mittelwerte der beiden Ausgangsspannungen gleich sind. Das ist nur der Fall, wenn das Tastverhältnis 50% beträgt. Ein derartiger Arbeitspunkt existiert allerdings nur, wenn der Oberwellenanteil im Eingangssignal U_e relativ gering ist; das ist hier der Fall. Bei Eingangssignalen mit kurzen Impulsen, d.h. hohem Oberwellenanteil, muss am Eingang ein RC-Tiefpass ergänzt werden, der den Oberwellenanteil reduziert. Abbildung 27.29 zeigt typische Spannungsverläufe [4].

27.3.2 EXOR-/EXNOR-Phasendetektor mit Stromausgang

Der EXOR-/EXNOR-Phasendetektor kann in jeder für Gatter verfügbaren Schaltungstechnik realisiert werden; die wichtigsten Techniken haben wir im Abschnitt 6.4 beschrieben. Wir haben allerdings bereits im Abschnitt 27.2.14 gesehen, dass wir für eine phasengenaue Regelung ein Schleifenfilter mit PI-Regler verwenden müssen und dass dieses Filter besonders einfach zur realisieren ist, wenn der Phasendetektor einen Stromausgang besitzt. Letzteres ist z.B. immer dann gegeben, wenn die Gatter mit Differenzverstärkern aufgebaut sind; ein Beispiel dafür sind die im Abschnitt 6.4.5 beschriebenen Gatter mit *Current Mode Logic (CML)*. Dabei stellen wir fest, dass das in Abb. 6.47 auf Seite 642 gezeigte CML-EXOR-Gatter topologisch exakt dem Doppel-Gegentaktmischer (Gilbert-Mischer) aus Abb. 25.80 auf Seite 1480 entspricht, den wir bereits bei der analogen PLL in Abschnitt 27.2 verwendet haben. Lediglich die Betriebsart ist verschieden: Während der Gilbert-Mischer bei einer analogen PLL im linearen Bereich betrieben wird — dazu

---

[4] Die zugehörige Simulation *VCO_Limiter* finden Sie in den Simulationsbeispielen unter der Rubrik *PLL*.

dienen die Gegenkopplungswiderstände in den Emitterleitungen der Mischer-Transistoren $T_1 \ldots T_6$ in Abb. 27.4b auf Seite 1626 —, liegt bei einem EXOR-Gatter Übersteuerung mit rechteckförmigen Ein- und Ausgangssignalen vor. Daraus folgt, dass wir aus einer analogen PLL mit einem Gilbert-Mischer als Phasendetektor eine digitale PLL mit EXOR- oder EXNOR-Gatter erhalten, indem wir:

– ein rechteckförmiges Eingangssignal mit einem Tastverhältnis von 50% anlegen;
– das Ausgangssignal des VCOs mit einem Begrenzer in ein Rechtecksignal mit einem Tastverhältnis von 50% umwandeln;
– den Gilbert-Mischer als EXOR-/EXNOR-Gatter betreiben; dabei hängt die logische Funktion — EXOR oder EXNOR — davon ab, *welchen* der beiden Ausgänge des Gilbert-Mischers wir verwenden;
– die Gleichanteile der einzelnen Signale durch eine geeignete Arbeitspunkteinstellung so wählen, dass wir alle Komponenten direkt koppeln können.

Abbildung 27.30 zeigt eine beispielhafte Ausführung, die bis auf den zusätzlichen Begrenzer weitgehend mit der analogen PLL in Abb. 27.8 auf Seite 1631 übereinstimmt. Die Wahl eines passiven Schleifenfilters entsprechend Abb. 27.18b auf Seite 1643 ist willkürlich; wir hätten genauso gut das aktive Schleifenfilter aus Abb.27.18a verwenden können.

Wenn keine Frequenzteiler vorhanden sind, beschränkt sich der Unterschied zwischen einer digitalen PLL mit EXOR-/EXNOR-Phasendetektor und einer analogen PLL auf die Kennlinie g_{PD} und die Konstante k_{PD} des Phasendetektors. Mit Bezug auf die Größen in Abb. 27.26 und die Zustandstabelle in Abb. 27.30 erhalten wir aus (27.24):

$$ g_{PD,1} \ = \ \frac{I_0}{2} \ , \ \ g_{PD,0} \ = \ -\frac{I_0}{2} \ \ \Rightarrow \ \ \boxed{k_{PD} \ = \ \pm k_{PD,E} \ = \ \pm \frac{I_0}{\pi}} \tag{27.25} $$

Der Index E steht hier wieder für EXOR/EXNOR. Die Berechnung des Schleifenfilters erfolgt wie bei einer analogen PLL, siehe Abschnitte 27.2.15 und 27.2.16. Einschwing- verhalten und Fangbereich bleiben im Vergleich zu einer analogen PLL unverändert.

27.3.3 EXOR-/EXNOR-Phasendetektor mit Spannungsausgang

In der diskreten Schaltungstechnik findet man gelegentlich digitale PLLs mit EXOR- Phasendetektor, die mit Standard-Logikbausteinen (74/74HC/74HCT/CD4xxx) oder mit dem PLL-Baustein 4046 (CD4046/HEF4046/74HC4046/74HCT4046) aufgebaut sind; letzteres ist in Abb. 27.31 dargestellt. In diesem Fall liegt ein EXOR-Phasendetektor mit Spannungsausgang vor. Als Schleifenfilter wird entweder ein einfacher RC-Tiefpass mit P- Regelverhalten oder ein RC-Filter mit verlustbehaftetem PI-Regelverhalten eingesetzt, sie- he Abb. 27.31b. Die Dimensionierung dieser Filter und die Einstellung der VCO-Frequenz mit den Elementen R_{VCO} und C_{VCO} wird in den Datenblättern ausführlich beschrieben; wir gehen deshalb hier nicht näher darauf ein, weisen aber darauf hin, dass diese Filter in der Regel noch keine ausreichende Störunterdrückung gewährleisten. Für höhere Anforderun- gen bezüglich Phasengenauigkeit und Störunterdrückung kann man z.B. das in Abb. 27.31c gezeigte aktive Schleifenfilter 4. Ordnung mit einem PI-Regler und einem Tiefpassfilter 3. Ordnung einsetzen; dabei ist ein Pol des Tiefpasses als passiver RC-Tiefpass ausgeführt, während die beiden anderen Pole mit einem aktiven Filter 2. Ordnung realisiert werden. Aktive Filter werden im Kapitel 12 ausführlich beschrieben.

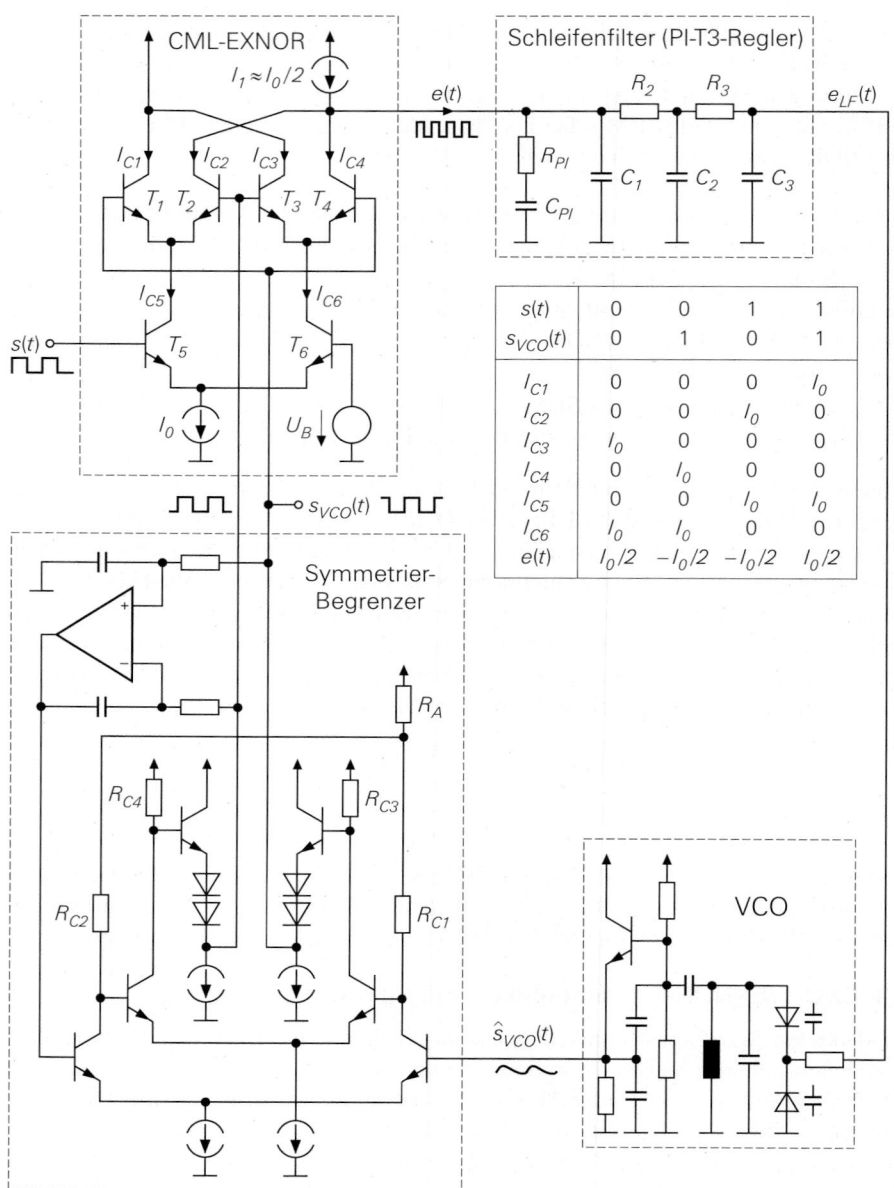

The following table appears within the figure:

$s(t)$	0	0	1	1
$s_{VCO}(t)$	0	1	0	1
I_{C1}	0	0	0	I_0
I_{C2}	0	0	I_0	0
I_{C3}	I_0	0	0	0
I_{C4}	0	I_0	0	0
I_{C5}	0	0	I_0	I_0
I_{C6}	I_0	I_0	0	0
$e(t)$	$I_0/2$	$-I_0/2$	$-I_0/2$	$I_0/2$

Abb. 27.30. Digitale PLL mit EXNOR-Phasendetektor, passivem Schleifenfilter, Clapp-VCO und Symmetrier-Begrenzer. Die Pegel-Anpassung zwischen dem Ausgang des Symmetrier-Begrenzers und dem oberen Eingang des CML-EXNOR-Gatters erfolgt mit den Kollektorschaltungen und Dioden am Ausgang des Symmetrier-Begrenzers.

Für unsere Belange sind PLLs mit dem Baustein 4046 nicht weiter von Interesse, der Baustein eignet sich aber sehr gut, um praktische Erfahrungen im Umgang und mit der Dimensionierung von digitalen PLLs zu sammeln; eine Verwendung des Bausteins in Praktika zur Ingenieursausbildung wird deshalb ausdrücklich empfohlen.

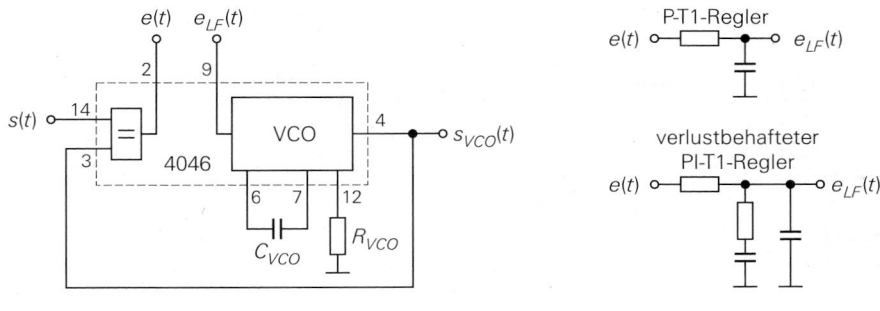

a Blockschaltbild   **b** passive Schleifenfilter

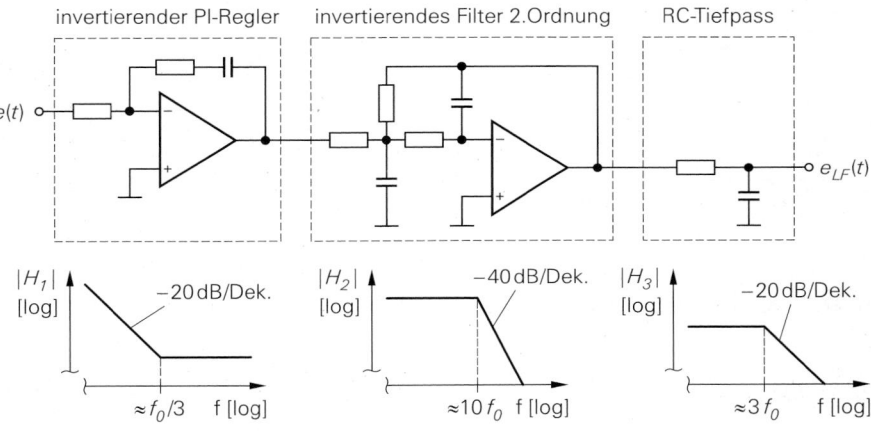

c Beispiel für ein aktives Schleifenfilter 4.Ordnung (PI-T3-Regler)

Abb. 27.31. Digitale PLL mit dem PLL-Baustein 4046. Der Baustein enthält neben dem gezeigten EXOR-Phasendetektor noch einen (CD/HEF4046) oder zwei (74HC/HCT4046A) weitere Phasendetektoren, die hier nicht dargestellt sind.

27.3.4 Sequentielle Phasendetektoren

Digitale PLLs mit EXOR-/EXNOR-Phasendetektor haben zwei Nachteile:

– das Tastverhältnis der Signale am Eingang des Phasendetektors muss 50% betragen;
– der Fangbereich ist an die Schleifenbandbreite gekoppelt.

Abhilfe schaffen *sequentielle Phasendetektoren*; dabei bezieht sich die Bezeichnung *sequentiell* auf die Realisierung in Form von *sequentiellen Logikschaltungen*, d.h. Logikschaltungen mit Speichern. Schaltungen dieser Art werden auch als *Schaltwerke* bezeichnet, siehe Kapitel 8.

27.3.4.1 Flankengetriggerter Phasendetektor

Wenn die Signale am Eingang des Phasendetektors kein Tastverhältnis von 50% haben, kann man einen *flankengetriggerter Phasendetektor* verwenden. Abbildung 27.32 zeigt eine mögliche Ausführung inklusive der Signalverläufe und der Kennlinie. Die Kennlinie verläuft über den gesamten Bereich linear; demnach gibt es nur einen möglichen Arbeitspunkt und die Phasendetektor-Konstante k_{PD} ist konstant:

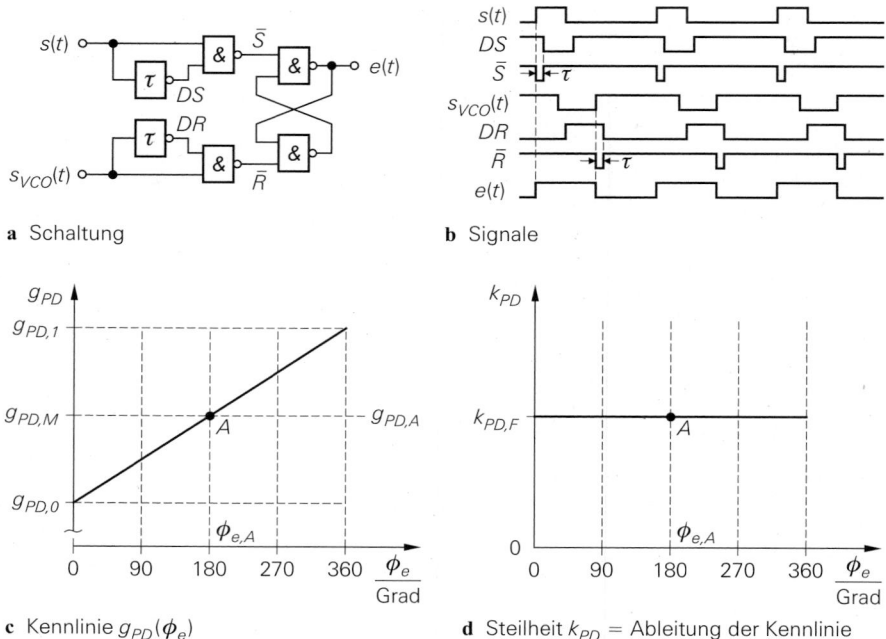

a Schaltung

b Signale

c Kennlinie $g_{PD}(\phi_e)$

d Steilheit k_{PD} = Ableitung der Kennlinie

Abb. 27.32. Flankengetriggerter Phasendetektor

$$k_{PD} = k_{PD,F} = \frac{g_{PD,1} - g_{PD,0}}{2\pi} \tag{27.26}$$

Der Index F steht für *flankengetriggert*. Ob die Ausgangsgröße eine Spannung oder ein Strom ist, hängt wie beim EXOR-/EXNOR-Phasendetektor von der Realisierung der Gatter ab. Auch hier kann man durch eine Realisierung mit Current Mode Logik (CML) den für ein Schleifenfilter mit PI-Regler vorteilhaften Stromausgang erhalten.

Es gibt weitere Ausführungen für flankengetriggerte Phasendetektoren, die sich aber in der Funktion nicht von der hier gezeigten Ausführung unterscheiden. Der PLL-Baustein 4046 enthält in den HC/HCT-Ausführungen 74HC/HCT4046A einen flankengetriggerten Phasendetektor, der im Datenblatt als *Phase Comparator 3* bezeichnet wird.

27.3.4.2 Phasen-Frequenz-Detektor

Ein wesentlicher Nachteil analoger PLLs und digitaler PLLs mit EXOR-/EXNOR- oder flankengetriggertem Phasendetektor ist die Kopplung des Fangbereichs an die Schleifenbandbreite. Ursache dafür ist, dass die verwendeten Phasendetektoren nicht *frequenzempfindlich* sind, d.h. es handelt sich um *reine* Phasendetektoren. Bei einem derartigen Phasendetektor erhält man bei einer Differenzfrequenz $\Delta f = f_S - f_{VCO}$, deren Betrag *über* der Schleifenbandbreite f_0 liegt, ein periodisches Ausgangssignal mit der Grundfrequenz Δf und einer durch das Schleifenfilter reduzierten Amplitude. Wenn die Amplitude nicht ausreicht, um die VCO-Frequenz in die Nähe der gewünschten Ausgangsfrequenz zu ziehen, schwingt die PLL nicht ein. Auch mit einem PI-Regler ändert sich daran nichts, da der Gleichanteil am Ausgang des Phasendetektors in diesem Fall praktisch nicht von der Differenzfrequenz abhängt und deshalb kein passendes Fehlersignal am Eingang des PI-Reglers anliegt.

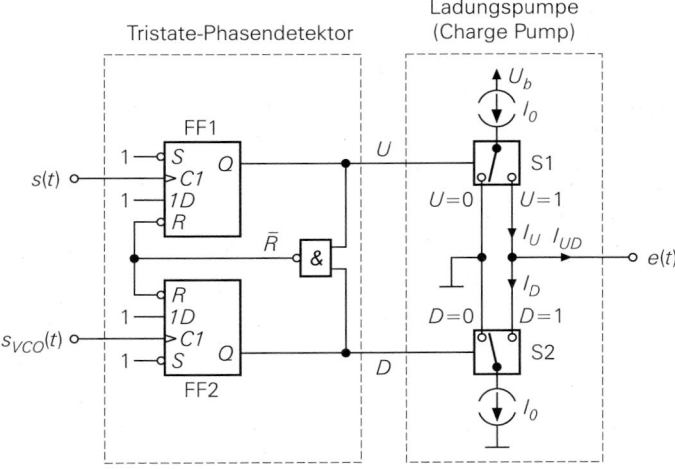

a Schaltung

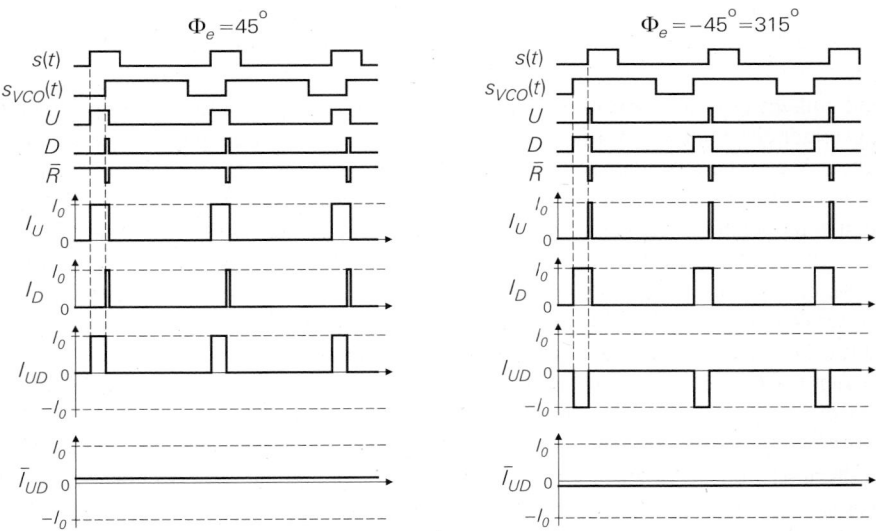

b Signalverläufe bei VCO-Nacheilung ($0 < \Phi_e < 180°$) und VCO-Voreilung ($180° < \Phi_e < 360°$)

Abb. 27.33. Tristate-Phasendetektor mit Ladungspumpe (*Charge Pump*) in CMOS-Schaltungstechnik. Die Gatter haben Spannungsausgänge und arbeiten mit den Pegeln U_b für eine logische Eins und 0 V für eine logische Null.

Abhilfe schaffen *Phasen-Frequenz-Detektoren (PFD)*, die auch als *frequenzempfindliche Phasendetektoren* bezeichnet werden. Diese Phasendetektoren liefern nicht nur bei einem Phasenfehler, sondern auch bei einem Frequenzfehler einen fehlerabhängigen Gleichanteil am Ausgang. Es gibt auch hier verschiedene Ausführungen, in der Praxis wird aber fast nur noch der in Abb. 27.33a gezeigte *Tristate-Phasendetektor mit Ladungspumpe (tristate phase detector with charge pump)* verwendet. Dieser Phasendetektor ist ebenfalls flankengetriggert und besitzt — entsprechend der Bezeichnung *tristate* — drei Zustände, zu deren Darstellung zwei Speicher (D-Flip-Flops) benötigt werden.

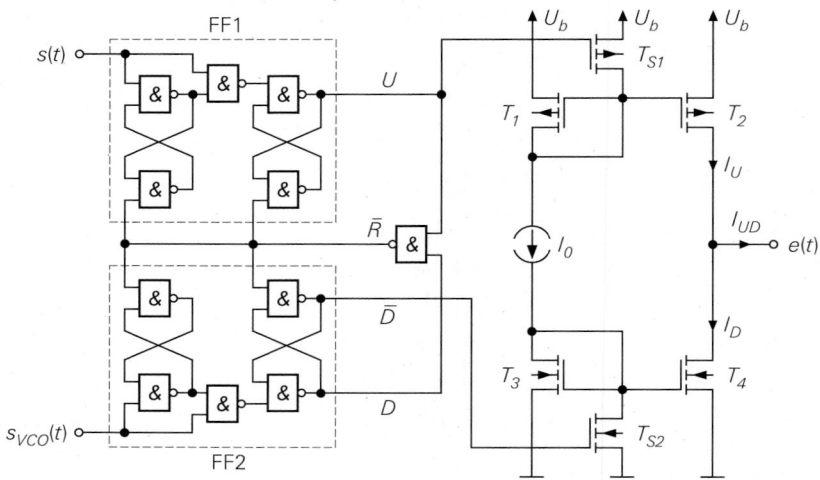

Abb. 27.34. Einfache Ausführung eines Tristate-Phasendetektors mit Ladungspumpe. Die Gatter sind in CMOS-Technik realisiert und arbeiten mit den Pegeln 0 V für eine logische Null und U_b für eine logische Eins.

Die Flankentriggerung ergibt sich aus dem Verhalten der beiden D-Flip-Flops, die bei einer ansteigenden Flanke des Taktsignals C den Wert am Dateneingang D übernehmen und halten. Wenn die ansteigende Flanke des Eingangssignals $s(t)$ *vor* der ansteigenden Flanke des VCO-Signals $s_{VCO}(t)$ liegt, nimmt das Signal U (*aufwärts*, *up*) für die Zeit zwischen den beiden Flanken den Wert Eins an; im umgekehrten Fall gilt dasselbe für das Signal D (*abwärts*, *down*). Beim Eintreffen der späteren Flanke wird zunächst das jeweils andere Signal ebenfalls auf den Wert Eins gesetzt, dieser Zustand ist jedoch nur von sehr kurzer Dauer, da das Rücksetzsignal $\overline{R}$ aktiv wird und beide Flip-Flops zurücksetzt. Abbildung 27.33b zeigt die Signalverläufe für die beiden Fälle.

Mit der *Ladungspumpe* (*charge pump*) werden die Zustände der beiden Flip-Flops in einen dreiwertigen Ausgangsstrom I_{UD} umgewandelt, der das Ausgangssignal $e(t)$ des Phasendetektors bildet; dazu werden die Ströme der beiden Stromquellen I_0 mit den Umschaltern S1 und S2 entsprechend den Zuständen der Signale U und D entweder auf den Ausgang des Phasendetektors geschaltet oder nach Masse abgeleitet. In der Praxis kann man die Schaltung in Abb. 27.34 verwenden, bei der die beiden Stromquellen durch die Stromspiegel T_1, T_2 und T_3, T_4 realisiert sind. Eine Umschaltung der Ströme ist hier nicht erforderlich, da man die Stromspiegel mit den Transistoren T_{S1} und T_{S2} kurzschließen kann. Zusätzlich haben wir die Flip-Flops unter Berücksichtigung der konstanten Werte an den Eingängen mit NAND-Gattern realisiert.

In handelsüblichen integrierten Schaltungen ist die Ladungspumpe in der Regel erheblich aufwendiger aufgebaut. In modernen CMOS-Schaltungen muss man z.B. die Transistoren T_2 und T_4 mit Kaskode-Transistoren versehen, um einen ausreichend hohen Ausgangswiderstand zu erhalten. Darüber hinaus muss der Gleichlauf der Ströme über Temperatur und Prozessschwankungen sichergestellt werden. Wir gehen darauf nicht ein, da dies den Rahmen unserer Darstellung sprengt. Für ein prinzipielles Verständnis und für die noch folgenden Beispiele ist die Ausführung in Abb. 27.34 ausreichend.

Bevor wir die Kennlinie und das Verhalten bei einem Frequenzfehler Δf beschreiben, weisen wir noch auf eine wichtige Eigenschaft dieses Phasendetektors hin: Aus den Signal-

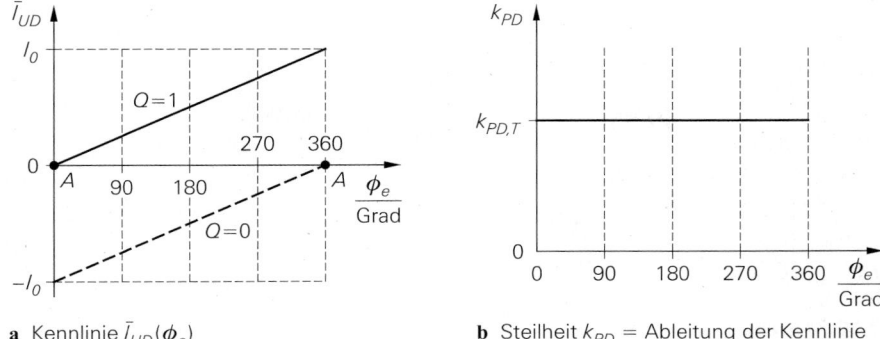

a Kennlinie $\bar{I}_{UD}(\phi_e)$ **b** Steilheit k_{PD} = Ableitung der Kennlinie

Abb. 27.35. Statische Kennlinie eines Tristate-Phasendetektors mit Ladungspumpe

verläufen in Abb. 27.33b folgt, dass bei einem Phasenfehler $\phi_e = 0$ der Ausgangsstrom I_{UD} immer auf Null bleibt. Im praktischen Betrieb ist das zwar aufgrund des Phasenrauschens der Signale nicht gegeben, die Impulse im Ausgangsstrom sind aber so kurz, dass die Energie der Störtöne am Ausgang des Phasendetektors im Vergleich zu anderen Phasendetektoren erheblich reduziert wird. Damit man diese Eigenschaft nutzen kann, muss zwingend ein Schleifenfilter mit PI-Regler verwendet werden, damit der statische Phasenfehler ϕ_e in allen Betriebsfällen zu Null wird oder — im Falle eines verlustbehafteten PI-Reglers — nahe bei Null liegt. Wir gehen darauf im folgenden noch näher ein.

27.3.4.2.1 Statische Kennlinie

Abbildung 27.35 zeigt die statische Kennlinie eines Tristate-Phasendetektors mit Ladungspumpe. Sie ist zweiwertig, da die Reaktion auf eine ansteigende Flanke davon abhängt, ob bereits eines der beiden Flip-Flops gesetzt ist ($Q = 1$) oder nicht ($Q = 0$). In der Literatur wird die Kennlinie häufig als eindeutige Kennlinie über den erweiterten Bereich $-360° \leq \phi_e \leq 360°$ dargestellt, indem die gestrichelte Kennlinie in Abb. 27.35 um $360°$ nach links verschoben wird; das ist aber formal nicht korrekt, da alle statischen Winkel $\phi_e \pm n \cdot 360°$ mit $n = 0,1,2,3,\dots$ äquivalent sind und wir im statischen Fall z.B. nicht zwischen $-180°$ und $180°$ unterscheiden können. Bei den Signalverläufen in Abb. 27.33b haben wir angenommen, dass für beide Fälle ($\phi_e = 45°$ und $\phi_e = -45° = 315°$) jeweils beide Flip-Flops am Anfang der Darstellung rückgesetzt sind; deshalb befinden wir uns in der linken Darstellung mit $\phi_e = 45°$ auf der Kennlinie $Q = 1$ mit $I_{UD} \geq 0$ und in der rechten Darstellung mit $\phi_e = 315°$ auf der Kennlinie $Q = 0$ mit $I_{UD} \leq 0$. Mit einem Schleifenfilter mit PI-Regler liegt der Arbeitspunkt bei $\phi_e = 0°/360°$, dem einzigen gemeinsamen Punkt beider Kennlinien.

27.3.4.2.2 Dynamische Kennlinie

Für den praktischen Betrieb und zur Erläuterung der Frequenzempfindlichkeit ist jedoch die *dynamische Kennlinie* entscheidend. Wir erhalten sie, indem wir vom eingeschwungenen Zustand mit $f_S = f_{VCO}$ und $\phi_S = \phi_{VCO}$ ausgehen und f_S um eine kleine Differenzfrequenz Δf ändern. Wir erhalten in diesem Fall eine *dynamische Differenzphase*:

$$\Delta\phi(t) = 2\pi \, (f_S + \Delta f - f_{VCO}) \, t + \phi_S - \phi_{VCO} \overset{\substack{f_S = f_{VCO} \\ \phi_S = \phi_{VCO}}}{=} 2\pi \, \Delta f \, t \qquad (27.27)$$

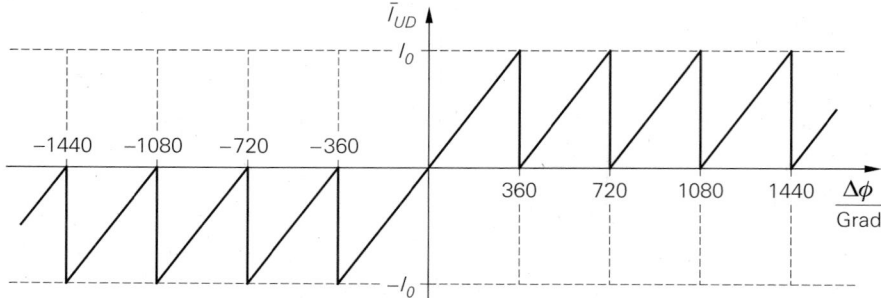

Abb. 27.36. Dynamische Kennlinie eines Tristate-Phasendetektors mit Ladungspumpe

Sie nimmt für $\Delta f > 0$ linear mit der Zeit t zu und für $\Delta f < 0$ linear mit der Zeit t ab. Für $t \rightarrow \infty$ geht ihr Betrag gegen Unendlich, d.h. die Phase *läuft weg*. Der zugehörige Phasenfehler am Phasendetektor beträgt:

$$\phi_e = \Delta\phi \,\text{modulo}\, 360°$$

Wir erhalten demnach für $\Delta\phi = \pm n \cdot 360°$ mit $n = 0, 1, 2, 3, \ldots$ einen Phasenfehler $\phi_e = 0$; das bedeutet im dynamischen Fall aber nicht, dass es sich um gleichwertige Punkte handelt, sondern dass das Eingangssignal n Perioden *mehr* oder *weniger* durchlaufen hat als das VCO-Signal. Es liegt also ein *Schlupf* von n Perioden vor (*cycle slips*).

Wenn wir nun den mittleren Ausgangsstrom $\overline{I}_{UD}$ über der dynamischen Differenzphase $\Delta\phi$ auftragen, indem wir zunächst den zu $\Delta\phi$ gehörigen Phasenfehler ϕ_e und daraus mit Hilfe der statischen Kennlinie den mittleren Ausgangsstrom $\overline{I}_{UD}$ ermitteln, erhalten wir die dynamische Kennlinie in Abb. 27.36; dabei haben wir berücksichtigt, dass wir uns für $\Delta\phi > 0$ immer auf der statischen Kennlinie $Q = 1$ und für $\Delta\phi < 0$ immer auf der statischen Kennlinie $Q = 0$ befinden.

27.3.4.2.3 Frequenzempfindlichkeit

Aus der dynamischen Kennlinie folgt die Frequenzempfindlichkeit. Für eine Differenzfrequenz $\Delta f > 0$ nimmt die dynamische Phasendifferenz $\Delta\phi$ ausgehend von Null linear zu; daraus folgt ein im Mittel dreieckförmiger Verlauf des mittleren Ausgangsstroms $\overline{I}_{UD}$ entsprechend dem Verlauf der dynamischen Kennlinie im Bereich $\Delta\phi > 0$. Der Mittelwert dieses dreieckförmigen Verlaufs beträgt $I_0/2$, d.h. wir erhalten im Mittel einen positiven Ausgangsstrom am Eingang des nachfolgenden PI-Reglers und damit eine ansteigende Spannung am Ausgang des Schleifenfilters; dadurch wiederum nimmt die VCO-Frequenz ebenfalls zu, bis die Differenzfrequenz zu Null wird. Für $\Delta f < 0$ erhalten wir ein entsprechendes Verhalten in die andere Richtung. Daraus folgt, dass die Kombination aus einem Tristate-Phasendetektor mit Ladungspumpe und einem Schleifenfilter mit PI-Regler den VCO *unabhängig von der Schleifenbandbreite immer* auf die Frequenz des Eingangssignals zieht, sofern diese im Abstimmbereich des VCOs liegt.

Abbildung 27.37 zeigt die Signalverläufe für $\Delta\phi > 0$ am Beispiel $f_S = 5 f_{VCO}/4$ bzw. $\Delta f = f_{VCO}/4$. Wir haben hier auf eine Darstellung des realen Verlaufs des mittleren Ausgangsstroms $\overline{I}_{UD}$ verzichtet, da wir dazu ein Mittelungsfilter angeben müssten; man erkennt aber am Verlauf des Ausgangsstroms I_{UD} unmittelbar, dass man durch Mittelung mit einer relativ kurzen Mittelungszeit einen näherungsweise dreieckförmigen Verlauf und durch Mittelung mit einer relativ langen Mittelungszeit $\overline{I}_{UD} = I_0/2$ erhält.

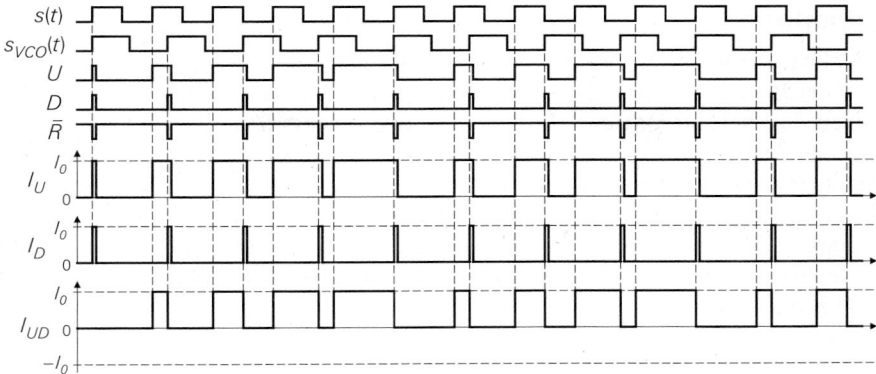

Abb. 27.37. Signalverläufe eines Tristate-Phasendetektors mit Ladungspumpe für $f_S = 5 f_{VCO}/4$ bzw. $\Delta f = f_{VCO}/4$.

27.3.4.2.4 Verhältnis zwischen statischer und dynamischer Kennlinie

Wir betonen hier noch einmal explizit, dass die dynamische Kennlinie in Abb. 27.36 mit der statischen Kennlinie in Abb. 27.35 *in enger Verbindung* steht, aber einen *völlig anderen Betriebsfall* beschreibt. Die dynamische Kennlinie ist über der dynamischen Differenzphase $\Delta\phi$ aufgetragen, die gemäß (27.27) auf Seite 1659 der mit $2\pi \Delta f$ multiplizierten Zeit seit dem Auftreten der Differenzfrequenz Δf entspricht. Hier sind alle Größen *im Fluss*. Dagegen beschreibt die statische Kennlinie die Verhältnisse im eingeschwungenen Zustand, d.h. bei konstantem Phasenfehler ϕ_e. In der Literatur werden die beiden Kennlinien meist nicht korrekt getrennt; man findet deshalb häufig Darstellungen, in denen die Kennlinien so miteinander *vermischt* sind, dass weder der statische noch der dynamische Fall korrekt wiedergegeben wird.

27.3.4.2.5 Phasendetektor-Konstante

Aus der statischen Kennlinie erhalten wir die Phasendetektor-Konstante:

$$k_{PD} = k_{PD,CP} = \frac{I_0}{2\pi} \tag{27.28}$$

Dabei steht der Index *CP* für *Charge Pump*. Wir haben bereits bei der Beschreibung analoger PLLs gesehen, dass das Produkt aus der Phasendetektor-Konstante k_{PD} und der VCO-Konstante k_{VCO} konstant sein muss, damit eine PLL ein über den gesamten Arbeitsbereich einheitliches Einschwingverhalten besitzt; im Abschnitt 27.3.7 werden wir sehen, dass bei PLLs mit einem Frequenzteiler innerhalb der Schleife der Kehrwert des Teilerfaktors als dritter Faktor hinzukommt. Bei PLLs mit großem Abstimmbereich ist weder die VCO-Konstante noch der Teilerfaktor ausreichend konstant; deshalb wird eine Methode zur Kompensation benötigt. In der Praxis erfolgt diese Kompensation durch eine Anpassung der Phasendetektorkonstanten $k_{PD,CP}$; dazu wird die Konstantstromquelle I_0 durch eine *digital gesteuerte Stromquelle* ersetzt. Realisiert wird eine derartige Stromquelle durch einen DA-Umsetzer mit Stromausgang; dazu kann man die in den Abschnitten 17.2.2 und 17.2.3 beschriebenen Schaltungen verwenden, indem man auf die Strom-Spannungs-Wandlung mit einem Operationsverstärker oder einem Lastwiderstand R_L verzichtet und den Strom I_K bzw. I_a als Ausgangsgröße verwendet, siehe z.B. Abb. 17.20 auf Seite 1020.

27.3.5 Störtöne

Neben der Phasendetektor-Konstante sind die auftretenden Störtöne (*spurious tones*) wichtig, die in der Praxis meist nur als *spurs* bezeichnet werden. Im Abschnitt 27.2.2 haben wir gesehen, dass bei einer analogen PLL mit einem Mischer als Phasendetektor im eingeschwungenen Zustand nur ein Störton bei der doppelten Eingangsfrequenz ($2f_S$) auftritt. Die Amplitude dieses Störtons entspricht dem Maximum $\hat{e}$ der Kennlinie, das gleichzeitig der Phasendetektor-Konstanten im optimalen Arbeitspunkt, d.h. in der Mitte des ansteigenden oder abfallenden Teils der Kennlinie, entspricht, siehe (27.3), (27.5) und (27.7). Die auf die Phasendetektor-Konstante bezogene Störamplitude beträgt bei einem Mischer (Index M) demnach Eins:

$$a_{n,M}(2f_S) = 1$$

Bei digitalen Phasendetektoren erhalten wir am Ausgang des Phasendetektors rechteckförmige Signale, die Anteile bei der Eingangsfrequenz f_S und Vielfachen davon enthalten. Bei einem EXOR-/EXNOR-Phasendetektor mit Stromausgang erhalten wir im optimalen Arbeitspunkt einen rechteckförmigen Ausgangsstrom mit den Werten $\pm I_0/2$ und einem Tastverhältnis von 50%. Für den Störanteil erhalten wir mit Hilfe der Reihenentwicklung

$$x(t) = \text{sign}\{\cos \omega_S t\} = \frac{4}{\pi} \left(\cos \omega_S t + \frac{1}{3} \cos(3\omega_S t) + \frac{1}{5} \cos(5\omega_S t) + \cdots \right)$$

eines symmetrischen Rechtecksignals mit den Werten ± 1 und der Phasendetektor-Konstanten

$$k_{PD,E} = \frac{I_0}{\pi}$$

die normierten Amplituden der Störtöne bei den Frequenzen mf_S:

$$a_{n,E}(mf_S) = \frac{2}{m} \quad \text{für } m = 1,2,3,\ldots$$

Bei einem Tristate-Phasendetektor mit Ladungspumpe und einem Schleifenfilter mit PI-Regler bleibt der Ausgangsstrom des Phasendetektors im eingeschwungenen Zustand theoretisch auf Null, d.h. es gibt weder einen Nutz- noch einen Störanteil. In der Praxis treten jedoch aufgrund des Phasenrauschens des Eingangssignals und des VCO-Signals kurze Impulse auf, deren Dauer proportional zum Effektivwert $\varphi_{e,sff}$ des Phasenrauschens ist; hinzu kommt eine systematische Abweichung, die durch Verluste im Schleifenfilter und im Abstimmkreis des VCOs verursacht wird und ebenfalls in den Effektivwert $\varphi_{e,sff}$ eingeht. Wenn wir annehmen, dass der Effektivwert in rad gegeben ist, erhalten wir mit dem Tastverhältnis

$$D = \frac{\varphi_{e,sff}}{2\pi}$$

und den Fourier-Koeffizienten

$$c_F(mf_S) = \frac{2}{\pi m} \sin(\pi m D) \quad \text{für } m = 1,2,3,\ldots$$

eines unipolaren Rechtecksignals mit dem Tastverhältnis D und der Amplitude Eins die normierten Amplituden der Störtöne bei den Frequenzen mf_S:

$$a_{n,T}(mf_S) = \frac{4}{m} \sin\left(\frac{m\varphi_{e,sff}}{2} \right) \overset{m\varphi_{e,sff} < 1}{=} 2\varphi_{e,sff}$$

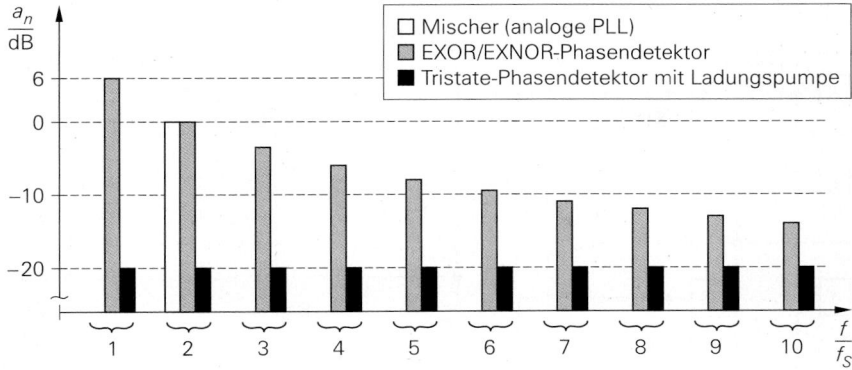

Abb. 27.38. Normierte Amplituden der Störtöne. Für den Tristate-Phasendetektor mit Ladungspumpe ist ein Effektivwert von $\varphi_{e,sff} = 1{,}5° = 0{,}05\,\mathrm{rad}$ angenommen.

Typische Werte liegen im Bereich $\varphi_{e,sff} = 0{,}1° \ldots 3° = 0{,}0035\,\mathrm{rad} \ldots 0{,}1\,\mathrm{rad}$. In diesem
Fall ist die Bedingung $m\varphi_{e,sff} < 1$ mindestens bis $m \approx 10$ erfüllt, d.h. wir erhalten einen
Kamm von Störtönen im Abstand f_S mit nahezu gleicher Amplitude.

Abbildung 27.38 zeigt einen Vergleich der normierten Amplituden der Störtöne
für die drei Phasendetektoren. Man erkennt die deutliche Überlegenheit des Tristate-
Phasendetektors mit Ladungspumpe, selbst bei einem hohen Effektivwert des Phasenrauschens. Man kann allerdings bei einer analogen PLL eine noch bessere Unterdrückung
erzielen, wenn die Eingangsfrequenz nur wenig schwankt und eine Bandsperre zur Unterdrückung des einzigen Störtons bei der Frequenz $2f_S$ eingesetzt wird.

27.3.6 Beispiel für eine digitale PLL mit Phasen-Frequenz-Detektor

Wir verdeutlichen das Verhalten wieder mit einem konkreten Beispiel. Da in der Bauteile-
Bibliothek der Demo-Version von *PSpice* nur die relativ langsamen Gatter der 74-Familie
enthalten sind, behelfen wir uns, indem wir die Eingangsfrequenz von 10 MHz auf 1 MHz
reduzieren.

Abbildung 27.39 zeigt die Schaltung des Beispiels. Im oberen Teil ist der Tristate-
Phasendetektor mit Ladungspumpe aus Abb. 27.34 auf Seite 1658 in unveränderter Form
dargestellt. Aufgrund der hohen Störunterdrückung des Tristate-Phasendetektors begnügen wir uns hier mit einem Schleifenfilter 3. Ordnung. Den bereits in den vorausgegangenen Beispielen verwendeten VCO haben wir um einen Pegelwandler, bestehend aus zwei
Verstärkerstufen und einem Inverter mit Schmitt-Trigger, ergänzt; damit erhalten wir ein
VCO-Signal $s_{VCO}(t)$ mit Logikpegeln.

Da wir hier eine PLL ohne Frequenzteiler betrachten und gleichzeitig die VCO-
Frequenz aus simulationstechnischen Gründen sehr klein gewählt haben, ergibt sich eine
starke Verkopplung des Schleifenfilters mit dem Abstimmkreis des VCOs; wir müssen
deshalb in diesem besonderen Fall eine Entkopplung mit dem in Abb. 27.39 gezeigten
Puffer vornehmen. Wir gehen darauf im folgenden noch näher ein.

27.3.6.1 Kennlinien und Konstanten

Abbildung 27.40 zeigt die Kennlinie und die VCO-Konstante des VCOs. Wir haben hier
zusätzlich eine einfache Näherung für die VCO-Konstante eingezeichnet:

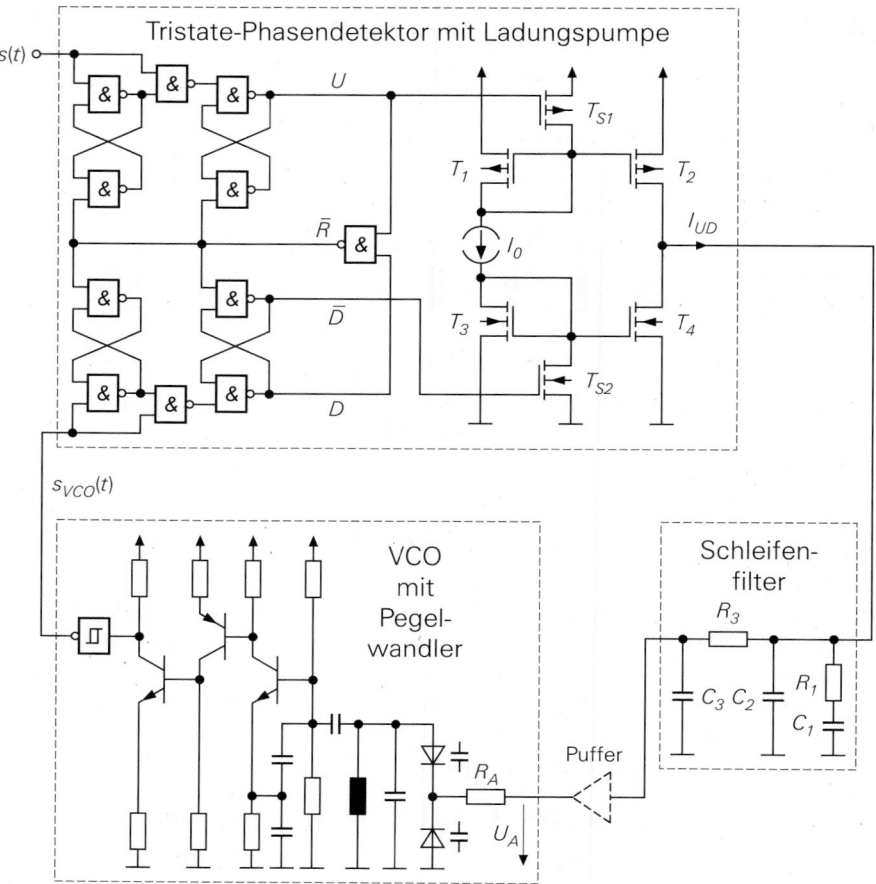

Abb. 27.39. Beispiel für eine digitale PLL mit Phasen-Frequenz-Detektor und passivem Schleifenfilter. Bei den Gattern handelt es sich um CMOS-Gatter. Da wir hier eine PLL ohne Frequenzteiler betrachten und aus simulationstechnischen Gründen eine geringe VCO-Frequenz gewählt haben, müssen wir das Schleifenfilter und den Abstimmkreis des VCOs mit einem Puffer entkoppeln.

$$k_{VCO} \approx \frac{2\pi \cdot 0,13 \,\text{Mrad/s}}{U_A}$$

Da die Phasendetektor-Konstante k_{PD} bei einem Tristate-Phasendetektor mit Ladungspumpe konstant ist, wird die Nichtlinearität hier ausschließlich durch den VCO verursacht. Für das Produkt der Konstanten erhalten wir:

$$k_{PD}\,k_{VCO} \approx \frac{I_0}{2\pi} \frac{2\pi \cdot 0,13 \,\text{Mrad/s}}{U_A} \overset{U_A=2\,\text{V}}{=} 65 \,\text{krad/(Vs)} \cdot I_0$$

27.3.6.2 Dimensionierung des Schleifenfilters

Für das Schleifenfilter erhalten wir nach einer etwas umfangreicheren Rechnung:

$$H_{LF}(s) = \frac{U_A(s)}{I_{UD}(s)} = \frac{1 + sC_1R_1}{c_1 s + c_2 s^2 + c_3 s^3}$$

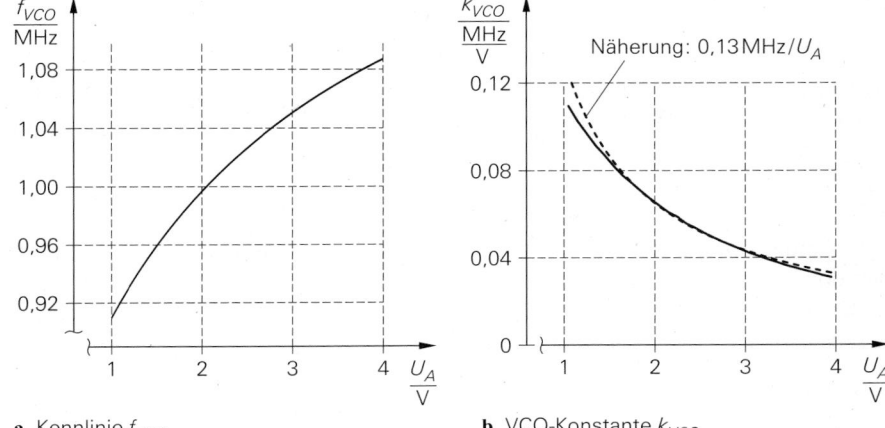

a Kennlinie f_{VCO} **b** VCO-Konstante k_{VCO}

Abb. 27.40. Kennlinie und VCO-Konstante des VCOs aus Abb. 27.39

$$c_1 = C_1 + C_2 + C_3$$
$$c_2 = (C_2 + C_3)\,C_1 R_1 + (C_1 + C_2)\,C_3 R_3$$
$$c_3 = C_1 C_2 C_3 R_1 R_3$$

Wenn wir diese Übertragungsfunktion als Produkt eines PI-Reglers mit einer P-Verstärkung von Eins und eines Tiefpassfilters 2. Ordnung darstellen, erhalten wir:

$$H_{LF}(s) = \frac{1 + sT_I}{sT_I} \, \frac{H_0}{(1 + sT_1)(1 + sT_2)} = \frac{1 + sT_I}{sT_I} \, \frac{H_0}{1 + s(T_1 + T_2) + s^2 T_1 T_2}$$

$$T_I = C_1 R_1$$

$$c_1 = \frac{T_I}{H_0}$$

$$c_2 = c_1(T_1 + T_2) = c_1 T_0$$

$$c_3 = c_1 T_1 T_2 = c_1(T_0 - T_2)T_2$$

Dabei ist $T_0 = T_1 + T_2$ die Summenzeitkonstante, die wir im Abschnitt 27.2.9 eingeführt haben. Die Grundverstärkung H_0 des Tiefpassfilters hat hier die Dimension eines Widerstands.

Die Schleifenbandbreite digitaler PLLs beträgt in der Regel maximal 1% der Frequenz des Eingangssignals am Phasendetektor. Wir gehen hier an die obere Grenze und wählen $\omega_0 = 2\pi \cdot 10\,\text{kHz} = 62{,}8\,\text{krad/s}$. Für die Dimensionierung nach dem symmetrischen Optimum geben wir $k = 2{,}4$ vor; daraus folgt mit (27.20):

$$T_I = \frac{k}{\omega_0} = 38{,}2\,\mu\text{s} \ , \quad T_0 = \frac{1}{k\omega_0} = 6{,}63\,\mu\text{s}$$

Wir wählen $I_0 = 100\,\mu\text{A}$ und erhalten damit aus der Bedingung (27.21):

$$H_0 = \frac{\omega_0}{k_{PD}\,k_{VCO}} = \frac{62{,}8\,\text{krad/s}}{65\,\text{krad/(Vs)} \cdot 100\,\mu\text{A}} = 9{,}66\,\text{k}\Omega$$

Daraus folgt:

$$c_1 = \frac{T_I}{H_0} = 3{,}95 \cdot 10^{-9}\,\text{F} \quad , \quad c_2 = c_1 T_0 = 2{,}62 \cdot 10^{-14}\,\text{Fs}$$

Damit der Betrag der Übertragungsfunktion des Schleifenfilters im Sperrbereich minimal wird, muss der Koeffizient c_3 maximal werden:

$$\lim_{\omega \to \infty} |H_{LF}(j\omega)| \sim \frac{1}{c_3 \omega^2} = \frac{1}{(T_0 - T_2)\,T_2\,\omega^2} \overset{\text{min}}{\Longrightarrow} T_1 = T_2 = \frac{T_0}{2}$$

Dieses Maximum können wir aber mit einem passiven Schleifenfilter aufgrund des resultierenden doppelten Pols nicht realisieren; wir müssen deshalb $T_2 < T_0/2$ wählen und prüfen, ob wir akzeptable Werte für die Bauelemente erhalten.

Wir setzen $T_2 = k_2 T_0$ und beginnen mit $k_2 = 1/10$; dann gilt:

$$c_3 = c_1(T_0 - T_2)T_2 = c_1 k_2(1 - k_2)T_0^2 = 1{,}56 \cdot 10^{-20}\,\text{Fs}^2$$

Damit erhalten wir das folgende nichtlineare Gleichungssystem zur Bestimmung der Werte der Bauelemente:

$$
\begin{aligned}
C_1 + C_2 + C_3 &= c_1 = 3{,}95 \cdot 10^{-9}\,\text{F} \\
(C_2 + C_3)\,T_I + (C_1 + C_2)\,C_3 R_3 &= c_2 = 2{,}62 \cdot 10^{-14}\,\text{Fs} \\
T_I C_2 C_3 R_3 &= c_3 = 1{,}56 \cdot 10^{-20}\,\text{Fs}^2
\end{aligned}
$$

Dabei haben wir $T_I = C_1 R_1$ verwendet. Da wir vier *freie Variablen* — C_1, C_2, C_3, R_3 —, aber nur drei Gleichungen haben, können wir eine Variable vorgeben.

Gleichungssysteme dieser Art werden in der Regel mit dem *Newton-Verfahren* gelöst, auf das wir hier nur kurz eingehen. Wenn wir die Konstanten auf der rechten Seite unseres Gleichungssystems auf die linke Seite bringen und R_3 vorgeben, erhalten wir:

$$
\begin{bmatrix} f_1(C_1, C_2, C_3) \\ f_2(C_1, C_2, C_3) \\ f_3(C_1, C_2, C_3) \end{bmatrix}
=
\begin{bmatrix} C_1 + C_2 + C_3 \\ (C_2 + C_3)\,T_I + (C_1 + C_2)\,C_3 R_3 \\ T_I C_2 C_3 R_3 \end{bmatrix}
-
\begin{bmatrix} c_1 \\ c_2 \\ c_3 \end{bmatrix}
=
\begin{bmatrix} 0 \\ 0 \\ 0 \end{bmatrix}
$$

In matrizieller Form gilt:

$$f(x) = 0 \quad \text{mit } f(x) = [f_1(x), f_2(x), f_3(x)]^T \text{ und } x = [C_1, C_2, C_3]^T$$

Das Newton-Verfahren ist ein iteratives Verfahren, bei dem aus einer Näherungslösung x_n eine verbesserte Näherungslösung

$$x_{n+1} = x_n - \alpha \left(\left. \frac{\partial f(x)}{\partial x} \right|_{x=x_n} \right)^{-1} f(x_n) \quad \text{mit } \alpha \leq 1$$

berechnet wird. Die Matrix in der großen Klammer beinhaltet die partiellen Ableitungen der einzelnen Gleichungen nach den einzelnen Variablen und wird *Jacobi-Matrix* genannt; in unserem Fall mit drei Gleichungen und drei Variablen erhalten wir demnach 9 partielle Ableitungen. Mit einem geeigneten *Konvergenz-Parameter* α und einem geeigneten Startvektor x_0 konvergiert das Verfahren gegen die gesuchte Lösung. Wir geben $R_3 = 20\,\text{k}\Omega$ vor und erhalten mit $k_2 = 1/10$ folgende Startwerte:

– Wir nehmen $C_1 \gg C_2 + C_3$ an; daraus erhalten wir die Abschätzung:

$$C_1 \approx c_1 \approx 4\,\text{nF}$$

– Für den ersten Pol des Tiefpassfilters gilt:

$$T_1 = T_0 - T_2 \approx C_2 R_1 = \frac{C_2}{C_1} T_I$$

Daraus folgt die Abschätzung:

$$C_2 \approx \frac{T_0 - T_2}{T_I} C_1 = \frac{T_0}{T_I} C_1 (1 - k_2) \approx 0{,}6 \, \text{nF}$$

– Für die Zeitkonstante T_2 verwenden wir die Abschätzung $T_2 \approx C_3 R_3$; daraus folgt:

$$C_3 \approx \frac{T_2}{R_3} = \frac{k_2 T_0}{R_3} \approx 33 \, \text{pF}$$

Wir haben die Gleichungen und das Newton-Verfahren mit $\alpha = 0{,}1$ in einem Mathematikprogramm implementiert und Lösungen für verschiedene Werte von k_2 ermittelt. Mit $k_2 = 0{,}23$ erhalten wir $R_1 \approx 11 \, \text{k}\Omega$, $C_1 \approx 3{,}5 \, \text{nF}$, $C_2 \approx 350 \, \text{pF}$ und $C_3 \approx 110 \, \text{pF}$.

Einen größeren Wert für k_2 und eine damit verbundene höhere Dämpfung im Sperrbereich können wir nur erzielen, indem wir entweder R_3 hochohmiger wählen oder den Konstantstrom I_0 erhöhen. Ersteres wird durch die erforderliche Kopplung mit dem Abstimmkreis des VCOs limitiert, während letzteres die Störungen durch die Stromimpulse des Phasendetektors erhöht und größere Kapazitätswerte im Schleifenfilter erfordert. Zusätzlich müssen wir im allgemeinen die Tiefpass-Charakteristik des Abstimmkreises — in unserem Fall durch den Widerstand R_A und die Kapazitäten des Schwingkreises — berücksichtigen, indem wir auch hier wieder das Verfahren der Summenzeitkonstanten anwenden und die Zeitkonstante T_2 des Schleifenfilters um die Zeitkonstante des Abstimmkreises verringern. In unserem Simulationsbeispiel können wir darauf verzichten, da wir ohnehin einen Puffer zur Entkopplung einsetzen müssen. Auch das Rauschen der Ladungspumpe und der Widerstände des Schleifenfilters spielt bei der Wahl der Werte eine große Rolle, eine ausführliche Diskussion aller relevanten Aspekte sprengt jedoch den Rahmen unserer Darstellung.

27.3.6.3 Verhalten

Abbildung 27.41 zeigt den Verlauf der Abstimmspannung für sprunghafte Frequenzänderungen Δf im Bereich $\pm 120 \, \text{kHz}$. Wir stellen fest, dass die PLL aufgrund des Einsatzes eines Tristate-Phasendetektors für alle Werte von Δf einschwingt. Für $|\Delta f| \leq 40 \, \text{kHz}$ ist der Einschwingvorgang linear und die Verläufe entsprechen der Kleinsignal-Sprungantwort in Abb. 27.17 auf Seite 1642. Für größere Werte von Δf treten *Schlupf-Zyklen* (*cycle slips*) auf, die durch den sägezahnartigen Verlauf der dynamischen Kennlinie des Tristate-Phasendetektors in Abb. 27.36 auf Seite 1660 verursacht werden. Ein Schlupf-Zyklus tritt immer dann auf, wenn der Phasenfehler den Bereich $\pm 360°$ überschreitet, so dass ein Übergang auf den nächsten Kennlinienast der dynamischen Kennlinie erfolgt; dabei tritt eine Phasenverschiebung von $+360°$ ($\Delta f > 0$) bzw. $-360°$ ($\Delta f < 0$) auf, d.h. der VCO lässt im Vergleich zum Eingangssignal eine Periode aus ($\Delta f > 0$) oder erzeugt eine Periode zu viel ($\Delta f < 0$). Mit zunehmender Frequenzänderung nimmt die Anzahl der Schlupf-Zyklen zu. In unserem Beispiel tritt für $\Delta f = 60 \, \text{kHz}$ *ein* Schlupf-Zyklus auf; für $\Delta f = 120 \, \text{kHz}$ erhalten wir 7 Schlupf-Zyklen.

Weiterhin stellen wir fest, dass der Einschwingvorgang aufgrund der starken Nichtlinearität der VCO-Kennlinie vor allem für $\Delta f < 0$, in geringerem Maße aber auch für $\Delta f > 0$, ein zunehmendes Überschwingen aufweist; bereits für $\Delta f = -40 \, \text{kHz}$ erhalten

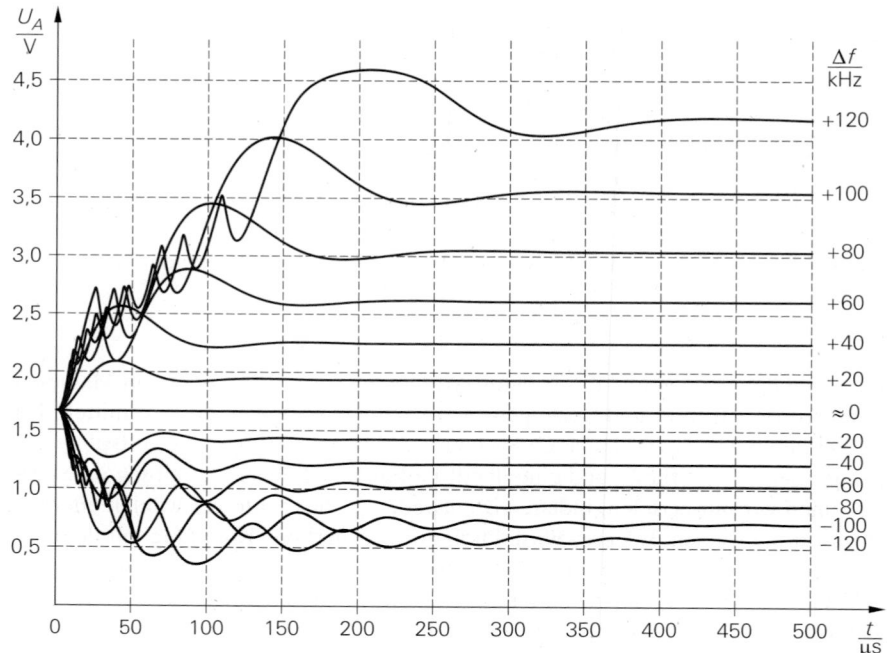

Abb. 27.41. Verhalten der digitalen PLL mit Tristate-Phasendetektor

wir eine deutlich erkennbare gedämpfte Schwingung. Man kann nun versuchen, das Verhalten durch eine Erhöhung des Faktors k des symmetrischen Optimums zu verbessern; dem sind jedoch enge Grenzen gesetzt. Wir gehen hier einen anderen Weg und versuchen, die VCO-Kennlinie zu linearisieren. Dabei machen wir uns zu Nutze, dass:

- die VCO-Konstante k_{VCO} gemäß Abb. 27.40b auf Seite 1665 näherungsweise einen 1/x-Verlauf aufweist;
- die Phasendetektor-Konstante k_{PD} proportional zum Strom I_0 der Ladungspumpe ist und in die Regelschleife nur das Produkt $k_{PD} k_{VCO}$ eingeht.

Demnach erhalten wir ein näherungsweise konstantes Produkt $k_{PD} k_{VCO}$, indem wir den Strom I_0 mit einer spannungsgesteuerten Stromquelle erzeugen, die von der Abstimmspannung U_A des VCOs gesteuert wird:

$$I_0 = I_0(U_A) = S_0 U_A$$

Dann gilt:

$$k_{PD} k_{VCO} = \frac{I_0}{2\pi} \frac{2\pi \cdot 0,13\,\text{Mrad/s}}{U_A} \overset{I_0 = S_0 U_A}{=} S_0 \cdot 0,13\,\text{Mrad/s}$$

Abbildung 27.42 zeigt das Verhalten mit Linearisierung; wir haben dabei $S_0 = 50\,\mu\text{A/V}$ gewählt, damit wir für $U_A = 2\,\text{V}$ denselben Strom erhalten wie vorher. Das Einschwingverhalten wird durch die Linearisierung deutlich verbessert.

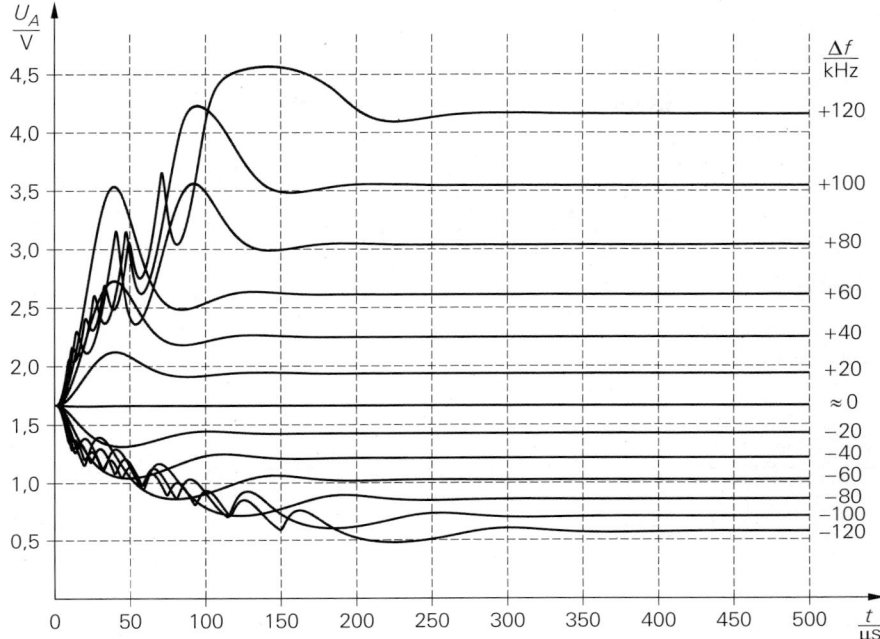

Abb. 27.42. Verhalten der digitalen PLL mit Tristate-Phasendetektor und Linearisierung der VCO-Kennlinie mittels Steuerung des Stroms der Ladungspumpe durch die Abstimmspannung des VCOs

Abbildung 27.43 zeigt eine mögliche Schaltung zur Steuerung des Stroms der Ladungspumpe. Der Operationsverstärker bildet zusammen mit den Transistoren T_5 und T_6 eine spannungsgesteuerte Stromquelle mit zwei Ausgängen. Während der Strom von T_6 den oberen Zweig der Ladungspumpe direkt speist, wird der Strom von T_5 über den Stromspiegel T_7, T_8 auf den unteren Zweig geleitet.

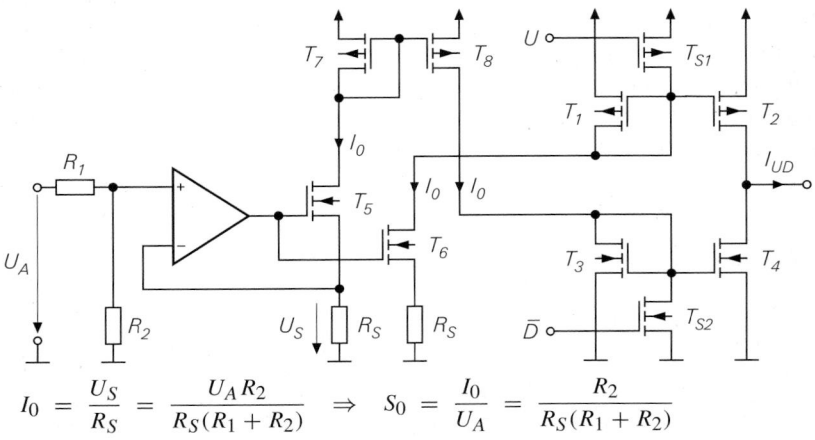

$$I_0 = \frac{U_S}{R_S} = \frac{U_A R_2}{R_S(R_1 + R_2)} \quad \Rightarrow \quad S_0 = \frac{I_0}{U_A} = \frac{R_2}{R_S(R_1 + R_2)}$$

Abb. 27.43. Schaltung zur Steuerung des Stroms der Ladungspumpe

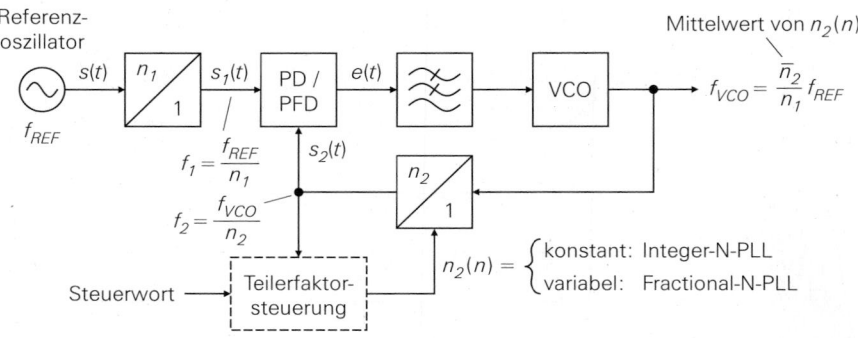

a Blockschaltbild

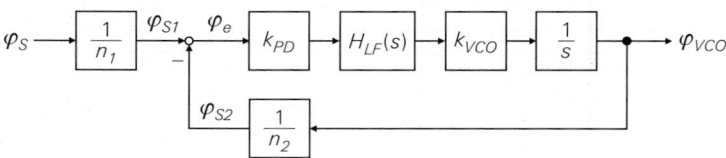

b Kleinsignalersatzschaltbild

Abb. 27.44. Allgemeine Form einer digitalen PLL mit Frequenzteilern

27.3.7 Digitale PLL mit Frequenzteilern

Ein wesentlicher Vorteil einer digitalen PLL im Vergleich zu einer analogen PLL liegt darin, dass wir nun (digitale) Frequenzteiler einsetzen können, um VCO-Signale zu erzeugen, deren Phase ein Vielfaches — in Sonderfällen auch ein Bruchteil — der Phase des Eingangssignals beträgt. Damit verlassen wir den Anwendungsbereich der *Synchronisation*, in dem die Verwendung einer analogen PLL gemäß Abschnitt 27.1.2 oft zwingend ist, und betreten den Anwendungsbereich der *Frequenzsynthese*.

27.3.7.1 Blockschaltbild und Kleinsignalersatzschaltbild

Abbildung 27.44 zeigt die allgemeine Form einer digitalen PLL mit Frequenzteilern. Das Blockschaltbild in Abb. 27.44a haben wir aus Abb. 27.2a auf Seite 1623 übernommen. Beim Kleinsignalersatzschaltbild in Abb. 27.44 haben wir berücksichtigt, dass die Frequenzteiler mit der Frequenz auch die Phase teilen und deshalb als Proportionalglieder mit den Faktoren $1/n_1$ und $1/n_2$ zu berücksichtigen sind:

$$f_1 = \frac{f_{REF}}{n_1} \quad \Rightarrow \quad \varphi_{S1} = \frac{\varphi_S}{n_1} \quad , \quad f_2 = \frac{f_{VCO}}{n_2} \quad \Rightarrow \quad \varphi_{S2} = \frac{\varphi_{VCO}}{n_2}$$

27.3.7.2 Kanalwahl und Teilerfaktorsteuerung

PLLs zur Frequenzsynthese müssen in der Regel ein Kanalraster abdecken, d.h. die VCO-Frequenz muss in einem vorgegebenen Frequenzbereich mit einem vorgegebenen Kanalabstand abstimmbar sein. Bei einer *Integer-N-PLL* erfolgt dies in der Regel dadurch, dass die Frequenz f_1 dem Kanalabstand entspricht und der gewünschte Kanal mit Hilfe des Teilerfaktors n_2 eingestellt wird; n_2 bleibt in diesem Fall konstant, bis ein Kanalwechsel erfolgt. Bei einer *Fractional-N-PLL* wird statt dessen eine Folge

$$n_2 = [n_2(1), n_2(2), \ldots, n_2(M-1), n_2(M), n_2(1), n_2(2), \ldots]$$

mit einer Sequenz $n_2(n)$ der Länge M verwendet; die Kanalwahl erfolgt in diesem Fall durch Verwendung von Sequenzen mit verschiedenen Mittelwerten:

$$\bar{n}_2 = \frac{1}{M} \sum_{i=1}^{M} n_2(i)$$

Die Frequenzen der Signale am Phasendetektor sind hier nur im Mittel gleich: $f_1 = \overline{f}_2$. Wir gehen darauf im Abschnitt 27.3.9 noch näher ein.

Wir müssen also zwei Vorgänge trennen:

– die *Kanalwahl* durch Einstellung des Teilerfaktors n_2 bei einer Integer-N-PLL oder durch Auswahl einer Sequenz $n_2(n)$ mit einem vorgegebenen Mittelwert $\bar{n}_2$ bei einer Fractional-N-PLL;
– die *Teilerfaktorsteuerung* zur Änderung des Teilerfaktors entsprechend einer Sequenz $n_2(n)$ bei einer Fractional-N-PLL.

27.3.7.3 Momentanwerte und Mittelwerte

Bei einer Fractional-N-PLL müssen wir aufgrund der Teilerfaktorsteuerung zwischen den Momentanwerten $f_2(n)$, $\varphi_{S2}(n)$ und $n_2(n)$ und den Mittelwerten $\overline{f}_2$, $\overline{\varphi}_{S2}$ und $\bar{n}_2$ unterscheiden. Im Kleinsignalersatzschaltbild in Abb. 27.44b gilt im eingeschwungenen Zustand $\varphi_{S1} = \overline{\varphi}_{S2}$, d.h. die Phasen φ_{S1} und φ_{S2} sind nur im Mittel gleich und der Phasenfehler φ_e wird nur im Mittel zu Null. Im Prinzip könnte man auch den Teilerfaktor n_1 einer Teilerfaktorsteuerung unterwerfen, das ist jedoch in der Praxis unüblich.

27.3.8 Integer-N-PLL

Bei einer Integer-N-PLL gilt im eingeschwungenen Zustand:

$$f_{VCO} = \frac{n_2}{n_1} f_{REF} \qquad (27.29)$$

Für die Übertragungsfunktionen der offenen (*ol*) und der geschlossenen (*cl*) Schleife gilt:

$$H_{ol}(s) = \frac{k_{PD} \, k_{VCO}}{n_2} \frac{H_{LF}(s)}{s} \qquad (27.30)$$

$$H_{cl}(s) = \frac{n_2}{n_1} \frac{H_{ol}(s)}{1 + H_{ol}(s)} = \frac{n_2}{n_1} \frac{1}{1 + \dfrac{n_2 s}{k_{PD} \, k_{VCO} H_{LF}(s)}} \qquad (27.31)$$

Die Bedingung (27.21) für das symmetrische Optimum bei Verwendung eines Schleifenfilters mit PI-Regler lautet nun:

$$\frac{k_{PD} \, k_{VCO} H_0}{n_2} = \omega_0 \qquad (27.32)$$

Bei der Dimensionierung des Schleifenfilters müssen wir demnach nur die VCO-Konstante k_{VCO} durch k_{VCO}/n_2 ersetzen und können dann wie im Abschnitt 27.3.6.2 auf Seite 1664

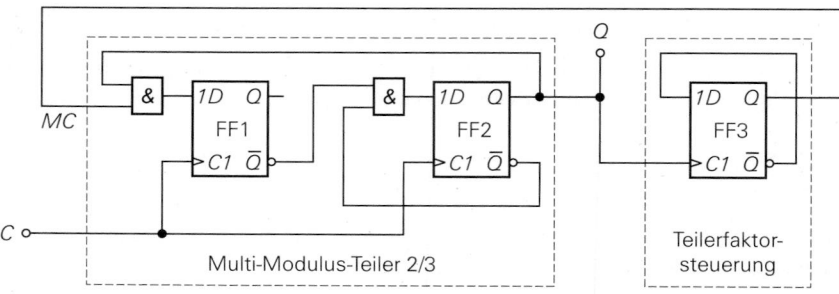

a Schaltung

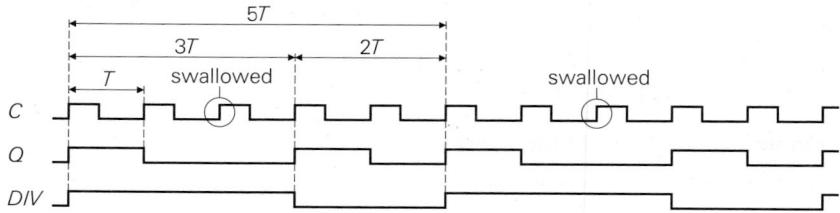

b Signalverläufe

Abb. 27.45. Multi-Modulus-Teiler 2/3 mit Teilerfaktorsteuerung für einen mittleren Teilerfaktor $\bar{n}_2 = 5/2$. Der Teilerfaktor 3 wird dadurch erzeugt, dass positive Flanken des Eingangssignals C *verschluckt* (*swallowed*) werden.

vorgehen. Der VCO und der in der Schleife nachfolgende Frequenzteiler mit dem Faktor n_2 bilden demnach einen Ersatz-VCO mit einer um den Faktor n_2 reduzierten Frequenz.

Das Verhalten einer Integer-N-PLL entspricht dem Verhalten einer digitalen PLL ohne Frequenzteiler, das wir im Abschnitt 27.3.6.3 auf Seite 1667 beschrieben haben. Die Störtöne haben wir bereits im Abschnitt 27.3.5 auf Seite 1662 behandelt. Damit ist zur Integer-N-PLL bereits alles gesagt, was an dieser Stelle zu sagen ist. Eine weitergehende Untersuchung der Eigenschaften und eine Abgrenzung zu einer Fractional-N-PLL führen wir bei der Untersuchung des Rauschverhaltens im Abschnitt 27.4 durch.

27.3.9 Fractional-N-PLL

Für eine Fractional-N-PLL gelten die Gleichungen (27.29)–(27.32) einer Integer-N-PLL in gleicher Weise, wenn man anstelle des Teilerfaktors n_2 den *mittleren Teilerfaktor* $\bar{n}_2$ einsetzt. Wir können deshalb sofort zur Realisierung der benötigten steuerbaren Frequenzteiler und der Teilerfaktorsteuerung übergehen.

27.3.9.1 Steuerbare Frequenzteiler

Steuerbare Frequenzteiler werden auch als *Multi-Modulus-Teiler* (*multi-modulus divider, MMD*) bezeichnet. Abbildung 27.45 zeigt als Beispiel einen Multi-Modulus-Teiler mit zwei D-Flip-Flops, der zwischen den Teilerfaktoren 2 und 3 umgeschaltet werden kann. Die Umschaltung erfolgt alternierend mit Hilfe eines weiteren D-Flip-Flops, so dass sich ein mittlerer Teilerfaktor von $\bar{n}_2 = 5/2$ ergibt.

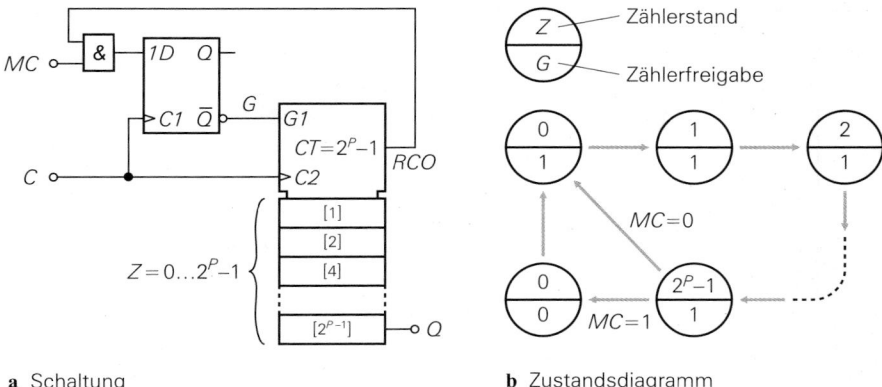

a Schaltung   **b** Zustandsdiagramm

Abb. 27.46. P-stufiger *swallow counter* als Multi-Modulus-Teiler $N/N+1$ mit $N = 2^P$

Der Multi-Modulus-Teiler 2/3 stellt die einfachste Ausführung einer Familie von Teilern der Form $N/N+1$ dar; die weiteren Mitglieder der Familie sind 3/4, 4/5, 6/7, usw.. In der Praxis werden besonders häufig Teiler verwendet, bei denen N eine Zweierpotenz ist:

$$N = 2^P \quad \text{für } P = 1, 2, 3, \ldots$$

Die Realisierung erfolgt in diesem Fall durch P Flip-Flops, die einen P-bit-Dualzähler bilden — in Abb. 27.45a mit $P = 1$ ist das das Flip-Flop FF2 —, und einem weiteren Flip-Flop, mit dem ein zusätzlicher Zyklus des Eingangssignals C eingefügt wird, wenn das Steuersignal MC (*modulus control*) gesetzt ist, siehe Abb. 27.45b. Dieser zusätzliche Zyklus wird dadurch eingefügt, dass pro Durchlauf *eine* ansteigende Flanke des Eingangssignals C *verschluckt* (*swallowed*, von *to swallow*) wird; man bezeichnet diese Frequenzteiler deshalb auch als *swallow counter*. Abbildung 27.46 zeigt die Schaltung und das Zustandsdiagramm eines allgemeinen, P-stufigen *swallow counters*; dabei haben wir als Zähler einen synchronen Dualzähler gemäß Abschnitt 8.2.2 verwendet.

Die bisher behandelten Multi-Modulus-Teiler werden auch als *Dual-Modulus-Teiler* bezeichnet, da sie *zwei* verschiedene Teilerfaktoren unterstützen, zwischen denen mit einem 1-bit-Steuersignal umgeschaltet wird. Bei Sigma-Delta-modulierten Frequenzteilern, auf die wir im folgenden noch eingehen, werden dagegen fast ausschließlich Multi-Modulus-Teiler mit einem R-bit-Steuersignal verwendet, die 2^R verschiedene Teilerfaktoren unterstützen; dabei gilt $R \leq P$. Man verwendet dazu Rückwärtszähler mit parallelen Ladeeingängen, an denen eine Dualzahl $M = [m_{P-1}, \ldots, m_0]$ anliegt, die *nach* jedem Erreichen des Zählerstandes Null in den Zähler geladen wird. Der Zähler zählt dadurch mit einer Periode von $M+1$ repetierend rückwärts:

$$M, M-1, M-2, \ldots, 2, 1, 0, M, M-1, M-2, \ldots, 2, 1, 0, \ldots$$

Abbildung 27.47 zeigt die allgemeine Form und eine Ausführung mit einem 2-bit-Steuersignal für die Teilerfaktoren 29 bis 32.

27.3.9.2 Teilerfaktorsteuerung

Die Teilerfaktorsteuerung erzeugt das Steuersignal für den steuerbaren Frequenzteiler. In der Praxis werden zwei Varianten verwendet:

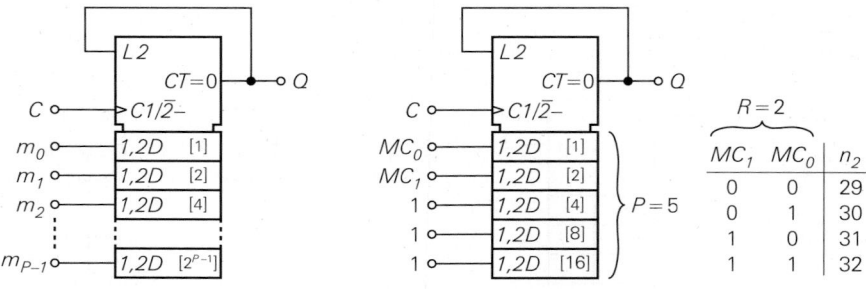

a allgemein   **b** Ausführung für die Teilerfaktoren 29/30/31/32

Abb. 27.47. Multi-Modulus-Teiler mit mehreren verschiedenen Teilerfaktoren auf der Basis eines Rückwärtszählers mit parallelen Ladeeingängen

- ein Summierer, dessen Überlaufsignal (*carry, CY*) als Steuersignal *MC* für einen Dual-Modulus-Teiler gemäß Abb. 27.46 dient;
- ein Delta-Sigma-Modulator ($\Delta\Sigma$) mit einem R-bit-Ausgangssignal, das als Steuersignal für einen Multi-Modulus-Teiler mit R-bit-Steuersignal gemäß Abb. 27.47 dient.

Ziel ist in beiden Fällen die Erzeugung *fraktionaler*, d.h. *nicht* ganzzahliger mittlerer Teilerfaktoren $\bar{n}_2$. Die einfachste Variante einer Teilerfaktorsteuerung haben wir bereits in Abb. 27.45 dargestellt; dabei wird durch alternierende Umschaltung zwischen den Teilerfaktoren $n_2(1) = N = 2$ und $n_2(2) = N + 1 = 3$ ein mittlerer Teilerfaktor von $\bar{n}_2 = 2{,}5$ erzeugt. Die Sequenzlänge beträgt hier $M = 2$.

27.3.9.2.1 Summierer

Die einfachste Methode zur Erzeugung eines 1-bit-Steuersignals für einen Dual-Modulus-Teiler besteht darin, einen L-bit-Summierer mit einem Überlaufsignal einzusetzen, dessen Wert bei jeder positiven Flanke am Ausgang des Teilers um einen Wert K im Bereich $0, \ldots, 2^L$ erhöht wird. Der L-bit-Summierer setzt sich aus einem L-bit-Addierer und einem $(L{+}1)$-bit-Speicher mit D-Flip-Flops zusammen, siehe Abb. 27.48.

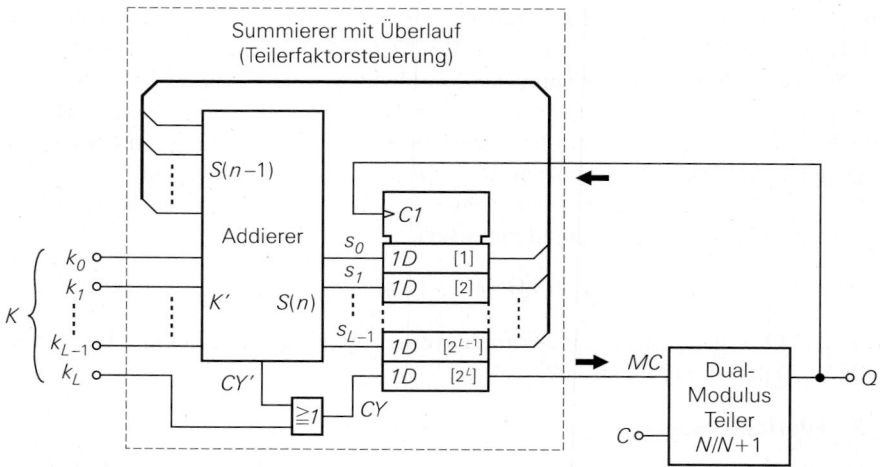

Abb. 27.48. Teilerfaktorsteuerung für einen Dual-Modulus-Teiler mit einem Summierer

Zur Verdeutlichung der Funktion betrachten wir ein einfaches Beispiel mit $L = 3$ und $K = 0, \ldots, 8$. Wir benötigen dazu einen 3-bit-Addierer mit Überlauf und einen Speicher mit 4 D-Flip-Flops. Zur Darstellung des Wertes K, mit dem der *Kanal* gewählt wird, werden 4 bit benötigt, da es sich um insgesamt 9 verschiedene Werte handelt (Kanal $0 \ldots 8$). Das höchstwertige Bit von K verursacht gemäß Abb. 27.48 einen permanenten Überlauf CY, indem es das Überlaufsignal CY' des Addierers *überstimmt*; deshalb wirken die Werte $K = 9, \ldots, 15$ genau so wie $K = 8$. Wir wählen nun beispielhaft $K = 3$ und nehmen an, dass die Summe S den Anfangswert $S(0) = 0$ hat; dann erhalten wir die Folge:

n	:	1	2	3	4	5	6	7	8
$S(n-1)$	:	0	3	6	1	4	7	2	5
$S(n)$	:	3	6	1	4	7	2	5	0
MC	:	0	0	1	0	0	1	0	1

Nach 8 Takten wiederholt sich das Muster, d.h. die Sequenzlänge beträgt hier $M = 8$.

Man kann zeigen, dass die Sequenzlänge dem Quotienten aus 2^L und dem *größten gemeinsamen Teiler (greatest common divisor, GCD)* aus der Kanalnummer K und 2^L entspricht:

$$M = \frac{2^L}{GCD(K, 2^L)} \qquad \text{für } 0 < K \leq 2^L \tag{27.33}$$

Für $K = 0$ gilt $M = 1$. In unserem Beispiel mit $L = 3$ und $2^L = 8$ gilt:

K :	0	1	2	3	4	5	6	7	8
M :	1	8	4	8	2	8	4	8	1

Das Steuersignal MC nimmt in jedem Durchlauf mit 2^L Zyklen K–mal den Zustand Eins und $(2^L - K)$–mal den Zustand Null an; damit erhalten wir mit den zugehörigen Teilerfaktoren $N+1$ und N des Dual-Modulus-Teilers den mittleren Teilerfaktor, der auch *fraktionaler Teilerfaktor (fractional divider ratio)* genannt wird:

$$\boxed{\bar{n}_2 = \frac{(2^L - K) \cdot N + K \cdot (N + 1)}{2^L} = N + \frac{K}{2^L} \qquad \text{für } 0 \leq K \leq 2^L} \tag{27.34}$$

Wir können damit den Bereich von $\bar{n}_2 = N$ bis $\bar{n}_2 = N + 1$ mit einer Schrittweite von 2^{-L} abdecken.

Wir kombinieren nun den Summierer mit $L = 3$ mit einem Dual-Modulus-Teiler 2/3 und konstruieren die Signale für den Kanal $K = 3$ mit:

$$f_{VCO} = \bar{n}_2 f_1 = \left(2 + \frac{3}{8}\right) f_1 = 2{,}375 f_1$$

Abbildung 27.49 zeigt das Ergebnis im oberen Teil. Wir erhalten 8 Perioden des Ausgangssignals Q pro 19 Perioden des Takts C; daraus ergibt sich der mittlere Teilerfaktor $\bar{n}_2 = 19/8 = 2{,}375$. Im unteren Teil der Abbildung haben wir die zugehörigen Signale eines Tristate-Phasendetektors mit Ladungspumpe im eingeschwungenen Zustand dargestellt. Am Ausgang der Ladungspumpe erhalten wir ein periodisches Muster von Strom-Impulsen. Da wir ein Schleifenfilter mit PI-Regler unterstellt haben, ist der Mittelwert des Stroms I_{UD} im eingeschwungenen Zustand gleich Null, d.h. die Fläche der positiven Impulse entspricht der Fläche der negativen Impulse.

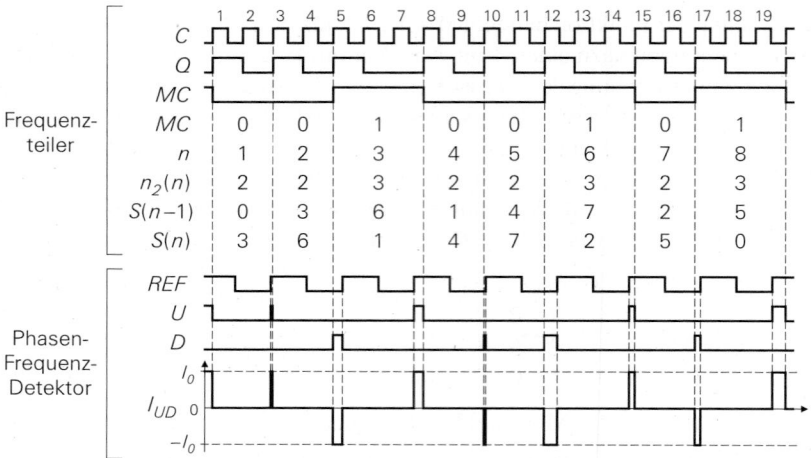

Abb. 27.49. Signale eines Dual-Modulus-Teilers 2/3 mit Teilerfaktorsteuerung durch einen Summierer mit $L = 3$ für den Kanal $K = 3$. Es gilt $\bar{n}_2 = 19/8 = 2 + 3/8 = 2{,}375$. Im unteren Teil sind die zugehörigen Signale des Phasendetektors dargestellt.

Das Muster der Stromimpulse hängt vom Kanal K ab. Für $K = 0$ und $K = 2^L$ verschwinden die Impulse *theoretisch* vollständig; in der Praxis treten dagegen sehr kurze Impulse auf, die durch die Laufzeiten der Gatter bedingt sind. Für den Betrieb sind jedoch nicht die Zeitverläufe, sondern die spektralen Anteile von Interesse. Wir erhalten einen Kamm von Störtönen mit der Grundfrequenz

$$ f_{GW} = \frac{f_{VCO}}{M\,\bar{n}_2} = \frac{f_1}{M} \quad \Rightarrow \quad \frac{f_{GW}}{f_1} = \frac{1}{M} \quad \text{für } M > 1 $$

und Vielfachen davon; dabei gilt $M = M(K)$ gemäß (27.33). Abbildung 27.50 zeigt die Spektren der Stromimpulse für die Kanäle $K = 1, \ldots, 4$ unseres Beispiels mit $L = 3$. Für alle ungeraden Kanäle gilt $M = 8$ und $f_{GW} = f_1/8$. Für $K = 2$ erhalten wir $M = 4$ und $f_{GW} = f_1/4$ und für $K = 4$ gilt $M = 2$ und $f_{GW} = f_1/2$. Da es sich um ein pulsweitenmoduliertes Signal handelt, kann man für die Amplituden der Störtöne keinen einfachen Zusammenhang angeben.

27.3.9.2.2 Störtöne im VCO-Signal

Im Betrieb sind die Störtöne — je nach Anwendung — mehr oder weniger störend; dabei sind nicht die Amplituden problematisch, sondern die Frequenzen, da sie teilweise *unterhalb* der Frequenz $f_1 = f_2$ der Signale am Phasendetektor liegen. Man spricht in diesem Fall von *Subharmonischen*. Das Schleifenfilter muss diese Störtöne so stark unterdrücken, dass die resultierende FM-Modulation des VCOs ausreichend gering bleibt. Bei einer PLL zur Frequenzsynthese in einem Empfänger sind die diesbezüglichen Anforderungen in der Regel sehr hoch.

Die Auswirkungen der Störtöne auf das Spektrum am Ausgang des VCOs können wir auf einfache Weise bestimmen, da die Amplituden der Störtöne auf der einen Seite zwar so groß sind, dass sie in konkreten Anwendungen stören, auf der anderen Seite jedoch so klein sind, dass eine *Schmalband-FM-Modulation* vorliegt, d.h. der Modulationsindex η der FM-Modulation ist so gering, dass wir für die maßgebenden Besselfunktionen $J_n(\eta)$ die Näherungen

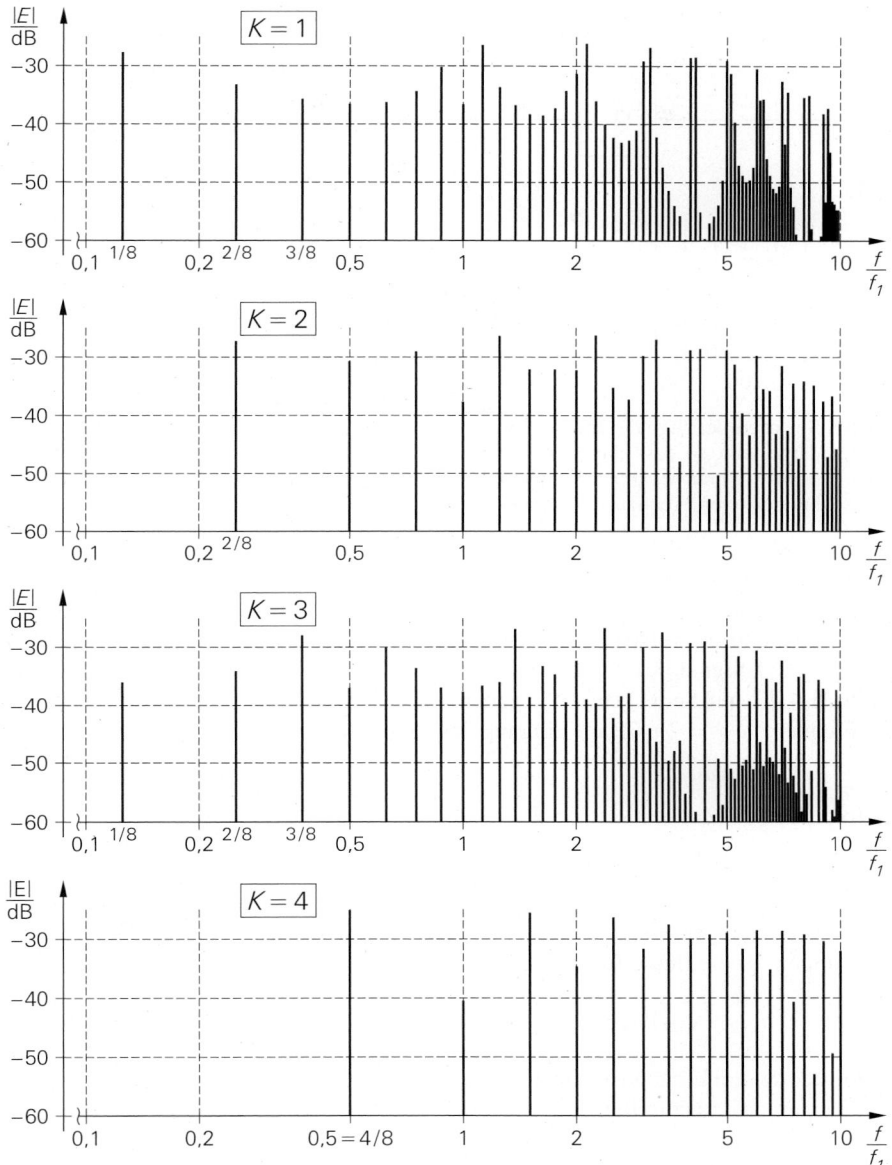

Abb. 27.50. Einseitenband-Spektren der Stromimpulse am Ausgang der Ladungspumpe für die Kanäle $K = 1, \ldots, 4$ bei Verwendung einer Teilerfaktorsteuerung mit einem Summierer mit $L = 3$ (9 Kanäle mit $K = 0, \ldots, 8$)

$$J_0(\eta) \approx 1 \quad , \quad J_1(\eta) \approx \frac{\eta}{2} \quad , \quad J_n(\eta) \approx 0 \quad \text{für } n > 1$$

verwenden können, siehe Abschnitt 21.4.2.2 auf Seite 1198, insbesondere Gl.(21.81). Daraus folgt, dass wir für jeden Störton am Ausgang der Ladungspumpe je einen Störton im

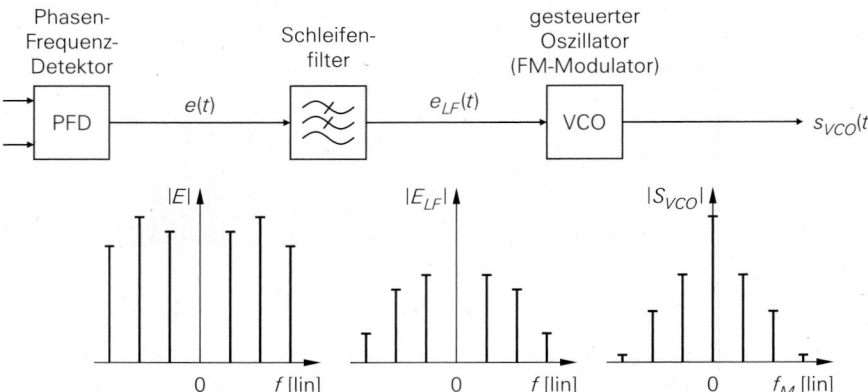

Abb. 27.51. Spektren der Signale. Im Gegensatz zu Abb. 27.50 ist die Frequenzachse hier linear dargestellt, so dass die Störtöne äquidistant liegen. Zusätzlich sind die Anteile bei positiven *und* negativen Frequenzen dargestellt, während Abb. 27.50 nur die Anteile bei positiven Frequenzen enthält.

oberen und im unteren Seitenband des VCO-Signals erhalten. Abbildung 27.51 verdeutlicht den Zusammenhang.

Zur Berechnung der relativen, auf das VCO-Nutzsignal bezogenen Amplituden der Störtöne im VCO-Signal beziehen wir uns auf die Gleichungen zur FM-Modulation im Abschnitt 21.4.2.1 auf Seite 1197. Wir gehen von einem Störton mit der Amplitude a_M und der Frequenz $\omega_M = 2\pi f_M$ am Eingang des VCOs aus, siehe (21.77) auf Seite 1197:

$$s_M(t) = a_M \cos \omega_M t$$

Daraus folgt für den Modulationsindex

$$\eta \overset{(21.80)}{=} \frac{k_{FM} a_M}{\omega_M} \overset{k_{FM} = k_{VCO}}{=} \frac{k_{VCO} a_M}{\omega_M}$$

und für das Signal am Ausgang des VCOs im Einklang mit (21.77) und unter Verwendung der Näherungen für die Besselfunktionen:

$$s_{VCO}(t) = a_{VCO} \left(\cos \omega_{VCO} t + \frac{\eta}{2} \cos(\omega_{VCO} + \omega_M)t - \frac{\eta}{2} \cos(\omega_{VCO} - \omega_M)t \right)$$

Die Amplitude a_M am Eingang des VCOs erhalten wir aus der Amplitude a_{PD} am Ausgang der Ladungspumpe und dem Betrag der Übertragungsfunktion des Schleifenfilters bei der Frequenz ω_M:

$$a_M = |H_{LF}(j\omega_M)| \, a_{PD}$$

Wir machen dabei davon Gebrauch, dass die Schleifenbandbreite ω_0 in der Praxis immer geringer sein muss als die Frequenz $\omega_{M,min}$ des Störtons mit der geringsten Frequenz; daraus folgt, dass die Gegenkopplung über die Schleife vernachlässigt werden kann [5]. Daraus folgt für die relative Amplitude der Störtöne im VCO-Signal:

$$a_{spur} = \frac{\eta}{2} = \frac{k_{VCO} a_M}{2\omega_M} = \frac{k_{VCO} |H_{LF}(j\omega_M)| \, a_{PD}}{2\omega_M}$$

Dabei steht der Index *spur* für *spurious (tone)*. Man erkennt, dass die Amplituden mit zunehmender Kreisfrequenz ω_M schnell abnehmen, da:

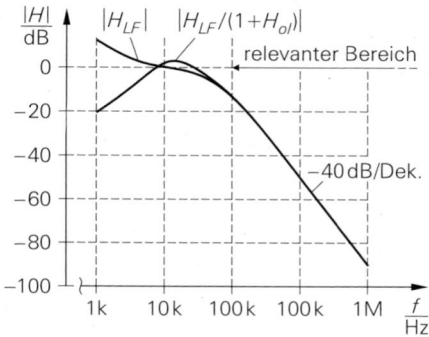

a Übertragungsfunktion des Schleifenfilters

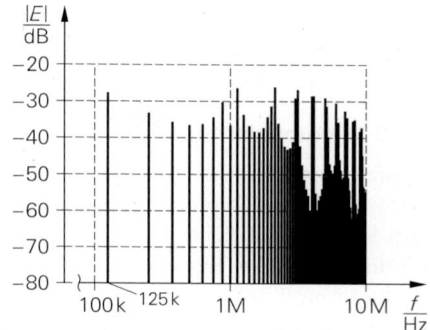

b Spektrum am Ausgang der Ladungspumpe

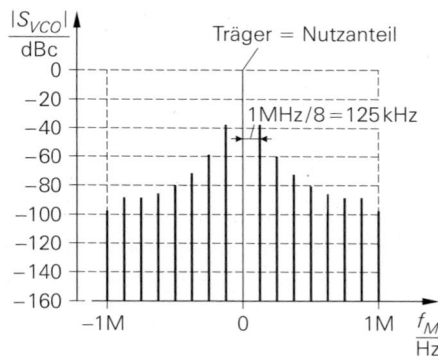

c Spektrum am Ausgang des VCOs (linear)

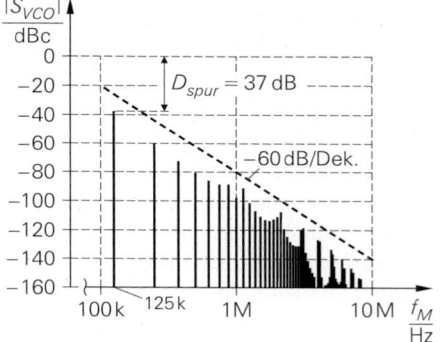

d Spektrum am Ausgang des VCOs (log)

Abb. 27.52. Zahlenbeispiel für die Störtöne einer Fractional-N-PLL. Die Teilerfaktorsteuerung erfolgt mit einem Summierer mit $L = 3$ und das Schleifenfilter mit PI-Regler hat die Ordnung $n = 3$. Die Frequenz der Signale am Phasendetektor beträgt $f_1 = f_2 = 1\,\text{MHz}$. Dargestellt ist der Kanal $K = 1$ mit der Sequenzlänge $M = 8$. Die Spektren des VCOs sind über der Modulationsfrequenz $f_M = f - f_{VCO}$ dargestellt.

– der Betrag der Übertragungsfunktion des Schleifenfilters mit mindestens 20 dB/Dekade abnimmt;
– die Kreisfrequenz ω_M im Nenner einen zusätzlichen Abfall mit 20 dB/Dekade verursacht.

Wenn man das Einseitenbandspektrum des VCOs über einer logarithmischen Frequenzachse darstellt, fallen die Störtöne *tendenziell* mit mindestens 40 dB/Dekade ab. Bei einem Schleifenfilter mit PI-Regler und Ordnung n geht zwar *eine* Ordnung durch die Nullstelle des PI-Reglers verloren, dies wird jedoch durch den zusätzlichen Abfall aufgrund der Kreisfrequenz ω_M kompensiert; deshalb fallen die Störtöne im VCO-Signal in diesem Fall mit $n \cdot 20\,\text{dB/Dekade}$ ab. Abbildung 27.52 zeigt ein Zahlenbeispiel mit $n = 3$; dabei sind die Spektren am Ausgang des VCOs in Abb. 27.52c und Abb. 27.52d über der *Modulationsfrequenz* $f_M = f - f_{VCO}$ dargestellt. Beide Darstellungen des VCO-Spektrums

---

[5] Korrekterweise müssten wir anstelle von $H_{LF}(j\omega_M)$ die Übertragungsfunktion
$$H_{LF}(j\omega_M)/(1 + H_{ol}(j\omega_M))$$
der geschlossenen Schleife einsetzen; wegen $\omega_M \gg \omega_0$ gilt jedoch $|H_{ol}(j\omega_M)| \ll 1$.

haben ihre Berechtigung: Während man mit der linearen Frequenzachse in Abb. 27.52c die äquidistante Lage der Störtöne erkennt, verdeutlicht die logarithmische Darstellung in Abb. 27.52d den Abfall mit − 60 dB/Dekade.

27.3.9.2.3 Wirkung der Störtöne

Für den praktischen Einsatz in einem Sender oder Empfänger ist eine Fractional-N-PLL mit einem Störspektrum entsprechend Abb. 27.52c/d nicht geeignet. Für die Aufwärtsmischer in einem Sender oder die Abwärtsmischer in einem Empfänger werden Lokaloszillator-Signale mit *nur einem* Ton benötigt. Die Frequenz dieses Tons, die wir im Kapitel 22 (Sender und Empfänger) und im Kapitel 25 (Mischer) als Lokaloszillator-Frequenz f_{LO} und hier als VCO-Frequenz f_{VCO} bezeichnet haben, ist maßgebend für die Frequenzumsetzung der Mischer. Wir verweisen dazu auf den Abschnitt 25.1 auf Seite 1387ff und die spektralen Darstellungen der Frequenzumsetzung für die verschiedenen Sender- und Empfänger-Topologien im Kapitel 22.

Wenn ein Lokaloszillator-Signal neben dem Nutzanteil bzw. Nutz*ton* weitere Töne enthält, erfolgt eine separate Frequenzumsetzung für *jeden* dieser Töne, gewichtet mit der Amplitude des jeweiligen Tons. Bei einem Sender erhält man dadurch mehrere, entsprechend dem Frequenzkamm der Störtöne frequenzversetzte Kopien des gewünschten Sendesignals, während ein Empfänger mehrere Frequenzbänder *gleichzeitig* empfängt.

Zur Verdeutlichung der Problematik greifen wir den Empfänger aus Abb. 22.11 auf Seite 1246 auf und konstruieren die Spektren für den Fall, dass das Lokaloszillator-Signal von einer Fractional-N-PLL mit einem Summierer zur Teilerfaktorsteuerung erzeugt wird. Abbildung 27.53 zeigt das Ergebnis. Wir halten zunächst fest, dass die minimale Grundfrequenz $f_{GW,min}$ der Störtöne, die bei der maximalen Sequenzlänge

$$M_{max} = 2^L$$

der Teilerfaktorsteuerung erreicht wird, bei einem Empfänger exakt dem Kanalabstand f_K entspricht:

$$f_{GW,min} = \frac{f_1}{M_{max}} = \frac{f_1}{2^L} = f_K$$

Daraus folgt, dass die Störtöne eine Umsetzung der in Abb. 27.53 schraffiert dargestellten Nachbarkanäle in das ZF-Band bewirken. Wie wir in Abb. 27.53 erkennen, kommen dabei jedoch nur *die* Nachbarkanäle zum Tragen, die im Durchlassbereich des vorausgehenden HF-Filters liegen; deshalb wirken sich in unserem Beispiel nur die Störtöne mit den Frequenzen $f_{2l}, \ldots, f_{2u}$ aus, während die Störtöne mit den Frequenzen f_{3l} und f_{3u} keine Rolle mehr spielen. Die Anzahl der relevanten Störtöne hängt demnach von der Bandbreite des vorausgehenden Filters — in unserem Fall des HF-Filters — ab. Kritisch sind die Störtöne mit den geringsten Modulationsfrequenzen $f_M = \pm f_{GW,min} = \pm f_K$, da:

- diese Störtöne bei einer Teilerfaktorsteuerung mit einem Summierer die größte Amplitude aller Störtöne haben;
- die unmittelbaren Nachbarkanäle, die in Abb. 27.53 mit schrägen Linien schraffiert sind, *immer* im Durchlassbereich des vorausgehenden Filters liegen — andernfalls wäre das nachfolgende ZF-Filter überflüssig.

In Abb. 27.53 haben wir die Signale im Nutzkanal und in den Nachbarkanälen mit gleichen Pegeln dargestellt; das ist in der Praxis natürlich nicht gegeben. Kritisch ist der Fall, wenn die Signale in den Nachbarkanälen deutlich höhere Pegel haben als das Signal im Nutzkanal. Ist z.B. der Pegel im Nachbarkanal um 60 dB *größer* als der Pegel im Nutzkanal

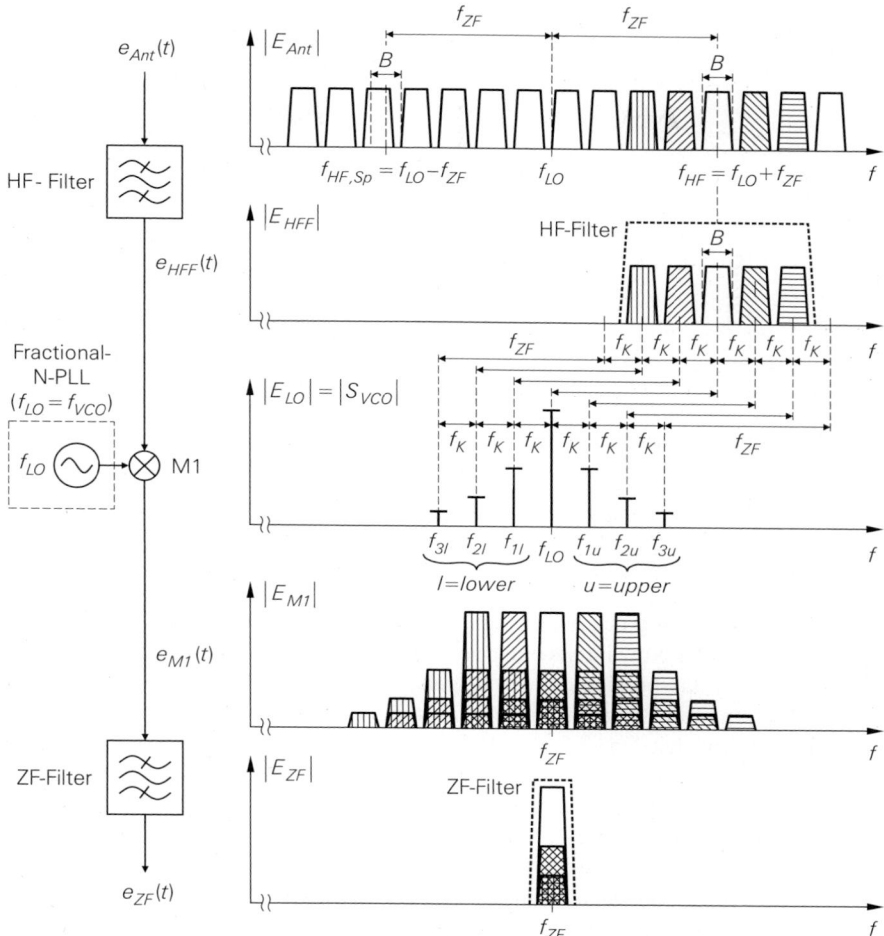

Abb. 27.53. Frequenzumsetzung mehrerer Kanäle durch VCO-Störtöne im Kanalraster bei einem Überlagerungsempfänger mit einer Zwischenfrequenz

und gleichzeitig der Pegel des zugehörigen Störtons um 60 dB *geringer* als der Pegel des Nutzanteils des VCO-Signals, fallen beide Kanäle mit *gleichem* Pegel in den Durchlassbereich des ZF-Filters. Daraus folgt, dass der Dynamikbereich des Empfängers, den wir im Abschnitt 22.2.4.4 auf Seite 1260 behandelt haben, durch die Dämpfung des stärksten Störtons begrenzt wird. Von besonderer Bedeutung ist der Inband-Dynamikbereich, der angibt, wie groß die Pegeldifferenz zwischen einem schwachen Signal im Nutzkanal und einem starken Signal im Nachbarkanal sein darf, damit der Nutzkanal noch empfangen werden kann. Die wirksame Störleistung am Ausgang des ZF-Filters setzt sich nun nicht mehr aus zwei, sondern aus drei Anteilen zusammen:

– Rauschen des Empfängers mit der Rauschleistung $P_{r,e}$;
– Intermodulationsverzerrungen des starken Signals mit der Leistung $P_{IM3,e}$, die in den Nutzkanal fallen;

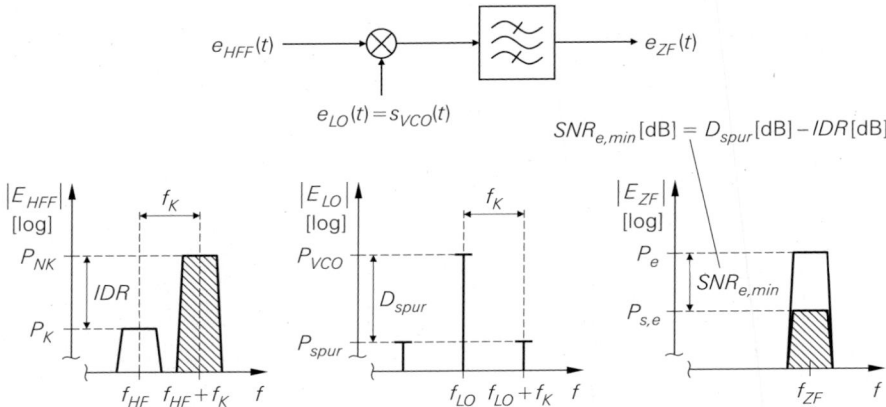

Abb. 27.54. Inband-Dynamikbereich ohne Rauschen und Intermodulationsverzerrungen

– Umsetzung des starken Signals in den Nutzkanal durch den Störton mit der Leistung:

$$P_{spur} = \frac{P_{VCO}}{D_{spur}} \quad \Rightarrow \quad P_{spur}\,[\text{dBm}] = P_{VCO}\,[\text{dBm}] - D_{spur}\,[\text{dB}]$$

Dabei ist P_{VCO} die Leistung des VCO-Signals, die aufgrund der hohen Dämpfung der Störtöne der Leistung des Nutzanteils entspricht; P_{spur} ist die Leistung des stärksten Störtons, der in den Durchlassbereich des vorausgehenden Filters fällt, und $D_{spur} \gg 1$ die zugehörige Dämpfung mit Bezug auf den Nutzanteil.

Wir betrachten zunächst den einfachen Fall in Abb. 27.54, bei dem wir nur die Störleistung durch die Umsetzung mit dem Störton berücksichtigen. Der Inband-Dynamikbereich *IDR* entspricht der Pegeldifferenz zwischen den Signalen im Nutz- und im Nachbarkanal, bei dem die Empfangsleistung P_e des Nutzkanals um den minimalen, für einen korrekten Empfang notwendigen Signal-Rausch-Abstand $SNR_{e,min}$ über der Empfangsleistung $P_{s,e}$ des Nachbarkanals liegt. Die Verstärkung des Mischers und des Filters geht nicht in die Betrachtung ein, da sie sich auf beide Signale gleich auswirkt; wir können deshalb ohne Beschränkung der Allgemeinheit für beide Komponenten eine Verstärkung von Eins annehmen und erhalten damit:

$$IDR = \frac{P_{NK}}{P_K} \quad , \quad SNR_{e,min} = \frac{P_e}{P_{s,e}} \quad , \quad P_e = P_K \quad , \quad P_{s,e} = \frac{P_{NK}}{D_{spur}}$$

Daraus folgt:

$$IDR = \frac{D_{spur}}{SNR_{e,min}} \quad \Rightarrow \quad IDR\,[\text{dB}] = D_{spur}\,[\text{dB}] - SNR_{e,min}\,[\text{dB}]$$

In der Praxis wird meist $SNR_{e,min} = 1 = 0\,\text{dB}$ gesetzt, um eine von der Modulation der Signale unabhängige Größe zu erhalten; dann gilt $IDR = D_{spur}$. Damit haben wir die Obergrenze für den Inband-Dynamikbereich bestimmt.

Zur Berücksichtigung sämtlicher Anteile der Störleistung haben wir die graphische Darstellung des Dynamikbereichs eines Empfängers aus Abb. 22.23 auf Seite 1262 in Abb. 27.55 noch einmal dargestellt und um die durch einen VCO-Störton mit der Dämpfung D_{spur} verursachte Störleistung $P_{s,e}$ ergänzt, die im Abstand D_{spur} unterhalb der Eingangsleistung P_e verläuft. In der Praxis wählt man die Dämpfung des Störtons so hoch, dass sich der Inband-Dynamikbereich durch diese zusätzliche Störleistung um weniger

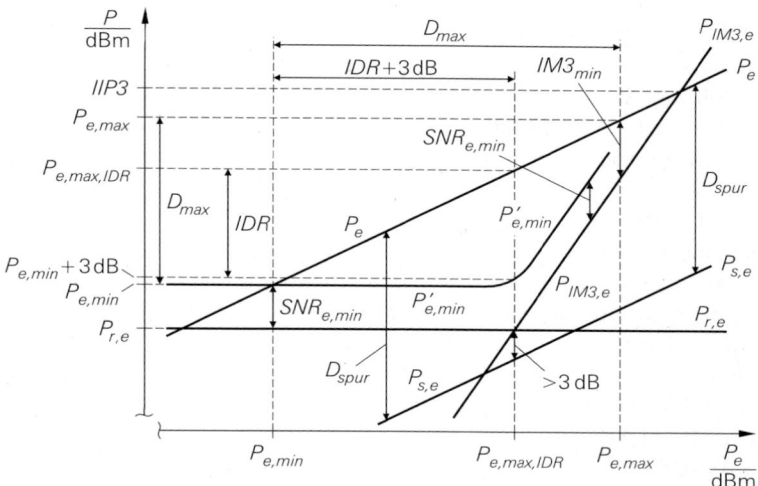

Abb. 27.55. Grafische Darstellung des Dynamikbereichs eines Empfängers unter Berücksichtigung der durch einen VCO-Störton mit der Dämpfung D_{spur} verursachten Störleistung $P_{s,e}$

als 1 dB verringert; dazu muss die Störleistung um mindestens 3 dB unterhalb des Schnittpunkts der Rauschleistung $P_{r,e}$ und den Intermodulationsverzerrungen mit der Leistung $P_{IM3,e}$ liegen, siehe Abb. 27.55; daraus folgt die Forderung:

$$D_{spur}\,[\mathrm{dB}] \; > \; IDR\,[\mathrm{dB}] + SNR_{e,min}\,[\mathrm{dB}] + 6\,\mathrm{dB} \tag{27.35}$$

Die Verschiebung um 6 dB ergibt sich aus dem geforderten Mindestabstand von 3 dB und weiteren 3 dB, die sich aus der normalen Berechnung ohne den VCO-Störton ergeben, siehe (22.16) und (22.17) auf Seite 1263. Für das Empfänger-Beispiel im Abschnitt 22.2.4.4 haben wir im Abschnitt 22.2.4.4.3 einen Inband-Dynamikbereich von 60 dB ermittelt; daraus erhalten wir die Forderung $D_{spur} > 66\,\mathrm{dB}$.

Um die geforderte Dämpfung der Störtöne zu erzielen, könnte man zunächst die Bandbreite f_0 der Regelschleife so weit verringern, wie es der konkrete Anwendungsfall zulässt. In unserem Fractional-N-PLL-Beispiel mit einem Summierer zur Teilerfaktorsteuerung haben wir eine Schleifenbandbreite $f_0 = 10\,\mathrm{kHz}$ verwendet und dabei eine Dämpfung $D_{spur} \approx 37\,\mathrm{dB}$ erhalten, siehe Abb. 27.52 auf Seite 1679. Da die Übertragungsfunktion des Schleifenfilters bei hohen Frequenzen mit 40 dB/Dekade abfällt, können wir die zu $D_{spur} = 66\,\mathrm{dB}$ noch fehlenden 29 dB durch eine Verringerung der Schleifenbandbreite um etwa 3/4 einer Dekade auf $f_0 \approx 1,8\,\mathrm{kHz}$ gewinnen. Alternativ käme auch eine Erhöhung der Ordnung des Schleifenfilters in Frage, was aber gerade mit Hinblick auf den Störton mit der geringsten Frequenz nicht besonders effektiv ist.

In der Praxis ist die Schleifenbandbreite jedoch nicht frei wählbar. Wir werden bei der Behandlung des Rauschens im Abschnitt 27.4 noch sehen, dass die Schleifenbandbreite zur Minimierung des Phasenrauschens am Ausgang des VCOs verwendet werden muss und deshalb nicht als freier Parameter zur Einstellung der Dämpfung der Störtöne zur Verfügung steht. In der Regel ist die für minimales Phasenrauschen erforderliche Schleifenbandbreite zu groß für eine ausreichende Dämpfung der Störtöne; wir müssen deshalb bei Bedarf andere Maßnahmen zur Absenkung der Störtöne ergreifen.

27.3.9.2.4 Delta-Sigma-Modulator

Wir haben gesehen, dass bei einem Empfänger nur *die* Störtöne einer Fractional-N-PLL von Bedeutung sind, die eine Frequenzumsetzung innerhalb der Bandbreite des vorausgehenden Filters bewirken, siehe Abb. 27.53 auf Seite 1681. Wir können demnach Abhilfe schaffen, indem wir das Ausgangssignal des Phasendetektors *spektral formen* mit dem Ziel, die Amplituden der niederfrequenten Störtöne zu verringern; im Gegenzug können die Amplituden der höherfrequenten Störtöne zunehmen, da sich diese Töne

(1) aufgrund der zunehmenden Dämpfung des Schleifenfilters und

(2) aufgrund der Begrenzung durch die Bandbreite des vorausgehenden Filters

nur wenig oder gar nicht auswirken. Wir müssen demnach die Energie des Signals zu hohen Frequenzen verschieben.

Eine *spektrale Formung* dieser Art können wir durch den Einsatz eines *Delta-Sigma-Modulators* zur Teilerfaktorsteuerung erzielen. Das zugrunde liegende Prinzip wird auch in zahlreichen anderen Bereichen verwendet, z.B. zur spektralen Formung des Quantisierungsrauschens bei AD-Umsetzern, siehe Abschnitt 17.3.6 und Abb. 17.47 auf Seite 1036. Vereinfacht gesprochen handelt es sich bei einem Delta-Sigma-Modulator der Ordnung R um eine Schaltung mit Gegenkopplung, die so entworfen wird, dass ein von der Schaltung zu verarbeitendes Nutzsignal nicht verändert wird, während ein bei der Verarbeitung anfallendes Störsignal mit einem Hochpass der Ordnung R gefiltert wird. Bei einem AD-Umsetzer entspricht das Nutzsignal dem analogen Eingangssignal und das Störsignal dem Quantisierungsfehler. Bei der Teilerfaktorsteuerung einer Fractional-N-PLL entspricht das Nutzsignal dem mittleren Teilerfaktor $\overline{n}_2$ — also einem konstanten Signal —, während das Störsignal durch die Abweichung $\Delta n_2 = n_2 - \overline{n}_2$ gegeben ist. Auch hier handelt es sich demnach um einen Quantisierungsfehler, dessen Mittelwert $\overline{\Delta n_2}$ gleich Null ist.

Es gibt verschiedene Ausführungen von Delta-Sigma-Modulatoren. Wir beschränken uns hier auf Modulatoren, die nach dem *MASH-Prinzip* (*multi-stage noise shaping*) arbeiten und aus Überlauf-Summierern mit Übertragssignal (*Carry*) gemäß Abb. 27.56 sowie Verzögerungsgliedern und Differenz-Filtern zur Kombination der Übertragssignale aufgebaut sind. Jeder Überlauf-Summierer bildet einen Delta-Sigma-Modulator der Ordnung Eins; deshalb wird ein MASH-Modulator der Ordnung R mit

$$\text{MASH} - \underbrace{1-1-...-1}_{R \times 1}$$

bezeichnet. Abbildung 27.57 zeigt den Aufbau eines MASH-Modulators mit $R = 3$, der folglich mit MASH-1-1-1 bezeichnet wird. Ein MASH-Modulator der Ordnung R liefert ein R-bit-Teilerfaktor-Steuersignal (*modulus control, MC*) und muss deshalb zusammen mit einem entsprechenden Multi-Modulus-Teiler (*multi-modulus divider, MMD*) eingesetzt werden. Für den MASH-1-1-1-Modulator wird demnach ein Teiler benötigt, der die Teilerfaktoren $n_2 = N \ldots N + 7$ unterstützt. Das Steuersignal wird häufig als Zweier-Komplement aufgefasst; dann gilt $n_2 = N' - 4 \ldots N' + 3$ mit $N' = N + 4$.

Ein MASH-1-Modulator entspricht dem Summierer in Abb. 27.56, der seinerseits dem Summierer in Abb. 27.48 auf Seite 1674 entspricht — bis auf den zusätzlichen Eingang mit dem Index L und die zusätzliche ODER-Verknüpfung in der Übertragslogik, die jedoch beide nur für den Kanal $K = 2^L$ benötigt werden. Der Summierer mit Überlaufsignal (*swallow counter*) ist demnach bereits ein Delta-Sigma-Modulator mit der Ordnung $R = 1$.

Während die Beschreibung der Differenz-Filter in Abb. 27.57 mit Hilfe der Übertragungsfunktion

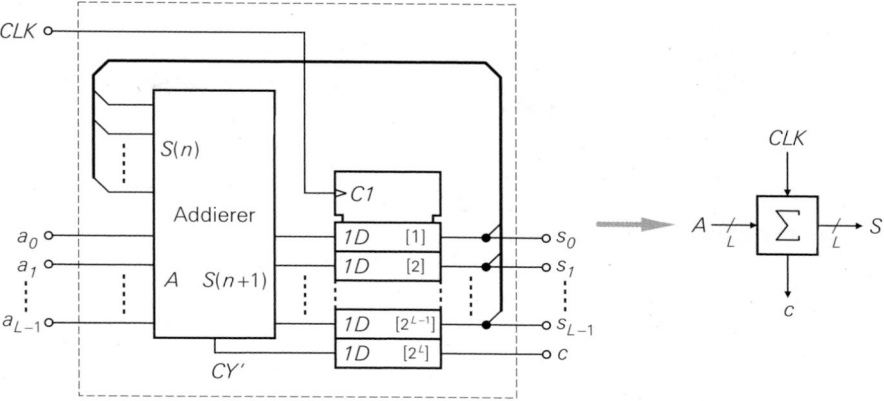

Abb. 27.56. Summierer für Delta-Sigma-Modulatoren nach dem MASH-Prinzip

$$H_D(z) = \frac{Y(z)}{X(z)} = 1 - z^{-1} \quad \Rightarrow \quad y(n) = x(n) - x(n-1)$$

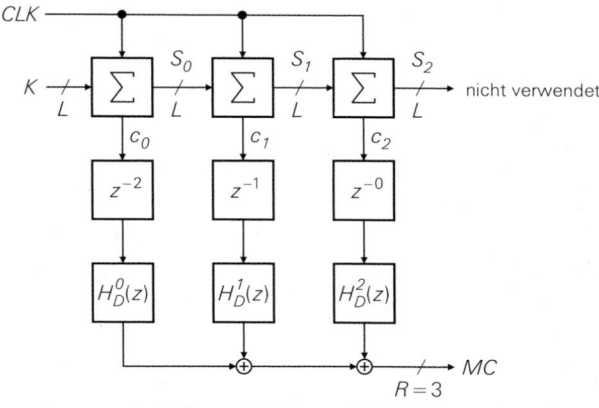

a mit separater Differenzbildung variabler Ordnung (0,1,2)

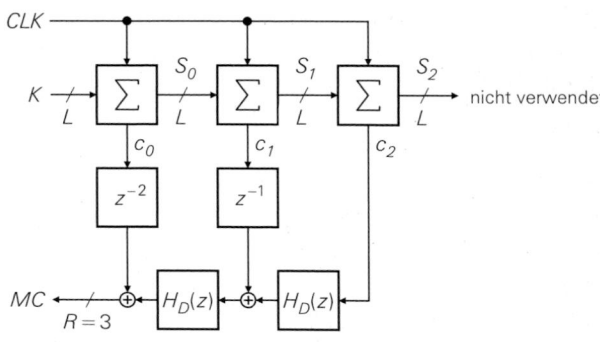

b mit kaskadierter Differenzbildung

Abb. 27.57.
Delta-Sigma-Modulator
des Typs MASH-1-1-1.
Differenzbildung mit
$H_D(z) = 1 - z^{-1}$.

keine Probleme bereitet, erfordet die Beschreibung der Summierer eine Darstellung der Überlauf-Operation mit Hilfe von Übertragungsgliedern, für die Übertragungsfunktionen angegeben werden können. Dazu fassen wir die Ausgangssignale des Summierers in Abb. 27.56 zu einer Binärzahl S' mit einer Vorkomma- und L Nachkomma-Stellen zusammen:

$$S' = (c, s_{L-1} s_{L-2} \ldots s_1 s_0)_B$$

Einen Übertrag c erhalten wir folglich immer dann, wenn $S' \geq 1$ gilt, d.h. der Übertrag c entspricht dem Ausgangssignal eines Quantisierers mit der Kennlinie:

$$c = \begin{cases} 0 & \text{für } S' < 1 \\ 1 & \text{für } S' \geq 1 \end{cases}$$

Da ein normaler Summierer mit der Übertragungsfunktion

$$H_\Sigma(z) = \frac{Y(z)}{X(z)} = \frac{1}{z-1} \quad \Rightarrow \quad y(n+1) = y(n) + x(n)$$

keinen Überlauf besitzt, müssen wir den Überlauf-Summierer aus einem normalen Summierer und einer Rückkopplung aufbauen, die bei einem Übertrag den Übertragswert im nächsten Takt subtrahiert, so dass der normale Summierer anschließend denselben Wert besitzt wie der Überlauf-Summierer; daraus folgen unter Berücksichtigung des Eingangssignals $A(n)$ die beiden Fälle:

$$S'(n) \geq 1 \quad \Rightarrow \quad c(n) = 1 \quad \Rightarrow \quad S'(n+1) \ = \ S'(n) + A(n) - 1$$
$$\overset{c(n)=1}{=} \ S'(n) + A(n) - c(n)$$

$$S'(n) < 1 \quad \Rightarrow \quad c(n) = 0 \quad \Rightarrow \quad S'(n+1) \ = \ S'(n) + A(n)$$
$$\overset{c(n)=0}{=} \ S'(n) + A(n) - c(n)$$

Wir können demnach in beiden Fällen den Übertrag c(n) vom Eingangssignal $A(n)$ subtrahieren. Damit erhalten wir das in Abb. 27.58a gezeigte Modell eines Summierers mit Übertrag. Abbildung 27.58b zeigt die minimierte Darstellung, die für schaltungstechnische Realisierungen verwendet wird.

Zur Berechnung der Übertragungsfunktionen für das Nutzsignal $A(n)$ und den Quantisierungsfehler

$$Q(n) = c(n) - S'(n) = -S(n) = -\text{modulus}\{S'(n), 1\}$$

müssen wir den Quantisierer durch einen Addierer ersetzen, der den Quantisierungsfehler addiert. Abbildung 27.58c zeigt das resultierende regelungstechnische Ersatzschaltbild. Für das Eingangssignal erhalten wir mit

$$C(z) = \mathcal{Z}\{c(n)\} \quad , \quad A(z) = \mathcal{Z}\{A(n)\}$$

die Nutz-Übertragungsfunktion:

$$H_A(z) = \frac{C(z)}{A(z)} = \frac{H_\Sigma(s)}{1 + H_\Sigma(s)} = \frac{\dfrac{1}{z-1}}{1 + \dfrac{1}{z-1}} = z^{-1}$$

Das Eingangssignal wird demnach um einen Takt verzögert, sonst aber unverändert übertragen. Für den Quantisierungsfehler $Q(n)$ ergibt sich mit

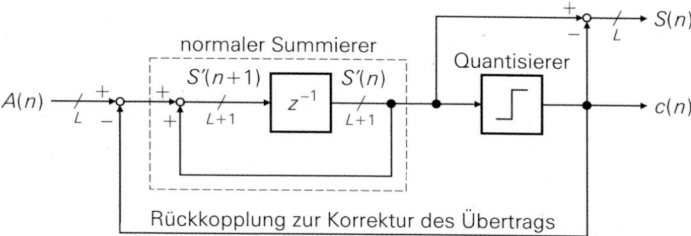

a funktionsorientierte Darstellung

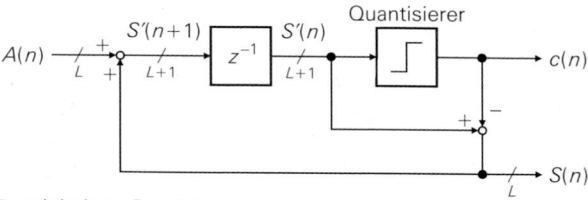

b minimierte Darstellung

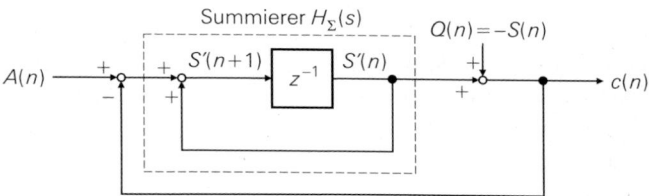

c regelungstechnisches Ersatzschaltbild mit Quantisierungsfehler $Q(n)$

Abb. 27.58. Modell für einen Summierer mit Übertrag

$$C(z) = \mathcal{Z}\{c(n)\} \quad , \quad Q(z) = \mathcal{Z}\{Q(n)\}$$

die Stör-Übertragungsfunktion

$$H_Q(z) = \frac{C(z)}{Q(z)} = \frac{1}{1 + H_\Sigma(s)} = \frac{1}{1 + \dfrac{1}{z-1}} = 1 - z^{-1}$$

eines Hochpasses 1. Ordnung mit einer Nullstelle bei $z = 1$. Der Betrag der Stör-Übertragungsfunktion nimmt bei niedrigen Frequenzen mit 20 dB/Dekade zu und erreicht bei der halben Abtastfrequenz, d.h. $f = f_A/2$ bzw. $z = -1$, den Wert 2; für die -3 dB-Grenzfrequenz gilt $f_{-3dB} = f_A/4$.

Für einen MASH-Modulator der Ordnung R mit R kaskadierten Übertrag-Summierern erhält man entsprechend:

$$H_{A,R}(z) = \big(H_A(z)\big)^R = z^{-R} \tag{27.36}$$

$$H_{Q,R}(z) = \big(H_Q(z)\big)^R = \big(1 - z^{-1}\big)^R \tag{27.37}$$

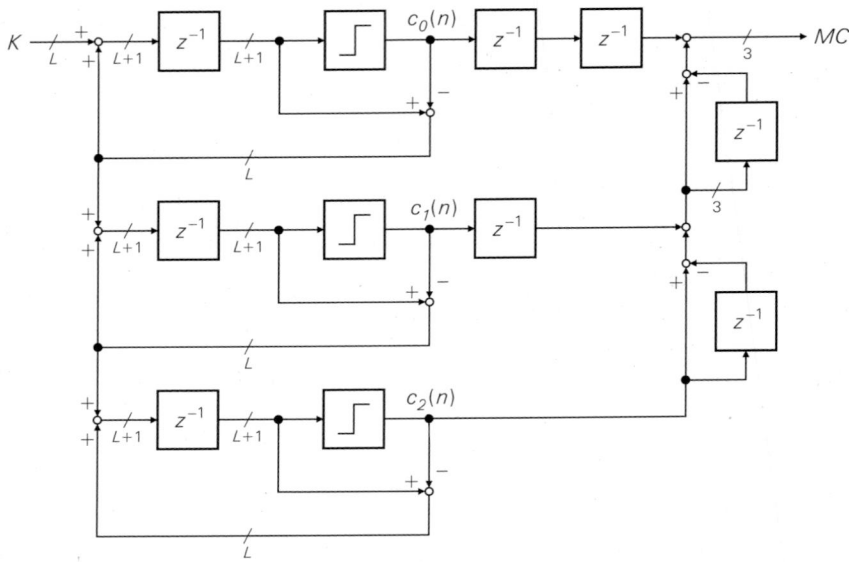

Abb. 27.59. Praktische Ausführung eines MASH-1-1-1-Modulators

Dabei ist das Eingangssignal $A(n)$ der ersten Stufe durch die Kanalnummer K gegeben. Im Gegensatz zu einem $\Delta\Sigma$-AD-Umsetzer ist das Eingangssignal hier immer konstant, so dass der Quantisierungsfehler periodisch ist; dadurch erhalten wir auch hier am Ausgang einen Kamm von Störtönen, der nun aber mit der Stör-Übertragungsfunktion $H_{Q,R}(z)$ spektral geformt ist.

Abbildung 27.59 zeigt die praktische Ausführung eines MASH-1-1-1-Modulators mit $R = 3$ und:

$$H_{A,3} = z^{-3} \quad , \quad H_{Q,3} = \left(1 - z^{-1}\right)^3 = 1 - 3z^{-1} + 3z^{-2} - z^{-3}$$

In diesem Fall erhalten wir für die Störübertragungsfunktion einen Hochpass 3. Ordnung, dessen Betragsverlauf bei niedrigen Frequenzen mit 60 dB/Dekade zunimmt.

Beispiel: Wir entwerfen eine Fractional-N-PLL für einen UKW-Rundfunkempfänger mit einem Kanalraster $f_K = 100\,\text{kHz}$ im Bereich $f = 87,5 \ldots 108\,\text{MHz}$. Als Referenz verwenden wir einen Quarz-Oszillator mit $f_{REF} = 12,8\,\text{MHz}$, da die Güte von Quarz-Resonatoren in diesem Bereich maximal wird. Für den Referenz-Teiler wählen wir den Teilerfaktor $n_1 = 2$ und erhalten damit die Vergleichsfrequenz

$$f_1 = 6,4\,\text{MHz} = 64 f_K = 2^6 f_K = 2^L f_K \quad \text{mit } L = 6$$

am Phasendetektor. Diese Teilung beugt möglichen Interferenz-Problemen im Gesamtsystem vor, auf die wir hier aber nicht näher eingehen. Um den Frequenzbereich $87,5 \ldots 108\,\text{MHz}$ abzudecken, muss der mittlere Teilerfaktor $\bar{n}_2$ im Bereich

$$\frac{87,5\,\text{MHz}}{6,4\,\text{MHz}} = \frac{875}{64} = 13 + \frac{43}{64} \leq \bar{n}_2 \leq 16 + \frac{56}{64} = \frac{1080}{64} = \frac{108\,\text{MHz}}{6,4\,\text{MHz}}$$

Wir müssen also sowohl den ganzzahligen als auch den fraktionalen Anteil des Teilers einstellen, um einen gewünschten Kanal auszuwählen. Dabei müssen wir auch beachten, dass der mittlere Teilerfaktor in die Schleifenverstärkung eingeht, die deshalb selbst bei einer

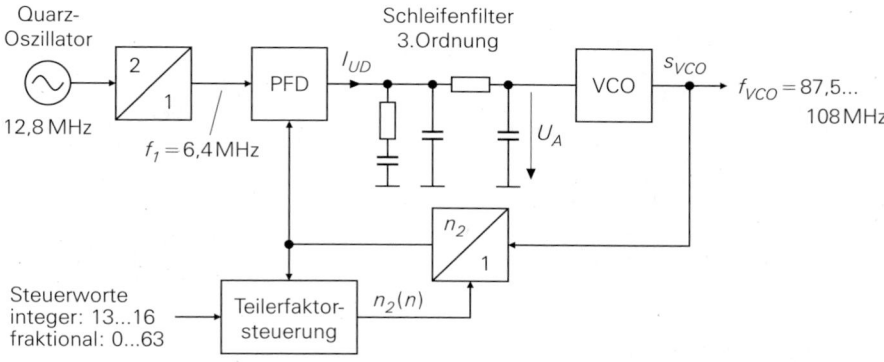

Abb. 27.60. Beispiel für eine Fractional-N-PLL für einen UKW-Rundfunkempfänger

linearen VCO-Kennlinie nicht konstant ist; in der Praxis ist jedoch die Nichtlinearität der VCO-Kennlinie in der Regel deutlich größer, so dass wir es hier nicht mit einem *zusätzlichen*, sondern mit einem *verschärften* Problem zu tun haben. Wir nehmen hier an, dass eine ausreichende Linearisierung der Gesamt-Kennlinie vorliegt, z.B. dadurch, dass wir auch den Strom I_0 der Ladungspumpe in gewissen Stufen einstellen und damit die Schleifenverstärkung ungefähr konstant halten können. Wir verwenden ein Schleifenfilter 3. Ordnung mit PI-Regler, das jedoch bei hohen Frequenzen aufgrund der Nullstelle nur einen Abfall mit 40 dB/Dekade aufweist. Die Dimensionierung des Schleifenfilters erfolgt wieder nach dem symmetrischen Optimum; wir verzichten hier auf eine detaillierte Darstellung. Als Schleifenbandbreite haben wir $f_0 = 10\,\text{kHz}$ gewählt. Zur Teilerfaktorsteuerung setzen wir zu Vergleichszwecken einen Überlauf-Summierer — der einem MASH-1-Modulator entspricht — sowie die Delta-Sigma-Modulatoren MASH-1-1 ($R = 2$) und MASH-1-1-1 ($R = 3$) ein. Abbildung 27.60 zeigt das Blockschaltbild der Schaltung.

Abbildung 27.61 zeigt die Spektren der Störtöne am Ausgang des Phasen-Frequenz-Detektors (PFD) und am Ausgang des VCOs für $f_{VCO} = 87{,}5\,\text{MHz}$: $\bar{n}_2 = 13 + 43/64$. Zunächst fällt auf, dass für die Modulatoren mit $R > 1$ ein *sub-harmonischer* Störton (*sub-harmonic spur*) bei 50 kHz auftritt und der Abstand der Störtöne ebenfalls 50 kHz beträgt, siehe Abb. 27.61c–f. Das hängt damit zusammen, dass die Länge M der Sequenz $n_2(n)$ bei einem Delta-Sigma-Modulator der *Breite L* größer werden kann als 2^L, wenn die Ordnung $R > 1$ ist. Bei Modulatoren mit $R = 2$ und $R = 3$ gilt $M_{max} = 2^{L+1}$; dadurch beträgt die Frequenz der Grundwelle [27.1]:

$$f_{GW,min} = \frac{f_1}{M_{max}} = \frac{f_1}{2^{L+1}} = \frac{f_K}{2} \quad \text{mit } f_K = \frac{f_1}{2^L}$$

Für $R = 4$ gilt $f_{GW,min} = f_K/4$.

Man erkennt in Abbildung 27.61, dass die gestrichelten Asymptoten mit zunehmender Ordnung im Gegenuhrzeigersinn gedreht werden; für die nicht mehr dargestellte Ordnung 4 mit einem MASH-1-1-1-1-Modulator würden wir demnach ein PFD-Spektrum mit einem Anstieg von 60 dB/Dekade und ein flaches VCO-Spektrum erhalten. Da die Dämpfung der Störtöne vom Kanal K abhängt, muss das VCO-Störspektrum für *alle* Kanäle simuliert oder gemessen werden. Abbildung 27.62 zeigt die Dämpfung des stärksten Störtons in Abhängigkeit vom Kanal K für unser Beispiel. Die maximale Dämpfung ergibt sich in der Regel für den Kanal $K = 2^{L-1}$, hier $D_{spur} = 98\,\text{dB}$ für $K = 32$. Die minimale Dämpfung für $K = 39$ ist mit $D_{spur} = 72\,\text{dB}$ erheblich geringer. Wenn diese Dämpfung

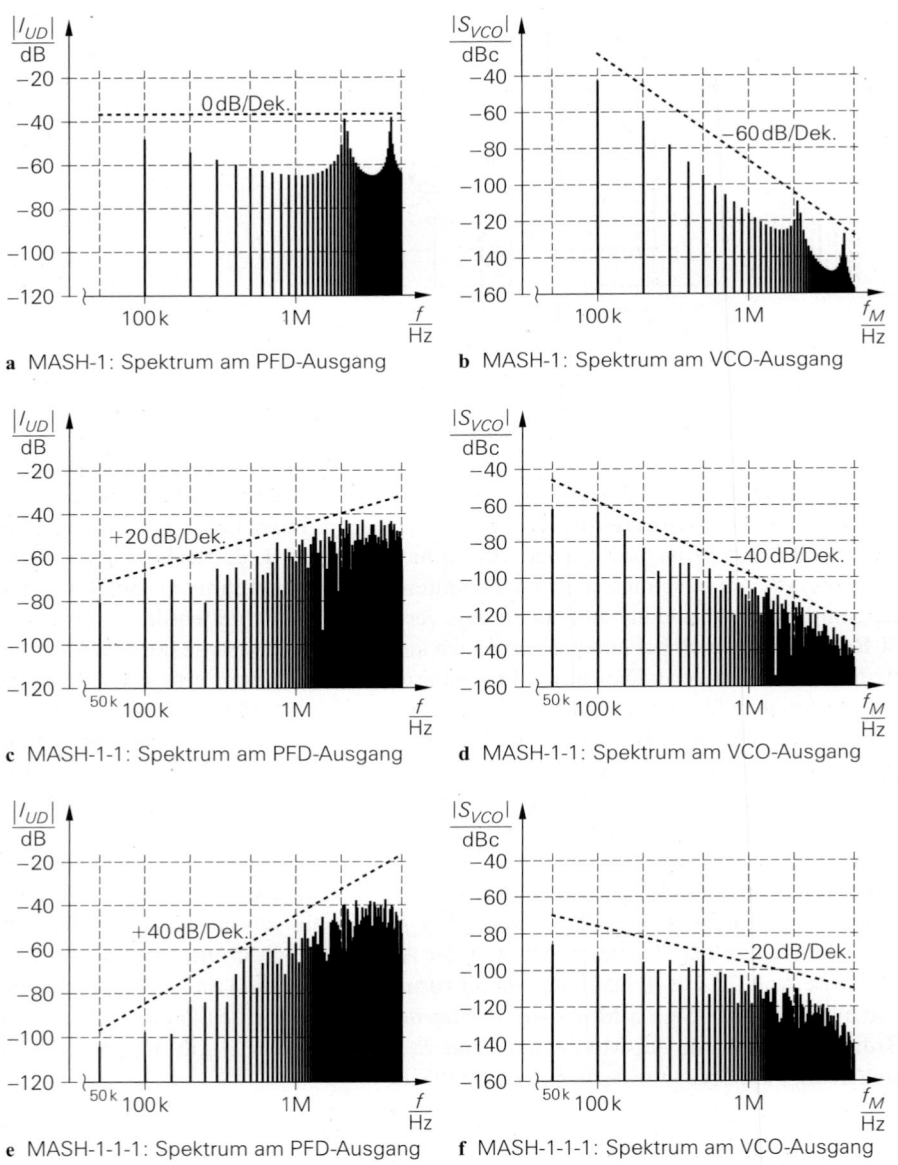

a MASH-1: Spektrum am PFD-Ausgang

b MASH-1: Spektrum am VCO-Ausgang

c MASH-1-1: Spektrum am PFD-Ausgang

d MASH-1-1: Spektrum am VCO-Ausgang

e MASH-1-1-1: Spektrum am PFD-Ausgang

f MASH-1-1-1: Spektrum am VCO-Ausgang

Abb. 27.61. Störtöne am Ausgang des Phasen-Frequenz-Detektors (PFD) und am Ausgang des VCOs für die Fractional-N-PLL aus Abb. 27.60

nicht ausreicht, um die gewünschte Inband-Dynamik gemäß (27.35) auf Seite 1683 zu erzielen, muss man die Ordnung des Modulators erhöhen; dagegen ist eine Steigerung der Dämpfung durch eine Reduktion der Schleifenbandbreite in der Praxis nur selten möglich, da die Schleifenbandbreite eine wichtige Größe zur Minimierung des Phasenrauschens darstellt und deshalb nicht als freier Parameter zur Verfügung steht. Mehr dazu im nächsten Abschnitt.

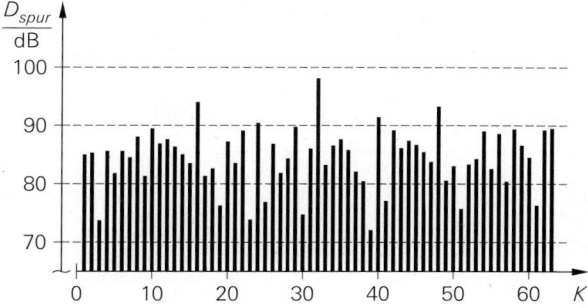

Abb. 27.62.
Dämpfung D_{spur} des
stärksten Störtons in
Abhängigkeit vom
Kanal $K = 0 \ldots 64$

27.4 Rauschen

Neben der Erzeugung eines Signals mit einer bestimmten Frequenz geht es bei der Dimensionierung einer PLL vorrangig darum, das *Phasenrauschen* des erzeugten Signals zu minimieren. Das gilt vor allem im Anwendungsbereich der Frequenzsynthese, in dem die Anforderungen in der Regel deutlich höher sind als bei typischen Synchronisationsanwendungen, da das Phasenrauschen einer PLL, die als Lokaloszillator für einen Mischer in einem Empfänger dient, nicht nur das empfangene Nutzsignal negativ beeinflusst — die wesentliche Größe ist dabei der resultierende *Phasen-Jitter* —, sondern *zusätzlich* eine unerwünschte Frequenzumsetzung der Nachbarkanäle in den Durchlassbereich des nachfolgenden ZF-Filters verursacht; dadurch wird der Inband-Dynamikbereich reduziert. Diese unerwünschte Frequenzumsetzung haben wir bereits im Zusammenhang mit den Störtönen einer Fractional-N-PLL im Abschnitt 27.3.9 beschrieben und in den Abbildungen 27.53 auf Seite 1681 und 27.54 auf Seite 1682 dargestellt. Der Unterschied zur Wirkung des Phasenrauschens besteht nur darin, dass die Leistung der Störtöne in einzelnen Tönen konzentriert ist, während die Leistung des Phasenrauschens spektral verteilt ist. Das Phasenrauschen wirkt in diesem Zusammenhang demnach wie ein infinitesimal enger Kamm aus Störtönen mit gleicher Leistung. *Minimierung des Phasenrauschens* ist in diesem Zusammenhang also gleichbedeutend mit *Maximierung des Inband-Dynamikbereichs*. Da aber beide Störgrößen — das Phasenrauschen und die Störtöne — auf verschiedene Weise von den Parametern einer PLL abhängen, muss man in der Praxis einen Kompromiss finden, der den Inband-Dynamikbereich *insgesamt* maximiert und — mit Bezug auf das Nutzsignal — die Anforderungen an den Phasen-Jitter erfüllt.

Die Optimierung einer PLL zur Frequenzsynthese ist folglich sehr komplex und wird deshalb durch zahlreiche Software-Produkte zur Simulation und Optimierung von PLLs unterstützt. Wir haben in den Beispielen der vorausgehenden Abschnitte mehrfach darauf hingewiesen, dass die Schleifenbandbreite, die Referenzfrequenz und die Teilerfaktorsteuerung einer Fractional-N-PLL aufgrund der zahlreichen Abhängigkeiten nicht einzeln optimiert werden können. Eine umfassende Beschreibung *aller* Abhängigkeiten sprengt jedoch den Rahmen unserer Darstellung; wir beschränken uns deshalb im folgenden auf eine vereinfachte Auslegung, die von den Phasenrauschdichten des Referenzoszillators und des VCOs ausgeht, die wir als gegeben betrachten. Das ist eine deutliche Vereinfachung, da der Entwurf geeigneter Oszillatoren streng genommen Bestandteil der Optimierung einer PLL ist.

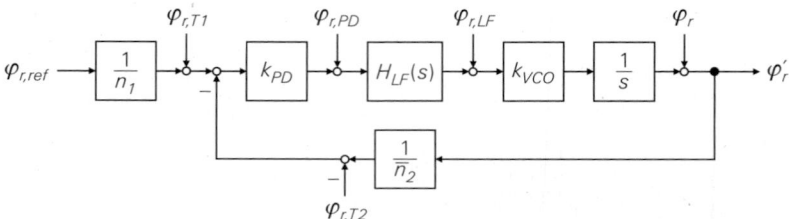

Abb. 27.63. Kleinsignalersatzschaltbild einer PLL mit Phasenrauschsignalen

27.4.1 Rauschsignale

Abbildung 27.63 zeigt das Kleinsignalersatzschaltbild einer PLL mit den äquivalenten, jeweils auf den Ausgang bezogenen Phasenrauschsignalen der Komponenten:

Komponente	Signal	Rauschdichte
VCO	φ_r	S_φ
Referenzoszillator	$\varphi_{r,ref}$	$S_{\varphi,ref}$
Phasendetektor	$\varphi_{r,PD}$	$S_{\varphi,PD}$
Schleifenfilter	$\varphi_{r,LF}$	$S_{\varphi,LF}$
Frequenzteiler 1	$\varphi_{r,T1}$	$S_{\varphi,T1}$
Frequenzteiler 2	$\varphi_{r,T2}$	$S_{\varphi,T2}$

Das Signal φ_r' am Ausgang der PLL entspricht dem *Closed-Loop-*, das Signal φ_r dem *Open-Loop*-Phasenrauschen des VCOs. Die Rauschsignale der Komponenten sind unabhängig voneinander und damit *unkorreliert.*

Das Signal $\varphi_{r,T2}$ haben wir *subtrahiert*, damit die Rauschsignale der beiden Frequenzteiler dieselbe Polarität haben; damit können wir für beide Signale dieselbe Übertragungsfunktion verwenden. Das ist zulässig, da die Vorzeichen unkorrelierter Rauschsignale bei der Berechnung der Rauschdichte am Ausgang der PLL aufgrund der Betragsquadrat-Bildung der Übertragungsfunktionen herausfallen.

27.4.2 Übertragungsfunktionen

Da die Schleife nur zwei frequenzabhängige Elemente enthält — das Schleifenfilter $H_{LF}(s)$ und den Integrator $1/s$ des VCOs —, gibt es bezüglich der Pole und Nullstellen nur drei verschiedene Typen von Übertragungsfunktionen; die Übertragungsfunktionen für die einzelnen Signale gehen daraus durch Skalierung hervor. Die Übertragungsfunktion der offenen Schleife lautet:

$$H_{ol}(s) = \frac{k_{PD}\,k_{VCO}\,H_{LF}(s)}{\bar{n}_2\,s} \tag{27.38}$$

Da das Schleifenfilter Tiefpass-Charakteristik hat, gilt:

$$\lim_{\omega \to 0} |H_{ol}(jw)| \sim \omega^{-p} \quad , \quad \lim_{\omega \to \infty} |H_{ol}(jw)| \sim \omega^{-q}$$

Bei einem Schleifenfilter ohne PI-Regler gilt $p = 1$ (ein Integrator im VCO), bei einem Schleifenfilter mit PI-Regler $p = 2$ (ein Integrator im VCO und ein Integrator im Schleifenfilter). Die Gleichverstärkung beträgt in beiden Fällen Unendlich. Für hohe Frequenzen erfolgt ein Abfall mit $q \cdot 20\,\text{dB/Dekade}$. Bei einem Schleifenfilter mit PI-Regler entspricht der Exponent q der Ordnung des Filters; dabei wird der durch die Nullstelle des

PI-Reglers verursachte Verlust an Abfall bei hohen Frequenzen durch den Integrator des VCOs kompensiert.

Die erste der drei Übertragungsfunktionen ist die *Führungsübertragungsfunktion*:

$$H_{ref}(s) \;=\; \frac{\Phi'_r(s)}{\Phi_{r,ref}(s)} \;=\; \frac{h_{ref}\,H_{ol}(s)}{1 + H_{ol}(s)} \quad \text{mit } h_{ref} = \frac{\overline{n}_2}{n_1} \tag{27.39}$$

Sie gilt für das Phasenrauschen $\varphi_{r,ref}$ des Referenzoszillators und mit anderen Skalierungs-faktoren h auch für das Phasenrauschen des Phasendetektors und der Frequenzteiler:

$$\varphi_{r,PD} \;\Rightarrow\; h_{PD} = \frac{\overline{n}_2}{k_{PD}} \quad,\quad \varphi_{r,T1} \text{ und } \varphi_{r,T2} \;\Rightarrow\; h_T = \overline{n}_2 \tag{27.40}$$

Für die Grenzwerte gilt:

$$\lim_{\omega\to 0} |H_{ref}(jw)| \;=\; h_{ref} \;=\; \frac{\overline{n}_2}{n_1} \quad,\quad \lim_{\omega\to\infty} |H_{ref}(jw)| \;=\; h_{ref}\,|H_{ol}(jw)| \;\sim\; \omega^{-q}$$

Die Führungsübertragungsfunktion hat demnach Tiefpass-Charakter mit einer Gleichver-stärkung von $\overline{n}_2/n_1$ und einem Abfall mit $q \cdot 20\,\text{dB/Dekade}$ bei hohen Frequenzen.

Die zweite Übertragungsfunktion ist die *Störübertragungsfunktion des VCOs* für das Signal φ_r:

$$H_r(s) \;=\; \frac{\Phi'_r(s)}{\Phi_r(s)} \;=\; \frac{1}{1 + H_{ol}(s)} \tag{27.41}$$

Hier gilt:

$$\lim_{\omega\to 0} |H_r(jw)| \;=\; \frac{1}{|H_{ol}(jw)|} \;\sim\; \omega^p \quad,\quad \lim_{\omega\to\infty} |H_r(jw)| \;=\; 1$$

Wir erhalten hier demnach einen Hochpass der Ordnung p.

Die dritte Übertragungsfunktion ist die *Störübertragungsfunktion des Schleifenfilters* für das Signal $\varphi_{r,LF}$:

$$H_{r,LF}(s) \;=\; \frac{\Phi'_r(s)}{\Phi_{r,LF}(s)} \;=\; \frac{k_{VCO}}{s(1 + H_{ol}(s))} \tag{27.42}$$

Sie ist im Vergleich zur Störübertragungsfunktion des VCOs um eine Ordnung *gekippt*:

$$\lim_{\omega\to 0} |H_{r,LF}(jw)| \;=\; \frac{k_{VCO}}{\omega\,|H_{ol}(jw)|} \;\sim\; \omega^{p-1} \quad,\quad \lim_{\omega\to\infty} |H_{r,LF}(j\omega)| \;=\; \frac{k_{VCO}}{\omega} \;\sim\; \omega^{-1}$$

Für ein Schleifenfilter mit PI-Regler ($p = 2$) erhalten wir einen Bandpass der Ordnung p.

Abbildung 27.64 zeigt den prinzipiellen Verlauf der Beträge der drei Übertragungs-funktionen für ein Schleifenfilter mit PI-Regler und Ordnung 3, d.h. $p = 2$ und $q = 3$.

Aus den Phasenrauschdichten der Komponenten und den Übertragungsfunktionen er-halten wir am Ausgang der PLL die Phasenrauschdichte:

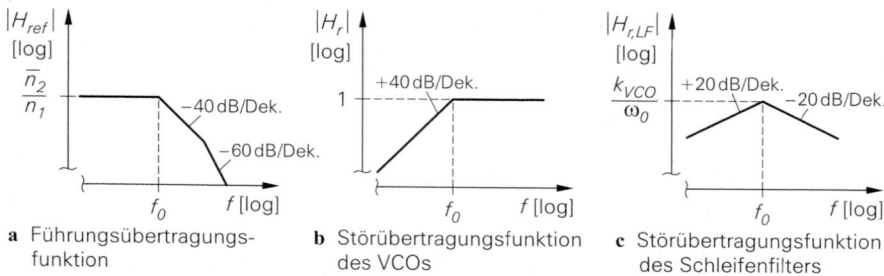

Abb. 27.64. Prinzipieller Verlauf der Beträge der Übertragungsfunktionen für ein Schleifenfilter mit PI-Regler und Ordnung 3 ($p = 2$ und $q = 3$)

$$
\begin{aligned}
S'_\varphi(f_M) = \ & |H_{ref}(j2\pi f_M)|^2 \, S_{\varphi,ref}(f_M) && \text{Referenzoszillator} \\
& + |H_r(j2\pi f_M)|^2 \, S_\varphi(f_M) && \text{VCO} \\
& + |H_{r,PD}(j2\pi f_M)|^2 \, S_{\varphi,PD}(f_M) && \text{Phasendetektor} \\
& + |H_{r,LF}(j2\pi f_M)|^2 \, S_{\varphi,PD}(f_M) && \text{Schleifenfilter} \\
& + |H_{r,T}(j2\pi f_M)|^2 S_{\varphi,T1}(f_M) && \text{Frequenzteiler 1} \\
& + |H_{r,T}(j2\pi f_M)|^2 S_{\varphi,T2}(f_M) && \text{Frequenzteiler 2}
\end{aligned}
\tag{27.43}
$$

Dabei erhalten wir die Übertragungsfunktionen $H_{r,PD}(s)$ für den Phasendetektor und $H_{r,T}(s)$ für die Frequenzteiler aus der Übertragungsfunktion $H_{ref}(s)$ des Referenzoszillators in (27.39), indem wir anstelle des Faktors h_{ref} die Faktoren aus (27.40) einsetzen.

27.4.3 Referenzoszillator und VCO

Das Phasenrauschen von Oszillatoren und das daraus resultierende Phasenrauschen einer PLL haben wir bereits im Abschnitt 26.6 beschrieben. Dieser Abschnitt bildet die Grundlage für die folgenden Abschnitte. Insbesondere haben wir im Abschnitt 26.6.4 bereits darauf hingewiesen, dass sich die *optimale Schleifenbandbreite* aus dem Schnittpunkt der Open-Loop-Phasenrauschdichte $S_\varphi(f_M)$ des VCOs und der um das Quadrat des Teilerfaktor-Verhältnisses angehobenen Phasenrauschdichte $S_{\varphi,ref}(f_M)$ des Referenzoszillators ergibt, siehe (26.52) auf Seite 1618. Bei einer Fractional-N-PLL müssen wir anstelle des Teilerfaktors n_2 den mittleren Teilerfaktor $\overline{n}_2$ einsetzen und erhalten damit für die *optimale Schleifenbandbreite* die Forderung: [6]:

$$
\left(\frac{\overline{n}_2}{n_1}\right)^2 S_{\varphi,ref}(f_0) \overset{!}{=} S_\varphi(f_0)
\tag{27.44}
$$

Die graphische Darstellung dieses Zusammenhangs aus Abb. 26.122 ist in Abb. 27.65 noch einmal dargestellt. Streng formal lautet die Forderung:

$$
|H_{ref}(j2\pi f_0)|^2 \, S_{\varphi,ref}(f_0) \overset{!}{=} |H_r(j2\pi f_0)|^2 \, S_\varphi(f_0)
$$

---

[6] Im Abschnitt 26.6.4 haben wir die Schleifenbandbreite f_0 als *Grenzfrequenz* f_g bezeichnet; es gilt folglich $f_0 = f_g$.

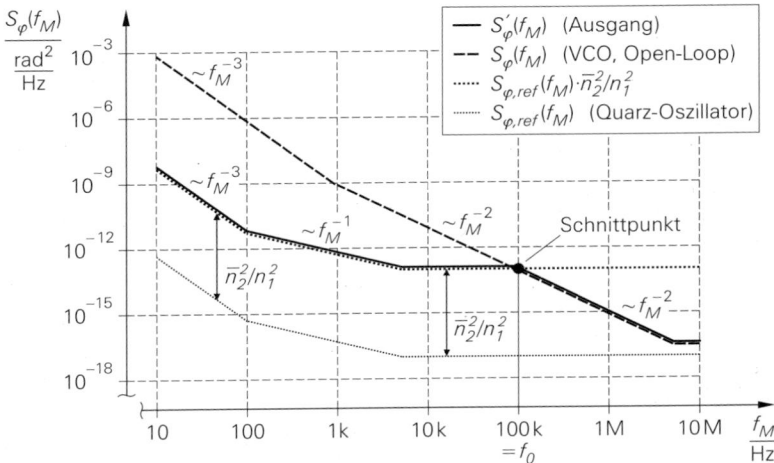

Abb. 27.65. Phasenrauschdichten für eine PLL mit einem 10 MHz-Quarz-Referenzoszillator und einem 1 GHz-VCO. Die optimale Schleifenbandbreite ergibt sich aus dem eingezeichneten Schnittpunkt: $f_0 = 100$ kHz.

Aus Abb. 27.64 können wir jedoch entnehmen, dass für $f = f_0$ der Zusammenhang

$$\frac{|H_{ref}(j2\pi f_0)|^2}{|H_r(j2\pi f_0)|^2} \approx \left(\frac{\overline{n}_2}{n_1}\right)^2 = h_{ref}^2$$

gilt, so dass (27.44) für die praktische Dimensionierung ausreichend genau ist.

Diese Optimierung setzt voraus, dass die Phasenrauschdichten des Referenzoszillators und des VCOs sowie die Referenzfrequenz vorgegeben sind; aus letzterer ergibt sich dann zusammen mit der zu erzeugenden Frequenz das Verhältnis der Teilerfaktoren. Betrachtet man jedoch die Entwurfsaufgabe für einen Synthesizer *als Ganzes*, bei der dann der schaltungstechnische Aufwand, die Verlustleistung und die Kosten *aller* Komponenten zu berücksichtigen sind, wird die Optimierungsaufgabe erheblich komplexer. Man muss dann z.B. prüfen, ob als Referenzoszillator ein Quarz-Oszillator erforderlich ist oder ob ein Referenzoszillator mit einem keramischen Resonator ausreicht; dadurch verändern sich die Frequenz f_{REF} — und damit $\overline{n}_2/n_1$ — und die Phasenrauschdichte $S_{\varphi,ref}(f_M)$. Auch beim VCO gibt es in der Regel alternative Resonatoren, die sich bezüglich der Resonatorgüte und der davon abhängigen Phasenrauschdichte $S_\varphi(f_M)$ mehr oder weniger stark unterscheiden. Deshalb ist die Vorgehensweise in der Praxis meist umgekehrt: Es liegen Anforderungen bezüglich des Phasen-Jitters und der Inband-Dynamik vor und die Entwurfsaufgabe besteht darin, einen PLL-basierten Lokaloszillator genau so zu entwerfen, dass er diese Anforderungen gerade noch erfüllt; das sprengt jedoch den Rahmen unserer Darstellung.

Wir nehmen an, dass die Phasenrauschdichten der Oszillatoren und das Verhältnis der Teilerfaktoren gegeben sind. In Abb. 27.66 ist die Übertragung dieser Rauschdichten auf den Ausgang der PLL, der bereits aus Abb. 27.65 ersichtlich ist, anhand eines Beispiels noch einmal schematisch dargestellt; dabei werden — wie bereits im Abschnitt 26.6.4 und in Abb. 27.65 — typische Verläufe für einen quarzstabilisierten VCO mit einer Ausgangsfrequenz im oberen MHz- bzw. GHz-Bereich verwendet. Wichtig ist demnach im allgemeinen nur die Aussage, dass das Phasenrauschen am Ausgang für $f < f_0$ vom

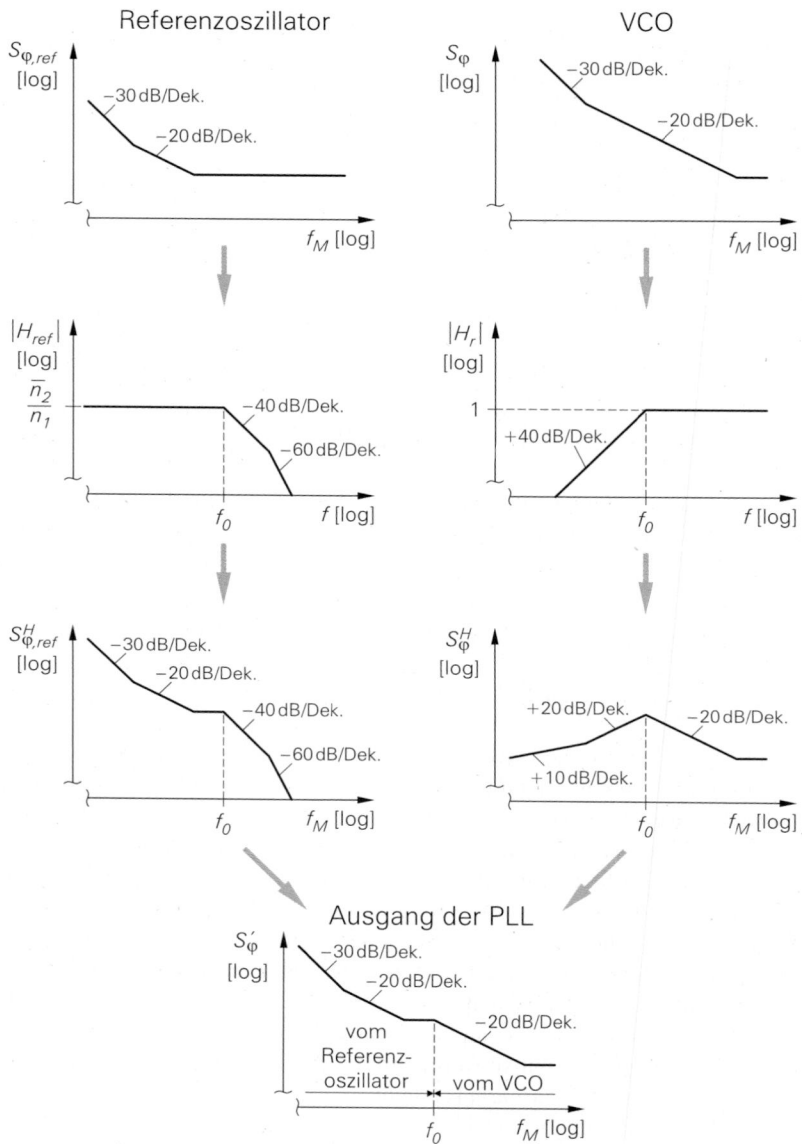

Abb. 27.66. Beispiel für die Übertragung der Phasenrauschdichten des Referenzoszillators und des VCOs auf den Ausgang einer PLL

Referenzoszillator und für $f > f_0$ vom VCO bestimmt wird; *wie* der Verlauf im einzelnen aussieht, hängt dagegen von den Verläufen der Rauschdichten der beiden Oszillatoren ab.

Ziel des weiteren Entwurfs ist nun, die Anteile der weiteren Komponenten zum Phasenrauschen am Ausgang der PLL so gering zu halten, dass sie unterhalb des kombinierten Anteils von Referenzoszillators und VCO liegen oder — falls dies nicht möglich ist — diesen Anteil zumindest nicht stark überschreiten.

27.4.4 Frequenzteiler

Eine Berechnung der Phasenrauschdichte $S_{\varphi,T}(f_M)$ am Ausgang eines Frequenzteilers mit Hilfe der Rauschmodelle der Transistoren ist aufgrund der Anzahl der Transistoren, des nichtlinearen Betriebs und der Unterabtastung von Stufe zu Stufe sehr aufwendig [27.2],[27.3] und liefert in der Regel keine ausreichend genauen Vorhersagen. Beim Entwurf integrierter Frequenzteiler stützt man sich auf Zeitbereichssimulationen, die gute Ergebnisse liefern, wenn die Rauschparameter der Transistoren ausreichend genau bestimmt wurden. Bei der Simulation und bei der späteren Messung an der hergestellten integrierten Schaltung erhält man dann aber denselben einfachen Verlauf wie bei einem Transistor: ein weißes Grundrauschen mit einer Rauschdichte $S_{\varphi,0}$ und einen 1/f-Anteil mit der 1/f-Grenzfrequenz $f_{g(1/f)}$:

$$
S_{\varphi,T}(f_M) \;=\; S_{\varphi,T0}\left(1 + \frac{f_{g,T(1/f)}}{f_M}\right) \;\approx\;
\begin{cases}
\dfrac{S_{\varphi,T0}\, f_{g,T(1/f)}}{f_M} & \text{für } f < f_{g,T(1/f)} \\[2ex]
S_{\varphi,T0} & \text{für } f > f_{g,T(1/f)}
\end{cases}
$$

Für einen typischen Frequenzteiler mit GaAs-HBT-Transistoren erhält man Werte im Bereich von $S_{\varphi,T0} \approx 10^{-15}\,\mathrm{rad^2/Hz}$ — das entspricht nach (26.48) einer Einseitenband-Rauschdichte $L(f_M) = -153\,\mathrm{dBc/Hz}$ — und $f_{g,T(1/f)} \approx 1 \ldots 10\,\mathrm{kHz}$ [27.4]. Bei Frequenzteilern mit CMOS-Transistoren ist das Grundrauschen etwas höher, die 1/f-Grenzfrequenz dagegen wesentlich höher: $f_{g,T(1/f)} \approx 100\,\mathrm{kHz} \ldots 1\,\mathrm{MHz}$ [27.2].

Das Phasenrauschen von Frequenzteilern nimmt mit zunehmenden Strömen in den Transistoren ab; besonders rauscharme Frequenzteiler haben deshalb immer eine relativ hohe Stromaufnahme. Bei integrierten PLLs mit geringem Phasenrauschen und geringer Ausgangsleistung des VCOs wird häufig ein Großteil der Verlustleistung durch den Frequenzteiler 2 verursacht.

Für das Verhältnis der Übertragungsfunktionen der Frequenzteiler 1 und 2 und des Referenzoszillators gilt:

$$
\frac{H_{r,T}(s)}{H_{ref}(s)} \;=\; \frac{h_T}{h_{ref}} \;=\; n_1
$$

Daraus folgt, dass man den Teilerfaktor n_1 möglichst klein wählen muss, damit das Phasenrauschen der Frequenzteiler das Phasenrauschen des Referenzoszillators nicht übersteigt. Wir haben bereits erwähnt, dass als Referenzoszillatoren bevorzugt Quarz-Oszillatoren mit einer Frequenz im Bereich von 10 MHz eingesetzt werden. Wenn nun der Teilerfaktor n_1 klein bleiben muss, liegt die Vergleichsfrequenz am Phasendetektor ebenfalls im MHz-Bereich und ist damit in vielen praktischen Fällen deutlich größer als das Kanalraster f_K; in diesen Fällen muss man demnach eine Fractional-N-PLL verwenden.

27.4.5 Phasendetektor

Bei Phasen- (Frequenz-) Detektoren ist eine Berechnung der Phasenrauschdichte $S_{\varphi,PD}(f_M)$ noch einmal wesentlich komplexer als bei einem Frequenzteiler [27.5], man erhält aber auch hier wieder einen Verlauf mit einem weißen Grundrauschen und einem 1/f-Anteil:

$$
S_{\varphi,PD}(f_M) \;=\; S_{\varphi,PD0}\left(1 + \frac{f_{g,PD(1/f)}}{f_M}\right)
$$

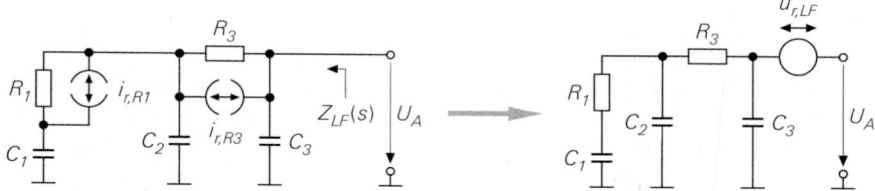

Abb. 27.67. Rauschstromquellen $i_{r,R1}$ und $i_{r,R3}$ und äquivalente Rauschspannungsquelle $u_{r,LF}$ bei einem passiven Schleifenfilter 3. Ordnung

$$\approx \begin{cases} \dfrac{S_{\varphi,PD0}\, f_{g,PD(1/f)}}{f_M} & \text{für } f < f_{g,PD(1/f)} \\[2mm] S_{\varphi,PD0} & \text{für } f > f_{g,PD(1/f)} \end{cases}$$

Analoge Phasendetektoren (Mischer) erreichen Werte bis zu $S_{\varphi,T0} \approx 10^{-17}\,\mathrm{rad^2/Hz}$ bzw. $L(f_M) \approx -173\,\mathrm{dBc/Hz}$ und $f_{g,PD(1/f)} \approx 1\,\mathrm{kHz}$ [27.6]. Bei einem Tristate-Phasendetektor mit Ladungspumpe hängen die Werte dagegen nicht nur vom Detektor an sich, sondern auch vom Impuls-Muster der Ladungspumpe im eingeschwungenen Zustand ab. Bei einer Integer-N-PLL sind die Impulse im eingeschwungenen Zustand sehr kurz; daraus resultiert ein vergleichsweise geringes Phasenrauschen. Bei einer Fractional-N-PLL hängt das Phasenrauschen des Detektors demnach von der Teilerfaktorsteuerung und vom eingestellten Kanal K ab. Eine Optimierung ist in diesem Fall nur mit aufwendigen Simulationen oder Messungen möglich. Generell gilt aber, dass das Phasenrauschen im praktisch interessanten Bereich mit zunehmenden Strömen in den Gattern des Phasendetektors und zunehmendem Strom I_0 der Ladungspumpe abnimmt und deshalb letztendlich durch die zulässige Verlustleistung nach unten begrenzt wird.

27.4.6 Schleifenfilter

Das Rauschen des Schleifenfilters wird mit den üblichen Methoden zur Berechnung der äquivalenten Rauschquellen elektronischer Schaltungen berechnet, siehe Abschnitt 4.2.4, insbesondere Abschnitt 4.2.4.8 auf Seite 491. Bei einem passiven Schleifenfilter müssen die Rauschstromquellen der Widerstände in eine äquivalente Rauschspannungsquelle $u_{r,LF}$ am Ausgang des Filters umgerechnet werden; Abb. 27.67 zeigt dies am Beispiel eines Filters 3. Ordnung. Bei einem passiven Netzwerk mit ausschließlich thermischem Rauschen der Widerstände kann man die Rauschspannungsdichte am Ausgang aber auch direkt mit Hilfe der Impedanz

$$Z_{LF}(s) = \cfrac{1}{sC_3 + \cfrac{1}{R_3 + \cfrac{1}{sC_2 + \cfrac{1}{R_1 + \cfrac{1}{sC_1}}}}}$$

berechnen [7]:

$$S_{\varphi,LF}(f) = |u_{r,LF}(f)|^2 = 4k_B T\,\mathrm{Re}\{Z_{LF}(j\omega)\} \qquad \text{mit } \omega = 2\pi f \qquad (27.45)$$

---

[7] Wir verwenden hier für die Boltzmann-Konstante das Formelzeichen k_B, da wir k bereits für den Dimensionierungsfaktor des symmetrischen Optimums verwendet haben.

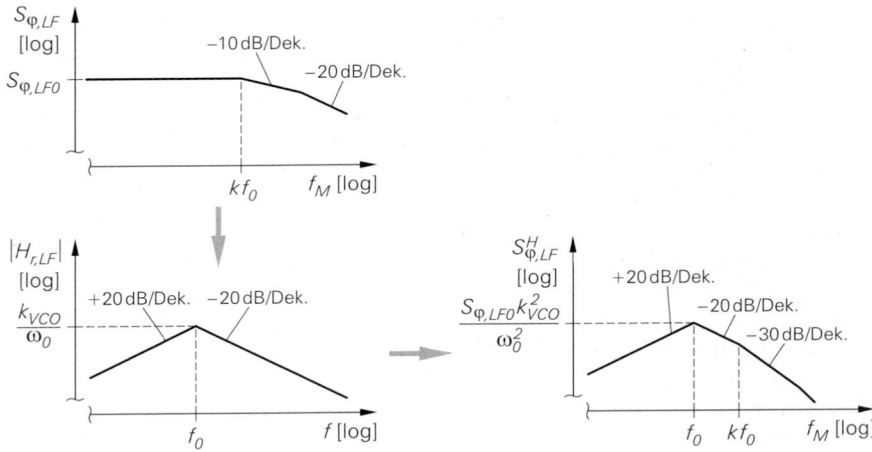

Abb. 27.68. Übertragung der Rauschdichte des Schleifenfilters auf den Ausgang einer PLL

Eine exakte Berechnung des Realteils der Impedanz $Z_{LF}(s)$ liefert einen nur schwer interpretierbaren Ausdruck; wir haben deshalb numerische Auswertungen mit Hilfe eines Mathematikprogramms vorgenommen und dabei eine für die Praxis ausreichend genaue Näherung gefunden:

- Für niedrige Frequenzen entspricht der Realteil etwa der Summe der Widerstände: $R_1 + R_3$.
- Ab der oberen Kreisfrequenz $k\omega_0 = 1/T_0$ des symmetrischen Optimums fällt der Realteil zunächst proportional zu ω^{-1} ab.
- Für hohe Frequenzen fällt der Realteil proportional zu ω^{-2} ab.

Für den ersten und den zweiten Bereich können wir demnach folgende Näherung verwenden:

$$\mathrm{Re}\{Z_{LF}(j\omega)\} \approx \frac{R_1 + R_3}{\sqrt{1 + (\omega T_0)^2}} \qquad \text{für } \omega < 10\omega_0$$

Abbildung 27.68 zeigt die Übertragung der Rauschdichte des Schleifenfilters auf den Ausgang mit der niederfrequenten Rauschdichte

$$S_{\varphi,LF0} \approx 4 k_B T_0 (R_1 + R_3)$$

und dem Maximalwert

$$\frac{S_{\varphi,LF0}\, k_{VCO}^2}{\omega_0^2} = \frac{4 k_B T\, (R_1 + R_3)\, k_{VCO}^2}{\omega_0^2} \qquad (27.46)$$

am Ausgang. Da die Kennlinie des VCOs und damit die VCO-Konstante k_{VCO} so gewählt werden muss, dass der erforderliche Abstimmbereich erzielt wird, und die Schleifenbandbreite ω_0 durch den Schnittpunkt der am Ausgang wirksamen Phasenrauschdichten der Oszillatoren gegeben ist, kann man das am Ausgang wirksame Rauschen des Schleifenfilters nur durch die Wahl der Widerstände beeinflussen. Das Rauschen ist umso geringer, je niederohmiger die Widerstände sind; auf der anderen Seite muss man bei einer Reduktion der Widerstandswerte den Strom I_0 der Ladungspumpe des Phasendetektors erhöhen, um die Schleifenverstärkung konstant zu halten. Man wird demnach das Schleifenfilter so niederohmig und den Strom I_0 groß wählen, dass das wirksame Rauschen des Schleifenfilters unter dem wirksamen Rauschen der Oszillatoren liegt.

Beispiel: Wir betrachten die PLL, für die wir die Phasenrauschdichten der Oszillatoren in Abb. 27.65 auf Seite 1695 dargestellt haben. Am Schnittpunkt $f_M = 100\,\text{kHz}$ beträgt das wirksame Phasenrauschen beider Oszillatoren $10^{-13}\,\text{rad}^2/\text{Hz}$ ($L = -133\,\text{dBc/Hz}$). Wir nehmen an, dass der Abstimmbereich $30\,\text{MHz}$ betragen soll und am Ausgang der Ladungspumpe bei einer Versorgungsspannung von $5\,\text{V}$ ein Aussteuerungsbereich von $1\ldots4\,\text{V}$ zur Verfügung steht; die VCO-Konstante muss demnach $10\,\text{MHz/V}$ betragen. Daraus folgt mit(27.46) und $4\,k_B T = 1{,}66 \cdot 10^{-20}\,\text{W/Hz}$ die Forderung [8]:

$$
\frac{1{,}66 \cdot 10^{-20}\,\text{W/Hz} \cdot (R_1 + R_3) \cdot \left(2\pi \cdot 10^7\,\text{Hz/V}\right)^2}{\left(2\pi \cdot 10^5\,\text{Hz}\right)^2}
$$

$$
= 1{,}66 \cdot 10^{-16}\,\frac{\text{rad}^2}{\Omega \cdot \text{Hz}} \cdot (R_1 + R_3) < 10^{-13}\,\frac{\text{rad}^2}{\text{Hz}}
$$

$$
\Rightarrow \quad R_1 + R_3 < 600\,\Omega
$$

Das ist eine harte Forderung, die hier dadurch zustande kommt, dass die beiden Oszillatoren ein sehr geringes Phasenrauschen besitzen. In der Regel gilt $R_3 \approx 2R_1$, so dass wir $R_1 \approx 200\,\Omega$ und $R_3 \approx 400\,\Omega$ annehmen können. Aus der Forderung

$$
\frac{k_{PD}\, k_{VCO}\, H_0}{n_2} = \omega_0
$$

des symmetrischen Optimums erhalten wir mit $k_{PD} = I_0/(2\pi)$, $H_0 = R_1$ und $n_2 = 100$ den erforderlichen Strom der Ladungspumpe:

$$
\frac{I_0 k_{VCO} R_1}{2\pi n_2} = \omega_0 \quad \Rightarrow \quad I_0 = \frac{2\pi n_2 \omega_0}{k_{VCO} R_1} \approx 31\,\text{mA}
$$

Das ist ein extrem hoher Wert. Wir müssen hier allerdings darauf hinweisen, dass sich die Daten der Oszillatoren auf einen sehr hochwertigen quarzstabilisierten Festfrequenz-Oszillator beziehen, für den in der Praxis ein geringerer Abstimmbereich ausreichend ist. Ferner muss man bei phasenrauscharmen VCOs den Abstimmspannungsbereich maximieren, indem man für die Ladungspumpe eine höhere Versorgungsspannung wählt, z.B. $12\,\text{V}$; in sehr hochwertigen quarzstabilisierten Oszillatoren werden sogar Spannungsvervielfacher eingesetzt, um Abstimmspannungen bis zu $30\,\text{V}$ zur Verfügung zu stellen. Wir erhalten demnach realistischere Werte, wenn wir einen Abstimmbereich von $10\,\text{MHz}$ und einen Aussteuerungsbereich von $3\ldots11\,\text{V}$ annehmen; daraus folgt $k_{VCO} = 1{,}25\,\text{MHz/V}$ und mit (27.46) $R_1 + R_3 < 38\,\text{k}\Omega$. Mit $R_1 \approx 12\,\text{k}\Omega$ folgt für den Strom der Ladungspumpe $I_0 \approx 4\,\text{mA}$. Damit befinden wir uns im Bereich praktischer Werte. Damit das wirksame Phasenrauschen des Schleifenfilters unter dem wirksamen Phasenrauschen der Oszillatoren bleibt, kann man nun die Widerstände noch etwa um den Faktor $2\ldots3$ kleiner und den Strom I_0 entsprechend größer wählen. Alternativ kann man die Versorgungsspannung der Ladungspumpe weiter erhöhen und damit die VCO-Konstante noch weiter verringern.

---

[8] Man muss hier beachten, dass die Einheit rad keine normale Einheit ist, sondern nur darauf hinweist, dass der Winkel φ im Bogenmaß angegeben sind; deshalb wird bei der Auswertung von (27.46) die Einheit rad^2 im Zähler ergänzt.

Das Beispiel zeigt, dass es bei einem großen Abstimmbereich, einer geringen Versorgungsspannung und Oszillatoren mit niedrigem Phasenrauschen nicht mehr möglich ist, das effektive Phasenrauschen des Schleifenfilters unter dem der Oszillatoren zu halten. In der Regel hängt auch das Phasenrauschen der Oszillatoren von deren Verlustleistung ab; deshalb lautet die Aufgabe in der Praxis, *alle* Komponenten einer PLL so auszulegen, dass ein gefordertes Phasenrauschen am Ausgang mit einer möglichst geringen *Gesamt*verlustleistung *und* akzeptablen Kosten erzielt wird.

27.4.7 Minimierung des Phasenrauschens

Wir fassen hier die wichtigsten Aspekte zur Minimierung des Phasenrauschens einer PLL zusammen:

- Man minimiere das Phasenrauschen des Referenzoszillators und des VCOs, soweit dies mit Hinblick auf die Verlustleistung und die Kosten möglich ist; dabei kommt der Wahl der Referenzfrequenz f_{REF} und der damit verbundenen Frage nach dem Resonator des Referenzoszillators eine zentrale Bedeutung zu.
- Aus der gewünschten Ausgangsfrequenz und der Referenzfrequenz erhält man das Verhältnis der Teilerfaktoren: n_2/n_1 bzw. $\bar{n}_2/n_1$. Damit kann man die effektiven Rauschdichten der Oszillatoren und aus deren Schnittpunkt die optimale Schleifenbandbreite bestimmen.
- Man wähle den Teilerfaktor n_1 des Referenzfrequenzteilers maximal so groß, dass das effektive Phasenrauschen des Referenzoszillators innerhalb der Schleifenbandbreite *nicht* unter das effektive Phasenrauschen des Phasendetektors und der Frequenzteiler abfällt. Wenn man damit den erforderlichen Kanalabstand $f_K = f_{REF}/n_1$ erzielen kann, kann man eine Integer-N-PLL verwenden; andernfalls muss man eine Fractional-N-PLL verwenden.
- Man wähle die Widerstände des Schleifenfilters und den Strom der Ladungspumpe so, dass das effektive Phasenrauschen des Schleifenfilters unter dem der Oszillatoren liegt.
- Anschließend sind die Störtöne zu untersuchen, vor allem bei einer Fractional-N-PLL. Bei einem sehr kleinen Kanalabstand f_K tritt häufig der Fall auf, dass man auch mit einer hohen Ordnung des Delta-Sigma-Modulators einer Fraction-N-PLL keine ausreichende Dämpfung der Störtöne erzielen kann, wenn man die optimale Schleifenbandbreite verwendet. In der Praxis muss die Schleifenbandbreite immer deutlich geringer sein als der Kanalabstand: $f_0 \ll f_K$. Für dieses Problem gibt es zwei Lösungsansätze: Man kann die Schleifenbandbreite kleiner wählen und damit eine Zunahme der effektiven Phasenrauschdichte in einem Bereich oberhalb der Schleifenbandbreite in Kauf nehmen, siehe Abb. 27.69b; dabei reduziert man die Schleifenbandbreite so weit, bis sich die Begrenzung des Inband-Dynamikbereichs durch die abnehmenden Störtöne und das zunehmende Phasenrauschen die Waage halten. Alternativ kann man die Oszillatoren überarbeiten und dafür sorgen, dass man eine geringere optimale Schleifenbandbreite erhält; dazu muss man das Phasenrauschen des VCOs verringern, während das Phasenrauschen des Referenzoszillators etwas zunehmen darf.

Abbildung 27.69 zeigt die Auswirkungen einer zu geringen oder zu großen Schleifenbandbreite. In beiden Fällen erhöht sich der effektive Phasen-Jitter, der mit (26.45) auf Seite 1607 unter Verwendung praktischer Ober- und Untergrenzen berechnet wird:

$$\varphi_{eff} = \sqrt{\int_{f_U}^{f_o} S'_\varphi(f_M)\, df_M}$$

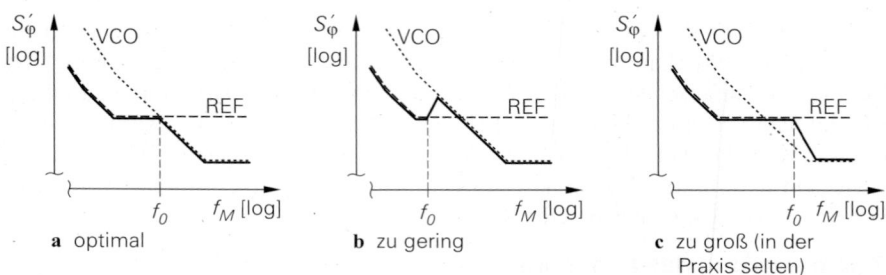

Abb. 27.69. Verlauf der Phasenrauschdichte am Ausgang der PLL in Abhängigkeit von der Schleifenbandbreite

Die Grenzen hängen vom Anwendungsfall ab, siehe Abschnitt 26.6.1.2.1.

Eine Überhöhung im Verlauf der Phasenrauschdichte entsprechend Abb. 27.69b kann auch durch ein zu hochohmiges Schleifenfilter verursacht werden; in diesem Fall muss man das Filter niederohmiger machen und den Strom der Ladungspumpe entsprechend erhöhen.

Kapitel 28:
Anhang

28.1 PSpice-Kurzanleitung

28.1.1 Grundsätzliches

PSpice von *Cadence* (früher *MicroSim*) ist ein Schaltungssimulator der *Spice*-Familie (*Simulation Program with Integrated Circuit Emphasis*) zur Simulation analoger, digitaler und gemischt analog-digitaler Schaltungen. *Spice* wurde um 1970 an der Universität in Berkeley entwickelt und existiert heute in der Version 3F4 zur lizenzfreien Verwendung. Auf dieser Basis wurden kommerzielle Ableger entwickelt, die spezifische Erweiterungen und zusätzliche Module zur grafischen Schaltplan-Eingabe, Ergebnisanzeige und Ablaufsteuerung enthalten. Bekannte Ableger sind *PSpice* und *HSpice*. Während *HSpice* von *Synopsys* für den Entwurf integrierter Schaltungen mit mehreren Tausend Transistoren ausgelegt ist und in vielen IC-Design-Paketen als Simulator verwendet wird, ist *PSpice* ein besonders preisgünstiges und komfortabel zu bedienendes Programmsystem zum Entwurf kleiner und mittlerer Schaltungen auf PCs mit Windows-Betriebssystem.

Die vorliegende Kurzanleitung basiert auf der Evaluation-Version von *PSpice 8*, die unter *www.tietze-schenk.de* verfügbar ist.

28.1.2 Programme und Dateien

28.1.2.1 Spice

Alle Simulatoren der *Spice*-Familie arbeiten mit Netzlisten. Eine Netzliste ist eine mit einem Editor erstellte Beschreibung einer Schaltung, die neben den Bauteilen und Angaben zur Schaltungstopologie Simulationsanweisungen und Verweise auf Bibliotheken mit Modellen enthält. Abb. 28.1.1 zeigt den Ablauf einer Schaltungssimulation mit den beteiligten Programmen und Dateien:

- Die Netzliste der zu simulierenden Schaltung wird mit einem Editor erstellt und in der Schaltungsdatei *<name>.CIR* (*CIRcuit*) gespeichert.
- Der Simulator (*PSpice* oder *Spice 3F4*) liest die Schaltung ein und führt die Simulation entsprechend den Simulationsanweisungen durch; dabei werden ggf. Modelle aus Bauteile-Bibliotheken *<xxx>.LIB* (*LIBrary*) verwendet.
- Simulationsergebnisse und (Fehler-) Meldungen werden in der Ausgabedatei *<name>.OUT* (*OUTput*) abgelegt und können mit einem Editor angezeigt und ausgedruckt werden.

28.1.2.2 PSpice

Das *PSpice*-Paket enthält neben dem Simulator *PSpice* ein Programm zur grafischen Schaltplan-Eingabe (*Schematics*) und ein Programm zur grafischen Anzeige der Simulationsergebnisse (*Probe*). Abb. 28.1.2 zeigt den Ablauf mit den beteiligten Programmen und Dateien:

- Mit dem Programm *Schematics* wird der Schaltplan der zu simulierenden Schaltung eingegeben und in der Schaltplandatei *<name>.SCH* (*SCHematic*) gespeichert; dabei werden Schaltplansymbole aus Symbol-Bibliotheken *<xxx>.SLB* (*Schematic LiBrary*) verwendet.

© Springer-Verlag GmbH Deutschland, ein Teil von Springer Nature 2019
U. Tietze et al., *Halbleiter-Schaltungstechnik*

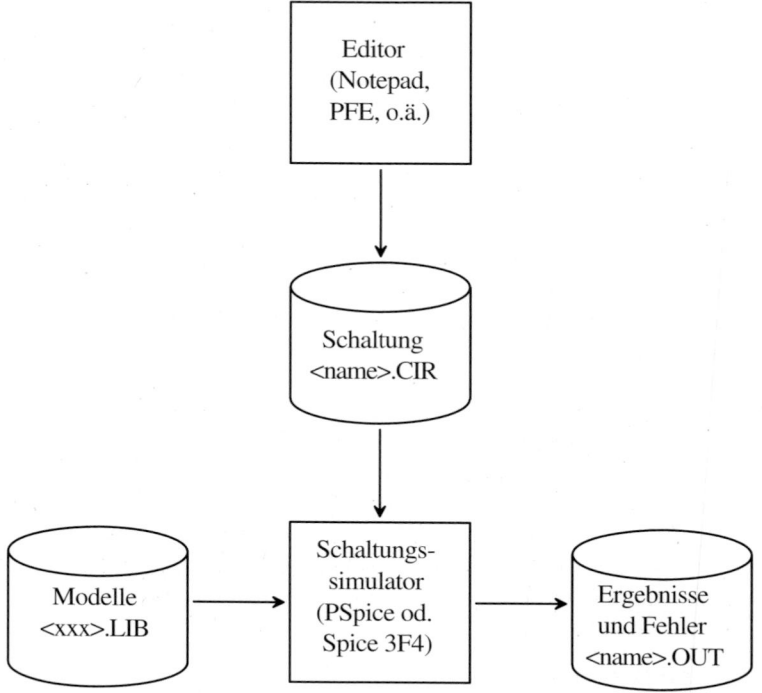

Abb. 28.1.1. Programme und Dateien bei *Spice*

– Im Programm *Schematics* wird durch Starten der Simulation (*Analysis/ Simulate*) oder durch Erzeugen der Netzliste (*Analysis/Create Netlist*) die Schaltungsdatei *<name>.CIR* erzeugt; dabei wird die Netzliste in der Datei *<name>.NET* gespeichert und mit einer *Include*-Anweisung eingebunden. Als weitere Datei wird *<name>.ALS* erzeugt; diese Datei enthält eine Liste mit Alias-Namen und ist für den Anwender unbedeutend.

– *PSpice* wird durch Starten der Simulation (*Analysis/Simulate*) im Programm *Schematics* gestartet; alternativ kann man *PSpice* manuell starten und mit *File/Open* die Schaltungsdatei auswählen. Bei der Simulation werden Modelle aus Bauteile-Bibliotheken *<xxx>.LIB* verwendet.

– Die grafisch darstellbaren Simulationsergebnisse werden in der Datendatei *<name>.DAT* gespeichert; nichtgrafische Ergebnisse und Meldungen werden in der Ausgabedatei *<name>.OUT* abgelegt und können mit einem Editor angezeigt werden.

– Mit dem Programm *Probe* können die Simulationsergebnisse grafisch dargestellt werden; dabei kann man die einzelnen Signale direkt darstellen oder Berechnungen mit einem oder mehreren Signalen durchführen. Die zum Aufbau einer Grafik erforderlichen Befehle können mit der Funktion *Options/Display Control* in der Anzeigedatei *<name>.PRB* gespeichert und wieder abgerufen werden. Wenn die Simulation im Programm *Schematics* mit *Analysis/Simulate* gestartet wurde, wird *Probe* am Ende der Simulation automatisch gestartet; die Datendatei *<name>.DAT* wird in diesem Fall automatisch geladen. Bei manuellem Start muss man die Datendatei mit *File/Open* auswählen.

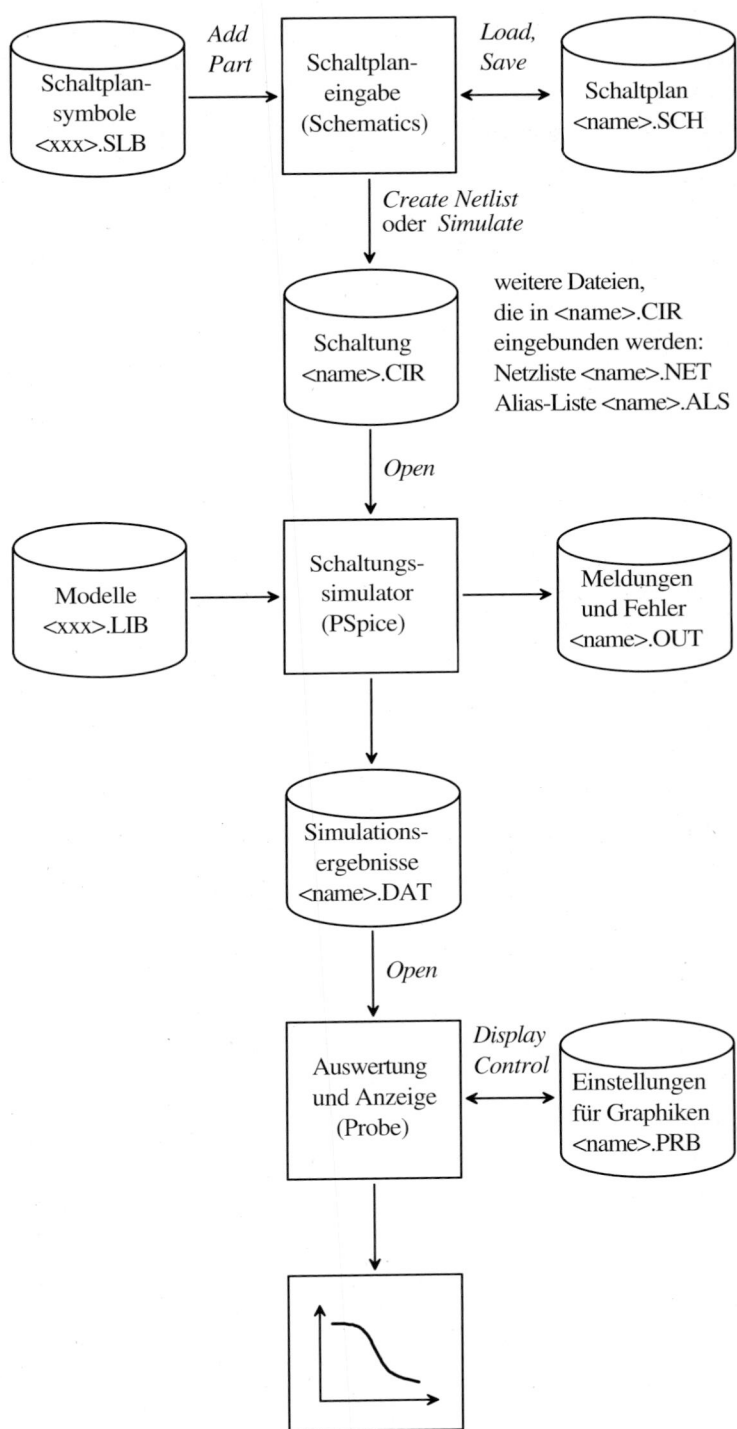

Abb. 28.1.2. Programme und Dateien bei *PSpice*

Man kann auch bei *PSpice* direkt mit Netzlisten arbeiten, indem man auf die grafische Schaltplan-Eingabe verzichtet und die Schaltungsdatei *<name>.CIR* mit einem Editor erstellt. Man hat dann im Vergleich zu *Spice* immer noch den Vorteil der grafischen Darstellung der Simulationsergebnisse mit *Probe*. Diese Arbeitsweise wird oft bei der Erstellung von neuen Modellen verwendet, da ein erfahrener Anwender Fehler, die beim Testen eines Modells auftreten, in der Schaltungsdatei schneller beheben kann als über die grafische Schaltplan-Eingabe.

28.1.3 Ein einfaches Beispiel

Die Eingabe einer Schaltung und die Durchführung einer Simulation werden am Beispiel eines Kleinsignal-Verstärkers mit Wechselspannungskopplung gezeigt; Abb. 28.1.3 zeigt den Schaltplan.

28.1.3.1 Eingabe des Schaltplans

Zur Schaltplan-Eingabe wird das Programm *Schematics* gestartet; Abb. 28.1.4 zeigt das Programmfenster. Die Werkzeugleiste enthält von links beginnend die *File*-Operationen *New*, *Open*, *Save* und *Print*, die *Edit*-Operationen *Cut*, *Copy*, *Paste*, *Undo* und *Redo* und die *Draw*-Operationen *Redraw*, *Zoom In*, *Zoom Out*, *Zoom Area* und *Zoom to Fit Page*, die alle in der gewohnten Art arbeiten.

Die Schaltplan-Eingabe wird schrittweise vorgenommen:

– Bauteile einfügen;
– Bauteile konfigurieren;
– Verbindungsleitungen einfügen.

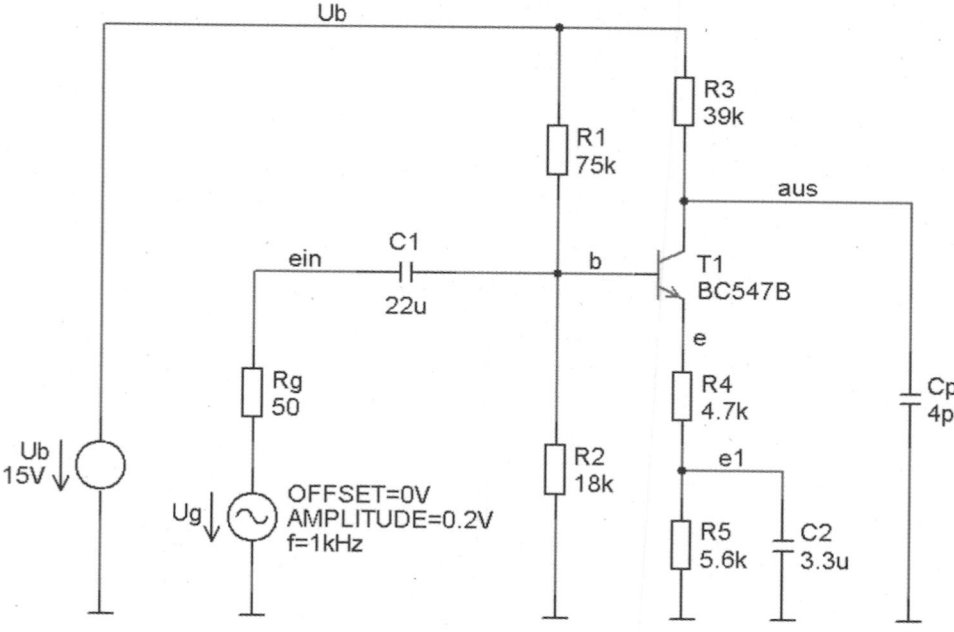

Abb. 28.1.3. Schaltplan des Beispiels

Abb. 28.1.4. Fenster des Programms *Schematics*

Dazu werden folgende Werkzeuge benötigt:

Schritt	Werkzeug		Aktion
1		*Get New Part*	Bauteil einfügen
2		*Edit Attributes*	Bauteil konfigurieren
3		*Draw Wire*	Verbindungsleitung einfügen
4		*Setup Analysis*	Simulationsanweisungen eingeben
5		*Simulate*	Simulation starten

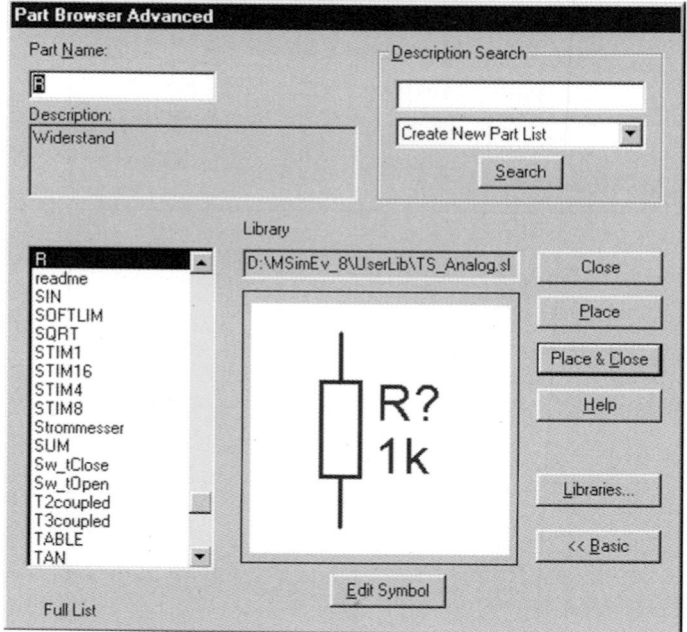

Abb. 28.1.5. Dialog *Get New Part*

28.1.3.1.1 Bauteile einfügen

Mit dem Werkzeug *Get New Part* wird das Dialog-Fenster *Part Browser Basic* aufgerufen; mit der Funktion *Advanced* erhält man das in Abb. 28.1.5 gezeigte Dialog-Fenster *Part Browser Advanced*. Ist der Name des Bauteils bekannt, kann er im Feld *Part Name* eingegeben werden; das Bauteil erscheint in der Vorschau und kann mit *Place* oder *Place & Close* übernommen werden. Ist der Name nicht bekannt, muss man die Liste der Bauteile durchsuchen. Mit der Funktion *Libraries* kann man ein Dialog-Fenster aufrufen, in dem die Bauteile nach Bibliotheken getrennt angezeigt werden; eine Vorschau erfolgt hier jedoch erst nach erfolgter Auswahl und Rücksprung mit *Ok*.

Nach Übernahme mit *Place* oder *Place & Close* wird das Bauteil durch Betätigen der linken Maustaste im Schaltplan eingefügt. Vor dem Einfügen kann man das Bauteil mit *Strg-R* rotieren und mit *Strg-F* spiegeln. Der Einfügemodus bleibt erhalten, bis die rechte Maustaste oder *Esc* betätigt wird.

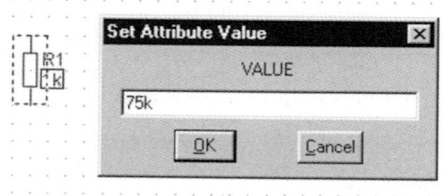

Abb. 28.1.6.
Dialog *Set Attribute Value*

Die Namen der wichtigsten passiven und aktiven Bauteile lauten:

Name	Bauteil	Bibliothek
R	Widerstand	TS_ANALOG.SLB
C	Kapazität	
L	Induktivität	
K	induktive Kopplung	
E	spannungsgesteuerte Spannungsquelle	
F	stromgesteuerte Stromquelle	
G	spannungsgesteuerte Stromquelle	
H	stromgesteuerte Spannungsquelle	
Uebertrager	idealer Übertrager	
U	allgemeine Spannungsquelle	
Ub	Gleichspannungsquelle	
U-Dreieck	Großsignal-Dreieckspannungsquelle	
U-Puls	Großsignal-Pulsspannungsquelle	
U-Rechteck	Großsignal-Rechteckspannungsquelle	
U-Sinus	Großsignal-Sinusspannungsquelle	
I	allgemeine Stromquelle	
Ib	Gleichstromquelle	
GND	Masse	
1N4148	Kleinsignal-Diode 1N4148 (100 mA)	TS_BIPOLAR.SLB
1N4001	Gleichrichter-Diode 1N4001 (1 A)	
BAS40	Kleinsignal-Schottky-Diode BAS40	
BC547B	npn-Kleinsignal-Transistor BC547B	
BC557B	pnp-Kleinsignal-Transistor BC557B	
BD239	npn-Leistungs-Transistor BD239	
BD240	pnp-Leistungs-Transistor BD240	
BF245B	n-Kanal-Sperrschicht-Fet BF245B	TS_FET.SLB
IRF142	n-Kanal-Leistungs-Mosfet IRF142	
IRF9142	p-Kanal-Leistungs-Mosfet IRF9142	

28.1.3.1.2 Bauteile konfigurieren

Die meisten Bauteile müssen nach dem Einfügen noch konfiguriert werden. Darunter versteht man bei passiven Bauteilen wie Widerständen, Kapazitäten und Induktivitäten die Angabe des Wertes (*Value*), bei Spannungs- und Stromquellen die Angabe der Signalform mit den zugehörigen Parametern (Amplitude, Frequenz, usw.) und bei gesteuerten Quellen die Angabe des Steuerfaktors. Halbleiterbauelemente wie Transistoren oder Operationsverstärker müssen nicht konfiguriert werden, da sie einen Verweis auf ein Modell in einer Modell-Bibliothek enthalten, das alle Angaben enthält.

Den Wert eines passiven Bauelements kann man durch einen Maus-Doppelklick auf den angezeigten Wert ändern; dabei erscheint ein Dialog-Fenster *Set Attribute Value* zur Eingabe des Wertes, siehe Abb. 28.1.6.

Über das Werkzeug *Edit Attributes* oder durch einen Maus-Doppelklick auf das Symbol des Bauteils erhält man das in Abb. 28.1.7 gezeigte Dialog-Fenster *Part*, in dem alle Parameter anzeigt werden. Parameter, die nicht mit einem Stern gekennzeichnet sind, können ausgewählt, im Feld *Value* geändert und mit *Save Attr* gespeichert werden. Mit der Funktion *Change Display* kann man einstellen, ob und wie der ausgewählte Parameter im Schaltplan angezeigt wird; meistens wird nur der Wert, z.B. *1k*, oder der Parametername und der Wert, z.B. *R = 1k*, angezeigt.

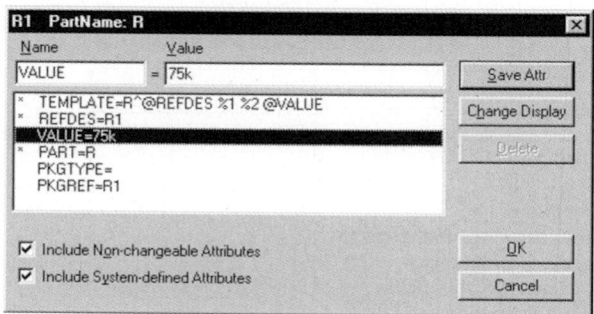

Abb. 28.1.7.
Dialog *Part*

Zahlenwerte können in exponentieller Form, z.B. *1.5E-3* (beachte: Dezimalpunkt, kein Komma !), oder mit den folgenden Suffixen angegeben werden:

Suffix	f	p	n	u	m	k	Mega	G	T
Name	Femto	Piko	Nano	Mikro	Milli	Kilo	Mega	Giga	Tera
Wert	10^{-15}	10^{-12}	10^{-9}	10^{-6}	10^{-3}	10^{3}	10^{6}	10^{9}	10^{12}

Es wird nicht zwischen Groß- und Kleinschreibung unterschieden. Ein häufig auftretender Fehler ist die Verwendung von *M* für *Mega*, was üblich ist, aber von *PSpice* als *Milli* interpretiert wird.

28.1.3.1.3 Verbindungsleitungen einfügen

Nachdem alle Bauteile der Schaltung eingefügt und konfiguriert sind, müssen mit dem Werkzeug *Draw Wire* die Verbindungsleitungen eingegeben werden; dabei wird anstelle des Mauszeigers ein Stift angezeigt. Zunächst muss man den Anfangspunkt einer Leitung durch Betätigen der linken Maustaste markieren. Der Verlauf der Leitung wird als gestrichelte Linie angezeigt und kann mit der linken Maustaste punktweise bis zum Endpunkt eingegeben werden, siehe Abb. 28.1.8. Im einfachsten Fall wird nur der Anfangs- und der Endpunkt eingegeben; in diesem Fall wird der Verlauf automatisch gewählt. Durch setzen von Zwischenpunkten kann man den Verlauf beeinflussen. Wird ein Punkt auf den Anschluss eines Bauteils oder auf eine andere Leitung gesetzt, wird die Leitung als vollständig betrachtet und die Eingabe beendet. Alternativ kann man die Eingabe durch Betätigen der rechten Maustaste oder *Esc* an jeder beliebigen Stelle beenden.

Masseleitungen werden normalerweise nicht gezeichnet; statt dessen wird an jedem Punkt, der mit Masse verbunden ist, das Masse-Symbol GND angeschlossen. Die Masse wird in der Netzliste mit dem Knoten-Namen 0 bezeichnet, die Bestandteil von GND ist. Es muss immer ein Knoten 0 vorhanden sein; deshalb muss jeder Schaltplan mindestens ein Masse-Symbol enthalten.

Alle Knoten erhalten automatisch einen Namen zugewiesen, der in der Netzliste erscheint und im Anzeigeprogramm *Probe* zur Auswahl der anzuzeigenden Signal benötigt

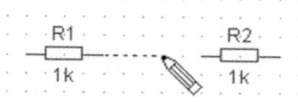

Abb. 28.1.8.
Einfügen einer Verbindungsleitung

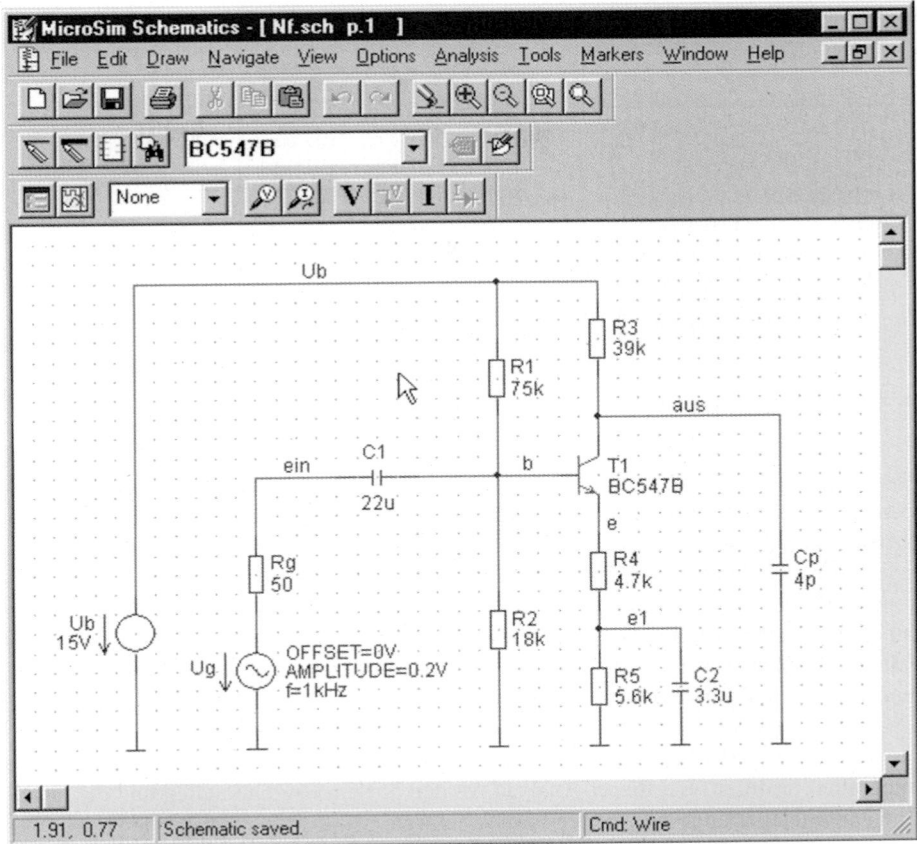

Abb. 28.1.9. Vollständiger Schaltplan für das Beispiel

wird. Da die automatisch vergebenen Namen nicht im Schaltplan erscheinen und deshalb ohne Auswertung der Netzliste nicht bekannt sind, sollte man im Schaltplan für jeden interessierenden Knoten einen sprechenden Namen angeben; dazu führt man einen Doppelklick auf eine zu diesem Knoten gehörende Leitung aus und gibt den Namen ein.

Nach dem Einfügen und Konfigurieren aller Bauteile, dem Einfügen aller Verbindungsleitungen und der Eingabe der Knoten-Namen erhält man den Schaltplan nach Abb. 28.1.9; er wird, falls noch nicht erfolgt, mit *File/Save* gespeichert.

28.1.3.2 Simulationsanweisungen eingeben

In diesem Schritt werden die durchzuführenden Simulationen und die Parameter der zur Ansteuerung verwendeten Spannungs- und Stromquellen angegeben. Es gibt drei Simulationsmethoden, die mit unterschiedlichen Quellen arbeiten:

– *Gleichspannungsanalyse (DC Sweep):* Mit dieser Analyse wird das Gleichspannungsverhalten einer Schaltung untersucht; dabei werden eine oder zwei Quellen variiert. Als Ergebnisse erhält man eine Kennlinie oder ein Kennlinienfeld. Bei dieser Analyse werden nur Gleichspannungsquellen und die Gleichanteile aller anderen Quellen (Parameter *DC=*) berücksichtigt.

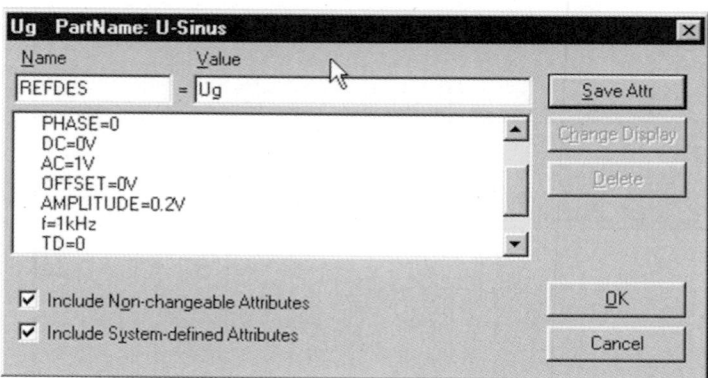

Abb. 28.1.10. Parameter der Quelle zur Ansteuerung der Schaltung

– *Kleinsignalanalyse (AC Sweep):* Mit dieser Analyse wird das Kleinsignalverhalten untersucht. Zunächst wird mit Hilfe der Gleichspannungsquellen bzw. Gleichanteile der Arbeitspunkt der Schaltung ermittelt; in diesem Arbeitspunkt wird die Schaltung linearisiert. Anschließend wird mit Hilfe der komplexen Wechselstromrechnung das Übertragungsverhalten bei Variation der Frequenz ermittelt. In diesem zweiten Schritt werden nur die Kleinsignalanteile der Quellen (Parameter *AC=*) berücksichtigt. Da die Kleinsignalanalyse linear ist, hängt das Ergebnis linear von den angegebenen Amplituden ab; man verwendet deshalb meist eine normierte Amplitude von 1 V bzw. 1 A, d.h. *AC=1*.
– *Großsignalanalyse (Transient):* Mit dieser Analyse wird das Großsignalverhalten untersucht; dabei wird der zeitliche Verlauf aller Spannungen und Ströme durch numerische Integration ermittelt. Bei dieser Analyse werden nur Großsignalquellen und die Großsignalanteile aller anderen Quellen berücksichtigt.

In unserem Beispiel soll eine Kleinsignalanalyse zur Ermittlung des Kleinsignal-Frequenzgangs und eine Großsignalanalyse mit einem Sinussignal der Amplitude 0.2 V (beachte: Dezimalpunkt, kein Komma!) und der Frequenz 1 kHz durchgeführt werden. In diesem Fall wird am Eingang eine Großsignal-Spannungsquelle *U-Sinus* mit zusätzlichem Parameter *AC* verwenden, siehe Schaltplan des Beispiels in Abb. 28.1.9. Abb. 28.1.10 zeigt die Parameter der Quelle, die aus den Vorgaben folgen.

Neben den Einstellungen der Quellen werden Simulationsanweisungen benötigt; damit werden die durchzuführenden Analysen ausgewählt und Parameter zur Analyse angegeben:

– *DC Sweep:* Name und Wertebereich der zu variierenden Quelle(n).
– *AC Sweep:* Frequenzbereich.
– *Transient:* Länge des zu simulierenden Zeitabschnitts und ggf. Schrittweite für die numerische Integration.

Die Simulationsanweisungen werden mit dem Werkzeug *Setup Analysis* erstellt. Dabei erscheint zunächst die in Abb. 28.1.11 gezeigte Auswahl der Analysen. Neben den bereits erläuterten Analysen *AC Sweep*, *DC-Sweep* und *Transient* sind weitere Analysen und Ergänzungen möglich, auf die z.T. an späterer Stelle noch eingegangen wird. Die Analyse *Bias Point Detail* berechnet den Arbeitspunkt mit Hilfe der Gleichspannungsquellen bzw. Gleichanteile und legt das Ergebnisse in der Ausgabedatei *<name>.OUT* ab; diese Analyse

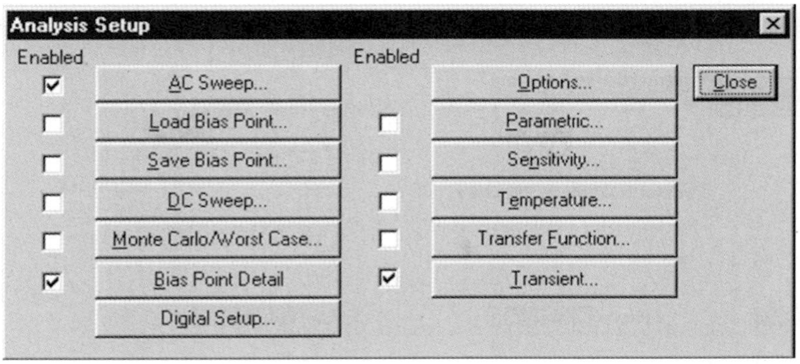

Abb. 28.1.11. Auswahl der Analysen

ist standardmäßig aktiviert. Für das Beispiel müssen *AC Sweep* und *Transient* aktiviert werden.

Durch Auswahl des Feldes *AC Sweep* wird der in Abb. 28.1.12 gezeigte *AC-Sweep*-Dialog zur Eingabe des Frequenzbereichs aufgerufen. In unserem Beispiel soll der Frequenzgang von 1 Hz bis 10 MHz mit 10 Punkten pro Dekade ermittelt werden.

Durch Auswahl des Feldes *Transient* wird der in Abb. 28.1.13 gezeigte *Transient*-Dialog aufgerufen. Hier wird im Feld *Final Time* das Ende der Simulation und im Feld *Step Ceiling* die maximale Schrittweite für die numerische Integration angegeben. Im Feld *No-Print Delay* wird angegeben, wann die Aufzeichnung der Ergebnisse beginnen soll; hier wird normalerweise 0 eingegeben, damit alle berechneten Werte grafisch angezeigt werden können. Wenn bei Schaltungen mit langer Einschwingzeit nur der eingeschwungene Zu-

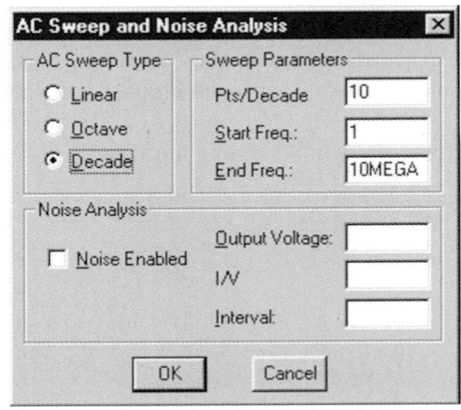

Abb. 28.1.12.
Einstellen des Frequenzbereichs für *AC Sweep*

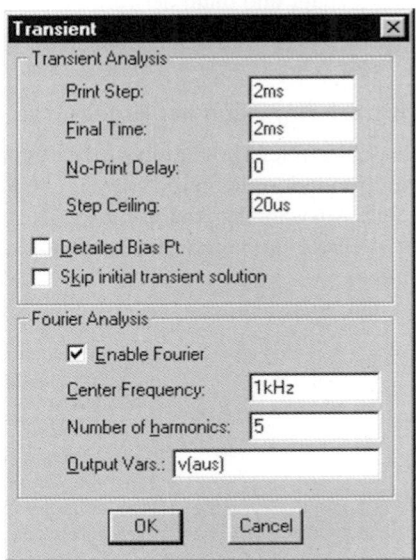

Abb. 28.1.13.
Einstellen der Parameter für *Transient*

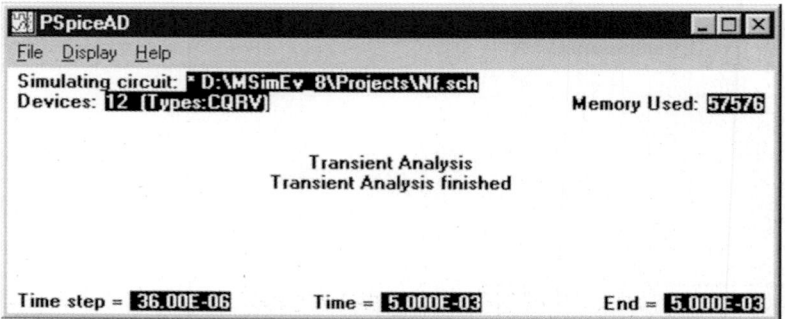

Abb. 28.1.14. *PSpice*-Fenster am Ende der Simulation

stand ermittelt werden soll, kann man *No-Print Delay* auf die geschätzte Einschwingzeit setzen und damit die Aufzeichnung erst nach der Einschwingzeit starten. Der Parameter *Print Step* ist historisch bedingt und wird nicht benötigt; er darf allerdings nicht auf 0 gesetzt werden und muss kleiner oder gleich der *Final Time* sein. Zusätzlich wird eine Fourier-Analyse des Ausgangssignals *v(aus)* bei einer Grundfrequenz von 1kHz entsprechend der Frequenz der Quelle durchgeführt; dabei werden 5 Harmonische bestimmt, die zusammen mit dem daraus berechneten Klirrfaktor in der Ausgabedatei *<name>.OUT* abgelegt werden.

Nachdem dem Eingeben der Simulationsanweisungen ist die Schaltplandatei komplett und wird mit *File/Save* gespeichert.

28.1.3.3 Simulation starten

Die Simulation wird mit dem Werkzeug *Simulate* gestartet; dabei wird zunächst die Netzliste erzeugt und dann der Simulator *PSpice* gestartet. Während der Simulation wird der Ablauf im *PSpice*-Fenster angezeigt; Abb. 28.1.14 zeigt die Anzeige am Ende der Simulation.

28.1.3.4 Anzeigen der Ergebnisse

Bei fehlerfreier Simulation wird automatisch das Anzeigeprogramm *Probe* gestartet. Wenn die Simulation mehrere Analysen beinhaltet, erscheint zunächst die in Abb. 28.1.15 gezeigte Auswahl der Analyse; nach Auswahl von *AC* erscheint das in Abb. 28.1.16 gezeigte *AC*-Fenster, das bereits die Frequenzskala entsprechend dem simulierten Frequenzbereich enthält.

Die Auswahl der anzuzeigenden Signale erfolgt mit dem Werkzeug *Add Trace*:

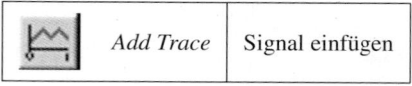

| | *Add Trace* | Signal einfügen |

Abb. 28.1.15. Auswahl der Analyse beim Aufruf von *Probe*

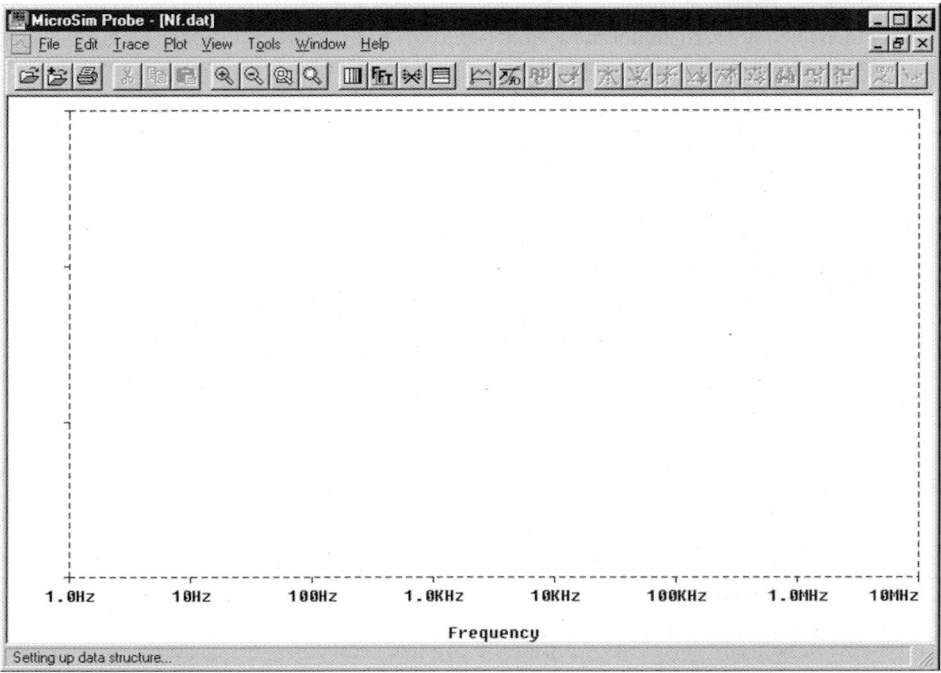

Abb. 28.1.16. *Probe*-Fenster nach Auswahl von *AC*

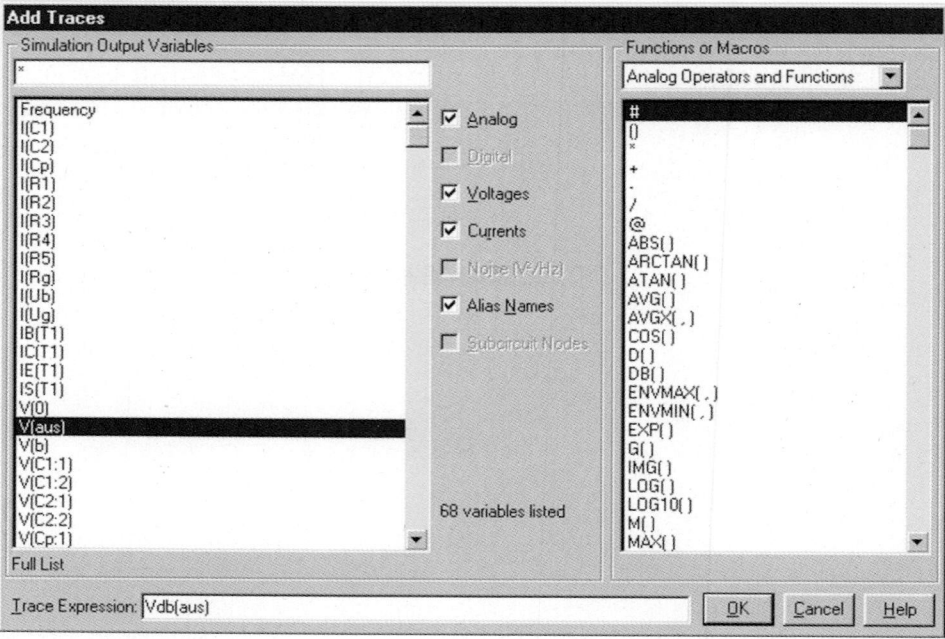

Abb. 28.1.17. Dialog *Add Traces*

Abb. 28.1.17 zeigt den Dialog *Add Traces* mit einer Auswahl der Signale auf der linken Seite und einer Auswahl mathematischer Funktion auf der rechten Seite. Dabei werden u.a. folgende Bezeichnungen verwendet:

Bezeichnung	Beispiel	Bedeutung
I(<Bauteil>)	I(R1)	Strom durch ein Bauteil mit zwei Anschlüssen, z.B. Strom durch den Widerstand R1
I<Anschluss>(<Bauteil>)	IB(T1)	Strom in den Anschluss eines Bauteils, z.B. Basisstrom des Transistors T1
V(<Knotenname>)	V(aus)	Spannung an einem Knoten mit Bezug auf Masse, z.B. Spannung am Knoten *aus*
V(<Bauteil.Anschluss>)	V(C1:1)	Spannung am Anschluss eines Bauteils, z.B. Spannung am Anschluss 1 der Kapazität C1
V<Anschluss>(<Bauteil>)	VB(T1)	Spannung am Anschluss eines Bauteils, z.B. Spannung am Basisanschluss des Transistors T1

Durch Anklicken mit der Maus werden die Signale oder Funktionen in das Feld *Trace Expression* übernommen und können dort ggf. editiert werden. Bei der Anzeige von *AC*-Signalen sind folgende Angaben möglich:

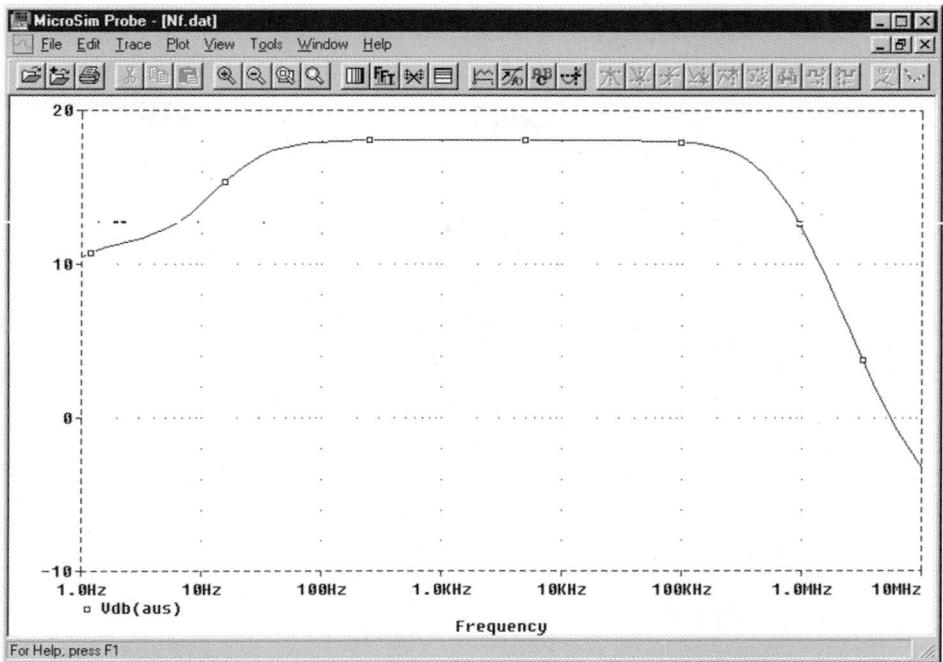

Abb. 28.1.18. Anzeige der Kleinsignal-Verstärkung in dB

Anzeige	Betrag	Betrag in dB	Phase
Beispiel	M(V(aus))	DB(V(aus))	P(V(aus))
	VM(aus)	VDB(aus)	VP(aus)
	V(aus)		

Im Beispiel wird mit *Vdb(aus)* der Betrag der Ausgangsspannung angezeigt, siehe Abb. 28.1.18. Da die ansteuernde Spannungsquelle eine Amplitude von 1 V (*AC=1*) aufweist, entspricht dies der Kleinsignal-Verstärkung der Schaltung. Mit den Menü-Befehlen *Plot/X Axis Settings* und *Plot/Y Axis Settings* kann man die Skalierung der x- und y-Achse ändern.

Man kann ohne weitere Maßnahmen weitere Signale in die Anzeige einfügen, wenn diese dieselbe Skalierung aufweisen. Will man Signale mit anderer Skalierung, z.B. die Phase *Vp(aus)*, sinnvoll darstellen, muss man zunächst mit dem Menü-Befehl *Plot/Add Y Axis* eine weitere y-Achse erzeugen. Die aktive y-Achse ist mit » markiert und kann durch Anklicken mit der Maus ausgewählt werden; nach *Plot/Add Y Axis* ist automatisch die neue y-Achse aktiv. Nach Einfügen der Phase *Vp(aus)* erhält man die Anzeige in Abb. 28.1.19.

Zum Abschluss sollen noch die Ergebnisse der Großsignalanalyse angezeigt werden. Dazu muss man zunächst mit dem Menü-Befehl *Plot/Transient* umschalten; es erscheint eine leere Anzeige, die bereits eine Zeitskala entsprechend dem simulierten Zeitabschnitt enthält. Fügt man mit dem Dialog *Add Traces* die Spannungen *V(ein)*, *V(b)*, *V(e)* und *V(aus)* ein, erhält man die Anzeige in Abb. 28.1.20.

Die Einstellungen für eine bestimmte Anzeige können mit dem Menü-Befehls *Tools/Display Control* abgespeichert und später wieder abgerufen werden. Die Spei-

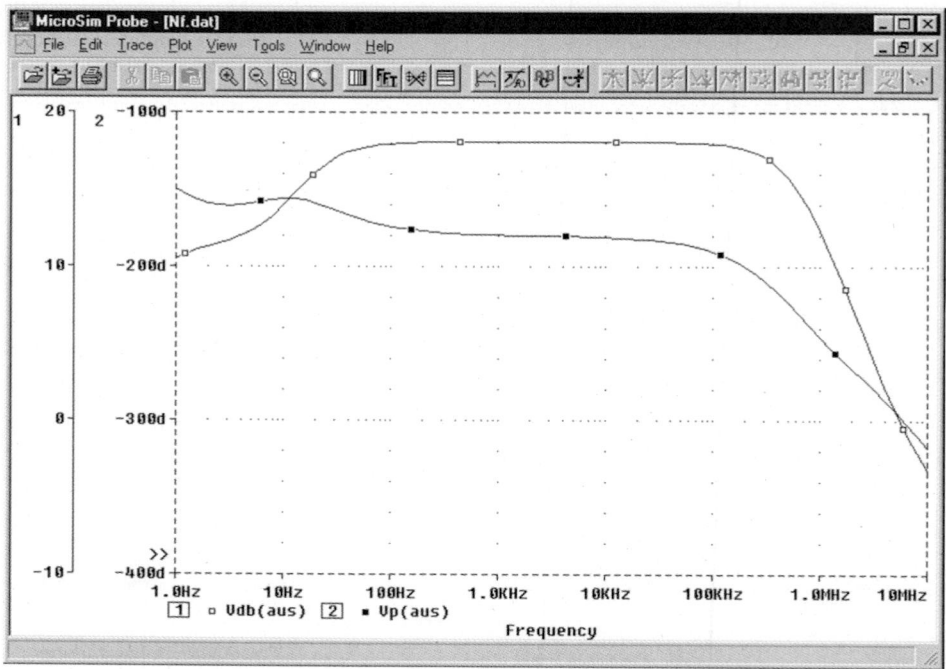

Abb. 28.1.19. Anzeige der Kleinsignal-Verstärkung und der Phase

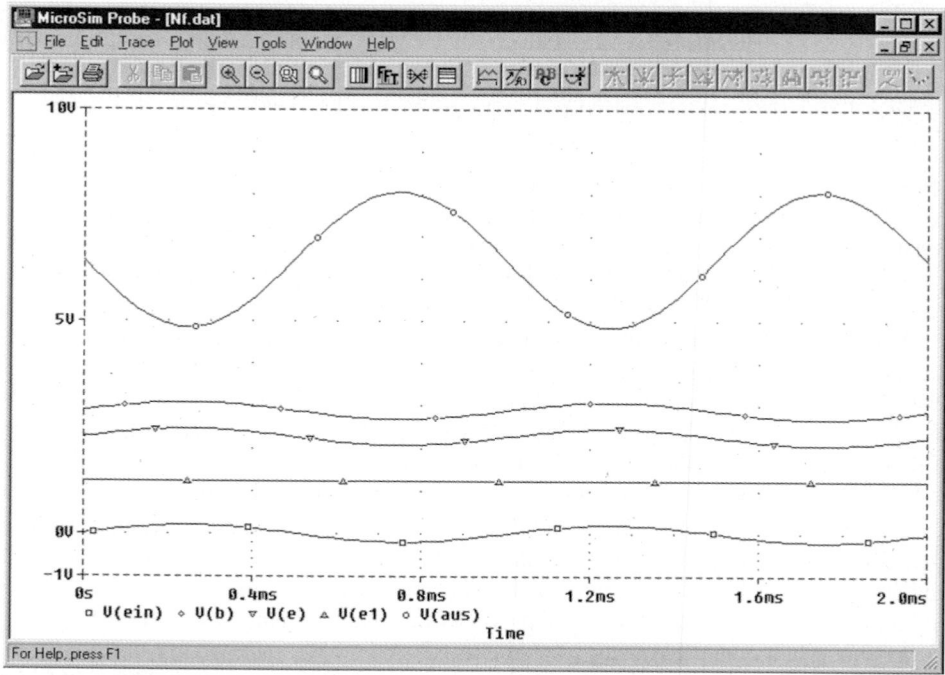

Abb. 28.1.20. Ergebnisse der Großsignalanalyse

cherung erfolgt getrennt nach Analysen, d.h. es werden nur die Einstellungen angezeigt, die zur ausgewählten Analyse gehören. Die zuletzt verwendeten Einstellungen kann man, sofern vorhanden, mit *Last Session* aufrufen.

Mit dem Menü-Befehl *Tools/Cursor/Display* kann man zwei Marker darstellen, die mit der linken bzw. rechten Maustaste bewegt werden; dabei werden die x- und y-Werte der Markerpositionen in einem zusätzlichen Fenster angezeigt. Näheres findet man in der Hilfe unter dem Stichwort *Cursor*. Das Ein- und Ausschalten der Marker kann auch mit dem Werkzeug *Toggle Cursor* erfolgen:

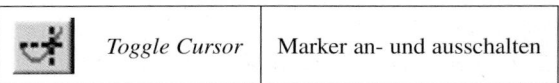

	Toggle Cursor	Marker an- und ausschalten

28.1.3.5 Arbeitspunkt anzeigen

Nach einer Simulation können die Spannungen und Ströme des Arbeitspunkts im Schaltplan dargestellt werden, siehe Abb. 28.1.21 und Abb. 28.1.22; dies geschieht im Programm *Schematics* mit den folgenden Werkzeugen:

V	*Enable Bias Voltage Display*	Arbeitspunktspannungen anzeigen
I	*Enable Bias Current Display*	Arbeitspunktströme anzeigen

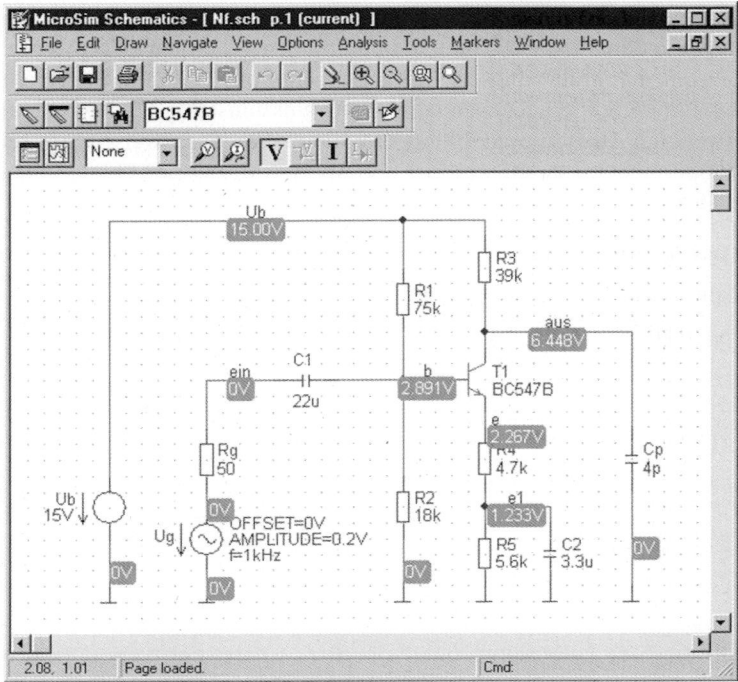

Abb. 28.1.21. Schaltplan mit Arbeitspunktspannungen

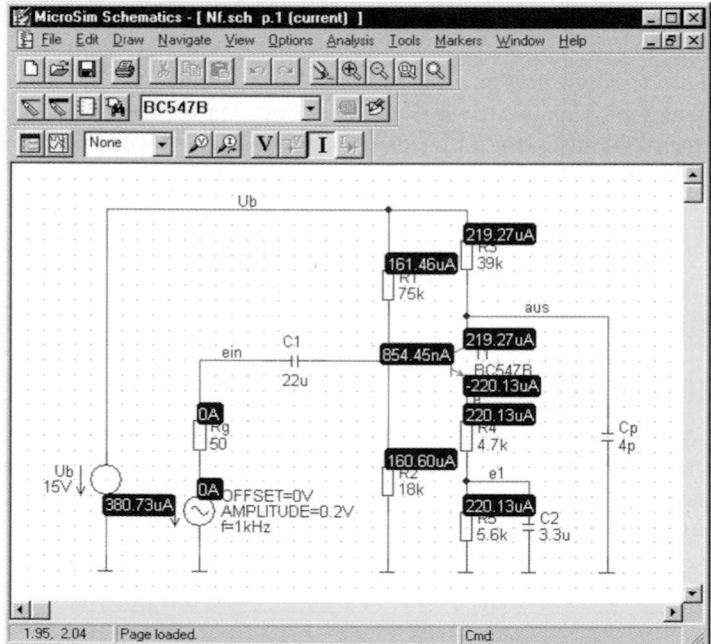

Abb. 28.1.22. Schaltplan mit Arbeitspunktströmen

Im Normalfall wird man nach Eingabe einer umfangreicheren Schaltung zunächst den Arbeitspunkt überprüfen, indem man eine Simulation mit der standardmäßig aktivierten Analyse *Bias Point Detail* durchführt und die Ergebnisse kontrolliert. Man stellt damit sicher, dass die Schaltung korrekt eingegeben wurde und funktionsfähig ist, bevor man weitere, u.U. zeitaufwendige Analysen durchführt. Bei dieser Vorgehensweise wird das Anzeigeprogramm *Probe* nicht gestartet, weil bei der Analyse *Bias Point Detail* keine grafischen Daten anfallen.

28.1.3.6 Netzliste und Ausgabedatei

Die Dateien des Beispiels haben folgenden, hier z.T. gekürzt wiedergegeben Inhalt.

– Schaltungsdatei NF.CIR:

```
** Analysis setup **
.ac DEC 10 1 10MEGA
.tran 2ms 2ms 0 20us
.four 1kHz 5 v([aus])
.OP
* From [SCHEMATICS NETLIST] section of msim.ini:
.lib "D:\MSimEv_8\UserLib\TS.lib"
.lib nom.lib
.INC "Nf.net"
.INC "Nf.als"
.probe
.END
```

Diese Datei enthält die Simulationsanweisungen (`.ac`/`.tran`/`.four`/`.OP`), den Verweis auf die Modell-Bibliotheken (`.lib`) und die Anweisungen zum Einbinden der Netzliste und der Aliasdatei (`.INC`).

– Netzliste NF.NET:

```
* Schematics Netlist *
R_R5          e1 0 5.6k
C_C2          e1 0 3.3u
R_R4          e e1 4.7k
R_Rg          ein $N_0001 50
V_Ub          Ub 0 DC 15V
R_R3          Ub aus 39k
R_R2          b 0 18k
Q_T1          aus b e BC547B
C_C1          ein b 22u
R_R1          Ub b 75k
C_Cp          aus 0 4p
V_Ug          $N_0001 0 DC 0V AC 1V
+ SIN 0V 0.2V 1kHz 0 0
```

– Ausgabedatei NF.OUT:

```
****      BJT MODEL PARAMETERS
              BC547B
              NPN
      IS    7.049000E-15
      BF   374.6
      NF    1
      VAF   62.79
      IKF    .08157
      ISE   68.000000E-15
      NE    1.576
      BR    1
      NR    1
      IKR   3.924
      ISC   12.400000E-15
      NC    1.835
      NK    .4767
      RC    .9747
      CJE   11.500000E-12
      VJE    .5
      MJE    .6715
      CJC   5.250000E-12
      VJC    .5697
      MJC    .3147
      TF   410.200000E-12
      XTF   40.06
      VTF   10
      ITF    1.491
      TR    10.000000E-09
      XTB   1.5


****   SMALL SIGNAL BIAS SOLUTION    TEMPERATURE = 27.000 DEG C

 NODE  VOLTAGE    NODE  VOLTAGE    NODE   VOLTAGE   NODE  VOLTAGE
 (  b)  2.8908   (  e)  2.2673   (  e1)  1.2327   ( Ub) 15.0000
 ( us)  6.4484   (ein)  0.0000   ($N_0001) 0.0000
     VOLTAGE SOURCE CURRENTS
     NAME         CURRENT
     V_Ub        -3.807E-04
     V_Ug         0.000E+00
     TOTAL POWER DISSIPATION   5.71E-03  WATTS


****   OPERATING POINT INFORMATION    TEMPERATURE = 27.000 DEG C

**** BIPOLAR JUNCTION TRANSISTORS
NAME         Q_T1
MODEL        BC547B
IB           8.54E-07
IC           2.19E-04
VBE          6.24E-01
VBC         -3.56E+00
VCE          4.18E+00
```

```
BETADC          2.57E+02
GM              8.45E-03
RPI             3.47E+04
RX              0.00E+00
RO              3.03E+05
CBE             4.02E-11
CBC             2.82E-12
CJS             0.00E+00
BETAAC          2.93E+02
CBX             0.00E+00
FT              3.13E+07


****    FOURIER ANALYSIS                 TEMPERATURE = 27.000 DEG C

FOURIER COMPONENTS OF TRANSIENT RESPONSE V(aus)

  DC COMPONENT =    6.460910E+00

HARMONIC FREQUENCY      FOURIER  NORMALIZED     PHASE      NORMALIZED
   NO      (HZ)       COMPONENT  COMPONENT     (DEG)       PHASE (DEG)
    1    1.000E+03    1.598E+00  1.000E+00   -1.795E+02    0.000E+00
    2    2.000E+03    1.870E-03  1.170E-03    7.669E+01    2.562E+02
    3    3.000E+03    3.540E-05  2.215E-05   -5.586E+01    1.236E+02
    4    4.000E+03    1.255E-04  7.855E-05    6.969E+00    1.865E+02
    5    5.000E+03    9.449E-05  5.912E-05    1.823E+00    1.813E+02

   TOTAL HARMONIC DISTORTION =    1.174195E-01 PERCENT
```

Diese Datei enthält die Parameter der verwendeten Modelle (hier: *BJT Model Parameters*), Angaben zum Arbeitspunkt (*Small Signal Bias Solution*) mit den Kleinsignalparametern der Bauteile (*Operating Point Information*) und die Ergebnisse der Fourier-Analyse (*Fourier Analysis*).

28.1.4 Weitere Simulationsbeispiele

28.1.4.1 Kennlinien eines Transistors

Abb. 28.1.23 zeigt den Schaltplan des Beispiels. Im Dialog *Setup Analysis* wird *DC Sweep* aktiviert, siehe Abb. 28.1.24. Anschließend werden die Parameter gemäß Abb. 28.1.25 eingegeben:

– In der inneren Schleife *DC Sweep* wird die Kollektor-Emitter-Spannungsquelle UCE im Bereich 0...5 V in Schritten von 50 mV variiert.
– In der äußeren Schleife *DC Nested Sweep* wird die Basis-Stromquelle IB im Bereich 1...10 μA in Schritten von 1 μA variiert.

Nach der Eingabe der Parameter wird die Simulation mit *Simulate* gestartet und im Programme *Probe* mit *Add Traces* der Kollektorstrom *IC(T1)* dargestellt, siehe Abb. 28.1.26.

28.1.4.2 Verwendung von Parametern

Oft möchte man dieselbe Analyse mehrfach durchführen, wobei ein Schaltungsparameter, z.B. der Wert eines Widerstands variiert werden soll. Abb. 28.1.27 zeigt dies am Beispiel der Kennlinie eines Inverters mit variablem Basiswiderstand RB. Man muss dazu anstelle des Wertes für RB einen Parameter in geschweiften Klammern eingeben, hier R, und diesen Parameter bekannt machen. Letzteres geschieht mit Hilfe des Bauteils *Parameter*, das im Schaltplan in Abb. 28.1.27 links oben eingefügt wurde. Mit einem Maus-Doppelklick auf das *Parameter*-Symbol erhält man den in Abb. 28.1.28 gezeigten *Param*-Dialog, in dem man den Namen des Parameters und den Standardwert angeben muss; der Standardwert wird bei Analysen ohne Variation des Parameters verwendet.

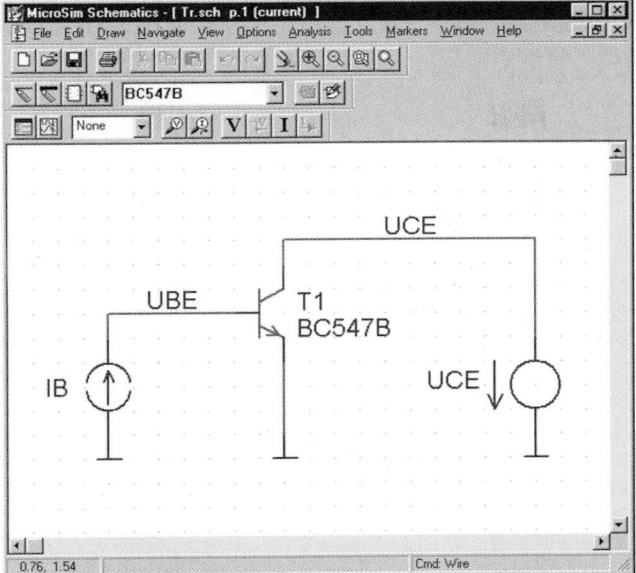

Abb. 28.1.23.
Schaltplan zur Simulation der Kennlinien

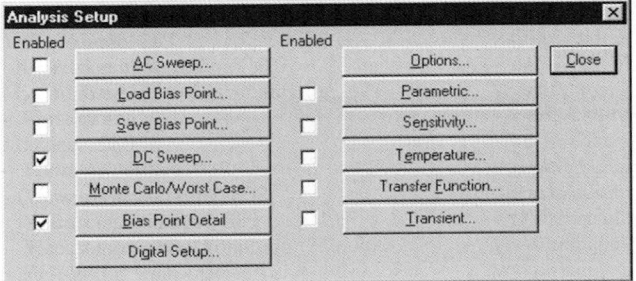

Abb. 28.1.24.
Aktivieren der Analyse
DC Sweep

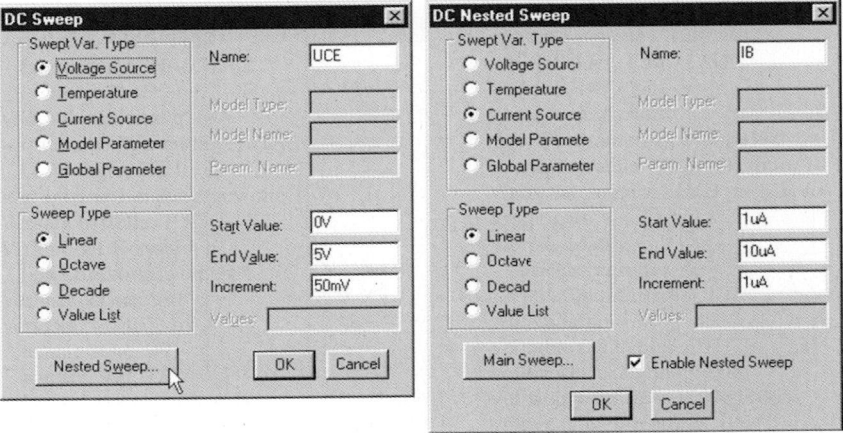

Abb. 28.1.25. Parameter für die innere und die äußere Schleife

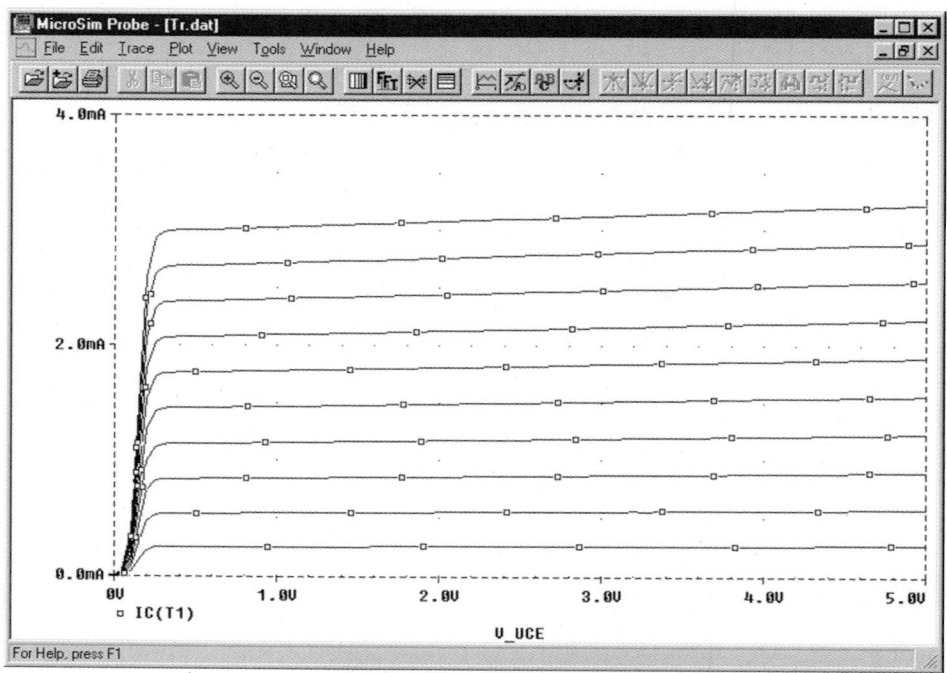

Abb. 28.1.26. Kennlinien des Transistors

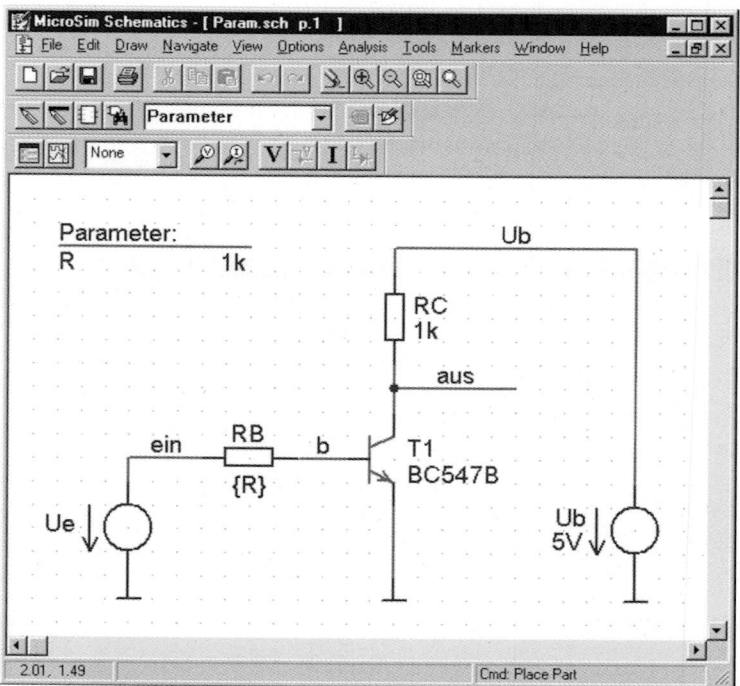

Abb. 28.1.27. Schaltplan des Inverters mit Parameter R

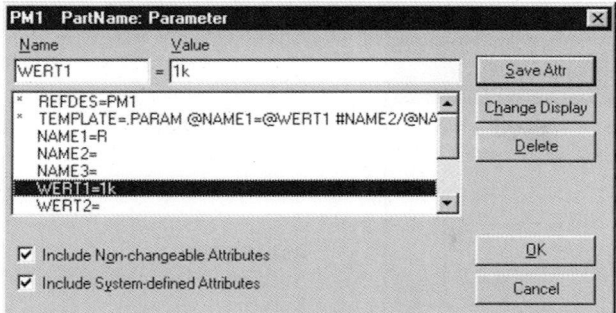

dialog

Abb. 28.1.28.
Eingeben des Parameters
im *Param*-Dialog

Abb. 28.1.29. Aktivieren von *DC Sweep* und *Parametric*

Im Dialog *Setup Analysis* muss man *DC Sweep* zur Simulation der Kennlinie und *Parametric* zur Variation des Parameters aktivieren, siehe Abb. 28.1.29; die zugehörigen Parameter zeigt Abb. 28.1.30. Die Variation eines Parameters kann bei *DC Sweep* auch über den Dialog *Nested Sweep* erfolgen; diese Möglichkeit ist jedoch nicht so flexibel, da die Variation über *Parametric* bei allen Analysen möglich ist, während der *Nested Sweep*-Dialog nur bei *DC Sweep* zur Verfügung steht.

Abb. 28.1.30. Eingabe der Parameter für *DC Sweep* und *Parametric*

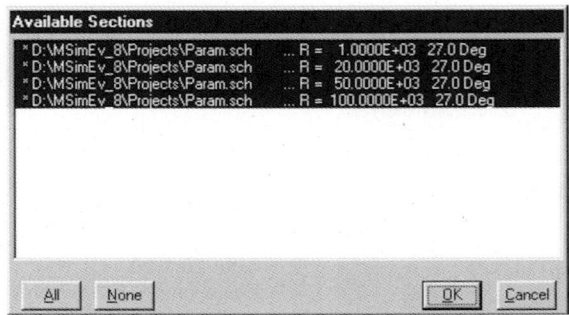

Abb. 28.1.31.
Auswahl der anzuzeigenden
Kurven

Nach der Simulation mit *Simulate* erscheint im Programm *Probe* zunächst das in Abb. 28.1.31 gezeigte Fenster zur Auswahl der anzuzeigenden Kurven bzw. Parameterwerte; standardmäßig sind alle Kurven ausgewählt. Nach Einfügen von *V(a)* erhält man die Kennlinien in Abb. 28.1.32. Die einzelnen Kennlinien sind mit verschiedenen Symbolen gekennzeichnet, die am unteren Rand entsprechend der Reihenfolge der Parameterwerte dargestellt werden.

28.1.5 Einbinden weiterer Bibliotheken

Eine Bibliothek besteht aus zwei Teilen, siehe Abb. 28.1.2:

– Die *Symbol-Bibliothek <xxx>.SLB* enthält die Schaltplansymbole der Bauteile und Informationen über die Darstellung der Bauteile in der Netzliste.

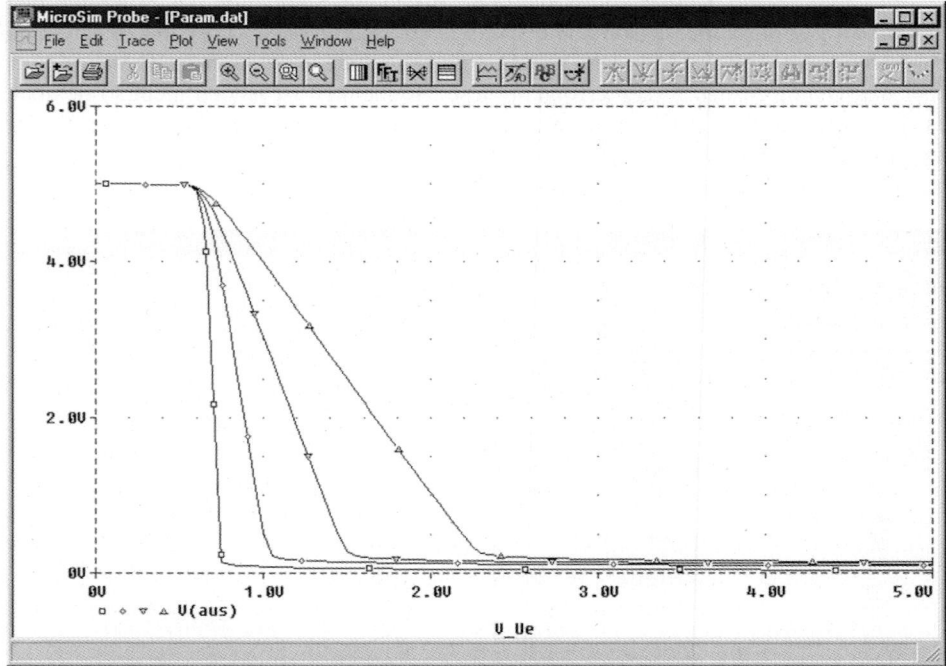

Abb. 28.1.32. Kennlinien des Inverters für R=1k/20k/50k/100k

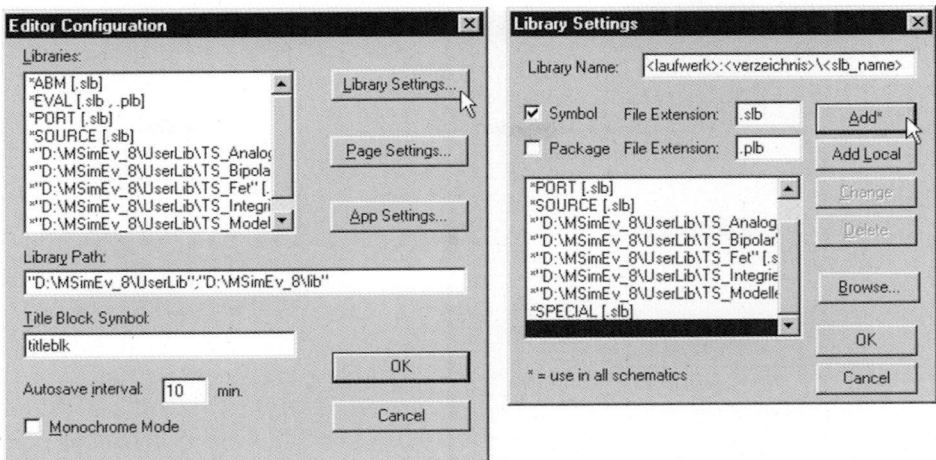

Abb. 28.1.33. Dialoge *Editor Configuration* und *Library Settings*

- Die *Modell-Bibliothek* <*xxx*>.*LIB* enthält die Modelle der Bauteile; dabei handelt es sich entweder um *Elementar-Modelle*, deren Parameter mit einer .MODEL-Anweisungen angegeben werden, oder *Makro-Modelle*, die aus mehreren Elementar-Modellen bestehen, die zu einer *Teilschaltung* (*subcircuit*) zusammengefasst werden und in der Modell-Bibliothek in der Form .*SUBCKT* <*Name*> <*Anschlüsse*> <*Schaltung*> .*ENDS* enthalten sind.

Das Einbinden einer Symbol-Bibliothek wird im Programm *Schematics* mit dem Menü-Befehl *Options/Editor Configuration* vorgenommen. Es erscheint das in Abb. 28.1.33 links gezeigte Dialog-Fenster *Editor Configuration*, in dem die bereits vorhandenen Symbol-Bibliotheken und der zugehörige Pfad angezeigt werden. Durch Auswahl des Feldes *Library Settings* erhält man den in Abb. 28.1.33 rechts gezeigten Dialog zum Einbinden, Ändern und Löschen von Symbol-Bibliotheken. Man kann den Namen und den Pfad (Laufwerk und Verzeichnis) der Bibliothek im Feld *Library Name* eingeben oder mit *Browse* die gewünschte Bibliothek suchen. Mit *Add** wird die Symbol-Bibliothek in die Liste übernommen; anschließend werden die Dialoge mit *Ok* beendet.

Das Einbinden der Modell-Bibliothek wird ebenfalls im Programm *Schematics* mit dem Menü-Befehl *Analysis/Library and Include Files* vorgenommen. Hier wird in gleicher Weise der Name und der Pfad der Bibliothek eingegeben und mit *Add Library** übernommen, siehe Abb. 28.1.34.

Die Bibliotheken sollten immer mit den *Stern*-Befehlen *Add** bzw. *Add Library** übernommen werden, weil sie nur dann *dauerhaft* in die jeweilige Bibliotheksliste aufgenommen werden; sie stehen dann auch beim nächsten Programmaufruf automatisch zur Verfügung. Da in der Demo-Version von *PSpice* sowohl die Anzahl der Bibliotheken als auch die Anzahl der Bibliothekselemente begrenzt ist, muss man Bibliotheken *austauschen*, wenn man weitere Bibliotheken benötigt und die Begrenzung bereits erreicht ist. Darüber hinaus wird die Verwendung weiterer Bibliotheken häufig dadurch eingeschränkt, dass die enthaltenen Makro-Modelle viele Dioden und Transistoren enthalten und deshalb mit der Demo-Version nicht simuliert werden können.

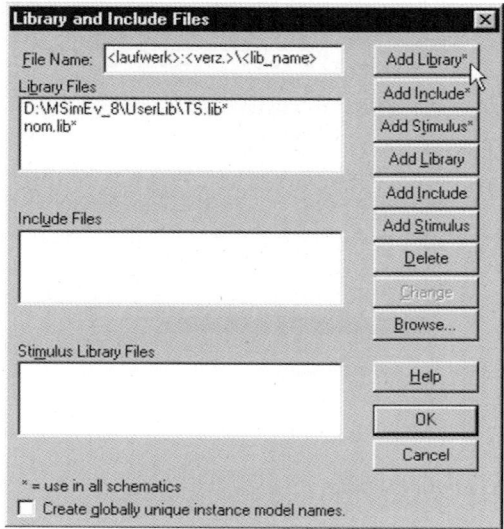

Abb. 28.1.34.
Dialog *Library and Include Files*

28.1.6 Einige typische Fehler

Die typischen Fehler werden anhand des Schaltplans in Abb. 28.1.35 erläutert, der mehrere Fehler enthält. Wenn ein Fehler auftritt, erscheint vor oder nach der Simulation der *MicroSim Message Viewer* mit den Fehlermeldungen, siehe Abb. 28.1.36.

– *Floating Pin:* Ein Anschluss eines Bauteils ist nicht angeschlossen, z.B. bei *R2* in Abb. 28.1.35. Dieser Fehler tritt bereits bei der Erzeugung der Netzliste auf; es wird ein Dialog mit dem Hinweis *ERC: Netlist/ERC errors – netlist not created* und, nach Betätigen von *Ok*, der *Message Viewer* mit dem Fehlerhinweis *ERROR Floating pin: R2 pin 2* angezeigt. Im allgemeinen muss jeder Anschluss beschaltet sein. Eine Ausnahme sind speziell konfigurierte Bauteile oder Makromodelle, die an einem oder mehreren Anschlüssen bereits eine *interne* Beschaltung aufweisen, so dass keine *externe* Beschaltung erforderlich ist.
– *Node <Knotenname> is floating:* Die Spannung eines Knotens kann nicht ermittelt werden, weil sie unbestimmt ist; das ist in Abb. 28.1.35 beim Knoten *K2* der Fall. Diese Fehlermeldung tritt immer dann auf, wenn an einem Knoten nur Kapazitäten und/oder Stromquellen angeschlossen sind; durch letzteres ist die Kirchhoffsche Knotenregel nicht erfüllt. Jeder Knoten muss über einen Gleichstrompfad nach Masse verfügen, damit die Knotenspannung eindeutig ist. Im Fall des Knotens *K2* in Abb. 28.1.35 kann

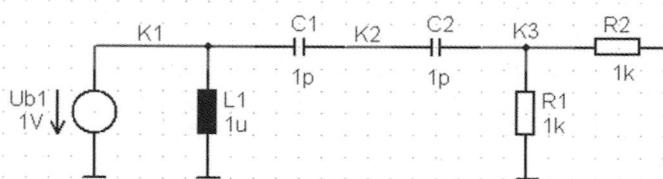

Abb. 28.1.35. Schaltplan mit typischen Fehlern

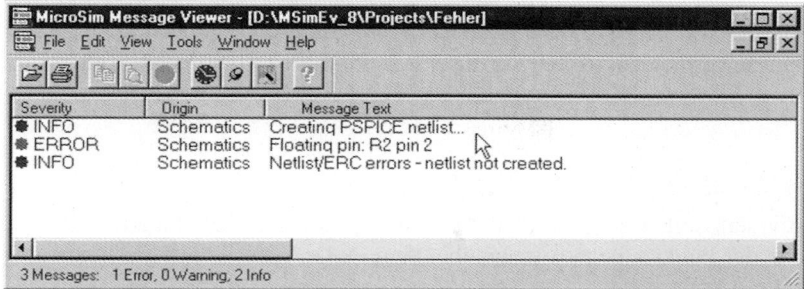

Abb. 28.1.36. Fenster *MicroSim Message Viewer*

man z.B. einen hochohmigen Widerstand von *K2* nach Masse ergänzen, um den Fehler zu beheben.

– *Voltage and/or inductor loop involving <Bauteil>:* Es existiert eine Masche aus Spannungsquellen und/oder Induktivitäten, die gegen die Kirchhoffsche Maschenregel verstößt, z.B. wird in Abb. 28.1.35 die Spannungsquelle *U1* durch die Induktivität *L1* gleichspannungsmäßig kurzgeschlossen.

28.2 Erklärung der verwendeten Größen

Um Unklarheiten zu vermeiden, wollen wir die Bezeichnung der wichtigsten Größen kurz zusammenstellen.

Spannung

Eine Spannung zwischen den Punkten x und y wird mit U_{xy} bezeichnet. Es ist vereinbart, dass U_{xy} positiv sein soll, wenn der Punkt x positiv gegenüber dem Punkt y ist. U_{xy} ist negativ, wenn der Punkt x negativ gegenüber dem Punkt y ist. Es gilt die Beziehung $U_{xy} = -U_{yx}$. Die Angabe

$$
\begin{aligned}
U_{BE} &= -5\,\text{V} \quad \text{oder} \\
-U_{BE} &= 5\,\text{V} \quad \text{oder} \\
U_{EB} &= 5\,\text{V}
\end{aligned}
$$

bedeutet also, dass zwischen E und B eine Spannung von 5 V liegt, wobei E positiv gegenüber B ist. In einer Schaltung lässt man die Doppelindizes meist weg und ersetzt die Angabe U_{xy} durch einen Spannungspfeil U, der vom Schaltungspunkt x zum Schaltungspunkt y zeigt.

Potential

Das Potential V ist die Spannung eines Punktes bezogen auf einen gemeinsamen Bezugspunkt 0:

$$
V_x = U_{x0}
$$

In den Schaltungen ist das Bezugspotential durch ein Massezeichen gekennzeichnet. Häufig wird U_x in der Bedeutung von V_x verwendet. Man spricht dann nicht ganz korrekt von der Spannung eines Punktes, z.B. der Kollektorspannung. Für die Spannung zwischen zwei Punkten x und y gilt:

$$
U_{xy} = V_x - V_y
$$

Strom

Der Strom wird durch einen Strompfeil I in der Leitung gekennzeichnet. Es ist vereinbart, dass I positiv sein soll, wenn der Strom im konventionellen Sinne in Pfeilrichtung fließt. I ist also positiv, wenn der Strompfeil am Verbraucher vom größeren zum kleineren Potential zeigt. Wie man die Strom- und Spannungspfeile in eine Schaltung einzeichnet, ist beliebig, wenn man den Zahlenwert von U und I mit dem entsprechenden Vorzeichen versieht. – Besitzen Strom- und Spannungspfeil an einem Verbraucher dieselbe Richtung, lautet das Ohmsche Gesetz nach den angegebenen Vereinbarungen $R = U/I$; besitzen sie entgegengesetzte Richtung, muss es $R = -U/I$ lauten. Diesen Sachverhalt zeigt Abb. 28.2.1.

Widerstand

Ist ein Widerstand spannungs- oder stromabhängig, kann man entweder den *statischen Widerstand* $R = U/I$ oder den *differentiellen Widerstand* $r = \partial U/\partial I \approx \Delta U/\Delta I$ angeben. Dies gilt bei gleicher Richtung von Strom- und Spannungspfeil. Bei entgegengesetzter Richtung ist wie in Abb. 28.2.1 ein Minuszeichen einzusetzen.

$$R = \frac{U}{I}$$ $$R = -\frac{U}{I}$$

Abb. 28.2.1.
Ohmsches Gesetz

Spannungs- und Stromquelle

Eine reale Spannungsquelle lässt sich durch die Beziehung

$$U_a = U_0 - R_i I_a \qquad (28.1)$$

beschreiben. Darin ist U_0 die Leerlaufspannung und $R_i = -dU_a/dI_a$ der Innenwiderstand. Diesen Sachverhalt veranschaulicht das Ersatzschaltbild in Abb. 28.2.2 Eine ideale Spannungsquelle ist durch die Eigenschaft $R_i = 0$ gekennzeichnet, d.h.: die Ausgangsspannung ist vom Strom unabhängig.

Ein anderes Ersatzschaltbild für eine reale Spannungsquelle lässt sich durch Umformen der Gl. (28.1) ableiten:

$$I_a = \frac{U_0 - U_a}{R_i} = I_0 - \frac{U_a}{R_i}$$

Darin ist $I_0 = U_0/R_i$ der Kurzschlussstrom. Die zugehörige Schaltung zeigt Abb. 28.2.3. Man erkennt, dass der Ausgangsstrom um so weniger von der Ausgangsspannung abhängt, je größer R_i ist. Der Grenzübergang $R_i \to \infty$ ergibt eine ideale Stromquelle.

Eine reale Spannungsquelle lässt sich nach Abb. 28.2.2 oder 28.2.3 sowohl mit Hilfe einer idealen Spannungs- als auch mit Hilfe einer idealen Stromquelle darstellen. Man wählt die eine oder die andere Darstellung, je nachdem ob der Innenwiderstand R_i klein oder groß gegenüber dem in Frage kommenden Verbraucherwiderstand R_V ist.

Knotenregel

Bei der Berechnung vieler Schaltungen machen wir von der Knotenregel Gebrauch. Sie besagt, dass die Summe aller Ströme, die in einen Knoten hinein fließen, gleich Null ist. Dabei werden Strompfeile, die zum Knoten hinzeigen, positiv gezählt und Strompfeile, die vom Knoten wegzeigen, negativ. Die Anwendung der Knotenregel wollen wir anhand der Schaltung in Abb. 28.2.4 demonstrieren. Gesucht sei die Spannung U_3. Zu ihrer Berechnung wenden wir die Knotenregel auf den Knoten K an:

$$\sum_i I_i = I_1 + I_2 - I_3 = 0$$

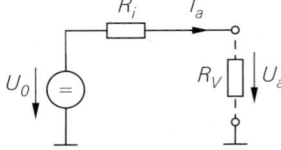

Abb. 28.2.2.
Ersatzschaltbild für eine reale
Spannungsquelle

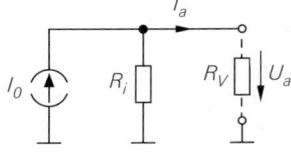

Abb. 28.2.3.
Ersatzschaltbild für eine reale Stromquelle

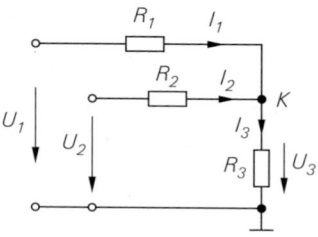

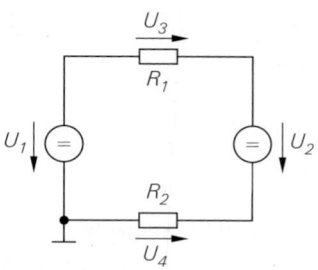

Abb. 28.2.4.
Beispiel für die Anwendung der Knotenregel

Abb. 28.2.5.
Beispiel für die Anwendung der Maschenregel

Nach dem Ohmschen Gesetz gilt:

$$I_1 = \frac{U_1 - U_3}{R_1}$$

$$I_2 = \frac{U_2 - U_3}{R_2}$$

$$I_3 = \frac{U_3}{R_3}$$

Durch Einsetzen ergibt sich:

$$\frac{U_1 - U_3}{R_1} + \frac{U_2 - U_3}{R_2} - \frac{U_3}{R_3} = 0$$

Daraus folgt das Ergebnis:

$$U_3 = \frac{U_1 R_2 R_3 + U_2 R_1 R_3}{R_1 R_2 + R_1 R_3 + R_2 R_3}$$

Maschenregel

Ein weiteres Hilfsmittel zur Schaltungsberechnung ist die Maschenregel. Sie besagt, dass die Summe aller Spannungen längs einer geschlossenen Schleife Null ist. Dabei zählt man diejenigen Spannungen positiv, deren Pfeilrichtung mit dem gewählten Umlaufsinn übereinstimmt. Die anderen zählt man negativ. Bei der Schaltung in Abb 28.2.5 gilt also:

$$\sum_i U_i = U_1 + U_4 - U_2 - U_3 = 0$$

Wechselstromkreis

Wenn sich eine Schaltung durch eine Gleichspannungs-Übertragungsgleichung der Form $U_a = f(U_e)$ beschreiben lässt, gilt dieser Zusammenhang auch für beliebig zeitabhängige Spannungen, solange die Änderung der Eingangsspannung quasistationär, d.h. nicht zu schnell erfolgt. Zeitabhängige Größen bezeichnen wir mit Kleinbuchstaben und geben die Anhängigkeit von der Zeit t explizit an. Im vorliegenden Fall schreiben wir demnach $u_a(t) = f[u_e(t)]$.

Es gibt jedoch häufig Fälle, in denen eine Übertragungsgleichung nur für Wechselspannungen ohne Gleichspannungsanteil gültig ist. Aus diesem Grund ist es sinnvoll, solche

Wechselspannungen besonders zu kennzeichnen. Wir verwenden für ihren Momentanwert den Kleinbuchstaben u.

Ein besonders wichtiger Spezialfall sind solche Wechselspannungen, die cosinusförmig von der Zeit abhängen:

$$u(t) = \widehat{U} \cos(\omega t + \varphi_u) \tag{28.2}$$

Darin ist $\widehat{U}$ der Scheitelwert. Daneben werden zur Charakterisierung von Wechselspannungen auch der Effektivwert $U_{eff} = \widehat{U}/\sqrt{2}$ oder die Spannung von Spitze zu Spitze $U_{SS} = 2\,\widehat{U}$ verwendet.

Die Rechengesetze für Winkelfunktionen sind relativ kompliziert, diejenigen für die Exponentialfunktion jedoch sehr einfach. Der Eulersche Satz

$$e^{j\alpha} = \cos\alpha + j\sin\alpha \tag{28.3}$$

bietet die Möglichkeit, eine Kosinusfunktion durch eine komplexe Exponentialfunktion auszudrücken. Mit $e^{-j\alpha} = \cos\alpha - j\sin\alpha$ folgt:

$$\cos\alpha = \text{Re}\{e^{j\alpha}\} = \frac{1}{2}\left(e^{j\alpha} + e^{-j\alpha}\right)$$

Damit lässt sich die Gl. (28.2) auch in der Form

$$u(t) = \widehat{U} \cdot \text{Re}\{e^{j(\omega t + \varphi_u)}\} = \text{Re}\{\widehat{U}\,e^{j\varphi_u} \cdot e^{j\omega t}\} = \text{Re}\{\underline{U}\,e^{j\omega t}\}$$

schreiben. Darin ist $\underline{U} = \widehat{U}\,e^{j\varphi_u}$ die komplexe Amplitude. Für ihren Betrag gilt:

$$|\underline{U}| = \widehat{U} \cdot |e^{j\varphi_u}| = \widehat{U}\,\sqrt{\cos^2\varphi_u + \sin^2\varphi_u} = \widehat{U}$$

Er ist also gleich dem Scheitelwert; $\underline{U}$ ist daher ein Spitzenwertzeiger. Man kann alternativ auch Effektivwertzeiger verwenden:

$$u(t) = \sqrt{2}\,U_{eff} \cos(\omega t + \varphi_u) \quad\Leftrightarrow\quad \underline{U}_{eff} = U_{eff}\,e^{j\varphi_u}$$

Oft wird nicht zwischen $\underline{U}_{eff}$ und $\underline{U}$ unterschieden. Bei der Netzwerkanalyse ist dies nicht von Bedeutung, da in diesem Fall immer Quotienten aus zwei Zeigern gebildet werden, z.B.

$$\underline{A} = \frac{\underline{U}_2}{\underline{U}_1} \quad\text{oder}\quad \underline{Z}_e = \frac{\underline{U}_e}{\underline{I}_e}$$

Analoge Festsetzungen treffen wir für zeitabhängige Ströme. Die entsprechenden Formelzeichen lauten:

$$i(t), \quad I, \quad \widehat{I}, \quad \underline{I}$$

Auch Wechselspannungen und Wechselströme werden durch Pfeile in den Schaltplänen gekennzeichnet. Die Pfeilrichtung sagt dann natürlich nichts mehr über die Polarität aus, sondern gibt lediglich an, mit welchem Vorzeichen man die Größen in die Rechnung einsetzen muss. Dabei gilt genau dieselbe Regel, wie sie in Abb. 28.2.2 für Gleichspannungen dargestellt ist.

Entsprechend zum Gleichstromkreis definiert man einen komplexen Widerstand, den man als Impedanz $\underline{Z}$ bezeichnet:

$$\underline{Z} = \frac{U}{I} = \frac{\widehat{U}\,e^{j\varphi_u}}{\widehat{I}\,e^{j\varphi_i}} = \frac{\widehat{U}}{\widehat{I}}\,e^{j(\varphi_u-\varphi_i)} = |\underline{Z}|\,e^{j\varphi} = |\underline{Z}|\,(\cos\varphi + j\sin\varphi)$$
$$= |\underline{Z}|\cos\varphi + j|\underline{Z}|\sin\varphi = \mathrm{Re}\{\underline{Z}\} + j\mathrm{Im}\{\underline{Z}\}$$

φ ist die Phasenverschiebung zwischen Strom und Spannung. Eilt die Spannung dem Strom voraus, ist φ positiv. Bei einem ohmschen Widerstand ist $\underline{Z} = R$, bei einer Kapazität gilt

$$\underline{Z} = \frac{1}{j\omega C} = -\frac{j}{\omega C}$$

und bei einer Induktivität $\underline{Z} = j\omega L$. Auf die komplexen Größen kann man die Gesetze des Gleichstromkreises anwenden [28.2.1].

Analog definieren wir eine komplexe Verstärkung:

$$\underline{A} = \frac{U_a}{U_e} = \frac{\widehat{U}_a\,e^{j\varphi_a}}{\widehat{U}_e\,e^{j\varphi_e}} = \frac{\widehat{U}_a}{\widehat{U}_e}\,e^{j(\varphi_a-\varphi_e)} = |\underline{A}|\,e^{j\varphi}$$

φ ist die Phasenverschiebung zwischen Eingangs- und Ausgangsspannung. Eilt die Ausgangsspannung der Eingangsspannung voraus, ist φ positiv; eilt sie nach, ist φ negativ.

Leistung

Es gibt verschiedene Definitionen der Leistung, deren Zusammenhang hier zusammengestellt ist:

Die *Momentanleistung* ist definiert als:

$$p(t) = u(t) \cdot i(t) \tag{28.4}$$

Die *Wirkleistung* ist die mittlere Momentanleistung. Man erhält sie durch Mittelung über eine Periode:

$$P = \frac{1}{T}\int_0^T u(t) \cdot i(t)\,dt \tag{28.5}$$

Bei cosinusförmigem Zeitverlauf ergibt sich daraus:

$$P = \frac{1}{T}\int_0^T \widehat{U}\cos(\omega t + \varphi_u) \cdot \widehat{I}\cos(\omega t + \varphi_i)\,dt$$
$$= \frac{1}{2}\widehat{U}\,\widehat{I}\cos(\varphi_u - \varphi_i) = U_{eff}\,I_{eff}\cos(\varphi_u - \varphi_i) \tag{28.6}$$

Die *Scheinleistung* ist die Wirkleistung, die für den Fall $\varphi_u - \varphi_i = 0$ auftreten würde:

$$S = \frac{1}{2}\widehat{U}\,\widehat{I} = U_{eff}\,I_{eff} \quad \text{mit} \quad U_{eff} = \frac{\widehat{U}}{\sqrt{2}} \quad \text{und} \quad I_{eff} = \frac{\widehat{I}}{\sqrt{2}} \tag{28.7}$$

Die *Blindleistung* enthält man, indem man in die Formel für die Wirkleistung (28.6) anstelle des Winkels φ_i den Winkel $\varphi_i - 90°$ einsetzt:

$$Q = \frac{1}{T}\int_0^T \widehat{U}\cos(\omega t + \varphi_u) \cdot \widehat{I}\cos(\omega t + \varphi_i - 90°)\,dt$$
$$= \frac{1}{2}\widehat{U}\,\widehat{I}\sin(\varphi_u - \varphi_i) = U_{eff}\,I_{eff}\sin(\varphi_u - \varphi_i) \tag{28.8}$$

Größe	Allgemein	Sinus
Signal	$u(t)$ $i(t)$	$u(t) = \widehat{U}\cos(\omega t + \varphi_u)$ $i(t) = \widehat{I}\cos(\omega t + \varphi_i)$ $\varphi = \varphi_u - \varphi_i$
Effektivwert	$U_{\mathit{eff}} = \sqrt{\dfrac{1}{T}\displaystyle\int_0^T u^2(t)\,dt}$ $I_{\mathit{eff}} = \sqrt{\dfrac{1}{T}\displaystyle\int_0^T i^2(t)\,dt}$	$U_{\mathit{eff}} = \dfrac{\widehat{U}}{\sqrt{2}}$ $I_{\mathit{eff}} = \dfrac{\widehat{I}}{\sqrt{2}}$
Wirkleistung	$P = \dfrac{1}{T}\displaystyle\int_0^T u(t)\,i(t)\,dt$	$P = U_{\mathit{eff}} I_{\mathit{eff}} \cos\varphi = \dfrac{\widehat{U}\,\widehat{I}}{2}\cos\varphi$
Scheinleistung	$S = U_{\mathit{eff}} I_{\mathit{eff}}$	$S = U_{\mathit{eff}} I_{\mathit{eff}} = \dfrac{\widehat{U}\,\widehat{I}}{2}$
Blindleistung	$Q = \sqrt{S^2 - P^2}$	$Q = U_{\mathit{eff}} I_{\mathit{eff}} \sin\varphi = \dfrac{\widehat{U}\,\widehat{I}}{2}\sin\varphi$
Leistungsfaktor	$PF = \dfrac{P}{S}$	$PF = \cos\varphi$

Abb. 28.2.6. Berechnung von Leistungen

Daraus ergibt sich wegen $\cos^2(\varphi_u - \varphi_i) + \sin^2(\varphi_u - \varphi_i) = 1$ der Zusammenhang:

$$P^2 + Q^2 = S^2 \tag{28.9}$$

Der *Leistungsfaktor* gibt an, wie groß der Anteil der Wirkleistung ist:

$$PF = \frac{P}{S} \overset{(28.9)}{=} \frac{P}{\sqrt{P^2 + Q^2}} = \cos(\varphi_u - \varphi_i) = \cos\varphi \tag{28.10}$$

Für $Q = 0$ wird der Leistungsfaktor maximal; dann gilt $PF = 1$ und die Wirkleistung ist gleich der Scheinleistung.

Der Zusammenhang zwischen den verschiedenen Leistungsgrößen lässt sich mit komplexen Zeigern besonders einfach zeigen. Aus der Definition der Scheinleistung

$$\underline{S} = \frac{1}{2}\underline{U}\,\underline{I}^* = \underline{U}_{\mathit{eff}}\,\underline{I}_{\mathit{eff}}^* \tag{28.11}$$

folgt mit $\underline{I} = \sqrt{2}\,I_{\mathit{eff}}\,e^{j\varphi_i}$, $\underline{I}^* = \sqrt{2}\,I_{\mathit{eff}}\,e^{-j\varphi_i}$ und $\underline{U} = \sqrt{2}\,U_{\mathit{eff}}\,e^{j\varphi_u}$:

$$\underline{S} = U_{\mathit{eff}} I_{\mathit{eff}}\,e^{j(\varphi_u - \varphi_i)} = U_{\mathit{eff}} I_{\mathit{eff}}\cos(\varphi_u - \varphi_i) + j U_{\mathit{eff}} I_{\mathit{eff}}\sin(\varphi_u - \varphi_i) = P + jQ$$

Daraus ergibt sich der Zusammenhang

$$|\underline{S}|^2 = S^2 = P^2 + Q^2$$

in Übereinstimmung mit (28.9).

Eine Übersicht der verschiedenen Leistungsgrößen ist in Abb. 28.2.6 gegeben. Dort sind zusätzlich auch die Zusammenhänge für beliebige Zeitsignale aufgenommen. Wenn man in diese allgemeinen Beziehungen cosinusförmige Signale einsetzt, ergeben sich die bekannten Beziehungen.

| Spannungsverhältnis | | | Leistung | | Spannung |
A	A_{dB}	P_{dBm}	P		U_{eff}
10^{-6}	$-120\,\text{dB}$	$-100\,\text{dBm}$	100 fW		2,24 μV
10^{-3}	$-60\,\text{dB}$	$-80\,\text{dBm}$	10 pW		22,4 μV
10^{-2}	$-40\,\text{dB}$	$-60\,\text{dBm}$	1 nW		224 μV
10^{-1}	$-20\,\text{dB}$	$-40\,\text{dBm}$	100 nW		2,24 mV
$0,5$	$-6\,\text{dB}$	$-20\,\text{dBm}$	10 μW		22,4 mV
$1/\sqrt{2} \approx 0,7$	$-3\,\text{dB}$	$-10\,\text{dBm}$	100 μW		70,8 mV
1	$0\,\text{dB}$	$-6\,\text{dBm}$	250 μW		112 mV
$\sqrt{2} \approx 1,4$	$3\,\text{dB}$	$-3\,\text{dBm}$	500 μW		159 mV
2	$6\,\text{dB}$	$0\,\text{dBm}$	1 mW		224 mV
10	$20\,\text{dB}$	$3\,\text{dBm}$	2 mW		316 mV
10^2	$40\,\text{dB}$	$6\,\text{dBm}$	4 mW		448 mV
10^3	$60\,\text{dB}$	$10\,\text{dBm}$	10 mW		708 mV
10^6	$120\,\text{dB}$	$20\,\text{dBm}$	100 mW		2,24 V

a Spannungsverhältnis   **b** Leistung und Spannung an $R = 50\,\Omega$

Abb. 28.2.7. Umrechnungstabellen

Logarithmisches Spannungsverhältnis

In der Elektronik wird häufig eine logarithmische Größe A_{dB} für das Spannungsverhältnis $A = \widehat{U}_a/\widehat{U}_e$ angegeben. Der Zusammenhang lautet:

$$A_{dB} = 20\,\text{dB} \cdot \lg \frac{\widehat{U}_a}{\widehat{U}_e} = 20\,\text{dB} \cdot \lg A \tag{28.12}$$

In Abb. 28.2.7a haben wir einige Werte zusammengestellt.

In der Nachrichtentechnik wird häufig nicht die Spannung, sondern die Leistung eines Signals angegeben. Sie bezieht sich auf einen Widerstand von $50\,\Omega$ – den typischen Wellenwiderstand der Verbindungsleitungen – und wird logarithmisch mit Bezug auf 1 mW angegeben. Mit $P = U_{eff}^2/(50\,\Omega)$ gilt:

$$P_{dBm} = 10\,\text{dBm} \cdot \lg \frac{P}{1\,\text{mW}} = 20\,\text{dBm} \cdot \lg \frac{U_{eff}}{0,224\,\text{V}} \tag{28.13}$$

Das m in der Einheit dBm steht für den Bezug auf 1 mW. In Abb. 28.2.7b sind einige Werte angegeben.

Logarithmen

Der Logarithmus einer mit einer Einheit behafteten Größe ist nicht definiert. Deshalb schreiben wir z.B. nicht $\lg f$, sondern $\lg(f/\text{Hz})$. Anders verhält es sich bei Differenzen von Logarithmen: Der Ausdruck $\lg f_2 - \lg f_1$ ist eindeutig definiert, weil er sich in den Ausdruck $\lg(f_2/f_1)$ umformen lässt.

Frequenz

Die Frequenz gibt die Zahl der Schwingungen je Sekunde an. Ihre Einheit ist:

$$[f] = \frac{1}{\text{s}} = \text{Hz} \tag{28.14}$$

Die Kreisfrequenz $\omega = 2\pi f$ besitzt die Einheit:

$$[\omega] = \frac{\text{rad}}{\text{s}} \tag{28.15}$$

Darin ist rad der Winkel im Bogenmaß; er gibt das Verhältnis von Bogenlänge zu Radius bei einem Kreis an und ist daher dimensionslos. Bei einem ganzen Kreis gilt daher 2π rad = 360°.

Rechenzeichen

Häufig verwenden wir eine abgekürzte Schreibweise für die Differentiation nach der Zeit:

$$\frac{dU}{dt} = \dot{U}, \qquad \frac{d^2U}{dt^2} = \ddot{U}$$

Das Rechenzeichen $\sim$ bedeutet *proportional*, das Rechenzeichen $\approx$ bedeutet *ungefähr gleich*. Das Zeichen $||$ bedeutet *parallel*. Wir verwenden es, um eine Parallelschaltung von Widerständen abgekürzt darzustellen: $R_1 || R_2 = R_1 \cdot R_2 / (R_1 + R_2)$

28.3 Typen der 7400-Logik-Familien

Die Bedeutung von einfachen Logikschaltungen hat abgenommen, seitdem man digitale Schaltungen mit CPLDs und FPGAs realisiert. Deshalb hat sich auch die Zahl der Hersteller reduziert. Texas Instruments war der erste Hersteller für Schaltungen der 7400-Familie. Sie wurden zuerst in TTL-Technik hergestellt; später wurden viele Typen auch als CMOS-Schaltungen angeboten.

Typ	NAND-Gatter	Ausgang	Pins
00	Quad 2 input NAND	TP	14
01	Quad 2 input NAND	OC	14
03	Quad 2 input NAND	TP	14
10	Triple 3 input NAND	TP	14
12	Triple 3 input NAND	OC	14
13	Dual 4 input NAND schmitt-trigger	TP	14
18	Dual 4 input NAND schmitt-trigger	TP	14
20	Dual 4 input NAND	TP	14
22	Dual 4 input NAND	OC	14
24	Quad 2 input NAND schmitt-trigger	TP	14
26	Quad 2 input gate NAND 15V Ausgang	OC	14
30	8 input NAND	TP	14
37	Quad 2 input NAND buffer	TP	14
38	Quad 2 input NAND buffer	OC	14
40	Dual 4 input NAND buffer	TP	16
132	Quad 2 input NAND schmitt-trigger	TP	14
133	13 input NAND	TP	16
1000	Buffer '00' gate	TP	14
1003	Buffer '03' gate	TP	14
1010	Buffer '10' gate	TP	14
1020	Buffer '20' gate	TP	14

Typ	NOR-Gatter	Ausgang	Pins
02	Quad 2 input NOR	TP	14
23	Dual 4 input strobe expandable I/P NOR	TP	16
25	Dual 4 input strobe NOR	TP	14
27	Triple 3 input NOR	TP	14
28	Quad 2 input NOR buffer	TP	14
33	Quad 2 input NOR buffer	OC	14
36	Quad 2 input NOR	TP	14
1002	Buffer '02' gate	TP	14

Typ	AND-Gatter	Ausgang	Pins
08	Quad 2 input AND	TP	14
09	Quad 2 input AND	OC	14
11	Triple 3 input AND	TP	14
15	Triple 3 input AND	OC	14
21	Dual 4 input AND	TP	14
1008	Buffer '08' gate	OC	14

TP = Totem Pole, OC = Open Collector, TS = Tristate

Typ	OR-Gatter	Ausgang	Pins
32	Quad 2 input OR	TP	14
802	Triple 4 input OR NOR	TP	
832	Hex 2 input buffer	TP	20
1032	Buffer '32' gate	TP	14

Typ	AND-OR-Gatter	Ausgang	Pins
51	Dual 2 wide input AND-OR-Invert	TP	14
54	4 wide 2 input AND-OR-Invert	TP	14
64	4-2-3-2 input AND-OR-Invert	TP	14

Typ	EXOR-Gatter	Ausgang	Pins
86	Quad exclusive OR	TP	14
136	Quad exclusive OR	OC	14
266	Quad 2 input exclusive NOR	OC	16
386	Quad exclusive OR	TP	14
7266	'266' with totempole Ausgang	TP	16

Typ	Inverter	Ausgang	Pins
04	Hex inverter	TP	14
05	Hex inverter	OC	14
14	Hex inverter schmitt-trigger	TP	14
19	Hex inverter schmitt-trigger	TP	14
1004	Buffer '04' gate	TP	14
1005	Buffer '05' gate	OC	14

Typ	Treiber	Ausgang	Pins
34	Hex buffer	TP	14
35	Hex buffer	OC	14
125	Quad 3 state buffer	TS	14
126	Quad 3 state buffer	TS	14
1034	Hex buffer	TP	14
1035	Hex buffer	OC	14

Typ	Leitungstreiber	Ausgang	Pins
804	Hex 2 input NAND line driver	TP	20
805	Hex 2 input NOR line driver	TP	20
808	Hex 2 input AND line driver	TP	20
832	Hex 2 input OR line driver	TP	20

Typ	Flip-Flops, transparent	Ausgang	Pins
75	Quad D-latch	TP	16
77	Quad D-latch	TP	16
279	Hex SR-flip-flop	TP	16
375	Quad D-latch	TP	16

Typ	Flip-Flops, Master-Slave		Ausgang	Pins
73	Dual JK-flip-flop, preset, clear		TP	14
74	Dual D-flip-flop, preset, clear		TP	14
76	Dual JK-flip-flop, preset, clear		TP	16
78	Dual JK-flip-flop, preset, clear		TP	14
107	Dual JK-flip-flop, clear		TP	14
109	Dual JK-flip-flop, preset, clear		TP	16
112	Dual JK-flip-flop, preset, clear		TP	16
113	Dual JK-flip-flop, preset		TP	14
114	Dual JK-flip-flop, preset, clear		TP	14
171	Quad D-flip-flop, clear		TP	16
173	Quad D-flip-flop, clear, enable		TS	16
174	Hex D-flip-flop, clear		TP	16
175	Quad D-flip-flop, clear		TP	16
11478	Quad metastable resistant		TP	24

Typ	Shieberegister			Ausgang	Pins
91	8 bit shift register			TP	14
95	4 bit shift register	PIPO		TP	14
96	5 bit shift register	PI		TP	16
164	8 bit shift register	PO		TP	14
165	8 bit shift register	PI		TP	16
166	8 bit shift register	PI		TP	16
195	4 bit shift register	PIPO		TP	16
299	8 bit shift reg. right/left	PIPO		TS	20
673	16 bit shift register	PO		TP	24
674	16 bit shift register	PI		TP	24

Typ	Schieberegister mit Ausgaberegister		Ausgang	Pins
594	8 bit shift reg. w. output reg.	PO	TP	16
595	8 bit shift reg. w. output reg.	PO	TS	16
596	8 bit shift reg. w. output reg.	PO	OC	16
597	8 bit shift reg. w. input reg.	PI	TP	16
598	8 bit shift reg. w. input reg.	PIPO	TS	20
599	8 bit shift reg. w. output reg.	PO	OC	16
671	4 bit shift reg. w. outp. reg. right/left	PO	TS	20
672	4 bit shift reg. w. outp. reg. right/left	PO	TS	20
962	8 bit shift reg. dual rank	PIPO	TS	18
963	8 bit shift reg. dual rank	PIPO	TS	20
964	8 bit shift reg. dual rank	PIPO	TS	18

Typ	Asynchronzähler	Ausgang	Pins
90	Decade counter	TP	14
92	Divide by 12 counter	TP	14
93	4 bit binary counter	TP	14
293	4 bit binary counter	TP	14
390	Dual decade counter	TP	16
393	Dual 4 bit binary counter	TP	14

PI = paralleler Eingang, PO = paralleler Ausgang

Typ	Synchronzähler	Ausgang	Pins
161	4 bit binary counter, sync. load	TP	16
163	4 bit binary counter, sync. load	TP	16
169	4 bit binary up/down counter, sync. load	TP	16
191	4 bit binary up/down counter, async. load	TP	16
193	4 bit binary up/down counter, async. load	TP	16
669	4 bit binary up/down counter, sync. load	TP	16

Typ	Synchronzähler mit Register	Output	Pins
590	8 bit binary counter w. output reg.	TS	16
592	8 bit binary counter w. input reg.	TP	16
593	8 bit binary counter w. input reg.	TS	20
697	4 bit binary counter w. output reg.	TS	20

Typ	Bus-Treiber (unidirektional)	Ausgang	Pins
240	8 bit bus driver, data inverting	TS	20
241	8 bit bus driver	TS	20
244	8 bit bus driver	TS	20
365	6 bit bus driver	TS	16
366	6 bit bus driver, data inverting	TS	16
367	6 bit bus driver	TS	16
368	6 bit bus driver, data inverting	TS	16
465	8 bit bus driver	TS	20
540	8 bit bus driver, data inverting	TS	20
541	8 bit bus driver	TS	20
1240	'240' reduced power	TS	20
1241	'241' reduced power	TS	20
1244	'244' reduced power	TS	20
2240	'240' with serial damping Resistor	TS	20
2241	'241' with serial damping Resistor	TS	20
2244	'244' with serial damping Resistor	TS	20
2410	11 bit bus driver, data noninvert., ser. damp. Res.	TS	28
2541	'541' with serial damping Resistor	TS	20
2827	'827' with serial damping Resistor	TS	24
16240	16 bit bus driver, data inverting	TS	48
16244	16 bit bus driver, data noninverting	TS	48

Typ	Bustreiber mit transparetem Latch	Ausgang	Pins
373	8 bit latch	TS	20
533	8 bit latch, data inverting	TS	20
563	'533' bus pinout	TS	20
573	'373' bus pinout	TS	20
667	8 bit latch, data inverting, readback	TS	24
990	8 bit latch, readback	TP	20
992	9 bit latch, readback	TS	24
994	10 bit latch, readback	TS	24
16373	16 bit latch, data non inverting	TS	48
29841	10 bit latch	TS	24
29843	9 bit latch	TS	24

Typ	Bustreiber mit flankengetriggerten D-Flip-Flops	Ausgang	Pins
273	8 bit D-Flip-Flop with clear	TP	20
374	8 bit D-Flip-Flop	TS	20
377	8 bit D-Flip-Flop with enable	TP	20
563	8 bit D-Flip-Flop, data inverting	TS	20
564	8 bit D-Flip-Flop, data inverting	TS	20
574	'374' bus pinout	TS	20
575	'574' with syncronous clear	TS	24
576	8 bit D-Flip-Flop, data inverting	TS	20
874	8 bit D-Flip-Flop	TS	24
876	8 bit D-Flip-Flop, data inverting	TS	24
996	8 bit D-Flip-Flop, data readback	TS	24
16374	16 bit D-Flip-Flop	TS	48
29821	10 bit D-Flip-Flop	TS	24

Typ	Bustreiber (bidirectional)	Ausgang	Pins
245	8 bit transceiver, bus pinout	TS	20
645	8 bit transceiver	TS	20
1245	'245' reduced power	TS	20
1645	'645' reduced power	TS	20
2245	'245' with serial damping resistor	TS	20
16245	16 bit transceiver	TS	48

Typ	Transceivers mit flankengetriggerten Registern	Ausgang	Pins
646	8 bit reg. transceiver	TS	24
16651	16 bit reg. transceiver, data inverting	TS	56
16652	16 bit reg. transceiver	TS	56

Typ	Komparatoren	Ausgang	Pins
85	4 bit magnitude comparator	TP	16
518	8 bit identity comparator	OC	20
520	8 bit identity comparator	TP	20
521	8 bit identity comparator	TP	20
679	12 bit address comparator	TP	20
682	8 bit magnitude comparator	TP	20
684	8 bit magnitude comparator	TP	20
688	8 bit identity comparator w. enable	TP	20

Typ	Decoder, Demultiplexer	Ausgang	Pins
42	BCD to 10 line decoder	TP	16
(45	BCD to 10 line decoder	OC	16)
137	3 to 8 line decoder w. addr. latch	TP	16
138	3 to 8 line decoder	TP	16
139	Dual 2 to 4 line decoder	TP	16
154	4 to 16 line decoder	TP	24
155	Dual 2 to 4 line decoder	TP	16
156	Dual 2 to 4 line decoder	OC	16
237	3 to 8 line decoder w. addr. latch	TP	16
238	3 to 8 line decoder	TP	16
259	3 to 8 line decoder w. Ausgang latch	TP	16
538	3 to 8 line decoder	TS	20

Typ	Multiplexer, digital	Ausgang	Pins
151	8 input multiplexer	TP	16
153	Dual 4 input multiplexer	TP	16
157	Duad 2 input multiplexer	TP	16
158	Quad 2 input multiplexer	TP	16
251	8 input multiplexer	TP/TS	16
253	Dual 4 input multiplexer	TS	16
257	Duad 2 input multiplexer	TS	16
258	Duad 2 input multiplexer	TS	16
352	Dual 4 input multiplexer	TP	16
354	8 input multiplexer w. input data latch	TS	20
356	8 input multiplexer w. data reg.+adr. latch	TS	20
398	Quad 2 input multiplexer w. data reg.	TP	20
857	Hex 2 input multiplexer, masking	TS	24

Typ	Prioritätsdecoder	Ausgang	Pins
147	10 line to binary priority encoder	TP	16
148	8 line to binary priority encoder	TP	16
348	8 line to binary priority encoder	TS	16

Typ	Anzeige Dekoder	Ausgang	Pins
47	BCD to seven segment for LEDs	OC	16
49	BCD to seven segment for LEDs	OC	16
247	BCD to seven segment for LEDs	OC	16

Typ	Monostabile Kippschaltungen (Univibrator)	Ausgang	Pins
122	Monostable, retriggerable	TP	14
123	Dual monostable, retriggerable	TP	16
221	Dual monostable	TP	16
423	Dual monostable, retriggerable	TP	16

Typ	Oscillatoren	Ausgang	Pins
624	Voltage controlled oscillator	TP	14
628	Voltage controlled oscillator	TP	14
629	Dual voltage controlled oscillator	TP	16

Typ	Phase locked loop	Ausgang	Pins
297	Digital phase locked loop	TP	16

Typ	Addierer und Arithmetic Logic Units (ALUs)	Ausgang	Pins
83	4 bit binary full adder	TP	16
181	4 bit arithmetic logic unit	TP	24
182	Carry look ahead unit for 4 adders	TP	16
183	Dual carry save full adder	TP	14
283	4 bit binary full adder	TP	16
385	Quad serial adder/subtractor	TP	20
583	4 bit BCD adder	TP	16
881	4 bit arithmetic logic unit with status check	TP	24

Typ	Paritätsgeneratoren	Ausgang	Pins
180	8 bit parity generator	TP	14
280	9 bit parity generator/checker	TP	14

28.4 Normwert-Reihen

E 3 ±20%	E 6 ±20%	E 12 ±10%	E 24 ±5%	E 48 ±2%	E 96 ±1%
1,0	1,0	1,0	1,0	1,00	1,00
					1,02
				1,05	1,05
					1,07
			1,1	1,10	1,10
					1,13
				1,15	1,15
					1,18
		1,2	1,2	1,21	1,21
					1,24
				1,27	1,27
			1,3		1,30
				1,33	1,33
					1,37
				1,40	1,40
					1,43
				1,47	1,47
	1,5	1,5	1,5		1,50
				1,54	1,54
					1,58
			1,6	1,62	1,62
					1,65
				1,69	1,69
					1,74
				1,78	1,78
		1,8	1,8		1,82
				1,87	1,87
					1,91
				1,96	1,96
			2,0		2,00
				2,05	2,05
					2,10
				2,15	2,15
2,2	2,2	2,2	2,2		2,21
				2,26	2,26
					2,32
				2,37	2,37
			2,4		2,43
				2,49	2,49
					2,55
				2,61	2,61
					2,67
		2,7	2,7	2,74	2,74
					2,80
				2,87	2,87
					2,94
			3,0	3,01	3,01
					3,09
				3,16	3,16
					3,24
	3,3	3,3	3,3	3,32	3,32
					3,40
				3,48	3,48
					3,57
			3,6	3,65	3,65
					3,74
				3,83	3,83
		3,9	3,9		3,92
				4,02	4,02
					4,12
				4,22	4,22
			4,3		4,32
				4,42	4,42
					4,53
				4,64	4,64
4,7	4,7	4,7	4,7		4,75
				4,87	4,87
					4,99
			5,1	5,11	5,11
					5,23
				5,36	5,36
					5,49
		5,6	5,6	5,62	5,62
					5,76
				5,90	5,90
					6,04
			6,2	6,19	6,19
					6,34
				6,49	6,49
					6,65
	6,8	6,8	6,8	6,81	6,81
					6,98
				7,15	7,15
					7,32
			7,5	7,50	7,50
					7,68
				7,87	7,87
					8,06
		8,2	8,2	8,25	8,25
					8,45
				8,66	8,66
					8,87
			9,1	9,09	9,09
					9,31
				9,53	9,53
					9,76

Abb. 28.4.1. Normwert-Reihen nach DIN 41426 bzw. IEC 60063

28.5 Farbcode

Kennfarbe	1.Ziffer	2.Ziffer	Multiplikator	Toleranz
keine				±20%
silber			× 10 mΩ	±10%
gold			×100 mΩ	± 5%
schwarz		0	× 1 Ω	±20%
braun	1	1	× 10 Ω	± 1%
rot	2	2	×100 Ω	± 2%
orange	3	3	× 1 kΩ	
gelb	4	4	× 10 kΩ	
grün	5	5	×100 kΩ	
blau	6	6	× 1 MΩ	
violett	7	7	× 10 MΩ	
grau	8	8	×100 MΩ	
weiß	9	9		

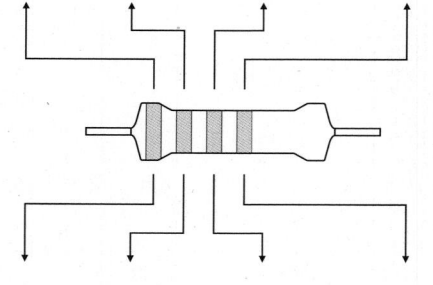

Beispiel	gelb	violett	rot	silber
4,7 kΩ	4	7	×100 Ω	±10 %

Abb. 28.5.1.
4-Ring-Farbcode nach
DIN 41429

Kennfarbe	1.Ziffer	2.Ziffer	3.Ziffer	Multiplikator	Toleranz	Temperatur-koeffizient
silber				$\times$ 10 mΩ		
gold				$\times$ 100 mΩ	± 5 %	
schwarz		0	0	$\times$ 1 Ω		± 250 ppm/K
braun	1	1	1	$\times$ 10 Ω	± 1 %	± 100 ppm/K
rot	2	2	2	$\times 100$ Ω	± 2 %	$\pm$ 50 ppm/K
orange	3	3	3	$\times$ 1 kΩ		$\pm$ 15 ppm/K
gelb	4	4	4	$\times$ 10 kΩ		$\pm$ 25 ppm/K
grün	5	5	5	$\times 100$ kΩ	$\pm 0{,}5$%	$\pm$ 20 ppm/K
blau	6	6	6	$\times$ 1 MΩ		$\pm$ 10 ppm/K
violett	7	7	7	$\times$ 10 MΩ	$\pm 0{,}1$%	$\pm$ 5 ppm/K
grau	8	8	8	$\times 100$ MΩ		$\pm$ 1 ppm/K
weiß	9	9	9			

Beispiel	gelb	violett	grün	braun	braun	blau
4,75 kΩ	4	7	5	$\times 10\,\Omega$	± 1 %	± 10 ppm/K

Abb. 28.5.2. 5–6-Ring-Farbcode nach IEC 60062. Der Temperaturkoeffizient wird in der Regel nur angegeben, wenn er kleiner als 50 ppm/K ist.

Literaturverzeichnis

Kapitel 1

[1.1]   Sze, S.M.: Physics of Semiconductor Devices, 2nd Edition. New York: John Wiley & Sons, 1981.

[1.2]   Hoffmann, K.: VLSI-Entwurf. München: R. Oldenbourg, 1990.

[1.3]   Löcherer, K.-H.: Halbleiterbauelemente. Stuttgart: B.G. Teubner, 1992.

[1.4]   MicroSim: PSpice A/D Reference Manual.

[1.5]   Antognetti, P.; Massobrio, G.: Semiconductor Device Modeling with SPICE. New York: McGraw-Hill, 1988.

[1.6]   Zinke, O.; Brunswig, H.; Hartnagel, H.L.: Lehrbuch der Hochfrequenztechnik, Band 2, 3.Auflage. Berlin: Springer, 1987.

[1.7]   Bauer, W.: Bauelemente und Grundschaltungen der Elektronik, 3.Auflage. Müchen: Carl Hanser, 1989.

[1.8]   Kesel, K.; Hammerschmitt, J.; Lange, E.: Signalverarbeitende Dioden. Halbleiter-Elektronik Band 8. Berlin: Springer, 1982.

[1.9]   Mini-Circuits: Datenblatt SMD-Mischer.

Kapitel 2

[2.1]   Gray, P.R.; Meyer, R.G.: Analysis and Design of Analog Integrated Circuits, 2nd Edition. New York: John Wiley & Sons, 1984.

[2.2]   Sze, S.M.: Physics of Semiconductor Devices, 2nd Edition. New York: John Wiley & Sons, 1981.

[2.3]   Rein, H.-M.; Ranfft, R.: Integrierte Bipolarschaltungen. Halbleiter-Elektronik Band 13. Berlin: Springer, 1980.

[2.4]   Antognetti, P.; Massobrio, G.: Semiconductor Device Modeling with SPICE. New York: McGraw-Hill, 1988.

[2.5]   Getreu, I.: Modeling the Bipolar Transistor. Amsterdam: Elsevier, 1978.

[2.6]   MicroSim: PSpice A/D Reference Manual.

[2.7]   Hoffmann, K.: VLSI-Entwurf. München: R. Oldenbourg, 1990.

[2.8]   Schrenk, H.: Bipolare Transistoren. Halbleiter-Elektronik Band 6. Berlin: Springer, 1978.

[2.9]   Müller, R.: Rauschen. Halbleiter-Elektronik Band 15. Berlin: Springer, 1979.

[2.10] Motchenbacher, C.D.; Fitchen, F.C.: Low-Noise Electronic Design. New York: John Wiley & Sons, 1973.

[2.11] Thorton, R.D.; Searle, C.L.; Pederson, D.O.; Adler, R.B.; Angelo, E.J.: Multistage Transistor Circuits. Semiconductor Electronics Education Committee, Volume 5. New York: John Wiley & Sons, 1965.

Kapitel 3

[3.1]   Sze, S.M.: Physics of Semiconductor Devices, 2nd Edition. New York: John Wiley & Sons, 1981.

[3.2]   Hoffmann, K.: VLSI-Entwurf. München: R. Oldenbourg, 1990.

[3.3]   Antognetti, P.; Massobrio, G.: Semiconductor Device Modeling with SPICE. New York: McGraw-Hill, 1988.

[3.4]   Spenke, E.: pn-Übergänge. Halbleiter-Elektronik Band 5. Berlin: Springer, 1979.

[3.5]   MicroSim: PSpice A/D Reference Manual.

[3.6]   Müller, R.: Rauschen. Halbleiter-Elektronik Band 15. Berlin: Springer, 1990.

Kapitel 4

[4.1]   Gray, P.R.; Meyer, R.G.: Analysis and Design of Analog Integrated Circuits, 2nd Edition. New York: John Wiley & Sons, 1984.

[4.2]   Geiger, L.G.; Allen, P.E.; Strader, N.R.: VLSI – Design Techniques for Analog and Digital Circuits. New York: McGraw-Hill, 1990.

[4.3]   Antognetti, P.; Massobrio, G.: Semiconductor Device Modeling with SPICE. New York: McGraw-Hill, 1988.

[4.4]   Weiner, D.D.; Spina, J.F.: Sinusoidal Analysis and Modeling of Weakly Nonlinear Circuits. New York: Van Nostrand, 1980.

[4.5]   Maas, S.A.: Nonlinear Microwave Circuits. Norwood: Artech House, 1988.

[4.6]   Motchenbacher, C.D.; Fitchen, F.C.: Low-Noise Electronic Design. New York: John Wiley & Sons, 1973.

[4.7]   Müller, R.: Rauschen. Halbleiter-Elektronik Band 15. Berlin: Springer, 1979.

[4.8]   Haus, H.A.; Adler, R.B.: Circuit theory of noisy networks. New York: John Wiley & Sons, 1959.

[4.9]   Pettai, R.: Noise in Receiving Systems. New York: John Wiley & Sons, 1984.

[4.10]   Vanisri, T.; Toumazou, C.: Integrated high frequency low-noise current-mode optical transimpedance preamplifiers: theory and practice. IEEE Journal of solid state circuits, vol. 30, no. 6, June 1995, p. 677.

Kapitel 5

[5.1]   Grayson, K.: Op Amps Driving Capacitive Loads. Analog Dialogue 31-2. Norwood: Analog Devices, 1997.

[5.2]   Harvey, B.,Siu, C.: Simple techniques help high-frequency op amps drive reactive loads. S. 133–139. END. 1996.

[5.3]   Grame, J.: Phase Compensation Extends op amp Stability and Speed. S. 181–192. EDN. END, 16.8.1991.

[5.4]   Jett, W., Feliz, G.: C-Load Op Amps – Tame Instabilities. Linear Technology Hauszeitschrift Bd. IV, Nr. 1. Ort: Linear Technology, 1994.

[5.5]   Green, T.: Stability for power operational amplifiers. Application Note 19. Tuscon: Apex.

[5.6]   Kestler, W.: High Speed Design Techniques: Noise Comparison between Voltage Feedback Op Amps and Current Feedback Op Amps. S.1–28. Norwood: Analog Devices, 1996.

[5.7]   Smith, D., Koen, M., Witulski,F.: Evolution of High-Speed Operational Amplifier Architectures. S.1166–1179 IEEE Journal of Solid-State-Circuits, Vol. 29, Nr. 10, Oktober 1994.

[5.8]   Lehmann, K.: Schaltungstechniken mit dem Diamond-Transistor OPA660. S. 48–58, Elektronik Industrie. H. 10, 1990.

[5.9]   Henn, C.: New Ultra High-Speed Circuit Techniques with Analog ICs. Application Note AN-183 der Firma Burr Brown, Tuscon. 1993.

[5.10]   Gamm, E.: Aktive Filter für HDTV-Anwendungen, ITG-Fachbericht Nr. 127, S. 175.

[5.11]   Roberge, J. K.: Operational Amplifiers. Theory and Practice. New York: Wiley.

Kapitel 21

[21.1]   Zinke, O.; Brunswig, H.: Lehrbuch der Hochfrequenztechnik. Band 1, 4.Auflage. Berlin: Springer, 1990.

[21.2]   Ebeling, K.J.: Integrierte Optoelektronik. 2.Auflage. Berlin: Springer, 1992.

[21.3]   Grau, G.; Freude, W.: Optische Nachrichtentechnik. 3.Auflage. Berlin: Springer, 1991.

[21.4]   Weinert, A.: Kunststofflichtwellenleiter. Erlangen: Publicis MCD, 1998.

[21.5]   Pehl, E.: Digitale und analoge Nachrichtenübertragung. Heidelberg: Hüthig, 1998.

[21.6]   Huber, J.: Digitale Übertragung I & II. Skriptum zur gleichnamigen Vorlesung. Universität Erlangen-Nürnberg, Lehrstuhl für Nachrichtentechnik II, 1999.

[21.7]   Lee, J.S.; Miller, L.E.: CDMA Systems Engineering Handbook. Boston: Artech House, 1998.

Kapitel 22

[22.1] Pettai, R.: Noise in Receiving Systems. New York: John Wiley & Sons, 1984.
[22.2] Proakis, J.G.: Digital Communications. 5th Edition. McGraw-Hill, 2008.

Kapitel 23

[23.1] Zinke, O.; Brunswig, H.: Lehrbuch der Hochfrequenztechnik. Band 1, 4.Auflage. Berlin: Springer, 1990.
[23.2] SMD-Induktivitäten 1206CS und 1812CS. Datenblätter der Firma *Coilcraft*.
[23.3] Saal, R.: Handbuch zum Filterentwurf. 2.Auflage. Heidelberg: Hüthig, 1988.
[23.4] Chip Dielectric Filters. Datenblatt der Firma *Toko*.
[23.5] SAW-Filter 851544 / 854652 / 855529. Datenblätter der Firma *Sawtek*.
[23.6] Kupferschmidt, K.H.: Die Dimensionierung des π-Filters zur Resonanztransformation. Frequenz 24, 1970, S. 215-218.
[23.7] Larson, L.E.: RF and Microwave Circuit Design for Wireless Communications. Boston: Artech House, 1996.

Kapitel 24

[24.1] Zinke, O.; Brunswig, H.: Lehrbuch der Hochfrequenztechnik. Band 1, 4.Auflage. Berlin: Springer, 1990.
[24.2] Hewlett Packard: S-Parameter Design. Application Note 154.

Kapitel 25

[25.1] Meinke, Gundlach: Taschenbuch der Hochfrequenztechnik. 5.Auflage. Berlin: Springer, 1992.
[25.2] Mini-Circuits: Datenblätter SMD-Mischer.
[25.3] Zinke, O.; Brunswig, H.: Lehrbuch der Hochfrequenztechnik. Band 1, 4.Auflage. Berlin: Springer, 1990.

Kapitel 26

[26.1] Middlebrook, R.D.: Measurement of loop gain in feedback systems. International Journal of Electronics, Vol. 38, No. 4, 1975.
[26.2] Tian, M.; Visvanathan, V.; Hantgan, J.; Kundert, K.: Striving for Small-Signal Stability. IEEE Circuits & Devices Magazine, Jan. 2001.
[26.3] Grebennikov, A.: RF and Microwave Transistor Oscillator Design. John Wiley & Sons, 2007.
[26.4] Hamjimiri, A.; Lee, T.H.: Low Noise Oscillators. Boston: Kluwer Academic Publishers, 1999.

Kapitel 27

[27.1] Texas Instruments: Datenblatt LMX 2541.
[27.2] Levantino, S. et.al.: Phase Noise in Digital Frequency Dividers. IEEE Journal of Solid State Circuits, vol.39, no.5, May 2004, p.775.
[27.3] Apostolidou, M.; Baltus, P.; Vaucher, C.: Phase Noise in Frequency Divider Circuits. IEEE International Symposium on Circuits and Systems, ISCAS 2008, p.2538.
[27.4] Hittite: Datenblatt HMC 394 LP 4.
[27.5] Arora, H.; Klemmer, N.; Morizio, J.; Wolf, P.: Enhanced Phase Noise Modeling of Fractional-N Frequency Synthesizers. IEEE Trans. on Circuits and Systems I, vol.52, no.2, Feb. 2005, p.379.
[27.6] Holzworth Instrumentation: Datenblatt HX 3100.

Kapitel 28

[28.1.1] Kühnel, C.: Schaltungsdesign mit PSpice. Franzis, 1993.
[28.1.2] Santen, M.: PSpice Design Center Arbeitsbuch. Fächer, 1994.
[28.1.3] Justus, O.: Berechnung linearer und nichtlinearer Schaltungen mit PSpice-Beispielen. Fachbuchverlag Leipzig, 1994.
[28.1.4] Erhardt, D.; Schulte, J.: Simulieren mit PSpice. Vieweg, 1995.
[28.1.5] Khakzar, H.: Entwurf und Simulation von Halbleiterschaltungen mit PSpice. Expert, 1997.
[28.1.6] Krämer, F.: Das große PSpice V9 Arbeitsbuch. Fächer, 2000.
[28.1.7] Heinemann, R.: Einführung in die Elektroniksimulation. Hanser, 2001.
[28.2.1] Unbehauen,R.: Grundlagen der Elektrotechnik 1. Springer 1994.

Sachverzeichnis